ワイン用 葡萄品種大事典

1,368品種の完全ガイド

WINE GRAPES

原著

Jancis Robinson

Julia Harding

José Vouillamoz

後藤奈美・監訳　北山雅彦／北山薫・訳

KYORITSU SHUPPAN

WINE GRAPES
by Jancis Robinson, Julia Harding and José Vouillamoz

Japanese translation rights arranged with the authors
c/o United Agents LLP, London through Tuttle-Mori Agency, Inc., Tokyo

Japanese language edition published by KYORITSU SHUPPAN CO., LTD.

監訳者まえがき

ジャンシス・ロビンソン，ジュリア・ハーディング，ホセ・ヴィアモーズの3氏による「*Wine Grapes*」の日本語版を，翻訳者の北山雅彦先生，北山薫先生と完成させることができ，喜びに堪えません．

この本では，1,368品種ものワイン用ブドウについて，その由来から，栽培特性，産地やワインの特徴，推奨される生産者まで紹介されています．膨大な情報量ですが，その収集に協力した，日本の大橋健一氏，平山繁之氏を含む世界中の専門家の名前が謝辞に掲げられており，光栄なことに私の名前もそのリストに入れていただいています．

ブドウには非常に多くの品種がありますが，カベルネやメルロー，シャルドネ，ソーヴィニヨン・ブランといった国際品種が文字どおり世界中に広まり，ヨーロッパ各地の伝統的なワイン産地の在来品種が植え替えられていったため，多くの在来品種が失われようとしています．現在は在来品種を見直そう，という動きが各地で広まっており，この本にも「絶滅の危機から救済された」と紹介されている品種が多くあります．ブドウは接ぎ木や挿木で殖やされ，種子で残すことができませんから，一度失われてしまった品種は二度と取り戻すことができません．地域の伝統や文化であるとともに，貴重な遺伝資源でもある在来ブドウ品種を守ろうとする人々の情熱に支えられた，ほんの数ヘクタール，場合によっては1ヘクタール以下の栽培面積しかない品種を含めた1,368品種です．中には「平凡なワインにしかならない」と酷評されている品種もあるのですが，そうした品種も含めて世界のブドウ品種を網羅した，と言えるのでしょう．日本にはこれまで紹介されることが少なかった，バルカン半島，東ヨーロッパや旧ソビエト連邦の国々の品種もたくさん掲載されています．これから日本にも益々多様な品種のワインが紹介されると思われますが，この本が日本語で読んでいただけるようになったことの意義は大きいと感じています．

一方，育種された品種も丁寧に紹介されています．ミュラー・トゥルガウやレゲントのような広く栽培されるようになった品種はもちろんですが，ヨーロッパではあまり評判が良くなかったフレンチ・ハイブリッドから新しくEU諸国や東ヨーロッパ等で育種された品種，アメリカ系とされる品種まで，まだ試験段階の品種を含めてその親品種や特徴が正確に記載されています．現在，地球温暖化に対応し，地球と人にやさしいブドウ栽培を目的に，耐病性と品質の両立を目指したブドウの育種がヨーロッパを含めた世界中で行われており，その面からも貴重な資料と言えます．なお，日本の品種としては，甲州，竜眼，ヤマブドウに加え，日本で育種されたマスカット・ベーリーAとブラック・クイーンが紹介されています．

もう一つ，この本の大きな特徴は，最新のDNA解析の研究成果が各品種で紹介されていることです．カベルネ・ソーヴィニヨンはカベルネ・フランとソーヴィニヨン・ブランが自然交配して生まれたことがDNA解析によって明らかになった，と報告されたのが1997年でした．その後，多くの品種の親子関係等が次々と明らかにされてきました．シャルドネとガメイが兄弟にあたる，とは誰も想像していなかったのではないでしょうか？　アメリカのジンファンデルのルーツを探す研究は，わくわくする冒険物語のようでした．また，DNA解析の結果，別名と推定されていた多くの品種の真偽が確認され，血縁関係にある品種が多いかどうかで，その品種の故郷も推定できるようになりました．ブドウのDNA解析の専門家，ホセ・ヴィアモーズ博士による最新の情報が，分かりやすい系統図とともに紹介されています．

一方，その品種名がいつから使われていたのかを示す，古文書の中に残された記録の紹介や，その品種名が何に由来するのか，どのようにヨーロッパの他の地域や新大陸に伝わったのか，といった歴史的な記載も豊富です．

このように，本書の内容は，地理，歴史からDNA解析，栽培，醸造，品質評価まで多岐に渡るため，翻訳者の両北山先生とは，頭を悩ませながら作業を進めました．特に，ワインの特徴の表現や，病気の名前，地名や品種名の読み方については，謝辞に記した多くの方々のご協力を得て完成させることができました．本書をワインの製造，流通・販売，サービスに携わるプロフェッショナルや愛好家の皆様に参考としていただけることを，心から願っております．

2019年6月

独立行政法人酒類総合研究所
後藤奈美

訳者まえがき

デッキにおいた鉢植えのサンジョベーゼやカベルネ・ソーヴィニヨンの樹に今年もついた，小さなかわいいつぼみを見ながらこの原稿を書いています．本書の翻訳は，当初の想像をはるかに超える多くのエネルギーを要するものでした．本書がカバーする内容は生物学，生化学や農学の範疇にとどまらず，ワインのテイスティングに関わる知識はもとより歴史学や文学など多岐にわたります．まさにヨーロッパ文化の集大成の一つの書と言っても過言ではないと思います．時に饒舌で難解な表現に苦労しながらも読み進めるうちに内容が理解できると，とにかく全てが興味深いものです．読んでいて疑問が生じたら世界中の方々に私の疑問を投げかけ，ご助言をいただきました．私にとって本書は知の冒険の書でした．

海外を旅する機会があるといつの頃からか必ず最寄りのワイナリーに立ち寄っていたことを，本書の中で懐かしい国名や地名を見つけた時に思い出しました．「ハンガリー，トカイの青い空，白い雲はいまもそこにあるだろうか」．「夕暮れの頃，バゲットを片手に家路を急ぐ人々の姿を今もフランス，モンペリエのワイナリーから見ることができるだろうか」．記憶とともにこうした思いが次々と浮かんできました．本書は私にとって過去の記憶をめぐる旅のガイドブックでもありました．

私の家のすぐ近くにも本書が推奨するワイナリーがあります．本書の中で同社が掲載されていることを教えてあげると，翌週には早々と，同社のテイスティングのためのカウンターの端に本書が置かれていました．家族や親戚数名だけで運営している小さなワイナリーです．ヨーロッパやアメリカ西海岸などに見られる巨大なワイナリーとは比較にならない規模のこぢんまりとしたワイナリーで，同社が作るワインは全てが地元だけで消費されています．栽培される品種の全てがヨーロッパでは高品質ワインの原料としては認められない交雑品種です．それでも楽しそうにワイン作りに励んでいます．収穫の時期がくると近所の人たちが手伝いにやってきます．毎年集まってくるメンバーはほぼ固定されていて，私もその一人です．「1年ぶりだね，元気だった」とお互いに声をかけあう姿．そうした人々の姿を目にすると，自分たちが置かれている環境の中でしっかりと生きている人々の姿に共感を覚えます．とてもささやかな一風景ですが，そこにはひとりひとりの確かな現実の日々のくらしが感じられます．

本書の翻訳中にルーマニア共和国を訪問する機会がありました．本書に記載の内容についてメールを通じて様々なご助言をいただいていた現地の方々と実際にお会いしてお話しさせていただく機会が持てました．たとえばかつて大臣を務められ，現在はご自身のワイナリーのオーナーである方にとって本書は愛読書だそうで，この分厚い本書に書かれている内容をとてもよく覚えておられたのには驚かされました．たとえばカベルネ・ソーヴィニヨンとソーヴィニヨン・ブランの親子関係について，まるで全文を暗記しているかのごとく正確に本書記載の内容を話してくださいました．他にも，たくさんのワイナリーのオーナーやブドウ畑の管理や醸造の責任者，ワインを瓶詰めしたりラベルを貼ったりしている方々とお会いしてワイングラス片手に自国のワインに対する情熱をうかがうことができました．こうして私が暮らす地球の反対側にも，愛すべき人々のかけがえのない人生があり確かな日々の営みが存在していることが実感できたことにもとても感銘を受けました．まばゆいばかりの光と乾いた空気に包まれたブドウ畑で現地の人々と味わったワインの味はどれも格別でした．そんな中でも共感できるオーナーや従業員の方々と語らいながら酌み交わしたワインは一層美味しく感じられました．本書は私にとって五感の全てで感動を感じることができる新たな風景と出会うためのガイドブックでもありました．

本書で紹介されているブドウ品種1,368種類の原産国として日本を含む42ヵ国の国名が紹介されています．この中には本書の著者のお一人の Jancis Robinson 氏が，別の著作のなかで次の時代の国際品種になりうる品種として紹介しておられるポルトガルやギリシャなどの品種 14 品種も含まれています．読者の方々が本書記載の情報も参考にされながら，それぞれのお気に入りの品種や共感できる方が運営に携わっておられるワイナリーを見つけられることをおすすめします．そして次にはそんなワイナリーにでかけブドウ畑のすぐそばの庭先で楽しい語らいとともにワインを飲まれることを是非おすすめします．輸入されてきた同じブランドのワインを自宅やレストランで飲むのとはまたひと味違った歓びがそこに感じられるはずでしょう．産地の光と空気そして地元の人たちに囲まれて飲むワインの味はきっと格別でしょう．そんな楽しい旅のガイドブックとしても本書を活用していただければ幸いです．

2019 年 6 月

北山雅彦・北山 薫

日本語版出版にあたっての謝辞

本書の翻訳・出版にあたっては，多くの方のお世話になりました.

特殊な用語が多いワインの特徴の表現については，ジャンシス・ロビンソンの記事の和訳もされている翻訳家，小原陽子氏が日本ソムリエ協会の会誌 *Sommelier* に連載された「今日から使えるワイン英語」，ならびに九州工業大学研究報告に掲載された村田忠男先生の「英和ワイン・テイスティング用語事典」を参考にするとともに，直接ご助言もいただきました．ブドウの病害名については，この分野の専門家である農研機構・果樹茶業研究部門須崎浩一博士にご助言をいただきました.

各国のワイン産地，ワイナリーおよびブドウ品種などのワイン生産につきまして，各国の日本大使館，各国の駐日大使館および大使館からご紹介いただきました方々，さらに現地のワイン生産にお詳しい以下の方々にご協力いただきました．伊藤裕紀子氏（イタリア，フィレンツェ県・ピサ県公認ライセンスガイド）にはイタリアの歴史的文書，ワイン産地，ワイナリーならびにブドウ品種名につきまして，藤原理人氏（フランス政府公認ガイド）にはフランスのブドウ品種につきまして，Dr. Tom Rigault-Gonsho にはフランスのワイン産地につきまして，明比淑子氏（スペインワインライター）にはスペインのワイン産地につきまして，島崎マリ氏にはスペインのブドウ品種につきまして，駐日ギリシャ大使館様にはギリシャにおけるワイン生産の現状につきまして，青山敦子氏（WSET®Diploma・ギリシャワイン・オフィシャル・アンバサダー）にはギリシャのブドウ品種につきまして，高岡千津氏（ポルトガル投資貿易振興庁）にはポルトガルのワイン産地ならびにブドウ品種につきまして，Tyler Kniess 氏（インディアナ大学）にはドイツおよびオーストリアのブドウ品種につきまして，権田由樹奈氏（在セルビア日本大使館）にはセルビア，クロアチア，モンテネグロ，ボスニア・ヘルツェゴビナならびに北マケドニア共和国のブドウ品種につきまして，松田俊宏氏（駐日スイス大使館）にはスイスのワイン産地，ワイナリーならびにブドウ品種につきまして，本宮じゅん氏には，ハンガリーの歴史的文書，ワイン産地ならびにブドウ品種につきまして，Asher Sofiya 氏（インディアナ大学）にはウクライナおよびロシアのブドウ品種につきまして，Dr. David Goginashvili（慶應義塾大学）には，ジョージア共和国のブドウ品種につきまして，横溝絢子氏（海外書き人クラブ・トルコ）にはトルコ共和国のブドウ品種につきまして，オーストリアワインマーケティング協会様およびオーストリア大使館商務部様にはオーストリアのブドウ品種につきまして，在アゼルバイジャン日本大使館，和田未有氏および Dave Baer 氏（インディアナ大学）にはアゼルバイジャンのブドウ品種につきまして，結城一郎氏（YUKI Japanese Home Dining）および Mihail Mihov 氏にはブルガリアのブドウ品種につきまして，田村公祐氏（(株) エインシャントワールド)，吉村貴之氏（早稲田大学)，長谷川有彦氏および Lilit Khansulyan 氏（(有) JASC）にはアルメニアにおけるワイナリーおよびブドウ品種につきまして，Ladislav Šebo 氏，Zuzana Cvachova 氏および三好貴志氏（(株) マイティ）にはスロバキアのワイン産地ならびにブドウ品種につきまして，遠藤まゆみ氏（プシトロス）および Pavel Zahorsky 氏（ピーアンドエムチェコ (有)）にはチェコ共和国におけるワイン産地ならびにブドウ品種につきまして，棚橋　潔氏（駐日アルゼンチン大使館）にはアルゼンチン品種につきまして，Loren Shehu 氏（駐日アルバニア共和国大使館）にはアルバニア共和国のブドウ品種につきまして，小柳津千早氏（駐日セルビア共和国大使館）にはセルビアのブドウ品種につきまして，Zhou Yan 氏（独立行政法人酒類総合研究所）には中華人民共和国におけるワイン産地，ワイナリーならびにブドウ品種につきまして，山下さやか氏（在スロベニア日本大使館）にはスロベニアのブドウ品種につきまして，志村暁子氏（キプロス・インフォメーションサービス）には，キプロスのブドウ品種につきまして，駐日ウズベキスタン共和国大使館様にはウズベキスタンのブドウ品種につきまして，駐日ボスニア・ヘルツェゴビナ大使館様には，同国のブドウ品種につきまして，遠藤利三郎氏および遠藤エレナ氏（遠藤利三郎商店）にはモルドヴァ共和国のワイン産地ならびにワイナリーにつきまして，成田晃洋氏（在イスラエル日本大使館）にはイスラエルのブドウ品種につきまして，奥真裕氏にはトルクメニスタンのブドウ品種につきましてご助言いただきました．吉田まさきこ氏（ワイングロッサリー）には翻訳の企画段階から様々な情報をご提供いただき，さらにフランス品種につきましてもご助言いただきました．これら全ての方々とともに本書の出版が実現できたことをうれしく思います．ここに感謝の気持ちをお伝えさせていただきます．

共立出版（株）の全ての皆様の「知」に対する愛情と情熱なくしては，総ページ数1500からなるこの大型の日本語版の出版は，実現しなかったことでしょう．特に佐藤雅昭氏には力強いご支援をいただきました．原著記述の詳細を各国に確認するなどで当初の予定よりも翻訳に多くの時間がかかってしまいましたが，ご理解いただき安心して私たちのペースで翻訳を進めさせていただきました．酒井美幸氏には「知」の世界における原著のもつ重要性を瞬時にご理解いただき日本語版の出版の企画段階から編集，校正ならびに印刷の全ての過程で大変お世話になりました．野口訓子氏には翻訳および校正の段階で私たちを細やかなお心遣いでご支援いただき，さらに校正の最終段階では河原優美氏他編集部の方々にもご尽力いただきました．これまですでに多数の賞を世界各国で受賞している原著の世界で最初の翻訳本として日本語版を共立出版（株）から刊行することができたことを本当にうれしく思うと同時にお世話になりました多くの方々に心から感謝いたします．

目　次

系統図のリスト

序　文

知識と才能のある Julia Harding MW および José Vouillamoz 博士の両氏とともにこの全く新しい本を書くにあたって，どんなに強い興奮を覚えたかを表現するのは難しいことです．

1980 年代の半ばに，私はワイン用のブドウ品種についての最初の消費者ガイドである *Vines, Grapes & Wines* を書いて 1986 年に出版し，今も増刷されています．その本は，世界中のワイン生産のために栽培されるブドウについて私が知ることができた全てを集約したものです．その当時，入手できた情報は，非常にアカデミックなフランス，モンペリエ（Montpellier）のブドウの専門家，Pierre Galet 氏の業績と，その一部が彼の弟子である Lucie T Morton 氏によってアメリカで改訂されたものが全てでした．フランス人は，ブドウが栽培された場所ではなく，ワインの原料のブドウ品種名がつけられたヴァラエタルワインを，*vins de cépage* と呼び，本質的に劣ったものとみなしていました．そのため，英語やドイツ語のみならず，フランス語でも「ブドウ品種の本」(*Le Livre des Cépages*）というタイトルが使われたときは非常に驚きました．ワインの消費者のみならず，フランスのブドウ栽培家もブドウ品種に関する情報や，それらがどう関係しているかの情報を待ち望んでいたようです．

私はいつもブドウの品種に，なかでも極めて複雑なブドウの別名の関係や，あるブドウが他の国では全く異なる名前と評判をもつブドウと同じだとわかることに魅了されてきました．*The Oxford Companion to Wine* では 3 つの版のすべてでブドウ品種に特に注意を払いました． Oxford University Press はブドウ品種についての記載を集めてポケットブックとし，1996 年に *Jancis Robinson's Guide to Wine Grapes* として出版しました．私はその本が依然多くの人たちの参考にされていることを知っていますが，すぐに本書に切り替えなければいけないことでしょう．ポケットサイズではありませんが，私の前の本のいずれにも記載されていない包括的で最新の情報が本書にはずっと多く記載されているからです．

よく知られているように，今世紀に入って市販ワインの製造に用いられる品種は非常に拡大しており，品種間の関係に関する知識もかつてなかったほど広がっています．1993 年からブドウに応用された DNA 解析技術のおかげで，José Vouillamoz 博士のような専門家は，今ではブドウを含む世界中の植物の系統についてより多くのことを知ることができるようになりました. 彼は 2004 年にサンジョベーゼ(SANGIOVESE)の親品種を同定し，その 2 年後にはピノ（PINOT）とシラー（SYRAH）との非常に興味深い関係を発見しました．

本書を読むことでピノ（PINOT），SAVAGNIN，ネッビオーロ（NEBBIOLO），TRIBIDRAG などのほんの一握りの基礎品種（基礎作物と類似，p XXVIII 参照）が非常に多くの有名なブドウの祖先であることが分かることでしょう．今日私たちが知っているブドウはほんのいくつかの主要な家系のメンバーであり，これらのことは全て私たちのユニークな系統図に示しました (p X 参照)．ワインブドウの研究は，常に歴史や人々の動きと征服者について教えてくれます．

本書には，それぞれのブドウ品種の栽培上の特徴に関する詳細な情報が記載されているため，どの品種が各栽培者の特定の環境で成功するブドウなのかを決める上で参考になるに違いありません．同時に，それぞれの品種がどこでどの程度栽培され，その品種から作られたワインはどんな味わいなのか，本書の類を見ない詳細な情報は，ワインを愛する人たちと現在利用可能な文献との間の大きな溝を埋めることができると確信しています．

六つほどの種(しゅ)のメンバーからなるブドウ品種の総計は約 10, 000 にものぼります．本書を扱いやすくするために商業規模でワイン生産が行われているブドウ品種に限定することとし, 1, 368 種を選びました．しかし現在では，あまり知られていないブドウへの興味は次第に大きくなっており, 2012 年に作られたワイン，またいくつかの 2011 年に作られたワインの中には本書で記載されていないブドウから作られたものがあったかもしれません．これ以降の版に含める品種について，次のメールアドレスへご助言を歓迎します．
contact@winegrapes.org

しかし，ほとんどのブドウ品種が様々な別名で移動したことは特筆に値するでしょう．私たちは全ての正しい別名およびよく知られた正しくない別名を含めるように努力しました．「この本の使い方」の章で私たちの手順と約束事の詳細をご紹介します．

この本の使い方

本書では 1,368 種類のブドウ品種がアルファベット順に掲載されています．多くの別名で品種が知られている時は，その品種の国あるいは起源となる地方で最も一般的に使われている主要名を品種名として選びました．たとえば，GARNACHA（ガルナッチャ）は GRENACHE（グルナッシュ）よりも主要な名前です．なぜならばこの品種はスペイン起源であり，同国では GARNACHA が公式名称であるとともに最も一般的に使われているからです．たとえば GRENACHE のようなよく知られた別名はこの本ではアルファベット順で現れますが，品種の主要名の項を指すにとどめます（たとえば GRENACHE は GARNACHA 参照）（訳注：日本語表記の場合は，日本国内でより広く知られているグルナッシュを使用しました）．

すべての主要名とすべての別名が索引に掲載されているので，たとえ読者が主要名を知らなくても容易に見つけることができます．

XX～XXI のページに説明されているように，私たちは「品種」をその遺伝的な独自性に基づいて定義しており，ブドウの物理的な外見や作られるワインによって定義しているわけではありません．したがって，たとえばピノ・ノワール（PINOT NOIR）とピノ・ブラン（PINOT BLANC）が畑でちがう姿をしていて，まったく異なるワインが作られても，二つは PINOT の見出しの単一の項の中に置かれています．同じように GARNACHA TINTA と GARNACHA BLANCA は GARNACHA の項に置かれています．

多くの品種が似たような名前をもちますが，遺伝的に異なるときはそれらは別の項に置きました（たとえば MALVASIA DI CANDIA AROMATICA，MALVASIA DI CASORZO，MALVASIA DI LIPARI 他等）．そうした場合には，品種間の関係についての可能性や，各品種の特異性を説明する短い紹介をつけることにします（たとえば MALVASIA の見出しの項）．

それぞれの項の中でパラグラフ中で最初に書かれている主要名は，小型の大文字で強調してあるのでそれらについてより多くの情報を容易に見つけることができます（訳注：原著のみ．日本語版では通常の大文字で表記しています）．

別名をめぐっては多くの混同があり，ある品種が誤って他の品種と同じであると考えられたりする例が多いので，ほとんどの項では品種の別名のリストとよく間違われる品種のリストをはじめに記載しました．DNA 解析で間違いが証明された別名は，品種名あるいは別名に⊗のマークをつけました．

それぞれの品種の果粒の色と最も重要な果皮色変異（p XXI 参照）は以下のシンボルで示しました．

ブドウの色：● ● ● ● ●

果粒の色は，簡略化して最も近いと思われる果粒の色の下にアンダーラインを引きました．

それぞれの品種について，最新のデータに基づいて栽培国や関係する地域における栽培総面積を示しました．一般に過去数年以内に実施された畑の調査に基づく数値を示しましたが，イタリアだけは 10 年ごとにブドウに関する調査を行っているため，イタリアのデータには日付をつける必要もあります．残念ながら 2010 年のイタリアのブドウ栽培の調査のデータは 2011 年の終わりまで公開されない見込みです（訳注：したがって，イタリアの統計は 2000 年のものが紹介されています）．

すべての品種に「栽培地とワインの味」という項目をつけ，その品種がどこで最も重要であるかにかかわらず関係する国や地域を次の順で紹介しました．フランス，イタリア，スペイン，ポルトガル，北ヨーロッパ，ドイツ，オーストリア，スイス，東ヨーロッパ，地中海東部，カリフォルニア州，ワシントン州，オレゴン州，その他のアメリカ合衆国，カナダ，メキシコ，南アメリカ，オーストラリア，ニュージーランド，南アフリカ共和国そしてアジアの順です．たとえばスペイン品種であるテンプラニーリョ（TEMPRANILLO）の項では，まずフランスにおける限定的な栽培などについて紹介しました．

複雑で予期できない品種間の関係はp X にリストアップされている 14 の系統図に示し，関連する項目から参照しました．本書で述べた非常に多くの品種を関係づける親子関係のネットワークを示すために，この 14 系統を選びました．これらの系統図は人の家系図と同じように読むことができます．可能な場合は品種の起源となった国を示すために色を用いました．親品種の一方が不明の場合は？で示しましたが，普通はどちらが親品種でどちらが子品種かを知るのは困難であるので，そういう場合には，現在知られている遺伝的関係について，構築可能な系統図のうちの一つのみを示しました．いくつかの系統では同じ品種が複数回現れますが，これは図を簡潔にするためです．

すべての品種を原産国ごとにグループ分けしたリストは pp XXXIII ～ XL に掲載しました．テキスト中で著者名および出版年で示した（例：Smith 1999）引用文献や本の詳細の情報は pp 1285～1304 に文献目録として記載しました．José Vouillamoz 博士の広範な DNA データベースによって明らかにされた関係に基づく議論のうち，学術誌に未発表のものは年号のない（Vouillamoz）で示しました．

ブドウ栽培およびワイン製造に関わる専門用語を選択し，pp 1277～1283 に用語集として解説しました．

日本語版の表記方法について

この本には，ブドウの品種名のほか，海外の地名，産地名，人名，ワイナリー名，研究所名などがたくさん出てきます．できるだけわかりやすく，かつ正確な日本語版とするため，次のような表記方法をとりました．

ブドウの品種名

・品種名とわかるよう，原則，大文字・色つきで表記しました．例：COLOMBARD
ただし，昔使われたスペルなど，通常の書き方としたところもあります．

・読み方をカタカナで各アルファベットの最初にまとめてある品種一覧のページに示しました．読み方については，大使館に協力を求めるなど，できるだけ正確なものとなるよう心がけましたが，他の読み方もありうることをご了承ください．

・日本でもよく知られている次の25品種については，各品種の項目ごとに，初回は「シャルドネ(CHARDONNAY)」，2回目以降は「シャルドネ」のように表記しました．
(カベルネ・ソーヴィニヨン，シャルドネ，メルロー，ピノ・ノワール，リースリング，シラー（シラーズ），ソーヴィニヨン・ブラン，ゲヴュルツトラミネール，セミヨン，グルナッシュ・ノワール，サンジョヴェーゼ，カベルネ・フラン，テンプラニーリョ，ムールヴェドル，ネッビオーロ，ジンファンデル，マルベック，トゥーリガ・ナシオナル，カルムネール，ピノ・グリ，シュナン・ブラン，ミュスカ・ブラン・ア・プティ・グラン（ミュスカ・ブラン），ヴィオニエ，ピノ・ブラン，マルサンヌ)

・各品種のはじめに書かれている「主要な別名」と「よく○○と間違えられやすい品種」は，原著の表記方法に従い，本書に掲載されている品種名はすべて大文字(CHARDONNAY)，それ以外の品種名は頭文字のみ大文字(Auxerrois)で表記しました．なお，品種名に「？」が付いているものは，著者のVouillamoz博士に確認したところ，出版時に疑いが残る，あるいはまだ確認の必要があり断定できないもの，とのことです．

地名・原産地呼称等

・各品種の項目ごとに，可能な限り1回目はカタカナと括弧書きで原語，2回目からはカタカナのみ，としましたが，非常にマイナーな地名は原語のみとしました．なお，国名やアメリカ，カナダの州名は初回からカタカナのみとしました．中国地名は漢字と英語，日本の地名は漢字表記としています．

・必要に応じて，州や県などを補い，地名とわかるように努めました．市町村に相当するフランスのコミューン，イタリアのコムーネはこのとおりの表記としました．

・原産地呼称等と明確にわかる場合は，ラベルに表示されることを考慮して，原語表記としています．ただし，原産地呼称が地名と同じ場合が多くあるため，どちらともとれるような場合は地名扱いとしています．

人名

・原則，原語表記とし，人名とわかるよう「氏」などを付けました．

・歴史上の著名な人物はカタカナとしました．

・引用文献には「氏」を付けていません（例：This *et al.* (2007)）．また，「(Vouillamoz)」とのみあるものは，著者のVouillamoz博士が収集した情報のうち，未発表のものです（「この本の使い方」の項目を参照).

大学や研究所等

・原則，機関名に含まれている地名などの固有名詞は，できるだけカタカナと括弧書きで原語を併記し，「大学」や「研究所」などは日本語としました.
・日本でもよく知られている，カリフォルニア大学，ボルドー大学などは日本語のみとしました.

ワイナリー名，ブランド名

・ワイナリー名は原語表記とし，適宜「社」や「・・・等の生産者」等を補いました.
・ブランド名は原語表記とし，紛らわしい場合は「ワイン」を補いました.

病気や害虫の名

・日本語名のあるものは，専門家に確認のうえ，日本語で表記しました.
・日本語のないものは，カタカナまたは原語表記としました.

序　論

ブドウ品種の重要性

20世紀の中ごろまで，ワインの消費者はブドウの品種についてほとんど知識をもっていなかった．彼らはドイツワインのボトルにリースリング（RIESLING）とか，マデイラのボトルにVERDELHOなどの名が書かれているのを目にすることがあったが，これらがブドウの品種名であると認識していたワイン消費者はほとんどいなかった．実際に他のすべてのワインは，たとえばブルゴーニュ（Burgundy），ポマール（Pommard），シャンベルタン（Chambertin）あるいはシャトーオーブリオン（Chateau Haut-Brion）というように，地域，村，ブドウ畑あるいは場所などブドウが栽培された地名にちなんで名前が付けられていた．一方，アメリカのエネルギッシュなワインライターでワイン商でもあり，フランスワインに対する敬意のある意味で外にいたFrank Schoonmaker氏が，カリフォルニア州の生産者に，たとえばブルゴーニュというような借り物の一般的な用語を使わず，そのワインのもととなったブドウの品種でワインを呼ぶことを推奨した．

このように20世紀中ごろから終わりにかけて，特にヨーロッパ以外のワインの消費者には，最も有名なボルドーの赤ワインやブルゴーニュの白ワインにそれぞれ対応するカベルネ・ソーヴィニヨン（CABERNET SAUVIGNON）やシャルドネ（CHARDONNAY）など，生産者が早速品種名を表示したラベルのボトルが紹介された．このいわゆる品種表示（ヴァラエタル）ラベルは伝統的な地理的表示の複雑なラベルよりも多くの点において容易に理解された．一般的に比較的少数の品種のみが市場に流通していた，品種ラベルの初期には特にそうであった．1980年代から1990年代初期にかけて，たとえば最も人気のあるブドウの品種であったカベルネ・ソーヴィニヨン，メルロー（MERLOT），シラー/シラーズ（SYRAH/SHIRAZ），シャルドネ，ソーヴィニヨン・ブラン（SAUVIGNON BLANC）など一握りの名前を覚えておけば，ワインのすべての世界の扉を開くのに十分であり，それほどこれらの品種はブドウ畑，すなわちラベルを席巻していた．

1990年代までに品種ラベルはとても一般的になったので，たとえ最も古典的なヨーロッパのワイン産地，たとえばボルドーやブルゴーニュであっても，アメリカや南半球からのポピュラーなヴァラエタルワイン同様に彼らのワインが容易に認識され販売されるよう，ブドウの名前を彼らのラベルに加えることをフランス当局に請願し，許可された．やがてシャルドネやピノ・ノワール（PINOT NOIR）の名はいくつかの安価なブルゴーニュワインのラベルへの表示が許可され，他方，変わった名前のボルドーワインはメルロー－カベルネとして販売されるようになった．

同時に品種ラベルがもたらした有益な効果として，生産者と消費者，双方のブドウ品種に対する興味が劇的に高まり，その結果，意図して栽培されるブドウ品種の数が急増した（より無作為に，時には混植の一部として認識されることすらない栽培とは反対に）．おそらく1990年代初期に我々がさらされた限定的なブドウ品種に飽きたことへの反動もあり，様々なブドウ品種やワインの歴史において，これまでは見られなかった地方のローカル品種あるいは在来品種への興味が増したことで，現在，私たちは恩恵を受けている．イタリアだけでも約380の品種が現在市場に流通するワインに使われており，最近まではわずかに1軒か2軒の農家のみにしか認識されていなかった歴史のあるブドウ品種を絶滅から保護したり回復させたりする取り組みが，国中で行われている．初期にはスイスにおいて同様の取り組みが行われ，ROUGE DU PAYS，HUMAGNEおよびHIMBERTSCHAなどの在来品種が救済された．他方ジェール（Gers）の協同組合の

Plaimont グループはフランス南西部で同様の成果を得た．現在では World Wine Life Fund などによる同様のイニシアチブはヨーロッパ中で見られ，その結果，巨大市場に流通するワインであっても，15 年，もしくは 10 年前と比べても計り知れないほど幅広いブドウ品種が提供されている．

*varietal は，最も論理的にはワインやラベルの表示方法に用いられる形容詞である．関連する名詞は variety（品種）で，これはワイン生産に使われた特定の種類のブドウを指す．正確さを大切にする人たちからは残念に思われているが，最近は植物を varietal と表現する傾向がある．しかしこの表現はもう止めることができないくらい普及しており，それは我々の努力が足りなかったからではない．

世界で最も一般的なブドウ品種についての気候－成熟期の分類．世界中で高品質～起高級なワインが生産される代表的な地域における生育期の平均気温と，ブドウの生理的温度要求の関係に基づいて，この分類を構築した．図中のバーの両側の破線は，さらに多くのデータが蓄積されることで修正される可能性があることを示している．しかし＋/－0.2～0.5℃より大きな値での修正はありそうにない（Jones 2006）．なお，生食用*およびレーズン用*のブドウは最高 24℃かそれ以上の気温条件下で栽培されている．この図と関連する研究は現在も進行中であり，図を作成した Gregory V Jones 教授（南オレゴン（Southern Oregon）大学）の許可を得て掲載した．

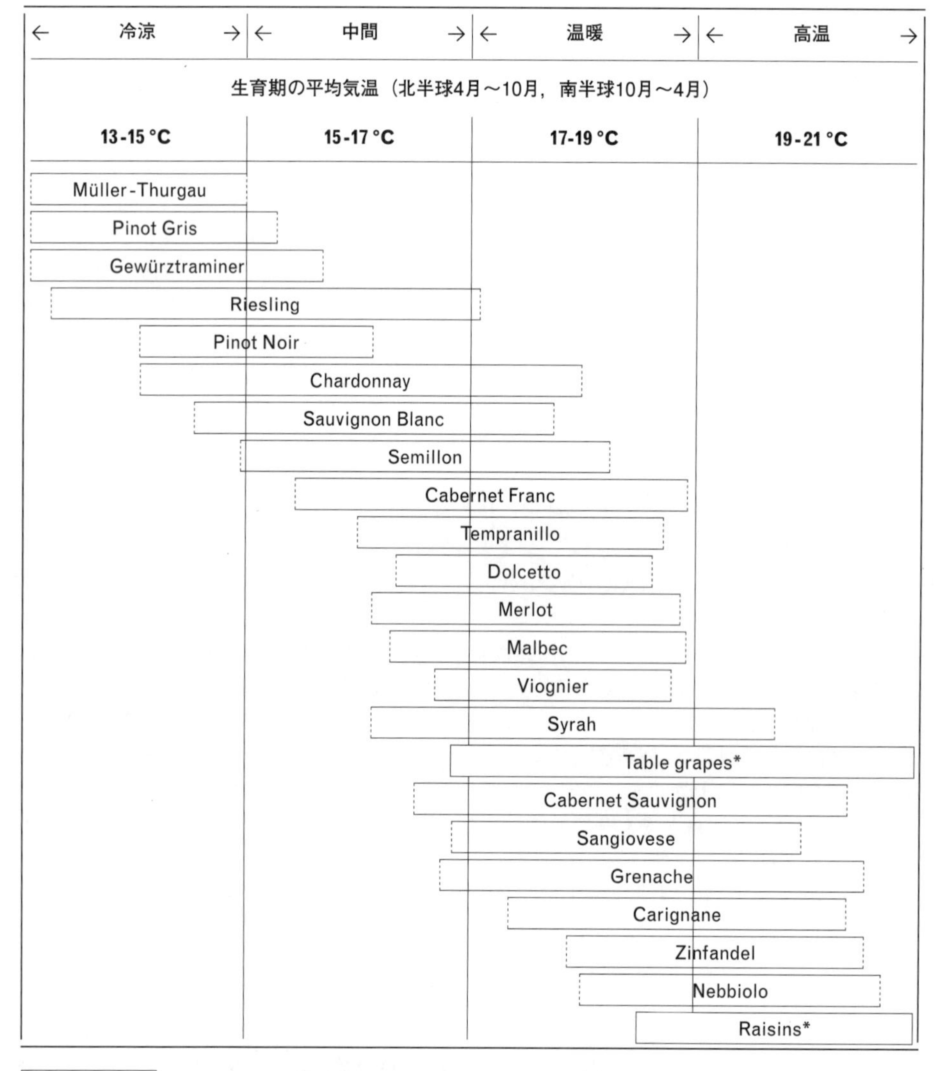

しかしワインの世界はとても小さく，今日では密接にかかわりあっている．アデレード・ヒルズ（Adelaide Hills）あるいはサンタ・イネス・バレー（Santa Ynez Valley）の栽培者がエキサイティングで新しいイベリア半島のブドウ品種に関する記事を読んだりテイスティングして，彼らのうちの一人か二人が自分たちでその品種を植えてワイン造りに挑戦したいと思うかもしれない．植物検疫による制限の中で，前世紀には考えも及ばなかったブドウの穂木の国際的な運搬が行われている．この植物資源は，イタリアかフランスの有

名なブドウ苗木業者からヨーロッパ以外の栽培者へというのが典型的な方向であった．しかし現在では世界中で真剣なブドウの苗木業者数は増加している．彼らのすべてが，可能な限り包括的なブドウ品種のコレクションをもつことを熱烈に望んでいる．

樹齢を経たブドウに対するのと同じくらい，「遺産品種」（長く受け継がれてきた品種）に対して，消費者と特に生産者は心からの好奇心と情熱を抱いている（p XXV 参照）．私たちは本書が，ワインの消費者が飲んでいるワインに対してもつかもしれない疑問に対する回答の手助けになるだけでなく，栽培者にとっては，彼らの地域やブドウ畑がどんな品種の栽培に最も適しているかを知る手助けにもなることも望んでいる．

本書では，それぞれの品種がいつ熟するか，どのような害虫や病気に特に被害を受けるか，どのような種類のワインになるか，などについて可能な限りの情報を提供しようと試みた．いくつかの品種は地域や気候にとてもよく適応するが，別の品種はとても神経質で気候に対して敏感である．いくつかの品種は他より成熟に時間を要し，生育期間と気温，品種が必要とする日照条件によく適合した場合にのみ最高の結果が得られる．とても早熟の品種は高温の気候環境ではある程度の成熟を示すが（まずまずのアルコール分を得るために果粒中に十分な糖度に達する），さほど豊かなフレーバーは蓄積されないので栽培できる地域はほとんどない．他方，冷涼な気候環境では，晩熟の品種が十分量の糖度を得る年はめったにない．萌芽期が早い品種にとっては，春に霜が降りる場所が特に被害をうけやすい地域である．前掲の図は，Greg Jones 教授が作成したものであるが，世界で最も有名ないくつかの品種について，気候とブドウの成熟の関係を示したものである．

現在ワインの分野で起こっているもう一つの目に見える変化は，二つ以上の品種名がラベルに記載されたワインの数が増加しているということである．ヨーロッパ内およびほとんどのワイン生産国において，単一のブドウ品種名をラベルに表示するためには少なくともその品種を 85% 含んでいなければいけない（アメリカ国内では 75%）．このことは，高い価値をもち高価な品種の名前が表示された市販ワインのなかには，実際にはより安価な，あるいはよりたくさん生産されている品種が 15% まで含まれているものがあることを意味している．

しかしながら，異なる品種をブレンドしたワイン（ボルドーやローヌでは必須）を意図的にマーケティングする明確な潮流があり，ブレンドによって，より興味深い複雑なフレーバーをもつワインを作る，あるいは品種よりも産地を強調するという目的をもっている．本書では，いずれのブレンドが最も一般的で成功したものかを紹介しようとした．たとえばいわゆるボルドーブレンドでは，カベルネ・ソーヴィニヨン，メルローに加えカベルネ・フラン（CABERNET FRANC），PETIT VERDOT，マルベック（MALBEC/COT の項を参照）およびカルムネール（CARMENÈRE）のうちいくつかが赤ワインに用いられ，セミヨン（SÉMILLON），ソーヴィニヨン・ブラン（SAUVIGNON BLANC）が白ワインに用いられる品種である．グルナッシュ（GRENACHE（GARNACHA 参照）），シラーおよびムールヴェドル（MOURVÈDRE）（MONASTRELL 参照）は南フランスのブレンドで，徐々に他の地方でも増えている．また南フランスで栽培されるヴィオニエ（VIOGNIER），マルサンヌ（MARSANNE），ROUSSANNE および GRENACHE BLANC などのブレンドは世界中で次第に一般的になってきている．ピノ・ノワール，PINOT MEUNIER，シャルドネのシャンパーニュブレンドのレシピはあちこちの生産者による発泡性ワインで見習われている．二種類以上の品種を使って作られたワインは，ブレンド割合が高い順に品種名を記載しなければいけないと法律で定められている．

ブドウの一族

本書に記載されているそれぞれの品種は，単一のブドウの種（しゅ）か，少数ではあるが二種以上のブドウの交雑品種もある．ワイン用ブドウは，植物学的には *Vitaceae* と呼ばれる木本のつる性の植物の科（family）に属し，そのうち *Vitis* 属は 65 から 70 の種（しゅ）を含んでいる．ほとんどの *Vitis* 属の種（しゅ）は北アメリカ（*Vitis labrusca*, *Vitis berlandieri*, *Vitis riparia*）か東アジア（*Vitis amurensis*）に在来のものであり，これらからも時にワインが作られるが，世界中のワインの大多数はユーラシア固有の *Vitis vinifera* から作られている．この種名は「ワインを生みだすブドウ」という意味をもち，常にワインの品質と風味の優良性を示している（博物学者の Carl von Linne 氏がこの種（しゅ）に最初に名前をつけたので完全な専門用語では *Vitis vinifera* L. である）．アメリカ品種，特に *Vitis labrusca* から作られるワインは —— 明らかに遺伝的な風味 —— 動物の毛皮と砂糖漬けのフルーツを合わせたようなしばしばフォクシーと表現される非常に独特のフレーバーをもつ．似たようなアロマと味はアメリカ合衆国で広く販売されている CONCORD ブドウから作られるジュースやゼリーに見られる．

Vitis vinifera は二つの亜種に分けられることがある．一つは *vinifera*（フルネームは *Vitis vinifera* L. subsp. *vinifera*，または subsp. *sativa* と呼ばれる）で，ユーラシアブドウとして栽培されるものである．もう一つは *silvestris*（フルネームは *Vitis vinifera* L. subsp. *silvestris*（C. C. Gmel.）Hegi）で，ポルトガルからタジキスタンの地域と北アフリカや西ヨーロッパの主要な大陸の川にそった地域に自生し，多くの場合，木に巻き付いて生長する（Arnold *et al.* 1998）．

しかしながらこの二つの亜種の生理的性質には重複する部分があり，違いは進化によるというよりも，おそらく人間による栽培（p XXVIII 参照）の結果生じたものであると考えられるため（Zohary and Hopf 2000），この二つの分け方には疑問が残る．最も明確な野生ブドウと栽培ブドウとの違い —— そしてこの違いが栽培を成功させるために最も重要な違いであるが —— は，花の性である．*silvestris* のブドウは雌雄異体であり，これは同じブドウの樹の花のすべてが雄花か雌花のいずれかであることを意味する．他方，*vinifera* のブドウは雌雄同体であり，これは同じブドウの樹に雄花と雌花の双方があり，後述するように近くに別の品種を受粉のために植える必要がないことから，栽培が非常に容易で収量が多い．重要なことは，とてもわずかな割合だが *silvestris* ブドウに雌雄同体が見られることで，それが栽培ブドウの出発点となったことに疑いの余地はない．

ブドウ品種，変異およびクローン

ブドウの品種とは何か？　いかにして新しい品種が自然に出現したか？　とても率直なこの疑問には複雑な答えがある．そのために品種，変異，クローンというしばしば混乱して間違って使われる言葉を区別する必要があり，それが本書の重要な特徴である．また，これらの疑問によって，今日，消費者にワインの選択を戸惑わせている，世界中のブドウ品種の膨大な遺伝的多様性を説明することができる．

ある一つのブドウ品種はすべて一つの種から生育した一本のブドウの樹に由来し，この種は二つの親品種間の有性生殖の結果である．新しい品種が生まれるには，次の条件が満たされなければいけない．

- ブドウの果房で花が受粉し，果粒が形成される
- 果粒は地面に落下するか動物（多くの場合に鳥）により食べられ運ばれる
- 土の上に落ちた果粒からブドウの種が発芽して実生ができる
- 結実するまで少なくとも 3 年間は小さい植物体が生き延び，そして興味深いブドウであると認められる

こうしたすべての基準が満たされたとき，一つの父品種と一つの母品種から新しい品種が生まれたことになる．この一連の過程は世界中ですべての品種が生まれる自然の過程を表している．大部分の植物同様，ほとんどすべての栽培ブドウ品種は雌雄同体であり，オス器官（花粉をつくるおしべ）とメス器官（受精のための子房を含む雌ずい）の両方を有している．いくつかの例外があり，機能的にはメスの品種は近くにオスの樹を受粉のために必要とする（たとえば LAMBRUSCO DI SORBARA 参照）．

花粉は，風，ハエなどの昆虫により，時に同じ花の，また時に同じ樹の別の花から，または同じ品種の別の樹の花からブドウの花のめしべに達する．これらはどの場合も，自家受粉あるいは自殖として知られている．他のブドウ品種の樹の花の花粉によって受粉がおこれば，これは異花受粉である．現代では，毎年の豊かな収穫とブドウ栽培者とワインの生産者の経済的健全性を保証する，厳密に管理された単一品種が栽培されるブドウ畑では，自家受粉がより一般的な現象である．

ブドウ品種には信じられないくらいの遺伝的多様性があることから，交配が今日存在するすべての品種の起源であり，異なる遺伝子の複合によって，より特徴的な，より興味深い新しい品種を生みだし，ワインの作り手に常に広がり続けるパレットをもたらしていることが示唆されている．20 世紀初期まではいくつかのブドウ品種が混植されることが多く，異なる品種と自然に交配したので，こうした交配は一般的であった．ブドウの育種家は他のブドウの花粉を用いてより計画的に受粉することで，この過程を複製しているのかもしれない．

しかしながら，すべての新しい品種がブドウ栽培家の選択肢やワインの消費者の喜びを増やしたというわけではない．もし毎年地球上で自家受粉によって生まれた数えきれないくらいのブドウの種の一つが偶然あるいは計画的に植えられると，この実生は近親交配により高い同族性をもった新しい品種になるのだが，一般に退行性で病気への感受性が高いものとなることが多い．

特定の品種の特定の樹の望ましい性質を維持するためには，—— ワインのフレーバーと同じくブドウ畑における性質の視点から —— 穂木や取り木で栄養繁殖するというものでなければいけない（用語集 p 1280

参照）．しかしながら，必ずしも変化を避けることはできない．植物が成長する際，各細胞が分裂し，DNA が複製されるときにエラーがおき，結果として自然突然変異が生じる（変異の言葉は後述するように，その過程によっておこる結果と同様に過程に対しても用いる）．これら変異の大多数はブドウの樹や，それから作られるワインには影響を与えない．なぜならば変異は DNA のタンパク質をコードしない領域への影響だからである．

数十年または数世紀にわたる栄養繁殖の間に，それぞれのブドウ植物は数百あるいは数千の新しい変異をもつことになる．それらのほとんどは認識されることはなく，わずかに人間の目にとって望ましい効果が表れたもの —— たとえば，より小さい果粒やより高い収量など —— のみが認識され，別に繁殖される．それらがクローンである．同じ品種の異なるクローンの間には多大な違いがあると述べているブドウ栽培家もいる．それらは遺伝的にほとんど同一であるが，いくつかのクローンは他よりもとても容易に成熟し，あるものは樹勢が強く，また果皮の厚さと色は様々で，そのため作られるワインのスタイルは影響をうける．クローンは苗木業者や栽培者によって特別な形質のために選抜される．また数百の異なるクローンが流通している品種もある（クローン選抜と集団選抜（マスセレクション）の違いは用語集を参照）．本書はもう充分長いため，我々が特に必須だと感じ，またとても興味深いストーリーであると考えたわずか数種類の品種に限り個々のクローンについて述べた．

特定の品種の有形の変化がいかに劇的であろうとも長時間をかけた変異の蓄積が新しいブドウ品種を生み出すわけではなく，オリジナルの品種のクローンにすぎない．そのためブドウ品種（国際命名規約（International Code of Nomenclature）では栽培品種は cultivar と呼ばれる）は，有性的に父系品種と母系品種との交配によってできた一つの種（たね）に起源をもつ形態学的に異なるクローンのグループとして定義される（Boursiquot and This 1999）．

これがなぜピノ・ノワール（濃い果皮色），ピノ・グリ（PINOT GRIS）（灰色またはピンク色の果皮）およびピノ・ブラン（PINOT BLANC）（薄い色の果皮）が単一の PINOT 品種の変異によるもので，異なる品種ではないと考えられるかの理由である．それらは単純に特定のタイプの変異によって生じた同じの品種の果皮色の多様性である．アントシアニンの生合成を制御する遺伝子の DNA 領域にトランスポゾン（動く遺伝子）が挿入され，果粒の黒色の果皮色の欠失をもたらしている（This et al. 2007）．ピノ・ノワール，ピノ・グリおよびピノ・ブランは標準的な DNA プロファイリング法（後述）では区別できないことから，遺伝的には同じ品種に属すると考えられている．

古い品種はより多くの変異があると考えられている．それらの変異は繁殖の時に選抜されているので，ブドウの変異の回数が多いほど，クローンもたくさん存在することになる（ブドウ畑における変化は後述参照）．たとえば，PINOT には数百のクローンがあるが，これは PINOT がとても古い品種だからであり，かつて誤って考えられていたように，他の品種よりも自然におこる変異の頻度がより高いからではない（PINOT の項目参照）．

いく人かのブドウの形態分類の専門家およびライターは，サンジョベーゼ（SANGIOVESE）のような特定の品種がブドウ畑で見られる顕著な多様性を表す場合にポリクローナル（polyclonal）という用語を用いている（詳細はサンジョベーゼの項目参照）．しかしながら，それはこの本で用いている品種の定義とは相いれず，ブドウ畑においてポリクローナルといわれる個体は真の品種とその子孫からなり，それらはほとんどの場合自家受粉の結果である（上記参照）．

ブドウの育種

本書で述べた多くの品種は育種家によって意図的に作り出されたものであり，通常は生産性，フレーバー，天候や病気および害虫などによる困難さに打ち勝つという望ましい性質を強化することを目的として育種が行われる．異なる品種の意図的な交配は，かつて長きにわたってブドウ畑で起こっていた自然交配を真似たものであり（上述），今日私たちになじみのある品種の多くをもたらした．本書を通して，私たちは同一の種に属する二つの品種の交配（種内交配ともいう）の結果もたらされる品種を交配品種と呼ぶ．また二つの異なる種の品種を交配させること（種間交配ともいう）でもたらされる品種を交雑品種と呼ぶ．ブドウ畑で自発的に起こる交配には自然交配の言葉を用いることにする．

ブドウの育種は 20 世紀初期から中期にかけて，うどんこ病・べと病およびフィロキセラの襲来の後のヨーロッパで特に活発に行われ，Seyve，Villard，Seibel および Bouschets 各氏などのフランスの育種家たちが，病気や害虫に対するより強い抵抗性を有し，さらに／あるいは生産性が向上した多くの新しい品種を発表した．最もよく知られ，また今日最も広く栽培されているものは *vinifera* 品種の ALICANTE BOUSCHET

(ALICANTE HENRI BOUSCHET の項参照）であるが，VILLARDS BLANC，NOIR および育種家にちなんだ Seibel の名前をもつ他のいろいろな交雑品種は，特に 1950 年代から 1960 年代にかけてフランスで一般的であった．戦後の貧しい時代には品質の微妙な差異や非 *vinifera* の特徴がないこと，という観点よりもほとんどの農家にとって高い収量であることが重要であった．しかしながら 20 世紀の終わりまでに，ほとんどの交雑品種はヨーロッパのブドウ畑から排除され，EU 内での原産地呼称保護ワイン生産から締め出された．

ご自慢の 1971 年のドイツのワイン法によれば，ブドウの最も望ましい単一の要素として高い糖レベルを重視しており，ドイツのブドウの育種家に対して，彼らが作る品種，――MORIO-MUSKAT，OPTIMA および SIEGERREBE など――の糖レベルで互いに出し抜くことを推奨した．しかし，スイス生まれの Hermann Müller 氏が 1882 年に開発した最も人気のある交配品種である MÜLLER-THURGAU の親子関係を明確にするのに一世紀以上かかったことは有名だ．幸いなことに現代のドイツにおいては，より上品なワインになる望ましい品種を作ることが優先され，こうしたボディービルダーを作る方針から撤退することになった．

他方オーストリアの育種家は，BLAUBURGER，NEUBURGER および ZWEIGELT などの立派な遺産を残した．ニューヨーク州の北部，ロシアやウクライナなどの特に冷涼な気候では，育種家は冷涼さに耐えうる品種の開発に専念した．この開発では二つの *vinifera* 品種の交配よりも交雑育種が行なわれることのほうが多く，寒冷耐性のアジアブドウ種 *Vitis amurensis* の遺伝子を取り込むこともあった（たとえば接尾辞 Severny がついた品種参照）．

20 世紀半ばのカリフォルニア州の育種家は，現在では赤ワインの色付けに用いられている高貴さに欠ける RUBIRED や，いまも世界中にかなりの数が残っている RUBY CABERNET などの開発により現在でも多くの人々の記憶に残っている．

現在の新しい品種はそれから作られるワインの品質にこだわって育種されてきたが，CALADOC，CHASAN および PORTAN などのフランス南部の育種家の努力により生まれた品種や，TARRANGO や CIENNA のような品種を開発したオーストラリアの育種家の成功にも関わらず，新しい品種の開発よりも古い品種の再発見への興味が増している．多くの育種家は，耐寒性でかつ耐病性をもつ品種をつくる必要性とともに，地元産のものに対する情熱やそれに対する地元での人気が動機になっているようだが，耐寒性の交雑品種，たとえば TRAMINETTE や FRONTENAC などが開発されたアメリカの中西部は現代のブドウ育種のもう一つのホットスポットである．

新品種の別のサブグループは，よく起こるブドウの病気に耐性をもち，そのためほとんどの従来型の品種より農薬の使用がとても少なくてすむことを目標として育種された交雑品種である．REGENT，RONDO および SOLARIS などの交雑品種は，ワイン生産の世界では最も低温で最も湿った環境において特に有用である．近年，地球温暖化だけでなく，これらのブドウ品種の出現が，ブドウ栽培の限界を北極に向かって拡大している．三種あるいはそれ以上の種(しゅ)に属する品種が使われることが多い複雑なブドウ育種プログラムによって，非常に耐性の強い品種（たとえば L'ACADIE BLANC の項参照）が生み出されてきたのだが，それに代わる方法としては既存の品種の遺伝子操作が考えられる．しかしこれまでのところワインの消費者は食品の純度にこだわりをもつのと同じくらい遺伝子操作に抵抗している．

害虫と病気

害虫と病気はブドウの収量とワインの品質の両方に影響を及ぼし，ブドウ栽培家に対する大きな経済的脅威であるとともに，ブドウ育種家が耐性のあるクローンや品種を開発するための動機になっている．

世界のワインの圧倒的多数を担っているヨーロッパのブドウは様々な害虫や病気，特にカビによる病気の餌食になった．19 世紀に北米からヨーロッパへ持ち込まれた二つの主要なカビの病気と一つの致命的な害虫は，ブドウ栽培の歴史において広範囲な大きな影響を及ぼすこととなった．ビクトリア朝時代の人々には植物標本の収集が好まれたが，蒸気船が大西洋を難なく早い速度で航海するようになると，北米の植物が生きたまま持ち込まれただけでなく，北米の植物の病気の原因となる生物もたまたま一緒にヨーロッパに持ち込まれた．うどんこ病，すなわち *oïdium* は 1845 年に最初にイギリスで見つかったが，ヨーロッパ本土に広がり，ブドウを病気にし，衰弱させた．硫黄の噴霧によって助けられたが，このカビの病気との闘いは現在でも続いている．

1860 年代に，フランス南部のブドウが別の謎の病兆を示した．夏にブドウが弱り，次の春には成長が困難になった．ヨーロッパのほとんどにこの現象が広まってから，現在広くフィロキセラとして知られる北米

のアブラムシが *Vitis vinifera* のブドウの根を食い荒らしてブドウを枯らし，おびただしい数の畑のブドウを被害にあわせたことが明らかになった．フィロキセラの影響は壊滅的で 1875 年から 1889 年の間にフランスでのワイン生産は 4 分の 3 が減少した．害虫は徐々に広がり事実上すべての主要なワイン生産地に及んだ．

この害虫は北米で知られていたものと同一であり，北米の在来の品種にはほとんど影響しないことが明らかになった．パニック状態での試行錯誤の後，ついにフィロキセラに耐性をもつ北米の台木（下記参照）にヨーロッパ品種を接ぎ木するという解決方法が見いだされた．北米種に属する品種のワインを好む世界のワイン愛好家はほんのわずかであるが，すべてのワイン愛好家はこうしたフィロキセラに耐性をもつアメリカブドウに感謝する必要がある（実際は，個々の抵抗性には違いがある）．

1870 年代の終わりころ，世界のヨーロッパブドウ品種は北米からの別のカビの病気であるべと病すなわち *peronospora* の餌食になった．ボルドー液（フランス語で *bouillie bordelaise*）として知られる硫酸銅の噴霧が 1880 年代中頃までに最も効果的な処置方法であることがわかり，いまも広く使われているが，現在ではワイン生産地域の土壌に重大な銅の毒性をもたらし，土壌細菌に有毒でブドウの健康にもダメージを与えている．

接ぎ木は時間と経費を要する仕事である．フィロキセラが確認されていない南オーストラリア州，アメリカのオレゴン州ではヨーロッパブドウ品種を直接土壌に植えているが，きわめて注意深くフィロキセラを排除する必要がある．南オーストラリア州で，まだフィロキセラが見つかっていないのは，ひとえにフィロキセラがすでにはびこっているビクトリア州との境界における検疫の厳しさのおかげであろう．フィロキセラは 1990 年代にオレゴン州で表面化し，またビクトリア州のヤラ・バレー（Yarra Valley）でもごく最近再浮上した．フィロキセラは中国でのブドウ栽培には大きなインパクトを与えていないが，中国の生産者は海外からの穂木の輸入に熱心なので大きな問題になる可能性がある．チリは現時点ではフィロキセラが確認されていない唯一の主要なワイン生産国であるが，ブドウの樹勢の強さを低減し，ブドウの樹のエネルギーを果粒の成熟に向けるためにアメリカ系の台木にヨーロッパブドウ品種を接ぎ木している生産者もいる．

最近広がっているブドウの病害虫および病気の脅威はカビの病気によるものであり，たとえばエスカ病やユーティパ・ダイバックなどは，特にブドウの木質に影響を与え，それらはいくつかのフランスのワイン生産地域で重大な影響を及ぼしている．また，現時点では対処方法のない次の二つの病気も脅威である：Grapevine Yellows（*flavescence doree*: 細菌の関与により葉が黄化する病気の総称）は多くのワインの産地で見られ，また，ピアス病はアメリカの南部の州やカリフォルニア州でブドウの樹を枯らしている．

それぞれの品種ごとに個々の害虫や病気に対する感受性が異なっている．本書ではブドウ栽培の特徴の項目でそれぞれの品種について詳細を記載した．こうした感受性は高い品質の果実ができる場所と方法，また同時に経済的な可能性に対しても影響を与える．

台木，接ぎ木および流行

現在ワインの生産者に栽培されている様々な品種の台木についてのみを記載するだけでも，一冊の類似書ができる．台木は特定の土壌の性質，気候のパターンなどの地方の条件への耐性，また特定の害虫への耐性やブドウの樹の樹勢の抑制効果によって選ばなければいけない．しかし台木がワインの味わいに劇的な影響を与えることは少なく，台木に対するワイン愛好家の直接的な興味は非常に少ないこともあり，私たちは本書では *Vitis vinifera* 以外の品種も含めワイン生産に使われる異なる多くのブドウの品種についてのみ，論じることにした．

近年では特に，品種名がラベルに表示されるので，ブドウの品種がより重要になっている．人気のある品種の流行り廃りがあるため，すでに植えられている台木の上に栽培家がより価値の高い品種を接ぎ木することは決して珍しくない．これは高接ぎとして知られている．たとえば 1970 年代の終わりから 1980 年代にかけて，ワイナリーでの温度管理が必要条件になり，フレッシュでフルーティーな新しい白ワインの需要がピークであった時期には，シャルドネは最も望ましい品種であると考えられた．高接ぎによって，COLOMBARD やシュナン・ブラン（CHENIN BLANC）などの主力だった大量生産品種は，より魅力的なシャルドネに置き換えられた．アメリカ合衆国では，次の流行のスポットライトが短い期間メルローにあたり，つづいてピノ・ノワールに移った．高接ぎによって，ある品種から別の品種に短時間で切り替えることが可能になったのである（同時に各品種の栽培面積の統計に混乱が生じた）．

樹齢

ほとんどのブドウの樹は植えられてから3年目以降に商業規模でワインが作られる．ワインの生産量はおおよそ6〜20年で安定状態に達し，その後は徐々に減少する．ワインの品質はふつう樹齢とともに向上する．これはブドウの根が広範囲に広がり，土地によく馴化することがその理由の一つであろう．そのため古いブドウの樹は名声を得て，しばしばラベルに，Old Vines，Vieilles Vignes，Vinhas Velhas，Viñas Viejas，Alte Reben などと記載される．

それらの収量は比較的少ないので，たとえ容易に凝縮された高い品質のワインが作られても，特にEUが最近行っているように総栽培面積を減らすための財政的奨励金が支給されるような場合には，古いブドウの樹は引き抜かれる主要なターゲットとされる．ヨーロッパにとってブドウ栽培がいかに重要でそれが数世紀にわたって続いてきたかを考えると，まだ生産に使われている古いブドウの樹の数が比較的少ないことに驚かされる．ブルゴーニュにはある程度の古い樹があり，ラングドック（Languedoc）やルシヨン（Roussillon）も同様でヨーロッパ中の他の地域にも，たとえばギリシャの島やモーゼル（Mosel）からプリオラート（Priorat）さらにはドウロ（Douro）などのところどころに古い樹が残されている小地帯がある．しかし一般的にはヨーロッパのワインの生産者は現実的で，収量を維持するために，25〜30年ごとに古い樹を抜いて接ぎ木された苗木への植え替えを計画的に行っている．あまり一般的ではないが，必要に応じて1本1本植え替える場合もある．ただし，これは古い樹から作られるワインの収量が少ないという欠点を補ってあまりあるくらいの高い価格で取引されるときに限ってのことである．

世界で最も古いブドウの樹が広く栽培されているのは，意外なことにおそらくカリフォルニア州であろう．19世紀の終わりから20世紀初頭にかけての禁酒法が多くのブドウの樹の保全に役立った．1920年代にワイン産業が崩壊したことで，単に植え替えにともなうコストにみあう価値がなかっただけのことで，多くは事実上放棄された樹である．南オーストラリア州のバロッサ（Barossa）は特に乾燥した気候で，多くのシレジア（Silesia）出身の極端に伝統を重んじるブドウ栽培家がおり，彼らはヴァラエタルの流行に屈することに気が進まないのであるが，ここは樹齢100年を超えるブドウのホットスポットでもある．また南米や南アフリカ共和国にも所どころにそうした地域がある．

ワイン生産にとって量よりも品質が重要であるこの時代に，すべてではないにせよ，ワインの濃厚さを保持するために多くの古いブドウの樹は保存されなければいけない，と徐々に認識されるようになった．カリフォルニア州では，この州にある節くれ立った，古いブドウの樹の詳細を記録し，とりわけ引き抜いてたまたま流行の最先端であった品種に植え替えようとする脅威から保存しよう，という明確な意思をもったワイン生産者によって，Historic Vineyards Society が設立された．同様の取組がバロッサ・バレーでも見られ，古いブドウから作られる彼らのワインのボトルに黒ラベルを貼ってブドウの樹齢を表示することに誇りをもつ生産者の数が増えているが，‘Old vines’ という用語は相対的な用語であって，その定義に対する国際的な合意は得られていない．

ブドウ畑の変遷

害虫と病気の項で前述したように，1860年代から西ヨーロッパのブドウ畑をフィロキセラが襲い，ブドウ品種の多様性が激減した．栽培家は *vinifera* 品種をフィロキセラに耐性をもつアメリカ系の台木に接ぎ木して畑に植え直さなければいけなかった．その際，彼らは多くの古くからある在来の地方品種を捨てて，少数のより流行している，あるいは栽培が容易な品種に植え替えた．今日では長く忘れられていた品種への興味が増しており，多くの栽培家は絶滅の危機にある品種の救済に関わっている（たとえばLIMNIONAの項参照）．

畑には耐病性や生産性によって選抜された少数のクローンが栽培されているため，それぞれの品種のクローンの数も激減している．しかし一部の栽培家は継続してクローンの多様性を維持するため，古い畑で複数の最高のブドウの樹の選抜を続けている（集団選抜（マスセレクション）あるいは *séléction massale* として知られる）．

栽培方法は19世紀の終わりに劇的に変わった．畑で枯れた樹を取り除いたあとに新しい樹で補う取り木という伝統的な増殖方法（用語集のp 1280参照）は，接ぎ木されたブドウを直接植え付ける方法に置き換えられ，これはブドウの苗木業者を繁栄させた．当然の結果として，白と赤，遅い品種や早い品種などが混植され一緒に収穫されること（畑でのブレンド）はなくなっていった．フィロキセラ被害の前からあり奇跡的に生き残ったわずかな畑や，いくつかの最近の試験栽培という例外はあるが，現代の畑では一般に単一品種，多くの場合単一クローンが栽培されており，これは畑で異なる品種が自然交配し，新しい品種を生み出すことはもはやないことを意味している．

ワインの命名と表示

単一品種が栽培される畑は，ラベルや販売に際して非常に便利である．それがフロントラベル，バックラベルあるいは宣伝文句で述べられたとしても，単に生産者のみならず，消費者も自分が飲んでいるワインにどんな品種が含まれているかを知りたいと考えている．20 世紀の終わりにかけて，ワインの世界が一握りの国際品種によって規定されるようになったとき，実際に遺伝子操作に取り組む科学者よりも先んじて，次のようなアンチ GM（遺伝子操作）の議論があった．遺伝子操作された品種には新しい，なじみのない名前をつける必要があるから，それらを販売するのは不可能であろう．今日のブドウの品種名の壮観さ（この本の見出しを見ていただきたい）はどれくらい消費者の嗜好がそのころから進化したかを物語っている．

しかし品種の命名は非常に紛らわしく，同じ品種が場所によって多くの異なる名前で呼ばれていることがあちこちでおこっており，時には同じ場所であってもそうである．たとえば DNA 解析（プロファイリング，下記参照）によって，カリフォルニア州のジンファンデル（ZINFANDEL）は，プッリャ（Puglia）の PRIMITIVO と遺伝的に同じであり，記憶に新しいように TRIBIDRAG と呼ばれているクロアチアのあまり知られていない品種と同じであることがごく最近明らかになった．しかし一部のカリフォルニア州の人たちにとって彼らにとても親しみがあるジンファンデルがイタリアの輸入品と同じであることを認めるのに長い時間がかかり，また TRIBIDRAG という名を聞いたことのあるアメリカ人はほとんどいなかった．リグーリア（Liguria）のジェノバ（Genoa）周辺のブドウ畑で，栽培家や消費者はこの地方の白ワインの品種である PIGATO と VERMENTINO の二つを特に誇りに思っており，美味しいシーフードとの相性はとても良かった．そのため，これら二品種は遺伝的に同一であるというごく最近の DNA 解析による情報はある種の衝撃をもって受け止められた．またサルデーニャ島（Sardegna）の VERMENTINO と同じである（これは彼らも疑っていた）ばかりでなく，ピエモンテ（Piemonte）の FAVORITA や南フランスの ROLLE とも同一（しかしリグーリアの ROLLO とは異なる．こちらはトスカーナ由来である）であった．

本書で，他にはない包括的な DNA 解析結果を示すことで，いくつかのブドウのミステリーを解く手助けになることを望んでいる．

DNA プロファイリング

ブドウ品種の同定は伝統的にブドウの葉，新梢の先，果房や果粒などの形態的な特徴の比較と解析に基づいて行われてきた．この分野はブドウの形態分類（ampelography，ギリシャ語で *ampelos* は「ブドウ」，*graphos* は「描写」）として知られている．しかし古典的なブドウの形態分類学には限界がある．形態的な特徴（用語集を参照）は環境因子や病気によって変わりうる．実生の特徴の解析は，しばしばブドウが樹齢 4〜5 年に達するまでは不可能である．近縁の品種は，非常に似た形態を示し，いかに有能であっても，今日存在する 10,000 を超えるすべての品種を同定できるブドウの形態分類の専門家は地球上にはいない．

最近，ブドウの形態分類学は現在では法医学などで日常的に活用されている DNA の解析により補完されており，以下に詳述する．ブドウの遺伝学では，最初のブドウの DNA 解析は 1993 年にオーストラリアの M R Thomas，S Matsumoto，P Cain，N S Scott らによって確立された．最初の系統解析の成功例は 1997 年にカリフォルニア大学デービス校の Carole Meredith 博士と彼女の博士課程の学生であった John Bowers 氏が，ボルドーの高貴な品種であるカベルネ・ソーヴィニヨンがカベルネ・フランとソーヴィニヨン・ブランの自然交配により生まれた品種であろうことを示した時である．これは親品種と子品種のワインおよびブドウに見られるアロマとフレーバーの類似性が説明できる結果であった．こうして濃い果皮色の品種が，一方の親品種に薄い果皮色の品種をもちうることが完全に示された．

この発見はワインの世界に大きな驚きをもたらした．その時からブドウの品種間の関係についての研究は新しい時代に入っていった．本書で述べるように，多くの予測できなかった親子関係を明らかにすることで，親系統の一方が不明な場合（絶滅したかまだ分析されていないか）でも二つの品種間の親子関係の検出が可能となった．しかしいつからその品種が存在しているのか不明なので，どちらが親品種でどちらが子品種かの特定は不可能である．二つの親系統が不明な時でも，最近開発された確率的なアプローチにより姉妹関係，片親だけの姉妹関係，祖父母／孫の関係を検出することが可能である．たとえばシラーの複雑な系統図を参照されたい．

本書は 2011 年 8 月 31 日までに出版された事実上すべての DNA 結果を提供しており，未公開のデータおよび本書だけの14の系統図を示し，多くの新しい，ときには予想できなかった系統関係を表している．

本書ではいくつかのブドウ品種の項目においてある特定のDNA解析結果にふれており，いくつかは初期の結論と矛盾するものである．したがって，どのようにDNAのプロファイリング解析が機能するかのみならず，世界中の様々なブドウコレクションにおけるブドウ品種，いわゆる標準試料が正確に表示されていることの重要性も説明が必要である．

プロファイリングは特殊な領域のDNAの解析に基づいて行われる．それはSSRs（Simple Sequence repeats）あるいはマイクロサテライトと呼ばれる領域を対象として行われる．マイクロサテライトの長さは個々のブドウ品種内では安定であるが，品種間では大きく異なる．世界中のほとんどすべての品種を区別するためには6〜8箇所の異なる領域のDNAプロファイルで十分であるが，非常に近縁な品種を識別するためには8箇所以上の領域のDNAプロファイルが必要となるかもしれない．これは簡単に聞こえるかもしれないが，標準試料がないと，容易にブドウの同定を誤り，最近オーストラリアでおこったような混乱を引き起こす．オーストラリアでは評判と市場での価値が高まっているスペイン品種のALBARIÑOとラベルされたワインが，実はフランスの古いが需要が少ないソーヴィニヨン・ブランであることがわかった（詳細はALVARINHOの項参照）．生産者はそれらのワインをラベルしなおし，マーケッティング戦略を変更せざるを得なかった．あるいは本当のALBARIÑOに植え替えるかのいずれかであった．標準試料の品種名の間違いはまたMÜLLER-THURGAUの親品種に関する長年の間違いを引き起こした（より詳細はMÜLLER-THURGAUの項参照）．

歴史的観点

ブドウの栽培：なぜ，どこで，いつ

なぜ旧石器時代の人々は，鳥にとっては魅力的だが食べ物としての価値はあまりない黒や赤のブドウの実をとろうと森の高い木にのぼったのだろう．

その答えは偶然の酩酊であろう．これはワイン考古学者の Patrick McGovern（2003）により「石器時代の仮説」と名付けられた考えで，太古の人間は，ブドウの単に甘くて酸っぱい味のみに惹かれたのではないと考えられている．彼らが集めた果房を木の入れ物や岩の隙間において動物から隠しておくと，数日後に底にたまった果汁は環境中の自然の酵母による発酵で低いアルコール分のワインになった．すべての果粒を食べ，この飲み物を味わい，心地よい陶酔を楽しみ，もっとたくさんのブドウを採ろうと急いで立ち去った．適当な密閉できる容器がなかったので，McGovern 氏が呼ぶところの「石器時代のボジョレー・ヌーボー」は酢になってしまう前に急いで飲まなければいけなかった．

この仮説によれば，遊牧から定住生活に移るころの起源前 10000～8000 年頃，定住の過程で農業が始まり人口増加と食糧の長期保存が可能になったころに事態が変化した．「雌雄同体の仮説」により，なぜ最初のブドウの栽培がこの時期に始まったかを説明できる．十分な量を確保し，木に登る危険を避けるため，中石器時代か新石器時代の人々は種をまいたり，*Vitis vinifera* が自然に行っている方法をまねて，茎を埋めて（親のブドウの樹にまだ付いている）新しい植物を得るという現在では取り木として知られる方法によって，野生ブドウの栽培を始めた．

雄の樹が選抜されると，ブドウは実をつけないためすぐ廃棄された．雌の植物が選抜され，雄の樹が受粉に十分な近くの距離にあった場合にのみ実をつけた．そうでない場合は不稔となり廃棄された．雌雄同体の樹が選抜されると毎年ブドウが収穫され，その樹は保存された．

このようにしてブドウの栽培は自然のブドウの中に 2～3％見られる野生の雌雄同体を用いて行われるようになったと考えられている．栽培されたブドウは種まきや挿し木により繁殖された．より大きな果粒，大きな果房，高い糖度とよりよいアロマをもつブドウが数世紀にわたって選抜され，繁殖された結果，現在では 10,000 ほどのブドウ品種が存在している．

最初のブドウの栽培はどこで起こったのであろう？　ほとんどのブドウの形態分類学者（Negrul 1938; Levadoux 1956），考古学者（McGovern *et al.* 1997; Zohary and Hopf 2000），植物学者（Candolle 1883; Hegi 1925; Vavilov 1926）およびブドウの遺伝学者（Olmo 1995; Alleweldt 1997）は，トロス山脈（Taurus；トルコ東部），北ザグロス山脈（Zagros；イラン西部）およびコーカサス山脈（Caucasus；ジョージア，アルメニア，アゼルバイジャン）の間の高地である「肥沃な三角地帯」と呼ばれる地域がブドウ・ワイン生産（viniculture，すなわちブドウ栽培およびワイン醸造）の発祥の地であるという見方で一致している．有名なロシアの植物学者で遺伝学者でもある Nikolai Ivanovich Vavilov（1926）によれば，一般的にある作物の最も高度な形態的多様性が見られる地域がその起源の中心地であると考えられる．これが，彼の弟子の Aleksandr Mikhailovich Negrul（1938; 1968）による，*Vitis vinifera* の最も高度な多様性が見られる南コーカサス（Transcaucasia；ジョージア共和国，アルメニアおよびアゼルバイジャンからなる大コーカサス山脈からトルコおよびイラン国境に至る黒海とカスピ海の間の地域），またはアナトリア半島（Anatolia）南部（トルコのアジアの部分）がブドウ栽培の発祥地であるという結論を導くことになった．

ミトコンドリアDNAの解析によってヒトの単一の祖先にさかのぼる「イブの仮説」と同じように，最近のDNA解析により，いつどこで野生のユーラシアのブドウが最初に栽培されたかという仮説は「ノアの仮説」と命名された（McGovern 2003）．これはノアが最初のブドウ畑をアララト山（Ararat；ノアの箱船が座礁したといわれている現在のトルコの火口丘であるが，そこでは野生および栽培ブドウのいずれも見つかっていない）で作ったというストーリーを参照している．ユーラシア中の *silvestris* と *vinifera* 亜種の関係についての解析により，ブドウは最初に中東で栽培が始まったという仮説が支持された（Myles *et al.* 2011）．肥沃な三角地帯に焦点を合わせると，その地方の野生ブドウと南部アナトリア半島，アルメニアおよびジョージアの伝統的な栽培品種の間に遺伝的に近い関係がアナトリア半島南部で示され，トロス山脈のチグリス・ユーフラテス川の源流が最初にブドウ栽培が行われた場所である可能性が高いことが示唆された（Vouillamoz，Grando *et al.* 2004）．

これはかつてのメソポタミア地域が現在でも野生ブドウの自生地であるという事実と一致する．また，新石器時代（8500～4000 BC）から初期の青銅器時代（3300～2100 BC）にチグリス・ユーフラテス川の上流のトロス山脈のふもと（ディヤルバルク（Diyarbakır）北西の Çayönü，Hacinebi，Hassek Höyük，Korucutepe，Kurban Höyük，Tepecik 他）の遺跡で見つかった野生および栽培された *Vitis vinifera* の存在を示す多くの証拠を記載している McGovern（2003）の報告とも一致する．この地域はまた肥沃な三日月地帯北部の Karacadağ 地区を含み，そこは最近考古学的，遺伝学的研究によりヒトツブコムギ，小麦，豆，ひよこ豆，レンズ豆，エンマーコムギ（ドイツやロシアで栽培される堅く赤いコムギ），ライ麦などの多くの農業の基礎作物（世界中の組織的な農業の基盤となる作物）の栽培の中心地であったことが明らかになった場所である（Salamini *et al.* 2002）．ちなみに肥沃な三日月地帯の北部は言語年代学によってすべてのインド - ヨーロッパ言語の発祥地であると考えられている（Gray and Atkinson 2003）．これは肥沃な三日月地帯が現代文明の発祥地であり，初期のワイン作りやブドウ栽培の成功条件がアナトリア半島南西部に集まっていたことが示唆されている．

遺伝学的，考古学的また言語学的には，アナトリア半島南部が，ブドウ栽培の発祥地であると考えられているが，南コーカサスは依然重要な候補地である．古代のブドウの遺物はダゲスタン共和国の Chokh の新石器時代の遺跡やアゼルバイジャンのテペ（Tepe）やジョージアのトビリシ（Tbilisi）近くの Shulaveris-Gora から出土した（McGovern 2003）．最近，化学的証拠によってアルメニアのエレバン（Yerevan）の南東のアレニ地方（Areni）でのワイン生産が起源前 4000 年にはすでに行われていたことが示唆された（Barnard *et al.* 2011）．

最初のブドウの栽培はいつ始まったのであろうか？　私たちはそれを知ることは決してできないが，考古学的なブドウの遺物と壺がいくつかの手がかりを与えてくれる．ただ考古学的発掘品には，炭化した種子や炭化した木および炭化の過程にあるものが通常含まれており，さらにそれらには野生ブドウ（*silvestris*）や栽培ブドウ（*vinifera*）など非常に多様な試料からなるため，発掘されたブドウの遺物の特定は困難である．

炭化した種子は，ヨーロッパ（ギリシャ，ボスニアおよびヘルツェゴビナ，イタリア，スイス，ドイツ，フランス，スペイン；Rivera Nunez and Walker 1989）や南西アジア（Zohary and Hopf 2000）の先史時代の考古学的遺跡から出土するが，それらは栽培が始まるずっと前に集められた野生ブドウの果粒由来であることがほとんどである．ジョージアのブドウの形態分類学者である Revaz Ramishvili 氏は，ジョージアの最も初期の定住地の一つであるトビリシの南の丘の Shulaveris-Gora にある新石器時代の遺跡から 8000 年前の種子が 6 個見つかったと報告している．それは梨形の *vinifera* タイプで，これが最初に栽培化されたブドウの種子である本質的な証拠であると主張しているが（McGovern 2003），それらの同定は依然疑わしい．植物考古学者の Daniel Zohary and Maria Hopf（2000）は，*silvestris* は現在のヨルダンでは見つかっていないので，青銅器時代（3300～3000 BC）の Tell esh-Shuna（ヨルダン北部）で見つかったブドウの種子が最初のブドウ栽培の信用に足る証拠であると述べている．しかし，確かに非常に乾燥したこの地域が 5000～6000 年前に野生ブドウの自生地であったとは考えにくいが，単に現在はそこから消失しただけではないか，とも考えられる．

議論の余地が少ないのは Jericho（パレスチナ），Lachish（イスラエル），Numeira（死海，おそらくゴモラ（Gomorrah），Arad（イスラエル），Kurban Hoyuk（トルコ南部，Urfa 近く）などの初期青銅時代（3400～3000 BC）に見つかった証拠についてである．そこでは考古学者が炭化した種子のみならず，炭化したブドウの木や乾燥された果粒も発見しており，それらは栽培の確固たる証拠である（Zohary and Hopf 2000）．しかし最初のワイン作りの化学的証拠は 6000 BC にさかのぼるので，初期のブドウ栽培はこの時期よりもずっと古いはずである．ワイン考古学者の Patrick McGovern *et al.*（1996）は，新石器時代の壺の沈殿物から，たしかにブドウが存在したこと示す酒石酸を赤外線で検出したことで，ワインは 5400～5000 BC に Hajji Firuz Tepe（イラン北部のザグロス山脈（Zagros））で作られていたことを見出した．その周辺地区では今日でも野生ブドウが見られる．粘土で栓をされたこれらの壺は‘キッチン’の土間に埋め込まれて，彼らの傍らに埋葬されていた．それはブドウジュースというよりもワインであったと考えられる．テレビンノキの樹脂が，このレッチーナに似たワインの保存剤として添加されていた．たとえば，ジョージアの Shulaveris-Gora のように，もっと古いワイン作りの証拠も見つかっているが，化学解析による確認はまだなされていない．

ブドウ栽培の西方への拡大

最初に栽培化された中東の地がアナトリア半島東部にせよ南コーカサスにせよ，そこから，3500～3000 BC の間にブドウの栽培はしだいにメソポタミア低地（イランやシリアのザグロス山脈およびイラク）やレバント（Levant：レバノン，パレスチナおよびヨルダン）に広がった．パレスチナから，野生ブドウが生育できないエジプトに向けて，3200～2700 BC という昔にワインが輸出された．樹脂が添加されたワインの壺 700 個が 3150 BC 頃のアビュドスのエジプトのファラオ，スコルピオン 1 世（Scorpion I）の墓で見つかった（McGovern 2003）．そのすぐ後にブドウ栽培はエジプトにもたらされ，エジプト第一王朝（c. 3100～2900 BC）の 4 代目のファラオのデン（Den）の統治のもと，ブドウ栽培がそこで 5000 年前にすでに非常に進んでいたことが象形文字によって示された．壺の栓にはファラオの名，ブドウ畑とワインが作られたワイナリーが記載されており，それは歴史上最も古いワインラベルである．ファラオのカセケムイ（Khasekhemwy）の墓（エジプト第二王朝，c. 2900～2696 BC）には支柱を使って栽培されたブドウが描かれた壺の栓があり，エジプト第三王朝（c. 2660～2585 BC）の王の壁にはブドウの収穫とワイン生産の風景が描かれていた（McGovern *et al.* 1997）．

数世紀のちに，ブドウ栽培は地中海周辺に広がり，2200～2000 BC ごろまでにクレタ島，ギリシャ南部，キプロスやバルカン半島の南部にまで広がった（Kroll 1991; Valamoti *et al.* 2007）．イタリアでの最も早い証拠は 900 BC までさかのぼる．他方，600 BC のころ，ブドウ栽培はフェニキア人によってスペインやマグレブに，またフランスにはギリシャのポカイア人によって植民市であったマルセイユ（マッサリア）を経由して伝えられた（Terral *et al.* 2010）．一般に西ヨーロッパへのブドウ栽培の伝播は，ローマ帝国（44 BC～AD 1453）とキリスト教（AD 380～現在）の拡大と強く関連しており，主要な貿易ルート，特にライン川やローヌ川，ドナウ川やガロンヌ川などの大河に沿って進行した．同時に北アフリカ，スペインや中東へのイスラム教の拡大は，ワインブドウよりも生食用ブドウへの嗜好により，ブドウ栽培に強いインパクトを与えた．新世界へのブドウ栽培の伝播はずっと後になってからで，16 世紀から主に布教団の人々が品種を種子で持ち込み（たとえば CRIOLLA の項参照），またアメリカ，南アフリカ，オーストラリア等への移民によって穂木が持ち込まれた．

考古学的ならびに歴史的なデータに基づく，ブドウ栽培は西にそして北に広がったという一般的な想定は，ブドウが栽培化された中心地が一ヶ所であると仮定したものである．しかし最近の葉緑体 DNA（植物の光合成をつかさどる葉緑体にある核 DNA 以外の DNA）の研究によれば，イベリア半島（Arroyo-Garcia *et al.* 2006）やサルデーニャ島（Sardinia：Grassi *et al.* 2003）における *silvestris* の集団からの二次的な栽培化の中心地が存在する可能性が示唆されている．これらの説は，現在のブドウ品種におびただしい遺伝的多様性が見られることの理由を説明できるだろう（This *et al.* 2006）．しかし二次的な栽培中心地の存在はまだ議論がある．なぜならば（a）いくつかのいわゆる雌雄異体の野生ブドウは，真の野生ブドウと野生化した栽培品種との交配によりできたかもしれず，あるいは *Vitis vinifera* と帰化した非ヨーロッパの *Vitis* 種との交雑品種かもしれない（Arrigo and Arnold 2007），（b）近年の核 DNA に基づく遺伝資源研究の多くは，西ヨーロッパにおける野生品種と栽培品種の遺伝的関係を否定している（This *et al.* 2006）．

ブドウの形態分類群

ブドウ栽培は，穂木や種子などで移植されることによって西に向かって拡大し，今日では 10,000 を超える品種が存在するに至った．前述したように挿し木による繁殖ではブドウの望ましい性質の保存が保証される（後天的な突然変異を除く）．他方，種子による性的な繁殖は新しい品種をその都度作り出す．現代の品種に見られるおびただしい遺伝的多様性を考えると，たとえばカベルネ・ソーヴィニヨン（Bowers and Meredith 1997），シャルドネ（Bowers *et al.* 1999），シラー（Bowers *et al.* 2000），サンジョベーゼ（Vouillamoz *et al.* 2007），メルロー（Boursiquot *et al.* 2009）などの品種の親子関係が最近発見されたように，人の手によるブドウの進化の過程で，種子による性的な繁殖が重要な役割を果たしてきたようだ．

より最近の世界的な研究によって，アメリカ合衆国農務省（US Department of Agriculture: USDA）の Grape germplasm collection にある 384 品種が一親等（親子関係や姉妹関係）で関連付けられた（Myles *et al.* 2011）．こうした相互の類縁関係は，私たちが再構築した 156 の西ヨーロッパ品種が自然交配によって関連づけられている先駆的な系統図においても見られる（PINOT の項参照）．これらの結果は，西ヨーロッパブドウ品種の多様性が限られた数の基本的な品種，おそらく PINOT，GOUAIS BLANC，SAVAGNIN，カベルネ・フラン，MONDEUSE NOIRE などの祖先から得られたことを示唆している．

現代の分子生物学的な研究がなされるずっと以前に，スペインのブドウ形態分類学者の Simón de Rojas Clemente y Rubio（1807）が初めてアンダルシア（Andalucía）のブドウ品種を自然群に分類した．Comte Alexandre-Pierre Odart（1845）は同じことをフランスブドウについて行った．同様にロシアのブドウ形態分類学者の Andrasovsky（1933）はそれをハンガリー品種に適用した．ロシアの植物学者でブドウの形態分類学者である Aleksandr Mikhailovich Negrul（1938; 1946）は最初に *Vitis vinifera* ブドウ品種の大規模な分類を提案し，それらの形態，生態および地理的起源に基づいて *Proles occidentalis*，*Proles pontica*，*Proles orientalis* の三つの主要なグループに分類した．

主要なブドウ品種の生態地理学的グループ（proles）への大規模分類：
Negrul（1938; 1946），Levadoux（1956）および Bisson（2009）により提案された．最近の DNA 研究により疑義が生じている箇所は🧬シンボルでマークした．

Proles occidentalis Negr.	*Proles pontica* Negr.	*Proles orientalis* Negr.
西ヨーロッパ	バルカン諸国, ブルガリア, ジョージア, ギリシャ, ハンガリー, 小アジア, モルドヴァ, ルーマニア	アフガニスタン, アルメニア, アゼルバイジャン, カスピ海盆地, イラン, 中央アジア
Aleatico, Aligoté, Cabernet Franc, Cabernet Sauvignon, Chardonnay, Folle Blanche, Gamay Noir, Graciano, Monastrell, Muscadelle, Petit Verdot, Pinot, Riesling, Sauvignon Blanc, Sémillon, Sercial, Touriga Nacional, Traminer, Verdelho	Alvarna, Çavuş, Clairette, Dodrelaby, Furmint, Hárslevelű, Kokur Bely, Korinthiaki, Mtsvane Kakhuri, Plavaï, Rkatsiteli, Saperavi, Vermentino🧬	Charas, Chasselas🧬, Cinsaut🧬, Cornichon Blanc, Katta Kurgan, Khalili, Muscat Blanc à Petits Grains🧬, Muscat of Alexandria🧬, Ohanes, Rish Baba, Sultaniye

Proles pontica は南コーカサスあるいはアナトリア半島由来の品種で，最も古いグループを構成していると考えられる．西ヨーロッパの *Proles occidentalis* はワインブドウ品種のみで，中東の *Proles orientalis* は *Proles pontica* に由来する．この分類の概要は近年 DNA 解析によって確認された（Aradhya *et al.* 2003; Arroyo-García *et al.* 2006，Myles *et al.* 2011）．PINOT 品種を含むすべての 156 品種が *Proles occidentalis* に属すると考えることは極めて妥当である．しかし VERMENTINO，CHASSELAS，CINSAUT，ミュスカ・ブラン（MUSCAT BLANC À PETITS GRAINS），MUSCAT OF ALEXANDRIA（上記の表で🧬で示した）は *Proles occidentalis* グループにおかれるのが妥当であろう．

ブドウの形態分類学者の Louis Levadoux（1948; 1956）と後に彼の弟子の Jean Bisson（1999; 2009）は次の地図や表に示すように，フランスの *Proles occidentalis* のいわゆる生態地理学的グループあるいは sorto タイプへのより詳細な分類を提案している．表の中のいくつかの品種は，そのワインはもはや市場で入手できないので本書では扱っていない．

生態地理学的グループの地理的分布：
フランス品種の生態地理学的グループ（または sorto タイプ）の構成は Levadoux（1956）および Bisson（2009）により提案された．Bisson（2009）から改変.

フランスのブドウ品種の生態地理学的グループの構成：
Louis Levadoux (1948; 1956) および Jean Bisson (1999; 2009) により提案された．ブドウ品種名は本書の他のページで表記されている主要名（p XIII参照）と一致するように修正を加えた．色のバリエーションは削除した．

生態地理学的グループ	代表品種	グループに属するその他の品種
Calitor	Calitor Noir	Braquet Noir, Ribier Noir
Carmenet（Cabernet Franc の古い別名）	Cabernet Franc	Arrouya, Arrufiac, Cabernet Sauvignon, Carmenère, Castets, Fer, Gros Cabernet, Gros Verdot, Lercat, Merlot, Merlot Blanc, Hondarribi Beltza, Pardotte, Petit Verdot
Claret	Clairette	Barbaroux, Bourboulenc, Bouteillan Noir, Brun Fourca, Calitor Blanc, Colombaud, Grec Rouge, Mauzac Noir(?), Pascal Blanc, Plant Droit, Téoulier Noir
Cot	Cot	Abondance, Duras, Gascon, Gibert, Grapput, Lignage, Malpé, Mérille, Négrette, Noual, Prunelard, Romorantin*, Saint-Macaire, Valdiguié
Courbu	Courbu Blanc	Baroque, Crouchen, Lauzet, Manseng Noir, Petit Courbu, Tannat
Folle	Folle Blanche	Balzac Blanc, Bouillet, Fuella Nera, Jurançon Blanc, Jurançon Noir, Montils, Ondenc, Roublot*, Sacy*, Sémillon
Gras	Graisse	Ardounet, Blanc Dame, Blancart, Camaraou Blanc, Claverie, Guillemot, Mouyssaguès, Raffiat de Moncade
Gouais	Gouais Blanc	Aligoté, Enfariné Noir, Gueuche Noir, Muscadelle, Saint-Pierre Doré
Mansien	Petit Manseng	Ahumat, Camaralet de Lasseube, Camaraou Noir, Courbu Noir, Gros Manseng, Mancin
Messile	Gros Meslier	Béquignol Noir, Chany Gris, Chenin Blanc, Colombard, Menu Pineau, Meslier Saint-François, Mézy, Petit Meslier, Pineau d'Aunis, Plant Vert, Sauvignon Blanc, Sauvignonasse
Noirien（Pinot の古い別名）	Pinot Noir	Auxerrois, Chardonnay, Franc Noir de la Haute Saône, Gamay Noir, Gamay Teinturier de Bouze, Genouillet, Gouget Noir, Melon, Troyen
Pelorsien（Peloursin にちなんで命名された）	Durif	Béclan, Bia Blanc, Dureza, Exbrayat, Jacquère, Joubertin, Mondeuse Blanche, Peloursin, Servanin, Verdesse
Piquepoul	Piquepoul Noir	Aubun, Bourrisquou, Cinsaut, Counoise, Picardan, Rivairenc, Terret, Tibouren
Salvanien	Savagnin	Aubin Vert*, Bargine, Gringet**, Knipperlé, Persagne, Trousseau
Sérine（Syrah の古い別名）	Syrah	Brun Argenté, Chatus, Chichaud, Douce Noire, Etraire de l'Aduï, Marsanne, Mondeuse Noire, Muscardin, Persan, Pougnet, Roussanne, Roussette d'Ayze, Viognier
Tressot	Tressot	Arbane, Bachet Noir*, Peurion

* これらの品種は PINOT × GOUAIS BLANC の自然交配品種であり，このグループへの分類は見直す必要がある．
** 最近の DNA 解析の結果，GRINGET（この項目参照）は SAVAGNIN とは遺伝的に関係しないことが示されたため，このグループのメンバーであることには異議がある．

テキストの中で，有用な場合は関連するグループを引用した．非フランス品種をグループ分けする今後の研究に期待したい．

原産国ごとの品種リスト

本書でとりあげた品種の起源の地をもつ国名を，品種数が多い順に列記した．起源の地が不確かな品種については代わりうる国名を括弧内に記載した（訳注：ここでは各国の見出し表記に正式名称を用いたが，本文中では「共和国」などの有無は原著に準ずる形とした）．

イタリア共和国
*377*品種

Abbuoto
Abrusco
Acitana
Addoraca
Aglianico
Aglianicone
Albana
Albanella
Albanello
Albaranzeuli Bianco
Albaranzeuli Nero
Albarola
Albarossa
Aleatico
Alionza
Ancellotta
Arilla
Arneis
Arvesiniadu
Avanà
Avarengo
Baratuciat
Barbarossa
Barbera
Barbera Bianca
Barbera del Sannio
Barbera Sarda
Bariadorgia
Barsaglina
Bellone
Besgano Bianco
Biancame
Bianchetta Trevigiana
Bianco d'Alessano
Biancolella
Biancone di Portoferraio
Bigolona
Blatterle
Bombino Bianco
Bombino Nero
Bonamico
Bonarda Piemontese
Bonda
Bosco
Bracciola Nera
Brachetto delPiemonte
Brugnola
Brustiano Bianco
Bubbierasco
Bussanello
Cacamosca
Caddiu
Calabrese di Montenuovo
Caloria
Canaiolo Nero
Cannamela
Caprettone
Cargarello
Carica l'Asino
Carricante
Casavecchia
Cascarolo Bianco
Casetta
Castagnara
Castiglione
Catalanesca
Catanese Nero
Catarratto Bianco
Cavrara
Centesimino
Cerreto
Cesanese
Cianorie
Ciliegiolo
Ciurlese
Cividin
Cococciola
Coda di Cavallo Bianca
Coda di Pecora
Coda di Volpe Bianca
Colombana Nera
Colorino del Valdarno
Cordenossa
Cornalin
Cornarea
Cortese
Corva
Corvina Veronese
Corvinone
Croatina
Crovassa
Damaschino（あるいは地中海沿岸?）
Dindarella
Dolcetto
Dolciame
Dorona di Venezia
Doux d'Henry
Drupeggio
Durella
Enantio
Erbaluce
Erbamat
Ervi
Falanghina Beneventana
Falanghina Flegrea
Fenile
Fertilia
Fiano
Flavis
Fogarina
Foglia Tonda
Forastera
Forgiarin
Forsellina
Fortana
Francavidda
Frappato
Fraueler
Freisa
Fubiano
Fumin
Gaglioppo
Galatena
Gallioppo delle Marche
Gallizzone
Gamba di Pernice
Garganega
Ginestra

Girò
Grapariol
Grechetto di Orvieto
Greco
Greco Bianco
Greco Nero
Greco Nero di Sibari
Greco Nero di Verbicaro
Grignolino
Grillo
Grisa Nera
Groppello di Mocasina
Groppello di Revò
Groppello Gentile
Gruaja
Guardavalle
Impigno
Incrocio Bianco Fedit 51
Incrocio Bruni 54
Incrocio Manzoni 2.15
Incrocio Terzi 1
Invernenga
Inzolia
Italia
Italica
Lacrima di Morro d'Alba
Lagarino Bianco
Lagrein
Lambrusca di Alessandria
Lambrusca Vittona
Lambruschetto
Lambrusco Barghi
Lambrusco di Fiorano
Lambrusco di Sorbara
Lambrusco Grasparossa
Lambrusco Maestri
Lambrusco Marani
Lambrusco Montericco
Lambrusco Oliva
Lambrusco Salamino
Lambrusco Viadanese
Lanzesa
Luglienga
Lumassina
Maceratino
Magliocco Canino
Magliocco Dolce
Maiolica
Maiolina
Malbo Gentile
Maligia
Malvasia Bianca di Basilicata
Malvasia Bianca di Candia
Malvasia Bianca di Piemonte
Malvasia Bianca Lunga
Malvasia del Lazio
Malvasia di Candia Aromatica
Malvasia di Casorzo
Malvasia di Lipari
Malvasia di Schierano
Malvasia Nera di Basilicata
Malvasia Nera di Brindisi
Malvasia Nera Lunga
Mammolo
Mantonico Bianco
Manzoni Bianco
Manzoni Moscato
Manzoni Rosa
Marchione
Maruggio
Marzemina Bianca
Marzemino
Mayolet
Mazzese
Melara
Minella Bianca
Minutolo
Molinara
Monica Nera
Montepulciano
Montonico Bianco
Montù
Moradella
Morone
Moscatello Selvatico
Moscato di Scanzo
Moscato di Terracina
Moscato Giallo
Moscato Rosa del Trentino
Mostosa
Muscat Blanc à Petits Grains（あるいはギリシャ共和国?）
Nascetta
Nasco
Nebbiera
Nebbiolo
Nebbiolo Rosé
Negrara Trentina
Negrara Veronese
Negretto
Negroamaro
Ner d'Ala
Nerello Cappuccio
Nerello Mascalese
Neret di Saint-Vincent
Neretta Cuneese
Neretto di Bairo
Neretto Duro
Neretto Gentile
Neretto Nostrano
Nero Buono di Cori
Nero d'Avola
Nero di Troia
Nieddera
Nigra
Nocera
Nosiola
Notardomenico
Nuragus
Ortrugo
Oseleta
Pallagrello Bianco
Pallagrello Nero
Pampanuto
Paolina
Pascale
Passau
Passerina
Pavana
Pecorino
Pelaverga
Pelaverga Piccolo
Pepella
Perera
Perricone
Petit Rouge
Piccola Nera
Picolit
Piculit Neri
Piedirosso
Pignola Valtellinese
Pignoletto
Pignolo
Pinella
Plassa
Pollera Nera
Prié
Primetta
Prodest
Prosecco
Prosecco Lungo
Prunesta
Pugnitello
Quagliano
Raboso Piave
Raboso Veronese
Raspirosso
Rastajola
Rebo
Recantina
Refosco dal Peduncolo Rosso
Refosco di Faedis
Retagliado Bianco
Ribolla Gialla
Ripolo
Rollo
Rondinella
Rossara Trentina
Rossese Bianco
Rossese Bianco di Monforte
Rossese Bianco di San Biagio
Rossese di Campochiesa
Rossetto
Rossignola
Rossola Nera
Rossolino Nero
Roussin
Rovello Bianco
Ruchè
Ruggine
Ruzzese
Sabato
Sagrantino
San Giuseppe Nero
San Lunardo
San Martino
San Michele
San Pietro
Sangiovese
Sant'Antonio

Santa Maria
Santa Sofia
Schiava Gentile
Schiava Grigia
Schiava Grossa
Schiava Lombarda
Schioppettino
Sciaglìn
Sciascinoso
Scimiscià
Semidano
Sgavetta
Soperga
Sorbigno
Spergola
Suppezza
Susumaniello
Tamurro
Tazzelenghe
Termarina Rossa
Teroldego
Terrano
Tignolino
Timorasso
Tintilia del Molise
Tintore di Tramonti
Torbato
Trebbiano d'Abruzzo
Trebbiano Giallo
Trebbiano Modenese
Trebbiano Romagnolo
Trebbiano Spoletino
Trebbiano Toscano
Trevisana Nera
Tronto
Ucelùt
Uva della Cascina
Uva Longanesi
Uva Rara
Uva Tosca
Uvalino
Valentino Nero
Vega
Verdea
Verdeca
Verdello
Verdicchio Bianco
Verdiso
Verduzzo Friulano
Verduzzo Trevigiano
Vermentino
Vermentino Nero
Vernaccia di Oristano
Vernaccia di San Gimignano
Versoaln
Vespaiola
Vespolina
Vien de Nus
Vitovska（あるいはスロベニア共和国?）
Vuillermin

フランス共和国
*204*品種

Abouriou
Ahumat
Alicante Henri Bouschet
Aligoté
Altesse
Aramon Noir
Aranel
Arbane
Arinarnoa
Arriloba
Arrouya
Arrufiac
Aspiran Bouschet
Aubin Blanc
Aubin Vert
Aubun
Aurore
Auxerrois
Bachet Noir
Baco Blanc
Baco Noir
Balzac Blanc
Barbaroux
Baroque
Beaunoir
Béclan
Béquignol Noir
Berdomenel
Biancu Gentile
Blanc Dame
Blanqueiro
Bouchalès
Bourboulenc
Bourrisquou
Bouteillan Noir
Braquet Noir
Brun Argenté
Brun Fourca
Cabernet Sauvignon
Cacaboué
Caladoc
Calitor Noir
Camaralet de Lasseube
Camaraou Noir
Canari Noir
Carmenère
Cascade
Castets
César
Chambourcin
Chancellor
Chardonnay
Chasan
Chatus
Chelois
Chenanson
Chenin Blanc
Chichaud
Chouchillon
Cinsaut
Clairette
Claverie
Codivarta
Colobel
Colombard
Colombaud
Cot
Couderc Noir
Counoise
Courbu Blanc
Courbu Noir
Crouchen
De Chaunac
Douce Noire
Duras
Dureza
Durif
Ederena
Egiodola
Ekigaïna
Enfariné Noir
Etraire de l'Aduï
Fer
Florental
Folignan
Folle Blanche
Fuella Nera
Gamay Noir
Gamay Teinturier de Bouze
Ganson
Gascon
Genouillet
Goldriesling
Gouais Blanc（あるいはドイツ連邦共和国?）
Gouget Noir
Graisse
Gramon
Grand Noir
Gringet
Grolleau Noir
Gros Manseng
Gros Verdot
Gueuche Noir
Jacquère
Jurançon Blanc
Jurançon Noir
Knipperlé
Landal
Landot Noir
Lauzet
Len de l'El
Léon Millot
Liliorila
Lucie Kuhlmann
Madeleine Angevine
Mandrègue
Manseng Noir
Maréchal Foch
Marsanne
Marselan
Mauzac Blanc
Mauzac Noir
Mècle de Bourgoin
Melon
Menu Pineau
Mérille
Merlot
Meslier Saint-François
Mézy
Milgranet
Molette
Mollard
Monbadon
Mondeuse Blanche
Mondeuse Noire
Monerac
Montils
Mornen Noir
Morrastel Bouschet

Mouyssaguès
Muscadelle
Muscardin
Muscat Fleur d'Oranger (?)
Muscat Ottonel
Négret de Banhars
Négrette
Noir Fleurien
Oeillade Noire
Onchette
Ondenc
Pascal Blanc
Peloursin
Persan
Petit Bouschet
Petit Courbu
Petit Manseng
Petit Meslier
Petit Verdot
Picardan
Pineau d'Aunis
Pinot
Piquepoul
Plant Droit
Plantet
Portan
Poulsard
Précoce de Malingre
Prunelard
Raffiat de Moncade
Ravat Blanc
Rayon d'Or
Rivairenc
Romorantin
Rosé du Var
Rosette
Roussanne
Roussette d'Ayze
Sacy
Saint-Macaire
Salvador
Sauvignon Blanc
Sauvignonasse
Savagnin
Segalin
Seibel 10868
Sémillon
Servant
Seyval Blanc
Seyval Noir
Syrah
Tannat
Teinturier
Téoulier Noir
Terret
Tibouren
Tressot
Triomphe
Trousseau
Valdiguié
Verdesse
Vidal
Vignoles
Villard Blanc
Viognier

スペイン
*84*品種

Airén
Alarije
Albarín Blanco
Albillo de Albacete
Albillo Mayor
Albillo Real
Alcañón
Beba
Belat
Bobal
Cabernet Franc
Caíño Blanco (あるいはポルトガル共和国?)
Calagraño
Callet
Cañocazo
Carrasquín
Cayetana Blanca (あるいはポルトガル共和国?)
Chelva
Coloraillo
Corredera
Doradilla
Escursac
Fogoneu
Forcallat Tinta
Garnacha
Garrido Fino
Gibi
Giró Blanc
Godello
Gorgollasa
Graciano
Hondarribi Beltza
Juan García
Lado
Lairén
Listán de Huelva
Listán Negro
Listán Prieto
Macabeo
Malvasía de Lanzarote
Mandón
Manto Negro
Marmajuelo
Maturana Blanca
Mazuelo
Mencía
Merseguera
Monastrell
Monstruosa
Moravia Agria
Moristel
Negramoll
Palomino Fino
Pardillo
Parellada
Parraleta
Pedro Ximénez
Perruno
Picapoll Blanco
Planta Nova
Prensal
Prieto Picudo
Rión
Romé
Romero de Híjar
Royal de Alloza
Serodio
Sumoll
Sumoll Blanc
Teca
Tempranillo
Tinta Castañal
Tinto Velasco
Trepat
Trepat Blanc
Verdejo
Verdejo Serrano
Verdil
Verdoncho
Vidadillo de Almonacid
Vijariego
Xarello
Zalema
Zamarrica

ギリシャ共和国
*77*品種

Agiomavritiko
Agiorgitiko
Aïdani
Araklinos
Areti
Assyrtiko
Athiri
Avgoustiatis
Batiki
Bekari
Chidiriotiko
Chondromavro
Dafni
Debina
Fokiano
Gaidouria
Goustolidi
Kakotrygis
Karnachalades
Katsakoulias
Katsano
Kolindrino
Korinthiaki
Koriostafylo
Kotsifali
Koutsoumpeli
Krassato
Kydonitsa
Liatiko
Limnio
Limniona
Malagousia
Mandilaria
Mavro Kalavritino
Mavro Messenikola
Mavrodafni
Mavrotragano
Mavroudi Arachovis
Monemvassia
Moschofilero
Moschomavro
Muscat of Alexandria (あるいはイタリア共和国?)
Negoska
Nigrikiotiko
Opsimo Edessis
Petrokoritho
Petroulianos
Platani

Plyto
Potamissi
Priknadi
Ritino
Robola
Roditis
Rokaniaris
Romeiko
Savatiano
Sefka
Sideritis
Sklava
Skopelitiko
Skylopnichtis
Stavroto
Sykiotis
Syriki
Theiako Mavro
Thrapsathiri
Tourkopoula
Tsaoussi
Vertzami
Vidiano
Vilana
Violento
Vlachiko
Volitsa Mavri
Xinomavro
Zakynthino

ポルトガル共和国
77品種

Agronómica
Água Santa
Alfrocheiro
Alvarelhão
Alvarinho
Amaral
Antão Vaz
Arinto de Bucelas
Avesso
Azal
Baga
Barcelo
Batoca
Bical
Borraçal
Camarate
Caracol
Carrega Branco
Casculho
Castelão
Cerceal Branco
Côdega de Larinho
Complexa
Cornifesto
Diagalves
Dona Branca
Donzelinho Branco
Donzelinho Tinto
Dorinto
Encruzado
Espadeiro
Fernão Pires
Folgasão
Fonte Cal
Galego Dourado
Generosa（Portugal）
Gouveio Real
Grossa
Jampal
Loureiro
Malvasia Branca de São Jorge
Malvasia de Colares
Malvasia Fina
Malvasia Preta
Marufo
Monvedro
Moreto do Alentejo
Padeiro
Pedral
Preto Martinho
Rabigato
Rabo de Ovelha
Ramisco
Rio Grande
Rufete
Seara Nova
Sercial
Sercialinho
Síria
Tamarez
Terrantez
Terrantez da Terceira
Terrantez do Pico
Tinta Barroca
Tinta Carvalha
Tinta Francisca
Tinto Cão
Touriga Fêmea
Touriga Franca
Touriga Nacional
Trajadura
Trincadeira
Trincadeira das Pratas
Verdelho
Vinhão
Viosinho
Vital

ドイツ連邦共和国
76品種

Acolon
Affenthaler
Albalonga
Allegro
Arnsburger
Bacchus
Blauer Urban
Breidecker
Bronner
Bukettraube
Cabernet Carbon
Cabernet Carol
Cabernet Cortis
Cabernet Cubin
Cabernet Dorio
Cabernet Dorsa
Cabernet Mitos
Calandro
Dakapo
Dalkauer
Deckrot
Domina
Dornfelder
Dunkelfelder
Ehrenfelser
Elbling
Faberrebe
Freisamer
Gänsfüsser
Geisenheim 318-57
Gf-Ga 48-12
Gutenborner
Helfensteiner
Helios
Heroldrebe
Hibernal
Hölder
Huxelrebe
Johanniter
Juwel
Kanzler
Kerner
Madeleine × Angevine 7672
Merzling
Monarch
Morio-Muskat
Müller-Thurgau
Nobling
Optima
Orangetraube
Oraniensteiner
Orion
Orleans Gelb
Ortega
Osteiner
Perle
Phoenix
Prinzipal
Prior
Räuschling
Reberger
Regent
Regner
Reichensteiner
Rieslaner
Riesling
Rondo
Rosetta
Rotberger
Saphira
Scheurebe
Schönburger
Siegerrebe
Solaris
Tauberschwarz
Würzer

アメリカ合衆国
76品種

Adalmiina
Alexander
Blanc du Bois
Bordô
Brianna
Cabernet Pfeffer
Campbell Early
Canada Muscat
Cardinal
Carlos
Carmine
Carnelian
Catawba
Cayuga White
Centurian

Chardonel
Chisago
Clinton
Concord
Corot Noir
Delaware
Delisle
Dutchess
Early Muscat
Edelweiss
Elvira
Emerald Riesling
Eona
Espirit
Flora
Fredonia
Frontenac
Golden Muscat
GR 7
Herbemont
Isabella
Ives
Jacquez
Kay Gray
La Crescent
La Crosse
Louise Swenson
Lydia
Magnolia
Marquette
Melody
Moore's Diamond
Muscat Swenson
New York Muscat
Niagara
Noah
Noble
Noiret
Norton
Petite Amie
Petite Pearl
Pionnier
Prairie Star
Radisson
Royalty
Rubired
Ruby Cabernet
Sabrevois
Scuppernong
St Croix
St Pepin
St Vincent
Steuben
Swenson Red
Swenson White
Symphony
Temparia
Traminette
Valiant
Valvin Muscat
Van Buren

クロアチア共和国
39品種

Babić
Babica
Bogdanuša
Bratkovina Bijela
Cetinka
Debit
Dišeća Ranina
Dobričić
Drnekuša
Duranija
Gegić
Glavinuša
Graševina
Grk
Hrvatica
Kraljevina
Kujundžuša
Kupusar
Lasina
Ljutun
Malvazija Istarska
Medna
Mladinka
Ninčuša
Plavac Mali
Plavec Žuti
Plavina
Pošip Bijeli
Prč
Ranac Bijeli
Škrlet
Sušćan
Trbljan
Tribidrag
Trnjak
Vlaška
Vugava
Žlahtina
Zlatarica Vrgorska

スイス連邦
39品種

Amigne
Arvine
Birstaler Muskat
Bondola
Bondoletta
Cabernet Blanc
Cabernet Colonjes
Cabernet Jura
Cabertin
Carminoir
Charmont
Chasselas
Completer
Diolinoir
Doral
Eyholzer Rote
Galotta
Gamaret
Garanoir
Himbertscha
Hitzkircher
Humagne
Kalina
Lafnetscha
Mara
Mennas
Millot-Foch
Muscat Bleu
Pinotin
Plantscher
RAC 3209
Réselle
Rèze
Riesel
Rouge de Fully
Rouge du Pays
Siramé
VB 32-7
VB 91-26-4

ハンガリー
34品種

Arany Sárfehér
Bianca
Bíborkadarka
Budai Zöld
Csaba Gyöngye
Cserszegi Fűszeres
Csókaszőlő
Ezerfürtű
Ezerjó
Furmint
Generosa（Hungary）
Hárslevelű
Irsai Olivér
Juhfark
Kabar
Kadarka（あるいはセルビア共和国？　またはクロアチア共和国？）
Karát
Kéknyelű
Királyleányka
Kövidinka
Kunleány
Leányka
Magyarfrankos
Mátrai Muskotály
Menoir
Mézes Fehér
Rubintos
Turán
Zalagyöngye
Zefír
Zengő
Zenit
Zéta
Zeusz

ウクライナ
29品種

Antey Magarachsky
Aromatny
Bastardo Magarachsky
Cevat Kara
Citronny Magaracha
Dnestrovsky Rozovy
Ekim Kara
Golubok
Kapitan Jani Kara
Kapselsky
Kefessiya
Kok Pandas
Kokur Bely
Krona
Lapa Kara
Muscat Odessky
Odessky Cherny
Ovidiopolsky
Pervenets Magaracha

Podarok Magaracha
Riesus
Rubin Golodrigi
Rubin Tairovsky
Rubinovy Magaracha
Sary Pandas
Soldaia
Solnechnodolinsky
Sukholimansky Bely
Zagrei

ジョージア
27品種

Aladasturi
Aleksandrouli
Ashughaji
Asuretuli Shavi
Avasirkhva
Budeshuri Tsiteli
Chinuri
Chkhaveri
Dzvelshavi Obchuri
Goruli Mtsvane
Kachichi
Kapistoni Tetri
Khikhvi
Kisi
Krakhuna
Mtsvane Kakhuri
Mujuretuli
Ojaleshi
Otskhanuri Sapere
Rkatsiteli
Saperavi
Shavkapito
Tavkveri
Tsitska
Tsolikouri
Tsulukidzis Tetra
Usakhelouri

トルコ共和国
26品種

Adakarası
Boğazkere
Çalkarası
Çavuş
Dimrit
Emir
Foça Karası
Hasandede
Horozkarası
İri Kara
Kalecik Karası
Karalahna
Karasakız
Köhnü
Kolorko
Kösetevek
Merzifon Karası
Narince
Öküzgözü
Papazkarası
Sidalan
Sultaniye
Urla Karası
Vasilaki
Yapıncak
Yediveren

オーストリア共和国
19品種

Blauburger
Blauer Portugieser
BlauerWildbacher
Blaufränkisch
Brauner Veltliner
Frühroter Veltliner
Goldburger
Grüner Veltliner
Jubiläumsrebe
Neuburger
Österreichisch Weiss
Ráthay
Roesler
Roter Veltliner
Rotgipfler
Sankt Laurent
Silvaner
Zierfandler
Zweigelt

アゼルバイジャン共和国
16品種

Ag Aldara
Ag Kalambir
Ag Malayi
Agdam Gyzyl
Uzumu
Arna-Grna
Bayanshira
Gara Aldara
Gara Ikeni
Gara Sarma
Hamashara
Khindogni
Madrasa
Shirvanshahy
Sibi Abbas
Sysak
Tatly

ブルガリア共和国
16品種

Buket
Dimyat
Evmolpia
Keratsuda
Mavrud
Melnik 82
Misket Cherven
Misket Varnenski
Misket Vrachanski
Pamid
Ranna Melnishka
　Loza
Rubin
Ruen
Shevka
Shiroka Melnishka
Storgozia

セルビア共和国
15品種

Bačka
Bagrina（あるいは
　ルーマニア?　または
　ハンガリー?）
Kreaca（あるいは
　ルーマニア?　または
　ハンガリー?）
Morava
Neoplanta
Panonia
Petra
Probus
Prokupac
Rubinka
Sila
Sirmium
Slankamenka（あるいは
　ルーマニア?　または
　ハンガリー?）
Začinak
Župljanka

アルメニア共和国
14品種

Akhtanak
Areni
Charentsi
Garandmak
Kakhet
Kangun
Karmrahyut
Lalvari
Megrabuir
Mskhali
Nerkarat
Nerkeni
Tigrani
Voskeat

ロシア連邦
13品種

Bessarabsky
Muskatny
Cabernet Severny
Fioletovy Ranny
Krasnostop
Zolotovsky
Kumshatsky Cherny
Plechistik
Pukhliakovsky
Saperavi Severny
Severny
Sibirkovy
Tsimladar
Tsimlyansky Cherny
Zhemchuzhina Oskhi

スロバキア共和国
12品種

Breslava
Devín
Dunaj
Hetera
Hron
Mília
Nitranka
Noria
Rimava
Rudava

Torysa
Váh

ルーマニア
12品種

Băbească Neagră
Busuioacă de Bohotin
CrâmpoȘie Selecţionată
Fetească Regală
Francuşă
Galbenă de OdobeȘti
Grasă de Cotnari
Mustoasă de Măderat
Negru de DrăgăȘani
Novac
Şarbă
Zghihară de HuȘi

チェコ共和国
11品種

Agni
André
Aurelius
Cabernet Moravia
Laurot
Malverina
Muškát Moravský
Neronet
Pálava
Rubinet
Veritas

アルゼンチン共和国
7品種

Caberinta
Cereza
Criolla Grande
Pedro Giménez
Torrontés Mendocino
Torrontés Riojano
Torrontés Sanjuanino

アルバニア共和国
7品種

Debine e Bardhë
Debine e Zezë
Pules
Serina e Zezë
Shesh i Bardhë
Shesh i Zi
Vlosh

中華人民共和国
6品種

Beichun
Crystal
FrenchWild
Longyan
Rose Honey
Tuo Xian

スロベニア共和国
6品種

Bouvier
Klarnica
Ranfol
Vitovska Grganja
Žametovka
Zelen

オーストラリア連邦
5品種

Cienna
Cygne Blanc
Taminga
Tarrango
Tyrian

キプロス共和国
5品種

Maratheftiko
Mavro
Ofthalmo
Spourtiko
Xynisteri

日本
5品種

Black Queen
Koshu
Muscat Bailey A
Ryugan
Yamabudo

ウズベキスタン共和国
5品種

Bakhtiori
Bishty
Parkent
Pervomaisky
Soyaki

ボスニア・ヘルツェゴビナ
4品種

Bena
Blatina
Krkošija
Žilavka

カナダ
4品種

Dragon Blue
L'Acadie Blanc
Vandal-Cliche
Vincent

南アフリカ共和国
4品種

Chenel
Colomino
Nouvelle
Pinotage

モルドヴァ共和国
3品種

Doina
Fetească Albă
Fetească Neagră

モンテネグロ
3品種

Krstač
Vranac
Zizak

イスラエル国
2品種

Argaman
Neheleschol

北マケドニア共和国
2品種

Ohridsko Crno
Stanušina Crna

マルタ共和国
2品種

Ġellewża
Girgentina

トルクメニスタン
2品種

Kara Izyum Ashkhabadsky
Terbash

ペルー共和国
1品種

Quebranta

タイ王国
1品種

Malaga Blanc

英国（グレートブリテンおよび北アイルランド連合王国）
1品種

Muscat of Hamburg

カラーイラストの説明

Viala 氏および Vermorel 氏の著書 *Ampélographie*（1901－10）からの引用

1901～1910 年にかけてフランス語で出版された Pierre Viala 氏と Victor Vermorel 氏の代表的著書である *Ampélographie* は長い間，世界中のブドウ研究者にとって絶対的な参考文献であった．実業家で Vilefranche-sur-Saône（ローヌ＝アルプ地域圏（Rhône-Alpes），フランス）にある世界各国から 85 名を超えるブドウの専門家を擁していたブドウ栽培研究所の所長でもあった Victor Vermorel（1848 - 1927）から相当な額の経済的支援を受けて，著者であり編者でもあった，モンペリエとパリのブドウ栽培学の教授，Pierre Viala（1859 - 1936）は，この著書の中で 5,200 種類のワイン用と生食用ブドウ品種およびクローンを紹介し，そのうち最も重要な 627 種類について詳細を解説した．Jules Troncy 氏と Alexis Kreÿder 氏による 500 の素晴らしい絵画も本書 7 巻（3,200 ページ）にわたって記載されている．

近年になって DNA 解析により確認された，多くの先見の明のある仮説を含むこの大規模な業績に敬意を表して *Ampélographie* の中から 80 枚の絵画を選び起源，色，認知度の異なるワイン用ブドウを本書の中で示した．

ブドウの形態に基づく分類学の悲劇は 2006 年 12 月 6 日に起こった．Vilefranche-sur-Saône（ローヌ＝アルプ地域圏（Rhône-Alpes），フランス）にある歴史的建造物（Maison du Patrimoine）に保存されていたほとんどのオリジナルの絵画が火災で焼失してしまったのである．オリジナルの 1901～1910 年版の *Ampélographie* を所有していた幸運な Neil Tully M W および Josef-Marie & Marlis Chanton 両氏の寛大なご配慮により可能な限り原型に近い形で *Ampélographie* に描かれていた絵画を本書で用いることができた．*Ampélographie* のオリジナル版を見つけるのはもはや非常に困難であるが，現在でもモンペリエで 1991 年に Jeanne Laffitte 氏が復刊した *Ampélographie* の全 7 巻を読むことができる．

謝　辞

できるだけ包括的な内容を本書で解説するために，多くの協力者の方々から提供された膨大な情報を活用させていただいた．誤って割愛してしまった方々に心からお詫びしつつ，後述する方々，とくに太字で強調してある方々には当初予想していた以上の多大な貢献をいただいた．

Eduardo Abade, Francesco Alia, Max Allen, César Almeida, Lucy Anderson, Jane Anson, Levon Bağış, Anna Baddeley, Irina Ban, Ali Başman, Remo Becci, Klime Beleski, Susan Bell, Amanda Blasko, Bruce Bordelon, Olivier Bourdet-Pees, Emmanuel Bourguignon, **Yılmaz Boz**, Dumitru Bratco, Jorge Brites, Gilbert Brochot, Franco Bronzat, Ernst Büscher, Christèle del Campo-Auberger, Marco Carassi, **Umay Çeviker**, Josef-Marie Chanton, Marlis Chanton, Juan Chavarri, Mark Chien, Peter Christensen, Lis Clément, Frank Cornelissen, Laura Costantini, Michael Cox, **Manna Crespan**, Jakob Cripp, Luis Cruz Carneiro, Oksana Deineko, Dénes Dienes, Adam Dijkstra, Ricardo Diogo V Freitas, Paul A Domoto, Janet Dorozynski, Pero Drljevic, J E Eiras Dias, **Rolando Faustino**, Carolina Ferreira, Matthew Fidelibus, Helen Fisher, Boris Gasparyan, Sami Ghosn, Caroline Gilby, Anna Giorgieva, Gianpoalo Girardi, Vazha Gochiridze, Robert Gorjak, Nami Goto-Yamamoto, Maria Stella Grando, Michel Grisard, Joaquim Guerra, Samuel Guibert, Natalie Guinovart, Luis Gutiérrez, Raymond Haak, Lars Hagerman, Stefano Haldemann, Philip Harmandjiev, Mark Hart, David Harvey, Jennifer Hashim, Paula Hegele, **Shigeyuki Hirayama**, Amy Hopkinson, Thomas Horan, Terry Hughes, Karim Hwaidak, Angelos Iatrides, **Serena Imazio**, Angel Ivanov, Gizella Jahnke, **Tim James**, Jaroslav Ježek, Michael Karam, Đurđa Katić, András Kató, Richard Kelley, Tina Kezeli, Malkaz Kharbedia, Erzsébet Kiss, Vesna Klikovac-Katanić, Yunus Emre Kocabaşoğlu, Katerina Kostovska, Stefanos Koundouras, Pál Kozma, Jakob Kripp, Pavel Krška, Thierry Lacombe, James Lawther, Konstantinos Lazarakis MW, Margarita Levieva, Paris Livadiotis, **Wink Lorch**, Virgilio Loureiro, **Mário Louro**, Bart Lyrarakis, Vasco Magalhaes, David Maghradze, Miroslav Majer, Aleksandar Makedonski, **Edi Maletić**, **Nico Manessis**, Vesna Maras, Neil Martin, María-Carmen Martínez, Liliana Martínez, Maria del Carmen Martínez Rodríguez, Antero Martins, Tim Martinson, Jose Luis Mateo García, Ivica Matošević, Richard Mayson, Georges Meekers, Levan Mekhuzla, Carole Meredith, Emilie Merienne, Susana Mestre, **Gabriella Mészáros**, Goran Milanov, Julio Molino, Antonella Monaco, Adam Montefiore, Teresa Mota, Linda Murphy, Rebecca Murphy, Ciprian Neascu, **Richard Nemes**, Igor Nykolyn, Daniel O'Donnell, Michael Oates-Warmer, Asli Odman, Taner Öğütoğlu, **Ken Ohashi**, Tariel Panahov, Jaroslava Kaňuchová Pátková, Luis Pato, Marko Pavlac, Vanda Pedroso, **Ivan Pejić**, Carolina Peralta, Ronny Persson, Mikhail Petkov, Tom Plocher, Dorota Pospíšilová, **Volodymyr Pukish**, **Carlos Quintas**, Jorge Quintas, Barbara Raifer, Zurab Ramazashvili, Doron Rav Hon, Bruce Reisch, Francisco Roig, Louisa Rose, René Rougier, Michel Rougier, Saario Meeri, Vugar Salimov, Dimitris Saltabassis, Vicky Scharlau, Edel Schaub Moss, David Schildknecht, Steffen Schindler, Michael Schmidt, Anna Schneider, Attilio Scienza, **Victor de la Serna**, Araceli Servera Ribas, Maria José Sevilla, William Shoemaker, Pierre de Sigoyer, Reva Singh, Derek Smedley MW, **Lisa Smiley**, Danilo Šnajder, Barbara Snider, Matos Soares, Gökhan Söylemezoğlu, **Walter Speller**, Susan Spence, Barbara Spinola, **Haroula Spinthiropoulou**, Saša Špiranec, Vlaho Srdjan Zitkovich, Susanne Staggl, Nataša Štajner, **Richard Stavek**, Paolo Storchi, Gary Strachan, Constantin Stratan, Ed Swanson, Charles Sydney, Paul Symington, József Szentesi, Michael Tabone, Shaoyun Tan, Sabrina Tedeschi, Giorgi Tevzadze, Étienne Thiebaud, Geoff Thorpe, Carolina Tonnelier, Marta Trabal, Jim Trezise, Max Troychuk, Vladimir Tsapelik, **Neil Tully MW**, Ognyan Tzvetanov, Levan Udjmadjuridze, Lorenzo Valenzuela, Luis Vaz, Rita Vignani, Mario Vingerhoets, Viacheslav Vlasov, Sophocles Vlassides, Ken Volk, Randall Vos, Roland Wahlquist, Rob Walker, **Fongyee Walker and the Dragon Pheonix team**, Hans Walter-Peterson, Gary Werner, Jeremy Wilkinson, Jim Wolpert, John Worontschak, Doug Wregg, Olivier Yobregat, **Jonathan Wurdeman**, **Jesús Yuste Bombín**, Goran Zdunić, Carlos Željko Bročilović, Jorge Zerolo, Anne-Dominique Zufferey, Eva Zwahlen.

ABBUOTO (アッブォート)
ABOURIOU (アブリウー)
ABRUSCO (アブルスコ)
ACITANA (アチターナ)
ACOLON (アコロン)
ADAKARASI (アダカラス)
ADALMIINA (アダルミナ)
ADDORACA (アッドーラカ)
AFFENTHALER (アッフェンターラー)
AG ALDARA (アグ・アルダラ)
AG KALAMBIR (アグ・キャランビル)
AG MALAYI (アグ・マラ)
AGDAM GYZYL UZUMU (アグダム・ギズィル・ユズム)
AGIOMAVRITIKO (アギオマヴリティコ)
AGIORGITIKO (アギオルギティコ)
AGLIANICO (アリアニコ)
AGLIANICONE (アリアニコーネ)
AGNI (アグニ)
AGRONÓMICA (アグロノミカ)
ÁGUA SANTA (アグア・サンタ)
AHUMAT (アユマ)
AÏDANI (アイダニ)
AIRÉN (アイレン)
AKHTANAK (ハフタナク)
ALADASTURI (アラダストゥリ)
ALARIJE (アラリヘ)
ALBALONGA (アルバロンガ)
ALBANA (アルバーナ)
ALBANELLA (アルバネッラ)
ALBANELLO (アルバネッロ)
ALBARANZEULI BIANCO (アルバランツェーリ・ビアンコ)
ALBARANZEULI NERO (アルバランツェーリ・ネーロ)
ALBARÍN BLANCO (アルバリン・ブランコ)
ALBAROLA (アルバローラ)
ALBAROSSA (アルバロッサ)
ALBILLO DE ALBACETE (アルビーリョ・デ・アルバセッテ)
ALBILLO MAYOR (アルビーリョ・マヨール)
ALBILLO REAL (アルビーリョ・レアル)
ALCAÑÓN (アルカニョン)
ALEATICO (アレアティコ)
ALEKSANDROULI (アレクサンドロウリ)
ALEXANDER (アレクサンダー)
ALFROCHEIRO (アルフロシェイロ)
ALICANTE HENRI BOUSCHET (アリカント・アンリ・ブーシェ)
ALIGOTÉ (アリゴテ)
ALIONZA (アリオンツァ)

※次ページ以降に記載されているこのシンボルは，別名や誤った同定がDNA解析により確認されたことを示す.

ALLEGRO（アレグロ）
ALTESSE（アルテス）
ALVARELHÃO（アルヴァレリャオン）
ALVARINHO（アルヴァリーニョ）
AMARAL（アマラル）
AMIGNE（アミーニュ）
ANCELLOTTA（アンチェッロッタ）
ANDRÉ（アンドレー）
ANTÃO VAZ（アンタオン・ヴァシュ）
ANTEY MAGARACHSKY（アンテイ・マハラスキー）
ARAKLINOS（アラクリノス）
ARAMON NOIR（アラモン・ノワール）
ARANEL（アラネル）
ARANY SÁRFEHÉR（アラニ・シャールフェヘール）
ARBANE（アルバンヌ）
ARENI（アレニ）
ARETI（アレティ）
ARGAMAN（アルガマン）
ARILLA（アリッラ）
ARINARNOA（アリナルノア）
ARINTO DE BUCELAS（アリント・デ・ブセラス）
ARNA-GRNA（アルナ・グルナ）
ARNEIS（アルネイス）
ARNSBURGER（アルンスブルガー）
AROMATNY（アラマツゥニー）
ARRILOBA（アリロバ）
ARROUYA（アルヤ）
ARRUFIAC（アリュフィアック）
ARVESINIADU（アルヴェズィニアドゥ）
ARVINE（アルヴィーニュ）
ASHUGHAJI（アシュガジ）
ASPIRAN BOUSCHET（アスピラン・ブーシェ）
ASSYRTIKO（アシルティコ）
ASURETULI SHAVI（アスレトゥリ・シャヴィ）
ATHIRI（アシリ）
AUBIN BLANC（オーバン・ブラン）
AUBIN VERT（オーバン・ヴェール）
AUBUN（オーバン）
AURELIUS（アウレリウス）
AURORE（オロール）
AUXERROIS（オーセロワ）
AVANÀ（アヴァナー）
AVARENGO（アヴァレンゴ）
AVASIRKHVA（アヴァシルフヴァ）
AVESSO（アヴェッソ）
AVGOUSTIATIS（アヴグスティアティス）
AZAL（アザル）

ABBUOTO

イタリア中部の珍しい品種.
アルコール分の高いワインは一般にブレンドワインの生産に用いられている.

ブドウの色：● ● ● ● ●

主要な別名：Aboto, Cecubo

起源と親子関係

ABBUOTO はイタリア中部に位置するラツィオ州（Lazio）のフロジノーネ地域（Frosinone）由来の品種である．CECUBO という別名は，この品種がホラティウスや大プリニウスらが言及していたローマ時代のイタリアで最高のワインとして有名であった Caecubum の生産に用いられていたという誤った思い込みから生まれたものであるが，実のところ Caecubum は白ワインであるとともに，ローマの南東に位置していたが紀元前2世紀までに消失してしまった畑の名前でもある．

最近行われたDNA系統解析の結果，ABBUOTO は PIEDIROSSO × CASAVECCHIA の自然交配によって生まれた品種であることが示唆されたが（Cipriani *et al.* 2010），これは ABBUOTO が CASAVECCHIA の親品種であるという可能性とは矛盾している．

ブドウ栽培の特徴

厚い果皮をもつ中～大サイズの果粒をつける．収量が不安定になることがある．熟期は中期である．

栽培地とワインの味

ABBUOTO は主にイタリア北西部から中部で栽培されている．特にラツィオ州のフィウッジ（Fiuggi），セッサ・アウルンカ（Sessa Aurunca），フォンディ（Fondi），フォルミア（Formia），モンテ・サン・ビアージョ（Monte San Biagio）やテッラチーナ（Terracina）などでアルコール分が高く，良好な熟成の可能性をもつコクのあるワインが作られているが，ワインの色が短期間で失われてしまう傾向がある．カンパニア州（Campania）の生産者である Villa Matilde 社が ABBUOTO の畑を2 ha（5 acres）所有しており，PIEDIROSSO，あるいはイタリアで PRIMITIVO として知られる TRIBIDRAG とのブレンドワインである Cecubo の主原料として用いている．2000年にはイタリアで717 ha（1,772 acres）の栽培が記録されている．

ABOURIOU

フランス南西部の品種は早熟で，タンニンに富む赤ワインになるが
栽培は減少しつつある.

ブドウの色：● ● ● ● ●

主要な別名：Beaujolais（ロット・エ・ガロンヌ県（Lot-et-Garonne）），Early Burgundy ⊗（ナパバレー（Napa Valley）およびオーストラリア），Gamay Beaujolais（ピュイ＝レヴック（Puy-l'Évêque），アントル・ドゥー・メール（Entre-Deux-Mers）），Gamay-Saint-Laurent（アヴェロン県（Aveyron）），Loubejac（ドルドーニュ県（Dordogne）），Malbec Argenté（メドック），Plant Abouriou，Précoce Nauge（ロット・エ・ガロンヌ県），

Précoce Noir（ドルドーニュ県），Pressac de Bourgogne（リブルヌ（Libourne）周辺）
よくABOURIOUと間違えられやすい品種：COT ※，GAMAY NOIR ※

起源と親子関係

ABOURIOU はおそらくヴィルレアル（Villeréal）周辺を起源とする品種で，19世紀半ばごろまでにロット・エ・ガロンヌ県に広がったとみられている．カスヌイユ（Casseneuil）（ボルドー（Bordeaux）とトゥルーズ（Toulouse）の間に位置する）に近い Sénézelles のブドウ育種家である Numa Naugé 氏がこの品種を救済するまではほぼ絶滅状態にあった．ちなみに，1882年に同氏が「地方の農民が40数年前にヴィルレアル地域（ロット・エ・ガロンヌ県）で廃墟となっていた城の壁をつたい自生していたこのブドウの偶然実生を見つけた」と報告しているのだが，これが地方の方言で「早期」という意味をもつ ABOURIOU が，PRÉCOCE NAUGÉ とも呼ばれる理由である．

ABOURIOU は，GAMAY NOIR とは遺伝的な関係にないがメルロー（MERLOT）や COT（マルベック /MALBEC）の母品種である MAGDELEINE NOIRE DES CHARENTES とは親子関係にあることが最近の DNA 解析によって明らかになっている（Boursiquot *et al.* 2009）．結果として，ABOURIOU は，メルローおよび COT の祖父母品種あるいは片親だけが同じ姉妹品種のいずれかにあたることになる（PINOT の系統図参照）．

ABOURIOU は EDERENA や EGIODOLA などの品種の育種に用いられた．また1970年代にはスロバキアで CASTETS との交配に用いられ，HRON，NITRANKA，RIMAVA および VÁH などの品種が生み出された．

ブドウ栽培の特徴

早熟．灰色かび病をはじめ他のかびの病気にも非常に良好な耐性を示す．

栽培地とワインの味

2008年にフランスで記録された総栽培面積は，約50年前に記録された総栽培面積の半分にあたる338 ha（835 acres）であった．栽培が見られるのは主にロット・エ・ガロンヌ県（200 ha/494 acres）とロワール＝アトランティック県（Loire-Atlantique）（100 ha/247 acres）で，特にマルマンド（Marmande）の南西のコキュモン（Cocumont）周辺で多く見られる．この品種から作られる深い色合いのワインはスパイシーでタンニンに富むが酸味に欠ける．この品種の価値は，早熟さと病気に耐性をもつことにある．この品種は Côtes du Marmandais で公認されており，Elian Da Ros 社がヴァラエタルワインと Clos Baquey のブレンドワインを作っている．Château Lassolle 社の Le Rouge qui Tache（「シミを付ける赤」という意味）はもう一つの例であり，また，ABOURIOU は南西部のいくつかのヴァン・ド・ペイ（vins de pays）に用いられている．

Paul Truel 氏は，かつてカリフォルニア州において EARLY BURGUNDY の名で栽培されていた品種が ABOURIOU と同一品種であることを確認した．Luddite 社はロシアンリバーバレー（Russian River Valley）にある Gibson-Martinelli Vineyard 社が栽培するブドウを用いてヴァラエタルワインを作っている．しかし，最近の DNA 解析によってカリフォルニア州のいくつかの EARLY BURGUNDY が，実は BLAUER PORTUGIESER であることが明らかになっている（Mike Officer，私信）．

ABROSTINE

ABRUSCO を参照

ABRUSCO

ほとんど知られていない絶滅寸前の晩熟のイタリアの赤ワイン品種は，ブレンドワインに色を添えている．

ブドウの色：● ● ● ● ●

主要な別名：Abrostalo，Abrostine ☒，Abrostino，Abrusco Nero，Abrusio，Colore あるいは Colorino，?Lambrusco，?Raverusto
よくABRUSCOと間違えられやすい品種：COLORINO DEL VALDARNO ☒，Muscat Rouge de Madère ☒

起源と親子関係

ABRUSCO はトスカーナ（Toscana）の古い品種で，キャンティ（Chianti）のブレンドワインに用いられてきた品種である．2009年にシエナ（Siena）大学で行われたブドウの形態分類学的解析およびDNA 解析の結果，先に Vignani *et al.*（2008）が報告していた結果とは異なり，ABRUSCO は ABROSTINE と同じ品種であることが明らかになった（Rita Vignani，私信）．Soderini（1600）のブドウ栽培に関する論文の中には「ABROSTINO または COLORE は色の薄い赤ワインの色づけに用いられている」と書かれている．ABRUSCO はその色合い深さが評価されているトスカーナのもう一つの品種である COLORINO DEL VALDARNO とは異なる品種だが，よく ABRUSCO / ABROSTINE と混植されるため間違われがちである．ちなみに MUSCAT ROUGE DE MADÈRE（商業栽培されていない）も ABRUSCO の別名であると考えられていたが，この説も DNA 解析により否定されている（Vouillamoz）．ABRUSCO や ABROSTINE という品種名はおそらくラテン語の *lambrusco*（「野生のブドウ」という意味）に由来するものと考えられている．

ブドウ栽培の特徴

熟期は中期である．

栽培地とワインの味

IGT Toscana の Le Tre Stelle 社の Agino ワインは数少ない100% ABRUSCO のワインの一つである．彼らの古いブドウ畑で20本の ABRUSCO が発見されたことで，この品種を守るための栽培面積拡大プログラムが始まった．2000年時点のイタリアの統計には ABRUSCO の名前で6 ha（15 acres）の栽培が記録されている．別名である ABROSTINO は COLORINO DEL VALDARNO の別名（これは間違いなのであるが）として記載されているにすぎない．Federico Staderini 氏のヴァラエタルワインは ABROSTINE と表示されている．

果肉の色は薄いが，色合い深く，しっかりとした骨格をもち，少々スパイシーなワインになり，通常はブレンドワインの生産に用いられている．

ACITANA

濃い色の果皮をもつシチリア（Sicilia）北東部の珍しい品種は
ブレンドワインの生産に用いられている．

ブドウの色：● ● ● ● ●

主要な別名：Citana Nera

起源と親子関係

この品種と品種名は，シチリア，カターニア県（Catania）の北東部にあるAciから始まるいくつかのコムーネ：アーチ・ボナッコルシ（Aci Bonaccorsi），アチレアーレ（Acireale），アーチ・カステッロ（Aci Castello），アーチ・カテーナ（Aci Catena），アーチ・プラータニ（Aci Platani），アーチ・サン・フィリッポ（Aci San Filippo），アーチ・サンタントーニオ（Aci Sant' Antonio），アーチ・サンタ・ルチア（Aci Santa Lucia）やアーチ・トレッツァ（Aci Trezza）に由来するものと考えられる．

栽培地

かつてはイタリア，シチリア北東部のメッシーナ県（Messina）およびカターニア県で栽培されていた，この非常に珍しい品種は現在，メッシーナ県周辺で栽培されており，Palari社が作るブレンドワイン，Faroの生産に用いられている（Faroの規定では特にこの品種を公認していないが）．一般にはNERELLO MASCALESE，NERELLO CAPPUCCIOあるいはその他の地方品種とブレンドされている．

ACOLON

早熟であることと色合いが特徴的で，最近になって公認されたドイツの交配品種

ブドウの色：● ● ● ● ●

主要な別名：Weinsberg 71-816-102

起源と親子関係

ACOLONは1971年にドイツのバーデン－ヴュルテンベルク州（Baden-Württemberg）のヴァインスベルク（Weinsberg）研究センターでBernd Hill氏がBLAUFRÄNKISCH×DORNFELDERの交配により開発した交配品種である．2002年に正式に登録された．

ブドウ栽培の特徴

樹勢が強く，収量のよい品種．早熟で，ブドウは色合い深く，良好な糖度を有している．

栽培地とワインの味

公式リストに登録されてからまだ間もないにもかかわらず，ドイツではすでに478 ha（1,181 acres）の栽培が記録されており，その半分を少々，下回る量がヴュルテンベルク（Württemberg）で，また，約1/4がプファルツ（Pfalz）で栽培されている．親品種であるBLAUFRÄNKISCH（別名BLAUER LIMBERGER）から作られるワインとよく似た，かなりフルボディーで，口当たりのよい果実味と適度なタンニンを有しているワインが作られる．より濃厚で凝縮されたスタイルのワインはオークを用いることでその品質を高めることができる．ヴュルテンベルクのMedinger社やSturmfeder社，プファルツのAnselmann社やKarl Dennhardt社，またバーデンのKochtalkellerei社などがヴァラエタルワインを生産している．

スイスでも約3 ha（7 acres）の栽培が記録されている．また，イングランドでもケント（Kent）のBiddenden ワイナリーなどで栽培されている．

ADAKARASI

主にトルコのアーブシャ島（Avşa）で栽培されている品種で，ソフトで色の濃い赤ワインが作られている．

ブドウの色：● ● ● ● ●

主要な別名：Ada Karası

よくADAKARASIと間違えられやすい品種：ÇALKARASI（デニズリ県（Denizli）），HOROZKARASI ☒（キリス県（Kilis）），KALECIK KARASI（アンカラ），PAPAZKARASI（アーブシャ島）

起源と親子関係

ADAKARASI（「島の黒」という意味）はマルマラ海に浮かぶトルコのアーブシャ島を起源とする品種である可能性が高いと思われる．

他の仮説

ADAKARASI，ÇALKARASI，HOROZKARASI，KALECIK KARASI およびPAPAZKARASI などの品種は，全く異なる地域で栽培されているものの同じ品種であると考えられてきたのだが，現在まで説得力のあるブドウの形態分類学的データは示されていない．しかし，DNA解析の結果，少なくともADAKARASI とHOROZKARASI は異なる品種であることが明らかになっている（Vouillamoz）．

ブドウ栽培の特徴

厚い果皮をもつ大きな果粒をつける．晩熟で，多くの日照を要する．豊産性だが，うどんこ病に感受性がある．砂質ローム土壌で栽培すると，最も香り高いワインができる．

栽培地とワインの味

ADAKARASI が主に栽培されているのはトルコのマルマラ海に浮かぶアーブシャ島で，2010年には92 ha（227 acres）の栽培が記録されている．また，非常に限られた範囲ではあるものの，黒海の南部に位置するマルマラ地域のバルケスィル（Balıkesir，県名も同じ）周辺や，マルマラ海に面したテキルダー県（Tekirdağ）のシャルキョイ地区（Şarköy）などでも栽培されている．一般に，ワインはソフトで濃い色をしているが，熟成の可能性は良好である．ヴァラエタルワインの生産者としてはBortaçına社やBüyülübağ社などがあげられる．

ADALMIINA

主にケベック州で栽培されている耐寒性でマイナーなアメリカの交雑品種

ブドウの色：● ● ● ● ●

主要な別名：Aldemina, ES 6-16-30

起源と親子関係

1980年代の中期から後期にかけてアメリカ合衆国，ウィスコンシン州のオシオラ（Osceola）のブドウの育種家である Elmer Swenson 氏が ELMER SWENSON 2-3-17×ELMER SWENSON 35の交配により開発した交雑品種.

- ELMER SWENSON 2-3-17は ELMER SWENSON 283×ELMER SWENSON 193の交雑品種
- ELMER SWENSON 283は ELMER SWENSON 114×SEYVAL BLANC の交雑品種（ELMER SWENSON 114の系統は ST PEPIN 参照）
- ELMER SWENSON 193は MINNESOTA 78×SENECA の交雑品種（MINNESOTA 78の完全な系統は BRIANNA 参照）
- SENECA は LUGLIENGA×ONTARIO の交雑品種（ONTARIO の系統は CAYUGA WHITE 参照）
- ELMER SWENSON 35は MINNESOTA 78×DUNKIRK の交雑品種
- DUNKIRK は BRIGHTON×JEFFERSON の交雑品種（BRIGHTON の系統は BRIANNA 参照）
- JEFFERSON は CONCORD×IONA の交雑品種（IONA の系統は MOORE'S DIAMOND 参照）

したがって，ADALMIINA は *Vitis riparia*, *Vitis labrusca*, *Vitis vinifera*, *Vitis lincecumii* および *Vitis rupestris* の複雑な交雑品種であるということになる．1997年にヘルシンキ（Helsinki）大学の農学者である Meeri Saario 氏にこの品種が送付され，同氏が ADALMIINA と命名し，他の Swenson 品種と共に繁殖した.

ブドウ栽培の特徴

樹勢が強く，豊産性，耐寒性であるがそれほど確実ではなく早熟である．全般的に良好な耐病性をもつが，成熟時に玉割れしがちである.

栽培地とワインの味

ADALMIINA はカナダのケベック州で限定的に栽培されており，通常はその低い酸度を補うためにブレンドされている．ブレンドワインの生産者としては Le Chat Botté 社，Coteau St-Paul 社，Domaine Mont Vézeau 社や Vignoble Le Nordet 社などがあげられる．ヴァラエタルワインからフォクシーフレーバーが感じられるころはなく，わずかに酸味が不足するという点を除けばミュスカデ（MUSCADET）と似ており，時にミネラルとトロピカルフルーツのノートを漂わせることもある.

Meeri Saario 氏や他の生産者数名が，フィンランドやバルト諸国でビニールハウスを用い ADALMIINA を生食用として栽培している.

ADDORACA

カラブリア州（Calabria）の極めて稀少な白ワイン品種は 同じように非常に稀少なデザートワインの生産に用いられている.

ブドウの色：● ● ● ● ●

主要な別名： Odoacra

起源と親子関係

南イタリア，カラブリア州のコゼンツァ県（Cosenza）由来の品種である．品種名となっている ADDORACA にはカラブリア州の方言で「芳香」という意味がある．

栽培地とワインの味

イタリア，カラブリア州，コゼンツァ県のサラチェーナ（Saracena）でのみ栽培される極めて珍しい品種である．Cantine Viola 社（スローフード運動により支援されている）や Feudo dei Sanseverino 社などの少数の生産者が CODA DI VOLPE BIANCA（カラブリアでの別名 GUARNACCIA BIANCA で），MALVASIA BIANCA DI CANDIA およびミュスカ・ブラン・ア・プティ・グラン（MUSCAT BLANC À PETITS GRAINS）（地方では MOSCATELLO DI SARACENA として知られる）などとブレンドし，パッシートスタイルのデザートワインである伝統的な Moscato di Saracena を作っている．

AFFENTHALER

ドイツ南部の極めて珍しい古い品種

ブドウの色：● ● ● ● ●

主要な別名： Blauer Affenthaler，Kleiner Trollinger，Säuerlicher Burgunder

起源と親子関係

ドイツ南部，バーデン＝ヴュルテンベルク州（Baden-Württemberg）のバーデン＝バーデン（Baden-Baden）に近いアッフェンタール（Affental）由来の古い品種である．2004年にカイザースバッハ（Kaisersbach）とシュタインハイム（Steinheim）で二本の古いブドウの樹が発見され，最近になって復活を果たした．AFFENTHALER に関しては1791年に Johann Michael Sommer 氏が初めて記録に残している（Krämer 2006）．AFFENTHALER が時に KLEINER TROLLINGER と呼ばれるのは，かつて，この品種がエンツ（Enztal），レムシュタール（Remstal）やホーエンローエ（Hohenlohe）などネッカー川（Neckar）に沿った地域で BLAUFRÄNKISCH（別名 BLAUER LIMBERGER）や SCHIAVA GROSSA（別名 TROLLINGER）などとともに栽培されていたことによるものであろう．

この品種はまた SÄUERLICHER BURGUNDER（「すっぱい PINOT」という意味）とも呼ばれるが，DNA 系統解析の結果，AFFENTHALER は PINOT とは関係がないものの GOUAIS BLANC と親子関係にあることが明らかになった（Boursiquot *et al.* 2004）．GOUAIS BLANC が親品種だとすると，AFFENTHALER は GOUAIS BLANC と絶滅したかもしれない他の未知の品種との間の自然交配により生まれたことになる．

ブドウ栽培の特徴

晩熟で霜に耐性である.

栽培地とワインの味

第二次世界大戦後にほぼ見捨てられたような状態にあったAFFENTHALERの栽培は，現在，その発祥地であるドイツ南部のバーデン - ヴュルテンベルク州においても極めて珍しいものとなっている．この品種から作られたワインは色が濃く，酸味とタンニンに富むものとなる．バーデンのAffenthaler Winzergenossenschaft Bühl社がその特徴をもつワインを作っている.

この品種から作られるワインをバーデン＝バーデン周辺の地域の特産であるSPÄTBURGUNDER（別名ピノ・ノワール / PINOT NOIR）から作られるAffentalerやAffenthalerと知られるワインと混同してはならない.

AG ALDARA

AG ALDARA（「Aldaraの白」という意味）は，AGALDERE，ALANI KHAGOKHあるいはALDARA SPITAKとしても知られる．熟期は中期～晩期で，アルメニアあるいはアゼルバイジャン由来の品種である．BAYANSHIRAとブレンドされることがあるが，生食用として栽培されることもある．辛口あるいはポートワインスタイルの酒精強化ワインの生産にも用いられている.

AG KALAMBIR

アゼルバイジャン由来の白品種. グレープジュースあるいは辛口ワインやデザートワイン, またはコニャックスタイルのスピリットの生産に用いられている.

AG MALAYI

果皮色の薄いアゼルバイジャンの品種.
ナヒチェヴァン（Nakhchivan）で軽く，キレのよいワインが作られている.

ブドウの色：●　●　●　●　●

起源と親子関係

アルメニア，イラン，トルコと国境を接するアゼルバイジャンの飛び地であるナヒチェヴァン自治共和国で栽培されている．この品種はこの地方でMALAYIと呼ばれているARENIの果皮色変異ではない(Tariel Panahov，私信).

ブドウ栽培の特徴

晩熟である.

栽培地とワインの味

AG MALAYIはアゼルバイジャンで比較的アルコール分の低い辛口の白ワインの生産に用いられている.

AGDAM GYZYL UZUMU

アゼルバイジャンのピンク色果粒の品種．ブドウジュースや白の辛口ワインあるいはデザートワインの生産に用いられている．

AGIOMAVRITIKO

ほぼ絶滅状態にあるギリシャの島の品種

ブドウの色：

起源と親子関係

AGIOMAVRITIKO はギリシャのザキントス島（Zákynthos）で伝統的に栽培されており，おそらく同島が起源の地であると考えられるが，DNA 解析がまだ行われていないので，この品種がユニークな品種であるのか，あるいはギリシャの他の品種と同一なのかは明らかではない．

栽培地とワインの味

AGIOMAVRITIKO はイオニア海のザキントス島およびギリシャ本土中央部に位置するテッサリア（Thessalía）のラリサ（Larísa）で栽培されている．ザキントス島の Comoutos 社が赤のブレンドワインの一つにこの品種を用いている．

AGIORGITIKO

ギリシャで最も広く栽培されている濃い果皮色の品種．
幅広いスタイルの高品質のワインが大量に作られている．

ブドウの色：

主要な別名：Aghiorghitiko，Mavro Nemeas（ネメア（Neméa）），Mavrostaphylo Mavraki，Mavroudi Nemeas，Nemeas Mavro

起源と親子関係

この品種はおそらくギリシャの ペロポネソス半島（Pelopónnisos）の東部のアルゴリダ県（Argolída）あるいはコリンティア県（Korinthía）由来であると考えられる．AGIORGITIKO は文字通り「セントジョージ（St George）のブドウ」を意味しているが，これはペロポネソス半島の北東部に位置するネメアの小さな礼拝堂であるセントジョージ・チャペル（Manessis 2000）あるいは村の名前にちなんで名づけられたものである．

他の仮説

多くの古いギリシャ品種のように AGIORGITIKO は古代ギリシャ時代から栽培されていた品種だといわれているが，このことは歴史的にもまた遺伝学的にも証明されておらずこの説は極めて疑わしいと言わざるを得ない．

AGIORGITIKO という品種名はセントジョージの日にちなんで名づけられたものであると考えられており，その日にブドウが熟すといわれている．もっとも，どのカレンダーを使うかにもよるがセントジョージの日は4月か5月であることを思うと，この聖人の日はブドウが成熟するには随分早すぎるといえよう．

ブドウ栽培の特徴

潜在的に高収量である．ウィルス病およびべと病やうどんこ病さらには灰色かび病に非常に高い感受性を示す．カリウム不足と乾燥によるストレスを受けがちである．やせた土地が栽培に最も適している．比較的密植にするのがよい．萌芽期は遅く晩熟である．良質のクローンは厚い果皮をもつ小さな果粒と小さな果房をつける．

栽培地とワインの味

AGIORGITIKO からは栽培地域と収量の調節の程度に応じて，フレッシュでフルーティーなロゼワインから濃厚でタンニンに富み，熟成させる価値のある赤ワインまで，また，それらの中間の性質をもつようなカーボニックマセレーションによるライトボディーのワインや，生産量の多い飲みやすいソフトな赤ワインなど，幅広いスタイルのワインがギリシャで作られている．最も真剣に作られたワインは，色合い深く，スパイシーな赤い果実のアロマを有し，オークと相性のよい，リッチかつフルボディーだが，過度なアルコール分のないワインとなる．一方，谷底に植えられたブドウから作られるワインは非常にソフトで酸味が弱く，アルコール分の高いワインになる．したがって標高500～600 m（1,640～1,970 ft）のコッツィ（Koutsi）の丘陵地や標高900 m（2,950 ft）ほどの地点にあるアスプロカンポス（Asprokampos）高原などが栽培に適していると考えられている．いくつかのサブリージョン分類を既存の制度にいかに組み込むかについては現在，多くの議論がなされている．

事実上，ギリシャに植えられている AGIORGITIKO のすべてがウィルスに感染しており，収量，成熟度合い，品質に問題を引き起こしているということで，近年，栽培者がこの品種の栽培を控えてきたという経緯がある．2012年に利用可能になる新しいクローンはウィルス非感染であるのみならず，糖度が高く，フェノール化合物を果粒に蓄積することができ，果粒の果皮が厚く，従来のものより果粒のサイズが小さいという望ましい特徴をもつことで灰色かび病に対する非常に強い耐性を獲得した．

AGIORGITIKO はギリシャで最も広く栽培されている赤ワイン用ブドウで，主にペロポネソス半島(3,204 ha/7,917 acres）や本土南部のアッティキ（Attikí）(5,202 ha/12,854 acres）で栽培されている．この品種はペロポネソス半島北西部の Neméa 原産地呼称で赤ワイン用（辛口，甘口両方，ただしロゼは除く）として公認されている唯一の品種であり，ギリシャ本土の北部に位置するイピロス（Ípeiros）のメツォヴォ地域（Metsovo）で栽培されるカベルネ・ソーヴィニヨン（CABERNET SAUVIGNON）のブレンドパートナーとしても用いられている．推奨される生産者としてはネメアの Driopi, Gaia, Parparoussis（パトラ（Pátra）が本拠地であるがブドウはネメアの Gymno から運ばれている）および Skouras があげられる．AGIORGITIKO と Neméa は事実上同義であるが，この品種は ペロポネソス半島の中央部および北部，また，アッティカから東や同国本土北部のマケドニア（Makedonía）でも栽培されている．Biblia Chora 社がマケドニア北部で非常に優れたワインを作っている．

AGLIANICO

イタリア南部のこの赤ワイン品種は質が高く晩熟で，
タンニンに富み熟成させる価値のあるワインとなる．

ブドウの色：● ● ● ● ●

主要な別名：Aglianco di Puglia，Aglianica，Aglianichella，Aglianichello ☒（カンパニア州（Campania）のナポリ県（Napoli）），Aglianico Amaro ☒（カンパニア州のベネヴェント県（Benevento）およびカゼルタ県（Caserta）），Aglianico del Vulture ☒（バジリカータ州（Basilicata），Aglianico di Castellaneta，Aglianico di Taurasi ☒（カンパニア州のアヴェッリーノ県（Avellino）），Aglianico Nero，Aglianico Pannarano，

Aglianicuccia, Agliano, Agliatica, Agliatico, Agnanico, Agnanico di Castellaneta, Cascavoglia, Cerasole, Ellanico, Ellenico, Fiano Rosso, Fresella, Gagliano, Ghiandara, Ghianna, Ghiannara, Glianica, Gnanica, Gnanico, Granica, Olivella di S. Cosmo, Ruopolo, Spriema, Tringarulo, Uva Catellaneta, Uva dei Cani, Uva di Castellaneta, Uva Nera
よくAGLIANICOと間違えられやすい品種: Aglianico di Galluccio，AGLIANICONE，ALEATICO，CILIEGIOLO，PIGNOLO，TRONTO（Aglianico di Napoliの名で）

起源と親子関係

ギシリャ起源については議論の余地があるものの，多くの研究者がAGLIANICOはギリシャ人がティレニア海沿岸（Tirrenian coast）に植民した頃（起源前7～6世紀）に，ギリシャ人によって持ち込まれたものだと述べている．しかし，非常に多くの情報源とは異なり，本書はAGLIANICOという名前およびブドウがギリシャ起源であることを支持しない．

最初にAGLIANICOの名前が記載されたのは1520年の古文書で，コンヴェルサーノ（Conversano）伯であるGiulio Antonio Acquaviva d'Aragona氏がAglianiche（Aglianicoの複数形）と呼ばれるブドウが植えられた畑を所有していたと記録されている．AGLIANICOのギリシャ起源が推定された1581年にさかのぼる．当時，ナポリの学者であったGiambattista della Porta氏（1535-1615）が，大プリニウスが記載した*hellanico*すなわち古代ギリシャの（hellenic）ブドウと仮定されるHelvolaブドウを暫定的に同定した結果，16世紀から，ほとんどの研究者が短絡的にAGLIANICO =*hellanico*= ギリシャ（*Hellas*）のブドウと考えるようになり，後に，ELLANICO/HELLANICOあるいはELLENICO/HELLENICOが現代的な別名として用いられるになった．しかしながら，この語源は以下の理由により非常に疑わしいと言わざるを得ない．

- AGLIANICOは黒果粒だがHelvolaは黄色がかったワインである．
- 言語学者は*ellenico*あるいは*hellenico*から*aglianico*の言葉を導くのは不可能であると説明している．
- *hellenicus*という形容詞が当時，存在しなかったため，大プリニウスやローマ時代の他の学者の著書にある「ギリシャ起源」を示す形容詞は*graecus*であって*hellenicus*ではない．
- 「ヘレニズム（Hellenism）」という言葉がギリシャの国土や文化を指す言葉として使われるようになったのはルネッサンスの時代になってからであるため，ローマ時代の学者は「hellenic Grapes」という名前を使うことなく，常に「Greek Grapes」という名前を使っていた．

15世紀から16世紀にかけて，スペインがイタリア中部を占有していたのだが，この時期がAglianoの名が最初に現れた時期と一致しているため，AGLIANICOの名は，おそらく「平原（plain）」という意味をもつスペイン語の*llano*に由来するものであると考えられる．ちなみに，スペイン語の*lla*はイタリア語のgliaの発音である．このようにAGLIANICOには「プレーンな（平原の）ブドウ」という意味があり，A GlianicaまたはLa Glianicaなどの古い方言の名前が想起される．

可能性はそれほど高くないが，AGLIANICOは「美しい」あるいは「明るい」を意味するギリシャ語の*aglaos*に由来しており，色の濃い別のワインとの対比を意味しているのかもしれないという説もある．可能性はさらに低くはなるが，AGLIANICOはブドウが熟す7月July（イタリア語で*Luglio*）に由来するかもしれないという説もある．しかし，AGLIANICOは非常に晩熟のブドウであるのでこの仮説は論外である．少し信憑性がある説としては，AGLIANICOは大プリニウスとローマ時代の学者が記載しているGauranumあるいはGauranicumなどのファレルノ（Falerno）タイプのワインに由来するという説もある．

DNA解析によってAGLIANICOは現代のギリシャのブドウのどれとも近縁ではないことが明らかになった（Scienza and Boselli 2003）．AGLIANICOはカンパニア州やバジリカータ州の多くの品種，特にAGLIANICONEと近縁関係にあり（Costantini *et al.* 2005），AGLIANICOが親品種である可能性が示唆されている（Vouillamoz）．

言語学的にも遺伝学的にもギリシャがAGLIANICOの語源および起源であることを支持する証拠はない．それゆえAGLIANICOはイタリア南部の古いブドウである可能性が高いと思われる．

他の仮説

AGLIANICO はローマ時代の有名なファレルノワインに用いられていたブドウであり，地元の野生ブドウから栽培化された品種であると一部の研究者が推測している．

ブドウ栽培の特徴

萌芽期は早期で，非常に晩熟である（11月になることもある）．樹勢が強いので，収量を調節しなければならない．うどんこ病には良好な耐性を示すが，灰色かび病には感受性がある．

栽培地とワインの味

AGLIANICO は，もっぱらイタリア南部のカンパニア州のアヴェッリーノ県やベネヴェント県，およびバジリカータ州のポテンツァ県（Potenza）やマテーラ県（Matera）で栽培されており，この地域で最も広く栽培される黒ブドウ品種である．冷涼だが日当たりがよく乾燥した標高200～600 m の山岳地帯でよく育つ．わずかだが，栽培はカラブリア州（Calabria），プッリャ州（Puglia），モリーゼ州（Molise）およびナポリの近くのプローチダ島（Procida）でも見られる．2000年に記録された総栽培面積は9,890 ha（24,400 acres）であった．

カンパニア州アヴェッリーノ県の北東部に位置する Taurasi DOCG の火山性の土壌で，また州境を越えたバジリカータ州の Aglianico del Vulture DOC 地域で，ブドウは色合いが濃く，凝縮しタンニンに富み熟成とともに品質が向上する最高のワインが生み出されるという最良の結果が得られる．タンニンがこなれるまでには長期間の熟成が必須である．最高のワインは色合い深く，火山性の土壌にあるブドウ畑を思い起こさせるアロマやチョコレートとプラムのアロマを有しており，口中できめ細やかなタンニンと際立った酸味を示し，熟成とともに繊細なタンニンのニュアンスをもつようになる．高レベルのタンニンと酸味を有していることから，このブドウには「Barolo of the south（南のバローロ）」というあだ名がつけられている．Taurasi では他の品種を15% まで含むことができるが，Aglianico del Vulture や Aglianico del Taburno DOC（2011年以降は Aglianico del Taburno DOCG）では AGLIANICO 100% と規定されている．トップレベルの生産者としては D'Angelo 社，Galardi 社，Mastroberardino 社，Paternoster 社，Odoardi 社，Pietracupa 社，Villa Matilde 社などがあげられる．

AGLIANICO が南イタリアの気候を好むことから，オーストラリアの栽培者は気候変動を考慮して実験的な栽培を始めている．ニューサウスウェールズ州，グリフィス（Griffith）の Westend Estate 社（1920年代後半にオーストラリアにやってきたイタリア移民の子孫であるカラブリア家が所有している）がとりわけ成功を収めており2010年の Australian Alternative Varieties Wine show では赤ワインの最高賞を受賞している．カリフォルニア州ではパソロブレス（Paso Robles）の Kenneth Volk 社がイタリア風だがより丸みのあるワインを作っている．中国では Grace Vineyard 社がこの品種を栽培している．

AGLIANICONE

カンパニア州（Campania）の品種．黒色果粒で，高収量だが一般に低品質である．イタリアのカンパニア州やバジリカータ州（Basilicata）のマテーラ県（Matera）やポテンツァ県（Potenza）で栽培されており，2000年に記録された栽培面積は140 ha（346 acres）であった．DNA の比較が間違った樹で行われたため，トスカーナ州（Toscana）の古い CILIEGIOLO 品種と間違って同定されてしまった（Crespan *et al.* 2002）．AGLIANICONE は AGLIANICO の変異ではないが（Costantini *et al.* 2005），DNA パターン解析の結果は，両者が近縁品種であることを示すものであった（Vouillamoz）．

AGNI

最近，開発されたチェコの交配品種からはアロマティックな珍しい赤ワインが作られている.

ブドウの色：● ● ● ● ●

主要な別名：(AN × IO) PE-11/47

起源と親子関係

AGNI はチェコ共和国の南部モラヴィア（Morava）にあるヴェルケー・パヴロヴィツェ（Velké Pavlovice）の ŠSV とペルナー（Perná）にある研究センターのブドウ育種家である Jan Havlík，František Zatloukal および Ludvík Michlovský 氏らが ANDRÉ×IRSAI OLIVÉR の交配により近年になって得た交配品種である．2001年にチェコの公式な品種リストに登録された.

ブドウ栽培の特徴

樹勢が強く早熟である．小さな果粒で小～中サイズの果房をつける.

栽培地とワインの味

AGNI はマスカットとバラのようなアロマと赤い果実のフレーバーをもつフルボディーのフレッシュなワインになる．辛口ワインと同様にデザートワインとしての可能性も有している．František Foretník 社，Michlovský 社，Jakub Šamšula 社などがヴァラエタルワインを作っている．2009年にはチェコ共和国東南部のモラヴィアで6 ha（15 acres）の栽培が記録されており，そのほとんどがミクロフ（Mikulovská）で栽培されたものであった.

AGRONÓMICA

非常にわずかな量しか栽培されていないポルトガルの交配品種でスモークフレーバーを特徴としている．アゾレス諸島（Açores）で栽培されているが，ポルトガル本土ではほとんど栽培されていない.

ブドウの色：● ● ● ● ●

起源と親子関係

Vitis 国際品種カタログには AGRONÓMICA がポルトガルで作られた CASTELÃO×MUSCAT OF HAMBURG の交配品種であると記載されているが，AGRONÓMICA の DNA プロファイルは CASTELÃO（Veloso *et al.* 2010）および MUSCAT OF HAMBURG のデータ（Crespan *et al.* 1999; Gianetto *et al.* 2010; Santana *et al.* 2010 など）と一致しない.

ブドウ栽培の特徴

熟期は早期～中期である.

栽培地とワインの味

ワインはソフトで，一風変わった重いスモーキーなアロマと味をもつ．2010年にポルトガルで記録された AGRONÓMICA の栽培面積は320 ha（791 acres）であった．この品種は IGP Açores への使用が認められており，ピコ（Pico）協同組合は赤のブレンドのテーブルワイン（Vinho de mesa）の生産にこの品種を用いている．

ÁGUA SANTA

ありきたりのこの交配品種はポルトガル中部において 主にブレンドワインの生産に用いられている.

ブドウの色：● ● ● ● ●

起源と親子関係

ÁGUA SANTA（「聖なる水」という意味）は，1948年にポルトガルのリスボン（Lisboa）の東に位置するオエイラス（Oeiras）にある国立農業研究センターでJosé Leão Ferreira de Almeida氏がCAMARATE（MORTÁGUAの名で）×CASTELÃO（JOÃO SANTARÉMの名で）の交配により得た交配品種であり，DNA解析でも確認されている（Zinelabidine *et al.* 2012）．ÁGUA SANTAの2種類の親品種はいずれもCAYETANA BLANCA×ALFROCHEIROの交配品種である（CAYETANA BLANCAの系統図参照）．

他の仮説

ÁGUA SANTAはTRINCADEIRA×CASTELÃOの交配品種だといわれることもあるがTRINCADEIRAのDNAプロファイルはこの説を支持するものではない（Almadanim *et al.* 2004; Veloso *et al.* 2010）．

ブドウ栽培の特徴

樹勢が強く，豊産性である．萌芽期および熟期はいずれも中期である．大きな果粒が粗着した大きな果房をつける．うどんこ病に感受性がある．

栽培地とワインの味

ÁGUA SANTAはポルトガルのバイラーダ（Bairrada）およびリスボン地方で主に見られる品種である．酸味が弱く，ミディアムボディーで，わずかに渋みがあり，かなりのアルコール分を有するワインはブレンドワインの生産に用いられている．2010年にはポルトガルで133 ha（329 acres）の栽培が記録されたが，減少が続いている．

AHMET BEY

HASANDEDEを参照

AHUMAT

ソーヴィニヨン・ブラン（SAUVIGNON BLANC）と類似点がある フランス南西部由来のブドウ品種だが，現在は事実上，絶滅状態にある.

ブドウの色：● ● ● ● ●

よくAHUMATと間違えられやすい品種：SAUVIGNON BLANC ☿

起源と親子関係

AHUMAT はフランス南西部のジュランソン地域（Jurançon）由来の古い品種で，現在も同地のブドウ畑にはブドウの樹が散在している．AHUMAT はベアルン語（ベアルン（Béarn）で話されるガスコーニュ方言）で「燻しだす」「スモーキーな」という意味があり，これは果粒表面についている白い粉を指したものである．AHUMAT はソーヴィニヨン・ブランの灰色の果皮色変異と同一であると考えられることもあるが，DNA 解析により，それは間違いであることが証明された（Bordenave *et al.* 2007）．しかしながら，この品種は形態学的には CAMARALET DE LASSEUBE に近縁である（Bisson 2009）．

ブドウ栽培の特徴

萌芽期は早期で早熟である．春の霜の被害を受ける危険性がある．果粒が密着して小さな果房をつける

栽培地とワインの味

この品種はフランスのジュランソンやマディラン（Madiran）の地方品種で，かつては支柱を用いることなく果樹に伝わせて栽培されていたものである．現在は事実上，絶滅状態にあり，フランスで公式登録されたことはない．ジェール県（Gers）のヴィエラ村（Viella）にフィロキセラ被害以前からあるブドウ畑では何本かのブドウの樹が見つかっている．Producteurs Plaimont 社が所有するサン＝モン（Saint-Mont）種苗場で行われたこの品種に関する研究によれば，ソーヴィニヨン・ブランといくつかの類似点があるが，より頑強であるとのことだ．

AÏDANI

補助的に用いられるアロマティックなギリシャの品種．
サントリーニ島（Santoríni）のワイン生産において小さいが重要な役割を担っている．

ブドウの色：

主要な別名：Adani，Aedano Leyko，Aïdani Aspro，Aïdani Blanc，Aïdani Lefko，Aspaedano，Aspraïdano，Moschaïdano

起源と親子関係

AÏDANI あるいは AÏDANI ASPRO（*aspro* は「白」という意味）はギリシャのキクラデス諸島（Kykládes）の，おそらくサントリーニ島を起源とする品種で，同島ではこの品種が伝統的に栽培されていた（Galet 2000）．

地元の人々が考えていたこととは異なり，近年の遺伝的解析によって，黒い果皮の AÏDANI MAVRO（*mavro* は「黒」という意味）は異なる品種ではなく，AÏDANI ASPRO の果皮色変異（またはその逆；Biniari and Stavrakakis 2007）であることが明らかになった．この黒の果皮色変異をおこしたブドウは，AEDANO MAVRO，AÏDANI NOIR，AÏDANO MAVRO，ITHANI MAVRO，MAVRAÏDANO，MAYRAEDANO，SANTORIN など，様々な別名で呼ばれている．

他の仮説

AÏDANI はトルコ南東部のアダナ市（Adana）を起源とする品種だという研究者もいる（Manessis 2000; Nikolau and Michos 2004）が，この仮説を支持するような遺伝的な証拠は見いだされていない．この品種は歴史的なワインである Aperanthitis，Malvasia，Naxos などのブレンドにも用いられていたといわれている（Nikolau and Michos 2004）．

ブドウ栽培の特徴

乾燥には耐性を示すが，うどんこ病とべと病には感受性がある．高収量．萌芽期は遅く晩熟である．厚い果皮をもつ果粒で，大きな果房をつける．

栽培地とワインの味

ギリシャのAÏDANIはフローラルで時にトロピカルフルーツのアロマをもつワインになるが，ワインの主原料として使われることはめったにない．アルコール分と酸度はASSYRTIKOよりも低く，サントリーニ島の火山性の土壌で，ASSYRTIKOがリードする辛口でしっかりひきしまった白ワインにおいてATHIRIとともに補助的な役割を果たすというのが最も一般的な使われ方である．栽培は近隣のパロス島（Páros），ナクソス島（Náxos），アモルゴス島（Amorgós）などの小さな島でも見られる．また，ASSYRTIKOとブレンドされ，ヴィン・サント（Vinsanto）が作られることもある．これは萎凋が始まり果実が乾燥し始めたころに遅摘みされたブドウから作られる甘口ワインの中で最も濃厚でエキゾチックな複雑さを備えたワインの一つであり，Sigalas社やHatzidakis社らが最高のワインを作っている．サントリーニ島のArgyros Estate社は果房を凍結搾汁することで得た濃厚な果汁を用いて珍しい辛口のヴァラエタルAÏDANIワインを作っている．

非常に限定的ではあるがパロス島でもAÏDANI MAVROが栽培されており，同島ではMoraitis社がこの品種とカベルネ・ソーヴィニヨン（CABERNET SAUVIGNON）およびMANDILARIAをブレンドしてワインを作っている．この品種はまた，近隣のナクソス島やサントリーニ島でも見られ，これらの島々ではLiasto（「日干し」という意味）として知られている伝統的な甘口ワインが作られている（Manessis 2000）．

AÏDANI MAVRO

AÏDANIを参照

AIRÉN

スペインで最も広く栽培されている果皮色の薄い品種からは
ブランデーやいくぶんニュートラルでフレッシュな白ワインが作られている．

ブドウの色：● ● ● ● ●

主要な別名：Aidén（アルバセテ県（Albacete）），Blancón（サモーラ県（Zamora）），Burra Blanca☒（カナリア諸島），Colgadera☒（トーロ（Toro）），Forcallada，Forcallat または Forcallat Blanca（カタルーニャ州（Catalunya）），Manchega（アルバセテ県），Valdepeñera Blanca または Valdepeñas（シウダー・レアル県（Ciudad Real））

よくAIRÉNと間違えられやすい品種：LAIRÉN（アンダルシア州（Andalucía）のコルドバ（Córdoba））

起源と親子関係

AIRÉNは別名のMANCHEGAが示すようにスペイン中部に位置するカスティーリャ＝ラ・マンチャ州（Castilla-La Mancha）のクエンカ県（Cuenca）由来の非常に古い品種である．

FORCALLAT BLANCAという名前はAIRÉNの別名として特にカタルーニャ州でよく用いられるが，FORCALLAT BLANCAという名前はもはや商業栽培されていないバレンシア州（Valencia）由来のユニークなDNAプロファイルをもった異なる品種にも使われている（Ibañez *et al.* 2003）．したがって，この品種はカスティーリャ＝ラ・マンチャ州起源のFORCALLAT TINTAの白変異ではないといえる．それにもかかわらず，スペイン南東部のVino de la Tierra Murciaでは公認されている．

AIRÉN はアンダルシア州で LAIRÉN と呼ばれる品種とよく混同されるのだが，このことは1513年にスペインの農学者である Gabriel Alonso de Herrera 氏（1470–1539）がカスティーリャ（Castilla），エストレマドゥーラ（Extremadura）およびアンダルシアの品種に関して記した解説の中にすでに記載されている（Alonso de Herrera 1790）．DNA 解析では LAIRÉN と AIRÉN は異なる DNA プロファイルを示している（Ibañez *et al.* 2003; Santana *et al.* 2010）．

他の仮説

イタリアでは DNA 研究によって CLAIRETTE とスペインの AIRÉN，そしてギリシャの RODITIS の間に遺伝的近縁関係があることが示唆された（Labra *et al.* 1999）が，この説に関しては非常に疑わしいと言わざるを得ない（INZOLIA 参照）．

ブドウ栽培の特徴

果房は大きく，中サイズの果粒をつける．萌芽期が非常に遅く晩熟である．結実能力が非常に高く，かなり高収量である．良好な乾燥耐性を示す．やせた土地が栽培に適している．害虫や病気に対し良好な耐性を示す．

栽培地とワインの味

2008年にスペインで記録された AIRÉN の栽培面積はスペイン国内のブドウ栽培面積のほぼ26% を占める284,623 ha（703,319 acres）という驚異的な量であった．これは，乾燥したラ・マンチャ地方（La Mancha）では低密度の株仕てで栽培されているため，この品種が世界中のどの品種よりも広い土地で栽培されていることを意味している．そこでは，この品種の乾燥耐性が大きな利点であり，この品種のとりえであろう．それにもかかわらず最近では，ヨーロッパのワインの余剰分を減らすことを目的としたブドウ引き抜き計画によって，2004年に305,000 ha（753,671 acres）を記録していた総栽培面積も減少してしまった．ほとんどがカスティーリャ＝ラ・マンチャ州（276,796 ha/683,978 acres）で栽培されているが，マドリード州（Madrid），ムルシア州（Murcia）やアンダルシア州などでも栽培されている．

AIRÉN はスペインのブランデー産業で主要な役割を担っている．また，バルデペーニャス（Valdepeñas）やラ・マンチャでは伝統的に赤品種の CENCIBEL（テンプラニーリョ / TEMPRANILLO）とブレンドされ軽い赤ワインが作られている．しかし，現在はいくぶんニュートラルでキレのよい辛口の白ワインとして醸造され，フランスの UGNI BLANC（TREBBIANO TOSCANO）と似た役割を果たすようになってきている．また MACABEO や MALVAR（LAIRÉN）ともよくブレンドされている．この品種に真剣に取り組んでいる生産者としてはバルデペーニャスの Félix Solís 社，José María Galán León 社，フミーリャ（Jumilla）の Bodegas 1890社，Huertas 社，Pedro Luis Martínez 社，ラ・マンチャの Evaristo Mateos 社，Naranjo 社，Santa Rita 社などがあげられる．リベラ・デル・ドゥエロ（Ribera del Duero）の有名な生産者である Alejandro Fernández 社が作った Pesquera の名を冠した最初の白ワインは Alejairén であり，ラ・マンチャの AIRÉN 100％で作られ，オークで熟成されたものであった．

スペイン以外でこの品種を栽培する理由を見つけるのは難しい．

AKHTANAK

使い道の多い，晩熟なアルメニアの交配品種

ブドウの色：● ● ● ● ●

主要な別名：2-18-23，Akchtanak，Haghtanak，Hakhtanak

起源と親子関係

AKHTANAK は1977年にアルメニアの首都エレバン（Yerevan）の西に位置する Merdzavan のアルメニアブドウ栽培研究センターの P K Aivazyan 氏が，SOROK LYET OKTYABRYA×SAPERAVI の交配により得た品種である．SOROK LYET OKTYABRYA は KOPCHAK×ALICANTE HENRI BOUSCHET の交配品種であり，KOPCHAK はモルドヴァ共和国の品種だが，もはや栽培されていない品種である．別名の HAGHTANAK には「勝利」という意味がある．

ブドウ栽培の特徴

非常に豊産性であり，また，かなり晩熟な品種である．

栽培地とワインの味

アルメニアにおいて最も将来有望な品種とされている AKHTANAK は同国中西部のアララト地方（Ararat）で栽培され，生食用に加えて辛口，甘口，酒精強化，発泡性など，幅広いスタイルのワイン作りに用いられている．タヴシュ（Tavush）の Ijevan Wine Factory 社やアララトの VAN 777 社が中甘口，甘口および酒精強化ワインの生産者である．

ALADASTURI

ジョージアのマイナーな品種からはアルコール分に富む赤ワインが作られる．

ブドウの色：● ● ● ● ●

主要な別名：Aladastouri, Anadassaouli, Anadastouri

起源と親子関係

ALADASTURI はジョージア西部の黒海沿岸に位置するグリア地方（Guria）を起源とする品種である．

ブドウ栽培の特徴

中〜大サイズの果粒が比較的密着した大きな果房をつける．樹勢が強く，萌芽期は早期だが晩熟である．うどんこ病に感受性がある．

栽培地とワインの味

ALADASTURI は，主にジョージア中西部のイメレティ州（Imereti）で栽培されている品種で，この品種から作られるワインは一般にアルコール分が高く，ロゼワインが作られることが多い．Khareba 社がヴァラエタルワインを作っているが，ブレンドワインに用いられることが多い．2004年にはジョージアで44 ha（109 acres）の栽培が記録されている．

ALARIJE

果皮色の薄いスペイン南西部由来の品種.
多くの別名で栽培地が変遷した.

ブドウの色：● ● ● ● ●

主要な別名: Acería（バダホス県（Badajoz)), Alarije Dorada🧬 または Alarije Dorado🧬 または Alarije Verdoso🧬（カセレス（Cáceres)), Arin（コルドバ（Córdoba)), Arís🧬（グアダラハーラ県（Guadalajara)), Barcelonés（タラゴナ県（Tarragona)), Cagazal（ナバラ州（Navarra)), Coloraillo Gordo または Coloraillo Pequeño（クエンカ県（Cuenca）のカンピージョ・デ・アルトブエイ（Campillo de Altobuey)), Esclafacherri（アルバセテ県（Albacete)), Malfar🧬, Malvasía（カラタユー（Calatayud), ナバラ州およびタラゴナ県), Malvasía Riojana（アラバ県（Álava), ラ・リオハ州（La Rioja), ナバラ州), Pirulés Dorada🧬 および Pirulés Verde🧬（リベラ・デル・ドゥエロ（Ribera del Duero)), Rojal🧬（ラ・リオハ州), Subirat（タラゴナ県), Subirat Parent🧬（カタルーニャ州（Catalunya）およびタラゴナ県）

起源と親子関係

ALARIJE はスペイン南西部のエストレマドゥーラ（Extremadura）由来の非常に古い品種で, 1448年にサンタ・マリア・デ・グアダルーペ王立修道院（Real Monasterio de Santa María de Guadalupe）の *Libro de Oficios* という文書の中（Asensio Sánchez 2000）に, この地域の主要な白品種として記録されている. また, 1513年には Gabriel Alonso de Herrera 氏がこの品種を Alarize（複数形は Alarixes）の名で「Alarixes は Albillos のように背丈の高いブドウ…, ブドウは赤く, 多くが蜂に食べられる」と記載している（Alonso de Herrera 1790).

ALARIJE が MALVASIA グループであるかのような別名が多くあるが, MALVASIA DI LIPARI（MALVASÍA DE SITGES や MALVASÍA ROSADA という名前で）や MALVASÍA DE LANZAROTE など, スペインの他の地域で栽培される本物の MALVASIA とは遺伝的には全く異なっている（Rodríguez-Torres *et al.* 2009).

DNA 解析により, ポルトガルでは TORRONTÉS が ARINTO（ARINTO DE BUCELAS), DONA BRANCA, FERNÃO PIRES, MALVASIA FINA（ASSARIO および BOAL BRANCO の名で）の名前でもあることが明らかになったのだが, 非常に紛らわしいことに, マドリードでは ALARIJE が TORRONTÉS あるいは TURRONTÉS と呼ばれることがある（Lopes *et al.* 1999; Pinto-Carnide *et al.* 2003; Gago *et al.* 2009; Vouillamoz). 南アメリカでは TORRONTÉS MENDOCINO, TORRONTÉS RIOJANO, TORRONTÉS SANJUANINO はそれぞれ異なる品種であるとされているため, 一層, 紛らわしいことになっている.

DNA 系統解析によって ALARIJE（SUBIRAT PARENT という別名で）はかつてスペインや南フランスで栽培されていた GIBI とバレンシア地方の PLANTA NOVA（別名の TORTOZÓN として）の二種類の生食用ブドウの交配により生まれたことが近年, 明らかになっている（Lacombe *et al.* 2007). GIBI は PEDRO XIMÉNEZ の母系であるので（Vargas *et al.* 2007), ALARIJE と PEDRO XIMÉNEZ は片親だけが同じ姉妹の品種にあたることになる.

他の仮説

ALARIJE DORADO（金色）と ALARIJE VERDOSO（緑色）は二つの異なる品種であると考えている研究者やカニャメロ（Cañamero）（エストレマドゥーラ州のカセレス県）の栽培家がいるが, アイソザイムおよび DNA 研究により, 両品種は ALARIJE のクローンであることが明示された（Asensio Sánchez 2000).

ブドウ栽培の特徴

厚い果皮をもつ小〜中サイズの果粒が密着した大きな果房をつける．萌芽は中期〜後期で晩熟で，非常に豊産性である．かびの病気に感受性がある．

栽培地とワインの味

ALARIJE はスペイン南西部に位置するエストレマドゥーラの多くの地域で推奨，栽培されているが，この地域の北東部に位置するカニャメロ周辺で特に多く栽培されている．Ribera del Guadiana 原産地呼称で公認されているが，栽培面積は PARDINA（CAYETANA BLANCA）より少ない．ワインは黄緑色なのだが，酸化する傾向にあるため，年代を経ると金色になる．オークとの相性がよく，甘口や酒精強化ワインにも用いられている．スペインの公式統計には DNA 解析結果が反映されていないようで，カスティーリャ＝ラ・マンチャ州（Castilla-La Mancha）の ALARIJE として 30 ha（74 acres）（エストレマドゥーラには見られない）が，またカタルーニャ州の SUBIRAT PAERNT として 90 ha（222 acres）が記録されている．この地域でヴァラエタル MALVASÍA RIOJANA ワインを作る唯一の生産者であるリオハの Abel Mendoza 社によれば，リオハでは MALVASÍA RIOJANA が 70 ha（173 acres）栽培されているが，この品種に注意を払う生産者はほとんどいないとのことである．Abel Mendoza 社のワインは豊かでフレッシュな金色の樽発酵タイプである．カタルーニャ州では Jané Ventura 社が XARELLO や他の品種とともに SUBIRAT PARENT を加え，白のペネデス（Penedès）のブレンドワインを作っている．また，カヴァの生産にもこの品種は用いられている．

ALBALONGA

フレッシュで複雑なアロマをもつドイツの交配品種．
主にラインヘッセン（Rheinhessen）で栽培され評価を得ている品種である．

ブドウの色：●̲ ● ● ● ●

主要な別名：Würzburg B 51-2-1

起源と親子関係

ALBALONGA は1951年にヴュルツブルク（Würzburg）園芸研究所の Hans Breider 氏が RIESLANER×SILVANER の交配により得た交配品種で，当初は Würzburg B 51-2-1 と呼ばれていた．1971年に正式に登録された．品種名には「長い白」という意味があるが，これは果房の形にちなんで名づけられたものである．SILVANER が ALBALONGA の祖先品種としてその系統の中で二度関与していることもあり，遺伝的には SILVANER と非常によく似ている．

ブドウ栽培の特徴

酸度が良好である．小〜中サイズの果粒をつける．高品質のワインを作るために収量を制限しなければならない．一般に晩熟で遅摘みや貴腐ワインの製造に適している．

栽培地とワインの味

ドイツでは主にラインヘッセンとプファルツ（Pfalz）で栽培されており，総栽培面積は 13 ha（32 acres）である．ワインは中甘口から極甘口まであり，ほどよい酸味が残りエキゾチックなフルーツの味わいがあるが，よりフローラルで黒い果実のアロマをもつこともある．ラインヘッセンのヴェストホーフェン（Westhofen）にある Wittmann 社はこの品種のチャンピオンであり，早めに熟したブドウから印象深い TBA（トロッケンベーレンアウスレーゼ）タイプのワインを定期的に作っている．ラインヘッセンでは Krebs-Grode 社もまた，優れたヴァラエタルワインを作っている．

非常に限られた量ではあるが，イギリスでもオックスフォードシャー（Oxfordshire）の Bothy Vineyard 社などがこの品種のブドウを栽培している.

ALBANA

古い品種だが，先天的にニュートラルなイタリア品種からは良質の甘口ワインが作られている.

ブドウの色：

主要な別名： Albana a Grappolo Fitto, Albana a Grappolo Lungo, Albana della Forcella, Albana di Romagna, Albana Gentile, Albana Grossa, Albanone, Ribona, Riminèse ☒（コルシカ島（Corse）), Sforcella

起源と親子関係

この品種は，イタリア中部に位置するエミリア＝ロマーニャ州（Emilia-Romagna）のボローニャ県（Bologna），ラヴェンナ県（Ravenna）およびフォルリ＝チェゼーナ県（Forlì-Cesena）を含む広い地域で，上に示したような様々な別名で栽培されている．ALBANA についてはイタリアの法学者でワイン愛好家でもある Pietro de Crescenzi 氏が初めて言及しており，同氏は1305年に自著の中で，「白い果粒の品種が力強いロマーニャ（Romagna）ワインになり，最高のものはフォルリ（Forlì）で作られる」と記載している．ALBANA という品種名は，ローマの南に位置するラツィオ州（Lazio）にある火山性丘陵群のアルバニ丘（Alban Hills）/ コッリ・アルバーニ（Colli Albani）に由来すると考えられている．この語源は「白」を意味するラテン語の *alba* から派生したものと考えられる．最近の DNA 解析によって，フランスのコルシカ島で RIMINÈSE という名で栽培されている品種が ALBANA であることが確認された．また，系統解析の結果，最も広く栽培されているイタリアの古い白ワイン品種の一つである GARGANEGA と親子関係にあることが明らかになった（Di Vecchi Staraz, This *et al.* 2007; Crespan, Calò *et al.* 2008）．GARGANEGA はまた他の8品種（CATARRATTO BIANCO, DORONA DI VENEZIA, MALVASIA BIANCA DI CANDIA, MARZEMINA BIANCA, MONTONICO BIANCO, MOSTOSA, SUSUMANIELLO および TREBBIANO TOSCANO）と親子関係にあるため，ALBANA はそれらの片親だけが同じ姉妹の品種あるいは祖父母品種にあたることになる（系統図は GARGANEGA 参照）.

ALBANA には多くのクローンがあり，最も普及しているクローンは ALBANA GENTILE DI BERTINORO で，他にも ALBANA DELLA SERRA, ALBANA DELLA FORCELLA, ALBANA DELLA COMPADRANA, ALBANA DELLA BAGARONA, ALBANA DELLA GAIANA などのクローンがある．しかし，これらのクローンのうち，いくつかは実生から繁殖により生まれたものかも知れず，そうである場合，これらは本物の ALBANA でなく ALBANA の子品種ということになる．これらのクローンに対する DNA 解析はまだ行われていない.

他の仮説

ALBANA はローマ時代にすでに存在しており，ローマ人がエミリア＝ロマーニャにこの品種を持ち込んだのだと述べる研究者もいるが，この説を支持する証拠は見つかっていない.

ブドウ栽培の特徴

一般的に樹勢が強く，灰色かび病に感受性があり，完全に熟すためには十分な水の供給が必要である．晩熟である.

栽培地とワインの味

イタリアの農業統計では2000年の総栽培面積は2,800 ha（6,900 acres）であったと記録されている．主にはエミリア＝ロマーニャ州で栽培されているが，ラ・スペツィア県（La Spezia）（リグーリア州（Liguria））やマントヴァ県（Mantova）（ロンバルディア州（Lombardia））でも栽培されている．しかし，当時に比べると栽培面積はかなり減少している．この減少が契機となり，ボローニャ県(Bologna)のイモラ町(Imola)が古いクローンの評価と促進のための保存プログラムを開始している．最高品質の ALBANA は主にフォルリ東部のファエンツァ（Faenza）とロンコ川（Ronco）の間にある丘の赤粘土質土壌，およびベルティノーロ（Bertinoro）の石灰質土壌のサブゾーンで栽培されている．

ALBANA には特記するほどのフレーバーはないのだが，薄くはあるが頑強な果皮を有しており，干しブドウを作るのに適していることから，半干ししたブドウや樹にブドウを残してそのままにしておいたブドウから作られる辛口，甘口のワインからパッシートスタイルのワインまで，様々な甘さのワインの生産に用いられている．甘口ワインが最も有望で，いくつかの生産者は貴腐ワインや樽熟成スタイルのワインを試作している．Fattoria Zerbina 社の Scaccomatto ワインはパッシートスタイルワインのよい例である．また，発泡性の ALBANA スプマンテも作られている．Albana di Romagna は1986年にイタリアの白ワインとして最初に DOCG を得たワインであり，この決定はワイン農業の政策に通じていた研究者以外の皆を驚かせた．

RIMINÉSE はフランスのコルシカ島からは事実上消滅したが，Comte Abbatucci 社の Cuvée du Général ブレンドワインには依然，用いられている．

ALBANELLA

辛口で熟成させる価値のある白ワインになる.

ブドウの色：

よくALBANELLAと間違えられやすい品種：ALBANELLO ⊗（シチリア），TREBBIANO TOSCANO ⊗

起源と親子関係

ALBANELLA はイタリア中部のマルケ州（Marche）の品種で，シラクサ県（Siracusa）（シチリア）の ALBANELLO と似てはいるが異なる品種である．ALBANELLA は長年に渡り，TREBBIANO TOSCANO と間違われてきたが，近年になって行われたブドウの形質および遺伝的解析の結果，両者は異なる品種であることが明らかになっている（Attilio Scienza and Serena Imazio，私信）．形態学的には GRECO BIANCO と似ており，サルデーニャ島（Sardegna）の ALBARANZEULI BIANCO と関係がある可能性があるが，ドイツの ELBLING との関係については疑問が残る．

栽培地とワインの味

かつてはマルケ州で広く栽培されていたが，現在はイタリアのペーザロ地方（Pesaro）に限定されている．ALBANELLA は Colli Pesaresi Bianco DOC の主原料である．特に Fattoria Mancini 社が ALBANELLA を用いて良好な熟成の可能性をもつ辛口の白ワインを作っている．

ALBANELLO

シチリアの品種.
かつては甘口ワインの生産に用いられていたが，現在は消滅の危機に陥っている.

ブドウの色：

主要な別名：Albanello di Siracusa
よくALBANELLOと間違えられやすい品種：ALBANELLA ☿（マルケ州（Marche））

起源と親子関係

ALBANELLO はシチリアの最も古い品種の一つで，伝統的にシラクサ（Siracusa），ラグーザ（Ragusa），カルタニッセッタ（Caltanissetta），カターニア（Catania）などで栽培されてきた品種である．数日間，敷物の上で陽の光に充て，半干しにしたブドウから作られる甘口ワインは18世紀にはすでに貴重で高価なものとされていた．ALBANELLO はペーザロ（Pesaro）（イタリアのマルケ州）の ALBANELLA と似ているが異なる品種であり，形態学的にはサルデーニャ島（Sardegna）の ALBARANZEULI BIANCO に似た品種である．

栽培地とワインの味

晩熟の ALBANELLO は徐々に失われつつあるが，2000年にはシチリアのシラクサ県，カルタニッセッタ県，エンナ県（Enna）などで125 ha（309 acres）の栽培が記録されており，この地方ではずっと以前より作られることがなくなったマルサラ（Marsala）に似たワインである Ambrato di Comiso が作られていた（Alla 2003）．ALBANELLO は CATARRATTO BIANCO，GRILLO などとともに Eloro Bianco DOC の軽い辛口ブレンドワインの生産に用いられている．

ALBARANZEULI BIANCO

事実上，絶滅状態にあるサルデーニャ島（Sardegna）由来の白ワイン品種

ブドウの色：

主要な別名：Laconari，Lacconargiu または Lacconarzu
よくALBARANZEULI BIANCOと間違えられやすい品種：ALBILLO REAL ☿（スペイン）

起源と親子関係

サルデーニャ島の多くの品種同様，ALBARANZEULI BIANCO はこの島がスペイン統治下にあった時代（1323-1720）に持ち込まれたものであろうことは，そのスペイン風の名前や ALBILLO REAL と混同されることが示している．しかし，この品種のスペイン起源については近年，疑問がもたれており，Cipriani *et al.*（2010）は DNA 解析の結果から ALBARANZEULI BIANCO が，GIRÒ と生食用の MOLINERA（PANSE ROSA DI MÁLAGA の名で）との自然交配により生まれた品種である可能性を示唆している．この親子関係には DNA の不一致がいくつか認められるので，さらなる解析が必要である．ALBARANZEULI BIANCO，ALBARANZEULI NERO，ALBANELLA との遺伝的関係が示唆されているが，まだ確認されていない．

ブドウ栽培の特徴

高収量で晩熟である．かびの病気には耐性を示す．

栽培地とワインの味

イタリアで存亡の危機に陥っている ALBARANZEULI BIANCO はサルデーニャ島のヌーオロ県（Nuoro）やオリスターノ県（Oristano）の古いブドウ畑で他の地方品種とともにわずかに栽培されるのみとなっており，現地では LACONARI，LACCONARGIU あるいは LACCONARZU と呼ばれている．ALBARANZEULI BIANCO はいくつかの IGT ワイン用（辛口および発泡性ワイン）に公認されており，通常は他の品種とブレンドされている．2000 年に記録された栽培面積はわずか 75 ha（185 acres）であった．

ALBARANZEULI NERO

ピンクがかった赤色の果皮をもつサルデーニャ島（Sardegna）の品種は非常にまれだが，ブレンドワインの生産に用いられることがある．

ブドウの色：● ● ● ● ●

主要な別名：Albarenzelin Nero，Uva Melone ☿

起源と親子関係

多くのサルデーニャ島の品種同様，ALBARANZEULI NERO はスペイン統治時代（1323–1720）にスペインから持ち込まれたのであろうことは，そのスペイン風の名前が示している．白品種の ALBARANZEULI BIANCO との遺伝的な関係はまだ研究されていない．

他の仮説

ALBARANZEULI NERO は GIRÒ と似ているという研究者もいる．

ブドウ栽培の特徴

萌芽期は中期で晩熟である．薄い果皮をもつ中サイズの果粒をつける．

栽培地とワインの味

この品種はヌーオロ県（Nuoro）で推奨されているが，わずかな量しか栽培されておらず，いつも他の品種とブレンドされている．主にロゼワインの生産に用いられており，中程度のアルコール分と酸味を有している．2000 年にイタリアで記録された栽培面積はわずか 42 ha（104 acres）であった．

ALBARÍN BLANCO

極わずかな量しか栽培されていないスペイン最北部の品種

ブドウの色：● ● ● ● ●

主要な別名：Blanco Legítimo，Blanco País（ガリシア州（Galicia）），Blanco Verdín（ガリシア州），Branco Lexítimo ☿（スペイン北西部のベタンソス（Betanzos）），Raposo（ガリシア州），Tinta Fina ☿（サモラ（Zamora）

県のバリュス・デ・ベナベンテ（Valles de Benavente））
よくALBARÍN BLANCOと間違えられやすい品種：ALBILLO REAL ♀，ALVARINHO ♀，SAVAGNIN BLANC ♀

起源と親子関係

ALBARÍN BLANCO はスペインの最北西部に位置するアストゥリアス州（Asturias）の伝統的な品種で，北西部のガリシア州でも様々な名前で知られている．ALBARÍN BLANCO（Martín *et al.* 2006; Gago *et al.* 2009; Santana *et al.* 2010）とスペイン北西部，ベタンソス（Betanzos）の BLANCO LEXÍTIMO の DNA プロファイル（Vilanova *et al.* 2009）を比較したところ，両者は同じ品種であることが明らかになったが），ガリシア州では複数の品種が BLANCO LEXÍTIMO あるいはガリシア語で BRANCO LEXÍTIMO と呼ばれている（Jesús Yuste Bombín，私信）．

DNA 系統解析により ALBARÍN BLANCO と BUDELHO（PEDRO XIMENES CANARIO としても知られているがもはや栽培されていない）は姉妹関係にあることが明らかになった（Santana *et al.* 2010）．

ALBARÍN BLANCO は ALBARIÑO（ALVARINHO; Galet 2000）や ALBILLO REAL と混同されてきたが DNA 解析の結果，これらは異なる品種であることが明らかになっている（Ibañez *et al.* 2003）．ちなみに，Vitis 国際品種カタログには BLANCO VERDIN が次に挙げる3品種（ALBARÍN BLANCO，ELBLING，GOUAIS BLANC）すべての別名とあるが，この3品種を混同してはならない．ALBARIÑO 同様に，Misión Biológica de Galicia コレクションで表記間違いがあったか，誤って同定されたことが原因で現在も ALBARÍN BLANCO は SAVAGNIN BLANC（フィロキセラ被害の後，19世紀後半にガリシアにもたらされた）と間違われている（Santiago *et al.* 2005）．

アストゥリアス州の ALBARÍN NEGRO は ALBARÍN BLANCO の果皮色変異ではなく，ポルトガルの ALFROCHEIRO の別名である（González-Andrés *et al.* 2007）．

ブドウ栽培の特徴

早熟．べと病には良好な耐性を示す．厚い果皮をもつ中程度の大きさの果粒で，中〜小さなサイズの果房をつける．

栽培地とワインの味

限られた面積ではあるが，ALBARÍN BLANCO は現在もスペイン北西部のアストゥリアス州で栽培されている．スペインの商業用品種として暫定的にではあるが公式登録されており，Vino de la Tierra de Cangas で推奨されている．カンガス・デル・ナルセア（Cangas del Narcea）周辺では2008年に40 ha（99 acres）の栽培が記録されている．ワインは MOSCATEL から作られるワインのようにフローラルでスパイシーだが，酸味は強く果皮のタンニンは少ない ALBARÍN BLANCO が推奨されているティエラ デ レオン（Tierra de León）では Pardevalles 社がヴァラエタルワインを作っている．また，同地域の Gordonzello 社も2011年に自社製のヴァラエタルワインを初めて作っている．

ガリシア名の BRANCO LEXÍTIMO で，この品種はベタンソスで公認されているが，地元消費限定のブレンドバルクワインに用いられている．

ALBARIÑO

ALVARINHO を参照

ALBAROLA

イタリアのリグーリア州（Liguria）のニュートラルな白ワイン品種

ブドウの色：● ● ● ● ●

主要な別名：Bianchetta Genovese ☓，Calcatella
よくALBAROLAと間違えられやすい品種：BIANCHETTA TREVIGIANA ☓ ,SCIMISCIÀ ☓（リグーリア州のジェノヴァ（Genova））

起源と親子関係

この品種はイタリア北西部に位置するジェノヴァ西部のリグーリア海沿岸地方のヴァル・ポルチェーヴェラ（Val Polcevera）を起源とする品種だと述べる研究者がいる．形態学的またDNA解析によりBIANCHETTA GENOVESEはALBAROLAと同一であることが明らかになった．しかし，ラヴァーニャ地方（Lavagna）の神秘的なALBAROLAはユニークなDNAプロファイルを示す（Botta，Scott *et al.* 1995; Torello Marinoni，Raimondi，Ruffa *et al.* 2009）．

栽培地とワインの味

晩熟であるこの品種はイタリアのジェノヴァ近隣ではBIANCHETTA GENOVESEまた，その他のリグーリア海沿岸地方ではALBAROLAと呼ばれている．ALBAROLAはリグーリア州からトスカーナ州（Toscana）に至る地域で生食用あるいはワイン用として長く栽培されてきたが，現在，この品種が見られるのはリグーリア海沿岸地方のみで，一例を挙げると，Possa社が作る人気のデザートワインであるCinque Terre SciacchetràのようにBOSCOやVERMENTINOとブレンドされている．この品種はBianchetta del Golfo di Tigullio DOCの主要なブドウであり（Vini Bisson社はヴァラエタルワインを作っている），Cinque TerreやCandia dei Colli Apuani，Colline di LevantoなどのDOCで公認されている．2000年に記録された総栽培面積は470 ha（1,160 acres）であった．

ALBAROSSA

Michele Chiarlo氏によって近年新たに植えられた マイナーなピエモンテ州（Piemonte）の黒色の果皮をもつ交配品種

ブドウの色：● ● ● ● ●

主要な別名：Incrocio Dalmasso XV/31

起源と親子関係

イタリア北部のヴェネト州（Veneto）を起源とする品種である．イタリアのブドウ育種家であるGiovanni Dalmasso氏は，ネッビオーロ（NEBBIOLO）の品質とBARBERAの耐性と高収量である特徴を融合させる目的で交配し1938年にコネリアーノ（Conegliano）研究センターで得られた品種であると述べている．しかし，DNA解析によってDalmasso氏が用いたとされるネッビオーロは実はネッビオーロではなく，CHATUSの別名にもなっているNEBBIOLO DI DRONEROであったことが明らかになっている（Torello Marinoni，Raimondi，Ruffa *et al.* 2009）．したがって，ALBAROSSAは姉妹品種の

CORNAREA，NEBBIERA，SAN MICHELE および SOPERGA と同様，CHATUS×BARBERA の交配品種であるということになる．ALBAROSSA は1977年にイタリア国家登録品種として登録された．

ブドウ栽培の特徴

やせて，乾いた白亜質の土壌の日当たりのよい急斜面を好む．晩熟である．厚い果皮をもつ小さな果粒が密着した果房をつける．糖度が高く，アントシアニン，フェノール化合物を多く含み，良好な酸度を有している．

栽培地とワインの味

2000年にイタリアで記録された栽培面積は10 ha（25 acres）以下であったが，ピエモンテの生産者である Michele Chiarlo 氏が1 ha を植え付け，2006年に自身初のヴァラエタルワインを作っている．

ALBILLO DE ALBACETE

ALBILLA あるいは ALBILLA DE MANCHUELA として知られるこの品種はスペイン南東部，カスティーリャ＝ラ・マンチャ州（Castilla-La Mancha）アルバセテ県（Albacete）の珍しい白品種である．ALBILLO REAL あるいは PALOMINO FINO とよく混同されるが，DNA 解析により，両者は異なる品種であると確認された（Martín *et al.* 2003; Ibañez *et al.* 2003; Santana *et al.* 2010）．この品種は Manchuela DO において，Juan Antonio Ponce 氏の手で ALBILLA DE MANCHUELA という名で復活を果たしており，同氏はこのブドウを用いて El Reto と呼ばれる辛口のヴァラエタルワインを作っている．このワインはフルボディーだが，蜂蜜とリンゴの果皮のアロマが香る，非常に凛とした印象の生き生きとしたワインである．

ALBILLO MAYOR

スペイン，リベラ・デル・ドゥエロ（Ribera del Duero）の品種で，
ほとんどがブレンドワインの生産に用いられている．
現在は ALBILLO 系品種の混同が解消されつつある．

ブドウの色：● ● ● ● ●

主要な別名：Pardina（リベラ・デル・ドゥエロ（Ribera del Duero）），Turruntes または Turruntés
よく ALBILLO MAYOR と間違えられやすい品種：ALBILLO REAL ☒（バリャドリッド県（Valladolid）），CALAGRAÑO ☒，CAYETANA BLANCA ☒（Pardina の名で）

起源と親子関係

ALBILLO という名前は様々な異なる無関係の品種に用いられている（ALBILLO REAL 参照）．ユニークな DNA プロファイルをもつ品種の中でも ALBILLO REAL と ALBILLO MAYOR のみが栽培されており，後者はスペイン北中部のリベラ・デル・ドゥエロから持ち込まれたものである．

Santana *et al.*（2010）は ALBILLO MAYOR がリオハ（Rioja）のテンプラニーリョ（TEMPRANILLO）およびマラガ県（Málaga）の DORADILLA と親子関係にある可能性を報告している．

ブドウ栽培の特徴

樹勢が強い．萌芽期は早期で早熟である．薄い果皮をもつ小さな果粒が密着して小〜中サイズの果房をつける．長めに剪定するのがよく，水はけのよい土壌を好む．日当たりはあまり良すぎないほうがよい．灰色かび病とべと病に対する感受性はほとんどないが，春の霜の被害を受ける危険性がある．低収量である．

栽培地とワインの味

2008年にはスペインのカスティーリャ・イ・レオン州（Castilla y León）で1,443 ha（3,566 acres）の栽培が記録されている．この品種は，同定された数少ないAlbilloグループに属する品種の一つであり，Albillo ○○と呼ばれる他の品種同様，単にALBILLOと呼ばれることが多いのでALBILLO REALと混同されている．現時点ではDO規制およびワイン表示のいずれにおいてもALBILLO REALとALBILLO MAYORは区別されていない（したがって，特定のワインや生産者を推薦するのは不可能である）．ALBILLO MAYORは黄金色で，酸味が弱く，アロマティックで，アルコール分がやや高めのフルボディーで，通常は，より酸味の強いMACABEOなどとブレンドされている．

ALBILLO REALとALBILLO MAYORはカリフォルニア州のサンホアキン・バレー（San Joaquin Valley）にあるカリフォルニア大学デービス校の試験農場で栽培されており，同州におけるこれらの新しい品種の生育状況が評価されている．

ALBILLO REAL

スペインの香り高い品種からは滑らかなワインが作られており，そのほとんどが赤ワイン，あるいは白ワインにブレンドされている．

ブドウの色：● ● ● ● ●

主要な別名：Albillo，Albillo de Cebreros（アビラ県（Ávila）），Albillo de Madrid

よくALBILLO REALと間違えられやすい品種：ALBARANZEULI BIANCO（イタリアのサルデーニャ島（Sardegna）），ALBARÍN BLANCO（アストゥリアス州（Asturias）），ALBILLO DE ALBACETE（カスティーリャ＝ラ・マンチャ州（Castilla-La Mancha）），ALBILLO MAYOR（カスティーリャ・イ・レオン州（Castilla y León）），Albillo Real Extremadur（ティエタル渓谷（Valle del Tiétar）およびサモーラ県（Zamora）），ALVARINHO（アストゥリアス州とガリシア州（Galicia）），シュナン・ブラン（CHENIN BLANC）（オーストラリア），CAYETANA BLANCA（Pardinaの名で），PARDILLO（ラ・マンチャ（La Mancha））

起源と親子関係

ALBILLOという名は，1513年頃にスペインの農学者Gabriel Alonso de Herrera氏（1470–1539）が記したカスティーリャ（Castilla），エストレマドゥーラ（Extremadura）およびアンダルシア（Andalucía）の品種に関する記述（Alonso de Herrera 1790）の中でAlbillasという複数形で記載されている（完全な引用はALARIJE参照）．多くの異なる品種がALBILLO（「白」を意味する*alba*の派生語）と呼ばれていたが（Cervera *et al.* 2001），最近のDNA解析によってALBILLOの同一性に関して重大な混同があったことが示された．

- Ibañez *et al.* (2003)の報告にあるグアダラハーラ県(Guadalajara)のALBILLAはLacombe *et al.* (2007)の中で報告されているMALVASIA REI（PALOMINO FINO）と同一である．
- Ibañez *et al.*（2003）の中でALBILLOと呼ばれているサンプルは，Martín *et al.*（2003）の中で報告されているユニークなDNAプロファイルを示すが現在は栽培されていないカスティーリャ＝ラ・マンチャ州のアルバセテ県（Albacete）の品種であるALBILLO DE ALBACETEと同一である．
- Ibañez *et al.*（2003）の報告にあるサラマンカ県（Salamanca）のALBILLOと呼ばれるサンプルと，Santana *et al.*（2007）の報告にあるシガレス（Cigales）のALBILLO NEGROはいずれもCHASSELASと同一である．
- Ibañez *et al.*（2003）およびSantana *et al.*（2010）の報告にあるALBILLOと呼ばれるサンプルはSantana *et al.*（2007）のALBILLO REALと同一である．

• Ibañez *et al.*（2003）の報告にあるビスカヤ県（Vizcaya）の ALBILLO BLANCO はユニークな DNA プロファイルをもっている.
• カナリア諸島の ALBILLO CRIOLLO はユニークな DNA プロファイルをもっている（Jorge Zerolo Hernández，私信；Vouillamoz).
• Ibañez *et al.*（2003）および Martín *et al.*（2003）の報告の中で ALBILLO REAL と呼ばれる複数のサンプルは，Santana *et al.*（2010）の報告にあるティエタル渓谷（Valle del Tiétar）とサモーラ県の品種で，現在は栽培されていない ALBILLO REAL EXTREMADUR に対応する.
• 数ヶ所の試料の提供元から得られた ALBILLO MAYOR はユニークな DNA プロファイルをもっている（Ibañez *et al.* 2003; Martín *et al.* 2003; Fernández-González，Mena *et al.* 2007; Santana *et al.* 2010).
• Yuste *et al.*（2006）と Santana *et al.*（2007）が報告しているルエダ（Rueda）の ALBILLO DE NAVA は実は VERDEJO である.
• チュニジアでみつかった ALBILLO DI TORO は MUSCAT OF ALEXANDRIA と同定された（Di Vecchi Staraz，This *et al.* 2007).

よく知られている別の品種と同定されていない上記の品種のうち，スペイン北中部のバリャドリッド地域（Valladolid）の ALBILLO REAL と，リベラ・デル・ドゥエロ（Ribera del Duero），マドリードおよびカスティーリャ・イ・レオン州のトレド（Toledo）の ALBILLO MAYOR のみが現在でも栽培されている. ALBILLO REAL だけが単に Albillo と記載されているところをみると，1513年の Alonso de Herrera 氏による記載以降に書かれた ALBILLO に関するほとんどの記録はバリャドリッドの ALBILLO REAL のことを指したものだと思われる（Cervera *et al.* 2001).

Schneider *et al.*（2010）は ALBILLO REAL とカスティーリャ・イ・レオン州のアビラ県（Ávila）由来の LEGIRUELA が親子関係にある可能性があると述べている. LEGIRUELA は意外なことに PRIÉ と同一であることがわかった品種で，ヴァッレ・ダオスタ（Valle d'Aosta）で数世紀に渡り栽培されているブドウである. 以上を踏まえると，ALBILLO REAL は LAIRÉN，LUGLIENGA，MAYOLET および PRIMETTA（PRIÉ の完全な系統を参照）と片親だけが同じ姉妹品種（または孫と祖父母）の関係にあたることになる. ALBILLO REAL は遺伝的に PARELLADA と近縁である可能性も報告されている（Ibañez *et al.* 2003).

ブドウ栽培の特徴

樹勢は強いが，結実能力は特に高いということはなく，低収量である. 萌芽期は非常に早く早熟で，薄い果皮をもつ中サイズの果粒からなるとても小さい果房をつける. 良好な乾燥耐性で栽培には砂質土壌がよく適している. 害虫と病気には良好な耐性を示すが，春の霜の被害を受けやすい.

栽培地とワインの味

20世紀の半ばまで，ALBILLO は生食用であったが，現在はワインの生産にも用いられている. この品種で作られたワインはソフトでアロマに富み，後味に少し苦みが残るワインになり，樽発酵にすることもあるが，通常，長期熟成は行わない. この品種はブレンドワインに香りをつけるためにも用いられている. スペインのワイン用ブドウを記録した公式統計には ALBILLO REAL（415 ha/ 1,025 acres；カスティーリャ・イ・レオン州）や ALBILLO MAYOR（1,443 ha/ 3,566 acres；カスティーリャ・イ・レオン州）のみならず，普通の古い ALBILLO（893 ha/ 2,207 acres；ほとんどはマドリッドであるがカスティーリャ＝ラ・マンチャ州，エストレマドゥーラ州，カナリア諸島，ガリシア州でも）も記載されており，これが上記の混乱を長引かせる原因になっている. 前述したように ALBILLO のデータは ALBILLO REAL および / または前述したいずれかの品種を合わせた値であると推定するしかない. 同様に，スペインのワインのウェブサイトには，幾分ニュートラルであるが高いレベルのグリセロールによってスムーズなテクスチャーをもつという記述とともに，ALBILLO が記載されているにすぎない. 様々な DO の規制の中でより正確に品種が特定されることなく単に ALBILLO が主要品種（Viños de Madrid），あるいは，許可される品種（Ribeiro および Ribera del Duero）とされている.

リベラ・デル・ドゥエロ（Ribera del Duero）では，極少量の ALBILLO が時折，テンプラニーリョ（TEMPRANILLO）とブレンドされている. いくつか例を挙げると，Reyes 社の Téofilo Reyes Reserva には2％が，また Bodegas del Campo 社の Pagos de Quintana Reserva には5％がブレンドされている.

同様に Lezcano-Lacalle 社がシガレス（Cigales）ブレンドワインを作っている．ALBILLO（おそらく ALBILLO REAL であろうが）を含む白のブレンドワインの生産者としては，トーロ（Toro）の Quinta de la Quietud 社，スペイン北部，ガリシア州のリベイロ（Ribeiro）の Viño Mein 社や Manuel Formigo de la Fuente 社などが推奨されている．ALBILLO で作られるワインはソフトでアロマに富むものとなる．

ALBILLO REAL や ALBILLO MAYOR はいずれもカリフォルニア大学デービス校の試験栽培の一環としてカリフォルニア州のサンホアキン・バレー（San Joaquin Valley）で栽培されており，これらの新しい品種が同州でよく育つかどうか評価が行われている．

ALCAÑÓN

スペインのソモンタノ（Somontano）で軽いが個性的な白ワインが作られている珍しい品種である．

ブドウの色：● ● ● ● ●

主要な別名：Blanco Castellano ᛝ，Bobal Blanca ᛝ
よく ALCAÑÓN と間違えられやすい品種：MACABEO ᛝ

起源と親子関係

スペイン北東部のソモンタノを起源とする品種である．ALCAÑÓN は MACABEO と同一であると広く考えられてきたが，ALCAÑÓN（Martín *et al.* 2003; Fernández-González，Mena *et al.* 2007）と MACABEO（Ibañez *et al.* 2003; Martín *et al.* 2003）の DNA プロファイルを比較したところ，両者は明確に異なる品種であることが明らかになった（Vouillamoz）．加えて，Ibañez *et al.*（2003）の中で報告された BLANCO CASTELLANO の DNA プロファイルが ALCAÑÓN（Vouillamoz）のものと一致していることから，バレンシア州（Valencia）のカステリョン県（Castelló）で栽培される BLANCO CASTELLANO と ALCAÑÓN はおそらく同一品種であろうと思われる．また，スペイン南西部に位置するアンダルシア州（Andalucía）の ZALEMA との間に遺伝的関係があることも示唆された（Ibañez *et al.* 2003）．

栽培地とワインの味

2008年の公式統計にはスペイン北東部のアラゴン州（Aragón）で栽培された ALCAÑÓN はわずか11 ha（27 acres）であったと記録されているが，ソモンタノ（や他の）の栽培者が ALCAÑÓN と MACABEO を混同することがあるため，ALCAÑÓN に関する正確なデータを得ることが難しくなっている．ワインは軽く，個性的だが，稀少化が進んでいる．

ALEATICO

珍しいほど香り高くマスカットに似たイタリアの赤ワイン品種

ブドウの色：● ● ● ● ●

主要な別名：Aleaticu（コルシカ島（Corse）），Halápi ᛝ（ハンガリー），Moscatello Nero ᛝ，Moscato Nero ᛝ，Vernaccia di Pergola（マルケ州（Marche）），Vernaccia Moscatella
よく ALEATICO と間違えられやすい品種：AGLIANICO ᛝ，CILIEGIOLO ᛝ，LIATIKO ᛝ，MOSCATO DI

SCANZO ⚭, MUSCAT OF HAMBURG ⚭（Moscato Neroの名で）

起源と親子関係

イタリア，トスカーナ（Toscana）の在来品種で，イタリア南部で広く栽培されている品種である．ALEATICOという名前は果粒が熟す7月を意味するイタリア語の*Luglio*に由来するものと考えられる．

DNA解析の結果，ALEATICOは現代のギリシャ品種のLIATIKOとは同じ品種ではないこと（Vouillamoz）と，ギリシャ起源でないことが示唆された．実際，DNA系統解析によりALEATICOはミュスカ・ブラン・ア・プティ・グラン（MUSCAT BLANC À PETITS GRAINS）の果皮の黒色変異ではないが，その親品種か子品種にあたることが最近になって，明らかになっている（Crespan and Milani 2001）．また，ALEATICOが遺伝的にはGRECO（カンパニア州（Campania）では別名のGRECO DI TUFOで知られている）に近いことも示された（Costantini *et al.* 2005）．DNA解析によりALEATICOはMOSCATELLO NEROと同じであり（Filippetti *et al.* 2002），マルケ州，ペーザロ県（Pesaro）のペルゴラ村（Pergola）の名にちなんで命名されたVERNACCIA DI PERGOLAとも同じ品種であることが示唆された（Crespan *et al.* 2003）．さらに驚くべきことに，あまり知られていないハンガリー品種であるHALÁPIがALEATICOと同一であることもDNA比較によって明らかになった（Vouillamoz）．加えて，ALEATICOは遺伝的にLACRIMA DI MORRO D'ALBA，サンジョヴェーゼ（SANGIOVESE）およびGAGLIOPPOに近いことが示された（Filippetti，Silvestroni，Thomas and Intrieri 2001）．

ALEATICOはBESSARABSKY MUSKATNYとPERVOMAISKYの育種に用いられた．

他の仮説

古代ギリシャにLeaticosという名で呼ばれる品種があったことから，ALEATICOはギリシャ人によってトスカーナ州に持ち込まれラツィオ州（Lazio）やプッリャ州（Puglia）に広がったたといわれてきた．ALEATICOはAGLIANICOと同一であると誤って記載している研究者もいるが，これは名前が似ていたからであろう．

ブドウ栽培の特徴

萌芽期は早いが熟期は中期である．うどんこ病と灰色かび病に感受性である．

栽培地とワインの味

ALEATICOは強いマスカットフレーバーをもつ品種で，一般に，色は薄いが，良質で非常に香り高い赤ワインが作られている．

イタリアでは主にラツィオ州のトゥーシア地域（Tuscia）およびプッリャ州で栽培されている．また伝統的にエルバ島（Elba）でブドウの香りの強い甘口の赤ワインが作られている．VERNACCIA DI PERGOLAという名前で栽培されていたブドウは，マルケ州のペーザロ県からほとんど消滅してしまっているが，地元の栽培農家とアスコリ・ピチェーノ県（Ascoli Piceno）の学者が復活作業を行い，地元で評価を受けているPergola DOCで生産されるようになった．2000年のイタリアの農業統計には500 ha（1,235 acres）を少し上回る栽培面積が記録されている．

かつてはフランスのコルシカ島で広く栽培されていたが，現在は主にアレリア（Aleria）の近くで10 ha（25 acres）が栽培されており，Vin de Pays de l'Île de Beautéで公認されている．ALEATICOはカリフォルニア州でも（主にソノマで遅摘みワイン用として）栽培されているが，意外にもカザフスタンやウズベキスタンでも栽培されている．

ALEKSANDROULI

珍しい品種だが将来有望なジョージアの品種からは
遅摘みにしたブドウからスミレの香りのする中甘口のワインがよく作られている.

ブドウの色：● ● ● ● ●

主要な別名： Aleksandroouly, Aleksandrouli Shavi, Alexandrouli

起源と親子関係

ALEKSANDROULI はジョージア北西部のラチャ＝レチフミ地方（Racha-Lechkhumi）を起源とする品種である．KABISTONI としても知られているが，形態学的および遺伝学的研究から ALEKSANDROULI は KAPISTONI TETRI の黒色の果皮のタイプではないことが明らかになった（Chkhartishvili and Betsiashvili 2004; Maghradze *et al.* 2009）.

ブドウ栽培の特徴

萌芽期は中期で，晩熟であり，遅摘みされることが多い．良好なレベルの酸度を保ちつつ糖度は高レベルとなる.

栽培地とワインの味

ALEKSANDROULI は，特徴的な，遅摘みで，スミレの香りのするジョージアの Khvanchkara 原産地呼称に称される自然な中甘口のワインや，はっきりとしたフローラルなアロマをもちチェリーやマルベリーのフレーバーをもつ辛口の赤ワインの主要品種である．いずれのタイプのワインも，MUJURETULI とよくブレンドされ作られる．2004年にはジョージアで記録された栽培面積は163 ha（403 acres）で，そのほとんどがラチャ＝レチフミ（Racha-Lechkhumi）の，特にリオニ川（Rioni）の右岸のフヴァンチカラ（Khvanchkara），Chorjo，ボスタナ（Bostana），Chrebalo，Joshkhi，Sadmeli，トーラ（Tola）などの村で栽培されたものであった．推奨される生産者としては，Bugeuli 社および Rachuli Wine 社などがあげられる.

ALEXANDER

アメリカ合衆国において歴史的な観点からのみ重要とされているアメリカの交雑品種

ブドウの色：● ● ● ● ●

主要な別名： Alexandria, Black Cape, Buck Grape, Cape, Clifton's Constantia, Clifton's Lombardia, Columbian, Constantia, Farkers Grape, Madeira of York, Rothrock, Rothrock of Prince, Schuylkill, Schuylkill Muscadel, Schuylkill Muscadine, Springmill Constantia, Tasker's Grape, Vevay, Vevay Winne, Winne, York Lisbon

起源と親子関係

この品種はアメリカ初の交雑品種であり，また，同国で初めて商業用ワインの生産に用いられた品種である．この品種は *Vitis labrusca* と *Vitis vinifera* の自然交配により生まれた交雑品種で，1740年頃に後に

Thomas Penn 知事の造園家となった James Alexander 氏（品種名は John Penn 知事の造園家となった彼の息子の John Alexander 氏にちなんで名づけられたものだという人もいる）がペンシルベニア州，フィラデルフィアの北西部に位置するスプリンゲッツベリー（Springettsbury）付近を流れるスクールキル川（Schuylkill）沿いに広がる森で発見した品種である．1680年代初期に Andrew Doz 氏が William Penn 氏のためにヨーロッパから持ち帰ったブドウが植えられたブドウ畑の近くで見つかっていることから，*vinifera* が親品種だと考えられている．約15年後，おそらく1756年に Benjamin Tasker Jr 大佐がメリーランド州のプリンスジョージ郡（Prince George）にある自身の姉妹が所有する土地にこれを植え，そのブドウで Tasker 氏が作ったワインが成功を収めたことにより短期間でその周辺に広がった（Pinney 1989）．この品種は19世紀初頭にインディアナ州にも植えられたが，より耐病性の CATAWBA に徐々に置き換えられていったと Galet（2000）は述べている．

ブドウ栽培の特徴

非常に晩熟である．

ALFROCHEIRO

強い果実のアロマと高品質のワインになりうるポテンシャルをもつポルトガル品種

ブドウの色：● ● ● ● ●

主要な別名：Albarín Negro ☒（スペインのアストゥリアス州（Asturias）），AlbarínTinto（アストゥリアス州），Alfrocheiro Preto，Alfrucheiro，Baboso Negro ☒（カナリア諸島），Bastardo Negro，Bruñal ☒（アリベス・デル・ドゥ（Arribes del Duero）），Caíño Gordo ☒（スペイン北西部のガリシア州（Galicia）），Tinta Bastardinha ☒，Tinta Francesa de Viseu（ポルトガル中部のダオン＝ラフォンイス（Dão-Lafões）のヴィゼウ（Viseu））
よくALFROCHEIROと間違えられやすい品種：TROUSSEAU ☒

起源と親子関係

ALFROCHEIRO は ALFROCHEIRO PRETO（*preto* はポルトガル語で「黒」を意味する）としても知られ，ポルトガル中部のダン地方（Dão），あるいは，さらに南のアレンテージョ（Alentejo）を起源とする品種である．形態的な多様性が非常に少ないことから比較的若い品種だと考えられており，20世紀初頭のフィロキセラ被害の後の植え替え時期にポルトガルに持ち込まれたと考えられていた（Rolando Faustino，私信）．しかし最近の DNA 系統解析によって ALFROCHEIRO はイベリア半島の土地に深く根をおろしていることが明らかになっている．

- スペインの JUAN GARCÍA（ポルトガルでは GORDA あるいは TINTA GORDA という名で見られる）およびポルトガルの CORNIFESTO，MALVASIA PRETA，CAMARATE，CASTELÃO は，ALFROCHEIRO と CAYETANA BLANCA の自然交配（Zinelabidine *et al.* 2012）により生まれた姉妹品種である（系統図は CAYETANA BLANCA 参照）．CAYETANA BLANCA はイベリア半島中南部に広がっている白品種である．
- 遺伝的にはかなり以前にイベリア半島に持ち込まれたフランス品種の TROUSSEAU（BASTARDO の名で）に近い（Almadanim *et al.* 2007）．この二つの品種がよく混同され，ALFROCHEIRO PRETO がしばしば BASTARDO NEGRO と呼ばれるのはこのためである．
- スペインのティエラ デ レオン（Tierra de León）の PRIETO PICUDO の姉妹品種である可能性がある（Santana *et al.* 2010）．
- 遺伝的にはスペイン最北西部に位置するアストゥリアス州の CARRASQUÍN に近い（Martín *et al.*

2006).

TINTA FRANCESA の名が現在もヴィゼウ地方で使われていることは，この品種がフランスから持ち込まれたものであることを示唆している．このことは TROUSSEAU との遺伝的な関係とも一致するが，この品種の起源を確かめる歴史的な背景はまだ見つかっていない．

他の仮説

スペイン北部沿岸のアストゥリアス地方で伝統的に ALBARÍN NEGRO と呼ばれてきた ALFROCHEIRO は，ALBARÍN BLANCO の果皮色変異でも（González-Andrés *et al.* 2007），イタリアの TREBBIANO TOSCANO の別名であるポルトガルの ALFROCHEIRO BRANCO の果皮色変異でもない．

ブドウ栽培の特徴

結実能力は高く，豊産性である．萌芽期は早期で早熟である．小さな果粒が密着した小さな果房をつける．うどんこ病と灰色かび病に感受性がある．

栽培地とワインの味

ALFROCHEIRO は最近までは主にポルトガル中部のダンで，また，量は少ないが，アレンテージョでも栽培されていたのだが，バイラーダ（Bairrada）やテージョ地方（Tejo）など，他の地域の栽培家が，その品質とポテンシャルに期待を寄せ，この品種を試そうとしている．2010年にポルトガルで記録された栽培面積は1,492 ha（3,687 acres）であった．ワインは豊かな色合いをしており，ボディーとフレッシュさのバランスがよく，きめ細かなタンニンを有している．しかし，この品種に特徴的なのはブラックベリーと熟したストロベリーの強いアロマであり，そのためロゼスタイルや白ワインの生産にも用いられることがある．ダンで作られる赤ワインは，一般にスムーズで飲みやすいが，新鮮なフルーツの強いアロマがすぐに複雑になる一方で，特徴のないものに変わってしまうため，長期熟成には適さない．乾燥ストレスが見られるアレンテージョの暑さと日光のもとで栽培されたブドウを用いて作ったワインは一般に色が薄くなりがちで，よりリッチでアルコール分の高いものになるが，やや素朴でストロベリーの香りが低くなる．ALFROCHEIRO はまた ARAGONEZ（別名テンプラニーリョ / TEMPRANILLO）やトゥーリガ・ナシオナル（TOURIGA NACIONAL）とのブレンドにも適している．推奨される生産者としては，アレンテージョの Adega Cooperativa de Borba 社，Ervideira 社，テージョの Quinta da Lagoalva de Cima 社およびダンの Quinta dos Roques 社などがあげられる．

スペインのカナリア諸島では BABOSO NEGRO と呼ばれ，通常は他の地方品種とブレンドされるが，Frontos，Tananjara，Viñátigo などの各社はヴァラエタルワインを作っている．

ALIBERNET

ODESSKY CHERNY を参照

ALICANTE BRANCO

DAMASCHINO を参照

ALICANTE HENRI BOUSCHET

豊産性で広く栽培されている赤い果肉のフランス南部の交配品種．フランスでは下火だが，ポルトガル南部では栽培面積を増やしている．

ブドウの色：● ● ● ● ●

主要な別名：Alicante, Alicante Bouschet ⚥, Alicante Bouschet no.2, Dalmatinka ⚥（クロアチア），Garnacha Tintorera ⚥（スペイン），Kambuša ⚥（ボスニア・ヘルツェゴビナ），Sumo Tinto（ポルトガルのベイラス（Beiras）のピニェル（Pinhel）），Tintorera（スペイン）

よくALICANTE HENRI BOUSCHETと間違えられやすい品種：GARNACHA ⚥，GRAND NOIR ⚥（ポルトガル），TINTO VELASCO ⚥（スペインのラ・マンチャ（La Mancha））

起源と親子関係

モーギオ（Mauguio）（エロー県（Hérault））にあるDomaine de la Calmette社においてHenri Bouschet氏がグルナッシュ（GRENACHE/GARNACHA）×PETIT BOUSCHET（Henriの父のLouisが得たARAMON NOIR×TEINTURIERの交配品種）の交配により多くの品種を作り出しており，1855年に彼はALICANTE HENRI BOUSCHETとALICANTE BOUSCHET no.1を，また1865年にALICANTE BOUSCHET nos.2，5，6，7，12と13を得ている．これらの姉妹品種は形態学的に非常に似ているが，作られるワインはそれぞれ多様である．それらのいくつかはALICANTE BOUSCHETという誤解を招くような総称で繁殖されたが，他のものはブドウコレクションにのみ残された．しかし19世紀の終わりまでに豊産性な1品種―ALICANTE HENRI BOUSCHET―を除く，ほぼすべての品種が消失してしまった．しかし1855年に得られたALICANTE HENRI BOUSCHETを1865年のALICANTE BOUSCHET no.2と識別することは不可能であるので，現存のALICANTE HENRI BOUSCHETのブドウ畑では，これらの異なる二つの姉妹品種が混在している状態にある．DNA解析はこれらの識別に有効であろう．実際のところ，それらの品種は常にただALICANTE BOUSCHETと呼ばれている．

ALICANTE HENRI BOUSCHETは赤い果肉をもつ品種の育種親として用いられたが，そのうち，現在も栽培されているのはODESSKY CHERNYのみである．

ブドウ栽培の特徴

赤い果肉の果粒をつける．萌芽が早く，春の霜の被害を受けるリスクがある．熟期は早期～中期．非常に樹勢が強く，短く剪定する必要がある．乾燥した気候条件下で栽培すると中程度だが安定した収量が得られる．風と干ばつに感受性がある．うどんこ病には耐性があるが，べと病，ホモプシス（ブドウつる割れ病），flavescence dorée（細菌の感染によって葉の黄変を引き起こす病気）には感受性があり，中でも細菌性の病気にはとりわけ高い感受性を示す．果肉が着色しない変異と毛状の葉をもつ2種類の変異がある．

栽培地とワインの味

1880年代の後期にフランスに到来したフィロキセラ禍の後，ALICANTE BOUSCHETは色が濃く，収量が得られるということで（200 hl/haあるいは11 tons/acre）その人気が急上昇したのだが，1980年代から次第に生産量が低下し，その栽培面積は現在，フランスで13位となってしまっている．1988年には15,769 ha（38,966 acres）であった栽培面積は，2008年には5,680 ha（14,036 acres）にまで減少した．南部の西のロット＝エ＝ガロンヌ県（Lot-et-Garonne）から東のドローム県（Drôme）までの地方が主要栽培地であるが，さらに北部のジュラ（Jura）やロワール川流域（Val de Loire）にかけての地方でも栽培されている．栽培が最も多いのは故郷のエロー県で2,455 ha（6,066 acres）が栽培されている．この品種の利点は数少ない赤い果肉の*Vitis vinifera*品種の一つであるという点であり，原産地呼称ワインを生産するための品種としてフランスの行政機関により公認されている（交雑品種とは異なる）.

ワインは色合い深く，収量が調節できた場合はソフトでフルーティーなワインを作ることができるのだが，現在はブレンドワインの色を濃くするために用いられる傾向にある．フランスのヴァラエタルワインのうち，珍しいものとしてはピク・サン・ルー（Pic-Saint-Loup）の Domaine La Sorga 社が作る Allé Canto や Domaine Zelige-Caravent 社の Nuit d'Encre などがあげられる（後者にはグルナッシュ（GARNACHA, GRENACHE）が5% 含まれている）.

スペインではフランスよりも広く栽培されており2008年にはカスティーリャ＝ラ・マンチャ州（Castilla-La Mancha）の総栽培面積の半分以上を占める22,251 ha（54,983 acres）の GARNACHA TINTORERA が栽培された．栽培は北西部のガリシア州（Galicia）（6,319 ha/ 15,615 acres）やバレンシア州（Valencia）（1,168 ha/ 2,886 acres）でも見られ，これらの地方でも重要な品種となっている．1990年には16,000 ha（39,537 acres）のみであった栽培面積だが，このように栽培面積は増加を見せている.

ポルトガルでも ALICANTE BOUSCHET の人気は高まっており（2010年に記録された総栽培面積は2,203 ha/ 5,444 acres），特に南部の乾燥した地域であるアレンテージョ（Alentejo）では生産者の数もかなり増えており，印象的で，色合い深く，果実香のしっかりしたヴァラエタルワインが作られている．1950年代以前に John Reynolds 氏が自身の一族が所有する Herdade do Mouchão 社の土地にこの品種を植えるきっかけになった．推奨される生産者としてはリスボン地方（Lisboa）の Caves Bonifácio 社や Félix Rocha 社，アレンテージョの Esporão 社，Francisco Nunes Garcia 社，Herdade dos Grous 社，Terras de Alter 社などがあげられる.

イタリアでは2000年時点の調査で ALICANTE（488 ha/ 1,206 acres）と，より限定された栽培の ALICANTE BOUSCHET（73 ha/ 180 acres，主にサルデーニャ島（Sardegna），トスカーナ州（Toscana），カラブリア州（Calabria））が区別されているが，ALICANTE は ALICANTE HENRI BOUSCHET ではなくグルナッシュを指していると思われる.

トルコでは2010年に550 ha（1,359 acres）の栽培が記録されており，ハンガリー（2008年の栽培面積は25 ha/ 62 acres），旧ユーゴスラビアやキプロス（2010年の栽培面積は81 ha/ 200 acres）およびスイスでも栽培されている．またクロアチア，ボスニア・ヘルツェゴビナ，イスラエルおよび北アフリカでもいくらか栽培されている.

ヨーロッパ外に目を移すと，北アメリカでは，2008年にカリフォルニア州で1,175 acres（476 ha）の栽培が記録されている．ほとんどがフレズノ郡（Fresno），サンホアキン郡（San Joaquin）およびトゥーレアリ郡（Tulare）などのセントラルバレーの暑い地域で栽培されているのだが，ここにあるブドウは禁酒法時代に植えられたものである．一方，南アメリカでは2008年にチリで438 ha（1,082 acres），アルゼンチンで215 ha（531 acres），ウルグアイで11 ha（27 acres）の栽培が記録されている.

ALIGOTÉ

とりわけ東ヨーロッパで人気を博している，ブルゴーニュ（Burgundy）の酸味の効いた「その他」の白ワイン用ブドウ

ブドウの色：● ● ● ● ●

主要な別名：Aligotte，Alligotay，Alligoté または Alligotet（コート・ド・ニュイ（Côte de Nuits）），Beaunié または Beaunois，?Carcairone（イタリアのヴァル・ディ・スーザ（Val di Susa）），Chaudenet Gras（Côte Châlonnaise），Giboulot または Giboudot（ルリー（Rully）およびメルキュレ（Mercurey）），Griset Blanc（ボーヌ（Beaune）），Mahranauli（モルドヴァ共和国），Plant de Trois（ジュヴレ（Gevrey），ディジョン（Dijon），スロンジェ（Selongey）），Plant Gris（ムルソー（Meursault）），Troyen Blanc（ジュヴレ），Vert Blanc（ジュラ（Jura）のサラン（Salins））

よくALIGOTÉと間違えられやすい品種：CHARDONNAY ⊗，GRAŠEVINA ⊗（別名 Riesling Italico ⊗），MELON ⊗，SACY ⊗（ブルゴーニュのコート＝ドール県（Côte d'Or）で Aligoté Vert として知られる）

起源と親子関係

この品種が最初に引用されたのはおそらく1780年のことで，Dupré de Saint-Maur 氏が Plant de Trois という別名で記したものがそれにあたる．ちなみに，Plant de Trois は三つの果房が枝につくことを指した古い別名である．新しい名前である ALIGOTÉ は，1807年にコート＝ドール県で記載されたこの品種を植えるのではなく，抜くことが提案されている文書の中に見られる．ALLIGOTAY，ALIGOTTÉ，ALLIGOTÉ，ALLIGOTET など様々に異なる表記がヴァレ・ド・ラ・ソーヌ（Vallée de la Saône）で見られるため，Durand and Pacottet（1901b）は，この地方が ALIGOTÉ の起源の土地であろうと述べている．

DNA 系統解析によって，ALIGOTÉ は，まさに姉妹関係にあるシャルドネ（CHARDONNAY）や GAMAY NOIR，MELON およびフランス北東部のあまり栽培されていない他の品種同様に，PINOT と GOUAIS BLANC の自然交配品種である（Bowers *et al.* 1999; PINOT 系統図参照）ことが証明された．この結果は ALIGOTÉ の起源の地がフランス北東部の，おそらくはブルゴーニュであるとされていることと一致する．

ALIGOTÉ の名はおそらくアリエール・コート・ド・ボーヌ（Arriéres-Côtes de Beaune）で用いられていた GOUAIS BLANC の古い別名である GÔT に由来していると思われ，同地では母親品種がその子品種である ALIGOTÉ で置き換えられている．ALIGOTÉ は Gouais Blanc と同じブドウの形態分類群に含まれる（p XXXII 参照，Bisson 2009）．

他の仮説

Bazin（2002）は1667年にブルゴーニュで ALIGOTÉ が BEAUNIÉ として記載されていると述べているが，BEAUNIÉ はソーヴィニヨン・ブラン（SAVAGNIN BLANC）の古い別名であることを思うと，この説は考えにくい．ALIGOTÉ の名は支柱を使って仕立てたブドウを意味するラテン語の *alligatum* の語に由来するといわれているが，そのようなブドウの仕立て方法が伝統的にフランス北東部には存在しないため，この語源にも疑問が残る．可能性は低いが別の仮説としてドイツ語の *hariôn* に由来するというものもある．この言葉は古代フランス語の *harigoter* に対応しており，「小片に切る」という意味がある．しかしながら，引き抜くことを切望されていた植物の名としては奇妙に思われる．ALIGOTÉ は Aligot に由来するともいわれている．Aligot はオーブラック地方（Aubrac）（アヴェロン県（Aveyron），カンタル県（Cantal），ロゼール県（Lozère））のチーズを溶かして作る郷土料理であり，一般にこの料理に合わせて，このワインが飲まれているということである．しかしながら，この地域では ALIGOTÉ が栽培されていないので，この仮説も疑わしいと言わざるを得ない．

ブドウ栽培の特徴

樹勢が強い．萌芽が早いので春の霜の被害を受ける危険性がある．早熟．べと病，灰色かび病に感受性がある．収量はブドウ畑の場所により大きく変動する．

栽培地とワインの味

フランスにおける ALIGOTÉ の総栽培面積は1980年代に減少したにもかかわらず50年前とほぼ同じである．2008年に記録された栽培面積は1,946 ha (4,809 acres) で，そのほとんどがブルゴーニュのコート・ドール（Côte d'Or）と南部の両方で栽培されている．さらに量は少ないが栽培はシャブリ地域でも見られ，これがこの品種がブルゴーニュの「他の白品種」と呼ばれている理由である．

最高品質のワインは，この品種本来の高い酸度がブドウの成熟に伴い和らげられ，生き生きとした素晴らしい酸味になるが，このようなワインを作るには，シャルドネやピノ・ノワール（PINOT NOIR）のような大きな利益がもたらされる品種を栽培するような良質の土地で栽培する必要がある．したがって，通常は斜面の最も高い所か低い所で栽培され，比較的ニュートラルな，あるいは時に涙が出るほど酸味の強いデイリーワインが作られている．キールとして知られる食前酒を作るため，ごく少量のクレーム・ド・カシス（Crème de Cassis）（クロフサスグリのリキュール）を加えると著しく品質が向上する．Bourgogne Aligoté とより良質の Bouzeron が二つの主要なアペラシオンであり，他の地域では収量が通常，60 hl/ha (2.5 tons/acre) であるのに対し，後者では収量を72hl/ha（3.3 tons/acre）に制限している．トップレベルの生産者としては Michel Bouzereau 社，Arnaud Ente 社，Michel Lafarge 社，Ponsot 社や A & P de Villaine 社などがあげられる．ALIGOTÉ は19世紀にはムルソー（Meursault）のクリュで栽培されており，1930

年に ALIGOTÉ を用いたコルトン・シャルルマーニュ（Corton-Charlemagne）の生産を認める判決が下された．

スイスでは主にジュネーブ州（Genève）で栽培されており，21 ha（52 acres）の栽培が記録されている．推奨される生産者としては Domaine des Balisiers や Domaine Les Perrières などがあげられる．

この品種は東ヨーロッパでも広く栽培されている．ウクライナでは2009年に9,625 ha（23,784 acres）（ブドウの総栽培面積の11%）が，また，モルドヴァ共和国では同国南部と中央部で2009年に15,790 ha（39,018 acres）が，ルーマニアでは東部のモルドヴァ地域，黒海沿岸のトゥルチャ県（Tulcea），北東部のヤシ（Iași）とヴァスルイ（Vaslui）で7,203 ha（17,799 acres）が，ブルガリアでは2009年に1,095 ha（2,706 acres）の栽培が記録されている．また，ロシアのクラスノダール地方（Krasnodar Krai）では414 ha（1,023 acres）が栽培され，黒海沿岸で最も自信に満ちた辛口の白ワインが作られている．またロストフ州（Rostov）（2010年の栽培面積は620 ha/1,532 acres）などロシアの他のワイン生産地域でも広く栽培されている．ALIGOTÉ は東ヨーロッパでよく生育するようである．また，ブルゴーニュのもののように過度に酸っぱくなることはめったにない．ロシアでは甘口のブレンドワインに用いられているが，一般に，最も美味しく飲めるのは最初の数年のうちである．

ブルゴーニュ信奉者のために，少量だが，カリフォルニア州（Au Bon Climat 社，Calera 社），ワシントン州（Steele Wines 社），カナダ（オンタリオ州の Château des Charmes 社）およびオーストラリア（南オーストラリア州の Hickinbotham 社）などでも栽培されている．

ALIONZA

絶滅の危機に陥っている古く珍しい白ワイン品種

ブドウの色：

主要な別名：Aleonza, Alionga Bianca del Bolognese, Allionza, Glionza, Leonza, Uva Lonza, Uva Schiava

よく ALIONZA と間違えられやすい品種：SKLAVA（ギリシャ）

起源と親子関係

イタリア中北部のエミリア＝ロマーニャ州（Emilia-Romagna）のボローニャ県（Bologna）とモデナ県（Modena）で Pietro de Crescenzi 氏が14世紀ころにこの品種について記載している．DNA 解析によって ALIONZA が TREBBIANO TOSCANO に近縁であることが示唆された（Filippetti, Silvestroni, Thomas and Intrieri 2001）．UVA SCHIAVA の別名はおそらく ALIONZA と本物の SCHIAVA GROSSA が水平にはったワイヤーを使って伝統的に仕立てられたことに由来するのであろう．

ブドウ栽培の特徴

開けた温暖な丘陵の土壌で生育する．収量は規則的で安定しており，うどんこ病，灰色かび病および軽度の霜に良好な耐性を示す．晩熟である．

栽培地とワインの味

イタリアのボローニャ県とモデナ県でブレンドワインの生産に用いられているが，イタリア全土で記録された総栽培面積は43 ha（106 acres）にすぎず，不幸にも ALIONZA は次第に消滅しつつある．19世紀後期にはフランス南部の畑でも ALIONZA が見られたと述べるブドウの分類の専門家もいるが，それは事実ではないであろう．以前，この品種はロンバルディア州（Lombardia）のブレシア県（Brescia）とマントヴァ県（Mantova）で栽培されていた．かつて ALIONZA は良質の生食用ブドウであるとも考えられていた．

ALLEGRO

良好な耐病性をもつドイツの交雑品種

ブドウの色：● ● ● ● ●

主要な別名：Geisenheim 8331-1

起源と親子関係

ALLEGRO は，1983年にガイゼンハイム（Geisenheim）で CHANCELLOR×RONDO の交配により得られた交雑品種である．2002年に公式リストへの登録が申請された．

ブドウ栽培の特徴

果粒が粗着した果房であるので腐敗に強い．またべと病およびうどんこ病にも良好な耐性を示す．良好な収量を示す．中程度の酸度を有している．

栽培地とワインの味

ワインはスパイスと熟した赤い果実のアロマと丸みを帯びたタンニンを有している．ドイツ，ヘッシッシェ・ベルクシュトラーセ地方（Hessische-Bergstrasse）の Bergsträsser Winzergenossenschaft（協同組合）がヴァラエタルワインを作っている．

ALTESSE

デリケートな白ワインが作られるフランス，サヴォワ（*Savoie*）の最高級のブドウ

ブドウの色：● ● ● ● ●

主要な別名：Anet（イゼール県（Isère）），Fusette d'Ambérieu，Marestel（ブルジェ（Bourget）），Plant d'Altesse，Prin Blanc，Roussette（サヴォワ県），Roussette de Montagnieu（アン県（Ain）），Roussette de Seyssel，Roussette Haute（セセル（Seyssel））

よくALTESSEと間違えられやすい品種：FURMINT ☒，JACQUÈRE ☒，ROUSSANNE ☒，ROUSSETTE D'AYZE ☒，ヴィオニエ（VIOGNIER）☒

起源と親子関係

1774年に Costa de Beauregard 侯爵がこの品種について初めて次のように記載している．「ALTESSE ワインは優秀な海外のワインで [...] は，我々の王女の一人がキプロスからサヴォワ（Savoie）に持ち込んだブドウである」．また，Costa de Beauregard 侯爵は，オリエントからこの品種を持ち帰ったサヴォワの伯爵（*altesse* はフランス語で「殿下」という意味である）の称号にちなんでブドウが ALTESSE と名付けられたとする古い言い伝えがあると報告している（下記参照）．

Galet 氏を含む多くの研究者が ALTESSE の東方起源を支持しており，Galet（1990; 2000）は，「この品種はフランスのいかなる品種とも関係がなく，ハンガリーの FURMINT 品種と同一であるかもしれない」と報告している．しかし，Foëx（1901）は形態学的観察に基づき東方起源説を保留にしており，ブールジェ

湖（Lac du Bourget）の近くのCoteau des Altessesが起源の地であるとし，ALTESSEという名前はこの品種が栽培された段々畑の地方名である，と述べている．この地名は特定されていないが（Rézeau 1997），PLANT D'ALTESSEという別名が19世紀に広く用いられていたこともあり，この語源が広く支持されている．

近年になって行われた遺伝的解析の結果はFoëx氏の説を支持するもので，ALTESSEの東方起源を否定している．この品種が遺伝的にはレマン湖周辺を起源とするCHASSELASと近いということも，そう判断した理由の一つである（Vouillamoz and Arnold 2009）．ちなみに，ALTESSEとFURMINTの間に遺伝的な関係はなく（Vouillamoz），ALTESSEはサヴォワ在来の古い品種であると考えられる．

他の仮説

ALTESSEの東方起源説の中でも最も広く知られているのはTochon（1887）が記した次の記録である．「サヴォワ（Savoie）の伯爵であるルイ2世（Louis II）はアメデ4世（Amédée IV）の後を継ぎ，彼の二番目の息子のルイは15世紀の半ば頃にアルメニア，キプロスおよびエルサレムの相続人となったシャルロット・ド・リュジニャン（Charlotte de Lusignan）と結婚した．後にルイとシャルロットは女王の兄弟であるニコシア大司教ジャック（Jacques）によって自身の国土から追放されたので，ALTESSEがサヴォワ（Savoie）に持ち込まれたのは明らかにこの時期よりも前である」．他にも，サヴォア公アメデーオ6世（Amédée VI de Savoie または Comte Vert）が1367年にビザンチウム（現在のイスタンブール）からALTESSEを持ち込んだという言い伝えや，中世の間にキプロスからリュセ（Lucey）へALTESSEが持ち込まれ，1530年にClaude de Mareste氏がエマヴィーニュのブドウ畑（ジョンジュー（Jongieux））に植え付けを行い，1563年に同地でMarestelという名前に改名されたたという言い伝えがある．結果的にGalet（1990）は，誤ったFURMINTの同定結果を根拠として，ALTESSEはハンガリー起源であり，宮廷がFURMINTベースの有名なトカイワインを称賛したので，そう名付けられたと述べている．

ブドウ栽培の特徴

熟期は中期～晩期である．ROUSSETTEという別名は，完熟すると果粒が赤くなる（*roux/rousse*はフランス語で赤あるいは小豆色）ことにちなんで名づけられたものである）．うどんこ病やべと病ならびに灰色かび病に感受性のあるデリケートな品種である．一般的に株仕立てまたはシングル・コルドン，あるいはグイヨー（guyot）仕立てで栽培されている．

栽培地とワインの味

フランスのRoussette de Savoieアペラシオンではヴァラエタルワインが生産されている．より特別なクリュあるいはサブアペラシオンとしてはFrangy，Marestel，MonterminodやMonthouxなどがあげられる．推奨される生産者としては，Dupasquier，Prieuré Saint-Christophe，Chevalier-Bernard，Jean Perrierなどの各社があげられる．あまり知られていないのは少し北に位置するAltesse de Bugeyアペラシオンで，その代表ともいえるのがFranck Peillot社である．ワインは蜂蜜とアーモンドのフレーバーと良好な酸味，そしてボトル内での熟成の可能性をもち，ナッツの風味とエキゾチックな香りに加え，スミレの香りさえも感じられるものとなる．ALTESSEはVin de Savoieアペラシオンや，その中のAbymes，Apremont，Ayze，Crépyなどの特定のクリュにおいて，JACQUÈRE，ALIGOTÉ，GRINGETやシャルドネ（CHARDONNAY）などの品種とよくブレンドされている．Seysselアペラシオンは ALTESSEや，場合によってはCHASSELASおよびMOLETTEとブレンドされ作られる発泡性ワインで最もよく知られているが，スティルワインは100% ALTESSEでなければいけない．

2008年にはフランス東部の，主にサヴォワ県，アン県，イゼール県およびオート＝サヴォワ県（Haute-Savoie）で357 ha（882 acres）の栽培が記録された．これらの地方では公式に推奨もされているが，南部のヴァール県（Var）やヴォクリューズ県（Vaucluse）でも公認されている．スイスではHenri Cruchon社が珍しいヴァラエタルワインを作っている．

ALTINTAŞ

VASILAKIを参照

ALVA

SÍRIA を参照

ALVADURÃO

SÍRIA を参照

ALVARELHÃO

高品質のワインになるポテンシャルがあるにもかかわらず減少傾向にあるポルトガル北部の品種

ブドウの色：● ● ● ● ●

主要な別名：Albarello（スペインのガリシア州（Galicia）），Alvarelhao，Alvarelho，Alvarellao，Brancelho ☓（ヴィーニョ・ヴェルデ（Vinho Verde）），Brancellao ☓（ガリシア州），Broncellao，Locaia（ミーニョ（Minho）），Pilongo（ダン（Dão）），Pirruivo（アロウカ（Arouca）），Serradelo ☓，Serradillo，Uva Gallega，Varancelha，Verancelha

起源と親子関係

ALVARELHÃO はポルトガルのドウロ（Douro）あるいはダン由来の品種であろうと考えられている．遺伝的多様性の水準から判断すると，この品種がある程度古い品種であることが推察される（Rolando Faustino 私信）．DNA 解析によって ALVARELHÃO は遺伝的に SERCIAL（ESGANA CÃO の名で；Lopes *et al.* 1999）と非常に近縁であることが示唆された．

スペイン東部に位置するバレンシア州（Valencia）の白色果粒の PLANTA NOVA は ALVARELHÃO BRANCO としても知られているが，ALVARELHÃO の果皮色変異ではない（Vouillamoz）．

ブドウ栽培の特徴

樹勢が強い．うどんこ病に感受性がある．薄い果皮をもつ果粒が粗着した中サイズの果房をつける（ガリシア州では，BRANCELLAO は厚い果皮をもつ小さな果粒をつけるといわれているが）．萌芽期は中期で早熟である．

栽培地とワインの味

1970年代まで ALVARELHÃO はポルトガルのドウロではポートワイン用の，またダンやベイラス地域（Beiras）の周辺では酒精強化しないワイン用の重要で特別な品種だと見なされていた．また栽培面積は少ないが，ヴィーニョ・ヴェルデ地方の特にスペイン国境に近いモンサン（Monção）サブリージョンで推奨されている．しかし，消費者の嗜好の変化を受けて，ポルトガルにおける2010年の総栽培面積はわずか67 ha（166 acres）となってしまったが，近年はロゼワインの生産が新たに注目されている（Rolando Faustino，私信）．一般に，ワインはフレッシュで，エキス分は低いがアルコール分は中～高で，デリケートなアロマがあり，若いうちに飲むのがよい．ミーニョでは Adega Cooperativa de Monção 社が良質のロゼワインを，Alvaianas 社が良質の赤ワインを作っている．バイラーダ（Bairrada）では Campolargo 社がヴァラエタルの赤ワインを作っている．

スペイン北西部に位置するガリシア州では BRANCELLAO として知られ，特にリアス・バイシャス（Rías Baixas）で栽培されており，2008年 には17 ha（42 acres）の栽培を記録している．現地では Coto de Gomariz と Sameirás の2社がこの品種をブレンドワインの生産に用いている．Quinta da Muradella 社の ALBARELLO もまた ALVARELHÃO である可能性が非常に高い．

カリフォルニア州のセントラルバレーでは，ポートスタイルのワインの生産者何社かがALVARELHÃOをブレンドにている．また，オーストラリアのヤラ・バレー（Yarra Valley）のYarra Yering社もこの品種をDry Red No.3に用いている．

ALVARINHO

スペインとポルトガルの国境をまたぐ地域で栽培されている流行の品種で，フレッシュで香り高い高品質のワインが作られている．

ブドウの色：● ● ● ● ●

主要な別名：Albariño ⊗（スペイン），Albelleiro（スペインのガリシア州（Galicia）のローザル（Rosal）），Alvarin Blanco，Azal Blanco，Galego，Galeguinho，Padernã

よくALVARINHOと間違えられやすい品種：ALBARÍN BLANCO ⊗（スペイン北部のアストゥリアス州（Asturias）），ALBILLO REAL ⊗，AZAL ⊗，CAIÑO BLANCO ⊗（スペインのガリシア州のローザル（Rosal）およびポルトガル），GALEGO DOURADO ⊗，SAVAGNIN BLANC ⊗（ガリシア州，フランス，オーストラリア），VERDECA ⊗（イタリアのプッリャ州（Puglia））

起源と親子関係

ポルトガル北東部あるいは国境の向こう側のスペイン北西部のガリシア州を起源とする品種で，かつてはこれらの地域で非常に多く栽培され，それぞれの地域でALVARINHOあるいはALBARIÑOと呼ばれていた．ポルトガルでは，ALVARINHOの形態学的多様性が大きいことから，この品種がとても古い品種であると示唆されており，スペイン北西部でも最も古い品種の一つと考えられている（Santiago *et al.* 2005）．1843年まではこの品種に関する記述がガリシア州で見られることはなかったが，同州では樹齢200～300年のALBARIÑOブドウが40本ほど発見されている（Boso *et al.* 2005; Santiago *et al.* 2007）．

DNA系統解析によって，AMARAL（CAÍÑO BRAVOの名で）とALVARINHO（ALBARIÑOの名で）がCAÍÑO BLANCOを生み出したことが示唆された（Díaz-Losada *et al.* 2011）．ALVARINHOとCAÍÑO BLANCOがよく混同されるのは，この3品種がイベリア半島北西部で伝統的に栽培されているためであろう．

DNA解析によってALVARINHO/ALBARIÑOは，BLANCO LEXÍTIMOとしても知られるALBARÍN BLANCOと同一ではなく，また，スペインのアストゥリアス州で伝統的にALBARÍN NEGROと呼ばれているALFROCHEIROの果皮色変異でもない（Ibañez *et al.* 2003; Vouillamoz）ことが示された．

スペインではMisión Biológica de Galiciaが保有するコレクションにおいて表示または同定に誤りがあったことにより長年に渡り，ALBARIÑOとALBARÍN BLANCOが，SAVAGNIN BLANCと間違われてきたが，DNA解析によってこれは否定された（Santiago *et al.* 2005）．どの程度のSAVAGNIN BLANCが，スペインのブドウ畑で現在もALBARÍN BLANCOあるいはALBARIÑOという名で栽培されているかは明らかではない．DNAプロファイルを比較した結果は，LOUREIROとの近縁関係を示唆するものであった（Ibañez *et al.* 2003）．

他の仮説

ガリシア州に樹齢200～300年のALVARINHOブドウ樹と野生ブドウ（*Vitis vinifera* subsp. *silvestris*）があることから，ALVARINHOはこの地方原産であると述べている研究者もいるが（Santiago *et al.* 2007），遺伝的な証拠は現時点では得られていない．

ブドウ栽培の特徴

樹勢の強さは中程度で，頑強で高い結実能力を示す．萌芽期は中期で熟期は早期～中期である．比較的厚い果皮をもつ中サイズの果粒で，小さな果房をつける．べと病およびうどんこ病に感受性があるが，とりわけダニに対し高い感受性を示す．乾燥した土壌が栽培に適している．

栽培地とワインの味

ALVARINHOはポルトガル北部のスペインとの国境近くに位置し，この品種の起源の地であるモンサン（Monção）から広がっていた品種で，現在はポルトガル北西部で広く栽培されている．ちなみにこの品種はスペインにおいてはALBARIÑOとして知られている．ブドウの品質に裏打ちされた流行の波はイベリア半島の北西部を超えて北米や，地球の裏側のオセアニアにも到達した．ヴァラエタルワインの中でも最高のものは，シナノキ，オレンジ，アカシアの花からレモングラス，スイカズラ，オレンジ，乾燥したオレンジピール，グレープフルーツ，ベルガモット，桃，時に青リンゴにまで至る，フルーティーかつフローラルなフレーバーとアロマを併せもっている．フレッシュな酸味がフルボディーとしっかりとした骨格のバランスをとっており，海を思わせるノートがあるため，シーフードとの相性の良さが思い起こされる．伝統的な棚仕立てを用いて収量を調整せずに栽培したブドウを用いて作られたワインは青臭くなってしまうのだが，そのようなワインがまだ多く見受けられる．

ポルトガルでは2010年に2,340 ha（5,782 acres）の栽培が記録されている．主には北西部のミーニョ地方（Minho）で栽培されているが，それより南のダン地方（Dão）やセトゥーバル半島（Península de Setúbal）また，リスボン（Lisboa）でも栽培されている．北西部のVinho Verde DOCではモンサンやメルガソ（Melgaço）サブリージョンで特筆すべき品質のヴァラエタルワインが作られているが，ヴィーニョ・ヴェルデ（Vinho Verde）ワインのほとんどはLOUREIROやTRAJADURAが主役のブレンドワインである．この品種はまた発泡性ワインの生産にも用いられている．推奨される生産者としてはAnselmo Mendes，Quinta do Feital，Quinta da Soalheiroなどの各社があげられる．

スペインでは2008年に5,320 ha（13,146 acres）のALBARIÑOが栽培されたが，事実上，そのすべてがガリシア州で栽培されたものであった．同地方では品種名をラベルに表示した最初のスペインワインの一つが作られている．この品種はRías Baixas DOの主要品種で，その人気は国内外で高まりつつあり，流行の兆しをみせている．推奨される生産者としてはCastro Martín，Do Ferreiro（とりわけ200年になるブドウ畑で作られるCepas Vellasワイン），Fillaboa，Pazo de Señorans（特に最近発売したSelección Anãdaワイン），Pazos de Lusco，Raúl Pérez，Tricó，La Valなどの各社があげられる．一例を挙げると，Palacio de Fefiñanes社が数少ない優れた樽発酵ワインの一つである1583 Albariño de Fefiñanesとオークを使わないタイプのワインで成功を収めている．

カリフォルニア州，オレゴン州，ワシントン州ではALBARIÑOという名前で栽培されており，この品種は2009年まで（後述参照）オーストラリアで増加していたフレッシュで桃のようなワインの原料であると考えられていた．

カリフォルニア州での栽培面積は2008年に記録された28 acres（11 ha）から増加をみせ，2009年には128 acres（52 ha）に達しており，この品種が果たしている役割がこの数字により示されているといえよう．推奨される生産者としてはBokisch（ローダイ（Lodi）），Bonny Doon（モントレー（Monterey）），Mahoney（カーネロス（Carneros）），Tangent（エドナ・バレー（Edna Valley））などの各社があげられる．オレゴン州のALBARIÑOの先駆者といえば州南部のAbacela社だが，他社もこの品種の栽培を始めている．ワシントン州では，わずかだがCoyote Canyon社などの生産者がそれに続いている．

ウルグアイではBouza社がモンテビデオ（Montevideo）から，そう遠くない場所にある畑でALBARIÑOを栽培し，純粋で香り高いワインを作っている．

オーストラリアのALBARIÑOブドウのほとんどが，実はSAVAGNIN BLANCであったという不都合な事実が明らかになっている．スペインのブドウコレクションの表示間違いがそもそもの原因で，フランスでも間違いが正されることがないまま，オーストラリアに到着後，繁殖されたためなのだが，オーストラリアにおいて，本物のALBARIÑOがどの程度，栽培されていたかは誰も把握できていない．しかし，ニュージーランドでブドウ栽培をリードするブドウの苗木業者がタスマン海の向こうにいるニュージーランドの栽培家に対し，自身が保有するALBARIÑOは本物であることを保証し，その後，ニュージーランドで代替品種を扱う業者としてはパイオニア的存在であったCooper's Creek社が2011年に自社最初のALBARIÑOワインを生産している．

ALBARIÑOを巡ってはオーストラリアでこのような混乱が生じているにもかかわらず，その品質と，それ以上に重要視されている，このポルトガル品種がもつ市場でのポテンシャルにより，CTPS（植物選別および登録に関わるフランスの委員会）の説得に成功し，現在288種類のブドウ品種が登録されているフランスの公的な登録簿にこの品種を含めることが承認された．試行期間をおかないこうした措置は珍しいが，フランスの栽培家がこの品種の栽培のための補助金を得ることはなさそうである．

AMABILE DI GENOVA

MALBO GENTILE を参照

AMARAL

高い酸度のポルトガルの赤品種．
主にポルトガルのヴィーニョ・ヴェルデ（Vinho Verde）で栽培されている．

ブドウの色：● ● ● ● ●

主要な別名：Azal Tinto,Azar,Cainho Bravo,Cainho Miúdo,Caíño Bravo 🧬（スペインのガリシア州（Galicia）），Cainzinho

よくAMARALと間違えられやすい品種：BORRAÇAL 🧬，Melhorio（ヴィーニョ・ヴェルデ）🧬，Sousão Galego 🧬（ミーニョ），トゥーリガ・ナシオナル（TOURIGA NACIONAL 🧬），VINHÃO 🧬

起源と親子関係

正式には AMARAL と呼ばれているが，果皮色の薄い AZAL とは関係がないものの AZAL TINTO と呼ばれることが多い．この品種はおそらくポルトガル西部を起源とする品種であり，この地方に大きな遺伝的影響を及ぼしていることがわかっており，最近の DNA 系統解析では AMARAL と LOUREIRO，TINTA CASTAÑAL，VINHÃO 並びにもはや栽培されていない地方品種である MELHORIO や SOUSÃO GALEGO との親子関係が示されている．さらに，AMARAL（CAÍÑO BRAVO の名で）と ALVARINHO（ALBARIÑO の名で）から CAÍÑO BLANCO が生まれたことから AMARAL が非常に古い品種であることも示唆されている（Castro *et al.* 2011; Díaz-Losada *et al.* 2011）．

ブドウ栽培の特徴

低収量．萌芽期は中期で熟期は晩期である．小さな果粒が密着して小さな果房をつける．よく棚仕立てにされている．

栽培地とワインの味

2010年にはポルトガルで123 ha（304 acres）の AMARAL が栽培されており，酸味に富み，色合いがよく，比較的フルボディーだが，一般にぱっとしないワインが作られている．ヴィーニョ・ヴェルデで公認されており，とりわけアマランテ（Amarante）などの南のサブリージョンで推奨されているが，通常はブレンドワインの生産に用いられている．生産者としては Casa de Vilacetinho 社や Casa do Valle 社などがあげられる．

AMIGNE

わずかな量しか栽培されていないスイスの古い品種からは主に甘口のワインが作られている.

ブドウの色：

主要な別名：Amigne Blanche，Grande Amigne，Grosse Amigne，Petite Amigne

起源と親子関係

AMIGNE はスイス，ヴァレー州（Valais）の在来品種である．この品種については1686年に初めて言及がなされており，現在，最も栽培に適した場所であるといわれているヴェトロ（Vétroz）から12 km 離れた，シオン（Sion）とシエール（Sierre）の間で栽培されている品種だと記載されている．DNA 系統解析によって，イタリアのピエモンテ州（Piemonte）の AVANÀ との遺伝的な関係（孫，甥 / 姪，または片親が同じ兄弟姉妹）が示唆された．また，AMIGNE はフランスのシャンパーニュおよびフランシュ＝コンテ地域圏（Franche-Comté）の PETIT MESLIER の孫品種にあたると推定されている（Vouillamoz and Moriondo 2011）．そうであった場合 AMIGNE は，PETIT MESLIER の親品種で16世紀からヴァレー州で栽培されてきた SAVAGNIN と GOUAIS BLANC の曾孫品種にあたることになる．したがって，AMIGNE の絶滅してしまった親品種は，フランス北西部から SAVAGNIN や GOUAIS BLANC とともに導入された品種であると考えられる．

Labra *et al.*（2002）は AMIGNE とイタリアのヴァッレ・ダオスタ（Valle d'Aosta）の ROUSSIN が遺伝的に近縁関係にあることを示唆したが，より詳細に行われた DNA 解析の結果はこれを支持するものではなかった（Vouillamoz and Moriondo 2011）．

他の仮説

ローマ人がヴァレー州に AMIGNE を持ち込んだのだといわれることが多いが，これはカト・ケンソリウス，大プリニウス，コルメラなどローマ時代の学者がイタリア南部のワイン用ブドウとして「Aminea」を様々な形で引用したことに基づいて立てられた仮説である．しかし，これが現代の AMIGNE であるという植物学的な証拠はなく，単に「美味しい」あるいは「楽しい」を意味するラテン語の *amoenus* が，二つの言葉の語源となっているにすぎないと考えられる．

ブドウ栽培の特徴

収量は高いが，花ぶるいと結実不良（ミルランダージュ）により収量が不安定になりがちである．萌芽期および熟期は中期～晩期である．小さな果粒が粗着する長い果房をつける．遅摘みが理想的である．日当たりがよく，適度に肥沃な土壌をもつ斜面が栽培に最適である．

栽培地とワインの味

2009年には43 ha（106 acres）の AMIGNE が栽培されたが，そのほぼすべてがスイス南西部に位置するヴァレー州にあるヴェトロの町周辺で栽培されたものであった．ワインはオレンジの皮やタンジェリンの柑橘系のノートとキレのよい酸味が複雑に絡み合ったものとなる．かつては辛口ワインが作られていたが，最近のワインは甘く，重すぎることもある．Cave des Tilleuls 社が作る Amigne flétrie ワインのように，果実が萎凋し果汁が凝縮するまで樹に残しておいたブドウを用いて作られるワインは官能的だがバランスのとれたものとなる．辛口あるいはオフ・ドライのワインを作る生産者としては La Madeleine，Les Ruinettes，Vieux-Moulin などの各社が推奨されている．また，Jean-René Germanier 社や La Tine 社などが最高の甘口ワインを作っている．

AMOR-NÃO-ME-DEIXES

ARAMON NOIR を参照

AMORGIANO

MANDILARIA を参照

ANCELLOTTA

ブレンドワインに用いられる深い色合いの品種.
フレーバーよりも色，タンニンおよび酸度の観点から有用である.

ブドウの色：● ● ● ● ●

主要な別名：Ancellotta di Massenzatico または Lancellotta

起源と親子関係

この品種はイタリア中北部に位置するエミリア＝ロマーニャ州（Emilia-Romagna）の起源である．品種名はこの品種を普及させたモデナ（Modena）（14～15世紀）のランセロッティ家（Lancellotti）にちなんで名づけられたものであろう．

ANCELLOTTA は GALOTTA の育種に用いられた．

ブドウ栽培の特徴

樹勢が強く，濃い色をした小さな果粒をつける．比較的晩熟である．

栽培地とワインの味

イタリアでは主にレッジョ・エミリア県（Reggio Emilia）（たとえば Reggiano Rosso DOC）で ANCELLOTTA が栽培されており，LAMBRUSCO SALAMINO や LAMBRUSCO MARANI など，色の薄い品種のワインの色を強化するための濃縮果汁の生産に用いられた．ANCELLOTTA は第一次世界大戦後に，トレント県（Trentino）（モリ（Mori）やアーヴィオ（Avio））や，フリウーリ（Friuli），ロンバルディア（Lombardia），ヴェネト（Veneto），トスカーナ（Toscana），プッリャ（Apulia）などの州やサルデーニャ島（Sardegna）などの小さな地域に持ち込まれている．2000年にはイタリアで約4,500 ha（11,120 acres）の栽培が記録された．

ANCELLOTTA はイタリアでよりも，ブラジルでより高く評価されているが（2007年の栽培面積は180 ha/ 445 acres），ブラジルでも主にブレンドワインの生産に用いられている．例外的に Don Guerino 社がリッチで深みのあるフレーバーをもちながらもフレッシュなヴァラエタルワインで大きな成功を収めている．栽培はスイスのヴァレー州（Valais）でも見られ（19 ha/47 acres），PINOT ベースの赤ワインの色づけに用いられている．

ANDRÉ

チェコの晩熟な交配品種.
完熟したブドウから良好な骨格をもつ赤ワインが作られる.

ブドウの色：● ● ● ● ●

主要な別名：Andrea，Semenac A 16-76

起源と親子関係

ANDRÉ は1961年に旧チェコスロバキア（現チェコ共和国），モラヴィア（Morava）南部に位置するヴェルケー・パヴロヴィツェ（Velké Pavlovice）の ŠSV 研究センターの Jaroslav Horak 氏が BLAUFRÄNKISCH × SANKT LAURENT の交配により得た交配品種で，ZWEIGELT の姉妹品種にあたる．ANDRÉ という名前はブドウの育種技術を研究センターに持ち込んだチェコの自然科学者である Christian Carl André 氏（1763–1831）にちなんで命名された．ANDRÉ は1980年に旧チェコスロバキアの公式ブドウ品種リストに登録された．

ANDRÉ は AGNI や RUBINET の育種に用いられた．

ブドウ栽培の特徴

厚い果皮をもつ小さな果粒で，中サイズの果房をつける．灰色かび病および冬の霜に耐性がある．豊産性で晩熟である．栽培には深く肥沃な土壌と，果粒に含まれる高レベルのリンゴ酸量を低下させるために温暖な栽培地が必要である．

栽培地とワインの味

完熟したブドウを用いるとワインはフルボディーで良好な骨格と熟したブラックベリーのアロマをもつものとなり，樽熟成ならびにボトルで数年間の熟成も可能となる．しかし，高収量を求める生産者はきめが粗く，渋みの強いワインを作っている．2009年にチェコ共和国で栽培された265 ha（655 acres）のほぼすべてが同国南西部のモラヴィアで栽培されている．推奨される生産者としては Patria Kobylí 社などがあげられる．

スロバキアではもう少し多く栽培されており（2009年の栽培面積は283 ha/699 acres），Jozef Kotsuček 社や Karpatská Perla 社がヴァラエタルワインを作っている．後者が作るワインは遅摘みスタイルのワインである．

ANSONICA

INZOLIA を参照

ANTÃO VAZ

暑く，乾燥したポルトガル南部が故郷の高品質のポルトガルの品種

ブドウの色：● ● ● ● ●

主要な別名：Antonio Vaz

起源と親子関係

ANTÃO VAZ はポルトガルのアレンテージョ（Alentejo）南部由来の古い品種で，とりわけリスボン（Lisboa）南東のヴィディゲイラ地方（Vidigueira）で長年に渡り栽培されてきた．

DNA 系統解析によりイベリア半島の品種である CAYETANA BLANCA との親子関係が明らかになっている（Zinelabidine *et al.* 2012; CAYETANA BLANCA の系統図参照）．

ブドウ栽培の特徴

頑強で，樹勢が強くアレンテージョの乾燥した暑い環境にもよく適応する．豊産性で均一に熟し，一般に良好な耐病性を示す．生食用のブドウのように強固な果皮をもつ大きな果粒で，大きな果房をつける．萌芽期も熟期も中期である．

栽培地とワインの味

近年まで ANTÃO VAZ は，ポルトガルのリスボンの南東部，アレンテージョの南のヴィディゲイラでのみ栽培されていたが，現在ではレゲンゴシュ（Reguengos），エヴォラ（Évora）およびモウラ（Moura）などの小区域にも栽培は広がっており，豊産性で，弾力性があり，暑いアレンテージョでも質のよい白ワインができるということで，この地域の主要品種の一つとして生産者の間でも高い人気を誇っている．セトゥーバル半島（Península de Setúbal）やリスボンの近くでも少し栽培されている．2010年には1,209 ha（2,987 acres）の栽培を記録した．一般にワインはトロピカルフルーツのフレーバーを有しており，アルコール分と酸味のバランスがよいものとなる．早摘みするとフレッシュでキレがよく，アルコール分の低いワインになる．しかし，より熟したブドウを用いると，広がりのあるフレーバーと骨格をもつものとなる．このスタイルのワインは樽発酵や ARINTO DE BUCELAS や SÍRIA のような，より酸味の強い品種とのブレンドに適している（Mayson 2003）．推奨される生産者としてはアレンテージョの Exquisite Wine，Herdade da Calada，Herdade Fonte Paredes，Quinta do Quetzal などの各社があげられる．

ANTEY MAGARACHSKY

ウクライナの交雑品種からは甘口の赤ワインが作られている．

ブドウの色：● ● ● ● ●

主要な別名：Antei，Antei Magarachskii，Magarach 70-71-52

起源と親子関係

ANTEY MAGARACHSKY は，1971年にウクライナの南部に位置するヤルタ（Yalta）のマガラッチ

(Magarach) 研究センターでP. Y. Golodriga, V. T. Usatov, L. P. Troshin, Y. A. Malchikov およびN. Dubovenco 氏らが得た交雑品種である. 当初はRUBINOVY MAGARACHA×MAGARACH 85-64-16の交配により得られた品種であると考えられていた. 後者(MAGARACH 85-64-16)はPERLE NOIRE(あるいはSEYVE-VILLARD 20-347) と未知の *Vitis vinifera* 品種の花粉の混合物による子品種であると考えられていたが, 最近のDNA系統解析によってPERLE NOIREは祖父母品種ではなく親品種であることが明らかになっている (Goryslavets *et al.* 2010). その結果, ANTEY MAGARACHSKY はRUBINOVY MAGARACHA×PERLE NOIRE (PERLE NOIREの系統はMUSCAT BLEU参照) の交配による交雑品種であると訂正された. ANTEY MAGARACHSKY は1988年に正式にウクライナの公式品種リストに登録された.

ブドウ栽培の特徴

薄い果皮の果粒である. フィロキセラ, べと病およびうどんこ病に耐性がある. −24℃ (−11°F) まで耐寒性を示す.

栽培地とワインの味

ANTEY MAGARACHSKY はウクライナで生食用およびワイン用に栽培されている. マガラッチ研究センターはBASTARDO MAGARACHSKY のようなマガラッチで育種により得られた他の交雑品種とブレンドし, アルコール分が強く (16%) 甘口の赤ワインを作っている.

ARAGONEZ

テンプラニーリョ (TEMPRANILLO) を参照

ARAIGNAN BLANC

PICARDAN を参照

ARAKLINOS

ギリシャの稀少な品種は主に赤のブレンドワインの生産に用いられている.

ブドウの色: ● ● ● ● ●

主要な別名: Araclinos, Araklino, Raklino

起源と親子関係

ARAKLINOS はギリシャのペロポネソス半島 (Pelopónnisos) 西部あるいはケファロニア島 (Kefaloniá) 由来の品種である. Myles *et al.* (2011) によれば, アメリカ合衆国農務省 (USDA) のNational Clonal Germplasm Repository で保管されARAKLINOS と呼ばれている標準試料は, モンテネグロ共和国のVRANAC と同一であるとされているが, これを結論づけるためにはギリシャやモンテネグロ共和国の地方の標準試料の形態観察やDNA解析が必要とのことである.

ブドウ栽培の特徴

高収量である. 萌芽期は早期~中期で, 熟期は中期である. 干ばつに高い感受性を示す. 甘酸っぱい果粒が密着した大きな果房をつける.

栽培地とワインの味

ギリシャのペロポネソス半島西部およびケファロニア島で非常に限定的に栽培されており，現地ではDomaine Faivos 社が MAVRODAFNI と少量の ARAKLINOS と THEIAKO MAVRO をブレンドしてワインを作っている．ヴァラエタルワインはアルコール分が高いが，酸味は中程度である．

ARAMON BLANC

ARAMON NOIR を参照

ARAMON GRIS

ARAMON NOIR を参照

ARAMON NOIR

非常に豊産性のフランス品種だが，かつてはフランスで最も高貴さが感じられないワインであると揶揄されたブドウである.

ブドウの色：● ● ● ● ●

主要な別名：Amor-Não-Me-Deixes ☒（ポルトガルのアレンテージョ（Alentejo）），Aramonen，Gros Bouteillan（ドラギニャン（Draguignan）），Pisse-Vin（イエール（Hyères）），Plant Riche，Rabalaïré（ヴァール県（Var）），Ramonen，Réballaïré（ヴァール県），Ugni Noir（ヴァール県およびブーシュ＝デュ＝ローヌ県（Bouches-du-Rhône））
よくARAMON NOIRと間違えられやすい品種：BOUTEILLAN NOIR ☒，JUAN GARCÍA ☒

起源と親子関係

多くの古い品種同様に，ARAMON には NOIR，GRIS および BLANC と3種類の異なる色があり，これらの起源の地であると考えられているフランス南部では3種すべてを見ることができる．驚くべきことに，最初に記録されたのは白で（実際には幾分ピンクがかっている）スイスの著名な植物学者である Augustin-Pyramus 氏が，ジュネーブにある植物園の自身のコレクションに集めたおびただしい数の品種に関するカタログの中に「Aramon Blanc，Hérault」と記録したのがそれにあたる．さらに驚くべきは，黒については（イギリスの王立園芸学協会の *Catalogue of fruits*（1826）の中にあるものが黒について書かれた最初の記載であるという点で），著名なブドウ育種家である Louis Bouschet（1829）が記録するよりも前であった．

ARAMON という品種名は，ニーム（Nîmes）に近いガール県（Gard）のアラモン村（Aramon）に由来するといわれているが，その村で広く栽培されたことは一度もない．より説得力のある仮説としては ARAMON は「枝分かれ」を意味する *rameux* に由来するという説があり，この説を採用すると ARAMONEN や RAMONEN がこの品種の別名であることも説明可能となる．

DNA 解析によって，フランス南部，モンペリエ（Montpellier）のヴァサル（Vassal）にある国立農業研究所（Institut National de la Recherche Agronomique : INRA）ブドウコレクションが保有する MALVOISIE ESPAGNOLE の DNA プロファイルが ARAMON GRIS と同一であり（Lacombe *et al.* 2007），ARAMON GRIS は ARAMON NOIR と同じパターンを示すことが証明された．加えて，Almadanim *et al.*（2004）の中に記載されている奇妙な名前のポルトガル（アレンテージョ（Alentejo））の品種 AMOR-NÃO-ME-DEIXES（my love，don't leave me「愛する人，私を残さないで」という意味）が ARAMON と同一であることが明らかになった（Vouillamoz）．DNA 解析により GOUAIS BLANC と親子関係にあることが示されたことで（Boursiquot *et al.* 2004），ARAMON は少なくとも 80 のヨーロッパ品種と片親だけが同じ姉妹品種の関係にあることになる.

ARAMON NOIR は GROS BOUTEILLAN や UGNI NOIR とも呼ばれているが，BOUTEILLAN NOIR やフランスで UGNI BLANC として知られる TREBBIANO TOSCANO とは無関係である.

ARAMON NOIR は GRAMON，GRAND NOIR，MONERAC および PETIT BOUSCHET の育種に用いられた.

他の仮説

Marquis d'Aramon 氏または彼の祖先がスペインからガール県のアラモン村にこの品種を持ち込んだという説があるが，ARAMON はスペインの品種と共通性がないことからこの説は疑わしい．また，ポカイア人（Phocaeans）がこの品種をギリシャ中部からプロヴァンス（Provence）に持ち込んだとする説もある.

ブドウ栽培の特徴

萌芽期が早いので春の霜の被害を受ける危険性がある．晩熟．豊産性で大きな果房と果粒をつけるので，短く剪定する必要がある（株仕立てまたはコルドン仕立て）．べと病，灰色かび病，ブドウつる割れ病に感受性があり，ダニの被害を受けやすい.

栽培地とワインの味

フランスの公式品種登録には3色すべてが個別に登録されている．3種類とも過去50年間に栽培面積が減少し，GRIS と BLANC にいたってはほぼ消滅状態に陥っている．ARAMON は19世紀後期にラングドックでうどんこ病に耐性があり，豊産性であるということで，広く受け入れられ，この品種から作られる非常にニュートラルなワインはよく ALICANTE HENRI BOUSCHET で色付けされていた．1958年に行われた調査以降はカリニャン（CARIGNAN，MAZUELO）が ARAMON NOIR を上回り，当時150,230 ha（371,226 acres）を記録していた ARAMON の栽培面積は2008年には3,304 ha（8,164 acres）にまで減少してしまった．現在は主にエロー県（Hérault）で栽培されている．全盛期には ARAMON NOIR はアルジェリアでも栽培されていた．2006年に22 ha（54 acres）の ARAMON BLANC と41 ha（101 acres）の ARAMON GRIS がラングドックで記録されており，ごく普通の白のブレンドワインの中に消えているが，Domaine Hautes Terres de Comberousse 社の Paul Reder 氏が2006年から，2000年に植えた ARAMON GRIS のブドウを用いて，GriGri と呼ばれるヴァラエタルワインを作っている．Domaine La Sorga 社の Ah Ramon! は稀少な ARAMON NOIR のヴァラエタルワインである.

ARANEL

近年開発されたフランスの交配品種には期待が寄せられている.

ブドウの色：● ● ● ● ●

起源と親子関係

ARANEL は，1961年に Domaine de Vassal 試験所で Paul Truel 氏が GARNACHA ROJA（グルナッシュ（GARNACHA）のピンクがかった灰色の果皮色変異）× SAINT-PIERRE DORÉ（商業栽培されていない）の交配により得た交配品種である．このときに用いられた SAINT-PIERRE DORÉ と GOUAIS BLANC が親子関係にあることから ARANEL は GOUAIS BLANC の孫品種（または片親だけが姉妹関係にある品種）にあたるということになる．品種名はモンペリエ（Montpellier）にある農業大学，SupAgro の商業ワイン生産部門である Domaine du Chapitre 社の近くにある湖の名前である Arnel にちなんで命名された.

ブドウ栽培の特徴

熟期は中期である．灰色かび病に良好な耐性を示す.

栽培地とワインの味

ARANEL は1967年に公式登録された．1992年からはフランス南部の多くの地域で推奨されているが，栽培面積は依然限られている（2006年の栽培面積は5 ha/12 acres）．糖度も酸度も良好なレベルに蓄積され，フルーティーでフローラルなアロマをもつワインが作られる可能性があるといわれている．Domaine du Chapitre 社と同様に Domaine de Lunard 社が珍しいヴァラエタルワインを作っている．この品種はオーストラリアのニューサウスウェールズ州でも栽培されている．

ARANY SÁRFEHÉR

ハンガリーの品種．シンプルだが有用な酸味の強いワインと発泡性ワインがアルフェルド地方（Alföld）（大平原）で作られている．

ブドウの色：● ● ● ● ●

主要な別名： Fehér Kadarka，Fehér Muskotály，Huszár Szölö，Izsáki，Izsáki Fehér，Izsáki Sárfehér，Német Dinka，Vékonyhéjú
よくARANY SÁRFEHÉRと間違えられやすい品種： Sárfehér

起源と親子関係

ARANY SÁRFEHÉR には「金の白土」という意味がある．この品種は2000年まではバーチ・キシュクン県（Bács-Kiskun）のアイザック（Izsák）の町の名前にちなんで IZSÁKI SÁRFEHÉR と呼ばれていたハンガリーの品種であり，おそらく，この町が起源の地であると思われる．

SÁRFEHÉR はこの品種とは異なる品種で，もはや商業的には栽培されておらず，ほぼ絶滅様態にあるが，一時期は同国北部のショプロン（Sopron），ネスメーイ（Neszmély）およびショムロー（Somló）でより広く栽培されていた．

ARANY SÁRFEHÉR は KADARKA のブドウ園で選抜されたものであるので KADARKA の白色変異だとされることがあるが，DNA 解析はこれを否定している（Galbács *et al.* 2009）．ARANY SÁRFEHÉR は MÁTRAI MUSKOTÁLY の育種に用いられた．

ブドウ栽培の特徴

萌芽期は遅くかなり晩熟である．ワックスに覆われた果皮をもつ中サイズの果粒からなる大きな果房をつける．灰色かび病には耐性を示すが，乾燥への耐性には乏しい．霜の被害を受ける危険性がある．砂地と黄土が栽培に適している．

栽培地とワインの味

ARANY SÁRFEHÉR は主にクンシャーグ（Kunság）で栽培されているが，伝統的にハンガリー大平原（Alföld）として知られるハンガリー中南部のハノス・バハ（Hajós-Baja）でも非常に少量ではあるが栽培されている．かつては現在よりも人気があり，とりわけ20世紀の前半には生食用としてドイツに輸出されていた．現在，その流行が回復の兆しをみせている．ヴァラエタルワインの生産者としては Gedeon 社や Birkás 社などがあげられる．クンシャーグ地方にあるアイザックの町周辺のいくつかの村で作られるがヴァラエタルワインは，Izsáki Arany Sárfehér という特別な原産地呼称に指定されている．一般に，ワインはアルコール分が低く，酸味が強いため，そのほとんどがブレンドにフレッシュさを加えるために，あるいは発泡性ワインの生産に用いられている．2008年にハンガリーで記録された栽培面積は1,634 ha（4,038 acres）であった．

ARBANE

シャンパーニュ地方南部の古い品種からは香り高いワインができるが，事実上絶滅状態にある．

ブドウの色：●（白） ● ● ● ●

主要な別名：Albane（オーブ県（Aube）），Arbanne，Arbenne（レ・リセ（Les Riceys）およびトネロワ（Tonnerois）），Arbone，Crène（オーブ県のバルノ（Balnot）およびポリゾ（Polisot）），Crénillat（ロワールのジエ（Gier）），Darbanne（オーブ県）

起源と親子関係

ARBANE はオーブ県の古い品種で，主にバール＝シュル＝オーブ（Bar sur Aube）で長く栽培されている．この品種に関する最初の記録は1388年にレ・リセで Alban として記載されたものだといわれているが，これには疑問が残る．最初の記録として信ぴょう性があるのはChaptal *et al.*（1801）がバロヴィル（Baroville）（バール＝シュル＝オーブ）に近い Morveaux で記載したもので，同氏はこの品種について次のように記載している．「Albane と Fromenteau，これらのワインはこの地方で高い評価を受けている」．ARBANE という品種名は，中世のラテン語で「白いブドウ」を意味する *albana* に由来すると考えられており，これはよく知られた ALBANE の別名で裏付けられている．ARBANE はブドウの形態分類群では Tressot グループに属する（p XXXII 参照；Bisson 2009）．

ブドウ栽培の特徴

樹勢が強い．萌芽期は早期だが熟期は中期～晩期である．低い収量である．保護された場所が栽培には必要である．べと病に感受性がある．小さな果粒と果房をつける．

栽培地とワインの味

この品種にはポテンシャルがあるにもかかわらず，2006年にフランスで記録された栽培面積は1 ha（2.5 acres）未満でしかなかった．ビュクセイユ（Buxeuil）のシャンパーニュハウス Moutard Diligent 社では100% ARBANE からなる非常に珍しい Vieilles Vignes ボトルが ARBANE，PETIT MESLIER，ピノ・ブラン（PINOT BLANC），シャルドネ（CHARDONNAY），ピノ・ノワール（PINOT NOIR），PINOT MEUNIER を含むキュヴェと同様に継続的に作られている．

ARBOIS BLANC

MENU PINEAU を参照

ARENI

アルメニアを代表する品種で，辛口および甘口の最高品質の赤ワインが作られている．

ブドウの色：● ● ● ● ●（黒）

主要な別名：Areni Chernyi，Areni Noir，Areny，Areny Tcherny，Malai Sev，Malayi（アゼルバイジャンのナ

ヒチェヴァン自治共和国），Sev Areni，Urza Sev

起源と親子関係

ARENI は非常に古い品種で，アゼルバイジャンとの国境に近い，アルメニア南部のヴァヨツ・ゾル県（Vayots Dzor）の西にあるこの品種と同じ名前の村が起源の地であると考えられている．この地方では伝統的に栽培されており，最近では世界最古のワイナリー（紀元前4000年）の遺構が出土している（Barnard *et al.* 2011）．ARENI は TIGRANI の育種に用いられた．

Galet（2000）は ARENI と白品種の ARENI SPITAK は異なる品種であると述べているが，DNA のプロファイリング解析を行えば，ARENI SPITAK が ARENI の果皮色変異であるかどうかを容易に明らかにすることができるであろう．

ブドウ栽培の特徴

萌芽期は中期で晩熟である．厚い果皮をもつ果粒が密着して中〜大きなサイズの果房をつける．かびには中程度の耐性を示す．また，冬の霜には良好な耐性を示す．

栽培地とワインの味

アルメニアを代表する品種である ARENI は広く用いられており，高品質で，ミディアムボディーからフルボディーに至る熟成させる価値のある辛口あるいは中甘口のテーブルワインやブランデー，また時にはロゼワインがアゼルバイジャンおよびアルメニアの南部と東部で作られていた．生産者としてはアルメニアの365 Wines 社，Areni Winery 社，Brest 社，Getnatun 社，Ginekar 社，Ginetas 社，Kimley 社，Maran 社，Vedi Alco 社，またアゼルバイジャンの Shahbuz 社（別名の MALAYI で）があげられる．イタリアのコンサルタントである Alberto Antonini 氏は，この品種をサンジョヴェーゼ（SANGIOVESE）とピノ・ノワール（PINOT NOIR）の交配品種になぞらえて，Zorah の Zorik Gharibian 氏とともに標高1300 m（4,265 ft）地点にある畑で収穫されるブドウからフレッシュで引き締まったミネラル感のあるワインを作っている．

ARETI

ザキントス島（*Zákynthos*）由来の非常に珍しいギリシャ品種

ブドウの色：● ● ● ● ●

起源と親子関係

ARETI（「美徳」という意味がある）はイオニア海に浮かぶギリシャ，ザキントス島在来の珍しい品種である．

栽培地とワインの味

ギリシャのザキントス島にある Comoutos 社は SKIADOPOULO（FOKIANO 参照），GOUSTOLIDI，PAVLOS（すなわち MALVASIA BIANCA LUNGA）および ROBOLA に ARETI を加えて伝統的な白の Verdea ブレンド（完熟したブドウやあまり熟していないブドウをミックスし，酸化スタイルで作られる）ワインを作っている．

ARGAMAN

近年開発されたカリニャン（CARIGNAN）に代わるイスラエルの交配品種.
主にブレンドワインの生産に用いられている.

ブドウの色：● ● ● ● ●

起源と親子関係

ヘブライ語で「深い紫」という意味をもつARGAMANは, 1972年にイスラエルのベト・ダゴン（Bet-Dagan）にあるボルカニ（Volcani）研究センターのPinchas Spiegel-Roy氏が, 色が濃く, 豊産性でカリニャンに代わりうる品種の開発を目的としてVINHÃO（SOUZÃOの名で）×MAZUELO（カリニャンの名で）の交配により得た交配品種である（Spiegel-Roy *et al.* 1996）. 初めて植え付けがなされたのは1984年で, 1992年に, この品種を育種した研究所が特許を取得している.

ブドウ栽培の特徴

樹勢が強く, 豊産性で熟期は早期～中期である. 成熟時にはうどんこ病と灰色かび病に感染しやすい（しかし, CARIGNANよりは感受性は低い）.

栽培地とワインの味

ワインは色合い深く, ライトボディーで, 酸味とタンニンのレベルは平均的である. 特にブドウが多産なイスラエルのジュディアン平原（Judean plain）のサムソン地方（shimshon）では, 一般的にブレンドワインの生産に用いられている. 収量が低いガリル（Galil）では, よりよい結果が得られている. Carmel社が1996年に最初のARGAMANのヴァラエタルワインを発売している. また, この品種を得意としているSegal社がDovevブドウ園で収穫されたブドウとオークを用いて, 熟成させる価値のある赤い果実の風味のあるヴァラエタルワインを作っている. イスラエルでは主に中央部沿岸の平原で栽培されており, 2010年には150 ha（371 acres）の栽培が記録されている. ARGAMANはカリニャンの代わりになるようなブレンド用の色の濃いブドウを得るために開発されたが, その役割はカベルネ・ソーヴィニヨン（CABERNET SAUVIGNON）やメルロー（MERLOT）, そして, 返り咲きを果たしたカリニャンによって奪われつつある.

ARGANT

GÄNSFÜSSERを参照

ARILLA

豊産性のイタリア南部の島の珍しい白品種

ブドウの色：● ● ● ● ●

主要な別名：Agrilla, Arillo, Rille, Uva Rilla

起源と親子関係

ARILLAはナポリに近いイスキア島（Ischia）の, 特に南方向に面した斜面で長く栽培されてきた品種である．シチリア島を起源とする品種だと考えられている．

ブドウ栽培の特徴

非常に豊産性である．

栽培地とワインの味

イタリアのイスキア島でのみ栽培されている品種で，一本の樹から10 kg ほどのブドウが収穫されるが，フレーバーに富むワインができる品種ではないため，通常は地方品種の FORASTERA，BIANCOLELLA，DON LUNARDO（SAN LUNARDO）などとブレンドされている．

ARINARNOA

広く普及し，成功を収めたフランスの交配品種

ブドウの色：● ● ● ● ●

起源と親子関係

ARINARNOA は，1956年にフランス南西部に位置するボルドーの国立農業研究所（Institut National de la Recherche Agronomique : INRA）の Pierre Marcel Durquéty 氏がメルロー（MERLOT）×PETIT VERDOT の交配により得た交配品種であると紹介したが，近年，モンペリエの INRA で行われた DNA 系統解析により，実際は TANNAT ×カベルネ・ソーヴィニヨン（CABERNET SAUVIGNON）の交配品種であったと訂正された．つまり，この品種はカベルネ・フラン（CABERNET FRANC）とソーヴィニヨン・ブラン（SAUVIGNON BLANC）の孫品種にあたるということになる．品種名は，バスク地方の方言で「光」を意味する *arin* と「ワイン」を意味する *arno* にちなんで名づけられたものである．

ブドウ栽培の特徴

晩熟である．灰色かび病に良好な耐性を示す．厚い果皮をもつ果粒が粗着した果房をつける．

栽培地とワインの味

この品種は1980年に公認され，1980年代の半ばからはフランスの南部および南西部の多くの県で推奨されるようになった．Laurent 社と Annie André 社がコニャックの北部のシャラント＝マリティーム県（Charente-Maritime）でヴァラエタルワインを作っているが，主に栽培が見られるのはラングドック＝ルシヨン地域圏（Languedoc-Roussillon）で2006年には164 ha（405 acres）の栽培が記録されている．タンニンはしっかりとしているが同時に繊細で，色合い深く，カベルネ・フランに似て時折，植物的な香りを漂わせることがあるが，カベルネ・フランより，わずかに甘いワインとなる．

この品種の栽培地はそれほど広くはないが遠くまで広がりをみせており，たとえば，2000年代初頭にこの品種の植え付けを行った（1.5 ha/ 4 acres）スペインのペネデス（Penedès）にある Can Rafols dels Caus 社の Carlos Esteva 氏はこの品種の栽培に熱心に取り組んでおり，赤のブレンドワインである Petit Caus や Gran Caus およびロゼワインの Gran Caus を作っている．レバノンでは Chateau Ksara 社が ARINARNOA とカベルネ・ソーヴィニヨンを50/50でブレンドし，Le Souverain ワインを作っている．また，ウルグアイでは Giménez Méndez 社がヴァラエタルワインおよび TANNAT とのブレンドワインを作っている．アルゼンチンでは Familia Zuccardi 社がヴァラエタルワインを作っているものの，2008年に記録された栽培面積はわずか2 ha（5 acres）であった．ブラジルのリオグランデ・ド・スル州（Rio Grande do Sul）では2007年に7 ha（17 acres）の栽培が記録されている．

ARINTO DE BUCELAS

リスボンのすぐ北に由来するポルトガル品種．
高品質で高い酸度をもつ適応性のある品種．

ブドウの色：

主要な別名：Arinto ᛝ, Arinto Cercial, Arinto d'Anadia, Arinto Galego, Arintho, Azal Espanhol, Chapeludo, Pedernã, Terrantez daTerceira ᛝ（アゾレス諸島（Açores））
よくARINTO DE BUCELASと間違えられやすい品種：Arinto de Colares, BICAL ᛝ, DORINTO ᛝ（ドウロ（Douro））, FOLGASÃO ᛝ（リスボン）, LOUREIRO ᛝ, MALVASIA FINA ᛝ, SERCIAL ᛝ, TAMAREZ

起源と親子関係

品種名が示すようにARINTO DE BUCELASはポルトガルのリスボンの北に位置するブセラス地域（Bucelas）由来の品種であると考えられている．1712年にVicêncio Alarte氏が自身の論文*Agricultura das vinhas e tudo o que partence ao lias até o perfeito recolhimento do vinho*の中にARINTOとして記載したのがこの品種に関する最初の記載である．これはポルトガル語で書かれた最初のブドウ栽培の論文である．これは，ARINTO DE BUCELASがポルトガルで最も古い品種であることを意味しており，この品種の多様な形態からもそれが裏付けられている（Rolando Faustino氏，私信）．最初にリスボンの周辺から北のバイラーダ（Bairrada）に広がりをみせたARINTO DE BUCELASは，続いてヴィーニョ・ヴェルデ地方（Vinho Verde）にその栽培面積を拡大していき，現在，同地方では伝統的な品種であると考えられている．Lopes *et al.*（1999）はARINTOが遺伝的にはポルトガル北東部のドウロ（Douro）とスペイン北西部のガリシア州（Galicia）で栽培されているTRAJADURAと近縁であることを見いだした．

ARINTO ROXOはARINTO DE BUCELASの果皮色変異である（*roxo*はポルトガル語で「紫」）．

ARINTO DE BUCELASを次の白果粒の品種と混同してはいけない：ARINTO BRANCO（LOUREIROの別名），ARINTO DE ALCOBAÇA（BICALの別名），ARINTO DE COLARES（もはや栽培されていない），ARINTO DO DÃO（MALVASIA FINAの別名），ARINTO DOS AÇORES（SERCIALの別名），ARINTO GORDO（TAMAREZの別名）あるいはARINTO NO DOURO（いまは公式にはDORINTOと呼ばれるが，ARINTO DE TRÁS-OS-MONTES，ARINTO CACHUDO，ARINTO DO DOURO，ARINTO DO INTERIORとしても知られる）．

テンプラニーリョ（TEMPRANILLO）はARINTO TINTOと呼ばれることがあるが，これはARINTO DE BUCELASの赤変異ではない．

ブドウ栽培の特徴

萌芽期は遅く晩熟である．樹勢が強く，酸度に富む小さな果粒が密着して中サイズの果房をつける．夏の水不足に適応可能である．様々な気候条件にもよく適応する．ヨコバイを誘引するので，ヨコバイにより葉がダメージを受けることがある．灰色かび病に感受性がある．

栽培地とワインの味

ARINTO DE BUCELASはARINTOと記載されることがよくあるのだが，これが前述のような混乱の原因となっている．ARINTOはどのような場所で栽培しても酸度を保持できるうえ，フレッシュなレモンを思わせる特性が魅力的であるため，温暖で湿度の高い北西部のヴィーニョ・ヴェルデ地方（PEDERNÃという名で呼ばれ，しばしばLOUREIROおよびTRAJADURAのブレンドパートナーとして用いられる）から，暑く乾燥した南のアレンテージョ（Alentejo）まで，ポルトガルのブドウ栽培地で広く栽培されている．後者では一般的にブレンドワインにフレッシュさを添加する役割を果たしている．また，バイラーダでも栽培されており，スティルのワインと発泡性ワインの両方が作られている．同様にテージョ（Tejo）やリスボンでも栽培されている．

しかし，現在も最高のARINTOワインが作られているのはブセラスである．ブセラスでは海の影響を受けて，レモン，ライム，青リンゴのフレッシュさだけではなく，この地方の石灰質の土壌の恩恵を受けてしっかりと引き締まったミネラルのバックボーンをもつワインができる．ワインは年を経るごとによく熟成し，複雑さも増すが，若くフレッシュなうちに飲むこともできる．ARINTOはより長い時間をかける低温発酵が導入されたことにより恩恵を受けている．SERCIALおよびRABO DE OVELHAをブレンドパートナーとして用いる場合，Bucelas DOCと表示するためには，この品種が少なくとも75 %は含まれていなければいけない．ARINTOとソーヴィニヨン・ブラン（SAUVIGNON BLANC）の組合せは近年ポルトガルで作られるようになった新しいブレンドワインである．

このように，ブレンドワインが有用で人気を博しているにもかかわらず，ヴィーニョ・ヴェルデ地方のCasa de Laraias社やブセラスのQuinta da Romeira社(Companhia das Quintasの一部門として)，テージョのQuinta de Chocapalha社，アレンテージョのJulian Reynolds社などが良質のヴァラエタルワインを作っている．2010年にはポルトガルで3,175 ha（7,846 acres）の栽培が記録された．この品種の品質に留意したワイナリーがどこか他の場所に設立されるようになるまでにいったいどれくらいの時間が必要であろう？

ARINTO DO DÃO

MALVASIA FINAを参照

ARNA-GRNA

主にナヒチェヴァン自治共和国で見られる薄い果皮色のアゼルバイジャンの品種

ブドウの色：● ● ● ● ●

主要な別名：Alagura，Arha-Grna，Khana Crna

起源と親子関係

ARNA-GRNAはアルメニア，イラン，トルコと国境を接するアゼルバイジャンの飛び地にあるナヒチェヴァン自治共和国の在来品種である．Galet（2000）はこの品種がアルメニアのAREVIKと同一品種である可能性を示唆しているが，まだ解析されていない．

ブドウ栽培の特徴

安定した豊産性を示し，晩熟で，果粒が密着した果房をつける．機能的にはめしべのみをもつ花である．

栽培地とワインの味

アゼルバイジャンのナヒチェヴァン自治共和国のバベク県地方（Babek）ではTumbul Sharab社やBabek Wine-2 Yeddiler社などの生産者がこの品種で辛口の白ワインを作っている．この品種はまた，ジュースの生産にも用いられている．

ARNEIS

ピエモンテを代表する白ワイン品種からは香り高い
フルボディーの辛口ワインが作られている.

ブドウの色：● ● ● ● ●

主要な別名：Bianchetta di Alba，Bianchetto，Nebbiolo Bianco

起源と親子関係

イタリア北西部に位置するピエモンテ（Piemonte），ロエロ（Roero）の品種であるARNEISに関しては1432年にトリノ県（Torino）のキエーリ（Chieri）において，ラテン名のRanaysiiとして初めて言及がなされている．この品種名はカナーレ（Canale）の近くの地名であるBric Renesioに由来すると考えられており，1478年にはすでにReneysiumという名前で知られていたのだというが，ARNEISが栽培されるブドウ畑にちなんで地名がつけられた可能性も考えられる（Comba and Dal Verme 1990）．あるいは，17，18世紀に*renesi*の短縮形としてARNEISという名前が作り出されたか，この品種の生育と醸造がいかに困難であるかを表す言葉として，地方の方言で「狡猾で気まぐれな人」を意味する*arnèis*がその名の由来になったとも考えられる．しかしながら，ARNEISに関する最初の記述はDi Robasenda（1877）の中に見ることができる.別名がNEBBIOLO BIANCOというにもかかわらず,ARNEISと黒い果粒のネッビオーロ（NEBBIOLO）は無関係である.

ブドウ栽培の特徴

樹勢が強い．べと病には耐性を示すが，うどんこ病には感受性がある．熟期は9月後半である.

栽培地とワインの味

主にイタリア北西部に位置するピエモンテ州のロエロやランゲ地域（Langhe）で栽培されているが,リグーリア州（Liguria）やサルデーニャ島（Sardegna）でも少し栽培されている．ARNEISの強い香りが鳥を惹きつけるため，より市場価値の高いネッビオーロを鳥から守るために，この地方では伝統的にARNEISとネッビオーロが混植される．ARNEISはまた,ネッビオーロをソフトにするためにも用いられることから,NEBBIOLO BIANCOが別名になったのかもしれない.

1970年代初期にこの品種が事実上消滅した当時，ARNEISを用いてワインを生産していたのはViettiとBruno Giacosaの二社のみであったが，1980年代になり，ピエモンテ州の白ワインが復活を果たしたのにともない，この品種も絶滅状態から救済された．一般に，ほんのり香る果実の香りと熟した梨の風味をもつフルボディーのワインができる．また，オークは用いられない．しかし，遅摘みのブドウを用いた場合，酸味に欠けるため，ワインは若いうちに飲むのが望ましい.

2000年に行われたイタリアの統計には745 ha（1,840 acres）が栽培されたとある．ピエモンテを代表する優れた生産者としてはMalvirà，Deltetto，Cascina Chicco，Bruno Giacosaなどがあげられる.

ヨーロッパ以外では，オーストラリアでこの品種への関心が高まっており，特にビクトリア州でYandoit Hill社，Chrismont社，Pizzini社，Dal Zotto社，Gary Crittenden社，Yarra Loch社，Rutherglen Estates社などがこの品種を栽培している．生産者としては他にもニューサウスウェールズ州のサザン・ハイランズ（Southern Highlands）のTertini社があげられる．ニュージーランド，ギズボーン（Gisborne）のCoopers Creek社が繊細かつピュアな花と柑橘系のフレーバーをもつフレッシュなオフ・ドライのワインを作っている．また，アメリカ合衆国では，小規模ではあるが，カリフォルニア州，ソノマ（Sonoma）のSeghesio社と，オレゴン州のウィラメットバレー（Willamette Valley）のPonzi社がこの品種を栽培している.

ARNSBURGER

安価な発泡性ワインのベースとして用いられているドイツの珍しい交配品種

ブドウの色：● ● ● ● ●

主要な別名：Geisenheim 22-74

起源と親子関係

ARNSBURGER は，1939年にドイツのラインガウ（Rheingau）にあるガイゼンハイム（Geisenheim）研究センターで，Heinrich Birk 氏が作った2種類のリースリング（Riesling）のクローン（RIESLING 88 GM×RIESLING 64 GM）の自殖（p 1278「偶然実生」参照）として紹介されており，1984年には公式品種リストに登録されている．もしこれがリースリングの自殖であれば ARNSBURGER は最高の血統をもつことになる．しかしながら，新たに開発された DNA マーカーを用いた近年の遺伝的解析によって，ARNSBURGER は MÜLLER-THURGAU×CHASSELAS（CHASSELAS TOKAY という名で）の交配品種に近いことが明らかにされている（Myles *et al.* 2011）．標準的な DNA マーカー（マイクロサテライト DNA）を用いたさらなる解析が必要であるが，発泡性の白ワインを作るうえで MÜLLER-THURGAU に代わりうる品種の開発という交配の目的には合致している．

ARNSBURGER という名前は，フランクフルト北部のアルンスベルク（Arnsburg）にある大修道院を設立したシトー修道会のワイン製造の伝統を反映したものである．

ARNSBURGER は交雑品種の SEYVE-VILLARD 1-72 と交配され SAPHIRA が生み出された．

ブドウ栽培の特徴

豊産性であり，耐病性を示す．果粒が粗着しているので，灰色かび病にはかかりにくい．糖度は幾分，低いが酸味が強い（ドイツでは）．熟期は早期～中期である．果皮の硬い果粒からなる大きな果房をつける．

栽培地とワインの味

ARNSBURGER は発泡性ワインのベース用として高収量かつ酸味の強いワインを得るために開発された品種だが，ドイツでの栽培はわずか3 ha（7 acres）のみである．ラインヘッセン（Rheinhessen）の Schönhals 社がこのブドウをブレンドワインの生産に用いている．

1980年代中期にポルトガルのマデイラ島（Madeira）に持ち込まれ，現在は EU の助成プロジェクト（ドイツ人コンサルタントのもとで）によってドイツでよりもこの大西洋の島の北側で多く栽培されている．現在，14 ha（35 acres）が栽培されており，この畑から獲れたブドウから軽さはあるもののぱっとしない非酒精強化の辛口の白ワインがこの地方のマーケットのために作られている．このワインはテラス・マデイレンセス（Terras Madeirenses）ワインに分類されている．マデイラ島の暑さの中で完熟した果実を用いてワインを作ると，フレッシュさが失われたものができてしまう．この品種はマデイラ酒用の品種としては公認されていない．推奨される生産者としては Adega de São Vicente，Justino Henriques および João Mendes などの各社があげられる．

ニュージーランドでは2007年に5 ha（12 acres）の植え付けが行われたが，そのうち，わずか2 ha（5 acres）が主にギズボーン地方（Gisborne）に残るだけとなっている．

AROMATNY

ピンクがかった白色の果粒をもつこの品種は，ウクライナのオデッサ州（Odessa）にあるタイロフ（Tairov）

研究センターのL F Meleshko，Y P Chebanenko，M I Tulaeva，M G Bankovskaya，L M Pismennaya，I V Gerus氏らがVERTES CSILLAGA（ハンガリーのEGER I×MENOIRの交雑品種）×ROMULUS（アメリカ系のONTARIO × SULTANIYEの交雑品種）の交配により得た交雑品種である．このときに用いられたEGER IはSEYVE-VILLARD 12-286の自然受粉によりできた品種で，それ自身はSEIBEL 6468×SUBÉREUXの交雑品種（後者の二品種の完全な系統はVILLARD BLANC参照，ONTARIOはCAYUGA WHITE参照）である．この品種は2009年に登録された．樹勢が強く，豊産性で，冬の寒さに耐性があり，早熟なこの品種からは，辛口でフルーティーな，そして，その名が示すように香り高いテーブルワインが作られている．

ARRILOBA

近年開発された薄い果皮色の交配品種．広く推奨されているが栽培面積はわずかである．

ブドウの色：

起源と親子関係

ARRILOBAは，1954年にフランス南西部，ボルドー（Bordeaux）の国立農業研究所（Institut National de la Recherche Agronomique : INRA）で Pierre Marcel Durquéty 氏がRAFFIAT DE MONCADE×ソーヴィニヨン・ブラン（SAUVIGNON BLANC）の交配により得た交配品種である．それゆえ，ARRILOBAはカベルネ・ソーヴィニヨン（CABERNET SAUVIGNON）と片親だけが同じ姉妹品種ということになる．品種名はバスク地方の方言の強意語である *arr-* と「甥」を意味する *iloba* を合成した言葉で，すなわち「偉大な甥」という意味であると考えられる．あるいは「石」を意味する（*h*）*arri* と *iloba* に由来するのかもしれないが，いずれも説得力には欠ける．

ブドウ栽培の特徴

早熟．樹勢が強い．結実能力が高く豊産性である．果梗が乾燥することがあるが，厚い果皮をもつ小さな果粒が灰色かび病を防ぐ役割を果たす．

栽培地とワインの味

ARRILOBAはフランスの全県で推奨されているが，2006年に記録された栽培面積はわずか59 ha（146 acres）にすぎず，2000年に記録された栽培面積とほぼ同じ水準であった．Cave des Vignerons Landais社のDouceur de Chalosseはバイヨンヌ（Bayonne）の北西部で栽培されるブドウから作られる数少ないヴァラエタルワインの一つである．他方，Brard Blanchard社はVin de Pays Charentaisの白のブレンドワインにARRILOBAを用いている．

ARROTELAS

RETAGLIADO BIANCOを参照

ARROUYA

事実上絶滅状態にあるフランス，ジュランソン地方（Jurançon）の古いブドウである.

ブドウの色：● ● ● ● ●

主要な別名：Dourec Noir（ベアルン（Béarn）），Eremachaoua（ベアルン），Erematxahua（バスク地方（Pays Basque））

よくARROUYAと間違えられやすい品種：カベルネ・フラン（CABERNET FRANC ☿，ピレネー山脈地方（Pyrénées）），FER ☿（ジュランソン（Jurançon）），MANSENG NOIR ☿（ジュランソン）

起源と親子関係

ARROUYA はフランス南西部のピレネー＝アトランティック県（Pyrénées-Atlantiques）のジュランソン地方由来の古い品種である．1783年に「赤の Arrouya, 晩熟」と記載されたものが残っているが（Rézeau 1997），19世紀に入っても数多く記載されている．ARROUYA という名前は「赤」を意味するベアルン方言の *arro*（*u*）*y* に由来する．形態学的に ARROUYA は CAMARAOU NOIR，FER および PETIT COURBU と類似性があり（Bordenave *et al.* 2007），カベルネ・フランと同様にブドウの形態分類群の Carmenet グループに属する（p XXXII 参照；Bisson 2009）．これがオート＝ピレネー（Hautes-Pyrénées）やバース＝ピレネー（Basses-Pyrénées）において ARROUYA が19世紀末までカベルネ・フランと混同されることが多かった理由である．

ブドウ栽培の特徴

樹勢が強い．晩熟で完熟が困難な年もある．べと病と黒腐病に感受性がある．小さな果粒が密着した果房であるので，灰色かび病にやや感染しやすい．

栽培地とワインの味

フランスのジュランソン地方にある古いブドウ畑では，現在でも CAMARAOU BLANC や CAMARAOU NOIR と混植されている ARROUYA の樹が見つかることがある．ワインは色が薄くなりがちで，酸味が強く，渋みや苦みが出ることもある．依然としてピレネー＝アトランティック県で公認されているにもかかわらずこの品種が消滅しつつあるのは，こうしたワインの品質が原因である．

ARRUFIAC

フランス南西部の遺物のような品種だが地方で再評価され始めている.

ブドウの色：● ● ● ● ●

主要な別名：Arrefiat, Arruffiac, Arruffiat, Arrufiat, Bouisselet（パシュラン（Pacherenc）），Raffiac, Raffiat, Réfiat, Rufiat, Zurizerratia（バスク地方（Pays Basque））

よくARRUFIACと間違えられやすい品種：COURBU BLANC ☿（ジュランソン（Jurançon）），RAFFIAT DE MONCADE ☿（ベアルン（Béarn）および ランド県（Landes））

起源と親子関係

ARRUFIAC はフランス南西部に位置するピレネー＝オリアンタル県（Pyrénées-Orientales）の Vallée d'Adour とジュランソン地方（Jurançon）の伝統的な品種である．この品種に関する最初の記録は1802年にオート＝ガロンヌ県（Haute-Garonne）のトゥールーズ（Toulouse）東部のフルロンス（Florens）で開催された農業会議の議事録の中に見られるが，その数年後には Baron Picot de Lapeyrouse（1814）が「私は最も素晴しいブドウの中から早熟のものを選んだ．それは bouisselet，négret，redondal，escessalaire blanc」と記載している．ARRUFIAC という名前はランドック地方の方言である *rufe* あるいはガスコーニュ語の *arrufe*（いずれも「荒っぽい」あるいは「誇りに思う」，または「集められた」「しわの寄った」という意味）に由来するが，これはおそらく，ワインの特性を指して名づけられたものであろう（Lavignac 2001）．

近年の遺伝学的，ブドウの形態分類学的な研究により，ARRUFIAC は遺伝学的に PETIT VERDOT と近いということが示唆された（Bordenave *et al.* 2007）．事実，Bisson（2009）は ARRUFIAC をブドウの形態分類群の Carmenet グループ（p XXXII 参照）に分類しており，Courbu グループとの類似性を示唆している．

これらの品種は共通の別名を有しているが，ARRUFIAC と RAFFIAT DE MONCADE は無関係の品種である．

ブドウ栽培の特徴

厚い果皮をもつ小さな果粒で，大きな果房をつける．樹勢が強い．べと病と黒腐病には感受性がある晩熟である．

栽培地とワインの味

ARRUFIAC はフランスの南西部の Pacherenc du Vic-Bilh アペラシオンで主に栽培されており，そこでは主要品種の PETIT MANSENG，GROS MANSENG，COURBU BLANC，PETIT COURBU などとブレンドされることもある．また，その北西部に位置するコート・ド・サン・モン（Côtes de Saint-Mont）でも栽培されている．1980年代にプレイモン（Plaimont）協同組合の André Dubosc 氏が当時，認知度が低かった ARRUFIAC を救済している．現在は，その価値が見直され始めており，生産者の一例を挙げると，Cru du Paradis 社（30%），Château Viella 社（20%）および Producteurs Plaimont の Saint-Mont Les Vignes Retrouvées（20%）などがこの品種をより多く用いるようになっている．一般に，この品種から作られるワインはややタンニンが強く，フレッシュな酸味とアーモンドのニュアンスをもつものとなる．後口に苦味が残ることがあり，ブレンドワインの生産に適している．2006年にはフランスで93 ha（230 acres）の栽培が記録されている．

ARVESINIADU

サルデーニャ島（Sardegna）の珍しい白品種は
ブレンドワインに用いられている．

ブドウの色：● ● ● ● ●

主要な別名：Argu Ingianau，Arvesimiadu Bianco，Arvu Siniadu，Uva Oschirese

起源と親子関係

イタリアのサルデーニャ島を起源とする品種だが，ほぼ絶滅状態にあり，あまり知られていない品種である．この品種に関する最初で唯一の歴史的な記載が Manca dell'Arca（1780）の中に見られ，そこには「樹勢が強く晩熟な品種である」と記載されている．

栽培地とワインの味

イタリア，サルデーニャ島（Sardegna）のサッサリ県（Sassari）とカンピダーノ県（Campidano）で限定的に栽培されている．2000年に行われた調査で記録された栽培面積はわずか155 ha（380 acres）であった．通常，ARVESINIADU は他のサルデーニャ品種とブレンドされて白のローカルワインが作られているがIGT Isola dei Nuraghi では Mulas 社が辛口と甘口のヴァラエタルワインを作っている．

ARVINE

スイス，ヴァレー州（Valais）のブドウの中でも最も優れた在来品種からは生き生きとし，時に濃厚な辛口ワインと甘口ワインの両方が作られている．

ブドウの色：● ● ● ● ●

主要な別名：Arvena，Arvina，Petite Arvine

起源と親子関係

ARVINE はスイスのヴァレー州の在来品種で，1602年に Arvena という地方名で初めて記載されている．品種名は，ラテン語で「ちょうど着いた」という意味をもつ *arvena* に由来し，この品種が持ち込まれたとき，あるいは生まれたときに命名されたものと考えられる（Vouillamoz and Moriondo 2011）．

19世紀末頃から，もはや栽培されていない RÈZE の子品種でおそらく ARVINE の孫品種か甥/姪にあたる GROSSE ARVINE（大きな ARVINE）と区別するために PETITE ARVINE（小さな ARVINE）と呼ばれることが多かった（Vouillamoz and Moriondo 2011）．DNA 系統解析の結果，遺伝的に近い関係にある他の品種はこれまでのところ見つかっていないが，フランス北東部およびサヴォワ県（Savoie）やヴァッレ・ダオスタ州（Valle d'Aosta）に遠い祖先にあたる品種が存在すると考えられている．

ARVINE は，カラブリア州（Calabria）における GAGLIOPPO の別名である ARVINO NERO あるいはカンパニア州（Campania）における VERDECA の別名である ALVINO VERDE とは遺伝的には関係がないが，同じ語源を共有していると考えられている（Vouillamoz and Moriondo 2011）．

他の仮説

ヴァレー州の他の多くの品種同様に，ARVINE はローマ人によって持ち込まれたものだとよくいわれてきた．また，言語学者の Jacques André（1953）によれば ARVINE という品種名はカト・ケンソリウスが記載した品種である HELVOLA に由来するのだという．しかし，古代の品種と現代の品種が同一であるということを示す植物学的な証拠はなく，歴史家の André Tchernia（1986）が HELVOLA は黒い果粒を付けると記載していることからも，この説は事実とは考えにくい．

ブドウ栽培の特徴

豊産性．萌芽が非常に早く，晩熟である．風による被害を受けやすい．収穫期が近づくと，べと病，灰色かび病に感受性となり，ダニによる被害も受けやすくなる．乾燥ストレスのない，水はけのよい場所を好む．小さな果粒が密着した果房をつける．

栽培地とワインの味

ARVINE はヴァレー州で最も優れた品種で，この品種から作られるワインは一般に，生き生きとした酸味に加え，グレープフルーツのフレーバーとミネラル感を有している．2009年にはスイスで154 ha（378 acres）の栽培を記録しているが，そのほとんどがヴァレー州で栽培されたものであった．John and Mike Favre 社，Mandolé 社，Domaine des Muses 社，La Rayettaz 社 などが辛口のヴァラエタルワインを作る生産者として推奨されており，また，Gérald Besse 社，La Liaudisaz 社（Marie-Thérèse Chappaz）などが良質で甘口のワインを作っている.

Michel Chapoutier 氏がローヌ北部にある自身の試験ブドウ園での栽培をあきらめてから数年後，2010年にフランスの CTPS（Comité Technique Permanent de la Sélection des Plantes Cultivées）が ARVINE を登録している. 2011年にこの品種は公認された. イタリア北西部のランゲ（Langhe）で Angelo Gaja 氏が ARVINE の栽培を試みたが花ぶるいを起こしたり，枝が折れるなどして大きな問題が生じた. ARIVINE は故郷に留まるほうが安泰であったと思われるがイタリア北西部に位置するヴァッレ・ダオスタ州でも数 ha ではあるが栽培されており，Grosjean Frères 社と Les Crêtes 社が良質のヴァラエタルワインを作っている.

ASHUGHAJI

ジョージアのマイナーな品種からはフレッシュで香り高い赤ワインが作られている.

ブドウの色：● ● ● ● ●

主要な別名：Achougage，Ashugazh

起源と親子関係

ASHUGHAJI はジョージア北西部のアブハジア（Apkhazeti）の在来品種である.

ブドウ栽培の特徴

中サイズの果粒が密着した果房をつける. ジュースは少しピンク色である. 萌芽期は中期で晩熟である. 収量は低い.

栽培地とワインの味

ASHUGHAJI は色合い深く，アロマに富み，酸味の強い辛口の赤ワインになる. 主にジョージア北西部のアブハジアで栽培されている.

ASPIRAN BOUSCHET

色合い深いワインができるが，ほぼ絶滅状態にある品種である.

ブドウの色：● ● ● ● ●

主要な別名：Grand Noir de Laques（ロット県（Lot）のピュイ=レヴック（Puy-l'Évêque）），Spigamonte（ヴァルポ（Valpo））

起源と親子関係

ASPIRAN BOUSCHET は，1865年にフランス，モンペリエ（Montpellier）近郊の Domaine de la Calmette 社の Henri Bouschet 氏が GROS BOUSCHET × RIVAIRENC（ASPIRAN NOIR の名前で）の交配により得た交配品種である. それゆえ ASPIRAN BOUSCHET は GROS BOUSCHET の両親品種である ARAMON NOIR と TEINTURIER の孫品種にあたるということになる.

栽培地とワインの味

Galet (2000) によれば，20世紀から21世紀への転換期にフランスで栽培されていたこの品種はごくわずかでしかなかったということだが，意外にもアルゼンチンでは2008年に主にメンドーサ (Mendoza) で1,912 ha (4,725 acres) の栽培が記録されている (アルゼンチンでは ASPIRANT BOUCHET として知られている)．アルゼンチンとチリでは極少量がブレンドワインの色を補強するために用いられている．

ASPIRAN NOIR

RIVAIREN を参照

ASPRINIO

GRECO を参照

ASPRO

XYNISTERI を参照

ASPROFILERO

MOSCHOFILERO を参照

ASPROUDA

ASPROUDA (および ASPROUDES，ASPROUDI，ASPRUDI などのいろいろなつづり) はギリシャ全土の，特に南部において，いくつかの異なる白ワイン品種につけられている名前で，「白っぽい」という意味の言葉である．ブドウ栽培学者の Haroula Spinthiropoulou 氏によれば生産者は同定されていない薄い果皮色の果粒の品種にこの名称を用いているとのことである．

ギリシャのワイン用ブドウの公式登録品種として ASPROUDA PATRON，ASPROUDA SANTORINIS および ASPROUDA SERRON が登録されているが，カリフォルニア州のデービス (Davis) にあるアメリカ合衆国農務省 (United States Department of Agriculture：USDA) の National Clonal Germplasm Repository (NCGR) には ASPROUDA MYKINON，ASPROUDA PATRON，ASPRUDA ARILOGHI，ASPRUDA HALKIDOS，ASPRUDA MIKYNON，ASPRUDA SANTORINI，ASPRUDA ZAKINTHO (それぞれ収集された地名がつけられている) の7種類の試料があり，いずれも異なるユニークな DNA プロファイルをもっている．したがって，ASPROUDA あるいは ASPRUDA という名が使われるとき，どの品種を指したものかを知ることはほとんどの場合，不可能である．

さらに事情をより複雑にしているのは，Antonopoulos 社をはじめとするパトラ (Pátra) の生産者が Adoli Ghis という白ワインに使う混植のブドウを「ASPROUDES」と呼んでいることで，これには SANTAMERIANA，WHITE VOLITSA，MYGDALI，BRENA (BRENA はおそらく SAVATIANO であろう) が含まれている．南部に位置するモネンバシア (Monemvasia) にある Vatistas 社および Monemvasia Winery 社は両社が ASPROUDA と呼ぶ品種 (甘口ワインに用いるとともにヴァラエタルワインも作られている) を所有しており，この地方では ASPROVARIA あるいは VARIA とも呼ばれている．この地域だけで4種類の異なる ASPROUDA が見つかっており，DNA 解析は難航している．

ASSARIO

MALVASIA FINA を参照

ASSYRTIKO

ギリシャの島のこの白ワイン品種は暑さの中で栽培されても酸度が保持され，濃厚でしっかりとした骨格をもつ最高品質のワインとなる．

ブドウの色：● ● ● ● ●

主要な別名：Assirtico，Assyrtico，Asyrtico，Asyrtiko

起源と親子関係

ASSYRTIKO はギリシャのエーゲ諸島の品種で，サントリーニ島（Santoríni）由来の品種であると考えられている．最近の DNA 解析によって，同じくエーゲ海の品種である GAIDOURIA（GUYDOURIA の名で）および PLATANI との間に親子関係があることが示唆された（Myles *et al.* 2011）．

FLASKASSYRTIKO と ARSENIKO は単に異なるクローンであるという研究者もいるが，前者はまだ同定されていない異なる品種であり，後者はウィルスが感染した ASSYRTIKO である（Lazarakis 2005）．

他の仮説

ASSYRTIKO という品種名は「アッシリア」を意味する *assyrico* が由来となっており，この品種はメソポタミア（現代のイラク）起源であると考えられている（Boutaris 2000）．他方，*seri* は地方で「シェリー」と発音されていることから，ASSYRTIKO はスペインのヘレス（Jerez）からサントリーニ島に持ち込まれたという説もある（Boutaris 2000）．しかし，スペイン品種や近東の品種との遺伝的関係はいずれも報告されていないので，これらの語源に関する諸説は非常に不確かなものであると言わざるを得ない（Vouillamoz）．

ブドウ栽培の特徴

樹勢が強く，比較的豊産性である．べと病とうどんこ病および干ばつに耐性があり，樹は硬いので風に強い（Lazarakis 2005）．大きな果粒が密着した果房をつける．高レベルの酒石酸が保持される．萌芽期が非常に遅く晩熟である．

栽培地とワインの味

ASSYRTIKO は力強く濃いがフレッシュなサントリーニ島の火山のミネラルの香りのする白ワインに一番多く使われている．この品種は酸化しやすいものの，品質に優れ，暑さの中でも酸度が保持されるので，ギリシャ全土の生産者がこの品種の栽培を試みようとしている．2008年にギリシャで記録された栽培面積は1,704 ha（4,221 acres）で，SAVATIANO，RODITIS に次いで同国で3番目に多く栽培されている白品種である．

サントリーニ島で栽培されるブドウの70 % をこの品種が占めており（Lazarakis 2005），張りつめたミネラル感のある辛口の白ワインのみならず，時に少量の ATHIRI および / または AÏDANI とブレンドされ，ソフトなワインも作られることもある．また，ヴィン・サント（Vinsanto）（AÏDANI 参照）の生産にも用いられている．Argyros 社，Hatzidakis 社および Sigalas 社などの生産者が，時にオークを用いながら，とりわけ素晴らしい辛口の白ワインを作っている．Boutaris，Gaia 社やサントリーニ島協同組合もまた同様である．サントリーニ島では ASSYRTIKO の樹に，台木を用いず，茎を編んで巣のようにし，果房の周りを覆うことで風から守る仕立て方のため，驚くべき樹齢に達する場合がある．茎は毎年，切戻されるので根の樹齢を指すのだが，樹齢500年くらいになるといわれているブドウもある．

ASSYRTIKO がアッティキ（Attikí）やさらに北のドラマ（Dráma）あるいはハルキディキ（Halkidikí）で栽培された場合，ワインはさらに広がりを増し，よりフルーティーになる傾向にあるが，それでもフルボディーであることとフレッシュさは変わらずそのままである．サントリーニ島に比べ，これらの地方ではブレンドワインに用いられることが多い．Biblia Chora 社が ASSYRTIKO をソーヴィニヨン・ブラン（SAUVIGNON BLANC）とブレンドし，また，Ovilos 社がセミヨン（SÉMILLON）とブレンドしているが，両社の Areti の白ワインは ASSYRTIKO 100%で作られている．

このエキサイティングな品種が世界中に広がるのは時間の問題であろう．クレア・バレー（Clare Valley）にある Jim Barry Wines 社の尽力により，オーストラリアにはすでにこの品種が届いている．

ASURETULI SHAVI

かつて，ドイツからの入植者の間で人気を博していたジョージアのマイナーな品種

ブドウの色：● ● ● ● ●

主要な別名：Asuretuli，Schalltraube，Shadi Traube，Shala

起源と親子関係

ASURETULI SHAVI（「Asureti からの黒」という意味）は，ジョージアの中央南部に位置するカルトリ地方（Kartli）の在来品種である．ドイツ人入植者の Schall 氏が1825年から1845年の間にアスレティ（Asureti）にある入植地近郊の森の中でこの品種が自生しているのを見つけたので，Schalltraube（「Schall のブドウ」という意味）という別名をもっている．この品種は主に1941年に入植者が爆発的に増えるよりも前の時期にドイツの植民地でたくさん栽培されたが，その後，著しく減少した（Ortoidze *et al.* 2010）．

ブドウ栽培の特徴

小さい果粒が密着した中程度の大きさの果房をつける．萌芽期は中期で，晩熟である．クローンのいくつかは機能的にめしべのみであるため，収量が低くなることがある．春の霜には良好な耐性を示す．

栽培地とワインの味

一般に ASURETULI SHAVI のワインは中程度のアルコール分と酸味，そして興味深いアロマを有している．若いうちに飲むのがベストであるが，ボジョレーのような軽さはない．この品種は主にジョージア中南部に位置するカルトリ県のアスレティ村で栽培されている（そのため，このように名付けられている）．現地では Asuretian Wine Cellar 社が辛口のヴァラエタルワインを作っている．また，オフ・ドライのロゼも作られている．2004年にジョージアで記録された栽培面積はわずか5 ha（12 acres）であった．

ATHIRI

栽培が容易なギリシャの古い品種からはソフトでフルーティーな辛口の白ワインが作られる．

ブドウの色：● ● ● ● ●

主要な別名：Asprathiri（ロドス島（Ródos/Rhodes），サントリーニ島（Santoríni）），Asprathiro，Athiri Aspro，

Athiri Lefko, Athiri Leyko
よくATHIRIと間違えられやすい品種：THRAPSATHIRI ☒

起源と親子関係

ATHIRI あるいは ATHIRI ASPRO（*aspro* は「白」を意味する）はおそらくギリシャのエーゲ海地方由来の品種である．この品種は長年に渡り，THRAPSATHIRI と近縁か同一であると考えられてきたが，DNA 解析によって得られた結果はそれと矛盾するものであった（Biniari and Stavrakakis 2007）．

ATHIRI MAVRO は ATHIRI ASPRO の黒変異（もしくはその逆）であるといわれており，キクラデス諸島（Kykládes）でごく限定的に栽培されている（Manessis 2000）．

他の仮説

伝説によると，この品種は古代ギリシャ時代にはすでに THIRIAKI あるいは THERIAKI という名で知られており，サントリーニ島で使われていた古い名前の Thira が Thirea，Thiri に，そして ATHIRI になったのだという．中世の時代には有名な Malvasia ワインのブレンド用品種として用いられていた（Manessis 2000）．

ブドウ栽培の特徴

樹勢が強い．乾燥耐性であるがうどんこ病には感受性がある．萌芽期および熟期はいずれも中期である（ASSYRTIKO の数日後）．薄い果皮をもつ果粒をつける．適応性が広いが，軽い石灰質あるいは粘土 - 石灰質の土壌が栽培に最も適している（Lazarakis 2005）．

栽培地とワインの味

栽培が容易で順応性があり，高収量でも良質の白ワインを作ることができるので，ATHIRI の人気は当然のことといえよう．ワインはレモンの風味があり，フレッシュかつフルーティーで，非常にソフトな酸味と中程度のアルコール分を含むものとなる．サントリーニ島のしっかりと引き締まった ASSYRTIKO ワインを少しソフトにできるという点で，この品種は適役である．Santoríni，Ródos，Côtes de Meliton などの原産地呼称およびいろいろな地理的表示保護ワインの品種として公認されている．この品種はヴィン・サント（Vinsanto）には公認されていないが，多くのブドウ畑で混植されており，ワインに含まれていると思われる．

2008年にギリシャで栽培された ATHIRI は671 ha（1,658 acres）で，主にエーゲ海諸島南部で栽培されており，ASSYRTIKO に次いで同国で2番目に多く栽培されている白品種で，特にサントリーニ島，ロドス島およびクレタ島（Crete）で多く見られる．今世紀の初頭のギリシャでは10,00 ha（2,471 acres）の栽培が記録されており，ラコニア県（Lakonía）（Pelopónnisos/ペロポネソス半島（Pelopónnisos）南部），ハルキディキ（Halkidikí）あるいはマケドニア（ギリシャ本土北部）などの同国の他の地域，に広がっていたと Lazarakis（2005）は述べている．Tsantali 社が作る飲みやすい ATHIRI のワインは，フレッシュかつフルーティーで，人を楽しませるスタイルの典型のようなワインである．より質の高いヴァラエタルワインというと，かなり少なくなるが，ロドス島の高地にあるブドウ畑で収穫されたブドウで作るワインが最も良く，Emery 社の Mountain Slopes Athiri などがそれにあたる．

AUBIN BLANC

フランス，ロレーヌ地域圏（Lorraine）の特産品だが事実上絶滅した品種である．

ブドウの色：● ● ● ● ●

主要な別名：Albin Blanc，Aubain（モゼル地方（Moselle），Aubier（ヴァレ・ド・ラ・マルヌ（Vallée de la

Marne）のジョアンビル（Joinville）およびポアソン（Poissons））,Aubin,Blanc de Creuë（ムーズ県（Meuse））, Blanc de Magny，Gros Vert de Crenay
よくAUBIN BLANCと間違えられやすい品種：AUBIN VERT ☿

起源と親子関係

AUBIN BLANC はフランス，ロレーヌ地域圏の古い品種で，以前はモゼル地方で栽培されており，同地方では1722年8月に Metz で開催された議会で次のように記録されている（Rézeau 1997）.「すべてのブドウ畑は……白品種はすべて，絶え間なく引き抜かれる……単独のブドウ畑であろうが黒品種あるいは Auxerrois との混植ブドウ畑であろうが，ただしサント＝リュフィーヌ（Sainte Ruffine）の Fromentaux およびペルトル（Peltre），クレピ（Crepy）およびマニー（Magny）の村の AUBIN を例外として」. 複数形の Aubins は AUBIN BLANC だけでなく，1829年に記載された AUBIN VERT も指していると考えられる．AUBIN という名前は，ラテン語で「白っぽい」を意味する *albanus* に由来している．

DNA 解析の結果，AUBIN BLANC は GOUAIS BLANC×SAVAGNIN の自然交配品種であることが明らかになった（Bowers *et al.* 2000）．したがってこの品種は PETIT MESLIER および RAÜSCHLING と姉妹関係にあり，AUBIN VERT およびおびただしい数の GOUAIS BLANC と SAVAGNIN の他の子品種とは片親だけが同じ姉妹関係にあるということになる（PINOT の系統参照）．これをふまえると，なぜ Mouillefert（1902a）が AUBIN BLANC と PETIT MESLIER や MESLIER SAINT-FRANÇOIS が近縁であると考えたかを理解することができる．AUBIN BLANC はブドウの形態分類群のうち，SAVAGNIN にちなんで名付けられた Salvanien グループ（p XXXII 参照）に属する（Bisson 2009）．AUBIN BLANC はヴォクリューズ県（Vaucluse）の AUBUN とは無関係である．

ブドウ栽培の特徴

萌芽期が非常に早いので春の霜の被害を受ける危険性がある．早熟．小さな果粒をつける．

栽培地とワインの味

非常に珍しい品種で，2006年にフランスで記録された栽培面積は1 ha（2.5 acres）以下であった（1958年に記録された3 ha/7 acres から減少している）．ムルト＝エ＝モゼル県（Meurthe-Moselle），ムーズ県やモゼル県などで推奨されており，ロレーヌ地域圏の西の Côtes de Toul アペラシオンは AUBIN BLANC と AUXERROIS のブレンドである．ワインは特にアロマティックというわけではなく，ごく平凡な酸味をもつ．

AUBIN VERT

事実上絶滅したフランス，ロレーヌ地域圏（Lorraine）の品種

ブドウの色：

主要な別名：Blanc d'Euvézin，Vert Blanc
よくAUBIN VERTと間違えられやすい品種：AUBIN BLANC ☿

起源と親子関係

AUBIN BLANC と同様に AUBIN VERT はフランス，ロレーヌ地域圏の古い品種である．以前はモゼル地方（Moselle，Metz の近く）で栽培されており，1722年に現地で複数形の Aubins として初めて記載されたが（AUBIN BLANC 参照），その後，1829年には AUBIN VERT と記載されている．

DNA 系統解析により AUBIN VERT は PINOT×GOUAIS BLANC の自然交配品種であることが示さ

れたことで（Bowers *et al.* 1999），この品種はシャルドネ（CHARDONNAY），GAMAY NOIR，ALIGOTÉ，MELON などの姉妹品種にあたり，また AUBIN BLANC やおびただしい数の GOUAIS BLANC や PINOT の他の子品種とは片親だけが同じ姉妹の関係にあることが明らかになった（PINOT の系統参照）．AUBIN VERT は AUBIN BLANC とともに SAVAGNIN の名前にちなんで名づけられた Salvanien グループ（p XXXII 参照）に属しているが（Bisson 2009），AUBIN VERT の親品種が明らかになったことで，現在，この分類には疑問が残ることとなった．

ブドウ栽培の特徴

早熟で高い酸度をもつ品種である．

栽培地とワインの味

この品種はムルト＝エ＝モゼル県，ムーズ県やモゼル県などで公認されているが，栽培面積は無視できるほど少ない．

AUBUN

フランス，ローヌ（*Rhône*）南部由来のマイナーなブレンド用品種

ブドウの色：● ● ● ● ●

主要な別名：Carignan de Bédoin，Carignan de Gigondas（ヴォクリューズ県（Vaucluse）），Grosse Rogettaz（サヴォワ県（Savoie）），Morescola または Murescola（コルシカ島（Corse）），Moustardier，Moutardier

よくAUBUNと間違えられやすい品種：COUNOISE ☿（ヴォクリューズ県）

起源と親子関係

AUBUN に関して最初に言及があったのは1885年のことで，ヴォクリューズ県のモン・ヴァントゥ（Mont Ventoux）に近いベドアン地方（Bédoin）で記載されており，おそらくこの地方で野生ブドウとして生育していたものと考えられる．ロレーヌ地域圏（Lorraine）の AUBIN VERT や AUBIN BLANC とは無関係だが，これらの品種と同様，AUBUN という名前はラテン語で「白っぽい」を意味する *albanus* にちなんで名づけられたものであり，現在は絶滅してしまっている白変異を指していたと考えられる．地方で言い伝えられてきたこととは異なり AUBUN は COUNOISE と同一ではないが，いずれもブドウの形態分類群の Piquepoul グループ（p XXXII 参照）に属する品種である．

ブドウ栽培の特徴

萌芽は遅く熟期は中期である．厚い果皮をもつ果粒が大きな果房をつける，素朴なブドウである．べと病に感受性があり，また，ヨコバイの被害を受けやすい．

栽培地とワインの味

AUBUN はフィロキセラに耐性があると考えられていたので，19世紀後期にフィロキセラが侵入した時期にフランスで広く植えられたが，それは単にその地方の土壌がフィロキセラに対して比較的耐性をもっていたからであった（Galet 2000）．

ワインは幾分平凡で，時にカリニャン（CARIGNAN; MAZUELO）のソフトなタイプのワインのようなることから CARIGNAN DE BÉDOIN あるいは CARIGNAN DE GIGONDAS などの別名がある．この品種はロゼワインの生産に適しており，アルル（Arles）北部の Domaine de Lansac 社やリュネル（Lunel）とモンペリエ（Montpellier）の間にある Domaine des Moulines 社などがヴァラエタルワインを作っている．

一方，Antony Tortul 社が作る La Sorga L'Aubunite（賢明にも「holy water（聖水）」を意味する *l'eau bénite* が含まれている）は85％の AUBUN（ビオダィナミの方法で Carcassonne の近くで栽培されている）から作られるラングドック（Languedoc）の赤ワインである．2008年にはフランスで720 ha（1,779 acres）の栽培が記録されている．ラングドックおよびプロヴァンス（Provence）全域で推奨されているが，栽培が見られるのは主にガール県（Gard）と オード県（Aude）である．30年前に記録された栽培面積5,882 ha（14,535 acres）からは激減している．

カリフォルニア州には AUBUN の栽培地が散在しており，Copain 社および Donkey & Goat 社がメンドシーノ（Mendocino）でマクドウェル・バレー・シラー（McDowell Valley Syrah）を作っているが，これは少量の AUBUN を含む混植の畑から収穫されたブドウを用いて作られるワインである．この品種は1833年に James Busby 氏がオーストラリアに持ち込んだオリジナルコレクションの一部である．

AURELIUS

シュペートレーゼ（Spätlese）のような豊かさに達することができる，少しリースリング（RIESLING）に似たアロマをもつワインになるチェコの交配品種

ブドウの色：● ● ● ● ●

起源と親子関係

AURELIUS は，1953年にチェコ共和国のモラヴァ（Morava）南部のヴェルケー・パヴロヴィツェ（Velké Pavlovice）にある ŠSV 研究センターで Josef Veverka 氏が NEUBURGER × リースリングの交配により得た交配品種である．Veverka 氏は政治的理由により1959年に研究センターから去らなければいけなかったのだが，実生が同じくモラヴァ南部のペルナー（Perná）の研究センターに移され，Veverka 氏と共同研究者の František Zatloukal 氏が NE × RR 45/18 として選抜したものが AURELIUS であった．1983年にチェコ共和国で公式に登録された．

ブドウ栽培の特徴

豊産性である．糖度が高くなる傾向にある．果皮が柔らかいので，遅摘みに適した乾燥した場所で栽培されないと灰色かび病に感染しやすくなる．

栽培地とワインの味

AURELIUS のワインは親品種であるリースリングの特徴を示し，アロマティックで，時にスパイシーでもある．ブドウを樹に残すと果粒の糖度が上がり，花梨やライムの花のフレーバーをもつようになるが，リースリングと比べるとキレの良さとエレガントさに欠けるものとなる．推奨される生産者としては Josef Dufek 社と Château Valtice 社があげられる．チェコ共和国では主に南東部のモラヴィア（Morava）で2009年に49 ha（121 acres）の栽培が記録されている．

AURORE

母国であるフランスでよりも北米で成功を収めている交雑品種である.

ブドウの色：● ● ● ● ●

主要な別名：Aurora, Feri Szölö, Financ Szölö, Redei, Seibel 5279
よくAUROREと間違えられやすい品種：Aurora（生食用ブドウ）

起源と親子関係

アルデシュ県（Ardèche）のヴァランス（Valence）南西に位置するオーブナ（Aubenas）においてAlbert Seibel 氏がSEIBEL 788×SEIBEL 29の交配により得た交雑品種である.

- SEIBEL 788はSICILIEN×CLAIRETTE DORÉE GANZIN の交雑品種（CLAIRETTE DORÉE GANZINの完全な系統はHELIOS参照）である.
- SICILIENはBICANE×PASCAL BLANCの交配品種で，前者はフランスのワイン用・生食用兼用品種だが現在は栽培されていない.
- SEIBEL 29はMUNSON×不明の *Vitis vinifera* subsp. *Vinifera* 品種の交雑品種である.
- MUNSONはJAEGER 43×*Vitis rupestris* の交雑品種で，JAEGER 43は *Vitis lincecumii* Buckley の品種である.

もともとは生食用およびワイン用に育種されたのだが，脱粒しやすいため輸送することができず，生食用には向いていなかった．AUROREという名前はローマ神話に出てくる暁の女神であるAuroraにちなんで名づけられたものである.

ブドウ栽培の特徴

樹勢が強く，豊産性で非常に早熟である（CHASSELASよりも早い）．べと病には良好な耐性を示すが灰色かび病と黒腐病には感受性がある．果粒がピンク色になることがある.

栽培地とワインの味

Galet（2000）はフランスの北東部と南西部において，かつては288 ha（712 acres）が栽培されていたと述べている．かつて，アメリカ北東部とミネソタ州でも栽培されていたのだが，現在もニューヨーク州（2009年に記録された3,530 tonsのほとんどがワイン生産に用いられた）など，成長シーズンが短い寒冷な州で栽培が見られる．カナダのブリティッシュコロンビア州では1980年代の終わりにほとんどが引き抜かれてしまっており，オンタリオ州の栽培家が過去5年間に収穫したのは198トンのみであった．Jewell Towne vineyards 社（ニューハンプシャー州），Schilling Bridge 社（ネブラスカ州）および Domaine des Côtes d'Ardoise 社（ケベック州）などがヴァラエタルワインを生産している．ワインは軽く，比較的ニュートラルだが，フォクシーな特徴もわずかに感じられる.

AUXERROIS

冷涼な気候条件下で有用な低い酸度の品種

ブドウの色：● ● ● ● ●

主要な別名：Aucerot（オーストラリア），Auxera，Auxerrois de Laquenexy（モゼル県（Moselle）），Auxois，Auzerrois Blanc，Blanc de Kienzheim，Ericey de la Montée，Kleiner Heunisch（ドイツのバーデン－ヴュルテンベルク州（Baden-Württemberg）），Okseroa，Pinot Auxerrois（アルザス地域圏（Alsace）とカナダ），Riesling Jaune de la Moselle
よくAUXERROISと間違えられやすい品種：CHARDONNAY ♉，PINOT ♉（BLANC または GRIS）

起源と親子関係

AUXERROIS はアルザス＝ロレーヌ地域（Alsace-Lorraine）由来の品種で，13 世紀に次のように記載されている.「そして彼らは大量に飲んだ / 白ワインと auchorrois」.

しかし，AUXERROIS は白ワイン品種で，Auxerrois という名前はピノ（PINOT）（BLANC あるいは GRIS）やシャルドネ（CHARDONNAY）など，フランス北東部の多くの異なる品種に用いられているので，この記載は慎重に扱われるべきである．この品種に関する信ぴょう性のある最初の記載は1816年にモゼル県でなされたもので，そこには「非常に樹勢の強いブドウは，私たちの maurillons，francs-pineaux，meûniers，auxerrois にずっと劣る」と記載されている.

DNA 親子関係解析によって AUXERROIS は PINOT と GOUAIS BLANC の子品種の一つであることが明らかになった（Bowers *et al.* 1999）．つまり，シャルドネ，GAMAY NOIR，ALIGOTÉ などとは姉妹品種にあたることになるので，ピノ・ブラン（PINOT BLANC）やシャルドネと混同され，アルザスでは PINOT AUXERROIS，バーデン－ヴュルテンベルク州では KLEINER HEUNISCH（little Gouais Blanc）と呼ばれているのも理解できる．AUXERROIS はブドウの形態分類群の Noirien グループに属している（p XXXII 参照).

AUXERROIS という名はヨンヌ県（Yonne）のオセール（Auxerre）の町の名を指しているわけではなく，アルザスの古い名前で Auxerrois の古い別名でもある Auxois から派生したものである．これはこの品種がアルザス＝ロレーヌ地方起源であることを支持する証拠である．興味深いことに，少なくとも1589年から AUXERROIS はカオール(Cahors)の黒ブドウである COT の別名でもあったのだが，これは COT がオセール（Auxerre）から持ち込まれたといわれていることによるものである.

ブドウ栽培の特徴

早熟である．フランス北部と石灰質の土壌が栽培によく適している．べと病，灰色かび病，ブドウ蛾（ブドウヒメハマキ）に感受性があるが，うどんこ病には特に高い感受性を示す．小さな果粒が小さな果房をつける.

栽培地とワインの味

2008年，フランスには2,330 ha（5,758 acres）が栽培面積が記録されている．大部分はアルザスとモゼル県にあり，アルザスではリースリング（RIESLING）に次いで二番目に多く栽培されている品種であるが，ロワール（Loire）でも依然少し栽培されている．ルクセンブルク（184 ha/455 acres; 2008年）では重要な品種とされ，オランダでもまた有用な品種とされている．1990年にはイギリスでも少し栽培されていたという記録がある．ワインは比較的ニュートラルなものとなる傾向があり，酸味が弱く，冷涼な気候条件下でその特性に価値が出る性質を有している．収量を抑制すると，蜂蜜の趣をもつリッチなワインになる.

アルザスにおいて AUXERROIS は完全に合法であるが，ラベルにその名を見ることはあまりない．そのかわり，通常はピノ・ブラン（時に Clevner/Klevner）として売られるワインにブレンドされるかクレマン（Crémant）または複数品種がブレンドされるエーデルツヴィッカー（Edelzwicker）に用いられており，この品種が重量感や存在感を与えている．奇妙なことだが，ヴァラエタルラベルを自負している地区で，ピノ・ブランとラベルに表示されているワインが100% AUXERROIS であるかもしれない．AUXERROIS はアルザスの特級畑のワインとして認められていないので，いくつかの最高の場所ではより高貴な品種を植えるために掘り起こされてきた．同様にこの品種はアルザスの Vendange Tardive や Sélection de Grains Nobles などの甘口ワインには認められていない．

Philippe Blanck 氏，Josmeyer 社，Kientzler 社，Louis Sipp 社など，アルザスの生産者は AUXERROIS の栽培に真剣に取り組んでおり，Armand Hurst 社が SGN（セレクション・ド・グラン・ノーブル，貴腐）スタイルで AUXERROIS の甘口ワインを作っている．

ナンシー（Nancy）西部の Côtes de Toul アペラシオンでは AUBUN と AUXERROIS のブレンドされにより白ワインが作られている．また，AUXERROIS は地域のヴァン・グリ（vin gris）で GAMAY NOIR やピノ・ノワール（PINOT NOIR）をサポートする役割を担っている．

ドイツでは285 ha（704 acres）の栽培が記録されており，そのほとんどがバーデン（Baden）とプファルツ（Pfalz）で栽培されているが，近年はナーエ（Nahe）中部とラインヘッセン（Rheinhessen）でも優れた栽培家がこの品種を栽培している．

カナダではオンタリオ州において栽培面積が減少しており2006年に記録された栽培面積は2002年に記録された栽培面積の半分ほどであった（およそ85 acres/34 ha から45 acres/18 ha に減少）．2008年にはブリティッシュコロンビア州で43 acres（17 ha）の栽培が記録されている．

南アフリカ共和国では1980年代にシャルドネ栽培を目的として植えられた初期のブドウが実は AUXERROIS であったことが明らかになっている．

AVANÀ

ピエモンテの赤ワイン品種．軽い早飲みのワインが作られるが，この品種からヴァラエタルワインが作られることはまれである．

ブドウの色：● ● ● ● ●

主要な別名： Avanale, Avanas, Avanato, Avanè, Avenà, Avenai, Hibou Noir ☒（フランスのイゼール県（Isère）およびオート=アルプ県（Hautes-Alpes）），Vermaglio（サルッツォ（Saluzzo）近郊）

起源と親子関係

イタリア北西部のヴァル・ディ・スーザ（Val di Susa）由来の品種で，1606年に農学者の Croce 氏が Avanato と記載している品種がおそらく AVANÀ であろう．当初は GAMAY NOIR（GAMAY D'ORLÉANS）あるいは，もはや栽培されなくなった TROYEN（TROYAN）というフランスの品種とこの品種との形態学的な類似性を示唆する研究者もいたが，DNA 解析の結果，これらの品種との厳密な類縁関係は示されなかったものの，AVANÀ は HIBOU NOIR と同一品種であることが明らかになった．HIBOU NOIR はサヴォワ（Savoie）やドーフィネ（Dauphiné）から持ち込まれた古い品種で，現在は栽培されていないが，フランス品種との関係が証明されている（Schneider *et al.* 2001）．また，さらなる DNA 系統解析の結果，AVANÀ はサヴォワの古い品種でほとんど絶滅状態にある CACABOUÉ と親子関係にあることが示唆された．ちなみに CACABOUÉ は AMIGNE の孫品種，甥 / 姪あるいは片親だけが同じ姉妹の品種の関係にあり，スイスのヴァレー州（Valais）から持ち込まれた品種である（Vouillamoz and Moriondo 2011）．

1418年から1713年にかけてピエモンテ（Piemonte）とヴァレー州はサヴォワ公国の一部であったので，この間に HIBOU NOIR がピエモンテに持ち込まれ AVANÀ と名付けられた（またはその逆）と考えられる．さらに（または）AVANÀ のほとんどが，トリノ県（Torino）とフランスのサヴォワ県（Savoie）およびオート=アルプ県とを結ぶ谷であるヴァル・ディ・スーザ（Val di Susa）に局在していることを考えると，フ

ランスのサヴォワ とヴァレーおよびピエモンテの品種間に遺伝的な関係が見られることは，それほど意外なことではない．

ブドウ栽培の特徴

収量が不安定である．うどんこ病に感受性がある．熟期は早期〜中期である．

栽培地とワインの味

現在もイタリア北西部に位置するピエモンテ州，ピネロネーゼ（Pinerolese）のヴァル・ディ・スーザやキゾネ・バレー（Val Chisone）で多くの場合棚仕立てにより栽培されている．通常，AVANÀ は他の地方品種（BARBERA，PERSAN は BECUÉT の名前で，FREISA，NERETTA CUNEESE と）とブレンドされている．1996年からは Pinerolese DOC で AVANÀ の使用が認められており，特にピネロネーゼの伝統的なブレンドワインであり Ramìe と呼ばれる，軽く，フルーティーでキレがよくフレッシュで少々，渋みのあるワインの生産に用いられている．1997年になって，この品種のみから作られるワインあるいはブレンドワイン（BARBERA，DOLCETTO，NERETTA CUNEESE などとの）が Valsusa DOC で公認された．Sibille 社，Martina 社，や Clarea 社，など，いくつかのワイナリーが AVANÀ100％のワインを作っている．軽いタンニンと適度な酸味を含み，フレッシュでライトボディーのワインは早飲みに適している．

2000 年の統計では 30 ha（75 acres）を少し上回る栽培面積が記録されている．

AVARENGO

低収量で，香り高いイタリア，ピエモンテ州の赤品種である．

ブドウの色：

主要な別名：Amarene，Avarena，Avarenc，Mustèr（トリノ県（Torino）のカナヴェーゼ地方（Canavese）），Riondosca または Riundasca（ビエッラ県（Biella））

起源と親子関係

AVARENGO はキゾネ・バレー（Val Chisone）からイタリア北西部に位置するピエモンテのピネロネーゼ地域（Pinerolese）のポマレット地域（Pomaretto）に持ち込まれた古い品種である．DNA 系統解析の結果，AVARENGO と別の古いピエモンテ品種である GRISA NERA との間に明確な親子関係が認められた．こうして，この二つのブドウが同じ地域を起源とする品種であることが明らかになった（Anna Schneider and José Vouillamoz，未公開データ）．DNA 系統解析によっては，AVARENGO がピエモンテ北部の NER D'ALA と遺伝的に近いことも明らかになっている（Vouillamoz and Moriondo 2011）．

ブドウ栽培の特徴

熟期は中期である．

栽培地とワインの味

イタリア北西部の Pinerolese Ramìe DOC（最小 15％）において他の地方品種とブレンドされている．カナヴェーゼに少しブドウ畑があるが，ラテン語で「ケチな」「わずかな」を意味する *avaro* に由来する品種名が示すように，その低い生産性のため徐々に減りつつある．2000年に行われたイタリアの農業統計には1,680 ha（4,151 acres）の栽培が記録されている．ワインはフレッシュで色合いが薄く，香り高いものになる．

AVASIRKHVA

アブハジア（Apkhazeti）で栽培されるジョージアの珍しい品種である.

ブドウの色：

主要な別名：Ajiche，Ajishi，Auasirkhva，Avasarkhva，Avassirkhva

起源と親子関係

AVASIRKHVA はジョージア北西部に位置するアブハジアの在来品種である.

ブドウ栽培の特徴

萌芽期は中期で晩熟である．収量は中程度である.

栽培地とワインの味

AVASIRKHVA は亜熱帯気候において質の高い辛口の白ワインになる優れたポテンシャルを有しているのだが，ジョージアのアブハジア地方で2004年に記録された栽培面積はわずか7 ha（17 acres）であった.生産されるワインのほとんどが自家用である.

AVESSO

他の品種よりも豊かなボディーをもつポルトガルの品種はヴィーニョ・ヴェルデ（Vinho Verde）の生産に用いられている.

ブドウの色：

主要な別名：Bornal，Bornão，Borral
よくAVESSOと間違えられやすい品種：CAYETANA BLANCA（ヴィーニョ・ヴェルデ（Vinho Verde）ではMourisco Branco の名で）

起源と親子関係

ポルトガル語で「反対の」という意味をもつ AVESSO（Mayson 2003）は，おそらく，ヴィーニョ・ヴェルデの故郷であるポルトガル北部の他の品種よりもアルコール分が高くなることから，そのように名付けられたと考えられている．この品種に関しては1896年に Menezes が初めて記載している（Cunha *et al.* 2009）．Menezes の記載，および，遺伝的多様性が低レベルである（Rolando Faustino，私信）ことは，この品種が特別に古い品種ではないということを示唆している.

ブドウ栽培の特徴

樹勢が強く，比較的豊産性で萌芽が早く早熟である．中～大サイズの果粒をつける．乾燥したあまり肥沃でない花崗岩ベースの土壌が栽培に最も適している．べと病および灰色かび病には感受性があるが，うどんこ病には感受性を示さない.

栽培地とワインの味

AVESSO はポルトガル北部のミーニョ地方（Minho）に見られる品種で，ドウロ（Douro）に至る低地付近のバイアン（Baião），シンファンイス（Cinfães），レゼンデ（Resende）で主に栽培されており，Vinho Verde 原産地呼称において重要な原料となっている．アルコール分が法律で示された最高値の11.5%よりも高い12〜13%に達することがよくある（Mayson 2003）．ふくよかなボディーがフレッシュな酸味と果実味と相俟って，核果類の果実やトロピカルフルーツのフレーバーをもつワインになる．2010年に記録された栽培面積は730 ha（1,804 acres）であった．ヴァラエタルワインの生産者として推奨されているのはヴィーニョ・ヴェルデ地域の Anselmo Mendes 社，Quinta do Ferro 社，Casa Santa Eulália 社などである．

AVGOUSTIATIS

主にザキントス島（*Zákynthos*）とペロポネソス半島（*Pelopónnisos*）西部で見られるマイナーなギリシャの品種ある．

ブドウの色：

主要な別名：Avgoustella，Aygoustiates

起源と親子関係

AVGOUSTIATIS はギリシャのイオニア諸島あるいはキクラデス諸島（Kykládes）（Cyclades）由来の品種であろうと思われる．品種名は果粒が熟す8月にちなんで命名されたと考えられる．Vitis 国際品種カタログ（Vitis International Variety Catalogue）では果皮の白い GOUSTOLIDI の別名とこの品種の別名がいくつか重複しているがそれらの間に関連はない．8種類のマーカーを用いた DNA 解析結果は MAVRODAFNI との関係を示唆するものであったが（Boutaris 2000），より多くのマーカーを用いて確認する必要がある．

ブドウ栽培の特徴

熟期は中程度でべと病には感染しやすいがうどんこ病への感受性は低い．果粒が密着した大きな果房をつける．

栽培地とワインの味

AVGOUSTIATIS はソフトなタンニンと高い酸味をもつ深い色合いのワインになる．ギリシャのザキントス島で栽培されているが，その東に位置するペロポネソス半島西側のピルゴス（Pýrgos）付近でもわずかだが栽培されている．そこは Mercouri 社が過去にヴァラエタルワインを作っていたところで，現在は MONASTRELL（ムールヴェドル / MOURVÈDRE）とのブレンドワインを作っている．また，その近くの Brintziki 社ではヴァラエタルワインが作られ，Comoutos 社（ザキントス島）では赤のブレンドワインの生産に AVGOUSTIATIS が用いられている．2008年には KORINTHIAKI に次いでイオニアの島で2番目に多く栽培される品種であった（108 ha/267 acres）．栽培はケルキラ島（kérkyra）（Corfu）でも行われている．

AZAL

減少傾向にあるが，依然，ポルトガル北部で広くされている酸度の高い品種である.

ブドウの色：●●●●●

主要な別名：Asal,Azal Branco,Asal da Lixa または Azal da Lixa（ミーニョ（Minho）のアマランテ（Amarante）），Carvalha または Carvalhal，Gadelhudo（ミーニョのフェルゲイラス（Felgueiras）），Pinheira（ミーニョのロウザダ（Lousada））
よくAZALと間違えられやすい品種：ALVARINHO

起源と親子関係

AZAL はポルトガル北部のヴィーニョ・ヴェルデ地方（Vinho Verde）由来の品種だと考えられる．遺伝的にはポルトガル方部やスペイン北西部由来の品種である TRAJADURA，ARINTO DE BUCELAS や LOUREIRO に近い（Lopes *et al.* 1999，Almadanim *et al.* 2007，Castro *et al.* 2011）．

AZAL は AMARAL の別名である AZAL TINTO の白変異ではない（Castro *et al.* 2011）．

ブドウ栽培の特徴

樹勢が強く，一貫して豊産性である．萌芽期は早期で熟期は中期～晩期である（ビーニョ ヴェルデ（Vinho Verde）用としては最後に収穫される）．乾燥した日当たりのよい土地が栽培に適している．べと病と灰色かび病に感受性があるが，とりわけうどんこ病には高い感受性を示す．厚い果皮をもつ果粒が密着して，中サイズの短い果房をつける．

栽培地とワインの味

AZAL はデリケートでフレッシュなレモンと青リンゴのフレーバーをもつワインになる．病気になるのを防ぐために早い段階で収穫すると，酸味がひどく強いものになってしまう．主にポルトガル北部に位置するミーニョ地方のヴィーニョ・ヴェルデのサブリージョンであるペニャフィエル（Penafiel），アマランテ（Amarante），バスト（Basto）などで栽培されている．20世紀初頭には最も重要とされていた，この薄い果皮色の品種は2010年には1,480 ha（3,657 acres）にまで減少してしまった．これはおそらく，Vinho Verde 原産地呼称において最も面白みに欠ける品種の一つであるからであろう．推奨される生産者としては Quinta de Linhares 社，Casa de Vilacetinho 社，Manuel Nunes da Costa Camizão 社などがあげられる．

AZAL TINTO

AMARAL を参照

B

BĂBEASCĂ NEAGRĂ (バベアスカ　ネアグラ)
BABIĆ (バビッチ)
BABICA (バビツァ)
BACCHUS (バッフス)
BACHET NOIR (バシェ・ノワール)
BAČKA (バチュカ)
BACO BLANC (バコ・ブラン)
BACO NOIR (バコ・ノワール)
BAGA (バガ)
BAGRINA (バグリナ)
BAKHTIORI (バフチヨリ)
BALZAC BLANC (バルザック・ブラン)
BARATUCIAT (バラトゥチャット)
BARBAROSSA (バルバロッサ)
BARBAROUX (バルバルー)
BARBERA (バルベーラ)
BARBERA BIANCA (バルベーラ・ビアンカ)
BARBERA DEL SANNIO (バルベーラ・デル・サンニオ)
BARBERA SARDA (バルベーラ・サルダ)
BARCELO (バルセロ)
BARIADORGIA (バリアドルジャ)
BAROQUE (バロック)
BARSAGLINA (バルサリーナ)
BASTARDO MAGARACHSKY (バスタルド・マハラスキー)
BATIKI (バティキ)
BATOCA (バトッカ)
BAYANSHIRA (バヤンシラ)
BEAUNOIR (ボーノワール)
BEBA (ベーバ)
BÉCLAN (ベクラン)
BEICHUN (ベイツゥエン（北醇))
BEKARI (ベカリ)
BELAT (ベラ)
BELLONE (ベッローネ)
BENA (ベナ)
BÉQUIGNOL NOIR (ベキニョル・ノワール)
BERDOMENEL (ベルドメネル)
BESGANO BIANCO (ベズガノ・ビアンコ)
BESSARABSKY MUSKATNY (ビサラブスキー・ムスカトニー)
BIANCA (ビアンツァ)
BIANCAME (ビアンカーメ)
BIANCHETTA TREVIGIANA (ビアンケッタ・トレヴィジャーナ)
BIANCO D'ALESSANO (ビアンコ・ダレッサーノ)
BIANCOLELLA (ビアンコレッラ)
BIANCONE DI PORTOFERRAIO (ビアンコーネ・ディ・ポルトフェッライオ)
BIANCU GENTILE (ビアンキュ・ジャンティル)
BÍBORKADARKA (ビーボルカダルカ)
BICAL (ビカル)
BIGOLONA (ビゴローナ)

次ページ以降に記載されているこのシンボルは，別名や誤った同定が DNA 解析により確認されたことを示す．

BIRSTALER MUSKAT （ビルシュタラー・マスカット）
BISHTY （ビシュティ）
BLACK QUEEN （ブラッククイーン）
BLANC DAME （ブラン・ダム）
BLANC DU BOIS （ブランデュボワ）
BLANQUEIRO （ブランケーロ）
BLATINA （ブラチナ）
BLATTERLE （ブラッテルレ）
BLAUBURGER （ブラウブルガー）
BLAUER PORTUGIESER （ブラウアー・ポルチュギーザー）
BLAUER URBAN （ブラウアー・ウルバン）
BLAUER WILDBACHER （ブラウアー・ヴィルトバッハー）
BLAUFRÄNKISCH （ブラウフレンキッシュ）
BOBAL （ボバル）
BOĞAZKERE （ボアズケレ）
BOGDANUŠA （ボグダヌシャ）
BOMBINO BIANCO （ボンビーノ・ビアンコ）
BOMBINO NERO （ボンビーノ・ネーロ）
BONAMICO （ボナミーコ）
BONARDA PIEMONTESE （ボナルダ・ピエモンテーゼ）
BONDA （ボンダ）
BONDOLA （ボンドラ）
BONDOLETTA （ボンドレッタ）
BORDÔ （ボルドー）
BORRAÇAL （ボラサル）
BOSCO （ボスコ）
BOUCHALÈS （ブシャレ）
BOURBOULENC （ブールブーラン）
BOURRISQUOU （ブリスク）
BOUTEILLAN NOIR （ブテイヤン・ノワール）
BOUVIER （ブビエ）
BRACCIOLA NERA （ブラッチョーラ・ネーラ）
BRACHETTO DEL PIEMONTE （ブランケット・デル・ピエモンテ）
BRAQUET NOIR （ブラケ・ノワール）
BRATKOVINA BIJELA （ブラトコヴィナ・ビイェラ）
BRAUNER VELTLINER （ブラウナー・ヴェルトリーナー）
BREIDECKER （ブライデッカー）
BRESLAVA （ブレスラヴァ）
BRIANNA （ブリアナ）
BRONNER （ブロンナー）
BRUGNOLA （ブルニョーラ）
BRUN ARGENTÉ （ブラン・アルジャンテ）
BRUN FOURCA （ブラン・フルカ）
BRUSTIANO BIANCO （ブルスティアーノ・ビアンコ）
BUBBIERASCO （ブッビエラスコ）
BUDAI ZÖLD （ブダイ・ゼルド）
BUDESHURI TSITELI （ブデシュリ・ツィテリ）
BUKET （ブケット）
BUKETTRAUBE （ブケットゥラウベ）
BUSSANELLO （ブッサネッロ）
BUSUIOACĂ DE BOHOTIN （ブスイオアカ　デ　ボホティン）

BĂBEASCĂ NEAGRĂ

かなり軽い赤ワインが作られる，酸度が高いルーマニアの品種

ブドウの色：● ● ● ● ●

主要な別名：Asîl Kara（ダゲスタン共和国），Băbească，Căldăruşă，Chernyi Redkii（ウクライナ），Crăcană，Crăcănată，Poama Rară Neagră（モルドヴァ共和国），Rarăneagră または Rară Neagră（モルドヴァ共和国），Răşchirată，Rastriopa（モルドヴァ共和国），Serecsia Ciornaia（モルドヴァ共和国），Sereksia（ウクライナ），Sereksiya（アメリカ合衆国）

起源と親子関係

「おばあさんの黒」という意味をもつ BĂBEASCĂ NEAGRĂ はルーマニアの非常に古い品種である．ウクライナとの国境にあるルーマニアのモルドヴァ地方のガラチ県（Galaţi）のニコレシュティ（Nicoreşti）のブドウ畑を起源とする品種で，14世紀頃にはすでに記録されていたといわれている．品種内で白（BĂBEASCĂ ALBĂ），グリーングレーまたはピンク（BĂBEASCĂ GRI）の果粒などの果皮色の変異を含む大きな多様性（その品種の古さを示唆する）が見られる（Dejeu 2004）．

ブドウ栽培の特徴

樹勢が強い．萌芽期は中期で晩熟である．とりわけ，収量が高い場合，結実不良（ミルランダージュ）になる傾向がある．薄い果皮をもつ果粒が粗着して中～大サイズの果房をつける．灰色かび病，うどんこ病，べと病および干ばつには感受性があるが，冬の霜には耐性がある（－18℃ / －0.4℉まで）．

栽培地とワインの味

ワインは酸味が強く，それほど深い色合いではないが，赤い果実の，主にサワーチェリーのフレーバーを有している．ルーマニアでは2008年に4,516 ha（11,159 acres）の栽培が記録されている．非常に広い範囲で栽培されているが，多くは東部のガラチで見られる．ほとんどのワインは一般に地方で消費されるデイリーワインだが，ニコレシュティやオドベシュティ（Odobeşti）では高品質のワインが作られており，前者はその名前がこの品種のための原産地呼称名になっている．珍しいことに，Senator 社が同国最南部のドナウ川の北側にある砂質の台地で，ヴァラエタルワイン作りに真剣に取り組んでいる．

Senator 社はルーマニア最東部に位置するフシ（Huşi）にピンクの果粒の BĂBEASCĂ GRI を数 ha 保有しており，同地においてクリーンで非常にフレッシュな白ワインを作っている．ワインには果実香というよりもミネラル感があり，後味にライムのニュアンスが残る．

モルドヴァ共和国では2009年に80 ha（198 acres）の RARĂ NEAGRĂ が栽培された．生産者としては Dionysos Mereni が推奨されている．Galet（2000）は，ウクライナでもこの品種が栽培されていると述べている．

BABIĆ

生き生きとした高品質のワインになるポテンシャルをもち，樽熟成に適しているクロアチア品種

ブドウの色：● ● ● ● ●

主要な別名：Babić Crni，Rogoznička
よくBABIĆと間違えられやすい品種：BABICA，PLAVAC MALI

起源と親子関係

BABIĆ はダルマチア（Dalmacija/Dalmatia）海岸沿岸の南側に由来のある品種で，スプリト（Split）北西の，主にシベニク（Šibenik）やプリモシュテン（Primošten）の近くで栽培されてきた．近年のDNA解析によって，ROGOZNIČKA は BABIĆ の地方における別名であることが示されたが，一般に信じられていたこととは異なり，カシュテラ地域（Kaštela）の地方品種である BABICA は BABIĆ の別名ではないことが明らかになった（Zdunić，Pejić *et al.* 2008）．さらに，系統解析の結果，BABIĆ と DOBRIČIĆ の間の親子関係が明らかになり，BABICA は PLAVAC MALI の子品種である可能性が示された（Zdunić，Pejić *et al.* 2008）．DOBRIČIĆ は PLAVAC MALI の親品種なので，BABIĆ は PLAVAC MALI の祖父母品種か片親だけが同じ姉妹の品種にあたることになり，また BABICA の曽祖父母か叔父／叔母のいずれかの関係であることになる（完全な系統は TRIBIDRAG 参照）．

ブドウ栽培の特徴

安定して高収量である．短く剪定するのが最適である．熟期は中期～晩期である．灰色かび病に感受性がある．

栽培地とワインの味

ワインの質はブドウが栽培される場所によって大きく異なる．深く，肥沃な土地でブドウが栽培された場合，収量は高くなるがワインはかなり平凡なものとなってしまう．しかし，収量は少なくても，この品種に最適の土地，たとえばプリモシュテンの風の強い場所で栽培される古いブドウの樹からは，色合い深く，フルボディーの濃厚なワインが作られる．胡椒を思わせるベリーの果実香とソフトなタンニンが若くても飲みやすいワインにしているが，オークの樽である程度，熟成させたほうがより興味深いワインになる．2009年にはクロアチアで，ブドウ栽培面積の1.85％にあたる600 ha（1,483 acres）の栽培が記録された．栽培が主に見られるのはスプリトの北西のシベニクだが，コルチュラ島（Korčula）を含むダルマチアの他の地域でも，古いブドウ畑で混植されていることがある．スプリトとシベニクの間のプリモシュテンの岩の多い台地から最高のワインが作られる．推奨される生産者としては Leo Gracin，Piližota，Suha Punta，Tomić などがあげられる．

BABICA

クロアチアのアドリア海沿岸地域の珍しい品種

ブドウの色：● ● ● ● ●

主要な別名：Kaštelanka
よくBABICAと間違えられやすい品種：BABIĆ☒

起源と親子関係

BABICA は，クロアチアのアドリア海沿岸地域に位置するスプリト(Split)北の，カシュテラ地方(Kaštela)を起源とする在来品種である．近年行われたDNA 解析によって BABICA は BABIĆ の別名ではなく，BABICA は PLAVAC MALI の子品種（Zdunić，Pejić *et al.* 2008），すなわち TRIBIDRAG の孫品種であることが明らかになった（系統図は TRIBIDRAG 参照）．

ブドウ栽培の特徴

萌芽期は遅く熟期は中期～晩期である．安定した良好な収量を示す．果皮が薄いので灰色かび病に感受性がある．

栽培地とワインの味

過去50年間で，BABICA はクロアチアのスプリトの町周辺のカシュテラにおいて主要品種となった．栽培量は少ないが，海岸に沿ってスプリトから北の方角にあるトロギル（Trogir），ベンコヴァツ（Benkovac）およびザダル（Zadar）などでも栽培されている（Zdunić 2005）．この品種はカシュテラで作られる *opolo* ワインという軽い赤ワインの生産に用いられる品種の一つである．*opolo* は PLAVAC MALI から作られることが多いが，黒い果皮の品種とのブレンドにより作られることもある．*opolo* は原産地呼称というよりもワインを表現する言葉である．BABICA は他のいくつかの在来品種と並んでクローン選抜と植栽を含む復活プロジェクトの対象となっている．

BACCHUS

最も重要なドイツの交配品種の一つで，とりわけイギリスでは香り高い白ワインが作られている．

ブドウの色：● ● ● ● ●

主要な別名：Bacchus Weiss，Geilweilerhof 33-29-133

起源と親子関係

BACCHUS は，1933年にドイツ，プファルツ（Pfalz）のジーベルディンゲン（Siebeldingen）にある Geilweilerhof 研究センター（現在は ユリウス キューン研究所（Julius Kühn-Institut）の一部である）で Peter Morio 氏が（SILVANER×リースリング（RIESLING））×MÜLLER-THURGAU の交配により得た交配品種である．1972年にドイツで公認された．DNA 解析によって，その親品種が確認されている（Grando and Frisinghelli 1998）．BACCHUS と OPTIMA は共通の親品種をもっており，その祖先品種としてリースリングが2度関与しているので，血縁関係の近い姉妹品種になる．この品種名がギリシャのワインの神であるバッカスを表していることは明らかである．BACCHUS は BIRSTALER MUSKAT，PHOENIX や RÉSELLE の育種に用いられた．

ブドウ栽培の特徴

比較的早熟で豊産性の品種である．良好な糖レベルに達し，これらはドイツやイギリスのような冷涼な気候の地域においていずれも重要な性質であるが，十分に熟しきらないのでなければ中程度の酸度となる．灰色かび病に感受性がある．

栽培地とワインの味

ドイツでは2,016 ha（4,982 acres）の BACCHUS が，主にラインヘッセン（Rheinhessen）やフランケン（Franken）で栽培されている．少量だが，ナーエ（Nahe）やプファルツでも栽培されており，また，さらに少量になるがバーデン（Baden）でも栽培されている．BACCHUS の栽培面積は1990年のピークのときには3,500 ha（8,649 acres にまで達したが，それ以降は激減している．十分に熟したブドウを用いると非情にアロマティックで，いくぶんソーヴィニヨン・ブラン（SAUVIGNON BLANC）の植物的な感じを思わせるワインになるが，一般にはよりフローラルで生き生きとし，時に強いニワトコの花のノートが香るものとなる．ドイツではよりブドウの香りの強い MÜLLER-THURGAU とブレンドされ，オフ・ドライの白ワインが作られることが多いが，フランケンの Schmitt's Kinder 社や Waldemar Braun 社がヴァラエタルワインを作っており，推奨されている．

1973年に初めてイングランドに植えられ，1998年には推奨される品種になった．2009年には130 ha（321 acres）の栽培が記録されている．イギリスのブドウ畑の10%近くを占めておりイングランドとウェールズではシャルドネに次いで2番目に多く栽培されているブドウ品種である．十分に成熟したブドウができ，良好な収量が得られることが取り柄で，ほとんどがヴァラエタルワインの生産に用いられている．特徴的に香り高くフレッシュで，イギリスではソーヴィニヨン・ブランに代わるアロマティックな品種とされている．冷涼なイギリスの気候下では，ワインはドイツのものよりフレッシュになる傾向にあり，Camel Valley 社，Chapel Down 社，Three Choirs 社 などが良質のワインを作っている．

わずかだがこの品種はスイスでも栽培されており（2 ha/5 acres 以下），Jauslin 社がヴァラエタルワインを作っている．日本でも限定的に栽培されており（25 ha/62 acres; 2009年），たとえば北海道のふらのワイン社がワインを作っている．

BACHET NOIR

ほぼ絶滅状態にある古い品種

ブドウの色：● ● ● ● ●

主要な別名：Bachey（オーブ県（Aube）およびオジョン バレー（Aujon valleys）），Francois Noir（オーブ県およびオート=マルヌ県（Haute-Marne）），Gris Bachet（オート=マルヌ県）

起源と親子関係

BACHET NOIR はほぼ絶滅状態にある古い品種であり，シャンパーニュ地方の南部に位置するオーブ県を起源とする品種であると考えられている．この品種に関して初めて記載がなされたのは1821年のことなのだが，その内容は次のように否定的なものである．「français や bachet rouge は平凡なワインだといわれている」．Bachet という名前はオート＝マルヌ県にあるビュシェ村（Buchey）に由来するといわれてきたが，おそらく，これはフランス北東部で多く見られる名字の Bachet にちなんで名づけられたものであろう．

ブドウの形態分類の専門家は BACHET NOIR を Tressot グループに分類した（p XXXII 参照；Bisson

2009)．しかし，DNA 系統解析の結果はこれに反し，BACHET NOIR はシャルドネ（CHARDONNAY），GAMAY NOIR，ALIGOTÉ などの姉妹品種と同様に，PINOT×GOUAIS BLANC の自然交配により生まれた品種であることを示すものであった（Bowers *et al.* 1999）．この発見によりその兄弟品種である BEAUNOIR と形態的に似ていることに納得がいく．

ブドウ栽培の特徴

クロロシス（白化），べと病，うどんこ病および灰色かび病に感受性がある．乾燥には脆弱だが，冬の霜には耐性がある．小さな果粒をつける．早熟である．

栽培地とワインの味

ワインはアルコール分が高いことと酸味が強いことで知られており，ある種，植物的な特徴を有している．オーブ県で公認されているが，多かれ少なかれ消えゆく運命であろう．2000年にフランスで記録された栽培面積は1 ha（2.5 acres）以下であった．

BAČKA

P Cindrić，Nada Korać および V Kovač 氏らがセルビアで PETRA×BIANCA の交配により得たピンク色の果粒をもつ交雑品種である．セルビアとハンガリーの間にまたがるパンノニア平原（Pannonian）にちなんで名付けられたが，栽培が見られるのは主にセルビア北部である．収量が良好であることと，霜やかびの病気に耐性があることが評価され，2002年に公認された．Daniel Celovski 社や Jaroslav Žila 社などがヴァラエタルワインを作っている．

BACO BLANC

薄い果皮色をもつフランスの交雑品種．
依然アルマニャックで公認されているが栽培は減少傾向にある．

ブドウの色：● ● ● ● ●

主要な別名：Baco 22 A，Maurice Baco，Piquepoul du Gers（アルマニャック（Armagnac））
よくBACO BLANCと間違えられやすい品種：PIQUEPOUL BLANC

起源と親子関係

BACO BLANC は，1898年にフランス南西部のランド県（Landes）のベリュ（Bélus）で François Baco 氏が FOLLE BLANCHE×NOAH の交配により得た交雑品種である．したがって，BACO BLANC は BACO NOIR と片親だけが同じ姉妹の品種にあたる．両品種とも黒腐病への耐性をもつ交雑品種の開発を目的として作られたものである．別名の MAURICE BACO は，François Baco 氏が17歳で亡くなった彼の息子に想いを馳せて命名したものである．一方，シャラント県（Charente）では PIQUEPOUL DU GERS という別名が用いられているのだが，そのせいで，この品種のすべてが *vinifera* 起源であるという誤解が生じている．

ブドウ栽培の特徴

ダニ，クロロシス（白化），flavescence dorée（細菌の感染によって葉の黄変が引き起こされる病気），うどんこ病，べと病に感受性があるが，灰色かび病には耐性がある．晩熟で果粒にはわずかにフォクシーなフレーバーがある．

栽培地とワインの味

BACO BLANC は原産地呼称（appellation d'origine contrôlée: AOC）で用いられている唯一の交雑品種である．また，フランス南西部の濃色のスピリッツであるアルマニャックのベースとなるワインに公認されている10品種の一つである．2008年にはフランスで827 ha（2,044 acres）の栽培が記録されたが UGNI BLANC（TREBBIANO TOSCANO）が好まれるようになったのにともなって栽培面積は徐々に減少している．しかし，この品種すべてを禁止することは2005年に覆された．かつてはニュージーランドでも限定的に栽培されていた．

BACO NOIR

果皮色の濃いフランスの交雑品種．祖国でよりも大西洋を渡った先で成功を収めた．

ブドウの色：● ● ● ● ●

主要な別名：Baco 1，Baco 24-23，Bacoi，Bago，Bako Speiskii，Bakon

起源と親子関係

BACO NOIR は，1902年にフランス南西部に位置するランド県（Landes）のベリュ（Bélus）で François Baco 氏が FOLLE BLANCHE（PIQUEPOUL DU GERS の名で）× *Vitis riparia* Grand Glabre の交配により得た交雑品種である．したがって，この品種は，BACO BLANC の片親だけが同じ姉妹品種ということになる．しかし，Galet（1988）が述べているように，*Vitis riparia* Grand Glabre はめしべの花のみで，花粉が不稔であるため，Darrigan 氏はこの交雑品種は FOLLE BLANCHE × *Vitis riparia* Grand Glabre ＋ふつうの *Vitis riparia* の交雑品種であり，Baco 氏は二つの異なる品種の *Vitis riparia* の花粉の混合物を用いてこの品種を得たのだと考えている．

当初は BACO 24-23 と呼ばれていたが，1910年に Prosper Gervais 氏が Baco 氏の元を訪問した後，同氏によって BACO 1 と改名された．1964年からこの品種は BACO NOIR として知られている（Galet 1988）．この品種は GR7 の育種に用いられた．

ブドウ栽培の特徴

萌芽が早いので春の霜の被害を受けるリスクがある．重粘土土壌が栽培に適している．樹勢が強く早熟である．べと病およびうどんこ病には良好な耐性を示すが，黒腐病とクラウンゴールには非常に高い感受性を示す．酸度は高いがタンニンが少ない．小さな果粒で小～中サイズの果房をつける．

栽培地とワインの味

BACO NOIR はある時期には，ブルゴーニュ，アンジュ（Anjou），そして故郷であるランド県などフランスでかなり多く栽培されていたが，この品種がフランスの公認品種リストに登録されていないこともあり，栽培面積は次第に減少し，2008年に記録された栽培面積はわずか11 ha（27 acres）たらずであった．国境を越えたスイスでも栽培されているが，栽培面積はわずか1 ha（2.5 acres）である．ヴァラエタルワインは色合い深いが，さらに重要なのは，一般に北アメリカ系のブドウに見られるフォクシーフレーバーがないということだ．スイスの Bosshardt Weine 社やフランスの Mondon-Demeure 社がこの品種を用いて珍しいワインを作っている．

1950年代の初期にアメリカに持ち込まれて以降，北米の冷涼な地域においてよく栽培されている．ニューヨーク州のハドソン川とフィンガーレイクズの両地域で，またオレゴン州南部で，2009年に820トンのブドウが用いられた（2007年のほぼ2倍の量である）．しかし，最も人気があるのはカナダのオンタリオ州で，2006年には565 acres（229 ha）の栽培が記録されている．Henry of Pelham 社と Peller Estates 社がこの品種を用いて，フレッシュでベリーのフレーバーをもつ良質のワインを作っている．ブリティッシュコロンビア州では MARÉCHAL FOCH の方が交雑品種としては人気を集めているが，Summerhill 社が同州で BACO NOIR のヴァラエタルワインを作っている．この品種はまた，ノバスコシア州やケベック州でも栽培されている．

BAGA

物議を醸すポルトガル北部の品種．手間のかかる品種だが，熟成させる価値のある素晴らしいワインができるポテンシャルを秘めている．

ブドウの色：● ● ● ● ●

主要な別名：Baga de Louro（ダン（Dão）およびバイラーダ（Bairrada）），Carrasquenho（バイラーダ），Carrega Burros，Poeirinho（ダンおよびバイラーダ），Tinta Bairrada🧬 または Tinta da Bairrada（ドウロ（Douro）），Tinta de Baga（ダンおよびバイラーダ）
よくBAGAと間違えられやすい品種：MORETO DO ALENTEJO🧬，PEDRAL🧬（ポルトガル北西部）

起源と親子関係

BAGA はおそらく，ポルトガルのベイラス地方（Beiras）のダンを起源とする品種であろうと思われる．極めて大きな形態的多様性が見られるこの地から，あまり多様性が見られない西部の沿岸や近隣のバイラーダ地方に向けて広がっていったものと考えられる（Rolando Faustino, 私信）．BAGA はポルトガル語で「果粒」という意味である．

ブドウ栽培の特徴

薄い果皮をもつ比較的大きな果粒が密着して長い果房をつける．灰色かび病には感受性があるが，うどんこ病には耐性がある．比較的樹勢が強く，豊産性で晩熟である．

栽培地とワインの味

BAGA は消費者だけでなく，生産者からも好まれると同時に嫌がられてもいる品種である．
生産者は，タンニンが十分に熟すように，ブドウを樹に長く残したままにすべきなのだが，そうすると，ポルトガルの大西洋の影響を受ける地域でよく見られる9月の雨により腐敗の危険性が増すので，どうすべきかジレンマに陥っている．このように BAGA は最高のワインにも最低のワインになりうるわけだが，最高のワインになると，アルコール分は13％に達し，若いときには森の果実のアロマをもつが，ボトルの中でタンニンがソフトになるにつれて，深みが増しブラックプラム，ハーブ，オリーブ，スモーク，タバコの複雑さをもつようになる．一方，最低のワインは，かつてよく行われていたように梗とともに発酵させると，色が薄く，青臭く渋みをもつものになってしまう．しかし，早摘みされた果実はロゼや発泡性ワインのベースワインとしては有用である．
ベイラス地方の沿岸部に近いバイラーダでは BAGA が地域の赤品種の90％を占め，地理的表示保護ワインや DOC で他の品種を圧倒しており，石灰粘土質土壌で栽培された BAGA を用いると最高のワインになる．内陸の高地に位置するダンでは現在も赤ワイン用の主要品種とされているが，栽培は減少し続けている．BAGA は Dão DOC の公認を受けておらず IGP Beiras のみで公認されている．この品種はリスボン地方（Lisboa）の北部やテージョ（Tejo）のほか，ベイラスの別の地域でも栽培されており，ドウロではテーブルワインとして公認されている．2010年にポルトガルで記録された栽培面積は9,885 ha（24,426 acres）であった．
BAGA に最も情熱を注ぎ，成功を収めた生産者の1人が Luís Pato 氏であり，同氏はフィロキセラ被害以前から栽培されている樹から収穫されたブドウで熟成させる価値のあるすばらしい赤ワインの Quinta do Ribeirinho Pé Franco の他，興味深い赤の発泡性ワインを作っている．

推奨されるバイラーダの生産者としては他にも，Campolargo 社，Casa de Saima 社，Caves São João 社，Adega Cooperativa de Cantanhede 社，Dulcinea dos Santos Ferreira 社，Filipa Pato 社，Kompassus 社などがあげられる．

BAGRINA

ピンク色の果皮をもつバルカン半島の品種．
フレッシュで熟成させる価値のある白ワインになる．

ブドウの色：

主要な別名：Bagrina Crvena（セルビアおよびモンテネグロ），Bagrina Krajinska（セルビアおよびモンテネグロ），Bagrina Rošie（セルビアおよびモンテネグロ），Braghina，Braghină（ルーマニアおよびモルドヴァ共和国），Braghină de Drăgășani（ルーマニアおよびモルドヴァ共和国），Bragina，Bragina Rara（ルーマニア）

起源と親子関係

BAGRINA はバルカン半島の非常に古い品種である．かつてはハンガリー領とされていた現在のルーマニア，セルビア，ハンガリーにまたがる歴史的な地方であるバナト（Banat）を起源とする品種であろうと思われる．

ブドウ栽培の特徴

熟期は中期～晩期である．機能的に花はめしべのみである．薄い果皮をもつ果粒が粗着した大きな果房をつける．

栽培地とワインの味

BAGRINA が見られるのはルーマニア南西部のドラガシャニ（Drăgășani），セルビア東部のティモク（Timok）だが，ブルガリアでも少し栽培されている．受粉のために別の品種を近くに植えなければいけない．ワインはフレッシュで，調和のとれたものとなり，よく熟成するといわれている．

BAKHTIORI

樹勢が強く早熟である．中央アジアの品種で，おそらくウズベキスタンを起源とする品種であると思われる．この品種からはワインとブランデーが作られている．

BALAU

NERETTO DURO を参照

BALSAMINA

MARZEMINO を参照

BALZAC BLANC

ほぼ絶滅状態にあるコニャック地方の品種

ブドウの色：● ● ● ● ●

主要な別名：Balzard Blanc，Balzat，Blanc Limousin，Margnac Blanc，Ressière

起源と親子関係

Boutard（1842）がシャラント県（Charente）で BALZAC BLANC を最初に記載しており，当時，同氏はこの品種を BALZAC NOIR（MONASTRELL の別名）の変種だと考えていたのだが，BALZAC BLANC はその姉妹品種にあたる MESLIER SAINT-FRANÇOIS や COLOMBARD のように，GOUAIS BLANC とシュナン・ブラン（CHENIN BLANC）の自然交配品種であることが DNA 解析によって明らかになったため，この説は否定された（Bowers *et al.* 2000）．BALZAC BLANC は形態的に COLOMBARD に似ており，ブドウの形態分類群の Folle グループに属している（p XXXII 参照；Bisson 2009）．

ブドウ栽培の特徴

熟期は中期である．うどんこ病とべと病に感受性がある．

栽培地とワインの味

BALZAC BLANC は事実上絶滅しており，フランスの公式登録リストに登録されたことはない．

BÁNÁTI RIZLING

KREACA を参照

BARATUCIAT

イタリア，ピエモンテ（Piemonte）の絶滅の危機から救済された珍しい白品種．ソーヴィニヨン・ブラン（SAUVIGNON BLANC）を思わせる味わいをもつワインが作られる．

ブドウの色：● ● ● ● ●

主要な別名：Bertacuciàt

起源と親子関係

イタリア北西部，ピエモンテのヴァル・ディ・スーザ（Val di Susa）由来の品種である．同地方の歴史的な文書にもブドウの形態分類学的な文書にも見られないが，数年前にこの地方で絶滅の危機から救済された．この奇妙な名前は「猫の陰嚢」を意味する，この地方の方言に由来するものであろうと考えられる．

ブドウ栽培の特徴

樹勢が強く，豊産性である．熟期は中期である．果皮が厚いので灰色かび病に耐性がある．果粒の酸度が非常に高い．

栽培地とワインの味

BARATUCIAT は生食およびワイン生産に用いられている．伝統的にイタリア北西部に位置するヴァル・ディ・スーザの，主にアルメーゼ（Almese），ヴィッラール・ドーラ（Villardora），ルビアーナ（Rubiana），ロスタ（Rosta）およびボッティーリア（Buttigliera）で栽培されてきた．最近まで家庭で小規模栽培と醸造が行われ自家用ワインが作られ，質のよい遅摘みワインが作られていたこともあった．しかし，2000年代初頭からアルメーゼの Giorgio Falca 社が少量ではあるが商業用のワインを作り始め，また，2008年にこの品種が公式登録されたこともあり，これに続く生産者が今後，現れることであろう．ワインのアロマはソーヴィニヨン・ブランのアロマ（ツゲおよびニワトコ）と非常によく似ているが，後味にわずかな苦みが残る．

BARBAROSSA

無関係であろうと思われる多くの品種と混同されるような，紛らわしい品種名をもつ．

ブドウの色：●　●　●　●　●

起源と親子関係

イタリア語で「赤いひげ」という意味をもつこの言葉，BARBAROSSA は多くの異なる品種に用いられたが，本当の情報は現時点ではとても限定されているので，それらをまとめて一緒に扱うことも理にかなっている．

- BARBAROSSA というトスカーナ（Toscana）のブドウについては Soderini（1600）が記載しているが，現在では消滅したといわれている．
- 1955年に100年を超えるブドウ畑で見つかった，とても珍しい BARBAROSSA の樹がエミリア＝ロマーニャ州（Emilia-Romagna）で栽培されている．この名前はこの地方に住んだ神聖ローマ皇帝フリードリヒ1世のニックネームにちなんでつけられたものである．
- 別の珍しい BARBAROSSA はリグーリア州(Liguria)のサヴォーナ県(Savona)とジェノヴァ県(Genova)で栽培されているが，現地では BARBAROSSA DI FINALBORGO，VERDUNA あるいは VERDONA と呼ばれている．トスカーナ州が起源であるといわれており，Galet（2000）はフランスのコルシカ島（Corse）のものと同一であると考えていたが，DNA レベルでこれを支持する証拠はない．
- さらに二つの BARBAROSSA ブドウがプッリャ州（Puglia）とカンパニア州（Campania）で記載されている．両品種とも異なるユニークな DNA プロファイルを有している（Zulini *et al.* 2002; Costantini *et al.* 2005）．
- Galet（2000）によれば，プロヴァンスでワイン用と生食用に栽培されている BARBAROUX（Cassis アペラシオンで公認されている）は，ピエモンテの生食用品種の BARBAROSSA DU PIÉMONT ブドウと同一の可能性がある．

BARBAROSSAS の形態学的比較および DNA 解析によってこうした混乱はすべて解決されるであろう．

栽培地とワインの味

イタリア東部に位置するエミリア＝ロマーニャ州の Fattoria Paradiso 社は100年になるブドウ畑から得た穂木を用いたブドウから唯一100%の BARBAROSSA ワインを作っていると主張している．他方，北西部のリグーリア州では BARBAROSSA DI FINALBORGO が地方のテーブルワインである Nostralino にブレンドされている．コルシカ島でBARBAROSSAとして知られるブドウ（Galet（2000）によれば栽培面積は150 ha/370 acres以下だという）はAjaccio原産地呼称の主原料であり，Vin de Corseでは副原料として用いられている．

BARBAROUX

比較的平凡なピンク色の果皮をもつプロヴァンスの品種．ほぼ絶滅状態にある．

ブドウの色：● ● ● ● ●

主要な別名：Barbarons（トゥーロン（Toulon），プロヴァンス（Provence）），Grec Rose，Roussée
よくBARBAROUXと間違えられやすい品種：BARBAROSSA ☒（リグーリア州（Liguria）およびピエモンテ州（Piemonte）），GÄNSFÜSSER ☒

起源と親子関係

BARBAROUXは生食用およびワイン用の古い品種で，プロヴァンスのトゥーロン地区で1667年にはすでに別名のBARBARONSで「Maroquinあるいはbarbaronsは大きな紫色の果粒で非常に大きな房をもつ」と記載されている．他にも17世紀から19世紀の間にプロヴァンスでいくつかの記録が見られ，1715年に同地で初めて現代表記が用いられている．BARBAROUXという名前はプロヴァンスの方言で「赤い果粒をもつ品種」を意味する*barbarous*に由来すると考えられている．

DNA解析によって，BARBAROUXはピエモンテ州やリグーリア州でBARBAROSSAと呼ばれているいろいろなブドウ品種とは異なることが示されたが（Torello Marinoni，Raimondi，Ruffa *et al.* 2009），BARBAROUXが，BARBAROSSAという名前でフランスのコルシカ島（Corse）で栽培される品種と同一であるか否かはまだ解明されていない．BARBAROUXは時にGÄNSFÜSSLERとも呼ばれるが，ドイツのラインラント＝プファルツ州（Rheinland-Pfalz）で栽培される真のGÄNSFÜSSERとは遺伝的には関連がない（Vouillamoz）．

ブドウ栽培の特徴

結実能力は高いが，樹勢は特に強いというわけではない．萌芽期は早く熟期は中期である．うどんこ病と灰色かび病に感受性がある．長い成熟期間を必要とし，大きな果粒と大きな果房をつける．

栽培地とワインの味

BARBAROUXのブドウ畑はフランスのプロヴァンスでますます減少しつつあり，2008年時点で残存する畑は38 ha（94 acres）にすぎない．一般に，ワインは深い金色で，香り高いが軽くソフトなものとなる．この品種はCassisアペラシオンの赤およびロゼの副原料として公認されている．コート・ド・プロヴァンス（Côtes de Provence）の赤ワインおよびロゼワインでもこの品種は補助的な役割を担っているが，1994年以前に植えられたブドウしかないので，この品種の消滅は避けられないだろう．

BARBERA

使い道の多いイタリアの赤品種．いろいろな場所で様々なスタイルのキレのある甘口ワインが作られているが，その起源は依然，明らかになっていない．

ブドウの色：● ● ● ● ●

主要な別名：Barbera a Peduncolo Rosso, Barbera a Raspo Verde, Barbera Amaro, Barbera d'Asti, Barbera Dolce, Barbera Fina, Barbera Grossa, Barbera Nera, Barbera Nostrana, Barbera Vera, Barberone, Gaietto, Lombardesca, Sciaa

よくBARBERAと間違えられやすい品種：BARBERA DEL SANNIO ☒（カンパニア州（Campania）），BARBERA SARDA（サルディニア島（Sardegna）），Barberùn（ピエモンテ州（Piemonte）），MAMMOLO ☒（コルシカ島（Corse）でSciaccarelloの名で），NERETTO DURO ☒（ピエモンテ州でBarbera Rotondaの名で），PERRICONE ☒（シチリア島（Sicillia））

起源と親子関係

BARBERAという品種名は，中世期にメギ（ヒロハヘビノボラズ/barberry）から作られていた濃い赤色の発酵飲料で，酸味と渋みがあり，わずかにBARBERAワインを思わせる風味が感じられるVinum Berberisという飲み物に由来するものであると一部の研究者は考えている．

BARBERAはピエモンテ中部に位置するモンフェッラート（Monferrato）の丘陵地帯を起源とする品種であると一般に信じられている（後述）．しかし，我々の知る限り，BARBERAという名前に関する記載のうち，信ぴょう性のある初めてのものは18世紀末にNuvolone Pergamo伯爵（1787–98）がイタリア北西部のアスティ近郊ではBARBERAとして知られている品種で，ヴェルチェッリ（Vercelli）近郊やカナヴェーゼ（Canavese）ではUGHETTA，ノヴァーラ（Novara）近郊ではVESPOLINAとして知られる品種について記した文献の中に見られる（UGHETTAはBARBERAおよびVESPOLINAという全く異なる二つの品種の別名として用いられている）．伯爵は*Vitis vinifera Montisferratensis*についても述べており，*Vitis vinifera Montisferratensis*はBARBERAと同一だとさることが多いが，この地理的な名前が同じ地域の歴史的な別のブドウ（たとえばFREISA）にも用いられていることを考えると，この説は疑わしいと言わざるを得ない．

19世紀以降，BARBERAはアスティ地方の典型的なブドウとしてよく記述されてきたが，ピエモンテ全域ではフィロキセラ禍後まで，この品種が重要品種と考えられることはなかった．1798年以前のピエモンテにはBARBERAに関する信ぴょう性のある記録がないこと，また，この品種が広まったのが比較的最近であることから，起源の地は別にあると考えられている．事実，最近のDNA研究により，大方の予想に反しBARBERAはピエモンテの他のブドウ品種とほとんど関係がないという結果が得られている．この結果はBARBERAが比較的最近，この地域に持ち込まれたことを示唆している（Schneider *et al.* 2003）．さらに，18世紀以前のイタリアのどの地域にもBARBERAに関する記録が見られないことから，このブドウは比較的最近になって，どこかのブドウ畑（上述の理由でピエモンテ以外の）で自然交配により生まれた品種であると考えられる．BARBERAの起源を知るためにはさらなる遺伝的研究が必要である．

DNA解析によってBARBERA BIANCAやBARBERA DEL SANNIOはいずれもBARBERAとは無関係であることが示された（Sefc *et al.* 2000; Costantini *et al.* 2005）．ちなみに，BARBERAは，ピエモンテの古いブドウ畑で散見されるBARBERÙNとも異なる品種である（Schneider and Mannini 2006）．

BARBERAはALBAROSSA，CORNAREA，ERVI，INCROCIO TERZI 1，NEBBIERA，NIGRA，PRODEST，SAN MICHELEおよびSOPERGAの育種に用いられた．

他の仮説

17世紀にロンバルディア人がピエモンテにBARBERAを持ち込んだとする言い伝えがある．

後に，Casale Monferratoの参事会の書庫の中で見つかった1249年11月7日付の文章には，サンテヴァージオ聖堂が地域の農家に 'bonis vitibus berbexinis' を植えるための土地を1区画分貸し出したと記載されている．多くの歴史家やワインライターが Berbexinis を Barbexinis と間違えて転記した結果，このブドウが BARBERA であると考えられるようになった．しかし Berbexinis は BERBESINO である可能性のほうが高く，多くのブドウの形態分類の専門家が GRIGNOLINO，時に ORTRUGO，あるいはネッビオーロ（NEBBIOLO）を別名として記載しているが BARBERA とは記載していない．

また，Pietro de Crescenzi が自著の *Trattato dell'agricoltura*（1304）の中に記載した GRISA，また，ピエモンテのキエーリ（Chieri）の公文書で1514年に記録された GRISSA，さらに Croce（1606）が GRISA MAGGIORE と記載したものすべてが BARBERA のことであるという仮説がある．しかし，これらの名前は果粒の灰色にちなんだ名前であるため，BARBERA を指しているとは考えにくく，いくつかの別のブドウを指している可能性がある．

また，最近の資料に BARBERA は MONASTRELL（ムールヴェドル（MOURVÈDRE））に関係があるという資料があるが，DNA 解析データはこの仮説を強く否定するものであった（Vouillamoz）．

他にも，BARBERA はシチリアの PERRICONE あるいはコルシカ島の SCIACCARELLO と同一であるという仮説があるが，DNA 解析によって両方とも否定されている．SCIACCARELLO は MAMMOLO と同一である（Vouillamoz）．

ブドウ栽培の特徴

豊産性で比較的晩熟（DOLCETTO よりも遅いがネッビオーロよりも早い）であるが完熟後も高い酸度が保持される．ワインの色は深いルビー色になる．

栽培地とワインの味

BARBERA はピエモンテで最も一般的で，広く普及した品種で，イタリア南部のいくつかの産地に加え，ロンバルディア州，エミリア＝ロマーニャ州（Emilia-Romagna）でも栽培されている．2000年のイタリアの統計では28,365 ha（70,090 acres）の栽培面積が記録されたが，これはメタノールを添加した BARBERA を飲んで30名以上が死亡した1980年代中頃以降，劇的に減少した後の数字である．しかし，それでも BARBERA は，サンジョヴェーゼ（SANGIOVESE），MONTEPULCIANO に次いで3番目に栽培面積の多い品種であり，その60% 以上がピエモンテで栽培されている．

最高の BARBERA は色合い深く，フレッシュで，鮮やかなチェリーのフレーバーが香る，比較的ソフトなワインになる．

この品種の中心地となっているピエモンテ州では BARBERA の名を Barbera d'Asti DOCG（2008年に昇格，15% まで FREISA，GRIGNOLINO および / または DOLCETTO が認められる），Barbera d'Alba および Barbera di Monferrato（同じく15% まで FREISA，GRIGNOLINO および / または DOLCETTO が認められている）の DOC で見ることができる．この品種にとって最適の栽培地域は，Alba DOC のアルバ（Alba）とモンフォルテ・ダルバ（Monforte d'Alba）の北と南の丘，およびアスティ県のニッツァ・モンフェッラート（Nizza Monferrato）から北西へヴィンキオ（Vinchio），カステルヌオーヴォ・カルチェーア（Castelnuovo Calcea），アリアーノ（Agliano），ベルヴェーリオ（Belveglio）およびロッケッタ・ターナロ（Rocchetta Tanaro）に向かう地域であるとされている．このことから，ニッツァ（Nizza），ティネッラ（Tinella）およびコッリ・アスティアーノ（Colli Astiano）（あるいは単に Astiano）がバルベラ・ダルバ（Barbera d'Alba）の特別なサブゾーンとされ，Barbera Monferrato Superiore には2008年のビンテージから DOCG が与えられた．アルバ（Alba）の町周辺の最高のブドウ畑（バローロ（Barolo）およびバルバレスコ（Barbaresco）など）ではネッビオーロが栽培されているが，アスティ周辺の最高のブドウ畑では地方の特産品である BARBERA が栽培されているため，アスティの栽培者は，一般に，バルベーラ・ダスティ（Barbera d'Asti）のワインのほうがより高価なバルベラ・ダルバのワインよりも優れていると主張している．

ブドウの収量が過剰になる（アルバでは70 hl/ha と寛大な収量規定である）場所では，ワインは薄く平凡になりがちだが，BARBERA は過去20年ほどの間，真剣に扱われており，若くシンプルで酸味の強いフルーティーで安価なワインから，オーク熟成の恩恵を受けた，濃厚で非常に高価なワインで幅広いスタイルのワインが作られている．これは栽培される地域の広さと多様性にもよるが，生産者の志によるところも大きい．フランスのワインコンサルタントである Émile Peynaud 氏は1970年代にオークを用いることを推奨したが，このスタイルを用いた最初の試みは Giacomo Bologna 氏が作る先駆的なブリッコ デル ウッチェローネ

(Bricco dell' Uccellone) ワインであった．このアプローチにはより凝縮感のあるワインが必要なことはいうまでもないが，新樽を使うことで，ワインの骨格は確かなものになり，ボディーやスパイシーなフレーバーが添加される．しかし，これは世界的に称賛されているというわけではなく，この方法により，昔からBARBERAの特徴といわれる明るいチェリーのフレーバーが変わってしまうというのも事実である．議論の余地はあるかもしれないが，BARBERAのもつ純粋な甘いフルーティーさは，オークの重厚さが少ないワインのほうが，よりはっきりと感じられる．

ピエモンテで偉大なBaroloおよびBarbarescoを扱う生産者のほとんどが素晴らしいBARBERAワインを作る能力を備えているのだが（ネッビオーロ（NEBBIOLO）参照），BARBERAワインを作る生産者のうち，中でも優れているのがElio Altare社，Domenico Clerico社，Conterno-Fantino社，Corregia社，Scavino社などである．

ロンバルディア州では，特にオルトレポー・パヴェーゼ（Oltrepò Pavese）においてBARBERAが広く栽培されており，手頃なヴァラエタルワインが作られている．それらのうちのいくつかは微発泡性であったり，よくCROATINAやBONARDA PIEMONTESEとブレンドされたりする．この品種はTerre di Franciacorta DOCでも公認されているが，これを使ったワインは次第に少なくなっており，テーブルワイン（vino da tavola）に多く見られるようになってきた．エミリア＝ロマーニャ州では，Colli Piacentin（「ピアチェンツァ（Piacenza）の丘」という意味）のグットゥルニオ（Guttornio）タイプに55〜70％のBARBERAを，また，ノヴェッロ（Novello）タイプには60％まで，ヴァラエタルワインには85〜100％のBARBERAを用いることになっている．より軽めのタイプのものは，たいてい微発泡性ワインでありColli BolognesiやColli di Parmaで作られている．イタリア中部から南部では，ブレンドワインに酸味を加えることがこの品種の役割とされている．

この品種の祖国を離れたところでは，アメリカに移住したイタリア移民がカリフォルニア州（2008年の栽培面積は17,300 acres/7,000 ha 以上）でBARBERAの本拠地を築いている．カリフォルニア州では高貴なネッビオーロよりも，この品種が人気を博しており，特に，シエラ・フットヒルズ（Sierra Foothills）の古い樹を用いて作ったYorba社やJeff Rundquist社などのワインが成功を収めている．また，イタリア品種を用いてカリフォルニア州で作られたワイン（Cal-Ital）の流行も追い風となっている．

2007年に800 ha (1,977 acres) 近くの栽培が記録されたアルゼンチンではNorton社が良質のワインを作っている．

1960年代にBARBERAがオーストラリアに導入されて以降，ゆっくりとではあるが，他のイタリア品種と並んで，BARBERAもその評判を高めている．推奨される生産者としてはBrown Bros，Gary Crittenden，Dal Zotto，Gapsted，Mount Langi Ghiran，Michelini などがあげられる．ニューサウスウェールズ州ではCentennial Vineyards社がアマローネスタイルのワインを作っている．

南アフリカ共和国（50 ha/124 acres; 2008年），スロベニア（139 ha/343 acres），ギリシャ（マケドニアのAlpha Estate社で0.5 ha/1.24 acres）およびイスラエルでも限定的に栽培されている．

BARBERA BIANCA

イタリア，ピエモンテ（Piemonte）の珍しい品種．
濃い果皮色のBARBERAとは無関係である．

ブドウの色：●●●●●

主要な別名：Bertolino，Peisìn
よくBARBERA BIANCAと間違えられやすい品種：CARICA L'ASINO

起源と親子関係

BARBERA BIANCAと赤品種のBARBERAは，酸度が高い点と果房と果粒の形態が似ているのだが，異なるDNAプロファイルを示すので，果皮色変異とは考えられない（Sefc *et al.* 2000; Schneider and

Mannini 2006)．イタリア北西部のピエモンテで BARBERA BIANCA が知られるようになったのは1825年以降である．

ブドウ栽培の特徴

高収量で熟期は中期である．酒石酸含量が高い．

栽培地とワインの味

BARBERA BIANCA はイタリア北西部に位置するピエモンテ州のアックイ（Acqui）とアレッサンドリア地方（Alessandria）の古いブドウ畑で主に栽培されており，Colli Tortonesi Bianco DOC で公認されている．通常，BARBERA BIANCA はミュスカ・ブラン（MUSCAT BLANC À PETITS GRAINS（MOSCATO））や CORTESE，VERMENTINO（FAVORITA）および TIMORASSO などの地方品種とブレンドされる．酸度が高いので，一部の生産者は軽い発泡性ワインの生産にこの品種を用いている．イタリアの2000年の統計には280 ha（690 acres）の栽培が記録されている．

BARBERA DEL SANNIO

品質が向上しつつあるイタリア中部の品種．北部の BARBERA とは無関係である．

ブドウの色：● ● ● ● ●

主要な別名：Barbetta
よく BARBERA DEL SANNIO と間違えられやすい品種：BARBERA ☒（ピエモンテ州（Piemonte））

起源と親子関係

BARBERA DEL SANNIO はイタリア中部，カンパニア州（Campania），ベネヴェント県（Benevento），Valle Telesina のカステルヴェーネレ地方（Castelvenere）の品種である．1844年に Gasparrini 氏により LUGLIESE あるいは LUGLIATICA という名前（*Luglio* はイタリア語で「7月」を意味する）で紹介された後に Froio 氏（1875）が，現在ピエモンテ州で有名になっている品種に似ているということで BARBERA と改名した．そのせいで現在もワイン統制上，混乱が見られる（Manzo and Monaco 2001）．DNA 解析により BARBERA DEL SANNIO は BARBERA とは異なり，遺伝的には CASAVECCHIA，CATALANESCA や SUMMARIELLO（NERO DI TROIA）に似ていることが明らかになったが，これらの品種が他のカンパニアの品種とは全く異なることから，近年この地方に持ち込まれたものと見られている（Costantini *et al.* 2005）．

ブドウ栽培の特徴

樹勢が強い．果皮が厚いので，灰色かび病には比較的耐性がある．

栽培地とワインの味

かつてはブレンドワインの色づけ用の個性のない品種であった BARBERA DEL SANNIO だが，現在は色合い深く香りのよい，ミディアムボディーのヴァラエタルワインを作る生産者が増加しており，1997年からはイタリア，カンパーニャの Sannio 原産地呼称で公認もされている．推奨される生産者としては，'A Canc'llera，Antica Masseria Venditti（BARBETTA という別名を用いて）および Anna Bosco などがあげられる．

BARBERA SARDA

復活を果たした，スペイン，サルデーニャ島（Sardegna）の赤品種.
フレッシュな酸味で評価を得ている.

ブドウの色：● ● ● ● ●

よくBARBERA SARDAと間違えられやすい品種：BARBERA，MAZUELO

起源と親子関係

サルデーニャ島由来のBARBERA SARDAは，かつて，同一品種だと考えられていたBARBERAあるいはMAZUELO（CARIGNAN）のいずれとも異なる．この品種はピエモンテのBARBERAと親子関係にあると考えた研究者もいたが，DNA解析による証明はまだ行われていない.

ブドウ栽培の特徴

晩熟である.

栽培地とワインの味

BARBERA SARDAはイタリアのサルデーニャ島でのみ栽培されており，主にヌーオロ（Nuoro），カリャリ（Cagliari），オリスターノ（Oristano），サッサリ（Sassari）などで推奨されている．通常，この品種はブレンドワインに酸味を加えるために用いられている．2000年代の終わり頃に，Cantina di Dolianova社が作るテリッチオ地方（Terresicci）のワイン（85% BARBERA SARDA，10% シラー（SYRAH），5% MONTEPULCIANO）などで復活の兆しが見え始めた.

BARCELO

栽培量はわずかだが，ダン地方（Dão）で白のブレンドワインに用いられている
ポルトガル品種

ブドウの色：● ● ● ● ●

主要な別名：Barcello，Barcelos

起源と親子関係

BARCELOはポルトガルのダン地方由来のポルトガル品種である．BARCELOのDNAプロファイル（Veloso *et al.* 2010）はAMARALとほぼ同一であるが（Pinto-Carnide *et al.* 2003），確認のためにさらなる遺伝的およびブドウの形態分類学的解析が必要である.

ブドウ栽培の特徴

萌芽期は早期～中期で熟期は中期である．花ぶるいによる被害を受けやすい.

栽培地とワインの味

BARCELOはポルトガル中部のベイラス地域（Beiras）で栽培されており，Dão DOCで公認されている．通常はブレンドの一部として，またIGP Beirasとして用いられている．一般にワインはフルーティーかつフレッシュで香り高くバランスのとれたものとなる．ENCRUZADO ワインと似ていなくもないが，アルコール分は低い．2010年にはポルトガルで35 ha（86 acres）の栽培が記録されている．

BARIADORGIA

事実上絶滅状態にあるイタリア，サルデーニャ島（Sardegna）の白品種．フランスのコルシカ島（Corse）では CARCAJOLO BLANC の名で現存している．

ブドウの色：

主要な別名： Bariadorgia Bianca, Bariadorza, Barria Dorgia または Barriadorgia（イタリアのサルデーニャ島），Carcaghjolu Biancu，Carcajola，Carcajola Bianco（サルデーニャ島），Carcajolo Blanc（フランスのコルシカ島），Gregu Bianco（サルデーニャ島）
よくBARIADORGIAと間違えられやすい品種： BIANCU GENTILE ☓（コルシカ島）

起源と親子関係

BARIADORGIA はイタリアのサルデーニャ島のアルゲーロ地域（Alghero）由来であり，CARCAJOLO BLANC と同一である．後者はフランスのコルシカ島南西部のサルテーヌ地域（Sartènc）特有の品種で，1822年に同地で CARCAJOLA の名で初めて記載されている．また，サルデーニャ島のカンピダーノ地域（Campidano）特有の品種である GREGU BIANCO の DNA プロファイル（De Mattia *et al.* 2007）も，CARCAJOLO BLANC のものと同一であることが明らかになったため（Vouillamoz），BARIADORGIA は GREGU BIANCO とも同一であることが示唆されている．これは CARCAJOLO がサルデーニャ島から持ち込まれたという説と一致する（Foëx 1904）．CARCAJOLO という品種名はイタリア語で「いっぱい積んだ」を意味する *caricagiola* に由来する．CARCAJOLO BLANC は別のコルシカの品種である BIANCU GENTILE とよく混同される．

CARCAJOLO BLANC は CARCAJOLO NOIR の果皮色変異ではなく，CARCAJOLO NOIR は PARRALETA（サルデーニャ島では CARICAGIOLA NERA と呼ばれる）と同一である．

ブドウ栽培の特徴

熟期は中期である．温暖な気候と十分な日照が完熟に不可欠である．うどんこ病と灰色かび病に感受性がある．大きな果房からなる大きな果房をつけ，糖度は低い方である．

栽培地とワインの味

イタリアのサルデーニャ島では BARIADORGIA がほぼ絶滅状態にある．この品種はフランスではコルシカ島でのみ公認されており，同島では CARCAJOLO BLANC あるいは CARCAJOLA BIANCO として知られているが，南のフィガリ（Figari）やサルテーヌにおいてのみブドウの樹が数本残っている．ワインは酸味が強いが，アルコール分は中程度である．栽培は限られており，2008年のフランスの公式統計には記録されていない．

BAROQUE

地方の名高いシェフによって息吹を吹き込まれたフランス南西部の品種

ブドウの色：● ● ● ● ●

主要な別名：Baroca（テュルサン（Tursan）），Barroque（テュルサン），Bordalès（ランド県（Landes）），Bordelais Blanc（ランド県），Bordeleza Zuria（バスク地方（Pays Basque））

起源と親子関係

BAROQUE はフランス南西部に位置するランド県の品種で，おそらくアドゥール川流域（Adour basin）のテュルサン やシャロッス（Chalosse）を起源とする品種であろうと思われる．地方のブドウの苗木業者が1894年に最初にこの品種について記載している．BAROQUE という品種名はエール＝モンキューブ（Eyres-Moncube）近くの小さな村の名に由来しており，同村ではこの品種が多く栽培されていた．他方，Lavignac（2001）は別の語源を提案しており，同氏は BAROQUE が「棒」や「スティック」を意味する *vara* のガスコーニュ語 *varòc* または *varòca* のフランス語読みであると述べている．スペイン語の *vara* は剪定のときに残った長い枝を意味し，*òc* はこの品種のスティック状の芽を指している．通常は長梢剪定される．

この品種はブドウの形態分類群の Courbu グループに属し（p XXXII 参照），形態分類学的には LAUZET や TANNAT に近い（Bordenave *et al.* 2007; Bisson 2009）．

BAROQUE は LILIORILA の育種に用いられた．

他の仮説

BAROQUE は FOLLE BLANCHE×ソーヴィニヨン・ブラン（SAUVIGNON BLANC）の自然交配品種であるといわれることもあるが，DNA 系統解析によってこれは否定されている（Vouillamoz）．

ブドウ栽培の特徴

樹勢が強く晩熟である．乾燥による被害を受けやすい．果粒が密着した果房であるので灰色かび病に非常に高い感受性を示す．うどんこ病と黒腐病には良好な耐性をもつ．

栽培地とワインの味

BAROQUE はうどんこ病に耐性があるため19世紀から20世紀の初めにかけては人気を博していたが，その栽培は過去50年で激減しており，フランスの栽培面積は1958年に記録された5,656 ha（13,976 acres）から2008年には112 ha（277 acres）にまで減少している．Tursan アペラシオンでは地方の品種である PETIT MANSENG や GROS MANSENG あるいは国際品種のソーヴィニヨン・ブランやシュナン・ブラン（CHENIN BLANC）に30～80％のこの品種を加えなければならないとされている．近年，アンギャン＝レ＝バン地方（Eugénie-les-Bains）でシェフを務めている Michel Guérard 氏がアペラシオン内で投資を行ったことで，この特徴的な品種は絶滅の危機から救済された．現在はテュルサンにおける白ワインの60％がこの品種で作られている．この品種はヴァン・ド・リクール（Vin de liqueur，甘口の酒精強化ワイン）のフロック・ド・ガスコーニュ（Floc de Gascogne）の副原料でもある．ヴァラエタルワインはわずかにフローラルなこともあれば，ナッツの風味があることもあるが，フレッシュで，たとえば，Guérard 社の Baron de Bachen はアルコール分が高く，熟した梨のすばらしいアロマを有している．

BARSAGLINA

深い色合いのイタリア，トスカーナ（Toscana）の赤品種．
すべてを備えているにもかかわらず，消失しつつある．

ブドウの色：● ● ● ● ●

主要な別名：Barsullina，Bersaglina，Massareta（リグーリア州（Liguria）），Massaretta ☒（リグーリア州）

起源と親子関係

この品種はマッサ＝カッラーラ県（Massa-Carrara）由来のトスカーナ品種で，リグーリア州ではMASARETTAという別名が使われており（Torello Marinoni，Raimondi，Ruffa *et al.* 2009），サンジョヴェーゼ（SANGIOVESE）とはいくつか共通点があると一部でいわれている．

ブドウ栽培の特徴

樹勢が強い．うどんこ病に敏感である．熟期は9月後半である．アントシアニンに富み，色合い深いのが特徴的である．

栽培地とワインの味

この品種の主な産地はイタリア，トスカーナのマッサ＝カッラーラ県であるのだが，同県ではほとんど栽培されなくなってしまっていた．しかし，Paolo Storchi氏がPodere Scurtarola社所有の数本のブドウを救済し，同社はScurtarola Rossoのブレンドワインにこの品種を15％程度加えている．この品種で作られるワインは濃いルビー色で，フルーティーなアロマとスミレの香りがほのかに香る，タンニンに富んだものとなる．BARSAGLINAは，トスカーナのColli di Luni DOCとVal di Magra IGTで公認されている．イタリアの2000年の統計では栽培面積は30 ha（75 acres）以下であった．リグーリア州でもMASSARETTAの名で栽培されているといわれている．

BASTARDO

TROUSSEAUを参照

BASTARDO MAGARACHSKY

使い道の多いウクライナの交配品種

ブドウの色：● ● ● ● ●

主要な別名：Bastard de Magaraci，Bastardo Magarach，Magaratch 217，Magarach Bastardo

起源と親子関係

BASTARDO MAGARACHSKYは1949年にウクライナ南部，ヤルタのマガラッチ（Magarach）研究センターでN PaponovとV Zotovの両氏がTROUSSEAU×SAPERAVIの交配により得た交配品種である．研究所の名前とTROUSSEAUの別名であるBASTARDOにちなんで命名され，1969年に公式品種リストに登録された.

ブドウ栽培の特徴

中～大サイズの果粒が密着して果房をなす. 萌芽から熟すまでに146日を要する. べと病, うどんこ病および乾燥には比較的耐性がある.

栽培地とワインの味

ウクライナで広く栽培されており, 2009年には1,330 ha（3,287 acres）の栽培が記録されている. 様々な甘さのワインが作られているが, 生食もされている. Magarach Winery 社はこの品種をカベルネ・ソーヴィニヨン（CABERNET SAUVIGNON）や地方品種とブレンドし, 甘口のヴァラエタルワインや, 辛口, 甘口ワインあるいは酒精強化されたワインを作っている. 一方, Inkerman 社は辛口のヴァラエタルワインを, また Massandra 社はカベルネ・ソーヴィニヨンとブレンドしたものをオーク樽で熟成し, チョコレートのようなフレーバーのあるデザートワインを作っている. Sun Valley 社（ソルネチナヤ・ドリナ（Solnechnaya Dolina））がピノ・ノワール（PINOT NOIR）とブレンドし, Meganom という辛口ワインを作っている.

この品種はモルドヴァ共和国, ルーマニア, ロシアおよび中央アジアでも栽培されている.

BATIKI

主にギリシャ中央部で栽培されている品種. ブレンド用のソフトな白ワインやレッチーナワインの生産に用いられているが, 生食もされている.

ブドウの色：● ● ● ● ●

主要な別名：Bantiki, Dembatiki, Deve Baliki, Dimbatiki, Dimi Batiki, Timbi Batiki

起源と親子関係

BATIKI はトルコのエーゲ海沿岸に位置し, 歴史的にはスミルナ（Smyrna）として知られるイズミル地方（İzmir）を起源とする品種であるといわれている（Nikolau and Michos 2004).

ブドウ栽培の特徴

樹勢が強く豊産性で, 萌芽は遅く, 熟期は早期～中期である. 大きな果粒が密着した大きな果房をつける. ハチ, 鳥, スズメバチの攻撃を受ける傾向があるが乾燥には耐性を示す. べと病, うどんこ病および灰色かび病に感受性がある.

栽培地とワインの味

BATIKI は主にギリシャ中部に位置するテッサリア（Thessalía）のティルナヴォス（Tirnavos）で見られるが, さらに北のマケドニア（Makedonía), トラキア（Thráki/Thrace), ドラマ（Dráma）およびテッサロニキ（Thessaloníki）でも見られ, 幾分アロマティックで酸味が弱く, アルコール分の低いワインが作られており, 主にブレンドワインの生産と松脂で香りづけされたレッチーナワインの生産に用いられている. ラリサ（Larísa/ Thessalía）の Dougos 社が RODITIS と BATIKI をブレンドしている. 最近では, Yannis Voyatzis 氏がヴェルヴェンドス（Velvendos）にある自身のブドウ園に BATIKI を植えている. BATIKI は伝統的にワイン生産に用いられるだけでなく, 生食用でもあった品種である.

BATOCA

ポルトガル,ヴィーニョ・ヴェルデ地方(Vinho Verde)のマイナーで平凡な白ワイン品種

ブドウの色：● ● ● ● ●

主要な別名: Alvadurão Portalegre, Alvaraça（ドウロ（Douro））, Alvarça, Alvaroça, Alvaroco, Asal Espanhol（アマランテ）, Batoco, Blanca Mar☒（スペインのガリシア州（Galicia））, Espadeiro Branco（ロウザダ（Lousada））, Sa Douro または Sedouro（ミーニョ（Minho）の南部）

起源と親子関係

BATOCA はポルトガル北西部のヴィーニョ・ヴェルデ地方由来の品種である．DNA 解析によって，BATOCA は Vilanova *et al.*（2009）で報告されたスペイン品種の BLANCA MAR と同一であることが明らかになった．ロウザダではこの品種が ESPADEIRO BRANCO と呼ばれているが形態分類学的には BATOCA や ESPADEIRO とは異なる品種で，ESPADEIRO の果皮色変異ではない（Veloso *et al.* 2010）.

ブドウ栽培の特徴

かびの病気に感受性があるため，収量は高いものの不安定である．

栽培地とワインの味

BATOCA はソフトなワインになるが，品質は中程度である．ポルトガルの Vinho Verde DOC（モンサオン（Monção），リマ（Lima）および アマランテ（Amarante）サブリージョンを例外として）で公認されてはいるが，2010年に同国で記録された栽培面積は15 ha（37 acres）のみであった．

Quinta Santa Cristina 社が稀少なヴァラエタルワインを作っている．

BAYANSHIRA

アゼルバイジャンの品種．この品種から作られるワインは酸味が強く，一般的にアルコール分の低い精細を欠くものとなる．

ブドウの色：● ● ● ● ●

主要な別名: Ag Shirei, Ag Üzüm（アルメニア）, Bahïan Chireï, Bajac Shirei, Banants（アルメニア）, Bayan Shirei, Bayan Shirey または Bayanshire, Shirei, Spitak Khagog（アルメニア）

起源と親子関係

アゼルバイジャンのダシュキャサン地方（Dashkasan）のバヤン村（Bayan，アルメニア語で Banants，そのためこれが別名になった）が起源の地であると考えられている（Chkhartishvili and Betsiashvili 2004）.

他の仮説

Chkhartishviliand Betsiashvili（2004）の中に書かれているように Kolenati 氏は BAYANSHIRA が野生のブドウ（*Vitis vinifera* subsp. *silvestris*）が多く生育していたと推察されるアルメニアのアララト山岳地域（Mount Ararat）を起源とする品種である可能性があると述べているが，この地域ではこれまで野生ブドウが記録されたことがないことを考慮すると，この説は考えにくい．

ブドウ栽培の特徴

樹勢が強く豊産性である．萌芽期は早く晩熟である．害虫とかびの病気および冬の霜には非常に高い感受性を示すが，夏の乾燥には耐性がある．

栽培地とワインの味

アゼルバイジャンでBAYANSHIRAから作られるワインは一般にキレがよく，中程度のアルコール分を含んでいるが，総じて品質に劣るものとなる．様々なスタイルのワインが作られる他，ジュースの生産にも用いられており，また，生食もされている．サムフ地方（Samukh）のZaman社が発泡性，辛口，デザートワインおよび酒精強化ワインを作っている．時に蒸留されブランデーが作られることもある．また，旧ソビエト連邦であった他の国々でも栽培されている．

BEAUNOIR

***輝かしい親品種と多産な親品種から生まれた黒い果皮色の品種．
事実上絶滅状態にある．***

ブドウの色：● ● ● ● ●

主要な別名：Beaunoire（ヴァレ・ド・ルルス（Vallée de l'Ource）），Cep Gris，Mourillon（ジエ・シュール・セーヌ（Gyé-sur-Seine）），Pinot d'Aï，Pinot d'Ailly，Pinot d'Orléans（リセ（Riceys）），Sogris（ヴァレ・ド・ラ・セーヌ（Vallée de la Seine），Vallée de la Laignes）

起源と親子関係

フランス北東部に位置するシャンパーニュ地方南部のオーブ県（Aube）で見られる古い品種でほぼ絶滅状態にある．この品種名には「美しい黒」という意味があるが，この品種の起源の地だと考えられているブルゴーニュのボーヌ市（Beaune）にちなんで名づけられた可能性もある．DNA系統解析によって，BEAUNOIRはシャルドネ（CHARDONNAY），GAMAY NOIR，ALIGOTÉ，BACHET NOIRなどの姉妹品種と同様に，PINOT×GOUAIS BLANCの自然交配品種であることが明らかになった（Bowers *et al.* 1999）．以上のことからBEAUNOIRがなぜMOURILLON，PINOT D'AÏ，PINOT D'AILLYあるいはPINOT D'ORLÉANSと呼ばれるかの説明が可能になり，また，なぜBisson（2009）がBEAUNOIRを姉妹品種のBACHET NOIRと形態的に近いと記載したかの説明も可能になった．誤ってBEAUNOIRの名前がピノ・ブラン（PINOT BLANC）に用いられたこともある．

ブドウ栽培の特徴

果粒が密着して果房をなす．樹勢が強く他収である．熟期は中期である．

栽培地とワインの味

フランスの公式登録リストに含まれていないので，BEAUNOIRをクオリティワイン（原産地呼称保護ワン）の生産に用いることは認められていない．遅かれ早かれ，この品種はオーブ県からも，またかつて多く栽培されていたブルゴーニュの最北に位置するシャティヨン＝シュル＝セーヌ（Châtillon-sur-Seine）東部や南部やからも姿を消すことになるであろう．ワインは色が薄く，アルコール分の低い，平凡なものであるとGalet（2000）は述べている．

BEBA

現在は主にスペイン，エストレマドゥーラ州（Extremadura）で栽培されているアンダルシアの品種

ブドウの色：

主要な別名：Beba de los Santos，Beba Dorada de Jerez，Blanca de Mesa（バリャドリッド（Valladolid）），Blanca Superior Parral，Boal de Praça（ポルトガル），Breval（カナリア諸島），Calop Blanco，Eva，Malvoisie de la Chartreuse または Malvoisie des Chartreux（フランス），Teta de Vaca，Uva de Planta，Valencí Blanco
よくBEBAと間違えられやすい品種：CHELVA，DORADILLA

起源と親子関係

BEBA はスペイン南部に位置するアンダルシア（Andalucía）のサンルーカル・デ・バラメーダ（Sanlúcar de Barrameda），ヘレス（Jerez），トレブヘナ（Trebujena），チピオナ（Chipionia），コニル（Conil）で栽培されている品種である．この品種に関しては Clemente と Rubio（1807）が「この品種は生食されているが，ワインの生産にも用いられている」と初めて記載している．太陽の下で果粒が金色（*dorada*）を帯びるので BEBA DORADA DE JEREZ と呼ばれることが多い．BEBA は CHELVA と呼ばれることがあるが，全く異なる DNA プロファイルをもつエストレマドゥーラ州の本当の CHELVA と混同してはならない（Fernández-González，Mena *et al.* 2007）．アメリカ合衆国農務省（United States Department of Agriculture：USDA）の National Clonal Germplasm Repository（NCGR）において最近，行われた DNA 解析では，誤って BEBA を TROUSSEAU と同定した（Myles *et al.* 2011）が，他で報告されている BEBA の DNA プロファイルは TROUSSEAU とは異なっている（Vouillamoz）．

赤い果粒の CALOP ROJO は CALOP BLANCO の果皮色変異であり，両者とも BEBA と同じ DNA プロファイルを有している（Martín *et al.* 2003; Laiadi *et al.* 2009）．現在はどちらの品種も商業栽培されていない．

ブドウ栽培の特徴

中～大サイズの果粒が粗着た果房つける．晩熟である．樹勢は強いが，開花時期に天候不順だと，その影響を強く受けて収量が不安定になってしまう．

栽培地とワインの味

スペイン南西部に位置するエストレマドゥーラ州，バダホス県（Badajoz）で主に栽培されている．栽培が特に見られるのはロス・サントス・デ・マイモナ（Los Santos de Maimona）だが，北のカセレス県（Cáceres），南のウエルバ（Huelva）やセビリア（Sevilla）の近郊でも見られる（Asensio Sánchez 2000）．2008年にはスペインで3,547 ha（8,765 acres）の栽培が記録されたが，どの程度が生食用で，どの程度がワイン用として用いられているか，その内訳は明らかでない．この品種はアンダルシアとカナリア諸島のいくつかの DO で公認されている．ワインはフレッシュかつフルーティーで，Ribera del Guadiana DO でよくワインが作られている．

非常に限られた量ではあるが，国境の向こう側のポルトガル，アルガルヴェ（Algarve）でも栽培されており，2010年に行われた調査で記録された栽培面積は1 ha（2.5 acres）以下であった．

BÉCLAN

フランス，ジュラ（*Jura*）の事実上絶滅状態にあるブドウ品種

ブドウの色：● ● ● ● ●

主要な別名：Baclan，Baclans，Becclan，Petit Béclan，Petit Dureau，Petit Margillin，Roussette Noire（ロン=ル=ソーニエ（Lons-le-Saunier）），Saunoir（サンタムール（Saint-Amour））
よくBÉCLANと間違えられやすい品種：DURIF（Petite Sirah の名で），PELOURSIN，PINOT NOIR

起源と親子関係

BÉCLAN はフランス中東部に位置するジュラ由来の品種であり，同地では1732年にブザンソン（Besançon）議会の法令の中で，古い別名の BACLANS として初めて次のように記載されている．「黒か白の品種として pulsard noir，pinot として知られる gros あるいは petit noirin，baclans・・・のみを保存せよ．それらだけはよい品種である」BÉCLAN は「巻き付いて上るブドウ」（フランス語では *treille*）を意味する方言 *bècle* に由来すると考えられている．ジュラ では GROS BÉCLAN（PELOURSIN の別名であるが）と区別して PETIT BÉCLAN と呼ばれている．PELOURSIN にちなんで名付けられたブドウの形態分類群の Pelorsien グループ（p XXXII 参照）のメンバーに BÉCLAN を加えたブドウの分類の専門家が，この二つの品種の類似点を確認した（Bisson 2009）．

BÉCLAN は PELOURSIN（GROS BÉCLAN と呼ばれる）や DURIF（カリフォルニア州では PETITE SIRAH の名で），また，ピノ・ノワール（PINOT NOIR）と混同されがちであるが（Rouget 1897），DNA 解析によって，これらの説はすべて正しくないことが明らかになっている（Meredith *et al.* 1999）．

ブドウ栽培の特徴

熟期は中期である．べと病に感受性がある．小さな果粒が密着した小さな果房つける．

栽培地とワインの味

フランスで公式に記録されている栽培面積はわずか1 ha（2.5 acres）にすぎない．地方品種を保護するプロジェクトの一環として Domaine Jean Bourdy 社が2006年にいくらかの BÉCLAN を植えている．また，ロタリエ（Rotalier）の Domaine Ganevat 社が小さな畑にこの品種を植え直し，早飲みの赤のブレンドワインの生産に用いている．この品種で作られるワインは中程度のアルコール分を含む，生き生きとしたものになる．

BÉCUET

PERSAN を参照

BEGLERI

THRAPSATHIRI を参照

BEICHUN

中国の耐寒性交雑品種

ブドウの色：● ● ● ● ●

主要な別名：Bei Chun

起源と親子関係

BEICHUN は1954年に中国科学院植物研究所で MUSCAT OF HAMBURG と，中国の野生ブドウ種(しゅ)である *Vitis amurensis* Ruprecht の交配により開発された交雑品種である．品種名は Beijing（北京）と「アルコール」を意味する *chun* を合わせたものを短縮して作った造語である．BEIMEI，BEIHONG，BEIQUAN などと同様に *vinifera* と *amurensis* の交配により作られた，いわゆる Bei シリーズと呼ばれる交雑品種の一つである．

ブドウ栽培の特徴

樹勢が強く豊産性で晩熟である．冬の寒冷，乾燥および湿度に良好な耐性を示すが，べと病とうどんこ病に感受性がある．

栽培地とワインの味

1970年代から1980年代にかけて BEICHUN の人気が中国で急激に高まりをみせた．同国で記録された総栽培面積は7,000 ha（17,297 acres; Wang *et al.* 2010）で，河北省（Hebei）の北京周辺のほか，山東省（Shandong），河南省（Henan），遼寧省（Liaoning）でも広く栽培されている．この品種は樹を土に埋めることなく中国北部の冬期を耐え抜き越冬することができる．また，同国南部の多湿地域においても *Vitis vinifera* に比べ良好に生育することができる（Li *et al.* 2007）．ワインはルビー色で，ソフトですっきりした飲み口であるがフレーバーは *Vitis amurensis* の遺伝子によるところが大きい．

BEKARI

ギリシャ西部，イピロス（*Ípeiros / Epirus*）の補助的に用いられる品種

ブドウの色：● ● ● ● ●

主要な別名：Bekaro，Mbekari Mavro または Mpekari Mavro，Mbekaro または Mpekaro

起源と親子関係

ギリシャ本土の西部に位置するイピロス地方のヨアニナ（Ioánnina）あるいはテスプロティア県（Thesprotía）がこの品種の起源の地であろうと思われる．

ブドウ栽培の特徴

豊産性で耐病性だが，乾燥には弱い．大きな果粒をつける．熟期は中期である．

栽培地とワインの味

ギリシャ西部のイピロスで限定的に栽培され，現地では伝統的に白品種の DEBINA や赤品種の VLACHIKO とブレンドされて発泡性のロゼワインが作られていた．Zítsa 原産地呼称としては公認されていないが，現在もジツァ（Zítsa）の Ioánnina 協同組合や Glinavos 社でワインが作られている．Glinavos 社がこの品種を AGIORGITIKO や VLACHIKO とのブレンドやカベルネ・ソーヴィニヨン（CABERNET SAUVIGNON）とのブレンドに用いている．ワインは適度な酸味と色合いを有している．通常，アルコール分はかなり高くなる．

BELAT

スペイン，バルセロナ（Barcelona）近郊の古いブドウ畑から最近救済された品種

ブドウの色：● ● ● ● ●

起源と親子関係

この品種は，スペイン北東部に位置するカタルーニャ州（Catalunya），ペネデス（Penedès）の在来品種で，ビラフランカ・ダル・パナデス（Vilafranca del Penedès）の北東部にある Albet i Noya 社主導の品種保存プロジェクトの一環として見いだされた品種である．この品種はユニークな DNA プロファイルを有しており，当初は Número 2（tinta）と呼ばれていたが，ブドウ畑で気づかれることなく長く自生していたことから，カタルーニャ語で「ベールをかぶった」を意味する Velat と呼ばれるようになり，Albet のアナグラム（文字の入れ替え）により BELAT と名付けられた．

ブドウ栽培の特徴

萌芽は中期で熟期は中期である．薄い果皮をもつ小〜中サイズの果粒をつける．

栽培地とワインの味

BELAT の栽培はバルセロナの南西にある Albet i Noya 社の Josep Maria Albet 氏が1999年にスペインで始めた実験プロジェクトの対象の一部であった．放置されたブドウ畑から古いブドウの樹が発見され，小規模ではあるが，現在それが商業栽培されている．ワインは比較的，色合いが軽く，ソフトなタンニンとアロマに加え，赤い果実とたばこのフレーバーとほのかなスパイスの香りを有している．

BELLONE

樹勢が強いローマの白品種．まれにヴァラエタルワインが作られている．

ブドウの色：● ● ● ● ●

主要な別名：Arciprete Bianco，Cacchione，Fagotto 他多数

起源と親子関係

BELLONE はイタリア中部に位置するラツィオ州（Lazio）を起源とする品種だと考えられる．大プリニウスが記載した Uva Pantastica がこの品種であるという説があるが，これを支持するような信ぴょう性

のある証拠は見つかっていない.

ブドウ栽培の特徴

樹勢が強く，高収量で晩熟である.

栽培地とワインの味

主にイタリアのラツィオ州で栽培されており，特にローマの南に位置するアンツィオ（Anzio），マリーノ（Marino），ネットゥーノ（Nettuno），ヴェッレトリ（Velletri）で栽培が見られる．軽くフレッシュなワインになり，非常にデリケートであるが，後味にわずかな苦みが残るが，わずかな残糖が苦みを柔らげてきた．フラスカーティ（Frascati）あるいはカステッリ・ロマーニ（Castelli Romani）などのブレンドワインによく用いられるが，Marino と Nettuno の DOC では100% BELLONE が公認されている．Terre delle Ginestre 社の Lentisco ワインや Cantina Cincinnato 社の Bellone ワインは数少ないヴァラエタルワインである.

BELLONE の特定のクローンには，妙なニックネームがあり，ARCIPRETE BIANCO（「白い高官」の意味）と呼ばれ，Azienda Agricola Marco Carpineti 社がブドウの樹で半干ししたブドウを用いてデザートワインであるルドゥム（Ludum）や，リンゴとアプリコットのアロマをもつ辛口の Collesanti ワインを作っている．また，BELLONE はかつて，遅摘みブドウから作られていたデリケートなフラスカーティ（Frascati）であるカンネッリーノ（Cannellino）ワインにも用いられていた．2000年の統計で記録された総栽培面積は，1,480 ha（3,660 acres）であった.

BENA

通常，モスタル（Mostar）周辺で栽培されているマイナーなボスニアの白品種．ŽILAVKA とブレンドされている.

ブドウの色：●̲ ● ● ● ●

起源と親子関係

BENA はボスニア・ヘルツェゴビナの在来品種である.

栽培地とワインの味

BENA はボスニア・ヘルツェゴビナの南部に位置するモスタル地方で ŽILAVKA および KRKOŠIJA と混植されてきた．Čitluk Winery 社の Kameno ワインのように，通常は補助品種として ŽILAVKA 主体のワインに少量の BENA がブレンドされている.

BÉQUIGNOL NOIR

濃い果皮色の珍しいフランス品種．アルゼンチンでは，より一般的である.

ブドウの色：● ● ● ● ●̲

主要な別名：Béquin Rouge（サン＝マケール（Saint-Macaire）およびラ・レオル（La Réole）），Breton（ヴィエンヌ県（Vienne）のディセ（Dissay）），Cabernet（ディセ），Chalosse Noire（バー・メドック（Bas-Médoc）），Embalouzat（アントル・ドゥー・メール（Entre-Deux-Mers）），Mançais Noir（アンドル＝エ＝ロワール県

(Indre-et- Loire))
よくBÉQUIGNOL NOIRと間違えられやすい品種: CABERNET FRANC ♀（ディセ），CASTETS ♀，DURIF ♀（ロット・エ・ガロンヌ県（Lot-et-Garonne）），FER ♀（ロット（Lot）），PRUNELARD ♀（ドルドーニュ県（Dordogne）および Charente 県（シャラント））

起源と親子関係

BÉQUIGNOL NOIR の最初の記載は，フランス南西部のジロンド県（Gironde）で1763年から1777年の間にリブルヌの市長により書かれた 'Livre de raison d'Antoine Feuilhade' という台帳の中に見られる（Garde 1946）．ガスコーニュ語の *bèc* に接尾語の *inhol* がついたもので，「小さな嘴」を意味しており，これはブドウの果粒の形を指したものである（Rézeau 1997）．

BÉQUIGNOL NOIR は，ブドウの形態分類群の Messile グループ（p XXXII 参照）に属する．BÉQUIGNOL NOIR の灰色や白の変異が見られる．近年の DNA 解析によって SAVAGNIN との親子関係が示唆された（Myles *et al.* 2011）．

BÉQUIGNOL NOIR は FER（たとえば Viala and Vermorel 1901–10 に記されているように）やカベルネ・フラン（CABERNET FRANC），DURIF または PRUNELARD とよく混同されるが DNA 解析の結果はそれらが異なる品種であることを示すものであった（Bowers *et al.* 1999）．

ブドウ栽培の特徴

樹勢が強い．また，結実能力が高く非常に豊産性である．乾燥条件下でもよく適応する．熟期は中期～晩期である．果粒が小さい．ダニに感受性がある．

栽培地とワインの味

ジロンド県やヴァンデ県（Vendée）では現在も推奨品種とされているが，2008年にフランスで記録された栽培面積は1 ha（2.5 acres）以下（1958年の 223 ha/551 acres から減少）でしかなかった．ワインは軽く早飲みに適している．

意外なことにアルゼンチンでは2008年に919 ha（2,271 acres）が記録されており，そのほとんどがメンドーサ（Mendoza）で栽培されたものであった．形態分類学的に葉や果粒の形が似ていることから，現地では口語的に赤いシュナン（red Chenin）と呼ばれている．アルゼンチンの BONARDA（すなわち DOUCE NOIRE）のように高い評価は受けておらずブレンドの色づけに用いられる傾向にある．

BERDOMENEL

フランス，アリエージュ県（Ariège）の品種．
事実上絶滅状態にあったが，近年，新しく植え直された．

ブドウの色：● ● ● ● ●

主要な別名: Berdanel（アリエージュ県のパミエ（Pamiers））

起源と親子関係

BERDOMENEL はトゥールーズ（Toulouse）とスペインの国境との間に位置するフランス，ピレネー地方（Pyrénées），アリエージュ県のコミューンであるパミエでのみ栽培されているが，絶滅の危機に瀕している．品種名はオック語で「小さな緑色の果粒」を意味する *verdau menèl* に由来しているが，ほぼ同じ意味をもつ PETIT VERDOT とは無関係である（Lavignac 2001）．

ブドウ栽培の特徴

樹勢は強いが低収量である．熟期は中期である．うどんこ病と灰色かび病に感受性がある．

栽培地とワインの味

モンテギュ＝プラントレル（Montégut-Plantaurel，パミエの西）の Les Vignerons Ariégeois が，この品種や CAMARALET DE LASSEUBE，CANARI NOIR，MANDRÈGUE，TORTOZON（PLANTA NOVA; Carbonneau 2005）など絶滅が危惧されている品種を救済するため，これらの樹を30〜40本植え付けた当時，フランスにおいて BERDOMENEL はほぼ絶滅状態にあった．彼らの目的はこれらの樹を増やして評価し，結果が良好であれば市販ワインの生産を行おうというものであった．BERDOMENEL はフランスの公式登録リストには登録されていない．

BERGERON

ROUSSANNE を参照

BERMEJUELA

MARMAJUELO を参照

BESGANO BIANCO

かつてはヴィン・サント（Vin Santo）の生産に用いられていた，イタリア北部の非常に珍しい品種

ブドウの色：●　●　●　●　●

主要な別名：Colombana Bianca

起源と親子関係

BESGANO BIANCO はエミリア＝ロマーニャ州（Emilia-Romagna）ピアチェンツァ県（Piacenza）のボッビオ地方（Bobbio），あるいはロンバルディア州（Lombardia）パヴィーア県（Pavia）のヴォゲーラ（Voghera）周辺を起源とする品種である．この品種は COLOMBANA BIANCA としても知られているが，COLOMBANA NERA の果皮色変異ではない．

栽培地とワインの味

BESGANO BIANCO は1940年代まではイタリアのジェノヴァ県（Genova）やピアチェンツァ県のヴァル・テレッビア（Val Trebbia）やヴァル・ディ・ヌーレ（Val Nure）でヴィン・サントを作るためにMALVASIA BIANCA LUNGA や VERDEA などの品種とともに広く栽培されていた．現在はとても少なくなり2000年の統計では記録されていない．生食用ならびにワイン用に用いられていた．

BESSARABSKY MUSKATNY

ロシアで育種された SEIBEL 13666×ALEATICO の白果粒の交雑品種である．一例を挙げると，Vityazevo Winery 社がデザートワインを生産している．このとき用いられた SEIBEL 13666 は PLANTET

×SEIBEL 6468の交雑品種である（SEIBEL 6468の系統はHELIOS を参照）.

BIANCA

このハンガリーの交雑品種からは通常，魅力的とはいい難いワインが作られている．ロシアにおいても同様である．

ブドウの色：● ● ● ● ●

主要な別名：Bianka，Ec 40，Ecs 40，Egri Csillagok 40，May Rot

起源と親子関係

BIANCA は1963年にハンガリー北部に位置するエゲル地方（Eger）にある Kölyuktetö 研究センターで József Csizmazia と László Bereznai の両氏が EGER 2×BOUVIER の交配により得た交雑品種である．このとき用いられた EGER 2は SEYVE-VILLARD 12-375 SP と呼ばれる VILLARD BLANC の自家受粉株であった．当初は EGRI CSILLAGOK 40（'star of Eger 40' の意味）と命名されたが，1982年に BIANCA として登録された．この品種は BAČKA および RUBINKA の育種に用いられた．

ブドウ栽培の特徴

萌芽は早期〜中期で早熟である．結実能力が高く，樹勢が強い．豊産性だが，花ぶるいを起こしやすい．ワックスを帯びた果皮をもつ小さな果粒が中〜大サイズの果房をなす．耐寒性である．また，かびの病気に耐性がある．

栽培地とワインの味

ハンガリーにおける BIANCA の栽培面積は1,280 ha（3,163 acres）で，栽培地域は広範囲にわたっているが，栽培が多く見られるのは同国中央部のクンシャーグ（Kunság）（1,137 ha/2,810 acres）である．ワインのスタイルは収穫時期と醸造方法によってかなり異なっており，ヴァラエタルワインは一般に，中程度のアルコール分を含み，ニュートラルだが，花のような香りがわずかに香ることもある．収穫が遅くなると若干エキゾチックになるが，フレッシュさは失われてしまう．この品種はワイナリーでは酸化しやすいのだが，耐病性があるため有機栽培の農家に人気がある．ヴァラエタルワインの生産者として推奨されているのは Hárs 社と Hilltop Neszmély 社などであるが BIANCA のほとんどは安価なデイリーワインの生産に用いられている．

ロシアのクラスノダールクリィ（Krasnodar Krai）ワイン地方（2,731 ha/6,748 acres; 2009年）で広く栽培されているが，モルドヴァ共和国15 ha（37 acres）でも栽培されている．

BIANCAME

樹勢が強く熟期は中期〜晩期である．イタリア中東部に位置するマルケ州（Marche）の白品種で，主にアンコーナ県（Ancona），アスコリ・ピチェーノ県（Ascoli Piceno），フォルリ県（Forlì）やペーザロ・エ・ウルビーノ県（Pesaro e Urbino）で栽培されている．この品種は Bianchello del Metauro DOC ワインに用いられる（MALVASIA TOSCANA という別名で MALVASIA BIANCA LUNGA を5% まで加える）ことから，BIANCHELLO と呼ばれることがある．この品種はマルケ州の北に位置するエミリア＝ロマーニャ州（Emilia-Romagna）でも栽培されており，現地ではブレンドの一部として，または単独で Colli di Rimini DOC に用いられている．この品種は PASSERINA あるいは TREBBIANO TOSCANO と混同されることがあるが，MORBIDELLA としても知られているようだ．ワインはフレッシュで，花と果実のデリケートなアロマをもつ傾向にある．2000年のイタリアの農業統計には2,080 ha（5,140 acres）の栽培が記録されている．

BIANCHETTA GENOVESE

ALBAROLA を参照

BIANCHETTA TREVIGIANA

樹勢が強く厚い果皮をもつイタリアの白品種．この品種から作られる割と平凡で少し渋みのあるワインは通常，ブレンドワインの生産に用いられている．

ブドウの色：

主要な別名：Bianca Gentile di Fonzaso, Bianchetta Gentile, Bianchetta Semplice, Senese（ブレガンツェ（Breganze）），Vernanzina（ヴィチェンツァ県（Vicenza）の近くのコッリ・ベリーチ（Colli Berici）），Vernassina（コッリ・エウガネイ（Colli Euganei））
よくBIANCHETTA TREVIGIANAと間違えられやすい品種：ALBAROLA

起源と親子関係

多くの異なる品種が「小さな白」という意味をもつBIANCHETTAの名前で栽培されている．BIANCHETTA TREVIGIANAという名前はイタリア北部に位置するヴェネト州（Veneto），トレヴィーゾ県（Treviso）にちなんで名づけられたもので，現地では在来品種と考えられており，1679年にトレヴィーゾ県でAgostinetto di Cimadolmo氏がBIANCHETTA GENTILEの名前で初めて記録したといわれている．

イソエンザイムとDNA解析によってBIANCHETTA TREVIGIANA，SENSE，VERNANZINAおよびVERNASSINAは同じ品種であることが明らかになっている（Crespan *et al.* 2003）．他方，DNA解析比較によってBIANCHETTA TREVIGIANAは，別名と考えられていたALBAROLAや栽培されていないPAVANA BIANCAあるいはVERNACCIA TRENTINAとは異なる品種であることが明らかになった（Vouillamoz）．加えてCipriani *et al.*（2010）はDNA系統解析によってBIANCHETTA TREVIGIANAがBRAMBANA×DURELLAの自然交配品種である可能性を示した．なおBRAMBANAは商業栽培されていない黒果粒品種である．この親子関係はいくつかのDNAマーカーの不一致を示しているのでさらなる解析が必要である．

ブドウ栽培の特徴

果皮が厚い．うどんこ病に感受性である．熟期は9月の後半～10月初旬である．

栽培地とワインの味

BIANCHETTA TREVIGIANAは17世紀からイタリアのベッルーノ県（Belluno）やボルツァーノ県（Bolzano）で栽培されてきたが，うどんこ病と霜に感受性であるため，その頃から次第に栽培面積が減少してきた．BIANCHETTA TREVIGIANAは，トレンティーノ＝アルト・アディジェ州（Trentino-Alto Adige）でもVERNACCIOあるいはVERNAZZAという名前で栽培されており，ヴァル・サクラ（Val Sacra）やバルスガナ（Valsugana），ボルツァーノに至るVal d'Adigeでも同様であるといわれている．ヴァラエタルワインが作られたことはないが，Colli di Conegliano（Torchiato di Fregonaの辛口や甘口の熟成された白ワインを含む），Lugana，Montello-Colli Asolani，ProseccoやValdadigeと広範囲のDOCなどでブレンドワインの生産に用いられている．また，かつてはベルモットの生産にも用いられていた．この品種は比較的シンプルで，わずかに渋みのあるワインになることがある．2000年にイタリアで記録された総栽培面積は65 ha（160 acres）であった．

BIANCO D'ALESSANO

***VERDECA* とブレンドされることの多いイタリア南部の白品種．**
オーストラリアで成功を収めている．

ブドウの色：● ● ● ● ●

主要な別名：Acchiappapalmento，Bianco di Lessame，Iuvarello🧬（カラブリア州（Calabria）），Verdurino🧬，Vuiono🧬（カラブリア州）

起源と親子関係

近年のブドウの形態分類学的解析によりカラブリア州の IUVARELLO は，プッリャ州（Puglia）の BIANCO D'ALESSANO と同一であることが明らかになった（Schneider，Raimondi，Grando *et al.* 2008）．

ブドウ栽培の特徴

熟期は中期～晩期である．

栽培地とワインの味

南イタリアのプッリャ州の全域で栽培されているが，とりわけ，ムルジェ（Murgia：ターラント（Taranto）の近く）やヴァッレ・ディトリア（Valle d'Itria）で多く栽培されている．Gravina，Martinafranca，Locorotondo，Ostuni，Lizzano の DOC ワインに用いられ，より広く栽培されており結実能力が高い VERDECA とブレンドされることが多い．近年の復活により BIANCO D'ALESSANO の単一ヴァラエタルワイン製造関心が集まっている．また，かつてはベルモットの生産に用いられていた．2000年にはイタリアで960 ha（2,370 acres）の栽培が記録されている．

オーストラリア，リヴァーランド（Riverland）の Salena Estate 社がこの品種で大きな成功を収めている．数年間，ブレンドワインを製造した後，現在はヴァラエタルワインを作っており，2010年のオーストラリア代替品種ショー（Australian Alternative Varieties Show）では三つのトロフィーを獲得した．晩熟であるが酸度が高いまま保持されるため，リヴァーランドのようなより暖かい内陸地域では理想的な品種といえる．現在の栽培面積はわずか4 ha（10 acres）のみである．

BIANCOLELLA

ナポリとその近隣の島々で栽培される白ワイン品種は，
懸命なブドウ栽培を彷彿させる．

ブドウの色：● ● ● ● ●

主要な別名：Bianculillo，Jancolella，San Nicola🧬

起源と親子関係

BIANCOLELLA はイタリア南部に位置するカンパニア州（Campania）のナポリ湾（Napoli）沖に浮かぶイスキア島（Ischia）の在来品種だが，同島では19世紀まで記載されることがなかった．DNA 系統解析によって，近くのカプリ島（Capri）で栽培される SAN NICOLA が BIANCOLELLA と同一であることが明らかになった（Costantini *et al.* 2005）．近年の DNA 解析系統解析により BIANCOLELLA は，同じくイスキア島の SAN LUNARDO の親品種である可能性が示唆された（Cipriani *et al.* 2010）．またこの品種は FALANGHINA BENEVENTANA とも近縁である（Costantini *et al.* 2005）．

他の仮説

イスキア島はかつてギリシャの植民地であったので，他のイタリアのブドウ同様，BIANCOLELLA はギリシャ起源だといわれてきたが，説得力のある証拠は見つかっていない．また BIANCOLELLA の DNA の情報の中に近代ギリシャ品種との関係は認められない（Vouillamoz）．

ブドウ栽培の特徴

晩熟である．

栽培地とワインの味

主にイタリア南部に位置するナポリ湾沖に浮かぶイスキア島で栽培されているが，ナポリ県やカゼルタ県（Caserta）など，火山性土壌でも栽培されている．また，フランス，コルシカ島のバスティア（Bastia）やサン＝マルティーノ＝ディ＝ロタ（San Martino di Lota）の近くでも PETITE BLANCHE の名で栽培されている可能性がある（同じ品種かどうか，まだ確認されていない）．Ischia，Capri，Campi Flegrei，Penisola Sorrentina，Costa d'Amalfi の DOC で公認されている．2000年のイタリアの統計に記録された栽培面積はわずか，293 ha（725 acres）であった．

イスキア島では通常，BIANCOLELLA は別の品種とブレンドされているが，100％ BIANCOLELLA のワインを作っている生産者も何社かあり，そのうちの何社かが「懸命なブドウ栽培」の例を示してくれている．たとえば，Casa d'Ambra 社の ビアンコレッラ・フラッシテッリ（Biancolella Frassitelli）ワインの生産に用いられているブドウはエポメオ山（Monte Epomeo）の標高600 m 地点の急斜面にある畑でモノレールを使いながら収穫されている．最も極端な例は，Cantine Antonio Mazzella 社のヴィーニャ デル・ルーメ（Vigna del Lume）ワインで，歩いて行くしかない標高150m 地点にあるブドウ畑から100％ BIANCOLELLA のワインが作られている．遅摘みのブドウは，近くにある柔らかいタフアウ岩を掘って作った古いセラーで搾汁，発酵される．ワインは木のボートで運ばれ本土で瓶詰めされる．この信じがたいほどに美しい麦わら色のワインはバランスがよく，パイナップル，アーモンド，白い花のアロマとすばらしいミネラル感（火山性の土壌），そして，良好な骨格を有している．アルコール分は中〜高レベルである．

BIANCONE DI PORTOFERRAIO

イタリア，エルバ島（Elba）でのみ見られる平凡な白品種

ブドウの色：● ● ● ● ●

主要な別名：?Biancone（フランスのコルシカ島（Corse）），Pagadebiti di Porto S. Stefano
よくBIANCONE DI PORTOFERRAIOと間違えられやすい品種：BIANCU GENTILE（コルシカ島），?ROLLO（Livornese Bianca の名で）

起源と親子関係

この品種はイタリア，トスカーナ（Toscana）のエルバ島の在来品種，またはフランスのコルシカ島が起源だと考えられ UVA BIANCA または BIANCONE と呼ばれている品種である．系統解析の結果，コルシカ島の BIANCONE は，CALORIA，COLOMBANA，NERA，POLLERA NERA などのいくつかの他のトスカーナの品種と同様に，MAMMOLO と親子関係にある可能性が示唆された．これらのトスカーナ品種は BIANCONE と片親だけが同じ姉妹品種にあたるが（Di Vecchi Staraz，This *et al.* 2007），同氏らの研究で用いられたコルシカ島の BIANCONE が，本当に BIANCONE DI PORTOFERRAIO と同じであったかどうかは明らかでない．

栽培地とワインの味

晩熟である．エルバ島でのみ栽培されており，シンプルなテーブルワインが作られている．

BIANCU GENTILE

コルシカ島（Corse）のアロマティックで珍しい品種

ブドウの色：● ● ● ● ●

主要な別名：Biancone Gentile（コルシカ島）
よくBIANCU GENTILEと間違えられやすい品種：BARIADORGIA☓,BIANCONE DI PORTOFERRAIO（イタリアのエルバ島（Elba）），ROLLO☓（Livornese Bianca としても知られる，またトスカーナ州では Biancone とも呼ばれる）

起源と親子関係

BIANCU GENTILE はフランスのコルシカ島を起源とする古い品種である．1822年にアジャクシオ（Ajaccio）の南東と同島南部のピラ＝カナル（Pila Canale）で栽培に関する記載がなされている．他のコルシカ品種である CARCAJOLO BLANC（BARIADORGIA）ならびにいずれも BIANCONE が別名として使われている BIANCONE DI PORTOFERRAIO や ROLLO（LIVORNESE BIANCA の名で）などとよく混同されるが，BIANCU GENTILE はおそらくこれらの品種と近縁関係にあると思われる（Galet 2000）．BIANCU GENTILE には「すばらしい白」あるいは「高貴な白」という意味があるが，*gentile* にはまた「接ぎ木された」，あるいは「野生の逆」という意味もある．

ブドウ栽培の特徴

樹勢が強い．萌芽期は非常に早く，早熟である．短期間に高いレベルの糖を蓄積する．うどんこ病と灰色かび病に非常に高い感受性を示す．

栽培地とワインの味

BIANCU GENTILE はフランスのコルシカ島でのみ栽培され，同島で推奨されている品種である．パトリモニオ（Patrimonio）での栽培は非常に限定的なものだが，さらに南のサルテーヌ（Sartène）やフィガリ（Figari）ではもう少し多く栽培されている．2008年に記録された総計栽培面積はわずか6 ha（15 acres）であった．Île de Beauté の分類の中でヴァラエタルワインが作られているが，しばしば VERMENTINO とブレンドされ成功を収めている．この品種は島のブドウ栽培に関する調査の過程で再発見された品種で，1990年代中期にパトリモニオの Antoine Arena およびフィガリの Yves Canarelli の両氏がこの品種の栽培を復活させた．ちなみに，両氏ともヴァラエタルワインを作っている．

BIANCU GENTILE はエキゾチックなフルーツやカンキツの強いアロマを有しており，フルボディーの力強いワインになる傾向があるが，ワインが重くなりすぎるのを防ぐために，ブドウの酸度が落ち始める前に収穫する必要がある．

カリフォルニア州のサンホアキン・バレーではカリフォルニア大学デービス校のブドウ栽培拡大プログラムとして，フランス，イタリア，ポルトガル，スペインの幅広い品種とともに，BIANCU GENTILE の試験栽培が行われている．

BÍBORKADARKA

赤い果肉の，ハンガリーのマイナーな交配品種．
主にワインの色づけに用いられている．

ブドウの色：● ● ● ● ●

主要な別名：Bíbor Kadarka，Biborkadarsa，Cs 4

起源と親子関係

「紫の KADARKA」という意味をもつ BÍBORKADARKA は1948年にハンガリーの聖イシュトヴァーン（Szent István）大学の Pál Kozma 氏が KADARKA×MUSCAT BOUSCHET の交配により得た交配品種で，1974年に登録されている．なお，このとき用いられた MUSCAT BOUSCHET は黒色の果皮をもつ MUSCAT ROUGE DE MADÈRE×PETIT BOUSCHET の交配品種であったが，現在は商業栽培されていない．

ブドウ栽培の特徴

高収量で晩熟である．ワキシーな果皮と赤い果肉をもつ小さな果粒が大きな果房をつける．灰色かび病や冬の寒冷に感受性がある．

栽培地とワインの味

一般に，ワインは色合い深く，酸味が強い．ハンガリー北東部のエゲル（Eger）やマートラ（Mátra）ならびに中部や南部のセクサールド（Szekszárd）やクンシャーグ（Kunság）でも栽培されており，通常は，ブレンドワインの色づけに用いられている．2008年には同国内で154 ha（381 acres）の栽培が記録されている．マートラの Bálint Losonci 氏はヴァラエタルワインで成功を収めた数少ない生産者の一人である．

BICAL

ポルトガルの中西部で広く栽培されている，早熟の香り高い品種

ブドウの色：● ● ● ● ●

主要な別名：Arinto de Alcobaça（アレンテージョ（Alentejo）およびテージョ（Tejo）），Bical de Bairrada，Borrado das Moscas（ダン（Dão）），Fernão Pires Galego（Ançã-Cantanhede），Pintado das Moscas（ダン），Pintado dos Pardais（リスボン（Lisboa））
よくBICALと間違えられやすい品種：ARINTO DE BUCELAS ⚤，FERNÃO PIRES ⚤

起源と親子関係

BICAL の起源は伝統的にこの品種が栽培されてきたポルトガル中部のバイラーダ地方（Bairrada）かダン地方のいずれかの場所である（Rolando Faustino，私信）．この品種の別名になっている BORRADO DAS MOSCAS には「ハエの落とし物（糞）」という意味があり，これは果粒が十分に熟したときに現れる茶色の斑点を指したものである．

アレンテージョ地方やテージョ地方では BICAL が ARINTO DE ALCOBAÇA と呼ばれているが，実は，北部のエストレマドゥーラ州（Extremadura）のアルコバサ（Alcobaça）で単にARINTOとして知られ，その南のリスボン近郊でも栽培されている品種がARINTO DE BUCELASである．同様にBICALはコインブラ（Coimbra）近くのアンサン＝カンタニェダ地方（Ançã-Cantanhede）ではFERNÃO PIRES GALEGOと呼ばれているが，FERNÃO PIRESと混同しないように．BICAL TINTOという別名はまだ混乱が少ないといえるのだが，BICALという名前が時に黒色品種のトゥーリガ・ナシオナル（TOURIGA NACIONAL）の別名としても用いられることが混乱をいっそう深めている．

ブドウ栽培の特徴

樹勢が強くやや豊産性である．小さな果粒で中サイズの果房をつける．べと病，うどんこ病ならびに花ぶるいには非常に高い感受性を示すが，灰色かび病に対する感受性は低い．萌芽は早く非常に早熟である．

栽培地とワインの味

BICALはそのほとんどが，伝統的にこの品種の故郷とされているポルトガルのバイラーダおよびダンで栽培されているが，栽培はより北部でも見られる．2010年にはポルトガルで1,465 ha（3,620 acres）の栽培が記録されている．早熟であることから，この地域に特有の9月の雨から逃れることができるため，アルコール分はまずまずのレベルに達することができる．ワインはフレッシュな酸味と魅力的な桃のアロマをもつものになるが，トロピカルフルーツを彷彿とさせることもある．最高のワインはボトル内で熟成させることで，熟成したリースリング（RIESLING）ワインを思わせるアロマをもつようになる．

ワインの酸味が低い場合はARINTO DE BUCELASやCERCEAL BRANCOとブレンドするとよい．樽発酵と滓の上での熟成がこの品種には適している．コインブラの北にあるÓis do Bairroの東に面した石灰質の土壌がこの品種の栽培に最も適している．この品種のみで，あるいはARINTOとのブレンドによりしばしば発泡性ワインが作られている．

BICALはBairrada，Beira Interior，Dão，Távora-Varosa，Douroの各DOCで公認されている．バイラーダの生産者で推奨されているのはAliança社，Campolargo社，Filipa Pato社，Luís Pato社およびQuinta do Encontro社などである．

BIGOLONA

イタリア北部，ヴァルポリチェッラ地方（Valpolicella）の珍しい白品種．
甘口のブレンドワインの生産に用いられる．

ブドウの色：

主要な別名：Bigolara，Bigolona Bianca，Bigolona Veronese，Sampagna，Smarzirola

起源と親子関係

BIGOLONAは1818～23年にヴァルポリチェッラ地方の品種として言及されている（Costacurta *et al.* 1980）．

ブドウ栽培の特徴

樹勢が強く豊産性で熟期は中期である．貴腐ワインと遅摘みの甘口ワインに適している．また，伝統的に地方のヴィン・サント（Vino Santo）の生産に用いられている．別名のSMARZIROLAはイタリア語の*marcire*（「腐敗する」という意味）が由来で，ボトリティス菌により貴腐化がよく起こるというこの品種の特徴を指したものである．

栽培地とワインの味

1970年代からBIGOLONAと他の珍しい地方品種はイタリア北部に位置するヴェネト州（Veneto）のコ

ネリアーノ（Conegliano）とヴェルナ（Verona）の研究センターによって絶滅から保護され，研究されてきた．BIGOLONA はイタリアの品種登録リストに登録されていないが，ヴァルポリチェッラとイッラージ（Illasi）で遅摘みワインとパッシートワイン用に限定的に栽培されている．一例を挙げると，Tommaso Bussola 氏が自身の Peagnà Passito Bianco，IGT Veneto ワインに GARGANEGA や他の白品種とともに3％の BIGOLONA を加えている．

BIRSTALER MUSKAT

主に生食用で薄い果皮色のスイスの交雑品種

ブドウの色：

主要な別名：Birchstaler Muscat，Muscat de la Birse，VB 86-6

起源と親子関係

BIRSTALER MUSKAT は1986年にスイス北西部に位置するジュラ（Jura）のソウィエール（Soyhières）で Valentin Blattner 氏が SEYVAL BLANC×BACCHUS の交配により得た交雑品種である．RÉSELLE の姉妹品種にあたる．この品種名はライン川支流のビルス川（River Birs）にちなんで命名された（*Tal* はドイツ語で「谷」という意味である）．

ブドウ栽培の特徴

萌芽は早期で，熟期は早期〜中期である．大きな果粒が粗着した果房をつける．べと病，うどんこ病ならびに霜には比較的良好な耐性を示すが，花ぶるいには感受性がある．

栽培地とワインの味

BIRSTALER MUSKAT は通常，生食用であるが，ワインが作られることもある（公式には2009年にスイスでワイン生産用に半ヘクタール以下の栽培が記録されている）．一例をあげると，この品種の育種家である Valentin Blattner 氏が甘口の Muscat de la Birs ワインを作っている．ワインは軽いマスカットの味わいをもち，酸味の弱いものとなる．

ベルギーでも生食用として栽培されている．

BISHTY

BICHTY としても知られる白色果粒の品種で，原産地と考えられているウズベキスタンの主にブハラ地方（Boukhara）で栽培されている（Galet 2000）．

BLACK QUEEN

アジアで広くワイン作りに用いられている，日本の交雑品種

ブドウの色：● ● ● ● ●

主要な別名：Pokdum または Pok Dum（タイ）

起源と親子関係

日本の新潟県の岩の原ワイナリーで川上善兵衛氏（1868–1944）が BAILEY×GOLDEN QUEEN（BAILEY の系統は MUSCAT BAILEY A 参照）の交配により得た交雑品種である．

- GOLDEN QUEEN は BLACK ALICANTE×FERDINAND DE LESSEPS の交雑品種
- BLACK ALICANTE はスペインの生食用ブドウであり，オーストラリアで BLACK ALICANTE と呼ばれる TRINCADEIRA と混同してはならない
- FERDINAND DE LESSEPS は CHASSELAS×ISABELLA の交雑品種

ゆえに，BLACK QUEEN は *Vitis vinifera*，*Vitis labrusca* および *Vitis lincecumii* の交雑品種である．

1980年代にブドウ栽培家の Nong Pok 氏がタイのナコーンラーチャシーマー県（Nakhon Ratchasima）のパークチョン（Pak Chong）で発見した POKDUM は BLACK QUEEN（タイでは *pok dum*）の突然変異である．POKDUM の起源は，KYOHO×MUSCAT OF ALEXANDRIA（訳注：実際は MUSCAT OF ALEXANDRIA の4倍体変異の CANNON HALL MUSCAT の交配品種であり日本の生食用の PIONE と同一であるという説とは一致しないことを書き添えておく）．

ブドウ栽培の特徴

樹勢が強い．萌芽が遅く，非常に晩熟である．中サイズの果粒が大きな果房をなす．熟すと灰色かび病に感受性を示すようになる．

栽培地とワインの味

BLACK QUEEN は日本（2009年の栽培面積は469 ha/1,159 acres（訳注：農林水産省の平成26年の統計では5.8 ha）でワイン作りに用いられているブドウ品種の一つである．この品種は始まったばかりの台湾のワイン産業で主に使われているブドウ品種だが，ベトナムやカンボジアでも重要な品種とされている．タイでは POKDUM として同国のブドウ畑の10%を占める割合で栽培されており，たとえばチャオプラヤー川の三角州（Chao Praya Delta）にある Siam ワイナリーの‘水上ブドウ園’などでこの品種が栽培されている．

BLANC DAME

フランス南西部のブドウ栽培業者にはほとんど見捨てられたが，アルマニャック蒸留業者にはわずかに用いられている品種

ブドウの色：● ● ● ● ●

主要な別名：Blanc Madame（ジュランソン（Jurançon）周辺），Blanquette Grise（ジェール県（Gers）），

Clairette de Gascogne, Claret, Claret de Gascogne, Plan de Dame（オート=ピレネー県（Hautes-Pyrénées））

起源と親子関係

BLANC DAME は事実上消滅したフランス南西部の品種である．この品種に関しては，おそらく1840年にオート＝ピレネー県において PLAN DE DAME の名で記載されており，また，1887年には間違いなく，ベアルン（Béarn）において，*BLANDAME* あるいは *BLANC-MADAME* と現代名で記載されている．たとえば，「梨」が Cuisse-madame あるいは Cuisse de Dame と呼ばれているように *-dame* あるいは *-madame* の接尾語はフランス語でいろいろな果物を指すときに使われている．

BLANC DAME は西ヨーロッパにおける80以上の品種と同様に GOUAIS BLANC の自然の子品種であると考えられている（Boursiquot *et al.* 2004）．BLANC DAME はブドウの形態分類群の Gras グループに属する（p XXXII 参照；Bisson 2009）．

ブドウ栽培の特徴

萌芽期は早く，熟期は中期である．結実能力が高い．かびの病気に感受性がある．

栽培地とワインの味

BLANC DAME はジェール県とピレネー＝アトランティック県（Pyrénées-Atlantiques）で公認されているが，2008年に記録された栽培面積はわずか20アール（0.5 acre）にすぎず，こうした品種を引き抜くためにEUから栽培家に支払われた補助金が効果的に働いたことは疑う余地がないだろう．残ったブドウは生食用にも適しているが，アルマニャックのベースワインとして非常にマイナーな役割を担っている．

BLANC DU BOIS

高品質のワインになるポテンシャルをもつ，香り高いフロリダの交雑品種．ピアス病に対し有用な耐性を有している．

ブドウの色：

主要な別名：Blanc DuBois, Florida H18-37

起源と親子関係

BLANC DU BOIS は1968年にリーズバーグ（Leesburg）にあるフロリダ（Florida）大学，フロリダ中央研究教育センター（Central Florida Research and Education Center（CFREC））において John A Mortensen 氏が FLORIDA D6-148×CARDINAL の交配により得た *Vitis aestivalis*, *Vitis labrusca*, *Vitis simpsonii* と *Vitis vinifera* の複雑な交雑品種である（Mortensen 1987）．

- FLORIDA D6-148 はピアス病に耐性をもつ FLORIDA A4-23 の自家受粉株
- FLORIDA A4-23 は1956年に得られた FLORIDA 449×FLORIDA W907 の交雑品種
- FLORIDA 449 は1946年に見つかった *Vitis aestivalis* subsp. *smalliana* と不明の親品種の実生
- FLORIDA W907 は1949年に得られた FLORIDA W381×CARDINAL の交雑品種
- FLORIDA W381 は1945年に得られた PIXIOLA×GOLDEN MUSCAT の交雑品種
- PIXIOLA は *Vitis simpsonii* Munson と不明の親品種との実生

Lafayette vineyards & Winery 社の提案で，19世紀後半にフロリダ州のタラハシー（Tallahassee）で有名であったフランス人のブドウ栽培家兼ワイン醸造業者の Émile Dubois 氏にちなんで命名され，1987年に商業栽培のために公開された．

ブドウ栽培の特徴

樹勢が強い．フロリダやテキサスなどの多湿の環境下でもピアス病やべと病に耐性を示すが，黒腐病と黒とう病には感受性がある．ネマトーダには良好な耐性を示すが，pH が高く，水はけの悪い環境は栽培に適さない．一般に接ぎ木の必要はない．非常に早熟である（テキサス州では7月4日～14日）．

栽培地とワインの味

1980年台の後期にフロリダ州の Lakeridge 社が最初に BLANC DU BOIS の栽培を始め，テキサス州ではガルベストン（Galveston）近くにある Haak Winery 社が同州で最初に栽培を始めた会社の一つである．Haak Winery 社は樽発酵を含む辛口あるいはオフ・ドライのヴァラエタルワインやマデイラスタイルあるいは白のポートスタイルのワインを作っている．辛口のヴァラエタルワインである BLANC DU BOIS は飾り気がなく，シトラスのアロマを軽く香らせてはいるが，フォクシーフレーバーは感じられない．生産者としては他にも，テキサス州の Chisholm Trail 社，La Cruz de Comal 社，Enoch's Stomp 社，Loan Oak 社，Los Pinos Ranch 社，Pleasant Hill 社，Tara 社，Tehuacana Creek 社，ルイジアナ州の Feliciana 社，Landry 社および Ponchartrain 社，並びにフロリダ州の San Sebastian 社などがあげられる．一般にワインはアロマティックで，香りの幅が広く，その香りは花の香り，あるいは時にマスカットを思わせる香りからシトラスの香りにまで至る．より辛口のワインにはソーヴィニヨン・ブラン（SAUVIGNON BLANC），ALVARINHO や TORRONTÉS がもつフレッシュさがある．Raymond Haak 氏によれば，現在アメリカ合衆国では約100 acres（40 ha）が，主にテキサス州とフロリダ州で栽培されているということだ．また，わずかではあるがルイジアナ州，ジョージア州，サウスカロライナ州でも栽培されているようだ．

BLANCO LEXÍTIMO

ALBARÍN BLANCO を参照

BLANQUEIRO

フランス，プロヴァンス（Provence）の非常にマイナーな品種

ブドウの色：● ● ● ● ●

主要な別名：Blanqueirol，Blanqueiron，Blanquerel，Pignairon

起源と親子関係

BLANQUEIRO はおそらくアルプ＝マリティーム県（Alpes-Maritimes）のサン＝ジャネ（Saint Jeannet）およびラ・ゴード（La Gaude）にあるブドウ畑由来の品種であろう．

ブドウ栽培の特徴

小さな果粒が密着した果房をつける．熟期は中期～晩期である．

栽培地

BLANQUEIRO はフランス南東部に位置するプロヴァンスの Bellet アペラシオンにおける二次品種（secondary variety）だが，現在はほとんど見られず，公式のフランスの統計にも記録されていない．

BLATINA

ボスニア・ヘルツェゴビナで最も重要な赤品種

ブドウの色：● ● ● ● ●

主要な別名：Blathina, Blatina Crna, Blatina Hercegovacka, Blatina Mala, Blatina Velika, Praznobačva, Zlorod
よくBLATINAと間違えられやすい品種：CETINKA ✻（クロアチア），TRIBIDRAG ✻（クロアチアのメトコヴィチ（Metković））

起源と親子関係

BLATINA はボスニア・ヘルツェゴビナの主要な赤ワイン用の在来品種であり，おそらく同国南部のモスタル地方（Mostar）を起源とする品種であろうと思われる．クロアチアの CETINKA は BLATINKA として知られているが異なる品種である（Goran Zdunić，私信）．BLATINA は，国境を越えてすぐのところに位置するクロアチアのメトコヴィチ地方で TRIBIDRAG と呼ばれることがあるが，DNA 解析によって，この品種とは異なることが明らかになっている（Nataša Štajner，私信）．

ブドウ栽培の特徴

晩熟である．機能的にめしべのみの花なので結実能力が不安定なため，受粉のために別の品種を近くに植えなければならない．病気全般に良好な耐病性を示すが冬の霜に感受性がある．

栽培地とワインの味

ボスニア・ヘルツェゴビナでは BLATINA からよくヴァラエタルワインが作られている．また，たとえば Čitluk ワイナリーのオークをきかせたワインやそうでないワインのように，受粉のために混植される ALICANTE HENRI BOUSCHET（KAMBUŠA の名で）あるいは TRNJAK などの他の品種を少量の加えてブレンドワインが作られている．一般に，ワインはミディアムボディーでフルフレーバーであるが，南部のワインであるにもかかわらず良好な酸味が保たれている．他にも，モスタル南西に位置するリュブシュキ（Ljubuški）の Hepok 社が，ベリーの果実感としっかりとした骨格を有し，オーク熟成した色合い深いワインを作っている．また Škegro 社もワインを生産している．

BLATINKA

CETINKA を参照

BLATTERLE

イタリア北部，アルト・アディジェ（Alto Adige）のほぼ絶滅寸前の状態にある白果粒の古い品種で，ユニークな DNA プロファイルをもつ（Vouillamoz および Barbara Raifer，私信）．この品種名は PLATTERLE（地元の方言で「小さな葉」という意味）とも綴られる．かつてはボルツァーノ（Bolzano）周辺やヴァッレ・イサルコ（Valle Isarco（ドイツ語でアイザックタール（Eisacktal））で栽培されていたが，現在，この早熟の品種を栽培するのは一握りの栽培者のみで，そのうちの一社である Weingut Nusserhof 社が Blaterle（表示規制の問題を回避するために表記を変えている）とラベルされたヴァラエタルのテーブルワインを作っている．また，ヴァル・ヴェノスタ（Val Vinosta/Vinschgau）の Unterortl 社が Juval

Glimmer のブレンドワインに FRAUELER や別の珍しい地方品種，あるいは MÜLLER-THURGAU などとともに BLATTERLE を用いている．

BLAUBURGER

軽いが色合い深いオーストリアの交配品種．ブレンドワインの色づけに役立っている．

ブドウの色：● ● ● ● ●

よくBLAUBURGERと間違えられやすい品種：Blauburgunder（PINOT NOIR のドイツ名）

起源と親子関係

BLAUBURGER は，1923年にウィーンの西に位置するクロスターノイブルク（Klosterneuburg）研究センターの Fritz Zweigelt 氏が BLAUER PORTUGIESER × BLAUFRÄNKISCH の交配により得た交配品種である．この品種は GOUAIS BLANC の孫品種である．この品種は RÁTHAY の育種に用いられた．

ブドウ栽培の特徴

熟期は早期～中期である．うどんこ病，エスカ病やブドウつる割れ病など，かびの病気に感受性がある．

栽培地とワインの味

2007年にはオーストリアで1,000 ha（2,471 acres）を上回る栽培面積が記録された．主にニーダーエスターライヒ州（Niederösterreich/ 低地オーストリア）で栽培されており，1990年代の終わり頃に記録された884 ha（2,184 acres）から増加をみせている．ワインは色合い深いが，比較的ニュートラルで軽く，タンニンや酸味がそれほど高くないことからブレンドワインへの色づけに用いられている．しかしながら，一部の生産者がヴァラエタルワインを作っている．

ドイツでは2006年に10 ha（25 acres）の栽培が報告されており，その四分の一がフランケン（Franken）で見られる．ハンガリーでは2008年に400 ha（1,000 acres）の栽培が記録されており，その半分以上がエゲル地方（Eger）で見られ，同地方において Egri Bikavér（エゲルの牛の血）ワインに公認されている．

BLAUER ARBST

PINOT NOIR を参照

BLAUER PORTUGIESER

比較的単調で酸味の弱いワインが作られる，多産なオーストリアの品種

ブドウの色：● ● ● ● ●

主要な別名：Autrichien，Badner，Early Burgundy ☒（カリフォルニア州のナパバレー（Napa Valley）），Modrý Portugal（チェコ共和国），Oporto（スロバキア），Portugais Bleu（ジュラ（Jura）），Portugalkja，Portugieser ☒，Portugieser Blau ☒，Portugizac Crni（クロアチア），Português Azul ☒（ポルトガル），

Vöslauer（オーストリア）；Kékoportó はもはやハンガリーでは公式的に用いられていない
よくBLAUER PORTUGIESERと間違えられやすい品種：KRALJEVINA ☒（クロアチア北西部），MORETO DO ALENTEJO ☒（ポルトガルのアレンテージョ（Alentejo））

起源と親子関係

BLAUER PORTUGIESER という名前であるにもかかわらず，この品種はポルトガル起源ではない．DNA 解析では GRAUER PORTUGIESER（灰色の果粒）と GRÜNER PORTUGIESER（緑色の果粒）とは区別できず，いずれも単に BLAUER PORTUGIESER の果皮色変異であることが示された（Sefc, Steinkellner *et al.* 1998）．オーストリアには果皮色変異とおびただしい数の別名があることから，同国が起源であると考えられている．

育種レポートと系統解析の結果，GRAUER PORTUGIESER と FRÜHROTER VELTLINER は JUBILÄUMSREBE の親品種であることが明らかになった（Sefc, Steinkellner *et al.* 1998）．BLAUER PORTUGIESER は，現在，比較的重要品種とされている BLAUBURGER, DAKAPO, DOMINA, HEROLDREBE, PORTAN, SEGALIN といった交配品種の親品種である．

他の仮説

PORTUGIESER についてはポルトガルからオーストリアに持ち込まれたものだと論じられることがあり，おそらく，オーストリアの大使で，フェスラウ地方（Vöslau）にブドウを植えた von Fries 氏が1772年に Porto から輸入したといわれる．19世紀のブドウの分類の専門家である Goethe（1887）は BLAUER PORTUGIESER と MORETO DO ALENTEJO は同一品種であると述べている．MORETO DO ALENTEJO と BLAUER PORTUGIESER が共通の親品種をもっているという仮説（Regner *et al.* 1999）は遺伝的には否定されていないが，すべてのヨーロッパ品種との DNA プロファイル比較によって BLAUER PORTUGIESER がオーストリア・ドイツ起源であることが示唆された（Sefc*et al.* 2000）．ちなみに，ポルトガル語の別名 PORTUGUÊS AZUL は文字通り BLAUER PORTUGIESER の翻訳であって，その逆ではないようである．

ブドウ栽培の特徴

熟期は早期～中期である．春と秋の霜の被害を受ける危険性と灰色かび病とエスカ病にかかる危険性がある．安定して豊産性である．

栽培地とワインの味

PORTUGIESER は高収量であるので，中央ヨーロッパのみならず，かつてはフランス南西部にまで広がりをみせていた品種である．ジュラのロタリエ（Rotalier）にある Domaine Ganevat 社が小さな栽培地に PORTUGAIS BLEU を新しく植え直し，早飲みの赤のブレンドワインの生産に用いている．

ドイツには19世紀に持ち込まれ，オーストリアよりも広く栽培されるようになった．総栽培面積は4,354 ha（10,759 acres）で，主にプファルツ（Pfalz；2,178 ha/5,382 acres）やラインヘッセン（Rheinhessen/1,661 ha/4,104 acres）で栽培されている．相当量のブドウがロゼの Weissherbst ワインになっている．赤ワインはどこで作られても，ほとんどがソフトで色が薄いものになる．痩せたワインになることもあり，普通のワインができれば，よしとしなければならない程度である．ボディーを確保するために大量に補糖しなければならず，若いうちに飲むのがベストである．

BLAUER PORTUGIESER はオーストリアで3番目に多く栽培されている果皮色の濃い品種で，2007年には同国で2,223 ha（5,490 acres）の栽培が記録されたが，1999年に記録された栽培面積からは若干減少している．主にニーダーエスターライヒ州（Niederösterreich/低地オーストリア）で栽培されているが，ウィーンの南に位置するテルメンレギオン（Thermenregion）やウィーン北西部のカンプタール（Kamptal）で特に多く栽培されている．

ハンガリーではかつて，KÉKOPORTÓ として知られていた．2008年に記録された栽培面積は1,250 ha（3,090 acres）で，南部のヴィラーニ（Villány）やクンシャーグ（Kunság），北西部のエゲル（Eger）が主要産地となっている．ヴィラーニの生産者はおそらく収量を制限することで，最も凝縮されたワインを作っている．また，いくつかのワインはオーク熟成の恩恵を得て，十分なボディーをもつものとなっている．トップレベルの生産者としては Gábor Kiss，József Szemes，Béla Jekl などがあげられる．

クロアチア北部では PORTUGIZAC CRNI や PORTUGALKJA の名で栽培されている．チェコ共和国では2008年に670 ha（1,655 acres）が記録されており，その多くは Velkopavlovická や Slovácká で栽培されている．カリフォルニア州で近年行われた DNA テストによって EARLY BURGANDY のいくつかは BLAUER PORTUGIESER であることが示唆されたが（Mike Officer，私信），1970年代にブドウの分類の専門家である Paul Truel 氏が示したように他は ABOURIOU であろう．

BLAUER URBAN

ただ残っているというだけのドイツ南部の稀少な品種

ブドウの色：● ● ● ● ●

主要な別名：Schwarzer Urban，Urban，Urban Blau，Urban Blauer

起源と親子関係

この品種はおそらく ROTER URBAN（もはや栽培されていない）とは異なる品種で，イタリア北部のアルト・アディジェ（Alto Adige）を起源とする品種であると思われる．

ブドウ栽培の特徴

豊産性である．

栽培地

ある時期には中央ヨーロッパのみならず，イタリアやフランスでも広く栽培されていた BLAUER URBAN だが，現在はドイツ南部でわずかに栽培されるのみとなっている．ヴュルテンベルク州（Württemberg）の Graf Adelmann 社が良質のワインを作っている．伝統的に CHASSELAS（GUTEDEL）や GRÜNER VELTLINER と混植され，生食用およびワイン用に用いられてきた．

BLAUER WILDBACHER

涙が出るほど酸っぱいロゼワインが作られる，独特の香りをもつオーストリアの赤品種

ブドウの色：● ● ● ● ●

主要な別名：Schilcher（シュタイアーマルク州（Steiermark / Styria）），Wildbacher（イタリア），Wildbacher Blau

よく BLAUER WILDBACHER と間違えられやすい品種：Wildbacher Spätblau ⊗

起源と親子関係

BLAUER WILDBACHER は伝統ある古い品種で，品種名はオーストリアの南東部に位置するグラーツ（Graz）の南にある小さなヴィルトバッハ村（Wildbach）の名にちなんで名付けられたものである．Wildbach という名を扱う際には注意が必要である．最近行われた DNA 解析により，早熟で，広く栽培されている BLAUER WILDBACHER と晩熟でほとんど絶滅状態にある WILDBACHER SPÄTBLAU は DNA プロファイルが異なるものの親子関係にある可能性が示された（Meneghetti *et al.* 2009）．さらに，系統解析の結果，BLAUER WILDBACHER は GOUAIS BLANC と親子関係にあることが明らかになった．もう片方の親品種は絶滅した野生ブドウであると考えられている（Meneghetti *et al.* 2009）．

他の仮説

19世紀のブドウの分類の専門家の中には BLAUER WILDBACHER は野生ブドウが栽培品種化したものだと確信しているものもいた（Meneghetti *et al.* 2009）．

ブドウ栽培の特徴

非常に晩熟である．小さな果粒をつけヴェストシュタイヤーマルク（Weststeiermark / Western Styria）の気候に対処し得る十分な頑強さを備えている．

栽培地とワインの味

イタリアでは10 ha（25 acres）が栽培されており，同国では WILDBACHER として知られている．ヴァラエタルワインの生産者としては Cantine Collato（Colli Trevigiani IGT）および Tenuta Col Sandago などがあげられる．

この品種の酸味の強さとイラクサのアロマをもつスパイシーな香りは，オーストラリア中南部に位置するヴェストシュタイヤーマルクの特産品で涙が出るほど酸っぱいロゼワインのシルヒャー（Schilcher）のベースとして理想的であり，現地ではこの品種が SCHILCHER としても知られている．およそ3%が発泡性ワインに用いられており，スティルの赤ワインに用いられるのはそれ以下である．事実上，オーストリアで栽培されるこの品種のすべてがシュタイヤーマルクで栽培されており，その多くが西の飛び地で栽培されている（2008年の総栽培面積454 ha/1,120 acres のうちの357 ha/880 acres）．Domäne Müller 社が TBA（トロッケンベーレンアウスレーゼ）を作っている．トップレベルの生産者としては Langmann vulgo Lex，Franz Strohmeier，Christian Reiterer，Friedrich Christian などがあげられる．

BLAUFRÄNKISCH

果皮色が濃く，黒い果実の香りをもつオーストリアーハンガリー品種．
よく生育し，よいワインが醸造されているので栽培面積を増やしている．

ブドウの色：● ● ● ● ●

主要な別名：Blauer Limberger（ドイツ），Borgonja ※（クロアチア），?Burgund Mare（ルーマニア），Franconia ※または Franconia Nera（イタリア），Frankovka ※（クロアチア，セルビアおよびチェコ共和国），Frankovka Modrá（スロバキア），Frankovna Crna（スロベニア），Gamé（ブルガリア），Kékfrankos ※（ハンガリー），Limberger ※または Lemberger（ドイツ），Modra Frankinja（スロベニア），Nagyburgundi（ハンガリー），Sura Lisicina（セルビア）

よく BLAUFRÄNKISCH と間違えられやすい品種：GAMAY NOIR ※，PINOT NOIR ※

起源と親子関係

中世以降，Fränkisch という名前がいくつかの高品質の品種に用いられていたことは，この品種が劣った Heunisch 品種よりも優れていることを示している．Fränkisch という名前は，ドイツの歴史的な地方の名前であるフランコニア（Franconia，現在のバイエルン州（Bavaria）北部，テューリンゲン州（Thüringen）南部およびバーデン=ヴュルテンベルク州（Baden-Württemberg）のハイルブロン=フランケン（Heilbronn-Franken）にあたる）にちなんで名づけられたものである．これらの高品質の品種の一つが BLAUFRÄNKISCH で，その名前は1862年にウィーンで開催されたブドウ品種博覧会で初めて見られたが（Aeberhard 2005），1875年にフランスのコルマール（Colmar）で開催された国際ブドウ分類委員会で公式採用されている．ドイツでは後にLEMBERGER（1877）やLIMBERGER（19世紀末）などの別名で記載されているが，これらはいずれもシュタイアーマルク州（Steiermark）のLEMBERGとマイッサウ（Maissau，ニーダーエスターライヒ州（Niederösterreich/低地オーストリア））のLIMBURGという，ドイツに輸出された際のオーストリアの地名に由来している．ハンガリーでは1890年にKÉKFRANKOSの名で初めて記載されているが，それは文字通りBLAUFRÄNKISCHを訳したものであった．

DNA解析によって，ハンガリーのKÉKFRANKOSはBLAUFRÄNKISCHと同一であることが確認され（Jahnke *et al.* 2009），また，クロアチアで長年に渡りGAMAY NOIRやPINOTと同じだと考えられていたBLAUFRÄNKISCHがBORGONJAという名前（Borgonjaは「ブルゴーニュ」を意味する）で栽培されていたことが明らかになった（Edi MaletićおよびIvan Pejić，私信；Vouillamoz）．この発見はBLAUFRÄNKISCHが，GAMAY NOIR（Bowers *et al.* 1999）の親品種であるGOUAIS BLANC（Regner *et al.* 1998; PINOT系統図参照）と親子関係にあるということと矛盾するものではない．こうしてBLAUFRÄNKISCHの発祥地は現在，ダルマチア（Dalmacija），オーストリア，ハンガリーに分割された場所であると考えられているが，厳密な場所は依然明らかになっていない．

BLAUFRÄNKISCHがGAMAY NOIRのクローンであるという誤解が生じているのは，ブルガリアでGAMÉがこの品種の別名として使用されていることが原因であると考えられている．

BLAUFRÄNKISCHとSANKT LAURENTの交配によってANDRÉとZWEIGELTが作られ，BLAUFRÄNKISCHとBLAUER PORTUGIESERとの交配によりBLAUBURGERが生まれた．BLAUFRÄNKISCHはACOLON，CABERNET CUBIN，CABERNET MITOS，HEROLDREBE，MAGYARFRANKOS，RUBINTOSおよびREBERGERの親品種である．

ブドウ栽培の特徴

樹勢が強く，萌芽は早期で晩熟である．そのため比較的暖かい気候を必要とする．べと病およびうどんこ病に感受性がある．

栽培地とワインの味

イタリアではごく限定的な量しか栽培されていない（127 ha/310 acres）．同国北東部のフリウーリ（Friuli）ではFRANCONIA NERAと呼ばれ，Friuli IsonzoあるいはFriuli LatisanaのDOCでフルーティーで心地よい刺激のあるヴァラエタルワインが作られている．スペイン南部のマラガ（Málaga）でドイツ出身のFriedrich Schatz氏がアシニポ（Acinipo）ワインというLEMBERGERのヴァラエタルワインを作っている．このワインは甘口で良好な酸味があって生き生きとしており，数年ボトルで置くことでさらに良質のワインになる．

ドイツでは，（BLAUER）LEMBERGERあるいはLIMBERGERと呼ばれ，1,729 ha（4,272 acres）が，主に同国南部に位置するヴュルテンベルク州（Württemberg）のシュトゥットガルト（Stuttgart）周辺で栽培されている．ワインは軽く，オーストリアのワインよりも若干，ソフトなものになる．

BLAUFRÄNKISCHはオーストリアでZWEIGELTに次いで2番目に多く栽培される黒い果皮の品種で，2008年に記録された総栽培面積は3,340 ha（8,250 acres）であった．それでも同国のブドウ栽培面積の6％にすぎないのだが，1999年に記録された2,640 ha（6,524 acres）からは増加をみせている．その多くは，ブルゲンラント州（Burgenland）の，特にミッテルブルゲンラント（Mittleburgenland; 1,194 ha/2,950 acres）で栽培されており，この地方の西側，北側，そして南側にある丘が暖かいシェルターのような役割を果たしている．これに加えてパンノニア平原（Pannonian Plain）から東に向かって吹く暖かく乾いた風の影響もあり，よい骨格をもつ優れた赤品種を栽培するにあたり，理想的な栽培の場所となっている．また，ノイジードル湖地方（Neusiedlersee; 807 ha/1,994 acres）やノイジードラーゼー＝ヒューゲルランド（Neusiedlersee-Hügelland; 962 ha/2,377 acres）でも多く栽培されている．

BLAUFRÄNKISCHは深い色合いのきびきびした特徴的なワインになるため，野心的な生産者はオークで熟成させることでBurgenland DAC Reserveに分類されるワインを作っている．より軽い，オークを用いないワインはMittleburgenland DAC Classicとなる．事実，軽くフレッシュでフルーティーなものから深いフレーバー，黒い果実の香り，スパイシーさ，しっかりした骨格をもち，それでいてフレッシュで熟成に耐えるワインまで，栽培地の特徴を表現する幅広いスタイルのワインが作られている．ライタビルゲ山脈（Leithaberg）のすそ野地方でワインを生産する生産者は，ノイジードル湖地方から離れた，より冷涼な気候とスレートと石灰質からなる複雑な土壌のおかげで，とりわけエキサイティングで，生き生きとした酸味をもつ，エレガントなワインをLeithaberg DAC（最小50%のBLAUFRÄNKISCH）内で作っている．湖に近いところではワインはフルボディーのよりリッチなワインができる．湖の南側に位置するスュードブルゲンラント（Südburgenland）の北部では，粘土に富む土壌でフルボディーのスパイシーなワインが作られている．かつてはワインに過度のオークの香りがあったが，この地域にはパンノニア（Pannonian）の暖かさと高地の冷涼な斜面がもたらす恩恵を受ける例外的な栽培地が存在し，同栽培地では長期に渡る成熟期間により，繊細さと複雑さを兼ね備えた，例えていうなら，Moric社が作るRoland Velichのようなワインが作られている．最近では地域特有の特徴を備えた良質のワインがスュードブルゲンラント南部の鉄分に富んだ土壌をもつEisenberg DAC地域や カルヌントゥム（Carnuntum）のスピッツァーベルク（Spitzerberg）にあるスレート状の土壌で作られている．K+K Kirnbauer，Nittnaus，Pichler-Kruzler，Pittnauer，Prieler，Triebaumer，Wohlmuthなどの生産者がとりわけ良質なオーストリアのBLAUFRÄNKISCHワインを作っている．

ハンガリーではKÉKFRANKOS（BLAUFRÄNKISCHの直訳）として栽培されており，8,000 ha（19,770 acres）の栽培が記録されている．ほとんどのワイン地域に広がっているが，中央部南のクンシャーグ（Kunság），北東部のエゲル（Eger），オーストリアとの国境のショプロン（Sopron）に最も多く見られる．この品種はハンガリーで最高の赤ワイン用品種の一つと考えられており，オーストリアのFranz Weninger社が国境の両側に位置するブルゲンラント州とショプロンで多様なワインを作っている．

スロバキアにおいて，FRANKOVKA MODRÁとして知られるBLAUFRÄNKISCHは同国で最も広く栽培されている濃い果皮色の品種で，同国のブドウ栽培面積の9％を占める1,742 ha（4,305 acres）が栽培されている．推奨される生産者としては毎年，国際FRANKOVKA MODRÁフェスティバルを組織するVilla Vino Rača社やChâteau Topoľčianky社などがあげられる．また，会社としての規模は小さいがMrva & Stanko社もこの品種を取り扱う生産者として高く評価されている．

ブルガリアでは長年に渡り，ボジョレー（Beaujolais）のGAMAY NOIRと同じだと考えられてきたことからGAMÉとして知られている．ルーマニアでは，BURGUND MAREという名前で891 ha（2,202 acres）が栽培されており，主に南部の地域で見られる．この品種はデアル・マレ（Dealu Mare）やシュテファネシュティ（Ștefănești）のような中南部に位置する地域で公認されているが東部の黒海地方でも栽培されている．

チェコ共和国やセルビアのヴォイヴォディナ州（Vojvodina）ではFRANKOVKAと呼ばれ，生き生きとしたフルーティーな早飲みワインが作られている．スロベニアでは別名のMODRA FRANKINJAで2009年に693 ha（1,712 acres）の栽培が記録されている．

クロアチアでは2009年に同国のブドウ総栽培面積の2.7％を占める880 ha（2,175 acres）のFRANKOVKAが栽培されているが，ごく最近になってBLAUFRÄNKISCHであると同定されたBORGONJA（前述）の限られた面積はこのデータには含まれていない．FRANKOVKAは主に北東部のKontinentalna Hrvatska（コンチネンタル・クロアチア）およびイストラ半島（Istra）の北西部のBorgonjaで栽培されており，同地では比較的軽いワインが作られている．

カナダのブリティッシュコロンビア州ではBLAUFRÄNKISCHがLEMBERGERという名前で栽培されている．一時期はワシントン州のヤキマ・バレー（Yakima Valley）でも人気を博していたが，2001年までに栽培面積は73 acres（30 ha）にまで減少してしまった．限定的な量ではあるが，ニューヨーク州のフィンガーレイクス地方（Finger Lakes）でも栽培されており，同地方ではカベルネ・フラン（CABERNET FRANC）とブレンドされ，よりリッチなフレーバーや濃い色の果実のフレーバーが加えられたり，ヴァラエタルワインが作られたりしている．Fox Run社のPeter Bell氏が，ビンテージワインのいくつかは少し脱酸する必要があると述べている．ヴァラエタルワインの他の生産者としては他にも，ニューヨーク州のAnthony Road社，Goose Watch社，Swedish Hill社などがあげられる．ロングアイランド州のChanning Daughters社が自社のワインにBlaufränkischと表示している．

オーストラリアではアデレイド・ヒルズ（Adelaide Hills）のHahndorf Hill社のみが年によってはTROLLINGER（SCHIAVA GROSSA）とブレンドしてBLAUFRÄNKISCHでロゼワイン作りに成功している．Mac Forbes社もオーストラリアのBLAUFRÄNKISCH作りを計画している．

LEMBERGERは日本でも栽培されている．

BOAL BRANCO

MALVASIA FINA を参照

BOBAL

重要な，その評価を上げつつある品種．
スペイン，レバンテ（Levante）でビロードのようになめらかなワインが作られている．

ブドウの色：● ● ● ● ●

主要な別名：Balau，Benicarló，Bobos，Carignan Espagnol または Carignan d'Espagne（フランスのオード県（Aude）），Coreana，Espagnol（フランスのヴァール県（Var）），Moravio ✕，Pobretón，Provechón，Rajeno，Requena，Terret d'Espagne（フランス），Tinta Madrid ✕（スペインのシガレス（Cigales）），Tonto de Zurra，Valenciana

よくBOBALと間違えられやすい品種：GRACIANO ✕（サルデーニャ島では Bovale Grande あるいは Bovale Sardo），MAZUELO ✕，MONASTRELL ✕，MORAVIA AGRIA ✕（アルバセテ県（Albacete）），PRUNELARD ✕（BOBAL はフランスのアリエージュ県（Ariège）では Prunelar と呼ばれる）

起源と親子関係

BOBAL はスペイン中東部のウティエル・レケーナ（Utiel-Requena）を起源とする品種である．現地で多く栽培されており，早くも15世紀に Jaume Roig が女性蔑視批判に関して記した「*Espill o llibre de les dones*」の中に記載されている．地中海沿岸の港にちなんで名づけられたこの品種の古いスペイン語の別名 BENICARLÓ は現在では使用されていない．ドルドーニュ県（Dordogne）では Beni Carlo という名前が誤って MONASTRELL に使われているので，この名前の使用は避けなければいけない．

BOBAL BLANCA は ALCAÑÓN と同一であるので（Fernández-González，Mena *et al.* 2007）BOBAL の果皮色変異ではない．アリエージュ県では BOBAL が PRUNELAR と呼ばれているが，これをフランス品種である本物の PRUNELARD と混同してはならない．

ブドウ栽培の特徴

中サイズの果粒が密着して大きな果房をなす．萌芽は中期～後期で，熟期は中期～晩期である．樹勢が強く，結実能力が高いので，非常に高い収量が得られる．短く剪定するのがよい．

乾燥には非常に高い耐性を示すが，うどんこ病と灰色かび病に感受性がある．

栽培地とワインの味

BOBAL はスペイン中東部に位置するバレンシア県（Valencia），クエンカ県（Cuenca）およびアルバセテ県（Albacete）で主に栽培されており，特に Utiel-Requena および Manchuela の各 DO で重要品種として多く栽培されている．2007年にスペインで記録された総栽培面積85,124 ha（210,346 acres）のほとんどがカスティーリャ＝ラ・マンチャ州（Castilla-La Mancha，51,277 ha/126,708 acres）および バレンシア州（33,389 ha/82,506 acres）で栽培されたものだったが，実際の栽培量は記録されているよりも多いと考えられる．不均一に熟す傾向があるので，ワインが若干，素朴なものとなってしまうのだが，出来のよいものは色合い深く滑らかなものになる．BOBAL は伝統的にバルクワインの生産に用いられていたが，ウティエル・レケーナの Mustiguillo 社やマンチュエラの Finca Sandoval 社など，標高の高い地点（標高700～770 m）でワイン造りをしている生産者らは，この品種を真剣にとらえ栽培に注意を払っていた．特に，MONASTRELL よりも酸味が保持され，アルコール分が低く，良好な骨格をもち，ビロードのようになめらかでフレッシュな赤ワインができる．Finca Sandoval 社の Victor de la Serna 氏が自身のシラー（SYRAH）主体のブレンドにこの品種を加えている．BOBAL は Utiel-Requena，Valencia，Manchuela および

Ribera del Júcar の各 DO で公認されている．飲みやすくフレッシュな BOBAL のロゼワインの生産も増加している．

BOĞAZKERE

タンニンに富むが，高品質のワインになる可能性をもつトルコの一般的な品種

ブドウの色：

主要な別名：Şaraplık Siyah ☒（かつてはディヤルバクル（Diyarbakır）近くのチェルミク（Çermik））

起源と親子関係

BOĞAZKERE はおそらくアナトリア半島（Anatolia）東部のディヤルバクル県あるいはエラズー県（Elâzığ）を起源とする品種である．DNA 解析によって，かつて，アナトリア半島南東部のディヤルバクルに近いチェルミク地方で栽培されていた ŞARAPLIK SIYAH が BOĞAZKERE と同一であることが明らかになった．また，DNA 系統解析によって，ディヤルバクルに近いエルガニ地方（Ergani）の，ほぼ絶滅状態にある品種 MOREK と BOĞAZKERE との間に親子関係があることが明らかになった（Vouillamoz *et al.* 2006）．

近年のトルコおよび他の地域の44種類のブドウの遺伝的解析によって BOĞAZKERE は KABARCIK BEYAZ（現在は栽培されていない）および ÖKÜZGÖZÜ と遺伝的に近い関係にある可能性が示唆された（Sabir *et al.* 2009）．しかし，この結果は，トルコの62品種とアルメニアやジョージアの54品種の解析によって得られた解析結果，つまり，BOĞAZKERE は絶滅した3品種（ディヤルバクルに近いチュンギュシュ地方（Çüngüş）の MOREK および BELELÜK，並びにジョージア，アブハジア（Apkhazeti）の KHUPISHIZH）とクラスターを形成したという結果とは一致しない（Vouillamoz *et al.* 2006）．BOĞAZKERE には「のどを焼く」という意味があるが，これはこの品種特有のタンニンを示唆したものである．

ブドウ栽培の特徴

熟期は中期～晩期である．暑く，乾燥した気候が栽培に適しているが，耐寒性にも優れている．やせた，水はけのよい石灰質の粘土土壌と高地（低い夜温）を好む．厚い果皮をもつ小さな果粒は病気全般に良好な耐性を示す．一般にこの品種のブドウは酸度も糖度も高くなる．

栽培地とワインの味

BOĞAZKERE は主にアナトリア半島南東部に位置するディヤルバクル県のチェルミク地区やチュンギュシュ地区で栽培されているが，栽培は近隣のエラズーやマラティヤ（Malatya），またその南西のガズィアンテプ県（Gaziantep）でも見られる．2010年にトルコで記録された栽培面積は1,486 ha（3,672 acres）であった．この品種の人気の高まりを受けて，アナトリア半島西部やトルコ南西部のデニズリ平原（Denizli plateau）および，その北西に位置するマニサ県（Manisa）の栽培者が活気づけられているが，成果のほどは様々である．ヴァラエタルワインはそれほど深い色合いではないが，タンニンに富み，黒い果実あるいはドライフルーツのフレーバーと中程度の酸味を有している．幾分素朴な，あるいはタフなワインになるが，最高の条件下で作られたワインは，タンニンがボトルの中で落ち着いた後に皮やたばこの香りを思わせる土臭さのあるフレーバーと複雑さをもち始める．オークとの相性がよく，トルコで広く栽培されている在来品種の ÖKÜZGÖZÜ とよくブレンドされるのだが，そうすることでタンニンがソフトに，また，酸味はよりフレッシュになる．生産者としては Corvus 社，Doluca 社，Kavaklidere 社，Kayra 社，Sevilen 社などがあげられる．

BOGDANUŠA

クロアチア，フヴァル島（Hvar）で軽くフレッシュな白ワインが作られている．

ブドウの色：● ● ● ● ●

主要な別名：Bogdanjuša，Bogdanuša Bijela，Bojdanuša（フヴァル島およびマカルスカ（Makarska）），Hvarka，Vrbanjka（ブラチ島（Brač）のスペタル（Supetar））
よくBOGDANUŠAと間違えられやすい品種：MLADINKA☒

起源と親子関係

BOGDANUŠA はクロアチアのスプリト（Split）の南に位置するフヴァル島を起源とする品種である．BOGDANUŠA という品種名にはクロアチア語で，「神の恵み」という意味があるのだが，このワインが宗教行事が行われる際に飲まれることから，この言葉が選ばれたと考えられている．

他の仮説

ブドウの形態分類学的および DNA 解析によって，地方で信じられていたことに反し，MLADINKA は BOGDANUŠA と同一ではないことが明らかになった（Goran Zdunić，私信）．

ブドウ栽培の特徴

晩熟である．灰色かび病に非常に高い感受性を示す．

栽培地とワインの味

BOGDANUŠA はクロアチアの Srednja i Južna Dalmacija（ダルマチア（Dalmatia）中部および南部）のワイン地域においてのみ公認されており，そのほとんどがフヴァル島の，主にスタリー・グラード（Stari Grad）やイエルサ地方（Jelsa）で栽培され，多くが甘口ワインやブレンドワインの生産に用いられている．ヴァラエタルワインはフレッシュな酸味と中程度のアルコール分をもち，フィニッシュに時折，わずかな苦みが感じられることがある．Plančić 社（フヴァル）や Ivo Carič 社（フヴァル）などがヴァラエタルワインを作っている．Plančić 社が作る Ager ワインは島の在来品種である BOGDANUŠA と PRČ のブレンドにより作られる，カシ樽の香りがするワインで，他方，Zlatan Otok 社は POŠIP BIJELI，MARAŠTINA（MALVASIA BIANCA LUNGA）および BOGDANUŠA のブレンドにより Zavala ワインを作っている．Plenkovič 社と Tomić 社がこの品種をブレンドワインに用いている．

BOMBINO BIANCO

イタリアの豊産性の白品種．主にイタリア南部で栽培されており，非常に稀ではあるが，優れたワインができることがある．

ブドウの色：● ● ● ● ●

主要な別名：?Bambino，Buonvino，Ottonese☒（イタリア中部のラツィオ州（Lazio）），Pagadebit，Straccia Cambiale
よくBOMBINO BIANCOと間違えられやすい品種：MOSTOSA，PASSERINA，TREBBIANO D'ABRUZZO

起源と親子関係

BOMBINO BIANCO はスペインから持ち込まれたものだという研究者もいるが，研究者のほとんどはイタリアの在来品種であると考えており，おそらくプッリャ州（Puglia）を起源とする品種であろうと思われる．Bombino には「小さな爆弾」という意味があるが，これはおそらく房の形に由来したものと考えられる．DNA 解析によって，ラツィオ州の OTTONESE は BOMBINO BIANCO と同一であることが確認された（Manna Crespan，私信）．BOMBINO BIANCO は BOMBINO NERO の果皮色変異ではないが，DNA 解析によって，非常に近縁な種であることが明らかになっている（Vouillamoz）．BOMBINO BIANCO と TREBBIANO D'ABRUZZO が異なる品種であるかどうかは明らかでないが（TREBBIANO D'ABRUZZO 参照），いずれの品種も TREBBIANO TOSCANO および TREBBIANO DI SOAVE とは関係がなく，後者は VERDICCHIO BIANCO と同一である．近年，行われた DNA 系統解析によって BOMBINO BIANCO はプッリャ州の IMPIGNO および MOSCATELLO SELVATICO の親品種である可能性が示唆された（Cipriani *et al.* 2010）．

ブドウ栽培の特徴

高収量で，晩熟である．かびの病気のほとんどに良好な耐性を示す．

栽培地とワインの味

イタリア南部で広く栽培されている．主にはプッリャ州で，中でもフォッジャ県（Foggia，同県では San Severo DOC で40～60% を占めている），バーリ県（Bari）およびレッチェ県（Lecce）で栽培されているが，エミリア＝ロマーニャ州（Emilia-Romagna）（Pagadebit di Romagna DOC では少なくとも85% が必要である），ラツィオ州（Frosinone 県では OTTONESE と呼ばれ Frascati DOC などで伝統的な白のブレンドワインが，Marino DOC でヴァラエタルワインが作られている），マルケ州（Marche）およびアブルッツォ州（Abruzzo）でも栽培されている．Trebbiano d'Abruzzo DOC は特に紛らわしく，85～100 % の BOMBINO BIANCO，すなわち TREBBIANO D' ABRUZZO，あるいは85～100% の TREBBIANO TOSCANO から作られている．発泡性の Pagadebit di Romagna DOC は85 % の BOMBINO BIANCO と15% の シャルドネ（CHARDONNAY）のブレンドであるが，Guarini 社のこの DOC ワインは非常に珍しいことに100% の BOMBINO BIANCO から作られるスティルワインである．

この品種からは比較的ニュートラルな白ワインが作られるが，EU のテーブルワインや安価なドイツのゼクトの有用な原料となっており，一般に，MORIO-MUSKAT などのアロマティックなパートナーとブレンドされている．優れた生産者は，この品種からエキゾチックなフルーツのアロマや時にほのかに香るハーブやシトラスのノート，軽いミネラル感を引き出すことに成功している．Proietti 社，Cantina Sociale Olevano Romano 社などがヴァラエタルワインを作っており，OTTONESE とラベルしている．この品種はベルモットにも用いられている．2000年にはイタリアで3,000 ha（7,410 acres）程度の栽培が記録されている．

BOMBINO NERO

イタリア南部の濃い果皮色の品種．色の薄い同名の品種よりずっと珍しい．

ブドウの色：● ● ● ● ●

主要な別名：?Bambino，Buonvino

起源と親子関係

BOMBINO NERO はおそらくプッリャ州（Puglia）を起源とする品種である．BOMBINO NERO は

BOMBINO BIANCO の果皮色変異ではないが，DNA プロファイルは両者が互いに近縁であることを示唆している（Vouillamoz）．Bombino には「小さな爆弾」という意味があるが，それは果房の形を指したものであろう．

ブドウ栽培の特徴

樹勢が強い．非常に晩熟で，アントシアニンを多く含んでいる．この品種からできるワインはロゼワインの生産に用いられているが，色合いがよい．

栽培地とワインの味

赤ワインはもちろんだが，とりわけロゼワインのために，主にイタリアのプッリャ州で（Castel del Monte DOC ではこの品種単独あるいはブレンドワインの原料として，Lizzano DOC では選択肢の一つとして）栽培されている品種だが，栽培はバジリカータ州（Basilicata），ラツィオ州（Lazio）およびサルデーニャ島（Sardegna）でも見られる．2000 年の統計では1,170 ha（2,890 acres）の栽培が記録された．この品種から作られるワインはシンプルかつソフトで，赤い果実のフレーバーを有する軽いワインになる傾向がある．

BONAMICO

イタリア，ピサ地方（Pisa）に残る高収量の黒品種

ブドウの色：● ● ● ● ●

主要な別名：Giacomino ⚮，Uva di Palaia（トスカーナ州（Toscana）の町の名にちなんで）

栽培地とワインの味

BONAMICO（「よい友達」という意味）は1960 年代まで，イタリアのトスカーナ州のあちらこちらで限定的に栽培されていたのだが，現在はトスカーナ州のピサ（Pisa），ピストイア（Pistoia）およびルッカ（Lucca）近くの古いブドウ畑で見られるのみとなっている．2000 年の統計で記録された栽培面積はわずか100 ha（250 acres）を少し上回る程度であった．この品種は高収量で晩熟（9 月終わりにかけて）であるので，生食用にされることがある．通常，ワイナリーでは他の地方品種とブレンドされている．元来，高収量であるため，アルコール分が低くなる一方で，酸味が強くなり，タンニンが充分に熟さないリスクがある．しかし，収量を制限すると，BONAMICO は心地よい酸味とフローラルなアロマをもつ，ミディアムボディーでバランスのとれたワインになる．

BONARDA PIEMONTESE

小さな果房とソフトなタンニンをもつ，アロマティックで色づきのよいイタリアの赤品種

ブドウの色：● ● ● ● ●

主要な別名：Bonarda del Monferrato，Bonarda dell'Astigiano，Bonarda di Chieri
よくBONARDA PIEMONTESEと間違えられやすい品種：CROATINA ⚮（オルトレポ・パヴェーゼ（Oltrepò Pavese）），DOUCE NOIRE ⚮（アルゼンチンでは Bonarda として知られる），Durasa（ノヴァーラ県（Novara）），

NERETTA CUNEESE ☿（クーネオ県（Cuneo）），NERETTO DURO ☿（トリノ県（Torino）），REFOSCO DAL PEDUNCOLO ROSSO ☿（ロエロ（Roero）），UVA RARA ☿（ノヴァーラ県）

起源と親子関係

BONARDA はイタリア北部の少なくとも6種類の異なる品種につけられた誤解を招きやすい名前である(上記参照). トリノの丘にこの品種があることを報告したScandaluzza伯爵のNuvolone Pergamo(1787–98)氏がイタリア北西部のピエモンテ州で，BONARDA PIEMONTESE について始めて言及している．アルゼンチンでよく見られる BONARDA の詳細については DOUCE NOIRE を参照のこと．

ブドウ栽培の特徴

BONARDA PIEMONTESE は一般に棚仕立てにされる．病気には良好な耐性を示す．

栽培地とワインの味

BONARDA PIEMONTESE は主にイタリア北部のピネロネーゼ（Pinerolese），アスティジアーノ(Astigiano)，コッリーナ・トリネーゼ（Collina Torinese）で栽培されており，色味を補強したり，糖分を加えてアルコール分を高めたりする目的でブレンドに用いられている．また，ネッビオーロ（NEBBIOLO）のタンニンをソフトにするためにも用いられている．規定ではどの BONARDA を指すのか明らかにされていないのが，常だが，BONARDA のヴァラエタルワインは Collina Torinese，Colline Novaresi，Pinerolese および Piemonte の DOC で公認されている．これらのワインはフレッシュでフローラルなアロマ，低酸味，きめ細かなタンニンとバランスのとれた骨格で特徴付けられている．Villa Sperino 社の Paolo de Marchi 氏の尽力もあって Coste della Sesia DOC が復活し，同 DOC では最大50 % の BONARDA PIEMONTESE (ヴァラエタルワインの Bonarda delle Coste della Sesia もまた可能であるが)が認められている．Benotto 社，Carlo Daniele Ricci 社，Cascina Gilli 社がヴァラエタルの BONARDA PIEMONTESE ワインを作っているが，輸出されるのはまれである．

2001年に記録されたピエモンテ地方政府の統計には218 ha（540 acres）の栽培が記録されている．

BONDA

事実上絶滅したイタリア，ヴァッレ・ダオスタ州（Valle d'Aosta）の赤品種

ブドウの色：● ● ● ● ●

よくBONDAと間違えられやすい品種：PRIMETTA ☿

起源と親子関係

BONDA のルーツはおそらくイタリア北部にあるのであろうが，他のすべてのヴァッレ・ダオスタ州の品種とは非常に異なっている．DNA 解析によって，BONDA と PRIMETTA は PRIÉ ROUGE という誤解されやすい別名を共有しているにものの，両者は異なる品種であること，また，BONDA は白色果皮の PRIÉ の果皮色変異ではない（Vouillamoz and Moriondo 2011）ことが明らかになった．また BONDA がピエモンテの MOSSANA（もはや栽培されていない）と近縁関係にあることは19世紀頃から推測されていたが，DNA 解析によって確認された．また，BONDA とトレンティーノ（Trentino）の NOSIOLA が近縁関係にあることも明らかになっている（Vouillamoz and Moriondo 2011)．

栽培地とワインの味

晩熟の BONDA はブレンドワインの生産にのみ用いられている．絶滅寸前の状態にあり，イタリア北部に位置するヴァッレ・ダオスタ 州のシャティヨン（Châtillon）とクアルト（Quart）の間にあるブドウ畑にわずかに残るのみとなっている（2000年の統計で3 ha/7 acres 以下であったと記録されている）.

BONDOLA

スイス，ティチーノ州（Ticino）の古く珍しい品種．メルロー（MERLOT）に圧倒されてきたという経緯をもつ．

ブドウの色：● ● ● ● ●

主要な別名：Bondola Nera，Briegler ☒ または Brieger（チューリッヒ州（Zürich）），Bundula（ティチーノ州），Longobardo（アールガウ州（Aargau））
よくBONDOLAと間違えられやすい品種：BONDOLETTA ☒，HITZKIRCHER ☒

起源と親子関係

BONDOLA はスイス南部に位置するイタリア語圏のティチーノ州でかつては最も重要とされていた品種である．この品種に関しては，1785年に HR Schinz 氏が「非常にすばらしい品種である」と初めて記載している（Marcel Aeberhard，私信）．DNA 解析の結果，ほぼ絶滅状態にあり，かつてはスイスのドイツ語圏の州（主に チューリッヒ州，アールガウ州，ルツェルン州（Luzern）およびベルン州（Bern））で栽培されていた BRIEGLER と BONDOLA が同一であることが明らかになった（Aeberhard 2005; Frei *et al.* 2006）．また，DNA 系統解析によって BONDOLA と同国南東に位置するグラウビュンデン州(Graubünden）の COMPLETER が，BONDOLETTA と HITZKIRCHER の親品種であることが明らかになった．この二つはスイスのマイナーな品種で，BONDOLA と混同されがちである（Vouillamoz and Moriondo 2011）.

BONDOLA BIANCA と呼ばれる白果皮色変異がある（Marcel Aeberhard，私信）が，ティチーノ州のブドウ栽培家の Stefano Haldemann 氏が最近，BONDOLA BIANCA と呼んだブドウは全く異なる品種である（Vouillamoz）.

ブドウ栽培の特徴

樹勢が強く，安定して豊産性である．萌芽は早期～中期で熟期は中期である．大きな果粒をつけるが果皮が薄いため，灰色かび病に感受性がある．

栽培地とワインの味

BONDOLA はスイスのイタリア語圏であるティチーノ州北部のソプラチェネリ（Sopraceneri）でかつては広く栽培されていた品種で，特にベッリンツォーナ（Bellinzona），ビアスカ（Biasca）およびジョルニコ（Giornico）などの地域で多く見られたが（Marcel Aeberhard，私信），前世紀にメルローに農地を奪われ，BONDOLA や他の地方品種の栽培面積は大幅に減少してしまった．一般に，BONDOLA は色合い深く，赤いチェリーとブルーベリーのニュアンスのあるフルーティーなワインになり，素朴だが心地よいタンニンとわずかな酸味と苦みを有しており，フィニッシュには爽やかさを示す．ある意味では，メルローよりも骨格と複雑さに欠けるティチーノ州の BONDOLA の立場は，ピエモンテにおけるネッビオーロ（NEBBIOLO）に対する DOLCETTO と同様の立場にあるといえる.

2009年にティチーノ州で記録された栽培面積はわずか13 ha（32 acres）で，Azienda Mondò や La Segrisola の Stefano Haldemann 氏など，ごく一部の生産者がヴァラエタルワインを作っている．BONDOLA と BARBERA，FREISA やアメリカ交雑品種の ISABELLA や CLINTON など30種類に及ぶ他の品種とのブレンドにより作られているノストラーノ（Nostrano，イタリア語で「私たちの」という意味）という名のワインが地方で人気となっている.

BRIEGLER の名前は目につきにくいが，ルツェルン州の Rebbaugesellschaft Hitzkirch 社が混植のブドウ畑を所有しており，黒ブドウと白ブドウを混醸してロゼワインのシラーヴァイン（Schillerwein）を作っている．

BONDOLETTA

非常に珍しいが最近，絶滅の危機から救済されたスイスの品種

ブドウの色：● ● ● ● ●

よくBONDOLETTAと間違えられやすい品種：BONDOLA

起源と親子関係

BONDOLETTA はスイスのイタリア語圏であるティチーノ州（Ticino）の地方品種で，同じく地方品種で少し多く栽培されている BONDOLA の一つのタイプであるとみなされていた．しかし，最近の DNA 解析によって，二つは異なる品種であり（Vouillamoz, Frei and Arnold 2008），BONDOLETTA は BONDOLA とグラウビュンデン州（Graubünden）の COMPLETER の交配品種であることが明らかになった（Vouillamoz and Moriondo 2011）．

ブドウ栽培の特徴

萌芽期および熟期のいずれも早期～中期である．果粒は BONDOLA より小さく，果粒は萎凋しやすい．

栽培地とワインの味

この品種を用いる唯一の生産者がスイス南部ティチーノ州，テネロ（Tenero）の Stefano Haldemann 氏である．1990年代に生き残っていた一本の樹を発見した同氏は50 ares（1.24 acres）の畑にその樹を植え付けた．同氏の La Segrisola ワインは65%の BONDOLA と35%の BONDOLETTA のブレンドにより作られている．BONDOLETTA ワインは，濃い紫色で，BONDOLA に比べ酸味が弱いが，十分に熟したブドウを用いると，タンニンがスムーズになる．アロマはフルーティーだが，幾分，素朴である．

BONICAIRE

TREPAT を参照

BONVEDRO

PARRALETA を参照

BORBA

GRAŠEVINA を参照

BORDÔ

アメリカ産の交雑品種．ブラジルで安価な甘口の赤ワインとジュースの生産に用いられている．

ブドウの色：

主要な別名：Grana d'Oro
よくBORDÔと間違えられやすい品種：?IVES（アメリカ合衆国），?York Madeira（アメリカ合衆国）

起源と親子関係

BORDÔ はブラジルで栽培される品種で（Schuck *et al.* 2009），遺伝的にはアメリカの交雑品種である ISABELLA，CONCORD，NIAGARA に近縁であり，アメリカ起源の交雑品種だと考えられている．いずれも BORDO を別名としており，DNA 情報がまだ明らかになっていないオハイオ州の IVES やペンシルベニア州の YORK MADEIRA などと DNA プロファイルを比較することは非常に有用であろう．ルーマニアでは BORDO がカベルネ・ソーヴィニヨン（CABERNET SAUVIGNON）およびカベルネ・フラン（CABERNET FRANC）の別名になっている．また，イタリアではカルムネール（CARMENÈRE）の別名とされている．

ブドウ栽培の特徴

非常に豊産性である．黒とう病に耐性があるが，様々なタイプの病気にも，いくぶんかの耐性を示す．

栽培地とワインの味

BORDÔ はブラジルで2番目に多く栽培される品種で，その深い色合いが評価され，わずかに甘口の安価なテーブルワインやジュースが作られている．2007年にはリオグランデ・ド・スル州（Rio Grande do Sul）だけで6,726 ha（16,620 acres）もの栽培が記録された．

BORGONJA

BLAUFRÄNKISCH を参照

BORNOVA MISKETI

MUSCAT BLANC À PETITS GRAINS を参照

BORRAÇAL

スペイン北西部およびその起源の地であるポルトガル，ヴィーニョ・ヴェルデ（Vinho Verde）で，可能性はあるが酸味が強く，時に タフなワインが作られている．

ブドウの色：

主要な別名：Azedo，Bogalhal（バスト（Basto）），CaíñoTinto（スペインのガリシア州（Galicia）），

Espadeiro Redondo（モンサン（Monção）），Olho de Sapo（バスト），Tinta Femia
よくBORRAÇALと間違えられやすい品種：AMARAL ☒（ポルトガル）

起源と親子関係

BORRAÇAL はポルトガル北西部のヴィーニョ・ヴェルデ地方を起源とする品種であり，1790年に Lacerda Lobo 氏がミーニョ地方（Minho）で，この品種に関する記載を残している（Galet 2000）.

ブドウ栽培の特徴

萌芽は中期で晩熟である．低〜中レベルの不規則な収量を示す．花ぶるい，結実不良（ミルランダージュ），うどんこ病および日焼けに感受性を示すが，灰色かび病には非常に高い感受性を示す．やせて，乾いた土壌が栽培に適しており，冷涼な土地では果実が熟しにくい．

栽培地とワインの味

一般に，BORRAÇAL のワインはルビー色で，アルコール分が高く，酸味が強いものになる．ポルトガル北部のミーニョ地方で推奨されており（しかし，モンサン・サブリージョンでは推奨されていない），VINHÃO とブレンドされることが多い．推奨される生産者としては Cooperativa de Ponte da Barca や Quinta da Lixa などがあげられる．2010年にはポルトガルで187 ha（462 acres）の栽培が記録された．

スペインでは CAÍÑO TINTO と呼ばれ，主に北西部のガリシア州で栽培されているが，同州では豊産性で厚い果皮をもつ小さな果粒が密着した果房をつけるといわれている．一般に，ワインはアルコール分が高いものとなる．この品種特有の渋みやタンニンの苦みを緩和するため，しばしばカーボニックマセレーションが使用される．古いブドウの樹から収穫される果実を用いたり収量を制限することで，ワインの品質を向上させることができる．

BOSCO

イタリア，リグーリア州（Liguria）特産の白品種．
優れた甘口ワインが作られている．

ブドウの色：● ● ● ● ●

主要な別名：Bosco Bianco del Genovese，Bosco Bianco di Savona
よくBOSCOと間違えられやすい品種：SCIMISCIÀ ☒（リグーリア州（Liguria））

起源と親子関係

BOSCO はイタリア北西部に位置するリグーリア州の最も伝統的な品種の一つである．おそらくこの地域を起源とする品種であると思われる．「森林地帯」という意味をもつ BOSCO が品種名になっているのは，おそらくジェノヴァ（Genova）近郊の Villa dei Marchesi Durazzo 周辺の森から採取された穂木が，リグーリア州南東部のチンクエ・テッレ（Cinque Terre）に持ち込まれたからであろうと考えられている．

ブドウ栽培の特徴

非常に樹勢が強い．萌芽は早期〜中期で，熟期は中期である．べと病と酸敗にはやや耐性を示す．うどんこ病にはより高い感受性を示す．厚い果皮をもつ中サイズの果粒が粗着した果房をつける．

栽培地とワインの味

イタリア北西部のジェノヴァ県とラ・スペツィア県（La Spezia）で栽培されている BOSCO は地元で有名かつ高価な Cinque Terre Sciacchetrà というデザートワインの主原料として用いられ，しばしば

ALBAROLA や VERMENTINO とブレンドされている．琥珀色でナッツ，アーモンド，蜂蜜および乾燥イチジクのアロマとアプリコットジャムの味わいをもつこのリッチなワインは，甘さと酸味の素晴らしいバランスがある．Walter de Battè と Possa の両社が優れたワインを作っている．この品種は Colline di Levanto および他の地方の，一つないし二つの DOC 白ワインで公認されている．2000年の調査では100 ha（250 acres）をわずかに上回る栽培面積が記録された．

BOUCHALÈS

ボルドー周辺で生き残ってはいるが，減少しつつある濃い果皮色の品種

ブドウの色：● ● ● ● ●

主要な別名：Bouchalets（ロット・エ・ガロンヌ県（Lot-et-Garonne）では Estillac），Bouissalet（ドルドーニュ県（Dordogne）），Gros Bouchalès（ジェール県（Gers）および ロット・エ・ガロンヌ県（Lot-et-Garonne）），Gros Boucharès（ドルドーニュ県），Grappu または Grapput（ジロンド県（Gironde）），Picardan Noir，Prolongeau
よく BOUCHALÈS と間違えられやすい品種：COT ☒（オート・ガロンヌ県（Haute-Garonne）およびアリエージュ県（Ariège）），MÉRILLE ☒（アリエージュ県）

起源と親子関係

BOUCHALÈS については1783〜4年にフランス南西部の数カ所で次のように記載されている．

- Estillac（ロット・エ・ガロンヌ県）：Bouchalets…. 極めて黒く，非常によい
- Auch（ジェール県）：Gros bouchalès，黒品種，味わいがよくワインに最適
- Agen（ロット・エ・ガロンヌ県）：Bouchalès grand ... Bouchalès petit ... ワインは非常によいといわれている
- Saint-Barthélémy（ドルドーニュ県）：'Gros Boucharès. Petit Boucharès'
- Tonneins（ロット・エ・ガロンヌ県）：Gros Bouchalès，非常によい，ワインは非常に黒い

南西部で記された文献のいくつかには BOUCHALÈS の起源の地はガロンヌ渓谷（Vallée de la Garonne）だと記されている．ドルドーニュ県では BOUISSALET とも呼ばれるが，パシュラン（Pacherenc）で BOUISSELET と呼ばれている ARRUFIAC の果皮色変異ではない．

BOUCHALÈS という品種名はオック語で「ツゲ」を意味する *boish* に由来すると考える研究者もいる（Lavignac 2001）．しかし，ツゲに似た品種が数多くあるため，これに代わる語源として，この品種の起源の地であるロット・エ・ガロンヌ県には依然「Bouchalès」という名字が存在することから，この品種を普及した人の名前にちなんで名づけられたのだという，幾分単純ともいえる説もある．

BOUCHALÈS と COT はいずれも ブドウの形態分類群の Cot グループに属しており，この2品種は混同されることが多い（p XXXII 参照；Bisson 2009）．

PICARDAN NOIR は BOUCHALÈS の古い別名で広く知られてもいるのだが，濃い果皮色の CINSAUT の別名でもあるので，これが混乱の原因となっている．

ブドウ栽培の特徴

萌芽は早く，熟期は中期である．樹勢が強く豊産性である．黒腐病に感受性がある．

栽培地

BOUCHALÈS は，フランスのガロンヌ渓谷の限られた場所で栽培されている品種である．50年前には

5,000 ha（12,355 acres）近くあった栽培面積だが，2008年に記録された栽培面積はわずか，110 ha（272 acres）であった．この品種は接ぎ木と栽培が難しいため栽培面積は次第に減少している．ボルドーのリブルヌ（Libourne）北西部の Château de la Vieille Chapelle において，同社が所有する最も古いブドウ畑にある非常に古いブドウの樹が，2009年に Institut Français de la Vigne et du Vin Pôle Sud-Ouest で行われた DNA 解析によって BOUCHALÈS と同定された．樹齢100年になるこれらのブドウがフィロキセラ被害にも耐えることがでいたのはこの地方で毎冬，ドルドーニュ川の水を冠水させる古い習慣によって害虫の生活環が阻害された結果であろう．これらのブドウは特別な Cuvée A&A（*Amis & Associés*,「友人と仲間たち」という意味）において同じブドウ畑で栽培されているメルロー（MERLOT）とブレンドされている．

BOURBOULENC

フランス南部一帯で栽培されている有用なブドウ品種．興味深い白ワインが作られている．

ブドウの色：●　●　●　●　●

主要な別名： Blanquette（ピレネー＝オリアンタル県（Pyrénées-Orientales）およびフランス南西部），Bourboulenco, Bourbouleng, Bourboulenque, Bourbounenco, Clairette à Grains Ronds（ガール県（Gard）），Clairette Dorée（ヴァール県（Var），エロー県（Hérault）），Doucillon，Malvoisie（オード県（Aude）のラ・クラプ（La Clape）），Picardan

よくBOURBOULENCと間違えられやすい品種： Roussaou または Roussette（ヴォクリューズ県（Vaucluse））

起源と親子関係

BOURBOULENC はフランス南部に位置するプロヴァンス（Provence）のヴォクリューズ県を起源とする古い品種である．この品種に関して最初に記載があったのはおそらく1515年のことで，カヴァイヨン（Cavaillon）において，当時は Borbolenques として「良質の肥沃なブドウ畑から，すなわち…」と記載されている．また，1538年にはアビニョン（Avignon）近郊でも，Borbolenques として記載されている．その他，ヴォクリューズ県とローヌ南部で多くの記載がなされている．BOURBOULENC という品種名は，アビニョン近郊のオービニャン（Aubignan）の小さなブドウ畑の古い名前である Barbolenquiera に由来する．BOURBOULENC はブドウの形態分類群の Claret グループに属する（p XXXII 参照；Bisson 2009）．

他の仮説

BOURBOULENC という名前はブルボン家（Bourbons）が市に侵入するのを手助けした エクス＝アン＝プロヴァンス（Aix-en-Provence）の住人のニックネームであった Bourboun に由来するという説があるが，この仮説を裏付けるようなエクスにおける BOURBOULENC の歴史的な記録は存在しない．

Galet（1990）は，この品種が Viala and Vermorel（1901–10）の著書 *Ampélographie* の中に一度目は BOURBOULENC の名で，二度目は ROUSSETTE の名で2度，登場すると述べている．BOURBOULENC はヴォクリューズ県の古い品種で，起源は不明であると考えられている．CLAIRETTE ROUSSE あるいは ROUSSAOU とも呼ばれる ROUSSETTE は（現在は商業栽培されておらず，サヴォワ県（Savoie）の ALTESSE とは全く異なるものである）ギリシャ起源であるという仮説もある．これは単にヴァール県のラ・キャディエール・ダズール（La Cadière d'Azur）のブドウ栽培家が Kumi からこの品種を ASPROKONDURA という名前で受け取ったことに基づく仮説なのだが，ASPROKONDURA に相当するギリシャの文献がないこと，また BOURBOULENC は明らかにブドウの形態分類群の Claret グループ（p XXXII 参照）に属するもののギリシャ品種とは関連がないことから，この仮説には信ぴょう性がほとんどない．加えて，ROUSSAOU という名前は GOUAIS BLANC にも使われており，本物の ROUSSAOU は GOUAIS BLANC の子品種にあたる可能性がある（Boursiquot *et al.* 2004）．

BOURBOULENC と ROUSSAOU がよく混同されるせいで，BOURBOULENC が時に GOUAIS

BLANC と親子関係にあるといわれるのかもしれないが，現在のところ，これを支持するような DNA の証拠は存在しない．このようなブドウの形態分類学的な謎は DNA 解析によって明確にされるべきである．

ブドウ栽培の特徴

ゆっくりと熟す晩熟の品種．温暖で乾燥した気候条件が栽培に適している．うどんこ病には感受性があるが，果皮の厚い果粒が粗着していることと，果房が長いことも功を奏し灰色かび病には耐性を示す．

栽培地とワインの味

フランスでは2008年に622 ha（1,537 acres）の栽培が記録されており，フランス南部の多くの県で公認，推奨されている．栽培面積は50年前と比較すると約半分になっているが，1970年代と1980年代に再評価され，暑い気候条件下でも酸度が維持されることが大いに評価されたこともあり，増減を繰り返していた．この品種はローヌ南部の Châteauneuf-du-Pape，Costières de Nîmes，Tavel あるいはプロヴァンスの Cassis および Bandol など，多くのアペラシオンで用いられているが，ブレンドに20～30%以上加えられることは稀である．しかし Languedoc，Corbières や Minervois では白の主要品種として登録されており，GRENACHE BLANC（GARNACHA BLANCA），MACABEU（MACABEO），MARSANNE あるいは CLAIRETTE などの他の地域品種とブレンドされている．特にナルボンヌ（Narbonne）の南に位置する丘陵地の La Clape で成功を収めており，同地で栽培されたブドウで作るワインは海の香りを有している．

一般に，ワインは中程度のアルコール分をもち，シトラスのアロマが香る，セミアロマティックなワインとなるが，わずかに素朴さを感じさせることもある．ブドウが遅摘みされた場合は，スモーキーな香りがほのかに漂うものとなる．生産者として推奨されているのは，Château d'Anglès と Château des Karantes の二社で，この二社は50％の BOURBOULENC を白の La Clape のブレンドに用いている．Château Bouisset 社の Christophe Barbier 氏は，一歩先んじて2種類のヴァラエタルワインを作っている．また，Les Terres Salées 社は接ぎ木していないブドウからワインを作って新樽で熟成しているが，Bourboulenc Classique にはオークを用いていない．

BOURRISQUOU

台木の親品種としてはよく知られているが，
ワインにはほとんど用いられていない．

ブドウの色：● ● ● ● ●

主要な別名： Bourriscou（アルデシュ県（Ardèche）），Mourrisquou de Romani，Romanet（アルデシュ県）

起源と親子関係

Rougier（1904）は，ブドウ栽培家の Romanet という人物がヴォーグ村（Vogüé，アルデシュ県のモンテリマール（Montélimar）の西にある）の近くにあるラナ（Lanas）の森で BOURRISQUOU を発見したということを1887年に Dr. Silhol が記しており，これが地方の別名になったと述べている．しかし，Silhol 氏は BOURRISQUOU がこの地域に起源をもつとは考えておらず，その代わり，戦争から戻った兵士がスペインからヴォーグ北部のオーブナ（Aubenas）にこの品種を持ち込んだと記載している．その後，オーブナで果粒を食べた鳥が種子をラナに落とし，Romanet 氏がそこでブドウの樹を見つけたのだと述べている．しかし，ブドウが種子から成長したとすると，ラナのブドウはオーブナのブドウの子品種にあたり，両者は異なる品種ということになるためこの仮説には現実味がない．

徹底した現地調査の結果，Rougier 氏は Romanet 氏が発見したとされる品種は BOURRISQUOU であったことを確認し，語源に関し，「オーブナで鷹匠をしていた Bonnand 氏という人物が，この品種を繁殖し，いろいろな品物をロバの背中にのせて売り歩いていた．多くのブドウ栽培家が『ブドウがうどんこ病にやられた』と話しているのを聞きつけた Bonnand 氏は Romanet 氏が発見した病気に感染していない樹を購入し，植え替えるよう彼らに勧め，あらゆる場所でBOURRISQUOUを普及してまわった.」という説得力のある説を提唱した. *Bourrisquou*は地方の方言（フランス語の*bourrique*）で「ロバ」を意味するが，Bonnand氏がロバの背中に載せて売り歩いていた品種がBOURRISQUOUと呼ばれるようになったというわけである．これはまた，Bonnand氏のニックネームでもあった.

BOURRISQUOUのスペイン起源説には疑問な点も多く，Rougier氏はBOURRISQUOUがラナの森で生まれたと考えている．BOURRISQUOUの起源が本当はどこにあるのかはDNA解析に基づいて結論づけられるべきである.

Couderc氏は台木としてよく使われているいくつかの交雑品種を育種するためにBOURRISQUOUを用いていた.

ブドウ栽培の特徴

小さな果粒をつける．晩熟である.

栽培地

BOURRISQUOUはフランスの公式品種登録に含まれておらず，アルデシュ県からはほぼ消滅状態にある．一部の栽培者がまだこの品種を畑に所有しているが，最近，セヴェンヌ（Cévennes）のMas de La Salle社が試験エリアにBOURRISQUOU，CHICHAUD，VITUAIGNEなどを植えており，結果が良好であればこれらの栽培を増やす予定とのことだ.

BOUTEILLAN NOIR

事実上絶滅状態にあるプロヴァンスの品種

ブドウの色：● ● ● ● ●

主要な別名：Fouiral（エロー県（Hérault）），Moulas（ヴォクリューズ県（Vaucluse）），Psalmodi Noir，Sigoyer（アルプ=ド=オート=プロヴァンス県（Alpes-de-Haute-Provence））
よくBOUTEILLAN NOIRと間違えられやすい品種：ARAMON NOIR ⊗（Gros Bouteillanの名で），CALITOR NOIR ⊗

起源と親子関係

この品種に関して最初に言及があったのは1715年のことで，フランス南部のヴォクリューズ県において次のような記載が見られる.「Bouteillan．この品種はこの地方では一般的であるが，リアン（Rians），ペルチュイ（Pertuis），カドネ（Cadenet），キュキュロン（Cucuron）などではより一般的である.」．他にもBOUTEILLAN NOIRに関する記載が，後になって，主にヴォクリューズ県でなされている．品種名は小さなボトル（*bouteille*）に似た果房の形にちなんで名づけられたと思われる.

ARAMON NOIRはまたGROS BOUTEILLANとも呼ばれるが，BOUTEILLAN NOIRとは無関係である．Bisson（2009）によれば，BOUTEILLAN NOIRはブドウの形態分類学的にはCOLOMBAUDに近いのだそうで，おそらく，このために後者が前者の白果皮色変異だと誤解されるのであろう.

ブドウ栽培の特徴

結実能力が高い．萌芽は遅く，晩熟である．花ぶるいにより収量が不安定になる．うどんこ病と灰色かび病に非常に高い感受性を示す.

栽培地とワインの味

BOUTEILLAN NOIRはフランスのブドウ畑からは消えつつあるが，Galet（2000）は，この品種から，色が薄くアルコール分の低いワインができると述べている.

BOUVIER

酸味の弱い，この中央ヨーロッパの品種から様々なスタイルのワインが作られている.

ブドウの色：● ● ● ● ●

主要な別名：Bela Ranina，Bouvier Blanc（フランス），Bouvierovo Hrozno（スロバキア），Bouviertraube（Austria），Radgonska Ranina（スロベニア），Ranina または Ranina Bela（スロベニア）

起源と親子関係

オーストリア出身の銀行家でワイナリーのオーナーでもある Clotar Bouvier 氏（1853–1930）が1900年にスロベニアの北東部に位置するゴルニャ・ラドゴナ（Gornja Radgona /Oberradkersburg）近郊の Hercegovščak（ヘルツォーゲンベルク（Herzogenberg））にある自身のブドウ畑でこの品種と別のもう一品種を発見した．Bouvier 氏は当初，この品種を他の品種の育種に用いたが，後にオーストリアやスロベニアでこの品種を販売している．DNA 系統解析によって，この品種は PINOT と未知の品種の交配品種であることが示唆された（Regner 2000a）.

BOUVIER は Bouvier 氏や他の育種家によって BIANCA，KABAR，VERITAS，ZENGŐ，ZENIT，ZÉTA，ZEUSZ などの育種に用いられた．これらはいずれもハンガリーで栽培されている.

ブドウ栽培の特徴

萌芽は中期だが，非常に早熟である．収量は低く不規則である．成熟すると少しピンク色になる小さな果粒をつける．冬の霜には良好な耐性を示すが，うどんこ病，べと病，灰色かび病およびクロロシス（白化）には感受性がある.

栽培地とワインの味

BOUVIER は生食用およびワイン用として中央ヨーロッパで栽培され，オーストリアでは，異なるタイプのワインがいくつか作られている．発泡性の半発酵のシュトルムワイン（Sturm wine）は収穫直後に販売される．軽いマスカットの香りのデザートワインは甘さのレベルが TBA（トロッケンベーレンアウスレーゼ）まで様々で，アロマティックではあるが，酸味が少なめなのでブレンドされることが多い．シンプルな早飲みの白ワインも作られている．2009年にはオーストリアに234 ha（578 acres）の栽培が記録されているが，栽培面積は過去10年の間に40％近く減少した．主にブルゲンラント州（Burgenland，204 ha/504 acres）で栽培されており，特にノイジードル湖地方（Neusiedlersee）周辺で多く見られるが，北部のヴァインフィアテル（Weinviertel）でも栽培されている．推奨される生産者としては Heribert and Pamela Brandl，Laurer，Willi Opitz，Franz Schindler，Wenzl-Kast などがあげられる.

スロベニア（40 ha/99 acres; 2009年）では北東部のポドラウイェ地方（Podravje）で多く栽培されており，推奨される生産者としては Radgonske Gorice や Steyer などがあげられる．BOUVIER は BOUVIEROVO HROZNO という名前でスロバキアでも栽培されているが，ハンガリー北西部のエゲル（Eger）でも限定的に栽培されている.

BOVALE GRANDE

MAZUELO を参照

BOVALE SARDO

GRACIANO を参照

BRACCIOLA NERA

トスカーナ州（Toscana）やリグーリア州（Liguria）で見られる，高収量で晩熟の，あまり知られていないイタリアの品種

ブドウの色：● ● ● ● ●

主要な別名：Bracciuola，Braciola，Braciuola，Brassola

起源と親子関係

BRACCIOLA NERA に関する最初の記載は BRACCIUOLA という名前で Soderini（1600）が記したものだといわれることが多いが，Soderini 氏の記録には，BRACCIUOLA は TREBBIANO PERUGINO（もう商業栽培されていない）や COLOMBANA NERA と並ぶ最高の白品種とある．しかし，BRACCIUOLA が BRACCIOLA NERA の白タイプであるという証拠はない．そうであるとするならば，イタリア北西部のリグーリア州のチンクエ・テッレ（Cinque Terre）で Acerbi（1825）が Braciola という名前で記したものがこの品種に関して記したもののうち，最も初期の記録であるということになり，この品種の起源がレヴァント（Levant）沿岸のいずれかである可能性を示しているといえる．

ブドウ栽培の特徴

豊産性で晩熟である．

栽培地とワインの味

良好な酸度をもつこの品種の栽培は，現在イタリア，リグーリア州のラ・スペツィア県（La Spezia）やトスカーナ州のマッサ=カッラーラ県（Massa-Carrara）に限られており，現地の Colli di Luni DOC で伝統的に VERMENTINO NERO 並びに白品種の TREBBIANO TOSCANO や VERMENTINO とブレンドされている．110 ha（270 acres）の栽培が2000年に記録されている．

BRACHETTO DEL PIEMONTE

バラの香りのする，イタリア，ピエモンテ（Piemonte）の品種．非常に軽い，甘口の，発泡性の赤ワインが作られている．

ブドウの色：● ● ● ● ●

主要な別名：Bracchetto，Brachetto d'Acqui
よくBRACHETTO DEL PIEMONTEと間違えられやすい品種：BRAQUET NOIR ☒（フランスのニース（Nice））

起源と親子関係

この品種について説明するにあたり，BRACHETTO という名前は多くの異なる品種に用いられていることを考慮し，ここでは，より限定的な BRACHETTO DEL PIEMONTE という名前を用いることとした．起源は不明であるが，おそらく Di Rovasenda（1877）の最初の記載にあるように，アスティ県（Asti）やアレッサンドリア県（Alessandria）に広がるモンフェッラート（Monferrato）の丘が起源の地であると思われる．

ブドウ栽培の特徴

早熟．収量は低～平均である．ウィルスに非常に高い感受性を示す．

栽培地とワインの味

イタリア北西部に位置するピエモンテ州南東部のアスティ県およびアレッサンドリア県のアックイ・テルメ（Acqui Terme）周辺で特に栽培されている．ローマ時代にはおそらく VINUM ACQUENSE という名前で栽培されていたと思われる．この品種はピエモンテ州のクーネオ県（Cuneo）やトリノ県（Torino）でも推奨されている．1970年代に生産者の Arturo Bersano 氏が加圧タンクの中で発酵された発泡性デザートワインである BRACHETTO スプマンテを発明した．これは現在，低アルコール分の Brachetto d'Aqui DOCG として人気を博している．Bersano 社の Brachetto d' Acqui Castelgaro は野バラとフレッシュな赤い果実のアロマと甘いがフレッシュな味わいを有している．これは Moscato d'Asti の軽い赤ワイン版である．辛口で香り高い BRACHETTO のヴァラエタルワイン（スティルワインと発泡性ワイン）は Piemonte DOC 内でも作られているが生産量は少ない．2001年にはピエモンテで1,280 ha（3,160 acres）の栽培が記録されている．

Pizzini 社はオーストラリア，ビクトリア州キング・バレー（King Valley）でこの品種からワインを作っている．

BRAJDENICA

DURANIJA を参照

BRANCELLAO

ALVARELHÃO を参照

BRAQUET NOIR

非常にわずかな量しか栽培されていないが歴史ある品種．
フランス，ニース（Nice）周辺においてアロマティックで軽い赤ワインが作られている．

ブドウの色：● ● ● ● ●

主要な別名：Brachet（ニース）
よく BRAQUET NOIR と間違えられやすい品種：BRACHETTO DEL PIEMONTE（ピエモンテ州（Piemonte）），CALITOR NOIR

起源と親子関係

BRAQUET NOIR はフランスのベレ（Bellet），ニース（Nice），グラース（Grasse），カンヌ（Cannes）などの地方の古い品種で，これらの地方ではすでに1783から1784年にかけて次のような記載がなされている．「Braquet の果粒は中サイズで，丸く，明るい黒色で，生食してもよいが，他の品種とブレンドして，ワインにしてもよい」．この品種は CALITOR NOIR やピエモンテの BRACHETTO DEL PIEMONTE（別名 BRACHETTO D'ACQUI）とよく混同される（Galet 1990）．BRAQUET NOIR はブドウの形態分類群の Calitor グループに属する（p XXXII 参照；Bisson 2009）．品種名は地方の古い名字にちなんで名づけられた可能性がある．

BRANQUET BLANC DE NICE は BRAQUET NOIR の白の果皮色変異である．

ブドウ栽培の特徴

暑く，乾燥した，やせた土地でよく生育する．灰色かび病に高い感受性を示す．熟期は中期で，低収量である．

栽培地とワインの味

フランスでは2008年に12 ha（30 acres）の栽培が主にニースの周辺で記録されている．BRAQUET あるいは BRACHET の名で知られ，後者はフランスの公式品種登録カタログに登録されている．現在は主に Bellet アペラシオンで栽培されており，FUELLA NERA とブレンドされている．これらの二つの主要品種を少なくとも60 %加えなければいけないが，赤やロゼワインを作るときにはグルナッシュ（GRENACHE/GARNACHA）や CINSAUT を加えることもできる．この品種はアロマティックで，よくフローラルな香りを漂わせているが，色が薄く，Château de Bellet や Le Clos Saint-Vincen が作る稀少なヴァラエタルワインがロゼであるのは，このためである．

BRATKOVINA BIJELA

クロアチアの島の珍しい白品種．ポシップ（Pošip）のブレンドワインにフレッシュさを加える役割を担っている．

ブドウの色：● ● ● ● ●

主要な別名：Brabkovica，Mesnac（スプリト（Split）とリエカ（Rijeka）の中間のザダル（Zadar））

起源と親子関係

BRATKOVINA BIJELA は，クロアチアのスプリトとドゥブロヴニク（Dubrovnik）のほぼ中間に位置するダルマチア（Dalmacija/Dalmatia）のコルチュラ島（Korčula）を起源とする品種である．DNA 系統解析によって，この品種は POŠIP BIJELI の親品種であることが明らかになった（Piljac *et al.* 2002）．

同島産の果皮が黒い BRATKOVINA CRNA は異なる品種であるが，花はめしべのみであるため受粉が困難で，収量が予測できないことから商業的には栽培されていない．

ブドウ栽培の特徴

萌芽が遅い．熟期は中期～晩期である．非常に豊産性である．厚い果皮をもつ果粒が粗着して中～大サイズの果房をなす．比較的，糖度が低い．

栽培地とワインの味

BRATKOVINA BIJELA はクロアチアのコルチュラ島を含む Srednja i Južna Dalmacija（ダルマチア中部および南部）のワイン地域でのみ公認されており，フレッシュさを加えるためにその子品種である POŠIP BIJELI とブレンドされている．カラ（Cara）の Saint-Marelić Winery では同社の最高の Pošip Sveti Ivan ワインに15%の BRATKOVINA BIJELA を加えている．

BRAUNER VELTLINER

ほぼ絶滅状態にあるこのオーストラリアの品種は
ROTER VELTLINERとは無関係である.

ブドウの色：● ● ● ● ●

主要な別名：Todträger, Veltliner Braun
よくBRAUNER VELTLINERと間違えられやすい品種：ÖSTERREICHISCH WEISS ☓

起源と親子関係

BRAUNER VELTLINERは茶色がかった灰色の果粒をもつニーダーエスターライヒ州（Niederösterreich / オーストリア低地）を起源とする品種で，白ワインの生産に用いられている．しばしば誤ってROTER VELTLINERの果皮色変異やÖSTERREICHISCH WEISSの別名だと考えられてきたが，DNA系統解析によってこれは否定された（Regner *et al.* 1996）.

栽培地とワインの味

BRAUNER VELTLINERはかつて，ハンガリーとニーダーエスターライヒ州で広く栽培されていた品種だが，現在はほぼ消失してしまっている．オーストリア，テルメンレギオン（Thermenregion）のAlois Raubal氏（Bioweinbau-Raubal）が，珍しいBRAUNER VELTLINERヴァラエタルワインを作っている.

BREIDECKER

ニュージーランドで一部の人たちに限定的に支持されている,
比較的ニュートラルなドイツの交雑品種

ブドウの色：● ● ● ● ●

主要な別名：Geisenheim 49-84

起源と親子関係

BREIDECKERは，1949年にガイゼンハイム（Geisenheim）のHeinrich Birk氏が（リースリング（RIESLING）×SILVANER）×CHANCELLORの交配により得た交雑品種である．1962年にリリースされた．PRIORの項目にCHANCELLORの完全な系統が示されている．母品種（リースリング×SILVANER）がMÜLLER-THURGAU（かつて間違えてリースリング×SILVANERと呼ばれていた）ではないことを注記しておく.

ブドウ栽培の特徴

灰色かび病とべと病に良好な耐性を示す交雑品種である.

栽培地とワインの味

ニュージーランドの先駆的ブドウ栽培家であるHeinrich Breidecker氏にちなんで命名された．ニュージーランドの南島で限定的に栽培されている（7 ha/17 acres）が，遠く離れた北のマールボロ（Marlborough）（一例を挙げると，Hunter's社が強い梨とリンゴのアロマをもつヴァラエタルワインを作っている）と南のセントラル・オタゴ(Central Otago)でも栽培されている．おそらく，当時始まったばかりであったニュージーランドのワイン産業に対して助言を与えていたHelmut Becker氏の勧めにより1979年にガイゼンハイムから輸入されたとみられる．

BRESLAVA

スロバキアの初期の交配品種の一つであるが，ほとんど普及していない．

ブドウの色：● ● ● ● ●

主要な別名：CHRTČ × St Dc ALC 10/28 または Chrtc × St M D#Alc 10/28

起源と親子関係

当初はChrtc × St M D#Alc 10/28だと考えられていたBRESLAVAだが，この品種は1960年代にスロバキアのブラチスラヴァ（Bratislava）にあるワイン醸造学およびブドウ栽培学のVUVV研究センターのDorota Pospíšilová氏が（CHASSELAS ROSE×ゲヴュルツトラミネール（GEWÜRZTRAMINER））×SANTA MARIA D'ALCANTARAの交配（スロバキア名では：（CHRUPKA ČERVENÁ×TRAMÍN ČERVENÝ）×SANTA MARIA D'ALCANTARA）により得た交配品種である．CHASSELAS ROSE（もしくはCHRUPKA ČERVENÁ）はCHASSELASの果皮色変異であり，SANTA MARIA D'ALCANTARAは起源が明らかになっていない白果粒品種である．この品種は後にスロバキアの首都，ブラチスラヴァの古い名前にちなんでBRESLAVAと命名され，2011年に名前が公認された．

ブドウ栽培の特徴

樹勢が強く，安定して豊産性である．萌芽期も熟期も中期である．春の霜と厳しい冬の寒さ，およびダニの被害を受ける危険性があるが，灰色かび病には耐性を示す．厚い果皮をもつ大きな果粒をつける．

栽培地とワインの味

ワインはアロマティックでグレープフルーツのフレッシュなフレーバーをもち，MÜLLER-THURGAUのワインよりも品質に優れたものとなる．BRESLAVAはいまだ広く栽培されているわけではない（2011年の栽培面積は10 ha/25 acres）が，スロバキア南西部の 小カルパティア（Malokarpatská）で見られる．生産者としてはKarol BranišおよびVino Matyšákなどがあげられる．

BRIANNA

マイナーだが，冬の寒さに強く，人気を集めているアメリカの交雑品種

ブドウの色：● ● ● ● ●

主要な別名：ES 7-4-76

起源と親子関係

BRIANNAは，1983年にウィスコンシン州，オシオラ（Osceola）のブドウ育種家であるElmer

Swenson 氏 (1913-2004) が KAY GRAY × ELMER SWENSON 2-12-13 の交配により得た交雑品種である. BRIANNA の完全な系統の再構築（図参照）により，この品種は *Vitis riparia*, *Vitis labrusca*, *Vitis vinifera*, *Vitis aestivalis*, *Vitis lincecumii*, *Vitis rupestris*, *Vitis cinerea*, *Vitis berlandieri* の非常に複雑な交雑品種であることが明らかになった. BRIANNA は1989年に生食用として，また，2001年にワイン用として選抜された. 2002年にネブラスカ州，ピアース（Pierce）の Cuthills Vineyards 社の Ed Swanson 氏がこの品種を BRIANNA と命名した.

ブドウ栽培の特徴

寒冷に強いが，黒腐病や灰色かび病に感受性があり，また，クラウンゴールには高い感受性を示す. 厚い果皮をもつ中～大サイズの果粒が密着して，小～中サイズの果房をなす.

栽培地とワインの味

BRIANNA はアメリカ合衆国の中西部北部の，特にアイオワ州，ネブラスカ州，ミネソタ州，サウスダコタ州で限定的に栽培されているが，ニューハンプシャー州やニューヨーク州のハドソンバレー（Hudson Valley）でも新たに植えられている. この品種は近年アメリカ合衆国で発表された耐寒性交雑品種の中で最も人気があり価値のある品種の一つである. ヴァラエタルワインの生産者としては，アイオワ州の Two Saints，ネブラスカ州の Cuthills と Mac's Creek，ミネソタ州の Parley Lake と Indian Island などがあげられる. 典型的な BRIANNA ワインはトロピカルフルーツのフレーバーを有しているが，*labrusca* 系の親品種由来のフォクシーフレーバーが出るのを防ぐには，早期に収穫する必要がある（Smiley 2008).

BRONNER

耐病性の付与を目的に育種されたドイツの交雑品種

ブドウの色：

主要な別名：Freiburg 250-75
よくBRONNERと間違えられやすい品種：Bronner（PINOT BLANC の実生）

起源と親子関係

BRONNER は，1975年にドイツ南部のフライブルク（Freiburg）研究センターの Norbert Becker 氏が MERZLING × GEISENHEIM 6494（GEISENHEIM 6494 の完全系統は PRIOR 参照）の交配により得た交雑品種である. 品種名は，SANKT LAURENT と BLAUER PORTUGIESER をオーストリアからドイツに導入したという功績をもち，薬剤師でありながら，創造的なワインの作り手でありワイン科学者でもあった Johann Philipp Bronner 氏（1792-1864）の名にちなんでつけられた.

この BRONNER を，同じく BRONNER と呼ばれるピノ・ブラン（PINOT BLANC）の実生と混同すべきではない. 後者はドイツのハイデルベルク（Heidelberg）のすぐ南に位置する，ヴィースロッホ（Wissloch）の育種家にちなんで名づけられた品種で，主に生食用とされているブドウである.

ブドウ栽培の特徴

樹勢が強く，熟期は中期～晩期である. べと病に良好な耐性を示すほか，一般に，うどんこ病や灰色かび病にも耐性を示す. 品質のよい果実を得るために摘房が必須とされている.

栽培地とワインの味

この耐病性品種はイタリア，ベルギー，ドイツおよびスイスで限定的に栽培されている. ワインの香りは比較的ニュートラルだが，熟したリンゴのノートが香ることもある. よく熟したブドウから作られたワインは，少しだがピノ・ブランを思わせるものになる．収量が多すぎるとフィニッシュに苦みが残ることがある．イタリア北部に位置するトレンティーノ＝アルト・アディジェ州（Trentino-Alto Adige）の Lieselehof 社がヴァラエタルワインを作っている．ドイツの生産者としてはフランケン（Franken）の Zang やバーデン（Baden）の Goldene Gans や Stadt Lahr などがあげられる．

BRUGNOLA

イタリア，ヴァルテッリーナ（Valtellina）の品種．
最近になって，ネッビオーロ（NEBBIOLO）の親戚であることがわかった．

ブドウの色：● ● ● ● ●

主要な別名：FORTANA ☓

起源と親子関係

BRUGNOLA はヴァルテッリーナで長く栽培されてきた品種で，FORTANA の別名だと考えられていた．しかし，近年の DNA 解析によって，これらは異なる品種であり，BRUGNOLA は，ヴァルテッリーナで数世紀に渡り，CHIAVENNASCA の名で栽培されていたネッビオーロと親子関係にあることが明らかになった（Schneider *et al.* 2005-6）．

ブドウ栽培の特徴

良好な収量が得られる．灰色かび病とべと病には耐性があるが，後期にはうどんこ病に感受性を示す．

栽培地とワインの味

BRUGNOLA はイタリア最北部のヴァルテッリーナで生食用あるいはワイン用として栽培されてきた品種である．少量の BRUGNOLA がネッビオーロや ROSSOLA NERA などの地方品種とブレンドされ，Nino Negri 社の Valtellina Superiore Grumello DOCG など，何種類かのヴァルテッリーナのワインが作られている．依然，FORTANA の別名であると考えられているので，2000 年の統計にはこの品種のみの栽培面積を記した データは記載されていない．

BRUJIDERA

MARUFO を参照

BRUN ARGENTÉ

非常にわずかしか栽培されていない，フランス，ローヌ（Rhône）南部の品種

ブドウの色：● ● ● ● ●

主要な別名：Camarèse または Camarèze（ガール県（Gard）），Vaccarèse，Vacarèse または Vaccarèze（ローヌ南部）
よく BRUN ARGENTÉ と間違えられやすい品種：CINSAUT

起源と親子関係

この品種に関する最も早い時期の記録は1538年にSaint-Saturnin-lès-Avignonで見られ，VACCARÈSEの別名で「Vaccarese，???，Bourboulenc」と記載されている．VACCARÈSEに関するこれ以外の文献がアビニョン（Avignon）の近郊で見られることから，この地域が起源であることが強く示唆される．別名のCAMARÈSEは1806年に初めて記載されているが，BRUN ARGENTÉという名前は1909年のViala and Vermorel（1901–10）の中に現れるだけであり，その中では明確な特徴については触れられていない．しかし，VACCARÈSEという名前がChâteauneuf-du-Pape地域限定で使用され，また，CAMARÈSEという名前がガール県のシュスクラン地域（Chusclan）限定で使用されているのに対して，BRUN ARGENTÉはより広い地域で使用されている．

BRUN ARGENTÉという名前は明らかに濃い果皮色の果粒（*brun*は「茶色」という意味）と葉の上の銀色の綿毛を指したものである（*argent*は「銀色」という意味）．VACCARÈSEという名前は，カマルグ地方（Camargue）のヴァカレ（Vaccarès）に由来しており，CAMARÈSEの名はアヴェロン県（Aveyron，ミディ＝ピレネー地域圏（Midi-Pyrénées））のカマレ（Camarès）に由来し，同地からガール県にもたらされたものであると考えられる．

BRUN ARGENTÉはブドウの形態分類群のSerineグループに属する（p XXXII参照；Bisson 2009）．

ブドウ栽培の特徴

結実能力が高く，晩熟で短目の剪定が必要である．暑さを好み樹勢が低く，日当たりのよい場所を好む．灰色かび病に非常に高い感受性を示す．大きな果粒と果房をつける．

栽培地とワインの味

2008年にフランスで記録された栽培面積は12 ha（30 acres）のみであった．CAMARÈSEという名前で主にガール県のシュスクラン（コート・デュ・ローヌ（Côtes du Rhône）の村の一つ）で栽培されており，同地では，通常グルナッシュ（GRENACHE / GARNACHA）とブレンドされ，ロゼワインが作られている（最大20%であるが通常はより少ない）．Châteauneuf-du-PapeアペラシオンではVACCARÈSEという名前で公認されているが，実際にこの品種を栽培し，ブレンドしているのはChâteau de BeaucastelやDomaine du Pegauなど少数の生産者である．アペラシオン制度とフランス公式品種登録ではBRUN ARGENTÉという名前が使われているが，BRUN ARGENTÉもVACCARÈSEという名前もラベルには見られない．

BRUN FOURCA

現在は事実上絶滅状態にあるプロヴァンス（Provence）西部の古いブドウ品種

ブドウの色：● ● ● ● ●

主要な別名：Brun d'Auriol，Brun Fourcat，Farnous（ヴァール県（Var）），Flouron（ドローム県（Drôme）），Mançonnet（アルデシュ県（Ardèche）），Moulan（エロー県（Hérault）），Moureau または Mouzeau（ガール県（Gard）），Mourrastel-Flourat（エロー県（Hérault））

よくBRUN FOURCAと間違えられやすい品種：CHICHAUD，PINOT NOIR

起源と親子関係

BRUN FOURCAはかつて南フランスのプロヴァンスで主に栽培されていた品種で，同地を起源とする品種だと考えられている．また，ラングドック（Languedoc）でも栽培されている．

BRUN FOURCAと呼ばれるブドウに関する言及があったのは1772年のことだが，当時はPINOTの別名として用いられていた．1783～1784年の間にエクス・アン・プロヴァンス（Aix-en-Provence）とオーバーニュ（Aubagne）（ブーシュ＝デュ＝ローヌ県（Bouches-du-Rhône））で記載があったものが，真のBRUN FOURCAに関する最初の記載である．品種名はフォーク（フランス語で*fourche*）のように二つに分かれている特徴的な果房の形に由来する．

ブドウ栽培の特徴

熟期は中期である．大きな果粒が小さな果房をなすが，果粒は熟すと脱粒する傾向にある．灰色かび病に感受性で，うどんこ病にはより高い感受性を示す．

栽培地とワインの味

フランスのエクス・アン・プロヴァンス周辺のPaletteアペラシオンではBRUN FOURCAがCINSAULT（CINSAUT），グルナッシュ（GRENACHE/GARNACHA），ムールヴェドル（MOURVÈDRE（MONASTRELL））などの主要品種に対する補助品種として認められているが2006年に記録された栽培面積は1 ha（2.5 acres）以下であった．Château Crémade社が自社の赤のPaletteワインにこの品種を用いている．また，Château Simone社は今でも古い樹を保有している．

フランス公式品種登録リストにある記載によれば，BRUN FOURCAのワインはほとんど記憶に残らないもののようで，「中程度の色である程度の酸味」なのだそうだ．

BRUÑAL

ALFROCHEIROを参照

BRUNELLO

SANGIOVESEを参照

BRUSTIANO BIANCO

イタリア，サルデーニャ島（Sardegna）で発見され，フランスのコルシカ島（Corse）に再導入された珍しい白品種

ブドウの色：●̲ ● ● ● ●

主要な別名： Calitrano または Colitrano（コルシカ島のサルテーヌ（Sartène）），Licronaxu Bianco ☒（サルデーニャ島）

よくBRUSTIANO BIANCOと間違えられやすい品種： RETAGLIADO BIANCO ☒，VERMENTINO ☒

起源と親子関係

個別に行われたDNAプロファイルの比較により，フランス，コルシカ島のBRUSTIANO BIANCOは，イタリア，サルデーニャ島のLICRONAXU BIANCOやLICRONAXU NEROと同一であることが証明され（Vouillamoz），後者は単に果皮色変異であることが明らかになった（De Mattia *et al.* 2007）．

ブドウ栽培の特徴

豊産性でうどんこ病に非常に高い感受性を示す．

栽培地とワインの味

サルデーニャ島とコルシカ島で栽培されている．コルシカ島には最近再導入が試みられ，すでに

Domaine Abbatucci 社が BIANCU GENTILE，BRUSTIANO BIANCO，SCIMISCIÀ（GENOVESE および ROSSALA BIANCA の別名で），VERMENTINO とのブレンドにより Cuvée Collection Il Cavaliere Diplomate d'Empire などのワインを作っている．

BUBBIERASCO

ブドウの色：● ● ● ● ●

起源と親子関係

イタリア北西部，ピエモンテのクーネオ県（Cuneo），サルッツォ地方（Saluzzo）の古い品種．近年の DNA 系統解析によって，この品種はかつてサルッツォ地方で広く栽培されていたネッビオーロ（NEBBIOLO）と，同じ地域の古い白品種で，現在は栽培されていない，BIANCHETTA DI SALUZZO との自然交配品種であることが明らかになった（Schneider *et al.* 2005-6）．

栽培地

クーネオ県にある古いブドウ畑のあちらこちらで見られるが，特に Val Bronda で栽培されている．

BUDAI ZÖLD

非常にわずかな量しか栽培されていないハンガリー品種．
フレッシュでシンプルな白ワインが作られている．

ブドウの色：● ● ● ● ●

主要な別名：Budai，Zöld Budai，Zöld Szőlő，Zöldfehér，Zöldszőlő

起源と親子関係

BUDAI ZÖLD という品種名には「ブダ（Buda）の緑」という意味があり，おそらくブダ周辺を起源とする品種であろうと思われる．ブダはドナウ川の西岸にあるハンガリーの古い首都で，いまはブダペストの一部となっている．BUDAI ZÖLD は現地で最も重要な品種の一つであった．

ブドウ栽培の特徴

萌芽が早く，熟期は中期で，豊産性である．少しワキシーな中サイズの果粒が大きな果房をなす．灰色かび病，べと病および冬の低温に感受性がある．

栽培地とワインの味

ワインは深い色合いで，フルボディーだがフレッシュなグリーンアップルの酸味によりシンプルで植物的な特徴をもつ．2008年にはハンガリーで記録された栽培面積はわずか6 ha（15 acres）で，栽培が見られるのはハンガリー西部に位置するバラトン湖（Lake Balaton）の北側，バダチョニ山（Mount Badacsony）の南側斜面などだが，さらに北のショムロー（Somló）でも少し栽培されている．1870年代のフィロキセラ被害以前はハンガリー中北部のブダ地方で非常に広く栽培されていた．通常，この品種は KÉKNYELŰ の受粉を促進し，収量を増やすためにその隣で栽培されているが，Szeremley 社はバダチョニできちんとしたデイリーワインを作っている．

BUDESHURI TSITELI

非常にわずかな量しか栽培されていないジョージアの品種．通常，SAPERAVIとブレンドされている．

ブドウの色：● ● ● ● ●

主要な別名： Budeshuri Saperavi，Budeshuri Shavi，Tsiteli Budeshuri

起源と親子関係

BUDESHURI TSITELI はジョージア東部を起源とする品種である．*budeschuri* はジョージア語で卵型の果粒を指す．BUDESHURI TSITELI を白果粒の BUDESHURI TETRI と混同すべきでない（Chkhartishvili and Betsiashvili 2004）．

ブドウ栽培の特徴

高収量．熟期は早期～中期である．かびの病気に耐性がある．

栽培地

ジョージア南東部に位置するカヘティ州（Kakheti）の Kindzmarauli Marani 社が BUDESHURI TSITELI や SAPERAVI とのブレンドワインを作っているが，2004年にジョージアで記録された栽培面積はわずか2 ha（5 acres）であった．

BUJARIEGO

VIJARIEGO を参照

BUKET

比較的あまり知られていないブルガリアの交配品種．良好な骨格とフルフレーバーの赤ワインになるポテンシャルを有している．

ブドウの色：● ● ● ● ●

主要な別名： Bouquet

起源と親子関係

BUKET は，1951年にブルガリア北部に位置するプレヴェン（Pleven）のブドウ栽培および醸造研究所でピノ・ノワール（PINOT NOIR）×MAVRUD の交配により得られた交配品種である．

BUKET は STORGOZIA の育種に用いられた．

ドイツ品種の BUKETTRAUBE は BUKET と呼ばれることがあるが，この品種の果粒は白く，DNA プロファイルも異なっている（Vouillamoz）．

ブドウ栽培の特徴

萌芽は遅く，熟期は早期～中期である．乾燥に敏感であるが，果粒が小さく，果皮が厚いため，灰色かび病にはかなり高い耐性を示す.

栽培地とワインの味

主にブルガリアの北半分の，特にプレヴェン県で栽培されている．BUKET は長い間 GAMZA (KADARKA) とともに栽培，収穫されてきた品種で，ワイナリーでも分けて扱われることはなかった．しかし，BUKET からは良好な酸味とタンニン，そしてアルコール分を含む，オーク熟成に適した本格的な赤になる可能性をもつワインができる.

Borovitza 社が濃厚で，良好な骨格とチェリーの果実香をもつスパイシーなヴァラエタルワインを作っている．2008年にはブルガリアで259 ha（640 acres）の栽培が記録された.

BUKETTRAUBE

ドイツで育種されたアロマティックな交配品種.
最も広く栽培されるのは南アフリカ共和国で，甘口ワインが作られている.

ブドウの色：● ● ● ● ●

主要な別名: Bocksbeutel, Bouquettraube, Buket, Bukettrebe, Würzburger

起源と親子関係

BUKETTRAUBE はドイツのフランケン（Franken）に最初のブドウ栽培学校を設立した Sebastian Englert 氏（1804–80）がランダースアッカー（Randersacker: ヴュルツブルク（Würzburg），フランケンの近く）で選抜された実生から得た品種である．モンペリエ（Montpellier）の国立農業研究所（Institut National de la Recherche Agronomique : INRA）で行われた DNA 系統解析によって BUKETTRAUBE は SILVANER × SCHIAVA GROSSA（別名 TROLLINGER）の交配品種であることが明らかになった．BUKET として知られる品種はブルガリアで栽培されているが，黒い果粒をつけ，異なる DNA プロファイルを有している（Vouillamoz).

ブドウ栽培の特徴

熟期は中期である．うどんこ病に感受性がある.

栽培地とワインの味

この品種はドイツで育種されたが，うどんこ病に感受性があるため，もはやドイツでは栽培されていない．フランスのアルザス（Alsace）で少しだけ栽培されており，現地では BOUQUETTRAUBE として知られている.

南アフリカ共和国がこの品種の最大の栽培国で（88 ha/217 acres），主にマルムズベリー（Malmesbury）で多く栽培されている．また，南アフリカ共和国においてのみヴァラエタルワインが作られている．通常は，甘口または中甘口ワインが作られるが，貴腐ワインが作られることもある．ワインは，はっきりとした花のアロマとブドウの香りに加え，マスカットのような香りのアロマを有している．Cederberg 社が25g/l の残糖とエキゾチックな果実香のあるワインを作っている.

BUSSANELLO

ピエモンテ州の一部で推奨されているアロマティックなイタリアの白の交配品種

ブドウの色：●（白）● ● ● ●

主要な別名：Incrocio Dalmasso 12/37

起源と親子関係

BUSSANELLO は，1930年代にイタリアのコネリアーノ（Conegliano）研究センターのブドウ育種家である Giovanni Dalmasso 氏が GRAŠEVINA（RIESLING ITALICO）×FURMINT の交配により得た交配品種である．1977年まで品種カタログには登録されなかった．

ブドウ栽培の特徴

熟期は9月末～10月初旬である．

栽培地とワインの味

BUSSANELLO は2000年にイタリア，ピエモンテ州のアレッサンドリア県（Alessandria），アスティ県（Asti），クーネオ県（Cuneo）で推奨されたのだが，それは1990年代にトリノ（Torino）の全国研究評議会（National Council for Research）で行われた研究の成果によるところが大きい．この品種はピエモンテ州の Langhe Bianco DOC やフリウーリ＝ヴェネツィア・ジュリア州（Friuli-Venezia Giulia）でも見られる．この品種は，親品種からジャスミン，梨，赤リンゴのほのかな香りと非常に強い果実と花のアロマを受け継いでいる．

BUSUIOACĂ DE BOHOTIN

ピンク色の果皮をもつアロマティックなルーマニア品種．
甘く，バランスがよくとれたマスカットに似たワインが作られる．

ブドウの色：● ● ●（ピンク）● ●

主要な別名：Busuioacă Neagră, Busuioacă Vânată de Bohotin, Tămâioasă de Bohotin, Tămâioasă Violetă

よくBUSUIOACĂ DE BOHOTINと間違えられやすい品種：Muscat Rouge de Madère ☒ あるいは Moscato Violetto ☒（フランスおよびイタリア）

起源と親子関係

1926～8年の間に，ピンク色の果皮をもつマスカットがルーマニアの東部に位置するヤシ（Iași）のボホティン（Bohotin）の Hogaș 教授によって持ち込まれ，BUSUIOACĂ DE BOHOTIN の名で繁殖された（Dejeu 2004）．その当時，BUSUIOACĂ DE BOHOTIN は MOSCATO VIOLETTO としても知られる MUSCAT ROUGE DE MADÈRE の別名であると考えられていた（Dejeu 2004）のだが，その DNA プロファイル（Harta *et al.* 2010）は Di Vecchi Staraz，This *et al.*（2007）が報告した MUSCAT ROUGE DE MADÈRE とは一致しなかった．BUSUIOACĂ DE BOHOTIN の DNA プロファイルは MUSCAT

BLANC À PETITS GRAINS と一致したが，これは BUSUIOACĂ DE BOHOTIN の試料としてミュスカ・ブラン（MUSCAT BLANC À PETITS GRAINS）の果皮色変異株が用いられたためである（Vouillamoz）．この結果は，BUSUIOACĂ DE BOHOTIN の形態的な特徴が MUSCAT BLANC À PETITS GRAINS のルーマニア名である TĂMÂIOASĂ ROMÂNEASCĂ に非常によく似ていることとも矛盾しない．しかし，Motoc（2009）の報告にある BUSUIOACĂ DE BOHOTIN の DNA プロファイルがユニークであるため，同定のためには典型的な標準品種試料が必要である．Busuioacă の名は「バジル」を意味する *busuioc* に由来し，おそらくワインのアロマにちなんだものであると考えられる．

ブドウ栽培の特徴

萌芽は中期～後期で熟期は中期である．厚い果皮をもつ小～中サイズの果粒が密着して果房をなす．べと病とうどんこ病に感受性がある．灰色かび病に耐性がある．また，乾燥と寒冷（－18℃（－0.4℉））にもいくぶん耐性を示す．

栽培地とワインの味

マスカットフレーバーをもつこの品種は TĂMÂIOASĂ ROMÂNEASCĂ（TĂMÂIOASĂ ALBA の赤色果皮変異―MUSCAT BLANC À PETITS GRAINS 参照）ほど遅摘みには向いていないが，スイカズラ，バラ，桃のフレーバーをもち，甘みと酸味のバランスがよくとれた中甘口～甘口のピンク色のワインが作られている．ルーマニア東部に位置するモルドヴァ（Moldova）（地方）のフシ（Huşi）やデアルマレ（Dealu Mare）の南西部で主に栽培されており，2008年には90 ha（222 acres）の栽培が記録されている．推奨される生産者としては Basilescu や Senator などがあげられる．

C

CABERINTA (カベリンタ)
CABERNET BLANC (カベルネ・ブラン)
CABERNET CARBON (カベルネ・カルボン)
CABERNET CAROL (カベルネ・カロル)
CABERNET COLONJES (カベルネ・コロージュ)
CABERNET CORTIS (カベルネ・コルティス)
CABERNET CUBIN (カベルネ・クビン)
CABERNET DORIO (カベルネ・ドリオ)
CABERNET DORSA (カベルネ・ドルサ)
CABERNET FRANC (カベルネ・フラン)
CABERNET JURA (カベルネ・ジュラ)
CABERNET MITOS (カベルネ・ミトス)
CABERNET MORAVIA (カベルネ・モラヴィア)
CABERNET PFEFFER (カベルネ・フェファー)
CABERNET SAUVIGNON (カベルネ・ソーヴィニヨン)
CABERNET SEVERNY (カヴェルネ・シエヴェルニー)
CABERTIN (カベルタン)
CACABOUÉ (カカブエ)
CACAMOSCA (カカモスカ)
CADDIU (カッドゥ)
CAÍÑO BLANCO (カイーニョ・ブランコ)
CALABRESE DI MONTENUOVO (カラブレーゼ・ディ・モンテヌォーボ)
CALADOC (カラドック)
CALAGRAÑO (カラグラーニョ)
CALANDRO (カランドロ)
CALITOR NOIR (カリトール・ノワール)
ÇALKARASI (チャルカラス)
CALLET (カリェ)
CALORIA (カロリーア)
CAMARALET DE LASSEUBE (カマラレ・ド・ラスーブ)
CAMARAOU NOIR (カマラウー・ノワール)
CAMARATE (カマラテ)
CAMPBELL EARLY (キャンベルアーリー)
CANADA MUSCAT (カナダマスカット)
CANAIOLO NERO (カナイオーロ・ネーロ)
CANARI NOIR (カナリ・ノワール)
CANNAMELA (カンナメーラ)
CAÑOCAZO (カニョカッソ)
CAPRETTONE (カプレットーネ)
CARACOL (カラコル)
CARDINAL (カージナル)

次ページ以降に記載されているこのシンボルは，別名や誤った同定がDNA解析により確認されたことを示す．

CARGARELLO (カルガレッロ)
CARICA L'ASINO (カリカ・ラズィノ)
CARLOS (カルロス)
CARMENÈRE (カルムネール)
CARMINE (カーミン)
CARMINOIR (カルミノワール)
CARNELIAN (カーネリアン)
CARRASQUÍN (カッラスキン)
CARREGA BRANCO (カレガ・ブランコ)
CARRICANTE (カッリカンテ)
CASAVECCHIA (カーザヴェッキア)
CASCADE (カスカード)
CASCAROLO BIANCO (カスカローロ・ビアンコ)
CASCULHO (カスクーリョ)
CASETTA (カゼッタ)
CASTAGNARA (カスタニャーラ)
CASTELÃO (カステラオン)
CASTETS (カステ)
CASTIGLIONE (カステリィオーネ)
CATALANESCA (カタラネスカ)
CATANESE NERO (カタネーゼ・ネーロ)
CATARRATTO BIANCO (カタッラット・ビアンコ)
CATAWBA (カトーバ)
CAVRARA (カヴラーラ)
ÇAVUŞ (チャウシュ)
CAYETANA BLANCA (カジェターナ・ブランカ)
CAYUGA WHITE (カユガホワイト)
CENTESIMINO (チェンテズィミーノ)
CENTURIAN (センチュリアン)
CERCEAL BRANCO (セルセアル・ブランコ)
CEREZA (セレサ)
CERRETO (チェッレート)
CESANESE (チェザネーゼ)
CÉSAR (セザール)
CETINKA (ツェティンカ)
CEVAT KARA (ジェバッ・カラー)
CHAMBOURCIN (シャンブルサン)
CHANCELLOR (シャンセロール)
CHARDONEL (シャルドネル)
CHARDONNAY (シャルドネ)
CHARENTSI (チャレンツィ)

CHARMONT (シャルモン)
CHASAN (シャザン)
CHASSELAS (シャスラ)
CHATUS (シャチュ)
CHELOIS (シュロワ)
CHELVA (チェルバ)
CHENANSON (シュナンソン)
CHENEL (シェネル)
CHENIN BLANC (シュナン・ブラン)
CHICHAUD (シショー)
CHIDIRIOTIKO (ヒディリオティコ)
CHINURI (チヌリ)
CHISAGO (チサゴ)
CHKHAVERI (チュハヴェリ)
CHONDROMAVRO (ホンドロマヴロ)
CHOUCHILLON (シュシヨン)
CIANORIE (チャノーリエ)
CIENNA (シエナ)
CILIEGIOLO (チリエジョーロ)
CINSAUT (サンソー)
CITRONNY MAGARACHA (ストロンニー・マガラチャー)
CIURLESE (チュルレーゼ)
CIVIDIN (チヴィディン)
CLAIRETTE (クレレット)
CLAVERIE (クラヴリー)
CLINTON (クリントン)
COCOCCIOLA (ココッチョーラ)
CODA DI CAVALLO BIANCA (コーダ・ディ・カヴァッロ・ビアンカ)
CODA DI PECORA (コーダ・ディ・ペーコラ)
CODA DI VOLPE BIANCA (コーダ・ディ・ヴォルペ・ビアンカ)
CÔDEGA DE LARINHO (コデガ・デ・ラリーニョ)
CODIVARTA (コディバルタ)
COLOBEL (コロベル)
COLOMBANA NERA (コロンバーナ・ネーラ)
COLOMBARD (コロンバール)
COLOMBAUD (コロンボー)
COLOMINO (コロミノ)
COLORAILLO (コロライーリョ)
COLORINO DEL VALDARNO (コロリーノ・デル・ヴァルダルノ)
COMPLETER (コンプレテール)
COMPLEXA (コンプレシャ)

CONCORD （コンコルド）
CORDENOSSA （コルデノッサ）
CORNALIN （コルナリン）
CORNAREA （コルナーレア）
CORNIFESTO （コルニフェスト）
COROT NOIR （コロッ・ノワール）
CORREDERA （コレデーラ）
CORTESE （コルテーゼ）
CORVA （コルヴァ）
CORVINA VERONESE （コルヴィーナ・ヴェロネーゼ）
CORVINONE （コルヴィノーネ）
COT （コット）
COUDERC NOIR （クデール・ノワール）
COUNOISE （クーノワーズ）
COURBU BLANC （クルビュ・ブラン）
COURBU NOIR （クルビュ・ノワール）
CRÂMPOŞIE SELECŢIONATĂ （クルンポシエ　セレクツィオナタ）
CRIOLLA GRANDE （クリオージャ・グランデ）
CROATINA （クロアティーナ）
CROUCHEN （クルシェン）
CROVASSA （クロヴァッサ）
CRYSTAL （クリスタル）
CSABA GYÖNGYE （チャバ・ジェンジェ）
CSERSZEGI FŰSZERES （チェルセギ・フューセレシュ）
CSÓKASZŐLŐ （チョーカセーレー）
CYGNE BLANC （シニエブラン）

CABERINTA

豊産性だが，さほど人気があるというわけではないアルゼンチンの交雑品種

ブドウの色：● ● ● ● ●

主要な別名：CG 14892，Gargiulo 14892

起源と親子関係

CABERINTA はアルゼンチンのブエノスアイレスの国立農業技術研究所（INTA）の Angel Gargiulo 氏が RUBY×RUBY CABERNET の交配により得た交雑品種である．ここで RUBY は KEUKA×ONTARIO の交雑品種（ONTARIO の系統図は CAYUGA WHITE 参照）で，また KEUKA は CHASSELAS ROSE×MILLS の交雑品種（MILLS の系統図は GR 7参照）である．また CHASSELAS ROSE は CHASSELAS の果皮色変異である．この品種名は CABERNET を短縮した語尾に INTA を加えた造語である．

ブドウ栽培の特徴

高い豊産性を示す．

栽培地とワインの味

このアルゼンチン産の交雑品種は，その高い収量とフレッシュな酸度をもつにもかかわらず，あまり栽培されていない．2009年にはアルゼンチンに69 ha（171 acres）の栽培面積があり，そのほとんどがメンドーサ州（Mendoza）で栽培されている．2008年に栽培面積90 ha（222 acres）を記録したが以降減少の一途をたどっている．またこの品種の栽培はモロッコでも見られる．

CABERNET BLANC

フレッシュさとクリーンなフレーバーをもつスイスの新しい交雑品種．良好な耐病性を有する．

ブドウの色：● ● ● ● ●

主要な別名：VB 91-26-1

起源と親子関係

CABERNET BLANC は1991年にスイスのジュラ州（Jura）のソイヒエールス（Soyhières）の個人育種家である Valentin Blattner 氏が，カベルネ・ソーヴィニヨン（CABERNET SAUVIGNON）×未公開の耐病性品種（ドイツでは *Resistenzpartner* として知られる）の交配により得た交雑品種である．PINOTIN や CABERTIN のような複雑な交雑品種で，おそらくカベルネ・ソーヴィニヨン×（SILVANER×（リースリング（RIESLING）×*Vitis vinifera*）×（JS 12417×CHANCELLOR））であると考えられる．

ブドウ栽培の特徴

樹勢が強く，厚い果皮をもつ小さな果粒が粗着する．うどんこ病，べと病，灰色かび病および冬の寒さに耐性である．結実不良の傾向があり，果房には小さな種なし果粒（高い糖度とエキス分を有する）と通常の果粒が混在する．

栽培地とワインの味

ワインはソーヴィニヨン・ブラン（SAUVIGNON BLANC）に似たアロマをもち，フレーバーの特性はリースリングとソーヴィニヨン・ブランの間を示す．果粒は厚い果皮をもつため良好な耐病性を有し遅摘みが可能で，辛口のヴァラエタルワインに加えてドイツのプファルツ（Pfalz）のAnselmann社のワイナリーなどでは甘口ワインも作られている．この品種は主にプファルツで栽培されており，2007年には7ha（17 acres）の栽培が記録されている．この品種は2004年に公式品種登録リストに登録された．またオランダでも栽培されており，ヘルダーラント州（Gelderland）のColonjes社やアハテルフーク（Achterhoek）のGelders Laren社が非常にキレのあるヴァラエタルワインを作っている．

（特にアメリカ合衆国においてカベルネ・ソーヴィニヨンから作られたロゼワインや白ワインのラベルにCABERNET BLANCの名を目にすることがある．）

CABERNET CARBON

優れた耐病性をもたせるために最近開発されたタンニンが豊富なドイツの交雑品種

ブドウの色：● ● ● ● ●

主要な別名：Freiburg 377-83

起源と親子関係

1983年にドイツ南部にあるFreiburg（フライブルク）研究センターのNorbert Becker氏がカベルネ・ソーヴィニヨン（CABERNET SAUVIGNON）×FREIBURG 236-75の交配により得た複雑な交雑品種である．なおFREIBURG 236-75はMERZLING×（ZARYA SEVERA×SANKT LAURENT）の交雑品種である．またZARYA SEVERAはSEYANETS MALENGRA×*Vitis amurensis*の交雑品種でありSEYANETS MALENGRAはPRÉCOCE DE MALINGREの実生である．

ブドウ栽培の特徴

べと病に良好な耐性を示す．大きな果粒をつける．熟期は中期〜晩期である．

栽培地とワインの味

他の多くのカベルネ（CABERNET）系交配品種と同様に，カベルネに耐病性を付与するために育種された品種である．ドイツでは2003年に公式品種リストに登録されたが，栽培面積が少ないためドイツの公式栽培統計には掲載されていない．ワインは深い色合いでタンニンを多く含み，スパイシーでカベルネ特有のカシスの強いノートをもつ．バーデン（Baden）のHelde社およびIsele社がヴァラエタルワインを生産している．

ピュリー（Pully）（レマン湖（Lac Léman/Lake Geneva）岸，ローザンヌ（Lausanne）の南東）にあるシャンジャン・ヴェーデンズヴィル農業研究所（Agroscope Changins-Wädenswil）の試験農場で数年間試験栽培された後，現在ではスイスで0.5 ha以下（約1 acre）の規模で栽培されている．

CABERNET CAROL

ほとんど栽培されていない耐病性のドイツのある交雑品種

ブドウの色：● ● ● ● ●

主要な別名：Freiburg 428-82 R

起源と親子関係

1982年にドイツ南部にあるフライブルグ（Freiburg）研究センターのNorbert Becker氏が，カベルネ・ソーヴィニヨン（CABERNET SAUVIGNON）×SOLARISの交配により得た交雑品種である．CABERNET CORTISの姉妹品種にあたる（完全系統はSOLARIS参照）．

ブドウ栽培の特徴

樹勢が強く良好な耐病性を示し，特にべと病に対しては耐性である．

栽培地とワインの味

スイスでは，ヴァレー州（Valais）の栽培家が2003年に植えた0.1 ha未満（0.25 acres）を含む1 ha（2.5 acres）の畑でわずかに栽培するのみで，ほとんど栽培されていなかった．ドイツのバーデン（Baden）では例外的にKaufmann，Staatsweingut Freiburg & BlankenhornsbergやRabenhofなどの各社がこの品種を用いてブレンドワインを作っている．

CABERNET COLONJES

主にオランダで見られるマイナーな濃い果皮色のスイスの交雑品種である．

ブドウの色：● ● ● ● ●

主要な別名：VB 91-26-5，VB 91-26-05

起源と親子関係

1991年にスイスのジュラ州（Jura）でソイヒエールス（Soyhières）のValentin Blattner氏が，カベルネ・ソーヴィニヨン（CABERNET SAUVIGNON）×公表されていない耐病性品種（ドイツでは*Resistenzpartner*として知られている）の交配により得た交雑品種である．当初は育種家からVB91-26-5と呼ばれていたが，オランダに最初にこの品種を植えたWijnhoeve Colonjes氏によってCABERNET COLONJESと改名された．

ブドウ栽培の特徴

樹勢が強く，萌芽期は早期である．熟期は不均一であることが多いが非常に早熟である．収穫期にはうどんこ病に感受性がある．比較的果皮が薄いので灰色かび病に感受性である．小～中程度の大きさの果粒が密着した果房をつける．

栽培地とワインの味

CABERNET COLONJES は，そのほとんどがオランダで栽培されている．たとえばグルースベーク（Groesbeek）の Colonjes 社は CABERNET CORTIS，PINOTIN，REGENT などとブレンドしてフルーティーさを加えたり，REGENT とブレンドしてロゼやブラン・ド・ノワール（Blanc de Noirs）などのワインを作っている．CABERNET COLONJES の最大特徴は豊かなフルーティーさにあり，そのワインはメルロー（MERLOT）に例えられている．スウェーデンでも栽培されている．

CABERNET CORTIS

優れた耐病性品種の開発を目的として近年開発された
タンニンに富むドイツの交雑品種

ブドウの色：● ● ● ● ●

主要な別名：Freiburg 437-82 R

起源と親子関係

1982年に南ドイツのバーデン－ヴュルテンベルク州（Baden-Württemberg）にあるフライブルク（Freiburg）研究センターの Norbert Becker 氏がカベルネ・ソーヴィニヨン（CABERNET SAUVIGNON）× SOLARIS の交配により得た交雑品種である．この品種は CABERNET CAROL の姉妹品種にあたる（完全系統は SOLARIS 参照）．

ブドウ栽培の特徴

べと病と灰色かび病には良好な耐性を示すが，うどんこ病には感受性である．大きな果粒をつけ早熟である（ピノ・ノワール（PINOT NOIR）より早い）．

栽培地とワインの味

他の多くのカベルネ（CABERNET）○○と呼ばれる品種同様に，カベルネに耐病性を付与するために開発された．ワインは深い色合いでタンニンが強くハーブのニュアンスがある．2011年にイタリアで公認された．2010年にはデンマークで約3ha（7 acres）の栽培が記録されている．

2003年にドイツの公式品種リストに登録されたが，ドイツのブドウ栽培統計に掲載されるには栽培面積が少なすぎる．ワインの味わいはカベルネによく似ている．バーデン（Baden）にある Becker 社（マルシュ（Malsch））と Rabenhof 社はヴァラエタルワインを作っている．

ピュリー（Pully）（レマン湖（Lac Léman/Lake Geneva）岸，ローザンヌ（Lausanne）の南東）にあるシャンジャン・ヴューデンスヴィル農業研究所（Agroscope Changins-Wädenswil）で数年間試験栽培された後，現在はスイスで2 ha（5 acre）の規模で栽培されている．

CABERNET CUBIN

十分に成熟させるためには，適切な栽培地の選択が必要となる深い色合いでタンニンに富む，ドイツの交配品種

ブドウの色：● ● ● ● ●

主要な別名：Weinsberg 70-281- 35

起源と親子関係

1970年にドイツ南部のバーデン－ヴュルテンベルク州（Baden-Württemberg）にあるヴァインスベルク（Weinsberg）研究センターでBLAUFRÄNKISCH×カベルネ・ソーヴィニヨン（CABERNET SAUVIGNON; Levadoux クローン）の交配により得られた交配品種である．したがってこの品種はCABERNET MITOSと姉妹関係にある．2005年に公式品種リストに登録された．

ブドウ栽培の特徴

晩熟で，信頼できる安定した収量を示す．

栽培地とワインの味

2006年にはドイツで70 ha（173 acres）が記録されたが，そのうちのいくつかは依然試験的に栽培されている．カベルネ（CABERNET）から継承した性質により，深い色合いとしっかりしたタンニンをもつ．ワインがまろやかになるには時間を要するので，樽熟成に適している．ヴュルテンベルクのGemmrich社は良質のヴァラエタルワインを作っている．

スイスでは限定的な範囲で栽培されている（3 ha/7 acres）．たとえばSchmidheiny社のZeusワインは樽で18ヶ月熟成されたこの品種のヴァラエタルワインである．

CABERNET DORIO

カベルネ（CABERNET）に似た特徴をもつ最近開発されたドイツの交配品種

ブドウの色：● ● ● ● ●

主要な別名：Weinsberg 71-817- 89

起源と親子関係

1971年にドイツ南部のバーデン－ヴュルテンベルク州（Baden-Württemberg）にあるヴァインスベルク（Weinsberg）研究センターでDORNFELDER×カベルネ・ソーヴィニヨン（CABERNET SAUVIGNON）の交配により得られた交配品種である．CABERNET DORSAとは姉妹関係にあたる．

ブドウ栽培の特徴

熟期は中期～晩期で，高い糖度のブドウが作られる．

栽培地とワインの味

2006年末にはドイツで40 ha（99 acres）の栽培が記録されているが，そのうちのいくつかは試験栽培によるもので，2004年まで公式品種リストへの登録は認められなかった．ラインヘッセン（Rheinhessen）のヴァラエタルワインの生産者としてはÖkonomierat Geil Erben社およびWeingut der Stadt Mainz社が推奨されている．ブドウが十分熟すると，親子関係が反映されて，ワインはカベルネの特徴を発揮するようになる．

スイスでも非常に限られた範囲で栽培されている（1 ha/2.5 acres未満）．

CABERNET DORSA

最も成功しているドイツの新しいカベルネ（CABERNET）系品種

ブドウの色：● ● ● ● ●

主要な別名：Weinsberg 71-817-92

起源と親子関係

1971年にドイツ南部のバーデン－ヴュルテンベルク州（Baden-Württemberg）にあるヴァインスベルク（Weinsberg）研究センターにおいてDORNFELDER×カベルネ・ソーヴィニヨン（CABERNET SAUVIGNON）の交配により得られた交配品種である．この品種はCABERNET DORIOと姉妹関係にある．2004年に公式品種リストに登録された．

ブドウ栽培の特徴

萌芽期は早期で熟期は中期である．通常，高い糖度をもつ小さな果粒をつける．安定した豊産性を示す．べと病への感受性は高い．

栽培地とワインの味

2006年末にはドイツで230 ha（568 acres）が栽培されており，そのうちのいくつかは試験栽培であった．2004年まで公式品種リストには登録されていなかったことを考えると，これは明らかに前進である．ワインはしっかりしたタンニンのあるフルボディーで，はっきりしたカシスのアロマがあり，果実香と骨格に両親品種の特徴が見られる．ヴァラエタルワインの生産者にはラインヘッセン（Rheinhessen）のFuchsおよびGruber，モーゼル（Mosel）のAmlinger，ナーエ（Nahe）のMarx，プファルツ（Pfalz）のAnselmannやFitz-Ritter，バーデン（Baden）のKarl H Johner，ヴュルテンベルク（Württemberg）のAngelika KnauerやHeuchelberg Weingärtnerなど各社がある．この品種はドイツにおいて栽培面積の増加が期待されている．

スイス（20 ha/49 acres）やスウェーデンでも少し栽培されている．

CABERNET FRANC

香り高さとしっかりした骨格をもつカベルネ・ソーヴィニヨン（CABERNET SAUVIGNON）の親品種であり，ロワールやボルドーのブレンドワインで輝きを放つ.

ブドウの色：● ● ● ● ●

主要な別名：Achéria（Basque Country（バスク地方），主にイルーレギー（Irouléguy）において），Ardounet（ベアルン（Béarn）Bidure（グラーヴ（Graves）），Bordeaux（スイス），Bordo（ルーマニア），Boubet（ピレネー＝アトランティック県（Pyrénées-Atlantiques）），Bouchet Franc または Gros Bouchet（サン＝テミリオン（Saint-Émilion）およびポムロール（Pomerol）），Bouchy（マディラン（Madiran）およびベアルン（Béarn）），Breton（ロワール渓谷（Val de Loire）），Cabernet Gris，Cabrunet（ポムロール），Capbreton Rouge（ランド県（Landes）），Carmenet（メドック（Médoc）），Couahort（ベアルン），Plant Breton または Plant de l'Abbé Breton（アンドル＝エ＝ロワール県（Indre-et-Loire）のシノン（Chinon）），Sable Rouge（テュルサン（Tursan）），Trouchet（ベアルン），Tsapournako ☒（ギリシャ），Verdejilla Tinto ☒（スペインのアラゴン州（Aragón）），Véron（ニエーヴル県（Nièvre）および Deux-Sèvres），Vidure，Vuidure または Grosse Vidure（グラーヴ）

よくCABERNET FRANCと間違えられやすい品種：Ardonnet ☒（ベアルン，もはや栽培されていない），ARROUYA ☒（ピレネー（Pyrénées）），BÉQUIGNOL NOIR ☒（ヴィエンヌ県（Vienne）の Dissay），カベルネ・ソーヴィニヨン☒，カルムネール（CARMENÈRE）☒，Gros Cabernet ☒（メドック，もはや栽培されていない），HONDARRIBI BELTZA ☒（スペインのバスク州（País Vasco））

起源と親子関係

カベルネ・フランはまぎれもなく，ボルドーで最も重要なブドウの一つで古い品種である．しかし近年の遺伝的，歴史的解析によってスペインのバスク州が起源であると指摘された.

- DNA 系統解析によってカベルネ・フランは，バスク州の二つの古い品種である MORENOA および HONDARRIBI BELTZA（チャコリ（Txakoli）ではしばしばカベルネ・フランと混同された）と親子関係にあることが明らかになった．これは カベルネ・フランがスペインのバスク州起源であるという仮説を支持するものであった（Boursiquot *et al.* 2009).
- 12世紀に建てられた，フランス国境に近いバスク州のロンセスバーリェス（Roncesvalles）（フランス語でロンスヴォー（Roncevaux），バスク語でオレアガ（Orreaga））の共同教会はサンティアゴ・デ・コンポステーラ（Santiago de Compostela）に向かう巡礼者にとって重要な立ち寄り場所であった．初期のころ，ロンセスバーリェス教会の司祭は，フランスの町イルーレギー（Irouléguy）からバスクのオンダリビア（Hondarribia；フランス語で Fontarrabie）までの間に，たとえば ACHÉRIA（「キツネ」の意味をもつ）などの地方の品種を植えてブドウ畑を作った．ACHÉRIA はバスクでのカベルネ・フランの名前であり，また形態学的には最も古いか，あるいは初期のカベルネ・フランのクローンであった（Levadoux 1956; Lavignac 2001; Bordenave *et al.* 2007).

1905年以前には ACHÉRIA について述べた歴史的な文献はなく（Rézeau 1997），有名なフランスの作家フランソワ・ラブレー氏（Francois Rabelais）の1534年の著書 *Gargantua* の中で古い地方の別名である BRETON の名で見られるのが，ロワール渓谷地方でのカベルネ・フランについての最も初期の記載である．その著書の中で古い地方の別名である BRETON を用いて次のように記載している．「この良質の breton（ブルターニュの）ブドウはブルターニュ（Brittany）では生育せず Verron（ロワール川（Loire）とヴィエンヌ川（Vienne）の合流する場所にあるシノン（Chinon）近く，現在のボーモン＝アン＝ヴェロン（Beaumont-en-Véron））で良好な生育を示す」.

ラブレー氏が記載した *vin breton* とカベルネ・フランが同一であることを証明するのは非常に難しいが，この地域でボルドー品種（*vineam burdegalensem*）が生育する可能性はきわめて高い．1050年ころアンジュー伯 Geoffroi Martel は，アンジェ（Angers）のロンスレ（Ronceray）修道院に対してロワール川とメーヌ川の合流点の近くの土地を，ボルドーから持ち込まれたブドウの栽培のために要求した（Dion 1959）．

BRETON という名前から，このボルドー品種がブルターニュ（中世はいまよりも気候が穏やかであったため，ブドウ畑があった）を経由してロワール渓谷（Val de Loire）に持ち込まれたことが示唆される．この説は，カベルネ・フランと交配してメルロー（MERLOT）を生んだ MAGDELEINE NOIRE DES CHARENTES がブルターニュのシュリアック（Suliac）近くに残されていた古いブドウの樹の中から見つけられたことと矛盾しない（Boursiquot *et al.* 2009）．しかし Comte Alexandre-Pierre Odart（1845）の中ではロワール渓谷における BRETON の名について別の説明が見られる．1631年にリシュリュー枢機卿（Cardinal de Richelieu）は最高のボルドー品種を執事の Abbé Breton 氏に送り，彼がそれらをシノンやブルグイユ（Bourgueil）に植えたというのである．ブドウは後に，PLANT DE L'ABBÉ BRETON と呼ばれるようになり，やがて単に BRETON となった．一方，Lavignac（2001）は，かつてブルターニュの船乗りがジロンド（Gironde）川からフランスの海岸に沿って港から港へ北に運んでいたことから BRETON と命名されたにすぎないと記載している．ロワール河口を経由してブルターニュにワインを運んでいたことから，あるいはランド県（Landes）にあるコミューンのカップブルトン（Capbreton）の略称であるのかもしれない．

古い別名 VIDURE が最初に記載されたのは1675年に Adrien de Valois 氏が記した，*Notitia Galliarum* である．その中で彼は，VIDURE は Biturica の派生語だと述べている（後述する他の仮説参照）．他の研究者は，VIDURE はガスコーニュ地方の方言で「堅いブドウ」（フランス語で *vigne dure*）を意味する *bit duro* に由来すると述べている．おそらく剪定しにくい品種であったことからこう呼ばれるようになったのであろうと考えられる（Rézeau 1997）．古い別名 CABRUNET を使い，1716年にポムロールで次のような記載がある．「このブドウ畑を Bouchet，Noir de pressac および cabrunet などに植え変えるために畑のこのあたりを掘り起こす必要がある」（Rézeau 1997）．

現代の表記である CABERNET は Rozier（1823）が文献に記載するまでは見ることができないことを最後に言及しておく．

CABERNET の語源については多くの推測がある．最も説得力のあるものは，濃い果皮をもつブドウの果粒の色を示す，「黒」を意味するラテン語の *carbon* に由来するという説である．*carbonet* が *carbenet* になり，音位転換が起こって *cabernet* となった，という説である（Rézeau 1997）．しかし，CABERNET とその古い別名（BIDURE，BRETON，CABRUNET，CARMENET，VÉRON，VIDURE）は多くの他の品種にもよく用いられていた．以下に述べるように Château Carbonnieux の所有者で，フランスおよびそれ以外の国々から収集した1,242種類のブドウ品種コレクションを作った Henry-Xavier Bouchereau（1863）が1859年に作成したリストには以下のように記載されている．

- Carmenet-Sauvignon あるいは Cabernet-Sauvignon，現代のカベルネ・ソーヴィニヨン
- Carmenère，現代のカルムネール（CARMENÈRE）
- Gros Cabernet，おそらくカベルネ・フランに相当するのであろうが，しかしそれは異なる，もはや栽培されていない品種の名前でもある（カベルネ・ソーヴィニヨンの系統図参照）
- Petit Cabernet，これはカベルネ・ソーヴィニヨンに相当する

こうしてカベルネ・フラン，カベルネ・ソーヴィニヨン，カルムネールは19世紀終わりまでよく混同されていた．しかし，DNA 系統解析によってカベルネ・フランはカベルネ・ソーヴィニヨン（Bowers and Meredith 1997），カルムネールおよびメルロー（Boursiquot *et al.* 2009）の親品種であることが明らかになったことから，最も古い記述はカベルネ・フランを指しているものと考えられる．カベルネ・フランと同程度に古い親品種は長年に渡ってその姿を消し，この品種はいわば孤児になったと考えられる．これらの品種名の混同や明らかになった親子関係は，Carmenet グループ（p XXXII 参照）と実は一致していたことになる．

カベルネ・フランはチェコ共和国で CABERNET MORAVIA の育種に，またイタリアでは INCROCIO TERZI 1 の育種に用いられた．

他の仮説

CABENET の古い別名 VIDURE は Bidure に由来し，Bidure は Biturica または Biturigiaca に由来していると述べている研究者もいる．大プリニウスとコルメラは，Biturica または Biturigiaca は，かつてケ

ルト人が暮らしていた主要都市，Burdigala（現在のジロンド県，ボルドー）のBituriges Vibisci地方の品種だと記載している（Roudié 1994）．コルメラはBITURICAを，COCOLUBISとも呼ばれる古い品種で，スペインのカンタブリア（Cantabria）で栽培されるBALISCAと同じ系統に分類した．なぜRoger Dion（1959）が，カベルネ・フランはスペイン起源でBITURICAの子品種だと考えてたかの理由がこれである．他の研究者たちは，BITURICAはイピロス（Epirus，アルバニア）のDurazzo（現代のドゥラス（Dürres））から持ち込まれたものだと考えている．したがって，カベルネ・フランはアルバニア起源であると述べている．ただ，いずれの説にも科学的証拠はない．

さらに，カベルネ（CABERNET）の名は赤い色素を意味しており，えんじ色を表すラテン語の*carminium*の語に由来すると考えている研究者もいるが，この色はカベルネ・フランの果粒の果皮の色とは異なる（Lavignac 2001）．また別の仮説として，*carmenes*の名はアンダルシア（Andalucía）のグラナダ（Granada）で見られる「果樹とブドウの樹のある中庭」に由来するというものもある（Lavignac 2001）．

多くの古い品種同様に，カベルネ・フランはフランス南西部では「population variety（幅のある品種）」として記されることが多く，様々な形態の型および多くの異なる品種が品種全体を作り上げていることが暗示されているが，本書ではこの概念を採用しない．

ブドウ栽培の特徴

熟期は中程度で，幾分樹勢が強く，粘土石灰質の土壌に適している．乾燥ストレスがなければ砂の土壌でもよく育つ．カベルネ・ソーヴィニヨンによく似ているが，葉の切れ込みは小さい．カベルネ・ソーヴィニヨンよりも萌芽期と熟期は早く，花ぶるいの傾向があるが，完熟しやすい品種である．木質は非常に堅く小さな果粒をつける．

栽培地とワインの味

カベルネ・フランから作られるワインは，一般にその子品種であるカベルネ・ソーヴィニヨンのワインよりも色が薄くて軽く，キレがあり，まろやかでアロマティックである．そのアロマは成熟の度合いによって緑を思わせるさわやかな香りとハーブの香りまでが広がる．成熟さに欠けるとメトキシピラジンの青臭さが強く感じられる．

フランスでは，2009年に36,948 ha（91,300 acres）が記録された．これは同国で5番目に栽培面積が多いCARIGNAN（MAZUELO）の53,155 ha（131,349 acres）に次いで6番目に多い数字である．フランスにおけるカベルネ・フランの主要産地はロワール渓谷であり，そこではブドウ栽培技術の改良，特に収量の制限により，一般的により熟したワインが作られている．他の地域ではカベルネ・フランはブレンドワインの生産に用いられるが，ロワール渓谷では主にヴァラエタルワインに用いられ，その輝きを放っている．5,953 ha（14,710 acres）がロワール渓谷中央部にあり，ほとんどはアンドル＝エ＝ロワール県（5,356 ha/13,235 acres）のChinonやBourgueil等のアペラシオンで，また540 ha（1,334 acres）がロワール＝エ＝シェール県（Loir-et-Cher）で記録されている．ペイ・ド・ラ・ロワール地方（Pays de Loire）ではより多く栽培されており9,176 ha（22,674 acres）が記録され，主にソミュール・シャンピニ（Saumur-Champigny）やアンジュ・ヴィラージュ（Anjou-Villages）など，メーヌ＝エ＝ロワール県（Maine-et-Loire）で（8,671ha（21,427acres）栽培されている．また409 ha（1,011 acres）がロワール＝アトランティック県（Loire-Atlantique）で栽培されている．この地域の良質のカベルネ・フランは香り高く，中程度のボディーでバランスがよいシルキーでほどよく早い時期に熟成したワインとなる．鉛筆を削った際の香りや時にラズベリーの香りを感じることができる．信頼の値するワインの例は，Philippe Alliet，Bernard Baudry，Baudry-Dutour，Château de Coulaine，Charles Joguet（この生産者のLes Varennes du Grand Clos，Cuvée Cabernet Franc de Piedは接ぎ木をしないブドウから作られる），Olga Raffaultなどの各社のシノン（Chinon）；Yannick Amirault，Dom de la Butte，Catherine & Pierre Breton，Dom de la Cotellaraie，Pierre-Jacques Druetなどの各社のブルグイユ（Bourgueil）およびサン・ニコラ・ド・ブルグイユ（Saint-Nicolas de Bourgueils）ならびにChâteau Fouquet，Château de Hureau，Clos Rougeardなどの各社のソミュール（Samurs）およびソミュール・シャンピニ（Saumur-Champigny）である．

ボルドーはカベルネ・フランの主要な産地である．萌芽と開花の時期がカベルネ・フランとは異なるカベルネ・ソーヴィニヨンあるいはメルローの収穫が乏しいときの保険として栽培されている．これらの品種はカベルネ・フランのブレンドパートナーであるが，気候変動によりまずメルローが，次にカベルネ・ソーヴィニヨンがこの地域で容易に熟すようになってきている．2009年には総栽培面積は12,396 ha（30,631 acres;

これはカベルネ・ソーヴィニヨンの半分以下であり，メルローの5分の1の栽培面積である）に減少した．この品種はメドックよりもさらに冷涼なジロンド川右岸のブドウ畑においてカベルネ・ソーヴィニヨンよりも容易に熟成するので人気がある．サン＝テミリオンでは，カベルネ・フランはBOUCHETとよく呼ばれ，メルローとともに重要な役割を果たしている．最も偉大で長寿のワインを作る最高のサン＝テミリオンの生産者，Château Cheval Blancでは，いくつかのビンテージではブレンドの大部分をこの品種が占めている．

組織だったボルドーのブレンドパートナーのように，カベルネ・フランはフランス南西部でも広く栽培されており，内陸にあって比較的冷涼なベルジュラック（Bergerac）などで特に人気がある．南西部全域において，TANNAT，カベルネ・ソーヴィニヨンやFERなどのタンニンが多く含まれる品種を和らげるために用いられている．この品種は広い範囲のアペラシオン，たとえばIrouléguy, Madiran, Tursan（TANNATと）およびFronton（NÉGRETTEと）などで公認されている．ジェール県（Gers）（マディランワインが作られている）では385 ha（951 acres），タルヌ＝エ＝ガロンヌ県（Tarn-et Garonne）では403 ha（996 acres），またロット県（Lot）（カオール（Cahors））では153 ha（378 acres）が記録されている．ボルドーの北のポワトゥー＝シャラント地域圏（Poitou-Charentes）では1,054 ha（2,604 acres）が栽培されていた．

ラングドック（Languedoc）ではカベルネ・ソーヴィニヨンは輝きを放つことはなかったが，カベルネ・フランのヴァラエタルワインの深い香りは人々に感動を巻き起こし，オード県（Aude）では2,265 ha（5,597 acres）が記録されている．

2000年の調査ではイタリアで7,085 ha（17,507 acres）が記録された．そのほとんどが最北東部に集中しているが，そこではこの品種とカルムネール（CARMENÈRE）がよく混同されたので，2010年のブドウ畑調査では非常に異なる統計データが得られるという結果になった．市場では，とりわけメルローがより熱烈に望まれた．ロワール（Loire）同様にイタリアでもこのブドウは長い間，過剰な収量にともない青臭いワインが作られていたが，徐々に改善されている．本物で繊細なカベルネ・フランの例外的な勝者はイタリア中部のモンテプルチャーノ（Montepulciano）のすぐ南にあるテヌータ・ディ・トリノーロ社（Tenuta di Trinoro）である．

スペインでは，2008年に736 ha（1,819 acres）の栽培が記録されており，そのほとんどはカスティーリャ＝ラ・マンチャ州（Castilla-La Mancha）やカタルーニャ州（Catalunya）で見られ，主にボルドーブレンドワインの生産に用いられているが，カタルーニャ州でもヴァラエタルワインが作られている．2010年には，ポルトガルではわずかに21 ha（52 acres）であった．

カベルネ・フランは限定的に東ヨーロッパでも栽培されているが，一般的にカベルネ・ソーヴィニヨンよりも人気はずっと低い．フリウーリ（Friuli）から国境を越えたスロベニア西部では，カベルネ・フランはカベルネ・ソーヴィニヨンやメルロー，さらには地方品種のREFOSCOとよくブレンドされるが，スロベニア領のイストラ半島（Istra）ではわずかに17 ha（42 acres），ゴリシュカ・ブルダ（Goriška Brda）では2009年に27 ha（67 acres）が栽培されているにすぎない．

カベルネの土地であるルーマニアでは2008年に8 ha（20 acres）が，南ロシアのクラスノダール地方（Krasnodar Krai）では2009年に20 ha（49 acres）が記録されていた．セルビア，コソボそしてカザフスタンでもわずかに栽培されている．例外はハンガリーで，2008年に1,243 ha（3,072 acres）が栽培されている．最も成功しているのは南部のヴィラーニー（Villány）で，Malatinszky，Weninger and Attila GereおよびVylyanなどの各社がカベルネ・フランを用いて同国で最も素晴らしいボルドーブレンドとヴァラエタルワインの両方のスタイルの赤ワインを作っている．さらに北部や東部のクンシャーグ（Kunság）やセクサルド（Szekszárd），またエゲル（Eger）やさらに北部でも栽培されている．ボルドーブレンドの生産によく用いられるが，ヴァラエタルワインも次第に成功を修めるようになってきた．

ギリシャ北部でもカベルネ・フランは限定的だが栽培されており，ほとんどが地域の地理的表示保護ワインのブレンド用として使われている．しかしハルキディキ（Halkidikí）のCôtes de Meliton原産地呼称では70％のLIMNIOと30％のカベルネ・ソーヴィニヨンおよび/あるいはカベルネ・フランを用いる必要がある．西マケドニアのヴェルヴェンドス（Velventós）では，Yannis Voyatzis社がTSAPOURNAKOのヴァラエタルワインを作っているが，DNA解析によって，これはカベルネ・フランのクローンであることが明らかになった．

東地中海のキプロスでは267 ha（660 acres）が記録されており，イスラエル（Margalit氏が特に素晴らしいワインを作っている）では100 ha（247 acres）が，またトルコでは39ha（96 acres）が記録されている．この品種はまたマルタ共和国でも知られている．

アメリカ合衆国では，ほとんどのカベルネ・フランは主にボルドーブレンドの副原料として用いられているが，バージニア州，ニューヨーク州およびワシントン州ではヴァラエタルワインが好まれる．

カリフォルニア州では，カベルネ・フランは2009年時点で3,480 acres（1,408 ha）が記録されており，少し注目が増える傾向にはあるが大きな変動はない．ほとんどはナパとソノマで栽培され，Rusack社は南のサンタ・イネズ・ヴァレー（Santa Ynez Valley）で素晴らしいAnacapaというワインを作っている．カベルネ・フランが多くブレンドされた例外的なワインはナパのArietta，Crocker & Starr，Detert Family Vineyards，Lang & ReedやViaderなどの各社，さらにはソノマのPride Mountain，Raymond Burrなどの各社で作られている．

より大陸的な気候のワシントン州東部では，カベルネ・フランはその堅い木質とそれがもたらす寒冷な冬への耐性によりメルローより有利であるが，より流行しているシラー（SYRAH）の普及により次第に栽培面積が減少しており，2011年ではわずかに972 acres（393 ha）が栽培されていたにすぎない．ヴァラエタルワインの推奨される生産者としてはBarrister，Spring Valley Vineyards，Tamarack Cellarsなどの各社があげられる．オレゴン州では98 acres（40 ha）が2008年に記録されている．

2010年にミシガンワイン品評会ではBowers Harbor Vineyards社の2007年のカベルネ・フランのヴァラエタルワインが選ばれ，同州では2006年に86 acres（35 ha）のカベルネ・フランの栽培が記録されている．またインディアナ州でも栽培されている．ニューヨーク州には2008年に498 acres（202 ha）の栽培が記録されており，ロードアイランド州の海岸地方でSchneider Vineyards社がLe Bretonという幸先のよいワインを作っている．より大陸的な気候のフィンガーレイクス地方（Finger Lakes）ではKing Family Estate, Shalestone Vineyards，Swedish Hillなどの各社が優れたヴァラエタルワインを作っている．

バージニア州ではHorton社が特に香り高い，この品種の特徴がよく表現されたヴァラエタルワインを1991年に発表して以降，カベルネ・フランに多くの投資が行われている．その冷涼な気候への耐性もあって，この品種はこの州で最も期待できる赤ワインブドウと認識されているが，合計栽培面積は300 acres（121 ha）を少し上回る規模で，州の総栽培面積の10％を占めるにすぎない．Barboursville Vineyards Reserve社は同州で最も成功したワインの一つである．

比較的短いブドウの成育期間しか確保できないカナダだが，カベルネ・フランはカベルネ・ソーヴィニヨンよりも多くの地域で成熟しやすい．カベルネ・フランは日焼けがちのブリティッシュコロンビア州のオカナガン・バレー（Okanagan Valley）でマイナーな役割を担い，現地では391 acres（158 ha）の栽培が記録されているが，オンタリオ州では次第に人気が高まっており1,565 acres（633 ha）が記録されている．

南アメリカでは，ウルグアイで301 ha（744 acres，クオリティワイン用ブドウ栽培面積の3.6% を占めている）が記録されている．ブラジルではリオグランデ・ド・スル州（Rio Grande do Sul）で352 ha（870 acres）が記録されており，世界の他の地域同様にほとんどがボルドーブレンドワインの生産に用いられている．アルゼンチンでは2008年時点で622 ha（1,537 acres）が記録されており，主にメンドーサ州（Mendoza）（352 ha/ 870 acres）に見られ，またサン・フアン州（San Juan）（153 ha/ 378 acres）でも少し見られる．メンドーサ州のグアルタジャリー（Gualtallary）でDoña Paula社が優れたヴァラエタルワインを作っている．チリは南アメリカにおける主要なカベルネ・フランの産地となっており，1,143 ha（2,824 acres）が記録されている，マウレ州（Maule）でO Fournier社が古いブドウの樹から例外的なヴァラエタルワインを作っている．

オーストラリアでは693 ha（1,712 acres）が記録されており，ほとんどはボルドーブレンドワインの生産のための副原料として用いられているが，Redgate社のワインが金メダルを受賞したことを契機として人気の出ているヴァラエタルワインも見られる．オーストラリアからタスマン海をへだてたニュージーランドでは166 ha（410 acres）が記録されている．

カベルネ・フランは中国でも見られ（456 ha/ 1,127 acres, 2009年），カベルネ・ソーヴィニヨンの補助的役割を担っている．日本でもわずかだが栽培されており，同じくブレンドワインの生産の目的で用いられている．

カベルネ・フランは今世紀最初の10年の間に南アフリカ共和国に導入された．1998年に南アフリカ共和国の全土の1％以下の327 ha（808 acres）の栽培面積であったのが，2008年には979 ha（2,419 acres）まで増加した．特筆すべき素晴らしいヴァラエタルワインの生産者はステレンボッシュ（Stellenbosch）のRaatsとWarwick Estateの両社である．

CABERNET GERNISCHT

カルムネール（CARMENÈRE）を参照

CABERNET JURA

近年開発された濃い果皮色をもつ耐病性のスイスの交雑品種は，依然その故郷の地にとどまっている．

ブドウの色：● ● ● ● ●

主要な別名：VB 5-02

起源と親子関係

CABERNET JURA はスイスのジュラ州（Jura）のソイヒエールス（Soyhières）の育種家である Valentin Blattner 氏が開発した．カベルネ・ソーヴィニヨン（CABERNET SAUVIGNON）と未知の耐病性品種（ドイツでは *Resistenzpartner* として知られている）の交配品種である．

ブドウ栽培の特徴

樹勢が強く熟期は中期である．果皮のワックス層がべと病，うどんこ病および灰色かび病に対する耐病性を与えている．冬の寒さにも良好な耐性を示す．

栽培地とワインの味

ワインは深い色合いで香り高い．スイスでは2009年に19 ha（47 acres）の栽培が記録されている．数多くの異なる州で分散して栽培されており，ヴァラエタルワインは Valentin Blattner，Simmendinger，Stegeler などの各社で作られている．

CABERNET MITOS

近年開発された深い色合いのドイツの交配品種はブレンドによって有用なワインになる．

ブドウの色：● ● ● ● ●

主要な別名：Weinsberg 70-77-4F

起源と親子関係

1970年にドイツ南部のバーデン－ヴュルテンベルク州（Baden-Württemberg）にあるヴァインスベルク（Weinsberg）研究センターで，BLAUFRÄNKISCH×カベルネ・ソーヴィニヨン（CABERNET SAUVIGNON; Levadoux クローン）の交配により得られた交配品種である．CABERNET CUBIN とは姉妹関係にある．

ブドウ栽培の特徴

樹勢が強い．熟期は晩期～極めて晩期で，高い糖度と中程度の酸度になる．

栽培地とワインの味

ドイツでは現在320 ha（791 acres）が記録されており，ほとんどはプファルツ（Pfalz），バーデン（Baden），ラインヘッセン（Reinhessen）などで栽培されている．2000年に公式登録リストに登録された．CABERNET MITOS のワインは深い色合いでエキス分が高く，ほどよいタンニンを有するので，ブレンドすることで平凡な赤ワインを強化している．ヴァラエタルワインの生産者としてラインヘッセンの Fuchs と Dr Lawall，プファルツの Anselmann と Winzergenossenschaft Edenkoben，バーデンの Karl H Johner およびヴュルテンベルク（Württemberg）の Willy などの各社がある．

この品種はまたスイスでも少し栽培されている（2 ha/5 acres 未満）．

CABERNET MORAVIA

高品質で，晩熟のチェコの交配品種はカベルネに似たワインになる．

ブドウの色：● ● ● ● ●

主要な別名：M-43

起源と親子関係

CABERNET MORAVIA は，1975年にチェコ共和国のモラヴィア（Morava）南部のモラヴスカー・ノヴァー・ヴェス（Moravská Nová Ves）の育種家である Lubomír Glos 氏がカベルネ・フラン（CABERNET FRANC）×ZWEIGELT の交配により得た交配品種である．2001年に公式チェコ品種リストに登録された．

ブドウ栽培の特徴

樹勢が強く，安定して高収量である．厚い果皮をもつ果粒で，中～大サイズの果房をつける．非常に晩熟で最も暖かい気候の地域を必要とする．灰色かび病に耐性を示す．

栽培地とワインの味

高い品質のワインを作るためには CABERNET MORAVIA の収量を調節しなければいけない．最高のものは深い色合いで，カシスのアロマと骨格をもつ典型的なカベルネ（CABERNET）タイプのワインとなる．推奨される生産者としては Radomil Baloun，Vajbar Bronislav，Kubík，Patria Kobylí などの各社があげられる．2009年にはチェコ共和国で199 ha（492 acres）が記録されており，栽培のほとんどはモラヴィアで見られる．

CABERNET PFEFFER

珍しい，胡椒のような香りのするカリフォルニア州の交配品種

ブドウの色：● ● ● ● ●

主要な別名：Pfeffer Cabernet
よくCABERNET PFEFFERと間違えられやすい品種：GROS VERDOT ☒，TROUSSEAU

起源と親子関係

CABERNET PFEFFERは実在するのであろうか？　この品種はカベルネ・ソーヴィニヨン(CABERNET SAUVIGNON）と未知の品種の交配により1880年代にサンタ・クララ・バレー（Santa Clara Valley）のWilliam Pfeffer氏が開発した品種だといわれている．記録によると1890年代にフィロキセラ被害により壊滅し，Pfeffer氏が優れた実生を選んで耐病性の台木に接ぎ木したとされる（Sullivan 1998）．したがって，この新しい品種であるCABERNET PFEFFERは，オリジナルの品種と親子関係にあることになる．しかしCABERNET PFEFFERはボルドー（Bordeaux）の古い品種であるGROS VERDOTと同一であるという説があり，近年のサンタバーバラ（Santa Barbara）のKenneth Volk氏によるDNA解析結果から，Volk氏のブドウ畑のものは実際にそうであることが証明された（Ken Volk氏，私信）．しかし，仮にCABERNET PFEFFERがカリフォルニア州で育種されたのであれば，交配された時期よりもずっと以前からジロンド地方（Gironde）で知られていた品種と同じであるはずがない．カリフォルニア州のCABERNET PFEFFERがGROS VERDOTと同じなのか，または本当のCABERNET PFEFFERが実際にまだ栽培されているかどうかを確認するためにはさらなる研究が必要である．

他の仮説

この品種はまたTROUSSEAUと混同されがちであり，CABERNET PFEFFERはカベルネ・ソーヴィニヨン×TROUSSEAUの交配品種であるといわれることもあるが，まだDNA解析によって証明されていない．

栽培地とワインの味

CABERNET PFEFFERの栽培は非常に限定されており，2010年までカリフォルニア州の公式ブドウ栽培面積レポートに記載されていなかったが，2007年には州内で14.8 tが消費されている．ナパバレー（Napa Valley）のCasa Nuestra社と同様にDeRose社はサンベニト郡（San Benito）のCienega Valley AVAに少し畑を所有している（フィールドブレンドの一環として）．またアリゾナ州のPage Springs社も同様にこの品種を栽培している．この品種の名前は育種家の名前にちなんで命名されたもので，その味に基づく命名ではないが，ワインにはフレッシュで胡椒の香りやスパイシーさがあり，比較的軽いがタンニンの強いものにもなる．ほとんどの生産者はブレンドワインの生産に用いているがDeRose社はCABERNET PFEFFERの名を表示したヴァラエタルワインを作っている．

CABERNET SAUVIGNON

世界中に最も普及した，凝縮しタンニンに富み，特に長期熟成に向く赤品種

ブドウの色：● ● ● ● ●

主要な別名：Bidure（グラーヴ（Graves）），Bordeaux（スイス），Bordo（ルーマニア），Bouchet または Bouchet Sauvignon または Petit Bouchet（サン=テミリオン（Saint-Émilion）およびポムロール（Pomerol）），Burdeos Tinto（スペイン），Cabernet Petit，Carbonet または Carbouet（Bazadais および Petites Graves），Carmenet，Lafit または Lafite（ブルガリア，ロシアおよびモルドヴァ共和国），Marchoupet（Castillon），Navarre（ドルドーニュ県（Dordogne）），Petit Cabernet ☒，Petit Cavernet Sauvignon（ポイヤック（Pauillac）），Sauvignon（メドック（Médoc）），Sauvignonne（グラーヴ），Vidure または Vidure Sauvignonne または Petite Vidure（グラーヴ）

よくCABERNET SAUVIGNONと間違えられやすい品種：カベルネ・フラン（CABERNET FRANC）☒，カルムネール（CARMENÈRE）☒

起源と親子関係

カベルネ・ソーヴィニヨン（CABERNET SAUVIGNON）はフランス南西部のジロンド県（Gironde）に由来する．この品種は，1763年から1777年にかけてリブルヌ（Libourne）の市長によって書かれた会計記録である「Livre de raison d'Antoine Feuilhade」の中で最初に記載されている（Garde 1946）．また，1784年にDupré de Saint-Maurがポイヤック（Pauillac）で作成したブドウ品種のカタログの中では，次のように記載されている．「Gros cavernet sauvignonは黒い，最高に質のよいワインになる．いくぶん豊産性で深い色合い，しかし花ぶるいしやすい．Petit cavernet sauvignonは黒く，前者についでよい質のワインになる．快く繊細であるが前者ほどは豊産性でない」．現代のカベルネ・ソーヴィニヨンの表記は1840年まで見ることができない（Rézeau 1997）．

19世紀の終わりまで，カベルネ・ソーヴィニヨンは古い別名のCABRUNET，CARMENET，VIDUREあるいはフランス語の複数形としてのCabernetsなどにより，カベルネ・フラン（CABERNET FRANC）と混同されていたのであろう（CABERNET FRANC参照）．あるいはカベルネ・ソーヴィニヨンは単に18世紀前には存在しなかったのかもしれない．

1996年にカリフォルニア大学デービス校で，Carole Meredith氏と彼女の大学院生であったJohn Bowers氏が，カベルネ・ソーヴィニヨンの親子関係を明らかにした．最も重要なブドウ品種のDNAプロファイルのデーターベースを構築する過程で，ナパバレー（Napa Valley）出身のBowers氏はカベルネ・ソーヴィニヨンのDNAプロファイルが，カベルネ・フランおよびソーヴィニヨン・ブラン（SAUVIGNON BLANC）の子品種であると仮定してもまったく矛盾しないことに気づいた（Bowers and Meredith 1997）．これは古典的なワイン用ブドウ品種の親品種を同定した最初の例であり，ワインの世界に大きな驚きをもって迎えられた．ブドウ分類の専門家は2種類のカベルネの間の多くの形態的な類似点に気づいていたし，カベルネ・ソーヴィニヨンの名は，その木質と葉の形態がソーヴィニヨン・ブランに似ていることから付けられたようだが（Rézeau 1997），この親子関係は完全に予想外であった．黒色果粒の品種が白色果粒を親品種にもつなどとは誰も考えもしなかったからである．Gagnaire（1872）は，これは不可能であると述べている．

カベルネ・ソーヴィニヨンを生み出した交配は18世紀の中期前にジロンドで，おそらく自然に起こったのであろう．メルロー（MERLOT）もカベルネ・フランの子品種であるので，カベルネ・ソーヴィニヨンとメルローは片親だけが姉妹関係にある品種である（p184，系統図参照）．これらの品種の多くはブドウの形態分類群のCarmenetグループ（p XXXII参照）に属している．加えてDNAデータに基づく解析によれば，ソーヴィニヨン・ブランとシュナン・ブラン（CHENIN BLANC）は姉妹関係にあり，いずれもSAVAGNINと未知の品種の子品種である可能性がある（Vouillamoz）．これはカベルネ・ソーヴィニヨンはロワールのシュナン・ブランの甥/姪であり，フランス北東部のSAVAGNINの孫品種にあたることを意味している．

カベルネ・ソーヴィニヨンのピンクがかったブロンズ色の果粒色変異が1977年に南オーストラリア州のラングホーン・クリーク（Langhorne Creek）のClegettワイナリーで発見され，MALIANの名で登録された．1991年にこのブドウから白果粒をつける枝変わりが見つかり，現在ではSHALISTINとして登録されている．Clegett社は甘口あるいは辛口のSHALISTINワインを作っている．

カベルネ・ソーヴィニヨンは世界中のおびただしい数の品種と交配され，それらのいくつかは商業的ワイン生産に使われている．以下の品種はいずれも片親だけが姉妹関係にある．

- オーストラリア：CIENNA，TYRIAN
- ブルガリア：RUEN
- フランス：ARINARNOA，EKIGAÏNA，MARSELAN
- ドイツ：CABERNET CARBON，CABERNET CAROL，CABERNET CORTIS，CABERNET CUBIN，CABERNET DORIO，CABERNET DORSA，CABERNET MITOS
- イタリア：INCROCIO MANZONI 2.15
- セルビア：PROBUS
- ルーマニア：ARCAS
- スイス：?CABERNET BLANC，CABERNET COLONJES，CABERNET JURA，?CABERTIN，CARMINOIR，?PINOTIN，RIESEL，VB 91-26-4
- ウクライナ：ODESSKY CHERNY，RUBINOVY MAGARACHA

• アメリカ合衆国：RUBY CABERNET

他の仮説

sauvignon はフランス語で「野生」を意味する *sauvage* 由来であり，*Vitis vinifera* subsp. *silvestris* はこの地方では見つかっていないにもかかわらず，カベルネ・ソーヴィニヨンはジロンド県で野生のブドウから栽培され始めたといわれてきた．

カベルネ・フラン同様にカベルネ・ソーヴィニヨンも初期の別名の一つは Bidure であり，これはローマ時代の Biturica に由来するといわれてきたが，その親品種が明らかになったことでいまではこの説は否定されている．Biturica は大プリニウスとコルメラが記載した別の品種であり，COCOLUBIS という名前でスペインで栽培されていた BALISCA と同一あるいは似ているという仮定に基づいて，カベルネ・ソーヴィニヨンはスペインから持ち込まれたと述べている研究者もいる．

まったくの間違った最近の説に，カベルネ・ソーヴィニヨンはギリシャ起源であり，ギリシャ品種 VOLITSA（VOLITSA MAVRI; Lambert-Gocs 2007）の子孫であるという説がある．大プリニウスとコルメラによる曖昧な記述に基づいて，現在のペロポネソス半島（Pelopónnisos）の VOLITSA はアルバニアで VLOSH と呼ばれる品種と同一であり，それはまた古い BALISCA とも同一であることからこの品種がカベルネ・ソーヴィニヨンの直接の祖先であると研究者は結論づけている．こうしてカベルネ・ソーヴィニヨンの祖先はギリシャ起源であると結論づけているのであるが DNA 解析は明解で，VOLITSA とカベルネ・ソーヴィニヨンの間に，親子関係を含むいかなる遺伝的な類似性も認められなかった（Vouillamoz）．

ブドウ栽培の特徴

樹勢が強く，萌芽期は後期．熟期は中期〜晩期である．水はけのよい砂利でよく生育し，酸性で日当たりのよい畑を好む．Eutypa dieback（ユータイパ・ダイバック），エスカ病やうどんこ病などの木質に影響がおよぶかびの病気に非常に感受性である．房枯症に感受性を示すことがある（特に台木に SO4 を使用した場合）．果房と果粒は小さく，厚い果皮は青みを帯びている．その堅い木質は機械を用いた収穫に適しており，一般的に冬の凍結の危険性に対しては安全である．

栽培地とワインの味

カベルネ・ソーヴィニヨンはボルドーのメドック，グラーブ地区の，五つの一級格付けシャトーのワインを含む最も有名で大量に生産されるボルドーにおける赤ブレンドワインに用いられる（アッサンブラージュ）主要品種である．晩熟であるので冷涼な地域は除かれるが，ほとんどのワイン産地で栽培されており，ワインに用いられる．特に20世紀後期には国際品種への人気により世界中に広まった．

この品種はとりわけ力強い特徴をもっている．厚い果皮をもつ小さい果粒であるためワインは深い色合いになり，タンニンが多く，比較的強い酸味になる．カシスからヒマラヤスギまで変わり得るそのアロマにはそれとわかる気高さと安定感があり，オーク（樫）との相性がよいが，若いワインでは木の香りと果実感を識別するのが難しい．この品種より高いフェノール化合物レベルを示す品種はほとんどなく，カベルネ・ソーヴィニヨンが熟すのに難航したときなどは特にそうであるが，ビンテージによってはフェノール化合物の抽出技術に注意を払わなければいけない．これらのタンニンによって，カベルネをベースとするワインは数十年，時には数世紀にわたって長持ちし，タンニンが豊かな他のワインやビンテージポートワイン同様に，飲み頃になるまでボトルの中で熟成させる必要がある．これは，特にボルドーのような温暖な気候で作られるワインにあてはまる．若いカベルネ・ソーヴィニヨンは，融通が利かず，時にいかめしいワインになりがちである．

完熟しない場合，カベルネ・ソーヴィニヨンの骨格はしっかりしているものの，丸さに欠けることから，よりフルーティーでソフトなメルローと伝統的にブレンドされている．ボルドーにおける生育シーズンの天候は非常に変わりやすいので収穫が乏しい場合に備えた保険の目的で，晩熟のカベルネ・ソーヴィニヨンはメルローやカベルネ・フランとともに栽培されている．これら三つの品種は遺伝的関係が近いこともあり，ブレンドパートナーになりやすく，ワイン用語でボルドーブレンドというと，カベルネ・ソーヴィニヨンとメルロー，カベルネ・フランさらにボルドーの赤ワイン用に栽培されている他の品種，すなわち PETIT VERDOT，マルベック（COT），時にカルムネール（CARMENÈRE）をブレンドすることを意味するようになった．

より暖かい気候，特にカリフォルニア州北部およびワシントン州でカベルネ・ソーヴィニヨンは生理学的な成熟がより進んだ状態に達し，長い期間ブドウを樹に残しておくことで，この成熟は促進される．ふつうのビンテージではメルローの丸さを加える必要はないが，アロマに複雑さを与えるために他の品種を加えている生産者もある．

カベルネ・ソーヴィニヨンが特徴的であるのは，たとえ少量であってもそれを含むワインにその特徴を与えることができるという点であるが，この品種が栽培されている多くの地域のほんのわずかな場所でしか偉大なワインを作ることができない．最も完成された場所はメドック，ペサック・レオニャン（Pessac-Léognan），ペネデス（Penedès），ナパ，ボルゲリ（Bolgheri），ソノマ（Sonoma），サンタ・クルーズ・マウンテンズ（Santa Cruz Mountains），ワシントン州の一部，チリのプエンテ・アルト（Puente Alto），オーストラリアのクーナワラ（Coonawarra）およびマーガレット・リバー（Margaret River）である．

フランスでは2009年には，カベルネ・ソーヴィニヨンはメルロー，グルナッシュ（GARNACHA），シラー（SYRAH）に次いで4番目に多く栽培される赤ワイン用の品種で，合計で56,386 ha（139,333 acres）の栽培面積である．広域ボルドー地方では成熟が容易なメルローの69,053 ha（170,634 acres）からかなり離されて，2番目の26,790 ha（66,200 acres）を記録している．

フランス南西部一帯では，ボルドー周辺たとえばビュゼ（Buzet），ベルジュラック（Bergerac），コート・ド・デュラス（Côtes de Duras）などで，またフランス西部のイルーレギー（Irouléguy）でも主要な品種の一つである．ベアルン（Béarn），マディラン（Madiran），コート・ド・サン＝モン（Côtes de Saint-Mont），テュルサン（Tursan），マルシャック（Marcillac），ガヤック（Gaillac）およびフロントン（Fronton）などでは補助品種として用いられている（ガヤックとフロントンの2ヶ所ではNÉGRETTEに骨格を与える）．

ラングドック＝ルシヨン地域圏（Languedoc-Roussillon）では，2009年時点で5番目に栽培面積の多い品種で，合計で18,722 ha（46,263 acres）が記録されていた．現地ではCabardèsやMalepèreなどのアペラシオンで使用が認められており，主にヴァラエタルワインの生産に用いられている．おそらく最も有名なのはMas de Daumas Gassacで，ボルドーのワイン醸造学の専門家の故Émile Peynaud氏の助言に基づいてそこにカベルネ・ソーヴィニヨンが植えられた．ラングドックの有名な生産者はAnianeおよびその近隣のGrange des Pèresの二社であるが，品質の低いクローンを用いているせいか，あるいは収量が多すぎるせいか，説得力と凝縮感に欠けるワインが多い．

カベルネ・ソーヴィニヨンはプロヴァンスの東部でも3,483 ha（8,607 acres）の栽培面積が記録されており，主にローヌ（Rhône）の南部とヴァール県（Var）で見られる．そこでは乾燥した気候によるほこりっぽさはあるが，凝縮感が足りないということはなく，より納得のいくワインが作られている．現地ではシラーやグルナッシュ（GARNACHA）がより多く栽培されており，赤やロゼにシラーとともにカベルネ・ソーヴィニヨンが伝統的に赤やロゼワインにブレンドされている．Domaine de Trévallon社は主唱者である．

ロワール（Loire）とフランス中部では，カベルネ・ソーヴィニヨンは1,283 ha（3,170 acres）が記録されている．カベルネ・フランに比べるとこの地方では非常にマイナーであるが（10分の1以下），これは赤道から離れるとこの品種は成熟しにくくなるというのが理由の一つである．しかしカベルネ・ソーヴィニヨンはCabernet d'Anjouのロゼワインの生産においては主要な品種の一つであり，Anjou Villagesのアペラシオンにおいて重要な品種である．またブルグイユ（Bourgueil）やシノン（Chinon）でも使用が認められているが，通常はカベルネ・フランの端役である）．

カベルネ・ソーヴィニヨンはイタリアにおいても重要な品種で，同国ではピエモンテ（Piemonte）に持ち込まれた1820年代から栽培されている．スペインと同様にイタリアでもカベルネ崇拝だった時期があり，特に復興したマレンマ（Maremma）は，Sassicaia社が示すようにこの品種にとって故郷のようで，この地には1960年代後半頃にボルドーから穂木が持ち込まれた．20世紀の終わり頃から21世紀のはじめにかけてイタリア中に大変な熱意で植えられた．特にトスカーナ（Toscana）ではメルローが，また時にはシラーとともに，サンジョヴェーゼ（SANGIOVESE）に欠けているボディ感と国際的な魅力を与えると考えられた．これはキャンティ・クラッシコ（Chianti Classico）では完全に合法であるが，ブルネッロ・ディ・モンタルチーノ（Brunello di Montalcino）ではそうではなく，2008年にこの問題についての論争があった．カベルネ・ソーヴィニヨンはTuscan Carmignano DOCで長い間必要とされており，Sassicaia社のあとに続くいわゆるスーパー・トスカーナ（タスカン）にとって重要な原料である．20世紀の終わり頃にSolaia, Sammarco, Saffredi, Paleo Rosso, La Vigna d'Alceoなどの多くのワインで大成功を収めた．より限定的な量ではあるがイタリア北部でも栽培されており，そこではピエモンテ州のGaja社のDarmagiワイン，ロンバルディア州（Lombardia）のMaurizio Zanellaワイン，アルト・アディジェ（Alto Adige/ボルツァーノ自治県）のLageder社やSan Leonardo社の両社が作るワインが最も高貴なワインの例である．これら地域とフリウーリ（Friuli）では，非常に軽く植物的な香りのワインになることがある．

イタリアでの2000年の調査によれば8,042 ha（19,872 acres）と記録されているが，特にシチリア（Sicilia）だけで3,992 ha（9,864 acres）が2008年に記録されているという事実を考えると，現在では2000年より栽培面積が増加していることが予想される．イタリア北部，中部および南部のプッリャ州（Puglia）やシチリアなどの多くのDOCにおいてカベルネの名で登録されており，いくつかはカベルネ・ソーヴィニヨンあるいはカベルネ・フランと特定されているが，その他のDOCでは生産者の裁量に任されている．高品質なカベルネ・ソーヴィニヨン主体のワインは南部に行くとまれであるが，シチリアではPlanetaとTasca d'Almeritaの二社が，またカンパニア州（Campania）のMontevetranoブレンドワインが国際的な注目を浴びている．

スペインでは，19世紀の半ばにリオハ（Rioja）のMarqués de Riscal社やリベラ・デル・ドゥエロ（Ribera del Duero）のVega Santa Cecilia（後にVega Sicilia）社のEloy Lecanda氏が限定的ではあるがカベルネ・ソーヴィニヨンを紹介した．しかし，1960年代にペネデス（Penedès）のMiguel Torres, Jr. 氏やJean León氏が支持したことによって，スペインのワインの作り手にこのフランスからの侵入者を高く評価する気運が広まった．1979年に実施された，有名な1976年のフランス内外のトップレベルのワイン審査の再演の際に，とても良質のTorres社のMas La Planaカベルネ・ソーヴィニヨン1970はよい成績を収めた．

2008年には，カベルネ・ソーヴィニヨンはスペインで4番目に多く栽培される赤ワイン品種であり，19,430 ha（48,013 acres）が記録されており，2004年の10,000 ha（24,710 acres）と比較すると急増している．特に，たとえばナバラ（Navarra）やSomontanoおよびラ・マンチャ（La Mancha）などいくつかの北部のDOで人気があるが，リベラ・デル・ドゥエロ（Ribera del Duero）ではテンプラニーリョ（TEMPRANILLO）を補助する魅力的なマイナーな品種として用いられている．またカベルネ・ソーヴィニヨンのヴァラエタルワインは全土で見られ，アンダルシア（Andalucía）には新しい高地のブドウ畑もある．スペインのこれらの新しいブドウ畑において，カベルネ・ソーヴィニヨンは洗練のための必須の武器であるが，ペネデスのみがすでに十分な実績をもつに過ぎない．またカタルーニャ州（Catalunya）において，プリオラート（Priorat）ブレンドにも用いられている．

ポルトガル人はカベルネマニアに慣れており，2010年には2,271 ha（5,612 acres）が記録されている．セトゥーバル半島（Península de Setúbal）のPalmelaがこの品種を擁する唯一の原産地呼称であるが，この品種は国中の様々な地方ワイン（Vinho Regional）に広がっており，テージョ（Tejo）で最も成功を収めている．

東ヨーロッパでは，カベルネ・ソーヴィニヨンはブルガリアで非常に重要な品種であり，同国では2009年に15,827 ha（39,109 acres）が記録されている．同国全土のブドウ畑の15 %を占め，PAMIDと同程度に広く栽培されている．主に南部で栽培されているが，同国北部でワインは素晴らしいものになる．単一ワイナリーから作られるボルドーブレンドワインが同国で最も人気のあるワインで，ブルガリアの志ある新しい生産者により作られている．

カベルネ・ソーヴィニヨンはウクライナでも広く栽培されており，2009年には8,468 ha（20,925 acres）が記録されていた．またロシアの黒海周辺の東部で非常に人気があり，2010年にはクラスノダール地方（Krasnodar Krai）だけで3,525 ha（8,710 acres）が栽培されており，ロストフ（Rostov）でも68 ha（168 acres）が記録されている．また国境を西に超えたモルドヴァ共和国では7,590 ha（18,755 acres）が記録されている．ルーマニアには2008年に3,128 ha（7,729 acres）が記録されているが，同国ではメルローのほうが人気が高い．これらすべての国々でも非常に良質のワインが作られる可能性があるが，最近までは乏しい栽培技術と時に過剰な収量が，こうした可能性を妨げてきた．

スロベニアでは，カベルネ・ソーヴィニヨンはイストラ半島（Istra）のRojac社やブルダ（Brda）のScurek社やMarjan Simčič社が示すように非常に重要である．2009年には470 ha（1,161 acres）が記録されており，主にイタリアとの国境近くのヴィパヴァ渓谷（Vipavska Dolina）やゴリシュカ・ブルダ（Goriška Brda）でも栽培は見られるが，南部のイストラ半島の沿岸でも栽培されている．

クロアチアでは894 ha（2,209 acres）が記録されており，これは同国の全ブドウ栽培面積の3%以下である．より冷涼なチェコ共和国では，成熟の機会がある南東部のモラヴィア（Morava）で228 ha（563 acres）が栽培されている．スロバキアでもわずかだが栽培されている．北ドイツでも栽培は次第に増えており，地球温暖化の影響でプファルツ（Pfalz）のHammel社やバーデン（Baden）のMartin Wassmer社がこの品種を成熟させることに成功している．

ハンガリーにおいて，より温暖なパンノニア（Pannonia）の気候は，この晩熟品種の栽培に適しているが，同国で人気のある品種はカベルネ・フランである．2008年にハンガリーでは2,752 ha（6,800 acres）が記録されており，ヴィラーニ（Villány）（当地には Malatinszky 社および Atilla Gere 社などのスター級の生産者がある）とエゲル（Eger）が一番大きな面積を有し，そこでは Egri Bikavér ワイン（エゲルの牡牛の血）に加えることが認められている．

国境を越えたオーストリアでは，カベルネ・ソーヴィニヨンは519 ha（1,282 acres）が記録されており，2007年には同国で3番目に多く栽培されている赤ワイン用ブドウであったが，BLAUFRÄNKISCH や ZWEIGELT には遠く及ばず，ほとんどはブレンドワインかキュベの生産に用いられている．主にブルゲンラント州（Burgenland），特にノイジードル湖地方（Neusiedlersee）（151 ha/373 acres）では1999年からこの品種の栽培面積が2倍に増加している．スイスでもまた十分に成熟したボルドーブレンドワインやスイス在来種とのブレンドワインの生産に用いられ，地球温暖化の影響もあり次第に流行してきている．ティチーノ州（Ticino）に加え，フランス語圏であるジュネーヴ州（Genève）でも栽培が見られ，ここでは Domaine des Balisiers 社がアンフォラを用いて Comte de Penay cuvée を作っている．

カベルネ・ソーヴィニヨンはギリシャにおいても近代のワイン革命の一翼を担っている．同国では2008年に1,743 ha（4,307 acres）が記録されており，特に北東部マケドニアのドラマ県（Dráma）やカヴァラ（Kavala），ペロポネソス半島（Pelopónnisos）の西のメッシニア県（Messinía）やアテネ（Athens）の南のアッティカ（Attikí）で栽培されている．Antonopoulos，Biblia Chora，Costa Lazaridi，Pavlidis，Katogi Strofilia，Tsantali，Tselepos などの各社は非常に信頼できるワインを作っている．キプロスでは，この品種はよりマイナーな役割を果たしており，279 ha（689 acres）が記録されている．地中海の小さな島国，マルタ（malta）では100 ha（247 acres）が記録されている．

トルコもワイン産業の主流に加わるようになり，カベルネ・ソーヴィニヨンの栽培は次第に増えている．2010年には493 ha（1,218 acres）が記録され，Corvus，Büyülübağ，Kayra などの各社が非常に真面目なブレンドワインを作っている．

カベルネ・ソーヴィニヨンはレバノンの近代ワイン産業で重要な役割を担っており，最も有名なワイン生産の熟練者である Château Musar 社が作るスパイシーな赤ワインに骨組みを与えている．またイスラエル中のブドウ畑においても人気があるのは驚くべきことではなく，2009年には合計1,250 ha（3,089 acres）が記録されている．これは同国のすべての栽培面積の4分の1を占め，特に Ella Valley，Galil Mountain，Golan Heights，Margalit などの各社が成功を収めている．

イスラエルにおけるカベルネの人気はアメリカ合衆国でのこの品種の重要性を反映している．メルローとの短期の情事や映画の Sideways に触発されたピノ・ノワール（PINOT NOIR）との浮気を例外として，カベルネ・ソーヴィニヨンこそがアメリカの赤ワインである．この品種が成熟することのできるすべての州で栽培されている．同国の有力なワイン生産地であるカリフォルニア州では2010年には77,602 acres（31,404 ha）の栽培面積が記録されており，これはシャルドネ（CHARDONNAY）に次ぐ2位の栽培面積の広さである．セントラルバレー（Central Valley）ではどんどん伸びる雑草のように生育し，また州の北から南にいたるまで栽培されているが，陽当たりがよく，霧によって冷やされるナパバレーや，アレクサンダー・バレー（Alexander Valley），ソノマバレー（Sonoma Valley），さらにはサンタクルーズマウンテンズの霧の境界を超えた陽当たりのよい土地など，太平洋の影響により，激しい気候から守られている土地でこの品種の栽培は頂点に達する．もし価格を指標とするならカリフォルニア州は確実にカベルネ・ソーヴィニヨンにとって最も恵まれた土地であろう．ドットコムブーム（訳注，インターネット・バブル）により勢いを得て，限定された量だけ生産されるワインに対する需要は，いわゆるカルトカベルネ（訳注，カルトワイン：入手困難な少量生産高級ワイン）を生み，必要以上に顧客が登録されたメーリングリストを通じてまるでホットケーキのごとく販売された．非常に熟したワインは発売と同時に飲むことができ，甘さとアルコール感に富んでおり，時により角張った魅力の味覚をもつ赤のボルドーワインとなり，それはワインというよりホットチョコレートに近い．

メキシコでもバハ・カリフォルニア州（Baja California），コアウイラ州（Coahulia de Zaragoza），サカテカス州（Zacatecas）などで栽培されている．

ワシントン州との州境にあるオレゴン州北東部，コロンビア川地域および同州南西部のカリフォルニア州との州境近くのローグ・ヴァレー（Rogue Valley）を例外として，カベルネ・ソーヴィニヨンが熟すには冷涼すぎる．2008年には523 acres（212 ha）が記録されていた．他方，半砂漠地帯であるワシントン州東部ではカベルネ・ソーヴィニヨンは最も人気のある品種になっている．2011年には10,293 acres（4,167 ha）が記録されていた．現地ではカベルネ・ソーヴィニヨンは輝きを放っており，食欲をそそる明るさをもつブドウが収穫されている．ホース・ヘヴン・ヒルズ（Horse Heaven Hills）のChampoux社やレッド・マウンテン（Red Mountain）のCiel du Cheval，Klipsunワイナリーならびに Wahluke Slope社がこの品種を用いて同州をリードするワイナリーである．カリフォルニア州には大勢の感嘆に値するカベルネ・ソーヴィニヨンの生産者があるが，ワシントン州では，Leonetti，Powers，Quilceda Creek，Andrew Will，Woodward Canyonなどの各社が最前線で一団となっていて，他の多くがそのすぐ後ろに控えているという構図になっている．

事実上すべてのアメリカ合衆国の州でカベルネ・ソーヴィニヨンが栽培されているが，ニューヨーク州の340 acres（138 ha）は主にロングアイランドにあり，またテキサス州ではこの品種が主流である．ほとんどの州で，ワインは熟した果実香に高価なフレンチ・オーク，時にアメリカン・オークで若干の熟成を加えたカリフォルニアスタイルの影響を受けている．バージニア州の260 acres（105 ha）の畑で栽培されるカベルネ・ソーヴィニヨンは，同州で多くの生産者が好むカベルネ・フランよりも成熟が困難であるが，RdV社はバージニア州のカベルネ・ソーヴィニヨンが素晴らしいワインになり得ることを証明した．

カナダでは，ブリティッシュコロンビア州の南の オカナガン・バレー（Okanagan Valley）が，さわやかな気温のためカベルネ・ソーヴィニヨンに適している．ブリティッシュコロンビア州での2008年の栽培面積合計は1,683 acres（681 ha）であり，これは全赤ワイン品種の15％を占めている．Mission Hill社の一番良質のワインと Osoyoos Larose社のワインはカベルネベースで作られており，どの角度から見ても優れたワインである．オンタリオ州では，2006年時点での栽培面積のわずか3分の1の面積で栽培されているにすぎないが，これは本品種が晩熟品種であることから栽培場所を注意深く選択する必要があることを示している．

カベルネ・ソーヴィニヨンは南アメリカでもとても重要で，特にチリでは，フィロキセラ被害以前からボルドーの穂木を入れている．2008年には40,728 ha（100,641 acresで，これはカリフォルニア州よりもずっと多い値である）が記録されており，同国の全ブドウ栽培面積の3分の1を占めている．この品種はすべての地域で栽培されており，特にコルチャグア県（Colchagua），マウレ州（Maule）で，またそれより少し少ないがクリコ県（Curicó），マイポ県（Maipo），カチャポアル県（Cachapoal）でも栽培されている．世界のカベルネ・ソーヴィニヨンの生産者のうち最も輝ける人たち，たとえばカリフォルニア州のRobert Mondavi氏やフランスボルドーのBaroness Philippine de Rothschild氏，Bruno Prats氏，Paul Pontallier氏らは数年前にチリへの投資を選択した．ここチリのカベルネは病虫害がない環境の中で接ぎ木していない樹を栽培でき，樹に過度の負担がかかっている場合はワインに少し緑っぽい香味が感じられる場合もあるが，特にフルーティーな若いワインでも楽しめる．また，より複雑な一級の生産者の層に厚さがあり，Almaviva，Altaïr，Aurea Domus，Casa Lapostolle，Concha y Toro's Don Melchior，De Martino，Errazuriz/Viñedo Chadwick/Seña などの各社がより熟成させる価値のあるワインを生産しており，Gilmore，Haras de Pirque，Montes，O Fournier，Perez Cruzなどの各社は一級の瓶詰め業者である．

アルゼンチンのカベルネは熟度とミネラル感の素晴らしい組合せを示す（収量が高いと時に厳しい緑っぽさを示す）にもかかわらず，同国ではカベルネ・ソーヴィニヨンよりもマルベック（COT）と BONARDA（DOUCE NOIRE）がより重要な品種であることは不名誉なことである．2008年には全土で17,746 ha（43,851 acres）が記録されており，ほとんどはメンドーサ州（Mendoza）（13,342 ha/32,968 acres）で栽培されているが，サン・フアン州（San Juan）（2,182 ha/5,392 acres），ラ・リオハ州（La Rioja）（1,018 ha/2,515 acres），サルタ州（Salta）（444 ha/1,097 acres）などの他の多くの地域でも栽培は見られる．マルベックを補強するためにこの品種がよく用いられている．Catena Zapata，Viña Cobos，Cuvelier Los Andes，Mendel，Terrazas de los Andes，Fabre Montmayou，Vistalbaなどの各社は優れたカベルネ・ソーヴィニヨンを作っており，ほとんどはボルドーかナパバレーと密接なつながりをもっている．

ブラジルでは，2007年に1,868 ha（4,616 acres）が栽培されており，湿った場所では十分に熟すのが困難であるが，Lidio Carraro，Miolo，Saltonなどの各社はいずれも信頼できる良質のワインを作っている．

ウルグアイでは，TANNATおよびメルローがより重要な品種であり，2008年のカベルネ・ソーヴィニヨンの栽培は731 ha（1,806 acres）が記録されている．

1970，80年代には，カベルネ・ソーヴィニヨンはオーストラリアで崇拝されていたが，現在ではシラー（シラーズ / SHIRAZ）と比べると質と量でだいぶ引き離されている．2008年には，カベルネ・ソーヴィニヨンの栽培面積は27,553 ha（68,085 acres）であり，この値はシラーよりずいぶん少ない．主要な産地はリヴァーランド（Riverland）（3,496 ha/8,639 acres）であり安価でフルーティーなワインが作られており，またクーナワラ（Coonawarra）（3,444 ha/8,510 acres）はカベルネのヴァラエタルワインが作られたオースト

カベルネ・ソーヴィニヨン系統図

1997年のカベルネ・ソーヴィニヨンの親品種の発見は「歴史的遺伝学」の新しい時代の幕開けであった．自然交配の完全な親子関係の再構築はフランス中を横切り，予想を超えて世界的に有名な品種を含んでいった．たとえばSAVAGNIN（TRAMINER），シュナン・ブラン，メルローそしてマルベック（COT / MALBEC）などである．？は未知の品種を示すので，逆の関係もまた可能である．そこで理論的には，ABOURIOU，MORENOA，HONDARRIBI BELTZA はここの図で示してあるように子品種ではなく親品種である可能性も成り立つ（ソーヴィニヨン・ブランやシュナン・ブランの場合はすでに姉妹品種であることが示されているので，これは当てはまらない）．

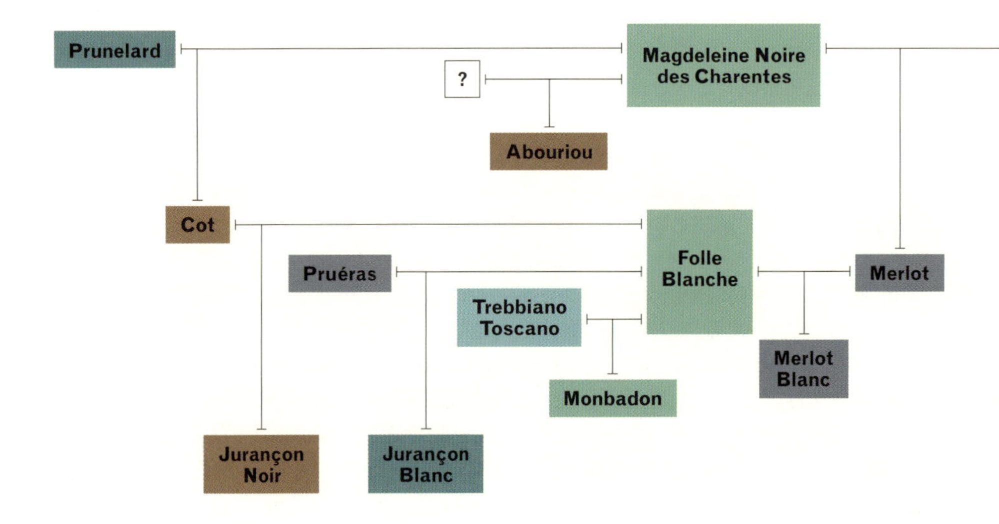

● バスク地方（スペイン）　● シャラント県（フランス）　● ジロンド県（フランス）　● ロワール（フランス）
● ロット県（フランス）　● フランス北東部またはドイツ南西部　● タルヌ県（フランス）　● トスカーナ州（イタリア）

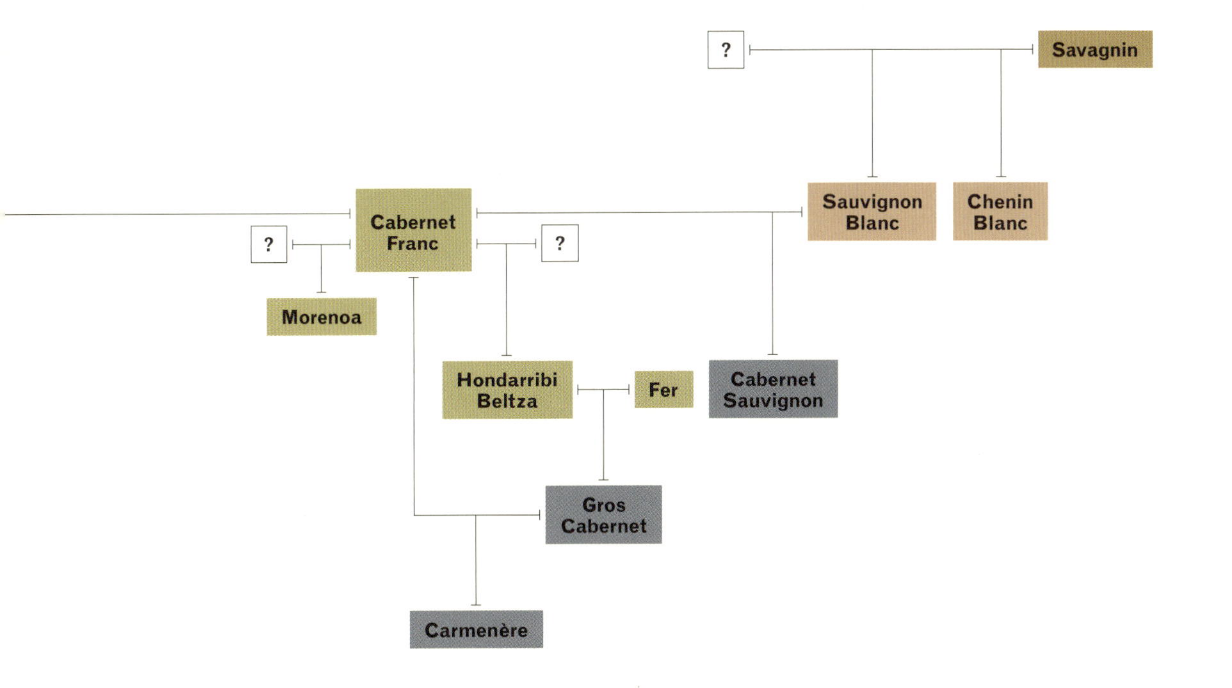
?
Savagnin
Sauvignon Blanc
Chenin Blanc
Cabernet Franc
?
?
Morenoa
Hondarribi Beltza
Fer
Cabernet Sauvignon
Gros Cabernet
Carmenère

ラリア最初の土地である．現在ではよく管理されたブドウ栽培が行われていないことで，クーナワラのカベルネの評判は色あせたが，テラロッサ（terra rossa）土壌を用いて最高のワインを生む潜在能力は確実にある．カベルネ・ソーヴィニヨンはラングホーン・クリーク（Langhorne Creek）（1,921 ha/4,747 acres）でも作られ，幾分ソフトなものがブレンドワインの生産用に作られている．バロッサ・バレー（Barossa Valley）（1,336 ha/3,301 acres）では，カベルネは特に濃く，チョコレートを思わせる．ちょうどボルドー，ナパバレーおよびボルゲリ（Bolgheri）のような，他国の西海岸と同様に，西オーストラリアのマーガレット・リバー（Margaret River）（1,291 ha/3,190 acres）では洗練されたバランスのとれたワインが作られている（落日からの日射は特にカベルネ・ソーヴィニヨンに適しているという説がある）．マーガレット・リバーでは，伝統的に手軽なワインにはカベルネ・ソーヴィニヨンをメルローとブレンドし，長期熟成用にはカベルネ・ソーヴィニヨンのヴァラエタルワインを作ってきた．オーストラリアで最も完成されたカベルネ・ソーヴィニヨンは，マーガレット・リバーではCape Mentelle，Cullen，Howard Park，Moss Wood，Vasse Felix，Woodlandsなどの各社が生産しており，クーナワラにはBalnaves，Bowen，Majella，Parker，Wynnsなどの各社が，南オーストラリア州のもっと北にはHenschke，Penfolds，Wendoureeなどの各社がある．ビクトリア州にはMount MaryおよびYarra Yeringの両社があり，またハンター・バレー（Hunter Valley）にはLake's Folly社がある．カベルネ・ソーヴィニヨンとシラーのブレンドワインはオーストラリアワインの長く輝かしい歴史の一部となっている．

ニュージーランドは，カベルネ・ソーヴィニヨンというよりもピノ・ノワール王国である，カベルネ・ソーヴィニヨンは，2009年にわずかに517 ha（1,278 acres）が記録されているにすぎない．この値はピノ・ノワールの4,240 ha（10,477 acres）よりもずいぶん少なく，メルローの1,363 ha（3,368 acres）よりも少ない．同国のほとんどの地域は寒冷で湿っているが，北島のギムレット・グラヴェルズ（Gimblett Gravel）の土壌やホークス・ベイ（Hawke's Bay）は明らかにこの品種の栽培に適している．信頼されるカベルネ・ソーヴィニヨンの生産者は，一般的にボルドースタイルで成功しており，たとえばCape Kidnappers，Craggy Range，Esk Valley，C J Pask，Stonecroft，Stonyridge，Te Awa Farm，Te Mata，Trinity Hill，Unison，Villa Mariaなどの各社がある．

中国は世界で最もワイン生産が増加している国であるが，ボルドーの赤が典型的なワインとして好まれる関係からカベルネ・ソーヴィニヨンの役割は増えている．2009年までに中国西部で20,352 ha（50,288 acres）の栽培面積があり，現在はさらに多くなっているに違いないことから，ボルドーより多く栽培されている可能性が高い．Rothschilds of Château Lafite社は海岸地域のShangdong（山東省）に賭けたが，内陸のNingxia（寧夏回族自治区）は大きな可能性を秘めた土地である．ほとんどのワインは極端にボディーに欠けるが，Grace，Silver Heights，Jade Mountainなどの各社は型破りである．

この品種は事実上すべての新しいワイン生産地で栽培されており，日本では限られた量だが（2009年に469 ha/1,159 acres，主に山梨と兵庫．訳注；平成26年の農林水産省の統計では54.2 ha.）十分に手入れされ，よく熟したボルドースタイルの赤ワインの非常に信頼できるコピーが作られている．1988年にGrover社がインドで初めてカベルネ・ソーヴィニヨンを栽培し，北部カルナータカ州（Karnataka）のバンガロール（Bangalore）で年に複数回の収穫をしている．

南アフリカ共和国では，カベルネ・ソーヴィニヨンはいくつかのブドウ畑でリーフロールウィルスが原因で熟すのに困難が生じることに対処する必要があるが，非常に重要な品種である．2008年には12,697 ha（31,375 acres）で栽培されており，伝統的にはメルローとブレンドされている．カベルネ・ソーヴィニヨンはケープ州で最も栽培されている赤ワイン品種であり赤ワイン用の28%を占め，合計ではシュナン・ブランに次いで同国で2位の栽培面積である．主要な栽培地はステレンボッシュ（Stellenbosch），パール（Paarl），マームズベリー（Malmesbury）であり，Glenelly Hill，Jordan，Morgenster，Reyneke，Rustenberg，Simonsig，Thelema，Vergelegen，Vilafonté，Warwick，Waterfordなどの各社は特に特徴的なカベルネを作っている．

CABERNET SEVERNY

カベルネ（CABERNET）遺伝子をもたないアジア品種との耐寒性交雑品種であるが，カベルネ品種の色とフレーバーを有する.

ブドウの色：● ● ● ● ●

主要な別名：Cabernet Szevernuej，Kaberne Severnyi

起源と親子関係

CABERNET SEVERNY は「北のカベルネ」という意味をもつ．冬の耐寒性の付与を目的としてロシアのロストフ州（Rostov）のノヴォチェルカッスク（Novocherkassk）にある全ロシアブドウ栽培およびワイン生産研究開発センター（All-Russia research and development centre for viticulture and winemaking）において，Ya I Potapenko，L I Proskurnya，A S Skripnikova の各氏が育種により得た交雑品種である．この品種は DIMYAT（GALAN の名で）× *Vitis amurensis* 交雑品種で，後者は *V. vinifera* × *V. amurensis* の交雑品種の花粉の混合物を用いた．1990年に公式登録リストに登録された．カベルネは祖先品種の中に含まれていないが，アロマとフレーバーがカベルネ・ソーヴィニヨン（CABERNET SAUVIGNON）に似ていることから CABERNET SEVERNY と命名された（Taras Hiabahov 氏，私信）．

ブドウ栽培の特徴

豊産性で熟期は中期である．小さく，厚い果皮をもつ果粒で，小さいが密な果房をつける．寒冷耐性で－25℃～－26℃（－13°F ～ －15°F）までの耐性をもち，うどんこ病には感受性があるが，べと病に対する感受性は低い．

栽培地とワインの味

CABERNET SEVERNY の最大の特性は冬の耐寒性を有することであり，これがロシアのクラスノダール地方（krasnodar）やロストフ地方でのみ栽培されている理由である．この品種はカナダ，特にケベック州でも Carone 社などの生産者がこの深い色合いでカベルネに似た品種を栽培しており，ワインはオークを用いた熟成に適している．ロシアでは辛口および甘口の両タイプのワインが作られている．Pernod Ricard 社は，この品種は中国の Ningxia（寧夏回族自治区県）において実施される Helan Mountain（賀蘭山）プロジェクトに適していると考えている．

CABERTIN

近年開発された耐病性のスイスの交雑品種には，高品質のワインになる可能性がある.

ブドウの色：● ● ● ● ●

主要な別名：VB 91-26-17

起源と親子関係

CABERTIN はカベルネ・ソーヴィニヨン（CABERNET SAUVIGNON）と未知の耐病性品種の交雑品種（ドイツでは *Resistenzpartner* として知られる）で，1991年にスイスのジュラ州（Jura）のソイヒエールス（Soyhières）の育種家である Valentin Blattner 氏により開発された．PINOTIN や CABERNET BLANC と同様にカベルネ・ソーヴィニヨンと（SILVANER ×（リースリング（RIESLING）× *Vitis vinifera*）×（JS 12417 × CHANCELLOR））の交雑品種であろう．

ブドウ栽培の特徴

厚い果皮をもつ果粒が粗着した小さい果房をつける．灰色かび病，べと病，うどんこ病および冬の寒さに耐性を示す．熟期は中期～晩期である．萌芽期は早期であるので春の霜に被害を受ける危険性がある．

栽培地とワインの味

ワインは深い色合いで，森の果実とカシスのアロマを有する．樽熟成に耐えうる十分な骨格をもつ．栽培は非常に限定的であるが，ヴァラエタルワインはドイツ東部のイェーナ（Jena）の Kirsch 社やベルギーの Domaine Viticole du Chenoy 社，さらにドイツのプファルツ（Pfalz）の小さないくつかの畑で作られている．

CACABOUÉ

事実上絶滅状態のフランス，サヴォワ（Savoie）のブドウである．

ブドウの色：● ● ● ● ●

主要な別名：Caca d'Oie，Cacabois，Cacabouet，Persan Blanc，Saint-Péray
よくCACABOUÉと間違えられやすい品種：Grosse Jacquère ✕，MOLETTE ✕（ブールジェ湖（Lac du Bourget）およびシャンベリ（Chambéry））

起源と親子関係

CACABOUÉ はサヴォワで見られる地方品種であるが，その起源を示す年代の特定は困難である．CACABOUÉ の名は「ガチョウの糞」を意味する方言 Caca d'Oie に由来する．これは果粒を取り除いたあとの茎に残った果肉の形にちなんだものである．DNA 系統解析によってこの品種はイタリア北西部のピエモンテ（Piemonte）の AVANÀ の親品種か子品種である可能性が高いことが示された（Vouillamoz）．AVANÀ はかつてサヴォワで HIBOU NOIR という名前で栽培されていた．

他の仮説

DNA 解析によっていくつかの間違いが指摘された（Vouillamoz）．

- CACABOUÉ は GROSSE JACQUÈRE（この品種は商業栽培されていない）と同一であると報告されている（Galet 2000; Schneider *et al.* 2001）が，これは正しくない．したがって，Vitis 国際品種カタログでは GOUAIS BLANC の子品種と記載されているが，それは間違いである（しかし GROSSE JACQUÈRE は GOUAIS BLANC の子品種である）．
- CACABOUÉ は MOLETTE とは同一でない．
- CACABOUÉ は時に PERSAN BLANC と呼ばれることがあるが，PERSAN の果皮色変異ではない．

ブドウ栽培の特徴

樹勢が強くかなり豊産性である．熟期は中期である．

栽培地とワインの味

CACABOUÉ は特にフランス東部，とりわけサヴォワのブールジェ湖（Lac du Bourget）の南端近くのシャルピニャ（Charpignat）で栽培されていた．シャルピニャは一時期指定された cru（クリュ，訳注：今の Apremont や Arbin のように Vin de savoie に続けて表示できる地域名）であったがブドウ畑は建設業者に負けて，いまではわずかな樹しか残っていない．しかし，Domaine Langain 社は少しだが（10 hl），ブールジェ湖近郊でヴァラエタルワインを作っており，この地方のミシュランガイドで星を獲得しているレストランで販売している．この品種およびほとんど知られていないかまたは絶滅が危惧されている他の品種は，フランス南部のモンペリエ（Montpellier）の国立農業研究所（Institut National de Recherche Agronomique : INRA）とモンテムリアン（Montmélian，サヴォワ）にあるアルプスブドウ分類センター Centre d'Ampélographie Alpine で研究されている．

CACAMOSCA

稀少な低収量のイタリア，カンパニア（Campania）の白品種

ブドウの色：● ● ● ● ●

主要な別名：?Riciniello Bianco

起源と親子関係

イタリア南部カンパニアの古い品種である．その奇妙な名前は，この白品種の果粒の表面のまばらな茶色の点が「ハエの糞」に見えることに由来している．この品種は同じくカンパニア起源の品種 FENILE に遺伝的に近い（Costantini *et al.* 2005）．

ブドウ栽培の特徴

樹勢は弱く，非常に低収量で小さな果房をつける．熟期は中期である．

栽培地とワインの味

イタリアのナポリ湾（Napoli）近くのポジッリポの丘（Collina di Posillipo）およびアマルフィ（Amalfi），ソレント（Sorrento）沿岸で栽培され，現地では優れた品質のワインが作られ18～19世紀には輸出されていた．現在では，ナポリ県のアマルフィ近くのグラニャーノ（Gragnano）やレッテレ（Lettere）にある接ぎ木をしていないブドウが栽培されている畑でのみ見られる．CACAMOSCA のブドウは高い糖度と低い酸度である．

CADDIU

イタリア，サルデーニャ島（Sardegna）のブレンドワイン用のこの品種は，
生食されることもある．

ブドウの色：● ● ● ● ●

主要な別名：Caddeo，Caddiu Nieddu（オリスターノ県（Oristano）），Caddu（ボーザ（Bosa）），? Pàmpinu

起源と親子関係

起源の地はあまり知られていないが，イタリアのサルデーニャ島由来の品種であると考えられている．同島では1780年から PÀMPINU の名で知られていた．しかし Zecca *et al.*（2010）が報告した，この品種の別名とされる NIEDDU PEDRA SERRA の DNA プロファイルは，De Mattia *et al.*（2007）が報告した別のサルデーニャ島の品種である PASCALE と同一であったため（Vouillamoz），CADDIU が実際にはどのような品種であるのかまだ明らかにされていない．

ブドウ栽培の特徴

樹勢が強いが収量は平均に及ばず，霜とかびの病気に良好な耐性をもつ．晩熟である．

栽培地とワインの味

生食用として，またワイン用として，イタリアのサルデーニャ島のカリャリ県（Cagliari）の Bassa Valle del Tirso でのみ栽培され，常に NIEDDERA や MONICA NERA などの他の品種とブレンドされる．Contini 社の Barrile IGT ワインでは NIEDDERA をベースに10～15%の割合で CADDIU を加えている．2000年の調査によれば，1,100 ha（2,720 acres）の栽培が記録されている．

CAGNULARI

GRACIANO を参照

CAÍÑO BLANCO

晩熟だが酸度が保持される，珍しいイベリア半島の白品種

ブドウの色：● ● ● ● ●

主要な別名：Cainho de Moreira ✕（ヴィーニョ・ヴェルデ（Vinho Verde）），Caíño Branco（ガリシア（Galicia）およびポルトガル）
よく CAÍÑO BLANCO と間違えられやすい品種：Albariño ✕（ALVARINHO）

起源と親子関係

CAÍÑO BLANCO はポルトガルの北部の ヴィーニョ・ヴェルデとスペイン北西部のガリシアで栽培される在来品種で，現地では1722年に最初の記録が残されている（Huetz de Lemps 2009）．ALBARIÑO（ALVARINHO）と混同されるが，形態分類学的解析および DNA 解析の結果によりそれらの同一性は否定されている（Santiago *et al.* 2007; Gago *et al.* 2009）．最近の DNA 系統解析により，CAÍÑO BLANCO は ALBARIÑO と CAÍÑO BRAVO（AMARAL）の自然交配の結果，18世紀以前に生まれた品種だと結論づけてられているが（Díaz-Losada *et al.* 2011），これは27種類の DNA マーカーを用いた場合のデータに基づいたものであるため，特に Caíño グループの複雑さを考慮すると，別の種類の DNA マーカーを用いたさらなる解析が必要である．ヴィーニョ・ヴェルデ地方では ALVARINHÃO を CAÍÑO BLANCO と FERNÃO PIRES の両方の別名に用いており，混同が見られる．

ブドウ栽培の特徴

萌芽期は早期～中期で，熟期は中期～晩期である．べと病とうどんこ病に感受性である．

栽培地とワインの味

CAÍÑO BLANCO はスペインの Rías Baixas DO のローザル地域（Rosal）で非常に限られた量が栽培されている．現地では Terras Gauda 社がフレッシュさと味わいを加えるために ALBARIÑO（ALVARINHO）とブレンドしている．晩熟であるので比較的アルコール分が上昇するが，フレッシュな酸度と特徴的なミネラル感は保持される．CAÍÑO BLANCOの栽培はRías BaixasとMonterreiの両DOで公認されている．2008年のスペインでは58 ha（143 acres）の栽培が記録されており，とりわけガリシアで見られ，1990年代から栽培面積は増加している（Böhm 2011）．ポルトガルでは2010年には7 ha（17 acres）の栽培が記録されている．

CAÍÑO BRAVO

AMARALを参照

CAÍÑO TINTO

BORRAÇALを参照

CALABRESE DI MONTENUOVO

近年サンジョヴェーゼ（SANGIOVESE）の親品種であると同定されたイタリア，カラブリア（Calabria）の品種

ブドウの色：

よくCALABRESE DI MONTENUOVOと間違えられやすい品種：NERO D'AVOLA（またCALABRESEとも呼ばれる），サンジョヴェーゼ（SANGIOVESE）

起源と親子関係

イタリアのカンパニア州（Campania）において古い地方品種の調査中に（Costantini *et al.* 2005），幸いにもこの品種の6本の樹がナポリ県（Napoli），フレグレイ平野（Campi Flegrei）のアヴェルヌス湖（Lago d'Averno）周辺のワイナリーで見つかった．さらに続いて，近くの他のブドウ畑でも見つかった．この地方ではCALABRESE DI MONTENUOVOとして知られている品種であるが，これは単にこのワイナリーの以前のオーナーがカラブリアから移り住んだこと，また，このブドウが生育する丘がMontenuovoと呼ばれていたことにちなんだものである．DNA解析結果に基づいて，この品種は他に類を見ない品種であると位置づけられた（Vouillamoz）．しかし，ほとんど知られていなかったこの品種が，それまで見つかっていなかったサンジョヴェーゼのもう一つの親品種であるとわかるまでは，この品種が認知されることはなかった．Crespan *et al.*（2002）は，サンジョヴェーゼとトスカーナ（Toscana）の品種であるCILIEGIOLOとの親子関係の可能性に言及していたが，2004年のDNA系統解析によって，CILIEGIOLOのほうがサンジョヴェーゼの親であり，もう一方の親品種がCALABRESE DI MONTENUOVOであることが見いだされた．ブドウ畑での自然交配により両親品種からサンジョヴェーゼが生まれたものであろうと考えられている（Vouillamoz，Monaco *et al.* 2007）．さらなる解析によってCALABRESE DI MONTENUOVOと主にカラブリアにあるLibrandi社が保有するコレクション194種類の古い品種との間には関係がないことが明らかになったが，カラブリアのMAGLIOCCO CANINOとの間に親子の可能性がある（Vouillamoz，Monaco *et al.* 2007; Vouillamoz，Monaco *et al.* 2008）．これはCALABRESE DI MONTENUOVOがカラブリア起源であることを強く示唆しており，サンジョヴェーゼは半分がトスカーナの，また半分がカラブリアの起源であるという説の証拠となった．

栽培地

南イタリアのナポリ県のフレグレイ平野で非常に限られた量が栽培されている．

CALABRESE

NERO D'AVOLA を参照

CALADOC

フランス南部で作られた信頼できる有用品種で，現在では栽培地域が拡大している．

ブドウの色：● ● ● ● ●

主要な別名：Kaladok

起源と親子関係

1958年にフランス南部，モンペリエ（Montpellier）にある国立農業研究所（Institut National de la Recherche Agronomique : INRA）で Paul Truel 氏が，花ぶるいしにくい品種の獲得を目的としてグルナッシュ（GARNACHA）×COT の交配品種を開発した．交配品種は大きな成功を収めて，ローヌ（Rhône）の苗木商が「花ぶるいしないグルナッシュである」と表現した．Galet（2000）は，この名前はガラベール（Galabert）の G を C に換え，ラングドック（Languedoc）と合わせ短縮した造語であると述べている．ちなみにガラベールというのは，ブーシュ＝デュ＝ローヌ県（Bouches-du-Rhône）にある湖の名前であり，この品種が湖の周辺で栽培されている．

ブドウ栽培の特徴

熟期は中期～晩期である．平均的な樹勢の強さを示す．短く剪定でき，ゴブレット型（杯）仕立てされる．花ぶるいへの耐性により安定した収量が得られる．灰色かび病に耐性を示すが，うどんこ病には感受性である．

栽培地とワインの味

CALADOC はフランス南部の多くの県で推奨されており，2008年には合計で2,449 ha（6,052 acres）の栽培が記録されているが，いずれのアペラシオンにおいても公認はされていない．1998年に64ha（158 acres）から徐々に栽培が開始されたが，その後栽培面積は急増しており，現在も増え続けている．ワインはフルボディーになりがちで，深い色合いをもちタンニンに富むがフルーティーなロゼワインの生産にも用いられる．プロヴァンス地方（Provence）の Mas de Rey 社がヴァラエタルワインを生産している．

スペインではペネデス（Penedès）にある Can Rafols dels Caus 社の Carlos Esteva 氏が，1980年代初めに3分の1 ha で，Petit Caus の赤ワインにブレンドされる CHENANSON および PORTAN とともに CALADOC の栽培を開始した．最近では同じ地方の Albet i Noya 社が CALADOC を新たに植え付けた．ポルトガルでは，主にリスボン（Lisboa）で2009年に1,115 ha（2,755 acres）の栽培が記録されている．DFJ Vinhos 社の Grand'Arte ワインは100 % CALADOC であるが，同時にリスボン地方で ALICANTE HENRI BOUSCHET やテンプラニーリョ（TEMPRANILLO）（TINTA RORIZ）とのブレンドワインの生産にも用いている．

この品種はレバノンでも栽培されている．モロッコの Dom de la Zouina 社はヴァラエタルのヴァン・グリ（vin gris）ワインを生産している．

アルゼンチンでも少量栽培されており（17 ha/42 acres; 2008年），Zuccardi 社がメンドーサ州（Mendoza）でヴァラエタルワインを生産している．ブラジルでもリオグランデ・ド・スル州（Rio Grande do Sul）でわずかな量が栽培されている．

CALAGRAÑO

事実上絶滅状態であるスペイン，リオハ（Rioja）のブドウは粗く面白みのないワインになる.

ブドウの色：●̲ ● ● ● ●

主要な別名：Calagraña（ルエダ（Rueda）），Navès
よくCALAGRAÑOと間違えられやすい品種：ALBILLO MAYOR ✕（リベラ・デル・ドゥエロ（Ribera del Duero）），CAYETANA BLANCA ✕

起源と親子関係

CALAGRAÑO はほとんど絶滅状態にあるスペイン北部，リオハの古い品種で，現地ではサン・アセンシオ（San Asensio）近郊で現存している．この品種は CAYETANA BLANCA（Galet（2000）が別名の JAÉN BLANCO で記載しているが，この品種は PARDINA としても知られる）の別名であるとよく考えられてきたが，両者の DNA プロファイルは異なっており，CALAGRAÑO は遺伝的にはグルナッシュ（GARNACHA）と似ている．PARDINA という名前はリベラ・デル・ドゥエロでは ALBILLO MAYOR の別名として使われてきたことから特に紛らわしい.

栽培地とワインの味

1970年以前に植え付けられた樹以外にはこの品種は Rioja DO で公認されていないが，ログローニョ（Logroño）の北西部のサン・アセンシオの町やリオハの所どころで若干栽培が見られる（Carreno *et al.* 2004）．2008年にスペインでは22 ha（54 acres）が栽培され，そのうち10 ha（25 acres）はリオハに，また6 ha（15 acres）がバスク州（País Vasco）とバレンシア州（Valencia）で栽培されている．ワインは幾分硬くて粗いがオーク熟成が可能である.

CALANDRO

公認が待たれる，近年開発されたドイツの交雑品種

ブドウの色：● ● ● ● ●̲

主要な別名：Geilweilerhof 84-58-1233

起源と親子関係

DOMINA×REGENT の交配により得た交雑品種である．CALANDRO は，1984年にドイツの Geilweilerhof 研究センターの Rudolf Eibach と Reinhard Töpfer の両氏が開発した.

ブドウ栽培の特徴

うどんこ病と灰色かび病に良好な耐性を示す．REGENT よりも少し収量が低いが，糖レベルは若干高い．REGENT と同時期に熟す.

栽培地とワインの味

ドイツではこの品種に対して2004年にライセンスが授与されたが，公式登録リストには登録されていない．フルボディーでタンニンに富んだスモーキーなワインはベリー系の果物のアロマと良好な熟成の可能性をもっている．

CALITOR NOIR

栽培面積が減少しつつある低品質のフランス，プロヴァンスの品種．栽培面積（ヘクタール数）よりも多くの別名をもつ．

ブドウの色：● ● ● ● ●

主要な別名：Col Tor または Colitor または Coytor, Garriga（ルシヨン（Roussillon）), Pécoui-Touar（バンドール（Bandol））, Picpoul de Fronton
よくCALITOR NOIRと間違えられやすい品種：BOUTEILLAN NOIR ※, BRAQUET NOIR ※（ニース（Nice））, JURANÇON NOIR ※, PIQUEPOUL NOIR ※

起源と親子関係

Olivier de Serres（1600）によって編集された品種リストの中で次のように古い表記でCALITORの最初の記載が見られる．「すべての県で今日首尾一貫して有名なのは，この王国で使われるおもなブドウの名前である．それらには*Nigrier, Pinot, Pique-poule, Meurlon, Foirard, Brumestres, Piquardant, Ugnes, Caunès, Samoyran, Ribier, Beccane, Pounhete, Rochelois, Bourdelois, Beaunois, Maluoisie, Meslier, Marroquin, Bourboulenc, Colitor, Veltoline, Corinthien ou Marine-noire, Grecs, Salers, Espaignols, Augibi, Clerete, Prunelat, Gouest, Abeillane, Pulceau, Tresseau, Lombard, Morillon, Sarminien, Chatus, la Bernelle* その他がある」．CALITORという名前はヴォクリューズ県（Vaucluse）のオランジュ（Orange）の北部のラパリュー（Lapalud）でもまた1656年に記載されている．

CALITORの名はプロヴァンス（Provençal）方言で「花柄」，または「茎」を意味する*col*，「ねじれた」を意味する*tor*に由来するものであり，これは房の茎の右方向へのねじれを表している．「ねじれた茎」を意味するこの地方の別名，COL TORとPÉCOUI TOUARも同様である．

この品種にはCALITOR BLANCとCALITOR GRISという二種類の果皮色変異が知られており，白色の果粒は1782年にニーム（Nîmes）で優れたワインになる品種として記載されていた（Rézeau 1997）．ブドウの形態分類群ではCalitorグループ（p XXXII 参照）に属し，このグループにはCALITOR NOIRと混同されることの多いBRAQUET NOIR，およびRIBIER NOIRが含まれる（Bisson 2009）．

ブドウ栽培の特徴

晩熟である．結実能力が高く豊産性である．短く剪定される．べと病および灰色かび病に感受性があるが，うどんこ病には耐性である．大きな果粒の大きな果房をつける．

栽培地とワインの味

フランスの公式登録リストによれば，この品種は軽く，単調で酸味の低い，色が薄いワインになると記載されている．これが1968年の319 ha（788 acres）から2008年には31 ha（77 acres）にまで栽培面積が減少した理由であろう．すでに20世紀の初頭にはより豊産性であることから好まれたARAMON NOIRに畑を譲りつつあった．さらに遠隔のローヌ（Rhône）南部で公認されており（たとえばTavelアペラシオンでは最大10%），またたいぶ離れた同国南部や西部の地方の，たとえばピレネー＝オリアンタル県（Pyrénées-Orientales）やCôtes de Provenceワインにも公認されている．しかし，これは1994年以前に植え付けられたブドウの樹についてのみ規定されていて，現在では奨励されていない．かつてはバンドール（Bandol）で登録されていたが，同様に1992年に禁止された．タヴェル（Tavel）の Dom de la Mordorée 社は，この品種は時代遅れであり，わずかな樹しか残っていないと述べている．

ÇALKARASI

トルコ南西部で軽くフレッシュな赤ワインとロゼワインが作られる品種

ブドウの色：● ● ● ● ●

主要な別名：Çal Karası
よくÇALKARASIと間違えられやすい品種：ADAKARASI（アーブシャ島（Avşa）），HOROZKARASI（キリス県（Kilis）），KALECIK KARASI（アンカラ（Ankara）），PAPAZKARASI（アーブシャ島）

起源と親子関係

ÇALKARASI（「チャル（Çal）の黒」を意味する）はトルコ西部のデニズリ県（Denizli）のチャル地区由来である．

他の仮説

ADAKARASI を参照．

ブドウ栽培の特徴

全体的に良好な耐病性を有し豊産性で，熟期は中期～晩期となる．果粒は高い糖レベルに達し，比較的高い酸度を保つ．

栽培地とワインの味

ÇALKARASI はトルコ南西部，デニズリ県パムッカレ地方（Pamukkale）にあるチャル半島の標高600～850 m に位置する畑で栽培されている，現地は地中海性の温暖な気候で石灰質の粘土土壌である．2010年には833 ha（2,058 acres）の栽培が記録されている．ブドウは集められて素晴らしい軽いがちゃんとした赤やロゼワイン（スティル，辛口，発泡性および中甘口）が作られるが，安いブレンドワインの増量を目的とした混ぜものとして用いられたり，蒸留酒のラクの製造に使われることもある．Kavaklidere 社は何種類かのロゼワインを作っており，Pamukkale, Erdoğuz および Küp などの各社は辛口の赤ワインを作っている．ワインは通常フレッシュで軽く，ソフトなタンニンと赤い果実のフレーバーをもつ．

CALLET

珍しいマヨルカ島（Mallorca）のこの品種から次第に興味深いワインが作られるようになってきたが，通常はブレンドされる．

ブドウの色：● ● ● ● ●

起源と親子関係

Vitis 国際品種カタログでは，CALLET は PALOMINO FINO×VILLARDIEL の交配品種であると掲載されてきたが，近年の DNA 系統解析によって CALLET は，マヨルカ島の二品種である FOGONEU×

CALLET CAS CONCOS（もはや商業栽培はされていない）の交配品種であることが示唆された．ここで後者はアンダルシア州（Andalucía）の BEBA とサルデーニャ島（Sardegna）の GIRÒ との間の自然交配品種であろう（García-Muñoz *et al.* 2012）．したがって，CALLET は BEBA と GIRÒ の孫品種にあたることになり，またマヨルカ島の MANTO NEGRO とは片親だけが姉妹関係にあたることになる．しかし，こうした結論は20種類程度の少数の DNA マーカーに基づき得られたものであるため確認の必要がある．CALLET は「黒」を意味するマヨルカ島の方言である．

ブドウ栽培の特徴

深い土壌から成る畑では豊産性であり，晩熟．一般に良好な耐病性をもつが，小さい果粒が密着した果房で酸敗しやすく，うどんこ病に影響を受けることがある．乾燥には対応可能である．

栽培地とワインの味

2008年にはスペインに134 ha（331 acres）の栽培が記録されており，すべてマヨルカ島の内陸部で栽培されており，親品種と考えられている FOGONEU と混植されブレンドされることが多い．片親だけが姉妹関係にあるとされている MANTO NEGRO はブレンドワインの生産に用いられ，フルーティーさを加えることはあるもののタンニンを加えることはない．CALLET は島の DO である Binissalem および Plà i Llevant で公認されているが，ファラニチュ（Felanitx）周辺東部の粘土や赤い土であるテラロッサ（terra rossa），あるいは特に収量が自然に低くなる所であるファラニチュ周辺西部の砂質の土壌でよく生育する．2000年代中期に栽培が増え，後に一時期減少した時期もあったが依然この在来品種は人気が高い．

ワインは伝統的に素朴で，軽い赤ワインやロゼワインとなり，通常アルコール分は低い．しかし，最近では，アルコール分は控えめではあるものの高品質でタンニンの質に優れたワインや，時に非在来品種の（実は最初はこれらが CALLET を圧倒する傾向があったのであるが）カベルネ・ソーヴィニヨン（CABERNET SAUVIGNON），シラー（SYRAH），テンプラニーリョ（TEMPRANILLO）とブレンドされ，高い品質のワイン作りを目指そうという傾向が増している．酸度は中程度だが，ミネラル感とのバランスやフレッシュ感をもたらすには十分で，典型的なワインは赤い果実と時にはスミレの香りのある，食事とよく合うワインである．マヨルカ島以外で有名な生産者は Àn Negra 社であり，CALLET をヴァラエタルワインとブレンドワインの両方に用いている．他の推奨される生産者としては4 Kilos，Can Majoral，Macía Batle，Oliver Moragues（OM），Ribas などの各社があげられる．Toni Gelabert 社が生産するミネラル，ヨウ素の影響があり濃いが上品な Negra de sa Colònia ワインは CALLET のヴァラエタルワインで，コロニア・デ・サン・ペレ（Colònia Sant Pere）の海に近いところで塩害を防ぐ塀によって守られるブドウから作られている．

CALORIA

依然，ブレンドワインの生産に用いられることもある
イタリア，トスカーナ州（Toscana）最北の古い品種

ブドウの色：● ● ● ● ●

起源と親子関係

イタリア中部のトスカーナ州のマッサ＝カッラーラ県（Massa-Carrara）の古い在来品種である．DNA 系統解析の結果，MAMMOLO および CALORIA や BIANCONE DI PORTOFERRAIO, COLOMBANA NERA, POLLERA NERA などの他のトスカーナ品種との親子関係が示された．したがって BIANCONE DI PORTOFERRAIO, COLOMBANA NERA, POLLERA NERA は CALORIA とは片親だけが姉妹関係にあたる（Di Vecchi Staraz, This *et al.* 2007）．

ブドウ栽培の特徴

晩熟である．低いレベルのアントシアニンとポリフェノール含量である．

栽培地とワインの味

イタリアのトスカーナ州のマッサ＝カッラーラ県では一般的にブレンドワインの生産に用いられている．2000年にイタリアには160 ha（395 acres）の栽培が記録されている．

CAMARALET DE LASSEUBE

フルボディーでアロマに富んだ白ワインになるフランス南西部の品種．結実能力が低いので生き残りが脅かされている．

ブドウの色：● ● ● ● ●

主要な別名：Camaralet，Camaralet Blanc，Camaralet de la Seube，Camarau Blanc または Kamarau（スペインのバスク州（País Vasco）），Gentil Aromatique，Moustardet，Petit Camarau
よくCAMARALET DE LASSEUBEと間違えられやすい品種：Camaraou Blanc（スペインのバスク州では Camarau とも呼ばれる）

起源と親子関係

スペイン北部のバスク州における CAMARALET DE LASSEUBE の古い別名である CAMARAU BLANC は，1783-4年にピレネー・アトランティック県（Pyrénées-Atlantiques）で次のように記載されていた（Rézeau 1997）．「Camarau blanc，果粒は丸く金色で味はスパイシーだが素晴らしい」．しかし，いずれもバスク州では CAMARAU と呼ばれていたので，CAMARAU BLANC が CAMARALET DE LASSEUBE あるいは CAMARAOU BLANC（ほとんど栽培されていない）のいずれを指すのかは明らかでなかった．現代の名前である CAMARALET は1920年にサン＝フォスト（Saint-Faust）で見られるようになるまでは表に出てきていない（Rézeau 1997）．

CAMARALET という名前はベアルン（Béarn）で使われるガスコーニュ語の方言の *camarau* に由来すると考えられている，おそらくオート＝ピレネー県（Hautes-Pyrénées）のタルブ（Tarbes）北方にある Camalès を指しているのであろう．また，ラスブ（Lasseube）はポー（Pau）の南東25km にあるピレネー・アトランティック県のコミューンの名前である．しかし Lavignac（2001）は，ベアルン（Béarn）方言の *camarau* はガスコーニュ地方の *cama* に由来すると考えている．これは leg や trunk と同じで，「長い幹のブドウ」という意味があり，この用語は木を伝い登らせる栽培方法に由来していると考えられている．

ブドウ分類の専門家によれば，CAMARALET DE LASSEUBE は形態的には AHUMAT，ARROUYA および PENOUILLE に近く（Bordenave *et al.* 2007），ブドウの形態分類群の Mansien グループに属する品種である（p XXXII 参照；Bisson 2009）．

ブドウ栽培の特徴

花は雌しべのみであるため，花ぶるいに感受性で収量は低い．熟期は中期である．小さな果粒が粗着した小さな果房をつけるので，灰色かび病には感受性ではない．果汁は酸化に敏感である．

栽培地とワインの味

CAMARALET DE LASSEUBE はオート＝ガロンヌ県（Haute-Garonne），ジェール県（Gers）およびピレネー・アトランティック県で推奨されている，フランス南西部のベアルンや ジュランソン（Jurançon）アペラシオンでブレンドワインに加えられるが，雌しべのみの花であるので結実力と収量に乏しくほとんど放棄されていた．しかし，ワインは良質で豊かな蜂蜜や桃のフレーバーがあり，シナモン，ペッパー，フェンネルのアロマをもつ．辛口の Jurançon ワインに用いられるどちらの MANSENG よりも最終アルコール分が低いことに利点がある．このアペラシオンで Domaine Cauhapé 社は3～4 ha（7～10 acres）の CAMARALET を有しており，GROS MANSENG や COURBU BLANC とともに辛口の Jurançon である Geyser ワインにブレンドしている．Domaine Nigri 社は10％の CAMARALET DE LASSEUBE をブレンドし，Domaine Lapeyre 社は少量を同社の最高の辛口のワインである Mantoulan に用いている．2008年にはフランスで4 ha（10 acres）の栽培が記録されていた．

近年，モンテギュ＝プラントレル（Montégut-Plantaurel）（パミエ（Pamiers）のすぐ西）の Les Vignerons Ariégeois 社は，絶滅が危惧される他の地方品種とともに30〜40本のこのブドウの樹を植え付けたが（Carbonneau 2005），その中でも CAMARALET DE LASSEUBE は現時点で最も有望な品種である．

CAMARAOU NOIR

樹勢が強いフランス南西部の品種．
主にスペイン，ガリシア州（Galicia）で並のワインになる．

ブドウの色：● ● ● ● ●

主要な別名：Caíño Redondo ☒（スペイン北西部のガリシア州），Camarau または Kamarau（Pays Basque（バスク地方）），Moustardet
よく CAMARAOU NOIR と間違えられやすい品種：ESPADEIRO ☒

起源と親子関係

CAMARAOU NOIR は Viala and Vermorel（1901–10）の中で初めて記載された.「Camaraou，Basses Pyrénées に特有の赤ワイン品種．camarau とも呼ばれる」（語源は CAMARALET DE LASSEUBE 参照）．

CAMARAOU NOIR は CAMARAOU BLANC（この品種は現在ではベアルン（Béarn）やジュランソン（Jurançon）の畑では見ることができない）の黒の果皮色変異ではないが，いずれもブドウの形態分類群の Mansien グループに属している（p XXXII 参照；Bisson 2009）．CAMARAOU NOIR は，ブドウの形態分類学的には ARROUYA や PENOUILLE に近い品種である（Bordenave *et al.* 2007）．

CAÍÑO REDONDO（Santiago *et al.* 2005）とスペインのガリシア州の ESPADEIRO（ポルトガルの本物の ESPADEIRO とは別物である）の DNA プロファイルを比較したところ（Martín *et al.* 2003），非常に意外なことにいずれも CAMARAOU NOIR と同一であることが明らかになった（Vouillamoz）．

ブドウ栽培の特徴

樹勢が強く，晩熟である．小さな果粒が密着した大きな房をつける．

栽培地

CAMARAOU NOIR はフランス南西部からほとんど消滅してしまったが，ベアルンおよびジュランソンのブドウ畑でわずかに栽培されている（Bordenave *et al.* 2007）．伝統的に木を伝い登らせて栽培し，並の質のワインが作られている．

この品種はスペイン北西部のガリシア州でも誤解を招く ESPADEIRO という別名で生き残り，Rías Baixas DO の公認品種であり，オウレンセ県（Orense）とポンテベドラ県（Pontevedra）でも長く栽培されている．ヴァラエタルワインの生産者には Forjas del Salnés 社があり，Coto Redondo 社や Francisco Alfonso Reboreda 社などは，MENCÍA や CAÍÑO TINTO（BORRAÇAL）などの地方品種とブレンドしている．2008年にはガリシア州で137 ha（339 acres）の栽培が記録されている．

CAMARATE

太陽を愛するポルトガルの品種.
ソフトでの飲みやすい赤ワインになる.

ブドウの色：● ● ● ● ●

主要な別名：Camarate Tinto, Castelão da Bairrada（テージョ（Tejo））, Castelão do Nosso（テージョ）, Castelão Nacional（テージョ）, Moreto do Douro（テージョ）, Moreto de Soure（テージョ）, Mortágua（アルダ（Arruda））, Mortagua de Vide Preta（テージョ）, Negro Mouro（リスボン（Lisboa）, ダン（Dão）, ピニェル（Pinhel）およびテージョ）, Vide Preta（テージョ）
よくCAMARATEと間違えられやすい品種：CASCULHO ☓, CASTELÃO ☓（テージョおよび Oeste）, MORETO DO ALENTEJO ☓（バイラーダ（Barraida）, ドウロ（Douro）およびテージョ）

起源と親子関係

CAMARATE は形態的な多様性が低いことから，比較的若い品種であると考えられている（Rolando Faustino，私信）．近年の DNA 系統解析によると，CAMARATE は2種類のイベリア半島起源の品種である CAYETANA BLANCA × PORTUGUESE ALFROCHEIRO の自然交配により生まれた品種で（Zinelabidine *et al.* 2012），交配はポルトガル西部のバイラーダ地方で起こったのであろうと考えられる．したがって，CAMARATE は CORNIFESTO，MALVASIA PRETA，JUAN GARCÍA，CASTELÃO の姉妹品種であると考えられる（系統図は CAYETANA BLANCA 参照）．CAMARATE は ÁGUA SANTA の育種に用いられた．

ブドウ栽培の特徴

樹勢が強く，萌芽期は早期〜中期で，熟期は早期〜中期である．中サイズの大きさの果粒が密着した小〜中サイズの果房をつける．べと病，うどんこ病，エスカ病，ユーティパ・ダイバック，花ぶるいに感受性で，酸敗には強い感受性を示す．深い，やせた，水はけのよい土壌で暑く日当たりのよい場所に適している．

栽培地とワインの味

CAMARATE は比較的フルボディーであるが，ラズベリーのフレーバーと滑らかなタンニンをもつソフトなワインになる．早飲みあるいはブレンドワインの生産に適している．栽培の中心地はポルトガルのバイラーダ地方で，そこでは2番目に多く栽培される赤品種である（796 ha/1,967 acres; 2010年）．リスボン，テージョおよびダンなどの地方も栽培に適しており，Alenquer や Torres Vedras などのアペラシオンで登録されている．バイラーダにおける推奨される生産者としては Campolargo 社や Caves de São João 社などがある．

CAMARÈSE

BRUN ARGENTÉ を参照

CAMPBELL EARLY

北米の交雑品種.
現在ではアジアで広く栽培され，生食に用いられることが多い.

ブドウの色：● ● ● ● ●

主要な別名：Campbell，Campbell's Early，Island Belle

起源と親子関係

1890年代にオハイオ州のデラウェア（Delaware）でG W Campbell氏がMOORE EARLY×(BELVIDERE ×MUSCAT OF HAMBURG）の交配により得た，*V. labrusca*×*V. vinifera*の交雑品種である．このとき用いられたMOORE EARLYとBELVIDEREはいずれもCONCORDの実生である（Munson 1909）.

ブドウ栽培の特徴

熟期は早期～中期である．大きな果粒で，大きな果房をつける．肥沃な土壌を好み，CONCORD同様に寒冷（−15°F / −26℃まで）と病気に耐性を示す．糖度が上がるのに先だって色が増す.

栽培地とワインの味

味はCONCORDに似ているが，より甘く*Vitis labrusca*に特有のフォクシーフレーバーは少ない．アメリカ合衆国ではあまり栽培されていないが，アジアで人気がある．韓国では1997年には15,419 ha（38,101 acres）の栽培面積が記録されており，2008年には同国の全ブドウ栽培面積の75％を占めたが，ほとんどはワインの生産用というよりも生食用に用いられた．日本では2009年に60 ha（148 acres）の畑から収穫されたブドウがワインの生産に用いられ，おもに北海道で栽培されているが，多くはワイン生産用というよりも生食用として栽培されている．（訳注：平成26年の農林水産省の統計では，栽培面積は554.5 ha，北海道のほか，東北地方に多い．平成29年の国税庁の統計では，ワイン用は1281 tで，赤ワイン用として4番目に多い品種.）

CANADA MUSCAT

オーストラリアに残るブドウの香りの強い交雑品種

ブドウの色：● ● ● ● ●

主要な別名：NY 17806

起源と親子関係

1928年に，ニューヨーク州のコーネル大学（Cornell University）のRichard Wellington氏が，MUSCAT OF HAMBURG×HUBBARD（HUBBARDの系統図はBRIANNA参照）の交配により得た*V. labrusca*×*V. vinifera*の交雑品種である．1936年に，12の実生からCANADA MUSCATが選ばれたが，1961年になるまでは正式に紹介されることはなかった.

ブドウ栽培の特徴

樹勢が強く，比較的耐寒性である．厚い果皮をもつマスカット香のある果粒で，小～中程度のサイズの果房をつける．熟期は CONCORD より少し遅い．

栽培地とワインの味

CANADA MUSCAT はカナダのオンタリオ州で限定された土地に植え付けされたが（品種名の由来），現存している．南オーストラリアのマクラーレン・ベール（McLaren Vale）で Patritti 社が CANADA MUSCAT とミュスカ・ブラン・ア・プティ・グラン（MUSCAT BLANC À PETITS GRAINS）のブレンドによるブレンドワインを作っている．

CANAIOLO BIANCO

DRUPEGGIO を参照

CANAIOLO NERO

サンジョヴェーゼ（SANGIOVESE）の相補に用いられる
ソフトでフルボディーなイタリア中部の赤品種

ブドウの色：● ● ● ● ●

主要な別名：Cannaiola di Marta, Cannaiola Macchie di Marta
よくCANAIOLO NEROと間違えられやすい品種：COLORINO DEL VALDARNO

起源と親子関係

この品種は Pietro de Crescenzi 氏の著書 *Opus Commodorum Ruralium* の中で，すでに記載されている．フィレンツェの農学者の Soderini（1600）が1303年に CANAJUOLA とこの品種はトスカーナ（Toscana）の最高の赤品種であると Canaiuola の名で記載している．ちなみに CANAIOLO BIANCO（DRUPEGGIO）は CANAIOLO NERO の果皮色変異ではない（Storchi *et al.* 2011）．他方，CANAIOLO ROSA は CANAIOLO NERO の果皮色変異であり，ルッカ県（Lucca）におけるクローン選抜プログラムの中で選抜されたものである．

他の仮説

CANAIOLO はすでにエトルリア人によって知られており，*V. vinifera etrusca* と呼ばれていたと考える研究者もいる．しかしこの説は証明されておらず，多くの他の品種がこの名で呼ばれている．

ブドウ栽培の特徴

収量は不安定である，接ぎ木が困難であるので，良質のクローンはほとんど得られていない．晩熟である．

栽培地とワインの味

CANAIOLO は，18世紀までイタリア中部においてサンジョヴェーゼより人気のある品種であった．現在では地方の赤品種の20%を占める主要な品種であり，Chianti や Chianti Classico DOCG においてサンジョヴェーゼとブレンドされている．サンジョヴェーゼのしっかりしたタンニンを丸くすることで，ベルベットのような感触をもつフルボディーのワインになる．少量の添加は，他のトスカーナ地方（Toscana）やイタリア中部の様々な DOC で認められており，またトスカーナの DOC Pietraviva やウンブリア州（Umbria）の Rosso Orvietano でヴァラエタルワインは作ることができる．CANAIOLO はラツィオ州（Lazio），リグーリア州（Liguria），サルデーニャ島（Sardegna）およびマルケ州（Marche）でも少量栽培されており，2000年には2,760 ha（6,820 acres）の栽培が記録されていたが徐々に減少している．

良質のCANAIOLOは，ガイオーレ・イン・キャンティ（Gaiole in Chianti）にあるCastello di BrolioとCastello di Cacchianoの二ヶ所のRicasoli社の所有地，およびバルベリーノ・ヴァル・デルザ（Barbarino Val d'Elsa）（そこのCastello della Panerettaとその隣のIsole e Olenaの両方がChianti ClassicoにCANAIOLOを使用している）とヴィーノ・ノービレ・ディ・モンテプルチャーノ（Vino Nobile di Montepulciano）生産地区で栽培されている．

近年，CANAIOLO 100%のワインが作られ，たとえばリグーリア州のチンクエ・テッレ（Cinque Terre）のLe Poggette社のCanaiolo Umbria IGT，Castelvecchio社のNumero Otto Toscano Rosso IGT，Possa社のÜ Neigru Rosso di Possaitara，Bibi Graetz社の珍しいCanaiolo di Testamattaなどがこうしたワインの例である．

CANARI NOIR

フランス，アリエージュ（Ariège）県でかろうじて栽培されている品種

ブドウの色：● ● ● ● ●

主要な別名：Batista ☓（スペイン），Canaril，Canarill（アリエージュ県およびオート＝ガロンヌ県（Haute-Garonne）），Carcassès（アリエージュ県），Luverdon ☓（イタリア，ピエモンテ（Piemonte）のヴァル・ディ・スーザ（Val di Susa）および キゾネ（Chisone））

よくCANARI NOIRと間違えられやすい品種：COT ☓（アンジュー（Anjou））

起源と親子関係

CANARIは，現在ではその起源の地であるフランスのピレネー（Pyrénées）のアリエージュ県とオート＝ガロンヌ県ではほとんど消滅したが，かつては広く栽培されていたと考えられる二つの理由がある．まず第一の理由としては，イタリアで見つかったLUVERDONという品種はピエモンテのヴァル・ディ・スーザとキゾネ バレー（Val Chisone）という標高の高い土地で見られ，現地では間違ってGAMAY LUVERDONと呼ばれていたが，意外なことにこの品種とCANARI NOIRのDNAプロファイルが一致したことがあげられる（Schneider *et al.* 2001）．第二の理由としては，CANARI NOIRとスペインのBATISTA（Martín *et al.* 2003）は同一であることがDNA解析により明らかになったことである（Vouillamoz）．

なおオート＝ガロンヌ県でCANARI BLANCとCANARI GRISなどの果皮色変異が発見された（Galet 1990）．

ブドウ栽培の特徴

樹勢が強く，豊産性で熟期は中期～晩期である．灰色かび病に高い感受性を示す．

栽培地とワインの味

この品種は，フランスのモンテギュ＝プラントレル（Montégut-Plantaurel）のLes Vignerons Ariégeois社が植え付けたほぼ絶滅状態にある品種の一つである（Carbonneau 2005）．同社は，この品種を繁殖し，もし試験栽培結果が良好であれば市販ワインを作ることを目的としてこのプロジェクトを実施している．

CANINA NERA

FORTANAを参照

CANNAMELA

イタリアのナポリ湾に浮かぶイスキア島（Ischia）の樹勢の強い黒品種．通常，Ischia Rosso DOC でブレンドワインの生産に用いられている．CANNAMELA には「小さなリンゴ」という意味があり，この品種の果粒の形と色にちなんだものである．Galet（2000）は果肉が甘くかぐわしいと表現している．

CANNONAU

GARNACHA を参照

CAÑOCAZO

一時期シェリーの産地で人気があったが，事実上絶滅状態にある品種

ブドウの色：●　●　●　●　●

主要な別名：False Pedro（オーストラリア），Hardskin Pedro（オーストラリア），Mollar Blanco，Pedro

起源と親子関係

スペイン南西部，アンダルシア地方（Andalucía）にあるヘレス・デ・ラ・フロンテラ（Jerez de la Frontera）の古い品種の CAÑOCAZO は，ヘレス（Jerez），サンルーカル・デ・バラメーダ（Sanlúcar de Barrameda），トレブヘナ（Trebujena）で栽培されていると，スペインのブドウ分類の専門家の Simón de Rojas Clemente y Rubio（1807）が記載している．サンルーカル・デ・バラメーダでは，この品種は MOLLAR BLANCO と呼ばれているが，CAÑOCAZO は黒い果皮で広く MOLLAR とも呼ばれている NEGRAMOLL とは関係がない．南アフリカ共和国 において，PEDRO XIMÉNEZ として輸入された品種にかつて FALSE PEDRO の名（この品種の別名でもある）が使われたことでさらなる混乱があったが，PEDRO XIMÉNEZ は実はポルトガルの品種の GALEGO DOURADO のことであって，現在では絶滅している（Kerridge and Antcliff 1990）．

ブドウ栽培の特徴

熟期は中期である．べと病，うどんこ病および灰色かび病に感受性である．

栽培地とワインの味

19 世紀，フィロキセラがヘレス地方を荒廃させる以前は，CAÑOCAZO は PALOMINO FINO および PEDRO XIMÉNEZ とともに，とりわけトレブヘナで多く栽培されており，またヘレス，サンルーカル・デ・バラメーダでも栽培は見られた．ブドウの糖度は通常ごく平均的であるが，乾燥されて主に甘口ワインが作られていた．この品種はアンダルシア地方でまだ少し栽培されているがクオリティワイン（原産地呼称保護ワイン）用原料としては認められておらず，スペインではもはや事実上絶滅状態にある．病気に対する感受性がその主な要因である．しかし，ヘレスにあるブドウ研究センターの Rancho del Merced では，この品種と他のあまり知られていない品種を実験的に栽培して蒸留用としての適性を評価している．

FALSE PEDRO という名前はこの品種のオーストラリアにおける名前であり，PEDRO XIMÉNEZ との混同を避けるために使われているが，口語的には HARDSKIN PEDRO が代わりに用いられている（Kerridge and Antcliff 1999）．ワインは通常酸味が弱い．

CAPRETTONE

CODA DI VOLPE BIANCA と同じ品種であると長い間考えられてきた，イタリア南部の白品種

ブドウの色：● ● ● ● ●

よくCAPRETTONEと間違えられやすい品種：CODA DI VOLPE BIANCA ☒

起源と親子関係

イタリア南部，カンパニア州（Campania），ナポリ県（Napoli）の品種である．この品種は果房が「羊（イタリア語で capra）のあごひげ」に似ていることにちなんで命名されたものか，羊飼いがおもに栽培していたという事実に基づき命名されたものなのか明らかでないが，CAPRETTONE は長い間 CODA DI VOLPE BIANCA のクローンであると考えられていたが，最近のブドウの形態分類学的解析および DNA 研究によって，両者との間には関係がないことが明らかになった．また CAPRETTONE は PIEDIROSSO や GINESTRA に近いことが明らかになった（Costantini *et al.* 2005），CATALANESCA や UVA ROSA との関係を示唆する見解もあったが，DNA データによりいずれも否定された（Costantini *et al.* 2005）．

ブドウ栽培の特徴

9月中旬から9月末にかけて成熟する．中程度の酸度をもつ．

栽培地

イタリア南部，カンパニア州ナポリ県，ヴェスヴィオ地域（Vesuvio）にあるわずか15の村で栽培されており，Lacryma Christi del Vesuvio Bianco DOC において少量の CAPRETTONE が用いられていつが，ヴァラエタルワインは作られていない．しかしラクリマ・クリスティ（Lacryma Christi）の規定では，CAPRETTONE は CODA DI VOLPE BIANCA の地方名であると定められているため，どの生産者がブレンドに本物の CAPRETTONE を使っているのか，またそれが実際に CODA DI VOLPE BIANCA であるか否かは定かでない．

CARACOL

ポルトガルのポルト・サント島（Porto Santo）で見いだされた非常にマイナーな品種

ブドウの色：● ● ● ● ●

主要な別名：Olho de Pargo，Uva das Eiras

起源と親子関係

あまり知られていないこの品種は，1930年代にポルトガルから南アフリカ共和国 に向かう移民がポルトガルのマデイラ諸島（Madeira）のポルト・サント島に Olho de Pargo（「フエダイの目」という意味がある）という名前で持ち込まれた．彼は友人の João da Silva 氏にブドウを渡し，彼がそれらをエイラス（Eiras）に植えたことで最初の地方名は UVA DAS EIRAS と命名された．後に「かたつむり」を意味する CARACOL に改名されたが，それは da Silva 氏のニックネームであった．

カリフォルニア大学デービス校でDNA解析が行われたが，他の既知品種とは一致しなかった．

ブドウ栽培の特徴

かなり豊産性で灰色かび病に感受性である．

栽培地とワインの味

CARACOLはポルト・サント島で生食用として，またワイン生産用として栽培されている．2010年には9 ha（22 acres）の栽培が記録されており，マデイラ（Madeira）ワインとして公認されている．

CARCAJOLO BLANC

BARIADORGIAを参照

CARCAJOLO NERO

PARRALETAを参照

CARDINAL

アジアでワイン用に用いられることがある，北米の赤い果皮の生食用ブドウ

ブドウの色：

主要な別名：Apostoliatiko，Francesa，G 10-30，Karaburnu Rannii，Kardinal，Rannii Carabournu

起源と親子関係

カリフォルニア州のフレズノ園芸野外試験場（Fresno Horticultural Field Station）において，E SnyderとF Harmonの両氏が1939年に得た品種である．当初はAHMEUR BOU AHMEUR（別名FLAME TOKAY）×ALPHONSE LAVALLÉE（別名RIBIER，ただしフランスのRIBIER NOIRとは無関係）の交配品種であると考えられていたが，DNA系統解析によってSZŐLŐSKERTEK KIRÁLYNŐJE（KÖNIGIN DER WEINGÄRTENとしても知られる）×ALPHONSE LAVALLÉEと修正された（Akkak *et al.* 2007; Ibañez, Vargas *et al.* 2009）．ここで，SZŐLŐSKERTEK KIRÁLYNŐJEは1916年にハンガリーで得られた生食用のブドウのことでAFUS ALI（DATTIER DE BEYROUTHとしても知られているレバノンの生食用ブドウ）×CSABA GYÖNGYE（PERLE VON CSABAとしても知られている）の交配により育種されたものである．ALPHONSE LAVALLÉEはKHARISTVALA KOLKHURI×MUSCAT OF HAMBURGの交配により育種された別のフランスの生食用ブドウである．

CARDINALはBLANC DU BOIS，CORREDERAおよびZHEMCHUZHINA OSKHIの育種に用いられた．

ブドウ栽培の特徴

萌芽期は遅く，早熟である．樹勢が強くて豊産性である．厚い果皮をもつ大きな果粒で，大きな果房をつける．べと病およびうどんこ病に感受性である．

栽培地とワインの味

CARDINALは世界中で生食用として広く栽培されており，Allied Domecq社がベトナム北部にワイナリーを設立しようとしたときにワイン生産用の原料として活用された．

CARGARELLO

絶滅寸前のイタリア北部のリミニ地域（Rimini）の白品種

ブドウの色：● ● ● ● ●

主要な別名：Cargarèl

ブドウ栽培の特徴

樹勢が強く，豊産性で熟期は中期である．灰色かび病に感受性である．

栽培地

CARGARELLO は，イタリアの東海岸沿岸のリミニ近くの Valle del Conca で主に栽培されていた．現在ではリミニに近いメレニャーノ（Marignano）のサン・ジョヴァンニ地域（San Giovanni）や San Teodoro di Mondaino（モンテフェルトロ（Montefeltto）近郊）などにある．たとえばリミニの Rocche Malatestiane 協同組合のブドウ畑などにわずかな数の樹しか残っていない．これは Consorzio Vini Tipici di San Marino（サンマリノワイン共同事業体）の功績により CARGARELLO はサンマリノ共和国でも栽培されている．

CARICA L'ASINO

稀少なイタリアの白品種はピエモンテ州（Piemonte）でブレンドワインに消えていく．

ブドウの色：● ● ● ● ●

よく CARICA L'ASINO と間違えられやすい品種：BARBERA BIANCA，VERMENTINO

起源と親子関係

フィロキセラ被害のあとで，リグーリア州（Liguria）からピエモンテ州のアレッサンドリア県（Alessandria）やノヴァーラ県（Novara）に持ち込まれた．「ロバに積む」という意味をもち，その名はこの品種の高い生産性を表すものだと考えられている．または当時，ロバがブドウ畑からブドウを運搬するための唯一の手段であったことによるのかも知れない．

ブドウ栽培の特徴

9月の終わりに成熟．

栽培地とワインの味

イタリア北西部のピエモンテ州でのみ栽培されており，通常 CORTESE，TIMORASSO，BARBERA BIANCA などの地方の品種とブレンドされている．しかし Marenco di Strevi 社の Patrizia Marenco 氏は地方のブドウ畑からこの品種を救済し，3,000 本のブドウの樹を植え直し，CARICA L'ASINO 100％からなる桃やアプリコットの風味のある香り高いワイン Carialoso（生産者による表現）を作った．

CARICAGIOLA

PARRALETA を参照

CARIGNAN

MAZUELO を参照

CARIÑENA

MAZUELO を参照

CARIÑENA BLANCA

MAZUELO を参照

CARLOS

色の薄い果皮の *Muscadine* 交雑品種はノースカロライナ州で人気が高い.

ブドウの色：

起源と親子関係

CARLOS は，1951 年にノースカロライナ州立大学の園芸科学学部の W B Nesbitt, V H Unverwood, D E Carroll 氏らが HOWARD ×NORTH CAROLINA 11-173 の交配により得た MUSCADINE 交雑品種（おもに *Vitis rotundifolia* であるが，わずかに *Vitis labrusca* と *Vitis vinifera* の遺伝的背景を有する）である.

- HOWARD は SCUPPERNONG × Rotundifolia male black の交雑品種，後者は *Vitis rotundifolia* ブドウから選択された.
- NORTH CAROLINA 11-173 は TOPSAIL × TARHEEL の交雑品種
- TOPSAIL は LATHAM × BURGAW の交雑品種
- LATHAM は *Vitis rotundifolia* の選択品種
- BURGAW は THOMAS × NORTH CAROLINA V19 R7 B2 の交雑品種
- THOMAS は *Vitis rotundifolia* の選択品種
- NORTH CAROLINA V19 R7 B2 は SCUPPERNONG × NEW SMYRNA の交雑品種
- NEW SMYRNA は *Vitis rotundifolia* の選択品種
- TARHEEL は LUOLA × NORTH CAROLINA V36 R15 B4 の交雑品種
- LUOLA は *Vitis rotundifolia* の選択品種
- NORTH CAROLINA V36 R15 B4 は EDEN × NORTH CAROLINA V23 R4 B2 の交雑品種
- EDEN は ONTARIO × NY 10085 の交雑品種（ONTARIO の系統は CAYUGA WHITE 参照）
- NEW YORK 10085 は TRIUMPH × MILLS の交雑品種（TRIUMPH の系統は CASCADE を，MILLS の系統は GR 7 を参照）
- NORTH CAROLINA V23 R4 B2 は EDEN × *Vitis rotundifolia* var. *munsoniana* の交雑品種

ブドウ栽培の特徴

比較的，耐寒性を有するが，萌芽期が早期であるので春の霜による被害を受ける傾向がある．熟期は早期～中期である．樹勢が強く豊産性，苦みがあり，強固な果皮をもつ小さな果粒である.

栽培地とワインの味

CARLOSはノースカロライナ州を先導するMUSCADINE品種である．2006年に410 acres（166 ha）の栽培が記録されており，アメリカ国内のMUSCADINE生産の95%を同州が占めている．主にワインの生産に用いられるがジュースや生食用としても消費されている．ヴァラエタルワインの生産者にはテキサス州のColony社やノースカロライナ州のBannerman社などがある．

CARMENÈRE

深い色合いで時に草の香りをもつワインは，起源となったボルドーよりもチリでよりこのブドウから多く作られている．

ブドウの色：

主要な別名：Bordo ☿（イタリアのレッジョ・エミリア県（Reggio Emilia）），Cabernelle（メドック（Médoc）），Cabernet Gernicht（中国），Cabernet Gernischet（中国），Cabernet Gernischt ☿（中国），Cabernet Shelongzhu（中国），Carbonet（メドック），Carbouet（グラーブ（Graves）），Caremenelle（メドック），Carménègre，Carménère，Carmeneyre（ベルジュラック（Bergerac）），Grosse Vidure（メドック）

よくCARMENÈREと間違えられやすい品種：カベルネ・フラン（CABERNET FRANC ☿（ジロンド県（Gironde）およびイタリア北東部）），カベルネ・ソーヴィニヨン（CABERNET SAUVIGNON ☿（ジロンド県）），メルロー（MERLOT ☿（チリ））

起源と親子関係

カルムネール（CARMENÈRE）はジロンド県の古い品種で，ベルジュラックでは1783〜4年にCarmeynereという名でカベルネ・フラン（CARMENET）とともに次のように記載されている．「Carmenetはメドックでも同じ名前．Carmeneyre．いずれも低い収量，特にCarmeneyreは．しかしワインは非常によい」（Rézeau 1997）．Jullien（1816）が現代風の表記で最初に次のように記載している．「carmenet, carmenère, malbek, verdotはボルドーのブドウ畑を形成し，最高の品質の赤ワインになる」．深紅の色*carmin*（carmine）がCARMENET同様にカルムネールの語源であると述べる研究者もいるが，この真相は定かではない．

DNA系統解析によって，カルムネールはカベルネ・フラン×GROS CABERNETの自然交配品種であることが示された．GROS CABERNETはジロンド県とタルヌ県（Tarn），（CABERNET FRANCの系統図参照）の非常に古い品種であり，カベルネ・フランとよく混同されてきた（Boursiquot *et al.* 2009）．GROS CABERNETはもはや栽培されていないが，いずれもスペインのバスク（Basque）が起源の地であるFER × HONDARRIBI BELTZAの交配品種と考えられる（Boursiquot *et al.* 2009）．HONDARRIBI BELTZAはTXAKOLIあるいはCHACOLÍとも呼ばれており，カベルネ・フランの子品種である（Boursiquot *et al.* 2009）．これはカルムネールとカベルネ・フランが高いレベルの血縁関係を有していることを示唆している．なぜならば，カルムネールはカベルネ・フランの子品種であると同時に，そのひ孫品種にもあたるからである．カルムネールはまたカベルネ・ソーヴィニヨンとメルローとは片親だけの姉妹関係にある．こうしてカルムネールとカベルネ・フラン，カベルネ・ソーヴィニヨンおよびメルローがCarmenetグループに分類され，よく混同される理由が説明できる（p XXXII参照；Bordenave *et al.* 2007; Bisson 2009）．

イタリアでは，ブドウの形態分類学的解析および分子生物学的研究によりカベルネ・フランのイタリアのタイプと呼ばれている品種が，実はカルムネールであり，カベルネ・フランのフランスタイプと呼ばれているものが本物のカベルネ・フランであることを明らかにした（Calò, di Stefano *et al.* 1991）．カベルネ・フランとカルムネールとの混同はカリフォルニア州でも見られる．チリでは1994年にメルローだと考えられてきたブドウの樹の何本かが実はカルムネールであることが明らかになり，その後のDNAプロファイリング調査によってチリで栽培されているMERLOT NOIRのほとんどはカルムネールであることが明らかになった（Hinrichsen *et al.* 2001）．

中国ではCABERNET GERNISCHTの正体について長い間議論があり，以下のように述べられている．

- カベルネ・ソーヴィニヨンとカベルネ・フランの交配品種が1892年に設立直後のChangyu（またはZhangyu，張裕）ワイナリーに持ち込まれた．
- 1892年にChangyuワイナリーがカベルネ・フランを中国に持ち込んだが，これはCABERNET GEMISCHT（ドイツ語で「カベルネ（CABERNET）の混合物」の意味をもつ）の表記間違いであり，最初に穂木が輸入されたときに混入したのであろう（Luo 1999）．
- 1931年にChangyuワイナリーがヨーロッパから新しく持ち込まれた未公開のブドウから交配品種を開発した（Zhengping 2011）．
- フランスから持ち込まれたカルムネールは，上記と同じ理由によりカベルネの混合物として紹介された（Freeman 2000; Pszczólkowski 2004）．

中国におけるブドウの形態分類学的研究および分子生物学的研究によれば，CABERNET GERNISCHTはカベルネ・フランと同一であると考えられているが（Yin *et al.* 1998; Song *et al.* 2005）．他方，近年行われた別の研究によるとカルムネールと同一であるとされている（Li *et al.* 2008）．DNA解析の結果，ChangyuワイナリーのCABERNET GERNISCHTはカルムネールと同一であることが明らかになった（Vouillamoz）．

CABERNET GEMISCHTという名前は，ヨーロッパの絶滅した古い品種でカベルネ・フランの祖先品種であろうと信じられているCABERNET GERNISCHTの表記間違いである．しかし，このことはヨーロッパのブドウ分類学やブドウ栽培学の本には記載されておらず，CABERNET GEMISCHTという用語はカベルネ・ソーヴィニヨンやカベルネ・フランとブレンドされるときの醸造学的な解析との関係においてのみ用いられている．中国では広くCABERNET SHELONGZHUとも呼ばれており，これは「カベルネ・ヘビの真珠（Cabernet snake pearl）」を意味するが，中国語の話し手にとって発音しやすいのでChangyuワイナリーがこの言葉を選んだ．

ブドウ栽培の特徴

樹勢が強く，結実能力はさほど高くなく（low basal-bud ferrility requires cane pruning）中サイズの深い青の色合いの果粒の小さな果房をつける．花ぶるいと根の感染に感受性である．晩熟（チリではメルローの4～5週間後）．中国では頑強で黒とう病に耐性である．甘粛省のHelan Mountain（賀蘭山）やHexi Corridor（河西走廊）の東部の砂地に栽培は適している．

栽培地とワインの味

カルムネールは，18世紀初頭にはフランス南西部のメドック地方で広く栽培されていたが，1870年代のフィロキセラの侵入後，ボルドーでは乏しい着果と不安定な収量という理由から栽培されなくなった．フランスでは，2008年には21 ha（52 acres）の栽培しか記録されていない．現存する栽培地としては，同国での栽培地としては，ポイヤック（Pauillac）にあるChâteau Clerc Milon社の0.4 ha（1 acreもしくは畑の約1%，オー・メドック（Haut-Médoc）のChâteau Belle-Vueと同様に）が記録されており，またコート・ド・カスティヨン（Côtes de Castillon）にあるClos Louie社ではフィロキセラ被害以前のカルムネールが他のボルドー品種とともに，125年前から栽培されている接ぎ木をしていない古いブドウ畑で混植されている．Château Brane-Cantenac社では2007年に0.5 ha（1.2 acres）に植え付け，2011年の*Grand vin*に加えられた．

イタリアでは2000年に45 ha（111 acres）という調査結果があり，栽培のほとんどは北東部で見られる．カベルネ・フランだと思われていた樹が実際はカルムネールであったということが多いので，実際よりも低めに見積もられている数字であると思われる．この品種をGarda CabernetやMonti Lessiniなどの原産地呼称でブレンドワインの生産に用いることは認められているが，DOCやIGTのヴァラエタルワインには公認されていないので，品種名の混乱が明らかになったときに，ロンバルディア州（Lombardia）のCa'del Bosco社はテーブルワインに分類されるCarmeneroという名のよくできたヴァラエタルワイン作りを始めた．Inama社のCarmenere Puìがカルムネール，メルローや他のコッリ・ベリーチ（Colli Berici）

の品種とのブレンドワインであり，IGT Veneto 社に分類されている．Ca Orologio 社の Relógia ワインはカルムネール主体で作られており，20% のカベルネ・ソーヴィニヨンがブレンドされている．

わずかなカリフォルニアの生産者もカルムネールに興味を示し，2009年には57 acres（23 ha）の栽培が記録されている．この値はわずかにボルドーより多い．これはおそらくメリタージュ協会（Meritage Alliance）のボルドーブレンドワインの作り方がカルムネールを含んでいるからであろう．たとえば，Guenoc 社のワインにはカベルネ・ソーヴィニヨン，カベルネ・フラン，PETIT VERDOT およびメルローがブレンドされている．Dover Canyon 社は珍しいヴァラエタルワインをパソロブレス（Paso Robles）東部の Colbert Vineyard 社で栽培されるブドウを用いて作っている．カルムネールのヴァラエタルワインは成熟条件がチリとは異なるワシントン州では一般的でない．

カナダのブリティッシュコロンビア州の Black Hills 社は単一ブドウ畑でカルムネールワインを作り，ブレンドワインの生産に用いている．もっとも2008年の調査ではわずかに1 acre（0.4 ha）以下の栽培面積であった．

チリは現在カルムネール栽培の本拠地となっている．19世紀半ば頃に最初にチリに渡ったカルムネールは主にメルローと一緒に混植された．当時の栽培家はおそらくメルローだけだと思っていただろうが．チリはフランス西南部よりも温暖で乾燥した気候であるので長い熟成期間が確保され，良好な生育を示している．フランスのブドウ分類の専門家である Claude Valat 氏はチリのメルローの一部は本物ではないことに最初に気づき，1994年に J-M Boursiquot 氏がそれをカルムネールであると同定し，1997年の DNA 解析によりこれが確認された．チリの当局は1998年にこの品種を同国の公式品種と決定した．カルムネールが栽培されている土地は1996年のゼロから2006年には7,183 ha（17,750 acres）に増え，2008年には7,054 ha（17,431 acres）と少し減少したものの，カルムネールと同定された後もメルローの栽培面積は継続して増えているため，公式統計でどの程度正確に品種を正割しているのかは不明である．

メルローとカルムネールの混同はよく知られているが，ほとんどの栽培者は前者はメルローとして，また後者は MERLOT CHILENO として違いを認識していると Richards（2006）は述べている．

充分熟する前に収穫されると，ワインは強いピーマンのような青臭いフレーバーをもつ．しかし，熟すと，赤いベリーとときに黒胡椒かトマトのような香りになる．そして完全に熟すとチョコレート，コーヒーおよびしょうゆの含みのあるブラックベリーかブルーベリーのようになるが，この時点で酸味を失う．チリには Antiyal，Concha y Toro，Errázuriz，Montes，Ventisquero 社などのヴァラエタルワインを生産する各社がある，わずかな量を加えることで，Almaviva ワインのような多くのチリのトップブレンドワインに非常にさわやかな印象を与える．De Martino 社や他の生産者は，マイポ・バレー（Maipo Valley）のイスラ・デ・マイポ（Isla de Maipo）にある Alto de Piedras の単一の畑から作られるワインに見られるような，この品種の最高の場所を見いだそうとしている．

アルゼンチンでは2008年に32 ha（79 acres）の栽培が記録されており，ほとんどがメンドーサ州（Mendoza）で見られる．

オーストラリアでは，ヴィクトリア州の Brown Brothers 社が限られた量のヴァラエタルワインを作っている．

中国では，19世紀の終わりに CABERNET GERNISCHT が植え付けられ，カルムネールワインはカベルネ・フランによくある草の香りをもち，カベルネ・ソーヴィニヨンに似たテクスチャーをもつ．Shangdong（山東省）の Jiaodong（山東半島）で広く栽培されており，また北東中国の南部，北および北西中国でも栽培されている．推奨される生産者としては Changyu Wine Group 社および China Great Wall Wine 社があげられる．2009年には1,218 ha（3,010 acres）の CABERNET GERNISCHT の栽培が記録されている．

CARMINE

カベルネの特徴をもつマイナーな北米の交配品種

ブドウの色：● ● ● ● ●

起源と親子関係

CARMINEはF2-7×メルロー(MERLOT)の交配品種である．F2-7は1946年にカリフォルニア大学デービス校のHarold P Olmo氏がMAZUELO×カベルネ・ソーヴィニヨン（CABERNET SAUVIGNON）の交配により得た交配品種であり，1976年に市場に公開された（Walker 2000)．当時はカベルネ・ソーヴィニヨンとメルローの親子関係は知られていなかったので，Olmo氏は片親だけが姉妹関係にある2品種を交配したとは考えていなかった．

ブドウ栽培の特徴

萌芽期は遅く晩熟である．大きな果房で豊産性である．

栽培地とワインの味

Olmo氏はカリフォルニア州の寒冷な海岸沿岸地域において栽培に適したブドウを育種する目的で交配を試みたが，同州ではこの目的に達成できなかった．現在ではペンシルベニア州，ミシガン州，オレゴン州，コロラド州，ケンタッキー州などで少し栽培されている．この品質から作られる典型的なワインは深い色合いでタンニンが強く，ピーマンのような香りがあり，ブレンドワインの生産に用いられている．

CARMINOIR

PINOTよりもカベルネ・ソーヴィニヨン（CABERNET SAUVIGNON）の特徴をより多く備えた，近年開発されたスイスの交配品種

ブドウの色：● ● ● ● ●

起源と親子関係

CARMINOIRは，1982年にスイスのローザンヌ郊外にあるシャンジャン・ヴューデンスヴィル農業研究所（Agroscope Changins-Wädenswil）に属するピュリー（Pully）のCaudozブドウ栽培研究センターで得られたピノ・ノワール（PINOT NOIR)×カベルネ・ソーヴィニヨンの交配品種である（Vouillamoz 2009c)．

ブドウ栽培の特徴

結実能力が高く，中～高レベルの樹勢をもち，控えめだが安定した収量を示す．小さな果粒が密着し中～小サイズの大きさの果房をつける．萌芽期は中期で，熟期は中期～晩期である．灰色かび病に良好な耐性を示す．樹勢が抑制される場所と台木が必要である．

栽培地とワインの味

CARMINOIRが十分に熟すのは，カベルネ・ソーヴィニヨンが十分成熟するスイスの最適地においてのみである．CARMINOIRの普及は制限されることになる．2009年には10 ha（25 acres）の栽培が記録されており，主にヴァレー州（Valais）で見られ（6 ha/15 acres)，現地ではVieux MoulinおよびJean-Camille Juillandの二社が良質のヴァラエタルワインを作っている．またティチーノ州（Ticino）(2.5 ha/6 acres）では Daniel Huber および Cantina dell'Orso の二社がブレンドワインを生産している．CARMINOIR ワインは通常オークで熟成され，力強いタンニン，ドライプラム，スパイスやエルダーベリーのアロマを有している．

CARNELIAN

暑い気候条件でもカベルネ・ソーヴィニヨン（CABERNET SAUVIGNON）の特徴を保持した北米の交配品種．西オーストラリアで驚くべき成功を収めた．

ブドウの色：● ● ● ● ●

起源と親子関係

CARNELIAN は F2-7×グルナッシュ（GARNACHA）の交配品種である．F2-7 は1949年にカリフォルニア大学デービス校の Harold P Olmo 氏が MAZUELO×カベルネ・ソーヴィニヨンの交配により得た交配品種であり，1974年に市場に公開された（Walker 2000）．

ブドウ栽培の特徴

小～中サイズの果粒が密着し，中～大サイズの果房をつける．樹勢が強く温暖から暑い気候下での栽培に適しているが，収穫が過剰になる傾向がある．熟期は早期～中期である．果粒は高い糖度に達するが収穫は非常に困難である．

栽培地とワインの味

Harold Olmo 氏がカリフォルニア州の中でも特に温暖な土地であるセントラル・バレー（Central Valley）におけるカベルネ（CABERNET）の代用の品種として CARNELIAN を開発したが，グルナッシュの特徴である高い糖度と収穫の困難さから，その成功と普及には困難がともなった．品種が紹介されてから直ちに数千 acre に植え付けられたが，次第に減少し2008年には893 acres（340 ha）になった．そのほとんどはフレズノ郡（Fresno）に見られ，またカーン郡（Kern）やトゥーレアリ郡（Tulare）でも見られる．収量を制限しなければ，ワインは特徴を欠くため，ブレンドされたカラフェワイン（大きい水差しかボトルで販売される安価なワイン）の生産に用いられている．テキサス州やハワイ州にも植え付けられたが，ハワイ州ではマウイにある Tedeschi Vineyard 社が栽培していた CARNELIAN は，よりよい品質のシラー（SYRAH），シュナン・ブラン（CHENIN BLANC），ヴィオニエ（VIOGNIER）やマルベック（MALBEC/COT）などに置き換えられてしまった．

オーストラリアでは，西オーストラリアの州にあるいくつかのブドウ畑で CARNELIAN の苗木をサンジョヴェーゼ（SANGIOVESE）と間違えて植えたのだが，その結果は驚くべき良好なものであった．カベルネ・ソーヴィニヨンに似た特徴をもち，この冷涼な土地では良好な酸度が保たれる．Mad Fish 社（Howard Park ブランド）などの生産者がヴァラエタルワインを作っている．マンジマップ（Manjimup）の Peos Estate 社によれば，ワインは高いタンニンと酸味，良好な熟成のポテンシャルをもつが，若いうちはいくぶん近寄りがたいので，ブレンドするのがよいと述べている．CARNELIAN は明らかにロゼワインに適した可能性ももっている．

CARRASQUÍN

ブレンドワインやロゼワインに用いられる非常にマイナーなスペイン，アストゥリアス地方（*Asturias*）の品種

ブドウの色：● ● ● ● ●

よくCARRASQUÍNと間違えられやすい品種：Carrasco ✕ または Carrasco Negro（アストゥリアス）

起源と親子関係

スペイン最北西部のアストゥリアス地方のCARRASQUÍNは遺伝的にALBARÍN NEGROに非常に近縁である（Martín *et al.* 2006）．ALBARÍN NEGROという名前はアストゥリアス地方ではALFROCHEIROに，またアストゥリアス地方のすぐ南にあるレオン県（León）ではPRIETO PICUDOに用いられている（Martín *et al.* 2003）．

他の仮説

CARRASQUÍNはアストゥリアス地方のCARRASCO（もはや栽培されていない）と同一であるとよくいわれるが，DNA解析によって（Martín *et al.* 2006; Gago *et al.* 2009），二つは異なる品種であることが明らかになった（Vouillamoz）．

栽培地とワインの味

スペイン北西部のアストゥリアス地方で栽培されているが，公式統計には現れないほどマイナーな品種である．ワインは色が薄くて酸味が弱く，幾分ニュートラルであり主にロゼワインの生産に用いられている．Monasteria de Corias社はCARRASQUÍNとMENCÍA，VERDEJO NEGRO（TROUSSEAU）およびALBARÍN NEGRO（ALFROCHEIRO）をブレンドしており，この品種はアストゥリアス地方南西部の地理的表示保護ワインであるVino de la Tierra de Cangasの生産に公認されている．

CARREGA BRANCO

軽くて平凡なワインになるポルトガルの品種

ブドウの色：● ● ● ● ●

起源と親子関係

ほとんど知られていないこの品種はポルトガル北東部のドウロ（Douro）かトラス・オス・モンテス（Trás-os-Montes）由来であろう．

ブドウ栽培の特徴

灰色かび病に感受性である．薄い果皮をもつ果粒で，中サイズの果房をつける．熟期は中期～晩期である．

栽培地とワインの味

おもにポルトガル北部のドウロで，また少量がベイラス（Beiras）で栽培され，2010年には460 ha（1,137 acres）の栽培が記録されていた．ワインは通常軽く，シンプルで，酸味の強いRABIGATOなどの品種のワインとブレンドするのがよい．

CARRICANTE

非常に高品質でキレがあり，特徴的なワインになる可能性をもつ
イタリア，シチリア（*Sicilia*）の白品種

ブドウの色：● ● ● ● ●

主要な別名：Catanese Bianco
よくCARRICANTEと間違えられやすい品種：CATARRATTO BIANCO

起源と親子関係

シチリア島のカターニア県（Catania）には CARRICANTE の発祥地としての Viagrande についてこの地方の言い伝えがある．この品種名はこの品種が示す豊富な収量にちなんだものであろう（*carica* は「詰め込む」という意味がある）．1774年に Sestini 氏が，「エトナ地方（Etna）の醸造家は CARRICANTE ワインを樽の中で春にマロラクティック発酵が進むようシュール・リーにしており，こうして自然の高い酸度が抑制されていた」と記載している（Giavedoni and Gily 2005）．Cipriani *et al.*（2010）は最近，DNA 系統解析の結果，CARRICANTE は MONTONICO PINTO × SCACCO の自然交配品種であろうと述べている．このうち前者の黒い果皮色の品種は栽培されておらず，後者の白果粒品種は FORCELESE D'ASCOLI × DINDARELLA の交配品種である（FORCELESE D'ASCOLI は薄い色の果皮をもつ，栽培されていない品種である）．この親子関係は若干 DNA プロファイルの不一致を示すのでさらなる解析が必要である．

ブドウ栽培の特徴

晩熟である．通常9月末から10月初頭にかけて収穫されるが，酸度を落とすために時に収穫時期をより遅くすることもある．株仕立てが一般的である．

栽培地とワインの味

CARRICANTE はイタリア，シチリア島東部にある，カターニア県（Viagrande, Trecastagni, Zafferana Etnea, Milo）エトナ火山（Etna）の東斜面で主に栽培されている．シチリア島の他の場所では，CARRICANTE は CATARRATTO と間違って呼ばれることがある．シチリア島の他の品種，たとえば CATARRATTO BIANCO，INZOLIA や MINELLA BIANCA とブレンドされるが，Etna Bianco ワインには少なくとも60%が，また Etna Bianco Superiore ワイン（このワインに使用されるブドウは Milo からのみ仕入れられる）には80%の CARRICANTE を用いる必要がある．時に NERELLO MASCALESE などの赤品種をまろやかにするために用いられることもある．しかし，100% CARRICANTE のワインは印象的で美味であり，オレンジ，グレープフルーツ，オレンジの花，アニスの種，白いフルーツのアロマを示し，さわやかな酸味，しなやかな枠組みの中で注目に値するミネラル感を有している．若いワインは軽く蜂蜜のノートをもつこともある．イタリアでの栽培は2000年に264 ha（652 acres），シチリア島では2008年に101 ha（250 acres）が記録されているが，次第に注目されてきている．

Barone di Villagrande 社は有機栽培により CARRICANTE のヴァラエタルワイン Etna Bianco Superiore を生産している．Benanti 社は安価な Bianco di Casele と，濃厚でミネラル感があり，熟成させる価値のある古いブドウの樹から作る Pietramarina Superiore という2種類の，素晴らしい Etna Biancos 生産している．いずれも特徴的なオレンジとアニスシードのノートがあるが，草，または杉のような香りもあり，アルコール分は12～12.5%程度と控えめである．

CASAVECCHIA

復活をとげた濃い果皮色の古いイタリア品種.
カンパニア州（Campania）の一部でのみ栽培されている.

ブドウの色：● ● ● ● ●

起源と親子関係

伝承によると，19世紀の半ばに地方の栽培家が樹齢100年のCASAVECCHIAから穂木を得て，他の栽培家や家族に渡したとされる（Masi *et al.* 2001）. 原型のブドウがイタリア，カンパニア州カゼルタ県（Caserta）北部のフナリ・ディ・ポンテラトーネ（Funari di Pontelatone）にある石造りの古い農家の近くで発見されたことで，このミステリアスな品種名が命名された（*casa*は「家」を意味し，*vecchia*は「古い」を意味する）.

近年のDNA研究によれば，CASAVECCHIAのDNAプロファイルはカンパニア州や他の地域で栽培されるいずれの品種とも一致しないが，ナポリ県（Napoli）のCATALANESCAやPALLAGRELLO NEROとは，親子関係は認められないものの（Vouillamoz），遺伝的な関係が示唆されている（Costantini *et al.* 2005）.

他の仮説

CASAVECCHIAは大プリニウスにより記載されているTREBULANUMであると述べる研究者もいる. Cipriani *et al.*（2010）は，近年DNA系統解析によりCASAVECCHIAはMALVASIA BIANCA DI CANDIA×ABBUOTO（CECUBOという名で）の自然交配により生まれた品種であると述べているが，同じ研究からABBUOTO自体がPIEDIROSSO×CASAVECCHIAの自然交配品種であると結論づけられているのでその可能性は低く，さらなる研究が必要である.

ブドウ栽培の特徴

9月末から10月の中旬にかけて成熟する.

栽培地とワインの味

CASAVECCHIAの栽培地域は非常に限定されており，イタリア，カンパニア州，カゼルタ県北部の九つの村にある古いブドウ畑で主に栽培されている（主にPontelatone, Caiazzo, Formicola, Liberi, Castel di Sasso）. 熱烈な生産者と良心的な研究者がこの品種を守り発展させるための試みに取り組んでおり，同品種はブレンドワインの生産に用いられているが，ヴァラエタルワインの生産も次第に増えつつある. これらのワインはハーブ，乾燥した葉，腐植，乾燥マッシュルーム，グリーンペッパーとリコリスのアロマを有する.

Terre del Principe社のCantomoggia CasavecchiaワインやViticoltori del Casavecchia社のCorterosaはこの品種から作られるワインのよい例である. Fattoria Alois社は大プリニウス（上記参照）を引用して，同社のヴァラエタルのCASAVECCHIAワインであるTrebulanum（IGT Campania）を，色の濃い果物と皮（レザー）のアロマがあり，しっかりした濃いタンニン，香ばしいモカのフレーバーをもつオークで熟成した力強いワインであると述べている.

CASCADE

早熟だが，ウィルス感染の危険性のある濃い果皮色の交雑品種

ブドウの色：● ● ● ● ●

起源と親子関係

フランス南部，アルデシュ県（Ardèche），オーブナ（Aubenas）の Albert Seibel 氏が，SEIBEL7024×GLOIRE DE SEIBEL の交配により 20 世紀初頭に得た交雑品種である．

- SEIBEL 7024 は SEIBEL5351×SEIBEL 6268 の交配品種
- SEIBEL 5351 は SEIBEL880×SEIBEL 2679 の交配品種（SEIBEL 880 の系統は PRIOR 参照）
- SEIBEL 2679 は TRIUMPH×ALICANTE TERRAS 20 の交配品種
- TRIUMPH は CONCORD×CHASSELAS MUSQUÉ の交雑品種（後者は CHASSELAS のマスカットフレーヴァーの変異）
- ALICANTE TERRAS 20 は ALICANTE HENRI BOUSCHET×RUPESTRIS DU LOT（台木として用いられる *Vitis rupestris* 品種）の交雑品種
- SEIBEL 6268 は SEIBEL 4614×SEIBEL 3011 の交配品種（SEIBEL 4614 および SEIBEL 3011 の系統は HELIOS 参照）
- GLOIRE DE SEIBEL は SEIBEL 867×SEIBEL 452 の交雑品種（SEIBEL 867 の系統は NOIRET 参照）
- SEIBEL 452 は ALICANTE GANZIN×SEIBEL 1 の交雑品種（ALICANTE GANZIN の系統は ROYALTY 参照）
- SEIBEL 1 は MUNSON×*Vitis vinifera* subsp. *Vinifera* の交雑品種．後者は未知の *vinifera* 品種（MUNSON の系統は PRIOR 参照）．

CASCADE は1938年から商業利用されている．後にカナダで L'ACADIE BLANC の育種に用いられた．

ブドウ栽培の特徴

豊産性，頑強で非常に早熟である．果粒が粗着した果房のためかびの病気に良好な耐性をもつが，ウィルスに高い感受性がある．

栽培地とワインの味

非常に早熟であるのでアメリカ北東部の冷涼な土地での栽培には有用な品種であり，かつてはニューヨーク州（1975年に183 acres/74 ha）で限定的に植えられた．しかし，ウィルスに脆弱であるので栽培と人気は限定的なものとなり，最近最後の栽培区画からブドウは抜かれてしまった．ワインは軽く酸味は弱くなりがちである．

CASCAROLO BIANCO

かろうじて残っているピエモンテ（Piemonte）の古い白品種

ブドウの色：● ● ● ● ●

主要な別名：Cascarala，Cascarecul，Cascarelbo
よくCASCAROLO BIANCOと間違えられやすい品種：Augster Weisser

起源と親子関係

1606年にトリノ（Torino）の丘陵地域のCroceが，CASCAROLO BIANCOは，非常に古いピエモンテの品種であると記載している．この品種名は，花ぶるいに感受性であることに由来し，イタリア語で，「落ちる」を意味する*cascolare*に由来したものであろう．栽培されていないハンガリーの品種，FEHÉR GOHÉR（別名AUGSTER WEISSER）はCASCAROLO BIANCOの別名であるという説があったが（Goethe 1887），DNA解析の結果はこれを強く否定するものであった（Vouillamoz）．

最近のDNA研究により，CASCAROLO BIANCOは非常に古いスイスアルプスの品種であるRÈZEの子品種であるという証拠が示されたが（Vouillamoz，Schneider *et al.* 2007），これはERBALUCEとの近縁関係に疑問を投げかけるものであった（Vouillamoz）．

栽培地とワインの味

かつてイタリア北西部のピエモンテ（Casale MonferratoならびにMoncalvoにあるPineroloとCheri周辺）で広く栽培されており，現地ではワインはとても尊敬されていた．現在ではこの品種はほとんど消失しているが，アルプスのふもとの古いブドウ畑の所どころで見られる．

CASCULHO

マイナーなポルトガル北部の品種．
通常はブレンドワインの生産に用いられる．

ブドウの色：● ● ● ● ●

主要な別名：Cascudo
よくCASCULHOと間違えられやすい品種：CAMARATE

起源と親子関係

CASCULHOはポルトガル北部のトラス・オス・モンテス地方（Trás-os-Montes）に起源があるであろうと考えられている．CASCULHOはバイラーダ地方（Bairrada）ではCAMARATEの別名であるが（Veloso *et al.* 2010），両者は異なるDNAプロファイルをもっており同一ではない．

ブドウ栽培の特徴

薄い果皮をもつ小さな果粒で，大きな果房をつける．

栽培地とワインの味

CASCULHO はドウロ（Douro）のテーブルワインとして，またセトゥーバル半島（Península de Setúbal）の地理的表示保護ワインとして登録されているが，ヴァラエタルワインが作られるのは珍しい．Quinta do Carrenho 社の Dona Berta Vinha Centenária ワインはドウロの古いブドウの樹から作られており例外である．2010年にはポルトガルで730 ha（1,804 acres）の栽培が記録されている．

CASETTA

イタリア北部の濃い果皮色のこの品種は絶滅の危機から救済され，しっかりした骨格をもつ特徴的なワインになる．

ブドウの色：

主要な別名：Lambrusco a Foglia Tonda，Lambrusco Casetta ☒，Maranela
よくCASETTAと間違えられやすい品種：ENANTIO，FOGLIA TONDA（トスカーナ（Toscana））

起源と親子関係

CASETTA はイタリア最北部のトレント（Trent）南，ヴァッラガリーナ地方（Vallagarina）の谷のテッラ・デイ・フォルティ（Terra dei Forti）で栽培が見られる．CASETTA という品種名は，単にイタリア語で「小さな家」という意味によるものではなく，Marani di Ala の家族の名前に由来していることから，品種の別名である MARANELA の説明がつく．

CASETTA はヴァッラガリーナの別の在来品種である ENANTIO とよく混同される．ENANTIO は伝統的な LAMBRUSCO A FOGLIA FRASTAGLIATA（「歯状突起のある葉」の意味）に最近与えられた名称である．この地方の方言では，CASETTA は LAMBRUSCO A FOGLIA TONDA とよく呼ばれ，他方 ENANTIO は FOJA TONDA（「丸い葉」の意味）と呼ばれていた．しかし ENANTIO は形態学的には CASETTA とまったく異なっており（Calò *et al.* 2006），DNA プロファイルは両者の親子関係を否定した（Vouillamoz）．

この品種は LAMBRUSCO CASETTA あるいは LAMBRUSCO A FOGLIA TONDA と呼ばれることがあるが，CASETTA は遺伝的にはイタリアの他のすべての LAMBRUSCO 系品種と異なっている．

他の仮説

CASETTA は地方の野生ブドウが栽培化されたものだと述べる研究者もいるが（Calò *et al.* 2006），これは遺伝的解析では証明されていない．

ブドウ栽培の特徴

かびの病気に感受性であり，特に灰色かび病に感受性である．熟期は中期である．

栽培地とワインの味

CASETTA はかつてイタリアのトレント自治県とヴェネト州（Veneto）に広がっており，とりわけヴァル・チプリアーナ（Val Cipriana）や Val San Valentino（特に Ala の近く，San Marghevita や Marani）で栽培されていた．かびの病気に感受性であることから CASETTA の栽培は1960年代に事実上終わったが，イタリア北部の生産者である Albino Armani 社が樹齢100年以上になる接ぎ木されていない樹を発見しサン・ミケーレ・アッラーディジェ農業研究所（Istituto Agrario di San Michele all'Adige）とともに1990年代に新たに栽培を開始したことで，この品種は絶滅寸前に救済された．現在，CASETTA はヴァッラガリーナ地方でわずか12 ha（30 acres）の規模で栽培されており，現在では新しい樹と古い樹が混在しており，多くの場合，台木なしで栽培されている．

2006年からCASETTAはTerra dei Froti DOCで公認され，他の地方品種とブレンドされたり，たまにヴァラエタルワインの生産に用いられている．CASETTAワインはアントシアニン，タンニン，酸味，アルコール分に富み，調和が取れるようになるには時間を要する．通常はドライプラムとマラスキーノチェリー，シナモン，たばことムスクのアロマがある．

Albino Armani社は，1994年にFoja Tondaの名で100%のCASETTAワインを作った最初の生産者で，現在でも重要な生産者である．

CASTAGNARA

低い酸度のイタリアの赤品種．ブレンドにより改善される．

ブドウの色：● ● ● ● ●

主要な別名：Santa Maria Nera，Sarnese

起源と親子関係

ポルティチ（Portici）大学におけるDNA研究では，他のカンパニア（Campania）品種との関係は見いだせなかった（Giavedoni and Gily 2005）．

ブドウ栽培の特徴

高い収量で通常は棚仕立てにされ，古いブドウ畑で台木なしで栽培されることが多い．花ぶるいに感受性である．10月の最初の10日の間に収穫される．

栽培地とワインの味

CASTAGNARAは19世紀には好評を博しており，イタリアのカンパニアのナポリ県（Napoli）やアヴェッリーノ県（Avellino）で広く栽培されていた．現在では，おもにナポリ県のレッテレ（Lettere），カゾラ（Casola），グラニャーノ（Gragnano）やサンタントニオ・アバーテ（Sant'Antonio Abate）などでわずかに栽培されている．この品種はPenisola Sorrentina Rosso DOCで公認されており，現地ではPIEDIROSSO，SCIASCINOSO，AGLIANICOなどの品種とブレンドされている．とりわけワインの酸味は弱い．

CASTELÃO

ポルトガルで最も一般的な品種．
頑強で適応性があり，多くの異なる別名で広く栽培されている．

ブドウの色：● ● ● ● ●

主要な別名：Bastardo Castico，Bastardo Espanhol，Castelão Francês⚭（アレンテージョ（Alentejo），ドウロ（Douro），リスボン（Lisboa），Tejo（テージョ）および セトゥーバル（Setúbal）），Castellao Portugues，Castico，João Santarém⚭ または João de Santarém（Oeste），Periquita⚭（セトゥーバル半島（Península de Setúbal）），Piriquita または Piriquito（アルガルヴェ（Algarve），アレンテージョ，バイラーダ（Bairrada），テージョ）

よくCASTELÃOと間違えられやすい品種：CAMARATE ⚭，MORETO DO ALENTEJO ⚭，PEDRAL ⚭，

起源と親子関係

CASTELÃO は非常に古いポルトガルの品種で，1531年にドウロ（Douro）にて Rui Fernandes（1531–2）により，明らかな CASTELÃO の表記間違いである Catelão という名前で記載されている．最近の DNA 系統解析によって，CASTELÃO は CAYETANA BLANCA×ALFROCHEIRO の自然交配品種であることが明らかになった．前者は，イベリア半島の南部から中央部にかけて広く栽培されており，後者の栽培地域はポルトガルの南部から中部にかけてである（Zinelabidine *et al.* 2012）．CASTELÃO は CORNIFESTO，MALVASIA PRETA，JUAN GARCÍA および CAMARATE（系統図は CAYETANA BLANCA 参照）の姉妹品種にあたり，おそらく JAMPAL とも姉妹関係にあるであろう（Myles *et al.* 2011）．

CASTELÃO が TRINCADEIRA と呼ばれていた地方があるが，両者は異なる黒品種（TRINCADEIRA 参照）の公式名称であり，また他の黒や白品種（たとえば TAMAREZ，TRINCADEIRO BRANCO）にも用いられる名前であるので混乱の原因となっている．同様に，別名の BASTARDO CASTICO や BASTARDO ESPANHOL も TROUSSEAU（ダン（Dão）やドウロでは BASTARDO として知られている）との混同が考えられるので避けなければいけない．PERIQUITA（「インコ」という意味）という別名の起源は定かでない．

CASTELÃO は ÁGUA SANTA やおそらく AGRONÓMICA なども含む数多くの品種の育種に用いられた（その項目参照）．

ブドウ栽培の特徴

頑強で適応性を有する．萌芽期は早期で熟期は早期～中期である．厚い果皮をもつ中サイズの果粒が密着し，小さな果房をつける．それほどジューシーではない．花ぶるいと結実不良の傾向があり，不均一に熟することがあるが全般的に耐病性がある．

栽培地とワインの味

CASTELÃO はポルトガルで最も多く栽培されている品種で，2010年には18,550 ha（45,838 acres）の栽培が記録されているが，2004年の20,000 ha（49,420 acres）からは減少した．この品種は乾燥した南部から，大西洋の影響を受ける湿った西部まで多様な環境に適応ができる点や頑強な点が人気の理由である．特にテージョ，リスボン，セトゥーバルおよびアレンテージョなどの同国南部と中央部では主要品種であり，さらに北部のドウロでも栽培されている．この使い道の多い品種は赤の酒精強化ワインや通常の赤ワインのみならず，ロゼワインや発泡性ワインのベースとしても用いられてきた．同じ地区でも様々なスタイルのワインが作られている．リスボンの南のセトゥーバル半島では，ポセイラン（Poceirão）や Fernando Pó の砂地でおおよそ50 hl/ha（約3 tonnes/acres）の収量がある．ワインは深い色合いで，香り高くフルボディー，肉厚で長期間の熟成に耐え，オークを用いた熟成に適しており，赤い果実と森の果実の味をもつ．他方，アラービダ山脈（Arrábida）のような石灰質の粘土土壌では収量は低くなり，より軽く色の薄い，酸味の強すぎるワインとなり，ボトルでの熟成の可能性はほとんどない．推奨される生産者にはセトゥーバル半島の Casa Ermelinda Freitas 社 や Bacalhôa Vinhos de Portugal 社，パルメラ（Palmela）の Adega Cooperativa de Pegões 社および Casa Agrícola Horácio Simões 社などがあげられる．テラス・ド・サド（Terras do Sado）で作られる Jose Maria da Fonseca 社の Periquita ワインは，CASTELÃO を主体としてトゥーリガ・ナシオナル（TOURIGA NACIONAL）と TOURIGA FRANCA をブレンドし，印象深さと熟成に耐える効果を生んでいる．

CASTETS

非常にマイナーなピレネー山脈（Pyreneen）西部のフランスのこの品種は，スロバキアでは育種のための親品種に使われた

ブドウの色：● ● ● ● ●

主要な別名： Engrunat（サン＝ルーベ（Saint-Loubès）），Machouquet（サン＝ルーベ），Nicouleau（サン＝マケール（Saint-Macaire））
よくCASTETSと間違えられやすい品種： BÉQUIGNOL NOIR☿（ロット・エ・ガロンヌ県（Lot-et-Garonne）），FER☿（タルヌ県（Tarn））

起源と親子関係

Cazeaux-Cazalet（1901）によれば，1870年頃にM Nicouleau氏がフランスの南西部ジロンド県（Gironde）のサン＝マケールの森の中でこの品種を発見した．1874年にサン＝ピエール＝ドリヤック（Saint-Pierre-d'Aurillac）（ジロンド県）でCASTETSの名前が見られることから，おおよそ1870～1874年にかけてサン＝タンドレ＝デュ＝ボワ（Saint-André-du-Bois）（ジロンド県）でM Castets氏が繁殖したと考えられている．しかし，カステ＝アン＝ドルト（Castets-en-Dorthe）はまたサン＝マケールの近くにある村の名前でもあるので，品種名はこの品種が発見された村の名前にちなんで品種名が命名された可能性もある．

CASTETSは1882年からべと病に耐性をもつと知られていたので，アキテーヌ（Aquitaine）全域及びフランス南部から中部にかけてGuilbert博士がこの品種を増やした．Lavignac（2001）によれば，CASTETSはFERも含まれるブドウの形態分類群のCarmenetグループ（p XXXII参照）に属すということなので，それらがなぜよく混同され，この品種の起源が事実上絶滅状態にあるジロンド県でなくピレネー・アトランティック県（Pyrénées-Atlantiques）であるかを説明できる．

CASTETSは1970年代にスロバキアでABOURIOUなどの品種と交配され，いくつかの新しい品種を生み出した．そのうち，HRON，NITRANKA，RIMAVA，RUDAVA，TORYSAやVÁHは現在でも栽培されている．

他の仮説

Nicouleau氏はこの品種をサン＝マケールで見つけたのではなく，ピレネー地方から持ち込んだという仮説も存在する．

ブドウ栽培の特徴

樹勢は強いが，特に結実能力が高いわけではなく，長く剪定する必要がある．萌芽期は後期で熟期は中期である．うどんこ病に感受性がある．小さな果粒をつける．

栽培地とワインの味

ワインは深い色合いで比較的アルコール分が高く，ボトルでの熟成が可能であるが，酸味は控えめである．この品種は オード県（Aude）とカンタル県（Cantal）で推奨され，ロデズ（Rodez）北のヴァン・デスタン（Vins d'Estaing）で作られるFER，GAMAY NOIRなどとのブレンドにより作られる赤ワインとロゼワインの副原料として少量用いることが認められている．またエクス＝アン＝プロヴァンス（Aix-en-Provence）のPaletteアペラシオンでも認められているが（CINSAUT，グルナッシュ（GRENACHE/GARNACHA），ムールヴェドル（MOURVÈDRE）/MONASTRELL他とともに），2008年にはフランスでの栽培はわずかを残すだけになった．ヴァラエタルワインは生産されていないが，Château Simone社はCASTETSを赤のPaletteワインに加えている．

CASTETSはカリフォルニア州のロシアン・リバー・バレー（Russian River Valley）の古い畑で近年発見された．

CASTIGLIONE

濃い果皮色をもつイタリアのこの品種はカラブリア州（Calabria）でのみ栽培され，通常ブレンドワインの生産に用いられている

ブドウの色：● ● ● ● ●

主要な別名：Castigliono ⁂，Mantonico Nero ⁂，Marchesana，Zagarese，Zagarolese
よくCASTIGLIONEと間違えられやすい品種：MAGLIOCCO CANINO ⁂，MAGLIOCCO DOLCE ⁂

起源と親子関係

最近，カラブリア州に持ち込まれた品種であるといわれている（Calò *et al.* 2006）．DNA 解析によって，カラブリア州の CASTIGLIONE はカンパニア州（Campania）のアヴェルヌス湖（Lago d'Averno）の近くでも栽培されている．現地では単に CALABRESE と呼ばれているが（Costantini *et al.* 2005），この名前はいくつかの異なる品種の別名として混乱気味に使われている．地方では MAGLIOCCO CANINO と混同されることがある（Schneider，Raimondi *et al.* 2009）．

ブドウ栽培の特徴

晩熟である．

栽培地とワインの味

イタリア南部，カラブリア州のレッジョ・カラブリア県（Reggio Calabria）やコゼンツァ県（Cosenza）で主に栽培されている．まれにヴァラエタルワインが作られるが，主には PRUNESTA などとブレンドされる．CASTIGLIONE は Bivongi DOC の赤ワインとロゼワインの原料品種として公認されており，GAGLIOPPO やあまり知られていない GRECO NERO，NERO D'AVOLA，PRUNESTA などの品種とブレンドされる．イタリアの2000年調査では93 ha（230 acres）の栽培が記録されている．

CATALANESCA

高い酸度をもつ非常に古い，イタリアの白品種．生食用およびワイン用に適しており，イタリア，カンパニア州（Campania）でのみ栽培されている．

ブドウの色：● ● ● ● ●

主要な別名：Catalana，Uva Catalana

起源と親子関係

CATALANESCA はイタリアの農業統計では生食用として掲載されているが，ブドウの研究家によって，16世紀からイタリア南部のカンパニアのヴェスヴィオ地域（Vesuvio）ではこの品種を用いてワインが作られていたと記載されている．この品種からスペイン起源を想起させるが，地方での言い伝えによれば1450年に持ち込まれ，ソンマ・ヴェズヴィアーナ（Somma Vesuviana）とテルツィーニョ（Terzigno）の間にあるモンテ・ソンマ（Monte Somma）の斜面でアラゴン王国（Aragón）の王，アルフォンソ（Alfonso）が栽培を開始したといわれている．CATALANESCA の DNA プロファイルはスペイン起源のどのブドウとも一致しないが，遺伝的には CASAVECCHIA，SUMMARIELLO（NERO DI TROIA），BARBERA

DEL SANNIO に近いと考えられている（Costantini *et al.* 2005）．これらはいずれもカンパニアの品種からは完全に離れているため，CATALANESCA はごく最近の移入品種である可能性がある．

ブドウ栽培の特徴

樹勢が強く，通常棚仕立てである（生食用を思い浮かべるような）．晩熟で10月と11月の間に収穫されるが，それよりも遅い時期に収穫されることもある．厚い果皮のおかげでかびの病気に良好な耐性を示す．

栽培地とワインの味

CATALANESCA はカンパニア州で推奨され，イタリアのサルデーニャ島（Sardegna）で公認されている．2006年10月に CATALANESCA はカンパニア州のワインブドウ品種として公認されたが，IGT ワインの原料としてはまだ公認されていない．

最高のワインはヴェスヴィオ山の北西斜面で作られる（ソンマ・ヴェズヴィアーナ（Somma Vesuviana），サンタナスタジーア（Sant'Anastasia），オッタヴィアーノ（Ottaviano），サン・セバスティアーノ（San Sebastiano），マッサ・ディ・ソンマ（Massa di Somma），ポッレナ・トロッキア（Pollena Trocchia）などのコムーネにおいて）などである．たとえば辛口の CATALANESCA は通常，顕著な酸味とバランスをとるために，いくぶん糖を残して作られ，ワインにはアカシア，アプリコット，蜂蜜のアロマをもつ．ヴァラエタルワインは Casa Barone 社や Sorrentino 社が生産している．2000年の調査では99 ha（245 acres）が記録されている．

CATANESE NERO

マイナーなシチリア島（*Sicilia*）の赤品種

ブドウの色：● ● ● ● ●

主要な別名：Vesparola

起源と親子関係

この品種名からシチリア島北東部のエトナ火山（Etna）周辺のカターニア県（Catania）に起源があると考えられている．

ブドウ栽培の特徴

それほど耐病性ではないことも，この品種の栽培がほとんど見捨てられていることの理由である．熟期は中期～晩期である．

栽培地とワインの味

イタリアのシチリア島北東部に起源があるが，現在現地では CATANESE NERO は栽培されておらず，主にパレルモ県（Palermo），トラーパニ県（Trapani），アグリジェント県（Agrigento）などのシチリア島北西部で栽培されている．常に他の品種とブレンドされ，主にロゼワインが作られるが，いかなる DOC でも公認されていない．2000年に80 ha（198 acres）の栽培が記録されている．

CATARRATTO BIANCO

広く栽培され，様々な名前をもつシチリアの白品種．
適切な生産者が扱えば高品質のワインになる可能性がある．

ブドウの色：●　●　●　●　●

主要な別名：Catarratteddu，Catarratto Bertolaro，Catarratto Bianco Comune ⚥，Catarratto Bianco Lucido ⚥，Catarratto Bianco Lucido Serrato，Catarratto Corteddaro，Catarratto Latino，Catarrattu Lu Nostrum
よくCATARRATTO BIANCOと間違えられやすい品種：CARRICANTE ⚥，FRANCAVIDDA ⚥（プッリャ州(Puglia)）

起源と親子関係

CATARRATTO BIANCO は，1696年に Cupani 氏の著書 *Hortus Catholicus* の中で，シチリア島(Sicilia)のワイン用ブドウとして記載されている．通常，CATARRATTO BIANCO COMUNE と CATARRATTO BIANCO LUCIDO とは区別されており，前者は後者由来であると考えられている．これら二つはしばしば異なる品種であると考えられていたが（栽培面積に関する統計は後述），近年の形態分類学的解析の結果，両者は同じ品種に由来するクローンであることが明らかになったことから（Di Vecchi Staraz，This *et al.* 2007），いずれに対しても CATARRATTO BIANCO という名前を用いるべきである．また典型的な CARRICANTE 栽培地区以外のエトナ火山地方（Etna）のワインの生産者は CATARRATTO BIANCO を CARRICANTE と呼んでいる．

ほとんどの古くからの品種同様に多くの異なるタイプの CATARRATTO BIANCO が記載されており，しばしば地方名の BAGASCEDDA，CATARRATTO AMMANTIDDATU，FIMMINEDDA，MATTU などが付けられている．こうした多様性により CATARRATTO BIANCO はいくつかのブドウの種子から生まれたポリクローナルであると述べる研究者もいる．しかしすべてのブドウの種子は異なる品種を生むため CATARRATTO BIANCO はまだ特定されていないブドウと混植されていたのかもしれない．DNA 研究によってそれらがクローン性の多型か，あるいは異なる品種であるかは容易に特定可能である（大部分がおそらく自家受粉した CATARRATTO BIANCO の子孫）．

近年の DNA 系統解析の結果（Di Vecchi Staraz，This *et al.* 2007; Crespan，Calò *et al.* 2008），シチリア島の別の重要な白品種である GRILLO は CATARRATTO BIANCO × MUSCAT OF ALEXANDRIA の自然交配品種であり，CATARRATTO BIANCO は最も古くからあるイタリアで最も広く栽培されている白品種の GARGANEGA と親子関係にあることが明らかになった．GARGANEGA は他の8品種（ALBANA，DORONA DI VENEZIA，MALVASIA BIANCA DI CANDIA，MARZEMINA BIANCA，MONTONICO BIANCO，MOSTOSA，SUSUMANIELLO，TREBBIANO TOSCANO）と親子関係にあるため CATARRATTO BIANCO はそれらと片親だけの姉妹関係か祖父母品種にあたることになる（系統図は GARGANEGA 参照）．

ブドウ栽培の特徴

樹勢が強く，熟期は中期～晩期である．CATARRATTO BIANCO COMUNE はかびが原因で起こる病気への良好な耐性を示すが，CATARRATTO BIANCO LUCIDO は果粒が密着した果房であるのでうどんこ病や灰色かび病には感受性である．

栽培地とワインの味

CATARRATTO BIANCO はイタリア，シチリア島の全土で栽培されているが，主にトラーパニ県(Trapani)，パレルモ県（Palermo）およびアグリジェント県（Agrigento）で栽培されている．この品種は同島で最も広く栽培されている品種であり，イタリアで2番目に多く栽培される品種でもある．イタリアの農業統計では COMUNE と LUCIDO（上記参照）を区別しているが，2000年時点で前者は43,247 ha（106,866 acres）の栽培が記録されており，後者は高品質のワインになる可能性があるものの栽培面積は7,548 ha（18,652 acres）であった．2008年にシチリア島では38,079 ha（94,095 acres）の COMUNE と3,543 ha（8,755 acres）の LUCIDO の栽培が記録されている．

CATARRATTO BIANCO から作られるワインのほとんどはごく平凡で生産過剰である．過去には，甘口，酒精強化ワインのマルサラの生産に用いられたが，現在では強制的に蒸留されたり，ヨーロッパのより冷涼な地域でブドウジュースの糖度を上げるためのブドウ濃縮液として使われたりしている．

しかし CATARRATTO BIANCO を用いて，より興味深いワインを作ることができる．たとえば Alcamo，Contea di Sclafani，Erice，Monreale，Salaparuta，Santa Margherita di Belice などの数少ない DOC でヴァラエタルワインとして，あるいはブレンドワイン用に登録されている．生産量の多い地域のありふれたワインではなく，品種に敬意を示す生産者が作る IGT として最高のワインが見られる．最高のワインは明るい柑橘系，ハーブのアロマがあり，ボディー，フレッシュさと余韻にミネラル感がある．それは時にナッティフレーバーをもつ時があり充分に熟したときは ヴィオニエ（VIOGNIER）と似ている．推奨される生産者には樽熟成ワインを作る Calatrasi，Feudo Montoni，Porta del Vento などの各社がある．

カリフォルニア州では2008年に197 acres（80 ha）が記録されており，この値は2007年の388 acres（157 ha）からは減少している．

CATAWBA

歴史的に重要なアメリカ系，あるいは一部アメリカ系のこの品種は 19世紀には非常に人気があったが，非常に晩熟のため現在では減少している．

ブドウの色：● ● ● ● ●

主要な別名：Arkansas，Catawba Rosa，Cherokee，Francher，Lincoln，Mammoth Catawba，Meads Seedling，Mecleron，Merceron，Michigan，Munipale Red，Omega，Rose of Tennessee，Saratoga，Singleton，Tekomah，Tokay

起源と親子関係

CATAWBA に関する多くの議論については，Mosher（1853），Bailey（1906），Sondley（1918）らにより結論が得られた．1802年にノースカロライナ州ヘンダーソン郡（Henderson）アシュビル（Ashville）近くの，後にフレッチャー（Fletcher）になった地域から半マイル離れたケイン・クリーク（Cane Creek）のハワード・ギャップ・ロード（Howard Gap road）に面したところにある宿のオーナーの Samuel Murray 氏（1739-1817）が，彼の宿のすぐ上にあるブラック・リッジ（Black Ridge）山頂近くの森でいくつかのブドウを見つけた．それらの一つは樹が切られたあとでも特によく成長し，Murray 氏はそれを彼の農場の隣に植えた．1807年に上院議員の Davy 元帥は，彼のノースカロライナ州ロッキーマウント（Rocky Mount）にあるカトーバ川（Catawba river）近くの Murray 氏の家から遠くない自宅にいくつかの樹を移植した．1807年から1816年の間に Davy 氏はワシントン DC やメリーランド州でこれを繁殖させ，川の名前にちなんでこの品種を CATAWBA と命名した．ワシントン DC のジョージタウン（Georgetown）市長の John Adlum 氏が，1822年に最初のワインを作った．数年後に Adlum 氏はシンシナティ（Cincinnati）の Nicholas Longworth 氏に穂木を送り，彼は西部で CATAWBA の栽培を普及させ，甘口，辛口あるいは発泡性ワインを作った．

CATAWBA の起源に関する歴史については明確であるが，遺伝的起源についてはまだ明らかではなく，三つの仮説が提唱されている（Galet 2000）．

- CATAWBA は純粋の野生種 *Vitis labrusca* の品種
- CATAWBA は *Vitis labrusca*×*Vitis aestivalis* の自然交雑品種

• CATAWBA は在来の *Vitis labrusca* と以前にアメリカに持ち込まれた未知の *Vitis vinifera* の交配による自然の実生．この場合，*vinifera* の花粉は風か昆虫によって近隣の畑から飛来し，野生の *Vitis labrusca* を受粉し，その果粒が鳥に食べられて種をブラック・リッジの丘に落としたと考えられる．

CATAWBA の起源に関するブドウの形態分類学的解析の結果については議論が多く，仮説はまだ遺伝的解析によって解明されていない．

ブドウ栽培の特徴

樹勢が強く，頑強で豊産性だが非常に晩熟である．長い成育期間が確保できる場所での栽培に最も適している．大きな果粒で，中サイズの果房をつける．黒腐病，べと病に感受性，うどんこ病にやや感受性がある．

栽培地とワインの味

CATAWBA は北米に植えられた最初の重要な品種で，CONCORD よりも前の19世紀頃には非常に人気があった．1865年には20,000本の発泡性ワインがニューヨーク州のフィンガーレイクス地方（Finger lakes）の最も古いワイナリーである Pleasant Valley ワイナリーで作られていた．高い品質の辛口ワインが作れないことから現在では栽培面積が減少しているが，ペンシルベニア州，ミズーリ州，インディアナ州，アイオワ州，ミシガン州，イリノイ州，オンタリオ州などで限定的に栽培されている．またニューヨーク州においても依然広い地域で栽培されており，2006年には1,291 acres（522 ha）の栽培面積が記録されジュースやワイン用に栽培されていた．ワインは辛口から非常に甘口，さらには発泡性ワインまであり，色はピンク色や白色のワインが作られている．ワインには典型的なフォクシーな *labrusca* フレーバーがあり，スパイシーで強い酸味がある．ニューヨーク州では Lakewood 社が良質のワインを作っている．

CAVRARA

事実上絶滅状態にあるヴェネト州（Veneto）の赤品種

ブドウの色：● ● ● ● ●

主要な別名： Bassanese dal Peduncolo Rosso，Caprara，Cavarada，Cavarara

起源と親子関係

CAVRARA は1754年にヴェネトで記載があるが（Giavedoni and Gily 2005），19世紀から20世紀にかけて他の品種で取って代わられた．

ブドウ栽培の特徴

樹勢が強く，高収量である，非常に耐病性がある．秋に紅葉する．熟期は中期～晩期である．

栽培地とワインの味

イタリア北東部，コッリ・ベリーチ（Colli Berici）の主にヴィチェンツァ（Vicenza）に広がっていた．CAVRARA は20世紀半ばまでに絶滅したと考えられていたが，ヴェネト州のいくつかの古いブドウ畑で再発見された．すべてブレンドワインに用いられている．

ÇAVUŞ

東方の生食用品種.
トルコとギリシャで柑橘系のフレーバーをもつワインになる可能性がある.

ブドウの色：● ● ● ● ●

主要な別名：Čauš Beli（セルビア），Čauš Bijeli（クロアチアのダルマチア（Dalmacija/Dalmatia）），Ceaus Alb（ルーマニア），Chaouch（フランス），Damascenka（チェコ共和国およびスロバキア），FeherTökszölö（ハンガリー），Panse de Constantinople（フランス），Parc de Versailles（フランスのパリ），Tchaouch（ロシア），Tsaousi※または Tsaoussi（ケファロニア島（Kefaloniá），マケドニア（Makedonía）およびトラキア（Thráki/Thrace）を除くギリシャ），Turceasca（ルーマニアのオドベシュティ（Odobești））
よくÇAVUŞと間違えられやすい品種：TSAOUSSI

起源と親子関係

ÇAVUŞ は地中海地方や近東で多くの別名で知られ，そこではほとんどが生食のために用いられているが，ワイン生産に用いられることもある．Galet（2000）によれば，この品種起源に関しては議論が多いが，もっともらしい仮説はトルコの軍曹（トルコ語で *çavuş*）がメッカの近くのターイフ（Taïf）から17世紀に持ち帰り，トルコ皇帝へ献上し，トルコ皇帝が後にそれを広めたというものである．この仮説は，ÇAVUŞ（Tchaouch のつづりで）の37本の樹が1720年にトルコ皇帝アフメト3世（Ahmet III）からフランスの最初のオスマントルコの使節に送られたという事実により支持されており，ブドウはルイ15世（Louis XV）の命によりベルサイユに移植され，フランス語での別名である PARC DE VERSAILLES の名で呼ばれた．

ÇAVUŞ の東方起源は DNA プロファイルによって支持されており，かつてはトルコのアナトリア半島（Anatolia）中部のウチヒサール（Uçhisar）やネヴシェヒル県（Nevşehir）の在来種であると考えられていた MOR ÜZÜM が，実は ÇAVUŞ と同一であり，またトルコやアルメニア，ジョージアなどの品種と近縁にあることが明らかになった（Vouillamoz *et al.* 2006）．Lefort and Roubelakis-Angelakis（2001）は ÇAVUŞ（Tsaousi の名で）と他のギリシャ品種の遺伝的な近縁さを示したが，彼らはこの品種は東方に起源を持つと考えている．

ピンクの果皮色の変異も見つかっている．

ブドウ栽培の特徴

雌しべのみの花であるので受粉の必要があるが，豊産性である．熟期は中期である．灰色かび病に感受性である．石灰質の土壌に適し，乾燥環境に適している．冬の霜にリスクがある．薄い果皮をもつ果粒で大きな密着した果房をつける．

栽培地とワインの味

ÇAVUŞ はトルコで主に生食用として栽培されている．しかし風が強い砂地のトルコのボズジャ島（Bozcaada）で，Corvus 社の Resit Soley 氏が初めてこのブドウからワインを醸造した．彼のワインはシュール・リー状態で熟成され，メロン，柑橘系，青リンゴのフレーバーに富んでいる．通常は瓶熟成に適しているわけではないが，Soley 氏によれば最高のワインは熟成しても骨格を保持すると述べている．2010年にはトルコでわずかに30 ha（74 acres）の栽培が記録されているにすぎない．

この品種はアルジェリア，ブルガリア，ロシア，ウクライナ，セルビア，ルーマニア，ギリシャで生食用として栽培されている．ギリシャのケファロニア島では TSAOUSSI として呼ばれ，マケドニアやトラキアでもわずかに栽培されている品種は，ÇAVUŞ とは異なる品種であるが，TSAOUSS は生食用の ÇAVUŞ の別名であるのでとてもよく混同されることが多い．

CAYETANA BLANCA

低品質のイベリアの品種．ポルトガルではMOURISCO BRANCOとして，
またスペインでは多くの別名でより広く知られている．

ブドウの色：● ● ● ● ●

主要な別名：Amor Blanco（カナリア諸島（Islas Canarias）），Aujubi，Baladi，Baladi-Verdejo（スペインのコルドバ（Cordoba）），Balay（コルドバ），Belledy，Blanca Cayetana🧬（スペインのバダホス県（Badajoz）），Blanco Jaén，Cagazal（ラ・リオハ州（La Rioja）），Cayetana🧬（エストレマドゥーラ州（Extremadura）のバダホス県およびカセレス県（Cáceres）），Cazagal（ラ・リオハ州），Charello，Charelo，Chaselo，Cheres，Cirial（スペインのハエン（Jaén）），Dedo，Dedro，Djiniani🧬（モロッコ のマグリブ（Maghreb）），Doradillo（オーストラリア），Farta Gosos（バレンシア県の サグント（Sagunto）），Garillo（セビリア（Sevilla）），Garrida（セビリア），Garrido（セビリア），Garriga，Garrilla，Hoja Vuelta，Jaén Blanco🧬，Jaén Doradillo，Jaén Empinadillo，Jaén Prieto Blanco，Jaenes，Jainas（ラ・リオハ州），Jarime，Jean de Castilla，Jean de Letur，Jean de Letur de Maratella，Jean Doradillo，Jean Dore，Jean Prieto，Machuenco，Maizancho（スペインのシウダー・レアル県（Ciudad Real）およびバルデペーニャス（Valdepeñas）），Malvasia または Malvoisie Espagnole（フランス），Mariouti，Morisco🧬，Mourisco Arsello（ポルトガル），Mourisco Branco🧬（ポルトガル），Mourisco Portalegre（ポルトガル），Naves，Naves Cazagal，Neruca，Padero，Parda，Pardina🧬（バダホス県），Pirulet，Plateadillo，Robal（スペインのサラゴサ県（Zaragoza）および カラタユー（Calatayud）），Sarigo🧬（ポルトガルのトラス・オス・モンテス（Trás-os-Montes）およびドウロ（Douro）），Tierra de Barros

よくCAYETANA BLANCAと間違えられやすい品種：ALBILLO MAYOR🧬（リベラ・デル・ドゥエロ（Ribera del Duero）），AVESSO（ヴィーニョ・ヴェルデ（Vinho Verde）），CALAGRAÑO🧬 または Calegraño（ラ・リオハ州），DORADILLA🧬，Jaén Colorado🧬（レオン県（Léon）），XARELLO🧬（カタルーニャ州（Catalunya））

起源と親子関係

CAYETANA BLANCA はイベリア半島起源の古いブドウ品種である．PARDINA や JAÉN BLANCO という別名でスペイン一帯で普及しており，ポルトガルでは MOURISCO BRANCO として知られている．JAÉN という名前はアンダルシア州（Andalucía）北東部にある町の名に由来し，これが混同をもたらしている．1513年にスペインの農学者の Alonso de Herrera（1790）がエストレマドゥーラ州の CAYETANA BLANCA とカスティーリャ（Castilla）の JAÉN BLANCO を他の12種類の品種とともに記載している．またスペインのブドウ分類の専門家である Simón de Rojas Clemente y Rubio（1807）は，「スペインで JAÉN と呼ばれるすべての品種を正確に理解する最初の人は，国家に真の貢献をすることになる」と述べている．

最初の DNA 系統解析によって CAYETANA BLANCA（単に CAYETANA のみの名で）は，いずれもポルトガル南部のアレンテージョ（Alentejo）由来の品種である ANTÃO VAZ および RABO DE OVELHA との親子関係が示唆された（Lopes *et al.* 2006）．アレンテージョでは CAYETANA BLANCA の栽培面積は現在では少なくなっているものの，現地で MOURISCO BRANCO と呼ばれているこの地（アレンテージョ）が，この品種の起源の地であることが示唆された．しかしながら，新しい種類のマーカー（一塩基多型または SNP）を用いた最近の DNA 系統解析によって，この親子関係は否定され，これまでに見つかっている他の遺伝的な類縁関係に加えて（Lopes *et al.* 2006; Santana *et al.* 2010），以下に述べるイベリア半島における CAYETANA BLANCA が関わる複雑なネットワークの存在が明らかになった（Zinelabidine *et al.* 2012; 系統図参照）．

- イベリア半島（主にポルトガル）で現在栽培されている次の5品種は，異なる時期に異なる場所で CAYETANA BLANCA とポルトガル品種の ALFROCHEIRO との間の自然交配により生まれた．従っ

AGLIANICO

pp 12 – 14

ALIGOTÉ

pp 38–40

ALTESSE

pp 41 – 42

AMIGNE

p 47

ARVINE

pp 66–67

BAGRINA

p 91

BIANCOLELLA

pp 115–116

PORTUGAIS BLEU

BLAUFRÄNKISCH 参照

pp 128 – 130

CABERNET FRANC

pp 170 – 174

CABERNET SAUVIGNON

pp 177–186

CANAIOLO NERO

pp 201 – 202

CARMENÈRE

pp 208 – 210

CATARRATTO BIANCO

pp 224–225

CHAOUCH

CAVUŞ 参照

p 227

JAÉN BLANCO

CAYETANA BLANCA 参照

pp 228–232

PINOT BLANC CHARDONNAY

CHARDONNAY 参照

pp 241 – 248

て，CORNIFESTO，MALVASIA PRETA，CAMARATE，MOURATÓN（JUAN GARCÍA），PERIQUITA（CASTELÃO）の5品種は姉妹関係にある．

- 現在ではほとんど絶滅状態にあるスペイン南部の古い品種であるJAÉN TINTOはMENCÍA（カスティーリャ＝ラ・マンチャ州（Castilla-La Mancha）のビエルソ（Bierzo）ではJAÉN TINTOとも呼ばれる）と混同してはいけないが，CAYETANA BLANCA（父品種）とカスティーリャ＝ラ・マンチャ州のLISTÁN PRIETO（母品種）との自然交配品種である．この親子関係により，なぜCAYETANA BLANCAがスペイン中でJAÉN BLANCOと呼ばれているかが説明可能である．
- CAYETANA BLANCAは少なくともイベリア半島の10品種と親子関係にあるが，それらの多くはもはや栽培されていない．スペインのアンダルシアのCASTILLO DE ARCOS，PLATEADO（DORADILLA），GARRIDO MACHO，ROCIA，PUERTO ALTO，カスティーリャ・イ・レオン州のCASTELLANA BLANCA，ポルトガルではドウロのGOUVEIO ESTIMADO，ダン（Dão）のCIGÜENTE（SÍRIA），アレンテージョのANTÃO VAZおよびRABO DE OVELHA．これらの品種は片親だけの姉妹関係にあたるが，理論的にはそれらのうちの一つがCAYETANA BLANCAの親品種にあたり，他の9品種の祖父母品種になることも可能である．

この複雑な系統関係から，CAYETANA BLANCAが，ポルトガルとスペインで遺伝的に中心的な役割を果たしたことが示唆された．この品種は数世紀前に未知の（そしておそらく絶滅した）親品種から，イベリア半島の南西部のいずれかの場所で生まれ，そこから多くの子品種を生み出していったのであろう（Zinelabidine *et al.* 2012）．

JAÉN BLANCOの別名で，この品種はJAÉN ROSADOと呼ばれるピンク色の果皮色変異があり，それはCAYETANA BLANCAと同一のDNAプロファイルを示す．他方，白い果皮色のJAÉN COLORADOと黒い果皮色のJAÉN TINTOは異なる品種である（Ibañez *et al.* 2003; Martín *et al.* 2003）．JAÉN BLANCOはDNA解析によってそれらが異なる品種であると証明されるまでは，ラ・リオハ州のCALAGRAÑOが別名であると考えられていた（Carreño *et al.* 2004）．

PARDINAという別名についてであるが，これはスペイン北西部のリベラ・デル・ドゥエロで同じくPARDINAとして知られているALBILLO MAYORと混同してはいけない．

Vitis国際品種カタログではAVESSO DO MINHOはCAYETANA BLANCAの別名として掲載されていたり，Galet（2000）がJAÉN BLANCOの別名として扱ったりしているが，CAYETANA BLANCAはミーニョ（Minho）の品種であるAVESSOとは関係がない．

オーストラリアにはCAYETANA BLANCAはDORADILLOという名前でスペインから19世紀に持ち込まれたが（Galet 2000），これはまったく異なるアンダルシアの品種であるDORADILLAと混同してはいけない．

ブドウ栽培の特徴

非常に樹勢が強く結実能力が高い豊産性の品種である．薄い果皮をもつ中程度サイズの果粒が密着して，大きな果房をつける．萌芽期は遅く，非常に晩熟である．乾燥に耐性で，やせた砂地に適している．うどんこ病と灰色かび病に高い感受性をもち，ダニに対してもその傾向がある．

栽培地とワインの味

CAYETANA BLANCAはJAÉN BLANCO，PARDINA，BLANCA CAYETANAなどの別名で主にスペインで栽培されている．スペインの公式統計はまだDNA解析結果を反映しておらず，依然JAÉN BLANCO, PARDINA, BLANCA CAYETANAを個別に集計している．2008年にJAÉN BLANCOは4,973 ha（12,289 acres）の栽培が記録されており，そのほとんどはカスティーリャ＝ラ・マンチャ州，アンダルシア州，マドリードの周辺で見られる．PARDINAは2008年に31,440 ha（77,690 acres）の栽培が記録されており，ほとんどはスペイン南西部，特にバダホス県で見られる．現地ではRibera del Guadiana DOに公認されているが，より多くはエストレマドゥーラ州の地理的表示保護ワインとして，また蒸留されブランデーのde Jerezに用いられている．それはエストレマドゥーラ州で11,850 ha（29,282 acres）の栽培面積をもつBLANCA CAYETANAにもあてはまる．ワインは一般にニュートラルであり，中程度のアルコール分を有し，中～強い酸味で酸化しやすい傾向がある．

別名のPARDINAを表示したヴァラエタルワインはバダホス県にあるNuestra Señora de la Soledad社

CAYETANA BLANCA 系統図

この非常に古い品種はイベリア半島で遺伝的に中心的な役割を果たし，16種類以上の品種を生み出した．それらを地理的な起源ごとにここで示した．左（ポルトガル）から右（スペイン），上（北部イベリア半島）から下（南部イベリア半島）．未知の（おそらく絶滅した）品種（?）は逆の関係が理論的に可能であることを示す（p. XIV 参照）．

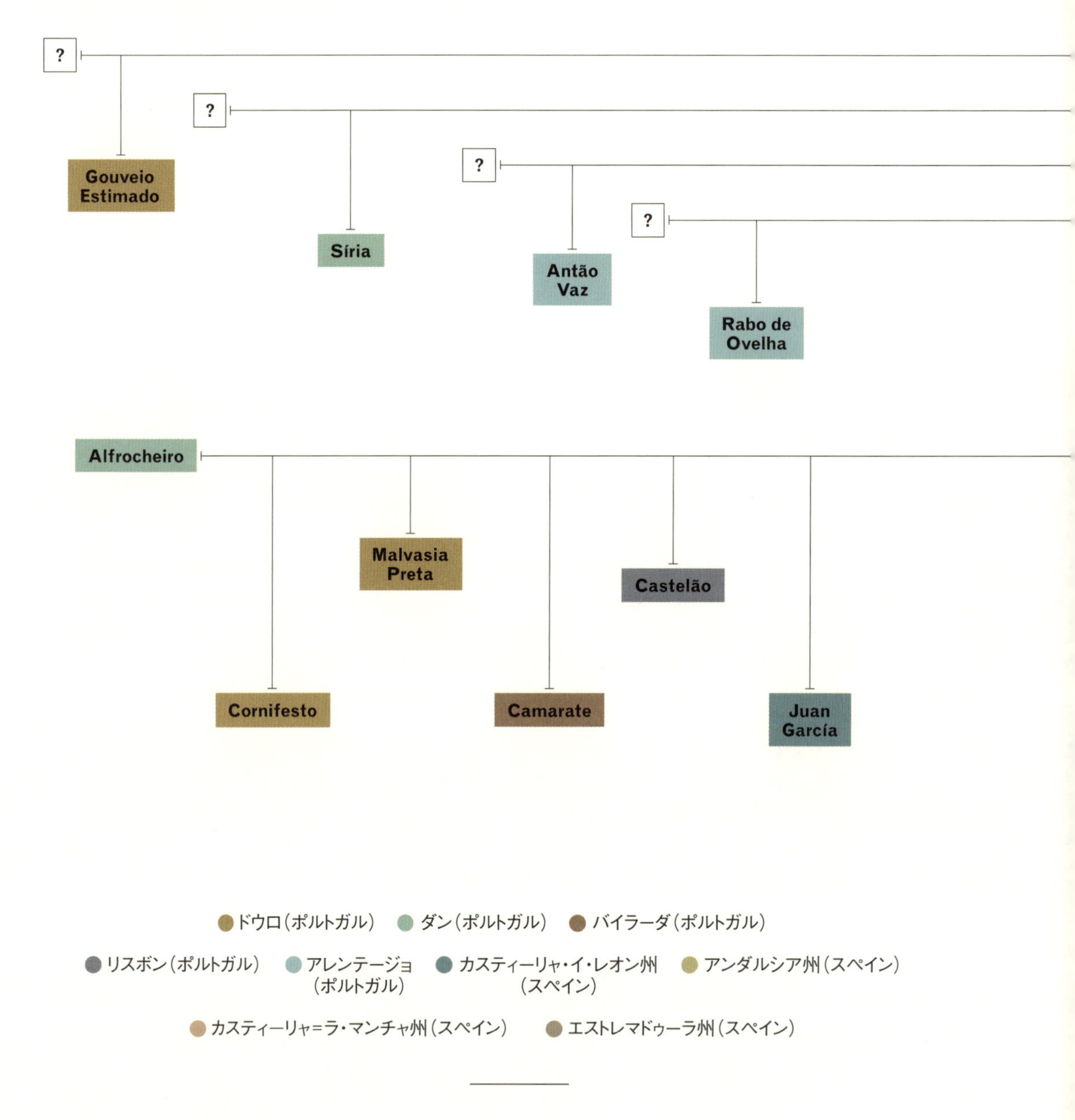

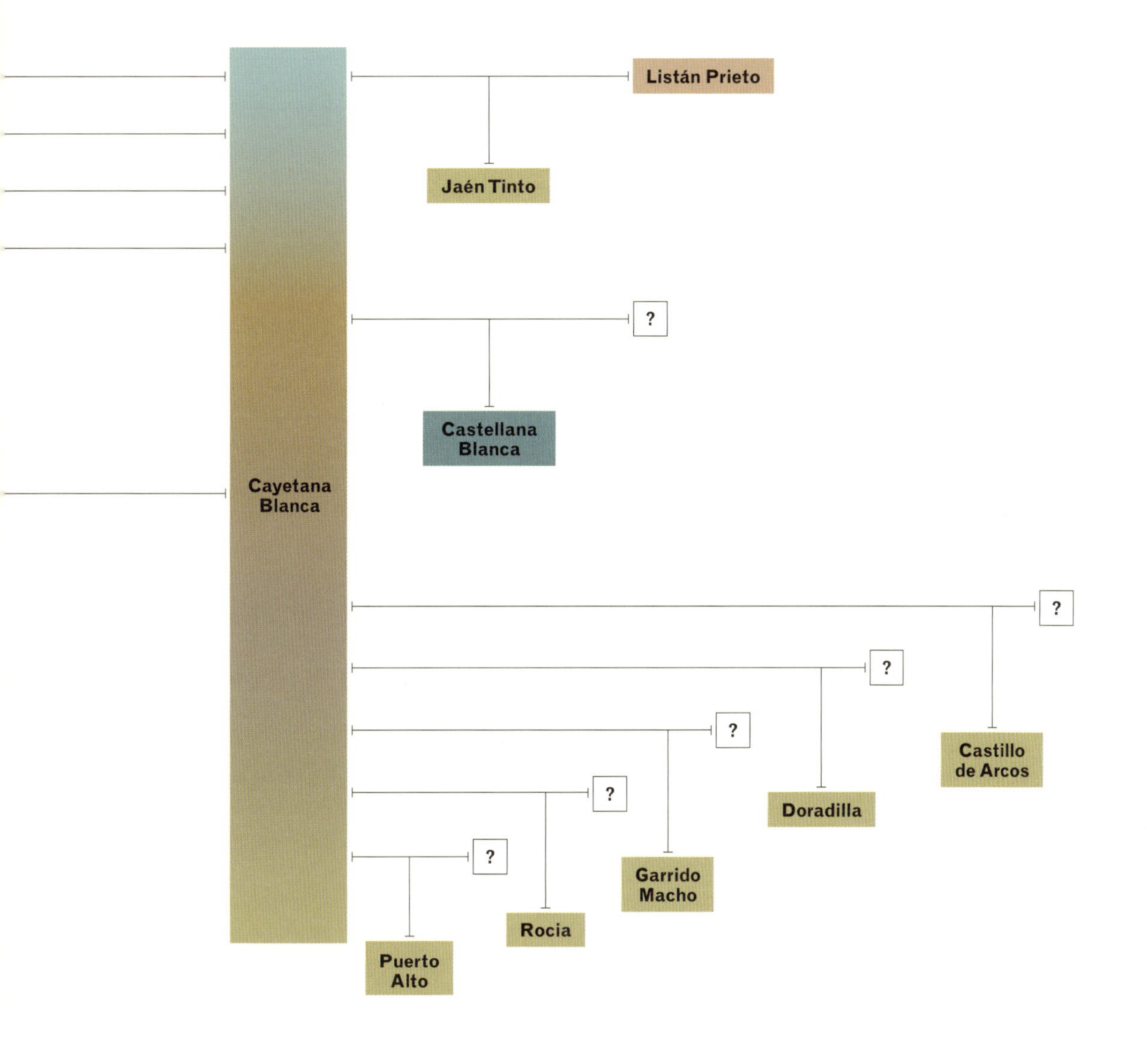
Cayetana Blanca
Listán Prieto
Jaén Tinto
?
Castellana Blanca
?
Castillo de Arcos
?
Doradilla
?
Garrido Macho
?
Rocia
?
Puerto Alto

と Montevirgen 協同組合や，Ribera del Guadiana にある Marcelino Díaz や San Antonio などの各社が生産している．CAYETANA と表示されるヴァラエタルワインを Bodegas San Marcos（ラベルには50% PARDINA および 50% CAYETANA と表示されている），Vinificaciones Extremeñas，Viticultores de Barros などの各社が生産している．

MOURISCO BRANCO（ポルトガルでの別名）の栽培は現在では少なくなり，ポルトガルのアレンテージョでわずかに141 ha（348 acres）が2000年に記録されているだけである．

2008年，オーストラリアでは DORADILLO（同国での別名）が依然74 ha（183 acres）栽培されており，ほとんどは暑い，灌漑されたリヴァーランド（Riverland）に見られ，現地では蒸留されるか，酒精強化ワインの生産に用いられている．

CAYUGA WHITE

使い道の多いニューヨーク州の交雑品種

ブドウの色：● ● ● ● ●

主要な別名：Geneva White 3，GW 3，New York 33403，NY 33403

起源と親子関係

1945年にニューヨーク州，ジェニーバ（Geneva）にある農業実験センターで John Einset および Willard B Robinson の両氏が SEYVAL BLANC×SCHUYLER の交配により得た交雑品種である．

- SCHUYLER は TRIBIDRAG（ジンファンデル / ZINFANDEL）×ONTARIO の交雑品種
- ONTARIO は WINCHELL × MOORE'S DIAMOND の交雑品種
- WINCHELL は *Vitis labrusca*×*Vitis vinifera* subsp. *vinifera*（不明の品種）の交雑品種で，アメリカ合衆国で J M Clough 氏が得た．

この *Vitis labrusca*，*Vitis vinifera*，*Vitis lincecumii* および *Vitis rupestris* の複雑な交雑品種は1952年に選抜された後，NY33403 あるいは GW3 という名前で評価され，1972年に CAYUGA WHITE として公開された（Einset and Robinson 1972）．

ブドウ栽培の特徴

樹勢が強く，新梢が長く成長する．萌芽期は遅く，熟期は中期である．適度の耐寒性を示す．樹勢が非常に強く，大きな果粒が粗着した果房をつけ豊産性である．黒腐病とべと病にやや弱い感受性を示し，黒とう病に高い感受性をもつ．

栽培地とワインの味

CAYUGA WHITE はオフ・ドライから中口（medium）のヴァラエタルワインあるいはブレンドワインや，時にアイスワインも作られ，わずかではあるが非常に良質な辛口の白ワインも作られている．ワインはライトボディーでマスカットに少し似ている．最高のものはリースリングに似た柑橘系のノートがある．早い時期に収穫すると，発泡性ワインの生産にも適している．熟しすぎたブドウはフォクシーアロマをもつ．CAYUGA WHITE は主にアメリカ東部で栽培され，ニューヨーク州に最大の栽培面積をもつ（404 acres/163 ha；2006年）．そこでは Deer Run 社が良質のワインを作っており，またペンシルベニア州，ミズーリ州，イリノイ州，ミシガン州でも栽培されている．カナダでも少し栽培され主にケベック州で栽培が見られるが，CAYUGA は中程度の耐寒性しかもたないため限定的な栽培となっている．

CENTESIMINO

20世紀半ばにイタリア，エミリア=ロマーニャ州（Emilia-Romagna）の
とある庭から救済された赤品種

ブドウの色：● ● ● ● ●

主要な別名：Alicante del Faentino，Sa（u）vignon Rosso，Savignôn Rosso

起源と親子関係

イタリア北東部のエミリア＝ロマーニャ州，ラヴェンナ県（Ravenna）のこのブドウは，19世紀までSAVIGNÔN ROSSOと呼ばれていたが，ソーヴィニヨン・ブラン（SAUVIGNON BLANC）の赤色果皮変異というわけではない．20世紀なかば，フィロキセラ被害後のブドウ畑の再建の時期に，Pietro Pianori氏がファエンツァ（Faenza）近くのPodere Terbatoにある Pianori氏所有の塀に囲まれた庭に生えていた古いブドウの樹から，このあまり知られていなかった品種を繁殖させた．それらは幸運にしてフィロキセラ被害から逃れられたため，現在見られるすべてのこの品種はPianori氏の庭からもたらされたものである．Pianori氏のあだ名がCentesimino（「小さなセント」の意味をもつ）であったことで，それがこの品種の現代名として用いられることになった．2004年にこの品種がイタリアの公式登録リストに登録されたときは両方の名前が掲載された．

他の仮説

伝承によると，この品種はスペインからエミリア＝ロマーニャ州に持ち込まれたとされていることから，なぜCENTESIMINOがALICANTE DEL FAENTINOと間違えて呼ばれることがあるのかが説明可能である．

ブドウ栽培の特徴

萌芽期は中期～後期である．熟期は中期である．小さな果粒が密着した果房をつける．うどんこ病に感受性をもつ．

栽培地とワインの味

この品種は発見者のあだ名で公式登録されている．現在では，イタリア東部のラヴェンナ県のファエンツァの近くのオリオーロ・デイ・フィキ（Oriolo dei Fichi）において八つのワイナリーの共同事業体として栽培されている．そこではワインはSavignôn（またはSavignon）Rossoという誤解されやすい別名が販売している．この品種はまたフォルリ（Forlì）やブリジゲッラ・バレー（Brisighella Valley）でも栽培されている．ワインはRavenna Rosso IGTに分類され，オークを用いるスタイルと用いないスタイルの両方のワインが作られ，ワインはフローラルとスパイシーなノートをもつ．Poderi Morini社やIl Pratello社はパッシートスタイルのワインを作っており，ワインには良好な酸味がある．

CENTURIAN

姉妹品種にあたるCARNELIANと同じくらい成功していないカリフォルニア州の交配品種

ブドウの色：● ● ● ● ●

主要な別名：Centurion

起源と親子関係

CENTURIAN は，1974年にカリフォルニア大学デービス校の Harold P Olmo 氏が（MAZUELO（CARIGNAN の名で）×カベルネ・ソーヴィニヨン（CABERNET SAUVIGNON））とグルナッシュ（GARNACHA）の交配により得た交配品種である．CENTURION と間違えて表記されることもある．

ブドウ栽培の特徴

豊産性である．

栽培地とワインの味

姉妹品種にあたる CARNELIAN と同様にカベルネ・ソーヴィニヨンの性質を保ちながら，カリフォルニアの暑いセントラル・バレー（Central Valley）の気候に耐える品種の開発を目的に作られた．しかし，いずれも目的達成されず，CARNELIAN が成功しなかったことも，この品種の栽培が広まらない原因となった．カリフォルニア州では，ピーク時には1,000 acres（405 ha）の栽培が記録されたが，2000年代初頭までには300 acres（121 ha）まで減少し，さらに2008年には87 acres（35 ha）のみとなった．ほとんどはサンホアキン・バレー（San Joaquin Valley）で栽培されており，ヴァラエタルワインは作られていない．

CERCEAL BRANCO

フレッシュなポルトガル，ドウロ（Douro）の品種．マデイラ（Madeira）の SERCIAL と混同しないように．

ブドウの色：● ● ● ● ●

主要な別名：Cercial（バイラーダ（Bairrada）），Cercial do Douro ☒
よくCERCEAL BRANCOと間違えられやすい品種：JAMPAL ☒，SERCIAL ☒（マディラ；ポルトガル本土では Esgana Cão として知られる）

起源と親子関係

CERCEAL BRANCO はポルトガルのドウロとダン（Dão）で栽培されており，バイラーダで CERCIAL として知られる品種と同一であるが，マデイラの SERCIAL やピニェル（Pinhel）の CERCIAL とは異なる品種である．地方で用いられている異なる表記は大きな混乱を生んでいるが，様々な DNA 研究により以下のことが証明されている．

- ダンで栽培されている CERCEAL BRANCO（Almadanim *et al.* 2007）は，バイラーダの CERCIAL（Martín *et al.* 2006）や CERCIAL DO DOURO（Lopes *et al.* 2006）と同じである．バイラーダの

CERCIAL はおそらく MALVASIA FINA と SERCIAL の子品種であろう（Lopes *et al.* 2006）.
- マデイラの CERCIAL はより一般的には SERCIAL と表記され，これは ESGANA CÃO と同一である（Lopes *et al.* 2006）.
- ベイラス（Beiras）のピニェルの CERCIAL は JAMPAL と同一である（Lopes *et al.* 2006）.

ブドウ栽培の特徴

厚い果皮をもつ中サイズの果粒が密着した中サイズの果房をつける．晩熟である．べと病に高い感受性をもち，またうどんこ病や灰色かび病にも少し感受性がある．

栽培地とワインの味

CERCEAL BRANCO は，ほとんどがドウロで栽培されているが，ダンやバイラーダでも栽培は見られる．この品種はライトボディーでフレッシュなワインになり，通常白のブレンドワインの酸味を補うのに用いられている．この品種は，さらに南の Tejo や Alentejo などの DOC で公認されている．2010年にはポルトガルで113 ha（279 acres）が記録されており，推奨されるバイラーダの生産者には Vadio 社と発泡性ワインの1つにブレンドしている Campolargo 社がある．

CEREZA

アルゼンチン生まれのピンク色の果皮の品種．
同国で最も多く栽培されているこの品種から，非常に基本的なロゼワインと白ワインが作られる．

ブドウの色：

起源と親子関係

アルゼンチンの地方品種で，CEREZA の品種名には，「チェリー」という意味があり，LISTÁN PRIETO（CRIOLLA CHICA）×MUSCAT OF ALEXANDRIA の自然交配によりできた品種である．したがって CRIOLLA 系（CRIOLLA の項と MUSCAT の系統図参照）として知られる品種に属する．Martínez，Cavagnaro *et al.*（2006）によれば，CEREZA は CRIOLLA GRANDE にも関係があると述べている．一方，Tapia *et al.*（2007）は，CEREZA ともはや商業栽培されていない CRIOLLA MEDIANA との近い関係を示唆している．

ブドウ栽培の特徴

非常に樹勢が強く，豊産性で長い栄養成長サイクルをもつ．晩熟である．薄い果皮をもつ大きな果粒が粗着した果房をつけ，不規則な着色具合となる（Galet 2000）．

栽培地とワインの味

アルゼンチンで広く栽培されており，2009年にはマルベック（MALBEC/COT）よりも少し多く栽培されていた．ごく普通の薄い色のロゼあるいは白ワインが作られ，早呑みワインとして国内で消費される．Galet（2000）によれば，CEREZA は同国の最高の生食用ブドウであるが，日持ちはよくないと述べている．CEREZA はまたブドウ濃縮液にも用いられている．2009年にはアルゼンチンで30,054 ha（74,265 acres）の栽培が記録されており，ほとんどはメンドーサ州（Mendoza）東部（16,578 ha/40,965 acres）やサン・フアン州（San Juan）（11,641 ha/28,766 acres）で見られ，またわずかにカタマルカ州（Catamarca）にも見られる．

CERRETO

イタリア中央部, カンパニア州（Campania）の白い果皮色の品種. ナポリ県（Napoli）の南, アマルフィ海岸(Costa d'Amalfi)でのみ栽培されている. この品種名はおそらくベネヴェント県(Benevento)のチェッレート・サンニータ市（Cerreto Sannita）の名に由来するのであろう. Antica Masseria Venditti 社が Sannio や Solopaca などの DOC でブレンドワインの生産に用いることがある. サンジョヴェーゼ（SANGIOVESE）ベースの赤ワインのみの IGT Cerreto と混同してはいけない.

CESANESE

イタリア, ラツィオ州（Lazio）の素晴らしい赤ワイン品種.
香り高いが成熟が困難である.

ブドウの色：● ● ● ● ●

主要な別名：Bonvino Nero, Cesanese Comune, Cesanese di Affile（ローマ県）, ?Cesanese Nostrano（フロジノーネ県（Frosinone）のチョチャリア（Ciociaria））, Nero Ferrigno, Sanguinella, Uva di Affile

起源と親子関係

この品種は, 1600年に Soderini 氏が著したブドウとワインに関する論文の中で, トスカーナ州（Toscana）のフィレンツェ県（Firenze）周辺で栽培される品種として CESANESE の名前で, またより明確に Acerbi（1825）およびその他の著者によってラツィオ州で記載されている. この品種名はローマの南, カステッリ・ロマーニ（Castelli Romani）の村の名前チェザーノ（Cesano）に由来するものである.

ブドウ栽培の特徴

晩熟で規則的な高い収量を示す. うどんこ病に感受性をもつ. CESANESE DI AFFILE よりも CESANESE COMUNE のほうが大きな果粒をつける.

栽培地とワインの味

この品種は現在もイタリア, ラツィオ州でのみ栽培されている. 形態的に少し異なる二つの主要なクローンがあり, 通常両者は区別されている. 広く普及している CESANESE COMUNE とライチのアロマをもち良好な品質になる可能性をもつ CESANESE DI AFFILE は, 1820年にシチリアの修道士が持ち込み, アッフィーレ（Affile, ローマの南）に植え付けたと考えられているブドウで, 現在もアッフィーレで主に栽培されている. 2000年のイタリアの農業統計によれば, 前者は477 ha（1,179 acres）, 後者は615 ha（1,520 acres）が記録されている. 地方の白ワインの人気が出る以前は, CESANESE は非常に多く栽培されていた. CESANESE は栽培や醸造が容易ではなく, 歴史的にみてもまた現代においても高い期待に応える良質のワインが作られることはあまりない. 最高のワインはフロジノーネ県のピーリオ(Piglio)やアナーニ(Anagni)などの町周辺の地域や, ローマ県のオレーヴァノ・ロマーノ（Olevano Romano）で作られている.

カステッリ・ロマーニ地方の Cesanese del Piglio, Cesanese di Affile, Cesanese di Olevano Romano の三つの DOC において100% CESANESE のワインが公認されている. CESANESE はまた, たとえば Lago di Corsara や Rosso Orvietano などの他のラツィオの DOC においてブレンドワインの生産に用いられている. 伝統的には甘くつまらない CESANESE が一般的であったが, 現在ではより辛口のフルーティー, ベルベットのタンニンとマルベリーやピメントを連想させる香りをもつワインが作られている. Terre Rubre, Marcella Giuliani, Coletti Conti, Cantine Ciolli などの各社がヴァラエタルワインを生産している.

Andrea Franchetti 氏はトスカーナ州南部のテヌータ・ディ・トリノーロ（Tenuta di Trinoro）で様々な

試みを行ったが，うまく成熟できなかったり，極端に香りが高かったりしたので，この地方をあきらめ，シチリアのエトナ（Etna）で少し栽培している．

CÉSAR

タンニンに富む品種.
非常にマイナーでフランス,ブルゴーニュ北部地域において限定的な役割を担っている.

ブドウの色：

主要な別名：Céear，Céelar（ヴェルモントン（Vermenton）およびヨンヌ県（Yonne）の Vallée de la Cure），Célar, Picarniau（クラヴァン（Cravant），イランシー（Irancy）およびトネール（Tonnerre）），Romain（オセール（Auxerre）），Römer（ドイツのラインラント＝プファルツ州（Rheinland-Pfalz））
よくCÉSARと間違えられやすい品種：LAMBRUSCA DI ALESSANDRIA（イタリア）

起源と親子関係

CÉSAR はフランス中北部，パリの南や西に位置するヨンヌ県（シャブリ（Chablis）の地域）の地方品種で，現地では1783年に別名の ROMAIN で記載されている．またコート＝ドール県（Côte d'Or）のディジョン（Dijon）の南西部のオーソンヌ（Auxonne）やオセールの南東部のイランシーでは，1783～1784年に「César ou Romain」と記載されている（Rézeau 1997）．この品種の発祥の地はクランジュ＝ラ＝ヴィヌーズ（Coulanges-la-Vineuse）近くであるといわれており，この村の名前はラテン語の *colongiae vinosae*（ブドウ酒の植民地）に由来すると考えられている．

DNA 系統解析の結果，CÉSAR は PINOT × GÄNSFÜSSER（別名 ARGANT）の自然交配品種であると同定されたことで（Bowers *et al.* 2000），この品種のフランス北東部起源が示唆されている．しかし CÉSAR は RÖMER という名でラインラント＝プファルツ州でも知られており，フランスのブドウ分類の専門家の Adrien Berget 氏は ARGANT/GÄNSFÜSSER は形態的にいかなるフランス品種とも異なることから，ドイツ起源だと考えられると述べた．したがって CÉSAR の発祥地はヨンヌ県とラインラント＝プファルツ州の間のいずれかの場所ではないかと考えられている．

他の仮説

CÉSAR はフランス最古のブドウ品種とよくいわれ，Julius Caesar（ジュリアス・シーザー（フランス語では *César*））がヨンヌ県に持ち込んだといわれているが，親品種が明らかになったことでこの説は否定された．加えて CÉSAR はイタリア品種 LAMBRUSCA DI ALESSANDRIA と同一であるとされるが，DNA 解析結果はそれを否定している（Vouillamoz）．

ブドウ栽培の特徴

樹勢が強く熟期は中期である．春の時期風による被害を非常受けやすい．べと病およびうどんこ病に比較的感受性である．

栽培地とワインの味

2008年，フランスには10 ha（25 acres）の栽培面積しか残っていなかった．シャブリとオセールの町周辺のブルゴーニュ北部で一般的なブルゴーニュワイン（たとえば Bourgogne-Chitry，Bourgogne-Épineuil）あるいは Irancy において推奨されている．ヨンヌ県以外のブルゴーニュの県では公認されていない．赤い果実のフレーバーとボトルの中での熟成に十分なタンニンを有しているので，基本的なブルゴーニュのピノ・ノワールに力強さと長寿を付与することができる．たまにではあるが実際に，Irancy でこうした試みが行われている．Simmonet Febvre 社はヴァラエタルワインの原料として CÉSAR を用いていたが，現在では Irancy のブレンドワイン（最大10％）のみにこの品種を用いている．

Domaine Sorin-Coquard 社の Cuvée Antique はヴァラエタルワインの珍しい例であり，Saint-Bris le Vineux の Cave de la Tourelle 社の Bourgogne César も同様である．

チリではイスラ・デ・マイポ（Isla de Maipo）で CÉSAR の栽培が数 ha 記録されており，現地では ROMANO として知られているが，これらが同じ品種か否かは定かでない．かつてはより広く栽培されていたが，過剰の収量（収量の多さを理由として導入されたのであるが）とそれにともなう成熟度の低さゆえほとんどが抜かれて廃棄された．

CETINKA

非常に珍しいクロアチアの島の白品種

ブドウの色：● ● ● ● ●

主要な別名：Blajka（フヴァル島（Hvar）），Blatinka（コルチュラ島（Korčula）），Blatka（フヴァル島），Blatska（フヴァル島），Cetinjka，Cetinjka Bijela，Cetinka Bijela，Poserača，Potomkinja

よくCETINKAと間違えられやすい品種：BLATINA ☓

起源と親子関係

CETINKA はスプリト（Split）すぐ南に位置するクロアチアのアドリア海岸沖のコルチュラ島とフヴァル島に由来する．

ブドウ栽培の特徴

萌芽期は遅く，熟期は中期～晩期である．中～大サイズの果粒が粗着する果房であるため，灰色かび病への感受性はそれほどでもない．雌しべのみの花だが，豊産性で安定した収量を示す．果粒の糖度は比較的低い．

栽培地とワインの味

CETINKA はクロアチアの Srednja i Južna Dalmacija（中央および南部ダルマチア）ワイン生産地域で公認されているが，とりわけコルチュラ島とフヴァル島で栽培されており，ムリェト島（Mljet），ラストボ島（Lastovo），ヴィス島（Vis）およびペリェシャツ半島（Peljesac）でも少し見られる．CETINKA は MARAŠTINA（MALVASIA BIANCA LUNGA）や GRK とブレンドされることが多い．コルチュラ島にある Blato 組合はヴァラエタルワインを生産している．ワインは軽く，フレッシュでわずかに酸味がある．

CEVAT KARA

ウクライナ南部のこの品種は酒精強化のブレンドワインに用いられる．

ブドウの色：● ● ● ● ●

主要な別名：Djevat Kara，Dshevat-Kara，Dzhevat Kara，Jewath，Polkovnik Kara

起源と親子関係

CEVAT KARA は「黒い大佐」を意味し，ウクライナ最南部のクリミア（Krym）東部のソルネチナヤ・ドリナ（Solnechnaya Dolina）に由来する．

ブドウ栽培の特徴

豊産性で熟期は中期である．中サイズの果粒は果皮が厚いが壊れやすい．

栽培地とワインの味

ウクライナでは，この品種のほとんどがMassandra 社が作るこの品種の名前を付けたBlack Colonel（黒い大佐）やBlack Doctor（EKIM KARA を参照）などのブレンドの酒精強化ワインの生産に用いられている．

CHAMBOURCIN

多湿な環境に耐性をもつフランスの交雑品種．
アメリカ合衆国とオーストラリアで人気があるが母国フランスでは次第に減りつつある．

ブドウの色：● ● ● ● ●

主要な別名： Joannes Seyve 26-205

起源と親子関係

CHAMBOURCIN は1945年以降，Joannes Seyve 氏が SEYVE-VILLARD 12-417×CHANCELLOR の交配により得た交雑品種である．SEYVE-VILLARD 12-417 は SEIBEL 6468×SUBÉREUX の交配品種（完全な系統は，SEIBEL 6468 は BRIANNA を，また SUBÉREUX は PRIOR 参照）である．品種名は現地に Seyve 氏が試験用のブドウ畑を有していた．フランス南東部，イゼール県（Isère）のブジェ＝シャンバリュ村（Bougé-Chambalud）にある命名畑（lieu-dit）Chambourcin という地名にちなんで命名されたものである，1963年に初めて商業栽培され REGENT の育種に用いられた．

ブドウ栽培の特徴

非常に樹勢が強く，短く剪定されるが，結実不良になりがちである．冬の寒さに耐性であるが白化（クロロシス）と乾燥に感受性である．熟期は中期～晩期である．かびの病気，特にべと病に対して良好な耐性をもつ．多湿の環境に耐性である．

栽培地とワインの味

2008年にはフランスで800 ha（1,977 acres）の栽培が記録されており（2006年の948 ha（2,343 acres）から減少している），多くのフランスの県で公認されているが，フランス中部のペイ・ド・ラ・ロワール地域圏（Pays de Loire）で多く栽培されている．1970年代末のピーク時には3,363 ha（8,310 acres）が記録されており，特にミュスカデ地方（Muscadet）で人気があったが，全体的に次第に減少しつつあるものの，現在でもフランスで最も広く栽培されている交雑品種の一つである．ワインはフルフレーバーで香りが高いが，交雑品種にありがちな押しつけがましいフレーバーというわけではない．

寒冷な気候に耐性があるのでカナダやアメリカの北東および中西部で栽培されている．カナダでは，120 acres（49 ha）がオンタリオ州（2006年には85 acres/34 ha が記録されており，2002年の128 acres/52 ha から減少している）を中心にケベック州でも栽培されている．また2009年にはミズーリ州で154 acres（62 ha）が，ペンシルベニア州では2008年に146 acres（59 ha）が，ニューヨーク州では2006年に31 acres（13 ha）が，ミシガン州では2006年に42 acres（17 ha）が栽培されていた．またノースカロライナ州でも少し栽培されており，そこでは Davesté Vineyard 社でヴァラエタルワインが作られている．またバージニア州（2008年に96 acres/39 ha），イリノイ州（2009年に105 acres/42 ha），インディアナ州（2009年に65 acres/26 ha），オハイオ州（15 acres/6 ha），ネブラスカ州（2007年に5 acres/2 ha）さらにはアイオワ州の南半分でも栽培されている．インディアナ州の Butler Winery は良質のワインを生産している．

CHAMBOURCIN はオーストラリアで最も成功している交雑品種である．*Australian Wine Industry Directory 2010* によれば，オーストラリアには86の生産者があり，たとえばニューサウスウェールズ州（New South Wales）のハンター・バレー（Hunter Valley）のような多湿で温暖な土地で多く栽培され，その耐病性ゆえに東海岸のクイーンズランド州（Queensland）でも栽培されている．ニューサウスウェールズ州のヘイスティングズ・リバー地方（Hastings River）のポート・マッコリー（Port Macquarie）の Cassegrain 社はオーストラリアにおける CHAMBOURCIN の先駆者として信頼されており，二種類のヴァラエタルワインを作っている．対照的にニュージーランドではわずかに数 ha しか記録されていない．多湿への耐性およびオーストラリアの技術指導者の影響もあり，ベトナムでもこの品種は期待されている．

CHANCELLOR

マイナーなフランスとアメリカの交雑品種．
現在ではフランスよりも北米で多く栽培されている．

ブドウの色：

主要な別名： Seibel 7053

起源と親子関係

20世紀初頭に，フランスのニーム（Nîmes）とリヨン（Lyon）の間のアルデシュ県（Ardèche）のオーブナ（Aubenas）で Albert Seible 氏が SEIBEL 5163×SEIBEL 880 の交配により得た交雑品種である．（CHANCELLOR の完全な系統は PRIOR を参照），1970年には，ニューヨーク州で CHANCELLOR と命名された．

CHANCELLOR は ALLEGRO，BREIDECKER，CHAMBOURCIN，GEISENHEIM 318-57 の育種に用いられた．

ブドウ栽培の特徴

萌芽期が早期のため春の霜に被害を受ける危険性がある．早熟である．べと病およびうどんこ病に感受性がある．

栽培地とワインの味

2006年に，ニューヨーク州では46 acres（19 ha）が，ミシガン州では35 acres（14 ha）の栽培が記録されていた．さらにインディアナ州，ネブラスカ州でも栽培されている．またカナダのブリティッシュコロンビア州では2008年に10 acres（4 ha）の栽培が記録されており，ケベック州とオンタリオ州でも少しずつ栽培されていた．深い色合いをもち，他の多くのフランス－アメリカ交雑品種よりも良質のワインになるが，少し苦みが出ることがある．オンタリオ州のナイアガラ＝オン＝ザ＝レイク（Niagara-on-the-Lake）の Joseph's Estate 社は CHANCELLOR / メルロー（MERLOT）のブレンドワインを作っている．

CHARBONO

DOUCE NOIRE を参照

CHARDONEL

ニューヨーク州の交雑品種．親品種のシャルドネよりも耐寒性があり，より豊産性でアメリカ北部の州での栽培に適している．

ブドウの色：● ● ● ● ●

主要な別名：GW 9，NY 45010

起源と親子関係

CHARDONEL は，1953年にニューヨーク州のジェニーバ（Geneva）研究センターの Bruce Reisch，Robert Pool，John Einset の各氏が SEYVAL BLANC × シャルドネ（CHARDONNAY）の交配により得た *Vitis rupestris*，*Vitis vinifera*，*Vitis lincecumii* の交雑品種である．1958年に最初の果実が得られ，NY 45010（New York 45010）の番号で1960年に繁殖され，その後，わかりやすく GW9（Geneva White 9）と改名された（Reisch *et al.* 1990）．最初のワインが1966年に作られ，この品種は1990年に公開された．

ブドウ栽培の特徴

樹勢が強く，豊産性だが萌芽期は遅く晩熟である．シャルドネより耐寒性（−10 ～ −15°F/ −23 ～ −26℃）を示し，ほぼ SEYVAL BLANC と同レベルである．果房は両親品種に比べればそれほど果粒が密着していないため，べと病，うどんこ病ならびに灰色かび病の感受性は中程度である．

栽培地とワインの味

1990年に公開されてから，CHARDONEL はミズーリ州（2009年に190 acres/77 ha），アーカンソー州，ミシガン州（2006年に24 acres/10 ha），ペンシルベニア州，オハイオ州（2008年に6 acres/2.4 ha）などアメリカで人気がある．ニューヨーク州では，成長期が長く温暖な地域で推奨される．ワインは軽く心地よく，良質のものはシャルドネのフルボディーに似たものになるが，他方それほどではないものは SEYVAL BLANC のようなワインになる．年によって，また場所によって，ワインは植物的な香りをもつが，高い酸度のため発泡性ワインに適したものになる．最高のワインは樽発酵に用いられる．CHARDONEL は辛口からオークの香りのするもの，またオフ・ドライから甘口ワインなど様々なスタイルのワインになる．

優れたヴァラエタルワインの生産者としては，Ozark Mountain AVA の Chaumette 社，Ozark Highlands AVA の St James Winery，Lake Michigan Shore AVA の Tabor Hill 社ならびにインディアナ州の Butler Winery などがあげられる．

CHARDONNAY

驚くべき人気で広く国際的に栽培されている白品種．平凡にも素晴らしくもなりうる．

ブドウの色：● ● ● ● ●

主要な別名：Aubaine（ソーヌ＝エ＝ロワール県（Saône-et-Loire）），Auvernat（オーヴェルニュ地域圏（Auvergne）），オルレアン（Orléans），Auxerrois，Auxois（モゼル県（Moselle）），Beaunois（ヨンヌ県（Yonne）），Chaudenay（トゥーレーヌ（Touraine）），Clevner または Clävner，Gamay Blanc（ジュラ県（Jura）），Luisant（フランシュ＝コンテ地域圏（Franche-Comté）），Melon à Queue Rouge（ジュラ県，フランシュ＝コンテ地域圏），Melon d'Arbois（ジュラ県），?Obaideh（レバノン），Pinot Blanc Chardonnay，Wais Edler また

は Waiser Clevner（モルドヴァ共和国）

よくCHARDONNAYと間違えられやすい品種：ALIGOTÉ，AUXERROIS，MELON，ピノ・ブラン（PINOT BLANC），SACY，SAVAGNIN BLANC

起源と親子関係

シャルドネ（CHARDONNAY）はフランス中東部のリヨン（Lyon）とディジョン（Dijon）の間にあるソーヌ＝エ＝ロワール県（Saône-et-Loire）に由来する．歴史的な栽培地域は，ブルゴーニュからシャンパーニュ（Champagne）にかけてで，主にコート＝ドール県（Côte d'Or），ソーヌ＝エ＝ロワール県，マルヌ県（Marne）で栽培されている．1583年にこの品種はBEAUNOIS（「ボーヌ（Beaune）の」という意味をもつ）という別名で最初に記載されているが，同じ名前が，ALIGOTÉなどの他の品種にも使われている．

信頼できる最初の記載は1685〜1690年にかけて，現在ではLa Roche-Vineuseと呼ばれるソーヌ＝エ＝ロワール県のサン＝ソルラン村（Saint-Sorlin）で見られ，現地では「Chardonnet」は最高のワインになるといわれた．この品種名はブルゴーニュ南部のマコネー（Mâconnais）のユシジー（Uchizy）近くのシャルドネ村（Chardonnay）の名に由来する．様々な表記（CHARDENET，CHARDONNET，CHARDENAY他）が使われ，現代的な表記であるシャルドネは20世紀になるまでは一般的ではなかった．

シャルドネは19世紀の終わりまではその形態的な類似性からピノ・ブラン（PINOT BLANC）と混同されてきた．フランスではCHARDONNET PINOT BLANCあるいはPINOT BLANC CHARDONNETとよく呼ばれ，またドイツではCLEVNERあるいはCLÄVNER，さらにはドイツ西部でのピノ・グリ（PINOT GRIS）の呼び名であるRULÄNDERと呼ばれてきた．

DNA系統解析によって，シャルドネは，その姉妹品種であるGAMAY NOIR，MELON，ALIGOTÉなどの品種（PINOT系統図参照）と同様にPINOT×GOUAIS BLANCの自然交配品種であることが明らかになった（Bowers *et al.* 1999）．この親子関係によってALIGOTÉとピノ・ブランがなぜ混同されるのか，さらになぜジュラ県では別名のGAMAY BLANCやMELON D'ARBOISが使われるのかの説明が可能となった．シャルドネはブドウの形態分類群のNoirienグループに属する（p XXXII参照；Bisson 2009）．

CHARDONNAY ROSEはシャルドネ村周辺で見つかった果皮色変異である．CHARDONNAY MUSQUÉは生食用ブドウを思わせるMUSCATに似たアロマをもつ変異で，最初にプイィ（Pouilly）とアルボワ（Arbois）で見つかった（Galet 1990）．シャルドネの77あるいは809などの特定のクローンは生食用ブドウを思わせるアロマをもっている．

シャルドネはいくつかの品種の親品種であり，BAROQUEと交配されてLILIORILAを，またSEIBEL系交雑品種と交配されてRAVAT BLANCを，さらにはPALOMINO FINOと交配されてCHASANをフランスで作り出した．またアメリカではSEYVAL BLANCと交配されてCHARDONELを，スイスではCHASSELASと交配されてCHARMONTとDORALを，さらにセルビアではKÖVIDINKAと交配されてSILAを，そしてウクライナではPLAVAÏ（現在では栽培されていない）と交配されてSUKHOLIMANSKY BELYを作り出した．

他の仮説

レバノンのOBAIDEHと呼ばれる品種がこの品種の祖先品種であるかもしれないと述べている資料もあるが，シャルドネの親品種がレバノンで栽培されたことがないことからこの説は否定できる．OBAIDEHはむしろシャルドネのこの地方のクローンであるかもしれないが，DNA解析は行われていない．

ブドウ栽培の特徴

萌芽期は早期で（そのため遅霜にやられやすい）早熟で豊産性である．栽培は容易である．栽培には石灰岩か石灰質の粘土が適しており，あまり乾燥し過ぎないほうがよい．うどんこ病とGrapevine yellows（細菌の関与により葉が黄化する病気の総称，たとえばFlavescence doréeやbois noir）に感受性がある．花ぶるいと結実不良にも被害を受ける．比較的薄い果皮であるので特に雨の多いシーズンは灰色かび病に感受性となる．ブルゴーニュには28種類の公認クローン（ディジョンクローンとしても知られる）があり，このうち75，78，121，124，125，277は特に豊産性であるが76，95，96は高い品質のワインを産する．いわゆるメンドーサクローンは結実不良の傾向が知られているが，こうして収量が落ちることに利点があると考えている生産者もある．

栽培地とワインの味

シャルドネは，よしにつけ悪しきにつけ，議論の多い，最も使い道の多い白ワイン用ブドウ品種である．それ自身に際立ったフレーバーがないため，栽培された場所や，特に醸造方法によって様々なアロマをもつ．比較的高い糖度に達するが，シャブリのような冷涼な気候では，ワインは細身で幾分酸味が鋭く，リフレッシュ効果においてソーヴィニヨン・ブラン（SAUVIGNON BLANC）に似ている．どのようなスタイルであれ，様々な流行の変遷を通じて，シャルドネそれ自身はマロラクティック発酵，バトナージュ，樽発酵やあらゆる種類のオーク関連技術によるワイン生産の柔軟なパートナーとなることができる．それは繊細で味わい深いものからリッチでスパイシーな辛口のスティルワインまで，最高品質のスパークリグワインのための比類なきベースワイン，また時にマコネーやオーストリアのブルゲンラント州（Burgen-land）では貴腐により興味深い甘口ワインに，とあらゆるスタイルのワインが作られている．

20世紀終わりにワインの世界が劇的に広がり，ワインの流行が白ワインに向かったことで，シャルドネの栽培は急増した．シャルドネは北および南アメリカとオーストラリアで最も有力な白ブドウになり，事実上白ワインの代名詞のようになった．しかし何事にも反動があるように，21世紀の最初の10年の終わり頃からシャルドネは多くの消費者から古いと考えられるようになってきた．巨大市場においてはピノ・グリ（PINOT GRIGIO）がそれにとってかわり，最も素晴らしいグラマーなブルゴーニュの白であるシャルドネの評判は，高い頻度で生じる未熟な酸化によって低下し始めた．

フランスでは1958年に7,325 ha（18,100 acres）の栽培面積 が主にブルゴーニュとシャンパーニュで記録されていたが，2009年には44,593 ha（110,191 acres）に増加した．シャルドネは現在ではフランス第二の白品種となったが，主にコニャックやアルマニャックに用いられるUGNI BLANC（TREBBIANO TOSCANO）はシャルドネの2倍多く栽培されている．現在，フランスにおけるシャルドネの主産地は面積の多い順にブルゴーニュ，ラングドック＝ルシヨン地域圏（Languedoc-Roussillon），シャンパーニュとなっている．

たとえALIGOTÉや少量のピノ・ブランが栽培されていてもシャルドネはブルゴーニュの白ブドウである．広域ブルゴーニュの総栽培面積は14,753 ha（36,455 acres; 1958年には4,048 ha/10,003 acres）であり，そのうちわずかに2,120 ha（5,239 acres）がコート＝ドール県の細長い地域で栽培され，6,929 ha（17,122 acres）がコート・シャロネーズ（Côte Chalonnaise）やマコネーなどのソーヌ＝エ＝ロワール県で，さらに5,648 ha（13,957 acres）がヨンヌ県（Yonne）のシャブリ（Chablis）で栽培されている．

シャルドネはシャブリでその多才さを発揮し，特にその地方の粘土質の石灰石キンメリジャン（kimme-ridgean）土壌で栽培されると最も魅力的な，そして最も長寿の最高のワインになる．最高のワインはしっかり引き締まった厳格なワインとなり，とりわけ高い酸度をもちボトルで数十年にわたり興味深さを醸し出すことができる．

ちょうど最高の品質のボルドー（Bordeaux）の赤ワインがカベルネ・ソーヴィニヨン（CABERNET SAUVIGNON）の世界中への普及を触発したように，最高の品質のブルゴーニュの白ワインがシャルドネのかつて例のない人気をもたらした．カベルネ・ソーヴィニヨンと異なりシャルドネの成熟は難しくないことから，より多様な気候の地域でよく育つことができる．値段が高すぎ，覇気がないワインを見つけることは難しくないのだが，偉大なモンラッシュ（Montrachet）の小さな畑とその近隣のグランドクリュのワインよりもニュアンスに富み，寿命の長い，フルボディーの辛口の白ワインは他にはほとんど見られない．それはコルトン・シャルルマーニュ グラン・クリュ（Grand cru Corton-Charlemagne）についても同様である．素晴らしく，濃厚で同様に香味の優れたブルゴーニュの白ワインは，偉大さは劣るがPuligny-Montrachet，Chassagne-Montrachet，Meursaultなどの古典的なアペラシオンで見られる．またSaint-Aubin，Pernand-Vergelessesなどはかつてシャルドネを完全に成熟させることで苦労したが，コート＝ドール県でも温暖な夏を経験するようになり，非常に良質の白ワインが作られている．コート＝ドール県の南半分，コート・ド・ボーヌ（Côte de Beaune）は，シャルドネの最も有名な生産地であるが，北のコート・ド・ニュイ（Côte de Nuits）では例外的にしか見られない．

コート＝ドール県はシャルドネの品質の王冠を維持している（他の意欲的な生産者に包囲されながらではあるが），その南のコート・シャロネーズ（Côte Chalonnaise）でより多く栽培されており，良質の白ワインが作られているが，コート＝ドール県の最高のワインに匹敵する緊張と密度をもつものはまれである．特にマコネーの可能性は明らかで，コート＝ドール県のトップクラスの生産者が進出している．ここではワインは格別な次元の成熟を示し，対応する北部のワインよりも早熟である．これらのでしゃばりで親しみやすいワインのフレーバーはメロンから熟したリンゴまでいろいろだが，多くのワインが明らかにPouilly-Fuissé，Viré-Clessé，Saint-Véranなどのアペラシオンの土壌の違いを反映している．シャルドネにはBEAUJOLAIS BLANCとして売られるいくぶん軽いものもある．

シャルドネは小さなジュラ県のワイン地方でも重要で，そこでのワインは標高の高い白のブルゴーニュと表現されている．

シャンパーニュではマコネーやコート・シャロネーズの栽培面積を足し合わせたものよりも多い9,781 ha（24,169 acres）のシャルドネが栽培されている．ほとんどは南のオーブ県よりもその北にあるマルヌ県において見られる（1958年には2,664 ha/6,583 acres以上が記録されている）．シャンパーニュではシャルドネは事実上唯一の白ワイン品種であり，Blanc de Blancs（すべて色の薄い果皮のブドウから作られた製品）の需要の増加とシャンパーニュのブドウ栽培地区の拡大が，劇的な増加の理由である．シャルドネだけからなる伝統的な製法による発泡性ワインは，シャンパーニュであってもそうでなくてもある種のレモンのような香りをもち，特にlees（滓）の上でのボトル熟成期間が長いとビスケットやブリオッシュのような香りに変化する．

しかし本当に驚くべきことは，シャルドネの栽培はラングドック＝ルシヨン地域圏にもおよんでおり，現地では合計12,156 ha（30,038 acres）が記録されていることである．そこではシャルドネは最も多く栽培される白品種である．リムー(Limoux)周辺で栽培されるシャルドネは例外的に発泡性になるが，ここでのシャルドネの大半は比較的安価なヴァラエタルワインになり，品種特性の現れ方は様々である．収量が高いことが多いため，ワインはシャルドネというよりも単に辛口な白ワインになることが避けられない．

コニャックやアルマニャックでも少し栽培されており，そこではデイリーワインが作られている．アルデシュ県（Ardèche）ではMÂCON BLANCとは対照的なフルボディーの南部のワインが作られ，またロワール渓谷（Val de Loire）では発泡性のクレマン・ド・ロワール（Crémant de Loire）の他，やや軽いものの生き生きとしたスティルワインも作られている．Anjou Blancには20％まで添加が認められており，20世紀の終わり頃にサン＝プルサン（Saint-Pourçain）のTRESSALLIER（SACY）がかなり植え換えられた．

イタリアでは大量のPINOT BIANCO（ピノ・ブラン）と少量のシャルドネが一世紀にわたって栽培されており，どちらがどちらなのか定かでなかったが，20世紀の終わり頃，イタリアはシャルドネマニアの餌食になり，また両者の違いが識別されるようになった結果，2000年までにシャルドネの栽培は11,772 ha（29,089 acres）が記録されるまでになった．野心的なイタリア中の，特にピエモンテ州（Piemonte）やイタリア中部の生産者は，オークを使った少量の高価なシャルドネを作るべきだと感じた．この早熟の品種はランゲ丘陵（Langhe hills）のような，ネッビオーロ（NEBBIOLO）などの赤ワイン用ブドウが熟すのには冷涼すぎる土地にとって有用であった．Gaja社のGaia e Reyワインは間違いなくイタリアの最も有名なシャルドネワインであるが，Chianti ClassicoにあるQuerciabella社のバタール（Batàr）ワインとGRECHETTO DI ORVIETOがブレンドされたAntinori社のUmbrian Cervaroワインは，ブルゴーニュの白ワインのイメージをもつ非常に優れたワインである．

イタリアで最も多くシャルドネが栽培されている地域はロンバルディア州（Lombardia）（そこではほとんどがフランチャコルタ（Franciacorta）などの発泡性ワインになる），トレンティーノ（Trentino）（同じく多くが発泡性ワインになる）およびアルト・アディジェ（Alto Adige/ボルツァーノ自治県）であり，そこでのシャルドネは他の白ワインのヴァラエタルワインには見ることができる信念が欠けている．例外はTiefenbrunner社の最高のワインやElena Walch社のCardellinoワインなどである．フリウーリ（Friuli）では他の品種のほうが適しているように見えるが，Jermann社はデラックスなシャルドネのDreamsボトルで，ある時期ブームを起こした．ほとんどのイタリア南部の地域はシャルドネを栽培するには少し暑いが，それでもプッリャ州（Puglia）ではヴァラエタルワインが生産されている．イタリアの出した答えは一般的にはちょっとつまらないラングドックタイプのワインであった．シチリア島（Sicilia）ではより高い水準に到達し，Chez Planeta社は骨の髄までシチリア島というわけではないがワールドクラスであり，他のワイナリーの追随を誘ったことで，2008年には島の畑の4％にあたる4,960 ha（12,256 acres）がシャルドネの栽培地となった．

2008年にスペインでは5,423 ha（13,401 acres）で栽培されていた．同国のほとんどの地域は早熟のシャルドネにフレーバーと興味を吹き込むには暑すぎる気候だが，Torres社のMilmandaワインはConca de Barberàの丘にある畑で，またChivite社のColección 125ワインは冷涼なナバラ州（Navarra）の畑で，ソモンタノ（Somontano）にあるEnate社同様，シャルドネのヴァラエタルワインで成功を収めている．

ポルトガルではシャルドネは非常に小さな役割しか担っておらず，2010年に566 ha（1,399 acres）のみが記録されている．

ルクセンブルクは，より涼しかった時代には早熟のAUXERROISが主流であったが，シャルドネは2008年には16 ha（40 acres）が記録されている．ベルギーで良質のブルゴーニュの白ワインのコピーがハスペンゴウ地方（Haspengouw）にある城壁に囲まれたClos d'Opleeuw社で作られている．イギリスでは近年，発泡性ワイン用の栽培により，シャルドネの栽培は2009年までに225 ha（556 acres）まで増えた．

リースリング（RIESLING）の国，ドイツでのシャルドネの広がりは，多くの人を驚かせるだろう．2008年時点ですでに1,171 ha（2,894 acres）が，主にプファルツ（Pfalz）やラインヘッセン（Rheinhessen）で，また少量がバーデン（Baden）で栽培されている．ドイツではすでにピノ・ブランやピノ・グリの栽培に習熟していたので，同国でのシャルドネの発展は自然の成り行きであって，ドイツの消費者はシャルドネの魅力から免れることができなくなった．ドイツでのフルボディーワインの生産者にはプファルツのKnipser社やRebholz社が，バーデンにはDr Heger社やBernhard Huber社が，またフランケン（Franken）にはFürst社などがある．

オーストリアでの栽培はより限定的で，主に南部のシュタイアーマルク州（Steiermark）で栽培されており（268 ha/662 acres，2007年），現地ではMORILLONとして知られている．Neumeister，Tinnacher，Polz，Sabathi，Sattlerhof，Tementなどの各社はいずれも挑戦的（stab at it）であるものの，彼らが作るソーヴィニヨン・ブランワインのほうが間違いなくより成功している．ブルゲンラント州（Burgenland）のKracher社はシャルドネだけからあるいは，シャルドネとよりキレのあるWELSCHRIESLING（GRAŠEVINA）とのブレンドにより賞賛されるトロッケンベーレンアウスレーゼ（Trockenbeerenauslesen）を作っている．

シャルドネはスイスでも栽培されており，2009年に321 ha（793 acres）の栽培が記録されていた．洗練されたスタイルのシャルドネの推奨される生産者としてはグラウビュンデン州（Graubünden）のDavaz社やジュネーヴ州（Genève）のDomaine des Balisiers社およびヴォー州（Vaud）のDomaine La Colombe社のRaymond Paccot氏などがあげられる．

東ヨーロッパでは，シャルドネはモルドヴァ共和国で最も重要な品種であり，2009年には5,134 ha（12,686 acres）の栽培が記録されていたが，輸出されるものはほとんどない．ブルガリアでも2009年には4,624 ha（11,426 acres）と広く栽培されている．しかし収量は過剰気味で，オーク・チップが多く使われることが多い．国境を越えたルーマニアではより限定的で，2008年には704 ha（1,740 acres）が記録されており，ほとんどは黒海沿岸のコンスタンツァ県（Constanţa）周辺で見られる．

ハンガリーでは2008年に2,862 ha（7,072 acres）が記録されており，ワイン産地全体に広がっているが，最も多いのは西部のバラトン湖（Balaton）周辺と中央北部のマートラ（Mátra），エチェク－ブダ（Etyek-Buda）および ネスメーイ地域（Nezmély）である．最高のワインは樽発酵・樽熟成のHilltop（ネスメーイ），Ottó Légli（バラトンボグラール（Balatonboglár）），József BockおよびMalatinszky（Villány-Siklós），Mátyás Szőke（マートラ），Tibor Gál（エゲル（Eger））などの各社のワインである．

スロベニアでは2009年に1,215 ha（3,002 acres）の栽培が記録されている．ブルゴーニュの白ワインを思わせる注意深く作られた非常に素晴らしいシャルドネがイタリアとの国境付近のゴリシュカ・ブルダ（Goriška Brda）でMarjan Simčič，Edi Simčič，Klinecなどの各社によって作られるが，北東部のシュタイエルスカ地方（Štajerska Slovenija/Slovenian Styria）でも栽培されている．

クロアチアでは2009年に910 ha（2,249 acres）が記録されており，特にイストラ半島（Istra）では，Ivica Matošević氏のGrimaldaワインのようにMALVAZIJA ISTARSKAとブレンドされることが多く，セルビアでもおそらく栽培されているのであろう．モンテネグロでは2009年に400 ha（988 acres）の栽培が記録されており，シャルドネは同国において最も重要な非在来品種となっている．チェコ共和国では南東部モラヴィア（Morava）を中心に2008年には756 ha（1,868 acres）の栽培が記録されている．

ウクライナでは2009年に2,984 ha（7,374 acres）とかなり多く記録されており，他方ロシアではわずかに300 ha（741 acres）が主に黒海海岸地方のクラスノダール地方（Krasnodar Krai）のファナゴリア（Fanagoria）で栽培されている．ジョージアではRKATSITELIや他の地方品種がより興味をひくのに対してシャルドネはわずかに40 ha（99 acres）が2009年に記録されているにすぎない．

白ワインは一般的に地中海地方東部の暖かいところではあまり興味をもたれないが，Castel社やGolan Heightsワイナリーはきわめて印象的な国際スタイルのシャルドネをイスラエルの冷涼なブドウ畑で作っており，栽培面積は約200 ha（494 acres）と推定される．ギリシャでは2007年に140 ha（346 acres）が記録され，ほとんどすべてが北部（マケドニア（Makedonía）東部およびトラキア（Thráki/Thrace））で栽培されている．トルコには183 ha（452 acres），キプロスでは130 ha（321 acres）が，またマルタでは約100 ha（247 acres）が2010年に記録されている．

カリフォルニア州における白ワインの選択に際して，シャルドネは悪癖のようである．ゴールデンステート（訳注：カリフォルニア州の俗称）では2003年のピーク時には94,164 acres（38,107 ha）が栽培されていた．赤ワインへの関心が増すにつれて，その栽培は少しずつ減り，2008年には91,522 acres（37,038 ha）であったが，2010年には95,271 acres（38,555 ha）と再び増加し，シャルドネは依然州内で最も広く栽培されている白品種である．その用途の多様性により事実上どこでも栽培されているが，セントラル・バレー（Central Valley）などの最も暖かいところでは非常に早熟であるためフレーバーの形成が十分ではなく，残糖に頼って販売されることになる．カリフォルニア州のシャルドネは一般的に高いアルコール分のため，他よりも甘く感じられるが，ソノマ（Sonoma）やセントラルコースト（Central Coast）などの冷涼な土地では酸味が生き生きとしてミネラル感のあるシャルドネの割合が増えている．ナパバレー（Napa Valley）の大部分ではわくわくするようなシャルドネを作るには暑すぎるが，カーネロス（Carneros）では広く栽培されており，しばしば発泡性ワインの生産に用いられている．ロシアン・リバー・バレー（Russian River Valley）も品質の高いシャルドネのホットスポットであるが，現在ではこの品種には暑すぎることがある．モンテレー（Monterey）では平均以上の，草の香りのすることのあるシャルドネが作られ，この品種はセントラルコースト（Central Coast）へのブドウ栽培の広がりを先導している．事実上すべてのカリフォルニアのワインの生産者はシャルドネを作っており，様々な種類の製品を出している場合も多い．Au Bon Climat，Chalone，DuMol，Dutton Goldfield，Kistler，Kongsgaard，Marcassin，Ramey，Ridge，Sandhi，Stony Hill などの各社が称賛される生産者である．

リバモア（Livermore）の Wente 社はカリフォルニア州のシャルドネの歴史の中で重要な役割を担ってきた．1936年に最初のヴァラエタルワインを作り，いわゆる Wente クローン，あるいは野外で選抜されたクローンは暖かい気候に適しており，太平洋側に広く植え付けられた．アレクサンダー・バレー（Alexander Valley）の Robert Young 氏は後に Wente 選抜をもとにした独自の優良クローンを繁殖し販売した．

オレゴン州は，カリフォルニア州から導入されたシャルドネのこのクローンや別のクローンには冷涼すぎたため，何年ものあいだピノ・グリに輝きを奪われていた．しかし今世紀になってディジョンクローンと呼ばれるブルゴーニュのシャルドネを導入したことでシャルドネの品質は劇的に向上し，食欲をそそる桃などの核果を表現することができるようになった．ディジョンクローン95，96の小さな果粒は比較的低い成熟度でもフレーバーの強さをワインに与えることができる．2008年には1,008 acres（408 ha）で栽培されており，Bergström，Chehalem，Domaine Drouhin，Eyrie，Ponzi，Rex Hill などの各社は優れた生産者である．

ワシントン州ではシャルドネが最も多く栽培されている白品種である．2011年に7,654 acres（3,098 ha）が記録されていたが，同州が得意とするリースリング（6,320 acres/2,558 ha）がやがてこれを上回るものと考えられている．ここではオレゴン州よりもクローンの多様性は低いが，Abeja，Arbor Crest や有名な Château Ste Michelle などの各社が，この州のワインの特徴であるキレのある酸味をもつ優れたワインを作っている．

シャルドネは事実上，ブドウが栽培されるすべてのアメリカの州で栽培されている．アイダホ州では長い歴史があり，またテキサス州では2008年に360 acres（146 ha）が，また2010年にバージニア州では474 acres（192 ha）が記録されており，他の品種をかなり離して最も多く栽培される品種である．ニューヨーク州（981 acres/397 ha，2006年）でもまた広く栽培されており，冷涼な冬の気候のためリースリングのほうが適しているフィンガーレイクス（Finger lakes）よりも，ロングアイランド（Long Island）でリッチなワインが作られている．アメリカのシャルドネの特徴は大きく，大胆で，オークを用い，漠然と甘く，どこで栽培されても非常に似たスタイルになる．

国境を越えたカナダではシャルドネは2009年に2,180 acres（882 ha）の栽培が記録されており，オンタリオ州で最も栽培され，称賛される品種である．カナダではやや繊細で洗練されたシャルドネが作られ，Clos Jordanne，Closson Chase，Norman Hardie，Southbrook などの各社のワインがよい例である．プリンスエドワード郡（Prince Edward）で始まった新しい栽培は特に期待がもてる．ノバスコシア州（Nova Scotia）とケベック州（Québec）でも若干栽培されており，2008年にはブリティッシュコロンビア州（British Columbia）で866 acres（350 ha）の栽培が記録されたが，ピノ・グリのほうが広く植えられており，またピノ・ブランも間違いなくより大きな成功を収めている．

シャルドネはメキシコではバハ・カリフォルニア州（Baja California）やコアウイラ州（Coahulia de Zaragoza）で限られた量が栽培されているが，この早熟の品種には当地は少し暑すぎる．

2008年にアルゼンチンでは6,342 ha（15,671 acres）の栽培が記録され，ほとんどはメンドーサ州（Mendoza）で見られるが，サン・フアン州（San Juan），ラ・リオハ州（La Rioja），ネウケン州（Neuquén）などでも少し栽培されている．シャルドネは同国の特産であるTORRONTÉSに次いで2番目に栽培面積が多い白ワイン品種である（ベーシックなPEDRO GIMÉNEZを除いて，であるが）．アルゼンチンのシャルドネは驚くべき繊細さを示し，Catena社などの優れた生産者はその理由を標高に求めているが，Viña Cobos社を所有するカリフォルニア州のPaul Hobbs氏は石の多い土壌がその理由だと述べている．

チリでは，シャルドネは2008年に8,549 ha（21,125 acres）の栽培が記録されており，同国で最も多く栽培される白品種であるが，ソーヴィニヨン・ブランもほぼ同じ量が栽培されている．最も広く栽培されているのは冷涼なカサブランカ（Casablanca）（1,845 ha/4,559 acres）であるが，マウレ（Maule，1,597 ha/3,946 acres），クリコ（Curicó，1,440 ha/3,558 acres）およびコルチャグア（Colchagua，1,288 ha/3,183 acres）でも栽培は見られる．この品種はすべてのワイン産地である程度栽培されており，さらに南のマジェコ（Malleco）ではViña Aquitania社のSol de Solワインがチリのブドウ栽培の南限でシャルドネの可能性を示している．チリのシャルドネの品質は今世紀初めにオークの使い方を習熟したことに伴い，非常に進歩した．最も成功した生産者としてはサンアントニオ（San Antonio））のMatetic社，レイダ（Leyda）のAmayna社，リマリ（Limarí）のMaycas del Limarí社，マイポ（Maipo）のHaras de Pirque社やアコンカグア（Aconcagua）のErrázuriz Wild Ferment社などがあげられる．

ブラジルでは2007年に642 ha（1,586 acres）が，主に発泡性ワイン用に栽培されている．ウルグアイでは2008年に135 ha（334 acres）が，またボリビアでは2009年に21 ha（52 acres）の栽培が記録されている．また限定的にペルーでも栽培されている．

オーストラリアとシャルドネは1980年代から表裏一体であり，しっかりとオークチップを使って作られるわかりやすいシャルドネは，世界を圧巻するためのオーストラリアの主要な武器であった．2008年までシャルドネは同国で最も栽培される白品種であり，栽培面積は31,564 ha（77,996 acres）であった．こうした同国でのシャルドネの炸裂は，Tyrrell社がPINOT CHARDONNAYと呼ぶVat 47ヴァラエタルワインを顕著な先見性をもって発表する1971年から始まった．現在では最も多く栽培される土地は，暑い，内陸の大量生産地であるリヴァーランド（Riverland），マレー・ダーリング（Murray Darling），リヴァリーナ（Riverina）などである．2000年代に同国で見られたシャルドネの洗練は，ある国において見ることができる最も短期間でのワインスタイルの変遷の例であり，そのとき世界のワインの飲み手にとってOaky（樽香が強い）という言葉が軽蔑的な言葉となった．同国のシャルドネは今日ではキレがあり，ときにやせてとがったところが現れるときがある．しかしながら，最もすばらしく，最も技術的に信頼できるシャルドネが，ビクトリア州（Victoria），マセドニア・レンジズ（Macedon Ranges）のCurly Flat社やBindi社，ビーチワース（Beechworth）のGiaconda社，ヤラ・バレー（Yarra Valley）のGiant Steps，De BortoliおよびPHI，Penfolds社のYattarnaワインに貢献したHentyの栽培家，ならびにモーニントン・ペニンシュラ（Mornington Peninsula）の多くの小さな生産者などにより作られている．しかし繊細で洗練された熟成させる価値のあるシャルドネは，たとえば西オーストラリア州（Cullen，Leeuwin Estate，Moss Woodなどの各社），アデレイド・ヒルズ（Adelaide Hills）（Grosset，Petaluma，Shaw and Smithなどの各社），タスマニア州（Tasmania）（Derwent Estate，Freycinetなどの各社）やオレンジ（Orange）などのニューサウスウェールズ州の冷涼な土地で見られる．

ニュージーランドには2008年に3,769 ha（9,313 acres）のシャルドネが記録されており，同国でソーヴィニヨン・ブランについで2番目に多く栽培される白品種である．自然に高い酸度をもつため，同国はよいシャルドネを作れるはずだが，同国のソーヴィニヨン・ブランが最先端をいっているため，シャルドネは色あせて見える．ニュージーランドの北島の東海岸沿岸，特にギズボーン（Gisborne）の栽培者は，安心してワイン作りを任せられるブドウの買い手を探すのに苦労している．Millton社は自社のボトルの評判を確立した数少ない生産者である．同国最高のシャルドネのほとんどはフレッシュで，多くは明瞭にブルゴーニュタイプである．数少ないが，たとえば北島ではオークランド（Auckland）の北のKumeu River社，マーティンバラ（Martinborough）のDry River社やAta Rangi社，ホークス・ベイ（Hawke's Bay）のCraggy Range社やTrinity Hill社などの生産者がある．南島ではネルソン（Nelson）のNeudorf社，マールボロ（Marlborough）のSacred Hill社やSt Clair社，カンタベリー（Canterbury）のMountford社やBell Hill

社，セントラル・オタゴ（Central Otago）の Felton Road 社がシャルドネの炎を燃え続けさせている．

ニュージーランドと同様に南アフリカ共和国では他の白ワイン品種への目移りが見られ，シュナン・ブラン（CHENIN BLANC）は同国で最も多く栽培される品種であり，COLOMBARD，ソーヴィニヨン・ブランのうち，後者は最近になって栽培面積がシャルドネを超えた．2008年にはケープ州（Cape）のワイン産地で8,255 ha（20,399 acres）のシャルドネが記録されており，これは同国の白ワイン用ブドウ品種の作付面積合計の15 % を占めていた．南アフリカ共和国では価値がそれほど認められないにもかかわらず，冷涼な南極の影響によりケープシャルドネはリフレッシュ感があり，非常に寿命が長くなることもある．この品種はほとんどのワイン産地で栽培され，栽培面積が多い地域からロバートソン（Robertson），パール（Paarl），ステレンボッシュ（Stellenbosch），ブリーダクルーフ（Breedekloof）の順となる．特に洗練されたワインはより冷涼なウォーカー・ベイ（Walker Bay; Ataraxia，Bouchard Finlayson，Hamilton Russell）やエルギン（Elgin; Oak Valley，Paul Cluver）で作られている．成功を収めたワインには，少しリッチなものが多く，たとえばフランシュフック（Franschhoek）の Chamonix 社や Boschendal 社，ステレンボッシュ（Stellenbosch）の Jordan，Rustenberg や Sterhuis などの各社がある．

中国は赤ワインの国であるので2009年には498 ha（1,231 acres）が記録されているだけである．他方，日本はシャルドネの栽培により長い歴史があり，サントリーやシャトーメルシャンなどが信頼できるブルゴーニュのコピーを作っており，主に長野や山形県で602 ha（1,488 acres，訳注：平成26年の農林水産省の統計では143 ha）が栽培されている．インドでも少し栽培されており，こうして事実上世界中のすべてのワイン産業のあるところで栽培されている品種となっている．

MELON À QUEUE ROUGE

MELON À QUEUE ROUGE は MELON とは関係がなく，赤い茎をもつシャルドネの変異であり（queue はフランス語で「尻尾」の意味），ジュラ県（Jura），特にアルボア（Arbois）で見つかった．徐々に人気が上がっているが，ヴァラエタルワインを産する生産者は Caveau de Bacchus 社の Lucien および Vincent Aviet 親子，Domaine de la Pinte 社や Jacques Puffeney 社などわずかである．

CHARENTSI

耐寒性のアルメニアの交雑品種

ブドウの色：● ● ● ● ●

主要な別名：Charentzi

起源と親子関係

CHARENTSI は，1961年に首都エレバンのすぐ西に位置する，Merdzavan にあるアルメニアブドウ栽培研究センター（Armenian Viticultural research centre）において，S A Pogosyan 氏が SEYANETS C1262×KARMRAHYUT の交配により得た交雑品種である．ここで SEYANETS C1262 は *Vitis amurensis* Ruprecht×CSABA GYÖNGYE の交配品種である．したがって，この品種は NERKARAT の姉妹品種にあたる．

ブドウ栽培の特徴

豊産性で－28℃（－18.4°F）まで耐寒性をもつ．

栽培地とワインの味

アルメニアにある Kazumoff 社は，CHARENTSI とその親品種にあたる KARMRAHYUT をブレンドし，甘口の酒精強化ワインを作っている．

CHARMONT

スイスのマイナーな交配品種.
親品種よりも少しだけ香り高いワインになる.

ブドウの色：● ● ● ● ●

起源と親子関係

CHARMONT は, スイス, ローザンヌ（Lausanne）郊外のピュイー（Pully）にある, 現在ではシャンジャン・ヴェーデンスヴィル農業研究所（Agroscope Changins-Wädenswil）に属するコドーズブドウ栽培研究所センター（Caudoz viticultural research centre）において, 1965年に Jean-Louis Simon 氏が CHASSELAS×シャルドネ（CHARDONNAY）の交配により得た交配品種である. シャルドネやリースリング（RIESLING）あるいはゲヴュルツトラミネール（GEWÜRZTRAMINER）との交配によって, より糖度と香りが高い CHASSELAS を作り出すことが CHARMONT（とその姉妹品種の DORAL）の育種の目的であったが, やがてシャルドネとの交配のみが興味をそそる結果をもたらすことが明らかになった. コドーズの André Jaquinet 氏が多くの実生から CHARMONT を選抜し, これは当初は1-33と表示されていた（Vouillamoz 2009c）.

ブドウ栽培の特徴

比較的樹勢が強く,（CHASSELAS よりも）安定して豊産性である. 萌芽期は早期～中期で早熟である. 小さな果粒が密集した果房をつける. 灰色かび病に感受性である.

栽培地とワインの味

CHASSELAS よりも少しだけ香りが強いが CHASSELAS とよく似たソフトなワインになり, 親品種のシャルドネがもつ輝かしさには欠ける. 2009年に, スイスでは主にヴォー州（Vaud）とジュネーヴ州（Genève）で, わずかに10 ha（25 acres）が栽培されているにすぎない. ヴァラエタルワインは通常ソフトで優しいアロマをもち, アールガウ州（Aargau）の Birchmeier Rebgut 社, ヴァレー州（Valais）の Domaine Fernand Cina 社, ヴォー州の Domaine Gaillard 社やフリブール州（Fribourg）の Le Petit Château 社が生産している.

CHASAN

低い酸度のフランスの交配品種.
主にラングドック（*Languedoc*）で栽培されている.

ブドウの色：● ● ● ● ●

主要な別名：INRA 1527-78

起源と親子関係

1958年にフランス南部, モンペリエ（Montpellier）の国立農業研究所（Institut National de la Recherche Agronomique : INRA）で, Paul Truel 氏が PALOMINO FINO（フランスでは LISTÁN と呼ばれる）×シャルドネ（CHARDONNAY）の交配により得た交配品種である. 品種名はその親品種の名前に由来している.

他の仮説

Vitis 国際品種カタログデータベースでは，CHASAN は誤って LISTÁN×PINOT の交配品種として記載されている．

ブドウ栽培の特徴

萌芽期は早期で早熟である．結実能力が高く非常に大きな果粒となり豊産性であるので，コルドン・ド・ロワイヤ仕立てで短く剪定する必要がある．灰色かび病に耐性であるが，ブドウつる割れ病とうどんこ病に感受性がある．

栽培地とワインの味

ローヌ（Rhône）を除くフランスのワイン産地すべての県で推奨されているが，2008年にはわずかに862 ha（2,130 acres）の栽培面積しか記録されておらず，その約半分はラングドックのオード県（Aude）において見られる．ワインは少しシャルドネに似ており，シャルドネとブレンドされることが多く，軽いアロマがあるがセラーで酸化されやすく，冷涼な土地で栽培しないと酸度が低くなる．ヴァラエタルワインの生産者にはラングドックの Domaine Hautes Terres de Comberousse 社や Domaine de Mairan 社などがある．フランス南西部のガヤック（Gaillac）の Domaine de Genouillac 社はかつてヴァラエタルワインを作っていたが，現在では Burgale Blanc のブレンドワインにこの品種を加えている．

CHASSELAS

スイスのフランス語圏において特徴的な品種．
ソフトで優れたワインになることもあるが，通常はごく普通の白ワインになる．
ジュースや生食用として広く栽培されている．

ブドウの色：● ● ● ● ●

主要な別名：Amber Chasselas（アメリカ合衆国），Bar-sur-Aube（フランス），Bassiraube（ドイツ），Blanchette🧬（スイスのヴォー州（Vaud）），Bois Rouge🧬（ヴォー州），Bon Blanc（フランスのサヴォワ県（Savoie）），Chasselas Bianco（スイスのティチーノ州（Ticino）およびイタリア），Chasselas Blanc（スイス），Chasselas Cioutat🧬（スイスおよびフランス），Chasselas Croquant（スイスおよびフランスの特に Alsace（アルザス）），Chasselas de Bar-Sur-Aube（フランス），Chasselas de Fontainebleau🧬（フランス），Chasselas de Moissac（フランス），Chasselas de Montauban（フランス），Chasselas de Thomery（フランス），Chasselas Dorada（スペイン），Chasselas Dorato（ティチーノ州およびイタリア），Chasselas Doré🧬（スイス，フランス，アメリカ合衆国），Chasselas Fendant🧬（ヴォー州），Chasselas Giclet🧬（ヴォー州），Chasselas Jaune Cire🧬（ヴォー州），Chasselas Musqué🧬（ヴォー州およびフランス），Chasselas Piros（ハンガリー），Chasselas Plant Droit🧬（ヴォー州），Chasselas Queen Victoria，Chasselat（スイス），Dorin（ヴォー州），Elba Toro🧬（スペインのカスティーリャ・イ・レオン州（Castilla y León）），Féher Chasselas（ハンガリー），Fendant🧬（ヴァレー州（Valais），ヴォー州で以前，スイス），Fendant Blanc（ヴォー州で以前），Fendant Roux（ヴォー州で以前），Fendant Vert（ヴォー州で以前），Franceset または Franceseta（スペイン），Frauentraube（ドイツおよびチロル（Tyrol）），Gelber Gutedel（ドイツ），Gutedel🧬 または Gutedel Weiss🧬（オーストリア，ドイツおよびスイス），Junker（オーストリアおよびドイツ），Krachgutedel（ドイツ），Lausannois（ブルゴーニュ（Burgundy）で以前），Mornen または Mornen Blanc（フランスの Vallée du Rhône），Moster（オーストリア），Perlan（スイスのジュネーヴ州（Genève）），Pinzutella（フランスのコルシカ島（Corse）），Plemenka または Plemenka Bela（クロアチア），Queen Victoria White，Rdeča Žlahtina🧬（クロアチア），Rougeasse🧬（ヴォー州），Royal Muscadine，Schönedel（ドイツ），Shasla Belaya（クリミア半島（Krim/Crimea）），Silberling（ドイツ），Süssling（ドイツ），Temprana Agosteña🧬（スペインのシガレス（Cigales）），Temprana Media🧬（スペインのシガレス），Temprana Tardía🧬（スペインのシガレス），Tempranillo de Nav🧬（スペインの

ルエダ（Rueda)），Temprano ≬ または Temprano Blanco（スペイン），Viviser（ドイツ），Wälsche（スイス），Weisser Gutedel（ドイツおよびスイス），Weisser Krachgutedel（ドイツおよびスイス）

よくCHASSELASと間違えられやすい品種：ALBILLO MAYOR ≬（スペイン），BARBAROSSA ≬（イタリア），Chasselas de Courtiller ≬，Chasselas de Pondichery，Fayoumi ≬（エジプト），Madeleine Royale ≬，MARZEMINA BIANCA ≬（イタリア），PALOMINO FINO（カリフォルニア州では Golden Chasselas と呼ばれる），PRIKNADI ≬（ギリシャ），Vrbnicka Žlahtina ≬（クロアチア），ŽLAHTINA ≬または Žlahtina Bijela（クロアチア）

起源と親子関係

CHASSELAS は非常に多くの別名が世界中で使われている古い品種である．この品種に関する最初の記載は1539年にドイツの植物学者の Hieronymus Bock 氏が，彼の著書 *Kreutterbuch* の中で次のように記載したものである（Aeberhard 2005）．「同じ大きなものや小さな Fränkisch / または /Edel あるいは Lautterdrauben と呼ばれる」．Edeldrauben（*edel* は「高貴」を意味し，*drauben* は「ブドウ」*Trauben* を表す）の名はおそらく別名の Gutedel（good noble）の前身であり，それは後に，ヴュルテンベルク（Württemberg）でバーゼルの博物学者の Johann Bauhin（1650）の著書 *Historia Plantarum Universalis* の中で現れる．他方，LAUTTERDRAUBEN という名は地方の別名 LUTER，WYSSLUTER，GUTLUTER に対応し，それらはスイス北部のアールガウ州（Aargau）で1850年頃にもまだ CHASSELAS に使われていた（Aeberhard 2005）．Bauhin 氏は最初にスイスで一般的な別名 FENDANT（「裂ける」の意味）を引用した人である．これは親指と人差し指で果粒を押したときにつぶれるというよりも，裂けることを指している．

スイスで，FENDANT の名が18世紀の頃からヴォー州のブドウ品種とそれからできるワインの両方に対して広く使われており，いくつかのタイプが区別されている（FENDANT VERT，FENDANT ROUX など．）．20世紀の初めに生産者は CHASSELAS という名前を使い始めたが，これはその起源の村の名前に由来するものである．1850年頃にヴァレー州（Valais）の近隣の州に持ち込まれ，CHASSELAS は FENDANT という名前で一般的になり成功を収めたため，ヴァレーの人々はその名を保護し，彼らのものだと主張した．

正式なブドウの分類上の名称としての CHASSELAS は1654年に初めて Nicolas de Bonnefons 氏が著した *Les délices de la campagne* の中で現れる（Rézeau 1997）．「Muscats，Muscadets，Genetins，Chasselats および他の多肉質の果粒をもつ品種は甘いワインや樽から直接出す発酵途中の濁りワインによい」．この名は疑いもなくブルゴーニュのソーヌ＝エ＝ロワール県（Saône-et-Loire）のマコン（Mâcon）近郊のシャスラ村（Chasselas）に由来するものであり，その地から最初の穂木がフランス中に広まったのであろう．

近年の遺伝子解析を用いて，ヨーロッパおよび近東の18ヶ国の500品種と CHASSELAS の DNA を比較したところ，CHASSELAS が近東起源である可能性が排除された（Vouillamoz and Arnold 2009）．歴史的な情報と DNA 解析結果を合わせると，CHASSELAS の発祥地として最も有力と考えられるのはレマン湖（Lac Léman）周辺地域である．これは，その形態の多様性が最も多く見られる土地に起源をもつという Vavilov（1926）の理論と一致する．さらに CHASSELAS とローヌ地方（Rhône）の MORNEN NOIR との親子関係も見いだされたことで（Vouillamoz and Arnold 2009），なぜマコンの近くで CHASSELAS は MORNEN BLANC と呼ばれるかが説明でき，またフランスのブドウ分類の専門家である Victor Pulliat 氏がなぜ MORNEN NOIR を CHASSELAS NOIR と呼んでいたかも説明できる．

DNA 解析によって CHASSELAS ROSE ROYAL，CHASSELAS ROUGE，CHASSELAS VIOLET（ドイツやオーストリアでは KÖNIGSGUTEDEL）はすべて白の CHASSELAS と同じ DNA プロファイルを有していることが明らかになったので，それらはいずれも果皮色変異であると考えられる．また CHASSELAS MUSQUÉ は CHASSELAS の香りが高い変異である（Vouillamoz and Arnold 2009）．

CHASSELAS は，ARNSBURGER，CHARMONT，DORAL，HUXELREBE，MUSCAT FLEUR D'ORANGER，MUSCAT OTTONEL，NOBLING などの多くの生食用やワインブドウの育種に用いられた．

他の仮説

他の多くの古い品種同様に CHASSELAS もその起源に関して多くの推測があった（Vouillamoz and Arnold 2009）．スイスの野生ブドウが栽培化された可能性も示唆された（Hoffmann 1982）が遺伝的にこの説は否定された（Perret 1997）．フランスのブドウ分類の専門家である Adrien Berget（1932）は，カイロのフランス学校で勤務していたとき，カイロから南に80 km のところにあるファイユーム（Fayoum）・オアシスで CHASSELAS と思われるブドウを見せられたことで，この品種はエジプト起源であり，そこでは FAYOUMI と呼ばれていると考えた．しかし DNA 解析によって，この二つの品種が同じであることと CHASSELAS のエジプト起源説のいずれもが否定された（Vouillamoz and Arnold 2009; Myles *et al.* 2011）．Galet（2000）は1523年にパリの近くのフォンテーヌブロー（Fontainebleau）に，コンスタンティノープル（現イスタンブール）に派遣されたフランス大使が持ち込んだもので，その証拠に大きくて有名な王のブドウ棚（Treille du Roy）が現在も生存しているという説を再評価している．他の研究者は，カオール(Cahors)の栽培家である Jehan del Rival dict Prince 氏が1531年にフランス王のフランソワ1世(François I）の要請によって「王のブドウ棚」を植えたという説を支持している（Dion 1959）．しかし歴史的な記録によれば「王のブドウ棚」は1750年頃に植えられたと記載されており，それはフランソワ1世の死後ずいぶん後のことであることから，それは作り話だったと考えられる（Galet 1990）．フランス，ブルゴーニュのマコンの近くのシャスラ村が，この品種の起源だとよくいわれるが（たとえば Goethe 1887），この品種はスイスからフランスに入り，シャスラ村を経由して持ち込まれフランス中に広がったと考えるのが自然である（Galet 1990）．

Regner（1996）が，MADELEINE ROYALE（MÜLLER-THURGAU 参照）と誤った CHASSELAS DE COURTILLER は異なる DNA プロファイルをもつ別の品種であるが，一方，カリフォルニア州の GOLDEN CHASSELAS は PALOMINO FINO と同一である（しかし，GOLDEN CHASSELAS のいくつかはカリフォルニア州で CHASSELAS DORÉ と呼ばれる本物の CHASSELAS であり，*doré* は金を意味する）．ギリシャではブドウコレクションにおいて誤って表示されていないかぎり CHASSELAS は PRIKNADI という名で栽培されている（PRIKNADI 参照）．

ブドウ栽培の特徴

萌芽期は中期で早熟である．樹勢は中～強であるが，花ぶるいと結実不良の傾向があるので時に不安定な収量となる．マグネシウム欠乏，白化（クロロシス），エスカ病，ユーティパ・ダイバック，房枯病ならびに特にブドウつる割れ病に感受性がある．薄い果皮をもつ大きな果粒は未熟なうちにしぼみがちである．

栽培地とワインの味

CHASSELAS は広範囲にわたって栽培されているが，この品種の母国といわれているスイスを例外として，同時に広く中傷されている品種でもある．スイスでは栽培された土地を表現する，といわれており，ワインは土壌と気候によりとても変化するが，これは固有のアロマやフレーバーに欠けるためであると考えられる．

フランスでは，CHASSELAS は生食用またはジュース用に栽培され，減少しつつあるが依然多く栽培されている（2009年に2,442 ha/6,034 acres）．アルザス地域圏（Alsace）では栽培面積は急速に減少しており Edelzwicker ブレンド用に用いられることが多い．他方，ほとんどのヴァラエタル CHASSELAS ワインはプイィ＝シュル＝ロワール（Pouilly-sur-Loire）とラベルされ，同じ地域のプイィ・フュメ（Pouilly-Fumé）より明らかに品質が劣る．もっとも Serge Dagueneau et Filles 社の樹齢100年のブドウの樹から作られるワインなどのいくつかの例外はある．しかしレマン湖の南側のオート＝サヴォワ県（Haute-Savoie）ではクレピー（Crépy），マリニャン（Marignan），マリン（Marin），リパイユ（Ripaille）などの Vin de Savoie crus で主に用いられる品種であり，現地では長い歴史がある．最高のワインは Château de Ripaille やマリンの Delalex 社のワインである．イタリアやスペインでも少し栽培されている．

CHASSELAS はドイツでは16世紀から知られており，17世紀からは GUTEDEL として知られていた．2008年には1,136 ha（2,807 acres）が，ほとんどはバーデン（Baden）の南にあるマークグレーフラーラント（Markgräflerland）で栽培されていた．ここで最高のワイン，特に石灰質の土壌で栽培される古い樹から作られたものは，アーモンドと牧草のフレーバーとはっきりしたミネラル感を有する．Ziereisen 社はいくつかの単一ブドウ畑からワインを作るという労をとっており，最高のものは Steingrüble である．他には Lämmlin-Schindler や Dörflinger などの各社が推奨される生産者である．バーデンから離れた産地の生産者としては，ザクセン州（Sachsen）にフランス人の Frédéric Fourré 氏がいる．

スイスでは全体的な面積は減りつつあるが，CHASSELAS はスイスの白ワインのシンボルであり，2009年には4,013 ha（9,916 acres）と同国で最も広く栽培される白ワイン品種であった．同国におけるこの品種の半分以上の栽培はヴォー州で行われおり，2009年時点で栽培面積の62%を占めていた（2,346 ha/5,797 acres）．ビュイイー（Vully），ボンヴィラール（Bonvillars），コート・ド・ロルブ（Côtes-de-l'Orbe），ラ・コート（La Côte），ラヴォー（Lavaux）およびシャブレー（Chablais）の六つのおもな地域に分散しており，それぞれ独自のテロワールがある．いくつかの村あるいは原産地呼称名は隣のブルゴーニュのクリュに匹敵するほどの評判を地元で得ている．顕著な例は（西から東に向かって順に）モン・シュル・ロル（Mont-sur-Rolle），フェシー（Féchy），モルジュ（Morges），ヴィレット（Villette），キュリー（Cully），エペッス（Epesses），カラマン（Calamin），デザレー（Dézaley），サンサフォラン（Saint-Saphorin），シャルドンヌ（Chardonne），イヴォン（Yvorne）およびエーグル（Aigle）などである．推奨される生産者としてはLa Colombe, Henri & Vincent Chollet，Henri Cruchon，Louis Bovard および Pierre Monachon などの各社があげられる．同国で二番目に重要な州はヴァレー州（2009年に1,051 ha/2,597 acres）で，そこでは温暖で乾燥な気候の組合せによりモザイク状のテロワールが見られ，その結果，より力強く，香り高い，「晴れた」CHASSELASが当地ではFENDANTと呼ばれている．FENDANTにとって最適の村は（西から東に向かって順に）マルティニ（Martigny），フリィ（Fully），サイヨン（Saillon），シャモソン（Chamoson），アルドン（Ardon），ヴェトロ（Vétroz），シオン（Sion），サン・レオナール（Saint-Léonard）およびシエール（Sierre）などであり，推奨される生産者としては，Cave des Bernunes，Simon Maye & Fils, RouvinezおよびDomaine des Musesなどの各社があげられる．次に重要な州はヌーシャテル州（Neuchâtel）で，Caves du Château d'Auvernier 社が一番有名な生産者である．収穫から数ヶ月後の1月に，待望されている伝統的な無濾過の CHASSELAS がボトル詰めされる．ジュネーヴ州ではサティニー（Satigny），ペシー（Peissy）およびダルダニー（Dardagny）などで興味深い CHASSELAS が生産されており，スイス東部のドイツ語圏では GUTEDEL という名でワインが少量作られている．

オーストリアでも GUTEDEL として知られ，かつてはウィーンの特産品である多品種から作られる白のブレンドワイン，Gemischter Satz の重要な原料でとして用いられており，混植されることが多かった．しかし現在では生食用が一般的であり，ワインの生産に用いられているのはわずかに50 ha（124 acres）以下であって，ヴァラエタルワインはめったに見られない．

CHASSELAS はルーマニアでも広く栽培されいるがほとんどは生食用である．ハンガリーでも大変広く栽培され（2008年に1,804 ha/4,458 acres）の栽培が記録されており，セルビアやロシアでも少し栽培されている．

カリフォルニア州では CHASSELAS DORÉ として知られ，ソノマ（Sonoma）の Pagani Vineyard で栽培されるものからはヴァラエタルワインが作られている．カナダ西部のブリティッシュコロンビア州の Quails' Gate 社は CHASSELAS を作り，チリには2008年に404 ha（998 acres）の栽培が記録されている．

ニュージーランドでもまた少し栽培されている．

CHATUS

タンニンに富む古い稀少なフランス，アルデシュ県（Ardèche）の品種．
イタリア，ピエモンテ州（Piemonte）でも栽培されている．

ブドウの色：● ● ● ● ●

主要な別名：Bolgnino または Bourgnin（イタリア北西部のピネロネーゼ（Pinerolese）），Brachet（イタリア北西部のカナヴェーゼ（Canavese）），Brunetta（イタリア北西部のヴァル・ディ・スーザ（Val di Susa）），Chanu（フランス南東部のイゼール県（Isère）），Chatelos または Chatelus（フランス中南部のアルデシュ県およびロゼール県（Lozère）），Chatos，Châtut，Corbeil または Corbel または Corbelle（フランス中南部のドローム県（Drôme）），Corbès または Corbesse☿（イゼール県），Mouraud または Mouret または Mourre（イゼール県），Nebbiolo di Dronero☿（イタリア北西部の Monregalese，Bassa Val Maira，Colline Saluzzesi），Nebbiolo Pairolè，Neiret☿ または Neiret Pinerolese☿ または Neretto（ピネロネーゼ（Pinerolese）），Ouron または Houron（ローヌ（Rhône）南部のサン＝ペレ（Saint-Péray）），Persagne-Gamay（ローヌ（Rhône）），

Scarlattin（ヴァル・ディ・スーザ）
よくCHATUSと間違えられやすい品種：ネッビオーロ（NEBBIOLO（イタリア北西部，ピエモンテでNebbiolo di Droneroの名前でChatusが現れたとき）），NERET DI SAINT-VINCENT（ヴァッレ・ダオスタ（Valle d'Aosta））

起源と親子関係

CHATUSは，農業の父として知られたOlivier de Serres（1600）がヴィヴァレ（Vivarais/現在のアルデシュ県）の最高の品種の一つとして記載している古い品種である．フィロキセラ被害以前にはCHATUSはフランスでアルプスから中央高地（Massif Central）に至るまで広く栽培されており，特にアルデシュ県では南部の主要品種であった．また，ドローム県，イゼール県，サヴォワ県（Savoie）でも栽培され，その名はドローム県のヴェルクローズ（Verclause）のChatusという命名畑（lieu dit）に由来している．

DNA解析によってヴァッレ・マイラ（Valle Maira）からヴァルドッソラ（Val d'Ossola）までに至るイタリア北西部ピエモンテ州のアルプスの山すその丘に沿って栽培されていたNEIRET（別名BOURGNIN）がCHATUSと同一であることが明らかになった（Schneider *et al.* 2001）．また，DNA系統解析の結果からアルデシュ県の古い品種であり，もはや栽培されていないPOUGNETとの親子関係が示唆された．同様に現在では栽培されていないSÉRÉNÈZE DE VOREPPEはCHATUS×GOUAIS BLANCの自然交配の子品種であることが示唆された（Vouillamoz）．それゆえCHATUSの発祥の地の中心としてフランス南東部が想定されるようになり，かつてPOUGNETと一緒に栽培されていたアルデシュ県がその地であろうと考えられている．確かにCHATUSはブドウの形態分類群のSérineグループ（p XXXII参照）に属しているが，このグループにはいかなるピエモンテ品種も含まれていない（Bisson 2009）．

DNA解析により，1930年代に育種家のDalmasso氏が開発した，かつてネッビオーロ（NEBBIOLO）が親品種であるといわれていたALBAROSSA，CORNAREA，NEBBIERA，PASSAU，SAN MARTINO，SAN MICHELE，SOPERGA，VALENTINO NEROの8種類の交配品種の親品種はCHATUSであることが明らかになった（Torello Marinoni，Raimondi，Ruffa *et al.* 2009）．

ブドウ栽培の特徴

酸性のケイ酸質土壌によく適応する．熟期は中期〜晩期．秋の雨に耐性である．小さな果粒をつける．基底芽の稔性は乏しい．

栽培地とワインの味

フランスでは，CHATUSはアルデシュ県を除いてほぼ消滅状態であるが，アルデシュ県では公式に推奨されておりCave Coopérative Vinicole de Rosièresおよび他の地方の生産者が最近復活に向けて働きかけている．この品種はロジエール（Rosières），ペザック（Payzac）およびラルジャンティエール村（Largentière）の間にあるセヴェンヌ（Cévennes）の段々畑に新たに植えられている．2006年には57 ha（141 acres）で栽培が記録されているが，この値は1958年の150 ha（371 acres）から減少している．小さな果粒から深い色合いとフレッシュで顕著なタンニンをもち，オークを用いた熟成に適したワインができる．シラー（SYRAH）とブレンドされることもある．

イタリア北西部のピエモンテでは現在でも様々な別名で主にヴァッレ・マイラ（Valle Maira），サルッツォ（Saluzzo）およびピネローロ地方（Pinerolo）で栽培されており，通常AVANÀ，BARBERA，PERSAN（BECUÉTの名で），NERETTA CUNEESEまたはPLASSAなどとブレンドされている．Poderi del PalasではAmbrogio Chiotti氏がDesmentiaと呼ばれる珍しいNEBBIOLO DI DRONERO（この品種の別名）のヴァラエタルワインを作っており，ワインは樽で1年間熟成される．

CHELOIS

カナダとアメリカ北東部で見られるフランス-アメリカの交雑品種で，ワインはやや素朴である．

ブドウの色：

主要な別名：Seibel 10878

起源と親子関係

アルデシュ（Ardèche）県のオーブナ（Aubenas）で，Albert Seibel 氏が SEIBEL 5163×SEIBEL 5593 の交配により得た交雑品種である（SEIBEL 5163 の完全な系統は PRIOR 参照）．

- SEIBEL 5593 は SEIBEL 880×SEIBEL 4202 の交配品種（SEIBEL 880 の完全な系統は PRIOR 参照）
- SEIBEL 4202 は BAYARD（COUDERC 28-112）×AFUS ALI（DATTIER DE BEYROUTH とも呼ばれるレバノンの生食用ブドウ）の交配品種（BAYARD の完全な系統は PRIOR 参照）

CHELOIS は VINCENT の育種に用いられた．

ブドウ栽培の特徴

早熟で樹勢が強く豊産性であり，摘房をしなければ過剰生産になる傾向がある．冬の凍結に感受性であり，収穫時に雨が降れば裂果し，灰色かび病になるが，それ以外には良好な耐病性を示す．小さな濃い藍色の果粒で，密着した果房をつける．

栽培地とワインの味

ワインはミディアムボディで土のような香りや素朴な感じがあるため，CHANCELLOR や CHAMBOURCIN などの他の交雑品種とブレンドするか，ロゼワインの生産に用いるとよい．カナダには1946年に，またアメリカ北東部には1948年に持ち込まれ，ペンシルベニア州のエリー湖（LakeEyrie）周辺で栽培されている．ニューヨーク州では40 acres（16 ha）以下が記録されており，Bear Pond 社は良質のワインを作っている．赤ワインに対する需要の変動により，その将来は不安定である．

CHELVA

スペインのこの品種はワインよりも生食用として人気がある．

ブドウの色：

主要な別名：Chelva de Cebreros, Chelva de Guareña, Eva, Forastera Blanca, Gabriela（パパレテ（Pajarete）およびアルコス（Arcos）），Guarena，Mantúo ☓（アリベス・デル・ドゥエロ（Arribes del Duero）），Mantúo de Pilas，Montúa ☓，Montúo de Villanueva，Montúo Gordo，Uva Rey または Uva del Rey，Uva de Puerto Real，Villanueva

よく CHELVA と間違えられやすい品種：BEBA ☓（アンダルシア州（Andalucía）），DONA BRANCA ☓（ポルトガルおよびスペイン），DORADILLA ☓

起源と親子関係

CHELVA はスペイン南西部，エストレマドゥーラ州（Extremadura）のバダホス県（Badajoz）が起源の地であり，現地では広く用いられてきた．DNA 解析によって，スペイン本土の様々な地域で MANTÚO あるいは MONTÚA と呼ばれる品種と同一であることが明らかになった（Fernández-González，Mena *et al.* 2007）．

CHELVA はグラナダ（Granada）で MANTÚO VIGIRIEGO あるいは VIGIRIEGO BLANCO と呼ばれることがあるが，グラナダやカナリア諸島の生産者や地域によって様々なスペルで表記される VIJARIEGO とは関係がない．またこの品種を，同じく別名に FORASTERA BLANCA をもつ DORADILLA や DONA BRANCA と混同してはいけない．

ブドウ栽培の特徴

大きな果粒で，大きな果房をつける．熟期は中期である．

栽培地とワインの味

CHELVA はスペインのエストレマドゥーラ州で広く栽培され，同州では他の品種同様に Ribera del Guadiana DO で公認されている．さらに南部のアンダルシア州でもごくわずか栽培され，同州では Vino de la Tierra de Sierra de Alcraz などの地理的表示保護ワインとして公認されているが，自治州の DO では公認されていない．スペインでは7,490 ha（18,508 acres）が2008年に記録されており，そのほとんどはエストレマドゥーラ州（6,495 ha/16,049 acres）で見られ，他にはカスティーリャ＝ラ･マンチャ州（Castilla-La Mancha）（845 ha/2,088 acres）とカスティーリャ・イ・レオン州（Castilla y León）（150 ha/371 acres）に見られる．珍しいことに CHELVA は生食用にもワイン生産にも用いられるが，この栽培面積はほとんどがワイン生産用である．いくぶんニュートラルなワインであり，通常ブレンドされる．

この品種は，MANTÚA または MANTÚO VIGIRIEGO，そしてこれが混乱を大きくしているのであるが VIGIRIEGO BLANCO という名前でスペイン南部のグラナダでも栽培されており，主要な白品種の一つとなっている．この地域でのヴァラエタルワインの生産者には Cuatro Vientos，Cortijo Fuentezuelas，Fuente Victoria（5% の MACABEO を加える），Los Garcia de Verdevique，Los Martos などの各社がある．

CHENANSON

地中海周辺で限定的に栽培されているモンペリエ（Montpellier）の交配品種

ブドウの色：● ● ● ● ●

主要な別名：Chenançon

起源と親子関係

フランス南部のモンペリエの国立農業研究所（Institut National de la Recherche Agronomique : INRA）において，グルナッシュ（GARNACHA）×JURANÇON NOIR の交配により得られた交配品種である．親品種は最近 DNA 解析により確認された（Di Vecchi Staraz，This *et al.* 2007）．

ブドウ栽培の特徴

萌芽期は早期で熟期は中期である．非常に結実能力が高く，短く剪定する必要がある．暖かく，乾燥した土地に栽培は適している．小さな果粒で，大きな果房をつける．

栽培地とワインの味

フランスの地中海地方の県で全般的に推奨され，2008年にはヴォクリューズ県（Vaucluse）で539 ha（1,332 acres）の栽培面積を記録したが，ヴァラエタルワインよりもブレンドワインの生産に適している．親品種のグルナッシュよりも豊産性で深い色合いということでフランスで好評を博し，しなやかでフルーティーでコクのあるワインが作られている．ピク・サン・ルー地方（Pic Saint-Loup）の Mas de l'Oncle 社はカーボニックマセレーションによってヴァラエタルワインを作っている．

スペイン北東部はこの品種にとっては珍しい分地となっており，ペネデス（Penedès）の Can Rafols dels Caus 社の Carlos Esteva 氏は1980年代に CHENANSON を栽培し始め，CALADOC や PORTAN とブレンドして Petit Caus の赤ワインを作っている．

CHENEL

薄い果皮色の南アフリカ共和国の交配品種．
人気を博する兆候はまだあまり見られない．

ブドウの色：● ● ● ● ●

起源と親子関係

CHENEL は1958年から1964年にかけて南アフリカ共和国 のステレンボッシュ（Stellenbosch）大学のブドウ栽培および醸造学部の Christiaan Johannes Orffer 氏がシュナン・ブラン（CHENIN BLANC）× TREBBIANO TOSCANO（UGNI BLANC の名で）の交配により得た交配品種であり，1974年に公開された．

PINOTAGE 同様に CHENEL は管理された温室内ではなくブドウ畑という開放系での交配により得られたものであることから，Orffer 氏は死の直前の2008年に，彼が開発した交配品種のいくつかの DNA 解析を望んだ．

ブドウ栽培の特徴

早熟で良好な灰色かび病への耐性をもつ．

栽培地とワインの味

2009年に南アフリカ共和国 で100 ha（247 acres）が栽培されており，栽培の約半分はロバートソン地区（Robertson）で見られる．北部ケープ州（Cape）の Landzicht 社はヴァラエタルワインを生産しているが，この品種が人気を博する兆候はまだあまり見られない．

CHENIN BLANC

フランス，ロワール（Loire）と南アフリカ共和国の特産品．
様々な程度の甘さをもち，キレがあり長い寿命をもつこともあるワインが作られる
有望な品種である．

ブドウの色：● ● ● ● ●

主要な別名： Agudelo ⊗または Agudillo（スペイン），Anjou, Blanc d'Aunis, Capbreton Blanc（ランド県（Landes）），Franc Blanc（アヴェロン県（Aveyron）），Gros Chenin（メーヌ＝エ＝ロワール県（Maine-et-Loire）およびアンドル＝エ＝ロワール県（Indre-et-Loire）），Gros Pineau（トゥーレーヌ（Touraine）），Pineau d'Anjou（マイエ

ンヌ県（Mayenne）），Pineau de la Loire（アンドル＝エ＝ロワール県），Plant d'Anjou（アンドル＝エ＝ロワール県），Ronchalin, Rouchelein または Rouchelin（ジロンド県（Gironde）およびペリゴール（Périgord）），Steen（南アフリカ共和国）

よく CHENIN BLANC と間違えられやすい品種：ALBILLO REAL ☓（オーストラリア），VERDELHO ☓（マデイラ（Madeira）およびポルトガルのアゾレス諸島（Açores））

起源と親子関係

この品種はフランス，ロワール渓谷（Val de Loire）のアンジュー（Anjou）において古い別名の Plant d'Anjou で最初に記載されている．有名なシュノンソン城（Château de Chenonceau）の歴史書の中で記載されており Casimir Chevalier（1864）の報告の中でも見ることができる．

1496年1月3日に Thomas Bohier 氏（よく Gohier と誤って表記される）はシュノンソー周辺の土地を購入し，「そこに9アルパン（訳注：昔の面積の単位，約5100 m^2）のブドウ畑を開墾し，大枚をはたいてオルレアン（Orléans），アルボワ（Arbois），ボーヌ（Beaune），アンジューから持ち込んだブドウを植えた」．アンジューのブドウは白ブドウであったので，それはほぼ確実にシュナン・ブラン（CHENIN BLANC）だったであろう（Bouchard 1901a）．

1523年5月18日，シュノンソーのブドウ畑は，「PLANT D'ANJOU と呼ばれる白品種が栽培されている4アルパンほどの畑である」と表記された．ここでも PLANT D'ANJOU は明らかにシュナン・ブランのことを指している（Bouchard 1901a）．

1520～1535年の間，トゥーレーヌ（Touraine）にあるコルムリー（Corméry）の修道院長で Thomas Bohier 氏の義兄弟にあたる Denis Briçonnet 氏がフランス中から様々な品種を集めコルムリー近くにあるモンシャナン（Montchenin または Mont-Chenin）の修道院に植え付けた．こうして植え付けた品種のうち PLANT D'ANJOU がこの地方の気候に適していることが明らかになった．

この品種はモンシャナンの修道院にちなんで CHENIN と命名され，そこからトゥーレーヌ地方に広がった．こうして新しい CHENIN という名称でこの品種は発祥の地，アンジューに戻ることになった．

これは中世のトゥーレーヌの詩人フランソワ・ラブレー（François Rabelais）が著した1534年のガルガンチュワ物語（Gargantua）の最初の本の25章の中に出てくるシュナン・ブランの記載と一致する．「大きな Chenin のブドウで Forgiez の足を注意深く覆ったので彼はすぐに回復した」．同じ本の中で，ラブレーはピノーワイン（Vin pineau）を称賛している．「ピノーワイン，おお，私の魂にとって素晴らしい白ワイン．taffeta のほかには何もない」．それは間違いなくシュナン・ブランのことであった．

トゥーレーヌでは MENU PINEAU と対照的に，シュナン・ブランは GROS PINEAU とも呼ばれた（MENU PINEAU はロワール渓谷で歴史的に ARBOIS BLANC として知られている）．これらはいずれも PINEAU D'AUNIS とは異なり，PINEAU D'AUNIS は別のロワールの品種で紛らわしいことに CHENIN NOIR と呼ばれた．これが Comte Odart（1845）がシュナン・ブランを PINEAU D'AUNIS の白の果皮色変異だと考えた理由と考えられるが，現在では DNA 解析によってこれは否定されている．

DNA 系統解析によって SAVAGNIN とシュナンブランとの親子関係が見いだされた（Regner 1999）．また DNA データの確率解析の結果，TROUSSEAU，ソーヴィニヨン・ブラン（SAUVIGNON BLANC），シュナン・ブランは姉妹関係，つまりこれらのいずれもが SAVAGNIN と未知の親品種との子品種にあたることが示された（Myles *et al.* 2011; Vouillamoz）．したがって，シュナン・ブランはカベルネ・ソーヴィニヨン（CABERNET SAUVIGNON）の叔父・叔母にあたることになる！（カベルネ・ソーヴィニヨンおよび PINOT 系統図参照）．これはシュナン・ブランがブドウの形態分類の Messile グループに属することと一致する（p XXXII 参照；Bisson 2009）．さらに，シュナン・ブランと GOUAIS BLANC が BALZAC BLANC，COLOMBARD，MESLIER SAINT-FRANÇOIS の自然交配による親品種であることが示された（Bowers *et al.* 2000）．

Cipriani *et al.*（2010）は DNA 系統解析によって，シュナン・ブランはソーヴィニヨン・ブラン× SAVAGNIN（TRAMINER ROT の名で）の自然交配品種である可能性を示唆している．しかしこれは Myles *et al.*（2011）の結果と一致せず，60種類の DNA マーカーを用いた解析により否定されるかもしれない（Vouillamoz）．

スペイン品種の AGUDELO はガリシア州（Galicia）のベタンソス地域（Betanzos）が発祥地であるといわれており，またアレージャ（Alella）や ペネデス（Penedès）でも栽培されているが，意外なことにこの品種のDNAプロファイルはシュナン・ブランと一致した（Martín *et al.* 2006）．

シュナン・ブランは最近，南アフリカ共和国でCHENELの育種に用いられた．

他の仮説

845年にフランス王，シャルル2世（Charles II le Chauve）からアンジューのベネディクト会修道院（Saint-Maur de Glanfeuil）に送られた王室からの二つの贈り物としてシュナン・ブランについての記載が初めて現れるという仮説がある．ベネディクト会修道院に対して8月14日に贈られたSoulangéのブドウ畑，および10月10日に贈られたBesseのブドウ畑である．ここで記載されているSoulangéやBesséは土地の名前というよりも所有者の名前であろう．しかし，これらの土地でシュナン・ブランが栽培されていたという証拠は全く報告されていない．

シュナン・ブランという品種名の語源について説得力に欠ける次の二つの仮説も提案されている．そのブドウを犬がよく食べていたことからこの品種名はフランス語で「犬」を意味する*chien*に由来するというものである．これは地方の野生ブドウの栽培によりシュナン・ブランが生まれたという幾人かの研究者による仮説を生んだ．2番目の仮説は，品種名のシュナン・ブランは15世紀の終わりにThomas Bohier氏がこの品種を栽培していたシャトーの名前であるシュノンソー（Chenonceau）に由来するというものである．

ブドウ栽培の特徴

土壌のタイプによっては樹勢が強く，結実能力が高くなる．萌芽期は早いので春の霜に被害を受ける危険性がある．熟期は中期である．灰色かび病，うどんこ病およびその他の樹の病気に非常に感受性である．果粒は比較的小さいが果房の大きさは中～大きいサイズである．

栽培地とワインの味

フランスでのシュナン・ブランの威光は低下しつつある．2008年には9,828 ha（24,286 acres）の栽培面積が記録されているが（1958年の16,594 ha/41,005 acresから低下），この値は同国のブドウ栽培面積の1.2％以下であった．シュナン・ブランの栽培はメーヌ＝エ＝ロワール県のアンジェ周辺（5,044 ha/12,464 acres），およびアンドル＝エ＝ロワール県のトゥール周辺（3,186 ha/ 7,873 acres），ならびにロワール＝エ＝シェール県（Loir-et-Cher）をブロワ（Blois）に向かって上流方向に広がっている（296 ha/731 acres）．さらに上流はソーヴィニヨン・ブランの栽培地であり，他方ロワール川（Loire）河口のミュスカデ地域（Muscadet）ではMELONが多く栽培されている．

ほとんどのシュナン・ブランはロワール渓谷の中流で栽培されており，この地方では単一の品種だけを用いて最も多くの種類のスタイルのワインが作られる品種の一つである．シュナンはロワール地方で作られる多くの発泡性ワインの最も重要なベースワインとして用いられており，クレマン・ド・ロワール（Crémant de Loire）や発泡性のソーミュール（Saumur），ヴーヴレ（Vouvray）は特にかっちりとした泡，かなり軽いボディー，少しばかりの蜂蜜のニュアンスにより特徴付けられている．最高の発泡性ヴーヴレは長く置くことができる微妙な差異をもつワインである．シュナンから作られる最も輝かしいワインは間違いなく遅摘みのブドウから作られるヴーヴレ（Vouvray），モン＝ルイ（Montlouis），ボンヌゾー（Bonnezeaux），カール・ド・ショーム（Quarts de Chaume）などの甘口ワインである．通常，貴腐により濃縮された高い糖度は，顕著な強い酸味によりバランスがとれ，きりっとした風味をもち，ボトルの中で数十年熟成が可能なワインとなる．通常のgardenの ヴーヴレ，ソーミュール，アンジュはオフ・ドライから中甘口の白ワインで顕著な酸味があり硫黄臭をもつこともがあるが，ロワールでは収量が増えると硫黄臭が低下し，本来のシュナンの蜂蜜，麦わらとリンゴのフレーバーが現れる．かつてロワールではサヴニエール（Savennières）において同地方で事実上の唯一の真に興味深い辛口のシュナンワインが作られていた時があったが，現在ではほとんどのアペラシオンで素晴らしい辛口のシュナンワインが作られている．オークとシュールリーの製法に頼ることが多いが（時に頼りすぎている），最高のサヴニエール（Savennières）には無煙火薬を思わせるミネラル感がある．ヴーヴレ地方のForeau社やHuet，モン＝ルイ（Montlouis）のFrançois Chidaine社およびJacky Blot of Taille aux Loups社，サン・オーバン・ド・ルイニェ（Saint-Aubin-de-Luigné）のPhilippe Delesvaux社，サヴニエール地方（Savennières）のBaumard社，Closel社，Nicolas Joly社などが高品質のワインの生産者でありいずれも長い歴史がある．

フランスでシュナン・ブランが栽培される他の場所はラングドック（Languedoc）西部の丘のリムー（Limoux）であり，現地ではシャルドネ（CHARDONNAY），MAUZAC BLANCやピノ・ノワール（PINOT

NOIR）とともにクレマン・ド・リムー（Crémant de Limoux）に20〜40％のシュナン・ブランが加えられている．また，スティルのブレンドワインにシャルドネやMAUZAC BLANCとともにシュナン・ブランが用いられている．コート・ド・デュラス（Côtes de Duras）でもこの品種は使われており，ヴァン・ダントレーグ・エ・デュ・フェル（Vins d'Entraygues et du Fel）やヴァン・デスタン（Vins d'Estaing）において通常MAUZAC BLANCとともに用いられている．2008年にコルシカ島（Corse）で約60 ha（148 acres）の栽培が記録されていた．

スペインでは，2008年に100 ha（247 acres）の栽培が記録されており，栽培のほとんどはカタルーニャ州（Catalunya）で見られる．イスラエルでもまた栽培は減少しつつあり，1996年と比較してこの品種の重要度は半分以下になった．

世界的に見てシュナン・ブランが多く栽培されている地域の一つはカリフォルニア州であり，2010年に7,223 acres（2,923 ha）の栽培が見られた．しかし過去10年の間にその量は半分くらいにまで減少しており，最近新しく植え付けられたものはない．アメリカ合衆国ではシュナン・ブランの支持者は少なく，この品種のもつ酸度にのみ価値のあるブレンドワインの生産用品種だとみなされている．シュナン・ブランの多くは暑いセントラル・バレー（Central Valley）フレズノ（Fresno），マデラ（Madera），カーン（Kern）などの郡で栽培されており，ロワールの素晴らしいシュナンと比較するとこれらの地方では4倍から5倍の収量が得られるため，フレーバーが弱くなるのがふつうである．しかしサクラメントのすぐ南にあるClarksburg AVAでは世界を驚かす，とはいえないまでも優れたヴァラエタルワインをDry Creek Vineyard社とEhrhardt社が作っている．他にはLucas社，Lewellen社（サンタバーバラ郡（Santa Barbara）），Foxen社が所有するErnesto Wickenden Vineyardで栽培される古いシュナンのブドウの樹を用いたワイン（サンタマリア（Santa Maria））やCasa Nuestra社（ナパバレー（Napa Valley））などが作るワインなどがある．ナパバレーを上り詰めたプリチャードヒル（Pritchard Hill）でChappellet社が，1960年代に植えたブドウから生き生きとしたワインを長い間作っていた．これらの樹は2000年代中頃に引き抜かれたが，その後，いくらか植え替えられたといわれている

ワシントン州では，有力な生産者であるChâteau Ste Michelle社による支援を受けて200 acres（81 ha）を少し上回る規模で栽培されており，同社は遅摘みスタイルのワインとアイスワインを生産している．Kiona社は甘口ワインを生産している．テキサス州には約300 acres（121 ha）の栽培が記録されているが，この品種への情熱はさほど注がれていない．ニューヨーク州のロングアイランド（Long Island）でPaumanok社が成功を収めており，また他の州でも栽培はわずかに見られるが，これらのワインはそのイメージに問題がある．とりわけロワールで作られるの偉大なシュナンワインはいまのところその秘密を保っているので．メキシコでもバハ・カリフォルニア州（Baja California），アグアスカリエンテス州（Aguascalientes），コアウイラ州（Coahulia de Zaragoza）などで栽培が見られるが，これはこの品種の高い酸度が重宝されていることによるのであろう．

チリ（76 ha/188 acres），ブラジル（30 ha/74 acres），ウルグアイ（7 ha/17 acres）でも限られた量の栽培が記録されている．2008年にアルゼンチンでは2,908 ha（7,186 acres）の栽培が記録されており，その栽培のほとんどはメンドーサ州（Mendoza）で見られ，シャルドネなどの高い価値のある他の品種とブレンドされている．

オーストラリアでもシュナン・ブランにはさほど多くの敬意は払われていない．2008年にはわずかに642 ha（1,586 acres）の栽培が記録されており，栽培のほとんどは灌漑されている内陸部のリヴァーランド（Riverland）や西オーストラリア州の暑いパース（Perth）の北にあるのスワン・ディストリクト（Swan District），そしてわずかに冷涼なマーガレット・リバー（Margaret River）で見られる．Houghton社のWhite Burgundyとして知られる人気のブレンドワインに長い間用いられていたが，現在では安価だがフレッシュなブレンドパートナーとして，シャルドネ，セミヨン（SÉMILLON）やソーヴィニヨン・ブランとともに用いられている．

ニュージーランドではギズボーン（Gisborne）にあるMillton Vineyard一社のみがシュナン・ブランを生産しており，安定して優れたTe Araiワインを作っている．2008年に記録された栽培面積は50 ha（124 acres）であり，この値は2004年の半分の値まで減少している．

シュナン・ブランはインドやタイなどの熱帯でも栽培されており，その高い酸度が好まれている．

南アフリカ共和国はシュナン・ブランの最大産地であり2008年に18,852 ha（46,584 acres）の栽培が記録されている．この値は同国の白ワインブドウ品種の33%，同国の全ブドウ栽培面積の18.6 %に相当する．同国ではすべてのブドウ産地でシュナン・ブランが栽培されており，これは馬車馬のような働き者の品種だ

と考えられている．同国における最大の栽培地はパール（Paarl）（3,326 ha/8,219 acres），マームズベリー（Malmesbury）（3,317 ha/8,196 acres），オリファンツ・リヴァー（Olifants River）（2,521 ha/6,230 acres）などである．特に暖かい気候のケープ州（Cape）ではシュナンの高い酸度は有用であるが，収量が高いと比較的特徴のないワインとなる．同州ではより流行している品種を増量するためのブレンドパートナーとしての用途から蒸留酒のベースワインとしての用途にいたるまであらゆる用途に用いられている．しかし古いシュナン・ブランの株仕立てされたブドウこそが，南アフリカ共和国のワイン産業にとって最も価値のある資源であると認識している志あるワインメーカーは，確信をもって真に優れた，濃厚な，リッチだが辛口で熟成する価値のある白ワインを作り続けてきた．Adi Badenhorst（スワートランド（Swartland）），De Morgenzon（ステレンボッシュ（Stellenbosch）），De Trafford（ステレンボッシュ），Ken Forrester（ステレンボッシュ），Mullineux（スワートランド，豪華な甘口のストローワインを含む），Rudera（ステレンボッシュ）および Eben Sadie（スワートランド，ブレンドワイン）などの各社が優れたワインを生産している．なお1960年代中頃に南アフリカ共和国の人たちは，数世紀にわたってケープ州で栽培されてきたと考えられている STEEN と呼ばれていた主要な品種が，実はシュナン・ブランだったことに気づいたことを追記しておく．

CHICHAUD

フランス南部でまだ残っているというだけのアルデシュ県（Ardèche）の品種

ブドウの色：● ● ● ● ●

主要な別名：Brunet（プリヴァ（Privas）），Tsintsào（オーブナ（Aubenas））
よくCHICHAUDと間違えられやすい品種：BRUN FOURCA ✗，CINSAUT ✗

起源と親子関係

CHICHAUD はほとんど絶滅状態のフランス南部のアルデシュ県の古い品種であり，かつてはオーブナ，ヴァルス（Vals），ジョワイユーズ（Joyeuse），アルジャンティエール（Argentière），プリヴァなどで栽培されていた．CHICHAUD はブドウの形態分類群の Sérine グループに属する品種である（p XXXII 参照；Bisson 2009）．この品種名の語源は不明だが Chichaud という苗字に由来すると考えられている．

他の仮説

Galet（1990）は，CHICHAUD が BRUN FOURCA のクローンである可能性を示唆しているが，他の研究者は，CHICHAUD と共通の方言の別名である TSINTSÀO をもつ CINSAUT に近縁か同一品種であると考えている．しかしブドウの形態分類学的解析ならびに遺伝的解析結果によれば，これらの品種はすべて異なる品種であると結論づけられている．

ブドウ栽培の特徴

萌芽期は後期で，熟期は早期～中期である．乾燥した砂利質の日当たりのよい斜面を好む．べと病および灰色かび病に感受性がある．

栽培地とワインの味

フランスでは，この品種の栽培面積はフィロキセラ被害以降に次第に失われ，遅かれ早かれやがて消失するであろう．しかしセヴェンヌ（Cévennes）の Mas de La Salle 社は，最近 CHICHAUD，BOURRISQUOU，VITUAIGNE の実験的な栽培をはじめ，もし醸造で良好な結果が得られれば栽培規模を拡大する構想をもっている．

CHIDIRIOTIKO

ギリシャ，レスボス島（*Lésvos*）において一人の作り手が復活させたギリシャの品種

ブドウの色：●　●　●　●　●

主要な別名：Kalloniatiko

起源と親子関係

CHIDIRIOTIKO はギリシャ西部，エーゲ海に浮かぶレスボス島にあるチディラ村（Chidira）の在来品種であるといわれている．現地では1950年代にフィロキセラ被害によりほぼ壊滅した．この地方品種が，かつて古代ギリシャで最も有名で高価なワインであったことを信じて，1985年にチディラ生まれの Dimitris Lambrou 氏が島に残されていたブドウを用いて再び栽培を始めた．CHIDIRIOTIKO の DNA プロファイルは独自のものであるといわれているが，結果は公開されておらず，我々の確認要請は却下された．したがって CHIDIRIOTIKO が他の品種と異なるかどうか判断することはできない．ブドウ栽培学者の Haroula Spinthiropoulou 氏は，複数の品種の混ざったものであると考えている．

ブドウ栽培の特徴

非常に豊産性で熟期は中期～晩期である．薄い果皮をもつ大きな果粒で，大きな果房をつける．チディラ周辺の火山性の土壌では良好な耐病性を示すが，島の他の地域ではこうした特徴は見られない．

栽培地とワインの味

ギリシャのレスボス島でのみ栽培されており，現地では Methymneos 社が弱い酸味の赤ワインと白（ブラン・ド・ノワール）ワインを作っている．赤ワインの色は軽くフローラルでミネラルのノートがあり，また顕著なタンニンもある．白ワインは柑橘系フレーバーをもつ．2010年には60 ha（148 acres）の栽培が記録されていた．

CHINURI

スティルワインと発泡性ワインに用いられる高い酸度のジョージア品種

ブドウの色：●　●　●　●　●

主要な別名：Chinabuli，Kaspura，Kaspuri Tetri，Okroula，Tchinouri

起源と親子関係

CHINURI はジョージア中南部のカルトリ地方(Kartli)の在来種である．この品種名はジョージア語で「優秀な」を意味する *chinebuli* に由来する（Chkhartishvili and Betsiashvili 2004）．

ブドウ栽培の特徴

樹勢が強く豊産性である．萌芽期は後期で，晩熟である．べと病に耐性があるが，うどんこ病には感受性である．

栽培地とワインの味

CHINURI はジョージア中南部，カルトリ（Kartli）のサブリージョンである ムクハラニ（Mukhrani），Ateni，カスピ（Kaspi）などで栽培される．現地では Atenuri 原産地呼称においてフレッシュなフルーティさとキレがある発泡性ワインの主要品種として用いられており，GORULI MTSVANE および ALIGOTÉ とブレンドされることもある．果汁はほどほどの糖レベルを有し高い酸度であるが，発泡性と同様にスティルワインの原料としても良好な可能性を示す．Bagrationi 社は典型的な発泡性ワインを作っているが，Iago Wine，Ateni Sioni Monastery および Pheasant's Tears などの各社はすべてクヴェヴリ（qvevri）として知られる伝統的な粘土の容器を使ってワインを醸造している．2004年にはジョージアで859 ha（2,123 acres）の栽培が記録されていた．

CHISAGO

冬の耐寒性をもつ交雑品種．
ミネソタ州でこの品種の育種家がソフトでフルーティーなワインを作っている．

ブドウの色：● ● ● ● ●

起源と親子関係

CHISAGO はミネソタ州，ミネアポリスの北東にあるチサゴ・シティ（Chisago City）で Kevin と Kyle Peterson の両氏が ST CROIX×SWENSON RED の交配により得た交雑品種である．2008年に特許で保護され，現在では Peterson 氏の Winehaven 社だけが所有する品種である．

ブドウ栽培の特徴

樹勢が強く，−40°F（−40℃）の低温まで耐えられ，年間を通じて良好な耐病性を示す．

栽培地とワインの味

CHISAGO はフルーティーで深い色合い，ソフトなタンニンとチェリー，ラズベリー，ブラックベリーのフレーバーをもつ．ミネソタ州の Winehaven 社はこの品種を用いて辛口と中程度の甘口のワイン，さらに赤のアイスワインも作っており，彼らが独占するこの品種を熱心に維持している．

CHKHAVERI

マイナーだが使い道の多いピンクの果皮色のジョージア品種

ブドウの色：● ● ● ● ●

主要な別名：Tchkhaveri，Vanis Chkhaveri

起源と親子関係

CHKHAVERI はジョージア北西部のアブハジア（Apkhazeti）からジョージア西部のグリア州（Guria）やアジャリア自治共和国（Adjara）におよぶ地域の在来品種である．

他の仮説

Galet (2000) の引用する Gouriel 氏によれば, CHKHAVERI と OJALESHI は, かつてコルキス (Colchis) のワインで重要な役割を担い, ホメーロス (Homer) が賞賛したと記載されているが, これを示す証拠はない.

ブドウ栽培の特徴

萌芽期は中期で, 非常に晩熟である. 薄い果皮をもつ果粒で中サイズの果房をつける. 高い糖度に達するが, 高い酸度が維持される.

栽培地とワインの味

この使い道の多い品種は, フレッシュなワイン, 自然な甘口で, 発泡性の白ワインや赤い果実のフレーバーをもつロゼワインなどの生産に用いられていた. 主にグリア州 (特にバケヴィ (Bakhvi), アスカナ (Askana), サチャミアセリ (Sachamiaseri) サブリージョン) やジョージア南西部のアジャリア自治共和国で栽培され, 北のアブハジア (Akhalisopeli, Likhni, Pshapi) でも少し栽培されている. 2004年にはジョージアで20 ha (49 acres) の栽培が記録されていた.

CHONDROMAVRO

マケドニアで栽培される非常に珍しいギリシャ品種

ブドウの色：

主要な別名： Chondromavrouda, Chondromavroudi, Chondromavroudo, Khondromavroud
よくCHONDROMAVROと間違えられやすい品種： SEFKA

起源と親子関係

CHONDROMAVRO はギリシャ本土の北部に位置するマケドニア西部のコザニ県 (Kozáni) で栽培されている.

他の仮説

この品種はトラキア (Thráki/Thrace) では, ブルガリアの SEFKA がこの品種と同一であると考えられることがある. SEFKA はまた CHONDROMAVRO とも呼ばれることから, DNA 解析はまだ行われておらず, ブドウの形態分類学的には二つは異なる品種とされている.

ブドウ栽培の特徴

晩熟で薄い果皮をもつ果粒が密着した果房をもち, そのため灰色かび病に感受性がある.

栽培地とワインの味

CHONDROMAVRO はギリシャのコザニ県東南部のシアティスタ (Siatista) でのみ栽培される. この地域に多くある古い混植のブドウ畑で XINOMAVRO や MOSCHOMAVRO と一緒に栽培されている. Diamantis 社は標高800～920 m の畑にこの品種を新しく植え, 半干しされたブドウから作る甘口赤ワインである Liasto ワインのブレンドに用いている. またロゼやブラン・ド・ノワール (blanc de noirs) ワインも作られている. 高い糖度は Liasto ワインにとってとても重要で, 通常乾燥イチジクのアロマがある. 一般に酸味は弱くタンニンはソフトである.

CHOUCHILLON

薄い果皮色の品種は最近フランス中部で救済された.

ブドウの色：

主要な別名：Faux Viognier
よくCHOUCHILLONと間違えられやすい品種：ヴィオニエ（VIOGNIER ☒）

起源と親子関係

CHOUCHILLON は1899年にフランス中部のサン＝テティエンヌ（Saint-Étienne）とリヨン（Lyon）の間にあるシャニョン（Chagnon）のブドウ畑で Rougier 氏が最初に記載している（Galet 1990）.

他の仮説

Galet（1990）によれば，CHOUCHILLON は BRUN FOURCA の白い果皮色変異であると記載しているが，DNA 解析によってそれは否定されている（Bowers *et al.* 1999）.

ブドウ栽培の特徴

熟期は中期〜晩期である.

栽培地とワインの味

フランスローヌ北部，コンドリュー（Condrieu）のヴィオニエ（VIOGNIER）にあるブドウ畑のあちこちにわずかな CHOUCHILLON が残っている．こうしてなぜ CHOUCHILLON がヴィオニエと混同されたり，FAUX VIOGNIER（ニセのヴィオニエ）とも呼ばれるかが説明できる．数本の樹がコトー・デュ・ジエブドウ栽培地の修復と発展のための協会（Association pour la Restauration et le Développement du Vignoble des Coteaux du Gier）により繁殖され，リヨンとサン＝テティエンヌの間に位置する Coteaux du Gier 地区のジェニヤック（Genillac）に100% CHOUCHILLON からなる実験的なブドウ畑の建設が計画されている．CHOUCHILLON はまだフランスの公式品種リストには登録されていない.

ノースカロライナ州の Davesté Vineyards 社は珍しい品種の栽培で知られており，COT，CHOUCHILLON，RKATSITELI などを栽培しており，後者の二つの品種は Trillium ブレンドワインの生産に用いられている.

CIANORIE

イタリア北東部フリウーリ（Friuli）の古く非常にマイナーな濃い果皮色の品種

ブドウの色：

主要な別名：Canore, Canorie, Chianorie, Cianoria, Cjanorie, Rossarie（フリウーリのウーディネ県（Udine）のマンツィネッロ（Manzinello）），Vinosa（ウーディネ県のマンツァーノ（Manzano））

起源と親子関係

フリウーリのポルデノーネ県（Pordenone）において17世紀頃から知られており，この品種はウーディネ県のジェモーナ・デル・フリウーリ（Gemona del Friuli）に起源をもつといわれている．その名はこの地方の方言 *cjane*，イタリア語の *canna* に由来し，これは「ボトルからの直飲み」を意味する *bere a canna* に関連した言葉であることから，このワインの軽さが想像できる．

ブドウ栽培の特徴

樹勢が強く，しばしば棚仕立てで栽培される．かびの病気に耐性をもち，晩熟である．

栽培地とワインの味

CIANORIE はかつてイタリア北東部のフリウーリ全体で，特にポルデノーネ県やウーディネ県のジェモーナ・デル・フリウーリ，カステルノーヴォ・デル・フリーウリ（Castelnuovo del Friuli）やピンツァーノ・アル・タリアメント（Pinzano al Tagliamento）などのコムーネで栽培されていた．ブドウ分類の専門家の Antonio Calò および Ruggero Forti 両氏などの支援も得ながら Emilio Bulfon 社が他の古い品種である CIVIDIN，FORGIARIN，PICULIT，NERI，SCIAGLÌN，UCELÙT などとともにこの品種を絶滅から保護しようとしている．Emilio Bulfon 社はこれらのブドウを用いてヴァラエタルワインを作っている生産者の一つである．CIANORIE は黒色の果実，クローブや花のアロマをもち，また中程度の酸度をもつ．CIVIDIN とともに CIANORIE は2006年にイタリアの公式品種リストに登録された．

CIENNA

辛口ワインには適していない攻撃的なタンニンをもつオーストラリアの交配品種

ブドウの色：

起源と親子関係

姉妹品種の TYRIAN のように，暑く，乾燥したオーストラリアの気候によく適した高品質のワイン作りを目的として，1972年にビクトリア州のマーベイン（Merbein）試験農場で A J Antcliff 氏が，カベルネ・ソーヴィニヨン（CABERNET SAUVIGNON）×スペイン品種 SUMOLL の交配により得た交配品種である．2000年に公開された．

ブドウ栽培の特徴

良好な収量．よく成熟するには温暖な気候が必要であるがタンニンは過剰気味である．果粒が粗着した果房の形状によりかびへの耐性を有する．

栽培地とワインの味

TARRANGO と同様，1995年にオーストラリアのオーストラリア連邦科学産業研究機構（CSIRO；Commonwealth, Scientific and Industrial Research Organisation）での初期の試験栽培に参加した Brown Brothers 社が CIENNA の主要な支持者である．初期の実験結果からこの品種は温暖な気候を必要とすることが明らかになったことで，近年の栽培はすべてビクトリア州のスワン・ヒル（Swan Hill）/ ロビンベール（Robinvale）で行われたが，ミントのフレーバーをもつ深い色合いのワインはタンニンが豊富で心地よさが感じられないほどに頑強であった．Yalumba 社は南オーストラリア州のラットンブリー（Wrattonbully）で試験栽培を行ったが，この比較的冷涼な土地でのワインは渋く，過剰なメトキシピラジン（methoxypyrazines）が感じられたためブドウは引き抜かれた．攻撃的なタンニンをまろやかにするために，Brown Brothers 社は低いアルコール分の若いうちに冷やして飲む軽い発泡性の赤ワインを作った．この品種は3ヶ所の Brown Brothers 社のブドウ畑で栽培されており，他に三つの契約農家がある．

CIGÜENTE

SÍRIA を参照

CILIEGIOLO

未知の可能性をもつチェリーフレーバーのイタリアの赤品種.
特にイタリア, トスカーナ州（Toscana）で栽培されている.
サンジョヴェーゼ（SANGIOVESE）の親品種である.

ブドウの色：● ● ● ● ●

主要な別名：Albana Nera ☒（エミリア＝ロマーニャ州（Emilia-Romagna））, Brunellone ☒（グロッセート県（Grosseto））, Canaiolo Romano（ピストイア県（Pistoia））, Ciliegino, Ciliegiolo di Spagna, Mazzèse, Riminese Nero ☒（ピサ県（Pisa））, Sangiovese Polveroso ☒（フィレンツェ県（Firenze））
よくCILIEGIOLOと間違えられやすい品種：AGLIANICO ☒, AGLIANICONE ☒, ALEATICO ☒, DOUX D'HENRY ☒（ピエモンテ州（Piemonte））, サンジョヴェーゼ（SANGIOVESE ☒（エミリア＝ロマーニャ州））

起源と親子関係

Soderini（1600）の専門書の中で見られる記載がこの品種の最も早い記録であろう.「イタリア, トスカーナのフィレンツェ近郊で栽培されており, CIRIEGIUOLO DOLCE は長い果房をもち, 大きな果粒は甘く（*dolce*）, 香り高く, 暖かい土壌で最もよく生育する」と記載されている. これは現代の CILIEGIOLO によく相応する. CILIEGIOLO（イタリア語で「小さなチェリー」）という品種名は果粒のチェリーのアロマに由来する.

伝承によれば CILIEGIOLO は1870年頃, サンティアゴ・デ・コンポステーラ（Santiago de Compostela）から戻った巡礼者がスペインから持ち込んだとされ, これが別名 CILIEGIOLO DI SPAGNA の根拠となっている. しかし, CILIEGIOLO と現代スペイン品種との間には関係は認められない（Vouillamoz）.

CILIEGIOLO は AGLIANICO とよく間違えられていたが, Crespan *et al.*（2002）が DNA 解析によって CILIEGIOLO を AGLIANICONE と間違えて同定したのもこうした理由による. 実は彼らのコレクションで CILIEGIOLO が間違えて AGLIANICONE とラベルされていたのであった, 本当の AGLIANICONE はまったく異なる DNA プロファイルをもっていた（Manna Crespan, 私信）.

2006年にボローニャ（Bologna）大学における研究で, エミリア＝ロマーニャ州（イモラ（Imola）, リオーロ・テルメ（Riolo Terme）およびラヴェンナ地方（Ravenna））で ALBANA NERA と呼ばれていた3系統のブドウは CILIEGIOLO と同一であることが明らかになったが, CILIEGIOLO は白い果皮色の果粒をもつ ALBANA とは関係がない. 最近, 多くの予想外の品種 BRUNELLONE, MAZZÈSE, RIMINESE NERO, SANGIOVESE POLVEROSO が CILIEGIOLO の別名であることがトスカーナのブドウの DNA 解析によって見いだされた（Di Vecchi Staraz, This *et al.* 2007）. こうして, なぜ CILIEGIOLO とサンジョヴェーゼがエミリア＝ロマーニャ州においてしばしば同じだと考えられてきたかの説明がつく.

Crespan *et al.*（2002）は DNA 系統解析によって CILIEGIOLO とサンジョヴェーゼの親子関係を明らかにした. Vouillamoz, Imazio *et al.*（2004）は後にサンジョヴェーゼは CILIEGIOLO と CALABRESE DI MONTENUOVO の自然交配によって生まれた品種であることを示した（詳細は SANGIOVESE 参照）.

一方, 近年行われた DNA 系統解析研究によって CILIEGIOLO はサンジョヴェーゼと MUSCAT ROUGE DE MADÈRE あるいは MOSCATO VIOLETTO としても知られる品種との自然交配品種であることが明らかになった（Di Vecchi Staraz, This *et al.* 2007；Cipriani *et al.* 2010）. 後者はおそらく MAMMOLO×ミュスカ・ブラン・ア・プティ・グラン（MUSCAT BLANC À PETITS GRAINS）の交配品種であろう. しかしこれはサンジョヴェーゼの親品種と一致せず（Vouillamoz, Monaco *et al.* 2007）,

また示された親子関係にはDNAの不一致が認められることから，さらなる解析が必要である．

他の仮説

多くの古いトスカーナの品種同様にCILIEGIOLOはその地方のエトルリア人が野生ブドウの栽培を始めたことで生まれた品種であるという説がある．

ブドウ栽培の特徴

熟期は早期～中期である．特に肥沃な土壌では灰色かび病に感受性をもつ．うどんこ病，べと病および酸敗に中程度の感受性を示す．

栽培地とワインの味

この品種のほとんどはイタリアのトスカーナ州地方で栽培されており，キャンティ（Chianti）においてサンジョヴェーゼをソフトにするために用いられている．1990年代の初期から再び称賛されるようになったことで，市場に100％のCILIEGIOLOから作られたワインが出回るようになってきた．特にマレンマ（Maremma）ではCILIEGIOLOはカーボニックマセレーションによりNovello Toscanoと呼ばれる新酒としてしばしば目にすることができる．CILIEGIOLOは以下のイタリアの他の地域でも栽培されている（ヴァッレ・ダオスタ（Valle d'Aosta），ピエモンテ（Piemonte），リグーリア（Liguria），ヴェネト（Veneto），エミリア＝ロマーニャ，マルケ（Marche），ウンブリア（Umbria），ラツィオ（Lazio），アブルッツォ（Abruzzo），モリーゼ（Molise），カンパニア（Campania），プッリャ（Puglia），バジリカータ（Basilicata），シチリア（Sicilia））．ワインは濃い赤色で，チェリー，ストロベリー，スパイスのアロマをもち，ジューシーあるいはフルボディーであり，CINSAUTのワインと似ている．ときに酸味に欠けるが，それがなぜサンジョヴェーゼをよく補うかの理由である．

2000年のイタリアでの調査では，3,078 ha（7,606 acres）の栽培面積が記録されているが，10％しかDOCやDOCGワインに用いられていない．この品種を使ったDOCやDOCGとしては，トスカーナ州ではParrina，Colline Lucchesi，Montecarlo，Val di Cornia，Morellino di Scansano，Chianti Classicoなどがある．PetravivaやVal di Cornia DOCではCILIEGIOLOのヴァラエタルワインが作られることがあり，ウンブリア州のRosso Orvietano DOCやアブルッツォ州のControguerra DOCでも同様である．

リグーリア州ではCILIEGIOLOはGolfo del Tigulio（ヴァラエタルとブレンド，スティル，発泡性，ノヴェロ）やColli di Luni，Val PolceveraのDOCで公認されている．

1990年代からマレンマの生産者であるSassotondo社はCILIEGIOLOの再興に貢献しており，100％CILIEGIOLOのワインを単一ブドウ畑であるサン・ロレンツォ（San Lorenzo）で栽培されている樹齢40年のブドウの樹から作っている．他の推奨される生産者としてはAntonio CamilloやRascioni & Cecconelloなどの各社があげられる．

CINSAUT

過小評価されているが地中海の人たちが愛する品種．
特徴的なロゼワインと艶めいた赤ワインが作られる．

ブドウの色：● ● ● ● ●

主要な別名：Black Malvoisie☒（カリフォルニア州），Black Prince（オーストラリア），Blue Imperial（オーストラリア），CinqsautまたはCinq-saou（ラングドック（Languedoc）），Cinsault（ラングドック，アルジェリア，モロッコ，チュニジア），Grecaù☒またはGrecu Masculinu（イタリアのシチリア島（Sicilia）），Hermitage（南アフリカ共和国），MarroquinまたはMarrouquin，Ottavianello（イタリアのプッリャ州（Puglia）），Picardan Noir（フランスのヴァール県（Var）），Piquepoul d'Uzès，PrunelatまたはPrunellas（ジロンド県（Gironde）），Samsó（カタルーニャ州（Catalunya）），Sinsó☒（スペイン），Sinsón☒またはSinseur（イタリアのリヴィエーラ・ディ・ポネ

ンテ（Riviera di Ponente)），Uva Spina（リヴィエーラ・ディ・ポネンテ）

よくCINSAUTと間違えられやすい品種：BRUN ARGENTÉ，CHICHAUD※，MAZUELO※（カリニャン（Carignan）の名前で），OEILLADE NOIRE※（ラングドックおよびアルジェリア），PIQUEPOUL NOIR※，PLANT DROIT※（ヴォクリューズ県（Vaucluse)），PRUNELARD※（Cinsaut が Prunelat と呼ばれているジロンド県）

起源と親子関係

フランスにおける CINSAUT の最も早い記載は，Olivier de Serres（1600）の中で古い別名の MARROQUIN，または Magnol（1676）の著書 *Botanicum Monspeliense* の中で見られる MARROUQUIN であろう．「MARROUQUIN，固い果皮をもつ古代の Duracina」．1829年にフランス南部のエロー県（Hérault）において Bouschet によって SINSÂOU の名で次のように記されている．「sinsâou, œillade（一目，ウィンク）のように見える」．現代的な表記である CINSAUT は1888年まで現れず（Rézeau 1997），またその起源は不明である．

CINSAUT の地理学的な起源がフランス南部のラングドック＝ルシヨン地域圏（Languedoc-Roussillon）近辺だと考えられるのには次のような二つの理由がある．

- この品種はブドウの形態分類群の Piquepoul グループに属し（p XXXII 参照；Bisson 2009），このグループはすべてプロヴァンス（Provence）のヴォクリューズ県あるいはラングドック＝ルシヨン地域圏が起源である．
- 23種類の DNA マーカーを用いた DNA 系統解析によってラングドック＝ルシヨン地域圏の RIVAIRENC との親子関係が示唆された（より多くの種類の DNA マーカーを用いて確認する必要がある）（Vouillamoz）．

イタリアでは，CINSAUT はすでに17世紀には栽培されていた．イタリアのシチリア島のエトナ火山地方（Etna）の古い品種であり，1696年にすでに Cupani 氏が記載している GRECAÙ の DNA プロファイル（Carimi *et al.* 2009）が意外なことに CINSAUT と同一であることが示された（Vouillamoz）．この品種はプッリャ州（Puglia）でも19世紀頃から OTTAVIANELLO という名で知られていた（Giavedoni and Gily 2005）．スペインでは SINSÓ の DNA プロファイルが Martín *et al.*（2003）によって示されたが，それが CINSAUT と同一であることは驚くべきことではない（Vouillamoz）．

CINSAUT は南アフリカ共和国では，成功を収めた品種である PINOTAGE の育種に用いられた．PINOTAGE は，親品種のピノ・ノワール（PINOT NOIR）と HERMITAGE にちなんで命名されたが，CINSAUT はケープ州で一時期間誤って HERMITAGE として広く知られていた．南アフリカ共和国は CINSAUT の二つの果皮色変異の発祥の地である．その一つは灰色の果粒を，もう一つは白色の果粒をもつ．しかしこれらは消滅したようで，公式品種リストから削除された．

CINSAUT は，仮にそれらが誤解を招く別名である PICARDAN を共有していたとしても BOUCHALÈS と混同してはいけない．

ブドウ栽培の特徴

一般的に幾分繊細であるが暑さと乾燥に強い．特に樹勢が強いというわけではないが樹はすぐに年をとる．エスカ病やユーティパ・ダイバックなどの幹の病気に感受性がある．結実能力が高く豊産性であり，乾燥や葉の褐変（カリウム不足）に耐性である．石灰質の土壌では白化（クロロシス）が起こる．ダニやブドウ蛾に感受性がある．萌芽期は後期で熟期は中期である．大きな果粒で大きな果房をつける．

栽培地とワインの味

グルナッシュ（GRENACHE / GARNACHA）と同様に，CINSAUT は温暖で乾燥したフランス南部の気候に適している．良質のワインを作るためには高い収量を抑制しなければいけないが，赤ワインはソフトでフルーティーで若いときは香り高く驚くべき長寿である．それはまたフレッシュで香り高くフルーティーなロゼワインにも適している．赤ワインとしてはより頑強なカリニャン（MAZUELO）とのブレンドで使われることが多いが，Domaine des Terres Falmet および Domaine d'Aupilhac の各社はいずれも優れた100%の CINSAUT をラングドック（Languedoc）で作っている．

フランス南部で生食用として栽培されるときには CINSAUT は OEILLADE NOIRE と呼ばれることもあるが，紛らわしいことに本当の OEILLADE NOIRE は別品種である．

2009年のフランスでは20,800 ha（51,398 acres）の栽培が記録されており，同国で9番目に多く栽培される赤ワインの品種である．それは広くラングドック＝ルシヨン地域圏やプロヴァンス－コート・ダジュール（Provence-Côte d'Azur）で栽培され，最大の栽培地はエロー県，ヴァール県，ガール県（Gard），オード県（Aude）などである．Châteauneuf-du-Pape で公認される品種の一つであるが，一般的に用いられる割合は5％前後である．

CINSAUT は1970年代のフランスでは高い人気があり，栽培面積は現在の3倍くらいあったが（1979年には50,000 ha/123,553 acres 以上），当時は ARAMON NOIR や ALICANTE HENRI BOUSCHET を栽培していた場所に CINSAUT を植えることが公式に推奨されていた．1950，1960年代に，アルジェリアは憲法上のフランスの一部であって，草のような香りのあったブルゴーニュワインを増強するために大量の CINSAUT ワインがアルジェリアから当時輸入されていた．

イタリア南部では，プッリャ州のブリンディジ（Brindisi）周辺の特に小さな Ostuni DOC では CINSAUT は OTTAVIANELLO という別名で栽培されており，現地では通常軽く平凡なヴァラエタルワイン（最低85%，他の地方品種とともに）が作られている．2000年のイタリアでのこの品種の総栽培面積は288 ha（712 acres）であった．

モロッコではこの品種は依然広く栽培されており，レバノンではおそらくカベルネ・ソーヴィニヨン（CABERNET SAUVIGNON），シラー（SYRAH）に次いで3番目に多く栽培されている．同国では Château Musar 社が長く重要な役割を果たしてきた．

少ないがトルコなどの東ヨーロッパでも栽培されており，2010年には444 ha（1,097 acres）の栽培が記録されている．

2008年にカリフォルニア州では115 acres（47 ha）の栽培が記録されており，Bonny Doon 社などが軽い赤ワインやロゼワインを作っている．ワシントン州でも栽培されている．

オーストラリアの公式統計では CINSAUT は記載されていないが，60 ha（148 acres）程度であると予想されている．Spinifex 社の Papillon ワインはバロッサ・バレー（Barossa Valley）のブドウを用いたブレンドワインで，このワインには CINSAUT のよい意味での驚きが表れている．Foggo 社のマクラーレン・ベール（McLaren Vale）ブレンドなども同様で，多くの他の南ローヌ（Rhône）スタイルのワインも同様である．Foggo 社はまた1958年に植えたブドウを用いて100％ CINSAUT のロゼワインを生産している．この品種は，ラザーグレン（Rutherglen）の Chambers Rosewood 社や Morris 社では酒精強化ワインにも用いられている．

南アフリカ共和国では，CINSAUT はかつて同国で最も栽培される赤品種であって，現在でもフランスにおけるこの品種の栽培面積の10分の1に相当し（2008年に2,241 ha/5,538 acres），主にパール（Paarl），ブリーダクルーフ（Breedekloof），マームズベリー（Malmesbury）などで栽培されている，それらは19世紀半ばにフランスから同国に持ち込まれたものである．カベルネ・ソーヴィニヨンに赤ワイン用品種のトップとしての地位をゆずったのは1993年である．一時期は生産的な働きものの品種より少しましな程度の評価であったが，現在ではたとえばスワートランド（Swartland）の Adi Badenhorst 社などが低収量で高品質のワインを作っている．しかしどこにでもある品種であるため，ほとんどのケープ州の栽培者はこの品種を高く評価していない．

CIRFANDLI

ZIERFANDLER を参照

CITRONNY MAGARACHA

柑橘系のフレーバーをもつウクライナの交配品種.
そのほとんどがブレンドワインに用いられている.

ブドウの色：● ● ● ● ●

起源と親子関係

CITRONNY MAGARACHA は1978年にウクライナ南部，ヤルタ（Yalta）のマガラッチ（Magarach）研究センターのP Y Golodrigi 氏が MADELEINE ANGEVINE×（MAGARACH 124-66-26×NOVOUKRAINSKY RANNY）の交配により得た交配品種である.

- MAGARACH 124-66-26 は，RKATSITELI×MAGARACH 2-57-72 の交配品種（MAGARACH 2-57-72 の系統は PERVENETS MAGARACHA 参照）
- NOVOUKRAINSKY RANNY は DZHURA USYUM×CSABA GYÖNGYE の交配品種
- DZHURA USYUM はウズベキスタンの二つの生食用品種 NIMRANG×TAIFI ROZOVY の交配品種

ブドウ栽培の特徴

豊産性の可能性があり，萌芽期は中期で，熟期は早期～中期である．薄い果皮をもつ中サイズの果粒をつける．冬の低温には－25℃（－13°F）まで耐性を示す．かびの病気に耐性である．

栽培地とワインの味

CITRONNY MAGARACHA はウクライナ（2009年に約110 ha/759 acres）や，黒海に近いロシアのクラスノダール地方（Krasnodar）のワイン生産地域（2010年に307 ha/759 acres）で栽培されている．辛口，甘口あるいは発泡性などの様々なスタイルのワインが作られ，そのうち甘口ワインが成功を収めており，レモンに似た香りの柑橘系の特徴をもっている．またマスカットに似た桃のフレーバーとフレッシュな酸味をもっている．多くの生産者同様にクラスノダール地方の Fanagoria 社はこの品種をブレンドワインの生産に用いている．ウクライナの生産者には Magarach 社などがある.

CIURLESE

イタリア北部のリミニ県（Rimini）周辺の事実上絶滅状態にある白品種

ブドウの色：● ● ● ● ●

主要な別名：Ciurlès

ブドウ栽培の特徴

頑強，豊産性で灰色かび病に耐性をもつ.

栽培地とワインの味

イタリア東部にあるリミニ県の特産品で，主にリミニの近くの Valconca や Valle del Conca で栽培されてきた．現在ではリミニ近くのメレニャーノ（Marignano）にあるサン・ジョヴァンニ地域（San Giovanni）で，たとえばリミニ県の Rocche Malatestiane 協同組合の畑などにわずかに残っているだけである.

CIVIDIN

イタリア北東部のフリウーリ（Friuli）の古い珍しい白品種

ブドウの色：● ● ● ● ●

主要な別名：Cividin Bianco，Cividino

起源と親子関係

CIVIDIN はイタリア北東部，ウーディネ（Udine）の東のヴァッリ・デル・ナティゾーネ（Valli del Natisone）から持ち込まれたといわれている．この品種名は近くにあるチヴィダーレ（Cividale）という町に由来する．この品種はフリウーリで17世紀頃に記録されている．

ブドウ栽培の特徴

晩熟．酸敗に耐性を示すが，うどんこ病には感受性である．

栽培地とワインの味

CIVIDIN は歴史的にチヴィダーレからイタリア北東部のフリウーリ地方のマニアーゴ（Maniago），メドゥーノ（Meduno），ナヴァロンス（Navarons），ヴィート・ダージオ（Vito d'Asio）などの丘陵地帯に広がった．現在では主にイタリアのポルデノーネ県（Pordenone）やスロベニアのヴィパーヴァ（Vipava，イタリア語で Vipacco）などで栽培されている．この品種は CIANORIE，FORGIARIN，PICULIT NERI，SCIAGLÌN および UCELÙT などの古い品種とともにブドウ分類の専門家の Antonio Calò，Ruggero Forti 両氏らの助けを得て Emilio Bulfon 社が救済した．他の品種と混植されているのだが，Emilio Bulfon 社はこれらのブドウでヴァラエタルワインを作っている数少ない生産者の一つである．ワインはスパイシーなアロマ，軽いボディーと良好な酸味をもっており，2006年に CIANORIE とともに CIVIDIN はイタリアの登録品種に登録された．

CLAIRETTE

かつては非常に人気があったフランス南部の白品種．
現在ではキレがあるワインが作られる有用な品種．

ブドウの色：● ● ● ● ●

主要な別名：Blanc Laffite，Blanquette（オード県（Aude）およびガール県（Gard）），Clairet（ロシアのクラスノダール地方（Krasnodar）），Clairette Blanche，Clarette，Fehér Clairette，Kleret，Kleret Belyi（旧ユーゴスラビア），Muscade（Loupiac），Oeillade Blanche（プロヴァンス（Provence）およびドローム県（Drôme）），Osianka，Ovsyanka，Petit Blanc（オーブナ（Aubenas）），Petit Kleret，Uva Gijona，Vivsyanka
よく CLAIRETTE と間違えられやすい品種：PICARDAN ☒（プロヴァンスおよびドローム県），PIQUEPOUL BLANC ☒

起源と親子関係

CLAIRETTE はフランスのミディ地方（Midi）の最も古い品種の一つであり，おそらくエロー県（Hérault）

が起源の地であろう．現地では1490年頃にアディッサン（Adissan）コミューンに植えられたとされるが，歴史的な証拠はない．信頼できる最初の記載はオード県（Aude）のジネスタ（Ginestas）における1575年のものであり，そこでは「Clarette でいっぱいにされた22個のバスケット」と書かれている（Rézeau 1997）．CLAIRETTE は後に Olivier de Serres（1600）によって Clerete のスペルで記載されており，数年後に Magnol（1676）によって，「非常に広範囲に広がっている白は Clarette と呼ばれていて，素晴らしい白ワインを作る」と記載されている．

CLAIRETTE は「明るい白」という意味をもち，これはその果粒の色に由来するかもしれない．しかし明るい白果粒品種は他にも多くあるので，むしろこの名は葉の下の白い毛が明るい（*clair*）外見を与えていることに由来するものであろう．

CLAIRETTE はブドウの形態分類群の Claret グループ（p XXXII 参照）に属する．加えて CLAIRETTE はブドウの形態分類学的には PLANT DROIT にも近い（Bisson 2009）．

DNA 解析により，スペインのカタルーニャ州（Catalunya）のプラ・デ・バジェス（Pla de Bages）で栽培される PICAPOLL BLANCO は，フランスの PIQUEPOUL に対応しないことがわかったが，それは CLAIRETTE と遺伝的な関係を有するか，あるいは同一である可能性が示唆された（Puig *et al.* 2006）．

他の仮説

イタリアでは DNA 系統解析によって CLAIRETTE とスペインの AIRÉN，ギリシャの RHODITIS（RODITIS）との間で近い類縁関係が示唆されたが（Labra *et al.* 1999），これには大いに疑問が残る（INZOLIA 参照）．Labra *et al.*（2001）は，CLAIRETTE とイタリア北西部のピエモンテ州（Piemonte）の ERBALUCE との間の遺伝的関係を示唆しており，それらは似た語源（「明らかな」または「明るい」）をもつがまだその真偽は確認されていない．

ブドウ栽培の特徴

樹勢が強く，短い剪定が必要である．やせた，乾燥した石灰質の土壌での栽培が適している．まっすぐ伸び，強い風に強く，支柱は不要である．晩熟である．ダニとブドウ蛾に感受性であるが，うどんこ病と灰色かび病への感受性は認められない．

栽培地とワインの味

CLAIRETTE が最も多く栽培され，栽培の本拠地となっているのはフランス南部のドローム県（Drôme）で，特にモンテリマール（Montélimar）北東部のディー（Die）周辺である．この地域では Coteaux de Die や発泡性の Clairette de Die（メトード・アンセストラル（Méthode Ancestrale）と特記されたものはミュスカ・ブラン（MUSCAT BLANC À PETITS GRAINS）ベースのワインであるが）のアペラシオンで公認される唯一の品種であり，クレマン・ド・ディ（Crémant de Die）の主要原料である．

フランスでは2009年に2,405 ha（5,943 acres）の栽培が記録されているが，過去50年くらいの間に激減している（1958年には14,099 ha/34,839 acres）．主に南部ローヌ（Rhône）やヴォクリューズ県（Vaucluse），さらに南西部のラングドック（Languedoc）のガール県（Gard）でも栽培されており，現地では Clairette de Bellegarde アペラシオンのスター品種であり，さらに南東部のヴァール県（Var）でも栽培は見られる．エロー県（Hérault）にはこの品種独自の Clairette de Languedoc アペラシオンがあり，北と南に離れた Clermont-l'Hérault の2箇所の地域で辛口，甘口あるいはランシオ（rancio）（酸化熟成）タイプのワインが作られている．

古いスタイルの品種とされ，シンプルでキレがあり，時にミネラルの感じをもつ早飲みのワインが作られている．よく知られた発泡性ワインのほか，しばしばローヌ南部のシャトーヌフ・デュ・パプ（Châteauneuf-du-Pape）やコート・デュ・ローヌ（Côtes du Rhône）でブレンドのパートナーとしても使われてきた．白ワインには通常は30～35％が加えられ，また Château de Beaucastel 社のようにフレッシュさを赤のブレンドに与えていることもある．Château Rayas 社の白のシャトーヌフには50％の GRENACHE BLANC（GARNACHA BLANCA）と50％の CLAIRETTE がブレンドされ，また Le Vieux Donjon 社の白ワインには CLAIRETTE と ROUSSANNE が等量ブレンドされている．たとえば Lirac，Tavel，Vacqueyras，Grignan lès Adhémar，Ventoux など多くの他の南部ローヌにおけるアペラシオンでは CLAIRETTE を使うことができる．

ラングドックでは UGNI BLANC（TREBBIANO TOSCANO）や TERRET とブレンドされることが

多く，そこではフレッシュなアロマと酸度を保つために早摘みが一般的である．この品種はCôtes de Provence，Palette，Cassis，Belletなどのプロヴァンスのアペラシオンやフランス南西部のサン＝モン（Saint-Mont）でも公認されている．Côtes de ProvenceにあるDomaine Richeaume社は香り高く，フレッシュであるがフルボディーのCLAIRETTEとROLLE（VERMENTINO）のブレンドワインを作っており，BandolにあるBunan社の　Mas de la Rouvièreワインははっきりしたリンゴの香りのする100％CLAIRETTEワインである．

17〜18世紀にかけて，酸味の強いPIQUEPOULとブレンドされたPicardinとして知られるワインが大量にラングドックから北に出荷されたことで，アルジェリアや南アフリカ共和国 などへの普及が推進された（後述参照）．

イタリアでは，2000年の農業統計によれば150 ha（371 acres）の栽培が記録され主にトスカーナ州（Toscana）やサルデーニャ島（Sardegna）で栽培が見られる．カリャリ県（Cagliari）の南東では公式に推奨されており，またヌラグス ディ カリアリ（Nuragus di Cagliari）でも少し栽培されている（少なくとも85％のNURAGUSが必要である）．

レバノンでは統計に表れないが，Massaya社やCh Kefraya社が白のブレンドワインにCLAIRETTEを用いている．

またCLAIRETTEという品種名でロシアの黒海沿岸のクラスノダール地方 で限定的に栽培されている．それは19世紀と20世紀前半にはクバーニ・コサック軍（Kuban Cossacks）に特に人気があった．

オーストラリアにもCLAIRETTE（かつてBLANQUETTEとして知られた）の生産者がいくつかあり成功を収めている．ハンター・バレー（Hunter Valley）のHoneytree社は，早飲みワインの需要に応じて彼らのTRAMINER（SAVAGNIN BLANC）へ高接ぎをして0.4 haから2 ha（1〜5 acres）まで栽培面積を増やしている．JB Wines社も同様にバロッサ・バレー（Barossa Valley）の畑でよい仕事をしている．

2008年に南アフリカ共和国では依然，328 ha（811 acres）の栽培が記録されており，栽培は非常に広がっているが，その多くはウスター（Worcester）で見られる．Eben Sadie社の多品種を用いたブレンドワインPalladiusには，Tulbagh Mountain Vineyard社の白ブレンドやMullineux社のスワートランド（Swartland）の白ワインと同様に少量のCLAIRETTEが使われている．

フランスのブーシュ＝デュ＝ローヌ県（Bouches-du-Rhône）では1834-5年にかけて，すでにCLAIRETTE ROSEと呼ばれる果皮色変異が報告されており（Rézeau 1997），ガール県の主にリラック（Lirac）で現在も栽培されている．フランスのこのピンク品種の栽培面積は2009年に260 ha（642 acres）であった．

CLAVERIE

事実上絶滅状態にあるフランス南西部の病気にかかりやすい白品種

ブドウの色：●　●　●　●　●

主要な別名： Bouguieu（テュルサン（Tursan）），Chalosse Blanche，Chaloussenc（ヴィク・ビル（Vic-Bilh）），Clabarien，Clabérieu，Claverie Blanc，Claverie Verte，Galia Zuria（バスク地方（Pays Basque））
よくCLAVERIEと間違えられやすい品種： Claverie Coulard（ピレネー＝アトランティック県（Pyrénées-Atlantiques）のベロック（Bellocq））

起源と親子関係

CLAVERIEはフランスの南西部ランド県（Landes）に由来する品種で，現地では1827年に初めて次のように記載されている．「CLAVERIEはよいワインになる．特にランド県のカップブルトン（Capbreton）のワインは非常によい」．その名前はベアルン地方（Béarn）の方言で「囲い」や「塀」を意味する*claberia*に由来すると思われる．それはランド県やピレネー・アトランティック県のいくつかのLieux-dits

（命名畑）の名，特にポー（Pau）の北部のラスクラヴリー（Lasclaveries）に対応している（Lavignac 2001）．CLAVERIE はブドウの形態分類群の Gras グループ（p XXXII 参照）に属する．また CLAVERIE は形態分類学的には Cot グループに近い（Bisson 2009）．CLAVERIE COULARD は CLAVERIE とは異なる品種であり商業的には栽培されていない．CLAVERIE の黒の果皮色変異（CLAVERIE NOIR と呼ばれる）も発見されている（Galet 2000）．

ブドウ栽培の特徴

樹勢が強く豊産性．萌芽期は後期で晩熟である．うどんこ病，灰色かび病，および黒とう病に高い感受性をもつ．

栽培地とワインの味

CLAVERIE はかつてフランス南西部のランド県のシャロッス（Chalosse）で主に栽培されており，ピレネー・アトランティック県のヴィク・ビルやジュランソン（Jurançon）でも栽培が見られた．フランスの公式登録リストに登録されておりジェール県（Gers）やランド県で推奨されるが，主にかびの病気への感受性が原因でほとんど絶滅状態である．サン＝モン（Saint-Mont）の温室で栽培され，最近，ワインが作られたが，このワインはあまり特徴がなく薄くてとても酸味が強く（pH 2.78），特にリンゴ酸のレベルが非常に高いワインであった．この品種にとっては温室がおそらく最高の栽培場所であろう．

CLINTON

南北戦争以前に自然に生まれた，現在では歴史的な価値をもつだけのアメリカの交雑品種

ブドウの色：● ● ● ● ●

主要な別名：Bacchus，Clinton Rose，Klinton，Plant des Carmes，Plant Pouzin，Vorthington，Worthington，Zephirin

起源と親子関係

CLINTON はハミルトンカレッジ（Hamilton College）の学生であった Hugh White 氏が，1821 年にニューヨーク州のシラキュース（Syracuse）東部のクリントン（Clinton）のカレッジ・ヒル（College Hill）にある Noyes 教授の家の庭に最初に植えた *Vitis riparia*×*Vitis labrusca* の自然交雑品種である．その 2 年前，White 氏は数百のブドウの種を Whitesboro にある父の庭に植え，有望そうな一つを選んだがその起源は不明であった．Noyes 氏はクリントンの町の名にちなんでこの品種名を命名した．現地でオリジナルのブドウの樹は 80 年たった時点でも大きな楡に伝って誇らしげに生育している（Bailey 1906）．

ブドウ栽培の特徴

耐寒性および良好な耐病性を有し，フィロキセラにも耐性である．小さな果房で，小さな果粒をつける．

栽培地とワインの味

この古いアメリカ品種は深い色合いのワインになる．良好な酸味があるがフォクシーフレーバーがある．CLINTON はフランスのセヴェンヌ（Cévennes）やイタリア北東部，スイスやブラジルなどで少し栽培されているが，EU ではこの品種はクオリティワイン（原産地呼称保護ワイン）用原料としては認められていない．その高い耐病性ゆえフランス中南部ではこの品種が禁止されるまでは非常に人気があった（Galet 2000）．1930 年代半ばにこの品種を新しく植え付けることが禁止され，1950 年代には ISABELLA や CONCORD などの他の *Vitis labrusca* 系品種とともに栽培は完全に違法となった．ヴェネト州（Veneto）の Schiavo 社は CLINTON をグラッパ生産の一部に使っており，ラングドック（Languedoc）の

Association Fruits Oubliés（忘れられた果物協会）は自家用にヴァラエタルワインを作っている．

COCOCCIOLA

フルーティーでハーブの香りのあるイタリア，アブルッツォ州（Abruzzo）およびプッリャ州（Puglia）の白品種

ブドウの色：

主要な別名： Cacciola，Cocacciara

起源と親子関係

この品種とその奇妙な名前の起源は明確ではなく，Viala と Vermorel による著書の *Ampélographie*（1901–10）の中で CACCIOLA という別名で初めて記載されている．

ブドウ栽培の特徴

熟期は中期～晩期で高い収量である．

栽培地とワインの味

イタリア南部，アブルッツォ州で多くのブドウ畑が見られる（主にキエーティ県（Chieti）の Vacri，Ari および ロッカ・サン・ジョヴァンニ（Rocca San Giovanni）コミューン）．現地では COCOCCIOLA は TREBBIANO TOSCANO や他の品種とよくブレンドされるが，プッリャ州北部でも栽培されている．プッリャ州の IGT Daunia とアブルッツォ州の全部の IGT で公認されており，また Trebbiano d'Abruzzo DOC における副原料としても公認されているが，COCOCCIOLA のヴァラエタルワインも最近作られ始めた．顕著な酸度をもちフルーティーでハーブの香りがあり，時に大樽で熟成される．現在の生産者はオルトーナ（Ortona）の Cantine Ciampoli 社，ロッカ・サン・ジョヴァンニ（Rocca San Giovanni）の Cantina Frentana 社，ランチャーノ（Lanciano）の Masseria Coste di Brenta 社，キエーティ県の Silene 社およびヴィッラマーニャ（Villamagna）の Valle Martello 社などである．2000 年のイタリアの統計では 893 ha（2,207 acres）の栽培が記録されていた．

CODA DI CAVALLO BIANCA

ほとんど栽培されていないが通常はブレンドワインの生産に用いられる，南イタリア，カンパニア州（Campania）由来の白品種

ブドウの色：

主要な別名： Cavalla ☒，Codacavallo，?Latina

起源と親子関係

その長い果房の形が馬のしっぽに似ていることから名付けられた品種である．イスキア島（Ischia）の CODA DI CAVALLO とナポリ県（Napoli）の CAVALLA との関係についての議論が続いていたが，近年の DNA 解析によりそれらは同一であると結論づけられた（Migliaccio *et al.* 2008）．

ブドウ栽培の特徴

早熟．灰色かび病に対してはそれほど耐性を有していない．

栽培地とワインの味

かつてはイタリア南部のヴェスヴィオ山（Vesuvio）の斜面で多く栽培されていたが，現在では フレグレイ平野（Campi Flegrei / ナポリ県西部，カンパニア州）およびイスキア島とプローチダ島（Procida）で常に台木なしでわずかに栽培されているのみである．単独で醸造されることはなく，いつも他の品種とブレンドされている．

CODA DI PECORA

イタリア南部カンパニア州（Campania）のあまり知られていない白品種

ブドウの色：● ● ● ● ●

よくCODA DI PECORAと間違えられやすい品種：CODA DI VOLPE BIANCA ✕

起源と親子関係

CODA DI PECORA は長い間カンパニア州の CODA DI VOLPE BIANCA と同一であると考えられてきた．注意深いブドウの形態分類学的解析および DNA 解析によって二つは異なる品種であり，関係がないことが示された．CODA DI PECORA は，ナポリの北にあるカゼルタ県（Caserta）で採取された，あまり知られていないカンパニア州の品種である SAN PIETRO と近い関係にある可能性も示された（Costantini *et al.* 2005）．CODA DI PECORA は「山羊のしっぽ」を意味し，これはおそらくその果房の形にちなんでつけられた名前であろう．

栽培地とワインの味

イタリア南部のカンパニア州で栽培されるブドウは特徴のないワインになり，主にカゼルタ県のモンテマッジョーレ（Monte Maggiore）とロッカモンフィーナ（Roccamonfina）の間にあるコンカ・デッラ・カンパーニア（Conca della Campania），ガッルッチョ（Galluccio），ミニャーノ・モンテ・ルンゴ（Mignago Monte Lungo），ピッチッリ（Piccilli）などのコミューンで栽培されている．通常，他の地方品種とブレンドされ，2000年のイタリアの統計では CODA DI VOLPE BIANCA の別名として扱われているため，データとして表れていない．

CODA DI VOLPE BIANCA

イタリア南部のフルボディーの古い白品種から
ヴァラエタルワインが作られるようになった．

ブドウの色：● ● ● ● ●

主要な別名：Durante，Falerno，Guarnaccia Bianca（カラブリア州（Calabria））
よくCODA DI VOLPE BIANCAと間違えられやすい品種：CAPRETTONE ✕，CODA DI PECORA ✕，

?CODIVARTA, PALLAGRELLO BIANCO ☓, TREBBIANO TOSCANO ☓

起源と親子関係

カンパニア州（Campania）における CODA DI VOLPE BIANCA の最初の記載はジャンバッティスタ・デッラ・ポルタ（Giovan Battista della Porta）（1592）によって記載されたものにさかのぼる．別名の FALERNO は，おそらく CODA DI VOLPE BIANCA がローマ時代の有名な Falerno ワインに用いられていたと考えられていることに由来するものであろう．

CODA DI VOLPE BIANCA には「白い狐のしっぽ」の意味があり，時に CAPRETTONE，CODA DI PECORA，PALLAGRELLO BIANCO，TREBBIANO TOSCANO と同じとみなされることがある．しかし，注意深いブドウの形態分類学的解析および DNA 解析によって，それらは異なる品種であり，お互いに関係がないことが明らかになった．CODA DI VOLPE BIANCA は，二種類のあまり知られておらず商業栽培されていないナポリ県（Napoli）から採取されたカンパニア州の品種である NERELLA や UVA ROSA と関係が近いと考えられている（Costantini *et al.* 2005）．形容詞の Bianca はこの品種を PALLAGRELLO NERO の別名である CODA DI VOLPE NERA と区別するには有効である．

ブドウ栽培の特徴

ほどほどの収量．熟期は中期～晩期で高い糖度と中程度の酸度を有する．

栽培地とワインの味

イタリア南部にあるカンパニア州に特有な広がりをもち，主にベネヴェント県（Benevento）とアヴェッリーノ県（Avellino）で栽培されている．最近まで CODA DI VOLPE BIANCA はマイナーなブドウであると考えられていた．通常はブレンドワインの生産に用いられるが，過去数年の間にアヴェッリーノ県，ベネヴェント県，カゼルタ県（Caserta），ナポリ県において Sannio，Irpinia，Taburno などの DOC でヴァラエタルワインが真の品質を示すようになり，サレルノ県（Salerno）で公認されている．ワインの色は，薄い～中程度の金色，フルボディーで非常にソフト，繊細な核果からエキゾチックなスパイスまで幅のあるアロマをもち，時にミネラルや塩の風味がある．2000年時点での統計によれば，イタリアで1,027 ha（2,538 acres）の栽培が記録されている．

ヴァラエタルワインの生産者は D'Antiche Terre，Astroni，Cantine del Taburno，La Casa dell'Orco，Cavalier Pepe，Crogliano，Ocone，Vadiaperti，Vini Antico Palazzo などの各社である．

CÓDEGA

SÍRIA を参照

CÔDEGA DE LARINHO

非常にフルーティーだがソフトなポルトガル北東部の品種

ブドウの色：

主要な別名：Côdega do Larinho
よく CÔDEGA DE LARINHO と間違えられやすい品種：SÍRIA ☓（ドウロ（Douro））

起源と親子関係

この品種はポルトガル北東部にあるドウロおよびトラス・オス・モンテス地方（Trás-os-Montes）に起

源をもつものであろう（Rolando Faustino，私信）．DNA 解析により CÔDEGA DE LARINHO とドウロで CÓDEGA と呼ばれている SÍRIA は異なる品種であることが明らかになった（Vouillamoz）．

ブドウ栽培の特徴

比較的強い樹勢で豊産性である．中程度の大きさの果粒で，密着した大きな果房をつける．熟期は中期である．べと病に感受性をもち，栽培は温暖な土壌の斜面に最も適している．

栽培地とワインの味

ポルトガルの北東部のドウロおよびトラス･オス･モンテスで主に栽培されており，強いトロピカルフルーツのアロマをもつワインになる．フローラルなアロマをもつこともあるがフレッシュさに欠けるため，高い酸度をもつ RABIGATO，ARINTO NO DOURO（DORINTO），GOUVEIO（GODELLO）などとしばしばブレンドされている．2010年にはポルトガルで582 ha（1,438 acres）の栽培が記録されていた．推奨される生産者としてはトラス・オス・モンテスの Adega Cooperativa de Valpaços 社およびドウロの VDS Vinhos do Douro Superior（Castello d'Alba ワイン）社などがあげられる．

CODIVARTA

ソフトな北部コルシカ島（Corse）の品種

ブドウの色：● ● ● ● ●

主要な別名：Codivarte Blanc，Codivertola Blanc，Cudiverta
よくCODIVARTAと間違えられやすい品種：?CODA DI VOLPE BIANCA

起源と親子関係

CODIVARTA は1800年からフランスのコルシカ島の北端で Tomino として知られていたコルシカ島の品種であるが，信ぴょう性のある記載は少し南のバスティア（Bastia）における1896年のものである（Rézeau 1997）．その名はコルシカ語で「しっぽ」を意味する *coda*（おそらく房の形による）と，「緑」を意味する *verta* に由来すると考えられる．Galet（2000）によれば，この品種はイタリアの CODA DI VOLPE BIANCA と同一であるかもしれないとされるが，DNA 解析による証明はなされていない．

ブドウ栽培の特徴

晩熟である．灰色かび病に対する感受性は認められない．

栽培地とワインの味

CODIVARTA は公式品種登録リストに含まれているが，コルシカ島においてのみ推奨されており，現地では Vins de Pays de l'Île de Beauté に用いられている．また Vin de Corse や Vin de Corse ○○のアペラシオン（たとえば Vin de Corse-Coteaux du Cap Corse）の白ワインにいずれも補助品種として用いられている．島の北端のロリアーノ（Rogliano）の Clos Nicrosi 社は VERMENTINO，UGNI BLANC（TREBBIANO TOSCANO）および CODIVARTA のブレンドワインを作っている．ワインは比較的酸味が弱い．

COLOBEL

ほとんど絶滅状態にあるフランスの交雑品種．非常に濃く，渋い赤ワインになる．

ブドウの色：● ● ● ● ●

主要な別名：Seibel 8357

起源と親子関係

20世紀の初めにフランス南部のアルデシュ県（Ardèche）のオーブナ（Aubenas）で Albert Seibel 氏が SEIBEL 6150×PLANTET の交配により得た複雑な交雑品種である．

- SEIBEL 6150 は SEIBEL 405×FLOT ROUGE の交雑品種（SEIBEL 405 の系統は PRIOR 参照）
- FLOT ROUGE は MUNSON×ARAMON NOIR の交雑品種（MUNSON の系統は PRIOR 参照）

COLOBEL はフランス語で「染料」を意味する *colorant* の前半部と Seibel の後半部を合わせた造語であろう（Rézeau 1997）．

ブドウ栽培の特徴

非常に豊産性で晩熟である．黒とう病に感受性がある．

栽培地とワインの味

フランスの南部および中部などの多くのワイン生産地域で公認されているが，2008年には10 ha（25 acres）が残されているだけである（1958年の1,269 ha/3,136 acres から激減している）．強い耐寒性ではないにもかかわらずニューヨーク州でも少し栽培されている．非常に濃い色でブレンドワインへのよい色づけに用いられるがとても苦く渋い．

COLOMBANA NERA

イタリア中部のマイナーな赤品種は通常，ブレンドワインに用いられる．

ブドウの色：● ● ● ● ●

よく COLOMBANA NERA と間違えられやすい品種：Basgnano，Bazano，Bersegano，Besgano di S. Colombano，Besgano Nero

起源と親子関係

COLOMBANA NERA はトスカーナ（Toscana）やエミリア＝ロマーニャ地方（Emilia-Romagna）由来の非常に古い品種で，1600年に Soderini 氏が SAN COLOMBANE の名で記載している．COLOMBANA NERA という品種名はボッビオ（Bobbio）（エミリア＝ロマーニャのピアチェンツァ県（Piacenza））の聖コロンバーノ修道院（San Colombano monastery）に由来している．BESGANO NERO（商業栽培されていない）と形態的な類似点があるが，異なる品種である．近年の DNA 系統解析によりトスカーナ品種の子孫（BIANCONE DI PORTOFERRAIO，CALORIA，POLLERA NERA）をもつMAMMOLOとの親子関係が示唆されたことで（Di Vecchi Staraz，This *et al.* 2007）COLOMBANA NERAのトスカーナ起源が支持されている．

ブドウ栽培の特徴

樹勢が強く晩熟である．

栽培地

歴史的にイタリアのトスカーナの北部で栽培され，主にマッサ＝カッラーラ県（Massa-Carrara）で栽培が見られ，同県では推奨品種である．また，ピサ県（Pisa），ルッカ県（Lucca），リヴォルノ県（Livorno），ピストイア県（Pistoia）の各県では公認されている．たとえばColli di Luni DOCでは他の地方品種やサンジョヴェーゼ（SANGIOVESE）などとブレンドされている．これはロンバルディア州（Lombardia）のSan Colombano al Lambro DOCとは関係がない．2000年時点でのイタリアでは172 ha（425 acres）の栽培が記録されていた．

COLOMBARD

現在ではブランデー用としてよりも飲みやすいブレンドの白ワインの原料として価値がある豊産性の品種

ブドウの色：

主要な別名：Colombar（ジロンド県（Gironde），南アフリカ共和国），Colombier（ジロンド県），French Colombard（カリフォルニア州），Queue Tendre（シャラント県（Charente）），Tourterelle

よくCOLOMBARDと間違えられやすい品種：セミヨン（SÉMILLON ☒）

起源と親子関係

COLOMBARDはフランス中西部のシャラント県由来の品種で，歴史的にはボルドリ（Borderies）が栽培の中心地であった．現地ではかつてオランダ人によるブランデーの産地として有名であり，現在では特にコニャックの特別なアペラシオンとなっている．1706〜1716年にかけてラ・ロシェル（La Rochelle）においてCollombarやCoulombardという古い表記COLOMBARDの最初の記載が見られる（Rézeau 1997）．この品種名は「鳩」を意味する*colombe*に由来するが（次の別名からも裏付けられる：*colombier*＝ハト小屋，*tourterelle*＝コキジバト），これは鳩を惹きつけるからというよりも，その果粒の色にちなんだものだと考えられている．COLOMBARDはセミヨン（SÉMILLON）と混同されることがある（Mas and Pulliat 1874–5）．

DNA系統解析によってCOLOMBARDは，その姉妹品種であるBALZAC BLANCやMESLIER SAINT-FRANÇOISと同様に，シュナン・ブラン（CHENIN BLANC）×GOUAIS BLANCの自然交配により生まれた子品種であることが明らかになった（Bowers *et al.* 2000）．実際にCOLOMBARDは形態的にBALZAC BLANCとよく似ている（Bisson 2009）．この品種はCOLOMINOの育種に用いられた．

ブドウ栽培の特徴

結実能力が高い．樹勢が強く豊産性である．短くも長くも剪定できるが木質が堅いため剪定が困難である．熟期は中期である．葉はうどんこ病に感受性であり，熟した果実は灰色かび病に感受性である．

栽培地とワインの味

2009年にはフランスに7,790 ha（19,250 acres）の栽培面積が記録されており，フランスの白品種としては7位の広さであった．この品種はフランスの南西部，南のシャラント県，ドルドーニュ県（Dordogne）

からラングドック（Languedoc）の一部で推奨されているが，特にシャラント＝マリティーム県（Charente-Maritime），ランド県（Landes），シャラント県およびロット・エ・ガロンヌ県（Lot-et-Garonne）で多く見られる．COLOMBARD は高いアルコール分と低い酸度により UGNI BLANC（TREBBIANO TOSCANO）や FOLLE BLANCHE ほど価値があるとは考えられていないが，伝統的にそして現在でもコニャックやアルマニャックを製造する蒸留用のベースワイン品種である．1970年代に人気が急落し，1968年（11,892 ha/29,386 acres）から1979年（5,829 ha/14,404 acres）の間に栽培面積の半分以上が失われたが，最低水準であった1980年代の後，現在では Vins de Pays des Côtes de Gascogne や Vins de Pays Charentais などに見られるようなフレッシュで安価な，時に軽いフローラルな白ワインの人気が上がっており，栽培面積は徐々に増加しつつある．Bourg や単なる Bordeaux などのいくつかのボルドー（Bordeaux）のアペラシオンではこの品種の使用が認められている．

COLOMBARD は1970年代にフランスにおける栽培面積は減少したが，カリフォルニア州では FRENCH COLOMBARD という名前で増加していた．特に暑いセントラル・バレー（Central Valley）では8〜13 tons/acre（140〜220 hl/ha）と高収量であり，幾分甘い安価な大量のブレンドワインが作られた．ステンレスタンクの利用の増加と冷却発酵技術により幾分ニュートラルではあるがフレッシュなワインが作られるようになった．暑い乾燥した気候はフランスの栽培者を困らせたかびの病気の危険性を低減させ，高収量でもフレッシュな酸度を維持することができる．アメリカでのこうした人気により，フランス南西部の Plaimont 組合がコート・ド・ガスコーニュ（Côtes de Gascogne）でこの品種から辛口の白ワインを作ることを思いついた．

1850年代にカリフォルニア州に初めて持ち込まれ，サンホアキン郡（San Joaquin）の生産者である George West 氏がこの品種を「西部の多産の白」と呼んだ．カリフォルニア州での植え付けは1980年代の終わりにシャルドネの人気の上昇とともに停止したが，2000年代の中期には少し持ち直した．2010年には25,965 acres（10,508 ha）の栽培が記録されたが，これは2000年の半分以下の値である．かつて1980年代には90,000 acres（36,420 ha）を超える栽培面積が記録され，これは当時白品種の40 % を占めており同州で最も栽培される白品種であったとは想像しがたい．アメリカでの COLOMBARD の人気はカリフォルニア州に限定されたものではなく，テキサス州，バージニア州，アラバマ州，アリゾナ州においても栽培されている．

南アフリカ共和国，オーストラリアでもカリフォルニア州での成功にならって近代的な発酵が行われ，キレがあるブレンドワイン生産のためにシュナン・ブランやシャルドネ（CHARDONNAY）とブレンドされている．2008年には南アフリカ共和国 で11,877 ha（29,349 acres）が COLOMBAR の名で栽培されており，ブランデーの製造にも用いられている．オーストラリアにおける COLOMBARD の栽培面積は2,669 ha（6,595 acres）であり，そのほとんどが暑いリヴァーランド（Riverland），リヴァリーナ（Riverina），マレー・ダーリング（Murray Darling）などの内陸の灌漑による栽培地で栽培されている．しかしマクラーレン・ベール（McLaren Vale）の Primo Estate 社の La Biondina ワインなどのような，ボックスワインとは異なる賞賛されるべき例外もいくつかある．

この品種はイスラエルでも栽培されている．

COLOMBAUD

スイスの品種 HUMAGNE と親子関係にある，事実上絶滅状態の古い白品種

ブドウの色：

主要な別名： Aubié（プロヴァンス（Provence）），Colombaud du Var

起源と親子関係

COLOMBAUD はフランス，プロヴァンスの古い品種である．1623年にフランス，ローヌ（Rhône）南部のアビニョン（Avignon）近くのヴェゾン（Vaison, 現在のヴェゾン＝ラ＝ロメーヌ（Vaison-la-Romaine））で,「colombaux ブドウの樹」として最初に記載されている（Rézeau 1997）. その後, この地域では様々な表記（Colombeau, Colonbau）で多くの記載が見られ, また現代的な表記は1844年に現れる（Rézeau 1997）. この品種は COLOMBARD とは関係がない. また COLOMBARD とは異なりこの品種名がフランス語の「鳩」を意味する *colombe* に由来するかどうかの資料はなく, 語源は不明確である.

COLOMBAUD はムールヴェドル（MOURVÈDRE（MONASTRELL））に似ているが（Reich 1902b）, この品種はブドウの形態分類群の Claret グループに属する（p XXXII 参照；Bisson 2009）. 加えてこの品種はブドウの分類形態学的には BOUTEILLAN NOIR に近いため, COLOMBAUD がなぜ BOUTEILLAN NOIR の白色変異だとよく間違われていたかがこれで説明できる（Bisson 2009）.

驚くべきことに DNA 解析によって COLOMBAUD とスイスのヴァレー州（Valais）の古い品種である HUMAGNE との親子関係が明らかになった（Vouillamoz and Moriondo 2011）. しかし HUMAGNE は最近 MIOUSAT という名称でフランス南東部で見つかったことでこの驚きは半減した（Bordenave *et al.* 2007）.

ブドウ栽培の特徴

非常に樹勢が強く, 短く剪定すると結実能力が高くなる. 栽培にはやせた土地が必要で温暖な環境を好む. かびの病気全般, 特に灰色かび病に感受性がある.

栽培地とワインの味

フランスでは絶滅状態であるがヴァール県（Var）では依然公認されている.

COLOMINO

1978年に南アフリカ共和国 のステレンボッシュ（Stellenbosch）大学で PALOMINO FINO × COLOMBARD の交配により得られた薄い果皮色の交配品種である. ブドウ栽培地の統計にはほとんど表れず, 2009年には南アフリカ共和国 で5 ha（12 acres）が記録されているが, この値は2002年の8 ha（20 acres）から減少している.

COLORAILLO

まぎらわしい同名の別品種をもつスペイン中部の品種

ブドウの色：

起源と親子関係

COLORAILLO はスペイン中部のカスティーリャ＝ラ・マンチャ州（Castilla-La Mancha）由来の品種であるが, DNA 解析によりこの地域では少なくとも四つの異なる品種が COLORAILLO の名で呼ばれていることが示された（Fernández-González, Mena *et al.* 2007）.

- 本物の, 赤い果皮色の果粒をもつ COLORAILLO. Martín *et al.*（2003）が解析した.
- 薄い果皮色の ALARIJE. クエンカ（Cuenca）のカンピージョ・デ・アルトブエイ（Campillo de Altobuey）では COLORAILLO GORDO あるいは COLORAILLO PEQUEÑO として知られている.
- 二つの異なる未同定の品種

栽培地とワインの味

2008年のスペインでの栽培面積は272 ha（672 acres）が記録されているが，これには同じ名前の別の品種が含まれている．カスティーリャ＝ラ・マンチャ州の地理的表示保護ワインである Viña de la Tierra de Castilla や Viña de la Tierra de Sierra de Alacaraz などにおいてこの品種は公認されている．

COLORINO DEL VALDARNO

濃い果皮色の珍しいイタリア，トスカーナ（Toscana）品種．
Colorino グループの他の品種と混同されがちであるが，
ブレンドワインの色づけのために有用な品種である．

ブドウの色：● ● ● ● ●

主要な別名：Colore，Colorino
よくCOLORINO DEL VALDARNOと間違えられやすい品種：ABRUSCO ⌘，CANAIOLO NERO ⌘，Colorino Americano ⌘，Colorino di Lucca ⌘，Colorino di Pisa ⌘

起源と親子関係

COLORINO DEL VALDARNO という品種名は濃紺の果粒に由来しており，ABRUSCO，ANCELLOTTA，CANAIOLO NERO などにもこの名称が用いられたが，これら品種の DNA プロファイルはすべて異なっている（Vignani *et al.* 2008）．

COLORINO の故郷であるイタリア中部，トスカーナでは，COLORINO AMERICANO，COLORINO DEL VALDARNO，COLORINO DI LUCCA，COLORINO DI PISA の四つの種類が区別されている．ブドウの形態分類学的解析および遺伝的解析によりこれらの4種類はいずれも異なる品種であり（品種の定義は pp XX–XXI 参照），その中でも COLORINO AMERICANO が最も他と異なっていることが明らかになった（Sensi *et al.* 1996; Vignani *et al.* 2008）．このうち COLORINO DEL VALDARNO が最も普及している．また COLORINO DI LUCCA と COLORINO DI PISA の間の親子関係は排除できない（Vouillamoz）．

したがって，いわゆる COLORINO の栽培地には実はいくつかの品種（COLORINO AMERICANO，COLORINO DEL VALDARNO，COLORINO DI LUCCA，COLORINO DI PISA）が混在している可能性がある．

他の仮説

数世紀前にトスカーナ地方の野生ブドウの栽培によりこの品種が得られたという説もあるが，これを支持する証拠はない．

ブドウ栽培の特徴

熟期は中期である．うどんこ病には感受性がある．薄い色の果肉である．

栽培地とワインの味

伝統的にイタリアのトスカーナ州でサンジョヴェーゼ（SANGIOVESE）主体のブレンドワインへの色づけとして主に Chianti や Vino Nobile di Montepulciano ワインなどの生産に用いられている（5～10%程度）．1980年代，1990年代にはカベルネ・ソーヴィニヨン（CABERNET SAUVIGNON）の代わりにこの地域ではよく用いられた．マッサ＝カッラーラ県（Massa-Carrara）およびリヴォルノ県（Livorno）以外のすべてのトスカーナ州において推奨されている．またウンブリア州（Umbria），マルケ州（Marche），ラツィオ州（Lazio），リグーリア州（Liguria）でも栽培されている．いくつかの稀少なヴァラエタルの IGT

ワインはトスカーナ州で作られており，たとえば，モンテムルロ（Montemurlo）にある Fattoria di Bagnolo 社，サン・カシャーノ・イン・ヴァル・ディ・ペーザ（San Casciano Val di Pesa）にある Tenuta il Corno 社，アックアヴィーヴァ（Acquaviva）にある Fattoria del Cerro 社，テッリッチョーラ（Terricciola）にある La Spinetta 社などが生産者である．それらのワインはしっかりしたタンニンをともなう深い色合いと赤や黒のフルーツのフレーバーをもつ．

2000年のイタリアの統計では436 ha（1,077 acres）の栽培が記録されているが，これがどの COLORINO を指しているかは明らかではない．

COMPLETER

珍しいスイスの品種は，非常に特徴的で熟成させる価値のある白ワインになる．

ブドウの色：● ● ● ● ●

主要な別名：Lindauer（旧シャフハウゼン州（Schaffhausen），トゥールガウ州（Thurgau）およびチューリッヒ州（Zürich）），Malanstraube（グラウビュンデン州（Graubünden）），（Zürirebe チューリッヒ湖（Zürichsee））
よくCOMPLETERと間違えられやすい品種：LAFNETSCHA ☒（ヴァレー州（Valais）），RÄUSCHLING ☒（スイス北部）

起源と親子関係

スイス東部，グラウビュンデン州にあるマランス 地方（Malans）由来の非常に古い品種であり，現地では1321年にクール（Chur）大聖堂の総会の文書ではじめて次のように記載されている（Jenny 1938）．「マランスの COMPLETER のブドウ畑のワイン」．その名はベネディクト会（Benedictine）の修道士が伝統的に静寂の中でワインを飲むのを許されていた晩堂課である *completorium* に由来する．COMPLETER はオー＝ヴァレー（Haut-Valais）の LAFNETSCHA と混同されていたが，DNA 系統解析によって実は LAFNETSCHA は COMPLETER×HUMAGNE の自然交配品種であることが明らかになった（Vouillamoz, Maigre and Meredith 2004）．COMPLETER はヴァレー州（Valais）では記録されていなかったので，この親子関係は驚きであった．しかし，一連の研究によってフィスプ（Visp）およびオー・ヴァレー地方（Haut-Valais）において GROSSE LAFNETSCHA という名で COMPLETER の古いブドウの樹が見つかったことから，COMPLETER はヴァレー州で認識されないまま栽培されていたことが明らかになった（Vouillamoz，Frei and Arnold 2008）．さらに DNA 系統解析によって COMPLETER とティチーノ州（Ticino）の BONDOLA との自然交配によりティチーノ州では BONDOLETTA，またルツェルン州（Luzern）では HITZKIRCHER という姉妹関係にあたる二つの品種が生み出されたことが明らかになった（Vouillamoz and Moriondo 2011；系統図参照）．

COMPLETER の親品種は未知であり，おそらくすでに消失したのであろうが，歴史的なデータによれば，COMPLETER はかつてイタリアとマランスにブドウ畑を所有していた Kloster Pfäfers（スイス北東部，サンクト・ガレン（Sankt Gallen）のプフェーファース（Pfäfers）修道院）から来たベネディクト会の修道士がイタリアから持ち込んだことが示唆されている（Aeberhard 2005）．（これは COMPLETER がイタリア品種の MARZEMINO や PIGNOLO SPANO（もはや栽培されていない）と遺伝的に近いことと一致する（Vouillamoz and Moriondo 2011））．もしこれが事実なら，プフェーファース COMPLETER は，何本かの古い COMPLETER の樹がいまでもイタリアスタイルの棚仕立ての伝統的なブドウ畑に残されているオ・ヴァレーと，グラウビュンデン州に修道士が別々に持ち込んだことになる．

他の仮説

926年にマランス地方で COMPLETER に関する記載が見られると述べている研究者もあるが（Bellasi *et al.* 1993），Jenny（1938）の歴史的な研究により否定されている．

ブドウ栽培の特徴

萌芽期は中期で熟期は中期～晩期である．中～高の安定した収量である．栽培は風が吹く場所での軽い土壌に適している．

栽培地とワインの味

ワインは花梨，熟したリンゴ，プラム，蜂蜜の複雑なアロマを有し，年代を経るとより蜂蜜の味わいが現れる．加えて力強いがしなやかな骨格をもち，非常に高い自然の酸度を有し，（魅力的な）酸化的特徴を示すようになる．通常，アルコール分は高いが，これはフェーン現象による乾燥でブドウが濃縮されることによるものかもしれない．2009年にはスイスでCOMPLETERは3 ha（7 acres）の栽培が記録されているに過ぎない．主に同国南東部のグラウビュンデン州で栽培されており，現地では12ほどの生産者がヴァラエタルワインを作っている．Schloss Reichenau社とCompleter-Kellerei社は伝統的な，時としてわずかに酸化的なタイプのワインを，他方Donatsch，Peter & Rosi Hermann，Thomas Studachなどの各社は新樽を使うよりモダンなスタイルで生産している．ティチーノ州ではメルロー（MERLOT）の花形であるWerner Stucky社とDaniel Huber社のがCOMPLETERを白のブレンドワインの生産にこの品種を用いており，チューリッヒ州ではHermann Schwarzenbach社が小さな単一ブドウ畑からヴァラエタルワインを作っている．

COMPLETER系統図

アルプスをはさんだCOMPLETER（グラウビュンデン州）×BONDOLA（ティチーノ州）およびCOMPLETER×HUMAGNE（ヴァレー州）の自然交配により，フランスと関係があるHUMAGNEも加わって，その地方においてのみ限定的な興味の対象となっているこの品種がスイスで生まれた．未知の品種（？）との関連においていえば，理論的にはHIMBERTSCHAおよびCOLOMBAUDはそれぞれHUMAGNEの親品種にも子品種にもなり得る（p XIV参照）．

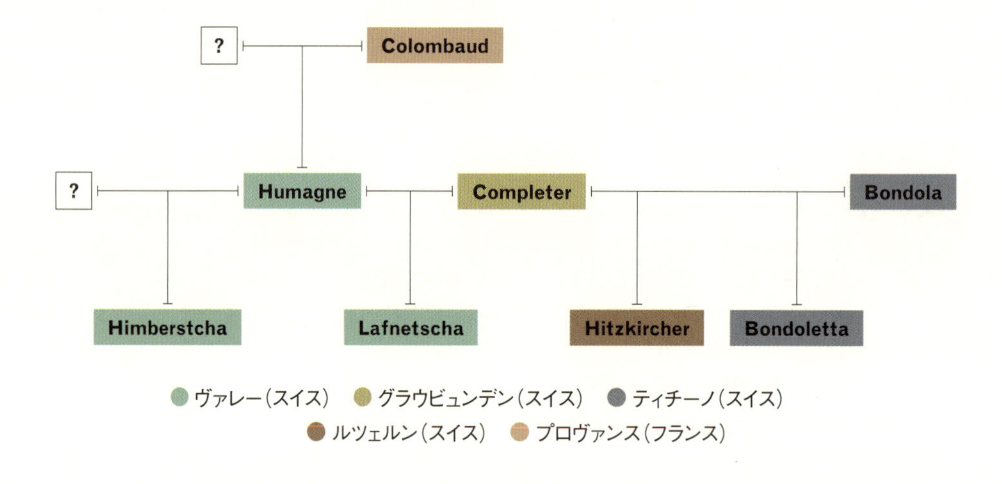

COMPLEXA

ポルトガルの交配品種.
マデイラ島で軽い平凡なワインになる.

ブドウの色：● ● ● ● ●

起源と親子関係

1960年代にポルトガルのリスボン（Lisboa）近くのオエイラス（Oeiras）にある国立植物育種試験場（Estação Agronómica Nacional）の José Leão Ferreira de Almeida 氏が（CASTELÃO×TINTINHA）×MUSCAT OF HAMBURG の交配により得た交配品種である．1970年代に TINTA NEGRA（NEGRAMOLL）の代用品としてマデイラ島に持ち込まれた．TINTINHA は PETIT BOUSCHET の別名であるとともに，Almadanim *et al.*（2004）が明らかにした独自の DNA プロファイルを示す別の品種の名前でもあるので，本当はどの品種であるかは明らかでない．

ブドウ栽培の特徴

樹勢の強さは中程度で，晩熟である．中～高収量．赤い果肉の果粒を少し付け，中程度の大きさの果房をつける．果皮のアントシアニンレベルは低い．同島の様々な環境に適応できるがブドウつる割れ病には感受性を示す．

栽培地とワインの味

テーブルワインには中程度のアルコール分とフレッシュさがあり，果粒は赤い果肉をもつが非常に薄い色合いで，熟成には適さない．ワインは TINTA NEGRA のヴァラエタルワイン（NEGRAMOLL）より少し薄い色合いでアルコール分は少し高く渋みは少ない．この品種は酒精強化ワインの生産にも使われるが，ほとんどすべての場合，単独で用いるというよりもブレンドされるほうがよい．Barbeito 社の Ricardo Diogo 氏によれば COMPLEXA ワインは TINTA NEGRA よりも強い酸味を示し，よりエレガントであるので，彼はこれをマデイラワインの生産に用いることを好んだ．2010年にポルトガルのマデイラ島では33 ha（82 acres）の栽培が記録されており，主に同島の南側のカリェタ（Calheta）周辺と北側のサン・ジョルジェ（São Jorge）周辺で栽培されており（Mayson 2003），特にサンタナ（Santana）を中心として過去数年の間に栽培面積は増加している．

CONCORD

冬の耐寒性があるアメリカ，マサチューセッツの交雑品種.
ワイン用としてよりもゼリーやジュースに用いられる.

ブドウの色：● ● ● ● ●

主要な別名：Bergerac, Bull's Seedling, Corin, Cornin, Dalmadin, Feherhatu, Fekete Noah, Furmin Noir, Gorin, Gurin, Kek Olasz, Konkordi, Konkordia, Nyarfalevelue, Nyarlevelue, Olasz Kek

起源と親子関係

Liberty Hyde Bailey（1906）と Wilfrid Wheeler（1908）の両氏が，この品種の歴史的な起源を明らかにした．マサチューセッツ州，コンコード（Concord）の住人である Ephraim Wales Bull 氏は，1840年に少年らが川に生えていたいくつかの野生ブドウを持ち帰り，彼の家の周辺に種をまいた，と述べている．やがて1本の芽が出て1843年に最初の果房を得た．彼はその果房の種をまいて1849年に最初の果実を得たが，とても良質であったので，他の樹を捨てた．この品種はCONCORDと名付けられ，1853年にマサチューセッツ農業協会（Massachusetts Horticultural Society）に初めて次のように記録されている．「E W Bullは彼の新しい実生のブドウをCONCORDという名称で展示した．このブドウは現在では広く国内で栽培されている」．

遺伝的な観点からみれば，CONCORDは1840年にコンコード川に沿って生育していた未知のブドウ，おそらく現在でも依然その地域で生息している*Vitis labrusca*の孫品種にあたる．しかし他の多くの北米品種（CATAWBAやNORTONなど）と同様，CONCORDはおそらく*Vitis labrusca*と未知の*Vitis vinifera*の交雑品種であろうと考えられる（Stover *et al.* 2009）．

種なしCONCORDはCONCORDの突然変異によりできたものである．WHITE CONCORDはCONCORDの果皮色変異ではなくNIAGARAの別名である．

CONCORDはMOORE'S DIAMONDやNIAGARAの育種に用いられた．

ブドウ栽培の特徴

冬の寒冷に耐性で樹勢が強く豊産性である．熟期は中期〜晩期．黒腐病，ブドウつる割れ病とユーティパ・ダイバックに対して高い感受性を示す．べと病，灰色かび病，黒とう病，クラウンゴールへの感受性は低い．大きな果粒で中程度の大きさの果房をつける．温暖な気候では不均一に熟す傾向がある．畑への硫黄の噴霧に対して敏感で，玉割れも起こしやすい．

栽培地とワインの味

CONCORDは特にニューヨーク州を中心にアメリカ東部で広く栽培されている．2006年には20,217 acres（8,181 ha）の栽培が記録されており，他のアメリカ品種に比べて幅広い土壌と気候条件でも栽培が可能である．しかし果汁には*Vitis labrusca*特有のフォクシーフレーバーが強く感じられる．ほとんどはジュースやゼリーの生産に用いられ，ニューヨーク州で栽培されるわずか5〜10 %のみがワインの生産に用いられる．ペンシルベニア州では2008年に1,063 acres（430 ha）がワイン用に栽培され，オハイオ州（2008年に665 acres/269 ha）やミズーリ州（2009年に140 acres/57 ha），ミシガン州（2003年に60 acres/24 ha），イリノイ州（2007年に21 acres/8.5 ha），アイオワ州（2006年に21 acres/8.5 ha），インディアナ州（2010年に20 acres/8 ha），ネブラスカ州（2007年に1 acre/0.4 ha）でも栽培が見られる．太平洋北西部では，ワシントン州で広く植え付けられている（2011年に25,068 acres/10,145 ha）．

ワインは中程度のボディーで色は濃い青色を帯びた紫になり，様々なスタイルのワインが作られ，あるものは明確に甘く，あるものはコーシャー（Kosher）用途に用いられている．しかしジュースと同様にワインにもフォクシーフレーバーがあるためワインの生産は東海岸に限定されている．東海岸では，フレーバーよりもこの品種が示す耐寒性と収量が魅力的なようである．グレープフレーバーとして売られるアメリカのガムや清涼飲料などの製品は，湿った毛皮や野生のイチゴの匂いを混ぜたような，CONCORDの力強いアロマを示す．ミズーリ州のStone Hill社とインディアナ州のOliver社が良質のワインを生産しており，それらはいずれも甘口である．

CONCORDはRIPATELLA（*Vitis riparia*×TAYLOR（NOAH参照）交雑品種と考えられる），ELVIRAおよびDELAWAREの3種類のアメリカの交雑品種とあわせてウフドゥラー（Uhudler）ワインで公認されており，オーストリアのズュートブルゲンラント（Südburgenland）の少し変わった特産品のテーブルワインとして年間160,000リットルが作られている．

ブラジルでも栽培され，2007年にはリオグランデ・ド・スル州（Rio Grande do Sul）で2,483 ha（6,136 acres）の栽培が記録され，ペルーや日本（訳注：平成26年農林水産省の統計で88.6 ha）でもジュースやワイン用として少し栽培されている．

CORBEAU

DOUCE NOIREを参照

CORDENOSSA

近年救済されたが依然，稀少なイタリア，フリウーリ地方（Friuli）の赤品種

ブドウの色：● ● ● ● ●

主要な別名：Cordenos

起源と親子関係

CORDENOSSA はイタリア北東部，フリウーリ＝ヴェネツィア・ジュリア自治州（Friuli-Venezia Giulia）由来の古い品種．その名前からポルデノーネ（Pordenone）近くのコルデノンス（Cordenons）が起源であろう．

ブドウ栽培の特徴

樹勢が強く，豊産性で熟期は中期〜晩期である．薄い果皮をもつ果粒で，粗着した小さな果房をつける．うどんこ病には非常に耐性であるがべと病には感受性である．

栽培地とワインの味

CORDENOSSA は，かつてはイタリアのフリウーリ＝ヴェネツィア・ジュリア自治州のコルデノンス，ゾッポラ（Zoppola）およびサン・ヴィート・アル・タリアメント（San Vito al Tagliamento）で栽培されていた．Emilio Bulfon 社および Antonio Calò と Ruggero Forti の両氏が CIANORIE，FORGIARIN，PICULIT NERI，SCIAGLÌN，UCELÙT などとともにこの品種を救済したときには，ほとんど絶滅状態であった．Emilio Bulfon 社はスミレのアロマ，森のフルーツ，かすかにたばこの香りをもち，ブラックベリーとプラムの味がする珍しいヴァラエタルワインを作っている．

CORNALIN

イタリア北部のヴァッレ・ダオスタ（Valle d'Aosta）の古い赤品種は HUMAGNE ROUGE の別名でスイスのヴァレー州（Valais）に広がっている.

ブドウの色：● ● ● ● ●

主要な別名：Broblanc（ヴァッレ・ダオスタ），Cargnola（ヴァッレ・ダオスタ），Cornalin d'Aoste，Cornalino，Cornallin または Corniola（ヴァッレ・ダオスタ），Humagne Rouge ☒（スイスのヴァレー州）
よくCORNALINと間違えられやすい品種：PETIT ROUGE ☒（ヴァッレ・ダオスタ），ROUGE DU PAYS ☒（スイスのヴァレー州）

起源と親子関係

CORNALIN はスイスとの国境に近いイタリア北東部にあるヴァッレ・ダオスタの古い品種で，19世紀には現地で広く栽培されていた．この品種名はコーネリアンチェリー（セイヨウサンシュユ，*Cornus mas*）のイタリア名の *corniolo* に由来する．Gatta（1838）は，形態と分布が少し異なる CORNALIN と CORNIOLA の2種類を記載している．それらがクローンの多型によるものか，異なる品種なのかは明らかでないが，イタリア南部の白品種である CORNIOLA DI MILAZZO との関係は除外できそうである．

スイス南部のヴァレー州では，この品種はHUMAGNE ROUGEと呼ばれているが，白品種のHUMAGNEとは関係がない．長い間，HUMAGNE ROUGEはヴァッレ・ダオスタのPETIT ROUGEと同じであると考えられてきたが，形態学的解析およびDNA解析によってHUMAGNE ROUGEは実はCORNALINと同一であることが明らかになった（Moriondo 1999; Vouillamoz *et al.* 2003）．加えてDNA解析によってCORNALINは，ヴァレー州において，これもCORNALINと呼ばれることがあるROUGE DU PAYSの自然交配による子品種であることが明らかになった．ROUGE DU PAYSはPETIT ROUGEおよびMAYOLETの自然の子品種であるため，CORNALINはそれらの孫品種にあたることになる（Vouillamoz *et al.* 2003；系統図はPRIÉ参照）．

他の仮説

CORNALINおよびヴァッレ・ダオスタの他の品種は1750年頃Champorcher男爵がブルゴーニュ（Burgundy）から持ち込んだものであると考えている研究者もある．しかしブルゴーニュ品種とヴァッレ・ダオスタ品種との間にいかなる関係も見出されていない（Vouillamoz and Moriondo 2011）．

ブドウ栽培の特徴

樹勢の強さは中～高で晩熟である．全般的に良好な耐性をかびの病気に対して示す．

栽培地とワインの味

2000年時点でのイタリアでの農業統計によればヴァッレ・ダオスタでは1 ha（2.5 acres）より少し多い程度の規模で栽培されており，他方スイスのヴァレー州ではその10倍がHUMAGNE ROUGEという別名で栽培されている．CORNALINのヴァラエタルワインはValle d'Aosta DOCで公認されている．Maison Anselmet社やGrosjean Frères社などが生産者である．ヴァレー州でのHUMAGNE ROUGEのヴァラエタルワインの生産者はCave La Romaine，Defayes & Crettenand，Maurice Zuffereyなどの各社である．ワインは幾分素朴なタンニンとスモーク，樹皮，胡椒，フレッシュな黒色の果物のアロマがあり，良好な骨格をもち，ジビエ料理と相性がよい．

CORNALIN DU VALAIS

ROUGE DU PAYSを参照

CORNAREA

あまり知られていない濃い果皮色のイタリアの交配品種．
この品種の真の親品種は近年明らかになった．

ブドウの色：● ● ● ● ●

主要な別名：Incrocio Dalmasso IV/28

起源と親子関係

イタリアのブドウ育種家のGiovanni Dalmasso氏は，CORNAREAは1936年にイタリア北部，ヴェネト州（Veneto）のコネリアーノ（Conegliano）研究センターで，ネッビオーロ（NEBBIOLO）の品質にBARBERAのもつ耐病性と高い生産性を組み合わせる目的で，ネッビオーロ×BARBERAを交配して作った品種であると述べている．しかし近年のDNA解析によりDalmasso氏が用いたのは，実はネッビオーロでなくCHATUSの別名であるNEBBIOLO DI DRONEROであったことが明らかになった（Torello Marinoni，Raimondi，Ruffa *et al.* 2009）．したがってCORNAREAはCHATUS×BARBERAの交配品種ということになり，ALBAROSSA，NEBBIERA，SAN MICHELE，SOPERGAなどの品種と姉妹関係にあたる．1977年にイタリアの公式品種リストに登録された．

Cipriani *et al.*（2010）は，近年DNA系統解析によってCORNAREAは確かにネッビオーロ×BARBERAの交配品種であるが，いくらかのDNAの不一致を示すこと，またTorello Marinoni, Raimondi, Ruffa *et al.*(2009)で示された結果と一致しないことを報告している．これはCipriani *et al.*(2010)解析されたネッビオーロが真のタイプではなかったことによる可能性がある．

ブドウ栽培の特徴

熟期は中期である．

栽培地とワインの味

イタリアにおける2000年の調査では25 ha（62 acres）のみの栽培が記録されている．主にピエモンテ（Piemonte）で栽培されており，ブレンドワインの色づけに用いられている．

CORNIFESTO

ポートワインと非酒精強化ワインに使われるマイナーな ポルトガル，ドウロ（Douro）の品種

ブドウの色：● ● ● ● ●

主要な別名：Cornifeito, Cornifesta（ダン（Dão）），Cornifesto no Dao, Cornifesto Tinto, Cornifresco, Tinta Bastardeira（レーグア（Regua））

起源と親子関係

近年DNA系統解析によって，CORNIFESTOはイベリア半島の中部から南部にかけて栽培されているCAYETANA BLANCAと，ポルトガルの南部か中部のALFROCHEIROとの自然交配品種であることが明らかになった（Zinelabidine *et al.* 2012）．この交配はおそらくこれらの品種の主要栽培地域であるポルトガル北東部のドウロ地方で起こったのであろうと考えられている．したがって，CORNIFESTOはCASTELÃO, MALVASIA PRETA, JUAN GARCÍA, CAMARATE（系統図はCAYETANA BLANCA参照）などの姉妹品種にあたる．この品種名は「曲がった（*festo*）角（*corni*）」を意味するが，これは果房の形に由来するものであろう（Galet 2000）．

Santana *et al.*（2010）は，国境を越えたスペインのアリベス・デル・ドゥエロ（Arribes del Duero）でCORNIFESTOと呼ばれる品種を収集したが，それがポルトガルのものと同じ品種であるかどうかはまだ明らかでない．

ブドウ栽培の特徴

薄い果皮をもつ小さな果粒で密着した小さな果房をつける．うどん粉病に感受性で灰色かび病にやや感受性をもつ．安定した収量で熟期は中期である．

栽培地とワインの味

主にドウロで栽培されており，現地ではポートワインと辛口のテーブルワインに公認されている．ヴァラエタルワインは赤い果実と軽いフローラルのアロマをもつ．2010年にはポルトガルで135 ha（334 acres）の栽培が記録されていた．

オーストラリアのビクトリア州のラザーグレン（Rutherglen）のCampbells社は1960年代から小さな区画のCORNIFESTOの畑を所有しており，通常はこの品種をポートスタイルのブレンドワインの生産に用いている．また南アフリカ共和国でも少し栽培されており，同じ目的で使われている．

COROT NOIR

アメリカ東部の栽培を目的としてニューヨーク州で育種されたマイナーな交雑品種

ブドウの色：● ● ● ● ●

主要な別名：NY 70.0809.10

起源と親子関係

1970年に，コーネル大学（Cornell University）のニューヨーク州農業試験場（New York State Agricultural Experiment Station）の Bruce Reisch と Thomas Henick-Kling の両氏が SEYVE-VILLARD19-307×STEUBEN の交配により得た交雑品種である（Reisch *et al.* 2006a）．SEYVE-VILLARD19-307は CHANCELLOR×SUBÉREUX の交雑品種で（CHANCELLOR と SUBÉREUX の系統は PRIOR を参照），1978年に NY70.0809.10として選抜され，2006年に命名され NOIRET や VALVIN MUSCAT とともに公開された（Reisch *et al.* 2006c）．COROT NOIR は *Vitis riparia*，*Vitis labrusca*，*Vitis vinifera*，*Vitis lincecumii*，*Vitis rupestris* の複雑な交雑品種である．

ブドウ栽培の特徴

樹勢が強く，萌芽期は後期である．熟期は中期～晩期．うどんこ病には感受性であるが，冬の気候およびかびの病気にある程度耐性をもつ．これまでの試験栽培の結果によれば台木は不要である．

栽培地とワインの味

COROT NOIR は主にニューヨーク州で栽培され，2006年に59 acres（24 ha）の栽培が記録されており，またペンシルベニア州（2008年に4 acres/1.6 ha），オハイオ州，イリノイ州でも少し栽培されている．ワインは深い赤色でチェリーやベリー類のアロマと豊かで丸いタンニンがある．主にブレンドワインの生産に用いられるがニューヨーク州の Deere Run，Fulkerson，Otter Creek の各社とイリノイ州の Ridge View 社がヴァラエタルワインを生産している．

CORREDERA

スペイン，ヘレス（*Jerez*）で現在試験されている非常にマイナーな交配品種．主にブランデーの生産に用いられている．

ブドウの色：● ● ● ● ●

起源と親子関係

スペイン南部のアンダルシア（Andalucía）政府研究センターで PALOMINO FINO×CARDINAL の交配により得られた交配品種である．

ブドウ栽培の特徴

萌芽期は早期で，熟期は中期である．結実能力が高く豊産性（4 kg/樹以上）である．果粒は中程度の酸度と高い糖度レベルに達する．

栽培地とワインの味

他の多くの品種とともに，スペインのヘレスで蒸留に最も適した品種を選抜するための公的な研究が行われている．

CORTESE

概してさっぱりしたイタリア北部の白品種．
ガヴィ（Gavi）でこの品種の最高の特徴が表現されている．

ブドウの色：● ● ● ● ●

主要な別名：Corteis，Courteis，Courtesia

起源と親子関係

CORTESE は1614年にピエモンテ州（Piemonte）南東部，アレッサンドリア県（Alessandria）のカザーレ・モンフェッラート（Casale Monferrato）にある城のセラーの在庫として最初に記録されている（Nada Patrone 1991）．この品種は1658年にモンタルデーオ（Montaldeo）で（アレッサンドリア県でも）再び記載されており，現地ではブドウ畑で CORTESE，FERMENTINO（すなわち VERMENTINO）および NEBIOLI DOLCI（「甘い NEBBIOLOS」という意味）などが栽培されていた（Nada Patrone 1991）．18世紀に CORTESE は主にアレッサンドリア県およびノヴァーラ県（Novara）で栽培されていた（Demaria and Leardi 1875）．イタリア北部では CORTESE の親品種は見つかっていない（Schneider *et al.* 2003）．

栽培地とワインの味

イタリア北西部，ピエモンテ州南東部のアスティ県（Asti）とアレッサンドリア県で栽培されており，Gavi あるいは Cortese di Gavi DOCG の花形品種として知られている．Colli Tortonesi および Monferrato などのピエモンテ州のいくつかの DOC においてヴァラエタルワインが見られるが，成熟度と質でガヴィと互角のものは少ない．ロンバルディア州（Lombardia）のオルトレポ・パヴェーゼ（Oltrepò Pavese）やヴェネト州（Veneto）のガルダ（Garda）でも栽培されている．2000年のイタリアの統計によれば，総栽培面積は3,135 ha（7,747 acres）であった．ガヴィのワインはもともとジェノヴァ県（Genova）やリグーリア州（Liguria）の海岸の魚介料理レストランのために作られていて，ワインはいくぶんニュートラルであるが，爽快な酸味がある．最高のワインにはおだやかなミネラルと柑橘類のフレーバーがある．

CORVA

事実上絶滅状態にある濃い果皮色の古い品種．
イタリア，ブレシア市（Brescia）で現在も栽培されている．

ブドウの色：● ● ● ● ●

よくCORVAと間違えられやすい品種：CORVINA VERONESE ⊗，LAMBRUSCA DI ALESSANDRIA ⊗（ピネロネーゼ（Pinerolese））

起源と親子関係

CORVAはイタリア北部のロンバルディア州（Lombardia），ブレシア県（Brescia）起源の古い品種であり，現地ではかつて広範囲にわたって栽培されていた．名前が似ていることからCORVINA VERONESEやピネロネーゼではCORVAとして知られているLAMBRUSCA DI ALESSANDRIAとよく間違われてきたが，それらのDNAプロファイルとは異なっている（Vouillamoz）.

ブドウ栽培の特徴

熟期は中期～晩期である.

栽培地とワインの味

イタリア，ロンバルディア州中部のブレシア市中央部にある丘の裾から城に至るPusterlaワイナリーが所有する歴史的なVigneto della Pusterlaで栽培されている．この4 ha（10 acre）のブドウ畑はその地方の棚仕立てにされておりヴァラエタルINVERNENGAが作られるのみならず，Pusterla Rosso IGT Ronchi di Bresciaが年間2,000本生産されている．これはこの地方の，また時に珍しい古い品種であるCORVAのほか，MARZEMINO，GROPPELLO GENTILE，MAIOLINA，SCHIAVA GROSSA，BARBERAなどとのブレンドにより作られるブレンドワインである.

CORVINA VERONESE

明るく，フレッシュでチェリーの香りのする赤品種.
イタリア，ヴァルポリチェッラ（Valpolicella）やバルドリーノ（Bardolino）でよく栽培されている.

ブドウの色：● ● ● ● ●

主要な別名：Corvina Comune，Corvina Gentile，Corvina Nostrana，Corvina Reale，Cruina
よくCORVINA VERONESEと間違えられやすい品種：Corbina ☓，CORVA ☓，CORVINONE ☓

起源と親子関係

CORVINAという名称は，単に果粒の色を表す「*corvo*（カラス）」に由来するのではなく，その晩熟さを表現するためにイタリア語で「未成熟」を意味する*crua*のこの地方での方言*cruina*に由来すると考えられている．CORVINA VERONESEはレチョート（Recioto）の生産に使われていた中世のACINATICOと同一である可能性がある.

Corviniという名称は1627年にヴェローナ県（Verona）のワインの中に見られ，CORVINAは1755年の記載に見られるが（Calò and Costacurta 2004），それらは異なる品種について述べたものかもしれない．CORVINA VERONESEのフルネームはPollini（1818）の著書の中に初めて現れ，Val Pullicella（ヴェローナ県のヴァルポリチェッラ）で広く栽培されていると書かれており，現地の在来品種であると考えられている.

CORVINA VERONESEは長い間，ほとんど忘れられている古いフリウリ＝ヴェネツィア・ジュリア自治州（Furiuli-Venezia Guilia）の品種であるCORBINAと同一であると考えられてきた．CORBINAは2007年に救済され，イタリアの登録品種に登録されたが市販ワインは作られてない．しかし形態学的解析およびDNA解析によってCORBINAとCORVINA VERONESEは異なる無関係の品種であることが明らかになった（Cancellier *et al.* 2007）．同様にCORVINONEはCORVINA VERONESEのクローン変異だと考えられてきたが，ブドウの形態分類学的解析，アイソザイム解析およびDNA解析によりそれらは遺伝的には近いものの異なる品種であることが明らかになった（Cancellier and Angelini 1993）.

CORVINA VERONESEの遺伝グループにはDINDARELLA，GARGANEGA，OSELETA，

RONDINELLA などが含まれる（Vantini *et al.* 2003）．60種類のDNAマーカーを用いた系統解析によってCORVINA VERONESEは少なくとも二つのイタリア北部の品種であるREFOSCO DAL PEDUNCOLO ROSSOおよびRONDINELLAと親子関係にあることが明らかになった（Grando *et al.* 2006）．REFOSCO DAL PEDUNCOLO ROSSOはMARZEMINOの子品種であることから（Grando *et al.* 2006），CORVINA VERONESEはREFOSCO DAL PEDUNCOLO ROSSOの子品種であり，またRONDINELLAの親品種にあたる（REFOSCO DAL PEDUNCOLO ROSSOの系統図を参照）．したがって，CORVINA VERONESEはMARZEMINOの孫品種である．

ブドウ栽培の特徴

萌芽期は後期．熟期は中期～晩期．冬の寒冷に良好な耐性を示す．樹勢は強いが最初のいくつかの新梢は結実しない傾向がある．うどんこ病，乾燥ストレスおよび果粒の日焼けには感受性が高い．特に（アマローネ（Amarone）やレチョート（Recioto）の生産に使われるように）乾燥に適している．

栽培地とワインの味

CORVINA VERONESEはイタリア北西部のヴェネト州（Veneto）で，その子品種であるRONDINELLAと，またMOLINARAとブレンドされ，アマローネやレチョートスタイルを含むヴァルポリチェッラ（ブレンドの40%～80%）や，バルドリーノ（33～65%）が作られるが，それらブレンドワインの優秀な原料であると考えられている．Garda DOCでは100 % CORVINA VERONESEワインが公認されている．Allegrini社などのいくつかの生産者はヴァラエタルワインを作っており（たとえばLa Pojaの単一畑ワイン），真剣な樽熟成による赤ワインの可能性を示している．ヴァラエタルワインやCORVINA VERONESEが支配的なブレンドワインでは，明るいサワーチェリーのフレーバー，フレッシュな酸味と時にビターアーモンドのニュアンスが感じられる．収量が高いときは，軽いボディーとなりタンニンは軽いものから中程度のものまでになる．2000年時点でのイタリアでは4,867 ha（12,027 acres）の栽培が記録されていた．

ニューサウスウェールズ州（New South Wales）のヒルトップ地方（Hilltops）のFreeman Vineyards社はオーストラリアにおけるこの品種の先駆者で，4 ha（10 acres）の畑で栽培し，RONDINELLAとブレンドしてアマローネスタイルのワインを作っている．

アルゼンチン，メンドーサ州（Mendoza）のトゥプンガート山（Tupungato）にある標高の高いブドウ畑ではイタリア，ヴェネト州の生産者Masi社がCORVINA VERONESEとCOT（マルベック / MALBEC）を用いて似たスタイルのワインを作っている．

CORVINONE

フレッシュな酸度をもつ濃い果皮色の品種は
ヴェネト州（Veneto）のブレンドワインに貢献する．

ブドウの色：● ● ● ● ●

主要な別名：Corvinon，Cruinon
よくCORVINONEと間違えられやすい品種：Corbina ☒，CORVINA VERONESE ☒

起源と親子関係

CORVINONEはCORVINA VERONESEのクローン変異と考えられてきたが，ブドウの形態分類学的解析，アイソザイム解析およびDNA解析により，両者は遺伝的には近縁であるが異なる品種であると結論づけられた（Cancellier and Angelini 1993）．

ブドウ栽培の特徴

晩熟で樹勢が強い．大きな果粒で，粗着した果房は乾燥に適している．べと病には感受性である．

栽培地とワインの味

イタリア，ヴェネト州のヴァルポリチェッラ（Valpolicella）では，CORVINONE は Amarone や Recioto などの DOCG に加え，Valpolicella DOC のブレンドで40～80％の CORVINA VERONESE うちの50％まではこの品種で置き換えることが可能である．この品種は Bardolino DOC や Bardolino Superiore DOCG のブレンドワインの生産にも用いられている．普通はヴァラエタルワインは作られていない．2000年のイタリア農業統計によれば95 ha（235 acres）の栽培が記録されている．

COT

故郷であるフランス,カオール（Cahors）よりも,アルゼンチンのマルベック（MALBEC）として，濃く風味豊かで良好な骨格をもつ赤品種として喜ばれている.

ブドウの色：

主要な別名： Agreste（ロレーヌ（Lorraine），Auxerrois（ケルシー（Quercy），Bouyssales（タルヌ＝エ＝ガロンヌ県（Tarn-et-Garonne）），Cagors（モルドヴァ共和国），Cahors（ジロンド県（Gironde）およびロワール＝エ＝シェール県（Loir-et-Cher）），Coq Rouge（ロワール＝エ＝シェール県），Cor または Cors（アンドル＝エ＝ロワール県（Indre-et-Loire）），Cos（ヴィエンヌ県（Vienne）およびアンドル＝エ＝ロワール県），Côt（ヴィエンヌ県およびトゥーレーヌ（Touraine）），Cots，Estrangey または Étranger（ジロンド県），Lutkens（ジロンド県），マルベック（Malbec ☒）または Malbeck（ジロンド県および南アメリカ），Malbech（イタリア），Mancin（ジロンド県），Nuar de Presac（モルドヴァ共和国），Pied de Perdrix ☒（タルヌ＝エ＝ガロンヌ県（Tarn-et-Garonne）），Pressac または Noir de Pressac（サン＝テミリオン（Saint-Émillion）），Prunelat（ジロンド県），Quercy（シャラント県（Charente））

よくCOTと間違えられやすい品種： ABOURIOU ☒（メドック（Médoc）では Malbec Argenté と呼ばれる），BOUCHALÈS ☒，CANARI NOIR ☒（アリエージュ県（Ariège）），MENOIR ☒（ハンガリー），NEGRETTE（ジェール県（Gers）），PRUNELARD ☒（ジロンド県，そこは COT が Prunelat と呼ばれる）

起源と親子関係

COT は，フランスではカオールを中心とするかつてはケルシー地方として知られていた現代のロット県（Lot）やタルヌ＝エ＝ガロンヌ県の一部で栽培されている古い品種である．この品種は1761年に Fontemoing 氏がポムロール（Pomerol）にある彼の Château Trochau（現在の Château Haut-Tropchaud）に関して NOIR DE PRESSAC と初めて記載した（Garde 1946）．1783～1784年にさらに北部のラ・シャトル（La Châtre，ポワチエ（Poitiers）の東）やブールジュ（Bourges）の近くのイスーダン（Issoudun）で Cor という名称で以下のように記載されている．「Cor，大きな果粒，小判型で歯の間で簡単につぶせ，濃い黒で非常に長い中サイズのバラ果房，これは非常に良質のたくさんのワインをもたらす」（Rézeau 1997）．COT はアンドル県（Indre）では Cau，Cor，Cors，Cos とも呼ばれているが，そこが発祥の地であるとは考えにくい．なぜならばこれらの名前はすべてケルシーにおけるカオールの短縮形であるからで，カオールがこの品種の起源であると考えるべきであろう．

以前から「カオールの黒いワイン」は色やボディーを付加する目的でボルドー（Bordeaux）の繊細なワインに用いられていたが，COT は18世紀にケルシー県からジロンド県にもたらされた．Auguste Petit-Lafitte（1868）によれば，この品種はメドックやグラーブ（Graves）では最初 ESTRANGEY や ÉTRANGER（よそ者，外国人）として知られていたことから，他のワイン地方から持ち込まれたことを示唆している．その後，ボルドーの医者（1782年没）が町の南側のカンブランヌ（Camblanes）（現在のカンブランヌ＝エ＝メナック（Camblanes et Meynac））にこの品種を植え，彼にちなんで LUTKENS（Luckens と誤ってつづられることが多い）として知られるようになった．同じ頃，現在のプルミエール・コート・ド・ボルドー（Premières Côtes de Bordeaux）の中にある当時の Sainte-Eulalie d'Amabarès（今日のサン＝トゥラリ（Sainte-Eulalie））にこの品種を植え，メドック中に広めた人の名にちなんで COT は MALBECK とも呼ばれた．1783～1784年に Pauillac（ポーイヤック）で「Malbeck か Cahors，それは固い土壌に新たに栽培され広がっている」と初めて記載されている（Rézeau 1997）．サン＝テミリオンでは少なくとも1784年にはこの地域に持ち込んだ人の名前にちなんで COT は PRESSAC あるいは NOIR DE PRESSAC と呼ばれていた．

COT にはフランス中のみならず世界中にたくさんの別名があり，このことはクローンの多様性の大きさと古い時代からの広い分布を表している．

COT は BOUCHALÈS とよく混同されるが，それはおそらく両者がブドウの形態分類群の Cot グループに属すことによるものであろう（p XXXII 参照；Bisson 2009）．

近年の DNA 解析により，COT はタルヌ県（Tarn）の古い品種である PRUNELARD と，メルロー（MERLOT）の母品種である MAGDELEINE NOIRE DES CHARENTES の自然交配品種であることが明らかになった（Boursiquot *et al.* 2009; カベルネ・ソーヴィニヨン（CABERNET SAUVIGNON）および PINOT の系統図参照）．これは COT がメルローと片親だけの姉妹関係であり，メルローが生まれた場所はその両親の故郷（タルヌ県とシャラント県）の間に位置することから，この品種がケルシー由来であることと矛盾しない．FOLLE BLANCHE との自然交配により，COT は JURANÇON NOIR の親品種でもある．

COT は CALADOC の育種に用いられた．

イタリア品種の MALBO GENTILE はマルベック（MALBEC）と似た名前であるが両者の間に関係はない．

ブドウ栽培の特徴

樹勢が強く，クローン選抜によって最小化されてはいるが，花ぶるいしやすい．若い枝は春の霜に被害を受ける危険性があり，副梢はそれほど結実能力は高くない．果粒が熟すと時々脱粒する傾向がある．ブドウつる割れ病やヨコバイに感受性がある．熟期は中期である．

栽培地とワインの味

COT（時に CÔT）はフランス南西部が起源の地であるが，アルゼンチンのマルベック（以前の表記は MALBECK）が成功を収めたことと，1956年にボルドーでは霜によってマルベックが失われたあと，新しい植えつけが行われなかったために，20世紀の終わり頃，栽培の中心が南半球に移動した．今日，フランスでは主に南西部のロット県で栽培され，Cahors と表示するためには少なくとも70％の COT が含まれている必要がある（アメリカでアルゼンチンのマルベックに人気があることが認識され，フランスでもマルベックと呼ばれる傾向にある）．この品種は他のたとえば Bergerac，Buzet，Côtes de Duras，Fronton，Côtes du Marmandais，Pécharmant，Côtes du Brulhois などの南西部のアペラシオンではマイナーな役割を担っている．それは Cabardès や Côtes de la Malepère でも理論的には公認されているが，大西洋の影響からずっと離れたこれらの場所ではまれにしか栽培されていない．完熟する前に収穫すると，青臭さがあり，タンニンは非常に渋く，ある種の強い苦みをもつことになる．Château du Cèdre と Domaine Cosse Maisonneuve の両社はカオールで特に素晴らしいワインを作っており，それらには十分に熟成したマルベックのドラマがあり，フランスにおける洗練さも兼ね備えている．2009年のフランスの総栽培面積は6,155 ha（15,209 acres）であった．

ジロンド県ではわずかに934 ha（2,308 acres）が残っているのみであるが（1960年代の終わりにはおよそ5,000 ha/12,350 acres であった），COT はメジャーなボルドーの赤ワインの AOC すべてで公認されている．この品種はブール（Bourg），ブライ（Blaye），アントル・ドゥ・メール（Entre-Deux-Mers）で現在でも見られるが，メルローなどのより気難しくない品種に植え替えられている．

さらに北部のロワール（Loire）の中部では，COT が十分に熟するのがボルドーよりもさらに困難であるが，もし収量を調節するとカベルネ・フラン（CABERNET FRANC）よりも約10日早く熟する傾向があることが明らかになった．栽培家は GAMAY NOIR やカベルネ・ソーヴィニヨンやカベルネ・フランとブレンドするよりもヴァラエタルワインとしてのほうがよいと気づいた．それは Anjou，Coteaux du Loir，Touraine などの様々なアペラシオンや発泡性のソーミュール（Saumur）として公認されているが，徐々にカベルネ・ソーヴィニヨンやカベルネ・フランに置き換えられている．それでも依然として2009年には560 ha（1,384 acres）の栽培が記録されていた．Domaine de la Charmoise社のHenry Marionnet氏のVinifera Cotは1 ha（2.5 acres）の台木なしのブドウから作られるこの地域で最古もシルキーなワインである．他の良質生産者としてはJean-François Mérieau社やLe Cellier du Beaujardin社などがある．

2000年時点でのイタリアの農業統計によると主に北東部で267 ha（660 acres）がMALBECHとして記録されている．ヴェネト州（Veneto）ではLison-Pramaggiore DOCで公認されているが，ヴェネト州のPaladin社のGli Aceri Malbechやアブルッツォ州（Abruzzo）のSpinelli社のマルベックなどが稀少なヴァラエタルワインの例である．同じ地域のモンテッロ・エ・コッリ・アソラーニ（Montello-Colli Ascolani）やさらに南のプッリャ州（Puglia）においてマイナーな役割を果たしており，現地ではRosso BarlettaやRosso di Cerignolaなどのブレンドに用いられている．

トルコ（2010年に21 ha/52 acres），モルドヴァ共和国（2009年に39 ha/96 acres）およびイスラエルでも栽培されている．

カリフォルニア州では1,469 acres（594 ha）の栽培が記録されており，ほとんどが色と酸度をメリタージュ（Meritage）ブレンドワインに添加するために用いられている．またカベルネ・ソーヴィニヨンなどのメリタージュブレンドワインに用いられる他の品種，タンニンをソフトにするためにも添加され，さらにOpus Oneにも少し使われている．しかし，ヴァラエタルワインもChateau St Jean（ソノマ（Sonoma）），Ferrari Carano（ドライクリークヴァレー（Dry Creek Valley）），Geyser Peak（アレクサンダーヴァレー（Alexander Valley）），Rutherford Hill（ナパヴァレー（Napa Valley））などの各社で作られている．Ironstone社などの生産者はヴァラエタルのロゼワインを作っている．ワシントン州ではこの品種を用いてアメリカで最も幅広いスタイルのヴァラエタルワインが作られており，アルゼンチンのマルベックの成功に勇気づけられ他の州でも同様である．

カナダではブリティッシュコロンビア州で72 acres（29 ha）の栽培が記録されており，その面積は増加傾向にある．またメキシコではヴァラエタルワインが作られている．

マルベックは1868年にフランスの農業技術者であるMichel Pouget氏がアルゼンチンに持ち込んだ．現在では26,845 ha（66,335 acres）が記録され，同国で最も広く栽培されている良質の品種である．この品種の栽培面積はBONARDA（DOUCE NOIRE, 18,759 ha/46,354 acres）やカベルネ・ソーヴィニヨン（17,746 ha/43,851 acres）よりもはるかに多く，メンドーサ州（Mendoza，22,885 ha/56,550 acres）が主要産地であるが，ほとんどのワイン用ブドウの産地で栽培されている．主にベーシックな品質のロゼやブドウ濃縮液として使用されるCEREZAのみが同国においてマルベックより多く栽培されているブドウ品種である．果粒が密着した小さな果房をつけ，果粒はフランス南西部のCOTよりも小さい．ワインは深い色合いで黒い果実の濃いフレーバーと獣のかすかな香り，時にすみれのニュアンスを感じ，ソフトでフルーティーなスタイルのものから，より骨格をもち洗練された熟成させる価値のあるワインまである．メンドーサの谷の上流では標高800〜1,100 m（2,640〜3,630 ft）のルハン・デ・クージョ（Lujan de Cuyo）において最高のワインが作られるが，サルタ州（Salta）のさらに標高の高いところにあるColomé社は，マルベックから非常に繊細で落ち着いたワインが作られることを示している．最高水準の生産者としては，Achaval Ferrer，Alta Vista，Susanna BalboのDominio del Plata，Catena Zapata，Colomé，Paul Hobbs' Cobos，Cuvelier Los Andes，Fabre Montmayou，Norton，O Fournier，Pulenta，Salentein，Terrazas de los Andes，Pascual Toso，Trapicheおよび伝統的なスタイルでワインを作るWeinertなどの各社がある．

チリはマルベックのマイナーな生産地で，2008年に1,027 ha（2,538 acres）の栽培が記録され，主にはチリマルベックを専門とするViu Manent社の故郷コルチャグア（Colchagua，385 ha/951 acres）で栽培されている．アンデス山脈のチリ側では，しばしばカベルネ・ソーヴィニヨンとブレンドされている．他のヴァラエタルワインの生産者にはMontes社およびValdivieso社がある．ボリビアやペルーでも栽培されているが，アルゼンチンでの重要性を考えると驚くには当たらない．

オーストラリアでは南部（クレア・バレー（Clare Valley），ラングホーン・クリーク（Langhorne Creek）など）を中心に363 ha（897 acres）の栽培が記録されているが，また西部（マーガレット・リバー（Margaret River），グレート・サザン（Great Southern）など）にも見られる．ひと頃ほどは人気がないが，最近復調の兆候がある．200を超えるマルベックの生産者のなかでも注目すべきはラングホーン・クリークのBleasdale社，エデン・バレー（Eden Valley）のHenschke社，ビクトリア州のナガンビー・レイク（Nagambie Lakes）のTahbilk社やクレア・バレーのWendouree社などで，これらの生産者が作るマルベックのブレンドワインは素晴らしく濃い色でエレガントである．

ニュージーランドでは2008年に156 ha（385 acres）の栽培が記録されているに過ぎないが，南島のFromm 社や北島の Kumeu River，Millton，CJ Pask および Villa Maria などの各社はまじめな生産者である．アルゼンチンでの成功をうけて南アフリカ共和国でもこの品種の栽培が奨励されており，同国ではDiemersfontein 社や Signal Hill 社が真剣にワインを作っている．

COUDERC NOIR

平凡なフランスの交雑品種は現在ではほとんどファンがいない．

ブドウの色：● ● ● ● ●

主要な別名：Contassot 20，Couderc 7120，Plant Verni

起源と親子関係

MUNSON（別名 JAEGER 70; *Vitis lincecumii* × *Vitis rupestris* の交配種）× *Vitis vinifera* subsp. *Vinifera*（品種は不明）の自然交雑品種は1886年にオーブナ（Aubenas）のペストリーの料理人であるContassot 氏が得た種を Georges Couderc 氏（Series 71）と Albert Seible 氏（Series 1-254; Galet（1988））に譲渡した．この交雑品種は Series 71に含まれていたので，Couderc 氏の名にちなんで命名された．MUNSON の完全系統は PRIOR を参照．

ブドウ栽培の特徴

萌芽期は早期で晩熟である．樹勢が強く豊産性で白化（クロロシス）の傾向がある．果粒にはそれほど果汁が多くなく，果粒が密着した果房をつける．

栽培地とワインの味

CHAMBOURCIN や PLANTET のようなハイブリッド品種と並んで COUDERC NOIR は20世紀初頭には広くフランスで栽培されていた．1970年代まではたくさん栽培されていたが，カベルネ・ソーヴィニヨン（CABERNET SAUVIGNON）によって根こそぎ置き換えられてしまった．現在もなお同国南部および南西部のほとんどの地方で公認されているが，1950年代の終わりには26,616 ha（65,770 acres）の栽培が記録されたのに比較して2009年にはわずかに214 ha（529 acres）にすぎなかった．

COUDERC はアメリカ，ミズーリ州でも栽培されている．ブラジルではリオグランデ・ド・スル州（Rio Grande do Sul）で498 ha（1,231 acres）が記録されているが，それは異なる品種 COUDERC 13であって主に生食用として用いられている．

ワインは深い色合いで *vinifera* とは異なる不快なフレーバーがあるが，ロゼワインに用いると少しはよくなる．

COUNOISE

マイナーであるが価値のあるローヌ（*Rhône*）南部のブレンド用品種．
時にヴァラエタルワインが作られることがある．

ブドウの色：● ● ● ● ●

主要な別名：Coneze，Connoges，Connoise，Counèse，Counoïse，Counoïso，Counoueiso，Guénoise，

Quenoise（ヴォクリューズ県（Vaucluse）），Rivier（アルデシュ県（Ardèche））
よくCOUNOISEと間違えられやすい品種：AUBUN ☿（ヴォクリューズ県）

起源と親子関係

COUNOISE は非常に古いフランス南部の品種で主にローヌ南部で栽培されており，現地では1626年にアビニョン（Avignon）で初めて次のように記載されている．「berardy，espagne，barboulenque，col tort および counoyse 以外の他のよい品種」．品種名の起源は明確でなく，様々な古い表記がある．COUNOISE はブドウの形態分類群の Piquepoul グループ（p XXXII 参照）に属し，このグループには AUBUN が属している（Bisson 2009）．こうしてなぜ COUNOISE がブドウ畑で AUBUN とよく混同されるかが説明できる．しかしブドウの形態分類学的解析および DNA 解析により，それらは異なる品種であることが明らかになった（Galet 1990; Bowers *et al.* 1999）．

他の仮説

プロヴァンス（Provence）の詩人 Frédéric Mistral 氏は，COUNOISE は Counesa と呼ばれるローマ教皇の副使節がスペインから Châteauneuf-du-Pape に持ち込んだ品種だと述べている．この副使節は教皇がアビニョンに滞在したとき，ブドウをウルバヌス5世（Urbain V）教皇に献上したとされている（Foëx 1901）．

ブドウ栽培の特徴

樹勢が強く，短い剪定が最適であり株仕立ても可能である．熟期は中期～晩期で，暑い，石の多い斜面に適している．表年，裏年が出がちで，灰色かび病に感受性がある．大きな果粒をつける．

栽培地とワインの味

COUNOISE はフランス，ローヌ南部で推奨されている．さらに東部や西部の県で公認されており，Châteauneuf-du-Pape，Côtes du Rhône-Villages，Gigondas，Côteaux d'Aix en Provence および Ventoux などのアペラシオンで公認されている．古いブドウ畑では少量の AUBUN などと混植されている．この品種は Châteauneuf-du-Pape ブレンドでは使われることの少ない品種の一つであるが，Château de Beaucastel 社 や Domaine de Pegaü 社などはこの品種を用いている．ワインは中程度のアルコール分とタンニンをもち通常フルーティーだが色が薄く，ブレンドにスパイシーさや酸度を加えるために少し用いられている．2009年のフランスでは443 ha（1,095 acres）の栽培が記録されていた．Domaine Montpertuis 社の La Counoise de Jeune ワインには90％の COUNOISE が使われているため，Vin de Pays du Gard に分類されている．ワインは色が薄くて軽く，通常白胡椒のアロマを有する．COUNOISE は酸化されやすいので，一般にヴァラエタルワインよりもブレンドワインに用いるほうがよい．

ローヌ南部の Beaucastel 社の Perrin 家の情熱によって，カリフォルニア州のセントラルコースト（Central Coast）に COUNOISE の最初のブドウの樹が輸出された．パソロブレス（Paso Robles）の Tablas Creek 社（Perrin 家が一部所有）は Beaujolais cru のような感じのブレンドおよびヴァラエタルワインを作っている．この地域およびさらに北部のサンタクルーズ（Santa Cruz）では Bonny Doon ワイナリーの Randall Grahm 氏などのローヌびいきがこの品種を普及させている．さらに北のリヴァモア・ヴァレー（Livermore Valley）では Wente 社が少量のヴァラエタルワインを作り，セラーでのみ販売している．

ワシントン州でも少し栽培されており（15 acres/6 ha），レッド・マウンテン（Red Mountain）にある McCrea 社とワラワラ（Walla Walla）にある Wines of Substance 社はヴァラエタルの COUNOISE ワインを生産している．なお後者のブドウの樹は Tablas Creek 社を経由して Beaucastel 社 から移入されたものである．

COURBU BLANC

フランス，バスク地方（Basque）で MANSENG 系品種とブレンドされることが多いマイナーな品種

ブドウの色：● ● ● ● ●

主要な別名：Courbeau, Courbi または Courbis Blanc, Courbu, Courbut Blanc, Courtoisie（ピレネー＝アトランティック県（Pyrénées-Atlantiques）の ポルテ（Portet）), Vieux Pacherenc（ピレネー＝アトランティック県のランベイエ（Lembeye））

よく COURBU BLANC と間違えられやすい品種：ARRUFIAC ⊗（ジュランソン（Jurançon））, CROUCHEN ⊗（フランスのバスク地方（Pays Basque）のイルーレギー（Irouléguy）およびスペインのバスク州（País Vasco）のチャコリ（Txakoli））, NOAH ⊗（バスク地方）, PETIT COURBU ⊗

起源と親子関係

COURBU は，フランスのピレネー＝アトランティック県にあるバスクとスペインのバスク州において多くの異なる品種に用いられてきた名前であるが，白い果粒の COURBU は1783～4年に初めてジュランソンで記載された．この品種名はおそらくブドウの新梢の湾曲した（フランス語で *courbé* ）形に由来するものと考えられている．Galet（1990）は COURBU BLANC と COURBU NOIR は同じ品種の果皮色変異であり，PETIT COURBU は単に COURBU BLANC のクローンであると考えていたが，これらの仮説はいずれも DNA 解析により否定された（Bowers *et al.* 1999）.

Bordenave *et al.*（2007）によれば，COURBU BLANC はスペインのオンダリビア地域（Hondarribia）（バスク州のチャコリのブドウ園）に持ち込まれ, 現地では HONDARRIBI ZURI（*zuri* はバスク語で「白」）という名で呼ばれたが，この名前は CROUCHEN にも用いられた．この名前が COURBU BLANC と CROUCHEN の両方に用いられたことは混乱をもたらしたが，驚くべきことに DNA 解析によりもう一つの HONDARRIBI ZURI の試料はアメリカの交雑品種である NOAH と同一であることが明らかになった（Vouillamoz）．なお COURBU BLANC はジュランソンで ARRUFIAC と混同されることが多いが，ブドウの形態分類学的解析および DNA 解析によってこれは誤りであることが明らかになった（Bowers *et al.* 1999；Bordenave *et al.* 2007）.

COURBU BLANC はブドウの形態分類群の Courbu グループ（p XXXII 参照）に属し，同グループには CROUCHEN が含まれる．こうしてなぜ COURBU BLANC がバスク地方で CROUCHEN と混同されることが多いかの説明がつく．

他の仮説

他の多くの品種同様，COURBU はよく集団品種として表される．集団品種とは，異なる形態を示す個体からなるという意味であり，その中にはいくつか異なる品種も含まれることを意味するが，この本ではそれを品種の定義としては用いていない．

ブドウ栽培の特徴

風による被害を受けやすく，支柱を用いた長めの剪定がよい．また樹勢の弱い台木に接ぎ木するのがよい．熟期は中期であり，灰色かび病への感受性がある．非常に小さな果粒で，小さな果房をつける．

栽培地とワインの味

COURBU BLANC の故郷はフランスの南西部のジュラソン，ベアルン（Béarn），イルーレギーのアペラシオンで GROS MANSENG，PETIT MANSENG や他の地方品種とのブレンドにおいて副原料として用いられているが，Pacherenc du Vic-Bilh において理論上は MANSENGS とともに重要な役割を果たすこともできる．Clos Lacabe 社の Compère Lutin は数少ないヴァラエタルワインの一つである．Clos

Lapeyre 社は1940年代からの樹を有する数少ない生産者であり，近年，COURBU BLANC と CAMARALET DE LASSEUBE を新たに植え付けた．ワインは中程度のアルコール分とほどほどの酸味をもつ甘口ワインおよび辛口ワインが作られている．2008年にフランスに43 ha（106 acres）の栽培が記録されていた．

スペインのバスク州では HONDARRIBI ZURI と誤って呼ばれている COURBU BLANC が少し栽培されていると思われる．

COURBU NOIR

事実上絶滅状態にあるフランス南西部のベアルン（Béarn）の特産品は，COURBU BLANC とは関係がない．

ブドウの色：● ● ● ● ●

主要な別名：Courbu Rouge，Courbut，?Dolceolo，Noir du Pays（Pays Basque（バスク地方））
よくCOURBU NOIRと間違えられやすい品種：HONDARRIBI BELTZA ☒，MANSENG NOIR ☒

起源と親子関係

COURBU の名称はブドウの新梢の湾曲した形（フランス語で *courbé*）に由来する．ピレネー（Pyrénées）には同じ名前で呼ばれるいくつかの品種があり，それらは同じであると考えられてきたが，通説（Galet 1990）に反して COURBU NOIR と COURBU BLANC は果皮色変異ではない．1880年に黒い果粒の COURBU がオート＝ピレネー県（Hautes-Pyrénées）で初めて記載された（Rézeau 1997）．興味深いことに COURBU BLANC はブドウの形態分類群の Courbu グループ（p XXXII 参照）に属すが，COURBU NOIR はブドウの形態分類群の Mansien グループに属しており，このグループ名は MANSENG にちなんで命名されたもので，CAMARALET DE LASSEUBE，CAMARAOU NOIR，COURBU NOIR，GROS MANSENG，MANCIN，PETIT MANSENG が含まれる．COURBU NOIR と MANSENG NOIR のうち，後者は逆説的に Courbu グループに属するが，どちらも COURBU ROUGE と呼ばれ，まとめて NOIR DU PAYS（バスクの方言で Herriko Beltza，「地域の黒」の意味）と呼ばれていた．フランス国境近くに位置するスペイン，バスク州（País Vasco）オンダリビア（Hondarribia）チャコリ（Txakoli）のブドウ栽培地では地方品種である HONDARRIBI BELTZA が，カベルネ・フラン（CABERNET FRANC）あるいは COURBU NOIR とよく混同されてきた．

ブドウ栽培の特徴

晩熟である．それほどは豊産性でなく長い剪定が必要である．うどんこ病には感受性がある．小さな果粒で小さな果房をつける．

栽培地とワインの味

COURBU NOIR はフランスの公式品種リストに登録されているが，2008年にはフランスの南西部でわずかに1 ha（2.5 acres）残っているにすぎない．Béarn アペラシオンの赤ワインやロゼワインの生産用に認められているが，カベルネ・フラン，カベルネ・ソーヴィニヨン（CABERNET SAUVIGNON）および TANNAT などのパートナーが常に主要品種である．ワインは薄い色と低めのアルコール分となるが比較的タンニンを多く含む．

CRÂMPOȘIE SELECȚIONATĂ

高品質で高酸度のルーマニア品種.
生き生きとした酸味とミネラルが満載の白ワインになる.

ブドウの色：● ● ● ● ●

主要な別名：Crîmpoșie Selecţionată

起源と親子関係

CRÂMPOȘIE SELECȚIONATĂ は，1972年にルーマニア南西部のドラガシャニ（Drăgășani）のブドウ栽培研究センターの Emilian Popescu，Marin Neagu，Petre Banita 各氏が，CRÂMPOȘIE の雌しべのみの花がもたらす不均一な果粒サイズという問題を改善するために開発した CRÂMPOȘIE の実生である．CRÂMPOȘIE はおそらくルーマニア南西部のオルテニア（Oltenia）のドラガシャニで得られた古い品種で，現在ではより信頼できる子品種に置き換えられている．開放系の条件で得た品種であるためもう一方の親品種は定かでない．

ブドウ栽培の特徴

比較的樹勢が強く，豊産性であり晩熟である．厚い果皮をもつ果粒で大きな果房をつける．雨，暑さおよびかびの病気に耐性をもつ．

栽培地とワインの味

CRÂMPOȘIE SELECȚIONATĂ は，通常は CRÂMPOȘIE といわれるが，ラベルにはフルネームで表示する必要がある．ルーマニアの黒海海岸近くのコンスタンツァ（Constanţa）やパンチウ（Panciu）の東部の地域とドラガシャニで主に栽培されている．最高のワインは洗練されていて，生き生きとした高い酸味と強いミネラル感をもち，フィニッシュの軽い苦みがリフレッシュ感を引き立てる．酸味を増すためにサンジョヴェーゼ（SANGIOVESE）などの他の品種とブレンドされることもある．推奨される生産者は Casa Isarescu 社や Prince Știrbey 社で，後者は発泡性ワインも試みている．2008年にはルーマニアで473 ha（1,169 acres）の栽培が記録されており，生食用としても人気がある．

CRIOLLA

南アメリカでは，Criollas または Criollos は異なるブドウ品種のグループにつけられた総称であり，ヨーロッパの親品種から生まれたと考えられている．その土地で生まれたか，スペインかポルトガルの征服者が穂木か種の形で持ち込んだと考えられている（Martínez *et al.* 2003）．Criollo は Creole「混血児」のスペイン語である．

最初に1551年にスペインから南アメリカへの航路における定期的な停泊地であったカナリア諸島を経由して，Francisco de Caravantes と Hernando de Montenegro の両氏が，ペルーの Valle de la Concepción に初めて持ち込んだ（Rodríguez and Matus 2002）．続いて CRIOLLA はチリ北部に入り，ラ・セレナ（La Serena）からアルゼンチンの現在のメンドーサ州（Mendoza），サン・フアン州（San Juan），ラ・リオハ州（La Rioja）に1556年に持ち込まれた（Martínez，Cavagnaro *et al.* 2006）．

CRIOLLA 品種群は CEREZA，CRIOLLA GRANDE，CRIOLLA CHICA（LISTÁN PRIETO），PEDRO GIMÉNEZ，MOSCATEL ROSADO，MOSCATEL AMARILLO，TORRONTÉS MENDOCINO，TORRONTÉS RIOJANO，および TORRONTÉS SANJUANINO の各品種を含んでいる．

DNA 解析により CRIOLLA CHICA はスペインの古い品種である LISTÁN PRIETO と同定されたが（詳細は LISTÁN PRIETO 参照），他の CRIOLLA 品種はヨーロッパ品種とは同定されていない．おそらくそれらは南アメリカで生まれた品種なのであろう．実際，DNA 系統解析によって CEREZA，MOSCATEL AMARILLO，TORRONTÉS RIOJANO，TORRONTÉS SANJUANINO はすべて MUSCAT OF ALEXANDRIA×LISTÁN PRIETO の自然交配品種であることが明らかになった．また，TORRONTÉS MENDOCINO は MUSCAT OF ALEXANDRIA とまだ特定されていない品種の交配品種である（Agüero *et al.* 2003; Myles *et al.* 2011）．これらの品種はこの地域で生まれた品種と考えられている．なぜなら，MUSCAT OF ALEXANDRIA と LISTÁN PRIETO はアルゼンチンおよびチリで数世紀にわたってそれぞれ MOSCATEL（または UVA DO ITALIA）および CRIOLLA CHICA という名前で栽培されていたので（Lacoste *et al.* 2010），それらが交配するのに十分な時間と機会が現地であったと考えられるからである．

上述した親子関係から，CEREZA，MOSCATEL AMARILLO，TORRONTÉS RIOJANO，TORRONTÉS SANJUANINO はすべて姉妹品種にあたることになる．また南アメリカの TORRONTÉS MENDOCINO やイタリアの GRILLO，MOSCATELLO SELVATICO，MALVASIA DEL LAZIO および MUSCAT OF HAMBURG は片親だけの姉妹関係にあたり，AXINA DE TRES BIAS および ミュスカ・ブラン・ア・プティ・グラン（MUSCAT BLANC À PETITS GRAINS（系統図参照））の孫品種にあたる．加えてスペインの PERRUNO は CEREZA，MOSCATEL AMARILLO，TORRONTÉS RIOJANO，TORRONTÉS SANJUANINO の片親だけが姉妹関係か祖父母品種（親子関係がどちらの方向に向かっているかによる）にあたる．

CRIOLLA はワインやピスコ用に加えて生食用，ジュース，レーズンにも用いられてきた．アルゼンチンの CRIOLLA 品種群の栽培面積のうち，50％以上は CEREZA および CRIOLLA GRANDE である（Martínez，Cavagnaro *et al.* 2006）．

ブドウ栽培の特徴

Martínez，Cavagnaro *et al.*（2006）によれば，CRIOLLA はヨーロッパ品種よりも乾燥と塩により耐性をもっている．

CRIOLLA CHICA

LISTÁN PRIETO を参照

CRIOLLA GRANDE

栽培面積は減りつつあるが，依然アルゼンチンで広く栽培されているピンクの果皮色のこの品種は，平凡なワインになる．

ブドウの色：● ● ● ● ●

主要な別名：Criolla Grande Sanjuanina

起源と親子関係

CRIOLLA GRANDE はアルゼンチンの在来品種で，CRIOLLA 品種群に属する（詳細は CRIOLLA の項目参照）．Martínez，Cavagnaro *et al.*（2003，2006）によれば，CRIOLLA GRANDE は CEREZA やテンプラニーリョ（TEMPRANILLO）と関係のある可能性がある．

ブドウ栽培の特徴

熟期は中期～晩期である．大きな果粒で粗着した大きな果房をつける．

栽培地とワインの味

ワイン生産用としての栽培面積は減りつつあるが，CRIOLLA GRANDE は CEREZA とマルベック（MALBEC/COT）に次いでアルゼンチンで3番目に多く栽培される品種である．2009年には20,892 ha（51,625 acres）があり，大部分はメンドーサ州（Mendoza）で栽培されている．主に安価で平凡なピンクか色の濃い白ワインに使われ，国内用の早飲みワインとして，リットル瓶やボックスワインとして販売されている．また生食用としても販売される．

CRLJENAK KAŠTELANSKI

TRIBIDRAG を参照

CROATINA

イタリア北部の多くの地域で栽培されているフルーティーで濃い果皮色の品種．ヴァラエタルワインあるいはブレンドワインに用いられる．

ブドウの色：● ● ● ● ●

主要な別名：Bonarda（オルトレポ・パヴェーゼ（Oltrepò Pavese），ロエロ（Roero）），Bonarda di Rovescala，Crovattina，Nebbiolo di Gattinara，Neretto，Spanna di Ghemme，Spanna-Nebbiolo（ノヴァーラ県（Novara），ヴェルチェッリ県（Vercelli）），Uga del Zio，Uva Vermiglia

よくCROATINAと間違えられやすい品種：BONARDA PIEMONTESE ☒，HRVATICA ☒，ネッビオーロ（NEBBIOLO ☒）

起源と親子関係

CROATINA はイタリア北部，ポー川（Po）の南に位置するオルトレポー・パヴェーゼにある Valle del Versa のロヴェスカーラ（Rovescala）に起源をもつと考えられ，現地では19世紀の終わりに初めて記載されている．オルトレポー・パヴェーゼでは BONARDA と呼ばれているが，この名前は少なくとも六つの異なる品種に用いられていたため混乱が生じた（BONARDA PIEMONTESE 参照）．CROATINA と他の古いクロアチア品種である HRVATICA は，いずれも「クロアチアの少女」を意味するが，DNA 解析により両者が関連する可能性は否定された（Maletić *et al.* 1999）．CROATINA は ERVI の育種に用いられた．

ブドウ栽培の特徴

特にうどんこ病に耐性がある．熟期は中期～晩期である．夏の乾燥を好まない．

栽培地とワインの味

イタリアの主にロンバルディア州（Lombardia）のオルトレポ・パヴェーゼ，ピエモンテ州（Piemonte）のノヴァーラ県，クーネオ県（Cuneo），アレッサンドリア県（Alessandria）（たとえば Colli Tortonesi DOC）およびヴェルチェッリ県やエミリア＝ロマーニャ州（Emilia-Romagna），ヴェネト州（Veneto）およびサルデーニャ島（Sardegna）で主に栽培されている．Oltrepò Pavese Bonarda DOC は100％ CROATINA で作られる．Colline Novaresi，Coste della Sesia などいくつかの DOC がこの品種のヴァラエタルワインを認めている．トルトーナ（Tortona）の近くの丘で Walter Massa 氏は優れたヴァラエタルワインを作っており，またボーカ（Boca）にある Le Piane 社では Christophe Künzli 氏が古い CROATINA のブドウの樹で混植された伝統的なマッジョリーナ（maggiorina）仕立てで注意深く栽培している．ワインはよい色合いである程度の飲みごたえがあり，早飲みに向いている．2000年にはイタリアで3,280 ha（8,105 acres）の栽培が記録されていた．

CROUCHEN

フランス，ピレネー（Pyrénées）西部から広範囲に移動したフランスのニュートラルなこの品種は名前が混同されたことで長い間恩恵を受けていた.

ブドウの色：● ● ● ● ●

主要な別名：Cape Riesling（南アフリカ共和国），Clare Riesling（オーストラリアのマーベイン（Merbein）），Cougnet（ポルテ（Portet）），Cruchen Blanc，Cruchenta（バスク地方（Pays Basque）），Messanges Blanc（ランド県（Landes）），Paarl Riesling（南アフリカ共和国），Sable Blanc（ランド県），Trouchet Blanc（ピレネー＝アトランティック県（Pyrénées-Atlantiques）のモナン（Monein））
よくCROUCHENと間違えられやすい品種：COURBU BLANC ☿（チャコリ（Txakoli）およびイルーレギー（Irouléguy），NOAH ☿（スペインのバスク州（País Vasco）），リースリング（RIESLING ☿（南アフリカ共和国）），セミヨン（SÉMILLON ☿（オーストラリア））

起源と親子関係

CROUCHEN はフランス南西部，ピレネー＝アトランティック県が起源の地で，現地では1783～1784年に初めてに次のように記載されている（Rézeau 1997）.「Crouchen blanc はとても甘く食用によい」. この名前は「クランチ（さくさくする）」を意味していると思われる.

この品種はスペイン北部海岸沿岸地方にあるバスク州（País Vasco）のチャコリやフランス南西部のイルーレギーでは COURBU BLANC と混同され，チャコリでは両品種とも間違えて HONDARRIBI ZURI と呼ばれていた（NOAH との混同については COURBU BLANC 参照）.

CROUCHEN はブドウの形態分類群の Courbu グループに属する（p XXXII 参照：Bisson 2009）. さらに CROUCHEN はブドウの形態分類学的には Carmenet グループに近い（カベルネ・フラン（CABERNET FRANC）参照）. 非常に似た名前だが CROUCHEN と CRUIXEN は異なる品種であり，後者はブドウ品種の保存園にしかない. CROUCHEN は NOUVELLE の育種に用いられた.

ブドウ栽培の特徴

熟期は中期である. 砂利や砂地の日当たりのよいところが栽培に適している. うどんこ病には感受性がある.

栽培地とワインの味

CROUCHEN は都合のよいことに，たとえば南アフリカ共和国ではリースリング（RIESLING）と，またオーストラリアではセミヨン（SÉMILLON）（かつては CLARE RIESLING と呼ばれていた）というように，より高貴な品種と混同されてきたおかげで，長い間広く栽培されていた. ニュートラルなワインになり，リースリングとの共通点といえば熟成の可能性のみである. 故郷にあたるフランス大西洋岸のバイヨンヌ（Bayonne）の北部，メッサンジュ（Messanges）やカップブルトン（Capbreton）などの砂地では生食用としてまたワイン用として栽培されてきた. 現在ではその近辺でわずかに見られるのみである.

スペイン北西部の海岸地方のバスク州でも CROUCHEN は栽培されているが，同州では HONDARRIBI ZURI という名前で誤って知られている.

CROUCHEN は1850年に SALES BLANC という名前でオーストラリアに持ち込まれた（おそらく Sables のスペルミスによるもので，これは穂木が採られた砂地の畑を表しているであろう）. 最初はクレア・バレー（Clare Valley）のセブンヒル（Sevenhill）修道院のイエズス会の人々がこの品種を栽培していた（Galet 1990）. その品種の正体が知られていなかったため，1976年にフランスのブドウ分類の専門家，Truel 氏がその品種は CROUCHEN であると明らかにするまでは，CLARE RIESLING という名前で知られていた（リースリングはオーストラリアではセミヨンを指すことが多かった）. 現在ではクレア・バレーでは，ほとんどの畑で本物のリースリングに置き換えられている. オーストラリアには117 ha（289 acres）が残っており，ほとんどすべてが温暖な内陸のスワン・ヒル（Swan Hill），リヴァーランド（Riverland），マレー・ダーリング（Murray Darling）で栽培されており，これらの地域では無名の白のブレンドワインに使われている．ビクトリア州のBrown Brothers社は例外で，同社はリースリングとCROUCHENの中甘口のブレンドワインを作っている．2010年にはわずかに5軒の栽培者があったにすぎない．

南アフリカ共和国は他の地域よりも多くのCROUCHENを栽培している．1656年にケープ（Cape）に持ち込まれ，最初はGROENBLAARSTEEN（Green Leaf Steen）と呼ばれ，続いてCAPE RIESLING，PAARL RIESLING，SOUTH AFRICAN RIESLINGと改名された（Beuthner 2009）．南アフリカ共和国では本物のリースリングはWEISSER RIESLINGあるいはRHINE RIESLINGと呼ばれており，これはおそらく数年後の1664年にケープに持ち込まれたのであろう．1950年代にChristiaan Johannes Orffer氏が，南アフリカ共和国にリースリングと呼ばれる少なくとも二つの異なる品種があり，片方のみが本物のリースリングであると気づいていた．1980年代に彼はより広く栽培されていた品種をCROUCHEN BLANCと同定したが，ワインは引き続きリースリングの名前で販売された．2009年に成立した法律は2010年からの収穫分以降に適用されたのであるが，その法律によればCROUCHENはそのとおり正確に表示されなければいけないことになり，その結果リースリングにWeisserやRhineの単語を加える必要がなくなった（このルールは輸出用にはすでに適用されているが，国内ではまだ適用されていない）．2009年には895 ha（2,212 acres）が，主にブリーダクルーフ（Breedekloof）やパール（Paarl）で栽培されていた．ステレンボッシュ（Stellenbosch）にその名を冠したワイナリーをもつGary Jordan氏によれば「よいCROUCHEN」というのは矛盾した表現であるが，Theuniskraal社は有用なヴァラエタルワインを作っている．もっとも，当然のことながらこのワインも最近までリースリングと表示されていたのであるが．

CROVASSA

イタリア，ヴァッレ・ダオスタ（Valle d'Aosta）の非常にマイナーな赤品種

ブドウの色：● ● ● ● ●

主要な別名：Croassa

起源と親子関係

CROVASSAはイタリア北東部，ヴァッレ・ダオスタで少なくとも2世紀にわたって栽培されてきたが，重要な品種であり得たことはこれまでない．他のヴァッレ・ダオスタの品種とは関係がないがネッビオーロ（NEBBIOLO）とのDNAの類似性を示す．したがって，この品種はピエモンテ（Piemonte）が起源の地であると考えられる（Vouillamoz and Moriondo 2011）．

ブドウ栽培の特徴

樹勢が強く晩熟である．

栽培地とワインの味

CROVASSAはイタリア北西部，ヴァッレ・ダオスタでのみ，主にイソーニュ（Issogne）とドナス（Donnas）の町周辺で栽培されており，通常他の地方品種とブレンドされている．2000年，イタリアでわずかに15 ha（37 acres）のみの栽培が記録されていた．

CRUJIDERA

MARUFOを参照

CRYSTAL

まだ同定されていない中国, Yunnan（雲南省）のこの品種は
labrusca に似たワインになる.

ブドウの色：● ● ● ● ●

起源と親子関係

インターネット情報（www. cnwinenews. com/2019年4月25日アクセス）によれば，CRYSTAL は1965年に中国中南部の雲南省の Mile（弥勒郡）の Dongfeng Farm 社が ROSE HONEY，FRENCH WILD などの他の10種類のブドウとともに中国に輸入したと考えられている．DNA 解析はまだ実施されておらず CRYSTAL とヨーロッパ品種との関係，またコネチカット州の Canton Center の S D Case 氏が選抜した *Vitis labrusca* 系の CRYSTAL と呼ばれる品種と同一（もしそうならこのワインの変わった香りが説明できる）であるかどうかは解明されていない．Sun（2004）は，この品種は *Vitis vinifera*×*Vitis labrusca* の交雑品種で，ワインよりも食用や加工用に向いていると述べている．

他の仮説

CRYSTAL は19世紀の初めに宣教師が雲南省の Shangri-La 地方（シャングリラ）に ROSE HONEY などとともにヨーロッパから持ち込んだといわれているが，文献によるその証拠はない．

ブドウ栽培の特徴

早熟である．栽培は容易で寒冷と病気に耐性をもつ．

栽培地とワインの味

中国，雲南省で主に見られ，現地で広く栽培されており歴史も長い．Yunnanhong（雲南紅）ワイナリーは最大の生産者である．ワインはバラに似たアロマに加えて甘いはっきりした *labrusca* 特有のフォクシーフレーバーをもつ．

CSABA GYÖNGYE

ハンガリーの生食用ブドウ.
軽く，ブドウの香りの強い白ワインの生産に用いられることもある.

ブドウの色：● ● ● ● ●

主要な別名：Cabski Biser（スロベニア），Csabagyöngye（ハンガリー），Julski Muskat（スロベニア），Pearl of Csaba，Perl do Saba（ブルガリア），Perla Czabanska，Perla di Csaba，Perle de Csaba（フランス），Perle von Csaba（オーストリア，ドイツ），Rindunicaz Strugurilor（ルーマニア），Vengerskii Muskatnii Rannüj，Zemcug Saba（ロシア）

起源と親子関係

CSABA GYÖNGYE は「Csaba の真珠」という意味を持ち，1890年にハンガリーで民間の育種家の János Mathiász 氏（1838–1921）が交配により得られた．Kozma *et al.*（2003）は Mathiasz 氏が種を有名な育種家の Adolf Stark 氏（1834-1910）に送り，Stark 氏がハンガリー南部のベーケーシュチャバ（Békéscsaba）にある自分の庭で育てたことから，この名前がつけられたと考えている．CSABA GYÖNGYE は長い間

BRONNERTRAUBE×MUSCAT OTTONELの交配品種だとされてきた（Galet 2000）が，DNA解析によりCSABA GYÖNGYEはMADELEINE ANGEVINEとおそらくMUSCAT FLEUR D'ORANGERの子品種であることが示された（Kozma *et al.* 2003; Galbács *et al.* 2009）.

CSABA GYÖNGYEはハンガリーの育種家によってIRSAI OLIVÉRおよびZALAGYÖNGYEなどのいくつかのワイン用ブドウの他，SZŐLŐSKERTEK KIRÁLYNŐJE（ドイツではKÖNIGIN DER WEINGÄRTENとして知られる）など多くの生食用ブドウの育種にも用いられた.

他の仮説

Kozma *et al.*（2003）によると，CSABA GYÖNGYEはベーケーシュチャバの庭で生育しているのが思いがけなく1904年に発見されたものだと述べる研究者もいる.

ブドウ栽培の特徴

萌芽期は早期で，非常に早熟．低い収量．冬の寒冷に耐性で薄い果皮を持つ果粒は玉割れを起こす傾向にある.

栽培地とワインの味

CSABA GYÖNGYEは生食用として育種され，ルーマニアやハンガリー，ブルガリアに広がった．薄い果皮であるため輸送にともなう損傷を避けるのが困難であった．ハンガリーでは軽い，ブドウの香りの強いアロマティックなワインが作られることがある．たとえばハンガリー西部のバダチョン（Badacsony）にあるVarga社が中甘口で早く瓶詰めされるワインを作っているが，92 ha（227 acres）のうちのどれくらいの割合がワインに用いられているかは不明である.

CSERSZEGI FŰSZERES

香り高い白のデイリーワインになるハンガリーの人気の交配品種

ブドウの色：

起源と親子関係

1960年にハンガリーのパンノン（Pannon）農業大学のKároly Bakonyi氏がIRSAI OLIVÉR × SAVAGNIN ROSEの交配により得た交配品種である．その名前は，ハンガリー西部のザラ県（Zala）の村の名であるCserszegtomajと「スパイシー」を意味する*fűszeres*にちなんで命名され，1982年に正式に公開された.

ブドウ栽培の特徴

萌芽期は早期で．熟期は中期である．豊産性である．小さな果粒で，果房に赤い果粒が混じる．冬の寒冷および灰色かび病に耐性をもつ.

栽培地とワインの味

CSERSZEGI FŰSZERESはハンガリーで広く栽培されており，香り高くフルーティーでスパイシーなワインが作られ，辛口とオフ・ドライの両方が見られる．最高のワインは辛口で，生き生きとした酸味と春の花のヒントおよびマスカットのアロマをもち，これらはその親品種の性質を併せ持つことになる．ワインはセラーで熟成させるよりもデイリーワインに適している．推奨される生産者としてはハンガリー中南部クンシャーグ（Kunság）のFont，Frittmann，Gál社およびBenő Kökény社，また北西部のネスメーイ（Neszmély）のHilltop社や北部のマトーラ（Mátra）のBenedek社および西部のバラトン湖（Lake Balaton）のすぐ北にあるJásdi社などがあげられる．2008年には3,057 ha（7,554 acres）の栽培が記録されており，このうちクンシャーグが3分の2以上を占めている．ハンガリーではとても人気があるが，その発音しにくい名前ゆえ輸出に困難がともなう．

CSÓKASZŐLŐ

再発見の最中にあるハンガリーの古い品種

ブドウの色：● ● ● ● ●

主要な別名：Csóka Szőlő または Csóka，Fekete Magyarka，Kleinhungar Blauer（オーストリア），Magyarka Neagra（ルーマニア），Rácfekete，Vadfekete
よくCSÓKASZŐLŐと間違えられやすい品種：Cigányszőlő

起源と親子関係

鳥類の「コクマルガラス」を意味する *csóka* と「ブドウ」を意味する *szőlő* からなる造語のCSÓKASZŐLŐ は，ほとんど黒色であるこの品種の果粒を表している．ほとんど忘れられていた古いハンガリーの品種で，かつてはカルパチア盆地（Carpathian Basin）に広がっていた．

ブドウ栽培の特徴

萌芽期とで熟期はいずれも中期である．低い収量．小さくワキシーな果粒で小さな果房をつける．灰色かび病に耐性をもつが，べと病には感受性がある．うどんこ病にはそれほどの感受性は見られない．

栽培地とワインの味

この品種は，無視され，ほとんど絶滅状態であったが，現在，再評価の最中でハンガリーの少数の栽培家により植え直しが行われている．よい色合いで，スパイシー，鮮やかなフルーティーさと生き生きとした酸味，かなり高いアルコール分とはっきりした，しかしベルベットのようなタンニンをもつ．ピノ・ノワール（PINOT NOIR）と KÉKFRANKOS（BLAUFRÄNKISCH）の中間のスタイルで，ある種のエレガントさを示すが，まだこの品種本来のスタイルを表現するまでの途中の段階にあると生産者は感じている．ブダペストのすぐ南西部において，József Szentesi 氏が最初にこの品種の栽培を始めた．彼の2004年のワインはおそらく過去150年で最初の CSÓKA のワインであろう．他の推奨される生産者としてはハンガリーの最も西部のザラ県（Zala）の Bussay 社（生産はごく少量で入手困難），北部のエゲル（Eger）の Kaló Imre 社，南西部のヴィラーニー（Villány）の Vylyan 社および Attila Gere 社などがあげられる．CSÓKA は現在では Villány 原産地呼称で登録されており，もはやテーブルワインに降格することはない．

CYGNE BLANC

CYGNE BLANC には「白い白鳥」という意味があり，カベルネ・ソーヴィニヨン（CABERNET SAUVIGNON）の偶発実生の白色果皮品種で，オーストラリア西部のスワン・バレー（Swan Valley）のバスカービル（Baskerville）において，ワインの生産者である Dorham Mann 氏の妻の Sally Mann が1989年に彼女の庭で偶然見つけた．その庭はカベルネ・ソーヴィニヨンを主に栽培している畑に近いことから，ちょうど無数の種が毎年世界中でたくさんできるのと同じく，自家受粉により生まれたものであろう（p 1278参照）．この果粒の色はカベルネ・ソーヴィニヨンが白品種のソーヴィニヨン・ブラン（SAUVIGNON BLANC）を親品種にもつことを知らない人を驚かせるかもしれない．カベルネ・ソーヴィニヨンの果皮色変異はオーストラリアでも見られるが（カベルネ・ソーヴィニヨン（CABERNET SAUVIGNON）参照），SHALISTIN と違って，CYGNE BLANC は異なる品種で，Dorham と Doris Elsie Mann の2人は1997

年にこの品種を公式登録した．今世紀初めに南オーストラリア州，ライムストーン・コースト（Limestone Coast）にあるマウント・ベンソン（Mount Benson）に植えられたが，現在のところカベルネ・ソーヴィニヨンの緑っぽい葉の感じが少しする以外，大きな特徴は示さない白い果粒をつけている．

D

DAFNI (ダフニ)
DAKAPO (ダカーポ)
DALKAUER (カルカウアー)
DAMASCHINO (ダマスキーノ)
DE CHAUNAC (ド・ショナック)
DEBINA (デビナ)
DEBINE E BARDHË (デビナ エ バルゾ)
DEBINE E ZEZË (デビナ エ ゼズ)
DEBIT (デビット)
DECKROT (デックロート)
DELAWARE (デラウェア)
DELISLE (デライル)
DEVÍN (デヴィン)
DIAGALVES (ディアガルヴェス)
DIMRIT (ディムリット)
DIMYAT (ディミャット)
DINDARELLA (ディンダレッラ)
DIOLINOIR (ディオリノワール)
DIŠEĆA RANINA (ディシェチャ・ラニナ)
DNESTROVSKY ROZOVY (デニストロスキー・ロザウェイ)
DOBRIČIĆ (ドブリチッチ)
DOINA (ドイナ)
DOLCETTO (ドルチェット)
DOLCIAME (ドルチャーメ)
DOMINA (ドミナ)
DONA BRANCA (ドナ・ブランカ)
DONZELINHO BRANCO (ドンゼリーニョ・ブランコ)
DONZELINHO TINTO (ドンゼリーニョ・ティント)
DORADILLA (ドラディーリャ)
DORAL (ドラル)
DORINTO (ドリント)
DORNFELDER (ドルンフェルダー)
DORONA DI VENEZIA (ドローナ・ディ・ヴェネーツィア)
DOUCE NOIRE (ドゥース・ノワール)
DOUX D'HENRY (ドウィゾリー)
DRAGON BLUE (ドラゴンブルー)
DRNEKUŠA (ドゥルネクシャ)
DRUPEGGIO (ドルペッジョ)
DUNAJ (ドゥナイ)
DUNKELFELDER (ドゥンケルフェルダー)
DURANIJA (ドゥラニヤ)
DURAS (デュラ)
DURELLA (ドゥレッラ)
DUREZA (デュレザ)
DURIF (デュリフ)
DUTCHESS (ダッチェス)
DZVELSHAVI OBCHURI (ゼルシャヴィ・オブチュリ)

※次ページ以降に記載されているこのシンボルは，別名や誤った同定がDNA解析により確認されたことを示す.

DAFNI

月桂樹の独特な香りをもつクレタ島（Kríti）の品種.
記憶の隅に追いやられていたが，近年になって甦った.

ブドウの色：● ● ● ● ●

主要な別名：Dafnia，Daphni（イラクリオ（Irákleio/Heraklion）），Daphnia
よくDAFNIと間違えられやすい品種：Daphnato または Daphnata ☒

起源と親子関係

DAFNI はギリシャのクレタ島に起源をもつ古い品種である．その名前は，ワインに独特のアロマをもたらしている「月桂樹」を意味する *daphne* に由来する．

ブドウ栽培の特徴

豊産性で非常に晩熟である．厚い果皮をもつ果粒が粗着した果房をつけるので病気に強い耐性がある．

栽培地とワインの味

DAFNI が救済され復活をとげたギリシャのクレタ島において，非常に限られた量ではあるが，Lyrarakis 社によりもっぱら栽培されている．Lyrarakis 社は，月桂樹の独特なアロマをもち，適度のアルコール分（通常はおよそ12% もしくは12.5%）とローズマリー，トロピカルフルーツ，ショウガなどのフレーバーをもつヴァラエタルワインを作っている．アロマは主に厚い果皮に含まれ，強い剪定によりブドウの収量を抑えることが必要である．DAFNI は1980年代終わりには事実上絶滅の状態にある品種であったが，いまでは主に同島の中央部で15 ha（37 acres）が栽培されており，ギリシャの他の地域でも試験的にこの品種の栽培を始めている生産者もある．

DAKAPO

ブレンドに色合いを添える赤い果肉のドイツの交配品種

ブドウの色：● ● ● ● ●

主要な別名：Geisenheim 7225-8

起源と親子関係

1972年にドイツ，ラインガウ（Rheingau）のガイゼンハイム（Geisenheim）で Helmut Becker 氏が DECKROT × BLAUER PORTUGIESER の交配により得た交配品種である．

ブドウ栽培の特徴

樹勢が強く，安定した豊産性を示す．萌芽期は中期で，早熟である．いわゆる染物屋（Teinturier）と呼ばれる品種で赤い果肉の果粒をつける．霜とかびの病気に良好な耐性を示す．収穫期に向けて裂果する傾向がある．

栽培地とワインの味

DAKAPOの名前は「追加」あるいは「アンコール」を意味するイタリア語の *da capo* に由来する．DAKAPOのもつ濃い色合いによりブレンドワインの色づけに使われることから，この言葉が当てはめられた．タンニンに富むものの，同時にこれといってあまり特徴のないこの品種は，1999年にドイツ公式登録リストに登録された．現在はドイツで59 ha（146 acres）が栽培されており，バーデン（Baden），ラインヘッセン（Rheinhessen），プファルツ（Pfalz）で多く栽培されている．モーゼル地方（Mosel）のコッヘム（Cochem）にあるHaxel社は甘口のワインを，またヘッシッシェ・ベルクシュトラーセ（Hessische Bergstrasse）のRothweiler社とStaatsweingut社は辛口タイプのワインを作っている．

スイスでの2009年の栽培面積は12 ha（30 acres）であり，主にシャフハウゼン州（Schaffhausen）で栽培されている．

DALKAUER

リースリングと他の品種との間に生まれた珍しいドイツの子品種

ブドウの色：●　●　●　●　●

主要な別名：Beutelrebe
よくDALKAUERと間違えられやすい品種：RIESLING

起源と親子関係

この品種は1945年以降にラインラント＝プファルツ州（Rheinland-Pfalz），バート・クロイツナハ（Bad Kreuznach）にあるWeingut Görz社のオーナーがコーカサスからドイツに持ち込み，Beutelrebe（「bag grape」（鞄のブドウ）という意味）という名前でナーエ（Nahe）に広がったといわれている（Ambrosi *et al.* 1997; Hillebrand *et al.* 2003）．1982年にバート・クロイツナハの民間育種家であるGeorg Dalkowski氏がこの品種を登録した．この品種名は彼の名前にちなんだものである．この品種はリースリング（RIESLING）とGRÜNER VELTLINERとの間の交配品種，あるいはリースリングと不明の品種の間に生まれた交配品種であるといわれている．またリースリングの変異品種であるという人もいるが，DNA解析を行えば，これらの説の真偽は容易にわかるだろう．

ブドウ栽培の特徴

萌芽期は晩期で晩熟である．冬の霜に耐性を示す．

栽培地とワインの味

ドイツのラインヘッセン（Rheinhessen）とナーエで非常にわずかだが栽培されている．

DAMASCHINO

古くから知られるニュートラルな白品種. 地中海沿岸地域周辺とポルトガルでブレンドワインを作るのに用いられている.

ブドウの色：●　●　●　●　●

主要な別名：Alicante Branco（ポルトガル），Beldi☒（チュニジア），Damaschena（シチリア島），Farana☒，Faranah, Farranah（アルジェリア），Mayorquin（フランス），Planta Fina☒（スペイン），Planta Fina de Pedralba（スペイン），Planta Pedralba（スペイン）

よくDAMASCHINOと間違えられやすい品種：TREBBIANO TOSCANO☒（オーストラリア），VERDEJO☒

起源と親子関係

DAMASCHINO という名前がはじめて文書に記録されたのは19世紀中頃のシチリア島においてであるが，その地域に DAMASCHINO が持ち込まれたのはアラブ支配時代（9～10世紀）だと言われている．この名前はダマスカスの名を連想させるが，この品種の起源がシリアであることを示す歴史的，遺伝的証拠はまだ見つかっていない．おそらく地中海沿岸のいずれかの地域に起源をもつのであろうと考えられている．

DAMASCHINO のスペイン名である PLANTA FINA と VERDEJO は同じ品種であるという説（Ibañez *et al.* 2003）もあったが，DNA 解析によりこれらは異なる品種であることが明らかになった．

ブドウ栽培の特徴

結実能力が高く豊産性である．薄い果皮をもつ中～大サイズの果粒からなる大きな果房をつける．萌芽期は中期で熟期は中期である．乾燥に耐性を示す．また，水はけのよい軽い土壌の海岸性気候の地域が栽培に適している．べと病に感受性がある．

栽培地とワインの味

DAMASCHINO は，地中海沿岸地域の至る所で栽培されているのだが，地域ごとに様々な名前で呼ばれている．ブドウは生食用としても，またワイン用としても用いられている．

イタリアのシチリア島で広く栽培されてきたが，CATARRATTO BIANCO，また近年では GRILLO などの，より強い耐性をもつ品種に徐々に置き換えられている．DAMASCHINO は現在では主にマルサラ地域（Marsala）で栽培されており，同名の DOC で公認され，GRILLO，CATARRATTO BIANCO，INZOLIA などの地方の品種とブレンドされている．他の地域では GARGANEGA と（GRECANICO DORATO の名で）ブレンドされることもある．1998年に制定された Delia Nivolelli DOC では DAMASCHINO のヴァラエタルワインが公認されている．イタリアの農業統計によれば2000年には348 ha（949 acres）の栽培が，また，2008年にはシチリア島で444 ha（1,097 acres）の栽培が記録されている．

MAYORQUIN の別名でフランス南東部の Bellet AC で公認されているが，そこでは2006年に1 ha（2.5 acres）の栽培が記録されているのみである．

スペインではバレンシア州（Valencia）において PLANTA FINA あるいは PLANTA FINA DE PEDRALBA という名前で栽培されており Valencia DO で公認されている．2008年のスペインでは227 ha（561 acres）の栽培が記録されている．スペインで生産されるヴァラエタルワインは軽く，リンゴのフレーバーはあるが，香り豊かなワインではない．ポルトガルでは ALICANTE BRANCO という名前で2010年に1,167 ha（2,884 acres）の栽培が記録されている．生産者としては，ベイラ・インテリオル（Beira Interior）の Vinolive 社やマデイラ島（Madeira）の Barbeito 社などが推奨されている．

アルジェリアでは FARANA，FARANAH，FARRANAH などの名前で栽培されている．アルジェリアの独立以降，栽培面積は減少しているが，FARANA は依然，Coteaux de Tlemcen 原産地呼称で Atlasian Cellars 社によりアルジェリアの山間部で栽培され，辛口ワインを作るのに用いられている．チュニジアでは，BELDI という名前で最も普及している生食用およびワイン用ブドウである．

オーストラリアでは，FARANA という名前で少量が栽培されているがヴァラエタルワインは作られておらず，2005年以降は事実上消滅状態にある．

DE CHAUNAC

フランスの交雑品種だが，現在はカナダやニューヨーク州がその本拠地となっている．

ブドウの色：● ● ● ● ●

主要な別名：Cameo，Seibel 9549

起源と親子関係

Albert Seibel 氏が作り出した SEIBEL 5163×SEIBEL 793の交雑品種である（SEIBEL 5163の完全な系統については PRIOR 参照）．

- SEIBEL 793は SEIBEL41×*Vitis rupestris* 'Gigantesque' Jaeger の交雑品種
- SEIBEL 41は MUNSON×*Vitis vinifera* subsp. *vinifera* の交雑品種（不明の品種）（MUNSON の完全な系統は PRIOR を参照）

De Chaunac はフランス系カナダ人の化学者の名前で，後に1933〜61年の間，オンタリオの Niagara Falls にある Brights Wines 社の研究責任者をつとめた．第二次世界大戦後，彼は DE CHAUNAC を含む様々なハイブリッド品種を輸入して試験した．

ブドウ栽培の特徴

早熟である．豊産性で病気への耐性をもっている．冬の寒さに比較的強い．

栽培地とワインの味

DE CHAUNAC はフランスで育種された品種であるが，現在はカナダや北アメリカがその本拠地となっている．フランスの公式統計には栽培の様子が記録されていないが，オンタリオ州では2006年に100 acres（40 ha）の栽培が記録されており，ニューヨーク州でも，ほぼ同じ規模で栽培されている．また，ケベック州とアメリカ北東部および中西部でも栽培されている．かつては，この品種がカナダで最も広く栽培されていた交雑品種であった．ペンシルベニア州の Buckingham Valley 社が良質のワインを作っている．

DEBEJAN

GEGIĆ を参照

DEBINA

特定の地域で栽培されている高い酸度をもつギリシャの品種．
軽く爽やかで，穏やかな酸味のワインになる．

ブドウの色：●　●　●　●　●

主要な別名：Debina Metsovou ☒，Debina Palea ☒，Dempina ☒，Ntempina，Zítsa
よくDEBINAと間違えられやすい品種：Debina Kala ☒（アルバニアのスクラパル県（Skrapar）），DebinaTeki ☒（スクラパル県）

起源と親子関係

DEBINA は，ギリシャ北西部のイピロス地方（Ípeiros /Epirus）のヨアニナ県（Ioánnina）のジツァ地域（Zítsa）の在来品種で，その地方で伝統的に栽培されてきた．Manessis（2000）によれば DEBINA は19世紀にバイロン男爵（Lord Byron）と彼の友人である Hobhouse 氏によって称賛されたといわれている．

この地方で言い伝えられてきた事柄に反して，DEBINA（別名の DEMPINA で）は，アルバニア南東部のスクラパル県由来の品種で，いずれも現在は商業栽培されていない DEBINA KALA や DEBINA TEKI と遺伝的には近縁であるが，これらと同じ品種ではない（Ladoukakis *et al.* 2005）．

ブドウ栽培の特徴

果粒が密着した大きな果房をつける．萌芽期は中期～後期で晩熟である．樹勢が強く，やや高収量である．乾燥ストレスと灰色かび病による被害を受けやすい．

栽培地とワインの味

DEBINA は Zítsa 原産地呼称で公認されている唯一の品種で，現地で最も広く栽培されている品種である（459 ha/1,134 acres: 2008年）．Zítsa は，他のワイン産地から離れたギリシャ北西部の標高600～700 m 地点に位置している．イオニア海の影響を受けた気候の下で栽培されるブドウから作られるワインは，通常軽いものになる．ことさら特徴的な香りはなく高い酸味をもつため，オフドライのワインや発泡性ワインのベースに用いられることが多い．この地方の9月の気候は変わりやすく予測不能であることから，果粒が完熟しにくいという問題が起こりうる（Lazarakis 2005）．しかし，収量を制限すると，DEBINA のワインは爽やかで品があるものになり，りんごの風味と軽い酸味の爽快な後味は私たちの喉の渇きを癒してくれる．

生産者としては Glinavos，Ioánnina Zítsa 協同組合，Katogi & Strofilia 社などが推奨されている．Zítsa の南東，ラミア（Lamía）近くの Attalandi でも栽培されている．

DEBINE E BARDHË

謎めいた起源をもつアルバニアの品種．栽培は減少の一途をたどっている．

ブドウの色：●　●　●　●　●

主要な別名：Debin

起源と親子関係

DEBINE E BARDHË には,「白い Debine」という意味があり,アルバニア南東部の Përmet および Këlcyrë の町周辺の地域がこの品種の起源であろう.しかしアルバニア南東部のスクラパル(Skrapar)で採集された DEBINA TEKI および DEBINA KALA と呼ばれる二つの標準試料のブドウの樹(それらの果粒の色は記載されていない)は,異なる DNA プロファイルをもつことがわかった(Ladoukakis *et al.* 2005)ため,どちらがこの品種の本物の標準試料であるのか明らかになっていない.そのため,この品種のブドウの分類学的同定は依然あいまいなままである.DEBINA TEKI は遺伝的にギリシャの DEBINA に近く,品種名の対応の説明がつく.他方,DEBINA KALA は,アルバニアの品種で,もはや栽培されていない BORA に遺伝的に近縁である.

DEBINE E BARDHË が DEBINE E ZEZË の果皮色変異であるかどうか,そして DEBINE E BARDHË が DEBINA TEKI あるいは DEBINA KALA のどちらと同じであるのかを明らかにするためには,DNA 解析が必要である.

栽培地とワインの味

主にアルバニア南東部で栽培されているが国際品種に置き換えられ畑を失いつつある.

DEBINE E ZEZË

アルバニア南東部の品種.濃い果皮色が特徴.DEBIN あるいは DEBINE E ZI としても知られている.DEBINE E BARDHË 参照.

DEBIT

ダルマチア地方(Dalmacija)に広がるブドウ品種.
アルコール分が高いワインが作られる.

ブドウの色:

主要な別名: Belan(モルドヴァ共和国),Čarapar(クロアチア),Debit Bijeli(クロアチア),Puljižanac
よく DEBIT と間違えられやすい品種: Pagadebiti ⊗(イタリアのプッリャ州(Puglia))

起源と親子関係

DEBIT はクロアチアの在来品種だと考えられている.DEBIT の名前には「債務」という意味がある.DEBIT とは遺伝的には異なる品種だが(Vouillamoz),イタリアの PAGADEBITI と同様に,ブドウの収量が高いことから,ブドウが栽培者に債務の返済に必要なお金をもたらすという意味で命名されたものであろう(Vouillamoz).

他の仮説

DEBIT は,その別名 PULJIŽANAC(「プッリャ州の」という意味をもつ)が物語るように,イタリアのプッリャ州からダルマチアに持ち込まれたものだという人もいるが,間違った別名の PAGADEBITI と混同されてしまった結果だというのがもっともらしい説である.DEBIT はトルコ起源であるという研究者もいるが,この説は DEBIT が別のクロアチア品種の GEGIĆ, ŠKRLET, BOGDANUŠA などと同じグループに属すると結論づけた遺伝的解析結果(Maletić *et al.* 1999)とは一致しない.

ブドウ栽培の特徴

晩熟で豊産性である．べと病に感受性がある．

栽培地とワインの味

DEBIT はクロアチアのダルマチア地方全域に広がっており，スイェヴェルナ・ダルマチヤ（Sjeverna Dalmacija /Northern Dalmatia），ダリマチンスカ・ザゴラ（Dalmatinska Zagora/Dalmatian Hinterland），スレドニヤ・イ・ユジュナ・ダルマチヤ（Srednja i Južna Dalmacija/Central and Southern Dalmatia）などすべてのワイン産地で公認されている．ヴァラエタルワインには力強さと骨格がありながら，爽やかで緑の果実のフレーバーをもち，ブレンドすると濃厚さと深みが加わる．2009年の栽培面積はクロアチアのブドウ畑の1.7 % を占める550 ha（1,359 acres）であった．生産者としてはBibich 社およびVinoplod 社が推奨されている．

DECKROT

ワインを色付けするために育種された，赤い果肉をもつドイツの交配品種.

ブドウの色：● ● ● ● ●

主要な別名：Freiburg 71-119-39

起源と親子関係

1938年にフライブルグでJohannes Zimmermann 氏がピノ・グリ（PINOT GRIS，RULÄNDER）× TEINTURIER（FÄRBERTRAUBE）の交配により得た交配品種である．この品種はDAKAPO の育種に用いられた．

ブドウ栽培の特徴

赤い果肉をもち良好な耐病性を示す．収量は並．高い糖度と酸度をもつ．

栽培地

深紅の果肉をもつこの品種（*deckrot* はドイツ語で「染物屋」の意味である）は1991年にドイツ公式登録リストに登録され，主に赤のブレンドワインの色を濃くするために用いられている．ドイツでは21 ha（52 acres）の栽培が記録されている．南部のバーデン（Baden）が栽培の中心地であり，そこではWinzergenossenschaft Achkarren 社がヴァラエタルワインを作っている．スイスでの栽培はわずか5アール，0.05 ha である．

DELAWARE

その起源は明らかにはなっていないが歴史ある品種.
アメリカ合衆国東部および中西部で一時，人気を博していた.

ブドウの色：● ● ● ● ●

主要な別名：Delavar，Heath Grape，Ladies Choice，Powell，Ruff Heath

起源と親子関係

アメリカ合衆国，オハイオ州のデラウェア郡（Delaware）のフレンチタウン（Frenchtown）が起源であると考えられているが，依然その起源はあまりよくわかっていない．1792年にフランス語を話すスイスの貴族である Paul Henri Mallet-Prevost 氏は，フランス革命中に同胞を隠した罪で指名手配となり，フランスからスイスを経てヨーロッパから逃亡した．

彼は1794年にニューヨーク市に到着し，この年に，ニュージャージー州のハンタードン郡（Hunterdon）のキングウッド郡区（Kingwood）内のミルフォード（Milford）とストックトン（Stockton）の間にある，デラウェア川に沿って製粉所がいくつか建ち並んでいるアレクサンドリア（Alexandria）の土地を Thomas Lowrey 氏から購入した．Mallet-Prevost 氏は実際はスイス人であったが，製粉所の周囲に開拓された土地はフレンチタウンと呼ばれるようになった．

彼が初めてアメリカ合衆国に到着したときに，ヨーロッパ品種のブドウをアメリカ合衆国に持ち込んでいる．伝えられるところによれば，それらはブルゴーニュの品種であったとのことで，彼は，それらの品種とアメリカの野生種を用い試験的な交配を行った．Mallet Prevost 氏が生み出した品種のうち，最も興味深いのはアメリカ在来の *Vitis labrusca* や *Vitis aestivalis*，CATAWBA などとヨーロッパ品種との交配で得られたであろう品種であるが，これらの品種についての DNA 解析はまだ行われていない．

Mallet-Prevost 氏はフレンチタウンの近隣の人たちにこのブドウの樹を提供したのだが，彼からブドウの樹をもらった人たちの中に鍛冶屋で車大工の Benjamin Heath 氏がいた．Heath 氏は1837年にデラウェア郡のコンコード郡区（Concord）に移り，Freshwater Road にある彼の畑にこのブドウを植えた．彼の隣人であった Abraham Thompson 氏は園芸学者で町の新聞である *Delaware Gazette* の編集者でもあったが，Heath 氏のブドウに感銘をうけ，1855年に試料をマサチューセッツ園芸協会に送付した．この品種はマサチューセッツ園芸協会によりオハイオ州，デラウェア市のブドウ（Grape from Delaware city，Ohio）と名付けられた．Thompson 氏はその後，ニューヨーク州，コートランド郡（Courtland）からデラウェアに移った Campbell 氏やデラウェア郡，コロンバス（Columbus）の Frederick P Vergon 氏などとともにこのブドウ品種の普及に努めた．その甲斐あって，この品種は DELAWARE という名で非常に人気のある品種となった．

他の仮説

DELAWARE はイタリアのブドウあるいは赤の TRAMINER と考えられてきた（Bailey 1906; SAVAGNIN 参照）．また，「リスボンのワインブドウ（Lisbon wine grape）」や「赤いリースリング（red Riesling）」と呼ばれてきた．「DELAWARE は19世紀にフランスからニュージャージー州，ボーデンタウン（Bordentown）の Joseph Bonaparte 氏（ナポレオンの兄弟）に送られたものだ.」という人もいるが，DELAWARE には *Vitis vinifera* の特徴はほとんど見られない．

これを理由に，DELAWARE はアメリカの野生ブドウの実生であり，*Vitis vinifera* の遺伝的性質はもっていないと考える人もいる．しかし最近のミシガン大学におけるブドウの形態分類学的解析結果，とりわけ DELAWARE の根がフィロキセラの被害を強く受けやすいことは，DELAWARE がその祖先の一部に *vinifera* を有することを支持するものであった．

ブドウ栽培の特徴

比較的耐寒性をもっているがCONCORDほどではない．ピンク色をした薄い果皮の小さな果粒からなる小さな果房をつける．その他の北米品種や交雑品種に比べフォクシーフレーバー（狐臭）が控えめなため，鳥が好んで実を食べにくる．低収量でかびの病気，特にべと病とブドウつる割れ病，また，黒腐病，うどんこ病，灰色かび病にも感受性がある．フィロキセラの被害を受けやすいので接ぎ木が必要である．

栽培地とワインの味

DELAWAREは主にアメリカ合衆国の北東部および中西部で栽培されている．ニューヨーク州で最も広く栽培されており（2006年に265 acres/107 ha），ミシガン州，オハイオ州，ペンシルベニア州でも栽培が見られる．発泡性ワインや辛口からアイスワインに至るまで幅広いスタイルのスティルワインが作られている．その一方，DELAWAREより強い耐病性を有し，収量の多いアメリカ系交雑品種に栽培面積を奪われつつある．DELAWAREのワインは通常，白もしくはピンク色をしており，シンプルだが果実味に富んでいる．

DELAWAREはブレンドワインにしばしば用いられるが，ニューヨーク州ではBarrington Cellars社，Keuka Lake社，Mayers Lake Ontario社，Thousand Islands社，Wagner社などが，またデラウェア州ではNassau Valley社が，さらにミネソタ州のSt Croix社やオハイオ州のKlingshirn社（アイスワイン）らが様々なスタイルのヴァラエタルワインを作っている．

DELAWAREは他のアメリカ交雑品種3種とともに，オーストリア南部のUhudlerワインに公認されている（CONCORD参照）．

日本でも広範囲にわたって栽培されているが，2009年のワイン用の栽培は香川県から北海道にかけて50 ha（124 acres）程度であった（訳注：栽培自体は九州から北海道まで見られる）．

韓国にも1997年におよそ80 ha（198 acres）の栽培が記録されている．

DELISLE

非常にわずかな量のみが栽培されている北米の交雑品種．
耐寒性を有することと石油を思わせるアロマをもつのが特徴的．

ブドウの色：

主要な別名：ES 7-5-41

起源と親子関係

この品種は，ウィスコンシン州のオシオラ（Osceola）でElmer Swenson氏がELMER SWENSON 2-2-22×ESPIRITの交配により得た交雑品種である．ここで用いられたELMER SWENSON 2-2-22はELMER SWENSON 283×ELMER SWENSON 193の交雑品種（系統はSABREVOIS参照）である．したがって，DELISLEは*Vitis riparia*，*Vitis labrusca*，*Vitis vinifera*，*Vitis aestivalis*，*Vitis lincecumii*，*Vitis rupestris*，*Vitis cinerea*，*Vitis berlandieri*の非常に複雑な交雑品種である．

ブドウ栽培の特徴

中～小サイズの果房と果粒をつける．早熟．耐寒性をもつ．

栽培地とワインの味

DELISLEはカナダのオンタリオ州やケベック州などで，非常に限定的に栽培されている．ケベック州のDomaines et Vins Gélinas社は数少ないヴァラエタルワインの生産者である．DELISLEのワインは柑橘類やトロピカルフルーツを思わせるフレーバーとともに強い石油香をもつという特徴がある．

DEVÍN

スロバキアの交配品種.
スロバキアとチェコ共和国において，フルボディーでスパイシーな白ワインが生産される.

ブドウの色：<u>●</u> ● ● ● ●

主要な別名：Děvín（チェコ共和国），TCVCB 15/4

起源と親子関係

DEVÍN は1958年にスロバキアの首都，ブラチスラヴァ（Bratislava）の VUVV ブドウ栽培および醸造研究センターで Dorota Pospíšilová 氏がゲヴェルツトラミネール（GEWÜRZTRAMINER）×ROTER VELTLINER（スロバキア名では TRAMÍN ČERVENÝ×VELTLÍNSKE ČERVENÉ）の交配により得た交配品種である．最初は RYVOLA という名前でモラヴィア（Moravia）のブドウ畑（チェコ共和国）で栽培されていたが，後にブラチスラヴァ近くの廃墟となった城の名にちなんで改名された．1997年にスロバキアで公認されチェコ共和国では1998年に登録された.

ブドウ栽培の特徴

安定して高収量で樹勢が強い．萌芽期は後期であり，熟期は中期～晩期である．果皮の厚い大きな果粒をつける．春と冬の霜に耐性をもつ．灰色かび病に感受性であるが，秋に気候が乾燥している場合はこのブドウを使ってレーズンを作ることが可能である.

栽培地とワインの味

DEVÍN はスロバキアのいたる所で栽培されており（144 ha/356 acres : 2009年），その人気は高まりを見せている．同国南西部の南スロバキア（Južnoslovenská）と 小カルパティア山脈（Malokarpatská）のワイン生産地においてこの品種は最高の結果を生んでいる．フルボディーで酸味は低く，香りは軽く，スパイシーかつ，フルーティー，それに加えて花の香りも漂わせているような印象を抱かせてくれるワインが Mrva & Stanko 社（甘口ワイン）や Karpatská Perla 社（辛口ワイン）によって作られている．糖度が非常に高くなるため，アロマティックな貴腐ワインを作るのに適している．しかし収穫が遅れると，しまりのないワインになってしまう．他方，高収量で未成熟なブドウから作られるワインには苦い後味がのこる．2009年，チェコ共和国南東のモラヴィアで19 ha（47 acres）の栽培が記録された.

DIAGALVES

ポルトガル南部の品種.
ブレンドワインを作るのにも用いられるが，生食用でもある.

ブドウの色：<u>●</u> ● ● ● ●

主要な別名：Carnal，Dependura，Diego Alves，Diogalves，Fernan Fer，Formosa，Formosa Dourada，Formosa Portalegre，Pendura，Pendura Amarela，Villanueva（スペイン）
よくDIAGALVESと間違えられやすい品種：PALOMINO FINO ☒（スペイン）

起源と親子関係

ポルトガル品種であるDIAGALVESの起源についてはあまり知られていない．スペイン品種のPALOMINO FINOは時にDIAGALVESと呼ばれることがあるが，DNAプロファイルは異なっている（Veloso *et al.*；2010）ので両品種を混同してはいけない．DIAGALVESはRIO GRANDEやSEARA NOVAの育種に用いられた．

ブドウ栽培の特徴

萌芽期は早期～中期で晩熟である．暑く乾燥した夏にはよく生育する．高収量だが収量は安定はしておらず不規則である．厚い果皮をもつ大きな果粒をつける．花ぶるい，結実不良（ミルランダージュ）を起こしやすく，灰色かび病，エスカ病（Esca），ユーティパ・ダイバックなどに感受性である．

栽培地とワインの味

DIAGALVESはポルトガルのいたる所で栽培され，生食用ブドウとして，またワイン用にも用いられており，IGP AlentejanoやIGP Tejoで公認されている．わずかだが草の香りを漂わせている．アルコール分は低く，酸味と骨格はいずれも弱い．このワインは若いうちに飲むことをおすすめする．DIAGALVESはアレンテージョ（Alentejo）で，Enoforum社のReal Forteワインにブレンドされている．2010年，ポルトガルでは1,102 ha（2,723 acres）の栽培が記録された．

DIEGO

VIJARIEGOを参照

DIMRIT

果皮色が濃い低品質なトルコの品種．
いまのところ，ほんのわずかだけワインに用いられている．

ブドウの色：

主要な別名：Dimlit，Dimrit Kara，Dirmit Kara

起源と親子関係

DIMRITの起源はおそらくトルコ中部，カッパドキア（Kapadokya）のネヴシェヒル（Nevşehir），クルシェヒル（Kırşehir），カイセリ（Kayseri），ニーデ地方（Niğde）であろう．AKDIMRIT，BURDUR DIMRITI，DIMRITなどの品種はいわゆるDIMRITグループに属していると考えられてきたが，DNA解析によってDIMRITと呼ばれている22の試料はほとんど互いに関係がなく，21種類の異なる品種であることが最近明らかになった（Şelli *et al.* 2007）．

ブドウ栽培の特徴

早熟である．果皮が薄いので灰色かび病に感受性である．果粒の糖度はかなり高くなる．

栽培地とワインの味

トルコのカッパドキアで広く栽培されているが，品質があまりよくないためワインを生産するのに用いられるのは，ほんのわずかである．ほとんどはブレンドワインの中にその姿を消してしまう．しかし，この品種は大きな可能性を秘めているのかもしれない．2010年にはトルコで729 ha（1,801 acres）の栽培が記録されている．

DIMYAT

豊産性のブルガリアのデイリーワイン用白品種

ブドウの色：

主要な別名：Ahorntraube, Bekaszőlő（ハンガリー），Dertonia（トルコ），Dimiat（ルーマニア，フランス），Galan（ロシア），Grobweisser（オーストリア），Misket Slivenski（ブルガリア），Roşioară（モルドヴァ共和国），Semendria（ルーマニア），Smederevka ✕（北マケドニア共和国，クロアチア，スロベニア，セルビア），Smederevka Bianca（イタリア），Szemendriai Fehér（ハンガリー），Töröklugas（ハンガリー），Yapalaki（ギリシャ），Zoumiatiko ✕または Zumiatico（ギリシャ），Zumyat
よくDIMYATと間違えられやすい品種：Parmak ✕（ブルガリア）

起源と親子関係

DIMYAT は非常に古いバルカン半島（Balkan）の品種で，おそらく最も多様性に富むブルガリアがその起源であろうと考えられている．ブルガリアには少なくとも次の主要3タイプがある（Katerov 2004）．

- DIMYAT CHERVEN（赤紫色の果皮の果粒をもつ）
- DIMYAT CHEREN（黒い果皮の果粒をもつ）
- DIMYAT EDAR（大きな葉と果粒，2倍の染色体をもつ大型化変異品種）

近年の遺伝的解析の結果, DIMYAT は（SMEDEREVKA の名で）本物のマケドニア品種ではないグループに分類され（Štajner, Angelova *et al.* 2009），ブルガリアの74種類の品種の中に位置づけられた（Hvarleva *et al.* 2004）ことでブルガリア起源が支持された．さらに DNA 系統解析によって DIMYAT と GOUAIS BLANC との間に親子関係が示唆された（Boursiquot *et al.* 2004; PINOT 系統図参照）．

DIMYAT は CABERNET SEVERNY，MISKET VARNENSKI，NEOPLANTA，SIRMIUM の育種に用いられた．

他の仮説

この品種は十字軍によってエジプトからトラキア（Thráki/Thrace）に持ち込まれたものだと言われている．DIMYAT という品種名はナイル川デルタにあるディムヤート市（Damiette）をアラビア語表記した Dimyat にちなんで名付けられたとも考えられている．しかしエジプトは野生ブドウが分布する地域外にあり，エジプトを起源とする古い在来品種は他に見られないのでこの説は疑わしい（Katerov 2004）．

ブドウ栽培の特徴

結実能力が非常に高い．また，樹勢が強く豊産性であるが，時に果粒が十分に熟さないことがある．果皮の薄い，中～大サイズの果粒をつける．晩熟．冬の寒冷に対しては感受性がある．べと病およびうどんこ病に感受性があるが，灰色かび病にはいくぶん耐性がある．

冬の霜には脆弱である．別名の ZUMIATICO には中世ギリシャ語で「糖分を多く含む果物」という意味がある（Katerov 2004）．

栽培地とワインの味

DIMYAT で作るワインは糖度レベルの幅が広く，時にバニラの繊細な香りを漂わせながらも，キレのある白のデイリーワインになる．この品種は発泡性ワインの生産に用いられるほか，蒸留酒にも用いられる．また, 生食用ブドウとしてテーブルに上がることもある. ブルガリアで広く栽培されており, 2009年には6,057 ha（14,967 acres）であった．大半は黒海沿岸に隣接するヴァルナ州（Varna）やブルガス州（Burgas）の東部で栽培されるが，品質のよいワインはヴァルナやポモリエ（Pomorije）だけでなく，ブルガリア北東部のプレスラフ（Preslav）やシュメン（Shumen）ならびに中央部のチルパン（Chirpan）でも作られている．発泡性ワインはリャスコヴェツ（Lyaskovets），ヴァルナ州，チルパンで作られている．

北マケドニア共和国では SMEDEREVKA という名前で同国の主要な白ワイン用の品種として栽培され，デイリーワインが作られている．またセルビアのドナウ川（Dunav /Danube）沿いのスメデレヴォ（Smederevo）でも栽培されている．

DINDARELLA

濃い果皮色をもつヴェネト州（Veneto）の珍しい品種．
ブドウを半干しして仕込むタイプのワインを作るのに適している．

ブドウの色：● ● ● ● ●

主要な別名：Dindarella Rizza，Pelada，Pelara ☿

起源と親子関係

DINDARELLA と PELARA はいずれもイタリア北部のヴェネト州由来であるが，PELARA の果粒の数は DINDARELLA のそれよりもはるかに少ないため，19世紀には異なる品種であると考えられていた．しかし20世紀になって行われた形態学的解析と，近年行われたDNA解析により，PELARA と DINDARELLA が同じ品種であることが明らかになった（Vantini *et al.* 2003）．

ブドウ栽培の特徴

熟期は中期だが，高レベルの糖の合成と酸の消失のため，成熟速度は速い．厚い果皮をもつ果粒が粗着するため，灰色かび病に耐性がある．アマローネ（Amarone）のような，半干ししたブドウから作られるワインに用いるのに理想的である．

栽培地とワインの味

かつてはイタリア北部のヴァルポリチェッラ（Valpolicella）で広く栽培されていたが，現在はわずかな量が栽培されているだけである．特に Amarone や Recioto の DOCG で少量がヴァルポリチェッラのブレンドワインの生産に用いられることがある．Tedeschi 社は常に1％の DINDARELLA を Monte Olmi Amarone のワインに加えている．この品種は Garda Orientale，Valdadige，Valpolicella の DOC で公認されている．この品種から作られるワインは明るいルビー色をしており，骨格は軽く，花と果実の香りに加え，スパイシーさも有している．サンタンブロージョ・ディ・ヴァルポリチェッラ（Sant'Abrogio Valpolicella）の Cantine Aldegheri 社はヴァラエタルワインを作っている．収穫してから数ヶ月かけて干したブドウを用い，長い時間をかけて，ゆっくりと発酵させて作るワインは IGT Rosso Veronese として販売されている．2000年のイタリアでの栽培面積は9 ha（22 acres）のみであった．Brigaldara 社は Dindarella rosato（ロゼ）ワインを作っている．

DINKA ALBA

KÖVIDINKA を参照

DIOLINOIR

このスイスの交配品種で作られるワインは色合い深く,
上質になる可能性を秘めている.

ブドウの色：● ● ● ● ●

起源と親子関係

DIOLINOIR は1970年に，スイス，ローザンヌ（Lausanne）近郊のピュリー（Pully）にある Caudoz ブドウ栽培研究センター（現在はシャンジャン・ヴューデンスヴィル農業研究所（Agroscope Changins-Wädenswil）の一部となっている）で，André Jaquinet 氏が ROBIN NOIR×ピノ・ノワール（PINOT NOIR）の交配により得た交配品種である．このとき用いられた ROBIN NOIR はフランスのドローム県（Drôme）の現在では使われなくなった古い品種で，1920年にスイス，ヴァレー州（Valais），シオン（Sion）近郊にある Diolly のブドウコレクションで偶然，発見された．当初，ROUGE DE DIOLLY と呼ばれていたが，1995年に ROBIN NOIR と同定された（Vouillamoz 2009c）．DIOLINOIR は Diolly と Noir を合わせて作った造語で，育種家によって実生が選抜された際には4-42と名付けられていた.

ブドウ栽培の特徴

樹勢は中～強．結実能力は高いが収量は不安定である．熟期は早期～中期．小さな果粒をつける．ときに花ぶるい，結実不良（ミルランダージュ）の傾向があり，冬の寒さに敏感である．灰色かび病には強い耐性をもっている.

栽培地とワインの味

当初はスイスのワインの色を補強することを目的として，ブレンドワインの原料として育種された．最近は DIOLINOIR を用いて，色合い深く，しっかりしているがまろやかなタンニンと，ブラックベリーのような濃い色をした果実のフレーバーをもつ樽熟成ヴァラエタルワインが作られている．ヴァレー州の Cave des Tilleuls 社や Provins 社（Domaine Evêché）などが DIOLINOIR を用いてワインを生産している．ヴォー州（Vaud）の Clos de Crétaz 社は遅摘みのブドウを用いて甘口ワインを作っている．DIOLINOIR は2009年にスイスで112 ha（277 acres）の栽培を記録した．そのおよそ80 %（88 ha/217 acres）がヴァレー州で栽培されている.

DIŠEĆA RANINA

ザグレブ（Zagreb）南部のクロアチア品種.
稀少な品種で，限られた地域でのみ栽培されている.

ブドウの色：● ● ● ● ●

主要な別名: Dišeća Ranina Bijela，Petrinjska Ranina または Petrinjska Bijela

起源と親子関係

DIŠEĆA RANINA はザグレブ南部のモスラヴィナ（Moslavina）やポクプリェ（Pokuplje）のワイン地域由来の珍しい品種である．この地方では数世紀にわたって栽培されてきた．この品種はマスカットのアロマをもっており，スロベニアで RANINA あるいは RANINA BELA と呼ばれている親が不明の自然交配品種，BOUVIER とよく似ている．両者が同じ品種かどうかを明らかにするには，ブドウの形態分類学的解析およびDNA解析が必要である．

ブドウ栽培の特徴

晩熟．機能的には雌しべのみの花であるので，受粉のために，よくŠKRLETとともに栽培される．

栽培地とワインの味

DIŠEĆA RANINAのワインは，わずかにマスカットのアロマを漂わせている．クロアチア，ザグレブ南部のモスラヴィナやポクプリェ地域で栽培され，公認もされている．ポトック（Potok）のFlorijanović社や，クティナ（Kutina）のBoris Mesarić社などがヴァラエタルワインを生産している．

DNESTROVSKY ROZOVY

DNESTROVSKY ROZOVYは，ウクライナで（NIMRANG×*Vitis amurensis* Ruprecht）×MATHIASZ JANOSの交配により作られた黒ブドウの交雑品種である．ここで用いられたNIMRANGはウズベキスタンの生食用ブドウであり，MATHIASZ JANOSはMUSCAT OF ALEXANDRIA×CHASSELAS ROUGE（CHASSELASの赤色変異）の交配品種である．ロシア，クラスノダール地方（Krasnodar）のVityazevo Winery社は，この品種とハンガリー品種のZALAGYÖNGYE（現地ではZHEMCHUG ZALAという名前で）をブレンドしたワインを作っている．

DOBRIČIĆ

糖度が高く色合い豊かなクロアチアの珍しい品種．
主にショルタ島（Šolta）の赤のブレンドワインの生産に用いられている．

ブドウの色：● ● ● ● ●

主要な別名：Čihovac，Crljenak Slatinski，Dobričić Crni，Dobrovoljac，Krucalin，Okručanac，Sholtanats，Slatinjac，Slatinski

起源と親子関係

DOBRIČIĆはクロアチア，ダルマチア地方（Dalmacija）南部の古い品種で，その起源はおそらくショルタ島であろうと考えられる．かつてほどではないが，ショルタ島では現在も限定的に栽培されている．Maletić *et al.*（2004）はDNA系統解析によってDOBRIČIĆとTRIBIDRAG（PRIMITIVOやジンファンデル（ZINFANDEL）としても知られる）がPLAVAC MALIの親品種であることを証明した．加えて，BABIĆとDOBRIČIĆに親子関係がある可能性が最近になって見いだされた（Zdunić，Pejić *et al.* 2008；完全な系統はTRIBIDRAG参照）．

ブドウ栽培の特徴

萌芽期は遅く熟期は中期～晩期である．べと病に感受性である．中程度であるが安定した収量を示す．果粒は高糖度に達し，アントシアニンが豊富である．

栽培地とワインの味

DOBRIČIĆはクロアチアのスプリト（Split）の南，ブラチ島（Brač）の西に位置するショルタ島でのみ栽培されているが，2004年からはダルマチア中央および南部一帯で公認されている．ヴァラエタルワインは色合い深くエキス分が非常に豊かであるが，酸味は低い傾向にある．通常，ブレンドワインを色付けするのに用いられている.

DOINA

DOJNA とも表記されるこの品種は1968年にモルドヴァ共和国のキシナウ（Chisinau）研究センターでD D Verderevskii 氏が COARNĂ NEAGRĂ×（SEYANETS35 + VAROUSSET の混合花粉）の交配により得た黒色果粒の交雑品種である．このとき用いられた COARNĂ NEAGRĂ はモルドヴァ共和国の生食用ブドウであり，SEYANETS 35 は親品種が不明の交配品種（*seyanets* はロシア語で実生を意味する）であった．また，VAROUSSET（SEYVE-VILLARD 23-657）は SEIBEL 4668×SUBÉREUX の交雑品種（VAROUSSET の完全系統は MUSCAT SWENSON を参照）である．たとえばロシアのクラスノダール地方（Krasnodar）にある Vityazevo ワイナリーでブレンドワインに用いられている.

DOLCETTO

イタリア，ピエモンテ州（Piemonte）の赤品種.
色合い深く，低酸度で香りが高いのが特徴的.

ブドウの色：● ● ● ● ●

主要な別名：Dolcetto Nero，Nibièu または Nibiò（ロンバルディア州（Lombardia）のオルトレポー・パヴェーゼ（Oltrepò Pavese）およびピエモンテ州（Piemonte）のトルトーナ（Tortona）周辺），Ormeasco（ピエモンテ州のオルメーア（Ormea）およびリグーリア州（Liguria）のピエーヴェ・ディ・テーコ（Pieve diTeco））
よくDOLCETTOと間違えられやすい品種：Charbono ☒（ピエモンテ州），DOUCE NOIRE ☒（フランスのサヴォワ県（Savoie）），NEBBIOLO ☒（ピエモンテ州のアレッサンドリア県（Alessandria））

起源と親子関係

1593年に，クーネオ（Cuneo）近郊のドリアーニ（Dogliani）で DOLCETTO についての最初の記載が見られる（Comba and Dal Verme 1990）．DOLCETTO には「小さい甘み」という意味があり，この命名は DOLCETTO の酸度が低いことにちなんだものだと考えられるが，DOLCETTO のワインはたいてい辛口である.

Galet（2000）は，DOLCETTO がサヴォワ県の DOUCE NOIRE（カリフォルニア州では CHARBONO として知られているがピエモンテ州の本物の CHARBONO（現在は商業栽培されていない）とは異なる品種）と同一であると主張したが，カリフォルニア大学デービス校における解析結果によれば，DNA プロファイルが一致しなかったので，彼の主張は正しくなかったということが明らかになった.

DOLCETTO は形態学的にジンファンデル（ZINFANDEL（TRIBIDRAG））と似ているという研究者もいたが，近年の DNA 研究によってこれも否定された（Calò，Costacurta *et al.* 2008）.

DOLCETTO と CHATUS との交配により，PASSAU，SAN MARTINO，VALENTINO NERO が生み出された.

果皮の色が白い DOLCETTO BIANCO という品種があるが，果皮の色が黒い DOLCETTO とは関係がない（Schneider and Mannini 2006）.

ブドウ栽培の特徴

早熟（ネッビオーロ（NEBBIOLO）よりも最長で4週間早い）であるため，BARBERA やネッビオーロが完熟できないピエモンテの冷涼な高地に適している．アルバ（Alba）ではタナロ川（Tanaro）右岸の軽い白色の泥灰土壌を好むと考えられている．かびの病気に感受性があり，場所によっては収穫の前に果房が落ちてしまう傾向がある（Botta，Vallania *et al.* 1995）．

栽培地とワインの味

DOLCETTO はフィロキセラ被害以降 BARBERA に取って代わられつつあるが，かつてはイタリア北西部のピエモンテ州で広く栽培されていた．現在もクーネオ県（ランゲ（Langhe）および オルメーア地方），アレッサンドリア県（アックイ（Acqui）オヴァーダ（Ovada）），アスティ県（Asti）（コッリ・デル・モンフェッラート（Colli del Monferrato））などで広く栽培されている．ピエモンテのいくつかの DOC は DOLCETTO を BARBERA のブレンドパートナーとして公認しているが，Acqui, Alba, Asti, Diano d'Alba, Langhe，Monferrato など多くの DOC にはヴァラエタルワインがあり，Dogliani では DOCG を獲得した．Alba，Ovada，Dogliani は量的には DOLCETTO のヴァラエタルワインにとって最も重要な DOC であるが，一般的には Alba 産のワインが最も良質であると言われる．

大変珍しいのだが，ラ・モッラ（La Morra）の Marcarini 社は砂質の土壌であったことからフィロキセラ被害から逃れ生き残ったイタリアで最も古い DOLCETTO のブドウ畑にある接ぎ木をしていない樹齢100年の古木から，Boschi di Berri というすばらしいフルボディーのワインを作っている．優良な生産者としては，他に G D Vajra 社や Enrico e Marziano Abbona 社などがある．

リグーリア州では ORMEASCO はポルナッシオ（Pornassio）で歴史的に栽培されてきた DOLCETTO の特別なクローンであり，DOC では辛口タイプと甘口のパッシートワインが公認されている．またその名前はピエモンテ州のオルメーア村の名前にちなんでつけられたものであるが，インペリア県（Imperia）のピエーヴェ・ディ・テーコ（Pieve di Teco）でも栽培されている．DOLCETTO はまた，オルトレポー・パヴェーゼ（Oltrepò Pavese）や，さらに南のウンブリア州（Umbria）などイタリア各地で栽培されている．

ヴァラエタルの DOLCETTO ワインは通常色合いが濃くソフトでまろやか，かつ果実味に溢れている．ヴァラエタルの DOLCETTO ワインの中でも最高品質のものはリコリスとアーモンドのフレーバーを有している．たとえば Alba や Ovada のよく作られているワインは，よりしっかりした骨格をもち5年間保存できるワインもあるが，通常は収穫から2〜3年のうちに飲むとよい．低い酸度と高いタンニンという珍しい組合せをもつ品種でワインを作ることはワインの生産者たちにとっては挑戦にほかならない．よりソフトな抽出と発酵を短めにすることが最良の結果を生み出す鍵である．

2000年のイタリアでの総栽培面積は7,450 ha（18,409 acres）であった．フランス南部の Mas de Daumas Gassac 社の栽培面積はわずか0.1 ha（0.25 acres）であった．

DOLCETTO の栽培地はアメリカ中に散在しており，とりわけカリフォルニア州（たとえば Acorn, Bonny Doon，Cartlidge & Brown，Duxoup，Jacuzzi，Palmina，Kent Rasmussen などの各社）や，カリフォルニア州に比べ規模は小さくなるものの，ワシントン州（Woodward Canyon 社）やオレゴン州（たとえば Ponzi および Stag Hill の両社）でも栽培されている．また，さらに小規模になるが，テキサス州でも栽培されている．

DOLCETTO として知られている品種が，非常にわずかな量ではあるがアルゼンチンでも栽培されている．しかし，その品種が本物の DOLCETTO であるか否かは定かではない．

オーストラリアでは20を超える生産者がハンター・バレー（Hunter Valley），バロッサ・バレー（Barossa Valley），アデレイド・ヒルズ（Adelaide Hills）など，様々な地方で DOLCETTO を栽培している．しかし公式統計にあらわれるほどの栽培面積にはいたっていない．ニュージーランドでも，数社が DOLCETTO のヴァラエタルワインを生産しており，マタカナ（Matakana）の Heron's Flight 社は，その数社のうちの一つである．

DOLCIAME

イタリア，ウンブリア州（Umbria）の事実上絶滅状態にある白ワイン品種

ブドウの色：● ● ● ● ●

主要な別名：Malfiore，Parlano，Uva delle Vecchie

ブドウ栽培の特徴

樹勢が強く熟期は中期～晩期である．

栽培地とワインの味

イタリア，ペルージャ県（Perugia）のウンベルティデ（Umbertide）とチッタ・ディ・カステッロ（Citta di Castello）でわずかな量が栽培されており，ブレンドワインに用いられているが，事実上絶滅状態にある．イタリア農業統計によると，2000年の栽培面積はわずか7 ha（17 acres）であった．

DOMINA

主にフランケン（Franken）で栽培されている新しいドイツの赤の交配品種

ブドウの色：● ● ● ● ●

主要な別名：Geilweilerhof 4-25-7

起源と親子関係

1927年，ドイツのプファルツ（Pfalz）にある Geilweilerhof 研究センターで Peter Morio と Bernhard Husfeld の両氏が BLAUER PORTUGIESER×ピノ・ノワール（PINOT NOIR /SPÄTBURGUNDER）の交配により得た交配品種である．DOMINA はラテン語で「レディー」，あるいは「女主人」を意味している．CALANDRO の育種に用いられた．

ブドウ栽培の特徴

豊産性で耐病性にも優れた品種．特にウィルス病に耐性がある．糖度は BLAUER PORTUGIESER よりも高くなる．

栽培地とワインの味

DOMINA は1974年にドイツ公式登録リストに登録された．現在の栽培面積は404 ha（998 acres）であり，そのうちの347 ha（857 acres）をフランケンが占めている．ブドウの品質がよい年には色合い深く，しっかりしたタンニンとブラックベリーやチェリーの風味を有すフルボディーのワインになる．DOMINA のワインは爽やかではあるが，親品種のピノ・ノワールがもつ繊細さに欠けている．樽熟成に適している．生産者としてフランケンの Brennfleck 社と Roth 社などが推奨される．

小規模だが，スイスでも栽培されている（8 アール /1,000 平方ヤード）．

DOÑA BLANCA

SÍRIA を参照

DONA BRANCA

酸度の低いポルトガルの品種．この品種名は別の多くの品種にも使用されている．

ブドウの色：

よくDONA BRANCAと間違えられやすい品種：CHELVA（スペイン），DORADILLA（スペイン），MALVASIA FINA，SÍRIA，TAMAREZ

起源と親子関係

DONA BRANCA の名前には「白いレディー」という意味がある．この名称がポルトガルの異なる別の品種にも使われたため混乱を招いてきた．しかし，ベイラス（Beiras），ドウロ（Douro），およびトラス・オス・モンテス地方（Trás-os-Montes）で栽培されていた DONA BRANCA は，他とは異なるユニークな形態を示している（Rolando Faustino　私信）．また，カリフォルニア大学デービス校のアメリカ合衆国農務省（United States Department of Agriculture（USDA）），National Clonal Germplasm Repository で保管される試料の DNA プロファイルもユニークであった（Vouillamoz）．

ブドウ栽培の特徴

うどんこ病と灰色かび病に感受性がある．厚い果皮をもつ中程度の大きさの果粒が密着した果房をつける．熟期は中期～晩期である．

栽培地とワインの味

DONA BRANCA は主にポルトガルの北半分のベイラス，ドウロ，トラス・オス・モンテスで栽培されている．これといって特記すべきワインの特徴はないが，ソフトでフルーティーなワインになる．2010年のポルトガルでの栽培面積は293 ha（724 acres）であった．推奨される生産者はベイラスの Quinta da Comenda 社などがある．

DONZELINHO BRANCO

ポルトガル北東部でブレンドワインに香りづけするために用いられている品種．その人気は下り坂である．

ブドウの色：

よくDONZELINHO BRANCOと間違えられやすい品種：RABIGATO

起源と親子関係

DONZELINHO BRANCO は古いポルトガルの品種で，早くも1531年にドウロ（Douro）で Rui Fernandes が DONZELYHNO の表記で記載している（Fernandes, 1531-2）．しかし，それが白ブドウか黒ブドウのどちらの品種について書かれたものであるのかは定かでない．DONZELINHO BRANCO は，DONZELINHO TINTO の果皮色変異ではなく，Veloso *et al.* (2010) によれば両者は異なる DNA プロファイルを示している．DONZELINHO BRANCO は，FOLGASÃO と TERRANTEZ という別名を共有し，RABIGATO と混同されることがあるが，それらはいずれも遺伝的には異なる品種である（Ferreira Monteiro *et al.* 2000）．

ブドウ栽培の特徴

萌芽期は早く熟期は中期である．厚い果皮をもつ果粒がかなり密着した小さな果房をつける．霜の被害を受けやすい．結実能力が乏しいので長めの剪定が必要とされる．

栽培地とワインの味

DONZELINHO は主にポルトガル北東部の古い混植のブドウ畑で見られる品種である．この品種はポートワインとして Douro や Trás-os-Montes の原産地呼称ワイン，および Duriense や Trasmontano の IGP で公認されているが，ヴァラエタルワインは滅多に作られない．ワインはライトボディーでラベンダーの香りがある．混植されたブドウを用いて Niepoort 社が Tiara や Redoma Reserva などのワインを作っており，その畑でこの品種も栽培されているので，それらのワインには少量の DONZELINHO BRANCO が含まれている．2010年にはポルトガルで42 ha（104 acres）（おそらくすべての畑の面積をこの品種の栽培面積として集計したのであろう）の栽培が記録されているが，10〜15年前に比べると栽培は非常に減少している．

DONZELINHO TINTO

ポルトガル，ドウロ（Douro）の古く珍しい品種．気づかれることがないほどのごくわずかな量が酒精強化ワインやブレンドワインに用いられている．

ブドウの色：● ● ● ● ●

主要な別名：Donzelinho do Castello，Donzelynho, Tinta do Minho
よく DONZELINHO TINTO と間違えられやすい品種：TROUSSEAU

起源と親子関係

DONZELINHO TINTO はポルトガルの古い品種で，1531年にドウロで Rui Fernandes が Donzelyhno の表記で記載している（Fernandes, 1531–2）が，このときの記録には果粒の色が記載されていないことから別品種の DONZELINHO BRANCO を指している可能性もある．

ブドウ栽培の特徴

小さくて薄い果皮をもつ果粒が密着した小さな果房をつける．

栽培地とワインの味

DONZELINHO TINTO と DONZELINHO BRANCO は無関係だが，いずれの品種も古く珍しい品種であり，主にポルトガル北西部の混植の畑で栽培が見られる．DONZELINHO TINTO は，たとえば Douro や Trás-os-Montes の原産地呼称で，また，デュリエンセ（Duriense）やトランスモンタノ（Trasmontano）などの地理的表示保護ワインとして公認されているが，主にポートワインの副原料として使用されている．最近になって，Real Companhia Velha 社がこの品種の植え付けを試みたが，芳しい結果は得られず，数年のうちに苗木を引き抜いてしまった．

ポルトガルでは2010年に87 ha（215 acres）の栽培が記録された．

DORADILLA

スペイン，アンダルシア州（Andalucía）のマラガ（Málaga）の
非常にマイナーな品種．よく他の品種と混同される．

ブドウの色：● ● ● ● ●

主要な別名：Forastera Blanca，Plateado
よくDORADILLAと間違えられやすい品種：BEBA ✕，CAYETANA BLANCA ✕（スペインでは誤って Plateado，オーストラリアでは Doradillo と呼ばれる），CHELVA ✕，DONA BRANCA ✕

起源と親子関係

DORADILLA はマラガの品種であり，DORADILLO の名で19世紀にスペインからオーストラリアに持ち込まれた CAYETANA BLANCA（スペインでは JAÉN BLANCO，または PARDINA）とは異なる品種である（Galet 2000）．DNA 系統解析によって DORADILLA（別名の PLATEADO で）と，イベリア半島中部から南部に広がる CAYETANA BLANCA との親子関係が示唆された（Zinelabidine *et al.* 2012; 系統図は CAYETANA BLANCA 参照）．さらに DORADILLA とスペイン中北部のリベラ・デル・ドゥエロ（Ribera del Duero）の ALBILLO MAYOR との親子関係も明らかになった（Santana *et al.* 2010）．ブドウ畑では通常，混同されることはないはずであるが，この品種は，同じく FORASTERA BLANCA とも呼ばれることもある CHELVA，BEBA や DONA BRANCA と DORADILLA を混同しないようにということを追記しておく．

栽培地

DORADILLA はスペインの最南部の Málaga と Sierras di Málaga 両方の DO で公認されているが，それらの地方の北部でわずかに栽培されているにすぎない．

DORAL

珍しいスイスの交配品種．
親品種である CHASSELAS よりもわずかにニュートラルさが少ないワインになる．

ブドウの色：● ● ● ● ●

起源と親子関係

DORAL は，1965年にスイス，ローザンヌ（Lausanne）近郊のピュリー（Pully）にある Caudoz ブドウ栽培研究センター（現在はシャンジャン・ヴューデンスヴィル農業研究所（Agroscope Changins-Wädenswil）の一部となっている）で，Jean-Louis Simon 氏が CHASSELAS × シャルドネ（CHARDONNAY）の交配により得た交配実生の中から，André Jaquinet 氏が選抜した品種である．その姉妹品種である CHARMONT 同様に，CHASSELAS よりアロマティックな品種の開発を目的として作られた品種である．

ブドウ栽培の特徴

結実能力は低～中程度．萌芽期は早期～中期で早熟である．非常に果粒が密着した中サイズの果房をつける．結実不良（ミルランダージュ），灰色かび病，マグネシウム欠乏にやや感受性がある．

栽培地とワインの味

DORAL の果粒が高糖度であるため，ワインはフルボディーになる．シャルドネと似て，シトラスとアプリコットのアロマを有するため，その姉妹品種である CHARMONT のワインよりも爽やかさがある．2009年にはスイスで27 ha（67 acres）の栽培が記録された．栽培はヴォー州（Vaud）で多く見られ（75%），そこでは Domaine de la Fornelette 社や Christian Dugon 社が良質のヴァラエタルワインを作っている．他にもティチーノ州（Ticino）（Davide Cadenazzi 社）や，ヴァレー州（Valais）（Cave du Paradou 社および Cave des Amis 社）でも栽培されている．この品種は発泡性ワインや遅摘みワインにもなりうる可能性を秘めている．

DORINTO

最近改名した，ポルトガルの白品種

ブドウの色：● ● ● ● ●

主要な別名：Arinto Branco，Arinto do Douro，Arinto do Interior，Arinto no Douro ✕，Arinto de Trás-os-Montes
よくDORINTOと間違えられやすい品種：ARINTO DE BUCELAS

起源と親子関係

ARINTO を名前や別名にもつ多くの品種があり（たとえば MALVASIA FINA および BICAL を参照），最近 DORINTO と改名されたポルトガルのダン地方（Dão）の ARINTO NO DOURO は，しばしば ARINTO DE BUCELAS と混同されてきたが（Lopes *et al.* 1999），DNA 解析の結果，他のすべての品種と DNA プロファイルが異なっていた（Lopes *et al.* 1999; Veloso *et al.* 2010）．新しい名前の DORINTO は混乱を軽減しようとしてつけられたもので Douro と Arinto の名前を合わせて短縮した造語である．

ブドウ栽培の特徴

萌芽期は中期で早熟である．べと病とうどんこ病にやや感受性がある．

栽培地とワインの味

DORINTO のワインはシトラスの香りと果実味を含む長い余韻をもたらしてくれる．ポルトガル北部の Trasmontano IGP と Duriense IGP で公認されており，現地ではこの品種の大きな葉がもたらす暑さに対する耐性が高く評価されている．2010年時点で残存している20 ha（49 acres）の畑のほとんどはドウロ（Douro）西部のバイショ・コルゴ（Baixo Corgo）の古いブドウ畑で見られる．

DORNFELDER

大きな成功を収めた，ドイツの新しい赤品種．
色合いが濃く，ビロードのように滑らかなワインになる．

ブドウの色：● ● ● ● ●

主要な別名：Weinsberg S 341

起源と親子関係

DORNFELDER は，1956年にドイツ南部，バーデン＝ヴュルテンベルク州（Baden-Württemberg）にあるヴァインスベルク（Weinsberg）研究センターの August Herold 氏が HELFENSTEINER × HEROLDREBE の交配により得た交配品種である．それゆえその祖父母品種は（PINOT NOIR PRÉCOCE × SCHIAVA GROSSA）×（BLAUER PORTUGIESER × BLAUFRÄNKISCH）ということになる．品種名はヴァインスベルクブドウ栽培学校の創設者の一人である Immanuel August Ludwig Dornfeld 氏（1796-1869）の名にちなんで命名された．この品種は ACOLON，CABERNET DORIO，CABERNET DORSA，MONARCH の育種に使われた．

ブドウ栽培の特徴

樹勢が強く，安定して高収量（最大 120 hl/ha）．萌芽期は早期～中期．果皮が厚いので，灰色かび病に耐性がある．果皮の厚さはまた，この品種で作られたワインの称賛に値する色合いの深さの一因ともなっている．

栽培地とワインの味

DORNFELDER が1980年にドイツ公式登録リストに登録されて以降，その人気は次第に上昇した．21世紀に入るとその最初の5～6年で栽培面積が急増し，栽培面積はかつての2倍になった．ドイツでの総栽培面積は現在8,101 ha（20,018 acres）でほぼ安定しており，ラインヘッセン（Rheinhessen）とプファルツ地方（Pfalz）ではいずれも3,000 ha（7,400 acres）を超えている．

DORNFELDER のワインは色が濃く，豊かで，舌の上でビロードのような滑らかさをもつ．また，適度な酸味は心地よく，時に感じられる花の香りは私たちを魅了する．しかし樽熟成させる場合は，良好な凝縮感を得るために収量を調節しなければならない．ドイツの赤ワインは色が薄いので，この品種は珍重されている．生産者としては，アール（Ahr）の Deutzerhof 社とプファルツの Gutzler，Knipser，Lingenfelder などの各社が推奨されている．

スイスでは2009年に21 ha（52 acres）の栽培が記録されており，ヌオレン（Nuolen，シュヴィーツ州（Schwyz））の Fredi Clerc 氏および Brigitte Barmert 氏，キュスナハト（Küsnacht，チューリッヒ州（Zürich））の Gottlieb Welti 社およびチューリッヒ州の Landoldt Weine 社などの生産者がこの品種からヴァラエタルワインを作っている．

チェコ共和国でも少し栽培されている．イングランドでは2007年に16 ha（40 acres）の栽培が記録された．DORNFELDER がイングランドに最初に植えられたのは1980年代のことで，時折，ロゼワインも生産されている．Camel Valley 社は発泡性ワインを作っている．軽くスパイシーな赤ワインも作っているが，REGENT ほどには成功していない．カリフォルニア州，セントラルコーストの サンタ・リタ・ヒルズ（Sta. Rita Hills）やペンシルベニア州でも栽培が見られる．さらには，ブラジルのリオグランデ・ド・スル州（Rio Grande do Sul）や日本でも栽培されており，北海道では2009年に5ha（12 acres）（訳注：2014年に4.1 ha）の栽培が記録されている．

DORONA DI VENEZIA

近年，絶滅状態から救済されたが，特に古い品種というわけではない，イタリア，ヴェネツィア（Venetia）の白品種

ブドウの色：

主要な別名：Dorona，Dorona Veneziana，Uva d'Oro
よくDORONA DI VENEZIAと間違えられやすい品種：GARGANEGA

起源と親子関係

DORONA DI VENEZIA はヴェネツィア潟の地方品種で，現地では主に生食用ブドウとして栽培されている．この品種は GARGANEGA と同一だと考えられていたが，DNA 解析の結果がこの説を支持しなかったことで混乱は解決した（Di Vecchi Staraz，This *et al.* 2007）．DORONA DI VENEZIA は GARGANEGA×BERMESTIA BIANCA の自然交配品種で，親品種の一つである BERMESTIA BIANCA はエミリア＝ロマーニャ州（Emilia-Romagna）の生食用ブドウである．DORONA という名前は「金」を意味するイタリア語の *d'oro* に由来しており，収穫期の果粒の色にちなんだものであると考えられている．入植時にベニス共和国ですでにブドウが栽培されていたという記録や，15 世紀中頃にベニス，マッツォルボ島（Mazzorbo）の Vinea（ブドウ畑）についての記載が見られるが，DORONA についての最初の記載は Eden（1903）の中に見られる．

他の仮説

DORONA DI VENEZIA は15 世紀から知られていたと言われているが，これはおそらく非常に古い品種である GARGANEGA としばしば混同された結果によるものであろう．

ブドウ栽培の特徴

寒冷耐性でまた，灰色かび病を含むかびの病気にも比較的耐性がある．熟期は中期であるが遅摘みや半干しに適している．

栽培地とワインの味

イタリアでは，何本かの DORONA DI VENEZIA がヴェネツィアの島であるサンテラズモ島（Sant' Erasmo）に残っているだけであった．その後，その名を冠したプロセッコの生産者である Gianluca Bisol 氏は，近くのマッツヴォルボ島（Mazzorbo）の現存ではヴェニッサ（Venissa）として知られている古い畑を再建し，温暖で塩分を含む小さなブドウ畑にこの品種を植え付けた．伝統的にこの品種は生食用ブドウおよびワイン用に棚仕立てで栽培されていたが，Bisol 氏は DORONA を単一畑で垣根仕立てて栽培し，単一畑の DORONA ワインを作っている．Bisol 氏は，亜硫酸を添加せず，果皮とともに発酵させることで，ミネラル感が強く，干したモモとアンズ並びにヨウ素の香りをもつ素朴さを備えたワインを作っている．Bisol 氏が唯一のこの品種を用いたワインの生産者であるので，この品種からつくられるワインの典型的なスタイルを表現するのは難しい．

DOUCE NOIRE

多くの別名をもつがゆえ混乱を巻き起こしたフランス，サヴォワ（Savoie）の品種．アルゼンチンで広く栽培されている．

ブドウの色：● ● ● ● ●

主要な別名：Bathiolin（Albertville），Bonarda（アルゼンチン），Charbonneau（ジュラ県（Jura）），Charbono（アメリカ合衆国のカリフォルニア州），Corbeau または Corbeau Noir（アン県（Ain），イゼール県（Isère）およびジュラ県），Mauvais Noir，Plant de Montmélian，Plant deTurin（ジュラ県），Plant Noir（オート=サヴォワ県（Haute-Savoie）），Turca（イタリアのトレント自治県（Trentino）），Turin（ジュラ県）
よくDOUCE NOIREと間違えられやすい品種：BONARDA PIEMONTESE，Charbono（ピエモンテ州（Piemonte）），DOLCETTO（ピエモンテ州）

起源と親子関係

19世紀の終わり頃まで DOUCE NOIRE はフランス東部のサヴォワ，特にシャンベリ（Chambéry）の南東，モンメリアン（Montmélian）とアルバン地域（Arbin）で最も広く栽培されている赤ワイン品種の一つであった．サヴォワ以外の土地では，そのワインの深い色合いから CORBEAU（「カラス」という意味がある）と呼ばれていた．この品種に関する最初の記載は，サン＝ピエール＝ダルビニー（Saint-Pierre-d'Albigny）の市長がサヴォワの知事に送った1803年11月24日付けの手紙の中に見ることができる．そこには DOUCE NOIRE が彼のコミューンにおいて主要な品種であったと記載されている（Durand 1901b）．

DOUCE NOIRE はイタリア北西部のピエモンテが起源であるとよく言われたため，PLANT DE TURIN あるいは単に TURIN（訳注：フランス語などでトリノ）の別名がある．さらに，20世紀のほとんどの期間，DOUCE NOIRE（「甘い黒」を意味する，DOLCETTO 参照）はピエモンテの DOLCETTO NERO（「小さく甘い黒」を意味する）であると間違って同定されていたが，入念な形態分類学的解析および DNA 解析によって，その説は完全に否定された（Schneider and Mannini 2006; Vouillamoz，Frei and Arnold 2008）．その結果，DOUCE NOIRE の起源は，この品種が歴史的に見つかり，また多くの別名があるサヴォワにあると結論づけられた．

近年の DNA 解析の結果，カリフォルニア州において CHARBONO の名で栽培されている品種は，ピエモンテの本物の CHARBONO（現在は商業栽培されていない）ではなく，DOUCE NOIRE であることが明らかになった（Martínez *et al.* 2008）．これはおそらくこの品種が，フランス東部のジュラ県で使われていた CHARBONNEAU という別名でカリフォルニア州に持ち込まれたからだと考えられる．

アルゼンチンでは，マルベック（MALBEC / COT）に次いで広く栽培されている赤品種，BONARDA が，イタリアの BONARDA PIEMONTESE のみならず BONARDA と呼ばれている他の5種類のイタリアの品種とも異なり，DOUCE NOIRE と同じであることが DNA 解析によって明らかになった（Martínez *et al.* 2008）．加えて20世紀初頭からイタリア北東部のヴェネト州（Veneto）で長く栽培されている TURCA（Grando 2000; Crespan，Giannetto *et al.* 2008）が，意外にも DOUCE NOIRE と同一であることが明らかになった（Vouillamoz）．

Galet（2000）が現在は栽培されていない DOUCE NOIRE GRISE という品種について述べているが，これは DOUCE NOIRE とは関係がない．

ブドウ栽培の特徴

晩熟である．

栽培地とワインの味

フランスで非常に少量だが残っている（2007年の栽培面積は約2 ha/5 acres）．現地では公的に CORBEAU として知られているが，サヴォワの生産者は最も古い名前である DOUCE NOIRE を使っている．ジュラ県，ロタリエ（Rotalier）の Domaine Ganevat 社はわずかな面積に CORBEAU を植え替えて早飲みタイプの赤のブレンドワインを作っている．ほとんどはブレンドされる（伝統的に PERSAN から作られるワインをソフトにするために用いられていた）が，Jean-Paul Finas 氏はヴァラエタルワインの Vin de Pays d'Allobrogie を作っている．

カリフォルニア州では新しく作付けされたものはないが CHARBONO の名で2008年に88 acres（36 ha）の栽培があった．それらは1800年代にイタリアからの移民によって持ち込まれたと考えられており，当時は BARBERA として入ってきたものである．1930年代まで Inglenook 社や Parducci 社のワイナリーで製品化されていた．CHARBONO は一時期，Inglenook 社の歴史あるナパ（Napa）のワイナリーの特産品であった．Inglenook 社で最初に CHARBONO とラベルしたビンテージは1941年である（Savoie 2003）．カリフォルニアの CHARBONO のおよそ半分がナパにあり，カリフォルニアでもより気温の高いカリストガ（Calistoga）や，メンドシーノ（Mendocino），モントレー（Monterey），マデラ（Madera）で栽培されている．最高のブドウ畑は Frediani，Heitz，Andriana（Summers 社），Tofanelli，Meyer，Cooke などで，最大の生産者は Summers 社および Pacific Star 社の両社である．他には Chameleon 社，Coturri 社，Duxoup 社，Robert Foley 社，Thomas Michael 社，Shypoke 社，Turley 社などの各社がある．

しかしこうした栽培の合計は，アルゼンチンで BONARDA の名で栽培されている18,759 ha（46,354 acres）に圧倒される．栽培のほとんどはメンドーサ（Mendoza），サン・フアン（San Juan）で見られ，現地では通常，果実味のあるお手頃価格のがぶ飲みワインが作られている．完全に熟すことができれば，アルコール分は制限内に留まるものの，一般的にできるワインよりも高品質のワインになる可能性があると考えられている．BONARDA を用いてヴァラエタルワインを作っているアルゼンチンの生産者としては，Anubis 社，Chakana 社，Cristóbal 社，Augusto Pulenta 社，R J Vinedos 社，Zuccardi 社などがあげられる．

DOUX D'HENRY

イタリア，ピエモンテ州（Piemonte）のピネロレーゼ地方（Pinerolese）でのみ作られる珍しい品種．ライトボディーの赤ワインになる．

ブドウの色：● ● ● ● ●

主要な別名：Doux d'Enry，Gros d'Henry
よくDOUX D'HENRYと間違えられやすい品種：CILIEGIOLO ⊗

起源と親子関係

この興味深い名前を冠した品種は，イタリア北西部ピエモンテ州のピネロレーゼ地方とヴァル・キソーネ（Val Chisone）で見られる代表的なものである．現地では CILIEGIOLO と混同されることがある（Schneider and Mannini 2006）．この品種名はフランスのアンリ4世（Henri IV）にちなんで命名されたもので，17世紀初頭，彼がサヴォイア公のカルロ・エマヌエーレ1世（Charles Emanuel I）と会ったときにワインを称賛したからだと云われている．「甘い」を意味する形容辞の Doux はおそらく，このワインの生産者が DOUX D'HENRY のワインに糖分を残していたことを示すものだと考えられている．

他の仮説

フランス起源の品種であると示唆されているが，現時点では，フランスの品種と DOUX D'HENRY の関係を示す確たる証拠はみつかっていない．

ブドウ栽培の特徴

樹勢が強いが，機能的に雌しべのみの花なので，受粉のために別の品種を近くに植える必要がある．霜に強いが，結実不良（ミルランダージュ）を起こしたり，果粒が特に密着した果房を作った場合は灰色かび病に感染したり，酸敗する傾向にある．熟期は早期〜中期．生食用ブドウとしても栽培されている．

栽培地とワインの味

イタリア北西部，ピエモンテ州のピネロレーゼ地方（主にサン・セコンド・ディ・ピネローロ（San Secondo di Pinerolo），プラロスティーノ（Prarostino）），ヴァル・キソーネおよびヴァル・ジェルマナスカ（Val Germanasca）などでのみ栽培されている．DOUX D'HENRY は Pinerolese Rosso DOC とヴァラエタルの Pinerolese Doux d'Henry DOC で公認されている．

ワインは軽く爽やかで花の香りをまとったものになる．ヴァラエタルワインの生産者として Bruno Daniela，Cantina Dora Renato，Il Tralcio などの各社があげられる．2000年のイタリア農業統計に記録された栽培面積はわずか28 ha（69 acres）であった．

DRAGON BLUE

強いフレーバーをもつカナダの交雑品種．ブレンドワインに用いるのが最適である．

ブドウの色：● ● ● ● ●

起源と親子関係

カナダ，ケベック州の民間育種家である Mario Cliche 氏が得た交雑品種である．

ブドウ栽培の特徴

非常に豊産性である．

栽培地とワインの味

カナダ東部で DRAGON BLUE から生産されるワインはアメリカ交雑品種がもつキャンディーのような典型的な甘い香りをもつものになる．Les Murmures 社がこの品種を FRONTENAC や ST CROIX とブレンドし，酒精強化ワインを作るために用いることはあっても，この品種を用いたヴァラエタルワインが作られないのはこれが原因であろう．

DRNEKUŠA

クロアチア，フヴァル島（Hvar）の珍しいブドウ

ブドウの色：● ● ● ● ●

主要な別名：Darnekuša，Darnekuša Mala，Darnekuša Vela，Dernakuša

起源と親子関係

DRNEKUŠA はクロアチアのダルマチア（Dalmatian）沿岸沖のフヴァル島，およびスプリト（Split）の南部に由来する品種である．

ブドウ栽培の特徴

萌芽期は遅く，晩熟である．収量は中〜高程度で安定している．薄い果皮をもつ果粒が粗着した大きな果房である．べと病とうどんこ病に感受性である．

栽培地とワインの味

DRNEKUŠA はクロアチアのダルマチア中部および南部全域で公認されているが，フヴァル島でのみ栽培されている．Plančić 社はヴァラエタルワインの数少ない生産者の一つであり，アドリア海に面した標高580 m（1,900 ft）地点にある畑で栽培している．

DRUPEGGIO

CANAIOLO BIANCO としても知られている，ニュートラルなイタリア中部の白品種

ブドウの色：

主要な別名：Bottaio Bianco（トスカーナ州（Toscana）），Cacinello または Cacciumo（カンポバッソ県（Campobasso）），Canaiolo Bianco（トスカーナ州），Canajola，Canina または Uva dei Cani（アスコリ・ピチェーノ県（Ascoli Piceno）），Drupeccio（オルヴィエート（Orvieto）），Lupeccio，Trupeccio（オルヴィエート（Orvieto）），Volpicchio（トスカーナ州）

よくDRUPEGGIOと間違えられやすい品種：VERMENTINO，VERNACCIA DI SAN GIMIGNANO，Zuccaccio

起源と親子関係

この品種は，イタリア，ウンブリア州（Umbria）のオルヴィエート地方（Orvieto）では DRUPEGGIO として知られているが，トスカーナでは少なくとも1817年から CANAIOLO BIANCO としても知られていた．しかし，最近の DNA 解析（Storchi *et al.* 2011）により，CANAIOLO BIANCO という名が DRUPEGGIO に対してのみならず VERNACCIA DI SAN GIMIGNANO や非常に古い品種で現在では栽培されていない ZUCCACCIO など，少なくとも6種類のトスカーナ州の品種に誤って使用されていることが明らかになった．現在，苗木業者から入手可能となっている公式クローン，CANAIOLO BIANCO ARSIAL-CRA 402，実はこれが DRUPEGGIO である．CANAIOLO BIANCO の名称が混乱の元となっているので，DNA 解析（Storchi *et al.* 2011）にしたがって本書では DRUPEGGIO をこの品種の名前として用いることにする．

ブドウ栽培の特徴

熟期は中期～晩期である．

栽培地とワインの味

DRUPEGGIO は主に中央イタリア，ウンブリア州のオルヴィエート地方で栽培されている．

通常，現地の白品種とブレンドされている．またウンブリア州の他の地域やラツィオ州（Lazio）でも栽培されている．CANAIOLO BIANCO の名でフィレンツェ県（Firenze），グロッセート県（Grosseto），ピストイア県（Pistoia）など，トスカーナ地方で栽培されているが，現地では通常 TREBBIANO TOSCANO や MALVASIA BIANCA LUNGA（MALVASIA TOSCANA）とブレンドされている．Barco Reale di Carmignano DOC では赤やロゼワインに最大で10%まで，この品種を添加することが認められている．DRUPEGGIO のブドウを乾かすのは容易ではないのだが，半干しブドウから作られる Vin Santo に加えられることもある．2000年時点のイタリアの調査記録には CANAIOLO BIANCO の名で674 ha（1,665 acres）が記録されていた．しかし，VERNACCIA DI SAN GIMIGNANO など他品種と混同されていた可能性があり，特定の DOC にどの品種が使われたのかを正確に知ることは困難である．

DUNAJ

あまり多く栽培されていないが，高品質のワインを生み出す可能性を秘めた スロバキアの交配品種．ソフトなタンニンの赤ワインになる．

ブドウの色：● ● ● ● ●

主要な別名：MBOP × SV6/10

起源と親子関係

DUNAJ は1958年にスロバキアのブラチスラヴァ（Bratislava）の VUVV ブドウ栽培および醸造研究センターの Dorota Pospíšilová 氏が（MUSCAT BOUSCHET×BLAUER PORTUGIESER）×SANKT LAURENT（スロバキア語では（MUŠKÁT BOUCHET×OPORTO）×SVÄTOVAVRINECKÉ）の交配により得た交配品種である．ここで用いられた MUSCAT BOUSCHET は MUSCAT ROUGE DE MADÈRE×PETIT BOUSCHET の交配品種で，また MUSCAT ROUGE DE MADÈRE は MUSCAT BLANC À PETITS GRAINS×MAMMOLO（トスカーナの品種）の自然交配品種であるが（Di Vecchi Staraz, This *et al.* 2007），これはもはや栽培されていない．この品種はスロバキア語およびチェコ語の「ドナウ川（Danube）」にちなんで命名され1997年に公式に登録された．

ブドウ栽培の特徴

豊産性．萌芽期は遅く，熟期は中期～晩期である．霜に強く，灰色かび病に耐性をもっているが，うどんこ病に感受性である．着果が悪くなることがある．

栽培地とワインの味

ワインは色合い深く，ソフトなタンニンを含み，熟したチェリーとチョコレートの風味を併せもつ．スロバキアのいろいろな場所に適応するが，十分な水の供給が必要である．2011年にはスロバキアで62 ha（153 acres）の栽培が記録された．Joseph Képeš 社，Kmet'o 社，Masaryk 社，Chateau Modra 社，Mrva & Stanko 社などがワインを生産している．

DUNKELFELDER

果皮色の濃いドイツの交配品種． ブレンドワインに色とボディーを加えるために有効利用されている．

ブドウの色：● ● ● ● ●

主要な別名：Fröhlich V. 4.4，Fröhlich V 4，Purpur

起源と親子関係

ドイツ，プファルツ地方（Pfalz），イデンコーベン（Edenkoben）の民間ブドウ育種家でワイン生産者である Gustav Adolf Fröhlich 氏（1847–1912）が得た交配品種である．親品種は明らかにされていない．20世紀初頭に FRÖHLICH V.4.4 の名でアルツァイ（Alzey）研究センターなどの，いくつかのブドウコレクションに移植された．1948年に多くのブドウが Fritz Uhl 氏によってプファルツ地方，ノイシュタット（Neustadt）南のロト（Rhodt）のブドウ改良圃場に移され，そこからさらに276a と276b がノイシュタットとガイゼンハイム（Geisenheim）の研究センターに移された．ブドウの形態分類学的解析がガイゼンハイムで行われ，1970年代に，Helmut Becker 氏（1927–90）が親品種が不明であることと，その深い色合いから，この品種を DUNKELFELDER と命名した（*Felder* は「野外」を意味し，また *dunkel* は「濃い」を意味する）．

他の仮説

DUNKELFELDER は BLAUER PORTUGIESER×TEINTURIER の交配品種であると考えられたこともあったが，DNA 解析によってそれは間違いであることが示された（Vouillamoz）．

ブドウ栽培の特徴

果肉は赤く，果粒は小さい．早熟で乾燥にはそれほど強くない．萌芽期が早いことから，春の遅い時期に霜が降りると，その被害を受けてしまう．早熟なのでスズメバチに攻撃されやすい．果実は萎凋しやすく，また，うどんこ病に感受性である．

栽培地とワインの味

ドイツでは352 ha（870 acres）の栽培が記録されており，このうちプファルツでは182 ha（450 acres），ラインヘッセン（Rheinhessen）では67 ha（124 acres），バーデン（Baden）では50 ha が栽培されている．総栽培面積は安定しているものの，若干減少傾向にある．ワインは大変色合い深く，フルボディーであるが，フレーバーはニュートラルである．そのためブレンドワインの色付けに有用である．プファルツの Minges 社は良質のヴァラエタルワインを作っている．また，同地方の Aloisiushof 社は少し甘めのワインを作っている．

DUNKELFELDER はスイスでも栽培されており，2009年の栽培面積は24 ha（59 acres）であった．またイギリスとカナダのブリティッシュコロンビア州でも，非常にわずかな量ではあるが，栽培されている．

DURANIJA

ほとんど絶滅状態にあるイストリア半島（Istria）のクロアチア品種

ブドウの色：

主要な別名：Brajdenica（クロアチアおよびイストリア半島のスロベニア側），Duranija Bijela，Duronija（イストリア半島のブゼト（Buzet））

ブドウ栽培の特徴

熟期は中期～晩期である．うどんこ病と灰色かび病に非常に感受性が高い．果粒は大きいが（MALVAZIJA ISTARSKA よりも大きい），糖度は比較的低い．

栽培地とワインの味

DURANIJA はクロアチア，イストリア半島の非常に珍しい品種である．絶滅寸前であるが，スロベニアのコペル（Koper）近くでも BRAJDENICA という名で少しだけ栽培されている．

イストリア半島中部，主にパジン（Pazin）の町近辺で MALVAZIJA ISTARSKA とブレンドされることがある．生産者は Antun Ivaninić 氏および養蜂家の Boris Hrvatin 氏などである．

DURAS

骨格があり胡椒のような香りをもつ品種.
フランスの Gaillac アペラシオンで脇役としての役目を果たしている.

ブドウの色：● ● ● ● ●

主要な別名：Durade, Duras Rouge（タルヌ県（Tarn)), Durazé（アリエージュ県（Ariège))

起源と親子関係

DURAS はミディ＝ピレネー地域圏（Midi-Pyrénées）が起源の古い品種である．アリエージュ県とタルヌ県で長く栽培されてきた．1842年にガヤック（Gaillac）においてDURAS がDURAS NOIR という名前で記載されているのがみつかっている．これがDURAS に関する最初の記載である（Rézeau 1997). Tallavignes（1902）によればDURAS はラヴァール（Lavaur，タルヌ県）の公証人であるMaître de Pachino が保有するブドウ畑の借地契約書（1484年11月8日付け）の中に記載されているとのことだが，この説が正しいことを証明する歴史的証拠は確認されていない．

DURAS は「堅い」を意味するフランス語の *dur* に由来し，これはブドウの木の堅さを表していると考えられる．

DNA 系統解析によってDURAS はTRESSOT の親品種であることが明らかになった（Bowers *et al.* 2000; PINOT の系統図参照).

他の仮説

DURAS は，カトーおよびコルメラによって記載されたDuracina に由来すると述べる研究者もいるが，せいぜい同じ語源を共有するだけなのかもしれない．

ブドウ栽培の特徴

結実能力が高い．短く剪定するのがよい．萌芽期は早く，熟期は中程度である．ブドウつる割れ病，うどんこ病，ダニ，ユーティパ・ダイバックに感受性である．

栽培地とワインの味

2009年のフランスでの栽培面積は923 ha（2,281 acres）で，そのほとんどがタルヌ県での栽培であった．DURAS はFER およびシラー（SYRAH）と並んでGaillac アペラシオンで使用されることを義務付けられている主要品種の一つである．またCôtes de Millau およびVins d'Estaing では赤ワインとロゼワインの生産に用いられる二次品種としての役割を担っている．色合い深く，胡椒の味わいがある高いアルコール分と強い骨格を有するワインになる．Gaillac アペラシオンではDURAS のヴァラエタルワインを認めていないので，Domaine de Causse-Marines 社のPatrice Lescarret 氏は，彼のワイン Rasdu をフランス産ワイン（vin de France）と表示しなければならない．

DURELLA

イタリア，ヴェネト（Veneto）の白品種.
ライトボディーでキレのよい白ワインができる.

ブドウの色：● ● ● ● ●

主要な別名：Cagnina（ヴィチェンツァ県（Vicenza）），Caina，Durella Gentile（リグーリア州（Liguria）のラ・スペツィア県（La Spezia）および トスカーナ州（Toscana）のマッサ＝カッラーラ県（Massa-Carrara）），Rabiosa（ヴェネト州のトレヴィーゾ（Treviso））
よくDURELLAと間違えられやすい品種：NOSIOLA ☒（トレント自治県（Trentino））

起源と親子関係

DURELLA はイタリア北東部，ヴェネト地方のヴェローナ県（Verona）とヴィチェンツァ県のモンティ・レッシーニ地域(Monti Lessini)に由来する品種である. DURELLA の名が最初に登場したのはAcerbi(1825)の著書の中で，ヴィチェンツァ県およびオルトレポー・パヴェーゼ（Oltrepò Pavese）で栽培されるブドウ品種として記載されている．その名前は果皮の厚さにちなんでつけられたものである．DURELLA はしばしばトレンティーノの NOSIOLA と混同されるがブドウの形態分類学的解析（Giavedoni and Gily 2005）および DNA 解析（Vouillamoz による）の結果，それらは異なる品種であることが明らかになった．また，最近の DNA 解析によって DURELLA がヴェネト州，トレヴィーゾ県の BIANCHETTA TREVIGIANA の親品種である可能性が示唆された（Cipriani *et al.* 2010).

他の仮説

古代ローマの研究者が DURELLA と名付けたブドウや，1292年にコッリ・ベリーチ（Colli Berici）で見つかった UVA DURASENA が，現代の DURELLA と同じものであるとの指摘もあるが（Giavedoni and Gily 2005)，確固たる証拠は得られていない.

ブドウ栽培の特徴

樹勢が強く，晩熟である.

栽培地とワインの味

DURELLA はイタリア北東部のヴェローナとヴィチェンツァの間にある丘の上の Monti Lessini（または Lessini）DOC でヴァラエタルワインを生産するのに用いられている．ロンカー（Roncà）の Marcato 社は DURELLA100% のパッシートや，85％の DURELLA とピノ・ノワール（PINOT NOIR）やシャルドネ（CHARDONNAY）をブレンドしたいろいろな発泡性ワインを作っている．生産者としては他にも Casa Cecchin（スティルの辛口)，Fongaro（発泡性ワイン)，Colli Vicentini，Cantina di Montecchia di Crosara，Cantina di Monteforte d'Alpone，Cantina di Gambellara，Cantina de Vallegora などがあげられる．この品種の栽培はロンバルディア州（Lombardia）やトスカーナ州でも見られる．ワインはライトボディーで酸味が強いため，発泡性ワインに適している．2000年にはイタリアで723 ha（1,787 acres）の栽培が記録されていた.

DUREZA

***事実上絶滅状態にあるアルデシュ県（Ardèche）の品種．
シラー（SYRAH）の親品種として，その名を世に知らしめている．***

ブドウの色：

主要な別名：Duré，Duret，Durezza（アノネー（Annonay），リヨン（Lyon）の南部），Petit Duret（ドローム県（Drôme），イゼール県（Isère）），Serène，Serine
よくDUREZAと間違えられやすい品種：DURIF，PELOURSIN（ときにDuresa，DurezaまたはDureziと呼ばれる），SYRAH

起源と親子関係

DUREZAはフランスの広域ローヌ川流域（Vallée du Rhône），アルデシュ県北部の品種であるが，現在はほとんど絶滅状態にある．DUREZAはこの地域から東方向にあるドローム県北部や北方向にあるイゼール県に広がっていった．PELOURSINはDURESA，DUREZA，DUREZIと呼ばれることもあるが，両品種がともにブドウの形態分類群のPelorsienグループ（p XXXII参照；Bisson 2009）に属してはいても，これらは異なる品種である．DNA系統解析によって，この品種はシラーの親品種であることが明らかになった（Bowers *et al.* 2000; 系統図はSYRAH参照）．その結果，なぜDUREZAとシラーが同じ別名のSERÈNEやSERINEを共有しており，また，なぜこの二品種がアルデシュ県北部で一緒に栽培されていたかも説明が可能になった（Rougier 1905）．

ブドウ栽培の特徴

熟期は中期～晩期である．樹勢が強く野趣があり豊産性である．

栽培地とワインの味

DUREZAはフランスでは事実上絶滅状態にあるが，サン・ジョゼフ（Saint-Joseph）のPascal Jamet社により，最初のヴァラエタルワインが作られることに大きな期待が寄せられている．この品種はIGP Collines Rhodaniennesとして認められている．

DURIF

フランス起源であるが，カリフォルニア州ではPETITE SIRAHの名で広く知られている．

ブドウの色：

主要な別名：Dure，Duret，Gros Noir（サヴォワ県（Savoie）），Petite Sirah または Petite Syrah（フランスのアン県（Ain）のセルドン（Cerdon），オーストラリア，カリフォルニア州およびイスラエル），Pinot de l'Hermitage，Pinot de Romans（ドローム県（Drôme）のロマン（Romans）），Plant Durif，Serine des Mauves（アンピュイ（Ampuis）），Sirane Fourchue
よくDURIFと間違えられやすい品種：BÉCLAN，BÉQUIGNOL NOIR（ロット＝エ＝ガロンヌ県（Lot-et-Garonne））DUREZA，PELOURSIN，PINOT，SYRAH

起源と親子関係

この品種は1860年代にフランス東部，イゼール県（Isère）のチュラン（Tullins）にあるフランスの植物学者でブドウ育種家でもある François Durif 氏（しばしば間違えて Duriff と表記される）所有の試験ブドウ畑で発見された．1868年にブドウの分類の専門家である Victor Pulliat 氏が Plant du Rif の名で，前述の Durif 氏が Tullins で繁殖させた品種として紹介したのが，DURIF に関する最初の記載である（Di Rovasenda 1877; Goethe 1878; Rézeau 1997）．1878年からフランスのブドウ畑で問題になっていた，べと病に耐性があるということで DURIF は評判になった．1884年にカリフォルニア州，サンノゼ（San Jose）近郊にある Linda Vista Winery 社の Charles McIver 氏が DURIF を不注意にも PETITE SIRAH という名前で輸入し，彼は販売戦略上 PETITE SIRAH という名前で DURIF を販売したと言われている．しかし，PETITE SYRAH という名前はイゼール県やアルデシュ県（Ardèche）で，本物のシラー（SYRAH）に用いられている名前であり，シラーは1876年にカリフォルニア州にすでに持ち込まれていたので，輸入時の表示ミスによるものだと考えられている．

カリフォルニアの Meredith *et al.*（1999）の DNA 解析により，同州で PETITE SIRAH と呼ばれるもののうち，一部の古いブドウ畑のものは PELOURSIN と同じであるが，ほとんどは DURIF と同一であることが明らかになったことから，PETITE SIRAH は DURIF の別名にあたると考えられている．Durif 氏はこの品種の母品種が PELOURSIN であることを知っていたはずであるが，父品種は知らなかったようだ．Meredith 氏らは DNA 系統解析によって DURIF は PELOURSIN とシラーの自然交配品種であり，交配は Durif 氏の種苗場で起こったと考えている．このように考えると，なぜ DURIF が両方の品種と混同されたのか，また，なぜ DURIF がブドウの形態分類群の Pelorsien グループ（p XXXII 参照；Bisson 2009）に属しているのかの説明がつく．

他の仮説

Conte di Rovasenda（1877）によればこの品種は（PLANT DU RIF の名で）イタリア北西部，ピエモンテのサルッツォ地方（Saluzzo）に広がっていたとされるが，現地で，DURIF の名が記録されたことは一度もない．

ブドウ栽培の特徴

晩熟．果粒は日焼けに弱く，萎凋しがちで，冬の霜の被害を受けやすい．また樹の病気，灰色かび病，黒腐病に感受性である．

栽培地とワインの味

DURIF は祖国のフランスでは事実上消滅してしまったが，カリフォルニア州では成功を収めている．紛らわしいことに PETITE SIRAH，また時に PETITE SYRAH と呼ばれるこの品種の2008年の栽培面積は 6,584 acres（2,664 ha）で，1999年の2,282 acres（923 ha）から大幅な伸びを見せている．カリフォルニア州のこの品種のファンたちは PS I love you のウェブサイトに見られるように，熱心にこの品種の普及に努めている．大きな栽培地域としてはサンホアキン・バレー（San Joaquin Valley），サンルイスオビスポ（San Luis Obispo），ナパ（Napa），ソノマ（Sonoma）などがあげられる．ワインは色合い深くフルボディーで熟成に適している．ヴァラエタルワインも生産されているが，ブレンドワインにも用いられる．最も声高なこの品種の支持者はヒールスバーグ（Healdsburg）の Foppiano 社であり，ストレートの PETITE SIRAH とリザーブボトリングの両方を生産している．PETITE SIRAH の古木はリヴァモア・ヴァレー（Livermore Valley）にある大きなワイナリー，Concannon 社のシンボルである．この品種と真摯に向き合い生産に取り組んでいる会社としては他にも Guenoc 社，Ridge 社，Lava Cap 社，J C Cellars 社などがあげられる．

PETITE SIRAH はカリフォルニア州からワシントン州など，他の州にも広がった．

この品種はメキシコにも広がり，現地の L A Cetto 社は熱心な支持者である．ブラジル（2007年に12 ha/30 acres，リオグランデ・ド・スル州（Rio Grande do Sul）），チリ（2008年に31 ha/77 acres）でも栽培されている．暑く，乾燥した気候下での栽培に適しており，またアメリカでの評判が良かったことから，イスラエルでも人気の品種となった（2007年に721 tons の収穫を記録した）．

オーストラリア（433 ha/1,070 acres）と南アフリカ共和国（2008年に14 ha/35 acres）ではオリジナルのフランス名で扱われている．オーストラリアの栽培の中心地はビクトリア州のリヴァリーナ（Riverina）やラザーグレン（Rutherglen）であり，現地の気候は晩熟のこの品種に適している．ここでは，濃厚で骨格を有し，濃色の果実香に富んだインクのような濃い色のワインが作られている．このワインは樽熟成に適している．この品種は公式には DURIF として知られているが，Rutherglen Estates 社は DURIF と，より野心的な 'PETIT SIRAH'，および SHIRAZ をブレンドしたブレンドワインを生産している．De Bortoli 社は数種類のヴァラエタルワインをリヴァリーナ地方のブドウから作っている．

DURIZE

ROUGE DE FULLY を参照

DUTCHESS

低収量で病気に弱い北米の交雑品種．
ブラジルでも栽培が見られるが，その姿は消えつつある．

ブドウの色：● ● ● ● ●

主要な別名：Duchess

起源と親子関係

DUTCHESS という品種名は，その起源となった郡の名にちなんでつけられている．DUTCHESS は1868年にニューヨーク州のポキプシー（Poughkeepsie）で苗木商の Andrew Jackson Caywood 氏が NIAGARA（WHITE CONCORD の別名で）の実生に DELAWARE と WALTER の花粉の混合物を受粉することで作り出した交雑品種である（Hedrick 1919）．WALTER は DELAWARE と DIANA の交雑品種（DIANA は CATAWBA の実生）であるので，DUTCHESS の系統は *Vitis labrusca*，*Vitis vinifera*，*Vitis aestivalis* から構成されている．

ブドウ栽培の特徴

特に耐寒性はなく，ブドウの樹がかかりうる様々な病気，とりわけ黒腐病に感受性で，その他べと病およびうどんこ病，ブドウつる割れ病，灰色かび病などにも感受性がある．それゆえ，防除や栽培地の選択に関しては，*Vitis vinifera* と同様に扱う必要がある．晩熟である．

栽培地とワインの味

ニューヨーク州で非常にわずかな量が栽培されているが（1996年には27acres/11 ha が残っていた），大部分がアメリカ北東部により適した品種に置き換えられた．また祖国から遠く離れたブラジルでも栽培されている．

カナダ，オンタリオ州（Ontario），エルジン郡（Elgin County）の Quai du Vin 社では他社と同様に DUTCHESS の収量と品質に不満を抱き，この品種の樹をワイン畑から引き抜いてしまったが，彼らはワインについては，柑橘類のフレーバーをもち VIDAL や SEYVAL BLANC に似ており，ELVIRA や CONCORD に比べフォクシーフレーバーが少なく，4〜5年間の瓶熟成が可能だと述べている．

DZVELSHAVI OBCHURI

これといって特記することがないジョージアの品種．深紅のワインになる．

ブドウの色：● ● ● ● ●

主要な別名：Zelscavi
よくDZVELSHAVI OBCHURIと間違えられやすい品種：Dzvelshavi Sachkheris

起源と親子関係

DZVELSHAVI OBCHURI はジョージア中西部のイメレティ地方（Imereti）の古い品種である．その名は，「古い」を意味する *dzveli* と「黒」を意味する *shavi* の合成語である（Chkhartishvili and Betsiashvili 2004）．

ブドウ栽培の特徴

樹勢が強く，熟期は中期である．通常，かびの病気に感受性である．

栽培地とワインの味

DZVELSHAVI は主にジョージアのイメレティとラチャ地方（Racha）で栽培されており，そこでは過去に，DZVELSHAVI と SAPERAVI をブレンドしたデイリーワインを生産していた．DZVELSHAVI OBCHURI のみで作られたワインも存在し，非常に色合い深く，赤い果実のフレーバーを有するものであったが，通常は品質が低く人気がなかった．

E

※次ページ以降に記載されているこのシンボルは，別名や誤った同定がDNA解析により確認されたことを示す.

EARLY MUSCAT

カリフォルニア州の交配品種．
生食用ブドウとして育種されたが，オレゴン州ではアロマティックなワインになる．

ブドウの色：● ● ● ● ●

主要な別名：California K 4-19

起源と親子関係

EARLY MUSCAT は1943年にカリフォルニア大学デービス校で Harold P Olmo 氏が MUSCAT OF HAMBURG×SZŐLŐSKERTEK KIRÁLYNŐJE（Königin der Weingärten としても知られるハンガリーの生食用ブドウ）の交配により得た交配品種である．1958年に公開された（Walker 2000）．この品種の親子関係は DNA 解析によって確認された（Myles *et al.* 2011）．

ブドウ栽培の特徴

早熟である．大きな果房をつける．枝は細いが樹勢は強い．

栽培地とワインの味

EARLY MUSCAT はカリフォルニア州で生食用ブドウとして育種されたが，オレゴン州では冷涼な気候のもと，ワイン用のブドウとして商業的に成功している．たとえば，ウィラメットバレー（Willamette Valley）では Silvan Ridge 社が桃，オレンジ，ブドウのフレーバーをもつ中甘口のヴァラエタルワインを作っている．Sokol Blosser 社のオフ・ドライのワインはフローラルと柑橘系のフレーバーがある．Bridgeview 社はやや甘口のセミスパークリングワインを作っている．ヤムヒル郡（Yamhill）の Ribbon Ridge 社は甘口の酒精強化スタイルのワインを作っている．

EDELWEISS

あまり栽培されていないアメリカの交雑品種．
耐病性と耐寒性に優れ，フォクシーフレーバーがあまりない品種である．

ブドウの色：● ● ● ● ●

主要な別名：Elmer Swenson，ES 40

起源と親子関係

EDELWEISS は，ウィスコンシン州，オシオラ（Osceola）の育種家 Elmer Swenson 氏（1913–2004）が MINNESOTA 78×ONTARIO の交配により得た交雑品種である（MINNESOTA 78 の系統は BRIANNA を，また ONTARIO の系統は CAYUGA WHITE を参照）．この品種は *Vitis riparia*，*Vitis labrusca*，*Vitis vinifera* の交雑品種で1955年に選抜され，1978年に Elmer Swenson 氏とミネソタ大学が SWENSON RED とともに公開したものである（Swenson *et al.* 1980）．この品種は ESPIRIT や SWENSON WHITE の育種に用いられた．

ブドウ栽培の特徴

萌芽期が早いので春の霜に被害を受ける危険性がある．樹勢が強く豊産性である．果粒が粗着する大きな果房をつける．ブドウが熟すとフォクシーフレーバーが増してしまうのでワイン作りに用いる場合は早摘みするほうがよい．風の被害を受けやすい．病気全般に対し優れた耐病性を示すのだが，黒とう病，灰色かび病，うどんこ病に対する感受性は中程度である．－15°F（－26℃）までは耐寒性を有している（Smiley 2008）．

栽培地とワインの味

栽培面積はわずかなのだがEDELWEISSはアメリカ中西部で栽培されており，中でも栽培量が多いのがアイオワ州で，同州では2006年に53 acres（21 ha），またネブラスカ州では2007年に10 acres（4 ha）の栽培が記録された．わずかだが，ペンシルベニア州でも栽培されている．それらは生食用ブドウとして，またワイン用として使われている．ミネソタ州ではCanon River社が，またネブラスカ州ではCuthills社およびMac's Creek社が，さらにアイオワ州ではSnus Hill，Tassel Ridge，Two Saintsなどの各社がヴァラエタルワインを作っている．遅くならないうちに収穫したブドウを用いて中甘口になるようワインを作ると，心地よいワインになる（Swenson *et al.* 1980）．

EDERENA

カリフォルニア州で試験栽培されているボルドーの交配品種

ブドウの色：● ● ● ● ●

主要な別名：Édéréna

起源と親子関係

1952年にフランス南西部にあるボルドーの国立農業研究所（Institut National de la Recherche Agronomique : INRA）でPierre Marcel Durquéty氏がメルロー（MERLOT）×ABOURIOUの交配により得た交配品種である．EDERENAは「最も美しい」という意味をもつバスク語の*ederrena*に由来する名である（*eder*は「美，beautiful」を意味する；Rézeau 1997）．

ブドウ栽培の特徴

結実能力が高い．熟期は中程度である．

栽培地とワインの味

フランスでは，EDERENAは公式リストには登録されていないため，ごくわずかな量しか栽培されていない（2008年の栽培面積は1 ha/2.5 acres未満であった）．カリフォルニア州，ベーカーズフィールド（Bakersfield）の苗木商Sunridge Nurseries社がこの品種を入手した後，試験栽培のためにこの品種をGallo社に販売した．この品種は，カリフォルニア大学デービス校がサンホキアン・バレー（San Joaquin Valley）で試験栽培している数多くの品種のうちの一つとなっている．EDERENAの故郷近くでは，スイス，ヴォー州（Vaud），シャルドンヌ（Chardonne）の挑戦的かつ大胆な生産者であるLa Toveyre社がマルベック（MALBEC / COT），CALADOC，MARSELAN，ARINARNOA，EGIODOLA，EDERENAとCARMINOIRのブレンドによりあまり知られていないブレンドワインNuméro 2を作っている．EDERENAは時にわずかに植物的な，軽く芳しいワインになる．

EGIODOLA

***近年になって開発されたボルドーの交配品種．
豊産性で，タンニンに富む品種である．祖国フランスと海外のいくつかの地域で，
その秘めた可能性を示し始めている．***

ブドウの色：● ● ● ● ●

主要な別名：Égiodola

起源と親子関係

EGIODOLA は，1954年にフランス，ボルドーにある国立農業研究所（Institut National de la Recherche Agronomique : INRA）の Pierre Marcel Durquéty 氏が FER×ABOURIOU の交配により得た交配品種である．しかし，近年モンペリエの INRA で行われた DNA 解析により EGIODOLA は ABOURIOU×NEGRAMOLL（TINTA DA MADEIRA の名で）の交配品種であったと訂正された．EGIODOLA という名前は *egiazko*，*odola* という二つのバスクの言葉を組み合わせ，短縮したものであり，「真の血」という意味をもっている（Rézeau 1997）．

ブドウ栽培の特徴

萌芽期は早く，早熟である．結実能力が高く豊産性で時に樹勢が強くなる．病気全般に対し優れた耐病性を有している．

栽培地とワインの味

ワインは色合い深く，豊潤でタンニンに富むが酸味は弱いものとなる傾向にある．フランス，ミュスカデ地方（Muscadet）にある Domaine de la Chevrue 社のワインはわずかにラズベリーのアロマをもつと表現されている．冠状心疾患を予防するとされるフェノール化合物のカテキンが比較的多く含まれている（Teissedre and Landrault 2000）．

EGIODOLA は1983年からフランス国内すべてのワイン生産県で推奨されてきた．2009年の総栽培面積は271 ha（670 acres）で，2006年の342 ha（845 acres）から減少している．わずかな生産者がヴァラエタルワインを作っている．たとえば，ガスコーニュ（Gascogne）の Domaine Millet 社がロゼワインを作っている．南西部の Coteaux de Chalosse や Côtes de Gascogne では FER やカベルネ・フラン（CABERNET FRANC）とブレンドされることが多い．Châteauneuf-du-Pape では，Domaine Roger Perrin 社がこの品種とメルロー（MERLOT），グルナッシュ（GRENACHE/ GARNACHA），CINSAULT（CINSAUT），カベルネ・ソーヴィニヨン（CABERNET SAUVIGNON）などをブレンドしている．

スペイン南東部のフミーリャ（Jumilla）では Casa de la Ermita 社が何本かの EGIODOLA ブドウを試験農場で栽培している．

スイス，ヴォー州（Vaud）のシャルドンヌ（Chardonne）で La Toveyre 社がマルベック（MALBEC/ COT），CALADOC，MARSELAN，ARINARNOA，EGIODOLA，EDERENA，CARMINOIR とのブレンドによりあまり知られていない Numéro 2 と呼ばれるワインを作っている．

ブラジルでは2007年にリオグランデ・ド・スル州（Rio Grande do Sul）で56 ha（138 acres）の栽培が記録された．現地ではベント・ゴンサルベス市（Bento Gonçalves）近郊のヴァレ・ドス・ヴィニェドス地方（Vale dos Vinhedos）で Cave de Pedra や Pizzato などの生産者がヴァラエタルワインを作っている．

EHRENFELSER

リースリングの代替品種として育種された霜耐性のドイツ交配品種

ブドウの色：

主要な別名：Geisenheim 9-93

起源と親子関係

EHRENFELSER は Heinrich Birk 氏が1929年にガイゼンハイム（Geisenheim）でリースリング（RIESLING）×SILVANER の交配で育種したといわれている．しかし DNA 解析の結果，SILVANER はこの品種の親品種ではないと結論づけられたので（Grando and Frisinghelli 1998），もう一方の親品種は不明のままである．EHRENFELSER は PRINZIPAL の育種に用いられた．

ブドウ栽培の特徴

優れた耐病性と霜耐性を有している．収量はリースリングの収量とほぼ同等であるが，糖度は EHRENFELSER のほうがわずかに高く，酸度は低い．

栽培地とワインの味

EHRENFELSER はラインガウ（Rheingau）のリューデスハイム（Rüdesheim）近くにある廃墟と化したエーレンフェルス城（Schloss Ehrenfels）にちなんで EHRENFELSER と名付けられた．より広い条件で完熟するリースリングタイプの品種の開発を目的に開発されたが，目的は一部しか達成されていない．EHRENFELSER はリースリングに比べ，よりよく熟し豊産性ではあるのだが，酸度が低い．また，ワインは始めこそフルーティーさがなんとも魅力的なのだが，ボトルの中ですぐに変化してしまう．また，リースリングがもつ香りの複雑さがこの品種には欠けている．

ドイツでの栽培面積合計は91 ha（225 acres）であり，栽培地域はドイツ全土，様々なワイン生産地域に点在している．最大の栽培地域はラインヘッセン（Rheinhessen）とプファルツ（Pfalz）であるが，全体的にみれば，EHRENFELSER の栽培面積は減りつつある．これは後から開発された KERNER のほうが高い酸度を有していること，また，様々な地域で栽培が可能であることから，リースリングの代替品種として優れているのが原因だと考えられる．ヴァラエタルワインの生産者としてはヘシッシェ・ベルクストラーセ（Hessische Bergstrasse）にある Hermann Jourdan & Söhne 社，Lohmühle 社，Rothweiler 社などがあげられる．

アメリカではカリフォルニア州とニューヨーク州でわずかな量が栽培されている．

1968年に EHRENFELSER がカナダ西部のブリティッシュコロンビア州にリースリングとともに初めて輸入され，オカナガン・バレー（Okanagan Valley）南部における最初の *vinifera* 品種として，本格的な栽培が行われた．今日では74 acres（30 ha）の栽培が記録されている．Cedar Creek 社がクリーンでさわやかなオフ・ドライのワインを生産している．

オーストラリアでは小規模生産者であるタスマニアの Palmara 社が1984年から EHRENFELSER を栽培している．ボディーと酸味を向上させるため，同社では通常，セミヨン（SÉMILLON）やソーヴィニヨン・ブラン（SAUVIGNON BLANC）とブレンドしている．

EKIGAÏNA

最近開発されたボルドーの交配品種.
まだあまり栽培されていない.

ブドウの色：● ● ● ● ●

主要な別名：Ékigaïna

起源と親子関係

EKIGAÏNAは，1955年にボルドーの国立農業研究所（Institut National de la Recherche Agronomique : INRA）でおそらくPierre Marcel Durquéty氏がTANNAT×カベルネ・ソーヴィニヨン（CABERNET SAUVIGNON）の交配により得た交配品種である．この品種名は二つのバスク語，*ek*（*h*）*i*（太陽）と*gaïn*（トップ）を組み合わせ，「太陽のエッセンス」という意味をもたせ命名されたものである（Rézeau 1997）．

ブドウ栽培の特徴

熟期は中程度である．長めの剪定が必要である．全般的な耐病性に優れている．

栽培地とワインの味

フランス南部および南西部の多くの県で公式に推奨されているが，2008年にはわずかに3 ha（7 acres）以下の栽培面積が記録されているにすぎない．その親品種から想像できるように，ワインは通常色合い深く，暖かい印象をもつ酸味の比較的弱いものとなる．EKIGAÏNAは非常にしっかりとした骨格をもつTANNATのよきブレンドパートナーであり，Terroirs Landaisなどのヴァン・ド・ペイが作られている．

アルゼンチンでは，メンドーサ州（Mendoza）のZuccardi社が試験栽培をしているおかげで，EKIGAÏNAが少量だが栽培されている．

EKIM KARA

晩熟のウクライナ品種.
酒精強化された赤のデザートワインになる.

ブドウの色：● ● ● ● ●

主要な別名：Echim Kara
よくEKIM KARAと間違えられやすい品種：KEFESSIYA

起源と親子関係

「博士の黒」という意味をもつEKIM KARAは，ウクライナ最南端，クリミア半島東部に位置するSolnechnaya Dolinaの品種である．19世紀末期にロシアの博士が持ち込んだ品種であると考えられている．

同じく「博士の黒」という意味をもつDOKTORSKY CHERNYIとしても知られるKEFESSIYAとEKIM KARAは混同されることがある．

ブドウ栽培の特徴

晩熟．厚い果皮をもつ，比較的大きな果粒が中～大サイズの果房をなす．べと病およびうどんこ病に高い感受性をもつ．

栽培地とワインの味

ウクライナでは2009年に27 ha（67 acres）の EKIM KARA が栽培された．たとえば，Massandra 社や Solnechnaya Dolina ワイナリーなどが Black Doctor ラベルのワインを作っており，人気を博している．これは CEVAT KARA とのブレンドによる濃厚な甘口の酒精強化ワインである．

ELBLING

かつては至る所で栽培されていたのだが，いまでは時代遅れとなってしまっているドイツの古い品種である．現在は主に発泡性ワインのベースとして用いられている．

ブドウの色：● ● ● ● ●

主要な別名： Aelbinen（バーデン－ヴュルテンベルク州（Baden-Württemberg）における古い名），Albich（プファルツ（Pfalz）における古い名），Burger（フランスのアルザス（Alsace）およびロレーヌ地域圏（Lorraine）），Elbling Weiss，Elsässer（スイスのビール（Biel）），Grobriesling，Grossriesling，Haussard（スイスのヌーシャテル州（Neuchâtel）），Raisin Blanc des Allemands（フランスのフランシュ＝コンテ地域圏（Franche-Comté）），Rheinelbe（アルザス），?Weisser Silvaner，Ysèle（スイスのヌーシャテル州）
よくELBLINGと間違えられやすい品種： GOUAIS BLANC，PEDRO XIMÉNEZ，SILVANER

起源と親子関係

この品種がもつおびただしい数の別名が示すように，ELBLING は最も古いドイツ品種の一つである．その名前は，エルベ川（Elbe river）の語源でもあるラテン語の白（*alba*），あるいはラテン語の黄色（*helvus*）のいずれかに由来していると思われる．フランスで用いられている別名の RHEINELBE が示唆しているように ELBLING の起源もまたリースリング（RIESLING）同様，ライン渓谷（Rheintal/Rhein Valley）にあると思われる．

それにもかかわらず ELBLING に関する最初の記載がなされたのは，スイスのチューリッヒ（Zürich）の近くにおいてであり，13世紀末に別の名前で記載されている．エンゲルベルクの修道院（Engelberg Abbey）の記録 *Hofrodel*（登録の一種）には，修道院を訪問してきた地方の地主がチューリッヒの地方ワイン（*Landwein*）を好まず，代わりに肉や良質の Elseser ワインを希望したと記録されている（Bluntschli 1838; Grimm 1840; Aeberhard 2005）．

アルザス人を意味する Elseser はスイスにおける ELBLING の古い別名で Daniel Rhagor（1639）の Wein-Gärten など，後に記された多くの資料の中でこの名前を見ることができる．この品種は Oberhofen am Thunerse（ベルン（Bern）のドイツ語圏）の中では ELBER，ELBELEN あるいは ELSISSER という名前で記載されている．加えて DNA 解析により，ELSÄSSER として，現在もビール湖（Bielersee）の近くで知られている品種が ELBLING と同一であることが確認された（Vouillamoz，Frei and Arnold *et al.* 2008）．この結果は ELBLING が，かつて栽培されていたアルザス（Alsace）を経由してドイツからスイスに入った可能性が高いことを示唆している．

ドイツで記載された ELBLING に関する記録で最も初期のものは1483年8月8日に書かれたもので，文中では ELBLING の古い名前である AELBINEN が用いられている．記録には，テュービンゲンのベーベンハウゼン（Bebenhausen）修道院が，町の住人にシュトゥットガルト（Stuttgart）に近い Kriegsberg のブドウ畑を割り当て，FRENNSCH，TRAMINER および AELBINEN 品種のみを栽培してよいと規定したとある（Krämer 2006）．この品種についての多くの記載が後にドイツで見られる．たとえばヒエロニムス・

ボック（Hieronymus Bock 1539）の有名な著書，*Kreutterbuch* の中では，ランダウ・イン・デア・プファルツ市（Laudau in the Pfalz）で ALBICH という名前で記載されている．

Regner *et al.*（1998）は ELBLING が，西ヨーロッパで最も古い品種であり，また多くの子孫をもつブドウである GOUAIS BLANC と親子関係にあることを DNA 解析を用いて明らかにした．GOUAIS BLANC が，シャルドネ（CHARDONNAY），GAMAY NOIR，FURMINT，RÄUSCHLING，リースリングなど，少なくとも80種類のブドウと親子関係にあることから，これらの品種は ELBLING と片親だけの姉妹関係，あるいは祖父母や孫にあたることがわかった（完全な系統は PINOT を参照）．リースリングとの近縁関係が明らかになったことで，なぜ ELBLING が GROBRIESLING や GROSSRIESLING と呼ばれることがあるのかを説明することができるようになった．ELBLING はまた遺伝的に PINOT と近いことも示された（Imazio *et al.* 2002）．

BLAUER ELBLING あるいは ELBLING BLAU と呼ばれる品種は，かつてドイツやスイスで栽培されていた白品種の ELBLING とは形態的にも遺伝的にも異なる品種である．一方，ROTER ELBLING，ELBLING ROT，ELBLING ROSE などは単に ELBLING の果皮色変異である（Galet 2000; Vouillamoz, Frei and Arnold 2008）．

他の仮説

大プリニウスとコルメラによって記述されてはいるものの，詳細については明らかになっていない *Vitis albuelis* は，ELBLING であると同定されることがあるので，ELBLING は4世紀ごろにローマ人がガリア（Gaul）を経由してライン渓谷に持ち込んだものだといわれている．

Regner *et al.*（1998）は DNA データに基づき，ELBLING もリースリング同様，GOUAIS BLANC と SAVAGNIN（あるいは TRAMINER）の親品種との交配品種で，後者はラインガウの野生ブドウ（*Vitis silvestris* L.）に関係する大昔に絶滅した品種だという見解を示したが，この仮説はその後の研究によって証明されていない．

ブドウ栽培の特徴

多産の早熟品種．べと病，うどんこ病，灰色かび病に感受性が高い．茎が乾燥しやすい．また，ブドウ蛾の被害を受けやすい．

栽培地とワインの味

ELBLING はかつてフランス北東部で栽培されていたが，現在ではその栽培は見られなくなってしまった．いまだモゼル県（Moselle），バ＝ラン県（Bas-Rhin），オー＝ラン県（Haut-Rhin）では公認されているが，現在では公認されているアペラシオンはない．

かつて ELBLING はルクセンブルクで栽培される唯一の品種であったのだが，ルクセンブルクにおいても栽培は減少の一途を辿っている．現在の栽培面積は116 ha（287 acres）のみで，1980年代末以降，新たな植え付けはなされていない．しかし，Château Pauqué 社の Abi Duhr 氏は実験的にこの品種を用いて，スティルのヴァラエタルワインを生産している．

19世紀前半のドイツでは，国内すべてのブドウ畑の4分の3を ELBLING が占めていたが（Maul 2006）現在の栽培面積は578 ha（1,428 acres）のみである．栽培は主にリースリングの成熟が困難なモーゼル・ザール・ルーヴァ（Mosel-Saar-Ruwer）の上流地域で見られる．栽培は減少する一方だが Steinmetz 社が良質のヴァラエタルワインを作っている．ワインは軽くフレッシュで酸味が強い．アルコール分が低いので発泡性ワインの生産によく用いられている．

スイスではかつて，ビール湖（Biel），シュピーツ（Spiez），トゥーン湖（Thun）近郊で栽培され，19世紀末までは現地の主要品種としてスイスのドイツ語圏で広く栽培されていたが，いまでは65アール（1.6 acres）にまで減少している．ザンクト・ガレン州（Sankt Gallen）の Schmidheiny 社やアールガウ州（Aargau）の Weinbau zum Stäckerösseler 社の Reinhard と Bettina Bachmann がヴァラエタルワインを生産している．豊作の年には100% ROTER ELBLING のワインも作っている．

ピンクの果皮色変異の ROTER ELBLING はドイツでもまれに見られ，モーゼル地方の Frieden-Berg 社でヴァラエタルワインが作られている．スイスでは10アール（0.1 ha，1,200 平方ヤード）の栽培が記録されている．

ELVIRA

非常に豊産性で，耐寒性を示す北米の交雑品種．
凡庸なワインになるのでブレンドワイン用に適している．

ブドウの色：● ● ● ● ●

よくELVIRAと間違えられやすい品種：NOAH

起源と親子関係

ELVIRA は1862年にミズーリ州，モリソン（Morrison）の Jacob Rommel 氏が得た TAYLOR の子品種である（NOAH 参照）．1874～75年の間にミズーリ州，バックバーグ（Bushberg）の Bush & Son & Meissner 社が市場に紹介した．もう一方の親品種はコンコードの白の実生である MARTHA だといわれているので ELVIRA は *Vitis labrusca*，*Vitis riparia*，*Vitis vinifera* の交雑品種である．

ブドウ栽培の特徴

熟期は中程度（CONCORD と同じ）．非常に豊産性で耐寒性である．薄い果皮の果粒が密着する小さな果房をつける．果粒が裂果しやすいので，酸度が高く，灰色かび病に感染する前に早く収穫することが多い．べと病には耐性がある．

栽培地とワインの味

この品種でワインを作ると凡庸なものとなってしまうため，ほとんどのブドウがブレンドされたバルクワインの生産に用いられている．この品種のおもな利点は冬の寒さに強いという点である．ニューヨーク州では2006年に587 acres（238 ha）の栽培が記録された．小規模な栽培地は他の場所にもあり，たとえばペンシルバニア州では2006年に26 acres（11 ha）が栽培されている．ヴァラエタルワインは大抵甘口で，生産者としてはペンシルベニア州の Montgomery Underground Winery 社，ワイオミング州の Table Mountain Vineyards 社およびネブラスカ州の Prairie Vine 社などがあげられる．

とてもわずかな量がカナダのオンタリオ州で栽培されているが栽培は次第に減少しており，2002年には40 acres（16 ha）であった栽培面積が2006年には10 acres（4 ha）にまで減少してしまった．

ELVIRA はオーストリア南部のウーフードラ（Uhudler）で他の3品種のアメリカ交雑品種とともに公認されている（詳細は CONCORD 参照）．

EMERALD RIESLING

カリフォルニア州の交配品種．
栽培地は広範囲に及んでいるもののその歩みは輝かしいものではない．
実は，リースリングとは無関係であることが判明している．

ブドウの色：● ● ● ● ●

主要な別名：California 1139E29，Emerald Rizling

起源と親子関係

EMERALD RIESLING は1935年にカリフォルニア大学デービス校の Harold P Olmo 氏が

MUSCADELLE（CA）×リースリング（RIESLING）の交配により得た交配品種である．1948年に公開された（Walker 2000）．しかしDangl（2006）が行ったDNA系統解析の結果，第二の親品種はリースリングではなくグルナッシュ（GARNACHA）であることが明らかになった．またカリフォルニア大学デービス校でMUSCADELLE DU BORDELAISと表示されていた未同定の品種MUSCADELLE（CA）はフランスのMUSCADELLEとは異なる品種である．

ブドウ栽培の特徴

豊産性である．

栽培地とワインの味

1960年代と1970年代に，この品種が厳しい暑さのカリフォルニア州のサンホアキン・バレー（San Joaquin Valley）の白のブレンドワインにフレッシュさと香りを加えるということで評価され，成功を収めた．モンテレーなど，やや冷涼な土地で少しだけ質の高いヴァラエタルワインが作られているが，栽培面積は減りつつある．カリフォルニア州では2008年に235 acres（95 ha）の栽培を記録した．栽培は主にカーン（Kern）やフレズノ（Fresno）などで見られる．

南アフリカ共和国（139 ha/343 acres; 2008年）とイスラエル（150 ha/371 acres; 2009年）でも栽培されており2007年には2,041トンが収穫されたが，2004年に記録した3,508トンからは減少している．両国では主にオフ・ドライのワインが作られている．生産者としてはBarkan，Binyamina，Carmel，Tishbiなどの各社があげられる．オーストラリアでは若干名の生産者がこの品種を試しているものの，まだこの品種を完全には理解できていないように見える．

EMIR

トルコ中部で栽培されている品種．
ワインは軽くフレッシュである．

ブドウの色：● ● ● ● ●

起源と親子関係

EMIRはトルコ中部，カッパドキア（Kapadokya）に起源を持つ品種である．この品種名には「統治者」あるいは「統率」など，いくつかの意味がある．

ブドウ栽培の特徴

栽培は，大陸性気候に適している．高地（900～1,200 m）の痩せた砂地または火山灰土壌を好むが，このような環境下では晩熟である．豊産性であるが灰色かび病に高い感受性がある．

栽培地とワインの味

EMIRはNARINCEと並ぶカッパドキア，ネヴシェヒル県（Nevşehir）やニーデ県（Niğde）の主要白品種である．2010年の栽培はわずか92 ha（227 acres）であったが，EMIRはトルコで最も重要な白品種の一つである．ワインの色は薄く，緑がかっており，デリケートで，フレッシュである．ボディーは軽～中程度で，時折，ミネラルの香りを感じさせる．ワインは若いうちに飲むとよい．スティルあるいは発泡性ワインが作られている．オークやマロラクティック発酵には向いていない．NARINCEやSULTANIYEとよくブレンドされている．生産者としてはKavaklidere，Kocabağ，Turasanなどの各社があげられる．

ENANTIO

ごく最近，公式名称がつけられたイタリア，トレンティーノ（Trentino）の品種.
かつては LAMBRUSCO A FOGLIA FRASTAGLIATA と呼ばれていた.

ブドウの色：●　●　●　●　●

主要な別名：Foja Tonda，Lambrusco a Foglia Frastagliata ⁸，Lambrusco Nostrano
よくENANTIOと間違えられやすい品種：CASETTA ⁸，FOGLIA TONDA ⁸

起源と親子関係

以前は LAMBRUSCO A FOGLIA FRASTAGLIATA（「のこぎりの歯のような形をした葉」という意味をもつ）と呼ばれていた．イタリアの他のランブルスコ品種とは異なっているため，大プリニウスが使用していたブドウ名にちなんで1980年代中頃に Mario Fregoni 氏が ENANTIO と改名した．ヴァッラガリーナ（Vallagarina）の在来品種であり，現在は CASETTA と呼ばれている LAMBRUSCO A FOGLIA TONDA（「円形の葉」という意味をもつ）と区別するために改名が必要だと考えられていた．それら二つの形態的特徴は異なっており（Calò *et al.* 2006），DNA 解析によって CASETTA と ENANTIO との親子関係の可能性は明確に除外された（Vouillamoz）．遺伝的解析によって ENANTIO が MARZEMINO，TEROLDEGO，LAGREIN，GROPPELLO GENTILE など，他のトレンティーノ地方の品種と近い関係があることが示された（Grando and Frisinghelli 1998; Grando 2000）．加えて，最近の DNA 系統解析によって ENANTIO が NEGRARA TRENTINA の親品種または子品種であることが明らかになった（Grando *et al.* 2006）．これは ENANTIO がトレンティーノ地方に起源をもつことを示唆している．他方，ENANTIO とヴェローナ県（Verona）の伝統的な品種との間の関係は認められないことから，この品種がトレンティーノからヴェローナ県に持ち込まれたのは比較的最近なのではないかと考えられている（Vantini *et al.* 2003）．

他の仮説

Scienza *et al.*（1990）は，ENANTIO（LAMBRUSCO A FOGLIA FRASTAGLIATA）が形態学的に，また遺伝学的にトレンティーノ地方の野生ブドウと似ているので，野生種の栽培により得られた品種ではないかと述べている．この仮説はイタリアのすべてのランブルスコ品種群にあてはまるのではないかと提議されているが，証明はされていない．DNA 解析により ENANTIO（LAMBRUSCO A FOGLIA FRASTAGLIATA の名で）と CASETTA（または LAMBRUSCO CASETTA）が同じであると結論づけられたが（Grando and Frisinghelli 1998；Grando 2000），これは単にブドウコレクションにおいて LAMBRUSCO A FOGLIA FRASTAGLIATA の試料名が間違えて表示されていたことにより生じた誤りであり，両者は同じ品種ではない（Stella Grando，私信）．

ブドウ栽培の特徴

晩熟である．病気と霜に耐性がある．高い色合いと酸度をもつ．

栽培地とワインの味

ENANTIO は伝統的にイタリア北部のヴェネト州（Veneto）とトレンティーノの間のヴァッラガリーナの低地で栽培されていた品種で，現在はバルド山（Monte Baldo）とレッシニア山脈（Lessinia）の間にあるテッラ・デイ・フォルティ（Terra dei Forti）の代表的なブドウだと考えられている．Letrari 社と Masso Roveri 社がテッラ・デイ・フォルティで称賛に値するヴァラエタルワインを作っている．

Valdadige-Terra dei Forti Enantio DOC において単一品種ワインが登録されており，Valdadige-Terra dei Forti Rosso o Casteller DOC ではブレンドワインが登録されている．ワインはミディアムボディーでバランスのとれた骨格を有している．若いうちに飲むのがよい．

2000年時点でのイタリア統計には，当時はLAMBRUSCO A FOGLIA FRASTAGLIATAと呼ばれていたENANTIOが1,184 ha（2,926 acres）栽培されたと記録されている．

ENCRUZADO

ポルトガルの品種．高品質でしっかりした骨格をもち，熟成させる価値のあるワインになる可能性を秘めている．

ブドウの色：● ● ● ● ●

主要な別名：Salgueirinho

起源と親子関係

この珍しい品種はもっぱらポルトガル中北部，ダン地方（Dão）で栽培されていることから，ダン地方がこの品種の起源だと考えられている．

ブドウ栽培の特徴

中サイズの果粒で小さな果房をつける．樹勢が強い．萌芽期は中期で熟期は早期～中期である．

栽培地とワインの味

ENCRUZADOは，おそらくダンで栽培されている他のどの白品種よりも大きな可能性を秘めた品種であろう．しかし，酸化しやすく，ピーマン，バラ，すみれ，火打ち石を思わせるミネラル感，レモンなどが複雑に絡み合ったデリケートなアロマは失われてしまいがちなので，生産者にとって，ENCRUZADOの栽培は挑戦ともいうべきものであろう（Rolando Faustino，私信）．このフルボディーのワインは熟成が進むと，ヘーゼルナッツや松ヤニのアロマを放ち始める．ENCRUZADOは樽発酵のオークの香味やシュールリーと相性がよく，心なしかブルゴーニュの白ワインに似た骨格のよいワインになる．今日，作られているワインのほとんどが早飲みタイプであるが，最高のワインは，場合によってはボトルで30年も熟成させることが可能である．ポルトガルでは2010年に295 ha（729 acres）の栽培が記録されている．同国ではENCRUZADOがDão DOCや様々な地理的表示保護ワインとして公認されている．この品種から作られるワインの品質がもつ可能性が人々に認識されれば，栽培地域は増加するであろう．推奨される生産者としてはCasa de Mouraz，Julia Kemper，Filipa Pato，Quinta dos Carvalhais，Quinta das Marias，Quinta dos Roquesなどの各社があげられる．

ENFARINÉ NOIR

フランス，ジュラ県（Jura）でかろうじて残ってはいるものの，事実上絶滅状態にある古い品種である．

ブドウの色：● ● ● ● ●

主要な別名：Enfariné du Jura，Gaillard（ブルゴーニュ（Burgundy）のヴァル・ド・ソーヌ（Val de Saône）)，Gouais Noir（エーヌ県（Aisne），オーブ県（Aube），マルヌ県（Marne），ムーズ県（Meuse），セーヌ=エ=マルヌ県（Seine-et-Marne）)，Grison（ドル（Dôle））

起源と親子関係

1731年2月3日付けで発令されたブザンソン（Besançon）議会の命令の中にENFARINÉ NOIRに関する最初の記載を次のように見ることができる（Bousson de Mairet 1856).「議会の命令，1702年以降に植えたすべてのブドウを引き抜き，古いブドウ畑の…Enfariné… として知られるブドウを根絶すること．法令に従い，直ちに実行すること」．こうしてほぼ3分の1の畑からブドウが引き抜かれ，穀物の栽培に置き換えられた．この作業は翌年の9月までかかった．ENFARINÉ NOIRの名前は「粉」を意味するフランス語の*farine*に由来しており，これは果粒を覆う果粉にちなんだものである．この品種は長い間GOUAIS NOIRとしても知られていたが，GOUAIS BLANCの果皮色変異ではない．同様に，ピンク色の果粒の変異はGOUAIS GRISと呼ばれた．Guicherd氏はENFARINÉの起源がオーブ県（Aube）にあると考えており，GUEUCHE NOIRに似ていると述べている（Galet 1990).

ブドウ栽培の特徴

非常に樹勢が強く豊産性である．晩熟で厚い果皮をもつ大きな果粒が大きな果房をつける．病気全般に対し優れた耐病性を有している．

栽培地とワインの味

この古い品種はほぼ絶滅状態にあり，フランスにおける2008年の栽培面積は1 ha（2.5 acres）以下であった．ジュラ県（Jura）では少し栽培されているが，そのほとんどはPOULSARDと混植されている．しかし，高酸度というこの品種の元来の特性は有用で特筆すべき点である．Domaine Jean Bourdy社が2006年に自社の保存品種用の畑にこの品種の植え付けを行った．また，ロタリエ（Rotalier）のDomaine Ganevat社がこのブドウを小さな地域に植え直し，早飲みタイプの赤のブレンドワインに20%の割合でこの品種を用いている（時折，発泡性ワインにも用いている).Domaine des Cavarodes社のÉtienne Thiebaud氏が赤のVin de Pays de Franche- Comtéのブレンドワインにこの品種を用いている．

EONA

サウスダコタ州の交雑品種．
わずかにケベック州で栽培されているだけである．

ブドウの色：

主要な別名：Éona

起源と親子関係

EONAは，20世紀初頭にブルッキングズ（Brookings）にあるサウスダコタ農業研究センター（South Dakota Agricultural Experiment Station）でデンマーク出身のNiels Ebbesen Hansen氏（1866-1950）がLADY WASHINGTON×BETAの交配により得た交雑品種である．このとき，用いられたLADY WASHINGTONはCONCORD×ALLEN'S HYBRIDの交雑品種で，後者はISABELLA×CHASSELASの交雑品種である．BETAはCARVER×CONCORDの交雑品種で，CARVERは*Vitis riparia*から選抜された品種である．したがってEONAは*Vitis riparia*，*Vitis labrusca*，*Vitis vinifera*の交雑品種ということになる．Hansen氏が開発した他の品種と同様にアメリカ先住民の名前がつけられ，1925年に商業利用が開始された（Plocher 1993).

ブドウ栽培の特徴

早熟で寒冷耐性である．

栽培地とワインの味

EONA は Hensen 氏が開発した他の品種と同様に多く栽培されたことはないが，それはおそらく，この品種が公開された時期が禁酒法のピーク時と重なっていたからであろう（Plocher 1993）．カナダのケベック州で少し栽培されており Isle de Bacchus 社がこの品種をブレンドワインに用いている．また，Domaine Félibre 社が辛口のヴァラエタルワインを作っている．Sainte Pétronille 社はわずかだがこの品種のブドウの樹を所有しており，ブレンドワインに用いている．ワインには花とトロピカルフルーツのフレーバーがある．生食用ブドウおよびジュース作りにも用いられ，家庭でワインを作る人たちもこの品種を栽培している．

ERBALUCE

マイナーなこのピエモンテの白品種は時に特徴的な甘口ワインになる．

ブドウの色：

主要な別名：Albaluce，Bian Roustì，Bianchera，Greco Bianco di Novara（ノヴァーラ県（Novara）），Uva Rustìa
よくERBALUCEと間違えられやすい品種：TREBBIANO TOSCANO

起源と親子関係

ERBALUCE に関する最初の記載は Croce（1606）の中に見られ，文中には Elbalus という名前で記載されている．ELBALUS は「夜明けの光」を意味する *alba luce* という言葉に由来しており，果粒が熟すときらりと光ることにちなんだものであると考えられている．ERBALUCE はアルプスの麓にあるトリノ県（Torino）のカナヴェーゼ地方（Canavese）由来の品種であると考えられている．遺伝解析によってピエモンテ州（Piemonte）の CASCAROLO BIANCO との近縁関係が示唆されている（Vouillamoz）．GRECO や GRECO BIANCO などの別名がノヴァーラ県（Novara）のゲンメ（Ghemme）で使われているが，これはおそらく，この品種から甘いワイン（ギリシャの歴史的な甘口ワインに似たもの）が作られることを表したものだと考えられる．ERBALUCE はカンパニア州（Campania）の品種である GRECO とは関係がない．

他の仮説

DNA 研究によれば ERBALUCE は，本品種と似た「鮮やかな」という語源をもつ CLAIRETTE に形態的にも遺伝的にも近いとされているが（Labra *et al.* 2001），まだ証明されていない．

ブドウ栽培の特徴

樹勢が強く，カナヴェーゼ地方では特別なタイプの棚である Topia で仕立てられることが多い．厚い果皮をもつ果粒は熟すと琥珀色になる（このような理由で Bian Roustì および Uva Rustìa という別名があり，*arrostita* には「ローストされた」という意味がある）．熟期は早期〜中期である．うどんこ病への耐性は弱い．

栽培地とワインの味

ERBALUCE はイタリア，トリノ県（カナヴェーゼ地方およびセッラ・ディブレーア（Serra d'Ivrea）とヴィヴェローネ湖（Lago di Viverone），ビエッラ県（Biella），ノヴァーラ県（現地では GRECO と呼ばれる）でも栽培されているが，トリノ市の北東のカルーゾ（Caluso）の特産品である．この品種はまた Canavese，Colline Novaresi，Coste della Sesia，および Erbaluce di Caluso（あるいは単に Caluso）などの DOC で公認されている．Erbaluce di Caluso では辛口，発泡性，甘口のパッシートスタイルのワインが作られている．2000年にはイタリアで342 ha（845 acres）の栽培が記録された．

かつての辛口ワインは幾分ボディーが軽く酸味が強かったが，いまではArneisやGaviに挑戦するような，印象深く，活気のあるワインをOrsolani社やBava社などのネゴシアンハウスや，レッソーナ（Lessona）のPaolo de Marchi氏が自社のProprietà Sperino社で作っている．パッシートスタイルのワインは樽の中で少なくとも収穫後4年間は熟成されなければならない．このスタイルのワインは甘く金色で比較的珍しいが，さらなる複雑さを加えるため，収穫後に3月まで果実の乾燥を続け貴腐を生じさせている生産者もある．Cieck社のAlladiumはサフラン，アーモンド，アカシアの蜂蜜，生のイチジクのアロマを融合し，また軽い苦みと酸味が甘さとのバランスをうまくとっている．

ERBAMAT

事実上絶滅状態にあるイタリア北部ブレシア県（Brescia）地方の白品種

ブドウの色：● ● ● ● ●

主要な別名：Albamatto，Erbamatto，Verdealbara ☿

起源と親子関係

ERBAMATはイタリア北部，ガルダ湖地域（Lago di Garda）のヴァルテネシ（Valtènesi）で最も優れた白品種の一つであると16世紀にはすでに記載されていた．ERBAMATという名前はおそらく果粒の緑色にちなんだものであろう（*erba*はハーブの意味）．DNA解析により，意外にもERBAMATが，ほとんど絶滅状態にあるトレント自治県（Trento），アーヴィオ（Avio）の古い品種の一つであるVERDEALBARAと同一であることが明らかになった（Vouillamoz）．VERDEALBARAという名前もまた夜明けの果粒の緑の色にちなんで名づけられたものである（イタリア語で*verde*は「緑」，*alba*は「夜明け」の意味）．

ブドウ栽培の特徴

晩熟である．

栽培地とワインの味

イタリア北部のロンバルディア州（Lombardia）ではERBAMATがほぼ絶滅状態にあるが，ガルダ湖地方の何人かの冒険好きな生産者がこの品種にこだわり続けている．たとえばComincioli社のvino da tavola Perlìワインは40%のERBAMATと60%のTREBBIANO VALTENESI（VERDICCHIO BIANCO）のブレンドである．またFranciacorta consorzio（ワイン生産者組合）が最近試験的な栽培を始めた．ヴァラエタルワインはわずかにアロマティックである．

トレンティーノ（Trentino）のVERDEALBARAとして，ERBAMATは2007年にLAGARINO BIANCOとともに品種登録された．この品種は歴史的にヴェローナ県（Verona）北部のヴァッラガリーナ（Vallagarina）で栽培されてきたが，Valle di Terragnoloのヴァッラルサ（Vallarsa）でも栽培されている．VERDEALBARAはガルダ湖畔，アーヴィオ近郊の古いブドウ畑でいまもまだ栽培されているのだが，ヴァラエタルワインのVERDEALBARAワインは商業生産されていない．

ERMITAGE

マルサンヌ（MARSANNE）を参照

ERVI

比較的新しいエミリア=ロマーニャ州（Emilia-Romagna）の交配品種．濃い果皮色が特徴的だがあまり栽培されていない．

ブドウの色：●●●●●

主要な別名：Barbera × Bonarda 108，Incrocio Fregoni 108

起源と親子関係

ERVI は1970年にピアチェンツァカトリック大学（Università Cattolica di Piacenza）の Mario Fregoni 氏が BARBERA×CROATINA の交配により得た交配品種である．CROATINA についてだが，オルトレポー・パヴェーゼ（Oltrepò Pavese）やロエロ（Roero）では BONARDA という紛らわしい別名で呼ばれていた．乏しい熟度，高酸度，乏しい結実能力などの親品種の欠点を補う品種の開発を目的として交配された．

ブドウ栽培の特徴

樹勢は中程度で結実能力に優れている．熟期は中期である．濃色の果粒は高い糖度と中程度の酸度を有している．

栽培地とワインの味

ワインに色合いを加えるため，また，アルコール分を高めるために ERVI は BARBERA とブレンドされる傾向にある．イタリアでは2000年に6 ha（15 acres）のみの栽培が記録された．

ESCURSAC

最近になって，絶滅の危機から救済されたマヨルカ島の前途有望な赤品種

ブドウの色：●●●●●

主要な別名：Corçac，Cursach，Escorçac，Escursag，Excursach

起源と親子関係

ESCURSAC についてはあまり知られていないが，スペインのバレアレス諸島（Islas Baleares），マヨルカ島の在来品種である．現地では早くも1871年にこの品種に関する記載がなされているが（Favà i Agud 2001），1891年にフィロキセラがマヨルカ島を襲ったときにほぼ消滅してしまった．Colònia de Sant Pere d'Artà で穂木を得た Bodegas Galmés i Ribot 社が2006年にブドウ畑に植え直し，この品種を絶滅の危機から救済した．

ブドウ栽培の特徴

樹勢が弱く萌芽期は遅く晩熟．薄い果皮をもつ小さな果粒が中サイズの果房をなす．うどんこ病とべと病には比較的耐性があるが灰色かび病には感受性である．

栽培地とワインの味

Galmés i Ribot 氏のおかげで，現在，マヨルカ島北東部のサンタ・マルガリーダ（Santa Margalida）では0.5 ha（1.2 acres）が栽培されており，現地ではヴァラエタルワインが作られているのだが，2011年後期現在では，ESCURSAC はいまだスペインの公式品種リストには掲載されていない．この品種はマヨルカ島によく適している．赤い果実のフレーバーと中程度のアルコール分，そしてやわらかなタンニンをもち，顕著な持続性を示す上品でアロマティックなワインが生産されている．

ESGANA CÃO

SERCIAL を参照

ESPADEIRO

ロゼワインになるポルトガル，ミーニョ（Minho）の品種

ブドウの色：

主要な別名：Espadeiro Tinto，PadeiroTinto（ヴィーニョ・ヴェルデ（Vinho Verde））
よくESPADEIROと間違えられやすい品種：CAMARAOU NOIR（スペインのガリシア州（Galicia）ではEspadeiro として知られる），PADEIRO（ミーニョ（Minho）），TRINCADEIRA（セトゥーバル県（Setúbal））

起源と親子関係

ESPADEIRO はポルトガル北西部，ミーニョ地方由来の品種である．この品種をセトゥーバル県でESPADEIRO と呼ばれている TRINCADEIRA や，ミーニョで ESPADEIRO と呼ばれることのあるPADEIRO と混同してはいけない．

ESPADEIRO はまたガリシア州の古い在来品種だとみなされることがある．しかしスペインの研究機関である Misión Biológica de Galicia が保有していた試料（Maria-Carmen Martínez，私信）を用いてDNA プロファイル（Martín *et al.* 2003; 2006）を確認したところ，Almadanim *et al.*（2007）が報告したポルトガルの ESPADEIRO とは異なっていることが判明した．ガリシア州で ESPADEIRO と呼ばれている品種は，おそらくフランス南西部の CAMARAOU NOIR と同一であると思われるので，この品種をガリシア州で ESPADEIRO と呼ぶのは間違いであろう（Vouillamoz）．

ブドウ栽培の特徴

樹勢が強く，豊産性で萌芽期は遅く晩熟である．風と湿度に強いが完全に熟すためには十分な温度が必要である．花崗岩土壌に適している．

栽培地とワインの味

ポルトガルのヴィーニョ・ヴェルデ地方（Vinho Verde）で栽培される ESPADEIRO は Quinta De Gomariz 社製のようなキレのよいロゼワインや赤のブレンドワインに用いられている．ポルトガルでは2010年に295 ha（729 acres）の栽培が記録された．樹勢を落ち着かせるため，木を伝わらせて上に伸ばすスタイルで伝統的に栽培されている．

ESPIRIT

非常にわずかな量のみが栽培されている耐寒性のアメリカの交雑品種．
マイルドでフルーティーなワインになる．

ブドウの色：● ● ● ● ●

主要な別名：ES 422，Esprit

起源と親子関係

ESPIRIT は，ウィスコンシン州，オシオラ（Osceola）の Elmer Swenson 氏が VILLARD BLANC × EDELWEISS の交配により得た交雑品種である．この品種は *Vitis riparia*，*Vitis labrusca*，*Vitis vinifera*，*Vitis aestivalis*，*Vitis lincecumii*，*Vitis rupestris*，*Vitis cinerea*，*Vitis berlandieri* の非常に複雑な交雑品種である．1984年に命名，公開され，1986年に Swenson Smith Vines 社に対し特許権が認められた（Smiley 2008）．この品種は DELISLE の育種に用いられた．

ブドウ栽培の特徴

大きな果粒の大きな果房をつける．樹勢の強さは中程度で豊産性である．萌芽期および熟期はいずれも中期である．うどんこ病には高い感受性があり，灰色かび病とべと病に対しては中程度の感受性を示す．耐寒性である（－15°F／－26℃から－20°F／－29℃）．

栽培地とワインの味

ESPIRIT は非常にわずかだがアメリカ中西部で栽培されている．ワインには *Vitis riparia* 特有のフォクシーさはなく（Smiley 2008），マイルドな果実香があるといわれている．アイオワ州の Two Saints Winery 社がヴァラエタルワインを作っている．この品種はコロラド州でも推奨されている．

ESQUITXAGOS

MERSEGUERA を参照

ETRAIRE DE L'ADUÏ

フランス，イゼール県（Isère）の特産品．
非常にわずかな量が依然，サヴォワ（Savoie）で栽培されている．

ブドウの色：● ● ● ● ●

主要な別名：Beccu de l'Aduï（イゼール県），Betu（イゼール県），Etraire de la Dot，Etraire de la Dû または Due，Etraire de la Duï，Etraire de la Duy，Grosse Etraire
よくETRAIRE DE L'ADUÏと間違えられやすい品種：PERSAN ⊗

起源と親子関係

Rougier（1902b）によれば，19世紀初頭にグルノーブル（Grenoble）の北東，Vallée de Grésivaudan の Saint-Ismier の住人が Mas de l'Aduï の近くにある泉から水を汲んでくる途中で，大きくて豊産性のこのブドウを見いだしたそうだ．オリーブの形をした果粒が PERSAN のように見えること，また，PERSAN がイゼール県では「たくさんの果汁を作るブドウ」という意味をもつ方言の *eitreïri* にちなんで ETRAIRE と呼ばれていたことから（Rézeau 1997），このブドウが ETRAIRE DE L'ADUÏ と呼ばれるようになったと考えられる．はじめにサン＝ティスミエグレジヴォダン渓谷（Saint-Ismier-en-Grésivaudan）で Fourrier 氏が繁殖した後，続いてイゼール県内でも繁殖され（当時はいくつかの異なる表記が用いられていた），ETRAIRE DE L'ADUÏ はこの地方で最も重要な品種の一つとなった．やがてアン（Ain），サヴォワ（Savoie），アルデシュ（Ardèche）などの各県にも広がっていった．1842年に Etraire de la Due という名前で最初に記載されている（Rézeau 1997）．

Rougier（1902b）がかつて示唆した，ETRAIRE DE L'ADUÏ が PERSAN の自然の実生の可能性があるという指摘は，DNA 系統解析によって両品種が親子関係にあることが確認され証明された（Vouillamoz）．いずれの品種もブドウの形態分類群の Sérine グループに属している（p XXXII 参照 ; Bisson 2009）．

ブドウ栽培の特徴

非常に樹勢が強く，短く剪定できる．冬の霜に感受性がある．熟期は中期である．丘陵地の深い粘土－石灰土壌が栽培に適している．果粒は熟すと脱粒することがある．

栽培地とワインの味

ETRAIRE DE L'ADUÏ はフィロキセラに耐性があると誤って認識されていたので，1880年にフィロキセラの被害を受けて以降，特にフランス東部，ローヌとサヴォワの間のイゼール県で栽培が広がった．この品種は依然，イゼール県で推奨されており，Vin de Pays des Coteaux du Grésivaudan で赤ワインとロゼワインが公認されている．しかし2008年の栽培面積はわずか6 ha（15 acres）にすぎず，1958年に記録した栽培面積，405 ha（1,003 ha）からは減少してしまっている．わずかに1クローンが公認されているにすぎないが，1999年当時はサヴォワでもっと多くのクローンが栽培されていた．Domaine Grisard 社もまた，2004年にサヴォワの苗木畑に CHATUS，PERSAN，VERDESSE などの他の地方品種とともに ETRAIRE DE L'ADUÏ を植え付けた．ワインは色合い深く，豊かなフレーバーとタンニンを有している．時折，渋みが強く出てしまうことがある．Cave Coopérative de Bernin 社が珍しいヴァラエタルワインを，また，Domaine Michel Magne 社がロゼワインを作っている．

EVA

BEBA を参照

EVMOLPIA

最近開発されたブルガリアの交配品種．
豊産性かつ早熟で，早飲みの赤ワイン用として価値がある．

ブドウの色：● ● ● ● ●

主要な別名：Evmolpiya，Thracian Mavrud

起源と親子関係

EVMOLPIA はブルガリア，プロヴディフ大学（University of Plovdiv）のヴァシル・コラロフ研究所（Vasil Kolarov Institute）の Dimitar Babrikov と C Kukunov の両氏が MAVRUD × メルロー（MERLOT）の交配により得た交配品種である．1991年に公式に登録された．

ブドウ栽培の特徴

豊産性で萌芽期が早い．熟期は早期〜中期である．果粒に高濃度の糖が蓄積する．薄いが丈夫な果皮をもつ中サイズの果粒で大きな果房をつける．灰色かび病には比較的耐性がある．

栽培地とワインの味

過去数年の間に，このブルガリア品種の重要性が経済的にも次第に増してきており，新しい植え付けも行われている．2009年にはブルガリアで92 ha（227 acres）の栽培が記録されている．オーストラリアとアメリカでは特許が取得されている．ワインはミディアムボディーからフルボディーで，フレッシュな酸，バランスのとれたタンニン，中程度のアルコール分を有している．特にアロマティックというわけではないが，若いうちに飲むのがよい．

EYHOLZER ROTE

非常に古く珍しい品種．
スイス南部のたった1軒の生産者がワインを作っている．

ブドウの色：● ● ● ● ●

主要な別名：Eyholzer Roter，Gross Roth，Grossroter
よくEYHOLZER ROTEと間違えられやすい品種：AVANÀ ☿（Hibou Noir の名で）

起源と親子関係

EYHOLZER ROTE はオー・ヴァレー地方（Haut-Valais）のフィスプ地域（Visp）で栽培される珍しい品種である．この品種名はフィスプとブリーク（Brig）の間にあるアイホルツ村（Eyholz）の名前にちなんで名付けられた．DNA 解析によっても親品種の同定には至らなかったものの，近隣のヴァッレ・ダオスタ州（Valle d'Aosta）の VIEN DE NUS やピエモンテ州（Piemonte）の FREISA と遺伝的に関係があると考えられることから，EYHOLZER ROTE が，かなり昔にイタリア北部からスイスに持ち込まれたという可能性が示唆されている．オー・ヴァレーで棚仕立てにされることもこの説と矛盾していない（Vouillamoz and Moriondo 2011）．樹齢150〜200年ほどの古いブドウの樹が1本，フィスプ近くのシュタルデン村（Stalden）で見つかり，またそれよりも古い樹がフィスプから50 km ほど離れたシオン（Sion）の町で見つかった（Vouillamoz and Moriondo 2011）．

ブドウ栽培の特徴

萌芽期は早く，晩熟である．大きな果粒で大きな果房をつける．

栽培地とワインの味

スイス，オー・ヴァレー地方，フィスプ周辺で栽培されているが，2009年の栽培面積はわずか0.25 ha（0.6 acres）であった．販売用ワインを唯一，生産している Chanton 社は強いイチゴのアロマと強い酸味をもつ辛口のワインを作っている．また，樽発酵に6〜7ヶ月かかる非常に珍しいアイスワインを作っている．それはクリームブリュレやドライ・チェリーのニュアンスと強い酸味を有する．

EZERFÜRTŰ

ハンガリーの白の交配品種.
ニュートラルなので通常はブレンドワインに用いられている.

ブドウの色：●　●　●　●　●

主要な別名：Kecskemét 5，Miklóstelepi 5

起源と親子関係

EZERFÜRTŰ は1950年にハンガリーにあるケチケメート（Kecskemét）研究センターの András Kurucz と István Kwaysser の両氏が HÁRSLEVELŰ × SAVAGNIN ROSE（PIROS TRAMINI の名で）の交配により得た交配品種である.

ブドウ栽培の特徴

樹勢が強く，豊産性で早熟である．小さな果粒が密着した果房をつける．灰色かび病に感受性があり，乾燥に敏感で霜による被害を受けやすい．冬の耐寒性と灰色かび病に対する耐性は期待外れであった.

栽培地とワインの味

EZERFÜRTŰ は1970～1980年代にハンガリーの大規模なブドウ畑でとりわけ人気を博した品種で，現在もハンガリー大平原（Alföld）やバラトン湖（Lake Balaton）北岸で栽培されている．植物的なアロマがわずかに感じられるミディアムボディーのニュートラルなワインになる．一般的には OLASZRIZLING（GRAŠEVINA）などとブレンドされ，EZERFÜRTŰ だけで瓶詰めされることは珍しい．ハンガリーでは2008年に478 ha（1,181 acres）の栽培が記録されている.

EZERJÓ

一時期，広く栽培されていたハンガリーの品種.
辛口～甘口まで幅広く，酸味が強い白ワインが作られる.

ブドウの色：●　●　●　●　●

主要な別名：Budai Fehér，Fehér Bakator，Kolmreifler，Korponai，Tausendgute（シュタイアーマルク州（Steiermark）/ オーストリアの Styria），Tausent Güte（シュタイアーマルク州），Trummertraube（シュタイアーマルク州），Zátoki
よくEZERJÓと間違えられやすい品種：HÁRSLEVELŰ ☒

起源と親子関係

EZERJÓ にはドイツ語の別名 TAUSENDGUTE からもわかるように，「1,000の恩恵」という意味がある．EZERJÓ はブダペスト（そのため「ブダの白」を意味する BUDAI FEHÉR の別名がある）とバラトン湖（Lake Balaton）の間にあるモール地方（Mór）で栽培されていたハンガリーの古い品種であり，現地では中世からワインが作られていた．かつてはハンガリーで最も一般的な品種の一つとして，カルパチア盆地（Carpathian Basin）のあちこちでよく知られていた．EZERJÓ は新品種の育種に用いられることが多く，GENEROSA（ハンガリー），ZENGŐ，ZENIT，ZEUSZ などが作られた.

ブドウ栽培の特徴

早熟で高収量である．厚い果皮をもつ大きな果粒が大きな果房をなす．十分熟すと日光の下で赤みを帯びる．灰色かび病および冬の寒さには感受性である．

栽培地とワインの味

EZERJÓ は20世紀前半のハンガリーで最も一般的な品種の一つであった（Rohály *et al.* 2003）．栽培面積は減りつつあるが2008年には1655 ha（4,090 acres）の栽培が記録された．現在は主にハンガリー中南部のハンガリー大平原（Alföld），クンシャーグ（Kunság）で栽培されているが，北西のモールやネスメーイ（Neszmély）でも栽培されている．ヴァラエタルワインは酸味が強く，アルコール分も高くなりうるが，通常はニュートラルである．最も爽やかで生き生きとした辛口のワインは粘土，泥灰土と石灰質に富んだ土壌をもつモール地方の小さなワイン産地の深い底土の畑で作られている．最高の場所では，樹に残された果粒が萎凋（いちょう）し貴腐になることから Bozóky 社などの生産者がそれを用いて Mór Aszú として知られる高品質の甘口ワインを作っている．推奨される生産者としては他にもクンシャーグ の Frittmann 社，モールの Maurus 社，Miklóscsabi 社などがあげられる．

F

FABERREBE (ファーバーレーベ)
FALANGHINA BENEVENTANA (ファランギーナ・ベネヴェンターナ)
FALANGHINA FLEGREA (ファランギーナ・フレグレーア)
FENILE (フェニーレ)
FER (フェル)
FERNÃO PIRES (フェルナオン・ピレス／フェルナン・ピレス)
FERTILIA (フェルティリア)
FETEASCĂ ALBĂ (フェテアスカ　アルバ)
FETEASCĂ NEAGRĂ (フェテアスカ　ネアグラ)
FETEASCĂ REGALĂ (フェテアスカ　レガラ)
FIANO (フィアノ)
FIOLETOVY RANNY (フィエリアータ・ラニー)
FLAVIS (フラヴィス)
FLORA (フローラ)
FLORENTAL (フロランタル)
FOÇA KARASI (フォジャカラス)
FOGARINA (フォガリーナ)
FOGLIA TONDA (フォーリャ・トンダ)
FOGONEU (フォゴネウ)
FOKIANO (フォキアノ)
FOLGASÃO (フォルガザオン)
FOLIGNAN (フォリニャン)
FOLLE BLANCHE (フォル・ブランシュ)
FONTE CAL (フォンテ・カル)
FORASTERA (フォラステーラ)
FORCALLAT TINTA (フォルカリャ・ティンタ)
FORGIARIN (フォルジャリン)
FORSELLINA (フォルセッリーナ)
FORTANA (フォルターナ)
FRANCAVIDDA (フランカヴィッダ)
FRÂNCUŞĂ (フルンクシャ)
FRAPPATO (フラッパート)
FRAUELER (フラウエレル)
FREDONIA (フレドニア)
FREISA (フレイザ)
FREISAMER (フライザーマー)
FRENCH WILD (フレンチ・ワイルド)
FRONTENAC (フロントナック)

※次ページ以降に記載されているこのシンボルは，別名や誤った同定が DNA 解析により確認されたことを示す．

FRÜHROTER VELTLINER （フリュアーローター・ヴェルトリーナー）
FUBIANO （フビアーノ）
FUELLA NERA （フエラ・ネラ）
FUMIN （フミン）
FURMINT （フルミント）

FABERREBE

高収量でややアロマティックなこのドイツの交配品種の畑は減りつつある.

ブドウの色：●　●　●　●　●

主要な別名：Alzey 10375，Faber

起源と親子関係

FABERREBE は1929年に Georg Scheu 氏によって育種されたピノ・ブラン（PINOT BLANC）× MÜLLER-THURGAU あるいは SILVANER×ピノ・ブランの交配品種だと言われているが，DNA 解析を行えばどちらが正しいか簡単に解決するはずである．そのオリジナルの名前はドイツ語の「Schmied」，英語で「Smith」を意味するラテン語の Faber で，この品種を用いて圃場試験を行ったプファルツ（Pfalz）の Karl Schmitt 氏に敬意を表して名づけられたものである．その後，正式に FABERREBE と改名された（*Rebe* は「ブドウ」のドイツ語）．

ブドウ栽培の特徴

早熟で高収量である．うどんこ病に高い感受性をもつ．

栽培地とワインの味

ドイツでは587 ha（1,450 acres）の栽培が記録された．栽培は主にラインヘッセン（Rheinhessen）で見られるが，プファルツおよびナーエ（Nahe）でも少し栽培されている．しかし20世紀に作られたこの交配品種に対するドイツのワイン業者の不満もあって，1998年に1,657 ha（4,095 acres）を記録した FABERREBE の栽培面積は減り続けている．ワインは緑がかった色合いで，軽いマスカットのようなアロマがありフルーティーなものになる傾向がある．よくブレンド相手として用いられる MÜLLER-THURGAU より酸度は少し高く，高い熟度になりうる．ラインヘッセンの Hilgert と Metzler の2社がいろいろな甘さのレベルのヴァラエタルワインを作っている．

イングランドでも数 ha の栽培が記録されている．

FALANGHINA BENEVENTANA

カンパニア（Campania）の内陸部ベネヴェント県（Benevento）で再発見された，もう一つの FALANGHINA 品種．その用途は多岐にわたっている．

ブドウの色：●　●　●　●　●

よく FALANGHINA BENEVENTANA と間違えられやすい品種：FALANGHINA FLEGREA ☓

起源と親子関係

最近まで，イタリア南部のカンパニアに存在する FALANGHINA 品種は1種類だけだと考えられていた．すなわち，ナポリ県の西のフレグレイ平野（Campi Flegrei）の FALANGHINA とナポリ県の北東部のベネヴェント県で見られる FALANGHINA は同じ品種であると考えられていたのである．しかし DNA 解析によって（Costantini *et al.* 2005），ナポリ県で最も広く栽培されている白品種の FALANGHINA FLEGREA と，より限られた量だけが栽培されており近年ベネヴェント県で再発見された FALANGHINA BENEVENTANA は異なる品種であることが明らかになった．DNA 解析によって FALANGHINA BENEVENTANA は BIANCOLELLA に近く，他方 FALANGHINA FLEGREA は SUPPEZZA に近いことが示された（Costantini *et al.* 2005）．FALANGHINA BENEVENTANA の起源はベネヴェント県のボネーア（Bonea）であろう．この品種は1970年代に同県で Leonardo Mustilli 氏によって再発見された．

ブドウ栽培の特徴

熟期は中期～晩期である．

栽培地とワインの味

FALANGHINA はイタリア南部カンパニアの多くの DOC において，あるものはブレンドワインとして，またあるものはヴァラエタルワインとして公認されている．法令上は FALANGHINA BENEVENTANA と FALANGHINA FLEGREA とは区別されていないが，前者はタブルノ（Taburno），グアルディア・サンフラモンディ（Guardia Sanframondi，またはグアルディア），サンニオ（Sannio），サンターガタ・デ・ゴーティ（Sant'Agata dei' Goti），ソロパーカ（Solopaca）などのナポリ県の北東部で栽培されており，Falanghina Beneventana と呼ばれる IGT がある．この品種は辛口ワインのほか，発泡性ワインやパッシートスタイルのワインの生産に適している．普通はオークを使わず FALANGHINA FLEGREA よりもアロマが少ない．2000年のイタリアの公式統計には単に FALANGHINA としか記載されていないので1,721 ha（4,253 acres）のうちのどれだけが FALANGHINA BENEVENTANA の栽培面積であったのか定かではない．

FALANGHINA FLEGREA

カンパニア（Campania）の代表的な白品種

ブドウの色：● ● ● ● ●

主要な別名：Falanghina Pigna Piccola，Falernina（Caserto），Uva Falerna（Caserto）
よく FALANGHINA FLEGREA と間違えられやすい品種：FALANGHINA BENEVENTANA ☒

起源と親子関係

1666年に Giulio Cesare Cortese 氏が書いたナポリ方言の詩（Canto VII）にあるように，FALANGHINA はカンパニアで最も広く普及している最古の品種の一つである．FALANGHINA の名はラテン語の *falangae*（「ブドウの木を支える杭」という意味）に由来すると思われる．最近までフレグレイ平野（Campi Flegrei）の FALANGHINA とカンパニアのベネヴェント県（Benevento）の FALANGHINA は同じであると考えられてきたが，ブドウの分類の専門家はいくつかの形態的な違いに気づいていた．DNA 解析によって Costantini *et al.*（2005）はナポリ県で最も広く栽培されている FALANGHINA FLEGREA と，最近，ベネヴェント県で再発見された限られた量しか栽培されていない FALANGHINA BENEVENTANA が異なる二つの品種であることを見いだした．FALANGHINA FLEGREA は SUPPEZZA に近く，FALANGHINA BENEVENTANA は BIANCOLELLA に近いことが DNA 解析により明らかになった．

他の仮説

他の多くのカンパニアの品種同様に FALANGHINA FLEGREA は紀元前7世紀頃ギリシャから持ち込

まれたとされているが，現代のギリシャ品種とこの品種との間に遺伝的な関係が認められないため，この仮説は証明されていない（Vouilamoz）．同様に別名の UVA FALERNA を根拠に，FALANGHINA はローマ時代の有名なファレルノ（Falerno）ワインに用いられていたと述べる研究者もいるが，Falerno は多くのブドウが栽培されていたと考えられるワイン生産地の名前なのでこの説は疑わしい．したがって FALERNO を FALANGHINA や他の現代品種のどれと同じかを同定するのは不可能である．

ブドウ栽培の特徴

熟期は中期～晩期である．

栽培地とワインの味

イタリア南部，カンパニアのナポリの西，フレグレイ平野の葉っぱの香りのある FALANGHINA は酸度がよく保たれる．20 世紀初頭，フィロキセラによって壊滅的な被害を受けた後，地方の歴史家で Villa Matilde 社の創設者でもある Francesco Avallone 氏が1970年代にマッシコ地方（Massico）で古いブドウを復活させるまで，FALANGHINA FLEGREA の栽培面積は激減してしまっていた．彼の Falerno del Massico ワインは100 % FALANGHINA FLEGREA で，核果のフレーバー，口中に広がる重量感，繊細な杏仁の余韻とフレッシュな酸味がある．同社の Caracci ワインはごく一部がオークで発酵されるが，より大柄なワインで，若干香り高さは少ないがエレガントである．

FALANGHINA FLEGREA はカンパニア州とモリーゼ州（Molise）で推奨されている．また同様にプッリャ州（Puglia）のフォッジャ県（Foggia）でも推奨されている．Falerno del Massico，Galluccio，Campi Flegrei などの DOC でヴァラエタルワインが公認されており，Campi Flegrei，Capri，Penisola Sorrentina，Lacryma Christi del Vesuvio，Costa d'Amalfi などの DOC ではブレンドワインの生産に用いられている．

2000年のイタリアの公式統計には単に FALANGHINA としか記載されていないため1,721 ha（4,253 acres）の栽培面積のうち，どれぐらいが FALANGHINA FLEGREA の栽培にあてられたのかはわからない．

FAVORITA

VERMENTINO を参照

FENILE

極めて限られた場所でのみ栽培されている，イタリア南部，アマルフィ（Amalfi）沿岸のマイナーな白品種

ブドウの色：

起源と親子関係

イタリア南部のカンパニア州（Campania）のアマルフィ沿岸の品種であるが，カンパニア品種に関する歴史的書物の中には FENILE に関する記載がない．地方の栽培者は FENILE が果粒の麦わら色（*fieno*）にちなんで名づけられたものだと考えている（Manzo and Monaco 2001）．

DNA 解析によって FENILE がユニークな DNA プロファイルをもち遺伝的には PELLECCHIONA や CACAMOSCA と近いことが明らかになった．これらはいずれもカンパニアの伝統的な品種であるが前者は商業栽培されていない（Costantini *et al.* 2005）．

ブドウ栽培の特徴

棚仕立てが行われる．低収量で小さな果房をつける．早熟である．灰色かび病に感受性がある．高い糖度の果粒をつける．

栽培地とワインの味

古く，多くの場合接ぎ木されていないFENILEが他の地方品種と混植されてイタリア南部のカンパニア州のフローレ（Furore），ポジターノ（Positana），アマルフィなどで栽培されている．FENILEはCosta d'Amalfi DOCのフローレ（Furore）サブゾーンでの補助品種として公認されている．この品種は数年間にわたって試験が行われており，やがて公式品種リストに登録されるであろう．ワインは中程度の酸味とアプリコット，砂糖漬けの果物，エキゾチックフルーツおよび蜂蜜のフレーバーをもち，時にエニシダのアロマがある．Marisa Cuomo社のFurore Bianco Fiorduva，Costa d'Amalfi DOCは遅摘みのFENILE，RIPOLO，GINESTRAを樽発酵し，おおよそ等量ずつブレンドした辛口ワインである．

FER

フランス南西部のマルシヤック（Marcillac）の荒々しいタンニンに富んだ品種

ブドウの色：

主要な別名：Braucol（ガヤック（Gaillac）），Caillaba（ピレネー＝アトランティック県（Pyrénées-Atlantiques）），Camaralet Noir，Camirouch（アルデシュ県（Ardèche）），Estronc（Lot），Fer Servadou，Gragnelut ⊗（イタリア北部のフリウーリ＝ヴェネツィア・ジュリア自治州（Friuli-Venezia Giulia）），Hère（ジロンド県（Gironde）），Mansois または Samençois（マルシヤック（Marcillac）），Mourac，Pinenc（マディラン（Madiran）），Servadou（ロット＝エ＝ガロンヌ県（Lot-et-Garonne））

よくFERと間違えられやすい品種：ARROUYA ⊗（ジュランソン（Jurançon）），BÉQUIGNOL NOIR ⊗（ロット＝エ＝ガロンヌ県），CASTETS ⊗（タルヌ県（Tarn）），PETIT VERDOT ⊗（ジロンド県（Gironde））

起源と親子関係

1783～84年の時期に少なくとも5種類以上の異なる名前でこの品種についての最初の記載が以下のように見られる（Rézeau 1997）．

- タルヌ＝エ＝ガロンヌ県（Tarn-et-Garonne）のトゥールーズ（Toulouse）の北のモントーバン（Montauban）ではFERの名で，次のように記載されている．「FER NOIR…多すぎなければ赤ワインによい品質をもたらす」．またさらに北や西のドルドーニュ県（Dordogne）のベルジュラック（Bergerac）やロット＝エ＝ガロンヌ県のCaumont（現コーモン＝シュル＝ガロンヌ（Caumont-sur-Garonne））においても同様である．
- ボルドー（Bordeaux）とトゥールーズの間にあるロット＝エ＝ガロンヌ県のAgenではSERVADOUの名で次のように記載されている．「Servadou gros，Servadou petit（大きいServadou，小さいServadou）」．
- トゥールーズとサンテティエンヌ（Saint-Étienne）の間にあるアヴェロン県（Aveyron）のロデズ（Rodez）ではSAMENÇOISの名で次のように記載されている．「SAMENÇOISは食用にはよいが，ワインは二流」
- Agenの南西のジェール県（Gers）のコンドン（Condom）では幾分不思議なスペルであるがHÈREおよびPINENCの名で，次のように記載されている．「Piek. それはまた多くの州でHAIREとも呼ばれている」

FERの名とその別名のHÈREはいずれも「野生の，野蛮な」を意味するラテン語の*ferus*に由来するという説は，地方の野生ブドウが栽培化されFERが生まれたという通説と一致する（Lavignac 2001）．上記の説は，樹や茎の固さから，「鉄」を意味するフランス語の*fer*にちなんでFERと名付けられたとする説よりもより説得力がある（Galet 1990）．FERの別名の一つであるSERVADOUは地方の方言で「保全によく適した」という意味がある．これはおそらく冬の寒さにもよく耐えるブドウにちなんで名づけられたものだと考えられる（Rézeau 1997）．

まぎらわしいことに，Viala and Vermorel（1901-10）の著作の中で FER が MOURAC と記載され，他方 BÉQUIGNOL NOIR が FER と記載されている．

DNA 系統解析によって FER とスペインバスク地方のバスク州（País Vasco）の品種である HONDARRIBI BELTZA が自然交配した結果，GROS CABERNET が生みだされたことが明らかになった．GROS CABERNET とカベルネ・フラン（CABERNET FRANC）が自然交配した結果，カルムネール（CARMENÈRE）が生み出された（Boursiquot *et al.* 2009; CABERNET SAUVIGNON の系統を参照）．したがって FER と HONDARRIBI BELTZA はカルムネールの祖父母品種にあたることになり，FER はブドウの形態分類群の Carmenet グループに属することと矛盾しない（p XXXII 参照；Bisson 2009）．FER は一般にジロンド県（Gironde）から持ち込まれたものだといわれているが，GROS CABERNET の系統が明らかになったことで，その親品種である FER と HONDARRIBI BELTZA の両方がスペインバスク起源であるという Lavignac（2001）の仮説を裏付けることとなった．

興味深いことにイタリア北部のフリウーリ＝ヴェネツィア・ジュリア自治州の Gragnelut と呼ばれる5本のブドウの樹の DNA プロファイル（Crespan *et al.* 2011）は FER と同じであることが明らかになった（Vouillamoz）．

ブドウ栽培の特徴

熟期は中期である．不安定な結実能力で，長めに剪定するのがよい．良好な灰色かび病への耐性をもつ．うどんこ病に感受性でヨコバイを引きつける．石の多いやせた土壌がこの品種の栽培に適している．

栽培地とワインの味

1970〜80年代に減少した栽培面積は，その後の優良クローン選抜により，特にここ15年ほどの間にフランスで増加している．2009年には1,610 ha（3,978 acres）の栽培を記録し，フランス南部の多くの地域で公認または推奨されているが，栽培は主にフランス南西部のタルヌ県（Tarn）とジェール県（Gers）で見られる．最も広く栽培されているのはフランス中南部のアヴェロン県である．ロデズの町に近い Marcillac アペラシオンは，FER（地元では MANSOIS として知られる）を主要品種または単一品種として用いている唯一の場所である（規則では10% までならカベルネ・ソーヴィニヨン（CABERNET SAUVIGNON），メルロー（MERLOT），PRUNELARD を加えてもよいとあるが，多くの生産者は100% FER にこだわっている）．近隣のアペラシオンである Entraygues et le Fel と Estaing では，この品種はよりマイナーな役割を担っている．アヴェロン県を越えたところでは，ガヤック（DURAS およびシラー（SYRAH）と），マディラン，フロントン（Fronton），テュルサン（Tursan），サン＝モン（Saint-Mont）やロット＝エ＝ガロンヌ県のコート・デュ・マルマンデ（Côte du Marmandais）からピレネー＝アトランティック県のベアルン（Béarn）に至るアペラシオンでブレンドワインの生産に用いられている．ラングドックのコート・ド・ミヨー（Côtes de Millau）では GAMAY NOIR，シラーについで3番目に多く栽培される品種である．

通常，ワインは色合いがよく，比較的タンニンが豊かで，ときに素朴である．少しワイルドな感じがあり，カベルネ・フランに似たところがある．ブドウが十分熟せばカシスや赤い果実のフレーバーが感じられる．モンペリエ（Montpellier）の国立農業研究所（Institut National de la Recherche Agronomique : INRA）内のブドウ産品研究所（Institut des Produits de la Vigne）での研究により FER はカテキンとプロシアニジンに富み，心臓病の予防効果が期待されている（Strang 2009）．

マルシヤックの Domaine Laurens 社はラタフィア（ブドウ果汁にグレープスピリッツを加えた酒）に加えてヴァラエタルの赤ワインとロゼワインを作っている．アペラシオンの規則により 100 % FER のワインが認められていないため，ガヤックの Domaine Genouillac 社は Vin de Pays du Comté Tolosan としてヴァラエタルの FER SERVADOU ワインを作っている．マルシヤックの他の優れた生産者としては他にも Domaine du Cros，Cave Coopérative des Vignerons du Vallon，Le Vieux Porche，Domaine des Costes Rouges，Domaine du Mioula などがあげられる．

フランス以外でこの品種の栽培を見ることはほとんどないが，アメリカ合衆国のバージニア州の Hillsborough Vineyards 社では FER を TANNAT や PETIT VERDOT とブレンドしているようだ．

FERNÃO PIRES

ポルトガルで最も一般的な品種．果皮の色が薄く適応力に富み，高収量であることが特徴．アロマティックな白ワインが作られる．

ブドウの色：● ● ● ● ●

主要な別名：Fernão Pirão，Fernão Pires de Beco，Gaeiro または Gaieiro（Oeste），Maria Gomes ☓（バイラーダ（Bairrada）），Molinha（セトゥーバル県（Setúbal）），Torrontés ☓
よくFERNÃO PIRESと間違えられやすい品種：BICAL ☓（アンサン・カンタニェダ（Ançã-Cantanhede）），Fernão Pires de Colares，TREBBIANO TOSCANO ☓

起源と親子関係

FERNÃO PIRES は18世紀終わり前に記載されていたポルトガルの古い品種である（Rolando Faustino，私信）．最近までは FERNÃO PIRES の起源はテージョ地方（Tejo）であると考えられていたが，ポルトガル北部，ベイラス（Beiras）の西部のバイラーダでより大きな形態的な多様性がみつかったことで，ここバイラーダで長きにわたり栽培されていたのではないかと考えられるようになった．この説は18世紀に多くの移民がバイラーダからテージョに入ったという歴史的な文献によっても支持されている（Rolando Faustino 私信）．FERNÃO PIRES は，ポルトガルではかつて一般的な名字であったが，誰の名前にちなんだものであるかは明らかでない．

DNA 解析によって同じくバイラーダで栽培されている MARIA GOMES と同一であることが明らかになった（Lopes *et al.* 1999）．FERNÃO PIRES は GENEROSA（PORTUGAL），RIO GRANDE，SEARA NOVA の育種に用いられた．

FERNÃO PIRES ROSADO と呼ばれるピンクの果皮色変異も見つかっている．

FERNÃO PIRES は FERNÃO PIRES DE BECO という同じ別名を共有する TREBBIANO TOSCANO，異なる品種ですでに絶滅してしまっている FERNÃO PIRES DE COLARES，アンサン・カンタニェダ地方では FERNÃO PIRES GALEGO と呼ばれる BICAL と混同してはいけない．

ブドウ栽培の特徴

萌芽期は早く早熟で豊産性である．基底芽も結実するので短く剪定するのがよい．小さな果粒が密着して中サイズの果房をつける．乾燥ストレスに敏感で葉と萎凋した果実が落ちる原因となる．成熟後期になると酸度は急速に低下する．

栽培地とワインの味

FERNÃO PIRES は，ポルトガルで最も広く栽培されている白品種であり，同国北部では MARIA GOMES として知られ，2010年には16,800 ha（41,514 acres）の栽培が記録された．西部のバイラーダやテージョで特に重要な品種とされているが，ポルトガルの南部や中部，たとえばリスボン，セトゥーバル半島圏（Península de Setúbal），アレンテージョ（Alentejo）やドウロ（Douro）でも栽培されている．北部のドウロからリスボンの南部のパルメラ（Palmela）までの多くの異なる DOC で公認されている．

この品種の人気の秘密は収量が高く容易に熟すことであるが，オレンジの果実，オレンジとリンデンの花，ミモザ，ローレルからスパイス，蜂蜜に至る多種多様なアロマを有しているという点もその一つである．アロマの独特な特徴も人気の理由である．他方，低酸度であることや酸化しやすく，熟成の可能性に欠け，また強すぎて時に重くなりがちなアロマなどの欠点も指摘されている．肥沃な土地で生産されたものの多くは蒸留されていたが，温度管理が可能なステンレス製の発酵タンクの普及によって安価でシンプル，そしてフルーティーな辛口ワインを作ることが可能になった（Mayson 2003）．推奨される生産者としてはテージョの Companhia das Lezírias 社やバイラーダの Quinta das Bágeiras 社（Mário Sérgio Alves Nuno 氏）などがあげられる．

FERNÃO PIRES はポルトガル国境を越えて海外で栽培されている数少ないポルトガル品種の一つであり，2009年には南アフリカ共和国で165 ha（408 acres）が，またカリフォルニア州やオーストラリアでもわずかだが栽培されている．

FERRÓN

MANSENG NOIR を参照

FERTILIA

イタリア北部，トレヴィーゾ県（Treviso）の非常にマイナーなブレンド用品種

ブドウの色：● ● ● ● ●

主要な別名：Incrocio Cosmo，Merlot × Raboso Veronese 108

起源と親子関係

1976年にイタリア北部のヴェネト州（Veneto）のコネリアーノ（Conegliano）研究センターで Italo Cosmo 氏がメルロー（MERLOT）×RABOSO VERONESE の交配により得た交配品種である．

ブドウ栽培の特徴

樹勢が強く，熟期は中期～晩期である

栽培地とワインの味

FERTILIA はイタリア北部のヴェネト地方のトレヴィーゾ県で公認されており，同県内のコネリアーノとピエーヴェ・ディ・ソリーゴ（Pieve di Soglio）においてわずかな量が栽培されている．2000年のイタリアの公式統計には15 ha（37 acres）の栽培が記録されていた．通常はボルドー品種とブレンドされている．

FETEASCĂ ALBĂ

FETEASCĂ グループのうち2番目に多く栽培され，
母国であるモルドヴァ共和国よりもルーマニアでより重要とされている品種

ブドウの色：● ● ● ● ●

主要な別名：Dievcie Hrozno（スロバキア），Fetiasca Belii（ロシア，ウクライナ），Fetişoară（モルドヴァ共和国，ルーマニア），Fetyaska Alba（ウクライナ），Mädchentraube（ハンガリー），Păsărească Albă（モルドヴァ共和国，ルーマニア），Poamă Fetei Albă（モルドヴァ共和国），Văratic（モルドヴァ共和国）
よくFETEASCĂ ALBĂと間違えられやすい品種：LEÁNYKA ☿（ハンガリー）

起源と親子関係

FETEASCĂ ALBĂ は「白くて若い少女」という意味の古い品種であり，モルダヴィア（Moldavia，現在のモルドヴァ共和国とルーマニア領のモルドヴァを含む地域）の歴史的な地域がその起源であろうと考えられている．現地で伝統的に栽培されていたFETEASCĂ ALBĂはトランシルヴァニア（Transilvania）やハンガリーなど，西方に広がった．遺伝的にはGRASĂ DE COTNARIなどのモルドヴァ共和国の品種に近い（Bodea *et al.* 2009）．

Dejeu（2004）は，FETEASCĂ ALBĂは3〜13世紀の間に歴史的なモルダヴィアのFETEASCĂ NEAGRĂから得られた（この意味がクローンなのか子孫なのかは不明）品種だと述べている．最近の研究で形態的にまた遺伝的にも両者は近いことが示唆されている（Bodea *et al.* 2009）が，FETEASCĂ ALBĂとFETEASCĂ NEAGRĂのDNAプロファイル（Gheţea *et al.* 2010）の比較によって，両者の親子関係は否定された（Vouillamoz）．

ハンガリー品種であるLEÁNYKAはよくFETEASCĂ ALBĂと同じであると言われてきたが（Galet 2000; Roháły *et al.* 2003），DNAプロファイルの比較（Galbács *et al.* 2009; Gheţea *et al.* 2010）によって，この仮説は否定された（Vouillamoz）．

他の仮説

FETEASCĂ NEAGRĂと同様にFETEASCĂ ALBĂはダキア人が地方の野生ブドウを栽培したことによりできた品種であるとよく言われてきたが，その証拠はない．

ブドウ栽培の特徴

樹勢が強く，萌芽期は早い．熟期は中期である．薄い果皮をもつ小さな果粒が密着した小さな果房をつける．うどんこ病，べと病，灰色かび病とダニに感受性があるが，冬の低温（−20℃/−4°Fまで）には耐性がある．

栽培地とワインの味

モルドヴァ共和国内の中部および南部で4,334 ha（10,710 acres）のFETEASCĂ ALBĂが栽培されている．中程度の酸味をもち花や柑橘系の香りをもつワインになり，また発泡性ワインの生産にも用いられている．推奨される生産者はChateau Vartely社などである．

FETEASCĂ ALBĂがより一層，重要とされているのが隣国ルーマニアである．ルーマニアでは2008年に10,529 ha（26,018 acres）と，国内のブドウ栽培面積の10%以上を占める栽培面積を記録し，同国においてFETEASCĂ ALBĂはFETEASCĂ REGALĂに次いで2番目に多く栽培されている品種である．この品種は同国の主なワイン産地で広く栽培されているが，最も多く栽培されているのは中部のトランシルヴァニアと東部のモルドヴァ地方においてである．ワインはスティルワインと発泡性ワインで，大抵は辛口またはオフ・ドライである．しかし，この品種単独で，あるいはGRASĂ DE COTNARIや他の地方品種とブレンドすることにより，素晴らしい甘口のスティルワインが北東部のコトナリ（Cotnari）で作られている．ワインのスタイルは非常に多様であるが，辛口はFETEASCĂ REGALĂよりもフルボディーで，柑橘と軽い桃かアンズの香りを合わせもつワインになる．南部で栽培されたブドウから作られるワインは酸味にかけることが多い．Budureasca, Basilescu, Davino, Gîrboiu, Dominiile Săhăteni, Senator, SERVEなどの各社がヴァラエタルワインを作っている．

ハンガリーでも栽培されていると一般に言われているが，これはFETEASCĂ ALBĂとLEÁNYKAが同じ品種であるという誤った認識から生じた間違いである．ウクライナの公式統計には1,600 ha（3,954 acres）が2009年に栽培されたと記録されているが，この数字は様々な種類のFETEASCĂ品種を区別していないデータである．

FETEASCĂ NEAGRĂ

FETEASCĂ の赤品種.
よみがえったこのモルドヴァ品種は，ルーマニアで良質のワインになる.

ブドウの色：● ● ● ● ●

主要な別名：Coada Rândunicii（ルーマニア，モルドヴァ共和国），Fetyaska Chernaya（ウクライナ），Păsărească Neagră（モルドヴァ共和国），Poamă Fetei Neagră（モルドヴァ共和国），Schwarze Mädchentraube（ルーマニア）

起源と親子関係

FETEASCĂ NEAGRĂ には「黒い若い少女」という意味がある．おそらくモルダヴィア（Moldavia，現在のモルドヴァ共和国とルーマニア領のモルドヴァを含む地域）の歴史的な地域がその起源であろう．現地では伝統的に栽培されており，栽培はトランシルヴァニア（Transilvania）やハンガリーなどの西方に広がった．Roy-Chevrier（1903a）で論じられた仮説に反して FETEASCĂ NEAGRĂ は FETEASCĂ ALBĂ の果皮色変異ではないことがDNA解析によって明らかになった（Gheţea *et al.* 2010）．FETEASCĂ NEAGRĂ はかなり大きな多様性を示し，少なくとも4種の異なるタイプがあることから，古い品種であると考えられている（Dejeu 2004）．

他の仮説

FETEASCĂ ALBĂ と同様に FETEASCĂ NEAGRĂ はダキア人が地方の野生ブドウを栽培したものだと言われてきたが，それを裏付ける証拠は見つかっていない．

ブドウ栽培の特徴

非常に樹勢が強い．萌芽期は中期で熟期は中期から晩期である．厚い果皮をもつ果粒が密着した果房をつける．乾燥，冬の低温（−22℃ / −8°F まで），灰色かび病に耐性があるが，うどんこ病には感受性がある．

栽培地とワインの味

FETEASCĂ NEAGRĂ は現在のモルドヴァ共和国の在来品種であるが，ソビエト時代には栽培されず，事実上消失した．しかし Cricova，Equinox，Et Cetera，Purcari，Chateau Vartely などの生産者が2000年代の終わりに再び栽培を始めた．

ルーマニアでは1,088 ha（2,689 acres）で FETEASCĂ NEAGRĂ が栽培されており，同国で最高の赤ワインが生産されている．主に南部のムンテニア（Muntenia）と東部のルーマニアのモルドヴァ地方で栽培されている．典型的な FETEASCĂ NEAGRĂ のワインは辛口でフルボディー，スパイスと赤や黒の果実，特に熟したプラムの強く複雑なアロマをもち，タンニンは熟成するとベルベットのようになめらかになる．BLAUFRÄNKISCH と似た性質をもち，樽香が勝りがちになる．中甘口と甘口のワインも作られているが，主に国内消費用である．推奨される生産者としては Prince Ştirbey 社，SERVE 社，Vinterra 社などがあげられる．

ウクライナの2009年の公式統計には約1,600 ha（3,954 acres）の栽培が記録されているが，この統計では様々な種類の FETEASCĂ 品種を区別していない．

FETEASCĂ REGALĂ

ルーマニアで最も多く栽培されているFETEASCĂ 品種で，フレッシュで香り高い白ワインになる．

ブドウの色：●　●　●　●　●

主要な別名：Dănăşană または Danesana（ルーマニアのトランシルヴァニア（Transilvania）），Dunesdörfer Königsast（トランシルヴァニア），Galbenă de Ardeal（ルーマニア），Königliche Mädchentraube（ハンガリー），Pesecká Leánka（スロバキア）
よくFETEASCĂ REGALĂと間違えられやすい品種：KIRÁLYLEÁNYKA ☿（ハンガリー）

起源と親子関係

FETEASCĂ REGALĂ には「王家の若い少女」という意味がある．1920年代にルーマニアのトランシルヴァニア地方のシギショアラ（Sighişoara）近郊にあるダネシュ村（Daneş）で発見されたので DĂNĂŞANĂ の別名がある．FETEASCĂ REGALĂ は当初，メディアシュ（Mediaş）出身の種苗家である Gaşpari 氏によりメディアシュで栽培されていた．彼はこれを DUNESDÖRFER KÖNIGSAST（ドイツ語で「ダネシュ村の王の枝」を意味する）と名付け普及させた（Dejeu 2004）．1928年にこの品種から作られたワインがブカレストで開催された国際ワイン・果実展に FETEASCĂ REGALĂ の名で出品され，この名前が採用された（Galet 2000）．この品種には2種類の形態的なタイプがあり，一つは黄色がかった薄い果皮をもつ果粒が長い果房をつけるもので，もう一つは黄緑色の厚い果皮をもつ果粒が副穂をもつ果房をつけるものである（Dejeu 2004）．

FETEASCĂ REGALĂ は FETEASCĂ ALBĂ×GRASĂ DE COTNARI（別名 KÖVÉRSZŐLŐ）の自然交配により生まれた品種で1930年代に得られたものだと長い間考えられていた（Galet 2000; Ţârdea and Rotaru 2003）．しかし最近の研究で FETEASCĂ REGALĂ と FETEASCĂ ALBĂ は形態的，遺伝的に近いことが示された（Bodea *et al.* 2009）ものの，両品種の DNA プロファイルの比較（Gheţea *et al.* 2010; Galbács *et al.* 2009）から，FETEASCĂ REGALĂ と親品種と推定されていた FETEASCĂ ALBĂ，GRASĂ DE COTNARI のいずれとも親子関係が認めらないことが明らかになった（Vouillamoz）．

ブドウ栽培の特徴

樹勢が強く，熟期は中期～晩期である．薄い果皮をもつ果粒が密着した果房をつける．灰色かび病と乾燥に感受性があるが，冬の低温（－20℃／－4°Fまで）と夏の暑さには耐性を示す．クローン21 Bl はより高収量で高い糖度に達する．

栽培地とワインの味

FETEASCĂ REGALĂ はルーマニアで最も多く栽培される品種である（2008年に16,363 ha/40,434 acres）．ときに花の香り，またエキゾチックフルーツの香りを示す香り高く辛口でフレッシュなワインになる．スティルワインと発泡性ワインが作られるが，ブランデーの蒸留にも使われている．果皮に含まれるタンニンのおかげで FETEASCĂ ALBĂ よりもオークに適している．推奨される生産者には Recas 社および Prince Ştirbey 社などがあげられる．

モルドヴァ共和国では，通常あまり一般的でない FETEASCĂ REGALĂ とより広く栽培されている FETEASCĂ ALBĂ を区別しない．前者は公式統計に記載されることはなく，たいてい FETEASCĂ ALBĂ とブレンドされるので単に FETEASCĂ とだけ表示されている．

スロバキアでは FETEASCĂ REGALĂ（2009年の栽培面積は391 ha/966 acres，）と PESECKÁ LEÁNKA（516 ha/1,275 acres，伝統的に栽培されてきた Pesek 地域にちなんで名づけられた）の間に混乱が生じており，これらは異なる品種だと長年考えられてきたが，栽培者たちはそれらが同一であることを認識し始めている（DNA のデータはまだない）．ヴァラエタルワインの生産者としては Štiglic 社，Josef

Yhnák 社，Josef Zalaba 社などがあげられる．Hacaj 社は発泡性ワインも作っている．

ウクライナの公式統計には2009年に約1,600 ha（3,954 acres）が栽培されたと記録されているが，この統計ではいろいろな種類の FETEASCĂ が区別されていない．

FIANO

豊かでワキシー，強いフレーバーをもつファッショナブルなイタリア南部の品種

ブドウの色：

主要な別名： Fiano di Avellino

よくFIANOと間違えられやすい品種： Fiano Aromatico ※または Fiano di Puglia ※いまは MINUTOLO と呼ばれている（プッリャ州（Puglia）），Greco Aromatico ※（プッリャ州），SANTA SOFIA ※（バジリカータ州（Basilicata））

起源と親子関係

FIANO はイタリア南部のカンパニア（Campania）の古い品種で，1240年頃フォッジャ（Foggia）近くにこの品種が存在していたことがフリードリヒ2世皇帝による購入記録の中で「de vino greco saumas III, de vino grecisco saumas III, de vino fiano saumas III」（saumas は古い単位）と記載されている（Huillard-Bréholles 1859）．FIANO という品種名は，この品種の起源であろうと考えられているアヴェッリーノ県（Avellino）近郊のアッピア（Appia, 今日のラーピオ（Lapiò））にちなんでつけられたといわれている（Scienza and Boselli 2003）．

ブドウの形態分類学的解析と DNA 解析によってプッリャ州（特にブリンディジ県（Brindisi）のオストゥーニ（Ostuni）とヴァッレ・ディトリア（Valle d'Itria））で栽培されている FIANO AROMATICO や FIANO DI PUGLIA はカンパニア州で栽培されている FIANO や FIANO DI AVELLINO とは異なることが明らかになった（Calò *et al.* 2001）．これを契機に FIANO AROMATICO を MINUTOLO と改名し，イタリア品種リストに異なる品種として登録しようとする提案がなされた．

他の仮説

FIANO は大プリニウスとコルメラによって *Vitis apiane* と記載されている品種と同じであり，FIANO は *apianis* を崩して表記したものだと考えている研究者もいる．しかしローマ時代の研究者は，しばしば違う品種に同じ名前をつけていたことを考慮すると，ローマ時代に名付けられたブドウの名前と現代の品種名とを用いて植物学的な同定を行うのは無意味であると言わざるを得ない．

ブドウ栽培の特徴

樹勢が強い．うどんこ病およびべと病に感受性があり，特に開花の時期は顕著である．熟期は中期である．

栽培地とワインの味

FIANO はフィロキセラ禍以前（20世紀初頭）には広く栽培されていたが，フィロキセラ禍以降，その栽培面積は激減してしまった．1970年代に Antonio Mastroberardino 氏がこの品種を復活させ，現在，その栽培面積は増加している．タウラージ（Taurasi）地帯にある彼のワイナリーは，忘れ去られてしまっていた伝統的な品種の栽培の先駆者とも言える存在である．

イタリア南部のバジリカータ州のポテンツァ県（Potenza）やカンパニア州で推奨されており，また中央イタリアのマルケ州（Marche）のアンコーナ県（Ancona），マチェラータ県（Macerata），アスコリ・ピチェーノ県（Ascoli Piceno）などでも推奨されている．Fiano di Avellino DOCG の品種であるほか，Irpinia や Sannio などの他の DOC でもヴァラエタルワインやブレンドワインに用いられている．Planeta や Settesoli などの生産者がこの品種をシチリアでも熱心に栽培しており，栽培面積は2008年までに236 ha（583 acres）になった.

ワインは強いフレーバーがありフルボディーであるが，GRECO や MINUTOLO のワインほどはアロマティックではない．ワキシーなテクスチャーと繊細なアロマを有している．最高のものは熟成の可能性がある．カンパニア州の Feudi di San Gregorio 社は教科書的なこのスタイルのワインを作っている．Di Majo Norante 社はモリーゼ州（Molise）でヴァラエタルワインを作っている．2000年のイタリアの統計には783 ha（1,935 acres）が栽培されたと記録されていた.

FIANO は暑さに耐性があることから，近年，オーストラリアでも好んで栽培されており，クレア･バレー（Clare Valley）にある Jeffrey Grosset 氏のワイナリーなど少なくとも10の生産者がある．Coriole 社が作るマクラーレン・ベール（McLaren Vale）産のリッチで濃厚でありながらもフレッシュさも兼ね備えているワインは最初の例の一つで，レモンとパイナップルの香りといくらかの複雑さをもつワインである.

FIANO AROMATICO

MINUTOL を参照

FINDLING

MÜLLER-THURGAU を参照

FIOLETOVY RANNY

生食，ブドウジュース，およびナツメグの香りのある赤ワインの生産にも用いられる，ロシアの品種

ブドウの色：● ● ● ● ●

主要な別名：Filetovyi Ranii

起源と親子関係

FIOLETOVY RANNY には「早い時期のスミレ」という意味がある．SEVERNY×MUSCAT OF HAMBURG の交配によりロシア，ロストフ州（Rostov）のノヴォチェルカッスク（Novocherkassk）の全ロシアブドウ栽培およびワイン醸造研究開発センターで Ya I Potapenko，I P Potapenko，E L Zakharova 氏らが得た交雑品種である．1965年に公式リストに登録された.

ブドウ栽培の特徴

豊産性で早熟である．軽いマスカットのアロマをもつ厚い果皮の小さな果粒をつける．べと病と灰色かび病にある程度耐性をもつが，うどんこ病には感受性である．−25℃〜−27℃（−13°F〜−16.5°F）まで耐寒性を示す.

栽培地とワインの味

FIOLETOVY RANNY はロシア（2010年，ロストフに50 ha/124 acres）とウクライナ南部で栽培されており，ナツメグの香りのある赤ワインが作られている．ヘルソン州（Kherson）の Tavria 社が RKATSITELI や ALIGOTÉ とブレンドしロゼワインを作っているが，通常は甘口の赤ワインが生産されている．ジュースや生食用としても用いられている.

FLAVIS

イタリア北部のマイナーな白の交配品種

ブドウの色：● ● ● ● ●

主要な別名：Incrocio Cosmo 76

起源と親子関係

1976年にイタリア北部のヴェネト州（Veneto）にあるコネリアーノ（Conegliano）研究センターでItalo Cosmo氏がVERDISO×WELSCHRIESLING（GRAŠEVINA）の交配により得た交配品種である．

ブドウ栽培の特徴

耐病性で熟期は中期～晩期である．

栽培地とワインの味

イタリアのトレヴィーゾ県（Treviso）で公認されており，現地ではVERDISOの代替品種としてこの品種を使うことが認められている．2000年のイタリア農業統計には13 ha（32 acres）の栽培が記録されている．

FLORA

ピンク色の果皮をもつカリフォルニア州のマイナーな交配品種．フルボディーでアロマティックなワインができるが，しまりのないワインになってしまうこともある．

ブドウの色：● ● ● ● ●

主要な別名：California H59-90

起源と親子関係

1938年にカリフォルニア大学デービス校のHarold P Olmo氏がセミヨン（SÉMILLON）×ゲヴュルツトラミネール（GEWÜRZTRAMINER）の交配により開発した交配品種である．1958年に公開された（Walker 2000）．この系統はDNA解析によって確認されている（Myles *et al.* 2011）．

ブドウ栽培の特徴

早熟．茎がもろい（ゲヴュルツトラミネールに似ている）．豊産性だが多雨の年は裂果しがちである（セミヨンに似ている）．

栽培地とワインの味

FLORAはOlmo氏が開発したすべての交配品種の中で最もデリケートなアロマをもつ品種である．温暖な地域で栽培するとセミヨンの特徴がよく表れる．FLORAはカリフォルニアのサンホアキン・バレー（San Joaquin Valley）の暑さの中でも栽培ができるように育種された．ワインにはフルボディーでアロマティックな性質がよく残っている．しかし，特に暖かな地域で栽培すると酸度に欠けるため，メンドシーノ（Mendocino）のヨークヴィル・ハイランド（Yorkville Highland）のような冷涼な地域での栽培に適している．1972年にこの品種が最初につくられて以来，Schramsberg社のNapa Valley Crémant Demi-Secワインには FLORA が主原料として用いられている（現在の割合は85％で，15％はシャルドネ（CHARDONNAY））．

使用割合は少ない（20％）が，この品種の特徴がよく表れている有名な製品としては他にも，Brown Brothers社が生産している ORANGE MUSCAT（MUSCAT FLEUR D'ORANGER）と FLORA のデリケートなデザートワインがある．オーストラリア，ビクトリア州のスワン・ヒル（Swan Hill）近郊で，Brown Brothers社が FLORA を7 ha（17 acres）のみ栽培している．果実がしなびてしまうほど遅い時期に収穫しても FLORA にはフローラルな軽さがあるため，力強い柑橘類の香りが特徴の ORANGE MUSCAT の引き立て役として用いられている．1970年代にはニュージーランドでもわずかな量が栽培されていたが，2009年の栽培面積はわずかに2 ha（5 acres）のみであった．

FLORENTAL

フランス東部のマイナーな交雑品種．
推奨されているものの，ほとんど栽培されていない．

ブドウの色：● ● ● ● ●

主要な別名：Burdin 7705

起源と親子関係

1925年にフランス中部のソーヌ＝エ＝ロワール県（Saône-et-Loire）のリヨン（Lyon）の北西，イーグランド（Iguerande）で Joanny と Rémy Burdin の親子が SEIBEL 8365×GAMAY NOIR の交配により得た交雑品種である．

- SEIBEL 8365 は SEIBEL 5410×SEIBEL 4643 の交雑品種
- SEIBEL 5410 は SEIBEL 405×SEIBEL 3004（SEIBEL 405 の完全な系統は PRIOR 参照）の交雑品種
- SEIBEL 3004 は BAYARD（すなわち COUDERC 28-112）×AFUS ALI（DATTIER DE BEYROUTH とも呼ばれるレバノンの生食用ブドウ）
- BAYARD は EMILY×*Vitis rupestris* の交雑品種
- EMILY は *Vitis vinifera* subsp. *vinifera*×*Vitis labrusca* の交雑品種
- SEIBEL 4643，別名 ROIS DES NOIRS は SEIBEL 29×DANUGUE の交雑品種で，後者はフランスの黒色果皮の生食用ブドウ
- SEIBEL 29 は MUNSON×*Vitis vinifera* subsp. *vinifera* 交雑品種（MUNSON の完全系統は PRIOR 参照）

ブドウ栽培の特徴

萌芽期が早く早熟である．樹勢が弱く灰色かび病に感染しやすい．交雑品種ではあるが，接ぎ木が必要である．小～中サイズの果粒は丸い形をしている．グイヨー仕立てあるいは株仕立てが使われる．

栽培地とワインの味

フランスでは30の県で推奨されているが，2008年に記録された栽培面積はわずか28 ha（69 acres）であった．Galet（2000）は，この品種は主にブルゴーニュ（Burgundy）とロワール（Loire）で栽培されていると述べているが，自社畑でこの品種を栽培しているワインの生産者はいない．ワインはどちらかというと GAMAY NOIR に近く，色，アルコール分とも比較的高い．

FOÇA KARASI

絶滅の危機に瀕している，トルコのエーゲ海（Aegean）沿岸が起源の品種

ブドウの色：● ● ● ● ●

主要な別名：Foça，Foçakarası

起源と親子関係

FOÇA KARASI は「フォチャ（Foça）の黒」という意味である．トルコのエーゲ海沿岸，イズミル（İzmir）近郊のフォチャ地区にちなんで名付けられた．現在，ほぼ絶滅状態にある品種である．

ブドウ栽培の特徴

熟期は中期である．全般的に良好な耐病性をもつ．暑い気候で育つとよりアロマティックなワインになる．

栽培地とワインの味

最近，この品種を植え直して再評価する試みが行われており，期待できる結果が得られている．トルコのイズミルにある Öküzgözü Winery（Öküzgözü はブドウ品種の名前でもある）がヴァラエタルワインを作っている．

FOGARINA

これまでに2度，絶滅の危機から救済されたイタリア北部の謎に包まれた赤品種．ブレンドワインに色と酸味を加えるのに用いられている．

ブドウの色：● ● ● ● ●

主要な別名：Fogarina di Gualtieri，Fugarina
よくFOGARINAと間違えられやすい品種：Uva Fogarina ꕤ

起源と親子関係

FOGARINA の起源はおそらくエミリア＝ロマーニャ州（Emilia-Romagna）であろう．1820年にボローニャ県（Bologna）の北西70 km 地点にあるグアルティエーリ（Gualtieri）付近を流れるクロストロ川（Crostolo）の小さな支流，Crostolina で釣りをしていた Carlo Simonazzi という人がこの品種を発見したという伝承がある．また，数世紀前にポー川が氾濫した際に，Fogarin と呼ばれる場所（グアルティエーリの北に Fogare と呼ばれる場所がある）に FOGARINA が打ち上げられていたという伝承もある．

DNA 解析によってこの品種はボローニャ県の現在は栽培されていない品種である UVA FOGARINA とは異なり，LAMBRUSCO MARANI に近いことが明らかになった（Boccacci *et al.* 2005）．また，RABOSO PIAVE との間に親子関係がある可能性が報告された（Myles *et al.* 2011）．

ブドウ栽培の特徴

樹勢が強く，非常に豊産性で晩熟である．

栽培地とワインの味

20世紀初頭，FOGARINA はイタリア北部，レッジョ・エミリア県（Reggio Emilia）で最も広く栽培されている品種の一つであった．栽培は特にグアルティエーリ・コムーネや，ボレット（Boretto），ブレシェッロ（Brescello）などのコムーネで行われていた．FOGARINA はエミリア＝ロマーニャ州のモデナ県（Modena）やレッジョ・エミリア県に，またロンバルディア州（Lombardia）のマントヴァ県（Mantova）にも広がりをみせた．FOGARINA はイタリアで人気のあるフォークソングのタイトルにもなっている．FOGARINA は1960年代に品種リストに登録されたが，モデナ県，マントヴァ県，ヴェローナ県（Verona）で依然，栽培されていたものの，1970年代までにレッジョ・エミリア県からはほぼ消失したと判断され登録からはずされてしまった．1990年代の終わりに Cantina Sociale di Gualtieri 社が地域の学者や公的機関と協力して FOGARINA を救済し，再登録と試験栽培に取り組んでいる．

人々からほとんど忘れ去られていたこのブドウ品種の救済にあたった生産者の一人である Fabio Simonazzi 氏（Carlo Simonazzi 氏とは関係がない）が，2001年に Pieve di Gualtieri にあった接ぎ木していない樹から穂木を得て FOGARINA をブドウ畑に植え付けた．彼は現在，FOGARINA の主要な生産者の一人となっている．この品種は色と酸味をブレンドに加えるために用いられているが，しっかりしたタンニンも持ち合わせている．グアルティエーリ組合はパッシートスタイルと微発泡性の辛口ロゼワインを作っている．

FOGLIA TONDA

マイナーだが有名品種と関係のあるイタリア中部の赤品種．
主にサンジョヴェーゼ（SANGIOVESE）の増強に用いられてきた．

ブドウの色：● ● ● ● ●

よくFOGLIA TONDAと間違えられやすい品種：CASETTA ☓，ENANTIO ☓，MALBO GENTILE ☓

起源と親子関係

FOGLIA TONDA はブドウの形態分類の専門家として有名な Conte di Rovasenda 氏によってイタリア中部，トスカーナ州（Toscana）のキャンティ（Chianti）のガイオーレ（Gaiole）の Ricasoli 男爵が所有する カステッロ・ディ・ブローリオ（Castello di Brolio）のブドウ畑で見いだされた．その名は，葉の形に由来しており，*foglia* は「葉」，*tonda* は「丸い」の意味をもつ．

ブドウの形態学的解析により，FOGLIA TONDA と間違えられやすい似た名前をもつ次の二つのトレンティーノ（Trentino）の品種は異なる品種であると結論づけられた．その一つは FOJA TONDA で別名が ENANTIO である．もう一つは LAMBRUSCO A FOGLIA TONDA で別名は CASETTA である（Storchi 2007）．

MALBO GENTILE と同じ品種かもしれないという説（Boccacci *et al.* 2005）は DNA 解析によって否定された（Vouillamoz）．近年の DNA 解析により FOGLIA TONDA とサンジョヴェーゼの親子関係が示唆されたことから，FOGLIA TONDA のアントシアニン組成の特徴はサンジョヴェーゼから遺伝した可能性があると考えられている（Crespan，Calò *et al.* 2008）．この説によると，FOGLIA TONDA はサンジョヴェーゼの親品種である CILIEGIOLO と CALABRESE DI MONTENUOVO の孫品種にあたることになる．

ブドウ栽培の特徴

熟期は中期である．果粒中のフェノール化合物含量が高いのが特徴である．

栽培地とワインの味

FOGLIA TONDA は1970年にイタリアの品種リストに登録されたが，1980年代にはほぼ絶滅状態であった．しかし研究者の Paolo Storchi 氏がこの品種を絶滅の危機から救済し，いまでは，フィレンツェ県（Firenze），シエーナ県（Siena），ピストイア県（Pistoia）などのトスカーナの県で公認されるまでになった．主要な栽培地はキャンティ・クラッシコ地帯（Chianti Classico）（たとえばアルチェーノ（Arceno），ブローリオ（Brolio），マヌーチ ドロアンディ（Mannucci Droandi）などで）とヴァル・ドルチャ地域（Valdorcia）で，通常サンジョヴェーゼとブレンドされている．ワインは色合い深く力強い．また，熟成させる価値のあるワインである．ヴァラエタルワインは IGT Toscana あるいは IGT Colli della Toscana Centrale として分類される．Guido Gualandi 社などのわずかな生産者がヴァラエタルワインを作っている．

FOGONEU

マヨルカ島（Mallorca）のマイナーな品種．
通常はブレンドワインに用いられる．

ブドウの色：● ● ● ● ●

主要な別名：Fogoneau，Fogonet，Fogonetxo，Fogoneu Frances，Fogoneu Mallorquí

起源と親子関係

FOGONEU はスペインのマヨルカ島が起源で GAMAY NOIR と似ているといわれており，それが FOGONEU FRANCES の別名をもつ理由である．近年の DNA 解析によって FOGONEU は EXCURSACH（ESCURSAC）および MANSÉS DE CAPDELL という二つのあまり知られていないマヨルカ島の品種の自然交配により生まれた品種であり，CALLET の親品種であることが明らかになった（García-Muñoz *et al.* 2012）．しかしこれらは20種類と少ない数の DNA マーカーを用いて得られた結果であるので，さらに確認が必要である．

FOGONEU の名は「オーブン」を意味する *fogo* の指小辞であるといわれているが，合理的な語源の説明はなされていない．

栽培地とワインの味

FOGONEU はスペインのマヨルカ島のファラニチュ地域（Felanitx）で最も重要な品種であり，Binissalem と Plà i Llevant アペラシオンで公認されているほか，フォルメンテーラ島（Formentera）では島と同じ名前の地理的表示保護ワインである Vino de la Tierra de Formentera でも公認されている．マヨルカ島の Àn Negra 社ではこの品種の子品種の可能性のある CALLET や MANTO NEGRO とブレンドすることが多い．また Cap de Barbaria 社のブレンドワインでは国際品種とブレンドされることが多い．公式統計にはエストレマドゥーラ州（Extremadura）で5 ha（12 acres）が栽培されたと記録されている．

FOKIANO

別名とされた品種と混同されているうちにほとんど失われてしまった，珍しいギリシャの品種

ブドウの色：● ● ● ● ●

主要な別名：Damaskino，Fokiana，Fokiano Kokkino，Fokiano Mavro，Giouroukiko ⚥ または Ghiouroukiko ⚥（キクラデス諸島（Kykládes/ Cyclades）），Phokiano，Phokiano Kokkineli，Phokiano Mavro
よくFOKIANOと間違えられやすい品種：İRI KARA ⚥（トルコのハドゥム（Hadım））

起源と親子関係

Lefort and Roubelakis-Angelakis（2001）によれば，黒，赤，白の果皮色の果粒をつける数種類の品種が FOKIANO の名前でギリシャのキクラデス諸島やドデカネス諸島（Dodekánisa/Dodecanese），エーゲ海諸島の西部や北部，マケドニアやトラキア（Thráki/Thrace）などで栽培されているのだという．その名前はアナトリア半島西岸にあった古代ギリシャ領，イオニアの都市であるポカイア（Phocaea/Phokaia，現在のトルコのフォチャ（Foça））に由来すると考えられてきた．ここで述べる本物の FOKIANO は，黒色の果粒のキクラデス諸島起源の品種であり，DNA 解析によってこの品種は GIOUROUKIKO と同一であることが明らかになっている（Lefort and Roubelakis-Angelakis 2001）．加えてギリシャのブドウデータベースに基づく DNA プロファイルとの比較により，イリア県（Ilía），エトリア＝アカルナニア県（Aitolía-Akarnanía），ザキントス島（Zákynthos）などの地方で栽培されている白色の果粒をつける SKIADOPOULO（Nikolau and Michos 2004）と GIOUROUKIKO が同一であることが明らかになった（Vouillamoz）．したがって SKIADOPOULO は FOKIANO の果皮色変異ということになる．

他の仮説

FOKIANO の起源はエーゲ海のトルコ沿岸のイズミル地方（İzmir），歴史的には Smyrna（スミルナ）と呼ばれた地方にあるといわれることが多い．またトルコのハドゥムの İRI KARA（「黒いプラム」の意味）と同一だとも考えられている．これが ARI KARAS，ERIKARAS，IRIKARAS などがいつも FOKIANO の別名とされる（Galet 2000; Lefort and Roubelakis-Angelakis 2001; Nikolau and Michos 2004; ギリシャブドウデータベース）理由である．しかし FOKIANO（Lefort and Roubelakis-Angelakis 2001）と İRI KARA（Vouillamoz *et al.* 2006）の DNA プロファイルの比較から，両者は異なる品種であることが示唆された（Vouillamoz）．

ブドウ栽培の特徴

結実能力が高くて豊産性である．萌芽期は中期～後期であり，熟期は早期～中期である．比較的耐病性があり乾燥にも耐性がある．大きな果粒が密着した果房をつける．

栽培地とワインの味

この品種とすべての別名が混乱しているので，どこで FOKIANO が栽培されているかわかりにくい．しかし，公式統計には2008年にギリシャ本土南部のアッティカ（Attikí）で，ほんの52 ha（128 acres）が栽培されたと記録されている．栽培はまた，エーゲ海諸島でも見られる．たとえばサモス島（Sámos）の南西に位置するイカリア島（Ikaría）の Afianes 社は FOKIANO に少量の MANDILARIA をブレンドし赤ワインを，また BEGLERI（別名 THRAPSATHIRI）とブレンドしロゼワインを作っている．ヴァラエタルワインは一般に色が薄く，酸味は中～低レベルで，酸化しやすく，たいていプラム，イチジク，レーズンの味わいを有している．

イオニア海沖のザキントス島にある Comoutos 社や Callinico 社などは薄い果皮色の SKIADOPOULO と GOUSTOLIDI のような他の地方品種を用いて伝統的な白の Verdea ブレンドワインを作っている．

FOLGASÃO

複雑な起源をもつ，たくましいイベリア半島の品種

ブドウの色：

主要な別名：Cagarrizo, Silveiriña
よくFOLGASÃOと間違えられやすい品種：ARINTO DE BUCELAS（リスボン（Lisboa）），MALVASIA FINA（ダン（Dão）およびドウロ（Douro）），TERRANTEZ（マデイラ島（Madeira）），TERRANTEZ DO PICO（アゾレス諸島（Açores）），TERRANTEZ DA TERCEIRA（アゾレス諸島）

起源と親子関係

FOLGASÃO の起源はダン地方であるとされているが，FOLGASÃO の DNA プロファイル（Almadanim *et al.* 2007）を他の報告と比較すると，もはや栽培されていない二つのスペイン品種と同一であることが明らかになった．それら二つとは Gago *et al.* (2009) で報告された SILVEIRIÑA と，Santana *et al.* (2010) で報告された CAGARRIZO である．こうして FOLGASÃO のポルトガル起源説が覆された．最近までマデイラ島の TERRANTEZ やアゾレス諸島（Açores）の TERRANTEZ DA TERCEIRA や TERRANTEZ DO PICO と同一であると考えられてきたが，これも DNA 解析によって否定された（Veloso *et al.* 2010）．

ブドウ栽培の特徴

低い収量，萌芽期は早期で，熟期は中期である．薄い果皮をもつ小さな果粒が密着する小さな果房をつける．花ぶるい（Coulure）に感受性で，うどんこ病と灰色かび病への感受性は中程度である．

栽培地とワインの味

FOLGASÃO のワインはフルボディーで酸味が高く，良好な熟成の可能性を有している．ポルトガル北部のトラス・オス・モンテス地方（Trás-os-Montes）で最もよく栽培されており，現地では通常ブレンドされている．南のドウロにも少し残されている．2010年にはポルトガルで357 ha（882 acres）の栽培が記録された．

FOLIGNAN

最近のボルドー交配品種．コニャック用に公認された．

ブドウの色：

主要な別名：INRA 8476

起源と親子関係

1965年にフランス南西部ボルドー（Bordeaux）の国立農業研究所（Institut National de la Recherche Agronomique : INRA）で得られたTREBBIANO TOSCANO×FOLLE BLANCHEの交配品種である．この名前は親品種のFOLLEとUGNI BLANC（TREBBIANO TOSCANOのシャラント地方での名前）を合わせて短縮したものであろう．

ブドウ栽培の特徴

熟期は中期で一般に樹勢が強い．

栽培地とワインの味

40年間にわたる研究の後，2005年にFOLIGNANはコニャックの生産用として公認された．それゆえこの品種はAOCで公認される最初のINRA品種となったが，ブレンドに用いることができる割合の上限は10％と決められている．フランスでは2008年に44 ha（109 acres）の栽培が記録されており，そのすべてがコニャックのベースワインとしてコニャックの生産に用いられている．

FOLLE BLANCHE

豊産性だが病気にかかりやすく非常に酸度が高い白品種

ブドウの色：●　●　●　●　●

主要な別名：Chalosse Blanche（ジェール県（Gers），ランド県（Landes）），Dame Blanche（ロット＝エ＝ガロンヌ県（Lot-et-Garonne）），Enrageat または Enragé（ジロンド県（Gironde）），Folle（シャラント県（Charente）），Gros Plant（ペイ・ナンテ（Pays Nantais），ヴァンデ県（Vendée）），Matza Zuri☒（スペインのバスク州（País Vasco）），Mune Mahatsa（バスク州），Piquepoul（ガスコーニュ（Gascogne）），Piquepoul du Gers（ロット＝エ＝ガロンヌ県）

よくFOLLE BLANCHEと間違えられやすい品種：KNIPPERLÉ☒，PIQUEPOUL BLANC☒（ガスコーニュではFolle BlancheはPIQUEPOULと呼ばれているが，フランス南部の真のPIQUEPOUL BLANCとは関係がない）

起源と親子関係

1696年にフランス西部，シャラント＝マリティーム県（Charente-Maritime）のシェラック（Chérac）において初めてFOLLE BLANCHEに関する記載がなされている．「ブドウ畑はすべてVISAN BLANC，3分の1はFOLLE BLANCHE，もう3分の1はGROS BOUILLAUとGROS-BLANC，残りの3分の1はBLANCHE-RAMÉE」(Rézeau 1997)．この地域では伝統的にコニャックやアルマニャックに用いられていた．Folleは「無分別な（mad）」を意味するフランス語*fou*の女性形*folle*で，これはブドウの樹勢の強さや豊産性を表したものであろう．1732年に初めて記載され，ロワール＝アトランティック県（Loire-Atlantique）で広く用いられている別名のGROS PLANT（「大きなブドウの樹」の意味）や，1736年に初めて記載され，フランスの南西部で広く使われているENRAGEAT（フランス語の*enragé*は「無分別な」や「どう猛な」の意味）も同様にブドウの樹勢の強さや豊産性を表したものであろう（Rézeau 1997）．

DNA系統解析により，この品種はGOUAIS BLANCの子品種であり，シャラント県のMONBADON（別名BURGER）およびジロンド県のMERLOT BLANC（現在は商業栽培されていない）の親品種であることが示唆された（Bowers *et al.* 2000; Boursiquot *et al.* 2009; CABERNET SAUVIGNONとPINOTの系統図を参照）．FOLLE BLANCHEは両県で栽培されているが，FOLLE BLANCHEはブドウの形態分類群のFolleグループに属し（p XXXII参照），南西フランスの品種であるPETIT MESLIERやMESLIER

SAINT-FRANÇOIS に近い形態をもっている（Bisson 2009）．この事実は FOLLE BLANCHE はジェール県あるいはランド県に起源をもつ品種であり，これらの地方からシャラント県や後にロワール川流域（Val de Loire）の大西洋の端であるペイ・ナンテ（Pays Nantais）に広がっていったという Lavignac（2001）の仮説と一致する．この仮説は最近見いだされたジェール県およびピレネー＝アトランティック県（Pyrénées-Atlantiques）の JURANÇON BLANC，ロット＝エ＝ガロンヌ県の JURANÇON NOIR，シャラント県の MONTILS，ロワール川流域の MESLIER SAINT-FRANÇOIS（シャラント県での別名 BLANC RAMÉ で）との親子関係あるいは姉妹関係（片親のみの姉妹関係を含む）（Myles *et al.* 2011）によって支持されている．FOLLE BLANCHE は JURANÇON NOIR や FUELLA NERA の果皮色変異ではないが，どちらも FOLLE NOIRE と呼ばれることがある．

FOLLE BLANCHE は BACO BLANC，BACO NOIR や FOLIGNAN の育種に用いられた．

ブドウ栽培の特徴

結実能力が高く，豊産性で熟期は中期である．萌芽期が早いため，春の霜に感受性がある．果粒が密着した果房なので灰色かび病に非常に感受性が高く，また黒腐病（Black rot）とダニにも感受性である．べと病や樹体の病気にも少し感受性がある．

栽培地とワインの味

FOLLE BLANCHE は，かつてブランデー用として広く栽培されており，特にオランダ商人が行き来しやすい海岸近くで多く見られた．現在はロワール（Loire）やフランス南西部の多くの県で推奨され，また最南部のピレネー（Pyrénées）では公認されているのだが FOLLE BLANCHE の栽培面積は，2009 年になると 1,770 ha（4,374 acres）にまで激減してしまった．その大部分はロワールの西部で栽培され，そこではヴァラエタルワインである Gros Plant du Pays Nantais が MUSCADET とほぼ同じ地区でつくられている．ワインは酸味が鋭く「MUSCADET の田舎のいとこ」と表現されている．フランス南西部では FOLLE BLANCHE がコニャックやアルマニャックの生産に用いられているが，フィロキセラ禍以降，ほとんどがより耐病性が高い交雑品種，BACO BLANC に置き換えられている．Tariquet 社，Domaine de Mirail 社，Godet 社などの生産者が FOLLE BLANCHE を用いてヴァラエタルのアルマニャックを作っている．

スペイン北部沿岸，バスク地方のバスク州（País Vasco）では，MUNE MAHATSA（この地方における FOLLE BLANCHE の別名）は，HONDARRIBI ZURI（COURBU BLANC 参照）などのその他の地方の品種とブレンドされているが，スペインの公式統計には記録されていない．また Torres 社などのカタルーニャ（Catalan）のブランデーにも少量が用いられている．

カリフォルニア州でも少し栽培されている．

FONTE CAL

主役を果たすことはめったにない，マイナーなポルトガルの品種

ブドウの色：● ● ● ● ●

主要な別名：Fonte de（a）Cal

起源と親子関係

1790 年にスペインとの国境に近いポルトガル北東部，ベイラ・インテリオル（Beira Interior）のピニェル地方（Pinhel）において，Lacerda Lobo 氏が 19 世紀末頃まで使われていた元来の古い名前，FONTE DE（A）CAL を用いて，この品種に関して初めて記載している．おそらく，ここが起源の地であろう（Rolando Faustino 私信）．

ブドウ栽培の特徴

樹勢が強い．萌芽は早期，熟期は中期である．うどんこ病およびべと病に平均的な感受性がある．

栽培地とワインの味

FONTE CAL のヴァラエタルワインは珍しいが少し作られており，ワインはアロマティック（フルーティでフローラル）でやや ALVARINHO に似ており，中程度の酸味がある．しかし，酸度が落ちすぎた遅い時期に収穫されることが多い．早い時期に収穫すると，良好な骨格で熟成させる価値のあるワインができる．第一アロマがより複雑な第三アロマに置き換わると興味深いワインになる．この品種は通常 SÍRIA とブレンドされるが，ときに ARINTO DE BUCELAS とブレンドされることもある．

FONTE CAL は20世紀にポルトガルのピニェルからベイラ・インテリオル地方全体に広がったが，2010年にポルトガルで記録された栽培面積はわずか134 ha（331 acres）であった．この品種はベイラス（Beiras）やセトゥーバル半島圏（Península de Setúbal）の地理的表示保護ワイン，また Beira Interior DOC の公認品種であるが，ヴァラエタルワインは非常に少ない．FERNÃO PIRES のワインよりもアルコールと酸味が少し高くなるが，酸味は比較的弱い．

FORASTERA

イスキア島（Ischia）の特産品

ブドウの色：● ● ● ● ●

主要な別名：Forastiera, Forestiera, Frastera, Uva dell'Isola（ナポリ湾（Napoli）のプローチダ島（Procida））

起源と親子関係

Conte di Rovasenda（1877）が FORASTERA について最初に記載している．その記載にはイタリア南部カンパニア（Campania）のナポリ県（Napoli）のすぐ沖のイスキア島やベルガモ県（Bergamo）のグルメッロ・デル・モンテ（Grumello del Monte）などで栽培されていたとあるが，現在では消滅している．その一年後にブドウの形態分類の専門家の Giuseppe Froio 氏がイスキア島で栽培されている品種として FORASTERA を記録している（Migliaccio *et al.* 2008）．FORASTERA はその名が示す通り，グルメッロからイスキア島に19世紀に持ち込まれたと考えている研究者もある（*forestiero*（伊）は foreign（英）の意味）．

FORASTERA として知られるカナリア諸島の品種はもはや商業栽培されていないが，ユニークな DNA プロファイルを有しており，同じ品種ではない（Vouillamoz）．

ブドウ栽培の特徴

樹勢が強い．熟期は早期～中期である．

栽培地とワインの味

FORASTERA はカンパニア州全体で推奨されており，サルデーニャ島（Sardegna）では暫定的に公認されているが，実際栽培が行われているのはイタリア南部のイスキア島とプローチダ島のみである．Ischia DOC ではヴァラエタルワイン（最低85％）に加え，FORASTERA（45～70％）と BIANCOLELLA とのブレンドも公認されており，スティルワインおよび発泡性ワインが作られている．Casa d'Ambra 社や Antonio Mazzella 社がヴァラエタルワインを作っている．ワインは軽くフレッシュなものになる傾向がある．

2000年のイタリア農業統計には102 ha（252 acres）の栽培が記録されている．

FORCALLAT BLANCA

AIRÉN を参照

FORCALLAT TINTA

ブレンドに用いられる晩熟のスペイン中部の品種

ブドウの色：● ● ● ● ●

主要な別名：Alcabril di Gualadin（レオン県（León）），Forcalla, Forcalla Negra, Forcalla Prieta, Verdal（オウレンセ県（Orense）），Verdalejo（ムルシア州（Murcia），Verdalla（カナリア諸島）

起源と親子関係

FORCALLAT TINTA はカスティーリャ＝ラ・マンチャ州（Castilla-La Mancha）に起源をもつ品種である．FORCALLAT BLANCA は FORCALLAT TINTA の白の果皮色変異ではなく異なる品種で，DNA プロファイル（Martín *et al.* 2003）も他のどの品種とも一致しない（Vouillamoz, FORCALLAT BLANCA は AIRÉN の別名としても使われる）．FORCALLAT TINTA の別名 VERDAL は，他のスペイン品種の別名としても使われており，紛らわしい．

ブドウ栽培の特徴

樹勢が強く非常に晩熟である．

栽培地とワインの味

スペインでは2008年に930 ha（2,298 acres）で FORCALLAT TINTA が栽培された．栽培が見られるのは主にムルシア州（Murcia）やバレンシア州（Valencia）である．ムルシア州の Vino de la Tierra de Abanilla や Vino de la Tierra Campo de Cartagena，バレンシア州の Vino de la Tierra el Terrerazo などの地理的表示保護ワインとして公認されている．ワインの色は薄くブレンドされることが多い．

FORGIARIN

濃い果皮色のイタリア北東部フリウーリ（Friuli）の珍しい品種

ブドウの色：● ● ● ● ●

起源と親子関係

FORGIARIN のという品種名はフリウーリのピンツァーノ・アル・タリアメント（Pinzano al Tagliamento）近郊のフォルガリーア（Forgaria）にちなんで名づけられたものである．

ブドウ栽培の特徴

うどんこ病に感受性がある．

栽培地とワインの味

FORGIARIN はイタリア北東部フリウーリのウーディネ（Udine）やポルデノーネ（Pordenone）などの県で栽培されていた．特に多く栽培されていたのは，サン・ダニエーレ（San Daniele），スピリンベルゴ（Spilimbergo），マニアーゴ（Maniago）である．現在は主にポルデノーネ県のピンツァーノ・アル・タリアメント（Pinzano al Tagliamento），カステルノーヴォ・デル・フリーウリ（Castelnovo del Friuli）などで栽培されている．Emilio Bulfon 氏が CIANORIE，CIVIDIN，PICULIT NERI，SCIAGLÌN，UCELÙT など他の古い地方品種とともに FORGIARIN を絶滅の危機から救済した．彼はこれらの品種からヴァラエタルワインを手作りで作る数少ない生産者の一人である．FORGIARIN のワインは軽いタンニンとハーブ，赤い果実，トーストしたアーモンドやバニラのアロマをもっている．1991年に PICULIT NERI，SCIAGLÌN，UCELÙT などとともにイタリアの品種リストに登録された．

FORSELLINA

Valpolicella や Bardolino にブレンドされることがある珍しい品種

ブドウの色：● ● ● ● ●

主要な別名：Forcelina，Forselina，Forsella，Forsellana，Forzelina

起源と親子関係

この品種については19世紀初頭にイタリア北部のヴェローナ（Verona）近くのヴァル・ディッラージ（Valle d'Illasi）で初めて記載された．

ブドウ栽培の特徴

熟期は中期である．

栽培地とワインの味

歴史的にイタリア北部ヴェネト州（Veneto）のヴァルパンテーナ（Valpantena），ヴァルポリチェッラ（Valpolicella），ヴァル・ディッラージ，ヴァル・トラミーニャ（Val Tramigna），ガルダ湖（Lago di Garda）の南部などで限定的に栽培されてきた．20世紀の間に栽培面積は激減してしまったが，1970年代になってコネリアーノ（Conegliano）研究センターがブドウ畑から何本かの FORSELLINA の樹を救済し，1987年にはイタリアの品種リストに登録された．少量の FORSELLINA が CORVINA VERONESE，CORVINONE，RONDINELLA や他の地方品種とともに，Bardolino（最大10%），Valpolicella などのアマローネ（Amarone）やレチョート（Recioto）スタイル（最大15%）を含む DOC でブレンドされている．ワインはややアロマティックでフルーティーである．

FORTANA

減少しつつあるイタリアの晩熟の赤品種．その高い収量に価値がある．

ブドウの色：● ● ● ● ●

主要な別名：Canèna, Canina Nera ☒, Cannina, Costa d'Oro, Oliva ☒, Rapa ☒（スイスのティチーノ州（Ticino）), Uva Canina，Uva Cornetta（ウンブリア州（Umbria)），Uva d'Oro，Uva d'Oro di Comacchio，Uva Francese Nera，Uva Vecchia ☒
よくFORTANAと間違えられやすい品種：BRUGNOLA ☒（ロンバルディア州（Lombardia）のヴァルテッリーナ（Valtellina)）

起源と親子関係

この品種はイタリア中北部のエミリア＝ロマーニャ（Emilia-Romagna）において早くも1550年頃からUVA D'ORO（金のブドウ）として知られていた．黒色の果粒をもちながら金のブドウを意味する不思議な名前で呼ばれていたのは，この品種が高収量であることと関係しており，つまり金色であるかのように大切にされた品種であったと考える人もいる．FORTANA の名には「非常に実り多い」という意味があるためその語源に関して議論があったが，1970年に品種登録されたときに選ばれた，ごく最近の名前である．

DNA 解析と形態解析により，意外なことに FORTANA は CANINA NERA と同一であることが明らかにされた．また，おそらく LAMBRUSCO MAESTRI とは親子関係にあり，モデナ県（Modena）の MALBO GENTILE と FORTANA は遺伝的に近い品種である可能性がある（Boccacci *et al.* 2005）．アスコリ・ピチェーノ県（Ascoli Piceno）で DRUPEGGIO と呼ばれる白色果皮の CANINA と CANINA NERA とは関係がない．FORTANA はスイスのイタリア語圏であるティチーノ州で栽培される稀少品種の RAPA とも同一であることが証明された（Vouillamoz）．

他の仮説

もともとの名前である UVA D'ORO はフランスのコート＝ドール（Côte d'Or）に由来しており，この品種はブルゴーニュから持ち込まれた可能性があるという人もいるが，この仮説は以下3点を理由に否定される．

- FORTANA は典型的なイタリア品種である LAMBRUSCO MAESTRI や UVA TOSCA と親子関係にある
- FORTANA の DNA プロファイルは PINOT や他の主要なブルゴーニュ品種と関係がない（Vouillamoz）
- FORTANA の DNA は多くの LAMBRUSCO や他の中央イタリアの品種（ENANTIO，MALBO GENTILE 等）と近い関係にある（Boccacci *et al.* 2005）

ブドウ栽培の特徴

うどんこ病には幾分感受性がある．収量が多く晩熟である（10月上旬の2週間で収穫される）．

栽培地とワインの味

かつてはオルトレポー・パヴェーゼ（Oltrepò Pavese）やヴェロネーゼ（Veronese）で栽培されていた FORTANA だが，現在はイタリアのラヴェンナ県（Ravenna）（ルーゴ（Lugo），ルッシ（Russi），バニャカヴァッロ（Bagnacavallo），アルフォンシーネ（Alfonsine））やフェラーラ県（Ferrara）で限定的に栽培されている．FORTANA のヴァラエタルワインは Bosco Eliceo DOC のみで見られるが，その西のいろいろな Lambrusco DOC のワインに少量ブレンドすることは認められている．FORTANA はまたレッジョ・エミリア県（Reggio Emilia）やパルマ県（Parma）で非常に限定的に栽培されている．別名の CANINA

NERA で栽培されているものは絶滅寸前であり，ブレンドワインにしか用いられていない．FORTANA ワインは辛口，発泡性ワイン，甘口ワインのいずれにもなりうる．赤い果実のアロマをもち，アルコール分はそれほど高くない．良好な酸度は時に不快な感じを与え，タンニンは幾分素朴である．甘口ワインは残糖によりソフトなワインとなっている．2000年時点でのイタリアの統計には1,109 ha（2,740 acres）の栽培が記録されている．

FRANCAVIDDA

マイナーで減少傾向にあるイタリア，ブリンディジ県（Brindisi）の品種．通常ブレンドワインに用いられる．

ブドウの色：●●●●●

主要な別名：Francavilla
よくFRANCAVIDDAと間違えられやすい品種：CATARRATTO BIANCO ☒

起源と親子関係

FRANCAVIDDA は，イタリア南部のプッリャ州（Puglia），ブリンディジ県のフランカヴィッラ・フォンターナ（Francavilla Fontana）という地名の方言であることから，この地が起源であると考えられている．

ブドウ栽培の特徴

かびの病気と冬の霜に感受性がある．熟期は中期である．

栽培地とワインの味

イタリアでの FRANCAVIDDA の栽培はブリンディジ県（特にフランカヴィッラ・フォンターナ，カロヴィーニョ（Carovigno），サン・ヴィート・デイ・ノルマンニ（San Vito dei Normanni），サン・ミケーレ・サレンティーノ（San Michele Salentino），およびオストゥーニ（Ostuni））に集中しているが，徐々に消滅しつつある．Ostuni DOC では50％まで FRANCAVIDDA を加えることが認められており，通常 IMPIGNO，BIANCO D'ALESSANO および/あるいは VERDECA とブレンドされる．FRANCAVIDDA ワインは繊細な香りと中程度のアルコール分を有している．

FRÂNCUŞĂ

フレッシュで比較的軽く，辛口の早飲み用の白ワインになるルーマニア北東部の品種

ブドウの色：●●●●●

主要な別名：Frâncuşe，Frîncuşă，Mustoasă または Mustoasă de Moldova，Poamă Creaţă，Poamă Franchie，Poamă Muştei，Târţără，Vinoasă
よくFRÂNCUŞĂと間違えられやすい品種：KREACA（セルビア），MUSTOASĂ DE MĂDERAT（ルーマニア）

起源と親子関係

FRÂNCUŞĂ は20世紀初頭のフィロキセラ禍以前は，ルーマニアのモルドヴァ地方のコトナリ（Cotnari），オドベシュティ（Odobești），パンチウ（Panciu），フシ（Huși）でよく栽培されていた．形態的には二つの異なるタイプが存在する．一つはオドベシュティのタイプで均一な果粒サイズをもち，もう一つはコトナリのタイプで TÂRŢĂRĂ と呼ばれており，糖度が高く，花ぶるいにより不均一な果粒サイズを示す（Dejeu 2004）．

最近の DNA 解析によって FRÂNCUŞĂ はハンガリーの FURMINT のように GOUAIS BLANC の数多くある子品種の一つであることが明らかになった（Boursiquot *et al.* 2004）．

FRÂNCUŞĂ を，FRÂNCUŞĂ と呼ばれることのあるセルビアの KREACA と混同してはいけない．

ブドウ栽培の特徴

果粒が密着した果房で，晩熟（Galet 2000）．

栽培地とワインの味

FRÂNCUŞĂ は現在，ルーマニアのモルドヴァ地方北部でのみ見られ，2008年に352 ha（870 acres）の栽培が記録されている．Cotnari Winery 社は主要なヴァラエタルワインの生産者で，通常ワインはキレがよく軽く，レモンや青リンゴの香りがある．

FRAPPATO

NERO D'AVOLA とブレンドされることの多い，
フルーティーかつフレッシュでフローラルなシチリアの品種

ブドウの色：● ● ● ● ●

主要な別名：Frappato di Vittoria（シチリア島（Sicilia）），Frappato Nero，Frappatu（シチリア島），Nero Capitano（カラティーノ地方（Calatino）），Surra（シラクサ県（Siracusa））
よくFRAPPATOと間違えられやすい品種：GAGLIOPPO，NERELLO CAPPUCCIO，NERELLO MASCALESE

起源と親子関係

1760年にシチリア南部のラグーザ県（Ragusa）のヴィットーリア（Vittoria）で FRAPPATO について初めて記載がなされたことから，この地がこの品種の起源とされている．FRAPPATO は「実り多い」を意味する形容詞の *fruttato* が変化したものだと考えられている．最近の DNA 解析によって FRAPPATO とサンジョヴェーゼ（SANGIOVESE）の親子関係が示唆されたことから（Di Vecchi Staraz，This *et al.* 2007; Crespan，Calò *et al.* 2008），FRAPPATO は CILIEGIOLO と CALABRESE DI MONTENUOVO の孫品種にあたることが明らかになった．また FRAPPATO がカラブリア州（Calabria）の GAGLIOPPO と姉妹関係にあたることも追記しておく（Di Vecchi Staraz，This *et al.* 2007）．

他の仮説

FRAPPATO のスペイン起源を主張する研究者もある．しかし FRAPPATO がほとんどの伝統的な古いシチリア品種のクラスターに入るという遺伝的解析が示している事実とは一致しない（たとえば Di Vecchi Staraz，This *et al.* 2007）．

ブドウ栽培の特徴

熟期は中期～晩期である．デリケートな薄い果皮をもつ果粒が密着した果房をつけるので，灰色かび病になりがちである．

栽培地とワインの味

FRAPPATO は主にイタリアのシチリア南部のラグーザ県，特にヴィットーリア近くで栽培されるが，トラーパニ県（Trapani）でも栽培されている．NERO D'AVOLA，NERELLO MASCALESE，NOCERA などの他のシチリア品種とブレンドされることが多いが，INZOLIA，CATARRATTO BIANCO などの白品種ともブレンドされる．FRAPPATO は Cerasuolo di Vittoria DOCG のブレンドに30～50% 加えられている．また Alcamo，Eloro，Erice，Vittoria の各 DOC でも公認されており，特に後者の二つ（または島内全地域の IGT Sicilia として）ではヴァラエタルワインも認められている．2000年時点でのイタリアの統計には785 ha（1,940 acres）の栽培が記録されているが，シチリアでは2008年に846 ha（2,091 acres）の栽培が記録されている．

ヴァラエタルワインの生産者としては Avide 社，Calò Giordano 社，Casaventura 社，Cos 社，Cantine Rallo 社，Le Terre del Gattopardo 社などがあげられる．ワインはヘビーという印象からはほど遠く，フレッシュでジューシー，イチゴの味わいがあり，多くの場合フルーティーでフローラルなワインになる．

FRAUELER

高収量で酸度の高いチロルの珍しい白品種

ブドウの色：●●●●●

主要な別名：Frauler，Vezzaner

起源と親子関係

イタリア北部のアルト・アディジェ（Alto Adige / ボルツァーノ自治県 Südtirol）のヴァル・ヴェノスタ（Val Venosta，ドイツ語で Vinschgau）のあまり知られていない古い品種である．この品種名は，地名の *Friaul*（フリウーリ（Friuli）のドイツ語）に由来すると考えられ，イタリア北東部が起源であることが示唆されている．FRAUELER はオーストリア南部の古いスティリア（シュタイアーマルク州）の品種で現在は栽培されていない GRÜNER BARTHAINER と同一品種だと考えられているが，DNA 解析はまだ行われていない．

ブドウ栽培の特徴

樹勢が強く，高収量である．うどんこ病に非常に感受性がある．熟期は中期～晩期である．熟期の終わり頃には灰色かび病に感受性となる．

栽培地とワインの味

非常にわずかな量であるが国境をイタリア側に入ったヴァル・ヴェノスタで FRAUELER が栽培されている．Schnalshuberhof 社や Befehlhof 社などのいくつかの生産者がヴァラエタルワインを作っている．Unterortl 社の Juval Glimmer ワインは FRAUELER と同じく珍しい品種の BLATTERLE をリースリング（RIESLING）または MÜLLER-THURGAU とブレンドしたワインである．十分熟すとミネラル感をもつものの，ヴァラエタルワインは幾分ニュートラルで，ボディーが軽く，酸味が強い．このため FRAUELER はブレンドパートナーに適している．

FREDONIA

主にペンシルベニア州で見られるニューヨーク州の交雑品種

ブドウの色：● ● ● ● ●

主要な別名：Early Concord

起源と親子関係

1915年にニューヨーク州ジェニーバ（Geneva）のニューヨーク州農業試験場の果樹およびブドウ栽培部において Fred E Gladwin 氏が CHAMPION × LUCILLE の交配により得た交雑品種である．

- CHAMPION は CONCORD × HARTFORD の交雑品種である．HARTFORD（または HARTFORD PROLIFIC）はおそらく ISABELLA × *Vitis labrusca* の自然交雑品種で1846年頃にコネチカット州のウエストハートフォード（West Hartford）の Paphro Steele & Son 社の庭で見つかった品種である．（CHAMPION の系統は BRIANNA 参照）
- LUCILLE（または LUCILE）は WILMINGTON RED の実生である．
- WILMINGTON RED は選抜された *Vitis labrusca* 品種である．

この *Vitis labrusca* と *Vitis vinifera* の交雑品種は1927年に公開された．

紛らわしいことに，FREDONIA というのは4倍体の（すなわち，人工的に染色体を倍化した）CONCORD の名でもある．FREDONIA は VALIANT と VAN BUREN の育種に用いられた．

ブドウ栽培の特徴

厚い果皮をもつ果粒が密着した大～中サイズの果房をつける．耐寒性であるが黒とう病，べと病，ブドウつる割れ病および葉の斑点症状（リーフスポット病）に高い感受性がある．CONCORD よりも早熟である（したがって EARLY CONCORD の別名がある）．それゆえ短い生育期しかない地域での栽培に適している．

栽培地とワインの味

FREDONIA は主に生食用ブドウとして，またゼリー，ジュースに使われている．時にロゼワインや軽い赤ワイン，また甘口ワインが作られることがあるが *labrusca* 特有のフォクシーフレーバーがある．ペンシルベニア州は2008年に35 acres（14 ha）と過去最高の栽培面積を記録した．ミシガン州の栽培面積は1997年の21 acres（8 ha）から2006年には7 acres（3 ha）に減少した．ヴァラエタルワインの生産者としては Arrowhead，Heritage Wine Cellars，Montgomery Underground Cellars，Star Hill，Winfield などの各社があげられ，いずれもペンシルベニア州にある．

FREISA

軽く，香り高い珍しいネッビオーロ（NEBBIOLO）の類縁種．発泡性ワインを含む幅広いスタイルのワインが作られる．

ブドウの色：● ● ● ● ●

主要な別名：Freisa di Chieri，Freisa Piccola，Freisetta，Fresia，Monferrina，Mounfrina，Spannina
よくFREISAと間違えられやすい品種：FUMIN☿（ヴァッレ・ダオスタ州（Valle d'Aosta）），NERETTA CUNEESE☿（Freisa Grossa または Freisa di Nizza の名で），NERETTO NOSTRANO（カナヴェーゼ（Canavese））

起源と親子関係

FREISA はピエモンテで最も古く，重要な品種の一つである．やや疑わしい点はあるものの，この品種に関する記述が最初になされたのは1517年のことで，記載はトリノ県（Torino）の南西30 km 地点にあるパンカリエーリ（Pancalieri）の通行税に関する文書の中に見られる．文中には「Fresearum ワインの値段は他のワインの2倍はする.」と書かれている（Nada Patrone 1988）．FREISA に関する信頼できる最初の形態学的な記述は Scandaluzza 伯爵の Giuseppe Nuvolone Pergamo（1787-98）が記したものである．

DNA 解析によって FREISA はネッビオーロと親子関係にあり，またローヌ北部のヴィオニエ（VIOGNIER）と遺伝的に近い関係にあることが示唆された（Schneider，Boccacci *et al.* 2004）．FREISA はスイスのヴァレー州（Valais）の古い品種である RÈZE とも遺伝的に近いと考えられていることを追記しておく（Vouillamoz，Schneider *et al.* 2007）．

ブドウ栽培の特徴

果粒に高レベルのアントシアニンを有する頑強なブドウである．熟期は中期である．花ぶるいしがちである．

栽培地とワインの味

FREISA はイタリア北西部，ピエモンテの各地で栽培され，特にアスティ県（Asti），トリノ県（Torino），クーネオ県（Cuneo）やサブアルプス地方を含むアルプス地域で多く見られる．ピエモンテの東，ヴェネト州（Veneto）のヴィチェンツァ県（Vicenza）でもあちこちで栽培されている．2000年時点でのイタリアの統計には1,453 ha（3,590 acres）の栽培が記録されている．

この品種は様々な NEBBIOLO-，BARBERA-，GRIGNOLINO- を主原料として用いる DOC や，幅広い範囲の Piemonte の DOC のブレンドワインにおける副原料として公認されている．また Freisa d'Asti や Freisa di Chieri などその名を冠した DOC もある．

ヴァラエタルワインはきわめて明るい色合いで，意外なことに酸味とタンニンが豊富であるが，はっきりとした野生の赤い果実の香り，特にイチゴやラズベリーの香りが特徴で，ある程度の苦みもあって，幅広く好まれているワインだとは言えない．Freisa d'Asti や Freisa di Chieri DOC には辛口，甘口，スティル，微発泡（frizzante），発泡性（スプマンテ）など戸惑うほど多くのラインナップがある．最も伝統的なスタイルは二次発酵による微発泡ワインで，こうしたワインでは若干の苦みを残糖がよくバランスしている．現在では近代的なワイン醸造により，発酵と残糖のレベルをよりよくコントロールできるようになった．FREISA はたとえば Valle d'Aosta，Colli Tortonese，Barbera d'Asti などの，いくつかの他の DOC でも副原料として公認されている．

Borgogno 社はスティルの辛口で香りの高い良質の FREISA ワインを作っており，また Aldo Vajra 社や Coppo 社といったワイナリーもよいワインを作っている．

FREISA のワインはカリフォルニア州の Bonny Doon 社や Viansa 社等のワイナリーでも作られている．

FREISAMER

著しく減少している，20世紀初頭に開発されたドイツの交配品種

ブドウの色：● ● ● ● ●

主要な別名：Freiburg 25-1，Freiburger

起源と親子関係

1916年にドイツ南部のフライブルクでKarl Müller氏がSILVANER×ピノ・グリ（PINOT GRIS）の交配により得た交配品種で，もともとの名前はFREIBURGERである．DNA解析によってこの系統は確認されている（Vouillamoz）．後に，フライブルクとこの町を流れる川の名前であるドライザム（Dreisam）を組み合わせた名前に改名された．

ブドウ栽培の特徴

熟期は中期～晩期である．

栽培地とワインの味

ドイツではFREISAMERは非常に限定的（4 ha/10 acres）に現在でも故郷のバーデン－ヴュルテンベルク州（Baden-Württemberg）で栽培されているが，1970年代の全盛期の勢いはもはやどこにも見られない．ラインヘッセン（Rheinhessen）のDr Lawall社が珍しいヴァラエタルワインを作っている．

スイスのドイツ語圏やフリブール州（Fribourg/Freiburg）でも，同じぐらいの面積がこの酸度の高い品種の栽培にあてられている．甘口ワインはグラウビュンデン州（Graubünden）のBündner Herrschaft社の特産品である．フリブール州のヴリー（Vully）のDomaine Chervet社がヴァラエタルワインを作っている．ワインはキレがよくエキス分が豊かだが比較的ニュートラルであり，良質のワインにするためにはブドウが高い糖度に達する必要がある．

イングランドでも非常に限られた量が栽培されている．

FRENCH WILD

ピンク色の果皮をもつFRENCH WILDとフランスやその他の地域で自生している野生種の*Vitis vinifera* subsp. *silvestris*には関係が認められない．未確認ではあるがオンライン情報（www. cnwinenews. com）によれば，この品種はROSE HONEY，CRYSTALなどの他の10種類の品種とともに1965年に中国南部雲南省弥勒市にあるDongfeng Farm社が輸入したものということである．DNA解析はまだ行われていないため，ヨーロッパ品種との関係もまだ明らかでない．FRENCH WILDには四つのクローンがあるらしいが，そのうち栽培されているのは二つのみで量も少ない．

FRONTENAC

耐寒性を得ることに成功した，アメリカの交雑品種．
特に故郷のミネソタ州で栽培されている．

ブドウの色：● ● ● ● ●

よくFRONTENACと間違えられやすい品種：MN1047

起源と親子関係

FRONTENAC は1978年にミネソタ大学の Peter Hemstad，James Luby，Patrick Pierquet 各氏が LANDOT NOIR × *Vitis riparia* セレクション #89の交配により得た交雑品種である．このとき用いられた *Vitis riparia* セレクション #89（MN89とも呼ばれる）は，ミネソタ州のジョーダン（Jordan）の近くで発見された野生のブドウである．この品種は *Vitis riparia*，*Vitis labrusca*，*Vitis vinifera*，*Vitis aestivalis*，*Vitis lincecumii*，*Vitis rupestris*，*Vitis cinerea*，*Vitis berlandieri* の複雑な交雑品種である．FRONTENAC は1983年に選抜され，1996年に公開された新しい品種の一つである．

1992年に最初にミネソタ大学の Peter Hemstad 氏が FRONTENAC の果皮色変異である FRONTENAC GRIS を見つけ，この品種は2003年に公開された．

FRONTENAC BLANC はより新しい，期待がもてる果皮色変異として2005年にケベック州のデュナム（Dunham）近くの Vignoble Les Blancs Coteaux 社 で見つかった品種で，後に遠くのミネソタ州でも見つかった．

ブドウ栽培の特徴

豊産性で樹勢が強い．耐寒性である（MARÉCHAL FOCH より耐性が強い）．全般的に良好な耐病性をもち，特にべと病に耐性があるが，フィロキセラの葉への侵入には高い感受性がある．小～中サイズの果粒が粗着した果房をつける．高い糖度と酸度になる．やや早い時期の萌芽で，熟期は中期である．

栽培地とワインの味

FRONTENAC はとりわけ冬の耐寒性と良好な収量があり，フォクシーフレーバーがなく他のほとんどの交雑品種と比べても品質がよいことからミネソタ州（2007年に116 acres/47 ha）で広く栽培されている赤品種である．中西部の北部，特にイリノイ州（2007年に58 acres/23 ha），アイオワ州（2006年に47 acres/19 ha），ネブラスカ州（2007年に14 acres/6 ha）およびインディアナ州（2010年に10 acres/4 ha）などでよく栽培されている．またネバダ州の北部でも栽培されている．ワインは深い色合いでチェリー，ブラックカラント（カシス）やプラムの香りがあり，熟成するとチョコレートの香りも表れる．しかし酸味は大変強い．FRONTENAC はロゼワインや赤ワイン，ポートタイプなど幅広いスタイルのワインになり，特にブドウの酸度が落ちる遅い時期に収穫されたブドウで作られるポートタイプのワインは人気を得ている．ミネソタ州の Falconer 社，Fieldstone 社，St Croix 社，ネブラスカ州の5 Trails 社，アイオワ州の Snus Hill 社，Summerset 社などのワイナリーが作るヴァラエタルワインは成功を収めている．その人気にもかかわらず，辛口のテーブルワイン用途としては MARQUETTE などの低い酸度の新しい品種に栽培面積を奪われている．

FRONTENAC はカナダでも栽培されており，特にケベック州で多く見られる（2009年に52 acres/21 ha）．

突然変異で果皮が灰色になった FRONTENAC GRIS は，濃い果皮色の FRONTENAC と同様に有用な栽培特性を有している．ワインは桃，アンズ，柑橘のアロマと爽やかな酸味を併せもつが，色はかなり濃い．2007年にはミネソタ州で75 acres（30 ha）の栽培が記録された．アイオワ州でもミネソタ州には劣るが少し栽培されている．ミネソタ州の Fieldstone 社，Indian Island 社，Parley Lake 社，St Croix 社やサウスダコタ州の Prairie Berry 社などのワイナリーが FRONTENAC GRIS のヴァラエタルを作っている．このヴァラエタルワインは，カナダのケベック州でも作られている．FRONTENAC BLANC の商業栽培はミネソタ，アイオワ，イリノイ，ノースダコタやモンタナの各州で2009～2010年にかけて行われるようになったが，ケベック州ではより早く始まった．高い酸度のおかげで酒精強化のポートスタイルのデザートワインに適しており，ピンク色がつかないため，やがてこの品種が FRONTENAC GRIS にとって代わることになるであろう．

FRÜHBURGUNDER

PINOT NOIR PRÉCOCE を参照

FRÜHROTER VELTLINER

いろいろな品種と関係はあるが GRÜNER VELTLINER とは関係がない．

ブドウの色：● ● ● ● ●

主要な別名：Früher Roter Malvasier（ドイツ），Korai Piros Veltelini（ハンガリー），Malvasier（オーストリア），Malvoisie Rouge d'Italie（サヴォワ県（Savoie）），Velteliner Rouge Précoce（フランス），Veltlínské Červené Rané（チェコ共和国），Veltlínske Červené Skoré（スロバキア）

起源と親子関係

DNA 系統解析によってこのオーストリア品種は姉妹品種にあたる NEUBURGER 同様，ROTER VELTLINER と SILVANER の自然交配により生まれた交配品種であることが明らかになった（Sefc, Steinkellner *et al.* 1998）．その結果として，FRÜHROTER VELTLINER は ROTGIPFLER や ZIERFANDLER の片親だけの姉妹にあたり，SAVAGNIN の孫品種にあたることになる（PINOT の系統図を参照）．驚くべきことに ROTER VELTLINER とその子品種である FRÜHROTER VELTLINER は GRÜNER VELTLINER とは関係がないことが明らかになった．FRÜHROTER VELTLINER は GRAUER PORTUGIESER（BLAUER PORTUGIESER 参照）と交配され JUBILÄUMSREBE が生まれ，また MÜLLER-THURGAU と交配され MORAVA や PANONIA が生まれたことも追記しておく．

ブドウ栽培の特徴

その名が示すように萌芽期は早く早熟である．うどんこ病，べと病および灰色かび病に感受性がある．樹勢が強く長めに剪定するのがよい．小さな果粒と果房をつける．

栽培地とワインの味

フランスにおけるこの品種の別名である VELTELINER ROUGE PRÉCOCE は，紛らわしいことに MALVOISIE ROUGE D'ITALIE としても知られており，サヴォワ県（Savoie）やオート＝サヴォワ県（Haute-Savoie）で公認され，Vin de Savoie の規則でリストに登録されている．しかし，ほとんど栽培されておらず，2008年の栽培面積はわずか5 ha（12 acres）であった．イタリアでは FRÜHROTER VELTLINER，あるいは単に VELTLINER として知られており，最北部に古いブドウ畑がわずかに残されている．Valle Isarco Veltliner はアルト・アディジェ（Alto Adige）の原産地呼称の一つだが GRÜNER VELTLINER（VELTLINER VERDE）にかなり置き換えられた．この赤い果皮色の白ワイン用品種はドイツでは FRÜHER ROTER MALVASIER として知られるが，栽培量は極めて少なく，ラインヘッセン（Rheinhessen）でわずかな量（4 ha/10 acres）が栽培されるのみである．

オーストリアでの栽培は徐々に減少しており，現在の栽培面積は605 ha（1,495 acres）にとどまっている．そのほとんどはニーダーエスターライヒ州（Niederösterreich，低地オーストリア），特にウィーンの北部のヴァインフィアテル（Weinviertel）などにあるが，ドナウ川にそった西のドナウラント（Donauland）やカンプタール（Kamptal）でも栽培されている．この品種からは比較的ニュートラルで早飲み用のワインが生産されるが，より広く栽培され高く評価されているGRÜNER VELTLINERに比べると酸度が低くなりがちである．

ハンガリーの北西部のショプロン（Sopron）でも，わずかだがあちこちで栽培されている．チェコ共和国ではVELTLÍNSKÉ ČERVENÉ RANÉとして（251 ha/620 acres），またスロバキアではVELTLÍNSKE ČERVENÉ SKORÉとして（363 ha/897 acres）栽培されている．

FUBIANO

あまり重要ではないイタリア北部の白の交配品種

ブドウの色：● ● ● ● ●

主要な別名：Incrocio Dalmasso II/32

起源と親子関係

1936年にイタリア北部のヴェネト州（Veneto）のコネリアーノ（Conegliano）研究センターでイタリアの育種家のGiovanni Dalmasso氏が品質の改善と結実不良（ミルランダージュ）のリスクの低減を目的としてFURMINT×TREBBIANO TOSCANOの交配により得た交配品種である．品種名は親品種の名からつけられたものである．

ブドウ栽培の特徴

熟期は早期〜中期である．

栽培地とワインの味

2000年のイタリア農業統計に記録されている栽培面積は，わずか3 ha（7 acres）であった．

FUELLA NERA

マイナーだが故郷のコート・ダジュールでは香り高い品種

ブドウの色：● ● ● ● ●

主要な別名：Dame Noire，Folle de Nice，Folle Noire，Fuella，Fuola，Jurançon Rouge
よくFUELLA NERAと間違えられやすい品種：JURANÇON NOIR☒（ロット＝エ＝ガロンヌ県（Lot-et-Garonne）ではFolle Noireと呼ばれる），NÉGRETTE

起源と親子関係

FUELLA NERAはフランスのアルプ＝マリティーム県（Alpes-Maritimes，主にグラース（Grasse），アンティーブ（Antibes），ラ・ゴード（La Gaude），ベレ（Bellet）のあたり）の古い品種である．現地では1783〜84年にカンヌにおいてFOLLE NOIREという別名で次のように記載されている．「Follesは中サイズの果粒で丸く黒い．食用やワイン用には向いていないが，非常に豊産性である．果房は丸く果粒が密着している」(Rézeau 1997)．しかし FOLLE NOIRE の名は JURANÇON NOIR，NÉGRETTE，NÉGRET CASTRAIS（現在は栽培されていない）の3品種に用いられたので，FUELLA NERA とこれら3品種は依然混同されている．Rézeau（1997）によれば地方の表記である Fuella が最初に現れたのは1859年の Alexandre-Pierre Odart の著書においてである（語源は FOLLE BLANCHE を参照）．

FUELLA NERA はブドウの形態分類群の Folle グループ（p XXXII 参照；Bisson 2009）に属している．

他の仮説

Reich（1902a）は，FUELLA NERA はルヴァン島（Levant，地中海東部の島と沿岸地域）から「最高のブドウ品種の偉大な伝搬者」である船乗りによって持ち込まれたものであろうと述べている．

ブドウ栽培の特徴

萌芽期は早期で熟期は中期である．うどんこ病と灰色かび病には感受性である．果粒は小さいが大きな果房をつける．

栽培地とワインの味

フランスで唯一この品種を認可しているアルプ＝マリティーム県（Alpes-Maritimes）では，2008年に19 ha（47 acres）の FUELLA NERA（FOLLE NOIRE と呼ばれることが多い）が栽培されている．ニースの周辺の小さな Bellet アペラシオンでは，ワインには CINSAUT や GRENACHE（GARNACHA）とともに FUELLA NERA と BRAQUET NOIR の合計が最低でも60%は用いることを規定している．ベレで最も有名な生産者は Château x de Bellet 社と de Crémat 社であるが，Vino di Gio と呼ばれる珍しい FUELLA NERA のヴァラエタルワインを作っているのは Clos Saint-Vincent 社である．特に BRAQUET NOIR とブレンドすると一般に深い色合いとアロマをもち，中程度の酸度だが数年は熟成が可能なワインになる．前述した18世紀の頃のこの品種への評価は，いまでは幾分改善されていると言える．

FUMIN

ヴァッレ・ダオスタ州（Valle d'Aosta）だけに存在する，深い色合いの素朴な濃い果皮色をもつ古い品種

ブドウの色：● ● ● ● ●

主要な別名：FREISA ☒

起源と親子関係

FUMIN はヴァッレ・ダオスタ自治州の最も古い品種の一つで，Fumen という方言名で1785年に初めて記載されている（Vouillamoz and Moriondo 2011）．FUMIN の名は「煙を」意味するフランス語の *fumée* に由来しており（ヴァッレ・ダオスタ自治州は19世紀までフランス語圏であった），これは熟したブドウを覆うワックス層に由来していると考えられる．

DNA 解析によって FUMIN が，あまり知られていないヴァッレ・ダオスタ自治州の品種である VUILLERMIN の親品種であり，また同自治州で最も広く栽培されている PETIT ROUGE の姉妹品種であることが明らかになった（Vouillamoz and Moriondo 2011）．

他の仮説

FUMIN は FREISA と同じ品種であるかもしれないという説はブドウの形態による分類の専門家たちによってすでに否定されていたのだが（Gatta 1838; Dalmasso and Reggio 1963），後に DNA 解析によって完全に否定された（Vouillamoz）．

ブドウ栽培の特徴

熟期は遅く，10月の最終週になる．

栽培地とワインの味

イタリアで20世紀にも非常にわずかな量のFUMINが栽培されていたが，1990年代から新しい植付けが始まり，ヴァッレ・ダオスタ自治州の中央部ではヴァラエタルワインも作られるようになった．良好な骨格をもちチェリーの香りのするワインは，オークで熟成させるとソフトになる．しかしこのワインはブレンドの色づけと酸の添加のためにも用いられており，アルコール分は幾分高い．2000年にイタリアで76 ha（188 acres）の栽培が記録された．

Valle d'Aosta DOC（1971年に登録）はFUMINのヴァラエタルワインを公認している．推奨される生産者としては，Di Barrò社，Les Crêtes社，L'Atoueyo社（Fernanda Saraillon），Grosjean Frères社などがあげられる．

FURMINT

ハンガリーのトカイワインに用いられる酸の高い主要品種

ブドウの色：

主要な別名： Fehér Furmint（トカイ（Tokaj）），Lazafürtű Furmint（トカイ），Moslavac または Moslavac Bijeli（クロアチア），Mosler（オーストリア），Šipon（スロベニア，北部クロアチア），Som（トランシルヴァニア（Transilvania）），Szigeti, Tokay（フランス），Változó Furmint（トカイ），Zapfner または Zopfner（ドイツ）

よくFURMINTと間違えられやすい品種： ALTESSE（フランスのサヴォワ県（Savoie）），GRASĂ DE COTNARI，KÉKNYELŰ（ハンガリー），POŠIP BIJELI（クロアチアのコルチュラ島（Korčula）），SAUVIGNONASSE（イタリア北部），ŽILAVKA（ボスニアおよびヘルツェゴビナ）

起源と親子関係

有名な甘口ワインAszú（灰色かび菌が有益な形でついたブドウから作られる）の故郷であるハンガリー北東部のトカイがFURMINTの起源であり，トカイ村のヘッツオーロ（Hétszőlő）のブドウ畑にこの品種が存在していたことが，1571年5月15日に最初の記録として残っている（Zelenák 2002）．János Dercsényi（1796）がこの品種を「正真正銘トカイのAszúブドウ」と記載していることから，AszúワインのほとんどにFURMINTが使われていたのではないかと考えられる．1611年頃トカイ村から20 km北に位置するゼンプレーン山脈（Zempléni）のエルドーベーニェ（Erdőbénye）に近いGyepű Valleyでも次のように記載されている（Dienes 2001）．「三つのブドウ畑が伝道者の給料である，一つ目はBakfűの畑，二つ目はGyepű ValleyのFurmintの畑，そして三つ目はホッスー（Hosszú）の畑である」．親切にも私たちに翻訳文と歴史的資料を提供してくれたSárospatak Calvinist Collegeの歴史家のDénes Dienes氏によれば，一つ目の畑がBakfű（「ハーブ」を意味する）と呼ばれるようになったのは，その畑にカッコウチョロギ（*Stachys officinalis*）というハーブが生えていたからで，またエルドーベーニェ近くのGyepű Valleyにある二つ目の畑がと呼ばれるようになったのは，その畑でFURMINTが栽培されていたからなのだという．三つ目の畑がホッスー（「長い」を意味する）と呼ばれるようになったのは，その畑の大きさを指しているということである（17世紀には*szőlő*には「ブドウ」のみならず「ブドウ畑」という意味もあった）．

疑わしい仮説がいくつかあるが（下記参照），FURMINTの語源は明らかでない．

DNA系統解析（PINOTの系統樹参照）によって以下の事実が明らかになった．

- FURMINTはGOUAIS BLANCと親子関係にある（Boursiquot *et al.* 2004）．GOUAIS BLANCはよ

り早くから知られており，中世にはヨーロッパ中に広がっていたことから，FURMINTがその子品種である可能性が高い．以上のことからFURMINTは，シャルドネ（CHARDONNAY），GAMAY NOIR，ELBLING，リースリング（RIESLING）など，少なくとも80品種を超えるGOUAIS BLANCの子品種と片親だけの姉妹関係になる．

- FURMINTは同じくトカイの重要な品種であるHÁRSLEVELŰと親子関係にある（Calò，Costacurta *et al.* 2008; Vouillamoz）．FURMINTのDNAプロファイルはGOUAIS BLANC×HÁRSLEVELŰと一致しないことから，FURMINTはHÁRSLEVELŰの親品種であると考えられている．
- あまり知られていないスイスの品種，PLANTSCHERにも同じことがあてはまり，この品種はFURMINTの自然交配品種で（Vouillamoz，Maigre and Meredith 2004），HÁRSLEVELŰの姉妹品種にあたると考えられている．

トカイの古い品種の研究によって，Varga *et al.*（2008）はFehér（白），Lazafürtű（疎着の果房），Piros（ピンクの果粒），Változó（変異型）という同じDNAプロファイルをもつ四つの異なるタイプのFURMINTを発見した．トカイ地方で見られるこうしたFURMINTの高度な遺伝的多様性は，FURMINTの起源がこの地にあることを強く物語っている．

FURMINTはイタリアでBUSSANELLO, FUBIANO, VEGAなどの育種に用いられた．またハンガリーではZÉTA（以前はOREMUSと呼ばれた）の育種に用いられた．

他の仮説

12世紀前半にイシュトヴァーン2世（King Stephen II）に招待されたイタリアの使節団がFURMINTをトカイに持ち込んだという説がある（Fabbro *et al.* 2002）が，1250年頃に，ラツィオ州（Lazio）のフォルミア市（Formia）（ラテン語で*Formianum*）から移住したイタリア系移民がこの品種をトカイに持ち込んだという説（Galet 2000）もある．しかしFURMINTがイタリアで見つかったことはなく，他のイタリア品種とFURMINTとの遺伝的な関連も報告されていないので，これらの説は非常に疑わしい．同様に，FURMINTの語源が*fiore dei monti*（丘の花）にあるという説も真実味がない．7年戦争（1756～63）を舞台に，フリウーリ（Friuli），コッリオ（Collio）出身で，赤みがかった金色のひげをたくわえていることから，Forment（イタリア語でfromentoは「小麦」を意味する）と呼ばれていた戦士に関する逸話があるが，これも甚だ疑わしい．マリア・テレジア（Maria Teresa）皇后からFormentin伯爵の称号を受けたこの戦士が彼の故郷からFURMINTを持ち込んだというものであるが（Fabbro *et al.* 2002），FURMINTは7年戦争よりもはるか昔からハンガリーで知られている品種であることから，この説は興味深いものの否定されている．他にもバルカン半島（Syrmia，今日のセルビア）がFURMINTの起源であるという説や，FURMINTは近東起源であるという説（Galet 2000）もあるが，これはFURMINTとALTESSEが同一品種であるという誤った認識に基づくもの（詳細はALTESSE参照）であろう．

ブドウ栽培の特徴

萌芽期は早く晩熟である．厚い果皮をもつ中サイズの果粒が粗着した果房をつける．灰色かび病，べと病およびうどんこ病に感受性があり，霜の被害を受けやすいが良好な乾燥耐性を示す．

栽培地とワインの味

FURMINTは世界的に通用するすばらしい品種で，フルボディーで強い酸味があり長寿の甘口と辛口ワインになり，ほぼヨーロッパ中部でのみ，とりわけハンガリーで栽培されている．2010年にはオーストリアで9 ha（22 acres）の栽培が記録されている．主に同国の東部のノイジードル湖地方（Neusiedlersee）近くのルスト（Rust）で栽培されている．現地ではHeidi Schröck社などの生産者が素晴らしい甘口のアウスブルッフワインを作っている．まだオーストリアでは珍しいが，FURMINTは湿度を好むようで，栽培が増えつつある．Schröck社とTriebaumer社が稀少な辛口ワインも作っている．

この品種はハンガリーのトカイを代表する品種であり，トカイ以外では唯一同国西部のショムロー(Somló)がこの品種が重要だと考えられている地域である．2006年の栽培面積は4,006 ha（9,894 acres）にのぼり，その97％以上がトカイに見られる．この品種の特徴である高い酸度と灰色かび菌への感受性，果粒の高い糖度の組合せのおかげで，FURMINTは力強く豊かで長い寿命をもつアスー（Aszú）のデザートワインの理想的な原料となっている．しばしばより香りの高いHÁRSLEVELŰとブレンドされることが多いが，少量の SÁRGA MUSKOTÁLY（ミュスカ・ブラン（MUSCAT BLANC À PETITS GRAINS））や，最近では ZÉTA とブレンドされることもある．

FURMINT の力強い辛口ワインは，もしかすると甘口ワインよりも産地の特徴をよく反映していると言えるかもしれない．FURMINT のワインは近年より多くの注目を集め，人々の認識を新たに塗り替えている．トカイではマッド（Mád），トルチヴァ（Tolcsva），ラトカ（Rátka）のあたりが，このスタイルのワインを生産するのに最良の地方として，甘口ワインが現在のように広く知られるようになるよりも前から認識されていた．甘口・辛口，両方のスタイルのワインを作る生産者としてはトカイの István Balassa 社，Zoltán Demeter 社，Disznókő 社，Királyudvar 社，the Royal Tokaji Wine Company 社，István Szepsy 社，またショムローの Hollóvár 社が推奨されている．

クローンのバリエーションに優劣があり，よりよいクローンは一般的に小さな果房をもつ傾向にあり，そのブドウからはより凝縮されたワインができる．それらは第二次世界大戦以前に植えられたものが多く，Madárkás，Holyagos，Féher Furmint などがこうした特徴をもつクローンである（Rohály *et al.* 2003）．

トカイから国境を越えたスロバキアのトカイ（Tokajská）では控えめではあるが，似たようなスタイルの甘口ワインがあちらこちらの畑で作られている．

スロベニアでは2009年に694 ha（1,714 acres）の ŠIPON（同国での別名）が栽培されている．栽培は主に北東のポドラウイェ地方（Podravje）のシュタイエルスカ・スロベニア（Štajerska Slovenjia/Slovenian Styria）で行われている．伝統的には辛口ワインが作られているが，当たり年には甘口ワインも作られる．しかしトカイスタイルとは異なるものである．良質な辛口ワインの生産者としては Dveri-Pax 社，Jeruzalem Ormož 社，Kupljen 社，Ljutomerčan 社，Pullus 社，Verus 社などがあげられる．同国の南東部では Čurin-Prapotnik やいくつかの小さな生産者が甘口のヴァラエタルワインを作っている．

FURMINT が MOSLAVAC や ŠIPON という名で知られているクロアチアでは2008年に442 ha（1,043 acres）の栽培が記録され，ほぼすべてが辛口のワインになる．スロベニアとの国境に近い北部のメジムリェ（Medijimurje）では ŠIPON として知られている．MOSLAVAC はザグレブ（Zagreb）の南東モスラヴィナ地方（Moslavina）に由来する別名である．現地では Miklavžić 社のような少数の生産者が時にヴァラエタルワインを作ることがあるが，度々，収穫量が過多となることからブレンドワインに用いられることが多い．Miklavžić 社は MOSLAVAC，シャルドネ（CHARDONNAY），ピノ・ノワール（PINOT NOIR）を用いてブレンドによる発泡性ワインの生産も試みている．

FURMINT が HÁRSLEVELŰ など他のトカイ品種とともに輸入された南アフリカ共和国では，スワートランド（Swartland）において低収量のブドウから良質なワインが作られている．中でもとりわけ良質なのは Signal Hill 社の Eszencia 2002 である．

長い生育期間がある他の地域でも，この高い品質のブドウが実験的に栽培されている．

G

GAGLIOPPO (ガリオッポ)
GAIDOURIA (ガイドゥリア)
GALATENA (ガラテーナ)
GALBENĂ DE ODOBEŞTI (ガルベナ　デ　オドベシュティ)
GALEGO DOURADO (ガレゴ・ドウラード)
GALLIOPPO DELLE MARCHE (ガッリオッポ・デッレ・マルケ)
GALLIZZONE (ガッリッツォーネ)
GALOTTA (ガロッタ)
GAMARET (ガマレ)
GAMAY NOIR (ガメイ・ノワール)
GAMAY TEINTURIER DE BOUZE (ガメイ・タンチュリエ・ドブーズ)
GAMBA DI PERNICE (ガンバ・ディ・ペルニーチェ)
GÄNSFÜSSER (ゲンズフュッサー)
GANSON (ガンソン)
GARA ALDARA (ガラ・アルダラ)
GARA IKENI (ガラ・ルキャニ)
GARA SARMA (ガラ　サルマ)
GARANDMAK (ガランドマク)
GARANOIR (ガラノワール)
GARGANEGA (ガルガーネガ)
GARNACHA (ガルナッチャ)
GARRIDO FINO (ガリード・フィノ)
GASCON (ガスコン)
GEGIĆ (ゲギッチ)
GEISENHEIM 318-57 (ガイゼンハイム 318-57)
ĠELLEWŻA (ゲレザ)
GENEROSA (HUNGARY) (ゲネロシャ（ハンガリーノ))
GENEROSA (PORTUGAL) (ジェネローザ（ポルトガル))
GENOUILLET (ジュヌイエ)
GF-GA 48-12 (GF-GA 48-12)
GIBI (ヒビ)
GINESTRA (ジネストラ)
GIRGENTINA (イルゼンティナ)
GIRÒ (ジロー)
GIRÓ BLANC (ヒロ・ブランク)
GLAVINUŠA (グラヴィヌシャ)
GODELLO (ゴデーリョ)
GOLDBURGER (ゴルトブルガー)
GOLDEN MUSCAT (ゴールデンマスカット)
GOLDRIESLING (ゴールドリースリング)
GOLUBOK (グルボック)

※次ページ以降に記載されているこのシンボルは，別名や誤った同定が DNA 解析により確認されたことを示す.

GORGOLLASA　(ゴロゴリャッサ)
GORULI MTSVANE　(ゴルリ・ムツヴァネ)
GOUAIS BLANC　(グエ・ブラン)
GOUGET NOIR　(グジェ・ノワール)
GOUSTOLIDI　(グストリディ)
GOUVEIO REAL　(ゴウヴェイオ・レアル)
GR 7　(GR 7)
GRACIANO　(グラシアーノ)
GRAISSE　(グレース)
GRAMON　(グラモン)
GRAND NOIR　(グラン・ノワール)
GRAPARIOL　(グラパリオル)
GRASĂ DE COTNARI　(グラサ　デ　コトナリ)
GRAŠEVINA　(グラシェヴィナ)
GRECHETTO DI ORVIETO　(グレケット・ディ・オルヴィエート)
GRECO　(グレーコ)
GRECO BIANCO　(グレーコ・ビアンコ)
GRECO NERO　(グレーコ・ネーロ)
GRECO NERO DI SIBARI　(グレーコ・ネーロ・ディ・スィバーリ)
GRECO NERO DI VERBICARO　(グレーコ・ネーロ・ディ・ヴェルビカーロ)
GRIGNOLINO　(グリニョリーノ)
GRILLO　(グリッロ)
GRINGET　(グランジェ)
GRISA NERA　(グリーザ・ネーラ)
GRK　(グルク)
GROLLEAU NOIR　(グロロー・ノワール)
GROPPELLO DI MOCASINA　(グロッペッロ・ディ・モカズィーナ)
GROPPELLO DI REVÒ　(グロッペッロ・ディ・レヴォー)
GROPPELLO GENTILE　(グロッペッロ・ジェンティーレ)
GROS MANSENG　(グロ・マンサン)
GROS VERDOT　(グロ・ヴェルド)
GROSSA　(グロッサ)
GRUAJA　(グルアーヤ)
GRÜNER VELTLINER　(グリューナー・ヴェルトリーナー)
GUARDAVALLE　(グアルダヴァッレ)
GUEUCHE NOIR　(グーシュ・ノワール)
GUTENBORNER　(グーテンボルナー)

GAGLIOPPO

イタリア，カラブリア州（Calabria）の個性的な赤ワイン用ブドウ品種

ブドウの色：● ● ● ● ●

主要な別名：Arvino Nero，Cirotana（カラブリア州），Gaglioppo di Cirò（カラブリア州），Galloppo（カラブリア州），Morellino Pizzuto ☒（トスカーナ州（Toscana）），Navarna（カラブリア州）
よくGAGLIOPPOと間違えられやすい品種：FRAPPATO ☒，GALLIOPPO DELLE MARCHE ☒（マルケ州（Marche）），MAGLIOCCO CANINO ☒（カラブリア州），MAGLIOCCO DOLCE ☒（カラブリア州），MAIOLICA（アブルッツォ州（Abruzzo））

起源と親子関係

ワインとしてのGAGLIOPPOに関する初期の記載は，「フリードリヒ2世皇帝（Frederic II）が1月21日にナポリの良質のGalloppoワインを100樽注文した」（Huillard-Bréholles 1859）という1240年の記録の中に見られる．GAGLIOPPOという品種名はギリシャ語の*kalós podos*にルーツをもつといわれている．ちなみに*kalós podos*には「よい，美しい足（Foot）」（Footはブドウの果房を指している）という意味がある．

DNA解析の結果，GALLIOPPO DELLE MARCHEはGAGLIOPPOとは異なることが明らかになった（Schneider，Raimondi，Grando *et al.* 2008）．MORELLINO PIZZUTOは，MORELLINO DI SCANSANOと同様にトスカーナ（Toscana）のサンジョヴェーゼ（SANGIOVESE）のクローンであるとかつて考えられていた（Scalabrelli *et al.* 2001）が，同じ研究者がDNA解析によってMORELLINO PIZZUTOがGAGLIOPPOと同一であることを近年，見いだした（Scalabrelli *et al.* 2008）．最近のDNA研究によってGAGLIOPPOとサンジョヴェーゼが親子関係にあることが明らかになったことでこうして混同されてきたことの説明がつく（Di Vecchi Staraz，This *et al.* 2007; Crespan，Calò *et al.* 2008）．また，これは，GAGLIOPPOの親品種が近年発見されたことにより確認された（Cipriani *et al.* 2010）．GAGLIOPPOはおそらくサンジョヴェーゼとMANTONICO BIANCOとの自然交配により生まれた交配品種であろう．ここでMANTONICO BIANCOは典型的なイタリア南部のカラブリア州のロクリ（Locride）の品種である．こうしてGAGLIOPPOがシチリア（Sicilia）のNERELLO MASCALESEとは姉妹関係にあることが明らかになり，その結果として，GAGLIOPPOはサンジョヴェーゼの親品種であるCILIEGIOLOとCALABRESE DI MONTENUOVOの孫品種にあたることになり，シチリアのFRAPPATOともおそらく姉妹関係にあるだろう（Di Vecchi Staraz，This *et al.* 2007）．合わせて，ALEATICOとの遺伝的な関係も示唆されている（Filippetti，Silvestroni，Thomas and Intrieri 2001）．

他の仮説

カラブリア州がMagna Greciaと呼ばれていた，紀元前8から3世紀の間にギリシャ人がGAGLIOPPOを持ち込んだとよくいわれていたが，DNA解析ではGAGLIOPPOと現在のギリシャ品種との関係を見いだすことはできていない（Vouillamoz）．

ブドウ栽培の特徴

この品種は霜と乾燥に良好な耐性を示す．収量は良好で安定しているが，べと病とうどんこ病に感受性がある．結実能力が高く，珪質あるいは粘土質の土壌を好む．熟期は中期～晩期である．糖度は高いレベルに達する．

栽培地とワインの味

GAGLIOPPOはイタリア南部のカラブリア州で多く栽培される主要な赤ワイン品種である．Cirò DOC

では95～100 % をしめ（2011年に規則が変更され，「国際品種」の使用が認められるまで），ビヴォンジ（Bivongi），ドンニチ（Donnici），ラメーツィア（Lamezia）などで作られるカラブリア州の多くの赤のブレンドワインにおいて重要な役割を果たしている．この品種は，マルケ州，ウンブリア州（Umbria），アブルッツォ州，カンパニア州（Campania）およびシチリア（Sicilia）でも栽培されている．2000年時点のイタリアの統計には，3,703 ha（9,150 acres）の栽培が記録されている．

ワインは中程度の濃さのルビー色で，明確なきめのやや粗いタンニンと記憶に残るバラのアロマがある．チロ（Cirò）でこの品種の栽培を主導する生産者として最も有名なのは，Librandi 社だが，他にも Francesco e Laura de Franco 社や Ippolito 社などがあげられる．Cerraudo 社はドラマティックな100 % GAGLIOPPO の IGT Val di Neto を作っている．

GAIDOURIA

ギリシャ，サントリーニ島（Santoríni）にいまも残る非常に珍しい品種

ブドウの色：

主要な別名：Gaidouricha，Gaidouriha，Gaydura（トルコ），Guydourina

起源と親子関係

GAIDOURIA はギリシャのキクラデス諸島（Kykládes）から持ち込まれた品種である．品種名は「ロバ」という意味をもつギリシャ語の *gaidouri* が由来であり，これはブドウの葉の一部がロバのように見えることにちなんで命名されたものである（Gallet 2000）．近年の DNA 解析（GUYDOURIA の名で）によって ASSYRTIKO との親子関係が示唆された（Myles *et al.* 2011）．

ブドウ栽培の特徴

萌芽期は早期で，早熟である．樹勢は強いが収量は中～低である．厚い果皮をもつ大きな果粒が粗着した中サイズの果房をつける．比較的耐病性である．

栽培地とワインの味

ギリシャのサントリーニ島においても珍しいとされる GAIDOURIA だが，地域の在来品種を保護し，栽培を推進している Gavalas 社が，GAIDOURIA と同様に珍しい KATSANO と15 % の GAIDOURIA をブレンドしたワインを作っている．この品種は，扱いにくい品種だと Gavalas 社は述べている．ワインは，アロマティックで ASSYRTIKO のワインよりは酸味が弱くタンニンのテクスチャーは軽いものとなる．

トルコ西部，イズミル（İzmir）の西に位置する沿岸部に近いのウルラ地方（Urla）で，Urla Sarapçılık 社の Can Ortabaş 氏が一本の樹からこの品種を繁殖し，高地（1,050 m/3,445 ft）に畑を作り栽培を拡大している．接ぎ木が難しく，非常に小さな果粒をつける．

GALATENA

シチリア（Sicilia）の北東部でたった一つの生産者により栽培されている赤品種

ブドウの色：● ● ● ● ●

起源と親子関係

GALATENA に関しては，どのブドウの形態分類学の文献にも記載がないため，この品種とイタリアの登録品種との関係を明らかにするためには，さらなる解析が必要である．

ブドウ栽培の特徴

通常は今でも棚仕立てで栽培されている．

栽培地とワインの味

GALATENA はシチリアの地方品種でメッシーナ県（Messina）近くにある Palari 社のオーナーである Salvatore Geraci 氏によって栽培されている．Palari 社は赤の Faro DOC ワインの副原料として NERELLO MASCALESE をベースとするワイン（GALATENA は Faro の規定には名前が出てこないのだが）と，同社の IGT Sicilia の赤のブレンドワインの Rosso del Soprano にこの品種を用いている．

GALBENĂ DE ODOBEȘTI

徐々に減少しつつあるこのルーマニアの品種からは白のデイリーワインが作られている．

ブドウの色：● ● ● ● ●

主要な別名：Bucium de Poamă Galbenă，Galbenă di Căpătanu，Galbenă Grasă，Galbenă Uriasă，Poamă Galbenă
よく GALBENĂ DE ODOBEȘTI と間違えられやすい品種：Narancsszőlő（ハンガリー），ORANGETRAUBE（ドイツ）

起源と親子関係

GALBENĂ DE ODOBEȘTI は，おそらくルーマニア東部のオドベシュティ（Odobești）に近い Căpătanu にルーツをもつ古い品種であろう．GALBENĂ MĂRUNTĂ（薄い黄色），GALBENĂ VERDE（黄緑色），GALBENĂ AURIE（黄金色）の3色のタイプが報告されていることから，この品種が古い品種であると考えられている．GALBENĂ DE ODOBEȘTI はあまり知られていない，あるいは，ほぼ絶滅状態にある他の在来品種である ALB ROMÂNESC，BERBECEL，CRUCIULIȚĂ，BĂTUTĂ NEAGRĂ，CABASMA NEAGRĂ，CABASMA ALBĂ，ZGHIHARĂ DE HUȘI などと形態的に似ている（Dejeu 2004）．

ブドウ栽培の特徴

萌芽期は中期～後期で晩熟である．薄い果皮をもつ果粒が密着した果房をつける．べと病，うどんこ病，灰色かび病および乾燥に高い感受性を示す．冬の寒さへの耐寒性は -18℃（-0.4°F）程度までである．

栽培地とワインの味

ソビエト時代のルーマニアでは，GALBENĂ DE ODOBEŞTI は，その品質よりも生産性に価値がおかれていた．現在も主にバルクワインやブレンドに用いられているが，Vincon Vrancea 社がヴァラエタルワインを作っている．ワインは軽く，酸味の強い，早飲み用に作られている．2008年に記録された栽培面積は407 ha（1,006 acres）で，そのほぼすべてがルーマニア東部のモルドヴァ地方の南半分で栽培されたものであったが，1995年に記録された500 ha（1,236 acres）からは若干減少している．

GALEGO DOURADO

かろうじて残っているポルトガルの珍しい品種

ブドウの色：● ● ● ● ●

主要な別名：Dourado，False Pedro（南アフリカ共和国），Gallego，Moscato Galego Dourado，Olho de Lebre（セトゥーバル県（Setúbal）），Pedro Luis（南アフリカ共和国），Rutherglen Pedro（オーストラリア）
よくGALEGO DOURADOと間違えられやすい品種：ALVARINHO ⌘（ポルトガル北東部およびスペインのガリシア州），CAÑOCAZO（オーストラリア），LOUREIRO ⌘（ヴィーニョ・ヴェルデ（Vinho Verde）），PEDRO XIMÉNEZ ⌘（南アフリカ共和国）

起源と親子関係

GALEGO DOURADO はポルトガル西部のリスボン（Lisboa）に近いカルカヴェロス地方（Carcavelos）やコラレス（Colares）由来の品種であり，2004年からはオエイラス（Oeiras）のナショナル農業センターにおける救済プログラムに組み込まれている（Brazão *et al.* 2005）．

南アフリカ共和国では現在，事実上絶滅状態にある．この品種は，かつて PEDRO XIMÉNEZ として同国に持ち込まれたものであり，後に PEDRO LUIS と呼ばれるようになり，最終的には FALSE PEDRO と呼ばれたが，これはオーストラリアでは CAÑOCAZO に使われる名前でもある（Kerridge and Antcliff 2009）．

ブドウ栽培の特徴

結実能力が高く樹勢も強いが，それほど豊産性ではない．萌芽期は早期で早熟である．花ぶるい，べと病，うどんこ病に感受性があり，特に灰色かび病には感受性である．粘土質の石灰石土壌が栽培に最適である．

栽培地とワインの味

ブドウ畑への激しい都市の拡大にもかかわらず，GALEGO DOURADO はリスボン周辺のポルトガル大西洋海岸地方で栽培され，たとえば Quinta dos Pesos 社が作るような Carcavelos 原産地呼称における甘口の酒精強化ブレンドワインの主要品種の一つとして用いられている．ワインは丸く，フルボディーでアロマティックである．2010年には6 ha（15 acres）の栽培が記録され，リスボン地方のワインとして公認されている．

GALLIOPPO DELLE MARCHE

最近，絶滅の危機から救済され植え直されたイタリア中部のこの品種は，サンジョヴェーゼ（SANGIOVESE）と関係があるかもしれない．

ブドウの色：● ● ● ● ●

主要な別名：Balsamina Galloppa, Balsamina Grossa（アンコーナ県（Ancona）), Gaglioppa, Galloppa（マチェラータ県（Macerata）), Lancianese Nero, Moretta
よくGALLIOPPO DELLE MARCHEと間違えられやすい品種：GAGLIOPPO ☿

起源と親子関係

イタリア中部のマルケ州(Marche)のアスコリ・ピチェーノ県(Ascoli Piceno)とマチェラータ県(Macerata)で限定的に栽培されているGALLIOPPO DELLE MARCHEは，これまで長く考えられてきたようにカラブリア州（Calabria）のGAGLIOPPOと同一ではないことがDNA解析により明らかになった（Schneider, Raimondi, Grando *et al.* 2008）．ボローニャ（Bologna）大学で行われたDNA解析によりサンジョヴェーゼとの親子関係が示唆された．

ブドウ栽培の特徴

萌芽期は早期で，熟期は中期である．中～小サイズの薄い果皮をもつ果粒をつける．

栽培地

1990年代に絶滅の危機に瀕したが，地方自治体による食品サービス産業を支援する事業の一環としてイタリア中部のAgenzia Servizi Settore Agroalimentare delle Marcheによって救済された．限られた量ではあるが，近年，コッシニャーノ（Cossignano）のLino Silvestri，AffidaのAurora co-op，モンテ・リナルド（Monterinaldo）のKindermann，バニャカヴァッロ（Bagnacavallo）のDaniele LonganesiおよびポンターノFontano（Pontano）のDante Marucciの各社が植え替えを行った．

GALLIZZONE

絶滅寸前の状態にあるイタリア，トスカーナ州（Toscana）の赤品種

ブドウの色：● ● ● ● ●

主要な別名：Gallazzone

起源と親子関係

GALLIZZONEはイタリア，リグーリア州（Liguria），ラ・スペツィア県（La Spezia）のカステルヌオーヴォ・マグラ（Castelnuovo Magra）とアーコラ（Arcola）の間の地域にルーツをもつと考えられる珍しい品種である．現地では19世紀に，この品種に関する記載が見られる（Torello Marinoni, Raimondi, Ruffa *et al.* 2009）．

ブドウ栽培の特徴

早熟である．

栽培地とワインの味

GALLIZZONE に関してはまだイタリアの公式品種登録リストに記載されていないが，少なくとも一つ生産者がこの品種を栽培している．マッサ＝カッラーラ県（Massa-Carrara）の La Fontanina 社のオーナーである Alessandro Cagnasso 氏が GALLIZZONE を SCHIAVA GROSSA，メルロー（MERLOT），CILIEGIOLO，BONAMICO などとブレンドしている．ルッカ県（Lucca）やラ・スペツィア県にもこの品種が見られるといわれている．

GALOTTA

近年，開発されたスイスの交配品種は，ブレンドワインの色づけとタンニンの添加に有効である．

ブドウの色：● ● ● ● ●

起源と親子関係

GALOTTA は1981年にスイスのローザンヌ（Lausanne）郊外の，ピュリー（Pully）にあり，現在ではシャンジャン・ヴューデンスヴィル農業研究所（Agroscope Changins-Wädenswil）に属する Caudoz ブドウ栽培研究センターで ANCELLOTTA×GAMAY NOIR の交配により得られた交配品種である．品種名は，親品種の名前にちなんで命名された（Vouillamoz 2009c）．

ブドウ栽培の特徴

樹勢は中～強で，結実能力は中～高である．萌芽期は中期で熟期は中期である．小～中サイズの果粒が密着した小～中サイズの果房をつける．灰色かび病に良好な耐性を示す．

栽培地とワインの味

GALOTTA ワインは深い色合いでしっかりしたタンニンをもちフルボディーである．そのため2005年の収穫から，スイスのフランス語圏においてこの品種のワインが少量ブレンドワインに骨格と色を与える目的で用いられている．ヴォー州（Vaud）の Bolle 社は樽熟成のブレンドワインの生産のために平均よりも高い40％の GALOTTA を60％の GAMARET とブレンドしており，またヴァラエタルワインも作っている．ヴァレー州（Valais）には Edmond Giroud 社（いくつかのヴィンテージのみ）など他にも生産者がある．2009年にはスイスに13 ha（32 acres）の栽培が記録されており，主にヴォー州，ジュネーヴ州（Genève），ヴァレー州などで栽培されている．

GAMARET

早熟さと耐病性により次第に人気が高まっているスイスの交配品種

ブドウの色：● ● ● ● ●

主要な別名：Pully B-13

起源と親子関係

GAMARETは1970年にスイスのローザンヌ（Lausanne）のすぐ郊外に位置するピュリー（Pully）にあり，現在はシャンジャン・ヴューデンスヴィル農業研究所（Agroscope Changins-Wädenswil）の一部になっているCaudozブドウ栽培研究センターでAndré Jaquinet氏がGAMAY NOIR×REICHENSTEINERの交配により得た交配品種である（Vouillamoz 2009c）．当初はPULLY B-13と名付けられていたが，育種家によりGAMARETと命名された．GAMARETはGARANOIRやMARAの姉妹品種にあたり，GARANOIRとともに1990年に公開された．

ブドウ栽培の特徴

萌芽期は早期で，早熟である．小さな果粒からなる小さな果房をつける．灰色かび病に非常に耐性を示すが，細菌の感染によって葉の黄変を引き起こす病気（flavescence dorée）とEsca（エスカ病）などの樹の病気には感受性である．

栽培地とワインの味

GAMARETは深い紫の色合いとスパイシーさ，力強さとタンニンをピノ・ノワール（PINOT NOIR）やGAMAY NOIRなどとのブレンドワインに与えるために用いられているが，樽熟成させるヴァラエタルワインの生産のためにもよく用いられている．スイスではヴォー州（Vaud），ジュネーヴ州（Genève），ヴァレー州（Valais）などで主に栽培されており（2009年の栽培面積は，スイス全体で380 ha/939 acres）その人気は高まっている．ヴァラエタルワインの生産者としてはルツェルン州（Luzern）のKlosterhof，ジュネーヴ州のDomaine Les Perrières，ヴォー州のDomaine Rossetやヴァレー州のSaint-Gothardなどがあげられる．

GAMARETは2008年にフランスの公式品種リストに登録され，ボジョレー（Beaujolais）で公認されているほか，イタリアでも栽培されている．

GAMAY NOIR

広域ブルゴーニュ地方（Burgundy）で，通常はすっきりした飲み口のワインが作られているが，必ずしも早飲み用ワインというわけではない．

ブドウの色：● ● ● ● ●

主要な別名：Beaujolais，Bourguignon Noir，Gamai，Gamai Chatillon，Gamay Beaujolais，Gamay Charmont，Gamay d'Arcenant，Gamay d'Auvergne，Gamay de la Dôle，Gamay de Liverdun，Gamay de Saint-Romain，Gamay de Sainte-Foix，Gamay deToul，Gamay de Vaux，Gamay d'Orléans，Gamay du Gâtinais，Gamay Labronde，Gamay Noir à Jus Blanc，Gamay Ovoïde，Gamay Précoce，Gamé または Gammé，Grosse Dôle（スイスのヴォー州（Vaud）およびヴァレー州（Valais）），Liverdun Grand，Lyonnais（フランスのアリエ県（Allier）），Petit Gamay，Plant Robert ⌛（ヴォー州）

よくGAMAY NOIRと間違えられやすい品種：ABOURIOU ⌛（Gamay du Rhône，Gamay Saint-Laurent または単に Beaujolais），BLAUFRÄNKISCH ⌛（ブルガリアでは Gamé，クロアチアでは Borgonja），GOUGET NOIR ⌛，GROLLEAU NOIR ⌛（アンジュー（Anjou）では Gamay de Châtillon ），ピノ・ノワール（PINOT NOIR ⌛（カリフォルニアとニュージーランドでは Gamay Beaujolais）），VALDIGUIÉ ⌛（カリフォルニアでは Napa Gamay または Gamay 15）

起源と親子関係

GAMAY NOIRは非常に古いブルゴーニュ地方の品種であり，1395年7月31日にディジョン（Dijon）のフィリップ2世（Duc Philippe le Hardi）が発布した禁止令の中で次のように記載されている（Rossignol

1854; Vermorel 1902).「非常に質の悪い，不実なGaamezと呼ばれる非常に質の悪い，不実な品種からたくさんのワインが作られている．聞くところによると，このGaamezのワインは人に有害で，これを飲んだ者は重篤な病気に罹っている．このブドウで作られたワインにはひどい苦みがある．こうした理由により，我が国のどこであれ，Gaamezブドウを所有する者は，5ヶ月以内にこのブドウを伐採することを厳命する」.

その後，GAMAY NOIRの栽培を禁止する命令が度々，発せられた（1567年，1725年および1731年）が，こうした否定的な評判は今日でも一部しか回復されていない．色々なスペルが1896年まで用いられてきたが（1395年にはGaamez，1444年にはGamey，1496年と1650年にはGame，1564年にはGamay，1567年にはGamez，1667年にはGametなど）1896年にシャロン＝シュル＝ソーヌ（Chalon-sur-Saône）で開催されたブドウの分類に関わる会議でガメイ（GAMAY）の表記が採用された（Rézeau 1997）．現在もブドウ畑が残るコート＝ドール県（Côte d'Or）のサントーバン（Saint-Aubin）に近いガメイ村（Gamay）の名にちなんで命名されたと一般にいわれているが，GaamezがGameyに，さらにGameからGamayにというようにブドウの品種の表記が変化するにつれて，村の名がどう変わっていったかを見るのも興味深い．

GAMAY NOIRはブドウの形態分類群のNoirienグループ（p XXXII参照）に属している．また，ブドウの形態分類学的にはSACYに近い（Levadoux 1956; Bisson 2009）．1999年にカリフォルニア大学デービス校とフランス南部，モンペリエ（Montpellier）の国立農業研究所（Institut National de la Recherche Agronomique : INRA）の研究者によってこのブドウの形態的分類が確認された．彼らのDNA解析によりGAMAY NOIRは，少なくとも20種類は存在する他の姉妹品種同様に（PINOTの系統図を参照），PINOT×GOUAIS BLANCの自然交配品種であることが明らかになった（Bowers *et al.* 1999）．したがってGAMAY NOIRは14世紀以前に，親品種であるこれら2品種がすでに中世の頃に栽培されていたブルゴーニュ地方のいずれかの場所で生まれたことになる．

GAMAY TEINTURIER FRÉAUXは時にGAMAY FRÉAUX，TEINTURIER DE COUCHEYあるいはTEINTURIER FRÉAUXとして知られており，Antoine Fréaux氏によってコート＝ドール県のクシェ（Couchey）で1841年に見つけられたGAMAY TEINTURIER DE BOUZEの変異であると考えられている．同氏はそれをシャロン＝シュル＝ソーヌの西にあるサン＝ドニ＝ド＝ヴォー（Saint-Denis-de-Vaux）に持ち帰り，同地で繁殖した（Galet 1990）．しかし白い果汁の「レギュラー」のGAMAY NOIRあるいはGAMAY NOIR À JUS BLANCの果房がしばしばGAMAY TEINTURIER FRÉAUXの樹に見られることから，この品種はGAMAY NOIRの変異であって，親子関係にあるというわけではないことが示唆されている（Galet 1990）．

もはや栽培されていないGAMAY BLANC GLORIODであるが，この品種もピノ・ノワールとGOUAIS BLANCとの自然交配品種であることから，GAMAY NOIRの変異ではなく兄弟品種にあたることになる（Bowers *et al.* 1999）．

GAMAY NOIRはFLORENTAL，GALOTTA，GAMARET，GARANOIR，MARA，REGNERの育種に用いられてきた．

他の仮説

この品種はサン＝セルナン＝デュ＝ボワ（Saint Sernin-du-Bois）（ソーヌ＝エ＝ロワール県（Saône-et-Loire））近くのGamay村の名にちなんで名付けられたものだと何人かの研究者が主張しているが，GAMAYはこの地域で栽培されたことがないので，この説は考えにくい．GAMAYあるいはその祖先はプロブスの軍団によってダルマチア（Dalmacija）から持ち込まれたという説（Vermorel 1902）もあるが，DNA解析によってこの説は否定されている．

ブドウ栽培の特徴

萌芽期は早く早熟である．樹勢は強くないが，特に暑い気候の肥沃な土壌では結実能力が高くなるため収量を制限しなければいけない．短い剪定が最適である．日焼け，灰色かび病，ブドウつる割れ病，木の病気，ブドウの蛾，Grapevine yellows（細菌の関与により葉が黄化する病気の総称，たとえばFlavescence doréeやbois noir）に感受性がある．

栽培地とワインの味

フランスでは2009年に30,443 ha（75,226 acres）の栽培面積が記録されており，同国で7番目に多く栽培される赤品種となっている．ボルドー（Bordeaux），コルシカ島（Corse）およびアルザス地方（Alsace）

以外の，ほぼすべてのワイン産地で推奨または公認されている．この品種の栽培面積のうち，ほぼ3分の2が広域ローヌ河流域（Vallée du Rhône）および特にボジョレー地方で栽培されており，これらの地方では，赤品種といえばこの品種を指す. 2009年にはローヌ県(Rhône)(ローヌ河流域ではない)では18,682 ha(46,164 acres）の赤ワイン用品種の栽培が記録されているが，そのうちGAMAYが栽培されていなかったのは312 ha（771 acres）のみであった（実際にはシラー（SYRAH）が栽培されている）．ボジョレーで公認されている赤ワインやロゼワイン用の品種が他にもいくつかあるが，GAMAY TEINTURIER DE BOUZE，GAMAY TEINTURIER DE CHAUDENAY（単独または合計で10％以下），ALIGOTÉ，シャルドネ（CHARDONNAY），MELON，ピノ・グリ（PINOT GRIS），ピノ・ノワール（GAMAYと混植されている場合のみで，最大15％まで）の，少量が許可されているにすぎない．実際には，ほとんどのボジョレーワインが100％GAMAYであるので，赤い果肉の異なる品種であるGAMAY TEINTURIER DE BOUZEやGAMAY TEINTURIER DE CHAUDENAY（後者は前者の変異品種である）と区別するためにGAMAY NOIR À JUS BLANCと呼ばれることもある．

21世紀初頭までは，推奨されるGAMAYの生産者といえば，Jean-Marc Burgaud，Lapierre，Lapalu，Château de Thivin，Vissoux，Jean -Paul Brunなど，ボジョレーで長い伝統をもつ生産者で構成されていたのだが，最近は，有望な新しい作り手が次々と現れており，それらの何社かは北方のブルゴーニュからの参入者で，Château des Jacquesを引き継いだLouis Jadot社の足あとを辿っている．

コート＝ドール県ではGAMAYはピノ・ノワールに劣ると考えられており，それは畑の面積やブドウの値段に現れている．1958年から半世紀の間にピノ・ノワールの栽培面積は2倍の6,597 ha（16,257 acres）に増えたが，その間，GAMAYはかつての5分の1よりも少し多い程度（193 ha/477 acres）にまで減少してしまった．広域ブルゴーニュ地方ではピノ・ノワール対GAMAYは5対1である．長い間続いていたBeaujolaisとBourgogneのアペラシオンの混同，すなわち，いくつかの生産者のワインはガメイではなくピノ・ノワールであるという印象を与えることは，表示法に関する規定の変更により改善された．ボジョレーワインが主要品種をラベルに表示できるようになったことで，ボジョレーのすべての赤ワインにCôteaux Bourguignonsアペラシオンの名称を使用できるようになった．

かつてガメイは通常，軽く，フルーティーで，ボジョレー・ヌーボー（Beaujolais Nouveau）として11月に市場に届けるためにカーボニックマセレーションなどの醸造方法を用いて大急ぎで作らたワインは，薄っぺらで，バナナやフーセンガムの味がしていた．しかしこのスタイルのワインの人気と市場での需要が低下したことで，より伝統的な方法で醸造され，よく作り込まれ，時にオークの樽で熟成され意欲的なワインが増えてきている．GAMAYには純粋で，上質のすっきりした飲み口があり，時に胡椒の香り，赤い果実の印象がある驚くほどに長寿のワインが，10のボジョレー地区（Chiroubles，Saint-Amour，Fleurie，Régnié，Brouilly，Côte de Brouilly，Juliénas，Chénas，MorgonおよびMoulin-à-Vent）のワイン生産地域で作られている．

萌芽期が早いため，ロワール地方などの冷涼な土地では春の霜に被害を受ける危険をともなうが，カベルネ・ソーヴィニヨン（CABERNET SAUVIGNON）等よりも成熟が容易である．この地方一帯で栽培されているが，特に上流のロワール＝エ＝シェール県（Loir-et-Cher）のトゥール（Tours）で栽培されており，2009年に1,707 ha（4,218 acres）の栽培が記録されている．Gamay de Touraineアペラシオンではこの品種の本来の性質を最もよく表現する産地であり，軽く安価なボジョレーの代替品を供給している．この品種はChevernyやCoteaux de Vendômoisのような同国西部でもソーヴィニヨン・ブラン（SAUVIGNON BLANC）と並んで広く栽培されている．さらに上流のリヨン（Lyon）周辺では，Châteaumeillant，Coteaux du Lyonnais，Coteaux du Giennois，Côtes d'Auvergne，Côtes du Forez，Côtes Roannaises，Saint- Pourçainなどのあまり知られていないアペラシオンで用いられている．総じてGAMAYは栽培に際して品質よりも量が重視されているが，Domaine de la Charmoise社のHenry Marionnet氏，Domaine Jacky Marteau社，Domaine Robert Serol et Fils社のワインは例外である．東部に目を向けるとGAMAYはサヴォワ県（Savoie）で最も広く栽培される赤品種であり，cru of Chautagne社は良質のワインを作っている．

ドイツとイギリスでもこの品種は知られており，イギリスのBiddenden社（ワイナリー）が良質のワインを作っている．

スイスではGAMAYは，ピノ・ノワールに次いで2番目に多く栽培されている赤ワイン用品種であり，多くの場合，ピノ・ノワールとブレンドされている．ヴァレー州（Valais）でドール（Dôle）として知られるワインが最も有名である．スイスでは2009年に1,514 ha(3,741 acres)の栽培が記録されている．主にヴォー州, ヴァレー州およびジュネーヴ州（Genève）などで栽培が見られる．良質のワインは Gérald Besse 社（マルティニ（Martigny），ヴァレー州），L'Orpailleur の Frédéric Dumoulin 社（ユヴリエ（Uvrier），ヴァレー州），Domaine Les Hutins 社（ダルダニー（Dardagny），ジュネーブ），特に同ワイナリーの La Briva Vieille Vigne ワインや Domaine Le Grand Clos 社（サティニー（Satigny），ジュネーブ）などで作られている．ヴォー州では Henri & Vincent Chollet 社や Domaine du Daley 社などが PLANT ROBERT と表示することを特に誇りに思っている．ドール（Dôle）を作る最高水準の生産者としては Marie-Thérèse Chappaz 社（フリィ（Fully）），Denis Mercier 社（シエール（Sierre）），the Cave du Rhodan 社（Salgesch）などがあげられる．この品種はイタリア北西部のヴァッレ・ダオスタ州（Valle d'Aosta）でも栽培されており，現地では2000年に159 ha（393 acres）の栽培が記録された．

東ヨーロッパでは GAMAY は BLAUFRÄNKISCH と混同されており，ブルガリアでは BLAUFRÄNKISCH に別名の GAMÉ が用いられているが，この混同を解決するための一助にはなっていない．本物の GAMAY はセルビア，コソボや北マケドニア共和国でもわずかに栽培されている．トルコでは2010年に236 ha（583 acres）の栽培が記録されている．また, 栽培はレバノンやイスラエルでも見られる．

カリフォルニア州では1980年代に Charles F Shaw 氏（彼は先駆的な不況打開策としてのワイン Two Buck Chuck にその名を与えた）が GAMAY の販売を試みたが，これは NAPA GAMAY や GAMAY BEAUJOLAIS ではなく，実のところは GAMAY NOIR であった．現在は Edmunds St John，V Sattui，J Rochioli などの生産者が GAMAY の生産を根気よく続けている．

オレゴン州は本物の GAMAY で成功を修めており，Brick House，Evening Land などが注目すべきワインを作っている．また，ミシガン州，テキサス州，ニューヨーク州でも作られている．

GAMAY はカナダでも栽培され，ブリティッシュコロンビア州（2009年の栽培面積は144 acres/58 ha）やオンタリオ州（2006年の栽培面積は185 acres/75 ha）で多くの生産者がヴァラエタルワインを作っているが，南アメリカにはこの品種は見られない．

オーストラリアには，生産者が20社ほどあり，ビクトリア州，ビーチワース（Beechworth）の Sorrenberg 社が実績を上げているが，最近は William Downie 社がヤラ・バレー（Yarra Valley）で成功を収めている．栽培は限定的である．Te Mata 社この品種の栽培に真剣に取り組むニュージーランドの数少ない生産者の一つである（2008年の栽培面積は12 ha/30 acres）．

南アフリカ共和国では2009年に19 ha（47 acres）栽培が記録されており，中でも Klein Zalze 社がこの品種の栽培に真剣に取り組んでいる．

GAMAY TEINTURIER DE BOUZE

赤い果肉をもつこの品種は GAMAY NOIR に関係があるが，それほど広くは栽培されていない．

ブドウの色：● ● ● ● ●

主要な別名：Gamay de Bouze，Moureau（ローヌ（Rhône）），Mourot（ソーヌ＝エ＝ロワール県（Saône-et-Loire）），Plant de Bouze（コート＝ドール県（Côte d'Or）），Rouge de Bouze（コート＝ドール県（Côte d'Or））
よく GAMAY TEINTURIER DE BOUZE と間違えられやすい品種：Gamay de Chaudenay，Gamay Six Pièces，Gros Mourot，Plant Rouge de Chaudenay，Teinturier de Chaudenay

起源と親子関係

GAMAY TEINTURIER DE BOUZE は19世紀にボーヌ（Beaune）近郊のブーズ村（Bouze）で発見された，初の赤い果汁の GAMAY（Teinturier は「染物屋」の意味）である．起源については議論があり，GAMAY NOIR の変異であると述べる人もいれば，GAMAY NOIR と TEINTURIER との自然交配による子品種であると述べる人もいるが，これは TEINTURIER がワインに色づけするためにしばしば GAMAY NOIR とともに栽培されてきたからである．DNA 系統解析によってこの議論には終止符が打たれるはずである．果汁が GAMAY TEINTURIER FRÉAUX の果汁より明るい色なので，セミ Teinturier と表現するのがよいかもしれない．

GAMAY TEINTURIER DE BOUZE はブドウの形態分類群の Noirien グループに属している（p XXVII 参照；Bisson 2009）．

コート＝ドール県（Côte d'Or）のピュリニー（Puligny）から，赤い果汁のガメイを何本か持ち込んだ Jean-Marie Bidault 氏が1832年にソーヌ＝エ＝ロワール県（Saône-et-Loire）で GAMAY TEINTURIER DE BOUZE の赤い果肉の変異である GAMAY TEINTURIER DE CHAUDENAY を発見した．同氏は1850年からソーヌ＝エ＝ロワール県の至るところでこの突然変異品種を GROS MOUROT という名前で販売した．この品種は非常に豊産性であり GAMAY SIX PIÈCES と呼ばれたが，ここでいう *pièces* は300 hl/ha という単位を表す用語である（Galet 1990）．

ブドウ栽培の特徴

GAMAY NOIR 参照．主な違いは果汁の色である．

栽培地とワインの味

2008年のフランスの公式統計には，GAMAY TEINTURIER DE BOUZE が232 ha（573 acres），GAMAY TEINTURIER DE CHAUDENAY が183 ha（452 acres），GAMAY TEINTURIER FRÉAUX（GAMAY NOIR 参照）が55 ha（136 acres）栽培されたと記載されている．また，それがいずれを指すのか定かでないが GAMAY TEINTURIERS が81 ha（200 acres）とも記載されている．

Domaine de la Charmoise 社の Henry Marionnet 氏は良質の GAMAY NOIR のみならず，Les Cépages Oubliés，すなわち「忘れられた品種」というブランド名で GAMAY TEINTURIER DE BOUZE のヴァラエタルワインを作っている．同氏は自身のワインについて「赤い果実のフレーバーを有しており，タンニンは GAMAY NOIR À JUS BLANC に比べ強くなる傾向にある」と述べており，これが理由で同氏はカーボニックマセレーションを用いている．

モルドヴァ共和国では2009年に少量の GAMAY TEINTURIER FRÉAUX と GAMAY TEINTURIER DE BOUZE の栽培が記録されている．

GAMAY TEINTURIER DE CHAUDENAY

GAMAY TEINTURIER DE BOUZE を参照

GAMAY TEINTURIER FRÉAUX

GAMAY NOIR を参照

GAMBA DI PERNICE

アロマティックでスパイシーなピエモンテ（*Piemonte*）の珍しい品種

ブドウの色：● ● ● ● ●

主要な別名：Gamba Rossa，Neretto degli Alteni ☿（クーネオ県（Cuneo）），Pernice

起源と親子関係

GAMBA DI PERNICE はアスティ県（Asti），アスティジャーノ（Astigiano）の珍しい古いピエモンテ品種で，Scandaluzza 伯爵（1787-98）であった Nuvolone Pergamo 氏が記録を残している．品種名には，「山ウズラの足」という意味があり，これはブドウが色づく前の果軸の濃い赤色を指したものである．DNA 解析により，GAMBA DI PERNICE はピエモンテ州のクーネオ県（Cuneo）のサルッツォ（Saluzzo）周辺において NERETTO DEGLI ALTENI という名前で栽培されていることが明らかになった（Raimondi *et al.* 2006）．

ブドウ栽培の特徴

ワイン用と生食用に栽培される．晩熟である．収量は良好で安定している．

栽培地とワインの味

GAMBA DI PERNICE は主にイタリア北西部のアスティ県のカロッソ（Calosso），コスティリオーレ（Costiglioe），アスティ・カネッリ（Asti Canelli）で栽培されている．Tenuta dei Fiori，Maurizio Domanda，La Canova，Fea，Carlo Benotto，Villa Giada の六つの生産者のグループがこの古い品種の振興と DOC 獲得のために活動している．しかしトスカーナ州の高値なヴィンサント（Vin Santo）の名称として保護されている OCCHIO DI PERNICE と混同される恐れがあることから GAMBA DI PERNICE は国家品種リストへの登録ができない状態にある．この品種の栽培は極めて限定的なものであり 2000 年のイタリア農業統計には記録されていない．Cantina Collina d'Oro 社がヴァラエタルワインを作っている．通常，ワインはスパイシーで胡椒の感じとフルーティーさと，ピーマンとかすかにタールのノートを有している．一般には一年かそれ以上ボトルでねかせるとよいとされている．

GAMZA

KADARKA を参照

GÄNSFÜSSER

ほとんど生存していない古い品種．
おそらくドイツ品種であろうと考えられる．

ブドウの色：● ● ● ● ●

主要な別名： Argan ♀（フランスのジュラ県（Jura）），Argant ♀（フランスのフランシュ＝コンテ地域圏（Franche-Comté）），Bockshorn（ドイツのラインラント＝プファルツ州（Rheinland-Pfalz）），Buchser（ラインラント＝プファルツ州（Rheinland-Pfalz）），Espagnol（ジュラ県（Jura）），Gros Margillien（フランスのアルボワ（Arbois）），Margillien（アルボワ（Arbois））
よく GÄNSFÜSSER と間違えられやすい品種： BARBAROUX ♀（プロヴァンス（Provence））

起源と親子関係

GÄNSFÜSSER はドイツのラインラント＝プファルツ州（Rheinland-Pfalz）の古い品種で，品種名には「アヒルの足」という意味があるが，これはこの品種の葉の形を指したものであろう．1505 年初頭にダイデスハイム（Deidesheim）の市民が Gänsefüsserwein を司教に提供したという記録が残っている（Schumann 1983）．この品種については有名なドイツの植物学者である Hieronymus Bock（1546）が，彼の著書である *Kreutterbuch* の中に「GÄNSFÜSSER はノイシュタット（Neustadt）の周辺で生育する」と記載している．1584 年にプファルツ＝ジンメルン公ヨハン・カジミール（Pfalzgrafen Johann Kasimir）が，

「新しい畑にこのブドウを植えないのであれば，GÄNSFÜSSER のブドウ畑を掘り起こしてはいけない」という命令を下している．この後も，ラインラント＝プファルツ州やヴュルテンベルク（Württemberg）でこの品種に関する多くの記載がなされていることから，GÄNSFÜSSER が中世にドイツ南西部において広く栽培されていたことがうかがえる（Schumann 1983）．

フランスのブドウの形態分類の専門家である Adrien Berget 氏と Paul Pacottet 氏は，GÄNSFÜSSER とフランス北東部のフランシュ＝コンテ地域圏（Franche-Comté）の古い品種と考えられている ARGANT は同一品種であると述べているが（Pacottet 1904），これは最近の DNA 解析によっても確認された（Vouillamoz, Frei and Arnold 2008）．一方，Pacottet 氏は ARGANT や他の別名が18世紀以前のフランシュ＝コンテ地域圏では記載されていないことを根拠として ARGANT のフランシュ＝コンテ地域圏（Franche-Comté）起源説を否定している．事実，フランスにおいてこの品種が最初に記載されたのは1774年にアルボワ（Arbois）（フランシュ＝コンテ地域圏）のワイン作りに用いる七つの最高の品種の一つとして MARGILLIEN の名で見ることができる．しかし MARGILLIEN の名はジュラ県（Jura）では多くの異なる品種にも使われており，ARGANT の名はずっと後にならないと現れてこない．

DNA 系統解析によって，ヨンヌ県（Yonne）（フランシュ＝コンテ地域圏の西部）で栽培される CÉSAR は GÄNSFÜSSER×PINOT の自然交配品種であることが明らかになったので（Bowers *et al.* 2000; Pinot の系統図参照），CÉSAR がフランス北東部に起源をもつことが支持されるに至ったが，ラインラント＝プファルツ州では CÉSAR が RÖMER という名でも知られていることから，Berget 氏は，ARGANT（GÄNSFÜSSER）がいかなるフランス品種とも形態的には異なることを発見し，ドイツに起源をもつ品種であると考えられると述べている．

DNA 解析の結果から，プロヴァンス地方の品種で GÄNSFÜSSLER と呼ばれることのある BARBAROUX と GÄNSFÜSSER は同じ品種ではないことが明らかになった（Vouillamoz）．

また，ごく最近 ARGANT の名前で行われた DNA 解析によって LEÁNYKA との親子関係が示唆された（しかしながら，この解析に用いた標準品種は FETEASCĂ ALBĂ であった可能性がある；Myles *et al.* 2011）．

他の仮説

ARGANT はジュラ県で ESPAGNOL と呼ばれることがあり，地方の伝承によれば，ローマ人がスペインからフランス北東部にこのブドウを持ち込んだといわれている．Adrien Berget 氏は GÄNSFÜSSER とオーストリア南部に位置するシュタイアーマルク州（Steiermark）のもはや栽培されていない古い品種である ZIMMETTRAUBE との間に形態的な類似性があることに触れている．幾人かの19世紀の研究者は南チロル（Südtirol）やシュタイアーマルク州における GÄNSFÜSSER の栽培について言及しているが，それらの地方においてこの品種の存在が確認されていないことから ZIMMETTRAUBE と間違われたとのではないかと考えられている．

ブドウ栽培の特徴

樹勢が強く，豊産性で晩熟である．厚い果皮をもつ小さい果粒からなる大きな果房をつける．

栽培地とワインの味

20歳のときにフランス東部のジュラ県に Domaine des Cavarodes 社を設立した Étienne Thiebaud 氏が，ドゥー県地域（Doubs）のブザンソン（Besançon）の南西のリエル（Liesle）にある古いブドウ畑を救済し，混植されているすべての樹が樹齢50～100年になるというピノ・ノワール（PINOT NOIR），TROUSSEAU，PINOT MEUNIER，GAMAY NOIR，POULSARD，GUEUCHE NOIR，GÄNSFÜSSER（つまり ARGANT），BLAUER PORTUGIESER，ENFARINÉ NOIR，MÉZY のブレンドによる赤の Vin de Pays de Franche-Comté ワインを作った．ロタリエ（Rotalier）の Domaine Ganevat 社は小さな畑にこの品種を植え，早飲みの赤のブレンドワインの生産に用いていた．

GÄNSFÜSSER の栽培は，ドイツ南西部における他の晩熟の品種（AFFENTHALER，GOUAIS BLANC，ORLEANS GELB，ELBLING 等）同様，中世頃から減少しているが，これはおそらくこの地方の気候が冷涼になったことが原因で，20世紀になるとラインラント＝プファルツ州や，国境を越えたフランスのフランシュ＝コンテ地域圏においてもこの品種はほぼ消失してしまった．ラインラント＝プファルツ州のハースロッホ村（Hassloch）では，樹齢数百年の GÄNSFÜSSER 古木が Gillergasse の家の壁を這うようにに生えている．ハースロッホの「Edition Gillergasse」特別キュヴェワインはこれらのブドウから2007年に初めて作られたワインで，この地方の美術館の協力を得て販売されている．同年に1,500本のブドウの樹がFritz Braun氏によってLeisböhlの畑に植えられた．また同様に，ムスバッハ（Mussbach）のDLR（農村部サービスセンター）ブドウ栽培学校によっても同数の樹が植えられた．プファルツ（Pfalz）のノイシュタット－ムスバッハ（Neustadt-Mussbach）にあるStaatsweingut mit Johannitergut社により，すでにヴァラエタルワインが作られている．

GANSON

近年開発された濃い色の果皮をもつフランスの交配品種だが広く栽培はされていない．

ブドウの色：● ● ● ● ●

起源と親子関係

1958年にモンペリ（Montpellier）の国立農業研究所（Institut National de la Recherche Agronomique : INRA）でPaul Truel氏がグルナッシュ（GRENACHE，GARNACHA）×JURANÇON NOIRの交配により得た交配品種である．品種名はGRENACHEとJURANÇONを合わせて短縮し，çをsに代えて作った造語である（Rézeau 1997）．

ブドウ栽培の特徴

大きな果粒と果房をつける．熟期は中期である．株仕立てによる短い剪定でも十分な結実能力の高さを示す．灰色かび病には中程度の感受性がある．

栽培地とワインの味

フランスの多くの土地で推奨されているが，2008年の栽培面積は5 ha（12 acres）以下であった．フランスの公式品種登録リストには，通常ワインは色が薄く，特筆すべき特徴はないと記載されている．

GARA ALDARA

QARA ALDARA，SEV ALDARA，ALDARA KARAなどとも呼ばれ，熟期は中期～晩期である．この黒い果粒をもつ品種はアゼルバイジャンからもたらされたもので，Arpachayと呼ばれるポートスタイルのワインの生産に用いられている．

GARA IKENI

辛口ワインと甘口ワインが作られるアゼルバイジャンのブドウ品種

ブドウの色：● ● ● ● ●

主要な別名：Gara Lkeni，Qara Lkeni，Lkeny Tchernyi

起源と親子関係

アゼルバイジャンの在来品種である．

ブドウ栽培の特徴

熟期は中期～晩期である．

栽培地とワインの味

GARA IKENI は辛口，デザート，酒精強化ワイン並びにジュースの生産に用いられている．辛口ワインのアルコール分は通常9.5～10.5% で，生産者としてはアゼルバイジャン北西部のギャンジャ地方（Ganja）にある Ganja Sharab 2社などがあげられる．

GARA SARMA

黒色の果粒をつける晩熟のこの品種は QARA SARMA としても知られている．アゼルバイジャンからもたらされた品種で，辛口ワインとデザートワインの両タイプのワインの生産に用いられている．

GARANDMAK

古い，人気のある多目的のアルメニア品種

ブドウの色：● ● ● ● ●

主要な別名：Alani Chagog，Alivoruk，Dik Chardji，Garan Dmak

起源と親子関係

GARANDMAK はアルメニア中西部に位置するアルマヴィル県（Armavir）の古い品種で，種子から増やすことができるといわれており（Chkhartishvili and Betsiashvili 2004），つまり畑には GARANDMAK とその子品種が栽培されていることになる．Garan Dmak には「太ったしっぽ」という意味がある．

ブドウ栽培の特徴

豊産性．萌芽期は早期で熟期は中期～晩期である．果粒が密着した果房をつける．うどんこ病に感受性であるがべと病には耐性がある．冬は －15℃（5 ℉）までの耐寒性がある．

栽培地とワインの味

アルメニアで最も人気のある品種の一つで，GARANDMAK はブランデーやジュースに加えられているが，ブレンドのテーブルワインやデザートワインの生産にも用いられている．ウクライナでも栽培されている（Galet 2000）．

GARANOIR

フルーティーで酸味の弱いワインになるスイスの交配品種

ブドウの色：● ● ● ● ●

主要な別名：Pully B-28

起源と親子関係

GARANOIR は1970年にスイスのローザンヌ（Lausanne）郊外のピュリー（Pully）にある，現在はシャンジャン・ヴューデンスヴィル農業研究所（Agroscope Changins-Wädenswil）に属する Caudoz ブドウ栽培研究センターで André Jaquinet 氏が GAMAY NOIR×REICHENSTEINER の交配により得た交配品種である（Vouillamoz 2009c）．当初，選抜される前は PULLY B-28 と表示されていたが，後に GASTAR，GRANOIR となり，最終的に育種家によって GARANOIR と命名された．GARANOIR は GAMARET と MARA の姉妹品種にあたる．1990年に GAMARET とともに公開された．

ブドウ栽培の特徴

樹勢は弱く，良好な結実能力である．早熟である．灰色かび病への良好な耐性をもつ．冷涼な土地での栽培が最適である．

栽培地とワインの味

GARANOIR は姉妹品種にあたる GAMARET よりもフルーティーで，濃厚さが少なく，2009年にスイスで記録された栽培面積は203 ha（502 acres）とそれほど広くは栽培されておらず，そのほとんどがヴォー州（Vaud），ジュネーヴ州（Genève）およびヴァレー州（Valais）で見られる．酸味が弱いので通常は GAMAY NOIR，ピノ・ノワール（PINOT NOIR），GAMARET とブレンドされており，その色合い，フルーティーさおよびスパイシーさでブレンドワインに貢献している．ヴォー州の Cidis 社，ヴァレー州の Cave du Paradou 社，ジュネーヴ州の Domaine de la Vigne Blanche 社などが時にヴァラエタルワインを作っている．

ドイツでも限られた量が栽培されておりシュトゥットガルト（Stuttgart）のすぐ西に位置するシュヴァーベン地方（Schwaben）の Weingut Kuhnle 社で人気のあるヴァラエタルワインが作られている．

GARGANEGA

ソアーヴェ（*Soave*）ワインと密接な関係がある繊細な白品種．樹勢と収量をしっかりと管理する必要がある．

ブドウの色：● ● ● ● ●

主要な別名：Grecanico Dorato ☒（シチリア島（Sicilia），Malvasía de Manresa ☒（スペインのカタルーニャ州（Catalunya））

よくGARGANEGAと間違えられやすい品種：DORONA DI VENEZIA ☒（ヴェネト州（Veneto）），RIBOLLA GIALLA ☒，VITOVSKA ☒（イタリアとスロベニア）

起源と親子関係

GARGANEGA はイタリア北西部に位置するヴェネト州の古い品種で，この品種に関してはイタリアの農学者である Pietro de Crescenzi 氏が13世紀に発表した自身の論文の中で「ボローニャ県（Bologna）とパドヴァ（Padova）で栽培されるブドウ」と記載している．

驚くべきことにDNA解析によってGARGANEGA はシチリア島の GRECANICO DORATO と同一であることと，もはや栽培されていないスペイン，カタルーニャ州の MALVASÍA DE MANRESA とも同一であることが明らかになった（Di Vecchi Staraz，This *et al.* 2007; Crespan，Calò *et al.* 2008）．DNA プロファイルの比較によって，GARGANEGA とヴェローナ県（Verona）の CORVINA VERONESE，OSELETA，RONDINELLA，DINDARELLA など，他の古い品種と類似性が見られたこと（Vantini *et al.* 2003）により，GARGANEGA がこの地域に起源をもつことが確認された．GARGANEGA はまた UVA SOGRA との自然交配により生まれた SUSUMANIELLO の親品種であり（Di Vecchi Staraz，This *et al.* 2007），UVA SOGRA も現在は栽培されていないが，プッリャ州（Puglia）の地方の生食用品種である UVA SACRA と同じ DNA プロファイルを有している（Zulini *et al.* 2002）．

加えて，DNA系統解析によって GARGANEGA は，ALBANA，CATARRATTO BIANCO，DORONA DI VENEZIA，MALVASIA BIANCA DI CANDIA，MARZEMINA BIANCA，MONTONICO BIANCO，MOSTOSA，TREBBIANO TOSCANO の少なくとも他の8種類の品種と親子関係にあることが明らかになっている（Di Vecchi Staraz，This *et al.* 2007; Crespan，Calò *et al.* 2008）．すでに完全な系統が確立している DORONA DI VENEZIA と SUSUMANIELLO を除いて，裏面の図の中で GARGANEGA の子品種として示された品種は，理論的には親品種である可能性もある．こうした可能性についてはまだ確認されていないが，これらはイタリア全土における GARGANEGA の重要性を示している．

GARGANEGA は INCROCIO BIANCO FEDIT 51 の育種に用いられた．

他の仮説

この品種は多クローン起源，つまり一つ以上の種から得られた品種であるとする議論がなされてきた（Scienza *et al.* 2008）．しかし pp XX～XXII に本書における品種の定義があるので参照のこと．

多くの他のイタリア品種と同様に，一部では GARGANEGA はギリシャを起源とする品種であると考えられてもおり，それが事実であるならばシチリア島で GRECANICO DORATO と呼ばれることも納得できる．しかし，DNA プロファイルを比較しても，現代のギリシャ品種との間にはいかなる関係も認められなかった（Vouillamoz）．甘口ワインの生産に用いられたブドウはギリシャ品種と関係があるわけではなく，有名な甘いギリシャワインに準拠して GRECO ○○と呼ばれていると考えられる．

ブドウ栽培の特徴

樹勢が強く，非常に豊産性で晩熟である．

栽培地とワインの味

イタリア，ヴェネト地方の GARGANEGA は，クラッシコ（Classico）やレチョート（Recioto）などのスタイルも含めたあらゆるタイプのソアーヴェ（Soave）ワインの主要品種（最低でも70％を用いる）としてよく知られている．また，Gambellara DOC の主要品種でもあり，Bianco di Custoza，Colli Berici，Colli Euganei など他の DOC でも原料として公認されている．最もよく用いられているブレンドパートナーは TREBBIANO DI SOAVE（VERDICCHIO BIANCO）であるが，多くの生産者は少量のシャルドネ（CHARDONNAY）を加えている．Arcole，Colli Berici，Garda などのヴェネトの DOC でヴァラエタルワインが認められている．また，Lombardia，Trentino-Alto Adige などのいくつかの DOC ではブレンドワインとして公認されている．北部の有名な産地よりも，さらに南のウンブリア州（Umbria）のほうが高い成熟度が得られる．

ソアーヴェ（Soave）の最高のワインは，クラッシコゾーンで収量を制限し，ブドウが完熟したときに得られ，レモンとアーモンドのフレーバーでフレッシュな梨のようなきめ細かな粒状のテクスチャーを特徴としている．このデリケートさとフレッシュな酸味が相まって，ワインには硬さと少しスパイシーさが生まれる．この品種の最高の表現者としては，Anselmi 社（Soave DOC 規定から外れることで，より大きな自由

GARGANEGA 系統図

古いイタリア品種である GARGANEGA はブーツの形をしたイタリア半島全土に広がる子品種である.
未知の（あるいは絶滅した）品種（？）は理論的には逆の関係も成り立つことを意味している（p XIV 参照）.

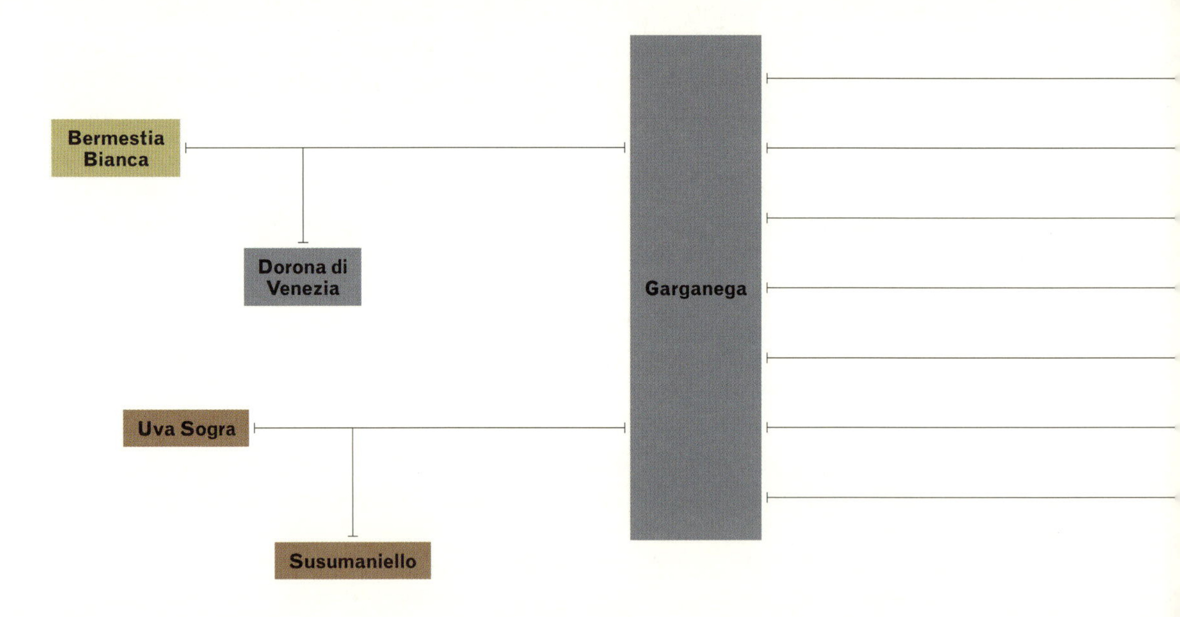

● イタリア中央部 ● エミリア=ロマーニャ州 ● イタリア ● プッリャ州
● シチリア島 ● トスカーナ州 ● ヴェネト州

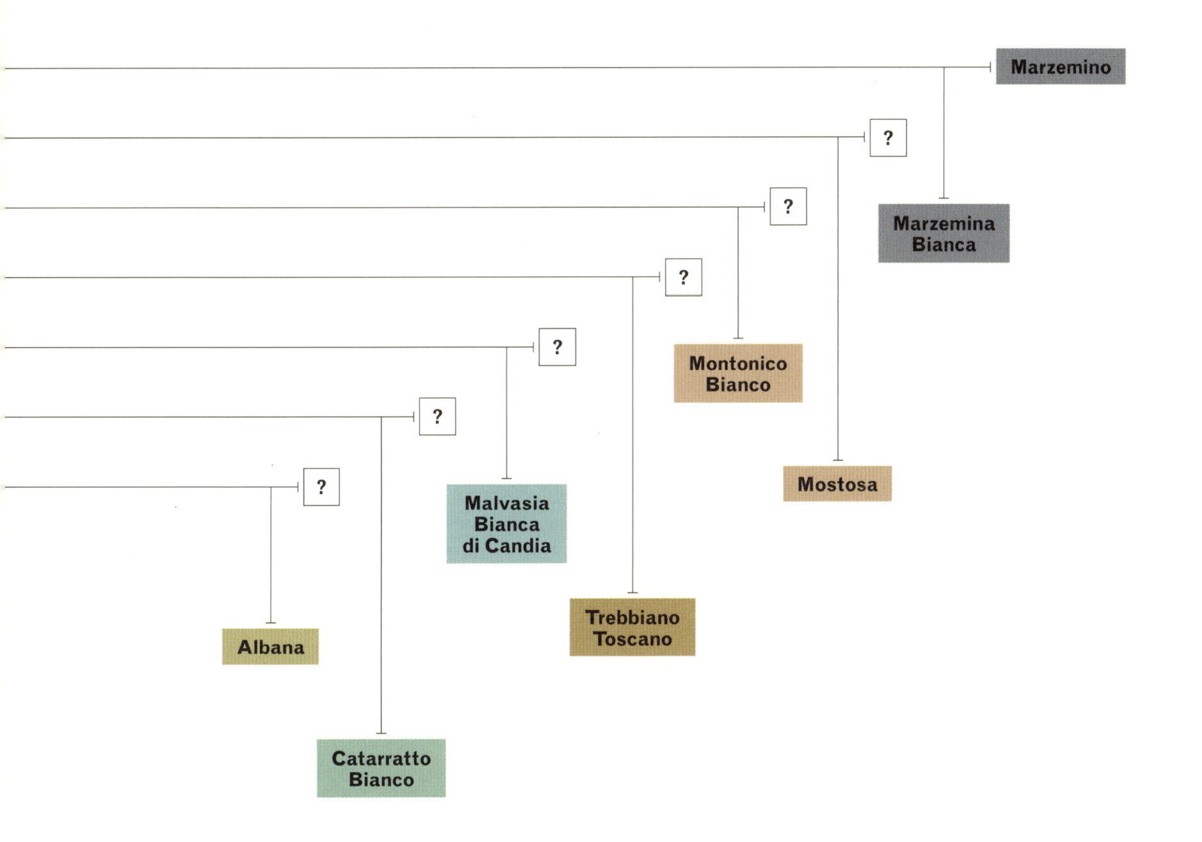
Marzemino
?
?
Marzemina Bianca
?
?
Montonico Bianco
?
?
Mostosa
?
Malvasia Bianca di Candia
Trebbiano Toscano
Albana
Catarratto Bianco

度でのワイン作りを選んだ）のほか，Ca' Rugate，Inama，Cantina di Monteforte，Pieropan などがあげられる．

この品種は GRECANICO DORATO の名で，時には単に GRECANICO の名で，シチリア島の主に北西部や西部のトラーパニ（Trapani），パレルモ（Palermo），アグリジェント（Agrigento）などの周辺で数世紀に渡り栽培されてきた．この品種は Alcamo，Contea di Sclafani，Contessa Entellina，Delia Nivolelli，Menfi，Monreale，Santa Margherita di Belice，Sciacca などの DOC で用いられている．2008年にはシチリア島で5,358 ha（13,240 acres）の栽培が記録されている．COS 社は50 % の GRECANICO と50 % の INZOLIA をブレンドすることでリッチでナッティなフルフレーバーをもつ優れたブレンドワインを作っている．

2000年時点でのイタリアの統計には11,637 ha（28,756 acres）の栽培が記録されている．

オーストラリアのビクトリア州のキング・バレー（King Valley）の Politini Wines 社では2009年に最初の GARGANEGA を収穫し，スティルワインと発泡性ワインの両方を試作したが，イタリア以外でこの品種を最初に栽培したのはバロッサ・バレー（Barossa）のクローフォード山（Mount Crawford）の Domain Day 社である（最初のビンテージは2004年）．

GARNACHA

GARNACHA の様々な変異品種の起源および親子関係を最初に合わせて述べた後，サブセクションでそれぞれの果皮色変異品種について述べる．

訳注：日本語版の他の品種の項では１回目は「グルナッシュ（GRENACHE，GARNACHA）」，２回目からは「グルナッシュ」の表記としたが，この品種の項目では GRENACHE，GARNACHA などの表記を使い分けるため，原著どおりの表記とした．

起源と親子関係

GARNACHA は，以下のサブセクションで示すように果皮色（すなわち GARNACHA BLANCA，GARNACHA ROJA）や葉の裏の柔毛（すなわち GARNACHA PELUDA）に多くの変異が認められる古い品種である．これらの変異品種はすべて同じ DNA プロファイルを示す（Martín *et al.* 2003; Santana *et al.* 2007; Ibañez *et al.* 2009）．

スペイン以外では，GARNACHA は多くの国で様々な別名で知られているが，中でもフランスの（さらに多くの他の国でも）GRENACHE が最も重要である．イタリアではイタリア北部のヴェネト州（Veneto）では TOCAI ROSSO，またサルデーニャ島（Sardegna）では CANNONAU として知られている（Calò *et al.* 1990）．フランスでは最初，この品種が18世紀の終わり頃にたどり着いた地域の名前であるルシヨン（ROUSSILLON）という名前で呼ばれており，後にラングドック（Languedoc）などのフランス南部の他の地方や，さらに東のヴォクリューズ県（Vaucluse）やプロヴァンス（Provence）にも広がっていった（Semichon 1905）．イタリア北部では1950年まで TOCAI ROSSO に関する記載が見られない（Giavedoni and Gily 2005）ことから，比較的最近になって持ち込まれたと考えられている．一方，イタリアのサルデーニャ島ではこの品種は CANNONAU として数世紀にわたって知られていたことから，GARNACHA はスペインというよりもイタリア起源であるという見方が最近なされている．

サルデーニャ品種というよりもスペイン品種

GARNACHA はスペイン起源であり，北東部のアラゴン（Aragón）に起源をもつ品種であろうと長く考えられてきた（Mas and Pulliat 1874–5; Viala and Vermorel 1901–10; Mondini 1903; Galet 2000）．しかし最近，イタリアの研究者がこれに異を唱えており，GARNACHA はイタリアのサルデーニャ島（同島では CANNONAU として知られている）を起源とする品種であると主張している（Lovicu 2006）（下記，他の仮説を参照）．

歴史的視点から見れば，二つの地域は商業的にも文化的にも結びつきが強いことから，どちらの説ももっともらしいものに思える．紀元前800年にはすでにイベリア半島の南部にサルデーニャ島の人々の集落があり（Lovicu 2006中の参考文献），また，サルデーニャ島は1479～1720年までスペインの植民地であった（De Mattia *et al.* 2009）．ちなみにGARNACHAとCANNONAUに関する記録は同時期になされている．

スペインでは1513年にGabriel Alonso de Herrera氏が著書*Agricultura general*の中でマドリードの黒い果粒品種としてARAGONESの名で初めて記載している．事実，この別名は現在もこの地域で用いられており，またAlonso de Herrera氏が記載したARAGONESの特徴はおおよそ現代のGARNACHAとも一致している．GARNACHAに関する信憑性のある最初の記載は，Estevan de Corbera氏の著書*Cataluña illustrada*（1678）の中にある「Tarragona，Iustolines，Xerelos，Verdieles，Garnachasおよび他の白あるいは赤ワインの平原のために」という記載である．

品種名の語源についてはスペイン－イタリア間の論争の的となっている．GARNACHAという品種名はイタリアのVERNACCIAに由来すると広く考えられているが（下記他の仮説を参照），その深い色合いが式服の色に似ていることから，スペインの王のガウンの名前（カタルーニャ語で*garnaxa*）に由来するという説もある（Torre y Ocón 1728）．サルデーニャ島では，1549年10月21日にカリャリ（Cagliari）で書記のBernardino Coni氏がCANNONAUをCANONATという名前で記録したものがこの品種に関する最初の記載にあたる．その後，1612年に王のもとを訪問していたMartin Carrillo氏が，また1677年にはGiorgio Aleoという名のフランシスコ修道士がいずれもこのブドウをCAÑONATESと呼んだとあるがCANNONAUの語源は明らかにされていない．

歴史的データに基づいてGARNACHAの起源を解明するのは不可能である．しかし遺伝的な視点からは，主に次の二つの点からこの品種のスペイン起源が有力であると考えられる．

- 3種類の果皮色変異（黒，灰，白）や形態変異（GARNACHA PELUDA）はスペインでは見られるがサルデーニャ島では見られない．
- 最近の形態学的ならびに遺伝学的研究によって明らかになったスペインの標準品種には認められるクローンの多様性が，サルデーニャ島のCANNONAUには認められない（Cabezas *et al.* 2003; De Mattia *et al.* 2009）．

ロシアの農学者のVavilov（1926）は一般に作物が大きな多様性を示す土地がその作物の発祥の地であると述べている．これがスペインをGARNACHAの故郷と考える根拠となっている．

GARNACHAとその類縁品種

DNA解析により，CANNONAU BIANCOは白色変異のGARNACHA BLANCAと同一ではなく，GARNACHAの子品種である可能性が示された（De Mattia *et al.* 2009）．同様にイタリアのGRANACCIAはGARNACHA BLANCAと混同されるべきでなく，VERNACCIA DI ORISTANOの別名である．近年のDNA研究により，MENCÍAはGARNACHAと他の品種との間の異なる交配品種から得られたものである（Martínez，Santiago *et al.* 2006）とされていたが，これはDe Matria *et al.*（2009）によって否定されており，彼らはMENCÍAをGARNACHAとは関係がない品種であると結論づけている．

スペインのブドウ品種間の遺伝的関係に重要な研究（Ibañez *et al.* 2003）により，GARNACHAはALARIJE，VERDEJO，AIRÉNなどのような他のいくつかのスペイン品種と同じグループに分類された．もしLovicu氏が述べているように（Lovicu 2006），GARNACHAが18世紀にサルデーニャ島からスペインに持ち込まれ，うどんこ病に耐性があることで広く普及したのであれば，多くの古いスペイン品種とは関係がないことになるので，これはGARNACHAのスペイン起源説を支持するものである．とはいえ，GARNACHAとの親子関係はまだ見いだされていない．

GARNACHAはARANEL，CALADOC，CARNELIAN，CENTURIAN，CHENANSON，EMERALD RIESLING，GANSON，GRAMON，MARSELAN，MONERAC，PORTAN，SYMPHONYなどの品種の育種に用いられた．

他の仮説

Lovicu（2006）はGARNACHA/CANNONAUのサルデーニャ島起源が証明されたと明確に述べている．この主張を支持するものとして，彼は以下のいくつかの論点を提唱している．

- 言語学者およびロマンス語学の多くの専門家が（Lovicu 2006で引用）GARNACHA（GRENACHE,

GARNAXA なども同様に）のスペイン名はイタリアブドウの VERNACCIA から派生したものだと述べている．ちなみにこのワインは中世からヨーロッパ中で評判を得ていたという．これをふまえると GARNACHA がなぜ現在もアラゴン州（Aragón）のテルエル県（Teruel）で BERNACHA と呼ばれているかの説明が可能になる

- Lovicu 氏が主張するように GARNACHA に関する最初の記載は，1348年にカタルーニャ州（Catalunya）のイェイダ（Lleida）で記載された *Regiment de Preservaciò de pestilencia* の中に見られ，その中で greco か vernaça の白のホットワインが良薬として推奨されている．
- GARNACHA という名前が最初に記載されたのは，1613年に Miguel de Cervantes が著した短編の *El licenciado vidriera* の中で，ジェノヴァ（Genova）の居酒屋で主人公が楽しむイタリアの白ワインのリストの中においてである．

Lovicu 氏は，GARNACHA という名前は白ブドウ VERNACCIA に由来するもので19世紀までは白果粒品種を表すものであったと結論付けている．しかし，1348年に引用されている *vernaça* は，セルバンテス（Cervantes）の *guarnacha* と同様，GARNACHA ワインというよりも，当時すでによく知られていた Vernaccia ワインを指していたと考えられる．実は Lovicu 氏自身が，14世紀の終わりにカタルーニャ人のフランシスコ修道士である Eiximenis 氏が自身の著作 *Lo Crestià* の中で，白ワインのうちの一つとして VERNACCIA を取り上げていると報告している．また DNA 解析によって GARNACHA と VERNACCIA の間には遺伝的関係がなく，スペインかサルデーニャ島で野生ブドウが栽培されることでこの品種が生まれた可能性もないことが明らかにされている（De Mattia *et al.* 2009）．

CANNONAU という名前は，スペインのカディス県（Cádiz）のヘレス（Jerez）やトレブヘナ（Trebujena）で栽培されていた CANONAZO と呼ばれていた品種が由来であるという説もある．しかし，Lovicu（2006）は，Clemente y Rubio（1807）がアンダルシア（Andalucía）の白果粒品種であると記載した CAÑOCAZO を Di Rovasenda（1877）が表記間違いしたものがもとになっている語源だと述べている．

GARNACHA TINTA

かなり広範囲にわたって栽培されている長寿のブドウからは力強く，ほのかに甘い赤ワインと上出来のロゼワインが作られている．

ブドウの色：● ● ● ● ●

主要な別名：Abundante（ポルトガル），Alicante または Licante（スペイン），Aragones（スペインのマドリード地方），Bernacha Negra，Bois Jaune（フランス），Cannonao または Cannonau⧖（イタリアのサルデーニャ島（Sardegna）），Crannaxia または Granaxia または Vrannaxia（イタリア），Garnacha⧖（スペインのリベラ・デル・ドゥエロ（Ribera del Duero）およびカタルーニャ州（Catalunya）），Garnaxa（カタルーニャ州），Gironet（スペイン），Granache（フランス南西部のエロー県（Hérault），ガール県（Gard），オード県（Aude）およびピレネー＝オリアンタル県（Pyrénées-Orientales），Granaxa（スペインのアラゴン州（Aragón）），Grenache⧖（フランス），Grenache Crni（クロアチア），Grenache Noir⧖（フランス），Lladoner（カタルーニャ州），Redondal（フランスのオート＝ガロンヌ県（Haute-Garonne）），Ranaccio（イタリアのシチリア島），Roussillon（フランスのヴァール県（Var）およびブーシュ＝デュ＝ローヌ県（Bouches-du-Rhône）），Sans Pareil（フランスのバス＝ザルプ県（Basses-Alpes）），Tai Rosso（イタリアのヴェネト州（Veneto）），Tinto Basto⧖（スペインのカスティーリャ＝ラ・マンチャ州（Castilla-La Mancha）），Tocai Rosso⧖（イタリア北部のヴェネト州のヴィチェンツァ県（Vicenza）），Vernaccia Nera（イタリアのマルケ州（Marche）のマチェラータ県（Macerata）およびウンブリア州）

よく GARNACHA TINTA と間違えられやすい品種：ALICANTE HENRI BOUSCHET⧖（スペインではまた GarnachaTintorera），MORRASTEL BOUSCHET⧖（スペインのバリャドリッド県（Valladolid）では Garnacho⧖と呼ばれる），PLANT DROIT⧖（スペインのサラゴサ県（Zaragoza）では Garnacha Francesa と呼ばれる），テンプラニーリョ（TEMPRANILLO⧖），VIDADILLO DE ALMONACID⧖（スペインの ウエスカ（Huesca）

では Garnacha Basta と呼ばれる）

ブドウ栽培の特徴

萌芽期は比較的早いが晩熟であるため，かなり温暖な気候下で栽培する必要がある．樹勢が強い（砂地では少し弱まる）べと病，ブドウつる割れ病，灰色かび病，細菌によるブドウの樹の壊死，ブドウ蛾などに感受性であり結実不良（ミルランダージュ）を伴う．果粒の糖度は非常に高くなるが，収量が高すぎると色が薄くなってしまう．最適の条件の下では中程度の酸度になる．弱酸性で砂利や石の多い土壌や石灰石土壌が栽培に適している．短い剪定が最適で株仕立てを用いる．乾燥耐性であるがマグネシウム欠乏症が見られる．エスカ病（Esca）やユーティパダイバック（eutypa dieback）などの樹の病気には良好な耐性を示すことが本品種の長寿の理由の一つである．

栽培地とワインの味

世界で最も多く栽培されているブドウ品種の一つである．気温の高いところや乾燥した場所でもよく生育するため，地球温暖化が進み，乾燥地が増えてもその地位は保ち続けるであろう．この品種が広く栽培されていることを考えると，GARNACHA や GRENACHE の名をラベルにあまり見かけないことは注目すべきことだが，シラー（SYRAH，SHIRAZ）やムールヴェドル（MOURVÈDRE（MONASTRELL））とのブレンドにはよく使われて，このブレンドは「GSM」と呼ばれるようになった．

フランスでは GRENACHE NOIR と呼ばれ，メルロー（MERLOT）に次いで2番目に多く栽培されているブドウであり，2009年の統計には94,240 ha（232,872 acres）の栽培が記録されている．暑さと日照を好むため，特にローヌ（Rhône）南部のほとんどのワインが作られるヴォクリューズ県（Vaucluse）（27,466 ha/67,870 acres）などの同国南部の地方に限定的に栽培されている．ヴォクリューズ県のすぐ南に位置するブーシュ＝デュ＝ローヌ県では3,675 ha（9,081 acres）の栽培が記録されている．また，ドローム県（Drôme）では8,928 ha（22,062 acres）が，アルデシュ県（Ardèche）では2,325 ha（5,745 acres）が，さらにプロヴァンスワインの中心地であるヴァール県では8,359 ha（20,656 acres）の栽培が記録されている．

フランス南部の GRENACHE の特徴を最も明確に示すワインの一つはシャトーヌフ・デュ・パプ（Châteauneuf-du-Pape）である．このワインは，多くの場合 GRENACHE NOIR を主原料として用い，赤の Châteauneuf で公認されている他の多くの品種のいくつかを用いて作られることもあるが，GRENACHE NOIR のみから作られることもある．これらの乾燥したブドウ畑では，ブドウの果粒は小さく，果皮は厚くなるため，ワインは深い色合いになり，若いうちはタンニンが強い．ブドウそのものがもつ特徴と同じくらいテロワールによって，ハーブの印象のあるものからスパイスの印象をもつものまで大きな幅をもつワインが作られるが，ブドウ本来の特性が発揮されると，ワインはアルコール分が高く完熟した甘さをもつものになる．こうした特徴はジゴンダス（Gigondas），ヴァッケラス（Vacqueyras），コート・デュ・ローヌ（ヴィラージュ（コート・デュ・ローヌ（Côtes du Rhône）（Village））などのローヌ南部の衛星地域全域でも，いくぶん希釈された形になることがあるが，見ることができる．素晴らしいワインを作る生産者が文字通り何百とあり，そのうちの何軒かでは，極めて偉大なワインが作られている．この地域の北部に位置するドローム県とアルデシュ県では，ワインは少し軽く，甘さが少ないものとなる．プロヴァンスの中心部を南東に向かうと GRENACHE はハーブ感のある辛口のロゼワインになり，そのうちのいくつかは世界で最も特徴のあるワインとなるが，そうでないものはあまり特徴のないワインとなる．西のガール県では2009年に16,978 ha（41,976 acres）の栽培が記録されている．またタヴェル村（Tavel）や隣のリラック村（Lirac）ではこの品種を用いて世界で最も充実したロゼワインが作られている．一方，ガール県で作られるワインは過度にジューシーで光沢があるが，これはおそらくガール県の降水量が他よりも少し多いからであろう．

ラングドック－ルシヨン（Languedoc-Roussillon）においては現在，GRENACHE の栽培面積は CARIGNAN/MAZUELO よりは多いが，流行のシラーよりは少なくなっている．2009年にはエロー県で10,372 ha（25,639 acres），オード県で8,494 ha（20,989 acres），ピレネー＝オリアンタル県で6,769 ha（16,727 acres）の栽培が記録されており，3県では GARNACHA の全3種類の果皮色変異品種を用いて長い間，強い vin doux naturels ワインが Maury，Banyuls，Rivesaltes などのアペラシオンで作られてきた．また，demi-Johns という大きなガラス瓶で熟成したり，太陽光の下に置いた古い樽で熟成させることでランシオ（rancio，酸化）スタイルのワインがよく作られてきた．より地中海側の暖かいラングドック－ルーシヨンで GRENACHE NOIR はシラー，カリニャン，CINSAULT，ムールヴェドル（MONASTRELL）などとともに Faugères, Saint-Chinian, Minervois, Corbières, Fitou Côtes, Catalanes などでテーブルワインとして用いられている．GRENACHE NOIR のヴァラエタルワインはこの地域では比較的珍しいが，収量が高すぎたり，栽培地に見込みがない場合，GRENACHE のワインは少しジャムのような味わい（ジャミー）が強く感じられる．

イタリアではサルデーニャ島が GARNACHA（と CARIGNANO/MAZUELO）の栽培をリードしている．同島では CANNONAU として知られており，島の最重要品種として，主に東部のヌーオロ県（Nuoro）で栽培されている．栽培はとりわけ Barbagia，オリアストラ県（Ogliastra），Sarrabus，Romangia などの丘陵地帯や Nurra，カンピダーノ地域（Campidano）においても成功を収めている．2000年時点のイタリアの統計には6,288 ha（15,538 acres）が栽培されたとある．ほとんどのワインがヴァラエタルの Cannonau di Sardegna として販売されている．同島で作られるワイン総生産の20％を占める量が島全域の DOC で作られており，辛口，甘口両方の酒精強化ワインとそうでないワインが生産されている．アルコール分は高く，時には15％を超えることもある．優れた生産者は Argiolas 社で，同社の Turriga ブレンドワインはイタリアにおけるこのブドウの魅力を最もよく表現しており我々の胸を躍らせるものである．Dettori 社や Alberto Loi 社もまた優れたワインを作っている．

ヴェネト州の Colli Berici DOC では TOCAI ROSSO という別名で公認されており，2000年時点でのイタリアの統計には384 ha（949 acres）の栽培が記録されている．

スペインでは2008年に75,399 ha（186,315 acres）の栽培が記録されているが，これはスペインのブドウの総栽培面積の7％以下であった．栽培が見られるのは主に北東部のアラゴン州（Aragón）（21,202 ha/52,391 acres，この地域のブドウ栽培面積の45％に当たる）や中部のカスティーリャ＝ラ・マンチャ州（Castilla-La Mancha）（23,518 ha/58,114 acres，ブドウ栽培面積のわずか4.5％）だが，カスティーリャ・イ・レオン州（Castilla y León），カタルーニャ州（Catalunya），ラ・リオハ州（La Rioja），マドリード，エストレマドゥーラ州（Extremadura），ナバラ州（Navarra），バレンシア州（Valencia）などでも栽培されており，同国北西部と最南端部を除いたほぼ全域で栽培されているのが実情である．スペインにおいては現在，濃い果皮色のブドウの中ではテンプラニーリョ（TEMPRANILLO，206,988 ha/511,478 acres）と BOBAL（85,124 ha/210.346 acres）についで3番目に多く栽培されている．

この品種の総栽培面積は減少しており（2001年の栽培面積は89,045 ha/220,035 acres であった），特にナバラ州ではロゼワインの生産が激減している．どこにでもある GARNACHA は長年にわたってスペイン人からテンプラニーリョよりも劣る品種であるとみなされてきたが，現在は再評価されるようになってきた．1990年代からスペインのワインで最高価格がつけられるようになったプリオラート DOQ（Priorat）の最重要品種であることもその理由の一つであろう．10年前に比べ現在ではこの品種がスペインワインのラベルに表示されることが多くなり，Empordà，Campo de Borja，Cariñena，Costers del Segre，マドリード，ラ・マンチャ地方（La Mancha），Méntrida，Penedès，Somontano，Tarragona，Terra Alta，Utiel-Requena，Valdeorras などで栽培された古い株仕立ての GARNACHA から作られたワインの凝縮した，甘いフルーティーさが海外市場で高く評価されている．

よりしっかりとした骨格をもつテンプラニーリョが主力のリオハ（Rioja）でも，現在では，GARNACHA が温暖な低地の Rioja Baja サブリージョンの特色を示す品種であり，またテンプラニーリョの骨格に肉付きを与えることができる品種であると認識されている．

GARNACHA TINTA のより古い畑では，他の時代と比較してこの品種の平均樹齢が高いのだが，しばしば GARNACHA PELUDA や DOWNY GARNACHA と混植されている．

高品質な GARNACHA あるいは GARNACHA ベースのブレンドの生産者はプリオラート DOQ（Priorat）の Celler Mas Doix 社，Celler Val Llach 社，Clos I Terrasses 社，Mas Alta，Mas Martinet 社，Alvaro Palacios 社，Terroir al Limit 社，カタルーニャ州の Torres 社が，ナバラ州の Chivite 社と Guelbenzu 社が，Montsant の Can Blau 社と Porto del Montsant 社などが GARNACHA あるいは GARNACHA をベースとした優れたブレンドワインを作っており，また，リオハでは Baigorri 社，Breton 社，Dinastia Vivanco 社がヴァラエタルワインを生産している．また，カンポ・デ・ボルハ（Campo de Borja）にはオーストラリア人が経営する Alto Moncaya 社と BodegasAragonesas 社がある．

GRENACHE NOIR の栽培はクロアチア（2009年の Grenache Crni の栽培面積は292 ha/722 acres），トルコ（2010年の栽培面積は34 ha/84 acres），キプロス（2010年の栽培面積は95 ha/235 acres），マルタ（2010年の栽培面積は24 ha/59 acres）でも見られるが，同様にモロッコ，アルジェリア，イスラエルでも栽培されている．

1850年代にサンタクララの生産者であるCharles Lefranc社がGRENACHE NOIRをカリフォルニア州に導入し，19世紀の終わりにかけてブドウの植え付けがブームになった19世紀の終わり頃にかけて，その使い道の多さから人気の品種となった．禁酒法が解除になった後にはセントラル・バレー（Central Valley）近辺で栽培が増加し，デザートワインとロゼワインの生産に用いられた．またWhite Zinfandelに代わって，GRENACHEベースのピンクのワインが市場に出回るようになってきている．しかし，現在はKeplinger社が作る様々なワインを目の辺りにした消費者が以前に増して貴重な古いブドウに関心を寄せるようになってきている．

2010年にカリフォルニア州で記録されたこの品種の総栽培面積は6,170 acres（2,497 ha）であり，ほとんどはシエラ・フットヒルズ（Sierra Foothills），特にエルドラド郡（El Dorado）とマデラ郡（Madera）で栽培されている．シエラ・フットヒルズにあるFavia社が作るRompecabezasは，GSMブレンドのよい例であり，Dry Creek ValleyのRidge社やサンタバーバラ（Santa Barbara）のSine Qua Non社，またパソロブレス（Paso Robles）のTablas Creek社が優れたヴァラエタルワインやGRENACHEをベースにしたワインを作っている．

GRENACHEはアメリカで最初に栽培された品種の一つであるが，ローヌ（Rhône）ワインへの称賛が広がるなか，最近ではワシントン州でも花開き，2011年には総栽培面積が261 acres（106 ha）にまで広がっている．McCrae Cellars社（このワイナリーはGRENACHE BLANCのヴァラエタルワインも作っている），Cayuse社，K Vintners社などが同州をリードする生産者である．

限られた面積ではあるが，オレゴン州南部，アリゾナ州，テキサス州でも栽培されている．また，メキシコでも乾燥に強いGRENACHEがバハ・カリフォルニア州（Baja California）でいくらか栽培されている．南アメリカではそれほど重要とされていないが，アルゼンチン（2008年に22 ha/54 acres，主にロゼ用），チリ（2008年に1 ha/2.5 acres），ペルーでも栽培されている．

現代のオーストラリアにおいてこの品種は少なくとも2度の浮き沈みを経験していることが知られている．1960年代まではこの品種は同国で最も重要な品種だとされていたがやがてフランスの影響によってまずシラーズに，続いてカベルネ・ソーヴィニヨン（CABERNET SAUVIGNON）に取って代わられてしまった．世界的なローヌの再評価をうけてGRENACHEのヴァラエタルワインやGSMブレンドが特に流行をみせたが，残念なことに内陸部の畑の大部分から古いGRENACHEがすでに引き抜かれてしまっていたので，主に同国南部の温暖な地方に新たに植え付けられた．2008年には2,011 ha（4,969 acres）の栽培が記録された．主な栽培地はバロッサ・バレー（Barossa Valley），マクラーレン・ベール（McLaren Vale），リヴァーランド（Riverland）およびラングホーン・クリーク（Langhorne Creek）などだが，クレア・バレー（Clare Valley），スワン・ディストリクト（Swan District），アデレイド・ヒルズ（Adelaide Hills），プレインズ（Plains），エデン・バレー（Eden Valley），ヒースコート（Heathcote）でも少し栽培されている．

推奨されるヴァラエタルワインの生産者としては，Schwarz Wine Company社，Torbreck社，Turkey Flat社，Yalumba社などのバロッサ・バレー（Barossa Valley）の生産者，マクラーレン・ベール（McLaren Vale）のd'Arenberg社，クレア・バレー（Clare Valley）のKilikanoon社，Adelaide PlainsのLonghop社，HeathcoteのJasper Hill社などがあげられる．しかし，ローヌ南部と同じようにGRENACHEの繊細な表現は，Glaetzer社，Henschke社，Charlie Melton社，Steve Pannell社，Rockford社，Teusner社，Spinifex社などの古典的なシラーズ/SHIRAZ（シラー/SYRAH）とのブレンドワインやシラーズとムールヴェドル（MONASTRELL）とのブレンドワインの中に見ることができる．

GRENACHEは，フランス南部と同じように，オーストラリアでもGrant Burge社，Penfolds社，Seppeltsfield社などが作る「Tawny」のような由緒ある，素晴らしい酒精強化ワインの原料としても重要である．

GRENACHEは南アフリカ共和国では特に重要な品種とは考えられておらず，2009年に記録された栽培面積は114 ha（356 acres）で，国内のあちこちのワイン地域で栽培されている．Citrusdal社，Neil Ellis社，Sequillo社，Tierhoek社や他のいくつかの生産者がヴァラエタルワインが作っているがほとんどの場合，GRENACHE NOIRはオーストラリア風のシラーとのブレンドや，CARIGNAN（MAZUELO），ムールヴェドル（MONASTRELL），また時にはカベルネ・ソーヴィニヨンとのブレンドに使われている．

GARNACHA BLANCA

フルボディーの白ワインおよび色の薄い赤ワインが作られる

ブドウの色：● ● ● ● ●

主要な別名：Alicant Belyi, Alicante Blanca, Belan（クロアチアおよび北マケドニア共和国）, Belon, Bernacha Blanca, Fehér Grenache（ハンガリー）, Garnacha, Garnacho Blanco, Garnatxa, Garnatxa Blanca, Gkrenas Mplan, Grenache Blanc, Grenash Beli, Grenash Belyi, Grenash Bjal, Lladanor Blanca, Rool Grenache, Silla Blanc, Sillina Lanc

ブドウ栽培の特徴

GARNACHA TINTA に似ているが萌芽期および熟期は中期で，花ぶるいには感受性が低い．

栽培地とワインの味

大きな，時にでっぷりしたワインはエキス分がリッチであるが早期酸化を示す傾向がある．アロマは非常に熟した緑のフルーツ（淡緑色の西洋スモモ greengages?）のようで，時にフローラルなノートが感じられる．アルコール分は高くなる傾向にあるので，キレのよい品種とのブレンドが効果的である．

GRENACHE NOIR と同様に，ローヌ南部を含む南フランスの多くの地域で推奨されている．2009年に4,976 ha（12,296 acres）の栽培が記録されており，栽培地域は地中海周辺からローヌ南部までに広がっている．最も栽培面積が広い地域はルシヨン（Roussillon）で，この地方では長い間ヴァン・ドゥー・ナチュレル：(vins doux naturels，天然甘口ワイン）の生産に用いるために栽培されていた．しかし，この品種の重要性は次第に低下していることもあり，現在の栽培面積はフランスで栽培される白ワイン品種としては ヴィオニエ（VIOGNIER）の一つ上位にあたる9番目である．ヴァラエタルワインよりもブレンドされることの方が多いのだが，現在はローヌに陶酔する時代であるということもあり，ヴァラエタルワインの品質が次第に認識されるようになってきている．収量を調節し，オーク樽を用いて注意深く醸造すれば，ワインはリッチでかなり上質のものとなる．ルシヨンでは Clos des Fées 社が GRENACHE BLANC の古いブドウの樹から印象深い香りと濃厚なテクスチャーをもつワイン（10% の GRENACHE GRIS を含む）を生産している．他方，Gauby 社の格調高い Coume Gineste には Blanc と Gris が50/50の割合でブレンドされている．Diffonty 社が作る白の Châteauneuf ワインには GRENACHE BLANC と ROUSSANNE が高い割合でブレンドされている．また Château Rayas 社が50% の GRENACHE BLANC と50% の CLAIRETTE をブレンドして濃厚で香味の良さを表現した白の Châteauneuf ワインを生産している．

GRENACHE BLANC はローヌ南部の Rasteau やルシヨン（Roussillon）の Maury，Rivesaltes また，Banyuls の，様々なヴァン・ドゥー・ナチュレルの重要な原料であり，特に Maury の白ワインでは GRENACHE GRIS，MACABEU（MACABEO），TOURBAT（TORBATO）とブレンドされ作られている．

2008年のスペインの統計には GARNACHA BLANCA が2,100 ha（5,189 acres）で栽培されたと記録されており，そのほとんどがカタルーニャ州（Catalunya）やアラゴン州（Aragón）などの北東部で栽培されており，特にタラゴナ県（Tarragona），サラゴサ県（Zaragoza），テルエル県（Teruel）などではアルコール分の高いフルボディーの白ワインが作られている．Alella，Costers del Segre，Priorat，Rioja，Tarragona，Terra Alta などの DO では重要な品種だとされているが，リオハの公認白品種の中では栽培面積が最も少ない品種である．

プリオラート（Priorat）の Viñedos de Ithaca 社は GARNACHA BLANCA の甘口ワインを作っており，他方 Gran Clos 社の Vinya Llisarda ワインは GARNACHA BLANCA ベースのブレンドワインである．

クロアチアや北マケドニア共和国では BELAN という別名で栽培されているが，この品種は冬の低温に敏感であることから，温暖な畑にのみ植えられている．カリフォルニア州においてもサンタ・イネス・バレー

(Santa Ynez Valley）などのホットスポットで限定的に栽培されている（2010年に266 acres/108 ha）．また，シエラ・フットヒルズ（Sierra Foothills）でも少し見られる．生き生きしたカリフォルニア州のGRENACHE BLANCのヴァラエタルワインの数は，人々のシャルドネ（CHARDONNAY）に疲れに伴って増加している．

南アフリカ共和国では2008年に46 ha（114 acres）の栽培が記録されている．Foundry社とSignal Hill社が真剣にこのワインを作っている．

GARNACHA ROJA (GRIS)

香り高くフルボディーである.

ブドウの色：

主要な別名：Garnacha Gris，Garnacha Rioja，Garnacho Rojo，Garnatxa Gris（カタルーニャ州），Garnatxa Roja，Grenache Gris，Grenache Rouge，Grey Grenache，Lledoner Roig（エンポルダ（Empordà）），Piros Grenache，Rosco dos Pinheiro，Szuerke Grenache

ブドウ栽培の特徴

GARNACHA TINTAと似ておりGARNACHA BLANCAよりはやや豊産性である．

栽培地とワインの味

GRENACHE GRISの品種名は，GRENACHE BLANCとピノ・グリ（PINOT GRIS）組み合わせて作ったような名前だが，GRENACHE BLANCと全く同じフランス南部の県で公認されている．2009年には1,699 ha（4,198 acres）の栽培が記録されており，そのほとんどルシヨン（Roussillon）で，また若干，ラングドック（Languedoc）とローヌ南部で栽培されている．通常は白のブレンドワイン，特にGRENACHE BLANCやMACABEU（MACABEO）とのブレンドに用いられるが，シャトーヌフ・デュ・パプ（Châteauneuf-du-Pape）に用いられる様々な品種ともブレンドされている．ルーシヨンではMatassa社が70％のGRENACHE GRISと30％のMACABEUをブレンドし，独特の風味のある複雑な白ワインを作っている．他方，Le Roc des Anges社が作るIglesia Vellaは香り高く洗練されたGRENACHE GRISのヴァラエタルワインである．Domaine Jones社が時に少量のMUSCATをGRENACHE GRISに加えて，リッチで印象的なオフ・ドライのワインを作っている．

2008年のスペインの統計によれば灰色あるいはピンク色の果皮のGARNACHAが，主にナバラ州（Navarra）やカスティーリャ＝ラ・マンチャ州（Castilla-La Mancha）で71 ha（175 acres）栽培されたとある．カタルーニャ州（Catalunya）のEspelt社はGARNATXA GRISをGARNATXA BLANCAやGARNATXA NEGRAとブレンドしている．また，MontsantではAcústic社がGARNACHA BLANCAとGARNACHA GRISの白のブレンドワインを，EmpordàのCastell de Biart社がランシオ（Rancio）スタイルのGARNATXA ROJAとGRISのブレンドワインを作っている．GARNACHA ROJAから作られる稀少なヴァラエタルワインとしては，EmpordàのPau I Roses組合の甘口酒精強化ワイン，Magí Baiget社のデザートワイン（Montsant D. O.）およびエンポルダ（Empordà）にあるVinyes dels Aspres社の半干しされたブドウを用いてランシオスタイルで作られるデザートワインなどがあげられる．

カリフォルニア州でも限定的だが，主にCentral CoastとMcDowell Valleyで栽培されている．また，南アフリカ共和国でも栽培されている（2008年の栽培面積は3 ha/7 acres）．

GARNACHA PELUDA

葉がうぶ毛でおおわれた *GARNACHA TINTA* の変種

ブドウの色：● ● ● ● ●

主要な別名：Garnatxa Pelud, Garnatxa Peluda, Grenache d'Afrique, Grenache NoirTomenteux, Grenache Poilu, Grenache Velu, Lladoner Pelut, Lledoner Pelut

ブドウ栽培の特徴

GRENACHE NOIR と似ているが，GARNACHA PELUDA の葉の裏側には毛が生えている．厚い果皮をもつ小さな果粒は酸度が高く，GRENACHE NOIR と比較して萌芽期はわずかに遅く樹勢は強い．花ぶるいやべと病に対する感受性は低く（したがってより安定した収量になる），ダニにはより敏感である．また，GARNACHA TINTA よりも結実不良（ミルランダージュ）となる傾向は少ない．

栽培地とワインの味

GARNACHA TINTA よりも糖度が低く，フェノールが成熟するので，ワインのアルコール分はふつう低い（13.5％以下）．フィロキセラ被害以降，ヴァン・ドゥ・ナチュレル（vins doux naturels，天然甘口ワイン）全盛の時代には広く植え替えられることはなかった．葉の産毛（*pelut*，フランス名の語源）は，ローズマリーの綿毛や他の地中海地方の植物と同様に熱によりブドウからの蒸散を防ぎ，水分を保つことで乾燥ストレスから身を守るために進化したものと考えられる．他にも，強い風にも折れないという特徴をもち，風が強い土地でも生き残ることができる．ワインは酸味が強く，熟成させると GRENACHE NOIR のワインよりもスパイシーで香り高い性質が早く表れる．

フランスでは2008年に，別名の LLEDONER PELUT として433 ha（1,070 acres）が記録された．フランスの公式品種登録リストでは GRENACHE NOIR とは別に扱われているが，GRENACHE NOIR と併記が推奨されるようになってきた．この品種はフランス南部の Corbières，Languedoc，Côtes du Roussillon，Côtes du Roussillon-Villages，Faugères，Minervois，Saint-Chinian などのアペラシオンで公認されている．ラングドック（Languedoc）では Domaine La Colombette 社がヴァラエタルワインを作っている．Les Clos Perdus 社，Domaine du Comte del Roc 社などはブレンドに相当量を用いている．

2008年時点のスペインの統計には カスティーリャ＝ラ・マンチャ州（Castilla-La Mancha），アラゴン州（Aragón），カタルーニャ州（Catalunya）などで903 ha（2,231 acres）が記録されている．またわずかだがカスティーリャ・イ・レオン州（Castilla y León）でも栽培されている．この品種は，樽熟成ワインの生産のためにカベルネ・ソーヴィニヨン（CABERNET SAUVIGNON）やテンプラニーリョ（TEMPRANILLO）ともよくブレンドされている．軽くて，若いワインは酸化されやすいので，若いうちに飲むほうがよい．ヴァラエタルワインは稀少であるが，プリオラート（Priorat）の Viñedos de Ithaca 社は例外的にヴァラエタルワインを生産している．Montsant の Capafons-Ossó 社はこの品種を Mas de Massos ブレンドワインに加えている．

GARNACHA TINTORERA

ALICANTE HENRI BOUSCHET を参照

GARRIDO FINO

スペイン南部，ウエルバ県（Huelva）の酸味のある非常にマイナーな品種である．

ブドウの色：● ● ● ● ●

主要な別名：Charrido Fino，Garrido，Garrido Fino de Villanueva，Garrio Fino，Palomino Garrio
よくGARRIDO FINOと間違えられやすい品種：Garrido Macho ☓

起源と親子関係

GARRIDO FINO はウエルバ県の古いアンダルシア州（Andalusia）の品種である．ほぼ絶滅状態にある GARRIDO MACHO とは異なる DNA プロファイルを示すので混同しないように（Martín *et al.* 2003）．

ブドウ栽培の特徴

大きな果粒からなる大きな果房をつける．結実能力が高く，萌芽期は中期で，熟期は中期～晩期である．べと病，うどんこ病および灰色かび病に感受性である．

栽培地とワインの味

GARRIDO FINO はスペイン最南部のアンダルシア南西部の Condado de Huelva DO で見られ，現地ではフレッシュな酸味と滑らかなテクスチャー，適度のアルコール分をもつことに価値があるが，ブレンドワインの副原料として，特に甘口のワイン生産に ZALEMA とともに用いられている．現在は，ごくわずかしか栽培されていないため，スペインの公式統計には記録されていないが Bodegas Góngora 社（1682年創業）が辛口とオフ・ドライのヴァラエタルワインを生産している．

GASCON

フランス，トゥーレーヌ地方（Touraine）の稀少なブドウである．

ブドウの色：● ● ● ● ●

主要な別名：Franc Noir de l'Yonne（ヨンヌ県（Yonne），オーブ県（Aube）），Franc Noir du Gâtinais（ロワレ県（Loiret）），Noirien，Plant de Moret（ヨンヌ県）
よくGASCONと間違えられやすい品種：TRESSOT ☓（Gascon と Noirien という別名を共有している）

起源と親子関係

GASCON という名前であるにもかかわらず，フランス南西部のガスコーニュ（Gascogne）（現在のアキテーヌ地域圏（Aquitaine）やミディ＝ピレネー地方（Midi-Pyrénées）にあたる）由来とは考えにくく，フランス中北部に位置するロワレ県のオルレアン（Orléans）周辺由来の品種であると考えられており，この地において Olivier Jullien（1816）が，この品種に関する最初の記録を次のように残している．「ロワレで栽培されている品種のうち，より一般的なものは，red，…gascon，gammé…」．他にも，フィロキセラ被害依然に FRANC NOIR DE L'YONNE という別名でヨンヌ県において広く栽培されていたものがロワレ県の東部に持ち込まれたものであるという説もある（Galet 1990）．

GASCON はブドウの形態分類群の Cot グループに属している（参照 p XXXII; Bisson 2009).

他の仮説

Viala and Vermorel（1901-10）によれば，GASCON はかつて ROCHE NOIRE あるいは ROCHELLE NOIRE として知られており，1667年には Jean Merlet 氏によって引用されていたとのことだが，これについては証明されていない.

ブドウ栽培の特徴

小さな果粒が密着した小から中サイズの果房をつける．うどんこ病と灰色かび病に感受性がある．熟期は中期～晩期である.

栽培地とワインの味

GASCON からは深い色合いの，はつらつとした酸味をもつワインができる．フランスでは限定的であるものの現在でもトゥーレーヌ（Touraine）で GASCON が栽培されている．ブロワ（Blois）の南西部に位置するメラン（Mesland）の Pascal Simonutti 社は一風変わったヴァラエタルのテーブルワインを生産している．Soings-en-Sologne の西側に GASCON の樹が植えられた区画を所有する Claude Courtois 氏は，GASCON から作ったワインの中でもビンテージのいくつかは「ドメーヌで最も美しい」と述べている.

GEGIĆ

クロアチア，パグ島（Pag）の特産品

ブドウの色：● ● ● ● ●

主要な別名： Debejan または Debljan（クルク島（Krk）および ラブ島（Rab）), Gegić Bijeli, Paška（パグ島), Paškinja（ザダル（Zadar）およびパグ島），Žutina

起源と親子関係

GEGIĆ はおそらくクヴァルネル湾 (Kvarner)（イストラ半島とクロアチア本土の間）のパグ島を含む島々が起源をもち，この地方で有名な Paška Žutica ワインを生産するために栽培されてきた品種である. PAŠKA や PAŠKINJA というこの地方での別名はこのワインに由来している.

ブドウ栽培の特徴

萌芽期は遅く，晩熟である．パグ島の難しい気象条件下で花ぶるいが起こるため，収量が安定しない．比較的耐病性である．厚い果皮をもつ中サイズの果粒をつける.

栽培地とワインの味

GEGIĆ はクロアチアの Hrvatsko Primorje（沿岸）地域で公認されているが，収量が安定しないため，栽培面積が減少している．Boškinac 社，Cissa 社，Vina Otaka 社などの生産者は，いずれもパグ島にある．クルク島の Anton Katunar 氏は DEBEJAN（同じ島での別名）とシラー（SYRAH）または SUŠĆAN（この地方では SANSIGOT と呼ばれる）とのブレンドワインを作っている.

GEISENHEIM 318-57

**マイナーなドイツの交雑品種. まだカナダで栽培されているが,
とりたてて価値のある品種ではない.**

ブドウの色：● ● ● ● ●

起源と親子関係

1957年にドイツのガイゼンハイム（Geisenheim）研究センターでリースリング（RIESLING）× CHANCELLOR の交配により得られた複雑な交雑品種である.

ブドウ栽培の特徴

安定した収量. 熟期は早期～中期である. 良好なうどんこ病への耐性をもつがべと病には感受性であるが, これは親品種の CHANCELLOR の性質に起因する.

栽培地とワインの味

1970～1980年代にかけてドイツで4回にわたる試験栽培が行われたが, 満足のできる結果が得られなかったため, ブドウは引き抜かれてしまったが, 52本のブドウがガイゼンハイムのコレクションに残されている.

後に, よりよい代替品種が得られたので, 故郷のドイツでは成功しなかったのだが, カナダのオンタリオ州で205 acres（83 ha）, ケベック州で20 acres（8 ha）の栽培が記録されている. また, ノバスコシア州でも栽培されている. しかしVQAワインとしては公認されていない. 一般にヴァラエタルワインは幾分ニュートラルで, ほんのわずかだが交雑品種特有のフレーバーを有している. また, 時に花のような香りや, 軽いスパイシーさが感じられるが, GEISENHEIM 318-57はブレンドワインに用いられることが多い. 生産者としてはケベック州の Artisans du Terroir 社, Clos Napierois 社（樽熟成タイプ）および Le Royé Saint-Pierre 社などがあげられる.

ニューヨーク州のフィンガーレイクス（Finger Lakes）でも栽培されている.

ĠELLEWŻA

**マルタ島で二番目に多く栽培される品種であるが,
海外からの侵入品種により追いやられつつある.**

ブドウの色：● ● ● ● ●

起源と親子関係

最近の研究により, ĠELLEWŻA はユニークな DNA プロファイルをもつことが明らかになった（Giannetto *et al.* 2010）ことで, この品種はマルタ島かゴゾ島（Gozo）の在来品種である可能性が示された. ĠELLEWŻA という品種名は, アラブ語が起源といわれ, マルタ語では「ヘーゼルナッツ」を意味する. おそらく果粒の形と小さな果粒を指したものであると思われる.

ĠELLEWŻA はイタリアの MAMMOLO の実生ともいわれている（Borg 1922）が DNA 解析結果とは矛盾する（Vouillamoz).

ブドウ栽培の特徴

熟期は中期～晩期である. かびの病気に感受性があり, とりわけ灰色かび病には高い感受性を示す. 長く剪定するのが望ましい.

栽培地とワインの味

ĠELLEWŻA はマルタ島およびゴゾ島で最も有名な赤の在来品種であり，軽く赤い果実の印象をもつ赤ワインや適度のアルコール分をもつ飲みやすいロゼワインが作られている．時折気になる ĠELLEWŻA 特有の渋いタンニンを回避できることから，とりわけロゼワインが成功を収めている．

すべての畑が登録されているわけではないため，栽培面積は40 ha（99 acres）～100 ha（247 acres）であると推定されている．ブドウは主に灌漑のない株仕立てで栽培されている．国際品種の人気の高まりを受け，栽培面積は減少しており，ĠELLEWŻA は不運な犠牲者のようになっている．特に2004年にマルタ共和国が EU に加盟した後，EU からの資金でブドウが栽培されるようになってから，この傾向は顕著になっている．しかしこの在来品種への関心が高まりを見せているので，栽培面積の減少傾向には歯止めがかかるかもしれない．Delicata 社と Marsovin 社はミディアムドライの発泡性ロゼを生産しているが，ほとんどの生産者はシラー（SYRAH）などとのブレンドワインの生産にこの品種を用いている．

GENEROSA (HUNGARY)

GENEROSA は，1951 年にハンガリーの Bíró Károly 氏が EZERJÓ×SAVAGNIN ROSE（PIROS TRAMINI の別名で）の交配により得たピンク色の交配品種である．1976 年にケチケメート（Kecskemét）ブドウ栽培研究センターで Edit Hajdú 氏が試験を行い，2004 年に命名された．Szőke Winery 社がヴァラエタルワインを作っている．この品種はポルトガルの GENEROSA とは無関係である．

GENEROSA (PORTUGAL)

ポルトガル，アゾレス諸島（Açores）でブレンドワインに用いられる，
ポルトガルの珍しい交配品種

ブドウの色：

起源と親子関係

ポルトガルで得られた FERNÃO PIRES×SULTANA MOSCATA の交配品種である．このとき用いられた SULTANA MOSCATA（別名 PIROVANO 75）は MUSCAT OF ALEXANDRIA×SULTANIYE の交配品種である．

栽培地

ポルトガルの公式統計では GENEROSA の1 ha（2.5 acres）未満の栽培があったと記録されているが，アゾレス諸島のピコ島（Pico）で栽培されており，現地の組合が白のブレンドワインを作っている．また，マデイラ島では北部のサンタナ（Santana）を中心にブドウが点在しておりテーブルワインではなくマデイラワインの生産に用いられている．

GENOUILLET

最近救済されたフランス中央部のブドウ

ブドウの色：● ● ● ● ●

主要な別名：Genouilleret（アンドル県（Indre）のイスーダン（Issoudun）），Genouillet Noir（オーブ県（Aube）），Moret Noir（ブールジュ（Bourges））
よくGENOUILLETと間違えられやすい品種：MONDEUSE NOIRE

起源と親子関係

GENOUILLET はアンドル県（たとえばイスーダン（Issoudun）のラ・シャトル（La Châtre）および Châteaumeillant）とシェール県（Cher）においてフィロキセラ禍まで栽培されていた．この品種名は，シェール県のブールジュ（Bourges）近くのコミューンの名前である Genouilly に由来すると考えられている．

GENOUILLET はブドウの形態分類群の Noirien グループに属しているこの分類群には PINOT も属している（p XXXII; Bisson 2009参照）．しかし，DNA 系統解析により GENOUILLET は TRESSOT × GOUAIS BLANC の自然交配により生まれた品種だが（Bowers *et al.* 2000），いずれの親品種も Noirien グループには属さないということが明らかになったため，このブドウの形態分類群での分類には疑問が呈されている．親品種の TRESSOT はシェール県と接するヨンヌ県（Yonne）の品種であって，GOUAIS BLANC がフランス中央部および北東部のほぼ全域で栽培されていることを考えると，GENOUILLET はシェール県あるいはヨンヌ県のいずれかを起源とする品種だと考えるのが妥当であろう．

他の仮説

コルメラが記した BITURICA が GENOUILLET にあたると考える人もいる．

ブドウ栽培の特徴

萌芽期は早く，晩熟である．べと病，うどんこ病および灰色かび病に感受性がある．

栽培地とワインの味

GENOUILLET はフランスではほぼ絶滅状態であったが1990年にアンドル県のブールジュの南西に位置するイスーダンで救済された．近い将来，GENOUILLET の栽培の認可を受け，市販ワインを生産することを目的として Union pour la Préservation et la Valorisation des Ressources Génétiques du Berry（Berry 地域の遺伝資源保全と開発のための連合）との共同研究という形で2005年に150本ほどの樹が Quincy アペラシオンの Domaine de Villalin の試験農場に植えられた．

GENOVESE

SCIMISCIÀ を参照

GEWÜRZTRAMINER

SAVAGNIN を参照

GF-GA 48-12

品種名がないにもかかわらず，スイスではいくらかの評価を得ている ドイツの交雑品種

ブドウの色：

起源と親子関係

ドイツのプファルツ（Pfalz）の Siebeldingen にある Geilweilerhof 研究センター（Julius Kühn 研究所の一部）で Gerhardt Alleweldt 氏が得た交雑品種である．親品種は公表されておらず，現時点では公式品種名も定められていない．Gf は Geilweilerhof を指し，Ga は育種家を指している．

ブドウ栽培の特徴

かびの病気に良好な耐性を示す．

栽培地とワインの味

GF-GA 48-12 は主にスイスで栽培されており，香り高く，果実味と酸味のバランスに優れたワインが作られている．Julius Kühn 研究所の広報文には，ワインには SCHEUREBE とゲヴュルツトラミネール（GEWÜRZTRAMINER）のブレンドを思わせる味わいがあり，同じ育種家が開発した PHOENIX のワインよりも上質であると記載されている．Diroso 社の Hans-Peter Baumann 氏がヴァラエタルワインを生産している．Lenz 社はこの品種を 2 種類の白のブレンドワインに用いている．

GIBI

依然アルゼンチンで栽培され，重要な子孫品種を生み出している スペインの古い生食用ブドウ

ブドウの色：

主要な別名：Alzibib，Aparia，Augibi（フランス，ガール県（Gard）），Jubi Blanc，Maccabeu à Gros Grains（フランス，ピレネー＝オリアンタル県（Pyrénées-Orientales）），Panse Blanche（ピレネー＝オリアンタル県），Passerille Blanche（フランス，エロー県（Hérault）），Tercia Blanc

起源と親子関係

GIBI はスペインの古い生食用ブドウで，アラブから ALZIBIB という名前で持ち込まれたと考えられている．その品種名は，アラビア語で「干しブドウ」を意味する *zabib* から派生したものであり，シチリア島（Sicilia）では MUSCAT OF ALEXANDRIA に使われている ZIBBIBO も同様である．DNA 系統解析によって GIBI はアンダルシア州（Andalucía）の古い白ブドウである PEDRO XIMÉNEZ の母品種であることが示された（Vargas *et al.* 2007）．また，GIBI と PLANTA NOVA（TORTOZÓN の名で）は ALARIJE（SUBIRAT PARENT の名で）の親品種であることが明らかになった（Lacombe *et al.* 2007）．ちなみに ALARIJE は1513年から知られていたエストレマドゥーラ州（Extremadura）の古い品種である．古いスペイン品種との関連は，GIBI がスペイン南西部が起源であるか，あるいはその地域で少なくとも中世の頃から栽培されていたことを示唆するものである．

ブドウ栽培の特徴

雌しべのみの花.

栽培地とワインの味

かつてスペインおよびフランス南部で栽培されていたGIBIは，現在も同地で生食用として若干，栽培されている（Gallet 2000）．しかし，アルゼンチンでは2009年に1,080 ha（2,669 acres）の栽培が記録されており，同国ではワイン（通常は国内消費用）およびジュースの生産に用いられている．

GINESTRA

マイナーであるが興味深いすっきりした飲み口のワインになる
イタリア，カンパーニャ州（*Campania*）品種

ブドウの色：

主要な別名：Biancatenera☓（Scala），Biancazita☓（フローレ（Furore），トラモンティ（Tramonti），Corbara，ポジターノ（Positano）），Ginestro，Nocella

起源と親子関係

GINESTRAはAcerbi（1825）が，すでに記載しているようにカンパーニャ州，ナポリ地域の主要品種の一つである．品種名はこのブドウがもつエニシダに似たフレーバーに由来する（イタリア語で*ginestra*）．Froio（1875）は，同じ地域で栽培され，BIANCATENERAという名でも呼ばれているBIANCAZITAとGINESTRAが同じ品種なのではないかと推察していたが，これは近年のDNA解析により裏付けられた（Costantini *et al.* 2005）．同じDNA解析によってGINESTRAとカンパーニャ州品種のCAPRETTONE，PIEDIROSSOとの関係が示唆されたが，後者はもはや栽培されていない品種で，PIEDIROSSOと混同してはいけない．

ブドウ栽培の特徴

熟期は9月中頃である．灰色かび病への感受性が原因でこの品種の普及が妨げられている．果粒は糖度が高く，顕著に高い酸度を示す．

栽培地とワインの味

GINESTRAはイタリア南部のアマルフィ海岸（Amalfi）沿いにあるサレルノ県（Salerno）の特にスカラ（Scala），ラヴェッロ（Ravello），アマルフィ，ミノーリ（Minori），マイオーリ（Maiori），フローレ（Furore），トラモンティ（Tramonti），コルバーラ（Corbara），ポジターノ（Positano）などのコムーネでのみ栽培されている．GINESTRAワインはキレのよい酸味とFALANGHINA FLEGREAと似た風味を有しているが，少し熟成させると古いリースリング（RIESLING）で時折，見られるような灯油に似たアロマをもつようになる．Marisa Cuomo社のCosta d'Amalfi DOC Furore Bianco FiorduvaはFENILE，GINESTRA，RIPOLOのブレンドワインである．

GIOUROUKIKO

FOKIANOを参照

GIRGENTINA

マルタ島で最も多く栽培されている品種で，ソフトで軽い白ワインが作られているが，シャルドネ（CHARDONNAY）にその地位を脅かされている．

ブドウの色：● ● ● ● ●

主要な別名：Ghirghentina，Insolja Tal-Girgenti

起源と親子関係

GIRGENTINA はおそらくマルタ南西部のジルジェンティ村（Girgenti）を起源とする品種であろう．最近，いくつかのマルタ島品種の DNA 解析が行われたが，それらとは異なる品種であることが確認された（Giannetto *et al.* 2010）．

他の仮説

歴史的な都市であるアグリジェント（Agrigento）（シチリア語でジルジェンティ（Grigenti））との関係が示唆されているが，現時点ではシチリア品種との関係は認められていない（Giannetto *et al.* 2010）．

ブドウ栽培の特徴

豊産性で晩熟である．かびの病気に感受性があり，特に灰色かび病に対して強い感受性を示す．長く剪定するのがよい．

栽培地とワインの味

通常，ワインは軽めで，アルコール分が低く，酸味も弱くなることがあり，酸化する傾向にあるが，現代のワインはクリーンかつフレッシュで繊細である．マルタ島およびゴゾ島（Gozo）内の GIRGENTINA の栽培地域では2010年には90～200 ha（222～500 acres）が栽培されたと推定されており，主にはマルタの北部で灌漑のない環境で株仕立てで栽培されているが，国際品種との競争により栽培面積は減りつつある．Delicata 社と Marsovin 社がヴァラエタルワインを生産している．また，前者は辛口の発泡性ワインも生産している．この品種はシャルドネなどの国際品種を引き立てるためにも用いられている．

GIRÒ

チェリーフレーバーをもつサルデーニャ島（Sardegna）の赤品種．辛口，甘口および酒精強化ワインが作られる．

ブドウの色：● ● ● ● ●

主要な別名：Girò Comune，Girò Rosso di Spagna，Girone di Spagna，Zirone

起源と親子関係

GIRÒ はその別名（Girò Rosso di Spagna）が示すように，スペイン統治時代（1323-1720）にイタリアのサルデーニャ島に MAZUELO（BOVALE GRANDE），GRACIANO（CAGNULARI），PASCALE などの品種とともに持ち込まれたものだと考えられている．サルデーニャ島の GIRÒ（De Mattia *et al.* 2007）とマヨルカ島（Mallorca）の GIRÓ BLANC（Ibañez *et al.* 2003）の DNA 解析結果を比較したところ，両者は果皮色変異ではなく，Galet（2000）が述べているように異なる品種であることが明らかになった．最近のDNA系統解析により，GIRÒはサルデーニャ島のALBARANZEULI BIANCOの親品種であることが示された（Cipriani *et al.* 2010）．

ブドウ栽培の特徴

熟期は中期～晩期である．栽培には暑く，乾燥した気候が最適である．

栽培地とワインの味

19世紀の終わり頃にフィロキセラ被害が広がるまでは，GIRÒはイタリアのサルデーニャ島で広く栽培されていた．現在では同島のカリャリ県（Cagliari）やオリスターノ県（Oristano）で栽培されている．Girò di Cagliari DOCでは辛口ワインおよび甘口ワインが生産されており，いずれも酒精強化ワインが作られることがある．果粒をブドウの樹につけたまま，あるいは収穫後に半干しすると，果粒の糖度が増すことを追記しておく．Meloni社のDonna Jolandaのような甘口ワインはチェリーのアロマとしっかりとしたタンニンのストラクチャーを有しているが，時折，酸味に欠けることもある．

2000年時点でのイタリアの統計には552 ha（1,364 acres）の栽培が記録されている．

GIRÓ BLANC

最近，絶滅の危機から救済されたスペイン，マヨルカ島（Mallorca）の品種．高品質で香り高いフルボディーのワインが作られている．

ブドウの色：● ● ● ● ●

主要な別名：Girò Roz

起源と親子関係

GIRÓ BLANCはスペインのバレアレス諸島（Baleares）のマヨルカ島の在来品種である．その地方の栽培家でこの品種の可能性を信じるJuaquin Monserrat氏によって島に残っていた数本から200本に増やされた樹のおかげで，Toni Gelabert氏によって最近絶滅から救済された．変異によって果粒の色にとても大きなバリエーションがあり別名はGIRÓ ROZである．

GIRÓ BLANCは，島でGIRÓあるいはGIRONETと呼ばれているグルナッシュ（GRENACHE，GARNACHA）の果皮色変異ではない．DNA解析によれば，サルデーニャ島（Sardegna）のGIRÓ（De Mattia *et al.* 2007）とマヨルカ島のGIRÓ BLANC（Ibañez *et al.* 2003）は，Galet（2000）が述べていたように異なる品種であることを示すものであった．

ブドウ栽培の特徴

萌芽期は早期で晩熟である．中程度の樹勢を示す．厚い果皮をもつ小さな果粒からなる大きな果房をつける．べと病とうどんこ病に比較的耐性があるが，灰色かび病にはやや感受性である．

栽培地とワインの味

スペインのマヨルカ島でこの品種を用いて作られる新世代のアロマティックなワインは，辛口で樽熟成可能である．柑橘系，パイナップル，マンゴーからケーキにまで至るフレーバーを有しており，酸味は中程度だがアルコール分の非常に高い，とても力強い白ワインとなる．マヨルカ島では現在，6 ha（15 acres）が栽培されている．Toni Gelabert氏は1995年に同島西部のManacor近くで栽培していたブドウを用いて，初めてこの品種を用いたワインの商業生産を始めた人物である．後に，よりパルマ（Palma）に近いアルガイダ（Algaida）でCan Majoral氏がそれに続きワイン生産を開始した．10年間の取組の後，2010年に公認されるまでワインは試験規模で生産されていた．

GLAVINUŠA

ダルマチア地方（Dalmatia）の甘口ワイン Prošek の生産に用いられることもある，非常に稀少なクロアチア品種

ブドウの色：● ● ● ● ●

主要な別名：Carnjenak，Glavanjuša，Glavinka，Okatac または Okatac Crni

起源と親子関係

GLAVINUŠA はクロアチア沿岸南部に位置するダルマチア地方（Dalmacija/Dalmatia）のスプリト地方（Split）由来の品種である.

ブドウ栽培の特徴

晩熟である．果粒の糖度はしばしば高くなるが酸度は低い．良好な耐病性をもつ.

栽培地とワインの味

GLAVINUŠA はかつてクロアチアのダルマチア地方中央部で最も素晴らしい品種の一つであると考えられていた．現在はダルマティンスカ・ザゴラ（Dalmatinska Zagora /Dalmatian Hinterland）とスレドニヤ・イ・ユジュナ・ダルマチヤ（Srednja i Južna Dalmacija/ 中央および南部ダルマチア）ワイン地区で公認されているが，スプリト近くのオミシュ（Omiš），シニ（Sinj），カシュテラ（Kaštela）で分散的に栽培されているにすぎない．栽培はまた，ショルタ島（Šolta）やヴィス島（Vis）でも少し栽培見られる（Zdunić 2005）．ヴァラエタルワインはほとんど作られないが，半干しにされたブドウから作られる甘口のダルマチアワインであるプロシェック（Prošek）の有用な原料の一つである．他の在来品種と並んで GLAVINUŠA はクローンの選抜や再植を含む復活プロジェクト対象品種の一つとなっている（この品種の正式名称はいまだ OKATAC CRNI であるが，再評価された結果，現在は GLAVINUŠA のほうがより広く知られている）.

GLERA

PROSECCO を参照

GODELLO

イベリア半島北西部において多くの別名をもつ，非常に質の高い品種は現在，絶滅の危機からの回復途中にある.

ブドウの色：● ● ● ● ●

主要な別名：Agodello，Agodenho（ポルトガル），Agudanho（ポルトガル），Agudelha または Agudelho（ポルトガル），Agudello，Agudelo，Agudenho（ポルトガル），Berdello，Godelho，Godella，Godenho，Gouveio ☒（ポルトガルのドウロ（Douro）），Ojo de Gallo，Prieto Picudo Blanco ☒（ティエラ デ レオン（Tierra de León）），Trincadente，Verdelho ☒ または Verdelho do Dão（ポルトガルのダン（Dão））
よく GODELLO と間違えられやすい品種：Gouveio Estimado ☒，GOUVEIO REAL ☒，VERDEJO ☒，VERDELHO ☒ または Verdelho da Madeira（マデイラ島（Madeira））

起源と親子関係

GODELLO はスペイン北西部のガリシア州（Galicia）のシル川（Río Sil）の河岸に起源をもつ品種だと考えられている．この品種に関する最初の記載は1531 年にドウロ（Douro）で見られ，Rui Fernandes（1531-2）が「Descripção do terreno em roda da cidade de Lamego duas leguas」の中で AGUDELHO と TRINCADENTE という別名で記載したのがそれである．DNA プロファイルの比較によって GODELLO（Ibañez *et al.* 2003; Martín et al. 2003）とドウロの GOUVEIO と GOUVEIO ROXO（Lopes *et al.* 2006）が同一であることが明らかになっている（Martín *et al.* 2006; Vouillamoz）．それゆえ，GOUVEIO ROXO は GOUVEIO の果皮色変異であり GODELLO と同じ品種であるということになる．

ダン地方（Dão）で VERDELHO と呼ばれるブドウは，GOUVEIO と同一であるので（Lopes *et al.* 2006），GODELLO とも同一であるということになる．他方，マデイラに植えられた本物の VERDELHO も同様に GOUVEIO や GODELLO と同じだと考えられてきたが（Galet 2000），実は異なる DNA プロファイルを有していることがわかっている（Vouillamoz）．

しかし，Lopes *et al.*（2006）が解析に用いた参照品種の GOUVEIO REAL は，ユニークな DNA プロファイルをもっているため，ドウロのブドウ畑にどの程度の GODELLO（GOUVEIO の名で）や GOUVEIO REAL が植えられているのか明らかではない．別の DNA 研究では Tierra de León DO で PRIETO PICUDO BLANCO と呼ばれる品種は（Yuste *et al.* 2006; Santana *et al.* 2007），他の研究でプロファイルが明らかになった PRIETO PICUDO（Ibañez *et al.* 2003; Martín et al. 2003）の果皮色変異ではなく，GODELLO と同一であることが明らかになっている．こうした事実はこの品種がイベリア半島で広く栽培されていることを示している．DNA 系統解析によって，GODELLO がバリャドリッド地方（Valladolid）の VERDEJO の姉妹品種であることが明らかになっている（Santana *et al.* 2010）．

Myles *et al.*（2011）によればアメリカ合衆国農務省（United States Department of Agriculture：USDA）の National Clonal Germplasm Repository（NCGR）が保有する GOUVEIO の参照サンプル（これは GODELLO のはずである）は，ハンガリーの HÁRSLEVELŰ と同一であるとされているが，この説は，他で公開されている GOUVEIO REAL と GODELLO の DNA プロファイルから否定されている（Vouillamoz）．

ブドウ栽培の特徴

乾燥地が栽培によく適している．中程度の厚さの果皮をもつ小さな果粒が密着した小さな果房をつけ果肉はジューシーである．結実能力が高くガリシア州での競争相手である ALBARIÑO（ALVARINHO 参照）よりも豊産性である．萌芽期は早期で早熟である．うどんこ病と灰色かび病に感受性であるが，べと病に対する感受性は少ない．果粒の糖度のレベルは高く，酸度は中程度である．

栽培地とワインの味

1970年代になっては絶滅の危機に瀕し，数百本程度まで減少してしまった GODELLO だが Horacio Fernández 氏および Luis Hidalgos 氏の GODELLO 復活（REstructuring of the VIneyards of VALdeorras, Revival）プロジェクトによって，その起源の地であるスペイン北西部のガリシア州で評判を得て，人気を増加させている．2008年に記録されたスペイン全土における栽培面積1,153 ha（2,849 acres）の大部分がガリシア州で栽培されていた（2004年の880 ha/2,175 acres から増加）．主に Valdeorras DO で見られ，そこでは質の高いヴァラエタルワインの人気が上昇している．この復活は最初のヴァラエタルが1980年代半ばにはもう Fernández 氏が設立した Godeval 社から販売されたことを考えると，より印象的である．この品種は他のガリシア州の DO，たとえば Ribeiro，Ribeira Sacra，Monterrei やカスティーリャ・イ・レオン州（Castilla y León）の Bierzo DO 近辺でも公認されているが，たとえば TREIXADURA（TRAJADURA）のような品種とブレンドされている．Ribeiro の Coto de Gomoriz 社のワインはよい例である．Godeval 社，Rafael Palacios 社，Quinta do Buble 社，Telmo Rodriguez 社，La Tapada 社や Valdesil 社が，ミネラルに富む素晴らしいワインを作っている．最高のワインにはなめらかなミネラル感があり，濃厚で樽発酵に適している．またこの品種のもつ高い還元力により長寿のワインとなる．

ポルトガルでは2010年に970 ha（2,397 acres）の栽培が記録されており，主には北部のドウロで栽培されている．少し南のダン地方でも VERDELHO という名前で栽培されているが，この VERDELHO という別名により時に誤解を生んでいる．一般に，ワインは複雑で非常にフルボディーで，ドウロでは通常，地方品種の VIOSINHO，RABIGATO，CÓDEGA（SÍRIA），CÔDEGA DE LARINHO，MALVASIA FINA などとの有名なブレンドワインに用いられているが，ホワイトポートのブレンドワインに用いられることもある．辛口の GOUVEIO を使ったテーブルワインの生産者として推奨されるのは，Quinta do Crasto 社，Quinta de la Rosa 社，Quinta do Vallado 社，Wine and Soul 社などである．Caves Transmontas 社がスティルと発泡性のヴァラエタルワインを生産している．

ポルトガルでは2009年に赤色変異品種の GOUVEIO ROXO が487 ha（1,203 acres）栽培された．

GOLDBURGER

主に甘口ワインの生産に用いられている，一般に平凡な薄い果皮色のオーストリアの交配品種

ブドウの色：

主要な別名：Klosterneuburg 16-8，Orangeriesling

起源と親子関係

GRAŠEVINA（WELSCHRIESLING の名で）×ORANGETRAUBE の交配品種で，オーストリアのクロスターノイブルク（Klosterneuburg）研究センターにおいて1922年に Fritz Zweigelt 氏により開発された．

ブドウ栽培の特徴

熟期は中期である．豊産性でうどんこ病に感受性である．

栽培地とワインの味

オーストリアでの栽培面積は246 ha（608 acres）で，主にブルゲンラント州（Burgenland）のノイジードル湖地方（Neusiedlersee）で栽培されているが，ニーダーエスターライヒ州（Niederösterreich/ 低地オーストリア）やシュタイアーマルク州（Steiermark/Styria）でも散在的に栽培されている．金色の果皮をもつこのブドウから作られるワインは比較的ニュートラルな味わいになるが，フルボディーで適度の酸味と高いエキス分をもっている．主に甘口ワインの生産に用いられている．

GOLDEN MUSCAT

マイナーなアメリカ交雑品種．ブドウの香りの強いデザートワインが作られている．

ブドウの色：

主要な別名：NewYork 10303

起源と親子関係

1915年にニューヨーク州のコーネル大学で MUSCAT OF HAMBURG×MOORE'S DIAMOND（MOORE'S DIAMOND の系統は BRIANNA 参照）の交配により得られた *Vitis labrusca* と *Vitis vinifera* の交雑品種である．1927年に公開された．

ブドウ栽培の特徴

耐寒性で豊産性である．大きな果粒からなる大きな果房をつける．晩熟であるのでニューヨーク州のほとんどの地域で完全に熟するのはとても難しい．裂果や灰色かび病に感受性がある．商業用よりも家庭用に適している．

栽培地とワインの味

GOLDEN MUSCAT はアメリカ合衆国の東部のインディアナ州とイリノイ州やさらに南のテネシー州に限定的に見られる．ワインはリッチでブドウの香りが強く通常は甘口で，わずかだがフォクシーフレーバーを有している．インディアナ州の Carousel 社，ウィスコンシン州の Simon Creek 社，イリノイ州の August Hill 社や Inheritance Valley 社などがヴァラエタルワインを生産している．

GOLDMUSKATELLER

MOSCATO GIALLO を参照

GOLDRIESLING

アルザス（Alsace）の交配品種．がぶ飲み用の軽い白ワインが作られるが，現在はドイツ東部のザクセン州（Sachsen）でのみ作られている．

ブドウの色：

主要な別名：Franzosentraube，Gelbriesling，Goldmuskat，Riesling Doré，Risling Khativ，Risling Zolotistyi

起源と親子関係

GOLDRIESLING はフランス北東部のアルザスのコルマール（Colmar）にある Viticole Oberlin 研究所で1893年に Christian Oberlin 氏が得たリースリング（RIESLING）とまだ同定されていない品種との交配品種である．GOLDRIESLING はリースリングとフランスの生食用である MUSCAT PRÉCOCE DE SAUMUR の交配により得られたものだと育種家にはいわれていたが，この説は DNA 解析によって否定された（Regner *et al.* 2001）．

GOLDRIESLING は LÉON MILLOT，LUCIE KUHLMANN，MARÉCHAL FOCH の育種に用いられた．

オーストリアでは David Schantl 氏が得た GRAŠEVINA（WELSCHRIESLING）× MÜLLER-THURGAU の交配品種が，誤って GOLDRIESLING と名付けられたが，これは栽培されていない．

ブドウ栽培の特徴

豊産性である．萌芽期は早期なので春の霜に被害を受ける危険性がある．早熟である．特に耐寒性ではない．べと病と灰色かび病に感受性がある．小さな果粒からなる小さな果房をつける．

栽培地とワインの味

GOLDRIESLING はフランスにはほとんど残ってない（2006年の栽培面積は10 a（0.1 ha/1,200平方ヤード 未満）が，ドイツ東部ではフランスよりも少し多く栽培されている．栽培はザクセン州のみに見られ2008年に17 ha（42 acres）の栽培が記録されている．Karl Friedrich Aust 社，Joachim Lehmann 社，Steffen Loose 社，Schloss Proschwitz 社，Schloss Wackerbarth 社，Weinhaus Schuh 社，Jan Ulrich 社，Winzergenossenschaft Meissen（マイセンワイン共同組合）などがヴァラエタルワインを生産している．

一般にワインは軽く，飲みやすく，辛口あるいはオフ･ドライで優しい香り高さと幅広い柑橘系のフレーバーを有している．時にハーブのような香りがあり，またある時にはマスカットの香りがある．

GOLUBOK

ロシアでも栽培されている，赤い果肉のウクライナの交雑品種

ブドウの色：● ● ● ● ●

主要な別名：Golubuk

起源と親子関係

GOLUBOK（「鳩」という意味がある）は，1958年にウクライナ，オデッサ州（Odessa）の Tairov 研究センターの P K Ayvazyan，E N Dokuchaeva，A P Ablyazova，M I Tulaeva，L F Meleshko，A K Samborskaya 氏らがロシア交雑品種の SEVERNY と栽培されていない3品種40 LET OKTYABRYA，ODESSKY RANNY，1-17-54（ALICANTE HENRI BOUSCHET× カベルネ・ソーヴィニヨン（CABERNET SAUVIGNON）の花粉の混合物を交配して得た交雑品種である．1981年に公式登録され3種のクローンが使われている．

ブドウ栽培の特徴

豊産性で熟期は早期～中期である．赤い果肉の果粒は，薄いが強い果皮をもつ．耐寒性で －25℃（－13℉）までは耐えることができる．うどんこ病や灰色かび病に対しては特に感受性でない．

栽培地とワインの味

GOLUBOK はウクライナのオデッサ州やヘルソン州地方（Kherson）で栽培されている品種で，この地方とロシアで辛口，甘口ワインならびに酒精強化ワインが作られている．通常，ワインは色合い深く，しばしばスパイシーで，タンニンに富み，カシスや赤い果物からドライフルーツに至る幅広いフレーバーを有している．ロシア南部のクラスノダール地方（Krasnodar）では2010年に37 ha（91 acres）の栽培が記録されている．Château Le Grand Vostock 社が，たとえば KRASNOSTOP ZOLOTOVSKY やカベルネ・ソーヴィニヨンなどの多くの品種とブレンドして Terres du Sud の辛口の赤ワインを作っている．ウクライナとの国境に近いロストフ（Rostov）では Vedernikov Winery 社が TSIMLYANSKY CHERNY とのブレンドワインを生産している．この品種はチェコ共和国でも見られる．

GOLUBOK はアイオワ州の Tabor Home でも何品種かと一緒に試験的に自根で栽培されていたが，冬の寒さやクラウンゴール病によって5年以内に絶滅してしまった．

GORDO

MUSCAT OF ALEXANDRIA を参照

GORGOLLASA

最近，絶滅の危機から救済された，高品質で赤い果実のフレーバーを持つマヨルカ島（*Mallorca*）の品種

ブドウの色：●　●　●　●　●

主要な別名：Gargollasa，Gargollosa，Gorgollosa

起源と親子関係

GORGOLLASA はスペインのバレアレス諸島（Islas Baleares）のマヨルカ島の在来品種で，この品種については1839年に同島の Pollença で記載されている．この品種はかつてレイゲ地方（Raiguer）の主要な品種であった. 最近のDNA解析によってGORGOLLASA はスペイン東部沿岸のバレンシア州(Valencia)の MONASTRELL とアンダルシア州（Andalusia）のほぼ絶滅状態にある品種の HEBÉN との自然交配品種であることが明らかになった（García-Muñoz *et al.* 2012）．したがって，この品種はスペイン北西部，レオン県（León），ビエルソ地方（Bierzo）の MANDÓN やカタルーニャ州（Catalunya）の MACABEO の姉妹品種にあたるということになる．しかしこうした系統解析はあまりにも少ない種類(20)の DNA マーカーを用いた結果によるものなので，さらなる確認が必要である．

ブドウ栽培の特徴

萌芽期は遅く晩熟である．樹勢は弱い．薄い果皮をもつ小さい果粒からなる中サイズの果房をつける．べと病とうどんこ病には比較的耐性であるが灰色かび病には感受性である．

栽培地とワインの味

スペインのマヨルカ島のクンセイ（Consell），アルガイダ（Algaida），マナコル（Manacor）で4 ha（10 acres）が栽培されている．栽培は次第に増加している．Inca の Celler Can Amer 近くで4本のブドウの樹を見つけた Can Ribas 氏がこのブドウの樹を増やし，1998年に200本を植えてこの品種を救済するまでは事実上絶滅状態であった．2000年にはさらに1800本のブドウを植えた．GORGOLLASA はマヨルカ島の伝統的な品種であり，公認への強い要望があったのだが，この品種が登録されたのは2011年になってからである．

GORGOLLASA は樽熟成に適しており，ワインは辛口でエレガントであるが，酸化しやすいので大きな樽（たとえば500 L）が好まれる．生産者としては Can Majoral 社，Can Ribas 社，Toni Gelabert 社などがあげられる．一般にワインにはイチゴとスミレのフレーバーがあり，酸味はかなり弱いものの，その新鮮さは予想外で，適度のアルコール分とソフトなタンニンを有している．Araceli Servera Ribas 氏は MANTO NEGRO や CALLET などの他のマヨルカ島の品種よりもピノ・ノワール（PINOT NOIR）に近いと述べている．

GORULI MTSVANE

薄い果皮色のジョージア品種.
フレッシュでフルーティーなスティルワインと発泡性ワインの両方に用いられる.

ブドウの色：●　●　●　●　●

主要な別名：Goruli Mcvané, Kvishkhuri, Mtsvane, Mtsvané, Suramula, Tetrpotola
よくGORULI MTSVANEと間違えられやすい品種：MTSVANE KAKHURI ☒

起源と親子関係

GORULI MTSVANE はジョージアのカルトリ地方（Kartli）の古い在来品種である．品種名は大コーカサス山脈に近い Gori の町の名前にちなんで名付けられたものである．GORULI MTSVANE には「Gori の緑」という意味があり，これは果粒の色を指した名前である．品種名に関しては「丘の緑」という言葉に由来するという説もある．GORULI MTSVANE はより多く栽培されているジョージア南東部のカヘティ州地方（Kakheti）の MTSVANE KAKHURI と混同しないよう注意が必要で，後者は通常，MTSVANE と呼ばれているが，それらは異なる DNA プロファイルをもっている（Vouillamoz *et al.* 2006）．

他の仮説

KHIKHVI, RKATSITELI, MTSVANE KAKHURI と並んで，GORULI MTSVANE は5世紀から知られているという説があるが証拠はない．

ブドウ栽培の特徴

厚い果皮をもつ果粒からなる中～大サイズの果房をつける．べと病には耐性があるが，うどんこ病には感受性である．萌芽期は遅く晩熟である．

栽培地とワインの味

この品種は主にジョージアのカルトリ（Kartli）とイメレティ州（Imereti）で栽培されていて，フレッシュな酸味のある高い品質のワインを産し，また発泡性ワインのベースとしても広く用いられている．酒精強化ワインの原料としても非常に高い可能性を有しているが，生産量が限定されているため，いまはほとんど作られていない．Chteau Mukhrani 社が良質のヴァラエタルワインを生産しており，同社のワインは蜂蜜と野生の花の魅力的なフレーバーを有している．2004年にジョージアでは221 ha（546 acres）の栽培が記録されている．

GOUAIS BLANC

ほとんど絶滅状態であるがPINOTと並ぶ非常に重要な祖先品種である.

ブドウの色：●　●　●　●　●

主要な別名：Belina または Belina Drobna（クロアチア），Blanció ☒（イタリアのピエモンテ州 Piemonte のマイラ渓谷（Val Maira）），Bouilleaud（シャラント県（Charente）およびフランス南西部），Enfariné Blanc（フランスのジュラ県（Jura）），Foirard（ジュラ県），Gôt, Gouais Jaune（スイスのヴァレー州（Valais）），Gouget Blanc（フランスのアリエ県（Allier）およびシェール県（Cher）），Grobe（オーストリア），Gueuche Blanc（ジュ

ラ県），Gwäss（スイスのオー・ヴァレー（Haut-Valais）），Hajnos（ハンガリー），Heunisch Weiss ♀または Heinsch または Heinisch（ドイツおよびオーストリア），Krapinska Belina ♀（クロアチア），Liseiret ♀（ピエモンテ州（Piemonte）のヴァル・ディ・スーザ（Val di Susa）），Plant de Séchex（フランスのマリン（Marin）），Président（フランス），Preveiral ♀（ヴァル・ディ・スーザ（Val di Susa）），Provereau Blanc（フランスのイゼール県（Isère）），Weisser Heunisch（ドイツ），Wippacher（クロアチア）

よくGOUAIS BLANCと間違えられやすい品種：ELBLING ♀（ドイツのラインタール（Rheintal）），RANFOL ♀（スロベニア）

起源と親子関係

GOUAIS BLANC は西ヨーロッパで最も古く，また利益をもたらした品種の一つである．この品種は，主に GOUAIS（Gau，Gauche，Geuche，Goe，Goet，Gohet，Goi，Goin，Goix，Got，Gouay，Gouche，Gouest，Gueuche など）と HEUNISCH（Heinisch，Heinsch，Heinschen，Hennische，Hensch，Heunsch，Hinschen，Hintsch，Huensch，Huntsch，Hyntsch など）と多くの異なる名前で呼ばれ，中世の時期にはきわめて広範囲で栽培されていた．一番早いもっともらしい記載としては，白果粒の HEUNISCH が Hieronymus Bock（1539）の *Kreutterbuch* に次のように記載されているが，幾分軽蔑的な表現が含まれている．「大きな Hynsch ブドウ，それは早い成長を示し，最低のブドウ（shit grapes）と呼ぶ人もいる」．この白ブドウに関する信憑性のある最初の記載は1540年にスイスのオー・ヴァレー地方（Haut-Valais）で書かれたもので，ドイツ語名で GEWESS（現在は GWÄSS と呼ばれている）と記載されている（Vouillamoz and Moriondo 2011）．「blantschier（plantscher）と gewess，これらは9 gros の価値がある」．この品種はスイスで栽培されるよりもずっと以前からフランスで栽培されていたが，フランスでの最初の信頼できる白果粒 GOUAIS の記載は，Charles Estienne and Jean Liébault（1564）によるものである．「どの品種も Gouest ほど霜に敏感ではない」．

フランスおよびドイツ起源

GOUAIS BLANC は東ヨーロッパ起源だとよくいわれているが（他の仮説を参照），いくつかの理由により GOUAIS BLANC はフランス中央の北東部やドイツ南西部が起源であると考えられる．

- バビロフ氏（Vavilov 1926）の理論によれば，通常，品種の起源となった土地では最も大きな多様性が見られるが，そこではいろいろな形態のブドウ，すなわち GOUAIS LONG，GOUAIS ROND，GOUAIS JAUNE, GOUAIS SAUGÉ やオーブ県（Aube）で Guicherd が言及したピンクの変異が認められる（Galet 1990）．また，ドイツの南西部では Boursiquot *et al.*（2004）が DREIFARBIGER HEUNISCH（3色の HEUNISCH）と記載している．
- フランスのブドウの形態分類の専門家である Adrien Berget（1903）は GOUAIS BLANC の起源をフランス北部としており「私たちのどのブドウもこれほど長い期間にわたって記されたことはなく，正真正銘，フランスの品種であると考えられる．事実，GOUAIS はイル＝ド＝フランス地域圏（Île-de-France）やシャンパーニュ地方の県の在来品種であり，中世にはフランス北東部の普通のブドウ栽培の中心であった」と述べている．
- 中世の頃にはフランス北東部において PINOT，SAVAGNIN，GOUAIS BLANC が支配的な品種であっただけでなく，多くの子孫を産み出す品種でもあった（以下を参照）．
- GOUAIS という名前はフランスの一つあるいはそれ以上の村の名前に由来する可能性が高い（以下を参照）．

当時，ドイツではフランス同様に，高貴な PINOT や SAVAGNIN（Fränkisch グループ，下記参照）が最高のブドウ畑で栽培されていた．他方，劣った GOUAIS BLANC や ELBLING（Heunisch グループ，下記参照）は条件の悪いところで栽培されており，1598年頃に GOUAIS BLANC を抜くようにとの命令が出されてから，20世紀までにフランスから消失してしまった（Berget 1903）．

子孫品種

DNA 系統解析によって GOUAIS BLANC は西ヨーロッパの少なくとも81種類の異なる品種の親品種で

あることがわかっている（PINOTの系統図を参照）．それゆえに「ブドウのカサノバ」と呼ばれている．

- Bowers *et al.*（1999）はGOUAIS BLANCとPINOTは北東フランスの16品種の親品種であることを発見した．その16品種にシャルドネ（CHARDONNAY）やGAMAY NOIRが含まれることは（PINOTの系統を参照），大きな驚きであった．こうした交配は様々な場所で様々な時間に起こったと考えられる．
- Bowers *et al.*（2000）は北部フランスのAUBIN BLANCとPETIT MESLIERはGOUAIS BLANCとSAVAGNINとの自然交配によってできたものであることを明らかにした．他方，BALZAC BLANC, COLOMBARD, MESLIER SAINT-FRANÇOISは，GOUAIS BLANCとシュナン・ブラン（CHENIN BLANC）との自然交配品種である．
- 後になって，GOUAIS BLANCとPINOTとの間の子品種がさらに5種類見つかっている．また，GOUAIS BLANCと未知の親品種との子品種であると推定される55の品種も見つかっており，中でも最も有名なものはFURMINT，BLAUFRÄNKISCH，ELBLING，リースリング（RIESLING）などである（Regner *et al.* 1998; Boursiquot *et al.* 2004; Vouillamoz）．

Bisson *et al.*（2009）は，GOUAIS BLANCはブドウの形態分類群のGouaisグループの標準品種であると述べている（p XXXII参照）．
GOUAIS BLANCは最近MENNASの育種に用いられた．

語源

Berget（1903）はGOUAISという品種名の語源として二つの異なる説があると述べている．

- セーヌ＝エ＝マルヌ県（Seine-et-Marne）のグエクス（Gouaix）やヨンヌ県（Yonne）のGouais-les-Saint-Bris，ヴィエンヌ県（Vienne）のグエ（Gouex）あるいはニエーヴル県（Nièvre）のGoixのように村の名前に由来するという説．
- 形容詞のgouはフランスの中部および東部の方言でgou（形容詞）は軽蔑的な言葉として用いられており，Gouaisワインの質の低さを指したものだという説．

Berget氏は2番目の仮説を好ましいとしているが，昔の村の名前はGOUAISの古い品種名に対応したものであり（たとえばGouais-les-Saint-Brisは1408年にはGOYS，1550年頃にはGOEZ，1782年にはGOIXと呼ばれていた），古い品種名はしばしばブドウの樹やブドウの特徴に基づいたものであって，ワインの特徴を表すことはまれであったことを考えると最初の仮説のほうがもっともらしいと思われる．
ブドウの形態分類群的解析およびDNA解析により，GOUAIS NOIR（HEUNISCH ROTまたはHEUNISCH SCHWARZ）はGOUAIS BLANCの果皮色変異ではないことが明らかになっている（Boursiquot *et al.* 2004; Frei *et al.* 2006）．

他の仮説

GOUAIS BLANCに関する最初の記載は1283年にパリの北に位置するボーヴェ地方（Beauvais）の法律家であったPhilippe de Beaumanoir氏（1246/7-96）が著した*Les coutumes de Beauvoisis*という法律書にGoetの表記で，「gros noirやgoetのワインは6 solsの収入」と記載されているものがそれにあたると多くの研究者が考えている（Beugnot 1842; 完全な引用はPINOTを参照）．しかし，これは黒果粒品種に関する記載であって，GOUAIS BLANCの黒色変異は見つかったことがないこと，また，GOUAIS NOIRという名称はENFARINÉ NOIR，GUEUCHE NOIR，GAMAY NOIRなど，いくつかの黒果粒品種に用いられており，すべてがGOUAIS BLANCと近いものの遺伝的には異なる品種であるため，この記載がGOUAIS BLANCを指したものだとはいい難い．同様に，1300年頃に書かれた作者不詳の「La disputoison du vin et de l'iaue」の中に記されているGouaisや1394年にEustache Deschampsが「le bon plant ne fait que changier. Gouais devient le Morillon（よいブドウは変わり続ける．GouaisはPinotになる）」と記したものも黒果粒品種に関するものである．
中世のドイツでは，ブドウは大まかに，優れたワインが作られる高貴なFränkisch（*Vinum franconicum*, CHASSELAS，PINOT，SAVAGNINなど）と平凡なワインが作られる貧弱なHeunisch（*Vinum*

hunicum，たとえばGOUAIS BLANC，ELBLING）の二つのグループに分けられていた（Bassermann-Jordan 1923）．それゆえ，ドイツの古文書に出てくるHeunischがどの品種を指すのかを明らかにすることは，ほとんどの場合困難である．Heunischはおそらくアジア からの遊牧民であるフン族（Huns）に由来すると考えらえることから，GOUAIS BLANCはハンガリーでHajnosと呼ばれるフン族がハンガリーから持ち込んだものであると推測されている（Aeberhard 2005; Maul 2005）．これはGOUAIS BLANCがハンガリーのブドウであるFURMINTの親品種であることとも一致するが，なぜGOUAIS BLANCが現在，ハンガリーにおいて絶滅状態にあるのか，また，なぜフランス中北部とドイツ南西部に膨大な数の子品種が存在するにもかかわらず，ハンガリーに残る子品種はわずか一種類しかないのかは説明ができない．同様にGOUAIS BLANCはダルマチア地方（Dalmacija/Dalmatia）起源であり3世紀のローマ皇帝プロブス（Probus）がGauls（ゴール人）に与えたものだともいわれている（Goethe 1887; Bowers *et al*. 1999）が，GOUAIS BLANCがクロアチアで記載されたことはなく，同国には子孫品種も存在しない．

スロベニアではŠTAJERSKA BELINA（「Styriaの白」という意味）が誤ってGOUAIS BLANCの別名としてよく使われているが，これはRANFOLと同一品種である（Edi Maletić，私信）．

ブドウ栽培の特徴

樹勢が強く，非常に豊産性で結実能力が高い．萌芽期と熟期は中期である．薄い果皮をもつ大きな果粒が大きな果房をつける．灰色かび病に感受性であるが，冬の霜には耐性がある．

栽培地とワインの味

今日のワイン愛好家にもGOUAIS BLANCの重要性は認識されるところではあるが，それはひとえに，この品種の子品種によるものであり，現在，この品種がブドウ畑で栽培されているのを見るのは非常に難しい．フランスではこの品種の栽培が何度も禁止されており，現存する畑はオート＝サヴォワ県（Haute-Savoie），マリン（Marin）にある小さな畑のみである．ワインの商業生産はなされていない．

イタリアではPREVEIRAL（この品種の別名）としてピエモンテ州北部のアルプスの渓谷やヴァル・ディ・スーザ(Val di Susa), Val Bormida(ここでは別名のLISEIRETとして知られる), また, ピネローロ(Pinerolo)などで依然栽培されている．Enzo Berger氏はVal Germanascaにある古いPREVEIRALの樹からとれたブドウで，少量だがヴァラエタルワインを作っており，同氏は生産数を増やしたいと考えている．また，Reyneri di Lagnasco伯爵はピエモンテ州南西部のサルッツォ（Saluzzo）においてヴァラエタルワインを作っている．

ドイツ，ラインガウ（Rheingau）のリューデスハイム（Rüdesheim）ではGeorg Breuer社（Weingut Georg Breuerワイナリーをさす）が少量のHEUNISCH WEISSを栽培しており，2007年に最初のワインが作られている．

スイスのオー・ヴァレー地方ではGOUAIS BLANCは中世後期から継続的にGWÄSSの名で栽培されており，現在も一部の生産者が栽培を続けている．Josef-Marie Chanton社が収量を調節することにより，グリーンアップルと梨の花のアロマと柑橘系を感じさせる魅力的な酸味をもつ大変良質なワインを作っている．他にもヴァレー州の高地にあるDaniela Kramberger社，Lengen Weine社，Weinkeller zum Leysche社などの一部の生産者がGWÄSSのヴァラエタルワインを作っている．オーストラリアのラザーグレン（Rutherglen）ではChambers Rosewood社が0.6 ha（1.5 acres）の畑で栽培される樹齢100年を超えるブドウから時折，ヴァラエタルワインを作っている．

GOUGET NOIR

消滅しつつあるフランス中部の珍しい品種

ブドウの色：● ● ● ● ●

主要な別名：Gouge Noir（アリエ県（Allier），シェール県（Cher）），Gouget，Goujet，Lyonnais（アンドル県（Indre）），

Nérou, Neyran（アリエ県）, Neyrou（ピュイ=ド=ドーム県（Puy-de-Dôme））
よくGOUGET NOIRと間違えられやすい品種：GAMAY NOIR ⁸, ピノ・ノワール（PINOT NOIR ⁸）

起源と親子関係

GOUGET NOIR はフランス中部のアリエ県およびシェール県の珍しい品種である．この品種に関する最初の記載は，これらの地方で1843年になされており，次のような記載が残っている（Rézeau 1997）．「Nérou あるいは Gouget は最も甘く，生食に最も適した品種である」．

GOUGET は単にこの品種を広めた人物の名前にちなんでつけられたものらしい．ちなみに GOUGET はこの地方に住む人の一般的な名字である．GOUGET NOIR は AUXERROIS，シャルドネ（CHARDONNAY），GAMAY NOIR，GAMAY TEINTURIER DE BOUZE，GENOUILLET，MELON，PINOT，TROYEN などと並びブドウの形態分類群の Noirien グループ（p XXXII 参照）に属しており，これが時折 GAMAY NOIR や PINOT と間違えられる理由である．フランスの公式品種登録リストでは，DNA 系統解析によって GOUGET NOIR が GOUAIS BLANC の子品種である可能性が示唆されたとある（PINOT の系統図を参照）．

ブドウ栽培の特徴

萌芽期は早期で早熟である．樹勢が強いため，一般に長く剪定される．春の霜の後でも果実はよく実るが，灰色かび病には非常に高い感受性を示す．小さな果粒からなる小さな果房をつける．

栽培地とワインの味

かつて，GOUGET NOIR はフランス中部，アリエ県のモンリュソン（Montluçon），ドメラ（Domérat），ユリエル（Hurie）において主要品種とされていたが，19世紀末にフィロキセラの被害を受けた以降は GAMAY NOIR に取って代わられてしまった．19世紀半ば，アリエ県により広大なブドウ畑があった頃（17,000 ha/42,008 acres），GOUGET NOIR はその地方の畑の半分以上を占める品種であった（Kelley 2010）．フランスの公式統計には2008年に10 ha（25 acres）の栽培があったと記録されているが，50年前の739 ha（1,826 acres）と比べると栽培面積は激減しているといえよう．Gilles Desgranges 氏はユリエル近くの Ferme des Barchauds でこの品種を維持している唯一の作り手のようだ．

GOUSTOLIDI

伝統的で素朴なギリシャ品種

ブドウの色：●　●　●　●　●

主要な別名：Augoustelidi（エトリア（Aitolía），アハイア県（Achaïa）），Augoustelli（アルカディア県（Arkadía）），Avgoustolidi, Bostilidas（ケファロニア島（Kefaloniá），イタキ島（Itháki）），Goustoulidi, Goystolidi, Rompola ⁸, Vostilidi または Vostilida または Voustolidi（ケファロニア島（Kefaloniá））
よくGOUSTOLIDIと間違えられやすい品種：ROBOLA ⁸

起源と親子関係

GOUSTOLIDI の正確な起源は不明だがギリシャ品種である．品種名はギリシャ語の *avgoustolidi*（「8月の宝石」という意味）に由来しており，この品種が早熟であることを表している（Boutaris 2000）．ROMPOLA という同じ別名を共有している ROBOLA とは同一ではないが，遺伝的に非常に近縁である（Biniari and Stavrakakis 2007）．濃い果皮色の THEIAKO MAVRO とは親子関係にあると思われる（Boutaris 2000）．同様に，またさらに紛らわしいことに，濃い果皮色の AVGOUSTIATIS とは Vitis 国際品種カタログで多くの別名を共有しているが，その果皮色変異ではない．ケファロニア島（Kefaloniá）ではGOUSTOLIDIがVOSTILIDIとして知られている．

ブドウ栽培の特徴

樹勢が強く，豊産性である．中～大サイズの厚い果皮をもつ果粒が大きな果房をつける．萌芽期は遅く，熟期は中期～晩期である．乾燥と灰色かび病には良好な耐性を示すがうどんこ病とべと病には感受性がある．

栽培地とワインの味

この品種から作られたワインはGoustolidiあるいはVostilidiと呼ばれており，一般に，素朴かつ頑強でアルコール分がかなり高いものになる．Gentilini社のMarianna Kosmetatos氏がいうように，このワインは伝統的に日々の食事の一部となっており，重労働する農民を力づけるものであった．

GOUSTOLIDIは主にギリシャのザキントス島（Zákynthos）とケファロニア島で栽培されており，現地ではVOSTILIDIとして知られている．限られた量だが，ペロポネソス半島（Pelopónnisos）や本土の南西部でも栽培されている．ザキントス島では島の伝統的な辛口の白のブレンドワインであるVerdeaワインの生産に用いられている．ワインは以前のものに比べ，酸化が少なく，アルコール分が低い．Comoutos社やCallinico社などの生産者がVerdeaワインを生産している．各社のブレンド比率は少しずつ異なっているが，一般にGOUSTOLIDI，SKIADOPOULO（FOKIANO参照），PAVLOS（MALVASIA BIANCA LUNGA参照）などが用いられている．

ケファロニア島におけるVOSTILIDIの栽培面積は30 ha（74 acres）で，そのほとんどが古い混植の畑で栽培されている．果汁は糖度が高く，酸度は適度である（標高により異なる）．GOUSTOLIDIは伝統的に地産地消されているが，近年はより広いマーケット向けに現代的なスタイルのワインが作られている．酸化しやすいので，ブレンドワインの生産者（Divino社，Domaine Foivos社，Melissinos社など）はROBOLAやZAKYNTHINOなどの他の品種とブレンドしている．Sclavus社は数少ないヴァラエタルワインの生産者の一つで，オレンジ色で，タンニンに富み，アプリコットのフレーバーと長いアフターテイストをもつワインを作っている．Melissinos社で行われたオーク熟成の試験では良好な結果が得られた．

GOUVEIO

GODELLOを参照

GOUVEIO REAL

ポルトガル北部でスティルワインと発泡性ワインに用いられる薄い果皮色のマイナーな品種

ブドウの色：● ● ● ● ●

よくGOUVEIO REALと間違えられやすい品種：GODELLO，Gouveio Estimado

起源と親子関係

GOUVEIO REALはポルトガル北部のドウロ（Douro）由来の品種であると思われる．この地方でGODELLOと呼ばれるGOUVEIOとよく混同されるが，最近のDNA解析により，二つの品種は全く異なる品種であることが明らかになっている（Lopes *et al.* 2006）．

ブドウ栽培の特徴

樹勢が強く，萌芽は早期で熟期は中期である．小さな果粒が密着して小さな果房をつける．うどんこ病と灰色かび病に感受性がある．べと病にも感受性があるが，うどんこ病や灰色かび病ほどではない．

栽培地とワインの味

GOUVEIO REAL ワインは比較的フルボディーだが生き生きとしており，一般にフローラルでフルーティーなアロマをもち，すっきりした飲み口がある．2009年にはポルトガルの北半分で955 ha（2,360 acres）の栽培が記録されており，そのほとんどがドウロで栽培されたものであった．主に発泡性ワインと白のブレンドに用いられている．たとえば，ヴァレ・ド・ヴァロッサ（Vale do Varosa）の Murganheira 社は MALVASIA FINA や CERCEAL BRANCO とのブレンドワインと発泡性のヴァラエタルワインを作っている．すべてのワイン地区がそれぞれの規制にのっとって異なる GOUVEIOS を区別しているわけではないが，ドウロでは GOUVEIO REAL がポートワインと非酒精強化のテーブルワイン用として特定されている．

GR 7

マイナーだが頑丈で耐寒性をもつ複雑なアメリカ交雑品種．ほとんどがブレンドワインに用いられている．

ブドウの色：● ● ● ● ●

主要な別名：Geneva Red 7，NY 34791

起源と親子関係

1947年にニューヨーク州のコーネル大学で BUFFALO×BACO NOIR の交配により得られた交雑品種である．

- BUFFALO は黒色果粒品種の HERBERT×WATKINS の交雑品種で1921年に得られた．
- HERBERT は CARTER×SCHIAVA GROSSA の交配により1865年に得られた．
- CARTER（MAMMOTH GLOBE とも呼ばれる）は ISABELLA（*Vitis vinifera*×*Vitis labrusca*）と未知の親品種との間の子品種でバージニア州の Charles Carter 氏が選抜したものである．
- WATKINS は MILLS×ONTARIO の交配品種で1911年に得られた（ONTARIO の系統は CAYUGA WHITE 参照）．
- MILLS は MUSCAT OF HAMBURG×CREVELING の交配品種である．
- CREVELING はおそらく *Vitis vinifera*×*Vitis labrusca* の交雑品種であろう．

このように GR 7は複雑な *Vitis vinifera*×*Vitis labrusca* の交雑品種である．

初めてこの果実が観察されたのは1953年のことで，その後，ブドウの樹は繁殖され，その年に NY34791 と名付けられ（後に GR 7または GENEVA RED 7と改名）試験栽培された．さらなる試験が行われた後，2003年に公開された（Reisch *et al.* 2003）．

ブドウ栽培の特徴

萌芽期は早期で（そのため，時折，春の霜の被害を受ける危険性がある）熟期は早期～中期である．豊産性で樹勢が強い．耐寒性．リングスポットウィルスに対しては BACO NOIR，DE CHAUNAC，CHELOIS よりも耐性がある．機械化栽培に適している．

栽培地とワインの味

GR 7は主にブレンドワインにおいてその価値を発揮する．たとえば，ニューヨーク州，フィンガーレイクス地方（Finger Lakes）にある Glenora 社は BACO NOIR とブレンドして Bobsled Red を作っている．温暖な年にできたワインはチェリーと赤いフルーツのアロマと幾分フォクシーな *labrusca* 系の香りを放つが，冷涼な年は植物的な香りを放つものとなる傾向にある．また，BACO NOIR よりも優れたタンニンの骨格を有しているが酸味は弱く，DORNFELDER よりは強い酸味をもつ（Reisch *et al.* 2003）．2006年にはニューヨーク州で64 acres（26 ha）の栽培が記録された．また，アイオワ州やペンシルベニア州でも少し栽培されている．

GRACIANO

低収量だがワインは色合い豊かで香り高く，酸味が保たれて，リオハ（Rioja）において，再注目され好評を得ている品種である．

ブドウの色：

主要な別名：Bovale，Bovale Sardo ☒（サルデーニャ島（Sardegna）），Bovaleddu，Cagliunari（アルゲーロ（Alghero）），Cagniulari，Cagnulari ☒，Caldareddhu または Calda Reio（サルデーニャ島のガッルーラ（Gallura）），Courouillade（ラングドッグ（Languedoc）），Graciana（アルゼンチン），Minustellu（コルシカ島（Corse）），Monastrell Menudo または Monastrell Verdadero（スペイン），Morastell ☒ または Morrastel（ラングドッグ），Moristell，Muristellu ☒，Tinta Miúda ☒，Tintilla de Rota ☒（ヘレス（Jerez）），Xeres（オーストラリア），ほか多数

よくGRACIANOと間違えられやすい品種：BOBAL ☒，MAZUELO ☒，MONASTRELL ☒，MORISTEL ☒，MORRASTEL BOUSCHET ☒，NÉGRETTE（南フランスのカマルグ（Camargue）），PARRALETA ☒，PASCALE ☒

起源と親子関係

GRACIANO の別名がスペインおよび地中海全域で多く見られることから，この品種が古い品種で広範囲に渡り栽培されたことが示唆される．スペインの研究者らがDNA解析によって GRACIANO，PARRALETA，TINTILLA DE ROTA が同じ品種であることを発見した当時，そうした仮説は皆無であったため，研究者らは大変驚かされた（Borrego *et al.* 2001）．しかし，PARRALETA はこれら品種と近い関係にあるものの同一品種ではないことがわかった（Montaner *et al.* 2004; Buhner-Zaharieva *et al.* 2010）．また，さらなるDNA解析によって，GRACIANO がサルデーニャ島の BOVALE SARDO および CAGNULARI と同一であることが明らかになった（Nieddu *et al.* 2007）．事実，19世紀以降，幾人かの研究者は CAGNULARI が BOVALE SARDO のクローンであると考えていた．また，GRACIANO との同一性はフランスのブドウの形態分類の専門家の Truel 氏によってもすでに示唆されていた（Galet 2000）．加えて，BOVALE SARDO，CAGNULARI，GRACIANO が同じ品種であることは，これらのブドウの形態分類学的解析が類似していること（Galet 2000）と一致しており，また，遺伝的解析によっても一つのグループになることが明らかになっている（Nieddu *et al.* 2007）．

他方，BOVALE SARDO は単に BOVALE GRANDE のクローンであると述べる研究者らもあるが，BOVALE GRANDE がサルデーニャ島の CARIGNANO（MAZUELO）と同一であることを考えるとなおのことだが（Reale *et al.* 2006; Nieddu *et al.* 2007），ブドウの形態分類学的にも，また遺伝学的にもこの説は成立しそうにない．さらに限定的なDNAデータによる暫定的な系統解析では BOVALE SARDO が BOVALE GRANDE の親品種か子品種であることが示唆されている（Reale *et al.* 2006）．言い換えれば，GRACIANO と MAZUELO は親子関係にあたるということになるが，これはそれぞれのDNAプロファイルによって否定されている（Vouillamoz）．それにもかかわらず，交配によって GRACIANO や MAZUELO がスペインで生まれたことは明白である．

最近のDNAの系統解析によって，GRACIANO と MONASTRELL が姉妹品種にあたることが明らかになったことで（Santana *et al.* 2010），なぜ，サルデーニャ島における BOVALE SARDO の別名が MURISTEDDU や MURISTELLU であるのか，また，スペインにおいて GRACIANO が MONASTRELL MENUDO や MONASTRELL VERDADERO と呼ばれているかを説明できるように

なったしかし，別々に報告されたDNAプロファイルの比較によるとGRACIANOとMONASTRELLの間の近縁関係は否定されている（Vouillamoz）．このような誤った仮説はおそらく，MONASTRELLとMORISTELLが混同されたことによるものだと考えられる．MONASTRELLはムールヴェドル（MOURVÈDRE）と同一であり，他方，MORISTELLはGRACIANOと同一であることから，つまりはBOVALE SARDOやCAGNULARIとも同一であることになる．また，DNA系統解析によってGRACIANOが，スペイン北西部に位置するレオン県（León），ビエルソ地方（Bierzo）のMANDÓNの親品種であることが明らかになっている（García-Muñoz *et al.* 2012）．

アラゴン王国の一部となったのちも，サルデーニャ王国は1323～1720年までスペインの支配下にあった．この時期に，おそらくCARIGNAN（MAZUELO）とともにGRACIANOがスペインからサルデーニャ島に持ち込まれ，同島においてGRACIANOにはBOVALE SARDOの名が，CARIGNANにはBOVALE DI SPAGNA（またはBOVALE GRANDE）の名がつけられたものと思われる．

GRACIANOはMORRASTEL BOUSCHETの育種に用いられた．

他の仮説

この品種が19世紀にフランスからサルデーニャ島に持ち込まれ，当初は誤ってムールヴェドルと表示されていたが，後にCAGNULARIと表示されるようになったと述べる研究者もある．

ブドウ栽培の特徴

萌芽期は中期～後期で，晩熟である．樹勢が強く，乾燥耐性であるが，結実能力が低く，低収量であるため栽培が難しい．べと病に感受性で耐病性は低い．しかし，ワインは酸味と香りにより評価されている．栽培には粘土と石灰岩土壌および冷涼な土地と短い剪定が適している．

栽培地とワインの味

香り高く，フレッシュで力強いワインになる可能性があり，時にスパイシーなGRACIANOは19世紀末にフィロキセラ被害を受けるまではスペインで広く栽培されていたのだが，栽培はそのころから次第に減少しつつあった．しかし，この品種がリオハブレンドに与えているフレッシュさと香り高さに対する評価は増しており，少量ながらもヴァラエタルワインも増加し続けていることは2008年の総栽培面積（1,478 ha（3,650 acres））にも反映されている．Contino社の単一ブドウ畑のGracianoやValdemar社のInspiración Valdemar Graciano，また，Dinastia Vivanco社のColección Vivanco Gracianoなどがリオハで生産されているヴァラエタルワインの典型例である．ヘレスで非常にわずかだがTINTILLA DE ROTAという別名で栽培されており，Vino de la Tierra de Cádizやde Córdobaの公認品種となっている．

同様にフランスでは，19世紀にラングドック＝ルシヨン地域圏（Languedoc-Roussillon）においてMORRASTELという名で比較的広く栽培されていたが，現在ではあまり見られなくなってしまった．

イタリアのサルデーニャ島ではBOVALE SARDOやCAGNULARIという名で流行している．BOVALE SARDOの名では他の地元品種とともにブレンドワインの生産に用いられており，色，酸味とボディーをブレンドワインに加える役割を果たしている（ヌーオロ県（Nuoro）およびオリスターノ県（Oristano）のMandrolisai DOC，カリャリ県（Cagliari）およびオリスターノ県のCampidano di Terralba DOCなどがそのよい例である）．Argiolas社が作る優れたKoremは，主にBOVALE SARDOとCARIGNANOやCANNONAUとのブレンドにより作られるもので，つまりはスペイン品種であるGRACIANO，MAZUELO，GARNACHAのブレンドワインということになる．ウージニ（Usini）のGiocanni Cherchi氏が数年前に絶滅の危機から救済したBOVALE SARDOの特定のクローンであるCAGNULARIは主にサッサリ地域（Sassari）で栽培されている．Cherchi氏は初めてCAGNULARI 100%のワインを作った人物である．ワインはフルボディーで良好な骨格と潰した赤いフルーツ，フレッシュミントの葉，胡椒，インクの濃厚なアロマを有しており，辛口だが丸みを帯びたタンニンに加え，魅力的なブラックチェリーの香りが後味として口中に残る．サルデーニャワインを飲むすべての人が気が付いているというわけではないが，BOVALE SARDOとCAGNULARIのブレンドワイン（たとえばIsola dei Nuraghi IGTワイン）は，実はリオハ（Rioja）のGRACIANOの二つのクローンのブレンドワインである．

ポルトガルでは，伝統的にTINTA MIÚDA（「小さな赤いもの」という意味）という名でリスボン（Lisboa）近郊で栽培されてきたが，さらに北部や東部のアレンテージョ（Alentejo）でも栽培されている．2010年の総栽培面積は461 ha（1,139 acres）であった．夏に乾燥が続くと成熟期間が長くなるため，果汁は糖度とフェノール化合物に富むものとなる．土壌が冷たく海に面した場所にある畑で栽培すると，腐敗にとりわけ高い感受性を示すようになる．最高のワインは，酸味とタンニンレベルのおかげで長期熟成が可能である．推奨される生産者としてはアレンテージョ（Alentejo）の Herdade dos Grous 社やリスボンの Quinta do Sanguinhal 社などがあげられる．

カリフォルニア州では主にセントラル・バレー（Central Valley）やシエラ・フットヒルズ（Sierra Foothills）で限定的に栽培されているが，ヴァラエタルワインの生産は増加している．アルゼンチンでは2007年に31 ha（90 acres）の栽培が記録されている．

オーストラリアのあちらこちらにGRACIANOブドウの小栽培地区があり，時折，ヴァラエタルワインが作られている．この品種の品質が話題にのぼることが多くなっている．

GRAISSE

主にブランデーのアルマニャックの生産に用いられるフランス南西部のマイナーな品種

ブドウの色：● ● ● ● ●

主要な別名：Blanquette Grise（ジェール県（Gers）），Chalosse（ランド県（Landes）），Gras または Gras Blanc（ベアルン（Béarn）），Grèce Blanche（ジェール県），Plant de Graisse，Plant de Grèce，Président（ジュランソン（Jurançon），アルマニャック（Armagnac）），Ramassou Blanc（ランド県），Tizourine Bou-Afrara（アルジェリア）

起源と親子関係

GRAISSEに関する最初の記載は1783〜4年にジェール県で見られ，Grece Blanche という間違ったスペルで次のように記載されている（Rézeau 1997）．「Grèce Blanche，このブドウはくすんだ白色の大きな果粒が密着して長い果房をなしている」．品種名はフランス語で，「油」を意味する*graisse*にちなんで名づけられたもので，果汁の油のような粘度を表している．これがガスコーニュの方言で*grechu*となり，後にGrèce（フランス語で「ギリシャ」の意味）やPlant de Grèceと間違えて訳された．

GRAISSEはブドウの形態分類群のGrasグループ（p XXXII; 参照，Bisson 2009）に属している．DNA系統解析によってGRAISSEが，数多くあるGOUAIS BLANCの子品種の一つであることが明らかになった（Boursiquot *et al.* 2004; PINOT系統図参照）ことで，なぜ，この品種がGOUAIS BLANCのようにPRÉSIDENTと呼ばれることがあるかの説明が可能になった．

ブドウ栽培の特徴

豊産性で晩熟である．新梢と吸枝を多く出す傾向がある．果粒の糖度は低い．灰色かび病に感受性がある．

栽培地とワインの味

ワインはニュートラルで酸味が強くなりがちであり，ワインよりもアルマニャックの生産に適している．Lavignac氏（2001）は灰色かび病への感受性が原因で，今日ではあまり栽培されておらず，フランス南西部，ジェール県のコンドン地方（Condom）でわずかに見られるのみであると述べている．2008年には17 ha（42 acres）の栽培が記録された．オータルマニャック（Haut-Armagnac）のChâteau de Neguebouc社は同社のLes Très Raresボトルのベースワインとして20%のGRAISSEと80%のUGNI BLANC（TREBBIANO TOSCANO）を用いている．

GRAMON

わずかな栽培者しかいないフランス，モンペリエ（Montpellier）の交配品種

ブドウの色：●●●●●

起源と親子関係

GRAMON は1960年にモンペリエ（Montpellier）にある国立農業研究所（Institut National de la Recherche Agronomique : INRA）の Paul Truel 氏が GARNACHA × ARAMON NOIR の交配により得た交配品種である．品種名は GRENACHE と ARAMON を短縮して合わせて作った造語である（Rézeau 1997）．

ブドウ栽培の特徴

晩熟である．結実能力が高いため短く剪定でき，株仕立てで栽培される．時折，結実不良（ミルランダージュ）を起こすことがある．また，ダニに感受性があるが，灰色かび病には良好な耐性を示す．

栽培地とワインの味

フランス南東部とコルシカ島（Corse）で推奨されているが，2008年の統計に記載された栽培面積は4 ha（10 acres）未満であった．一般に，ワインはフルボディーで，タンニンと色合いはともに中程度である．

GRAND NOIR

可能性がある薄い赤色の果肉をもつ19世紀のフランスの交配品種．依然，世界中で栽培されている．

ブドウの色：●●●●●

主要な別名：Gran Negro（スペインのバルデオーラス（Valdeorras）），Grand Bouschet（ポルトガルのアレンテージョ（Alentejo）），Grand Noir de la Calmette，Gros Noir（ピレネー＝アトランティック県（Pyrénées-Atlantiques）），SumoTinto（ポルトガル）

よくGRAND NOIRと間違えられやすい品種：ALICANTE HENRI BOUSCHET ☿，MORRASTEL BOUSCHET ☿

起源と親子関係

1855年にフランス南部のエロー県（Hérault）のモンペリエ（Montpellier）近くのモーギオ（Mauguio）の Domaine de la Calmette 社で Henri Bouschet 氏が PETIT BOUSCHET × ARAMON NOIR の交配により得た交配品種である．カリフォルニア大学デービス校のブドウコレクションのように，片親だけが姉妹関係にある MORRASTEL BOUSCHET（Viala and Vermorel 1901–10）とよく間違われる（Vouillamoz）．

ブドウ栽培の特徴

ALICANTE HENRI BOUSCHET などのタンチュリエ品種よりは薄いが赤色の果肉をもつ．高い収量である．やせた土地では果粒の萎凋が見られる．うどんこ病に感受性である．

栽培地とワインの味

ラングドック（Languedoc）とコニャック地方（Cognac）ではGRAND NOIRの栽培が徐々になくなりつつあるが（2008年に記録されたフランスの栽培面積は1 ha/2.5 acres未満），スペインでは2008年に885 ha（2,187 acres）の栽培が記録されており，事実上，そのすべてが北西部のガリシア州（Galicia）で栽培されている．多湿の気候に良好な適応を示すGARNACHA TINTORERA（ALICANTE HENRI BOUSCHET）に置き換えられつつあるが，ValdeorrasやRibeira SacraのDOではその色が評価されている．

ポルトガルでも南部の古い畑で主に見られ，ALICANTE HENRI BOUSCHETなどと混植されている．2009年には347 ha（857 acres）の栽培が記録されており，ARAGONEZ（テンプラニーリョ/TEMPRANILLO），TRINCADEIRA，ALICANTE HENRI BOUSCHETと並んでアレンテージョ（Alentejo）原産地呼称のPortalegreサブリージョンで公認されているが，新しく植えつけられることはなく，新しい畑ではALICANTE HENRI BOUSCHETのほうが好まれている．

カリフォルニア州ではロシアン・リバー・バレー（Russian River Valley）のウィンザー（Windsor）で1900年代の初頭に植えられた小さな栽培地が見つかっている．その栽培地ではGRAND NOIRが，ある時期広く栽培されていたが，年が経つにつれ引き抜かれ，より流行している品種に置き換えられてしまった．この品種から作られるワインは，よく比較されるALICANTE HENRI BOUSCHETのワインよりも興味深く，胡椒のような香りのフレーバーを有していると報告されている．

GRAPARIOL

最近，絶滅の危機から救済されたヴェネト州（Veneto）の品種

ブドウの色：● ● ● ● ●

主要な別名：Grappariol，Rabosa Bianca，Rabosina Bianca，Rabosino Grappariol

起源と親子関係

GRAPARIOLはイタリア北部のトレヴィーゾ県（Treviso）を起源とする珍しいブドウ品種である．RABOSO PIAVEの白変異だと考えられていたが，最近のDNA解析ではRABOSO PIAVEやRABOSO VERONESEとの関係は認められなかった（Crespan *et al.* 2009）．

栽培地とワインの味

イタリア，ヴェネト州のコネリアーノ（Conegliano）研究センターにおいて研究者と冒険心のある作り手がGRAPARIOLを絶滅の危機から救済した．2007年にイタリアのブドウ品種リストに登録されたGRAPARIOLの現在の栽培面積は数haのみである．白い花，白桃，セロリのアロマをもつワインができる．Barbaran Vigne e Vini社やLe Rive社などがヴァラエタルワインを作っている．

GRASĂ DE COTNARI

かつて甘口コトナリ（Cotnari）ワインで有名であったルーマニアの珍しい品種. ハンガリーのトカイで見ることもある.

ブドウの色：● ● ● ● ●

主要な別名：Bajor, ?Fehér Kövérszőlő, ?Fejérszőlő（ハンガリー）, Gras, Grasă（ルーマニア）, Grasă de Cotnar（ルーマニア）, Grasă Mare（ルーマニア）, Grasă Mică（ルーマニア）, Grasi（ルーマニア）, Grassa（ルーマニア）, ?Kövérszőlő（ハンガリー）, Poamă Grasă（ルーマニア）, Resertraube

よくGRASĂ DE COTNARIと間違えられやすい品種：FURMINT（ハンガリー）

起源と親子関係

ブドウの形態分類の専門家ら（Galet 2000; Dejeu 2004）は，ルーマニアで「油」を意味するGRASĂやGRASĂ DE COTNARIとして知られている品種が，ハンガリーでKÖVÉRSZŐLŐ（「太ったブドウ」という意味）として知られる品種と同じだと考えてきたが，DNA解析では確認されていなかった．この品種はハンガリーで19世紀から知られていたが，Varga（2008）で述べられているBalassaによれば，KÖVÉRSZŐLŐはFEJÉRSZŐLŐと同じ品種であるが，FEJÉRSZŐLŐはトカイの古い品種リストによく登場する古い未同定の品種であるため，KÖVÉRSZŐLŐは，ずっと古い品種だと考えられる．ルーマニアでは，コトナリ地方で長く栽培されており，Dejeu（2004）は，GRASĂ DE COTNARIとGRASĂ GALBENĂ（黄色果粒），GRASĂ VERDE（緑果粒），GRASĂ CROCANTĂ（果肉の堅いタイプ）の少なくとも三つの形態的なタイプを記載している．このような多様性は，Grasăの起源がルーマニアにあることを示している．また，この品種と歴史あるモルドヴァ地方（Moldavia）（現在のモルドヴァ共和国とルーマニアのモルドヴァ地方）の品種であるFETEASCĂ ALBĂ，FETEASCĂ REGALĂが遺伝的に近縁であることを示した最近の研究結果もそれを支持している（Bodea *et al.* 2009）．

GRASĂ DE COTNARIはFURMINTと同一だといわれることもあった（Roy-Chevrier 1903b, Galet 2000）が，両者は単に形態的に似ているに過ぎない（Dejeu 2004）．

他の仮説

ルーマニアには，モルドヴァ公国のシュテファン大公（Stephen the Great；1433-1504）が，ハンガリーとクロアチアの王であったマーチャーシュ1世（Matthias Corvinus, 1443-90）のもとを訪れた際にアルバ・ユリア（Alba Iulia; トランシルヴァニア /Transilvania）でテイスティングしたワインに深く感銘を受けたため，後にGRASĂ DE COTNARと呼ばれるブドウの穂木を授けられたという言い伝えがある．しかし，GRASĂ DE COTNARIが伝統的にトランシルヴァニア地方で栽培されたことはないため，この品種の起源がトランシルヴァニアにあるとは考えにくい．

また別の言い伝え（Roy-Chevrier 1903b）によれば，15世紀末にGutnarというドイツ人がこの品種をハンガリーから持ち込み，自らの名を村名にKutnar村としてつけ，それがその後，Kotnarになり，最終的にコトナリ（Cotnari）になったといわれている．また，Gutnarが植えたオリジナルのブドウの樹が現在もバレア・ウングルルイ（Valea Ungurului,「ハンガリー人の谷」という意味）で栽培されているともいわれている．

ブドウ栽培の特徴

萌芽期は早期で熟期は中期～晩期である．低収量で，丸く糖度に富んだ果粒は貴腐に適している．冬の寒さと乾燥には，ある程度の耐性を示すが，べと病には感受性がある．温暖な気候と火山性の土壌と斜面が栽培に適している．

CHASSELAS

pp 250–253

CHENIN BLANC

pp 257–261

CODA DI VOLPE BIANCA

pp 277–278

CONCORD

pp 287–288

COT

pp 296–299

DUREZA

p 345

ELBLING

pp 355–356

FETEASCĂ ALBĂ

pp 379–380

FIANO

pp 383–384

FURMINT

pp 408–410

PETIT GAMAY

GAMAY NOIR 参照

pp 419–422

GRENACHE NOIR

GARNACHA 参照

pp 432–440

GOUAIS BLANC

pp 456–459

GRACIANO

pp 463–465

HÁRSLEVELŰ

pp 495–496

INZOLIA

pp 513–515

栽培地とワインの味

ルーマニアでは2008年に GRASĂ DE COTNARI が415 ha（1,025 acres）栽培されたと記録されている．畑の多くは同国北東部のモルドヴァの丘にあり，かつて，そこでは甘い貴腐のコトナリワインが作られ，北ヨーロッパの王宮ではトカイ（Tokaji）ワインに匹敵するといわれていた．ヴァラエタルワインも作られるが，ふくよかでフルボディーであるというこの品種の特徴は伝統的にパートナーとされている TĂMÂIOASĂ ROMÂNEASCĂ（ミュスカ・ブラン・ア・プティ・グラン（MUSCAT BLANC À PETITS GRAINS）参照），FRÂNCUŞĂ，FETEASCĂ ALBĂ とブレンドされる（最低30%）ことでバランスとフレッシュさが向上する．中甘口や辛口ワインも作られている．一般に，コトナリワインはトカイよりも酸素とオークにさらされる量が少ないため，数年間はボトル内で緑の色合いが保持される．

ハンガリーにおいて KÖVÉRSZŐLŐ は1990年代末に限定的な量で試験栽培が行われるまでは，フィロキセラ被害によりほぼ絶滅状態にあった．2008年には37 ha（91 acres）の栽培が記録されており，そのほとんどがトカイで栽培されたものであった．この品種は糖度が高く，貴腐化しやすいため，甘口貴腐の Tokaj 原産地呼称の副原料として有益で，5番目の公認品種となっている．ヴァラエタルワインはフルボディーかつソフトで，少々，アロマティックではあるものの熟成には向いていない．これが Tokaj Nobilis 社などの生産者が甘口の FURMINT 主体のワインにこの品種を少量しか用いない理由である．Dorogi 社，Hétszőlő 社（主に Aszú ワインであるが，年によっては遅摘みスタイルも作られている）および Tokaj Nobilis 社が珍しいヴァラエタルワインを作っている．

GRAŠEVINA

中央ヨーロッパで広く栽培されているが，不当な誹謗やリースリング（RIESLING）と比較されることに苦しんできた品種である．

ブドウの色：● ● ● ● ●

主要な別名：Borba ⊗（スペインのリベラ・デル・グアディアーナ（Ribera del Guadiana）），Graševina Bijela（クロアチア），Italian Riesling（ルーマニア），Laški Rizling ⊗（スロベニア，クロアチアおよびセルビアのヴォイヴォディナ自治州（Vojvodina）），Olasz Rizling または Olaszrizling（ハンガリー），Riesling Italico ⊗（イタリア北部およびクロアチア），Riesling Italian（ルーマニア），Rismi（イタリア，トレヴィーゾ県（Treviso）），Rismi または Risli（トレヴィーゾ県），Rizling Vlašský（スロバキア），Ryzlink Vlašský（チェコ共和国），Taljanska Graševina（クロアチア），Wälschriesling（ドイツ），Welschriesling ⊗（オーストリア，カナダ，ドイツおよびスイス）

よくGRAŠEVINAと間違えられやすい品種：ALIGOTÉ ⊗，GRECO ⊗，PETIT MESLIER ⊗，PIGNOLETTO ⊗，リースリング（RIESLING）⊗

起源と親子関係

広く普及し，とりわけ中央ヨーロッパと東ヨーロッパにおいて多くの異なる別名をもつ，この古い品種の起源については，長い間，様々な議論がなされてきた（他の仮説参照）．本書では主要な名称としてクロアチアで用いられている GRAŠEVINA を用いることとする．

- クロアチアで最も広く栽培されている白ワイン品種である．
- LAŠKI RIZLING，OLASZ RIZLING，RIESLING ITALICO，RYZLING VLAŠSKÝ，WELSCHRIESLING などの名は，たとえ遺伝的に，また品質的に全く違っているとしても，ドイツのリースリング（RIESLING）との関係を紛らわしく示唆している．
- WELSCHRIESLING（*welsch* は「外国」という意味）という品種名は，この品種が外国からオーストリアなどのドイツ語圏の国々に持ち込まれたことを示唆しており，それらの国々では広く栽培されている．
- イタリアでは GRAŠEVINA が RIESLING ITALICO として知られるようになるのであるが，19世紀まではイタリア北部で見られることはなかった（Calò *et al.* 2006）.

上記から，GRAŠEVINA の起源の地としてはクロアチアあるいはドナウ川（Danube）流域が最も有力であると考えられる.

最も驚くべきことは，スペイン南西部の Ribera del Guadiana で栽培されており，Martín *et al.*（2003）で公開されたスペイン品種の BORBA の DNA プロファイルが GRAŠEVINA と一致したということである（Vouillamoz）.

GRAŠEVINA は（異なる別名で），BUSSANELLO，FLAVIS，GOLDBURGER，ITALICA，ŞARBĂ などの多くの品種の育種に用いられた.

他の仮説

ブドウの分類の専門家である Lumbert von Babo（1843-4）は，GRAŠEVINA（WÄLSCHRIESLING の名で）はシャンパーニュ地方からドイツのハイデルベルク（Heidelberg）に持ち込まれもので，シャンパーニュにおいて彼自身がその品種を ALIGOTÉ あるいは PETIT MESLIER と暫定的に同定したと述べている．しかし，GRAŠEVINA はそれらの品種とは関係がなく，フランスで栽培されたこともない．言語は異なっても Welsch，Laški，Vlašský がリースリングの前後につく場合，それらはすべてルーマニアの歴史的地区である「ワラキア（Wallachia）の」という意味になることから，ルーマニア起源が示唆されている．しかし，ルーマニア人はこれを Italian Riesling と呼んでおり，隣人であるハンガリー人が単にそれを翻訳したにすぎず（*olasz* は「イタリアの」という意味），この説には疑わしさが残る．RIESLING ITALICO という名はこの品種がイタリア起源であることを示唆しているという研究者らがいる．また，両品種がローマの *Vitis aminea gemella* に似ていることから GRECO（GRECO DI TUFO）との類似性が提案された（Giavedoni and Gily 2005）が，DNA 解析によって GRAŠEVINA と GRECO との間の遺伝的なつながりは，はっきりと否定されている.

ブドウ栽培の特徴

豊産性．萌芽期は遅く，熟期は晩期だが，収量を調節するとことの外，酸度が維持される．乾燥した気候と温かい土壌が栽培に適しているが，比較的寒冷耐性である．うどんこ病に感受性があるが，べと病と灰色かび病への感受性はそれほどでもない.

栽培地とワインの味

イタリアでは，多くの品種の別名として，この名前が用いられているので，同国内で栽培されているこの品種の栽培面積がかなりの面積であること（2000年の栽培面積は2,030 ha（5,016 acres））は驚きに値するものではない．栽培が特に多く見られるのは北西部のロンバルディア州（Lombardia）である．推奨される生産者としてはソアーヴェ（Soave）の Cà del Gè，Cantina di Casteggio，Martilde，Pieropan，また，オルトレポ・パヴェーゼ（Oltrepò Pavese）の Mazzolino などがあげられる．一般にイタリアのワインというと，軽く，キレのよい辛口のものが多いが，その特徴は長く維持されない.

スペインでは2008年に BORBA として8 ha（20 acres）が栽培されている．そのほとんどが同国南西部に位置するエストレマドゥーラ州（Extremadura）のカセレス県（Cáceres）で栽培されているが，東部のカスティーリャ＝ラ・マンチャ州（Castilla-La Mancha）でも限定的に栽培されている.

オーストリアでは2009年に WELSCHRIESLING として3,597 ha（8,888 acres）が栽培されている．これは同国のブドウ畑の7.8％を占めており，栽培面積はリースリングのほぼ2倍にあたる．シャルドネ（CHARDONNAY）や，地方品種とブレンドされることもあるが，国内で収穫される WELSCHRIESLING のほぼ半分が栽培されているブルゲンラント（Burgenland）のノイジードル湖地方（Neusiedlersee）の周辺で遅摘みされたブドウや，貴腐化したブドウから，長寿ではないが，最上のリースリングの TBA（トロッケンベーレンアウスレーゼ）のような素晴らしいワインが作られている．Schröck & Kracher 社の Greiner Welschriesling は遅摘みワインのよい例である．このワインを表現する言葉にドラマティックなものはなく，軽く，辛口あるいはオフ・ドライで飲みやすい早飲みワインであるといわれている．この品種はまたオーストリアのゼクト（Sekt）にも用いられている．推奨される生産者としては Feiler-Artinger，Kracher，Velich などがあげられる.

この品種は東ヨーロッパで広く栽培されており，いろいろな名前がつけられている．豊産性の白ブドウで栽培地や栽培方法などにより，収量を抑制し，真剣に作ると，力強く上品なワインになるポテンシャルのある印象的なワインになる．収量が高いとワインは荒々しいものになるか，ニュートラルなものとなる傾向にある．マイルドでフローラルな印象をもつが，口当たりをよくするためには糖分を残さなければならない．スロベニアにおける2009年のLAŠKI RIZLINGの栽培面積は2,482 ha（6,133 acres）で，そのほとんどが北東部のシュタイエルスカ地方（Štajerska Slovenija（Slovenian Styria））で栽培されたものであった．辛口ワインを作る生産者としてはDveri-Pax，Jamšek 1887，Kupljen，Marof，P&F Jeruzalem Ormož，Pullus，Valdhuberなどが推奨されており，他方，甘口ワインを作る生産者としてはRA-VinOとKZ Metlikaが推奨されている．

クロアチアではKontinentalna Hrvatska（大陸地域）のすべてのワイン産地で推奨されているが，フルヴァツカ・プリモリエ（Primorska Hrvatska/沿岸地域）では推奨されていない．GRAŠEVINAはクロアチアでは最も広く栽培されている品種で，2009年には同国のブドウ栽培面積の4分の一にあたる8,405 ha（20,769 acres）の栽培が記録された．ワインは辛口やオフ・ドライ，また，シンプルなものからリッチで甘口のもの，また時には貴腐や軽くオークを香らせたエレガントなものまで，甘さも作り方も幅広く様々なスタイルのワインが作られている．最高のワインは東部のスラヴォニア（Slavonija），特にクティエヴォ（Kutjevo），スラヴォンスキ・ブロド（Slavonski Brod），ジャコヴォ（Djakovo）サブゾーンで作られている．GRAŠEVINAはリースリングほどアロマティックではないが，濃厚な甘口ワイン（オーストリアのトロッケンベーレンアウスレーゼのような）の場合はそれが欠点にはならない．推奨される生産者としてはAdžić（とりわけ軽く，樽を用いたもの），Belje，Ivan Enjingi，Vlado Krauthaker，Kutjevo組合，Mihaljなどがあげられる．この品種は隣国セルビアのヴォイヴォディナ州（Vojvodina）やアルバニアでも見られる．

2009年にはスロバキアのブドウ栽培面積の16％（3,132 ha/7,739 acres）を占める量のRYZLING VLAŠSKÝが栽培された．白ワイン品種としてはGRÜNER VELTLINERに次いで2位であった．チェコ共和国では2009年にRYZLINK VLAŠSKÝという名前で，RYZLINK RÝNSKÝ（リースリング）とほぼ同じ面積（1,247 ha（3,081 acres））の栽培が記録されている．辛口スタイルのワインを作る生産者として推奨されているのはMichlovský（ラクヴィツェ（Rakvice）），Mikrosvín（ミクロフ（Mikulov）），Zámecké Vinarske Bzenec（ブゼネッツ（Bzenec））およびいずれもミクロフのGalant，Silinek，VolarikならびにReisten（パヴロフ（Pavlov）），Sebesta（ブジェジー（Brezi））などである．甘口ワインの生産者としてはMarcincak社（ミクロフ），Olarich Drapal Sr，Perina（いずれもクレントニツェ（Klentice））などがあげられる．

ハンガリーではOLASZ RIZLINGとして知られ，白品種としては最も多く栽培されている品種である（4,909 ha/12,130 acres）．一般家庭の庭から広大なブドウ畑まで，同国内の至る所で栽培されているが，バラトン湖（Lake Balaton）周辺地域が最も重要な栽培地域である（Rohály *et al.* 2003）．辛口のとてもよいワインがいくつか作られている他，甘口ワインや遅摘みのブドウで作られたものもある．また，Balaton-Felvidék（バラトン・フェルヴィデーク）や湖の北のショムロー（Somló）のような火山性の土壌で最高のワインが作られる傾向にある．推奨される生産者としてはバラトン湖（Lake Balaton）周辺のBussay，Figula，Jásdi，Ottó Légli，Scheller，Szeremley，ショムローのLajor TakácsやエゲルEger）のLajos Gál，Vilmos Thummererなどがあげられる．ワインはビターアーモンドのアロマを示すことがある．

ルーマニアではRIESLING ITALIANの栽培地がトランシルヴァニア（Transilvania），モルドヴァ地方（Moldova），ムンテニア（Muntenia），オルテニア（Oltenia）に集中しており2008年に記録された栽培面積は7,061 ha（17,448 acres）であった．ブルガリアではITALIAN RIESLINGのほとんどが同国北東部のヴァルナ州（Varna）やシュメン州（Shumen）で栽培されている．

カナダや中国でも少し栽培されている．

GRAUBURGUNDER

ピノ・グリ（PINOT GRIS）を参照

GRAUER PORTUGIESER

BLAUER PORTUGIESERを参照

GRAUER VELTLINER

GRÜNER VELTLINER を参照

GRECANICO DORATO

GARGANEGA を参照

GRECHETTO DI ORVIETO

個性的で使い道の多いイタリア，ウンブリア州（Umbria）の品種

ブドウの色：● ● ● ● ●

主要な別名：Grechetto，Grechetto Bianco，Grechetto Spoletino
よくGRECHETTO DI ORVIETOと間違えられやすい品種：MACERATINO ☿（マルケ州（Marche）），PIGNOLETTO ☿（Grechetto di Todi としてもまた知られる）

起源と親子関係

GRECO や GRECHETTO という名前は，古代ギリシャの伝統的な甘口ワインのスタイルに敬意を表して，イタリア南部で甘口ワインを作ることができる多くの異なる品種に用いられたが（Costacurta *et al.* 2004），それらの品種がギリシャ起源であるとは限らない．

ブドウの形態分類学的解析および DNA 研究によって GRECHETTO DI ORVIETO と，GRECHETTO DI TODI（別名 PIGNOLETTO）は異なる品種であることが明らかになった（Filippetti *et al.* 1999）．さらに，系統解析によって，両者の間に親子関係があることが明らかになった（Costacurta *et al.* 2004）ことにより，なぜ，両者が同じ品種のクローンの変種であると考えられてきたのかの説明が可能になった．

ブドウ栽培の特徴

この品種のブドウは果皮が厚いため，べと病には良好な耐性を示す．熟期は中期～晩期である．

栽培地とワインの味

この品種はイタリア中部のウンブリア州の特産品である．ウンブリア州で最も有名な白ワインである Orvieto DOC は TREBBIANO TOSCANO と GRECHETTO をあわせて60％以上含み，他の地方品種を最大40％までブレンドしたワインであり，また TREBBIANO を多く含むウンブリア州の別のブレンドワインである Torgiano DOC にはこの品種を15～40％の範囲で用いることが認められている．GRECHETTO は多くのウンブリア州の DOC で公認または必須とされている品種で，ペルージャ県（Perugia）の Assisi, Colli Martani, Colli del Trasimeno, Colli Perugini およびテルニ県（Terni）の Colli Amerini などではヴァラエタルワインが作られている．しかし，Colli Martani の規則でしか GRECHETTO DI ORVIETO と GRECHETTO DI TODI が区別されていないので，多くの場合，どちらの品種を指しているのかは不明である．

GRECHETTO はマルケ（Marche），ラツィオ（Lazio），トスカーナ（Toscana）各州のいろいろな DOC でも公認されているが，これらにおいてもどの品種が使われているかは明確ではない．トスカーナ州ではこの品種がべと病に耐性を示すという理由で，ヴィン・サント（Vin Santo）の生産にも一部が用いられている．ウンブリア州の発泡性ワインにブレンドされることもあり，Colli Altotiberini では最低でも

50% が必要であると規定されている．Antinori 社の最高の白ワインである Cervaro には GRECHETTO が シャルドネ（CHARDONNAY）の補助品種として用いられており，この品種がもつ品質のポテンシャルへの認識が高まっていることを示している．Lungarotti 社のヴァラエタルワイン（IGT Umbria）は良質で，この品種から作られる興味深いワインをわかりやすく表したよい例で，柑橘系と白いフルーツのフレーバーにかすかなハーブ感とアーモンドの香り，そして繊細でクリーミーなテクスチャーを有している．

2000 年のイタリア農業統計には 1,204 ha（2,975 acres）の栽培が記録されているが，DOC の規則同様に GRECHETTO DI ORVIETO と GRECHETTO DI TODI は区別されていない．

GRECHETTO DI TODI

PIGNOLETTO を参照

GRECO

潜在的に繊細でアロマティックだが，とても堅固な
イタリア，カンパーニャ州（Campania）の品種

ブドウの色：● ● ● ● ●

主要な別名：Asprinio ⚥（カゼルタ県（Caserta）），Greco del Vesuvio（ナポリ県（Napoli）），Greco della Torre, Greco di Napoli, Greco di Tufo ⚥（アヴェッリーノ県（Avellino），ベネヴェント県（Benevento）），?Grieco di Castelvenere（ナポリ県（Napoli）の南のアマルフィ海岸（Costa d'Amalfi））

よく GRECO と間違えられやすい品種：GRAŠEVINA ⚥，GRECO BIANCO ⚥，GUARDAVALLE（Greco Bianco di Cirò の名で），MACERATINO ⚥（マルケ州（Marche）），MALVASIA DI LIPARI ⚥（Greco Bianco di Gerace または Greco di Bianco の名で），ROSSETTO ⚥，TREBBIANO GIALLO（ラツィオ州（Lazio））

起源と親子関係

GRECO という名前は古代ギリシャのワインのような甘口ワインが作られる多くの品種に用いられたが（Costacurta *et al.* 2004），だからといって，これらの品種がギリシャ起源であるというわけではない．GRECO はカラブリア州（Calabria）の GRECO BIANCO や GRECO ○○として知られる他の多くの品種とは異なるものである（Costacurta *et al.* 2004）．DNA 解析によって，GRECO あるいは GRECO DI TUFO は意外にも，17 世紀にはすでに記載されており，遺伝的には ALEATICO に近い ASPRINIO と同一品種であることが最近になって明らかになっている（Costantini *et al.*2005）．

他の仮説

GRECO あるいは GRECO DI TUFO は紀元前 18 か 17 世紀にギリシャ人が持ち込んだものとされている．また，古代ギリシャの書家がヴェスヴィオ山地区（Vesuvio）の品種として記載した AMINEA GEMINA MINOR の子品種であるという説もある．

ブドウ栽培の特徴

晩熟で，うどんこ病およびべと病に感受性がある．

栽培地とワインの味

ほとんどはイタリア南部のカンパーニャ州（Campania）の，特にアヴェッリーノ（Avellino），ベネヴェント（Benevento），ナポリ（Napoli），サレルノ（Salerno）などの県で栽培され，推奨されている．またカンパーニャ州の東に位置するプッリア州（Puglia）（バーリ（Bari），フォッジャ（Foggia），ターラント（Taranto）の各県）やカンパーニャ州の北に位置するモリーゼ州（Molise）の Campobasso 県，ラツィオ州（ラティーナ県（Latina），ヴィテルボ県（Viterbo）），トスカーナ州（Toscana）（グロッセート（Grosseto），ルッカ（Lucca），マッサ＝カッラーラ（Massa-Carrara）の各県）や，さらに北のリグーリア州（Liguria），ラ・スペツィア県（La Spezia）でも栽培されている．Capri DOC では GRECO を50%まで加えることが公認されている．

最も知られ，広く認識されている GRECO のヴァラエタルワインは Greco di Tufo DOCG であるが GRECO のヴァラエタルワインはカンパーニャ州の Irpinia，Sannio，Sant'Agata de' Goti など，様々な DOC でも公認されているまた，カンパーニャ州並びにそれ以外の地域の多くのブレンドの DOC でも公認されている．プッリア州やバジリカータ州（Basilicata）にまたがる Gravina DOC などの高地では GRECO の香り高い特徴が強調されている．最高のワインは，Mastroberadino 社が作るワインなどのように，幾分ミネラル感があり，フルボディーで，アプリコットの仁（果実の核）のような控えめな香りや，よりハーブ感のある香りを有し，生き生きとした酸味のあるものとなる．GRECO DI TUFO を扱う，注目すべき生産者としては他にも Feudi di San Gregorio，Pietracupa，Terredora，Vadiaperti，Villa Raiano などがあげられる．

2000年のイタリア農業統計には941 ha（2,325 acres）の栽培が記録されている．他にも，ごく最近，同一品種であることが明らかになった ASPRINIO の栽培地としては414 ha（1,023 acres）と記録されている．

GRECO BIANCO

デザートワインになるイタリア，カラブリア州（Calabria）の品種

ブドウの色：●（緑黄）● ● ● ●

主要な別名：Greco Bianco di Cosenza ⚭，Greco Bianco di Rogliano ⚭，Pecorello Bianco ⚭
よくGRECO BIANCOと間違えられやすい品種：GRECO ⚭，GUARDAVALLE ⚭（Greco Bianco di Cirò としても知られる），MACERATINO ⚭（マルケ州（Marche）），MALVASIA DI LIPARI ⚭（Greco Bianco di Gerace あるいは Greco di Gerace としても知られる），ROSSETTO ⚭

起源と親子関係

GRECO と GRECHETTO という名前はイタリア南部で甘口ワインの生産に用いられていた多くの異なる品種に与えられた．それらはギリシャ起源であるというよりも，伝統的な古代ギリシャの（Costacurta *et al.* 2004）甘口ワインのスタイルを参照しただけであったと考えられる．GRECO BIANCO はカンパーニャ州（Campania）の GRECO や GRECO DI BIANCO とは異なる品種である．GRECO DI BIANCO という品種名は，かつてジェラーチェ村（Gerace）の一部であったカラブリア州の海岸沿いの村名にちなんで名づけられたもので，この品種は MALVASIA DI LIPARI と同一であることが明らかになっている（Crespan，Cabello *et al.* 2006）．この品種は GUARDAVALLE と同じである GRECO BIANCO DI CIRÒ とも異なるものである（Costacurta *et al.* 2004）．カラブリア州の PECORELLO BIANCO は GRECO BIANCO と同一であることが最近明らかになった（Schneider，Raimondi，Grando *et al.* 2008）．

他の仮説

GRECO 同様に BC18〜17世紀にギリシャ人が GRECO BIANCO を持ち込んだと考えられている．

栽培地とワインの味

イタリア南部のカラブリア州では多くの異なる品種が，場合によっては di Cirò や di Consenza のような形容詞が付いた形で GRECO BIANCO と名付けられているため，GRECO BIANCO の明確な分布を知ることが不可能になっている．しかし，コゼンツァ県（Cosenza）やロリアーノ（Rogliano）周辺に分布している GRECO BIANCO は間違いなく，ここで述べた品種に相当するものである．別名の PECORELLO

BIANCO という名前でカラブリア州の Savuto と Donnici DOC に含まれている．2000年のイタリア農業統計には686 ha（1,695 acres）が栽培されたとある．

GRECO BIANCO DI GERACE

MALVASIA DI LIPARI を参照

GRECO BIANCO DI NOVARA

ERBALUCE を参照

GRECO NERO

紛らわしいことに，カラブリア州（Calabrian）の異なる品種が一つの名前を共有している．

ブドウの色：● ● ● ● ●

主要な別名：異なる品種に共通の名前を用いているため，別名とすると誤解を招く

起源と親子関係

イタリア南部のカラブリア州では，GRECO NERO という名前が形態や分布が違ういくつかの異なる品種に用いられていた．最近のブドウの形態分類学的および DNA 研究によって，少なくとも5種類の GRECO NERO と呼ばれるカラブリア州の品種が見いだされた（Schneider，Raimondi，Grando *et al.* 2008）．

- チロ地域（Cirò）で見られる GRECO NERO は，ラメーツィア・テルメ（LameziaTerme）近くで見られ，NERELLO と呼ばれる品種と同一である．
- シチリア島（Sicilia）で見られる GRECO は，CASTIGLIONE と同一である．
- Lametino で見られる GRECO NERO は，MAGLIOCCO DOLCE と同一である．
- ヴェルビカーロ（Verbicaro）およびスカレーア（Scalea）で見られる GRECO NERO．
- カラブリア州北東部のシーバリ（Sibari）で見られる GRECO NERO．

最後の二つの品種は形態も異なれば，DNA プロファイルも異なるので，GRECO NERO DI VERBICARO と GRECO NERO DI SIBARI という二つの異なる品種であると考えるべきである．

他の仮説

ギリシャ人が持ち込んだと考えられているが証拠はない．

ブドウ栽培の特徴

異なる5種類の品種のすべてにあてはまるような共通点はほとんどなく，混同が生じているせいもあり，十分な情報が得られていない．

栽培地とワインの味

GRECO NERO はイタリア南部のカラブリア州全域で推奨されているが，上記5種類あるいはそれ以外の品種のどれがどのワインに用いられているのかが明確になっていない．

2000年のイタリア農業統計には「GRECO NERO」が3,041 ha（7,514 acres）栽培されたと記録されて

いるが，それ以上の区別はなされていない．

GRECO NERO DI SIBARI

数多くあるイタリア，カラブリア州（Calabria）の GRECO NERO の一つである．

ブドウの色：● ● ● ● ●

よくGRECO NERO DI SIBARIと間違えられやすい品種：GRECO NERO DI VERBICARO ☿

起源と親子関係

GRECO NERO DI SIBARI はカラブリア州のコゼンツァ県（Cosenza）のイオニア海（Ionian）沿岸のシーバリ（Sibari）周辺で確認された品種である．GRECO NERO DI VERBICARO とは異なる品種である（Schneider，Raimondi，De Santis and Cavallo 2008）．

栽培地とワインの味

GRECO NERO DI SIBARI はイタリア南部のカラブリア州のコゼンツァ県の北東部でのみ栽培されている．

GRECO NERO DI VERBICARO

また別の異なるカラブリア州（Calabria）の GRECO NERO の一つ

ブドウの色：● ● ● ● ●

よくGRECO NERO DI VERBICAROと間違えられやすい品種：GRECO NERO DI SIBARI ☿

起源と親子関係

GRECO NERO DI VERBICARO はカラブリア州のコゼンツァ県（Cosenza）のヴェルビカーロ（Verbicaro）周辺で確認された品種である．GRECO NERO DI SIBARI とは異なる品種である（Schneider，Raimondi，De Santis and Cavallo 2008）．

栽培地とワインの味

GRECO NERO DI VERBICARO はイタリア南部，コゼンツァ県の北西部のみで栽培されている品種で，栽培は主にヴェルビカーロ（Verbicaro）やスカレーア（Scalea）で見られ，MANTONICO NERO ITALICO という紛らわしい名前で栽培されている．

GREGU BIANCO

BARIADORGIA を参照

GRENACHE

GARNACHA を参照

GRENACHE BLANC

GARNACHA を参照

GRENACHE GRIS

GARNACHA を参照

GRENACHE NOIR

GARNACHA を参照

GRIGNOLINO

徐々に減りつつある特徴的な薄い色の軽い（古い）モンフェッラート地方（Monferrato）の特産品

ブドウの色：● ● ● ● ●

主要な別名：Barbesino，Barbisino，Berbesino

起源と親子関係

1249年11月7日付けの文書にSant'Evasio教会（ピエモンテ州（Piemonte）のCasale Monferrato）がGuglielmo Crovaという人物に対し，BERBEXINISのよいブドウ（Nada Patrone 1988）を植えることを条件に土地を貸したと記載されている．BERBEXINISがBARBERAであると考えている研究者もいるが，モンフェッラート地方では依然BERBEXINISがGRIGNOLINOの別名として使われていることから，ブドウの形態分類の専門家のほとんどがBERBEXINISは実際にはGRIGNOLINOであったのではないかと考えている．したがって，この文書はGRIGNOLINOに関する最初の記載である可能性が高いといえる．

たとえGRIGNOLINOとBERBEXINISが同一であることに疑義があるにせよ，GRIGNOLINOには，中世の証明書があり，1337～8年にトリノ県（Torino）のアルメーゼ（Almese）で記されたSan Giusto di Susa修道院からの文書には「Sextarios XII vini albi tam muscatelli quam grignolerii」とブドウの生産について触れているものがある（Comba and Dal Verme 1990）．

他の品種に比べ，GRIGNOLINOの果粒には大抵，多くの種子が含まれている（3～4倍）ことから，GRIGNOLINOという品種名はアスティ県（Asti）の方言で「種」を意味する*grignòle*に由来するのではないかと考えられている．

ブドウ栽培の特徴

熟期は中期～晩期である．しかし，果粒の成熟の度合いが不均一になることがある．うどんこ病に感受性があり，特に灰色かび病と酸敗に対して高い感受性を示す．

栽培地とワインの味

かつて，Grignolinoはイタリア北西部のピエモンテ州で広く栽培されていたが，現在は主にアスティ県とアレッサンドリア県（Alessandria）をまたいだモンフェッラートの丘で栽培されている．また，非常に限られた量ではあるがクーネオ県（Cuneo）でも栽培されている．DOCとして最重要とされているのはGrignolino del Monferrato Casalese，Grignolino d'Asti，Piemonte GrignolinoなどであるUN．最初の二つのDOCにおいて10%までのFREISAの使用が公認されており，最高のワインは最初のDOCで見られる．他のピエモンテのDOCでもたとえばBarbera del MonferratoやColli Tortonesiなどで，少量か適当量の添加が認められている．

通常，ヴァラエタルワインは薄赤色でアルコール分が低く（11〜12%），ハーブまたは高山植物の花の香りとピリッとした酸味のあるものとなる．早飲み用のワインが作られるが，種子の割合が高いのでタンニンに富んでいる．推奨される生産者としてはBricco Mondalino，Marchesi Incisa della Rocchetta，Agostina Pavia，Carlo Querello，Rovero，San Sebastiano，Cantine Sant'Agata，Luigi Spertinoなどがあげられる．

2000年のイタリア農業統計には1,336 ha（3,301 acres）の栽培が記録されている．

カリフォルニア州ではナパのHeitz社がGRIGNOLINOの栽培にこだわりをもって，ロゼやポートスタイルのワインを作っている．

GRILLO

高品質でフルボディーのワインが作られ，人気が高まりつつある
シチリア島（Sicilia）西部の白品種

ブドウの色：● ● ● ● ●

主要な別名：Ariddu，Riddu，Rossese Bianco ☒（リグーリア州（Liguria）のリオマッジョーレ（Riomaggiore））
よくGRILLOと間違えられやすい品種：ROSSESE BIANCO DI SAN BIAGIO ☒

起源と親子関係

GRILLOはシチリア島の古典的な品種であるが，この品種に関する最初の記載がなされたのは1873年のことである（Bica 2007）．これはおそらくそれほど古い品種ではないからであろう．DNA研究によってGRILLOはCATARRATTO BIANCO×MUSCAT OF ALEXANDRIAの自然交配により生まれた交配品種であることが明らかになった．後者はシチリア島でZIBIBBOとして知られていた品種である（Di Vecchi Staraz，This *et al.* 2007）．完全な系統はMUSCATの項目を参照のこと．驚くべきことに，最近のDNA解析によってイタリア北西海岸，リグーリア州のリオマッジョーレで栽培されるROSSESE BIANCOは，GRILLOと同一であることが明らかになった（ピエモンテ州（Piemonte）のROSSESE BIANCOと混同してはいけない）（Torello Marinoni，Raimondi，Ruffa *et al.* 2009）．

他の仮説

GRILLOは19世紀の終わり頃にかけてプッリャ州（Puglia）から持ち込まれたという説もあるが（Giavedoni and Gily 2005），GRILLOの親子関係は，この品種の発祥地がシチリア島であることを示している．

ブドウ栽培の特徴

樹勢が強く，豊産性で冬の寒冷に耐性がある．熟期は中期である．うどんこ病に感受性がある．

栽培地とワインの味

1880年代初頭にイタリアのシチリアにフィロキセラ被害が到達して以降，GRILLOはその親品種であるCATARRATTO BIANCOに代わって広く栽培されていたが，後に，より豊産性の品種に置き換えられたため，次第に減少していった．現在，GRILLOは主に同島北西部のトラーパニ県（Trapani）で栽培されており，現地ではシチリアの有名な酒精強化ワインMarsala DOCの一原料として用いられているが，現在は，より収量の高いCATARRATTO BIANCOやINZOLIAがより好まれている．アグリジェント(Agrigento)，パレルモ（Palermo），メッシーナ（Messina），カルタニッセッタ（Caltanissetta），シラクサ（Siracusa）などの各県でも栽培されている．

Alcamo，Contea di Sclafani，Delia Nivolelli，Erice，Monreale，Salaparutaの各DOCやIGT SiciliaでGRILLOのヴァラエタルワインが作られている．他方，Contessa Entellina，Mamertino di Milazzo，MenfiなどのDOCではブレンドワインの生産に用いられている．ワインはフルボディーでハーブとフローラルの香りが少々感じられるが，INZOLIAのものほど香り高くはない．推奨される生産者としてはCalatrasi，Cusumano，Marco De Bartoli，Fondo Antico，Foraci，Rallo，Spadaforaなどがあげられる．

2000年にはイタリアで1,808 ha（4,468 acres）の栽培が記録されたが，2008年にはシチリア島だけで4,118 ha（10,176 acres）もの栽培があった．

GRINGET

フランス，サヴォワ県（Savoie）でのみ栽培されている，軽くてフローラルで高品質の珍しい品種

ブドウの色：● ● ● ● ●

主要な別名：Gringet Gras，Gros Gringet，Petit Gringet
よくGRINGETと間違えられやすい品種：ROUSSANNE ×，SAVAGNIN BLANC ×

起源と親子関係

GRINGETはフランス東部，オート＝サヴォワ県（Haute-Savoie），Vallée de l'Arveの古い品種で，この品種に関しては，この地において1766年にPierre-Joseph Decret氏が初めて記載している（Durand 1905）．また，André Jullien（1832）の*Topographie de tous les vignobles connus*の中には，アイズ（Ayze）（現在はSavoieのクリュ）のGRINGETの興味深さについて次のように記載されている．「この近くで私たちはその品種名にちなんでGringetと呼ばれる白いワインを作っている．このワインはテーブルについている間は酩酊させないが，いったん外の新鮮な空気を吸うと，とたんに人は歩くのをやめて席に戻らざるを得なくなるというユニークな性質をもっている」

GRINGETという名前の正確な由来は不明であるが，Gringetは，この地方ではよくある名字であることから，この品種を繁殖させた栽培者の名字にちなんで名づけられたものであると考えられる（Rézeau 1997）．

GRINGETは長い間，SAVAGNINのクローンだと考えられていた（Durand 1905; Galet 1990，2000）が，アイズにあるDomaine Belluard社のLe Feuブドウ園場から得た試料を用いてDNA解析を行った結果，この二つは異なる品種で，GRINGETは現在，報告されているどの品種とも一致しないことが明らかになった（Vouillamoz）．さらなる，DNA系統解析の結果，GRINGETはSAVAGNINとは遺伝的な関係がなく，サヴォワ県のもう一つの珍しい品種であるMOLETTEが，GRINGET×GOUAIS BLANCの自然交配により生まれた交配品種である可能性が高いことが明らかになった（Vouillamoz）．

他の仮説

地方の言い伝えによると，GRINGETは13世紀にキプロスの司教によってもたらされたといわれている．

ブドウ栽培の特徴

熟期は中期である．垂直に仕立て，短く剪定するか，グイヨー・シンプルの仕立てにするのが最良である．砕石の堆積した斜面が栽培に適している．ブドウハモグリダニとうどんこ病に感受性があるが，べと病には特に高い感受性を示す．小さな果粒が大きな果房をなす．

栽培地とワインの味

かつて，フランス，オート＝サヴォワ県（Haute-Savoie）の Vallée de l'Arve（アイズ，ボンヌヴィル（Bonneville），コンタミンヌ（Contamine），コート・ディヨ（Côte d'Hyot），フォシニー（Faucigny），マリニエ（Marignier），ティエ（Thiez）など）で栽培されていた GRINGET で作られるワインは軽く，生き生きとしており，発泡性ワインの生産によく用いられていた．現在はアイズのみで栽培されており，唯一，アイズの Domaine Belluard 社がヴァラエタルワインを生産している．2008年のフランスの公式統計には26 ha（64 acres）の栽培面積が記録されており，Belluard 社によればアイズに22 ha（54 acres）が記録されている．Belluard 社は Les Alpes と Le Feu という2種類のスティルワインを生産しており，後者はフルボディーで乾燥リンゴの皮と藤と黄色のプラムの複雑なアロマと，丸みを帯びたテクスチャー，そして十分な酸味にエレガントさと持続性を併せもったワインである．Belluard 社はまた Ayse（sic）Méthode Traditionelle，Ayse（sic）Mont-Blanc Brut Zéro という2種類の発泡性ワインを作っている．

GRISA NERA

イタリア，ピエモンテ州（Piemonte）の古く珍しい品種

ブドウの色：● ● ● ● ●

主要な別名：Grisa, Grisa di Cumiana（ピネロレーゼ（Pinerolese））
よくGRISA NERAと間違えられやすい品種：Grisa（トリノ県（Torino）のアルト・カナヴェーゼ（Alto Canavese）

起源と親子関係

GRISA NERA はピエモンテ州，トリノ県南西のピネローロ地域（Pinerolo）の古い品種であり，現地では現在も栽培され，しばしば他の地方品種と混植されている．DNA 系統解析によって GRISA NERA とピエモンテ州の別の品種である AVARENGO との間に親子関係があることが明らかになった（Anna Schneider and José Vouillamoz，未発表データ）．したがって，この2品種の起源はこの地域にあるするのが妥当である．アルト・カナヴェーゼのあちらこちらで見られる GRISA と混同してはならない（Schneider and Mannini 2006）．

ブドウ栽培の特徴

熟期は中期～晩期である．樹勢は強いが結実能力が低いので花ぶるいが起こりやすい．かびの病気への感受性は低い．生食もされているが，ワインの生産にも用いられている．

栽培地とワインの味

GRISA NERA はイタリア北西部のピエモンテ州，トリノ県のアルプスおよび麓のブドウ栽培地区で栽培されている．特に，ピネローロの西やヴァル・ディ・スーザ（Val di Susa）の下流で栽培されているが，クーネオ県（Cuneo）でも少し栽培されている．通常は，この地域の品種である NERETTA CUNEESE，PLASSA あるいは BARBERA とブレンドされている．

GRK

非常に限られた場所で栽培されているクロアチアの島の稀少で高品質な白ワイン品種

ブドウの色：

主要な別名：Gark，Grk Bijeli，Grk Korčulanski，Grk Mali，Grk Veli，Lumbarajski Grk
よくGRKと間違えられやすい品種：PRČ ☿（フヴァル島（Hvar））

起源と親子関係

GRK はコルチュラ島（Korčula）の古い品種である．品種名は「苦い」を意味する *gark* に由来しており，これは果汁とワインの味を指したものだと考えられる．DNA 系統解析によって GRK，CRLJENAK CRNI（現在は栽培されていない），PLAVINA，VRANAC のすべてが PRIMITIVO あるいは ジンファンデル（ZINFANDEL）とも呼ばれる TRIBIDRAG と親子関係にあることが明らかになった（Maletic *et al.* 2004）．したがって，PLAVAC MALI とは片親だけが姉妹関係にあるか，または祖父母品種にあたることになる（完全な系統は TRIBIDRAG 参照）．

他の仮説

GRK が「ギリシャ」を意味することから，紀元前4世紀に古代ギリシャ人がこの品種をクロアチアに持ち込んだと推測する人もいる（Žunec 2009）が，この品種は TRIBIDRAG と直系の親子関係にあり，また，クロアチアの他の多くの品種と遺伝的に関係があることなどからもこの仮説は否定されている．

PRČ の別名であると表記されることが多々あるが，PRČ（Benjak *et al.* 2005）と GRK（Pejić *et al.* 2000）の DNA 解析を比較したところ，両者は異なる品種であることが明らかになっている．

ブドウ栽培の特徴

熟期は中期～晩期である．雄しべが変形しているため（したがって，花は実質的に雌花のみである）収量が不安定である．かびの病気には特に感受性を示さない．温暖で日当たりのよい土地を好む．果粒の糖濃度は高くなる．

栽培地とワインの味

GRK はクロアチアで栽培されており，そのほとんどがスレドニヤ・イ・ユジュナ・ダルマチヤ（Srednja i Južna Dalmacija/ 中央および南部ダルマチア）ワイン地方内のコルチュラ島のルンバルダ（Lumbarda）周辺で栽培されているが，さらに南のムリェト島（Mljet），シパン島（Šipan）およびドゥブロヴニク（Dubrovnik）近くの沿岸地区でも栽培されている．ワインはフルボディーでコクがあり，良好な骨格を有しているが，この地域では珍しくバランスのとれた酸味も有している．また，後味には魅力的な渋みも感じられる．GRK は高品質の辛口ワインや甘口ワインになる可能性を有している．生産者としては Bartul Batistić，Ivica-Fidulić Batistić，Vinarija Bire，Stipan Cebalo，Branimir Cebalo，Milina などが推奨されている．

GROLLEAU GRIS

GROLLEAU NOIR を参照

GROLLEAU NOIR

広く栽培されてはいるものの，ほとんど評価されていない濃い果皮色のロワール（Loire）品種からは多くのロゼワインとしなやかな赤ワインが作られている．

ブドウの色：●●●●●

主要な別名：Bourdalès（マディラン（Madiran）），Gamay de Châtillon（サヴニエール（Savennières）），Gamay Groslot（メーヌ＝エ＝ロワール県（Maine-et-Loire）），Grolleau de Cinq-Mars，Grolleau deTouraine，Grolleau des Mahé，Grolleau deTours，Groslot または Gros-Lot，Groslot de Vallères（アンドル＝エ＝ロワール県（Indre-et-Loire），メーヌ＝エ＝ロワール県），Groslot Noir，Moinard，Pineau de Saumur
よくGROLLEAU NOIRと間違えられやすい品種：GAMAY NOIR ☿

起源と親子関係

Bouchard（1901b）によれば，この品種は1810年にフランス，アンドル・エ・ロワール県のロワール川の北とトゥール（Tours）西部のサンク＝マルス＝ラ＝ピル（Cinq-Mars-la-Pile）に近いマジエール＝ド＝トゥレーヌ（Mazières-de-Touraine）というコミューンの Grande Gaudrière の農夫であった某 M Lothion 氏が植えたので，そのため，GROLLEAU DE CINQ-MARS という別名がつけられたということだ．このときの樹が数年後に梨の木を覆うくらいの大きさになったので，穂木を近隣に配ったところ，すぐにロワールの左岸（ヴァレール（Vallères）やルエール（Louerre）など）に広がったということだ．GROLLEAU という品種名は古いフランス語で「黒いカラス」を意味する *grolle* に由来すると考えられており，これは果粒の色にちなんでのものであると考えられる．

DNA 系統解析によって，この品種はおびただしい数の GOUAIS BLANC の子品種の一つであることが明らかになっている（Boursiquot *et al.* 2004; PINOT の系統樹参照）．GROLLEAU GRIS や GROLLEAU BLANC は GROLLEAU NOIR の果皮色変異である．

他の仮説

この品種の別名である GROS-LOT には文字通り「ジャックポット（大当たり）」という意味があり，豊産性であるこのブドウが栽培家に富をもたらすという，なんとも訝し気な語源に端を発して名づけられたものだが，オリジナルの表記とは一致しないため，この仮説は除外できる（Rézeau 1997）．

ブドウ栽培の特徴

萌芽期は早く熟期は中期である．結実能力が高いため，収量を抑えるために，短く剪定しなければならない．葉の赤変，幹腐れ（stem rot），ブドウつる割れ病に感受性がある．GROLLEAU GRIS は灰色かび病に感受性である．

栽培地とワインの味

GROLLEAU はロワールでカベルネ・フラン（CABERNET FRANC），GAMAY NOIR に次いで3番目に多く栽培される濃い果皮色の品種で，主にアンジュー（Anjou）でオフ・ドライのロゼが，またトゥーレーヌ（Touraine）ではより辛口のスタイルのワインが作られている．もし Stéphane Bernadeau, Domaine Chahut & Prodiges，Domaine Cousin-Leduc，Domaine de Château-Gaillard の各社が作るワインのように比較的色が薄く，ライトボディーで，しなやか，かつ印象的な，赤い果実のフレーバーをもつ赤ワインを作ろうとするのであれば，収量を調節しなければならない．また，Domaine Cousin-Leduc 社が珍しい GROLLEAU GRIS のヴァラエタルロゼワインを作っている．

2009年にはフランスの広域ロワールで GROLLEAU NOIR が2,350 ha（5,807 acres）栽培されており，そのほとんどがトゥール（Tours）西の，主にメーヌ＝エ＝ロワール県で栽培されたものであった．1958年には11,409 ha（28,192 acres）を記録していた GROLLEAU だが，過去50年ほどの間に激減してしまった．

それでも，収量が高いため，ロワール渓谷のブドウ総栽培面積の6分の1を占めており，減少の傾向はここ数年で緩やかになっている．最大25％の使用がCoteaux du Loirのロゼワインに認められているが，Rosé d'Anjouは通常，主にGROLLEAU NOIRから作られており，しばしばGAMAY NOIRとブレンドされている．この品種はまたSaumur BrutやRosé de Loireで公認されており，後者にはGROLLEAU GRISを用いることもできる．

2000年には908 ha（2,244 acres）であったGROLLEAU GRISの栽培は2009年には半分の454 ha（1,122 acres）になってしまったが，それでも1958年の19 ha（47 acres）よりは広く栽培されている．アゼ＝ル＝リドー（Azay-le-Rideau）にあるDomaine James et Nicolas Paget社は伝統的な製法で質のよいトゥーレーヌ（Touraine）ロゼワインを作っている．

GROPPELLO DI MOCASINA

一般にブレンドワインの生産に用いられているイタリア北部のマイナーな品種

ブドウの色：

主要な別名：Groppello di San Stefano ☒，Groppello Moliner
よくGROPPELLO DI MOCASINAと間違えられやすい品種：Groppello dei Berici（ヴェネト州（Veneto）），GROPPELLO DI REVÒ ☒（トレント自治県（Trentino）），GROPPELLO GENTILE ☒（ロンバルディア州（Lombardia）），PIGNOLA VALTELLINESE ☒（ロンバルディア州（Lombardia）およびヴェネト州）

起源と親子関係

イタリア北部ではGROPPELLOという名前が多くの異なる品種に用いられている（GROPPELLO GENTILEの語源を参照）．

最近，コネリアーノ（Conegliano）研究センターで行われたブドウの分類学的解析によると，ロンバルディア州のGROPPELLO DI MOCASINAはGROPPELLO DEI BERICI（商業栽培はされていない）とは異なる品種であったとされているが，DNA解析の結果はまだ公開されていない．遺伝的解析によって，ガルダ湖（Lago di Garda）の西に位置する村の名前にちなんで名づけられたGROPPELLO DI MOCASINAは，GROPPELLO DI REVÒ，GROPPELLO GENTILE，PIGNOLA VALTELLINESE（ヴェネト州ではGROPPELLO DI BREGANZEと呼ばれる）とは異なり，GROPPELLO DI SAN STEFANOと同一であることが明らかになった（Costantini *et al.* 2001; Cancellier *et al.* 2009）．また，GROPPELLO DI MOCASINAとGROPPELLO GENTILEをDNA解析したところ，両者が近縁であることが明らかになった．

ブドウ栽培の特徴

熟期は中期で灰色かび病に感受性である．

栽培地とワインの味

この品種はイタリア北部，ロンバルディア州のガルダ湖地域（Lago di Garda）で主に栽培されており，よくGROPPELLO GENTILE，サンジョヴェーゼ（SANGIOVESE），MARZEMINO，BARBERAとブレンドされているが，特にRiviera del Garda Bresciano DOCにおいてはGROPPELLO GENTILEとブレンドされている．

GROPPELLO DI REVÒ

18世紀と19世紀に人気を誇っていたイタリア北部の非常にマイナーな品種

ブドウの色：● ● ● ● ●

主要な別名：Gropel, Gropel Nones, Groppello Anaune
よくGROPPELLO DI REVÒと間違えられやすい品種：Groppello dei Berici（ヴェネト州（Veneto）），GROPPELLO DI MOCASINA ☓（ロンバルディア州（Lombardia）），GROPPELLO GENTILE ☓（ロンバルディア州），PIGNOLA VALTELLINESE ☓（ロンバルディア州およびヴェネト州）

起源と親子関係

GROPPELLO という名前はイタリア北部の多くの異なる品種に用いられていた（GROPPELLO GENTILE の語源を参照）.

最近，コネリアーノ（Conegliano）研究センターで行われたブドウの分類学的解析によると，GROPPELLO DI REVÒ はヴェネト州で見つかった GROPPELLO DEI BERICI（商業栽培はされていない）とは異なる品種であったとされているが，DNA 解析の結果はまだ公開されていない．遺伝的解析によって GROPPELLO DI REVÒ は GROPPELLO DI MOCASINA，GROPPELLO GENTILE，PIGNOLA VALTELLINESE（ヴェネト州では GROPPELLO DI BREGANZE と呼ばれる）とは異なる品種であることが明らかになった（Costantini *et al.* 2001; Cancellier *et al.* 2009）．また，より最近の DNA 解析によって GROPPELLO DI REVÒ が意外なことにスイス，ヴァレー州（Valais）の古い品種である RÈZE の自然交配による子品種であることが明らかになっている（Vouillamoz, Schneider *et al.* 2007）．RÈZE が白のトレンティーノ（Trentino）品種である NOSIOLA の親品種でもあるため，GROPPELLO DI REVÒ と NOSIOLA は片親だけが姉妹関係にあたる品種であるということになり，なぜ NOSIOLA が GROPPELLO BIANCO と呼ばれることがあるのか，また，3種すべてがローマのブドウの RAETICA の子品種であるといわれるかの説明が可能になった.

ブドウ栽培の特徴

熟期は中期～晩期である．冬の霜に良好な耐性を示す.

栽培地とワインの味

GROPPELLO DI REVÒ はイタリア北部のトレンティーノのヴァル・ディ・ノン（Val di Non）のカニョ（Cagnò），クロツ（Cloz），レヴォ（Revò），ロマッロ（Romallo）などの地方でのみ栽培されている品種で，18～19世紀には，これらの地方でこの品種が最も重要な品種とされていた．20世紀初頭に栽培面積は激減したが20世紀末から地元の栽培家や学界によって，この在来品種への関心が復活している．また，近年になって，IGT Vigneti delle Dolomiti に用いることが公認された.

Cantina Rotaliana 社や Augusto Zadra 社（El Zeremia）などがヴァラエタルワインを生産している.

GROPPELLO DI SAN STEFANO

GROPPELLO DI MOCASINA を参照

GROPPELLO GENTILE

通常はブレンドワインの生産に用いられているイタリア北部の古い赤ワイン品種

ブドウの色：● ● ● ● ●

主要な別名：Groppella，Groppello Comune，Groppellone ☒
よくGROPPELLO GENTILEと間違えられやすい品種：Groppello dei Berici（ヴェネト州（Veneto）），GROPPELLO DI MOCASINA ☒（ロンバルディア州（Lombardia）），GROPPELLO DI REVÒ ☒（トレンティーノ（Trentino）），PIGNOLA VALTELLINESE ☒（ロンバルディア州およびヴェネト州），RABOSO PIAVE ☒（ヴェネト州）

起源と親子関係

GROPPELLO という名前はイタリア北部で多くの異なる品種に用いられていた．語源はブドウの果房が結び目のように見えることから，ヴェネト州の方言で「結び目」を意味する *grop* あるいは *gropo* に由来するものと考えられている．

GROPPELLO GENTILE は GROPPELLO の名前がついた品種の中で最も古く，最も広く栽培されていた品種であり，この品種に関しては16世紀にブレシア（Brescia）やベルガモ（Bergamo）などの地域でとてもよいブドウがとれ，そのブドウから作られたワインがドイツに輸出されていると書かれている（Bacci 1596）．最近になってコネリアーノ（Conegliano）研究センターで行われたブドウの分類学的解析によると，GROPPELLO DEI BERICI（商業栽培はされていない）とは異なる品種であることが明らかになっているが，DNA 解析の結果はまだ公開されていない．GROPPELLO GENTILE は GROPPELLO DI REVÒ，GROPPELLO DI MOCASINA，PIGNOLA VALTELLINESE（ヴェネト州では GROPPELLO DI BREGANZE と呼ばれる）とは異なるが，GROPPELLONE と同一であることが明らかになった（Costantini *et al.* 2001; Cancellier *et al.* 2009）．また，GROPPELLO GENTILE と GROPPELLO DI MOCASINA の DNA 解析から，両者が近縁関係にあることが明らかになった．

ブドウ栽培の特徴

熟期は中期である．冬の霜に対しては良好な耐性を示すが，うどんこ病と害虫のアザミウマには感受性を示す．

栽培地

主にイタリア北部のロンバルディア州（ブレシア県，ベルガモ県）で栽培されている．よく GROPPELLO DI MOCASINA，サンジョヴェーゼ（SANGIOVESE），MARZEMINO，BARBERA などの品種とブレンドされるが，特に Rivera del Garda Bresciano DOC では GROPPELLO DI MOCASINA とブレンドされている．

GROS MANSENG

厚い果皮をもつフルフレーバーの白品種はフランス最南西部の特産品である．

ブドウの色：● ● ● ● ●

主要な別名：Gros Mansenc，Izkiriot Haundi または Iskiriota Zuri Handia（スペインのバスク州（País

起源と親子関係

MANSENG の最初の記載は1562年にジュランソン（Jurançon）で書かれたオック語での文書の中に見られる「Vinhe mansengue」というものであるが，これが GROS MANSENG か PETIT MANSENG のいずれを指しているのかは明らかでなく，「GROS MANSENG は白，金色でよいテイスト，スパイシーであるが，PETIT MANSENG は白，味わいは他よりもよりスパイシー」という記録が残る1783～4年までこれら二つは識別されていない．MANSENG という品種名は「マンション」を意味する *mans* に由来する．

Galet（1990）によれば GROS MANSENG は形態的に PETIT MANSENG に近いらしく，また，Bisson（2009）はそれらをブドウの形態分類群の Mansien グループ（p XXXII 参照）に分類した．DNA 系統解析結果は，この品種が PETIT MANSENG の子品種であり SAVAGNIN の孫品種にあたることを強く示唆するものであった（PINOT の系統図を参照）（Vouillamoz; Myles *et al.* 2011）.

ブドウ栽培の特徴

萌芽期は早期で晩熟である．樹勢が強く適度に結実能力が高いので，長く剪定する必要はないと考えられている．うどんこ病には感受性があるが，果皮が厚いため，灰色かび病には良好な耐性を示す．また，甘口ワインを作るための遅摘みが可能である．非常に小さな果粒は高い酸度を保ちながら，高い糖度に達する．

栽培地とワインの味

GROS MANSENG はフランス南西部のジュランソンにおける辛口白ワインの主要品種であり，2009年には小さな果粒の PETIT MANSENG よりも3倍多く栽培されている（2,919 ha/7,213 acres 対 1,019 ha/2,518 acres）が，PETIT MANSENG がより重要な役割を担う甘口ジュランソンワインの人気が高まっているため，GROS MANSENG は PETIT MANSENG に畑を奪われつつある（Strang 2009）．しかし，例外として，1月頃に遅摘みされた100％ GROS MANSENG から作られる Château Joly 社の Épiphanie ワインや，Alain Brumont 氏が作る甘口の Vin de Pays des Côtes de Gascogne などがある．大部分はジェール県（Gers）で栽培されている．

GROS MANSENG は，パシュラン・デュ・ヴィク・ビル（Pacherenc du Vic-Bilh），ベアルン（Béarn），珍しいイルーレギー（Irouléguy）の白ワインなど，南西部の他のアペラシオンで主要品種として公認されており，また，ランド県（Landes）やオード県（Aude）などの少し離れたところでも推奨されている．時にミステルスタイルのフロック・ド・ガスコーニュ（Floc de Gascogne）にも用いられている．PETIT MANSENG と比べると，収量は豊富だがエレガントさと豊潤さに欠ける．しかし，力強さがないというわけではない．柑橘系の果物とアプリコット，また軽いスパイスのフレーバーを有しているが，遅摘みのブドウで作られたワインからは花の香りが漂うことがある．厚みのある果皮から渋みや苦みが出ないように，ワイナリーでの作業には細心の注意が求められる．

Domaine Cauhapé がとりわけ良質のヴァラエタルワインを作っている（辛口の Chant des Vignes や Sève d’Automne，甘口の Ballet d’Octobre など）．推奨される生産者としては他にも Domaine Bellegarde，Clos Lapeyre，Producteurs Plaimont などがあげられ，そのほとんどが GROS と PETIT MANSENG ならびに他の地方品種とのブレンドワインを生産している．とりわけ，Vin de Pays des Côtes de Gascogne においてはソーヴィニヨン・ブラン（SAUVIGNON BLANC）とのブレンドは珍しいことではない．

フランスから国境の向こう側にあたるスペイン北部ではバスク（Basque Country）の三つの原産地呼称のうちの Arabako Txakolina/Chacolí de Álava と Bizkaiko Txakolina/Chacolí de Viscaia の二つで GROS MANSENG が公認されている．しかし，2008年に記録されたスペインの栽培面積は11 ha（27 acres）に過ぎない．

極わずかでしかないが，ウルグアイでも GROS MANSENG が栽培されており（2009年に記録された三つの畑の総栽培面積は0.7 ha/1.7 acres），同国では Familia Deicas 社が GROS と PETIT MANSENG をブレンドして，高貴な甘口ワインを作っている．ブラジルのリオグランデ・ド・スル州（Rio Grande do Sul）での栽培はより少なく，2007年に記録された栽培面積はわずか0.29 ha（0.7 acres）のみであった．

GROS PLANT

FOLLE BLANCHE を参照

GROS VERDOT

PETIT VERDOT より劣る非常にマイナーな濃い果皮色の品種

ブドウの色：● ● ● ● ●

主要な別名： Hère（ドルドーニュ県（Dordogne）），Plant des Palus（ジロンド県（Gironde）），Verdot Colon（ジロンド県）
よく GROS VERDOT と間違えられやすい品種： CABERNET PFEFFER ☒，PETIT VERDOT ☒

起源と親子関係

GROS VERDOT と PETIT VERDOT はフランス南西部のジロンド県の由来であるといわれていた（詳細と語源は PETIT VERDOT を参照）が，最近のブドウの形態分類学的解析および遺伝的研究によるとどちらも ARDONNET や PETIT VERDOT FAUX などと同じグループに属し，さらに南のピレネー＝アトランティック県（Pyrénées-Atlantiques）を起源とする品種で，地方の野生品種が栽培されたことによって得られた品種であろうと考えられるようになった（Bordenave *et al.* 2007）．

ブドウ栽培の特徴

豊産性で晩熟である．PETIT VERDOT よりも小さな果粒である．

栽培地とワインの味

19 世紀のフランスでは GROS VERDOT が Queyries ブドウ園（現在のボルドー市（Bordeaux）のバスティード地域（Bastide）にあたる）で重要品種だと位置づけられていたが（Bordenave *et al.* 2007），1946 年からジロンド県において GROS VERDOT の植栽が禁止されたため（Lafforgue 1947），公式品種登録簿には記載されていない．GROS VERDOT は同名の PETIT VERDOT にあるような魅力や凝縮感に欠け，ほぼ絶滅状態にある．

GROS VERDOT はカリフォルニア州のメリタージュ（Meritage）ワインで公認されているマイナーな品種の一つである．カリフォルニア州では GROS VERDOT と CABERNET PFEFFER がかなり混同されている．サンベニト郡（San Benito）の Kenneth Volk Vineyards 社で行われた DNA 解析によって，CABERNET PFEFFER と考えられていたものが実は GROS VERDOT であることがわかったのだが，フレッシュでチェリーと胡椒の香りのするワインは現在も CABERNET PFEFFER と表示されている．

南アメリカでは，他と同様，公式統計の記録がどちらの品種を指しているのか確信が持てないが，チリでは VERDOT（GROS VERDOT だといわれている）が 7 ha（17 acres），PETIT VERDOT が 257 ha（635 acres）と記録されている．アルゼンチンの 455 ha（1,124 acres）の VERDOT はすべて PETIT VERDOT だといわれている．

GROSSA

赤のブレンドワインの品質を向上させるために用いられているポルトガル，アレンテージョ（*Alentejo*）の品種

ブドウの色：● ● ● ● ●

主要な別名：Tinta Grossa
よくGROSSAと間違えられやすい品種：MARUFO ⛌，TINTA BARROCA ⛌

起源と親子関係

GROSSA（「大きい」という意味をもつ）はポルトガル南部のアレンテージョから持ち込まれた品種である．別名のTINTA GROSSAはドウロ（Douro）のTINTA BARROCAやMARUFOにも使われているが，Almadanim *et al.*（2004，2007）で報告されているように，DNA解析結果によりこれらは異なる品種であることが明らかになっている．

ブドウ栽培の特徴

樹勢が強い．萌芽期は中期で晩熟である．厚い果皮をもつ小さな果粒からなる小さな果房をつける．やせた水はけのよい土地が栽培に適している．

栽培地とワインの味

GROSSAはポルトガルのリスボン（Lisboa），アレンテージョおよびテージョ（Tejo）などのワイン地方や様々なDOCで公認されているが，ほとんどはアレンテージョ地方のサブリージョンであるヴィディゲイラ（Vidigueira）でのみ栽培されている．ワインは色合い深く，フレッシュで，サワーチェリー，バニラの甘さ，そしてブラックベリーのエキゾチックで丸みのあるアロマを有している．通常は，複雑さと長寿，そしてエレガンスさをブレンドワインに加えるために用いられている．たとえば，Paulo Loreano社はこうしたブレンドワインの他に，珍しいヴァラエタルワインも作っている．ポルトガルでは2010年に182 ha（450 acres）の栽培が記録されている．

GRUAJA

1990年代初頭にイタリア北部で絶滅の危機から救済されたものの，依然としてとても珍しい品種である．

ブドウの色：● ● ● ● ●

主要な別名：Crovaja，Cruaia，Cruara，Cruvaio，Gruaia，Gruaio，Gruajo
よくGRUAJAと間違えられやすい品種：RABOSO VERONESE ⛌

起源と親子関係

GRUAJAはイタリア北部，ヴェネト州（Veneto）のヴィチェンツァ県（Vicenza）とブレガンツェ地域（Breganze）の非常に古い品種で，この品種に関しては18世紀頃にはすでに記載がなされている．最近のDNA研究によってGRUAJAとブレガンツェの珍しい品種であるNEGRARA VERONESEが近縁関係にあることが認められた（Salmaso *et al.* 2008）．

ブドウ栽培の特徴

熟期は中期～晩期である．果実が完熟するには温暖な気候が必要であり，また収量を制限しなければならない．

栽培地とワインの味

GRUAJA は，1992年にヴェネト州のコネリアーノ（Conegliano）研究センターの Severina Cancellier 氏とその共同研究者が，依然，古い GRUAJA ブドウを所有していた生産者3社（Avogadro，Miotti，Vitacchio）と協力して救済するまでは，ほぼ絶滅状態にあった．現在は，また新たな植え付けが行われている．ワインはマラスキーノチェリーと森のフルーツのアロマと良好な骨格を有している．わずかだが，後味に苦みが残る．Firmino Miotti 社がブレガンツェでヴァラエタルワインを生産している．

GRÜNER VELTLINER

ファッショナブルで使い道が多い，最高品質のオーストリアの白品種

ブドウの色：● ● ● ● ●

主要な別名：Grauer Veltliner☒（オーストリア），Grün Muskateller（オーストリア），Veltliner（アルト・アディジェ（Alto Adige）），Veltliner Grau☒（オーストリア），Veltliner Grün（オーストリア），Veltlinske Zelené（スロバキア），Veltlinské Zelené（チェコ共和国），Weissgipfler（オーストリア），Zeleni Veltinec（スロバキア），Zöld Veltlini（ハンガリー）

起源と親子関係

GRÜNER VELTLINER に関する最初の記載がなされたのは18世紀のことである．GRÜNER VELTLINER という名前をもつにもかかわらず，ヴァルテッリーナ地方（Valtellina）とは無関係である．最近，行われた DNA 解析によって，思いがけず GRÜNER VELTLINER が TRAMINER（SAVAGNIN）と，アイゼンシュタット（Eisenstadt）近郊の St Georgen am Leithagebirge でみつかった，未同定のブドウとの自然交配により生まれた交配品種であることが明らかになった（Regner 2007）．この古いブドウはユニークな DNA プロファイルを有しており，現存しているのは，この樹のみである．以前はザンクト・ゲオルゲン（St Georgen）で GRÜN MUSKATELLER と呼ばれていたが，MUSCAT と呼ばれるいろいろな品種のグループとの混乱を避けるため，単に ST GEORGEN と呼ばれることになった．2011年2月に何者かによる破壊行為の被害を受けて以降，現在は天然記念物として保護，繁殖されており，この樹から収穫されたブドウを用いたワインが数年以内に作られる予定となっている．

系統樹をさかのぼると，SAVAGNIN と PINOT は親子の関係にあるため，GRÜNER VELTLINER は PINOT の孫品種か片親だけの姉妹関係にあたる品種であるということがわかる．

GRÜNER VELTLINER は，たとえそれが ROTGIPFLER の片親だけの姉妹関係にある品種（両者は SAVAGNIN を共通の親品種にもつ）であっても，ROTER VELTLINER，FRÜHROTER VELTLINER，NEUBURGER，ROTGIPFLER などが属する VELTLINER ファミリーには属していない（Sefc，Regner *et al.* 1998）．

一般的に信じられてきたことに反し，DNA 解析によって，GRAUER VELTLINER（または VELTLINER GRAU）と GRÜNER VELTLINER は異なる品種ではなく，灰色の果粒をつける果皮色変異であることが明らかになった（Regner *et al.* 1996）．

ブドウ栽培の特徴

小さな緑黄色の果粒をつける，非常に収量の多い品種である．うどんこ病，べと病およびブドウサビダニに感受性である．熟期は中期だが，この品種の熟期はヨーロッパ北部の大部分の地域には遅すぎる．

栽培地とワインの味

フランスのGRÜNER VELTLINERは試験的な栽培に限定されているが，イタリアでは小さな畑で栽培されている．同国最北部に位置するアルト・アディジェ（Alto Adige/ボルツァーノ自治県）のヴァッレ・イザルコ（Valle Isarco）でVELTLINERと呼ばれていたブドウは実際にはすべてGRÜNER VELTLINERであったが，すべてが全く関係のないFRÜHROTER VELTLINERに植え替えられてしまった．

ドイツ，プロッヒンゲン（Plochingen）（シュトゥットガルトの近郊）の歴史あるHansenweinは，本物のHANSや古い品種で現在は栽培されていないHANSEN ROTで作られているといわれることがあるが，実はGRÜNER VELTLINERで作られている．

オーストリアはGRÜNER VELTLINERと表裏一体である（単にGrünerあるいはGVと表示されることもあるが，特にアメリカ合衆国で最近gru-veeと表示されている）．この品種は国内で最も広く栽培されている品種であり，国内の全ブドウ畑の3分の1を占める17,034 ha（42,092 acres）の栽培が記録されている．オーストリアはまさにこの品種にとって故郷ともいえる土地で，最高のワインの多くが作られている．パンノニア平原（Pannonian Plain，カルパチア盆地）からドナウ川に沿って熱が集中する谷の西側をブドウが覆いつくしているが，同国のワイン生産地の北半分でもかなりの量が栽培されている．栽培はとりわけ，ドナウ川の北のヴァインフィアテル地域（Weinviertel）（8,529 ha/21,076 acres）に多く見られるが，ブルゲンラント州（Burgenland）の特にノイジードル湖地方（Neusiedlersee）（1,272 ha/3,143 acres）やNeusiedlersee-Hügelland（882 ha/2,179 acres）などにも分布している．この二つの主要なワイン産地は同じ名前の湖（ノイジードラー湖）の周辺にある．

収量が高いと（100 hl/haあるいは5.7トン/acreまでワイン生産が可能である），ヴァインフィアテルの見本のようにワインはキレがよくフレッシュであたり障りのないワインになる．しかし，最高の栽培家の手によって，ヴァッハウ渓谷（Wachau），カンプタール（Kamptal），クレムスタール（Kremstal），ヴァインフィアテル，ヴァグラム（Wagram）など，栽培地として最良の土地で栽培されたブドウから作られるワインは驚くほど濃厚で熟成させる価値のあるものとなる．一般にワインは胡椒の香りを伴った辛口のフルボディーで，しっかりとしたミネラル感があり柑橘類のフレーバーの他，スパイシーなフレーバーをもつこともあり，年を経るとともにブルゴーニュワインの様相を呈すようになる．平原で作られたワインは桃が香る，果実感の強いものとなる．ゼクト（Sekt）に用いるベースワインから，リフレッシュのために日々飲みの胡椒の香りのライトボディーやミディアムボディーワインや川の急流に面した斜面で育てられたブドウの特徴をもつ濃厚でパワフルなワインに至る様々なスタイルのワインになる，使い道の多いブドウである．また甘口のアウスレーゼ（Auslese）やトロッケンベーレンアウスレーゼ（Trockenbeerenauslese）ワインも作られている．

GRÜNER VELTLINERは，現在クレムスタール，カンプタール，トライゼンタール（Traisental），ヴァインフィアテルの四つのオーストリアDACで公認されている．この分類はブドウと地域の組合せによって生まれる品質や典型性を示したものである．

最も優れた生産者としてはカンプタールのBründlmayer，Schloss Gobelsburg，Hirsch，Jurschitsch，Loimer，クレムスタールのFelsner，Malat，Sepp Moser，Nigl，Salomon，Dr Unger，Winzer Krems，ヴァッハウ渓谷（Wachau）のAlzinger，Domäne Wachau，Donabaum，Hirtzberger，Jamek，Knoll，F X Pichler，Rudi Pichler，Prager，Schmelz，ヴァインフィアテルのGraf Hardegg，Pfaffl，ヴァグラムのFritschとOttなどがあげられる．Mainhard Forstreiter社のTabor Grüner Veltlinerは，クレムス（Krems）のすぐ東側のクレムス−ホレンブルク（Krems-Hollenburg）にある樹齢150年の樹から作られている．おそらく，これが国内で最も古い樹であろう．

GRÜNER VELTLINERは国境を越え，チェコ共和国でもVELTLINSKÉ ZELENÉの名で長く栽培されており，同国では1,713 ha（4,233 acres）の栽培が記録されている．スロバキアではこの品種が重要とされており，同国においてVELTLINSKÉ ZELENÉは最も広く植えられている白品種で，同国内のブドウ栽培面積の20%を占める3,805 ha（9,402 acres）が栽培されている．ハンガリーでは，ZÖLD VELTLINIが1,439 ha（3,556 acres）栽培されている．栽培地は国内に分散しているが，南部のクンシャーグ（Kunság）やトルナ県（Tolna），西部のバラトン湖（Dél-Balaton），さらにずっと北東に位置するマートラ（Mátra）で多く見られる．栽培はブルガリアでも見られる．

国際的に流行しているこの品種はアメリカのオレゴン州やカリフォルニア州で栽培され始めているが，これまでのところ，その規模は中程度である．GRÜNER VELTLINER はワシントン州やカナダ西部のブリティッシュコロンビア州でも限定的に栽培されている．

オーストラリアでは最初のヴァラエタルワイン GRÜNER VELTLINER が2009年にキャンベラの Lark Hill 社で作られた．2010年にはアデレイド・ヒルズ（Adelaide Hills）の Hahndorf Hill 社が GRÜNER VELTLINER ワインを瓶詰めしている．ニュージーランドでも新しく栽培されており，2008年には Coopers Creek 社がギズボーン（Gisborne）で収穫したブドウから作った最初のボトルの発売を始めている．この品種は，セントラル・オタゴ（Central Otago）の Mount Edward 社や Quartz Reef 社，また，マールボロ地方（Marlborough）の Yealands 社のほか数軒でも栽培されている．

世界中のレストランのワインリストにこの品種が記載されているので，世界のワイナリーに対する影響力は増しつつあるようである．

GUARDAVALLE

マイナーでナッッティなイタリアの最南部の白品種

ブドウの色：● ● ● ● ●

主要な別名：Greco Bianco di Cirò ☒，Greco del Cirotano，Montonico di Rogliano（ロリアーノ（Rogliano）），Uva da Passito（サヴェッリ（Savelli）），Uva Greca（ビヴォンジ（Bivongi）），Vardavalli

よくGUARDAVALLEと間違えられやすい品種：GRECO ☒，GRECO BIANCO ☒，MANTONICO BIANCO ☒

起源と親子関係

GUARDAVALLE はおそらく，カラブリア州（Calabria），カタンザーロ県（Catanzaro）のイオニア海沿岸に位置するロクリ（Locri）とソヴェラート（Soverato）の間にある町を起源とする品種である．品種名はその町にちなんで命名されたものであろう．DNA 解析によって GRECO BIANCO DI CIRÒ は GRECO や GRECO BIANCO とは異なり，GUARDAVALLE と同一品種であることが明らかになった（Costacurta *et al.* 2004）．最近のブドウの分類学的解析によって，カラブリア州の品種である MONTONICO DI ROGLIANO，UVA DA PASSITO，UVA GRECA もまた GUARDAVALLE と同一品種であることが示された（Schneider，Raimondi，Grando *et al.* 2008）．

ブドウ栽培の特徴

晩熟である．

栽培地とワインの味

イタリア（半島）のつま先にあたるレッジョ・カラブリア県（Reggio Calabria）において，GUARDAVALLE の名で推奨されているが，主に栽培が見られるのはビアンコ（Bianco），ロクリ（Locride），ビヴォンジ（Bivongi）コムーネ周辺のみで，限定的な量しか栽培されていない．一方，GRECO BIANCO DI CIRÒ の名前では，カラブリア州の白ワイン用品種として最も普及しているものの一つである．GUARDAVALLE は Bivongi DOC のブレンドに公認されている．ワインにはナッツィ（木の実）の風味があり，わずかに渋みが感じられることがある．Santa Venere 社の Vescovada は有機栽培のブドウを用いたヴァラエタルワインで IGT Calabria として販売されている．

2000年のイタリア農業統計には177 ha（437 acres）の栽培が記録されているが，それには統計から漏れている GRECO BIANCO DI CIRÒ の栽培面積は含まれていないようである．

GUARNACCIA BIANCA

CODA DI VOLPE BIANCA を参照

GUEUCHE NOIR

事実上絶滅状態にあるフランス東部の晩熟の品種.
GOUAIS BLANC と関係がある.

ブドウの色：● ● ● ● ●

主要な別名：Foirard または Foirard Noir（ポリニー（Poligny）），Plant d'Arlay（サラン（Salins）），Plant de-Treffort（アン県（Ain））

起源と親子関係

GUEUCHE NOIR は，フランス東部，フランシュ＝コンテ地域圏（Franche-Comté）の品種で，現地では18世紀から栽培されていたが，現在はほぼ絶滅状態にある．この品種がブドウの形態分類群の Gouais に属している（p XXXII 参照 ; Bisson 2009）ということから，なぜ，GOUAIS BLANC が時に GUEUCHE BLANC と呼ばれ，そしてなぜ GUEUCHE NOIR が GOUAIS BLANC の子品種であると考えられているのか（Boursiquot *et al.* 2004; PINOT の系統図を参照）の説明が可能になる．Guicherd 氏は GUEUCHE NOIR がオーブ県（Aube）の ENFARINE NOIR と似ていると考えていることを追記しておく（Galet 1990）．

ブドウ栽培の特徴

結実能力が高い．熟期は中期～晩期である．薄い果皮をもつ小さな果粒が密着した果房をつける．灰色かび病の他，かびの病気に感受性がある．

栽培地とワインの味

Étienne Thiebaud 氏は，20歳のときにフランス東部のジュラ県（Jura）に Domaine des Cavarodes 社を設立し，ドゥー県（Doubs）のブザンソン（Besançon）の南西部，リエル（Liesle）の古いブドウ畑を救済し，すべてが樹齢50～100年ほどになるピノ・ノワール（PINOT NOIR），TROUSSEAU，PINOT MEUNIER，GAMAY NOIR，POULSARD，GUEUCHE NOIR，ARGANT（GÄNSFÜSSER），BLAUER PORTUGIESER，ENFARINÉ NOIR，MÉZY の混植により得たブドウからブレンドワインを作った．ジュラ県のロタリエ（Rotalier）にある Domaine Ganevat 社はわずかな土地を GUEUCHE NOIR（と彼らが GOUAIS BLANC と呼ぶ品種）に植え替えて，早飲みの赤のブレンドワインの生産にこの品種を用いた．

Galet（2000）によれば，フランシュ＝コンテ地域圏は，この品種が完熟するには冷涼すぎるため，GUEUCHE NOIR だけから作られるワインは通常，幾分堅くて酸味が高いのだという．GUEUCHE NOIR はフランス公式品種登録リストにはまだ掲載されていない．

GUTEDEL

CHASSELAS を参照

GUTENBORNER

イギリスで限定的に栽培されているマイナーなドイツの交配品種

ブドウの色：● ● ● ● ●

主要な別名：Geisenheim 17-52

起源と親子関係

1928年にガイゼンハイム（Geisenheim）研究センターのHeinrich Birk氏がMÜLLER-THURGAU×BICANE（CHASSELAS NAPOLEONの別名で）の交配により得た交配品種である．このとき，用いられたBICANEはもはや栽培されていないフランスのワイン・生食兼用品種である．

ブドウ栽培の特徴

霜により被害をうける危険性にさらされているので，収量が不安定である．イギリスでは1970年代～1980年代にかけて，晩熟で，MÜLLER-THURGAUよりは耐病性であるため，興味をもたれたが，特に病気に強いというわけではない．

栽培地とワインの味

冷涼な気候下でも熟すことができるため，いまだ商業栽培が公認されていないドイツでよりもイギリスの風雨から保護された場所で栽培されることにより成功を収めているが，栽培面積は数haに過ぎない．ワインは幾分ニュートラルで時折，マイルドなブドウの香りを示す．

H

HAMASHARA (ハマサラ)
HÁRSLEVELŰ (ハールシュレヴェリュー)
HASANDEDE (ハサンデデ)
HELFENSTEINER (ヘルフェンシュタイナー)
HELIOS (ヘリオス)
HERBEMONT (ハーモント)
HEROLDREBE (ヘロルドレーベ)
HETERA (ヘテラ)
HIBERNAL (ヒベルナール)
HIMBERTSCHA (ヒンベルツシャ)
HITZKIRCHER (ヒツキルシャー)
HÖLDER (ヘルダー)
HONDARRIBI BELTZA (オンダリービ・ベルサ)
HOROZKARASI (ホロズカラス)
HRON (フロン)
HRVATICA (フルヴァティツァ)
HUMAGNE (ウマーニュ)
HUXELREBE (フクセルレーベ)

⧖ 次ページ以降に記載されているこのシンボルは，別名や誤った同定がDNA解析により確認されたことを示す.

HAMASHARA

アゼルバイジャンの早熟な赤ワイン用ブドウ

ブドウの色：● ● ● ● <u>●</u>

主要な別名：Aronova Boroda（アロンのヒゲ（Aaron's beard）の意味をもつ），Gamashara

起源と親子関係

HAMASHARA はアゼルバイジャン南東部に位置する Jalilabad 地区の地方品種で，品種名は Hasilli 村が由来の歴史的なものである．野生ブドウの自然受粉により生まれた品種で，地方の人々がその子孫を種子から栽培してきたといわれている．仮にそれが事実であれば，HAMASHARA は単一品種ではなく，近縁だが異なる多くの品種からなるグループだということになる．

ブドウ栽培の特徴

早熟．厚い果皮をもつ果粒からなる大きな果房をつける．

栽培地とワインの味

アゼルバイジャンの Jalilabad Winery 社がこの品種から辛口ワイン，デザートワインおよび酒精強化ワインを作っている．本来アルコール分は低く酸味が強いワインになる．

HANEPOOT

MUSCAT OF ALEXANDRIA を参照

HÁRSLEVELŰ

香り高くワインの特徴を描写した名前をもつハンガリー品種．甘口，辛口の両方の白ワインが作られる．

ブドウの色：<u>●</u> ● ● ● ●

主要な別名：Budai Fehér, Feuille de Tilleul（フランス）, Harslevleue, Harzevelu, Lindenblättrige（ドイツ，オーストリア），Lipolist（クロアチア），Lipovina（チェコ共和国，スロバキア）
よく HÁRSLEVELŰ と間違えられやすい品種：EZERJÓ ☒

起源と親子関係

HÁRSLEVELŰ は，そのワインのアロマを示す「菩提樹の葉」という意味のハンガリー品種で，1744年に最初の記載がある．13種類の DNA マーカーを用いて Calò，Costacurta *et al.*（2008）が FURMINT との親子関係を示している．この結果は60種類の DNA マーカーによっても確かめられており（Vouillamoz），HÁRSLEVELŰ が FURMINT の子品種であり（FURMINT の項目参照），ハンガリー起源の古いスイスの品種である PLANTSCHER の姉妹品種であることが明らかになったことで，この品種のハンガリー起源が確認された．

HÁRSLEVELŰ と EZERJÓ は，BUDAI FEHÉR（「ブダ（Buda）の白」）という別名を共有しているが，両品種を混同してはいけない．

HÁRSLEVELŰ は EZERFÜRTŰ，KABAR，ZEFÍR の育種に用いられた．

他の仮説

証拠はないが，FURMINT 同様に HÁRSLEVELŰ はイタリアから持ち込まれたとよくいわれている．

ブドウ栽培の特徴

豊産性，萌芽期は中期で晩熟である．薄い果皮をもつ小〜中サイズの果粒が粗着する大きな果房をつける．霜の被害を受けやすい．乾燥に敏感でうどんこ病に感受性がある．温暖な火山性の土壌が栽培に最適である．FURMINT よりもわずかに貴腐化しにくい．

栽培地とワインの味

ワインには香り高く穏やかなスパイシーさがあり，トカイ（Tokaji）の甘口ワインに用いられており，しっかりした性質をもつ FURMINT に香りを与えている．ワインは FURMINT のものよりソフトで，より早熟である．遅摘みのヴァラエタルワインや Aszú ヴァラエタワインが大きな成功を収め，今世紀になって生産は増加している（Rohály *et al.* 2003）．辛口あるいはオフ・ドライのヴァラエタルワインの品質は様々だが，最高の品質のワインには粘度があり，フルボディーで，菩提樹の花や蜂蜜のはっきりしたフレーバーがある．

オーストリアのブルゲンラント州（Burgenland）では Josef Umathum 氏がわずかな数の LINDENBLÄTTRIGE を栽培しており，今後，栽培面積を増やす計画がある．辛口のヴァラエタルワインを作っているが，貴腐の甘口ワインの生産の可能性を検討している．2011年にオーストリアで公認された．

HÁRSLEVELŰ はハンガリー中で栽培されているが，とりわけ最北東部のトカイ（総面積の65%）や少し西のエゲル（Eger，特に Debrő 地域）で，またさらに西のショムロー（Somló）やバラトン湖（Balaton）の北などで栽培されている．これらの地方のワインはよりミネラル感のあるものになるが，香りは少なくなってしまう傾向にある．南部のヴィラーニ（Villány）のワインはソフトでより香りが高い．推奨される生産者としてはショムローの Győrgyovács と Hollóvár の2社，エゲルの St Andrea 社，トカイの Berés 社，Zoltán Demeter 社およびヴィラーニ（Villány）の Bock や Plgár の2社などである．2008年にはハンガリーで1,612 ha（3,983 acres）の栽培が記録されている．

HÁRSLEVELŰ は国境を越えたスロバキアでも栽培されており，ルーマニア（2008年の栽培面積は20 ha/49 acres）では主に辛口ワインが作られている．

南アフリカ共和国では2008年に75 ha（185 acres）の栽培が記録されており，同国内の様々な地域で栽培されているがロバートソン（Robertson）が最も大きな栽培地域である．Lammershoek 社がスワートランド（Swartland）で辛口のヴァラエタルワインを作っており，この品種に高い期待を寄せている．同社では樹齢42年の古い株仕立てのブドウ1 ha（2.5 acres）から早摘みにより酸度が保持されたワインが作られている．その他の地域ではブレンドワインの生産に用いられている．

HASANDEDE

トルコの首都アンカラの東部で見られる平凡な品種

ブドウの色：● ● ● ● ●

主要な別名：Ahmet Bey，Aşeri ☒（カッパドキア（Kapadokya/Cappadocia）のネヴシェヒル県（Nevşehir）），Hasan Dede，Hasandede Beyazi

よく HASANDEDE と間違えられやすい品種：?KALECIK KARASI，Sungurlu ☒

起源と親子関係

Hasandede には「Hasan おじいさん」という意味がある．おそらくトルコ中部，アンカラの東，クルッカレ県（Kırıkkale）が起源の地であろう．DNA 解析によってカッパドキアのネヴシェヒル県の AŞERI が HASANDEDE と同一であることが明らかになった．また，HASANDEDE と，クルッカレ県地方の別の品種で，商業栽培はされていない SUNGURLU とは親子関係にあることが DNA 系統解析によって明らかになった（Vouillamoz *et al.* 2006）．紛らわしいことに，SUNGURLU が HASANDEDE の別名として使われることがある．

他の仮説

Vitis 国際品種カタログには SUNGURLU が HASANDEDE の別名として掲載されているが，DNA 解析によってこの仮説は否定された（Vouillamoz *et al.* 2006）．KALECIK KARASI も別名としてリストの中に掲載されているが，現時点ではこれを確認する DNA 解析は行われていない．

ブドウ栽培の特徴

薄い果皮をもつ中サイズの果粒をつける．熟期は中期である．良好な耐病性をもつ．

栽培地とワインの味

トルコ中部，アンカラの東に位置するクルッカレ県で栽培され，そのほとんどは生食用および濃縮ブドウジュース *Pekmez* に用いられるが，非常にベーシックな品質の白ワインの生産にも用いられている．

HEIDA

SAVAGNIN BLANC を参照

HELFENSTEINER

ドイツの交配品種．子品種の Dornfelder より影がうすい．

ブドウの色：● ● ● ● ●

主要な別名：Blauer Weinsberger，Weinsberg S 5332

起源と親子関係

HELFENSTEINER は，1931年に August Herold 氏が PINOT NOIR PRÉCOCE × SCHIAVA GROSSA の交配により得た交配品種である．この品種名はシュトゥットガルト（Stuttgart）の南東に位置する Geislingen an der Steige 近くの廃墟となった Helfenstein 城の名にちなんだものである．HELFENSTEINER 自体より，大きな成功を収めている DORNFELDER の親品種としてのほうが有名である．

ブドウ栽培の特徴

熟期は中期～晩期である（しかし，都合がよいことに親品種の SCHIAVA GROSSA よりは通常早い）．べと病と灰色かび病には良好な耐性をもつが収量は不安定である．花ぶるい（Coulure）しやすいことが1970年代から続く栽培面積の減少の主な要因となっている．

栽培地

DORNFELDER はドイツで広く（また，それほど広くはないが，ドイツ以外でも）栽培されているにもかかわらず，HELFENSTEINER はドイツ南部で19 ha（47 acres）が栽培されるのみである．ヴュルテンベルク（Württemberg）で Dieterich 社，Jaillet 社，Wangler 社がヴァラエタルワインを作っており，最初に Weissherbst（ロゼ）が作られた．Kern 社（Baden）もヴァラエタルの HELFENSTEINER ワインを作っている．

HELIOS

あまり知られてないが，耐病性をもつ非常に複雑なドイツの交雑品種

ブドウの色：● ● ● ● ●

主要な別名：Freiburg 242-73

起源と親子関係

1973年にドイツ南部，バーデン＝ヴュルテンベルク州（Baden-Württemberg）にあるフライブルク（Freiburg）研究センターの Norbert Becker 氏が MERZLING×FR 986-60 の交配により得た耐病性をもつ複雑な交雑品種である．

- MERZLING はそれ自身も複雑な交雑品種（完全な系統は PRIOR 参照）
- FR 986-60 は SEYVE-VILLARD 12-481×MÜLLER-THURGAU の交雑品種
- SEYVE-VILLARD 12-481 は SEIBEL 6468×SEIBEL 6746 の交雑品種
- SEYVE-VILLARD 6468 は SEIBEL 4614×SEIBEL 3011 の交雑品種で，SEIBEL 6746 の親品種は記録されていない
- SEIBEL 4614 は SEIBEL 752×(VIVARAIS×*Vitis berlandieri*）の交雑品種（VIVARAIS の完全な系統は PRIOR 参照）
- SEIBEL 752 は PANSE PRÉCOCE（SICILIEN）×CLAIRETTE DORÉE GANZIN の交雑品種
- PANSE PRÉCOCE は BICANE×PASCAL BLANC の交配品種で，前者は栽培されていないフランスのワイン・生食兼用品種
- CLAIRETTE DORÉE GANZIN は GANZIN 60×BOURBOULENC の交雑品種
- GANZIN 60 は ARAMON NOIR × *Vitis rupestris* Ganzin の交雑品種
- SEIBEL 3011 は BAYARD×AFUS ALI（DATTIER DE BEYROUTH）の交雑品種．ここで BAYARD は EMILY×*Vitis rupestris* の交雑品種で，EMILY は *Vitis vinifera* subsp. *vinifera*×*Vitis labrusca* の交雑品種
- AFUS ALI はレバノンの生食用ブドウ

HELIOS という品種名はギリシャの太陽の神に由来する名前である．HELIOS はスロバキアの生食用ブドウの名前でもあるが両者の間に関係はない．

ブドウ栽培の特徴

熟期は中期である．灰色かび病，うどんこ病およびべと病に良好な耐性をもつ．

栽培地とワインの味

2005年にドイツで HELIOS の商業栽培が許可された．ドイツブドウ公式統計に記録されるほどの生産量

にはまだ達していないが，Dr Benz 社，Feuerstein 社，Isele 社などが南部のバーデン（Baden）でヴァラエタルワインを作っている．ヴァラエタルワインはあまり特徴がないが，数グラムの糖を残すと品質が改善されることがある．酸度は MÜLLER-THURGAU に似ているがマスト（果汁）の比重は高い．

スイスでも少量が試験栽培されている（0.23 ha/0.57 acres）．またベルギーでも Domaine Viticole du Chenoy 社がこの品種を栽培している．

HERBEMONT

ほぼ絶滅状態にある複雑なアメリカの交雑品種．
親品種に関しては議論が続いている．

ブドウの色：● ● ● ● ●

主要な別名：Black Herbemont，Bottsi，Brown French，Dunn，Herbemon，Herbemont's Madeira，Hunt，Kay's Seedling，Madeira，Mcknee，Neal Grape，Neil Grape，Warren，Warrenton，White Herbemont

起源と親子関係

この品種の正確な起源ははっきりせず，議論が続いている．テキサス州の園芸家でありブドウ育種家でもある Thomas Volney Munson 氏は，HERBEMONT と JACQUEZ（別名 LENOIR）が *Vitis bourquiniana* に属していると考えた．これは野生の *Vitis aestivalis* に近いものの，植物学的には疑わしいグループである（Munson 1909）．Bailey（1906）はこれらの *bourquiniana* 品種は summer-grape とも呼ばれる野生種 *Vitis aestivalis* の改良品種で，それらのいくつかは *Vitis aestivalis* とヨーロッパのワインブドウとの交雑品種であると記載しているが，この説は Galet（1988）も支持している．このヨーロッパ品種はマデイラ島（Madeira）から持ち込まれたものであると考えられている．

サウスカロライナ州，コロンビア（Columbia）の栽培家でフランス出身の Nicholas Herbemont 氏（1771-1839）は *bourquiniana* の品種を1798年にサウスカロライナ州，コロンビアの Judge John Huger に植え付け，これを MADEIRA と呼んだ．Herbemont 氏は普及と繁殖に非常に熱心で，後に同氏のブドウは Herbemont の MADEIRA として知られるようになり，それがやがて単に HERBEMONT となった．一方，Thomas McCall 氏の記録には，アメリカ独立戦争の前にジョージア州に持ち込んだのはオーガスタ（Augusta）の St. Paul の Henry Hunt 氏で，現地では Hunt grape として知られていたと記されている．このブドウは19世紀初頭にジョージア州の Warren 郡に広がり，現地では単に Warren ブドウとして知られていた（Bonner 2009）．こうした個別の記載はこの品種がコロンビアで見つかるよりもずっと前に栽培され繁殖されていたことを示唆している．

他の仮説

Munson 氏によれば，HERBEMONT と JACQUEZ は，1750年頃にジョージア州，サバンナ（Savannah）の Bourquin 家が BROWN FRENCH（HERBEMONT）と BLUE FRENCH（JACQUEZ）としてフランス南部から持ち込んだもので，Gougie Bourquin 氏にちなんで *Vitis bourquiniana* と命名されたのだという．しかし，その品種は *Vitis vinifera* とは特徴が大きく異なり，耐病性にも違いがあったので，*Vitis aestivalis*，*Vitis cinerea* および同定されていない *Vitis vinifera* との交雑品種だと考えられた（Munson 1909）．もし仮に HERBEMONT と JACQUEZ が純粋な *Vitis vinifera* でないとすると，*Vitis aestivalis* と *Vitis cinerea* はそれ以前にアメリカからヨーロッパに持ち込まれ，自然にあるいは意図的にヨーロッパのいくつかの *vinifera* と交雑され，生まれた HERBEMONT と JACQUEZ が，18世紀の半ば頃にアメリカに輸入されたことになる．この仮説では，交配の時期が，意図的な交配が最初になされた時期（1750年頃）よりも前ということになる．また，うどんこ病やべと病，フィロキセラがその時期にはヨーロッパに入ってきておらず，ヨーロッパにおいて種間交雑をする理由がなかったことを考えると，この説は否定される．

栽培地とワインの味

ブラジル南部の多湿な気候の地域で，耐病性のあるこの品種が重宝がられている．リオグランデ・ド・スル州（Rio Grande do Sul）では2007年にまだ846 ha（2,091 acres）の栽培が記録されている．たとえば，Salton 社が HERBEMONT と ISABEL（ISABELLA）や SEYVAL BLANC のブレンドのロゼワインを生産している．この品種はフランスでは公認されていないが，セヴェンヌ（Cévennes）にわずかだが見られる．EU ではほぼすべての交雑品種が禁止されているため，このワインを合法的に販売することはできないのだが，Association Mémoire de la Vigne（ブドウの記憶協会）が JACQUEZ を主原料として作る Cuvée des Vignes d'Antan の生産に用いられている．

HEROLDREBE

豊産性だが平凡で，都合の悪いことに晩熟なドイツの交配品種

ブドウの色：● ● ● ● ●

主要な別名：Weinsberg S130

起源と親子関係

1929年にドイツ南部，バーデン＝ヴュルテンベルク州（Baden-Württemberg）にあるヴァインスベルク（Weinsberg）研究センターの August Herold 氏が BLAUER PORTUGIESER × BLAUFRÄNKISCH の交配により得た交配品種であり，品種名は同氏の名前にちなんで命名された．BLAUFRÄNKISCH が GOUAIS BLANC の子品種であるため，HEROLDREBE は孫品種にあたり，HEROLDREBE は DORNFELDER の育種に用いられた．この系統は DNA 解析によって確認されている（Myles *et al.* 2011）．

ブドウ栽培の特徴

収量は140 hl / ha（8トン /acres）と高く安定しているが，かなり晩熟なため，ドイツの温暖な地域においてのみ栽培されている．べと病と灰色かび病に良好な耐性を示す．

栽培地とワインの味

ドイツでは155 ha（383 acres）の栽培が記録されている．栽培は主にプファルツ（Pfalz）で見られ，そのほとんどがロゼワインの生産に用いられているが，ヴュルテンベルク（Württemberg）やラインヘッセン（Rheinhessen）でも栽培されている．ワインは適度な軽さと顕著なタンニンを有している．ワインの質は親品種の BLAUER PORTUGIESER よりも低い．この品種そのものよりも DORNFELDER の親品種としてのほうが有名である．プファルツの Anselmann 社や南のバーデン（Baden）の Bernecker 社がヴァラエタルワインを作っている．

HETERA

近年，公認されたスロバキアの交配品種．前途有望な甘口ワインが作られる．

ブドウの色：

主要な別名：HTCVCB 4/13

起源と親子関係

HETERA は1965年にスロバキア，ブラチスラヴァ（Bratislava）の VUVV ブドウ栽培および醸造研究センターにおいて Dorota Pospíšilová 氏がゲヴュルツトラミネール（GEWÜRZTRAMINER）×ROTER VELTLINER（スロバキア名では TRAMÍN ČERVENÝ × VELTLÍNSKE ČERVENÉ）の交配により得た交配品種で，2011年に公認された．

ブドウ栽培の特徴

樹勢が強く，安定して豊産性である．萌芽期は遅く，晩熟である．フレーバーに富む小さな果粒が大きな果房をつける．灰色かび病とうどんこ病に感受性である．

栽培地とワインの味

スロバキアでの総栽培面積は依然少ない（2011年の栽培面積は5 ha/12 acres）が南西部の Južnoslovenská や小カルパティア（Malokarpatská）のワイン生産地域が栽培に最もよく適している．また，ブドウは貴腐の甘口ワインの生産にも適しており，Žitavské Vinice がこのスタイルのワインを作っている．

HIBERNAL

祖国ドイツよりもチェコ共和国で広く栽培されているドイツの交雑品種

ブドウの色：

主要な別名：Geisenheim 322-58

起源と親子関係

1944年にドイツのラインガウ（Rheingau）にあるガイゼンハイム（Geisenheim）研究センターの Helmut Becker 氏が CHANCELLOR×リースリング（RIESLING）の自家受粉で得た，複雑な交雑品種である（CHANCELLOR の完全な系統は PRIOR を参照）．

ブドウ栽培の特徴

冬の霜には良好な耐性を示す．またうどんこ病およびべと病にも適度の耐性を示す．糖度と収量はリースリングよりも高いが，酸味は弱い．10月前半に熟する．

栽培地とワインの味

ドイツでの栽培は非常にわずか（1 ha/ 2.5 acres）だが，チェコ共和国では2004年に登録され，17 ha（42 acres）が栽培され，少しずつ増加している．主に南東部のモラヴィア（Morava）で栽培されている．ドイツ南部，バーデン（Baden）のKnab社が稀少なヴァラエタルワインを生産している．栽培はカナダでも少し見られる．

ワインはフレッシュかつフルーティーで，年によっては幾分SCHEUREBEに似たものになる．また，完熟したブドウから最高の条件で作られると純粋な果実感と高いレベルのエキス分をもち，親品種のリースリングを思わせるワインになる．熟していないブドウを用いるとワインには，わずかにフォクシーな香りが表れるが通常はそれほど明確には表れない．複雑な育種系統であるため，*Vitis vinifera* 100%の品種ではないが，ドイツの公式品種登録リストに登録されている．また一般にワインには*vinifera*の味わいがあるため，クオリティワイン（原産地呼称保護ワイン）の原料として公認されている．これはRONDOのようなドイツの他の交雑品種も同様である．

HIBOU NOIR

AVANÀを参照

HIMBERTSCHA

近年，絶滅の危機から復活したスイスの品種

ブドウの色：●　●　●　●　●

主要な別名：Lafnetscha ☒

起源と親子関係

HIMBERTSCHAはスイスのオー・ヴァレー（Haut-Valais）のフィスプ地方（Visp）起源の古く珍しい品種である．1970年代初期にJosef-Marie Chanton氏が古いブドウ畑に残っていた数本の樹を発見し，この品種を絶滅の危機から救済した．また，2010年にはAssociation VinEschがこのブドウ畑を救済している．HIMBERTSCHAという品種名はドイツ語の*Himbeer*（イチゴ）とは関係がなく，イタリア語の*in pergola*（訳注：棚仕立て）の方言である*im Bercla*に由来しており，この品種を仕立てる方法と一致している．DNA系統解析によって，この品種はヴァレー州（Valais）の古い品種であるHUMAGNEの子品種であり，それゆえLAFNETSCHAとは片親だけが姉妹関係にあたることが明らかになった（Vouillamoz, Maigre and Meredith 2004）．COMPLETERの系統図を参照のこと．

ブドウ栽培の特徴

萌芽期および熟期は中期．灰色かび病に感受性である．

栽培地とワインの味

フィスパー谷（Vispertal）にあるオリジナルのVinEschブドウ畑にある何本かの樹を除いて，世界で唯一現存しているヴァレン（Varen）の0.17 ha（0.42 acres）のHIMBERTSCHAの畑は，この品種を救済したJosef-Marie Chanton氏がスイスのオー・ヴァレーに所有している．彼のヴァラエタルワインは，フローラルでシトラスの香りがありキレのよい酸味をもつ．

HITZKIRCHER

品種名の由来になった村でだけ栽培されている，スイスの珍しい品種

ブドウの色：● ● ● ● ●

主要な別名：Grosse Blaue Mörsch，Hitzkirchener，Hitzkirchler
よくHITZKIRCHERと間違えられやすい品種：BONDOLA

起源と親子関係

HITZKIRCHER はスイス中央部に位置するルツェルン州（Luzern）にあるヒツキルヒ村（Hitzkirch）を起源とする極めて珍しい品種である．しばしば，BRIEGLER と混同されてきたが，最近になって BRIEGLER とティチーノ州（Ticino）の BONDOLA が同一品種であると同定された（Frei *et al.* 2006; Vouillamoz，Frei and Arnold 2008）．DNA 解析によって HITZKIRCHER とティチーノ州の BONDOLETTA は，いずれもグラウビュンデン州（Graubünden）の COMPLETER とティチーノ州の BONDOLA の間の異なる自然交配品種であることが明らかになったことで（Vouillamoz and Moriondo 2011），上記が理にかなっていたことを後押しすることになった．

栽培地とワインの味

この品種と同じ名前のスイスの村で，Rebbaugesellschaft Hitzkirch 社が唯一のヴァラエタルワインを作っている．

HÖLDER

非常にマイナーでとても平凡なドイツの交配品種

ブドウの色：● ● ● ● ●

主要な別名：Hoelder，Weinsberg S 397

起源と親子関係

1955年に August Herold 氏がリースリング（RIESLING）×ピノ・グリ（PINOT GRIS，RULÄNDER）の交配により得た交配品種である．Lauffen am Neckar の詩人である Friedrich Hölderlin の名前にちなんで命名された．

ブドウ栽培の特徴

熟期は中期～晩期である．良好な糖レベルと適度な酸度があり，安定した収量を示す．べと病および灰色かび病には良好な耐性を示すが，うどんこ病への耐性は低い．

栽培地とワインの味

ドイツにおけるこの品種の栽培面積はわずか6 ha（15 acres）である．1987年に公認され，同国南部のところどころで栽培されている．ワインは平凡で，ほどよくフレッシュでフルーティーな軽いアロマを有している．

HONDARRIBI BELTZA

スペイン北部，バスク（Basque）の稀少な品種．カベルネ・フラン（CABERNET FRANC）と関係があり，時にそれを想起させることがある．

ブドウの色：● ● ● ● ●

主要な別名：Chacolí（バスク州（País Vasco）），Cruchen Nègre（ベアルン（Béarn）），Hondarrabi Beltza（バスク州），Kurixketu Beltza（スペインのギプスコア県（Guipúzcoa）およびビスカヤ県（Biscaye）），Ondarrabi Beltza（バスク州），Txakoli（バスク州），Verde Matza，Xerratu Beltza（ギプスコア県およびビスカヤ県）

よくHONDARRIBI BELTZAと間違えられやすい品種：CABERNET FRANC ☿（バスク州の Txakoli ブドウ畑），COURBU NOIR ☿（フランスのベアルン（Béarn））

起源と親子関係

HONDARRIBI BELTZA はフランスとの国境近い，スペイン北部，ギプスコア県（Guipúzcoa）にあるオンダリビア（Hondarribia）という町の名と，果粒の色である「黒」という意味のバスク語の *beltza* にちなんで命名された．この品種が栽培されるブドウ畑にちなんで TXAKOLI あるいは CHACOLÍ とも呼ばれる．しばしばカベルネ・フランと混植され，混同されてきたが，DNA 系統解析によってこれらの親子関係が認められた（Boursiquot *et al.* 2009）加えて，HONDARRIBI BELTZA と FER の自然交配によりフランス南西部ではほぼ絶滅状態の品種である GROS CABERNET が生まれている（Boursiquot *et al.* 2009; CABERNET SAUVIGNON の系統図を参照）．HONDARRIBI BELTZA はそれゆえブドウの形態分類群の Carmenet グループに属するということになる（p XXXII 参照；Bisson 2009）．

HONDARRIBI BELTZA は HONDARRIBI ZURI（*zuri* は「白」の意味）の果皮色変異ではない．紛らわしいことに HONDARRIBI ZURI という品種名はバスク州で栽培されている3品種：COURBU BLANC，CROUCHEN および交雑品種の NOAH にも使われている．2008年のスペインの公式統計に記録されている412 ha（1,018 acres）のうち，そのほとんどがバスク州で栽培されたものであった．バスクの重要な三つの DO（Bizkaiko Txakolina，Getariako Txakolina，Arabako Txakolina）の主要な白品種であるが，3品種のうちどれが統計に記載されているのか，またどれからヴァラエタルワインが作られているのかを特定するのは難しい（下記参照）．

ブドウ栽培の特徴

樹勢が強く，果粒が密着した小～中サイズの果房をつける．

栽培地とワインの味

スペインでは2008年に7 ha（17 acres）の栽培が記録された．ほとんどがスペイン北部のバスク州でのみ栽培されており，Bizkaiko Txakolina DO では赤とロゼワインの，また Getariako Txakolina DO では赤ワインの主要品種となっている．Doniene Gorrondona 社がフィロキセラ被害以前の古い樹から取った穂木を殖やし，ヴァラエタルワインを生産している．他にも Talai Berri 社や Txomín Etxaniz 社などがヴァラエタルワインを生産しており，Txomín Etxaniz 社が自社の Txakoli のブレンドの白ワインにこの品種を用いている．いくつかのロゼワインは2種類の HONDARRIBIS のブレンドワインである．ワインはアルコール分が高く酸味が強いものとなる．また色合い，タンニンともに濃くなる傾向にある．通常は，ハーブのノートがあり，カベルネ・フランを想起させるワインになることがある．

HONDARRIBI ZURI

COURBU BLANC, CROUCHEN および NOAH を参照

HONIGLER

MÉZES FEHÉR を参照

HOROZKARASI

故郷の地にとどまり，ワイン生産に用いられるよりも生食用となることの方が多い品種

ブドウの色：● ● ● ● ●

主要な別名：Horoz Karasi
よくHOROZKARASIと間違えられやすい品種：ADAKARASI ☿（アーブシャ島（Avşa)），ÇALKARASI ☿（デニズリ県（Denizli)），KALECIK KARASI（アンカラ（Ankara)），PAPAZKARASI（アーブシャ島）

起源と親子関係

品種名のHOROZKARASIには「黒い雄鶏」という意味があり，シリアとの国境に近いトルコ南東部のガズィアンテプ（Gaziantep）近くに位置するキリス県（Kilis）が起源であると考えられている．

他の仮説

ADAKARASI 参照．

ブドウ栽培の特徴

熟期は中期である．果粒は大きく豊産性である．灰色かび病に感受性がある．暑い気候が栽培に最も適している．

栽培地とワインの味

HOROZKARASIは起源の地から遠くまでは伝播しておらず，現在はシリアとの国境に近い，トルコ南部のガズィアンテプ周辺でのみ栽培されている．一般にワインは深い色合いでタンニン含量とアルコール分ともに高レベルだが，ワイン生産に用いられるよりも生食用として広く使われている．一般にワインブドウとしての品質は高くないと考えられている．Biricik社がヴァラエタルワインを生産している．

HRON

新しい品種だがフルボディーで熟成させる価値のある赤ワインになると期待されている，スロバキアの交配品種

ブドウの色：● ● ● ● ●

主要な別名：CAAB 3/22

起源と親子関係

HRONは1976年にスロバキアのブラチスラヴァ（Bratislava）のVUVVブドウ栽培および醸造研究センターにおいてDorota Pospíšilová氏がCASTETS×ABOURIOUの交配により得た交配品種である．品種名は，ドナウ川の支流にちなんで名付けられた．この品種は NITRANKA，RIMAVA，VÁH の姉妹品種で，2011年に公認された．

ブドウ栽培の特徴

萌芽期は遅く，熟期は中期〜晩期である．厳寒に感受性である．うどんこ病に中程度の感受性を示すが，春の霜や灰色かび病には耐性をもつ．深く，暖かい土壌が栽培に最適である．

栽培地とワインの味

HRON はまだ広くは栽培されていない（2011年の栽培面積は5 ha/12 acres）が，期待されており，とりわけスロバキアの南西部の Južnoslovenská や小カルパティア（Malokarpatská）では，若干カベルネ・ソーヴィニヨン（CABERNET SAUVIGNON）を思わせる高品質で深い色合いをもつ，フルボディーで熟成させる価値のある赤ワインが作られている．Chateau Modra 社や Karol Braniš 社がヴァラエタルワインを生産している．

HRVATICA

最近になって絶滅の危機から救済されたクロアチアの品種．色の薄い赤ワインが作られている．

ブドウの色：

主要な別名：Hrvatica Crna，Jarbola ☿（マトゥジ（Matulji）），Karbonera，Markolina，Negrara，Negrona
よくHRVATICAと間違えられやすい品種：CROATINA ☿

起源と親子関係

HRVATICA には「クロアチアの少女」という意味がある．クロアチア北西部に位置するイストラ半島（Istra）の Kaštelir 地区の在来品種である．同じ意味をもつイタリアの品種 CROATINA は長い間，HRVATICA と同一であると考えられてきたが，DNA 解析によってこれは否定されている（Maletić *et al.* 1999）．しかし後になって，Rijeka 北西部，アドリア海沿岸に近いマトゥジでのみ栽培される黒色果粒の JARBOLA という品種が HRVATICA と同一であることが判明した．

白色果粒の JARBOLA は黒色の果粒品種の JARBOLA の色変異ではなく，異なる品種である（Sladonja *et al.* 2007）．新しい栽培が始まったのは2004年のことで，この品種を JARBOLA BIJELA と呼ぶことが提唱されている（*bijela* は「白」の意味；Sladonja *et al.* 2007）．

ブドウ栽培の特徴

萌芽期は中期で，熟期は早期〜中期である．高収量でべと病に非常に感受性である．

栽培地とワインの味

クロアチア北西部に位置するイストラ半島のすべてのワイン生産地区で推奨されているが，現在はイストラ半島北西端の Bujštine でわずかに栽培されるのみである．保護と回復のためのプロジェクトが2003年からマトゥジで始まっている．ブドウは深い色合いではないためロゼワインの生産に適している．

HUMAGNE

近年，ヴァレー州（Valais）で復活を遂げた，際立つ風味をもつスイスの古い品種

ブドウの色：● ● ● ● ●

主要な別名：Humagne Blanc ☒，Humagne Blanche ☒，Miousat ☒または Miousap または Mioussat（フランスのピレネー＝アトランティック県（Pyrénées-Atlantiques））

起源と親子関係

HUMAGNE はスイス南部，ヴァレー州の非常に古い品種で，同地で1313年に Registre d'Anniviers として知られる羊皮紙に humagny と記載されたのが，この品種に関する最初の記載である（RÈZE も参照，Ammann-Doubliez 2007; Vouillamoz 2009a）．驚くべきことに，最近のブドウの形態分類学的解析および DNA 解析により，依然フランス南西部のジュランソン（Jurançon）やピレネー・アトランティック県のモナン（Monein）のあちこちで栽培されている MIOUSAT が，HUMAGNE と同一であることが明らかになった（Bordenave *et al.* 2007）．以上を踏まえると，DNA 系統解析によって HUMAGNE とフランス南部のプロヴァンス地方（Provence）でほぼ絶滅状態の品種である COLOMBAUD との親子関係が明らかになった（Vouillamoz and Moriondo 2011）ことも納得がゆく（系統図は COMPLETER を参照）．HUMAGNE はフランス南部からヴァレー州に13世紀以前にローヌ川流域（Vallée du Rhône）経由で持ち込まれたというのが最も有力な説ではないかと考えられている．また，その品種名は，フォカイア人（訳注：古代ギリシャの都市国家フォカイアの人）が南フランスにブドウ栽培をもたらしたことから，「樹勢が強い」を意味するギリシャ語の Hylomaneus に由来するのではないかと考えられる（Aebischer 1937; Vouillamoz and Moriondo 2011）．

オー・ヴァレー（Haut-Valais）では HUMAGNE×COMPLETER の自然交配により LAFNETSCHA が生まれ，他方，絶滅したであろう別の未知の品種との自然交配が HIMBERTSCHA を生んだと考えられている（Vouillamoz，Maigre and Meredith 2004）．

HUMAGNE は HUMAGNE BLANC と呼ばれることがあるが，ヴァッレ・ダオスタ州（Valle d'Aosta）の品種 CORNALIN（ヴァレー州で HUMAGNE ROUGE と呼ばれる）との関係は認められない．

他の仮説

HUMAGNE という品種名は，ラテン語の *Vinum humanum* に由来するとよく言われる．古い文書に記載されているとか，この品種の起源がローマにあるなどとも言われているが，これを証明する文書は発見されていない．

ブドウ栽培の特徴

晩熟である．極端に樹勢が強く，平均的だが不規則な収量である．灰色かび病とマグネシウム欠乏に感受性である．小さな果粒をつける．

栽培地とワインの味

20世紀の中頃までは，HUMAGNE はほぼ絶滅状態であったが，1980年代の終わりに復活を果たした．2009年にはスイスで30 ha（74 acres）の栽培が記録されたが，栽培は，ヴァレー州でのみ行われている．HUMAGNE のワインは通常，辛口かつフレッシュで，ライムの花の繊細な香りと適度なアルコール分，そしてエレガントなテクスチャーを有している．年代を経ると樹脂のようなアロマを発するが，収量を低く抑えなければワインは極めて平凡なものとなってしまう．推奨される生産者としては Defayes-Crettenand，Mabillard-Fuchs，Montzuettes などがあげられる．

この地方の言い伝えによると HUMAGNE のワインは他のワインに比べ多くの鉄分が含まれているため，

「新しい母のためのワイン」と呼ばれ，伝統的に出産したばかりの女性に勧められて，提供されてきた．しかし化学分析によるとこれは単なる神話であって，歴史的文書によれば，温めたHUMAGNE（あるいは別のワイン）に薬草を漬けると，元気を回復させる強壮剤の効果をもつ飲み物になると記されている（Pont 2005）．

HUMAGNE ROUGE

CORNALINを参照

HUXELREBE

収量，熟度，アロマ，酸味のいずれも高い値を示すが，繊細さに欠けるドイツの交配品種

ブドウの色：

主要な別名：Alzey S3962

起源と親子関係

1927年にドイツ，アルツァイ（Alzey）でGeorg Scheu氏がCHASSELAS（別名WEISSER GUTEDEL）×MUSCAT PRÉCOCE DE SAUMUR（別名COURTILLER MUSQUÉ）の交配により得た交配品種である．品種名は1950年代にこの品種を繁殖し普及させた苗木商のFritz Huxel氏の名にちなんで命名された．MUSCAT PRÉCOCE DE SAUMURは1842年にAuguste Courtiller氏がPINOT NOIR PRÉCOCEの自家受粉によって得た品種である．

ブドウ栽培の特徴

非常に高収量で高い糖度に達する．収量を調節すれば平均的な年でもアウスレーゼかそれ以上となる．この現象は時に結実不良（ミルランダージュ）の傾向の結果として起こる．べと病とうどんこ病に良好な耐性をもつ．果皮が薄いため灰色かび病に対して感受性であるが，甘口ワイン作りにおいては貴腐が有効に働く．早熟である．

栽培地とワインの味

ドイツでは635 ha（1,569 acres）が，主にラインヘッセン（Rheinhessen，421 ha/1,040 acres）やプファルツ（Pfalz，189 ha/467 acres）で栽培されている．ワインはかなり甘く鋭いアロマと豊かなフレーバーをもつ．非常に繊細とはいえないが，アプリコット，パッションフルーツ，蜂蜜，スパイスとムスクのアロマとフレーバーを有している．Gunter社，Friedelsheim社，Neckerauer社，Wittmann社などが生産する最高級のワインだけは顕著な酸味によって熟成の可能性をもつものとなる．

HUXELREBEは1972年にイギリスに持ち込まれたが，そこで現存する25 ha（62 acres）の半分は20年前に植えられたものである．冷涼な気候条件下では，HUXELREBEの確かな成熟度が酸味の強さを中和する役割を果たす．Chapel Down社のFlint Dryのようなブレンドワインに加えられることが多いが，デザートワインの生産にも用いられている．

I

—

IMPIGNO （インピーニョ）
INCROCIO BIANCO FEDIT 51 （インクローチョ・ビアンコ・フェディト 51）
INCROCIO BRUNI 54 （インクローチョ・ブルーニ 54）
INCROCIO MANZONI 2.15 （インクローチョ・マンゾーニ 2.15）
INCROCIO TERZI 1 （インクローチョ・テルツィ）
INVERNENGA （インヴェルネンガ）
INZOLIA （インツォーリア）
İRI KARA （イリ カラ）
IRSAI OLIVÉR （イルシャイ・オリヴェール）
ISABELLA （イザベラ）
ITALIA （イターリア）
ITALICA （イターリカ）
IVES （アイブス）

※次ページ以降に記載されているこのシンボルは，別名や誤った同定がDNA解析により確認されたことを示す．

IMPIGNO

Ostuni DOC においてのみ重要とされている品種

ブドウの色：

起源と親子関係

Lazybones（「怠け者」という意味の IMPIGNO の品種名は，イタリア南部，プッリャ州（Puglia），ブリンディジ県（Brindisi）のオストゥーニ（Ostuni）の栽培家で19世紀にターラント県（Taranto）の Martina Franca 地域にこの品種を持ち込んだ人物のニックネームにちなんで名付けられたものである．

Cipriani *et al.*（2010）は DNA 系統解析によって，IMPIGNO が BOMBINO BIANCO と QUAGLIANO の自然交配品種である可能性を示したが，DNA の不一致がいくらか見られるため，さらなる研究が必要である．

ブドウ栽培の特徴

熟期は中期（9月中旬）である．寒さとうどんこ病への良好な耐性をもつ．

栽培地とワインの味

IMPIGNO はイタリア，プッリャ州（Puglia）のブリンディジ県（Brindisi），オストゥーニ（Ostuni），Carovigno，ブリンディジ（Brindisi），サン・ヴィート・デイ・ノルマンニ（San Vitodei Normanni），サン・ミケーレ・サレンティーノ（San Michele Salentino）などのコムーネで栽培されている．また小規模だがラティアーノ（Latiano）やチェーリエ・メッサピ（Ceglie Messapica）でも栽培されている．通常は地方品種の VERDECA，BIANCO D'ALESSANO，FRANCAVIDDA などとブレンドされており，Ostuni DOC と表示されたワインにはこの品種が50～85% 含まれている．ターラント県（Taranto）の Martina Franca 村での栽培はわずかである．ワインは一般にフレッシュでシンプルである．2000年時点でのイタリアの統計には62 ha（153 acres）の栽培が記録されている．

INCROCIO BIANCO FEDIT 51

1950年代に得られた，イタリア，ヴェネト州（Veneto）の稀少な白品種はパッシートスタイルのワインの生産に適している．

ブドウの色：

主要な別名：Fedit 51

起源と親子関係

イタリア語で「交配（cross）」を意味する *incrocio* は，無関係の品種にも「INCROCIO ○○」という形で用いられているため注意が必要である（○○の部分には通常育種家の名前が充てられる）．

INCROCIO BIANCO FEDIT 51 は1951年にパドヴァ県（Padova）の Federazione Italiana dei Consorzi Agrari が GARGANEGA×MALVASIA BIANCA LUNGA（MALVASIA DEL CHIANTI の名で）の交配により得た交配品種である．

ブドウ栽培の特徴

熟期は中期〜晩期である．頑強な果粒であるので灰色かび病に耐性を示す．また乾燥することでパッシートスタイルのワイン生産に適している．

栽培地

イタリア北部，ヴェネト州（Veneto）のパドヴァ県（Padova）とヴィチェンツァ県（Vicenza）で公認されている．2000年時点でのイタリアの統計には13 ha（32 acres）の栽培が記録されている．

INCROCIO BRUNI 54

イタリア中部の白の交配品種．
マイナーだが収量が高く，通常はブレンドワインの生産に用いられる．

ブドウの色：

主要な別名：Dorico，Sauvignon × Verdicchio

起源と親子関係

1936年にマルケ州（Marche）の農業省でBruno Bruni氏がソーヴィニヨン・ブラン（SAUVIGNON BLANC）×VERDICCHIO BIANCOの交配により開発した交配品種である．

ブドウ栽培の特徴

樹勢が強く非常に早熟である．灰色かび病に良好な耐性を示すので遅摘みやパッシートスタイルのワインの生産に適している．

栽培地とワインの味

イタリア中部，マルケ州のアンコーナ県（Ancona）やマチェラータ県（Macerata）で栽培されているが，ウンブリア州（Umbria）のペルージャ県（Perugia）でも少し栽培されている．しかし，2000年時点のイタリアの統計には，わずかに13 ha（32 acres）が記録されているに過ぎない．常にPECORINO，TREBBIANO TOSCANO，VERDICCHIO BIANCOなどの品種とブレンドされるが，La Montata社はIGT MarcheとしてVERDICCHIO BIANCOの骨格に香り高いソーヴィニヨン・ブランのアロマの特徴をあわせもったヴァラエタルワインを生産している．ワインは香り高く辛口で少し苦みがあるものとなる．

INCROCIO BRUNI 54は，アンコーナ県（Ancona）のすぐ南にあるColli Maceratesi DOCで最大30%までブレンドに加えることができる．

INCROCIO MANZONI 2.15

イタリア北部のヴェネト州（Veneto）でのみ栽培されている非常にマイナーな黒い果皮色の交配品種

ブドウの色：● ● ● ● ●

主要な別名：Manzoni Nero，Prosecco × Cabernet Sauvignon 2-15

起源と親子関係

INCROCIO MANZONI 2.15 は1924～30年の間にヴェネト州（Veneto）にあるコネリアーノ（Conegliano）研究センターの Luigi Manzoni 氏が得た交配品種である．Manzoni 氏の当初の目的は PROSECCO とソーヴィニヨン・ブラン（SAUVIGNON BLANC）を交配し白ワイン品種を開発することであったが，同氏がソーヴィニヨン・ブランの代わりにカベルネ・ソーヴィニヨン（CABERNET SAUVIGNON）の花粉を用いたため黒色果粒の品種になってしまった．

ブドウ栽培の特徴

樹勢が強く，豊産性で頑強である．冬の寒さに良好な耐性をもつ．晩熟である．

栽培地とワインの味

INCROCIO MANZONI 2.15 はイタリア，ヴェネト州のトレヴィーゾ県（Treviso）で限定的に栽培されており，主に栽培が見られるのはコネリアーノや Montello のブドウ畑である．Colli di Conegliano Rosso DOC では10％までの使用が認められており，カベルネ・フラン（CABERNET FRANC），カベルネ・ソーヴィニヨン，メルロー（MERLOT），MARZEMINO とブレンドされている．2000年時点でのイタリアの統計には169 ha（418 acres）の栽培が記録されている．Collalto 社が稀少なヴァラエタルワインを作っている．IGT Colli Trevigiani に分類される．Perlage 社が伝統的な方法で発泡性ワインを生産している．ワインにはわずかなハーブ感があり，タンニンが少なく赤色と黒色の果実のアロマをもつ傾向になる．

INCROCIO TERZI 1

ブレンドワインの生産に用いられるイタリア，ロンバルディア州（Lombardia）のマイナーな交配品種

ブドウの色：● ● ● ● ●

主要な別名：Barbera × Cabernet Franc 1

起源と親子関係

イタリア北西部，ロンバルディア州のベルガモ県（Bergamo）でワイン生産者の Riccardo Terzi 氏が BARBERA × カベルネ・フラン（CABERNET FRANC）の交配により得た交配品種である．

ブドウ栽培の特徴

樹勢が強く，豊富で安定した収量を示す．熟期は中期～晩期である．

栽培地とワインの味

INCROCIO TERZI 1はイタリア北西部，ロンバルディア州においてのみ栽培されている品種で，とりわけベルガモ県やブレシア県（Brescia）で推奨されている．Cellatica（10～15%）および Capriano del Colle（最大15%）のDOCでブレンドワインの原料としての使用が認められているが，ヴァラエタルワイン用としては認められていない．また，限られた量ではあるがフランチャコルタ（Franciacorta）やイゼーオ湖（Lago di Iseo）やガルダ湖（Lago di Garda）の湖岸でも栽培されている．ワインは深い色合いで高いアルコール分となる．

2000年時点でのイタリアの統計には69 ha（171 acres）の栽培が記録されている．

INVERNENGA

稀少な古いブレシア（Brescia）の白品種．
干しブドウに理想的である．

ブドウの色：<u>●</u>　●　●　●　●

主要な別名：Invernesca，Ua'mbrunesca

起源と親子関係

INVERNENGA は1826年にロンバルディア州（Lombardia），ブラシア市近郊で最も広く栽培されるブドウ品種の一つとして最初に記載されている（Giavedoni and Gily 2005）．INVERNENGA という品種名は，このブドウを冬場に半干しにして，暖かい湯に浸けて水分を戻して生食用として用いていたことから，イタリア語の *inverno*（「冬」を意味する）にちなんで命名されたものであると考えられている．

ブドウ栽培の特徴

熟期は中期～晩期である．

栽培地とワインの味

イタリア，ロンバルディア州中部，ブラシア市の中心部にある城に続く丘の麓に Pusterla Winery 社が所有する歴史的な Vigneto della Pusterla ブドウ畑がある．この畑（4 ha（10 acres））では，この地域特有の棚仕立てによりブドウが栽培され，INVERNENGA のヴァラエタルワインである Pusterla Bianco IGT Ronchi di Brescia が作られている．スローフードの支援を受けて作られる，このユニークなシティーワインはアーモンドのアロマをもつ上品な白ワインである．Pusterla の外には，古い混植された INVERNENGA がところどころにあるだけである．

INZOLIA

ナッティーなイタリア，シチリア（Sicilia）の白品種

ブドウの色：<u>●</u>　●　●　●　●

主要な別名：Ansolica（トスカーナ州（Toscana）），Ansonica☒（トスカーナ州），Ansora（トスカーナ州），Anzonica（トスカーナ州），Insolia（シチリア島），Insolia di Palermo（シチリア島），Insora（シチリア島），'Nzolia

（シチリア島），Zolia Bianca（シチリア島）
よくINZOLIAと間違えられやすい品種：Inzolia Imperiale ☿（シチリア島），Regina ☿（シチリア島），Valenci Bianco ☿（シチリア島）

起源と親子関係

16世紀頃からトスカーナ州とシチリア島で栽培されてきた品種で，当時は多くの名前がつけられていた．INZOLIAは通常，シチリア島に起源があるといわれており，同島ではCupani（1696）がこの品種に関する最初の記録を残しており，この地からサルディーニャ島（Sardegna）に伝えられ，続いてトスカーナ州のエルバ島（Elba）やジリオ島（Giglio）に広がったとされていた（Giavedoni and Gily 2005）．近年の遺伝的解析により，INZOLIAと他のシチリア品種であるGRILLO，FRAPPATO，NERELLO MASCALESEなどに加えて，近縁だが異なる品種であるINZOLIA IMPERIALEやINZOLIA NERA（もはや栽培されていない）や，さらにより広い地域で栽培されるMOSCATO GIALLO（シチリア島ではMUSCATEDDAとして知られる）などとの関係が示されたことにより，この島に起源があることが確認された（Carimi *et al.* 2009）．他方，INZOLIAとフランスのCLAIRETTEやスペインのAIRÉNとの遺伝的な関係を推定する説や，ギリシャ品種であるSIDERITISやRODITISと遺伝的な関係を示唆して（どちらかは特定していない），INZOLIA（別名のANSONICAで）をギリシャ起源とする仮説（Labra *et al.* 1999）があるが，上記の結果とは矛盾する．これはおそらくLabra *et al.* 1999が解析した地中海品種（25）およびギリシャ品種（40）の試料数が少なく，その他のトスカーナ品種やシチリア品種が解析されていないことが原因と思われる．

他の仮説

INZOLIA /ANSONICAは大プリニウスが記載したIRZIOLAと同一であると考えている研究者もいるが，説得力のある証拠はない．また，別の研究者はINZOLIAは複数の異なる事象を経て，スペインからエルバ島に持ち込まれ，その後，1561年にギリシャのミノス人がジリオ島に持ち込んだと考えているが，この説を支持する歴史的資料は確認されていない．

通説に反して，黒色果粒のINZOLIA NERAはINZOLIAの果皮色変異ではないことがDNA解析によって証明されている（Carimi *et al.* 2009）．シチリア島において4種の異なるタイプのINZOLIAが報告されたことから，この品種はポリクローナル起源であるという議論があるが（Scienza *et al.* 2008），これら4種類のDNAプロファイルを他の研究結果と比較したところ，最も広がっているのは本物のINZOLIAで，他の3種類はREGINAやVALENCI BIANCOとして知られる別の品種であることが明らかになった（Vouillamoz）（ポリクローナル起源と品種の定義については，pp. XX–XXI参照）．

ブドウ栽培の特徴

開花期と硬核（ベレゾン）期は早期だが，熟期は早期～中期である．大きく，果汁に富む果粒をつける．べと病には非常に感受性であるが，乾燥に対しては比較的耐性である．

栽培地とワインの味

INZOLIAはイタリア，シチリア島で最も重要とされる古い白色品種で，パレルモ県（Palermo）では長く栽培されている．トラーパニ県（Trapani），アグリジェント県（Agrigento），カルタニッセッタ県（Caltanisetta）およびGirgentiでも栽培されている．Marsalaの原料として価値があるが，現在は，そのほとんどは，数多くのシチリアのDOC（Alcamo，Contea di Sclafani，Contessa Entellina，Delia Nivolelli，Erice，Mamertino di Milazzo，Marsala，Menfi，Monreale，Riesi，Salaparuta，Sambuca di Sicilia，Santa Margherita di Belice，Sciacca，Vittoria）やIGTの一部として，CATARRATTO BIANCO，GRILLOとブレンドされている．

INZOLIAはまたトスカーナ州でも長年にわたり栽培されており，トスカーナ州の沿岸地域（Val di Cornia，Monte Argentario，Valle dell'Albegna）やトスカーナ群島（エルバ島やジリオ島）では特別にANSONICAと呼ばれている．INZOLIAはサルデーニャ島（Sardegna），カンパニア州（Campania）およびラツィオ州（Lazio）でも少し見られる．2000年時点でのイタリアの統計には9,500 ha（23,500 acres）の栽培が記録されているが，栽培面積は減少しつつある．シチリアでは2008年に7,795 ha（19,262 acres）

の栽培が記録されている．

最高のワインはナッティーな特徴をもつが，ブドウが十分な酸度を保つためには早く収穫しなければいけない．

İRI KARA

平凡なピンク色の果皮をもつ非常にマイナーなトルコ品種

ブドウの色：● ● ● ● ●

主要な別名：Arikaras，Focea，Fodja

よくİRI KARAと間違えられやすい品種：FOKIANO ☒（ギリシャ），Sergi Karası（ガズィアンテプ県（Gaziantep）），YEDIVEREN（シャンルウルファ県（Şanlıurfa））

起源と親子関係

İRI KARAは（「大きな黒」を意味する）アナトリア半島（Anatolia）中部，コンヤ県（Konya）のHadım地方の品種である．Vouillamoz *et al.*（2006）によればİRI KARAは遺伝的にはコンヤ県（Konya）の南東，カラマン県（Karaman）の品種で，現在は，もはや栽培されていないEKŞI KARAに近いとされている．

ブドウ栽培の特徴

厚い果皮をもつ小〜中サイズのピンク色の果粒をつける．熟期は中期〜晩期である．豊産性で一般に良好な耐病性を示す．酸度と糖度は低い傾向にある．暑く，乾燥した気候が栽培に最も適している．

栽培地とワインの味

İRI KARAはトルコ南西部，デニズリ県（Denizli）のBaklanとBekilliの間のBaklana高原や，ウシャク県（Uşak）のKarahalliで栽培されている．生食には適しておらず，低品質のテーブルワインが作られている．

IRSAI OLIVÉR

ソフトで香り高い白ワインになるハンガリーの生食用ブドウ

ブドウの色：● ● ● ● ●

主要な別名：Irsay Oliver，Irsay Oliver Muskotaly，Muscat Oliver（クロアチア，ドイツ，スイスのドイツ語圏），Oliver Irsay

起源と親子関係

IRSAI OLIVÉRは1930年にハンガリー中部のケチケメート（Kecskemét）でPál Kocsis氏がPOZSONYI FEHÉR×CSABA GYÖNGYEの交配により得た交配品種である（Galbács *et al.* 2009）．POZSONYI FEHÉR（Pozsonyはハンガリー語で「ブラチスラヴァ（Bratislava）」を，Fehérは「白」を

意味する）はハンガリーの白ワイン品種で，もはや栽培されてはいなかったのだが，POZSONYI FEHÉR と KÖVIDINKA がどちらも DINKA FEHÉR という別名をもつことからよく混同されてきた．1975年に公式に登録された．

IRSAI OLIVÉR は AGNI や CSERSZEGI FŰSZERES の育種に用いられた．

ブドウ栽培の特徴

樹勢が強い．萌芽期は早期で早熟である．強い剪定が必要である．堅い果皮をもつ小さな果粒からなる中サイズの果房をつける．冬の低温，うどんこ病とダニに感受性である．灰色かび病に耐性を示すが，スズメバチと鳥に攻撃されやすい．

栽培地とワインの味

1980年代の中頃までは IRSAI OLIVÉR は生食用としてのみ栽培されていたが，ソフトで香り高く，ブドウの香りの強いワインがハンガリーのあちこちで作られるようになり，2008年には997 ha（2,464 acres）の栽培が記録された．同国北部や西部のショプロン（Sopron），ネスメーイ（Neszmély），エチェック－ブダ（Etyek-Buda），マトーラ（Mátra），バラトン湖（Lake Balaton）周辺などの冷涼な地域で良質のワインが作られている（Rohály *et al.* 2003）．ワインは若いうちに飲むのがよく，多くの場合，より骨格のあるブドウ品種とのブレンドにより品質が向上する．推奨される生産者としては，Hilltop 社（ネスメーイ），Nyakas 社（エチェック－ブダ），Font 社（クンシャーグ（Kunság）），Mátyás 社および Zoltán Szőke 社（マトーラ）などがあげられる．

IRSAI OLIVÉR はスロバキアでかなり広く栽培されている（2009年に460 ha/1,137 acres）．またチェコ共和国の南東部のモラヴァ（Morava）でも栽培されており（2009年の栽培面積は80 ha/198 acres），同国では RYZLINK VLAŠSKÝ（GRAŠEVINA）とブレンドされ，発泡性ワインが作られている．

スイスでは別名の MUSCAT OLIVÉR として栽培されている（5 ha/12 acres 未満）．生産者としてはドイツ語圏のアールガウ州（Aargau）の Schmidheiny 社や Lindenamann 社，ルツェルン州（Luzern）の Rosenau 社などがあげられる．

IRSAI OLIVÉR の栽培はロシアのクラスノダール地方（Krasnodar Krai）でも見られる（24 ha/59 acres）．

ISABELLA

かつては広く栽培されていたアメリカの古い品種だが，
現在は，そのほとんどがブラジルとインドで栽培されている．

ブドウの色：● ● ● ● ●

主要な別名：Americano（スイスのティチーノ州（Ticino），マデイラ島（Madeira）），Ananas，Bangalore Blue（インド），Bellina，Black Cape，Bromostaphylo，Captraube，Constantia，Dorchester，Fragola，Framboisier，Fraula（コルシカ島（Corse）），Fraulaghju，Frutilla（ウルグアイ），Gibb's Grape，Gros Framboisé（スイス），Isabel（ブラジル），Isabella Nera（イタリア），Isabelle（フランス），Isabellinha，Izabella（ハンガリー），Kepshuna，Kerkyraios，Kokulu

起源と親子関係

これはアメリカで最も古い在来品種であるが，正確な起源は推測の域をでない．サウスカロライナ州のドーチェスター（Dorchester）近郊の庭で見つかったブドウで，フォクシーフレーバーをもつことからフォックスグレープとしても知られている野生種 *Vitis labrusca* の実生が起源であると考えられている．Munson（1909）によれば，それは純粋な *Vitis labrusca* ではなく，*Vitis labrusca* と未同定の *Vitis vinifera* subsp. *vinifera* との交雑品種であろうということだ．1816年に，ロングアイランド，ブルックリンのアマチュア栽培家 Colonel George Gibbs 氏が，当時，まだ名前が特定されていなかったこの品種を北部のニューヨーク州へ持ち込んだと考えられている．Gibbs 氏が，ロングアイランドのフラッシング（Flushing）にあるリンネ（Linnaean）植物園の William Robert Prince 氏にこのブドウを渡し，彼が Colonel George Gibbs 氏の妻である Isabella Gibbs にちなんで1822年に ISABELLA（*Vitis isabellae*）と命名した（Prince 1830; Bailey 1906; Pinney 1989; Mabberley 1999）.

ISABELLA は LYDIA の育種に用いられた.

他の仮説

19世紀には，ISABELLA はスペイン起源であると考えられていた．ノースカロライナ州のウィルミントン（Wilmington）の Bernard Laspeyre 氏が，サウスカロライナ州のチャールストン（Charleston）にある別のフランス人の庭でこのブドウを見つけたことで，この人がスペインから持ち帰ったと考えられる，と述べた（Bailey 1906）.

ブドウ栽培の特徴

耐寒性は中程度である．晩熟．熱帯および亜熱帯気候にも耐え得る．高収量である.

栽培地とワインの味

ISABELLA と CATAWBA は19世紀の前半の北米のブドウ栽培において二大主要品種であったが，最近の栽培量は少なく，数 ha がニューヨーク州などに残るのみとなっている（2009年の栽培面積は22 acres/9 ha）．ジュースや発泡性ワインの生産に用いられているが，ほとんどがコンコードに置き換えられてしまっている.

かつては世界各地で見られ，とりわけ南半球や東ヨーロッパ，旧ソビエト連邦で多く栽培されていたが，現在でも広く栽培されているのはブラジルとインドの二ヶ国である．ブラジルでは ISABEL と呼ばれ，同国では最も広く栽培されている品種である（2007年の栽培面積は10,691 ha/26,418 acres）．ジュース，ゼリーの生産に用いられるほか，多くが甘口の安価な赤ワインの生産に用いられている．依然，同国内では大変人気がある品種である．インドでは BANGALORE BLUE として知られている．2000年に記録された4,500 ha（11,120 acres）の多くはワインではなくジュースの生産に用いられた．ワインは色が薄いためロゼワインに近く，甘口で *labrusca* 特有のフォクシーな香りがある.

ISABELLA はある時期フランスでも栽培されていたが，ISABELLA や JACQUEZ などアメリカ系交雑品種の新規な植栽が1930年代半ばに禁止されたため，当時あったブドウ畑は1950年代に強制的に引き抜かれてしまった（補償あり）．果皮に含まれるペクチンの量が多いため，ワイン中のメタノール濃度が高いことがこの品種の難点の一つである．モルドヴァ共和国（2009年に10,802 ha/26,692 acres）やウクライナ（2009年に2,126 ha/5,253 acres）では現在も広く栽培されている.

ITALIA

ワイン生産に用いられるのはごくまれな，非常に大きな果粒をつける
重要な生食用ブドウ

ブドウの色：

主要な別名：Moscatel Italia（ポルトガル），Moscatel Italiano（スペイン），Muscat d'Italie（チュニジア，モロッコ）

起源と親子関係

1911年にローマにある樹木栽培研究センターの Alberto Pirovano 氏が BICANE×MUSCAT OF HAMBURG の交配により得た交配品種である．ここで用いられた BICANE はフランスのワイン・生食兼用品種であるが，現在は栽培されていない．

ブドウ栽培の特徴

樹勢が非常に強い．非常に大きな果粒は晩熟で，べと病と灰色かび病に感受性がある．

栽培地

生食用として世界中で広く栽培されている品種である．一時は，オーストラリアでワイン作りに用いられていたが，現在，そのように用いられることは極めてまれであり，もはやワイン用としての栽培は記録されていない．フランスではワイン用に公認されているものの，栽培はごく限られた量でしかなく（2006年の栽培面積は152 ha/376 acres），栽培は減少している．

ITALICA

1950年代に開発され，イタリア，トレヴィーゾ県（Treviso）においてのみ注目されたイタリアの白色交配品種

ブドウの色：● ● ● ● ●

主要な別名：（V × RI）103，Incrocio Cosmo 103，Verdiso × Riesling Italico 103

起源と親子関係

1950年代にヴェネト州（Veneto）のコネリアーノ（Conegliano）研究センターでItalo Cosmo氏がVERDISO×GRAŠEVINA（RIESLING ITALICO）の交配により得た交配品種である．

ブドウ栽培の特徴

熟期は早期～中期である．

栽培地

イタリア北部ヴェネト州，トレヴィーゾ県，コネリアーノやPieve di Soligo近郊にある丘で栽培されている．トレヴィーゾ県でのみ公認されている．2000年のイタリア農業統計には184 ha（455 acres）の栽培が記録されている．

IVES

きれいな空気を必要とするアメリカ系交雑品種

ブドウの色：● ● ● ● ●

主要な別名：Black Ives，?Bordô（ブラジル），Ives Madeira，Ives' Madeira Seedling，Ives Seedling，Kittredge

起源と親子関係

IVESの起源については長い間議論がなされてきた．多くの記録が，オハイオ州のシンシナティ（Cincinnati）

近郊の庭にHenry Ives氏が1840年に植えたHARTFORD（HARTFORD PROLIFIC）が自然に受粉した実生であることを示唆している．しかし，HARTFORDはISABELLA × *Vitis labrusca*の偶然実生であり，1846年頃コネチカット州West HartfordのPaphro Steele & Sonの庭で生まれた品種であるので，IVESの出現から6年後にHARTFORDが生まれたことになるため，この説には矛盾が生じることになる．IVESは*Vitis labrusca* × *Vitis aestivalis*の交雑品種であると考える研究者もいる．

他の仮説

Ives氏自身は，この品種はMALAGAあるいはMADEIRAと呼ばれるあまり知られていない*vinifera*の種子から成長したものであると主張しているが，19世紀のブドウの分類学者はこれを否定している．

ブドウ栽培の特徴

熟期は中期である（CONCORDより早い）．オゾンによるダメージに非常に弱く，樹勢の強さと豊産性が失われる原因となる．樹勢の強い台木に接ぎ木するのがよい．根圏があまり強くないため，乾燥ストレスにうまく適応できない．硫黄系の農薬に非常に敏感である．

栽培地とワインの味

ワインは深い色合いで，ブレンドワインに重宝される．*labrusca*のフォクシーな甘い香りを有しており，コンコードと似ているが色は薄い．ブドウはジュースの生産にも用いられる．禁酒法の後，甘口のポートタイプのワインの原料として使われていたが，近年は大気汚染により栽培が次第に減少している．ニューヨーク州のエリー湖（Lake Eyrie）の近くにJohnson Estate社が7 acres（3 ha）の畑を所有しているが，風上にあるミシガン州やオハイオ州の発電所が排気を浄化するようになったので，ブドウの品質が向上したようだ．Americana社やBully Hill社がヴァラエタルワインを作っており，その多くがブラッシュの甘口ワインあるいは中甘口ワインである．ニューヨーク州では1996年に50 acres（20 ha）の栽培面積が記録されている．アーカンソー州では2011年に約15 acres（6 ha）の栽培が記録された．Post Familie Vineyards社が栽培地のほとんどを所有しており，そこには樹齢50年になる樹がある．非常に限定的ではあるがIVESはペンシルベニア州でも栽培されている．

J

JACQUÈRE (ジャケール)
JACQUEZ (ジャケッス)
JAMPAL (ジャンパル)
JOHANNITER (ヨハニーター)
JUAN GARCÍA (ファン・ガルシーア)
JUBILÄUMSREBE (ユービロイムスレーベ)
JUHFARK (ユフファルク)
JURANÇON BLANC (ジュランソン・ブラン)
JURANÇON NOIR (ジュランソン・ノワール)
JUWEL (ユヴェール)

次ページ以降に記載されているこのシンボルは，別名や誤った同定がDNA解析により確認されたことを示す．

JACQUÈRE

フレッシュで軽い山岳地帯の白ワインになるフランス，サヴォワ（*Savoie*）の特産品

ブドウの色：● ● ● ● ●

主要な別名：Cugnette（イゼール県（Isère）），Jacquerre，Jaquère，Martin-Cot（サヴォワ県のLa Rochette），Molette de Montmélian，Plant des Abîmes または Plant des Abymes de Myans（Chambéry），Raisin des Abîmes，Redin，Robinet（サヴォワ県の Conflans），Roussette（Montmélian）
よくJACQUÈREと間違えられやすい品種：ALTESSE ♀（Montmélian），MOLETTE ♀（Montmélian），ROUSSETTE D'AYZE ♀（サヴォワ県）

起源と親子関係

JACQUÈRE はフランス東部のサヴォワで最も重要とされる白品種である．Rougier（1903）によれば JACQUÈRE に関する記載が最初になされたのは1855年のことで，Redin という名で Fleury Lacoste 氏が最初に記載したとのことである．しかし，数年後に同氏が今度は，「Redin はまた Sarvagnin とも呼ばれる」と記載しており，これは明らかにサヴォワの SAVAGNIN を指しているので（Galet 1990），上記の説は疑わしいと言わざるを得ない．したがって JACQUÈRE の名が最初に現れたのは1868年に Pierre Tochon 氏が記載した Abîmes de Myans として知られる丘陵地帯のブドウ畑に関する次のような記載においてである（Rézeau 1997）.「大きな石灰岩のブロックを覆う品種は…………JACQUÈRE と呼ばれ，martin-cot と raisin des Abymes」．Rougier（1903）によればこの品種名は，13世紀にこの品種をサヴォワに持ち込んだ人の名前にちなんで命名されたということだが，Jacquère や Jacquerre がフランスで苗字として用いられてはいるものの，この地域では一般的な苗字ではない．JACQUÈRE はブドウの形態分類群の Pelorsien グループに属している（p XXXII 参照）．

DNA 系統解析によって JACQUÈRE は GOUAIS BLANC の数多い自然交配品種の一つと示唆された（Boursiquot *et al.* 2004; PINOT の系統図参照）．

ブドウ栽培の特徴

非常に豊産性であるので ROBINET（'tap'「水道の蛇口」の意味）という別名をもつ．萌芽期は早期で熟期は中期〜晩期である．短い剪定が最適である．粘土質の石灰岩土壌と石がごろごろしている土壌が栽培に適している．黒腐病や灰色かび病に感受性であるが，うどんこ病およびべと病には耐性である．

栽培地とワインの味

この品種の発祥地であるフランス東部のサヴォワ県で，JACQUÈRE から軽快かつフレッシュで，軽い香りのするワインが作られている．辛口で若いうちに飲むのがよいアルプスのワインとなることがほとんどだが，時折，少しのガスが含まれることもある．JACQUÈRE は Vin de Savoie と Bugey アペラシオンで公認されているが，同国西部のアン県（Ain）とイゼール県でも公式に推奨されている．最も香り高いワインは Apremont や Abymes の Crus で作られるワインで，そこでは Jongieux と同様，白ワインには少なくとも80%の JACQUÈRE を用いなければいけない．さらに南西，ローヌ（Rhône）北部のコンドリュー（Condrieu）でもアペラシオンはもたないもののこの品種が栽培されている．2009年のフランスでの栽培面積は1,027 ha（2,538 acres）が記録され非常に安定しており，そのほとんどはサヴォワ県におけるものである．推奨されるヴァラエタルワインの生産者としては，Didier et Denis Berthollier 社（Chignin），Domaine Frédéric Giachino 社（Apremont），Domaine Grisard 社（Fréterive），Domaine de l'Idylle 社（Cruet）および André et Michel Quenard 社（Chignin）などがあげられる．Domaine Jean Masson et Fils 社が Apremont でをもつ単一畑から収穫されるブドウから優れた熟成の可能性をもつワインを生産している．

ポルトガルでもわずか（2009年の栽培面積は3 ha/7 acres）だが栽培されている．

JACQUEZ

ピアス病に耐性をもつアメリカの交雑品種．かつては人気を博していたが，現在では主にブラジルとテキサス州で栽培されている．

ブドウの色：● ● ● ● ●

主要な別名：Black Spanish（アメリカ合衆国テキサス州），Cigar Box（アメリカ合衆国），French Grape（アメリカ合衆国），Jacquet（フランスセヴェンヌ（Cévennes）），Lenoir（アメリカ合衆国），Longworth's Ohio（アメリカ合衆国），Troya（オーストラリア）
よくJACQUEZと間違えられやすい品種：LISTÁN PRIETO（アメリカ合衆国）

起源と親子関係

この品種の起源については明らかになっておらず，議論が続いている．植物学的には不確かな *Vitis aestivalis*×*Vitis vinifera* 交雑品種のグループである *Vitis bourquiniana* に属するといわれている（詳細はHERBEMONTを参照）．

JACQUEZはジョージア州とサウスカロライナ州を隔てているサバンナ川（Savannah）に近いマコーミック郡（McCormick）のニューボルドー（New Bordeaux）周辺が起源であろう．この地域には在来の *Vitis aestivalis* が自生しており，ヨーロッパの *Vitis vinifera* を持ち込んだとされるフランスのHuguenots（ユグノー）の人々が1730〜1780年にかけて定住した土地である．ユグノーの人々はブドウを栽培しており，彼らがヨーロッパから持ち込んだヨーロッパ品種より耐病性があったこの偶然実生を選択したと思われる．それをJacquesという名前のスペイン人がミシシッピ州のナチェズ（Natchez）に持ち込み，やがてJACQUEZと呼ばれるようになった．アメリカ合衆国ではサウスカロライナ州の郡の名前にちなんでLENOIRとしても知られている．

他の仮説

1750年頃にBourquin一家がBlue Frenchという名前でJACQUEZをフランスからアメリカに持ち込んだという情報がいくつかあるが，この仮説は信ぴょう性がない（HERBEMONTを参照）．他にも船乗りがたばこの箱に入れてマデイラ島から運び出し，靴職人で億万長者の銀行家，さらに園芸家でもありアメリカブドウ栽培の父とも呼ばれるNicholas Longworth氏にこの品種をオハイオ州のシンシナティで渡したことで，Cigar BoxおよびLongworth's Ohaioという二つの別名ができたともいわれている．ちなみに，マデイラ島では現在もこの品種が栽培されている．しかし，おそらくJACQUEZは，アメリカに渡ったものの定住せずに祖国に戻った移住者によってマデイラ島に運ばれたと考えられる．この品種のマデイラ起源説は，JACQUEZが生まれた *Vitis aestivalis*×*Vitis vinifera* の交雑がマデイラ島で起こったという前提が必要であるが，年代順から考えてありえないため，この説は考えにくい（HERBEMONTを参照）．

JACQUEZとLISTÁN PRIETO（アメリカ合衆国ではMISSIONとして知られている）はBLACK SPANISHという別名を共有しているが，混同してはいけない．

ブドウ栽培の特徴

赤い果肉の非常に濃い色の果粒が粗着した大〜中サイズの果房をつける．熟期は中期で，中程度の樹勢の強さと収量を示す．ピアス病には耐性があるが黒腐病，べと病さらにはSummer Bunch rot（かびの感染によって漏れ出した果汁に雑多な微生物が取り付いて腐敗した状態）に感受性である．栽培には深い砂混じりの土壌が最適である．

栽培地とワインの味

JACQUEZは一時期フランス南部で人気があった品種で，19世紀の終わりから20世紀の中頃まで主にブレンドワインの生産に用いられていたのだが（シャトーヌフ・デュ・パプ（Châteauneuf-du-Pape）では

1935年まで認可されていた)，1930年代半ばにこの品種やISABELLAなどの他の交雑品種の新たな植栽が禁止されたため1950年代には強制的に引き抜かれてしまった(補償はされた)．しかしセヴェンヌ(Cévennes)には，JACQUETと呼ばれる樹齢100年を超える樹が何本か残存していて，Association Mémoire de la VigneがCuvée des Vignes d'Antanの主原料として用い，ヴァラエタルワインであるCuvée Le Jacquetも作っている．しかしJACQUEZは，交雑品種であるので合法的にEU内で販売することはできない．かつて，テキサス州では聖餐式のワインとして広く栽培されていた．赤い果肉のJACQUEZはLENOIRあるいはBLACK SPANISHという名で限られた量ではあるが現在でも栽培されており，2008年には130 acres（53 ha）の栽培が記録されている．同州が高温多湿の気候であるため，深刻な問題となっているピアス病に耐性があることから，2005年以降，栽培面積は2倍以上に拡大している．テキサス州のポートスタイルのワインおよびテーブルワインの生産に用いられており，現在，前者がより一般的でこの品種特有のスパイシーな黒色の果実の特徴を有したワインが作られている．Chisholm Trail社，Dry Comal Creek社，Inwood社などがヴァラエタルワインを生産している．この品種の最大の牙城はブラジルであり，リオグランデ・ド・スル州（Rio Grande do Sul）で2007年に1,397 ha（3,452 acres）の栽培が記録されており，主にジュースやゼリー，また国内で人気のある安価で少し甘口の赤ワインの生産に用いられている．台木としても使われることがあるが，フィロキセラへの耐性は中程度であることから砂地あるいはフィロキセラがまだ報告されていない土地に限定される．

JAEN または *JAEN DU DÃO*

MENCÍAを参照

JAÉN BLANCO

CAYETANA BLANCAを参照

JAÉN TINTO

MENCÍAを参照

JAMPAL

ブドウの品質は認知されているものの，広くは栽培されていない，ポルトガルのマイナーな品種

ブドウの色：● ● ● ● ●

主要な別名：Cercial ✕（ダン（Dão）のピニェル（Pinhel）），Jampaulo，João Paolo，Pinheira Branca ✕
よくJAMPALと間違えられやすい品種：CERCEAL BRANCO ✕（ダン），SÍRIA ✕

起源と親子関係

JAMPALはおそらくポルトガルのリスボン（Lisboa）の北西のコラレス地方（Colares）を起源とする品種であろう．栽培は，この地から北に向かって，その他のリスボン地域やベイラス（Beiras）へ，また東のテージョ（Tejo）へ広がっていった．近年のDNA解析によって，広く栽培されるドウロ（Douro）の黒果粒品種CASTELÃOと姉妹関係にある可能性が示唆された（Myles *et al.* 2011）．

ブドウ栽培の特徴

平均的だが不安定な収量を示す．萌芽期は中期で熟期は中期～晩期．灰色かび病，うどんこ病および花ぶるいに感受性である.

栽培地とワインの味

JAMPAL はポルトガル西部, Setúbal, リスボンから北東のドウロに至るすべて DOC および地理的表示保護ワインで公認されている. フルボディーで香り高いワインになる. この品質はポテンシャルはあるものの広くは栽培されていない. Biomanz 社はリスボン地方でヴァラエタルワインを作っている. ポルトガルの統計には2010年に106 ha (262 acres) の栽培が記録されている.

JOHANNITER

非常に良好な耐病性をもつ最近のドイツ交雑品種

ブドウの色：● ● ● ● ●

主要な別名：Freiburg 177-68

起源と親子関係

1968年にドイツ南部バーデン＝ヴュルテンベルク州(Baden-Württemberg)にあるフライブルク(Freiburg)研究センターで Johannes Zimmerman 氏がリースリング (RIESLING)×FREIBURG 589-54の交雑品種を自家交配して得た品種である.

- FREIBURG 589-54は SEYVE-VILLARD 12-481×FREIBURG 153-39 の交雑品種 (完全な SEYVE-VILLARD 12-481系統は HELIOS を参照)
- FREIBURG 153-39はピノ・グリ (PINOT GRIS)×CHASSELAS の交配品種

品種名はフライブルク研究センターの元所長の Johannes Carpenter 氏にちなんで命名された.

ブドウ栽培の特徴

高い収量で摘房を必要とする. 概して耐病性に優れているがうどんこ病には特に優れた耐性を示す. 熟期は中期～晩期である.

栽培地とワインの味

2001年にドイツで公認され, 現在はバーデン (Baden) とラインヘッセン (Rheinhessen) で65 ha (161 acres) の栽培が記録されている. ワインはフレッシュでシトラスからグレープフルーツのアロマをわずかにもち, 後口にわずかな苦味が感じられるが, 数グラムの糖分を残すことで気にならなくなる. バーデン (Baden) の Clemens Lang 社, Schlossgut Hohenbeilstein 社, Zähringer 社やプファルツ (Pfalz) の Anselmann 社, バーデン＝ヴュルテンベルク州の Weingut Im Hagenbüchle 社やフランケン (Franken) の Zang 社がヴァラエタルワインの生産者である.

ごくわずかであるがスイスでも(約10 ha/25 acres)栽培されており, たとえば Hasenheide 社がチューリッヒ州 (Zürich) の南東でヴァラエタルワインを生産している. ベルギーでも Domaine Viticole du Chenoy 社がこの品種を栽培している. 2011年にはイタリアでも公認された.

JUAN GARCÍA

魅力的で香り高いスペイン北西部の特産品

ブドウの色：● ● ● ● ●

主要な別名：Gorda ☒（ポルトガル中部コインブラ（Coimbra）），Malvasía Negra，Mouratón ☒（ガリシア州（Galicia）），Negrera ☒（ビエルソ（Bierzo）），Negrón de Aldán ☒（ビエルソ），Nepada，Tinta Gorda（ポルトガルのダン（Dão）およびドウロ（Douro）），Villarino
よくJUAN GARCÍAと間違えられやすい品種：ARAMON NOIR ☒（フランスのラングドック＝ルシヨン地域圏（Languedoc-Roussillon）），MENCÍA ☒（ビエルソ），TEMPRANILLO ☒

起源と親子関係

JUAN GARCÍA はスペイン西部，ポルトガルとの国境を流れる Duero 川沿いにあるアリベス・デル・ドゥエロ（Los Arribes del Duero）国立公園を起源とする品種だといわれているが，品種名の起源は不明である．DNA 系統解析により JUAN GARCÍA（MOURATÓN の名で）はイベリア半島の南部および中部を広く覆う CAYETANA BLANCA と，ポルトガル中部あるいは南部で見られる ALFROCHEIRO との自然交配によりできたことが明らかになった（Zinelabidine *et al.* 2012）．したがって，JUAN GARCÍA は CORNIFESTO，MALVASIA PRETA，CASTELÃO，CAMARATE の姉妹品種にあたる（系統図は CAYETANA BLANCA 参照）．

JUAN GARCÍA と PETIT BOUSCHET は時に NEGRÓN DE ALDÁN と呼ばれるが（González-Andrés *et al.* 2007），両者の間には関係がない．JUAN GARCÍA と MALVASIA NERA DI BRINDISI は MALVASÍA NEGRA という別名を共有しているが混同してはいけない．

ブドウ栽培の特徴

高収量である．灰色かび病とうどんこ病に感受性がある．早熟（特に川の近くで栽培されると）である．ブドウは熟すとしなびることが多いが，果粒の糖度は高くなる．

栽培地とワインの味

JUAN GARCÍA はポルトガルのドウロ渓谷の上流にあたるスペイン西部のサモーラ県（Zamora），トーロ（Toro）の西部，フェルモセリェ地方（Fermoselle）の特産品で，現地ではポルトガル品種の RUFETE とブレンドされることがある．この品種は Arribes DO の赤ワイン用の主要品種の一つで，当初，ドウロ川にいたる岩場の斜面に植えられたものが，平地に広がり，2008年には1,260 ha（3,114 acres）の栽培が記録され，その地域のブドウ栽培面積の半分以上を占めるまでになっている．ほとんどがカスティーリャ・イ・レオン州（Castilla y León）で栽培されているが，さらに北部のガリシア州でも栽培されている．Almajora 社，Bodega Ribera de Pelazas 社，La Setera 社，Terrazgo 社などがヴァラエタルワインを生産している．最適地に植えられている古い樹から作られるワインは深い色合いで，ハーブや赤い果実のフレーバーと中程度のアルコール分をもつ香り高いワインとなる．ポルトガル北部では GORDA として知られており（2000年までは TINTA GORDA），主にトラス・オス・モンテス（Trás-os-Montes）やベイラス地方（Beiras）で栽培されている（Rolando Faustino，私信）．比較的アルコール分が低く，赤い果実のシンプルなアロマをもつ早飲みワインが作られる．2010年時点のポルトガルの統計には77 ha（190 acres）の栽培が記録されている．

JUAN IBÁÑEZ

MORISTEL を参照

JUBILÄUMSREBE

極甘口の白ワインの生産に適したオーストリアの交配品種

ブドウの色：

起源と親子関係

オーストリアのクロスターノイブルク（Klosterneuburg）研究センターの Fritz Zweigelt 氏が1922年に作った品種で，当初は KLOSTERNEUBURG 24-125 と呼ばれていたが，クロスターノイブルク研究センターの100周年を記念（*Jubiläum* はドイツ語で「記念日」を意味する）して1960年にこの現在の品種名がつけられた．Fritz Zweigelt 氏は JUBILÄUMSREBE は BLAUER PORTUGIESER × BLAUFRÄNKISCH の交配品種であると述べている．

濃い果皮色をもつ二品種の交配によって白色の果粒のブドウができたのは少し驚きであったが，Zweigelt 氏が述べたことを疑問視する者はいなかった．しかし，1998年にオーストリアの研究者が DNA 系統解析を行い，JUBILÄUMSREBE が，実は FRÜHROTER VELTLINER × GRAUER PORTUGIESER の交配品種であることが明らかになった（Sefc，Steinkellner *et al.* 1998）．BLAUER PORTUGIESER を GRAUER あるいは GRÜNER PORTUGIESER から DNA タイピングによって識別するのは困難であるが（これらの品種は果皮色の変異したクローンである），Zweigelt 氏が用いたクローンは，おそらく GRAUER PORTUGIESER だったのであろうという手がかりが得られた．実のところは，Zweigelt 氏が交配したブドウ畑が第二次世界大戦で破壊されたため，残されたブドウが間違って同定されたのだろうと考えられる．1920年代に Zweigelt 氏が，いくつかの BLAUER PORTUGIESER × BLAUFRÄNKISCH の交配による交配品種と GRAUER PORTUGIESER × FRÜHROTER VELTLINER の交配品種を一種，報告していたが，このうちの後者が JUBILÄUMSREBE であると思われる．JUBILÄUMSREBE × リースリング（RIESLING，白品種）の交配により，白だけでなく，灰色や赤の果実を付けるブドウも生まれたことから，JUBILÄUMSREBE は GRAUER PORTUGIESER（灰色の果実）と FRÜHROTER VELTLINER（ピンクの果実）の子品種であるという説が支持された．JUBILÄUMSREBE は，FRÜHROTER VELTLINER の親品種である ROTER VELTLINER と SILVANER の孫品種にあたる．

ブドウ栽培の特徴

熟期は中期～晩期である．灰色かび病には非常に良好な耐性を示す．乾燥により果粒の糖度は高くなる．

栽培地とワインの味

オーストリアでは26 ha（64 acres）が栽培されており，そのほとんどが同国の東部のノイジードル湖地方（Neusiedlersee）で栽培されている．この地方ではボトリティス（貴腐菌）の影響がなく高レベルの糖度が得られるため，甘い Strohweine や Schilfweine（藁やアシの上で半干ししたブドウから作るワイン）を作ることができる．特に香り高いというわけでもなく，酸度も低いため，通常はブレンドワインの生産に用いられているが，M & M Kögl 社はヴァラエタルの TBA（トロッケンベーレンアウスレーゼ）を作っている．

JUHFARK

ハンガリーのマイナーな品種．
ワインのもつ荒々しさを上品なものにするために熟成と通気が必要である．

ブドウの色：

主要な別名：Lämmerschwanz
よくJUHFARKと間違えられやすい品種：Csomorika

起源と親子関係

「羊のしっぽ」という意味をもつ JUHFARK は，この品種の長い円筒型の房の形を表したものである．ハンガリーの古い品種であるが Varga *et al.*（2008），Galbács *et al.*（2009）および Jahnke *et al.*（2009）らが報告した JUHFARK の参照標本がいずれも異なる DNA プロファイルを示したため，ブドウの分類学的な位置づけは依然明らかになっていない．

ハンガリー南部のバラニャ地方（Baranya）の，非常に古く平凡な同国の品種である CSOMORIKA（現在は栽培されていない，Galbács（2009））を，ショムロー（Somló）の栽培家がかつて JUHFARK と間違えて植えたことがあったが（Rohály *et al.* 2003），両者を混同してはいけない．

ブドウ栽培の特徴

萌芽期は早期で，熟期は中期である．比較的高い収量である．小さな果粒からなる大きな果房をつける．冬の低温に感受性であり，またべと病と灰色かび病に感受性である．

栽培地とワインの味

かつてはハンガリーで広く栽培されていたが，現在は同国西部に位置する，バラトン湖（Lake Balaton）の北側のショムローでのみ栽培されている．ハンガリー品種としては現代的な品種ではなく，また，国際的にも魅力ある品種ではない．比較的ニュートラルで酸味が強い，時に素朴なワインになるが，熟成してよりエレガントで素晴らしいワインになるためには樽の中に十分な時間と通気を必要とする．推奨される生産者としては，Imre Györgykovács，Inhause，Kreinbacher，Meinklang（国境を越えたオーストリア側），Somlói Apátsági Prine，Tornai などがあげられる．2008年時点のハンガリーの統計には156 ha（385 acres）の栽培が記録されている．

JURANÇON BLANC

伝統的に蒸留酒のベースに用いられてきた，低品質で存在感のない品種

ブドウの色：

主要な別名：Braquet（ランド県（Landes）），Dame Blanc（ロット＝エ＝ガロンヌ県（Lot-et-Garonne）），Plant de Dame, Plant Debout（サーブル=ドロンヌ（Sables d'Olonne）），Quillat または Quillard（ジェール県（Gers）），Secal（タルヌ県（Tarn））

起源と親子関係

JURANÇON BLANC という名前をもつにもかかわらず Jurançon アペラシオンとは関係がなく，フランス南西部に位置するピレネー＝アトランティック県（Pyrénées-Atlantiques）のジュランソン村（Jurançon）の名にちなんで命名されたと考えられており，その地が起源であるといわれていた．しかし JURANÇON BLANC の発祥地はピレネー＝アトランティック県の北東に位置するタルヌ＝エ＝ガロンヌ県（Tarn-et-Garonne）であり，この地において1839年に Jurançon（モワサック（Moissac）で）または Plant de Dame あるいは Quillat（Auvillar で）という名前で初めて記載されている（Rézeau 1997）．

JURANÇON BLANC と JURANÇON NOIR はブドウの形態分類群の Folle グループに属しているが（p XXXII 参照 ; Bisson 2009），JURANÇON BLANC は JURANÇON NOIR の果皮色変異ではない．モンペリエ（Montpellier）の国立農業研究所（Institut National de la Recherche Agronomique : INRA）で行われた DNA 系統解析によって，JURANÇON BLANC は FOLLE BLANCHE とあまり知られていない白果粒品種の PRUÉRAS（現在は栽培されていない）の子品種であることが明らかになった．

ブドウ栽培の特徴

熟期は中期である．短く剪定され，小さな房と果粒をつける．べと病と灰色かび病に非常に感受性である．

栽培地とワインの味

ワインは低いアルコール分と酸味で，通常は低品質である．かびの病気に感受性があるため，1958年にフランスで5,755 ha（14,221 acres）を記録していた栽培面積は2006年には12 ha（30 acres）へと，過去50年の間に減少してしまった．伝統的にはアルマニャックやコニャックの生産に用いられる．

JURANÇON NOIR

フランス南西部の品種．薄い色のワインが作られるが，
その栽培面積は急速に失われつつある．

ブドウの色：● ● ● ● ●

主要な別名：Chalosse Noire（タルヌ＝エ＝ガロンヌ県（Tarn-et-Garonne）のラヴィルデュー（Lavilledieu）），Dame Noire または Plant de Dame（Lot），Enrageat Noir（ジロンド県（Gironde）），Fola Belcha（スペインの País Vasco），Folle Noire または Folle Rouge（ロット＝エ＝ガロンヌ県（Lot-et-Garonne）），Gouni（オート＝アルプ県（Hautes-Alpes）），Jurançon Rouge（ドルドーニュ県（Dordogne）），Luxuriant（アヴェロン県（Aveyron）），Piquepout Rouge（ランド県（Landes）），Quillat または Quillard（Gers），Vidiella（Uruguay）

よく JURANÇON NOIR と間違えられやすい品種：CALITOR NOIR ꕤ，FUELLA NERA ꕤ（Bellet では Folle Noire と呼ばれる）

起源と親子関係

この品種は Jurançon アペラシオンには関係がないが，フランス南西部に位置するピレネー＝アトランティック県（Pyrénées-Atlantiques）のジュランソン村（Jurançon）の名にちなんで命名されたと考えられており，この地が起源であるといわれている（Rézeau 1997）．しかし，Galet（1990）はトゥールーズ（Toulouse）とボルドー（Bordeaux）の間に位置するロット＝エ＝ガロンヌ県のアジャン地域（Agen）が起源であると述べており，1837年に Comte Odart 氏が残したこの品種に関する最初の記述「JURANÇON NOIR の名はロット＝エ＝ガロンヌ県から私に送られたブドウの株の束のラベルに使われたもの」と一致している（Rézeau 1997）．JURANÇON NOIR と FUELLA NERA は FOLLE NOIRE という別名を共有してはいるものの，ブドウの形態分類群の Folle グループに属する異なる品種である（p XXXII 参照 ; Bisson 2009）．モンペリエ（Montpellier）の国立農業研究所（Institut National de la Recherche Agronomique : INRA）

で行われたDNA系統解析によって，JURANÇON NOIRはFOLLE BLANCHE×COTの自然交配品種であることが明らかになった（Viollet and Boursiquot 2009; CABERNET SAUVIGNONとPINOTの系統図を参照）.

JURANÇON NOIRはCHENANSON，GANSON，SEGALINの交配に使われた.

ブドウ栽培の特徴

熟期は中期で，結実能力が高く豊産性である．短い剪定（株仕立て）が必要である．灰色かび病に感受性であるが樹の病気には感受性ではない.

栽培地とワインの味

中程度のアルコール度と色合いをもつ軽いワインができる．ロゼワインや軽い赤ワインの生産に適している．1958年には12,325 ha（30,456 acres）であった栽培面積は2009年には708 ha（1,750 acres）へと，過去50年の間にフランスでは激減してしまったが，現在はタルヌ県（Tarn）とジェール県（Gers）で主に栽培されている．Vins d'EstaingおよびVins d'Entraygues et du Felアペラシオンで公認されている.

1870年代にFrancisco Vidiella氏がFOLLE NOIREという名前でJURANÇON NOIRをウルグアイに持ち込んでいる．1980年代の中頃まではVIDIELLAとして知られていたが，古いブドウ畑のほとんどはなくなってしまい，2007年にはJURANÇON NOIRとして知られる品種の栽培面積は1 ha（2.5 acres）以下となっている.

JUWEL

耐病性にむらのある現代風のドイツの交配品種

ブドウの色：_●_ ● ● ● ●

主要な別名：Jewel，Weinsberg S 378

起源と親子関係

ドイツ，ヴァインスベルク（Weinsberg）でAugust Herold氏がKERNER×SILVANERの交配により得た交配品種である．系統をさかのぼると，JUWELはSAVAGNINとÖSTERREICHISCH（SILVANERの親品種），並びにSCHIAVA GROSSAとリースリング（RIESLING）（KERNERの親品種）の孫品種にあたることがわかる．JUWELという名前は，ブドウ育種家のJosef Schäffer氏のニックネームであるJuppのJU，ヴァインスベルク研究センターの公式略語であるWE，および同研究センターの所在地であるLauffen am NeckarのLの三つを合わせた造語である.

ブドウ栽培の特徴

熟期は中期である．果汁中の糖度は高くと中程度の酸度をもつ．べと病には耐性を示すが，うどんこ病には非常に高い感受性を示す.

栽培地

ドイツでは主にラインヘッセン（Rheinhessen）で25 ha（62 acres）が栽培されているが，栽培面積は次第に減りつつある．生産者としてはモーゼル（Mosel）のGörgen社やヴュルテンベルク（Württemberg）のUmbrich社などがあげられる.

K

KABAR (カバル)
KACHICHI (カチチ)
KADARKA (カダルカ)
KAKHET (カヘト)
KAKOTRYGIS (カコトゥリギス)
KALECIK KARASI (カレジックカラス)
KALINA (カリナ)
KANGUN (カングン)
KANZLER (カンツラー)
KAPISTONI TETRI (カピストニ・テトリ)
KAPITAN JANI KARA (キャピタン・イェニ・カラ)
KAPSELSKY (キャプシェルスキー)
KARA IZYUM ASHKHABADSKY (カラ イズュム アシガバットスキー)
KARALAHNA (カララナ)
KARASAKIZ (カラサクズ)
KARÁT (カラート)
KARMRAHYUT (カルムラヒュト)
KARNACHALADES (カルナハラデス)
KATSAKOULIAS (カツァクリャス)
KATSANO (カツァノ)
KAY GRAY (ケイグレイ)
KEFESSIYA (キェフェシアー)
KÉKNYELŰ (ケークニェリュー)
KERATSUDA (ケラツダ)
KERNER (ケルナー)
KHIKHVI (ヒフヴィ)
KHINDOGNI (ヒンドグニ)
KIRÁLYLEÁNYKA (キラーイ・レアーニカ)
KISI (キシ)
KLARNICA (クラールニツァ)
KNIPPERLÉ (クニペルレ)
KÖHNÜ (キョフヌ)
KOK PANDAS (コック・パンダース)
KOKUR BELY (コークル・ヴィエリー)
KOLINDRINO (コリンドリノ)
KOLORKO (コロルコ)
KORINTHIAKI (コリンティアキ)
KORIOSTAFYLO (コリオスタフィロ)
KÖSETEVEK (キョステベック)
KOSHU (甲州)
KOTSIFALI (コチファリ)
KOUTSOUMPELI (クツンベリ)
KÖVIDINKA (ケヴィディンカ)
KRAKHUNA (クラフナ)
KRALJEVINA (クラリェヴィナ)
KRASNOSTOP ZOLOTOVSKY (クラスノストプ・ザナトフスキー)
KRASSATO (クラサト)
KREACA (クレアツァ)
KRKOŠIJA (キリコシヤ)
KRONA (クロナ)
KRSTAČ (クルスタチュ)
KUJUNDŽUŠA (クユンジュシャ)
KUMSHATSKY CHERNY (クムシャスキー・チョルニー)
KUNLEÁNY (クンレーアニ)
KUPUSAR (クプサル)
KYDONITSA (キドニツァ)

※次ページ以降に記載されているこのシンボルは，別名や誤った同定がDNA解析により確認されたことを示す.

KABAR

近年，トカイ（Tokaj）ワインのためにデザインされたハンガリーの交配品種

ブドウの色：● ● ● ● ●

主要な別名：Tarcal 10

起源と親子関係

KABAR は1967年にトカイ地方の Tarcali 研究センターで László Brezovcsik，Gáborné Szakolczay，Ferenc Marcinkó，László Baracskai，Sándorné Éles らが BOUVIER × HÁRSLEVELŰ の交配により得た交配品種である．

ブドウ栽培の特徴

樹勢が強く，早熟である．低い収量である．堅い果皮をもつ小さな果粒が粗着した果房をつける．果粒は高い糖度に達する．耐寒性がある．かびの病気に対してやや感受性だが，貴腐になりやすい．

栽培地とワインの味

KABAR は2006年からハンガリーのトカイ地方で公認されており，通常は酸味の強いワインになる．Chateau Dereszla 社は，辛口の珍しいヴァラエタルワインを作っており，このワインは比較的軽い菩提樹の花の蜂蜜の味わいをもつといわれている．Grof Degenfeld 社や Tokaj Renaissance 社などの他の生産者は甘口のトカイワインのブレンドにこの品種から作られるワインを少し加えている．この品種の栽培面積はこの地方のブドウ栽培面積のわずか1％にすぎず，増加するようには見えない．

KACHICHI

深い赤色のワインになるジョージア北西部のマイナーな品種

ブドウの色：● ● ● ● ●

主要な別名：Abkhazouri，Kagigi，Katchitchi，Katcitci

起源と親子関係

KACHICHI はジョージア北西部のアブハジア（Apkhazeti）の在来品種で，この品種に関しては19世紀に初めて記載された（Chkhartishvili and Betsiashvili 2004）．

ブドウ栽培の特徴

萌芽期は中期で非常に晩熟である．うどんこ病に感受性である．

栽培地とワインの味

KACHICHI は広くは栽培されていないが（2004年にジョージアで記録された栽培面積は25 ha/62 acres であった），ジョージア北西部のサメグレロ地方（Samegrelo）や隣のアブハジアで深い色合いの辛口の赤

KADARKA

起源が明らかでない品種.
東ヨーロッパでフレッシュな優しい赤ワインが作られている.

ブドウの色：● ● ● ● ●

主要な別名：Branicevka（クロアチア），Cadarcă または Cadarcă Neagră（ルーマニア），Cadarcă de Miniş（ルーマニア），Fekete Budai（ハンガリー），Gamza☿（ブルガリア），Gamza de Varna（ブルガリア），Gomza（クロアチア），Gumza，Gymza☿（ブルガリア），Kadarka Kék，Kallmet（アルバニア），Lugojană（ルーマニア），Skadarka（クロアチア，セルビア），Törökszőlő（ハンガリー），Varnenska Gimza（ブルガリア）

起源と親子関係

KADARKA は，セルビア人がバルカン半島（Balkans）からハンガリーに持ち込んだ品種だといわれている．これは KADARKA がモンテネグロとアルバニアの間にある湖の名であるシュコーデル（Scutari，Skadar とも呼ばれる）のスラブ語であること，またクロアチアとセルビアにおいて，この品種がかつては SKADARKA という別名で栽培されていたこととも一致している（Levadoux 1956; Galet 2000; Rohály *et al.* 2003）が，トルコ人によって持ち込まれたともいわれているため，TÖRÖKSZŐLŐ（「トルコブドウ」という意味）という別名も存在している．この品種はブルガリアを経由してハンガリーに伝わったと考えられており，ブルガリアでは依然，GAMZA という名で広く栽培され，その地域の在来品種であると考えられている．一方，ルーマニア西部のアラド（Arad）に近いミニス地方（Miniş）の在来品種であるともいわれており，現地では1744年に果実が萎凋した CADARCĂ のブドウから Aszú スタイルの最初の甘口赤ワインが作られた（Dejeu 2004）．このように KADARKA の正確な起源は不明であるが，おそらくバルカン半島からカルパチア盆地にかけてのいずれかの地方がその起源の地であろう．

KADARKA は BÍBORKADARKA，PROBUS，RUBINTOS の育種に用いられた．

他の仮説

KADARKA はアナトリア半島（小アジア）に起源をもつ（Dejeu 2004）といわれることがあるが，この説を支持する証拠はない．

ブドウ栽培の特徴

豊産性で萌芽期は遅く晩熟である．中サイズの果粒が密着した果房をつける．優れた乾燥耐性を有しているが，冬の低温には敏感で灰色かび病に感受性がある．黄土が栽培に最も適しており株仕立てで栽培されている．

栽培地とワインの味

統計的に見ると KADARKA の栽培面積は最近の10年間で減少しているが，ミディアムボディーで，優しいタンニンとフレッシュな酸味，軽くスパイシーなアロマとピノ・ノワール（PINOT NOIR）に似たエレガントさをもつ KADARKA のワインは依然，消費者の人気を集めている（Rohály *et al.* 2003）．ブドウを完熟させることが難しい場合もあるが，傑出した生産者がいないわけではない．ワインはふつう深い色合いではなく，ロゼワインの原料に適している．ハンガリーのワイン産地のほとんどで栽培されており，セクサルド（Szekszárd）やヴィラーニ（Villány）などの南部が栽培の中心地であるが，エゲル（Eger）でも栽培されており，現地では Eger の「牡牛の血」．Egri Bikavér と呼ばれる赤のブレンドワインの生産に用いられている．しかし，ハンガリーでは KÉKFRANKOS として知られる BLAUFRÄNKISCH のほうが栽培と醸造が容易であることから，BLAUFRÄNKISCH が KADARKA の畑に取って代わる形で栽培面積を増やしている．推奨される生産者にはセクサルド（Szekszárd）の Dúzsi，Eszterbauer，Heimann，Takler，Ferenc Vesztergomb，Péter Vida などの各社が，またエゲルの St Andrea などがあげられる．2008年にハンガリーで記録された KADARKA の栽培面積は660 ha（1,646 acres）にまで減少したが，現在では特にセクサルド（Szekszárd）で，より健康なクローンの研究もあって現在では特にセクサルド（Szekszárd）で栽培面積が増加している．国境を越えた隣国セルビアにある Oszkár Maurer 社所有の100年ほどの歴史をもつ古い畑ではより耐病性に優れ，リッチなフレーバーをもつワインが作られている．

ブルガリアでも GAMZA という名前で，広く栽培されており（2009年の栽培面積は3,169 ha/7,831 acres），特にヴィディン（Vidin），プレヴェン（Pleven），スフィンドル（Suhindol）などの北部で多く栽培されている．栽培は北マケドニア共和国でも見られる．アルバニアでは KALLMET という名前で知られており，同国で最も重要な品種である．主には同国北部に位置し，モンテネグロにまで広がるシュコダル湖（Skadar）周辺で栽培されているが，同国中央部でも少し栽培されている．一例をあげると Arbëri 社がヴァラエタルワインを生産している．ルーマニアの47 ha（116 acres; 2008年）の栽培地は南西部のオルテニア地域（Oltenia）やハンガリーに近い 北西部のミニシュ・マデラト（Miniș Măderat）（たとえば Wine Princess 社）の両方に見られる．

KAKHET

ジョージアのブドウであると考えられている品種．
アルメニアの甘口赤ワインの Kagor がよく知られている．

ブドウの色：● ● ● ● ●

主要な別名：Cakhete，Kachet，Kakheti

起源と親子関係

KAKHET はアルメニア中西部のアララト県（Ararat）やアルマヴィル県（Armavir）の伝統的な品種であるが，その名前が示すようにジョージアのカヘティ州地方（Kakheti）からずっと以前にアルメニアに持ち込まれたものであろう．KAKHET は遺伝的にアルメニア品種よりも KHIKHVI や KISI などのジョージア品種に近いようだ（Vouillamoz *et al.* 2006）．

ブドウ栽培の特徴

晩熟．中～大きなサイズの果粒が密着する．

栽培地とワインの味

Ijevan Wine Factory 社が，辛口の KAKHET ロゼワインや中甘口の赤ワインを作っているが，Brest 社や Vedi Alco 社などのアルメニアの他の生産者は辛口の赤ワインとともに Kagor として知られる伝統的な赤のデザートワインを作っている．

KAKOTRYGIS

ギリシャのケルキラ島（Kérkyra/Corfu）で栽培されている非常にマイナーな品種

ブドウの色：● ● ● ● ●

主要な別名：KakoTryghi，Kakotriguis，Kakotriki（イリア県（Ilía）），Kakotryghis

起源と親子関係

KAKOTRYGIS はイオニア諸島の中でもおそらくケルキラ島（Kérkyra）を起源とする非常に古い品種であり，同島では赤い果粒の変異（KOKKINO KAKOTRYGIS）も栽培されている（Nikolau and Michos 2004）．その品種名は果梗が切りにくく（*kakotryghos*），収穫が難しいことを表している（Manessis 2000）．

ブドウ栽培の特徴

小さな果粒が密着した大きな果房をつける．樹勢が強く，結実能力が高く，豊産性である．萌芽期は遅く早熟である．べと病に感受性がある．

栽培地とワインの味

KAKOTRYGIS は主にギリシャのケルキラ島で栽培されている．ブドウ畑は減少しつつあるが，現地では最も多く栽培される品種である．一般に繊細でカンキツ系の香りと比較的高いアルコール分，そして中程度の酸味と，素晴らしい余韻の長さをもつワインができる．他の品種とブレンドされることが多い．Livadiotis 社は，ケルキラ島の在来ブドウを用いた手作りの本格的なワインを作る，数少ない生産者の一人であり，島の南端にある砂地で接ぎ木をしていない樹から収穫されるブドウを用いてヴァラエタルワインを生産している．Halikouna 地理的表示保護のワインは KAKOTRYGIS のみから作られなければならないが，他方，ケルキラ（kérkyra）地理的表示保護のワインは少なくとも60% の KAKOTRYGIS を他の地元品種とブレンドしなければいけない．

KALECIK KARASI

復活を果たしたトルコ品種．
比較的，早飲みの非常にフレッシュでフルーティーな赤ワインが作られている．

ブドウの色：● ● ● ● ●

よく KALECIK KARASI と間違えられやすい品種：ADAKARASI（アーブシャ島（Avşa）），ÇALKARASI（デニズリ県（Denizli）），?HASANDEDE，HOROZKARASI（キリス県（Kilis）），PAPAZKARASI（アーブシャ島（Avşa）），?Sungurlu

起源と親子関係

「Kalecik の黒」，あるいは「小さな城からの黒」という意味をもつ KALECIK KARASI の起源は，理論的にはトルコ中央部に位置するアンカラに近い Kalecik 地区を流れるクズルウルマク川（Kızılırmak）に沿いにある畑であろうと思われる．

他の仮説

KALECIK KARASI は，ヒッタイト帝国（Hittite）の時代（紀元前1650～1200年）からトルコで栽培されていたといわれているが，これを支持するような証拠はない．驚くべきことに，KALECIK KARASI が，HASANDEDE の別名として Vitis 国際品種カタログに記載されているが，ブドウの形態分類学的には疑わしいこの仮説を確認するための DNA 解析はまだ行われていない．

ADAKARASI も参照のこと．

ブドウ栽培の特徴

厚い果皮をもつ中サイズの果粒が密着した果房をつける．熟期は中期で豊産性である．灰色かび病に感受性である．

栽培地とワインの味

トルコの首都のアンカラの北東，カレジッ地域（Kalecik）を故郷とする KALECIK KARASI は，アナトリア半島（Anatolia）中部で最も重要な赤品種である．フィロキセラ被害によって1960年代に事実上消滅してしまったが，アンカラ大学の Y Sabit Ağ aoğ lu 氏と Kavaklidere 社の尽力により1970～80年代に三つのクローンが選抜された．1989年になって Kavaklidere 社が，彼らの作った初めてのヴァラエタルワインを市場に出荷している．通常，ブドウは標高600～900 m 地点にあるクズルウルマク川から続く急斜面で栽培される．つまり，夜は冷える場所に畑があるのだが，冬は比較的穏やかである．栽培面積は現在，3,500 ha（8,649 acres）に達しており，高収量になりがちだが，過去10年の間の栽培結果を見れば，谷底での栽培が品質に悪影響をおよぼしたようである．さらに南部や西部のデニズリ平原（Denizli）でも栽培されているが，カッパドキア（Kapadokya），トラキア（Trakya），マニサ県（Manisa）などのエーゲ海地域やコンヤ県（Konya）でも少し栽培されている．2010年には729 ha（1,801 acres）の栽培が記録されている．

ヴァラエタルワインにはキャンディーのようなアロマがあるが，最高のワインにはサワーチェリーとラズベリーのアロマがあり，ミディアムボディーでソフトかつフレッシュである．ワインはオークを用いず，早飲みにするのが最適である．ピノ・ノワール（PINOT NOIR）に例えられてきたが，おそらくスタイルは GAMAY NOIR に近い．Pamukkale 社，Kavaklidere 社，Kocabağ 社，Turasan 社などが，このさわやかでシンプルなワインを生産している．

KALINA

もともとは生食用のために育種された，赤い果皮色をもつ非常にマイナーなスイスの交雑品種

ブドウの色：● ● ● ● ●

起源と親子関係

KALINA は1970年代にスイス中北部，アールガウ州（Aargau）のヴューレンリンゲン（Würenlingen）にある Rebschule Meier 社で Anton Meier 氏が得た交雑品種である．親品種は公表されていない．

ブドウ栽培の特徴

熟期は早期～中期である．樹勢が強く，一般的に霜とかびの病気に対しては耐性があるが，べと病には感受性がある．薄い果皮をもつ中サイズの赤い果粒が粗着した大きな果房をつける．

栽培地とワインの味

生食用白品種と記載されているが，KALINA の果粒は赤紫色をしており，白ワインの生産にも時折，用いられている．スイスで2009年に記録された栽培面積は半 ha（1 acre）以下であるが，ck-Weine 社がヴァラエタルワインを，また，Schödlerweine 社が JOHANNITER とのブレンドワインを作っている．

KALLMET

KADARKA を参照

KANGUN

ブランデーと甘口酒精強化ワインの生産に用いられるアルメニアの複雑な交雑品種

ブドウの色：

主要な別名：2-17-22，Cangoune，Kangoon，Kangoun

起源と親子関係

KANGUN は，1979年にアルメニアの首都エレバンのすぐ西に位置する Merdzavan のアルメニアブドウ栽培研究センターで P K Aivazyan 氏が SUKHOLIMANSKY BELY×RKATSITELI との交配により得た複雑な交雑品種である．

栽培地

KANGUN は主にアルメニア，アララト（Ararat）・ヴァレーにおいてブランデーと甘口酒精強化ワインに用いられている．

KANZLER

低収量で栽培面積が減りつつあるドイツの交配品種

ブドウの色：

主要な別名：Alzey S 3983

起源と親子関係

1927年にオッペンハイム（Oppenheim）研究センターの Georg Scheu 氏が MÜLLER-THURGAU×SILVANER の交配により得た交配品種である．1987年に公式品種リストに登録された．Kanzler（Chancellor，「首相」という意味）という品種名は戦後の3人のドイツ首相とブドウの品質にちなんで命名されたもので，Konrad Adenauer 氏のように洗練されており，Ludwig Erhard 氏のように丸くふくよかで，Kurt Georg Kiesinger 氏のように上品であるという意味が込められている．

ブドウ栽培の特徴

非常に樹勢が強いため，新梢が込み入り，べと病とうどんこ病に感受性となるが，灰色かび病には良好な耐性を示す．早熟であるが非常に遅摘みが可能で，それに比例して果汁の糖度が上がる．

栽培地とワインの味

ワインはフルボディーで長寿の可能性を有している．アロマの形成のため，ボトルで一年間熟成させる必要がある．ドイツでは34 ha（84 acres）が栽培されている．栽培が見られるのは，主にラインヘッセン（Rheinhessen）とプファルツ（Pfalz）であるが，収量は高くなく，栽培面積は減りつつある．プファルツの Fleischmann 社やラインヘッセンの Schales 社が甘口ワインを生産している．

KAPISTONI TETRI

スティルワインと発泡性ワインの生産に用いられているジョージアの古い品種

ブドウの色：● ● ● ● ●

主要な別名：Capistoni Tetri，Kabistoni Tetri，Kapistona，Kapistoni，Zekroula Kapistoni

起源と親子関係

KAPISTONI TETRI（*tetri* は「白」という意味である）はジョージア中西部に位置するイメレティ州（Imereti）の在来品種で，通説では最も古いジョージア品種である（Chkhartishvili and Betsiashvili 2004）．Galet（2000）は，他の白のジョージア品種であるイメレティ州（Imereti）の KAPISTONI IMERETINSKY や Racha の KAPISTONI RGVALI および KUTAISI は KAPISTONI TETRI とは異なる品種であると述べている．この見解は KAPISTONI IMERETINSKY が DONDGLABI と同一であるとする DNA 解析結果と一致している（Vouillamoz *et al.* 2006）．

黒色果粒の ALEKSANDROULI は KABISTONI としても知られるが，形態学的および遺伝学的解析が示すようにそれは KAPISTONI TETRI の黒色の変異ではない（Chkhartishvili and Betsiashvili 2004; Maghradze *et al.* 2009）．

ブドウ栽培の特徴

熟期は中期である．中サイズの果粒が密着して小さな果房をつける．べと病には優れた耐性を示すが，うどんこ病には感受性である．

栽培地とワインの味

特にジョージアの西側のイメレティ州（Imereti）で栽培されており，比較的ニュートラルなこの古い品種は，スティルワインと発泡性ワインの両方の生産に用いられている．

KAPITAN JANI KARA

ブレンドの甘口赤ワインの生産に用いられるウクライナのマイナーな品種

ブドウの色：● ● ● ● ●

主要な別名：Adzhi Ibram Kara，Agii Ibram，Capitan Kara，Chaban Khalil Kara，Kapitan Yani Kara，Ridzhaga

起源と親子関係

KAPITAN JANI KARA には「キャプテン Jani の黒」という意味があり，ウクライナの南部に位置するクリミア半島（Krym/Crimea）東部，ソルネチナヤドリナ（Solnechnaya Dolina）が起源の品種である．

ブドウ栽培の特徴

豊産性である．萌芽期も熟期も中期である．厚い果皮をもつ，かなり大きな果粒が密着した大きな果房をつける．うどんこ病に感受性がある．

栽培地とワインの味

一般に，丸みのあるタンニンをもつフルボディーのワインになり，EKIM KARA などの他のウクライナ品種とブレンドされデザートワインが作られる．また，Massandra 社の Black Doctor などにも一部，用いられている．

KAPSELSKY

ウクライナのマイナーな白品種

ブドウの色：

主要な別名：Kapsel Skii，Kapselski，Kapselskii，Matvienkovsky，SD-62

起源と親子関係

KAPSELSKY はウクライナ南部，クリミア（Krym）の由来の品種で，形態的には他の地方品種である SOLNECHNODOLINSKY と似ている．

ブドウ栽培の特徴

豊産性だが収量は不安定である．厚い果皮をもつ果粒が密着した果房をつける．かびの病気には比較的耐性である．

栽培地とワインの味

ソルネチナヤドリナ（Solnechnaya Dolina）の Sun Valley 社は，在来品種ならびに国際品種を含めた最大30種類までのブドウからなる，クリミア産の甘口ブレンドワインに KAPSELSKY を加えている．

KARA ERIK

ÖKÜZGÖZÜ を参照

KARA IZYUM ASHKHABADSKY

KARAISUMOR TARA UZUM ASHKHABADSKI としても知られている．黒い果粒をもつ晩熟のトルクメニスタンの品種であり，現地では主要品種の一つとされている．

KARALAHNA

主にトルコ沖のエーゲ海に浮かぶボズジャ島（Bozcaada）で栽培されている品種で，タンニンに富むがフレッシュな赤ワインが作られている．

ブドウの色：● ● ● ● ●

主要な別名：Kara Lahna，Lahna Kara

起源と親子関係

KARALAHNA の品種名には「黒いカボチャ」という意味があり，トルコ北西部のボズジャ島（Bozcaada）あるいはダーダネルス海峡（Dardanelles）の南岸のチャナッカレ（Çanakkale）を起源とする品種だと考えられている．

ブドウ栽培の特徴

大きな果粒をつける．果粒の糖度が非常に高くなることはない．熟期は中期～晩期である．通常，病気には非常に高い感受性を示す．粘土ローム土壌と乾燥が栽培に適している．

栽培地とワインの味

20世紀初頭までは主にブランデーの生産に用いられてきた．トルコで作られる KARALAHNA のワインは，色合い深く，ミディアムボディーからフルボディーで，強い酸味となり，タンニンに富み，黒と赤のベリーのフレーバーをもつ．瓶熟成に時間を要し，オークとの相性がよいが，タンニンが過剰に抽出されないように注意しなければいけない．トルコ西部，チャナッカレの南，エーゲ海のボズジャ島（Bozcaada）の Corvus，Talay，Yunatçılar などの各社が主にヴァラエタルワインを生産しているが，この品種はブレンドワインの色づけにも用いられている．トラキア（Trakya）の東部や北部では Seyit Karagözoğlu 社がマルマラ海（Marmara）の近くの畑で栽培されるメルロー（MERLOT）を用いて KARALAHNA を主原料とするブレンドワインを作っている．この地域で KARALAHNA はより香りが高いようだ．2010年にトルコでは43 ha（106 acres）の栽培が記録されているのみであるが，丁寧に栽培されれば，将来有望なブドウになると思われる．

KARASAKIZ

ソフトで軽い赤ワインが作られるが，カベルネ（CABERNET）やメルロー（MERLOT）に追い越されたトルコの品種

ブドウの色：● ● ● ● ●

主要な別名：Kara Sakız，Karakız，Karassakýz，Kuntra（トルコおよびギリシャ），Makbule，Mavrupalya，Sakız Kara

起源と親子関係

KARASAKIZ には「黒いチューインガム」という意味があり，ギリシャやトルコの一部では KUNTRA と呼ばれている．イスタンブールに近い，ヨーロッパとアジアを隔てるダーダネルス海峡地方（Dardanelles）の品種である．この品種は，海峡の南西端のエーゲ海沖にあるボズジャ島（Bozcaada）を起源とする品種であろう.

ブドウ栽培の特徴

大きな果粒の酸度は高いが, 糖度は高くならない. 晩熟で, 優れた耐病性をもつ. 栽培に際しては粘土ローム土壌と暑い気候が適している.

栽培地とワインの味

KARASAKIZ の多くがエーゲ海沖のボズジャ島（ギリシャ語では Ténedos）で栽培されているが, そのさらに東に位置する, トルコ本土のチャナッカレ（Çanakkale）, ラープセキ（Lapseki）, バイラミチュ（Bayramiç）でも栽培されている. かつては, 元専売公社の Tekel が大量に生産していたトルコブランデーの主要品種の一つであったので, 現在よりかなり多く栽培されていた. チャナッカレのブランデー工場は2007年に閉鎖されたが, Mey（Tekel を買収）が依然, KARASAKIZ を用いてアニスフレーバーのスピリッツのラクを Tekirdag で製造している. KARASAKIZ は, カベルネ・ソーヴィニヨン（CABERNET SAUVIGNON）などの国際品種に栽培面積を奪われており, これらの品種とブレンドされることもある. Çamlıbağ 社, Corvus 社, Talay 社などがヴァラエタルワインを作っているが, Talay 社は甘口ワインやロゼも作っている（紛らわしいことに, 甘口ワインは別名の Kuntra で呼ばれている）. ワインはライトボディからミディアムボディーの中間で, 赤い果実とキャンディーのアロマを有しており, 酸味が弱くタンニンはソフトだが, オークには適していない. トルコでは2010年に43 ha（106 acres）の栽培が記録された.

KARÁT

幾分精彩を欠くワインになるハンガリーの交配品種.
乾燥した環境が適している.

ブドウの色：● ● ● ● ●

起源と親子関係

1950年にハンガリーの首都, ブダペスト近郊にあるケチケメート（Kecskemét）研究センターで András Kurucz 氏と István Kwaysser 氏が KÖVIDINKA×ピノ・グリ（PINOT GRIS）の交配により得た交配品種である.

ブドウ栽培の特徴

熟期は中期〜晩期である. 乾燥耐性である. また, 灰色かび病にも中程度の耐性を示す.

栽培地とワインの味

KARÁT は比較的アルコール分が高くフレッシュなワインになるが濃厚さに欠ける. この品種の特徴は乾燥地が栽培に適していることである（Gabriella Mészáros, 私信）. 2008年にハンガリーでは61 ha（151 acres）の栽培が記録されており, 主にクンシャーグ（Kunság）, エチェック－ブダ（Etyek-Buda）, バダチョニ（Badacsony）などのワイン生産地で栽培されている. Öreghegy Szőlőbirtok 社がヴァラエタルワインを作っている.

KARMRAHYUT

濃い果皮色と赤い果肉をもつアルメニアの交雑品種

ブドウの色：● ● ● ● ●

主要な別名：Karmrahiut，Karmraiute

起源と親子関係

KARMRAHYUT には「赤くジューシー」という意味がある．1950年にアルメニアの首都エレバンの西の Merdzavan のアルメニアブドウ栽培研究センターで S A Pogosyan 氏が ADISI×NO 15-7-1の交配により得た複雑な交雑品種である．ここで ADISI はもはや栽培されていないアルメニア品種で，NO 15-7-1は *Vitis amurensis* Ruprecht×SLADKY CHERNY（「甘い黒」の意味）の交雑品種であり，後者はピノ・ノワール（PINOT NOIR）の自家受粉によるものである．KARMRAHYUT は CHARENTSI と NERKARAT の育種に用いられた．

ブドウ栽培の特徴

果肉が赤く，中サイズの果粒が密着した果房をつける．

栽培地とワインの味

KARMRAHYUT は主にアルメニア中西部，Armavir で栽培されている赤色の果肉の品種である．たとえば，Kazumoff 社が深い色合いのヴァラエタルワインを，また MAP 社が RKATSITELI や MEGRABUIR とのブレンドにより中甘口のデザートワインを作っている．

KARNACHALADES

ギリシャ北東部の非常に稀少な品種である．

ブドウの色：● ● ● ● ●

主要な別名：Karnachalas

起源と親子関係

ギリシャ北東部のトラキア地方（Thráki/Thrace）北東に位置するエヴロス県（Evros）のあまり知られていない品種である．

ブドウ栽培の特徴

樹勢が強く，結実能力が高い．萌芽期は遅く，晩熟である．斑のついた果粒が密着した小さな果房をつける．

栽培地とワインの味

ギリシャ，トラキア地方北東部，Soufli 市の Bellas 社が，ヴァラエタルワインと KARNACHALADES,

カベルネ・ソーヴィニヨン（CABERNET SAUVIGNON）およびメルロー（MERLOT）とのブレンドワインを作っている.

KATSAKOULIAS

ギリシャのザキントス島（*Zákynthos*）でのみ栽培されている稀少なギリシャ品種

ブドウの色：● ● ● ● ●

主要な別名：Gyftokoritho（ザキントス島），Kaltsakouli，Kartsakouli，Katsacoul，Katsakouli，Katsakoulia

起源と親子関係

KATSAKOULIAS はギリシャのペロポネソス半島（Pelopónnisos）の西側，イオニア海沖に浮かぶザキントス島由来の稀少な品種である．白い果粒の KATSAKOULIAS は，エヴィア島（Évvoia/Euboea）の Chalkída や エトリア・アカルナニア県（Aitolía-Akarnanía）の Mesolóngi で見られる（Galet 2000）．

ブドウ栽培の特徴

樹勢が強く，豊産性で乾燥に敏感である．萌芽期は中期で熟期は中期～晩期である．厚い果皮をもつ果粒が大きな果房をつける．果粒の糖度は比較的高くなる．

栽培地とワインの味

KATSAKOULIAS は主にギリシャのザキントス島で栽培されており，現地ではブレンドワインの生産に用いられている．一例を挙げると，Comoutos 社は伝統的なこの地方の品種である AVGOUSTIATIS や SKYLOPNICHTIS との赤やロゼのブレンドワインを作っている．Solomos 社や Callinico 社もこの品種を赤のブレンドワインに用いている．ペロポネス半島の，たとえばエトリア・アカルナニア県やイリア県（Ilía）などでも非常に限定的にではあるが栽培されている．

KATSANO

ギリシャのサントリーニ島（*Santoríni*）に残存する稀少な品種

ブドウの色：● ● ● ● ●

主要な別名：Katsamon

起源と親子関係

KATSANO はおそらくギリシャのサントリーニ島の在来品種であろうと考えられる．遺伝的にはキクラデス諸島（Kykládes / Cyclades）の PLATANI に近い（Biniari and Stavrakakis 2007）．

ブドウ栽培の特徴

低収量である．果粒が小さい．萌芽期は中期で早熟である．比較的，耐病性である．

栽培地とワインの味

KATSANO はギリシャのキクラデス諸島のうち，とりわけサントリーニ島で見られる品種である．おそらく Gavalas 社が，この品種を商業生産する唯一の生産者で，約85％の KATSANO と15％の GAIDOURIA を混植し，ワインを作っている．同社は，ワインには花，蜂蜜，レモンの花の甘いアロマがあると述べている．完熟するまでブドウを樹に残しておくと酸度が低くなってしまうが，通常より早摘みすると草っぽい香りやワインの軽さがより顕著になる．

KAY GRAY

さほど成功していないマイナーなアメリカの交雑品種

ブドウの色：

主要な別名：Elmer Swenson 1-63，ES 1-63

起源と親子関係

ウィスコンシン州オシオラ（Osceola）のブドウ育種家である Elmer Swenson 氏（1913-2004）が得た ELMER SWENSON 217 の実生である．その花粉親（すなわち父親）はサウスダコタ州の古い交雑品種の ONAKA であろうと思われる（KAY GRAY の完全な系統は BRIANNA を参照）．したがって KAY GRAY は *Vitis riparia*，*Vitis labrusca* および *Vitis vinifera* の交雑品種であるということになる．家族の友人の名前にちなんで命名され，1981年に公開された．

KAY GRAY は BRIANNA と LOUISE SWENSON の育種に用いられた．

ブドウ栽培の特徴

中～大サイズの果粒が密着した小さな果房をつける．非常に樹勢が強い．寒冷耐性であるが，かびの病気にはわずかに感受性である．熟期は早期～中期で，完熟前の収穫が最適である．

栽培地とワインの味

アメリカ合衆国中西部（2007年，ミネソタ州で3 acres/1.2 ha）および北東部，またカナダのケベック州などで少し栽培されている．ワインは比較的ニュートラルだが，フローラルな香りがある．完熟後にブドウを収穫すると，醸造の過程で不快なにおいが生じることがある（Smiley 2008）．ミネソタ州 Grape Growers Association（ブドウ栽培協会）の Tom Plocher 氏はソーヴィニヨン・ブラン（SAUVIGNON BLANC）などの良質の *Vitis vinifera* を少量加えてブレンドワインにするのが最適だと述べている．ケベック州の Bob Cedergren 氏，La Vitacée 社，Vignobles Les Vents d'Ange 社，ミネソタ州の Wilbur Thomas 氏および Bob Williams 氏，ニューヨーク州の Amazing Grace 社などがヴァラエタルワインを生産している．

KEFESSIYA

受粉のために別の品種の花粉の助けを必要とするウクライナ南部の晩熟品種

ブドウの色：● ● ● ● ●

主要な別名：Cefecia, Cefesia, Doktorsky Chernyi, Kefe Izyum, Kefesia, Kefesiya, Kethessia
よくKEFESSIYAと間違えられやすい品種：EKIM KARA

起源と親子関係

KEFESSIYA という品種名はウクライナ南部のクリミア半島（Krym / Crimea）にある黒海に面した町 Feodosiya（Theodosia）にちなんでつけられた名前で，この地がおそらくこの品種の起源の地であろうと考えられている．この品種の別名に DOKTORSKY CHERNYI というのがあるため，（「博士（またはドクター）の黒」という意味をもつ）EKIM KARA と混同されることがある．

ブドウ栽培の特徴

機能的には雌しべのみの花をつける．受粉のために SAPERAVI などの別の品種と一緒に植えると豊産性となる．濃い色合いで，厚い果皮の果粒．晩熟．べと病とうどんこ病に感受性がある．ブドウ蛾をよせつけるが，乾燥には良好な耐性を示す．

栽培地とワインの味

主にウクライナのフェオドシヤ市（Feodosiya）周辺や南西のスダク地方（Sudak）にかけて栽培されている．ソルネチナヤドリナ（Solnechnaya Dolina）の Massandra 社と Sun Valley 社がデザートワインの Black Doctor に KEFESSIYA を加えている．

KÉKFRANKOS

BLAUFRÄNKISCH を参照

KÉKMEDOC

MENOIR を参照

KÉKNYELŰ

高品質のポテンシャルを秘めたハンガリー西部の珍しい品種．香り高く強い酸味をもつ白ワインが作られている．

ブドウの色：● ● ● ● ●

主要な別名：Blaustängler
よくKÉKNYELŰと間違えられやすい品種：Balafánt ☒（ハンガリー），FURMINT ☒，PICOLIT ☒（イタリア北部）

起源と親子関係

KÉKNYELŰ（「青い柄」という意味がある）という品種名はこの品種の淡青色の葉柄の色合いにちなんで名付けられたのである．ハンガリー西部のバダチョニ地方（Badacsony）に由来をもつと考えられている古い品種である．KÉKNYELŰ とイタリアの PICOLIT は Vitis 国際品種カタログ上では相互に別名だとされていたが，DNA 解析によってこれは否定されている（Jahnke *et al.* 2007）．

ブドウ栽培の特徴

結実能力が低いため，収量を改善するために BUDAI ZÖLD と並んで植えられることが多い．萌芽期は中期で晩熟である．厚い果皮をもつ小さな果粒が粗着した中サイズの果房をつける．寒さに強い．灰色かび病には比較的耐性があるがべと病には感受性である．

栽培地とワインの味

2009年のハンガリーでは41 ha（101 acres）の栽培が記録されており，この値は21世紀になってから2倍に増加した．主に同国西部のバラトン湖（Lake Balaton）の北側のバダチョニ（Badacsony）で栽培されているが，収量が乏しく不安定であるため，過去と比較すると栽培はより限られたものになっている．最良の KÉKNYELŰ ワインはフルボディーで強い酸味がある一方でフレッシュで非常に香り高いものとなる．ボトルで一定期間おくのがよい．BUDAI ZÖLD などの品種を1列おきに植えるとより均一な受粉が期待できるようになる．推奨される生産者としては，Laposa，Endre Szászi，Szeremley などがあげられる．

KERATSUDA

ブルガリアのマイナーな品種．
ストゥルマ・ヴァレー（Struma Valley）でシンプルな白ワインが作られている．

ブドウの色：

主要な別名： Breza（ブルガリア，フランス），Breznik（ブルガリア），Govedina（ギリシャのマケドニア），Keratsouda（ギリシャ），Keratuda（ブルガリア），Mirizlivka（ブルガリア），Tsarevitsa（ブルガリア）

起源と親子関係

KERATSUDA はブルガリアの在来品種で，品種名にはギリシャ語で「少女」という意味がある．この品種が伝統的に栽培されてきたブルガリアとギリシャを流れるストルマ川（Struma，Strymónas）の河岸で生まれた品種であろうと考えられている（Katerov 2004）．

ブドウ栽培の特徴

結実能力が高く豊産性である．厚い果皮をもつ中サイズの果粒が非常に密着した果房をつける．晩熟である．冬の低温には敏感だが乾燥には耐性がある．うどんこ病とべと病に感受性であるが灰色かび病には中程度の耐性を示す．

栽培地とワインの味

KERATSUDA はシンプルで酸味の弱い早飲みの国内消費用ワインの生産に用いられるが，中甘口のシェリー（Jerez）スタイルの酒精強化ワインの生産にも用いられている．ブルガリアでは2008年に記録された栽培面積は8 ha（20 acres）のみで，そのほぼすべてが南西部のブラゴエヴグラト州（Blagoevgrad）で栽培されている．

KERNER

品質の点で最も成功した現代のドイツの交配品種.
使い道が多く，リースリング（RIESLING）に似たワインが作られている.

ブドウの色：

主要な別名：Weinsberg S 2530

起源と親子関係

KERNER は，1929年にドイツ南部バーデン－ヴュルテンベルク州（Baden-Württemberg）のヴァインスベルク（Weinsberg）研究センターの August Herold 氏が SCHIAVA GROSSA×リースリングの交配により得た交配品種である．品種名は，19世紀に患者にグラス1杯のワインを自然の薬として飲むように勧めていたヴュルテンベルクの医者で，酒宴の歌の作家でもある Justinus Kerner 氏にちなんで命名されたものである．DNA 解析により親品種は確認されている（Grando and Frisinghelli 1998）．また，KERNER と ROTBERGER は姉妹品種にあたる．KERNER は JUWEL の育種に用いられた．

ブドウ栽培の特徴

リースリングよりも高い収量を示し，栽培地に関する制約もリースリングより少ない．うどんこ病に感受性がある．萌芽が遅いため，霜耐性に優れている．熟期は中期～晩期である．

栽培地とワインの味

KERNER は現在ではドイツで5番目に多く栽培されている白品種で，GRAUBURGUNDER（ピノ・グリ（PINOT GRIS））より人気はわずかだが劣る．ドイツのほとんどのブドウ栽培地区で栽培されているが，とりわけラインヘッセン（Rheinhessen）とプファルツ（Pfalz）で多く栽培されている．この品種が1969年まで公認されていなかったことを考えると，2003年に記録された5,000 ha（12,355 acres）をかなり下回るものの，3,712 ha（9,173 acres）という栽培面積は立派なもので，新しく開発されたドイツの交雑品種の中では，依然，最も広く栽培されている品種である．

ワインはリースリングに多くの点で似ており，ブレンドのみならずヴァラエタルワインにも適しているが，リースリングに比べ酸度が低く，テクスチャーも少々粗い．軽いブドウの香りと草っぽさがあり，時にキャンデーのノートが香ることもある．広い栽培地において信頼できる収量と MÜLLER-THURGAU よりも高いレベルの糖と酸に達する性質のため栽培家に人気があるが，高品質のワインづくりのためには樹勢を少し抑制する必要がある．最高のワインがフランケン（Franken）の粘土質の石灰岩土壌で栽培されたブドウから作られている．推奨される生産者としてはヴュルテンベルクの Karl Haidle 社，Staatsweingut Weinsberg 社，フランケンの Divino Nordheim Winzergenossenschaft 社，Reiss 社，Rainer Sauer 社，ミッテルライン（Mittelrhein）の Didinger 社，モーゼル（Mosel）の Kees-Kieren 社，ザクセン州（Sachsen）の Zimmerling 社などがあげられる．

イタリア北部のアルト・アディジェ（Alto Adige/ ボルツァーノ自治県）で Manfred Nössing 氏が作る KERNER ワインが Gambero Rosso 誌の最高評価 Tre Bicchieri（訳注：Three Glass）をいつも獲得しているがイタリアでの総栽培面積は25 ha（62 acres）にすぎない．2008年にスイスでは18 ha（44 acres）の栽培が記録されている．イギリスで記録された栽培面積は9 ha（22 acres）のみで1990年の記録の20 ha（49 acres）から減少している．KERNLING として知られる樹勢が弱い変異系統がワイン造りに関しては KERNER と同じ方向を目指している．カナダのブリティッシュコロンビア州では33 acres（13 ha）の栽培が記録されている．また，ごくわずかだがカリフォルニア州や南アフリカ共和国でも栽培されている．日本の北海道の極限の環境下で栽培された KERNER から驚くほどよいワインが作られており（サッポロビール（株）は複数のワインを作っている），2009年には357 ha（882 acres）（訳注：農林水産省統計57.3 ha; 2014年）の栽培が記録されている．

KHIKHVI

辛口と甘口ワインの生産に用いられる稀少なジョージアの品種

ブドウの色：● ● ● ● ●

主要な別名：Chichvi, Djananura, Janaani, Jananura, Khichvi

起源と親子関係

KHIKHVI はジョージア南東部のカヘティ州地方（Kakheti）の在来品種である．別名の JANAANI はカヘティ州にある村の名で現在ではオジオ（Ojio）と呼ばれている．

他の仮説

KHIKHVI は RKATSITELI，MTSVANE KAKHURI，GORULI MTSVANE とともに5世紀頃には記載されていた（Chkhartishvili and Betsiashvili 2004）といわれているが，それを裏付けるような証拠はない．

ブドウ栽培の特徴

中～小サイズの果房をつけ，酸度は維持しつつ，糖度は非常に高いレベルに達する．萌芽期は遅く，熟期は中期で，収量は控えめである．うどんこ病に感受性がある．

栽培地とワインの味

KHIKHVI の栽培はジョージア南東部のカヘティ州地域で主に見られ，とりわけカルディーナキー（Kardenakhi），グルジャアニ（Gurjaani），ティバーニ（Tibaani），オジオなどの村で高品質の辛口や甘口ワインが生産されている．ワインはフルボディーでソフトな酸味とツゲ（*Buxus*）のアロマを有しているが，総栽培面積は少なく，20 ha（49 acres）である．KHIKHVI はまたジョージアの伝統製法であるクヴェヴリを用いた醸造に適しており，この製法で作られたワインはより強いミネラル感とフローラルな香りを示す．推奨される生産者としては Kindzmarauli Marani 社，Vinoterra 社，Winiveria 社などがあげられる．Galet（2000）は，この品種がモルドヴァ共和国やウクライナでも見られると述べている．

KHINDOGNI

様々なスタイルの赤ワインが作られる，コーカサス南部の品種

ブドウの色：● ● ● ● ●

主要な別名：Chindogni, Khendorni, Khindogny, Khndogni, Scireni（ロシア），Sveni（ロシア）

起源と親子関係

「笑い」または「楽しい」という意味がある KHINDOGNI は，アゼルバイジャン南西部のナゴルノ・カラバフ地方（Nagorno-Karabakh）の在来品種であり，現地において伝統的に栽培されてきた品種である．

ブドウ栽培の特徴

熟期は中期～晩期である．果粒が密着した大きい果房をつける．夏の乾燥にはかなりの耐性を示すが，冬の低温には敏感である．かびの病気には比較的耐性があるが，害虫には感受性がある．

栽培地とワインの味

KHINDOGNI は，主にアゼルバイジャン南西部の紛争地帯であるナゴルノ・カラバフで栽培されている．Galet（2000）によれば，栽培はアルメニア，ウズベキスタン，イラン，ロシアにも見られるのだという．アルコール分の高いフルボディーの辛口の赤ワインが作られている．遅摘みされたブドウを用いて甘口の酒精強化ワインが作られることが多い．ナゴルノ・カラバフの Stepanakert Brandy Factory 社は辛口と中甘口ヴァラエタルワインに加えて発泡性ワインやロゼも生産している．他にも辛口ワインの生産者としては Absheron Sharab 社，Qabala Sharab 社，Gyoy-Gyol 社などがある．

KIRÁLYLEÁNYKA

香り高く軽い白ワインが作られるハンガリーの品種

ブドウの色：● ● ● ● ●

主要な別名： Dánosi Leányka
よく KIRÁLYLEÁNYKA と間違えられやすい品種： FETEASCĂ REGALĂ ×（ルーマニア），Királyszőlő ×（ハンガリー，いまでは栽培されていない）

起源と親子関係

KIRÁLYLEÁNYKA には「プリンセス」の意味があり，ルーマニアの FETEASCĂ REGALĂ と同一であると考える人もいる（Galet 2000）．他にも，KÖVÉRSZŐLŐ（GRASĂ DE COTNARI）と，現在はルーマニアに属し，同国中部の一地方であるトランシルヴァニア（Transilvania）を起源とする LEÁNYKA との自然交配により生まれた品種で，1970年代にハンガリーに持ち込まれたのだという人もいる（Rohály *et al.* 2003）．しかし，DNA 解析によって KIRÁLYLEÁNYKA はルーマニアの FETEASCĂ REGALĂ とは異なる品種であることが確認された（Vouillamoz）．また，提唱されていた親品種も否定されたことで（Galbács *et al.* 2009），KIRÁLYLEÁNYKA のルーマニア起源説には疑いが生じている．LEÁNYKA は KIRÁLYLEÁNYKA の親品種の一つであろう．

ブドウ栽培の特徴

萌芽期は中期で熟期は中期である．収量は中程度～高収量である．小さな果粒が密着した小さな果房をつける．灰色かび病とべと病に感受性である．

栽培地とワインの味

この品種は広く栽培されており（2008年にハンガリーで記録された栽培面積は942 ha/2,328 acres），フレッシュで軽い香りをもち，ブドウの香りが強くなることも多いが，この10年間は夏用やパーティーワインとして特に人気がある．フレッシュな酸味があるため，よりソフトで香りが高い品種のよいブレンドパートナーとして用いられており，マトーラ（Mátra）やエゲル（Eger）では最高のワインが作られている．推奨される生産者としては Bolyki（エゲル），Bujdosó，Ottó Légli 社（バラトンボグラール（Balatonboglár）），Etkeki Kúria（エテェック（Etyek）），Tamás Szecskő，Mátyás，Zoltán Szőke（マトーラ）などがあげられる．

KISHMISH

SULTANIYE を参照

KISI

花の香りをもつジョージアの品種.
近代的なスタイルと伝統的なスタイルの両方のワインが作られている.

ブドウの色：

主要な別名：Kissi, Maghranuli

起源と親子関係

KISI はジョージア南東部に位置するカヘティ州（Kakheti）の在来品種である．Vitis 国際品種カタログには，KISI は MTSVANE（これは MTSVANE KAKHURI か GORULI MTSVANE か不明）× RKATSITELI の交配品種であると記載されているが，DNA 系統解析によってこれは否定されている（Vouillamoz *et al.* 2006）．

ブドウ栽培の特徴

萌芽期は遅く，熟期は中期である．厚い果皮をもつ果粒が粗着した小～中サイズの果房をつける．気候の変化には非常に敏感で栽培が難しい品種である．

栽培地とワインの味

強い花のアロマと干した梨やリンゴのフレーバーをもつ KISI ワインは，たとえ辛口であっても甘い印象を与えるワインである．主なスタイルは二つあり，一つは近代的なヨーロッパのスタイルで，もう一つは伝統的なジョージアスタイルである．後者は伝統的な粘土の容器であるクヴェヴリでワインを発酵させるもので，この製法で作られたワインはアプリコット，ミント，オレンジの特徴をもつものとなる．2008年にはジョージア東南部のカヘティ州で50 ha（124 acres）の栽培が記録されていた．特に Maghraani 村と Argokhi 村で栽培されており，ブレンドワインによく用いられている．ヴァラエタルワインの生産者としては，次に挙げる生産者が推奨されているが，Kindzmarauli Marani 社，Vashadze 社，Winiveria 社などがヨーロッパスタイルで，また，Alavardi Monastery Cellar 社，Vinoterra 社，Pheasant's Tears 社が伝統的なジョージアスタイルでワインを作っている．ほとんどの生産者が KISI を RKATSITELI などの他の地方品種とブレンドしている．Telavi Wine Cellar 社が KISI と MTSVANE KAKHURI をブレンドしている．

KLARNICA

甘い香りのワインになるマイナーだが特徴的なスロベニア品種

ブドウの色：

主要な別名：Klarna Mieja, Klarnca, Klarnitza, Mejina

起源と親子関係

KLARNICA は，スロベニア南西部のプリモルスカ地方（Primorska）の Vipavska Dolina 起源の古い品種である．

ブドウ栽培の特徴

中サイズの果粒が非常に密着した果房をつける．

栽培地とワインの味

2009年にスロベニアで記録された栽培面積は3 ha（7 acres）のみで，そのすべてが南西部に位置するプリモルスカ（Primorska）の Vipavska Dolina ワイン生産地域で栽培されたものである．ワインの生産者としては Mansus 社および Stegovec 社などがあげられる．一般に，ワインはフルボディーで辛口だが，驚くほど甘く，フローラルでフルーティー（瓶詰のイチゴのような？）な香りを有している中甘口のワインもある．この品種はまた発泡性ワインの生産にも用いられている．

KLEVENER DE HEILIGENSTEIN

SAVAGNIN ROSE を参照

KNIPPERLÉ

栽培が減りつつある，薄い果皮色の病気に弱いアルザス品種

ブドウの色：

主要な別名：Ettlinger（コルマール（Colmar）），Gelber Ortlieber（ドイツのヴュルテンベルク（Württemberg）），Kleiner Räuschling（リボヴィレ（Ribeauvillé）およびバーデン（Baden）），Kniperlé，Ortlieber（ヴュルテンベルク），Petit Mielleux，Petit Räuschling（リボヴィレおよびバーデン），Reichenweiherer（ヴュルテンベルク），Strassburger（ドイツのランダウ（Landau）），Türckheimer（リボヴィレおよびバーデン），Wesser Ortlieber
よくKNIPPERLÉと間違えられやすい品種：FOLLE BLANCHE，PINOT BLANC，RÄUSCHLING

起源と親子関係

KNIPPERLÉ は，フランス北東部，アルザス地方（Alsace）のテュルクアイム（Türckheim）由来の品種であろう．この品種に関する最初の記載は，1780年にリクヴィール（Riquewihr）近郊で初めて次のように記録されている．「Knipperling... 間違えて Kleine Rüschling」．しかしアルザスの方言で「小さなサイズ」という意味をもつ現在の表記である KNIPPERLÉ は，1848年まで記載がない（Rézeau 1997）．コルマール（Colmar）とストラスブール（Strasbourg）の間に位置するセレスタ（Sélestat）の Jean-Louis Stoltz（1852）によれば，この品種は，ELBLING が最も広く栽培されていたテュルクアイム周辺に，当初は PETIT-MIELLEUX の名で，栽培されていたとのことである．1760～70年の間は，早熟である ELBLING は寒冷な気候が原因で極端に低収量であったが，晩熟で ELBLING より耐性のある KNIPPERLÉ はよく熟し，多くの果実をつけた．KNIPPERLÉ は数年のうちにコルマールの近く（カッツェンタール（Katzenthal），ケゼルスベール（Kaysersberg），インガースハイム（Ingersheim），ニーダーモルシュヴィア（Niedermorschweyer），ミッテヴィヒエ（Mittelweyer），シゴルサイム（Siegolsheim），テュルクアイム（Türckheim））や，リボヴィレ（Ribeauvillé）の近く（ベーブレンハイム（Beblenheim），ユナヴィール（Hunawihr），リクヴィール（Riquewihr））などを中心に残りのアルザス地方に広がった．

1780年からリクヴィールのブドウ栽培家である Jean-Michel Ortlieb 氏（1730-1807）が，この品種の優れた収量と耐病性および早熟である点を宣伝し，近隣のバーデン－ヴュルテンベルク州（Baden-Württemberg）などにKNIPPERLÉの穂木を大量に出荷しはじめた．1789年にOrtlieb氏はもったいぶった様子で次のように述べている．「自慢が許されるのであれば，私はあえてこの*petit Rœuschlinger*をOrtliebのcruと名付けたい」．この頃からこの品種がOrtlieberやReichenweiherer（「from Riquewihr」の意味）という名でヴュルテンベルクで知られるようになり，後に，たくさんの別名が生まれた（前頁参照）．

ドイツのブドウの形態分類の専門家であるLambert von Babo氏（1843-4）は，KNIPPERLÉ（Ortlieberという名前で）とピノ・ブラン（PINOT BLANC）との遺伝的な関係を主張していたが，同氏の仮説は一世紀以上経ってから，DNA系統解析によって確かめられた．KNIPPERLÉは21品種あるPINOT×GOUAIS BLANCの自然交配品種の一つであり（Bowers *et al.* 1999; PINOTの系統図を参照），この自然交配はテュルクアイムの近くで18世紀よりも前に起こったと考えられている．DNA解析によってKNIPPERLÉはドイツ品種のRÄUSCHLINGと同一であるという説が否定され，FOLLE BLANCHEやピノ・ブランのように片親だけが姉妹品種の関係にあることが明らかになった．

KNIPPERLÉはTRIOMPHEの育種に用いられた．

ブドウ栽培の特徴

冬の寒冷に良好な適応を示す．クロロシス（白化）と灰色かび病に感受性がある．ブドウ蛾をひきつける．熟期は中期で，小さな果粒からなる小さな果房をつける．

栽培地とワインの味

18世紀後期にピークを迎えて以降，フランスにおけるKNIPPERLÉの栽培面積はずっと減少し続けている．どのAlsaceアペラシオンでも公認されていないため，アルザスやドイツのバーデン－ヴュルテンベルク州でも事実上絶滅状態に陥っている．しかし，Alois Raubal社はオーストリアのウィーンの南西部のグンポルツキルヘン（Gumpoldskirchen）にある土地に1,000本のGELBER ORTLIEBER（別名）のブドウの樹を有しており，ヴァラエタルワインを作っている．KNIPPERLÉはアルコール分が高く，ソフトで心地よい後味の飲みやすいワインになる．

KÖHNÜ

黒い果粒のKÖHNÜは，トルコの東アナトリア半島（Anatolia）の南西に位置するマラティヤ県（Malatya）のアラプギル地区（Arapgir）が起源の品種であろう．品種名はおそらく人前にちなんで命名されたと思われる．主にマラティヤ県の北東，エラズー県（Elazığ）で栽培されている．DNA解析によってKÖHNÜはブレンドされることの多いKÖSETEVEKとは異なる品種であることが明らかになった（Gökhan Söylemezoğlu，私信）．

KOK PANDAS

ウクライナ南部で栽培されフルボディーの白ワインが作られる品種

ブドウの色：● ● ● ● ●

主要な別名：Coc Pandas，Kok Pandasse，Pandas Kok，Tken Izyum

起源と親子関係

KOK PANDASはウクライナ南部のクリミア（Krym/Crimea）のスダク地方（Sudak）のソルネチナヤ

ドリナ（Solnechnaya Dolina）の古い品種である．

ブドウ栽培の特徴

樹勢が強い．萌芽期は遅く，熟期は中期である．厚い果皮をもつ果粒が比較的密着した中サイズの果房をつける．かびの病気への平均的な耐性を示す．

栽培地とワインの味

KOK PANDAS はウクライナ南部のクリミアのスダク地方で主に栽培されており，フルボディーの辛口ワインが生産されているが，Sun Valley 社が30種類にのぼる異なる品種を使った名祖のデザートワインのような甘口や，酒精強化のブレンドワイン，RKATSITELI と KOK PANDAS をブレンドした酒精強化ワインなどの生産に用いられている．

KOKUR BELY

使い道の多いウクライナ品種．その起源はギリシャにあると考えられている．

ブドウの色：

主要な別名：Belji Dolgi，Dolgi，Kokour Blanc，Kokuri Belji

起源と親子関係

KOKUR BELY は古い品種であるが，起源は明らかになっていない．14〜15世紀にウクライナ南部のクリミア（Krym/Crimea）で栽培されており，かつては現地において最も重要な白品種とされていた（Chkhartishvili and Betsiashvili 2004）．この品種はギリシャのケルキラ島（Kérkyra，Corfu）から持ち込まれたものだといわれている（Galet 2000）．

ブドウ栽培の特徴

非常に樹勢が強い．萌芽期は中期で，熟期は中期〜晩期である．薄い果皮をもつ大きな果粒が密着した果房をつける．かびの病気，とりわけべと病に感受性がある．

栽培地とワインの味

KOKUR BELY は使い道が多いブドウで，ウクライナでは生食される他，ジュース，辛口，甘口ワイン，発泡性ワイン，酒精強化ワインを含む幅広いスタイルのワインの生産に用いられている．クリミア（Krym）南部の黒海沿岸の Alushta や Feodosiya 周辺で広く栽培されている．2009年にはウクライナで918 ha（2,268 acres）の栽培が記録されている．Massandra Winery 社が甘口ワインを作っており，また Sun Valley 社の Kokur ワインは辛口で胡椒の香りをもち，フローラルで蜂蜜のアロマをもつワインである．この品種は，ロシア南西部のロストフ（Rostov）やキルギスタンでも栽培されている．

KOLINDRINO

その発祥地にちなんで名付けられた稀少なギリシャ品種

ブドウの色：● ● ● ● ●

主要な別名：Kolindros

起源と親子関係

マケドニア（Makedonía）で栽培されているあまり知られていない品種である．品種名は，コリンドロス村（Kolindros）の名前にちなんで命名されたのであろう．DNA 解析によるこの品種の素性の解明は行われていない．

栽培地とワインの味

ギリシャのマケドニア地方のテッサロニキ南西に位置するコリンドロスにある Pieria Eratini 社が作る Gymnos Vasilias（「裸の王様」という意味）にはシラー（SYRAH）とともにこの品種が少し加えられている．ちなみに，この KOLINDRINO は，Pavlos Argyropoulos 氏が過去に作ったワインの品質が良かったという評判に後押しされて1999年に Kolindros 丘陵地区に初めて植え付けたものである．Argyropoulos 氏は，KOLINDRINO が，ブレンドワインにしっかりしたタンニンと魅力的な苦みをもつ後味を与える役割を担っていると述べている．

KOLORKO

トラキア（*Trakya*）南部が由来の非常に稀少な高品質のトルコ品種

ブドウの色：● ● ● ● ●

起源と親子関係

KOLORKO はトルコのマルマラ海（Marmara）の北岸に沿うような形でトラキア（Trakya）南部のウチマックデレ（Uçmakdere）とシャルキョイ（Şarköy）の間の地域で見られる絶滅状態の品種である．KOLORKO はどの公式リストにも掲載されていないので，これが単独の品種なのか，あるいは登録されている別の品種の地方名なのかは不明である．しかし，これは DNA 解析によって容易に明らかになるであろう．

ブドウ栽培の特徴

低収量である．晩熟で厚い果皮をもつ．果皮にカテキンが多く含まれるため，果汁を圧搾する際は優しく圧搾しなければいけない．

栽培地とワインの味

KOLORKO はトルコの畑から事実上消滅したが，トラキア南部のマルマラ海の北岸沿いにあるテキルダー（Tekirdağ）の南西のいくつかの村（Güzelköy，Kirazlı，Iğdebağlari，Şarköy）でのみ栽培されている．Pasaeli 社は，まだこのブドウを所有している数少ない栽培者から樹を集め，その畑に植えられているブドウの台木に高接ぎして，この品種を復活させようとしている．2009年に作られた276本のワインは，しっかりした酸味と柑橘類と野生のハーブのフレーバーに加え，顕著なミネラル感と素晴らしい深みを有している．Melen 社は1950年代にマデイラスタイルのワインを作っていた．また，1990年代の中頃までは辛口ワインも作っていた．

KORINTHIAKI

主にレーズン生産に用いられる種なしブドウ

ブドウの色：

主要な別名：Alga Passera（イタリア），Black Corinth（カリフォルニア州），Corinthe Noir（フランス），Corinto Negro（スペインおよびウルグアイ），Corinto Nero（イタリア），Crni Korint（Croatia），Currant Grape（オーストラリアおよびアメリカ合衆国），Korinthiaki Stafida，Korinthiaki Stafis，Korinthusi Kék（ハンガリー），Lianorogi，Mavri Stafis，Passerilla（イタリア），Passula di Corinto（イタリア），Raisin de Corinthe（フランス），Stafida，Stafidambelo，Zante Currant（オーストラリアおよびアメリカ合衆国）
よくKORINTHIAKIと間違えられやすい品種：TERMARINA ROSSA ☒

起源と親子関係

KORINTHIAKI はギリシャ語で「コリント」の意味を持つ種なしブドウで，この品種はペロポネソス半島（Peloponnese）の北東部のコリントス（Kórinthos）から持ち込まれたといわれている．しかし形態的および遺伝的研究によって，この品種は他の地中海品種とは異なることが示された（Aradhya *et al.* 2003）ため，真の起源はギリシャではないと思われる．DNA 解析によってイタリアの CORINTO BIANCO やギリシャの CORINTHE BLANC はいずれも BLACK CORINTH（KORINTHIAKI）の果皮色変異ではないことが明らかになった（Vargas *et al.* 2007）が，ごく最近のプロファイリングでは LIATIKO との親子関係が示唆された（Myles *et al.* 2011）．

他の仮説

KORINTHIAKI（CORINTHE NOIR）は LIATIKO の種なし変異であるといわれている（Galet（2000）の Krimbas）が，この説は DNA 解析と矛盾する（Vouillamoz）．

ブドウ栽培の特徴

薄い果皮をもつ非常に小さな種なしの甘い果粒からなる長い果房をつける．

栽培地とワインの味

19世紀にギリシャのペロポネソス半島北部は，特にイギリスへの輸出により KORINTHIAKI のレーズンから富を得ていた．現在，KORINTHIAKI は依然干しブドウ用にも使われているが，（最大49％まで）MAVRODAFNI とブレンドされ，この地方で伝統的な甘口の酒精強化赤ワインが Mavrodafni of Pátra 原産地呼称の名で作られている．甘くフルーティーな KORINTHIAKI のワインは，パトラ（Pátra）で栽培された MAVRODAFNI の低い糖度を補うためによく用いられているが，最終的な品質にはあまり影響しない（Lazarakis 2005）．2008年現在，イオニア諸島では依然，2番目に多く栽培されている品種で（478 ha/1,181 acres），ギリシャ西部では357 ha（882 acres）の栽培が記録されている．

カリフォルニア州で記録された BLACK CORINTH の1,682 acres（681 ha）のほとんどがレーズン生産に用いられている．1970年代と1990年代にワイン用のブドウが不足した際，偶然にも BLACK CORINTH が多く収穫されたため，ブレンドワインの生産に用いられたりワインの色づけに用いられることもあった．

KORIOSTAFYLO

イカリア島（Ikaría）でのみ栽培されている，非常に稀少なギリシャ品種

ブドウの色：● ● ● ● ●

主要な別名：Koriostaphylo

起源と親子関係

サモス島（Sámos）の西方，エーゲ海に浮かぶイカリア島（Ikaría）のあまり知られていない地方品種である．DNA系統解析によるこの品種の素性の解明はまだなされていない．

ブドウ栽培の特徴

KORIOSTAFYLOはギリシャのイカリア島でのみ栽培されており，同島ではAfianes社がこの品種をFOKIANOなどの他の地方品種とブレンドしている．

KÖSETEVEK

トルコのエラズー県（Elazığ）の黒色の果粒をもつ品種である．DNA解析によってKÖSETEVEKはブレンドされることの多いKÖHNÜとは異なることが明らかになっている（Gökhan Söylemezoğlu，私信）．

KOSHU

国際的な評価を得はじめているこの日本の固有品種からは，繊細なライトボディーのワインが作られる．

ブドウの色：● ● ● ● ●

起源と親子関係

KOSHU（甲州）は日本の在来品種と考えられており，同国では17世紀から知られているといわれている．先に仏教の僧侶が中国から持ち込んだRYUGAN（竜眼）あるいはHUOTIANHONG（和田紅）の実生が，本州の中央部，山梨県の勝沼で自生しているものが1186年に見出され，これがKOSHUであると言い伝えられている（Yokotsuka *et al.* 1984; Galet 2000）．しかしGoto-Yamamoto *et al.*（2015）が行った新しいタイプの遺伝子マーカー（SNP，一塩基多型）を用いたDNA解析によって，KOSHUは70％がヨーロッパブドウの*Vitis vinifera*で残りの30％が東アジアの*Vitis*属の野生種，おそらく*Vitis davidii*あるいはそれに近縁の品種由来の遺伝子をもつことが明らかにされ，上記の仮説は否定された．

ブドウ栽培の特徴

樹勢が強い．萌芽期は中期～後期で，晩熟である．（食用として栽培された場合は一般に）厚い果皮をもつ大きな果粒が中サイズの果房をつける．うどんこ病とべと病に感受性であるが日本の湿度の高い気候下でも灰色かび病には耐性を示す．

栽培地とワインの味

KOSHU ワインは概して軽く，繊細でフレッシュで禅を思わせる純粋さがある．一般に，若い時期に飲むのがよいとされている．最近の品質の向上には，生食用としてよりもワイン用としてのブドウ栽培への移行が含まれている．その樹勢の強さゆえ伝統的には棚仕立てされているが，新梢管理への新たなアプローチによって，よりよい結果を生むかもしれない（Kobayashi，Fujita *et al.* 2009）．

KOSHU は日本の内陸地方で広く栽培されており，2008年に日本で記録された総栽培面積175 ha（432 acres）（訳注：農林水産省統計 231 ha; 2014年）のワイン用ブドウの90% が山梨県で栽培されたものであったが，栽培は山形，大阪，鳥取，島根県でも見られる．推奨される生産者としてはグレイスワイン，勝沼醸造，丸藤，メルシャンなどがあげられる．勝沼醸造が樽発酵によりより印象的なヴァラエタルワインの一つを生産している．また，他のワイナリーは発泡性ワインを試みたり，ワインにより香りをもたせるための醸造技術を用いたり，シュール・リー製法によってテクスチャーをもたせたり，凍結抽出やスキン・コンタクトなどワイン作りにおける冒険的な実験を行っている．

KOTSIFALI

クレタ島（Kríti）で広く栽培されているが，しばしば蔑まれる品種．
ソフトで色が薄くアルコール分に富んでいるが，香り高く個性的な赤ワインになる可能性がある．

ブドウの色：● ● ● ● ●

主要な別名：Kotrifali，Kotsiphali，Kotzifali

起源と親子関係

この品種はクレタ島（Kríti）あるいはキクラデス諸島（Kykládes / Cyclades）諸島を起源とする品種である（Nikolau and Michos 2004）．ギリシャブドウデータベースにある，イオニア諸島の濃い果皮色の品種，KORFIATIKO（または KORFIATIS．現在は栽培されていない）の DNA プロファイルが，意外なことにブドウの形態分類学的には全く異なるのに，KOTSIFALI と同一であった（Vouillamoz）．

ブドウ栽培の特徴

樹勢が強く，豊産性である．全般に良好な耐病性を示すが，べと病と灰色かび病にはいくぶん感受性である．薄い果皮をもつ小さな果粒が密着した中サイズの果房をつける．熟期は早期～中期である．

栽培地とワインの味

ワインは色が薄く，かなり高いアルコール分になるが，ソフトでコクがあるので，KOTSIFALI より深い色合いで，骨格もしっかりした，アルコール分の低い MANDILARIA を加えることでメリットが得られる．この品種の故郷であるギリシャのクレタ島の Peza や Achárnes 原産地呼称でこのブレンドが明記されている．ごく最近，生産者によって KOTSIFALI とシラー（SYRAH）のブレンドが試作されたが，特に古い樹ではこの品種の可能性が容易に見通せてしまって，この品種が大きな尊敬を受けないかを察することができる．他方，KOTSIFALI を加えることで独特のイチゴの香りとスパイスおよびハーブの香りを赤のブレンドワインに加えることができる．果粒の薄い果皮から色を抽出するのは難しく，不安定でもあるので，若いワインでもとても熟成が進んでしまったように見えることがある．

KOTSIFALI をクレタ島以外で見かけることはめったにない．同島では LIATIKO に次いで2番目に多く栽培されており（2008年の栽培面積は1,264 ha/3,123 acres），栽培は島の東側のイラクリオ（Irákleio, Heraklion）に集中している．推奨される生産者としては Boutaris 社，Lyrarakis 社，Mediterra 社，Tamiolakis 社などがあげられる．Lyrarakis 社はサワーチェリーフレーバーのヴァラエタルワインを作っている．長持ちするのに十分な酸度とフレッシュさを維持しているが，このワインを作るには大変な労力を要する．

KOUTSOUMPELI

ピンク色の果皮をもつ稀少なギリシャの品種

ブドウの色：● ● ● ● ●

主要な別名：Koutsoubeli，Koutsoumbeli または Koutsoumbeli Kokkino，Koutsoumpeli Kokkino

起源と親子関係

KOUTSOUMPELI はギリシャのザキントス島（Zákynthos）由来．ブドウ栽培家の Haroula Spinthiropoulou 氏は白果粒のクローンもあり，ピンク色のものよりも一般的だと述べている．

ブドウ栽培の特徴

豊産性，萌芽期は早く晩熟である．乾燥に耐性があり，またべと病にも耐性である．中サイズの果粒からなる大きな果房をつける．

栽培地とワインの味

KOUTSOUMPELI はギリシャのペロポネソス半島（Pelopónnisos）の北西部のイリア県（Ilía），エトリア・アカルナニア県（Aitolía-Akarnanía）（本土の南西）で栽培されているが，特にザキントス島で多く栽培されており，同島では Logothetis 社がこのピンク色の果皮をもつ品種からヴァラエタルのロゼワインを作っている．

KÖVÉRSZŐLŐ

GRASĂ DE COTNARI を参照

KÖVIDINKA

よくみかけるピンク色の果皮をもつハンガリーの品種からは平凡な白ワインが作られる．

ブドウの色：● ● ● ● ●

主要な別名：Dinka Alba（クロアチアおよびハンガリー），Dinka Fehér（ハンガリー），Kevedinka（セルビア），Kevidinka（クロアチア），Kövidinka Rose，Rosentraube（ドイツ），Ružica（マケドニア），Ruzsitza（ハンガリー），Steinschiller（ドイツ）
よく KÖVIDINKA と間違えられやすい品種：Pozsonyi Fehér，SAVAGNIN ROSE ☒

起源と親子関係

KÖVIDINKA は中世から栽培されていたといわれているハンガリーの品種である．カルパチア盆地（Carpathian Basin）のおそらくクロアチアのスロヴォニア地方（Slavonija）を起源とする品種であろうといわれている（Kocsis *et al.* 2005）．

Galet（2000）の中に記載にある Constantinescu によれば KÖVIDINKA はドイツからの移民によって

ドイツから歴史的な中央ヨーロッパのバナト地方（Banat）に持ち込まれたと記載されている．しかし Galbács *et al.*（2009）で示された KÖVIDINKA の DNA プロファイルは現代のどのドイツ品種とも一致しない（Vouillamoz）．KÖVIDINKA は時に MALA DINKA と呼ばれるが，これは SAVAGNIN ROSE の別名であって KÖVIDINKA とは全く異なる品種である．

KÖVIDINKA は KARÁT や SILA の育種に用いられた．

ブドウ栽培の特徴

結実能力が高く萌芽期は遅く晩熟である．小さな果粒からなる小さな果房をつける．耐寒性をもち灰色かび病および乾燥に耐性がある．

栽培地とワインの味

KÖVIDINKA は中央ヨーロッパと東ヨーロッパで広く栽培されているが，特に多く見られるのがハンガリー中南部，アルフェルド平原（Alföld）のクンシャーグ（Kunság）やチョングラード地方（Csongrád）で，これらの地方では軽く，ソフトでかなりニュートラルな白のデイリーワインが作られている．2008年にはハンガリーでは858 ha（2,350 acres）の栽培が記録されている．生産者としてはクンシャーグの Font 社が推奨されている．

KRAKHUNA

マイナーだが定評のあるジョージア品種．
フレッシュでフルーティーな白ワインが作られている．

ブドウの色：● ● ● ● ●

主要な別名：Chkovra ⊗，Krakhuna Shavi

起源と親子関係

KRAKHUNA はジョージア中西部のイメレティ州地方（Imereti）の在来品種で18世紀にはすでに知られていた．

ブドウ栽培の特徴

薄い果皮をもつ果粒が密着した中サイズの房をつける．中～高収量，萌芽期は中期で晩熟である．良好な糖の蓄積が見られる．うどんこ病には感受性であるがべと病には耐性を示す．

栽培地とワインの味

一般に，KRAKHUNA のワインは熟した梨のフレーバーと風味豊かなハーブのノート，そしてフレッシュな酸味をもつ．高品質なものはよく瓶熟成する．2004年に記録された栽培面積は35 ha（86 acres）のみで，そのほとんどがジョージア中西部のイメレティ州地方（Imereti）のディミ（Dimi）やスヴィリ村（Sviri）で栽培されている．Khareba 社が良質のヴァラエタルワインを生産している．この品種は，高い品質の酒精強化ワインとしての可能性も示している．

KRALJEVINA

シンプルですっきりした飲み口のデイリーの白ワインになるクロアチアの古い品種

ブドウの色：● ● ● ● ●

主要な別名：Imbrina，Kraljevina Crvena，Moravina

起源と親子関係

別名の KRALJEVINA CRVENA（セルビア・クロアチア語で *crvena* は「赤」，*kraljevina* は「王国」）に矛盾するが KRALJEVINA は白色果粒の品種で，クロアチアのザグレブ（Zagreb）に近いスヴェティ・イヴァン・ゼリナ（Sveti Ivan Zelina）由来であると考えられる．太陽の下で果粒は，収穫時にわずかに赤い色合いになるため，これが別名となっている．KRALJEVINA は白，緑，赤，斑などの幅広い多様性を示すことから（Edi Maletić，私信），古い品種であると考えられている．

KRALJEVINA はまた PORTUGIESER ROT としても知られるが，クロアチアで PORTUGIZAC CRNI として知られる BLAUER PORTUGIESER や，他のどの PORTUGUESE 品種とも関係はない（Vouillamoz）.

ブドウ栽培の特徴

萌芽期は遅く晩熟である．薄い果皮をもつ大きな果粒をつける．樹勢が強く，安定して豊産性である．収量が高すぎると房が混み合い，灰色かび病に感受性となる

栽培地とワインの味

ワインは中程度から低いアルコール分で，アロマティックではなく，高い酸を示し，時にすっぱいがリフレッシュ感が人気なシンプルなデイリーワインとなる. KRALJEVINA はクロアチア北部, ザグレブ(Zagreb) 周辺でのみ栽培されており，プリゴリェ・ビロゴラ（Prigorje-Bilogora）サブエリアで推奨されている．このワインは Sveti Ivan Zelina 地方にちなんで Kraljevina Zelina とラベルされる．スロベニアでも見られ，同国では Cviček として知られる薄い赤色の伝統的なブレンドワインに用いられる数多くの品種の一つとして公認されているが，まれにヴァラエタルワインも作られる.

KRASNOSTOP ZOLOTOVSKY

フルボディーの辛口の赤ワインや甘口の発泡性ワインの生産に用いられるロシア品種

ブドウの色：● ● ● ● ●

主要な別名：Krasnostop，Krasnostop Anapsky

よく KRASNOSTOP ZOLOTOVSKY と間違えられやすい品種：PLECHISTIK

起源と親子関係

KRASNOSTOP ZOLOTOVSKY はウクライナとの国境に近いロシア南西部に位置するロストフ（Rostov）ワイン生産地域由来の品種で，1814年に現地において，この品種が最初に記載されている．伝統的にクラスノダール地方（Krasnodar）やアナパ（Anapa）で栽培されており，その土地でその名や上記の別名が生まれている．KRASNOSTOP ANAPSKY は異なる品種ではなく KRASNOSTOP ZOLOTOVSKY のクローンである．別名の CHERNY VINNY は PLECHISTIK にも使われているが，両者は異なる品種である（Chkhartishvili and Betsiashvili 2004）．

他の仮説

ドン川（Don）流域に見られる他の品種同様，KRASNOSTOP は中世に Dagestan から持ち込まれたといわれている（Vladimir Tsapelik，私信）．

ブドウ栽培の特徴

萌芽期も熟期も中期である．耐寒性がある．小〜中サイズの薄い果皮をもつ小〜中サイズの果粒からなる小さな果房をつける．地域によっては，べと病に感受性を示す．

栽培地とワインの味

ワインはタンニン，アルコール分および酸度に富み，ダークプラム，赤フサスグリ，グリーンペッパーのフレーバーを有している．この品種はロシアのロストフ（Rostov）（2010年に66 ha/163 acres）とクラスノダール地方（Krasnodar）の両ワイン生産地域で見られる．前者では Tsimlyansky Winery 社が甘口の発泡性ワインの赤を，また後者では Château Le Grand Vostock 社が SAPERAVI，カベルネ・ソーヴィニヨン（CABERNET SAUVIGNON）および GOLUBOK などとブレンドし，辛口の赤ワインを作っている．Vedernikov Winery 社が辛口のヴァラエタルワインや，カベルネ・ソーヴィニヨンとのブレンドワインをドン川の河岸で作っている．

KRASSATO

Rapsáni 原産地呼称では不可欠とされているギリシャ品種

ブドウの色：● ● ● ● ●

主要な別名：Krasata，Krasato

起源と親子関係

KRASSATO はギリシャの本土中央東部，テッサリア地方（Thessalía），ラリサ県（Larísa）のオリンポス山（Ólympos）の麓にあるラプサニ地方（Rapsáni）に起源をもつ在来品種であると考えられている（Manessis 2000; Nikolau and Michos 2004）．

ブドウ栽培の特徴

樹勢が強い．結実能力が高く豊産性である．萌芽期は遅く晩熟である．厚い果皮をもつ中サイズの果粒からなる中サイズの果房をつける．うどんこ病に感受性がある．

栽培地とワインの味

KRASSATO はギリシャの Rapsáni 原産地呼称において通常は混植によって XINOMAVRO や STAVROTO と等量ずつブレンドされている．ワインは豊かで良好な骨格をもち，スパイシーだが，土の香りを漂わせることもある．オークで熟成させることが多い．KRASSATO のワインはアルコール分に富むが酸味とタンニンは中程度で，通常，それほどうまく熟成が進まないことから，特に XINOMAVRO とのブレンドが必要とされている．KRASSATO は南部のマグニシア県（Magnisía）や，北部のマケドニア（Makedonía）でも見られることもある．推奨される Rapsáni の生産者としては Dougos 社や Tsantali 社などがあげられる．

KRATOŠIJA

TRIBIDRAG を参照

KREACA

現在は主にセルビアで栽培されている稀少なバルカンの白品種

ブドウの色：● ● ● ● ●

主要な別名：Banat Riesling，Bánáti Rizling（ハンガリー），Banatski Rizling（旧ユーゴスラビア），Creaţă または Creaţă de Banat（ルーマニア），Franchie（ルーマニア），Kreáca，Kreatza（セルビア，Montenegro），Kriaca，Riesling Banatsky（スロバキア），Zakkelweiss（ドイツ）
よくKREACAと間違えられやすい品種：FRÂNCUȘĂ，リースリング（RIESLING）✕（セルビア）

起源と親子関係

SLANKAMENKA 同様，KREACA はバルカン半島の非常に古いバルカン半島の品種であり，おそらく今日のルーマニア，セルビア，ハンガリーおよび旧ハンガリーの一部に広がる歴史的なバナト地方（Banat）が起源の品種であろう．この品種は，各国で大きな多様性を示すこと（Avramov and del Zan 2004）から，古い品種であることが示唆されている．

他の仮説

幾人かの研究者は，フランス移民が KREACA をバナト地方（Banat）の Tomnatic に持ち込んだため，別名が FRANCHIE になったと述べているが（Dejeu 2004），DNA プロファイルはフランス品種との類似性を示唆するものではなかった（Nataša Štajner，私信）．

ブドウ栽培の特徴

豊産性．萌芽期は中期で熟期は中期～晩期である．べと病とうどんこ病に高い感受性を示すが，灰色かび病への感受性は低い．

栽培地とワインの味

セルビアの Banat Rizling（この品種の別名）原産地呼称では GRAŠEVINA（Italian Riesling），SMEDEREVKA（DIMYAT），ŽUPLJANKA（CHASSELAS），KREACA のブレンドが公認されている．ハンガリーでは BÁNÁTI RIZLING がほぼ絶滅状態にあり，栽培面積は2008年に3 ha（7 acres）のみが記録されている．指導的な生産者である Oszkár Maurer 氏の畑は国境を越えたセルビア側にある．同氏が作る Édes Erdély は MÉZES FEHÉR と BÁNÁTI RIZLING のブレンドワインである．ワインのアロマは軽いものだが，口中ではリッチで，時に重厚感を発揮することもある．この品種はルーマニアでも見られる．

KRKOŠIJA

ボスニア・ヘルツェゴビナでŽILAVKAとブレンドされているマイナーな品種

ブドウの色：● ● ● ● ●

主要な別名：Krkochia，Krkoshia，Kyrkochia

起源と親子関係

KRKOŠIJA はボスニアとヘルツェゴビナの南部のモスタル地方（Mostar）に起源をもつ品種である．

栽培地とワインの味

通常，KRKOŠIJA はボスニア・ヘルツェゴビナの主要な白の在来品種である ŽILAVKA の脇役を務めており，Žilavka Mostar 原産地呼称では最大15% までの KRKOŠIJA を加えることが認められている．生産者としては Čitluk Winery 社と Hepok 社があげられる．

KRONA

甘口の赤ワインの生産に用いられているマイナーなウクライナのマイナーな品種

ブドウの色：● ● ● ● ●

起源と親子関係

KRONA（「王冠」という意味）はウクライナ南部（Solnechnaya Dolina），クリミア（Krym）のスダク地方（Sudak）の品種だが，それ以上のことはあまり知られていない．

栽培地とワインの味

KRONA はウクライナの伝統的な甘口ワイン Black Doctor ブレンドのために用いられる多くの品種の一つで，Massandra 社や Sun Valley 社によって作られる（Solnechnaya Dolina）．

KRSTAČ

軽く夏の季節にあった白ワインになる古いモンテネグロ品種

ブドウの色：● ● ● ● ●

主要な別名：Bijeli Krstač，Krata Bijela，Krstač Bijela，Loza Bijela，Vinogradarska Bijela

起源と親子関係

KRSTAČ はモンテネグロの古い品種で，おそらく同国南部のポドゴリツァ（Podgorica）由来の品種であろう．モンテネグロ語で「十字架（cross)」を意味する *Krst* はこの品種の房の形を指していると思われる．現在は栽培されていない黒色果粒の KRSTAČ CRNA という品種が存在するが，DNA 解析は行われていない．したがっていずれかがもう一方の果皮色変異であるのか，または紛らわしいことに KRSTAČ CRNA という共通の別名をもち，モンテネグロで KRATOŠIJA と呼ばれている TRIBIDRAG（ジンファンデル（ZINFANDEL)）と同一品種であるのかはまだ明らかとなっていない．

ブドウ栽培の特徴

樹勢が強く，萌芽期は中期で晩熟である．薄い果皮をもつ果粒が大〜中サイズの果房をつける．べと病とうどんこ病に感受性であり，とりわけ灰色かび病には高い感受性を示す．栽培される土地によって状況が異なる．

栽培地とワインの味

ワインはライトボディーでフレッシュである．青リンゴ，梨，ニワトコの花のフレーバーを有している．Plantaže 社が現時点では唯一のヴァラエタルワインの生産者で，モンテネグロのポドゴリツァで栽培されるブドウを用いている．

KUJUNDŽUŠA

稀少なダルマチア（Dalmatian）品種

ブドウの色：_●_ ● ● ● ●

主要な別名：Kojundžuša，Kujundžuša Bijela，Tvrdac，Žutac，Žutka
よくKUJUNDŽUŠAと間違えられやすい品種：ŠKRLET ☿

起源と親子関係

KUJUNDŽUŠA はクロアチアのスプリト（Split）の南東部に位置する，ボスニア・ヘルツェゴビナとの国境に近いイモツキ地区（Imotski）の由来でると考えられている．

他の仮説

Vitis 国際品種カタログには KUJUNDŽUŠA と ŠKRLET が同じ品種だと記載されているが，両者は異なる品種である．

ブドウ栽培の特徴

萌芽期は遅く，熟期は中期〜晩期である．安定して高収量である．とりたてて病気に感受性というわけではない．果粒が粗着した中サイズの果房をつける．

栽培地とワインの味

KUJUNDŽUŠA はダルマティンスカ・ザゴラ（Dalmatinska Zagora /Dalmatian Hinterland）ワイン地区で公認されている．クロアチア南部のスプリト（Split）の南東に位置する，イモツキ市（Imotski）周辺の地域の白の主要品種である．2009年にはクロアチアの総栽培面積の2.2% をしめ，715 ha（1,767 acres）の栽培が記録された．Imota 社（イモツキ)，Jerković-Promet 社（Runović）および Grabovac 社（Donji Proložac）などがヴァラエタルワインを生産している．ワインは比較的ライトボディーになりがちである．

KUMSHATSKY CHERNY

ロシア南西部のウクライナとの国境近くのロストフ（Rostov）ワイン生産地域のツィムリャンスキー（Tsimlyansky）由来の濃い果皮色の古いロシア品種である．品種名は地方の町の名にちなんで命名されたものであり，主に甘口発泡性の赤ワインに用いられている．また白色果粒（KUMSHATSKY BELY）もあり，これはロストフワイン生産地域で重要とされている．

KUNLEÁNY

最近，開発されたにもかかわらず，この高収量のハンガリーの交雑品種はすでに広く栽培されている．

ブドウの色：● ● ● ● ●

起源と親子関係

1960年にハンガリーのブダペストにあるコルヴィヌス（Corvinus）大学 の István Tamássy 氏と István Koleda 氏が *Vitis amurensis*×*Vitis vinifera*（品種は不明）の交雑品種と，AFUS ALI（DATTIER DE BEYROUTH とも呼ばれているレバノンの生食用品種）の交配により得た交雑品種である．

ブドウ栽培の特徴

高収量である．熟期は中期～晩期である．特に灰色かび病に感受性があるというわけではない．

栽培地とワインの味

KUNLEÁNY は1970年代にハンガリーで広がり，1997年までに1,526 ha（3,771 acres）の栽培が記録され，特に発泡性ワインの生産に用いられていたが，2008年までに1320 ha（3,262 acres）まで減少してしまった．主にはハンガリー中南部のクンシャーグ（Kunság），ハノス・バハ（Hajós-Baja）およびチョングラード（Csongrád）で栽培されている．高い酸味，柑橘系，リンゴの香りをもつ比較的珍しいヴァラエタルワインを Molnár és Társa Családi Borászat と Öreghegy Szőlőbirtok の両社が作っている．

KUNTRA

KARASAKIZ を参照

KUPUSAR

非常に稀少なタンニンに富むクロアチア沿岸で栽培されている品種

ブドウの色：● ● ● ● ●

主要な別名：Plavac Kupusar

起源と親子関係

クロアチアのスプリト（Split）の北に位置するカシュテラ地方（Kaštela）の稀少品種で，栽培はフヴァル島（Hvar）およびブラチ島（Brač）の近くでも見られる．KUPUSAR は PLAVAC KUPUSAR と呼ばれることもあるが，広く知られている PLAVAC MALI とは無関係である．KUPUSAR という名前はこの品種の非常に大きな葉を指したものである．ちなみに，*kupus* はクロアチア語で「キャベツ」という意味である．

ブドウ栽培の特徴

樹勢の強さは中～強で豊産性である．非常に大きな葉をつける．熟期は中期～晩期である．べと病，うどんこ病および灰色かび病に耐性があるが，いくつかのウィルス（たとえばリーフロール・タイプ3）には感受性である．果皮に高いレベルのタンニンが含まれている．

栽培地とワインの味

KUPUSAR は現在，ヴァラエタルワインの生産には用いられていない．一般に，クロアチアでは混植されており，よく PLAVAC MALI とブレンドされている．スプリト（Split）のすぐ西方に位置するトロギル（Trogir）にある Tolić Tomis 社が BABIĆ（ROGOZNIČKA），BABICA，TRIBIDRAG（CRLJENAK）および GLAVINUŠA とこの品種をブレンドしている．

KYDONITSA

ギリシャ，モネンバシア（Monemvasia）近郊で香り高く繊細なテクスチャーをもつワインになる．期待がもてるが，まだ非常にマイナーな品種である．

ブドウの色：

主要な別名：Kidonitsa

起源と親子関係

ペロポネソス半島（Pelopónnisos）南部由来のほぼ忘れられていた品種．その名前は，小さいマルメロ（kydoni，花梨に似た果実）を指す．

ブドウ栽培の特徴

熟期は中期～晩期である．高収量の年（表年）と低収量の年（裏年）が交互におとずれる．完全に熟すのは必ずしも容易ではない．年によっては副梢が果房をつける．全般的に良好な耐病性を示す．小さな果粒をつける．

栽培地とワインの味

KYDONITSA はギリシャ，ラコニア県（Lakonía）でもとりわけペロポネス半島東部に指のように突き出したモネンバシア近くで栽培されている．この地域の古い畑で見つけられた KYDONITSA は Yiannis Vatistas 氏や George Tsibidis 氏（Monemvasia Winery 社）のような先駆的な栽培者によって新たに植え付けられた．どちらのワイナリーもヴァラエタルワインを作っているが，その名が示しているような強いマルメロのような香りから，よりミネラル感のある柑橘系の香まで幅のある香りをもつ．白亜質の質感があり，力強くてフレッシュである．若い樹から収穫されるブドウを用いたワインでさえ顕著な濃さがあることから，この品種は将来有望であると考えられる．かつて政府が地方の生産者に補助金を給付し，この品種の栽培を奨励していたのだが，市場のサポートがないためいまもあまり知られておらず，促進は難しい．Antonopoulos 社はこの品種をペロポネソス半島の北端にも植えている．

L

L'ACADIE BLANC （ラカディーブラン）
LA CRESCENT （ラクレセント）
LA CROSSE （ラクロス）
LACRIMA DI MORRO D'ALBA （ラクリマ・ディ・モッロ・ダルバ）
LADO （ラード）
LAFNETSCHA （ラフネツシャ）
LAGARINO BIANCO （ラガリーノ・ビアンコ）
LAGREIN （ラグレイン）
LAIRÉN （ライレン）
LALVARI （ラルヴァリ）
LAMBRUSCA DI ALESSANDRIA （ランブルスカ・ディ・アレッサンドリア）
LAMBRUSCA VITTONA （ランブルスカ・ヴィットーナ）
LAMBRUSCHETTO （ランブルスケット）
LAMBRUSCO BARGHI （ランブルスコ・バルギ）
LAMBRUSCO DI FIORANO （ランブルスコ・ディ・フィオラーノ）
LAMBRUSCO DI SORBARA （ランブルスコ・ディ・ソルバーラ）
LAMBRUSCO GRASPAROSSA （ランブルスコ・グラスパロッサ）
LAMBRUSCO MAESTRI （ランブルスコ・マエストリ）
LAMBRUSCO MARANI （ランブルスコ・マラーニ）
LAMBRUSCO MONTERICCO （ランブルスコ・モンテリッコ）
LAMBRUSCO OLIVA （ランブルスコ・オリーヴァ）
LAMBRUSCO SALAMINO （ランブルスコ・サラミーノ）
LAMBRUSCO VIADANESE （ランブルスコ・ヴィアダネーゼ）
LANDAL （ランダル）
LANDOT NOIR （ランド・ノワール）
LANZESA （ランツェーザ）
LAPA KARA （ラパ・カラ）
LASINA （ラシナ）
LAUROT （ラウロト）
LAUZET （ローゼ）
LEÁNYKA （レアーニカ）
LEN DE L'E L （ラン・ド・レル）
LÉON MILLOT （レオン・ミヨー）
LIATIKO （リャティコ）
LILIORILA （リリオリラ）
LIMNIO （リムニョ）
LIMNIONA （リムニョナ）
LISTÁN DE HUELVA （リスタン・デ・ウエルバ）
LISTÁN NEGRO （リスタン・ネグロ）
LISTÁN PRIETO （リスタン・プリエト）
LJUTUN （リュトゥン）

ᛝ次ページ以降に記載されているこのシンボルは，別名や誤った同定がDNA解析により確認されたことを示す．

LONGYAN (ロンイェン (竜眼))
LOUISE SWENSON (ルイーズスウェンソン)
LOUREIRO (ロウレイロ)
LUCIE KUHLMANN (リュシー・クールマン)
LUGLIENGA (ルリエンガ)
LUMASSINA (ルマッスィーナ)
LYDIA (リディア)

L'ACADIE BLANC

1950年代に得られたカナダの複雑な交雑品種. ノバスコシア州やケベック州の冷涼な気候条件下で良好な栽培結果を示している.

ブドウの色：● ● ● ● ●

主要な別名：Acadie, L'Acadie, V 53261

起源と親子関係

1953年にカナダ, オンタリオ州, ナイアガラのVineland研究センター（現在はゲルフ（Guelph）大学の一部）のOllie A Bradt氏がCASCADE×SEYVE-VILLARD 14-287の交配により得た交雑品種である.

- SEYVE-VILLARD 14-287はSEIBEL 6746×MUSCAT DU MOULINの交雑品種
- SEIBEL 6746はフランスのアルデシュ県（Ardèche）のオーブナ（Aubenas）でAlbert Seibel氏が作った交雑品種である. 親品種は不明.
- MUSCAT DU MOULINはCOUDERC 603×PEDRO XIMÉNEZの交雑品種
- COUDERC 603はBOURRISQUOU×*Vitis rupestris*の交雑品種

V 53261というコード番号が付与され, ノバスコシア州のKentville研究センターに送付された後, 同センターで, かつてフランス植民地であったカナダと北アメリカ東北部の地域名にちなんでL'ACADIE BLANCと命名された. ゲルフ大学の植物農業学部のHelen Fisher氏が育種系統を明らかにした.

L'ACADIEは*Vitis riparia*, *Vitis labrusca*, *Vitis vinifera*, *Vitis aestivalis*, *Vitis lincecumii*, *Vitis rupestris*, *Vitis cinerea*および*Vitis berlandieri*の非常に複雑な交雑品種である.

ブドウ栽培の特徴

樹勢が強く, 豊産性で熟期は早期～中期である. －7.6°F / －22℃, おそらく－13°F / －25℃までの耐寒性をもつ（SEYVAL BLANCより強い）. 果粒が粗着した房をつけるので灰色かび病を回避することができる.

栽培地とワインの味

L'ACADIE BLANCは主にカナダ東部のノバスコシア州で栽培されているが, ケベック州でも少し栽培されている. オンタリオ州北中部でも少し見られるようになった. ワインは通常VANDAL-CLICHE, SEYVAL BLANC, VIDALなどとブレンドされ, たとえばDomaine St-Jacques社によって辛口のスティルワインが, またVignoble Carone社によってフリッザンテスタイル（frizzante, イタリアの微発泡性ワイン）が作られている. ヴァラエタルワインはVANDAL-CLICHEのものよりもフルボディーで蜂蜜のアロマとフローラルなアロマを有している. オンタリオ州の暖かい土地で栽培すると酸度が低くなることから, 栽培は同州の冷涼な地域に徐々に広がっていったが, ケベック州ではその耐病性と全般的なバランスやこの品種がもつ品質の可能性に期待がもたれている.

LA CRESCENT

耐寒性を有するアメリカ交雑品種．人気が高まりつつあり，今後が期待されている．

ブドウの色：

主要な別名：MN1166

起源と親子関係

LA CRESCENT は，1988年に，ミネソタ州，エクセルシオール（Excelsior）にあるミネソタ大学の農業研究センターで Peter Hemstad 氏と James Luby 氏が ST PEPIN × ES 6-8-25 の交配により得た複雑な交雑品種である．ここでいう ES 6-8-25 はウィスコンシン州のオシオラ（Osceola）の育種家である Elmer Swenson 氏が選抜した *Vitis riparia* × MUSCAT OF HAMBURG の交雑品種である．LA CRESCENT は 1992年に選抜され，MN1166 の名で試験され2002年に公開された．この種間交雑品種には45％の *Vitis vinifera*，28％の *Vitis riparia* とそれぞれ10％以下の *Vitis rupestris*，*Vitis labrusca*，*Vitis aestivalis* が含まれている．

ブドウ栽培の特徴

小さな果粒は雨の多い年でも裂果しにくいが，収穫前に一部脱粒する．樹勢が強い．収量がやや安定しない．萌芽期は早期で熟期は早期～中期である．黒腐病とうどんこ病にやや感受性があり，またおそらく黒とう病に対しても同様である．寒さには非常に耐性がある．果粒の糖度と酸度は比較的高い．

栽培地とワインの味

この品種の高い酸度は甘口ワインに適している．また強いアロマは他のニュートラルな品種とのブレンドに有用にはたらく．ワインはアプリコット，桃，カンキツのアロマをもつが，フォクシーフレーバーはないといわれている．中西部および北東部では，最近開発された耐寒性アメリカ交雑品種の中では関心が高まっている品種である．2007年にはミネソタ州に160 acres/65 ha の栽培が記録されており，またわずかだが，アイオワ州（2006年に19 acres/8 ha），ネブラスカ州（2007年に2 acres/0.8 ha），ミシガン州やカナダのオンタリオ州でも栽培されている．ヴァラエタルの生産者はミネソタ州では Falconer 社，Fieldstone 社，Parley Lake 社，St Croix Vineyards 社，バーモント州の Lincoln Peak 社がヴァラエタルワインを生産している．

LA CROSSE

アメリカ中西部で一定の成功を収めはじめた複雑なアメリカ交雑品種

ブドウの色：

主要な別名：ES 294，LaCrosse

起源と親子関係

LA CROSSE は1970年頃にウィスコンシン州のオシオラ（Osceola）のブドウ育種家である Elmer

Swenson 氏（1913–2004）が ELMER SWENSON 114×SEYVAL BLANC の交配により得た交雑品種である（ELMER SWENSON 114の育種系統は ST PEPIN を参照）．LA CROSSE は非常に複雑な *Vitis riparia, Vitis labrusca, Vitis vinifera, Vitis lincecumii, Vitis rupestris* の複雑な交雑品種で，1983年に公開された．その品種名はウィスコンシン州西部の町の名にちなんで命名されたものであろう．この品種は ST PEPIN の姉妹品種である．

ブドウ栽培の特徴

薄い果皮をもつ果粒が密着した小〜中サイズの果房をつける．樹勢が強く，萌芽期は中期で熟期は中期である．黒腐病と灰色かび病に高い感受性を示す．比較的耐寒性である（－15℉/－26℃ から －20℉/－29℃；Smiley 2008）．

栽培地とワインの味

LA CROSSE のワインは梨，アプリコットからシトラス，フローラルに至る幅広いアロマを有している．ヴァラエタルワインとしても優れているが，より軽い品種にボディーを加えるためのブレンド原料としても用いられる品種である．最も成功したワインのスタイルとしては，辛口のオークで熟成させたワインや，フルーティーで中甘口なワインなどがある．主に中西部で栽培されており，栽培はアイオワ州（2006年に33 acres/13 ha），ネブラスカ州（2007年に約28 acres /11 ha），ミネソタ州（2007年に16 acres/6 ha），イリノイ州（2007年に10 acres/4 ha）などで見られる．またごく限られた面積ではあるがペンシルベニア州やネバダ州でも栽培されている．アイオワ州の Breezy Hills 社，Prairie Crossing 社，Two Saints 社，ネブラスカ州の Cuthills 社や Glacial Till 社，イリノイ州の Long Creek 社などがヴァラエタルワインを生産している．ネブラスカ州の Tahoe Ridge 社は LA CROSSE のアイスワインを生産している．

LACRIMA DI MORRO D'ALBA

絶滅の危機から救済され，非常に限られた地方でのみ栽培されている イタリア，マルケ州（Marche）の特産品．熟成が早い辛口と甘口の赤ワインに用いられている．

ブドウの色：

主要な別名：Lacrima

起源と親子関係

Lacrima（「涙」という意味）という品種名は，この品種が完熟したときに，果粒から果汁の小さな雫がにじみ出ることにちなんで命名されたものだと考えられる．しかしイタリア中部および南部の多くの地方（カンパニア州（Campania），マルケ州，トスカーナ州（Toscana），ウンブリア州（Umbria），プッリャ州（Puglia）等）の異なる品種にも LACRIMA という名前がつけられている．マルケ州では早くも18世紀に Morro d'Alba 地方の地方品種が LACRIMA として記載されている．DNA 系統解析によって LACRIMA DI MORRO D'ALBA と ALEATICO との近縁関係が示された（Filippetti, Silvestroni, Thomas and Intrieri 2001）．

生食用の LACRIMA DI MARIA は LACRIMA とは関係がない．

ブドウ栽培の特徴

樹勢が強く，灰色かび病に感受性がある

栽培地とワインの味

20世紀には，ほとんど絶滅状態にあった LACRIMA DI MORRO D'ALBA だが，1985年にイタリアで

Lacrima Di Morro D'Alba DOC のための品種としてリストに記載され，救済された．この DOC では，少なくとも 85% の LACRIMA DI MORRO D'ALBA をワインに用いなければいけないサンジョヴェーゼ（SANGIOVESE），MONTEPULCIANO や白品種の VERDICCHIO BIANCO とブレンドすることができる）．総栽培面積は 1985 年の 1 ha（2.5 acres）から 2000 年には 102 ha（252 acres）に増加した．現在はマルケ州，アンコーナ県（Ancona），Morro d'Alba，Monte San Vito，San Marcello，Belvedere Ostrense，Ostra，Senigallia の各村で栽培されている．ワインは野生のストロベリーの他，時に濃い赤の果実の香りがある．辛口ワインあるいは甘口（パッシート）ワインの生産に用いられ，早く熟成する．一般にタンニンが繊細で，すっきりとした酸味である．推奨される生産者としては Colonnara 社，Conti di Buscareto 社，Piergiovanni Giusti 社，Luciano Landi 社，Stefano Mancinelli 社，Marotti Campi 社などがあげられる．

LACRIMA DI MORRO D'ALBA で最も多く含まれる品種であるとともに，Colli Maceratesi DOC でも辛口の赤のブレンドに用いられる品種として公認されている．

2000 年のイタリア農業統計では 722 ha（1,884 acres）の栽培が記録されているが，これには LACRIMA DI MORRO D'ALBA 以外の品種も含まれているために，この数字は誤解を招くものである．

この品種はカンパニア州の Lacryma Christi del Vesuvio DOC とは全く別のもので，後者は PIEDIROSSO（最少 80%）や時に SCIASCINOSO および / または AGLIANICO とのブレンドで作られる．

LADO

酸度の高いスペイン，ガリシア（Galicia）のマイナーな品種

ブドウの色：

起源と親子関係

LADO はスペイン北西部のガリシア州を起源とする品種である．ブドウの形態分類学的解析と DNA 解析によって TRAJADURA（TREIXADURA の名で）および VIOSINHO との関係が示唆された（Pinto-Carnide *et al.* 2003; Martín *et al.* 2006; Gago *et al.* 2009）．

ブドウ栽培の特徴

萌芽期は中期～晩期．熟期は中期である．中サイズの果粒が密着した小さい房をつける．灰色かび病とうどんこ病には非常に感受性を示すが，べと病への感受性は低い．

栽培地とワインの味

LADO の栽培は極めて限定的（2008 年，スペインで 1 ha/2.5 acres のみ）であるが，現在，再評価並びに研究の対象となっている．2007 年に公式登録リストに掲載され，最北西部のガリシア州の Ribeiro DO で試験的に栽培されており，そこでは Val do Arnoia でブレンドされている．この品種はまた隣の Valdeorras 地方でも許可されている．ワインは高い酸度をもちアルコール分はまずまずのレベルに達する．エキス分が低いためヴァラエタルワインには適していないが，ブレンドにフレッシュさを加える場合は有用である．

LAFNETSCHA

わずかな量のみが栽培されている古いスイス品種.
良好な骨格をもち, 熟成向きの白ワインになる.

ブドウの色：●●●●●

主要な別名：Laffnetscha, Lafnätscha, Lavenetsch
よくLAFNETSCHAと間違えられやすい品種：COMPLETER☓（グラウビュンデン州（Graubünden），スイス南部，オー・ヴァレー（Haut-Valais））

起源と親子関係

LAFNETSCHA はスイス南部オー・ヴァレー地方の在来品種で，この品種に関しては1627年に Lachneschen の名で最初に記載されている（Vouillamoz and Moriondo 2011）．品種名はドイツ語の方言の *aff nicht schon*（「早くには飲むな」の意味）に由来し，これはワインの高い天然の酸味によって熟成に適していることを示唆している．

DNA 系統解析によって LAFNETSCHA は南部のヴァレー州（Valais）の HUMAGNE と，南東部のグラウビュンデン州の COMPLETER との自然交配品種であることが明らかになった（Vouillamoz, Maigre and Meredith 2004; 系統は COMPLETER を参照）．この親子関係が発見されてから後に，COMPLETER の古い樹がスイス南部，オー・ヴァレー地方のフィスプ（Visp）近くで見つかった（Vouillamoz, Frei and Arnold 2008）．LAFNETSCHA は BONDOLETTA，HIMBERTSCHA，HITZKIRCHER の片親だけの姉妹品種にあたり，プロヴァンス地方（Provence）の COLOMBAUD の孫品種ということになる．

ブドウ栽培の特徴

萌芽期は中期で熟期は中期である．厚い果皮をもつ中サイズの果粒をつける．

栽培地とワインの味

Chanton 社製の LAFNETSCHA ワインの中でも最高のものは，辛口で青リンゴ，梨およびニワトコの花の香りとしっかりした骨格，高い酸味がありフローラルなフィニッシュが残るワインである．Chanton 社以外の生産者は Gregor Kuonen 社と Papillon 社の2軒のみである．2009年にスイスのオー・ヴァレー地方の栽培面積は2 ha（5 acres）以下であった．LAFNETSCHA の骨格は良好な熟成の可能性を有している．

LAGARINO BIANCO

古い品種だが，最近になってイタリアの公式品種リストに登録された，
トレント県（Trento）の白ワイン用ブドウ．キレがあるワインが作られている.

ブドウの色：●●●●●

主要な別名：Chegarèl（トレント自治県方言），Sghittarella（トレント自治県方言）

起源と親子関係

LAGARINO BIANCO はイタリア北部，トレント県の Val Lagarino の由来の品種であると考えられる．DNA 解析では LAGARINO BIANCO と LAGREIN との直接的な親子関係は認められていない

(Vouillamoz).

他の仮説

LAGARINO BIANCO は中世にアルト・アディジェ（Alto Adige/ ボルツァーノ自治県）で記載されている 'weiss Lagrein' にあたる，という説がある（LAGREIN を参照).

ブドウ栽培の特徴

早熟．良好な耐寒性とかびの病気への耐性を示す．樹勢が強く，高収量である．

栽培地とワインの味

LAGARINO BIANCO は歴史的に主にイタリア，トレント県の北東のヴァル・ディ・チェンブラ（Val di Cembra）で栽培されてきたが，栽培は Pergine 近くのバルスガナ（Valsugana）でも少し見られる．サン・ミケーレ・アッラーディジェ（San Michele all'Adige）の研究センターで行われた研究のおかげで，LAGARINO BIANCO は2007年に VERDEALBARA（ERBAMAT の別名）とともにイタリアの公式品種リストに登録された．Alfio Nicolodi 社製のキレのあるレモンの香りの Cimbrus は稀少なヴァラエタルワインである．

LAGORTHI

VERDECA を参照

LAGREIN

特徴的なフルーティーさがあるが，時に素朴さも感じさせるアルト・アディジェ（Alto Adige/ ボルツァーノ自治県）の主要品種．他品種との関係性の解明が進んでいる.

ブドウの色：● ● ● ● ●

主要な別名：Lagrain

起源と親子関係

LAGREIN に関する最初の記載は驚くべきことに白ワインについてであり，1318年にボルツァーノ自治県（Bolzano）に近いグリース（Gries）で「人々は白の LAGREIN を貧しい人々や教会に寄付するようにいわれた」と記載されている．1370年に皇帝カール4世（Karl IV）が，「Lagreiner は地域で最高のワインである」と述べているが，それが白か赤のいずれをさしているかは不明である．白の LAGREIN について言及した文献は，Tramin（1379），Eppan（1497），Schenna（1507），Kaltern，Terlan（1532）などあとになっていろいろなところで見られる（Scartezzini 2005)．この白の LAGREIN が何であるかは明らかにされておらず，それは SAVAGNIN BLANC であるという人もいればトレンティーノ（Trentino）のチェンブラ（Cembra），ファヴェル（Faver），グルーメス（Grumes）で栽培されている LAGARINO BIANCO であるという人もいる．また WEISS LAGREIN という名は単にブレンドワインに用いられていたものだという議論もある（Barbara Raifer，私信）.

WEISS LAGREIN の名称が濃い色の果粒品種の存在を仮定していたとしても，赤の LAGREIN（rott Lagrein）が最初に記載されたのは1526年にまでさかのぼる（Scartezzini 2005)．LAGREIN はイタリア北部のトレンティーノのヴァッラガリーナ（Vallagarina）から持ち込まれたと考えられており，品種名はおそらくその地名に由来するのであろう.

近年の DNA 系統解析と複雑な系統の再構築によって LAGREIN について次のことが明らかになった（Vouillamoz and Grando 2006).

• TEROLDEGO と未知の品種との自然交配品種（ただし，下記他の仮説も参照）
• MARZEMINO の姉妹品種（REFOSCO DAL PEDUNCOLO ROSSO の系統図を参照）
• シラー（SYRAH）の親品種である DUREZA の甥・姪
• PINOT の曾孫品種
• シラーのいとこにあたる品種

ここで明らかになったことは LAGREIN がギリシャあるいはアルバニア起源であるという説への反証となり，アルト・アディジェの古い在来品種であることを示唆する．

他の仮説

LAGREIN はその地方の野生ブドウが栽培品種化したもの，という推測もなされているが，近年明らかにされた系統関係によりこの説は全面的に否定された．また，LAGREIN とギリシャ語で「清い」あるいは「明るい」を意味する *lagaros* との類似性，あるいはイタリア南部，イオニア海沿岸の古い町でその後 Lucania（現在は Basilicata）として知られるようになった，LAGREIN で作られた Lagarinos というワインも存在したことから，この品種はギリシャ起源ではないかという説もあり，イタリア南部から，北のアルト・アディジェにこの品種は運ばれたといわれている．しかし，この説も DNA データによって否定された．さらに近年，Cipriani *et al.*（2010）は，LAGREIN が TEROLDEGO とアルト・アディジェの SCHIAVA GENTILE との自然交配品種であると提唱した．しかし，この説は39種類の DNA マーカーのうちの2種類のマーカーでは確認されておらず，この程度の不一致は親子関係がない場合にも認められる（Vouillamoz *et al.* 2006）．また LAGREIN の姉妹品種である MARZEMINO が SCHIAVA GENTILE の子孫品種だということはあり得ないので（PINOT の系統参照），この説は60種類の DNA マーカーを用いた結果に基づく系統（Vouillamoz *et al.* 2006）とも一致しないことになる．

ブドウ栽培の特徴

非常に樹勢が強い．年によっては着果が貧弱となる．温暖な土地を要する．

栽培地とワインの味

LAGREIN は主にイタリア最北部のアルト・アディジェとトレンティーノで栽培されている．しばしば SCHIAVA GROSSA とブレンドされるが，ヴァラエタルワインは Alto Adige および Trentino DOC で許可されている．ロゼワインは Rosato あるいは Kretzer と表示され，赤ワインは Lagrein，Lagrein Dunkel，Lagrein Scuro と表示される．赤ワインは深い色合いで濃厚なベリー系のフレーバーを有しているが，タンニン量は必ずしも高くはなく，幾分素朴である．生産者のうち何社かはマセレーション期間を短くし，ワインをよりまろやかにするために樫の樽を用いている．そうして作られたワインはわずかにヨードのような風味が感じられることがある．1年ないし2年ボトルにおくと品質が向上し，多くのイタリアの赤よりも甘く，ドイツ風のワインになるが，風味には欠ける．推奨される生産者としては Barone de Cles Maso Scari 社，Kellerei Gries 社（ここはアメリカン・オークの樽も使う），Hofstätter 社，Alois Lageder 社，Manincor 社，Muri-Gries 社，Tiefenbrunner 社などがあげられる．

2000年のイタリア農業統計には477 ha（1,179 acres）の栽培が記録されている．また，2008年にはアルト・アディジェでは412 ha（1,018 acres）を記録しており，SCHIAVA GROSSA に次いで二番目に多く栽培されている赤品種となっている．

カリフォルニア州の何社かの生産者，とりわけ Imagery や Tobin James はパソロブレス（Paso Robles）で栽培された LAGREIN でワインを生産している．2008年の同州での合計栽培面積は77 acres（31 ha）であった．

オーストラリアでは15社ほどの生産者がこの品種の故郷よりも冷涼な土地で LAGREIN を作っているが，冷涼な土地で栽培されているとはいえ植物的な感じはないようだ．生産者としてはビクトリア州（Victoria）の Keyneton の Cobaw Ridge 社，南オーストラリア州の Mt Crawford の Domaine Day 社，リヴァーランド地方（Riverland）の Bassham Wines 社などがあげられる．タンニンレベルは一般的にアルト・アディジェのワインよりも低い．

LAIRÉN

非常にマイナーなアンダルシア州（Andalusía）の品種．
より広く知られるAIRÉNとよく間違われる．

ブドウの色：

主要な別名：Laeren del Rey（アルコス（Arcos），エスペラ（Espera），パパレテ（Paxarete）），Layrenes（タリファ（Tarifa），ロンダ（Ronda）），Malvar ☒，Mantuo Laéren または Mantuo Layrenes（サンルーカル・デ・バラメーダ（Sanlúcar de Barrameda），ヘレス・デ・ラ・フロンテーラ（Jerez de la Frontera），トレブヘナ（Trebujena），アルコス，エスペラ，パパレテ），Temprana Agosteña ☒（シガレス（Cigales））
よくLAIRÉNと間違えられやすい品種：AIRÉN ☒（ラ・マンチャ（La Mancha））

起源と親子関係

LAIRÉN はスペイン南部のアンダルシア州（Andalucía）の非常に古い品種で，スペインの農学者 Gabriel Alonso de Herrera（1470-1539）が1513年に Castilla 地方，エストレマドゥーラ州（Extremadura），アンダルシア州の品種に関する記述の中で Layrenes という名前で記載している（Alonso de Herrera 1790）．LAIRÉN という品種名は，おそらくアンダルシア州，セビリア地方（Sevilla）のモサラベ語の地名に由来するものと思われる（Favà i Agud 2001）．LAIRÉN とカスティーリャ＝ラ・マンチャ州（Castilla-La Mancha）の AIRÉN はまぎらわしいが，DNA 解析により両者は間違いなく異なる品種であることが確認されている（Ibañez *et al.* 2003; Santana *et al.* 2010）．

Schneider *et al.*（2010）は，LAIRÉN と LEGIRUELA は親子関係にある可能性があると述べている．後者はバリャドリッド県（Valladolid）の品種で，ヴァッレ・ダオスタ州（Valle d'Aosta）で数世紀にわたって栽培されてきた PRIÉ と同一品種である（PRIÉ の系統を参照）．

ブドウ栽培の特徴

薄い果皮をもつ中サイズの果粒が大きな房をつける．萌芽期は早期で熟期は中期～晩期である．結実能力が高く豊産性で非常に樹勢が強い．乾燥に高い耐性を示し，ほとんどの土壌に適応するが，粘土質をより好む．長く剪定するのが最適である．ほとんどの害虫と病気に非常に高い耐性を示すが，春の霜の被害を受けることがある．

栽培地とワインの味

LAIRÉN は AIRÉN とよく混同されるため，LAIRÉN に関する情報を探しにくいが，LAIRÉN はスペイン南部，アンダルシア州で見られ，AIRÉN は同国中部のラ・マンチャ地方で見られる．LAIRÉN は Montilla-Moriles，Málaga，Sierras de Málaga などの DO で公認されている．PEDRO XIMÉNEZ や BALADI（PARDINA や CAYETANA BLANCA としても知られる）などの地方品種と早飲みの辛口白ワインを生産するためにブレンドされているが，スペインの公式統計には記載されていない．

しかしスペイン語の別名である MALVAR を用いると，情報入手は容易になる．同国の中部で限定的に栽培されており，2008年には266 ha（657 acres）の栽培が記録されている．そのうち4分の3がマドリード地域で栽培されており，Vinos de Madrid DO の主要品種の一つとなっている．

ワインは緑がかった色で，アルコール分が高くビターアーモンドの軽いアロマと中～高の酸度をもち，ヴァラエタルワインが作られる他，酸度とアロマをブレンドに加えるため，たとえば AIRÉN とブレンドされることもある．MALVAR はまた遅摘みの甘口ワインの生産にも用いられており，樫樽で発酵されたり熟成されたりしている．Vinos Jeromín 社は Puerta de Alcalá Blanco と樽発酵の Puerta del Sol Blanco の二種類のヴァラエタルワインを生産している．Laguna 社は遅摘みにしたブドウを用いて良質のワインを作っている．ヴァラエタルワイン生産者として他には Jesús Díaz，Bodegas Orusco 社および Bodegas Peral 社などがあげられる．

LALVARI

用途の多いアルメニアの白ワインブドウ

ブドウの色：● ● ● ● ●

主要な別名：Burra，Dana Bouroun，Dana Burnu，Dana Burun，Glglan

起源と親子関係

LALVARI はおそらくアルメニア北東部のタヴシュ地域（Tavush）由来の品種であろう．

ブドウ栽培の特徴

熟期は中期～晩期である．厚い果皮をもつ大きな果粒が密着して，中～大サイズの房をつける．うどんこ病，べと病ならびに灰色かび病に感受性がある．

栽培地とワインの味

LALVARI は主にアルメニア北東部のタヴシュ県で栽培されており，現地では軽い発泡性ワインから，辛口，オフ・ドライ，樫熟成ワインまで幅広いスタイルのワインが作られている．他のアルメニア品種と異なり，この品種はブランデーの生産にはあまり用いられていない．ワインはフレッシュで比較的ニュートラルであり，中程度のアルコール濃度になる．生産者としては365 Wines 社，Brest 社，Ijevan Wine Factory 社などがあげられる．

LAMBRUSCA または *LAMBRUSCO*

ブドウの色：● ● ● ● ●

起源と親子関係

多くの異なるイタリア品種が，とりわけ，ピエモンテ州（Piemonte）やエミリア＝ロマーニャ州（Emilia-Romagna）において LAMBRUSCA, LAMBRUSCO または LAMBRUSCO ○○と呼ばれている．LAMBRUSCO はイタリア語で「野生ブドウ」を意味する．LAMBRUSCO 品種はすべて，地方の野生品種が栽培化されたものと推測されていたが，この説は近年行われた遺伝的解析で確認されたようだ（Schneider，Torello Marinoni *et al.* 2009）．

LAMBRUSCA DI ALESSANDRIA

イタリア北西部，ピエモンテ州（Piemonte）の一部で栽培されている，適応力に富むがマイナーな濃い果皮色の品種．通常はブレンドワインの生産に用いられている．

ブドウの色：● ● ● ● ●

主要な別名：Anrè（アックイ（Acqui）），Caruét（カザーレ・モンフェッラート（Monferrato Casalese）），Croetto（アレッサンドリア（Alessandria）），Crova（ピネローロ（Pinerolo）），Crovet（アスティ県（Asti）），Crovìn（ロエロ（Roero）），Moretto（アレッサンドリア），Lambrusco di Alessandria，Neretto di Alessandria（キゾネ・バレー（Val Chisone）），Stupèt（アスティ）

よくLAMBRUSCA DI ALESSANDRIAと間違えられやすい品種：CÉSAR ☒（フランス北部），CORVA ☒

起源と親子関係

LAMBRUSCA DI ALESSANDRIA はおそらく，また論理的にみてもピエモンテ州，アレッサンドリア県由来の品種であると考えられる．最初に Scandaluzza 伯（1787-98）であった Nuvolone Pergamo 氏がアスティ県と Casale 丘陵で栽培されていたこの品種を CROVET という名前で記載した．その数年後に Acerbi（1825）は5種類の異なる Lambrusche 品種について記載しており，うちの二つは Crouet とよばれ，LAMBRUSCA DI ALESSANDRIA に似ているとある（Torello Marinoni *et al.* 2006）．LAMBRUSCA DI ALESSANDRIA という名前が最初に登場したのは1879年の *Ampelografia italiana* という書籍の文中においてである．

DNA 解析により LAMBRUSCA DI ALESSANDRIA とピエモンテ州アレッサンドリア県の二つの在来品種（NERETTO DI MARENGO（現在は商業栽培されていない）と MALVASIA DI CASORZO）が親子関係にある可能性が示された（Torello Marinoni *et al.* 2006）．

他の仮説

LAMBRUSCA DI ALESSANDRIA はフランス品種 CÉSAR と同一であるといわれることもあったが，これは DNA 解析によって否定された（Vouillamoz）．

ブドウ栽培の特徴

頑強なブドウで様々な土地に適応し，高い収量を示す．萌芽期は遅いので春の霜のリスクを避けることができる．晩熟で脱粒しがちであることから，Carué，Crova，Crovìn（*crua* はイタリア語で「未熟」）などが別名として用いられたと考えられる．べと病と灰色かび病への良好な耐性がある．

栽培地とワインの味

LAMBRUSCA DI ALESSANDRIA は，歴史的にイタリア，ピエモンテ州，アレッサンドリア県で栽培されてきたが，アスティ県や，限られた量ではあるがクーネオ県（Cuneo）でも栽培されていた．その後，フィロキセラ被害以降にトリノ県（Torino）（ピネローロ，キゾネ・バレー（Val Chisone），Val Germanasca，イヴレーア（Ivrea）およびヴァル・ディ・スーザ（Val di Susa）の各地域）に持ち込まれている（Schneider and Mannini 2006）．ピエモンテ州でも公認されており，現地では通常，DOLCETTO，BARBERA，FREISA，BONARDA PIEMONTESE などとブレンドされている．この品種は Colli Tortonesi DOC におけるブレンド可能な品種として特記されている（赤およびロゼ）．2000年のイタリア農業統計には900 ha（2,224 acres）の栽培が記録されている．ヴァラエタルワインは作られていない．

LAMBRUSCA VITTONA

イタリア，ピエモンテ州（Piemonte）の非常にマイナーな品種

ブドウの色：● ● ● ● ●

主要な別名：Vittona

起源と親子関係

LAMBRUSCA VITTONA はイタリア北西部のトリノ県（Torino）のピネローロ地区（Pinerolo）の典型的な品種であり，1834年にピネローロ地区で LAMBRUSCA として記載されているのが，この品種に関する最初の記載だと思われるが，それが LAMBRUSCA VITTONA であったかどうかは疑問が残されている（Torello Marinoni *et al.* 2006）.

DNA 系統解析によって LAMBRUSCA VITTONA と，ほとんど絶滅状態にあるピネローロ地区の BERLA GROSSA との間に親子関係があることが示唆された.

ブドウ栽培の特徴

熟期は中期である．高収量だがブドウは小さい．酸敗と灰色かび病への良好な耐性を示す.

栽培地とワインの味

LAMBRUSCA VITTONA は，歴史的にイタリア北西部，トリノ県の Cumìana，Bricherasio，San Secondo di Pinerolo，Prarostino に分布する品種である．現在は Barge，キゾネ・バレー（Val Chisone），Val Germanasca でも栽培され，現地では Ramìe として知られるブレンドワインの生産ために，AVANÀ，AVARENGO，NERETTO（何種類かの異なる品種に用いられる名）と，さらに35% までの他の地方品種とブレンドされることがある（Schneider and Mannini 2006）．LAMBRUSCA VITTONA はこの地域で公認されていないため，2000年のイタリア農業統計には記録されていない．Ramìe にこの品種を含めることは，規制を回避するために別名の使い方を工夫する古典的な例である．Ramìe を扱う生産者は5社のみである．一般に LAMBRUSCA VITTONA は非常に希少な（しかし公認されている）別の地方品種である LAMBRUSCA DI ALESSANDRIA として申告されており，一方 CHATUS は NERETTO として申告されている.

LAMBRUSCHETTO

非常に局在した場所で栽培されている古い品種.
現在ピエモンテ州（Piemonte）においてこの品種への興味が高まりつつある.

ブドウの色：● ● ● ● ●

主要な別名：Crovino，Lambruschetta，Malaga（トルトーナ地方（Tortona））

起源と親子関係

LAMBRUSCHETTO は典型的なピエモンテ州南東部のとりわけ Castelnuovo Bormida 周辺に見られる品種である．この品種に関する最初の記載がなされたのは1831年のことで，イタリアのブドウの形態分類の専門家である Gallesio 氏が CROVINO という別名で記載している．最初に LAMBRUSCHETTO の名が現れたのは Demaria and Leardi（1875）の文献の中であり，その中には LAMBRUSCHETTO は LAMBRUSCHETTA DI SORBARA（LAMBRUSCO DI SORBARA）と同一であると記載されているが，DNA 解析の結果はこれを否定するものであった（Torello Marinoni *et al.* 2006）．LAMBRUSCHETTO とピエモンテ州南東部の古い白ワイン品種である TIMORASSO は親子関係にある可能性がある（Torello Marinoni *et al.* 2006）．

ブドウ栽培の特徴

熟期は中期～晩期である．灰色かび病に耐性があるが結実不良（ミルランダージュ）になりがちである．

栽培地とワインの味

以前はイタリア北西部，アスティ県（Asti）やアレッサンドリア県（Alessandria）で栽培されていた LAMBRUSCHETTO だが，現在はアレッサンドリア県のカステルヌオーヴォ・ボルミダ（Castelnuovo Bormida）でのみ栽培されており，最近も新しい植え付けが行われている．

LAMBRUSCO A FOGLIA FRASTAGLIATA

ENANTIO を参照

LAMBRUSCO BARGHI

最近になって，公的に原料品種登録された濃い果皮色の非常にマイナーな品種．Reggio 地方でブレンドワインの生産に用いられている．

ブドウの色：● ● ● ● ●

主要な別名：Lambrusco Bardi，Lambrusco Corbelli，Lambrusco di Rivalta
よく LAMBRUSCO BARGHI と間違えられやすい品種：MARZEMINO ✕

起源と親子関係

LAMBRUSCO BARGHI はおそらくレッジョ・エミリア県（Reggio Emilia）由来の品種である．1960 年代まではカステルノーヴォ・ディ・ソット（Castelnuovo di Sotto）とリヴァルタ（Rivalta）にある Conte Corbelli の所有地で広く栽培されていたので LAMBRUSCO CORBELLI あるいは LAMBRUSCO DI RIVALTA とも呼ばれている．

他の仮説

この品種の起源はトスカーナ州（Tuscana）にあるといわれている．LAMBRUSCO BARGHI は MARZEMINO と同一品種か近縁品種であると考えている研究者もいるが，DNA 解析によりこれは否定された（Boccacci *et al.* 2005）．

ブドウ栽培の特徴

高収量で熟期は中期である．

栽培地とワインの味

LAMBRUSCO BARGHI はようやく 2009 年に Reggiano Lambrusco DOC の原料品種としてイタリアで正式に登録された．果粒は糖度が高く，ワインはアントシアニンレベルが高いため深い色合いになる．とりわけアロマティックなワインである．

LAMBRUSCO DI FIORANO

***エミリア=ロマーニャ州（Emilia-Romagna）に局在するあまり知られていない品種.
他の Lambrusco 系品種とは関係がない.***

ブドウの色：● ● ● ● ●

主要な別名：Lambruscone

起源と親子関係

LAMBRUSCO DI FIORANO という品種名はモデナ県（Modena），Fiorano 村にちなんで名付けられたものである．最近の研究により LAMBRUSCO DI FIORANO は形態学的にも遺伝学的にも他のエミリア＝ロマーニャ州の Lambrusco 系品種とは異なることが明らかになった（Boccacci *et al.* 2005).

ブドウ栽培の特徴

高収量で，果汁に含まれる糖度と酸度のバランスに優れている．

栽培地

イタリア，エミリア＝ロマーニャ州，Fiorano 村の高い斜面でいまも広く栽培されている．

LAMBRUSCO DI SORBARA

***LAMBRUSCO として最も高く評価されていると思われる品種.
この品種から作られるエミリア=ロマーニャ州（Emilia-Romagna）のさわやかな
微発泡性の赤ワインは食事との相性がよいことで知られている.***

ブドウの色：● ● ● ● ●

主要な別名：Lambruschetta di Sorbara，Lambrusco Sorbarese

起源と親子関係

LAMBRUSCO DI SORBARA はエミリア＝ロマーニャ州，モデナ県（Modena）の Secchia 川と Panaro 川の間の地域で栽培される典型的な品種である．品種名はボンポルト（Bomporto）の小さな村であるソルバラ村（Sorbara）の名にちなんで命名されたものである．

ブドウ栽培の特徴

機能的にはめしべの花のみであるので，受粉させる樹が必要であり，LAMBRUSCO SALAMINO が受粉によく用いられる．熟期は中期～晩期である．

栽培地とワインの味

LAMBRUSCO DI SORBARA は主にイタリア中北部のモデナ県，とりわけソルバラ，コンポルト（Comporto），サン・プロスペロ（San Prospero），ノナントラ（Nonantola）で栽培されるがレッジョ・エミリア県（Reggio Emilia），サン・マルティーノ・イン・リーオ（San Martino in Rio）近郊のルビエーラ（Rubiera）や コッレッジョ（Correggio）でも栽培されている．Lambrusco Di Sorbara DOC において最も多く用いられる（通常40％の LAMBRUSCO SALAMINO とブレンドする）と同時に，Reggiano Lambrusco，Reggiano Lambrusco Salamino，Lambrusco Mantovano（ロンバルディア州（Lombardia））などの DOC でも公認されている．2000年のイタリア農業統計には1,460 ha（3,608 acres）の栽培が記録されている．

通常，ワインは辛口あるいはオフ・ドライで若いうちに飲むのがよい．深みのあるチェリーレッド色で，微発泡性で鮮やかなぴりっとした赤い果実のフレーバーを有する．ワインの強い酸味はエミリア＝ロマーニャ州のこってりしたな豚肉ベースの料理との相性がよい．小規模の生産者が品質の高い LAMBRUSCO DI SORBARA ワインを作っており，彼らが作るワインは Cavicchioli 社，Chiarli 1860社，Villa di Corlo 社などが作る工業化された甘い発泡性ワインがもたらした広く知られている LAMBRUSCO のイメージとは異なるワインである．

LAMBRUSCO GRASPAROSSA

LAMBRUSCO 品種の中で最もフルボディーでタンニンに富む辛口と中甘口ワインになる．

ブドウの色：

主要な別名：Lambrusco di Castelvetro，Scorzamara ☿（コヴィオロ（Coviolo））

起源と親子関係

伝統的にエミリア＝ロマーニャ州（Emilia-Romagna）の Castelvetro コムーネで栽培され，1867年にこの地で LAMBRUSCO GRASPAROSSA が最初に記載されている（Giavedoni and Gily 2005）．DNA 解析により18世紀に最初に記載されたコヴィオロの稀少な黒色品種の SCORZAMARA が LAMBRUSCO GRASPAROSSA と同一であることが明らかになった（Boccacci *et al.* 2005）．

ブドウ栽培の特徴

晩熟である．

栽培地とワインの味

LAMBRUSCO GRASPAROSSA はイタリア，エミリア＝ロマーニャ州のレッジョ・エミリア県（Reggio Emilia）に広がっているが，特に栽培が見られるのは Coviolo Scandiano，Casalgrande，Quattro Castella などのコムーネで，現地では Colli di Scandiano e di Canossa DOC でヴァラエタルのスティルワインと発泡性ワインが作られている．また，非常に限定的ではあるが SCORZAMARA の別名でコヴィオロ地域で栽培されている．モデナ県（Modena）では主にカステルヴェトロ地方（Castelvetro）で栽培されており，発泡性ワイン Lambrusco Grasparossa di Castelvetro DOC の主要品種（最低85％）として用いられている．パルマ県（Parma），マントヴァ県（Mantova），ボローニャ県（Bologna）でも所々で栽培されている．また，この品種は，LAMBRUSCO グループの他の品種とブレンドされるマイナーな成分として Reggiano DOC（いろいろなスタイル）やロンバルディア州（Lombardia）の Lambrusco Mantovano DOC（ロゼと赤の発泡性）で公認されている．2000年のイタリア農業統計には1,897 ha（4,688 acres）の栽培が記録されている．ワインは深い色合いで，フルーティーで，他のほとんどの LAMBRUSCO 品種に比べタンニンに富んでおり，良好な酸味をもつ辛口あるいは中甘口ワインが作られる．LAMBRUSCO GRASPAROSSA はフルボディーで LAMBRUSCA DI SORBARA などよりも高いアルコール分に達する．優れたヴァラエタルワインとしては Corte Manzini 社，Gavioli Antica Cantina 社（10％の MALBO GENTILE とブレンド，中甘口）の作るワインおよび Rinaldini Rinaldo 社の Azienda Agricola Moro や Villa di Corlo などのワインがあげられる．

LAMBRUSCO MAESTRI

イタリア，パルマ県（Parma）でわずかに栽培されている LAMBRUSCO 品種の一つ．幾分素朴なワインになる．

ブドウの色：● ● ● ● ●

主要な別名：Grappello Maestri，Lambrusco di Spagna

起源と親子関係

すでに19世紀の終わりにはすでに記載されているように，LAMBRUSCO MAESTRI はパルマ県，Villa Maestri コムーネの San Pancrazio 村に由来する品種である．

DNA 系統解析によって LAMBRUSCO MAESTRI と FORTANA との親子関係が示唆された（Boccacci *et al.* 2005）．

ブドウ栽培の特徴

樹勢が強く高収量である．

栽培地とワインの味

LAMBRUSCO MAESTRI の栽培はイタリア，エミリア＝ロマーニャ州（Emilia-Romagna）のレッジョ・エミリア県（Reggio Emilia），とりわけ Montecchio，Boretto，Gualtieri などのコムーネに広がりを見せているが，パルマ県とモデナ県（Modena）でも限定的に栽培されている．この品種はプッリャ州（Puglia）でも栽培されているといわれており（Zulini *et al.* 2002），Orta Nova DOC のブレンドに用いられているが，本当に同じ品種であるかどうかは定かはでない．Colli di Parma DOC ではヴァラエタルワインが，Lambrusco Mantovano DOC と様々なタイプの Reggiano DOC ではブレンドワインが作られている．Dall'Asta の Mefistofele は LAMBRUSCO MAESTRI から作られたワインで，深い色合いの素朴でストロベリーのフレーバーと豊かなタンニンを有する発泡性の赤ワインで，Lambrusco dell'Emilia IGT に分類されている．2000年のイタリア農業統計には1,460 ha（3,608 acres）の栽培が記録されている．栽培面積はより有名で，一般的に，より高品質だと考えられている LAMBRUSCA DI SORBARA とほぼ同じである．

2007年のアルゼンチン公式ブドウ栽培統計にはメンドーサ州（Mendoza）やサン・フアン州（San Juan）で98 ha（242 ha）が記録されている．一例をあげると Tittarelli 社がヴァラエタルワインを生産している．

LAMBRUSCO MARANI

二番目に広く栽培されている LAMBRUSCO 品種．色合い豊かなワインになる．

ブドウの色：● ● ● ● ●

起源と親子関係

LAMBRUSCO MARANI に関する最初の記載は，19世紀中頃にレッジョ・エミリア県（Reggio Emilia）において見られる．DNA 系統解析によって LAMBRUSCO MARANI は FOGARINA に近縁であることが明らかになった（Boccacci *et al.* 2005）．

ブドウ栽培の特徴

樹勢が強く豊産性である．冬の寒さに感受性があり，湿った土壌に適応する．熟期は中期〜晩期である．

栽培地とワインの味

LAMBRUSCO MARANI はエミリア＝ロマーニャ州（Emilia-Romagna），レッジョ・エミリア県で栽培されており，とりわけ Rolo，Rio Saliceto，Fabbrico，Campagnola，Novellara で多く見られる．またマントヴァ県（Mantova），パルマ県（Parma），ボローニャ県（Bologna）などの県でもわずかだが栽培されている．微発泡性の辛口の赤ワインやそれほどまでには辛口でないワインが作られている．深い色合いのワインはフルーティーでタンニンに富むことが多い．Reggiano Lambrusco の赤ワインとロゼワインを支える品種で，100％の Reggiano Bianco スプマンテも作られている．Reggiano Rosso DOC のスティルワインや発泡性ワインのブレンド用品種として認められており，通常は ANCELLOTTA とブレンドされている．またロンバルディア州（Lombardia）の Lambrusco Mantovano DOC および Colli di Scandiano e di Canossa の発泡性の赤ワインでは LAMBRUSCO MONTERICCO 等とのブレンドが認められている．2000年のイタリア農業統計には2,318 ha（5,728 acres）の栽培が記録されている．

LAMBRUSCO MONTERICCO

マイナーな*LAMBRUSCO*品種

ブドウの色：

起源と親子関係

19世紀後期に LAMBRUSCO MONTERICCO についての初めて記載が見られ，その名前は小さな村であるモンテリッコ村（Montericco）に由来している．DNA 系統解析によって UVA TOSCA との親子関係が示唆された（Boccacci *et al.* 2005）．

ブドウ栽培の特徴

高収量で晩熟である．灰色かび病，うどんこ病およびべと病に感受性がある．

栽培地とワインの味

当初，LAMBRUSCO MONTERICCO は，ブロレット（Broletto）とモンテリッコの間で栽培されていたが，後にエミリア＝ロマーニャ州（Emilia-Romagna）のレッジョ・エミリア県（Reggio Emilia）全体に広がっていった．この品種からはフレッシュでライトボディーのロゼワインと赤ワインが作られており，辛口と甘口のスティルワイン，発泡性ワインの生産にも適している．Colli di Scandiano e di Canossa DOC の LAMBRUSCO MONTERICCO ヴァージョンの主要品種で，通常は LAMBRUSCO グループの他品種が15％までブレンドされる．この品種は白の Reggiano Spumante や赤ワインあるいはロゼワイン Reggiano Lambrusco DOC にも認められている．2000年のイタリア農業統計には記録されていない．

LAMBRUSCO OLIVA

時に苦みのある比較的マイナーなLAMBRUSCO品種

ブドウの色：

主要な別名：Lambrusco Mazzone（レッジョ・エミリア（Reggio Emilia）），Olivone（マントヴァ（Mantova））

起源と親子関係

1886年にLAMBRUSCO OLIVAが初めて記載されており（Gozzi *et al.* 2002），その名前はこの品種のオリーブのような形をした果粒に由来する．

ブドウ栽培の特徴

豊産性で晩熟である．

栽培地とワインの味

LAMBRUSCO OLIVAは2000年の12月にイタリアで品種登録され，現在ではエミリア＝ロマーニャ州（Emilia-Romagna）のモデナ県（Modena）やレッジョ・エミリア県において公認されている．これらの地域の古い畑では依然として多く栽培されており，抽出が過ぎると苦くなるが，LAMBRUSCO MARANIやLAMBRUSCO SALAMINOとブレンドされ，深い色合いのワインが作られており，甘口ワインや発泡性のワインが作られることが多い．少量がReggiano DOCのLambruscoやRossoのブレンドに用いられている．

LAMBRUSCO SALAMINO

LAMBRUSCO品種のうち，最も広く栽培され，最も重要なワインが作られている品種

ブドウの色：

主要な別名：Lambrusco Galassi（葉の色の赤いタイプ，下部参照），Lambrusco di Santa Croce

起源と親子関係

LAMBRUSCO SALAMINOという品種名は小さなサラミに似た円筒形の房の形状にちなんで名付けられたものである．エミリア＝ロマーニャ州（Emilia-Romagna）のモデナ県（Modena）にあるSanta Croce di Carpiコムーネに起源あると考えられている．

ブドウ栽培の特徴

顕著なクローンの多様性が認められ，ブドウの形態分類の専門家は，形態的に最大5種類のタイプ（柔らかい，赤い葉，緑の葉，赤い柄，緑の柄）に識別している（Giavedoni and Gily 2005）．エスカ病に感受性である．晩熟．

栽培地とワインの味

LAMBRUSCO SALAMINO はエミリア＝ロマーニャ州のモデナ県とレッジョ・エミリア県（Reggio Emilia，特に Correggio，Fabbrico，San Martino in Rio および Rio Saliceto）で栽培されており，また非常に限定的ではあるが Mantova，ボローニャ県（Bologna），フェラーラ県（Ferrara）でも栽培されている．2000年のイタリア農業統計には，最も広く栽培される LAMBRUSCO 品種として4,273 ha（10,559 acres）が記録されており，限定的ではあるがサルデーニャ島（Sardegna）でも栽培されている．

Lambrusco Salamino di Santa Croce DOC（最大10％までの ANCELLOTTA に最少90％までブレンドされる）や Reggiano DOC の LAMBRUSCO SALAMINO ヴァージョン（最少85％）において主要な原料であることに加えて，Lambrusco di Sorbara DOC や他の Lambrusco Mantovano，Colli di Scandiano e di Canossa や Reggiano DOC でも重要な役割を果たしている．ワインは濃厚な色合いの辛口か甘口のワインで，最も高品質なワインはフルーティーなアロマがあり，この品種がもつ高レベルのタンニンは，フレッシュな酸味で相殺される．辛口に発酵されればワインのアルコール分が高くなり，すべての LAMBRUSCO 品種の中で最もフルボディーで香り高いワインになる．

Cavicchioli & Figli 社の Tre Medaglie はオフ・ドライの Lambrusco Salamino di Santa Croce ワインのよい例である．また，Chiarli は辛口，オフ・ドライおよび甘口ワインを同じ DOC で作っている．

LAMBRUSCO VIADANESE

マイナーだが個性的な LAMBRUSCO 品種

ブドウの色：

主要な別名： Grappello Ruperti，Mantovano，Montecchio，Viadanese

起源と親子関係

LAMBRUSCO VIADANESE という品種はエミリア＝ロマーニャ州（Emilia-Romagna），モデナ県（Modena）にあるコムーネの Viadana という名前に由来し，農学者 Ugo Ruperti 氏がこの品種を同県で最高の品種の一つであると考え，栽培を推奨した以降は，GRAPPELLO RUPERTI とも呼ばれていた．

ブドウ栽培の特徴

樹勢が強く，安定した豊産性で晩熟である．

栽培地とワインの味

LAMBRUSCO VIADANESE は主にイタリアのロンバルディア州（Lombardia）のマントヴァ県（Mantova）やクレモナ県（Cremona）で栽培されている．ルビー色のワインは，タンニンに富み頑強で，チェリーとスミレの濃厚なアロマを有している．Lambrusco Mantovano DOC ではヴァラエタルワインあるいはブレンドワインが公認されている．Reggiano DOC では Rosso（赤）のブレンドと Lambrusco ヴァージョンが公認されている．

2000年のイタリア農業統計には294 ha（726 acres）の栽培が記録されているのみである．この品種は，たとえば LAMBRUSCO SALAMINO や LAMBRUSCO DI SORBARA よりも重要性は低く，栽培面積も少ないが，平均的な LAMBRUSCO よりも非常に興味深いワインになり得る．

LANDAL

耐病性であるが，消えゆくフランスの交雑品種

ブドウの色：● ● ● ● ●

主要な別名：Landot 244

起源と親子関係

1929～42年にかけてフランス東部，アン県（Ain）のコンジュー（Conzieu）の Pierre Landot 氏が SEIBEL 5455（PLANTET としても知られる）×SEIBEL 8216の交配により得た複雑な交雑品種である．ここで SEIBEL 8216は SEIBEL 5410×SEIBEL 5001（SEIBEL 5410の系統は FLORENTAL 参照）の交雑品種で，また SEIBEL 5001は SEIBEL2510×SEIBEL 867であり後者は VIVARAIS×NOAH の交雑品種である（SEIBEL 2510と VIVARAIS の系統は PRIOR 参照）．LANDAL という品種名は育種家にちなんで命名されたものである．

ブドウ栽培の特徴

萌芽期は早くで早熟である．樹勢が強く，結実能力が高い．アメリカ系であるが，接ぎ木が必要である．かなりの耐寒性を示す．小さな果房と果粒をつける．

栽培地とワインの味

2008年のフランスでは49 ha（121 acres）の栽培が記録されており，主にロワール（Loire）とヴァンデ県（Vendée）で多く見られたが，栽培の衰退は明らかであり，絶えゆく品種である．多くのブドウ栽培地区で公認されているが，推奨はされてはいない．この品種というよりも，この品種の耐寒性と良好な耐病性が認識されている（Basler 2003）．スイスのジュネーヴ州（Genève）でごくわずかに栽培されている（0.06 ha/ 0.15 acres）．ペンシルベニア州の Naylor Wines 社が LANDAL / CHAMBOURCIN の軽いブレンドワインを作っている．カナダでは1980年代にオンタリオ州に最初に植えられ，またケベック州では Carone 社が LANDAL を用いて2種類の赤のブレンドワインを作っている．

LANDOT NOIR

*LANDAL の子品種にあたるマイナーなフランスの交雑品種．
アメリカ合衆国とカナダで局地的に栽培されている．*

ブドウの色：● ● ● ● ●

主要な別名：Landot 4511

起源と親子関係

1929～42年にかけてフランス東部アン県（Ain），コンジュー（Conzieu）の Pierre Landot 氏が LANDAL×VILLARD BLANC の交配により得た複雑な交雑品種である．FRONTENAC の育種に用いられた．

ブドウ栽培の特徴

かなり耐寒性である．熟期は早期～中期である．

栽培地とワインの味

フランスの交雑品種だがフランス公式品種登録リストには含まれておらず，北米でわずかに栽培される．カナダには1950年代半ばに紹介され，ケベック州のCarone社がLANDOT NOIRを（LANDALおよびCABERNET SEVERNY同様に）FRONTENACのブレンドに用いている．その数年後に，アメリカ合衆国北東部に持ち込まれ，ロードアイランド州のNewport Vineyards社，オハイオ州のFarinacci社，ニューハンプシャー州のJewell Towne社がヴァラエタルワインを作っている．一般に，ワインはソフトで軽くスパイシーである．イリノイ州でも限定的に栽培されている．

LANZESA

イタリア北部，ラヴェンナ県（Ravenna）の非常に稀少な白ワインの特産品

ブドウの色：● ● ● ● ●

主要な別名：Lanzés，Lanzesca

起源と親子関係

LANZESAの起源と語源は不明である．

ブドウ栽培の特徴

樹勢が強くうどんこ病に感受性である．灰色かび病には非常に高い耐性を示す．

栽培地とワインの味

この品種はかつて生食用およびワイン用に使われていた．現在はイタリア，エミリア＝ロマーニャ州（Emilia-Romagna），ラヴェンナ県のブリジゲッラ（Brisighella），ファエンツァ（Faenza），カステル・ボロニェーゼ（Castel Bolognese）などのコムーネで5 ha（12 acres）以下がワイン用に栽培されている．辛口のワインは，フルーティで少し苦みがある．Tenuta Uccellina社のAlma Lunaはこの品種で作られるワインの一例である．

LAPA KARA

一般に，伝統的な甘口の赤のブレンドワイン生産において
マイナーな役割を担っているウクライナ品種

ブドウの色：● ● ● ● ●

起源と親子関係

LAPA KARA（「黒い手」という意味）は，ウクライナ南部のクリミア（Krym/Crimea），スダク地区（Sudak）のソルネチナヤドリナ（Solnechnaya Dolina）由来の品種である．

ブドウ栽培の特徴

萌芽期は中期～遅い時期である．晩熟．非常に厚い果皮をもつ果粒が密着した果房をつける．

栽培地とワインの味

LAPA KARA の紫色で軽いアロマをもつフルボディーのワインは，ウクライナ南部のクリミアにある Sun Valley 社（ソルネチナヤドリナ）や Massandra 社の甘口赤ワインの Black Doctor でマイナーな役割を果たしている．

LASINA

ダルマチア地方（Dalmacija）でのみ栽培される非常に稀少な品種．通常はブレンドワインに用いられる．

ブドウの色：● ● ● ● ●

主要な別名： Krapljenica，Kutlarica，Lasin，Lasina Crna，Vlasina

起源と親子関係

LASINA はダルマチア地方北部のプロミナ（Promina）および Stankovaca 地域の由来である．

ブドウ栽培の特徴

晩熟．果粒が粗着した果房をつけ，果粒は高い糖度に達する．かびの病気に特段の感受性を示さない．

栽培地とワインの味

稀少なこの品種はクロアチアの Sjeverna Dalmacija（北部ダルマチア）ワイン産地で栽培され，現地でのみ公認されている．栽培はスプリト（Split）とザダル（Zadar）の間のプロミナ周辺で主に見られるが Bibich 社のワイン（PLAVINA，BABIĆ とのブレンド）のようにブレンドされるので，ほとんど知られていない．生産者としては Oklaj の Ivica Džapo 社や Marko Duvančić 社があげられる．後者はおそらく唯一のヴァラエタルワインの生産者であろう．

LAŠKI RIZLING

GRAŠEVINA を参照

LAUROT

近年開発された，耐病性で濃い果皮色をもつ，個人所有のチェコの交雑品種

ブドウの色：● ● ● ● ●

主要な別名： MI 5-106

起源と親子関係

LAUROT は近年 Miloš Michlovský, Vilém Kraus, Lubomír Glos, Vlastimil Peřina and František Mádl 氏らが MERLAN×FRATAVA の交配により得た耐病性をもつ交雑品種である.

- MERLAN はメルロー（MERLOT）×SEIBEL 13666 の交雑品種.
- SEIBEL 13666 は PLANTET×SEIBEL 6468 の交雑品種（HELIOS は SEIBEL 6468 の系統参照).
- FRATAVA は BLAUFRÄNKISCH×SANKT LAURENT の交配品種.

モルドヴァ共和国の Chisinau 研究センターから花粉を入手し，チェコ共和国のレドニツェ（Lednice), ブジェツラフ (Breclav), ペルナー (Perná) 研究センターにおいて交配, 選抜された. この品種の権利は, チェコ共和国南東部に位置する，モラヴィア（Morava）の南にあるラクヴィツェ（Rakvice）の Miloš Michlovský 氏が1995年に設立した Vinselekt Michlovský 社が保有している. 2004年にチェコ共和国の公式品種リストに登録された.

ブドウ栽培の特徴

萌芽期は中期～晩期で熟期は中期～晩期である. 収量は適度でべと病および灰色かび病には良好な耐性を示すが，うどんこ病に対する耐性は中程度である.

栽培地とワインの味

ワインは深い色合いで，野生のチェリーからプラム，クロスグリなどの果物のフレーバーを有している. 酸味は中程度でタンニンは軽い. Vinselekt Michlovský 社はチェコ共和国において有機栽培が行われている Laurot Vineyards のブドウからワインとジュースを作っている.

LAUZET

フランス南西部，ジュランソン（Jurançon）のほぼ絶滅状態にある品種

ブドウの色：● ● ● ● ●

主要な別名：Laouset, Lauzet Blanc
よくLAUZETと間違えられやすい品種：PETIT COURBU ☿（ジュランソン（Jurançon））

起源と親子関係

LAUZET はフランス南西部のベアルン地方（Béarn）において絶滅が危惧されている品種である. しばしばジュランソンの PETIT COURBU と混同される. この品種はごく最近になって初めて地方の別名である LAOUSET として Viala and Vermorel（1901-10）によって記載された. LAUZET という品種名の起源は不明だが，興味深いことには LAUZET はバスク語の名がないにもかかわらず，Bisson（2009）はこの品種を明確にブドウの形態分類群の Courbu グループに分類している (p XXXII 参照). Lavignac (2001) はこの品種が形態学的にはランド県（Landes）の BAROQUE やマディラン（Madiran）の TANNAT と近縁だと述べている.

他の仮説

ブドウの形態分類の専門家である Louis Levadoux 氏が LAUZET と TANNAT の関係を示唆したが, Pierre Galet（1990）はこの説に疑問を呈している

ブドウ栽培の特徴

樹勢が強いため，通常は長く剪定される．非常に小さな果粒で小さな果房をつける．晩熟である．

栽培地とワインの味

LAUZET はマイナーで，現在は事実上絶滅状態にあるフランス，ジュランソン地域の品種である．Jurançon と Béarn アペラシオンにおいて補助品種として公認されており，主にモナン（Monein），Lasseube，Gan，Aubertin で栽培されている．Domaine Cauhapé 社はいまでも 1 ha（2.5 acres）の畑で栽培しており，Domaine Nigri 社が通常，LAUZET（10 %）を GROS MANSENG（80 %）と CAMARALET DE LASSEUBE（10%）とブレンドして辛口の白ワインの Jurançon を作っている．軽くスパイシーなワインを産する可能性があり，この品種から作られるワインは，非常に高いアルコール分でありながら良好な酸味が保持され，軽くスパイシーなワインになるポテンシャルがある．PETIT MANSENG と GROS MANSENG のいずれも，潜在的に糖度が高いため，特に辛口の Jurançon にはブレンドの原料として CAMARALET DE LASSEUBE の方がより大きな価値がある．2006年にフランスで記録された総栽培面積は 2 ha（5 acres）以下であった．

LEÁNYKA

広く栽培されているハンガリーの白品種．
ソフトで平凡な白のブレンドワインの生産によく用いられている．

ブドウの色：

よくLEÁNYKAと間違えられやすい品種：FETEASCĂ ALBĂ ☓（ルーマニア），Leányszőlő ☓（ハンガリー）

起源と親子関係

LEÁNYKA（「処女」という意味）ハンガリーの古い品種で，長年にわたって FETEASCĂ ALBĂ と同一品種であるとされてきたが（Galet 2000; Rohály *et al.* 2003），DNA 解析によりこれは否定された（Regner 1999; Galbács *et al.* 2009）．LEÁNYKA はおそらく KIRÁLYLEÁNYKA の親品種の一つであろう（Galbács *et al.* 2009）．この品種は ZEFÍR の育種に用いられた．

ブドウ栽培の特徴

萌芽期は中期で，早熟で高い収量を示す．薄いが破れにくい果皮をもつ小さい果粒が密着した小～中程度のサイズの果房をつける．耐寒性で乾燥にも耐性があるが，灰色かび病同様にうどんこ病およびべと病に感受性である．

栽培地とワインの味

LEÁNYKA の人気はかつてほどではなく，総栽培面積も減りつつあるが，それでも 2008年にはハンガリーで 880 ha（2,175 acres）の栽培面積が記録されており，ほとんどはハンガリー北東部のエゲル（Eger）と隣接するマトーラ（Mátra）やブック地方（Bükk）で栽培されている．また西のモール（Mór）やネスメーイ（Neszmély）ならびに，さらに南のクンシャーグ（Kunság）でも栽培されている．収量を制限するとワインは香り高く（多くの場合フローラルに）なり，フルボディーだが幾分ソフトになる．ブドウは石灰質の土壌で栽培すると，よりフレッシュで，バランスもよくなる．生産者の多くはバルク用のブレンドワインにこの品種を用いているが，より大きな可能性を見いだした生産者が樽発酵を試している（Rohály *et al.* 2003）．推奨される生産者としてはエゲルの Tibor Gál，Imre Kaló，Orsolya，Tasmás Pók，モールの Maurus 社などがあげられる．

LEGIRUELA

PRIÉ を参照

LEMBERGER

BLAUFRÄNKISCH を参照

LEN DE L'EL

原産地のフランス，ガヤック（Gaillac）で限定的に栽培されており，現地の甘口ワインの生産によく適した品種

ブドウの色：

主要な別名：Cavaillès（カストル（Castres）），Cavalier, Len-de-Lel, Len de l'Elh（トゥールーズ（Toulouse）），Lenc dé l'El，Loin de l'Oeil

起源と親子関係

LEN DE L'EL はフランス中南部，タルヌ県（Tarn）のガヤックに限って栽培されるブドウで，1842年にこの地において初めて記載されている（Rézeau 1997）．オック語で「目から離れた」という意味の，幾分奇妙な名前である．「目」とはブドウの芽を表していると考えられる．果房は長い果梗をもつため果房は芽の位置から離れている．

他の仮説

Cousteaux and Plageoles（2001）によれば，LEN DE L'EL はおそらくタルヌ県のアルビ（Albi）とモントーバン（Montauban）の間にあるグレシニュ（Grésigne）の林に生えていた野生ブドウが栽培化されたものであろうとのことだが，この仮説を支持する証拠はない．

ブドウ栽培の特徴

樹勢が強い．萌芽期は早期で豊産性である．灰色かび病とダニに感受性がある．熟期は早期～中期である．収量を制限しなければ，カリウムの欠乏によって夏に葉が茶色になる．

栽培地とワインの味

1870年以前には LEN DE L'EL はフランス，ガヤックのブドウ畑の30%で栽培されていたが（Lavignac 2001），フィロキセラ被害以降，高収量の MAUZAC に追いやられてしまった（MAUZAC BLANC 参照）．それでも2009年にタルヌ県にはまだ640 ha（1,581 acres）が栽培されており（2000年の730 ha/1,804 acres から減少），MAUZAC よりも酸度が保持されやすく，甘口ワインに適しているため，現在は以前よりも注目を集めている（Strang 2009）．この品種は Gaillac アペラシオンの主要な品種の一つで，早摘みされるとフレッシュで辛口の白ワインの生産に適している．一方，長い間，樹に残されたブドウは，フローラルからシトラスにおよぶ幅のあるフレーバーをもつ甘口のワインの生産に適している．

辛口の白のGaillacのためには，LEN DE L'EL は通常 MAUZAC BLANC，MAUZAC ROSE（MAUZAC NOIR 参照），MUSCADELLE などの地方品種とブレンドされる．また時にソーヴィニヨン・ブラン（SAUVIGNON BLANC）とブレンドされることもある．しかし甘口のGaillacは，多くの場合 LEN DE L'EL のみで作られる．このスタイルのワインの生産者には Domaine des Très Cantou 社の Robert Plageoles 氏と Bernard Plageoles 氏，Domaine Gineste 社，Domaine Mayragues 社および Domaine Rotier 社などがあげられる．

LÉON MILLOT

色の濃い赤ワインになるフランスの交雑品種.
生育期間が短い栽培地で人気がある.

ブドウの色：● ● ● ● ●

主要な別名：Frühe Schwarze（ドイツのアール（Ahr）），Kuhlmann 194-2，Millot

起源と親子関係

1911年にアルザス地域圏（Alsace）のコルマール（Colmar）の Eugène Kahlmann 氏が MILLARDET ET GRASSET 101-14 OP×GOLDRIESLING の交配により得た，複雑な交雑品種である．ここで MILLARDET ET GRASSET 101-14 OP は *Vitis riparia*×*Vitis rupestris* の自家交配で得られた品種で，普通は台木として用いられている．この品種はヴォージュブドウ栽培協会（Société Vosgienne de Viticulture）の会長であった Léon Millot 氏に敬意を表して命名され，1921年に商業化された．

同じ交配によって LÉON MILLOT の姉妹品種である LUCIE KUHLMANN と MARÉCHAL FOCH が作られ，LÉON MILLOT は MILLOT-FOCH の育種に用いられた．

ブドウ栽培の特徴

萌芽期は早期で，非常に早熟なので生育期間が短い．樹勢が強いため，長目の剪定が必要である．全般的に良好な耐病性をもつ．

栽培地とワインの味

アルザスなどのフランスの一部地域で LÉON MILLOT が人気を博した理由は，主に薄い色のワインに色を補強できることにあったが，最近の30年は，農薬をあまり必要としない耐病性品種を求める人たちから多くの注目を集めてきた（Basler 2003）．アペラシオンのワインには使えないので，ブドウ畑は減りつつあるが，2008年にはまだ85 ha（210 acres）があった．フランスの多くのワイン地区で公認されているが，推奨はされていない．フランス以外では，たとえばスイス東部（2009年に9 ha/22 acres）のような冷涼な気候のため生育期間が短く，多くの赤品種の成熟が難しい場所で成功を収めており，同国では Cultiva 社および Schmidheiny 社がこの品種を栽培している．デンマークでも栽培されており（2010年の総栽培面積は4 ha/10 acres），同国では人気のあるブレンドワインの原料として用いられている．また，スウェーデンでも同様である．

この品種のもつ早熟性により，アメリカ合衆国の中西部のイリノイ州（2009年の総栽培面積は推定で15 acres/6 ha），アイオワ州（2006年の総栽培面積は14 acres/6 ha），ネブラスカ州（2006年には，正確に528本の樹）などでも重宝がられている．ニューヨーク州やさらに北のカナダのノバスコシア州でも限定的に栽培されている．深い色合いのヴァラエタルワインが，ニューヨーク州の Finger Lakes 地方の Keuka Lake ヴィンヤードやワシントン州の China Bend ワイナリーおよびニューハンプシャー州の Jewell Towne ヴィンヤードで作られている．

LIATIKO

クレタ島の果皮色の濃い品種．風変わりで過小評価されているが，香り高い辛口と甘口のワインが作られている．

ブドウの色：● ● ● ● ●

主要な別名：Aleatiko，Liatico，Liatis（ザキントス島（Zákynthos）），StafiliTu Louliou
よくLIATIKOと間違えられやすい品種：ALEATICO☒（イタリア），Mavrodiates，Mavroliatis☒（キクラデス諸島（Kykládes/Cyclades）のセリフォス島（Serifos）），Mayrodiates（最後の品種はもはや栽培されていない）

起源と親子関係

おそらくLIATIKOの起源であろうと考えられているクレタ島（Kríti/Crete）でそのほとんどが栽培されている．品種名は*Iouliatiko*（「7月の」という意味）の短縮形であって（Boutaris 2000），これはこの品種が早熟であることに由来したものである．小さな果粒のクローンもあり，これは地方の栽培家からより高い評価を得ている．

近年のDNA解析によりKORINTHIAKIとの親子関係が示唆された（BLACK CORINTHの名で；Myles *et al.* 2011）．

他の仮説

KORINTHIAKI（CORINTHE NOIRの名で）はLIATIKOの変異体だといわれてきたが（Galet 2000のKrimbasの記載），この説はDNA解析によって否定された（Vouillamoz）．

ALEATIKOはLIATIKOの別名であるが，両者の異なるDNAプロファイルが示すようにこの品種はイタリアのALEATICOとは無関係である（Vouillamoz）．LIATIKOの語源に関しては，少々考えにくいのだが他にも二つの説がある．一つは*iliatiko*（「太陽の」という意味）の短縮形という説，もう一つは，起源の地であるとされているサモス島（Sámos）の*Eleatiko*に由来するという説である（Boutaris 2000）．

LIATIKOはMalvasiaとして知られる歴史的なブレンドワインの数少ない赤の原料の一つであると信じられてきたが，このワインには多くの謎と不確定な要素がある．

ブドウ栽培の特徴

樹勢が強い．結実能力が高く非常に豊産性である．べと病，酸敗とウィルスに感受性があり乾燥に敏感である．萌芽期は早期〜中期で，早熟である．中〜大サイズの果粒が密着した中サイズの果房をつける．

栽培地とワインの味

LIATIKOは完全にクレタ島の品種で，辛口と甘口両方のワインが作られており，同島で最も広く栽培されている品種である（2008年の総栽培面積は2,104 ha/5,199 acres）．ワインの色は深い色合いではなく，その色は熟成の過程で早く失われる．これが島の東部のSitíaの生産者がより深い色合いのMANDILARIAワイン（20%）を淡い色合いのLIATIKOワインに加えなければいけないと原産地呼称の規則を変更した理由である．しかしワインは特徴的で，フローラルで繊細なスパイスの香り，フレッシュまたは中程度の酸味とソフトなタンニンをもつことが多く，熟成させると，ブルゴーニュ（Burgundy）の熟成したワインとは違った，熟成したネッビオーロ（NEBBIOLO）を思わせる香りのある，色の薄い複雑なワインになる．

Yannis Economou氏はこのようなスタイルのワイン作りのチャンピオンで，彼が作るワインは，初めはタンニンが強いが（接ぎ木をしていない古いLIATIKOブドウを標高600 mのズィロス（Ziros）高原で栽培するとブドウの樹は小さな果粒をつける），収穫から10年くらいたつとワインはやがてシルキーで洗練されてくる．Boutari社，Douloufakis社，Silva（Irini Daskalaki）社，Sitía組合などが，さほど風変わりというわけでもないが比較的伝統的なLIATIKOの辛口ワインを作っている．国際市場に焦点をあてている生産者やこれらのアペラシオン以外に力を入れている生産者は，シラー（SYRAH）やカベルネ・ソーヴィニヨン（CABERNET SAUVIGNON）をブレンドに加え始めている．

同島中央部の Achárnes アペラシオンでは辛口ワインのみが公認されているが，Dafnés アペラシオン（同じく中央部）および東部の Sitía では辛口ワインと甘口ワインが公認されている．後者は半干ししたたブドウから作られており，ソフトだがフレッシュで，最高のものは LIATIKO の魅力と香りを体現している．上記のすべての生産者が質のよい甘口の LIATIKO ワインも作っている．

LILIORILA

ポテンシャルを秘めた薄い果皮色の稀少なボルドー（Bordeaux）の交配品種

ブドウの色：

起源と親子関係

1956年にフランス南西部，ボルドーにある国立農業研究所（Institut National de la Recherche Agronomique : INRA）の Pierre Marcel Durquéty 氏が BAROQUE ×シャルドネ（CHARDONNAY）の交配により得た交配品種である．品種名はバスク語の *Lili hori*（「黄色い花」の意味）にちなんで命名されたものであろう．接尾語の La は EGIODOLA と似ていることにちなんで加えられたのであろう（Rézeau 1997）．

ブドウ栽培の特徴

早熟．通常は低収量である．小さな果房と果粒をつける．

栽培地とワインの味

LILIORILA は比較的酸味は弱いが力強く，香り高いワインになるポテンシャルを有する．Château Plaisance 社の甘口 Cuvée Maëlle は，フランス，トゥールーズ（Toulouse）のすぐ北に位置する，ヴァキエ（Vacquiers）の Vin de Pays du Comté Tolosan である LILIORILA（30%），シュナン・ブラン（CHENIN BLANC）（30%），セミヨン（SÉMILLON）（40%）のブレンドワインである．2008年時点のフランスの統計によれば栽培面積は4 ha（10 acres）に満たない．

LIMNIO

リムノス島（Límnos）から本土に持ち込まれ，カベルネ・ソーヴィニヨン（CABERNET SAUVIGNON）やカベルネ・フラン（CABERNET FRANC）のマイナーなパートナーとして用いられている古いギリシャの品種

ブドウの色：

主要な別名：Kalabaki（リムノス島），Kalambaki（リムノス島），Kalampaki（リムノス島），Lembiotiko, Lemnia，Lemnio
よくLIMNIOと間違えられやすい品種：LIMNIONA ᴥ

起源と親子関係

LIMNIO はエーゲ海北部のギリシャのリムノス島が起源であろう．同島ではトルコ語の Kalambaki としても知られていた（Galet 2000; Manessis 2000）．

テッサリア地方（Thessalía）の LIMNIONA と LIMNIO は同じでなく，二つの品種はギリシャのブドウデータベースで異なる DNA プロファイルを示している．

他の仮説

LIMNIO はギリシャでいまでも栽培されている最も古い品種の一つだといわれている．Aristotle, Pollux, Hesiod らによって Lemni という名で呼ばれ，古代の Maronias ワインの生産に用いられたといわれている（Mangafa and Kotsakis 1996; Galet 2000; Kourakou-Dragona 2001; Manessis 2000）．しかし古代ギリシャの品種といわれているものが現代の品種と同じであるという植物学的な確証はない．

ブドウ栽培の特徴

豊富な収量を示す．一般的に晩熟だが，果粒の熟期がばらつく傾向がある．小さな果粒が密着した小〜中サイズの果房をつける．乾燥ストレスに耐性で，べと病と灰色かび病には感受性がある．

栽培地とワインの味

想像されるとおり，LIMNIO はエーゲ海北部のリムノス島で栽培されており，2008年にはその地方で5番目に多く栽培されている品種（とはいえ，総栽培面積は72 ha/178 acres に過ぎない）であった．しかし現在では北部ギリシャや，南部のテッサリア地方でも栽培されており，より冷涼なマケドニア（Makedonía）とトラキア(Thráki)の Karnachalades において優れたワインが作られている．ワインはかなり高いアルコール分になり，中程度からフレッシュな酸味を有する．特徴的なフレッシュなハーブのアロマがあり，タンニンはごく普通である．この品種はリムノス島では原産地呼称の地位をもたないが，本土のハルキディキ（Halkidikí）の Côtes de Meliton 原産地呼称では70％の LIMNIO と30％のカベルネ・ソーヴィニヨンおよび / あるいはカベルネ・フランのブレンドが必要である．他の様々な地域ワインでは，LIMNIO の割合は，ブレンドパートナーのフランス品種と比べると少量である．エパノミ（Epanomí）の地理的表示保護ワインである Gerovassiliou 社の Avaton は，LIMNIO, MAVROUDI（MAVROUDA 参照），MAVROTRAGANO のブレンドワインである．他方 Tsantali 社と Domaine Carras 社は LIMNIO とカベルネ・ソーヴィニヨンとのブレンドワインを作っている（それぞれ Mount Áthos および Côtes de Meliton というワインである）．

LIMNIONA

最近，絶滅の危機から救済された，
将来有望なテッサリア地方（Thessalía）のギリシャ品種

ブドウの色：● ● ● ● ●

主要な別名：Lemniona
よくLIMNIONAと間違えられやすい品種：LIMNIO ☒

起源と親子関係

LIMNIONA はギリシャ本土，東部，テッサリア地方のラリサ県（Larísa）の Tyrnavos 由来であり，より広く栽培されている LIMNIO と混同されがちであるが，ギリシャブドウデータベースの DNA プロファイルが示すように，二つは全く異なる品種である．

ブドウ栽培の特徴

厚い果皮をもつ大きな果粒をつける．長い生育期間を要し晩熟である．

栽培地とワインの味

近年，Tyrnavos の Christos Zafirakis 氏が絶滅同然の状態から LIMNIONA を救済し，大きな樫の桶で発酵させたヴァラエタルワインと，シラー（SYRAH）（50%）と LIMNIONA（50%）のブレンドワインを作っている．以前は，LIMNIONA は XINOMAVRO と混植された畑でのみ見られたようだ．Zafirakis 氏の LIMNIONA のヴァラエタルワインは，2005年に標高100 m の地点にある畑で密植されていたブドウから作られ，色づきがよく，スパイシーで，ミディアムボディーのワインはフレッシュで香り高く，シルキーで良好な熟成のポテンシャルを示す．Zafirakis 氏によればこの品種は日中暑く，夜は冷涼な場所でよく育つそうである．2009年にギリシャで記録された栽培面積は10 ha（25 acres）ほどであったが，栽培面積は増加している．マケドニア（Makedonía）西部，アミンデオ（Amýnteo）の Domaine Karanika 社やペロポネソス半島（Pelopónnisos）南部，Monemvasia Winery 社の George Tsibidis 氏などが LIMNIONA の植え付けを行っている．

LISEIRET

GOUAIS BLANC を参照

LISTÁN

PALOMINO FINO を参照

LISTÁN DE HUELVA

スペイン，アンダルシア州（Andalucía）西部で Fino 風のワインの生産に用いられるマイナーな品種

ブドウの色：● ● ● ● ●

主要な別名：Listán（スペインのアンダルシア州），Listán Blanca（アンダルシア州），Malvasia Rasteiro（ポルトガル），Manteúdo または Manteúdo Branco または Mantheudo（ポルトガルのアレンテージョ（Alentejo）および アルガルヴェ（Algarve）），Manteúdo do Algarve（アルガルヴェ），Vale Grosso（アレンテージョ，アルガルヴェ）

よく LISTÁN DE HUELVA と間違えられやすい品種：PALOMINO FINO（Listán あるいは Listán Blanco の名で）

起源と親子関係

その品種名が示すように LISTÁN DE HUELVA はスペイン南西部，アンダルシア州，ウエルバ県（Huelva）由来の品種である．Galet（2000）が引用している Hidalgo 氏の見解では，この品種は LISTÁN とも呼ばれる PALOMINO FINO に近いが，Martin *et al.*（2003）が公開した DNA プロファイルに基づけば両者に親子関係があるとすると矛盾が生じる（Vouillamoz）．加えて LISTÁN DE HUELVA の DNA プロファイル（Ibañez *et al.* 2003），アレンテージョ地方の MANTEÚDO BRANCO，ポルトガルの ALGARVE の DNA プロファイル（Almadanim *et al.* 2004）は，予想に反してこれらが同一品種であることを示している．MANTEÚDO BRANCO は遺伝的に他のアレンテージョ品種と異なることから，この品種はごく最近スペインのウエルバ県から持ち込まれたことが示唆される（Vouillamoz）．

ブドウ栽培の特徴

樹勢が強く，結実能力が高い．薄い果皮をもつ果粒をつける．乾燥に耐性である．石灰岩の割合が低い土壌が栽培に適している．剪定は短くても長くてもよい．うどんこ病に感受性を示すが，灰色かび病にはそれほどでもない．

栽培地とワインの味

LISTÁN DE HUELVA は，スペイン南部で限定的に栽培されている品種であるが，ウエルバ県（Huelva）西部ではとりわけ多く栽培されており，21世紀初めには200 ha（494 acres）の栽培が記録されている．この品種は PALOMINO FINO や GARRIDO FINO（Viejo では ZALEMA も）とともに Condado de Huelva DO の主要品種の一つとして公認されており，主に Palido（フィノタイプ）や Viejo（オロロソタイプ）として分類されるブレンドの酒精強化ワインに用いられる．Bodegas Privilegio del Condado 社はヴァラエタルの Palido も作っている．

2010年にポルトガルのアレンテージョ地方とアルガルヴェ地方で692 ha（1,710 acres）の MANTEÚDO BRANCO（これらの地方での別名）が栽培されており，主に DIAGALVES などの地方品種とブレンドされている．ワインはニュートラルで酸味が弱いがアルコール分は高くなる．

LISTÁN NEGRO

香り高いワインになる可能性を秘めたスペイン，カナリア諸島の赤品種

ブドウの色：● ● ● ● ●

主要な別名：Almuñeco（ラ・パルマ島（La Palma）），Listán Morado（カナリア諸島），Negra Commún（ランサローテ島（Lanzarote））
よくLISTÁN NEGROと間違えられやすい品種：LISTÁN PRIETO ☒（カナリア諸島），NEGRAMOLL ☒

起源と親子関係

LISTÁN NEGRO はアフリカ北西沖のスペインのカナリア諸島の在来品種で，現地では LISTÁN PRIETO（これらの島では Moscatel Negro と呼ばれる）や NEGRAMOLL としばしば混同されるが，近年の研究により，LISTÁN NEGRO がこれまで知られている他の品種とは異なるプロファイルを有していることが明らかになっている（Vouillamoz; Jorge Zerolo，私信）．

スペイン南部，アンダルシア州（Andalucía）では，PALOMINO FINO が LISTÁN BLANCO と呼ばれているが，DNA 解析により，LISTÁN NEGRO は PALOMINO FINO の黒の果皮変異ではないことが明らかになっている．

ブドウ栽培の特徴

樹勢が強く豊産性である．

栽培地とワインの味

LISTÁN NEGRO はスペインのカナリア諸島の主要な赤ワイン品種である．特に北部テネリフェ島（Tenerife）で栽培されており，2008年には4,698 ha（11,609 acres）の栽培が記録されている．水分を確保し，サハラから吹く風を遮るため，1本1本のブドウの樹は灰色の火山性土壌に，人手で作られた一部が囲まれた穴やくぼみに植えられている．

個性的な香り高いワインを作るために，カーボニックマセレーションが行われている．しかしその他のワインは伝統的な製法で醸造されており，オークで熟成されるものもある．Los Bermejos 社，El Grifo 社，Bodegas Insulares Tenerife 社，El Lomo 社，Monje 社，El Penitente 社，Tajinaste 社，Valleoro 社，Viñátigo 社などがヴァラエタルワインを生産している．

LISTÁN PRIETO

歴史的に重要で，世界中に広がりを見せた濃い果皮色のスペイン品種．現在はアメリカ諸国での栽培が一般的になっているが，栽培は後退しつつあり，例外があるものの，この品種から作られるワインは概して低品質である．

ブドウの色：● ● ● ● ●

主要な別名：Criolla Chica（アルゼンチン），El Paso（カリフォルニア州およびメキシコ），Hariri（モロッコ），Listrão（マデイラ島），Misión（メキシコ），Mission または Mission's Grape（カリフォルニア州），Moscatel Negro（カナリア諸島（Canarias）），Negra Antigua（チリ），Negra Corriente（ペルー），Negra Peruana（ペルー），País（チリ），Palomina Negra（カスティーリャ＝ラ・マンチャ州（Castilla-La Mancha）），Rosa del Perú（ペルー），Uva Chica Negra（チリ），Uva Negra または Uva Negra Vino（チリおよびアルゼンチン），UvaTinta（チリ），Viña Blanca（チリ），Viña Negra（チリ）

よくLISTÁN PRIETOと間違えられやすい品種：JACQUEZ，LISTÁN NEGRO，NEGRAMOLL（時に間違えて Listán Prieto と呼ばれる）

起源と親子関係

LISTÁN PRIETO は，スペイン，カスティーリャ＝ラ・マンチャ州の古い品種で，1513年に，PALOMINO NEGRA という名で Alonso de Herrera が記載したものが，おそらくこの品種に関する最初の記載である（1790）．LISTÁN は PALOMINO FINO の別名としても使われているが，その語源は不明である．ちなみに，*Prieto* は「濃い」あるいは「黒い」を意味するスペイン語の言葉である（Galet 2000）．フィロキセラ被害により LISTÁN PRIETO はスペインからほぼ消失したが，LISTÁN PRIETO がスペインから16〜17世紀に持ち出され，少なくとも4カ所の異なる場所で異なる名前で栽培されていることが DNA 解析により発見されていなければ，この品種は忘れ去られていたであろう．

- 1540年頃，いくつかの布教施設（ミッション）を設立したフランシスコ会のスペイン人司祭によってメキシコに持ち込まれた．このブドウは単に MISIÓN と呼ばれた．このブドウが旧世界からアメリカ大陸に持ち込まれた最初の *Vitis vinifera* であることはほぼ確実である．1620年までにこの品種はバハ・カリフォルニア州（Baja California）に伝わった．
- 16世紀中頃，スペインの征服者によってチリとアルゼンチン中西部 Cuyo に持ち込まれたこの品種は UVA NEGRA（「黒いブドウ」）と呼ばれていた．後になって19世紀中頃，チリでは PAÍS（「国」という意味），アルゼンチンでは CRIOLLA CHICA（「小さい Creole」という意味）と呼ばれるようになった（Tapia *et al.* 2007; Lacoste *et al.* 2010）．これらの国では，近年になって持ち込まれたフランス品種（COT（マルベック（MALBEC）），カベルネ・ソーヴィニヨン（CABERNET SAUVIGNON），カベルネ・フラン（CABERNET FRANC），メルロー（MERLOT）などで置き換えられるまで，この品種はこれらの国で重要な品種であった．
- 16世紀中頃，カナリア諸島に到着し，現地では間違えて MOSCATEL NEGRO と呼ばれていたが，この品種はどの MUSCAT とも関係がない．
- 1629年にカプチン会の修道士 Fray Antonio de Arteaga とフランシスコ会の司祭 Fray García de San Francisco y Zúñiga がニューメキシコ州の南部 Rio Grande Valley に MISIÓN を植えた．彼らは現在，サンアントニオの町の近くにある Senecú と，アルバカーキ（Albuquerque）の南にあって現在のソコロ（Socorro）である Pilabó に布教施設を設立した．スペインワインの輸出を保護するためにスペインからのブドウの樹の輸出は禁止されていたにもかかわらず，宗教上の必要性から，修道士たちはスペインから密輸したブドウを植えていた．こうして布教施設によってアメリカに最初の *Vitis vinifera* が植えられたのである．

カリフォルニアではJunípero Serra神父が1769年にアルタ・カリフォルニア，サンディエゴ（San Diego）に最初の布教施設を設立する認可をうけ，メキシコからMISIÓNを導入した．もっとも，MISIÓNのブドウはそれから10年後くらいまでは植えられなかったという証拠書類も残されている（Pinney 1989）．この品種は19世紀の後半に他のヨーロッパ品種が持ち込まれるまではカリフォルニア州の主要品種であった．

PALOMINA NEGRAという古い別名をもつにもかかわらず，LISTÁN PRIETOはPALOMINO FINOの黒タイプではないが，DNA解析結果は両者の遺伝的近縁性を否定するものではなかった（Vouillamoz）．

DNA系統解析（MUSCATの系統図参照）によってアルゼンチンのCEREZA，MOSCATEL AMARILLO，TORRONTÉS RIOJANO，TORRONTÉS SANJUANINOはLISTÁN PRIETO×MUSCAT OF ALEXANDRIAの子品種であり（Agüero *et al.* 2003），また，ペルーのQUEBRANTAはLISTÁN PRIETO×NEGRAMOLLの子品種であることが明らかになった．LISTÁN PRIETO（MOSCATEL NEGROまたはMISSIONの名で）はスペイン西部のエストレマドゥーラ州（Extremadura）のPERRUNOと親子関係にある可能性が示された（Ibañez *et al.* 2003; This *et al.* 2006）．LISTÁN PRIETO×CAYETANA BLANCA（イベリア半島の品種）間の自然交配によりJAÉN TINTOが生まれた（Zinelabidine *et al.* 2012，系統図はCAYETANA BLANCAを参照）．JAÉN TINTOは古い，絶滅状態にあるスペイン南部の古い品種であり，MENCÍA（カスティーリャ・イ・レオン州（Castilla y León）のビエルソ（Bierzo）ではJAÉN TINTOと呼ばれる）と混同してはいけない．

他の仮説

カリフォルニア州のMISSIONの品種は16世紀に持ち込まれたヨーロッパ品種の実生に由来すると信じられてきたが(Galet 2000)，DNA解析により，LISTÁN PRIETOと同一であることが明らかになった(Tapia *et al.* 2007)．この品種はサルデーニャ島（Sardegna）のMONICA NERAと関係していると考えられていたが，それはMONICAがCRIOLLAの別名として間違えて使われていたからであり，これはDNA系統解析によっても否定された（Vouillamoz）．

ブドウ栽培の特徴

樹勢が強く，豊産性で有用なことに乾燥に耐性をもつ．ピアス病とクラウンゴールに感受性である．

栽培地とワインの味

LISTÁN PRIETOはその故郷であるスペインのカスティーリャ＝ラ·マンチャ州からは無くなってしまったが，カナリア諸島にはまだ残っており，現地では2008年に29 ha（72 acres）の栽培が記録された．この品種はAlbona，Gran Canaria，La PalmaなどのいくつかのDOで公認されているが，唯一Tacoronte-Acentejo DOにおいはLISTÁN PRIETOと記載されており，他ではすべてMOSCATEL NEGROと記載されている．

カリフォルニア州では2009年に依然656 acres（265 ha）のMISSIONの栽培が記録されたが，近年植えられたものはない．多くはセントラル·バレー（Central Valley）で栽培されており，主にフレズノ郡（Fresno）でシェリーやポートスタイルのデザートワインが生産されている．

2008年時点のチリでは，PAÍSはカベルネ・ソーヴィニヨンについで2番目に多く栽培される品種として，同国ブドウ栽培面積の13％を占める14,995 ha（37,053 acres）が記録されていた．栽培は，主にマウレ州（Maule）やビオビオ州（Bío Bío）などの南部で見られる．ほとんどは国内市場向けの安価なロゼワインの生産に用いられるが，過去数年の間に，Louis-Antoine Luyt氏（Clos Ouvertのフランス人，ボジョレー（Beaujolais）の故Marcel Lapierre氏に支援を受けた）がこの品種の再評価に取組んでおり，マウレ州の古い畑から最高のものを引き出すため，カーボニックマセレーションを用いて本来この品種がもつ渋みの強いタンニンを懐柔し，フルーツ感を引き立たせようとしている．ワインの色は明るく，のどの乾きを癒やすフレッシュ感と酸味の強い赤い果実の風味を有しており，その骨格は南アフリカ共和国のCINSAUTのように熟成させるとシルキーになる．

アルゼンチンではCRIOLLA CHICAはCRIOLLA GRANDEやCEREZAほど一般的でなく，この品種から作られるワインの品質はよいが色が薄い．2008年には538 ha（1,329 acres）の栽培が記録されており，そのほとんどがメンドーサ州（Mendoza）やサン・フアン州（San Juan）で見られるが，ラ・リオハ州（La Rioja）やサルタ州（Salta）でも少しだけ栽培されており，現地では主にロゼが作られている．

この古い品種はペルーにも植えられたと考えられる.

LIVORNESE BIANCA

ROLLO を参照

LJUTUN

稀少で酸度のあるクロアチア品種. ダルマチア地方(Dalmatian)のスプリト(Split)の北西部でのみ栽培されている.

ブドウの色:● ● ● ● ●

主要な別名:Ljutac, Plavac, Plavac Bedalovac

起源と親子関係

LJUTUN はスプリトの北西部に位置するカシュテラ地域(Kaštela)が起源の在来品種である. その品種名はクロアチア語で「酸」を意味する言葉 *ljut* に由来し, 果実の高い酸度を表している.

ブドウ栽培の特徴

晩熟で熟期は PLAVAC MALI とほぼ同時期である, 遅摘みされても良質の酸味が保持される. 全般的に良好な耐病性を示す.

栽培地とワインの味

LJUTUN はクロアチアのカシュテラ市周辺でのみ見られる品種である(Zdunić 2005). PLAVAC MALI, BABIĆ, BABICA など他の品種とよくブレンドされ, この地方のロゼワインである *opolo* が作られる. 生産者としては Svetin Biliškov 社, Dalibor Bučan 社, Marin Remetin 社, Branko Glumac 社, Neven and Vinko Vujina 社などがあげられる.

LLEDONER PELUT

GARNACHA を参照

LONGYAN

広く栽培されている赤い果皮色の古い中国品種. 生食と白ワインに用いられている.

ブドウの色:● ● ● ● ●

主要な別名:Czhi-Pu-Tao, Hun-Juan-Sin, LongYan, Lungyen
よくLONGYANと間違えられやすい品種:RYUGAN(日本)

起源と親子関係

LONGYAN（竜眼）は古い中国品種であるが起源は不明である．品種名は「竜の目」を意味するが都市の名前にちなんで命名されたものである．中国ではRYUGANと呼ばれるが，日本のRYUGAN品種と混同されるべきでない（訳注：Ryuganは日本語の竜眼で，中国名ではないと思われる）．

ブドウ栽培の特徴

樹勢が強く，低収量で晩熟である．中～大サイズの果粒が密着した大きな果房をつける．

栽培地とワインの味

竜眼は主に生食用として栽培されるが，ワイン（および驚くほど高品質なブランデー）にも広く用いられている．中国では生産者はChina Great Wall Wine社等の生産者が発泡性ワインのベースとして用いて成功している．赤い果皮色のこの品種からは一般に明るく，薄黄緑色のソフトで，すっきりしたフルーティーな香りをもつフルボディーのワインが作られる．Huaizhuo盆地（河北省）および山東省平度市（Pingdu），河北省秦皇島市（Qinhuangdao），山西省清徐県（Qingxu）や陝西省楡林市（Yulin）で栽培されている．1940年代に日本の生産者が沙城鎮（Shacheng）でLONGYANワインを，また1960年代には甘口ワインも作っていた．LONGYANとRYUGANの関係は不明である．

LOUISE SWENSON

耐寒性に優れたアメリカの複雑な交雑品種

ブドウの色：

主要な別名：ES 4-8-33

起源と親子関係

1980年にウィスコンシン州のオシオラ（Osceola）でElmer Swenson氏がELMER SWENSON 2-3-17×KAY GRAYの交配により得た交雑品種である．

- ELMER SWENSON 2-3-17はELMER SWENSON 283×ELMER SWENSON 193の交雑品種（ELMER SWENSON 114の系統はST PEPINを参照）
- ELMER SWENSON 283はELMER SWENSON 114×SEYVAL BLANCの交雑品種
- ELMER SWENSON 193はMINNESOTA 78 ×SENECAの交雑品種（MINNESOTA 78の完全な系統はBRIANNAを参照）
- SENECAはLUGLIENGA×ONTARIOの交雑品種（ONTARIOの系統はCAYUGA WHITEを参照）

この*Vitis labrusca*，*Vitis vinifera*，*Vitis lincecumii*，*Vitis riparia*および*Vitis rupestris*の複雑な交雑品種は1984年に選抜され，2001年に公開された．品種名はElmer Swenson氏の妻の名にちなんで命名されたものである（Smiley 2008）．

ブドウ栽培の特徴

熟期は早期～中期である．乾燥にやや，感受性があるが全般的に良好な耐病性を示す．冬の耐寒性はおよそ－28 F（－33℃）である．

栽培地とワインの味

通常，フローラルで，梨，蜂蜜の香りと控えめな酸味をもつライトボディーのワインになる（Smiley 2008）．栽培は限られているがアメリカ合衆国のバーモント州，ウィスコンシン州，ミネソタ州およびカナダのケベック州で見られる．バーモント州のEast Shore社，ウィスコンシン州のParallel 44社がヴァラエタルワインの生産者である．ケベック州のCoteau St-Paul社はこの品種をADALMIINA，PRAIRIE STAR，SWENSON WHITEとブレンドしている．

LOUREIRA

LOUREIROを参照

LOUREIRO

高品質で香り高いヴィーニョ・ヴェルデ（Vinho Verde）の品種

ブドウの色：● ● ● ● ●

主要な別名：Branco Redondos，Loureira ☒（スペインのガリシア州（Galicia）），Loureiro Blanco，Marqués または Marquez（スペインのガリシア州）

よくLOUREIROと間違えられやすい品種：ARINTO DE BUCELAS ☒，GALEGO DOURADO ☒（モンサン（Monção）およびヴィアナ・ド・カステロ（Viana do Castelo））

起源と親子関係

LOUREIROはポルトガル北西地区のミーニョ地方（Minho）の北海岸のバレ・ド・リマ（Vale do Lima，スペイン内の上流ではLimiaとして知られる）由来の品種である．*Loureiro*（ポルトガル語で「月桂樹」という意味）という品種名は，この品種の果粒のアロマがローレルの葉や花に似ていることにちなんだものである．LOUREIROは中から高レベルの遺伝的多様性を示すことから，かなり古い品種の一つであると考えられる（Rolando Faustino氏，私信）．C B de Lacerda Lobo氏は，18世紀の終わりにはメルガソ（Melgaço）やヴィラ・ノヴァ・デ・セルヴェイラ（Vila Nova de Cerveira）にこの品種が存在していたと記載している（Böhm 2005）．DNAプロファイルを比較したところ，この品種とALVARINHOとの近縁関係が示唆され（ALBARIÑOの名で；Ibañez *et al.* 2003），近年のDNA系統解析によってAMARALとの親子関係が示唆された（Castro *et al.* 2011; Díaz-Losada *et al.* 2011）．

LOUREIRO TINTOは，ほぼ絶滅状態だがスペインでは依然見られることから，Galet（2000）が考えていたようにLOUREIROの色変異か亜種であるのかもしれない．それゆえかつてMENCÍAという別名用いられていたのかもしれないが，それを支持する遺伝的な証拠は見つかっていない．

ブドウ栽培の特徴

ずっしりとした果粒が密着した果房をつけるので，比較的豊産性で，結実能力が高い．萌芽期は中期だが早熟である．べと病とうどんこ病さらにクロロシス（白化），灰色かび病とダニに感受性である．

栽培地とワインの味

1960～70年代にはポンテ・デ・リマ（Ponte de Lima）からポルトガル北部，ミーニョ地方のその他の地域に広がり，比較的最近のVinho Verde DOCの復活に貢献した．ヴァラエタルワインはフレッシュでローレルの葉や花のみならずシナノキ，オレンジ，アカシアの花のアロマに加え，オレンジ，桃，時に青リンゴのフレーバーもある．ARINTO DE BUCELASやTRAJADURAとブレンドするとこの品種の濃厚さを和らげることができる．この品種はテージョ（Tejo），ベイラス（Beiras），セトゥーバル半島地域（Península de Setúbal）でも公認されている．またダン地方（Dão）でも試験栽培が行われ，同地方では13% 程度の高いアルコール分に達する．2010年のポルトガルの統計では2,428 ha（6,000 acres）の栽培が記録されている．推奨される生産者としてはAphros，Quinta do Ameal，Quinta de Curvos，Quinta de Gomariz，Quinta dos Termosなどがあげられる．

スペイン，ガリシア州北西部のさらに北では2008年に584 ha（1,443 acres）の栽培が記録されており，Rías Baixas，Ribeira Sacra，Ribeiro などのDOで公認され，通常はALBARIÑO（すなわちALVARINHO），TREIXADURA（すなわちTRAJADURA），GODELLOなどとブレンドされている．Valmiñor社のDavila L-100ワインはガリシア州南部のオ・ロサル（O Rosal）で作られる非常に良質で，おそらくスペインで唯一の100% LOUREIROワインであろう．

ガリシア州にあるLOUREIROのブドウ畑から30 km北に，非常に珍しいLOUREIRO TINTOの栽培地が13 ha（32 acres）あり，リアス・バイシャス（Rías Baixas）のForja del Salnés社がヴァラエタルワインを作っている．

LOUREIROと呼ばれるブドウはカリフォルニア州のセントラルコースト（Central Coast）でも栽培されている．

LUCIE KUHLMANN

主にカナダで栽培されている，フランスのマイナーな交雑品種

ブドウの色：● ● ● ● ●

主要な別名：Kuhlmann 149-3，Lucy-Kuhlman

起源と親子関係

1911年にフランス東部，アルザス地域圏（Alsace），コルマール（Colmar）のOberlin研究所のEugène Kuhlmann氏がMILLARDET ET GRASSET 101-14 OP×GOLDRIESLINGの交配により得た交雑品種である．

ここでMILLARDET ET GRASSET 101-14 OPは*Vitis riparia* × *Vitis rupestris*交雑品種の自家受粉株である．育種家の妻の名にちなんで命名され1921年に商業化された．

同じ交配によりLUCIE KUHLMANNの姉妹品種にあたるLÉON MILLOTおよびMARÉCHAL FOCHが作られた．

ブドウ栽培の特徴

樹勢が強く非常に早熟である．冷涼な気候で生育期間が短い地域での栽培に適している．耐寒性は中程度である．

栽培地とワインの味

より人気の高い姉妹品種LÉON MILLOTおよびMARÉCHAL FOCHと同様，このフランス交雑品種はフランスよりもカナダのケベック州，ノバスコシア州，オンタリオ州のような冷涼気候の場所でより広く栽培されているが，それでも栽培面積は非常に限られる．LÉON MILLOTのような深い色合いのワインになるが，十分熟していなければ若干，骨格が堅くなり植物的な風味をもつ．ヴァラエタルワインはノバスコシア州のBlomidon Estate社やGaspereau Vineyards社で作られている．ケベック州のDomaine des Côtes d'Ardoises社は赤のブレンドワインにLUCIE KUHLMANNを用いている生産者の一つである．

LUGLIENGA

歴史ある品種で，広く栽培されているが，主に生食用である．

ブドウの色：● ● ● ● ●

主要な別名：Agostenga，Bona in Ca（トレント自治県（Trentino）），Guštana ☒（スロベニア），Jouanenc（フランス），Lignan Blanc ☒（フランス），Lignenga（ピエモンテ州（Piemonte）），Lugliatica（ピエモンテ州），Luglienga Blanca，Luigese ☒（リグーリア州（Liguria）），Seidentraube（ドイツおよびスイス），Uva di Sant'Anna（ピエモンテ州）
よくLUGLIENGAと間違えられやすい品種：PRIÉ ☒（ヴァッレ・ダオスタ州（Valle d'Aosta））

LUGLIENGA は非常に古い生食用およびワイン用のブドウである．イタリア，ピエモンテ州で1329年に Luglienchis という古い名前で記載されている（Favà i Agud 2001）．この品種には多くの別名があることから，この品種は数世紀にわたってヨーロッパ中に広がったことを示している．LUGLIENGA は家の前で棚仕立てにされ，主に生食用として，また家庭で作られるワインに用いられることもあった．

品種名は *Luglio*（イタリア語で「7月」）に由来し，この品種が早熟であることを示している．この語源はフランスの古い別名である Jouanenc が *juin*（フランス語で「6月」）に由来しているのと同じである．ブドウの形態分類学的解析によって LUGLIENGA は，フランスの LIGNAN BLANC およびドイツとスイスのドイツ語圏で見られる SEIDENTRAUBE と同一であることが示された（Galet 2000）．後にこれは DNA 解析によっても確認された（Vouillamoz，Frei and Arnold 2008）．また，系統解析によって LUGLIENGA は，この品種とよく混同されるヴァッレ・ダオスタ州の PRIÉ の親品種であることが明らかにされた（Vouillamoz 2005）．LUGLIENGA は親品種として REGNER の育種に用いられた．

ブドウ栽培の特徴

樹勢が強く冬の霜に耐性がある．灰色かび病に感受性がある．早熟．

栽培地

LUGLIENGA はスペインからハンガリーにいたるヨーロッパ中で生食用として栽培されている．この品種はヴァラエタルワインの生産には用いられないが，ワインが作られることもある．

LUMASSINA

イタリア北西部，リグーリア州（Liguria）でのみ栽培され，
軽くキレのよい白ワインになる稀少な品種

ブドウの色：● ● ● ● ●

主要な別名：Acerbina（ノーリ（Noli）），Buzzetto（フィナーレ・リーグレ（Finale Ligure），クイリアーノ（Quiliano）），Garella（サヴォーナ県（Savona）），Mataòsso，Mataòssu（ノーリ，ヴァリゴッティ（Varigotti）），Uga Matta（スポトルノ（Spotorno））

起源と親子関係

LUMASSINA は，おそらくイタリア北西部リグーリア州，ジェノヴァ地域（Genova）に由来をもつ品種で，数世紀にわたってこの地で栽培されてきたといわれている．伝統的にカタツムリの料理に合わされてきたため，その品種名はこの地方の方言で「カタツムリ（*lumache*）」を意味する *lumasse* に由来するものと考えられる．この品種の別名である ACERBINA（*acerbo* はイタリア語で「酸っぱい（acid）」の意味）や BUZZETTO（*buzzo* も方言で「酸っぱい」の意味）は，いずれも，伝統的にこの品種のブドウが完熟する少し前に収穫されることにちなんでいると考えられる．

ブドウ栽培の特徴

頑強で豊産性のブドウ．晩熟（9月末〜10月初め）で高い酸度が残る．

栽培地とワインの味

LUMASSINA は，イタリアの海を見下ろすリグーリア州の急な斜面で歴史的に栽培されており，BOSCO や VERMENTINO とブレンドされて地方の Nostralino ワイン（毎年開催される祭りで祝杯があげられるワイン）が作られている．数十年前は絶滅の危機に瀕していたが，現在はほとんどサヴォーナ県でのみ栽培されており，とりわけフィナーレ・リーグレ（Finale Ligure），クイリアーノ，ノーリ，スポトルノ，ヴァリゴッティなどのコムーネで栽培されている．現在では LUMASSINA は多くの場合，辛口あるいは発泡性ワインを作るためにブレンドされているが，Cantine Ravera 社，Cascina delle Terre Rosse 社，Isetta Macella 社などによりヴァラエタルワインが作られている．ワインには花，ハーブ，青リンゴの香りとフレッシュな酸味があり，アルコール分は低く 10〜11% 程度である．

LYDIA

LYDIA は濃い色の果粒の交雑品種で，LIDIA と表記されることもある．アメリカ合衆国で ISABELLA の自然受粉により作られたもので，19世紀の終わりにアゼルバイジャンに持ち込まれ，20世紀初頭にウクライナ（2009年の栽培面積は270 ha/667 acres ）とロシアに伝わった．通常，甘口のロゼワインか軽い赤ワインが作られている．親品種の ISABELLA とブレンドされることもある．生産者としてはロシアのクラスノダール地方（クラスノダール地方（Krasnodar Krai））の Kuban-Vino 社やウクライナのオデッサ州（Odessa）の Frantsuzky Bulvar 社などがあげられる．またモルドヴァ共和国でも栽培されている．

M

MACABEO (マカベオ)
MACERATINO (マチェラティーノ)
MADELEINE ANGEVINE (マドレーヌ・アンジュヴィーヌ)
MADELEINE × ANGEVINE 7672 (マドレーヌ×アンジェヴィーヌ 7672)
MADRASA (マドサラ)
MAGLIOCCO CANINO (マリオッコ・カニーノ)
MAGLIOCCO DOLCE (マリオッコ・ドルチェ)
MAGNOLIA (マグノリア)
MAGYARFRANKOS (マジャルフランコシュ)
MAIOLICA (マイオリカ)
MAIOLINA (マイオリーナ)
MALAGA BLANC (マラガブラン)
MALAGOUSIA (マラグジア)
MALBO GENTILE (マルボ・ジェンティーレ)
MALIGIA (マリージャ)
MALVASIA BIANCA DI BASILICATA (マルヴァズィーア・ビアンカ・ディ・バズィリカータ)
MALVASIA BIANCA DI CANDIA (マルヴァズィーア・ビアンカ・ディ・カンディア)
MALVASIA BIANCA DI PIEMONTE (マルヴァズィーア・ビアンカ・ディ・ピエモンテ)
MALVASIA BIANCA LUNGA (マルヴァズィーア・ビアンカ・ルンガ)
MALVASIA BRANCA DE SÃO JORGE (マルヴァジア・ブランカ・デ・サン・ジョルジェ)
MALVASIA DE COLARES (マルヴァジア・デ・コラレス)
MALVASÍA DE LANZAROTE (マルバシア・デ・ランサロッテ)
MALVASIA DEL LAZIO (マルヴァズィーア・デル・ラツィオ)
MALVASIA DI CANDIA AROMATICA (マルヴァズィーア・ディ・カンディア・アロマティカ)
MALVASIA DI CASORZO (マルヴァズィーア・ディ・カゾルツォ)
MALVASIA DI LIPARI (マルヴァズィーア・ディ・リーパリ)
MALVASIA DI SCHIERANO (マルヴァズィーア・ディ・スキエラーノ)
MALVASIA FINA (マルヴァジア・フィナ)
MALVASIA NERA DI BASILICATA (マルヴァズィーア・ネーラ・ディ・バズィリカータ)
MALVASIA NERA DI BRINDISI (マルヴァズィーア・ネーラ・ディ・ブリンデジ)
MALVASIA NERA LUNGA (マルヴァズィーア・ネーラ・ルンガ)
MALVASIA PRETA (マルヴァジア・プレッタ)
MALVAZIJA ISTARSKA (マルバジヤ・イスタルスカ)
MALVERINA (マルヴェリナ)
MAMMOLO (マンモーロ)
MANDILARIA (マンディラリア)
MANDÓN (マンドン)
MANDRÈGUE (マンドレーグ)
MANSENG NOIR (マンサン・ノワール)
MANTO NEGRO (マント・ネグロ)
MANTONICO BIANCO (マントニコ・ビアンコ)

🧬 次ページ以降に記載されているこのシンボルは，別名や誤った同定が DNA 解析により確認されたことを示す.

MANZONI BIANCO (マンゾーニ・ビアンコ)
MANZONI MOSCATO (マンゾーニ・モスカート)
MANZONI ROSA (マンゾーニ・ローザ)
MARA (マラ)
MARATHEFTIKO (マラセフティコ)
MARCHIONE (マルキオーネ)
MARÉCHAL FOCH (マレシャル・フォッシュ)
MARMAJUELO (マルマフエーロ)
MARQUETTE (マーケット)
MARSANNE (マルサンヌ)
MARSELAN (マルスラン)
MARUFO (マルフォ)
MARUGGIO (マルッジョ)
MARZEMINA BIANCA (マルツェミーナ・ビアンカ)
MARZEMINO (マルツェミーノ)
MÁTRAI MUSKOTÁLY (マートライ・ムシュコターイ)
MATURANA BLANCA (マツラーナ・ブランカ)
MAUZAC BLANC (モーザック・ブラン)
MAUZAC NOIR (モーザック・ノワール)
MAVRO (マブロ)
MAVRO KALAVRITINO (マヴロ・カラヴリティノ)
MAVRO MESSENIKOLA (マヴロ・メセニコラ)
MAVRODAFNI (マヴロダフニ)
MAVROTRAGANO (マヴロトラガノ)
MAVROUDI ARACHOVIS (マヴルディ・アラホヴィス)
MAVRUD (マヴルッド)
MAYOLET (マヨレット)
MAZUELO (マスエーロ)
MAZZESE (マッツェーゼ)
MÈCLE DE BOURGOIN (メクル・ド・ブルゴワン)
MEDNA (メドナ)
MEGRABUIR (メグラブイル)
MELARA (メラーラ)
MELNIK 82 (メルニック 82)
MELODY (メロディー)
MELON (ムロン)
MENCÍA (メンシーア)
MENNAS (メナス)
MENOIR (メノイル (メノワール))
MENU PINEAU (ムニュー・ピノー)
MÉRILLE (メリーユ)

MERLOT （メルロー）
MERSEGUERA （メルセゲーラ）
MERZIFON KARASI （メルズフォンカラス）
MERZLING （メルツリング）
MESLIER SAINT-FRANÇOIS （メリエ・サン・フランソワ）
MÉZES FEHÉR （メーゼシュ・フェヘール）
MÉZY （メジー）
MILGRANET （ミルグラネ）
MÍLIA （ミリア）
MILLOT-FOCH （ミヨ・フォシュ）
MINELLA BIANCA （ミネッラ・ビアンカ）
MINUTOLO （ミヌトーロ）
MISKET CHERVEN （ミスケット・チェルヴェン）
MISKET VARNENSKI （ミスケット・ヴァルネンスキ）
MISKET VRACHANSKI （ミスケット・ヴラチャンスキ）
MLADINKA （ムラディンカ）
MOLETTE （モレット）
MOLINARA （モリナーラ）
MOLLARD （モラール）
MONARCH （モナルヒ）
MONASTRELL （モナストレル）
MONBADON （モンバドン）
MONDEUSE BLANCHE （モンデューズ・ブランシュ）
MONDEUSE NOIRE （モンデューズ・ノワール）
MONEMVASSIA （モネンヴァシア）
MONERAC （モネラック）
MONICA NERA （モニカ・ネーラ）
MONSTRUOSA （モンストゥルオサ）
MONTEPULCIANO （モンテプルチャーノ）
MONTILS （モンティル）
MONTONICO BIANCO （モントニコ・ビアンコ）
MONTÙ （モントゥ）
MONVEDRO （モンヴェドロ）
MOORE'S DIAMOND （ムーアズダイアモンド）
MORADELLA （モーラデッラ）
MORAVA （モラヴァ）
MORAVIA AGRIA （モラビア・アグリア）
MORETO DO ALENTEJO （モレット・ド・アレンテージョ）
MORIO-MUSKAT （モリオ＝ムスカート）
MORISTEL （モリステル）
MORNEN NOIR （モルネン・ノワール）

MORONE	(モローネ)
MORRASTEL BOUSCHET	(モラステル・ブーシェ)
MOSCATELLO SELVATICO	(モスカテッロ・セルヴァティコ)
MOSCATO DI SCANZO	(モスカート・ディ・スカンツォ)
MOSCATO DI TERRACINA	(モスカート・ディ・テッラチーナ)
MOSCATO GIALLO	(モスカート・ジャッロ)
MOSCATO ROSA DEL TRENTINO	(モスカート・ローザ・デル・トレンティーノ)
MOSCHOFILERO	(モスホフィレロ)
MOSCHOMAVRO	(モスホマヴロ)
MOSTOSA	(モストーザ)
MOUYSSAGUÈS	(ムイサギュエ)
MSKHALI	(ムスハリ)
MTSVANE KAKHURI	(ムツヴァネ・カフリ)
MUJURETULI	(ムジュレトゥリ)
MÜLLER-THURGAU	(ミュラー＝トゥルガウ)
MUSCADELLE	(ミュスカデル)
MUSCARDIN	(ミュスカルダン)
MUSCAT BAILEY A	(マスカット・ベーリー・A)
MUSCAT BLANC À PETITS GRAINS	(ミュスカ・ブラン・ア・プティ・グラン 訳注：以降，ミュスカ・ブランと短縮して表記)
MUSCAT BLEU	(ムスカ・ブル)
MUSCAT FLEUR D'ORANGER	(ミュスカ・フルール・ドランジェ)
MUSCAT ODESSKY	(ムスカト・オディエスキー)
MUSCAT OF ALEXANDRIA	(マスカット・オブ・アレクサンドリア)
MUSCAT OF HAMBURG	(マスカット　ハンブルグ)
MUSCAT OTTONEL	(ミュスカ・オットネル)
MUSCAT SWENSON	(マスカットスウェンソン)
MUŠKÁT MORAVSKÝ	(ムシュカート・モラフスキー)
MUSTOASĂ DE MĂDERAT	(ムストロアサ　デ　マデラット)

MACABEO

スペイン，リオハ（Rioja）ではVIURA，フランス，ルシヨン（Roussillon）ではMACCABEUの別名で知られ，広く栽培されており，熟成させる価値のある白ワインが作られるが往々にして過小評価される品種である．

ブドウの色：

主要な別名：Charas Blanc（カリフォルニア州），Lardot（フランスのドローム県（Drôme）），Macabeu ☒（カタルーニャ州（Catalunya）），Maccabéo（フランス），Maccabeu（フランスのルシヨン），Viura（スペインのリオハ（Rioja）およびルエダ（Rueda）），Vuera ☒（リオハおよびルエダ）

よくMACABEOと間違えられやすい品種：ALCAÑÓN ☒（ソモンタノ（Somontano）），XARELLO ☒（(カタルーニャ州）

起源と親子関係

MACABEOはおそらくカタルーニャ州のビラフランカ・ダル・パナデス地域（Vilafranca del Penedès）が起源であり，この品種に関しては17世紀初頭にこの地においてFray Miquel Agustí（1617）が初めて記載している．「Muscatブドウと Macabeuブドウは完熟したときに収穫しなければならない」．その後，フランス南部のルーションに持ち込まれ，そこでは1816年にペルピニャン（Perpignan）の北に位置するサルス＝ル＝シャトー（Salses-le-Château）で最初に記載された（Gournay 1790）．「ペルピニャン近くのサルスで，Macabeuという名の絶妙な繊細さと味わいをもつ優れた白ワインが作られている」．Favà i Agud（2001）によれば，カタルーニャ語のMacabeuはフランス語である種の聖職者を指すmacab（r）éに由来すると考えられている．

一般的に信じられていたことに反して，ソモンタノのALCAÑÓNはMACABEOとは同一でなく，ALCAÑÓNのDNAプロファイル（Martín *et al.* 2003; Fernández-González, Mena *et al.* 2007）はMACABEOのもの（Ibañez *et al.* 2003; Martín *et al.* 2003）とは全く異なっていた（Vouillamoz）．

MACABEOとブレンドされることが多く，またMACABEOと混同されることもあるXARELLOが，MACABEOと関係があることがDNAプロファイリング解析によって示唆された（Ibañez *et al.* 2003）．最近のDNA系統解析によりMACABEOは，ほぼ絶滅状態にあるアンダルシア州（Andalusia）品種HEBÉNと，BRUSTIANO FAUX（=FALSE BRUSTIANO，サルデーニャ島（Sardegna）やコルシカ島（Corse）のBRUSTIANO BIANCOとは異なる）と呼ばれる謎の多い品種との自然交配品種であることが明らかになった．その結果MACABEOは，スペイン北西部のレオン県（León）のビエルソ地域（Bierzo）のMANDÓN，およびマヨルカ島（Mallorca）のGORGOLLASAと片親だけが姉妹品種の関係にあることが明らかになった（García-Muñoz *et al.* 2012）．しかしこれらの系統解析は少ない種類（20）のDNAマーカーを用いた解析であり，確認が必要である．

他の仮説

Comte Odart（1845）は，MACABEOは中東から持ち込まれたと述べている．

ブドウ栽培の特徴

厚い果皮をもつ中サイズの果粒が密着して大きな果房をつける．萌芽は遅く晩熟である．豊産性で枝は時に風で折れてしまう．涼しく，湿った場所は栽培に適さない．灰色かび病やブドウの樹の壊死菌に対しては非常に感受性があるが，べと病への感受性はそれほどでもない．収量を抑えるとよい影響が得られる．比較的早摘みされる．

栽培地とワインの味

フランスではスペインほど広くは栽培されていないが，ルシヨン地域では特に重視されており，2009年にフランスで栽培されたMACCABÉO/MACCABEUの栽培面積2,628 ha（6,494 acres）のうち（2000年の5,200 ha/12,849 acresから大幅に減少している）の少なくとも85%がこの地域で栽培されている．ワイン生産における試行錯誤のるつぼともいえるルーシヨン地域のVallée de l'Aglyの内外ではGRENACHE BLANC（GARANACHA参照）やCARIGNAN BLANC（MAZUELO参照）などと樽熟成のブレンドワインに用いられることが多いが，Domaine Gayda社が生産したヴァラエタルワイン（地理的に正確にラベル表示されているとはいえないが）など，大きな成功を収めたものもある．

MACABEO/VIURAはスペイン北部で最も栽培される白品種で，南部や北西部を除く同国の全土で栽培されている．2008年にはスペインで34,401 ha（85,007 acres）が記録されており，栽培は主にカタルーニャ州（13,718 ha/33,898 acres），カスティーリャ・ラマンチャ州（Castilla-La Mancha）（5,311 ha/13,124 acres），アラゴン州（Aragón）（4,987 ha/12,323 acres）で見られるが，リオハ（Rioja），バレンシア（Valencia），エストレマドゥーラ（Extremadura）の各州でも広く栽培されている．カタルーニャ州におけるこの品種の普及は，主にCavaにおけるその役割によるものであり，現地では通常PARELLADAやXARELLOとブレンドされている．リオハでは，1901年にフィロキセラ被害が襲う前には広く栽培されていたMALVASÍA RIOJANA（ALARIJE）やGARNACHA BLANCAをほぼ置き換えてしまったが，最近では新たに植えられていないため平均樹齢は高い．この品種はあまり敬意を払われないが，リオハにおいて，この品種は最も名高い伝統的なオーク熟成の白ワインである，López de Heredia社のViña TondoniaやMarqués de Murrieta社のCapellaníaは，MACABEU主体または単独で作られたものである．

若くてオークを用いないヴァラエタルワインは，軽くフローラルで比較的アロマティックである．しかし，酸味は弱くなる傾向にあり，アロマはすぐに失われ，苦味のあるアーモンドのような特徴が生まれてしまうことがある．それにもかかわらず，収量を抑えたMACABEOは伝統的な酸化スタイルのワインでは樽発酵やオーク熟成に適しており，Finca Allende社などが作る現代的なスタイルのワインは5年目くらいに飲むのがよい．カタルーニャ州とリオハでは，MACABEOが主体のブレンドワインが最高のワインとなる．生産者としては他にもリオハのBeronia，Palacios Remondo，Remírez de Ganuza，Benjamin Romeo，Tobíaや，Costers del Segre DOのCercavinsなどが推奨されている．

MACERATINO

イタリア，アドリア海沿岸のマルケ州（Marche）に見られる稀少な白品種

ブドウの色：●̲ ● ● ● ●

主要な別名：Bianchetta Montecchiese，Greco delle Marche，Greco Maceratino，Maceratese，Matelicano，Montecchiese，Ribona（マルケ州（Marche）のマチェラータ県（Macerata）），Uva Stretta，Verdicchio Marino，VerdicchioTirolese

よくMACERATINOと間違えられやすい品種：GRECHETTO DI ORVIETO ⊗，GRECO ⊗，GRECO BIANCO ⊗，TREBBIANO TOSCANO ⊗，VERDICCHIO BIANCO ⊗

起源と親子関係

この品種はマルケ州，マチェラータ県に起源をもち，その地名が品種名の由来である．地方での言い伝えに反し，DNAプロファイリング解析によってMACERATINOはGRECHETTO DI ORVIETO，GRECO，GRECO BIANCO，TREBBIANO TOSCANOとは異なることが明らかになり，VERDICCHIO BIANCOとの近縁関係が示唆された（Filippetti，Silvestroni，Thomas and Intrieri 2001）．

他の仮説

MACERATINOは「Grecoファミリー」に属するとみなされがちだが，Grecoはファミリーを構成しない，多くの異なる品種のいくつかを指して用いられる用語である．

ブドウ栽培の特徴

樹勢が強い．熟期は中期～晩期である．冬の霜，うどんこ病およびべと病に低い耐性をもつ．

栽培地とワインの味

MACERATINO はイタリアアンコーナ県（Ancona）のロレート（Loreto）コムーネおよびマチェラータ県でのみ栽培されている．Colli Maceratesi DOC（スティルワイン，発泡性，パッシートのいずれも可能）は最低70％の MACERATINO を使うことが決められているが，別名の RIBONA がラベルに記載される場合はヴァラエタルワインも認められている．ヴァラエタルワインは良好な酸味と花やアーモンド，場合によってはアニスシードのようなアロマをもつ．生産者としては Accattoli，Boccadigabbia（同社の Mont' Anello は Colli Maceratesi Ribona のよい例），Villa Forano，Azzoni Avogadro Carradori がある．

MADELEINE ANGEVINE

フレッシュで柑橘系の香りをもつマイナーなフランス品種で主にカナダとヨーロッパの非常に冷涼な地域で栽培されている．生食用に栽培されることもある．

ブドウの色：

主要な別名：Äugstler Weiss ☿（スイスのバーゼル（Basel）），Maddalena Angevina（イタリア），Madlen Anževin（旧ユーゴスラビア）
よく MADELEINE ANGEVINE と間違えられやすい品種：Madeleine Angevine Oberlin，MADELEINE × ANGEVINE 7672

起源と親子関係

MADELEINE ANGEVINE は1857年にアンジェ（Angers）で有名なブドウ育種家の Jean-Pierre Vibert 氏の後継者である Robert と Moreau が得た実生である．1863年に自身を Moreau-Robert と名乗る後継者が公開した．この早熟品種は，ブドウがしばしばその頃に収穫可能になる Sainte-Madeleine の日（7月22日）と，ロワール川流域（Val de Loire）のアンジェ市にちなんで Angevine と命名された．

MADELEINE ANGEVINE は MADELEINE ROYALE × PRÉCOCE DE MALINGRE の交配品種だと考えられていたが，近年の DNA 系統解析によって，CIRCÉ × MADELEINE ROYALE（MÜLLER-THURGAU 参照）であることが示された（Vargas *et al.* 2009）．ここでいう CIRCÉ は Vibert 氏によって得られた SCHIRAS × CHASSELAS の交配品種で，また SCHIRAS は Dr. Houbdine が得た生食用ブドウである．

MADELEINE ANGEVINE は SIEGERREBE，CITRONNY MAGARACHA，CSABA GYÖNGYE および MADELEINE × ANGEVINE 7672 などのワイン用または生食用品種の育種に用いられた．

他の仮説

南フランス，モンペリエ（Monpellier）の国立農業研究所（Institut National de la Recherche Agronomique : INRA）で行われた DNA 系統解析では，この品種は MADELEINE ROYALE と，1853年に Robert 氏が CIRCÉ と同じ親品種から得た BLANC D'AMBRE の交配品種とされた．

ブドウ栽培の特徴

萌芽期は早く，非常に早熟である．花がめしべのみのため，花ぶるい（Coulure）と結実不良（ミルランダージュ）になりやすい．

栽培地とワインの味

2006年に記録されたフランスの栽培は7 ha（17 acres）のみであった．冷涼で湿気のあるワシントン州のでも限定的に栽培されており，Puget Sound AVA では San Juan Vineyards 社が香り高くシトラス感のあるヴァラエタルワインを作っている．ピュージェット湾（Puget Sound）では他にも Perennial Vintners や Lopez Island Vineyards などがこのフレッシュなヴァラエタルワインを生産している．カナダのブリティッシュコロンビア州では2007年に13 acres（5 ha）の栽培が記録されており，オカナガン・バレー（Okanagan Valley）の Larch Hills 社がヴァラエタルワインを生産している．キルギスタンでは生食用ブドウとして栽培されている．

デンマークでは限定的（2010年の栽培面積は1 ha/2.5 acres 未満）に栽培されており，ヘルシンゲル（Helsingør）のすぐ北に位置する，同国内で初めて認可されたブドウ畑を所有する Domaine Aalsgaard 社や，ユトランド半島（Jutland），シェラン島（Zealand），フュン島（Fyn）などで栽培されている．またスウェーデンの最南部でも栽培されている．

MADELEINE × ANGEVINE 7672

親品種が明らかでないドイツの白品種．イギリスで人気を博している．

ブドウの色：

よくMADELEINE × ANGEVINE 7672と間違えられやすい品種：MADELEINE ANGEVINE

起源と親子関係

MADELEINE×ANGEVINE 7672は，受粉させた MADELEINE ANGEVINE の実生により生まれた品種であるが，もう片方の親品種は不明である（MADELEINE ANGEVINE はめしべのみの花であるから，自家受粉の可能性はない）．1930年以前にドイツラインヘッセン地方（Rheinhessen）のアルツァイ 研究センター（Alzey research centre）で開発されたのであろう．

ブドウ栽培の特徴

早熟．収量は安定している．酸度は低い．

栽培地とワインの味

このワインの低い酸味は，赤道からずっと離れたところでその価値を発揮する．ブドウ栽培家の Stephen Skelton 氏によると，1950年代にイギリスに持ち込まれたこの品種は，親しみを込めて Mad Angie と呼ばれ，期待が持てると考えられていたが，生食用ブドウの MADELEINE ANGEVINE と混同されたことで，その評判と普及が妨げられた．それでもなお2009年には48 ha（119 acres）の栽培を記録している．ワインは軽いマスカットフレーバーを有しているが，時に柑橘系に近い感じもある．Sharpham 社の作るワインには樽熟成させるタイプのものとそうでないものがあるが，どちらも良質である．この品種はデンマークのごく小さな畑でも栽培されている（2010年の栽培面積は1 ha/2.5 acres 未満）．またスウェーデンでも栽培されている．

MADRASA

広範囲にわたって栽培されているアゼルバイジャンの品種.
フルボディーで良好な骨格をもつワインになる.

ブドウの色：● ● ● ● ●

主要な別名：Kara Shirei または Qara Shira，Matrasa，Matrassa，Medrese，Sevi Shirai

起源と親子関係

MADRASA はアゼルバイジャン北東部の Shamakhi 地域の Madrasa 村に起源があり，この村では19世紀あるいはそれ以前から栽培されてきた（Chkhartishvili and Betsiashvili 2004）.

ブドウ栽培の特徴

熟期は中程度．厚い果皮をもつ果粒が密着した果房をつける．良好な乾燥耐性を示す．また主要なかびの病気および冬の極寒に耐性をもつ.

栽培地とワインの味

ワインは深い色合いで，高いアルコール分とタンニンをもち，フルボディーでブレンドされることが多い．アゼルバイジャンでは辛口，甘口のワインや酒精強化ワインが作られている．生産者としては Absheron Sharab，Ganja Sharab 2，Ismailli Wine，Shemakha Farm などがあげられる.

MAGLIOCCO CANINO

この品種から作られるタンニンに富むワインは，イタリア，カラブリア州（Calabria）で主にブレンドワインに用いられている.

ブドウの色：● ● ● ● ●

主要な別名：Magliocco Ovale（ラメーツィア・テルメ（LameziaTerme）），Maglioccolone（ラメーツィア・テルメ）

よくMAGLIOCCO CANINOと間違えられやすい品種：CASTIGLIONE ☒，GAGLIOPPO ☒，MAGLIOCCO DOLCE ☒，NERELLO MASCALESE ☒，NOCERA ☒（シチリア島（Scilla））

起源と親子関係

Magliocco と呼ばれる品種は15世紀終わり頃，カラブリア州において Marafioti が Magliocco と名付けられた品種に関する記載を残している．しかし Magliocco は，イタリア南部において異なる品種の名前としても用いられていることから，よく Magliocchi ファミリーと呼ばれている．最近のブドウの形態分類学的解析および DNA 系統解析によって，Magliocchi としては MAGLIOCCO CANINO と MAGLIOCCO DOLCE の2品種のみが存在することが明らかになった（Schneider，Raimondi *et al.* 2009）．Magliocco と呼ばれる他のブドウは，主に GAGLIOPPO などの他の品種に対応している．したがって Magliocchi ファミリーというものは存在しないことになる.

さらなる DNA 系統解析によって MAGLIOCCO CANINO は CALABRESE DI MONTENUOVO と親子関係にあることが明らかになった．CALABRESE DI MONTENUOVO は CILIEGIOLO との自然交

配によりサンジョヴェーゼ（SANGIOVESE）を生みだした品種である（Vouillamoz, Monaco *et al.* 2007）．したがってMAGLIOCCO CANINOはサンジョヴェーゼの片親だけが同じ姉妹品種か，祖父母と孫の関係にあたることになる．この結果は，サンジョヴェーゼのルーツがカラブリア州にあるとする理論の裏付けとなっている．

他の仮説

イタリア南部の多くの系統同様，いろいろなMagliocco に対しても，その起源が古代ギリシャにあることが示唆されてきた．その品種名は，「柔らかな結び目」を意味しており，それは房の形を表しているのであろうが，MAGLIOCCO CANINO と現代のブドウ品種との間の遺伝的関係を示す証拠はない（Vouillamoz）．

ブドウ栽培の特徴

晩熟（10月初めの10日間）．この品種の特別なクローンであるMaglioccolone の熟期はもう少し早い．乾燥に敏感である．

栽培地とワインの味

MAGLIOCCO CANINO はイタリアカラブリア州のティレニア海（Tirrenian）沿岸，主にカタンザーロ県（Catanzaro）やコゼンツァ県（Cosenza）で栽培されている．Savuto は，MAGLIOCCO CANINO を公認している唯一のDOCで，GAGLIOPPO やNERELLO CAPPUCCIO などの他の地域の品種とブレンドされる．ワインはタンニンに富み，ブレンドワインの骨格と熟成のポテンシャルをもたせることに寄与している．Malaspina 社のPatros Pietro（IGT Calabria）は80％のMAGLIOCCO CANINO と20％のカベルネ・ソーヴィニヨン（CABERNET SAUVIGNON）のブレンドワインで，アカシアの樽で熟成される．Tenuta Terre Nobili 社のCariglio（IGT Valle dei Crati）は80％のMAGLIOCCO CANINO と20％のMAGLIOCCO DOLCE のブレンドである．

MAGLIOCCO CANINO はマルケ州（Marche）やシシリア島（Sicilia）でも栽培されているといわれるが，より詳細なブドウの分類学的解析が必要である．

2000年のイタリア農業統計には616 ha（1,522 acres）のMAGLIOCCO CANINO が栽培されたと記録されているが，この統計ではMAGLIOCCO DOLCE もMAGLIOCCO CANINO の別名として扱われているため，実際のMAGLIOCCO CANINO の栽培面積は明らかでない．カラブリア州ではMAGLIOCCO CANINO よりもMAGLIOCCO DOLCE が広く栽培されているようだ．

MAGLIOCCO DOLCE

MAGLIOCCOの2品種のうち，より一般的に普及し，広く栽培されている
イタリア，カラブリア州（Calabria）の品種

ブドウの色：● ● ● ● ●

主要な別名：Arvino（コゼンツァ県（Cosenza），クロトーネ県（Crotone）），Catanzarese，Gaddrica（ロンゴバルディ（Longobardi）），Greco Nero（ラメーツィア・テルメ（LameziaTerme）），Guarnaccia Nera（ヴェルビカーロ（Verbicaro）），Lacrima Cristi Nera（コゼンツァ県，Reggio Calabria），Magliocco Tondo，Maglioccuni（ビヴォンジ（Bivongi）），Mangiaguerra（カーポ・ヴァチカーノ（Capo Vaticano）），Marcigliana，Marsigliana Nera☒（ラメーツィア・テルメ），Merigallo（テッラヴェッキア（Terravecchia）），Nera di Scilla（スカレーア（Scalea）），Petroniere

よくMAGLIOCCO DOLCEと間違えられやすい品種：CASTIGLIONE☒（ロクリ（Locride）），GAGLIOPPO☒，MAGLIOCCO CANINO☒，NERELLO MASCALESE☒（シチリア島（Sicilia）），NOCERA☒（カリフォルニア大学デービス校のNocera 試料は実はMAGLIOCCO DOLCE である；Vouillamoz）

起源と親子関係

「Magliocchi ファミリー」について，詳細は MAGLIOCCO CANINO の項を参照のこと．

ARVINO は，MAGLIOCCO DOLCE の最も古い別名の一つである．おそらくカラブリア州（Calabria）内の3県（クロトーネ県（Crotone），コゼンツァ県（Cosenza），カタンザーロ県（Catanzro））にまたがる高原，シーラ山（La Sila）にあるアルヴォ湖（Lago Arvo）に由来し，この地域が MAGLIOCCO DOLCE の発祥地なのであろう．MARSIGLIANA NERA と MAGLIOCCO DOLCE は異なる品種だと考えられてきたが，ブドウの形態分類学的解析と DNA プロファイリング解析によって MAGLIOCCO DOLCE と同一であることが明らかになった（Schneider，Raimondi，De Santis and Cavallo 2008）．

他の仮説

MAGLIOCCO CANINO を参照．MAGLIOCCO DOLCE と現代ギリシャ品種との遺伝的関係を示す証拠はない（Vouillamoz）．

ブドウ栽培の特徴

この品種には多くの異なるクローンがある（たとえば SAVAGNIN と同様）．果粒には多くのタンニンが含まれている．

栽培地

MAGLIOCCO DOLCE はイタリア，カラブリア州で最も広く栽培される赤ワインブドウの一つである．数多くの別名の下，主にクロトーネ県，カタンザーロ県，コゼンツァ県で栽培されている．Librandi 社の Magno Megonio は良質のヴァラエタルワインである．

2000年のイタリア農業統計では616 ha（1,522 acres）の MAGLIOCCO CANINO が栽培されたと記録されているが，これには MAGLIOCCO DOLCE も含まれているので，MAGLIOCCO DOLCE の正確な栽培面積は明らかでない．しかしカラブリア州では MAGLIOCCO DOLCE が MAGLIOCCO CANINO より広く栽培されているようだ．

MAGNOLIA

マイナーなマスカダイン（Muscadine）品種．
果実の成熟度合いが不均一である．

ブドウの色：● ● ● ● ●

主要な別名：North Carolina 60-60

起源と親子関係

MAGNOLIA は，1954年にノースカロライナ州の農業研究ステーションで選抜された（(HOPE×THOMAS)×(SCUPPERNONG))×(TOPSAIL×TARHEEL）の Muscadine の交雑品種（主に *Vitis rotundifolia* で若干の *Vitis labrusca* と *Vitis vinifera* を含む）である．ここでいう HOPE は，選抜された *Vitis rotundifolia* である（THOMAS，TOPSAIL，TARHEEL の系統については CARLOS を参照）．1961年に公開された．

ブドウ栽培の特徴

樹勢が強い．豊産性だが果実の成熟度合いが不均一である．灰色かび病に感受性がある．小さなブロンズ色の果粒をつける．比較的寒冷耐性である．

栽培地とワインの味

2006年にはノースカロライナ州で20 acres（8 ha）のMAGNOLIAが栽培されていたが，全体としては非常に限定的な栽培である．ヴァラエタルワインの生産者としてはノースカロライナ州のCypress Bend, Duplin，Uwharrie，テキサス州のPiney Woods等があげられる．テキサス州のColony Cellarsやアラバマ州のWills Creekはブレンドワインに用いている．ほとんどのワインがリンゴと梨のようなワインだと表現されている．

MAGYARFRANKOS

共産主義時代のハンガリーから試験栽培の過程で外部に持ち出された濃い色の果皮をもつ品種

ブドウの色：● ● ● ● ●

主要な別名：Magyar Frankos

起源と親子関係

MAGYARFRANKOSには「ハンガリーとフランケンの」という意味がある．1953年にハンガリーの聖イシュトヴァーン（Szent István）大学でPál Kozma氏とJózsef Tusnádi氏がMUSCAT BOUSCHET×BLAUFRÄNKISCH（KÉKFRANKOS）の交配により得た交配品種である．このとき用いられたMUSCAT BOUSCHETは黒色果粒のMUSCAT ROUGE DE MADÈRE×PETIT BOUSCHETの交配品種でもはや栽培されていない（MUSCAT ROUGE DE MADÈREの起源についてはサンジョヴェーゼ（SANGIOVESE）を参照）．1974年にBÍBORKADARKAとともに公式登録された．

ブドウ栽培の特徴

晩熟で，高収量である．小さな果粒からなる大きな果房をつける．寒冷耐性であるが灰色かび病には感受性がある．

栽培地とワインの味

ハンガリー中北部，マートラ（Mátra）の，ジェンジェシュパタ村（Gyöngyöspata）のBálint Losonci氏と他の何軒かの生産者が，1970年代に試験栽培されていた頃から残されている同国内最後の畑（2～3 ha（5～7 acres））でMAGYARFRANKOSを栽培している．この品種は，高収量で栽培が容易，という共産時代の二つの重要な必要条件を満たさなかったため，採用されなかった．Losonci社は現在，唯一のヴァラエタルワインを作っており，また深い色合いのKÉKFRANKOSとMAGYARFRANKOSのロゼのブレンドも作っている．

MAIOLICA

濃い色の果皮をもつアブルッツォ州（Abruzzo）のマイナーな品種.
通常は MONTEPULCIANO とブレンドされる.

ブドウの色：● ● ● ● ●

主要な別名：Gaglioppa，Ortonese
よくMAIOLICAと間違えられやすい品種：GAGLIOPPO

起源と親子関係

房が似た形状であることから MAIOLICA は GAGLIOPPO と混同されることが多い.

ブドウ栽培の特徴

豊産性で非常に晩熟である．冬の寒さに感受性がある.

栽培地とワインの味

かつては MAIOLICA はイタリア，アブルッツォ州広く栽培されていたが，現在，栽培はペスカーラ県（Pescara）やキエーティ県（Chieti）に限定されている．例外的にマチェラータ県（Macerata）でいくつかの植え付けが見られる．2000年にはイタリアで76 ha（188 acres）が栽培されている．通常，MONTEPULCIANO に色，スパイシーなアロマ，ソフトなタンニンを加えるためにブレンドされるが，IGT Colline Pescaresi ではヴァラエタルワインも公認されている.

MAIOLINA

1980年代に絶滅の危機から救済されたイタリア北部の稀少な赤品種は豊産性である.

ブドウの色：● ● ● ● ●

主要な別名：Majolina

起源と親子関係

MAIOLINA の DNA はユニークで，他の古いロンバルディア州（Lombardia）の品種とかなり似ている（Geuna *et al.* 1997）.

他の仮説

MAIOLINA とテンプラニーリョ（TEMPRANILLO）との類似性を示唆する研究者もあるが，DNA プロファイリング解析によりこれは否定されている（Vouillamoz）.

ブドウ栽培の特徴

非常に豊産性，果粒は糖度が低いが赤色が強い.

栽培地とワインの味

イタリア，ロンバルディア中央部，ブレシア市（Brescia）のちょうど中心部にある，丘の麓から城に上がる途中に Pusterla Winery 社が所有する Vigneto della Pusterla と呼ばれる歴史的な畑がある．4 ha（10 acres）のこの畑は，この地方の棚仕立てで栽培されており，ヴァラエタルの Invernenga のみならず，Pusterla Rosso IGT Ronchi di Brescia を年間2000本生産している．また MAIOLINA の他，MARZEMINO，GROPPELLO GENTILE，SCHIAVA GROSSA，BARBERA，CORVA などの地方の古く稀少な品種を用いたブレンドワインも作られている．

スローフード（Slow Food）運動が支援するユニークなシティワインに加えて，MAIOLINA はロンバルディア州のフランチャコルタ（Franciacorta），オーメ（Ome）で栽培されている．オーメは1980年代に Majolini 兄弟（この兄弟にピッタリの名前）がこの品種を絶滅の危機から救済した場所である．品種名はそれよりも以前に命名されたものであるが，この地方の一般的なファミリーネームに由来する．数年前に Majolini 兄弟は赤い果実の特徴と良好な骨格をもつ滑らかなヴァラエタルワインをマグナム瓶で360本生産し，MAIOLINA が正式に農業省に登録されるよう後押しした．

MAJARCĂ ALBĂ

SLANKAMENKA を参照

MALAGA BLANC

MALAGA BLANC はタイの主要品種で，生食用ブドウ（現在では生食用およびワイン用）として1685年にルイ14世 からシャム王国のナーラーイ（Narai）王にフランス南部からの贈り物として持ち込まれたものだといわれている．この品種はスペイン品種の TENERON と同一であり PANSE DE PROVENCE とも呼ばれていることは，MALAGA BLANC がたとえば Siam Winery 社でプロヴァンスの COLOMBAUD やロワール（Loire）のシュナン・ブラン（CHENIN BLANC）と一緒に栽培されていることを思えば理解できる．MALAGA BLANC は他の「地方品種」POKDUM（BLACK QUEEN）とともに，タイのチャオプラヤーデルタ（Chao Praya Delta）の水上ブドウ園で栽培されている．そのこの品種の厚い果皮のおかげでタイの雨の多い気候条件に耐性を示している．この品種はベトナムでもワイン作りに用いられる．

アルメニアの DOBOUKI やキプロスの MUSCAT OF ALEXANDRIA などの多くの異なる品種が Malaga ○○と呼ばれている．

MALAGOUSIA

アロマティックで高品質だが人々から忘れ去られていたこのギリシャ品種は最近，絶滅の危機から救済された．

ブドウの色：●　●　●　●　●

主要な別名： Malagouzia，Malagoyzia，Malaouzia，Melaouzia

起源と親子関係

MALAGOUSIA はギリシャ本土の南部海岸地方，エトリア・アカルナニア県（Aitolía-Akarnanía）のナフパクトス（Náfpaktos）周辺由来であろう（Manessis 2000；Nikolau and Michos 2004）．

ブドウ栽培の特徴

樹勢が強く豊産性で，萌芽期は早く早熟である．大きな果粒が密着した大きな果房をつける．果皮がかなり薄くなってしまうことがしばしばある．灰色かび病とべと病には高い感受性を示すが乾燥には耐性がある．

栽培地とワインの味

MALAGOUSIA はバジル，ライム，オレンジ，エキゾチックなフルーツからバラの花弁にいたる幅広い香りをもつアロマティックなフルボディーのワインになる．通常，酸味は弱いが，最高のワインは酸味が効いており，エレガントである．しかし品質が乏しいワインは魅力に欠け，重いものとなる．果皮のフェノールによりきめの細かいテクスチャーが得られ，スキンコンタクトによりそのテクスチャーが増すワインがある．ブドウの樹の中には酸味の高い小さな果粒をつけるものもあれば，よりアロマティックな大きな果粒をつけるものもあることから複数のクローンの存在が議論されているが，これはおそらく剪定や栽培されている土地によっても生じる違いであろう．ソーヴィニヨン・ブラン（SAUVIGNON BLANC）のようなアロマティックな品種と異なり，暑い土地でもアロマが失われることはない．冷涼な地方では酸味が高くなるが，ワインは薄く，印象も弱いものになる．

1980年代と1990年代に Domaine Carras 社に在籍していた Evangelos Gerovassiliou 氏の功績により MALAGOUSIA がもつ偉大なポテンシャルが認識された．ギリシャ西部でこの品種を発見したテッサロニキ（Thessaloníki）農業大学の Logothetis 教授がカラス（Carras）で借りあげた試験栽培用の畑にこの品種の植え付けを行った（Lazarakis 2005）．しかし Roxani Matsa 氏はアテネ郊外にある自身の畑で選択とブドウの配布を繰り返し，同国内各地の栽培家に影響を与えている．Gerovassiliou 氏はエパノミ（Epanomí）にある自身の畑で選抜を続け，ヴァラエタルワイン（辛口と樽発酵の遅摘み）と，MALAGOUSIA の香りの高さを，酸味がより強く，よりミネラル感のある ASSYRTIKO に加えブレンドワインを作っている．

現在，MALAGOUSIA は南部のアッティカ地方（Attikí）やペロポネソス半島（Pelopónnisos）などの多くの異なる地域で栽培されている．通常，最初は小規模の試験栽培から栽培が始められる．現在，重要な栽培地域のほとんどは中央マケドニア（Kentrikí Makedonía）に集中しており，ヴァラエタルワインの生産者としては Antonopoulos（パトラ（Pátra）），Argatia（ナウサ（Náoussa）），Boutari/Matsa（パリニ（Pallini）），Gerovassiliou（エパノミ（Epanomí）），Papagiannakos（アッティキ（Attikí）），Claudia Papagianni（ハルキディキ県（Halkidikí）），Vatistas（モネンバシア（Monemvasia））などが推奨されている．

MALBEC

COT を参照

MALBO GENTILE

モデナ県（Modena）でのみ栽培されるイタリアのマイナーな赤品種

ブドウの色：● ● ● ● ●

主要な別名：Amabile di Genova，Tubino，Turbino
よく MALBO GENTILE と間違えられやすい品種：FOGLIA TONDA ☒

起源と親子関係

この品種の別名の一つに AMABILE DI GENOVA があるが MALBO GENTILE は形態学的にも，遺伝的にもリグーリア海岸（Ligurian Riviera）の品種とは関係がない．最近の DNA 研究によって MALBO

GENTILE はエミリア＝ロマーニャ州（Emilia-Romagna）の FORTANA と近縁であることが明らかになった（Boccacci *et al.* 2005）.

他の仮説

地方の言い伝えには，MALBO GENTILE は19世紀終わりにリグーリア州（Liguria）出身の移民が帰郷する際に Tubino の名でこのブドウをカリフォルニア州から持ち帰ったとあるが，これを支持する文書は残っていない．Malbo という名はフランス語のマルベック（MALBEC / COT）に似ているが，両者の間に共通点はない．Boccacci *et al.*（2005）が MALBO GENTILE は FOGLIA TONDA の別名であると述べているが，DNA プロファイリング解析結果はこれを否定している（Vouillamoz）.

ブドウ栽培の特徴

色づきがよい．樹勢が強く豊産性である．熟期は中程度で果粒は高い糖度に達する．うどんこ病およびべと病に感受性があるが灰色カビ病には耐性がある.

栽培地とワインの味

MALBO GENTILE はイタリアのモデナ県やレッジョ・エミリア県（Reggio Emilia）の丘陵地で栽培されているが，エミリア・ロマーニャ州の南東でも少し栽培されている．たとえば Lambrusco Grasparossa di Castelvetro DOC や Reggiano DOC などにおいては果汁の糖度を高めるために，いろいろな LAMBRUSCO 品種とブレンドされている．Colli di Scandiano e di Canossa DOC は MALBO GENTILE を公認しており，MALBO GENTILE が様々なブレンドワインの生産に用いられるだけでなく，ヴァラエタルワインも作られている．後者は Precocious novella スタイルで作られることが多い．甘口ワインの例としては Villa Bonluigi のパッシートスタイルの La Pinona，あるいは発泡性ワインの Casali Viticoltori の Campo delle More などがあげられるがあまり一般的ではない.

2000年のイタリア農業統計には110 ha（270 acres）の栽培が記録されている.

MALIGIA

イタリア，エミリア・ロマーニャ州（Emilia-Romagna）で
アルコール分の高い白ワインになる稀少な品種

ブドウの色：● ● ● ● ●

主要な別名：Malese，Malige，Maligia Omalise，Malis（ドッツァ（Dozza）），Malisa，Malise，Malisia，Malixa，Malixe，Malixia

起源と親子関係

この品種に関する最も初期の記録は中世までさかのぼる1300年にボローニャ県（Bologna）において Pietro de Crescenzi が Malixia について記しているが，形態学的特徴にいくつかの違いがあるのでこの記載については疑問がもたれている．この品種がいまだこの地域の古いブドウ畑で分散的に栽培されていることからまだの古いブドウ畑でところどころで栽培されていることから Tanara（1644）が Dozza で記した MALIGIA に関する記載はより信憑性があるといえるだろう.

他の仮説

MALIGIA は MALVASIA ファミリーに属するとされることが多かったが，ブドウの形態分類学的および遺伝的なデータはこうしたファミリーの概念を強く否定している（MALVASIA 参照）.

ブドウ栽培の特徴

樹勢が強く結実能力が高い．かびへの耐性は乏しい．晩熟．

栽培地とワインの味

MALIGIA はイタリアのエミリア・ロマーニャ州，ボローニャ県のイモラ地区（Imola）で広く栽培され，西はモデナ県（Modena）県のモデナ，東はフォルリ＝チェゼーナ県（Forlì-Cesena）のフォルリにも広がっていた．現在，MALIGIA はボローニャのイモラ，カステル・サン・ピエトロ・テルメ（Castel San Pietro Terme），ドッツァ，カステル・ボロニェーゼ（Castel Bolognese）の各コムーネやラヴェンナ県（Ravenna）のファエンツァ（Faenza）で栽培されているが，栽培面積は3 ha（7 acres）以下である．ワインは軽くアロマティックで，アルコール度数が高くなる．通常は他の地方品種から作られるワインのアルコール分の強化に用いられる．

MALVAR

LAIRÉN を参照

MALVASIA

MALVASIA とその別名は，品種名として，あるいは別名として関連のないブドウ品種の多くに幅広く用いられてきた名称である．

主要な別名：Malvasia の名は後述するように多くの異なる品種に用いられるので，これらは別名というよりも Malvasia の訳語である：Malmsey（英語），Malvagia（スペイン語），Malvasier（ドイツ語），Malvasijie（クロアチア語），Malvelzevec（スロベニア語），Malvoisie（フランス語）

起源と親子関係

MALVASIA は白，ピンク，灰色，黒い果皮色の品種に幅広く使われる一般的な名称であり，それらの品種にはアルコール分の高い甘いワインができるという共通点がある．その名はギリシャ，ペロポネソス半島（Pelopónnisos）の東海岸沖に浮かぶ島の港町，モネンバシア（Monemvasia）に由来し，この地から様々な MALVASIA ブドウが世界に広がっていったと考えられている．Monemvasia は Malfasia となり，イタリア語とポルトガル語では Malvasia，スペイン語では Malvagia，ドイツ語では Malvasier，さらに英語では Malmsey，クロアチア語では Malvasijie，そしてフランス語では Malvoisie となった（Galet 2000）．

かつて，モネンバシアの港は，この地域や近隣のエーゲ海南部の島々で作られるワイン貿易の中心地であった．モネンバシアの甘口ワインに関しては1214年に Éfesos（Ephesus，現在はトルコ領）で初めての記載がされている．また1278年にはすでにベニス人がマルヴァジーアのワイン（vinum de Malvasias）を輸入していたことがわかっている．この甘口ワインの原料となったブドウ品種は不明であるが，AÏDANI，ASSYRTIKO，ATHIRI，KYDONITSA，LIATIKO，MONEMVASSIA，THRAPSATHIRI，VILANA などの品種を含むことが示唆されている．

しかし MALVASIA ○○と名の付いた品種は遺伝的に非常に異なるものであり，通常共通の祖先をもたないという近年の DNA 研究の結果は，MALVASIA のギリシャ起源説を支持するものではない（Fanizza *et al.* 2003; Lacombe *et al.* 2007）．それゆえ「MALVASIA ファミリー」という考え方は意味をなさないことになる．

MALVASIA BIANCA DI BASILICATA

イタリア，バジリカータ州（Basilicata）でのみ栽培される MALVASIA である．

ブドウの色：

起源と親子関係

MALVASIA BIANCA DI BASILICATA は形態学的に MALVASIA BIANCA LUNGA と非常に異なるが，MALVASIA BIANCA DI CANDIA とは幾分の類似点がある．

ブドウ栽培の特徴

豊産性で熟期は中程度である．

栽培地とワインの味

イタリア，バジリカータ州で長い間栽培されてきた MALVASIA BIANCA DI BASILICATA は，たとえば MOSCATO BIANCO（ミュスカ・ブラン・ア・プティ・グラン（MUSCAT BLANC À PETITS GRAINS））などの他の品種にアロマと酸味を加えることができ，AGLIANICO にも加えられてきた．MALVASIA BIANCA DI BASILICATA は辛口ワイン，発泡性ワイン，甘口ワインの生産に用いることができ，ポテンツァ県（Potenza）やマテーラ県（Matera）で推奨されてきた．この品種は Dragone 社の Brut のような，Matera DOC の白や発泡性ワインのブレンドで大きな割合を占めており，最近では Grottino di Roccanova DOC にも登録されている．Cervino Donata Maria の後者のワインは MALVASIA BIANCA DI BASILICATA, TREBBIANO TOSCANO, シャルドネ（CHARDONNAY）とのブレンドである．

イタリアにおける 2000 年に栽培面積は，959 ha（2,370 acres）とかなりの値を記録している．

MALVASIA BIANCA DI CANDIA

最も広く栽培されている MALVASIA 品種．
ニュートラルな白ワインができる．減少傾向にあるが依然，広く栽培されており，
イタリア中部でブレンドワインの生産に用いられている．

ブドウの色：

主要な別名：Malvasia Bianca（カラブリア州（Calabria）），Malvasia Candia, Malvasia di Candia, Malvasia Rossa

よく MALVASIA BIANCA DI CANDIA と間違えられやすい品種：MALVASIA BIANCA DI PIEMONTE, MALVASIA DI CANDIA AROMATICA ⅹ, MALVASIA DI LIPARI ⅹ（MALVASIA CÂNDIDA としてもまた知られる）

起源と親子関係

Candia はこの品種の由来となった土地であるクレタ島（Kríti/Crete）の古い名前であるが，これを支持するような遺伝的証拠は存在しない．近年の DNA プロファイリング解析により MALVASIA DI

CANADIA AROMATICA は MALVASIA BIANCA DI CANDIA の変異ではなく異なる品種であり，遺伝的には MALVASIA DI CASORZO と近縁であることが明らかになった（Lacombe *et al.* 2007）．また，ごく最近行われた DNA 系統解析では MALVASIA BIANCA DI CANDIA が GARGANEGA の子品種であることが示された（系統図はこの品種を参照）．しかし，もう一つの親系統は不明である（Crespan, Galó *et al.* 2008）．結果として，MALVASIA BIANCA DI CANDIA は GARGANEGA の他の子品種であるALBANA，CATARRATTO BIANCO，DORONA DI VENEZIA，MARZEMINA BIANCA，MONTONICO BIANCO，MOSTOSA（別名 EMPIBOTTE BIANCO），SUSUMANIELLO，TREBBIANO TOSCANO などの片親だけが同じ姉妹品種か祖父母と孫の関係にあたることになる．

ブドウ栽培の特徴

驚くべき別名である MALVASIA ROSSA は果粒の色に関するものではなく，頂芽の色に関係している．熟期は中期～晩期（9月下旬）である．

栽培地とワインの味

MALVASIA BIANCA DI CANDIA はイタリアで最も広く栽培されている MALVASIA である．ラツィオ州（Lazio）が主産地であるが，エミリア・ロマーニャ州（Emilia-Romagna），リグーリア州（Liguria），トスカーナ州（Toscana），カンパニア州（Campania），ウンブリア州（Umbria）やサルデーニャ島（Sardegna）でも少し栽培されている．この品種は通常他の品種，特に TREBBIANO タイプのいろいろな品種とブレンドされ，典型的なイタリア中部のブレンドといわれる Colli Lanuvini，Colli Martani，Castelli Romani，Colli Piacentini，Frascati などの DOC で用いられるワインが作られる．ワインは酸化しやすく，そのため色が濃くなりフレッシュさが損なわれてしまう．また風味はニュートラルで，アルコール分が高くなることが多い．

イタリアにおいて1990年代初頭に50,000 ha（123,553 acres）を誇った栽培面積は，2000年には8,788 ha（21,716 acres）にまで激減している．

MALVASIA BIANCA DI PIEMONTE

カリフォルニア州の MALVASIA 品種．
イタリアに起源があり，アロマティックで強固な果皮をもつ．

ブドウの色：●　●　●　●　●

主要な別名：Caccarella，Greco（ピエモンテ州のロエロ（Roero）），Malvasia Bianca（カリフォルニア州），Malvasia Greca（ピエモンテ州のアレッサンドリア県（Alessandria）），Moscatella, Moscato Greco（アスティ県（Asti）），Mosella（アレッサンドリア県）

よく MALVASIA BIANCA DI PIEMONTE と間違えられやすい品種：MALVASIA BIANCA DI CANDIA，MALVASIA BIANCA LUNGA，MALVASIA DEL LAZIO，MALVASIA DI LIPARI

起源と親子関係

MALVASIA グループとして知られる不均一な品種群の中の，この品種は1606年にイタリア，トリノ（Torino）の近くで農学者で博学者の Croce 氏が MALVASIA という名で最初に記載している．19世紀にうどんこ病がブドウ畑に打撃を与え，ミュスカ・ブラン・ア・プティ・グラン（MUSCAT BLANC À PETITS GRAINS（MOSCATO BIANCO として知られる））によって置き換えられるまでは，この品種がイタリア北西部，ピエモンテ州で広く栽培されていた（Schneider, Mannizi and Cravero 2004）．

ブドウ栽培の特徴

非常に樹勢が強い．萌芽期は早期～中期で熟期は中程度である．堅い果皮をもつ大きな果粒が密着した中～大サイズの果房をつける．マスカットの香りのする果粒は遅摘みするのがよい．ミュスカ・ブラン・ア・プティ・グランよりもうどんこ病に感受性が高いが，灰色かび病への感受性はより低い．

栽培地とワインの味

MALVASIA BIANCA DI PIEMONTE の古い樹はイタリアのアレッサンドリア県，アスティ県，クーネオ県（Cuneo），トリノ県（Torino）などに所々にある畑で見られる．

ピエモンテ州からの移民が，誤解を生むような MALVASIA BIANCA という名（MALVASIA の項を参照）で持ち込んだこの品種は，現在，本国よりもカリフォルニア州にて，はるかに重要だとされている．この地では，一般的にフローラルでハーブや柑橘系，時にはよりトロピカルなアロマとフレーバーをもち，口中ではある種の粘性またはオイリーさが感じられる辛口～オフ・ドライのワインが作られる．ナパ（Napa）の Ballentine，サンタ・イネス・バレー（Santa Ynez Valley）の Palmina，モンテレー（Monterey）の Birichino，サン・ベルナーベ（San Bernabe）の Kenneth Volk，Wild Horse などがヴァラエタルワインを生産している．カリフォルニア州では2009年に1,384 acres（560 ha）の栽培が記録されている．栽培は主にセントラル・バレー（Central Valley）のマーセド（Merced），マデラ（Medera），サンホアキン（San Joaquin）などの郡で見られるが，冷涼なソノマ郡（Sonoma）でも栽培されている．

MALVASIA BIANCA LUNGA

広範囲に栽培されているニュートラルなトスカーナ州（Toscana）の品種．辛口ワインとヴィン・サント（Vin Santo）のブレンドワインの生産に用いられている．

ブドウの色：● ● ● ● ●

主要な別名： Krizol ☒（クロアチア），Malvasia Bianca ☒，Malvasia Bianca Siciliana，Malvasia BiancaToscana，Malvasia del Chianti ☒（トスカーナ州），Malvasia di Arezzo，Malvasia di Brolio，Malvasia di San Nicandro，Malvasia Lunga，Malvasia Toscana，Malvasia Verace，Maraškin ☒（クロアチア），Maraština ☒ または Mareština（クロアチア），Menuetta ☒（スロベニア），Pavlos ☒（ギリシャ），Prosecco Nostrano（ヴェネト州（Veneto）のコネリアーノ（Conegliano）），Racina du Monacu Bianca，Rukatac ☒（クロアチアのコルチュラ島（Korčula）），Tundulillu Bianco（カラブリア州（Calabria）），Višana ☒（クロアチア）

よく MALVASIA BIANCA LUNGA と間違えられやすい品種： MALVASIA BIANCA DI PIEMONTE，MALVASÍA DE LANZAROTE ☒，PROSECCO ☒，PROSECCO LUNGO ☒（コネリアーノ）

起源と親子関係

この品種はトスカーナ州のキャンティ地方（Chianti）において，MALVASIA DEL CHIANTI という理にかなった別名で数世紀にわたって栽培されてきた．近年の DNA プロファイリング解析によって，この品種はクロアチアの MARAŠTINA やギリシャの PAVLOS と同一で（Šimon *et al.* 2007），遺伝的には MALVAZIJA ISTARSKA や MALVASIA DI LIPARI（別名 MALVASIA DI SARDEGNA）に近縁であることが明らかになった（Lacombe *et al.* 2007）．さらに DNA 系統解析により MALVASIA NERA DI BRINDISI が MALVASIA BIANCA LUNGA と NEGROAMARO の自然交配品種であることが明らかになった（Crespan *et al.* 2008）．親子関係の解析によりクラス地方（Karst）（イタリア北西部およびクロアチア西部）の白ブドウである VITOVSKA は，同じくクラス地方の PROSECCO TONDO（PROSECCO 参照）と MALVASIA BIANCA LUNGA の子品種で（Crespan *et al.* 2007），後者は VITOVSKA が生まれた際，イタリア北東部において，その地方での別名である PROSECCO NOSTRANO DI CONEGLIANO の名で栽培されていたことが示唆された．この品種は INCROCIO BIANCO FEDIT 51

の育種に用いられた.

ブドウ栽培の特徴

熟期は中期～晩期である．べと病，うどんこ病，灰色かび病および酸敗に高い感受性がある.

栽培地とワインの味

MALVASIA BIANCA LUNGA は MALVASIA DEL CHIANTI の名で，イタリア中部のトスカーナ州のほぼすべての県で栽培されており，いまでも Chianti DOCG に用いられることがある．この品種は，19世紀に Bettino Ricasoli 男爵により確立された有名なキャンティレシピに基づいて，伝統的にサンジョヴェーゼ（SANGIOVESE）や CILIEGIOLO とブレンドされてきたが，20世紀になり，レシピには大幅な修正が加えられた（2006年から白ワイン品種は Chianti Classico DOCG で公認されていない）．この品種は特にヴィン・サント（Vin Santo）のために，いくつかのトスカーナの DOC で公認されている．より最近では MALVASIA BIANCA LUNGA がヴェネト州（Veneto），プッリャ州（Puglia）のブリンディジ県（Brindisi）やバーリ県（Bari）で栽培され（Leverano DOC では少なくとも50% を加えなければいけない），ウンブリア州（Umbria），ラツィオ州（Lazio），マルケ州（Marche）でも栽培されている．ビフェルノ（Biferno）（モリーゼ州（Molise））やリッツァーノ（Lizzano）（プッリャ州（Puglia））などのいくつかの DOC では最大10% と規定されている．アルコール分が比較的高いため，ワインはニュートラルだがフルボディーである．2000年のイタリアにおける総栽培面積は4,741 ha（11,715 acres）であった.

この品種は MARAŠTINA（RUKATAC と呼ばれることもある）の名で，クロアチアの沿岸地域において集中的にではないが広く栽培されている．コルチュラ島（Korčula）や Lastovo を含むいくつかの島でも栽培され，第二の品種として混植されることが多い．この品種はクロアチア沿岸部フルヴァツカ・プリモリエ（クロアチア沿岸部 /Hrvatsko Primorje），スイェヴェルナ・ダルマチヤ（ダルマチア北部 /Sjeverna Dalmacija）などで公認されている．2009年には500 ha（1,236 acres）を少し上回る量が栽培されており，これは全栽培地の1.5 % を少し上回る量である．ワインは黄金色で，フルボディーだが時に酸味に欠けることがある．Mato Antunović，Marko Duvančić（Oklaj），Toreta（Smokvica）などの各社がヴァラエタルワインを生産している.

MALVASIA BRANCA DE SÃO JORGE

親品種が不明だがマデイラ（Madeira）ワインの生産に用いられる高品質のポルトガル品種

ブドウの色：

主要な別名： Malvasia Branca de S Jorge

起源と親子関係

ポルトガルのリスボン（Lisboa）近くのエスタサンォ（Estação）国立農業研究センターの José Leão Ferreira de Almeida 氏が得た交配品種だが，親品種は不明である．1970年代にマデイラ島に持ち込まれ，主に同島北岸，サンタナ地区（Santana）にあるサン・ジョルジェ（São Jorge）の小教区で栽培されたため，この名前が命名された.

ブドウ栽培の特徴

豊産性であり，灰色かび病への高い感受性がある.

栽培地とワインの味

このブドウ品種は高い糖度と酸度に達するので，ポルトガルのマデイラワインの生産によく適しており，1990年代にこの島中に広まった．栽培地区は35 ha（86 acres）で安定しており，この島で作られる酒精強化ワインのうち，最も甘いマルムジー（Malmsey）やマルヴァジア（Malvasia）ワインの主要品種になっている．Barbeito 社の Ricardo Diogo 氏はこの品種の品質に対して非常に情熱をもって取り組んでおり，Malvasia のラベルを用いることはできないものの，より辛口のスタイルのワインを試作している．

MALVASIA CÂNDIDA

MALVASIA DI LIPARI を参照

MALVASÍA CASTELLANA

SÍRIA を参照

MALVASIA DE COLARES

多大な労力をかければ主要品種になる珍しい品種．
リスボン（Lisboa）の北西部沿岸にある砂地のワイン生産地方での栽培は徐々に減りつつある．

ブドウの色：

起源と親子関係

その名が示すように，MALVASIA DE COLARES はポルトガル，リスボン（Lisboa）北西部のコラレス（Colares）ワイン地方でのみ栽培されている品種である．遺伝的には他の MALVASIA とは異なる（Rolando Faustino，私信；Vouillamoz）．ポルトガルの公的書類には単に Malvasia と記載されているだけなので，どの Malvasia 品種を指すのか明確でなくあまり役に立たない．

ブドウ栽培の特徴

高収量である．日焼けする傾向にある．

栽培地とワインの味

Colares DOC のワインは，ポルトガルのリスボン北西部にある大西洋沿岸で作られており，この品種を少なくとも80％の割合で用いなければならない．ワインは通常，フルーティーでフローラルだがミネラル感があり，時にトロピカルな，またはハーブのノートをもつこともある．通常，ブドウは砂地で接ぎ木なしで栽培され，粘土質の下層の土に根をはり，砂地を這う．果実を日焼けから守るために収穫期に向けてわらで覆う必要がある．このように栽培に際して多大な労力を必要とすることが，現地でのこの品種の栽培がゆっくりと終焉に向かっている理由であり，2010年に記録された栽培面積はわずかに3 ha（7 acres）であった．Quinta das Vinhas de Areia および Monte Cascas の2社がヴァラエタルワインを作っている．

MALVASÍA DE LANZAROTE

カナリア諸島で最近，発見され同定された品種．
MALVASÍA と呼ばれる他の品種と混同されやすい．

ブドウの色：● ● ● ● ●

主要な別名：Málaga（テネリフェ島（Tenerife）で Tacoronte-Acentejo），Malvasía（カナリア諸島で Lanzarote, Gran Canaria および Valle de Güímar），Malvasía Portuguesa（カナリア諸島のラ・パルマ島（La Palma）），Malvasía Volcánica（カナリア諸島），Peregil または Perejil（カナリア諸島），Sebastián García（カナリア諸島）

よく MALVASÍA DE LANZAROTE と間違えられやすい品種：MALVASIA BIANCA LUNGA ⚥（イタリア），MALVASIA DI LIPARI ⚥（またはカナリア諸島で Malvasía de Sitges）

起源と親子関係

この品種は，MALVASÍA という不明確な名前でカナリア諸島で見出されたが，ユニークな DNA フィンガープリントをもつことから（Rodríguez-Torres *et al.* 2009），MALVASÍA DE LANZAROTE と命名された．Rodríguez-Torres *et al.*（2009）による DNA 系統解析によって，MALVASÍA DE LANZAROTE はカナリア諸島で MALVASÍA DE SITGES，MALVASÍA DE LA PALMA の名で栽培されている MALVASIA DI LIPARI と，地方の MARMAJUELO が自然交配したことで生まれた品種であることが示唆された．

ブドウ栽培の特徴

熟期は中程度．小さいが比較的果粒が粗着した果房．ウィルス，害虫，病気に対して MALVASIA DI LIPARI よりも高い耐性をもつ（Rodríguez-Torres *et al.* 2009）．

栽培地とワインの味

MALVASÍA DE LANZAROTE はまだスペインで品種登録されておらず，統計に表れていないが，Lanzarote，La Palma，Valle de Güímar など，カナリア諸島のいくつかの原産地呼称で見られる．ワインは軽いアロマ，フルボディーで豊かな風味をもちな典型的な MALVASIA の特徴を示す．ランサローテ島（Lanzarote）の La Geria 社がトロピカルフルーツの香りをもつ Malvasia Volcanica という名前のフルボディーで甘口のワインと，辛口ワインの両方を作っている．

MALVASÍA DE SITGES

MALVASIA DI LIPARI を参照

MALVASIA DEL LAZIO

MUSCAT OF HAMBURG の姉妹品種．
ブドウの香りの強いワインになる．

ブドウの色：

主要な別名：Malvasia col Puntino, Malvasia Gentile, Malvasia Puntinata
よくMALVASIA DEL LAZIOと間違えられやすい品種：MALVASIA BIANCA DI PIEMONTE

起源と親子関係

最近のDNAプロファイリング解析によりMALVASIA DEL LAZIOはMUSCAT OF ALEXANDRIA×SCHIAVA GROSSAの自然交配品種であることが明らかになった（Lacombe *et al.* 2007）．MALVASIA DEL LAZIOが軽いマスカットアロマをもつことはこれで説明がつく．交配は過去にこの二つの親品種が栽培されていたラツィオ州（Lazio）で起こったと考えられている．MALVASIA DEL LAZIOとMUSCAT OF HAMBURGは同じ親品種をもつので姉妹品種にあたる（MUSCATとSCHIAVA GROSSAの系統図を参照）．

MALVASIA PUNTINATAという別名は，この品種の果粒に通常見られる一つの点（イタリア語で*punti*）に由来している．

他の仮説

ジェノバの商人がギリシャから輸入したと考えられる．

ブドウ栽培の特徴

とりわけべと病とうどんこ病などのかびの病気に感受性がある．熟期は中期～晩期である．果粒は軽いマスカットフレーバーをもつ．

栽培地とワインの味

MALVASIA DEL LAZIOはイタリア，ラツィオ州で最も多く栽培されている品種で，栽培は主に首都ローマの南に位置するカステッリ・ロマーニ地域（Castelli Romani）で見られる．通常はCerveteri, Colli Albani, Colli Etruschi Viterbesi, Colli Lanuvini, FrascatiなどのいろいろなDOCで地方品種とのブレンドに用いられる．Marino DOCではMALVASIA DEL LAZIOのヴァラエタルワインを認めている．アブルッツォ州（Abruzzo）でも限定的に栽培されている．

ヴァラエタルワインは主にIGT Lazioに分類され，一般に花とエキゾチックフルーツ，あるいは白いフルーツのアロマをもち，若いうちに飲むのがベストである．Pallavicini社のStillatoを含めて，Casale Pilozzo社のPassione, Fontana Candida社のTerre dei Grifi, Cantine San Marco社のSolo Malvasia, Cantine Colli di Cantone社のColle GaioやVilla Ari Fiore di Malvasiaなどが収穫後に半干しされたブドウから作られる．灰色かび病に感受性があるので，特にCastel de Paolis社などが作る甘口の貴腐ワインの原料として有用で主要な原料となっている．

2000年にはイタリアで2,626 ha（6,489 acres）の栽培が記録されている．

MALVASIA DI CANDIA AROMATICA

イタリアとギリシャに広く分布し栽培されているアロマティックな MALVASIA 品種

ブドウの色：●̲ ● ● ● ●

よく MALVASIA DI CANDIA AROMATICA と間違えられやすい品種：MALVASIA BIANCA DI CANDIA ☒

起源と親子関係

近年の DNA プロファイリング解析により MALVASIA DI CANDIA AROMATICA は MALVASIA BIANCA DI CANDIA の変異ではなく，異なる品種で，遺伝的には MALVASIA DI CASORZO に近いことが明らかになっている（Lacombe *et al.* 2007）.

MALVASIA ROSA は MALVASIA DI CANDIA AROMATICA の果皮色変異で，1967 年にエミリア・ロマーニャ州（Emilia-Romagna）ピアチェンツァ県（Piacenza），ヴァル・ヌレ（Val Nure）の Mario Fregoni 氏が見いだした.

他の仮説

Candia はクレタ島（Kríti）の古い名前で，この地が起源の地であるという説があり，今日でも栽培されているのだが，これを支持する遺伝的なデータはない.

ブドウ栽培の特徴

熟期は中期～晩期である．果粒は軽いマスカットのようなアロマをもち，べと病に感受性がある.

栽培地とワインの味

MALVASIA DI CANDIA AROMATICA はイタリア北部，エミリア・ロマーニャ州のピアチェンツァ県，パルマ県（Parma），レッジョ・エミリア県（Reggio Emilia）などの各県で公認されており，Colli di Parma，Colli di Scandiano e di Canossa DOC でブレンドの一部として，または主要品種として用いられている．ロンバルディア州（Lombardia）のオルトレポ・パヴェーゼ（Oltrepò Pavese）でも栽培されており，Oltrepò Pavese DOC でヴァラエタルワインが作られている．また，さらに南のラツィオ州（Lazio）やカンパニア州（Campania）の Solopaca DOC でも栽培されている（いくつかの情報源は，この結末は実際には MALVASIA BIANCA DI CANDIA であるといっているが）．多くの MALVASIA ○○と同様，辛口，発泡性ワイン，パッシートスタイルの甘口ワイン，ヴィン・サント（Vin Santo）と様々なタイプのワインが作られている．La Stoppa と Pizzarotti の 2 社は 100% MALVASIA DI CANDIA AROMATICA から甘口の発泡性ワインを作っている．また La Stoppa 社がこの品種を主体に，MOSCATO BIANCO（ミュスカ・ブラン・ア・プティ・グラン（MUSCAT BLANC À PETITS GRAINS））を 20% までブレンドし，熟成させる価値があり，わずかだがシェリー風のパッシートワインを作っている．Barattienri 社の Vin Santo di Albarolo，Val di Nure は天日干しされたブドウから作られるヴァラエタルワインであり，10 年間樽で熟成される．通常，ワインはフローラルで重量感があり，遅摘みブドウを用いるとオイリーになることがある.

2000 年時点でのイタリアの統計には 1,756 ha（4,339 acres）の栽培が記録されている.

この品種はエーゲ海南部のクレタ島から本土の北のマケドニアに至るギリシャ各地で栽培されており，クレタ島では Douloufakis 社がバラの香りの辛口と甘口ワインを作っている.

MALVASIA DI CASORZO

イタリア，ピエモンテ州（Piemonte）で甘口ワインや発泡性ワインの生産に用いられる赤色の果粒の稀少な品種

ブドウの色：● ● ● ● ●

よくMALVASIA DI CASORZOと間違えられやすい品種：MALVASIA DI SCHIERANO ☓（ピエモンテ州），MALVASIA NERA LUNGA ☓（ピエモンテ州）

起源と親子関係

ピエモンテ州の赤い果粒のMALVASIAについての最初の記載はDe Maria and Leardi（1875）の中に見られるが，これがMALVASIA NERA LUNGA，MALVASIA DI SCHIERANOあるいはMALVASIA DI CASORZOのいずれを指しているのか定かでない．

近年のDNAプロファイリング解析によって，MALVASIA DI CASORZOとLAMBRUSCA DI ALESSANDRIAの親子関係が明らかになり（Torello Marinoni *et al.* 2006），またMALVASIA DI CASORZOは遺伝的にMALVASIA DI CANDIA AROMATICAに近いことが示唆された（Lacombe *et al.* 2007）．

ブドウ栽培の特徴

熟期は中期～晩期である．

栽培地とワインの味

MALVASIA DI CASORZOはイタリア北部，ピエモンテ州のアスティ県（Asti）（特にCasorzo d'AstiとGrazzano Badoglioで），アレッサンドリア県（Alessandria）（Altavilla Monferrato，Olivola，Ottiglio，Vignale Monferratoで）で栽培されている．また，おそらくエミリア・ロマーニャ州（Emilia-Romagna）でも栽培されている．CasorzoやMalvasia Di CasorzoなどのDOCではこの品種が最低でも90％以上必要で，FREISA，GRIGNOLINO，BARBERAあるいは他の地方品種とブレンドすることができる．赤やロゼのワインは通常アルコール分が低い甘口や発泡性ワインである．Bricco Mondalino社のMolignanoはこの品種100％で作られており，シナモン，黒いフルーツ，柑橘の皮のアロマをもつ．生産者としては他にもFracchiaやLa Seraなどがある．Tenuta Montemagno社のNectarとAccornero社のBrigantinoは稀少なパッシートタイプのワインである．

イタリアにおける2000年の栽培面積は107 ha（264 acres）であった．

MALVASIA DI LIPARI

非常に広く栽培されているこの品種で，通常は半干しされたブドウから様々な甘口ワインが作られている．

ブドウの色：● ● ● ● ●

主要な別名：Greco Bianco di Gerace ☓またはGreco di Gerace（イタリアのカラブリア州（Calabria）），Malmsey（マデイラ島（Madeira）），Malvagia（イタリアのサルデーニャ島（Sardegna）），Malvasia Cândida（マデイラ島），Malvasía de la Palma（スペインのカナリア諸島（Canaria）），Malvasía de Sitges ☓（スペインのカタルーニャ州（Catalunya）），Malvasía de Tenerife（カナリア諸島），Malvasia delle Lipari（イタリアのシ

チリア島（Sicilia）），Malvasia di Cagliari（サルデーニャ島），Malvasia di Sardegna☿（サルデーニャ島），Malvasija Dubrovačka☿（クロアチア）

よくMALVASIA DI LIPARIと間違えられやすい品種：GRECO☿（カンパニア州（Campania）），GRECO BIANCO☿（カラブリア州），MALVASIA BIANCA DI CANDIA☿，MALVASIA BIANCA DI PIEMONTE，MALVASÍA DE LANZAROTE☿

起源と親子関係

最近のDNAプロファイリング解析によって，かつては異なる品種だとされてきたイタリアのMALVASIA DI LIPARI，MALVASIA DI SARDEGNA，GRECO BIANCO DI GERACE，並びにMALVASÍA DE SITGES（スペイン），MALVASIA CÂNDIDA（マデイラ），MALVASIJA DUBROVAČKA（クロアチア）が実は一つの品種であり（Crespan，Cabello *et al.* 2006; Lopes *et al.* 2006），MALVASIA DI LIPARI（MALVASIA DI SARDEGNAの名で）は遺伝的にMALVAZIJA ISTARSKA，MALVASIA BIANCA LUNGA（別名MALVASIA DEL CHIANTI），MALVASIA NERA DI BRINDISIに近いことが明らかになった（Lacombe *et al.* 2007）．この広い地域における分布はMALVASIA DI LIPARIが非常に古い品種であることを示唆しているが，その起源とこれまでの経緯は明らかではない（Crespan，Cabello *et al.* 2006）．

MALVASÍA ROSADAはスペインのカナリア諸島で見つかった果皮色変異である．同様に，MALVASIA CANDIDA ROXAはマデイラ島で栽培される薄い赤い果皮の変異で，ポルトガルのダオ（Dão）でも見られるが，栽培面積の合計は2 ha（5 acres）未満である．

他の仮説

別名がGRECO BIANCO DI GERACEであるということと，16世紀にギリシャ人がこの名前のついたブドウをシチリア島に持ち込んだと考えられることから，この品種はギリシャ起源であるという説があるが，遺伝的な研究はこの説を支持していない（Crespan，Cabello *et al.* 2006）．

ブドウ栽培の特徴

長い剪定が最適である．うどんこ病に感受性がある．春の霜の被害をうける危険性がある．萌芽期は早く，晩熟である．

栽培地とワインの味

この品種は，地中海西部の全域と大西洋のカナリア諸島，マデイラ島において様々な別名で栽培されてきた．

- MALVASIA DI LIPARI，イタリア，シチリア島のすぐ北に位置するリパリ島のあるエオリア諸島の典型的な品種で，現地ではBorone VillagrandeやTasca d'Almeritaなどの生産者がオレンジフレーバーの有名なMalvasia delle Lipariパッシートワインを作っている．2000年のイタリア農業統計には133 ha（329 acres）の栽培が記録されている．また2008年にはシチリア島で122 ha（301 acres）の栽培が記録されている．
- GRECO BIANCO DI GERACEは主にカラブリア州のビアンコ（Bianco）やCasignaraなどのコムーネで栽培されている．あまり有名ではないものの，Greco di Bianco DOCのパッシートワインは地元で高く評価されている．
- Malvasia di CagliariやMalvasia di BosaのDOCでMALVASIA DI SARDEGNAを用いて，辛口ワインや甘口ワイン，時に酒精強化ワイン（最低2年間の熟成が必要）が作られる．生産者としてBattista Colombu，Fratelli Porcu，Silattariなどがあげられる．
- MALVASIA CÂNDIDAは，ポルトガルのマデイラ諸島に15世紀に持ち込まれ，マデイラのうち最も甘いMalmsey / Malvasiaの生産に用いられた．現在も少し残っている（2010年に4 ha/10 acres）が，MALVASIA BRANCA DE SÃO JORGEが主要品種として用いられている．栽培は，ポルトガル本土の，たとえばベイラス（Beiras），トラス・オス・モンテス（Trás-os-Montes），テージョ（Tejo），リスボン（Lisboa）でも少し見られる（2010年にちょうど1 ha / 2.5 acres）．

- MALVASÍA DE SITGES は，スペイン北東部のカタルーニャ州（Catalunya）に2.5 ha（6 acres）残っている．香り高くフレッシュで甘口ワインのパッシートスタイルのワインとして Penedès DO で Hospital Sant Joan Baptista 社が瓶詰めしている．非常にまれだが Catalunya DO でもワインが作られている．さらにニュートラルな辛口の白にフレッシュさと香りを加えるためにも用いられている．
- MALVASÍA DE TENERIFE あるいは MALVASÍA ROSADA は，Abona や Valle de Güímar などのカナリア諸島の DO で用いられている．
- MALVASIJA DUBROVAČKA は1385年からクロアチアで認識されていた（ドゥブルブニク共和国の資料）が，その栽培はドゥブルブニク（Dubrovnik）周辺のコナヴレ（Konavle）ワイン地区を除いて現在ではほとんど見られなくなった．現在はザグレブ（Zagreb）の農学部でクローンの研究が行われており，非常に小さな畑を基点に，植え付けは増加している．ワインには適度な酸味とわずかに軽い香りがあり，力強さをもつ．果粒が粗着した果房は乾燥に適しており，甘口ワインの生産に用いられている．推奨される生産者としては Karaman や Crvik などがあげられる．

MALVASIA DI SARDEGNA

MALVASIA DI LIPARI を参照

MALVASIA DI SCHIERANO

果皮の色が濃い，イタリア，ピエモンテ州（Piemonte）の
マイナーな MALVASIA 品種からはややアロマティックな甘口の赤ワインが作られる.

ブドウの色：

主要な別名：Malvasia a Grappolo Corto，Malvasia di Castelnuovo Don Bosco
よくMALVASIA DI SCHIERANOと間違えられやすい品種：MALVASIA DI CASORZO ☓，MALVASIA NERA LUNGA ☓，Malvasia Rosa ☓（MALVASIA DI CANDIA AROMATICA の色変異，ピアチェンツァ（Piacenza））

起源と親子関係

ピエモンテ州の赤い果粒の Malvasia については DeMaria と Leardi（1875）が初めて記載しているが，それが MALVASIA NERA LUNGA，MALVASIA DI SCHIERANO あるいは MALVASIA DI CASORZO のいずれについて述べたものであるかは明らかでない．近年の DNA プロファイリング解析により MALVASIA DI SCHIERANO は遺伝的に MALVASIA DEL LAZIO や MUSCAT OF ALEXANDRIA に近いことが明らかになった（Lacombe *et al.* 2007）．

ブドウ栽培の特徴

熟期は早期～中期（9月下旬）である．うどんこ病および灰色かび病に対しては良好な耐性を示すが，べと病には耐性が低く，ヨコバイにより被害を受ける傾向がある．霜耐性は良好である．

栽培地とワインの味

MALVASIA DI SCHIERANO はイタリア北西部のピエモンテ州のトリノ県（Torino）（スキエラーノ（Schierano），カステルヌオーヴォ・ドン・ボスコ（Castelnuovo Don Bosco），ピーノ・トリネーゼ（Pino Torinese）の各コムーネ）で栽培されている．スティルあるいは発泡性ワインの赤の Malvasia di Castelnuovo Don Bosco DOC では少なくとも85％の Malvasia Di Schierano（15％までの Freisa）を用いることが必要で，Collina Torinese Malvasia DOC とラベルに記載するためには少なくとも85％が必要である．ヴァラエタルワインの生産者は Cascina Gilli および Cantine Bava などである．

2000年にはイタリアで183 ha（452 acres）が栽培されている．

MALVASIA FINA

高品質のこのポルトガル品種は，とりわけマデイラ島（Madeira）で BOAL などの多くの別名で知られており，多様なスタイルのワインが作られている．

ブドウの色：

主要な別名：Arinto do Dão（ダン（Dão）），Assario または Assario Branco（ダン），Boal（マデイラ島），Boal Branco（アルガルヴェ（Algarve）），Boal Cachudo（アルガルヴェ），Boal da Graciosa（アゾレス諸島（Açores）），Boal da Madeira（マデイラ島），Cachudo（テージョ（Tejo）），Galego（ドウロ（Douro）），Gual（スペインのカナリア諸島（Islas Canarias）），Terrantez do Pico（アゾレス諸島），Torrontés（スペインのガリシア州（Galicia））

よく MALVASIA FINA と間違えられやすい品種：ARINTO DE BUCELAS（リスボン（Lisboa）），Boal Ratinho，DONA BRANCA（ドウロ），FOLGASÃO（ダンおよびドウロ），RABIGATO（ドウロ），セミヨン（SÉMILLON（ドウロ）），SÍRIA（グアルダ（Guarda）），VITAL

起源と親子関係

MALVASIA FINA はポルトガルのドウロあるいはダン地方を由来とする非常に古い品種である．遺伝的な多様性がとりわけ高く，ドウロで見られることから，ドウロがこの品種の発祥地であると考えられているが，ダンやリスボンも候補から除外できない（Rolando Faustino，私信）．MALVASIA FINA は国内各地でいろいろな名前で知られている．マデイラ諸島で使われる別名の BOAL は，ARINTO DE BUCELAS，BOAL RATINHO（もはや栽培されていない），DONA BRANCA，RABIGATO，セミヨン（SÉMILLON），SÍRIA などの他の多くの白ワイン品種にも使われるので特に紛らわしい．ポルトガルにおける公式名称は2000年に MALVASIA FINA と決定された．ドウロでは BOAL BRANCO という別名がセミヨンや，あまり知られていないいまはほとんど栽培されることのない他の異なる品種にも使われるので，同様に紛らわしい（Rolando Faustino，私信）．

DNA 系統解析によって，リスボンのすぐ西に位置する，カルカヴェロス地方（Carcavelos）の BOAL RATINHO は，MALVASIA FINA（BOAL DA MADEIRA という名で）と SÍRIA（CÓDEGA という名で）の子品種であることが明らかになった（Lopes *et al.* 1999）．

ブドウ栽培の特徴

萌芽期が遅いため春の霜により被害をうける危険性はないが，その割にかなり早熟である．非常に樹勢が強く，栽培が容易である．べと病と灰色かび病に中程度の感受性を示すが，うどんこ病にはより高い感受性がある．花ぶるい（Coulure）の影響を受けたり，厳しい乾燥ストレスにより成熟がさまたげられることがある．

栽培地とワインの味

MALVASIA FINA はポルトガルのダンの白ワインの基本となる品種で，比較的アルコール分が高く，平均的な酸味をもつヴァラエタルワインがよく作られる．最高のものはフルーティーで，香り高く，エレガントで熟成させる価値があり，ボトルで熟成すると良好な香りの複雑さが加わる．樽発酵・樽熟成に適している．ヴァローザ（Varosa），ラメゴ（Lamego）およびベイラス（Beiras）最北に位置する Encostas da Nave のような冷涼な地区の果実は特にエレガントで，早摘みのブドウは発泡性ワインのよいベースになる．ポルトガルにおける2010年の栽培面積は2,217 ha（5,478 acres）で，MALVASIA FINA は Porto，Douro，Távora-Varosa，Dão，Beira Interior，Lagos などの DOC や多くの地域ワインで公認されている．この品種の発祥の地からずっと離れているアルガルヴェやアゾレス諸島などでは，いろいろな別名が使われている．

ダンでは Quinta das Maias 社が酒精強化されていないヴァラエタルワインを作り，ベイラスのサブリージョンのタヴォーラ・ヴァローザ（Távora-Varosa）では Murganheira 社が発泡性ワインを作っている．

マデイラ島では南部の海岸地区，リベイラ・ブラーヴァ（Ribeira Brava）とカリェタ（Calheta）の間で BOAL が主に栽培されている．BOAL（MALVASIA FINA は公的書類のみで使われる）の名はかつてワインのスタイルを表すために用いられ，Verdelho よりは甘いが，Malmsey ほどには甘くはないワインであった．しかし，現在は BOAL とラベルされたマデイラワインには，この品種を85%加えなければならず，2010年の時点で島に残る畑はわずか20 ha（49 acres）であったが，過去10年間でみると安定した数字を保っている．Barbeito，Blandy's，Henriques & Henriques などがヴァラエタルの BOAL マデイラワインを生産している．

MALVASIA NERA DI BASILICATA

イタリア南部で栽培される濃い果皮色をもつ2種類の MALVASIA 品種のうち，あまり一般的でない方の品種

ブドウの色：

主要な別名：Malvasia Nera

起源と親子関係

MALVASIA NERA DI BASILICATA は MALVASIA BLANCA DI BASILICATA の色変異ではない．形態学的には MALVASIA NERA DI BRINDISI と類似性があり，それらが同じ品種である可能性を示唆する研究者もあるが DNA 解析はまだ行われていない．他方，DNA プロファイリングによって MALVASIA NERA DI BRINDISI と MALVASIA NERA DI LECCE は同じであると確定された（Crespan, Colleta *et al.* 2008）．MALVASIA NERA DI BASILICATA はプッリャ州（Puglia）からバジリカータ州（Basilicata）に持ち込まれたものである．トスカーナ州（Toscana）とバジリカータ州ではスペインのテンプラニーリョ（TEMPRANILLO）の古い樹が MALVASIA NERA や MALVASIA NERA DI LECCE などと間違えた名で呼ばれているのが見つかった（Storchi *et al.* 2009）．

ブドウ栽培の特徴

熟期は中程度である．わずかにアロマティックである．うどんこ病，べと病および灰色かび病に良好な耐性を示す．

栽培地とワインの味

MALVASIA NERA DI BASILICATA はイタリア南部のバジリカータ州，ポテンツァ県（Potenza）やマテーラ県（Matera）で栽培されており，IGT Basilicata や Grottino di Roccanova DOC では，アロマ，アルコール，酸味を増すために AGLIANICO を含む地方品種にブレンドされている．この品種は Terre dell'Alta Val d'Agri DOC のロゼとしても公認されている．2000年のイタリア農業統計には MALVASIA NERA DI BASILICATA，MALVASIA NERA DI BRINDISI および MALVASIA NERA DI LECCE は区別して掲載されており，MALVASIA NERA DI BASILICATA の総栽培面積は848 ha（2,095 acres）とあり，di brindisi としては相当広い栽培面積（2,238 ha/ 5,530 acres）が記録されている．

MALVASIA NERA DI BRINDISI

イタリア南部で栽培される濃い果皮色をもつ2種類のMALVASIA品種のうち，より一般的な品種．通常その親品種の一つであるNEGROAMAROとブレンドされている．

ブドウの色：● ● ● ● ●

主要な別名：Malvasia Negra，Malvasia Nera（トスカーナ州（Toscana）のアルベレーゼ（Alberese）およびグロッセート県（Grosseto）），Malvasia Nera di Bari，Malvasia Nera di Bitonto，Malvasia Nera di Lecce※，Malvasia Nera diTrani，Malvasia Niura

起源と親子関係

最近までMALVASIA NERA DI BRINDISIとMALVASIA NERA DI LECCEはイタリア南部のプッリャ州（Puglia）のサレント地方（Salento）の二つの異なる品種だと考えられてきたが，DNAプロファイリング解析によってそれらは同一であり，MALVASIA BIANCA LUNGAとNEGROAMAROの自然交配品種であることが明らかになった（Crespan，Colleta *et al.* 2008）．どちらの親品種もプッリャ州で数世紀にわたって栽培されてきたものであり，この地域で交配が起こったと考えられる．MALVASIA NERA DI BASILICATAとMALVASIA NERA DI BRINDISIが同じ品種かどうかは，DNAプロファイリング解析が行われていないので結論づけることはできない．

バシリカータ州（Basilicata）とトスカーナ州（Toscana）では，スペインのテンプラニーリョ（TEMPRANILLO）の古い樹が，MALVASIA NERA（MALVASIA NERA DI BASILICATA）あるいはMALVASIA NERA DI LECCE（MALVASIA NERA DI BRINDISIの別名）という間違えた名で見つかっている（Storchi *et al.* 2009）．

ブドウ栽培の特徴

熟期は中期～晩期である．わずかにアロマティックである．

栽培地とワインの味

MALVASIA NERA DI BRINDISIの栽培は主にイタリア南部のプッリャ州（特にレッチェ県（Lecce），ターラント県（Tarranto），ブリンディジ県（Brindisi））で見られるが，トスカーナ州やカラブリア州（Calabria）でも栽培されている．SUSUMANIELLOや親品種のNEGROAMAROとブレンドされロゼワインが作られることが多い．Conti Zecca社は赤とロゼを作っている．Lizzano，Nardò，Salice Salentino，Squinzanoなど，この品種を公認しているほとんどのDOCでは，NEGROAMAROにこの品種を少量（15～30％）ブレンドしている．IGT PugliaあるいはIGT Salentoのヴァラエタルワインの生産者としてはDuca Carlo Guarini，Feudi di San Marzano，Bortrugno（辛口とパッシートの両方），Lomazzi&Sarliなどがあげられる．ヴァラエタルワインには果実の甘さが感じられるが，幾分生気のない感じである．

2000年のイタリア農業統計には，当時はまだDNA解析結果が得られていなかったのでMALVASIA NERA DI BRINDISIとDI LECCEが区別されており，前者の総栽培面積は2,238 ha（5,530 acres）また後者の総栽培面積は669 ha（1,653 acres）と記録されている．

MALVASIA NERA DI LECCE

MALVASIA NERA DI BRINDISIを参照

MALVASIA NERA LUNGA

イタリア，アスティ県（Asti）でのみ栽培されている濃い果皮色をもつ稀少な MALVASIA 品種

ブドウの色：● ● ● ● ●

主要な別名：Moscatella（アレッサンドリア県（Alessandria））
よく MALVASIA NERA LUNGA と間違えられやすい品種：MALVASIA DI CASORZO ☓（ピエモンテ州（Piemonte）），MALVASIA DI SCHIERANO ☓（ピエモンテ州），Malvasia Rosa ☓（ピアチェンツァ県（Piacenza）では MALVASIA DI CANDIA AROMATICA の色変異）

起源と親子関係

ピエモンテ州で MALVASIA NERA LUNGA は MALVASIA DI SCHIERANO と混同されることが多いが，前者の果房がより大きく長い．また MALVASIA DI CASORZO ともかなり異なる（Schneider and Mannini 2006）．この品種は MALVASIA ROSA とも呼ばれているが，1967年にピアチェンツァ県で Mario Fregoni 氏が発見した MALVASIA DI CANDIA AROMATICA の枝変わりと混同してはいけない．

ブドウ栽培の特徴

豊産性で大きく長い果房をつける．ダニとヨコバイへの良好な耐性を示す．

栽培地とワインの味

MALVASIA NERA LUNGA はイタリア北西部ピエモンテ州，Asti 県のカステルヌオーヴォ・ドン・ボスコ（Castelnuovo Don Bosco）やアルブニャーノ地域（Albugnano）でのみ栽培され，MALVASIA DI SCHIERANO と混植されることが多い．2000年のイタリア農業統計には，まだ公式品種登録リストに掲載されていなかったため表れていない．今日では登録され，2008年から両品種とも Collina Torinese および Malvasia di Castelnuovo Don Bosco DOC で公認されている．

MALVASIA PRETA

ポートワインとテーブルワインの生産に用いられるポルトガル，ドウロ（Douro）の品種である．

ブドウの色：● ● ● ● ●

主要な別名：Moreto，Mureto，Pinheira Roxa
よく MALVASIA PRETA と間違えられやすい品種：MORETO DO ALENTEJO ☓，Moreto do Dão ☓

起源と親子関係

最近の DNA 系統解析によって，「黒い Malvasia」を意味する MALVASIA PRETA はイベリア品種の CAYETANA BLANCA とポルトガル品種の ALFROCHEIRO との自然交配品種であることが示された（Zinelabidine *et al.* 2012）．また，この交配は栽培の中心地であるポルトガル北部のドウロで起こったと考えられている．したがって，MALVASIA PRETA は CORNIFESTO，CAMARATE，JUAN GARCÍA，CASTELÃO の姉妹品種ということになる（系統図は CAYETANA BLANCA を参照）．MALVASIA

PRETA と他の MALVASIA 品種との関係は不明である．大きな果粒をつける変異が PINHEIRA ROXA として知られているが，PINHEIRA BRANCA と呼ばれることのある（Lopes *et al.* 2006）JAMPAL との関係は不明である．

Galet（2000）の中にあるように，Truel 氏は MALVASIA PRETA は MORETO DO DÃO（現在は栽培されていない）の別名であると述べているが，これは DNA プロファイリング解析で否定されている（Veloso *et al.* 2010）．

ブドウ栽培の特徴

小さな果粒が密着して中サイズの果房をつける．中〜高収量である．晩熟である．うどんこ病と灰色かび病に感受性があるが，べと病にはそれほどの感受性はない．

栽培地とワインの味

MALVASIA PRETA はほとんどがドウロの古い混植畑で栽培されている．現地ではポートワインと非酒精強化ワインに公認されている．栽培はベイラス（Beiras）でも少し見られ，地方ワインとして，また Távora-Varosa DOC で公認されている．ヴァラエタルワインは赤いフルーツ（多くはラズベリー）のアロマと軽く香るスミレの花のノートをもち，良好な骨格により瓶熟成のポテンシャルを有している．2010年時点のポルトガルの統計には1,144 ha（2,827 acres）の栽培が記録されている．

MALVASIA REI

PALOMINO FINO を参照

MALVASIJA DUBROVAČKA

MALVASIA DI LIPARI を参照

MALVAZIJA ISTARSKA

クロアチア，イストラ半島（Istra）の秀でた白ワイン用ブドウ

ブドウの色：● ● ● ● ●

主要な別名： Istrska Malvazija ☒（スロベニアのプリモリェ（Primorje）），Malvasia del Carso（イタリア北東部），Malvasia Friulana（イタリア北東部），Malvasia Istriana ☒（イタリア北東部），Malvazija または Malvazija Istarska Bijela（イストラ半島），Polijšakica Drnovk ☒（スロベニア）

起源と親子関係

品種名はクロアチア語で MALVAZIJA ISTARSKA，イタリア語で MALVASIA ISTRIANA といい，これはクロアチア北西部にあり，かつてはイタリアに属していたイストラ半島が起源であることを示している．イストラ半島では1891年まで MALVAZIJA ISTARSKA の記載は見られないが，同島では数世紀に渡り栽培されていた．ブドウの形態分類学的には，MALVASIA DEL LAZIO や MALVASIA BIANCA DI CANDIA など，他の MALVASIA とは大きく異なるが（Giavedoni and Gily 2005），最近の DNA プロファイリング解析によれば MALVAZIJA ISTARSKA は遺伝的に MALVASIA DI LIPARI（別名 MALVASIA DI SARDEGNA），MALVASIA BIANCA LUNGA や MALVASIA NERA DI BRINDISI と近いことが明らかになった（Lacombe *et al.* 2007）．

MALVAZIJA ISTARSKA は VEGA の育種に用いられた．

他の仮説

すべてのMALVASIA ○○品種同様，MALVAZIJA ISTARSKAの起源はよくギリシャにあるといわれ，ベニス共和国がイストラ半島を統治していた時代にベニス人が持ち込んだと考えられていたが，最近の遺伝的研究によりこの説は否定された．解析ではMALVAZIJA ISTARSKAと，いくつかのMALVASIAと近い関係にあると思われる28種類のギリシャ品種との関係は認められなかった（Pejić *et al.* 2005）．

ブドウ栽培の特徴

栽培が容易で樹勢が強く，安定した良好な収量を示す．うどんこ病以外の病気には感受性がない．栽培地に適応できるが軽い土壌で栽培すると品質はよりよくなる．熟期は中期〜晩熟．果粒の糖度は高くなるが，通常，酸度は中程度である．

栽培地とワインの味

MALVAZIJA ISTARSKAはクロアチア沿岸部からダルマチア地方（Dalmacija）北部まで広がっており，Kontinentalna Hrvatska（大陸クロアチア，カルニク（Kalnik）やクリジェヴィツィ（Križevci）など）の畑では古い樹がいまだに少し見られる程度だが，この品種の故郷であるイストリア半島では，主要な品種とされており，すべての栽培家が一種類，もしくはそれ以上のワインをこの品種から生産している．クロアチアで最も多く栽培されているGRAŠEVINAからは大きくひき離されているが，同国では二番目に多く栽培されており，2009年には3,410 ha（8,426 acres）の栽培が記録されている．これは同国の全ブドウ栽培面積の10.5%に相当する．この品種はイストリア半島とフルヴァツコ プリモリェ（Hrvatsko Primorje/Croatian Littoral）ワイン地区で公認されている．

ヴァラエタルワイン（ほとんどがヴァラエタルワインなのだが）はフルボディーで力強く，時にオークの感じをもつ少しスパイシーなものから，より引き締り，酸味の効いた，すっきりした飲み口のものなど非常にいろいろなスタイルのワインが作られる．それらのほとんどに軽い蜂蜜のような特徴がある．またアルコールはでしゃばり気味に感じられるほどの高さに達するが，かすかに植物的な感じがあり，MALVASIAと名がつく他の多くの品種に比べフレッシュな感じが強い．推奨される生産者としてはBievenuti，Giorgio Clai（Clai Bijele Zemlje），Moreno Coronica，Kabola（Marino Markežić），Gianfranco Koslović，Ivica Matošević，Roxanich，Bruno Trapanなどがあげられる．ClaiやRoxanichのように，長時間のスキンコンタクトで作られるワインはMALVAZIJA ISTARSKAがこの技術を用いたワイン造りに適していることや苦みや強すぎるタンニンを感じることなく，ワインに深さと複雑さを加えることを示している．

2000年のイタリア農業統計によれば466 ha（1,152 acres）の栽培が記録されているが，その多くは同国北西部で栽培されたものである．他の地域でも多くの人がこの品種に関心を寄せることであろう．

MALVERINA

近年，開発された晩熟で耐病性をもつチェコのこの交雑品種は，香り高い白ワインになる．

ブドウの色：● ● ● ● ●

主要な別名：BV-19-143

起源と親子関係

MALVERINAは，耐病性品種の開発を目的として最近Miloš Michlovský，Vilém Kraus，Lubomír Glos, Vlastimil Peřina , František Mádl氏らがRAKISCH ×MERLANの交配により得た交雑品種である．ここでRAKISCHはVILLARD BLANC×FRÜHROTER VELTLINERの交雑品種である（MERLANについてはLAUROT参照のこと）．花粉はモルドヴァ共和国のキシナウ(Chisinau)研究センターで得られ，

チェコ共和国のレドニツェ（Lednice），ブジェツラフ（Breclav），ペルナー（Perna）研究センターで交配・選抜された．チェコ共和国南東部，モラヴィア（Morava）南部，ラクヴィツェ（Rakvice）にある Miloš Michlovský 氏が1995年に設立した育種会社 Vinselekt Michlovský がこの交雑品種の権利を所有している．チェコの公式品種リストには2001年に登録された．

ブドウ栽培の特徴

樹勢が強く安定した豊産性を示し，かびに対する良好な耐性をもつ．萌芽期は早期で晩熟である．小さくて薄い色の果皮をもつピンクの色合いの果粒がかなり大きな果房をなす．肥沃な粘土土壌が栽培に適している．

栽培地とワインの味

ワインは香り高くてスパイシーで比較的酸味の高いフルボディーとなる．一般にボトルで熟成させるとシナモンのアロマが，その後パンのアロマも生じてくる．収量を抑制すると，甘口の遅摘みワインの生産も可能である．推奨される生産者としては Michlovský や Rovenius などがあげられる．チェコ共和国南東のモラヴィアにおける2009年の栽培面積は5 ha（12 acres）のみであった．

MALVOISIE

MALVASIA を参照

MAMMOLO

マイナーだが歴史的には重要な，非常に香り高い品種．
イタリア中部のサンジョヴェーゼ（SANGIOVESE）のブレンドパートナーである．
SCIACCARELLOという別名でフランス，コルシカ島(Corse)で重要な役割を果たしている．

ブドウの色：● ● ● ● ●

主要な別名：Broumest ☒（フランスのアヴェロン県（Aveyron）），Malvasia Montanaccio ☒（コルシカ島のサルテーヌ（Sartène）），MammoloToscano，Mammolone di Lucca，Montanaccia（コルシカ島），Muntanaccia ☒（サルテーヌ），Schiorello ☒（コルシカ島），Sciaccarello ☒（コルシカ島），Sciaccarellu ☒（コルシカ島）
よくMAMMOLOと間違えられやすい品種：BARBERA ☒（ピエモンテ州（Piemonte）で Barbera Rotonda の名で），PERRICONE ☒

起源と親子関係

MAMMOLO はトスカーナ（Toscana）の品種である．Soderini（1600）は赤と白のスタイルについて触れており，白は別の品種あるいはすでに消失した品種であり，赤は良好なワインブドウだと記している．MAMMOLO の長い歴史は，Mammolo Nero Primaticcio，Mammolo Piccolo，Mammolo Grosso，Mammolo Asciuto，Mammolo Sgrigliolante，Mammola Tonda など多くのクローンがもつ形態的な多様性から察することができ，それらのすべてがトスカーナで発見され，記載されている．この品種名はおそらく *Viola odorata*（ニオイスミレ）のイタリア名，*Viola mammola* に由来しており，ワインの香りを反映したものである．

DNA プロファイリング解析により，フランスのコルシカ島で栽培されている SCIACCARELLU と MALVASIA MONTANACCIO の二つの品種は MAMMOLO と同一であることが明らかになっている（Di Vecchi Staraz，This *et al.* 2007）．また，親子関係の解析により MAMMOLO と BIANCONE DI PORTOFERRAIO，CALORIA，COLOMBANA NERA，POLLERA NERA などの多くのトスカーナ州の品種は親子関係にあることが示唆されたので（Di Vecchi Staraz *et al.* 2007），MAMMOLO はピサ共和国（1077-1284）あるいはジェノバ共和国（1284-1768）が支配していた時期にトスカーナからコルシカ島に持ち込まれたものであり，その逆ではないと考えられている．これらの関係はMAMMOLOがトスカーナ品種に与えた重要な遺伝的影響を示唆している．また，さらなるDNAプロファイリング解析によりリグーリア州（Liguria）のROLLOとの親子関係も示唆されている（Vouillamoz）．

ブドウ栽培の特徴

熟期は中期〜晩期．樹勢が強い．クローンのいくつか（上記参照）はとりわけ灰色かび病に感受性である．SCIACCARELLOの別名で，フランス，コルシカ島の乾燥した土壌で成功している．

栽培地とワインの味

かつてトスカーナで広く栽培されていたMAMMOLOだが，1960年代に減少し始め，現在はMontepulciano，シエーナ県（Siena），Arezzo，Luccaなどの限られた土地で栽培されるのみとなっている．2000年時点のイタリアの統計によれば147 ha（363 acres）のみが記録されており，絶滅への坂を下っている．

この品種はCarmignano，Chianti，Colli dell'Etruria Centrale，Monteregio di Massa Marittima，Morellino di Scansano，Parrina，Pomino，Rosso di Montepulciano，Vino Nobile di Montepulcianoの各DOCで公認されており，通常は，サンジョヴェーゼ（SANGIOVESE）とブレンドされている．ワインはミディアムボディーで適度なアルコールを含み，熟成するとより香り高くなる（紛らわしことに，Cennatoio社のMammolo di Toscana IGTは100%メルロー（MERLOT）である）．

フランスのコルシカ島では「クランチ（サクサクとした）」を意味するSCIACCARELLO（多くの場合SCIACCARELLU，時にはSCIACARELLOとも）という別名で知られており，Patrimonioを除くすべての赤ワインとロゼワインの原産地呼称において主要品種の一つとなっており，同島南部，特にアジャクシオ（Ajaccio）やサルテーヌ地方では最も多く栽培されている品種となっている．この品種はIGP L'Île de Beautéとしても販売されることが多い．栽培は1980年代に減少したが，最近では1970年代のレベルまで回復し，2008年には783 ha（1,935 acres）の栽培が記録された．ヴァラエタルワインは幾分薄い色をしているが，アルコール度が高く，フレッシュな酸味と赤い果実，スパイスのアロマを有しており，ロゼワインもよく作られる．著名な生産者としてはClos Canarelli，Comte Peraldiなどがあげられる．Domaine Saparale社などのいくつかの生産者は，少量のVERMENTINOをロゼに加えている．Clos Ornasca社などはNIELLUCCI（サンジョヴェーゼ）あるいはグルナッシュ（GRENACHE/GARNACHA）を赤ワインに加えている．

オーストラリアでは南オーストラリア州のバロッサ・バレー（Barossa Valley）でThorn-Clarke社が香りと色合いをブレンドに加えるために5%のMAMMOLOとネッビオーロ（NEBBIOLO）を一緒に発酵させている．またビクトリア州（Victoria），ギプスランド（Gippsland）の東に位置するNorinbee Selection Vineyards社は同じ理由でMAMMOLOをネッビオーロとメルローにブレンドしている．

MANDILARIA

ギリシャの島の品種．
ワインは色濃く，タンニンに富むがボディーに欠ける傾向がある．

ブドウの色：

主要な別名：Amorghiano または Amorgiano（ロドス島（Ródos/Rhodes）），Dombrena Mavri，Doubraina Mavri または Doumpraina Mavri ☒（アッティキ（Attikí）），Kontoura（サモス島（Sámos）），Koudouro または Kountoura または Koundoura または Kountoura Mavri（アハイア県（Achaïa），アッティキ，ヒオス島（Chíos），エヴィア島（Évvoia/Euboea），イカリア島（Ikaría），ハルキディキ（Halkidikí），レスボス島（Lésvos/Lesbos），マグニシア県（Magnisía），サモトラキ島（Samothráki），テッサロニキ（Thessaloníki）），Mandelaria，Mandilari，Mantilari または Mantilaria（クレタ島（Kríti/Crete）），Montoyra（サモス島）

起源と親子関係

MANDILARIA はエーゲ海東部の島を起源とする品種で（Nikolau and Michos 2004），その名はギリシャ語で「ハンカチ」を意味する *mandili* に由来するが（Boutaris 2000），その理由は誰にもわからない．

ブドウコレクションの中で参照樹となるブドウに混乱があり，たとえば，二つの異なる標準樹がギリシャの Vitis データベースにおいて VILANA とされている．一つはユニークな DNA プロファイルをもっており，おそらくこれが本物の VILANA であろう．もう一つは同じデータベースの中で MANDILARIA と表示されているもの（しかし基準樹とは異なる）や Sefc *et al.*（2000）が MANDILARIA と報告したものと同一であるが，それ自身は本物の MANDILARIA とは異なるものである（Benjak *et al.* 2005）．

SAVATIANO は KOUNTOURA ASPRI（*aspro* は白の意味）と呼ばれることがあり，一方，MANDILARIA は KOUNTOURA MAVRI（*mavro* は黒の意味）とも呼ばれているが，SAVATIANO は MANDILARIA の果皮色変異ではない．その証拠として異なる DNA プロファイルがギリシャブドウデータベースで示されている．

ブドウ栽培の特徴

樹勢が強く，豊産性で，晩熟である．乾燥に耐性をもつが，べと病，酸敗，灰色かび病には感受性がある．最適地で栽培されたブドウから作られたものでなければワインの潜在アルコール分が12% を超えることは稀である．

栽培地とワインの味

MANDILARIA のワインは非常に色合い深くタンニンに富んでいるが，ボディーに欠ける．そのためギリシャのクレタ島の Peza や Achárnes 原産地呼称では，ソフトだが，より高いアルコール分をもつ KOTSIFALI などとブレンドされることが多い．しかし Lyrarakis 社は適切な場所で栽培すれば MANDILARIA のヴァラエタルワインは印象的なタンニンを残しながらも，バランスのよいワインになることを示している．ロドス島では，生育期間が長くなるため糖度が高くなる．MANDILARIA のヴァラエタルワインは Ródos 原産地呼称の資格を得ている．DIMINITIKO として知られる小さな果粒の優れたクローンがあり，Ágios Isídorus 村に近い Attáviros 山の標高の高い地点に位置する斜面で見られる．深い色合いゆえ，パロス島（Páros）の同前の原産地呼称では，白の MONEMVASSIA と20% の MANDILARIA のブレンドによる赤ワインが公認されている（Lazarakis 2005）．

この品種はサントリーニ島（Santoríni）やピュロス（Pýlos），ペロポネソス半島（Pelopónnisos）南部でも栽培されている．また，さらに北の本土でも限定的に栽培されているが，たとえばサントリーニ島の MAVROTRAGANO のような品種とブレンドしなければやせた辛口のワインとなってしまう傾向にある．エーゲ海南部の島々で二番目に多く栽培されている（2008年，682 ha/1,685 acres）．

推奨される生産者は Boutari，Cair，Emery（別名の AMORGIANO を使用）や Mediterra などがあげられる．Sigalas 社の Apiliotis は日干しされた MANDILARIA ブドウを用いて作られるタンニンに富み，厚な甘さをもつ稀少で傑出した赤ワインである．

MANDÓN

事実上絶滅状態にあるスペイン北西部，ビエルソ（Bierzo）の品種

ブドウの色：● ● ● ● ●

主要な別名：Galmeta，Galmete，Mandó，ValencianaTinta（アリベス・デル・ドゥエロ（Arribes del Duero））

起源と親子関係

MANDÓN は絶滅の危機にさらされているスペイン北西部，レオン県（León）のビエルソ地方（Bierzo）の品種である．近年の DNA 系統解析によって GRACIANO（リオハ（Rioja）やナバラ州（Navarra）の品種）×HEBÉN の自然交配品種であることが明らかになった．ほぼ絶滅状態にあるアンダルシア州（Andalucía）の品種の HEBÉN は，はマヨルカ島（Mallorca）の GORGOLLASA やカタルーニャ州（Catalunya）の MACABEO と片親だけが同じ姉妹品種にあたる（García-Muñoz *et al.* 2012）．GRACIANO との親子関係は Santana *et al.* (2010) の中で支持されているが，数少ない DNA マーカー (20) による解析に基づくものであり，完全な親子関係を確認する必要がある．

栽培地

スペインの2008年の公式統計にはスペインのカスティラ・ラマンチャ州（Castilla-La Mancha）でわずかに1 ha（2.5 acres）が栽培されたと記録されている．最近では絶滅を防ぐ目的でアリベス・デル・ドゥエロ（Arribes del Duero）に新たに植え付けが行われている．バレンシアの Celler del Roure 社がこの品種を Maduresa ブレンドに用いている．

MANDRÈGUE

近年，絶滅の危機から救済されたアリエージュ県（Ariège）の古い品種

ブドウの色：● ● ● ● ●

主要な別名：Manrègue，Néral

ブドウ栽培の特徴

熟期は中期～晩期である．

栽培地とワインの味

フランスのボルドー（Bordeaux）とトゥールーズ（Toulouse）の間に位置するマルマンド（Marmande）で，忘れられていたこの品種の樹が，NÉRAL という別名で存在することが確認された（Galet 1990）．最近モンテギュ＝プラントレル（Montégut-Plantaurel）（パミエ（Pamiers）のすぐ西）の Les Vignerons Ariegéois 社が，同じく絶滅が危惧されている BERDOMENEL，CAMARALET DE LASSEUBE，CANARI NOIR，TORTOZON（PLANTA NOVA）などとともにこの品種を30～40本植えて救済を試みている（Carbonneau 2005）．試験栽培の結果が良ければ，これらの樹を増やして市販ワインを作る計画である．

MANSENG NOIR

稀少だが個性的なフランス南西部の赤ワイン用ブドウ．
スペイン北西部でも栽培されている．

ブドウの色：● ● ● ● ●

主要な別名：Caíño do Freixo（スペインのガリシア州（Galicia）），Ferrón またはFerrol（ガリシア州），

Mansenc Noir，Noir du Pays（ピレネー（Pyrénées））
よくMANSENG NOIRと間違えられやすい品種：ARROUYA☓（ジュランソン地方（Jurançon）），COURBU NOIR☓（ピレネー＝アトランティック県（Pyrénées-Atlantiques））

起源と親子関係

MANSENG NOIR はバスク（Basque Country）で広く栽培されており，現地では1783～4年に「MANSENG NOIR は... 食用ならびにワインに適している．色が濃い」と，この品種に関する初めての記載がなされている（Rézeau 1997）．ピレネー＝アトランティック県の特にイルーレギー（Irouléguy）において，MANSENG NOIR と COURBU NOIR が混同されることがあり，どちらも Noirs du Pays（バスク地方の方言で Herriko Beltza）と呼ばれていた．MANSENG NOIR はブドウの形態分類群の Courbu グループに属しており（p XXXII 参照），MANSENG NOIR が（同じグループの）TANNAT と親子関係にある可能性が22種類の DNA マーカーを用いた解析により示唆されているが，この可能性は意外ではない（Vouillamoz，より多いマーカーで確認が必要）．

予想に反して，Ibañez *et al.*（2003）および Martín *et al.*（2003）によれば，FERRÓN の DNA プロファイルは MANSENG NOIR と一致しているのだという（Vouillamoz）．これまで FERRÓN はスペイン北西部，ガリシア州，オウレンセ地方（Orense）の在来品種と考えられてきたのでこれは驚きであった．そこではまた CAÍÑO DO FREIXO として知られている（Santiago，Boso，Martín *et al.* 2005）．これはガリシアとバスクの気候が似ていることからも説明できるが，この品種はフランス南西部のブドウの形態分類群の Courbu グループに属するので MANSENG NOIR が異なる別名で歴史的にガリシアに存在していたとしてもこの品種がバスク起源であることと矛盾しない．

MANSENG NOIR は形態的にも遺伝的にも GROS MANSENG，PETIT MANSENG とは異なる品種である．

ブドウ栽培の特徴

樹勢は強いが，基底芽の結実能力は高くないので長い剪定が必要である．熟期は中～晩期．べと病には良好な耐性を示すが，灰色かび病とうどんこ病に対する耐性はそれほどでない．果粒が密着した果房をつける．

栽培地とワインの味

ワインは非常に深い色合いで，渋みとかなり強い酸味がある．良好な熟成のポテンシャルがあり，ブレンドワインのよい原料となる．栽培面積は増えているが，2008年，フランスで記録された栽培面積はピレネー＝アトランティック県の3 ha（7 acres）のみであった（Lavignac 2001）．現地の Béarn アペラシオンでマイナーな原料として認められている．もともとはイルーレギー地方で COURBU NOIR と混植されてきた．この品種はサン＝モン（Saint-Mont）保存ブドウ園にあり，ジェール県（Gers）のボルドー（Bordeaux）とトゥールーズ（Toulouse）の間に位置するコンドン（Condom）近郊にある Domaine de Pouypardin 社の Antonin Nicollier 氏が，2005年に高温な気候下の粘土石灰岩土壌に植栽した10アール（10分の1ha；1,200平方ヤード）の畑で育てられている．

FERRÓN（ガリシアでの別名）はスペイン，ガリシア州の Ribeiro 原産地呼称の主要品種の一つとして掲載されており，O'Ventosela，Viña Mein，Docampo Diéguez Colleteiro などの生産者が，通常は MENCÍA や他の地方品種とブレンドワインを作っている．2008年時点でのスペインの統計には4 ha（10 acres）が記録されている．

MANTEÚDO

LISTÁN DE HUELVA を参照

MANTO NEGRO

濃い果皮色をもつスペイン，マヨルカ島（Mallorca）の品種．
薄い色のフルーティでアルコール分の高いワインになる．

ブドウの色：●　●　●　●　●

主要な別名：Cabelis，Mantonegro，Mantuo Negro

起源と親子関係

MANTO NEGRO はバレアレス諸島（Baleares），マヨルカ島の起源だと考えられている．最近の DNA 系統解析によって，MANTO NEGRO は，あまり知られていない，現在はもはや栽培されていないマヨルカ島の2品種の自然交配品種であることが明らかになった．それらは SABATÉ と CALLET CAS CONCOS の二種類であり，後者はアンダルシア州（Andalucía）の BEBA とサルデーニャ島（Sardegna）の GIRÒ との自然交配品種である（García- Muñoz *et al.* 2012）．そのため，MANTO NEGRO は BEBA と GIRÒ の孫品種にあたり，また同じくマヨルカ島の起源である CALLET と片親だけが同じ姉妹品種の関係になる．しかしこれらの系統解析は少ない DNA マーカー（20）を用いた解析に基づくものであるため，確認が必要である．

この品種は MANTÚO NEGRO としても知られるが，エストレマドゥーラ州（Extremadura）で MANTÚO と呼ばれる CHELVA の黒変異ではない．

ブドウ栽培の特徴

萌芽期は中程度，熟期は中期～晩期である．豊かな土壌において非常に豊産性である．べと病とうどんこ病には比較的耐性があるが，灰色かび病には感受性がある．厚い果皮の比較的大きな果粒をつける．

栽培地とワインの味

スペインで2010年に記録されている320 ha（791 acres）のすべてがマヨルカ島で栽培されている．同島で最も広く栽培されているこの品種は同島のブドウ栽培面積の20% を占めている．この品種は Binissalem-Mallorca DO（どのブレンドでも最低30％は含まれている）の主要品種で，同じくマヨルカ島の Plà i Llevant DO でも公認されている．同島で広く栽培されているが東部よりも西のビニサレム（Binissalem），特に小石混じりの土壌で成功を収めてている．通常，ワインはソフトで軽い色合いとなり，果粒は時に黒というよりもピンク色に近い．アルコール分が高いので，より骨格がありアルコール分の低い少量の CALLET とよくブレンドされる．若い樹から作られるワインは赤いフルーツのフレーバーをもつ．古い樹からは低収量だが，より高濃度で，濃いフルーツのフレーバーと顕著なアロマをもつワインができる．ワインはオークの大樽でよい熟成をするが，酸化しやすいので長期間は保存できない．推奨される生産者としては Binigrau，José Luis Ferrer，Macià Batle，Nadal，Ribas などがあげられる．

MANTONICO BIANCO

薄い色の果皮をもつイタリア，カラブリア州（Calabria）のマイナーな品種

ブドウの色：● ● ● ● ●

主要な別名：Mantonico Pizzutella ☒，Mantonacu Viru della Locride，Mantonico Vero
よくMANTONICO BIANCOと間違えられやすい品種：GUARDAVALLE ☒（コゼンツァ県（Cosenza）），MONTONICO BIANCO ☒

起源と親子関係

MANTONICO BIANCO はイタリア南部，レッジョ・カラブリア県（Reggio Calabria）のロクリ（Locri）周辺に位置する Locride 地区の典型的なブドウである．おそらく1601年の昔に Marafioti 氏がこの品種を記載している（Schneider，Raimondi，De Santis and Cavallo 2008）．この品種は，イタリアの中部から南部にかけて栽培されている MANTONICO BIANCO，あるいはコゼンツァ県で MANTONICO と呼ばれている GUARDAVALLE と混同してはいけない．最近の形態学的および DNA 解析によって，同じくカラブリア州で栽培される MANTONICO PIZZUTELLA が MANTONICO BIANCO と同一であることが明らかになった（Zappia *et al.* 2007）．また，近年の DNA 系統解析によって MANTONICO BIANCO はカラブリア州の GAGLIOPPO，シチリア島（Sicilia）の NERELLO MASCALESE（別名 NERELLO MASCALESE）の親品種である可能性が明らかになった（Cipriani *et al.* 2010）．

MANTONICO BIANCO は MANTONICO NERO と呼ばれている4種類の異なる品種のいずれの白変異でもない（Schneider，Raimondi，De Santis and Cavallo 2008）．

ブドウ栽培の特徴

非常に晩熟．良好なかびの病気への耐性をもつ．

栽培地とワインの味

MANTONICO BIANCO はイタリア，カラブリア州のイオニア海沿岸の，主にはビアンコ（Bianco）やカジニャーナ(Casignana)で栽培される．辛口とパッシートスタイルの甘口ワインの両方が作られている．ヴァラエタルワインには Librandi 社のエレガントさとミネラル感があり，オーク熟成させた Efeso（IGT Val di Neto）や，軽い甘口でエキゾチックなフルーツのフレーバーをもつ Le Passule などがある．フローラルでハーブ感のある Statti 社製の Nosside Passito（IGT Calabria）は主に MANTONICO BIANCO で作られるが，辛口のヴァラエタルも作られている．MANTONICO BIANCO は Bivong や Donnici などの DOC で記載されているが，それが MANTONICO BIANCO を指すのか MONTONICO BIANCO を指すのかが明確でないが，これは意外なことではない．

MANZONI BIANCO

親品種から有用な性質を継承した，イタリア北部の交配白品種は高品質のワインになるポテンシャルを秘めている．

ブドウの色：● ● ● ● ●

主要な別名： I M 6.0.13，Incrocio Manzoni 6.0.13，Manzoni

起源と親子関係

1930～35年の間にイタリア北部のヴェネト州（Veneto）のコネリアーノ（Conegliano）研究センターでLuigi Manzoni氏がリースリング（RIESLING）×ピノ・ブラン（PINOT BLANC）交配により得た交配品種である．最近になって行われたいくつかの研究によりManzoni氏はピノ・ブランではなくシャルドネ（CHARDONNAY）を使ったことが示唆されていたが（Giavedoni and Gily 2005），DNAプロファイリング解析の結果はこれを否定している（Vouillamoz）．

ブドウ栽培の特徴

熟期は早期～中期である．様々な土壌や気候への適応が可能である．うどんこ病，エスカ病および酸敗に良好な耐性を示す．

栽培地とワインの味

MANZONI BIANCOはManzoni氏が開発した交配品種の中で最も成功している品種であり，主にヴェネト州，特にトレヴィーゾ県（Treviso）で栽培されている．Vincenza DOCでヴァラエタルワインに，またColli di Conegliano Bianco DOCでブレンドワインに用いられている（最低30%）．1960年代終わりからフリウーリ地方（Friuli）やトレント自治県（Trentino）に植えられるようになり，Trentino Bianco DOCに使用可能な品種としてリストに記載されている．今日ではとりわけ南部（カラブリア州（Calabria），プッリャ州（Puglia），モリーゼ州（Molise））を中心にイタリア中で栽培されている．2000年のイタリアの統計には総栽培面積は38,668 ha（95,550 acres）であったと記録されている．ワインは通常辛口であるが，ここ数年間でいつくかの生産者が遅摘みされたブドウから発泡性ワイン（スプマンテとフリッザンテ）を作っている．Giuseppe Fanti社は濃厚かつフルボディーで，完熟した，オレンジの果皮の香りのするオフ・ドライのヴァラエタルワインをIGT Vigneti delle Dolomitiとして生産している．ヴァラエタルワインとしては他にもCa' Di Rajo，Italo Cescon（トレヴィーゾ県），Paladin（アンノーネ・ヴェーネト（Annone Veneto）），Colvendra（トレヴィーゾ県）などがある．

Can Rafols dels Caus社のCarlos Esteva氏はこの品種をスペイン北東部のペネデス（Penedès）に輸入し，El Rocallisという名の印象的なオーク熟成したMANZONI BIANCOのヴァラエタルワインを作っている．それはリッチでスムーズ，ジャスミン，バーベナ，ライム，蜂蜜の高いアロマをもつワインである．

MANZONI MOSCATO

Manzoni 氏が開発した交配品種の一つ．あまり栽培されていないが，濃い果皮色のこの品種はトレント自治県（Trentino）で甘口ワインと，発泡性のロゼワインに用いられる．

ブドウの色：● ● ● ● ●

主要な別名：Incrocio Manzoni 13.0.25

起源と親子関係

RABOSO VERONESE がもつ頑強さと MUSCAT OF HAMBURG がもつソフトさと樹勢の強さならびに豊産性であるという特性を融合する目的で，1930～35年の間にイタリア北部のヴェネト州（Veneto）にあるコネリアーノ（Conegliano）研究センターで Luigi Manzoni 氏が RABOSO VERONESE × MUSCAT OF HAMBURG の交配により得た交配品種である．

ブドウ栽培の特徴

樹勢が強く，豊産性で晩熟である．うどんこ病には良好な耐性をもつ．

栽培地とワインの味

MANZONI MOSCATO はイタリア，ヴェネト州のトレヴィーゾ県（Treviso）（特に，テッツェ（Tezze），フォンタネッレ（Fontanelle），マレーノ・ディ・ピアーヴェ（Mareno di Piave），チェッサルト（Cessalto））で非常に限定的に栽培されている．一例として，Casa Roma 社と Villa Almè 社が軽く，フレッシュなオフ・ドライのヴァラエタル発泡性ロゼワインを作っている．Tenuta San Giorgi 社の Bizzarro はより甘く，色合い深い．また，ピンク色の果粒果粒をもつ MANZONI ROSA とブレンドされ Manzoni Liquoroso が作られる．

MANZONI ROSA

ピンク色の果皮をもつ非常に稀少なヴェネト州（Veneto）の品種

ブドウの色：● ● ● ● ●

主要な別名：Incrocio Manzoni 1-50

起源と親子関係

TREBBIANO TOSCANO の頑強さと豊産性という特性とゲヴュルツトラミネール（GEWÜRZTRAMINER）のもつ繊細さを融合する目的で，1924～30年の間にイタリア北部のヴェネト州のコネリアーノ（Conegliano）研究センターで Luigi Manzoni 氏が TREBBIANO TOSCANO × ゲヴュルツトラミネール（TRAMINER AROMATICO）の交配により得た交配品種である．このとき得られた4種類の交配品種の中からピンク色で香り高い果実を Manzoni 氏が選抜した．

ブドウ栽培の特徴

熟期は早期～中期である．頑強で結実能力が高く，安定した収量である．かびの病気に耐性を示す．

栽培地とワインの味

MANZONI ROSA は1950〜60年代にかけて，イタリア北部ヴェネト州コネリアーノの周辺とトレヴィーゾ県（Treviso）およびヴェネツィア（Venezia）の間で栽培されていた品種である．Casa Roma 社はヴァラエタルワインを作っているが，今日ではわずかなブドウ畑が残っているに過ぎない．コネリアーノの醸造学校は MANZONI MOSCATO とブレンドして Manzoni Liquoroso として知られるワインの試験生産を行っている．

MARA

近年，期待されている早熟のスイスの交配品種

ブドウの色：● ● ● ● ●

主要な別名： C41，C41（Gamay × Reichensteiner）

起源と親子関係

1970年にスイスのローザンヌ（Lausanne）郊外，ピュリー（Pully）Caudoz ブドウ栽培研究センター（現在はシャンジャン・ヴェーデンスヴィル農業研究所（Agroscope Changins-Wädenswil）に属している）の André Jaquinet 氏が GAMAY NOIR × REICHENSTEINER の交配により得た交配品種である．最初は C41と表記されていたが，選抜後に MARA と命名され，その姉妹品種にあたる GAMARET と GARANOIR が公開された19年後の2009年に公開された．

ブドウ栽培の特徴

結実能力が高く，規則的な豊産性を示す．萌芽期は早期で早熟である．灰色かび病に耐性がある．適応能力はあるが，暑すぎたり乾燥しすぎたりする土地にはあまり適さない．小さな果粒が粗着した果房をつける．

栽培地とワインの味

MARA ワインはよく色づき，濃い色の果実とスパイスの香りのあるフルボディーのワインになる．タンニンはややソフトで GAMARET よりもまるみを帯びている．推奨される生産者としてはスイス，ヴォー州（Vaud）の Domaines Henri & Vincent Chollet，Christian Dugon，Pierre Manachon などがあげられる．

MARAŠTINA

MALVASIA BIANCA LUNGA を参照

MARATHEFTIKO

濃い果皮色をもつ高品質で稀少なキプロス品種．
栽培が困難さにもかかわらず人気が出始めている．

ブドウの色：● ● ● ● ●

主要な別名： Aloupostaphylo，Bambakada（Pitsilia），Bambakina（Pitsilia），Maratheftico，Marathefticon，

Marathophiko, Mavrospourtiko, Pambakada (Pitsilia), Pambakina (Pitsilia), Pampakia (Pitsilia), Vambakadha, Vambakina, Vamvakada

起源と親子関係

MARATHEFTIKO はキプロス島の在来品種で，この品種に関しては，フランスのブドウの形態分類の専門家である Pierre Mouillefert（1893）が MARATHEFTIKO の名で初めて記録している．大きな果粒はつぶれやすく，うどんこ病に非常に敏感である．MARATHEFTIKO の名はおそらくキプロスのトロードス山脈（Troodos）にある谷の名前，Marathasa に由来するのであろう．DNA プロファイリング解析によれば，MARATHEFTIKO は遺伝的には ASPRO X（Hvarleva, Hadjinicoli *et al.* 2005）に近い．ASPRO X はあまり知られていないキプロスの品種で，XYNISTERI のクローンであり，より一般的によく知られている ASPRO とは異なる品種である．

ブドウ栽培の特徴

樹勢が強く，結実しにくい傾向にある（形態としては両性花だが，機能としては雌花である）．厚い果皮をもつ様々なサイズの果粒が粗着して果房をなす．結実は副梢のほうがよいが，成熟の程度が異なり，また，年によっては高収量となるが収穫はかなり困難となる．萌芽期は早期で晩熟である．一般的な病気に対しては良好な耐病性を示すが，うどんこ病には感受性がある．

栽培地とワインの味

MARATHEFTIKO は，低品質の MAVRO にボディーと色合いを加えるためにキプロスで伝統的に混植されてきたが，重量による歩合で支払を受ける栽培者にはより豊産性の MAVRO のほうが人気があった．MARATHEFTIKO が最も多く栽培されるのはパフォス（Páfos）の山岳地帯だが，Pitsilia でも栽培されており，現地では VAMVAKADA として知られている．KEO 社は，マリア（Malia）に古い樹が生育する広い栽培地を所有している．同社の Heritage ワインは最も古い MARATHEFTIKO ヴァラエタルワインの一つである．MARATHEFTIKO の品質のポテンシャルについての理解が進み，植栽も増えているが，2010年の栽培面積はわずか178 ha（440 acres）にすぎず，これは全栽培面積の1.8%でしかなく，ブドウの樹の多くはまだ若い．クローン選抜や乏しい受粉，また，不安定な収量の改善が必要だが（たとえば SPOURTIKO を1列おきに植えるなど），標高の高い土地に混植された接ぎ木をしていない古い樹から，最高のワインが作られることもある．ワインは色合い深くフレッシュで，濃い色のベリーとチェリーのリッチな香りに加え，時に少しハーブ感がありスミレの香りをもつ．十分に熟すとタンニンがまろやかになる．オークと相性がよく，素晴らしい熟成のポテンシャルをもつ．しかしながら，現段階では生産者により試験栽培が行われるのみで MARATHEFTIKO の典型的なスタイルというものはまだ確立されていない．推奨される生産者としては Aes Ampelis, Ezousa, KEO, Tsiakkas（Vamvakada と表示），Vardalis, Vasa, Vlassides, Zambartas などがあげられる．Aes Ampelis と Ezousa の2社は良質のロゼワインも作っている．

MARCHIONE

近年，絶滅の危機から救済された非常に稀少なイタリア，プッリャ州（Puglia）の品種

ブドウの色：

起源と親子関係

18～19世紀にかけて記載された多くの文書にプッリャ州のヴァッレ・ディトリア（Valle d'Itria）で栽培される MARCHIONE に関する記述があることから，地方品種の VERDECA や BIANCO D'ALESSANO などと同様，おそらくこの地が起源の地なのであろう．

Cipriani *et al.*（2010）では，DNA 系統解析により MARCHIONE が RAGUSANO×MONTONICO

BIANCO の自然交配品種である可能性が示唆されたと報告されているが，RAGUSANO の名は少なくとも3種類の他の品種（MOSCATELLO SELVATICO，GRECO/ASPRINIO，MALVASIA DI LIPARI/MALVASIA DI SARDEGNA）にもつけられているので，どの RAGUSANO を指すのかは不明である．

ブドウ栽培の特徴

かびの病気に感受性がある．

栽培地とワインの味

かつては広く栽培されていた MARCHIONE であるが，かなりの量が放棄され，今日ではイタリアのオストゥーニ（Ostuni）（ブリンディジ県（Brindisi）のヴァッレ・ディトリア（Valle d'Itria））で栽培されるのみであるが，これはこの品種を救済し，現在150本の樹を栽培している Santoro 家の尽力によるものである．彼らは，VERDECA や BIANCO D'ALESSANO とブレンドし，フレッシュで香り高い白ワインを生産している．また発泡性ワインの試験生産においては有望な成果を得ている．Santoros 家は MARCHIONE やあまり知られていない地方品種の栽培を増やそうと計画している．

MARÉCHAL FOCH

アメリカ合衆国とカナダの冷涼な気候において大きな成功を収めているフランスの交雑品種

ブドウの色：●　●　●　●　●

主要な別名：Foch，Kuhlmann 188-2，Marechal Foch，Marshal Fosh

起源と親子関係

MARÉCHAL FOCH は，1911年にコルマール（Colmar）の Eugène Kuhlmann 氏が MILLARDET ET GRASSET 101-14 OP×GOLDRIESLING の交配により得た複雑な交雑品種である．ここで MILLARDET ET GRASSET 101-14 OP は *Vitis riparia*×*Vitis rupestris* の交雑品種の自家受粉株である．MARÉCHAL FOCH の品種名は，1918年にフランス元帥（Maréchal de France）となった第一次世界大戦の将官，Maréchal Ferdinand Foch を記念して命名され，1921年に初めて商業化された．

同じ交配により MARÉCHAL FOCH の姉妹品種にあたる LÉON MILLOT や LUCIE KUHLMANN が生まれ，MARÉCHAL FOCH は MILLOT-FOCH の育種に用いられた．

他の仮説

MARÉCHAL FOCH は OBERLIN NOIR（OBERLIN 595）×ピノ・ノワール（PINOT NOIR）の交雑品種であるという説や，OBERLIN NOIR×KNIPPERLÉ あるいは OBERLIN NOIR×GOLDRIESLING の交雑品種という説もある．しかしこれらを支持あるいは否定するには DNA データはまだ不十分である（Vouillamoz）．

ブドウ栽培の特徴

樹勢が強く長めの剪定が必要である．早熟で，良好な冬の耐寒性を示す（およそ −25°F / −32℃ まで）．小さな果粒と果房は鳥にとって魅力的である．

栽培地とワインの味

MARÉCHAL FOCH は冷涼な気候に適しており，カナダやアメリカ東部および中西部で栽培されている．ワインは深い色合いで，タンニンが強く，時に植物的，あるいはやわずかに燻製を思わせる感じがあるが，アメリカ系交雑品種に見られるようなフォクシー感はない．軽いスタイルのワインを作るためにカーボニックマセレーションが使われるが，オークで熟成させるとしっかりした結果が得られる．

ヨーロッパでの栽培量は比較的少なく，かつてはロワール（Liore）で広く栽培されていたが，フランスにおける2008年の栽培面積は13 ha（32 acres）があった．スイスでは2009年に12 ha（30 acres）の栽培が記録されており，主には東部のドイツ語圏で栽培されている．

1940年代後半にカナダに持ち込まれ，現在ではオンタリオ州（2006年）では171 acres（69 ha）が，ブリティッシュコロンビア州（2008年）で122 acres（49 ha）が栽培されている．少量だがケベック州やノバスコシア州でも栽培されており，これらの地域では最も多く栽培されている赤品種となっている．アメリカ中西部では，アイオワ州（2006年：93 acres/38 ha）やイリノイ州（2007年：80 acres/ 32 ha）で多く栽培されているが，最も人気があり，第二の故郷ともいえるくらい大きな成功を収めているのは2006年に144 acres（58 ha）が記録されたニューヨーク州である．オレゴン州でもまた，かなりの量が栽培されている．Kittling Ridge（オンタリオ州 Niagara Escarpment），Prejean（ニューヨーク州 Finger Lakes），Wollersheim（ウイスコンシン州），5 Trails（ネブラスカ州）などがヴァラエタルワインを生産している．

MARIA GOMES

FERNÃO PIRES を参照

MARMAJUELO

スペイン，カナリア諸島（Islas Canarias）の稀少な品種．
キレがよくアロマティックで，高品質の白ワインになるポテンシャルがある．

ブドウの色：

主要な別名： Bermejuela（カナリア諸島），Marmajuela（カナリア諸島），Vermejuelo（カナリア諸島）

起源と親子関係

MARMAJUELO はおそらくスペイン，カナリア諸島の起源であり，DNA 系統解析は地方品種の MALVASÍA DE LANZAROTE は，島で MALVASÍA DE SITGES あるいは MALVASÍA DE LA PALMA と呼ばれている MALVASIA DI LIPARI と MARMAJUELO の自然交配により生まれた品種であることを示唆している（Rodríguez-Torres *et al.* 2009）.

ブドウ栽培の特徴

高い酸度を維持し，果粒が密着した房をつける．花ぶるい（Coulure）になりやすい．

栽培地とワインの味

MARMAJUELO は，カナリア諸島のほぼすべての DO で公認されているが，エル・イエロ島（El Hierro），ラ・パルマ島（La Palma），イコデン・ダウテ・イソーラ（Ycoden-Daute-Isora）では BERMEJUELA という名前で，またタコロンテ・アセンテホ（Tacoronte Acentejo）では MARMAJUELO という名前で主要な品種の一つとして用いられている．ワインは香り高くフルボディーで非常によい酸味があるが，少量しか栽培されていないため，ブレンドワインの生産に用いられることが多い一方で，Viñátigo 社が生産しているように，ヴァラエタルへワインの関心が高まっている．2008年にはスペイン，カナリア諸島で24 ha（59 acres）の栽培が記録された．

MARQUETTE

人気が高まることが期待される，耐寒性をもつアメリカの交雑品種

ブドウの色：

主要な別名：MN 1211

起源と親子関係

1989年にPeter HemstadおよびJames Lubyの両氏がアメリカ合衆国，エクセルシオール（Excelsior）のミネソタ大学農学研究センターでMN1094×R262の交配により得た遺伝的に複雑な交雑品種である．

- MN1094はMN1019×MN1016の交雑品種
- MN1019はRIPARIA 64×CARMINEの交雑品種．ここでRIPARIA 64はガイゼンハイム(Geisenheim)において台木のために選抜された*Vitis riparia*.
- MN1016はMANDAN×LANDOT NOIRの交雑品種
- MANDANはWILDER×*Vitis riparia*の交雑品種
- WILDERはCARTER×SCHIAVA GROSSA（BLACK HAMBURGの名で）の交雑品種
- CARTER（MAMMOTH GLOBEとも呼ばれる）はISABELLAと不明の親品種との間の子孫品種．Charles Carter氏がバージニア州で選抜した．
- RAVAT 262（RAVAT NOIR）はSEIBEL 8365×ピノ・ノワール（PINOT NOIR）の交雑品種（SEIBEL 8365の系統はFLORENTALを参照）

このピノ・ノワールの孫品種（でFRONTENACのいとこ）は非常に複雑な*Vitis riparia*, *Vitis labrusca*, *Vitis vinifera*, *Vitis aestivalis*, *Vitis lincecumii*, *Vitis rupestris*, *Vitis cinerea*, および*Vitis berlandieri*の交雑品種である．1994年に選抜され，MN 1211の番号で試験され，2005年には17世紀のイエズス会の宣教師であり冒険家でもあったPère Marquetteにちなんで命名され，2006年に公開された．

ブドウ栽培の特徴

樹勢の強さは中程度である．小さな果粒が小〜中サイズの果房をつける．萌芽期が早期なので春の霜による被害を受ける危険性があるが，非常に耐寒性（－20°F / －29℃から－30°F / －34℃）である．中程度のフィロキセラへの耐性をもつが，べと病，うどんこ病，黒腐病に良好な耐性を示す．熟期は早期〜中期である．

栽培地とワインの味

MARQUETTEは最近開発された耐寒性アメリカ交雑品種の中では，アメリカ中西部および北東部，カナダのケベック州などで将来有望な品種である．栽培性における実績は良好で，ワインの品質のポテンシャルも高い．アルコール分は比較的高く，ヴァラエタルワインはチェリーとブラックカラント（クロフサスグリ / カシス）のフレーバーおよび複雑な黒胡椒とスパイスのノートをもつ．酸味が比較的強いため，マロラクティック発酵により酸味を柔らげる必要がある．またはっきりしたタンニンももつ．初期の試験では樽を用いた熟成で良好な結果を示した．栽培は増えており，たとえばミネソタ州では2007年に214 acres（87 ha）が，インディアナ州では2010年に10 acres（4 ha）が，アイオワ州では2006年に6 acres（2.4 ha）が，ペンシルベニア州では2008年に1 acre（0.4 ha）であった．ヴァラエタルの生産者はHinterland，Indian Island，Lincoln Peak，Parley Lake，St Croixなどがミネソタ州にある．

MARSANNE

フレーバーに富み，非常に高品質のワインになる素質がある薄い色の果皮をもつローヌ品種．オーストラリアとアメリカ合衆国に注目に値する栽培地がある．

ブドウの色：● ● ● ● ●

主要な別名：Avilleran（イゼール県（Isère）），Ermitage ✕または Hermitage（スイスのヴァレー州（Valais）），Grosse Roussette（ローヌ（Rhône）のサン＝ペレ（Saint-Péray）），Marsanne Blanche，Roussette de Saint-Péray（アルデシュ県（Ardèche））
よくMARSANNEと間違えられやすい品種：ROUSSANNE ✕

起源と親子関係

マルサンヌ（MARSANNE）はローヌ川流域（Vallée du Rhône）の伝統的な品種で1781年にエルミタージュ（Hermitage）の白ワインの記述の中で記載された（Rézeau 1997).「この白ワインは Roussane で作られ，多くの人が別の白品種の Marsanne を少し加え甘くした」．この品種名はドローム県（Drôme），モンテリマール（Montélimar）近くのマルサンヌ（Marsanne）コミューンにちなんで名付けられた．おそらく現地に起源をもつ品種であろう．

マルサンヌはブドウの形態分類群の Sérine グループ（p XXXII 参照；Bisson 2009）に属する．DNA 系統解析によればマルサンヌと ROUSSANNE の親子関係が強く示唆されており（Vouillamoz），こうして Cipriani *et al.*（2010）の報告のように，なぜ両品種がしばしば混同されるかを説明できる．

ブドウ栽培の特徴

遅い時期の萌芽で熟期は中程度．樹勢が強く結実能力が高く，豊産性である．短い剪定が最適で，やせた石の多い土壌に適する．うどんこ病，ダニおよび灰色かび病に感受性である．小さな果粒からなる大きな房をつける．

栽培地とワインの味

マルサンヌは，特にフランス，ローヌ（Rhône）で ROUSSANNE や時にヴィオニエ（VIOGNIER）とブレンドされるが，ローヌ北部の Saint-Péray，Saint-Joseph，Crozes-Hermitage，Hermitage などのアペラシオンではブレンドパートナーの ROUSSANNE の特徴もうまく表現している．この品種はコート・デュ・ローヌ（Côtes du Rhône）の白の主要な6品種の一つであるが，ローヌ北部のブレンドパートナーである ROUSSANNE と違って，マルサンヌは1930年代にはシャトーヌフ・デュ・パプ（Châteauneuf-du-Pape）では知られておらず，したがってシャトーヌフでは公認されていない．この品種単独では，通常，深い色合いでフルボディー，時に良い意味で肉付きがよく，中程度の酸味，香りはスイカズラから梨，リッチなアーモンドペーストまでの幅がある．Chapoutier のヴァラエタルである Chante Alouette，Ermitage de l' Orée，Ermitage le Méal や甘口の Ermitage Vin de Paille はこの品種の可能性を示し，最高のものは年を経るごとに良くなる．さらに南部や西部，特にオード県（Aude）で人気が上昇しており，2009年に239 ha（591 acres）があった（これに対し，ドローム県では270 ha/667 acres，アルデシュ県（Ardèche）では226 ha/558 acres)．ラングドック（Languedoc）のヴァラエタルマルサンヌは，いろいろなローヌ品種や地方品種とのブレンド同様あまり一般的ではない．

イタリアでは2000年に50 ha（124 acres）で栽培されているが，エミリア・ロマーニャ州（Emilia-Romagna）の Colli Piacentini DOC の，この地方では有名なブレンドタイプのパッシートスタイルである Vin Santo Vigoleno のみで規則に記載されている．

ポルトガルではマルサンヌの栽培者はほとんどいないが，アレンテージョ地方（Alentejo）の Esporão 社は11 ha（27 acres）を栽培しており，彼らのプライベートセレクションの白のブレンドに使われる．

スイスの47 ha（117 acres）はほとんどヴァレー州（Valais）にあり，辛口と甘口ワインに用いられ，後者は最も称賛されるワインである．Marie-Thérèse Chappaz 社の Ermitage Grain Noble は地方で最も人気のある甘口のデザートワインである．

カリフォルニア州のローヌ・レンジャーは，同州の93 acres（38 ha）の主な支持者で，ほとんどがモントレー（Monterey），サンルイスオビスポ（San Luis Obispo），Santa Barbara，Sonoma にある．推奨される生産者はサンタ・イネス・バレー（Santa Ynez Valley）の Qupé や Beckmen，カーネロス（Carneros）の Cline などである．マルサンヌはカリフォルニア州に限られたわけではなく，ワシントン州ヤキマバレー（Yakima Valley）の Airfield Estates 社はブレンドパートナーとして栽培してる．アメリカ中で分散して栽培されている．

オーストラリアではマルサンヌはほとんどのワイン産地で栽培されているが，ビクトリア州（Victoria），ナガンビー湖（Nagambie）の生産者で，1860年代からマルサンヌを栽培し1920年代後半からの木を所有している Tahbilk 社がこの品種に強く関係しており，同社は世界で最も広いマルサンヌの畑を有している．これはまたこの品種から作られるワインが熟成のポテンシャルをもつという一つの証拠である．2008年のオーストラリアの栽培面積は約200 ha（494 acres）である．

MARSELAN

比較的近年開発されたフランス交配品種のうちでは最も成功している品種の一つである．

ブドウの色：● ● ● ● ●

主要な別名：INRA 1810-68

起源と親子関係

より豊産性の大きな果粒をつける品種を得る目的で，1961年にフランス南部モンペリエ（Montpellier）の国立農業研究所（Institut National de la Recherche Agronomique : INRA）と ENSAM（École Nationale Supérieure d'Arts et Métiers）で Paul Truel 氏がカベルネ・ソーヴィニヨン（CABERNET SAUVIGNON）×グルナッシュ（GRENACHE，GARNACHA）の交配により得た交配品種である．しかし MARSELAN の果粒は小さく，高収量をもたらさなかったので最初は無視された．その後，高品質で良好な耐病性を併せもつ品種への需要が増えたため，MARSELAN は再認識され，1990年に公式品種リストに登録された．MARSELAN の名前はモンペリエとベジエ（Béziers）の間にある地中海海岸のコミューンの名に由来しており，現地には INRA モンペリエの Domaine de Vassal ブドウコレクションがある．

ブドウ栽培の特徴

熟期は中期～晩期．短いコルドン仕立てがよいと思われる．うどんこ病，ダニ，特に灰色かび病，花ぶるい（Coulure）に良好な耐性を示す．小さな果粒の大きな房をつける．

栽培地とワインの味

MARSELAN ワインは一般に香りが高く深い色合いで，良好な骨格をもつが，しなやかなタンニンと熟成のポテンシャルがある．2006年までにフランスではすでに1,356 ha（3,351 acres）が，2009年には2,375 ha（5,869 acres）が，主にラングドック（Languedoc）とローヌ（Rhône）南部で栽培されている．Paul Mas，Mas de Rey，Domaine de la Camarette，Château Camplazens，Domaine de Couron などが作るヴァラエタルワインは成功を収めており，また Domaine de la Mordorée 社は MARSELAN とメルロー（MERLOT）のブレンドワインを作っている．

早い時期にこの品種を用いた他の生産者は Can Rafols dels Caus 社の Carlos Esteva 氏で，スペイン北東部のペネデス（Penedès）に1990年代中頃に最初の MARSELAN を植えた．カタルーニャ州（Catalunya）

でも Terra Alta アペラシオンで実験的に栽培されている.

カリフォルニア州では MARSELAN は Sunrise Nurseries 社により販売されている. アルゼンチンでは2008年に79 ha (195 acres) が栽培されており, Zuccardi 社は早くからの熱心な栽培者で1998年にこのブドウを植えた. ブラジルでは2007年に24 ha (59 acres) があり, Cave Antiga や Serra Gaúcha などの生産者がある.

中国でも MARSELAN は栽培されており：Sino-French Demonstration Vineyard 社が Hebei (河北省) の Hualai county (华来镇) の万里の長城の近くで MARSELAN のヴァラエタルワインを数年にわたって作っている. 山西省 (Shanxi) の Grace Vineyard 社もまた同様である.

MARUFO

多くの別名をもつイベリア半島の品種から作られる軽いワインは主にブレンドワインに用いられている.

ブドウの色：● ● ● ● ●

主要な別名：Brujidera または Brujidero (スペイン中部のカスティーリャ＝ラ・マンチャ州 (Castilla-La Mancha) のトレド県 (Toledo) およびスペイン西部のカスティーリャ・イ・レオン州 (Castilla y León) のアリベス・デル・ドゥエロ (Arribes del Duero)), Brujigero, Crujidera または Crujideiro (スペインのグアダラハーラ県 (Guadalajara) 近くのクエンカ県 (Cuenca) および サセドン (Sacedón), ならびにバレンシア州 (Valencia) 近くのアリカンテ県 (Alicante)), Marufa (ポルトガルの Beira Interior Norte のピニェル地方 (Pinhel)), Moravia Dulce (クエンカ県),Mourisco (ポルトガル北部),Mourisco du Douro (ポルトガルのドウロ (Douro)), Mourisco Preto (ポルトガルとオーストラリア), Mourisco Tinto (ドウロ), Rucial (クエンカ県のカサシマロ (Casasimarro)), Trujidera (ポルトガル), Vigorosa (スペインのフランシア山地 (Sierra de Francia))

よくMARUFOと間違えられやすい品種：GROSSA または Tinta Grossa (ポルトガル), MORAVIA AGRIA

起源と親子関係

MARUFO は非常に古くからイベリア半島で広く栽培されている品種で, いろいろな別名で知られている. DNA 解析により以下の知見が得られた.

- MARUFO はスペインのアリベス・デル・ドゥエロ (Arribes del Duero) の BRUJIDERA や, 隣国ポルトガルのドウロの MOURISCO TINTO と同一である (Castro *et al.* 2011).
- DNA 解析によると, MARUFO (Almadanim *et al.* 2004; Castro *et al.* 2011) と MORAVIA DULCE (Fernández-González, Mena *et al.* 2007) は同一であり (Vouillamoz), こうしてなぜ BRUJIDERA が共通の別名として使われているかが説明できる. しかし同じ研究者が, 遺伝的に異なるが, 現時点では同定されていないアルバセテ (Albacete) の品種が間違えて MORAVIA DULCE と呼ばれていることを見つけた (Fernández-González, Martínez and Mena 2007).
- MORAVIA DULCE は CRUJIDERA や RUCIAL とも呼ばれる (Fernández-González, Mena *et al.* 2007).

この品種の起源がスペインとポルトガルのいずれにあるかを決定するのは難しい. 近年の DNA 系統解析によれば, ドウロの TOURIGA FRANCA は同じくドウロのトゥーリガ・ナシオナル (TOURIGA NACIONAL) と MARUFO の子品種であり, それは MARUFO が長い間ドウロに存在していたことを意味するが, ドウロが MARUFO の起源の地であると結論づけるには十分でない. MORAVIA DULCE の名はスペインの公式品種登録リストでは暫定的で, クエンカ県とアルバセテの少なくとも二つの異なる品種に用いられており (Fernández-González, Martínez and Mena 2007), 主要名として MARUFO を用いるほうがあいまいさは少ない.

DNA 解析（Fernández-González, Martínez and Mena 2007; Fernández-González, Mena *et al.* 2007）によれば，COLGADERA は，クエンカ県のカンピージョ・デ・アルトブエイ（Campillo de Altobuey）では MORAVIA DULCE の別名である．筆者らは COLGADERA の果粒の色を示していないが，この別名は驚くに値する．なぜなら COLGADERA は薄い色の果粒品種であり，MORAVIA DULCE の色変異は報告されていないからである.

ブドウ栽培の特徴

樹勢が強く中程度の豊産性である．遅い時期の萌芽で晩熟．大から中サイズの厚い果皮の果粒からなる大きな果房をつける．うどんこ病，および機能的には雌花であるので花ぶるい（Coulure）に感受性である.

栽培地とワインの味

2008年時点でのスペインの統計によれば2,202 ha (5,441 acres) の MORAVIA DULCE が記録されており，主にカスティラ・ラマンチャ州，特に中部や南西部のアルバセテ県やクエンカ県で見られ，La Mancha (190,000 ha/469,500 acres をカバーする広大な地域）や Manchuela などの原産地呼称で公認されている品種の一つで，主にブレンドワインに用いられるが，生食用に用いられることもある.

ポルトガルでは MARUFO の名で，薄い色合いで少し赤いフルーツのアロマをもつ軽い骨格のワインが作られ，そのため熟成には不向きで，赤よりはロゼに適する．2010年には3,631 ha（8,972 acres）が，主に国の北東部のドウロやピニェル地方にあり，そこでは生食用ブドウとしても使われる．推奨される生産者は Figueira de Castelo Rodrigo 共同組合や Quinta dos Termos 社などがある.

MARUGGIO

歴史のある香り高い，ほぼ絶滅したイタリア，プッリャ州（Puglia）の品種

ブドウの色：● ● ● ● ●

起源と親子関係

MARUGGIO はプッリャ州沿岸のターラント県（Taranto）やバーリ県（Bari）の古い品種で，ターラント県近くの村の名に由来する.

ブドウ栽培の特徴

良好な収量で果粒にはほどよい酸度がある.

栽培地とワインの味

イタリア南部，プッリャ州，ターラント県やバーリ県で栽培されており，バーリ大学でこの品種がもつ可能性について評価が行われてきた.

MARZEMINA BIANCA

イタリア，ヴェネト州（Veneto）の稀少な品種.
甘口ブレンドワインに加えられる.

ブドウの色：● ● ● ● ●

主要な別名：Berzemina di Breganze，Sciampagna
よくMARZEMINA BIANCAと間違えられやすい品種：CHASSELAS ☒

起源と親子関係

MARZEMINA BIANCA はブレガンツェ地方（Breganze）で長い間栽培されており，Giacomo Agostinetti 氏によって最初に記載された（1679）．近年のDNA研究によれば，MARZEMINA BIANCA と黒果粒品種 MARZEMINO は親子と考えられ（Salmaso *et al.* 2008），さらに MARZEMINA BIANCA と GARGANEGA との間の親子関係も明らかになった（Crespan，Calò *et al.* 2008; 詳細は GARGANEGA を参照）．MARZEMINA BIANCA は MARZEMINO と GARGANEGA の自然交配品種だと考えればDNA プロファイルデータと矛盾しないが（Vouillamoz），この説を確認するためにはさらに解析が必要である．加えて系統解析により RABOSO VERONESE は MARZEMINA BIANCA × RABOSO PIAVE の交配品種であることも明らかになった（Salmaso *et al.* 2008; REFOSCO DAL PEDUNCOLO ROSSO の系統図を参照）．

他の仮説

幾人かの研究者は MARZEMINA BIANCA はブルゴーニュ由来で，そこからドイツ，イタリア，スイスに広がったと述べている．

ブドウ栽培の特徴

熟期は中程度．

栽培地とワインの味

MARZEMINA BIANCA はイタリア北部，トレヴィーゾ県（Treviso），パドヴァ県（Padova），ヴィチェンツァ県（Vicenza）の丘陵地で限られた量のみが栽培されている．フィロキセラ被害の後にブドウを植え替える際，より豊産性な品種に置き換えられた．Colli di Conegliano DOC の Torchiato di Fregona（辛口，甘口，パッシート・スタイル）では少量が GLERA（PROSECCO），VERDISO や BOSCHERA（VERDICCHIO BIANCO 参照）とのブレンドに用いられ，または Breganze DOC の遅摘みの Torcolato では VESPAIOLA とブレンドされる．Dell'Antonio と Francesco Tomasi の両社は前者のよい品質のワインを作り，Maculan 社は後者の最も知られた生産者の一つである．2000年時点でのイタリアの農業統計によれば83 ha（205 acres）が記録されている．

Casa Roma 社の Vinegia ワインは軽く，辛口で100% MARZEMINA BIANCA の稀少な白のスティルワインであり，これはテーブルワインに分類される．このワインは青リンゴや干し草のアロマがあり，かすかに苦いアフターテイストをもつ．Firmina Miotti 社の Sampagna ワインは辛口で軽い発泡性のワインである．

MARZEMINO

フルーティーで香り高い赤品種．
甘口ワインや発泡性ワインにもしばしば用いられる．

ブドウの色：● ● ● ● ●

主要な別名：Balsamina ☒，Barzemin，Berzamino，Marzemina Cenerenta ☒，Marzemina Nera ☒，Marzemino Comune，Marzemino Gentile
よくMARZEMINOと間違えられやすい品種：LAMBRUSCO BARGHI ☒，MERZIFON KARASI ☒，PAVANA ☒

起源と親子関係

MARZEMINO は非常に古いイタリア北部の品種で，Lando（1553）によればヴェネト州（Veneto）で推薦されたと記載されている．そこからトレント自治県（Trentino），フリウーリ地方（Friuli），ロンバルディア州（Lombardia），エミリア＝ロマーニャ州（Emilia-Romagna）などに広がったと推定される（Giavedoni and Gily 2005）．しかしそのワインが始めて記載されたのは，1409年6月6日，チヴィダーレ（Cividale）（フリウーリ）でローマ教皇グレゴリウス12世（Gregory XII）の栄誉のために行われた有名な祝宴に関連してである．その中でロサッツォ（Rosazzo）の Ribolla，ファエーディス（Faedis）の Verduzzo，テルラーノ（Torlano）のラマンドロ（Ramandolo），アルバーナ（Albana）の Refosco，ウーディネ（Udine）のヴァルモ（Varmo）近くの村であるグラディスクッタ（Gradiscutta）の MARZEMINO のワインが提供されたと記載されている（Peterlunger *et al.* 2004）．

DNA プロファイリング解析に基づく系統図（REFOSCO DAL PEDUNCOLO ROSSO の系統図参照）は，MARZEMINO と Alto Adige（ボルツァーノ自治県）の LAGREIN は，両者とも同じ親品種，トレント自治県の TEROLDEGO と別の不明の品種との間の子品種，つまり MARZEMINO と LAGREIN が姉妹品種であることを示している（Vouillamoz and Grando 2006）．加えて遺伝的解析によれば MARZEMINO は MARZEMINA BIANCA（Salmaso *et al.* 2008）とフリウーリ地方の REFOSCO DAL PEDUNCOLO ROSSO の親品種で，おそらく PINOT の孫品種にあたることが明らかになった（Grando *et al.* 2006，PINOT の系統図参照）．こうして MARZEMINO の起源はイタリア北部であることが示唆されている．

MARZEMINO GENTILE と MARZEMINO COMUNE の2種類の主要なクローンバリエーションがある．

他の仮説

スロベニアの村，Marzemin がこの品種の起源の地であると述べている人もいる（Galet 2000）．他方，他の研究者は MARZEMINO はトルコ起源の MERZIFON KARASI と同じ品種でトルコ起源であり，小アジアのメルジフォン（Merzifon）に起源があると述べている．しかし DNA 解析によれば MARZEMINO と MERZIFON KARASI は関係がないことが明らかになっている（Serena Imazio，私信）．加えてギリシャ品種の VERTZAMI との遺伝的関係（Labra *et al.* 2003）も否定されている（VERTZAMI 参照）．

ブドウ栽培の特徴

熟期は中期～晩期．かびの病気，特に灰色かび病とうどんこ病には感受性である．樹勢が強くふつうは棚仕立てされる．過剰に豊産であり，容易に生産過剰になる．

栽培地とワインの味

今日，MARZEMINO は，イタリア北部の Isera とヴォラーノ（Volano）の間の主にトレント自治県で栽培されており，そこでは Trentino DOC でスティルワインが作られる．ヴァラエタルワインは Breganze,

Garda，Merlara などの DOC で認められており，そのうち Merlara では発泡性ワインにのみこの品種が認められている．MARZEMINO はロンバルディア州でも栽培され，特にガルダ湖（Lago di Garda）の近くのいくつかの DOC で認められており，それには Botticino（最低20%），Capriano del Colle（最低35%），Cellatica（20〜30%），Riviera del Garda Bresciano（5〜30%）などがある．エミリア・ロマーニャ州，レッジョ・エミリア県（Reggio Emilia）の Colli di Scandiano e di Canossa DOC ではヴァラエタルあるいはブレンド（最低50%）が，スティルあるいは発泡性ワインで認められている．2000年，イタリアの合計栽培面積は268 ha（662 acres）であった．

モーツアルトが1769年にイタリアのヴァッラガリーナ（Vallagarina）でドン・ジョヴァンニの最初の公演を行ったとき，第2幕 シーン17の中でヒーローがワインの美徳を「Versa il vino! Eccellente Marzemino」と褒め称えたえる場面があることから，MARZEMINO のワインをモーツアルトが味わったであろうと思われる．

ワインはスティルか軽い発泡性で時にオフ・ドライ，あるいは甘口のパッシートスタイルが作られる．それらは一般に香り高く，フレッシュで赤い果実，時にすみれのアロマがあり，酸の効いたサワーチェリーのアフターテイストをもつが，タンニンはそれほどでもない．成功している生産者は Cantine Sociale di Norni，Eugenio Rosi，Vivallis などがある．

オーストラリアではビクトリア州（Victoria）北東部の冷涼なアルペンの谷で，Michelini 社，がヴァラエタルの MARZEMINO を10年以上作り続けている．隣接するキング・バレー（King Valley）でも Chrismont 社がスティルの辛口とオフ・ドライの発泡性ワインを作っている．

ニュージーランドでは Church Road 社がスパイシーなヴァラエタルを作っている．

MÁTRAI MUSKOTÁLY

最近登録されたブドウの香りが強いハンガリーの交配品種

ブドウの色：● ● ● ● ●

主要な別名：Mátrai Muskatály

起源と親子関係

1952年にハンガリーの聖イシュトヴァーン（Szent István）大学の Pál Kozma 氏が ARANY SÁRFEHÉR × MUSCAT OTTONEL の交配により得た交配品種である．1982年に公式登録された．

ブドウ栽培の特徴

豊産性で樹勢が強い．萌芽は中期〜後期で熟期は中期〜晩期である．薄い果皮をもつ果粒からなる大きな果房をつける．かびの病気にやや感受性がある．

栽培地とワインの味

2008年にハンガリーでは主に中南部のクンシャーグ（Kunság）や北部のエチェク－ブダ（Etyek-Buda）で25 ha（62 acres）が記録されている．Bárdos 社はヴァラエタルワインを作っており，ワインは香り高く，マスカットのような特徴をもち，熟した果実のフレーバーとフレッシュな酸味をもつ．

MATURANA BLANCA

最近，絶滅の危機から救済された稀少なリオハ（*Rioja*）の品種には確かなポテンシャルがある.

ブドウの色：●　●　●　●　●

主要な別名：Maturano，Ribadavia ✕

起源と親子関係

MATURANA BLANCA はリオハでのみ見られるが，信頼にたる歴史的文書は見つかっていない（Martínez de Toda and Sancha González 2000）．Maturana の名は「熟す」を意味するスペイン語 *madurando* に由来すると考えられる．形態学的およびDNA の研究によって MATURANA BLANCA はログローニョ（Logroño）の西，ラ・リオハ州（La Rioja）のナバレテ村（Navarrete）やソテス村（Sotés）の近くで収集された RIBADAVIA と呼ばれるブドウと同一であることが明らかになった（Cervera *et al.* 1998; Martínez de Toda and Sancha González 2000; Ulanovsky *et al.* 2002）.

ブドウの形態分類学的解析および DNA 解析によって，MATURANA BLANCA は黒品種の MATURANA TINTA の果皮色変異ではないことが明らかになった（Martínez de Toda and Sancha González 2000）．ちなみに MATURANA TINTA は TROUSSEAU の別名であることを追記しておく.

他の仮説

MATURANA BLANCA は1622年にラ・リオハ州で記載された最初のブドウ品種であり，ログローニョ（Logroño）の西にあるナヘラ町（Nájera）で Ribadavia の名で記載されている（Palacios Sánchez 1991）．「ナヘラで保管された60,256 cántaras（cántaras は古い単位で16.13 リットルに相当する）のワインのうち 9,340 は白, 760 は Ribadavia で, 残りは赤」. しかしリバダビア（Ribadavia）はスペイン北西部のガリシア州（Galicia）のオウレンセ県（Orense）の町の名で，そこで作られるワインは16世紀には広く知られ，輸出されていた（Huetz de Lemps 2009）．そのため，この1622年の記載や他の古い文書の Ribadavia の記載例は，この地域からのワインを指すものであって，MATURANA BLANCA ではないと考えられる．加えて MATURANA BLANCA の樹がラ・リオハ州から600 km 西のリバダビア（Ribadavia）で見られたという記録はない．それゆえ MATURANA BLANCA は，その地方では Ribadavia と呼ばれ，この地区のワインの歴史的な名声から恩恵を受けていたと考えるのが妥当である.

ブドウ栽培の特徴

小さな果粒からなる小さな房をつける．非常に結実能力が高く早い時期の萌芽で早熟．灰色かび病に感受性である.

栽培地とワインの味

2008年時点でのスペインの公式統計によればわずか3 ha（7 acres）の MATURANA BLANCA の栽培が記録されており，そのすべてがスペイン北部の中央部，ラ・リオハ州で栽培されている．Viña Ijalba 社は1988年にラ・リオハ大学のブドウ栽培の専門家 Juan Carlos Sancha González 氏と Fernando Martínez de Toda 氏ならびに Rioja 規制委員会の助けを得てこの品種を絶滅の危機から救済した．1995年に初めてこの品種を植え，彼らはいまでは唯一のヴァラエタルワイン（最初のヴィンテージは2000年）の生産者である．最近，MATURANA BLANCA はソーヴィニヨン・ブラン（SAUVIGNON BLANC）や他の白とともにリオハ規制委員会で正式に登録された．ワインは高いアルコール分であるがフレッシュな酸味，柑橘やトロピカルフルーツのフレーバーと軽いハーブのノートをもち，よくバランスがとれている．栽培は増えていくことが予想される.

MATURANA TINTA

TROUSSEAU を参照

MAUZAC BLANC

特徴的なリンゴの果皮のフレーバーをもつフランス，ガヤック（Gaillac）およびリムー（Limoux）の品種．現地では辛口,甘口および発泡性ワインに用いられている．

ブドウの色：● ● ● ● ●

主要な別名：Blanc Laffite（アントル・ドゥー・メール（Entre-Deux-Mers））,Gaillac または Plant de Gaillac（ジェール県（Gers）），Gamet Blanc（アヴェロン県（Aveyron）），Mausat（ラングドック（Languedoc））
よくMAUZAC BLANCと間違えられやすい品種：TORBATO ☒（イタリアのサルデーニャ島（Sardegna））

起源と親子関係

MAUZAC BLANC はフランス南西部，ガヤック地域特有の品種である．1525年に Antiquamareta による *Livre de raison* の中で最初に記載され（Lavignac 2001），その後1564年には（Rézeau（1997）の中で Cayla によって引用された文献のなかで）「vigne muscade et mausague」と記載された．しかし MAUSAGUE の果粒の色やどのようなブドウかは不明である．最初の信頼にたる記載は1736年のもので，そこでは MAUSAT の名で記載されている（Rézeau 1997）．「ラングドックでは MAUSAT は白と黒がある．このブドウは，丸くカリッとした果粒を作る」．MAUZAC（オック語では Mausac）の名はトゥールーズ（Toulouse，オート＝ガロンヌ県（Haute-Garonne））の南西のモザック（Mauzac，タルヌ＝エ＝ガロンヌ県（Tarn-et-Garonne）），あるいはトゥールーズの北のモワサック（Moissac）に近いモーザック（Meauzac）の村の名に由来する可能性がある．IFV（Institut Français de la Vigne et du Vin）ウェブサイトによると，MAUZAC BLANC は，もはや栽培されていない地方品種の NÉGRET CASTRAIS と親子関係にあると記載されている．

MAUZAC BLANC は MAUZAC NOIR の果皮色の白変異ではないが，MAUZAC ROSE は MAUZAC BLANC の色変異である．

ブドウ栽培の特徴

短い剪定に適し，果粒が密着した房をつけ晩熟である．石灰質土壌と石灰粘土質土壌によく適している．ダニ，ブドウ蛾，クロロシス（白化）およびユーティパダイバック（eutypa dieback）に感受性であるがべと病とうどんこ病には感受性でない．

栽培地とワインの味

MAUZAC BLANC（単に MAUZAC と呼ばれることも多い）はラングドック西部のリムーやフランス南西部のガヤックで辛口，甘口ワインおよび発泡性ワインの生産に用いられていた．独特な乾燥したリンゴの皮のフレーバーは，果実がフレッシュさを維持している時期に早摘みされれば失われてしまい，今日ではそういうワインが多く見られる．MAUZAC BLANC はいくぶん素朴なときもあるが，それゆえなおいっそう味わいがある．

MAUZAC BLANC（色変異である MAUZAC ROSE も含めて）はガヤックでは依然，LEN DE L'EL や MUSCADELLE とならぶ三つの主要な品種の一つである．他方，メトード・アンセストラル（Méthode Ancestrale）と称される中甘口でやや濁った軽い発泡性（発酵が終了する前に瓶詰される）は100％ MAUZAC（Blanc あるいは Rose）でなければいけない．よく似た Limoux Méthode Ancestrale は100% MAUZAC BLANC，より一般的な Blanquette de Limoux は少なくとも90％の MAUZAC が必要である．リムーのスティルワインと Crémant de Limoux ではシャルドネ（CHARDONNAY）が増えており，

MAUZAC の役割は減りつつある.

1980年代終わりから1990年代にかけてブドウの栽培面積が増加し，1980年代の終わり頃のチャンピオンであった Robert Plageoles 氏らの尽力にもかかわらず，過去50年の間にフランスでの栽培は1958年の8,511 ha（21,031 acres）から2009年には1,991 ha（4,920 acres）にまで徐々に減少している（MAUZAC はマルサンヌ（MARSANNE）あるいは ROUSSANNE のどちらか一方よりもさらに広く植え付けられてはいるが）．推奨される生産者の上位には Domaine Robert et Bernard Plageoles 社があるが，Domaine de Causse Marines や Château Rives- Blanques など他にも多くある.

MAUZAC ROSE はスティルワインのガヤックに加えて，アロマニャック用のブレンドにも認められている.

ナパバレー（Napa Valley）の発泡性ワインの生産者の Schramsberg 社はカリフォルニア州でこの品種を少し栽培している.

MAUZAC NOIR

南西フランス由来の稀少な品種.
同名の白品種とは関係がない.

ブドウの色：

主要な別名：Mauzac Rouge
よく MAUZAC NOIR と間違えられやすい品種：Négret Castrais

起源と親子関係

MAUZAC NOIR はフランス南西部のタルヌ県（Tarn）の品種で，MAUZAC BLANC（歴史と語源の項目を参照）の黒品種ではない．MAUZAC NOIR は遺伝的には FER に近く，NÉGRET CASTRAIS と混同されることが多いが，後者はもはや栽培されておらず IFV（Institut Français de la Vigne et du Vin）のウェブサイトによれば MAUZAC BLANC との親子関係が示唆されている品種である.

ブドウ栽培の特徴

結実能力が高い．樹勢が強いが，豊産性ではない．熟期は中程度.

栽培地とワインの味

ワインは軽い色合いで，フルーティー．ガヤック（Gaillac）での栽培はきわめて限定的であるがと Domaine des Très Cantou/Domaine Plageoles 社の Bernard と Robert Plageoles の両氏はこの古い品種を復活に尽力し，稀少なヴァラエタルワインを作っている.

MAUZAC ROSE

MAUZAC BLANC を参照

MAVRO

キプロスの主要品種だが，特徴のない平凡なワインになる．

ブドウの色：● ● ● ● ●

主要な別名：Cipro Nero（イタリア），Cyperntraube Blaue（ドイツ），Cypro Nero（イタリア），Korithi Mavro（ギリシャ本土），Kritiko Mavro（ギリシャのクレタ島（Kríti/Crete）），Kypreico Mavro，Kypreiko Mavro，Kypriotiko（クレタ島のイラクリオ（Irákleio/Heraklion）），Mavro Kyproy，Skuro Mavro，Staphili-Mavro

よくMAVROと間違えられやすい品種：MAVROUDI ARACHOVIS（ギリシャ），MAVRUD（ブルガリア）

起源と親子関係

MAVROには「黒」という意味がある．イタリアのブドウ分類の専門家のGiuseppe di Rovasenda氏（1877）がこの品種をCipro Nero（キプロスの黒）という名前で最初に記載している．またフランスのブドウ分類の専門家のMouillefert（1893）はMAVROあるいはStaphili-Mavroという名前で記録している．

MAVROの起源となった土地を特定するのは困難である．Lefort and Roubelakis-Angelakis（2001）が行ったDNA解析によって，ギリシャ中部とペロポネソス半島（Pelopónnisos）のKORITHI MAVRO（black Corinthian）と，クレタ島とキクラデス諸島（Kykládes）のKRITIKO MAVRO（black Cretan）は同じ品種のクローンであること，また，これらのDNAプロファイルをキプロスのMAVRO（Hvarleva，Hadjinicoli *et al.* 2005）と比較したところ，それらが同一であることが明らかになった．したがって古代ギリシャの文書の中で触れられている（Lefort and Roubelakis-Angelakis 2001），この品種がキプロス，またはギリシャ本土あるいはクレタ島のいずれに起源をもつかは不明である．

MAVROを，MAVROという別名をもつ他のギリシャやブルガリアの品種と混同してはいけない．

ブドウ栽培の特徴

豊産性．萌芽期は中程度で，熟期は中期～晩期である．大きな果粒をつける．うどんこ病と灰色かび病に強い感受性がある．

栽培地とワインの味

MAVROはキプロスで最も広く栽培されている品種で，2010年には島のブドウ栽培面積の46%を占める4,550 ha（11,243 acres）の栽培が記録されていたが，80%を占めていた頃からは減少しており，全体の栽培面積も減少している．果粒が大きいため，ワイン生産の他，食用にも（おそらく，より）適している．ヴァラエタルワインは，色合いもフレーバーも軽く，シンプルで酸味が弱いため，若いうちに飲むのがよい．タンニンが十分に熟すことはめったにない．高い標高の高い同島の西側のPitsilia，Laona，Afamesのようなやせた土地で栽培される樹から作られるワインはわずかに良質であるが，そのような場所では必然的に十分な収量が得られない．

赤に加えてMAVROは赤ワインの他にも，天日干しされたブドウから作られ，ほとんどの場合酒精強化される島の伝統的な甘口ワイン，Commandariaの生産にも用いられる．MAVRO単独のワインと薄い果皮色のXYNISTERIとブレンドしたワインがあるが，一般に後者のほうがよいワインができると考えられている．2010年にはコマンダリア地方（Commandaria）で289 ha（714 acres）の栽培が記録された．

MAVRO KALAVRITINO

ペロポネソス半島（Pelopónnisos）北部の非常にマイナーなギリシャ品種

ブドウの色：● ● ● ● ●

主要な別名：Kalavritino Mavro, Mavro Kalavrytiko, ?Psilomavro Kalavryton ☒

起源と親子関係

MAVRO KALAVRITINO は，ギリシャのペロポネソス半島，アハイア県地方（Achaïa）のカラブリタ村（Kalavryta）の名前にちなんで命名された．ギリシャブドウデータベースの DNA プロファイルを解析した結果，同じくアハイア県で栽培される PSILOMAVRO KALAVRYTON と同じであることが明らかになった．

栽培地とワインの味

MAVRO KALAVRITINO はギリシャ，ペロポネソス半島北部のアハイア県でのみ見られる品種で，Domaine Tetramythos 社 は，この品種をカベルネ・ソーヴィニヨン（CABERNET SAUVIGNON）とブレンドしたワインと，またチェリー，スパイス，すみれや皮の風味をもつヴァラエタルワインも作っている．他方，Domaine Mega Spileo 社はこの品種を MAVRODAFNI とブレンドしている．

MAVRO MESSENIKOLA

ギリシャ，テッサリア地方（Thessalía）でのみ栽培される品種．
ブレンドパートナーであるシラー（SYRAH）から大いなる恩恵を受けている．

ブドウの色：● ● ● ● ●

主要な別名：Mavro de Messenicolas, Mavro Mesenikola, Messenikola Mavro

起源と親子関係

ギリシャ本土の中東部，テッサリア地方のカルディツァ県（Kardítsa）が起源の地であろう．他のギリシャ品種との同一性を確認するための DNA プロファイリング解析はまだ行われていない．

他の仮説

Lazarakis（2005）によれば，この品種はオスマン帝国時代に Monsieur Nicolas（Nicolas 何某氏）が，フランスから持ち込んだもので，Monsieur Nicolas が訛って Messenikola になったとされるが，この説を支持する証拠はない．Lazarakis 氏はまた，この品種は XINOMAVRO と関係があると信じている．

ブドウ栽培の特徴

結実能力が高く樹勢が強い．萌芽期は遅く晩熟である．中サイズの果粒が密着した房をつける．比較的，べと病と灰色かび病に感受性がある．

栽培地とワインの味

ギリシャ, カルディツァ市（Kardítsa）近郊の標高250〜600 m 地点にある Messenikola 原産地呼称（1994年に制定された）がこの品種の故郷であろうと思われる. 規則には70% の MAVRO MESSENIKOLA と30% の CARIGNAN（MAZUELO 参照）およびシラーをブレンドすることが規定されているが, シラーと MESSENIKOLA を等量ブレンドするほうが非常に優れた結果が得られる（Lazarakis 2005）. ヴァラエタルワインは通常軽く, 赤ワインよりもロゼワインに近いため, 必然的にブレンドに用いられている. Karamitrou 社がヴァラエタルワインとシラーとのブレンドワインを作っている.

MAVRODAFNI

熟成させる価値のある甘口の酒精強化ワインが作られることで有名なギリシャの品種. 深い色合いと, 豊かなタンニン, そして香りの高さを特徴としている.

ブドウの色：● ● ● ● ●

主要な別名：Ahmar Mechtras ☒, Fraoula Kokkini ☒, Mavrodafnitsa（アルカディア県（Arkadía））, Mavrodaphne, Mavrodaphni ☒, Mavrodrami（ケルキラ島（Kérkyra）/Corfu）, Thiniatiko

起源と親子関係

「黒い月桂樹」を意味する MAVRODAFNI は, イオニア諸島のレフカダ島（Lefkáda）やケファロニア島（Kefaloniá）（Manessis 2000）, あるいはペロポネソス半島（Pelopónnisos）の北西部（Nikolau and Michos 2004）が起源だと考えられている.

カリフォルニア州のデービスにあるアメリカ合衆国農務省（USDA）の National Clonal Germplasm Repository において, MAVRODAFNI という名で保存されているサンプルの DNA 試料は, Sefc *et al.* (2000) で報告されている MAVRODAFNI とは異なっていた.

THINIATIKO として知られる品種は, 主にケファロニア島北西部の Thinéa 周辺に見られ, MAVRODAFNI の別名あるいはクローンであると信じられているが, これについてはまだ DNA プロファイリング解析で確認されていない（Haroula Spinthiropoulou, Nico Manessis, 私信）. DNA プロファイリング解析によって MAVRODAFNI と GOUSTOLIDI との遺伝的関係が示唆された（Boutaris 2000）が, わずかに8種類のマーカーを用いての解析であったので, より多くのマーカーを用いて確認する必要がある.

ブドウ栽培の特徴

豊産性で早熟である. 結実不良（ミルランダージュ）が生じやすく, 乾燥およびうどんこ病に感受性がある. 厚い果皮をもつ果粒が粗着した果房をつける.

栽培地とワインの味

マブロダフニパトラス（Mavrodafni of Pátra）やマブロダフニ・ケフェロニア（Mavrodafni of Kefaloniá）などの名だたる呼称をもつ甘口の酒精強化ワインの原料として MAVRODAFNI は世界中で最も広く知られたギリシャ品種である. 前者の原産地呼称 はギリシャのクオリティワイン（原産地呼称保護ワイン）生産の7% を占めている.

この品種から作ったワインがもつ高いレベルの色合いとタンニンは, 特によいワインの生産に恵まれなかった年の酒精強化されていない辛口の赤のブレンドワインに色や骨格を付与するためには有用であるが, それ自体はいくぶん深みに欠けるワインである. この品種はケファロニア島やレフカダ島と同様にペロポネソス半島（Pelopónnisos）北部のパトラ（Pátra）やイリア県（Ilía）でも見られ, ギリシャ西部では3番目に多く栽培される品種であり2008年に497 ha/1,228 acres の栽培が記録されている. 果粒の小さいケファロニアの TSIGELO と, アハイア県（Achaïa）で見られる, 果粒がより密着した果房をつける Regnio の二つの主要なクローンがあるといわれている（Lazarakis 2005）.

Pátra 原産地呼称の MAVRODAFNI は49% まで KORINTHIAKI を加えることを認めているが，ケファロニア島 の MAVRODAFNI はヴァラエタルワインでなければいけない．この違いの他に，酒精強化のタイミング，オーク樽の使用（新しい小樽を用いた実験も行われているが，一般に古い大樽が用いられる），樽の上までワインで満たしたかどうかなど，ワインの生産方法の違いがワインに影響を及ぼすが，最良のワインは長い熟成期間のおかげでシルキーかつ複雑な甘口のワインとなる．色合いは時に黄褐色となることがある．ポートと南フランスのグルナッシュ（GRENACHE / GARNACHA）ベースのヴァン・ドゥ・ナチュレル（Vins doux naturels，天然甘口ワイン）に似た二つのスタイルのワインが存在するが，伝統的なスタイルは後者である．非常に良質のワインは極めて長寿である．

パトラ（Pátra）の Parparoussis 社の Taos は辛口のヴァラエタルワインで，香り高く，フルーティなチェリーの香りに満ちており，2年間オーク熟成することでソフトになるワインのよい例である．一方，Antonopoulos 社のものはオーク熟成期間が短く，Parparoussis 社の Taos 同様に香り高くソフトである．両社とも，ケファロニア島 の Gentilini や Sklavos と同様，MAVRODAFNI の甘口酒精強化ワインを4〜6年間樽熟成している．Gustav Clauss 氏の名にちなんで名付けられた Achaïa Clauss 社は，19世紀中盤にこうした酒精強化ワインの先駆けとして広く知られるようになった．1980年代からの激動の時代を経て，近年は均一な品質のワインを作ることができずにいるが，1880年代にさかのぼる印象深いワインのコレクションを所有している．

MAVROTRAGANO

評判になりつつあるギリシャ，サントリーニ島（Santoríni）特有の品種

ブドウの色：● ● ● ● ●

起源と親子関係

ギリシャ，キクラデス諸島（Kykládes）の火山島サントリーニ島の在来品種であり，その名は「黒く，キレがよい」を意味している．

ギリシャ Vitis データベースには二つの異なる MAVROTRAGANO が記載されている．どちらもサントリーニ島由来であるが，異なる形態学的特徴と DNA プロファイルを有し，どちらが真の MAVROTRAGANO であるか明らかになっていない．

ブドウ栽培の特徴

低収量で，病気全般に対して良好な耐病性を示す．小さな果粒をつける．

栽培地とワインの味

サントリーニ島でワインを生産している Paris Sigalas 氏によれば，MAVROTRAGANO は高い糖度に達するので，かつてはギリシャ，サントリーニ島でヴィン・サント（Vinsanto）にアロマを加えるために用いられていたが，一時は混植の畑でしか見られなくなったため，事実上絶滅状態であったのだという．最近では島のブドウ畑の2% で栽培され，サントリーニ島を代表する生産者である，Sigalas と Hatzidakis の2社が，酒精強化しない辛口の MAVROTRAGANO のヴァラエタルワインを作っている．1980年代の初頭から Sigalas 社は甘口ワインを作っているが，1990年代の終わり頃になって Sigalas 社 と Hatzidakis 社がそれぞれ個別に，この品種で辛口ワインを生産することに将来性を見いだしたため，いまではそれがこの地方のワイン生産におけるトレンドになっている．スローフード運動が，MAVROTRAGANO から作られる辛口のワインに保護する価値を認めたことからこのワインはおそらくギリシャで最も高価なヴァラエタルワインの一つとなっている．

非常に個性的なワインで，ワイルドベリーとチェリーの豊かさや黒いスパイスに加え，土の香りと，フレッシュな酸味を有しているが，タンニンの荒々しい性質のため，完熟させ，発酵と熟成の間にまろやかにする必要があり，さもないと堅く，粗野なワインになる．しかし，注意深い収穫と取り扱い，ボトルで幾分熟成させることによって個性的でバランスがとれたベルベット感のある赤ワインになる．ティノス島（Tínos）（Mýkonos の近く，つまりより本土に近い）で試験栽培が行われており，平凡な品種を選ばない Evangelos Gerovassiliou 氏は，MAVROTRAGANO をエパノミ（Epanomí）に植えて彼の赤のトップブレンドである Avaton の LIMNIO や MAVROUDI（MAVROUDA 参照）に少し加えてスパイス感を向上させている．

MAVROUDA

MAVROUDA，MAVROUDI あるいは MAVROUDIA は「黒い」という意味があり，ギリシャ全土においていくつかの異なる品種の名前に用いられていた（たとえば AGIORGITIKO は MAVROUDI NEMEAS としても知られている）．他方，ブルガリアの MAVRUD は MAVROUDI とも呼ばれている．これらすべてが非常に濃い色の果皮をもち，どの名前がどのブドウを指すのか判別するのは不可能である．

MAVROUDI ARACHOVIS

ギリシャ中部の稀少な品種

ブドウの色：● ● ● ● ●

主要な別名：Arachovis，Arachovitiko Mavro，Arahovitikos，Mavro Arachovitiko，Mavroudi of Arachova
よくMAVROUDI ARACHOVISと間違えられやすい品種：MAVRO ☒（キプロス），MAVRUD ☒ または Mavroudi Boulgarias ☒（ブルガリア）

起源と親子関係

MAVROUDA ○○あるいは MAVROUDI ○○という名の品種は数多くあり，混同されがちであるが，論理的にはギリシャ中部のボイオーティア県（Voiotía）にあるアラホヴァ（Aráchova）の町が MAVROUDI ARACHOVIS（Aráchova からの黒）の起源の地であろうと考えられる．DNA 解析によって，この品種がブルガリアの MAVRUD やキプロスの MAVRO とは異なる品種であることが示された（Hvarleva *et al.* 2004; Hvarleva，Hadjinicoli *et al.* 2005）．

ブドウ栽培の特徴

樹勢が強く，豊産性である．中サイズの果粒が密着した果房をつける．

栽培地とワインの味

MAVROUDI ARACHOVIS はギリシャ中部フォキダ地方（Fokída）の北東に位置する町，アラホヴァ周辺の主要な品種で，現地では Parnassos Vineyards 社が80% の Arachovis と20%のメルロー（MERLOT）でブレンドワインを作っている．この品種に関して Lazarakis（2005）は「モダンで期待が持てる品種だ」と評しており，フルボディーの深い色合いのワインを作っている．

MAVRUD

熟成によりその品質が高まる頑健な赤ワインとなるブルガリアの在来品種

ブドウの色：●　●　●　●　●

主要な別名：Kachivela（ブルガリア），Mavro（ギリシャ），Mavroud（フランス），Mavroudi または Mavroudi Boulgarias☒（ギリシャ），Tsiganka（ブルガリア）
よくMAVRUDと間違えられやすい品種：Karvouniaris☒（ギリシャ），MAVRO☒（キプロス），MAVROUDI ARACHOVIS☒（ギリシャ中部），Mavrud Varnenski☒（ブルガリア）

起源と親子関係

ギリシャ語で「黒」を意味する *mavro* に由来する MAVRUD は，ブルガリアで最も品質が高いとされる二種類の赤ワイン用在来品種のうちの一つであり，また最も古い品種の一つでもある．おそらく，この品種が伝統的に栽培されてきたブルガリア中南部プロヴディヴ県（Plovdiv），アセノヴグラト（Asenovgrad）がこの品種の起源由来であろう（Katerov 2004）．この地が MAVRUD の起源の地であることは形態的な多様性が最も多く見られることで支持されており，MAVRUD S EDRI ZARNA（大きい果粒の MAVRUD），MAVRUD S DREBNI ZARNA（小さい果粒），MAVRUD SAS SPLESKANI ZARNA（平らな果粒），MAVRUD SIV（灰色の果粒），MAVRUD IZRESLIV（花ぶるいしやすい）など少なくとも5種類の多様性が見られる（Katerov 2004）．MAVRUD は BUKET と EVMOLPIA の育種に用いられた．

ブドウ栽培の特徴

結実能力が高く豊産性である．小〜中サイズの果粒が密着した中サイズの果房をつける．生育期間が長く，非常に晩熟である．冬の低温と乾燥に敏感である．べと病とうどんこ病に感受性があるが，灰色かび病には良好な耐性を示す．

栽培地とワインの味

2009年にはブルガリアで1709 ha（4223 acres）の MAVRUD が栽培されているが，これは MELNIK（SHIROKA MELNISHKA）よりも少なく，また PAMID と比べてもかなり少ない量である．MAVRUD から作られるワインはタンニンに富み，フレッシュな酸味をもつ深い色合いで，オークの熟成に適しているが，MELNIK のワインほどには熟成には適していない．主にブルガリア中央部および南部で栽培されているが，栽培が集中しているのはプロヴディヴ県である．ワインの多くは辛口で，広く栽培されている国際品種のメルロー（MERLOT）やカベルネ・ソーヴィニヨン（CABERNET SAUVIGNON），または地方品種の RUBIN とブレンドされることが多い．一方, Assenovgrad Winery 社は Manastirsko Shushukane（「修道院のささやきと」いう意味をもつ）という名の中甘口の MAVRUD ワインを，また黒海海岸南部のポモリエ（Pomorie）近くのブティックワイナリーである Santa Sarah 社は MAVRUD からアイスワインを作っている．Assenovgrad Winery, Malkata Zvezda, Rumelia, Terra Tangra, Todoroff などが辛口の赤のヴァラエタルワインを作る生産者として推奨されているが，野心的な新しいワイナリーも次々と生まれている．

MAYOLET

徐々に絶滅状態から回復している，極めて稀少なイタリア，アオスタ（Aosta）の品種

ブドウの色：● ● ● ● ●

主要な別名：Maïolet，Majolet

起源と親子関係

MAYOLET はヴァッレ・ダオスタ州（Valle d'Aosta）の在来品種で，現地では1787年から主にサン＝ヴァンサン（Saint-Vincent）とアヴィーゼ（Avise）の間で栽培されてきた．伝統的に PETIT ROUGE や VIEN DE NUS と同じ畑で栽培され，通常，19世紀から知られている，フルボディーで遅摘みのワイン Torrette を作るためにブレンドされている（Gatta 1838）．DNA 系統解析により，MAYOLET と PETIT ROUGE は，国境を越えたスイスのヴァレー州（Valais）で栽培されている ROUGE DU PAYS の親品種であることと，MAYOLET は別のアオスタの品種である PRIÉ と親子関係にあることが明らかになっている（Vouillamoz and Moriondo 2011，系統図は PRIÉ を参照）．

ブドウ栽培の特徴

樹勢が強く，熟期は早期～中期である．灰色かび病に高い感受性があるが，うどんこ病への感受性はそれほどでもない．

栽培地とワインの味

MAYOLET は20世紀に絶滅の危機から救済され，1990年代からその起源の地であるイタリア北西部のヴァッレ・ダオスタ州で新しい栽培が行われている（Moriondo 1999）．現在は Valle d'Aosta DOC において，Cave Des Onze Communes 社や Cantina di Barrò 社などがほんの一握りほどではあるものの，ヴァラエタルワインを生産している．Di Barrò のワインはフレッシュで強い酸味と，サワーチェリーのフレーバーそして極めてソフトなタンニンを有している．現在，Valle d'Aosta DOC 内のカテゴリーである Torrette では少なくとも70％の PETIT ROUGE を含まなければならず，MAYOLET はオプションとして限定的に用いられている．生産者としては Cantina di Barrò，Feudo di San Maurizio，Franco Noussan などがあげられる．2000年，イタリアではかろうじて4 ha（10 acres）で栽培されているのみである．

MAYORQUIN

DAMASCHINO を参照

MAZUELO

タンニンと酸味に富んだスペイン北東部の黒品種．
古い樹から繊細なワインができるが，最盛期にはカリニャン（CARIGNAN）の名でフランス，ラングドック－ルシヨン（Languedoc-Roussillon）を圧倒していた．

ブドウの色：● ● ● ● ●

主要な別名：Bovale di Spagna ☒，Bovale Grande ☒（サルデーニャ島），Bovale Mannu，Carignan Noir ☒，

Carignane（ラングドック-ルシヨン），Carignano（サルデーニャ島），Cariñano 🧬（スペイン北東部のアラゴン州（Aragón）），Cariñena（アラゴン州），Crujillón（アラゴン州），Mazuela 🧬（北東スペインのリオハ（Rioja）），Mollard（リオハ），Samsó（スペイン北東部のカタルーニャ州（Catalunya））等

よくMAZUELOと間違えられやすい品種：BOBAL 🧬, Bovaleddu, CINSAUT 🧬, GRACIANO 🧬（サルデーニャ島で Bovale Sardo および Cagnulari の名で），MOLLARD 🧬（フランスのオート=アルプ県（Hautes-Alpes））NIEDDERA 🧬，PARRALETA 🧬，PASCALE（サルデーニャ島ではまた Nieddu Mannu としても知られている），TINTILIA DEL MOLISE 🧬

起源と親子関係

スペイン北東部のアラゴン由来の品種だと考えられている MAZUELO は，スペインやヨーロッパ各国に別名がいくつも存在することから，MAZUELO は古い品種でずっと以前に広まったと推測される．MAZUELO の名はカスティーリャ・イ・レオン州（Castilla y León）のブルゴス県（Burgos）の村マスエロ・デ・ムニョ（Mazuelo de Muñó）にちなんで名づけられたものである．よく知られている別名の Cariñena（フランス語では Carignan，イタリア語では Carignano，米国英語では Carignane になった）は，おそらくアラゴン州のサラゴサ県（Zaragoza）近くのカリニェナ（Cariñena）という町の名にちなんで名付けられたものであろう．Cariñena の名はカタルーニャ州（Catalunya）で有名であったが，サラゴサ県の原産地呼称でも用いられているため，カタルーニャ（Catalan）の当局は，混乱を避けるため，この品種を SAMSÓ と呼んでいる．しかしスペインのジャーナリスト，Victor de la Serna 氏が指摘するように，SAMSÓ は CINSAUT の別名でもあり，さらなる混乱を生んでいる．それゆえ MAZUELO が唯一，明確な名前であるといえ，スペインの公式統計でも用いられており，ラベル上で MAZUELO の名を見る機会も増えている．

DNA 解析によって CARIÑENA と MAZUELO —あるいはリオハ（Rioja）では MAZUELA—は同じであることが確認された（Martín *et al.* 2003）．また近年，驚くべきことに CARIGNAN が，サルデーニャ島（Sardegna）の BOVALE DI SPAGNA と同じ品種であることが明らかになった（Nieddu *et al.* 2007）．異なる研究グループの DNA プロファイルを比較したところ，BOVALE GRANDE と呼ばれることもある BOVALE DI SPAGNA は，BOBAL とは異なる品種であることが明らかになった．またよく述べられてきた見解に反して NIEDDERA とも異なる品種であること（Nieddu *et al.* 2007），そしてカタルーニャでの別名 SAMSÓ が示唆しているにもかかわらず CINSAUT とも異なる品種であることが明らかになった（Vouillamoz）．ブドウの形態分類の専門家の中には BOVALE DI SPAGNA は，BOVALE SARDO あるいは CAGNULARI と同じであると考える人もいるが，BOVALE SARDO と CAGNULARI はどちらも GRACIANO の別名であるのでこれはありえない（Nieddu *et al.* 2007）．また，ほとんどの研究者が，イタリア中部のモリーゼ州（Molise）やラツィオ州（Lazio）の TINTILIA DEL MOLISE は，イタリアの他の地域（カンパニア州（Campania），サルデーニャ島（Sardegna））やスペインで TINTILIA として知られる品種とは異なるが，BOVALE GRANDE と同一の可能性があると考えていたが，この説は最近の DNA プロファイリング解析によって否定された（Reale *et al.* 2006）．

その名前が表すように，BOVALE DI SPAGNA はスペイン起源の品種ではないかと長い間考えられてきたが，近年の解析により MAZUELO と同一であることが明らかになったため，BOVALE DI SPAGNA はスペイン統治時代（1323~1720）におそらく BOVALE SARDO（別名 GRACIANO）とともにサルデーニャ島に持ち込まれたものであると考えられる．結論づけるには DNA マーカーの数が少なすぎるが，Reale *et al.*（2006）は BOVALE DI SPAGNA と BOVALE SARDO は親子関係にある可能性を示唆しており，この説によれば MAZUELO は GRACIANO の親品種あるいは子品種にあたることになるのだが，この説は DNA 解析によって否定されている（Vouillamoz）．いずれにしても，MAZUELO あるいは GRACIANO を産した自然交配はスペインで起こったのであり，サルデーニャ島ではない．MAZUELO は ARGAMAN や RUBY CABERNET の育種に用いられた．

他の仮説

紀元前9世紀頃，フェニキア人が CARIGNANO をサルデーニャ島に持ち込み，ローマ時代に同島，南西部のスルシス（Sulcis）中に広まったと考えているイタリアの研究者らもあるが，この説を支持する証拠はない．

ブドウ栽培の特徴

樹勢が強く非常に豊産性（制限しないと200 hl/ha に達する）である．萌芽期は遅く，非常に晩熟であるため，温暖な地中海気候がこの品種の成功にとって必要であった．うどんこ病には感受性があるが，灰色かび病やべと病への感受性は低い．ブドウ蛾による被害を受けやすいが，ブドウつる割れ病に耐性がある．果房がしっかりと樹についているため機械による収穫には適していない．

栽培地とワインの味

MAZUELO /CARIGNAN は様々な点において極端な品種であるといえ，高収量でワインは色濃く，強い酸味と頑強なタンニンを有しており，時に苦味を示す．古いブドウの樹から作られたものや，カーボニックマセレーションで酸味を和らげ，より繊細な品種とブレンドすることにより得られた最高のワインであっても，飲む人によって異なる反応を示す．オークとの相性はよくない．

2009年にはフランスで，スペインの栽培面積の約9倍にあたる53,155 ha（131,349 acres）の栽培が記録されている．ラングドック－ルーションヨン地域圏のブドウ栽培面積の80％を占め，特に栽培が多く見られるのがラングドックの主要な県であるオード県（Aude）（16,113 ha/39,816 acres）とエロー県（Hérault）（16,251 ha/40,157 acres）の2県である．の．しかし人気の低下にともない，アペラシオンによってはこの品種の割合を少なくすることが認められ，EU からの経済的な支援により増加しつつある品種のシラー（SYRAH），グルナッシュ（GRENACHE / GARNACHA），ムールヴェドル（MOURVÈDRE / MONASTRELL）などに置き換えられてきているため，二つの県の総栽培面積は60,000 ha（148,000 acres）であった1990年代終わり頃から減りつつある．かなりの量がガール県（Gard），ピレネー＝オリアンタル県（Pyrénées-Orientales），ヴァール県（Var），ヴォクリューズ県（Vaucluse）などのフランス南東部全体で栽培されている．非常に晩熟であるので，北の地方にはあまり栽培されていない．灰色かび病とうどんこ病およびべと病に感受性があるため，ボルドー（Bordeaux）を含むフランス南西部のような海洋性気候は栽培に適さない．どんなところであっても，古くから行われている手による収穫，株仕立ての樹，カーボニックマセレーションによるソフト化などがよいワインを作るために必要である．最高の生産者としては，モンペルー（Montpeyroux）の Domaine de l'Aupilhac 社の Sylvain Fadat，コルビエール（Corbières）の Château Lastours 社および Maxine Magnon 社，サン＝シニアン（Saint-Chinian）の Jean-Marie Rimbert 社，フィトゥー（Fitou）の Domaine Bertrand Bergé 社などがある．Roc des Anges 社と Clos du Gravillas 社はフランスにおけるこの品種のチャンピオンである．

イタリアでは，CARIGNANO の総栽培面積，1,748 ha（4,320 acres）の97％以上と，BOVALE GRANDE（MAZUELO の別名）の538 ha（1,440 acres）がサルデーニャ島，特に南西部の Carignano del Sulcis DOC において栽培されているが，ラツィオ州の Cerveteri DOC や（BOVALE GRANDE として）サルデーニャ島の Campidano di Terralba DOC と Mandrolisai DOC でも公認されている．Santadi 協同組合の Terre Brune や Rocca Rubine はよい例であり，MAZUELO を多く含む Priorats よりもベルベット感が強く，いずれも遜色のない良質のワインである．BOVALE GRANDE（または BOVALE DI SPAGNA）と CARIGNANO のブレンドが，実はアラゴン州（Aragón）の MAZUELO の二つの異なるクローンのブレンドであることに気がついているサルデーニャワインの消費者はほとんどいないだろう．

現在 MAZUELO は，多くの人が最近まで CARIÑENA と呼んでいた品種の公式スペイン名となっている．スペイン起源であるにもかかわらず，MAZUELO はスペインにおいて，フランスの CARIGNAN ほどは栽培されていない．この品種はリオハ（Rioja）DOC で公認されており，有用な酸味をブレンドに加える役割を果たしているが，かつてほどには栽培されておらずまた重要でもない．生産者は極めて少なく，一例としては Marqués de Murrieta 社がヴァラエタルの MAZUELO ワインを作っている．リオハでは2008年に1,193 ha（2,950 acres）が，他方カタルーニャ（そこでは SAMSÓ とも呼ばれる）では2,634 ha（6,510 acres）の栽培が記録されている．主な産地としては他にもアラゴン州（926 ha/2,290 acres の栽培が記録されている Cariñena DOC の主要品種ではない），カスティーリャ＝ラ・マンチャ州（Castilla-La Mancha）（697 ha/1,720 acres），ナバラ州（Navarra）（515 ha/1,270 acres）があげられるスペインにおける2008年の総栽培面積は6,130 ha（15,150 acres）がであった．Cims de Porrera など，最も素晴らしいヴァラエタルワインのいくつかがプリオラート（Priorat）の結晶片岩の斜面に植えられた樹齢100年の株仕立てブドウから作られており，主に Porrera や Poboldea 周辺地域の北部でこの品種が主に栽培されている．Laurent Combier, Jean Michel-Gérin，Peter Fischer などが，樹齢70年のブドウの樹から作る El Trío Infernal 2/3はもう一つの素晴らしいワインである.

MAZUELO は CARIGNAN という名前でクロアチアでも見られる（2009年の総栽培面積210 ha/519 acres）. キプロスでは2010年に366 ha（904 acres）. トルコでは2010年に134 ha（331 acres）, マルタでは2010年に10 ha（25 acres）の栽培が記録されていた. またチュニジアやモロッコでも栽培されている.

CARIGNAN はイスラエルでも19世紀終わり頃から広く栽培されているが, 30年くらいの間に少なくなり, 2009年には800 ha（1,977 acres）まで減少した. 同国ではカベルネ・ソーヴィニヨン（CABERNET SAUVIGNON）, メルロー（MERLOT）についで3番目に多く栽培される黒ブドウ品種である. しかし近年, 優良な生産者のうちの何社かが古い CARIGNAN の樹からできるブドウの収量を厳しく制限することで, 非常に価値のある素晴らしいワインを生産している.

カリフォルニア州（2010年の総栽培面積は, 3,393 acres/1,373 ha）でも古い株仕立ての CARIGNANE は, Ridge, Cline, Lioco などの生産者により高く評価されており, 最高のワインが作られている. ただ, セントラル・バレー（Central Valley）で, 高収量のブドウから作られるワインはあまり好ましいものではなかった. 栽培総面積は徐々に減っているが, 特に沿岸部に近いメンドシーノ（Mendocino）, ソノマ（Sonoma）, コントラコスタ（Contra Costa）などの郡で復活の兆候が見られる. メンドシーノ郡にある Redwood Valley AVA の Alvin Tollini 社は古い株仕立ての CARIGNANE を用いたワイン作りを忠実に守っている生産者である. 栽培はワシントン州でも少し見られ, グルナッシュとブレンドされている. メキシコでも限定的に栽培されており, 栽培は主にアグアスカリエンテス州（Aguascalientes）, ソノラ州（Sonora）, サカテカス州（Zacatecas）で見られる.

新世界で最も成功し, 前途有望な CARIGNAN は, チリ南部, マウレ州（Maule）において古くから灌漑をせずに, 株仕立てで栽培されているブドウで, チリには2008年に675 ha（1,668 acres）の CARIGNAN の栽培が記録されている. 彼らは独自のプロモーション組織 Vignadores de Carignan を組織し, 特に深みのあるワインも作ることができる. 2009年にウルグアイでは486 ha（1,201 acres）, アルゼンチンでは30 ha（74 acres）の栽培が記録されている. オーストラリアでも南オーストラリア州でほんのわずかだが栽培されており, ブレンドワインの生産に用いられている.

南アフリカ共和国では約80 ha（200 acres）の栽培を誇っており, Charles Back 社の Fairview Pegleg ワインはスワートランド（Swartland）のパールデベルグ（Paarderberg）の頁岩斜面で栽培されたブドウから作られ, 南米以外での新世界で最も成功したとされる数少ないワインの一つである.

CARIÑENA BLANCA

この品種の白変異はフランス南部で CARIGNAN BLANC として知られ, 2009年に411 ha（1,016 acres）の栽培が記録されている. 半世紀前の1,652 ha（4,082 acres）からは減少しているが, フルボディーの白に加えられるようになり, 認知度が上がってきた. 果皮色の濃いタイプのものと同じく, 萌芽期が遅く晩熟である. うどんこ病に強い感受性を示す. 酸度はよく保たれるが, アルコール分は通常抑制される. フランスでは CARIGNAN BLANC の名で, 柑橘系フレーバーの軽いワインが作られ, ブレンドワインにするのが最もよく, ラングドック（Languedoc）の Clos Marie や Mas Jullien などの生産者, またルシヨン（Roussillon）の Clot de l' Oum（ここでは CARIGNAN BLANC が混植されている）や Roc des Anges などの生産者がそれを実証している.

理論的には MAZUELO BLANCO がこの品種の白変異のスペイン名なのであるが, スペインでは一般に CARIÑENA BLANCA と呼ばれている. 一方, エンポルダ（Empordà）では CARINYENA BLANCA と呼ばれており, 栽培量の少ないこのブドウのほとんどがこの地で栽培されている. カタルーニャ州（Catalunya）ではまた, SAMSÓ BLANCO とも呼ばれている. スペインで2008年に記録された栽培面積はわずか3 ha（7 acres）であった. スペイン北東端のエンポルダ（Empordà）の Espolla 協同組合が CARINYENA BLANCA を MACABEO とブレンドして ESPOLLA BIANCA ワインを作っている. また10 Sentits 社は香りでは識別できないものの, 口中に甘さが広がりリフレッシュ感のある酸味と辛口の後味を残すヴァラエタルワインを作っている.

CARIGNAN GRIS

MAZUELO BLANCO（CARIGNAN BLANC の名で）の DNA プロファイリング解析により, CARIGNAN GRIS は濃い色の果皮をもつ MAZUELO の色変異であることが証明された. しかし, このピンク色の果粒をもつタイプのブドウの栽培は非常に限定的で, 2008年にフランスで記録された栽培面積は1 ha（2.5 acres）以下であった.

MAZZESE

副原料としてブレンドワインの生産に用いられている稀少な品種

ブドウの色：● ● ● ● ●

主要な別名：Massase，Mazzese di Parlascio，Orzese，Rinaldesca，Uva Mazzese，Vajano（グロッセート県（Grosseto），ピサ県（Pisa）

起源と親子関係

MAZZESE はトスカーナ州（Toscana）の古い品種で，この品種については植物学者の Pier Antonio Micheli（1679-1737）が文章に残している．グロッセート県かピサ県に起源をもつと考えられえており，現地ではいまでも栽培されている．

ブドウ栽培の特徴

早熟で樹勢が強い．

栽培地

MAZZESE はトスカーナ州でのみ栽培されており，栽培は主にグロッセート県で見られるが，ピサ県でも少し栽培されている．2000年，イタリアでの栽培は98 ha（242 acres）のみで，通常，地方品種とブレンドされている．また，モンテスクダーイオ（Montescudaio）などの Tuscan DOC や IGT Toscana などで副原料として用いられている．たとえば，Poggio Gargliardo 社が作る Pulena はサンジョヴェーゼ（SANGIOVESE），MALVASIA NERA DI BRINDISI，COLORINO DEL VALDARNO，MAZZESE，FOGLIA TONDA，CILIEGIOLO，VERMENTINO のブレンドワインである．

MÈCLE DE BOURGOIN

フランス東部の品種.
長い間，顧みられることがなかったが，現在は関心を寄せられつつある.

ブドウの色：● ● ● ● ●

主要な別名：Mescle de Bourgoin
よく MÈCLE DE BOURGOINと間違えられやすい品種：POULSARD ☿（アン県では（Mècle））

起源と親子関係

フランス東部のリヨン（Lyon）とグルノーブル（Grenoble）の間に位置するコミューンの名前ブルゴワン＝ジャイユー（Bourgoin-Jallieu）にちなんで命名された MÈCLE DE BOURGOIN は，リヨンとジュネーヴ（Genève）の間に位置するビュジェイ（Bugey）の MÈCLE あるいは MESCLE と混同されることが多いが，これらは POULSARD と同一である（Galet 2000）．Rézeau（1997）は，果粒の色が薄い色と濃い色の中間であること，ピンクの果粒が度々出現するなどの理由で，MÈCLE という名前は地方の方言で「混合」を意味する *meiklle* に由来するものだと述べている．

ブドウ栽培の特徴

熟期は中期〜晩期である．大〜中サイズの果粒が密着した果房をつける．

栽培地とワインの味

Galet（1990）は，フランスのイゼール県（Isère）のサン＝サヴァン（Saint-Savin）に MÈCLE DE BOURGOIN の畑が1 ha（2.5 acres）あると報告しているが，現在，この品種はブドウ畑から消失してしまっている．しかしモンメリアン（Montmélian）（サヴォワ県（Savoie））の Centre d'Ampélographie Alpine の支援を受けたサン＝シェフ（Saint-Chef）（イゼール県）の Nicolas Gonin 氏が，この品種を含め長年の間，忘れ去られていた地方品種の再導入プロジェクトに着手している．2009年に第二次世界大戦前に植えられた MÈCLE DE BOURGOIN をイゼール県でみつけた，Nicolas Gonin 氏は，この品種の登録を申請し，2012年に植えつけることを計画している．Galet（2000）は，ワインは若いうちはいくぶん堅いと述べている．

MEDNA

蜂蜜のアロマを伴っていることの多いダルマチア（Dalmatia）の稀少な品種

ブドウの色：

主要な別名：Buboj（ドゥブロヴニク（Dubrovnik）），Bumba（ドゥブロヴニク），Medna Bijala（メトコヴィチ（Metkovic）），Medva（マカルスカ（Makarska）），Rizavac，Zložder（コルチュラ島（Korčula））

起源と親子関係

ダルマチア地方の主にヴルゴラツ（Vrgorac），ペリェシャツ（Pelješac），ドゥブロヴニク地域において MEDNA は多くの別名で知られており，おそらくこれらの地域がこの品種の起源の土地であろうと考えられる（Pezo *et al.* 2006）．MEDNA はクロアチア語で「蜂蜜の」という意味があり，これはワインがもつ蜂蜜のアロマを指したものである．

ブドウ栽培の特徴

豊産性で，ほとんどのかびの病気に耐性を示す．

栽培地とワインの味

MEDNA はクロアチアのワイン生産地域の Dalmatinska Zagora（Dalmatian Hinterland）で公認されており，スプリト（Split）とドゥブロヴニクの間にある町，ヴルゴラツ（Vrgorac）周辺で見られる．ワインは一般に軽く，顕著な酸味と特徴的な蜂蜜のアロマを有する（Pezo *et al.* 2006）．Dabera，Opačak，Katić Veljko などがヴァラエタルワインを生産している．

MEDOC NOIR

MENOIR を参照

MEGRABUIR

多収性かつ耐寒性のアルメニアの交雑品種.
主にロゼのデザートワインが生産される.

ブドウの色：● ● ● ● ●

主要な別名：Meghrabuyr, Megrabouir, Megrabuyr

起源と親子関係

MEGRABUIR には「蜂蜜の風味」という意味がある. 1960年にアルメニアの首都, エレバンの西に位置する Merdzavan 村にあるアルメニアブドウ栽培研究センターにおいて S A Pogosyan 氏が C 484×C 128 の交配により得た交雑品種である. ここでいう C 484 は MADELEINE ANGEVINE×CHASSELAS MUSQUÉ の交配により得られ, C 128 は ICHKIMAR×YANVARSKII CHERNYI の交配により得られた品種である. ICHKIMAR はウクライナの生食用ブドウである.「一月の黒」の意味をもつ YANVARSKII CHERNYI もまたウクライナ品種だが, もはや栽培されていない.

ブドウ栽培の特徴

非常に豊産性である. −28℃（−18°F）まで耐寒性を示す.

栽培地とワインの味

アルメニアではデザートワイン用ブドウとして推奨されており, 主にアルマヴィル県（Armavir）の西部で栽培されている. MEGRABUIR は高収量でも高い糖度レベルに達する. ワインはピンク色になる. Brest と Kazumoff の2社がヴァラエタルワインを作っている. また MAP 社はこの品種を RKATSITELI および KARMRAHYUT とブレンドしている.

MELARA

ヴィン・サント・ディ・ヴィゴレーノ（Vin Santo di Vigoleno）の
原料として用いられる稀少な品種

ブドウの色：● ● ● ● ●

主要な別名：Merlara
よくMELARAと間違えられやすい品種：SANTA MARIA

起源と親子関係

イタリア北部のエミリア・ロマーニャ州（Emilia-Romagna）, ピアチェンツァ県（Piacenza）の由来である.

ブドウ栽培の特徴

熟期は中期～晩期である. 果粒には少しマスカットフレーバーがある.

栽培地とワインの味

主にピアチェンツァ県で栽培されており，MELARA，SANTA MARIA，VERNACCIA DI SAN GIMIGNANO（BERVEDINO），マルサンヌ（MARSANNE），ソーヴィニヨン・ブラン（SAUVIGNON BLANC），ORTRUGO，TREBBIANO ROMAGNOLO とのパッシートブレンドにより，この地方で有名なヴィン・サント・ディ・ヴィゴレーノ（Vin Santo di Vigoleno）（Colli Piacentini DOC）が作られ，小さな樽で少なくとも5年間熟成されている．12ほどの生産者がこのワインを生産しており，年間2500本のワインを生産している．2000年のイタリア農業統計では13 ha（32 acres）の栽培が記録されている．

MELNIK

SHIROKA MELNISHKA を参照

MELNIK 82

通常 Melnik と呼ばれる，Shiroka Melnishka とフランス南西部の品種の交配により得られた交配品種

ブドウの色：● ● ● ● ●

主要な別名：Melnik
よくMELNIK 82と間違えられやすい品種：RANNA MELNISHKA LOZA ⚭，SHIROKA MELNISHKA ⚭

起源と親子関係

MELNIK 82は1963年にブルガリア南西部に位置する古く小さな町，Melnik 近郊のストゥルマ・ヴァレー（Struma Valley）にあるサンダンスキ（Sandanski）研究センター（現在は Sintica Winery 社）で Yane Atanasov 氏と共同研究者の Z Zankov，G Karamitev 氏らが SHIROKA MELNISHKA×VALDIGUIÉ の交配により得た交配品種である．品種名は町の名前にちなんで命名された．育種家達は SHIROKA MELNISHKA の早熟の性質を付与することを目的として DURIF，JURANÇON（おそらく JURANÇON NOIR），VALDIGUIÉ の3種類のフランス品種の花粉を混ぜて交配した．DNA 系統解析によって RANNA MELNISHKA LOZA の姉妹品種である VALDIGUIÉ が MELNIK 82のもう一方の親品種であることが明らかになった（Hvarleva，Russanov *et al.* 2005）．

ブドウ栽培の特徴

萌芽期は遅く，熟期は早期～中期である．厚い果皮をもつ果粒は，中程度の灰色かび病への耐性を示す．

栽培地とワインの味

2008年には28 ha（69 acres）の栽培がブルガリア南西部で記録されている．ワインには良好なボディーと酸味およびタンニンレベルがあり熟成に適している．よりよく知られている親品種と混同しないように．

MELODY

近年，開発されたアメリカ交雑品種.
フレッシュで vinifera を思わせるワインができる.

ブドウの色：● ● ● ● ●

起源と親子関係

MELODY は, 1965年にニューヨーク州, ジェニーバ (Geneva) のコーネル大学の Bruce Reisch 氏のチームが SEYVAL BLANC×GENEVA WHITE 5（GW 5）の交配により得た複雑な交雑品種である．ここでいう GENEVA WHITE 5（GW 5）はコーネル大学で選抜された ONTARIO（ONTARIO の系統は CAYUGA WHITE を参照）とピノ・ブラン（PINOT BLANC）との交配品種である．したがって MELODY は *Vitis labrusca*，*Vitis vinifera*，*Vitis lincecumii*，*Vitis rupestris* の複雑な交雑品種ということになる．最初の果実が得られたのは1969年で，NY 65.444.4のコード番号で試験され，1985年に MELODY として公開された（Reisch *et al.* 1985）．

ブドウ栽培の特徴

樹勢が強く豊産性．ある程度の耐寒性を示す．熟期は中期～晩期．うどんこ病と灰色かび病には，ある程度の耐性を示す．裂果しにくい．

栽培地とワインの味

MELODY は *vinifera* スタイルのワインを産し，Reisch *et al.*（1985）には，ニュートラルなフルーツらしさと花のニュアンスに加え，少しハーブの香りがある，と記されており，アメリカ合衆国北東部によく適している．カンザス州の Holy-Field，ニューヨーク州の Finger Lakes の Goose Watch や Wagner などがヴァラエタルワインを作っており，これらの地域では2009年に14 acres（6 ha）の栽培が記録されている．

MELON

ブルゴーニュ（Burgundy）の古い品種.
大西洋を見下ろす位置にあるフランス西部のロワール河口が栽培に適している.

ブドウの色：● ● ● ● ●

主要な別名：Gamay Blanc（オーブ県（Aube），ボジョレー（Beaujolais），オート=マルヌ県（Haute-Marne），リヨン（Lyon）周辺，ソーヌ=エ=ロワール県（Saône-et-Loire）），Latran（アンジュー（Anjou），ジュラ（Jura）から持ち込んだ人の名にちなんで），Melon de Bourgogne（アメリカ合衆国），Muscadet（ナント（Pays Nantais），ヴァンデ県（Vendée）），Plant de Bourgogne または Petit Bourgogne（ロワール（Loire））
よくMELONと間違えられやすい品種：ALIGOTÉ ☒，シャルドネ（CHARDONNAY ☒（ジュラではシャルドネは時に Melon à Queue Rouge，Melon d'Arbois または Melon d'Arlay と呼ばれる）），ピノ・ブラン（PINOT BLANC ☒），SAVAGNIN BLANC ☒（カリフォルニア州）

起源と親子関係

MELON はブルゴーニュの古い品種で Durand and Pacottet（1901a）の両氏は，栽培は13世紀にまで遡ると述べているが，この品種に関する記述は歴史的な文書の中には見られない．MELON はフランシュ=コンテ地域圏（Franche-Comté）に持ち込まれ，1567年に同地で初めて記載されており，スペインの王であり，またブルゴーニュ公であったフェリペ2世（Philippe II）による布告の中で次のように記載されている．「Gamez，Melons および他の似た品種の栽培や再構築について，... 私たちはこれらの品種の栽培を禁止し，または阻止し，これを許可しない」（Rézeau 1997）．GAMAY NOIR と同様に MELON もブルゴーニュやフランシュ＝コンテ地域圏で後に何度か禁止されている．

中世に PLANT DE BOURGOGNE という名でロアール渓谷（Val de Loire）に持ち込まれた MELON は，MUSCADET という名前でその真価を発揮した．1530年頃に，中世の著名な文筆家であったフランソワ・ラブレーが，*Cinquième Livre* の中で，ほとんど知られておらず，同定もされていない品種として言及している（MENU PINEAU 参照）．その後，1635年になって，ロワール・アトランティック県（Loire-Atlantique）でより明確に「白い Muscadet ブドウを4フィートずつ離して植えるのがよい」と記載されている（Rézeau 1997）．17世紀にはオランダとの貿易により，蒸留に適した豊産性のブドウの需要の増加したことにともない，MELON の栽培がロワール・アトランティック県において著しく増加した（Schirmer 2010）．

MELON という名前は，Meslier（MESLIER SAINT-FRANÇOIS 参照）のようにラテン語で「混ぜる」を意味する *misculare* という単語か，メロンの葉に似て丸いこの品種の葉の形に由来すると考えられている．また，MUSCADET という名前はワインもつ，控えめなムスクの香り，あるいはオランダの貿易商が蒸留の前に他のスパイスとともにワインに加えたナツメグ（*noix de muscade*）に由来していると考えられる．

DNA 系統解析によって MELON が PINOT×GOUAIS BLANC の自然交配品種であることが確認されたことにより（Bowers *et al.* 1999）MELON はシャルドネ（CHARDONNAY），GAMAY NOIR，ALIGOTÉ などとは姉妹関係にあたり，GOUAIS BLANC または PINOT の数多くの子品種と片親のみの姉妹関係にあることが明らかになった（PINOT 系統図参照）．MELON はブドウの形態分類群の Noirien グループに属する（p XXXII 参照）．

Melon à Queue Rouge はジュラ県において現在もわずかに栽培されているが，シャルドネの一種であって，MELON と混同してはいけない．

他の仮説

フランスがかつて経験したことがないくらいの寒さに見舞われた1709年までは，MELON はナント（Nantes）のわずかな場所で栽培されていたといわれてきた．その寒波は国中のブドウ畑のある地域，とりわけフランス北部のブドウ畑に被害を与えたが，寒冷耐性をもつ MELON は植え替えるべき価値のある品種として選ばれている．しかしこれを支持するような歴史的文書は見つかっておらず，また1615年にはすでにペイ・ナンテ（Pays Nantais）において MELON は BOURGOGNE という名前で多く栽培されていた事実を根拠に，Schirmer（2010）はこの説を強く否定している．

ブドウ栽培の特徴

熟期は中期である．基底芽の結実能力が低いため長く剪定するのがよい．粘土ケイ酸質土壌が栽培に適しており，寒さに強いことから比較的冷涼な地方でも栽培される．灰色かび病に高い感受性があるがうどんこ病やユーティパダイバック（eutypa dieback）にはそれほどでもない．小さな果粒をつける．

栽培地とワインの味

フランスでは2009年に12,384 ha（30,602 acres）の栽培を記録しており同国で4番目に多く栽培されている果皮色の薄い品種である．栽培面積はセミヨン（SÉMILLON）よりも大きいが，ソーヴィニヨン・ブラン（SAUVIGNON BLANC）よりもと比べるとかなり小さい．栽培はロワール川流域（Val de Loire）の西端に集中しており，特にロワール＝アトランティック県やメーヌ＝エ＝ロワール県（Maine-et-Loire），ナント（Nantes）の町の周辺のペイ・ナンテで行われている．MELON はナントの南部および西部の Muscadet Sèvre-et-Maine アペラシオンで最も多く栽培されるが，この品種はすべての Muscadet アペラシオンで公認されている唯一の品種である．1970年代からの MELON の大成功により見境のない栽培がもたらされたが，現在はより注意深く栽培地が選定されており，総栽培面積は減少しつつある．しかし最近になって，ブルゴーニュ－ヴェズレー（Bourgogne-Vézelay）に3 ha（7 acres）が新たに植栽された．

ワインにはキレがあり，海を思わせる香りと比較的ニュートラルなフレーバーをもち，時に柑橘系の香りがある．シュール・リー（おりの上で熟成させること）によりフレーバーが少し豊かになり，その地域の魚やシーフードに合わせて飲むのが理想的である．推奨される生産者としては，ミュスカデ・ド・セーヴル・エ・メーヌ（Muscadet Sèvre-et-Maine）では Guy Bossard 氏の Domaine de l'Écu，Domaine de la

Tourmaline 社の Christophe Gadais 氏，Domaine de la Fruitière 社の Pierre Lieubeau 氏；ミュスカデ コート・ド・グランリュー（Muscadet Côtes de Grandlieu）では，Fief Guérin，Château de la Pierre，Clos de la Fine のラベルで Domaine des Herbauges の Jérôme Choblet 氏および Domaine de l'Aujardière 社の Eric Chevalier 氏などがあげられる．

限定的だがこの品種に対して際立った情熱をもつ人たちがアメリカ合衆国にも存在しており，ワシントン州のシアトルに近いベインブリッジ島(Bainbridge)では Perennial Vintners 社が専用のウェブサイト(http://melondebourgogne. com/ 2019年6月4日アクセス）を立ち上げている．ナパバレー（Napa Valley）の生産者である Georges de Latour 社がこの品種をアメリカ合衆国に持ち込んだが，最初はピノ・ブラン（PINOT BLANC）と表記されており，現在もいくぶん混同が見られる．1980年代に本物の MELON の苗木が持ち込まれるまでは，カリフォルニア州でピノ・ブランの畑とされていたブドウ畑のほとんどで，実際には MELON が栽培されていた．今日では，アメリカ合衆国で Melon de Bourgogne とラベルしているワインの生産者のほとんどは，優れた生産者である De Ponte Cellars などオレゴン州に見られる．

MENCÍA

スペインとポルトガルで栽培されており，その評価を高めつつあるアロマティックな品種

ブドウの色：● ● ● ● ●

主要な別名：Jaen ※または Jaen du Dão ※（ポルトガルのダン（Dão）），Loureiro Tinto（ポルトガル），Mencía Pajaral（スペインのビエルソ（Bierzo））
よくMENCÍAと間違えられやすい品種：JUAN GARCÍA ※（Castilla-La Mancha）

起源と親子関係

MENCÍA はスペイン北西部，León 県のビエルソ（Bierzo）のサラマンカ（Salamanca）が起源であろうが，フィロキセラ被害が到達した後の19世紀後半に至るまで，この地で MENCÍA に関して記載されることはなかった（Martínez，Santiago *et al.* 2006）．

最近の DNA 解析により，JAEN としても知られる JAEN DU DÃO はポルトガル中部のダンで栽培されており，この地が起源の地だと考えられているが，MENCÍA と同一であることが明らかになった（Martín *et al.* 2006）．Jaén Tinto と呼ばれる品種で現在は絶滅しつつあるスペイン南部の古い品種を MENCÍA（紛らわしいことにカスティーリャ・イ・レオン州（Castillo y León）のビエルソでは Jaén Tinto と呼ばれる（Zinelabidine *et al.* 2012））と混同してはいけない．MENCÍA はサンティアゴ・デ・コンポステーラ(Santiago de Compostela）からダンに戻る巡礼者がダンに持ち込んだものだと思われる．ダンで見られる JAEN は均一であるのに対してスペインの MENCÍA には遺伝的な多様性が見られることからこの品種のスペイン起源が支持されている．

他の仮説

MENCÍA はカベルネ・フラン（CABERNET FRANC）や GRACIANO（TINTILLA DE ROTA の名で）に関係があるという説もあるが，形態解析や DNA 研究による遺伝的研究によりこの説は除外される（Ibañez *et al.* 2003; Martínez，Santiago *et al.* 2006）．同様に，近年の DNA 研究により MENCÍA はグルナッシュ（GRENACHE/GARNACHA）と他の品種との交配により得られた品種である可能性が示唆されたが（Martínez，Santiago *et al.* 2006），これは De Mattia *et al.*（2009）によって否定されており，彼らは MENCÍA はグルナッシュとは関係がないと述べている．

ブドウ栽培の特徴

スペインでは中サイズの果粒からなる小さな果房を付けるものが栽培されており，ポルトガルでは中～大サイズの果粒をつけるものが栽培されている．萌芽期は早く熟期は中程度である．ポルトガルでは良好な生産性を示すといわれているがスペインではそれほど豊産性でない．風によって被害を受ける傾向があり，また，うどんこ病，べと病，灰色かび病に感受性がある．短い剪定が最適である．

栽培地とワインの味

スペインでは2008年に，9,055 ha（22,375 acres）の栽培面積が記録されている．栽培のほとんどはガリシア州（Galicia）とカスティーリャ・イ・レオン州の北部で見られるが，アストゥリアス州（Asturias）やカタルーニャ州（Catalunya）でも限定的に栽培されている．とりわけBierzo，Ribeira Sacra，Monterrei，Valdeorras の各 DO では重要な品種だということで評判を上げており，Rías Baixas および Ribeiro でも公認されている．この品種からは魅力的なロゼワインと香り高くフルーティーなヴァラエタルの赤ワインができることが伝統的に知られているが，自然に低い収量となる深い片岩土壌の古い畑が最近になって再発見され，特にビエルソにおいて濃厚で凝集されたワインが作られるようになった．成熟が終わる頃には，アルコール分は極めて高くなる一方で，酸度が急に落ちるので，常にフレッシュさを維持し，バランスのよいワインを得るのは容易ではない．推奨される生産者としては Alma de Tinto，Descendientes de J Palacios 社，Docampo 社，Estefania 社，Mengoba 社，Peique 社，Raul Perez 社，Pittacum 社，JRebolledo 社，Dominio de Tares 社，Castro Ventosa 社などがあげられる．

ポルトガルでは2010年に2,578 ha（6,370 acres）で JAEN が栽培され，栽培は主にダンで見られた．最高のワインは同国南東部（Seia と Gouveia）で作られており，色合いが濃厚で，低い酸味の非常にソフトで，ラズベリーとブラックベリーのデリケートなアロマをもつ．ワインは少し素朴なものからエレガントなものまであり，通常は早飲み用である．特にカーボニックマセレーションを行ったときは早飲みのワインになる．よりしっかりとした骨格と熟成の可能性があるワインを作るために JAEN はちトゥーリガ・ナシオナル（TOURIGA NACIONAL）などとブレンドされることがある．推奨される生産者としては Quinta das Maias 社，Quinta da Pellada 社，Quinta dos Roques 社などがあげられる．

MENNAS

アロマティックなスイスの品種．
この品種を栽培しているのは一社のみである．

ブドウの色：●　●　●　●　●

起源と親子関係

MENNAS は1986年にスイス，オー・ヴァレー地方（Haut-Valais），フィスプ（Visp）にある Chanton Kellerei 社の Hans-Peter Baumann 氏がゲヴュルツトラミネール（GEWÜRZTRAMINER）×GOUAIS BLANC の交配により得た交配品種である．

ブドウ栽培の特徴

萌芽期は中期で熟期は中期～晩期である．薄い果皮をもつ中サイズの果粒が小さな果房をなす．

栽培地とワインの味

スイス，ヴァレー州（Valais）の Diroso Kellerei 社のみが MENNAS を栽培しており，0.2 ha（0.5 acres）の畑から遅摘みされた MENNAS からライチ，ローズ，マジパンのアロマをもつワインを生産している．アロマティックな親品種のゲヴュルツトラミネールに似ているが，酸味が高いといわれている．

MENOIR

最近改名されたハンガリーのこのマイナーな品種は,
Muscat アロマをもつ赤ワインになる.

ブドウの色：● ● ● ● ●

主要な別名：Kékmedoc, Medoc Noir, Menoire
よくMENOIRと間違えられやすい品種：COT ⚥（ハンガリー）, メルロー（MERLOT ⚥（ハンガリー））, MORNEN NOIR ⚥（ハンガリー）

起源と親子関係

MEDOC NOIR という古い名前があることから, MENOIR はブドウ育種家の Mathiasz János 氏（1838–1921）がハンガリーに持ち込んだフランス品種であると長く考えられてきたが, 近年, 得られた DNA 解析の結果はこれに強く意義を唱えるものであった.

Galet（1990）は, フランスのローヌ地方（Rhône）の品種である MORNEN NOIR はハンガリーでは MÉDOC NOIR という名で栽培されていたと述べている. MÉDOC NOIR はフランス語の KÉKMEDOC だが, MENOIR の別名でもある. また他の地域では MÉDOC NOIR が COT や MENOIR などにも用いられていたが, Jahnke *et al.*（2009）の中で報告された KÉKMEDOC の DNA プロファイルは他のすべての品種と異なっており, 解析に用いた試料が正しければ, MORNEN NOIR と MENOIR は異なる品種であると結論づけられている.

ブドウ栽培の特徴

萌芽期は早期で早熟である. 低収量である. 小さな果粒で小さな果房をつける. 中程度の乾燥耐性と耐寒性を示す. かびによる病気には感受性である.

栽培地とワインの味

MENOIR からはハンガリーの早飲みタイプのワインが作られ, 典型的なものは繊細なタンニンとマスカットの香りをもつミディアムボディーのワインになる. KÉKMEDOC や,「黒のメドック」を意味する MÉDOC NOIR から, MENOIR へとその名前が変わったのは, ハンガリーが2004年に EU に加盟したためで, EU が誤解を招く恐れのある品種名に非常に神経質な態度をとっているからである. MENOIR が見られるのは主にエゲル（Eger）ワイン地方で, 現地では Lajos Gál 社が良質のヴァラエタルワインを作っているが, 2008年のハンガリーで記録された総栽培面積はわずかに46 ha（114 acres）のみであった.

MENU PINEAU

他品種との関連が深く, かつては重要品種とされていたブロワ（Blois）の特産品.
現在, この品種を支持する人はごくわずかである.

ブドウの色：● ● ● ● ●

主要な別名：Arbois Blanc（ロワール=エ=シェール県（Loir-et-Cher））, Herbois（ロワール=エ=シェール県）, Menu, Menu Pinot（トゥーレーヌ（Touraine））, Orbois（ロワール=エ=シェール県）, Petit Pineau ロワール=エ=シェール県）, Verdet
よくMENU PINEAUと間違えられやすい品種：PETIT MESLIER ⚥（ロワール=エ=シェール県）, リースリング

起源と親子関係

MENU PINEAU はフランス，ロワール川流域（Val de Loire）の古い品種で，GROS PINEAU（シュナン・ブラン（CHENIN BLANC），*menu* は，「小さい」という意味）に似ていることから命名された．歴史的にこの品種は ARBOIS BLANC としてロワール＝エ＝シェール県で知られていたが，フランシュ＝コンテ地域圏（Franche-Comté）のアルボワ村（Arbois）とは関係がなく，この村で栽培されたことはない．ARBOIS はロワール＝エ＝シェール県での別名，HERBOIS に由来しており，方言で *Orboé* あるいは *Orboué* と呼ばれていたものが Orbois になり，それがさらに変化して ARBOIS となった．まぎらわしいことに，フランス公式品種登録リストでは ORBOIS と記載されている．

この品種に関する最初の記載は1530年頃に中世の著名な著述家フランソワ・ラブレー（Francois Rabelais）氏が著した *Cinquième Livre* の中で，あまり知られていない別の品種や同定されていない品種と並び「大きなブドウ畑は ARBOIS などを含む多くの品種から成っている」と記載されている．この品種に関する，より具体的な記述は Bauhin（1650）の中に見られ「モンベリアル（Montbéliard）の ARBOIS と呼ばれるブドウはよいブドウだと考えられており，ブルゴーニュ（Burgundy）ではそれを「鳥の赤ちゃんの頭」と呼んでいる」とある．

MENU PINEAU はブドウの形態分類群の Meslier にちなんで命名された Messile グループに属する（p XXXII 参照）（Bisson 2009）．Galet（2000）は ARBOIS ROSE が果皮色変異であると述べている．

DNA 系統解析によって GOUAIS BLANC との親子関係が示された（Boursiquot *et al.* 2004）ことにより MENU PINEAU は少なくとも80の西ヨーロッパ品種と片親だけが同じ姉妹品種の関係にあることが明らかになった（PINOT 系統図を参照）．

他の仮説

MENU PINEAU をリースリング（RIESLING）と間違えて同定した研究者もいた．

ブドウ栽培の特徴

成長周期が短く，熟期は中期である．小さな果粒が密着した房をつけるが，特に灰色かび病に感受性があるわけではない．冷涼な冬の気候の地域に適している．

栽培地とワインの味

MENU PINEAU はフランス北部のトゥーレーヌ地方（Touraine）で広く栽培されていたが，現在は，ほぼそのすべてがソーヴィニヨン・ブラン（SAUVIGNON BLANC）に植え替えられている．1968年には1,455 ha（3,595 acres）の栽培が記録されていたのに対して，2006年の栽培面積は270 ha（667 acres）であった．Clos du Tue Boeuf 社の Thierry Puzelat 氏は，Claude Courtois 氏とならんで数少ない生産者の1人であるが，MENU PINEAU がより重要な役割を果たすワインを作るという決意を胸に，最近のこの品種の復興を支えている．Puzelat 氏の Pétillant Naturel は MENU PINEAU とシュナン・ブランとのブレンドワインである．一方，La Tesnière ワインは前者の品種がいくぶん高い割合でブレンドされ，Puzelat 氏は少し素朴だが酸味はシュナン・ブランより少ないと表現している．この La Tesnière ワインは蜂蜜の趣と甘酸っぱさを備えている．Courtois 氏の Alkimya は稀少なヴァラエタルワインである．Domaine des Capriades 社が100％の ORBOIS ワインを作っている．比較的，酸味が弱くになりがちなので，通常はソーヴィニヨン・ブランが主役の Cheverny，Valençay，Touraine アペラシオンにおいて副原料としてブレンドに用いられている．丁寧に作られたワインにはミネラル感がありスパイシーでリンゴのフレーバーを有している．

別名の ARBOIS BLANC はジュラ県（Jura）の Arbois アペラシオンの白ワインや赤ワインのいずれとも無関係であることは注意すべき点である．

MERENZAO

TROUSSEAU を参照

MÉRILLE

事実上絶滅状態にあるこの品種はフランス南西部でフロントン（*Fronton*）のブレンドに用いられることがある.

ブドウの色：● ● ● ● ●

主要な別名: Bordelais または Bordelais Noir（フランス南西部のフロントン）, Bourdalès または Bouchalès（アリエージュ県（Ariège）のパミエ（Pamiers））, Grand Vesparo または Vesparo à Queue Verte（ジェール県（Gers）; COT などの他の品種にもまた使われる）, Périgord（ドルドーニュ県（Dordogne））
よくMÉRILLEと間違えられやすい品種: BOUCHALÈS（アリエージュ県のパミエ）, MILGRANET（Petite Mérille の名で）

起源と親子関係

MÉRILLE については1873～4年にロット＝エ＝ガロンヌ県（Lot-et-Garonne）やジェール県で初めて, 次のように記載されている（Rézeau 1997）.「MÉRILLE は黒いブドウで, 小さく丸い果粒が密着して長い広い房をなしている. 美味なるブドウである」. その名の起源は不明である.

VALDIGUIÉ と親子関係にあると考えられている（Galet 1990）が確認はされていない. DNA 系統解析によって PRUNELARD との親子関係が確認された（Boursiquot *et al.* 2009）. この結果は MÉRILLE がブドウの形態分類群の Cot グループに属することと一致する（p XXXII 参照）.

ブドウ栽培の特徴

熟期は中程度で安定して豊産性である. 長く剪定すれば高収量になる. ダニ, ブドウ蛾, ヨコバイに感受性がある. 大きな果粒で特に大きな房をつける.

栽培地とワインの味

ワインは軽く, いくぶん平凡である. MÉRILLE は Fronton アペラシオンのブレンドワインに, 補助品種として用いられることがある. Vin de Pays des Côtes du Tarn への使用が認められている. 2008年にはフランスで55 ha（136 acres）の栽培が記録されているが, 50年前に記録した栽培面積2,422 ha（5,985 acres）からは減少している.

MERLOT

広く栽培されている, 比較的早熟な肉厚のボルドー（*Bordeaux*）品種

ブドウの色：● ● ● ● ●

主要な別名: Bigney, Crabutet, Langon, Médoc Noir, Merlau, Merlot Noir, Picard, Sémillon Rouge, Vitraille（Merlot Noir を除くすべての別名は歴史的に昔から用いられている別名である.）
よくMERLOTと間違えられやすい品種: カルムネール（CARMENÈRE（チリ））, MENOIR（ハンガリー）

起源と親子関係

メルロー（MERLOT）に関する最初の記載は1783～4年にジロンド県（Gironde）のリブルヌ（Libourne）

で書かれたもので，次のような記載が見られる（Rézeau 1997）．「Merlau…色が黒くて優れたなワインになる．土壌がよいと豊産性となる」．現代的な表記が表れるのは1824年のMédocワインの論文の中で，文中では，名前の起源に関し，最も説得力のある仮説が次のように記載されている（Rézeau 1997）．「メルローという名前は，このブドウを大変好む黒い鳥に由来する」．事実，この鳥はオック語でMerlauと呼ばれていた．メルローはガロンヌ川（Garonne）の島が起源があるとされていたので，メルローは「川からの実生」とも呼ばれてきた．

1990年代の終わりにDNA系統解析によってメルローとカベルネ・フラン（CABERNET FRANC）との親子関係が明らかになったが，もう一方の親品種は不明であった（Regner 1999）．しかし，10年後にBoursiquot *et al.*（2009）がメルローのもう一つの親品種を発見した．発見されたブドウは，未知の品種で，中世の終わりにブドウが栽培されていた北部ブルターニュ地域圏（Brittany）のサン・マロ（Saint-Malo）近くのサン＝シュリアック（Saint-Suliac）で1996年に最初に収集された（Droguet 1992）．モン・ガロ（Mont Garrot）と呼ばれる丘の斜面に見捨てられたブドウが生育しており，そこから穂木がえられた．数年後，さらにシャラント県（Charente）のMainxe，Figers，Tanzac，Saint-Savinienの四つの村の家の前に植えられているこの品種の4本の樹が見つかった．これらのブドウは地元ではRAISIN DE LA MADELEINEあるいはMADELEINAと呼ばれており，この言葉はブドウの早熟さを表している（マグダラの聖マリアの日である7月22日に熟すことが多い）．DNA解析の結果，この品種はモンペリエ（Montpellier）のVassalの幅広いコレクションのどれとも一致しなかったため，命名する必要があった．他のMadeleineグループの品種との混同を避けるためにBoursiquot氏と共同研究者はこれをMAGDELEINE NOIRE DES CHARENTESと命名した．DNA解析によってカベルネ・フランがメルローの父品種にあたりMAGDELEINE NOIRE DES CHARENTESが母品種であることが見いだされた．

メルローはフランス南西部あるいはジロンド県またはスペインのバスク州（País Vasco）に起源をもつブドウの形態分類群のCarmenetグループ（p XXXII参照）に属する品種である（Bordenave *et al.* 2007; Bisson 2009）．加えてABOURIOU，カベルネ・ソーヴィニヨン（CABERNET SAUVIGNON），カルムネール（CARMENÈRE）およびCOTが，少なくとも一つの親品種を共通にもっていることがわかっているので，つまりは，これらはすべてメルロー（カベルネ・ソーヴィニヨン（CABERNET SAUVIGNON）の系統図参照）とは同じ片親品種をもつ姉妹品種（ABOURIOUは祖父母にあたる可能性もある）の関係にあることになる．

MERLOT GRISはメルローの色変異であるが，MERLOT BLANCは1891年に見つかった異なる品種で，メルローとFOLLE BLANCHEの自然交配で生まれたものである（Boursiquot *et al.* 2009）．現在ではMERLOT BLANCはほぼ消滅している．

メルローは，同じ片親品種をもつ兄弟姉妹品種にあたるCARMINE（アメリカ合衆国），EDERENA（フランス），EVMOLPIA（ブルガリア），FERTILIA（イタリア），MAMAIA（ルーマニア），NIGRA（イタリア），PRODEST（イタリア），REBO（イタリア）などの世界中のおびただしい数の品種の育種に用いられており，また，それらのいくつかは市販ワインの生産に用いられている．また，隔離された小さな畑がイタリア中部のアレッツォ県（Arezzo）の近くにある．そこではCarnasciale社がCABERLOTと呼ばれる品種を栽培しているのだが，この品種はメルローと特定されていない親品種との間に生まれた交配品種であると考えられている（Paolo Storchi，私信）．

ブドウ栽培の特徴

萌芽期は早く，熟期は中程度である．樹勢はやや強い程度だが，時に非常に強くなり，多くの新梢やサッカー（幹から出る新梢）を作ることがある．結実能力が高いので短い剪定が最適である．気候条件によっては，花ぶるい（Coulure）の傾向がある．粘土石灰石土壌が栽培に適している．低温と春の霜および乾燥の被害をうける危険性がある．べと病とヨコバイに非常に感受性がある．一緒に栽培されることの多いカベルネ系品種よりも灰色かび病に対する感受性が強い．

Boursiquot *et al.*（2009）は，メルローの長所とその成功の理由は，カベルネ・フランがもつ高品質のフェノール化合物（タンニンとアントシアニン）とMAGDELEINE NOIRE DES CHARENTESの特性である早熟さと結実能力の高さがいずれも継承されていることにあると述べている．

栽培地とワインの味

メルローは容易に熟し，カベルネ・ソーヴィニヨンよりも広範囲にわたって栽培されているので，メルローが栽培されている地方と国のリストを作るよりも，メルローが栽培されていない地方と国のリストを作るほうが早く容易にできるである．メルローもつ甘さとフレッシュさは賞賛に値するものである．類縁品種であるカベルネ・ソーヴィニヨンやカベルネ・フランと同様，完熟していない場合には，ある種の植物的な香りをもつが，カベルネほどではない．一般に，世界各地で栽培されるメルローのうち，そのかなりの割合が，タンニンがより強いカベルネに果実感とフレッシュさを加味し，バランスを保つために，カベルネ・フランまたは / およびカベルネ・ソーヴィニヨンとブレンドされている．

メルローは世界で最も多く栽培されているワイン用ブドウ品種の一つであり，フランスでは最も広い栽培面積をもち2009年には115,746 ha（286,015 acres）の栽培が記録されている．この品種の栽培はきわめて広範囲に及んでいるが，栽培が最も密に集中しているのは広域ボルドー地方のアキテーヌ地域圏（Aquitaine）とラングドック－ルシヨン地域圏（Languedoc-Roussillon）である．メルローは19世紀中頃まではボルドー第二の品種であったが，メルローのもつうどんこ病への耐性が，カベルネ・ソーヴィニヨンよりも優れていることがわかると，非常に人気がでた．比較的冷涼な年でも成熟することもあって，ボルドーの県であるジロンド県では メルロー 69,053 ha（170,634 acres）/ ソーヴィニヨン 26,790 ha（66,200 acres）とメルローの生産量はカベルネ・ソーヴィニヨンを大きく上回っている．またベルジュラック（Bergerac）より東方に位置するドルドーニュ県（Dordogne）ではメルロー 4,303 ha（10,633 acres）/ カベルネ・ソーヴィニヨン 1,582 ha（3,909 acres）という栽培面積となっている．

しかし，ボルドーのワインの生産者のカベルネ・ソーヴィニヨンへの敬意と，カベルネ・ソーヴィニヨンのワインの権威が盛り返したことでフランスでのメルローの栽培面積はわずかに減少している．一般に，メルローワインはフルーティーさが顕著で，荒々しいタンニンは少ない．したがってカベルネよりも若いうちに飲むことができる．メルローワインには通常，安直なワインから，たとえばChâteau Pétrusのような偉大なポムロール（Pomerol）がもつベルベットのような並外れた豊かさをもつワインに至るものまで，ある種の甘いプラムに似た果実味がある．通常，この地域の生産者が3品種すべてを植えることでリスクを分散させる理由については，カベルネ・フランを参照のこと．ポムロールの台地はとりわけメルローの栽培に適しているので，ポムロールの畑のほとんどで，この品種がもっぱら栽培されている．カベルネ・ソーヴィニヨンがジロンド川の右岸（概して気温が低い）で熟成することは難しいので，広域ボルドー地方の赤ワインブドウ畑のうち冷涼な地区ではメルローが多く栽培されている．伝統的なボルドーブレンドにおいて，特にメドック（Médoc）やグラーブ（Graves）などの左岸では，メルローはカベルネ・ソーヴィニヨンの骨格にフレッシュさを与えている．通常，糖度は高く，アルコール分はカベルネ・ソーヴィニヨンよりも1%ほど高くなる．

メルローはラングドックでも広く栽培されており，総栽培面積はカベルネ・ソーヴィニヨンの合計よりも50%多い29,914 ha（73,919 acres）である．オード県（Aude）やエロー県（Hérault）では11,000 ha（27,000 acres）以上である．ガール県（Gard）はやや少ないものの7,000 ha（17,000 acres）の栽培が記録されている．ラングドックのメルローのほとんどは退屈で，ぼんやりした葉っぱの香りのあるほのかな甘さをもつ赤ワインとなる．収量は比較的高い傾向にある．

2000年時点でのイタリアの統計では，25,614 ha（63,294 acres）の栽培が記録されている．栽培のほとんどは国の北半分で見られ，その3分の2がDOC（G）ワインではなくIGTワインである．イタリアのメルローは，ヴェネト州（Veneto）の平原で栽培される過剰生産のブドウを集め，甘さと酸味のブレンドを目的とした巨大市場用のワインである．その他にメルローが多く栽培されているのはフリウーリ地方（Friuli）であり，フランス，ポムロールのワインに似たイメージをもつBorgo del Tiglio社のRosso della Centaワインはこの地方の誇りである．Graf de la Tour Merlotは，Villa Russizエステートと児童施設の創設者で，最高級のフランスブドウの穂木をコッリオ（Collio）に輸入したことで評価されている人物の名前にちなんで命名された．トレンティーノ＝アルト・アディジェ（Trentino-Alto Adige）自治州のメルローワインはフリウーリ地方とヴェネト州（Veneto）の中間のスタイルと品質を有しており，温暖化による気温の上昇とそれに伴う成熟レベルの変動による恩恵を受けている．

イタリア全土において，少量のメルローワインがまるで調味料のように野心的なブレンドワインに使われているという，ゴシップを信じるなるなら，メルローワインはすべてのイタリアのDOCに「国際的な魅力」を付与していることになる．それぞれの栽培地に適した樹の選抜に関わる技術はイタリアよりもフランスで発展してきたので，フランスの苗木業者のメルロー（やカベルネ）はイタリアの苗木業者のものよりも信頼され，栽培家の間で人気があった．イタリアにおけるメルローの本拠地はトスカーナ州（Toscana）だが，決してマレンマ（Maremma）沿岸だけで栽培されているというわけではない．ここでも，アクセル全開のカリフォルニア州同様に，たとえばOrnellaia社のMassetoのようなワインがソロ・プレイヤーでいることはまれで，Castello di Ama 社の L'Apparita，Le Macchiole 社の Messorio，Tua Rita 社の Redigaffi などのメルローを主体とするワインは Masseto のイメージで作られている．メルローは，イタリア中部で作られる，特にマレンマやキャンティ・クラシコ（Chianti Classico）などのボルドーブレンドワインの重要な原料でもある．Castello di Fonterutoli 社の Siepi のように地域のサンジョヴェーゼ（SANGIOVESE）とブレンドすることでよい効果を生み出すこともある．イタリア南部におけるメルローの功績はそれほど輝かしいものではないかもしれないが，カンパニア州（Campania）で Riccardo Cotarella 氏が作る Montevetrano のボルドーブレンドワインは，シチリア島（Sicilia）で Planeta 社が作るメルローのヴァラエタルワインが顕著に国際的なスタイルのワインであるのと同様に，国際的な賞賛を受けている．

スペインでは，冷涼で湿度のあるフランスやイタリアの産地よりもメルローの重要性は低いのだが，国際品種の流行もあり，2004年には8,700 ha（21,498 acres）であった同国の栽培面積は2008年には13,325 ha（32,927 acres）にまで増加した．最大の生産地はカタルーニャ州（Catalunya）（3,360 ha/8,303 acres）で，北東部のナバラ州（Navarra）（2,450 ha/6,054 acres）や アラゴン州（Aragón）（2,218 ha/5,481 acres），中部のカスティーリャ＝ラ・マンチャ州（Castilla-La Mancha）（2,894 ha/7,151 acres）などがそれに続く．スペインのメルローは主にブレンドワインの生産に用いられ，カベルネ・ソーヴィニヨンと同様にテンプラニーリョに肉付きをよくするためにメルローワインが用いられている．通常は，ペネデス（Penedès）やコンカ・ダ・バルバラー（Conca de Barberà）などの冷涼なカタルーニャ地方で成功を収めている．コステルス デル セグレ（Costers del Segre）の Tomàs Cusiné 社はメルローを主要成分とするボルドーブレンドワイン作り出しており，Geol ラベルで大きな成功を収めている．メルローの最高のヴァラエタルワインは Can Ràfols dels Caus 社の Caus Lubis やナバラ州の Magaña 社の メルローであるが，彼らはいまではブレンドに焦点をあて始めている．ポルトガルでは依然，国際的な流行に対する抵抗感があるため，2010年にはわずかに556 ha（1,374 acres）のメルローが主にテージョ地区（Tejo）で栽培されているに過ぎない．

地球温暖化によりドイツでもプファルツ地方（Pfalz）やラインヘッセン地方（Rheinhessen）などの温暖な土地で2008年に450 ha（1,112 acres）でメルローの栽培が記録されている．

オーストリアでは，メルローよりもカベルネ・フランが重要とされており，2008年の終わり頃にはわずかに112 ha（277 acres）でメルローの栽培が記録されているにすぎない．約半分はニーダーエスターライヒ州（Niederösterreich）（低地オーストリア）で，また残りは主にブルゲンラント州（Burgenland）において栽培されている．

スイスでは南部の暖かい地方にあるイタリア語圏，ティチーノ州（Ticino）で長い間，メルローが多く栽培されており，2009年には1,028 ha（2,540 acres）の栽培面積が記録されている．ほとんどがイタリアとの国境に面したティチーノ州の南部で栽培されている．ワインは最も基本的なものからフランス，ポムロームのメルローワインに対する繊細な亜高山性地域からの応酬ともいえるワインに至るまで，様々なワインが作られている．たとえば Guido Brivio 社（Platinum），Daniel Huber 社（Montagna Magica），Cantina Kopp von der Crone Visini 社（Balin），Werner Stucky 社（Tracce di Sassi），Luigi Zanini 社（Castello Luigi）などのワインである．

ハンガリーではメルローよりもカベルネフランを重視しているが，それでも2008年には1,791 ha（4,426 acres）の栽培が記録されており，主にセクサールド（Szekszárd）やヴィラーニー（Villány）などの南部，クンシャーグ（Kunság）などの中南部，および中西部のバラトン湖（Dél-Balaton）さらに北東部のエゲル（Eger）で見られる．Attila Gere 社の Solus は優れたワインの一例である．

2009年にブルガリアでは，わずかにカベルネ・ソーヴィニヨンにおよばないものの15,202 ha（37,565 acres）をメルローの栽培にあてている．しかしヴァラエタルワインのスタイルは確立されていない．最高のブルガリアのメルローワインはボルドーブレンドに用いられている．メルローは，肉付きのよいスパイシーな，ボルドーの影響を受けた，たとえば Enira などの野心的なブレンドワインの主要な品種である．

スロベニアでは2009年に1,019 ha（2,518 acres）のメルローの栽培が記録されており，主に西部のヴィパヴァ渓谷（Vipavska Dolina）（現地で最も多く栽培される品種）や Goriška Brda（2番目に多く栽培される品種）で栽培されている．また南西部 Slovenska Istra（スロベニア・イストラ半島）でも少し栽培されている．この品種はプリモルスカ（Primorska）の畑の15% を占めており，Movia，Edi Simčič，Marjan Simčič および Sutor などのワイナリーは国境を越えたイタリアのフリウーリ（Friuli）よりもより本格的なヴァラエタルワインを作っている．

チェコ共和国では2009年に87 ha（215 acres）の栽培が記録されており，ほとんどは南東部のモラヴィア（Morava）で栽培されている．メルローはセルビアにおいて主要な国際品種の一つであり，他方クロアチアでは2009年に1,105 ha（2,731 acres）が栽培されており，モンテネグロでも注目を集めている．
メルローはルーマニアをリードする国外由来の赤ワインブドウである．同国では2008年に10,782 ha（26,643 acres）の栽培を記録している．ほとんどが同国南東部のムンテニア地方（Muntenia）のデアルマレ（Dealu Mare）や黒海に近いドブロジャ（Dobrogea）で栽培されている．西部のドラガシャニ（Drăgășani）でも栽培されている．Davino 社の上位製品のように，FETEASCĂ REGALĂ とブレンドされることもあるが，広く栽培されているのでごく普通のワインも作られている．国境を越えても同様で，モルドヴァ共和国では2009年に8,123 ha（20,072 acres）の栽培が記録されている．
ウクライナでは2009年に2,820 ha（6,968 acres）の栽培が記録されている．他方，ロシアではクラスノダール地方（Krasnodar Krai）でこの地域の栽培地の5～6％を占める1,588 ha（3,924 acres）の栽培が記録されている．
ギリシャ東部のマケドニア（Makedonía）やトラキア（Thráki / Thrace; 243 ha/600 acres）ではメルローは上位6品種の一つである．また西マケドニア（Makedonia）には86 ha（213 acres）が，中央ギリシャでは74 ha（183 acres）が栽培されているが，フレッシュさを維持するためには冷涼な場所が必要である．
メルローはイスラエルではカベルネ・ソーヴィニヨンについで二番目に多く栽培されており，約1,000 ha（2,470 acres）の栽培が記録されている．Dalton，Margalit，Recanati などがカリフォルニアスタイルの高品質で濃厚なワインを作っている．
トルコでは2010年に429 ha（1,060 acres）が記録されている．またマルタやキプロスでも栽培されている．
メルローはアメリカ合衆国，特にカリフォルニア州にとって非常に重要な品種である．同州ではピークであった2004年当時の51,000 acres（20,640 ha）からは若干減っているものの，2010年には46,762 acres（18,924 ha）の栽培が記録されている．1990年代にはくせのあるカベルネソーヴィニヨンよりもフレッシュ感のある，穏やかなメルローが大流行したが，ピノ・ノワールの信奉者が主人公である，映画のサイドウェイによってメルローの輝かしい評判が損なわれてしまった．今日ではとても安直に，また正当化できないほどにセントラル・バレー（Central Valley）やモントレー・バレー（Monterey Valley）の低地で大量に栽培され，巨大市場用の甘口の赤ワインの生産に用いられている．ナパ（Napa）やソノマ（Sonoma）で大事に育てられたブドウは，カベルネ・ソーヴィニヨンと表示されたワインで補助的な役割を果たした．意図的に Meritage ブレンドとして販売されている．メルローのラベルをより真剣にとらえている Duckhorn，Pahlmeyer，Paloma，Pride Mountain，Shafer および Truchard などの生産者は，メルローにとってカーネロス（Carneros）が切っても切り離せない密接な関係にあることを証明した．20世紀後期に Matanzas Creek 社は同様の取組を現在は Bennett Valley AVA であるソノマ地方で行った．メルローの豊かさとカリフォルニア州の日差しは絶対的な組合せなのだが，ある種のフレッシュさを維持することが成功の秘訣であった．
ワシントン州のメルローワインは，本来のキレのよさが肉付きのよい果実感を補っている．同州ではメルローより多く栽培されている品種はカベルネ・ソーヴィニヨンのみである．2011年には同州の合計栽培面積は8,235 acres（3,334 ha）に達した．そのほとんどはブレンドワインの生産に用いられているが，賞を受賞するようなヴァラエタルワインもある．同州においては温暖な気候環境では問題となる過熟になることはほとんどない．ワシントン州で優れたメルローのヴァラエタルワインの生産者は，ブドウ畑が指定されることが多いのだが，Bookwalter，Canoe Ridge，DeLille，L'Ecole No41，Leonetti，Pedestal，Quilceda Creek，Andrew Will などである．
メルローはオレゴン州では比較的マイナーで，2008年の栽培面積は508 acres（206 ha）であった．容易に成熟するこの品種はアメリカ全土で栽培されているが，とりわけテキサス州では多く栽培されている．2008年には同州で290 acres（117 ha）の栽培を記録しており，赤品種としてはカベルネ・ソーヴィニヨンに次いで二番目に広く栽培されている品種である．バージニア州では2010年に338 acres（136 ha）の栽培が記録されている．同州で最も栽培されている赤品種であるが，そのほとんどは Meritage ブレンドに用いられている．カリフォルニア州とワシントン州に次いでメルローが広く栽培されているのはニューヨーク州である．2006年には902 acres（365 ha）の栽培を記録しており，ロングアイランドの海洋性気候下でうまく生育している．
カナダではブリティッシュコロンビア州で最も広く栽培されており，2008年には1,585 acres（641 ha）の栽培を記録している．同国で栽培される赤ワイン用ブドウを代表する品種の一つで，Osoyoos Larose ワインや Mission Hill 社の Oculus ワインなどの成功を収めたブレンドワインが他を圧倒している．また Cedar Creek 社の Platinum Reserve はメルローのヴァラエタルワインがここでも良質であることを示している．オンタリオ州では2008年に1,230 acres（498 ha）のメルローが栽培されていたが，現時点では濃厚なブリティッシュコロンビア州のメルローワインや，最高級のオンタリオ州のピノ・ノワールの繊細さに匹敵する域に達することはまれである．

メルローはメキシコでも栽培されており，とりわけバハカリフォルニア州とコアウイラ州（Coahulia de Zaragoza）で栽培されているが，若干重い感じがある．

メルローはチリで非常に重要な品種であり，そこではカベルネ・ソーヴィニヨン，PAÍS（LISTÁN PRIETO）に次いで3番目に多く栽培される品種である．2009年には同国で13,280 ha（32,816 acres）の栽培が記録されている．セントラル・バレー（Central Valley）をまたぐ谷に多く見られ，コルチャグア（Colchagua）（3,359 ha/8,300 acres），マウレ（Maule）（3,019 ha/7,460 acres），クリコ（Curicó）（2,911 ha/7,193 acres），カチャポアル（Cachapoal）（2,007 ha/4,959 acres），マイポ（Maipo）（1,168 ha/2,886 acres）などで栽培されている．チリのブドウ畑で二つのボルドーの品種が長期間にわたってどのように混同されてきたかについてはカルムネール（CARMENÈRE）を参照のこと．現在，ほとんどのメルローは若いが，Casa Lapostolle，Errázuriz，Viña Leyda，Montes などのメルローワインの品質はきわめて印象的である．成功を収めているチリのメルローには真の甘美さがある．

アルゼンチンのワイン産業においてメルローはあまり重要な品種ではない．同国では主要品種のマルベック（MALBEC, COT）には，はっきりした果実感があり，もう少し控えめではあるがBONARDA（DOUCE NOIRE）は，たとえばチリのカベルネ・ソーヴィニヨンほどには，メルローによる肉付きの付与をあまり必要としない．主にメンドーサ州（Mendoza）で2008年に7,142 ha（17,648 acres）の栽培が記録されており，サン・フアン州（San Juan）や他の地域でも少し栽培されている．メルローは同国ではマルベックとしばしばブレンドされている．Finca La Anita，Chacra や NQN などのワインが成功を収めている．

ウルグアイでは2009年に853 ha（2,108 acres）のメルローが栽培されている．カベルネ・ソーヴィニヨンを少し上回るこの栽培面積は同国の総ブドウ栽培面積の10% を占めている．比較的ソフトなこの品種は重要で栽培面積は徐々に増えており，タフな TANNAT とのブレンドに用いられる．Bouza と Pizzorno の2社が良質のワインを作っている．

ブラジルでは2007年にリオグランデ・ド・スル州（Rio Grande do Sul）で1,089 ha（2,691 acres）の栽培が記録されている．Miolo 社はメルローの醸造に注目に値する自信を示しているが，ポムロールを拠点としている Michel Rolland 氏がこの地でコンサルタントにあたっていることを思えば，これは意外なことではない．ボリビアでは2009年に30 ha（74 acres）のメルローの栽培が記録されており，また，ペルーでも栽培されている．

メルローは量的にはオーストラリアでも重要な品種であり2008年には10,537 ha（26,037 acres）の栽培が記録されている．シラー，カベルネ・ソーヴィニヨンに次いで3番目に多く栽培される赤ワイン用品種であるが，同国のメルローのヴァラエタルワインからは明確な個性や名声が聞こえてこない．世界各地のメルローマニアによって支えられたこの品種は，今世紀初頭にきわめて広い範囲にわたってうえ付けが行われ，リヴァーランド（Riverland），リヴァリーナ（Riverina），マレー・ダーリング（Murray Darling）などの内陸の暖かい地域や国内の他の有名なワイン産地でも広く栽培されたが，近年，こうしたメルロー熱はいくぶん冷めつつある．基本的なヴァラエタルワインは別にして，このＭで始まる品種はカベルネ・メルローブレンドとしてラベルに表示されることが多く，西オーストラリア，マーガレット・リバー（Margaret River）の Cullen 社のワインはおそらく一番高い評価を受けている．

ニュージーランドでもメルローの栽培は次第に減少しており，2008年に記録された栽培面積は同国内のブドウ畑の5% にあたる1,363 ha（3,368 acres）であった．（大きく引き離されているものの）ピノ・ノワールについで2番目に多く栽培される赤ワイン用品種である．この品種は赤道から離れたこの地でカベルネ・ソーヴィニヨンよりも容易に成熟しホークス・ベイ（Hawke's Bay）の水はけのよい土壌で成功している．優れた生産者としては Alluviale，Craggy Range，Trinity Hill などがあげられる．Ata Rangi 社はマーティンバラ（Martinborough）で成功を収めている．

カベルネ・ソーヴィニヨンが栽培されるところでは，大抵の場合メルローが栽培されており，中国も例外ではない．2009年には北東および西部で（3,204 ha（7,917 acres），カベルネ・ソーヴィニヨンの1/6にあたる）が記録されているが，おそらくこれは実際よりも低い数字であろう．日本（2009年には816 ha/2,016 acres）（訳注：農林水産省統計116 ha; 2014年）やインドでも栽培されている．

南アフリカ共和国で栽培される赤ワイン用品種のうちメルローは3番目に多く栽培されている品種であり（2008年には6,614 ha/16,344 acres），赤ワイン用ブドウ全体の15% を占めている．ワイン地域のほとんどで栽培されており，最も広い地域としてはステレンボッシュ（Stellenbosch）（2,105 ha/5,202 acres）やパール（Paarl）（1,289 ha/3,185 acres）などがあげられる．ワインはチョコレートの風味があり，つややかなカリフォルニアスタイルである．生産者としては，Dombeya，Shannon，Thelema，Veenwouden，Vergelegen，Yonder Hill などが成功を収めている．

MERSEGUERA

スペイン中東部で広く栽培される特徴のない品種

ブドウの色：

主要な別名：Exquitsagos または Esquitxagos，Verdosilla
よくMERSEGUERAと間違えられやすい品種：PALOMINO FINO ☿（アルジェリアでは Merseguera）

起源と親子関係

MERSEGUERA は，スペイン中東部のバレンシア州（Valencia）由来であろう．この品種は北部のカステリョン県（Castello）のサンマテロ（San Mateo）やタラゴナ県（Tarragona）の Bajo Ebro 地方で栽培される EXQUITSAGOS と同一であり，遺伝的にはスペインの TORRONTÉS に近い（Ibañez *et al.* 2003）．

MARISANCHO は MERSEGUERA の別名としてバレンシア州で使われることがあるが，これは PARDILLO の別名でもあるので紛らわしい．

ブドウ栽培の特徴

萌芽期は中期で熟期は中期～晩期である．樹勢が強く結実能力が高い．良好な乾燥耐性をもち，やせた土壌が栽培に適している．うどんこ病に感受性がある．

栽培地とワインの味

ヴァラエタルワインのアルコール分は通常中程度で精細を欠く．軽い植物的なアロマと，ビターアーモンドのノートをもつ．ボディとアロマを高めるため，MERSEGUERA は MALVASIA や他の品種とブレンドされることがある．伝統的にランシオ（rancio）スタイルのワインや甘口ワインの生産に用いられてきた．スペインでは2008年に，3,921 ha（9,689 acres）栽培が記録されている．ブドウ畑のほとんどがバレンシア州（Valencia）にあるが，ムルシア州（Murcia）やカスティーリャ＝ラ・マンチャ州（Castilla-La Mancha）でも少し栽培されている．Valencia や Utiel-Requena の DO の主要品種であり，DO Alicante で公認されている．ヴァラエタルワインあるいは MERSEGUERA 主体のワインは Castillo de Chiva や Polo Monleón などで作られている．

MERWAH

セミヨン（SÉMILLON）を参照

MERZIFON KARASI

最近になってトルコ，黒海沿岸南部で復活を果たした品種

ブドウの色：● ● ● ● ●

よくMERZIFON KARASIと間違えられやすい品種：MARZEMINO ☓（イタリア）

起源と親子関係

MERZIFON KARASI は，「Merzifon の黒」を意味し，理論的にトルコの黒海沿岸中部，アマスィヤ県（Amasya）のメルジフォン地区（Merzifon）が起源の品種である．

他の仮説

最近行われたイタリアとトルコの共同研究によって MERZIFON KARASI はイタリアの MARZEMINO と同一であることが示唆されたが，DNA 解析の結果から，両品種は関係がないことが示された（Serena Imazio，私信）．

ブドウ栽培の特徴

熟期は中期〜晩期である．一般に良好な耐病性をもつ．果粒は高い糖度と酸度になる．粘土ローム土壌と乾燥条件に適している．

栽培地とワインの味

MARZEMINO は MERZIFON KARASI と同一品種であると誤解されており，モーツアルトについて言及した新聞記事（MARZEMINO 参照）がトルコで MERZIFON KARASI への関心が復活する引き金となった．近年，26,000 本の穂木が地方の栽培家に配布されている．

MERZLING

非常にマイナーな耐病性のドイツ交雑品種

ブドウの色：● ● ● ● ●

主要な別名：Freiburg 993-60

起源と親子関係

1960 年にドイツ南部のバーデン－ヴュルテンベルク州（Baden-Württemberg）のフライブルク（Freiburg）研究センターにおいて Johannes Zimmerman 氏が SEYVE-VILLARD 5276（SEYVAL BLANC 参照）× FREIBURG 379-52 の交配により得た複雑な交雑品種である．ここで FREIBURG 379-52 はリースリング（RIESLING）× ピノ・グリ（PINOT GRIS）の交配品種である（MERZLING の系統は PRIOR 参照）．この研究所所有の試験圃場があるフライブルク市の地区メルツハウゼン地区（Merzhausen）にちなんで命名された．MERZLING は BRONNER，HELIOS，SOLARIS の育種に用いられ，それらは親品種よりも広く栽培されている．

ブドウ栽培の特徴

高収量で晩熟である.

栽培地とワインの味

ドイツでは8 ha（20 acres）のみの栽培が記録されている．Franken 地方の Thomas Müller 氏 は，バーデン（Baden）の Siebenhaller 社や Köpfer 社と同様，辛口のヴァラエタルワインを生産している．ベルギーの Domaine Viticole du Chenoy 社でも見られる.

MESLIER NOIR

MÉZY を参照

MESLIER SAINT-FRANÇOIS

フランスの歴史ある品種だが，現在はほぼ絶滅状態にある.

ブドウの色：●　●　●　●　●

主要な別名：Blanc Ramé（シャラント県（Charente）），Gaillac（Saint-Mont），Gros Meslier（シャラント県），Meslier（ジェール県（Gers）），Purgarie または Pelegarie（ジロンド県（Gironde））
よくMESLIER SAINT-FRANÇOISと間違えられやすい品種：PETIT MESLIER ☿

起源と親子関係

Meslier と呼ばれるブドウに関する最初の記載は1512年の Comptes de l'Abbaye de Saint-Germain-des-Prés にまでさかのぼり（Rézeau 1997），文章には「3月6日，Meslier の穂木八つ賃借」と記載されている．しかし1564年の Charles Estienne 氏と Jean Liébault 氏が書いた文書には3種類の異なる Meslier について次のようなが記載がなされている（Rézeau 1997）．「一つ目は meslier commun と呼ばれ，高い収量を示す．二つ目は gros meslier と呼ばれ，樹も果実も大きい．三つ目は franc meslier と呼ばれ，最高の果実ができる．果粒は粗着している」．MESLIER COMMUN は現代の PETIT MESLIER にあたる（Galet 1990）．GROS MESLIER は MESLIER SAINT- FRANÇOIS の古い別名であるが（Odart 1845），FRANC MESLIER にあたる現存の品種は不明のままである.

様々なスペル（Melié，Meliez，Mélier，Mellier）で，多くの記録が残されたが，はじめて MESLIER SAINT-FRANÇOIS という言葉が品種名として用いられたのは Odart（1859）の中で次のように記載されている．「Gros Meslier あるいは Meslier de Saint-François は豊かな量の並みのワインを作る」．*meslier* の名は古いフランス語の *mesler*（ラテン語で *misculare*）に由来しており，これには「混ぜる」という意味があるが，これは，この品種が他の品種とのブレンドに適した性質をもつからであろう．MELON と語源を共有している.

Galet（1990）によれば，MESLIER SAINT-FRANÇOIS は Notre-Dame de Château-Landon 周辺に起源をもち，ロワール川流域（Val de Loire）およびシャラント県や南西地方に広がっていったのだという．この説は，姉妹品種にあたるシャラント県の BALZAC BLANC や COLOMBARD と同様に，MESLIER SAINT- FRANÇOIS が GOUAIS BLANC×シュナン・ブラン（CHENIN BLANC）の自然交配品種である（PINOT の系統図を参照）という DNA 解析結果と地理的にも一致する（Bowers *et al.* 2000）．MESLIER SAINT- FRANÇOIS はブドウの形態分類群の Messile グループに属する（p XXXII 参照；Bisson 2009）.

MESLIER ROSE は MESLIER SAINT- FRANÇOIS の色変異である.

他の仮説

Meslier という言葉は西洋カリン（フランス語で「びわ」）にも用いられており，ブドウ品種がその名を受け継いでいるといわれている．ラテン語の *mel*（蜂蜜）に関係があるとする別の説もあるが，果粒は熟しても甘くはならない．Mouillefert（1902c）は，この品種や品種名はウール県（Eure）のコミューンである Meslier が起源である可能性は低いとしており，現地においても，この品種はあまり栽培されていない．Lavignac（2001）も，前述の *mesler* に語源があり，ブドウのフレーバーの混合度合いと関係するものであろうと述べている．

ブドウ栽培の特徴

萌芽期が非常に早いので，春の霜の被害を受ける危険性がある．結実能力が高く熟期は中程度である．灰色かび病と酸敗に感受性がある．

栽培地とワインの味

MESLIER SAINT- FRANÇOIS は，ほとんど絶滅状態であるが，かつてはシャンパーニュ（Champagne），Basse-Bourgogne，フランシュ＝コンテ地域圏（Franche-Comté），ロワール川流域（Val de Loire）で栽培されていた．現在では主にジェール県で栽培されており，軽くフラットでアルコール分の低いワインが適したアルマニャックやピノ・デ・シャラント（Pineau des Charentes）の生産に用いられている．しかし Charles Joumert 氏は，1990年に Coteaux du Vendômois アペラシオンのトゥール（Tours）北部，ヴィリエール＝シュル＝ロワール（Villiers-sur-Loir）で，引き抜かれようとしていた，おそらくこの地方最後の MESLIER SAINT- FRANÇOIS であると思われるブドウの樹から穂木をとり，ここ数年にわたり，テーブルワインに分類されるヴァラエタルを作っている（Kelley 2009b）．トゥーレーヌ地方（Touraine）の東部で Lionel Grosseaume 社は，古い樹の MESLIER とソーヴィニヨン・ブラン（SAUVIGNON BLANC）をブレンドして Climat no 2 を作っている．

MÉZES FEHÉR

ほぼ絶滅状態にあるハンガリーの古い品種は豊かで香り高い白ワインになる．

ブドウの色：● ● ● ● ●

主要な別名：Alföldi Fehér，Aranyka または Aranyka Sarga，Bieli Medenac（クロアチア），Budai Fehér，Goldtraube（ドイツ），Honigler または Honigler Weisser（ドイツ），Honigler Bianco（イタリア），Honigtraube（ドイツ），Margit，Mézédes，Mézes，Sarféjer（オーストリア），Sárga Margit，Sárga Szőlő，Zsige

起源と親子関係

MÉZES FEHÉR は「白い蜂蜜」を意味し，とても古いハンガリーの品種である．かつては主に生食用ブドウとしてヨーロッパ中で広く栽培されていた．この品種名とドイツ語の別名 HONIGLER WEISSER は，この品種の高い糖度を指している．バルカン半島が起源であるといわれているがこれを支持する証拠はない．

他の仮説

ROTER VELTLINER との関係が示唆されているが，Galbács *et al.*（2009）が発表した DNA プロファイルは両者の親子関係を示唆するものではない．

ブドウ栽培の特徴

萌芽期は遅い．早熟で，高収量である．小さな果粒からなる大きな果房をつける．乾燥耐性だが，冬の低温に感受性がある．灰色かび病，うどんこ病およびべと病に対しても感受性がある．

栽培地とワインの味

MÉZES FEHÉR はハンガリーでは事実上絶滅状態にあるが，Oszkár Maurer 社がリッチでいくぶん珍しい，フレッシュで香り高いヴァラエタルワインを作っている（国境を越えたセルビアのブドウ畑から収穫されたブドウを用いて）．Fetzer 社の Svábbor は MÉZES FEHÉR を含む混植のブドウから作られている．

MÉZY

ブレンドワインのマイナーな原料としてのみ知られている
フランス，フランシュ=コンテ地域圏（Franche-Comté）の品種

ブドウの色：● ● ● ● ●

主要な別名：Mési, Meslier Noir, Petit Mesi

起源と親子関係

MÉZY はフランス東部のフランシュ＝コンテ地域圏由来の品種である．MESLIER NOIR とも呼ばれるが MESLIER SAINT-FRANÇOIS の黒のタイプではなく，本物の（現在では栽培されていない）MESLIER NOIR とも異なる. DNA 系統解析によって MÉZY は PINOT × GOUAIS BLANC の交配によってフランス北東部で生まれた21品種の一つであることが明らかになった（Bowers *et al.* 1999; Boursiquot *et al.* 2004）．

ブドウ栽培の特徴

豊産性．熟期は中期〜晩期である．厚い果皮をもつ小さな果粒が密着した果房をつける．

栽培地とワインの味

この品種の起源となった土地でも MÉZY は大きな意味をもったことはなかったが，Étienne Thiebaud 氏は20歳のときにフランス東部のジュラ県（Jura）に Domaine des Cavarodes 社を設立した．ドゥー県地方（Doubs）のブザンソン（Besançon）の南西にあるリエル（Liesle）の古いブドウ畑からこの品種を救済し，ピノ・ノワール（PINOT NOIR），TROUSSEAU，PINOT MEUNIER，GAMAY NOIR，POULSARD，GUEUCHE NOIR，ARGANT（すなわち GÄNSFÜSSER），BLAUER PORTUGIESER，ENFARINÉ NOIR，MÉZY をブレンドして，赤の Vin de Pays de Franche-Comté を作っている．

MILGRANET

事実上，絶滅状態であったが，近年になり，フランス南部の研究者により
絶滅の危機から救済された品種

ブドウの色：● ● ● ● ●

主要な別名：Périgord Noir（アヴェロン県（Aveyron）），Petite Mérille（ラヴィルデュー（Lavilledieu））
よくMILGRANETと間違えられやすい品種：MÉRILLE ⌘，MONDEUSE NOIRE ⌘

起源と親子関係

MILGRANET はフランス中南部のタルヌ県（Tarn），オート＝ガロンヌ県（Haute-Garonne），タルヌ＝エ＝ガロンヌ県(Tarn-et-Garonne)の伝統的な品種である．MILGRANET という品種名は「千の種」(mille graines）に由来すると考えられるが，Lavignac（2001）は，果房が小さく，小さい果粒が密着していることから，オック語でザクロを意味する *milgrana* に由来すると示唆している．DNA 系統解析により GOUAIS BLANC の子品種であることが明らかになった（Boursiquot *et al.* 2004）．

ブドウ栽培の特徴

結実能力が高い．非常に乾燥した土壌での栽培には適していない．小さな果粒でうどんこ病にある程度感受性である．

栽培地とワインの味

MILGRANET はフランスの Vins de Lavilledieu アペラシオンにおける補助品種であるが，2008年のフランスでは2 ha（5 acres）の栽培しか記録されていない．しかし，地域での研究は継続されている．2003年に30の異なるクローンから穂木がえられ，2007年に最初の公式クローンが合意された．収量を制限しないと，ワインに青臭さや渋みがでてしまう．

MÍLIA

ソフトで香り高い白ワインになる，赤い果皮色のスロバキア交配品種

ブドウの色：● ● ● ● ●

起源と親子関係

MÍLIA は1973年にスロバキア，Šenkvice の VSVV ブドウ栽培および醸造研究センターにおいて MÜLLER-THURGAU×ゲヴュルツトラミネール（GEWÜRZTRAMINER）の交配により得られた交配品種である．したがって MÍLIA はチェコ品種の PÁLAVA の姉妹品種にあたることになる．2002年に公式登録された．

ブドウ栽培の特徴

豊産性．萌芽期も熟期も中期である．中～大サイズの房は小さくて薄い果皮の果粒をつける．深い土壌で日当たりのよい場所が栽培に適している．乾燥に感受性で，着果不良になりやすい．霜と灰色かび病には耐性がある．

栽培地とワインの味

栽培は極めて限定的だが，Masaryk 社のような数少ない生産者がワインの商業生産を行っている．一般に軽くアロマティックで，MÜLLER-THURGAU によく似て，エキス分が高く，ソフトな酸味をもつ．甘口，場合によっては貴腐のワインは，特にスロバキア南西部の南スロバキア（Južnoslovenská）や小カルパティア山脈（Malokarpatská）で成功を収めている．

MILLOT-FOCH

耐病性をもつ珍しいスイスの交雑品種.
深い色合いのフルーティーなワインができる.

ブドウの色：● ● ● ● ●

主要な別名：VB 85-1

起源と親子関係

その名が示すように MILLOT-FOCH は Valentin Blattner 氏がスイスジュラ州（Jura）のソウィエール（Soyhières）で LÉON MILLOT × MARÉCHAL FOCH の交配により得た交雑品種である.

ブドウ栽培の特徴

霜と病気への良好な耐性をもつ.

栽培地とワインの味

スイスでは育種者を含むわずかな生産者が，わずか 2 ha（5 acres）でこの品種を栽培している．ジュラ州では Terre 社が，またツーク州（Zug）では Risch 社が，深い色合いのヴァラエタルワインを作っている．野生のベリーとチェリー，胡椒の香りとシルキーなタンニンをもつワインである.

MINELLA BIANCA

マイナーなイタリア，シチリア島（Sicilia）の白品種.
まれにだが，ヴァラエタルワインが作られることがある.

ブドウの色：● ● ● ● ●

主要な別名：Eppula，Minedda Bianca，Minnella

起源と親子関係

Sestini (1991) によると，MINELLA BIANCA は 1760 年にイタリアのシチリア島のエトナ火山地方（Etna）で記載されているとのことで，現地ではいまでもこの品種が栽培されている．品種名は方言で乳房を意味する *minna* に由来すると考えられており，これは細長い形の果粒に由来するものであろう．シチリア島の在来品種と考えられている.

ブドウ栽培の特徴

CARRICANTE やシチリア島のほとんどの白品種に先駆けて，9 月中旬に熟する.

栽培地とワインの味

MINELLA BIANCA はイタリア，シチリア島の北東部エトナ火山の麓のカターニア県（Catania）でのみ栽培され，同島の中央部のエンナ県（Enna）でも少し栽培されている．この品種は NERELLO MASCALESE，CARRICANTE，CATARRATTO BIANCO と混植されることが多く，Etna Bianco と Etna Bianco Superire の二つの DOC で公認されている．Benanti 社はヴァラエタルワインを作る数少ない生産者の一つで，同社のワインは香り高く辛口でアニスの実のアロマがある．2000年のイタリア農業統計には86 ha（213 acres）の栽培が記録されているが，最近のシチリア島の統計には記録が見られない．

MINUTOLO

ブドウの香りの豊かなプッリャ州（Pulia）の品種．
かつてはこの品種はFIANO AROMATICOと呼ばれていた．

ブドウの色：

主要な別名：Fiano Aromatico，Fiano della Valle d'Itria，Fiano di Puglia ☒，Fiano di Salento，Fiano Minutolo，Fiore Mendillo，Greco Aromatico，Minutola，Moscatellina
よくMINUTOLOと間違えられやすい品種：FIANO ☒

起源と親子関係

イタリア南部プッリャ州，ヴァッレ・ディトリア（Valle d'Itria）産であるこの品種は，最近までFIANO AROMATICOあるいはGRECO AROMATICOと呼ばれていたが，後になってFIANO MINUTOLOとも呼ばれていた．現在はカンパニア州（Campania）のFIANO（FIANO DI AVELLINOとして知られる）と区別するために公式にはMINUTOLOと呼ばれている．MINUTOLOのDNAプロファイルはFIANOとは異なっている（Calò *et al.* 2001）．ブドウの香りが強いにもかかわらず，MINUTOLOはMuscat系品種とは遺伝的に異なる品種である（Fanizza *et al.* 2003）．

ブドウ栽培の特徴

萌芽期および熟期は中程度である．厚い果皮をもつ果粒が中サイズの果房をつける．Fianoよりも丸い果粒が密着した果房をなす．

栽培地とワインの味

MINUTOLOはイタリア南部プッリャ州の特産品で，2000年に醸造学者のLino Carparelli氏と共同研究者によって絶滅の危機から救済された品種である．プッリャ州，ヴァッレ・ディトリアにある古いブドウ畑で古いブドウの樹を見つけた彼らは，そのブドウをFIANO MINUTOLOと呼んだ．これは以前FIANO AROMATICOと呼ばれていた品種の地方での別名である．その後，別の樹が見つかり，評価した後MINUTOLOという名前でイタリア国家品種リストに登録された．マスカットフレーバーのこのブドウはFIANO（別名FIANO DI AVELLINO）とは明らかに異なるものである．

MINUTOLOはプッリャ州で推奨されており，主にLocorotondoやMartina/Martina FrancaのDOCでブレンドワインの生産に用いられている．Torrevento社はカルパレッリ（Carparelli）のブドウ畑のブドウを用いてこのようなブレンドワインを作っている．I Pastini社のRamoneやFeudi di San Marzono社のMagiaなど，ヴァラエタルワインの生産が増えつつある．フレッシュさが保たれるように注意深く醸造すると，ブドウの香りが強く，いくぶんMUSCAT OF ALEXANDRIAを思わせる，花や柑橘系，または白いフルーツとハーブのフレーバーをもつワインになる．

MIOUSAT

HUMAGNEを参照

MISKET CHERVEN

ピンク色の果皮をもつブルガリアの古い品種.
辛口で香り高い白ワインになる.

ブドウの色：● ● ● ● ●

主要な別名：Karlovski Misket, Kimionka, Misket Siv, Misket Starozagorski, Misket Sungurlarski, Sinja Temenuga, Songurlarski Misket, Yuzhnobalgarski Cherven Misket
よくMISKET CHERVENと間違えられやすい品種：MISKET VARNENSKI ☒, MISKET VRACHANSKI ☒

起源と親子関係

MISKET CHERVEN はブルガリアの古い品種で，品種名には「赤いマスカット」という意味がある．伝統的にブルガリア中東部のスングルラレ渓谷（Sungurlare），あるいはカルロヴォ（Karlovo）や西部の Brezovo 周辺で栽培されてきた品種で，おそらくこの辺りが起源の地であろう．果皮色変異の MISKET ROZOV（ピンク），MISKET BYAL（白）も存在する．その品種名にかかわらず MISKET CHERVEN は Muscat 系あるいはブルガリアの他の Misket 系品種とは関係がない．

ブドウ栽培の特徴

強い果皮をもつ小さな果粒が比較的密着した果房をつける．結実能力が高く豊産性で晩熟である．良好な冬の耐寒性がある．うどんこ病およびべと病に感受性があるが灰色かび病にはかなりの耐性がある．

栽培地とワインの味

MISKET CHERVEN はシンプルな軽い香りの辛口の白ワインになる．ブルガリアで広く栽培されており，そのほとんどがプロヴディフ州（Plovdiv），ブルガス州（Burgas），ハスコヴォ州（Haskovo），スリヴェン州（Sliven）などの同国南部の県で見られる．2009年の総栽培面積は6,303 ha（15,456 acres）で，同国で最も広く栽培される在来の白ワイン品種である．ヴァラエタルの原産地呼称ワインは Sungurlare や Karlovo で作られているが，MISKET CHERVEN はもともと酸味が弱いので，キレのよい地方品種の DIMYAT などとブレンドされることが多い．

MISKET VARNENSKI

ヴァルナ（Varna）のマイナーなブルガリア交配品種

ブドウの色：● ● ● ● ●

主要な別名：Muscat de Varna, Muscat Varnenski
よくMISKET VARNENSKIと間違えられやすい品種：MISKET CHERVEN ☒, MISKET VRACHANSKI ☒

起源と親子関係

MISKET VARNENSKI には「ヴァルナ（Varna）のマスカット」という意味がある．1971年にブルガリアのプレヴェン（Pleven）ブドウ栽培および醸造研究センターで K Stoev 氏が DIMYAT×リースリング（RIESLING）の交配により得た交配品種である．この品種は他の Muscat 系の品種とは関係がない．

ブドウ栽培の特徴

萌芽期は早期で晩熟である．良好な灰色かび病への耐性や冬の耐寒性を示す．豊産性である．厚い果皮をもつ果粒をつける．

栽培地とワインの味

この品種はブルガリア北部のRuseなど，他の州でも限定的に栽培されているが，同国における総栽培面積，259 ha（640 acres）のうち，そのほとんどがブルガリア東部のヴァルナ州で栽培されているのは意外ではない．ワインはそれほど記憶に残るものではなく，わずかだがリースリングの特徴をもつため，Varna Winery社などの生産者がMISKET VARNENSKIをより高貴な親品種であるリースリングとブレンドしている．

MISKET VRACHANSKI

ブルガリアのMiskets品種のうちで最も香り高いがマイナーな交配品種．
主に同国の最東部や西部で栽培されている．

ブドウの色：●●●●●

主要な別名：Mirizlivka, Misket Vratchanski, Tvarda Vrazhda Misket, Wrat Chanskii Musket, Wratchanski Misket
よくMISKET VRACHANSKIと間違えられやすい品種：MISKET CHERVEN ☓, MISKET VARNENSKI ☓

起源と親子関係

MISKET VRACHANSKIは，ブルガリアで開発されたPUKHLIAKOVSKY（COARNĂ ALBAの名で）×ミュスカ・ブラン・ア・プティ・グラン（MUSCAT BLANC À PETITS GRAINS）の交配により得られた交配品種である．

ブドウ栽培の特徴

萌芽期は遅く晩熟である．厚い果皮をもつ果粒が中サイズの果房をつける．灰色かび病耐性に良好な耐性を示す．

栽培地とワインの味

2008年にはブルガリアで152 ha（376 acres）の栽培面積が記録されており，そのほとんどは北西部のモンタナ州（Montana）や東部のヴァルナ州（Varna）で栽培されている．一般にワインは辛口あるいはオフ・ドライで，花，ハーブ，蜂蜜を感じさせる比較的力強いマスカットの香りをもつ．ヴァルナの北の黒海沿岸に位置する，かつて王宮であった建物でChateau Euxinograde社がヴァラエタルワインを作っている．また，同国北部ではRuse Wine House社がTRAMINER（SAVAGNIN）とMISKET VRACHANSKIのブレンドワインを作っている．

MISSION

LISTÁN PRIETOを参照

MLADINKA

***クロアチア沿岸地方の非常に稀少な品種.
通常はブレンドワインに用いられている.***

ブドウの色：● ● ● ● ●

主要な別名：Mladenka
よくMLADINKAと間違えられやすい品種：BOGDANUŠA ✕

起源と親子関係

クロアチア沿岸部のスプリト（Split）の北部のカシュテラ（Kaštela）やトロギル地方（Trogir）で見られる稀少な品種である．最近のブドウの形態分類学的解析およびDNA解析によって地元で考えられてきたこととは異なり，MLADINKA が BOGDANUŠA とは同じ品種ではないことが明らかになった（Goran Zdunić，私信）.

ブドウ栽培の特徴

萌芽期は遅く，熟期は中期～晩期である．果皮が薄くうどんこ病およびべと病に感受性である．樹勢は中程度で，良好な収量を示す.

栽培地とワインの味

MLADINKA が栽培されているのは主にクロアチア沿岸地方のスプリトに近いカシュテラやトロギル地方だが，さらに南のオミシュ地方（Omiš）でも見られる．通常は地方品種とのブレンドに用いられ，酸味を加えるために VLAŠKA と混植されることもある.

MOLETTE

***フランス東部，サヴォア（Savoie）の比較的ニュートラルでマイナーなこの品種は，
主に発泡性ワインの生産に用いられている.***

ブドウの色：● ● ● ● ●

主要な別名：Molette Blanche，Molette de Seyssel
よくMOLETTEと間違えられやすい品種：CACABOUÉ ✕，JACQUÈRE ✕，MONDEUSE BLANCHE ✕，Roussette Basse ✕（セセル（Seyssel））

起源と親子関係

MOLETTE はフランス東部，サヴォア地方の品種で，現地ではこの品種について1876～7年にセセルでブドウ分類の専門家の Alphonse Mas と Victor Pulliat の両氏が次のように最初に記載している（Rézeau 1997).「Molette はセセルのブドウ畑に特有な品種のように思われる．我々はその品種をはじめて目にした」. DNA 系統解析の結果，この品種は GOUAIS BLANC の子品種の可能性が高く（Boursiquot *et al.* 2004; PINOT 系統図参照），GRINGET × GOUAIS BLANC の交配品種であると考えられる（Vouillamoz). MOLETTE という品種名はサヴォア地方の方言で「ソフト」を意味する *molèta* に由来し，ブドウの柔らかな果粒を表すのだと考えられる.

他の仮説

かつて，セセルやフランジー地域（Frangy）で栽培されていたROUSSETTE BASSEはMOLETTEの変異だと考えられることが多かったが，DNA解析結果はこれを否定するものであった（Vouillamoz）.

ブドウ栽培の特徴

樹勢が強い．熟期は中程度である．粘土石灰岩土壌および砂地が栽培に適している．うどんこ病および灰色かび病に感受性がある．小さな果粒をつける．

栽培地とワインの味

MOLETTEはフランス東部のサヴォア地方，セセル地域でのみ栽培されている．この品種から作られるワインは薄い色で，アルコール分と酸味は比較的高い．ALTESSEとブレンドすることにより非常に品質が大きく改善される．アン（Ain）およびオート＝サヴォワ（Haute-Savoie）の両県で公式に推奨されている．また，サヴォワ県（Savoie）で公認されており，SeysselやBugeyアペラシオンで発泡性ワインにも用いられている．Domaine de Vens-le-Haut社は非常に稀少なスティルのヴァラエタルワインを生産しており，ラベルにはAllobrogieと表示されている．栽培面積は減少し続けており，2008年には栽培面積は28 ha（69 acres）となっている．

MOLINARA

現在はヴァルポリチェッラ（Valpolicella）のようなブレンドワインの生産に用いられる ブレンド原料としてCORVINA VERONESEやRONDINELLAに次ぐ 三番手の役割を果たしている．

ブドウの色：

主要な別名：Brepon，Mulinara，Uva del Mulino，Uva Salà

起源と親子関係

MOLINARAはイタリア北部のヴェネト州（Veneto）のヴェローナ県地域（Verona）において19世紀初頭から言及されている．品種名はイタリア語で「粉ひき（ミル）」を意味する言葉*mulino*に由来しており，果粒表面につく果粉（ブルーム）を指していると思われる．

ブドウ栽培の特徴

熟期は中期～晩期．かびへの良好な耐性をもつ．非常に樹勢が強い．

栽培地とワインの味

MOLINARAは主にイタリアのヴェローナ県，特にガルダ湖（Lago di Garda）近郊で栽培されている．MOLINARAから作られるワインは薄い色で，酸味が強く，酸化しやすい．ヴァルポリチェッラやバルドリーノ（Bardolino）などのブレンドワインの生産においてマイナーな役割を果たしており，DOCの規定で最大10％の使用が認められているが，通常はそれ以下の割合で用いられている．MOLINARAはアマローネ（Amarone）やレチョート（Recioto）の生産においてはより重要とされてきたが，CORVINA VERONESE，CORVINONE，RONDINELLAなどの品種を用いるほうがよりよい結果が得られことから，法令規則が修正された．しかし古いクローンの古い樹は，Villa Bellini社のCecilia Trucchi氏が実現しているように低収量で高品質の果実を生産することができる．Masi社はSerego Alighieriエステートにフィロキセラ被害以前に得ていた極めて優秀なクローンを保有しているが，新しく選抜されたクローンの品質はあまりよくない．Carlo Boscaini社はまるでロゼワインのように見えるIGT Veroneseに分類される

MOLINARA ヴァラエタルワインを作っている．2000年には1,348 ha（3,331 acres）の栽培が記録されているが，CORVINA VERONESE，CORVINONE，RONDINELLA や国際品種に押されて栽培面積を失いつつある．

MOLL

PRENSAL を参照

MOLLAR

NEGRAMOLL を参照

MOLLARD

フランス南東部においてフレッシュで軽い赤ワインになる非常にマイナーな品種

ブドウの色：

主要な別名：Molard，Petit Mollard，Tallardier
よくMOLLARDと間違えられやすい品種：MAZUELO ☿（スペインのリオハ（Rioja）では Mollard），NEGRAMOLL ☿（スペイン南西部のウエルバ県（Huelva）では Mollar）

起源と親子関係

MOLLARD はフランス南東部のオート＝アルプ県（Hautes-Alpes）の伝統的な品種である．Comte Odart（1854）にこの品種に関する最初の記載が見られる．「この品種は最も長く栽培されており，これらのブドウ園で最も一般的なのは GROS MOLLAR NOIR である」．しかし，オート＝アルプ県では，それより以前から栽培されていたと考えられる（Rézeau 1997）．DNA 系統解析は，この品種が GOUAIS BLANC の子品種であることを示唆している（Boursiquot *et al.* 2004）．MOLLARD という品種名はフランス語で「ソフト」を意味する言葉 *mol* に由来しており，果粒のテクスチャーを表していると考えられている．

他の仮説

フランスのブドウ分類の専門家である Victor Pulliat 氏は，1780年にギャップ（Gap）のすぐ南に位置するタリアール（Tallard）近くの地主であった Marquis de Brassier de Jocas 氏が当時，MOLLARD が栽培されていたアンダルシア州（Andalucía）からこの品種を持ち込んだと，と述べている（Gallet 1990）．にわかには信じがたいこの仮説は，MOLLARD（別名は NEGRAMOLL）がスペインのウエルバ県で栽培されている（Viala and Vermorel 1901–10 の中の Tacussel）という，間違った情報を根拠にしたものだと考えられる．

ブドウ栽培の特徴

萌芽期は遅く，熟期は中期である．短めの剪定が最適で，株仕立てにされる．うどんこ病やべと病に感受性がある．

栽培地とワインの味

ヴァラエタルワインはフレッシュでライトボディーだが色は濃い．Domaine Allemand 社の Marc Allemand 氏はフランスで唯一推奨されているオート＝アルプ県における主要な生産者である．彼は1984年からヴァラエタルの MOLLARD ワインを作っている．現在二種類の製品があり，一つは古い樹から作られるワインである．彼は2009年にデュランス川流域（Vallée de la Durance）に創設され，MOLLARDなどの地方品種に焦点をあてているDomaine du Petit Aoûtの Yann de Agostini氏と緊密に協力しあっている．2008年にはフランスで23 ha（57 acres）の栽培面積が記録されている．

最近になって，カリフォルニア州のソノマ（Sonoma）の古いブドウ畑でMOLLARDが見つかった．

MONARCH

近年開発された濃い果皮色をもつ力強いドイツの交雑品種．
フルーティーでフルボディーのワインが作られる．

ブドウの色：● ● ● ● ●

主要な別名：Freiburg 487-88

起源と親子関係

1988年にドイツ南部のバーデン－ヴュルテンベルク州（Baden-Württemberg）のフライブルク（Freiburg）研究センターでNorbert Becker氏がSOLARIS×DORNFELDERの交配により得た交雑品種である．高貴な印象をこの品種に与るためにMONARCHと命名された．

ブドウ栽培の特徴

かびの病気に対し非常に強い耐性をもつ．

栽培地とワインの味

ドイツでの栽培は限定的だが，スイスでは1 ha（2.5 acres）が記録されている．ヴュルテンベルクのヴァインシュタット（Weinstadt-Schnait）のWeingut Im Hagenbüchle社がヴァラエタルワインを生産している．またStaatsweingut Freiburg & Blankenhorstberg社がブレンドワインの生産に用いている．この品種は2011年にイタリアで公認された．

MONASTRELL

濃い果皮色をもつ高品質の品種で，栽培には温暖な気候が適している．
この品種のもつアルコール分と骨格でブレンドワインの生産に寄与している．

ブドウの色：● ● ● ● ●

主要な別名：Alcayata（スペイン），Balzac Noir（フランスのシャラント県（Charente ）およびヴィエンヌ県（Vienne）），Catalan（フランスのブーシュ＝デュ＝ローヌ県（Bouches-du-Rhône）），Espagnen（フランスのアルデシュ県（Ardèche）），Espar（フランスのエロー県（Hérault）），Garrut（スペインのバレンシア州（Valencia）およびタラゴナ県（Tarragona）），Gayata（スペインのムルシア州（Murcia）），Mataro または Mataró ☓（スペインのカタルーニャ州（Catalunya）およびフランスのピレネー＝オリアンタル県（Pyrénées-Orientales），オーストラリア，キプロス，アメリカ合衆国），Mourvede（プロヴァンス（Provence）），Mourvedon（プロヴァンス），Mourvèdre ☓（プロヴァンス），Negria（ギリシャ），Ros（スペインのサグント（Sagunto））

よくMONASTRELLと間違えられやすい品種：BOBAL ☓，GRACIANO ☓（ラングドックでは Morastell または Morrastel，スペインでは Monastrell Menudo または Monastrell Verdadero），MORISTEL ☓，（スペインで

Somontano), NÉGRETTE(フランス南部で Camargue)

起源と親子関係

1381～1386年頃にカタルーニャ州,エンポルダー(Empordà)の Francesc Eiximenis 氏が MONASTRELL の名を最初に記載している(Favà i Agud 2001).1460年に Jaume Roig が著書 *Espill o llibre de les dones* の中で最も重要なバレンシア地方の品種の一つとして BOBAL とともに記載している.この品種名はラテン語で「修道院」を意味する *monasteriellu* の短縮形である *monasteriu* に由来している.修道士がこの品種を栽培し繁殖したと考えられている(Favà i Agud 2001).MONASTRELL はスペイン東部,バレンシア州,Camp de Morvedre 地方のサグント(Sagunto)が起源と考えられており,20世紀初頭のフィロキセラ被害以前には現地においてこの品種は主要品種とされていたた.Morvedre(スペイン語では Murviedro)は1868年までサグントのカタルーニャ語名として用いられていた言葉である.この町は15世紀頃から重要なバレンシア北部のワインの積み出し港であった.スペイン外では MONASTRELL はしばしば MATARÓ(または MATARO)として知られ,その名はバルセロナ(Barcelona)とバレンシアの間の地中海の沿岸に位置する町の名前に由来している(別名の BENI CARLO に起因する混乱については BOBAL を参照).

フランスでは,MONASTRELL はおそらく16世紀に Morvedre(現在のサグント)からプロヴァンスに持ち込まれたため,ムールヴェドル(MOURVÈDRE)と呼ばれていたと考えられる.一方,Mataró からルシヨン(Roussillon)へも伝わっており,現地では MATARO という名が現在も用いられている.またその名はオーストラリアやカリフォルニア州でも使われている(Ganzin 1901a; Lavignac 2001).しかしムールヴェドルの最初の記載は18世紀の終わり頃まで現れていない(Rézeau 1997).

近年の DNA 系統解析によって MONASTRELL と GRACIANO は姉妹品種である可能性が示唆されたが(Santana *et al.* 2010),親子関係にはない(Vouillamoz).

他の仮説

他の品種同様に紀元前500年頃フェニキア人が MONASTRELL をスペインに持ち込んだという説があるが,確固たる科学的証拠は存在しない.MONASTRELL とトスカーナ州(Toscana)の VERMENTINO NERO との間の疑わしい遺伝的関係を主張する研究者もいるが,DNA 解析による検証は行われていない.

ブドウ栽培の特徴

小から中サイズの果粒が密着して小～中サイズの果房をつける.甘く,厚い果皮の果粒には特徴的な果粉(ブルーム)がある.萌芽期は遅く,非常に晩熟である.手間がかかり栽培が困難なこの品種は,特に成熟期の後期に高い気温を必要とする.また,成熟にはマグネシウムとカリウムの十分な供給が必要である.短い剪定とコルドンか株仕立てが適している.乾燥に高い感受性をもつため,深い石灰質土壌が栽培に適しており,限られた量でよいが定期的な水の供給を必要とする.低い収量.ダニ,ヨコバイ,エスカ病や酸敗に感受性があるが,灰色かび病やブドウつる割れ病には良好な耐性を示す.

栽培地とワインの味

ヨーロッパでは,この品種は通常地中海から 80 km(50 miles)圏内の温暖な冬と長く暑い夏のある地方で栽培されている.この品種から作られたワインはとりわけ還元されがちなので,瓶詰までは酸素の供給に注意が必要である.MONASTRELL のワインは一般にアルコール分とタンニン量が高く,ブラックベリーの強いアロマを有している.

フランスでは2009年に9,363 ha(23,136 acres)の栽培が記録されている.これは国内第2位の栽培面積である.主に地中海沿岸のプロヴァンス,ラングドック－ルシヨン地域圏(Languedoc-Roussillon)で栽培されており多くの異なるアペラシオンで公認されている.50年前には栽培面積はわずかに517 ha(1,278 acres)であったことを思うと,この栽培面積の増加は驚くべきもので,これは20世紀終わりにこの品種が流行し,栽培面積が大幅に増加したことによるものである.フランス南部全体でブレンドワインの改善に役立つ有用なワインとして認識されており,収量が大幅に改善されたクローンが入手可能となっている.最大の栽培地は,ヴァール県(Var)(2,198 ha/5,431 acres)にあり,この地は Bandol アペラシオンの故郷である.オード県(Aude)(1,712 ha/4,230 acres)やヴォクリューズ県(Vaucluse)(1,494 ha/3,692 acres)のほか,ピレネー＝オリアンタル県（Pyrénées-Orientales）（974 ha/2,407 acres）やガール県（Gard）（898 ha/2,219 acres）でも多くの栽培が見られる．プロヴァンスの最も有名な赤ワインであるBandolは，ほぼ間違いなくムールヴェドルの最も繊細な表現を実現したものである．この品種はブレンドの50〜95%を占めなければいけない（残りはグルナッシュ（GARNACHE/GARNACHA），CINSAUT，シラー（SYRAH），CARIGNAN/MAZUELOのいずれか，またはすべてからなる）．推奨される生産者としてはDomaines Bunan，La Suffrène，Tempier，Château Pibarnonなどがあげられる．

この品種はローヌ（Rhône）南部のブレンドワインの骨格に非常に重要な役割を果たしている．一例を挙げると，Château de Beaucastelは高い割合のムールヴェドル（通常30%程度）をシャトーヌフ・デュ・パプ（Châteauneuf-du-Pape）の赤に加えることで名高い．また彼らのHommage à Jacques Perrinは主にムールヴェドルの古木から作られている．その他のヴァラエタルワインはラングドックでBorie de Maurel，Condamine l'Évêqueなどの生産者によって作られているが，これらはまれな例である．

スペインはこの品種を最も多く栽培している国であり，現在，同国では通常MONASTRELLと呼ばれている．2008年には63,244 ha（156,279 acres）の栽培を記録しており，AIRÉN，テンプラニーリョ（TEMPRANILLO），BOBAL，グルナッシュに次いで4番目に多く栽培される赤ワイン用品種であり，全体で見ても5番目に多く栽培されている品種である．栽培地の多くは，同国の中央部や南東部にあり，ムルシア州（33,710 ha/83,299 acres），カスティーリャ・ラマンチャ州（19,641 ha/48,534 acres），バレンシア州（9,495 ha/23,463 acres）などで栽培されている．Alicante，Almansa，Jumilla，Valencia，Yeclaなど地中海沿岸やその近くのDOで主要な黒ブドウ品種となっている．スペインではヴァラエタルワインが一般的で，推奨される生産者としては，フミーリャ（Jumilla）にCasa Castillo，Hijos de Juan Gil，Luzón，Silvano Garcíaなどが，またイエクラ（Yecla）のCastaño，ブージャス（Bullas）のMolino y Lagares de Bulla，アリカンテ（Alicante）のEnrique MendozaおよびLaderas de Pinosoならびにバレンシア州のRafael Cambraなどがあげられる．

栽培はキプロス（2010年には149 ha/368 acres）でも見られる．また限定的にではあるがトルコ（2010年には7 ha/17 acres）でも栽培されている．

カリフォルニア州では長い間MATAROとして知られており，多くの栽培家が素朴な古い品種であるMATAROとフランス南部の流行のムールヴェドルと同一であることに気づいたのは1990年代になってからであった．アメリカ全土における2010年の総栽培面積は939 acres（380 ha）で，とりわけコントラコスタ郡（Contra Costa）などの深い砂地のやせた土壌で灌漑されていない畑で栽培されている．またマデラ郡（Madera）やサンルイスオビスポ郡（San Luis Obispo）でも見られる．推奨される生産者としてはBonny Doon，Cass，Cline，Qupé，Rosenblum，Tablas Creekなどがあげられる．

ムールヴェドルはワシントン州でもローヌスタイルのワインに用いられる他の品種と同様に栽培面積を増やしており，2011年には165 acres（67 ha）に達している．McCrae，Chateau Ste Michelle，Synclineなどが賞賛に値するヴァラエタルワインを作っている．オレゴン州では公式統計には記載されていないものの，Torii Moor社や他の何軒かの生産者が彼らのローヌスタイルのブレンドワインにムールヴェドルを加えている．ムールヴェドルのヴァラエタルワインはアリゾナ州，テキサス州およびバージニア州でも作られている．

オーストラリアでも同様で，MATAROはムールヴェドルとラベルに表記でき，同国にはより古くからあるシラーズ（SHIRAZ）やグルナッシュとブレンドすることで，GSMと呼ばれるバランスのとれた評判のよいブレンドワインができることがわかり，この品種の栽培は顕著な増加を示した．2008年にオーストラリアで784 ha（1,937 acres）が，主にリヴァーランド（Riverland），バロッサ（Barossa），リヴァリーナ（Riverina）などの暑い地域で栽培されているが，他にもあちこちで栽培されている．この品種を表現する最も一般的なワインは，D'Arenberg，Henschke，Charlie Melton，Rockford，Spinifex，Teusner，Torbreckなどの生産者が作る，シラーズまたはグルナッシュとの流行のローヌブレンドワインである．Hewitson社はヴァラエタルワインを作る数少ない生産者の一つである．ムールヴェドルは現在，このようにテーブルワインの原料として引っ張りだこである．かつて，そして現在でも限定された量がGrant Burge社の30 Year Old TawnyやSeppeltsfield社のPara 100 Year OldTawnyなどの酒精強化ワインに用いられている．

南アフリカ共和国での公式名称はMATAROだが，ラベルにはムールヴェドルと表示されることが多く，2008年には359 ha（887 acres）の栽培が記録されている．BeaumontやSignal Hillなどの生産者がヴァラエタルワインを生産しているが，ブレンドされる場合が多い．はシラーとブレンドすることが多く，De Morgenzon（DMZワイン），Lammershoek（Rouletteワイン），Newton-Johnson，Sadie Family（Columella

ワイン), Sequillo, Tulbagh Mountain Vineyard などがブレンドワインを生産している.

MONBADON

豊産性だがやや面白みに欠けるフランス西部の品種.
かつてカリフォルニア州のセントラル・バレー(Central Valley)で成功を収めた.

ブドウの色:

主要な別名: Burger(カリフォルニア州), Frontignan des Charentes(アントル・ドゥー・メール(Entre-Deux-Mers))

起源と親子関係

MONBADON はフランス西部, シャラント県(Charente)起源であり, その品種名はジロンド県(Gironde)の Monbadon 村か, フランス西部によく見られる名字にちなんだものである. DNA 系統解析により, MONBADON は FOLLE BLANCHE × TREBBIANO TOSCANO の交配品種であろうと示唆された(カベルネ・ソーヴィニヨン(CABERNET SAUVIGNON)と PINOT の系統図を参照). このうち後者はフランスでは UGNI BLANC として知られている(Bowers *et al.* 2000).

ブドウ栽培の特徴

豊産性で, 熟期は中期~晩期. 暑くて乾燥した気候を好み, 短梢剪定に適している. 大きな果房で灰色かび病に感受性がある.

栽培地とワインの味

MONBADON はフランスでは公式品種登録リストに掲載されておらず, 事実上消滅してしまっている.

その故郷であるシャラント県よりもカリフォルニア州で BURGER という名前で広く栽培されている. しかし, 豊産性で酸度の高いこの品種から, 他のどの品種よりも多くのワインが作られていた20世紀中期に比べると, その栽培面積は大きく減少した. 2008年には1,247 acres(505 ha)の栽培面積が記録されているが, そのほとんどはセントラル・バレーでジャグワイン(大瓶入りのワイン)の生産に用いられていた. 21世紀に入ってからは新しい植え付けはほとんど行われていない.

オーストラリアでも MONBADON は少し栽培されており, ビクトリア州, ラザーグレン(Rutherglen)の Pfeiffer Wines 社は PALOMINO FINO と MONBADON のブレンドにより Apera(シェリーに似た)ワインを作っている. ブドウはチャールズスタート(Charles Sturt)大学で試験栽培されていたが現在では抜かれてしまっている.

MONDEUSE BLANCHE

ワイン用品種としてよりもシラー（SYRAH）の親系統として有名なフランス，サヴォア県（Savoie）の品種

ブドウの色：● ● ● ● ●

主要な別名：Dongine（アン県（Ain）），Jongin（サヴォア県（Savoie）），Savouette
よくMONDEUSE BLANCHEと間違えられやすい品種：MOLETTE ✕，ROUSSETTE D'AYZE ✕

起源と親子関係

MONDEUSE BLANCHE はフランス東部のサヴォア県やイゼール県（Isère）の古い品種である．1843年に Château Carbonnieux 社の Bouchereau Frères のブドウコレクションカタログで最初に記載され（Rézeau 1997），1868年にはブドウ分類の専門家の Pierre Tochon 氏が「MONDEUSE BLANCHE はその赤品種よりも結実能力が高くない」と記載している．

長年，MONDEUSE NOIRE の白変異だと考えられてきたが（語源は MONDEUSE NOIRE を参照），DNA 解析によってこれは否定されている．他方，系統解析によって MONDEUSE BLANCHE が DUREZA との自然交配によりシラー（SYRAH）を生んだことが明らかになっている（Bowers *et al.* 2000）．その後，Vouillamoz（2008）は MONDEUSE BLANCHE が，形態分類の専門家（たとえば Comte de Villeneuve 1901）によって MONDEUSE BLANCHE と非常に近いと考えられてきた MONDEUSE NOIRE と親子であり，さらに驚くべきことにはコンドリュー（Condrieu）品種であるヴィオニエ（VIOGNIER）とも親子関係にあることを示した（完全な系統関係はシラー（SYRAH）を参照）．

これらの DNA 解析の結果，Tochon（1869）の「MONDEUSE BLANCHE はサヴォア県で孤立した品種で，サヴォア県や他の地方でもファミリーを作っていない」という主張は退けられた．ブドウの形態分類群の Sérine グループ（シラー，MONDEUSE NOIRE，ヴィオニエなど）との強い遺伝的な関係にもかかわらず，MONDEUSE BLANCHE はブドウの形態分類群の Pelorsien グループに分類されている（p XXXII 参照；Bisson 2009）．

ブドウ栽培の特徴

晩熟．灰色かび病に少し感受性がある．

栽培地とワインの味

2008年にサヴォア県で記録された栽培面積はわずか5 ha（12 acres）であり，そのほとんどはビュジェ（Bugey）で栽培されている．Bugey や Vin de Savoie アペラシオンでは二次品種として公認されている．ワインはさほど興味深いものではなく，通常柔らかく比較的アルコール分の高いものとなる．しかし Domaine Grisard，Le Caveau Bugiste，Domaine Les Tartères などの生産者がヴァラエタルワインを作っている．

MONDEUSE NOIRE

良好な骨格をもつことから再認識され始めた香り高いフランス，サヴォア県（Savoie）の赤品種

ブドウの色：● ● ● ● **●**

主要な別名：Gros Rouge（スイスのヴォー州（Vaud）およびジュネーヴ州（Genève）），Grosse Syrah，Maldoux（ジュラ県（Jura）），Persagne（アン県（Ain）），Petite Persaigne（ローヌ（Rhône）），Plant Maldoux（ジュラ県），Savoyan（イゼール県（Isère））
よくMONDEUSE NOIREと間違えられやすい品種：GENOUILLET[DNA]（アンドル県（Indre）），MILGRANET[DNA]（ミディ＝ピレネー地域圏（Midi-Pyrénées）），PERSAN[DNA]，REFOSCO DAL PEDUNCOLO ROSSO[DNA]（カリフォルニア州），シラー（SYRAH[DNA]）

起源と親子関係

MONDEUSE NOIRE はフランス東部の，かつてはドーフィネ州（Dauphiné）であった地域（イゼール県，ドローム県（Drôme），オート＝アルプ県（Hautes-Alpes）を含む地域）の古い品種である．この品種が初めて記載されたのは1845年のことで，Haut de la Vallée de l'Isère の中にそれが見られる（Rézeau 1997）のだが，1731年2月3日にブサンソン（Besançon）の議会において発令された規定の中に Maldoux という別名で記載があるのがジュラ県でみつかっており，これがこの品種に関する記載の中でも最も初期のものであると思われる（引用は ENFARINÉ NOIR を参照）．Maldoux は明らかにフランス語の「悪い甘さ」*mal doux* に由来しているが，これは果粒の苦みを指していると考えられる．Mondeuse の名の語源に関して二つの仮説が提示されている（Rézeau 1997）．一つはフランコ・プロヴァンス語の *moda* あるいは *moduse* で，ブドウがたくさんのマスト（果汁）を含むことを表している．もう一つは動詞の *monder* あるいは *émonder*，（「剪定」を意味する）で，これは MONDEUSE NOIRE の葉が収穫の前に落ちることを表したものである．

カリフォルニア州では MONDEUSE NOIRE が長い間 REFOSCO DAL PEDUNCOLO ROSSO と混同されてきたが，DNA 解析によって異なる品種であることが明らかになった（REFOSCO DAL PEDUNCOLO ROSSO を参照）．DNA 系統解析は MONDEUSE NOIRE が MONDEUSE BLANCHE の子どもか親品種であることを示しており（完全な系統はシラー（SYRAH）を参照），つまりそれは MONDEUSE NOIRE がシラーの片親だけが同じ姉妹品種の関係にあるか祖父母にあたることを意味する（Vouillamoz 2008）．これがなぜ MONDEUSE NOIRE がしばしば GROSSE SYRAH と呼ばれることがあるのか，また，なぜ MONDEUSE NOIRE がブドウの形態分類群の Sérine グループに属する（p XXXII 参照；Bisson 2009）かの理由である．ちなみに MONDEUSE NOIRE はブドウの形態分類学的には DOUCE NOIRE に近いことを追記しておく（Bisson 2009）．

19世紀末にブドウの形態分類の専門家である Victor Pulliat 氏が MONDEUSE GRISE は MONDEUSE NOIRE の変異であると記載している．MONDEUSE GRISE は消失したと考えられていたが，1950年に Pierre Galet 氏がフランス南部，モンペリエ（Montpellier）の国立農業研究所（Institut National de la Recherche Agronomique：INRA）Domaine de Vassal ブドウコレクションに再び MONDEUSE GRISE を持ち込んだ．

他の仮説

Pierre Tochon（1887）は，1世紀にケルソス，コルメラや大プリニウスらが言及している Allobroges の国で栽培されていた ALLOBROGICA と MONDEUSE NOIRE は同じであると述べている．同じ指摘がピノ（PINOT）とシラーについてもなされているが，この仮説は考えにくいものである（詳細はシラー（SYRAH）を参照）．

ISABELLA

pp 516–517

KADARKA

pp 532–533

KOKOUR BLANC

KOKUR BELY 参照

p 552

MISSION

LISTÁN PRIETO 参照

pp 598–600

MACABEO

pp 610–611

BOAL

MALVASIA FINA 参照

pp 634–635

MARSANNE

pp 654–655

MAVRUD

p 669

MAZUELO

pp 670–674

MERLOT

pp 684–690

MOURVÈDRE

MONASTRELL 参照

pp 703–706

MONDEUSE BLANCHE

p 707

MONDEUSE NOIRE

pp 708–709

MTSVANE KAKHURI

pp 733–734

MUSCAT BLANC À PETITS GRAINS

pp 743–747

MUSCAT OF ALEXANDRIA

pp 749–753

ブドウ栽培の特徴

熟期は中程度である．樹勢が強く短く剪定するのがよい．乾燥，クロロシス（白化），ダニ，べと病および，うどんこ病に感受性がある．石の多い粘土石灰質土壌が栽培に適している．

栽培地とワインの味

MONDEUSE NOIREは香り高くタンニンが豊かな深い色合いのワインとなる．優れた熟成のポテンシャルをもち，最適の場所で栽培されるブドウからはイタリアのビターチェリーを思わせるワインになる．フランス東部，サヴォア県のVin de SavoieやBugeyアペラシオンで公認されている主要品種の一つで，推奨される生産者としてはDomaine du Prieuré Saint-ChristopheのMichel Grisard氏やDomaine Louis Magninなどがあげられる．1970年代に栽培面積が激減したのに伴い，2009年にはフランスでの栽培面積は300 ha（741 acres）となったが，ワインのもつ品質のポテンシャルやサヴォア県の赤ワインのなかでも，この品種がもつ特殊性が再認識されたことで，栽培は徐々に増加しつつある．

19世紀のスイスではGROS ROUGEとして知られるMONDEUSE NOIREはレマン湖（Lac Léman）周辺で最も多く栽培される赤品種であったが，2009年にはヴォー州やジュネーブ 州で記録された栽培面積は4 ha（10 acres）にも満たなかった．しかし，ヴォー州のDomaine MermetusのHenri & Vincent Chollet（特にLe Vin de Bacouni），Domaine des RueyresのJean-François Cossy氏，ジュネーブ州のDamien et Luc Mermoudなど．数は少ないが優れた生産者がいまもある．

アメリカでは，2005年にカリフォルニア大学デービス校のFoundation Plant Servicesはこの品種の品種名をREFOSCOからMONDEUSEに変更したものの，2008年のカリフォルニア州の公式栽培面積報告ではまだこれらの品種を同じものとして扱っているため，正確な統計を得ることは困難である．ナパバレー（Napa Valley）にあるLagier Meredith社のCarole Meredith女史（彼女はカリフォルニア大学デービス校で教授であった在職時，ブドウDNAの研究で多くの興味深い研究を行った）は本物のMONDEUSEワインを作っている唯一の生産者であろう（混植されている古い樹を除けば）．彼女は2007年にMONDEUSEをシラーとともに植え，樹勢は弱いが，より豊産性で，ワインはシラーより濃く，スパイシーであると報告している．

カリフォルニア州のロシアン・リバー・バレー（Russian River Valley）のCarlisle Winery社にある古いブドウはMONDEUSEであると考えられていたが，これは1937年にHarold Olmo氏がジンファンデル（ZINFANDEL / 別名TRIBIDRAG）×MONDEUSE NOIREの交配により得たCALZINであることが明らかになった（当時はジンファンデル×REFOSCOといわれていた）．CALZINはセントラル・バレー（Central Valley）のワインにタンニンを加えるために作られたが，過剰に豊産性で荒々しいタンニンがあるため，白変異のHELENA同様に，いまではほぼ引き抜かれてしまった．

オーストラリアのビクトリア州では，Buller（Rutherglen）とBrown Brothers（Milawa）がMONDEUSE NOIREをブレンドに加えているが総作付面積はきわめて少なく，公式統計には記録されていない．Brown Brothers社のブドウ栽培家であるRoland Wahlquist氏によれば，MONDEUSEは1907年からMilawaで栽培されてきたのだという．彼らは1.2 ha（3 acres）の畑でこの晩熟のブドウを栽培しており，シラー，カベルネ・ソーヴィニヨン（CABERNET SAUVIGNON）と一緒に混醸している．

MONDEUSE GRISEはPERSAGNE GRISEとしても知られ，サヴォア県の苗木業者Grisard社が繁殖している．

MONEMVASSIA

ギリシャ，パロス島（Páros）で広く栽培されているパワフルで歴史ある品種．
ペロポネソス半島（Pelopónnisos）南部でも再び注目され始めている．

ブドウの色：

主要な別名：Artemissi（サントリーニ島（Santoríni）），Klossaria（Dodekánisa/Dodecanese），Monemvasia，

Monemvassitiko（ラコニア県（Lakonía)），Monovassia（エヴィア島（Évvoia）/Euboea およびナクソス島（Náxos)）
よくMONEMVASSIAと間違えられやすい品種：MALVASIA

起源と親子関係

モネンバシア島（Monemvasia）に近い場所がこの品種の起源であろう．モネンバシアは島の名であるとともに，ペロポネソス半島南部の岩がむき出しになっているところに位置する，かつて中世の要塞であった港町の名で，港の名はギリシャ語で「single entrance（一つの入り口)」を意味する *moni emvassis* に由来している（Boutaris 2000)．これはギリシャのペロポネソス半島の最東端から島に入る唯一の入り口である橋を指し，375年の地震で島になった場所である．

MONEMVASSIA はかつて Malvasia として知られた，中世のベニスの人々に好まれ高く評価されていたブレンドの甘口ワインの生産に用いられていた品種の一つだと考えられている（Manessis 2000)．このワインいついての最初の記録は1214年に Éfesos（Ephesus）における Monovasia あるいは MONEMVASSIA として記載されているのにかのぼる（Arranz *et al.* 2008)．しかし確実な共通認識や確かな証拠はない．

Malvasia という名前は MONEMVASSIA のベニス風の音訳であるが（Boutaris 2000)，MONEMVASSIA の DNA プロファイル（ギリシャ Vitis データベース）はいずれの MALVASIA 系品種とも関係が認められない（Vouillamoz)．

ブドウ栽培の特徴

樹勢が強く，比較的高収量である．早熟．小さくて不揃いの果粒が小さい果房をつける．ほとんどの病気や乾燥に耐性がある．

栽培地とワインの味

MONEMVASSIA は主にキクラデス諸島（Kykládes）で栽培されているがギリシャ本土南部の沿岸に沿うような形で海に浮かぶエヴィア島やエーゲ海上の他の地域でも栽培されている（Lazarakis 2005)．重要な栽培地はパロス島で，その品種名の由来となっている港に近い，ペロポネソス半島南部では，現在，盛んに栽培が行われている．Monemvasia Winery（s は一つ）の George Tsibidis 氏は特に歴史ある甘口ブレンドの Malvasia ワインの再生を目指している．Tsibidis 氏はパロス島から MONEMVASSIA ブドウをもちこみ，Yiannis Vatistas 氏とともに新しくラコニア県で栽培を始めている．

ラコニア県の地理的表示保護ワインである Monemvassia には，MONEMVASSIA を含む8種類の異なる品種を用いることが認められており，さらに，品種名の混乱は続いている．キクラデス諸島の中心のパロス島では，同名の原産地呼称においてこの品種が独占的な役割を担っており，赤ワインであっても3分の2の割合の MONEMVASSIA と3分の1の割合の MANDILARIA をブレンドすることが認められている．これは，ロゼワインあるいは赤ワインの生産において，赤品種と白品種をブレンドしてはいけないという規則の唯一の例外である（Lazarakis 2005)．

ヴァラエタルの MONEMVASSIA ワインは比較的アルコール分が高く，フルボディーで酸味が弱い．フレッシュで，よりバランスのよいワインを作るためには，冷涼な土地が必要である．それらはスパイシーで軽い香りがあり，口中では果実の豊かさがある．辛口のヴァラエタルワインの生産者にはパロス島の北東部の Moraitis 社やラコニア県の Tsibidis 社などがある．Tsibidis 社は，甘口ブレンド用に，ブドウの酸度を保つために早摘みをしているが，同社は力強くスパイシーで少しスモーキーな辛口ワインも作っている．

MONERAC

ごく最近開発されたフランス，モンペリエ（Montpellier）の交配品種．まだ人々の関心を得られていない．

ブドウの色：● ● ● ● ●

主要な別名：Monérac

起源と親子関係

1960年にフランス南部のモンペリエにある国立農業研究所（Institut National de la Recherche Agronomique : INRA）の Paul Truel 氏がグルナッシュ（GRENACHE/GARNACHA）×ARAMON NOIR の交配により得た交配品種である．MONERAC という品種名は親品種の名前の一部を並べ変えたものである．

ブドウ栽培の特徴

晩熟．樹勢が強く，垣根仕立てか株仕立てされ，短い剪定が必要である．果粒が粗着しているので灰色かび病にさほど感受性ではない．

栽培地とワインの味

この品種は公式品種登録されており，フランス南部の多くで推奨されているが商業ワイン生産の記録はなく2008年に3 ha（7 acres）の栽培が記録されているにすぎない．

MONICA NERA

イタリア，サルデーニャ島（Sardegna）で広く栽培されている濃い色の果皮をもつ品種．様々なスタイルのワインが作られているが，一般に他の品種と区別がつきにくい．

ブドウの色：● ● ● ● ●

主要な別名：Manzesu ⊗, Monaca, Monica di Sardegna, Niedda de Ispagna, Niedda Mora, Nieddera Manna, Pascale Sardu（サッサリ県（Sassari））

よくMONICA NERAと間違えられやすい品種：NIEDDERA ⊗, PASCALE ⊗

起源と親子関係

他の多くのサルデーニャ品種同様，MONICA NERA の起源はスペインにあるといわれており，この島がアラゴン王国（Aragón）により統治されていた時代（1323～1720）にスペイン人がこの品種を Morillo という名前で持ち込んだと考えられている．しかしスペインとの関係を示す歴史的および遺伝的な証拠はまだ発見されていない．この品種の栽培は，カマルドリの修道士たち（monaci）がブドウ栽培とワイン作りを始めた11世紀にまでさかのぼると述べる研究者もいる．

他の仮説

MONICA NERA は，カリフォルニア州では MISSION，チリでは PAÍS，アルゼンチンでは CRIOLLA

CHICA と呼ばれる LISTÁN PRIETO に関連すると考えられており，MONICA は単に CRIOLLA の別名にすぎないと考えられていたが，DNA 解析結果はそれを否定している（Vouillamoz）．

ブドウ栽培の特徴

収量が多い．熟期は中期である．春の霜とうどんこ病に優れた耐性をもつ．べと病への耐性は弱い．

栽培地とワインの味

MONICA NERA はイタリアのサルデーニャ島一帯で栽培されており，Monica di Sardegna DOC（辛口スティル，または発泡性）や Monica di Cagliari DOC（辛口，甘口，酒精強化）でヴァラエタルワインの生産に用いられる．また Mandrolisai DOC では，GRACIANO（BOVALE SARDO）やグルナッシュ（GARNACHA，CANNONAU）とブレンドされ，Campidano di Terralba DOC でも少量が用いられている．2000 年時点でのイタリアの統計には 2,909 ha（7,199 acres）の栽培が記録されている．収量を低く抑えなければ，通常，ワインは平凡な早飲みタイプのワインになる．推奨される生産者としては Argiolas，Ferruccio Deiana，Alberto Loi，Santadi，Sardus Pater などがあげられる．

MONSTRUOSA

絶滅の危機から復活をとげたスペイン，ガリシア州（Galicia）の極めて稀少な品種．
軽くフレッシュで香り高い白ワインになる．

ブドウの色：● ● ● ● ●

起源と親子関係

MONSTRUOSA という品種名はブドウの樹のサイズに基づき命名されたもので，ワインによるものではない．スペイン北西部，ガリシア州，モンテレイ地域（Monterrei）が起源の品種である．

ブドウ栽培の特徴

樹勢が強い．萌芽期は中期で晩熟である．厚い果皮をもつ大きな果粒が大きな果房をつける．うどんこ病に感受性がある．

栽培地とワインの味

スペイン，モンテレイ（Monterrei）にある Quinta da Muradella 社の José Luis Mateo 氏がこの品種を絶滅の危機から救済し，2002 年に彼は 789 本の MONSTRUOSA を植え付けた．現在は SÍRIA（この地域では DOÑA BLANCA と呼ばれている），TRAJADURA（TREIXADURA），VERDELHO（VERDELLO）とのブレンドに用いられている．ヴァラエタルワインには野生の花や高山の花のアロマがある．また，強い酸味と中程度のアルコール分がある．

MONTEPULCIANO

豊産性で広く栽培されている品種．
ワインは深い色合いとしっかりした骨格をもつ．

ブドウの色：● ● ● ● ●

主要な別名：Africano，Angolano，Montepulciano Cordisco，Montepulciano Spargolo，Morellone（トスカー

ナ州（Toscana）），Sangiovese Cordisco，Uva Abruzzese，Violone
よくMONTEPULCIANOと間違えられやすい品種：PUGNITELLO☒，サンジョヴェーゼ（SANGIOVESE☒（Montepulciano Primaticcio の名で））

起源と親子関係

この品種名はトスカーナ州，シエーナ県（Siena）のモンテプルチャーノ地域（Montepulciano）の名であるが，その起源はおそらくイタリア中部のアルブッツォ州（Abruzzo），トッレ・デ・パッセリ地域（Torre de' Passeri）であろう．サンジョヴェーゼ（SANGIOVESE）はトスカーナ州のモンテプルチャーノ地域で広く栽培されており，MONTEPULCIANO はしばしばサンジョヴェーゼの別名と考えられてきたが，ブドウの形態分類学的解析と DNA 解析からはこれに反する結果が得られている（Vouillamoz）.

ブドウ栽培の特徴

高収量で晩熟．べと病とうどんこ病に優れた耐性をもつ．

栽培地とワインの味

MONTEPULCIANO は働き者のブドウとして知られイタリア中部で栽培されており，サンジョヴェーゼの近くで栽培されることが多い（サンジョヴェーゼは Vino Nobile di Montepulciano DOCG で用いられる品種だが，この DOCG はブドウの MONTEPULCIANO とは無関係である）．MONTEPULCIANO で最もよく知られ，最高であるとよくいわれるのはブレンドにおいて主要な役割を果たしたりヴァラエタルワインに用いられている Montepulciano d'Abruzzo DOC である．2002年にアルブッツォ州北部のテーラモ県（Teramo）周辺の丘に，より特別な DOCG Montepulciano d'Abruzzo Colline Teramane が創設されたことは，この品種のもつ高い品質への期待からであって，それがすでに達成されたからというわけではない．Rosso Conero（最低85%），Rosso Piceno（35～70%），Offida（最低50%）などの Marche DOC では主原料として用いられており，モリーゼ州（Molise）やさらに南のプッリャ州（Puglia）の様々な DOC ではその割合は様々に規定されている．さらに北のウンブリア州（Umbria）やトスカーナ州でも栽培されているが，この品種はより暖かく晴れた日の多い南の地方で栽培したほうがよく熟する．2000年時点でのイタリアの統計には29,828 ha（73,707 acres）の栽培が記録されている．

この品種から作られる最高のワインは成熟した深い色合いと頑強なタンニンがあり，ソフトなワインにとって理想的なブレンドの原料となる．Montepulciano d'Abruzzo の生産者として推奨されるのは Cataldi Madonna，Contucci Ponno，Dino Illuminati，Lepore，Masciarelli，Villa Medoro，Emidio Pepe，Bruno Nicodemi，Valentini，Valle Reale，Zaccagnini などである．

カリフォルニア州でもパソロブレス（Paso Robles）からローダイ（Lodi）に至る多くの生産者が MONTEPULCIANO を作っており，2008年には74 acres（30 ha）の栽培が記録された．

オーストラリアでも限定的に栽培されており（たとえばアデレイド・ヒルズ（Adelaide Hills）では Amadio 社がこの品種を栽培し，MONTEPULCIANO の熱愛者である First Drop 社の Matt Gant 氏や Ben Riggs 氏にブドウを提供している），またニュージーランドでもとりわけ Hans Herzog 社が栽培に力を注いでいる．また，マルタ（Malta）でも栽培されている（6 ha/15 acres）.

MONTILS

コニャックの生産に用いられるフランス，シャラント県（Charente）の品種

ブドウの色：● ● ● ● ●

主要な別名：Chalosse

起源と親子関係

MONTILS はフランス西部のシャラント県の品種で，この品種に関する最初の記載は Viala および Vermorel（1901–10）の中に見られる．品種名はシャラント＝マリティーム県（Charente-Maritime）のモンティ村（Montils）に由来する．DNA 系統解析によれば MONTILS は GOUAIS BLANC の子品種であることが示された（Boursiquot *et al.* 2004）．この品種はブドウの形態分類群の Folle グループに属している（p XXXII 参照；Bisson 2009）．

ブドウ栽培の特徴

萌芽期はかなり早いので春の霜に被害を受けるリスクがある．熟期は中期である．果粒は熟すと灰色かび病に感受性をもつ．

栽培地とワインの味

MONTILS はコニャックとフランス西部の地方でピノー・デ・シャラント（Pineau des Charentes）などのミステル（Mistelles）の生産のためのブレンドに用いられている．1970～1980年代に落ち込みをみせたが，後に165 ha（408 acres）まで持ち直している．この品種からヴァラエタルのテーブルワインは作られていないようだが，Lavignac（2001）は，1960年にボルドー（Bordeaux）のアントル・ドゥー・メール（Entre-Deux-Mers）の畑の古い樹の中にこの品種も栽培されているのを見たと述べている．1921年にオーストラリアのハンター・バレー（Hunter Valley）のマウント・プレザント（Mount Pleasant）で Maurice O'Shea が MONTILS の植え付けを行っている．最初の畑（0.5 ha）から得た穂木は，将来植え直すために用いるのであろう．

MONTONICO BIANCO

主にブレンドワインの生産に用いられるイタリア南部のマイナーな白品種

ブドウの色：●　●　●　●　●

主要な別名： Chiapparù（マルケ州（Marche）），Ciapparone（アブルッツォ州（Abruzzo）），Greco Bianco del Pollino ☿（カラブリア州（Calabria）），Greco del Pollino ☿，Mantonico Bianco Italico ☿（カラブリア州），Montonico ☿（プッリャ州（Puglia）），Pagadebit ☿（プッリャ州），Racciapaluta（アブルッツォ州），Uva della Scala ☿（プッリャ州），Uva Regno（マルケ州）

よくMONTONICO BIANCOと間違えられやすい品種： MANTONICO BIANCO ☿（カラブリア州）

起源と親子関係

MANTONICO あるいは MONTONICO はイタリア南部で様々な品種によく用いられている品種名である．最近のブドウの形態分類学的解析および DNA 解析で MONTONICO BIANCO はプッリャ州の二つの参照試料（PAGADEBIT と UVA DELLA SCALA）およびカラブリア州の二つの試料（GRECO BIANCO DEL POLLINO と MONTONICO BIANCO ITALICO）と一致したが，驚くべきことにカラブリア州の MANTONICO BIANCO とは DNA プロファイルが異なっていた（Schneider，Raimondi，De Santis and Cavallo 2008; Schneider，Raimondi *et al.* 2009）．加えて MONTONICO BIANCO は MANTONICO NERO（CASTIGLIONE の別名）の白変異ではなく，MONTONICO DI ROGLIANO（GUARDAVALLE の別名）とは DNA プロファイルが異なっていた（Raimondi *et al.* 2009）．

近年の DNA 系統解析により MONTONICO BIANCO（GRECO DEL POLLINO の名で）がイタリアで最も広範囲に栽培されている古い白品種の一つである GARGANEGA と親子関係にあることが明らかになった（Crespan，Calò *et al.* 2008）．GARGANEGA は他の8品種（ALBANA，CATARRATTO

BIANCO，DORONA DI VENEZIA，MALVASIA BIANCA DI CANDIA，MARZEMINA BIANCA，MOSTOSA，SUSUMANIELLO，TREBBIANO TOSCANO）とも親子関係にあるので，MONTONICO BIANCO はそれらの片親だけが同じ姉妹品種か祖父母品種にあたることになる（系統図は GARGANEGA を参照）．

ブドウ栽培の特徴

樹勢が強い．冬の霜に良好な耐性を示す．晩熟である．

栽培地とワインの味

1960年代まで MONTONICO BIANCO は主にイタリア中部のアドリア海沿岸で栽培されていた．とりわけアブルッツォ州（Abruzzo），特にキエーティ県（Chieti），スルモーナ（Sulmona），テーラモ県（Teramo）周辺や，マルケ州のマチェラータ県（Macerata）やフェルマノ（Fermano）周辺で多くの栽培が見られた．その後，イタリア中部での栽培は減少し，現在は多少の差はあるもののテーラモ県に限定されている．MONTONICO BIANCO はいろいろな別名（上記参照）で，プッリャ州（フォッジャ県（Foggia）やバーリ県（Bari））やカラブリア州（ロクリ（Locri）周辺）でも栽培されている．この品種は Bivongi，Donnici，Pollino などの Calabrian DOC でブレンドの一部としては認められているが，ヴァラエタルワインは通常，作られることはない．しかし，テーラモ県（Teramo）の La Quercia 社は IGT Colli Aprutini に分類されるヴァラエタルワインを作っている．この品種は，かつては生食用ブドウとしても栽培されていた．2000年にはイタリアで809 ha（1,999 acres）の栽培が記録されている．

MONTÙ

非常に晩熟なイタリア，ボローニャ県（Bologna）の品種

ブドウの色：● ● ● ● ●

主要な別名：Bianchetto Faentino（エミリア＝ロマーニャ州（Emilia-Romagna）南東部），Bianchino（エミリア＝ロマーニャ州南東部），Montuni（ボローニャ県），Montuno（ボローニャ県）

起源と親子関係

MONTÙ は様々な名前でエミリア＝ロマーニャ州，ボローニャ県で長く栽培されてきた．この品種名はその地方の方言で「多くのブドウ」を意味する *molz'u'*（イタリア語では *molta uva*）に由来するものだが，これはこの品種が豊産性であることを意味するものであろう．DNA 比較によれば MONTÙ とイタリアで FRANCONIA と呼ばれる BLAUFRÄNKISCH との遺伝的な関係が示唆された（Filippetti，Silvestroni，Thomas and Intrieri 2001）．

他の仮説

MONTÙ と MONTONICO BIANCO との類似性を示唆する研究者もるが，これは DNA 解析によって否定されている（Vouillamoz）．また，MONTÙ と MANTÙA あるいは MONTUA CASTIGLIANO と呼ばれる未確認の品種の名前の類似性を根拠に，この品種の起源がスペインにあると主張する人もいる．

ブドウ栽培の特徴

べと病とうどんこ病に良好な耐性をもつが，灰色かび病に対する耐性は少し低くなる．樹勢が強く豊産性で晩熟である．

栽培地とワインの味

MONTÙ は主にイタリア北部のエミリア・ロマーニャ州，ボローニャ県やラヴェンナ県（Ravenna）で栽培されている．Reno DOC の Montuni の辛口ワイン，甘口ワイン，発泡性ワインにおいて主要な役割を果たしている品種（少なくとも85%を用いる必要がある）である．2000年のイタリアにおける栽培面積は1,160 ha（2,866 acres）が記録されている．ワインには良質な酸味がある．

MONVEDRO

萌芽期が遅いマイナーなポルトガル品種．
その別名が混乱の原因となっている．

ブドウの色：● ● ● ● ●

主要な別名：Bastardo，Monvedro Dão
よくMONVEDROと間違えられやすい品種：PARRALETA ☒（Monvedro do Algarve の名で）

起源と親子関係

ポルトガルでは MONVEDRO は Bonvedro が変化した名前で，通常はアルガルヴェ地方（Algarve）の PARRALETA の別名として用いられている．これが Galet（2000）が引用しているように，Truel 氏が MONVEDRO は，いずれも PARRALETA というそれぞれの地方での別名をもつ，コルシカ島の CARCAJOLO NOIR やサルデーニャ島（Sardegna）の CARICAGIOLA NERA と同一であると述べている理由であろう．Veloso *et al.*（2010）によればダン（Dão）では MONVEDRO はユニークな DNA プロファイルをもつ異なる品種の名前であると報告されている．したがって，同じ別名の BASTARDO を共有しているが，TROUSSEAU とは異なる品種である．

ブドウ栽培の特徴

萌芽期は遅い．厚い果皮をもつ果粒が密着した小さな果房をつける．

栽培地

MONVEDRO はベイラス（Beiras）で栽培されている．現地では，地理的表示ワインとして公認されているが，原産地呼称のワインの原料としては公認されていない．2010年にポルトガルで8 ha（20 acres）の栽培が記録されている．

MOORE'S DIAMOND

CONCORD や NIAGARA に似ているが両品種ほどの成功は収めていない
アメリカのマイナーな交雑品種

ブドウの色：● ● ● ● ●

主要な別名：Diamond

起源と親子関係

1870年頃にニューヨーク州，ブライトン（Brighton）の育種家であるJacob Moore氏がCONCORD×IONAの交配により得た交雑品種である．ここでIONAは1855年にニューヨーク州のアイオナ島（Iona Island）のCW Grant氏が得たDIANA（あるいはもしかするとアメリカ合衆国で同じくDIANAとして知られているCATAWBA）と未知の品種との交配品種である．したがってこの品種は*Vitis labrusca*×*Vitis vinifera*の交雑品種ということになる．MOORE'S DIAMONDはGOLDEN MUSCATの育種に用いられた．

ブドウ栽培の特徴

雨の多い気候下では果粒が裂果しやすい．冬は－20℉（－28.9℃）程度までの耐寒性を示す．

栽培地とワインの味

ニューヨーク州では2006年に主に同州西部で93 acres（38 ha）のMOORE'S DIAMONDが栽培されている．発泡性のブレンドワインや辛口のヴァラエタルワイン（アメリカ系交雑品種としては珍しいことだが），さらには生食用ブドウとして用いられている．ブドウの樹はCONCORDに似て，果実はNIAGARAのようだが，これらの品種ほどは成功していない．これは雨の多い気候下で果粒が裂果しやすいことが原因であると考えられる．非常に限定的だがニューハンプシャー州，ペンシルベニア州，バージニア州，ケンタッキー州 ならびに中西部でも栽培されている．生産者としてはSeneca LakeのPlymouth Winery，Finger LakesのFulkerson，ペンシルベニア州のStarr Hill，ケンタッキー州のWight-Meyer，ニューハンプシャー州のCandiaなどがあげられる．ワインはNIAGARAのワインによく似ているが，NIAGARAワインよりもフレッシュでフォクシーさが少ない．

MORADELLA

栽培者には評価されるが公式には登録されたことがない品種である．

ブドウの色：

主要な別名：Croà，Moranzana，Vermiglio

起源と親子関係

イタリア，ロンバルディア州（Lombardia），パヴィーア県（Pavia）周辺が起源である．MORADELLAの3種のクローンであるMORADELLA COMMUNE（またはDI SAN COLOMBANO），MORADELLA VERMIGLIO（またはDAL PEDUNCOLO ROSSO），MORADELLA CROÀは，やや異なる形態をもつため区別されることが多い．

ブドウ栽培の特徴

うどんこ病に対して高い感受性をもつ．

栽培地とワインの味

MORADELLAはイタリア北部のオルトレポ・パヴェーゼ（Oltrepò Pavese）で広く栽培されているが，ロンバルディア州，パヴィーア県での方がよく知られている品種である．かつて現地では最も重要な品種であったが，うどんこ病に感受性であることや，イタリア公式品種リストに登録されたことがないということでBARBERAの人気におされ，栽培面積は激減している．いかなるDOC規則でも公認されておらず，公式に品種登録もされていない．DOCで公認されないのは，うどんこ病に対する感受性が原因であるのかもしれない．いまではこの品種は古いブドウ畑でのみ見られるが，栽培者には評価されており，Oltrepò Pavese DOC の Buttafuoco や Sangue di Giuda などのワインにその正体を隠して BARBERA や CROATINA とブレンドされている．Fortesi 社は試験的に100% MORADELLA ワインを作っており，これはテーブルワインに分類されている．Cantina Storica di Montù Beccaria，Il Santo および Fattoria Mondo Antico などが，この品種を守るための価値ある取り組みを行っている．ワインはフルボディーかつスパイシーで，アルコール分がかなり高いものとなる．

MORAVA

将来有望なセルビアの香り高い白ワイン用交配品種．
ソーヴィニヨン（SAUVIGNON）に似たワインになる．

ブドウの色：● ● ● ● ●

起源と親子関係

MORAVA はセルビア，ヴォイヴォディナ（Vojvodina）自治州のノヴィ・サド（Novi Sad）大学に属するスレムスキ・カルロヴツィ（Sremski Karlovci）ブドウ栽培研究センターにおいて P Cindrić 氏，Nada Korać 氏，V Kovač 氏が FRÜHROTER VELTLINER × MÜLLER-THURGAU の交配により得た品種である．2003年に公認された．

ブドウ栽培の特徴

晩熟である．果粒が粗着した果房をつける．べと病と灰色かび病に耐性がある．比較的冬に強い．

栽培地とワインの味

主にセルビア西部のヴァリェヴォ地方（Valjevo）で栽培されており，ソーヴィニヨン・ブラン（SAUVIGNON BLANC）と少し似たワインになる．成功を収めたセルビアの交配品種の一つであり，栽培面積を増やしている．Milijan Jelić や Tamuz がフレッシュで香り高いヴァラエタルワインを作っている．

MORAVIA AGRIA

これまで見過ごされてきたスペイン品種．マンチュエーラ（Manchuela）の暑い気候の下で，タンニンに富むフレッシュで個性的な赤ワインになる．

ブドウの色：● ● ● ● ●

主要な別名：Maravia Agria，Moravia，Moravio ☒
よく MORAVIA AGRIA と間違えられやすい品種：BOBAL ☒，MARUFO ☒

起源と親子関係

MORAVIA AGRIA はスペイン中心部，カスティーリャ・ラマンチャ州（Castilla-La Mancha）東部のあまり知られていない品種である．品種名になっている *Agria* には「すっぱい」という意味があり，これはこのブドウの酸味を指したものである．カスティーリャ・ラマンチャ州で MARUFO につけられた MORAVIA DULCE（*dulce* は「甘い」の意味）と区別するためにこのように名付けられた．

ブドウ栽培の特徴

結実能力が高い．萌芽期は遅く，晩熟である．成長期間が長い．小さな果粒が大きな果房をつける．かびの病気に感受性がある．

栽培地とワインの味

スペインでのみ見つかっている MORAVIA AGRIA は，色の薄さとブドウ畑でのパフォーマンスの低さから，品種名を明かされないままブレンドワインに用いられていた．しかし，この品種はブレンドワインにフレッシュさと骨格を与えることができ，赤い果物から花，野生のハーブさらには草にまで至る幅広いアロマを有している．マンチュエーラでは Juan Antonio Ponce 氏が，グルナッシュ（GARNACHA）と MORAVIA AGRIA を一緒に発酵させ，骨格があり土とガリーグ（低木やハーブ類）の香りのする赤の Buena Pinta ワインを作っている．

MORAVIA DULCE

MARUFO を参照

MORAVIAN MUSCAT

MUŠKÁT MORAVSKÝ を参照

MORETO DO ALENTEJO

人気はあるが概して軽く精彩を欠くポルトガル南部の赤品種．一般的には単にあいまいな Moreto として知られている．

ブドウの色：● ● ● ● ●

主要な別名：Morito

よく MORETO DO ALENTEJO と間違えられやすい品種：BAGA ☒（ダン（Dão）），BLAUER PORTUGIESER ☒（オーストリア），CAMARATE ☒（バイラーダ（Bairrada）およびテージョ（Tejo）），CASTELÃO ☒（アルガルヴェ（Algarve）），MALVASIA PRETA ☒（Douro），Moreto do Dão ☒（ダン）

起源と親子関係

その名が示すように，この品種はポルトガル南東部のアレンテージョ（Alentejo）に起源をもち（Almadanim *et al.* 2007），一般に現地では，単に Moreto と呼ばれていた．しかしこの名は多くの異なる品種に用いられていること，また，Regner *et al.*（1999）により，ダンの MORETO とアレンテージョの MORETO は異なる DNA プロファイルをもつことが示されており，さらに，後者は Almadanim *et al.*（2007）や Veloso *et al.*（2010）で報告されている MORETO にあたることから，本書では MORETO DO ALENTEJO や MORETO DO DÃO というように長い名前を用いて両者を区別することにする（後者は現在栽培されていない）．加えて BAGA，CAMARATE，MALVASIA PRETA はしばしば MORETO や MORETO ○○と呼ばれることがあるが，Veloso *et al.*（2010）で報告されている DNA プロファイル結果によれば，これらすべての DNA プロファイルと Regner *et al.*（1999）で報告されている MORETO DO ALENTEJO や MORETO DO DÃO の DNA プロファイルとは異なるものであることを追記しておく．

オーストリア品種である BLAUER PORTUGIESER は，かつて MORETO と同じであると考えられていたが，MORETO と共通の祖先をもつという可能性を排除できないものの（Regner *et al.* 1999），両者の DNA プロファイルは全く異なっている．

ブドウ栽培の特徴

豊産性で萌芽期は早く晩熟である．暑く，晴れた気候および深く水はけのよい土壌が栽培に適している．害虫とかびに良好な耐性をもつ．

栽培地とワインの味

MORETO ワインは一般に色が薄くライトボディーで，赤い果実の軽いアロマをもち，早飲みに適している．この品種はアレンテージョで人気があり，通常は地方品種あるいは国際品種とブレンドされている．他のワインが準備を終える前に販売が可能である．Carmim（Reguengos de Monsaraz 協同組合），Esporão および Roquevale の各社が MORETO DO ALENTEJO を用いてアレンテージョブレンドを作っている．2010年にはポルトガルに1,152 ha（2,847 acres）の栽培が記録されている．

MORIO-MUSKAT

かつては人気を博していた，ドイツの交配品種．
ブドウの香りが極めて強いが，いくぶんしまりのないワインになる．

ブドウの色：● ● ● ● ●

主要な別名：Geilweilerhof I-28-30

起源と親子関係

当初，MORIO-MUSKAT は，1928年に Geilweilerhof の Peter Morio 氏が SILVANER×WEISSBURGUNDER（ピノ・ブラン / PINOT BLANC）の交配により得た交配品種であると紹介されていたが，Vitis 国際品種カタログの中には SILVANER×ミュスカ・ブラン・ア・プティ・グラン（MUSCAT BLANC À PETITS GRAINS）と記載されており，こちらの方がこの品種の名前と軽いマスカットの香りをよく表しているといえる．しかし Lamboy and Alpha（1998）による DNA 解析は，それまで示唆されていた両方の親子関係をくつがえすものであったため（Vouillamoz），MORIO-MUSKAT の真の親品種は不明のままである．

ブドウ栽培の特徴

熟期は中期～晩期である．灰色かび病とうどんこ病には非常に感受性を示し，べと病への感受性はやや低い．収量は高いが，糖度は MÜLLER-THURGAU より低い．

栽培地とワインの味

1956年にドイツで認可された MORIO-MUSKAT は，特に1970年代半ばに人気を博し，ニュートラルで安価なドイツブレンドに Muscat のような香りを加えるために用いられていた．Liebfraumilch とラベルされ，輸出されることが多かった．現在も502 ha（1,240 acres）が残っているが，ピーク時の3,000 ha（7,413 acres）と比べると，かなりの減少である．ほとんどがラインヘッセン（Rheinhessen）やプファルツ（Pfalz）で栽培されている．

完熟したブドウで作るワインは甘ったるく，ブドウの香りが強いものになるが，この品種の栽培にはよい畑を選定する必要がある（そのような畑は，この品種より良質の品種の栽培にあてるほうがよいと思われるが）．通常，フレッシュな酸味があるが，糖度が高くなることはない．生産者としてはラインヘッセン地方の Huff，フランケン地方（Franken）の Baldau およびプファルツの Franz Braun やバーデン（Baden）の Wehweck などがあげられる．

非常に限定的ではあるがオーストリアでも栽培されている．また26 ha（64 acres）が南アフリカ共和国で，日本でも1.5 ha（4 acres）（訳注：農林水産省統計3.1 ha; 2014年）の栽培が記録されている．

MORISTEL

スペイン北東部,ソモンタノ（Somontano）で軽いが個性的な赤ワインが作られている.

ブドウの色：● ● ● ● ●

主要な別名：Concejón，Juan Ibáñez ☒，Moristell ☒（スペインのウエスカ県（Huesca））
よくMORISTELと間違えられやすい品種：GRACIANO ☒（Morrastel とまた呼ばれる），MONASTRELL ☒（サラゴサ県（Zaragoza）ではまた Morastrell として知られている），テンプラニーリョ（TEMPRANILLO ☒（Moristel はログローニョ（Logroño）では Tempranillo Temprano として知られる））

起源と親子関係

MORISTEL はスペイン北東部のアラゴン（Aragón）起源とする品種で，現地では MONASTRELL の変種，あるいは MORRASTEL（これは GRACIANO の別名）の別名であると誤解されてきたが，これらの説は DNA 解析により否定されている（Vouillamoz）.

ブドウ栽培の特徴

小～中サイズの薄い果皮をもつ果粒が密着した果房をつける．萌芽期は中期～後期で晩熟である．低収量．乾燥にある程度耐性を示す．肥沃な土壌や粘土質の土壌が栽培に適している．害虫と病気への良好な耐性を示す.

栽培地とワインの味

通常，ヴァラエタルワインは非常に軽いが，個性的な香りとローガンベリー（キイチゴの仲間）のフレーバーを有しておりフルボディーのテンプラニーリョ（TEMPRANILLO），PARRALETA あるいはカベルネ・ソーヴィニヨン（CABERNET SAUVIGNON）とブレンドされることが多い．酸化しやすいので，オーク樽で熟成させずに早飲みするのが最適である．ロゼワインの生産にも適している．2008年にはスペインで154 ha（381 acres）の栽培が記録された．主にウエスカ県やサラゴサ県で栽培されており，Somontano DO では主要品種の一つとなっているが，さもなければ国際品種に置き換えられてしまうであろう．生産者としては Pirineos および Viñas del Vero などがあげられる.

MORNEN NOIR

最近絶滅の危機から救済されたCHASSELAS の近縁品種

ブドウの色：● ● ● ● ●

主要な別名：Chasselas Noir，Montruchon ☒（サヴォワ県（Savoie）），Mornant（ローヌ（Rhône）），Mornerain Noir（ロワール（Loire））
よくMORNEN NOIRと間違えられやすい品種：MENOIR ☒（ハンガリー）

起源と親子関係

MORNEN NOIR はロワールやローヌで長く栽培されてきたが，1872年に Pulliat が記載する（Rougier

1902a）より前の記録は見つかっていない．MORNEN NOIR はローヌ川とロワール川の間の地域が起源の地であると考えられ，その名前はローヌ＝アルプ地域圏地方（Rhône-Alpes）のモルナン（Mornant）に由来すると考えられる．現地では CHASSELAS とともに広く栽培されていた（Rougier 1902a）．DNA 解析によってサヴォワ県にある Domaine Grisard 社のブドウコレクションの中に含まれる Montruchon と呼ばれるあまり知られていない品種が MORNEN NOIR と同一であることが明確に示され（Vouillamoz），DNA 系統解析により MORNEN NOIR が CHASSELAS と親子関係にあることが強く示唆された（Vouillamoz and Arnold 2009）．これが，マコン（Mâcon）の近くでは CHASSELAS が MORNEN BLANC と呼ばれており，また MORNEN NOIR がしばしば CHASSELAS NOIR と呼ばれ，CHASSELAS の黒変異であると誤解されてきた理由であろう．

他の仮説

Galet（1990）によればハンガリーでは MORNEN NOIR が MÉDOC NOIR（KÉKMEDOC; MENOIR 参照）という名前でハンガリーで栽培されているのだという．しかし MÉDOC NOIR という名は，おそらくメルロー（MERLOT）や COT にも使われており，Jahnke *et al.*（2009）の報告にある KÉKMEDOC の DNA プロファイルは MORNEN NOIR のものとは異なるものである．

ブドウ栽培の特徴

熟期は早期～中期である．

栽培地

MORNEN NOIR はフランスでは登録品種ではないため公式統計には記録されず，絶滅したと考えられていた．しかし最近，リヨン（Lyon）とヴァランス（Valence）の間のローヌ川に非常に近いシャヴァネ（Chavanay）のコミューンで小さな畑の一画が見つかり，Coteaux du Gier の栽培家がこの品種を復活させ，最終的には品種登録しようという期待が高まっている．2008年には，彼らが MORNEN NOIR と CHOUCHILLON の試験栽培を始めた．

MORONE

ブレンドワインの色づけに用いられることもある，イタリア，トスカーナ州（Tuscan）の非常にマイナーな品種

ブドウの色：

主要な別名：Morone Farinaccio，Mostaiola del Lapi，Uva Moro，Uva Morone Nera
よくMORONEと間違えられやすい品種：PINOT MEUNIER（イタリアでは Morone Farinacciaとして知られる）

起源と親子関係

MORONE は19世紀の初期から記録されているトスカーナ州の品種である．

ブドウ栽培の特徴

熟期は中程度である．安定して高収量．灰色かび病に感受性がある．

栽培地

MORONE はイタリア北部トスカーナ州，マッサ＝カッラーラ県（Massa-Carrara）で限定的に栽培されており，特にポントレーモリ（Pontremoli）やアウッラ（Aulla）コムーネにおいて見られる．フィレンツェ県（Firenze）のヴァルダルノ（Val d'Arno）でも栽培されているが，2000年の栽培面積は39 ha（96 acres）のみであった．通常，ヴァラエタルワインよりもブレンドワインの色を改善するために用いられている．

MORRASTEL

GRACIANO を参照

MORRASTEL BOUSCHET

19世紀のフランス南部の交配品種である.
現在は, 少量だが深い色合いの赤ワインが作られている.

ブドウの色：● ● ● ● ●

主要な別名：Garnacho ☿（バリャドリッド県（Valladolid)）, Morrastel Bouschet à Gros Grains
よくMORRASTEL BOUSCHETと間違えられやすい品種：GARNACHA ☿, GRACIANO ☿（フランスでは Morrastel と呼ばれる), GRAND NOIR ☿, Morrastel à Sarments Érigés（1885 年に同じ親品種から得られた. Morrastel Bouschet とも呼ばれたが後に使われなくなった）

起源と親子関係

1855年にフランス南部のエロー県（Hérault）のモーギオ（Mauguio）コミューンで Domaine de la Calmette 社の Henri Bouschet 氏が GRACIANO × PETIT BOUSCHET の交配により得た交配品種である. 品種名は, フランス南東部での GRACIANO の別名, MORRASTEL と, 育種家の名にちなんで命名された. DNA 解析によりバリャドリッド県で GARNACHO と呼ばれる品種は, MORRASTEL BOUSCHET と同じであることが明らかになった（Ibañez *et al.* 2003; Martín *et al.* 2003). 加えて MORRASTEL BOUSCHET は, たとえばカリフォルニア大学デービス校のブドウコレクションのように（Vouillamoz), しばしば GRAND NOIR と混同されることを追記しておく（Viala and Vermorel 1901–10).

ブドウ栽培の特徴

結実能力が非常に高い. 萌芽期は早く, 早熟である. 厚い果皮をもつ大きな果粒が大きな果房をつける. この品種の果汁には色がついている（すなわち, タンチュリエ（*teinturier*）品種である). べと病に非常に高い感受性を示す.

栽培地とワインの味

かつてはラングドック（Languedoc）で広く栽培されており, より良質の GRACIANO（MORRASTEL）の栽培を侵害するほどであったが, 2008年にフランスには7 ha（17 acres）しか残っていない. フランスの公式品種登録リストには含まれていないためアペラシオンワインには使用できず, それが原因で1980年代に栽培面積を減らしたと考えられる. 深い色合いのワインが作られるので, 過去には主にブレンドワインの色づけに活用された.

MOSCATEL

MUSCAT を参照

MOSCATEL DE SETÚBAL

MUSCAT OF ALEXANDRIA を参照

MOSCATEL GRAÚDO

MUSCAT OF ALEXANDRIA を参照

MOSCATELLO SELVATICO

イタリア南部が起源の稀少な品種.
香り高い甘口ワイン用の白品種である.

ブドウの色：● ● ● ● ●

主要な別名：Moscato di Barletta ☓

起源と親子関係

MOSCATELLO SELVATICO は Muscat フレーバーをもつイタリア南部，プッリャ州（Puglia）が起源の品種である. MOSCATELLO SELVATICO（Crespan and Milani 2001）と MOSCATO DI BARLETTA（Zulini *et al.* 2002）の DNA プロファイルの比較により，これらが同じ品種であることが明らかになった. DNA 解析結果から MOSCATELLO SELVATICO は BOMBINO BIANCO×MUSCAT OF ALEXANDRIA の自然交配品種であることが示唆された（Crespan and Milani 2001; Cipriani *et al.* 2010). その結果として，MOSCATELLO SELVATICO はミュスカ・ブラン・ア・プティ・グラン（MUSCAT BLANC À PETITS GRAINS（MOSCATO BIANCO））と AXINA DE TRES BIAS の孫品種にあたることになる（MUSCAT の系統図を参照).

ブドウ栽培の特徴

熟期は中程度である.

栽培地とワインの味

MOSCATELLO SELVATICO は主にイタリア南部，プッリャ州のアドリア海（Adriatic）沿岸に位置するバルレッタ（Barletta）とモノーポリ（Monopoil）の間，特にアンドリア（Andria）やトラーニ（Trani）で栽培され，Moscato di Trani DOC においてミュスカ・ブラン・ア・プティ・グラン（MOSCATO BIANCO）とブレンドされている．また，MOSCATELLO SELVATICO はシエーナ県（Siena）の近くの Moscadello di Montalcino DOC のマイナーな原料であり（フィロキセラ被害以前は主要品種であった），スティルや発泡性の甘口ワインや，時には遅摘みのワインが作られる．2000年にはイタリアで118 ha（292 acres）の栽培が記録された．ワインには特徴的なブドウのアロマと多くのマスカット品種のフレーバーがある．クリスピアーノ（Crispiano）の Azienda Vitivinicola Speziale 社は，IGT Tarantino に分類される I Ualani と呼ばれる珍しい辛口パッシートワインを作っている.

MOSCATO BIANCO

ミュスカ・ブラン・ア・プティ・グラン（MUSCAT BLANC À PETITS GRAINS）を参照

MOSCATO DI SCANZO

*イタリア，ベルガモ県（Bergamo）でのみ栽培される稀少な香り高い赤品種.
甘口のパッシートワインになり，新しく設立された品種名を冠したDOCGの恩恵を受けている.*

ブドウの色：● ● ● ● ●

主要な別名：Moscatino di Scanzo
よくMOSCATO DI SCANZOと間違えられやすい品種：ALEATICO

起源と親子関係

MOSCATO DI SCANZO はイタリア北部，ロンバルディア州，ベルガモ県のスカンツォロシャーテ（Scanzorosciate）を起源とする品種である．現地では14世紀から栽培されていたと考えられているが，信頼にたる最初の記載は1789年になってからである．DNA系統解析の結果は MOSCATO DI SCANZO とミュスカ・ブラン・ア・プティ・グラン（MUSCAT BLANC À PETITS GRAINS（MOSCATO BIANCO））の親子関係を示唆するものであった（Crespan and Milani 2001）．したがってこの品種は，ミュスカ・ブラン・ア・プティ・グランと親子関係にある少なくとも5品種：ALEATICO（MOSCATELLO NERO），MOSCATO GIALLO，MOSCATO ROSA DEL TRENTINO，MUSCAT OF ALEXANDRIA，および現在は栽培されていない MUSCAT ROUGE DE MADÈRE と片親だけが同じ姉妹品種，あるいは祖父母と孫品種の関係にある（MUSCAT 系統図参照）．

他の仮説

ローマ人がこの品種をスカンツォロシャーテに持ち込んだと述べる研究者もいる．

ブドウ栽培の特徴

熟期は中期〜晩期である．収量は安定しない．

栽培地とワインの味

この稀少なブドウの栽培は，イタリア，ベルガモ県，ミラノの北東，スカンツォロシャーテ（Scanzorosciate）近辺にほぼ限定されているが，セリアーテ（Seriate）とヴァル・セリアーナ（Val Seriana）の間の丘の南側でも栽培されている．2000年にイタリアで記録された栽培面積は76 ha（188 acres）のみであったが，2009年に Moscato di Scanzo DOCG が創設されたことでこの品種への興味と関心が新たになった．このDOCG と Valcalepio DOC の Moscato Passito はフルボディーで香り高く，甘口な赤のパッシートで，100%が遅摘みされ，その後，少なくとも21日間は半干しされた MOSCATO DI SCANZO から作られる．推奨される生産者としては Cantina Sociale Bergamasca，Castello di Grumello，Monzio Compagnoni，Tenuta degli Angeli などがあげられる．

MOSCATO DI TERRACINA

最近，絶滅の危機から救済された香り高い白品種．
イタリア中部に起源をもち幅広いスタイルのワインになる．

ブドウの色：● ● ● ● ●

主要な別名：Moscato di Maccarese
よくMOSCATO DI TERRACINAと間違えられやすい品種：MUSCAT OF ALEXANDRIA ⧖

起源と親子関係

MOSCATO DI TERRACINA はローマとナポリ（Napoli）の間に位置するラティーナ県（Latina）の地方品種である．形態的には MUSCAT OF ALEXANDRIA に似ているが，DNA プロファイルは異なる（Stella Grando and José Vouillamoz，未公開データ）．

ブドウ栽培の特徴

早熟．かびの病気に感受性がある．

栽培地とワインの味

20 世紀の初頭は，MOSCATO DI TERRACINA は，イタリア中部，ラツィオ州（Lazio）のラティーナ県のテッラチーナ（Terracina）やその近辺で広く栽培されていたが，その約 50 年後には絶滅寸前となり，その後，救済されたのは数十年前のことである．以前は IGT Lazio とラベルされていたが，2007 年に Moscato di Terracina DOC あるいは Terracina DOC に昇格した．規則では辛口，アマービレ（中甘口），あるいはパッシートワインにはこの品種を少なくとも 85 %，発泡性ワイン（辛口，甘口）には 100 % 使用しなければいけないと定められている．2000 年のイタリア農業統計では 292 ha（722 acres）の栽培が記録されている．

現在，Sant'Andrea，Terra delle Ginestre，Villa Gianna など，数少ない生産者がヴァラエタルの MOSCATO DI TERRACINA を生産している．ワインは香り高く，乾燥したバラのアロマに加え，トロピカルフルーツとアプリコットの味わいを有している．Terre Ginestra 社の Stellaria と Promessa の二種類のワインにはオークを用いている．

MOSCATO GIALLO

金色の果粒をもつイタリア北部のマスカット品種からは
主にパッシートスタイルのワインが作られる．

ブドウの色：● ● ● ● ●

主要な別名：Fior d'Arancio（パドヴァ県（Padova）），Goldenmuskateller または Goldmuskateller（ボルツァーノ自治県（Bolzano）），Moscatel（トレント自治県（Trentino）），Moscato dalla Siria，Moscato Sirio，Muscat du Pays ⧖（スイスのヴァレー州（Valais）），Muscat Vert ⧖（ヴァレー州），Muscatedda ⧖（シチリア島（Sicilia））
よくMOSCATO GIALLOと間違えられやすい品種：ミュスカ・ブラン・ア・プティ・グラン（MUSCAT BLANC À PETITS GRAINS ⧖（シチリア島の Moscato Bianco）），MUSCAT FLEUR D'ORANGER ⧖（コッリ・エウガネイ（Colli Euganei））

起源と親子関係

DNA 系統解析によって MOSCATO GIALLO がミュスカ・ブラン・ア・プティ・グラン（MUSCAT BLANC À PETITS GRAINS（MOSCATO BIANCO））と親子関係にあることが明らかになった（Crespan and Milani 2001）．したがってこの品種は，ミュスカ・ブラン・ア・プティ・グランと親子関係にある少なくとも5品種（MUSCAT 系統図参照）：ALEATICO（MOSCATELLO NERO），MOSCATO DI SCANZO，MOSCATO ROSA DEL TRENTINO，MUSCAT OF ALEXANDRIA と現在は栽培されていない MUSCAT ROUGE DE MADÈRE と片親だけが同じ姉妹品種か祖父母と孫品種の関係にある．MOSCATO GIALLO の起源は中東というよりもイタリア北部であろう．

他の仮説

シリアから持ち込まれたとも考えられているが，この説は近年見いだされたミュスカ・ブラン・ア・プティ・グランとの親子関係と矛盾する．

ブドウ栽培の特徴

樹勢が強い．熟期は早期～中期である．厚い果皮をもつ果粒が粗着する大きな果房をつける．灰色かび病には耐性があるが，うどんこ病およびべと病への耐性は中程度である．ブドウつる割れ病とクロロシス（白化）に感受性がある．石灰質の斜面が栽培に適している．

栽培地とワインの味

イタリアでは，MOSCATO GIALLO は主に北部のトレント自治県のヴァッラガリーナ（Vallagarina）（ドイツ語では Lagertal）やボルツァーノ自治県で（GOLDMUSKATELLER の名で）栽培されており，現地ではヴァラエタルワインが Trentino DOC や Alto Adige DOC で認められている．また，ヴェネト州の Colli Euganei DOC では発泡性ワインやパッシートの Fior d'Arancio に，Corti Benedettine del Padovano DOC では甘口や発泡性の Moscato に使用されている．また，東部の Friuli-Isonzo DOC でも使用されている．イタリアでは2000年に360 ha（890 acres）の栽培が記録されている．

ヴァラエタルワインは通常，金色で甘く香り高く，強いブドウの香り，あるいはじゃこうのアロマがあり，酸味は穏やかである．Manincor 社が香りの高い辛口をワインを作っている．一方，Nalles Magré や Produttori Merano は典型的なパッシートワインを作っている．

近年，スイスでは，ヴァレー州のマスカットの畑がミュスカ・ブラン・ア・プティ・グランとこの地方で MUSCAT DU PAYS と呼ばれる MOSCATO GIALLO の混植であることが明らかになった（Spring *et al.* 2008）．

MOSCATO NERO

MUSCAT OF HAMBURG を参照

MOSCATO ROSA DEL TRENTINO

赤い果皮をもつイタリア北部のマイナーな品種．
バラの香りのする甘口ワインになる．

ブドウの色：● ● ● ● ●

主要な別名： Muškat Ruža Porečki✕（クロアチア），Rosenmuskateller（ボルツァーノ自治県（Alto Adige），

ドイツ，オーストリア）
よくMOSCATO ROSA DEL TRENTINOと間違えられやすい品種：Moscato Rosa di Breganze ✗

起源と親子関係

この品種に関する最初の記載は19世紀末ころである．品種名は薄いピンク色またはピンクがかった赤色の果粒の色にちなんだものではなく，おそらくワインのバラの香りにちなんだものであろう．

世界中のブドウコレクションに保存されているマスカット系統の研究により，三つの異なる品種（トレンティーノ（Trentino）のブドウ，ブレガンツェ（Breganze）（ヴィチェンツァ県（Vicenza）で）のブドウ，ベオグラード（Belgrade）のコレクションのブドウ）がMOSCATO ROSAと呼ばれていることが明らかになった．それらのうちのトレンティーノの系統とブレガンツェの系統は異なる品種であり，他のいかなるマスカット品種とも一致しない．他方，ベオグラードのMOSCATO ROSAはミュスカ・ブラン（MUSCAT BLANC À PETITS GRAINS）の色変異である（Crespan and Milani 2001）．トレンティーノのMOSCATO ROSAは唯一大規模に栽培されている品種であるのでここではMOSCATO ROSA DEL TRENTINOと呼ぶことにする．同じ研究者がDNA系統解析を行いMOSCATO ROSA DEL TRENTINOはミュスカ・ブラン（MOSCATO BIANCO）と親子関係にあることを示した．それゆえMOSCATO ROSA DEL TRENTINOはミュスカ・ブランと親子関係にある少なくとも5品種（MUSCAT系統図参照）：ALEATICO（MOSCATELLO NERO），MOSCATO DI SCANZO，MOSCATO GIALLO，MUSCAT OF ALEXANDRIAおよび栽培されていないMUSCAT ROUGE DE MADÈREと片親だけが同じ姉妹品種の関係，もしくは祖父母と孫品種の関係にあることを意味する．

驚くべきことにMOSCATO ROSA DEL TRENTINOはクロアチアのMUŠKAT RUŽA POREČKIと同一であることが明らかになっている（Maletić *et al.*1999）．これは19世紀にMOSCATO ROSA DEL TRENTINOがクロアチアのダルマチア地方（Dalmacija）を経由してAlto Adige（ボルツァーノ自治県）のカルダーロ（Caldaro）に持ち込まれたという説を支持するものである．

他の仮説

MOSCATO ROSA DEL TRENTINOはローマ時代のAPIANAと同じであると述べている研究者もいるが，この説は非常に疑わしい．

ブドウ栽培の特徴

熟期は中期〜晩期である．花はめしべのみで他の品種の花粉が必要であることから着果が乏しく不安定な低い収量である．果粒は粗着になりがちだが，果皮が薄いので灰色かび病には非常に感受性である．

栽培地とワインの味

MOSCATO ROSA DEL TRENTINOはROSENMUSKATELLERという名で主にイタリア北部のボルツァーノ自治県（Alto Adige）で栽培されており，現地のAlto Adige Moscato Rosa/Rosenmuskateller DOCでこの品種を少なくとも85％用いなければいけないと規定されている．アディジェ川(Adige)に沿ったトレント自治県（Trentino）やヴァッレ・デイ・ラーギ（Valle dei Laghi）でも少し栽培されており，Trentino Moscato Rosa DOCではこの品種を少なくとも80％用いなければいけない．これら二つの地域で，主に遅摘みやパッシートスタイルのワインが作られており，後者には酒精強化ワインもある．MOSCATO ROSA DEL TRENTINOはフリウーリ地方（Friuli）でも見られ，特にFriuli-Isonzo DOCやいろいろなIGTではヴァラエタルが見られる．この品種の稀少な栽培はトルトーナ（Tortona）やアレッサンドリア県（Alessandria）のピエモンテ州（Piemonte）でも見られる．2000年に記録されたイタリアの合計栽培面積は99 ha（245 acres）であったが，この記録にはトレント自治県とブレガンツェ（Breganze）の品種の両方が含まれていると考えられる．

一般に甘口のなめらかな赤ワインになる．バラのアロマがあるが，スパイスのアロマをもつこともある．推奨されるイタリアの生産者としてはRiccardo Battistotti，Cantina Produttori Termeno，Franz Haas，Kettmeir，Alois Lageder（ラベルにはRosenmuskatellerと表示），Letrari，Maso Martis，Waldgriesなどである．

ドイツではラインヘッセン地方(Rheinhessen)のフレーアスハイム＝ダルスハイム(Flörsheim-Dalsheim)

のフックス (Fuchs) やプファルツ地方 (Pfalz) のヴィッシンク (Wissing), ヴュルテンベルク (Württemberg) などで小規模な試験栽培が行われている. オーストリアでは, 少数ではあるがブルゲンラント州, プルバッハ (Purbach) の Kloster am Spitz やノイジードル湖地方 (Neusiedlersee) の Gerhard Kracher などのいくつかの栽培家が試験栽培を行っており, 彼らはTBA (トロッケンベーレンアウスレーゼ, 貴腐) スタイルのワインを作っている.

MUŠKAT RUŽA POREČKI (「Rose Muscat of Porec」という意味) の名でクロアチアのイストラ半島 (Istra) でも限定的に栽培されているが, 当初は MUŠKAT RUŽA OMIŠKI (「Rose Muscat Of Omiš」という意味) として知られていた.

MOSCHATO SPINAS

ミュスカ・ブラン・ア・プティ・グラン (MUSCAT BLANC À PETITS GRAINS) を参照

MOSCHOFILERO

香り高く, 酸味の強いギリシャ品種.
人気の高まりうけて, この20年の間に植え付けが急増している.

ブドウの色:● ● ● ● ●

主要な別名: Fileri ☓, Fileri Mantineias ☓, Moschophilero

起源と親子関係

MOSCHOFILERO はギリシャのペロポネソス半島 (Pelopónnisos) 中西部, アルカディア県 (Arkadía) のマンティニア (Mantíneia) 由来の品種であろう. 現地では1601年にこの品種が最初に記載されたといわれている (Nikolau and Michos 2004).

MOSCHOFILERO は, 別名の FILERI や FILERI MANTINEIAS と同様, クローンのグループを示す語として使われている. これらのクローンの内, いくつかは大きく異なるため, より特異的な名前が使われているが, どれも同じ DNA プロファイルをもっている (Lefort and Roubelakis-Angelakis 2001). それらには, Asprofilero (白), Xanthofileoro (黄色の果皮), Mavrofilero (濃い果皮色), Fileri Kokkino (赤い果皮) などがある. 最初の二つは非常にマイナーで, マンティニアの畑の1%以下を占めるにすぎない. 大部分はピンク~灰色がかった果粒 (果皮色, 葉の形, 香りの強さ, 果粒の大きさなどに大きな違いがある) であり, ほとんどの人がそれを単に MOSCHOFILERO と呼んでいる. ギリシャのテッサロニキ (Thessaloníki) にあるテッサロニキアレストテレス大学 (Aristotle University of Thessaloníki) のブドウ栽培学の助教授である Stefanos Koundouras 氏は, DNA 解析とクローン選抜によって大きな違いをワインの品質とタイプにもたらすことができると述べている.

数人のライターは Fileri の名をペロポネソス半島のアッティキ地方 (Attikí), イリア県 (Ilía) および Zágkli (Messinía) で栽培される生食用ブドウに用いている. しかしこれはより肥沃な土壌に適した高い収量と大きな果粒をもつクローンに過ぎないと考えられている (Stefanos Koundouras, 私信).

ブドウ栽培の特徴

クローンによって様々であるが, 通常は樹勢が強く, 比較的高い収量を示す. 晩熟で特に標高が高い土地ではそれが顕著となる. Asprofilero や Xanthofilero は Mavrofilero よりも晩熟である. 果粒中の酸度は Mavrofilero のそれよりも高くなるが糖度は低くなる.

栽培地とワインの味

デリケートで香り高いこの品種は, ペロポネソス半島において1990年代の初期に復活を謳歌した. 特に,この地域の中央部のマンティニア高原（海抜600〜700 m）では，少なくとも85％の割合でMOSCHOFILEROを用いることが，多くの原産地呼称で規定されている．新しい畑では別々に栽培される傾向にあるが，多くの栽培家がいくつかのクローンを混植している．通常，ワインはライトボディーでフレッシュである．アルコール分（多くの場合11％前後）は低い．栽培に最も適した土地は標高の高いところにあるため，収穫期に気候に恵まれないリスクがあり，熟すのに困難を極める年がある．

しかし，よりリッチでより凝縮感のあるスタイルを目指している生産者もあり，たとえばYiannis Tselepos氏は，クローンが混じった畑から軽く，フレッシュでブドウの香りの強いフローラルなスタイルのワインや濃い果皮色のMAVROFILEROから撹拌を少なくし，一部樽発酵を行った，より真剣なブラン・ド・グリを作っている．またApostolos Spiropoulos氏も同様に異なるスタイルの2種類のワインを作っている．彼のワインはいずれもMAVROFILEROクローンから作られているが，Astalaワインにはより高い重量感がありクリーミーなテクスチャーの中にスキン・コンタクトと新樽の影響が表れている．

MOSCHOFILEROは発泡性ワインの生産にも用いられ，ロゼや甘口ワインが作られる．この品種はイオニア諸島の多くの島々でも栽培されており，アロマやフレッシュさをSAVATIANOやRODITISなどの品種に加えるために用いられている．この品種は2008年にはギリシャ西部では4番目に多く栽培されている品種であり，総栽培面積は486 ha（1,201 acres）が記録されている．

推奨される生産者としてはAnton-opoulos，Skouras，Spiropoulos，Tseleposなどがあげられる．

MOSCHOMAVRO

良質のロゼワインになるポテンシャルをもつギリシャのマイナーな品種

ブドウの色：● ● ● ● ●

主要な別名：Moschato Mavro，Moschogaltso，Xinogaltso
よくMOSCHOMAVROと間違えられやすい品種：MUSCAT OF HAMBURG ☒

起源と親子関係

MOSCHOMAVROの品種名には「黒いマスカット」という意味があり，この品種はギリシャ北部，マケドニア起源であろう．遺伝的解析（MOSCHATO MAVROの名で）により，MUSCAT OF HAMBURGとは異なる品種であり，またギリシャ名でMOSCHATO ASPROと呼ばれるミュスカ・ブラン・ア・プティ・グラン（MUSCAT BLANC À PETITS GRAINS）の果皮色変異ではないことが明らかになった（Stavrakakis and Biniari 1998）．

ブドウ栽培の特徴

樹勢が強く豊産性である．萌芽期は遅く晩熟である．灰色かび病と酸敗に感受性がある．比較的乾燥には耐性がある．果粒が密着して中〜大サイズの果房をつける．

栽培地とワインの味

MOSCHOMAVROはギリシャのマケドニア中部および西部のあちこちに見られる．ワインの色合いは薄く，アルコール分は中〜高で，良好な酸味と香りのポテンシャルがある．マケドニア西部，ヴェルヴェンドス（Velvendos）のVoyatzis社はMOSCHOMAVROとXINOMAVROをブレンドしてスパイシーでフローラルな辛口ロゼワインを作り，またSiatistaではDiamantis社がマケドニア西部でMOSCHOMAVROをカベルネ・ソーヴィニヨン（CABERNET SAUVIGNON）やメルロー（MERLOT）とのブレンドに用いている．他方Tsantali社はマケドニア東部で赤い果実の特徴に富み，チェリージャムのアロマをもつヴァラエタルワインを作っている．ブドウ栽培家のHaroula Spinthiropoulou氏は彼女のArgatiaエステートでこの品種を栽培し，ロゼの明るい未来を信じて，オークを使わないXINOMAVROベースの赤のブレンドワインにこの品種を少量用いている.

MOSLAVAC

FURMINT を参照

MOSTOSA

アドリア海沿岸で見られるマイナーな白品種.
PAGADEBIT という別名でヴァラエタルワインが作られることもある.

ブドウの色：● ● ● ● ●

主要な別名：Empibotte Bianco, Pagadebit または Pagadebito
よくMOSTOSAと間違えられやすい品種：BOMBINO BIANCO

起源と親子関係

MOSTOSA はイタリア中部のアドリア海沿岸由来の品種である. この品種名はイタリア語で「マスト（果汁)」を意味する *mosto* に由来しており, これは大量の果汁の生産を表している. 別名の Empibotte（「樽を満たす」という意味）や Pagadebito（「借金を支払う」という意味）からも, これが確認できるが, 紛らわしいことにいずれも他の豊産性な品種にも用いられている.

最近の DNA 系統解析によって MOSTOSA（EMPIBOTTE の名で）はイタリア中で最も広く栽培されている古い白品種の一つである GARGANEGA と親子関係にあることが示された（Crespan, Calò *et al.* 2008). GARGANEGA は また 他 の8種 類（ALBANA, CATARRATTO BIANCO, DORONA DI VENEZIA, MALVASIA BIANCA DI CANDIA, MARZEMINA BIANCA, MONTONICO BIANCO, SUSUMANIELLO, TREBBIANO TOSCANO）と親子関係にあるため, MOSTOSA はそれらと片親だけが同じ姉妹品種の関係, あるいは祖父母と孫品種の関係にあたることになる（系統図は GARGANEGA を参照).

Cipriani *et al.*（2010）は, DNA 系 統 解 析 に よ っ て 最 近, MOSTOSA は RAGUSANO×UVA FEMMINA の自然交配品種である可能性を示したが, これは Crespan, Calò *et al.*（2008）で報告されている内容と矛盾する. RAGUSANO という名前は他の少なくとも3品種（MOSCATELLO SELVATICO, GRECO, MALVASIA DI LIPARI）に用いられており, また UVA FEMMINA は「女性のブドウ」という意味をもつ漠然とした名前であり, 疑問が残る.

ブドウ栽培の特徴

樹勢が強く, 熟期は中期～晩期である. わずかだが, うどんこ病に感受性がある.

栽培地とワインの味

MOSTOSA はイタリア中部, アドリア海沿岸（エミリア・ロマーニャ州（Emilia-Romagna）の南東, マルケ州（Marche), アブルッツォ州（Abruzzo), プッリャ州（Puglia)）で主に栽培されているが, リグーリア州（Liguria）やラツィオ州（Lazio）でも少し栽培されている. 2000年に記録されたイタリアの総栽培面積は104 ha（257 acres）であった. Colli di Rimini では30～50 % が TREBBIANO ROMAGNOLO や BIANCAME とブレンドされている. また, Colli di Rimini Rebola ではよりマイナーな役割を担っている. Trere の発泡性ワインの Pagadebit di Romagna DOC は85 % の MOSTOSA と15 % のシャルドネ（CHARDONNAY）がブレンドされている. 他方 Guarni はスティルワインで100 % MOSTOSA から作られている.

MOURISCO BRANCO

CAYETANA BLANCA を参照

MOURISCO TINTO

MARUFO を参照

MOURVÈDRE

MONASTRELL を参照

MOUYSSAGUÈS

かつては，フランス中南部で渋みのある赤ワインが作られていたが，
現在は事実上，絶滅状態にある品種

ブドウの色：

主要な別名：Négret，Plant du Pauvre（ロット県（Lot））

起源と親子関係

MOUYSSAGUÈS に関する最初の記載は，フランス中南部のアヴェロン県（Aveyron）のロデズ（Rodez）で1783～1784年に次のようになされている（Rézeau 1997）.「Manval lanut あるいは MOUYSSAGUÈS は退屈な品種で，品質の悪いブドウが大量にできる」．品種名には，地方の方言で「Moissac から」という意味があり，Moissac は品種の起源の地であると考えられているタルヌ・エ・ガロンヌ県（Tarn-et-Garonne）にある村の名前である．

ブドウ栽培の特徴

非常に樹勢が強く早熟である．

栽培地とワインの味

この品種はフランス中南部にあるアヴェロン県の過酷な高地で栽培されてきた．2008年の栽培面積は1 ha（2.5 acres）以下を残すに過ぎないが，フランスの公式品種登録リストに登録されており，カンタル県（Cantal）とアヴェロン 両県で推奨されている．また Vins d'Entraygues et du Fel や Vins d'Estaing に用いることができる品種としてアペラシオンで規定されているがほとんど栽培されていない．Galet（2000）はその理由について，うまく接ぎ木ができないためであり，またワインの渋さにも原因があると述べている．

MSKHALI

主にブランデーの生産に用いられる，アルメニアで最も多く栽培されている品種

ブドウの色：● ● ● ● ●

主要な別名：Ararati, At Uzyum, Mashali, Messchaly, Mishali, Msali, Mschali, Musrali, Spitak Khagog

起源と親子関係

MSKHALI はアルメニア，アララト県（Ararat）の由来であると考えられている．

ブドウ栽培の特徴

萌芽期も熟期も早期～中期である．厚い果皮をもつ中～大サイズの果粒が密着した果房をつける．かびの病気に非常に高い感受性を示す．（少なくともアララト県では）冬には樹に土をかぶせる必要がある．

栽培地とワインの味

21 世紀の初頭にはアルメニアの最も有力なワイン用品種であった MSKHALI は，主にアララト地方で栽培されている．ほとんどがブランデー生産に用いられているが，中程度のアルコール分の辛口の白ワインとフルーティーなデザートワインも作られる．Vedi Alco 社と MAP 社が辛口のヴァラエタルワインを生産している．

MTSVANE KAKHURI

より広範囲に栽培される方の MTSVANE 品種である．ジョージアの伝統的なスタイルとヨーロッパスタイルの両方で高品質の白ワインが作られている．

ブドウの色：● ● ● ● ●

主要な別名：Dedali Mtsvane, Mamali Mtsvane, Mcknara, Mtsvane, Mtsvane Kachuri, Mtsvani, Mtzvané
よく MTSVANE KAKHURI と間違えられやすい品種：GORULI MTSVANE

起源と親子関係

MTSVANE KAKHURI には「カヘティ州（Kakheti）の緑」という意味があり，ジョージア南東部，カヘティ地方の非常に古い在来品種である．単に MTSVANE とされることが多いが，ジョージア中南部，カルトリ地方（Kartli）の GORULI MTSVANE とは遺伝的に異なるので混同してはいけない（Vouillamoz *et al.* 2006）．

他の仮説

他の多くのジョージア品種同様に，MTSVANE KAKHURI に関する記述は5世紀頃にはすでになされていたといわれている（Chkhartishvili and Betsiashvili 2004）．

ブドウ栽培の特徴

中程度の樹勢の強さで，豊産性である．萌芽期は遅く，熟期は中程度である．フレッシュな酸を保ちながら高い糖度に達することができる．うどんこ病に感受性である．

栽培地とワインの味

MTSVANE KAKHURI は主にジョージアの石灰質土壌の Manavi アペラシオン内で，辛口の白ワインを生産するために15 % までの RKATSITELI とブレンドされることがある．これらのワインは基本的には，フレッシュな柑橘系のアロマをもち，トロピカルフルーツのノート，比較的高いアルコール分とキレのよい酸味をもつこともある．この品種は主にジョージア南東部のカヘティ地方マナヴィ（Manavi）やツィナンダリ（Tsinandali）などの村で見られるが，ウクライナ，ロシア，モルドヴァ共和国ならびにアルメニアでも見られる．2004年にはジョージアでは240 ha（593 acres）の栽培が記録されている．ヨーロッパスタイルのワインの生産者として推奨されるのは Badagoni, Telavi Wine Cellar, Teliani Valley などがあげられる．また粘土製のクヴェヴリ（Qvevri）を用いて伝統的なヴェラエタルワインを作る生産者としては Pheasant's Tears や Vinoterra などがあげられる．

MUJURETULI

辛口および中甘口ワインになるジョージアの品種

ブドウの色：● ● ● ● ●

主要な別名：Keduretuli

起源と親子関係

MUJURETULI はラチャ＝レチフミ地方（Racha-Lechkhumi）の由来である．

ブドウ栽培の特徴

中サイズの果粒は高い糖度に達する．中期の萌芽で熟期は中程度である（中甘口用には遅摘みされる）．低収量である．

栽培地とワインの味

MUJURETULI は，しばしば ALEKSANDROULI とブレンド（混植されることが多い）され，中甘口の赤の Khvanchkara ワインになるが，辛口の赤ワインになるポテンシャルも有している．主にはジョージア北部のラチャ＝レチフミで栽培されており，とりわけフヴァンチカラ（Khvanchkara），ショーロ（Chorjo），Sadmeli，Tola などの村で見られる．2004年には合計64 ha（158 acres）の栽培面積が記録されている．推奨される生産者としては Bugeuil や Rachuli Wine などがあげられる．

MÜLLER-THURGAU

多収のドイツの品種．世界のブドウ畑へと栽培地は広がり，ソフトでいくぶん香り高い白ワインが過剰に生産されている．

ブドウの色：

主要な別名：?Findling，Riesling-Silvaner または Riesling × Silvaner（ニュージーランド，スイス，EU では禁止されている），Rivaner（オーストリア，ルクセンブルク），Rizlingszilváni（ハンガリー），Rizvanec（スロベニア

起源と親子関係

1882年にドイツ，ラインガウ（Rheingau）のガイゼンハイム（Geisenheim）研究センターで仕事をしていたスイス人のブドウ育種家 Hermann Müller 氏（トゥルーガウ州（Thurgau）出身，この品種名の由来）が，リースリング（RIESLING）×MADELEINE ROYALE の交配により得た交配品種である．MÜLLER-THURGAU は多くの新しい交配品種を生み ARNSBURGER，BACCHUS，FABERREBE，GUTENBORNER，KANZLER，MÍLIA，MORAVA，OPTIMA，ORTEGA，PÁLAVA，PANONIA，PERLE，REICHEN- STEINER および WÜRZER などはいまでも栽培されている．

育種家の Hermann Müller 氏が，この品種をリースリング×SILVANER の交配品種だと記録したことが，リースリング×SILVANER や RIVANER のような間違った別名が現在でも使用されている理由である．後にドイツのブドウ専門家が育種家に敬意を表して MÜLLER-THURGAU と命名した．最初の DNA 解析によって MÜLLER-THURGAU はリースリング×CHASSELAS の交配品種だと示唆された（Regner 1996）が，2度目の DNA 研究では，リースリングと CHASSELAS DE COURTILLER の交配品種だと訂正された．ここで CHASSELAS DE COURTILLER は，19世紀にフランスのロワール川流域（Val de Loire）のソーミュール（Saumur）において Courtiller 氏が育種したマイナーな生食用ブドウである（Sefc *et al.* 1997）．さらに三回目の最後の DNA 解析によって，MÜLLER-THURGAU が実際はリースリング×MADELEINE ROYALE の交配品種であったと結論づけられた．ここで MADELEINE ROYALE は，親品種に関する記録がなく，もはや栽培もされていない19世紀の交配品種である（Dettweiler *et al.* 2000）．その後，MADELEINE ROYALE は PINOT×SCHIAVA GROSSA の交配品種であることが明らかにされた（Vouillamoz and Arnold 2010）．その結果として，PINOT と SCHIAVA GROSSA は MÜLLER-THURGAU の祖父母品種にあたり，リースリングの親品種である GOUAIS BLANC も同様ということになる（SCHIAVA GROSSA の系統図参照）．

FINDLING は MÜLLER-THURGAU の子孫であるといわれるが DNA 解析による確認はされていない．その品種名には foundling「捨て子」という意味があるが，実生にも用いられている．

ブドウ栽培の特徴

豊富な収量だが，うどんこ病およびべと病に感受性である．果皮が薄いので灰色かび病にも感受性である．早熟である（SILVANER よりも早熟）．栽培地への適応力が強いが，ブドウの樹は非常にソフトで冬にダメージを受け安い．かびの病気である Roter Brenner（*Pseudopezicula tracheiphila*）の感染によって葉枯れや房枯れが引き起こされ，果実が重大な損害を被る可能性がある．

栽培地とワインの味

MÜLLER-THURGAU は量的に最も成功したドイツの交配品種で，質的にはそれほどでもないが，1956年にドイツで公認されたのち，数十年で広く世界中に広がった．冷涼な気候下でブドウ栽培している生産者にはこの品種が豊産性であり，ほとんどの地で熟すことができることが魅力的であった．

フランスでも公認されているが，ごくわずかしか栽培されていない．イタリア北部の Alto Adige（ボルツァーノ自治県）でも栽培されており，現地では，とりわけ Tiefenbrunner 社の Feldmarschall のような傾斜が急で石の多い畑で栽培された古い樹から作られたものは，ドイツで栽培されるブドウよりも印象的な

結果を生み出している．このワインのミネラル感，上品さ，そして複雑さは，ブドウが適切な土地で，収量が調節された状態で栽培されると到達が可能な品質を証明している．推奨される生産者としてはCantina San Michele Appiano，Manfred Nössing，Josef Briegl，the Caldaro and Santa Maddalena 協同組合および Abbazia di Novacella などがあげられる．この品種はトレント自治県（Trentino）でも栽培されており，現地では Pojer e Sandri が珍しくしっかりしたヴァラエタルワインの生産により評判を確立した．フリウリ（Friul 地方ではまだ成功を収めていないが，その南に位置するエミリア・ロマーニャ州（Emilia-Romagna）などでも栽培されている．2000年にイタリアの総栽培面積は279 ha（689 acres）が記録されている．冷涼な気候下で栽培することを目的に作られた品種だが，スペインのコステルス デル セグレ地域（Costers del Segre）でも試験栽培されている．

この品種はRIVANERという名前でルクセンブルクで現在でも最も広く栽培されている．現在は367 ha（907 acres）の栽培面積であるが，過去10年間に新しく植え付けられたものはない．ヨーロッパで最も軽いワインの一つである．

イギリスでは数奇な歴史をもっている．早熟で高収量かつ低い酸度というふれこみで1950年代に熱心に導入が進められた後，栽培面積は1990年にピークを迎え184 ha（455 acres）を記録した．当時は同国で最も栽培されるブドウであったが2009年には70 ha（173 acres）まで減少してしまった．発泡性ワイン生産のためにシャルドネ（CHARDONNAY）やピノ・ノワール（PINOT NOIR）が次々に植えられたこと，樹勢と病気に対する感受性があるこの品種を冷涼で湿った気候の地方で栽培することはあまりよい選択ではなかったため，この品種の栽培は減少してしまった．最高のワインはフルーティーかつソフトで，通常オフ・ドライだが，品質がよくないワインはしまりがなく，過度に植物的である．

1970年代初期まではMÜLLER-THURGAUがドイツで最も栽培される品種であった．リースリングよりも多く栽培され，砂糖水より少しはまし，という人もあった当時のドイツの並外れた輸出ブランドであった軽い白ワインを支えていた．幸運なことにドイツの生産者の焦点は品質に移り，2008年にはリースリングの22,434 ha（55,436 acres）に対してMÜLLER-THURGAUの栽培面積は（それでもまだ多いが）13,721 ha（33,905 acres）まで減少した．リープフラウミルヒ（Liebfraumilch）ワインの運命は，その主要な成分であったブドウ品種の運命を反映している．

この品種はドイツのワイン生産地域全体で栽培されるが，ほとんどのブドウがラインヘッセン（Rheinhessen），プファルツ（Pfalz），バーデン（Baden），フランケン（Franken）の各地方で栽培されている．リースリングの栽培のほうが適しているモーゼル・ザール・ルーヴァー地方（Mosel-Saar-Ruwer）でも1,263 ha（3,121 acres）が栽培されている．Müller 氏の目的は，栽培に注意や手間のかからないリースリングの代替品を作ることであったが，生産者の目的が生産量である場合には，残念ながらリースリングの偉大な潜在能力には及ばない．ワインはややアロマティックで，桃やブドウ，フローラルな印象をもち，マスカットに似たアロマ（MORIO-MUSKATに似た，より香りの強い品種の添加に頼ることが多い）を有するが，ほとんどは勢いに欠け，特に少量のズースレゼルヴ（Süssreserve）の添加により甘さが加えられたときには食欲が失われてしまうほどしまりのないワインになってしまう．

オーストリアで栽培される3,010 ha（7,438 acres）のうち，3分の2がニーダーエスターライヒ州（Niederösterreich）（低地オーストリア）で見られるが，栽培面積は次第に減少しつつある．しかし依然，同国では重要な品種で，特にドナウ川（Donau / Donube）の北のヴァインフィアテル（Weinviertel）では安価で面白味のない早飲みワインが作られている．この品種はまた，Winzerhof Gmeiner の TBA（トロッケンベーレンアウスレーゼ，貴腐ワイン）やヴァグラム（Wagram）のアイスワイン（Eiswein）など，極甘口ワインの生産にも用いられている．

MÜLLER-THURGAUはスイスで2番目に多く栽培される白品種でありCHASSELASについで487 ha（1,203 acres）が栽培されている．栽培は，主に北部や東部のドイツ語圏の州で見られる．

さらに東に位置するハンガリーでは2,296 ha（5,674 acres）のRIZLINGSZILVÁNI（この品種の別名）の栽培が記録されている．中北部のマートラ（Mátra）やエゲル（Eger）から南部のクンシャーグ（Kunság）まで，同国のあちこちで見られる．またバラトン湖（Lake Balaton）周辺にも重要は栽培拠点がある．ドイツ同様にソフトで胸躍らせるようなワインはほとんどない．チェコ共和国での栽培は相当数で1,778 ha（4,394 acres）が記録されている．主に南部のモラヴィア（Morava）で栽培されており，この地域で作られるワインは，この品種から作られる平均的なワインよりも辛口でキレがよい．スロベニアで栽培されるRIZVANECの160 ha（395 acres）のほとんどが北東部の Štajerska Slovenija（Slovenian Styria）でのみ栽培されている．モルドヴァ共和国では2009年に173 ha（427 acres）が，またロシアでは106 ha（262 acres）の栽培が記録された．しかし，わくわくさせられるワインはほとんどなく，ドイツのワインに比べ，随分補糖されているように感じられる．

MÜLLER-THURGAU の広がりはヨーロッパにとどまらない．北米のカリフォルニア州はその疑わしい魅力に抵抗して，受け入れを拒否しているように見えるが，オレゴン州には91 acres（37 ha）が栽培されており，そのほとんどがウィラメットバレー（Willamette Valley）で栽培されている．1970年代初頭に最初に植え付けを行った Sokol Blosser 社だが，現在，同社はそのほとんどをブレンドワインの生産に用いている．Chateau Benoit 社は，ヴァラエタルを作り続けている．ワシントン州でも限定的に栽培されている．

ドイツのガイゼンハイム（Geisenheim）の Helmut Becker 氏のアドバイスにより，冷涼な気候のニュージーランドにも持ち込まれ1950-1960年代に当時主流であったハイブリッド品種の改善に用いるために多く栽培された．1980年代半ばにはニュージーランドで最も広く栽培されている品種となっていたが，ここ15年の間に栽培面積は減少してしまい，現在ではわずかに79 ha（195 acres）が残るのみとなっている．最高のワインはニュージーランドの白ワインの典型であるフレッシュさがあるが，ドイツで見られるようなオフ・ドライのワインが多い．ボトルではドイツのワインより長期間の保存が可能である．

MÜLLER-THURGAU の栽培は日本でも見られる（2009年に171 ha/423 acres，主に北海道で）（訳注：農林水産省統計35 ha; 2014年）．

ドイツでは29 ha（72 acres）の FINDLING が栽培されているが，これは MÜLLER-THURGAU の突然変異だと考えられている．スイスで栽培されている FINDLING は1 ha（2.5 acres）以下であり，ジュネーブ地方（Genève）に二つの生産者がある．非常に限られた面積ではあるが，FINDLING はイギリスでも栽培されている．

MUSCADELLE

フランス，ボルドー（Bordeaux）の甘口の白ワインではそれほどではないのだが，モンバジヤック（Monbazillac）では高く評価されており，オーストラリア，ビクトリア州（Victoria）の北東部では非常に重要な品種とされている．

ブドウの色：● ● ● ● ●

主要な別名：Bouillenc（Lot），Guinlhan Musqué（ジェール県（Gers），タルヌ県（Tarn）），Muscat Fou（ドルドーニュ県（Dordogne）），Sauvignon Vert ☒（カリフォルニア州），Tokay（オーストラリア）

よくMUSCADELLEと間違えられやすい品種：Muscadelle du Bordelais ☒（カリフォルニア州），ミュスカ・ブラン・ア・プティ・グラン（MUSCAT BLANC À PETITS GRAINS ☒（南アフリカ共和国で Muscadel と呼ばれている）），SAUVIGNONASSE ☒

起源と親子関係

MUSCADELLE はフランス南西部のジロンド県（Gironde）やドルドーニュ県の古い品種で，1736年にボルドーとキャデラック（Cadillac）で最初に記載されている（Rézeau 1997）．Viala and Vermorel（1901-10）の中にあった Michel Cazeaux-Cazalet 氏の見解とは対照的に，Muscat フレーバーをもつがゆえに MUSCADELLE と命名されているが，この品種はマスカット品種とは関係がない．DNA 系統解析によって GOUAIS BLANC との親子関係が明らかになったことにより（Boursiquot *et al.* 2004; PINOT 系統図参照）なぜ MUSCADELLE がブドウの形態分類群の Gouais グループに属しているかの説明が可能となった（p XXXII 参照；Bisson 2009）．

ブドウ栽培の特徴

樹勢が強い．熟期は早期～中期である．うどんこ病，スズメバチ，ブドウ蛾に感受性である．また灰色かび病には高い感受性を示すため日当たりのよい場所が栽培に適している．

栽培地とワインの味

主にフランス南西部，ボルドーやベルジュラック（Bergerac）（2009年のジロンド県での栽培面積は885 ha / 2,187 acres）で栽培されている．またドルドーニュ県（438 ha / 1,082 acres）や，その南東に位置するタルヌ県（234 ha / 578 acres）でも栽培されている．Bordeaux，Bergerac，Sauternes，Entre-Deux-Mers などの多くのアペラシオンで辛口ワインの，また Sauternes，Barsac，Cadillac，Loupiac などのアペラシオンで甘口ワイン生産のための補助的な役割をはたしている．通常は，ソーヴィニヨン・ブラン（SAUVIGNON BLANC）やセミヨン（SÉMILLON）のブレンドに香りと若々しい果実感を与えている．MUSCADELLE はボルドーよりもベルジュラックで高く評価されており，とりわけモンバジヤック（Monbazillac）の甘口ワインは高い評価を受けている．全体としてみれば，フランスでの栽培は1958年の6,257 ha（15,461 acres）から次第に減少しつつある．ヴァラエタルワインは非常に珍しいが，サント・フォワ・ボルドー（Sainte-Foy Bordeaux）の Château des Chapelains 社や Château de Salettes 社は珍しいヴァラエタルワインを作っている．

カリフォルニア州では Michelini（ナパ）が，SAUVIGNON VERT（本品種の別名）のヴァラエタルワインを作っている．この品種はまた白のメリタージュ（Meritage）ブレンドワインの生産にも用いられるが，用いられる量は大抵ごく少量である．

MUSCADELLE の最も成功している個性的なワインの産地はオーストラリアである．たとえば，リヴァーランド（Riverland）では非常に平凡な辛口の白ワインにこの品種は貢献している．一方，1850年代からビクトリア州北東部では時間をかけてオーク樽で熟成させた甘口の素晴らしい酒精強化ワインが作られている．それらはかつて Liqueur Tokay と呼ばれていたが（MUSCADELLE はハンガリーからオーストラリアに持ち込まれたと思われていたため），オーストラリアと EU の間の合意にともない，ハンガリーを納得させるためにいまは Topaque と改名された．いくつかの素晴らしいワインには Morris，Seppeltsfield，McWilliams，Chambers，Pfeiffer，Stanton & Killeen，Campbells などがある．2008年にオーストラリアで記録された栽培面積は155 ha（383 acres）であった．バロッサ・バレー（Barossa Valley）では Peter Lehmann 社が1960年代頃から Mudflat Shiraz のワインに少量の MUSCADELLE を混醸している．

MUSCARDIN

非常に少量用いることで，ローヌ（Rhône）南部の赤ワインに風味を添えることができる．

ブドウの色：

起源と親子関係

MUSCARDIN は現在では稀少な品種で，フランス南部のプロバンス地方のヴォクリューズ県（Vaucluse）のシャトーヌフ・デュ・パプ 地域（Châteauneuf-du-Pape）に起源をもつと考えられている．この品種に関する最初の記載は現地において1895年に次のようになされている（Rézeau 1997）．「シャトーヌフのブドウ畑のほとんどに古い南部の品種が栽培されている，... Muscardin...」MUSCARDIN のブドウの形態分類学的特徴を最初に記した Galet（1990）は，この品種は MONDEUSE NOIRE に関連すると述べたが，DNA 解析結果により親子関係の可能性は否定された（Vouillamoz）．しかし MUSCARDIN はブドウの形態分類群の Sérine グループに属する品種で（p XXXII 参照）AUBUN に近縁である（Bisson 2009）．

ブドウ栽培の特徴

熟期は中程度．果粒への糖の蓄積は一般に低～中程度である．

栽培地とワインの味

シャトーヌフ・デュ・パプ 地域や Gigondas，Côtes du Rhône，また他の Rhône 南部アペラシオンで公認されている多くの品種の一つだが，非常にマイナーな役割である．フランスでの総栽培面積は1979年に

25 ha（62 acres）に増加したが，2008年には18 ha（44 acres）まで減少している．Clos des Papes, Château de Beaucastel，Font de Michelle，Roger Sabon，Robert Usseglio，Chante-Perdrix などでは，現在も MUSCARDIN の栽培を継続し，赤のブレンドに使用している．ヴァラエタルワインは色合いが軽く，比較的高い酸味をもち時に軽いフローラルな印象をもつことから，リッチでフルボディーのワインに有用なマイナー原料として用いられる．

MUSCAT

主要な別名：以下の通り，Muscat という名前は多くの異なる品種に使われていたので，別名というよりも Muscat の訳語である：Meski（チュニジア），Misket（ブルガリア），Moscatel（スペインおよびポルトガル），Moscato または Moscatello（イタリア），Moschato または Moschoudia（ギリシャ），Muskat（ドイツ），Muskateller（ドイツ），Muskatoly または Muskotály（ハンガリー）

起源と親子関係

マスカット（MUSCAT）あるいはMUSCAT ○○という名前は，様々な言語で見られ，白，ピンク，黒色果粒を含む200を超える無関係な品種にこの名前がつけられ，多くの異なるワイン生産地域で栽培されている．これらは生食用やワイン用に利用されており，多かれ少なかれどのブドウも個性的なブドウの香り，マスカット香をもつが，このフレーバーは他の品種の変異においても見られる（たとえば CHASSELAS MUSQUÉ（CHASSELAS 参照），ゲヴュルツトラミネール（GEWÜRZTRAMINER），ほか）．したがってマスカット香は，MUSCAT という名前が付けられた品種に特有の性質というわけではない．

マスカットという名前は，南アジアの雄のジャコウジカの腺（香嚢）で生成され，5世紀に稀少な香料として用いられていたムスクのアロマに由来する．ペルシャ語の *muchk* が，ギリシャ語で *moskos*，ラテン語で *muscus*，フランス語で *musc*，英語で musk となった．

マスカットの名前に関する最初の記載は1230～1240年に Bartholomaeus Anglicus が著した *Liber de proprietatibus rerum* の中に見られる．それは1372年に Jean Corbichon が *Le livre des propriétés des choses* としてフランス語訳しており，その中で，「マスカットブドウからのワインの抽出」と記載されている．

最近の遺伝子解析によって，以下のことが明らかになっている（Crespan and Milani 2001; Cipriani *et al.* 2010; 系統図参照）．

- 非常に意外なことに MUSCAT OF ALEXANDRIA は，地中海地方全域で広く栽培されるミュスカ・ブラン・ア・プティ・グラン（MUSCAT BLANC À PETITS GRAINS）とサルデーニャ島（Sardegna），マルタ島（Malta）やギリシャの島々で栽培される黒果粒の生食用ブドウ AXINA DE TRES BIAS の間の自然交配品種である．
- MUSCAT OF ALEXANDRIA とミュスカ・ブラン・ア・プティ・グランは現在もワイン用に栽培され，少なくとも14品種の子孫品種をもち，うち9種はイタリアで，5種は南アメリカで栽培されている．

マスカット香をもつすべての品種をマスカットグループとして語ることは，かなりの多様性を包括することになり，間違いが生じる可能性を否定できないが，MUSCAT OF ALEXANDRIA，ミュスカ・ブラン・ア・プティ・グランとそれらの14種類の子品種は，マスカットグループの中で近いファミリーを構成するものと考えられる．

他の仮説

マスカットは，古代ペルシャやエジプト時代（紀元前約3000～1000年）にすでに知られていたとよくいわれるが，これはフレスコ画にブドウが描かれていることが根拠となっている（Bronner 2003）．同様にマスカットはギリシャ人が Anathelicon Moschaton と呼んでいた品種や，糖度が高いため，蜂（ラテン語で apis）を引き寄せたことから大プリニウスやコルメラ，また他のローマ時代の文筆家が Apianae と呼んだ

MUSCAT 系統図

マスカットフレーバーをもつ多くの品種は遺伝的には関係がないが，MUSCAT OF ALEXANDRIA とミュスカ・ブラン・ア・プティ・グランが率いる自然交配品種の系統図は真のマスカットファミリーが実際に構成されていることを示す．品種が不明な場合や，絶滅したであろう品種は（?）としてある．逆の関係もまた理論的に可能である（p XIV 参照）．

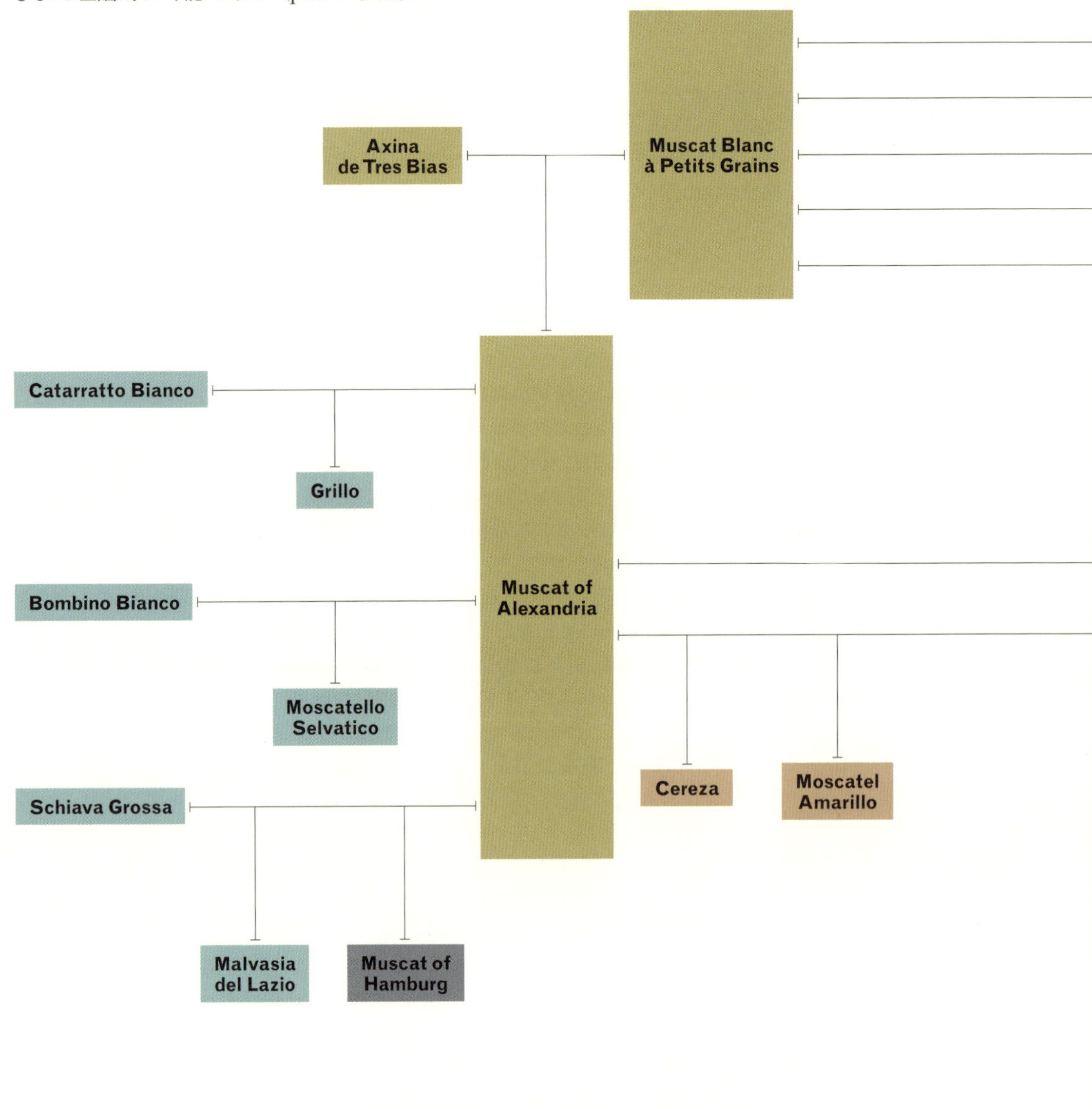

イタリア　イタリアまたはギリシャ　南アメリカ　スペイン　イングランド

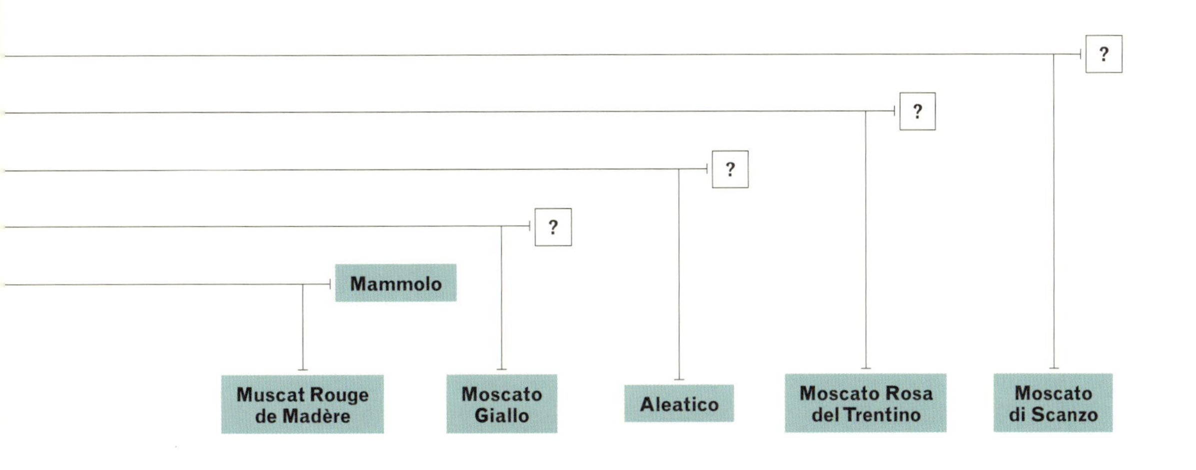
?
?
?
?
Mammolo
Muscat Rouge de Madère
Moscato Giallo
Aleatico
Moscato Rosa del Trentino
Moscato di Scanzo

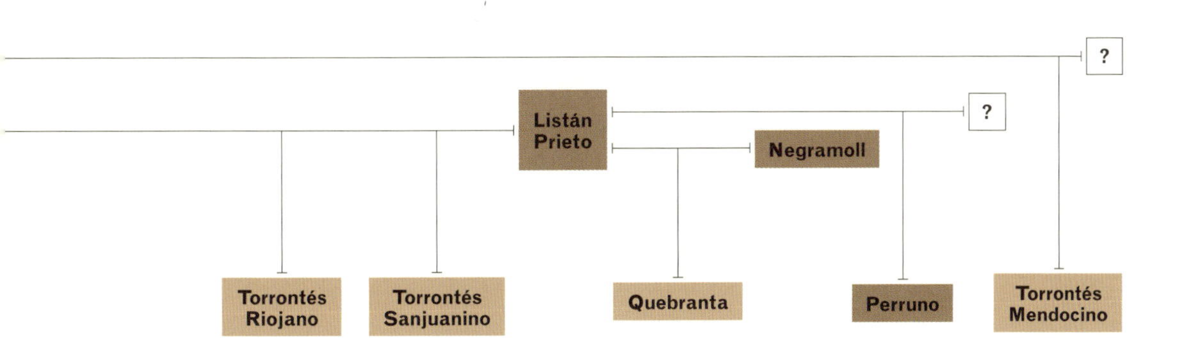
?
Listán Prieto
?
Negramoll
Torrontés Riojano
Torrontés Sanjuanino
Quebranta
Perruno
Torrontés Mendocino

品種だといわれることが多い(Galet 1990). しかしこうした説を支持する植物学的な根拠はない. Galet(1990)は，ギリシャ人がMuscatをマルセイユに，またローマ人がナルボン（Narbonne）に紹介したと述べているが，この説は証明されていない.

マスカットという名前はオマーン国のマスカット市とは関係がない．ギリシャ名のMoschatoはギリシャのアッティキ市（Attikí）のMoschatonに由来する，またイタリア語のMoscatoは*mosca*（飛ぶ）に由来するという説もあるが，ヨーロッパ中で見られる様々に変化した品種名（別名のリストを参照）は，このブドウがもつムスクのアロマに基づき名付けられたものが各地域での変化したものだと考えられる.

MUSCAT BAILEY A

アメリカ系の遺伝子をもつ日本の交雑品種.
耐病性に優れるがキャンディ香のあるワインになる.

ブドウの色：● ● ● ● ●

主要な別名: Muscat Bailey

起源と親子関係

MUSCAT BAILEY Aは，1927年に新潟県にある岩の原葡萄園で川上 善兵衛（1868-1944）がBAILEY×MUSCAT OF HAMBURGの交配により得た交雑品種である．ここでBAILEYはEXTRA×TRIUMPHの交雑品種（TRIUMPHの系統はCASCADEを参照）であり，またEXTRAはBIG BERRY×TRIUMPHの交雑品種である．BIG BERRYは*Vitis lincecumii*に分類されThomas Volney Munson氏（1843-1903）がアメリカで発見したものである．したがってMUSCAT BAILEY Aは日本の気候に適応する品種を得るために開発された*Vitis vinifera*，*Vitis labrusca*，*Vitis lincecumii*の交雑品種ということになる.

ブドウ栽培の特徴

萌芽期と熟期は中期である．厚い果皮をもつ大きな果粒からなる大きな果房をつける（生食用として栽培された場合は，果粒はより小さい）．うどんこ病，べと病および灰色かび病に耐性がある.

栽培地とワインの味

キャンディのような甘いフルーツの香りのある赤ワインは，適度な酸味とソフトなタンニンを有している．完熟したブドウから作られオークで熟成させたものはバランスのよいワインとなる．2008年に日本で記録された栽培面積（135 ha / 334 acres）（訳注：農林水産省統計417 ha; 2013年）のうち，その3分の1が本州の中央部に位置する山梨県で栽培されている．また山形，大阪，島根県など，その他の県でも栽培されている．推奨される生産者としてはアルプスワイン，岩の原ワインなどがあげられる.

MUSCAT BLANC À PETITS GRAINS

世界的な広がりを見せている，小さな果粒の古典的なマスカット品種

ブドウの色：

注記：この品種の起源が定かではないので，本書ではイタリア名である MOSCATO BIANCO やギリシャ名である MOSCHATO SAMOU より，世界で広く用いられているフランス名を用いることとする（その他の品種に関しては，その品種がもはや原産国で栽培されていない場合を除いて，すべての品種に起源となった国における主要名を用いることとしている）．

主要な別名：Bela Dinka（ハンガリー），Beli Muskat（ハンガリー），Beyaz Misket（トルコ），Bornova Misketi，Brown Muscat（オーストラリア），Franczier Veros Muscatel（ハンガリー），Frontignac（オーストラリア，南アフリカ共和国），Gelber Muskateller（ドイツ），Moscatel Branco（ポルトガル），Moscatel Castellano（スペイン），Moscatel Commun（スペイン），Moscatel de Grano Menudo ☒（スペイン），Moscatel de Grano Pequeno（スペイン），Moscatel do Douro（ポルトガル），Moscatel Fino ☒（スペイン），Moscatel Galego Branco ☒（ポルトガル），Moscatel Morisco（スペイン），Moscatello Bianco ☒（イタリア），Moscatello Bianco di Basilicata ☒（イタリア），Moscatello di Saracena（南イタリア，カラブリア州（Calabria），コゼンツァ県（Cosenza）のサラチェーナ（Saracena）），Moscatello di Taggia ☒（イタリア），Moscato Bianco ☒（イタリア），Moscato di Chambave ☒（イタリアのヴァッレ・ダオスタ州（Valle d'Aosta）），Moscato d'Asti（イタリア），Moscato dei Colli Euganei ☒（イタリア），Moscato di Momiano（イタリア），Moscato di Montalcino（イタリア），Moscato di Tempio（イタリア），Moscato di Trani（イタリアのプッリャ州（Puglia）），Moscato Reale ☒（イタリア），Moschato Aspro ☒（ギリシャ），Moschato Kerkyras ☒（ギリシャ），Moschato Lefko（ギリシャのケファロニア島（Kefaloniá）），Moschato Mazas ☒（ギリシャ），Moschato Samou（ギリシャのサモス島（Sámos）），Moschato Spinas ☒（ギリシャ），MoschatoTrani（ギリシャのロドス島（Ródos/Rhodes）），Moschoudi ☒（ギリシャのペロポネソス半島（Pelopónnisos）），Moschoudi Proïmo（ペロポネソス半島），Moscovitza，Muscadel（南アフリカ共和国），Muscat à Petits Grains Blanc（フランス），Muscat Blanc（フランス，アメリカ合衆国），Muscat Canelli（アメリカ合衆国，イスラエル），Muscat d'Alsace ☒（フランスのアルザス（Alsace）），Muscat de Die（フランスのドローム県（Drôme）），Muscat de Frontignan ☒ または Muscat Frontignan（フランス南部，南アフリカ共和国，アメリカ合衆国，チリ），Muscat de Lunel（フランス南部），Muscat du Valais ☒（スイス），Muscat Sámos ☒（ギリシャ），Muskadel（南アフリカ共和国），Muskateller，Muskuti（ギリシャ），Myskett（トルコ），Piros Muskotály ☒（ハンガリー），Rumeni Muškat（スロベニア），Sárga Muskotály ☒（ハンガリー），Tămâioasă Alba（ルーマニア），Tămâioasă Românească（ルーマニア），Tamjanika または Tamnjanika（セルビア），Tamyanka ☒（ブルガリア，セルビア，ロシア），Temjanika（北マケドニア共和国），Weisse Muskattraube（ドイツ），Weisser Muskateller（ドイツ），White Frontignan（イギリス）

よくMUSCAT BLANC À PETITS GRAINSと間違えられやすい品種：MOSCATO GIALLO（スイス），MUSCADELLE ☒，TORRONTÉS RIOJANO ☒（アルゼンチンのメンドーサ（Mendoza））

起源と親子関係

ミュスカ・ブラン・ア・プティ・グラン（MUSCAT BLANC À PETITS GRAINS，訳注：以下，ミュスカ・ブランと表記）は数世紀にわたって地中海地帯の至るところで膨大な数の別名で呼ばれていた古い品種である．次のような理由によりイタリアあるいはフランスからもたらされたブドウであると考えられている．

この品種に関する最も初期の記載は，1304年にイタリアで Pietro de Crescenzi が著した *Ruralium commodorum libri XII* の中にラテン語で Muscatellus と書かれているものがそれにあたると考えられており，

Muscatellus は，後にイタリア語の Moscadella に翻訳されている．文書ではボローニャ（Bologna）周辺で栽培されている食用ブドウについて言及している．この品種に関しては，中世以降，地方毎に使用されている別名の下，数え切れないほどの記録がなされており，これはこの品種の分布の拡大を示すものである．たとえば1394年にフランスでは「Claira の Muscat ワイン」と記載されている．Claira は Rivesaltes 近くの地名で，この地ではミュスカ・ブランがいまでも広く栽培されている（Dion 1959）．他にもたとえば，1513年にはスペインで Muscatel と，1534年にはドイツのヴュルテンベルク（Württemberg）で Muscateller と，1536年にはスイスのヴァレー州（Wallis）で Muscatelli と記載されている．

一般的に合意が得られているのは，ミュスカ・ブランの祖国がギリシャであるという説である．ギリシャ人がイタリアへ持ち込み，ローマ人がイタリアからフランスの地中海地方のナルボンヌ地方（Narbonne）に持ち込んだとされており，現地では Muscat de Frontignan や Muscat de Lunel という名前で有名になった．また，DNA 解析によってギリシャで長く栽培されてきたギリシャ品種である MOSCHATO ASPRO，MOSCHATO KERKYRAS，MOSCHATO MAZAS，MOSCHATO SPINAS，MOSCHOUDI のすべてがミュスカ・ブランの別名であることが明らかになった（Hvarleva *et al.* 2004; Lefort *et al.* 2000; Stavrakakis and Biniari 1998; Vouillamoz）．

世界中の222品種の広範囲な遺伝的解析によりミュスカ・ブラン（MOSCHATO SAMOU の名で）は MALAGOUSIA，MOSCHOMAVRO（MOSCHATO MAVRO の名で），VOLITSA MAVRI などのギリシャ品種や，MALVASIA BIANCA（その正体は不明，MALVASIA 参照）や ALEATICO のようなイタリア品種と同じグループに属すことが明らかになった（Aradhya *et al.* 2003）．

さらに驚くべきことに，最近の DNA 親子解析によって，MUSCAT OF ALEXANDRIA はミュスカ・ブランと AXINA DE TRES BIAS の自然交配により生まれた品種であることが明らかになった（Cipriani *et al.* 2010）．ここでいう AXINA DE TRES BIAS はサルデーニャ島（Sardegna）の黒色の果皮をもつ古い生食用ブドウで，ギリシャでも見られ，EFTAKOILO あるいは HEFTAKILO と呼ばれている（Vouillamoz；MUSCAT OF ALEXANDRIA 参照）．これはこの交配がイタリアかギリシャで起こったであろうことを意味するものである．この親子関係ではミュスカ・ブランがマスカットの系統の頂点に位置する．事実，DNA 系統解析によってミュスカ・ブランがマスカットグループ内の少なくとも六つの他の栽培品種（ALEATICO（イタリア，トスカーナ州），MOSCATO GIALLO（イタリア北部），MOSCATO ROSA DEL TRENTINO（イタリアのトレント自治県（Trentino）），MOSCATO DI SCANZO，（イタリアのロンバルディア州（Lombardia）），MUSCAT OF ALEXANDRIA（イタリア南部あるいはギリシャ？）および MUSCAT ROUGE DE MADÈRE（イタリア？））と親子関係にあることが明らかになっている（MUSCAT の系統図参照）．MUSCAT ROUGE DE MADÈRE はミュスカ・ブランと MAMMOLO との自然交配品種だが（Crespan and Milani 2001; Di Vecchi Staraz，This *et al.* 2007），現在は商業栽培されていない．注目すべきは，MUSCAT OF ALEXANDRIA は例外の可能性があるが，これ以外のすべての品種がイタリア起源という点である．つまり，ミュスカ・ブランはギリシャというよりもイタリア起源であると考えることができるということである．事実，この品種はイタリアにおいて数世紀にわたり MOSCATO BIANCO として知られていた．しかしながら，さらなる証拠がなければミュスカ・ブランの真の祖国がギリシャかイタリアかを決定することはできない．

ミュスカ・ブランにはピンク，赤，黒色の変異が世界中に存在しており，Muscat à Petits Grains Roses，Muscat à Petits Grains Rouges，Moscato Rosa，Muscat d'Alsace Rouge，Muscat Violet de Madère，Moscato Rosso，Moscatel Rosada，Moscatel Galego Roxo または Moscatel Roxo および Brown Muscat など，様々な名がつけられている（Crespan and Milani 2001）．

ミュスカ・ブランは MISKET VRACHANSKI や ZAGREI の育種に用いられた．

他の仮説

Neustadter Chronik（ノイシュタット年代記）には，1152年にドイツのラインラント＝プファルツ州（Rheinland-Pfalz）のマンハイム（Mannheim）の南西にある，今日のノイシュタット・アン・デア・ヴァインシュトラーセ（Neustadt an der Weinstrasse）で皇帝フレデリック I 世は Muskateller ワインを供したと記載されている．しかし歴史家の Friedrich von Bassermann-Jordan（1923）が，この時期は早すぎると疑問を呈している．またこの説を支持する歴史的文書も見つかっていない．Gervais(1902)はフロンティニャン市（Frontignan）がシャルルマーニュ（Charlemagne）統治下で Muscat ワインを輸出したと述べているが，これを記した証拠文書は見つかっていない．

ブドウ栽培の特徴

萌芽期は早期で,熟期は中期である.短い剪定が最適である.うどんこ病,灰色かび病と害虫(Hymenoptera)に感受性である. ダニには非常に高い感受性を示す. 他のマスカットに比べ果粒が小さい.

栽培地とワインの味

ミュスカ・ブランは最も古く,マスカットグループの品種の中で最も名高い品種なのだが,残念ながら栽培が極めて困難である. 出来のよいワインには辛口,甘口また甘口の酒精強化ワインがあり,ブドウの香り際立つアロマはデリケート(時に刺激的な)でフローラルとスパイシーでもある.

ミュスカ・ブランはフランスで他を大きく引き離して最も広く栽培されているマスカットである. 2009年には MUSCAT D'ALEXANDRIE(MUSCAT OF ALEXANDRIA)の2,610 ha(6,449 acres)よりも多い7,620 ha(18,829 acres)の栽培が記録されている. 他のマスカットと異なり,小さな果粒のこの品種はフランスで持続的に栽培面積が増えており,とりわけルーシヨン(Roussillon)では50年前に比べると3倍にも増加している. 1998年にルーシヨンでは MUSCAT OF ALEXANDRIA がミュスカ・ブランよりも多く栽培されている. ミュスカ・ブランの栽培面積の増加は,この品種から作られるワインが軽くて辛口の Muscat の人気が高まっているからであり,また乾燥した年にも持ちこたえるからである. 伝統的な甘い酒精強化ワインのヴァン・ドゥー・ナチュレル(vins doux naturels)の生産が落ちていることや Muscat de Rivesaltes のブドウ畑は二種類のマスカットで等しく分けられなければいけないというルールが撤回されたこともその要因である. 辛口マスカットは上手に作るのが難しいが,この香り高いワインをよりニュートラルな白ワインに加えることで非常に成功している. ルーシヨンの古いマスカットは複雑な辛口の白のブレンドワインの原料として非常に重宝された.

この素晴らしいマスカットはラングドック－ルーシヨン地域圏(Languedoc-Roussillon)で三番目に多く栽培されている白品種であり(5,737 ha/14,176 acres),ピレネー＝オリアンタル県(Pyrénées-Orientales)(3,043 ha/7,519 acres)のルーシヨンと東部ラングドック(Languedoc)のエロー県(Hérault)(2,234 ha/5,520 acres)で広く栽培されているが,ドローム県(Drôme)でも多く栽培されており,軽い甘口の発泡性ワインである Clairette de Die の主原料として,また時に唯一の原料として用いられることもある. フランスのコルシカ島(Corse)でも最も広く栽培されるマスカットであり(230 ha/568 acres),同島では単一の品種がvin doux naturel Muscat du Cap Corseの原料として認められている.また VERMENTINO ベースの辛口白ワインにも用いられる. 似たような甘口の酒精強化ワインはルーシヨン(Muscat de Rivesaltes)やラングドック(Languedoc),またローヌ南部(Muscats of Beaumes-de-Venise, Frontignan, Lunel, Mireval, Saint-Jean-de-Minervois)などのフランス南部の多くのアペラシオンで作られている. ほとんどがミュスカ・ブランのみで作られているが,Beaumes-de-Venise のワインには赤変異の MUSCAT À PETITS GRAINS ROUGES も用いられている.

イタリアでは2000年に堂々の13,280 ha(32,816 acres)の栽培が記録されているが,これとは別に MOSCATO ROSA という果皮色変異が99 ha(245 acres)栽培されており,そのほとんどが甘口の軽い発泡性である Asti やその上のランクの Moscato d'Asti,また他のイタリア北西部の発泡性ワインに用いられている. ピエモンテ州(Piemonte)では最も広く栽培される白ブドウであり,2000年にはブドウ栽培面積のほぼ22 % を占める10,328 ha(25,521 acres)の栽培が記録されていることは驚くにあたらない. 南方では Moscato ワインはリッチな地中海スタイルになり,しばしば半干ししたブドウから作られ,パッシートとラベルされる. 他方,さらに北部のヴァッレ・ダオスタ州(Valle d'Aosta)では MOSCATO DI CHAMBAVE の名で知られているが,これはスイスとの国境に近い町の名前にちなんだもので,主に甘口のパッシートスタイルのワインが作られている. モンタルチーノ(Montalcino)では MOSCADELLO(別名)が,その名を冠した独自の DOC をもち辛口,発泡性および甘口の遅摘みワインが作られている.

スペインでは Moscatel と表記されるほとんどのワインに,通常,MUSCAT À PETITS GRAINS ROUGES よりデリケートさが少なく,品質の劣る MUSCAT OF ALEXANDRIA が用いられているが,MOSCATEL DE GRANO MENUDO(別名)も2008年現在もまだ栽培されており(713 ha(1,762 acres))大部分が北部海岸地方のナバラ州(Navarra)やカタルーニャ 州(Catalunya)において見られる. Chivite 社がナバラ州南部で貴腐スタイルのワインを作り,大きな成功を収めている.

ポルトガルでは2010年に693 ha(1,712 acres)の MOSCATEL GALEGO BRANCO(この品種の別名)が栽培されていた. ドウロ(Douro)での栽培は,ヴィラ・レアル(Vila Real)の東に位置するアリジョー

(Alijó) やファヴァイオス (Favaios) 周辺の平原に集中している．白のポートに似た Moscatel de Favaios にとっては重要な品種であり，また白のポートワインそのものの原料としても使われている．Mayson (2003) によれば，Moscatel はマデイラ島 (Madeira) でいまも栽培されているが，現在では一般に醸造用ではなく，生食用とのことである．MOSCATEL GALEGO ROXO（または単に MOSCATEL ROXO）は紫がかったピンク色のブドウで，MOSCATEL GALEGO BRANCO の色変異であると思われ，ドウロやセトゥーバル半島圏 (Península de Setúbal) で栽培されている (2010年に合計で62 ha/153 acres)．推奨されるセトゥーバルの甘口酒精強化ワインの生産者には，Bacalhôa Vinhos de Portugal，José Maria da Fonseca，Horácio Simões などがある．

ドイツでは GELBER MUSKATELLER として知られ長い歴史があり，その歴史は12世紀にさかのぼる．しかし1970年代になって，高貴さは少ないが手がかからず，高収量で濃厚なアロマをもつ MORIO-MUSKAT（関係がなく，現在同じく衰退の道をたどっている）に大部分が置き換えられたことで，今日では事実上消滅してしまった．2008年には174 ha (430 acres) のみが残っており，ほとんどはバーデン (Baden) やプファルツ (Pfalz) にあり，現地では Müller-Catoir が良質で刺激的な辛口のワインを世紀の変わり目頃まで作っていた．この品種はオーストリアではより重視されており，同国での歴史は1400年に遡る．1999年には143 ha (353 acres) であった栽培面積は，2007年には422 ha (1,043 acres) にまで増加した．一般に辛口で軽く，香り高いワインが Südsteiermark（シュタイアーマルク州，Styria 南部）で成功を収めているが，MUSKATELLER はニーダーエスターライヒ州 (Niederösterreich)（低地オーストリア）として知られるドナウ川にそった地域でも栽培されており，ブルゲンラント州 (Burgenland) の甘口ワインの生産にも用いられている．

スイスで栽培されるミュスカ・ブランはわずかだが (2009年には49 ha/121 acres)，赤色変異のブドウから作られるヴァラエタルワイン，たとえばヴァレー州で作られる Cave Labuthe のフレッシュで香り高い L'Extase は誇れるものであろう．

スロベニアでは403 ha (996 acres) の RUMENI MUŠKAT（別名）が，主にオーストリアの Südsteiermark（シュタイアーマルク州）との国境に近いシュタイエルスカ地方 (Štajerska Slovenija (Slovenian Styria)) で栽培されており，現地では香り高く，ソフトで深い色合いのワインが生産されている．比較的，早飲みするのがよい．栽培に困難を極めた年は薄いワインになることがある．スロベニアでは生食用ブドウとしてまたワイン用としても人気がある．

ハンガリーでは多くの別名が用いられているが，同国での主要な名前は SÁRGA MUSKOTÁLY で，「黄色いマスカット」という意味があり，この品種の果皮の濃い黄色を指したものである．カルパチア盆地で最も広く栽培されている古い品種だといわれ (Rohály *et al.* 2003)，ハンガリーでは2008年に647 ha (1,599 acres) の栽培が記録されており，そのほとんどがトカイ (Tokaj) での栽培であった．FURMINT や HÁRSLEVELŰ と比較すると，この地方の有名な甘口ワインにおける役割は小さい．János Árvay，Zoltán Demeter，Királyudvar のような独り言 (given a soliloquy) のような辛口あるいは甘口ワインが作られることがある．辛口ワインはフレッシュで極めて香り高いが，すぐに熟成する傾向がある．

東ヨーロッパの他の地域では MUSCAT OTTONEL が勢力をもっているが，ルーマニアでは限定的に栽培されており，TĂMÂIOASĂ ALBA として知られている．セルビアでは TAMJANKA という名前で，またブルガリアやロシアでは TAMYANKA という名前で知られている．クリミア自治共和国 (Krym) で前世紀の初め頃に作られ，Massandra White Muscat や Pink Muscat と表記されたワインの品質と寿命から，ミュスカ・ブランから作られたと考えられている．2009年にはウクライナで674 ha (1,665 acres) の栽培が記録されている．2010年にトルコで133 ha (329 acres) の BORNOVA MISKETI の栽培面積が記録されている．

ギリシャの厳格な原産地呼称制度に基づき，島嶼部やペロポネソス半島北部で作られる Muscats of Kefaloniá，Límnos，Pátra，Rio of Pátras，Ródos や最も有名な Muscat of Sámos などの，最も高度に分類された甘口 Moschato ワイン（酒精強化のものもある）は，様々な別名（上記参照）の下で本品種が用いられるが，100％ミュスカ・ブランが用いられなければならない．ここではブドウは標高800 m (2,600 ft) までの地点で栽培されている．急勾配の丘の斜面の段々畑で栽培されることが多く，組合が独占的な権利を有している．甘口ワインとともにデリケートな辛口がリムノス島 (Límnos) で作られている．Parparoussis 社は非常に優れた甘口の Muscat Rio of Pátras の甘口ワインを作っている．また，Antonopoulos 社の Amydalies はデリケートな辛口のマスカット（Achaïa の地域ワインに分類される）で若いブドウの樹から作られる，特に印象的なワインである．クレタ島 (Kríti / Creta) にある Boutaris 社の Moschato Spinas

は天日干ししたブドウから作られる，特に複雑でシルキーなフルボディーの非常に香り高い甘口ワインで，樫の古いオークで数ヶ月保存される．

この品種は，イスラエルやマルタでも栽培されている．

カリフォルニア州では，MUSCAT OF ALEXANDRIA のほうがこの上質なマスカットよりも重要で，MUSCAT BLANC の1,908 acres（772 ha）の栽培のほとんどがサンホアキン・バレー（San Joaquin Valley）中部で栽培されている（2010年）．かつては MUSCAT FRONTIGNAN，MUSCAT CANELLI などいろいろな名称で呼ばれていたが，現在，公式には MUSCAT BLANC と呼ばれており，ORANGE MUSCAT（MUSCAT FLEUR D'ORANGER）とは区別されている．ワシントン州では2011年に MUSCAT CANELLI が177 acres（72 ha）の栽培が記録されている．

アルゼンチン，チリ，ウルグアイでの栽培は少ないが，そのうちチリではピンク色の変異である MOSCATEL ROSADA のほうが多く栽培されている．

Liqueur Muscat はオーストラリアの至高の特産品であり，特にビクトリア州（Victoria）北西部のラザーグレン（Rutherglen）周辺で BROWN MUSCATO あるいは MUSCAT À PETITS GRAINS ROUGES として知られる変異品種から作られている．オーストラリアでは2008年にこの果皮色の濃い変異品種が237 ha（586 acres）栽培されている．また薄い色の果皮をもつミュスカ・ブランは，263 ha（650 acres）の栽培が記録されており，通常は，軽い甘口ワインの生産に用いられている．Liqueur Muscat は極端に甘く，濃厚な，酒精強化ワインで，古い樽で長く寝かされると，時間とともに複雑さを増す．最も素晴らしいワインとしては Chambers，Morris，Seppeltsfield，Stanton & Killeen などがあげられる．マスカットはニュージーランドでも見られるが公式統計はあまり正確でなく2008年に栽培されたマスカット品種の栽培面積は135 ha（334 acres）が記録されているが，これがミュスカ・ブランであるとは限らない．

南アフリカ共和国の国内市場では MUSCADEL や MUSKADEL としても知られているが，MUSCADELLE と区別するため，MUSCAT DE FRONTIGNAN，または FRONTIGNAC と呼ばれており，2008年に668 ha（1,651 acres）の栽培が記録された．この品種は18〜19世紀の間，にコンスタンシア（Constantia）における有名な甘口ワインの生産のための重要な品種で，早くも1659年にはケープ（Cape）に植えられていた．現在，最も有名なのは Klein Constantia 社の甘口 Vin de Constance で，これはコンスタンシア地域でブドウの樹につけたまま萎れさせた100 % ミュスカ・ブランから作った，歴史的なワインを再現しようとしたものである．果皮色の薄いものと濃いものがあり，主にデザートワインや酒精強化ワインに用いられる．後者は特に暑いロバートソン（Robertson）のような内陸地方で作られる．クライン カルー（Klein Karoo）の Boplaas 社は最も成功した生産者の一つで，甘口で強いマスカット（薄い色と濃い色の両方）を生産している．

MUSCAT BLEU

スイスのマイナーな交雑品種．特に有機農家がマスカットに似たアロマと耐病性に価値を見いだしているが，生食されるほうがより一般的である．

ブドウの色：● ● ● ● ●

主要な別名：Garnier 83/2，Muscat Bleu Garnier

起源と親子関係

MUSCAT BLEU は，1930年代にスイスのジュネーヴ州（Genève），ペシー（Peissy）で生産者であり育種家でもある Charles Garnier 氏が，GARNIER 15-6×PERLE NOIRE の交配により得た交雑品種である（Dupraz and Spring 2010）．

- GARNIER 15-6はVILLARD NOIR×MÜLLER-THURGAUの交雑品種
- VILLARD NOIR（別名SEYVE-VILLARD 18-315）はCHANCELLOR×SUBÉREUXの交雑品種（完全な系統はPRIOR参照）
- PERLE NOIRE（別名SEYVE-VILLARD 20-347）はTENERON×SEYVE-VILLARD 12-358交雑品種．TENERONはスペインの生食用ブドウであり，SEYVE-VILLARD 12-358はSEIBEL 6468×SUBÉREUXの交雑品種（SEIBEL 6468の系統はHELIOSを参照）．

ブドウ栽培の特徴

萌芽期は中期で早熟である．マスカット香のある大きな果粒が粗着した大〜中サイズの果房をつける．一般に，べと病および他のかびの病気に耐性があるが，スズメバチの攻撃をうけやすく，また幾分，花ぶるい（Coulure）や結実不良（ミルランダージュ）になりやすい．

栽培地とワインの味

主にスイスのアマチュアの栽培家がMUSCAT BLEUを生食用ブドウとして維持しているが，Biolenz，Diroso，Bruno Martinなども市販ワイン用にも栽培している．2009年に記録された栽培面積は3 ha（7 acres）以下である．ワインは通常ソフトでブドウの香りが高い．この品種はベルギーでも見られる．

MUSCAT FLEUR D'ORANGER

非常に香り高く，オレンジフレーバーをもつ品種．
地理学的な起源は不明だが，ミュスカ・ブラン・ア・プティ・グラン（MUSCAT BLANC À PETITS GRAINS）と確実に関係がある品種．

ブドウの色：● ● ● ● ●

主要な別名：Chasselas Fleur d'Orange，Cranford Muscat，Madarski Muskat，Mirisavka，Moscatel Gordo Peludo ☒，Moscato Fior d'Arancio ☒，Muscat Croquant，Muscat de Jésus，Muscat d'Espagne，Muscat of Hungary，Muscat Queen Victoria，Muscat Regnier，Muscat Vengerskii，Orange Muscat，Orange Muskat，Primavis Muscat，Raisin Vanille，Vanilia Muskotaly，Weisse Vanillentraube

起源と親子関係

この古い品種の親子関係は不明であったが，DNA系統解析によりMUSCAT FLEUR D'ORANGERはCHASSELAS×ミュスカ・ブラン・ア・プティ・グラン（MUSCAT BLANC À PETITS GRAINS）の交配品種であることが明らかになった（Schneider，Torello Marinoni and Crespan 2008）．しかし，どこで交配が起こったかは不明である．MUSCAT FLEUR D'ORANGERはCSABA GYÖNGYEの育種に用いられた．

他の仮説

MUSCAT FLEUR D'ORANGERは単にミュスカ・ブラン・ア・プティ・グランの突然変異で，フランス南部のオランジュ市（Orange）で生まれたと考える人もいる．他方，この品種はCHASSELAS MUSQUÉと同一であると考える人もいる（CHASSELAS参照，Bronner 2003）．またミュスカ・ブラン・ア・プティ・グランとは全然関係がないと考える研究者もおり，さらにはシリア起源という説もある．

ブドウ栽培の特徴

熟期は初期〜中期で，豊産性である．ミュスカ・ブラン・ア・プティ・グランよりも果粒が粗着した果房をつけるため灰色かび病への感受性は少ないが，雨の多い気候下では裂果の傾向がある．うどんこ病およびべと病にやや感受性である．

栽培地とワインの味

イタリアではMOSCATO FIOR D'ARANCIO（この品種の別名）が辛口，パッシートと発泡性ワインとしてヴェネト州（Veneto）のコッリ・エウガネイ（Colli Euganei）で公認されている．カリフォルニア州でこの品種が示すリッチなオレンジのフレーバーに比べ，よりフローラルでオレンジの花の特徴を示す．

カリフォルニア州では2009年に232 acres（94 ha）の栽培が記録されている．そのほとんどがセントラル・バレー（Central Valley）で栽培されたものであるが，アマドール郡（Amador）でも栽培されていた．この品種はミュスカ・ブラン・ア・プティ・グランよりも2週間遅く熟すので，冷涼な土地には適していない．Andrew Quady氏は二種類のORANGE MUSCATヴァラエタルワインを作っている．軽く酒精強化された100％のORANGE MUSCATワインであるEssenciaは，オーク樽で少し熟成されており，オレンジとアプリコットの強いフレーバーを有している．より軽いElectraはアルコール分が低く桃のフレーバーを有している．Quady氏によればORANGE MUSCATはフェノール化合物をかなり多く含んでいるため，長い間，果汁を果皮と醸した状態にしておくと，お茶のような余韻があり，色が濃くなる．他にもヴァラエタルの生産者にはナパ（Napa）のSwanson社やワシントン州のBarnard Griffin社などがある．またカナダのブリティッシュコロンビア州でも限定的に栽培されており，Cerelia社は何軒かある生産者の一つである．

オーストラリアには2010年時点で七つの生産者があったが，正確な栽培面積は記録されていない．最も影響力のある生産者はBrown Brothers社で，27 ha（67 acres）のORANGE MUSCATを栽培し，人気のあるデリケートな香りをもつ人気の甘口ワインは，80％のORANGE MUSCATと20％のFLORAをブレンドしたものである．ビクトリア州（Victoria）では，他にもGoorambath社，Monichino社などがこの品種単独あるいは主原料として甘口ワインを作っている．他方，Amulet社とSt Leonards社は辛口ワインを作っている．

MUSCAT ODESSKY

MUSCAT ODESSKYは，ウクライナのオデッサ州（Odessa）にあるTairov研究センターでN Y Borisovskiy，Y N DokuchaevaおよびL M Pismennaya氏らがSINY RANNY（BULGARIAN MADELEINE ANGEVINE × MUSCAT OF HAMBURGの交配品種）とPIERRELLE（FRENCH PANSE DE PROVENCE × VILLARD BLANCの交雑品種）の交配により得た白い果粒の交雑品種である．1993年に登録され3種のクローンが選抜された．冬に強く熟期は早熟～中期である．ブドウジュースや発泡性ワイン，またマスカットフレーバーをもつ甘口ワインと酒精強化ワインの生産に用いられている．

MUSCAT OF ALEXANDRIA

薄い果皮色の地中海沿岸の品種である．
一般にミュスカ・ブラン・ア・プティ・グラン（MUSCAT BLANC À PETITS GRAINS）より劣る品種であると考えられており，多くは極甘口のワインに用いられている．

ブドウの色：● ● ● ● ●

主要な別名：Acherfields Early Muscat（イギリス），Albillo di Toro ⊗（チュニジア），Aleksandrijski Muskat（ロシア），Alexandriai Muskotály（ハンガリー），Angliko（ギリシャ），Apostoliatiko（ギリシャ），Argelino（チュニジア），Daroczy Musko（ハンガリー），Gordo（スペイン，オーストラリア），Gordo Zibibo（シチリア島），Hanepoot（南アフリカ共和国），Iskendiriye Misketi（トルコ），Lexia（オーストラリア），Malaga ⊗（キプロス），Moscatel（南アフリカ共和国），Moscatel Bianco ⊗（アルゼンチン，スペイン，ウルグアイ），Moscatel Blanco（スペインのアンダルシア州（Andalucía）），Moscatel de Alejandría ⊗（スペイン），Moscatel de Chipiona（スペイン），Moscatel de Grano Gardo ⊗（スペイン），Moscatel de Málaga ⊗（スペイン，マデイラ島），Moscatel de Setúbal☒ (ポルトガル，スペイン)，Moscatel Gordo (スペイン)，Moscatel Graúdo☒ (ポルトガル)，Moscatel Romano☒ (イタリア，スペイン)，Moscatellone☒ (イタリア南部)，Moscato d'Alessandria (イタリア)，Moscato di Pantelleria (イタリア)，Moscato Francese☒ (イタリア)，Moschato Alexandrias☒ (ギリシャ)，Moschato Limnou (ギリシャのリムノス島 (Límnos))，Muscat à Gros Grains (フランス)，Muscat Bowood (イギリス)，Muscat d'Alexandrie (フランス)，Muscat de Berkain (アルジェリア)，Muscat de Fandouk (アルジェリア)，Muscat de Raf-Raf (チュニジア)，Muscat de Rome (フランス)，Muscat El Adda (アルジェリア)，Muscat Gordo Blanco (オーストラリア)，Muscat Grec (フランス)，Muscat Romain (フランス)，Probolinggo Putih (ハッテン (Hatten)，バリ (Bali))，Salamanca (スペイン)，Seralamanna (イタリア)，Tămâioasă de Alexandria (ルーマニア)，White Hanepoot (南アフリカ共和国)，Zibbibo (シチリア島 (Sicilia))，Zibibo (シチリア島)，Zibibbo☒ (シチリア島)

よくMUSCAT OF ALEXANDRIAと間違えられやすい品種：MOSCATO DI TERRACINA☒

起源と親子関係

MUSCAT OF ALEXANDRIA は（その多くの別名が示すように）非常に古い品種で，数世紀にわたっていくつかの地中海地方の国で生食用，またワイン用として栽培されてきた品種である．その名前にもかかわらず MUSCAT OF ALEXANDRIA は，多くの人たちが想像するエジプトのアレクサンドリア市（Alexandria）が起源ではない（Galet 2000; Nikolau and Michos 2004）．この品種は MAGNA GRAECIA として知られる地域（イタリア南部のサルデーニャ島（Sardegna）やシチリア島一帯を指す）またはギリシャが起源であるという歴史的，遺伝的証拠が存在する．

- MUSCAT OF ALEXANDRIA という名前は1713年にパリで初めて見られたが（Molon 1906），Pietro Andrea Mattioli（1563）の記録にあるように，16世紀にはすでに Zibibo の名でシチリア島で知られていた．
- Zibibo あるいは Zibibbo という名はアラブ語で「レーズン」を意味する *zabīb* に由来すると考えられており，アラブ語圏のカルタゴの人々が北西部のシチリア島を治めていた時代（紀元前6～3世紀）に命名されたと思われる．
- ギリシャでは MUSCAT OF ALEXANDRIA が依然 MOSCHATO LIMNOU（すなわち「リムノス島の」）という名で栽培されている．Stavrakakis and Biniari（1998）は，これが MUSCAT OF ALEXANDRIA のクローンであると述べている．
- 世界中から収集した222種類のブドウ品種の遺伝的研究において，MUSCAT OF ALEXANDRIA は，MALAGOUSIA，MOSCHOMAVRO（MOSCHATO MAVRO という名で），VOLITSA MAVRI などのギリシャ品種や MALVASIA BIANCA（その素性は不明）や ALEATICO などのイタリア品種と同じグループに分類された（Aradhya *et al.* 2003）．
- イタリア南部では二種の古い自然交配品種が MUSCAT OF ALEXANDRIA に関係しており（MUSCAT の系統図を参照），その一つであるシチリア島の GRILLO は CATARRATTO BIANCO×MUSCAT OF ALEXANDRIA の子品種である（Di Vecchi Staraz，This *et al.* 2007）．またプッリャ州（Puglia）の MOSCATELLO SELVATICO は BOMBINO BIANCO×MUSCAT OF ALEXANDRIA の子品種である（Cipriani *et al.* 2010）．さらにイタリア北部の MALVASIA DEL LAZIO と MUSCAT OF HAMBURG の二品種は MUSCAT OF ALEXANDRIA×SCHIAVA GROSSA の自然交配により生まれたものである（Crespan 2003; Lacombe *et al.* 2007）．
- 最近の DNA 系統解析により，MUSCAT OF ALEXANDRIA はミュスカ・ブラン・ア・プティ・グラン（MUSCAT BLANC À PETITS GRAINS，訳注：以下，ミュスカ・ブランと表記）×AXINA DE TRES BIAS の自然交配によって生まれた品種であることが解明されている（Cipriani *et al.* 2010）．MUSCAT OF ALEXANDRIA と同様，ミュスカ・ブランはイタリアを含む地中海地方で長く栽培されてきた品種で，現地では MOSCATO BIANCO として知られていた．AXINA DE TRES BIAS は古い生食用黒ブドウ品種で，イタリアのサルディーニャ島では現在も「3回ブドウ（three timesgrape）」を意味するこの地方の地方名（Trifera や Tre Volte l'Anno も，「高い収量」を指している）で栽培されている．またマルタ群島（Giannetto *et al.* 2010）やギリシャの島々（Cipriani *et al.* 2010の Logothetis）でも栽培されている．AXINA DE TRES BIAS の DNA プロファイル（Giannetto *et al.* 2010）をカラブリア州の名前のない試料（Stella Grando，私信）およびギリシャの黒い生食用ブドウであり，歴史が古いと考えられる EFTAKOILO（Eftakoilo または Heftakilo は「7 kg」を意味する; Sefc *et al.* 2000）と比較したところ，これらは同一であることが明らかになった（Vouillamoz）.

MUSCAT OF ALEXANDRIA は南アメリカでも MOSCATEL という名前で長い間栽培されてきた（Lacoste *et al.* 2010）. DNA 系統解析によってアルゼンチン品種である CEREZA，TORRONTÉS RIOJANO，TORRONTÉS SANJUANINO および MOSCATEL AMARILLO はすべて LISTÁN PRIETO（南アメリカでは CRIOLLA CHICA と呼ばれる）× MUSCAT OF ALEXANDRIA の自然交配によって生まれたと考えられる．また TORRONTÉS MENDOCINO は MUSCAT OF ALEXANDRIA と他の未知の品種の子品種であることが明らかになった（Agüero *et al.* 2003; Myles *et al.* 2011）.

カリフォルニア州で FLAME MUSCAT，南アフリカ共和国で RED HANEPOOT と呼ばれるピンク色の変異とイギリスで BLACK MUSCAT OF ALEXANDRIA と呼ばれる黒い変異は19世紀あるいはそれ以前から知られている．後者は，MUSCAT OF ALEXANDRIA の子品種で黒ブドウの MUSCAT OF HAMBURG と混同されることがある.

MUSCAT OF ALEXANDRIA は多くの生食用ブドウや SYMPHONY を含む相当数のワインブドウの育種に用いられてきた.

他の仮説

ミュスカ・ブランと同様に MUSCAT OF ALEXANDRIA は古代ローマで最も有名な *Vitis apianae* だと考えられることが多いが，植物学的証拠は報告されていない．Myles *et al.*（2011）は，MUSCAT OF ALEXANDRIA は BLACK MOROCCO とミュスカ・ブラン（MUSCAT GALEGO の名で）の子品種であるとしている．この説は BLACK MOROCCO が AXINA DE TRES BIAS と同一でない限り，Cipriani *et al.*（2010）による系統解析結果と矛盾するのだが，それはあり得ない話ではない．それというのも，ALPHONSE LAVALLÉE，AUGSTER BLAU，COARNĂ ROSIE，GEISDUTTE BLAU，DAMASZENER BLAU，MAROC GROS，MAROCAIN NOIR など，多くの異なる品種にこの名前が用いられているからである（Crespan 2003）.

Bronner（2003）は，ZIBIBBO（この品種の別名）の名は南アフリカ共和国の Cape Zibib に由来すると述べている．この地では18世紀初頭頃から MUSCAT OF ALEXANDRIA は HANEPOOT という名で栽培されているが，南アフリカ共和国に語源あるいは起源があるという説は，同国には Cape Zibib が存在しない（Cape Zibib はチュニジアの Metline の近くにある）ということだけでなく，ZIBIBBO の名がかなり早い時期にイタリアで記載されていることからも，否定されている.

ブドウ栽培の特徴

萌芽期は中期で晩熟である．暑さを好む．大きな果粒からなる大きな果房をつける．暑さと乾燥によく適応し，株仕立てされることが多い．条件が良ければ高い糖度に達する．うどんこ病，灰色かび病，昆虫および亜鉛欠乏に感受性がある.

栽培地とワインの味

MUSCAT OF ALEXANDRIA は小さい果粒のマスカット（訳注：ミュスカ・ブラン）に比べ繊細さが少なく，べたついた甘口ワインになり，ある種のマーマレードやオレンジの花のアロマを示す．いくつかのマスカット（および他のアロマティックな品種）が有している典型的なマスカットのアロマのもととなっている主要なすテルペン化合物は，リナロール（谷間のユリと表現される）とゲラニオール（バラの香り）である．ネロール（同じくバラの香り）などの他のテルペン化合物も重要であるが，高濃度でないと香りが感じられないため，影響は少ない．Ribéreau-Gayon *et al.*（1975）により，様々なマスカット品種の化合物が解析され，ミュスカ・ブランと MUSCAT OF ALEXANDRIA とではリナロールの平均レベルは同じレベルであるが，後者はゲラニオール含量が高いことが報告されている．こうした違いがミュスカ・ブランのより繊細なアロマの質に影響していると考えられる.

フランスでは MUSCAT ROMAIN としても知られている MUSCAT OF ALEXANDRIA の2009年の栽培面積は，比較的控えめで2,610 ha（6,449 acres）であったが，これは一般に優れた品質であると考えられているミュスカ・ブランの1/3ほどであり，そのほとんどがラングドック（Languedoc）やルシヨン

(Roussillon)，またとりわけピレネー・オリアンタル県（Pyrénées-Orientales）で栽培されている．ここでは辛口のテーブルワインの生産には限られた量しか用いられていないが，主に甘口でブドウの香りが高く，アルコール感のある Muscat de Rivesaltes などのようなヴァン・ドゥー・ナチュレル（天然甘口ワイン，vins doux naturels）が圧倒的に多く作られている．ちなみに2008年までは，これら2種類の MUSCAT を等量，用いなければいけなかった．このことはつい1998年頃までルシヨンでは MUSCAT OF ALEXANDRIA が優勢な品種であったことを示している．

イタリアではワイン生産に用いられる MOSCATO D'ALESSANDRIA の20倍の量が生食用に栽培されている．2000年の同国での栽培面積（1,592 ha（3,934 acres））の多くが南部や島嶼部で記録されたものである．ワイン用のブドウは ZIBIBBO（シチリア島（Sicilia）での別名）と呼ばれることが多い．イタリア本土よりもチュニジアに近いところに位置する火山島のパンテッレリーア島（Pantelleria）で栽培される ZIBIBBO からは，甘美な三つのスタイルの甘口ワイン（遅摘みブドウ，干しブドウ，酒精強化）が生産されている．最高のワインは金色もしくはオレンジ色で，非常に甘く濃厚で熟したアプリコットの味をもつ．甘口の Passito di Pantelleria の生産者として推奨されているのは，Marco de Bartoli，Donnafugata，Pellegrino などである．またシチリア島では Marco de Bartoli 社がオーク樽熟成の甘口ワインを，Terzavia 社が樽発酵の辛口の白ワインを作っている．

スペインには2008年に9,894 ha（24,449 acres）の MUSCAT OF ALEXANDRIA（単に MOSCATEL としても知られている）の栽培が記録されている．公式統計には MOSCATEL DE MÁLAGA として40 ha（99 acres）が栽培されたと別途記載されているが，実は同じ品種である．総栽培面積のうち一定の割合は生食用ブドウとして使用され，残りは酒精強化ワインに加えて，時にいくぶん風味が抜けたようにも感じられる Moscatel de Chipiona などの甘口のデザートワインとして用いられる．かつて極めて色が濃く，べとべとしたオーストラリアの Liqueur Muscats に似たワインをオークで熟成させる期間を延長して，ワインを作っていた Telmo Rodriguez と Jorge Ordoñez だが，アンダルシア州（Andalusian）のマラガ市（Málaga）周辺で栽培された MOSCATEL を用いてデリケートで洗練された甘口と辛口ワインを作っている．

ポルトガルでは MOSCATEL GRAÚDO あるいは MOSCATEL DE SETÚBAL として知られており，2010年には949 ha（2,345 acres）の栽培が記録されている．MOSCATEL DE SETÚBAL はリスボン（Lisboa）の南東部で酒精強化の MOSCATEL で有名な DOC の名前でもある．発酵を終えたワインに MOSCATEL の果皮を数ヶ月間浸漬させることでブドウの香りを付与し，数年間，時には20年かそれ以上にわたって大きな古い樫の大樽で熟成させることで深い金色のスパイシーさやレーズンの味わいをもつワインを作っている．推奨される生産者としてはセトゥーバル県（Setúbal）の Bacalhôa Vinhos de Portugal，José Maria da Fonseca，Horácio Simões，Venâncio da Costa Lima などがあげられる．酒精強化を行わないワインもポルトガルのあちこちで作られている．ポルトガルのマデイラ島（Madeira）では Moscatel Graúdo あるいは Moscatel de Málaga として知られ，2009年の総栽培面積は1 ha（2.5 acres）少ししかなかったが，一人の生産者が2010年にこの品種の植え付けを行っている．

ギリシャでは MUSCAT D'ALEXANDRIE あるいは MOSCHATO ALEXANDRIAS と呼ばれており，栽培は主にエーゲ海北部の島で見られ，2008年には220 ha（544 acres）の栽培が記録されていた．MUSCAT BLANC（À PETITS GRAINS）の栽培面積と比較するとわずかな面積だが，リムノス島では重要とされており，MOSCHATO LIMNOU という別名がつけられ，Muscat of Límnos 原産地呼称の甘口ワインが作られている．トルコ，イスラエル，チュニジアではミュスカ・ブランよりもこのマスカットの方がはるかに多く栽培されているが，その多くは食用である．

カリフォルニア州では2010年に3,391 acres（1,372 ha）が栽培されており，栽培地のほとんどがセントラル・バレー（Central Valley）の特にフレズノ（Fresno）にある．最初にこの品種が植えられたのは1800年代半ばで，種無しブドウの人気がでる1920年代までは主に干しブドウ用に用いられた．現在では生食用ブドウ，家庭でのワイン作り，デザートワインや発泡性ワインの生産用やブレンドワインにフローラルなアロマを付与するために用いられている．

オーストラリアでは MUSCAT GORDO BLANCO として，あるいは Lexia（オーストラリア特有の Alexandria の短縮形）としても知られており，2008年には2,363 ha（5,839 acres）の栽培が記録されている．その重要性は暑い内陸部の灌漑のあるブドウ畑に限られ，市場の需要に応じてワインや干しブドウが作られている．白ワインが不足したときはバルク用のブレンドに用いられてきた．

南アメリカでは，チリで栽培されるおよそ5000 ha（12,355 acres）の大部分の MOSCATO が，おそらく MOSCATEL DE ALEJANDRIA であり，蒸留され，同国の国民スピリットともいわれるピスコの生産に用いられている．同国のブドウ栽培面積のかなりの高い割合を占めており，果皮色の薄い品種としてはSAUVIGNON ○○と呼ばれる品種やシャルドネ（CHARDONNAY）についで3番目に多く栽培されている．アルゼンチンでも栽培されている（2009年に4,064 ha/10,042 acres）．また，それよりは少ないがペルーでも栽培されており（2010年に361 ha/892 acresが「MOSCATEL」として記録されており，これにはMUSCAT OF ALEXANDRIAも含まれる），そのほとんどがピスコの生産に用いられている．ウルグアイ，コロンビア，エクアドルでも同様である．

南アフリカ共和国ではアフリカーンス語のHanepootで知られているが，現在ではMUSCAT OF ALEXANDRIAを植えるより引き抜くほうが多く，主に酒精強化ワインや生食用に用いられている．1970年代にはケープ(Cape)のブドウ栽培面積の13％を占める量が栽培されていたが，2008年時点でもまだ2,346 ha（5,797 acres）が栽培されていた．栽培地は広範囲におよんでいるが，とりわけ，暑い内陸のオリファンツ・リヴァー（Olifants River）やブリーダクルーフ地方（Breedekloof）で栽培されている．ヴァラエタルワインは少なく，通常精細を欠くがCaltizdorpやConstantia Uitsigなどは優れた酒精強化ワインを作っている．

MUSCAT OF HAMBURG

イギリスおよび世界各地で断続的に栽培されている生食用ブドウと関連があるが，遺伝的には謎の品種である．

ブドウの色：

主要な別名：Black Muscat（オーストラリア，キプロス，イングランド，アメリカ合衆国），Black Muscat of Alexandria（イングランド），Hamburg Musqué（フランス），Hamburgii Muskotály（ハンガリー），Malvasia Nera ☓（イタリアのリグーリア（Liguria）），Moscatel de Hamburgo（ブラジル，スペイン，ウルグアイ），Moscatel Prato（ポルトガル），Moscato d'Amburgo（イタリア），Moscato Nero（イタリア），Moscato Nero d'Acqui（イタリア），Moschato Amvourgou（ギリシャ），MoschatoTyrnavou（ギリシャ），Muscat Albertdient's（ベルギー），Muscat de Hamburg（フランス），Muscat Hamburg（アメリカ合衆国），Muscat Hamburg（イングランド），Muscat Hamburg Crni（クロアチア），Oeillade Musquée（フランスのガール県（Gard）），Snow's Muscat Hamburgh（イングランド），Tămîioasă Hamburg（ルーマニア），Tămîioasă Neagră（ルーマニア），Venn's Seedling（イングランド），Venn's Seedling Black Muscat（イングランド），Zibibbo Nero（イタリア南部）

よくMUSCAT OF HAMBURGと間違えられやすい品種：ALEATICO ☓，MOSCHOMAVRO ☓

起源と親子関係

MUSCAT OF HAMBURGの起源は明らかでない．London Florist（Smith 1858）から出版された出版物によると「この素晴らしいブドウはBedfordshireのWrest ParkにおいてSeward Snow氏が作った実生である．彼はBlack Humbughの花をWhite Muscat of Alexandriaで受粉させたと述べている」と記載されている．イギリスではBlack HamburghあるいはBlack HamburgはSCHIAVA GROSSAにつけられた名前であり，White MuscatはMUSCAT OF ALEXANDRIAを指す．当初，このブドウは最初，イギリス果樹協会（British Pomological Society）の会議において親品種と育種家の名前を合わせて「Snow's Muscat Hamburgh」と命名された．「Snow氏は，協会に対して彼の新しいブドウを命名してほしいと依頼したので，Hogg氏が「SnowのMUSCAT HAMBURGH」と呼ぶように提案し，皆の同意を得た」（匿名1856）．

MUSCAT OF HAMBURGの系統はPirovano氏やLevadoux氏などの20世紀のブドウの形態分類の専門家によって推測され，近年になってDNA解析により確認されている（Crespan 2003）．この品種はMUSCAT OF ALEXANDRIA×SCHIAVA GROSSAの自然交配品種である．したがって，この品種はイタリア中部のMALVASIA DEL LAZIOの姉妹品種にあたることになり，よって，MALVASIA DEL LAZIOとMUSCAT OF HAMBURGの両方が（たとえ後者がイギリスで育種されたものであっても）遺伝的にはイタリア品種であることを示唆している. MUSCAT OF HAMBURG はそれゆえミュスカ・ブラン・ア・プティ・グランと AXINA DE TRES BIAS の孫品種にあたり（MUSCAT の系統図を参照），他の MUSCAT OF ALEXANDRIA の子品種（イタリアの MOSCATELLO SELVATICO，GRILLO，アルゼンチンの CEREZA, MOSCATEL AMARILLO, TORRONTÉS MENDOCINO, TORRONTÉS RIOJANO, TORRONTÉS SANJUANINO）および SCHIAVA GROSSA の子品種（BUKETTRAUBE，KERNER，MADELEINE ROYALE，OTHELLO，ROTBERGER，UVA TOSCA，系統図は SCHIAVA GROSSA を参照）と片親だけが同じ姉妹品種の関係にあたる. MUSCAT OF HAMBURG は BEICHUN，CANADA MUSCAT，COMPLEXA，EARLY MUSCAT，FIOLETOVY RANNY，GOLDEN MUSCAT，ITALIA，MANZONI MOSCATO，MUSCAT BAILEY A，NEW YORK MUSCAT の育種に用いられた.

他の仮説

Salomon and Salomon（1902a）によれば，MUSCAT OF HAMBURG は古い生食用ブドウ品種で，1850年代に消失するまではイギリスで BLACK MUSCAT OF ALEXANDRIA という名で栽培されており，それは Earl De Grey 伯爵の庭師であった Seward Snow 氏によって再発見されたものであった. これは以下のような Snow 氏の死亡記事により確認されている.「Snow 氏は，ほとんど栽培されずに自生していた良質の Black Muscat of Alexandria ブドウを MUSCAT OF HAMBURG という名で再導入した」（Hogg *et al.* 1868）. それは Snow 氏が MUSCAT OF HAMBURG の系統について正確に報告した（上記参照）よりも早く，Forsyth（1802）の頃にはすでに BLACK MUSCAT OF ALEXANDRIA が記載されていたという事実と一致しない. Kenrick（1844）が「それは色に関することを除けば白と似ている」と述べたように，BLACK MUSCAT OF ALEXANDRIA は MUSCAT OF ALEXANDRIA の黒変異につけられた名前であるというのが真実らしく，後に同じ名前が MUSCAT OF HAMBURG にもつけられているようである. 事実，Hogg（1860）のフルーツマニュアル（*The fruit manual*）の中には両方の名前が別々に記載されており，数年間に渡り，別名としては扱われていなかった（Wills 1867）.

Gallet（2000）によれば，MUSCAT OF HAMBURG の起源は不明であり，ハンブルグ（Hamburg）で温室栽培のために作られた後にイングランドに持ち込まれた品種かもしれないとのことである. しかし，ハンブルグという言葉がこの品種名に使われているのは，SCHIAVA GROSSA の古い別名である BLACK HAMBURG の子品種であるからなので，この説は疑わしい.

ブドウ栽培の特徴

熟期は中期だが，このブドウを最初に口にするのは人でなく動物かもしれない.

栽培地とワインの味

MUSCAT OF HAMBURG は，ふくよかで輝くような果粒を有しており，また長距離輸送に耐え得るブドウであるのでワイン用としてよりも生食用ブドウとして栽培されるのが一般的である. 特にフランス，東ヨーロッパ，ギリシャ，オーストラリアで広く栽培されており，ビクトリア時代のイギリスの温室でも非常に人気があった. 軽く，ブドウの香りの強いワインは東ヨーロッパでも作られており，またデザートワインは他でも作られている. たとえばカリフォルニア州では2009年に 251 acres（102 ha）の MUSCAT OF HAMBURG（別名 BLACK MUSCAT）の栽培が記録されており，そのほぼすべてがワイン用に栽培されている. Quady 社の Elysium は軽いバラのアロマをもつデザートワインである. このアロマは，ブドウがよく熟したときのみ現れる. ギリシャ本土の北部のテッサリア地方（Thessalía）やキプロス，またイタリア中部など，ヨーロッパにあるいくつかのワイン産地でも甘口ワインが作られている.

MUSCAT OLIVER

IRSAI OLIVÉR を参照

MUSCAT OTTONEL

ソフトでブドウの香りの強いフランス品種.
アルザス地域圏（Alsace）や東ヨーロッパにおいて辛口ワインと甘口ワインの生産に用いられている.

ブドウの色：

主要な別名：Muscadel Ottonel（南アフリカ共和国）, Muskat Otonel（ブルガリア）, Muskat Ottonel ドイツ, オーストリア，スロベニア）, Muskotály または Ottonel Muskotály（ハンガリー）, Tămîioasă Ottonel（ルーマニア）

起源と親子関係

MUSCAT OTTONEL は, 1839年にフランスのロワール川流域（Val de Loire）にあるアンジェ（Angers）で育種家の Jean-Pierre Vibert 氏が実生を得て，1852年に彼の主任庭師の Robert 氏が公開した品種であり，品種名は某 H Ottonel 氏に敬意を表して命名された．Vibert 氏は親品種を記録しておらず，実生は CHASSELAS × MUSCAT DE SAUMUR の交配品種だと考えられていたが（Galet 2000），フランス南部，モンペリエ（Montpellier）の国立農業研究所（Institut National de la Recherche Agronomique: INRA）において DNA 解析が行われ CHASSELAS × MUSCAT D'EISENSTADT の交配品種であると修正された．この品種は MÁTRAI MUSKOTÁLY および MUŠKÁT MORAVSKÝ の育種に用いられた．

ブドウ栽培の特徴

樹勢が弱く，早熟である．粘土質の石灰質土壌が栽培に適している．花ぶるい（Coulure），べと病および灰色かび病に感受性がある．

栽培地とワインの味

果粒には高いレベルの糖度が蓄積し，香り高い辛口および甘口ワインが作られるが，ブドウをかなり早い時期に収穫しなければ通常，酸味が弱くなりアロマに欠けるワインになってしまう．Muscat 品種の中でも Ottonel は最も色が薄く，特徴も弱いが，香りの高いミュスカ・ブラン・ア・プティ・グラン（MUSCAT BLANC À PETITS GRAINS）や MUSCAT OF ALEXANDRIA よりも早熟なため，冷涼な気候下にある栽培地方にとっては魅力的な品種である．フランスでは最も重要な Muscat グループの品種であり，主にアルザスでは MUSCAT D' ALSACE と表記されている．ブドウの香りが高く，生き生きとした辛口または中辛口ワインの生産に用いられている．2008年にフランスで栽培された総面積は165 ha (408 acres) であった．

スイスでは主に軽い辛口ワイン用に4 ha（10 acres）のみが栽培されている．しかし，オーストリアでは2007年に472 ha（1,166 acres）の MUSKAT OTTONEL の栽培が記録されており（1999年の418 ha/1,033 acres から増加），そのほとんどがノイジードル湖地方（Neusiedlersee）やノイジードラーゼー・ヒューゲルラント（Neusiedlersee-Hügelland）で甘口ワイン用に栽培されているが，110 ha（272 acres）がドナウ川（Donau /Danube）両岸のニーダーエスターライヒ州（Niederösterreich/ 低地オーストリア（Lower Austria））で点々と狭い面積で栽培されている．

ハンガリーでは2008年に1,232 ha（3,044 acres）の MUSCAT OTTONEL の栽培が記録されている．北西部のショームロ (Somló) やショプロン (Sopron) を除く国土の全域で栽培されているが，マートラ (Mátra) やエゲル（Eger）など，ブダペストの北東部や南のクンシャーグ（Kunság）で多く見られる．ブレンドワインのパートナーとしてや甘口ワインの生産に用いる品種として人気があるが，バダチョニ（Badacsony）の Szeremley 社やマートラの Mátyás Szőke は辛口あるいはオフ・ドライワインの良質のワインを作っている．

ルーマニアの MUSCAT OTTONEL（2008年に2,809 ha/6,914 acres）からは良質の甘口ワインが作られている．最大のブドウ栽培地域は黒海の近くのドブロジャ（Dobregea），東部ムンテニア（Muntenia）のヴランチャ県（Vrancea）および国の中央部のトランシルヴァニア地方（Transilvania）である．ルーマニアで栽培される MUSKAT OTTONEL のほぼ2倍にあたる量がブルガリアで栽培されており，2009年に5,573 ha（13,771 acres）の栽培が記録されているが，Misket とラベルされているワインが多い．

ロシアのクラスノダール地方(Krasnodar)でも少し栽培されている(2009年に34 ha/84 acres)．また，チェコ共和国や（2008年に59 ha/146 acres），より多い量が旧ソビエト連邦でも栽培される．モルドヴァ共和国では2009年に1,620 ha（4,003 acres）とかなりの栽培面積が記録されている．

この品種は，遠く南アフリカ共和国やアメリカ合衆国のニューヨーク州およびカナダのブリティッシュコロンビア州でも栽培されている．

MUSCAT SWENSON

マスカット（*Muscat*）に似た耐寒性のアメリカ交雑品種

ブドウの色：● ● ● ● ●

主要な別名：ES 8-2-43，Muscat de Swenson

起源と親子関係

アメリカ，ウィスコンシン州のオシオラ（Osceola）の Elmer Swenson 氏が *Vitis riparia*×VAROUSSET の交配により得た交雑品種である．

- VAROUSSET（別名 SEYVE-VILLARD 23-657）は SEIBEL 4668×SUBÉREUX の交雑品種（SUBÉREUX の系統は PRIOR を参照）
- SEIBEL 4668はフランス南東部に位置するアルデシュ県（Ardèche），オーブナ（Aubenas）で Albert Seibel 氏が得た交雑品種（親品種は不明）である．

ブドウ栽培の特徴

豊産性でかなり晩熟である．耐寒性（－30°F / －34℃）で一般的に良好な耐病性をもつが黒とう病や裂果が見られることもある．葉はフィロキセラに感受性がある．

栽培地とワインの味

カナダのケベック州で栽培が始まり，一例を挙げると，Clos St-Ignace 社が甘口の酒精強化ワインを作っている．また，アメリカ，ニューイングランド地方でも同様である．完熟したブドウを用いるとワインはブドウの香りが強く，マスカットに似た特徴を見せるが，早摘みしたブドウを用いた場合はニュートラルなものとなる．

MUSKADEL

ミュスカ・ブラン・ア・プティ・グラン（MUSCAT BLANC À PETITS GRAINS）を参照

MUŠKÁT MORAVSKÝ

広く栽培されているチェコ共和国のマスカット品種

ブドウの色：● ● ● ● ●

主要な別名：Mopr，Moravian Muscat，Moravsky Muskat

起源と親子関係

MUŠKÁT MORAVSKÝ は，チェコ共和国の南東部に位置するモラヴィア（Morava）のポレショヴィツェ（Polešovice）にある研究センターで V Křivánek 氏が MUSCAT OTTONEL × PRACHTTRAUBE の交配により得た交配品種である．ここで PRACHTTRAUBE は MADELEINE ROYALE × BOSKOKWI の交配品種であり，BOSKOKWI あるいは BOSKOKVI はもはや栽培されていないギリシャ，ザキントス島（Zákynthos）由来の品種である（MADELEINE ROYALE の詳細は MÜLLER-THURGAU を参照）．地域に適応したマスカット的な品種を作る目的で育種され，1993年に MUŠKÁT MORAVSKÝ と改名される以前は，親品種の最初の文字を組み合わせて作られた MOPR という名で1987年にチェコ公式品種に登録されていた．

ブドウ栽培の特徴

樹勢が強い．早熟である．粘土質の土壌が栽培に適している．鳥，スズメバチおよび灰色かび病の被害を受けやすい．

栽培地とワインの味

MUŠKÁT MORAVSKÝ は近年開発された品種の中では，最も広く栽培されているチェコ品種である．2009年にチェコ共和国では358 ha（885 acres）の栽培が記録されており，その多くは南東部のモラヴィアで栽培されていた．辛口でフローラルなマスカットフレーバーのワインを作るには，ブドウは十分な酸味があるうちに早摘みする必要がある．カビネット（Kabinett）と遅摘みスタイルのワインも見られる．推奨される生産者としては Vladimír Tetur 等があげられる．

MUSKATELLER

ミュスカ・ブラン・ア・プティ・グラン（MUSCAT BLANC À PETITS GRAINS）を参照

MUSKOTÁLY

MUSCAT OTTONEL を参照

MUSTOASĂ DE MĂDERAT

ルーマニア西部由来の豊産性で酸度の高い品種.
軽くフレッシュな白ワインは地元で人気を博している.

ブドウの色：

主要な別名：Lampor?（ハンガリー），Mustafer，Mustosfehér
よくMUSTOASĂ DE MĂDERATと間違えられやすい品種：FRÂNCUȘĂ（ルーマニア）

起源と親子関係

MUSTOASĂ DE MĂDERAT の正確な起源は不明であるが，その名から，ルーマニア西部似位置する Miniş 地域の Măderat にあるブドウ畑で数世紀前に選抜されたものと考えられる（Dejeu 2004）．FRÂNCUȘĂ または MUSTOASĂ DE MOLDOVA と呼ばれる品種との関係は不明であるが，ブドウの形態分類学的解析の結果，これらの品種は非常に似ていることが明らかになった（Dejeu 2004）．

ブドウ栽培の特徴

樹勢が強く，豊産性である．萌芽期は中期で晩熟である．茶色の斑のある果粒が密着した果房をつける．灰色かび病，乾燥およびヨーロッパ赤ダニへの良好な耐性を示す．うどんこ病およびべと病にもやや耐性がある．冬の耐寒性は －18℃ / －0.4°F までである．

栽培地とワインの味

ハンガリーとの国境に近いルーマニア西部の温暖な Miniş Măderat ワイン生産地域は，一般に赤ワイン品種の栽培に適しており，80 % のブドウ畑で赤ワイン品種が栽培されているが，MUSTOASĂ DE MĂDERAT はフレッシュな高い酸味を保っている．ワインはシンプルだが，収量管理すれば優れた品質の香り高い白ワインとなる．Wine Princess 社が典型的な軽く，柑橘系の穏やかな香りと，フローラルなタッチをもつヴァラエタルワインを作っている．このブドウは発泡性ワインにも適しているが，ブランデーに用いられることもある．2008年にルーマニアで記録されている栽培面積486 ha（1,201 acres）のほぼすべてが同国最西部で栽培されたものであった．

N

NARINCE　(ナリンジェ)
NASCETTA　(ナシェッタ)
NASCO　(ナスコ)
NEBBIERA　(ネッビエーラ)
NEBBIOLO　(ネッビオーロ)
NEBBIOLO ROSÉ　(ネッビオーロ・ロゼ)
NEGOSKA　(ネゴスカ)
NEGRAMOLL　(ネグラモル)
NEGRARA TRENTINA　(ネグラーラ・トレンティーナ)
NEGRARA VERONESE　(ネグラーラ・ヴェロネーゼ)
NÉGRET DE BANHARS　(ネグレ・ド・バナール)
NÉGRETTE　(ネグレット)
NEGRETTO　(ネグレット)
NEGROAMARO　(ネグロマーノ)
NEGRU DE DRĂGĂŞANI　(ネグル　デ　ドラガシャニ)
NEHELESCHOL　(ネヘレスコル)
NEOPLANTA　(ネオプランタ)
NER D'ALA　(ネル・ダーラ)
NERELLO CAPPUCCIO　(ネレッロ・カップッチョ)
NERELLO MASCALESE　(ネレッロ・マスカレーゼ)
NERET DI SAINT-VINCENT　(ネレート・ディ・サン・ヴィンセント)
NERETTA CUNEESE　(ネレッタ・クネーゼ)
NERETTO DI BAIRO　(ネレット・ディ・バーイロ)
NERETTO DURO　(ネレット・ドゥーロ)
NERETTO GENTILE　(ネレット・ジェンティーレ)
NERETTO NOSTRANO　(ネレット・ノストラーノ)
NERKARAT　(ネルカラト)
NERKENI　(ネルケニ)
NERO BUONO DI CORI　(ネーロ・ブォーノ・ディ・コーリ)
NERO D'AVOLA　(ネーロ・ダヴォラ)
NERO DI TROIA　(ネーロ・ディ・トロイア)
NERONET　(ネロネト)
NEUBURGER　(ノイブルガー)
NEW YORK MUSCAT　(ニューヨークマスカット)
NIAGARA　(ナイアガラ)
NIEDDERA　(ニエッデーラ)
NIGRA　(ニーグラ)
NIGRIKIOTIKO　(ニグリキョティコ)
NINČUŠA　(ニンチュシャ)
NITRANKA　(ニトランカ)
NOAH　(ノア)

🧬 次ページ以降に記載されているこのシンボルは，別名や誤った同定が DNA 解析により確認されたことを示す.

NOBLE (ノーブル)
NOBLING (ノーブリング)
NOCERA (ノチェーラ)
NOIR FLEURIEN (ノワール・フルリアン)
NOIRET (ノワレ)
NORIA (ノリア)
NORTON (ノートン)
NOSIOLA (ノズィオーラ)
NOTARDOMENICO (ノタルドメニコ)
NOUVELLE (ヌーヴェル)
NOVAC (ノヴァク)
NURAGUS (ヌラーグス)

NARINCE

トルコで最も知られた白ワイン用ブドウ品種．生食用としても栽培されている．

ブドウの色：● ● ● ● ●

主要な別名：Güzül Üzüm，Kazova，Narance，Nerince

起源と親子関係

NARINCE は「デリケートな」あるいは「壊れやすい」という意味があり，黒海沿岸の南，トルコ中北部トカット県地方（Tokat）の由来である．

ブドウ栽培の特徴

黄緑色の薄い果皮を持つ大きな果粒からなる大きな果房をつける．晩熟．灰色かび病に感受性である．水はけのよい乾燥した環境に栽培は適している．

栽培地とワインの味

NARINCE はトルコで最も重要な白ワイン用ブドウ品種の一つであり，生食用ブドウとしても広く栽培されている．トカット県のイリス川（Yeşilırmak）にそった砂地や砂利質の土壌からなる黒海沿岸からトルコ北部を分離するポントス山脈（Pontic）があるので，海抜600〜700m の標高地点となっている．またその南のスィワス県（Sivas）や西のチョルム県（Çorum），アマスィヤ県（Amasya）でも見られる．2010年にトルコでは814 ha（2,100 acres）が栽培され，同国で最も広く栽培される白ワイン用ブドウ品種であった．

ワインは辛口あるいはオフ・ドライで樽が使われることが多く，典型的なものはフレッシュでフルーティーであるが，非常にフルボディーなワインにもなり，香りはオレンジやグレープフルーツから，フローラル，さらにリンゴやライムのアロマをもつものもある．トルコの白ワインとしては唯一熟成が可能であり，シャルドネ（CHARDONNAY）やセミヨン（SÉMILLON）などの国際品種のほか，EMIR から作られる軽めで舌を刺すようなワインとブレンドされる．生産者は Doluca，Kavaklidere，Kocabağ，Turasan などの各社がある．

NASCETTA

復活を遂げたややアロマティックなイタリア，ピエモンテ州（Piemonte）の品種．ヴァラエタルワインとして徐々に栽培が増加している．

ブドウの色：● ● ● ● ●

主要な別名：Anascetta，Nas-cëtta（クーネオ県（Cuneo）のノヴェッロ（Novello））
よくNASCETTAと間違えられやすい品種：NASCO ☒，VERMENTINO ☒

起源と親子関係

NASCETTA はイタリア北西部のピエモンテ州のランゲ地域（Langhe）の稀少な品種で，19世紀中頃によいワインを作り出すと記述されている．かつてはアルバ（Alba）とモンドビ（Mondovi）の間で広く栽培されており，通常，VERMENTINO（FAVORITA）や MOSCATO BIANCO（ミュスカ・ブラン（MUSCAT BLANC À PETITS GRAINS））とブレンドされていた．

他の仮説

VERMENTINO あるいはサルデーニャ島（Sardegna）の NASCO との遺伝的関係を示唆する研究者もいる．

ブドウ栽培の特徴

熟期は早期〜中期である．

栽培地とワインの味

NASCETTA は1994年に Elvio Cogno 氏がわずかな生産を行ったときはほぼ絶滅状態であった．現在ではイタリア，ピエモンテ州のクーネオ県のノヴェッロコムーネ周辺で栽培されている．また近隣のモンフォルテ・ダルバ（Monforte d'Alba）コムーネややや離れたトレッツォ・ティネッラ（Trezzo Tinella）でもわずかだが栽培されている（Dellavalle *et al.* 2005）．過去にはこのセミ・アロマティックな品種は通常ブレンドされていたが，現在ではヴァラエタルワインが Langhe DOC で公認されており，Le Strette（Anas-Cëtta と表示），La Tribuleira，Rivetto ならびに Elvio Cogno などの生産者がアカシアの花のアロマやエキゾチックフルーツ，蜂蜜，セージやローズマリーとシトラスのアロマをもつ Anas-Cëtta ワインを作っている．ワインはフレッシュな酸味と良好な骨格をもち，樽熟成に適しており，しばしばアカシアの蜂蜜のフレーバーを有する．

NASCO

薄い果皮色のおそらく古い品種．イタリア，サルデーニャ島（Sardegna）でほとんどがソフトな白のデザートワインになる．

ブドウの色：● ● ● ● ●

主要な別名：Nascu，Nusco
よくNASCOと間違えられやすい品種：NASCETTA ☒（ピエモンテ州（Piemonte））

起源と親子関係

NASCO という名前は過熟の果粒や熟成したワインにみられるムスク（サルディーニャ島の方言で *nuscu*）のアロマに由来している．同島の多くの品種同様に NASCO はスペインから持ち込まれた考えられているが，これを支持する遺伝的な証拠はない．

ブドウ栽培の特徴

低収量である．害虫に対する耐性はほとんどない．熟期は中期である．

栽培地とワインの味

NASCO は主にイタリア，サルデーニャ島の南部のカリャリ県（Cagliari）で栽培され，また西部のオリスターノ県（Oristano）や，限られた量がサッサリ県（Sassari）のアルゲーロ（Alghero）周辺，島の中央部のヌーオロ県（Nuoro）のマンドロリサイ（Mandrolisai）でも栽培されている．2000年時点でのイタリアの統計によれば171 ha（423 acres）が記録されている．

Nasco di Cagliari DOC としてヴァラエタルワインが公認されており，島の南部全域で作られる．辛口，甘口，酒精強化などのワインが作られ，酒精強化ワインにも辛口，甘口がある．甘口ワインには蜂蜜，ドライフルーツ，アプリコット，スパイスのアロマがあり，酸味と甘さのバランスがよくとれている．Argiola

社の Angialis ワインは IGT Isola dei Nuraghi に分類され，NASCO 主体で MALVASIA DI CAGLIARI が少し加えられており，イタリアで最高のデザートワインの一つである．他の生産者としては Picciau 社などがあげられる．

NEBBIERA

濃い色の果皮をもつイタリア北部の非常にマイナーな交配品種．ごく最近，本当の親品種が明らかになった．

ブドウの色：● ● ● ● ●

主要な別名：Incrocio Dalmasso XV/29

起源と親子関係

NEBBIERA は，1938 年にヴェネト州（Veneto）にあるコネリアーノ（Conegliano）研究センターでネッビオーロ（NEBBIOLO）の品質に BARBERA の耐性および高収量を併せ持たせることを目的に，イタリアのブドウ育種家である Giovanni Dalmasso 氏が，ネッビオーロ×BARBERA の交配により得た交配品種であると考えられていた．1977 年に公式品種リストに登録されたが，最近の DNA プロファイリング解析によって，実は Dalmasso 氏が用いたネッビオーロは CHATUS の別名である NEBBIOLO DI DRONERO であってネッビオーロではなかったことが明らかになった（Torello Marinoni，Raimondi，Mannini and Rolle 2009）．つまり NEBBIERA は CHATUS×BARBERA の交配品種であり，ALBAROSSA，CORNAREA，SAN MICHELE，SOPERGA などの姉妹品種にあたることになる．

ブドウ栽培の特徴

熟期は中期～晩期である．

栽培地域

イタリア北西部のピエモンテ州（Piemonte）で少し栽培されているが，2000 年時点でのイタリアの統計では 22 ha（54 acres）のみが記録されている．

NEBBIOLO

間違いなくイタリアで最も高く評価されているピエモンテ州（Piemonte）のワイン用ブドウ．非常に古い品種で香り高く，表現に富み，熟成させる価値のある傑出したワインが作られる．

ブドウの色：● ● ● ● ●

主要な別名：Chiavennasca☒（ヴァルテッリーナ（Valtellina）），Picotendro または Picoutener（ヴァッレ・ダオスタ自治州（Valle d'Aosta），イヴレーア（Ivrea），Picotèner（カレーマ（Carema）），Prunent または Prünent（マッジョーレ湖（Lago Maggiore）近くのオッソラ県（Val d'Ossola）），Spanna☒（ノヴァーラ県（Novara）およびヴェルチェッリ県地域（Vercelli））

よく NEBBIOLO と間違えられやすい品種：CHATUS☒（クーネオ県（Cuneo）では Nebbiolo di Dronero と呼ばれている），CROATINA☒（ノヴァーラ県およびヴェルチェッリ県では Nebbiolo di Gattinara または Spanna-Nebbiolo と呼ばれている），DOLCETTO☒（トルトーナ県（Tortona）および オルトレポー・パヴェーゼ（Oltrepò

Pavese）では Nebbiolo と呼ばれている），NEBBIOLO ROSÉ☒（クーネオ県のアルバ地域（Alba））

起源と親子関係

多くの文献によればネッビオーロ（NEBBIOLO）が最初に言及されたのは1268年としているが，*nibiol* に言及したオリジナルの文献は実はトリノ国立公文書館（Archivio di Stato di Torino）にある．この情報は，そのディレクターである Marco Carassi 氏が提供したもので，彼は1266年にそれを Camerale Piemonte, Articolo 65，paragrafo 1，Conti della castellania di Rivoli，mazzo 1，rotolo n. 1であると明らかにしている．この文章の詳細は歴史家の Cibrario（1833）が次のように記載している．リーヴォリ（Rivoli）で城主の Conto d'Umberto de Balma が「626 sextarius（338 ℓ 訳注：sextarius はローマ時代の容量の単位）のワインを得たが，このうち306 sextarius が Nibiol と呼ばれるブドウから作られたものである」と記載している（Marco Carassi，私信）．

それに続く多くの記載が13，14世紀に見られることから，ネッビオーロは最も古くピエモンテ州で最も広く栽培される品種であったことが示される．Alba（*filagnos de vitibus neblorii*）で1292年，Camerano Casasco（*nebiolo*）で1295年，Canale（*vino nebiolio*）と Moncalieri で1303年，Asti（*nebiolus*）で1304年，Chieri で1311年，Moretta（*nubliolio*）で1324～5年，Almese（*vinum nibiolii*）で1327～8年，Bricherasio（*vites de nebiolio*）で1328～9年および Pinerolo で1380年に記載されている（Comba and Dal Verme 1990）．

最も重要なネッビオーロの別名としては，1309年に Prünent（ヴァル・ドッソラ），1595年に Chiavennasca（ヴァルテッリーナ，Bongiolatti 1996），1466年に Spanna（ノヴァーラ周辺）および19世紀に Picotendro（ヴァッレ・ダオスタ）の名として文献の中で見られる．

ネッビオーロの名はイタリア語で「霧」を意味する Nebbia に由来し，これは熟した果粒が厚い果粉（ブルーム）で覆われるため，果粒が霧の層で覆われるように見えることを表している．この語源の説は，晩熟のブドウの収穫時期にはピエモンテの丘が霧で覆われることに由来する，という別の説よりも説得力がある．ブドウの名前は，その地域の気候よりもブドウの特徴に由来するものであろう．同じ語源は Prünent についてもあてはまり，*prugna*（プラム）ではなく，*pruina*（果粉）に由来すると考えられる．もっとも，ブドウは伝統的にプラムの木といっしょに栽培されることに由来している，と述べる人もいるのだが．別名，CHIAVENNASCA はロンバルディア州（Lombardia）のソンドリオ県（Sondrio）のキアヴェンナ市（Chiavenna）に由来する．

数世紀にわたるクローンの繁殖によって多くの異なるクローンが得られ，主に4種類が区別されている．

- NEBBIOLO LAMPIA，最も広く栽培されている．
- NEBBIOLO MICHET, Lampia のウィルス感染型（形態および生産が grapevine fanleaf virus により影響を受けている）．
- NEBBIOLO ROSÉ，形態的に若干異なる．
- NEBBIOLO BOLLA，かつては広く栽培されていたが，現在では重要性が低下している．

DNA 解析によれば LAMPIA，MICHET，BOLLA の3クローンは同一の DNA プロファイルをもち，同じ品種に属するが，驚くべきことに NEBBIOLO ROSÉ は他の3種とは異なるプロファイルをもっている（Schneider, Boccacci *et al.* 2004）．したがって，NEBBIOLO ROSÉ は別の品種と考えなければならず，ネッビオーロのクローンではない．

DNA 解析によってネッビオーロの起源が研究されたが，この品種は非常に古い品種であるので親品種はすでに絶滅していると考えられる．しかし DNA 系統解析によって少なくともピエモンテ州やヴァルテッリーナ地方の8品種とネッビオーロとの間に親子関係があることが明らかになった（Schneider，Boccacci *et al.* 2004，別頁の系統図を参照）．南のピエモンテ州から北のヴァルテッリーナ地方に向かって：

- BUBBIERASCO（クーネオ県，サルッツォ地方（Saluzzo））はネッビオーロ×BIANCHETTA DI SALUZZO の自然交配品種である．後者は同地域のもはや栽培されていない古い白品種（Schneider *et al.* 2005–6）．このことから，ネッビオーロはかつてクーネオ県で広く栽培されていたことが確認された．
- FREISA はピエモンテ州で広く栽培されており，そこでは SPANNINA と呼ばれることのある品種で，ネッビオーロとの親子関係が確認された．DNA 解析によれば FREISA はフランス，ローヌ（Rhône）北部のヴィオニエ（VIOGNIER）と近縁にあることが明らかになった．ネッビオーロとヴィオニエはいとこ関係ということになる（Schneider，Boccacci *et al.* 2004）．

- NERETTO DI SAN GIORGIO とも呼ばれる NERETTO DI BAIRO と VESPOLINA はピエモンテ州北部およびオルトレポー・パヴェーゼのマイナーな品種である．その土地でネッビオーロは中世の頃から知られていた．
- NEBBIOLO ROSÉ はヴァルテッリーナ地方では伝統的に CHIAVENNASCHINO と呼ばれており，そこが起源の地であろう．ネッビオーロとの親子関係により，なぜ NEBBIOLO ROSÉ がネッビオーロのクローンであると考えられてきたか説明がつく．
- NEGRERA，ROSSOLA NERA，BRUGNOLA は古くマイナーなヴァルテッリーナ地方の品種（BRUGNOLA は FORTANA と混同されることが多い）であり，ネッビオーロがこの地方で古くから存在したことが確認された．その土地ではネッビオーロは CHIAVENNASCA と呼ばれている（紛らわしいことに，NEGRERA は JUAN GARCÍA の別名としても使われている）．

BUBBIERASCO を例外として，まだ知られていない親品種は消滅したと考えられる．したがってネッビオーロはこれらのうち一品種の子品種である可能性も否定できないが，ネッビオーロの長い歴史を考えると，ネッビオーロがこれら品種の親品種である可能性のほうが高い．

DNA 解析結果から，ネッビオーロは四つの子品種が存在するピエモンテ州かヴァルテッリーナ地方が起源であろう．

ネッビオーロは RUBIN の育種に用いられた．

他の仮説

ネッビオーロは，大プリニウスが SPIONIA と記載した品種であると仮に同定されたことがある．SPIONIA はエミリア＝ロマーニャ州（Emilia-Romagna）のフェラーラ県（Ferrara）で栽培されていた品種で，また似た名前をもつローマ時代と現代の品種の間の同一性を植物学的に示唆するデータはないことから，この仮説は否定される．

ブドウ栽培の特徴

萌芽期は早期で，非常に晩熟である．樹勢が強く栽培に際しては，土壌を選ぶ必要がある．ピエモンテ州のタナロ川（Tanaro）の右岸のアルバの南部や北部の石灰質の泥灰土が栽培に適している．

栽培地とワインの味

ネッビオーロはイタリア北西部のピエモンテ州中南部および北部（ランゲ（Langhe），ロエロ（Roero），アスティ県（Asti），カレーマ（Carema），ビエッラ県（Biella），ノヴェーラ県およびヴェルチェッリ県近郊）で集中して栽培されているが，公式統計によれば2001年のピエモンテ州のブドウ栽培地の8%を占めるに過ぎない．Salaris（2005-6）は2004年にはピエモンテ州北部（ノヴァーラ県，ヴェルチェッリ県，ビエッラ県，トリノ県（Torino），アスティ県で338 ha（835 acres），クーネオ県では3,375 ha（8,340 acres）と記録している．またヴァッレ・ダオスタ自治州の下流地域，ドンナス（Donnas）周辺（2004年に26 ha/64 acresのみ），およびいずれもロンバルディア州（908 ha/2,244 acres）のヴァルテッリーナ地方やフランチャコルタ地方（Franciacorta）で栽培されている．さらにサルデーニャ島（Sardegna）のガッルーラ地方（Gallura）でも栽培されている（52 ha/128 acres in 2004）．2000年時点でのイタリアの統計によれば4,886 ha（12,074 acres）が記録されており，そのうちの4分の3がピエモンテ州で栽培されている．

この品種は非常に晩熟で，またそのワインの品質（および市場での価値）が非常に高いため，南や南西に面した丘陵地帯の最高の場所で栽培されている．土壌に関してはとても神経質で，素晴らしいワインが作られるのは，タナロ川右岸，アルバの北の Barbaresco DOCG や南の Barolo DOCG 地域の石灰質の泥灰土で栽培されたときである．ネッビオーロはその質と表現において PINOT NOIR（ピノ・ノワール）に匹敵する水準にあり，栽培地区の違いによる微妙な差違を表現できる唯一の品種である．これがこの二つの地区がクリュの名で注意深く区別されている理由である．しかし一般に完全な混じりけのないネッビオーロは薄い色合いで，他のほとんどの赤ワイン品種よりも短期間のボトル熟成でオレンジ色になり，高い酸味と（特に）タンニンを含み，タール，コルダイト（無煙火薬），腐葉土，ドライチェリー，リコリス，スミレおよ

ネッビオーロ系統図

ネッビオーロは非常に古い品種（初めて記載されたのは1266年）であるため，その親品種はおそらく絶滅したであろう．これらの8種類の自然交配品種は，この品種がイタリア，ピエモンテ州とヴァルテッリーナ地方（Valtellina）の伝統的な栽培地区のブドウ遺伝資源に重要な影響を与えたことを示している．しかし未知の品種が関連している場合は，逆の関係が理論的に可能である（p XIV 参照）．

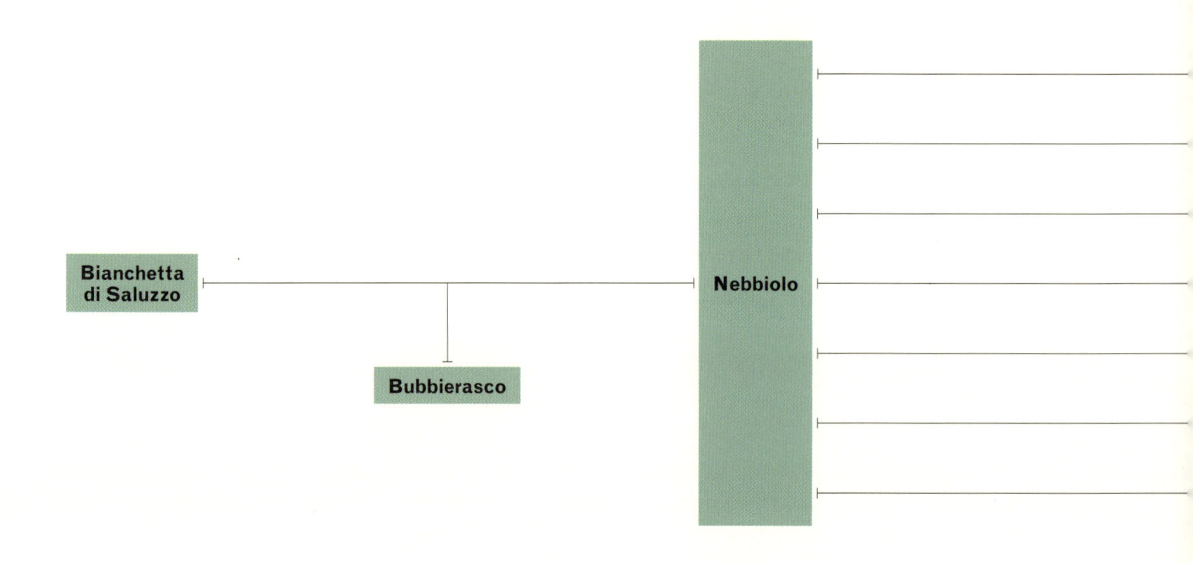

● ピエモンテ　● ヴァルテッリーナ

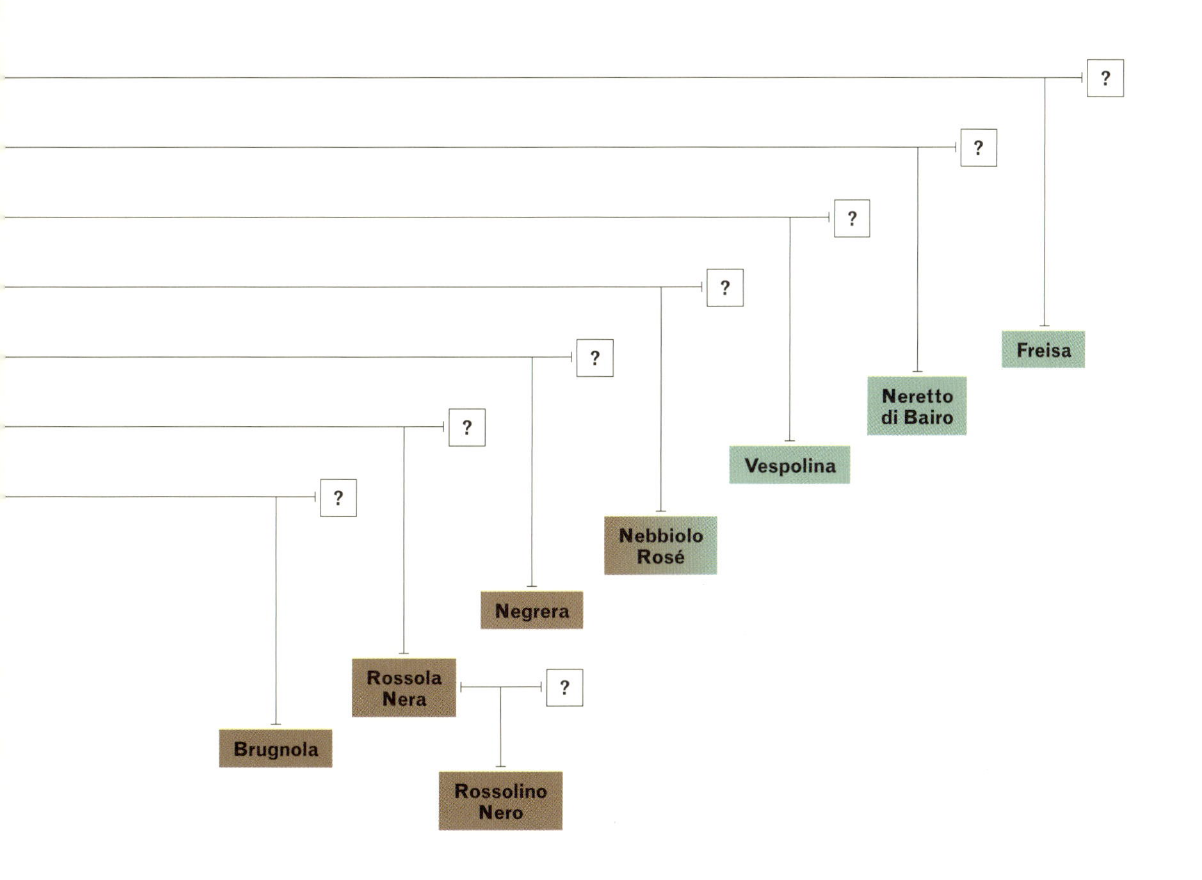
?
?
?
?
?
?
?
Freisa
Neretto di Bairo
Vespolina
Nebbiolo Rosé
Negrera
Rossola Nera
?
Brugnola
Rossolino Nero

びバラなどを含む，忘れることのできない多くの種類のアロマをもつ．

最高の生産者としてはElio Altare，Enzo Boglietti，Cappellano，Ceretto，Michele Chiarlo，Cigliuti，Aldo Conterno，Giacomo Conterno，Gaja，Bruno Giacosa，Elio Grasso，Marcarini，Marchesi di Grésy，Bartolo Mascarello，Giuseppe Mascarello，Massolino，Armando Parusso，Pio Cesare，Produttori del Barbaresco，Rratelli Revello，Giuseppe Rinaldi，Bruno Rocca，Luciano Sandrone，Paolo Scavino，Vajra，Vietti，Roberto Voerzioなどの各社があげられる．

これらのDOCGでは100％ネッビオーロを用いるが，他方Gattinara，Ghemme，Roero（たとえばMatteo Correggia社のワイン参照）では最少75～95％この品種を用いることが規定されている．DOCGの規程によればMichet，Lampia，Roséなどをネッビオーロの亜品種として記載しているが，いまではNEBBIOLO ROSÉはネッビオーロとは異なる品種であることが示されたので，このDOCG規定は改訂しなければいけない．ヴァラエタル（または少なくとも85％）のワインはピエモンテ州のAlbugnano，Canavese，Carema，Colline Novaresi，Coste della Sesia，Langhe，Nebbiolo d'Albaの各DOCで公認されており，ネッビオーロが最も重要あるいは少なくとも重要な原料とされるBramaterraなどのピエモンテ州の他のDOCもある．しかし生産者はSPANNAなどのその地域の別名にこだわり，ラベルに表示している．地域の規程に基づいてVESPOLINA，BONARDA PIEMONTESE，CAROATINAなど，ブレンドワインに用いることができる品種が決められている．

SPANNAの故郷はピエモンテ州北部，ノヴァーラ県やヴェルチェッリ県の丘陵地帯であり，氷河土で栽培されてできたワインはBaroloの濃さよりは欠けるが，香りはある．歴史的にネッビオーロは他のどの地域よりも多くここで栽培されてきた．しかし1950年代のイタリアの産業革命時代に栽培面積は減少した．それにもかかわらず，良質のワインはノヴァーラ県のセージア川（Sesia）の右岸と左岸の丘の様々な土壌で再び作られている．最も重要なDOCはBoca, Sizzano, FaraおよびDOCGのGhemme，ヴェルチェッリの丘のLessona，Bramaterra両DOCおよびGattinara DOCGである．優れた生産者はAntoniolo社，Valloni社，Vallana社などである．

ロンバルディア州の最北で，ネッビオーロはCHIAVENNASCAとして知られており，ミディアムボディーのワインが生産されている．最も温暖な年には十分に熟して果実香に富むワインとなり，この品種の特徴的なタンニンや酸味とバランスがとれたワインになるが，それ以外の年ではワインの生産に苦労する．この地方ではネッビオーロはValtellina Superiore DOCG，Valtellina DOCや，個性的なパッシートスタイルのSforzato di Valtellinaの生産のための主要な品種である．この細い北部の谷を越えたロンバルディア州の残りの地域では，ネッビオーロはフランチャコルタ（Franciacorta）ブレンドワインの一部として登場するのみで，最大10％のみ加えることができる．ヴァルテッリーナ地方での最高の生産者はAr Pe Pe社やNino Negri社などである．

ネッビオーロが栽培されているイタリア北部の遠隔地としては，ヴァッレ・ダオスタ自治州やドンナス(Donnas)（ピエモンテ州, カレーマから州の境界を越えたところ）やアルナ・モンジョヴェ(Arnad-Montjovet)などがあり，現地ではPICOTENDROやPICOUTENERという別名で栽培されている．これらの地方ではヴァルテッリーナ地方と同様に完熟が難しい．

ネッビオーロは同国南部ではきわめて珍しく，サルデーニャ島のガッルーラで報告されているのはおそらくDOLCETTOであろう．

BaroloやBarbarescoで作られる最高のワインがもつ魅惑的な美しさや力強さは，ちょうどピノ・ノワールのように，自分自身の土地と手でこの品種を試してみるようにと世界中の生産者を誘惑したが，現時点ではこの品種を用いたワインの生産は，きわめて限定的な規模にとどまっている．おおよそ世界中の4分の3のネッビオーロはピエモンテ州でつくられている．この品種は適応が難しい品種ですべての重要な香りはとても変化しやすく，輸送により失われてしまう．

イタリア以外のヨーロッパではネッビオーロの栽培地は限定的である．一つはフランス南部，ラングドック（Languedoc）のアニアーヌ（Aniane）のMas de Daumas Gassac社であり，現地ではAimé Guibert氏が25畝でこの品種を栽培しており，彼らの最高の赤のブレンドワインに使われている．スイスのヴァレー州（Valais）では二人の生産者が1 ha（2.5 acres）で栽培しヴァラエタルワインを作っている．また2 haの畑がオーストリアに見られる．

カリフォルニア州には約150 acres（61 ha）の畑で栽培されており，ほとんどは2000年以前に植えられたもので，パソロブレス（Paso Robles），サンタ・クルーズ・マウンテンズ（Santa Cruz Montains），シエラ・フットヒルズ（Sierra Foothills），アマドール（Amador），モントレー（Monterey），サンタ・イネズ・ヴァレー（Santa Ynez Valley），サンタ・バーバラ（Santa Barbara）などの AVA で見られる．情熱的なネッビオーロの生産者は Palmina 社，Bonny Doon 社の Randall Grahm 氏，Ahlgren 社，Jim Clendenen 社，Domenico 社などである．カリフォルニア州以外では，ワシントン州でも限定的に栽培されており，Cavatappi 社が最も成功を収めている．オレゴン州，バージニア州，テネシー州，ペンシルベニア州，アイダホ州およびニューメキシコ州でも栽培されている．カナダではブリティッシュコロンビア州で限定的に栽培されている．メキシコの L A Cetto 社は特にフルボディーのネッビオーロをバハ・カリフォルニア州（Baja California）で作っている．

南アメリカでは2008年にアルゼンチンで176 ha（435 acres）の栽培が見られ，ほとんどはサン・フアン州（San Juan）であるがメンドーサ州（Mendoza）（たとえば Viña Alicia 社）でも栽培されている．チリでは9 ha（22 acres）のみが栽培されているが（初めて植え付けられたのは1998年），Botalcura 社はこの品種から作ったワインを販売する唯一の生産者である．

2007年に南アフリカ共和国では18 ha（44 acres）の栽培が記録された．

オーストラリアでは，まだわずかしか栽培されていないが，この品種への興味の波は大きくなりつつある．同国ではハンター・バレー（Hunter Valley）に1980年代の初頭に最初に植え付けられ，1980年代の終わりにビクトリア州のキング・バレー（King Valley）の Pizzini 社によって植え付けられ，こちらのほうがうまくいったが，ワインは1990年に同じくキング・バレーの Brown Brothers 社によって最初に生産された．これらの二つの生産者の後を Garry Crittenden 氏や，アデレード・ヒルズ（Adelaide Hills），ラングホーン・クリーク（Langhorne Creek），マッジー（Mudgee）およびずっと北部のクイーンズランド州などにある孤高の生産者たちが追っている．長い冷涼な生育シーズンがある円熟したブドウ畑でより成功しているようである．2008年には106 ha（262 acres）に達し，オーストラリアおよびニュージーランドワイン産業名録（*Australia and New Zealand Wine Industry Directory 2009*）によれば，いまのところネッビオーロの生産者は84である．

ニュージーランドでの栽培も非常に限定的なものである．

NEBBIOLO ROSÉ

イタリア，ピエモンテ州（Piemonte）の品種．
ネッビオーロ（NEBBIOLO）に似ているが遺伝的には異なる．

ブドウの色：

主要な別名：Chiavennasca Piccola（ヴァルテッリーナ（Valtellina）），Chiavennaschino（ヴァルテッリーナ），Nebiol Matiné（アルバ（Alba））
よくNEBBIOLO ROSÉと間違えられやすい品種：NEBBIOLO

起源と親子関係

最近まで，NEBBIOLO ROSÉ は NEBBIOLO LAMPIA，NEBBIOLO MICHET，NEBBIOLO BOLLA などと同様に，アルバ地方におけるネッビオーロの特別なクローンだと考えられていた．しかし DNA 解析によって NEBBIOLO ROSÉ はネッビオーロとは異なる DNA プロファイルをもつことが明らかになり，異なる品種とみなすことが必要になった（Schneider, Boccacci *et al.* 2004）．さらに，ヴァッレ・ダオスタ州（Valle d'Aosta）のロエロ（Roero）やソンドリオ県（Sondrio）のヴァルテッリーナ地方では古い畑でわずかな量の NEBBIOLO ROSÉ が栽培されていて，NEBBIOLO ROSÉ は CHIAVENNASCHINO と呼ばれ，またネッビオーロは CHIAVENNASCA と呼ばれていることが明らかになった（Schneider 2005-6）．

加えて DNA 系統解析により NEBBIOLO ROSÉ とネッビオーロの親子関係が明らかになった（Schneider，Boccacci *et al.* 2004； 前述した系統図参照）．どちらが親品種であるのかは確認できないが，おそらく，ネッビオーロがNEBBIOLO ROSÉ の親品種にあたり，もう一方の親品種は明らかになっていないが，おそらく絶滅したのであろう．

ブドウ栽培の特徴

ネッビオーロよりも早熟である．うどんこ病と灰色かび病に感受性である．

栽培地とワインの味

NEBBIOLO ROSÉ は ネッビオーロ のクローンであると考えられてきたので，ネッビオーロという名前で繁殖されてきた．NEBBIOLO ROSÉ はイタリアでネッビオーロが栽培されている地域，とりわけアルバ周辺のロエロ，ヴァッレ・ダオスタ自治州（Valle d'Aosta）やヴァルテッリーナ地方で見られる．これらの地域ではかつては広く栽培されていたが，現在では主にヴァルテッリーナ地方のソンドリオ県近くのサッセッラ（Sassella）で栽培されている．NEBBIOLO ROSÉ はイタリアの品種登録で固有の項目がないため，栽培品種は記録されていない．少量のワインが作られるが Elvio Cogno 社の Barolo Vigna Elena は NEBBIOLO ROSÉ のみから作られ，同社はこの品種をネッビオーロの亜品種と説明している．ワインはネッビオーロよりもアルコール分が高く低い酸味で，色合いと骨格は弱いが，アロマは魅力的である．

NEGOSKA

ソフトでフルボディーのワインが作られるギリシャ北部の品種.
XINOMAVRO とブレンドされることが多い.

ブドウの色：● ● ● ● ●

主要な別名：Goumenissas Mavro, Mavro Goumenissas, Neghotska, Negkoska, Negoska Popolka, Negotska, Popolka Naoussis

起源と親子関係

NEGOSKA の名は，スラブ語で「ナウサ（Náoussa)」を意味する *Negush* に由来し，その名前が示すようにギリシャの西マケドニアのナウサが起源の地であろう．NEGOSKA は XINOMAVRO と近縁であると信じられており，XINOMAVRO とブレンドされることが多いが，最近行われた DNA 解析の結果はこの説を支持するものではない（Biniari and Stavrakakis 2007）．

ブドウ栽培の特徴

樹勢が強く豊産性で，晩熟である．病気全般に良好な耐病性をもつが，深さのある，水はけのよい石灰質の土壌での栽培に適している．

栽培地とワインの味

NEGOSKA はギリシャのマケドニア地方の各地で栽培されるが，マケドニア中部の Gouménissa 原産地呼称においてのみ最低20 % のこの品種の使用が必要とされ，現地では XINOMAVRO とブレンドされる．NEGOSKA の深い色合い，かなり高いアルコール分，比較的ソフトなタンニンと酸味は，より強い酸味としっかりした骨格をもつ XINOMAVRO と相性がよい．この地域の推奨される生産者としては Boutari 社および Tatsis 社で，後者は NEGOSKA と XINOMAVRO あるいは LIMNIO とブレンドすることでブレンドワインを，またヴァラエタルのロゼワインを作っている．Dalamara 社は最高のブドウの当たり年のときだけ NEGOSKA の赤ワインを作っている．

NEGRA MOLE

NEGRAMOLL を参照

NEGRAMOLL

イベリア半島の大西洋側の島々で栽培される濃い色の果皮をもつブドウ

ブドウの色：

主要な別名： Molar ⚥（ポルトガルのテージョ（Tejo），オエステ（Oeste）およびセトゥーバル（Setúbal）），Mollar ⚥（アンダルシア州（Andalucía），アルゼンチン，ボリビア，チリおよびペルー），Mollar Cano ⚥（アンダルシア州），Mollar de América（アルゼンチン，チリおよびペルー），Mollar de Cádiz（アンダルシア州），Mollar de Granada（アンダルシア州），Mollar de Huelva（アンダルシア州），Mollar ICA ⚥（ペルーの Mollar Valley），Mulata（カナリア諸島（Islas Canarias）のランサローテ島（Lanzarote）），Negra Criolla ⚥（ボリビア），Negra Mole ⚥（アルガルヴェ（Algarve），カナリア諸島）または Negramolle（カナリア諸島（Islas Canarias）），Rabo de OvelhaTinto ⚥，Saborinho ⚥（ポルトガルのアゾレス諸島（Açores）），Tinta de Madeira（マデイラ島（Madeira）），Tinta Negra または Tinta Negra Mole（マデイラ島）

よく NEGRAMOLL と間違えられやすい品種： LISTÁN NEGRO ⚥，LISTÁN PRIETO ⚥（スペイン中部のカスティーリャ＝ラ・マンチャ州（Castilla-La Mancha）では Negramoll は時折間違えて Listán Prieto あるいは Listán Negro と呼ばれる），MOLLARD，PRETO MARTINHO ⚥

起源と親子関係

NEGRAMOLL はポルトガルのマデイラ島（Tinta Negra Mole の名で）およびスペインのカナリア諸島の在来品種だと考えられており，両島では19世紀頃から広く栽培されていた．しかし最近のDNA解析によって NEGRAMOLL は MOLLAR と同一であることが明らかになった（Martín *et al.* 2006）．MOLLAR はスペイン南西部，アンダルシア州の古い品種で，カディス県（Cádiz）から持ち込まれたと考えられており，1787年に初めて次のように記載されている．「ヒョウタン一杯の Mollar ワインをくれた」（Favà i Agud 2001）．したがって，この品種はアンダルシア州からカナリア諸島へ，そしてマデイラ島に18世紀よりも前に持ち込まれたと考えられる．NEGRAMOLL，（TINTA）NEGRA MOLE（公式には2000年から TINTA NEGRA）という名前はアンダルシア州の古い別名である MOLLAR NEGRO にちなんで命名されたものである．

MOLLAR の名はラテン語で「柔らかい」を意味する *mollis* に由来し，それはこの品種の果粒の様子を表している．スペインのブドウの形態分類の専門家の Simón de Rojas Clemente y Rubio（1807）によれば，この品種には次の三つのタイプがある．

- MOLLAR NEGRO はカディス県の様々なところで栽培され，マラガ県（Málaga）では MOLLAR SEVILLANO として知られている．
- MOLLAR NEGRO BRAVÍO は非常に細い枝をもつ．
- MOLLAR CANO は黒，赤，ピンクや白い果粒を同じ樹につける多色変異である．

ピンク色の果皮色変異の NEGRAMOLL ROSADA の存在がテネリフェ島（Tenerife）で報告されている．こうした大きな多様性は，この品種がアンダルシア州に起源をもち，現地では1787年に最初に記載されるよりも前から栽培されていたことを示している．実際に MOLLAR は17世紀の初めにチリで記載されており，これはスペインからチリに持ち込まれたものである（Lacoste *et al.* 2010）．サンチアゴ（Santiago）のカビルド（スペインの植民地の支配者）は1641年6月6日の審理で，商人に次のことを求めた．「Mollar や

Moscatel や Albillo のワインを売ることが許された．…．それぞれ3カートで1レアルで」．南アメリカで MOLLAR について多くの古い記載があり，アルゼンチン，ボリビア，チリ，ペルーでの長い栽培の歴史を表している（Lacoste *et al.* 2010）．南米の MOLLAR と元々のアンダルシア州の MOLLAR は，最近 DNA 解析によって同じであることが確認された（Martínez，Cavagnaro *et al.* 2006; Tapia *et al.* 2007）．古い名前である MOLLAR は現在ではアンダルシア州ではほとんど使われないので，広く使われている NEGRAMOLL を本品種の基本名として使用することにする．

NEGRAMOLL は QUEBRANTA の親品種（MUSCAT の系統図を参照）で，（TINTA DE MADEIRA の名で）EGIODOLA の育種に用いられた．

他の仮説

MOLLAR と MOLLARD の名前は似ているが，後者はフランスオート＝アルプ県（Hautes-Aples）の品種で，それらの間に共通性はない．

ブドウ栽培の特徴

萌芽期および熟期はいずれも中期である．植物的な風味がある厚い果皮をもつ果粒が粗着した大きな果房をつける．急激な温度変化に敏感である．

栽培地とワインの味

NEGRAMOLL はスペインのテネリフェ島の Tacoronte-Acentejo DO において主要な赤品種であり，すべての他のカナリア諸島の DO で公認または許可されているが，品質を大切にする生産者は VIJARIEGO NEGRO（SUMOLL）や BABOSO NEGRO（ALFROCHEIRO）などの他の品種により注意を払っている．大部分のヴァラエタルワインあるいは NEGRAMOLL 主体のブレンドワインはラ・パルマ島（La Palma）の La Palma DO で作られている．スペインでは2008年に1,243 ha（3,072 acres）の栽培が記録されており，それらすべてがカナリア諸島で栽培されている．ワインは軽くソフトで香り高く（果粒は高い糖度になることがあるが），早飲みに適している．ヴァラエタルワインと NEGRAMOLL を主体としたブレンドワインの生産者としては，ラ・パルマ島にある Carballo 社，El Hoyo 社，Teneguía 社があり Tacoronte-Acentejo DO には El Mocanero 社がある．その他では，地方のブレンドワインにほとんどが使われている．

MOLLAR の名で（スペインの公式登録では MOLLAR CANO），2008年にスペインで486 ha（1,201 acres）が記録されており，多くは南西部のエストレマドゥーラ州（Extremadura）で栽培されている．ワインはアルコール分が高く酸味は弱い．

ポルトガルでは SABORINHO（この品種の別名）は IGP Açores に公認されており，Pico 協同組合は Terras de Lava ブレンドワインの生産にこの品種を用いている．

この品種は TINTA NEGRA MOLE の名で，大西洋の別の島であるマデイラ島の畑で優位を保っている．2009年の統計では277 ha（684 acres）しか記録されていないが，同島の南部のフンシャル（Funchal）やカッマラ・デ・ローボス（Câmara de Lobos），サン・ヴィセンテ島（São Vicente）北部で栽培されている．この品種はワインの名前にはほとんど表れないが，マデイラ島のワイン生産の80〜85 % を占めるほど広く栽培されている（2番目は VERDELHO で，47 ha/116 acres）．同島がフィロキセラ被害を受けた19世紀の終わり以降，それまで栽培されていた伝統的な薄い果皮色の SERCIAL，VERDELHO，BOAL（MALVASIA FINA），MALVASIA CÂNDIDA（MALVASIA DI LIPARI），TERRANTEZ，MOSCATEL（ミュスカ・ブラン（MUSCAT BLANC À PETITS GRAINS））などの頑強で濃い果皮色の TINTA NEGRA MOLE への植え替えを栽培家が望んだことで，この傾向は顕著になった．これらの品種へ植え替えることが公的に資金面で援助されているが，Barbeito 社の Ricardo Diogo Freitas 氏などは TINTA NEGRA MOLE を愛し，高い品質のマデイラ酒に用いることに志をもっている．NEGRA MOLE MADEIRA のヴァラエタルワインの生産者には Barbeito 社や Justino Henriques 社などがある．

ポルトガルにはアレンテージョ地方（Alentejo）の NEGRA MOLE は MOLLAR と全く異なる品種であると考えている人たちがいて（Rolando Faustino 私信），2010年の統計ではこれらを個別に記載している（610 ha/1,507 acres）．

南アメリカでは MOLLAR は現在もペルーで栽培されており，主にピスコ用に蒸留されている．

NEGRARA TRENTINA

20世紀初頭のフィロキセラ被害以降に多くの栽培地を失った，トレント自治県（Trentino）の品種

ブドウの色：● ● ● ● ●

主要な別名：Doleara（トレント自治県），Doveana（トレント自治県），Dovenzana（トレント自治県），Edeleschwarze（アルト・アディジェ（Alto Adige/ボルツァーノ自治県）），Keltertraube（アルト・アディジェ（Alto Adige/ボルツァーノ自治県）），Zoveana（トレント自治県）
よくNEGRARA TRENTINAと間違えられやすい品種：NEGRARA VERONESE ⸸，TEROLDEGO ⸸

起源と親子関係

NEGRARA の名はラテン語で「黒」を意味する *niger* に由来し，果粒の濃い果皮色を表す．その名は主にヴェネト州（Veneto）の NEGRARA VERONESE，トレンティーノ・アルト・アディジェ自治州（Trentino-Alto Adige）の NEGRARA TRENTINA などの様々な異なる品種（ひとまとめに Negrare として知られる）に使われている．NEGRARA TRENTINA は Pollini（1818）によって初めて記載された．DNA 系統解析によれば ENANTIO は NEGRARA TRENTINA の親品種か子品種であることが示されている（Grando *et al.* 2006）．

ブドウ栽培の特徴

べと病と灰色かび病に非常に敏感である．熟期は中期～晩期である．

栽培地とワインの味

NEGRARA TRENTINA はフィロキセラ被害以前はイタリアのトレンティーノ・アルト・アディジェ特別自治州で広く栽培されていたが，アメリカ系の台木に接ぎ木し，ブドウの樹勢を著しく低下させることでフィロキセラに対する救済策となることが報告されて，フィロキセラ被害以降は他の品種に植え替えられた．現在では NEGRARA TRENTINA は NEGRARA VERONESE よりもずっと少ない栽培量であるが，トレント自治県の主に Valdadige，Etschtaler，Valle del Sacra やヴァッレ・デイ・ラーギ（Valle dei Laghi）で伝統的な棚仕立てで依然栽培されている．ヴァラエタルワインはほとんど作られないが，Pravis 社の Negrara は IGT Vigneti delle Dolomiti に分類され，NEGRARA TRENTINA を主体にその他のこの地域の品種とブレンドされている．またこの品種は Valpolicella や Garda Colli Mantovani DOC においてブレンドワインの副原料（最大15% だが，通常はもっと少ない）として用いられる．

NEGRARA VERONESE

色づけに役立つ，イタリア，ヴェネト州（Veneto）のマイナーなブレンドワイン用原料

ブドウの色：● ● ● ● ●

主要な別名：Terodola
よくNEGRARA VERONESEと間違えられやすい品種：NEGRARA TRENTINA ⸸，RABOSO VERONESE ⸸，TEROLDEGO ⸸

起源と親子関係

NEGRARA VERONESE（語源は NEGRARA TRENTINA を参照）は Pollini（1824）により初めて記載されている．DNA 解析によれば NEGRARA VERONESE と，ヴィチェンツァ県（Vicenza）やブレガンツェ地域(Breganze)で最近，絶滅の危機から救済された GRUAJA との近縁関係が示唆された(Salmaso *et al.* 2008)．

ブドウ栽培の特徴

熟期は中期～晩期である．結実能力が高い．

栽培地とワインの味

NEGRARA VERONESE はイタリア北部のヴェネト州のヴェローナ県（Verona）で栽培され，またヴィチェンツァ県やパドヴァ県（Padova）でも少し栽培されている．Bardolino，Breganze Rosso，Valpolicella（アマローネ（Amarone）やレチェート（Recioto）を含む)，Valdadige などの DOC で副原料として公認されている．ヴァラエタルワインはほとんど作られず，かつては広く植えられていて色づけに使われていたが，このブドウから作られるワインの品質と高収量（そのため成熟しにくい）のため，新しい植え付けが推奨されなかったので，現在では古い畑の小さい区画に限定され栽培されている．たとえば Tedeschi 社は古い畑の 1％以下の面積でこの品種を栽培している．

NÉGRET DE BANHARS

フランス，アヴェロン県（Aveyron）の事実上絶滅状態にある古いブドウ

ブドウの色：● ● ● ● ●

起源と親子関係

NÉGRET DE BANHARS はフランス南部のミディ＝ピレネー地域圏（Midi-Pyrénées）のアヴェロン県のアントエギュ（Entraygues）やエスタン（Estaing）の古い品種である．Négret の名はオック語で「黒」を意味する *negre* に由来する．Banhars はアントエギュに近いトリュイエール川（Truyère）近くの村の名前である（Lavignac 2001)．

ブドウ栽培の特徴

樹勢が強く，茎は折れやすく風の被害を受けやすい．小さくて薄い果皮をもつ果粒が非常に密着した果房をつける．灰色かび病とブドウつる割れ病に感受性である．熟期は中期である．

栽培地とワインの味

NÉGRET DE BANHARS はほぼ絶滅状態にあるがフランスのアヴェロン県では2,500本が現在も栽培され，カンプーリエ（Campouriez）の Nicolas Carmarans 氏が半分以上保有している．彼は Mauvais Temps の赤のブレンドワインに FER，カベルネ・ソーヴィニヨン（CABERNET SAUVIGNON）やカベルネ・フラン（CABERNET FRANC）とともにこの品種を30％程度加えている．ワインは濃い色合いであるがアルコール分は低く酸味は弱い．Lavignac（2001）が FER と同じ野性的な味と評す風味を有している．

NÉGRETTE

数世紀にわたってフランス，トゥールーズ（Toulouse）の北部で成功している，滑らかでフルーティーな個性的な品種

ブドウの色：

主要な別名：Cap de More（タルヌ＝エ＝ガロンヌ県（Tarn-et-Garonne）），Dégoûtant（シャラント県（Charente）），Morelet，Morillon，Mourrelet（タルヌ＝エ＝ガロンヌ県），Négralet，Négret，Négret de Gaillac，Négret du Tarn，Négrette de Fronton，Noirien，Pinot St George（アメリカ合衆国），Vesparo Noir（ジェール県（Gers））
よくNÉGRETTEと間違えられやすい品種：COT（ジェール県ではまた Vesparo と呼ばれる），FUELLA NERA（レ島（Île de Ré）とオレロン島（Île d'Oléron）で Négrette は Folle Noire と呼ばれる），GRACIANO（フランス南部では Morrastel と呼ばれる），MONASTRELL，Mourvaison，Négret Castrais（タルヌのカストル（Castres）），Négrette de Nice，TRESSOT（ヨンヌ県（Yonne））

起源と親子関係

NÉGRET あるいは NÉGRETTE は，方言で「黒」を意味する *negre* に由来するが，COT，GRACIANO（ラングドック（Languedoc）では MORRASTEL としても知られている），MOURVAISON，MOUYSSAGUÈS などの多くの品種にこの用語を用いていることから混乱が生じ，歴史的な文書を解読するのが困難である．ここで述べる品種 NÉGRETTE は，フランス南部のトゥールーズ地域原産の品種で，オート＝ガロンヌ県（Haute-Garonne）やタルヌ＝エ＝ガロンヌ県で見られ（Lavignac 2001），ブドウの形態分類群の Cot グループに属している（pXXXII 参照；Bisson 2009）．Viala and Vermorel（1901-10）によれば，この NÉGRETTE はガヤック（Gaillac）でずっと以前から栽培されてきたとされるが起源は不明であり，遺伝的解析は行われておらず系統を解析するに至っていない．

他の仮説

言い伝えによれば NÉGRETTE はテンプル騎士団が近東から持ち込んだとされる．Lavignac（2001）は NÉGRETTE は地域の野生品種と地中海品種の交配品種である可能性があると述べているが，遺伝的証拠はない．

ブドウ栽培の特徴

萌芽期は遅く，熟期は早期～中期である．樹勢が強く結実能力が高いが，花ぶるい（Coulure）や結実不良（ミルランダージュ）に感受性で，収量が不安定である．小石混じりや砂混じりの土壌と同様に，*boulbènes*（酸性の土砂粘土）での栽培が適している．小さくて薄い果皮をもつ果粒が密着した小ぶりの果房が，短く折れにくい梗についている．灰色かび病，うどんこ病，ヨコバイおよびダニに非常に感受性である．

栽培地とワインの味

NÉGRETTE はフランス南西部，トゥールーズの北部の生産地の主要品種の一つであり，特にヴィロドリック（Villaudric）やフロントン（Fronton）の町の周辺に多く見られる．Fronton アペラシオンの主要品種（生産者の畑の50～70%が必要）であり，西部のラヴィルデュー（Lavilledieu）ではこの品種を少なくとも 30 % 加えなければいけない．この地区の他の品種である濃い色の果皮をもつ TANNAT と比べて NÉGRETTE は深い色合いであるが，しなやかで香り高く，ほどほどの酸味をもち早飲みに最適である．果実感があるが，動物やフローラル（スミレ？）のノートをもつこともある．こうした性質のため，多くはしっかりした骨格をもつシラー（SYRAH），COT，カベルネ・ソーヴィニヨン（CABERNET SAUVIGNON）やカベルネ・フラン（CABERNET FRANC）とのブレンドに用いられるが，アペラシオンの規程ではその割合は厳密に制限されている．Strang（2009）によれば，フロントンのワインは「トゥールーズのボジョレー」とその地方で呼ばれることがある．2009年のフランスにおける栽培面積は1,227 ha（3,032 acres）で，徐々に減りつつある．Cave Coopérative de Fronton は優れた NÉGRETTE のブレンドワインを生産し，また一種類だけだがヴァラエタルワインも作っている．他には Châteaux Bellevue La Forêt（59 ha/196 acres の NÉGRETTE），Baudaire，Cahuzac，Domaine de Callory，Châteaux Caze，Joliet，Plaisance，le Roc などの各社が推奨される生産者である．

少し意外だが，NÉGRETTE はカリフォルニア州でも栽培されており，1997年までは PINOT ST GEORGE として知られていた．DeRose 社はシェネガ・ヴァレー（Cienega Valley）で栽培されている古い樹からヴァラエタルワインを作っている．サンベニト郡（San Benito）のブドウから作られる Kenneth Volk 社のワインは，甘く濃い果実の味わいがあるが，セージの趣も感じられる．

NEGRETTO

イタリア，エミリア=ロマーニャ州（Emilia-Romagna）のマイナーな品種．
古くから栽培されているが現在では生食用や早飲みワインに用いられている．

ブドウの色：● ● ● ● ●

主要な別名：Negretta，Negrettino，Negrettino Bolognese，Negrettino Erioli

起源と親子関係

NEGRETTO の名前は歴史的に多くの異なる黒ブドウに用いられてきた．そのうちの一つ，エミリア＝ロマーニャ州の南東部で栽培されている品種は1303年に Pietro de Crescenzi 氏が記載したものであろう．NEGRETTO は最も賞賛された19世紀の地方品種で，当時は生食用とワイン用に用いられていた．

ブドウ栽培の特徴

頑強である．うどんこ病に耐性であるが灰色かび病には感受性である．樹勢が強く豊産性である．熟期は中期～晩期である．

栽培地とワインの味

フィロキセラ被害の後，NEGRETTO はその頑強さとうどんこ病への良好な耐性により広く栽培されたが，現在ではその栽培面積は減少しており，イタリア，エミリア＝ロマーニャ地方のボローニャ県（Bologna）やラヴェンナ県（Ravenna）近郊の丘，フォルリ市（Forlì）やイモラ市（Imola）の近郊にわずかにみられるのみである．ワインは深い色合いであるが，タンニンは軽いので熟成には適していない．ALBANA，ALIONZA，BARBERA，サンジョベーゼ（SANGIOVESE）とブレンドされることが多く，2000年の時点でイタリアでは303 ha（749 acres）の栽培が記録されている．

NEGROAMARO

イタリアのかかとにあたる地域で，甘い，早飲みの赤ワインと
良質のロゼワインが作られている．

ブドウの色：● ● ● ● ●

主要な別名：Abruzzese（プッリャ州（Puglia）のバーリ県（Bari）およびターラント県（Taranto）），Albese（プッリャ州のカンピ・サレンティーナ（Campi Salentino）およびグアニャーノ（Guagnano）），Jonico（プッリャ州のガラティーナ（Galatina)), Lacrima（プッリャ州のラティアーノ（Latiano), Montemasola および スクインツァーノ（Squinzano)), Negro Amaro（プッリャ州), Nigroamaro（プッリャ州), Purcinara（プッリャ州のバルレッタ（Barletta)), Uva Olivella（カンパニア州（Campania）のポッツオーリ（Pozzuoli)）

起源と親子関係

NEGROAMARO はイタリア南部，プッリャ州において最も重要な品種であり，現地では19世紀にすでに記載されている．多くの別名をもつことから，NEGROAMARO が歴史的に広範囲にわたっていた古い品種であることが示唆されるが，その語源と起源については議論がある．単に「黒」(*negro*)と「苦い」(*amaro*)が語源，と述べる人もいるが，他方，ギリシャ語源を主張する人もいて，「黒」を意味する *mavro* に由来し，「黒と黒」というように重複してしまうにも関わらずプッリャ州とギリシャの歴史的な関係についてもふれている．NEGROAMARO の DNA は現代ギリシャ品種との関係を示さないことから，「黒い－苦い」説がより理にかなっているように見える．加えて Negro Dolce（「黒い－甘い」）という品種が19世紀にサレント（Salento）で記載されているが，これは，おそらくこの「苦い－甘い」品種と区別するためであると考えられている．

最近行われた DNA 解析によれば NEGROAMARO とサンジョベーゼ（SANGIOVESE）との親子関係が示唆されているが（Myles *et al.* 2011），この説は他で公開された DNA プロファイルによって否定されている（Vouillamoz）．

ブドウ栽培の特徴

樹勢が強く，高収量である．熟期は中期～晩期である．NEGROAMARO PRECOCE のクローンは一般の NEGROAMARO よりも20日ほど早く熟す．べと病とうどんこ病に良好な耐性をもっている．濃い色の厚い果皮をもつ果粒をつける．

栽培地とワインの味

NEGROAMARO はイタリア南部のプッリャ州のサレント半島の東側のレッチェ（Lecce）やブリンディジ（Brindisi）などの県で主に栽培されており，またプッリャ州のバーリ県やターラント県（Taranto）などでも少し栽培されている．この品種は Alezio，Brindisi，Copertino，Leverano，Salice Salentino，Squinzano などの DOC において主要品種であり，他のいくつかの DOC では MALVASIA NERA DI BRINDISI などとのブレンド用に副原料として用いられる品種である．Canteles 社の Amativo（IGT Salento）は PRIMITIVO（TRIBIDRAG）と NEGROAMARO のブレンドワインの優れた成功例で，PRIMITIVO が骨格を与えている．2000年にはイタリアで16,760 ha（41,415 acres）の栽培が記録されているが，EU のブドウの減反政策によって1990年の31,000 ha（76,603 acres）から激減している．

深い色合いのワインは甘く，ベルベットのようになめらかだが非常に素早く熟成する．最高のワインは，夜になると気温が下がる海に近い畑で株仕立てされているブドウから作られる．Cantele，Due Palme，Castello Monaci, Taurino, Tormaresca, Vallone などの各社は注目に値する生産者である．またフルーティーさが強調されたロゼワインや，Vallone 社の Gratticaia のような半干しされたブドウから印象的な甘口ワインがつくられている．

オーストラリアではイタリアを専門としている Parish Hill 社がアデレイド・ヒルズ（Adelaide Hills）で NEGRO AMARO の最初のビンテージを2005年に作り，継続して栽培量を増やしている．暑いところでも酸度はよく保持されており，これがこの品種がイタリア南部で成功している理由であろう．

NEGRU DE DRĂGĂȘANI

最近開発されたルーマニアの交配品種．
ソフトでフルーティーな赤ワインになるポテンシャルがある．

ブドウの色：

起源と親子関係

NEGRU DE DRĂGĂȘANI には「ドラガシャニ（DrăgăȘani）の黒」という意味があり，元々は1993年にルーマニア南西部の SCPVV 研究センターの Marculescu Mircea と Vladasel Mircea の両氏が NEGRU VÎRTOS×SAPERAVI の交配により得た交配品種であるといわれていた．この時用いられた NEGRU VÎRTOS（「活発な黒」vigorous black）は，現在では栽培されていない古いルーマニア品種である．したがって NEGRU DE DRĂGĂȘANI は NOVAC の姉妹品種にあたることになる．しかし SAPERAVI の DNA プロファイルはこの親子関係と矛盾する．最近の遺伝学的な研究（Bodea *et al.* 2009）で，NEGRU DE DRĂGĂȘANI は，NEGRU VÎRTOS，NOVAC や現在では栽培されていない古いルーマニア品種である BĂTUTĂ NEAGRA などと近縁関係にあることが示された．また BĂTUTĂ NEAGRĂ は NEGRU DE DRĂGĂȘANI のもう一方の親品種である可能性が示唆されたが，ドラガシャニにあるブドウ栽培研究センターでの最近の研究によって，BĂBEASCĂ NEAGRĂ が親品種である可能性が示唆された（Ciprian Neascu，私信）．

ブドウ栽培の特徴

樹勢が強く，豊産性である．熟期は中期である．厚い果皮をもつ果粒が粗着する果房をつける．特にかびの病気に感受性というわけではない．

栽培地とワインの味

この品種の栽培地域はまだ非常に少ない（2008年のルーマニアにおける栽培面積は6 ha/15 acres）が，栽培が容易で NOVAC よりも大きなポテンシャルを有している．ワインは濃い色の果実の甘いフレーバー，スパイスの趣およびソフトなタンニンをもつ．推奨される生産者としては Prinz Ştirbey 社，Casa Isarescu 社，Vinarte 社などがあげられる．

NEHELESCHOL

巨大な果房をつける中東のこの古い品種は，聖書（Numbers 13:23）で詳述されているようにモーゼのスパイがカナンから持ち帰った重い果房のブドウに似ているといわれている．通常は生食用ブドウと考えられているが，NEHELESCHOL はルーマニアではテーブルワイン用として用いられており，フランスのラングドック＝ルシヨン地域圏（Languedoc-Roussillon）の Mas de Daumas Gassac 社が試験栽培を行っている．

NEOPLANTA

近年開発された香り高いセルビアの交配品種.
主にヴォイヴォディナ自治州（*Vojvodina*）で見られる.

ブドウの色：● ● ● ● ●

起源と親子関係

NEOPLANTA はセルビアのヴォイヴォディナ自治州のノヴィ・サド（Novi Sad）大学（Neoplanta は Novi Sad のラテン名で，これが品種名となった）のブドウ栽培研究センターで Dragoslav Milisavljević 氏が DIMYAT（SMEDEREVKA の名で）×SAVAGNIN ROSE（TRAMINER ROT の名で）の交配により得た交配品種であり，1970年に公開された（Cindrić *et al.* 2000）.

ブドウ栽培の特徴

樹勢が強く，収量は高いが不安定である．早熟である．霜とかびの病気に感受性である.

栽培地とワインの味

ワインには強いマスカットに似たアロマがあり，アルコール分は高いが酸味は弱い．Jovan Kuzmanović 社や Vinaria Kurjak 社などのセルビアの生産者は，いずれもノヴィ・サドの南部にあるフルシュカ・ゴーラ地方（Fruška Gora）にある.

NER D'ALA

事実上絶滅状態のこのブドウは，イタリア，ピエモンテ州（*Piemonte*）から
もたらされたことが現在では知られている.

ブドウの色：● ● ● ● ●

主要な別名：Barau（キアヴェラーノ（Chiaverano）），Durás（クインチネット（Quincinetto）），Fiori（ピネロー口地域（Pinerol）），Gros Vien（アルナド（Arnad），イソーニュ（Issogne）およびモンジョヴェ（Montjovet）），Neirét dal Picul Rus（カレーマ（Carema）），Provinè または Pruinè（カスタニェート・ポー（Castagneto Po）），Uva di Biella ⚧（ビエッラ地域（Biella）），Verdés，Vernassa ⚧（イヴレーア（Ivrea）周辺，ヴァッレ・ダオスタ州（Valle d'Aosta））
よく NER D'ALA と間違えられやすい品種：NERET DI SAINT-VINCENT ⚧（ヴァッレ・ダオスタ州）

起源と親子関係

NER D'ALA は長い間ヴァッレ・ダオスタ州の在来品種だと考えられ，現地では Gatta（1838）が最初に記載しているが，最近行なわれたブドウの形態分類学的解析および DNA 解析によってピエモンテ州のトリノ県（Torino），カナヴェーゼ地域（Canavese）の VERNASSA，およびビエッラ県周辺の UVA DI BIELLA と同一であることが明らかになった（Moriondo 1999; Labra *et al.* 2002; Schneider and Mannini 2006）．その名はアラ渓谷（Val d'Ala，ピエモンテ州）に由来するが，現在ではこの地にはブドウ畑はない．翼があるように見える果房の形であるため，「翼」を意味する *ala* に由来するとも考えられている．DNA 系統解析によって NER D'ALA と AVARENGO は遺伝的に近い関係があることが示唆されたことで，NER D'ALA のピエモンテ州起源が確認された（Vouillamoz and Moriondo 2011）.

ブドウ栽培の特徴

晩熟である.

栽培地とワインの味

NER D'ALA はヴァッレ・ダオスタ州では事実上絶滅状態であるが，アルナド（Arnad）とモンジョヴェ（Montjovet）の二つのコムーネの間の谷の下のほうにある古い畑で生育しており，またシャティヨン（Châtillon），サン＝ドニ（Saint-Denis），クアルト（Quart），サン＝クリストフ（Saint-Christophe）などでも見られる．その主要栽培地はイタリア，ピエモンテ州のアルト・カナヴェーゼ（Alto Canavese）（カレーマ，パレッラ（Parella），セラ（Serra）およびイヴレーア（Ivrea））であり，ビエッラ県やトリノ県のカスタニェート・ポーでも少し見られる．2000年時点でのイタリアの統計によれば9 ha（22 acres）の栽培が記録されており，ブドウはブレンドワインの生産に用いられている．VERNASSA 同様にネッビオーロ（NEBBIOLO）とのブレンド用として Canavese Rosso DOC などで用いられている.

NERELLO CAPPUCCIO

わずかな量しか栽培されていないソフトなシチリア島（Sicilia）の NERELLO 品種．まだ明らかにされていない他の品種と栽培されることが多い.

ブドウの色：● ● ● ● ●

主要な別名：Mantiddatu Niuru，Nerello Mantellato，Nirello Cappucio，Niureddu，Niureddu Ammatiddatu，Niureddu Capucciu

よくNERELLO CAPPUCCIOと間違えられやすい品種：FRAPPATO ✕，NERELLO MASCALESE ✕，PERRICOE ✕

起源と親子関係

NERELLO CAPPUCCIO はイタリアのシチリア島のエトナ火山地域（Etna）の品種であり，18世紀にはすでにカターニア県（Catania）で記載されている．Nerello は *nero*（「黒」を意味する）に由来し，*cappuccio*（フード）はコート（*mantello*）のように果房を覆う果粉に由来すると考えられ，NERELLO MANTELLATO の別名をもつ．最近のシチリア島で商業栽培されている34本を用いて最近実施された NERELLO CAPPUCCIO の DNA 調査によって，真の NERELLO CAPPUCCIO と，まだ同定されていない5種類の異なる品種が混在していることが明らかになった（Branzanti *et al.* 2008）．したがって，NERELLO CAPPUCCIO は多系統品種である．しかしこの多系統品種という用語は現代のブドウの分類学では適切な用語でない（pp XX－XXI 参照）．NERELLO CAPPUCCIO の畑には複数の異なる品種が混植されているというべきである.

ブドウ栽培の特徴

樹勢が強く，熟期は中期である．中サイズの果粒が密着した果房をつける.

栽培地とワインの味

NERELLO CAPPUCCIO はイタリア，カラブリア州（Calabria）にあるレッジョ・カラブリア県（Reggio Calabria）やカタンザーロ県（Catanzaro）で，またシチリア島にあるカターニア県（Catania）やメッシーナ県（Messina）など北東部の県でより広く栽培され，良質の NERELLO MASCALESE などと畑あるいは発酵槽で混醸されている．ワインは中程度の色合いで，黒いフルーツの風味をもち，NERELLO MASCALESE よりもソフトではっきりしない印象である（あるエトナの生産者はこの品種を，MASCALESE のカベルネに対するメルロー（MERLOT），と述べた）．一般にこの品種のみではワイン作りには適さない．Benanti 社や Fessina 社は珍しいことにシチリア島でヴァラエタルワインを作っている．NERELLO CAPPUCCIO は Etna，Faro，Lamezia，Savuto，Scavigna などの多くの DO で公認されており，Scavigna は GAGLIOPPO とのブレンドワインである．2000年時点でのイタリアの統計によれば1,559 ha（3,852 acres）の栽培が記録されている．

NERELLO MASCALESE

特にエトナ火山（Etna）周辺で重要とされる高貴なシチリア島（Sicilia）の品種．寿命の長いしっかりしたNERELLO品種である．

ブドウの色：● ● ● ● ●

主要な別名： Mascalese Nera，Mascalisi，Nerello Calabrese，Nerello Carbunaru，Nerello di Mascali，Nerello Nostrale，Nerello Paesano，Niureddu，Niureddu Mascalese

よくNERELLO MASCALESEと間違えられやすい品種： FRAPPATO ☓，MAGLIOCCO CANINO ☓，MAGLIOCCO DOLCE ☓，NERELLO CAPPUCCIO ☓，PERRICONE ☓

起源と親子関係

NERELLO MASCALESE は18世紀に初めて記載された．シチリア島の北東部エトナ地方の在来品種である．Nerello という名前は，「黒」を意味する *nero* に由来したものであり，一方，Mascalese という名前はエトナの東部，海岸近くのコムーネの名前で，この品種の起源となった土地の中心地であるマスカリ（Mascali）に由来すると考えられている（Zappalà 2005）．NERELLO MASCALESE（NERELLO CALABRESE の名で）の親品種が最近 DNA 系統解析によって明らかにされ（Cipriani *et al.* 2010），この品種はサンジョベーゼ（SANGIOVESE）×MANTONICO BIANCO の自然交配品種であることが示唆された．その結果，NERELLO MASCALESE はカラブリア州（Calabria）の GAGLIOPPO の姉妹品種ということになり，なぜサンジョベーゼがシチリア島で NERELLO，カラブリア州で NEGRELLO と呼ばれることがあるのかが説明できるようになった．シチリア島で商業栽培されている111本の NERELLO MASCALESE の樹を用いて最近行われた DNA 調査によって，これら111本の樹には真の NERELLO MASCALESE とまだ同定されていない5種類の異なる品種が混在していることが明らかになった．さらに最近行われた，遺伝的比較によって NERELLO MASCALESE と CARRICANTE との間の関係が示唆された（Maitti *et al.* 2009）．

他の仮説

NERELLO MASCALESE はポリクローナル起源（Scienza *et al.* 2008）をもっているといわれてきたが，これは本書で提唱する現代のブドウの形態分類学的解析とは一致しない（pp XX－XXI 参照）．NERELLO MASCALESE の畑がまだ明らかになっていない多くの異なる品種を含んでいると考えるのが妥当である．

ブドウ栽培の特徴

晩熟である．エトナ火山の標高1200 m くらいまでの高い斜面で栽培されているものは11月初頭に熟することもある．うどんこ病と灰色かび病に敏感である．収量は良好だが，不安定である．

栽培地とワインの味

NERELLO MASCALESE は主にイタリア，シチリア島，特にカターニア県（Catania）のエトナ地域で栽培されている．Etna Rosso DOC で主要な品種であるが NERELLO CAPPUCCIO や他の地方品種とブレンドされることもある．Faro，Marsala，Contea di Sclafani などの DOC では重要ではあるもののその役割は少ない．Contea di Sclafani DOC ではヴァラエタルワインも公認されている．この品種はカラブリア州でも，主にラメーツィア（Lamezia）やサンタナ・イゾラ・ディ・カポ・リッツート（Sant'Anna di

Isola di Capo Rizzuto）などで NERELLO CAPPUCCIO とともに栽培されている．2000年時点でのイタリアの統計によれば4387 ha（10,840 acres）の栽培が記録されており，2008年にシチリア島では3,985 ha（9,847 acres）の栽培が記録されている．

通常は，薄い色合いでアルコール分の高いワインとなり，フレッシュな酸味を有する．赤い果実のフレーバー，柔らかなタンニン，明確な高貴さがあり，若いうちに飲むことができるが，上品に熟成する可能性をもつワインになる．この品種が持つテロワールを伝えることができる能力は，熟練のエトナ地方の生産者により賞賛されている．Benanti 社と Tenuta Terre Nerre 社は注目に値するヴァラエタルワインを作っており，他には Calabretta，Cornelissen，Graci，Passopisciaro，Girolamo Russo，Terre di Trente などの各社が最高の生産者である．よりリッチでフルーティーな NERO D'AVOLA とブレンドする生産者もあるが，純粋なエトナワインを追い求める生産者は後者のワインの単純さを痛烈に批判する．

NERET DI SAINT-VINCENT

最近同定された，イタリア，アオスタ（Aosta）のあまり知られていないたくましい品種

ブドウの色：● ● ● ● ●

主要な別名：Neiret，Neret，Neretto，Neyret（最後の名前だけが Neret di Saint-Vincent に使われる）
よく NERET DI SAINT-VINCENT と間違えられやすい品種：CHATUS ✕（Neret Pinerolese としてもまた知られる），NER D'ALA ✕，NERETTO DI BAIRO ✕，NERETTO DURO ✕，NERETTO GENTILE ✕，NERETTO NOSTRANO

起源と親子関係

NERET（または NERETTO，NEIRET，NEYRET）という名前はイタリア，ピエモンテ州（Piemonte）やヴァッレ・ダオスタ州（Valle d'Aosta）の多くの様々な品種に用いられている．ヴァッレ・ダオスタ州で Neret と呼ばれる10本の樹を対象に DNA 解析を実施したところ，それらのうちの3本は各々 CHATUS，PETIT ROUGE，BONARDA PIEMONTESE であり，他の7本は同一の他にはない DNA プロファイルを示した（Moriondo *et al.* 2008）．これらは Gatta（1838）が NERET と記載した品種の特徴と一致したので，混乱を避けるためにこれを NERET DI SAINT-VINCENT と改名した．DNA 系統解析によって NERET DI SAINT-VINCENT は ROUGE DU PAYS と親子関係にあることが明らかになり，この品種がヴァッレ・ダオスタ州の古い品種であることが確認された（Vouillamoz and Moriondo 2011，PRIÉ の系統図参照）．

栽培地とワインの味

NERET DI SAINT-VINCENT はイタリア北部のヴァッレ・ダオスタ州のアルナド（Arnad）とモンジョヴェ（Montjovet）の間にあるコムーネの古い畑に分散して見られる．この品種がもつ深い色合いとアルコール分を添加するために通常他の地域のブドウとブレンドされている．

NERETTA CUNEESE

ブレンドワインの中に埋没してしまう，イタリア，ピエモンテ州のマイナーな品種

ブドウの色：● ● ● ● ●

主要な別名：Freisa di Nizza または Freisa Grossa（ピネローロ（Pinerolo），ヴァル・ディ・スーザ（Val di Susa），アスティ（Asti）およびトルトーナ地方（Tortona）），Freisa Mora（アスティ地域），Neretta，Neretto（Monregalo，クーネオ県（Cuneo）および コッリーネ・サルッツェージ地方（Colli Saluzzesi）），Neretto di Cavaglià（イヴレーア（Ivrea））
よく NERETTA CUNEESE と間違えられやすい品種：BONARDA PIEMONTESE ☓，FREISA ☓

起源と親子関係

NERETTA CUNEESE はクーネオ県やトリノ県（Torino）などの地方品種である．現地では18世紀のおわりに Scandaluzza 伯の Nuvolone Pergamo（1787-98）による記述がある．いくつか存在する別名は，FREISA との関係を示唆しているが，遺伝的な類縁関係は証明されていない（Vouillamoz）．

ブドウ栽培の特徴

熟期は中期～晩期で，豊産性である．ブドウファンリーフウィルス（Grapevine fanleaf virus）に影響を受けることが多い．

栽培地

NERETTA CUNEESE は主にクーネオ県，サルッツォ（Saluzzo），ピネローロ，ヴァル・ディ・スーザ地域などイタリアのピエモンテ州のいたるところで栽培されているが，唯一 DOC，Valsusa でのみ規定されており，通常は GRISA NERA，PLASSA，BARBERA，ネッビオーロ（NEBBIOLO）などの地方品種とブレンドされている．2000年時点でのイタリアの統計によれば407 ha（1,006 acres）の栽培が記録されている．

NERETTO DI BAIRO

ブレンドワインの生産に用いられる，
イタリア，ピエモンテ州（Piemonte）のマイナーな品種

ブドウの色：● ● ● ● ●

主要な別名：Nerét（クチェーリオ（Cuceglio），ヴァルペルガ（Valperga）およびバーイロ），Nerét Gros，Neretto，Neretto di San Giorgio
よく NERETTO DI BAIRO と間違えられやすい品種：NERET DI SAINT-VINCENT ☓，NERETTO DURO ☓，NERETTO GENTILE ☓，NERETTO NOSTRANO

起源と親子関係

NERETTO DI BAIRO という名前はトリノ県（Torino）のバーイロ（Bairo）コムーネの名に由来し，現地では19世紀の初めに記載がある．DNA 系統解析によって NERETTO DI BAIRO とネッビオーロ

(NEBBIOLO) との親子関係が示唆された (Schneider, Boccacci *et al.* 2004). おそらく NERETTO DI BAIRO はネッビオーロと現在では絶滅した品種との自然交配による子品種であろう.

他の仮説

NERETTO DI BAIRO とトスカーナ州 (Toscana) の MAMMOLO との別の親子関係が示唆されているが (Di Vecchi Staraz, This *et al.* 2007), NERETTO DI BAIRO はトスカーナ州には存在せず, また MAMMOLO はピエモンテ州で記録がないのでこの説は疑わしい.

ブドウ栽培の特徴

樹勢が強く, 栽培は棚仕立てに適している.

栽培地

NERETTO DI BAIRO は主にイタリア北部のピエモンテ州のカナヴェーゼ地域 (Canavese) で栽培され, 特にバーイロ, サン・ジョルジョ (San Giorgio), ヴァルペルガで多く見られる. 他の地方品種である BARBERA, BONARDA, PIEMONTESE, ネッビオーロなどと Pinerolese や Canavese などの DOC の赤ワインやロゼワイン作りにおいてブレンドされている(また Pinerolese Ramiè では AVARENGO と)が, まれにヴァラエタルワインも作られている. しかし様々な NERETTO 系の品種が必ずしも DOC 規則で区別されているわけではないので, どれが栽培されており, どれが公認されているものかを示すのは困難である. 2000年時点でのイタリアの統計によれば59 ha (146 acres) のみの栽培が記録されている.

NERETTO DURO

不相応な数の別名をもつ稀少なイタリア, ピエモンテ州 (Piemonte) の品種

ブドウの色: ● ● ● ● ●

主要な別名: Balò または Balau (アスティ県 (Asti),カナヴェーゼ (Canavese) およびピネローロ地方 (Pinerolo)), Barbera Rotonda (トリノ県 (Torino) のアルビアーノ (Albiano) およびビエッラ県 (Biella) のロッポロ (Roppolo)), Bonarda または Bonarda 'd Macoun (トリノ県のクチェーリオ (Cuceglio) およびサン・ジョルジョ (San Giorgio)), Dolcetto di Boca (ノヴァーラ地方 (Novara)), Durasa (ノヴァーラ地方), Freisone (トルトーナ地方 (Tortona)), Peilavert (ビエッラ県のドルツァーノ (Dorzano), サルッソーラ (Salussola) およびカヴァリア (Cavaglià)), Uva 'd Galvan (ピネローロ地域)

よく NERETTO DUROと間違えられやすい品種: BARBERA ⁑, BONARDA PIEMONTESE ⁑, NERET DI SAINT-VINCENT ⁑, NERETTO DI BAIRO ⁑, NERETTO GENTILE ⁑, NERETTO NOSTRANO ⁑, PELAVERGA ⁑, RASTAJOLA ⁑

起源と親子関係

NERETTO DURO には「堅く小さい黒」という意味がある. この品種はイタリア北西部ピエモンテ州在来の赤品種で, 同地方一帯で栽培されている. NERETTO DURO には, 紛らわしいことに BARBERA, BONARDA PIEMONTESE, DOLCETTO など, 他の品種との関係を示唆するようないくつかの別名がある. おそらく, NERETTO DURO は DURASA と同一品種であり, ノヴァーラ県ではこの名前で公認されているが, まだ確認されていない (Schneider and Mannini 2006).

ブドウ栽培の特徴

厚い果皮をもつので灰色かび病への良好な耐性を示す. 頑強で樹勢, 結実能力, 収量が高いのでワインの生産だけでなく生食にも用いられている. 果粒は高いアントシアニンを含み早熟である.

栽培地とワインの味

イタリア，ピエモンテ州のトリノ県，カナヴェーゼ地方で主に栽培されているが，アスティ県，クーネオ県（Cuneo），キエーリ（Chieri），ピネローロ，アレッサンドリア県（Alessandria）など周辺の全アルプス地方でも少し栽培されている．このワインはフルーティーでスパイシーで，低いアルコール分と弱い酸味があり，通常は他の地方品種とブレンドされている．紛らわしいことにEttore Germano社がNERETTO DUROの別名として広く使われているBalauという名前のワインを作っているが，このワインはDOLCETTO，BARBERA，メルロー（MERLOT）のブレンドにより作られている．

NERETTO GENTILE

イタリア，ピエモンテ州（Piemonte）の虚弱でマイナーな品種

ブドウの色：● ● ● ● ●

主要な別名：Nerét Cit，Neretìn（ストランビネッロ（Strambinello）），Neretto（ガッティナーラ（Gattinara）），Neretto di Cavaglià（ボルツァーノ（Dorzano）），Vermiglia（ヴェルチェッリ（Vercelli））
よくNERETTO GENTILEと間違えられやすい品種：NERET DI SAINT-VINCENT ☒，NERETTO DI BAIRO ☒，NERETTO DURO ☒，NERETTO NOSTRANO

ブドウ栽培の特徴

繁殖が困難である．樹勢が強く栽培は棚仕立てに適している．熟期は中期である．

栽培地とワインの味

NERETTO GENTILEは主にイタリア北西部，ピエモンテ州，トリノ県（Torino）のカナヴェーゼ（Canavese）地帯で栽培され，ガッティナーラでも少し見られる．通常は他の地方品種とブレンドされている．ワインは薄い色でアルコール分は低い．

NERETTO NOSTRANO

イタリア，ピエモンテ州（Piemonte）のマイナーな品種．
ヴァッレ・ダオスタ州（Valle d'Aosta）の南部でも知られている．

ブドウの色：● ● ● ● ●

主要な別名：Freisa Blu（カレーマ（Carema）），Nebbiulìn（ストランビネッロ（Strambinello）），Nerét 'd Rean（カステッラモンテ（Castellamonte）），Nerét dal Busc Bianc，Nerét di Romano，Nerét Gentil（ドルツァーノ（Dorzano）），Neretto della Valchiusella（パレッラ（Parella））
よくNERETTO NOSTRANOと間違えられやすい品種：FREISA，NERET DI SAINT-VINCENT，NERETTO DI BAIRO，NERETTO DURO，NERETTO GENTILE

栽培地

NERETTO NOSTRANOは主にイタリア北西部ピエモンテ州，トリノ県（Torino）のカナヴェーゼ

（Canavese）地帯で栽培され，イヴレーア（Ivrea）の町とヴァッレ・ダオスタ州の間にある氷河の丘 La Serra Morenica d'Ivrea でも栽培されている．さらにカレーマ（Carema）や，ヴァッレ・ダオスタ州の下流地域でもあちこちで見られる．

NERKARAT

耐寒性を有するアルメニアの交雑品種．
主に甘口赤ワインの生産に用いられている．

ブドウの色：● ● ● ● ●

主要な別名：Nerkarata

起源と親子関係

NERKARAT には「豊かな色」という意味があり，1960年にアルメニアの首都のエレバンの西方，Merdzavan にあるアルメニアブドウ栽培研究センターで S A Pogosyan 氏が SEYANETS C 1262×KARMRAHYUT の交配により得た交雑品種である．ここで SEYANETS C 1262 は *Vitis amurensis* Ruprecht×CSABA GYÖNGYE の交雑品種である．それゆえこの品種は CHARENTSI の姉妹品種にあたる．

ブドウ栽培の特徴

豊産性である．－28℃（－18.4°F）までの耐寒性を示す．

栽培地とワインの味

NERKARAT は糖度が比較的高いためアルメニアのデザートワインの生産に適している．一例として Ijevan Wine Factory 社がタヴシュ地方（Tavush）の北東部で辛口と中甘口のヴァラエタルワインを作っている．

NERKENI

主にアルメニア，アララット（Ararat）において甘口の赤ワインに用いられている，
アルメニア品種

ブドウの色：● ● ● ● ●

起源と親子関係

NERKENI はアルメニアの首都のエレバンの西，Merdzavan のアルメニアブドウ栽培研究センターで S A Pogosyan と S S Khachatryan の両氏が SAPERAVI と，以前に得られていた交雑品種（GARANDMAK×RICHTER）×KAKHET の交配により得た交雑品種である．この RICHTER はフランスの育種家の Franz Richter 氏が開発した数多くある交雑品種の一つである．

栽培地とワインの味

アルメニアの主要なワイン産地の一つであるアララットでは MAP 社や Kimley 社などのいくつかの生産者が様々な甘さのヴァラエタルワインを作っている．SAPERAVI や地方品種とブレンドしている生産者もある．

NERO BUONO DI CORI

通常はMONTEPULCIANOまたはCESANESEとブレンドされる，イタリア中部のマイナーな品種

ブドウの色：● ● ● ● ●

主要な別名：Nero Buono，Nero di Cori

ブドウ栽培の特徴

安定して高収量である．熟期は中期～晩期である．

栽培地とワインの味

NERO BUONO DI CORIには「Coriのよい黒」という意味があり，イタリア中部，ラツィオ州（Lazio）のラティーナ県（Latina）のCoriコムーネと，カステッリ・ロマーニ（Castelli Romani）の周辺地区でのみ栽培されている．Cori DOCブレンドに20～40%加えることができ，Castelli Romani DOCの様々なスタイルのブレンドのロゼワインや赤ワインの原料として，または主原料として公認されている．ヴァラエタルワインはほとんど見られないが，Marco Carpineti社のロゼOs RosaeやPoggio Le Volpi社のBaccarossa（両者ともIGT Lazio）がこの品種のヴァラエタルワインである．2000年時点でのイタリアの統計によれば123 ha（304 acres）の栽培が記録されている．

NERO D'AVOLA

イタリア，シチリア島（Sicilia）で最も多く栽培されている赤ワイン品種．この品種の色とフルボディーで熟成のポテンシャルが評価されている．

ブドウの色：● ● ● ● ●

主要な別名：Calabrese ☒，Calabrese d'Avola，Calabrese di Vittoria，Calabrese Dolce，Niureddu Calavrisi
よくNERO D'AVOLAと間違えられやすい品種：CALABRESE DI MONTENUOVO ☒，SANGIOVESE ☒

起源と親子関係

NERO D'AVOLAはイタリアのシチリア島，シラクサ県（Siracusa）のアーヴォラ市（Avola）の名に由来する．シチリア島の植物学者Francesco Cupani（1696）がCalavrisiという名で最初に記載している．これは「カラブリア（Calabria）から」（Calabrese）という意味の方言で，18～19世紀にこの品種に付けられた名前で，これはカラブリア州起源を示唆している．しかしCalavrisiはCalaulisiに由来し，「アーヴォラ市のブドウ」という意味をもち後にCaia-Avolaになったと主張する研究者もある（Carimi *et al.* 2011参照）．イタリアの公式品種登録リストではCALABRESEの名で登録されているが，CALABRESEはサンジョベーゼ（SANGIOVESE）やCANAIOLO NEROなどの他の多くの品種にも使われている名前であり，NERO D'AVOLAはこのワインの表記に最も多く使われていることから，本書ではNERO D'AVOLAを用いることとした．最近のDNA解析によって，NERO D'AVOLAはシチリア島ではいくつかの異なるクローンと他の未同定の品種（おそらく実生か？）が混じり合って栽培されており，遺伝的な多様性が高いことが示された（Carimi *et al.* 2011）．

ブドウ栽培の特徴

樹勢が強く，うどんこ病に感受性である．熟期は中期であるが暑さを好む．

栽培地とワインの味

NERO D'AVOLA はシチリア島で最も多く栽培されている赤品種である．シラクサ（Avola，Noto，Pachino，等），ラグーザ（Ragusa），カルタニッセッタ（Caltanisetta），アグリジェント（Agrigento），カターニア（Catania）の各県で広く栽培され，事実上同島のあらゆるところで栽培されている．栽培を成功させるためには温暖な良質の土地が必要であるので，地面に近いところで生育させる．2000年時点でのイタリアの統計では11,410 ha（28,195 acres）の栽培が記録されていたが，2008年にはシチリア島で19,304 ha（47,701 acres）が記録されており，栽培面積は激増している．

数十年前までは NERO D'AVOLA は主に他の品種の色づけに用いられており，トスカーナ州（Toscana），ピエモンテ州（Piemonte）およびフランスにも輸出され，ラングドック平野（Languedoc）の薄い色のワインの色を濃くしていた．しかしその後，1990年代までこの品種は流行のスポットライトを浴びた．依然，FRAPPATO や NERELLO MASCALESE や PERRICONE などのその地域の地方品種とブレンドされることも多いが NERO D'AVOLA は現在ではヴァラエタルワインとして成功しており，ワインは通常深い色合いになり，フルボディーで良好な熟成のポテンシャルをもつ．最高の NERO D'AVOLA ワインは野生のプラム，甘いチョコレート，高いレベルのタンニンとちゃんとした酸味を有する．一方，質のよくないワインはキャンディのアロマのある深みのない赤ワインになる．Abbazia Santa Anastasia 社，Baglio di Pianetto 社，Cusumano 社など，国際品種のカベルネ・ソーヴィニヨン（CABERNET SAUVIGNON）やメルロー（MERLOT）とのブレンドワインを生産する生産者が増えている．

同島での重要性を考えると驚くに当たらないが，この品種は多くのシチリア島の DOC，たとえば Contea di Sclafani，Erice，Riesi や DOCG の Cerasuolo にとって重要な品種である．また Eloro，Erice，Menfi，Vittoria の各 DOC でヴァラエタルワインを作ることができる．推奨される生産者には Calatrasi，Cos，Cusumano，Donnafugata，Feudo Montoni，Gulfi，Planeta，Rudini，Scurati，Tasca d'Almerita，Vero などの各社がある．NERO D'AVOLA はレッジョ・カラブリア県（Reggio Calabria）でも少し栽培されており，現地では Bivongi DOC でブレンドが認められている．

オーストラリアでもこの暑さを好む品種がわずかだが栽培されており，ビクトリア州のキング・バレー（King Valley）の Politini Wines 社で Simians が，クレア・バレー（Clare Valley）では Jeffrey Grosset 氏が，またマクラーレン・ヴェール（McLaren Vale）では少なくとも四つの生産者（Coriole，Kay Brothers，Pertaringa および Sabella）がこの品種を栽培している．カリフォルニア州にも栽培に適した場所が一，二箇所あり，たとえばセントラル・バレー（Central Valley）の Tracy Hills AVA で Jacuzzi 社がワインを販売している．この品種はトルコやマルタでも栽培されている．

NERO DI TROIA

高品質の風味豊かなしっかりしたイタリア，プッリャ州（Puglia）北部の品種．過去40年の間に栽培面積は激減した．

ブドウの色：● ● ● ● ●

主要な別名： Sommarrello，Sumarello，Summariello☒（カンパニア州のベネベント（Benevento）），Tranese，Troiano，Uva della Marina，Uva di Barletta，Uva di Canosa，Uva di Troia

起源と親子関係

NERO DI TROIA は古代ギリシャの伝説的なトロイ（Troy）とは無関係であるが，イタリア南部のプッリャ州，フォッジャ県（Foggia）にあるトローイア村（Troia）が起源の地であろう．偶然にそして手際よく，トロイを破壊したディオメーデース（Diomedes）がこの品種を発見したといわれている．

20世紀の最初の20年間は UVA DI TROIA として知られていたが，近年のシチリア島（Sicilia）における NERO D'AVOLA の流行に触発され，消費者に対してより魅力的に見せるために，すでにこの地域で呼ばれていた名前である NERO DI TROIA に改名することにした．

他の仮説

NERO DI TROIA は古代にギリシャ人がプッリャ州に，あるいはアルバニアのクルヤ市（Cruja）から小アジアに持ち込んだといわれており，Cruja がイタリア語化されて Troia になったとされる．

ブドウ栽培の特徴

晩熟である．べと病への耐性は乏しい．

栽培地とワインの味

NERO DI TROIA はイタリア南部，プッリャ州北部において主にバーリ（Bari）やバルレッタ＝アンドリア＝トラーニ（Barletta-Andria-Trani）などの県，またフォッジャ県（Foggia）のルチェーラ（Lucera）やチェリニョーラ（Cerignola）周辺の地域（トローイアを含む）で限定的に栽培されている．この品種は，Cacc'è Mmitte di Lucera，（特に）Castel del Monte，Rosso di Barletta，Rosso Canosa，Rosso di Cerignola，Orta Nova などの DOC で重要な，主原料として用いられている．DNA 解析によってカンパニア州（Campania）のベネヴェント県で SUMMARIELLO という名で呼ばれている品種は，この品種と同一であることが明らかになった（Antonella Monaco and José Vouillamoz，未公開データ）．2000年時点でのイタリアの統計によれば1,782 ha（4,403 acres）の栽培が記録されているが，1970年頃記録された9,000 ha（22,240 acres）からは激減している．

ワインは比較的タンニンが豊富で，若いうちにしかフレッシュさが保たれないので，ほとんどの NERO DI TROIA は他の品種とブレンドされている．しかし印象的な NERO DI TROIA のヴァラエタルワインもある．Alberto Longo 社の Le Cruste には最高のワインの一つであり，カモミール，バーベナ，リコリス，ジュニパーのアロマと繊細なタンニンによるベルベットのようなテクスチャーがあり，辛口の長いフィニッシュをもつ．Rivera 社の Puer Apuliae はヴァラエタルワインのもう一つのスタンダードである．Zagaria 社の Vigna Grande はサワーチェリー，乾燥したハーブ，オリーブの複雑なフレーバーが豊富で，わずかに含まれる素朴なタンニンとともに，この南部では顕著なフレッシュさがある．他の優れたワインとしては Santa Lucia 社の Vigna del Melograno（Castel del Monte）や Tarantino 社の Petrigama（IGT Puglia）などがある．

NERONET

赤い果肉をもつ早熟のチェコ交配品種．
深い色合いでカベルネ（Cabernet）を祖先にもつ痕跡が残る．

ブドウの色：

起源と親子関係

NERONET は，1965年にチェコ共和国南東部，モラヴィア地方（Morava）南部のレドニツェ（Lednice）の農学部教員の Vilém Kraus 氏が（SANKT LAURENT × BLAUER PORTUGIESER）× ALIBERNET（別名 ODESSKY CHERNY）の交配により得た交配品種である．1991年にチェコの公式品種リストに登録された．

ブドウ栽培の特徴

樹勢が強く，安定した豊産性を示す．早熟である．赤い果肉をもつ小さい果粒が粗着した中サイズの果房をつける．灰色かび病に良好な耐性を示し，冬の霜に中程度の耐性を示す．

栽培地とワインの味

赤い果肉をもつ果粒から想像できるようにワインは通常深い色合いである. ワインは, ミディアムボディー, カシス, チェリーのアロマを有し, かなりの量のタンニンを有するが, 軽く, ソフトなスタイルのワインも作られている. また, ブレンドワインの色を濃くするためにも用いられている. 推奨される生産者としてはKapličky, Kubík, Žůrek などがあげられる. 2009年のチェコ共和国では31 ha (77 acres) の畑のほとんどが同国の南部, モラヴィア地方 (Morava) で見られた. スロバキアでも栽培されており, Sanvin 社とMichal Sadloň がヴァラエタルワインを作っている.

NEUBURGER

ナッツの風味があり, フルボディーだがソフトなオーストリアの白品種

ブドウの色：●　●　●　●　●

主要な別名：Brubler, Neuburské（チェコ共和国およびスロバキア）

起源と親子関係

NEUBURGER は長い間ピノ・ブラン (PINOT BLANC)×SILVANER の交配品種だと考えられてきたが, DNA 解析によって ROTER VELTLINER×SILVANER の自然交配品種であることが明らかになった (Sefc *et al.* 1997). この交配はおそらくオーストリアで起こったものであろう. したがって NEUBURGER は同じ親品種をもつ FRÜHROTER VELTLINER の姉妹品種にあたり, ROTER VELTLINER を共通の親品種としてもつことから ROTGIPFLER や ZIERFANDLER とは片親だけが同じ姉妹品種の関係にある. また SAVAGNIN の孫品種にあたる (SILVANER および PINOT の系統図を参照).

言い伝えによると, 1860年代, ドナウ川のヴァッハウ渓谷 (Wachau), オーバーアルンスドルフ (Oberarnsdorf) の岸辺でワイン生産者の Christoph Ferstl と Franz Marchendl が数本のブドウの樹を見つけた. 彼らは1872年に初めてのワインを作った. このブドウは後に対岸のシュピッツ (Spitz) の Burg という場所に植え付けられたことで, 品種名はこの地名に由来して命名されたと考えられている. NEUBURGER はチェコ品種の AURELIUS の育種に用いられた.

ブドウ栽培の特徴

熟期は中期である. べと病に感受性である. 果粒が密着した果房をつけるため, 灰色かび病に感受性である.

栽培地とワインの味

オーストリアでは990 ha (2,446 acres) の栽培が記録されているが, 徐々に減りつつある. このうち3分の2がニーダーエスターライヒ州 (Niederösterreich) の各地, とりわけテルメンレギオン (Thermenregion) で栽培されているが, ノイジードル湖地方 (Neusiedlersee) やノイジードラーゼ・ヒューゲルラント (Neusiedlersee-Hugelland) などでも栽培されている. ワインは金色でフルボディーだが優しく, ナッツの風味があり, 時にスパイシーな感じをもつ. ボトルで数年熟成させると, よりベルベットのようななめらかさがでて, よりナッツの風味が強くなり, 最高のワインになる. チェコ共和国の南東部のモラヴィア地方 (Morava) では360 ha が栽培され, またスロバキアでも見られ, 現地では NEUBURSKÉ として知られている. ルーマニア (46 ha/114 acres) でも主にトランシルバニア (Transilvania) で栽培されている.

NEW YORK MUSCAT

主にカナダで栽培されている，はっきりとしたマスカットフレーバーをもつアメリカの交雑品種

ブドウの色：● ● ● ● ●

主要な別名：NewYork 12997，NY 12997，NY Muscat

起源と親子関係

NEW YORK MUSCAT は1926年にアメリカ合衆国，ジュニーヴァ（Geneva）のコーネル（Cornell）大学でRichard Wellington氏がMUSCAT OF HAMBURG×ONTARIOの交配により得た交雑品種であり，1961年に公開された（ONTARIO の系統は CAYUGA WHITE を参照）．したがって，NEW YORK MUSCAT は *Vitis labrusca*×*Vitis vinifera* の交雑品種である．

ブドウ栽培の特徴

果粒が粗着した中～大サイズの果房は，濃いライラック色の果粉（ブルーム）をつける．やや樹勢が強く，耐寒性がある（ニューヨーク州ジュニーヴァより寒くなければ）が，収量は不安定である．熟期は早期～中期である（Slate, Watson and Einset 1962）．

栽培地とワインの味

ブドウ育種家の Lon Rombough 氏によれば NEW YORK MUSCAT はどの交雑品種よりも優れたマスカットフレーバーをもつそうだ．主にカナダのノバスコシア州やケベック州で栽培され，現地ではアイスワインなどの非常に甘口のワインが作られている．ブドウの強い香りと穏やかな酸味をもつことから生食用ブドウとしても用いられている．ヴァラエタルワインの生産者としてはノバスコシア州の Domaine de Grand Pré 社や Jost 社などがあげられる．

NIAGARA

最もフォクシーなアメリカ交雑品種

ブドウの色：● ● ● ● ●

主要な別名：Niagara White，White Concord

起源と親子関係

NIAGARA は，1866年にニューヨーク州，ナイアガラ郡，ラックポート（Lockport）で個人栽培家の Claudius L Hoag と B Wheaton Clark の両氏が CONCORD×CASSADY の交配により得た交雑品種である．CASSADY は *Vitis labrusca* の白の選抜実生である．この品種の発祥である郡の名前を品種名として用いて，1879年に Hoag，Clark の両氏とその仲間が設立した Niagara Grape 社が1882年に初めてワインを販売した．

同社はニューヨーク州とフロリダ州にブドウ畑を保有し，独特の経営方針に基づいて事業を行った．ブドウの樹を販売するのではなく，栽培者と同社が共同で栽培し，栽培者はブドウの純売上の半分を利益として同社に納めるというものである．この新手の独占的なブドウ配布の方法は成功したが，1955年にNIAGARAの市場が飽和したことで同社は閉鎖された．

ブドウ栽培の特徴

薄い果皮をもつ果粒からなる中〜大サイズの果房をつける．樹勢が強く豊産性である．黒腐病，べと病，ブドウつる割れ病に高い感受性があり，重い水はけの悪い土壌では根頭がんしゅ病（クラウンゴール）になりやすい．熟期は中期〜晩期．冬の耐寒性はやや強い．銅障害に感受性をもつ数少ない品種の一つである．

栽培地とワインの味

この *labrusca* 品種はとてもフォクシーでフローラルなフレーバーをもつ．おそらくアメリカ交雑品種の中で最もフォクシーフレーバーをもち，特に十分熟していないと収穫直後はそれが強いため，よりニュートラルな品種とブレンドするとよい．ほとんどの他のアメリカ交雑品種から作られるワインよりも酸味が弱い．NIAGARA からはジュース，生食およびワインが作られる．ニューヨーク州（2006年の栽培面積；3,468 acres/1,403 ha）やミシガン州（2006年の栽培面積；3,520 acres/1,424 ha，うちワイン用には60 acres のみ）で多く栽培されており，またペンシルベニア州，オハイオ州，インディアナ州，イリノイ州やアイオワ州でも少し栽培されている．アメリカ合衆国の生産者としてはオレゴン州 の Honeywood 社やニューヨーク州の Lakewood 社や Schulze 社，またウェストバージニア州の Kirkwood 社などがある．

NIAGARA はカナダ東部でも栽培され，甘口のワインが作られることが多い．オンタリオ州では2006年に320 acres（129 ha）の栽培が記録されているが，この値は2004年に比べて約半分である．この交雑品種のもう一つの故郷であるブラジルでは2007年に2,839 ha（7,015 acres）の栽培が記録されており，主にリオグランデ・ド・スル州（Rio Grande do Sul）で見られる．また日本でも栽培されているが（2009年の栽培面積；128 ha/316 acres），ワイン用としては主に長野県や北海道でわずかな量が栽培されている（訳注：平成26年の農林水産省のデータでは，483.4 ha で栽培．平成29年の国税庁のデータでは，白ワイン品種では甲州に次いで２番目に多く仕込まれている）．

NIEDDERA

最近復活した，イタリア，サルデーニャ島（Sardegna）の有望な品種

ブドウの色：● ● ● ● ●

主要な別名：Nieddaera，Nireddie

よくNIEDDERAと間違えられやすい品種：MAZUELO ☒（別名 Bovale Grande），MONICA NERA ☒，PASCALE ☒（Nieddu Mannu としてもまた知られている），PERRICONE ☒

起源と親子関係

NIEDDERA はサルデーニャ島の西海岸の典型的な古い品種である．Nieddu *et al.*（2007）の中で，この品種は明らかに NIEDDU MANNU に関係すると記載されているが，DNA 解析の結果，NIEDDU MANNU は PASCALE と同一であったことから（Vouillamoz），NIEDDERA が PASCALE と近縁である可能性が示唆された．他の研究者はこの品種のスペイン起源を示唆しているが，NIEDDERA の DNA はいかなるスペイン品種とも一致しない（Vouillamoz）．

他の仮説

NIEDDERA は紀元前18〜17世紀にフェニキア人あるいはカルタゴ人が持ち込んだといわれることが多い．他の多くのサルデーニャ島の品種と同じく，アラゴンあるいはスペイン統治時代（1323〜1720）にスペイン人が持ち込んだという説もある．しかしこれを支持する歴史的，遺伝的証拠はない．

ブドウ栽培の特徴

熟期は中期である.

栽培地とワインの味

NIEDDERA はイタリアのサルデーニャ島にあるカリャリ県 (Cagliari), ヌーオロ県 (Nuoro), オリスターノ県（Oristano）の各県で公認されているが, ほとんどはオリスターノ県のヴァッレ・デル・ティルソ（Valle del Tirso), とりわけ西海岸近くのカブラス（Cabras), ソラナス（Solanas), ヌラクシニエッドゥ (Nuraxinieddu) コムーネで栽培されている. 数十年前に絶滅の危機があったが, Contini 社がこの品種を救済した. 同社は, 今日では Nieddera Rosso（IGT Valle del Tirso）の数少ない生産者であり, 90% の NIEDDERA を他の地方品種とブレンドしている. Contini のワインはフレンチオークと栗の樽で熟成され, 通常はフルボディーのワインとなるが, リコリスやチェリーのアロマと, バランスがとれた長い後味をもつ. Cantina Sociale della Vernaccia Oristano 社も Nieddera Rosso を作っている. 2000年にはイタリアで60 ha（148 acres）の栽培が記録されていた.

NIEDDU MANNU

PASCALE を参照

NIELLUCCIO

SANGIOVESE を参照

NIGRA

ほとんど栽培されていない, 濃い果皮色をしたヴェネト州（Veneto）の非常にマイナーな交配品種

ブドウの色：● ● ● ● ●

主要な別名：Incrocio Cosmo 96

起源と親子関係

NIGRA はメルロー（MERLOT）×BARBERA の交配品種である. 1960年代にイタリア北部, ヴェネト州のコネリアーノ (Conegliano) 研究センターの Italo Cosmo 氏がメルローの酸度を高める目的で開発した. この品種は PRODEST の姉妹品種にあたる.

栽培地

イタリアのトレヴィーゾ県（Treviso）で数 ha が栽培されており, 2000年時点でのイタリアの統計では 10 ha（25 acres）以下と記録されている.

NIGRIKIOTIKO

半干しブドウのワインを作るのに最適な，ギリシャ，マケドニアの稀少品種

ブドウの色：● ● ● ● ●

起源と親子関係

NIGRIKIOTIKO はあまり知られていないギリシャ，西マケドニア地方，コザニ（Kozáni）のシアチスタ地方（Siatista）で栽培されている地方品種である．DNA 解析はまだ行なわれていない．

ブドウ栽培の特徴

全般的に非常に優れた耐病性を示す．非常に晩熟である（10月初旬，カベルネ・ソーヴィニヨン（CABERNET SAUVIGNON）の後）．厚い果皮をもつ果粒からなる小さな果房をつける．

栽培地とワインの味

NIGRIKIOTIKO はギリシャのコザニの南東部，シアチスタにおいてのみ栽培されている．現地では XINOMAVRO や MOSCHOMAVRO とともに，ほんのいくつかの非常に古い畑で混植されている．Diamantis 社は，このブドウが高い糖度をもち，野外での乾燥によく適しているので，天日干しされたブドウから作る甘口赤ワインである Liasto ブレンドワインの有用な原料となることに気付き，標高800～920 m の畑にこの品種を新たに植え付けた．同社はこのブドウをロゼワインや Blanc de Noirs ワインの生産にも用いている．酸味は通常弱く，タンニンはさほどではない．

NINČUŠA

クロアチア，アドリア海沿岸，スプリト地方（Split）の平凡な品種．
現在では事実上絶滅状態にある．

ブドウの色：● ● ● ● ●

主要な別名：Lincuša，Mlinčevac，Vincuša

起源と親子関係

NINČUŠA の起源は不明であるが，Ninčević という人によって野生ブドウとして見いだされ，後にスプリト地方に広がったと考えられている．

ブドウ栽培の特徴

PLAVAC MALI よりも早く熟し，柔らかく薄い果皮をもつジューシーな果粒は収穫期に雨が多いと脱粒しやすい（Zdunić 2005）．

栽培地

生食とワインの生産に用いられる．NINČUŠA は100年前にはクロアチアのアドリア海沿岸のスプリト地域で広く栽培されており，主にオミシュ（Omiš），シニ（Sinj），カシュテラ（Kaštela）の町の周辺で見られた．今日ではダルマティンスカ・ザゴラ（Dalmatinska Zagora /Dalmatian Hinterland）やスレドニヤ・イ・ユジュナ・ダルマチヤ（Srednja i Južna Dalmacija / 中央および南部ダルマチア）ワイン生産地域で公認されているが，事実上絶滅状態である．

NITRANKA

最近公認され人気が高まるスロバキアの交配品種

ブドウの色：● ● ● ● ●

主要な別名：CAAB 3/8

起源と親子関係

NITRANKA は，以前は NITRA として知られていた品種である．スロバキアのモドラ（Modra）のブドウ栽培およびワイン研究センター（VSSVVM）で CASTETS × ABOURIOU の交配により得られた交配品種である．この品種は HRON，RIMAVA，VÁH の姉妹品種にあたり，2012年に登録されたようである．ニトラ（Nitra）はスロバキア西部の町とワイン生産地域の名前であることから，ラベル表記の混乱を避けるために改名された（Dorota Pospíšilová，私信）．

ブドウ栽培の特徴

安定した豊産性を示す．萌芽期は早期で熟期は中期～晩期である．非常に厚い果皮をもつ果粒が，短い房をつける．乾燥と灰色かび病に耐性であるが，べと病とうどんこ病および厳しい冬の寒さに感受性である．

栽培地とワインの味

NITRANKA は最も広く栽培されているスロバキアの新しい赤ワイン交配品種（2011年の栽培面積は約5 ha/12 acre）である．深い色合いの比較的フルボディーのワインが作られ，早飲みに最適である．生産者には Igor Blaho，Mihálek Juraj，Chateau Modra，Otto Rubeš などの各社がある．

NOAH

かつてはヨーロッパ，特にスペインのバスク地方（Basque）で人気があったが，いまはほぼ絶滅状態にあるアメリカの交雑品種

ブドウの色：● ● ● ● ●

主要な別名：Belo Otelo，Charvat，Flaga Alba，Fraga，Noa，Noé，Noka，Nova，Tatar Rizling
よくNOAHと間違えられやすい品種：COURBU BLANC ⚭（スペインのバスク州（País Vasco）），CROUCHEN（バスク州）⚭，ELVIRA

起源と親子関係

1869年にアメリカ，イリノイ州のナヴー（Nauvoo）の Otto Wasserzieher 氏が TAYLOR の実生を植え付けた．ここで TAYLOR とは19世紀の中頃にケンタッキー州のヘンリー郡（Henry）のジェリコ（Jericho）の Taylor 判事が見いだした *Vitis riparia* × *Vitis labrusca* の自然交雑品種である．聖書の中で記載されている最初のワイン醸造者の NOAH にちなんで命名され，1873年に最初の結実をした後，ミズーリー州のブッシュバーグ（Bushberg）の Bush & Son & Meissner 社が普及させた．

Ibañez *et al.* (2003) と Martín *et al.* (2003) がスペインのバスク州の HONDARRIBI ZURI の試料の DNA を解析し，NOAH と同一であることが明らかになった．こうしてなぜ Martín らが HONDARRIBI ZURI について，*Vitis labrusca* 特有のフォクシーフレーバーをもち，また *Vitis vinifera* の特徴である楔形の葉をもつ典型的な交雑品種であると述べたか説明できるようになった．またなぜ HONDARRIBI ZURI は Ibañez *et al.* (2003) の系統樹においてすべてのスペイン品種と異なっているかを説明できるようになった．NOAH は BACO BLANC の育種に用いられた．

他の仮説

TAYLOR は，1846 年頃コネチカット州，ウエストハートフォード（West Hartford）の Paphro Steele & Son 社の庭で見つかった ISABELLA × *Vitis labrusca* の自然交雑品種である．HARTFORD PROLIFIC の自然実生であると述べる研究者もいる．

ブドウ栽培の特徴

萌芽期は後期で，熟期は中期である．樹勢が強く，かびと黒腐病に耐性である．クロロシス（白化）とフィロキセラには感受性である．

栽培地とワインの味

他の多くの交雑品種同様，NOAH は，フィロキセラ被害を受けたフランスでは，（ロワール地方のみに限定されているわけではないのだが）主に同地方（Loire）に植え付けられた．この品種は，19 世紀の終わりには当時被害が広がっていた黒腐病に対する耐性のため，フランス南西部でも人気があった．しかしたとえば ISABELLA や JACQUEZ など，他の多くのアメリカ交雑品種同様に，1930 年代にワイン中のメタノール濃度の高さが原因で禁止された（アメリカ系品種では果皮のペクチン含量が多いためメタノール濃度が高くなってしまう）．2000 年時点でのイタリアの統計によれば依然 17 ha（42 acres）の栽培が記録されている．HONDARRIBI ZURI に見られるように，ジュースには *labrusca* 品種がもつ典型的なフォクシーフレーバーがあるが，スペイン北部のバスク地方では依然，限定的に栽培されている．ヨーロッパでも，たとえばポルトガルのマデイラ島（Madeira）などのように，公認はされていないものの，現在でも限定的に栽培されている地方もある．モルドヴァ共和国でも栽培されている（2009 年の栽培面積は 71 ha/175 acres）．

この品種が生まれた州では栽培されていないようだが，Renault Winery 社と Tomasello 社がニュージャージー州でヴァラエタルワインを生産している．

NOBLE

豊産性のマスカダイン（Muscadine）品種．
ノースカロライナ州でジュースとワインの生産のために広く栽培されている．

ブドウの色：● ● ● ● ●

主要な別名：North Carolina 20-119

起源と親子関係

NOBLE は，THOMAS × TARHEEL の交雑品種（主に *Vitis rotundifolia* で，これに若干の *Vitis labrusca* および *Vitis vinifera*）である．ノースカロライナ州の農業試験場で選抜され，1971 年に公開された（THOMAS および TARHEEL の系統は CARLOS 参照）．

ブドウ栽培の特徴

豊産性で樹勢が強い．小さな果粒をつけ比較的耐寒性である．熟期は早期〜中期である．

栽培地とワインの味

NOBLE はノースカロライナ州でジュースとワインの生産のために用いられている主要な赤のマスカダイン品種である．2006年には75 acres（30 ha）の栽培が記録されており，さらに南部の他州でも少し栽培されている．生産者にはノースカロライナ州の Bannerman，Benjamin，Uwharrie およびフロリダ州の Rosa Fiorelli，アラバマ州の Wills Creek などの各社がある．通常，ワインはフルボディーでソフト，甘口のものが多い．

NOBLING

多くの手間が必要なドイツ交配品種．ニュートラルなワインになる．

ブドウの色：● ● ● ● ●

主要な別名：Freiburg 128-40

起源と親子関係

NOBLING は，1940年に Johannes Zimmerman 氏が SILVANER × CHASSELAS の交配により得た交配品種である（1971年に登録）．この品種名には「高貴さを呼び起こす」という意味がある．

ブドウ栽培の特徴

樹勢が強く，熟期は中期である．灰色かび病に感受性である．乾燥しすぎていない良質の土地が栽培に必要である．霜による被害がなければ確実な収量が得られる．

栽培地とワインの味

ドイツで記録されている63 ha（156 acres）のこの品種の畑は，とりわけマークグレーフラーラント地方（Markgräflerland）などのバーデン（Baden）で見られる．ワインはライト～ミディアムのボディーをもち，いくぶんニュートラルで，親品種の GUTEDEL（CHASSELAS）から作られるワインと似ている．栽培に適した土地では，糖度と酸度はまずまずのレベルに達し，少し強めのアロマと上品さをもつワインになる．生産者にはいずれもバーデン の Bretz，Britzingen，Frick，Kaufmann などの各社がある．

スイスでは同国西部のビール湖（Bielersee）近くの Räblus 社でヴァラエタルワインが作られているが，2008年の記録では1 ha（2.5 acres）以下であった．

NOCERA

イタリア，カラブリア州（Calabria）とシチリア島（Sicilia）の
マイナーなブレンドワイン用原料

ブドウの色：● ● ● ● ●

主要な別名：Nocera di Catania，Nocera Mantonico（レッジョ・カラブリア県（Reggio Calabria）のシッラ（Scilla）），Nocera Nera di Milazzo，Nucera，Nucera Niura

よくNOCERAと間違えられやすい品種：MAGLIOCCO CANINO ※，MAGLIOCCO DOLCE ※

起源と親子関係

NOCERA は，おそらくシチリア島メッシーナ県（Messina）の古い品種で，1726年の昔にカラブリア州に持ち込まれたと考えられているが，これが真の NOCERA か混同されることが多い MAGLIOCCO DOLCE であるのかは不明である（Schneider，Raimondi，De Santis and Cavallo 2008）．

他の仮説

NOCERA はローマ時代の研究者が言及している二種類のワインである Mamertinum や Zancle と言われることがある．

ブドウ栽培の特徴

熟期は中期である．結実不良（ミルランダージュ）に感受性であるが，うどんこ病には良好な耐性を示す．

栽培地とワインの味

イタリア，シチリア島のシラクサ県（Siracusa）やメッシーナ県，カラブリア州ではコゼンツァ県（Cosenza）を除くすべての県で推奨されている．19世紀にメッシーナ県で広く栽培されており，とりわけ，古いブドウの樹がいまでも生育しているミラッツォ地域（Milazzo）で栽培されていた．第二次世界大戦後には栽培面積が減少し，今日ではシチリア島とイタリア南部で2000年時点で30 ha（74 acres）の栽培が記録されるのみである．

シチリア島では NOCERA は Faro や Mamertino di Milazzo の DOC においてマイナーな役割を担っており，前者では NERELLO MASCALESE や NERELLO CAPPUCCIO と，また後者では NERO D'AVOLA とブレンドされている．

カラブリア州では NOCERA は主にロンゴバルディ（Longobardi）やアマンテーア（Amantea）コムーネの周辺で栽培されており，Bivongi DOC（30％まで，GAGLIOPPO と／あるいは NERO D'AVOLA と），および Sant'Anna di Isola Capo Rizzuto DOC（40~60 ％の割合で，GAGLIOPPO，NERELLO MASCALESE などと）でブレンドワインの生産に用いられている．

NOIR FLEURIEN

フランス，オーヴェルニュ地方（Auvergne）の古くから存在する非常に稀少なブドウ

ブドウの色：● ● ● ● ●

主要な別名：Damas Rouge ☒，Fleurien Noir，Mire-Fleurien，Mirefleurien，Noir-Fleurien

起源と親子関係

NOIR FLEURIEN はフランス中部オーヴェルニュ地方の古い品種で，1895年にクレルモン＝フェラン（Clermont-Ferrand）の Girard-Col 教授がピュイ・ド・ドーム県（Puy-de-Dôme）のミルフルール村（Mirefleurs）でこれを見つけ，彼が最初に記載し命名した．そのため，MIREFLEURIEN がこの別名となった（Rézeau 1997）．Girard-Col 氏はこの品種がべと病とクロロシス（白化）に耐性を示したことから，この品種の普及につとめた．この品種は，以前は，現地の様々な他の品種に使われていた Bordelais や Gros Rouge という名前でも知られていた．DNA 解析によって，アメリカ合衆国カリフォルニア州，デービスのアメリカ合衆国農務省（United States Department of Agriculture: USDA）の National Clonal Germplasm Repository において DAMAS ROUGE と表記されているブドウが，実は NOIR FLEURIEN と同一であることが明らかになった（Vouillamoz）．加えて DNA 系統解析によって NOIR FLEURIEN は GOUAIS BLANC の数多く存在する子品種の一つであることが明らかになった（PINOT 系統図参照；Boursiquot *et al.* 2004).

ブドウ栽培の特徴

結実能力が高く樹勢が強い．萌芽期は早期で熟期は中期である．小さな果粒が密着した中サイズの果房をつける．べと病とクロロシス（白化）に耐性で，乾燥した石灰質の土壌に適している．

栽培地とワインの味

現在, NOIR FLEURIEN は事実上絶滅状態（フランスには3 ha/7 acres 以下しか残っていない）であるが，この品種が生まれたピュイ・ド・ドーム県のミルフルール村では各家庭での消費用に今でも栽培されている．しかし数 km 北のサン＝ジョルジュ＝シュル＝アリエ（Saint-Georges-sur-Allier）では Jean Maupertuis 氏が MIREFLEURIEN を GAMAY D'AUVERGNE（GAMAY NOIR）とブレンドし，Pierres Noires の赤のブレンドワインを作っており，グレーヌ＝モンテギュ（Glaine-Montaigut）近くの Domaine de la Bohème 社の Patrick Bouju 氏も同様のことを行っている．伝統的にワインは色，アルコール分および酸味とも軽いワインになるが，収量を制限するとより興味深いワインが作られる（Kelley 2009a).

NOIRET

有望な新しいアメリカ交雑品種.
胡椒の香りと良好な骨格をもつ辛口の赤ワインになる.

ブドウの色：

主要な別名：NY 73.0136.17

起源と親子関係

1973年にニューヨーク州ジェニーバ（Geneva）のコーネル（Cornell）大学で Bruce Reisch，R S Luce, B Bordelon，Thomas Henick-Kling 氏らが NY65.0467.08×STEUBEN の交配により得た交雑品種である．

- NEW YORK 65.0467.08 は CHANCELLOR×NEW YORK 33277 の交雑品種
- NEW YORK 33277 は NEW YORK 10589×SEIBEL6339 の交雑品種
- NEW YORK 10589 は RIPLEY×GOLDEN CHASSELAS の交雑品種，後者は PALOMINO FINO の別名（CHASSELAS 参照）
- RIPLEY は WINCHELL×MOORE'S DIAMOND の交雑品種（WINCHELL の系統は CAYUGA WHITE 参照）
- SEIBEL 6339 は SEIBEL 867×SEIBEL 2524 の交雑品種
- SEIBEL 867 は VIVARAIS×NOAH の交雑品種（完全な VIVARAIS の系統は PRIOR 参照）
- SEIBEL 2524 は ALICANTE GANZIN×DUTCHESS の交雑品種（ALICANTE GANZIN の系統は ROYALTY 参照）

したがって，NOIRET は *Vitis riparia*, *Vitis labrusca*, *Vitis vinifera*, *Vitis aestivalis*, *Vitis lincecumii*, *Vitis rupestris* および *Vitis cinerea* の非常に複雑な交雑品種である．

元々の実生は1974年に発芽し，1980年に NY73.0136.17 という名前でワインの品質が評価された．NOIRET と命名され，2006年に COROT NOIR，VALVIN MUSCAT とともに公開された（Reisch *et al.* 2006a，2006c).

ブドウ栽培の特徴

大きな果粒が粗着した大きな果房をつける．萌芽期は後期で，熟期は中期～晩期である．べと病にやや感受性を有し，中適度の耐寒性（－5℉/－21℃から－15℉/－26℃）を示す．接ぎ木する方がよい．

栽培地とワインの味

Reisch *et al.*（2006b）によればワインは深い色合いでグリーンペッパーと黒胡椒のアロマをもち，ラズベリーやブラックベリー，ミントのアロマもある．良質のタンニンを有し，多くの交雑品種にある典型的なアロマはない．ニューヨーク州では2006年に39 acres（16 ha）が，2008年にペンシルベニア州では12 acres（5 ha）が記録されており，また北東部や中西部でもあちこちで栽培されている．ヴァラエタルワインの生産者としてはアイオワ州のTwo Saints，ニューヨーク州フィンガーレイクス（Finger Lakes）のArbor Hill，Deer Run，Fulkerson，さらにカンザス州のSmoky Hillやミズーリ州のPeaceful Bend，ニューハンプシャー州のCandiaなどの各社があげられる．

NORIA

マイナーであるが有望な香り高いスロバキアの交配品種．
十分に成熟するためにはよい土地を必要とする．

ブドウの色：● ● ● ● ●

起源と親子関係

NORIAは，スロバキアのVel'ký Krtíšにある VSVV ブドウ栽培および醸造研究センターでリースリング（RIESLING）×セミヨン（SÉMILLON）の交配により得られた交配品種である．ブドウ栽培家のNori氏にちなんで命名され，2002年に公式品種リストに登録された．

ブドウ栽培の特徴

高収量である．萌芽期は中期で，晩熟である．小さな果房をつける．良好な霜への耐性を示すため，栽培限界に近い土地での栽培にも適している．灰色かび病に感受性である．

栽培地とワインの味

NORIAから作られるいろいろな甘さのワインはフレッシュで柑橘系の香りがあり，セミヨンに似たアロマをもつ．十分に熟したときには親品種のリースリングのような素晴らしい酸味を有する高品質のワインになる．生産者としてはChateau Marco，Matyšák，Mrva & Stankoなどの各社がある．2011年のスロバキアでは約2 ha（5 acres）の栽培が記録されていた．

NORTON

大きな成功を収めたアメリカの古い交雑品種．
Viniferaに似たリッチな赤ワインがアメリカの多くの州で作られている．

ブドウの色：● ● ● ● ●

主要な別名：Arkansas，Cynthiana ☿（特にアーカンソー州（Arkansas）），Norton Virginia，Norton's Seedling，Norton's Virginia Seedling，Red River，Virginia ☿，Vitis Nortoni

起源と親子関係

NORTONは，1820年にバージニア州リッチモンド（Richmond）近郊で，医者で農学者でもある

Daniel Norborne Norton 氏（1794-1842）が発見し，ワイン用として奨励した品種で，彼の名前が品種名として命名されている．Norton 氏によれば，彼の庭に並んで植えられていた *Vitis labrusca* × *Vitis vinifera* の交雑品種である BLAND と，「Miller の Burgundy」という翻訳名が付けられていた PINOT MEUNIER との交雑品種であるということである（Prince 1830）．しかし近年の DNA 解析によれば NORTON は *Vitis aestivalis* と *Vitis vinifera* を祖先品種にもつ交雑品種であって，*vinifera* の親品種としての PINOT MEUNIER との関連は否定されている．一方，ENFARINÉ NOIR の実生である可能性が示唆されている（Stover *et al.* 2009）．

他の仮説

NORTON は1835年にバージニア州リッチモンド近くのジェームズ川の Cedar 島で F A Lemosy 氏が発見し，その後 Norton 氏に渡した野生の *Vitis aestivalis* の実生か選抜されたブドウの樹である可能性が示唆されている（Bailey 1906）．しかし William Robert Prince（1830）が NORTON について最初に言及した時期との間で矛盾が生じる．

ブドウ栽培の特徴

青い果粉（ブルーム）のある，小さくて堅い果皮をもつ果粒が密着した小～中サイズの果房をつける．樹勢が強く，水はけのよい砂地か小石混じりの土壌に適している．マンガン欠乏になりがちである．べと病にやや感受性で鳥を引きつけるが，多くのかびの病気には耐性である．中程度の耐寒性をもつ（−10°F/−23℃ から −15°F/−26℃）．挿し木した休眠枝からの発根は困難である．

栽培地とワインの味

NORTON はアメリカ合衆国の北東部および中西部で広く栽培されている．多くの人はこれがフォクシーさがない高品質なワインを作ることができるアメリカ国内唯一のブドウ品種であると述べているが，ブドウジュースのようなフレーバーがあり，フォクシーさが出てくることもある．ミズーリ州の NORTON ワインは1873年のウイーンの品評会で各国の赤ワインの中から最高品種に選ばれた．ヨーロッパ人はフィロキセラ被害の後，この品種に期待を寄せたが，すぐにこの品種が，フランスで最もよいとされている畑に多く見られる石灰質土壌を好まないことがわかった．NORTON はかびの病気全般への耐性に加えて，抗酸化作用のあるレスベラトロルをカベルネ・ソーヴィニヨン（CABERNET SAUVIGNON）よりも2倍以上多く含むことが明らかになったので，赤ワインと心疾患予防の議論の関係でアメリカでの人気は保たれている．

この品種は，たとえその故郷のミズーリ州ではもはやそれほど重要でないにしても，依然広く栽培されている最も古いアメリカの生まれのブドウ品種である．2009年にはミズーリ州で307 acres（124 ha），イリノイ州では2007年に60 acres（24 ha），アイオワ州では2006年に10 acres（4 ha）の栽培が記録されており，カンザス州，ネブラスカ州，ニュージャージー州，さらに南のケンタッキー州，テネシー州，テキサス州，アーカンソー州，ジョージア州，ルイジアナ州，フロリダ州などでも限定的に栽培されている．バージニア州は NORTON への満足感を高めており，Chrysalis や Horton 社のワインをはじめ，30種類のヴァラエタルワインが作られている．ワインは深紅色というよりもルビー色でリッチ，熟成させる価値のあるスパイシーな赤い果実のフレーバー，ソフトなタンニン，良好なフレッシュさをもつ．推奨される他の生産者としては Augusta Winery 社，Crown Valley 社や Stone Hill 社などのミズーリ州の生産者ならびにルイジアナ州の Pontchartain 社などがあげられる．

NOSIOLA

イタリア，トレンティーノ=アルト・アディジェ州（Trentino-Alto Adige）の品種．長い間ヴィン・サント（Vino Santo）用として評価されていたが，いまでは特徴的な辛口ワインが流行になっている．

ブドウの色：● ● ● ● ●

主要な別名：Groppello Bianco，Nosellara，Nosiola Gentile，Nusiola，Spargelen（アルト・アディジェ（Alto Adige/ ボルツァーノ自治県））
よくNOSIOLAと間違えられやすい品種：DURELLA ⅹ（ヴェネト州（Veneto））

起源と親子関係

Groppello Di Revò と並んで，NOSIOLA はローマ時代に最もイタリア北部に広がっていた白ワインブドウの RAETICA の子品種であると伝統的にいわれてきた．DNA 系統解析により GROPPELLO DI REVO と NOSIOLA はスイスのアルプス地方のヴァレー州（Valais）の古い品種である RÈZE と親子関係にあることが明らかになった（Vouillamoz，Schneider and Grando 2007）．RÈZE の名は RAETICA に由来すると考えられ，1313年に最初の記載がある．一方 NOSIOLA と GROPPELLO DI REVÒ はいずれも19世紀に記載がある．それゆえ RÈZE は NOSIOLA と GROPPELLO DI REVÒ の親品種であると考えるのが妥当であり，これでなぜ NOSIOLA が GROPPELLO BIANCO と呼ばれることがあるのかを説明できる．現在ではイタリア北部のトレント自治県（Trentino）でのみ見られるが，かつては SPARGELEN の名でアルト・アディジェで栽培されていたので，いずれかの土地に起源をもつであろう．

NOSIOLA の名はイタリア語で「ヘーゼルナッツ」を意味する *nocciola* に由来しているのであろう．おそらくローストしたヘーゼルナッツの味がワインから感じられるからであろう．あるいは果粒が成熟しても茶色にならないからかもしれない．あまり信頼できないがこれに代わりうる語源として，「小さな目」を意味する方言の *ociolet* に由来するという説があり，おそらく Uva dall'Occhio Bianca（「白い目のブドウ」）と呼ばれている同定されていない18世紀の品種を指し，その音声学的な混じりによって *ciaret* から *nosiolet* となったという説である（Giavedoni and Gily 2005）．

他の仮説

歴史的，遺伝的データによると RAETICA はこれら三つの品種（NOSIOLA，GROPPELLO DI REVO，RÈZE）の遠い祖先品種である可能性もあるが，これを証明するのは困難である．

ブドウ栽培の特徴

熟期は中期～晩期である．萌芽期は早期であるので春の霜に感受性となる．しかし雨の多い年は，うどんこ病や酸敗に感受性である．房枯れも共通の問題である．

栽培地とワインの味

NOSIOLA はイタリアのトレント自治県のヴァル・ディ・チェンブラ（Val di Cembra），ヴァッラガリーナ（Vallagarina），メラーノ（Merano），とりわけガルダ湖（Lago di Garda）とトレントの間のヴァッレ・デイ・ラーギ（Valle dei Laghi）で最も多く栽培されている．現地では多くの場合単一品種で Trentino DOC の稀少なヴィン・サントが作られている．ヴィン・サントは棚の上で乾燥されたり貴腐によって60～80% の重量を失うまで濃縮されたブドウをゆっくり発酵させ，樽熟成させたデザートワインで，17世紀から知られている．こうして作られるワインは通常，7～10年くらいを経ないと市場に出てこない．

現在ではヴィン・サントの生産に用いる NOSIOLA は10 ha（25 acres）のみが栽培されており，主にカラヴィーノ（Calavino），カヴェーディネ（Cavedine），ラジーノ（Lasino），パデルニョーネ（Padergnone），ヴェッツァーノ（Vezzano）で，Gino Pedrotti，Pisoni，Francesco Poli，Giovanni Poli，Pravis，

Cantina Toblino, Cantina Viticoltori Cavit など特定の一握りの生産者によって作られている．年間の総生産量はハーフボトルで30,000本のみである．一世紀にわたる絶え間ない生産により，Pisoni 社は複雑なアプリコット，花梨，ライム，パイナップル，オレンジの皮などの複雑なアロマがあり，優れた酸味によって見事にバランスがとれた濃密な口中感をもつ傑出した Vino Santo Trentino を作っている．

最近では NOSIOLA を用いて香り高い，酸味の効いた辛口で少しヘーゼルナッツのアロマをもつワインを作ることへの興味が，特にプレッサノ村（Pressano）周辺の丘陵地帯の Trentino DOC で高まっている．Cesconi 社は特にこのスタイルの良質なワインを作っており，Pojer & Sandri も同様である．また，NOSIOLA は同じ DOC や Valdadige/Etschtaler DOC において稀少な Sorni Bianco スタイルの原料としても可能性がある．Giuseppe Fanti は IGT Vigneti delle Dolomiti に分類されるヴァラエタルワインを作っており，このワインには香り高く柑橘の香りがあり，桃やアプリコットなどのより豊かで甘い果物の風味をもつ．

その他の素晴らしい辛口のヴァラエタルワインの生産者としては Battistotti，Spagnoli，Toblino，Pravis，Concilio，Endrizzi，Zeni などの各社があげられる．

2000年のイタリア総栽培面積は193 ha（477 acres）が記録されている．

NOTARDOMENICO

現在はイタリア，プッリャ州（Puglia）で見られる，起源が不明のマイナーな品種

ブドウの色：● ● ● ● ●

主要な別名：Notar Domenico

起源と親子関係

NOTARDOMENICO に関する最初の記載は Di Rovasenda（1877）の中に見られる．この品種の起源は不明だが，14世紀のプッリャ州の文筆家である Notar Domenico 氏にちなんだ名前であろう．

ブドウ栽培の特徴

肥沃な土壌では過度に樹勢が強い．熟期は早期～中期である．

栽培地域

NOTARDOMENICO はイタリア南部のプッリャ州で見られる稀少な品種で，ブリンディジ地域(Brindisi)で主にワイン用に，時に生食用ブドウとして伝統的に栽培されていた．現在ではより一般的な OTTAVIANELLO（CINSAUT）の畑にわずかに見られるのみである．NOTARDOMENICO は主にチステルニーノ（Cisternino），オストゥーニ（Ostuni）とブリンディジの北西のサン・ヴィート・デイ・ノルマンニ（San Vito dei Normanni）の間で栽培され，Ostuni DOC の Ottavianello を主原料として作られるブレンドワインの副原料（最大15%）として公認されている．2000年時点でイタリアの農業統計によれば15 ha（37 acres）の栽培が記録されている．

NOUVELLE

近年開発された南アフリカ共和国の交配品種.
白のブレンドワインに青臭さを加える.

ブドウの色：

起源と親子関係

NOUVELLE は，1958～1964年の間に南アフリカ共和国のステレンボッシュ（Stellenbosch）大学のブドウ栽培および醸造学部の Christiaan Johannes Orffer 氏が CAPE RIESLING（CROUCHEN）×UGNI BLANC（TREBBIANO TOSCANO）の交配により得た交配品種である．PINOTAGE 同様に NOUVELLE は管理された温室でなく畑での交配により得られた．片方の親品種はセミヨン（SÉMILLON）である可能性が示唆されてきたが，2007年のフランスの ENTAV（Établissement National Technique pour l'Amélioration de la Viticulture）での DNA 解析によってそれは否定され，従来より報告されていた親品種が確認された．

ブドウ栽培の特徴

樹勢が強く，豊産性で早熟である．非常に厚い果皮をもつ小さな果粒で大きな果房をつける．腐敗や，うどんこ病以外のほとんどのかびの病気に非常に耐性である．

栽培地とワインの味

NOUVELLE の栽培面積は少ないが増加している．南アフリカ共和国での合計は2007～2008年に新植された25 ha が加わり，2009年には373 ha（922 acres）の栽培が記録されている．十分に熟した後に収穫するとワキシーでややフーセンガムのフレーバーをもつが，早めに収穫すれば10～11 % のアルコール分となりワインは強い植物的な香りがする．この品種がもつピーマンを思わせる特徴は，より熟成感のあるトロピカルスタイルのソーヴィニヨン・ブラン（SAUVIGNON BLANC）にフレッシュさを加える．こうしたブレンドワインで成功を収めているのは冷涼なヘルマナスベイ（Hermanus Bay）の Hermanuspietersfontein 社の Die Bartho で，ソーヴィニヨン・ブラン主体で，オークを用いたセミヨンと10 % 以下の NOUVELLE（48時間のコールドマセレーションをしたもの）を加えている．同社の Bartho Eksteen 氏はこの品種の将来を見すえているが，それはブレンドでのマイナーな原料としてのみの利用である．Boland 社はかつてステレンボッシュ（Stellenbosch）のすぐ北の畑でヴァラエタルワインを作っていたが，現在ではブレンドワインの生産に用いている．

NOVAC

取り扱いが難しいがフレッシュで生き生きとしたワインになる，
最近開発されたルーマニアの交配品種.

ブドウの色：

起源と親子関係

NOVAC は1987年にルーマニア南西部のドラガシャニ（Drăgășani）の SCPVV 研究センターで Marculescu Mircea 氏が NEGRU VÎRTOS×SAPERAVI の交配により得た交配品種である．この NEGRU VÎRTOS（「樹勢の強い黒」の意味）はルーマニアの古い品種で，現在では栽培されていない．NOVAC は NEGRU DE DRĂGĂȘANI の近縁にあたる可能性がある（NEGRU DE DRĂGĂȘANI の項を参照）．

ブドウ栽培の特徴

樹勢が強く，豊産性で熟期は中期である．雨とかびの病気に感受性なので一般には栽培が困難であり，収穫期は短い．薄い果皮をもつ果粒が密着した果房をつける．

栽培地とワインの味

NOVAC は畑での栽培が困難であるのみならず，ワイナリーにおいても困難をともない，色の濃い果実のアロマは失われやすい．Prinz Ştirbey 社がおそらく唯一のヴァラエタルワインの生産者であるのもこうした理由によるものであろう．多くの場合，ボディーを増すために国際品種とブレンドされている．この品種のみではフレッシュでジューシー，その高い酸度により際立った酸味が感じられる．オークによる助けがなければタンニンは一般にソフトであるが，数年で驚くべき熟成を遂げる．2008年にルーマニアでは42 ha（104 acres）が北東部のモルドヴァ地方（Moldova）や南西のオルテニア地方（Oltenia）で栽培されている．

NURAGUS

結実能力が高く平凡なサルデーニャ島（Sardegna）の古い品種

ブドウの色：● ● ● ● ●

主要な別名：Abbondosa，Axina 'e Pòberus，Axina Scacciadèppidus，Preni Tineddus
よくNURAGUSと間違えられやすい品種：Nuragus Arrubiu ♁，Nuragus Moscadeddu ♁，Nuragus Moscatello ♁，Nuragus Rosso Rompizzolla ♁

起源と親子関係

NURAGUS はサルデーニャ島の最も古い品種の一つである．その名はおそらくカリャリ県（Cagliari）近くの村の名前に由来すると思われるが，先史時代に火山岩の石積みでつくられた円錐台型の塔の名である *nuraghe* に由来するという説もある．いくつかの地方の別名は，この品種の高収量を示すものである．Axina 'e Pòberus には「貧者のブドウ」という意味があり，Axina Scacciadèppidus には「債務を払うブドウ」という意味がある．

近年の DNA 解析（De Mattia *et al.* 2007）によれば，他の二種の異なる，栽培されていない品種である NURAGUS ARRUBIU と NURAGUS MOSCADEDDU（NURAGUS ROSSO ROMPIZZOLLA または NURAGUS MOSCATELLO とも呼ばれる）が NURAGUS という名前を共有していることが明らかになった．

他の仮説

NURAGUS の名は「火」を意味するフェニキア語の *nur* に由来する可能性があることから，フェニキア人が紀元前12世紀に NURAGUS をサルデーニャ島に持ち込んだ，と述べる研究者もいる．

ブドウ栽培の特徴

べと病と春の霜への良好な耐性を示す．うどんこ病には感受性である．樹勢が強く豊産性で，晩熟である．

栽培地とワインの味

NURAGUS はイタリアのサルデーニャ島で二番目に多く栽培される品種で，2000年時点のイタリアの統計によれば3,272 ha（8,085 acres）の栽培が記録されており，主に島の南西部のカリャリ県やオリスターノ県（Oristano）などで見られる．結実能力が高く，ふつうは目立たないこの品種の収量が調節できなければ，面白みに欠け，バランスがとれていないワインになる．ヴァラエタルワイン Nuragus di Cagliari DOC の辛口あるいは甘口ワイン，スティルあるいは発泡性ワインにこの品種の特徴が表現されている．高い品質のワインを作る可能性をもつが収量が少ないSEMIDANOなどの他の地方品種とブレンドされることもある．Argiolas社のS'elegasやCantine di Dolianova社のPerlasなどの最高のワインはフレッシュな果実香を示し，しばしば軽い苦さをもち早飲みがベストである．

この品種はベルモットや辛口発泡性ワインにも用いられている．

O

ODESSKY CHERNY (オディエスキー・チョルニー)
OEILLADE NOIRE (ウイヤード・ノワール)
OFTHALMO (オフサルモ)
OHRIDSKO CRNO (オフリツコ・ツルノ)
OJALESHI (オジャレシ)
ÖKÜZGÖZÜ (オクズギョズ)
ONCHETTE (オンシェット)
ONDENC (オンダン)
OPSIMO EDESSIS (オプシモ・エデシス)
OPTIMA (オプティマ)
ORANGETRAUBE (オランジェトラウベ)
ORANIENSTEINER (オラーニエンシュタイナー)
ORION (オリオン)
ORLEANS GELB (ゲルバー・オルレアン)
ORTEGA (オルテガ)
ORTRUGO (オルトゥルゴ)
OSELETA (オゼレータ)
OSTEINER (オスタイナー)
ÖSTERREICHISCH WEISS (エスタライヒッシュ・ヴァイス)
OTSKHANURI SAPERE (オツハヌリ・サペレ)
OVIDIOPOLSKY (オビディオーポリスキー)

※次ページ以降に記載されているこのシンボルは，別名や誤った同定がDNA解析により確認されたことを示す.

OBAIDEH

シャルドネ（CHARDONNAY）を参照

ODESSKY CHERNY

カベルネ（CABERNET）の血を引く，使い道の多い赤い果肉をもつウクライナの交配品種

ブドウの色：● ● ● ● ●

主要な別名：Alibernet，Oděskij Čornyj，Odessa Black，Odesskii Chernyi，Semenac 1-17-4

起源と親子関係

ODESSKY CHERNY には「オデッサの黒」という意味がある．1948年に，ウクライナ南部の Tairov 研究センターで M P Tsebriy 氏，P K Ayvazyan 氏，A N Kostyuk 氏，E N Dokuchaeva 氏，M I Tulaeva 氏，A P Ablyazova 氏らが ALICANTE HENRI BOUSCHET×カベルネ・ソーヴィニヨン（CABERNET SAUVIGNON）の交配により得た交配品種である．1972年に公式登録された．現在，4種類のクローンが栽培されている．ODESSKY CHERNY という名前がこの品種の発祥の地で広く使われているが，スロバキアでは ALIBERNET という名前（1975年に公式に登録）で知られており，これは二つの親品種の名を合わせて短縮したものである．この品種は NERONET の育種に用いられた．

ブドウ栽培の特徴

結実能力が高く，豊産性で晩熟である．堅い果皮と赤い果肉をもつ果粒が粗着した果房をつける．灰色かび病とべと病に比較的耐性を示し，また良好な冬の耐寒性を示す．しかし霜への耐性は中程度である．

栽培地とワインの味

ODESSKY CHERNY はウクライナで広く栽培されており（2,426 ha/5,995 acres; 2009年），オデッサ州（Odessa），ムィコラーイウ州（Nikolaev），ヘルソン州（Kherson）およびクリミア（Krym/Crimea）で推奨されている．フレッシュで深い色合いの良好な品質の辛口，中甘口，甘口および酒精強化の赤ワインが作られる．ワインは濃い色の果実のフレーバーをもちトマトのノートの漂う濃い色のフレーバーと中程度のタンニンを有している． Sun Valley（Solnechnaya Dolina）社はこの品種を甘口ワインと酒精強化のブレンドワインに用いており，一方，Kolonist 社の辛口は黒い果実のフレーバーと植物的なミントのノートを併せもっている．

ウクライナよりも栽培は限定されるものの，スロバキアでも ALIBERNET は人気があり，赤のブレンドワインの色を強めたり，この品種のカベルネに似た骨格と，濃い色のベリーのフレーバーは，オークとの相性がよく Hlohovec Food Farm 社が作るような Golguz と表示された遅摘みのヴァラエタルワインに用いられている．

OEILLADE BLANCHE

PICARDAN を参照

OEILLADE NOIRE

生食用のほうが人気が高く，消失しつつある濃い果皮色のフランス南部の品種

ブドウの色：● ● ● ● ●

主要な別名：Aragnan Noir（ヴォクリューズ県（Vaucluse）），Ouillade，Ouillard，Ouliade，Passerille Noire（サン・ペレ（Saint- Péray））
よくOEILLADE NOIREと間違えられやすい品種：CINSAUT

起源と親子関係

OEILLADE NOIRE はフランス南部のプロバンス地方（Provence）の古い品種で，ヴァール県（Var），ヴォクリューズ県，ガール県（Gard），エロー県（Hérault），ローヌ川流域（Vallee du Rhône）で栽培されていた．Rézeau（1997）は，この品種は1544年に初めて Bonaventure des Périers 作の収穫の歌（Chant de Vendanges）の中で「Oeillades，ローヌ谷の品種」として記載されていると述べているが，この歌の中の Oeillades が OEILLADE BLANCHE（PICARDAN の別名）あるいは OEILLADE NOIRE のいずれに相当するものかは明らかでなかった．信頼できるこの品種の最初の記載は，Pierre Magnol（1676）が著した「Tarret，Piquepoule，efoirou，ouliade や他の多くの黒色果粒品種は，赤ワインを作るために用いられた」という箇所で見られる．

Oeillade の名は「いっぱいにする」という意味をもつフランス語の動詞 *ouiller* に由来しており，とても豊産性である OEILLADE NOIRE が発酵槽や樽を充填するために用いられたことを表している（Lavignac 2001）．フランス語で「目」あるいは「芽」を意味する *oeil* に由来したとする可能性は少なく，論理的な説明は期待できない．

OEILLADE NOIRE は，PICARDAN という別名をもつ OEILLADE BLANCHE の黒ヴァージョンではない．CINSAUT は特にフランス南部で生食用として販売されるときは OEILLADE NOIRE の名前が使われることが多いが，この二つは同じ品種ではない．

ブドウ栽培の特徴

大きな果粒からなる大きな果房をつける．熟期は中程度である．短い剪定が最適である．ヨコバイ，灰色かび病に，そして時に花ぶるい（Coulure）や結実不良（ミルランダージュ）に感受性である．

栽培地とワインの味

この品種はフランスのラングドック（Languedoc）のサン＝シニアン（Saint-Chinian）近郊で伝統的に栽培されており，アルコール分は中程度である．この品種は CINSAUT の栽培には適さない標高の高い畑で熟すことに価値があったが，20世紀に事実上消滅した．しかしラングドックのベジエ（Béziers）の北西に位置する，ロックブルン（Roquebrun）にある Domaine Navarre 社の Thierry Navarre 氏が最近，フルーティーな早飲み用で，軽く冷やすとよいヴァラエタルワインの瓶詰めを始めた．この品種はフランスの公式品種登録リストには掲載されていないため原産地呼称ワインには用いられていない．

OFTHALMO

稀少なキプロス品種の柔らかく軽い赤ワインは，通常ブレンドワインの中に隠れてしまう.

ブドウの色：● ● ● ● ●

主要な別名：Oftalmo，Ophtalmo，Ophtalmon，Optalmo，Pephtalmo，Pophtalmo

起源と親子関係

OFTHALMO はキプロス島の在来ブドウ品種であり，現地ではフランスのブドウ形態分類の専門家である Pierre Mouillefert（1893）が「雄牛の目」を意味する Pophtalmo という名前で最初に記載している.

DNA 解析によれば，OFTHALMO は遺伝的には，同じくキプロス島の SPOURTIKO に比較的近いことが明らかになった（Hvarleva，Hadjinicoli *et al.* 2005）.

ブドウ栽培の特徴

萌芽期は中期で，熟期は中期～晩期である．樹勢が強く豊産性であるが不均一な成熟を示す．中～大サイズの果房をつける.

栽培地とワインの味

OFTHALMO はキプロスの西半分にあるワイン生産地域のあちこちで栽培されているが，良質のワインはピツイラ（Pitsilia）やリマソール地方（Lemesós/Limassol）の村で作られる（Constantinou 2006）．ワインは香り高く，薄い色合いのライトボディーで，MAVRO や MARATHEFTIKO などの他の地方品種（生産者は Chrysorroyiatissa，Kolios および Zenon など）やカベルネ・ソーヴィニヨン（CABERNET SAUVIGNON）やグルナッシュ（GARNACHA/GRENACHE）などの国際品種（生産者には Kamanterena，Nelion および Vasilikon などがある）とブレンドされる．2010年には126 ha（311 acres）の栽培が記録されているが，ワインの品質が原因で次第に消えていくだろう.

OHRIDSKO CRNO

フィロキセラの被害を受けたマケドニアの品種

ブドウの色：● ● ● ● ●

主要な別名：Prespanka

起源と親子関係

OHRIDSKO CRNO の品種名には「オフリト湖（Ohrid）の黒」という意味があり，北マケドニア共和国南西部，アルバニアとの国境にあるオフリト湖地方の在来品種である.

ブドウ栽培の特徴

豊産性で熟期は中期～晩期である．大きな果粒が比較的密着した小～中の果房をつける．平均的な肥沃さと湿った土壌をもつ畑が栽培に適している．べと病とうどんこ病，さらに灰色かび病にいくぶん耐性である.

栽培地とワインの味

フィロキセラ被害以前には OHRIDSKO CRNO は北マケドニア共和国のオフリト湖地方で広く栽培されていたが, 現在ではオフリト湖地方, ストルガ（Struga）やレセン（Resen）でわずかに見られるにすぎない. 軽い色合いのフレッシュでフルーティーさと中程度のアルコール分を有するワインが作られ PROKUPAC や VRANAC とブレンドされることが多い.

OJALESHI

トルコに起源をもつと考えられているジョージア品種

ブドウの色：● ● ● ● ●

主要な別名：Chonouri, Odjaleshi, Odzhaleshi, Sconuri, Svanuri
よくOJALESHIと間違えられやすい品種：Orbeluri Odjaleshi

起源と親子関係

OJALESHI にはメグレル語の方言で「木を登って育つ」といううい意味がある. ジョージアの黒海沿岸近くに位置するサメグレロ地方（Samegrelo）の在来品種であるとされるが, 最近の DNA 研究によって遺伝的にはいくつかのトルコ品種に近いことが明らかになった（Vouillamoz *et al.* 2006）. したがって, かつてはジョージアに属していたが, 現在は隣国トルコに属している地域から持ち込まれた可能性が示唆されている.

他の仮説

Chkhartishvili and Betsiashvili（2004）によれば, 古代ギリシャの歴史家ヘロドトスが OJALESHI について記載しているとのことである.

ブドウ栽培の特徴

中サイズの果粒からなる小さな果房をつける. 萌芽期は早期で, 非常に晩熟である.

栽培地とワインの味

OJALESHI はジョージア北西部に位置するサメグレロ地方の亜熱帯気候での栽培に適しており, 特にサルヒノ（Salkhino）, タマコニ（Tamakoni）, アベダッティ（Abedati）などの村で, 赤い果実のフレーバーが豊かで, 時に胡椒やスパイシーなノートをもつ, 甘口でルビー色の赤ワインが作られる. この品種からは辛口ワインが作られる可能性もある. オジャレシ（Ojaleshi）の東に位置するラチャ＝レチフミ地方（Racha-Lechkhumi）でも栽培されており, その地で作られるワインにはバラのアロマがある. その名前が示すように伝統的に木をつたい登らせて栽培していたが（上記参照）, この品種が生き残ったのは, 19世紀半ばに支柱を使い始めたフランス人の Achille Murat 氏に負うところが大きい（Smithsonian Institution 2009）. 推奨される生産者としては Khareba, Tbilvino, Telavi Wine Cellar などがあげられる. 2004年にはジョージアで130 ha（321 acres）の栽培が記録された.

OKATAC CRNI

GLAVINUŠA を参照

ÖKÜZGÖZÜ

ジューシーで生き生きとした香り高い赤ワインにより，評価があがっているトルコ品種

ブドウの色：● ● ● ● ●

主要な別名：?Kara Erik

起源と親子関係

ÖKÜZGÖZÜ は，その大きくて黒い果粒から「雄牛の目」と呼ばれている．アナトリア半島（Anatolia）東部のエラズー県（Elâzığ）が起源の地であり，同じ地区の BOĞAZKERE とともにトルコで最も重要な赤品種である．近隣のスィワス県（Sivas），エルズィンジャン県（Erzincan），マラティヤ県（Malatya）などで KARA ERIK と呼ばれている品種が DNA 解析によって ÖKÜZGÖZÜ と同一であることが示されたが（Vouillamoz *et al.* 2006），最近のブドウの形態分類学的解析では KARA ERIK の標準試料の信ぴょう性に疑いが生じている（Yılmaz Boz，私信）．

ブドウ栽培の特徴

大きくて黒い，果肉の多い果粒が密着した大きな果房をつける．熟期は中期～晩期である．良好な耐病性を示す．果粒はかなり高い糖度を維持する．粘土ローム土壌および乾燥した環境が栽培に適している．

栽培地とワインの味

ÖKÜZGÖZÜ は生食用およびワイン用に栽培されているが，トルコでは広くワイン用に栽培されている．2010年には1,656 ha（4,092 acres）の栽培が記録されているが，アナトリア半島東部のエラズー県やマラティヤ県などで栽培されている．またそれよりは少ないがトゥンジェリ県（Tunceli，エラズーの北部），トラキア（Trakya，Thrace，マルマラ海の北部），カッパドキア（Kapadokya/Cappadocia），マニサ県（Manisa）（トルコ西部）や，エーゲ海沿岸地域でも栽培されている．アナトリア半島東部のブドウ畑は，赤い粘土や真砂土もあるが，多くは石灰石の上の砂混じりのローム土壌で，標高850～1100 m に位置するが，ユーフラテス川やダムによって厳しい大陸性の気候が和らげられている．

ヴァラエタルワインは通常，色合い薄く，ミディアムボディーのジューシーで明るく香り高いフルーツのフレーバーとフレッシュな酸味をもち，中程度のアルコール分と比較的ソフトなタンニンを有し，頑強で酸味が弱い BOĞAZKERE ワインとブレンドされることが多い．ÖKÜZGÖZÜ は1980年代から進化をとげており，同品種を用いたワイン作りの草分けである Kavaklidere 社の後を追う生産者が良質のヴァラエタルワインを作っている．他の生産者には Diren，Doluca，Kayra，Melen などがある．特に熟成させる価値があるワインになるというわけではないが，わずかにオークの影響を受けたワインが最高である．

OLASZ RIZLING

GRAŠEVINA を参照

OLIVELLA NERA

SCIASCINOSO を参照

ONCHETTE

近年，絶滅の危機から救済されたフランス，イゼール県（Isère）の品種

ブドウの色：● ● ● ● ●

主要な別名：Ouchette（イゼール県）

起源と親子関係

ONCHETTE は絶滅間近のイゼール県に由来する絶滅間近の稀少品種である．DNA 系統解析によって ONCHETTE は，GOUAIS BLANC のおびただしい数ある子品種の一つであることが明らかになった（Boursiquot *et al.* 2004; PINOT 系統図参照）．

ブドウ栽培の特徴

熟期は中期～晩期である．

栽培地

ONCHETTE はかつてフランス中東部イゼール県のドラック川流域（Vallée du Drac）のラヴァール（Lavars）やロサール（Roissard）で栽培されていたが，いまではほとんど消滅した．トリーヴ（Trièves）ブドウ・ブドウ栽培者協会が2008年にトリーヴ地方の古い畑を再興する目的で設立され，2009年に同協会が ONCHETTE をイゼール県のプレボワ村（Prébois）近くの1.2 ha（3 acres）の畑に植え付けた．

ONDENC

見向きもされなかったこの品種はフランス南西部やオーストラリアの限定的な土地で依然として栽培されている．

ブドウの色：● ● ● ● ●

主要な別名：Blanquette，Irvine's White（オーストラリア，グレート・ウェスタン（Great Western）），Oundenc または Oundenq（ガヤック（Gaillac）），Piquepout de Moissac（ジェール県（Gers）），Plant de Gaillac（タルヌ県（Tarn））
よくONDENCと間違えられやすい品種：PIQUEPOUL BLANC ☒

起源と親子関係

フランス，タルヌ県の古い品種である ONDENC は，当地で1783年に初めて「Ondene blanc は食用としてもワインの生産用としても最高のブドウの一つである」と記されている．ONDENC という品種名は方言で「波打つ」という意味があり，これは透明な果汁あるいはこの地域の Autan と呼ばれる強い風に葉が波打っている様子を表したことに由来するのかもしれない．しかし，通常，栽培家の描写というものは詩的というよりも記述的なものであるので，この説は疑わしい．

ONDENC はブドウの形態分類群の Folle グループに属する（p XXXII 参照；Bisson 2009）．驚くべきことに，DNA 系統解析によって ONDENC はサヴォワ県（Savoie）の ROUSSETTE D'AYZE と親子関係にあることが示唆された（Vouillamoz）．

ブドウ栽培の特徴

萌芽期は早期であるので，春の霜に被害を受ける危険性がある．樹勢が強く，結実能力が高く早熟である．灰色かび病と酸敗に感受性であり，うどんこ病およびべと病にも少し感受性である．

栽培地とワインの味

ONDENC はフィロキセラ被害の後，この品種の根シラミに対する感受性は MAUZAC BLANC よりも低いと考えられたことで好まれた．しかしその人気は，乏しい収量と灰色かび病への感受性により失われた．この品種は現在でもフランスの西部の4分の1の地域で公式に推奨されており，Bordeaux，Bergerac，Gaillac，Montravel，Vins de Lavilledieu などの多くのアペラシオンで副原料として公認されている．しかし2008年にはわずかに10 ha（25 acres）の栽培が残るに過ぎず，1958年に記録された1,589 ha（3,927 acres）から激減している．

ワインはそれほど香り高くはないが，条件が合えば甘口ワイン用に遅摘みすることができる．栽培家の小さなグループ，特に甘口と辛口ワインを Gaillac アペラシオンで作る Domaine de Très-Cantous 社の Robert と Bernard Plageoles 両氏によって，この品種は忘却から救われた．

ONDENC は19世紀の終わりにオーストラリアに持ち込まれ，グレート・ウェスタンでは「IRVINE'S WHITE」として，南オーストラリア州では紛らわしいことにセルシャル（SERCIAL）として知られていた．ビクトリア州の Seppelt 社では Hans Irvine 氏の発泡性ワインに使われていたが，数年前に引き抜かれている．バロッサ・バレー（Barossa Valley）では Langmeil 社は伝統的な方法で100 % ONDENC の発泡性ワインを作り，それは蜂蜜，蜜蝋やリンゴのアロマをもつといわれている．しかし，彼らはこの品種を植え換える計画をもっている．

OPSIMO EDESSIS

生食用ブドウとしても栽培されている，品質の劣るギリシャ北部の品種

ブドウの色：● ● ● ● ●

主要な別名：Agriostaphylo，Chimoniatiko，Dopio，Foustani，Karatsova Naousis ☿，Karatzovitiko，Ntopia，Opsimo，Opsimos Edessis，Opsimos Lefko ☿，Pandiri，Paschalino，Raisin de Foustani，Raisin de Karatzova，Staphyli Edessis，Staphyli Karatzovas，Valandovski Drenak（北マケドニア共和国），Zimsko Belo ☿または Belo Zimsko（北マケドニア共和国）

よく OPSIMO EDESSIS と間違えられやすい品種：Amasya（トルコの生食用）

起源と親子関係

OPSIMO EDESSIS には「エデッサ（Édessa）の晩熟」という意味があり，ギリシャ北部の中央マケドニア（Kentrikí Makedonía）由来であろう．現地では DOPIO あるいは NTOPIO と呼ばれており，これらには「国から」という意味がある（Galet 2000）．ギリシャブドウデータベースに掲載された DNA プロファイルの比較によって OPSIMO EDESSIS，OPSIMOS LEFKO および KARATSOVA NAOUSIS が同一であることが明らかになった（Vouillamoz）．KARATSOVA NAOUSIS は北マケドニア共和国では ZIMSKO BELO としても知られている（Štajner，Angelova *et al.* 2009）．別名の ZISMKO と CHIMONIATIKO はいずれも「冬」という意味があるが，この品種が食用として5，6ヶ月間は保存できることに由来するのであろう．

ブドウ栽培の特徴

樹勢が強く豊産性である．萌芽期は中期だが非常に晩熟である．うどんこ病（特に棚仕立てのとき）および灰色かび病に感受性である．

栽培地とワインの味

OPSIMO EDESSIS は，元々は生食用ブドウであったが，生食用ブドウの需要が低下したときにはワイン用に用いられた．ギリシャ北部の中央マケドニア，特にテッサロニキ（Thessaloníki）北西部のエデッサ近郊でのみで栽培されている．ワインは通常，品質が低く，アルコール分および酸味も低く，通常はレッチーナワインの生産に用いられている．2008年には228 ha（563 acres）の栽培が記録された．

OPTIMA

やせた土地でも並外れた糖度に達するドイツの交配品種

ブドウの色：

主要な別名：Optima 113

起源と親子関係

1933年に，Geilweilerhof研究センターでPeter MorioとBernhard Husfeldの両氏が（SILVANER×リースリング（RIESLING））×MÜLLER-THURGAUの交配により得た交配品種である．1971年にドイツで登録された．親子関係はDNA解析によって確認されている（Grando and Frisinghelli 1998）．OPTIMAとBACCHUSは姉妹関係にあり，祖先品種としてリースリングが2度関与しているため，遺伝的にはリースリングにとても似ている．OPTIMAはORIONの育種に用いられた．

ブドウ栽培の特徴

樹勢が強く，非常に早熟で，MÜLLER-THURGAUよりも10日早く熟す．やせた土地でも大丈夫だが，収量は特に高くはなく，また冬の耐寒性もそれほど高くはない．べと病に良好な耐病性を示すが灰色かび病には感受性で，早熟なのでスズメバチに被害を受けやすい．

栽培地とワインの味

ドイツでは主にラインヘッセン（Rheinhessen），モーゼル・ザール・ルーヴァー（Mosel-Saar-Ruwer）およびプファルツ（Pfalz）で64 ha（158 acres）の栽培が記録されているが2001年に記録された184 ha（455 acres）からは減少している．1990年には400 ha（988 acres）以上が記録され，主にブレンドへの糖の補強に用いられたもので，それが減少の理由である．高いレベルの成熟度に達するにもかかわらず，しまりのない平凡なもので，単調な甘さがある．フランケン（Franken）のButzeltやナーエ（Nahe）のKarlheinz Schneiderなどがヴァラエタルワインを作っている．

イングランドでも限定的に栽培されており（2 ha/5 acres），遅摘みの甘口ワインが作られることもある．またカナダのブリティッシュコロンビア州には14 acres（6 ha）の栽培が記録されている．

ORANGE MUSCAT

MUSCAT FLEUR D'ORANGER を参照

ORANGETRAUBE

この品種の歴史について多くの議論が交わされてきたが，現在では栽培地は非常に限られている.

ブドウの色：

主要な別名：Gelbe Orangetraube（ドイツ），Narancsszőlő（ハンガリー），Orangentraube
よくORANGETRAUBEと間違えられやすい品種：GALBENĂ DE ODOBEŞTI（ルーマニア）

起源と親子関係

Johann Philipp Bronner 氏（1792-1864）はドイツ出身でドイツ南部のバーデン－ヴュルテンベルク州（Baden-Württemberg）のネッカーゲミュント（Neckargemünd）の薬学者であり，ブドウの形態分類の専門家であった．1840年代から彼はマンハイム（Mannheim）とラシュタット（Rastatt）の間でライン川に沿って生育する野生ブドウを注意深く研究した（Bronner 1857）．Bronner 氏は数千の赤色果粒ブドウとわずか3種類の白ブドウをそこで見つけた．最も興味深いブドウはシュパイアー（Speyer）の近くで見つけた一つで，黄色で丸く甘い果粒，オレンジの花のオイルの強いアロマをもっていた．Bronner 氏は彼独自の品種の分類体系を確立し，歴史あるドイツの有力者，Zähringen 家に敬意を表してこの品種に *Zaehringia nobilis* というラテン名を与え，その特別なアロマにちなんで一般名を ORANGETRAUBE と名付けた．最初にこの名を正式に使用したのは，Friedrich Jakob Dochnahl（1848）で，彼は価値のある新しい生食用ブドウとして ORANGETRAUBE を記載している．

ORANGETRAUBE はずっと野生ブドウとみなされていたので，*Vitis vinifera* subsp. *silvestris* に属すると考えられた．しかし野生ブドウは通常は雌雄異株で，つまり雄木と雌木が別であり，また薄い果皮色の野生ブドウは存在しないと考えられていたので，これはとても信じがたいことであった．さらにいくつかの栽培品種が形態的に ORANGETRAUBE に類似していた．

- KNIPPERLÉ（ドイツでは ORTLIEBER と呼ばれている）オーストリアで ORANGETRAUBE を普及させた有名なブドウの形態分類の専門家の Hermann Goethe（1878）による．
- PINOT（BLAUBURGUNDER と呼ばれている）August Wilhelm Freiherr von Babo and Edmund Mach（1923）による．
- RÄUSCHLING，Ambrosi *et al.*（1997）による．

Sefc *et al.*（2000）が公開した ORANGETRAUBE の DNA プロファイルは，既知の栽培および野生のいかなるブドウとも一致しなかった（Vouillamoz）．この品種は多くの栽培品種に似ていたことから，近隣のブドウ畑で鳥が ORANGETRAUBE を食べ，ライン川の岸に沿った森に落ちた種子に由来する品種であると考えられた．基本的な10種類の DNA マーカーを用いた DNA 系統解析によって ORANGETRAUBE の親品種の一つは PINOT で，中でもその果皮色とアロマから察するにピノ・グリ（PINOT GRIS）であり，もう一つの親品種は CHASSELAS（別名 GUTEDEL）であることが示唆された（Vouillamoz）．ただし，この仮説の確認のためには少なくとも30ないし40種類の DNA マーカーを用いた解析が必要である．この親子関係は完全に歴史的なデータと一致する．実際に CHASSELAS はバーデン－ヴュルテンベルク州で16世紀から栽培されており（Krämer 2006），ピノ・グリはシュパイアーのブドウ収集家によって最初にドイツに持ち込まれたといわれているが（Babo 1843-4），そこはまさに ORANGETRAUBE が見つけられた場所である．これは，ピノ・グリが Ruland と呼ばれる商人によって広められたことから，バーデン－ヴュルテンベルク州で別名の RULÄNDER と呼ばれるようになるより前であった．*La boucle est bouclée!*（輪はつながった！）

ORANGETRAUBE は WELSCHRIESLING（GRAŠEVINA）と交配され，GOLDBURGER が育種された．

他の仮説

ルーマニアで栽培されている GALBENĂ DE ODOBEȘTI が，ORANGETRAUBE と同一であるとよくいわれていたが，前者は香り高い果粒ではなく，Harta*et al.*（2011）が報告した DNA プロファイルは ORANGETRAUBE とは異なり独特なものであった（Vouillamoz）.

栽培地とワインの味

オーストリアの首都ウィーンの南の Richard Zahel 氏は数少ないヴァラエタルワインの生産者の一人である．さらに南のブルゲンラント州（Burgenland）でも限定的に栽培されており，またウィーンの北西に位置するクロースターノイブルク（Klosterneuburg）でも栽培されている．Zahel 氏は，彼のワインには強い核果のフレーバーと生き生きとした酸味があると述べている.

ORANIENSTEINER

カナダに小さな適地を見つけたドイツの交配品種

ブドウの色：● ● ● ● ●

主要な別名：Geisenheim 11-34，Hochkroner

起源と親子関係

ORANIENSTEINER は，リースリング（RIESLING）×SILVANER の交配により得られた交配品種で，1985年にガイゼンハイム（Geisenheim）研究所において交配されラインラント＝プファルツ州（Rheinland-Pfalz）にあるオラニエンシュタイン（Oranienstein）城にちなんで命名された．ORANIENSTEINER，OSTEINER，RIESLANER は姉妹品種である.

栽培地とワインの味

ORANIENSTEINER はドイツの交配品種であるが，ドイツではクオリティワイン（原産地呼称保護ワイン）としてはまだ公認されていない．カナダのブリティッシュコロンビア州のオカナガン・バレー（Okanagan Valley）で限定的に栽培されている．現地では Sonoran Estate 社などがヴァラエタルのアイスワインを作っている．また Joie 社がオフ・ドライのエーデルツヴィッカー（Edelzwicker）スタイルの Noble Blend の生産にこの品種を用いている．オンタリオ州でも公認されている．ハンガリーではバラトン湖（Lake Balaton）の近くに少数のブドウの樹がある．ワインは良好な酸味と強い柑橘系の香りがある.

ORION

寒冷な気候下でわずかな量だけ栽培されるこのドイツの交雑品種は，
MÜLLER-THURGAU に似ている.

ブドウの色：● ● ● ● ●

主要な別名：Geilweilerhof GA-58-30

起源と親子関係

ORION は1964年に，Geilweilerhof 研究所の Gerhardt Alleweldt 氏が OPTIMA × VILLARD BLANC の交配により得た交雑品種である．しかしイギリスでは ORION から作られるワインは *vinifera* にているという理由から *vinifera* に分類されている．ギリシャ神話でアルテミスによって殺され，いまは星座の名前になっている背の高い狩人（オリオン）にちなんで名付けられた．

ブドウ栽培の特徴

寒冷耐性で良好なべと病への耐性を示す．灰色かび病には感受性である．高収量であるが MÜLLER-THURGAU よりは低い収量である．糖度は高くなる．

栽培地とワインの味

ORION は1994年に公認されたが，ドイツには依然数 ha の畑しか見られず，畑のほとんどはラインヘッセン（Rheinhessen）にあり，現地では Dr Lawall ワイナリーがヴァラエタルワイン作りを行っている．またスイスにもわずかな量（0.1 ha ／1/4 acre）の栽培が記録されている．イギリスではそれよりかは人気があり，2007年に9 ha（22 acres）の栽培が記録されていた．デンマークには2010年に2 ha（5 acres）のみ，またスウェーデンでも限定的な栽培が見られる．ワインはフレッシュでわずかに花の香りをもつこともあり比較的ソフトである．Basler（2003）によれば，この品種の示す耐病性が期待したほどでもなかったことで栽培面積は減少しつつある．

ORLEANS GELB

古くからあり，現在では高い酸度をもつドイツの非常にマイナーなこの品種は，リースリング（RIESLING）により置き換えられている．最も古いドイツのブドウはこの品種かもしれない．

ブドウの色：● ● ● ● ●

主要な別名：Gelber Orleans，Hart-Heunscht，Hartheinisch，Harthengst または Hart-Hängst，Harthinsch，Orleaner，Orléans Jaune，Orleanser，Orleanstraube，Weisser Orleans

起源と親子関係

フランス中北部に位置するオルレアン（Orléans）にちなんで命名されたが，ORLEANS GELB（*gelb* はドイツ語で「黄色」という意味がある）はラインガウ（Rheingau）から，持ち込まれ，歴史的な本拠地であるリューデスハイム（Rüdesheim）近くのリューデスハイム・ベルク（Rüdesheimer Berg）の畑で19世紀まで特に広く栽培されていた．この品種に関する最初の記載はおそらく Hieronymus Bock（1539）の中で Harthinsch という別名で書かれている「Harthinsch umb Türckheim und Wachenheim」であろう（Türckheim はここではアルザス地域圏（Alsace）の村の名前でなく，プファルツ（Pfalz）の Wachenheim に近い村である Dürkheim の古い表記である）．

Harthinsch という品種名は Jacobus Theodorus（Tabernaemontanus としても知られる）が著した Neuw Kreutterbuch（1588）の中では Hartheinisch とも表記されており，これは間違いなく「堅い GOUAIS BLANC」を意味する hart Heunisch の短縮形である．この品種名は果皮の厚さと，ドイツでは依然 HEUNISCH と呼ばれている GOUAIS BLANC との類似を意味している．Aeberhard（2005）によれば，1697年に Hart-Hängst，1751年に Harthengst，1781年に Hartheinst と改名され，Bassermann-Jordan（1923）では Hart-Heunscht に戻されたそうである．Orleans という品種名は，過去のいくつかの品種（主に PINOT）に用いられているので紛らわしい．Lambert von Babo（1843-4）が最初にこの品種に Orleans という名前を用いたのであるが，彼は色や成熟期間の変異によりもたらされたと考えられる三つのタイプ（GELBER ORLEANS，GRÜNER ORLEANS，SPÄTER WEISSER ORLEANS）を記載している（*grün* は「緑」，*weiss* は「白」，*spät* は「遅い」という意味がある）．

他の仮説

Lambert von Babo（1843-4）が，リューデスハイム（Rüdesheim）に畑を所有していたシャルルマーニュ（Charlemagne）皇帝（742-814）が ORLEANS GELB を Loiret（フランス中北部）のオルレアンからラインガウのリューデスハイム・ベルクに持ち込んだという根拠のない伝説を述べている．現地から，ライン川沿い全体に広がったものとされる．同様に12世紀にエーバーバッハ（Eberbach）の修道院の僧侶がオルレアンから持ち込んだという説もある．しかしこれを支持する歴史的な文書は見いだされておらず，ORLEANS GELB はオルレアンでは見られたことがない．

ORLEANS GELB は GOUAIS BLANC と親子関係があるとよくいわれるが，DNA 解析によってこの説は否定されるかも知れない（Vouillamoz）．

ブドウ栽培の特徴

樹勢が強く豊産性である．非常に大きな厚い果皮の果粒をつける．

栽培地とワインの味

ORLEANS GELB はかつて広くドイツ，ラインガウにおいて（アスマンズハウゼン（Assmannshausen），ニーアシュタイン（Nierstein），ルーデスハイマー・ベルク（Rüdesheimer Berg），シャルラッハベルグ・バイ・ビンゲン（Scharlachberg bei Bingen）および ヨハンニスブルク城（Schloss Johannisber））などの最高の畑で栽培されており，現地ではリースリング，GOUAIS BLANC（HEUNISCH），ELBLING，SILVANER，ピノ・グリ（PINOT GRIS（RULÄNDER）），SCHIAVA GROSSA（TROLLINGER），SAVAGNIN BLANC（TRAMINER）と一緒に栽培されていた．19世紀の終わりまでに ORLEANS GELB は，より高品質で，香りの高いワインができ，高価格がつけられるリースリングで植え替えられ，1921年以降にリューデスハイムで ORLEANS GELB からワインが作られたという記録はない．

1980年代にガイゼンハイム（Geisenheim）研究所の Helmut Becker 氏がリューデスハイム・ベルクの高台で古い ORLEANS GELB の樹を見つけるまではこの品種は絶滅したと考えられていた．Weingut Knipser 社との共同研究によって1990年代初頭にラウマースハイム（Laumersheim）に700本の最初の樹が植えられ，また1995年には Weingut Georg Breuer 社と共同でリューデスハイムにも600本の最初の樹が植えられた．Weingut Georg Breuer 社は最初の市販の樽熟成ワインを2002年に発売した．Knipser 氏によればこのワインは顕著な酸味のある幾分ニュートラルなワインとなり，比較的フルボディーであるので，酸味が和らげられていると述べている．非常に力強いワインである．

ORLEANS GELB の古い5本のブドウの樹が，ほぼ野生状態からブドウ研究家の Andreas Jung 氏によってナーエ（Nahe）のオーダーンハイム・アム・グラーン（Odernheim am Glan）近くのディジボーデンベルク（Disibodenberg）で発見された．地方の歴史文書によるとこれらの樹が植えられた時期はディジボーデンベルク修道院がまだ活動していた1108年から1559年の間と推定される．こうしてこれらのブドウはドイツで最も古いブドウの樹であると考えられている．

ORTEGA

早熟のドイツの交配品種．
印象的な糖度に達する．

ブドウの色：●（第1色に下線）●●●●

起源と親子関係

ORTEGA は1948年に，フランケン（Franken）のヴュルツブルク（Würzburg）で Hans Breider 氏が MÜLLER-THURGAU×SIEGERREBE の交配により得た交配品種である．スペイン人の哲学者 José

Ortega y Gasset にちなんで品種名が命名された．この親品種は DNA 解析によって確認されている（Myles *et al.* 2011）．

ブドウ栽培の特徴

萌芽期は早いため春の霜に被害を受ける危険性がある．非常に早熟でべと病とうどんこ病に良好な耐性をもつが，灰色かび病と花ぶるいに感受性である．

栽培地とワインの味

ORTEGA は，ほとんどの年で高い糖度に達するのでドイツでは人気があるが（634 ha/1,567 acres），1980 年代後期ほどの人気はない．ドイツで栽培されている半分はラインヘッセン（Rheinhessen）で，残りはほとんどがプファルツ（Pfalz）で見られる．モーゼル＝ザール＝ルーヴァー地域（Mosel-Saar-Ruwer）では，ORTEGA がまだ少し栽培されているものの花ぶるい（Coulure）の傾向があるため，OPTIMA のほうがこの地方での栽培に適している．ソフトでフルフレーバーのワインにはスパイシーな印象が感じられることあがり甘口で桃のような趣のあるアウスレーゼレベルから極甘口ワインまでが作られている．推奨される生産者としてはドイツではラインヘッセン（Rheinhessen）の Scherner-Kleinhanss 社やプファルツの Frey 社などがあげられる．

安定した成熟度を示すことで，この品種はイギリスで受け入れられており（27 ha/67 acres），Biddenden Vineyards 社で特に成功を収めている．また Chapel Down 社は樽熟成ワインを作っている．スイスやスウェーデン，デンマーク（2010 年の栽培面積は 1.5 ha/4 acres）でも栽培されている．

カナダのブリティッシュコロンビア州（21 ha/51 acres）でもこの品種の糖度と早熟であることから価値が認められている．

ORTRUGO

最も香り高い Malvasia とブレンドされることが多いイタリア，エミリア＝ロマーニャ州（Emilia-Romagna）の品種

ブドウの色：● ● ● ● ●

主要な別名：Altruga，Altrugo，Artrugo

起源と親子関係

エミリア＝ロマーニャ州のピアチェンツァ県（Piacenza）の品種である ORTRUGO の品種名は 20 世紀初頭の Toni（1927）まで見ることができないが，別名の ARTRUGO あるいは ALTRUGO という名前で 1881 年のブドウの形態分類紀要の中で見ることができる．この品種名は地方の方言で，「他のブドウ」（*altra uva*）という意味の *altrughe* あるいは *artrugo* に由来するものである．

ブドウ栽培の特徴

樹勢が強く豊産性で晩熟である．ヨーロッパブドウ蛾（*Lobesia botrana*）に感受性である．

栽培地とワインの味

ORTRUGO は 20 世紀の中頃には，主に MALVASIA DI CANDIA AROMATICA に置き換えられていたことでほとんど消滅状態であったが，1960 年代や 70 年代に主にイタリアのピアチェンツァ市の南西に位置する，ヴァル・ティドーネ（Val Tidone）の Luigi Mossi 氏がこの品種を救済した．今日では ORTRUGO はピアチェンツァコムーネで最も広く栽培されている品種である．現在では，Colli Piacentini DOC（Val Tidone，Val Luretta，Val Trebbia，Val Nure，Val Chero，Val d'Arda，Val Stirone）で発泡性ワイン，また軽い発泡性ワイン，スティルのヴァラエタルワインやブレンドワイン（多くの場合，

MALVASIA DI CANDIA AROMATICA や TREBBIANO ROMAGNOLO と）の原料として用いられている．また同じ DOC 内でヴィン・サント（Vin Santo）やヴィン・サント・ディ・ヴィゴレーノ（Vin Santo di Vigoleno）に用いられている．またエミリア＝ロマーニャ州との境界近くのオルトレポー・パヴェーゼ（Oltrepò Pavese）でも栽培されている．2000年のイタリア農業統計では526 ha（1,300 acres）の栽培が記録されている．

Mossi 社（スティルと発泡性），Barattieri 社，Pusteria 社（15% の TREBBIANO ROMAGNOLO を含む）などが良質のワインを作っている．発泡性ワインは軽く，フレッシュなワインになりがちだが，スティルワインは通常よりフルボディで高いアルコール分に達する．

OSELETA

イタリア，ヴァルポリチェッラ地方（Valpolicella）で復活を遂げた幾分おしゃれな品種

ブドウの色：● ● ● ● ●

主要な別名：Oselina

起源と親子関係

OSELETA という品種名は別名の Oselina に由来しており，これはイタリア語で「鳥」*uccelli* を意味する言葉に由来している．この品種名は果粒が鳥に食べられることが多い，いくつかの品種に用いられてきた名前である．

他の仮説

OSELETA はヴェローナ地方（Verona）で野生品種が栽培化されてできたといわれるが，その証拠はない．

ブドウ栽培の特徴

熟期は中期である．低収量で収量は安定しない．灰色かび病に耐性であるため，遅摘みすることができる．

栽培地とワインの味

OSELETA は1970年代にイタリア北東部のヴェネト州（Veneto）のヴェローナ県の北東部の小さなピゴッツォ村（Pigozzo）で復活するまではほぼ絶滅状態であった．何軒かの生産者が色やタンニンをヴァルポリチェッラ，レチョート（Recioto），アマローネ（Amarone）スタイルのブレンドワインに少量を加えている．たとえば Tedeschi 社が最近植え付けたブドウにこの品種がふくまれている．OSELETA は2002年から公認されヴァルポリチェッラ地方で推奨された．Zymè 社や Masi 社は非常に珍しいヴァラエタルワインを作っており，いずれも IGT Rosso del Veronese に分類されている．Masi 社の Osar は1985年と1990年に植えられたブドウから作られ，小さな樫の新樽で24ヶ月熟成されるが，ワインにはハーブやシナモン，生け垣の果物，花の香りに至る複雑なアロマの特性があり，皮のノートも感じられ，数年の瓶熟成の後にも非常にしっかりしたタンニンを感じることができる．Zymè 社は1998年に OSELETA をヴァルポリチェッラ地方に10～20 ha（25～50 acres）ほど植え付けた．La Cappuccina 社は10 % の OSELETA をカルムネール（CARMENÈRE）ベースの Campo buri ワインに，また50 % を Carmenos と呼ばれる甘口パッシートワインに用いている（カルムネールとブレンドされていことから Carmenos）．

OSTEINER

成功を収めた栽培の前哨地がニュージーランドにある，非常にマイナーなドイツの交配品種

ブドウの色：

主要な別名：Geisenheim 9-97

起源と親子関係

OSTEINER は1929年にドイツのラインガウ（Rheingau）のガイゼンハイム（Geisenheim）研究所でHeinrich Birk 氏がリースリング（RIESLING）×SILVANER の交配により得た交配品種である．この品種は1984年に公認されている．この系統はDNA 解析によって確認された（Myles *et al.* 2011）．この品種名は，ガイゼンハイムでいくつかのビルや庭を建設したGraf Friedrich Karl von Ostein の名にちなんで命名された．ORANIENSTEINER，OSTEINER，RIESLANER は姉妹品種にあたる．

ブドウ栽培の特徴

熟期は中期～晩期である．非常に良好なべと病への耐性を示す．うどんこ病と灰色かび病にも耐性である．安定した収量で良好な糖度をもつ．厚い果皮からしっかりした麦わら色がワインに与えられる．

栽培地とワインの味

ニュージーランドではドイツと同じ程度，（いずれも1 ha（2.5 acres））ほどの栽培が記録されている．セントラル・オタゴ（Central Otago）のRippon Vineyards 社のRolfe Mills 氏が1990年代半ばにこの品種を最初に輸入した．Rippon 社のHotere の白ワインは OSTEINER を100％用いて作るワインで，スグリと花のアロマにわずかなレモンを加えた風味をもち，フレッシュであるがオフ・ドライスタイルである．ワインは概して良好な酸味とボディーをもつ．

ÖSTERREICHISCH WEISS

よく知られた子品種をもつ稀少な薄い果皮色のウィーンの品種

ブドウの色：

主要な別名：Kahlenberger Weisse
よくÖSTERREICHISCH WEISSと間違えられやすい品種：BRAUNER VELTLINER ☒，SILVANER ☒（フランケン（Franken）ではÖsterreichisch と呼ばれる）

起源と親子関係

ÖSTERREICHISCH WEISS（オーストリアの白という意味がある）は，主にウィーン近くのカーレンベルク山地域（Kahlenberg）で主に栽培される古い品種で，現地での別名は KAHLENBERGER WEISSE である．DNA 解析の結果，SILVANER は ÖSTERREICHISCH WEISS と SAVAGNIN との自然交配により生まれた品種であることが明らかになった（Sefc，Steinkellner *et al.* 1998）．また，ÖSTERREICHISCH WEISS は数多く存在する GOUAIS BLANC の子品種の一つであるが，もう一方の親品種は不明である（Regner *et al.* 1998）.

ブドウ栽培の特徴

全般的に良好な耐病性を示す.

栽培地

ÖSTERREICHISCH WEISS はオーストリアの首都，ウィーンの北側のカーレンベルク山の畑で広く栽培されており，現地では GRINZINGER として知られている TRAMINER（SAVAGNIN）を10％の割合でブレンドしたワインが人気がある.

1950年代まで，この品種は発泡性ワインに使われていたが今日では重要性が減少している（Sefc, Steinkellner *et al.* 1998）. Alois Raubal 氏（Bioweinbau-Raubal）は最近ウィーンの南のグンポルツキルヘン（Gumpoldskirchen）に300本の ÖSTERREICHISCH WEISS を植え付け，ヴァラエタルワインを作っている.

OTSKHANURI SAPERE

ジョージアのマイナーな品種.
深い色合いで，熟成させる価値のある赤ワインになる.

ブドウの色：● ● ● ● ●

主要な別名：Argvetuli Sapere

起源と親子関係

OTSKHANURI SAPERE はジョージア中西部にあるイメレティ州（Imereti）の在来品種で，この品種名は Otskha 川にちなんだものであろう. *Sapere* にはジョージア語で「染める」という意味があり，これは果粒の深い黒い色を表したものである.

ブドウ栽培の特徴

萌芽期は中期で晩熟である. 全般的に良好な耐病性を示す.

栽培地とワインの味

ジョージアの亜熱帯地方である西部のイメレティ州（Imereti）の主にロディナウリ（Rodinauli），スヴィリ（Sviri），ディミ（Dimi），オブチャ（Obcha）などの村で栽培されている. OTSKHANURI SAPERE は深い色合いと良好な骨格をもち，森の果実，チェリー，野草の個性的な特有のフレーバーをもつ熟成させる価値のある赤ワインになる. Khareba 社と Imeretian Wines 社が良質なヴァラエタルワインを作っている.

OTTAVIANELLO

CINSAUT を参照

OTTONESE

BOMBINO BIANCO を参照

OVIDIOPOLSKY

NACHODKA あるいは NAKHODKA とも呼ばれている OVIDIOPOLSKY は，1959年にウクライナのオデッサ州（Odessa）の Tairov 研究所において P K Aivazian，Y N Dokuchaeva，M I Tulaeva，L F Meleshko，A P Abliazova，A K Samborskaya 氏らが SEVERNY × ODESSKY USTOICHIVY の交配により得た交配品種である．後者は BĂBEASCĂ NEAGRĂ × RUPESTRIS DU LOT（*Vitis rupestris* の台木品種）の交雑品種である．1986年に登録された．樹勢が強く冬の耐寒性を有し，熟期は中期～晩期である．ウクライナのオデッサ州で，フルーティーで時にフローラルな辛口のワインが作られている．この品種は ZAGREI の育種に用いられた．

P

PADEIRO (パデイロ)
PÁLAVA (パーラヴァ)
PALLAGRELLO BIANCO (パッラグレッロ・ビアンコ)
PALLAGRELLO NERO (パッラグレッロ・ネーロ)
PALOMINO FINO (パロミーノ・フィノ)
PAMID (パミッド)
PAMPANUTO (パンパヌート)
PANONIA (パノニア)
PAOLINA (パオリーナ)
PAPAZKARASI (パパズカラス)
PARDILLO (パルディーリョ)
PARELLADA (パレリャーダ)
PARKENT (パルケント)
PARRALETA (パラレーラ)
PASCAL BLANC (パスカル・ブラン)
PASCALE (パスカーレ)
PASSAU (パッサウ)
PASSERINA (パッセリーナ)
PAVANA (パヴァーナ)
PECORINO (ペコリーノ)
PEDRAL (ペドラル)
PEDRO GIMÉNEZ (ペドロ・ヒメネス)
PEDRO XIMÉNEZ (ペドロ・シメーネス)
PELAVERGA (ペラヴェルガ)
PELAVERGA PICCOLO (ペラヴェルガ・ピッコロ)
PELOURSIN (プルールサン)
PEPELLA (ペペッラ)
PERERA (ペレーラ)
PERLE (ペルレ)
PERRICONE (ペッリコーネ)
PERRUNO (ペルーノ)
PERSAN (ペルサン)
PERVENETS MAGARACHA (ピエルヴィニッツ・マハラチャ)
PERVOMAISKY (ペルヴォマイスキー)
PETIT BOUSCHET (プティ・ブーシェ)
PETIT COURBU (プティ・クルビュ)
PETIT MANSENG (プティ・マンサン)
PETIT MESLIER (プティ・メリエ)
PETIT ROUGE (プティ・ルージュ)
PETIT VERDOT (プティ・ヴェルド)
PETITE AMIE (プティエイミー)

次ページ以降に記載されているこのシンボルは，別名や誤った同定がDNA解析により確認されたことを示す．

PETITE PEARL （プティパール）
PETRA （ペトラ）
PETROKORITHO （ペトロコリソ）
PETROULIANOS （ペトルリャノス）
PHOENIX （フェニックス）
PICAPOLL BLANCO （ピカポール・ブランコ）
PICARDAN （ピカルダン）
PICCOLA NERA （ピッコラ・ネーラ）
PICOLIT （ピコリット）
PICULIT NERI （ピコリット・ネーリ）
PIEDIROSSO （ピエディロッソ）
PIGNOLA VALTELLINESE （ピニョーラ・ヴァルテッリネーゼ）
PIGNOLETTO （ピニョレット）
PIGNOLO （ピニョーロ）
PINEAU D'AUNIS （ピノー・ドーニ）
PINELLA （ピネッラ）
PINOT （ピノ）
PINOTAGE （ピノタージュ）
PINOTIN （ピノタン）
PIONNIER （ピオニア）
PIQUEPOUL （ピックプール）
PLANT DROIT （プラン・ドロワ）
PLANTA NOVA （プランタ・ノーバ）
PLANTET （プランテ）
PLANTSCHER （プランツシャー）
PLASSA （プラッサ）
PLATANI （プラタニ）
PLAVAC MALI （プラヴァツ・マーリ）
PLAVEC ŽUTI （プラヴェツ・ジューティ）
PLAVINA （プラヴィナ）
PLECHISTIK （プリチースティック）
PLYTO （プリト）
PODAROK MAGARACHA （パドゥルロック・マハラチャ）
POLLERA NERA （ポッレーラ・ネーラ）
PORTAN （ポルタン）
POŠIP BIJELI （ポシップ・ビイェーリ）
POTAMISSI （ポタミシ）
POULSARD （プールサール）
PRAIRIE STAR （プレーリースター）
PRČ （プルチュ）
PRÉCOCE DE MALINGRE （プレコス・ド・マラングル）

PRENSAL（プレンサル）
PRETO MARTINHO（プレット・マルティーニョ）
PRIÉ（プリエ）
PRIETO PICUDO（プリエント・ピクード）
PRIKNADI（プリクナディ）
PRIMETTA（プリメッタ）
PRINZIPAL（プリンツィパル）
PRIOR（プリオア）
PROBUS（プロブス）
PRODEST（プロデスト）
PROKUPAC（プロクパツ）
PROSECCO（プロセッコ）
PROSECCO LUNGO（プロセッコ・ルンゴ）
PRUNELARD（プリュヌラール）
PRUNESTA（プルネスタ）
PUGNITELLO（プニテッロ）
PUKHLIAKOVSKY（プルレコフスキー）
PULES（プレソ）

PADEIRO

豊産性だが良質のポルトガルの品種．ロゼワインや薄い色の赤ワインになる．

ブドウの色：● ● ● ● ●

主要な別名：Padeiro de Basto, Tinto Matias
よくPADEIROと間違えられやすい品種：ESPADEIRO ⚥（ヴィーニョ・ヴェルデ（Vinho Verde）），TINTO CÃO ⚥（ドウロ（Douro）およびダン（Dão））

起源と親子関係

PADEIRO あるいは PADEIRO DE BASTO という名前には「Basto のパン屋」という意味がある．ポルトガル北西部のミーニョ地方（Minho）が由来の品種である．この品種を，同じ地域で PADEIRO DE BASTO あるいは PADEIRO TINTO と呼ばれている ESPADEIRO や，PADEIRO DE BASTO の他の別名である TINTO CÃO と混同してはいけない．Veloso *et al.*（2010）によれば，これら3品種は，すべて異なる DNA プロファイルをもっている．

ブドウ栽培の特徴

豊産性で萌芽期は後期である．熟期は早期～中期．乾燥とべと病に感受性であるが灰色かび病に対しては感受性でない．

栽培地とワインの味

PADEIRO の果汁は糖度が高く酸度は低いが，ロゼワインや色の薄い赤い果実の香りをもつ赤ワインがミーニョ地方で人気がある．この地域ではヴィーニョ・ヴェルデが作られ，その気候のためフレッシュスタイルのワインとなる．推奨される生産者は Quinta de Gomariz 社で，同社はヴァラエタルの PADEIRO ロゼワインも作っている．

PAÏEN

SAVAGNIN BLANC を参照

PAÍS

LISTÁN PRIETO を参照

PÁLAVA

ピンク色の果皮をもつチェコの品種．
フルボディーだがフレッシュでスパイシーな白ワインになる．

ブドウの色：● ● ● ● ●

主要な別名：Nema，Veverka

起源と親子関係

PÁLAVA は1953年にチェコ共和国のモラヴィア（Morava）南部のヴェルケー・パヴロヴィツェ（Velké Pavlovice）の ŠSV 研究センターの Josef Veverka 氏が SAVAGNIN ROSE×MÜLLER-THURGAU の交配により得た交配品種で，実生が AURELIUS と同様にペルナー（Perná）に移された．この品種は，モラヴィア南部にあり UNESCO に登録されているパーラヴァ（Pálava）景観保護地域の名前にちなんで命名された．また，1977年にチェコの公式品種登録リストに掲載された．PÁLAVA はスロバキア品種である MÍLIA の姉妹品種である．

ブドウ栽培の特徴

厚い果皮をもつ果粒をつける．熟期は中期〜晩期である．霜に中程度の耐性をもつが，かびの病気には感受性である．湿った肥沃な土壌と好適な場所が必要である．

栽培地とワインの味

PÁLAVA のワインは親品種の SAVAGNIN ROSE の特徴が多く感じられ，フルボディー，スパイシーさ，バラの花弁のノートをもつが，通常 SAVAGNIN ROSE より少し酸味が強く，よりなめらかである．2009年，チェコ共和国では195 ha（482 acres）の栽培が記録されており，そのほとんどは南東部のモラヴィアで見られる．推奨される生産者としては Karpatská Perla，Vajbar Bronislav，Znovín Znojmo などの各社があげられる．この品種はスロバキアでも栽培されており Château Topoľčianky と Vino Levice の各社がヴァラエタルワインを作っている．

PALLAGRELLO BIANCO

古くからある珍しいカンパニア州（Campania）の品種．
ヴィオニエ（VIOGNIER）と似ていなくもない．

ブドウの色：● ● ● ● ●

主要な別名：Pallagrella Bianca，Pallagrello di Avellino ☒，Pallarella，Piedimonte Bianco
よくPALLAGRELLO BIANCOと間違えられやすい品種：CODA DI VOLPE BIANCA ☒，PIGNOLETTO ☒（別名で Grechetto di Todi）

起源と親子関係

PALLAGRELLO という名前は，このブドウを半干しするときに伝統的に用いられている藁の格子 *pagliarello* に由来する．この品種についての初めての記載はおそらく Pallarelli の名で18世紀の終わりに見られるものであろう．これには白色と黒色の両方について書かれているが，PALLAGRELLO BIANCO は PALLAGRELLO NERO の色変異ではない．両品種とも1775年に建築家の Luigi Vanvitelli 氏が両シチリア王フェルナンドⅠ世のために設立した，イタリア南部カンパニア州のカゼルタ県（Caserta）の王宮の近くのモン・サン・レウチョ（Monte San Leucio）の斜面の上のブドウ園，Vigna del Ventaglio で栽培されていた．現在ではなくなってしまったが，1826年の文書には，10個の区画に分けられた半円からなるブドウ園は，あたかも手持ちの扇のようだと記載されている．それぞれの区画には異なる品種が栽培され，その中には二つの古い PALLAGRELLO BIANCO と PALLAGRELLO NERO の別名である PIEDIMONTE BIANCO と PIEDIMONTE ROSSO が含まれていた．実際に両品種ともカゼルタ県のピエディモンテ・マテーゼ（Piedimonte Matese）とアリーフェ（Alife）の間の地域が起源の地であると考えられている．

両品種とも果房が「狐のしっぽ」（*coda di volpe*）の形に似ていることから，PALLAGRELLO BIANCO は CODA DI VOLPE BIANCA と混同されることもしばしばだが，DNA 解析の結果，両者は別の品種であり，PALLAGRELLO DI AVELLINO と PALLAGRELLO DI CASERTA も異なる品種であることが明らかになった（Costantini *et al.* 2005）．後に PALLAGRELLO DI CASERTA は，実は GRECHETTO DI TODI とも呼ばれている PIGNOLETTO と同一であることが明らかになった（Vouillamoz）．

ブドウ栽培の特徴

低収量である．熟期は中期～晩期．良好な灰色かび病への耐性を示す．

栽培地とワインの味

多くのカンパニア州の他の在来品種同様に PALLAGRELLO の栽培は20世紀の間に激減した．1990年代に，地元の法律家で情熱的なワイン生産者である Peppe Mancini 氏が再発見したときには，PALLAGRELLO BIANCO と PALLAGRELLO NERO はいずれも絶滅したと考えられていた．

PALLAGRELLO BIANCO は現在ではイタリア，カンパニア州のカゼルタ県で少量が栽培されており，主にカイアッツォ（Caiazzo），カステル・カンパニャーノ（Castel Campagnano），カステル・ディ・サッソ（Castel di Sasso）などのコムーネで見られる． Terre del Principe 社が珍しいヴァラエタルワインを作っている．同社はオークを用いないワインと樽発酵の両スタイルのワインを作り，また Castello Ducale 社もこの品種を用いてヴァラエタルワインを作っている．ワインはアルコール分は高いが酸味は控えめで，いくぶん ヴィオニエ（VIOGNIER）のような桃やアプリコットのアロマがある．2000年の統計では PALLAGRELLO BIANCO は CODA DI VOLPE BIANCA の別名として扱われているため，栽培面積は明らかでない．

PALLAGRELLO NERO

濃い色の果皮を持つ珍しいカンパニア州（Campania）の品種．
PALLAGRELLO BIANCO とは関係がない．

ブドウの色：● ● ● ● ●

主要な別名：Coda di Volpe Nera，Pallagrella Nera，Piedilungo，Piedimonte Rosso

起源と親子関係

PALLAGRELLO という名前は，このブドウを半干しするときに伝統的に用いられている藁の格子 *pagliarello* に由来する．おそらく，この品種についての初めての記載は Pallarelli の名で18世紀の終わりに見られるものであろう．これには，白色と黒色の両方について書かれている．PALLAGRELLO NERO は CODA DI VOLPE NERA とも呼ばれているが，CODA DI VOLPE BIANCA や PALLAGRELLO BIANCO のいずれの色変異でもない．PALLAGRELLO NERO は PALLAGRELLO BIANCO とともに18世紀に Vigna del Ventaglio で栽培されていた．詳細は PALLAGRELLO BIANCO を参照．

DNA 解析により，PALLAGRELLO NERO と，別の珍しいカンパニア州のカゼルタ県（Caserta）の古い品種である CASAVECCHIA との間に遺伝的に近い関係が示唆された（Masi *et al.* 2001）．

ブドウ栽培の特徴

熟期は中期～晩期，低収量である．アントシアニンに富んでいる．灰色かび病への良好な耐性を示す．

栽培地とワインの味

多くのカンパニア州の他の在来品種と同様に，PALLAGRELLO の栽培は20世紀の間に激減した．1990年代に，地元の法律家で情熱的なワイン生産者である Peppe Mancini 氏がこの品種を再発見したときには，

PALLAGRELLO BIANCO と PALLAGRELLO NERO はいずれも絶滅したと考えられていた．

PALLAGRELLO NERO は現在ではイタリア，カンパニア州のカゼルタ県で限定的に栽培されており，主にアリーフェ（Alife)，アルヴィニャーノ（Alvignano)，カイアッツォ（Caiazzo)，カステル・カンパニャーノ（Castel Campagnano）などのコムーネで見られる．この品種の珍しいヴァラエタルワインは IGT Campania に分類され，Alois，Castello Ducale，Terre del Principe などの各社が作っている．そうしたワインはチェリーの果実香と時に胡椒の香りをもつなめらかなワインになる．顕著な量のタンニンが，ボトル内での数年の熟成を可能にしている．

PALOMINO FINO

シェリー用のブドウ品種

ブドウの色：● ● ● ● ●

主要な別名：Albán，Albar，Albillo de Lucena，Bianco 🧬（イタリア北西部ピエモンテ州（Piemonte)），Fransdruif（南アフリカ共和国），Golden Chasselas（カリフォルニア州），Jerez，Listan または Listan de Jerez（フランス），Listán Blanco 🧬（アンダルシア州（Andalucía)，カナリア諸島），Listán Comun，Listão または Listrão 🧬（マデイラ島），Madera 🧬，Malvasia Rei 🧬（ポルトガル），Manzanilla de Sanlucar，Ojo de Liebre，Palomina Blanca（ヘレス・デ・ラ・フロンテーラ（Jerez de la Frontera)），Palomino 🧬（レケナ（Requena)，コニラ（Conila)，タリファ（Tarifa)），Palomino Macho 🧬，Palomino Pelusón 🧬，Temprana，Tempranilla（ロタ（Rota)，グラナダ（Granada)），Xeres

よく PALOMINO FINO と間違えられやすい品種：ALBILLO DE ALBACETE 🧬（カスティーリャ＝ラ・マンチャ州（Castilla-La Mancha)），DIAGALVES 🧬（ポルトガル），LISTÁN DE HUELVA 🧬，MERSEGUERA 🧬（Palomino Fino はアルジェリアでは Merseguera と呼ばれている），SÉMILLON 🧬（フランスのフレジュス（Fréjus）では Palomino Fino と呼ばれている）

起源と親子関係

PALOMINO FINO はスペイン南部由来の古いアンダルシア州（Andalucía）の品種で，様々な別名で知られており，LISTAN は最も広く使われている別名である．García de Luján（1996）の著書の中の Permartín 氏によれば，PALOMINO はカスティーリャ国王アルフォンソ10世（1221-84）の騎士であった Fernán Yáñez Palomino にちなんで命名されたもので，15世紀の終わり頃カナリア諸島に持ち込まれたとされている．二つの形態学的な特徴をもつ亜種が記載されており，PALOMINO PELUSÓN は毛の生えた葉をもち，もう一つの PALOMINO MACHO は乏しい実止まりである．

PALOMINO FINO は，LISTÁN PRIETO という古い別名ですでに1513年に Alonso de Herrera（1790）により記載された PALOMINA NEGRA の白スタイルではないが，DNA プロファイルは両者の遺伝的近縁関係の可能性を排除するものではない（Vouillamoz)．

カリフォルニア州では GOLDEN CHASSELAS といえば普通は PALOMINO FINO を指すが，本物の CHASSELAS もいくつか含まれる．

PALOMINO FINO は多くの品種の育種に用いられたが，そのうち CHASAN，COLOMINO，CORREDERA のみが現在でも栽培されている．

ブドウ栽培の特徴

萌芽期は中期で熟期は中期～晩期である．中～大サイズの果粒で，中～大サイズの果房をつける．比較的薄い果皮をもつ．成熟すると酸度は急激に低下する．安定した豊産性を示す．暑く乾燥した晴れの日が多い地域に適している．べと病と炭疽病にかなり高い感受性を示すが，うどんこ病に対する感受性はそれほどでもない．

栽培地とワインの味

フランスでは2009年に172 ha（425 acres）の栽培が記録され，LISTANもしくはLISTAN DE JEREZとして知られている．主にガスコーニュ（Gascogne）やラングドック（Languedoc）西部で栽培されているが，50年前の1,252 ha（3,094 acres）からは激減した．かつてその多くがアルマニャックなどの蒸留酒の生産のために栽培されていた．現在ではほとんどがUGNI BLANC（TREBBIANO TOSCANO），COLOMBARD，BACO BLANCなどの品種に置き換えられてしまった．

PALOMINO FINOはかつてスペイン南西部のカディス（Cádiz）の北にある，ヘレス地方（Jerez）のサンルーカル・デ・バラメーダ（Sanlúcar de Barrameda）周辺でのみ栽培されており，徐々にシェリーに使われるようになった．この品種はシェリーの生産のために公認されている3種の品種のうちの一つであるが，そのなかでも最も広く栽培されている．2008年には13,926 ha（34,412 acres）の栽培が記録され，アンダルシア州（Andalucía）の総栽培面積の4分の3を占めている．冷涼で雨の多い気候を考えると驚くべきことだが，残りの栽培のほとんどはスペイン北西部のガリシア州（Galicia）で見られる．フィロキセラ被害以降，PALOMINO FINOが豊産性であり，苗木業者からの入手が容易であったことから広く栽培されるようになった．北西部では，より香りが高い特徴のある地方品種に畑を譲りつつあるが，この品種は依然，カスティーリャ・イ・レオン州（Castilla y León）のBierzoやRuedaなどのDOにおいて公式に主要な白品種である．アンダルシア州では，ヘレスにおいて最も重要な品種であり，現地では白亜質のアルバリーサ土壌で栽培されている．さらにポルトガルに向かって北西方向にあるコンダド・デ・ウエルバ（Condada de Huelva）でも酒精強化ワインの生産に用いられている．

PALOMINO FINOの総栽培面積を算出するためにはLISTÁN BLANCOとして記録されている9,483 ha（23,433 acres）を加えるべきであり，これはカナリア諸島で最も重要で成功した白品種である．LISTÁN BLANCOはカナリア諸島のすべてのDOで最も重要な品種で，ヴァラエタルワインの生産者にはBilma，Monje，Soagranorte，Valleoroなどの各社がある．

スペインの公式品種登録リストと公式ブドウ栽培統計では，PALOMINOとPALOMINO FINOを区別している．ブドウの形態分類学的な特徴にいくぶん違いがあるため（主に花の形や開き方）この区別がなされているが，Ibañez *et al.*（2003），Martín *et al.*（2003），González-Andrés *et al.*（2007）などが報告したDNAプロファイルを比較すると，この二つは同一で，いつも別名で区別しているわけではない．多くの地方でPALOMINOという名前は両方の品種に用いられているが，この品種の故郷であるアンダルシア州ではPALOMINO FINOのほうが多く使われている．ワインの品質はクローンというよりも生育環境に影響を受ける．2008年には3,358 ha（8,297 acres）の栽培面積が単にPALOMINOとして記録されていた．

ヴァラエタルワインは通常ニュートラルで低いアルコール分（発酵性糖類の含量が低いことと，早摘みされることの両方が原因）と弱い酸味である．ヘレス地域で見られるフィノ（Fino）からアモンティリャード（Amontillado）までの様々なスタイルの酒精強化ワインの生産に理想的な品種である．酸化しやすいというこの品種の傾向は酒精強化ワインにとっては欠点ではないが，酒精強化でないワインに用いると退屈で締まりのないものになってしまい，補酸する必要がある．もっとも，フロールで熟成させたNavazos-Niepoortの辛口のテーブルワインは興味深い例外的なワインである．

2010年，ポルトガルには3,468 ha（8,570 acres）のMALVASIA REI（本品種の別名）があり，ほとんどはポルトガル北部の特にドウロ（Douro）で栽培されている．そこではアロマが低温発酵により増強され，大量のブランドワインが作られている．テーブルワインおよび酒精強化ワインに用いられているが，よりよい品質の品種に置き換えられつつある．

その高収量さと，かつては‘キプロスシェリー’として知られた製品の生産に適していることから，この品種はキプロスでも人気のある外来品種であった．しかし，このようなスタイルのワインの市場が減少したことから，大規模な抜根が行われ，2009年には56 ha（138 acres）を残すのみとなり，酒精強化ワインとテーブルワインが作られている．

カリフォルニア州では2008年に340 acres（138 ha）が栽培され，ほとんどはサンホアキン・バレー（San Joaquin Valley）のマデラ郡（Madera）とフレスノ郡（Fresno）でブレンド用に用いられたが，Andrew Quadyなどわずかな生産者はシェリースタイルのワインも作っている．アルゼンチンでは2008年に168 ha（415 acres）の栽培が記録された．

オーストラリアではPALOMINOは主に酒精強化のシェリースタイルワインに使われていたが，2008年には栽培面積はわずかに50 ha（124 acres）まで減少した．ニュージーランドでもかつては比較的人気があったが，現在では限定的（2008年に14 ha/35 acres）に栽培されているのみである．

かつては南アフリカ共和国でもPALOMINOが英語ではWhite French，アフリカーンス語ではFransdruifとして広く栽培され，主に蒸留酒に使われていた．しかし2008年には381 ha（941 acres）の栽培面積を残すのみである．

PAMID

広く栽培されているが退屈な赤ワインになる，ブルガリアの古い品種

ブドウの色：● ● ● ● ●

主要な別名：Grechesky Rosovy（ロシア），Manaluki（アルバニア），Pamidi（ギリシャ），Pamitis（ギリシャ），Piros Szlanka（ハンガリー），Plovdina（北マケドニア共和国），Roşioară（ルーマニア），Saratchoubouk（トルコ），Slankamenka Crvena（セルビア）

起源と親子関係

PAMIDはブルガリアのPamidが起源の地であると主張するブドウの形態分類の専門家たちがいれば，ギリシャのトラキア（Thráki）が起源の地であると主張する専門家もいる．バルカン半島の古い品種であるということでは一致しており，現地では長い間栽培されてきた．PAMIDは高度な多様性を示し，少なくともPAMID ROZOV（ピンク），PAMID SIV（灰色），PAMID CHEREN（黒），PAMID BYAL（白），PAMID EDAR（大きい），PAMID IZRESLIV（花ぶるいになりがちである），PAMID S MAKHROVATI TSVETOVE（サトウダイコンのような花をつける）などの7種類の栽培型を示す（Katerov 2004）．

白色の果粒をつけるDIMYATはPAMIDとも呼ばれるが，これはまったく異なる品種である．

ブドウ栽培の特徴

結実能力が高く豊産性である．熟期は中期で，薄い果皮をもつ小さい果粒をつける．べと病とうどんこ病に感受性である．しかし灰色かび病にはある程度耐性を示す．ダニとブドウ蛾による被害を受けやすい．

栽培地とワインの味

PAMIDはブルガリアで最も広く栽培されている品種であるが（15,842 ha /39,146 acres: 2009年，これは同国の総ブドウ畑の15% を占めている），生食用としても用いられていることからもわかるように，最もかんばしくない品種ともいえる．わずかにフルーティーな甘さがブルガリアの国内消費においては人気だが，ワインは淡い色合いで薄く，酸味に欠け早飲み用に最も適している．最高とされるワインは丘陵地の畑のもので，ロゼワインも作られている．

ルーマニアではこの品種はROȘIOARとして知られ人気があり，南西部のオルテニア（Oltenia）の重要な品種である．2008年のルーマニアでは3,231 ha（7,984 acres）の栽培が記録されていた．PAMIDはセルビア，北マケドニア共和国，アルバニア，トルコ，ギリシャ，ハンガリーなどの国々で様々な別名で（前述の別名を参照）呼ばれている．北マケドニア共和国ではフィロキセラ被害により激減したが，ほとんどのブドウ栽培地域で現在でも栽培されている．

PAMPANUTO

イタリア，プッリャ州（Puglia）の平凡でマイナーな品種

ブドウの色：

主要な別名：Pampanino, Pampanuta, Rizzulo

起源と親子関係

この品種の起源と不思議な品種名の由来は明らかでない．

ブドウ栽培の特徴

樹勢が強く，熟期は中期〜後期である．

栽培地とワインの味

イタリア南部，プッリャ州で長く栽培されており，主にバーリ県（Bari）で見られる品種である．PAMPANUTO は1970年代に絶滅状態から救済され，2000年までに291 ha（719 acres）がイタリアで栽培されている．今日では PAMPANUTO は BOMBINO BIANCO あるいは TREBBIANO GIALLO とブレンドされることが多いが，Castel del Monte DOC の Bianco タイプは100 % PAMPANUTO から作ることもできる．こうしたヴァラエタルワインには Crifo 社の Bianco Dry（テーブルワイン /vino da tavola），Agresti 社の Reges Apuliae（IGT Murgia），Marmo Maria 社の Castel del Monte DOC などがある．これらのワインは辛口で軽く酸味が不足しがちである．

PANONIA

PANONIA はセルビア，ヴォイヴォディナ自治州（Vojvodina）にあるスレムスキ・カルロヴツィ（Sremski Karlovci）ブドウ栽培研究センター（ノヴィ・サド（Novi Sad）大学）の Petar Cindić 氏が FRÜHROTER VELTLINER × MÜLLER-THURGAU の交配により得た，白色の果粒をつける交配品種である．2003年に公開された．この品種は MORAVA の姉妹品種である．ハンガリーの生食用ブドウの PANNONIA KINCSE と混同しないように．

PANSA BLANCA

XARELLO を参照

PAOLINA

PAOLINA はイタリア北部，トレント自治県（Trentino），ヴァル・ディ・チェンブラ（Val di Cembra）の非常に珍しい白品種である．この品種は伝統的にトレントの東にある，カンツォリーノ湖（Lago di Canzolino）近くのペルジーネ（Pergine）や，トレントの西にある，ヴァッレ・デイ・ラーギ（Valle dei Laghi）の Cavedino 湖（Lago di Cavedino）近くのドロ（Dro）で栽培されていた．最近まで PAOLINA は絶滅したと考えられていたが，アマチュアのブドウ研究家の Gianpaolo Girardi 氏がカンツォリーノ湖の近くで再発見した．現在，チェンブラ（Cembra）にあるPelzとPifferの両社のみがIGT Vigneti delle Dolomitiに分類されるヴァラエタルワインの生産者である．

PAOLINAはいかなる公式品種登録リストにも現代のブドウの本にも記載されていない．PAOLINAがユニークな品種なのか，あるいはよく知られた品種の別名であるかはわからないが，これはDNA解析により明らかになるであろう．

PAPAZKARASI

主にトラキア地方（Trakya）で見られるトルコの品種．
この地方特有の目的のために用いられている．

ブドウの色：

主要な別名：Papaskara，Papaz Karası
よくPAPAZKARASIと間違えられやすい品種：ADAKARASI（アーブシャ島（Avşa）），ÇALKARASI（デニズリ（Denizli）），HOROZKARASI（キリス（Kilis）），KALECIK KARASI（アンカラ（Ankara））

起源と親子関係

PAPAZKARASIには「司祭の黒」という意味がある．おそらくその起源の地であろうマルマラ海のトルコのアーブシャ島に数多くある，ビザンチンの修道院にちなんで命名されたものであろう．

他の仮説

ADAKARASI参照．

ブドウ栽培の特徴

熟期は中期．全般的に良好な耐病性を示す．粘土ローム土壌と乾燥した環境で良好な生育を示す．しかし果粒は通常控えめな酸度と糖度にしか達しない．

栽培地とワインの味

PAPAZKARASIはマルマラ海の北方，トラキアの大陸性の気候で生育し，色が濃く力強いワインとなる一方で，Hardaliyeとして知られるこの地方の伝統的なドリンクにも用いられている．このドリンクの生産にはマロラクティック発酵が必要であり，マスタードの種，サワーチェリーの葉および安息香酸が混ぜられている（Gülcü 2010）．Melen社はオークで熟成させたスタイルのワインを作っている．2010年にはトルコで211 ha（521 acres）の栽培が記録されていた．

PARDILLO

スペイン，ラ・マンチャ地方（La Mancha）の品種．
良好な骨格をもち，アロマティックではないワインになる．

ブドウの色：

主要な別名：Blanca Pequeña☒，Marisancho☒（アルバセテ（Albacete）およびクエンカ（Cuenca）），

Parda, Pardilla, Pardillo de Madrid, Parill Blanco, Temprana Media ☓（シガレス（Cigales））
よくPARDILLOと間違えられやすい品種：ALBILLO REAL ☓

起源と親子関係

PARDILLO（2009年まではPARDILLAという名前で知られていた）はスペイン中部のラ・マンチャ地方の在来品種であり，現地では古い別名のParill BlancoやMarisanchoという別名で長く栽培されてきた（Clemente y Rubio 1807）．後者はバレンシア州（Valencia）のMERSEGUERAの別名としても使われることがある．

紛らわしいことにPARDILLAはPARDINA（CAYETANA BLANCA参照）とPARDILLOの両品種の別名でもある．

ブドウ栽培の特徴

比較的薄い果皮をもつ中サイズの果粒で，小〜中サイズの果房をつける．萌芽期は遅く非常に晩熟である．結実能力が高く乾燥に耐性をもち，あまり肥沃でない土壌での栽培に適している．灰色かび病に感受性である．

栽培地とワインの味

ヴァラエタルワインは通常，高いアルコール分と骨格をもつが，それほど香りは高くはない．2008年に3,547 ha（8,765 acres）の栽培が記録されており，そのほとんどがスペインのカスティーリャ＝ラ・マンチャ州（Castilla-La Mancha）で栽培されていた．

PARDINA

CAYETANA BLANCAを参照

PARELLADA

高品質のワインになるポテンシャルをもつ香り高い品種．
主にカバ（Cava）の生産に用いられている．

ブドウの色：●●●●●

主要な別名：Martorella, Moltonach, Montañesa, Montona（マヨルカ島（Mallorca）），Montònec, Montónega, Montonench, Verda Grossa

起源と親子関係

PARELLADAはスペイン北東部にあるアラゴン州（Aragón）が起源の地で，現地では14世紀から様々な古い別名で普及していた（Favà i Agud 2001）．15世紀にバレンシア州（Valencia）のワイン醸造家で医師かつ文筆家でもあったJaume Roig氏が，白ブドウのMONTÒNEC（この品種の別名）を作り，アラゴン王のファンII世がこれを賞賛したといわれている．この品種は遺伝的にALBILLO REALに近いと考えられている（Ibañez *et al.* 2003）．

ブドウ栽培の特徴

中サイズの果粒で，大きな果房をつける．萌芽期は早期であるが非常に晩熟である．非常に豊産性でカタルーニャ州（Catalunya）にあるペネデス（Penedès）の標高の高い地帯が，この品種の栽培に適している．うどんこ病に感受性である．

栽培地とワインの味

PARELLADA はスペインでは2008年に8,786 ha（21,711 acres）の栽培が記録されている．その畑のほとんどの8,600 ha（21,251 acres）がカタルーニャ州のタラゴナ（Tarragona），バルセロナ（Barcelona），イェイダ（Lérida）などの県にあり，主にカバ（Cava）の生産に使われている．この品種は（MACABEO および XARELLO と並び）Cava DO の主要な3種の白品種の一つであり，七つの地区の160の基礎自治体（このうち85％はペネデスのサン・サドゥルニ・ダノヤ（Sant Sadurní d'Anoia）周辺であるが）で栽培され，またスペイン中部にも分散して栽培されている．この品種は Conca de Barberà，Costers del Segre，Penedès，Tarragona などのカタルーニャの DO においても主な品種の一つである．マヨルカ島ではスティルワインと発泡性ワインの両方に公認されているが，栽培される量はわずかである．

PARELLADA は香り高いワインになり，それは控えめなアルコール分とデリケートさ，フルーティーな酸味のある早飲みワインである．ヴァラエタルワインは少ないが，コンカ・ダ・バルバラー（Conca de Barberà）の Celler Carles Andreu 社と Torres 社が作っており，Torres 社は辛口（Viña Sol）および甘口（San Valentin）のワインを作っている．Gramona 社の Moustillant Brut の発泡性ワインは100％ PARELLADA である．

PARELLADA の栽培は北に向かって広がっている．フランスでは2011年に公式品種リストに登録された．

PARKENT

黒色の果粒をつけ熟期は中期である．この品種名が示すようにウズベキスタン北東部のタシケント（Tashkent）近くのパルケント地域（Parkent）が起源の地であろう．現地では現在でもこの品種が栽培されており，生食とワインの生産に用いられている．

PARRALETA

特徴的なスペイン，ソモンターノ（Somontano）の品種．
多くの国々で様々な名前で呼ばれており，濃い色のアロマティックなワインになる．

ブドウの色：● ● ● ● ●

主要な別名：Bonifaccencu または Bonifacienco（イタリアのサルデーニャ島（Sardegna）），Bonvedro または Bomvedro（ポルトガルのブセラス（Bucelas）とオーストラリア），Carcaghjolu Neru（コルシカ島（Corse）），Carcajolo Nero または Carcajolo Noir（コルシカ島），Carenisca ☒（サルデーニャ島），Caricagiola（サルデーニャ島のガッルーラ（Gallura）），CuaTendra（スペインのイェイダ（Lérida）），Espagnin Noir（フランス），False Carignan（オーストラリア），Lambrusco de Alentejo（ポルトガル），Monvedro ☒（ポルトガルのブセラス）または Monvedro do Algarve（ポルトガルのアルガルヴェ（Algarve）），Monvedro de Sines（ポルトガル），Olho Branco（ポルトガルのダン（Dão）），Parrel（スペインのソモンターノ），Pau Ferro（アルガルヴェ），Perrel，Preto Foz（ダン），Preto João Mendes（ポルトガル），Salceño Negro ☒（ソモンターノ），Tinta Caiada ☒（ポルトガルのアレンテージョ），Tinta Grossa（ポルトガルのアレンケル（Alenquer）），Tinta Lameira（ドウロ（Douro）），Tintorro（アレンケル），Torres de Algarve（ポルトガル）

よくPARRALETAと間違えられやすい品種：GRACIANO ☒，MAZUELO ☒，MONVEDRO ☒（ダン）

起源と親子関係

広い地域で栽培されているこの品種は，地中海地方の多くの国々において様々な名前で知られている．本書では発祥地と考えられているスペイン北部ウエスカ県（Huesca）のソモンターノ地方で使われているスペイン名のPARRALETAを主要な名前として選んだ（Casanova Gascón 2008）．その起源は，Vacarelによる1765年の文献の中に古い別名のParrelが記載されていることからも示唆されている（Montaner *et al.* 2004）．Vacarelはウエルバ県（Huelva）のピンク色の果粒の古い品種であるRIBOTEについても記載しているが，DNA解析によればRIBOTEはPARRALETAの果皮色変異であることが明らかになった（Montaner *et al.* 2004）．

DNAプロファイルを比較したところ，ポルトガルのアレンテージョ地方（Alentejo）で栽培されているTINTA CAIADA（Almadanim *et al.* 2004），イタリアのサルデーニャ島で栽培されているCARENISCA（Zecca *et al.* 2010）およびソモンターノのSALCEÑO NEGRO（Ibañez *et al.* 2003）はPARRALETAと同一であった（Martín *et al.* 2003）．また，TINTA CAIADAはフランスのコルシカ島のCARCAJOLO NEROと同一であり，この地方名は，方言で「たくさんの収量」を意味する*carcaghjolu*に由来している．この品種は後にCARICAGIOLAとしてイタリアのサルデーニャ島に持ち込まれたと考えられ，別名のBONIFACCENCUあるいはBONIFACIENCOが示唆するように，おそらくボニファーチョ（Bonifacio）から持ち込まれたものであろう．いくつかの別名の品種はブドウの形態分類学的類似性に基づくものでDNA解析による確認は行われていないが，多くの別名からこの古い品種が地中海地方全域に広く分布していたことがわかる．

PARRALETA/TINTA CAIADAとMONASTRELLは形態的に，また遺伝学的にもまったく異なるが（Martín *et al.* 2003），両者はポルトガルで共通の別名であるMONVEDRO（またはBONVEDRO）で呼ばれており，これはまたダン地方の別の品種の主要名でもある（MONVEDRO参照）ことから用語の上で混同が見られる．同様にPARRALETA/TINTA CAIADAは，アレンテージョ地方のレゲンゴシュ・デ・モンサラズ（Reguengos de Monsaraz）ではBASTARDOとして知られ，またバイラーダ（Bairrada）ではBASTARDÃOとして知られるが，実はこうした名前の品種とはまったく異なる品種である（TROUSSEAU参照）．

他の仮説

PARRALETAはフランスのコルシカ島ではCARCAJOLO NEROとして知られるが，CARCAJOLO BLANCとも呼ばれているBARIADORGIAの色変異ではない．PARRALETA（サルデーニャ島における別名はCARICAGIOLA）は，トスカーナ州（Toscana）とリグーリア州（Liguria）のVERMENTINO NEROと近縁関係にあると推定されているが，DNA解析はまだ行われていない．

ブドウ栽培の特徴

樹勢が強く比較的早熟である．灰色かび病に感受性である．

栽培地とワインの味

CARCAGHJOLU NERU（あるいはCARCAJOLO NERO）はフランスのコルシカ島では主に南部のFigari，Porto-VecchioおよびSartèneなどで限定的に栽培されており，東海岸でもより少ないが栽培されている．

PARRALETAはスペインでは北東部にあるアラゴン州（Aragón）でのみ栽培されており，ワインは深い色合いで軽く，フレッシュで香り高く，やや花の香りをもつこともある．この品種は暫定的にスペインの公式品種登録リストに含まれ，Somontano DOで公認されている．1975年にウエスカ県の畑の22 %で栽培されていたが，2006年にはわずかに0.2 %（Casanova Gascón 2008）のみ，さらに2008年のアラゴン州での栽培面積はわずかに75 ha（185 acres）となり，過去35年の間に激減した．しかし新しい栽培がViñas del Vero社などによってはじまっており，この個性的な品種を保護しようという努力がなされている．ヴァラエタルワインはいずれもソモンターノにあるBallabrigaとPirineosの両社で作られている．

ポルトガルでの公式名称はTINTA CAIADAであるが様々な名前で栽培されており，2010年に299 ha（739 acres）が記録されている．この品種はポルトガルでは浮き沈みが多い歴史をたどってきた．この品種が完熟することができるおそらく唯一の場所であるアレンテージョ地方において，生産者が一層真剣により良質のワインを作りはじめた最近まで，長い間，この品種は平凡でありふれたワインになると考えられてきた．こうした情熱の波と栽培面積の増加は鈍化を始めたが，Ervideira，Maria de Lourdes de Noronha Lopes，Monte Seis Reisなどの各社が深い色合いでフレッシュ，まろやかな主に早飲み用の赤ワインを作っている．現在行われているクローン選抜はワインの品質の向上に寄与するはずである．

BONVEDRO/BOMVEDRO はオーストラリアの公式統計には記録されていないが，過去には誤って CARIGNANE と呼ばれたこともあった（MAZUELO 参照）.

PASCAL BLANC

フランス，プロヴァンス地方（Provence）で見られることもある歴史的な品種

ブドウの色：●　●　●　●　●

主要な別名：Pascal，Pascaou，Pascau

起源と親子関係

PASCAL BLANC はフランス南部，プロヴァンス地方の品種で，通常ブーシュ＝デュ＝ローヌ県（Bouches-du-Rhône）やヴァール県（Var）で見られる．現地で1715年に Gadriel という人物がエクス＝アン＝プロヴァンス地方（Aix-en-Provence）の方言で「Pascau blanc: ごく一般的な品種」と記載した（Rézeau 1997）．現代的な表記による最初の記載は1783～4年にトゥーロン（Toulon）で次のように書かれている．「Pascal Blanc, 果房は長く大きい．果粒は大きく味はさえない」．

この品種名はおそらくプロヴァンス語の *pascau* に由来し，これはラテン語で「イースターの」を意味する *paschalis* に由来するが，宗教的な意味合いは定かでない．

PASCAL BLANC はブドウの形態分類群の Claret グループに属している（p XXXII 参照；Bisson 2009）.

ブドウ栽培の特徴

結実能力が高く非常に豊産性で晩熟である．短い剪定による株仕立てに適しており，やせて乾燥した，日当たりのよい土壌での栽培が適している．うどんこ病および灰色かび病に非常に感受性である．大きな果粒で，非常に大きな果房をつける．

栽培地とワインの味

フランス，ヴォクリューズ県（Vaucluse）で推奨され，ラングドック（Languedoc）やローヌ（Rhône）南部の多くの他の県で公認されている．PASCAL BLANC はマルセイユ（Marseille）の南東部の地中海沿岸の小さな Cassis アペラシオンでマイナー品種として公認されている．しかし事実上絶滅状態であり，2008年にはわずかに1 ha（2.5 acres）以下が記録されていたにすぎない．Laurent Jayne 氏は1996年に挑戦的にこの品種を植え付け，Domaine Saint-Louis Jayne 社は白の Cassis ブレンドワインにこの品種を継続して用いている．

PASCALE

濃い果皮色をもつイタリア，サルデーニャ島（Sardegna）の品種．
この品種からヴァラエタルワインが作られることは珍しい．

ブドウの色：●　●　●　●　●

主要な別名：Barberone, Falso Gregu ☒, Giacomino（ガッルーラ（Gallura））, Morescono（コルシカ島（Corse））, Muresconu ☒（コルシカ島），Nera Tomentosa ☒，Nieddu Mannu ☒（パッターダ（Pattada）），Nieddu Pedra

Serra ⁑, Pascale di Cagliari, Pascale Nero, Pasquale, Picciolo Rosso ⁑, Primidivu Nieddu ⁑
よくPASCALEと間違えられやすい品種：GRACIANO ⁑（Bovale Sardo または Cagnulari の名で），MAZUELO ⁑，MONICA NERA ⁑，NIEDDERA ⁑

起源と親子関係

PASCALE はイタリア，サルデーニャ島の北部にあるサッサリ県（Sassari）で1780年に初めて記載されている．PASCALE は他の多くのサルデーニャ島の品種同様，スペインの統治時代（1323～1720）にこの島に持ち込まれたといわれている．

最近の DNA 解析によって PASCALE の多くの別名：FALSO GREGU，NIEDDU MANNU，NIEDDU PEDRA SERRA，NERA TOMENTOSA，PICCIOLO ROSSO，PRIMIDIVU NIEDDU が明らかになった（De Mattia *et al.* 2007）．

他の仮説

PASCALE は，ピサ（Pisa）の品種の BONAMICO と別名の GIACOMINO を共有しているので，トスカーナ州（Toscana）から持ち込まれたともいわれる．この仮説はトスカーナ州とサッサリ県との間に歴史的に商業的な関係があったことを根拠として支持されているようである．

ブドウ栽培の特徴

べと病への高い耐性があるが，うどんこ病に対する耐性はそれほど高くはない．熟期は中程度で豊富な収量を示す．

栽培地とワインの味

PASCALE はイタリア，サルデーニャ島の北部，サッサリ県やヌーオロ県（Nuoro）で栽培され，GARNACHA TINTA（地元では CANNONAU として知られている）や GRACIANO（BOVALE SARDO）とよくブレンドされている．この品種は Campidano di Terralba や Carignano del Sulcis などの DOC でブレンドワインの生産用に公認されている．Dettori 社の Ottomarzo ワインは非常に珍しいヴァラエタルワインの例で，IGT Romangia Rosso に分類されており，フルボディーで，ブラックベリーとブラックチェリーのアロマをもつ．2000年のイタリア農業統計では1,273 ha（3,146 acres）の栽培が記録されている．

PASSAU

非常にマイナーなヴェネト州（Veneto）の交配品種．
正確な親品種が最近明らかにされた．

ブドウの色：● ● ● ● ●

主要な別名：Incrocio Dalmasso 17/25

起源と親子関係

PASSAU は1936年にコネリアーノ（Conegliano）研究センターでイタリアのブドウ育種家の Giovanni Dalmasso 氏が，ネッビオーロ（NEBBIOLO）×DOLCETTO の交配品種だとして紹介し1977年に公式品種リストに登録された．しかし DNA 解析によって Dalmasso 氏が用いたネッビオーロは実のところ CHATUS の別名である NEBBIOLO DI DRONERO であってネッビオーロではなかったことが明らかになった（Torello Marinoni，Raimondi，Mannini and Rolle 2009）．それゆえ PASSAU は CHATUS × DOLCETTO の交配品種と考えられ，SAN MARTINO や VALENTINO NERO とは姉妹品種にあたる．

ブドウ栽培の特徴

晩熟である.

栽培地とワインの味

PASSAU はイタリア北西部，ピエモンテ州（Piemonte）で栽培されている．2000年のイタリア農業統計ではわずかに13 ha（32 acres）のみが記録されている.

PASSERINA

イタリアのアドリア海沿岸の古い品種.
このブドウから様々なスタイルのワインが作られた.

ブドウの色：

主要な別名：Cacciadebiti，Caccione，Camplese，Pagadebito，Scacciadebito, Trebbiano di Teramo（アブルッツォ州（Abruzzo）），Uva d'Oro，Uva Fermana
よくPASSERINAと間違えられやすい品種：BIANCAME，BOMBINO BIANCO，TREBBIANO TOSCANO

起源と親子関係

PASSERINA はイタリアのアドリア海沿岸が起源の地だと考えられる古い品種である．この品種は，正確でない多くの別名があるが，それらはいずれもこの品種の高い収量にちなんだものである．別名の CACCIADEBITI や SCACCIADEBITO はいずれも「債務を催促する」の意味があり，PAGADEBITO は「債務を支払う」あるいは「黄金のブドウ」という意味をもつ．この品種と TREBBIANO TOSCANO との関係は長い間論じられてきたが DNA 試験はまだ行われていない.

ブドウ栽培の特徴

頑強で樹勢が強く高収量の品種である．晩熟である.

栽培地とワインの味

PASSERINA はイタリア中部一帯で栽培されており，マルケ州（Marche）のアスコリ・ピチェーノ県（Ascoli Piceno）に広がっている．現地では Falerio dei Colli Ascolani DOC において PECORINO や TREBBIANO TOSCANO などの品種とブレンドされ，オッフィダ（Offida）ではヴァラエタルワインが作られている．アブルッツォ州にあるテーラモ県（Teramo）の Controguerra DOC では単独で，あるいはブレンド用として公認されている．2000年のイタリア農業統計では767 ha（1,895 acres）の栽培が記録されている．オッフィダの PASSERINA で成功を収めている生産者には La Caniette（ヴィン・サント），Cocci Grifoni（パッシートおよび発泡性），San Giovanni，Villa Pigna などがある．たとえば Casale della Loria や Giovanni Terenzi などの各社が作るスティルの辛口ヴァラエタルワインはフレッシュでリンゴと梨の味わいをもち，スパイシーさとわずかに苦い後味がある.

PAVANA

栽培面積がとても減少し，現在ではイタリア北部の非常に限られた場所でのみ栽培されている品種

ブドウの色：

主要な別名：Nera Gentile di Fonzaso（ヴェネト州（Veneto）のベッルーノ（Belluno）），Nostrana Nera（ベッルーノ県のプオス・ダルパゴ（Puos d'Alpago）およびクエーロ（Quero）），Pelosetta，Ussulara，Vicentina，Visentina（この四つはすべてトレンティーノ（Trentino）のバルスガナ（Valsugana），ヴァッラルサ（Vallarsa），ヴァッラガリーナ（Vallagarina））
よくPAVANAと間違えられやすい品種：MARZEMINO

起源と親子関係

PAVANA はトレンティーノ＝アルト・アディジェ州（Trentino-Alto Adige）のトレンティーノ近郊およびバルスガナで Acerbi（1825）が初めて記載している．この品種名はおそらく *padovana* に由来することから，この品種はヴェネト州のパドヴァ地方（Padova）の由来であろう．

PAVANA は，BIANCHETTA TREVIGIANA と混同されることが多い．また，もはや栽培されていない PAVANA BIANCA の黒タイプでもなく，これらは異なる DNA プロファイルを有している．PAVANA は他の二種類のイタリア北部の品種である SCHIAVA LOMBARDA および TURCA と遺伝的に関係があるといわれていた（Scienza and Failla 1996）．しかし TURCA は DOUCE NOIRE と同一であることからこうした関係はありそうにない．

他の仮説

PAVANA は SCHIAVA LOMBARDA および TURCA と同じく東方の起源であるといわれているが（Scienza and Failla 1996），この説への遺伝的な研究成果による支持はない．

ブドウ栽培の特徴

熟期は中期～晩期である．べと病への良好な耐性をもっている．

栽培地とワインの味

PAVANA はイタリアのヴェネト州やトレンティーノ地方のいくつかの県で19世紀に栽培されていたが，その栽培面積は20世紀に激減した．現在，PAVANA はトレンティーノ地方ではトレント県（Trento）でのみ栽培されており，特にレーヴィコ（Levico）およびボルゴ・ヴァルスガーナ（Borgo Valsugana）の間で見られる．ヴェネト州では現在，ベッルーノ県，特にフォンツァーゾ（Fonzaso）とアルシエ（Arsiè）の間で栽培されている．Francesco Poli 社が生産している Pavana della Valsugana は珍しいヴァラエタルワインである．

PAVLOS

MALVASIA BIANCA LUNGA を参照

PECORINO

イタリア，マルケ州（Marche）の特産品.
ミネラル感やハーブ感のある辛口の白ワインとなり，非常に人気がある.

ブドウの色：● ● ● ● ●

主要な別名：Arquitano, Norcino, Pecorina Arquatanella, Pecorino di Osimo, Promotico, Uva delle Pecore, Uva Pecorina, Vissanello

起源と親子関係

PECORINO（「羊」を意味する*pecora*に由来）は古い品種で，おそらくマルケ州，特にペルージャ県（Perugia）南東部のシビッリーニ山地地域（Monti Sibillini）に起源をもち，現地では19世紀には広く栽培されていた．カラブリア州（Calabria）でPECORINOと呼ばれる品種はGRECO BIANCOと同じで，またPECORELLO BIANCOとしても知られている．

他の仮説

PECORINOは地方の野生ブドウが栽培化された品種であるといわれてきた．

ブドウ栽培の特徴

早熟である．べと病とうどんこ病に対して良好な耐性をもつ．

栽培地とワインの味

かつてはイタリア東部のマルケ州で広く栽培されていたが，20世紀にその栽培地域は減少し，スポレート（Spoleto）と海岸地方の間のアルクアータ・デル・トロント地域（Arquata del Tronto）で栽培されるのみとなった．1980年代に生産者のGuido Cocci Grifoni氏がこの品種をやや北東に位置するアスコリ・ピチェーノ県（Ascoli Piceno），オッフィダ（Offida）やリパトランソーネ（Ripatransone）に持ち込み，現在はその地域で最も多く栽培されている．

ヴァラエタルワインはOffida DOCGの一部として公認されている．しっかりした辛口のミネラル感のあるワインで，生産者にはAurora, Le Caniette, Cantine di Castignano, Ciù Ciù, Cocci Grifoni, Costadoro, Capecci-San Savino, San Giovanniなどの各社がある．Pasetti社のPECORINOワインはフレッシュでハーブ感とレモンのような印象をもっている．テーラモ県（Teramo）やペスカーラ県（Pescara）のあるアブルッツォ州（Abruzzo）でも栽培されており，ウンブリア州（Umbria），トスカーナ州（Toscana），ラツィオ州（Lazio），リグーリア州（Liguria）などの地域でも少し栽培されている．Umani Ronchi社のPECORINOワインはアブルッツォのIGT Terre di Chietiで，フレッシュでデリケート，レモンの皮の香りをもち，キレがよく，口中に豊かなミネラル感が感じられる．Colli MaceratesiやFalerio dei Colli AscolaniなどのDOCやControguerra DOCの発泡性ワインに，TREBBIANO TOSCANOとのブレンドで用いることができる．

2000年の時点でイタリアには87 ha（215 acres）の栽培が記録されているが，間違いなく現在ではより重要な品種となっている．

PEDERNÃ

ARINTO DE BUCELASを参照

PEDRAL

ポルトガル，ミーニョ（Minho）の珍しい品種．現在では国境を越えたスペイン側のほうで広がり，ブレンドワインに用いられている．

ブドウの色：● ● ● ● ●

主要な別名：AlvarinhoTinto（モンサン（Monção）），Cainho dos Milagres または Cainho Espanhol（モンサン），Dozal，Padral（モンサン），Pardal（カステロ・デ・パイヴァ（Castelo de Paiva）），Pedrol（スペインのガリシア州（Galicia）），Pégudo（ポンテ・デ・リマ（Ponte de Lima）），Perna de Perdiz（ポンテ・デ・リマ），Verdejo Colorado（スペインのアリベス・デル・ドゥエロ（Arribes del Duero））
よくPEDRALと間違えられやすい品種：BAGA，Periquita（CASTELÃO），RUFETE

起源と親子関係

PEDRAL はポルトガル北西部のヴィーニョ・ヴェルデ（Vinho Verde）ワインが作られるミーニョのモンサン地域由来である．DNA 解析の結果，VERDEJO COLORADO は VERDEJO や PEDRAL の果皮色変異ではなく（Martín *et al.* 2006），PEDRAL（Gago *et al.* 2009）と同一であることが明らかになった（Vouillamoz）．こうして VERDEJO COLORADO がポルトガル起源であることが明らかになったことで，なぜ Martín *et al.* (2006) が VERDEJO COLORADO は，彼らが解析した他のスペイン品種と遺伝的に異なると述べたかが説明できるようになった．

ブドウ栽培の特徴

比較的晩熟である．

栽培地とワインの味

PEDRAL はポルトガル起源の品種であるにもかかわらず，小規模とはいえポルトガルで栽培されている（2009年に5 ha/12 acres）よりもスペイン北西部のガリシア州でずっと広い面積で栽培されている（2008年に79 ha/195 acres）．この品種は暫定的にスペインの公式商業品種登録リストに登録され，Rías Baixas で公認されている．

PEDRO GIMÉNEZ

品質というよりも量的に重要なアルゼンチンの白ワイン品種．スペインの PEDRO XIMÉNEZ とは関係がない．

ブドウの色：● ● ● ● ●

主要な別名：Pedro Jiménez
よくPEDRO GIMÉNEZと間違えられやすい品種：PEDRO XIMÉNEZ（スペイン）

起源と親子関係

PEDRO GIMÉNEZ はアルゼンチンの在来品種で，Criolla 系品種（詳細は CRIOLLA 参照）の一つである．PEDRO GIMÉNEZ はブドウの形態分類学的にはスペイン品種である PEDRO XIMÉNEZ とは異なることが Martínez *et al.* (2003) により示唆され，DNA 解析によって確認された（Vouillamoz）．

栽培地とワインの味

PEDRO GIMÉNEZ はアルゼンチンでは減少しつつあるが，CEREZA や CRIOLLA GRANDE と並んで依然同国で重要な品種の一つである．安価なデイリーワインとしてリットルボトルや紙容器で販売されている．ウコ・ヴァレー（Valle de Uco）にある Fapes 社はヴァラエタルワインを作っている．2009年には 13,476 ha（33,230 acres）が記録されており，主にメンドーサ州（Mendoza）や，それよりは少ないがサン・フアン州（San Juan）でも栽培されている，はるかに評価が高い BONARDA（DOUCE NOIRE）よりもわずかに少ない栽培面積である．チリでもより少量ではあるが栽培されている．

PEDRO LUIS

GALEGO DOURADO を参照

PEDRO XIMÉNEZ

スペイン，アンダルシア州（Andalucía）の品種．どの産地であっても最も濃い色になり，最も粘度の高いワイン作りに用いられている．

ブドウの色：●　●　●　●　●

主要な別名：Corinto Bianco ☒，Don Bueno ☒，Pedro Jimenez（スペインのアンダルシア州），Pedro Ximenes（アンダルシア州），Perrum ☒（ポルトガルのアレンテージョ（Alentejo）），PX（アンダルシア州），Verdello ☒（カナリア諸島），Ximenes（アンダルシア州）

よく PEDRO XIMÉNEZ と間違えられやすい品種：ELBLING ☒，GALEGO DOURADO ☒（南アフリカ共和国），PEDRO GIMÉNEZ ☒（アルゼンチン），RIESLING ☒

起源と親子関係

PEDRO XIMÉNEZ はおそらくスペイン南部のアンダルシア州が起源の地で，現地では17世紀あるいはそれより以前から栽培されていた．この品種は Vicente Espinel（1618）という人物が「マラガ（Málaga）の Pedro Ximenez の樽」について述べた当時には，マラガではすでに有名になっていた．Janini と Roy-Chevrier の両氏（1905）はこの品種名はサンルーカル・デ・バラメーダ（Sanlúcar de Barrameda）の Jimenez と呼ばれる場所の名前に由来していると述べたが，Ximenès/Ximenez は一般的な姓であることから，有名な地方のワイン醸造業者にちなんだ名前である可能性が高い．

DNA 系統解析によって，かつてはフランス南部やスペインで栽培されておりアラブ起源と考えられる古い生食用品種の GIBI と PEDRO XIMÉNEZ との親子関係が示唆された（Vargas *et al.* 2007）．GIBI はエストレマドゥーラ州（Extremadura）で ALARIJE を生み出したので（Lacombe *et al.* 2007），ALARIJE は PEDRO XIMÉNEZ の片親だけ同じ姉妹品種の関係にあたる．加えて DNA 解析によって，広く栽培されている生食用の CORINTO BIANCO は PEDRO XIMÉNEZ の種なし変異であることが明らかになった（Vargas *et al.* 2007）．

他の仮説

1661年に Sachs 博士は PEDRO XIMÉNEZ はカナリア諸島あるいはマデイラ島からライン（Rhein）やモーゼル（Mosel）に持ち込まれたと推測し，これにちなんで戦士が PEDRO XIMEN と命名したか，あるいは Ximenès という名の枢機卿がこの品種をスペインのマラガに持ち帰ったと述べている（Galet 2000; Vargas *et al.* 2007）．この言い伝えは多くのドイツの研究者（von Babo，Stoltz，Sprenger，他）によって広められ，PEDRO XIMÉNEZ と ELBLING あるいはリースリング（RIESLING）は同じ品種であると考えられていた（Janini and Roy-Chevrier 1905）．しかしこうした仮説は DNA 解析によって否定され，

PEDRO XIMÉNEZ はドイツ南西部で記録されたことはなく，またこの品種は現地では熟さないこともあって，この仮説はすべて疑わしいものであった．

ブドウ栽培の特徴

薄い果皮をもつ果粒で，大きな果房をつける．果粒の大きさは不均一なことが多く，たくさんの小さな果粒が混じっている．萌芽期と熟期はいずれも中期で，樹勢が強く安定した高収量である．灰色かび病やべと病に高い感受性をもつが，うどんこ病に対してはそれほどでもない．エスカ病（esca）やユーティパダイバック（eutypa dieback）およびダニに感受性である．

栽培地とワインの味

2008年のスペインにおける9,583 ha（23,680 acres）の畑の多くは，スペイン南部アンダルシア州のモンティーリャ・モリレス地方（Montilla-Moriles）で見られた．現地ではこの品種はシェリーに似た酒精強化ワインに使われ，また非酒精強化の様々なスタイルのワインも作られている．一般にアルコール分はかなり高く（シェリー程ではないが），酸味は弱い．伝統的に，糖度の高いブドウはその糖分の濃縮を目的として半干しされ，PX として知られるアルコールのある干しブドウのエッセンスのような極甘口の酒精強化ワインの生産に使われたり，ある種の酒精強化 Montilla ワインの甘み付けのために使われる．推奨される生産者としては Alvear，La Aurora，Delgado，Equipo Navazos（ヘレス（Jerez）とモンティーリャ），Gracia Hermanos，Moreno，Pérez Barcero などの各社がある．

隣接するヘレスでは PEDRO XIMÉNEZ が同様の目的で用いられているが，この地方とマラガの生産者は，病気に弱いこの品種を栽培することにともなうトラブルを危惧しているため，この地方での PEDRO XIMÉNEZ の栽培は非常に少量である．モンティーリャから PEDRO XIMÉNEZ のワインをブレンドのために合法的に買っており，ヘレスの最高の生産者のほとんどはヴァラエタル PEDRO XIMÉNEZ（PX）ワインを作っている．マラガにおける推奨される生産者は Gomara および Málaga Virgen の両社である．この品種は Jerez，Málaga，Montilla-Moriles，Valencia などの DO における主要品種の一つであり，またエストレマドゥーラ州（639 ha/1,579 acres），カスティーリャ＝ラ・マンチャ州（Castilla-La Mancha，117 ha/289 acres ），カタルーニャ州（Catalunya，12 ha/30 acres）ならびにカナリア諸島（1 ha/2.5 acres 以下）でも栽培されている．

ポルトガルでは PERRUM の名で主にアレンテージョ地方，特にエヴォ（Évora）で多く栽培され，またアルガルヴェ地方（Algarve）でも比較的規模は小さいが栽培されている．現地では晩熟だと考えられており，Carmim，Fundacão Eugénio de Almeida，Borba 協同組合などの各社の製品に見られるように，主にブレンドワインに用いられている．2010年のポルトガルでは350 ha（865 acres）が記録されている．

チリの PEDRO JIMENEZ は3,000 ha（7,413 acres）以上の面積で栽培されており，ほとんどのワインはピスコを作るために蒸留されるが，2008年には33 ha（82 acres）が特にワイン用として記録されている．エルキ・ヴァレー（Elqui Valley）の Falernia 社は爽やかでフルーティーな辛口の非酒精強化ワインを作っているが，原料に用いているブドウがこの品種なのか，あるいはアルゼンチンの異なる品種である PEDRO GIMÉNEZ であるのか定かでない．

オーストラリアでは PEDRO XIMÉNEZ は単に PEDRO と呼ばれることがある．かつては非酒精強化ワインやニューサウスウェールズ州の Griffith 近くの灌漑された畑で栽培されているブドウから，深い金色の McWilliam 社のペドロソーテルヌワインのような，とてもすばらしいリッチな貴腐ワインが作られていた．現在でもあちこちのワイン生産地でいくつかの生産者により，様々なスタイルのワインが作られている．たとえば，バロッサ・バレー（Barossa Valley）の Turkey Flat 社や西オーストラリア州の Gralyn 社などがリッチな酒精強化ワインを作っており，ビクトリア州のラザーグレン（Rutherglen）の Campbell 社は瓶熟成の非酒精強化ワインを作っている．

PELAVERGA

よく栽培されている大きな果粒をもつ品種．イタリア，ピエモンテ州（Piemonte）でネッビオーロ（NEBBIOLO）および/あるいは BARBERA とのブレンドにしばしば用いられている．

ブドウの色：

主要な別名：Cari（キエーリ（Chieri）およびバルディッセーロ（Baldissero）），Pelaverga di Pagno（Val Bronda），Pelaverga Grosso，Uva Coussa，Uva delle Zucche（キエーリおよびバルディッセーロ）
よくPELAVERGAと間違えられやすい品種：NERETTO DURO ☿（サルッソーラ（Salussola）およびカヴァリア（Cavaglià）では Peilavert と呼ばれている），PELAVERGA PICCOLO ☿

起源と親子関係

PELAVERGA が初めて記載されたのは，1511年，教皇ユリウス2世（Julius II）がサルッツォ侯国（Marchesa di Saluzzo）の Margherita di Foix 氏から数個の樽を供された，クーネオ県（Cuneo）のパーニョ（Pagno）やカステッラール（Chastellar（現在のスペルは Castellar））のワインを賞賛したときであるといわれているが（Comba and Dal Verme 1990），PELAVERGA の名をそれらの原本には見ることはできない．PELAVERGA は PELAVERGA PICCOLO とは異なる品種である．

他の仮説

PELAVERGA は8世紀に，現在のサンピエトロ大聖堂やサン・コロンバーノ岩窟教会などの修道院を建設したサン・コロンバノ修道院（San Colombano di Bobbio）の修道士が，イタリア北西部，ピエモンテ州のトリノ市（Torino）から南西50 km のところにある Val Bronda のパーニョコムーネに持ち込んだといわれている．

ブドウ栽培の特徴

晩熟で灰色かび病に感受性である．

栽培地とワインの味

かつてはイタリア北西部のピエモンテ州一帯で生食用とワイン用に広く栽培されていた．現在では主にピエモンテ州のトリノの南西にある Val Bronda で栽培され，トリノのキエーリ（Chieri）やバルディッセーロ・トリネーゼ（Baldissero Torinese）においても CARI と呼ばれ，主にワイン用に栽培されている．2000年には121 ha（299 acres）の栽培が記録されている．

PELAVERGA のヴァラエタルワイン（PELAVERGA または CARI と表示）は Collina Torinese DOC の一部として公認されており，ヴァラエタルワインおよびネッビオーロや BARBERA とのブレンドワインが Colline Saluzzesi DOC で作られている．ワインは薄い赤色で少し発泡性で胡椒の香りを感じる場合があり，香り豊かでイチゴの味わいをもつことが多い．生産者には Casetta，Maero Emidio，Produttori Pelaverga などの各社がある．

PELAVERGA PICCOLO

流行の先端をいっているが比較的マイナーなイタリア，ピエモンテ州（Piemonte）の品種．薄い色の，フルーティーでスパイシーなヴァラエタルの赤ワインになる．

ブドウの色：●●●●●

主要な別名：Pelaverga di Verduno
よくPELAVERGA PICCOLOと間違えられやすい品種：PELAVERGA ☓

起源と親子関係

PELAVERGA PICCOLO は PELAVERGA（または PELAVERGA GROSSO）とは異なる品種で，1990年代初頭までは正式には認められていなかった（Schneider and Mannini 2006）．18世紀に祭司 Sebastiano Valfrè がピエモンテ州，クーネオ県（Cuneo）のサルッツォ（Saluzzo）から東方向にあるヴェルドゥーノ（Verduno）に持ち込んだといわれている．

ブドウ栽培の特徴

樹勢が強く熟期は中期～晩期である．

栽培地とワインの味

PELAVERGA PICCOLO は1970年代に何社かの生産者が興味深いヴァラエタルワインを作り始めるまではほぼ忘れられていた．現在ではこの品種はイタリア北西部，ピエモンテ州アルバ（Alba）近くのヴェルドゥーノ（Verduno）コムーネ周辺でわずかな量が栽培されており，Verduno Pelaverga あるいは単に Verduno の DOC において主要品種（最低85%）となっている．薄い色の，フルーティーでスパイシーな赤ワインが作られている．ネッビオーロ（NEBBIOLO）や BARBERA とブレンドされることもある．2000年のイタリアでは26 ha（64 acres）の栽培が記録されていた．

ヴァラエタルワインの色合いは薄く，なめらかでフルーティー，時にスパイシーさもある．GB Burlotto 社のワインは甘い赤い果実の風味があるが，やや胡椒の香りもあって心地よいフレッシュさもある．成功を収めている生産者としては Fratelli Alessandria，Ascheri，Bel Colle，Michele Reverdito，Cantina Terre del Barolo などの各社がある．

PELOURSIN

現在では主に歴史的，遺伝的に重要な意味をもつ，フランス，イゼール県（Isère）由来の品種

ブドウの色：●●●●●

主要な別名：Corsin（サヴォワ県（Savoie）），Fumette または Feunette（オート＝サヴォワ県（Haute-Savoie），Gros Béclan（ジュラ県（Jura）），Pelossard，Péloursin（イゼール県（Isère）），Pourret または Pourrot（フランシュ＝コンテ地域圏（Franche-Comté）では Arbois）
よくPELOURSINと間違えられやすい品種：BÉCLAN ☓（ジュラ県），DUREZA ☓（PELOURSIN は Duresa，Dureza または Durezi と呼ばれることがある），DURIF ☓（特にカリフォルニア州），POULSARD ☓（イゼール県では PELOURSIN は Pelossard と呼ばれている）

起源と親子関係

PELOURSIN はフランス東部イゼール県のグルノーブル（Grenoble）近くの Vallée du Grésivaudan の古い品種で，後にサヴォワ県やフランシュ＝コンテ地域圏に持ち込まれ，現地では様々な別名で呼ばれていた．この品種名は，その地域におけるサンザシ（*prunellier*）の呼び名である Pelossier に由来すると考えられている．PELOURSIN はシラー（SYRAH）と交配することで DURIF の育種に，また PERSAN との交配により JOUBERTIN（現在は栽培されていない）の育種に使われ，ブドウの形態分類群の Peloursin グループの名前にも使われている（p XXXII 参照 ; Bisson 2009）．PELOURSIN は形態的には現在栽培されていない BIA BLANC に近い（Bisson 1999）．

ブドウ栽培の特徴

樹勢が強く熟期は中期である．黒腐病と灰色かび病に感受性である．

栽培地とワインの味

この品種は遅かれ早かれなくなりつつあるようで，古いブドウ畑で混植されているものを別にすれば，子品種の DURIF に植え替えられつつある．しかしフランス南西部のペロル（Peyrole）にあるタルヌ県（Tarn）の試験農場で研究目的で栽培されている．ジュラ県のロタリエ（Rotalier）にある Domaine Ganevat 社は GROS BÉCLAN（この品種の別名）を少し植え替えて，早飲みの赤ブレンドワインを作っている．

PELOURSIN は最近カリフォルニア州のソノマ（Sonoma）の古いブドウ畑でも見つかった．

PENSAL BLANCA

PRENSAL を参照

PEPELLA

イタリア中部にあるカンパニア州（Campania）起源の白色の果粒の品種で，ナポリの南，アマルフィ海岸（Costa d'Amalfi），特にトラモンティ（Tramonti）やラヴェッロ（Ravello）サブゾーンでのみ栽培されている．この品種名は，この品種が結実不良（ミルランダージュ）になりやすく，果房に小さな種なし果粒が多くつくことにちなんだものである（*pepe* は「干した黒胡椒の実」を意味する）．糖度と酸度は低い．Costa d'Amalfi DOC ではたとえば Tenuta San Francesco などに，また Azienda Agricola Reale 社が作る IGT Colli di Salerno にも，この品種が FALANGHINA FLEGREA や BIANCOLELLA とのブレンドに用いられている．

PERERA

イタリア，ヴェネト州（Veneto）の古い品種．プロセッコ（Prosecco）の生産地域で香り高いパッシートワインや発泡性ワインの香り付けに用いられた．

ブドウの色：●　●　●　●　●

主要な別名：Perera Gialla，Pevarise
よくPERERAと間違えられやすい品種：PROSECCO，VERDICCHIO BIANCO（トレンティーノでは時に Pevarise や Peverella として知られることもある）

起源と親子関係

PERERA は伝統的にヴェネト州，トレヴィーゾ県（Treviso）のヴァルドッビアーデネ（Valdobbiadene）で栽培されてきた．この品種名は果房の形が上下を逆にした梨に似ていることにちなんで Pera（梨）に由来している．ブドウの果肉が梨のようなフレーバーをもつことからこの名前になったという生産者もいる．

ブドウ栽培の特徴

樹勢が強く晩熟である．うどんこ病およびべと病に感受性で，細菌の感染によって葉が黄変する病気（flavescence dorée）に対しても感受性がある．収量は開花の問題が生じると不均一になることがある．

栽培地とワインの味

かつてはイタリア北部にあるプロセッコ生産の中心地であるトレヴィーゾ県のコネリアーノ(Conegliano)やヴァルドッビアーデネの間で広く栽培されていた．PERERA は細菌の感染によって葉が黄変する病気に対して非常に感受性が高く，この病気が広まった1970年代にはほぼ消滅した．PERERA は現在では主にヴァルドッビアーデネの特にカルティッツェ地方(Cartizze)で栽培されている．この品種はGEAR(PROSECCO参照)，VERDISO，BOSCHERA（VERDICCHIO BIANCO 参照）などとともに，マイナーな原料として，辛口，甘口やパッシートスタイルの Colli di Conegliano DOC の Torchiato di Fregona ワインに使われている．また少量（しばしば VERDISO や BIANCHETTA TREVIGIANA とともにふつうは 5～10%）が，Prosecco Conegliano-Valdobbiadene DOCG の発泡性ワインにおいて主要品種の GLERA に加えられている．この品種は香りと梨のようなフレーバーをブレンドワインに加えるという．2000年のイタリアでは25 ha（62 acres）の栽培が記録されている．

PERIQUITA

CASTELÃO を参照

PERLE

ピンク色の果皮のドイツの交配品種．
親品種がもつバラのような香りがややあるが，フレッシュさには欠ける．

ブドウの色：● ● ● ● ●

主要な別名：Perle von Alzey

起源と親子関係

PERLE は，1927年にドイツのラインヘッセン（Rheinhessen）のアルツァイ（Alzey）研究センターで Georg Scheu 氏による ROTER TRAMINER（SAVAGNIN ROSE 参照）× MÜLLER-THURGAU の交配の後，1950年代にヴュルツブルク（Würzburg）で栽培され，1961年に公認された交配品種である．この系統は DNA 解析によって確認された（Myles *et al.* 2011）．

ブドウ栽培の特徴

萌芽期は後期である．小さな果粒で密着した果房をつけるので灰色かび病に感受性である．熟期は早期～中期であり中程度の糖度で，かなりの収量を示す．

栽培地とワインの味

ドイツでは栽培面積37 ha（91 acres）の半分以上が フランケン（Franken）で見られ，現地では萌芽期が遅いため春の霜により被害を受ける危険性を避けることができる．ワインは軽く，わずかにフローラル感があるが酸味に欠け，栽培面積は次第に減少しつつある．この品種を保存している生産者にはフランケンのKistner や Herbert Schuler などの各社がある．PERLE はイギリスで公認されているが，栽培面積は公式のブドウ栽培統計に掲載されるほど多くはない．

PERRICONE

濃い色の果皮をもち比較的タンニンに富む．
NERO D'AVOLA とブレンドされることが多い．

ブドウの色：● ● ● ● ●

主要な別名：Catarratto Rouge，Niuru，Perricone Nero，Pignateddu，Pignatello，Pirricuni，Tuccarinu
よくPERRICONEと間違えられやすい品種：BARBERA ⌘，MAMMOLO ⌘，NERELLO CAPPUCCIO ⌘，NERELLO MASCALESE ⌘，NIEDDERA ⌘，SANGIOVESE ⌘

起源と親子関係

PERRICONE はイタリアのシチリア島（Sicilia）起源で，前述したように多くの他の品種と混同されてきた．最近の DNA 解析によって，サンジョヴェーゼ（SANGIOVESE）と同一ではなく，親子関係にある可能性が示唆された（Di Vecchi Staraz，This *et al.* 2007）．

ブドウ栽培の特徴

樹勢が強く熟期は中期である．

栽培地とワインの味

PERRICONE はシチリア島の北西部，主にパレルモ県（Palermo）やトラーパニ県（Trapani）で栽培され，また同様に北東部のメッシーナ県（Messina）や南西海岸のアグリジェント県（Agrigento）でも栽培が見られる．2008年には島内で340 ha（840 acres）の栽培が記録されていた．2000年のイタリア農業統計では624 ha（1,542 acres）の栽培が記録されている．

PERRICONE はヴァラエタルワインあるいはブレンドワインの生産に用いられ，通常，Contea di Sclafani，Delia Nivolelli，Eloro（ここでは PIGNATELLO と呼ばれる），Erice，Monreale などの DOC では NERO D'AVOLA とブレンドされ，また Alcamo DOC では少量がブレンドワインの生産に用いられている．

ヴァラエタルワインには様々なスタイルがあるが，IGT Sicilia に分類される Caruso & Minini 社の Sachìa Perricone ワインはしっかりしたタンニンと少し苦いチェリーやダークチョコのフレーバーをもつ．Tamburello 社の Pietragavina Perricone，Monreale DOC はとりわけタンニンに富み，持続性がある．また他には Castellucci Miano di Valledolmo 社の Maravita（醸造前に一ヶ月間半干ししたブドウを用いる），Feotto dello Jato 社の Vigna Curria（オーク樽で2年間寝かせソフトにさせる），および Romano 社の Perricone IGT Sicilia などのヴァラエタルワインがある．

PERRUM

PEDRO XIMÉNEZ を参照

PERRUNO

スペイン，エストレマドゥーラ州（Extremadura）の古い品種．アンダルシア州（Andalucía）に唯一の支持者がいる．

ブドウの色：

主要な別名：Casta de Montúo，Firmissima，Getibi，Granadina，Jetibi，Morata，Perruna，Perruno Común，Perruno de Arcos，Perruno de la Sierra，Perruno Duro，Perruno Fino，PerrunoTierno

起源と親子関係

PERRUNO はスペイン西部，エストレマドゥーラ州起源の品種で，1792年に García de Lena という人物が「太陽をもってしてもそれを熟させることはできない」「名前はそのマイルドさの欠如を物語っている」と述べている．スペイン語の *perruno* は「犬」あるいは「犬のような」を意味する言葉である．Clemente y Rubio（1807）は，その後，アンダルシア州におけるこの品種の三つの異なるタイプ（堅い白の果粒の Perruno Duro，赤い果粒の Perruno Común あるいは Perruno Tierno，黒色の果粒の Perruno Negro）について記載しており，その中で彼は後者の二つ（Perruno Común あるいは Perruno Tierno および Perruno Negro）はおそらく色変異であると述べている．2世紀前にはこの品種はヘレス・デ・ラ・フロンテーラ（Jerez de la Frontera）の畑の半分を占めていた．

DNA 系統解析によって PERRUNO と LISTÁN PRIETO との親子関係が示唆され（MOSCATEL NEGRO または MISSION の別名で；Ibañez *et al.* 2003; This *et al.* 2006），したがって PERRUNO と次に書いた四つの品種は片親だけ同じ姉妹品種あるいは祖父母品種にあたることが示唆された：CEREZA，MOSCATEL AMARILLO，TORRONTÉS RIOJANO，アルゼンチンで栽培されている TORRONTÉS SANJUANINO（MUSCAT 系統図参照）．

ブドウ栽培の特徴

萌芽期は早期である．全般的に害虫や病気に対して良好な耐性をもつ．

栽培地とワインの味

PERRUNO は暫定的にスペインの商業品種登録に掲載されており，スペイン南西部のアンダルシア州や，エストレマドゥーラ州の Ribera del Guadiana DO で公認されている．2008年にはエストレマドゥーラ州で 741 ha（1,831 acres）が記録されており，ほとんどはカストゥエラ（Castuera）周辺のリベラ・アルタ サブリージョン（Ribera Alta）で見られ，現地ではバルクワインに用いられている．アンダルシア州にはわずかに3 ha（7 acres）だけが記録されており，そこではシエラ・デ・カディス地方（Sierra de Cádiz）の Lagar Ambrosio 社がヴァラエタルワインを作っており，PERRUNO を復活させようと懸命に努力している．カディス（Cádiz）大学の Victor Palacios 氏は，García de Lena 氏はこの品種に非常に否定的であるが，生食用として適していなくてもワイン用ブドウとして興味深い結果を生むであろうと述べている．糖度と酸度は低いといわれている．

PERSAN

稀少ではあるが高品質のフランス，サヴォワ（Savoie）の品種．再発見の途上にある．

ブドウの色：● ● ● ● ●

主要な別名：Beccu（サヴォワ），Bécuet☒ または Becuét（イタリア，ピエモンテ州（Piemonte）の Val di Susa），Bécuette（サヴォワ），Berla'd Crava Cita または Berlo Citto（ピエモンテ州では Val Chisone），Etraire（イゼール県（Isère）），Etris（イゼール県），Princens または Prinsens（サヴォワ），Serine または Siranne（イゼール県）

よくPERSANと間違えられやすい品種：ETRAIRE DE L'ADUÏ☒（イゼール県では PERSAN は Etraire と呼ばれている），MONDEUSE NOIRE☒（アン県（Ain）では Persagne と呼ばれローヌ（Rhône）では Petite Persaigne と呼ばれる），PINOT NOIR☒，SYRAH☒（イゼール県では PERSAN は Serine と呼ばれ，これはまたシラー（SYRAH）の別名でもある）

起源と親子関係

PERSAN はおそらくサン＝ジャン＝ド＝モーリエンヌ（Saint-Jean-de-Maurienne）にある Princens という小さな集落が起源の地であり，ここのブドウ畑から最高のサヴォワワインが作られることで有名であった．実際，Princens の名は「主要な」を意味する方言の *prin* と，地主が家臣に課す課金を意味する *cens* に由来する言葉であることから Princens は最良の土地であったことが示唆される．Princens は後により広く使われる PERSAN に変化し，1846年に Albin Gras 氏が初めてイゼール県で次のように記載している（Rézeau 1997).「Etraire（大文字）R. または Etrière（イゼール県の右岸他），別名の PERSAN（イゼール県の左岸他）」.

DNA 解析によって PERSAN は，イタリア北西部のピエモンテ州のヴァッレ・ディ・スーザ（Valle di Susa）やピネロロ（Pinerolo）周辺の地方で長い間 BÉCUET という名で栽培されていたことが示唆された（Schneider *et al.* 2001）．PERSAN は他の品種，たとえば ETRAIRE DE L'ADUÏ，MONDEUSE NOIRE，シラー（SYRAH）あるいはピノ・ノワール（PINOT NOIR）などとよく混同されてきた．Guyot（1876）は PERSAN はピノ・ノワールの地方変異であると考えた．Rougier（1902b）は ETRAIRE DE L'ADUÏ は PERSAN の自然実生であると考えたが，現在これは DNA 系統解析によって確認され，ETRAIRE DE L'ADUÏ と PERSAN との間の親子関係が強く示唆されている（Vouillamoz）．実際，両品種はブドウの形態分類群の Sérine グループに属する（p XXXII 参照；Bisson 2009）．

PERSAN は PELOURSIN と交配され JOUBERTIN（現在では栽培されていない）の育種に用いられた．

他の仮説

安易で誤った語源に基づいて，PERSAN はペルシア起源であるとよく考えられてきた．同様に，Princens という名前は「王子」という意味の *principis*，および「古い財産」という意味の *census* に由来しており PERSAN はサヴォワの王子によってキプロスから持ち込まれたとも考えられている．

ブドウ栽培の特徴

樹勢が強く，ふつうは長く剪定され支柱を使って仕立てられている．萌芽期は早期で熟期は中期である．石灰質の小石混じりの土壌では良好な生育を示す．うどんこ病およびべと病に感受性である．小さな果粒と果房をつける．

栽培地とワインの味

フランスでは，PERSAN はかつてグルノーブル（Grenoble）の東，サン＝ジャン＝ド＝モーリエンヌの近くにある Princens という集落で高く評価されていた主要な品種で，この品種の記載は17世紀にさかのぼる（Gros 1930）．19世紀終わり頃のフィロキセラ被害以前は，この品種の栽培はサヴォワ県とイゼール県に広がっていた．現在ではサヴォワ県とイゼール県で推奨されており，Vin de Savoie アペラシオンと Vin de Pays d'Allobrogie で公認されているが，わずかに9 ha（22 acres）が記録されているにすぎない．それにもかかわらず，この品種の人気はふたたび高まっており，数少ないヴァラエタルワインの生産者であるフレトリーヴ社（Fréterive）の Michel Grisard 氏の尽力もあって，地元の協会は Princens の畑に PERSAN を再度植える計画を立てている．ワインはタンニンに富み，良好な酸味をもち，熟成に適している．Domaine de Méjane と Domaine Saint-Germain の両社もヴァラエタルワインを作っている．

イタリアでは，PERSAN は BÉCUET という名前で，通常は AVANÀ のような他の地方品種とブレンドされ，歴史的なアルプスワインである Ramiè が作られている．一方ジャリオーネ（Giaglione）にある Azienda Agricola Martina 社や，グラヴェーレ（Gravere）にある Azienda Sibille 社はブレンドしないスタイルのワインを作っている．

スイスでは，ジュネーヴ州（Genève）の生産者である Jean-Pierre Pellegrin 氏が最近1,500本の PERSAN を所有する Domaine Grand'Cour に植え，2015年か2016年に最初のヴァラエタルワインが発売される予定である．

PERVENETS MAGARACHA

とりわけべと病に耐性をもつ，最近開発されたウクライナの交配品種．
辛口と甘口ワインに用いられている．

ブドウの色：● ● ● ● ●

主要な別名：Pervenec Magaraca，Pervenyec Magaracsa

起源と親子関係

PERVENETS MAGARACHA には「マガラッチ（Magarach）の最初の子」という意味がある．1966年，ウクライナ南部のヤルタ（Yalta）のマガラッチ研究センターにおいて P Y Golodriga，V T Usatov，L P Troshin，Y A Malchikov，I A Suyatinov，V A Dranovskiy，P N Nedov らが RKATSITELI × MAGARACH 2-57-72の交配により得た交配品種である．このとき，用いられた MAGARACH 2-57-72は MTSVANE KAKHURI × SOCHINSKY CHERNY の交配品種であり，SOCHINSKY CHERNY は栽培されていないウクライナの品種である．PERVENETS MAGARACHA は PODAROK MAGARACHA の姉妹品種である．この品種は1992年にウクライナの公式品種リストに登録された．

ブドウ栽培の特徴

豊産性で熟期は中期～晩期である．－25℃（－13°F）までの耐寒性を示し，またべと病にも耐性である．

栽培地とワインの味

PERVENETS MAGARACHA はウクライナ（2009年に643 ha/1,589 acres）で，琥珀色でフレッシュな酸味をもった辛口と甘口のワイン作りに用いられている．またロシアでは南西部のクラスノダール地方（Krasnodar，2010年に1,915 ha/4,732 acres）のアナパ（Anapa）やテムリュク（Temriuk）で，またスタヴロポリ（Stavropol）やロストフ・ナ・ドヌ（Rostov-on-Don，2010年に323 ha/798 acres）で広く栽培されている．アゼルバイジャンやモルドヴァ共和国でも栽培が報告されている．

PERVOMAISKY

深い色合いのデザートワインに用いられるウズベキスタンの交配品種

ブドウの色：● ● ● ● ●

起源と親子関係

PERVOMAISKY は，1935年にウズベキスタンの VIR（現在のウズベキスタン植物産業研究所の中央アジア支所で A N Negrul と M S Zhuravel の両氏が TEINTURIER×ALEATICO の交配により得た交配品種である．1953年に公開された．Pervomaisky という品種名には「5月1日」あるいは「メーデー」という意味がある．

ブドウ栽培の特徴

樹勢が強く豊産性で熟期は中期～晩期である．赤い果肉で果皮は薄いが強靱である．べと病およびうどんこ病に感受性がある．

栽培地とワインの味

PERVOMAISKY はウズベキスタンで栽培され，ウクライナやモルドヴァ共和国でもわずかだが栽培されている．甘口の色の濃い赤ワインの生産および生食に用いられている．

PESECKÁ LEÁNKA

FETEASCĂ REGALĂ を参照

PETIT BOUSCHET

消滅しつつある，19世紀のフランス南部における赤い果汁の交配品種

ブドウの色：● ● ● ● ●

主要な別名：Aramon-Teinturier，Bouschet Petit，Negrón de Aldán☒（スペインのビエルソ（Bierzo）），Tintinha（ポルトガル）

起源と親子関係

PETIT BOUSCHET は，1824年にフランス南部，エロー県（Hérault），モーギオ（Mauguio）の Domaine de la Calmette 社で Louis Bouschet 氏が ARAMON NOIR×TEINTURIER の交配により得た交配品種である．PETIT BOUSCHET と JUAN GARCÍA はいずれも NEGRÓN DE ALDÁN と呼ばれることがあるが（González-Andrés *et al.* 2007），両者には関係がない．最近行われた DNA 解析によれば TÉOULIER NOIR との親子関係が示唆されたが（Myles *et al.* 2011），本物の TÉOULIER NOIR の DNA プロファイルとの比較によりこの説は否定された（Vouillamoz）．

PETIT BOUSCHET は GROS BOUSCHET（もはや栽培されていない）の姉妹品種にあたり，ALICANTE HENRI BOUSCHET，GRAND NOIR，MORRASTEL BOUSCHET の交配に用いられた．

ブドウ栽培の特徴

萌芽期は早期で，結実能力が高く樹勢が強い．短い剪定が最適である．多くのサッカー（幹から出る新梢）をつける傾向がある．年によっては Erinose ダニのリスクがある．熟期は早期～中期である．

栽培地とワインの味

PETIT BOUSCHET は，他の多くの Teinturier 系統の品種同様に色の濃いワインになるが，それ以外にはそれほど特徴がない．フランスではブレンドワインに色合いを加える目的で19世紀後半に人気があったが，その子品種である ALICANTE HENRI BOUSCHET の高い人気に追い越され，いまではフランスからほぼ消滅した．ポルトガル（2009年に11 ha/27 acres）と北アフリカではわずかな量が栽培されている．

PETIT COURBU

マイナーだが高品質でアロマティックなフランス，ジュランソン（Jurançon）の特産品

ブドウの色：

主要な別名：Courbis，Courbu Petit，Petit Courbu Blanc，Vieux Pacherenc，Xuri Zerratu（スペインのバスク地方（Pais Vasco））
よくPETIT COURBUと間違えられやすい品種：COURBU BLANC ☒，LAUZET ☒（ポー（Pau）の近くの Gan およびラスブ（Lasseube））

起源と親子関係

PETIT COURBU はフランスの最も南西部に位置するジュランソン（Jurançon）の地方品種であり，Galet（1990）は PETIT COURBU を，COURBIS や VIEUX PACHERENC などの共通の別名をもつ別のジュランソン品種である COURBU BLANC のクローンであると考えていた．また，PETIT COURBU を LAUZET と混同する人もいる．しかしブドウの形態分類学的解析および DNA 解析によって，これらの仮説は明確に否定されている（Bowers *et al.* 1999; Bordenave *et al.* 2007）．

ブドウ栽培の特徴

それほど豊産性でなく晩熟である．灰色かび病に感受性である．非常に小さな果粒で，小さな果房をつける．

栽培地とワインの味

PETIT COURBU はフランスの最南西部でのみ栽培されており，辛口のヴァラエタルワインはとても良質のヴィオニエ（VIOGNIER）とリースリング（RIESLING）の交配品種のような味わいを示すが，通常はブレンドワインに用いられている．この香り高く（レモン，フローラル，時に蜂蜜）珍しいワインはいずれも Pacherenc du Vic-Bilh アペラシオンにある Alain Brumont 社や Domaine Laougué 社などの生産者が作っており，主要な品種の一つであると考えられている．この品種は Béarn，Irouléguy，Jurançon，Pacherenc のアペラシオンでもブレンドワインに用いられるが，この品種が20～30％以上使われることは稀である．Côtes de Saint-Mont の規程では最低30％ この品種を含むように定められている．2008年のフランスでの栽培面積は68 ha（168 acres）であり，1958年の10 ha（25 acres）と比較すれば大きく増加している．

PETIT MANSENG

フランス南西部ですばらしい甘口ワインになる高品質な品種

ブドウの色：

主要な別名：IzkiriotTtipi または Iskiriota ZuriTipia または Ichiriota ZuriaTipia（スペインのバスク地方（País Vasco）），Manseng Petit Blanc，Mansengou（ベアルン（Béarn））

起源と親子関係

1562年にジュランソン（Jurançon）でオック語で書かれた ‘vinhe mansengue’ という一語が PETIT MANSENG に関する初めての記録である．しかしそれが GROS MANSENG を指すのか PETIT MANSENG を指すのかは明らかでなく，これらの2品種は1783～4年に見られる次の記載までは区別されていなかった．「Manseng gros，白…金色，スパイシーだがよい味．Manseng petit，白，…味わいは他のものよりスパイシー」．Manseng の名は大邸宅（mansion）という意味の *mans* に由来すると考えられている．

Galet（1990）によれば PETIT MANSENG は形態的に GROS MANSENG に近く，Bisson（2009）は両品種をブドウの形態分類群の Mansien グループに分類した（p XXXII 参照）．DNA 解析と系統の再構築の結果（PINOT の系統を参照），PETIT MANSENG は SAVAGNIN の子品種で GROS MANSENG の親品種であることが明らかになった（Vouillamoz; Myles *et al.* 2011）．

ブドウ栽培の特徴

萌芽期は早期で，熟期は中期～晩期である．樹勢が強く，長い剪定が必要である．果粒が粗着した小さな果房と小さくて厚い果皮をもつ果粒により，灰色かび病に非常に耐性をもつ．

栽培地とワインの味

果粒に糖分が濃縮され，また高い酸度も維持されるため，PETIT MANSENG は萎れるまで樹に残しておくことができるので，11月から12月初頭にかけて遅摘みされたブドウから作る高品質でアロマティックな甘口ワインに理想的である．

2009年，フランスでは1,019 ha（2,518 acres）が主に南西部で栽培されており，Jurançon や Pacherenc du Vic-Bilh アペラシオンにおける主要な品種の一つである．ラングドック（Languedoc）に最近新植があり，総量は持続的に増えている．推奨される生産者としては Domaine Cauhapé（辛口，甘口両方），Domaine Bru-Baché，Clos Uroulat などの各社がある．ラングドック東部のエロー県（Hérault）では白のブレンドワインの Mas de Daumas Gassac に少し加えられている．

PETIT MANSENG はスペイン北部の国境近く，バスク州の3箇所の原産地呼称のうちの Arabako Txakolina/Chacolí de Álava および Bizkaiko Txakolina/Chacolí de Viscaia の二つで公認されている（前者では主要品種，後者では補助品種）．しかしスペインの2008年の合計栽培面積はわずかに4 ha（10 acres）であった．現地ではこの品種はポテンシャルがあると考えられている．

アメリカ合衆国では，バージニア州の Chrysalis Vineyards 社が PETIT MANSENG とラベルされた最初のヴァラエタルワインを作ったが，Horton Vineyards，Delfosse，Prince Michel，Sugarleaf Vineyards，White Hall Vineyards などの各社がこれに続いて甘口ワインを作り，一方で辛口ワインを作っているワイナリーもいくつかある．もともとの高い酸度はバージニア州の暑い夏に適している．また非常にわずかであるが南部のサウスカロライナ州やジョージア州でもこの品種は栽培されており，ジョージア州のタイガー（Tiger）で Tiger Mountain Vineyards 社が，アパラチア山脈の南部の標高2000 ft（609 m）のところにある花崗岩の崩壊によりできた非常に固い土壌の畑で辛口と遅摘みタイプのワインを作っている．

ウルグアイでは1870年にバスクからの移民が現在では同国で広く栽培されている TANNAT とともにこの品種を持ち込んだが，2010年の栽培面積は2 ha（5 acres）にすぎない．Familia Deicas 社は GROS

MANSENG および他の香り高い品種とのブレンドにより貴腐ワインを作っている．
アルゼンチンや日本でも少し栽培されている．
PETIT MANSENG はオーストラリアの公式統計では記録されていないが，何社かの生産者がヴァラエタルワインで成功しており，こうした生産者にはビクトリアン・アルプス（Victorian Alps）の Gapsted 社やリヴァーランド（Riverland）の919 Wines 社などがある．ニュージーランドのマールボロ（Marlborough）の Churton 社は2007年に0.5 ha（1.25 acres）の PETIT MANSENG を丘陵地帯に植え，これは同国におけるこの品種の最初の商業栽培となった．

PETIT MESLIER

薄い果皮色の非常に珍しい品種．有名品種と親戚で，シャンパーニュの原料としての可能性がある．オーストラリアは唯一の栽培前哨地である．

ブドウの色：●̲ ● ● ● ●

主要な別名：Melié Blanc（Vallée de la Vanne），Meslier Doré（オーブ県（Aube）），Meslier Jaune, Meslier Petit
よくPETIT MESLIERと間違えられやすい品種：GRAŠEVINA ☒，MENU PINEAU ☒（Loire-et-Cher），MESLIER SAINT-FRANÇOIS ☒

起源と親子関係

Meslier という用語（綴りはいろいろ）は PETIT MESLIER や MESLIER SAINT-FRANÇOIS に区別せずに用いられているが（歴史や語源は後述），信ぴょう性のある最初の記録は1783～4年にフランス，サンセール（Sancerre）で次のように書かれたものである（Rézeau 1997）．「Petit meslier blanc. デリケートな葉，下側は白く，小さくて素晴らしいブドウ，少しの果粒」．Galet（1990）によれば PETIT MESLIER はフランス北東部のシャンパーニュ（Champagne）とフランシュ＝コンテ地域圏（Franche-Comté）の間に起源をもつとされている．これは，DNA 解析によって明らかになった，この品種が GOUAIS BLANC と SAVAGNIN の自然交配品種であることと矛盾しない．その姉妹品種にあたるロレーヌ（Lorraine）の AUBIN BLANC（Bowers *et al.* 2000）やドイツのライン渓谷（Rheintal/Rhine Valley）の RÄUSCHLING も同様である（Vouillamoz）．加えて DNA 系統解析によりスイスのヴァレー州（Valais）の AMIGNE は PETIT MESLIER の孫品種であることが強く示唆された（Vouillamoz and Moriondo 2011）．PETIT MESLIER はブドウの形態分類群の Messile グループに属している（p XXXII 参照；Bisson 2009）．

ブドウ栽培の特徴

萌芽期が早期であるので春の霜に被害を受ける危険性があり，期は中期である．花ぶるい（Coulure）および結実不良（ミルランダージュ）を起こしやすく，灰色かび病には強い感受性を示す．長い剪定が最適である．小さな果房と果粒をつける．

栽培地とワインの味

この品種は暖かい年でも酸度を保持できるワインになる能力があるので，特にオーブ川の南の暖かい地域など，フランスのシャンパーニュ地方でかつては価値があった．しかし不規則な低い収量と収穫時期のタイミングが難しいなどの理由で，この品種の利点は次第に打ち消されていった．ブドウは容易には熟さないが，熟したら直ちに収穫しなければならない．高い酸度と低い pH により，醸造が非常に困難で，バランスをとるために滓とともに長く置かなければいけない．
シャンパーニュや Coteaux Champenois アペラシオンにおいてスティルワインの原料として現在でも公認されているものの，2008年のフランスではわずかに4 ha（10 acres）が栽培されているだけであった．その一方で明らかにこの品種の評判は高まっている．たとえばDuval-Leroy社はヴァレ・ド・ラ・マルヌ（Vallée de la Marne）にあるヴァントゥイユ（Venteuil）の畑で，同社が初めてのPETIT MESLIER 100%のビンテージシャンパーニュを1998年に作り，十分高い品質のブドウが収穫された年には継続してそれを作る計画である．ワインは通常フローラルで時にダイオウ（ルバーブ）やイラクサのアロマを示す．Tarlant社は最近PETIT MESLIERをPINOT BLANCやARBANEと同様に植え直し，PETIT MESLIERが75%含まれる新しいキュヴェをつくった．René Geoffroy社も混植にいくらかのPETIT MESLIERを加え，またMoutard社やL Aubry Fils社などでは少量のPETIT MESLIERを加えた特定のキュヴェを作った．

さらに予想外であったのは南オーストラリア州のエデン・バレー（Eden Valley）のIrvine Wines社が作ったヴァラエタルの発泡性ワインである．彼らは1980年代に0.6 ha（1.5 acres）のブドウを植え付け，10年後にヴァラエタルワインを作ることを決めた．同社にブドウを供給する栽培者とともに，同社はオーストラリアにおけるこの品種の先駆者になった．素晴らしい酸味と青リンゴの強いフレーバーをもつワインである．

PETIT ROUGE

濃い果皮色のイタリア，アオスタ（Aosta）の古い品種．
スパイシーでアカフサスグリ（レッドカラント）のフレーバーをもつワインになる．

ブドウの色：● ● ● ● ●

主要な別名：Oriou，Picciourouzo
よくPETIT ROUGEと間違えられやすい品種：Humagne Rouge ✕（スイスのヴァレー州（Valais）ではCORNALINとして知られる）

起源と親子関係

PETIT ROUGEにはフランス語で「小さな赤」という意味があり，またイタリアアルプスのヴァッレ・ダオスタ（Valle d'Aosta）で最も広く栽培されている最も古い品種である．この品種はGatta（1838）によって，ヴァッレ・ダオスタ（Valle d'Aosta）のPETIT ROUGEやCORNALIN，VIEN DE NUSおよびヴァレー州のROUGE DE FULLYやROUGE DU PAYSなどが含まれる近縁品種のグループであるOriousの主要品種として記載されており，これは近年のDNA解析によっても示された（Vouillamoz and Moriondo 2011）．DNA系統解析によってPETIT ROUGEはMAYOLETとの自然交配によりROUGE DU PAYSの親品種となり（Vouillamoz *et al.* 2003），FUMINの姉妹品種，さらにVIEN DE NUSの親品種であることが明らかになり（Vouillamoz and Moriondo 2011），この品種がヴァッレ・ダオスタのブドウ栽培で中心的な役割を果たしてきたことが示された．

PETIT ROUGEのクローンの多様性はOriou Lombard（最も広まっている），Oriou voirard，Oriou PicciouなどOriouのグループの名で区別されている．

他の仮説

その地方での伝承によればPETIT ROUGEと他のヴァッレ・ダオスタのブドウは，ヴァッレ・ダオスタが5世紀にブルゴーニュ王国の一部であったころにブルゴーニュからもたらされたといわれている．しかし，この仮説は形態的解析や遺伝的研究によって強く否定されている．PETIT ROUGEはローマ人によってもたらされた品種と地方品種との間の交配品種であると述べている研究者もいるが，ヴァッレ・ダオスタでは野生ブドウは見つかっていない．

ブドウ栽培の特徴

晩熟である．

栽培地とワインの味

PETIT ROUGE はイタリア最北西部のヴァッレ・ダオスタにおける最も重要な品種であり，主にサン＝ヴァンサン（Saint-Vincent）とアルヴィエ（Arvier）の間で栽培されている．特にアイマヴィル（Aymavilles），サン＝ピエール（Saint-Pierre），ヴィルヌーヴ（Villeneuve）では，すでに19世紀の初めに有名であった Torrette DOC の歴史的なワインにおいて，MAYOLET や VIEN DE NUS とともに少なくとも70％の PETIT ROUGE がブレンドに用いられている．Enfer d'Arvier DOC では少なくとも85％が，また少量が Nus Rouge DOC や Chambave Rouge DOC においても用いられている．2000年の時点で，イタリアには 119 ha（294 acres）の栽培が記録されている．

ヴァラエタルワインには，アカフサスグリのアロマやスパイシーでフルーティーな味わいがある．ヴァラエタルワインとしては Anselmet，Di Barrò，Didier Gerbelle，Vinirari 各社の Petit Rouge DOC や Albino Thomain 社による Enfer d'Arvier および Château Feuillet 社による Torrette DOC などがある．

PETIT VERDOT

高品質で晩熟のボルドー（Bordeaux）の品種．ブレンドに色合いとスパイス感を与えるが，他の地域ではこの品種のみを使ったワインが増えている．

ブドウの色：● ● ● ● ●

主要な別名：Lambrusquet，Verdau，Verdot，Verdot Petit
よくPETIT VERDOTと間違えられやすい品種：FER ☓，GROS VERDOT ☓

起源と親子関係

PETIT VERDOT と GROS VERDOT は通常，フランス南西部にあるジロンド県（Gironde）が起源の地であると考えられている．1736年にボルドーで grand verdot，petit verdot，bon などとともに初めて記載された（Rézeau 1997）．PETIT VERDOT と GROS VERDOT はいずれも「緑」（未熟や酸）を意味する *vert* に由来する言葉を名前の一部に共有し，またかつて一緒に栽培されていたが，両社は完全に異なる品種である．ブドウの形態分類の専門家の Bisson（2009）は PETIT VERDOT を，ARDONNET，ARROUYA，カベルネ・フラン（CABERNET FRANC），カベルネ・ソーヴィニヨン（CABERNET SAUVIGNON），FER，メルロー（MERLOT），MERLOT BLANC や PARDOTTE などともにブドウの形態分類群の Carmenet グループに分類し（p XXXII 参照），これらの多くは現在でも PETIT VERDOT とともにボルドーで栽培されている．しかし近年のブドウの形態分類学的解析および遺伝的解析によれば，PETIT VERDOT は ARDONNET，GROS VERDOT，PETIT VERDOT FAUX などともに，Carmenet グループとは異なるグループに属することがわかってきた（Bordenave *et al.* 2007）．このグループはまだ命名されておらず，ピレネー・アトランティック県（Pyrénées-Atlantiques）に起源をもち，野生ブドウの栽培化により得られた品種であると考えられている．これらの品種の形態は，フランス名で *lambrusques* と呼ばれている *Vitis vinifera* subsp. *silvestris* に似ているので（Levadoux 1956），PETIT VERDOT の別名として LAMBRUSQUET が用いられるようになった．

DNA 系統解析によって PETIT VERDOT と DURAS の自然交配の結果，TRESSOT が生まれたことが明らかになった（Bowers *et al.* 2000; PINOT の系統図参照）．

ブドウ栽培の特徴

萌芽期は早期だがカベルネ・ソーヴィニヨンよりも晩熟である．結実能力が高くかなり豊産性である．砂利土壌に栽培が適している．乾燥に敏感である．小さな果粒は厚い果皮をもち良好な灰色かび病への耐性を有する．冷涼な気象条件では小さな種なしの緑色の果粒をつけることがある．

栽培地とワインの味

ボルドーではいつも容易に完熟するというわけではないが，最適の土地で十分に熟すことができれば PETIT VERDOT は力強くて濃厚で，深い色合いでタンニンに富んだ熟成させる価値のある，スパイシーで良好なアルコール分と酸味をもつワインになる．今日ではボルドーブレンドワインにおけるこの品種の役割は小さいが，Bordenave *et al.*（2007）によれば，19世紀には PETIT VERDOT はジロンド県の左岸に位置し，現在ではその市のバスティッド地域（Bastide）にある Queyries のブドウ園の主要品種であった．当時と比較すると現在は栽培面積が減っているが，最高の収穫年にはこの品種は高く賞賛されている．しかし皮肉なことに，最高の収穫年には，この品種を用いてカベルネ（CABERNET）やメルローを強化する必要はあまりない．Châteaux La Lagune，Léoville Poyferré，Margaux，Palmer，Pichon Lalande などの各社は年によって PETIT VERDOT を比較的高い割合でワインに加え，この品種を活用している．

PETIT VERDOT はフランスの南部および南西部のほとんどの地域で推奨されている．2009年には862 ha（2,130 acres）が記録されており，そのほとんどはボルドー地方で見られた．20世紀の後半に栽培面積は減少し，1988年にはわずか338 ha（835 acres）にまで低下したが，これはこの品種が非常に晩熟で，扱いにくいことによるものであった．おそらく地球温暖化の影響もあってか，栽培面積は再び増加しつつある．ボルドー地方ではヴァラエタルワインが作られることはきわめて珍しいが（Moutte Blanc 社は例外である），生産者はラングドック（Languedoc）などの他の地方で増えており，Domaines Preignes 社や Ravanes 社などはその例である．

イタリアの2000年の統計によれば63 ha（156 acres）の栽培が記録されており，主にマレンマ（Maremma）やトスカーナ州（Toscana）で Ornellaia，Castello del Terriccio，Cavali Tenuta degli Dei などに見られるようにボルドーブレンドに一味足すものとして用いられている．またラツィオ州（Lazio）の Casale del Giglio 社は稀少なヴァラエタルワインを作っている．

スペインには，1990年代にトレド（Toledo）の近くの Dominio de Valdepusa にある Marqués de Griñon 社がこの品種を同国に持ち込み，2008年には同国での栽培面積が1,042 ha（2,575 acres）に達した．ここではよく熟し，満足のいくヴァラエタルワインが Abadía Retuerta（カスティーリャ・イ・レオン州（Castilla y León））; Casa de la Ermita，Luzón（フミーリャ（Jumilla））; Friedrich Schatz，La Sangre de Ronda，Vetas（シエラス・デ・マラガ（Sierras de Málaga））; Arrayán（メントリダ（Méntrida））; Finca Antigua（ラ・マンチャ（La Mancha））; Laudum Nature，Enrique Mendoza，Vinalopó（アリカンテ（Alicante））; Pago del Vicario（カスティーリャ（Castilla））などの各社により作られている．

ポルトガルでは2010年に139 ha（343 acres）が記録されており，主に Campolarga 社の Calda Bordalesa（ALICANTE HENRI BOUSCHET とのブレンド）や Monte da Ravasqueira 社の Premium（シラーやメルローとのブレンド）のワインに見られるように意欲的なブレンドワインに用いられている．一方，ヴァラエタルワインはアレンテージョ地方（Alentejo）の Azamor，Júlio Bastos，Lima Mayer，Monte da Ravasqueira などの各社により作られている．この晩熟のブドウはポルトガルの暖かい南部でよく熟し，フレッシュで生き生きとした，濃い色の特に香り高いワインができる．

トルコ（20 ha/49 acres; 2010年）やイスラエル（50 ha/124 acres; 2009年）でもわずかなヴァラエタルワインが作られている．

カリフォルニア州では2008年までに4,396 acres（1,779 ha）まで増加し，ほとんどはナパ（Napa），サンルイスオビスポ（San Luis Obispo），サンホアキン（San Joaquin）などの郡においてボルドー（Meritage）ブレンドに用いられている．一方でヴァラエタルワインの生産も著しく増えており，パソロブレス（Paso Robles）の L'Aventure は特に良質のワインである．ワシントン州では131 acres（53 ha）が2006年に記録されている．同州でもボルドーブレンドが主で，ブドウの成熟に不安がほとんどない地方では，非常に珍しいヴァラエタルワインも現れている．たとえばバージニア州などボルドーブレンドを生産する他の州や，ニューヨーク州のロングアイランドでも栽培されている．PETIT VERDOT はカナダのブリティッシュコロンビア州のオカナガンヴァレー（Okanagan Valley）でも栽培されるようになってきた．

アルゼンチンでは2008年に455 ha（1,124 acres）の PETIT VERDOT（通常は単に VERDOT と呼ばれることが多い）が記録されている．Finca Anita と Landelia Mendoza の両社は良質のヴァラエタルワインを作っている．2008年にチリでは257 ha（635 acres）が記録されているが PETIT VERDOT と単に VERDOT とされている品種の区別が必ずしも明確ではない．Von Siebenthal 社のワインは正真正銘の本物を表現している．ウルグアイでは2009年に20 ha（49 acres）が記録されており，過去10年間で徐々に増加している．ペルーのイカ・ヴァレー（Ica Valley）の Viña Tacama 社では，この品種は重要な役割を担っており，現地では TANNAT やマルベック（MALBEC / COT）とブレンドされている．

PETIT VERDOT はオーストラリアの特にリヴァーランド(Riverland)，リヴァリーナ(Riverina)，マレー・ダーリング（Murray Darling）などの暖かい地域でシラー（SYRAH）に代わりうる品種として人気がでている．この品種はシラーよりも2週間おそく熟すため，冷涼な条件で成熟を終えることになる．2008年に1,354 ha (3,346 acres) が栽培されていた．ほとんどは内陸部で見られるが，マクラーレン・ベール（McLaren Vale），パザウェイ（Padthaway），ラングホーン・クリーク（Langhorne Creek），マーガレット・リバー（Margaret River），バロッサ（Barossa），マッジー（Mudgee），スワン・ヒル（Swan Hill），クレア・バレー（Clare Valley），クーナワラ（Coonawarra）でも見られる．同国ではボルドーよりもずっと多くのヴァラエタルワインが生産されており，一般に非常に濃い色合いで，濃い色の果実（カシスよりもプラム）の香味，リッチでフルボディーでなめらか，時にスミレと同類のフローラルな香りをもつワインが作られている．推奨される生産者としては Capel Vale，De Bortoli，Gemtree，Trentham Estate などの各社がある．この品種はニュージーランドのボルドーブレンドに加えられることもある．

この品種は南アフリカ共和国で非常に明るい将来が期待されており，同国でもヴァラエタルワインよりもボルドーブレンドに用いられている．1998年には20 ha（49 acres）を少し上回る数字であったが，10年後には634 ha（1,567 acres）となり，主にパール（Paarl）やステレンボッシュ（Stellenbosch）で栽培される．また，スワートランド（Swaartland）などの乾燥しすぎた地域を除く他のワイン産地でも期待されている．一握りの生産者による推奨されるヴァラエタルワインは，Zorgvliet の力強いワイン，Asara のワインや KWV Mentors の魅力的なワインなどがある．

PETITE AMIE

最近開発された有望な香り高いアメリカの交雑品種．
ネブラスカ州で栽培されている．

ブドウの色：● ● ● ● ●

主要な別名：DM 8313.1

起源と親子関係

PETITE AMIE は，1983年にミネソタ州のサウス・ヘブン（South Haven）で David MacGregor 氏が ELMER SWENSON 2-11-4×DM P2-54 の交配により得た交雑品種である．

- ELMER SWENSON 2-11-4 は ELMER SWENSON 5-14×SWENSON RED の交雑品種（ELMER SWENSON 5-14 の系統は BRIANNA を参照）
- DM P2-54 は SUELTER×MORIO-MUSKAT の交雑品種
- SUELTER は *Vitis riparia*×CONCORD の交雑品種

以上のように，PETITE AMIE は *Vitis riparia*，*Vitis labrusca*，*Vitis vinifera*，*Vitis aestivalis*，*Vitis lincecumii*，*Vitis rupestris*，*Vitis cinerea*，*Vitis berlandieri* の複雑な交雑品種である．

1987年に選抜され，2004年に David MacGregor 氏の許可を得てネブラスカ州，ピアース（Pierce）にある Cuthills 社の栽培家 Ed Swanson 氏が命名するまでは DM 8313.1 という名前でテストされていた．

ブドウ栽培の特徴

薄い果皮をもつ小さい果粒で小～中サイズの果房をつける．低～中適度の樹勢の強さである．萌芽期は中期で，熟期は早期～中期だが遅摘みも可能である．非常に耐寒性（−25°F/−32℃）である．

栽培地とワインの味

ワインは通常，ミュスカ・ブラン（MUSCAT BLANC À PETITS GRAINS）に似た素晴らしいブドウの香りをもち，バラやトロピカルフルーツのようなアロマがある．2007年，ネブラスカ州では1 acre（0.4 ha）が栽培されており，Cuthills 社は現在唯一の生産者である．ミネソタ州の Indian Island 社もヴァラエタルワインを作っている．

PETITE ARVINE

ARVINE を参照

PETITE PEARL

新たに開発された，将来有望で耐寒性をもつアメリカの交雑品種

ブドウの色：● ● ● ● ●

主要な別名：TP 2-1-24

起源と親子関係

PETITE PEARL は1996年にミネソタ州，ヒューゴ（Hugo）の個人育種家である Tom Plocher 氏が，MN 1094×ELMER SWENSON 4-7-26の交配により得た交雑品種である．

- MN 1094（MN はミネソタ州を表している）は MN 1019×MN 1016の交雑品種（系統は MARQUETTE 参照）
- ELMER SWENSON 4-7-26は ELMER SWENSON 2-12-27×ST CROIX の交雑品種
- ELMER SWENSON 2-12-27は ELMER SWENSON 5-14×SWENSON RED の交雑品種（ELMER SWENSON 5-14の系統は BRIANNA を参照）

PETITE PEARL は *Vitis riparia*，*Vitis labrusca*，*Vitis vinifera*，*Vitis aestivalis*，*Vitis lincecumii*，*Vitis rupestris*，*Vitis cinerea*，*Vitis berlandieri* の複雑な交雑品種である．TP 2-1-24という名前でテストされた後，Plocher 氏がまず Black Pearl と名付け，後に登録商標の侵害をさけるために自身が PETITE PEARL と改名した．最終的に2009年に Plocher 氏が PETITE PEARL を公開した．

ブドウ栽培の特徴

中程度の樹勢で非常に強い耐寒性を有する（－31℉/－35℃でも障害は認められない）．小さい果粒で，密着した果房であるが灰色かび病にはかかりにくい．全般的に良好な耐病性を示す．萌芽期は後期で熟期は中期である．

栽培地とワインの味

耐寒性をもつ新しい交雑品種の中でも特にこの新しい品種は大きな期待がもてる．良質でソフトなタンニンのある大きくて濃い赤ワインになり，酸味は強すぎず，主にハーブとスパイスの複雑なアロマがある．Plocher 氏は，この品種はマルベック（MALBEC/COT）や BONARDA（DOUCE NOIRE）に似ていると述べている．2013年からワインの発売が中西部で予定されているが，寒冷なニューヨーク州，カナダのオンタリオ州やケベック州の栽培家に人気がでるだろう（訳注：2019年現在，ウィスコンシン州やバーモント州などにあるいくつかの生産者により販売されている）．

PETITE SIRAH

DURIF を参照

PETRA

フルボディーで香り高い白ワインになる，セルビアの交雑品種

ブドウの色：

主要な別名：Petka

起源と親子関係

PETRA は，1977年にセルビアのヴォイヴォディナ自治州（Vojvodina）にあるノヴィ・サド（Novi Sad）大学に属する Sremski Karlovci ブドウ栽培研究センターで，P Cindrić および V Kovač の両氏が KUNBARAT×ピノ・ノワール（PINOT NOIR）の交配により得た交雑品種である．このとき用いられた KUNBARAT は（*Vitis amurensis*×*Vitis vinifera*）×ITALIA の交雑品種である．PETRA は BAČKA と RUBINKA の育種に用いられた．

ブドウ栽培の特徴

樹勢が強く，小さな果粒で，密着した小さい果房をつける．うどんこ病に感受性である．リースリング（RIESLING）よりも冬の耐寒性があるが，萌芽期が早いため春の霜には感受性である．

栽培地とワインの味

PETRA はセルビアのフルシュカ・ゴーラ地方（Fruška Gora）で主に栽培されている．マスカットに似たアロマをもち高いアルコール分のワインになり，デザートワイン用に適している．ヴァラエタルワインの生産者には Daniel Celovški，Stanislav Đierčan，Milijan Jelić，Dušan Stefanović などの各社がある．

PETROKORITHO

ギリシャの島の白色変異品種．
もとの黒品種は絶滅寸前で，この変異品種のほうが生き残っている．

ブドウの色：

主要な別名：Petrocoritho，Pietro Corinto

起源と親子関係

濃い色の果皮をもつ PETROKORITHO MAVRO は，ギリシャのケルキラ島（Kérkyra，Corfu）由来であるが，PETROKORITHO は現存する薄い果皮色の変異体（PETROKORITHO LEFKO と呼ばれることもある）である．

ブドウ栽培の特徴

晩熟である．大きな果粒で，大きな果房をつける．比較的耐病性がある．

栽培地とワインの味

かつては主にギリシャ，ケルキラ島だけではなく，ペロポネソス半島(Pelopónnisos)やエヴィア島(Évvoia)でも見られた（Euboea; Krimbas, Galet 2000）．元々の黒色の果粒の PETROKORITHO MAVRO は絶滅寸前である．しかし Livadiotis 社がケルキラ島の南西部で白色の果粒の変異体を用いて KAKOTRYGIS よりもアルコール分が低いが強い酸味をもつ珍しいヴァラエタルワインを作っている．

PETROULIANOS

将来有望な，ギリシャのペロポネソス半島（Pelopónnisos）南端の珍しいブドウ

ブドウの色：

主要な別名：Petrolianos

起源と親子関係

ギリシャのペロポネソス半島の南部の珍しい地方品種である．

ブドウ栽培の特徴

樹勢が強く，熟期は中期である．乾燥と，べと病への良好な耐性をもつが，うどんこ病には感受性である．一般に栽培が困難である．

栽培地とワインの味

PETROULIANOS は主にギリシャのペロポネソス半島南部のラコニア県（Lakonía）で見られるが，またさらに南のキティラ島（Kýthira）でも見られる．Yiannis Vatistas 氏は混植されている中から PETROULIANOS を選抜した最初の生産者で，この品種を海の近くの単一の畑に植えた．彼は軽くオークの特徴のあるヴァラエタルワインを作った．ワインは比較的フルボディーであるが引き締まり，強く純粋なレモンの特徴や桃の濃厚さ，きれいなミネラル感と比較的ソフトな酸味がある．彼は ASSYRTIKO や MALVASIA などの品種とともにこの品種を用いて甘口ブレンドワインも作っている．

PEVERELLA

VERDICCHIO BIANCO を参照

PHOENIX

耐病性をもつドイツの交雑品種.
イギリスでフレッシュで軽くアロマティックなワインが作られる.

ブドウの色：●　●　●　●　●

主要な別名： Geilweilerhof GA-49-22

起源と親子関係

PHOENIX は BACCHUS×VILLARD BLANC の交配によりドイツで得られた交雑品種である．1992 年に公認された．炎の中から蘇り飛び立つという神話の鳥にちなんでつけられた品種名である．

ブドウ栽培の特徴

樹勢が強く，熟期は中期～晩期で，べと病とうどんこ病への良好な耐性を示すが，灰色かび病には感受性である．収量は MÜLLER-THURGAU と同程度でリースリング（RIESLING）より高く，糖度と酸度はリースリングよりも低い．

栽培地とワインの味

ドイツではイギリスよりも PHOENIX の栽培面積が広い（ドイツでは 48 ha/119 acres，イギリスでは 16 ha/40 acres）が，この品種は灰色かび病に感受性なので栽培面積は減りつつある．ドイツでは主にラインヘッセン（Rheinhessen）やナーエ（Nahe）で栽培されている．

イギリスではより大きな成功を収めており重要な品種とされている．BACCHUS に似た魅力的なハーブとニワトコの花の香りのワインが作られる．味わいは *vinifera* のワインに似ていることから，この品種は *vinifera* として登録され，クオリティワイン（原産地呼称保護ワイン）の生産用に公認されている．Three Choirs 社がよいワインを作っている．スイス，デンマーク，スウェーデンでも非常にわずかであるが栽培されている．

PICAPOLL BLANCO

スペイン，カタルーニャ（Catalan）のマイナーな品種.
フランスの CLAIRETTE BLANCHE と同じ品種の可能性がある.

ブドウの色：●　●　●　●　●

主要な別名： Blanca Extra，?Clairette Blanche，Picapoll，Picapolla Blanca
よく PICAPOLL BLANCO と間違えられやすい品種： PIQUEPOUL BLANC ☿（フランス）

起源と親子関係

PICAPOLL は現在では Pla de Bages DO に指定されているスペイン北東部のカタルーニャ州のバルセロナの北西の在来品種である．現地では 16 世紀の半ばにすでに記録があり，19 世紀終わりには現地で栽培される唯一の白色品種であった（Puig *et al.* 2006）．DNA 解析によって PICAPOLL BLANCO は PIQUEPOUL NOIR の別名である PICAPOLL NEGRO の白変異ではないことが明らかになった．またフランス南部のヴォクリューズ県（Vaucluse）の PIQUEPOUL BLANC とも同じでないことが明らかになった（Puig *et al.* 2006）．さらに PICAPOLL BLANCO とフランス南部の CLAIRETTE の DNA プロファイリングはほぼ同じであることが明らかになったが（Puig *et al.* 2006），PICAPOLL BLANCO が単に CLAIRETTE のクローンの一種であるのか，あるいは非常によく似た異なる品種であるかはまだ不明である（Vouillamoz）．

ブドウ栽培の特徴

晩熟で厚い果皮をもつ．

栽培地とワインの味

2008年にスペインでは PICAPOLL BLANCO の栽培面積が29 ha（72 acres）と記録されており，そのほとんどはカタルーニャ州にある．そこでは Pla de Bages，Empordà，Priorat，Alella などの DO で公認されている．ワインは控え目な酸味とグレープフルーツとハーブのフレーバーをもち，冷涼な年にはフローラルなものになる．ヴァラエタルワインの生産者はいずれもタラゴナ県（Tarragona）の西部のバジェス（Bages）の Abadal 社や Mas de Sant Iscle 社である．

PICARDAN

時に Châteauneuf に酸度を加えることもある品種

ブドウの色：

主要な別名：Aragnan, Aragnan Blanc, Araignan Blanc（ヴァール県（Var）），Gallet または Gallet Blanc（コスティエール・ド・ニーム（Costières de Nîmes）），Grosse Clairette（デュランス渓谷（Vallée de la Durance）），Milhaud Blanc（タルヌ県（Tarn）），Papadoux（アルデシュ県（Ardèche）），Oeillade Blanche（プロバンス（Provence）），Picardan Blanc（Châteauneuf-du-Pape）

よく PICARDAN と間違えられやすい品種：CLAIRETTE ☿（プロバンスとドローム県（Drôme）では Oeillade Blanche と呼ばれる））

起源と親子関係

PICARDAN はフランス南部のプロヴァンス地方の古い品種で，かつてはヴァール県，ヴォクリューズ県（Vaucluse），ガール県（Gard），エロー県（Hérault）やローヌ川流域（Vallée du Rhône）で，特に OEILLADE BLANCHE や ARAIGNAN BLANC などの様々な名前で栽培されていた．PICARDAN や OEILLADE BLANCHE の名は1544年に初めて Bonaventure des Périers 氏が 'Chant de vendanges' の中で次のように記載している（Rézeau 1997）．「白い Sperollans のワイン／The rouvergnas，Picquardans／美しい Muscades の房／Pellefèdes と oeillades」．しかし PICARDAN の名は BOURBOULENC にも用いられており，さらに，ここの「oeillades」は CLAIRETTE も指していようだ．そのため，この品種に関する議論の余地のない最初の記載はずっと後の1715年に，別名の ARAIGNAN BLANC の名で見られる（Rézeau 1997）．「細長く緑，甘くソフトな果粒のブドウ．Aragnan．これは非常に一般的である」．PICARDAN の名はおそらく「刺す」を意味するフランス語の *piquer* と「燃焼」を意味する *ardent* に由来しており，これはその酸度を指しているものと考えられる．Araignan はおそらく「蜘蛛」を意味するフランス語の *araignée* に由来し，蜘蛛の巣のような葉の裏側の毛を指すものと考えられる．

ブドウ栽培の特徴

熟期は中期である．短い剪定と垂直な仕立てが最適である．マグネシウム欠乏に敏感で，高温で乾燥しているやせた土地に栽培は適している．果粒と果房はいずれも大きい．

栽培地とワインの味

ワインは控えめなアルコール分と酸味をもち，この品種の最も有名な生産地はフランス南部のChâteauneuf-du-Papeである．現地では赤ワインや白ワインのアペラシオンに公認されている18品種（およびその果皮色変異）のブドウの一つだが，とてもマイナーな品種である．たとえば，Château de Beaucastel社では現在でもこの品種を少量，赤のChâteauneufに加えている（15アールの一区画と古い混植の畑から）．2008年の時点で，フランスでは1 ha以下（1.2 acres）しか栽培されていなかったが，ミネルヴォア（Minervois）ではClos de Centeilles社が，エロー県からのPICARDAN（彼らはARAIGNAN BLANCと呼んでいる）を35％の割合でVin de Pays des Côtes du BrianであるC de Centeilles Blancワインに用いている．

PICCOLA NERA

イタリア，トリエステ県（Trieste）の内陸部で非常に色の薄い赤ワインになる品種

ブドウの色：● ● ● ● ●

主要な別名：Mala Cerna（スロベニア），Nera Tenera
よくPICCOLA NERAと間違えられやすい品種：SCHIAVA GROSSA ☿

起源と親子関係

この「小さな黒」という意味の平凡な名の品種は，イタリアとスロベニアの国境地域のトリエステが起源である．

ブドウ栽培の特徴

樹勢が強く晩熟である．

栽培地とワインの味

PICCOLA NERAはイタリアのトリエステ県のスロベニアとの国境近くで栽培されている．西のトレンティーノ地方（Trentino）のトレント自治県（Trento）でも見られるといわれるが，SCHIAVA GROSSAと混同されることがある．この品種からは早飲み用の軽いロゼワインのような赤ワインが作られている．少量がCarso DOCでTERRANOとブレンドされており，IGT Veneziaではヴァラエタルワインが公認されている．2000年時点でのイタリアの統計によればわずかに20 ha（49 acres）のみ栽培が記録されている．

スロベニアでも時折，栽培を見ることができる．

PICOLIT

イタリア，フリウーリ地方（Friuli）の古い品種．
高く評価されている少量の甘口ワインが作られる．

ブドウの色：● ● ● ● ●

主要な別名：Pikolit ☒（スロベニア）
よくPICOLITと間違えられやすい品種：Balafánt ☒（ハンガリー），KÉKNYELŰ ☒（ハンガリー）

起源と親子関係

1682年，ヴェネツィアの元首であったAlvise Contarini氏の結婚式のワインリストの中にPICOLITの最初の記録が見られる．その後，Fabio Asquini伯爵が，ウーディネ（Udine）の近くのファガーニャ（Fagagna）にあった彼のブドウ畑から，フランス，オランダ，オーストリア，イギリス，ロシアの各王室に数千本のワインの輸出を始めた18世紀にはヨーロッパ中で有名になった．その成功は販売戦略によってもたらされたものであり，PICOLITワインは手作りのムラーノ（Murano）ガラスのボトルに詰められ，当時のフリウーリの他のワインよりずっと高い価格で販売された．当時の法王もこのワインを好んだようである．20世紀になるまではそれを継ぐ者が誰もいなかったが，Asquini伯爵はワインの製法を詳細に記録したノートを残していた．有名になったため，ハンガリー品種のBALAFÁNT（ほとんど絶滅状態）やKÉKNYELŰとPICOLITとの同一性を指摘する人もいたが，DNAプロファイルの比較によりこれらの品種との関係は否定された（Jahnke *et al.* 2007; Varga *et al.* 2008; Galbács *et al.* 2009; Crespan *et al.* 2011）.

PICOLITという品種名は「小さな房」（イタリア語の*piccolo*は小さいの意味）あるいは方言で「丘の上」を意味する言葉に由来し，丘の上は遅摘みのPICOLITにとって栽培に最も適した場所である．

PICOLITはPICULIT NERIの果皮色変異ではない．

他の仮説

多くの古い品種同様に，PICOLITはローマ時代から栽培されていたといわれてきたが，ローマ時代のものと現代品種との間に植物学的な同一性を示す証拠は認められない．

ブドウ栽培の特徴

樹勢が強いがPICOLITの花はしばしば不稔の花粉となるため栽培が困難で，非常に少ない果粒が粗着した果房をつけ，低収量である．結実を改善するためにはVERDUZZO FRIULANOなどの他の品種との混植が必要である．9月の終わりから10月のはじめにかけて成熟するが，通常はずっと後に収穫される．

栽培地とワインの味

かつてはイタリア，フリウーリ地方にあるウーディネ県，トレヴィーゾ県（Treviso），バッサーノ（Bassano），ヴィチェンツァ県（Vicenza）などで栽培されていたが，PICOLITの畑はフィロキセラ被害により激減した．ロサッツォ（Rosazzo）のRocca Bernarda社のGiuseppe Perusini氏と彼の家族のおかげでPICOLITは20世紀の前半を生き延び，彼らが頑強なクローンを同定した．1960年代の終わりから1970年代の初めにかけてカルトワインが作られたが，栽培は依然非常に限られていた．現在では主にウーディネ県やゴリツィア県（Gorizia）で栽培されている．2000年の時点では，イタリアにはわずかに97 ha（240 acres）の栽培が記録されているのみである．

この品種からはもっぱら，最近DOCGに昇格したColli Orientali del Friuli Picolit DOCGで遅摘みブドウを用いて甘口ワインが作られている．ロサッツォやチャッラ（Cialla）サブゾーンで作られるワインが最も良質だとされるが，ワインのスタイルは様々である．ブドウは貴腐の影響を受けたり，そうでなかったりと様々であるが，マットの上や棚の上で，あるいは単にブドウの木に長く残されたりして半干しされる．最近ではオークの小樽での熟成を試す生産者もいる．

多くのワインは，その値段の割には印象的でないが，推奨される生産者としてはRonchi di Cialla, Dorigo, Livio Felluga, Moschioniなどの各社がある．最高のワインはフローラルなアロマとアプリコットや桃のフレーバーをもち，ときに蜂蜜を思わせることもあるデリケートな甘口ワインである．2年以上熟成されたワインにはRiservaと表示することができる．PICOLITはメジャーあるいはマイナーな役割を辛口のColli Orientali del Friuli Biancoや甘口のColli Orientali del Friuli Dolceで担っている．Le Due Terre社は珍しい辛口のImplicitoと呼ばれるヴァラエタルワインを作っている．

PICOLITはスロベニアでも栽培されておりPikolit ItaliaおよびPikolit Viennaと呼ばれる二つの異なる形態のタイプがある．DNA解析によっていずれもフリウーリ地方のPICOLITと同一であることが明らかになり（Štajner *et al.* 2008），栽培家はこれらを区別していないようである．2009年の合計栽培面積はGoriška BrdaやVipavska Dolinaにおいてわずか5 ha（12 acres）であった．Ščurek社は辛口でアルコール分の高いワインを作り，Vinska Klet Goriška Brda社およびČarga社は甘口か中甘口ワインを作っている．

オーストラリアのビクトリア州のキング・バレー（King Valley）でPizzini社も少量のワインを作っている．

PICPOUL

PIQUEPOUL を参照

PICULIT NERI

小さな果粒をもつ，古く珍しい赤ワイン用品種．PICOLITとは関係がない．

ブドウの色：● ● ● ● ●

主要な別名：Picolit Neri, Picolit Nero

起源と親子関係

この品種は，歴史的にイタリア，フリウーリ地方（Friuli）で栽培されていた．この品種名には「小さな黒」という意味があり，これはこの品種の小さな濃い色の果粒にちなんだものである．PICULIT NERIはPICOLITと名前は似ているが，高価な甘口ワインが作られる白果粒のPICOLITの黒変異ではない．

ブドウ栽培の特徴

灰色かび病に高い感受性をもつ．樹勢が強く熟期は中期〜晩期（10月初旬）である．

栽培地とワインの味

PICULIT NERIはイタリア北東部，フリウーリ＝ヴェネツィア・ジュリア自治州（Friuli-Venezia Giulia）にあるポルデノーネ県（Pordenone）で特に多く栽培されており，主にピンツァーノ・アル・タリアメント（Pinzano al Tagliamento）やカステルヌォーヴォ デルフリウーリ（Castelnovo del Friuli）で栽培が見られる．CIANORIE, CIVIDIN, FORGIARIN, SCIAGLÌNおよびUCELÙTなどのその地方の他の古い品種とともに，ブドウの形態分類の専門家のAntonio Calò氏やRuggero Forti氏らの支援を受けてEmilio Bulfon社が絶滅の危機から救済した．Emilio Bulfon社はこの品種の手作りヴァラエタルワインの生産者である．他にはFlorutis社やRonco Cliona社などの生産者がいる．PICULIT NERIはしっかりとしたタンニンとハーブや赤い果実，バニラのアロマをもつ．1991年にFORGIARIN, SCIAGLÌN, UCELÙTとともにイタリアの品種リストに登録された．

PIEDIROSSO

フレッシュで香り高いイタリア，カンパニア（Campania）の品種．AGLIANICOの理想的なブレンドパートナーであるが，ヴァラエタルワインとしても輝いている．

ブドウの色：● ● ● ● ●

主要な別名：Palombina，Palumbina，Palumbo，Palummina，Per'e Palummo，Streppa Verde（イスキア島（Ischia））

よくPIEDIROSSOと間違えられやすい品種：Piedirosso Avellinese ☓，Piedirosso Beneventano ☓ または Piedirosso Napoletano

起源と親子関係

PIEDIROSSOは非常に古いカンパニアの品種で，現在もこの品種の栽培の中心地であるヴェスヴィオ地域（Vesuvio）が起源の地であろう．16世紀に古い別名であるPALOMINA NERAやUVA PALOMBINAという名前で最初の記録があるが，PIEDIROSSOという名前で初めて記載されたのは，アヴェッリーノ県（Avellino）やベネヴェント県（Benevento）におけるCarlucci（1905）の著書においてである．しかし以前の古い文献での記載が不十分であることからCarlucciは彼の著書の中でPALOMINA NERAあるいはUVA PALOMBINAが植物学的にPIEDIROSSOと同一であるとは断言してない．それにもかかわらず，それらの名は共通の起源をもっている．すなわち，PIEDIROSSOは「赤い足」という意味があり，これは鳩（ラテン語で*Columba palumbus*）の爪のように見える，この品種の収穫期の茎などの色を表している．興味深いことにSTREPPA VERDE（緑の果梗）としてイスキア島で知られているクローン変異株はこの赤色の特徴はもたない．DNA解析によってPIEDIROSSOは，いずれも商業栽培されていないがPIEDIROSSO AVELLINESE（アヴェッリーノ県）やPIEDIROSSO BENEVENTANO（ヴェネベント県）あるいはPIEDIROSSO NAPOLETANOとして知られているナポリ県の品種とは異なり，遺伝的にはCAPRETTONEに近いことが明らかになった（Costantini *et al.* 2005）．

他の仮説

大プレニウスがCOLUMBINAと記載している品種がPIEDIROSSOと同じ品種だといわれることがある．

ブドウ栽培の特徴

樹勢が強く，熟期は中期で，暑さと火山性土壌を好む．うどんこ病に比較的耐性だが，べと病には感受性である．

栽培地とワインの味

PIEDIROSSOはイタリア南部のナポリ周辺で多く栽培されており，AGLIANICOについでカンパニア州で2番目に広く栽培されている赤品種である．Cilento，Falerno del Massico，Sant'Agata de' GotiなどのDOCでは，香りやフレッシュさを加えるために通常ブレンドされている．Capri，Ischia，Taburno，Sannio，VesuvioなどのDOCでは，ブレンドにおけるより重要な役割，あるいはヴァラエタルワインとしての役割を担っており，アマルフィ海岸（Costa d'Amalfi），ソレント半島（Penisola Sorrentina），ヴェスヴィオ（Vesuvio）などでは地方品種であるSCIASCINOSOとブレンドされる場合もある．PIEDIROSSOはプッリャ州（Puglia）のバーリ県（Bari）でも公認されている．1980年代には栽培面積は半減したが，それ以降は一定の栽培面積を保っている．2000年時点でのイタリアの統計によれば1,013 ha（2,503 acres）の栽培が記録されている．

ヴァラエタルワインは，そのフレッシュな酸味にもかかわらず比較的ソフトで，プラムやチェリーなどの赤いフルーツのフレーバーがあり，場合によってはガメイ（GAMAY）に似たワインとなる．また，

Mastroberardino 社の Lacryma Christi del Vesuvio Rosso ワインのようにハーブ感やスパイシーなノートをもつ場合もある．他のヴァラエタルの生産者としては Annunziata，Mustilli，Cantina del Taburno などの各社がある．多くのヴァラエタルワインは IGT Campania や IGT Pompeiano などの IGT に分類される．

PIGATO

VERMENTINO を参照

PIGNATELLO

PERRICONE を参照

PIGNOLA VALTELLINESE

イタリア，ロンバルディア州（Lombardia）やピエモンテ州（Piemonte）で栽培されているマイナーな赤ワイン品種．ヴェネト州（Veneto）において Groppello di Breganze という別名で最近絶滅の危機から救済された．

ブドウの色：● ● ● ● ●

主要な別名： Groppello di Breganze ☒（ヴェネト州のヴィチェンツァ県（Vicenza）），Pignola（ロンバルディア州のヴァルテッリーナ（Valtellina）），Pignola Spanna ☒（ピエモンテ州のヴェルチェッリ県（Vercelli）），Pignolo Spano ☒（ピエモンテ州のノヴァーラ県（Novara））

よく PIGNOLA VALTELLINESE と間違えられやすい品種： Groppello dei Berici（ヴェネト州），GROPPELLO DI MOCASINA ☒（ロンバルディア州），GROPPELLO DI REVÒ ☒（トレンティーノ（Trentino）），GROPPELLO GENTILE ☒（ロンバルディア州），PIGNOLO ☒（フリウーリ（Friuli））

起源と親子関係

PIGNOLA という名前は，「松かさ」を意味する *pigna* に由来し，この品種の果房の形を表している．ピエモンテ州中部，ヴァルテッリーナ，オルトレポ・パヴェーゼ（Oltrepò Pavese）やフリウーリなどの地方で多くの品種にこの名前がつけられている．DNA 解析によってヴァルテッリーナ地方の PIGNOLA は，ピエモンテ州で栽培される PIGNOLO SPANO と同一であることが明らかになった（Schneider *et al.* 2001）．他方フリウーリ地方の PIGNOLO は完全に異なる品種（Fossati *et al.* 2001; Salmaso *et al.* 2008）であるが，オルトレポ・パヴェーゼ地方の PIGNOLO がいかなる品種であるかは依然不明である．DNA 系統解析によってヴァルテッリーナ地方で栽培されている PIGNOLA はヴァルテッリーナ地方の品種の ROSSOLINO NERO と親子関係にあることが明らかになったが（Vouillamoz），この PIGNOLA はおそらくヴァルテッリーナ地方起源であるので，混乱を避けるために PIGNOLA VALTELLINESE と呼ぶ方が適切であろう．加えて DNA 研究によって PIGNOLA VALTELLINESE はヴァルテッリーナ地方では CHIAVENNASCA と呼ばれているネッビオーロ（NEBBIOLO）といとこ関係にあることが明らかになった（Schneider，Boccacci *et al.* 2004）．

最近のブドウの形態分類学的解析および DNA 解析によって，意外なことに PIGNOLA VALTELLINESE はイタリア北部のヴェネト州のヴィチェンツァ県の GROPPELLO DI BREGANZE と同じであることが明らかになった．GROPPELLO DI BREGANZE は，ブレガンツェ地域（Breganze）では18世紀にすでに記録されていた（Cancellier *et al.* 2009）．この研究により，この品種は GROPPELLO DI REVÒ といくつかの形態的な類似性はあるものの GROPPELLO GENTILE，GROPPELLO DI MOCASINA，GROPPELLO DI REVÒ などとは異なる品種であることが明らかになった．

ブドウ栽培の特徴

熟期は中期である．果粒が密着しているため，うどんこ病と灰色かび病に感受性であるが，べと病と寒冷には良好な耐性を示す．

栽培地とワインの味

この品種はロンバルディア州のソンドリオ県（Sondrio）でPIGNOLA VALTELLINESEという名前で栽培されている．また，ピエモンテ州のビエッラ（Biella），ノヴァーラ，ヴェルチェッリなどの県ではPIGNOLO SPANOという別名で栽培され，ネッビオーロ（NEBBIOLO）とブレンドされることが多い．2000年にイタリアでは77 ha（190 acres）の栽培が記録されている．Triacca社のPineaワインはIGT Terrazze Retiche di Sondrioに分類される珍しいヴァラエタルワインである．一般に酸度が極めて高いが，タンニンは穏やかでネッビオーロよりも明らかに柔らかい．

ヴェネト州のヴィチェンツァ県では，コネリアーノ（Conegliano）研究センターを拠点としているブドウの形態分類の専門家のSeverina Cancellier氏がGROPPELLO DI BREGANZEという名前で絶滅の危機から救済した．近年ブレガンツェのわずかな生産者が醸造しており，フルーティーでタンニンに富むワインが作られている．Cantina Beato Bartolomeo社のパッシートワインEzzelinoはGROPPELLO DI BREGANZEとカベルネ・ソーヴィニヨン（CABERNET SAUVIGNON）とのブレンドにより作られ，またFirmino Miotti社は100％GROPPELLO DI BREGANZEのワインを手作りしている．

PIGNOLETTO

イタリア，ボローニャ（Bologna）の丘やウンブリア州（Umbria）で非常に広く栽培されている，軽いリフレッシュ感のある品種

ブドウの色：

主要な別名：Grechetto di Todi（ウンブリア州），Grechetto Gentile，Occhietto（マルケ州（Marche）），Pallagrello di Caserta（カンパニア州（Campania）），Pignoletto Bolognese，Pignolino，Pulcinculo（マルケ州），Rébola（エミリア＝ロマーニャ州（Emilia-Romagna）），Ribolla Riminese（エミリア＝ロマーニャ州），Strozzavolpe（マルケ州）

よくPIGNOLETTOと間違えられやすい品種：GRAŠEVINA，GRECHETTO DI ORVIETO，PALLAGRELLO BIANCO，PINOT BLANC，RIBOLLA GIALLA

起源と親子関係

Pignolettoはエミリア＝ロマーニャ州，ボローニャ県の丘陵地方の古い品種で，現地では1654年に*uve pignole*という名で最初と思われる記載がある．PIGNOLA VALTELLINESEと同様にPIGNOLETTOという品種名は松かさ（*pigna*）に似ている果房の形にちなんだものである．

ブドウの形態分類学的解析およびDNA解析によりPIGNOLETTOはウンブリア州のGRECHETTO DI TODIやエミリア＝ロマーニャ州のRIBOLLA RIMINESEおよびRÉBOLAと同じであるが，ウンブリア州のGRECHETTO DI ORVIETOとは異なる品種であることが明らかになった（Filippetti *et al.* 1999）．系統解析によってPIGNOLETTOとGRECHETTO DI ORVIETOとの親子関係が明らかになったが（Costacurta *et al.* 2004），これがこれらの品種が同じ品種のクローン変異であるといわれていた理由であろう．DNA解析によってSPERGOLAとPIGNOLETTOとの間の遺伝的な近縁関係が示された（Filippetti，Silvestroni，Thomas and Intrieri 2001）．さらに驚くべきことにPIGNOLETTO（Filippetti and Intrieri 1999）とPALLAGRELLO DI CASERTA（Costantini *et al.* 2005）のDNAプロファイルの比較によってそれら両者は同一であることが明らかになった．なお，PIGNOLETTOを，ピノ・ブラン（PINOT BIANCO，PINOT BLANC）やRIESLING ITALICO（GRAŠEVINA）と混同してしまう地方の栽培家もいる.

他の仮説

大プリニウスによって記されたワインである Pino Lieto と PIGNOLETTO との関係を示唆する研究者もいるが，この仮説の植物学的な証拠はない.

ブドウ栽培の特徴

樹勢が強く，豊産性である．熟期は中期から晩期である.

栽培地とワインの味

GRECHETTO はイタリア中部，ウンブリア州のペルージャ県（Perugia）の多くのヴァラエタル DOC（Assisi，Colli Martani，Colli Perugini，Colli del Trasimeno）で公認されており，またマルケ州やラツィオ州（Lazio）（Colli Etruschi Viterbesi）でも公認されている．しかしいくつかの DOC 規則には単に GRECHETTO とだけ記載されており，それが GRECHETTO DI ORVIETO あるいは GRECHETTO DI TODI のいずれを指しているのかを識別するのは不可能である．ただし理論的にはオルヴィエート地方（Orvieto）で見られる GRECHETTO は GRECHETTO DI ORVIETO であると考えられる.

この品種は PIGNOLETTO という名前で主にボローニャ県の南西部の丘陵で栽培されており，さまざまな DOC で多様なスタイルのワインが作られ，とりわけコッリ・ボローニェージ（Colli Bolognesi）サブゾーンに多いがコッリ・ディーモラ（Colli di Imola），リノ（Reno）でも見られる．PIGNOLETTO はコッリ・ボローニェージで最も重要な白ブドウであり，2000年時点でのイタリアの統計によれば6,790 ha（16,778 acres）の栽培が記録されている.

ヴァラエタルワインは生き生きとしてキレがよく，発泡性ワインの生産に適している．推奨される生産者にはとしてはエミリア＝ロマーニャ州の Chiarli 1860，Il Monticino，Verigilio Sandone，Tizzano，Vallona やウンブリア州の Todini や Tudernum などの各社があげられる.

PIGNOLO

最近，絶滅の危機から救済された珍しいブドウ.
イタリア，フリウーリ地方（Friuli）で非常に良好なポテンシャルを示している.

ブドウの色：● ● ● ● ●

よくPIGNOLOと間違えられやすい品種：AGLIANICO ☒，PIGNOLA VALTELLINESE ☒

起源と親子関係

PIGNOLO には PIGNOLA と同様,「気難しい」という意味があるが, これはこの品種の果房の形から「松かさ」を意味するイタリア語の*pigna*にちなんだものである. おそらくフリウーリ地方のブットリオ（Buttrio）やロサッツォ（Rosazzo）の丘陵地帯に起源をもち，その地方ではこの品種は17世紀から知られているとのことである．DNA 解析によって PIGNOLA VALTELLINESE とフリウーリ地方の PIGNOLO はまったく異なる品種であることが明らかになった（Fossati *et al.* 2001; Salmaso *et al.* 2008）.

ブドウ栽培の特徴

10月中旬に熟し，低収量である．特にうどんこ病に感受性がある.

栽培地とワインの味

SCHIOPPETTINO や TAZZELENGHE などの品種同様に PIGNOLO はフリウーリ地方がフィロキセラ被害をうけた20世紀初頭にはこの地方でほぼ見られなくなった．1970年代になって，古くて接ぎ木されていない PIGNOLO が奇跡的に残っていたロサッツォの修道院の畑から，この品種は絶滅の危機から救済された．PIGNOLO は Colli Orientali del Friuli DOC（特にプレポット（Prepotto），アルバーナ（Albana），ロサッツォ，ブットリオ，プレマリアッコ（Premariacco））でブレンドやヴァラエタルワインに用いられている．イタリアでは2000年の時点で20 ha（49 acres）でしか栽培されていないが，栽培面積は確実に増えている．ヴァラエタルワインはフレッシュな酸味，しっかりしているがシルキーなタンニン，小さな赤いベリーから熟したプラムまでの幅のあるフルーツのフレーバーをもち，熟成するとリコリスのノートが出てくる．オークを用いた熟成に適している．1973年に Girolamo Dorigo 氏は樹齢100年のブドウの樹の穂木を使って PIGNOLO を初めて植えた．この珍しい赤ワインの他の生産者としては Castello di Buttrio，Giorgio Colutta，Dario e Luciano Ermacora，Adriano Gigante，Moschioni，Petrucco，Paolo Rodaro，Ronco delle Betulle，Le Vigne di Zamò などの各社がある．

PINEAU D'AUNIS

軽くて過小評価されているロワール（Loire）の古い品種．
ロゼワインによく用いられるが，興味深い赤ワインにもなりうる．

ブドウの色：

主要な別名：Aunis（ロワール＝エ＝シェール県（Loir-et-Cher）），Chenin Noi（ロワール（Loire）および カリフォルニア州），Gros Pineau，Gros-Véronais（ロワール），Plant d'Aunis（メーヌ＝エ＝ロワール県（Maine-et-Loire）およびロワール＝エ＝シェール県），Plant de Mayet（Sarthe）
よくPINEAU D'AUNISと間違えられやすい品種：PINOT NOIR

起源と親子関係

Pineau という名前は1183年にロワール川流域（Val de Loire）で最初に見られるが，この名前はシュナン・ブラン（CHENIN BLANC），MENU PINEAU，ピノ・ノワール（PINOT NOIR）および PINEAU D'AUNIS の少なくとも4種類の異なる品種に対して用いられていた．ロワール川流域（主にサルト県（Sarthe），ロワレ県（Loiret），ヴィエンヌ県（Vienne），メーヌ＝エ＝ロワール県，アンドル県（Indre）およびトゥーレーヌ地方（Touraine））に由来するこの品種の信頼に足る最初の記載は，ロシュ（Loches，トゥーレーヌ）で見られる André Jullien（1816）による次のようなものである．「ロシュ自治区では le tendrier，l'auberon，le fromenteau，le bordelais，l'aunis，le viret，le salais，le fié，le côte-rôtie，le confort et la franche noire など他が栽培されている」．

PINEAU D'AUNIS という品種名は，PINOT と同様，果房の形が松かさに似ていることからフランス語の *pin*（松）と，シャラント＝マリティーム県（Charente-Maritime）を含むかつての州の名であったオーニ（Aunis）の二つの単語にちなんだものである．Odart（1845）によると PINEAU D'AUNIS は CHENIN NOIR と呼ばれ，シュナン・ブランがしばしば PINEAU DE LA LOIRE あるいは GROS PINEAU と呼ばれていたが，DNA 解析によって確認されたようにシュナン・ブランは PINEAU D'AUNIS の白変異ではない．PINEAU D'AUNIS は PINOT とは関係がなく，ブドウの形態分類群の Messile グループに属している（p XXXII 参照；Bisson 2009）．

ブドウ栽培の特徴

熟期は中期である．葉の茶化と日焼けに非常に感受性である．収量は不安定である．クロロシス（白化）に感受性があり，小さな果粒で，密着した果房は灰色かび病に感受性である．収量を調節しないと品質は急速に低下する．

栽培地とワインの味

ワインは通常，色が薄いが生き生きとして，胡椒の香りがある．ロゼワインや発泡性ワインの生産のためのベースワインに使われることが多い．フランスでは2009年に435 ha（1,075 acres）の栽培が記録され，直近の10年間ではあまり変化はないが，1958年の1,741 ha（4,302 acres）からは激減している．主にロワール川流域のトゥール市（Tours）の周辺やロワール＝エ＝シェール県（Loir-et-Cher）で栽培されている．PINEAU D'AUNIS はさまざまなアペラシオンで用いられている．ロゼや発泡性の Touraine（Anjou）の赤ワイン，発泡性ワイン，甘口ロゼなどではマイナーな原料として用いられ，赤やロゼの Coteaux du Loir ワインでは少なくとも65 %の PINEAU D'AUNIS が必要である．Coteaux du Vendômois のヴァン・グリには100%の，また赤ワインには少なくとも50%の PINEAU D'AUNIS が必要である．Domaine de Montrieux 社の軽い赤ワインは Coteaux du Vendômois のアペラシオンで作られ，フルーティーでスパイシーだが極めてしっかりしたタンニンをもっている．推奨される他の生産者には，ヴァラエタルワインではトゥーレーヌの Thierry Puzelat（赤），Clos Roche Blanche（ロゼ）などの各社が，コトー・デュ・ロワール（Coteaux du Loir）には Domaine Les Maisons Rouges 社がある．

PINELA

PINELLA を参照

PINELLA

イタリア，パドヴァ県（Padova）の南部の丘陵地帯のマイナーな品種．隣国のスロベニアでも栽培されている．

ブドウの色：● ● ● ● ●

主要な別名：Mattozza（パドヴァ県（Padova）），Pinela または Pinjela（スロベニア），Pinola（フリウーリ（Friuli））

起源と親子関係

PINELLA はイタリア北東部のフリウーリ地方のゴリツィア県（Gorizia）に起源をもつ品種である．現地では1324年の8月8日に，フリウーリ地方のウーディネ県（Udine）で使われるブドウとして Pietro di Maniago 氏のカタログ *Catalogo delle varietà delle viti del Regno Veneto* に初めて記載された（Fabbro *et al.* 2002）．

スロベニア語で PINELA という表記で同国の古い品種だと考えられている，ヴィパウスカ・ドリナ（Vipavska Dolina）の地に起源をもつであろう品種がある．DNA 解析はまだ行われていないので，この品種がフリウーリの PINELLA と同じかどうかは明らかではない．

ブドウ栽培の特徴

熟期は中期である．果粒は薄い果皮をもつので，灰色かび病と酸敗に高い感受性を示す．日光と風に敏感である．収量は良好で安定している．

栽培地とワインの味

PINELLA はイタリア，フリウーリ地方にあるゴリツィア県では事実上なくなりつつあるが，パドヴァの町のすぐ南の Colli Euganei の丘陵ではまだ見られる．ここでは地名と同じ Colli Euganei の DOC として，ヴァラエタルワインまたは GARGANEGA や PROSECCO などとのブレンド（最大20%）により，スティルワインや発泡性ワインが作られている．また，Bagnoli di Sopra（最大10%）や Merlara などの DOC における副原料としても用いられている．Cantine dei Colli Tramonte 社などが作る発泡性の Pinello di Pinella ワインは IGT Veneto に分類されている．2000年にイタリアでは72 ha（178 acres）の栽培が記録されている．

国境を越えたスロベニア（2009年に50 ha/124 acres）でも PINELA という名で栽培されており，特に南西部のプリモルスカ（Primorska）にあるヴィパウスカ・ドリナ地方ではPINJELAという名前で呼ばれることがある．推奨される生産者としてはGuerilaやVipava1894などの各社があげられる．

PINOT

ピノ（PINOT）の歴史，起源や語源についてまず述べる．続いて最も重要なクローン品種について，文献に現れる時系列の順に，ピノ・ノワール（PINOT NOIR），PINOT MEUNIER，ピノ・グリ（PINOT GRIS），ピノ・ブラン（PINOT BLANC），PINOT TEINTURIER，PINOT NOIR PRÉCOCEについて個別に述べる．

クローンの多様性

ピノは数世紀にわたって栄養生殖によって繁殖されてきた．したがって変異をおこすのに十分な時間があり，これが1,000を超えるおびただしい数のクローンの多様性が存在する理由である．果粒の色，収量，官能特性，葉の形，果房の大きさなど非常に高度の多様性があることから，ピノは特に高い突然変異率をもつといわれる（Bernard 1995）ことがあるが，ピノが他の品種よりも高い変異速度をもつという科学的証拠はない．本当の理由は単に2,000年にもおよび長い間存在し続けてきたためだと考えられる．

最近まで，ピノ・ノワール，ピノ・グリ，ピノ・ブラン，PINOT MEUNIER，PINOT NOIR PRÉCOCEおよびPINOT TEINTURIERはいわゆる「ピノファミリー」に属する異なる品種であると考えられてきた．しかし黒，灰，白色の果粒は同じピノのブドウの樹にあらわれることがあり，ストライプの果粒も出現した．標準の8種類のDNAマーカーを用いたDNA解析によって，これらのすべてのピノのタイプは同じ遺伝的フィンガープリントを有することが明らかになった（Regner *et al.* 2000b）．したがって，これらすべては単一の品種ピノの中に現れる変異であり，ピノ・ファミリーという言葉を使うのは間違っている．それにもかかわらず，クローンの違いは遺伝的背景の違いを有し，100種類のDNAマーカーを用いた解析により，わずかな遺伝的な違いがシャルドネ（CHARDONNAY）同様にピノクローンの間にも見いだされた（Riaz *et al.* 2002）．

1960年代にフランスのブルゴーニュ（Burgundy）のブドウ畑のウィルス感染に対応するため，ピノ・ノワールのウィルスフリー・クローン（ウィルスに感染していないクローン）を選抜して認証しようという試みが行われた．いわゆるPINOTS DROITSと呼ばれた大きな果粒のブドウ含む初期の選抜で得られたいくつかのクローンは，質よりも量の観点から選抜されたことで悲惨な結果をもたらした．しかしその後，数百の優秀なクローンの選抜が行われ，番号を配当して世界中のピノ栽培地区に輸出された．現在，最も需要が高いのは113，114，115，667，777および828と呼ばれているクローンである．アメリカではそれらは「ディジョン（Dijon）クローン」として知られ，オーストラリアではこれらのクローンを広く配布したRaymond Bernard氏の名にちなんで「Bernardクローン」と呼ばれることが多い．これらのクローンは，それぞれ特別な属性を求めて選抜されたものだが，一般に小さな果粒をつけるため，ヨーロッパ以外で最初に植え付けられたクローンから作られるワインよりも，複雑だがより控えめなワインを作ることができる．ヨーロッパ以外で最初に導入されたクローンには，たとえばカリフォルニア大学デービス校が配布したPommardクローン（UCS4および5），スイスのヴェーデンスヴィル（Wädenswil）で認定されたウィルスフリー・クローンであるWädenswilクローン（UCD 1），さらにはMariafeld（UCD 23）などがある．最初にヨーロッパ外で繁殖した人名にちなんだもの（カリフォルニア州のWente）や，植物検疫を避けて密輸した人名にちなんだクローン（ニュージーランドのAbel）などもある．今日，多くの栽培家の間で，特にブルゴーニュでは，単一のクローンよりも異なる樹（クローン）を含む集団（マス・セレクション）を栽培することが好まれている．

他の仮説

ピノの起源については，多くの言い伝えがある（下記参照）が，真の起源は依然不明である．フランスのブドウの分類学者のLouis Levadoux（1956）は，ピノの形態は野生のブドウ（*Vitis vinifera* subsp. *silvestris*）と非常に似ており，それが栽培化されたものかもしれないと述べている．*Vitis vinifera* subsp.

silvestris の自然の集団は現在も実際にフランス北部のイル＝ド＝フランス地域圏（Île-de-France）で見ることができる（Arnold *et al.* 1998）．当地はピノがMorillonという名前で13世紀に最初に記載されたところである（下記参照）．しかしピノと地方の野生品種との間の遺伝的な関係はまだ確認されていない．

カリフォルニア大学デービス校とフランス南部，モンペリエの国立農業研究所（Institut National De La Recherche Agronomique : INRA）の共同研究により，ピノとGOUAIS BLANCとの間で，フランス北東部の異なる場所で異なる時期に自然交配がおこり，少なくとも21品種が生まれたことが明らかになった．そのうちのいくつかの品種はもはや栽培されていないが，それら21品種とはALIGOTÉ，AUBIN VERT，AUXERROIS，BACHET NOIR，BEAUNOIR，シャルドネ，DAMERON，GAMAY NOIR，FRANC NOIR DE LA HAUTE-SAÔNE，FRANÇOIS NOIR FEMELLE，GAMAY BLANC GLORIOD，GROS BEC，KNIPPERLÉ，MELON，MÉZY，PEURION，ROMAINE，ROMORANTIN，ROUBLOT，RUBI，SACYである（系統図参照）．

ピノおよびほとんどのピノの子品種は，ピノの最も古い別名にちなんで命名されたブドウの形態分類群のNoirienグループに属している（後述参照 ; Bisson 2009）．ピノ・グリとピノ・ブランはピノ・ノワールの色変異であり，これらは同じDNAプロファイルを示すため，DNA系統解析を用いてこれらの系統の親品種の果粒の色を特定することはできない．しかし，果粒の色の遺伝が複雑なトランスポゾンにより制御されているにしても（Kobayashi *et al.* 2004; This *et al.* 2007），ピノ・ノワールはすべての黒色果粒の子品種（BACHET NOIR，BEAUNOIR，DAMERON，GAMAY NOIR，FRANC NOIR DE LA HAUTE-SAÔNE，FRANÇOIS NOIR FEMELLE，GROS BEC，MÉZY，ROMAINE，RUBI，SACY）の親品種であると推定できる．

Vouillamoz and Grando（2006）によるさらなる親子関係の解析によって，ピノはイタリア北部のTEROLDEGO，MARZEMINO，LAGREIN，またフランスのアルデシュ県（Ardèche）のDUREZAの祖父母品種にあたることが示された．DUREZAはシラー（SYRAH）の親品種であるのでピノはシラーの曽祖父母にあたることになり，両者は異なる起源をもつというそれまで広く信じられていた通念の真偽が問われることになった．最も驚くべきことは，クロスターノイブルク（Klosterneuburg）研究センターにおける研究によって，西ヨーロッパの最も古い品種であるピノとSAVAGNIN（TRAMINER）が親子関係にあることが見いだされたことである（Regner*et al.* 2000b）．こうして，なぜピノがジュラ県（Jura）やスイス西部でSAVAGNINあるいはSALVAGNIN NOIRと呼ばれてきたかの説明がつく．またなぜ両品種がドイツのバーデン＝ヴュルテンベルク州（Baden-Württemberg）においてClevner（スペルはいろいろある）という名を共有しているかの理由も説明がつくことになった．もう一方の親品種が見つかっていないのでピノがSAVAGNINの親品種なのか子品種にあたるのかは明らかになっていない．またピノは，SAVAGNINとの自然交配によりSAVAGNINと親子関係にあるすべての品種，たとえば栽培されているものだけでもAUBIN BLANC，シュナン・ブラン（CHENIN BLANC），PETIT MESLIER，ROTGIPFLER，ソーヴィニヨン・ブラン（SAUVIGNON BLANC）およびSILVANERなどの品種と，祖父母品種あるいは片親だけ同じ姉妹品種の関係にあたることになる．この二つの親子関係は同程度の妥当性があるとすると，ピノの完全な系統をいくつか考察することができる．その一つをここで述べると，ピノをSAVAGNINの親品種であると考えると，ピノはROTGIPFLER，シュナン・ブラン，ソーヴィニヨン・ブランの祖父母品種にあたることになり，驚くべきことにピノはBALZAC BLANC，COLOMBARD，MESLIER SAINT-FRANÇOISの曽祖父母品種にあたることになる．また最も意外なのは，ピノがカベルネ・ソーヴィニヨン（CABERNET SAUVIGNON）の曽祖父母品種にあたることで，ここでも再びこれらの品種は異なる起源をもつという説に異を唱えることになることである（Vouillamoz）．

ピノ（すべての変異クローンを含む）はBOUQUET（BUKET），CARMINOIR，DECKROT，DIOLINOIR，DOMINA，FABERREBE，FREISAMER，HELFENSTEINER，HÖLDER，KARÁT，MANZONI BIANCO，PETRA，PINOTAGE，PRÉCOCE DE MALINGRE，SCHÖNBURGER，VIGNOLES，ŽUPLJANKAなどいまも栽培されている品種の育種に用いられてきた．

オーストリアの研究者，Ferdinand Regnerと共同研究者（2000b）らは，ピノはSAVAGNIN（TRAMINER）とSCHWARZRIESLINGの子品種であると述べている．しかしSCHWARZRIESLING（リースリングとは無関係）は単にピノ・ノワールの変異（下記PINOT MEUNIER参照）であることから，この説は否定される．ピノの完全な系統は依然不明のままである．

PINOT の名前の起源

ピノの語源については同程度に有力な二つの仮説がある．

- 一般的にピノの名は，イタリアの PIGNOLO や PIGNOLA（PIGNOLA VALTELLINESE 参照）と同様に，この品種の果房の形が松かさに似ていることから「松」を意味する pine（イタリア語の *pigna*）に由来すると考えられている．
- Dion（1959）は別の説を唱えている．Pinos あるいは Pignols という言葉は，王や地主のブドウ畑に植えられていたこの品種の穂木を採ったフランスの地名にちなんだものであるという．オーヴェルニュ地域圏（Auvergne）のピュイ・ド・ドーム（Puy-de-Dôme）にピニョル（Pignols）という名の村が実在しており，現地ではピノが中世の頃から栽培されていた．

Viala and Vermorel (1901-10) の著書の中で，フランスのブドウの分類学者である Eugène Durand (1901a) は，1896 年の Chalon-sur-Saône の会議において Adrien Berget 氏や他の研究者らが，その頃からロワール川流域（Val de Loire）で Menu Pineau や Pineau D'Aunis などとして使われていた Pineau よりも Pinot（伝統的にブルゴーニュで用いられていた表記）の表記を推奨したと記録している．

PINOT NOIR

気むずかしいブルゴーニュの品種．非常に気まぐれで，栽培地の本質をより繊細にワインに反映しうる．

ブドウの色：

主要な別名：Auvernat または Auvernas（フランス北部のオルレアン（Orléanais），ドイツのバーデン=ヴュルテンベルク州（Baden-Württemberg）），Berligou または Berligout（ロワール（Loire）），Black Burgundy（アメリカ合衆国），Blauburgunder（ドイツ，スイス，オーストリア），Blauer Arbst（Baden-Württemberg），Blauer Spätburgunder（ドイツ，スイス，オーストリア），Bourguignon（フランスのオーヴェルニュ（Auvergne）），Burgunder（ドイツ，スイス，オーストリア），Cerna（モルドヴァ共和国），Clevner または Klävner（フランスのアルザス（Alsace），ドイツのバーデン=ヴュルテンベルク州，オーストリアのシュタイアーマルク州（Steiermark/Styria），スイスのチューリッヒ（Zürich）近く），Cortaillod（スイスのヌーシャテル州（Neuchâtel），Kék Burgundi（ハンガリー），Kisburgundi（ハンガリー），Klebroth（バーデン=ヴュルテンベルク州），Moréote（バーデン=ヴュルテンベルク州），Morillon または Morillon Noir または Mourillon（フランスのブルゴーニュ），Noirien または Noirin（ブルゴーニュ），Orléanais（フランスのトゥーレーヌ（Touraine）），Pineau Noir（ブルゴーニュ），Pino Fran および Pino Ceren（モルドヴァ共和国），Pinot Cernii（ロシア），Pinot Liébault（ブルゴーニュ），Pinot Nero（北イタリア），Plant Doré（フランスのシャンパーニュ），Rulandské Modré（スロバキア），Savagnin Noir または Salvagnin Noir（フランスのジュラ（Jura），スイスのヌーシャテル州 およびヴォー州（Vaud）），Servagnin（ヴォー州），Spätburgunder（ドイツ，オーストリア），Vert Doré（シャンパーニュ）

よく PINOT NOIR と間違えられやすい品種：BÉCLAN，BLAUBURGER，BLAUFRÄNKISCH（ルーマニアでは Burgund Mare と呼ばれている），BRUN FOURCA，GAMAY NOIR（スイスのヴァレー州（Valais）では PINOT NOIR および GAMAY NOIR はいずれも Dôle と呼ばれている，カリフォルニア州では PINOT NOIR はかつて Gamay Beaujolais と呼ばれていた），GOUGET NOIR，PERSAN，PINEAU D'AUNIS，SANKT LAURENT（オーストリアでは誤って Spätburgunder/PINOT NOIR の変異だと考えられていた），TRESSOT（ヨンヌ県（Yonne）），TROUSSEAU

歴史的な文献

古い別名の Morillon, Noirien および Auvernat に関する文献

PINOT あるいは PINEAU という名称が使われるようになる前には，主に Morillon，Noirien および Auvernat（スペルは様々）という三つの古い別名で呼ばれていた．とくに（Morillon Gris のように）色を示す語が付いていなければ，これらの初期の別名は通常は黒色の果粒品種を指すため，これらの別名がピノ・ノワール（PINOT NOIR）に用いられていることは19世紀頃から多くの研究者が報告していた（Odart 1854; Chevalier 1873; Durand 1901a; Galet 1990）．1283年に Moreillon という名で（その後 Morillon, Mourillon または Maurillon の表記で）法律書の *Les coutumes de Beauvaisis* の中で初めて言及されているが，この法律書は法学者の Philippe de Beaumanoir（1246/7-96）がパリの北にあるボーヴェ（Beauvais）を中心とする地域で書いたものである（Beugnot 1842）．そこには「ワインから得られる収入に対する税基準は，次の三つのタイプのワインごとに定められている．Fourmentel ワイン，Moreillons ワインおよび Gros Noirs ワイン．Clermont（Clermont-Ferrand）を使った Fourmentel ワインは収入に対して毎年12ソルを支払わなければいけない．Moreillons は9ソル，Gros Noirs または Goet は6ソルを毎年の収入に対して支払わなければいけない」と記載されている．Dion（1959）は，MOREILLON や MORILLON という名前は丸い果粒のピノ・ノワールに対してフランス北部のイル＝ド＝フランス（Île-de-France）やピカルディ地方（Picardie）でつけられたと述べている．その地域では，後の1403～4年頃のアミアン（Amiens）近郊で，ブドウ畑を植え替えるために MOREILLONS を供給するように，と Hôtel-Dieu（施療院）からコルビー（Corbie）修道院の修道士に依頼があった際に，その名が登場している．

MORILLON の語源は定かではない．多くの研究者が MORILLON は北アフリカの Moors（フランス語で *Maures*）が由来と考えている．この地域からこの品種が輸入されたか，または濃い果皮色が Moors（ムーア人）の皮膚の色に似ていたので命名されたと考えられている．一方，Comte Odart（1854）によれば MORILLON という名前はその果粒の形と色から「ブラックベリー」の方言である *mour* あるいは *mouret* と名付けられたという．この説は，その名がラテン語で「濃い茶色」を意味する *maurus* に由来すると主張した Krämer（2006）によって支持された．しかし信ぴょう性が高い仮説は MORILLON が歴史的に広く栽培されていたイル＝ド＝フランス地方の川の名である La Morée に由来しているというものである．

NOIRIEN（「黒」を意味する *noir* に由来する）の名は13世紀中期に MORILLON と同時に使われ，Joigneaux（1865）が引用した文書によると，次のように書かれている．「Franc Noirien はブルゴーニュの最初の公爵の治世から知られており，13世紀半ば頃の法令の中に記載がある．それによればウード3世（Eudes III）と妃アリックス・ド・ヴェルジー（Alix de Vergy）の息子ユーグ4世（Hugues IV）はポマール（Pomard）の Noirien ワインの四つの樽（1200L 容）から得られる収入を受ける権利を有している」．NOIRIEN，NOYRIEN あるいは NOIRIN は，この品種のコート＝ドール県（Côte d'Or）における名前で，多くの文献，たとえば現在のシャサーニュ＝モンラッシェ（Chassagne-Montrachet），当時のシャサーニュ（Chassagne）で1383年に書かれた，‘de noyriens et de saulvoigniens’ を栽培している畑の記述から，現代のピノ・ノワールとの同一性が確認されている（Rézeau 1997）．

MORILLON や NOIRIEN の少し後にロワレ県（Loiret）のボージョンシー（Beaugency）において1302年の7月22日に通過した法令の中で，この品種が AUVERNAS という名前で記されている（Rézeau 1997）．「案件，Feu Foillet ブドウ園と境界を接する1区画の土地は，彼らが畑を開き，良質の AUVERNAS を植える約束をしたところ」．これは，AUVERNAS（AUVERNAT も）は間違いなくオーヴェルニュ（Auvergne）から持ち込まれた品種であることを示唆している．

ピノの名前の最も古い記載

現代表記であるピノ（PINOT）が初めて現れるのは1375年，フィリップ2世（Duc Philippe le Hardi）がベルギーのブリュージュ（Bruges）に外交的な旅行をしたときに，「‘6 queues 1 poinçon のルビーのピノワイン’（queues と poinçon は量の単位）を送った」という記載の中においてである．ここに出てくるピノは疑いもなくピノ・ノワールのことである（Dion 1959; Rézeau 1997）．この記載は，一般的に最も古いと考えられていた，*pinoz*（pinot の複数形）の表記で1394年のヨンヌ県（Yonne）の Saint-Briz en Aucerrois（現在のサン・ブリ・ル・ヴィヌー（Saint-Bris-le-Vineux））にて見られた次のような記載より約20年も前のものである（Rézeau 1997）．「請願者は前述の Jehannin を含む収穫者に次のように言った．Pinoz を他のブドウと別にしておかなければいけない．しかし Jehanni が Treceaux や他のブドウを Pinoz

と一緒にしたため，請願者は自身のワインの価値が下がることを心配して苛立った」．このブドウ畑のブドウの色は特定されていないが，複数形のPinozが使われていることから異なるタイプのピノ，おそらく異なる色のピノであったと考えられる．

同じ場所で同じ1394年に，シャルル6世（Charles VI）が書いた解雇の手紙によれば，サン・ブリ・ル・ヴィヌー（Saint-Bris-le-Vineux）で収穫のために雇われていた15歳の男の子が，ピノ・ノワールのブドウを他のブドウと混ぜることなく別にしておくようにという命令に背いたことで，ブドウ畑の所有者に激しくぶたれて亡くなったと報告されている（Dion 1959）．再び同じ年に，フランス王家による条令を集めた*Les ordonnances du Louvre*の中で，Pinozから作られるワインの質の高さが書かれている．多くの他の文章によればピノ・ノワールはすでに中世の頃から最高の品質の品種であると考えられていた．15世紀からPINOT（Pineau，Pignotz，Pinoz，Pynos，Pynotzなど綴りはいろいろ）の名は，徐々に古い名を置き換えていったが，古い名も完全に置き換えられてしまったというわけではなかった．

フランス外でのピノ・ノワールの古い記載

中世中期から後期になるまで，一般にブドウ品種名は文書には現れてこなかった．しかしピノはその名が文書に記載されるよりもずっと以前から，西ヨーロッパ一帯で栽培されていた．ドイツではより古い時期の記録（884, 1318, 1330，下記の他の仮説参照）に時々現れるが，信ぴょう性のある初めてのピノ・ノワールの記載は1470年のラインガウ（Rheingau）のハッテンハイム（Hattenheim）におけるもので，そこではドイツでの別名であるKlebrothが様々な綴りで記載されている．「項目Clebroitブドウ畑の四分の一」(Staab 1971)．スイスではピノ・ノワールは1766年にコルタイヨ（Cortaillod）の町で記録され，また1775年にはオヴェルニエ(Auvernier)でその地方の別名であるSALVAGNINという名前で記載されており(Aeberhard 2005)，この別名は現在でもスイスのヌーシャテル州やヴォー州などで使われている．18世紀以降，ピノ・ノワールは多くの他の国（オーストリア，イタリア，ハンガリー等）でも記載されるようになった．

他の仮説

他の多くの古い高名なブドウと同様にPINOTの起源には多くの憶測がある．ブドウの色に関してはあまり明確には述べられていないが，以下のすべての推測はピノ・ノワールについてだと考えられている．

エジプト起源説

ロシアのブドウの分類学者であるA M Negrul氏は初めて*V. vinifera* L.を三つのグループに分類した研究者である（p XXX参照）．氏はピノ・ノワールはエジプトのナイル谷に起源をもち，次にギリシャに，さらに後にギリシャからローマにわたり，ローマ人が4世紀にフランス周辺に伝えたと述べた．しかし歴史的，形態学的ならびに遺伝的にこの憶測に基づく説を支持する証拠はない．

ALLOBROGICA説

ピノ・ノワールは，アロブロゲス（Allobroges）で栽培され，1世紀にセルスス，コルメラ，大プレニウスらが記載しているブドウのALLOBROGICAであると広く考えられている（シラー（SYRAH）参照）．しかしもしALLOBROGICAが本当にピノ・ノワールかその祖先品種であれば，ピノ・ノワールはレマン湖（Lac Léman）からGrenoble地方，オート＝サヴォワ県（Haute-Savoie）からヴィエンヌ県（Vienne，リヨンの南）に至る地方で依然見られるはずなのだが，実際にはそうではない．もしALLOBROGICAが現代のブドウの祖先であるというのであれば，それはピノ・ノワールのというよりもむしろシラーの祖先品種であろう．

ボーデン湖（Bodensee，コンスタンツ湖（Lake Constance））近辺における884年の疑わしい記載

皇帝チャールズ（カール）III世（肥満王）はピノ・ノワール（Spätburgunder）をブルゴーニュからボーデン湖（コンスタンツ湖，スイス，オーストリア，ドイツ南部の国境に位置する）近くのボドマン（Bodman）にある彼の王宮のKönigsweingarten（王のブドウ園）に持ち込んだといわれている．しかしその品種名は記録されておらず，長い間この伝説は証拠がないまま伝えられてきた（Aeberhard 2005; Krämer 2006)．

シェール県（Cher，フランス）における1183年の疑わしい記載

1183年のメンヌトゥ＝シュル＝シェール（Mennetou-sur-Cher）において，Plantes de Pinaudと呼ばれ

る場所についての記載があるが，この地名が実際にピノ・ノワールを指していると証明するには無理がある（Rézeau 1997）．加えて，たしかにピノはブルゴーニュではPineauと表記されることがあるが，ロワール渓谷（Vallé de la Loire）でPineauと表記がある場合は白のMENU PINEAU（または黒色果皮のPINEAU D'AUNIS）を指すことが多い．

イタリアのヴァルテッリーナ地方（Valtellina）のClevner説

Clevnerはフランス北東部のアルザス地域圏（Alsace）やドイツのバーデン＝ヴュルテンベルク州（Baden-Württemberg）でのピノ・ノワール（とピノ・ブラン）の古い別名である．この名はイタリア北東部，ロンバルディア州（Lombardia）にあるヴァルテッリーナ地方のソンドリオ（Sondrio）近くの町，キアヴェンナ（Chiavenna）のドイツ名であるKlevenあるいはKlävenに由来すると考えられる．また，Clevnerはヴァルテッリーナ地方からドイツへ，そしてフランスへと持ち込まれたという研究者もいる．しかしピノ・ノワールがヴァルテッリーナ地方で見つかったという痕跡はない．中世にキアヴェンナで作られたワインの名前(KlevenerまたはKleffener)とドイツのブドウ品種名との混同によるものであろう(Krämer 2006)．

バーデン＝ヴュルテンベルク州における1318年と1330年の疑わしい記載

Hoffmann（1982）によればピノ・ノワールはドイツでは最初にKlebrothの別名で記載された．Klebrothはいずれもバーデン＝ヴュルテンベルク州で記録が残っており，1318年にザーレム（Salem）の修道院で，また1330年にオルテナウ（Affental/Ortenau）での公文書にも記載されている．しかし1318年のザーレムにおけるラテン語の原文はClauenerについてであり，1330年のものも同様で，これはClevnerあるいはKlävnerを指している．これらの資料に果粒の色についての記載はない．Clevnerは現在ではオルテナウにおけるSAVAGNINの公式名称であるため（Hillebrand *et al.* 2003），これらの参考文献がSAVAGNINではなくピノ・ノワールについて述べたものであるかどうかは疑わしい．

ジュラ県（Jura）における1386年のSAVAIGNINS NOIRS説

ピノ・ノワールは，現在ではチリー＝ル＝ヴィニョール（Chilly-le-Vignoble）と呼ばれているChilleyのPOULSARDとともにSAVAIGNINS NOIRSという名前で1386年にフランス東部のジュラ県で記載されている．ジュラ県やスイスでは依然，ピノ・ノワールはSERVAGNIN，SARVAGNIN，SAVAGNIN，SALVAGNIN NOIRの名で呼ばれている（Krämer 2006）．しかしSAVAIGNINSはSAVAGNINの赤変異であるSAVAGNIN ROSEも指すため，ピノ・ノワールと同じであるかどうかは定かでない．

ブドウ栽培の特徴

萌芽期は早いので春の霜と花ぶるい（Coulure）に感受性である．早熟．温暖な気候を好み，石灰質の粘土土壌に適している．暑い気候ではさらに早く熟し，比較的薄い果皮をもつ果粒はしぼみ，日焼けしやすい．特に大きな果粒をつける高収量のクローンでは，肥料分と収量を制限すると最高の条件になる．多くの小さな果房をつける．デリケートでべと病とうどんこ病（特に前者）および灰色かび病およびウィルスの病気，特にファンリーフ病およびリーフロール病に感染しやすく，ヨコバイのリスクもある．

栽培地とワインの味

多くの移動を経験したブドウ品種の中でもピノ・ノワールは特別な位置を占めている．最高の品質の魅力をもつものは，主にブルゴーニュで作られる．ブルゴーニュではテロワールの微妙な違いを表現するというこの品種の能力が鮮やかに開花する．ブルゴーニュ以外の場所の気象条件でその品質を再現してワインを作ろうとする試みは欲求不満がつのるものであるが，良質のピノ・ノワールワインを作ることはワインの生産者にとって究極の挑戦である．早熟なので，冷涼な土地においてのみ，興味深いワインを作るために必要となる長く十分な成長期間を確保することができるが，多くの場合，健全な果粒を得るためには涼し過ぎたり湿度が高すぎたりする．

ブルゴーニュ以外の土地でピノ・ノワールのスティルワインの生産に成功したと評価を得ている場所は，大陸（ジュラ県，ドイツの一部，スイスおよびカナダ），低い緯度（ニュージーランド，タスマニア島，パタゴニア地域およびビオビオ州（Bío Bío）），高い標高（アルト・アディジェ（Alto Adige / ボルツァーノ自治県）およびこのブドウ品種の新興地域）あるいは海流の影響による冷涼な場所（オレゴン州，ソノマ，カーネロス（Carneros），モンテレー，カリフォルニア州のセントラルコースト（Central Coast），新興のチリの海岸地域，オーストラリアのビクトリア州およびタスマニア島）などである．

この品種の広がりには地理学的な制約があるが，21世紀初頭にはそのユニークな品質をテーマにしたハリウッド映画の「サイドウェイ（Sideways）」などの影響もあり，特にアメリカにおいて非常に大きな商業的需要があった．その結果，ワインをテーマとした映画が次々と制作されたり，ソノマやカーネロスおよびモンテレーから南のすべての場所の栽培に適した場所やそうでない場所にもこの品種が植え付けられ，国際バルクワイン市場においてヴァラエタルワイン（全部が純正とは言えないが）の奪い合いが生じた．映画「サイドウェイ」による効果と並んで，夏の温暖化とブドウ畑と醸造場での几帳面さのおかげで，ドイツではこの品種（SPÄTBURGUNDER）が花開いた．ドイツでの栽培面積を超える他の地域はフランスとカリフォルニア州のみとなった．オレゴン州とニュージーランドもまた，彼らの赤ワインの将来をこの冷涼気候品種に求めた．

カベルネのトレードマークであるタンニンとは異なり，ほとんどのピノ・ノワールは比較的ソフトでフルーティーであり，消費者に好まれやすい．ブルゴーニュにおける偉大なグランドクリュの赤ワインは若いうちはタフで，言葉では言い表せない複雑さが広がるには10年か20年を要する．しかし一般的にピノ・ノワールの偉大な資産の一つはそのチャーミングさである．これは言い換えると安価な単に口当たりがよいだけの商業ワインにもなりうるということである．より高価格帯のワインとして，特に際立ってリッチで，深い色合い，パワフルなカリフォルニアスタイルのピノ（アルコール分17％まで）を進化させた醸造家も何人かいた．他のほとんどのピノの生産者は捉えにくい繊細さを表現しようとしたが，比較的軽いチェリーの風味を名誉の印ととらえた．オレゴン州のピノ・ノワールはカリフォルニア州のものよりもブルゴーニュスタイルに近いが，初期に植えたPommardクローンの単純な果実香は，期待を裏切ることも多かった．他方，ニュージーランドのあふれんばかりにフルーティーなピノ・ノワールはソーヴィニヨン・ブラン（SAUVIGNON BLANC）同様に称賛をうけている．セントラル・オタゴ（Central Otago）のワインは乾燥したハーブの，マールボロ（Marlborough）のワインは時にビートの根のニュアンスをもつことがある．

ピノ・ノワールのワインはまた早熟であり，非常に優れたものだけが長い熟成を必要とする．たとえブルゴーニュのピノ・ノワールのワインに，よりはっきりとした熟成感や味わいが感じられたとしても，若い頃はチェリー，ラズベリーや幅広いフルーツの味わいをもっている．熟成するとそれはよりはっきりと敷き藁の香り，トリュフや他のキノコのかすかな香りをアロマにもつようになり，甘さと時にユニークで繊細な透かし細工のような表現を伴う．ピノには力以上のものがある．

しかしまた，ピノにはスティルワイン以上のものもある．シャンパーニュ作りにおいてピノ・ノワールは鍵となる原料である（PINOT MEUNIER，シャルドネ（CHARDONNAY）とともに）．粗いタンニンをさけるように熟したばかりの果粒を軽くプレスして薄いピンク色のジュースを得ると，わずかな色素は自然に沈殿する．シャンパーニュをイメージして作られた発泡性ワインは世界的に増えており，イタリア北部のロンバルディア州（Lombardia）やカリフォルニア北部のカーネロス（Carneros），スペイン北部のカタルーニャ州（Catalunya）やフランス南部のリムー（Limoux），そしてイギリスにもこの品種は進出している．

フランスでは2009年に29,576 ha（72,595 acres）のピノ・ノワールの栽培面積が記録されている．この品種への賞賛にもかかわらず，ピノ・ノワールはフランスで栽培される赤ワイン用品種としては7番目で，その栽培面積はGAMAY NOIRよりも少ない．しかし1958年の8,535 ha（21,090 acres）から過去50年の間に栽培面積は劇的に増えている．最も増加しているのはシャンパーニュ地方で，現地では2010年の全栽培面積の39％（5年前には34％）にあたる12,900 ha（31,877 acres）が記録されている．ピノ・ノワールはシャンパーニュ地方のオーブ県（Aube）南部で栽培されている事実上唯一の品種であり，土の香りがしっかりと感じられる素朴なブラン・ド・ノワール（Blanc de Noirs）シャンパーニュが作られている．

シャンパーニュ地方では，この品種の起源とされているブルゴーニュ広域よりも広く栽培がなされているが，そのブルゴーニュ広域の栽培面積では現在では10,691 ha（26,418 acres）であるのに対し，その中心地であるコート＝ドール県（Côte d'Or）ではわずかに6,579 ha（16,257 acres）である．ここでは隣り合う小さなブドウ畑の違いがわかるほど，この品種のテロワールを表現する能力が頂点を極めている．コート＝ドール県はそれ自身が1冊の本に相当するほどの価値をもち，我々がここでできるよりも詳細な多くの優れた仕事が生みだされている．ソーヌ＝エ＝ロワール県（Saône-et-Loire）には3,200 ha（7,907 acres）のピノ・ノワールの栽培が記録されており，何軒かの一流のワイン生産者が，コート＝ドール県の最高のワインに対して，生き生きとした，時にデリケートな南部からの応酬とも呼べるワインを作っているが，ほとんどのワインは少し素朴である．シャブリ広域（Chablis）では非常に軽い，時に酸味のあるピノ・ノワールの赤ワインが作られ，他方Sancerre，Menetou Salonおよび他のロワールのアペラシオンでは赤ワインとロゼワインが作られている．SancerreやAlsaceといった周辺地域では，気温とワイン生産者の技術が上がるにしたがって，より濃い色合いと深いフレーバーのワインとなっている．2009年のAlsaceでの栽培面積は1,521 ha（3,758 acres）でブドウ畑全体の10％を占めていた．

ピノ・ノワールはPOULSARDと並ぶジュラ県の主要な赤ワイン用ブドウであり，多くのフランスのアペラシオンで他の品種とともに公認されている．Côtes de ToulやMoselleなどの最北部，あるいはSaumurなどの最西部で発泡性のロゼワインが見られるが，最南部のChâtillon en Diois（最大25％までピノ・ノワールを用いることができ，主にGAMAY NOIRとブレンドされる）などの土地では標高が高いことが緯度による影響を緩和している．

2000年時点でのイタリアの統計によれば3,314 ha（8,189 acres）のPINOT NEROの栽培が記録されている．この品種はアルト・アディジェ（Alto Adige / ボルツァーノ自治県）で最も成功を収めており，現地ではHofstatter，Haas，GottardiやLagederなどの各社が推奨される生産者である．賞賛されるワインはまたフリウーリ地方（Friuli）のLe Due TerreやBressan，オルトレポ・パヴェーゼ（Oltrepò Pavese）のLe Fracceなどであり，ここ数年でピノ・ノワールからスティルワインを作る技術が進歩しているが，その多くはフランチャコルタなどの発泡性ワインに向けられている．

スペインのほとんどの地域は，このデリケートな早熟の品種にとって暑すぎる．2008年には968 ha（2,392 acres）の栽培が記録されており，主にカタルーニャ州でカバ（Cava）の生産に用いられている．最も成功しているスティルのヴァラエタルワインはコンカ・デ・バルベラ（Conca de Barberà）にあるEscoda-Sanahuja社のワインなどの標高の高いブドウ畑から作られるものである．ポルトガルはあらゆる国際品種への情熱がそれほど高くなく，2010年にはこのブルゴーニュの赤ワイン用ブドウは主に北部でわずかに244 ha（603 acres）しか記録されていない．おおかたの予想に反してイギリスの弱小のワイン産業は2009年にポルトガルの栽培面積よりも多い250 ha（618 acres）を記録しており，この品種はイギリスにおいて最も多く栽培されているブドウ品種であり，シャルドネを少し上回っている．これはシャンパーニュのイメージがあるイギリスの発泡性ワインの躍進のおかげである．

ドイツではめざましいSPÄTBURGUNDERあるいはBLAUER SPÄTBURGUNDER（ピノ・ノワールの別名）の改善による自尊心で沸き立っており，2008年に11,800 ha（29,158 acres）の栽培を記録している．気候変動によって，また低い収量と真剣な意思ならびに技術により，ドイツのほとんどのピノ・ノワールは十分熟し，通常のフランスのものと比較すると少し甘めで色づきのよい健康なブドウができる．バーデン（Baden）はピノ栽培の中心で5,855 ha（14,468 acres）のSPÄTBURGUNDERの栽培が記録されている．プファルツ（Pfalz），ラインヘッセン（Rheinhessen），ヴュルテンベルグ（Württemberg）などの地方においてそれぞれ1,000 ha（2,471 acres）以上の栽培が記録されている．1980年代，90年代に栽培面積は激増したが，現在は落ち着いている．推奨される生産者としてはフランケン（Franken）のRudolf Fürst，ラインガウ（Rheingau）のHessische Staatsweingüter Kloster EberbachやAugust Kesselerなどの各社があげられる．またラインヘッセン（Rheinhessen）のFriedrich BeckerやKlaus Peter Keller，アール（Ahr）のJ J Adenauer，Deutzerhof，Meyer-Näkl，Jean Stoddenなどの各社も同様である．さらにバーデンのBercher，Dr Heger，Bernhard HuberやMartin Wassmer，そしてプファルツのBernhard，KnipserやPhilipp Kuhnなどの各社も推奨される．

ピノ・ノワールはBLAUBURGUNDERとして知られることもあり，オーストリアでは比較的マイナーな赤品種である．2009年には649 ha（1,604 acres）の栽培が記録され，これは1999年の409 ha（1,011 acres）から増加しているがBLAUFRÄNKISCHやZWEIGELT，また地元のSANKT LAURENTよりも人気は低い．最も多く栽培されているのはニーダーエスターライヒ州（Niederösterreich）やブルゲンラント州（Burgenland）であり，推奨される生産者はNeusiedlerseeのPaul Achs，Gernot and Heike Heinrich，Pöckl，Claus PreisingerおよびSchloss Halbturn，またNeusiedlersee-HügellandのPrieler，ブルゲンラント州のMeinklangやPittnauer，KamptalのSchloss GobelsburgさらにはCarnuntumのGerhard Markowitschなどの各社である．

スイス東部ではピノ・ノワールはBLAUBURGUNDERとして知られている．2009年には国内で4,401 ha（10,878 acres）に達し，赤ワイン用品種としては同国で最も栽培される品種となっており，同国の非交雑品種の半分以上をこの品種が占めている．この品種は国内中で栽培されているが，フランス語圏の南西部のヴァレー州（Valais）において最も多く栽培されている．伝統的にGAMAY NOIRとブレンドされるが，ヴァラエタルワインの生産も増加している．次に多く栽培されている地域はドイツ語圏の北部や東部のチューリッヒ州（Zürich）やグラウビュンデン州（Graubünden）である．ヴァラエタルワインの推奨される生産者はグラウビュンデン州のMartha & Daniel GantenbeinやThomas MaruggおよびMarkus Stäger，ヴォー州（Vaud）のDomaine Henri Cruchonなどの各社である．

ピノ・ノワール，あるいは誤ってピノ・ノワールと呼ばれている品種は広く東ヨーロッパにも広がっており，通常「ブルゴーニュの」を意味する各々の言葉で呼ばれている．モルドヴァ共和国では最も栽培面積が広く，2009年に6,521 ha（16,114 acres）の畑でPINO FRAN，PINO CERENやCERNAと様々な名称で栽培されている．隣のルーマニアでは2008年に779 ha（1,925 acres）の栽培が記録され，半分以上は黒海地方で見られる．ハンガリーではKÉK BURGUNDIあるいはKISBURGUNDIと呼ばれることがあるが，2008年に963 ha（2,380 acres）の栽培が記録されており，バラトンボグラール（Balatonboglár）の丘陵で最も広く栽培されている．しかし，Vilmos Thummerer社や故Tibor Gál氏といった生産者によるワインから判断するとエゲル（Eger）のほうが期待できるようだ．暖かい南部のヴィラーニー（Villány）では長い伝統があるが，生き生きとした酸味が不足するときがある．推奨される生産者としてはMalatinszky社，Tiffan社やVylyan社などがあげられる．クロアチアでは2009年にPINOT CRNIという名称で290 ha（717 acres）が記録されている．ロシア南部の主要なワイン産地であるクラスノダール地方（Krasnodar Krai）ではPINOT FRANCとしても知られ，2009年には533 ha（1,317 acres）の栽培が記録されていた．トルコでは2010年に10 ha（25 acres）の栽培が記録されており，イスラエルでもわずかに栽培されている．2009年にウクライナでは767 ha（1,895 acres）の栽培が記録された．ジョージアでもわずかであるが栽培されている（171 ha/423 acres: 2004年）．

映画の「サイドウェイ」の効果で，カリフォルニア州におけるピノ・ノワールの栽培は21世紀のはじめに勢いがついて，2010年までには37,290 acres（15,091 ha）の栽培が記録されるようになり，なかでもソノマ（11,013 acres/4,457 ha）やモンテレー（8,569 acres/3,468 ha）で多く見られた．特にソノマでは2000年代の半ば頃には24,000 acres（9,600 ha）の栽培が記録され，精力的だが過剰に大規模なソノマコーストAVAやロシアンリバーヴァレー（Russian River Valley）で見られる．現地ではピノ・ノワールの栽培によって，古くから栽培されていたジンファンデル（ZINFANDEL，TRIBIDRAG）の栽培までもが圧力を受けるほどであった．また，セントラルコーストの霧の影響で冷涼になる谷あいの地域の多くにもかなりのピノ・ノワールの栽培が見られる．

カリフォルニア州のピノ・ノワールは発泡性ワインのベースにも使われるが，需要が高いスティルの赤のヴァラエタルワインが現在では主要な用途となっている．そのスタイルは様々で，カーネロス（Carneros）のSaintsbury，サンタ・クルーズ・マウンテンズ（Santa Cruz Mountains）のRhys社，ソノマ各地のLittoraiやKutch社，サンタ・リタ・ヒルズ（Sta. Rita Hills）のSandhi社のようなワインは軽く，酸味が生き生きとしてチェリーのようなフルーティーさがある．サンタマリアのAu Bon Climatはしっかりした，長い寿命のブルゴーニュの印象，モンテレーのSanta Lucia Highlandsのピノはよりリッチなタイプ，ソノマのMarcassinやKosta Browneでは遅摘みブドウによる，まさにアクセル全開というようなワインもある．

オレゴン州のワイン産業のすべてはピノ・ノワールによるものであるとも言える．1998年の3,689 acres（1,493 ha）に対して2008年には11,201 acres（4,533 ha）と栽培面積が増加し，主にポートランドのすぐ南のウィラメットバレー（Willamette Valley）で栽培が見られる．1965年にDavid Lett氏が冷涼な土地を求めてカリフォルニア州から北に移り住み，Wädenswilクローンを植えた時から同州はワインの未来をピノ・ノワールに託している．ウィラメットバレーの灰色の空（と多くの場合，早い秋）は彼とピノにとって最適の場所であった．今日ではディジョン（Dijon）クローンが大流行であるが，カリフォルニア起源のクローンを使ったワインの中にも印象的な骨格と長い寿命をもつものもある．同名のボーヌ（Beaune）のネゴシアンによって所有されているDomaine Drouhin社は，繊細に造られたピノ・ノワールの先駆者であるが，他にも多くの優れた生産者がいる．あまりに数が多いので，メドックと同様，生産者の名前をいくつかあげるのは不公平だろう．なお，州の南部はこの品種には少し暑すぎる．

ワシントン州では，ほとんどのブドウがこの州の東部で栽培されているが，この地方の夏もピノ・ノワールには暑すぎる．しかし，この品種は湿ったピュージェット湾（Puget Sound）で最も人気があり，新しいLake Chelan AVAでも期待されている．2011年同州の栽培面積は307 acres（127 ha）であった．

ニューヨーク州では335 acres（136 ha）の栽培が2009年に記録されている．フィンガーレイクス地方（Finger Lakes）でピノ・ノワールは一時的に試験栽培されているが，現時点では発泡性ワインが一番割がよいようである．

アイダホ州やミシガン州（1997年の39 acres/16 haから2006年の135 acres/55 haまで増加した）でもい

くつかのワイナリーで成功しており，Gruet 社はニューメキシコ州の暑く，乾燥した台地で発泡性ワインを作っている．2011年にバージニア州には37 acres（15 ha）のブドウ畑があり，Ankida Ridge 社が高地で興味深い新しい栽培を始めている．テキサス州では2008年に70 acres（28 ha）の栽培面積が記録されている．

カナダのオンタリオ州（1,025 acres/415 ha; 2006年）とブリティッシュコロンビア州（793 acres/321 ha; 2008年）で見事なピノ・ノワールのワインが作られている．Le Clos Jordanne 社や Blue Mountain 社は熟練した生産者だが，多くの競争相手がいる．

アルゼンチンのほとんどのワイン産地におけるまぶしい日差しと低い標高は，ピノ・ノワールのようなか弱い品種には適していない．しかし，比較的リッチで土の香りがあるものの，興味深くとても良質なワインがいくつか，パタゴニア地方のリオネグロ州（Río Negro），特に Chacra 社で樹齢数十年のブドウから作られている．その他 Familie Schroeder 社や NQN 社などがネウケン州（Neuquén）で，またトゥプンガート山(Tupungato)で Gouguenheim 社がこの品種を用いて大きな進歩を遂げている．2008年には同国で1,509 ha（3,729 acres）の栽培が記録されている．

チリでは霧がもたらす冷涼な気候の太平洋側にピノ・ノワールに適した地域があり，特に北部の冷涼なカサブランカ（Casablanca）やサンアントニオ県（San Antonio），また南部では冷涼な内陸のビオビオ州（Bío Bío）で作られている．推奨される生産者としては，サンアントニオの Casa Marin や Matetic，レイダ・ヴァレー（Leyda Valley）の Viña Leyda，カサブランカ・ヴァレー（Casablanca Valley）の Cono Sur（チリのピノのパイオニア）や Ventisquero，ビオビオ州には Viña Dos Andes グループなどがあげられる．Viña Dos Andes グループは Pascal Marchand 社や Nicolas Potel 社などのブルゴーニュの著名な生産者とジョイントベンチャーを始めている．チリでは2008年に1,382 ha（3,415 acres）の栽培が記録されており，世界最高品質のワインを生産する能力を備えている．

2009年のウルグアイでは42 ha（104 acres）のみが，また2007年のブラジルでは190 ha（470 acres）の栽培が記録されており，ペルーでも少し栽培されている．

ソーヴィニヨン・ブラン（SAUVIGNON BLANC）同様に，オーストラリアはニュージーランドでのピノ・ノワールの適性をとても気にかけている．タスマン海を超えたより冷涼なライバルであるニュージーランドとほぼ同じ面積の4,490 ha（12,118 acres）が2008年のオーストラリアで記録されていた．オーストラリアのピノ・ノワールの栽培は冷涼な場所に限られてはいるものの，ニュージーランドのピノ・ノワールよりもバラエティーに富んでいる．ヤラ・バレー（Yarra Valley）のあるビクトリア州では，最も冷涼な地域しか適地にならないが，この品種が最も集中している（702 ha/1,735 acres）．ビクトリア州のピノの最高の生産者はヤラ・バレーの Coldstream Hills，De Bortoli，Gembrook Hill，Tarra Warra，Yering Station，ジーロング（Geelong）の Bannockburn やマセドン・レンジズ（Macedon Ranges）の Curly Flat や Domaine Epis，さらにギプスランド（Gippsland）の Bass Phillip などの各社である．海洋性の冷涼なモーニントン半島（Mornington）の生産者はブルゴーニュの赤ワインに対して非常に信頼にたるオーストラリアの答えを示している．サウスオーストラリア州では冷涼なアデレード・ヒルズ（Adelaide Hills，404 ha/998 acres）で栽培されているが，同じく冷涼なフルールー半島（Fleurieu）でもこの品種の姿が見え始めた．同国でピノ・ノワールが2番目に多く栽培されるのはタスマニア（658 ha/1,626 acres）で，現地ではほとんどが本土の発泡性ワイン，特に Hardys 社の様々な製品に用いられている．Stoney Rise，Sinapius，Freycinet（ヨーロッパでは Wineglass Bay として知られる）や Stefano Lubiana などの各社が良質のピノ・ノワールのスティルワインを作っている．

ソーヴィニヨン・ブランとならんでピノ・ノワールはニュージーランドにとって最も誇らしい成果である．栽培面積は2003年の2,624 ha（6,484 acres）から2011年には5,000 ha（12,355 acres）に増加した．以前に比べて増加の割合は低下したが，依然，増加し続けている．発泡性ワインに使われるのはわずかに10 %に過ぎず，残りはあふれんばかりにフルーティーなスティルの赤ワインとなり，ブドウの樹齢に応じて複雑さを増している．最も広く栽培されている地域はマールボロ（Marlborough）で，Clos Henri，Dog Point，Fromm，Isabel Estate，Saint Clair や Seresin などの各社がよい意味で個性を発揮している．セントラル・オタゴ（Central Otago）ではそのほとんどを捧げて陽気でフルーティーなピノ・ノワールのスティルワインが作られている．その1,202 ha（2,970 acres）の大半は最近のブームのときに植えられたものである．Felton Road，Mount Difficulty，Peregrine，Quartz Reef および Valli などの各社は数多くある信頼できる生産者の一部である．ノース・オタゴ（North Otago）のワイタキ（Waitaki）にはセントラル・オタゴには見られない石灰岩の土壌があるが，若いブドウの樹は厳しい霜の被害を受ける．カンタベリー(Canterbury）の何か所かの露出した石灰岩の土地で Bell Hill 社や Pyramid Valley 社がこの品種を栽培しており，Mountford 社と同様，期待されている．ニュージーランドでは古い樹が北島の南東部のマーティンバラ（Martinborough）で見られ，そこでは Ata Rangi，Dry River，Martinborough Vineyards などの各社が良好な実績を積んでいる．

2008年，南アフリカ共和国のブドウ栽培総面積の1％以下にあたる727 ha（1,795 acres）がピノ・ノワールに充てられ，ヘルマナス（Hermanus）近くの，南極に近く冷涼な気候のウォーカー・ベイ地方（Walker Bay）が最も成功を収めている．推奨される生産者としてはパイオニアの Hamilton Russell，Bouchard Finlayson，Newton Johnson などの各社であるが，Cape のワイン産地では長い間，彼らのピノ・ノワールが海外では大成功していないという不満をもっていた．

ピノ・ノワールは中国（36 ha/89 acres; 2009年）でも見られ，日本（63 ha/156 acres; 2009年，訳注：農林水産省統計38.6 ha; 2014年）では主に長野で作られているが，北海道は将来有望な地域である．またインドでも栽培されている．世界中のワインの生産者がこのデリケートな品種に挑戦しているが，多くの地域において，この品種は輝くには気むずかしすぎる．

PINOT LIÉBAULT

これはブルゴーニュのジュヴレ（Gevrey）の Les Charmes 社の畑から A Liébault 氏が1810年頃に選抜したピノ・ノワールである．他よりもわずかに豊産性である．

PINOT MEUNIER

最高品質の発泡性ワインに用いられる，フルーティーなブレンドワインの原料

ブドウの色：● ● ● ● ●

主要な別名：Auvernat Blanc（フランス北部のロワレ県（Loiret）），Gris Meunier（ロワレ県），Meunier（ロワレ県およびシャンパーニュ地方（Champagne）），MorillonTaconné（マルヌ県（Marne）），Müllerrebe（ドイツ），Samtrot ☒（ドイツ，バーデン=ヴュルテンベルク州（Baden-Württemberg）のハイルブロン（Heilbronn）），Schwarzriesling ☒（バーデン=ヴュルテンベルク州）

起源

黒い果粒の PINOT MEUNIER は葉の裏側の白い毛の層が特徴的である．粉を振っているかのように見えることから，フランス語で「製粉所」を意味する Meunier と名付けられた．この変異は1690年に Merlet によって次のように記載されている．「Morillon taconné あるいは Meunier，なぜならそれは白く粉っぽい葉をもつ」（Rézeau 1997）．

SAMTROT は PINOT MEUNIER の変異で，ドイツ北部のシュトゥットガルトの北のハイルブロン（Heilbronn）において Schneider 氏が見いだした．

ブドウ栽培の特徴

萌芽期は早く早熟だが，ピノ・ノワール（PINOT NOIR）よりも遅い萌芽期で早熟である．したがって冬の霜や花ぶるい（Coulure）には影響を受けにくく信頼できる豊産性を示す．栽培にはよく肥えた粘土質土壌を好むが，石灰質土壌にも適している．クロロシス（白化）に軽い感受性を示す．またブドウ蛾や灰色かび病にも感受性である．

栽培地とワインの味

PINOT MEUNIER はピノ・ノワールよりも明らかにフルーティーで早熟なワインになる．ヴァラエタルワインになることは稀で通常はピノやシャルドネ（CHARDONNAY）ベースのワインとブレンドされ発泡性ワインの生産に用いられる．

フランスでは2009年に11,088 ha（27,387 acres）の PINOT MEUNIER の栽培面積があり，10番目（シャンパーニュ地方ではピノ・ノワールに次いで2番目）に多く栽培されている赤ワイン用品種である．しかしフランスのワインラベルに MEUNIER という名称を見つけることはめったにない．

フランスの北部でかつては広く栽培されていたが，いまは主にシャンパーニュ地方，特に冷涼な北向きの湿った霜害が生じやすいヴァレ・ドゥ・ラ・マルヌ（Vallée de la Marne）のブドウ畑で見られ，大切にされている．現地ではピノ・ノワールよりもよく生育することに加えて，同じぐらいの糖度になりながら高い酸度を保つことから，ピノ・ノワールやシャルドネとのよいブレンド原料となりうる．この品種は若々しいフルーティーさがブレンドに貢献するといわれるが，寿命は長くなく，MEUNIER 主体のヴァラエタルワインを作るほどこの品種を評価する生産者は少ない．特筆すべき例外には Françoise Bedel，Egly-Ouriet，Georges Laval，Michel Loriot，Jérôme Prévost，特に Krug の各社があり，高く評価されている彼らのブレンドに長い間 MEUNIER が好んで用いられている．

シャンパーニュ地方以外では栽培は非常に少ない．しかし，この品種はロワール（Loire）とフランス東部の多くの地域で推奨されており，Côte de Toul，Moselle や Touraine などのアペラシオンで公認され，Touraine Noble-Joué のロゼワインや Orléans の赤やロゼのワインの主要品種である．

イングランドでは2009年に65 ha（161 acres）の栽培が記録されているが，これはピノ・ノワール，MEUNIER およびシャルドネを用いた発泡性ワインへの興味が増えている証拠である．

ドイツでは MÜLLERREBE，あるいは紛らわしいことに SCHWARZRIESLING という別名で知られている．2008年の栽培面積は2,361 ha（5,834 acres）で，主にヴュルテンベルク（Württemberg，1,738 ha/4,295 acres）で，またバーデン（Baden，266 ha/657 acres）やプファルツ（Pfalz，161 ha/398 acres），フランケン（Franken，90 ha/222 acres）やラインヘッセン（Rheinhessen，81 ha/200 acres）でも栽培が見られる．ドイツの公式統計はピノ・ノワール（BLAUER SPÄTBURGUNDER）の面積に（訳注：PINOT MEUNIER の変異の）SAMTROT も含めているので，正確な SAMTROT の栽培面積は明らかでない．しかし良質のワインがヴュルテンベルクにある Aldinger，Wachstetter，Weingärtner Bad Canstatt などの各社で作られている．バーデンの Thomas Seeger 氏は SCHWARZRIESLING とラベルする価値のあるワインを作る生産者の一人である．ほとんどの他のワインは軽めで貧弱である．

カリフォルニア州では2010年に163 acres（66 ha）の栽培が記録されており（多くはソノマ，少量がナパで）Domaine Chandon 社など発泡性ワインの会社ではスティルのヴァラエタルワインも作られている．またオレゴン州のウィラメットバレー（Willamette Valley）で Eyrie 社が，さらにカナダのブリティッシュコロンビア州では8th Generation 社が生産している．

PINOT MEUNIER は世界中の驚くべき数の国で栽培されており，多くの場合，冷涼な土地の生産者が発泡性ワインを造るためにシャンパーニュモデルを踏襲している．オーストラリアでは2008年に106 ha（262 acres）の栽培が記録されている．さらに驚くべきことに，熟成の能力をもったヴァラエタルの赤ワインの実績がオーストラリアにあり，かつて Miller's Burgundy として知られた最も成功したワインが，ビクトリア州のグランピアンズ（Grampians）の Best's Great Western 社によって古い樹から作られていた．オーストラリアの他のヴァラエタルワインの生産者は，ビクトリア州の数社とタスマニアの Barringwood Park 社である．

ニュージーランドでは，2009年にわずかに19 ha（47 acres）の栽培が記録されているだけで，ほとんどは発泡性ワインに用いられている．

PINOT GRIS

この品種から作られる最高のワインはフルボディーでアロマティックである．しかし多くの場合，無難な PINOT GRIGIO のように，栄光というほどではないが国際的な名声を享受している．

ブドウの色：

主要な別名：Auvernat Gris（フランス北部のオルレアン（Orléanais）），Beurot，Burgunder Roter（ドイツ），

Friset（フランシュ=コンテ地域圏（Franche-Comté））, Fromenteau または Fromenteau Gris（シャンパーニュ）, Grauburgunder ☿ または Grauer Burgunder ☿（ドイツおよびオーストリア）, Grauer Clevner（ドイツ）, Griset（フランスおよびスイス）, KleinerTraminer（ドイツのラインガウ（Rheingau））, Malvoisie ☿（フランスのサヴォワ県（Savoie）およびロワール渓谷（Val de Loire）, イタリアのヴァッレ・ダオスタ（Valle d'Aosta）およびスイスのヴァレー州（Valais））, Pinot Beurot, Pinot Grigio（イタリア）, Pirosburgundi（ハンガリー）, Râjik（モルドヴァ共和国）, Ruländer（ドイツのバーデン=ヴュルテンベルク州（Baden-Württemberg）, オーストリア）, Rulandské Šedé（チェコ共和国）, Rulandské Sivé（スロバキア）, Sivi Pinot（スロベニア）, Speyeren（ドイツ）, Szürkebarát（ハンガリー）, Tokay（2007年までアルザス（Alsace））

よくPINOT GRISと間違えられやすい品種：SAVAGNIN ROSE ☿（PINOT GRIS はラインガウでは Kleiner Traminer と呼ばれていた）

起源

ピノ・グリ（PINOT GRIS）はピノ・ノワール（PINOT NOIR）の果皮色変異品種である．ブルゴーニュ（Burgundy，特にコート=ドール（Côte d'Or）のシャサーニュ・モンラッシェ（Chassagne-Montrachet））や，ドイツの南西部のバーデン=ヴュルテンベルク州やラインラント=プファルツ州（Rheinland-Pfalz）において，時と場所を違えて変異が生じた（Durand 1901a）．Dion（1959）によれば1283年にパリ北部のボーヴェ（Beauvais）を中心とする地域で 'Vin fourmentel' の記載が見られ，これは中世に Fourmenteau や Fromenteau と呼ばれたピノ・グリにあたると考えられている．しかし，この古い別名は SAVAGNIN にも使われているので，この解釈には疑問が残る．ピノ・グリの最も古い時期の信ぴょう性のある記載は1711年のバーデン=ヴュルテンベルク州におけるものであり，Johann Seger Ruland 氏がシュパイアー（Speyer）にある庭で自生しているのを発見したという．この地域では彼にちなんでこの品種を Ruländer と名付けた．一年後にフランスのオルレアン地方（Orléans）で Boullay（1712）が Auvernat Gris という古い名前でこの果皮色変異を記載している（Rézeau 1997）．別名の Beurot は最初に1770年に Bureau という異なる綴りで記載されていた（Rézeau 1997）．しかしピノ・グリという現代名の記載が初めて見られるのは，ブルゴーニュのコート=ドール県のフラヴィニー（Flavigny）に残されている1783～4年の「ピノ・グリ（PINOT GRIS），またはオルレアンの grey auvergnat，一般に Beurot」という記載においてである．

1984年以降，ハンガリー政府が EEC に苦情を申し立てたことからアルザスの生産者は Tokay の名称をラベルに使うことをやめることに同意し，それに代えて Tokay Pinot Gris とフルネームを表記するようになった．一方，ハンガリー政府は彼らのワインのラベルからメドック（Médoc）の名を削除することに合意した．その後2007年からアルザスワインのラベルに Tokay の名称を用いることが禁止され，PINOT GRIS とだけ記載されるようになった．

MALVOISIE という名前は中世の初期に現れ，現在でもフランス，イタリアやスイスの一部で依然ピノ・グリを指すときに用いられている．しかしこれは VERMENTINO，SAVAGNIN，MACABEO，BOURBOULENC などの多くの異なる品種の別名として使われていたので混乱しており（Rézeau 1997），MALVOISIE は1800年まではフランスで（Rézeau 1997），また1869年まではスイスでピノ・グリとは同定されていなかった（Vouillamoz 2009d）．ピノ・グリあるいは PINOT GRIGIO は19世紀の初めにピエモンテ州（Piemonte）のアレッサンドリア県（Alessandria）やクーネオ県（Cuneo）の栽培家によってイタリアに持ち込まれたといわれている（Giavedoni and Gily 2005）．しかしその品種は MALVOISIE という名前でヴァッレ・ダオスタに以前から存在していたことが Gatta（1838）によりすでに証言されており，この品種の栽培はピエモンテ州にピノ・グリが持ち込まれるよりもずっと前から行われていた．

他の仮説

1375年に皇帝カール4世がピノ・グリをフランスからハンガリーに持ち込み，バラトン湖（Lake Balaton）の近くのバダチョニ（Badacsony）の丘に，シトー修道会の修道士がこれを植えたという言い伝えがある．こうして早い時期にハンガリーにこの品種が持ち込まれたことから，なぜハンガリーではピノ・グリが「灰色の修道士」を意味する Szürkebarát と呼ばれるかが説明できる．この話には続きがあり，1568年に将軍 Lazarus von Schwendi がピノ・グリをハンガリーからフランスのアルザスのキンツアイム（Kientzheim）に持ち込んだ（Graff-Höfgen 2007）．彼はカール5世（Charles-Quint）の治世にハンガリーのトカイ市を領有しており，コルマー（Colmar）の北西にあるキンツアイムに城を所有していた．1750年に書かれたアルザスのドメーヌ・ヴァインバッハ（Domaine Weinbach）の文書で最初に別名の Tokay が登場したように（Krämer 2006），この話はピノ・グリがアルザスで Tokay と呼ばれていた理由の説明になりうるが，これらの仮説を支持する歴史的証拠はない．むしろ，アルザスでは甘口ワインに使われることが多いピノ・グリに，ヨーロッパ中ですでに名声を得ていたハンガリーのトカイワインからの恩恵を得ることを意図してトカイと名付けた，という方が確かだと考えられる．トカイワインには現在でも FURMINT と HÁRSLEVELŰ という二つの地方品種が主に用いられているが，これらはいずれもピノ・グリとは関係がない．

ブドウ栽培の特徴

この品種の果粒の色は非常に多様で，ほとんどの白ワイン用品種よりもかなり濃い．ピンクがかった紫から，暖かい地域で見られるようにピノ・ノワールくらいの濃い色のものまでいろいろある．灰色かび病やべと病にやや感受性である．果房と果粒は小サイズまたは極小サイズである．酸度は低〜中程度で糖度は高いレベルに達する可能性をもっている．

栽培地とワインの味

ピノ・グリの収量が高すぎず，完全に熟したとき，深い色合いでかなりリッチな比較的酸味の弱い，時にでっぷりとした感じの，目をくらませるような香りのワインになる．しかし巨大市場ではピノ・グリージョ（PINOT GRIGIO）という名前さえあれば，酸っぱくてニュートラルで色も香りもほとんどない白ワインですらも，販売が十分に保証される．生産者は通常 PINOT GRIGIO という名称を安価で特徴のない輸出市場用のワインに用いるが，これには例外もあり，特にイタリア北東部のフリウーリ地方（Friuli）ではこの名前を濃厚さやエキサイティングさにかかわらず，すべてのヴァラエタルワインに用いている．

フランスでは2009年に2,617 ha（6,467 acres）あるピノ・グリの栽培面積のほとんどがアルザス（2,356 ha/5,822 acres）で占められている．そこではリースリング（RIESLING，3,382 ha/8,357 acres）とゲヴュルツトラミネール（GEWÜRZTRAMINER，2,928 ha/7,235 acres）に続いて3番目に多く栽培される白品種で，過去10年の間に徐々に栽培が増えており，現在ではブドウ栽培面積全体の15％を占めている．アルザスのピノ・グリは桃とアプリコットの熟した甘美さとスモークのヒントがあり，年代とともにビスケットやバターのフレーバーが現れてくる．遅摘み（Vendange Tardive）タイプは風味のある食べ物との相性がよい．JB Adam，Kuentz-Bas，Trimbach，Weinbach，Zind-Humbrecht などの各社が特に良質のワインを生産している．南部と南西部を除く多くのフランスのワイン産地で推奨されている．

ブルゴーニュ（Burgundy）では PINOT BEUROT としても知られ，基本的なブルゴーニュの赤（理論的には最大10％）から Gevrey-Chambertin や Bonnes Mares などの多くの赤ワインのアペラシオンで‘アクセサリー’品種として（ピノ・ブラン（PINOT BLANC）やシャルドネ（CHARDONNAY）とともに）公認されているが，実際に使われることはめったにない．

ロワール（Loire）にはわずかに畑が残っており，MALVOISIE あるいは PINOT BEUROT として知られ，香り高く，色々な甘さをもつしっかりしたワインになる．MALVOISIE の名は時に Coteaux d'Ancenis アペラシオンのワインのラベルに見ることがある．Pierre Guindon 社のワインは他の多くのものと同様に少し甘口である．薄いピンク色の Touraine Noble-Joué とラベルされたワインは PINOT MEUNIER やピノ・ノワールとともに MALVOISIE を少なくとも30％使う必要がある．エヴル（Esvres）の Domaine Rousseau Frères 社は良質のワインを作っている．ナント地方（Nantais）の Frères Couillaud 社は珍しいヴァラエタルの Vin de Pays du Val de Loire をピノ・グリとラベルして作っている．別名 MALVOISIE はサヴォワ県（Savoie）でも作られている．

イタリアの PINOT GRIGIO は21世紀初頭に計り知れない成功を収め，主に同国北東部で1990年から2000年の間に栽培面積はほぼ2倍に増えた（最新の農業統計で栽培面積は6,668 ha/16,477 acres）．引き続きイギリスやアメリカ合衆国への輸出が増えており，安価で無難なフレッシュなワインが好まれている．たとえばフリウーリ地方（Friuli）の，Vie di Romans 社，アルト・アディジェ（Alto Adige / ボルツァーノ自治県）の Alois Lageder 社や Franz Haas 社などが，より真剣で個性的かつ重いワインを作っている．ロンバルディア州（Lombardia）では PINOT GRIGIO は地方の発泡性ワインの重要な原料として使われている．

ほとんどのヴェネト州（Veneto）のワインは幾分ニュートラルで，よくても当たり障りのないもので，その高い収量によって本来の PINOT GRIGIO の特徴が薄められているが，少なくともそれらがイタリア的な PINOT GRIGIO である．イタリアから輸出される PINOT GRIGIO とラベルされたワインの量に困惑している人が多い.

ルクセンブルグはピノ・グリに比較的熱心で，2008年に181 ha（447 acres）の栽培が記録され，この値はピノ・ブランより多いが，AUXERROIS よりはやや少ない量であった．ピノ・グリの重厚さと比較的低い酸度はずっと北の地方で有用である.

ドイツではピノ・グリはGRAUBURGUNDER，GRAUER BURGUNDER あるいは時に RULÄNDER として知られ，2008年に4,481 ha（11,073 acres）の栽培が記録されており，同国で4番目に多い白ワイン用品種である．バーデン（Baden），ラインヘッセン（Rheinhessen）やプファルツ（Pfalz）で多く栽培されている．推奨される生産者としてはバーデンの Bercher 社，Dr Heger 社，Franz Keller 社，特に Salwey 社があげられる．通常 RULÄNDER は甘口ワインの生産に用いられるが，伝統主義者であるバーデンの Reinhold & Cornelia Schneider 社は非常に良質の辛口ワインを作っている．その印象を最大限に引き出すためには深さのある，重い土壌の良質の土地が必要とされている.

スイスでは MALVOISIE あるいはピノ・グリとして知られ，主にヴァレー州で栽培されている．2009年には合計栽培面積は216 ha (534 acres) が記録されていた．Marie-Thérèse Chappaz 社の Malvoisie はヴァレー州のフュリ（Fully）で作られ，同国で最も引っ張りだこの甘口ワインの一つである．ヴァレー州，サイヨン（Saillon）の Yvon Cheseaux 社も甘口の MALVOISIE ワインで成功した生産者である.

オーストリアでは GRAUER BURGUNDER またはピノ・グリと呼ばれ，2009年にはわずかに222 ha (549 acres）の栽培が記録されており，1999年の293 ha（724 acres）から減少している．ほとんどはブルゲンラント州（Burgenland）において栽培されており，辛口のヴァラエタルワインが甘口のブレンドワインとともに作られている.

ハンガリーでは SZÜRKEBARÁT という記憶に残るべき名で作られている．2008年には1,522 ha（3,761 acres）の栽培が記録され．ほとんどは北部のマートラ（Mátra）で見られるが，しばしば西部のバラトン湖（Lake Balaton）の南西のバダチョニ（Badacsony）でも栽培されている．最高のワインは温暖な火山土壌で栽培されたブドウから作られる．ワインはリッチで高いアルコール分のためオイリーで，目のくらむような香りと幾分の残糖があり，大きなオーク樽で熟成させることが多い．最もすばらしいワインはバラトン湖の南西部のクロアチアとの国境近くのザラ県（Zala）にある Dr Bussay 社のワインであり，他に推奨される生産者には Mihály Figura 社，Szakálvin 社，Szent Orbán 社などがある.

スロベニアではピノ・グリは SIVI PINOT として知られ，これは真にスロベニアの特徴をもっている．2009年には合計で495 ha（1,223 acres）の栽培が記録されており，そのうちの半分は北東部のシュタイエルスカ地方（Štajerska Slovenija/Slovenian Styria）で栽培されている．残りの半分は西部のプリモルスカ地方（Primorska）の，主にイタリアのフリウーリから国境を越えたところにあるブルダ（Goriška Brda）で栽培されている．西部の Mansus，Prinčič，Edi Simčič，Marjan Simčič や北東部の Dveri Pax などの各社が良質のワインを生産している.

チェコ共和国ではピノ・グリは RULANDSKÉ ŠEDÉ と呼ばれ2009年にかなり広い741 ha（1,831 acres）の栽培が記録された．ほとんどは南西部のモラヴィア（Morava）で見られる．ルーマニアではピノ・グリとして知られており，2008年には969 ha（2,394 acres）の栽培が記録され，ほとんどは黒海に向かう南西部で栽培されている．モルドヴァ共和国では2009年に2,042 ha（5,046 acres）もの栽培が記録されている．ウクライナは2009年に638 ha（1,577 acres）の栽培を記録している．ロシアのクラスノダール地方（Krasnodar Krai）での栽培はこれらよりも控えめで2009年に78 ha（193 acres）である.

PINOT GRIGIO の流行はまだカリフォルニア州を通り過ぎてはいない．2010年にはすでに12,907 acres（5,223 ha）が記録され徐々に増えてはいるものの，シャルドネ，COLOMBARD に次ぐ3番目に多く栽培される白品種の競争ではソーヴィニヨン・ブラン（SAUVIGNON BLANC）に負けている．州内で広く栽培されており，一般にリッチでアルザススタイルのワインが作られている．PINOT GRIGIO と表示されたボトルは軽く，通常より商業主義的なワインである．特に甘いタイプは Breggo，Copain，Navarro などの各社がアンダーソン・バレー（Anderson Valley）で生産している一方で，サンタ・リタ・ヒルズ（Sta. Rita Hills）の Babcock 社や Robert Sinskey 社などが作るカーネロス（Carneros）タイプのワインは称賛を得ている.

The Eyrie Vineyard 社の David Lett 氏がアルザス地方から入手したピノ・グリの穂木を最初に植えて以来，ピノ・グリから作られるワインはオレゴン州の代表的な良質の白ワインだと考えられている．シャルドネの適当なクローンを同州に植えたのはごく最近なので，なおさらである．同州では2,736 acres（1,107 ha）の栽培が2008年に記録されており，20世紀の終わりと比較すると2倍に増えている．この品種は同州で最も栽培される薄い果皮色の品種となっている（シャルドネの面積の2倍以上）．事実として，多くの良質のピノ・ノワールワインをつくる生産者は，香り高いシャルドネのような軽い香りのピノ・グリを作っている．

ワシントン州でもピノ・グリの人気は高く，2011年に合計で1,576 acres（638 ha）の栽培が記録されている．白ワイン用ブドウとしては同州で3番目に多く栽培される品種で徐々に増えているが，まだシャルドネおよびリースリング（RIESLING）よりもずっと少ない栽培面積である．

この品種はアメリカ合衆国の他の多くの州でも栽培されており，特にニューヨーク州，ミシガン州およびバージニア州（2010年に70 acres/28 ha）でも見られる．

ピノ・グリはカナダのブリティッシュコロンビア州にとって重要な品種であり，2008年には928 acres（376 ha）が記録されていて，シャルドネを抜いて全体の10％を占めている．しかし，その品質はピノ・ブランより特徴が少ないようである．

2002年にボルドー（Bordeaux）のLurton兄弟が，アルゼンチンのメンドーサ州（Mendoza）の標高が高いところにあるブドウ畑の一つに，アルザスのクローン52，53を植えたことでこの品種が導入され，現在では同国の栽培は確立した．豊富な日差しのもとでカリフォルニア州のシャルドネとは異なる豊かなワインが作られている．日差しのため果皮はよく日焼けするが，ワインは素晴らしい品質である．2008年には349 ha（862 acres）の栽培が記録されていた．チリでは最南部で少量が生産されている．

オーストラリアでは2008年に2,836 ha（7,004 acres）のピノ・グリが栽培されており，ラベルにはPINOT GRIGIOと表記されることもある．この面積にはまだ果実をつけていない758 ha（1,873 acres）が含まれるが，2004年にはわずかに300 ha（741 acres）だったことからこの品種に対する栽培者の人気の様子がうかがえる．モーニントン半島（Mornington）にあるT'Gallant社はヴァラエタルワインの先駆者で，ピノ・グリとPINOT GRIGIOの両方の名前でワインを作っており，後を追う生産者が多い．最も温暖な土地ではワインのたるみを防ぐための注意が必要であるが，ビクトリア州でHolly's Garden社とSeppelt社がこれに挑戦しており，Tim Adams社はクレア・バレー（Clare Valley）で良質のワインを作っている．

ニュージーランドでピノ・グリは最も成功したアロマティックあるいはセミアロマティックの薄い果皮色の品種であり，同国における生産高は群を抜いて1位のソーヴィニヨン・ブランに次いでいる．その栽培面積は過去4年間で2倍となって2009年には1,501 ha（3,707 acres）に達し，ブドウ栽培面積全体の5％を占め，さらにこれから数年の間に栽培が増加すると予測される．南島のマールボロ（Marlborough）でもかなりの栽培があるが，温暖な北側のホークス・ベイ（Hawke's Bay）もこの品種が成功する場所であることを示しつつある．生産者によるピノ・グリあるいはPINOT GRIGIOの表記の選択はワインのスタイルの有力な指標となる．リッチで重いか，あるいはキレがあって穏やかなもののどちらかであるが，いずれにせよ多くの場合，少し多すぎる残糖のため尻込みされる．最高のワインはバランスがとれ，香り高くリッチで，余分な甘さを必要としない．推奨される生産者としてはマーティンバラ（Martinborough）のDry River社，セントラル・オタゴ（Central Otago）のBrennan社，Mount Difficulty社，Richardson社，ネルソン（Nelson）のNeudorf社やマールボロ（Marlborough）のSaint Clair社およびSeresin社などがある．

わずかだが南アフリカ共和国と，さらにごくわずかであるが日本（訳注：農林水産省統計7.8 ha; 2014年）でも栽培されている．

PINOT BLANC

過小評価されている，親しみやすいミディアムボディーの
自信に満ちた白ワイン品種．容易に熟す．

ブドウの色：

主要な別名：Auvernat Blanc（フランスのオルレアネ（Orléanais）），Beli Pinot（スロベニア），Burgunder Veisser（モルドヴァ共和国），Chardonnet Pinot Blanc または Pinot Blanc Chardonnet（ブルゴーニュ），Clevner または Klävner（アルザス（Alsace）），Fehér Burgundi（ハンガリー），Pino Belîi（モルドヴァ共和国），Pinot Bianco, Pinot Bijeli（クロアチア），Pinot Blanc Vrai, Pinot Branco（ポルトガル），Rulandské Biele（スロバキア），Rulandské Bílé（チェコ共和国），Weissburgunder§，Weisser Burgunder§ または Burgunder

Weiss（ドイツ，オーストリア）
よくPINOT BLANCと間違えられやすい品種：AUXERROIS ♀，CHARDONNAY ♀（ブルゴーニュ），KNIPPERLÉ ♀，MELON ♀，PIGNOLETTO ♀，SAVAGNIN BLANC ♀（フランスのアルザスやドイツのバーデン＝ヴュルテンベルク州（Baden-Württemberg）では Clevner または Klävner と呼ばれている）

起源

19世紀の終わりまで，ピノ・ブラン（PINOT BLANC）はシャルドネ（CHARDONNAY）とよく混同され，誤って CHARDONNET PINOT BLANC あるいは PINOT BLANC CHARDONNET と呼ばれていた．フランスのブドウの分類学者の Victor Pulliat 氏が1868年に最初にこの二つを識別した（Rézeau 1997）．「本当のピノ・ブランは，ピノ・ノワール（PINOT NOIR）におこった不可逆的な変異によって白くなったものである．果房の色だけが違い，黄色みを帯びた白色である」．ピノ・ブランとシャルドネの違いは1872年のリヨン（Lyon）ブドウエキジビションで公式に認知された（Chandon de Briailles，Durand 1901a）．したがって1868年以前のピノ・ブランに関する記載はシャルドネとの間で混同があるのであいまいで，信頼できない．いうまでもなくフランスとスイスではその後も数十年にわたって混同が続いた．

Eugène Durand（1901a）によれば，ピノ・ブランはピノ・グリ（PINOT GRIS）の色変異で1895年にシャサーニュ＝モンラッシェ（Chassagne-Montrachet）で Pulliat 氏が発見しており，Durand 氏自身もニュイ＝サン＝ジョルジュ（Nuits-Saint-Georges）で1896年にこの品種を見つけている．これは変異が当時すでに少なくとも2回起こっていたことを意味している．黒，灰色，白色の果粒が同じピノ・ノワールのブドウの樹で見られることがあり，ストライプの果粒も見られることもあることから，さらに早い時期にも変異が起きてことは想像に難くない．

ブドウ栽培の特徴

萌芽期は早期で早熟である．かなり樹勢が強くピノ・グリやピノ・ノワールよりも安定した豊産性を示す．栽培には深く温暖な土壌を好む．耐寒性であるが，かびの病気に敏感である．小さな果粒をつける．

栽培地とワインの味

多くのワイン愛好家はアルザスを通じてこの品種を紹介されるが，現地では馬車馬のような働き者のブドウとしてピノ・グリよりも低く評価されていた．ワインのフレッシュさを称賛する人にとっては，ピノ・グリにはある種の横柄さが感じられたが，ピノ・ブランは適切な場所で適切な扱いを受けるとリフレッシュ感と絢爛さの間の非常によい味わいを感じられる．ワインは中程度の骨格と酸味をもち，発泡性ワインの生産にも用いられている．

フランスにおけるピノ・ブランの栽培は徐々に増え，1980年代の終わりには1,565 ha（3,867 acres）に達したが，2009年までに1,292 ha（3,193 acres）まで減少した．これは白ワイン用品種のなかでは驚くほど少ないが，おそらくアルザス以外の土地ではほとんど栽培されないことによるものであろう．アルザスにおいてもリースリング（RIESLING），SILVANER，AUXERROIS と比べて重要性は低く，伝統的に AUXERROIS とブレンドされているが，ラベルではピノ・ブランと表記されている．アルザスの公式統計ではこの2品種の合計栽培面積が2009年に3,331 ha（8,231 acres）と記録されており，この数字は過去10年の間，あまり変わっていない．この品種はクレマン・ダルザス（Crémant d'Alsace）にも用いられている．技術的にはブルゴーニュ・ブラン（Bourgogne Blanc）に含めてもよいが，ブルゴーニュでは非常にわずかな量しか栽培されていない．

フランスのモーゼル地方（Moselle）で最も成功したピノ・ブランのワインが作られている．国境を越えたルクセンブルグも同様で144 ha（356 acres）の栽培が2008年に記録されているが，今世紀に入って新たに植えられた量は非常に少ない．この最北の土地ではその低い酸度により AUXERROIS（184 ha/455 acres）のほうがより重要である．

2000年のイタリア農業統計では5,126 ha（12,667 acres）の栽培が記録されている．ほとんどは同国北東部で見られ，オークを使わないシャルドネの軽いスタイルとならんで人気のある白の辛口ワインが作られている．しかし良質のワインはデリケートなフローラルさと緑のリンゴのアロマをもち，口中でも同様にデリケートである．推奨される生産者としてはフリウーリ（Friuli）の Franco Toros，Ermacora およびアルト・アディジェ（Alto Adige）の Cantina Terlano や Franz Haas などの各社があげられる．

この品種が最も評価されているのはドイツであり，2008年には3,731 ha（9,220 acres）の栽培が記録されていた．ドイツではWEISSBURGUNDERあるいはWEISSER BURGUNDERとして知られ，同じ仲間だと見なされているピノ・グリよりもいくつかの点で出遅れているとはいえ，同国で5番目に多く栽培される白ワイン品種である．バーデン（Baden，1,165 ha/2,879 acres）で最も広く栽培され，続いてプファルツ（Pfalz，862 ha/2,130 acres）やラインヘッセン（Rheinhessen，831 ha/2,053 acres）で多く見られる．バーデンではBercher，Dr Heger，Franz Keller，Martin Wassmerなどの各社が，またプファルツではPhilipp Kuhn，Rebholz，Dr Wehrheimなどの各社が，またラインヘッセンではDreissigacker社などの生産者が最も素晴らしいヴァラエタルワインを作っている．過熟でオークが過剰になる傾向がみられるが，それはリースリングとまったく違う試みによるからであろう．

WEISSBURGUNDERからはオーストリアで最もリッチなワインが作られている．ブルゲンラント州（Burgenland）では貴腐ワインには簡単に負かされるが，伝統的にいくぶんキレのよいWELSCHRIESLING (GRAŠEVINA）とブレンドされ，やや早期に熟成するものの，甘美なトロッケンベーレンアウスレーゼ（trockenbeerenauslesen）ワインになる．PrielerとWilli Optizの両社が非常に厳格な辛口ワインを作っている．辛口の白のヴァラエタルワインとしてWEISSBURGUNDERはアーモンドのような香り，中から高いレベルのアルコール分および熟成の可能性を有している．2010年に1,995 ha（4,930 acres）の栽培が記録されており，特にニーダーエスターライヒ州（Niederösterreich）やシュタイアーマルク州（Steiermark）で見られる．

スイスでは105 ha（259 acres）の栽培が記録され，主にヴァレー州（Valais），ヴォー州（Vaud），グラウビュンデン州（Graubünden）で見られるがシャフハウゼン州（Schaffhausen）のWeingut Bad Osterfingen社も例外的な素晴らしいワインを作っている．

ハンガリーでは2008年に200 ha（494 acres）のピノ・ブラン（別名FEHÉR BURGUNDI）の栽培が記録されていた．広く栽培されていたわけではないが，1930年代からすでに公式登録に記載されている．中南部のトルナ県（Tolna）が最も重要な栽培地である．スロベニアではBELI PINOTとして知られ，2009年には540 ha（1,334 acres）の栽培が記録されており，多く（315 ha/778 acres）は北東部のポドラウイェ（Podravje）で見られる．Vipava 1894社は優秀なワインを作っている．クロアチアではPINOT BIJELIの別名で2008年に357 ha（882 acres）が記録されている．チェコ共和国では2009年にRULANDSKÉ BÍLÉの別名で812 ha（2,006 acres）の栽培が記録されており，ほとんどは南東部のモラヴィア（Morava）で見られる．他方スロバキアでもRULANDSKÉ BÍLÉとして知られるが2005年に1,050 ha（2,595 acres）の栽培が記録されていた．モルドヴァ共和国では2009年にピノ・ブランが350 ha（865 acres）と記録されていた．ロシアのクラスノダール地方（Krasnodar Krai）における2009年の栽培面積は605 ha（1,495）であり，またウクライナでは338 ha（835 acres）の栽培が記録されている．

カリフォルニア州ではピノ・グリほどの人気はないが，広く栽培されており，サンタマリア・バレー（Santa Maria Valley）のBien Nacido vineyard社が様々なワインを生産している．またアンダーソン・バレー（Anderson Valley）のワインはピノ・ブランにスティルワインとしての将来性があることを示している．歴史的にはスティルワインのほとんどが発泡性ワインのベースワインとして用いられ，熟練者とされるSchramsberg社はその先駆者である．2010年には536 acres（217 ha）の栽培が記録されており，徐々に増えてきている．大きな栽培地域はサンタ・バーバラ（Santa Barbara），ソノマ（Sonoma），モンテレー（Monterey）などである．Pinder and Meredith（2003）によれば，カリフォルニア州の古いピノ・ブランは実はMELONで，これにはChalone社による先駆的なワインも含まれている．

オレゴン州にも優れたピノ・ブランがあるが，カナダのブリティッシュコロンビア州のオカナガン・バレー（Okanagan Valley）はこの品種にとって完璧な栽培地である．2009年にはわずかに369 acres（149 ha）の栽培が記録されているが，同州で5番目に多く栽培されている白ワイン品種である．しかし1970年代と1980年代初頭には，ピノ・ブランはかつて栽培されていた交雑品種と同程度の冬の耐寒性をもち，オカナガン・バレーの北部や南部で安定して良質のワインができるので最も人気のある品種であった（Philip 2007）．Lake Breeze社，Nk'Mip社やWild Goose社の快活なヴァラエタルワインがここでは輝かしい未来を示したが，ピノ・ブランが国際的な魅力をもっていなかったことだけがそれにブレーキをかけた．

この品種は南アメリカや日本でも少し栽培されている．

PINOT TEINTURIER

赤い果肉のピノの変異品種

ブドウの色：● ● ● ● ●

主要な別名：Farbclevner，Pinot Fin Teinturier
よくPINOT TEINTURIERと間違えられやすい品種：TEINTURIER ☿

起源と親子関係

PINOT TEINTURIER はピノ・ノワール（PINOT NOIR）の変異品種で，果汁の色は赤い．色の濃さは GAMAY TEINTURIER DE BOUZE と TEINTURIER との中間である（Galet 1990）．19 世紀の初めにブルゴーニュのコート＝ドール県（Côte d'Or）のニュイ＝サン＝ジョルジュ（Nuits-Saint-Georges）の畑で Jean Guicherd 氏により選抜された．同じ変異品種はモレ（Morey）やヴォーヌ＝ロマネ（Vosne-Romanée）でも見られた（Durand 1901a）．

ブドウ栽培の特徴

畑で見る分にはピノ・ノワールと似ているが，果汁は赤い．

PINOT NOIR PRÉCOCE

ピノ・ノワール（PINOT NOIR）が早熟になった変異品種．現在ではドイツで FRÜHBURGUNDER として人気がある．

ブドウの色：● ● ● ● ●

主要な別名：Augustclevner（ドイツ），Augusttraube，Blauer Frühburgunder ☿（ドイツ，スイス，オーストリア），Frühburgunder ☿（ドイツおよびオーストリア），Ischia または Vigne d'Ischia，Jacobstraube（アルザス（Alsace）），Jakobstraube（ドイツ），Juliustraube，Madeleine Noire，Möhrchen（ドイツ），Morillon Noir Hâtif，Pinot Hâtif de Rilly，Pinot Madeleine，Pinot Précoce，Pinot Précoce Noir，Raisin de la Madeleine

起源

Eugène Durand（1901a）によると，ピノ・ノワールよりも2週間早く熟する（*précoce* は「早い」の意味）が，この変異品種の起源については，何も知られていない．しかし数多くの別名が Merlet（1690）によって次のように記載されている．「早い時期のブドウ，Madeleine ブドウ，あるいは早い時期の Morillon，なぜなら早く，Madeleine のころに熟すことが多い黒いブドウ，固い果皮をもつので，よいというよりも興味深い」．現代名である PINOT NOIR PRÉCOCE の最初の記載は Di Rovasenda（1877）による著書において見られ，現代ドイツ名の FRÜHBURGUNDER は Braun（1824）によって最初に次のように記されている．「白ブドウの中にあって黒の Frühburgunder 果粒は穏やかに光っている」．

ブドウ栽培の特徴

（ピノ・ノワールよりも小さい）小さな果粒で，小さな果房をつける．ピノ・ノワールよりも14日早く熟すが，花ぶるい（Coulure）に感受性であり収量は少ない．厚い果皮をもつので灰色かび病に耐性である．

栽培地とワインの味

よい色合いのワインは，ソフトでふくよかであり，チェリーとブラックベリーの豊かなフレーバーをもち，時にスモーキーなノートを有する．樽を用いた熟成に適しているが同等の品質をもつピノ・ノワールほど寿命は長くない．

イングランドにおける栽培は現時点では限られているが，ストラトフォード＝アポン＝エイヴォン（Stratford-upon-Avon）近くのWelcombe Hills社のワインのように期待がもてるワインもある．

FRÜHBURGUNDERはあまりよくないビンテージでもよく熟し，また7月の終わりや8月の初めのような非常に早い時期に熟すことなどから19世紀初頭にドイツで非常に人気があった．こうした背景により次のようないくつかの別名がある．JULIUSTRAUBEには「7月のブドウ」という意味があり，AUGUSTCLEVNER，JAKOBSTRAUBE（St Jacobの日，あるいは7月25日までに熟すブドウ）およびPINOT MADELEINE（St Mary Magdeleneの日の7月22日までに熟すブドウ）などである．

1960年代には栽培面積は15 ha（37 acres）まで減少し，1960年代にドイツの公式品種登録リストから外されたとき，ラインヘッセン（Rheinhessen）のJulius Wasem & Söhne社が最初にこの品種の救済を試みた．1970年代にガイゼンハイム（Geisenheim）研究センターにおいて行われたクローン選抜プログラムのおかげで，いまではいくぶん回復している．FRÜHBURGUNDERがスローフードの代名詞になったことも，その保護を推進した．

1994年の44 ha（109 acres）からドイツでの栽培面積は徐々に増え，2007年には251 ha（620 acres）まで増加した．ラインヘッセン（83 ha/205 acres）やプファルツ（Pfalz，62 ha/153 acres）のほうが多く栽培されているが，アール地方（Ahr）では35 ha（86 acres）で栽培され，アール渓谷のブドウ栽培地の10％をFRÜHBURGUNDERが占めている．この地方の生産者の半数以上がこの品種からワインを作っていることから，明らかにこの品種にとって重要な土地といえる．アール地方はまた，ドイツの最高の栽培者の協会であるVDPが，最も高位の辛口ワインに分類されるGrosses GewächsラベルのFRÜHBURGUNDERを作ることを許可した唯一の地域である．フランケン（Franken）では2008年にはわずかに14 ha（35 acres）の栽培が記録されたにすぎないが，この品種は特にミルテンベルク（Miltenberg）周辺や歴史のあるビュルクシュタット（Bürgstadt）の赤い砂利土壌での栽培に適していた．最高の生産者としてはアール地方にあるBurggarten，Deutzerhof，Kreutzberg，Pieter Kriechel，Meyer-Näkelなどの各社，フランケンにあるRudolf Fürst社，プファルツにあるPhilipp Kuhn社やLudi Neiss社，さらにラインヘッセンにあるVilla Bäder，Wendelsheim，Julius Wasem & Söhneなどの各社があげられる．

PINOT BIANCO

PINOTを参照

PINOT BLANC

PINOTを参照

PINOT GRIGIO

PINOT GRISを参照

PINOT GRIS

PINOTを参照

PINOT MEUNIER

PINOTを参照

PINOT NERO

PINOT NOIR を参照

PINOT NOIR

PINOT を参照

PINOT NOIR PRÉCOCE

PINOT を参照

PINOT TEINTURIER

PINOT を参照

PINOTAGE

南アフリカ共和国の独自の交配品種. 愛され, また嫌われる.

ブドウの色：● ● ● ● ●

主要な別名：Perold's Hermitage × Pinot

起源と親子関係

PINOTAGE は1925年に南アフリカ共和国のステレンボッシュ（Stellenbosch）大学のブドウ栽培学の最初の教授である Abraham Izak Perold 氏が，同大学に属する Welgevallen 試験農場内の彼の教員用宿舎の庭で得た. Perold 氏は，南アフリカ共和国では当時 HERMITAGE として知られていた CINSAUT とピノ・ノワール（PINOT NOIR）とを交配した. 次に彼は四つの種を同じ庭に植えたが, 1927年にパール（Paarl）の KWV ワイナリーに行くためにステレンボッシュ大学を離れた際，これらのブドウのことを忘れてしまった.

Charlie Niehaus 氏によってこれらの実生が救済され，アイゼンバーグ（Elsenburg）農業大学の C J Theron 氏所有の育苗施設に植えられた. そこでは単に「Perold's HERMITAGE × PINOT」とラベルされた. 後に彼が PINOTAGE から得た穂木を Welgevallen 社で台木に接ぎ木し，Perold 氏に見せたところ，これを広めようと Perold 氏に強く促された. 彼らは Welgevallen の農場で，PINOTAGE という品種名（両親の品種名の短縮形）を思いついたといわれている. 4本の樹のうちの最高のものが選抜され，これがすべての PINOTAGE の母樹となった. 1943年にサー・ロウリーズ・パス（Sir Lowry's Pass）近くの Myrtle Grove 農園で PINOTAGE の最初の商業栽培がはじめられた（Pinotage Association 2010）. 1961年になってようやく, Lanzerac 社の1959年のビンテージものにおいて, この品種名をラベルに見られるようになった.

他の多くの南アフリカ共和国の交配品種同様に PINOTAGE は野外の畑で交配されたものであり，制御された温室環境で得られたものではない. それにもかかわらず2007年にフランスのブドウ栽培改善のための国立技術機関（ENTAV/Établissement National Technique pour l'Amélioration de la Viticulture）における DNA 解析により，この品種の親子関係が確認された.

ブドウ栽培の特徴

耐寒性で中程度の樹勢の強さと豊産性をもつ. 萌芽は早期～中期で，熟期も早期～中期である. べと病,うどんこ病および灰色かび病にやや感受性をもつ．様々な気候に適応可能で，高い糖度に達する小さく厚い果皮の果粒をつける．中程度～良好な保水性の土壌の丘陵地帯が栽培に最適である．

栽培地とワインの味

評価の方法によってはPINOTAGEは南アフリカ共和国の素晴らしい赤品種ともいえるが，同時に最低のワインの代表でもある．ウィルス病の影響や，発酵の際に扱いが手荒だったり温度が高すぎりたりしたこともこの品種への評判が高まらなかった理由である．しかし健全な樹の供給やワインづくりの改善，さらに1990年代中期に設立されたPinotage協会の努力が続けられたおかげで，最高のワインは驚くべき発展をとげ，軽く赤い果実の特徴をもつもの（元々交配において目的とした特徴）から，古い樹が生みだすリッチで濃厚なしっかりとしたスパイシーさをもちつつフレッシュなものまで，幅広いスタイルのワインがつくられるようになった．後者のワインの例としては，ステレンボッシュにあるバイヤースクルーフ（Beyerskloof）社のBeyers Truter氏などのエキスパートが作るものがあり，彼はまたポートスタイル，ロゼ，発泡性ワイン，赤，さらに白のブレンド（シュナン・ブラン（CHENIN BLANC）とのブレンドによる）も作っている．他の推奨されるヴァラエタルワインの生産者としてはL'Avenir，Chamonix，Kaapzicht，Kanonkopなどの各社があげられる．GrangehurstとKaapzichtの両社はPINOTAGE主体のよくできたブレンドワインの生産者である．

2009年にはこの品種の栽培面積は6,088 ha（15,044 acres）と，同国のブドウ栽培面積の6％を占めているが，ブドウの価格は流行によって大きく変動する．多くの異なる地域で栽培されているが，マームズベリー（Malmesbury），ステレンボッシュ，パールなどで多く見られる．

Pinotage協会（2010）によれば，ブドウが収穫時に乾燥ストレスや高温環境におかれると，好ましくないスプレーペイントのアロマ（酢酸イソアミル）が生じ，これは発酵時の温度が高温になると増えるという．多くのPINOTAGEワインはゴムが焦げたアロマがあるという人もいる．これは畑でのウィルス病による継続的な影響によるものであるという説もあるが原因は不明で，ステレンボッシュ大学で原因成分を同定するための研究が継続して行われている．

PINOTAGEはカリフォルニア州（2009年の栽培面積53 acres/21 haのほとんどがサンホアキン・バレー（San Joaquin Valley）で見られるが，ナパ・バレー（Napa Valley）やソノマ沿岸でも見られる），ブラジル（2007年にリオグランデ・ド・スル州（Rio Grande do Sul）で112 ha/277 acres）やニュージーランド（2008年にギズボーン（Gisborne），ホークス・ベイ（Hawke's Bay），マールバラ（Marlborough）で74 ha/183 acres）でも栽培されている．また，これらより少ないがオーストラリア，オレゴン州，ワシントン州，カナダのブリティッシュコロンビア州ならびにジンバブエやイスラエルでも栽培されている．

PINOTIN

最近開発された，あまり知られていないスイスの交雑品種

ブドウの色：● ● ● ● ●

主要な別名：VB 91-26-19

起源と親子関係

多くの資料では，PINOTINは1991年にスイスのValentin Blattner氏が育種した，ピノ・ノワール（PINOT NOIR）と未公開の耐病性品種（ドイツでは*Resistenzpartner*として知られている）の交配品種と定義されているが，この品種名は2002年まで登録されていなかった．しかし最近Blattner氏は，PINOTINは実はカベルネ・ソーヴィニヨン（CABERNET SAUVIGNON）×（SILVANER×（リースリング（RIESLING）×*Vitis vinifera*）×（JS12417×CHANCELLOR））の交雑品種であることを明らかにした．ここでJS 12417はJoannès Seyve氏が得た不明の交雑品種である（CHANCELLORの系統はPRIOR参照）．それにもかかわらずピノ・ノワールに似たフレーバーをもつのはピノ・ノワールの隣の畝に交配したこのブドウがあったことによるのかも知れないが，DNA 系統解析のデータの裏付けがないため，この品種がピノ・ノワールを親品種にもつと結論づけることはできない．

ブドウ栽培の特徴

果粒が粗着した長く薄い果房のため，べと病とうどんこ病ならびに灰色かび病に良好な耐性がある．萌芽期は早期で，熟期は中期である．遅い時期の寒さへの良好な耐性をもつが，春の霜には感受性である．

栽培地とワインの味

スイスとドイツで非常にわずかな量が栽培されている．ザーレ・ウンストルート地方（Saale Unstrut，ドイツ中部）の Thüringer Weingut Bad Sulza 社では，ルビー色をした黒いチェリーのアロマをもつソフトなヴァラエタルワインが作られている．

PIONNIER

マイナーだが耐寒性のアメリカの交雑品種．
カナダ，ケベック州でブレンドワインの生産に用いられている．

ブドウの色：● ● ● ● ●

主要な別名：ES 4-7-25

起源と親子関係

アメリカ合衆国，ウィスコンシン州のオシオラ（Osceola）で Elmer Swenson 氏が ELMER SWENSON 2-12-27×ST CROIX の交配により得た交雑品種である．ここで ELMER SWENSON 2-12-27 は ELMER SWENSON 5-14×SWENSON RED の交雑品種である．したがって PIONNIER は *Vitis riparia*，*Vitis labrusca*，*Vitis vinifera*，*Vitis aestivalis*，*Vitis lincecumii*，*Vitis rupestris*，*Vitis cinerea* および *Vitis berlandieri* の複雑な交雑品種である．

栽培地

PIONNIER はカナダのケベック州で栽培されており，同州では同じく耐寒性の FRONTENAC や SABREVOIS などの品種と Bouche-Art，Clos du Roc Noir，Domaine Mont Vézeau などの各社でブレンドワインが作られている．

PIQUEPOUL

PIQUEPOUL の歴史，語源についてまず述べ，次に PIQUEPOUL NOIR と PIQUEPOUL BLANC を別々に説明する．

起源と親子関係

フランス南部のヴォクリューズ県（Vaucluse）が由来の PIQUEPOUL には Noir，Gris および Blanc と3種類の異なる果粒の色がある．Noir と Blanc は現在でも広く栽培されているが Gris は絶滅寸前で，すべて同一の DNA プロファイルを有している（Puig *et al.* 2006）．しかし PIQUEPOUL という名は，互いに関係がない何種類かの白または黒品種の3種類すべての色変異に対して，さまざまな表記で用いられた

(Piccapoule, Picpoul, Picpoule, Picquepoul, Piquepout 等; Rézeau 1997). 1384年にトゥールーズ (Toulouse) 近くの小さな場所で黒色果粒が初めて次のように記載された.「PIQUEPOUL NOIR あるいはよい Canas の畑」. それは後に何度も Valréas (1507年に Piquepole, 1548年に Piccapoule の表記で) やヴォクリューズ県やオード県 (Aude) の村 (1590年にクルテゾン (Courthézon) で Piquepoulle, 1619年にカルカソンヌ (Carcassonne) で Piquepouhl, 1651年にセリニャン＝デュ＝コンタ (Sérignan-du-Comtat) で Picapoule 等々の表記) で果粒の色にはふれずに記載されている (Rézeau 1997). 白色果粒が最初に記載されたのは1667年の「Piquant Paul は白のブドウ, 非常に甘く Bird's Beak と呼ばれ, その果粒は大きく, 非常に長く, 両側に突起がある」というものである (Rézeau 1997).

Lavignac (2001) によれば PIQUEPOUL という名称はオック語方言の *picpol* か *picapol* に由来し, それは「山頂 (前ラテン語源 *pikk*)」,「岩か崖 (前ラテン語源 *pal*)」を表しており, そこで品種が栽培されていたと推測できる.

スペイン北東部のカタルーニャ州 (Catalunya) の Pla de Bages 由来の PICAPOLL BLANCO は, すでに16世紀には記録されていた. 長い間フランスの PIQUEPOUL BLANC と同一であると考えられていたのだが, 最近の DNA 解析によって実は両者は異なる品種で, PICAPOLL BLANCO はむしろ CLAIRETTE に近く, おそらく Clairette のクローンであろうということが明らかになった (Puig *et al.* 2006). しかし PICAPOLL NEGRO は PIQUPOUL NOIR と同一であることが示された (Galet 2000). PIQUEPOUL はブドウの形態分類群の Piquepoul グループに属している (p XXXII 参照; Bisson 2009).

PIQUEPOUL NOIR

ブドウの色：● ● ● ● ●

主要な別名: Picapoll Negro (カタルーニャ州 (Catalunya)), Picapoll Tinta
よく PIQUEPOUL NOIR と間違えられやすい品種: CALITOR NOIR (Piquepoul de Fronton と呼ばれる), CINSAUT (Piquepoul d'Uzès と呼ばれる)

ブドウ栽培の特徴

熟期は中期～晩期である. 比較的豊産性であるが, 一般に表年・裏年がある. 栽培には乾燥してやせた土壌を好む. 灰色かび病に感受性, うどんこ病に対してはやや感受性である. 短い剪定が最適である.

栽培地とワインの味

PIQUEPOUL NOIR は薄い色でアルコール分に富み, 香り高く酸味が生き生きとしたワインになるのでロゼワインの生産に適し, 白の変異品種と比較すると栽培量は少ない. 2008年にフランス南部で73 ha (180 acres) の栽培が記録されていた. この品種はフランスのほとんどのワイン生産県で推奨されている. より成功している白色の変異とは異なり, ブレンドワインにおけるマイナーな原料として Châteauneuf-du-Pape と Côtes du Rhône で公認されている. PIQUEPOUL NOIR が多くの割合で用いられる珍しい赤ワインは, ミネルヴォワ (Minervois) にある Clos Centeille 社が90 % の PIQUEPOUL NOIR と10 % の RIVAIRENC のブレンドで作っている C de Centeilles である. Domaine La Grangette 社はペズナ (Pézenas) のすぐ南のところでロゼワインを作っている.

2008年にスペインでは PICAPOLL NEGRO はカタルーニャ州で3 ha (7 acres) のみの栽培が記録されており, 通常プリオラート (Priorat) の Álvaro Palacios 社や Celler Francisco Castillo 社などでブレンドワインの生産のために用いられている. Montsant や Priorat などの DO で公認されており Pla de Bages では試験段階にある.

PIQUEPOUL BLANC

ブドウの色：

主要な別名：Avillo（カタルーニャ州（Catalunya）），Languedocien，Picpoul de Pinet または Piquepoul de Pinet（ラングドック地方（Languedoc）のエロー県（Hérault））
よく PIQUEPOUL BLANC と間違えられやすい品種：BACO BLANC（アルマニャック（Armagnac）では Piquepoul du Gers と呼ばれている），CLAIRETTE ☒（カタルーニャ州のプラ・デ・バジェス（Pla de Bages）ではおそらく Picapoll または Picapoll Blanco と呼ばれている），FOLLE BLANCHE ☒（ジェール県（Gers）では Picpoul と呼ばれている），ONDENC ☒（ジェール県では Piquepout de Moissac と呼ばれている）

ブドウ栽培の特徴

熟期は中期〜晩期である．結実能力に富み豊産性で短い剪定が最適である．暑い地中海性気候の地域で石灰質の粘土や砂地での栽培に適している．灰色かび病に感受性である．

栽培地とワインの味

PIQUEPOUL の高い酸度は，ラングドックやプロヴァンス（Provença）の多くの白ワインにフレッシュさを加える理想的なブレンドパートナーになる．Châteauneuf-du-Pape の複雑なブレンドワインを含むフランス南部のほとんどで推奨されているが，最も有名なのはペズナ（Pézenas）とセート（Sète）の間にある沿岸地方の Picpoul de Pinet アペラシオンのヴァラエタルワインである．ワインは通常レモンの香りがあり酸味が生き生きとした辛口で時にフローラルな特徴をもつ．2009年のフランスでは1,455 ha（3,595 acres）の栽培が記録された．これは1998年の650 ha（1,606 acres）から激増しており，ラングドックにおけるブドウの主要品種である．ピネ（Pinet）にある Cave de l'Ormarine 社や他の三つの協同組合が多くのワインを生産しているが，Domaine de Creyssels 社，Domaine Félines Jourdan 社，Domaine Gaujal de Saint Bon 社などの小規模な生産者はややフレーバーが強い，場合によってはシュール・リー製法のワインを作っている．

パソロブレス（Paso Robles）西部にあるローヌ（Rhône）ワインを専門とする Tablas Creek 社はカリフォルニア州におけるこの品種の先駆者であるが，彼らの PIQUEPOUL BLANC はフランス南部のワインよりトロピカルなフレーバーをもっている．現在では様々なスタイルのヴァラエタルワインが作られている．

PIQUEPOUL BLANC

PIQUEPOUL を参照

PIQUEPOUL NOIR

PIQUEPOUL を参照

PLANT DROIT

減少しつつあるフランス，ローヌ（Rhône）南部のマイナーな品種．
いくぶん色の薄い赤ワインになる．

ブドウの色：● ● ● ● ●

主要な別名：Cinsaut Droit（ヴォクリューズ県（Vaucluse）），Espanenc，Garnacha Francesa ☒（スペインのサラゴサ（Zaragoza）），Plant Dressé
よくPLANT DROITと間違えられやすい品種：CINSAUT ☒，GARNACHA TINTA ☒

起源と親子関係

PLANT DROIT はローヌ川流域（Vallée du Rhône）南部，ヴォクリューズ県の由来であり，現地では 1890年に Henri Marès 氏が初めてこの品種を記録している（Rézeau 1997）．この品種を Côtes du Rhône アペラシオンに含めることを意図して，ヴォクリューズ県において慎重に CINSAUT DROIT に改名された．Martín *et al.*（2003）による GARNACHA FRANCESA の DNA プロファイルとの比較によって，両品種は同一であることが明らかになった（Vouillamoz）．Bisson（2009）によると PLANT DROIT はブドウの形態分類学的には CLAIRETTE に近いと述べている．

ブドウ栽培の特徴

萌芽期は早期で熟期は中期である．直立した（フランス語で *droit*）成長を示すので株仕立てに適している．比較的豊産性で結実能力が高い．非常に乾燥した環境でよく生育するが，灰色かび病には非常に感受性である．

栽培地とワインの味

ワインは色が薄くアルコール分は低い．2008年のフランスでの栽培は21 ha（52 acres）が記録されており1968年の337 ha（833 acres）から減少し，1990年代に減少傾向が最も顕著であった．この品種はローヌ南部の Châteauneuf-du-Pape 地域における極めて限定的な品種であるが，同アペラシオンで公認されている多くの品種には含まれていない．

PLANTA FINA PLANTA FINA DE PEDRALBA

DAMASCHINO を参照

PLANTA NOVA

非常に古いが一般に平凡な品種．
現在では主にスペイン，バレンシア州（Valencia）で栽培されている．

ブドウの色：● ● ● ● ●

主要な別名：Coma，Malvasía ☒（Yecla），Tardana，Tortozon（フランスのアリエージュ県（Ariège）），Tortozón（カスティーリャ=ラ・マンチャ州（Castilla-La Mancha）のトレド島（Toledo））

起源と親子関係

この品種名には「新しい植物」という意味がある．スペイン南部，アンダルシア州の古い品種で，1513年に Gabriel Alonso de Herrera によって TORTOZÓN という別名で最初に記載された．DNA 系統解析により PLANTA NOVA（TORTOZÓN の別名で）と GIBI は，エストレマドゥーラ州（Extremadura）の古い品種で，同じく1513年に同氏が記録した ALARIJE（SUBIRAT PARENT の別名で）の親品種であることが示された（Lacombe *et al.* 2007）．別名の TARDANA はこの品種が晩熟であることを反映している（*tardar* はスペイン語で「長い時間が必要」の意味）．

ブドウ栽培の特徴

厚い果皮をもつ果粒で晩熟である．

栽培地とワインの味

フランスでは試験栽培の結果，満足のいく収量が得られれば商業ワイン生産のために栽培を増やすことを目的として，モンテギュ＝プラントレル（Montégut-Plantaurel，パミエ（Pamiers）の西に位置する）のレ・ヴィニュロン・アリエージュ（Les Vignerons Ariégeois/ アリエージュのブドウ栽培者グループ）が，他の絶滅危惧品種とならんで30〜40本の TORTOZON（フランス語ではアクセント記号がない）のブドウの樹を栽培しているが，あまり期待はもてそうにない．

PLANTA NOVA は隣り合う Utiel-Requena および Valencia の DO で公認されている．2008年の PLANTA NOVA の総栽培面積である1,385 ha（3,422 acres）のうちの多くはバレンシア州の自治共同体で栽培されており，またカスティーリャ＝ラ・マンチャ州やエストレマドゥーラ州でも非常に限定的に栽培されている．Torroja 社の Sybarus Tardana Único ワインは数少ない良質のヴァラエタルワインの一つであり，フレッシュでしっかりした骨格があり，桃やレモンのフレーバーをもっている．

PLANTET

かつてフランス，ロワール（Loire）で人気があった交雑品種．
いまでは少し珍しいラズベリーフレーバーのワインになる．

ブドウの色：

主要な別名：Seibel 5455

起源と親子関係

PLANET は20世紀の初めにフランス南東部，アルデシュ県（Ardèche）のオーブナ（Aubenas）の Albert Seibel 氏が得た交雑品種である．Seibel 氏は当初，この品種を SEIBEL 867×SEIBEL 2524 の交配品種であると記録していたが，後に彼自身が SEIBEL 4461×*Berlandieri* であると修正しており，この品種の遺伝的起源は明らかではない（Galet 1988）．この品種は COLOBEL と LANDAL の育種に用いられた．

品種名の起源は不明であるが，「若いブドウの樹」を意味する *plantier* に関連すると考えられている（Rézeau 1997）．

ブドウ栽培の特徴

萌芽期は早期で早熟である．結実能力が高く安定して高収量である．風による被害を受けやすいので支柱を使う栽培が最適である．全般に良好な耐病性を示し，フィロキセラ被害の可能性がない地域では接ぎ木をしなくてもよい．果粒が密着した果房をつけ小さな果粒は熟すと脱粒することがある．冬の寒さと春の霜害に良好な耐性があるが，ニューヨーク州のようなより寒冷な気候の土地ではその耐性は不十分である．

栽培地とワインの味

PLANET はフランス，ロワールで最も人気のある交雑品種であり，ほとんどのワイン産地で公認されているにもかかわらず，1958年の27,900 ha（68,942 acres）から2009年には1,105 ha（2,731 acres）までその栽培面積は減少した．かつてはスイス西部でも重要な品種であったが現在ではほぼ消失している．ブドウはラズベリーフレーバーをもちアメリカ系品種には見られない珍しい味わいである．あまり知られていない忘れられた品種を扱っている Domaine Mondon-Demeure 社は，ローヌの北西部のセント エティエンヌ（Saint-Étienne）でロゼとオフ・ドライのスタイル（vin de France に分類される）のワインを作っている．

PLANTSCHER

スイス，オー・ヴァレー（Haut-Valais）でのみ見られる，
非常に珍しいスイスあるいはハンガリーの品種

ブドウの色：● ● ● ● ●

主要な別名：Bordeaux Blanc ☒（ヴァレー州（Valais）），Bourgogne Blanc（ヴァレー州），Gros Bourgogne ☒（ヴァレー州およびヴォー州（Vaud））

起源と親子関係

PLANTSCHER という名前は「白」を意味する *blanc* から派生した Blanchier に由来すると考えられている．この名前はスイス南部のヴォー州やヴァレー州の多くの異なる品種に使われている．DNA 系統解析によって PLANTSCHER は意外にも FURMINT の自然子品種で（Vouillamoz，Maigre *et al.* 2004），HÁRSLEVELŰ の姉妹品種にあたることが明らかになった（Vouillamoz and Moriondo 2011）．したがって PLANTSCHER は GOUAIS BLANC の孫品種にあたる（PINOT の系統図参照）ことからハンガリーが起源の地であるのかもしれない．

ブドウ栽培の特徴

樹勢が強く安定して豊産性である．萌芽期および熟期はいずれも中期である．大きな果粒で，大きな果房をつける．灰色かび病に感受性である．

栽培地とワインの味

フランスの二つの地方に関連した別名をもつが，PLANTSCHER はスイスでのみ見られ，ヴォー州やヴァレー州の畑の所どころで栽培されている．孤立した場所にわずかに残ったブドウの樹に加えて，2011 年には一箇所だけ PLANTSCHER の0.75 ha（2 acres）の畑があり，オー・ヴァレー（Haut-Valais）で Josef-Marie Chanton 氏が栽培している．同氏が作るソフトなテクスチャーのワインはカモミールなどの野生の花のアロマとスイカズラのニュアンス，控えめな酸味をもつが，この品種はいくぶんニュートラルである（Dupraz and Spring 2010）．

PLASSA

厚い果皮をもつ赤ワイン品種．
イタリア，トリノ県（Torino）の南西部でタンニンに富むワインになる．

ブドウの色：● ● ● ● ●

主要な別名：Scarlattino

起源と親子関係

PLASSA はイタリア，トリノ県のピネローロ（Pinerolo）の，正確にはビビアーナ（Bibiana），ブリケラージオ（Bricherasio），フェニーレ（Fenile），サン・セコンド（San Secondo）周辺地域が起源の地であろう．PLASSA は「固い果皮」を意味するイタリア語の *pellaccia* の方言で，これは果粒の果皮の厚さを表している．別名 SCARLATTINO は茎の赤い色を表している．

ブドウ栽培の特徴

樹勢が強く熟期は中期～晩期である．厚い果皮をもつ．結実不良（ミルランダージュ）とブドウ蛾に感受性であるが，かびの病気には良好な耐性を示す

栽培地とワインの味

厚い果皮のおかげで，かつては PLASSA は冬の間，生食用として保存されていたが，現在では BARBERA，NERETTA CUNEESE，CHATUS などの地方品種とブレンドされてもっぱらワイン用とされている．主にピネローロ地域の，特にビビアーナ，ブリケラージオ，カンピリオーネ（Campiglione），クミアーナ（Cumiana），フロッサスコ（Frossasco）などのコムーネで栽培されており，またヴァル・ディ・スーザ（Val di Susa）でも所どころで栽培されている．2000 年の時点で，イタリアではわずかに 44 ha（109 acres）の栽培が記録されるのみであった．この品種が厚い果皮をもつため，ワインはタンニンに富み，一般に瓶熟成によってソフトになる効果がある．

PLATANI

ギリシャ，サントリーニ島（Santoríni）のマイナーなブレンドワイン用の原料

ブドウの色：● ● ● ● ●

主要な別名：Platania（サントリーニ島），Platanos

起源と親子関係

ギリシャのキクラデス諸島（Kykládes）やクレタ島（Kríti）で栽培されている PLATANI は，遺伝的には同じくキクラデス諸島で栽培されている KATSANO と近い関係にある（Biniari and Stavrakakis 2007）．最近の DNA 解析によって ASSYRTIKO との親子関係が示された（Myles *et al.* 2011）．

ブドウ栽培の特徴

非常に豊産性，樹勢が強く灰色かび病に感受性である．萌芽は中期で熟期は早期～中期である．厚い果皮

をもつ果粒で，粗着した大きな果房をつける．

栽培地とワインの味

ギリシャのサントリーニ島では，PLATANI は，ほとんどがブレンドワインの生産に用いられている．古い混植の畑で見られ，おそらく ATHIRI とほぼ同じ栽培面積である．両品種はサントリーニ島では最も早く収穫される品種なのでしばしば一緒に醸造されるが，PLATANI はあまり知られておらず，脚光を浴びていない．ワイン生産者の Paris Sigalas 氏はかつてこの品種のみを別に醸造し，レモンとオレンジのアロマをもつ軽くフレッシュなワインを作ったことがある．

PLAVAC MALI

力強い赤ワインになる，クロアチアをリードする古い品種．同じではないが，TRIBIDRAG（ジンファンデル（ZINFANDEL））と遺伝的に近縁関係にある．

ブドウの色：● ● ● ● ●

主要な別名：Crljenak（スプリト（Split）），Kasteljanak（スプリト），Pagadebit Crni または Pagadebit Mali（コルチュラ島（Korčula）），Plavac Mali Crni，Plavac Veliki，Plavec Mal（北マケドニア共和国），Zelenak（ドブロヴニク（Dubrovnik））

よく PLAVAC MALI と間違えられやすい品種：BABIĆ ☓（シベニク（Šibenik）），PLAVINA ☓（ダルマチア（Dalmatian）沿岸），TRIBIDRAG ☓（ダルマチア沿岸）

起源と親子関係

PLAVAC MALI はクロアチア南西部，ダルマチア沿岸由来の品種である．これは同国で経済的に最も重要な濃い果皮色のブドウで，Trümmer（1841）が最初に典型的なダルマチアブドウとして記載している．最近のブドウの形態分類学的解析および遺伝的解析によって PLAVAC MALI の中にきわめて高いクローンの多様性が認められたことから，非常に古い品種であることが示唆された（Zdunić *et al.* 2009）．この品種名は果粒の外観を表しており，クロアチア語で *plavo* は「青」，*mali* は「小さい」という意味がある．

PLAVAC MALI は長い間，TRIBIDRAG（ジンファンデル）と混同されてきたが，最近の DNA 解析によってこれらは異なる品種であることが明らかになった（Pejić *et al.* 2000）．さらに，DNA 系統解析によって PLAVAC MALI は実はいずれも古いダルマチア品種である TRIBIDRAG×DOBRIČIĆ の交配品種であることが明らかになった（Maletić *et al.* 2004）．PLAVAC MALI は，それゆえ TRIBIDRAG×VERDECA の交配品種である PLAVINA と片親だけが姉妹関係にあたることになる．また，TRIBIDRAG と親子関係にある GRK，CRLJENAK CRNI や VRANAC については，これらの祖父母または片親だけの姉妹関係にあたる（Maletić *et al.* 2004; TRIBIDRAG の系統図参照）．PLAVAC MALI は BABIĆ と混同されがちであるが，DNA 系統解析によって BABIĆ は DOBRIČIĆ と親子関係にあるので，PLAVAC MALI の祖父母あるいは片親だけの姉妹関係にあたることが明らかになった（Zdunić，Pejić *et al.* 2008）．なお BABICA はカシュテラ・ヴァレー（Kaštela Valley）でのみ栽培されており，PLAVAC MALI の子品種であることが見いだされた（Zdunić，Pejić *et al.* 2008）．

ブドウ栽培の特徴

萌芽期は後期で晩熟である．たとえばペリェシャツ半島（Peljesac）に見られるような沿岸の斜面の日当たりのよい南向きの高台での栽培が最も適している．小さな青い果粒は厚い果皮をもち，非常に高い糖度に達する．一般にかびの病気には感受性でない．

栽培地とワインの味

PLAVAC MALI はクロアチアで最も広く栽培されている赤ワイン用品種であるが，同国の栽培面積のわずかに9％を占めるだけで，2009年には栽培面積はおよそ2,925 ha（7,228 acres）であった．この品種はダルマティンスカ・ザゴラ（Dalmatinska Zagora /Croatian Hinterland）や中央・南部ダルマティア（Srednja i Južna Dalmacija /Central and Southern Dalmatia）のワイン生産地域で公認されており，それ独自の原産地呼称（1961年に設立されたDingač）をもつ最初の品種となった．ドブロヴニクのすぐ北にあるペリェシャツ半島のPostupやDingač原産地呼称のワインはPLAVAC MALIだけから作られなければいけない．辛口あるいはオフ・ドライのワインで，残糖により攻撃的なタンニンを覆い隠すことができる．非常に濃い最高のワインになるブドウは，アドリア海を見下ろす急で砂地の高台の斜面で作られ，通常株仕立てにより熱い太陽や強い風から守られている．肥沃な土地で栽培され，収量が多いこのブドウは品質が低くなるようである．

土地と品種の組合せにより深い色合いでパワフルなアルコール分の高いワインができ，それらはとりわけ，攻撃的なタンニンを有することがあり，ダークチェリーやプラム，ブラックベリーのフレーバーをもつワインを生む．弱い酸味にもかかわらず，瓶熟成に適している．Dingačの規定では最低13％のアルコールを含むことを定めているが，酒精強化することなく17％のアルコール分に達するワインもある．斜面の上部のブドウからはよりフレッシュでよりエレガントなワインが作られる．PLAVAC MALIの他の重要な原産地呼称にはフヴァル島（Hvar）のIvan DolacやSveta Nediljaがある．バラック（Brač），ラストボ（Lastovo），ヴィス（Vis）などの島々でも高品質のPLAVAC MALIが作られている．過熟させ，半干ししたブドウからデザートワインであるProšekが作られることもある．

推奨される生産者としてはHrvoje Baković，Bura-Mokalo，Ivo Duboković，Kiridžija，Korta Katarina，Miličić，Saints Hills，Skaramuča，Andro Tomićなどの各社があげられる．

この品種は北マケドニア共和国のヴェレス（Veles）やティクベシュ地域（Tikveš）でもPLAVEC MALの別名で栽培されている．

PLAVEC ŽUTI

クロアチアとスロベニアで軽く酸味の効いた白ワインになる，マイナーな品種

ブドウの色：●　●　●　●　●

主要な別名：Debeli Klešec（スロベニア），Plavac Žuti（クロアチア），Plavec Rumeni（クロアチア），Rumeni Plavec（スロベニア）
よくPLAVEC ŽUTIと間違えられやすい品種：Plavaï ☓（モルドヴァ共和国）

起源と親子関係

PLAVEC ŽUTIはクロアチア北部やスロベニア南部の古い品種で，かつては生食用とされていたが，現在ではワインも作られている．*Žuti*と*rumeni*はそれぞれクロアチア語とスロベニア語で「黄色」を意味する言葉である．

他の仮説

Vitis国際品種カタログで示唆されているように，PLAVEC ŽUTIはモルドヴァ共和国のPLAVAÏ（もはや栽培されていない）とは異なることがDNA解析によって明らかにされている（Vouillamoz）．

ブドウ栽培の特徴

中～大きなサイズの果粒で，糖度は低～中程度である．べと病への良好な耐性をもつ．

栽培地とワインの味

クロアチアではPLAVEC ŽUTIは大陸部クロアチア（Kontinentalna Hrvatska）北部のザグレブ市（Zagreb）

周辺のプレシヴィツァ（Plešivica），プリゴリェ・ビロゴラ（Prigorje-Bilogora），ポクプリェ（Pokuplje）の三つの地方で公認されている．生産者が収量の制限を始めてから，ワイン用としてより大きな可能性が見いだされた．ヴァラエタルワインは一般に軽く，11〜12 % のアルコール分で，Šember 社や Vučinić 社などの生産者により作られている．

スロベニアでは RUMENI PLAVEC という別名で，ポサウイエ（Posavje）のドレンスカ（Dolenjska）やビゼルスコ・スレミッチ（Bizeljsko-Sremič）サブリージョンで栽培されている．また北のシュタイエルスカ・スロベニア（Štajerska Slovenija/Slovenian Styria）周辺でも少し栽培されており，2009年には合計105 ha（259 acres）の栽培が記録されている．Vino Graben 社はヴァラエタルワインを作っているが，酸味が非常に強いため，ブレンドワインに用いられることも多い．同じ理由で Istenič 社などの生産者はブレンドワインや発泡性ワインを生産している．

PLAVINA

濃い果皮色の TRIBIDRAG（ジンファンデル（ZINFANDEL））の子品種.
クロアチアのダルマチア（Dalmatian）沿岸で軽い赤ワインになる.

ブドウの色：● ● ● ● ●

主要な別名：Brajda，Brajdica（ラブ島（Rab）），Plavina Crna，Plavka または Plajka（コトル（Kotor）およびコルチュラ（Korčula））
よく PLAVINA と間違えられやすい品種：PLAVAC MALI ☿

起源と親子関係

PLAVINA は PLAVAC MALI とよく混同されるが，DNA 系統解析によれば PLAVINA はイタリア，プッリャ州（Puglia）の VERDECA とクロアチア，ダルマチア地方（Dalmacija）の TRIBIDRAG（別名 PRIMITIVO，ジンファンデル）の交配品種であることが明らかになった（Dalmatia; Lacombe *et al.* 2007）．アドリア海をへだてたこの二つの地方のつながりは，ダルマチア地方とプッリャ州の方言に似たものがあることや，数多くのイタリア南部の村に多くのダルマチア地方の人々が暮らしていることからもわかる．しかし，プッリャ州あるいはダルマチア地方のどの場所で PLAVINA を生んだ交配が起こったのかは明らかになっていない．

イタリア南部のプッリャ州では，VERDECA および TRIBIDRAG の両品種はともに伝統的に栽培されてきたので，そこで PLAVINA が生まれた可能性がある．しかし，もし他の別名で栽培されていないとすると，プッリャ州から PLAVINA は消滅したようだ．現在 PLAVINA が広く栽培されているダルマチア地方も，この品種が生まれた候補地の一つであるが，VERDECA 名ではダルマチア地方では記録がなく，もし VERDECA が他の別名で栽培されていないとすると，いまも VERDECA はダルマチア地方では栽培されていないようである．

しかしダルマチア品種の GRK，CRLJENAK CRNI（現在は栽培されていない），PLAVAC MALI，VRANAC も TRIBIDRAG と親子関係にあり（Maletic *et al.* 2004），PLAVINA の祖父母か片親だけ同じ姉妹品種の関係にあるので（系統図は TRIBIDRAG 参照），おそらく PLAVINA はダルマチアが起源の地であろう．VERDECA は最近 LAGORTHI という別名でギリシャで見つかったことから（Vouillamoz），ダルマチア地方で VERDECA を探すのはこの仮説を確認する意味からも興味深い．

ブドウ栽培の特徴

安定して高い収量を示す．収量が高く，果粒が密着した果房になると，べと病と灰色かび病に感受性となる．萌芽は後期であるので，春の霜の被害を受ける危険性は低い．熟期は中期〜晩期である．やせた軽い土壌で収量を調節すると最高の結果が得られる．

栽培地とワインの味

PLAVINA はクヴァルネル湾（Kvarner）の島々からモンテネグロにかけてのほとんどのクロアチア沿岸地域で，しばしば PLAVAC MALI とともに栽培されている．この品種はダルマチア北部（Sjeverna Dalmacija）ワイン生産地域で最も重要な赤品種である．2009年には1,090 ha（2,693 acres）と，クロアチアの栽培面積の3.35 % を占める栽培が記録されている．イストラ半島（Istra）から離れた沿岸のすべてのワイン生産地域で公認されており，通常，PLAVINA はライトボディーからミディアムボディーの軽い色合いでソフトなタンニンをもつワインになるため，早飲みワインや，より力強い品種とのブレンドワインの生産に適している．推奨される生産者は Duvančić 社である．

PLECHISTIK

栽培が非常に困難なロシアの品種．甘口の赤の発泡性ワインに用いられている．

ブドウの色：

主要な別名： Bogata Kist，Goryun，Khreshchatinskii，Letun，Osipnijak，Petoun，Plechistik Tsimlyansky，Plecistik，Rogataia Kisty

よく PLECHISTIK と間違えられやすい品種： KRASNOSTOP ZOLOTOVSKY，TSIMLYANSKY CHERNY

起源と親子関係

PLECHISTIK はロシア南西部，ウクライナとの国境近くのドン川（Don）に沿ったロストフ（Rostov）のワイン生産地域の古い品種である．CHERNY VINNY という別名を共有していることから，KRASNOSTOP ZOLOTOVSKY と混同されてきた．時に PLECHISTIK TSIMLYANSKY ともよばれるが，PLECHISTIK と TSIMLYANSKY CHERNY は異なる品種である（Chkhartishvili and Betsiashvili 2004）．

他の仮説

PLECHISTIK はドン川に沿った地域で栽培される他の品種同様に，中世にダゲスタン（Dagestan）から持ち込まれたといわれている（Vladimir Tsapelik，私信）．

ブドウ栽培の特徴

樹勢が強く，熟期は中期である．機能的にはめしべのみの花なので花ぶるい（Coulure）しやすい．薄く，もろい果皮をもつ．乾燥，冬の低温，かびによる病気，特にべと病に感受性である．冬には土をかぶせる必要がある．

栽培地とワインの味

ロシア品種の PLECHISTIK は受粉のために別の品種の近くで栽培される必要がある．たとえばロストフワイン生産地域では，かつては PLECHISTIK と混同されていた TSIMLYANSKY CHERNY が受粉に使われており，この品種とブレンドされて甘いがタンニンに富んだ赤の発泡性ワインが作れらている．Tsimlyansky ワイナリーはこの伝統的なワインの基準となる製品を作っている．PLECHISTIK はヴァラエタルワインには使われないが，プルーンとチェリーやサワーチェリーのフレーバーでブレンドワインに貢献している．この品種は，ロシアのクラスノダール地方（Krasnodar）など，さらに南部でも TSIMLYANSKY CHERNY とともにわずかに栽培されている．

PLYTO

ハーブの香りがする古く珍しいクレタ島の品種．非常に将来有望である．

ブドウの色：● ● ● ● ●

主要な別名：Plito，Ploto（キティラ島（Kýthira/Cythera）），Pluto（ケルキラ島（Kérkyra/Corfu）），Plytó

起源と親子関係

PLYTO はギリシャ，クレタ島の東半分の地域由来であろう．

ブドウ栽培の特徴

樹勢が強く，豊産性で熟期は中期である．べと病と灰色かび病への感受性があるが，うどんこ病にはそれほどの感受性はない．中〜大サイズの果粒で，大きな果房をつける．

栽培地とワインの味

非常に古い PLYTO のブドウはギリシャのクレタ島東部の混植のブドウ畑で現在も見られるが，Lyararkis 社がその可能性に期待して標高400 m にある1.5 ha（4 acres）の畑に植える前までは，ほぼ絶滅状態であった．同社の PLYTO ヴァラエタルワインはヘラクリオン（Irákleio / Heraklion）の地理的表示保護ワインで，ハーブの香りとともに，すこし草のようなデリケートな特徴を有し，チョーキーで洋梨のテクスチャーがある．ジューシーな柑橘のフレーバーをもち，12.5〜13% の適度のアルコール分に達する．ヴァラエタルワインの生産者はヘラクリオン県の Michalakis 社などであり，Tamiolakis 社は VIDIANO と PLYTO のブレンドワインを作っている．2011年の島での栽培面積の合計は5〜7 ha（12〜17 acres）が記録されている．

PODAROK MAGARACHA

最近開発された，使い道の多いウクライナの交雑品種．
とりわけべと病に対して耐性をもつ．

ブドウの色：● ● ● ● ●

起源と親子関係

PODAROK MAGARACHA には「マガラッチ（Magarach）の贈り物」という意味がある．1966年に P Y Golodriga，V T Usatov，L P Troshin，Y A Malchikov の各氏がウクライナ南部のクリミア半島のマガラッチ研究センターで RKATSITELI×MAGARACH 2-57-72 の交配により得た品種である．ここで MAGARACH 2-57-72 は MTSVANE KAKHURI×SOCHINSKY CHERNY の交配品種であり，SOCHINSKY CHERNY は栽培されていないウクライナの品種である．PODAROK MAGARACHA は PERVENETS MAGARACHA の姉妹品種である．この品種はウクライナの公式品種登録リストに1987年に登録された．

ブドウ栽培の特徴

樹勢が強く，熟期は早期〜中期である．薄い果皮の果粒は熟すとピンク色になる．耐寒性で－25℃（－13℉）にも耐え，またべと病に耐性である．

栽培地とワインの味

PODAROK MAGARACHA は特に香り高いということはなく，ジュース，辛口の白ワイン，酒精強化ワインあるいはブランデーなどの生産に用いられている．この品種は故郷のウクライナ（212 ha/524 acres ;2009年）で栽培されているが，ロシア（130 ha/321 acres，クラスノダール（Krasnodar）；2010年）でも栽培されている．モルドヴァ共和国でもまた栽培が報告されている．

POLLERA NERA

濃い色の果皮をもつ古い品種．イタリア，リグーリア州（Liguria）やトスカーナ州（Toscana）の北西部で栽培されている．

ブドウの色：● ● ● ● ●

主要な別名：Corlaga，Pollora Nera

起源と親子関係

POLLERA NERA はチンク・エテッレ（Cinque Terre，リグーリア州）やマッサ＝カッラーラ県（Massa-Carrara，トスカーナ）で栽培されるブドウとして Acerbi（1825）により初めて記載された．DNA 解析により POLLERA NERA は他のいくつかのトスカーナ品種（BIANCONE DI PORTOFERRAIO，CALORIA，COLOMBANA NERA など）同様に MAMMOLO の子品種であることが判明したことから，これらの品種は POLLERA NERA と片親だけが同じ姉妹品種にあたる（Di Vecchi Staraz，This *et al.* 2007）．POLLERA NERA の二種のクローン品種は通常，POLLERA CORLAGA あるいは POLLERA COMMUNE として区別されている．

ブドウ栽培の特徴

熟期は中期である．豊富な収量を示す．

栽培地とワインの味

POLLERA NERA はイタリア，リグーリア州のモンテロッソ（Monterosso）とリオマッジョーレ（Riomaggiore）の間にあるチンク・エテッレと，トスカーナ州の北西部，カッラーラ地域（Carrara）のあちこちで栽培されている．ワインはシンプルでフルーティー，ふつうはサンジョヴェーゼ（SANGIOVESE）が多くの割合で用いられる Colli di Luni DOC などで他の地方品種とブレンドされている．2000年の時点で，イタリアでは73 ha（180 acres）の栽培が記録されている．

PONTAC

TEINTURIER を参照

PORTAN

フランス，モンペリエ（Montpellier）の交配品種

ブドウの色：● ● ● ● ●

起源と親子関係

PORTAN は，1958年にフランス南部のモンペリエの国立農業研究所（Institut National de la Recherche Agronomique : INRA）で Paul Truel 氏がグルナッシュ（GRENACHE / GARNACHA）×BLAUER PORTUGIESER の交配により得た交配品種である．この品種名は Portugais（BLAUER PORTUGIESER はフランス語で Portugais Bleu と呼ばれる）の最初の4文字をとり最後に an を付けたもので，おそらく CHASAN と同様の造語であろう（Rézeau 1997）.

ブドウ栽培の特徴

萌芽期は非常に早く早熟である．したがって灰色かび病に感受性ではない．非常に樹勢が強く長い剪定が最適である．やせた土壌が栽培に適している．うどんこ病とブドウつる割れ病に感受性である．

栽培地とワインの味

この早熟の品種はソフトでよい色づきの早飲みワインになる．2009年のフランスでは311 ha（758 acres）の栽培面積が記録されており，主にラングドック（Languedoc）で見られる．アルザス（Alsace）以外のすべてのフランスのワイン産地で推奨されているが，ここ数年では若干栽培面積は減少している．Pays d' Oc で，CARIGNAN（MAZUELO），グルナッシュ，メルロー（MERLOT），カベルネ・フラン（CABERNET FRANC）などとブレンドされている．しかし，オード県（Aude）の西部にある Les Domaines Auriol 社，さらに西にあるカルカソンヌ（Carcassonne）近郊の Cave La Malepère 社は，この品種からヴァラエタルワインを作っている．

スペインではペネデス（Penedès）の Can Rafols dels Caus 社で Carlos Esteva 氏が1980年代に PORTAN を植え，他のモンペリエの交配品種である CALADOC や CHENANSON などとブレンドして Petit Caus 赤ワインを作っている．

POŠIP BIJELI

クロアチア，コルチュラ島（Korčula）の高品質なブドウ.
フルボディーの白ワインになる.

ブドウの色：● ● ● ● ●

主要な別名：Pošip，Pošip Veliki（ドゥブロヴニク（Dubrovnik）），Pošipak，Vgorski Bijeli
よくPOŠIP BIJELIと間違えられやすい品種：FURMINT ☒

起源と親子関係

POŠIP BIJELI は ZLATARICA BLATSKA BIJELI × BRATKOVINA BIJELA の交配により生まれた品種であることが DNA 系統解析によって明らかになった（Piljac *et al.* 2002）．これら3品種は長い間クロアチアのダルマチア（Dalmatian）沿岸沖のコルチュラ島で栽培されてきたことから，POŠIP BIJELI はおそらくコルチュラ島が起源の地であろうと考えられている（ZLATARICA BLATSKA BIJELI の品質には高い評価があるものの，おそらく収量が安定しないという理由でもはや栽培されていない）．同じ島に起源をもつ黒色の果粒品種の POŠIP CRNI は異なる品種で（Maletić *et al.* 1999），商業栽培されていない．

他の仮説

POŠIP BIJELI は FURMINT とよく混同されるが，ブドウの形態分類学的解析（Galet 2000）と DNA 解析（Maletić *et al.* 1999）によって，これらが同じ品種であるという仮説は否定された．

ブドウ栽培の特徴

良好で安定した収量を示す．萌芽期は早期で早熟であり，概ね高い糖度に達する．薄い果皮なので強い風，日焼けに敏感であり，乾燥した環境では果粒が乾燥しやすい．べと病およびうどんこ病に感受性である．

栽培地とワインの味

POŠIP BIJELI は単に POŠIP としてよく知られており，量的な面でクロアチア沿岸地域（Primorska Hrvatska）のダルマチア地方（Dalmacija）中部で最も重要な白品種である．2009年にクロアチアのブドウ栽培面積の1.4 % を占める450 ha（1,112 acres）の栽培が記録されていた．主にコルチュラ島の特にチャラ（Čara）やスモクヴィツァ（Smokvica）で栽培され，近隣の島や沿岸でも少し栽培されている．ワインは1967年の Korčula 原産地呼称の創設によりその高い品質が認められた．フルボディーかつリッチでありながらフレッシュで，場所によっては優しいが熟したフルーツのアロマを感じることができる．この品種は主に辛口の白ワインに用いられ，一般にダルマチア地方の南部が栽培に最も適している．時に親品種である BRATKOVINA BIJELA とブレンドされ，オークが使われることもあるが，半干ししたブドウを用いて伝統的な甘口ワインであるプロシェック（Prošek）も作られている．推奨される生産者としては Grgić，Korta Katarina，Krajančić，Kunjas などの各社があげられる．

POTAMISSI

ギリシャの島のマイナーな白ワイン品種．
ほとんどがブレンドワインの生産に用いられている．

ブドウの色：● ● ● ● ●

主要な別名：Aspropotamisio（ミコノス島（Mýkonos）およびティノス島（Tínos）），Aspropotamissi，Potamisi，Potamisiès（サントリーニ島（Santoríni）），Potamisio，Potamisio Lefko，Potamissio Lefko

起源と親子関係

「川から」という意味をもつ POTAMISSI は，ギリシャのキクラデス諸島（Kykládes）由来の品種である．Myles *et al.*（2011）の中でアメリカ合衆国農務省（USDA）が所有する POTAMISSI の標準試料は EARLY MUSCAT と同じであると報告されたが，これは本物の POTAMISSI の DNA 解析によって否定された（Vouillamoz）．

同じ地域で栽培されている濃い果皮色の POTAMISSI MAVRO が POTAMISSI の果皮色変異なのか異なる品種であるかは明らかでない．

ブドウ栽培の特徴

樹勢が強く，豊産性で，花ぶるいしやすい．そのため，普通は栽培が容易であるが，果粒の大きさは鉄砲玉の大きさのものからゴルフボール大のものまで不均一である．萌芽期および熟期はいずれも中期である．厚い果皮をもつ大きな果粒で，粗着した大きな果房をつける．

栽培地とワインの味

POTAMISSI は主にギリシャのサントリーニ島で見られ，同島ではブレンドワインの生産に用いられている．またナクソス島（Náxos），ティノス島，アモルゴス島（Amorgós），ミコノス島，フォレガンドロス島（Folégandros），イオス島（Íos），ミロス島（Mílos）などのキクラデス諸島の島々，ならびに驚くべきことにペロポネソス半島（Pelopónnisos）の南端沖にあるキチラ島（Kýthira）でもわずかだが栽培されている．混植されている古い畑でわずかに栽培されるだけであるので，この品種について言及されることはめったにない．POTAMISSI からヴァラエタルワインが作られることはないが，比較的高いアルコール分と控えめな酸味で，時にややタンニンのある平凡なワインになる．

POULSARD

古く，香り高い，フランスのジュラ県（Jura）の特産品

ブドウの色：● ● ● ● ●

主要な別名：Mècle（アン県（Ain）），Pelossard，Peloussard，Plant d'Arbois，Pleusart，Ploussard，Plussart，Poulsard Noir，Pulceau，Pulsard

よくPOULSARDと間違えられやすい品種：MÈCLE DE BOURGOIN ※，PELOURSIN ※（イゼール県（Isère）では Pelossard と呼ばれる），TRESSOT ※（ヨンヌ県（Yonne））

起源と親子関係

POULSARD はフランス東部，フランシュ＝コンテ地域圏（Franche-Comté）の古い品種である．現地では早くも1386年に POLOZARD という名称でロン＝ル＝ソーニエ（Lons-le-Saunier）にて書かれた宣誓書に記載されており，現在ではチリー＝ル＝ヴィニョール（Chilly-le-Vignoble）と呼ばれている Chilley の土地の一区画について言及している（Rézeau 1997）．「彼はフィレンツェの金のフロリンコイン4個のために SAVAIGNINS NOIRS，POLOZARD，MERGELIAINS などを植えるべきである」．POULSARD という表記は後に1732年にブザンソン（Besançon）の議会で作成された良質の品種を示すリストに現れる（Rézeau 1997）．

PELOURSIN と同様に POULSARD という品種名は果粒の色に由来し，それは「野生のプラム」を表す方言の *pelosses* に似ている（Galet 1990）．変異により軽いマスカットのアロマになった黒色果粒で現在では栽培されていない POULSARD NOIR MUSQUÉ に加えて，黒い色の果粒の POULSARD あるいは POULSARD NOIR は果皮色変異によって，それぞれ白色果粒の POULSARD BLANC（2000年のフランスで13 ha/32 acres）および赤色果粒の POULSARD ROUGE になった（Galet 2000）．

ブドウ栽培の特徴

萌芽期は非常に早く早熟である．いくぶんデリケートで春の霜，花ぶるいや日焼けにより被害を受ける可能性がある．支柱を使った長い剪定が最適である．粘土や石灰石の粘土土壌での栽培に適している．うどんこ病に非常に感受性である．大きな果粒で小さな果房をつける．

栽培地とワインの味

POULSARD はフランス東部のジュラ県の特産品でこの地方の北部のアルボワ（Arbois）近くのピュピラン（Pupillin）において PLOUSSARD という地方名で成功した品種である．香り高く高品質のワインになる可能性をもつが，特に力強くはなく，通常は色が薄く TROUSSEAU やピノ・ノワール（PINOT NOIR）とブレンドされ，またロゼワインも作られている．ヴァン・ド・パイユ（藁ワイン /vin de Paille）の色づけにも用いられる．隣接するビュジェイ（Bugey）でも少し栽培されており，主に中甘口の発泡性ワインとしてCerdonのラベル表記でワインが作られている．2009年のフランスでは311 ha（768 acres）の栽培が記録されており，過去50年間は変化は見られず，ジュラ県で2番目に多く栽培される赤ワイン品種である．POULSARDはArbois，Macvin du Juraのvin de liqueur（甘口酒精強化ワイン），Côtes du Juraの赤ワイン，Crémant du Juraなどのアペラシオンにおける主要品種の一つとして公認されており，L'Étoileや白ワインのCôtes du Juraではマイナーな品種として公認されている．

推奨される生産者としてはPhilippe Bornard（アルボワ＝ピュピラン（Arbois-Pupillin）），Domaine Emmanuel Houillon/Pierre Overnoy（アルボワ＝ピュピラン），Domaine Puffeney（アルボア），Domaine André et Mireille Tissot（アルボワではStéphane Tissot），Domaine de la Tournelle（アルボワ）などの各社がある．

PRAIRIE STAR

耐寒性をもつアメリカの交雑品種．ブレンドワインの生産に用いられ，ニュートラルでフルボディーの白ワインになる．

ブドウの色：

主要な別名：ES 3-24-7

起源と親子関係

PRAIRIE STARは，1980年にウィスコンシン州にあるオシオラ（Osceola）でElmer Swenson氏がELMER SWENSON 2-7-13×ELMER SWENSON 2-8-1の交配により得た交雑品種である．

- ELMER SWENSON 2-7-13はELMER SWENSON 5-14×SWENSON REDの交雑品種（ELMER SWENSON 5-14の系統はBRIANNA参照）
- ELMER SWENSON 2-8-1（またはALPENGLOW）はまた，ELMER SWENSON 5-14×SWENSON REDの交雑品種

PRAIRIE STARは2種類の姉妹品種の子品種で*Vitis riparia*，*Vitis labrusca*，*Vitis vinifera*，*Vitis aestivalis*，*Vitis lincecumii*，*Vitis rupestris*および*Vitis cinerea*の複雑な交雑品種である．1984年に選抜され2000年にTom PlocherとBob Parkeの両氏が命名し公開するまではES3-24-7という名前でテストされていた（Smiley 2008）．

ブドウ栽培の特徴

厚い果皮をもつ果粒で，いくぶん粗着した長い果房をつける．樹勢が強く萌芽期は中期である．早熟．非常に耐寒性である（−20°F/−29℃から−35°F/−37℃）．うどんこ病，黒腐病および黒とう病にやや感受性をもつ（Smiley 2008）．

栽培地とワインの味

ワインは非常にニュートラルで，フローラルなノートをもつことがあるがフォクシーさはなく，軽いブレンドワインにボディーを加えるときには有用な品種である．ミネソタ州には2007年に40 acres（16 ha）の栽培が記録されており，ヴァラエタルワインの生産者にはGlacial Ridge，Indian Island，Millner Heritageなどの各社がある．また，中西部のアイオワ州やネブラスカ州などのでも限定的に栽培されている．カナダのケベック州ではLes Petits Cailloux社やClos du Roc Noir社が辛口のヴァラエタルワイン（オークを効かせたものとそうでないものの両方のスタイル）を作っているが，他の多くの生産者はKAY GRAY，FRONTENAC GRIS（FRONTENAC参照），ST PEPIN，VANDAL-CLICHEなど他の耐寒性品種とのブレンドワインを作っている．

PRČ

珍しい香りのクロアチアの品種．同国のフヴァル島（Hvar）で復活している.

ブドウの色：● ● ● ● ●

主要な別名：Čimavica, Parč, Prč Bijeli
よくPRČと間違えられやすい品種：GRK ☓（マカルスカ（Makarska））

起源と親子関係

PRČ は疑いもなくクロアチア，フヴァル島の由来の品種である．その地方の俗語で *prč* は「山羊」を意味することから，おそらくこの品種名は果粒の匂いにちなんで命名されたのであろう（Galet 2000).

他の仮説

PRČ は GRK の別名としてよく掲載されるが，DNA プロファイル（Benjak *et al.* 2005; Pejić *et al.* 2000）の比較から，これらは異なる品種であることが明らかになった（Vouillamoz).

ブドウ栽培の特徴

樹勢が強く，萌芽期は中期〜後期であり，熟期は中期〜晩期である．厚い果皮の果粒で，小〜中サイズの果房をつける．良好な収量を示す．うどんこ病に感受性である．

栽培地とワインの味

PRČ はクロアチアの中央・南部ダルマチア（Srednja i Južna Dalmacija）のすべてのワイン生産地域で公認されている．19世紀末にはより広く栽培されていたが，現在ではほぼフヴァル島でのみとなり，通常は他の品種と混植されている．ワインは個性的なアロマをもち，マスカットに似ていると感じるが，他の人にとっては山羊が思い起こされるので，悪臭と感じる．PRČ は他の多くの在来の品種とともにクローン選抜と絶滅からの保全のための復活プログラムの取り組みの最中にある．最近見つかったブドウはほぼすべてウィルスに感染しているので（Zdunić，Pejić *et al.* 2008）こうしたクローン選抜は特に重要である．ヴァラエタルワインの生産者には Plančić 社（辛口，甘口，および同じように珍しい BOGDANUŠA とのブレンドも），および Vujnović 社などがある．

PRÉCOCE DE MALINGRE

あまり知られていないパリ生まれの交配品種.
現在でもドイツ，アール（Ahr）にある古い畑一か所のみで栽培されている.

ブドウの色：● ● ● ● ●

主要な別名：Blanc Précoce de Malingre, Early Malingre, Madeleine Blanche de Malingre, Malinger（アール），Malingre Précoce

起源と親子関係

1840年にフランス，パリの庭師の Malingre 氏が得た交配品種である．彼は親品種について記録していない．近年のDNA系統解析により，PINOTと現在では栽培されていないBICANEの交配品種であることが明らかになった（Vargas *et al.* 2009）．

ブドウ栽培の特徴

萌芽期は早期で，とても早熟である．それほど樹勢は強くなく，短い剪定が最適である．果粒は薄い果皮をもつ．雨に敏感で，特に開花期の雨には非常に敏感であるが，かびの病気にはあまり敏感ではない．果房は小さく，小さな果粒は高い糖度に達し，スズメバチが好む．

栽培地とワインの味

2008年の時点で，フランスでの栽培は1 ha（2.5 acres）以下で，ヴァンデ（Vendée）でのみ推奨されているが，ヴァラエタルワインが作られているという記録はない．しかしドイツのアールにあるWeingut Jakob Hostert社のJakob Hostert氏は小さな畑（1,330本のブドウの樹が0.16 ha/0.4 acresの畑に植えられている）で，接ぎ木をしていない樹齢90年のMALINGERのブドウの樹を栽培しており，辛口，中甘口と甘口のワインを作っている．辛口ワインはアロマやフレッシュな酸味がなく，くすんだリースリング（RIESLING）のような味である．この品種はまた生食用として他の多くの国で栽培されている．

PRENSAL

頑強なスペイン，マヨルカ島（Mallorca）の特産品

ブドウの色：

主要な別名：Moll（ビニサレム（Binissalem）），Pensal Blanca，Premsal，Premsal Blanca，Prensal Blanc
よくPRENSALと間違えられやすい品種：Afus Ali，XARELLO

起源と親子関係

PRENSALはスペインのバレアレス諸島（Baleares）の在来の品種である．

ブドウ栽培の特徴

豊産性で熟期は中期である．果皮が厚く，もし土壌が肥沃であれば大きな果粒になる．うどんこ病に感受性である．

栽培地とワインの味

マヨルカ島ではPREMSALのスペルが使われている．酸度に欠けるので，フレッシュなワインを作るためにMOSCATEL，シャルドネ（CHARDONNAY），ヴィオニエ（VIOGNIER）などの品種とブレンドされることが多く，補酸もよく行われる．スペインのBinissalem-Mallorca DOにおける主要な白品種であり，現地ではこの品種を最低50%加える必要がある．2008年には同島で65 ha（161 acres）の栽培が記録され，気軽に飲める白ワインが作られている．トロピカルフルーツの香りのワインや，アーモンドや木の香りがある良好な骨格をもつワインなど，様々なスタイルのワインになり，数ヶ月の瓶熟成によりいくらか品質が向上するが，いずれも早飲み用のワインである．バレアレス諸島の他のDO，Plà y Llevantでも主要品種の一つであるほか，しばしばVino de la Tierra Mallorcaとして瓶詰めされている．Àn Negra社のQuíbiaワインは50 %のPREMSALと50 %の赤品種のCALLET（白ワイン仕込み）とのブレンドワインで，辛口で繊細なテクスチャーとミネラル感があり，梨や西洋スモモのフレーバーをもつ，酸味と後味にリフレッシュ感のあるワインである．Toni Gelabert社はPREMSALとMOSCATELをブレンドすることで香り高く，デリケートで非常に爽やかなワインを作っている．滓とともに熟成させると還元臭が出やすいが，酸化もしやすいので，ワイナリーでの扱いが難しい品種である．

PRESSAC

COT を参照

PRETO MARTINHO

TRINCADEIRAと混同されることの多いポルトガル品種

ブドウの色：● ● ● ● ●

主要な別名：Amostrinha（アルダ・ドス・ヴィーニョス（Arruda dos Vinhos）およびブセラス（Bucelas）），Preto Martinho do Oeste
よくPRETO MARTINHOと間違えられやすい品種：NEGRAMOLL ⚮，TRINCADEIRA ⚮

起源と親子関係

PRETO MARTINHO はポルトガル北東部の品種である．この品種は TRINCADEIRA や NEGRAMOLL と混同されてきたが（Brazão *et al.* 2005），Veloso *et al.*（2010）で報告された DNA 解析によって，それらは異なる品種であることが明らかになった．

ブドウ栽培の特徴

萌芽期は中期で早熟である．中サイズの果粒で密着した果房をつける．

栽培地とワインの味

ワインは控えめなアルコール分で CASTELÃO などとブレンドされる．Casa Santos Lima 社はソフトでオークを使ったヴァラエタルワインを作っている．2010年のポルトガルでは269 ha（665 acres）の栽培が記録されており，リスボン地方（Lisboa）や北東部で栽培されている．

PRIÉ

スペインとスイスに関係のある，イタリア，アオスタ（Aosta）の非常に重要な品種

ブドウの色：● ● ● ● ●

主要な別名：Bernarde ⚮（スイスのヴァレー州（Valais）），Blanc de Morgex，Blanc du Valdigne，Legiruela ⚮（スペインのカスティーリャ・イ・レオン州（Castilla y León）のアビラ県（Ávila）），Plant de la Salle，Prié Blanc
よくPRIÉと間違えられやすい品種：LUGLIENGA ⚮

起源と親子関係

PRIÉ はヴァッレ・ダオスタ州（Valle d'Aosta）の最も古い品種の一つで，1691年にアオスタの近くのサン・ピエール（Saint-Pierre）における記録がある．この品種は，起源の地だと考えられているモンブランの麓のヴァッレ・ダオスタ（アオスタ渓谷）上流の古いラテン語の地名にちなんで，BLANC DU

VALDIGNE とも呼ばれている．かつて PRIÉ には以下の2種類のクローンがあった（Gatta 1838）．一つは Valdigne（主にモルジェ（Morgex）とラ・サル（La Salle））に，またもう一つはグラン・コンバン（Grand Combin）の麓のヴァルペッリネ（Valpelline）にあったクローンである．しかし，ヴァルペッリネのクローンは消失した．PRIÉ はスイスのヴァレー州で19世紀初頭から BERNARDE の名で非常に限られた量が栽培されており，現地での BERNARDE という名前はヴァッレ・ダオスタ州からこの品種をもちこんだ人が通ったグラン・サン・ベルナール峠（Grand-Saint-Bernard）にちなんだものである．

とても意外なことに，PRIÉ はスペインのアビラ県で LEGIRUELA というその地方の別名で呼ばれ，長く栽培されていたことが DNA 解析によって明らかになった（Schneider *et al.* 2010）．またそれらの品種と近隣のバリャドリッド（Valladolid）で栽培されている ALBILLO REAL やイタリア北西部，ピエモンテ州（Piemonte）で栽培されている LUGLIENGA との間に親子関係があることが明らかになった．他方，スペイン南部のアンダルシア州（Andalucía）で栽培されている LAIRÉN との親子関係も示唆された（Santana *et al.* 2010）．ヴァッレ・ダオスタ州で栽培されている MAYOLET や PRIMETTA などの品種との間でも，さらなる親子関係が見いだされたことで（Vouillamoz 2005; Vouillamoz and Moriondo 2011），イタリア北部とスペイン北部を結ぶ複雑な系統の存在が浮かびあがった．LUGLIENGA は PRIÉ よりもずっと以前の文献の中に見られ，系統図の系譜の最も最初に記載されているが，他の親品種が不明であるので LAIRÉN と ALBILLO REAL は LUGLIENGA と入れ替わる可能性もあり，PRIÉ が他のすべての5種類の品種（LUGLIENGA，ALBILLO REAL，LAIRÉN，PRIMETTA，MAYOLET）の親品種という可能性もある．

PRIÉ と LUGLIENGA との形態的な類似性はすでに知られており，PRIMETTA とも同様で，PRIMETTA は（その系統を考えるととても合理的なことに）PRIÉ ROUGE と呼ばれることがある．しかし MAYOLET との親子関係はまったく予想外であり，その結果 PRIÉ は，イタリアのヴァッレ・ダオスタ州生まれで現在ではもっぱらスイスのヴァレー州で栽培され，CORNALIN，ROUSSIN，NERET DI SAINT-VINCENT の曽祖父母である ROUGE DU PAYS の祖父母品種にあたることになる（ROUGE DU PAYS 参照）．これは PRIÉ がヴァッレ・ダオスタ品種の多様性に重要な役割を果たしたことを示唆している．加えてスペイン品種の ALBILLO REAL や LAIRÉN との関係は，PRIÉ のイタリア起源に疑問を投げかけるものである．研究者は PRIÉ がイタリアからスペインに持ち込まれたのか，あるいはその反対なのか結論づけることができずにいる（Schneider *et al.* 2010）．

他の仮説

PRIÉ は AGOSTENGA と呼ばれることもある．これは「8月」を意味するイタリア語の *agosto* に由来しており，ブドウの早熟さを表していると考えられるが，アオスタの市のラテン語名である *Augusta Praetoria* に由来しているとも考えられる．しかしこうした誤解を与える名前は他の多くの品種でも見られることから採用するべきではない．PRIÉ はスイスのヴァレー州から持ち込まれたともいわれるが，これは事実とは異なるであろう（Vouillamoz and Moriondo 2011）．

ブドウ栽培の特徴

霜および冷涼な気候に良好な耐性を示す．非常に早熟である．ブドウ蛾（*Eupoecilia ambiguella*）と酸敗に感受性がある．

栽培地とワインの味

PRIÉ はもっぱらイタリア北西部のモルジェやラ・サルのコムーネのあるヴァッレ・ダオスタ州の標高900～1200 m にある畑で栽培されている．これらはヨーロッパ大陸で最も標高が高い場所にある畑である．興味深いことにフィロキセラはこうした寒冷な気候の場所では生存できないようで，すべての PRIÉ のブドウはいまでも接ぎ木をされていない．PRIÉ は伝統的な低い棚仕立てによって，土に蓄積された熱から恩恵を受けている．2000年時点でのイタリアの統計によれば39 ha（96 acres）の栽培が記録されている．

Valle d'Aosta DOC の Blanc de Morgex et de La Salle はヴァラエタルの PRIÉ ワインで，普通は辛口で山の干し草や白い花のアロマ，フレッシュな酸度と持続性のある後味をもつ．またこの品種からは発泡性ワインやデザートワインも作られている．Ermes Pavese 社が作る Cuvée Nathan（辛口でオークを使っている）や Cuvée Ninive（甘口，12月に収穫されたブドウを用いる），Maison Albert Vevey 社が作る辛口ワインおよび Cave du Vin Blanc de Morgex et de La Salle 社の伝統的な手法による発泡性ワインがよい例である．

スイスでは BERNARDE という別名で現在でもヴァレー州でわずかに栽培されている（0.02 ha/0.05 acres）.

スペインではアビラ県のサン・エステバン・デル・バジェ（San Esteban del Valle）で LEGIRUELA という別名でわずかに栽培されている（Schneider *et al.* 2010）.

PRIÉ 系統図

現在ではこの品種はヴァッレ・ダオスタ州のみで見られるが，古い PRIÉ はスペインやスイスなどの遠くの地に遺伝的に類縁関係のある多くの品種の派生をもたらした．多くの不明な（おそらく絶滅した）品種（？）との関係があり，理論的には反対方向の類縁関係も成り立つ（p.XIV 参照）ので，その起源には議論が多い．

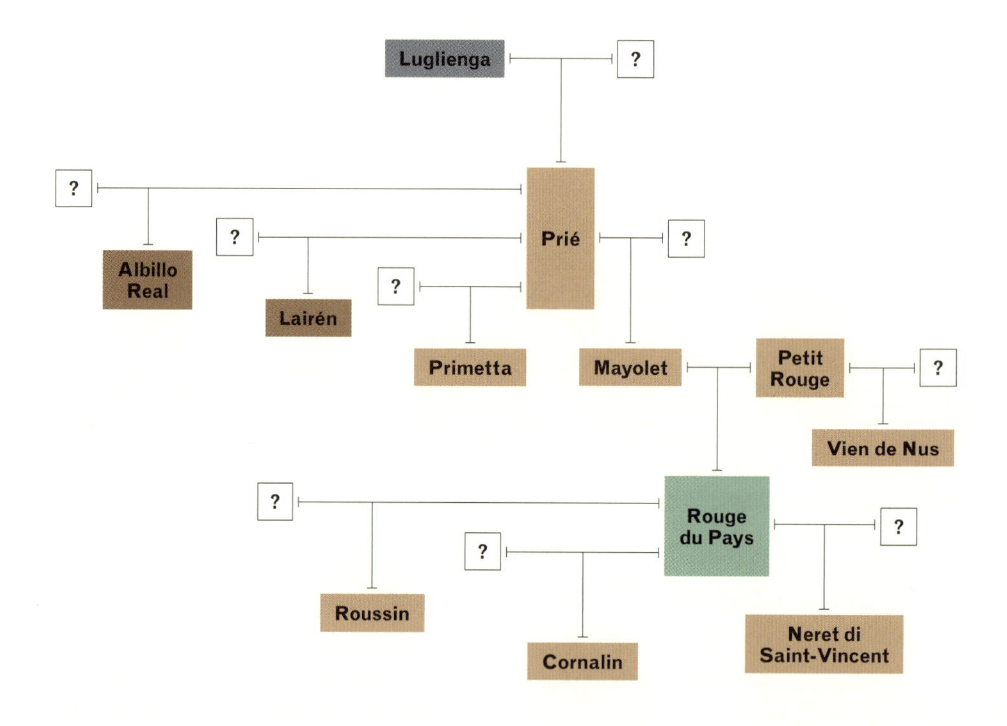

● ピエモンテ（イタリア） ● カスティーリャ・イ・レオン（スペイン） ● ヴァレー（スペイン） ● ヴァッレ・ダオスタ（イタリア）

PRIETO PICUDO

キレがよく，香り高いスペイン北西部，レオン（*León*）の特産品

ブドウの色：● ● ● ● ●

主要な別名：Prieto Picudo Oval ⚥（ティエラ・デ・レオン（Tierra de León）），Prieto Picudo Tinto ⚥（ティエラ・デ・レオン）

起源と親子関係

PRIETO PICUDO はスペイン北西部，レオン県，南部地域の在来品種で，Valdevimbre-Los Oteros Viño de la Tierra で公認されている．同じ地方で，小判型の果粒を付ける PRIETO PICUDO OVAL として知られている変異品種が見つかっている．DNA 系統解析によって PRIETO PICUDO はレオンの北に位置する沿岸地域アストゥリアス（Asturias）で，ALBARÍN NEGRO の別名で栽培されているポルトガル品種の ALFROCHEIRO の姉妹品種であることが明らかになった（Santana *et al.* 2010）．

レオン県の南部で栽培される PRIETO PICUDO BLANCO は DNA 解析によって GODELLO と同じであることが明らかになったので（Santana *et al.* 2007; Gago *et al.* 2009），PRIETO PICUDO BLANCO は PRIETO PICUDO の白色変異というわけではない．

ブドウ栽培の特徴

薄い果皮をもつ小さい果粒で，密着した小さな果房をつける．萌芽期は早期～中期である．早熟．樹勢は弱く収量も少ない．乾燥を好まず，冷涼な土壌と温暖な気候を好む．日焼けに感受性であり，うどんこ病にはやや感受性を示す．

栽培地とワインの味

PRIETO PICUDO はスペイン北西部のカスティーリャ・イ・レオン州（Castilla y León）でのみ栽培されており，同州では2008年に5,187 ha（12,817 acres）の栽培が記録されている．Tierra de León や Valles de Benavente および Valtiendas などの DO で主要な品種として公認されているが，ワインの多くは Vino de la Tierra Castilla y León に分類されている．ワインは典型的なチェリーの色合いをもち，高いアルコール分で非常に香りが高く（森の果物や黒胡椒），強い酸味をもち MENCÍA とのブレンドに適している．推奨される生産者としては Dehesa de Rubiales，Dominio Dostares，Gordonzello，Pardevalles，Tampesta，Vega Carriegos などの各社があげられる．

PRIKNADI

マケドニア（*Makedonía*）東部の不可解で珍しい品種

ブドウの色：● ● ● ● ●

主要な別名：Prekiadi，Prekna，Preknadi，Preknari，Preknari Lefko，Prekniariko，Prekno

起源と親子関係

PRIKNADI はテッサリア（Thessalía）とマケドニア地方の珍しい品種である．

他の仮説

ギリシャブドウデータベースにある PRIKNADI の標準試料の DNA プロファイルは，スイス品種の CHASSELAS と一致したが（Vouillamoz），同じデータベースに保存されている形態分類学的データは両品種の間で完全に異なっていた．

ブドウ栽培の特徴

厚い果皮をもつ果粒で，大きな果房をつける．樹勢と結実能力が高く豊産性である．熟期は中期～晩期である．灰色かび病に感受性であるが，乾燥には比較的耐性を示す．石灰土壌は栽培に最適である．

栽培地とワインの味

ワインは通常はわずかにアロマがあり，アルコール分も高いが，酸味が弱く，酸化を防ぐために注意深く扱う必要がある．現時点でのヴァラエタルワインの生産者はギリシャ，マケドニア西部のナウサ（Náoussa）近くで1.5 ha（4 acres）を栽培している Chrisohoou 社と2006年に1.6 ha の栽培を記録している Diamantakos 社である．近くの Dalamara 社は MALAGOUSIA，PREKNIARIKO と RODITIS を用いてブレンドワインを作っている．

PRIMETTA

ピンクのワインになる，復活を遂げたイタリア，アオスタ（Aosta）の特産品

ブドウの色：● ● ● ● ●

主要な別名：Neblou，Premetta，Prëmetta，Prié Rouge，Prometta
よくPRIMETTAと間違えられやすい品種：BONDA ☒

起源と親子関係

PRIMETTA はヴァッレ・ダオスタ州（Valle d'Aosta）の古い品種であるが，PRIÉ の実生であると考えられていたので PRIÉ ROUGE と呼ばれることもある．最近の DNA 解析により，これが事実であることが示された．PRIMETTA は PRIÉ の子品種であるので，MAYOLET，LUGLIENGA，ALBILLO REAL，LAIRÉN などとは祖父母品種か孫品種，あるいは片親だけが同じ姉妹品種のいずれかの関係にあたる（PRIÉ の系統図参照；Vouillamoz and Moriondo 2011）．品種名はこの品種の早熟な性質から，「第一の」を意味するイタリア語の *prima* にちなんで命名されたものである．

ブドウ栽培の特徴

早熟である．冷涼な気候およびべと病や灰色かび病に耐性を示す．

栽培地とワインの味

PRIMETTA はイタリア北西部，ヴァッレ・ダオスタ州でのみ栽培されている．主にサン・ピエール（Saint-Pierre），サン＝ドニ（Saint-Denis），アイマヴィル（Aymavilles），クアルト（Quart）で栽培が見られ，ロゼ色のワインになる．かつてわずかだがアンフェール・ダルヴィエ（Enfer d'Arvier）やシャンバーヴ（Chambave）で PETIT ROUGE と，ニュス（Nus）で PETIT ROUGE および VIEN DE NUS とブレンドされていた（すべて Valle d'Aosta DOC 内）．20世紀の終わりには絶滅寸前であったが，Costantino

Charrère 氏がこの品種を救済した．彼は近年この品種を小さなブドウ畑に植えた第一人者で，ヴァラエタルワインの最初の生産者となっている．ごく最近，Valle d'Aosta DOC において珍しいヴァラエタルのロゼワインが作られた．たとえば Grosjean Frères 社の Prëmetta ワインは10 % の CORNALIN を含み，バラとストロベリーの香りをもちフレッシュで非常にしっかりしたテクスチャーのワインである．また Les Crêtes Premetta は伝統的な発泡性ワイン製法で作られる軽いピンク色のワインである．PRIÉ ROUGE という別名で，2000年時点でのイタリアの統計ではわずかに18 ha（44 acres）の栽培が記録されている．

PRIMITIVO

TRIBIDRAG を参照

PRINZIPAL

最近開発された耐病性をもつドイツの交雑品種．
リースリング（RIESLING）の影響を受けている．

ブドウの色：

主要な別名：Geisenheim 7116-26

起源と親子関係

PRINZIPAL は，1971年にガイゼンハイム（Geisenheim）研究センターで Helmut Becker 氏が GEISENHEIM 323-58 × EHRENFELSER の交配により得た交雑品種である．このとき用いられた GEISENHEIM 323-58 は CHANCELLOR × リースリングの交雑品種である（CHANCELLOR の完全な系統は PRIOR を参照）．

ブドウ栽培の特徴

この品種は，耐寒性があり灰色かび病に耐病性を示す．べと病とうどんこ病にもある程度の耐病性をもつが，担子菌 *Pseudopezicula tracheiphila* の感染により葉枯れや房枯れが引き起こされる病気（Roter Brenner）には感受性である．水が豊富な深い土壌の場所が栽培に適している．糖度はリースリングより少し高めだが，酸度はわずかに低い．熟期は中期～晩期である．

栽培地とワインの味

1999年にドイツで公認されたが，まだ数 ha しか栽培されていない．ナーエ地方（Nahe）の Wolfgang Hermes 社やラインヘッセン（Rheinhessen）の Hans J Becker 社が，オフ・ドライあるいは甘口のヴァラエタルワインを作っている．それらのワインからはリースリングを感じることができる．

PRIOR

耐病性を付与するために育種された，ドイツの交雑品種

ブドウの色：● ● ● ● ●

主要な別名：Freiburg 484-87 R

起源と親子関係

PRIOR は，1987年にドイツ南部のバーデン－ヴュルテンベルク州（Baden-Württemberg）のフライブルク（Freiburg）研究センターで Norbert Becker 氏が FREIBURG 4-61×FREIBURG 236-75 の交配により得た交雑品種である．その名はラテン語の「前の」，あるいは「年長の」に由来しているが，おそらくその優れた品質，さらにはこの品種が比較的早熟であることを意図したものであろう．他の多くの品種も明示できるので，その完全な系統を図で示した．

ブドウ栽培の特徴

べと病への良好な耐性を示すが，灰色かび病とうどんこ病に感受性である．熟期は早熟～中期である（ピノ・ノワール（PINOT NOIR）より7～10日遅い）．

栽培地とワインの味

ドイツではバーデン（Baden）の Winzergenossneschaft Achkarren 社が，スイス北部のバーゼル（Basel）のすぐ南に位置するアルレスハイム（Arlesheim）にある Arnoldweine 社同様にヴァラエタルワインを作っている．スイスのピュリー（Pully）にあるシャンジャン・ヴューデンスヴィル農業研究所（Agroscope Changins-Wädenswil）の試験農場における試験栽培の後，PRIOR は現在では限定的に同国で栽培されている（0.33 ha/0.8 acres）．この品種は CABERNET CORTIS，CABERNET CARBON，CABERNET CAROL よりも有望な品種である．2011年にイタリアで公認された．

PROBUS

PROBUS は，セルビアのヴォイヴォディナ自治州（Vojvodina）のスレムスキ・カルロヴツィ（Sremski Karlovci）にあるノヴィ・サド（Novi Sad）大学に属するブドウ栽培研究センターで，D Milisavljević，S Lazic，V Kovač 氏らが KADARKA×カベルネ・ソーヴィニヨン（CABERNET SAUVIGNON）の交配により得た豊産性で晩熟の黒色果粒をもつ交配品種である．1983年に公開された（Cindrić *et al.* 2000）．フルシュカ・ゴーラ（Fruška Gora）やドナウ川沿いなどの地域で3世紀にブドウ栽培を奨励したローマ皇帝プロブス（Probus）にちなんで命名された．生産者は Milanovic，Prekogačic，Živanovic などの各社がある．

PROCANICO

TREBBIANO TOSCANO を参照

PRODEST

イタリア，コネリアーノ（Conegliano）の交配品種．
よりフレッシュなメルロー（MERLOT）を作る目的で開発された．

ブドウの色：● ● ● ● ●

主要な別名：Incrocio Cosmo 109

起源と親子関係

PRODEST は1960年代にイタリア北部，ヴェネト州（Veneto）のコネリアーノ（Conegliano）研究センターで，Italo Cosmo 氏がメルローの酸度を向上させる目的でメルロー×BARBERA の交配により得た交配品種である．NIGRA の姉妹品種にあたる．

ブドウ栽培の特徴

主要なかびの病気に耐性を示す．樹勢が強く熟期は中期である．

栽培地とワインの味

ヴェネト州（Veneto）のトレヴィーゾ県（Treviso）のコネリアーノやピエーヴェ･ディ･ソリーゴ（Pieve di Soligo）周辺の数 ha で栽培されており，現地ではメルローの代替として提案されてきた．2000年時点でのイタリアの統計によれば14 ha（35 acres）の栽培が記録されている．ワインは植物的で軽くフルーティー，フルボディーでタンニンに富んでおり，良好な熟成の能力があるが，この品種名が理由で英語圏の市場を把握しきれていない．

PROKUPAC

早飲みの赤ワインや深い色合いのロゼワインになる，バルカン半島のブドウ品種

ブドウの色：● ● ● ● ●

主要な別名：Kameničarka，Kamenilarka，Majski Čornii（ロシアおよびモルドヴァ共和国），Nikodimka，Niševka（セルビアおよび北マケドニア共和国），Prokupec（北マケドニア共和国），Prokupka，Rskavac（セルビア），Skopsko Crno（北マケドニア共和国），Zarčin（ブルガリア）

起源と親子関係

PROKUPAC は非常に古いバルカン半島の品種で，おそらくセルビアが起源の地であろう．同国では中世の頃から主要な赤品種であり，高い形態的多様性が見られることから（Avramov and del Zan 2004），これは古い品種であることが示唆される．ŽUPLJANKA の育種に用いられた．

他の仮説

Galet（2000）の著書に引用されている Biron によれば，この品種はトルコの PAPAZKARASI と同一であるとされているが，この説は疑わしい．DNA 解析はまだ行われていない．

ブドウ栽培の特徴

樹勢が強く晩熟である．厚い果皮をもつ果粒をつける．べと病に非常に感受性であるが灰色かび病には比較的耐性である．耐寒性をもつ（－14℃/6.8°F から －18℃/－0.4°F）．

栽培地とワインの味

セルビアで広く栽培されており，特に西モラヴィア（Zapadna Morava）や南モラヴィア（Juzna Morava）のワイン生産地域で多く見られ，またコソボでも見られる．PROKUPAC は早飲みワインになり，典型的なワインは深いルビーの色で，高いアルコール分に達し，赤い果実のアロマをもつ．国際品種とブレンドされることが多く，しばしば濃い色合いのロゼワインが作られている．生産者は Ivanović や Toplički Winery などである．北マケドニア共和国でも冷涼な場所で限定的に栽培されており，ブルガリアやロシアでも同様である．

PROSECCO

いくぶんニュートラルではあるが Prosecco 発泡性ワインの主原料であるブドウ．
おそらく，クロアチアのイストリア半島の品種であろう．
商業的な保護を理由に GLERA という紛らわしい品種名へ改名された．

ブドウの色：● ● ● ● ●

主要な別名： Briška Glera ☒（スロベニア），Glera ☒（時にトリエステ県（Trieste）で），ProseccoTondo ☒（フリウーリ（Friuli）），Serpina ☒（コッリ・エウガネイ（Colli Euganei）），Serprina（コッリ・エウガネイ），Serprino（コッリ・エウガネイ），Števerjana ☒（スロベニア），Teran Bijeli ☒（クロアチア）

よく PROSECCO と間違えられやすい品種： MALVASIA BIANCA LUNGA ☒（コネリアーノ（Conegliano）では時に Prosecco Nostrano と呼ばれることがある），PERERA，PROSECCO LUNGO ☒

起源と親子関係

18世紀の後期からイタリア北部のトレヴィーゾ県（Treviso）のコネリアーノ地域で，形態的に異なるいくつかの品種が PROSECCO と呼ばれてきたが，この名はおそらくトリエステ県のプロセッコ村（Prosecco）の名にちなんでつけられたと考えられている．Balbi Valier 氏は，19世紀の半ばに，その果粒の形から PROSECCO TONDO（イタリア語の *tondo* は「丸い」を意味する）と名付けたクローンを選んで栽培を行った．1980年代にコネリアーノ（Conegliano）研究センターにおける研究を目的として，PROSECCO LUNGO（イタリア語の *lungo* は「長い」を意味する）と呼ばれ小判型の果粒をつけるクローンと PROSECCO NOSTRANO（イタリア語の *nostro* は「我々の」を意味する）と呼ばれる2種類のクローン品種が選抜された．

形態学的および DNA 解析によってこれら3種のクローンは実は異なる品種であることが明らかになった．PROSECCO TONDO は現在では単に PROSECCO と呼ばれており，PROSECCO LUNGO はそのままの名前で呼ばれ，PROSECCO NOSTRANO は MALVASIA BIANCA LUNGA と同じであることが明らかになった（Costacurta *et al.* 2003; Crespan *et al.* 2003）．PROSECCO と PROSECCO LUNGO の間に強い遺伝的関係が認められたが，親子関係は否定された（Crespan *et al.* 2009）．興味深いことに，DNA 系統解析によってイタリアとスロベニア国境のクラス地方（Karst）の白品種である VITOVSKA は（VITOUSKA の名で）PROSECCO×MALVASIA BIANCA LUNGA の自然交配品種であることが明らかになった（Crespan *et al.* 2007）．上述のクローン名を使うと，VITOVSKA は PROSECCO TONDO×PROSECCO NOSTRANO の交配品種となる．

加えて DNA 解析によって PROSECCO は，かつてはクロアチアのイストラ半島地方（Istra）の珍しい在来品種であると考えられていた TERAN BIJELI（クロアチア語の *bijeli* は「白」を意味する）と同じであることが明らかになった（Maletić *et al.* 1999）．さらにかつてスロベニアで栽培されていて異なる二つの品種であると考えられていたBRIŠKA GLERA およびŠTEVERJANA が PROSECCO と同じ品種であることが明らかになった（Štajner *et al.* 2008）．

PROSECCO はカベルネ・ソーヴィニヨン（CABERNET SAUVIGNON）と交配されINCROCIO MANZONI 2.15を生み出した．

2009年のProsecco di Conegliano-ValdobbiadeneのDOCG昇格とProsecco DOC地帯の拡大の過程で，プロセッココンソーシアムは公式名を変更して，この主要品種名をフリウーリ地方における別名であるGLERAと改名し，Proseccoは原産地呼称として保存することで，PROSECCOの名称を古い発泡性ワインに用いて利益を得ようとする他の地域や国から生産者を効果的に保護した．Prosecco DOCの拡大により，この品種の発祥地と考えられているトリエステ近くの同名の村が含まれることになった．しかし，この改正は混同と誤解をもたらした．GLERAはトリエステでいくつかの品種に用いられている通称であり，最近の研究によってGLERAは実は通常はPROSECCO LUNGOを指し，PROSECCO（TONDO）やVITOVSKAなどのクラス地方の品種や現在は栽培されていないAGHEDONEやMOCULAなどを指すことは非常にまれであることが明らかになった．

クロアチア品種間の遺伝的な関係を再構築した結果（Maletić *et al.* 1999），PROSECCOは（TERAN BIJELIの名で）他のすべてのクロアチアブドウとの関係において中心的な役割を果たしており，ボスニア・ヘルツェゴビナの品種であるŽILAVKAとの関係も明らかになった．この遺伝的な研究はPROSECCOのイストラ半島起源説を支持するものであった．したがってトリエステ県のプロセッコ村はイストラ半島からフリウーリ地方にいたる道の通過点に過ぎず，その品種のオリジナル名はTERAN BIJELIということになる．

他の仮説

PROSECCOは，イストラ半島の岩の上で栽培されていた品種として大プリニウスが記録したPUCINUMと誤って同定されることがよくある．PROSECCOを複数の品種であると考えている研究者もいるが，本書ではそうした考え方は採用しない（pp XX〜XXI 参照）．

ブドウ栽培の特徴

晩熟．べと病とうどんこ病，夏の乾燥，結実不良（ミルランダージュ）およびFlavescence dorée（細菌の感染によって葉の黄変が引き起こされる病気）に感受性である．

栽培地とワインの味

PROSECCOはイタリア北部のヴェネト州（Veneto）で最も広く栽培されている品種の一つである．主にトレヴィーゾ県のヴァルドッビアーデネ（Valdobbiadene）とコネリアーノとの間で栽培され，一般に高品質なコネリアーノ周辺の丘のProsecco di Conegliano-Valdobbiadene DOCG，あまり知られていないColli Asolani Prosecco DOCG，および最近その範囲が広がり現在ではProsecco DOCとなった平野部で，人気のある発泡性ワインが作られている．後者には九つもの県：ベッルーノ県（Belluno），ゴリツィア県（Gorizia），パドヴァ県（Padova），ポルデノーネ県（Pordenone），トレヴィーゾ県，トリエステ県，ウディネ県（Udine），ヴェネツィア県（Venezia），ヴィチェンツァ県（Vicenza）が含まれており，これまで販売されていた，代表的な丘の外側で生産されたProsecco IGTのすべてが含まれている．トレヴィーゾ県では10,000 ha（24,711 acres）と突出してこの品種が広く栽培されているが，パドヴァ県，ヴィチェンツァ県，ベッルーノ県をあわせても600 ha（1,483 acres）に満たない面積しか栽培されておらず，フリウーリは125 ha（309 acres）程度である．

この安価な発泡性ワインの年間生産量は130万hlで，2000年時点でのイタリアの統計ではPROSECCOとPROSECCO LUNGOは区別されていないが，8,144 ha（20,124 acres）が記録された．より最近では合計は11,000 ha（27,182 acres）と推定されている．Cartizzeのサブゾーンは他よりも冷涼であるが106 ha（262 acres）の栽培が記録されており，100万本のPROSECCOワインが通常のDOCやDOCGのワインよりも上のクラス（スペリオル（Superior））として生産されている．

PROSECCO（TONDO）はよりスパイシーなPROSECCO LUNGOと比べると軽いフローラル感がある．特に収量を制限しなかった場合には，かなりニュートラルなワインになる．ワインのフィニッシュは軽く発泡性で，あるときはレモンの風味，またときにはわずかにフローラルであるが，そうしたニュートラルさと欠陥は寛大すぎる糖の添加により覆い隠される．

PROSECCO のスティルワインもあるが，主には発泡性ワインが作られている．推奨される生産者としては，スペリオルワインでは Adami，Bisol，Bortolin，Bortolomiol，Case Bianche，Col Vetoraz，Conte Collalto，Nino Franco，Andreola Orsola，Sorelle Bronca などの各社があげられる．スティルワインは上述の原産地呼称の Prosecco として作ることができるが，Colli di Conegliano DOC としても作られる．そこでは VERDISO や BOSCHERA（別名 VERDICCHIO BIANCO）とブレンドされることもあり，辛口や甘口ワイン，パッシートスタイルの Torchiato di Fregona ワインなどがある．また，スティルワインと発泡性ワインの両方が Colli Euganei DOC（PROSECCO は SERPRINO と呼ばれる）で作られ，ヴァラエタルワインあるいは GARGANEGA などとのブレンドワインが作られている．

国境を越えたスロベニアのゴリシュカ・ブルダ（Goriška Brda）で数 ha の栽培が記録されている．また，アルゼンチンでも限定的に栽培されている．オーストラリアの Brown Brothers 社はすでにいくつかのビンテージの 'Prosecco' ワインを作っているが，名前を変えることなく輸出することはもはや認められていない．

PROSECCO LUNGO

スパイシーであまり一般的ではないプロセッコ（Prosecco）ブドウ

ブドウの色：● ● ● ● ●

主要な別名：Glera ☿（トリエステ県（Trieste）），Ribolla Spizade ☿，Tocai Nostrano ☿（ヴィチェンツァ県（Vicenza）のブレガンツェ（Breganze））

よく PROSECCO LUNGO と間違えられやすい品種：Bela Glera ☿（スロベニア），MALVASIA BIANCA LUNGA ☿（コネリアーノ（Conegliano）では Prosecco Nostrano と呼ばれることがある），PROSECCO ☿，RIBOLLA GIALLA ☿

起源と親子関係

イタリア北東部のトレヴィーゾ県（Treviso）では PROSECCO LUNGO，PROSECCO TONDO および PROSECCO NOSTRANO は単に果粒の形が異なるクローンであると考えられてきた（PROSECCO 参照）．しかし最近の DNA 解析によって PROSECCO LUNGO と，現在では単に PROSECCO と呼ばれている PROSECCO TONDO や，MALVASIA BIANCA LUNGA と同じ品種であることが明らかになった PROSECCO NOSTRANO とは異なる品種であることが示された（Costacurta *et al.* 2003; Crespan *et al.* 2003）．

PROSECCO LUNGO は，1980年代の終わりにイタリア北部のヴェネト州（Veneto）のコネリアーノ（Conegliano）研究センターで選抜・栽培された時にはほぼ絶滅状態であった．この品種はトレヴィーゾ県の事実上絶滅状態にある古い品種だと長く考えられてきたが，最近の DNA 解析によって，予想に反してイタリアとスロベニア国境地方のクラス地域（Karst）で見られる GLERA と呼ばれるブドウの大半が実は PROSECCO LUNGO と同じであることがわかった．他方，GLERA のごくわずかが PROSECCO や他の地方のイタリア品種であった（Crespan *et al.* 2009）．さらに PROSECCO LUNGO はヴェネト州からフリウーリ＝ヴェネツィア・ジュリア自治州（Friuli-Venezia Giulia）に至るまでの畑のあちこちで GLERA，TOCAI NOSTRANO，RIBOLLA SPIZADE などの別名で栽培されている（Crespan *et al.* 2003; Crespan *et al.* 2009）．PROSECCO と PROSECCO LUNGO との間の親子関係は否定されたが，両品種の間の強い遺伝的関係が示唆されている．現在栽培されていない BELA GLERA（*bela* は「白」を意味するスロベニア語）は Galet（2000）の著書の中で CHASSELAS と誤って同定されているが，DNA 解析によって GLERA（Štajner *et al.* 2008）や PROSECCO LUNGO および PROSECCO とも異なる品種であって，かつてウーディネ（Udine）近郊で栽培されていた PIENEL と同じであると結論づけられた（Crespan *et al.* 2011）．

ブドウ栽培の特徴

熟期は中期であるが PROSECCO よりもわずかに早く，樹勢は弱い．

栽培地とワインの味

PROSECCO LUNGO は PROSECCO（TONDO）とよく混同されるが，前者のワインが少しスパイシーであるのに対して，後者はよりフローラルである．発泡性の Prosecco ワインを作る過程で，少量の PROSECCO LUNGO が同じ時期に熟する PROSECCO と醸造時にブレンドされる．たとえば Costadila 社は，単一畑から作られた San Lorenzo ワインに PROSECCO LUNGO を加えている．

イタリアにおける PROSECCO LUNGO の栽培分布は PROSECCO と似ているが，より広い範囲で栽培されている．イタリアの品種リストと公式統計では PROSECCO と PROSECCO LUNGO を区別しないため詳細を知るのは困難である．この品種は TOCAI NOSTRANO という別名で，イタリア北東部，ヴィチェンツァ県のブレガンツェ周辺で栽培されており，VESPAIOLA や他のマイナーな地方品種とともに甘口のパッシートスタイルの Torcolato ワインなどに Breganze DOC で用いられている．Colli di Conegliano DOC において PROSECCO LUNGO は，最低でも 85 % 必要な PROSECCO を補う補助品種の一つである．非常に珍しいが，Varaschin 社はスティルの PROSECCO LUNGO のヴァラエタルワインを San Pietro di Barbozza 産のブドウを用いて作っている．

PRUGNOLO GENTILE

SANGIOVESE を参照

PRUNELARD

最近救済されたフランス南西部の古く珍しい品種．
COT（マルベック（MALBEC））の親品種である．

ブドウの色：● ● ● ● ●

主要な別名：Prunelart

よく PRUNELARD と間違えられやすい品種：BÉQUIGNOL NOIR ✕（ドルドーニュ川（Dordogne）とシャラント川（Charente）の間），BOBAL ✕（アリエージュ県（Ariège）では Prunelar と呼ばれる），CINSAUT ✕（ドルドーニュ県（Dordogne）とオート=ガロンヌ県（Haute-Garonne）），COT ✕（コレーズ県（Corrèze））

起源と親子関係

PRUNELARD はオート＝ガロンヌ県やタルヌ県（Tarn）の古い品種である．Hardy 氏（1842）がこの品種を最初に記録し，12 年後に Victor Rendu（1854）の著書である *Ampélographie française* の中で「ガヤック（Gaillac）のブドウ栽培地の主要な品種は Duras，Taloche，Muscat，Prunelard および Mauzac である」と記載されている．PRUNELARD という品種名は「プラム」を意味するラングドック地方（Languedoc）の方言の *prunèl* に由来し，それはこの品種の果粒の形と色がプラムに似ているからである（Rézeau 1997）．

ジロンド県（Gironde）で CINSAUT および / あるいは COT の別名として 16 世紀に記載されている PRUNELAT（Rézeau 1997）と PRUNELARD は，いずれもブドウの形態分類群の Cot グループに属してはいるが，混同してはいけない（p XXXII 参照；Bisson 2009）．最近の DNA 系統解析によって COT は MAGDELEINE NOIRE DES CHARENTES × PRUNELARD の交配により生まれた品種であり（完全な系統関係はカベルネ・ソーヴィニヨン（CABERNET SAUVIGNON）参照），PRUNELARD は MÉRILLE と親子関係にあることが明らかになった（Boursiquot *et al.* 2009）．

ブドウ栽培の特徴

熟期は中期である．非常に樹勢が強いが，特に豊産性というわけではない．春のダニに非常に感受性であるが灰色かび病への感受性は低い．果粒が密着した小さな果房をつける．

栽培地とワインの味

PRUNELARD はかつてはフランス南西部のラヴィルデュー（Lavilledieu）からガヤックにかけて広く栽培されていた．最近 Robert と Bernard Plageoles の両氏および地方の歴史的な在来品種を支援する他の生産者によって再発見され，植え付けられた．PRUNELARD はわずかにタルヌ県で推奨されているのみで，この品種を公認するアペラシオはない．2008年の栽培面積は13 ha（32 acres）であり1998年の2 ha（5 acres）からは増加している．ヴァラエタルワインの生産者には Domaine Plageoles 社や Domaine Carcenac 社などがあり，Domaine de la Ramaie 社は75％の PRUNELARD と25％の BRAUCOL（FER）のブレンドワインを作っている．ワインは深い色合いでフルボディーとなるがバランスがとれていて熟成に適しており，しばしば豊かなアルコールと熟したプラムおよびスパイスのフレーバーをもつワインになる．

PRUNESTA

マイナーなイタリア，カラブリア州（Calabria）の品種．
主にブレンドワインの生産に用いられる．

ブドウの色：● ● ● ● ●

主要な別名：Prunesta Nera

起源と親子関係

PRUNESTA は「霞」を意味するイタリア語の *bruma* に由来し，これは果粒をおおう白い粉を示したもので，ネッビオーロ（NEBBIOLO）の語源と似たものである．Galet（2000）は BERMESTIA BIANCA は PRUNESTA NERA の白変異であると述べたが，DNA プロファイルを比較すると両品種は異なる品種であることが明らかになった（Vouillamoz）．

プッリャ州（Puglia）で栽培されている生食用ブドウにも PRUNESTA（または PRUGESTA PUGLIESE）と呼ばれるものがあって紛らわしいが，これもここで述べている PRUNESTA とは異なる品種である．

他の仮説

PRUNESTA は大プリニウスが記録しているカンパニア（Capnia）の品種であると考えられることがある．

ブドウ栽培の特徴

熟期は中期である．

栽培地とワインの味

PRUNESTA はイタリア，カラブリア州のティレニア海（Tyrrenian）沿岸の，特にレッジョ・カラブリア県（Reggio Calabria）で栽培されている．この品種は IGT Val di Neto でヴァラエタルワインとして公認されているが，通常，たとえば Enopolis Costa Viola 社の Armacìa Rosso（IGT Costa Viola）や Tramontano 社の Scilla などのワインに見られるように，他の地方の品種とブレンドされている．2000年にイタリアでは96 ha（237 acres）の栽培が記録されている．

PUGNITELLO

復活した濃い果皮色のイタリア，トスカーナ（Toscana）の品種．良質のワインになるポテンシャルをもっている．

ブドウの色：● ● ● ● ●

よくPUGNITELLOと間違えられやすい品種：MONTEPULCIANO ☒

起源と親子関係

1981年にフィレンツェ（Firenze）大学の研究者がPUGNITELLOを救済した．イタリア中部のトスカーナのグロッセート（Grosseto）とモンタルチーノ（Montalcino）の間にあるポッジ・デル・サッソ（Poggi del Sasso）で栽培されていた，起源が不明の珍しい古いブドウ品種である．この品種名には「小さな拳」という意味があり，「拳」を意味するイタリア語の*pugno*は，この品種の果房の形を表したものである．当初はPUGNITELLOはMONTEPULCIANOの枝変わり品種であると考えられていたが，DNA解析によりこの説は否定された（Vignani *et al.* 2008）．

ブドウ栽培の特徴

樹勢が強いが，果房が小さいためそれほど豊産性ではない．糖分，アントシアニンおよびタンニンに富んでいる．

栽培地とワインの味

1980年代半ばにイタリア，シエーナ県（Siena）にあるカステルヌオーヴォ・ベラルデンガ（Castelnuovo Berardenga）の生産者であるSan Felice社とフィレンツェ大学が共同でこの品種を救済した．フィレンツェ大学の試験農場における栽培結果は期待がもてるものであり，1,000本のサンジョヴェーゼ（SANGIOVESE）にPUGNITELLOが高接ぎされた．1993年に最初の3樽のワインが作られた．San Felice社の栽培はキャンティで10 ha（25 acres），モンタルチーノ（Montalcino）で1 ha（2.5 acres），またマレンマ（Maremma）で3 ha（7 acres）に広がった．この品種は2002年にイタリアの公式品種登録リストに掲載され，San Felice社の最初の商業規模での瓶詰めがIGTトスカーナ（Toscana）として2003年に行われた．その頃からFattoria Santa，Poggio al Gello，Mannucci Droandiなどの各社がこの品種の可能性を認めるようになった．ワインは深い色合いで豊かな果実のフレーバーをもち，しっかりしていながら滑らかなタンニンとフレッシュな酸味を示し，樽熟成の恩恵を受ける．San Felice社のワインはRioja Riservaと似ているが，よりフレッシュな酸味としっかりとしたタンニンがある．

PUKHLIAKOVSKY

軽いワインになる収量が不安定なロシアの品種

ブドウの色：● ● ● ● ●

主要な別名：Coarnă Alba（ルーマニア），Kecskecsecsu（ハンガリー），Korna Belaja，Majorka Belaja，Puchljakovski（オーストリア）

起源と親子関係

PUKHLIAKOVSKY はロシア南西部，ウクライナとの国境近くのロストフ（Rostov）ワイン地方が起源の品種で，Pukhliakovskaya 村の名にちなんで命名されたものであろう．PUKHLIAKOVSKY CHERNY として知られる黒の生食用ブドウは PUKHLIAKOVSKY の色変異ではなく別の品種である．

他の仮説

ドン川（Don）沿いで栽培されている他の品種と同様に，PUKHLIAKOVSKY は中世にダゲスタン（Dagestan）から持ち込まれたといわれている（Vladimir Tsapelik, 私信）．

ブドウ栽培の特徴

樹勢が強く収量は高いが，機能的にめしべのみの花であるので，不安定な収量を示す．受粉のために雌雄同体の品種をこの品種に沿って栽培する必要がある．萌芽期は早期で，晩熟で温暖な気候を栽培には必要とする．ブドウを冬の寒さから保護するために11月はじめから土を被せる必要がある．べと病に対して良好な耐性をもっている．

栽培地とワインの味

PUKHLIAKOVSKY は主にドン川に沿ってロストフワイン生産地域の特に Pukhliakovskaya 村で栽培されている．ワインは比較的軽くアルコール分は低い．ブドウはしばしば生食用としても栽培される．

PULES

アルバニアのマイナーな白ワイン品種

ブドウの色：● ● ● ● ●

主要な別名：Pulës，Puls

起源と親子関係

アルバニア中南部，ベラト地方（Berat）が PULES の起源の地であろう．アルバニア南部のテペレナ（Tepelene）で採集された Pules i Bylyshit と呼ばれる2本の樹が異なる固有の DNA プロファイルをそれぞれ有していることが Ladoukakis *et al.*（2005）で報告された．この2本のうち，どちらが真の PULES であるかまだ明らかにされていないので，PULES ブドウの形態分類学的な同定は依然不明確である．

栽培地

アルバニアの中南部にあるこの品種の起源の土地でのみ見られ，伝統的にはラク（訳注：蒸留酒の一種）を作るのに使われる．木を伝い上らせて栽培されている．PULES は最近，新たに植え付けられ，ワインが作られている．Çobo 社はこの品種からヴァラエタルワインを作っている．

PX

PEDRO XIMÉNEZ を参照

QUAGLIANO　(クアリアーノ)
QUEBRANTA　(ケブランタ)

※次ページ以降に記載されているこのシンボルは，別名や誤った同定がDNA解析により確認されたことを示す．

QUAGLIANO

ピエモンテ州（Piemonte）の一部でのみ栽培される品種.
軽く，甘く，香り高い赤ワインになる.

ブドウの色：● ● ● ● ●

起源と親子関係

QUAGLIANO はイタリア北西部のピエモンテ州のサルッツォ地区（Saluzzo）の古い品種である．トリノ県（Torino）の南西60 km に位置するブスカ（Busca）コムーネで1721年に最初に記載され，続いて1749年にブスカから北に数km 離れた場所に位置するコスティリオーレ・サルッツォ（Costigliole Saluzzo）で記載されている．最近の DNA 系統解析では，予想に反し，また疑わしくもあるのだが，QUAGLIANO はプッリャ州（Puglia）の IMPIGNO の親品種である可能性が示唆された（Cipriani *et al.* 2010）.

ブドウ栽培の特徴

樹勢が強く，晩熟である．灰色かび病に感染しやすい.

栽培地とワインの味

QUAGLIANO はイタリア北西部のピエモンテ州のクーネオ県（Cuneo）でのみ栽培されている．とりわけこの品種の起源の地であるブスカとコスティリオーレの間で見られ，またパーニョ（Pagno），ピアスコ（Piasco），マンタ（Manta），ヴェルツオーロ（Verzulo），ブロンデッロ（Brondello），カステッラール（Castellar），サルッツォなどのコムーネでも栽培されている．QUAGLIANO の地方での名声は Poderi del Palas di Chiotti Diego 社のエコ博物館に見ることができ，1928年から毎年9月にコスティリオーレ・サルッツォで Sagra dell'Uva Quagliano フェスティバルが行われている．しかし2000年時点でのイタリアの農業統計によれば10 ha（25 acres）以下しか記録されていない.

Tomatis Dario 社や Giordanino Teresio 社などの生産者が作る，興味深いブラケット（Brachetto）のスタイルのヴァラエタルデザートワイン（BRACHETTO DEL PIEMONTE 参照）は，すみれとバラのアロマを有し，ストロベリーの甘い味わいがある．Poderi del Palas di Chiotti Diego 社は低アルコール分（7〜8%）の発泡性ワインをつくっている．すべてのワインは Colline Saluzzesi DOC 内で作られている.

QUEBRANTA

QUEBRANTA PERUANA とも呼ばれるペルーの伝統的な赤色の果皮の品種である．主にペルーの蒸留酒，ピスコに用いられるが，またロゼワインや赤のテーブルワインなどいろいろな甘さのワインが作られており，いずれも国内消費用である．最近の DNA 系統解析によって QUEBRANTA は LISTÁN PRIETO（MISSION の名で）× NEGRAMOLL（NEGRA MOLE の名で）の自然交配品種であることが明らかになった（This *et al.* 2006）．したがって，この品種は他の南アメリカ品種である CEREZA，TORRONTÉS SANJUANINO，TORRONTÉS RIOJANO と片親だけ同じ姉妹品種である（MUSCAT 系統図参照）.

R

※次ページ以降に記載されているこのシンボルは，別名や誤った同定がDNA解析により確認されたことを示す．

ROMÉ (ロメ)
ROMEIKO (ロメイコ)
ROMERO DE HÍJAR (ロメーロ・デ・イハール)
ROMORANTIN (ロモランタン)
RONDINELLA (ロンディネッラ)
RONDO (ロンド)
ROSÉ DU VAR (ロゼ・デュ・ヴァール)
ROSE HONEY (ローズ・ハニー)
ROSETTA (ロゼッタ)
ROSETTE (ロゼット)
ROSSARA TRENTINA (ロッサーラ・トレンティーナ)
ROSSESE BIANCO (ロッセーゼ・ビアンコ)
ROSSESE BIANCO DI MONFORTE (ロッセーゼ・ビアンコ・ディ・モンフォルテ)
ROSSESE BIANCO DI SAN BIAGIO (ロッセーゼ・ビアンコ・ディ・サン・ビアージョ)
ROSSESE DI CAMPOCHIESA (ロッセーゼ・ディ・カンポキエーザ)
ROSSETTO (ロッセット)
ROSSIGNOLA (ロッシニョーラ)
ROSSOLA NERA (ロッソラ・ネーラ)
ROSSOLINO NERO (ロッソリーノ・ネーロ)
ROTBERGER (ロートベルガー)
ROTER VELTLINER (ローター・ヴェルトリーナー)
ROTGIPFLER (ロートギプフラー)
ROUGE DE FULLY (ルージュ・ド・フイイ)
ROUGE DU PAYS (ルージュ・デュ・ペイ)
ROUSSANNE (ルーサンヌ)
ROUSSETTE D'AYZE (ルーセット・ダイズ)
ROUSSIN (ルサン)
ROVELLO BIANCO (ロヴェッロ・ビアンコ)
ROYAL DE ALLOZA (ロジャル・デ・アリョッサ)
ROYALTY (ロヤルティー)
RUBIN (ルビン)
RUBIN GOLODRIGI (ルビン・ハラドゥルギ)
RUBIN TAIROVSKY (ルビン・タイロフスキー)
RUBINET (ルビネト)
RUBINKA (ルビンカ)
RUBINOVY MAGARACHA (ルビノウィ・マハラチャ)
RUBINTOS (ルビントシュ)
RUBIRED (ルービーレッド)
RUBY CABERNET (ルビーカベルネ)
RUCHÈ (ルケー)
RUDAVA (ルダヴァ)
RUEN (ルエン)
RUFETE (ルフェッテ)
RUGGINE (ルッジネ)
RUZZESE (ルッツェーゼ)
RYUGAN (竜眼)

RABIGATO

高品質のワインになる可能性がある，高い酸度のポルトガル，ドウロ地方（*Douro*）の品種

ブドウの色：

主要な別名：Baldsena，Carrega Besta，Estreito，Muscatel Bravo，Não Há，Puesta en Cruz ☓（スペインのアリーベス・デル・ドゥエロ（Arribes del Duero）），Rabigato Respigueiro，Rabo de Asno，Rabo de Carneiro（ミーニョ（Minho）），Rabo de Gato（ミーニョ），Rodrigo Affonso
よくRABIGATOと間違えられやすい品種：DONZELINHO BRANCO ☓，MALVASIA FINA ☓，RABO DE OVELHA ☓

起源と親子関係

RABIGATO はポルトガル北部のドウロ地方に起源をもち，この地方でのみ栽培されている（Rolando Faustino 氏，私信）．1711年に初めてトラス・オス・モンテス（Trás-os-Montes）で Vicêncio Alarte 氏が彼の著書の '*Agricultura das vinhas*' の中で RABIGATO RESPIGUEIRO として記載している（Galet 2000）．RABIGATO は，この品種の長い果房にちなんで「猫の尻尾」という意味をもつ別名の RABO DE GATO の短縮形である（Galet 2000）．他の別名も同様で，RABO DE ASNO には「ロバの尻尾」という意味があり，RABO DE CARNEIRO は「羊の尻尾」という意味がある．最近の DNA 研究によって RABIGATO と TINTA FRANCISCA との間の遺伝的関係が示唆された（Castro *et al.* 2011）．

ドウロの RABIGATO をポルトガル北西部のミーニョ地方で RABIGATO とも呼ばれる RABO DE OVELHA と混同してはいけない．紛らわしい名前であるがそれらはまったく異なる品種で，葉の形も異なる．

ブドウ栽培の特徴

萌芽期は早く，熟期は早期～中期である．薄い果皮をもつ果粒をつける．べと病，うどんこ病および灰色かび病に感受性を示す．

栽培地とワインの味

RABIGATO はドウロで広く栽培されており，特にこの地方の東部の Douro Sperior に多く見られるが，ヴァラエタルワインはまれにしか作られない．ワインはフレッシュで活気があり，かなりアルコール分が高く酸味が強い．レモンとオレンジの花のアロマがあり，植物的でミネラル的なニュアンスもある．丁寧に作ると，ワインは印象的な奥行きを示し，ボトル熟成に適したものになる．2010年にポルトガルには2,542 ha（6,281 acres）の栽培が記録されている．酸度が高いため，より低い酸度の FERNÃO PIRES，SÍRIA，GOUVEIO（GODELLO），VIOSINHO などとよくブレンドされる．Dona Berta，CARM，Muxagat，Quinta de S José 社などの各社がまれにヴァラエタルワインを生産している．ポートワインの生産にも用いられている．

RABO DE OVELHA

控えめなポルトガル品種．早飲みの白ワインになる．

ブドウの色：● ● ● ● ●

主要な別名：Fernan Piriz ☒（スペイン），Rabo de Ovella
よくRABO DE OVELHAと間違えられやすい品種：RABIGATO ☒（ドウロ（Douro））

起源と親子関係

RABO DE OVELHA には「雌羊の尻尾」という意味があり，この名前は果房の形にちなんだものである．ポルトガル南部のアレンテージョ地方（Alentejo）が起源の地であり，この地方では高度な遺伝的多様性が見られる（Lopes *et al.* 2006）．ドウロの RABIGATO とよく混同されるが Almadanim *et al.*（2007）が報告した両者の DNA プロファイルは異なっていた．また，この品種は NEGRAMOLL の別名である RABO DE OVELHA TINTO の色変異ではないことが示された（Martín *et al.* 2006; Veloso *et al.* 2010）．

DNA 系統解析によって RABO DE OVELHA はイベリア半島の CAYETANA BLANCA と親子関係にあることが示唆されている（Zinelabidine *et al.* 2012; 系統図は CAYETANA BLANCA 参照）．

ブドウ栽培の特徴

樹勢が強く，豊産性であり萌芽期は中期である．熟期は中期～晩期である．厚い果皮の果粒が密着した大きな果房をつける．乾燥の影響を受けやすく，うどんこ病および灰色かび病に感染しやすい．花ぶるいには耐性である．

栽培地とワインの味

ポルトガル南部のアレンテージョ地方で広く栽培されており，また北のベイラス（Beiras）でも栽培が見られる．RABO DE OVELHA は軽くアロマティックなワインになり，さして濃厚ではなく，通常他の品種とブレンドされ，早飲みに向いている．J Portugal Ramos 社の Loios は RABO DE OVELHA と ROUPEIRO（SÍRIA）のブレンドワインであり，Carmim（Reguengos de Monsaraz 組合）は，この品種を何種類かの白のブレンドワインの生産に用いている．2010年にポルトガルでは957 ha（2,365 acres）の栽培が記録されている．

RABOSO PIAVE

イタリア，ヴェネト州（Veneto）の頑強な品種．
高品種のワインを作るためには，注意深い取扱いと長期間にわたる熟成が必要．
RABOSO VERONESE の親品種である．

ブドウの色：● ● ● ● ●

主要な別名：Friulara di Bagnoli（パドヴァ県（Padova）），Friularo ☒（パドヴァ県），Raboso del Piave, Raboso Nostrano
よくRABOSO PIAVEと間違えられやすい品種：GROPPELLO GENTILE ☒，RABOSO VERONESE ☒

起源と親子関係

RABOSO PIAVE と RABOSO VERONESE はよく似たイタリア北部のヴェネト州の古い品種で，混同されることが多かった．しかし形態学的特徴および DNA プロファイルは明らかに両者が異なる品種であることを示している（Crespan，Cancellier *et al.* 2006）．最近の DNA 解析によってこの品種は FOGARINA と親子関係にあることが示唆された（Myles *et al.* 2011）．

RABOSO PIAVE はヴェネツィア（Venezia）北部にあるヴェネト州のピアーヴェ川（Piave）の平野に起源をもつ．Raboso の名前は方言で「熟していないフルーツ」を意味する *rabioso* に由来すると思われるが，おそらくその渋みにちなんだものであろう．あるいは Raboso という用語はピアーヴェ川の支流に由来するのかもしれないが，Raboso のブドウがそこで見つかったわけではない．パドヴァ県では RABOSO PIAVE は FRIULARA あるいは FRIULARO と呼ばれているが，これはおそらく17世紀か18世紀にバニョーリ（Bagnoli）に別荘を保有していた De Vidiman 家がこの品種をフリウーリ地方（Friuli）から持ち込んだからであろう．しかし当時，ピアーヴェ川がフリウーリとの境界であったので，このことが RABOSO PIAVE のフリウーリ起源を表すというわけではない．

予想に反して DNA 解析によって RABOSO FRIULARO は RABOSO PIAVE の別名ではなく RABOSO VERONESE の別名であることが明らかになった（Salmaso *et al.* 2008）．RABOSO PIAVE は1679年にすでに記載されており，19世紀になるまで記録がない RABOSO VERONESE よりもずいぶん古い品種である（Calò，Francini *et al.* 2008）．これは RABOSO VERONESE は RABOSO PIAVE × MARZEMINA BIANCA の交配品種であるという DNA 系統解析の結果と矛盾しない（Crespan，Cancellier *et al.* 2006; REFOSCO DAL PEDUNCOLO ROSSO および PINOT の系統図参照）．

GRAPARIOL はまた RABOSINA BIANCA とも呼ばれるトレヴィーゾ県（Treviso）の稀少品種で，しばしば RABOSO PIAVE の白変異だとよく考えられてきたが，最近の DNA 解析によって GRAPARIOL は RABOSO PIAVE あるいは RABOSO VERONESE のいずれとも直接的な関係がないことが明らかになった（Crespan *et al.* 2009）．最後に MANZONI MOSCATO は RABOSO PIAVE × MUSCAT OF HAMBURG の交配品種であることを追記しておく．

他の仮説

RABOSO PIAVE はこの地方の野生ブドウが栽培化されたもので，それは13世紀に Vinum Plavense の名で記載されている，とされている．しかしこの仮説の証拠はない．品種名はイタリア語で「怒り」を意味する *rabbioso* に由来するともいわれているが，これはおそらく強い酸味と荒いタンニンをもつワインをテイスティングしたときの消費者の反応を表したものであろう．

ブドウ栽培の特徴

頑強で樹勢が強い品種．晩熟（10月の終わり）である．高いタンニン含量．べと病，灰色かび病，酸敗，エスカ病（Esca）に耐性であるが，うどんこ病には感染しやすい．

栽培地とワインの味

RABOSO PIAVE は渋いタンニンと高い酸度をもつという評判がある．この品種の支持者は，この悪評は，過去にはブドウが収穫期に十分熟していなかったことによるもので，ブドウはワイナリーで手なずけることができ，ボトル熟成により高い品質のワインを作ることができると主張している．この品種はイタリア北部のヴェネト州で栽培され，あまり一般的でない RABOSO VERONESE と混植されることが多い．現在の RABOSO の栽培面積のうち，90 % が RABOSO PIAVE で10 % が RABOSO VERONESE であり，RABOSO PIAVE の80 % がトレヴィーゾ県で栽培されている．残りはパドヴァ県の特にバニョーリ・ディ・ソプラ（Bagnoli di Sopra）周辺で FRIULARO という名で栽培されている．またヴェネツィア県のピアーヴェ川とリヴェンツァ川（Livenza）の間でも栽培されている．

1950年代と60年代に RABOSO PIAVE の栽培面積はメルロー（MERLOT）やカベルネ・フラン（CABERNET FRANC）などのまろやかで販売しやすい国際品種の普及により減少したが，1996年に（この品種の最大のブドウ畑を有する）Cecchetto 社とこの地方の生産者の後押しによって設立された Confraternita del Raboso Piave（Raboso Piave 組合）の多大な尽力によりこの品種は保護され奨励された．2000年時点でのイタリアの農業統計によれば1,330 ha（3,287 acres）の栽培が記録されていたが，2008年までに1,100 ha（2,718 acres）に減少した．

現在ではRABOSO PIAVEから，深い色合いでしっかりとしたタンニンの赤ワインだけでなく，辛口と甘口の両方のスタイルのロゼワインや発泡性ワインも作られている．ヴァラエタルワインはBagnoli di Sopra，（FRIULAROと表示される）Corti Benedettine del Padovano，Riviera del BrentaなどのDOCで公認されている．タンニンは攻撃的でもともとの高い酸度により強調される（ブレンドワインの生産における副原料として有用である）が，ワイン作りの技術の向上と熟成によりこの品種のもつ真の可能性が示された．たとえばフルボディーで熟成させる価値のあるCecchetto社のアマローネスタイルのGelsaiaは熟した黒い果物，カシスリキュール，アーモンドとフレッシュミントの複雑なアロマとフレーバーを示し，タンニンはしっかりしているが熟しており，果実味やフィニッシュのフレッシュさで調和している．Villa Sandi社は興味深い軽い甘口の遅摘みパッシートスタイルワインを生産している．他にはBonotto delle Tezze，Casa Roma，Italo Cesconなどの各社が推奨される生産者である．

RABOSO VERONESE

タンニンに富むヴェネト州（Veneto）の赤ワインになる．発泡性ワインによく用いられ，より有名な親品種のRABOSO PIAVEと混同されることが多い．

ブドウの色：● ● ● ● ●

主要な別名：Rabosa，Raboso di Verona，Raboso Friularo ☒

よくRABOSO VERONESEと間違えられやすい品種：GRUAJA ☒，NEGRARA VERONESE ☒，RABOSO PIAVE ☒

起源と親子関係

RABOSO VERONESEとRABOSO PIAVEはよく似たヴェネト州の古い品種であり，混同されることが多かった．しかし現在では形態的解析およびDNA解析によって両者は異なる品種であることが明確に示されている（Crespan, Cancellier *et al.* 2006）．RABOSO VERONESEは19世紀にトレヴィーゾ県（Treviso）で記載されている．他方，RABOSO PIAVEは1679年にすでに記載されていた（Calò，Francini *et al.* 2008）．

品種名は，この品種の普及を担ったVeronesiと呼ばれた人にちなんだものであると長く考えられてきたが，驚くべきことに，ヴェローナ県（Verona）では現在，RABOSO VERONESEは栽培されていない．しかしDNA系統解析によってRABOSO VERONESEはRABOSO PIAVE×MARZEMINA BIANCAの交配品種であることが明らかになった（REFOSCO DAL PEDUNCOLO ROSSO系統図参照）．おそらくこの交配はヴェローナ県のコローニャ・ヴェーネタ村（Cologna Veneta）のAzienda dei Conti Papadopoliでおこったのであろう（Crespan，Cancellier *et al.* 2006）．この最近の発見はヴェローナ県がRABOSO VERONESEの起源となった土地であることを改めて示すものであり，その名前は地理的にもふさわしいものである．

MARZEMINA BIANCAはMARZEMINO×GARGANEGAの自然交配品種であると考えられるので（Salmaso *et al.* 2008; Vouillamoz），RABOSO VERONESEはこの二つの重要で歴史のあるイタリア北部品種の孫品種にあたることになる．注目すべきことはDNA解析によってRABOSO FRIULAROがRABOSO VERONESEの別名であり，FRIULAROがRABOSO PIAVEの別名であることが明らかになったことである（Salmaso *et al.* 2008）．またFERTILIAはメルロー（MERLOT）×RABOSO VERONESEの交配品種であることを追記しておく．

ブドウ栽培の特徴

頑強で樹勢が強い．晩熟である．豊産性で収量は安定している．うどんこ病に感染しやすい．

栽培地とワインの味

RABOSO VERONESE は主にヴェネト州（Veneto）の南東部，トレヴィーゾ県，ヴェネツィア県（Venezia），ヴィチェンツァ県（Vicenza），ロヴィーゴ県（Rovigo）で栽培され，エミリア＝ロマーニャ州（Emilia-Romagna）のフェラーラ県（Ferrara），ラヴェンナ県（Ravenna），フリウーリ地方（Friuli）でも栽培は少し見られる．RABOSO VERONESE は RABOSO PIAVE とよく混植されている．2000年時点でのイタリアの統計によれば340 ha（840 acres）栽培が記録されている．

RABOSO VERONESE は発泡性ワイン，ロゼワインおよびパッシートスタイルのワインが Bagnoli di Sopra DOC と Colli Euganei DOC において公認されている．また Vicenza DOC ではヴァラエタルワインは単に Raboso と表示することができる．強い酸味と甘いフルーツのフレーバーがあるため，発泡性のロゼワインは一般的でない．RABOSO VERONESE ワインは RABOSO PIAVE ワインよりもタンニンが少ないが，この二つの品種はしばしば混植によりブレンドされている．DNA のデータによれば二つは異なる品種であると結論づけられているが，依然混同されることが多い．

RABOSO VERONESE は2008年にアルゼンチンのメンドーサ州（Mendoza）とサン・フアン州（San Juan）の約50 ha（124 acres）の栽培が記録されている．

RAC 3209

珍しいスイスの交配品種．深い色合いのワインになる．

ブドウの色：● ● ● ● ●

起源と親子関係

RAC 3209は，スイスのローザンヌ（Lausanne）郊外のピュイー（Pully）にあり，現在ではシャンジャン・ヴェーデンスヴィル農業研究所（Agroscope Changins-Wädenswil）に属するコドーズ（Caudoz）ブドウ栽培センターで未公開の親品種の交配により得られた交配品種であり，この品種名が命名されている．

ブドウ栽培の特徴

熟期は早期～中期である．通常，良好な耐病性を示すがべと病に感染しやすい．

栽培地

スイス，チューリッヒ州（Zürich）にある Weingut zum Frohhof 社は RAC 3209の小さな畑を有している．深い色合にこの品種の価値があり，ブレンドワインの生産に用いられている．

RACHULI TETRA

TSULUKIDZIS TETRA を参照

RADISSON

濃い色の果皮をもつアメリカ交雑品種．カナダのケベック州に活路を見いだしたが，正確な系統は解明されていない．

ブドウの色：

主要な別名：ES5-17

起源と親子関係

RADISSON はウィスコンシン州のオシオラ（Osceola）で Elmer Swenson 氏が得た ELMER SWENSON 593の実生である．また，ELMER SWENSON 593は ELMER SWENSON 80×VILLARD BLANC の交雑品種である（これらの系統は BRIANNA 参照）．一方カナダで ES 5-17 あるいは RADISSON という名前で栽培されている品種があるが，これは完全な雌雄の花をつけるので，めしべのみの花をつける原型の ES 5-17 とは異なる品種である（Hart nd）．

栽培地

Swenson 氏が育種したいくつかの他の交雑品種と同様に，この品種はアメリカ中西部よりもカナダのケベック州で広く栽培されている．Domaine de la Source à Marguerite 社などの生産者が MARÉCHAL FOCH，FRONTENAC，SABREVOIS などとブレンドしている．

RAFFIAT DE MONCADE

珍しいフランス南西部のブドウ．ARRUFIAC とよく混同される．

ブドウの色：

主要な別名：Arréfiat（ベアルン（Béarn）），Arrufiat，Raffiat（ベアルン），Refiat（ジュランソン（Jurançon）），Ruffiac
よく RAFFIAT DE MONCADE と間違えられやすい品種：ARRUFIAC☿（ベアルンとランド県（Landes）では Raffiat と呼ばれる）

起源と親子関係

RAFFIAT DE MONCADE はフランス南西部のピレネー＝アトランティック県（Pyrénées-Atlantiques）のベアルンおよびランド県（主にオルテズ（Orthez），サリー（Salies），ラゴール（Lagor））の古い品種であり，現地では多くの別名が ARRUFIAC と共有され混同される傾向にある．RAFFIAT DE MONCADE に関する信頼に足る初めての記載は Jean-Alexandre Cavoleau 氏が1827年に書いた次のようなものであろう（Rézeau 1997）．「Basse-Pyrénées におけるジュランソンの白ワインは refiat から作られる」．RAFFIAT DE MONCADE は GOUAIS BLANC の子品種である（Boursiquot *et al.* 2004; PINOT の系統図参照）．

ARROUYA や ARRUFIAC 同様に Raffiat はベアルン地方の方言で「赤」を意味する言葉の *arro(u)y* に由来し，他方 *rufe* には「きめが粗い」という意味がある．Moncade の名はベアルン地方の古くて高貴な家に関係している．この名前は1242年に20代目のベアルン子爵である Gaston VII de Moncade 氏が，歴史ある RAFFIAT DE MONCADE の畑があるオルテズに建てた Tour Moncade（Moncade の塔）にも用いられている.

RAFFIAT DE MONCADE は ARRILOBA の育種に用いられた.

ブドウ栽培の特徴

萌芽期は早く熟期は中期である. 比較的豊産性で小さな果粒が粗着した果房をつける. うどんこ病に少し感染しやすい.

栽培地とワインの味

RAFFIAT DE MONCADE はジェール県 (Gers), ランド県, ピレネー=アトランティック県で推奨されており, Béarn アペラシオンにおける主要品種の一つである. しかし, フランスにおける2008年の栽培面積は9 ha (22 acres) のみで, 1979年の86 ha (213 acres) から減少している. ワインはいくぶんニュートラルでアルコール分が高い. Domaine Guilhemas 社の Pascal Lapeyre 氏は非常に珍しいヴァラエタルの RAFFIAT ワインを作っており, このワインは丸く, 梨やリンゴ, 花のアロマをもつと彼は述べている.

RAISIN BLANC

SERVANT を参照

RAJINSKI RIESLING

RIESLING を参照

RAMANDOLO

VERDUZZO FRIULANO を参照

RAMISCO

栽培に手間がかかり, 絶滅が危惧されているポルトガルの品種.
若いうちは攻撃的であるが, 時間がたつとボトル内でエレガントなワインになる.

ブドウの色 : ● ● ● ● ●

主要な別名 : Ramisco nos Açores

起源と親子関係

RAMISCO はポルトガル, リスボン (Lisboa) 北東部のコラレス地域 (Colares) が起源の地である. 最近行われた DNA 解析によりアレンテージョ地方 (Alentejo) の TRINCADEIRA とリスボンの SERCIAL は遺伝的に RAMISCO と近いことが明らかになった (Almadanim *et al.* 2007).

ブドウ栽培の特徴

粘土の上の砂地で, ほとんどが接ぎ木されずに栽培されている. 萌芽期は遅く晩熟である. 小さくて厚い果皮をもつ果粒をつける.

栽培地とワインの味

RAMISCO は Colares DO の品種である. ポルトガル, リスボンの北西海岸にあり, 消滅の危機に瀕している大西洋によって形づくられた砂地の畑で栽培されている. 市の開発にともなう栽培地の減少のみならず，砂地の下の粘土にブドウの樹を根付かせるために砂地に数メートルの溝を掘って植えなければならない，という栽培の困難さから，この品種は絶滅の危機にある．収量が低く，高い酸度とパワフルなタンニンによりワインはボトルに入れてから数年後にアプローチが可能となる．フィロキセラは砂地では生存できないので，ブドウの樹は自根で栽培可能である．2010年には23 ha（57 acres）しか残っていないのは驚くことではないが，ワインはひとたび熟成するとエレガントで，フレッシュな肉，マッシュルーム，湿った土，ヒマラヤスギのフレーバーの混じった優れた香り高いワインとなることから，この栽培の少なさは残念なことである．アルコール分は低く11〜11.5％程度である（Rolando Faustino 氏，私信）．生産者としてはMonte Cascas 社，Quinta das Vinhas de Areia 社，Paulo da Silva 社などが推奨される．

RANAC BIJELI

ほぼ絶滅状態の香り高いクロアチアの島の品種

ブドウの色：●　●　●　●　●

主要な別名：Ranac Silbijanski Bijeli，Silbijanac Bijeli

起源と親子関係

RANAC BIJELI には「早期の白」という意味があり，クロアチアのザダル（Zadar）の北のパグ島（Pag）やシルバ島（Silba，別名の由来）でほぼ絶滅状態にある品種である．

ブドウ栽培の特徴

早熟で高い糖度に達するためスズメバチや子どもたちに食べられる危険性がある．

栽培地とワインの味

RANAC BIJELI は依然，アドリア海北部のパグ島やシルバ島の畑でわずかに栽培されている．現在はクローン選抜やクロアチアの在来品種の再植え付けを含む回復プロジェクトの過程にある．高品質のワインになる可能性はあるが，フルフレーバーで早熟であるので，甘いもの好きのスズメバチの攻撃によって収穫の多くが失われることから生産者には人気がない．

RANFOL

スロベニア起源の品種．スロベニアとクロアチアで平凡な白ワインになる．

ブドウの色：●　●　●　●　●

主要な別名：Belina Pleterje ☓（スロベニア），Plavis，Praskava Belina，Ranfol Beli，Ranfol Bijeli（クロアチア），Sremska Lipovina，Štajerska Belina，Urbanka，Vrbanka
よくRANFOLと間違えられやすい品種：GOUAIS BLANC ☓

起源と親子関係

RANFOL は，スロベニアのシュタイエルスカ地方（Štajerska Sloveniji/Slovenian Styria）あるいは北

に隣接するクロアチアの起源である．親子関係の可能性がある GOUAIS BLANC と混同しないように（Štajner *et al.* 2008）．よく使われる別名の ŠTAJERSKA BELINA には「シュタイエルスカ地方の白」という意味がある．

ブドウ栽培の特徴

豊産性で，果粒が密着した大きな果房をつける．

栽培地とワインの味

RANFOL は軽く比較的ニュートラルな白ワインになる．クロアチアでは210 ha（519 acres）が2009年に記録されており，栽培は主にスロベニア（Slovenija），モスラヴィナ（Moslavina），プリゴリエ・ビロゴラ（Prigorje-Biogora），ポクプリェ（Pokupjle）などのコンチネンタル・クロアチア地域（Kontinentalna Hrvatska/Continental Croatia）のワイン地区で見られる．スロベニアでの栽培面積はまだ少ない（2009年に36 ha/89 acres）が，東部のポドラウイェ（Podravje）とポサウイエ（Posavje）のワイン地方にほぼ同じくらいの割合で分かれ栽培されている．Ptujska Klet 社が推奨される生産者である．

RANNA MELNISHKA LOZA

有望であるが認識されていないブルガリア交配品種

ブドウの色：

主要な別名：Early Melnik，Melnik 55，Melnishka Ranna，Ranna Melnishka
よくRANNA MELNISHKA LOZAと間違えられやすい品種：MELNIK 82☒，SHIROKA MELNISHKA☒

起源と親子関係

RANNA MELNISHKA LOZA は「早い Melnik ブドウ」という意味をもつ．1963年にブルガリア南西部のサンダンスキ（Sandanski）研究センター（現シンティカ（Sintica）ワイナリー）で Yane Atanasov と共同研究者の Z Zankov と G Karamitev の両氏が SHIROKA MELNISHKA × VALDIGUIÉ の交配により得た交配品種である．育種家はフランスの DURIF，JURANÇON NOIR および VALDIGUIÉ など3品種の花粉の混合物を用いて SHIROKA MELNISHKA の特徴を有する早熟の品種の開発を目的として交配品種のシリーズを作った．実生は当初は Melnik 55と名付けられ，後に公式的に RANNA MELNISHKA LOZA と命名された．DNA 系統解析によって VALDIGUIÉ が RANNA MELNISHKA LOZA と姉妹品種である MELNIK 82の親品種であることが明らかになった（Hvarleva，Russanov *et al.* 2005）．1990年代後半までは商業的に醸造されていなかった．

ブドウ栽培の特徴

熟期は中期であり，結実能力が高く豊産性である．べと病とうどんこ病に感受性だが，灰色かび病には事実上耐性である．厚い果皮をもつ果粒が比較的密着した果房をつける．

栽培地とワインの味

RANNA MELNISHKA LOZA は2009年にブルガリアで546 ha（1,349 acres）の栽培が記録されているが，ほとんどは同国の南西部のストゥルマ・ヴァレー（Struma Valley）で栽培されている．この品種は SHIROKA MELNISHKA と同じだと考えられることが多く，どちらも単に MELNIK とよく呼ばれているため容易には認識されないでいる．Logodaj 社は赤とロゼのヴァラエタルワインの生産者であり，Sintica 社はオーク熟成の赤ワインの生産者である．ワインはチェリーとサワーチェリーのフレーバーとスパイスのノート，まろやかなタンニンと適度のアルコール分，フレッシュな酸味をもつといわれている．

RARĂ NEAGRĂ

BĂBEASCĂ NEAGRĂ を参照

RASPIROSSO

RASPI ROSSO あるいは RASPO ROSSO としても知られる．濃い果皮色をもつ，イタリア，トスカーナ州（Toscano）の品種．サンジョヴェーゼ（SANGIOVESE）ベースのワインの色づけに用いられてきた．

RASTAJOLA

ブレンドワインに用いられるイタリア，ピエモンテ州（Piemonte）北部のマイナーな品種

ブドウの色：● ● ● ● ●

主要な別名：Durera（ノヴァーラ県（Novara）），Restajola
よく RASTAJOLA と間違えられやすい品種：Erbaluce Nero（カナヴェーゼ（Canavese）），NERETTO DURO ☿（またはノヴァーラ県では Durasa）

起源と親子関係

RASTAJOLA はおそらくピエモンテ州北部が起源の地であり，現地ではかつては広く栽培されていた．この品種は NERETTO DURO やトリノ県（Torino）のカナヴェーゼの ERBALUCE NERO（この品種はもはや栽培されておらず，ERBALUCE の色変異ではない）とよく混同されてきた（Schneider and Mannini 2006）．

ブドウ栽培の特徴

熟期は中期である．頑強なブドウであるが結実不良（ミルランダージュ）やべと病に障害を受けやすい．樹勢は強いが少し不安定な収量を示す．

栽培地とワインの味

RASTAJOLA は，イタリア北西部，ピエモンテ州北東部のノヴァーラ県にあるシッツァーノ（Sizzano），ゲンメ（Ghemme），ファーラ（Fara），ロマニャーノ・セージア（Romagnano Sesia）などのコムーネのあちこちで栽培されている．通常は VESPOLINA やネッビオーロ（NEBBIOLO）などの他の品種とブレンドされている．

RÁTHAY

耐病性をもつオーストリアの稀少な交雑品種．早飲みのワインになる．

ブドウの色：● ● ● ● ●

主要な別名：Klosterneuburg 1355-3-33，Ráthay Noir

起源と親子関係

RÁTHAY は1970年にオーストリアのクロスターノイブルク（Klosterneuburg）研究センターで Gertrude Mayer 氏が KLOSTERNEUBURG 1189-9-77×BLAUBURGER の交配により得た交雑品種である（KLOSTERNEUBURG 1189-9-77の系統は ROESLER 参照）．これは ROESLER と片親だけが同じ姉妹品種である．RÁTHAY という品種名はクロスターノイブルク研究センターの二代目の所長である Emerich Ráthay 氏にちなんで命名された．

ブドウ栽培の特徴

良好なべと病への耐性をもつ．

栽培地とワインの味

RÁTHAY は主にブルゲンラント州（Burgenland，約10 ha/25 acres）で栽培されており，ソフトな早飲みの赤ワインになる．Trabauer（ニーダーエスターライヒ州（Niederösterreich）/ 低地オーストリア（Lower Austria）），Taurot（ブルゲンラント州（Burgenland）），Edenhof（ヴァインフィアテル（Weinviertel ））等の各社がヴァラエタルワインを生産している．

RÄUSCHLING

歴史的で稀少なドイツ品種としてスイスで少し復活している．

ブドウの色：● ● ● ● ●

主要な別名：Dretsch，Drutsch，Drutscht（ラインラント＝プファルツ州（Rheinland-Pfalz）），Grosser Räuschling（フランス北東部），Klöpfer（ラインラント＝プファルツ州），Offenburger（ラインラント＝プファルツ州），Räuschling Weiss，Reuschling，Ruchelin（フランス），Weisser Räuschling，Zürirebe（スイス北部），Züriwiss（スイス北部）

よくRÄUSCHLINGと間違えられやすい品種：COMPLETER ×（チューリッヒ（Zürich）），KNIPPERLÉ ×（アルザス（Alsace）），RIESLING ×（ラインラント＝プファルツ州および ヴュルテンベルク（Württemberg））

起源と親子関係

RÄUSCHLING は非常に古いドイツのラインタール（Rheintal / Rhine Valley）の品種である．中世には現在のラインラント＝プファルツ州やヴュルテンベルクにあたるドイツ南部，フランス北東部のアルザスやスイス西部および北部で栽培されていた．Aeberhard (2005) によれば，この品種は別名の DRUTSCH (T) という名前でラインラント＝プファルツのランダウ地方（Landau）の Hieronymus Bock 氏の著書

'*Kreutterbuch*'（1546）の中で最初に記載されている．RAÜSCHLING というの名でのより明確な文献での記述は，1614年12月12日の日付でフランケン（Franken）において Hohenlohe-Langenburg 伯 Philip Ernest から提出された，次のような要請の中に見ることができる．「GOUAIS BLANC（Hünnisch）を，REUSCHLING や ELBLING などの選ばれたより優れた品種で置き換えよ」（Dornfeld 1868）．現代の表記は「チューリッヒのブドウ」を意味する別名の ZÜRIREBE とともに，1759年にシャフハウゼン（Schaffhausen）で Michael Sorg 氏が最初に記載している（Aeberhard 2005）．RÄUSCHLING という名前は，この品種の密集した葉を通る風の音にちなんだ *rauschen*，あるいは「濃色の樹」を意味する *Rus* にちなんだ *Russling* に由来するものであろうと考えられている．

予備的な DNA 系統解析によって RÄUSCHLING は GOUAIS BLANC×SAVAGNIN の自然交配品種である（Maul 2006）という暫定的な結果が得られており（PINOT 系統図参照），その姉妹品種であるフランス北部の PETIT MESLIER や AUBIN BLANC と同様に，この結果は50種類の DNA マーカーを用いた解析により確認された（Vouillamoz）．こうしてこの品種がなぜフランス北東部で GROSSER TRAMINER（TRAMINER はドイツ語圏地方で SAVAGNIN に使われる）と間違えて呼ばれ，またなぜフランス北東部では KLEINER RÄUSCHLING と区別するために GROSSER RÄUSCHLING と呼ばれることがあるかが説明できる．なお KLEINER RÄUSCHLING はアルザス地域圏では KNIPPERLÉ の別名であり，これもまた同じく GOUAIS BLANC の子品種である．

赤い果粒の RÄUSCHLING ROT は，Blauer Räuschling または Gelbhölzer とも呼ばれ，18～19世紀の文献によく見ることができるが，スイスのブドウコレクションの中で RÄUSCHLING と同じ DNA プロファイルを示す色変異品種が見つかるまでは絶滅したと考えられていた（Vouillamoz，Frei and Arnold 2008）．

RÄUSCHLING と COMPLETER は別名 ZÜRIREBE を共有しているが，この二つはまったく異なる品種である．

ブドウ栽培の特徴

萌芽期は中期で熟期は早期～中期である．長く剪定すれば豊産性であるが，花ぶるいや結実不良（ミルランダージュ）の傾向がある．小さな果粒が密着した果房をつけ，収穫が近づくと裂果し，灰色かび病に感染しやすくなる．

栽培地とワインの味

RÄUSCHLING は現在では事実上アルザスやドイツでは消失したが，わずかにスイスのドイツ語圏（2009年に23 ha/57 acres），特に北東部の チューリッヒ州で見られる．ワインは軽く，柑橘類の香りと典型的な強い酸味をもつ．熟成させる価値のある最高の RÄUSCHLING ワインはチューリッヒ湖（Zürichsee）の近くで Hermann Schwarzenbach 社が生産している．他にはチューリッヒ州の Erich Meier 社やシャフハウゼン州の Weinstamm 社などが注目される生産者である．

RAVAT BLANC

平凡な薄い果皮色のマコネー地方（Mâconnais）の交雑品種．栽培面積は減少しつつある．

ブドウの色：● ● ● ● ●

主要な別名：Rava 6または Ravat 6，Ravat Chardonnay 6，Ravat Chardonnay B

起源と親子関係

RAVAT BLANC は1930年代にフランス中東部のマルシニー（Marcigny）の J F Ravat 氏が SEIBEL5474（一部の報告によると SEIBEL8724）×シャルドネ（CHARDONNAY）の交配により得た

MOLAR

NEGRAMOLL 参照

pp 771–772

NOAH

pp 795–796

PEDRO XIMÉNEZ

pp 845–846

PERSAN

pp 853–854

PETIT MANSENG

pp 857–858

ORIOU

PETIT ROUGE 参照

pp 859–860

PIEDIROSSO

pp 871 – 872

PINOT NOIR

PINOT 参照

pp 877–896

RÄUSCHLING

pp 947–948

RÈZE

pp 959–960

RIESLING

pp 962–968

RKATSITELI

pp 972–973

ROUSSANNE

pp 997–999

SAN GIOVETO

SANGIOVESE 参照

pp 1022–1027

SAPERAVI

pp 1030–1031

SAUVIGNON BLANC

pp 1034–1040

交雑品種である．SEIBEL5474はSEIBEL405×SEIBEL867の交配品種でSEIBEL867はVIVARAIS×NOAHの交配品種である（完全なSEIBEL 405とVIVARAISの系統はPRIORを参照）．

ブドウ栽培の特徴

萌芽期は早期で，熟期は中期である．それほど結実能力は高くなく，長めの選定が最適である．べと病への良好な耐性をもつが，うどんこ病，灰色かび病および黒とう病に非常に強い感受性を示す．接ぎ木が必要で果房と果粒は小さく，果粒が熟すとややピンク色になることがある．

栽培地とワインの味

ワインは一般に平凡で酸化しやすい．この品種はフランス公式品種登録リストに登録されているが，2008年の栽培面積はわずか7 ha（17 acres）で，1958年の600 ha（1,483 acres）から激減している．Domaine Mondon-Demeure社は，あまり知られていない忘れられがちなこの品種の専門家で，ローヌ（Rhône）のサン＝テティエンヌ（Saint-Étienne）の北西部でヴァラエタルワイン（単なるフランスワインに分類される）を作っている．

ニューヨーク州のフィンガー・レイクス地方（Finger Lakes，ここにあるBully Hill社は極甘口スタイルのワインを作っている）やアメリカ北東部の他の地方で栽培しているところもあるが，公式統計に記録されるほどではない．

RAYON D'OR

あまり栽培されていないが比較的成功したフランス交雑品種．かつてロワール(Loire)で人気があった．SEYVAL BLANCとVIDALの親品種である．

ブドウの色：

主要な別名：Feherek Kiralya，Roi des Blancs，Seibel 4986，Zlatni Luc，Zokoy Loloutch

起源と親子関係

RAYON D'ORは20世紀初めにフランス南東部のモンテリマール（Montélimar）の西にあるオーブナ（Aubenas）でAlbert Seibel氏がSEIBEL405×ARAMON DU GARDの交配により得た交雑品種である（SEIBEL405とARAMON DU GARDの完全な系統はPRIORを参照）．RAYON D'ORはSEYVAL BLANC，SEYVAL NOIR，VIDALなどの育種に用いられ，特に冷涼な地方においてSEYVAL BLANCとVIDALは親品種よりも成功を収さめた．

ブドウ栽培の特徴

萌芽期は遅く早熟である．良好なうどんこ病，黒腐病およびべと病への耐性をもつ．

栽培地とワインの味

2008年のフランスではわずかに6 ha（15 acres）が記録されていたにすぎないが，フィロキセラ被害の後，ブドウ畑が植え替えられた頃にはロワール地方（1958年；6,965 ha / 17,211 acres）で公認され広く栽培されていた．また大西洋を渡ったアメリカのミズーリ州やニュージャージー州でも非常に限定的に栽培されているが，その子品種のVIDALほどは成功しなかった．

REBERGER

最近開発された耐病性のドイツの交雑品種

ブドウの色：● ● ● ● ●

主要な別名：Geilweilerhof 86-2-60

起源と親子関係

REBERGER は1986年に Geilweilerhof 研究センターで Rudolf Eibach および Reinhard Töpfer の両氏が REGENT×BLAUFRÄNKISCH の交配により得た交雑品種である．2004年に公開されたが，ドイツではクオリティワイン（原産地呼称保護ワイン）用品種としては公認されていない．

ブドウ栽培の特徴

収量は REGENT より低いが糖度はより高い．べと病とうどんこ病にある程度耐性をもつ．

栽培地とワインの味

ワインは力強くよくなじんだタンニンをもち BLAUFRÄNKISCH に似ているが，より深い色合いである．数少ないヴァラエタルワインの生産者にはデンマークの Højbakke Vineyard 社やドイツのプファルツ（Pfalz）の Eberle 社あるいはラインヘッセン（Rheinhessen）の Dr Lawall 社などがある．Geilweilerhof 研究センターも，この品種から作ったワインを販売している．

REBO

イタリア，トレンティーノ地方（Trentino）で得られた，
比較的期待がもてる赤の交配品種

ブドウの色：● ● ● ● ●

主要な別名：Incrocio Rigotti 107-3

起源と親子関係

REBO は1948年にイタリア北部のトレンティーノ地方，ヴェローナ（Verona）とボルツァーノ（Bolzano）の間にあるサン・ミケーレ・アッラーディジェ（San Michele all'Adige）研究センターで Rebo Rigotti 氏が交配したシリーズのうちの107-3番であり，耐病性の有無と生産量に基づき選抜された．Rigotti 氏はこの品種をメルロー（MERLOT）×MARZEMINO であると述べたが，DNA 解析によってメルロー×TEROLDEGO の交配品種であることが明らかになった（Malossini *et al.* 2000）．

ブドウ栽培の特徴

樹勢が強く熟期は中期～晩期である．かびの病気に耐性を示す．

栽培地とワインの味

REBO はイタリア北部にあるトレンティーノ地方で栽培され，主にサン・ミケーレ・アッラーディジェ，ヴォラーノ（Volano）およびトレント（Trento）の近くのカラヴィーノ（Calavino）で栽培されているが，トレントの西，ヴァッレ・デイ・ラーギ（Valle dei Laghi）のカヴェーディネ（Cavedine）やパデルニョーネ（Padergnone，Rigotti 氏の出身地）でも栽培されている．他の地方でも栽培されるが，ヴァラエタルワインは Trentino DOC でのみ，Dorigati 社，サン・ミケーレ・アッラーディジェ研究センターおよび Pisoni 社など各社で作られている．ワインはリッチかつフルボディーで樽熟成に適している．2000年時点でのイタリアの統計によれば39 ha（96 acres）の栽培が記録されている．

この品種はブラジルでも栽培され Aurora 社が Serra Gaúcha 地方で REBO を試験栽培している．

RECANTINA

黒色の果粒の古い品種である．イタリア北部，ヴェネト州（Veneto）のトレヴィーゾ県（Treviso）の由来である．この地方では17世紀頃 Recardina あるいは Recandina という名前で最高の品種の一つであると考えられていた．最近まで絶滅の危機にあったが，ヴェネト州のコネリアーノ（Conegliano）研究センターの研究者らが救済し，トレヴィーゾ県で同じ名前で呼ばれていた RECANTINA A PECOLO SCURO（「濃色の茎」という意味），RECANTINA A PECOLO ROSSO（「赤い茎」という意味），RECANTINA FORNER（これが見つかったワイナリーの名）の少なくとも3種類の異なる地方品種を得た（Cancellier *et al.* 2007）．どれが真の RECANTINA なのか，あるいは3種類ともそうであるのか不明であるが，現在 RECANTINA FORNER のみがイタリアの公式品種登録リストに掲載されている． Serafini & Vidotto 社が生産する珍しいヴァラエタル RECANTINA 系品種ワインの一つには，非常にスムーズでブラックベリーフレーバーの甘美さがある．

REFOSCO

ブドウの色：● ● ● ● ●

主要な別名：Refoschin，Refošk，Rifòsc，Rifosco

起源と親子関係

1409年6月6日のローマ教皇グレゴリウス12世（Gregory XII）のチヴィダーレ（Cividale）における有名なバンケットについて触れた文章の中に REFOSCO の初めての記載が見られる．文中では，ロサッツォ（Rosazzo）の Ribolla，ファエーディス（Faedis）の Verduzzo，テルラーノ（Torlano）の Ramandolo，アルバーナ（Albana）の Refosco，グラディスクッタ（Gradiscutta）の Marzemino のワインが供されたと記載されている（Peterlunger *et al.* 2004）．

REFOSCO はその後フリウーリ地方（Friuli）で何度か記載されているが（Calò 2005），REFOSCO あるいは REFOŠK はイタリア北部やスロベニアで Refoschi ファミリーと呼ばれるいくつかの異なる品種に使われる名前であり，その系統は明らかになっていない．ブドウの形態分類学的解析および DNA 解析によって Costacurta *et al.*（2005）は REFOSCO の6品種を区別した．

- REFOSCO DAL PEDUNCOLO ROSSO，最も普及した品種．
- REFOSCO DI FAEDIS，これは REFOSCONE，REFOSCO NOSTRANO，REFOSCO DI RONCHIS とも呼ばれる（Cipriani *et al.* 1994）．
- REFOSCO D'ISTRIA はスロベニアの REFOŠK（Kozjak *et al.* 2003）やクロアチアのイストラ半島（Istra）の TERRANO や TERAN とも同じである（Maletić *et al.* 1999）．
- REFOSCO DI GUARNIERI は TREVISANA NERA と同じである（Crespan，Giannetto *et al.* 2008）．

• REFOSCO DEL BOTTON は TAZZELENGHE と同じ（Costacurta *et al.* 2005）.
• REFOSCO DI RAUSCEDO 別名 REFOSCO GENTILE はイタリアでは公式登録されておらず，ほぼ絶滅状態である.

なお REFOSCO DEL BOTTON と REFOSCO DI RAUSCEDO は，REFOSCO DI FAEDIS と親子関係を示す（Costacurta *et al.* 2005）.

他の仮説

PROSECCO 同様，REFOSCO は大プリニウスが PUCINUM と同定した，かつてイストラ半島において岩の上で栽培されていた品種とよく間違えられる. REFOSCO はポリクローナル品種と考えられていたが，これは本書で用いる品種の概念とは一致しない（pp XX–XXI 参照）.

REFOSCO はローマ人が RACIMULUS FUSCUS と呼んでいた品種と同一であると述べる研究者もおり，この品種名は RACIMULUS FUSCUS に由来すると考えている.

REFOSCO DAL PEDUNCOLO ROSSO

複雑な系統をもち，最も広く栽培されている REFOSCO 品種.
イタリア，フリウーリ地方（Friuli）やスロベニアでは，酸味はあるがポテンシャルをもつ興味深い赤ワインになる.

ブドウの色：● ● ● ● ●

主要な別名：Rifòsc dal Pecòl Ròss
よく REFOSCO DAL PEDUNCOLO ROSSO と間違えられやすい品種：BONARDA PIEMONTESE ⊗，MONDEUSE NOIRE ⊗（カリフォルニア州），REFOSCO DI FAEDIS ⊗，TERRANO ⊗

起源と親子関係

REFOSCO DAL PEDUNCOLO ROSSO（「赤い小花柄」や「赤い茎」を意味する）はイタリアとスロベニア国境のカルスト平原由来の近縁な品種群である Refoschi のうち，最もよく知られている品種である. この地方で1409年から記載されている REFOSCO が REFOSCO DAL PEDUNCOLO ROSSO と同じか，または Refoschi の他の品種かどうかは明らかでない. REFOSCO DAL PEDUNCOLO ROSSO という名前はブドウの形態分類の専門家がこの品種を他の Refoschi と区別し始めようとした1870年頃に初めて記載されている.

REFOSCO DAL PEDUNCOLO ROSSO と MONDEUSE NOIRE との間で広がっている混同は，おそらくカリフォルニア大学デービス校の植物サービズ財団（Foundation Plant Services）において数年前からはじまったものであろう（Nelson-Kluk 2005）. カリフォルニア大学バークリー校の Eugene Hilgard 氏が1880年代にアマドール郡（Amador）に設立した Jackson 試験農場で，Austin Goheen 氏が1966年よりも前に REFOSCO という名前のブドウの樹を収集している. 1990年代にヨーロッパのブドウの形態分類の専門家はこれを MONDEUSE NOIRE と同定した. 後に DNA 解析によっても同じ結果を示したので，REFOSCO と MONDEUSE NOIRE は互いに別名であるとされた. しかし21世紀の初めに DNA 解析によって，このアメリカの REFOSCO はオリジナルのイタリアの REFOSCO DAL PEDUNCOLO ROSSO や Refosco グループの他の品種とは一致しないことがわかった. これは単に MONDEUSE NOIRE の名前の付け間違いであった.

REFOSCO DAL PEDUNCOLO ROSSO はまたイストラ半島の TERRANO や TERAN とよく混同されるが，DNA 解析の結果はこの仮説を否定している（Vouillamoz）.

DNA 系統解析によって REFOSCO DAL PEDUNCOLO ROSSO は MARZEMINO の子品種であることが明らかになった（Grando *et al.* 2006）．MARZEMINO と LAGREIN はいずれも TEROLDEGO の子品種であるので，図で示されたように REFOSCO DAL PEDUNCOLO ROSSO は TEROLDEGO の孫品種にあたり，LAGREIN の甥姪の関係にあたることになる．加えて REFOSCO DAL PEDUNCOLO ROSSO は CORVINA VERONESE の親品種であり RONDINELLA の祖父母品種である．REFOSCO DAL PEDUNCOLO ROSSO の系統に含まれる品種の歴史的地理的分布は，この品種がイタリア北東部にその起源をもつことを示している．

ブドウ栽培の特徴

晩熟．べと病とブドウつる割れ病に感染しやすく，うどんこ病にはわずかに感染しやすい．秋の雨，灰色かび病やエスカ病（Esca）に耐性をもつ．REFOSCO DI FAEDIS より小さな果粒で，フェノール化合物をより多く含む．

栽培地とワインの味

REFOSCO DAL PEDUNCOLO ROSSO はイタリア北部のヴェネト州（Veneto）やフリウーリ＝ヴェネツィア・ジュリア（Friuli-Venezia Giulia）自治州の丘陵地帯や平地で広く栽培されている．ヴァラエタルワインはヴェネト州（たとえば Lison-Pramaggiore，Riviera del Brenta）やフリウーリ地方（たとえば Colli Orientali del Friuli，Friuli Aquileia，Friuli Isonzo）の多くの DOC で公認されている．ワインにはプラムのフレーバーといくぶんアーモンドのニュアンスがあり，深い色合いである．通常ミディアムボディーだが，酷評されるほど晩熟であるので酸度は極めて高い．REFOSCO に対する人々の興味は1980年代に高まり，畑とワイナリーで注意深く扱われたことで品質が改善されたが，小樽を用いた熟成の実験はあまり成功しなかった．REFOSCO の栽培において最も成功した地域はスロベニアのコッリ・オリエンターリ（Colli Orientali）やコペル地区（Koper）である．他にはグラーヴェ・デル・フリウリ（Grave del Friuli），リソン プラマッジョーレ（Lison-Pramaggiore，フリウーリの郊外），ラティサーナ（Latisana），アキレイア（Aquileia）などである．2000年時点でのイタリアの農業統計によれば720 ha（1,779 acres）の栽培が記録されている．

推奨される生産者としては，イタリアでは Alberice，Anna Berra，Bosco del Merlo，Livio Felluga，Iole Grillo，Moschioni，Paladin，Tenuta Santa Anna，Santa Margherita，Vignai da Duline などの各社があげられる．

イタリアとスロベニアの国境はブドウ栽培によるというよりも政治的に決定されたものである．ブドウ畑では REFOSCO DAL PEDUNCOLO ROSSO と TERRANO が混同されていることを考慮すると，ゴリツィア県（Gorizia）との国境沿いのスロベニアの畑には REFOSCO DAL PEDUNCOLO ROSSO がいくらか栽培されていると考えられる．しかし，スロベニアで REFOŠK として知られるブドウの大部分は TERRANO である．

アメリカのワインに REFOSCO と表示されていれば，それは MONDEUSE NOIRE である．REFOSCO はギリシャでもわずかに栽培されている．

REFOSCO DAL PEDUNCOLO ROSSO 系統図

このイタリア北部の自然交配品種の入り組んだ関係は，ヴァルポリチェッラ（Valpolicella）で用いられるほとんどの品種や伝統的な TEROLDEGO，LAGREIN や MARZEMINO を含んでいる．（おそらく絶滅した）未知の品種（？）があるときは，逆の関係も理論的には可能となる．（p XIV 参照）．

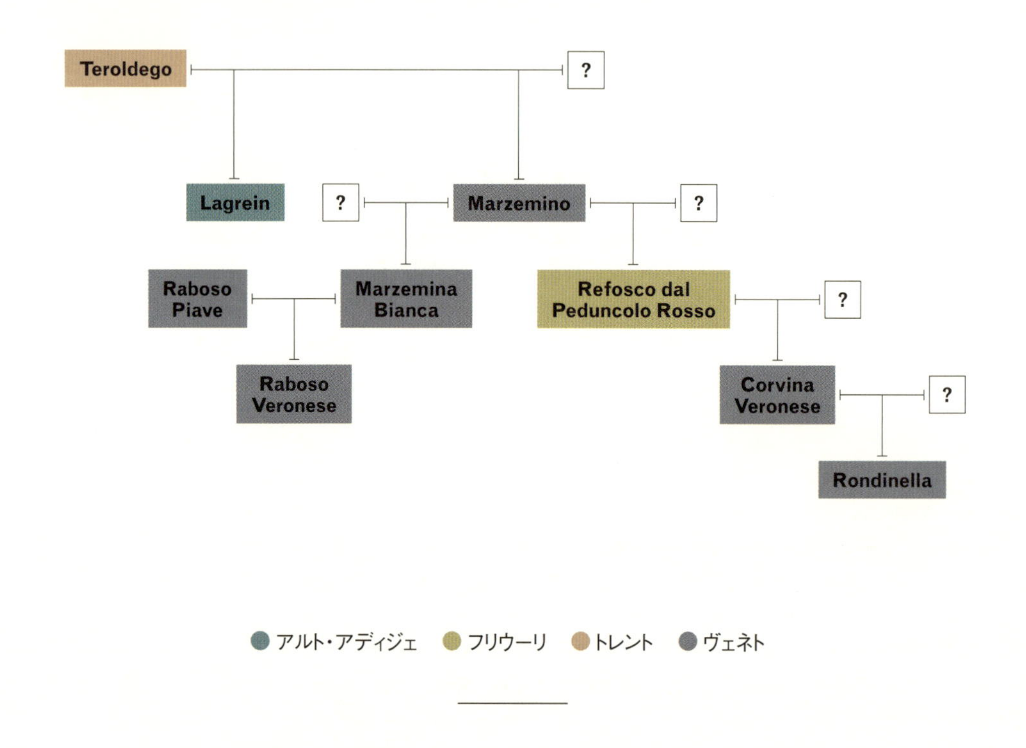

REFOSCO DI FAEDIS

イタリア，フリウーリ（Friuli）の REFOSCO 品種．栽培される量は比較的少ないが香り高いこの品種は地元の生産者の協会に情熱をもって支持されている．

ブドウの色：

主要な別名：Refosco di Ronchis，Refosco Nostrano，Refoscone

よく REFOSCO DI FAEDIS と間違えられやすい品種：REFOSCO DAL PEDUNCOLO ROSSO，TERRANO

起源と親子関係

REFOSCO DI FAEDIS はフリウーリ地方のファエーディス（Faedis），チヴィダーレ（Cividale）およびトッレアーノ（Torreano）からウーディネ（Udine）の町の西にかけての地域に起源をもつと考えられている．DNA 解析によって REFOSCO DI FAEDIS は REFOSCO DAL PEDUNCOLO ROSSO とは異なり REFOSCONE, REFOSCO NOSTRANO や REFOSCO DI RONCHIS と同一であるとされた（Cipriani *et al.* 1994; Costacurta *et al.* 2005）．また DNA 解析結果は TAZZELENGHE（別名 REFOSCO DEL

BOTTON）と REFOSCO DI RAUSCEDO の間の親子関係を示し（Costacurta *et al.* 2005），後者は Crespan *et al.*（2011）で報告されている REFOSCO GENTILE と同一であるとされたが，この品種はもはや栽培されていない．

ブドウ栽培の特徴

樹勢が強く晩熟である．

栽培地とワインの味

REFOSCO DI FAEDIS はイタリア北東部，フリウーリ地方近辺でかつて広く栽培されており，特にその故郷であるウーディネ県のファエーディスとトッレアーノの間で多く栽培が見られたが，今日では事実上消失している．この地方品種を維持，推進するためにファエーディスの情熱的な生産者が REFOSCO 栽培者自主協会（Associazione Volontaria fra viticoltori del Refosco）を設立した．通常，この品種は REFOSCO DAL PEDUNCOLO ROSSO よりも酸度がありタンニンに富んでいる．ヴァラエタルワインの生産は Colli Orientali del Friuli DOC で公認されている．

REFOSCO NOSTRANO として表記される品種は2000年時点でのイタリアの農業統計では263 ha（650 acres）の栽培が記録されている．Forchir および Vigna delle Beccacce の両社はヴァラエタルワインを生産しており，前者はワインに REFOSCONE と表示している．

REFOSCO NOSTRANO

REFOSCO DI FAEDIS を参照

REGENT

非常に成功した人気の出ているドイツの交雑品種

ブドウの色：● ● ● ● ●

主要な別名：Geilweilerhof 67-198-3

起源と親子関係

REGENT は1967年にドイツプファルツ（Pfalz）の Geilweilerhof 研究センターで Gerhardt Alleweldt 氏が DIANA×CHAMBOURCIN の交配により得た交雑品種である．DIANA は SILVANER×MÜLLER-THURGAU の交配品種であり，アメリカで DIANA としても知られる CATAWBA の実生と混同してはいけない．

この名前はインドのゴールコンダ（Golkonda）鉱山で奴隷が見つけた有名なダイヤモンド（140.5 カラット）であるル・レジャン（Le Régent）にちなんで命名された．オルレアン（Orléans）公フィリップ2世（Philippe II）は，ルイ15世（Louis XV）の1722年の戴冠式の王冠の飾りにこの宝石を使い，ナポレオンは後に彼の剣の飾りにそれを用い，1887年からはルーブル博物館でフランスの国宝として展示されている．

REGENT は CALANDRO や REBERGER の育種に用いられ，*vinifera* 由来以外の遺伝子を含むにもかかわらず1996年にドイツでクオリティワイン（原産地呼称保護ワイン）用品種として公認された．

ブドウ栽培の特徴

早熟で冬に耐寒性である．非常に良好なべと病とうどんこ病への耐性を示し，灰色かび病にも極めて耐性である．

栽培地とワインの味

最近育種された耐病性のドイツ育種品種の中で最も広く栽培され，ドイツ語圏のワインの世界に最も早く広まった品種である．ドイツでは2,161 ha（5,340 acres）の栽培が記録され，ほとんどはラインヘッセン（Rheinhessen），プファルツおよびバーデン（Baden）で見られ，プファルツの Fippinger-Wick 社とヴュルテンベルク地方（Württemberg）の Jürgen Ellwanger 社は良質のワインを生産している．

REGENT はドイツ以外でも広く栽培されており，スイス北東部では40 ha（99 acres）が，特にチューリッヒ州（Zürich）やシャフハウゼン州（Schaffhausen）で，またイングランドでは15 ha（37 acres）が栽培されており，これらの地方では現在は RONDO よりも栽培面積は少ないものの非常に期待されている．スウェーデンやベルギーでもあまり多くないが栽培されている．

その成功は単に耐病性というだけでなく，ワインの品質もその理由である．熟したブドウはピノ・ノワール（PINOT NOIR，SPÄTBURGUNDER）よりも高い糖度になり，ワインはフルボディーで取っ付きやすく，タンニンはあるが滑らかなので，早飲みと樽熟成のどちらにも適している．チェリーからアカスグリ（redcurrant）までの幅のある果実のフレーバーをもつ．

REGNER

減りつつある薄い果皮色のドイツ交配品種．あまり推奨されない．

ブドウの色：● ● ● ● ●

主要な別名：Alzey 10378

起源と親子関係

REGNER は，1929年にアルツァイ（Alzey）の Georg Scheu 氏が白の生食用ブドウ LUGLIENGA（別名 SEIDENTRAUBE）× GAMAY NOIR（実は突然変異した GAMAY PRÉCOCE）の交配により得た交配品種である．Scheu 氏と共同研究を行った Anne-Marie Regner 氏（1911-99）を讃えてつけられた名前である．

ブドウ栽培の特徴

萌芽期は早期で早熟であり安定した収量を示す．

栽培地とワインの味

ワインの酸味は弱くかすかなマスカットのノートをもち MÜLLER-THURGAU を連想させる．高い糖度を維持するものの酸度が低いこともあって栽培面積は減りつつある．2001年に124 ha（306 acres）の栽培面積を記録したが，現在では46 ha（114 acres）に減少した．イングランドでは少し良質のワインが作られ，5 ha（12 acres）の面積で栽培されているが，ヴァラエタルワインというよりもブレンドワインの生産に用いられている．

REICHENSTEINER

寒冷気候を好み豊産性で比較的ソフトな汎ヨーロッパのドイツの交配品種

ブドウの色：● ● ● ● ●

主要な別名：Geisenheim 18-92

起源と親子関係

REICHENSTEINER は1939年にドイツのラインガウ（Rheingau）のガイゼンハイム（Geisenheim）研究センターで Heinrich Birk 氏が MÜLLER-THURGAU×（MADELEINE ANGEVINE×WEISSER CALABRESER）の交配により得た交配品種である．1978年に登録された（WEISSER CALABRESER はよく CALABRESE と呼ばれる NERO D'AVOLA の果皮色変異ではない）．この品種名はラインラント＝プファルツ州（Rheinland-Pfalz）のライン川（Rhein）岸にドラマチックに建っているトレヒティングスハウゼン（Trechtingshausen）のライヒェンシュタイン（Reichenstein）城にちなんで名付けられた．REICHENSTEINER はスイス品種の GAMARET，GARANOIR，MARA の育種に用いられた．

ブドウ栽培の特徴

非常に高収量で熟期は早期～中期である．果粒が粗着した果房であるので，べと病と灰色かび病への良好な耐性をもつ．糖度は通常高く，冬の霜に被害を受ける危険性がある非常に冷涼な環境以外では酸度は穏やかである．

栽培地とワインの味

2008年にドイツには106 ha（262 acres）の栽培が記録されており，半分以上がラインヘッセン地方（Rheinhessen）に見られ，またモーゼル（Mosel）では 26 ha（64 acres）が記録されている．生産者はラインヘッセン（Rheinhessen）の Paternushof 社やモーゼル（Mosel）の Rainer Heil 社などである．

イングランドでは REICHENSTEINER はシャルドネ（CHARDONNAY），BACCHUS についで3番目に多く栽培される白品種であり，2009年に95 ha（235 acres）の栽培が記録されている．ワインは非常にニュートラルで時に軽くフローラルでブレンドワインの生産に向いている．イギリスでは SEYVAL BLANC，MADELEINE×ANGEVINE 7672，HUXELREBE などとよくブレンドされている．Chapel Down と Camel Valley の両社はブレンドの発泡性ワインの生産にこの品種を用いている．ニュージーランド（72 ha/178 acres）では限定的に栽培されており，カナダのブリティッシュコロンビア州や日本およびスイスでも栽培されている．

RÉSELLE

耐病性をもつ非常にマイナーなスイスの交雑品種

ブドウの色：● ● ● ● ●

主要な別名：VB 86-3

起源と親子関係

RÉSELLE はスイス, ジュラ州 (Jura) の ソウィエール (Soyhières) で Valentin Blattner 氏が BACCHUS×SEYVAL BLANC の交配により得た交雑品種である. RÉSELLE と BIRSTALER MUSKAT は姉妹関係にある. 品種名はソウィエールに近いレゼルヴ (La Réselle) 集落にちなんでつけられた.

ブドウ栽培の特徴

べと病とうどんこ病に良好な耐性を示す.

栽培地とワインの味

この品種を開発した育種家の Valentin Blattner 氏がこの品種の唯一の生産者である (2009年のスイスでは1 ha /2.5 acres 以下の栽培面積). グレープフルーツ, レモンやカシスのアロマを有する軽いワインが作られる.

RETAGLIADO BIANCO

ブドウの樹の本数よりも多くの別名がある,
イタリア, サルデーニャ島 (Sardegna) の珍しい品種.

ブドウの色 : ● ● ● ● ●

主要な別名: Arba Luxi, Arretallau, Arrotelas, Bianca Lucida, Co 'e Erbei, Coa de Brebèi, Erbaluxi, Mara Bianca, Rechiliau, Redaglàdu, Retagladu, Retellau, Ritelau

よく RETAGLIADO BIANCO と間違えられやすい品種: BRUSTIANO BIANCO ☒

起源と親子関係

RETAGLIADO BIANCO は1877年にサルデーニャ島で最初に記載され, 現地では栽培される場所によってそれぞれの別名がある.

ブドウ栽培の特徴

樹勢が強く10月の上旬に熟す.

栽培地とワインの味

現在では RETAGLIADO BIANCO は非常に小さな規模でサルデーニャ島のサッサリ県 (Sassari) やガッルーラ県 (Gallura) の特に古い畑で栽培されている. 2000年にイタリアには28 ha (69 acres) の栽培が記録されている. IGT Colli del Limbara でヴァラエタルワインが公認されているが, 一般には VERMENTINO や他の品種とブレンドされる.

RÈZE

スイスの品種に関係がある非常に古い珍しい品種.
この品種はより大きな注目を浴びる価値がある.

ブドウの色：

主要な別名：Blanc de Maurienne ☒（フランスのサヴォア県（Savoie）），Resi（オー・ヴァレー（Haut-Valais）），Rèze Jaune（ヴァレー州（Valais）），Rèze Verte（ヴァレー州）

起源と親子関係

RÈZE はアルプス地方の最も古い品種の一つである．1913年にスイス南部のヴァレー州でこの品種に関する最初の記載があり，ラテン語で羊皮紙に書かれた‘*Registre d'Anniviers*’として知られる文章の中に次のように書かれている（Ammann- Doubliez 2007; Vouillamoz 2009a）．「neyrun，humagny，regy と呼ばれる3種類のブドウは良質で十分に熟す」．この中に見られる「Regy」は間違いなく RÈZE を指している．なぜならばそれに続く多くの文章では Regis という名前で記載されているからであり，これは中世の頃この地方で多く見られた Regis という苗字に由来するものと考えられる（Vouillamoz and Moriondo 2011）．

最近まで RÈZE はスイス，ヴァレー州でのみ知られていたが，José Vouillamoz とフランスのサヴォワ県（Savoie）のフレトゥリーヴ（Fréterive）の Jean-Pierre，Philippe，Michel Grisard 兄弟が古い RÈZE のブドウの樹をヴァレ・ド・ラ・モーリエンヌ地方（Vallèe de la Maurienne）で見つけ，2009年に DNA 解析を用いて同定した．地方の人たちはそれを単に BLANC DE MAURIENNE と呼んでいたので，RÈZE はモーリエンヌで長く栽培されたことが示唆された．フランスのジュラ県（Jura）で Gaël Delorme 氏が似たような発見をしたことで（Thierry Lacombe，私信），かつては現在よりも RÈZE が広い地域で栽培されていたことが示唆された．DNA 系統解析によって RÈZE は少なくとも次に記載する5種類の地理的に離れた品種と親子関係にあることが示されたことからも RÈZE の広域にわたる栽培が確認された（Vouillamoz，Schneider and Grando 2007; Vouillamoz 2009b）．その5種とはスイスのヴァレー州で現在では事実上絶滅状態にある DIOLLE と GROSSE ARVINE，イタリア，ピエモンテ州（Piemonte）の CASCAROLO BIANCO とトレンティーノ（Trentino）の GROPPELLO DI REVÒ と NOSIOLA である．なお RÈZE はピエモンテ州の FREISA と近縁関係にある（Vouillamoz，Schneider and Grando 2007）．

さらに珍しい赤の果皮色変異が最近ヴァレー州で見つかった（Vouillamoz，Frei and Arnold 2008）．

他の仮説

多くの言語学者が RÈZE という名前はローマ時代にイタリア北部に広がっていた白ブドウのラテン語名 RAETICA に由来すると考えており（Aebischer 1937; André 1953），RÈZE はしばしば RAETICA と同じであるとされる．ラテン語のブドウの名前と現代の品種が関係することは植物学的にはありそうにないので RÈZE は NOSIOLA や GROPPELLO DI REVÒ と同様に RAETICA の遠い親戚であると考えられる（Vouillamoz and Moriondo 2011）．

ブドウ栽培の特徴

中程度～低い樹勢の強さである．収量は平均的であるが不安定な収量を示すことがある．萌芽期は早期～中期である．熟期は中期である．灰色かび病に感染しやすい．

栽培地とワインの味

19世紀末に発生したフィロキセラ被害以降，RÈZE が CHASSELAS や SILVANER に置き換えられるまでは，この品種はスイスのヴァレー州で最も多く栽培されたブドウであった．現地では伝統的な辛口の非酒精強化ワイン Vin du Glacier がソレラ（Solera）システムで作られ，樽は年に一回だけ注ぎ足されるため，マデイラ化（Maderized）したスタイルのワインになる．

現在では2 ha（5 acres）をわずかに上回る栽培面積のRÈZEがヴァレー州で記録され，Josef-Marie Chanton社がグースベリー，グリーンアップル，キレがよい酸度と軽い骨格をもつ手作りの典型的なヴァラエタルワインを生産している．他の著名な生産者にはCave Les Sentes社やVin du Mur社などがある．

RIBOLLA GIALLA

イタリアとスロベニアの国境地方の古い白品種

ブドウの色：● ● ● ● ●

主要な別名：Rabola，Rabiola，Rebolla，Rebula☒（スロベニアのゴリシュカ・ブルダ（Goriška Brda）），Ribolla di Rosazzo，Ribuèle（フリウーリ（Friuli））
よくRIBOLLA GIALLAと間違えられやすい品種：GARGANEGA☒，Jarbola Bijela☒（クロアチアのマトゥジ（Matulji）；HRVATICA参照），PIGNOLETTO☒（リミニ県（Rimini）ではRébolaまたはRibolla Rimineseの名で），PROSECCO LUNGO（Ribolla Spizadeの名で），Ribolla Verde，ROBOLA☒

起源と親子関係

RIBOLLA GIALLAは非常に古いフリウーリ＝ヴェネツィア・ジュリア自治州（Friuli-Venezia Giulia）の品種である．そのワインについての最初の言及は，古い確かな別名であるRabolaとして1296年に次のように記載されている：「3月20日にボニファティウス8世（Boniface VIII）教皇はトレステ（Trieste）の司教とヴェネツィア（Venezia）のサン・ジョルジョ・マッジョーレ（San Giorgio Maggiore）の修道院の間におきた，Rabolaと呼ばれるワインの販売に関する論争を解決した」（Di Manzano 1860）．3年後（1299年2月3日）に同じワインの名前がウーディネ市（Udine）からイタリアの諸侯のGirardo da Caminoへのギフトとして書記*Ermanno di Gemona*の文書の中に次のように記載されている．「一匹の豚，一匹の牛，2 conzi（*conz*は体積を表す古い単位で85 litres/22.5 US gallonsに相当する）のRabiolaといくつかのパン」（Di Manzano 1860）．これに続くおびただしい数の文献によってRIBOLLA GIALLAはフリウーリ地方やイストラ半島（Istra）で14世紀にすでに広く栽培されていたことが示唆されている．

RIBOLLA GIALLAはほぼ絶滅状態のRIBOLLA VERDEとは異なり，RIBOLLA NERA（SCHIOPPETTINOの別名）の果皮色変異ではない．リミニ県のRÉBOLAあるいはRIBOLLA RIMINESEはPIGNOLETTOと同一であり（Filippetti *et al.* 1999），RIBOLLA SPIZADEはPROSECCO LUNGOの別名である．DNAのデータによればGOUAIS BLANCとの親子関係の可能性が示唆されており確認中である（Serena Imazio and José Vouillamoz，未公開データ）．

最近行なわれたDNA解析によりREBULAとスロベニアの似た品種はRIBOLLA GIALLAと同じ品種であることが確認された．ゴリシュカ・ブルダ，コッリオ（Collio，イタリア）およびイストラ半島（クロアチア）では非常に高度な遺伝的多様性を示し，いくつかのクローンがまだ同定されていない品種（あるいは実生？）と混植されている（Rusjan *et al.* 2010）．

他の仮説

PROSECCOやREFOSCOと同様に，RIBOLLA GIALLAも大プリニウスがイストラ半島の岩の上で生育すると言及した品種PUCINUMとよく間違えられてきた．

ブドウ栽培の特徴

熟期は中期である．結実不良（ミルランダージュ）や腐敗を起こしやすい．樹勢は弱い．

栽培地とワインの味

RIBOLLA GIALLAはイタリア北東部のスロベニアとの国境近くのフリウーリ地方で栽培されているが，

国境はよく変更されたので，スロベニアで REBULA という別名で栽培されていることは驚くことではない．2000年時点でのイタリアの農業統計によれば284 ha（701 acres）の栽培が記録されており，主にタルチェント（Tarcento）とイストラ半島の間の丘やゴリツィア県（Gorizia）周辺で栽培されている．ヴァラエタルワインは Colli Orientali del Friuli DOC と Collio DOC のチアッラ（Cialla），ロサッツォ（Rosazzo），カプリーヴァ（Capriva），チヴィダーレ（Cividale），コルモンス（Cormons），グラディスカ・ディゾンツォ（Gradisca d'Isonzo），マンツァーノ（Manzano）およびオスラヴィア（Oslavia）の各村では特に良質のワインが生産されている．最初の二つの村は Colli Orientali del Friuli DOC のサブゾーンとして公認されている．オスラヴィアはこの品種の故郷と考えられており，現地では伝統的に果皮とともに発酵されている．現在では数日間にわたるスキンコンタクトを行うことは珍しくない．

伝統的にヴァラエタルワインは軽いボディーで，強い酸味，時にわずかにフローラルである．より最近では野心的で革新的な生産者が，深い黄色で，豊かな黄色のフルーツと時にナッティーでミネラル感があるフレーバーをもつより凝縮した個性的なワインを作るようになっているが，樽発酵や熟成の試みはいつも成功するというわけではない．粘土製のアンフォラで作った個性的なワイン Anfora を作る Josko Gravner 社や Miani，Primosic，Matjaz Tercic，Le Vigne di Zamò の各社が推奨される生産者である．

スロベニアでは REBULA のほとんどは，イタリアのゴリツィア県の北にあるゴリシュカ・ブルダで栽培されている（446 ha/1,102 acres）．現地では色にかかわらず最も多く栽培される品種であり，ゴリツィア県の東のヴィパヴァ渓谷（Vipavska Dolina）では，最も多く栽培されている白品種である（295 ha/729 acres）．クラス（Kras / イタリア語では Carso）やスロベニアのイストラ半島地域でも非常に限定的に栽培されている．Batič，Kabaj，Edi Simčič，Marjan Simčič，Ščurek などの各社が推奨される生産者である．

カリフォルニア州のナパバレー（Napa Valley）でも少し栽培されている．

RIBOLLA NERA

SCHIOPPETTINO を参照

RIESEL

スイスのマイナーな交雑品種．
主にその耐病性により本拠地としてオランダを見いだした．

ブドウの色：● ● ● ● ●

主要な別名：VB 11-11-89-12

起源と親子関係

RIESEL はスイス，ジュラ州（Jura）のソウィエール（Soyhières）で Valentin Blattner 氏がカベルネ・ソーヴィニヨン（CABERNET SAUVIGNON）と未公開の耐病性品種（ドイツ語で *Resistenzpartner*）の交配により得た交雑品種である．

ブドウ栽培の特徴

樹勢が強い．萌芽期は早期で，熟期は中期である．霜，べと病およびうどんこ病に良好な耐性をもつが果粒が密集した果房であるので灰色かび病になりやすい傾向がある．

栽培地とワインの味

オランダではグルースベーク（Groesbeek）にある Colonjes 社がオフ・ドライのレモニーなヴァラエタルワインを作り，Colonjes 社と Wijnboerderij De Gravin 社はロスウィンケル村（Roswinkel）で RIESEL と SOLARIS のブレンドワインを作っている．ワインはリースリング（RIESLING）に似ていなくもないフローラルで白いフルーツのアロマをもつが，酸味と複雑さはあまりない．

RIESLANER

低く評価されているが需要の多いリースリング（RIESLING）に似た，稀少なドイツの交配品種．貴腐効果による素晴らしい甘口ワインになる．

ブドウの色：●　●　●　●　●

主要な別名：Mainriesling，Würzburg N 1-11-17

起源と親子関係

RIESLANER は，1921 年にヴュルツブルク（Würzburg）で August Ziegler 氏が SILVANER × リースリングの交配により得た交配品種である．この親品種は DNA 解析によって確認されている（Grando and Frisinghelli 1998）．ORANIENSTEINER，OSTEINER，RIESLANER は姉妹品種である．RIESLANER は ALBALONGA の育種に用いられた．

ブドウ栽培の特徴

リースリング同様に晩熟であるが高い酸度が保持される．果実が萎びる傾向があるので，日当たりのよすぎない場所がよいが，一般に高品質のブドウを得るためには栽培の場所を選ばなければいけない．開花期に天気がよくなければ，収量は低く結実不良（ミルランダージュ）の傾向にある．すべての条件が十分でないと，果梗はしっかりとしなくなり，完熟させるために樹が残されるとさらに収穫量が落ちる．

栽培地とワインの味

ドイツでは主にフランケン（Franken）やプファルツ（Pfalz）で 87 ha（215 acres）の栽培が記録されている．Dreissigacker 社や Keller 社はわずかに数 ha が残るに過ぎないラインヘッセン（Rheinhessen）で素晴らしい Rieslaner TBA（トロッケンベーレンアウスレーゼ）を作っている．これらのワインはフランケンの Fürst Löwenstein 社や Rudolf Fürst 社のアウスレーゼ（Auslesen）のように，貴腐によってグレープフルーツ，アプリコット，ビターオレンジのフレーバーが濃縮され，すばらしい酸味と調和がとれる．プファルツの Müller Catoir 社もまたこの品種の可能性を示した．十分に熟すと，フルボディーだがフレッシュで熟成させる価値のある，注目に値するワインになる．そのため RIESLANER がどんどん珍しくなっていくのは残念なことである．

ブドウが十分に熟したときに収穫されると辛口タイプのワインはアルコールが感じられてバランスが悪く，そうでない場合は酸味が過剰になる．

RIESLING

世界で最も偉大な白ワイン用ブドウの一つ．どのような甘さのレベルでも，特に地理的特徴を表現した長期熟成が可能なワインになる．

ブドウの色：●　●　●　●　●

主要な別名：Beyaz Riesling（トルコ），Johannisberg（この名前がカリフォルニア州の Silvaner に使われるようになる前，1920 年代までのスイスのヴァレー州（Valais）），Kleinriesling，Klingelberger（バーデンのオルテナウ（Ortenau）），Lipka（チェコ共和国），Petit Rhin（ヴァレー州），Raisin du Rhin（フランスのアルザス

(Alsace)), Rajinski Riesling（旧ユーゴスラビア), Rajnai Rizling（ハンガリー), Renski Riesling（スロベニア), Renski Rizling（スロベニア), Rheinriesling（オーストリア), Rhine Riesling, Riesling Edler（ドイツ), Riesling Gelb（ドイツ), Riesling Renano（Italy), Riesling Rhénan（アルザス), Riesling Weisser, Rislinoc（モルドヴァ共和国), Risling（ブルガリア), Rizling Rajnski（クロアチア), Ryzlink Rýnský（チェコ共和国, スロバキア), Starovetski（チェコ共和国, スロバキア), Weisser Riesling, White Riesling（アメリカ合衆国）

よくRIESLINGと間違えられやすい品種:CROUCHEN ♀（南アフリカ共和国), GRAŠEVINA ♀（イタリア, Riesling Italicoの名で), MENU PINEAU ♀（ロワール（Loire)), PEDRO XIMÉNEZ ♀, RÄUSCHLING ♀（ドイツ), SAUVIGNONASSE ♀（チリおよびアルゼンチン）

起源と親子関係

リースリングはドイツで最も古いブドウ品種の一つで, 多くの別名をもつ. Levadoux（1956）のBertschによればリースリングという品種の名は「split（分裂する)」という意味をもつ*reissen*（古いドイツ語で*rîzan*）に由来し, incision（切開), carve（刻む), またはengrave（彫る), そして後にtear（涙）またはwrite（書く）と変化していった. この奇妙な語源への説明はないが, おそらく初期のsplitはCHASSELASにFENDANTの別名をあてているように, 果粒が指の間で押さえると裂ける様子を表しているのかもしれない. あるいはブドウに結実不良（ミルランダージュ）の傾向があることに由来するのかもしれない（ドイツ語でミルランダージュは*verrieseln*という. ミルランダージュを, 花の中に「切り傷・切開」を入れるので実をつけない, というのはやや拡大解釈した言い方だが). あるいはドイツ語で「切る」を意味するrissling（これもまた*reissen*由来である）に通じるのかもしれない.

リースリングはおそらくドイツのライン川の北岸のラインガウ（Rheingau）に起源をもつであろう. 現地では1435年3月3日の日付（報告によっては2月）の書類に最初の記載がある. ヘッセン（Hessen）のフランクフルト・アム・マイン（Frankfurt-am-Main）近くのリュッセルスハイム（Rüsselsheim）にあるカッチェンエルンボーゲン（Katzenelnbogen）城のセラーマスターであるKlaus Kleinfisch氏がカッツェンエルンボーゲン公ヨハン4世（Graf Johann IV von Katzenelnbogen）の支出と収入について書いた書類の中で「ブドウ畑のためにRiesslingenの穂木が22金貨」と記載されている（Staab 1991). *seczreben*という情報もあるが, 解読が困難であり, *setzreben*（ブドウの穂木）のほうが理にかなっている.

リースリングに関するおびただしい参考資料がドイツで見つかっているが, 古くräuschlingと記されている品種との類似性（たとえば1348年のアルザス, キンツハイム（Kintzheim）および1464年のトリール（Trier）で見られる*ruesseling*）が混乱をもたらしている. 現代のリースリングの最初の表記は1552年のヒエロニムス・ボック（Hieronymus Bock ）の著作である植物本（*Kreutterbuch*）のラテン語版の中に見られ, そこで「リースリングはモーゼル（Mosel）/ライン（Rhein）とヴォルムス（Worms）で生育する」と記載されている. しかし1546年版に見られるという情報もある.

Regner *et al.*（1998）の中でDNA解析によってリースリングは西ヨーロッパで最も古く, 最も多産な品種の一つであるGOUAIS BLANCと親子関係にあることが示されている. GOUAIS BLANCは少なくともシャルドネ（CHARDONNAY), GAMAY NOIR, ELBLING, FURMINTなどを含む80種の他のブドウと親子関係にあるので（PINOTの系統図参照), それらは片親だけの姉妹関係, あるいはリースリングの祖父母または孫品種にあたることになる.

RIESLING ITALICOやWELSCHRIESLING（いずれもGRAŠEVINAの別名), およびたとえばオーストラリアのCLARE RIESLING（CROUCHEN), 南アフリカ共和国のCAPE RIESLING（CROUCHEN), リースリングカリフォルニア州のGRAY RIESLING（TROUSSEAU）などのようなリースリングの名を付けた品種との間に遺伝的関係はない.

とりわけドイツには多くの育種家がいるので, リースリングは多くの交配に使われた. それらの多くは現在でも栽培されている. AURELIUS, DALKAUER（おそらく), EHRENFELSER, GEISENHEIM 318-57, GOLDRIESLING, HÖLDER, MANZONI BIANCO, KERNER, MISKET VARNENSKI, MÜLLER-THURGAU, NORIA, ORANIENSTEINER, OSTEINER, RIESLANER, RIESUS, ROTBERGER, SCHEUREBE, VERITASなどがそれにあたる.

赤い果皮色変異ROTER RIESLINGについてはこの章の最後に論じる.

他の仮説

多くの他の品種と同様，リースリングは多数のローマの研究者が記載したように *Vitis aminea* と同じであるという議論がある．いくつかの資料によるとその名はオーストリアのヴァッハウ渓谷地方（Wachau）の川の名前である Ritzling にちなんで命名されたと述べている資料もあるが，リースリングは中世頃にはその地方では栽培されていなかったことから，これはおそらく偶然の一致なのであろう．リースリングは *russling*（rus は「濃色の樹」の意味をもつ）にちなんでつけられた名前であるという説もあるが，この語源は RÄUSCHLING に関してのみ真実である．

Regner *et al.*（1998）の中で，DNA データに基づいてリースリングは ELBLING と同様，GOUAIS BLANC と SAVAGNIN（別名 TRAMINER）に比較的近い品種との交配品種ではないかと推測されている．すでに長きにわたって絶滅している SAVAGNIN は，ラインガウ地方の野生ブドウ（*Vitis vinifera*subsp. *silvestris*）に関係があると考えられている．しかしこの親品種は依然見つかっておらず，リースリングと野生ブドウとの間の遺伝的関係は確立されていない．

ブドウ栽培の特徴

この品種の木質の堅さにより，非常に寒冷耐性であるが，十分に熟して経済的に見合う収量となるためには最高の土地で栽培する必要がある．栽培に適した土地では収量が70 hl/ha であってもワインは高い品質を維持することができる．萌芽期は遅いので春の霜からは逃れることができる．ワインのスタイルによって熟期は中期～晩期となる．べと病に耐性であるが，うどんこ病と灰色かび病にやや感受性である．

栽培地とワインの味

リースリングに対する国際的な熱狂が長く続き，とりわけアメリカ合衆国では，二つの大きなワイン会社がドイツから輸入したブランドのヴァラエタルワインを持ちこんだことで広まった．この品種は安価なワインではその特性をあまり現さない．しかし，手作りのリースリングは一般に比較的低いアルコール分で，酸味が強くエキス分に富むことが多い．リースリングはフレーバーやアロマ不足となることがほとんどない．実際に熟成したワインのブーケはとても強く，ワイン好きを躊躇させるほどである．リースリングは栽培されたテロワールをよく表すので，そのアロマと性質を一般化することは難しい．ワインはフローラルで，フルーティーであり，ミネラル感があり，またスパイシーにもなりうる．一つ一般化できることとして，リースリングは世界で最も長期熟成が可能なワインになり，ワインは同じ品質のボルドー（Bordeaux）の赤ワインと同じくらい長期の保存が可能である．

骨の髄までドイツのブドウであるリースリングは，フランスのアペラシオンでは，かつてドイツに属していたアルザス地域圏（Alsace）を除いて公認されていない．ヴォージュ山脈（Vosges Mountains）とライン川（Rhein）に挟まれたこの地では2009年に3,382 ha（8,357 acres）のリースリングが栽培されていたが，この値は1958年の787 ha（1,945 acres）から激増しており，この地域で最も栽培される品種となっている．SYLVANER の栽培地はしだいにリースリングの栽培に置き換えられていった．しかし今でもアルザス地域圏では49，1089，1091のわずか3種類のリースリングクローンが公認されているだけであるが，ドイツでは60を超えるクローンが公認されている．アルザスリースリングは伝統的に補糖されて辛口に醸造されるため，ドイツのリースリングよりもフルボディーである．わずかに Vendange Tardive と Sélection de Grains Nobles Rieslings の両ワインのみが甘口である．リースリングはここでは，石灰岩，花崗岩，泥灰土といった土壌や，標高，日照などの違いを伝えるよい手段である．推奨される生産者としては Marcel Deiss，Hugel，Josmeyer，Kreydenweiss，Meyer-Fonné，René Muré，André Ostertag，Rolly-Gassmann，Domaines Schlumberger，Trimbach，Weinbach，Zind-Humbrecht などの各社があげられる．

イタリアではリースリングよりも RIESLING ITALICO のほうが重要である．2000年時点でのイタリアの統計によればリースリングは624 ha（1,542 acres）の栽培しか記録されておらず，ほとんどはアルト・アディジェ（Alto Adige/ ボルツァーノ自治県）やフリウーリ地方（Friuli）などの冷涼な地方で見られる．Kuenhof，Cantina San Michele Appiano，Schwanburg および Tiefenbrunner などの各社は少し草の香りのする最高のワインをアルト・アディジェで生産している．フリウーリ地方では Jermann，Puiatti，Villa Russiz の各社が良質のワインを生産している．ピエモンテ州（Piemonte）では Aldo Vajra 社が100％リースリング，Langhe Bianco として販売される独特の Pietracine を作っている．

スペインでは2009年に97 ha（240 acres）の栽培面積しかリースリングが記録されておらず，主にペネデス（Penedès）の Torres 社の Waltraud のようなワインがカタルーニャ州（Catalunya）の北東部で作られ，カスティーリャ＝ラ・マンチャ州（Castilla-La Mancha）でも栽培は見られる．

リースリングは国土面積の小さいルクセンブルグでより重要な品種であり，ちょうどドイツのモーゼル（Mosel Valley）上流 から国境を越えたあたりで栽培が見られる．159 ha（393 acres）の栽培面積は同国の総栽培面積の12 % を占めている．最も洗練されたワインは Mathis Bastian，Charles Decker，Gales，Alice Hartmann および Ch Pauqué などの各社により作られている．ドイツのラインヘッセン（Rheinhessen）にある Klaus Peter Keller 社はノルウェー南部でリースリングの小規模な試験栽培に参加している．

ドイツはリースリングの伝説の発信地であり 22,434 ha（55,436 acres）の栽培面積は同国で最も栽培されている品種となっている（ドイツワインの歴史の中では，20 世紀後期に，より容易に熟す MÜLLER-THURGAU が高貴なリースリングの栽培面積を追い越したという不名誉な期間があった）．リースリングはすべてのドイツのワイン生産地域で栽培されており，プファルツ（Pfalz，5,458 ha/13,487 acres）とモーゼル・ザール・ルーヴァ（Mosel-Saar-Ruwer，5,390 ha/13,319 acres）にはそれぞれ同程度の栽培面積がある．またラインヘッセン（Rheinhessen）には 3,769 ha（9,313 acres），ラインガウ（Rheingau）には 2,464 ha（6,089 acres），さらにヴュルテンベルク（Württemberg）には 2,083 ha（5,147 acres）の栽培面積が記録されている．ドイツの最も冷涼なワイン産地であるモーゼル・ザール・ルーヴァで，おそらくこの品種は頂点に達し，最も個性的なワインとなる．比較的晩熟のリースリングは，日射量が最大となるような角度の日当たりのよい斜面で，かつスレート土壌からの再放射があり，川からの反射もある最も都合のよい幸運な土地においてのみ熟成する．典型的なワインは 8 % と低いアルコール分で極端に強い酸味（瓶内でまろやかになるには時間を要する）があるが，それでもエキス分と特徴がぎっしりつまった，デリケートではあるがそれとわかるフルーティーな甘さをもつ．

実際，すべてのドイツワインがいくぶん甘さをもっていた時期があった．時にそれは欠点を隠すためであったが，気候変動および量よりも品質が重視されるような気運の復活にともない，特に南部のワイン産地で，ドイツのワインは完璧な辛口（*trocken*）でアルコール分が 13 % 近くあり，補糖の必要のないものとなった．特にドイツで人気があるのはフルーティーなワインとはまったく異なる骨格をもち，一般にラインガウのリースリングは軽い蜂蜜の風味のある比較的しっかりとしたワインである．ナーエ（Nahe）のワインは酸味が生き生きとしたグレープフルーツの趣をもつ．広範囲にわたるラインヘッセン地方のリースリングには色々なタイプが見られ，ニーアシュタイン（Nierstein）周辺のライン川を見下ろす場所で作られる大柄で甘美に熟したものから，この地域の南部で野心的な若い生産者が作る緊張感と活気のある，時にナッティなブドウ畑の特徴を表現するワインというものまである．プファルツのほとんどのリースリングは豊満になりがちで蜂蜜を思わせ非常にフルボディーなワインになるが，ヴュルテンベルクでは軽くさわやかな主に地方で消費されるワインが作られる．フランケン（Franken）は SILVANER 王国であり，バーデン（Baden）は様々な PINOT が得意であるが，いずれの地域においても，まさにドイツ的な品種にこの地域独自の演出をしたワインが作られている．

スイスはドイツに近いがリースリングはわずかに 12 ha（30 acres）とほとんど栽培されておらず，その半分はヴァレー州（Valais）で見られる．シオン（Sion）にある Domaine du Mont d'Or 社が作る Amphitryon ワインはヴァレー州で作られた最初のリースリングワインであり，現在も最高のワインである．

他方，オーストリアは 1,874 ha（4,631 acres）の栽培が記録されているが，同国では常に GRÜNER VELTLINER の二番手の役割を担っている．ヴァインフィアテル地方（Weinviertel）は 552 ha（1,364 acres）の栽培面積を有するが，この値はこの地域の畑の 4 % を占めているにすぎない（GRÜNER VELTLINER はほぼ 50% を占めている）．他方ヴァッハウ渓谷（Wachau）の 198 ha（489 acres）はその地域の畑の 14 % を，カンプタール地方（Kamptal）では 298 ha（746 acres）と 7.5 % を，クレムスタール地方（Kremstal）では 214 ha（529 acres）と 9.5 % を占めている．ブルゲンラント州（Burgenland）のリースリングワインは主にノイジードル湖地方（Neusiedlersee）で見られ，印象的な濃厚な甘口ワインが作られている．オーストリアのリースリングワインは，ほとんどのドイツのリースリングワインよりもフルボディーであり，アルザス地域圏のリースリングよりもスパイシーで簡素ではない．最高のリースリングワインのほとんどはドナウ川の北岸の南向きの斜面にあるたとえば Bründlmayer，Hirtzberger，Knoll，Loimer，Nigl，Nikolaihof，F X Pichler，Prager，Schloss Gobelsburg，Stadt Krems，Undhof Salomon，Domäne Wachau などの各社により作られているが，概して安定した高品質のワインである．

ハンガリーでは 1,283 ha（3,170 acres）の栽培が記録されており，主に中南部のクンシャーグ（Kunság），チョングラード（Csongrád），トルナ（Tolna）などで栽培は見られるが，バラトン湖（Lake Balaton）の近くでもまた栽培されている．最高の生産者はBussay（ザラ県（Zala）），Ottó Légli（バラトンボグラール（Balatonboglár）），József Szentesi（パズマンド（Pázmánd））およびVilla Tolnay（バダチョニ（Badacsony））などの各社である．

チェコ共和国では，南東部，モラヴィア（Morava）南部のワイン地域に集中してRYZLINK RÝNSKÝが栽培されており（1,270 ha /3,138 acres），Velké Žernoseky社もリースリングワインの生産で知られている．スロバキアではオーストリアとの国境地域にあるMalokarpatská地方のペジノク（Pezinok）および特にモドラ（Modra）でよい評価を得ている．2009年には998 ha（2,466 acres）の栽培が記録されていた．ザール（Saar）にあるEgon Müller社は特に厳格なKastiel Beláリースリングワインを，少し南のハンガリーとの国境の東部のシュトゥーロヴォ（Stúrovo）近辺で作っている．

RENSKI RIESLINGはスロベニアでは10番目に多く栽培されている品種である．主に北東部のシュタイエルスカ地方（Štajerska Slovenija /Slovenian Styria；591 ha/1,460 acres）やプレクムリェ地方（Prekmurje；52 ha/128 acres）で栽培されている．Dveri-Pax社は信頼できるワインを作っている．

2009年のクロアチアではリースリングはRIZLING RAJNSKIという別名で6番目に多く栽培されている品種であり，この品種の1,072 ha（2,649 acres）の栽培面積は同国の畑の3%を占めている．

モルドヴァ共和国ではRISLINOCとして知られており2009年に1,343 ha（3,319 acres）が，ブルガリアでは2009年には1,170 ha（2,891 acres）の栽培が記録されていた．ロシア最大のワイン産地であるクラスノダール地方（Krasnodar Krai）でのリースリングは公式統計で2009年に882 ha（2,179 acres）の栽培が記録されているが，これがいずれの種類のリースリングであるのかは不明である．Fanagoria社は60 ha（148 acres）のRHINE RIESLINGの畑を有し，ウクライナでは2,702 ha（6,677 acres）の'RHINE RIESLING'の栽培面積が2009年に記録されている．本物のリースリングはイスラエルでも限定的に栽培されている．

こうした問題はカリフォルニア州にはあてはまらず，かつてJOHANNISBERGあるいはWHITE RIESLINGとして同州で知られていた品種が本物のリースリングであると確認された．2010年には3,831 acres（1,550 ha）の栽培が記録されており，これらのうちの300 acres（121 ha）はまだ結実していない．これらの数字は，リースリングに対するアメリカにおけるワインビジネスの関心を表している．ほとんどのカリフォルニア州のリースリングはいくぶんソフトで薄いが，ナパのChateau Montelena，Smith Madrone，Stony Hill，メンドシーノ郡（Mendocino）のDashe Cellars，Esterlina，Navarroおよびモントレー郡（Monterey）のVentana Vineyardsなどの各社はいずれも美味しくて比較的長寿のワインを生産している．

冷涼で曇天の多いオレゴン州では，情熱的な市場がない状況でも長い間，信頼に足るリースリングの生産が伝統的にしっかりと行われてきた．777 acres（314 ha）の栽培面積が記録され，A to Z，Amity，Argyle，Brooks，Chehalem，Elk cove社などの興味深い有能な生産者がある．

西海岸ではリースリングを得意とする活気のあるスタイルがワシントン州にある（大きな成功を収めているEroica Rieslingがその証拠である）．ここの有力なChâteau Ste Michelle社とモーゼル（Mosel）のErni Loosen氏との長い間の協力関係により，この品種に対する関心が大きく高まり，栽培面積は1999年の1,900 acres（769 ha）から2011年には6,320 acres（2,558 ha）に増加した．シャルドネが依然，同州で最も栽培されている品種であるが，ワシントン州は3年ごとに開催される国際リースリングイベントに，ラインガウ（Rheingau）およびオーストラリアと並んで参加した．様々な甘さレベルに，すばらしい，明るい果実香のある，非常にキレのよいリースリングワインの生産者たちが同州にはある．

ミシガン州のChâteau Grand Traverse社はリースリングワインの生産でよく知られている．

東海岸ではニューヨーク州のフィンガーレイクス地方（Finger Lakes）で2008年に683 acres（276 ha）が記録されている．様々な甘さのレベルにおいてもまじめな素晴らしいリースリングワインをつくる長い伝統をもっているが，シャルドネマニアの時代には同州のリースリングワインはいくぶん無視されていた．Anthony Road，Glenora，Heron Hill，Hermann J Wiemer社などの各社はすべてワールドクラスのリースリングワインを作っている．驚くべきことではないが，リースリングは国境を越えたカナダのオンタリオ州でも輝きを放っており，同州では非常に重要な品種となっている．Norman Hardie社やCave Spring社（関係者同士の結婚によりモーゼルのSt Urbans-Hof社と密接な関係がある）は極めて有望な極辛口リースリングワインを作っている．リースリングのアイスワインもまた輝きを放っている．最も優れた辛口のブリティッシュコロンビア州のリースリング（同州の栽培面積は367 acres/149 ha）はTantalus社のリースリングワインである．

リースリングは南アメリカよりも北米の北東地域の冷涼な気候に適応している．アルゼンチンは2008年にわずかに112 ha（277 acres）のみの栽培面積が，主にメンドーサ州（Mendoza）周辺で見られた．一握りの勇敢な若いワイン醸造家がチリでリースリングワインの生産を試みており，2008年に南の冷涼なビオビオ州（Bío Bío）（たとえばCono Sur社）で33 ha（82 acres）の栽培が記録され，Cousiño Macul社はサンティアゴ（Santiago）の近くにこの品種を植え付けた．ウルグアイでは2009年に17 ha（42 acres）の栽培面積を記録している．

歴史的にリースリングはオーストラリアにとって非常に重要である．シレジア（Silesian）移民がこの品種を19世紀に南部のバロッサ・バレー（Barossa Valley）に持ち込んだところ，いくぶん冷涼なクレア・バレー（Clare Valley）やエデン・バレー（Eden Valley）近くで直ちにその適性を示した．シャルドネ以前には，この品種は同国で好まれる白ワインであって，2008年でも依然4,401 ha（10,875 acres）と5番目に多い栽培面積を有する品種である．31,564 ha（77,996 acres）が記録されるシャルドネによってこの品種の栽培は減少したが，ドイツよりも温暖で乾燥した気候のため，オーストラリアは世界でも良質のリースリングを産する国だと同国は主張している．クレア・バレー（862 ha/2,130 acresが記録されておりオーストラリアリースリングが最も集中した本拠地である）のJeffrey Grosset氏のような先駆者は現在最も辛口で最も引き締まった志あるワインを作っているが，非常にわずかだが丸くなった印象もある．オーストラリアは長い間，最高品質の甘口のリースリングも作ってきた．現在リースリングにとって最も重要で成功している地域は，クレア・バレー，エデン・バレー，バロッサ・バレーとグレート・サザン（Great Southern）だが，アデレイド・ヒルズ（Adelaide Hills）やパザウェイ（Padthaway）にもかなりの量の栽培があり，タスマニアでも可能性を示している．Crawford River，Frankland Estate，Grosset，Henschke，Leeuwin，Petaluma，Piper's Brook，Plantagenet，Tamar Ridge，Yalumbaなどの各社は最も完成された生産者の例である．

ニュージーランドではアロマティックな品種に取り組みはじめていて，リースリングは間違いなくその一つである．2001年の493 ha（1,218 acres）から917 ha（2,666 acres）まで増加し，さらに増えている．最高の生産者としてはDry River，Forrest Estate，Framingham（優れた甘口を含む），Palliser，Pegasus Bay，Richardson，Seresinなどの各社がある．

南アフリカ共和国ではCAPE RIESLINGの名に固執があるので，リースリングの普及は同国では支援を得られず，リースリングとだけいえば，それは平凡なCROUCHENを指している．ごく最近になってリースリングの名前は本物のためだけに用いられるようになり，WEISSER RIESLINGという呼称は破棄された．本物のリースリングの栽培面積は2008年に215 ha（531 acres）で，広範囲にわたってところどころで栽培されているが，多く栽培されているのはステレンボッシュ（Stellenbosch）やロバートソン（Robertson）である．最高のワインはコンスタンシア（Constantia/Buitenverwachting，Klein Constantia），エルギン（Elgin/Paul Cluver），スワートバーグ（Swartberg/Howard Booysen）などのケープ（Cape）ワイン生産地の最東の標高1000 mほどの冷涼な気候のところで作られている．

リースリングはまた中国（2009年に378 ha/934 acres）の山西省（Shanxi），甘粛省（Gansu）および，新疆ウイグル自治区（Xinjiang）でも栽培されている．日本では2009年に7.6 ha（19 acres，訳注：平成26年の農林水産省の統計では11.5 ha）の栽培が記録されている．

ROTER RIESLING

ROTER RIESLINGはRIESLING ROTとも呼ばれ，リースリングの果皮色変異で赤というよりもピンク色である（Sefc，Regner *et al.* 1998）．ROTER RIESLINGは白やピンク色の果粒の混ざった状態でよく見られるが，白のリースリングはそうでないため，ROTER RIESLINGは実はリースリングの原型（*Urform*）であると考えられてきた．しかし最近の遺伝子の解析により，ブドウの果皮色遺伝子（*VvmybA1*と呼ばれる）の変異は，遺伝子の上を自分で移動する小さなDNA断片のレトロトランスポゾンの挿入により起こる場合が多いことが明らかになった（This *et al.* 2007）．ROTER RIESLINGの場合，遺伝的解析により同じ果房に異なる色の果粒が混じっているのは芽条の複雑な変異によることが明らかになった（Stenkamp 2009）．したがって，ROTER RIESLINGはリースリングの原形とは考えられず，同様にELBLING ROT，CHASSELAS ROUGE，SAUVIGNON ROUGEなどもそれらに対応する白の果皮色品種の原形であるとは考えられない．

ドイツとオーストリアでROTER RIESLINGの小規模の栽培が行われている．エーストリッヒ＝ヴィンケル（Oestrich-Winkel）のUlrich Allendorf氏がガイゼンハイム（Geisenheim）研究センターで作られたワインをテイストした後，2006年に植え付けた樹によってROTER RIESLINGの保存に努めている．オーストリアのヴァインフィアテル地方（Weinviertel）のWeingut Holzmann社とラインガウ（Rheingau）のCorvers Cauter社もROTER RIESLINGワインを生産している．ワインのキレのよい酸味とアロマはリースリングに似ているが，もう少し力強く，丸くフルボディーである．ブドウの灰色かび病への感受性が白ブドウのリースリングよりも少ないことは利点である．

RIESLING ITALICO

GRAŠEVINAを参照

RIESUS

最近開発された比較的頑強なウクライナの交雑品種．
リースリング（RIESLING）に似たアロマをもつ．

主要な別名：Risus，Risys，Rysus

起源と親子関係

RIESUSは，ウクライナ南部のヤルタ（Yalta）のAmpelos育種会社でP Golodriga，M Kostik，V Yurchenko氏らがリースリング×ROUCANEUFの交配により得た交雑品種である．このROUCANEUFはSEIBEL 6468×SUBÉREUXの交雑品種である（完全な系統については，SEIBEL 6468はHELIOSを，SUBÉREUXはPRIORを参照）．RIESUSの名称はリースリングと「耐病性」を意味する*ustoichivy*を合わせた短縮形の造語である．

ブドウ栽培の特徴

豊産性で萌芽期は中期である．熟期は中期～晩期である．厚いが柔軟な果皮をもつ．かびの病気への耐性と耐寒性−26℃（−14.8℉）をもつ．

栽培地とワインの味

RIESUSは故郷のウクライナのほか，ロストフ（Rostov）やクラスノダール地方（Krasnodar）などのロシアのワイン地区でも栽培され，主にブレンドされている．また蒸留用にも用いられる．この品種から作られる典型的なワインはリースリングに似たアロマをもつ．

RIMAVA

最近公認された将来有望なスロバキアの交配品種

ブドウの色：● ● ● ● ●

主要な別名：CAAB 3/12

起源と親子関係

RIMAVAは1976年にスロバキアのブラチスラヴァ（Bratislava）のVUVVブドウ栽培および醸造研究

センターのDorota Pospíšilová氏がCASTETS×ABOURIOUの交配によりにより得た交配品種である．スロバキア南東部の川の名にちなんで命名された．HRON，NITRANKAおよびVÁHと姉妹関係にあり2011年に公認された．

ブドウ栽培の特徴

豊産性，樹勢が強く（やせた土壌に最適である），萌芽期は中期〜後期で熟期は中期〜晩期である．厳しい冬の霜と乾燥に感受性だが春の霜と灰色かび病には耐性である．果粒は小さくカベルネフレーバーが濃い．良好な霜耐性を示す．

栽培地とワインの味

RIMAVAは最高のカベルネに似たスロバキアの品種の一つである．深い色合い，フルボディーで個性的なカベルネフレーバーをもち，良好な熟成の可能性をもつワインになる（Dorota Pospíšilová，私信）．2011年には約3 ha（7 acres）の栽培面積しか記録されていないが，スロバキアの最高のワイン産地である同国南西部の南スロバキア（Južnoslovenská）および小カルパティア山脈地方（Malokarpatská）の斜面でとても有望な結果を示した．Igor Blaho社は赤のブレンドワインに現在この品種を用いている．

RIMINÈSE

ALBANAを参照

RIO GRANDE

非常にマイナーなポルトガルの交配品種．
主にアゾレス諸島（Açores）のピコ島（Pico）で栽培されている．

ブドウの色：●　●　●　●　●

起源と親子関係

ポルトガルで得られたDIAGALVES × FERNÃO PIRESの交配品種である．SEARA NOVAの姉妹品種である．

栽培地

RIO GRANDEの栽培は主にポルトガル，ピコ島で見られる．同島では地元のワイン組合が軽く飲みやすいブレンドワインをFERNÃO PIRES，GENEROSA（PORTUGAL），SEARA NOVAとのブレンドにより作っている．マデイラ島でもところどころでわずかだが栽培されており，主に同島の北部のサンタナ（Santana）で栽培されているが，2010年時点でのポルトガルの公式栽培面積は1 ha（2.5 acres）以下である．

RIÒN

スペイン，バルセロナ付近の古い畑から最近救済された珍しい品種

ブドウの色：●　●　●　●　●

起源と親子関係

RIÓNはあまり知られていない地方品種で，スペイン北東部のペネデス（Penedès）でAlbet i Noya社が復活させた.

ブドウ栽培の特徴

萌芽期と熟期はいずれも中期である．全般的に良好な耐病性をもつ.

栽培地とワインの味

RIÓN はスペイン，バルセロナ南西部で Albet i Noya 社の Josep Maria Albet 氏が1999年に始めた実験プロジェクトの品種の一部である．古いブドウが多くの畑で見つかり，小規模で商業栽培されている．ワインは非常に色が薄く，控えめでミネラル感があり，サンセール（Sancerre）のワインに似ていなくもない．ワインにはリースリング（RIESLING）に似たフレッシュさと柑橘類の後味をもつ.

RIPOLO

イタリア南部，アマルフィ（Amalfi）沿岸で熟成させる価値のある白ワインになる.

ブドウの色：● ● ● ● ●

主要な別名：Ripala，Ripoli，Uva Ripola

起源と親子関係

RIPOLO はかつてはイタリア南部，ナポリ県（Napoli）のモンティ・ラッタリ（Monti Lattari），特にグラニャーノ（Gragnano），レッテレ（Lettere），カステッランマーレ・ディ・スタービア（Castellamare di Stabia）で栽培されていた．歴史的文書の中では RIPOLO は19世紀の中頃まで記載が見られない．この品種は遺伝的には AGLIANICONE，FALANGHINA FLEGREA，PALLAGRELLO NERO に近い（Costantini *et al.* 2005）.

ブドウ栽培の特徴

熟期は中期である.

栽培地とワインの味

RIPOLO はイタリアのナポリ南部のサレルノ県（Salerno）のアマルフィ沿岸でもっぱら栽培されており，特にアマルフィ，フローレ（Furore），ポジターノ（Positano）で多く見られ，現地では普通は棚仕立てで（しばしば接ぎ木をせずに）栽培されている．RIPOLO は現時点では非公式に Costa d'Amalfi DOC に加えられているようだ．ブドウは高い糖度と中程度の酸度がある．ヴァラエタルワインはエキゾチックフルーツ，アプリコット，蜂蜜の香りがあり，熟したリースリングと同様に年代を経ると灯油のアロマが生じる．Marisa Cuomo 社の Furore Bianco Fiorduva，Costa d'Amalfi DOC は辛口で，遅摘みの RIPOLO，FENILE，GINESTRA をおおよそ等量用いた樽発酵のブレンドワインである.

RITINO

非常にマイナーなギリシャ品種．地方のブレンドワインに用いられている．

ブドウの色：● ● ● ● ●

主要な別名：Aretino，Reteno，Retina，Retino，Ripno

起源と親子関係

RITINO はおそらくギリシャのエーゲ海諸島が起源の地であろう．

栽培地とワインの味

RITINO はギリシャのエヴィア島（Évvoia），イカリア島（Ikaría），サモス島（Sámos）および スポラデス諸島（Sporádes）などのエーゲ海の島々やマグニシア県（Magnesía）で限定的に栽培されている．サモス協同組合はこの品種を FOKIANO とのロゼブレンドワインの生産に用い，Ikarian ワイナリーは他の地方品種とブレンドして赤ワインを作っている．

RIVAIRENC

かつては広く栽培されていたが，現在ではほとんど絶滅状態にある，フランス南部の古い品種．ASPIRAN NOIR の名でより知られている．

ブドウの色：● ● ● ● ●

主要な別名：Aspiran，Aspiran Noir，Épiran（ガール県（Gard）および エロー県（Hérault）），Esperan，Espiran（ガール県 およびエロー県），Peyral，Peyrar，Piran（ガール県 およびエロー県）），Ribeyrenc（オード県（Aude）），Riverain，Riveirenc Noir，Riveyrenc（オード県），Riveyrene（オード県），Spiran（ガール県 および エロー県），Verdai，Verdal

起源と親子関係

この品種は古い別名の ESPERAN という名前で，1544 年の数年前に Bonaventure des Périers が Chant de vendanges（収穫の歌）の中で初めて次のように記載している（Rézeau 1997）．「ワインプレス / すでに赤くなっている / 茶色の esperans の血によって」．後に1676年に ESPIRAN という名前で Magnol 氏が彼の著作 *Botanicum Monspeliense* の中で次のように記載している．「広く広がっている黒品種のなかで推奨されるのは Espiran，それは食用にしてもワインと同じくらい素晴らしい」．ASPIRAN NOIR という歴史的な名前で，ニーム（Nîmes）とモンペリエ（Montpellier）の間でいくつかの文献が18～19 世紀に見つかった．特にこの地域では ASPIRAN BLANC（白），ASPIRAN GRIS（灰色），ASPIRAN ROUGE FONCÉ（赤）および ASPIRAN VERDAL（ピンク）など多くの色変異が見つかったため，この地方がこの品種の起源の地と考えられているが，もはやそれらを見ることはできない．

ASPIRAN の語源は不明であるが，フランス南部のエロー県のアスピラン村（Aspiran）ではこの品種は栽培されたことがないため，この村の名前にちなんだものではなさそうである．最近，RIVAIRENC として（RIVAIRENC GRIS および RIVAIRENC BLANC とともに）フランス公式品種登録リストに登録された．驚くべきことに，かつて ガール県やエロー県で広く使われていた ASPIRAN NOIR でなく，オード県の地方名で登録されたのである．RIVAIRENC という名前はおそらく「水辺」（riparian）を意味するオック語（Occitan）の *ribairenc*（フランス語では *riverain* で別名の一つ）に由来し，それはこれが川岸で見つかったことを示唆している．

23種類の DNA マーカーを用いた DNA 系統解析によって RIVAIRENC と CINSAUT との親子関係が示唆され（Vouillamoz，より多くの DNA マーカーを用いて確認が必要），このことは RIVAIRENC がブドウの形態分類群の Piquepoul グループに属することと一致する（p XXXII 参照；Bisson 2009）．Myles *et al.*（2011）によればアメリカ合衆国農務省（United States Department of Agriculture：USDA）の National Clonal Germplasm Repository（NCGR）から提供された試料はアメリカの生食用ブドウの QUEEN と同一であったが，これは他の DNA プロファイルとの比較により否定されるだろう（Vouillamoz）．

ASPIRAN NOIR は ASPIRAN BOUSCHET の育種に用いられた．

他の仮説

RIVAIRENC は，大プリニウスが *vitis narbonnensis spiralis* と記載している品種と同一であると信じている研究者もいる．

ブドウ栽培の特徴

熟期は中期～晩期で低い収量である．べと病，うどんこ病および灰色かび病と冬の霜に感受性である．薄い果皮をもつ大きな果粒が密着した大きな果房をつける．伝統的に短く剪定する．

栽培地とワインの味

19世紀の終わりにフィロキセラ被害に襲われるまでは，フランス南部で ASPIRAN NOIR という名前で広くエロー県やガール県で栽培されていた．この品種と灰色や白の果皮色変異はフランスの公式品種登録リストに掲載されているが，現在では見つけるのは難しい．いくつかのブドウがアルジェリアで見られる．ワインは非常に軽いがブレンドワイン生産に用いられている．サン＝シニアン（Saint-Chinian）の Thierry Navarre 社はヴァラエタルワインの唯一の生産者であるが，Clos des Centeilles 社は10％の RIVEIRENC（sic）NOIR と90％の PIQUEPOUL NOIR を Minervois C de Centeilles の赤ワインに用いている．また同社が作る白の C de Centeilles（Côtes du Brian）では RIVEIRENC GRIS および RIVEIRENC BLANC を他の地方品種とともに用いている．RIVAIRENC はミネルヴォワ（Minervois）の赤ワインとロゼワインに10％まで使用できるが，現在では極めてまれである．

RKATSITELI

極めて有用で使い道が多いため広く栽培されている，もともとはジョージアの品種

ブドウの色：● ● ● ● ●

主要な別名：Baiyu（中国），Corolioc, Dedali Rcatiteli, Mamali Rcatiteli, Rkatiteli, Rkatziteli, Topolioc（以上，モルドヴァ共和国）

起源と親子関係

RKATSITELI はジョージアの最も古い品種の一つである．この品種名はブドウの外観に由来し，「ブドウの新梢」を意味する *rka* と「赤」を意味する *tsiteli* の合成語である．最近の DNA 研究によれば地方の野生ブドウに極めて遺伝的に近いとされ（Ekhvaia *et al.* 2010），Lekhura 峡谷地方で数世紀前に直接栽培品種化されたものであるといわれている．しかし非常にわずかの種類の DNA マーカーを用いて解析が行われたにすぎず，この仮説を検証するためにはさらなる解析が必要である．

RKATSITELI は KANGUN，PERVENETS MAGARACHA，PODAROK MAGARACHA の育種に用いられた．

他の仮説

ジョージアでは起源前3000年の土器の中から RKATSITELI の種が発見されたと述べている著者もいる．他の著者は洪水の後でノアによって植えられた最初のブドウであると述べているが，これらの説を支持する植物学的，考古学的，歴史的，遺伝学的証拠はない．多くのジョージア品種同様に RKATSITELI は5世紀に最初に記されたといわれている（Chkhartishvili and Betsiashvili 2004）が証拠はない．

ブドウ栽培の特徴

小さな果粒で，中～大サイズの果房である．ブドウは高い糖度に達し，酸度は高く保たれる．萌芽期は遅く晩熟である．豊産性でフィロキセラと冬の低温への良好な耐性を示す．

栽培地とワインの味

RKATSITELI はすべての色の品種の中で，ジョージアで最も広く栽培されている品種であり（2004年に19,503 ha/ 48,193 acres が記録されたがこれは旧ソビエト連邦のゴルバチョフ政権時代のブドウ引き抜き政策以前と比較すると激減している），特に南東部のカヘティ州（Kakheti）で多く見られ，カルディーナキー（Kardenakhi）や ティバーニ村（Tibaani）ではいくつかの最高のワインが作られている．これは Tsinandali，Gurjaani，Vazisubani（それぞれ MTSVANE KAKHURI を15％までブレンドすることができる）などの原産地呼称において，非酒精強化のワインのみならず，より暑い気候のカルディーナキー（Kardenakhi）などのカヘティ州（Kakheti）で酒精強化ワインにも用いられている．粘土で作られたクヴェリという容器で果皮とともに醸造する伝統的なスタイルのワインは，しばしばリンゴの果皮のフレーバーをもつ琥珀色のワインになる．推奨される生産者としては，Alaverdi Monastery，Pheasant's Tears，Vinoterra などの各社があげられる．ヨーロッパスタイルのワインは軽くフローラルで，核果，リンゴ，花梨のフレーバーと，キレのよい酸味とフルーツ感があり，Badagoni，Chateau Mukhrani，Schuchman，Tbilvino，Telavi Wine Cellar，Teliani Valley などの各社により作られている．

RKATSITELI は旧ソビエト圏のほとんどの地域で非常に人気があり，豊産性，耐寒性，酸度の保持に優れ輸送に耐える点が重宝されている．ウクライナでも最も多く栽培される品種であり，2009年には11,552 ha（28,546 acres）の栽培が記録されている．モルドヴァでも栽培され，2009年には11,508 ha（28,437 acres）の栽培を記録している．ロシアでも栽培されるが栽培量は限定的（2010年にロストフ（Rosotov）で569 ha/1,406 acres，2010年にクラスノダール地方（Krasnodar Krai ）で133 ha/329 acres）であり，また東ヨーロッパの他の国々でも栽培されている．旧ソビエト時代に RKATSITELI はアルメニアで最も広く栽培されていたが，20世紀終わりには同国のブドウ栽培面積の7％にまで落ち込んだ．またブルガリア（12,631 ha/31,212 acres; 2009年）でも広く栽培されており，ルーマニア（354 ha/875 acres; 2008年）でも栽培は見られる．

Konstantin Frank 氏はニューヨーク州のフィンガー・レイクス地方（Finger Lakes）にこの品種を持ち込み，他方 Horton 社はこの品種をバージニア州に持ち込んだ．アメリカの他の地域でも少しだけ栽培されている．

BAIYU という名前でこの品種は1956年に中国に持ち込まれ，同国の環境によく適応した．現在では北部中国および山東省（Shandong），江蘇省（Jiangsu）ならびに安徽省（Anhui）などのかつての黄河地域で多く見られる．中国では甘口，辛口および発泡性ワインの生産，さらには蒸留用にも用いられている．

ROBOLA

高い品質のギリシャの島の白品種.
上品で時に力強い辛口でレモニーなワインになる.

ブドウの色：

主要な別名：Asporombola，Asprorobola，Asprorompola，Robbola，Robola Aspri ☒，Robola Aspro，Robola Kerini，Robolla ☒，Rombola，Rombola Aspri，Rompola，Rompola Kerine
よくROBOLAと間違えられやすい品種：GOUSTOLIDI，RIBOLLA GIALLA（フリウーリ（Friuli））

起源と親子関係

ROBOLA という名前は，黒，赤，白ブドウから作られるワインのほか特に薄い果皮色の GOUSTOLIDI や濃い果皮色の THEIAKO MAVRO など，いくつかのブドウの品種に用いられてきた（Boutaris 2000）．白い果粒の ROBOLA はイオニア海のギリシャ西部沖の島々あるいはペロポネソス半島（Pelopónnisos）から持ち込まれたと考えられている．

ROBOLA は長い間，フリウーリ地方の RIBOLLA GIALLA に関係があると考えられてきた．また13世紀にベニスの人たちがイタリアからケファロニア島（Kefaloniá）に持ち込んだと考えられている（Manessis 2000; Nikolau and Michos 2004）．しかし最近の DNA 解析によって ROBOLA は（ROBOLA ASPRI または ROBOLLA の名で）RIBOLLA GIALLA とは関係がなく（Sladonja *et al.* 2007; Štajner *et al.* 2008; Vouillamoz），遺伝的にギリシャの GOUSTOLIDI や THEIAKO MAVRO に近いことが示された（Biniari and Stavrakakis 2007）．

ピンク色の果皮の果粒をつける ROMBOLA KOKKINO と黒色果皮の果粒をつける MAVRO ROMBOLA はいずれも ROBOLA の果皮色変異だと考えられている（Nikolau and Michos 2004）．

ブドウ栽培の特徴

樹勢が強く，高い収量である，水はけのよい斜面のやせた土地での栽培に適している．株仕立てがよく用いられている．うどんこ病，灰色かび病，ウィスルの病気に感受性である．小さな果粒が粗着した小さな果房をつける．

栽培地とワインの味

ROBOLA は主にギリシャのイオニア海の島々，特にケファロニア島，ザキントス島（Zákynthos），コルフ島（Kérkyra（Corfu）），レフカダ島（Lefkáda）で栽培されている．現地では白品種としては最も重要とされており，3番目に多く栽培される品種である（2008年に276 ha/682 acres）．フレッシュで軽い香りのワインで，ライム，レモンおよびグレープフルーツなどの柑橘系のフレーバーをもつ．酸化しやすいため醸造中は注意深く扱う必要がある．酸度の保持と ROBOLA の深いフレーバーの維持のためには収穫の時期が重要である．最高のワインは標高300 m（984 ft）以上にある畑で作られている．非常に力強くきめ細かな質感と顕著な持続性を持つワインが，ケファロニア島南部の標高50 m に位置する Kefaloniá アペラシオンの村のロボラ（Robola）の畑で作られている．またこの品種は遠く離れた場所，たとえばペロポネソス半島の中央部のアルカディア（Arkadía）などの遠く離れた地方でも栽培されている．推奨される生産者としては Domaine Foivos, Divino, 1956年の地震の後の1950年代の終わりに植えたブドウを用いる Gentilini および Robola 協同組合や Vassilakis などの各社があげられる．

RODITIS

非常に広く栽培されているギリシャの品種．
多くのクローンがあるが，一般的に志は低い．

ブドウの色：● ● ● ● ●

主要な別名：Alepou Roditis, Arilogos Roditis, Arsenikos Roditis, Kanellato, Kritsanisti, Lisitsines, Litsitsines（メガラ（Mégara）), Rhodites, Rhoditi, Rhoditis, Rodea Stafyli, Rodites ☒, Roditi, Roditis Alepou, Roditis Kanellatos（レフカダ島（Lefkáda）), Roditis Rosé, Rodomoussi（サントリーニ島（Santoríni）), Rogdites, Rogditis（イオニア諸島（Ionian）), Roidites, Roiditis, Roïdo, Roigditis, Sourviotes または Sourviotis（カストリア県（Kastoriá）), Thilikos Roditis

起源と親子関係

RODITIS という品種名は果粒の色（*rodon* は「バラ」を意味する；Manessis 2000）を表すというよりも，ロドス島（Ródos, Rhodes）に由来する（Lefort and Roubelakis-Angelakis 2001）．ギリシャ中で栽培されていて果粒の色と DNA プロファイルが異なる．少なくとも三つの品種にこの名前がついている．RODITIS（ピンク）がここで論じる品種で，RODITIS LEFKOS（白でもはや栽培されていない）は KOLOKYTHAS LEFKIS ともよばれ，RODITIS KOKKINOS（赤）は TOURKOPOULA の別名である（Lefort and Roubelakis-Angelakis 2001; ギリシャブドウデータベース）．

他の仮説

Nikolau and Michos（2004）によればこの品種は RODEA STAFYLI という名前でテッサロニキ（Thessalonica）の Philippus による著書 *Greek anthology* の中で1世紀に栽培が見られ，法律家の Cassianus Bassos 氏の著作 *Geoponica* の中にも RODITIS ワインとして記載されている．9世紀にコンスタンディヌーポリ総主教のフォティオス1世は RODONIA を「ピンクの果粒をもつブドウの種類」と記載している．しかしこれらの名前はロドス島のブドウまたはワイン，あるいは単にロゼワインを指しており，現代の RODITIS に対応する植物学的な証拠はない．

ALEPOU は Lefort and Roubelakis-Angelakis（2001）の中で，RODITIS LEFKOS（*lefkos* は「白」を意味する）の別名と考えられたが，地方の栽培家と他のブドウの形態分類の専門家らは RODITIS ALEPOU という名前をピンク色の果粒をもつ RODITIS の濃い色のクローンに用いている．

ブドウ栽培の特徴

樹勢と豊産性はクローンと栽培地（特に標高）によって異なる．乾燥に耐性だがうどんこ病に感受性である．

栽培地とワインの味

この古い品種についてはもともと重大な混同があったが，多くのギリシャの RODITIS を栽培している畑が多くの異なるクローンを混植していることが混乱を一層大きくしている．たとえばほとんどの栽培家は，RODITIS ALEPOU（*alepou* は「キツネ」の意味をもち，これは果粒の色にちなんだものである）はペロポネソス半島（Pelopónnisos）北部でかつては現在よりずっと一般的であり，低い収量でより深い色合いで香り高い小さな果粒をつける RODITIS の優れたクローンであると信じていた．また，この品種は他のクローンより2週間早く熟する．しかし DNA 解析結果が得られていないため，異なる品種か否かを結論づけることはできない．ブドウ栽培家の Haroula Spinthiropoulou 氏によれば RODITIS はウィルスに非常に感受性で，特に closteroviruses（ビート萎黄ウィルス）には感受性であり，このウィルスは果粒の色を変えてしまう．またクローンの多くは異なる気候に適応した結果としてもたらされたものであると述べている．

RODITIS と表示されるほとんどのワインは混植によるフィールドブレンドである．最もよい例はメロンとリンゴのアロマ，香酸カンキツのフレッシュさと中程度の酸味をもつフルボディーのワインである．これらは熟成を意図して作られるワインではない．最も一般的なのはピンク色の果粒のクローンで，樹勢が強く豊産性である．特に低い場所にあるより肥沃な土壌では，ワインはニュートラルで濃さを欠きレチーナ（retsina）の生産にも用いられている．

ペロポネソス半島北部のパトラ（Pátra）にある生産者のAntonopoulos，Oenoforos，Parparoussisなどの各社はこのRODITIS ALEPOUクローンに注目しているが，さらに南にあるSkouras社は，香りの高さとスパイシーさ，ならびにその長寿さゆえに，この品種に投資している．より多くの投資の価値のある他の二つのクローンはKanellatos（シナモン）クローンとアッティキ地方（Attikí）のメガラ（Mégara）のRODITISである（Lazarakis 2005）．Oenoforos社は様々なクローンの同定と解析に特に熱心である．

RODITISはギリシャ本土やペロポネソス半島の多くの場所，北東部のトラキア地方（Thráki）から南部のラコニア県（Lakonía）に至る場所で栽培されている（Lazarakis 2005）．ヴァラエタルワインはPátra原産地呼称で公認されており，現地ではこの品種は特に重要である．テッサリア地方（Thessalía）のAnhialos原産地呼称では50/50の割合でRODITISとSAVATIANOをブレンドし，ハルキディキ県（Halkidikí）のCôtes de Meliton原産地呼称では35％のRODITIS，50％のATHIRI，15％のASSYRTIKOのブレンドが認められている．

またこの品種は多くの地理的表示保護ワインの生産においても重要であり，RODITISは2008年にギリシャで（SAVATIANOに次いで）2番目に多く栽培される品種であった．ギリシャ西部の5,383 ha（13,302 acres）とペロポネソス半島の1,407 ha（3,477 acres）を含む9,743 ha（24,075 acres）で栽培されている．収量を制限し，より冷涼なところで栽培するとさらに良質な濃厚なワインとなり，13.5％のアルコール分に達する．推奨される生産者としてはBabatzim（マケドニア中部），Katogi Averoff（ペロポネソス半島），Kir-Yianni（ナウサ（Náoussa）），Mercouri（ペロポネソス半島西部）などの各社があげられる．

ROESLER

比較的最近開発された色づきのよいオーストリアの交雑品種

ブドウの色：● ● ● ● ●

起源と親子関係

ROESLERは，1970年にオーストリアのクロスターノイブルグ（Klosterneuburg）研究センターでGertrude Mayer氏がZWEIGELT×KLOSTERNEUBURG 1189-9-77の交配により得た交雑品種である．

- KLOSTERNEUBURG 1189-9-77はSEYVE-VILLARD 18-402×BLAUFRÄNKISCHの交雑品種
- SEYVE-VILLARD 18-402はSEIBEL 7162×SEYVE-VILLARD 12-308の交雑品種
- SEIBEL 7162はPLANTET×SEIBEL 5163の交雑品種（SEIBEL5163の完全な系統はPRIOR参照）
- SEYVE-VILLARD 12-308はSEIBEL 6468×SUBÉREUXの交雑品種（SEIBEL 6468の完全な系統はBRIANNAを，SUBÉREUXの完全な系統はPRIORを参照）

KLOSTERNEUBURG1189-9-77はROESLERと片親だけの姉妹関係にあるRÁTHAYの育種にも関わっている．ROESLERはクロスターノイブルグの前所長Leonhard Roesler氏（1839-1910）にちなんで命名されたものである．

ブドウ栽培の特徴

熟期は中期である．全般的に良好な耐病性をもつ．

栽培地とワインの味

ROESLERは適度のタンニンをもつ深い色合いの赤ワインになり，樽熟成に適している．オーストリアでは137 ha（339 acres）の栽培が記録され，ヴァインフィアテル地方（Weinviertel）のVogl社やヴァグラム地方（Wagram）のBründy社においてROESLERはRÁTHAYとブレンドされている．Tschida社は甘口のTBA（トロッケンベーレンアウスレーゼ）ワインをノイジードル湖地方（Neusiedlersee）の西側のアペートロン（Apetlon）で生産している．Weingut zum Frohhof社はスイスで唯一の生産者で，ROESLERをブレンドワインの生産に用いている．

ROKANIARIS

ペロポネソス半島（*Pelopónnisos*）東部の稀少品種

ブドウの色：● ● ● ● ●

起源と親子関係

ROKANIARISはギリシャ，ペロポネソス半島東部，ルゴリダ県（Argolída）南部クラニディ地域（Kranídi）の地方品種である．他の品種と異なることを確認するためのDNA解析はまだ行われていない．

ブドウ栽培の特徴

樹勢が強く，萌芽期は早く熟期は中期である．病気と乾燥に比較的耐性を示す．

栽培地とワインの味

ギリシャ，ペロポネソス半島北東部アルゴリダ県のKontovraki社は，フレッシュな酸味と複雑なアロマ，桃や核果の味わいをもつヴァラエタルワインを作っている．

ROLLE

VERMENTINOを参照

ROLLO

イタリア，リグーリア州（Liguria）の，あるいはトスカーナ州（Toscana）の可能性もある，稀少な古い品種．紛らわしい多くの別名をもつ．

ブドウの色：● ● ● ● ●

主要な別名： Bruciapagliaio ☒（あるいは 方言でBujapajà，Brusapajà；リグーリア州のチンクエ・テッレ（Cinque Terre）），Capello（トスカーナ州），Livornese Bianca ☒（マッサ＝カッラーラ県（Massa-Carrara）），Occhiana ☒（トスカーナ州），Pagadebiti ☒（コルシカ島（Corse）），Rollo Genovese

よくROLLOと間違えられやすい品種： ?BIANCONE DI PORTOFERRAIO（トスカーナ州のエルバ島（Elba）），BIANCU GENTILE ☒（コルシカ島），VERMENTINO ☒（イタリア北西部，アルプ＝マリティーム県（Alpes-Maritimes）およびフランスのヴァール県（Var））

起源と親子関係

ROLLOはイタリア北西部，リグーリア州の古い品種で，アルプ＝マリティーム県およびフランス南部のヴァール県（Var）でROLLEあるいはROLLÉと呼ばれるVERMENTINOと混同されることが多い．

DNA 解析によって ROLLO は VERMENTINO とは異なる品種であり，以下の品種と同一であることが明らかになった．

- BRUCIAPAGLIAIO は古く珍しいリグーリア州の品種（Torello Marinoni，Raimondi，Mannini and Rolle 2009）
- LIVORNESE BIANCA はイタリア中部トスカーナ州で用いられることがある非常にマイナーなブレンドワインの原料（Di Vecchi Staraz，This *et al.* 2007; Torello，Marinoni，Raimondi; Mannini and Rolle 2009）
- OCCHIANA はトスカーナ州，グロッセート県（Grossetto），ガヴォッラーノ地方（Gavorrano）で見つかった品種（Di Vecchi Staraz，This *et al.* 2007）
- コルシカ島の PAGADEBITI はすでにブドウの分類の専門家などに知られていた（Di Vecchi Staraz，This *et al.* 2007; Torello，Marinoni，Raimondi; Mannini and Rolle 2009）

Di Vecchi Staraz，This *et al.*（2007）は，コルシカ島の BIANCONE は ROLLO の別名であると報告したが，DNA プロファイルは同じ研究で明らかになった PAGADEBITI および Torello Marinoni，Raimondi，Mannini and Rolle（2009）らが報告した ROLLO とは異なるものであった．トスカーナのエルバ島の BIANCONE と BIANCONE DI PORTOFERRAIO が同じかどうかを明らかにするためには，より詳細な DNA 解析が必要である．

加えてフランスのコルシカ島の ROLLO とトスカーナの MAMMOLO（フランスのコルシカ島でも SCIACCARELLO という名前で見つかっている）の DNA プロファイルの比較によって，両者の親子関係の可能性が示唆された（Vouillamoz）．ROLLO のトスカーナ起源の可能性を明らかにするためにはさらに解析が必要がある．

ブドウ栽培の特徴

熟期は中期である．豊産性だが生産量は安定しない．灰色かび病に感受性をもつ．

栽培地とワインの味

ROLLO は栽培地によって異なる名前で栽培されており，関連する品種が多い．正確なこの品種の本性は不明である．

ROLLO

イタリア北西部の沿岸で，ROLLO は主にジェノヴァ（Genova）やリグーリア州のリヴィエーラ・リグーレ・ディ・ポネンテ（Riviera Ligure di Ponente）で栽培され，事実上リヴィエーラ・ディ・レヴァンテ（Riviera di Levante）やサヴォーナ県（Savona）では見られない．一般に ALBAROLA，BOSCO，TREBBIANO TOSCANO とブレンドされる．Val Polcevera DOC では，Bruzzone 社のコロナータ・ヴァル・ポルチェヴェーラ（Coronata della Val Polcevera，Coronata はこの DOC のサブゾーン）のように VERMENTINO や ALBAROLA（BIANCHETTA GENOVESE）や他の品種とブレンドされている．2000 年時点でのイタリアの農業統計によれば 114 ha（277 acres）が記録されている．

BRUCIAPAGLIAIO

BRUCIAPAGLIAIO はチンクエ・テッレで栽培され，主にイタリア，ジェノヴァのヴァル・ポルチェヴェーラ（Val Polcevera）やリヴィエーラ・ディ・レヴァンテのヴァル・グラヴェリア（Val Graveglia）で見られるが，統計には表れない．BRUCIAPAGLIAIO は有名で高価な甘口パッシートスタイルのワイン Cinque Terre Sciacchetrà DOC のマイナーな成分で，主要な品種は BOSCO，ALBAROLA，VERMENTINO などである．

LIVORNESE BIANCA

LIVORNESE BIANCA の名はイタリア，トスカーナ州の西部のリヴォルノ港（Livorno）に関係すると思われるが，主にラ・スペツィア県（La Spezia）に向かう最北部のマッサ＝カッラーラ県で栽培されている．2000 年時点でのイタリアの農業統計によれば 11 ha（27 acres）のみが記録されており，特にルッカ県（Lucca）

のヴェルシリア（Versilia）や歴史的なルニジャーナ地方（Lunigiana）で見られ，ラ・スペツィア県やマッサ＝カッラーラ県にまたがっている．LIVORNESE BIANCA は Colli di Luni DOC やトスカーナ州および Val di Magra IGT でマイナーなブレンド成分として用いられる．ワインは低いアルコール分になりがちである．

PAGADEBITI

PAGADEBITI はいくつかの品種に使われる紛らわしい名前である．この品種名は「債務を払う」という意味がある．フランス，コルシカ島では，ふつう PAGADEBITI は ROLLO に相当するが，時に BIANCONE DI PORTOFERRAIO を指すこともある．かつてはより広く栽培されていたが，今日ではポルト＝ヴェッキオ（Porto-Vecchio），フィガリ（Figari），サルテーヌ（Sartène）の近くで数 ha が栽培されるにすぎない．

ROMÉ

スペイン，マラガ県（Málaga）の稀少な品種．
赤ワインよりもロゼワインの生産に適している．

ブドウの色：● ● ● ● ●

主要な別名：Romé de Motril，Romé Negro（スペインのモトリル（Motril））

起源と親子関係

ROMÉ はスペイン南西部マラガ県の在来品種であると考えられており，アンダルシア（Andalucía）のグラナダ県（Granada），モトリルで Clemente y Rubio（1807）が記載している．

他の仮説

Clemente y Rubio（1807）において，彼の前任者の Jean-Baptiste François Rozier が ROMÉ はフランスの TEINTURIER と同一であると論じたと記載されている．いずれも伝統的に赤ワインの色を濃くするために用いられている品種で（ただし，下記参照），記載されている両者の特徴はかなり似ている．しかし TEINTURIER と異なり，ROMÉ の果粒では果肉に色がついていない．

ブドウ栽培の特徴

熟期は中期～晩期である．一般に耐病性をもつ（これは品種の特徴というよりもマラガ県の気候によるものであろう）．

栽培地とワインの味

ROMÉ はほとんどがマラガ県東部，アクサルキア地方（Axarquía）でのみ栽培されている．Bodegas Bentomiz 社は Ariyanas の赤のブレンドワインにこの品種を加えている．この品種は赤い果実といく分フローラルなアロマとバニラの印象を与え，口中におけるクリーミィーさをブレンドワインに加えることになる．ワインは色合いとボディーを欠き，それ自身では軽いので，生産者らはロゼワインの生産を試験的に試みる予定である．この品種は多くの地方で家庭でのワインづくりに用いられている．

ROMEIKO

クレタ島（Kríti/Crete）で重要な位置にあるギリシャの島の品種

ブドウの色：

主要な別名：Loïssima（クレタ島）, Romeico, Romeiko Mavro, Tsardana（クレタ島西部のハニア（Chaniá）およびレティムノ（Réthymno））
よくROMEIKOと間違えられやすい品種：Romeiko Machaira

起源と親子関係

ROMEIKO の起源がクレタ島あるいはエーゲ海諸島のいずれにあるかは不明であるが，クレタ島では伝統的に TSARDANA という名前で栽培されてきた（Lefort and Roubelakis-Angelakis 2001）．この品種はより大きな果粒で異なる DNA プロファイルをもつ ROMEIKO MACHAIRA（現在では栽培されていない）と混同してはいけない（Lefort and Roubelakis-Angelakis 2001）．ROMEIKO という品種名はおそらくトルコ語で「ギリシャ」を指す *romios* あるいは *romioi* に由来するのであろう（Boutaris 2000; Lefort and Roubelakis-Angelakis 2001）.

ブドウ栽培の特徴

豊産性でわずかに乾燥ストレスに感受性である.

栽培地とワインの味

ROMEIKO は主にギリシャのクレタ島西部，ハニア地方で栽培され，現地ではかつて畑の80％を占めていた．また レティムノ県でも少し栽培されている．2008年には同島で依然1,000 ha（2,470 acres）の栽培が記録されている．カステリ（Kissamos）の地理的表示保護ワインでは白ワイン（70％までブレンドに用いることができ，Lazarakis（2005）によれば珍しいフェノリックなスタイルのワインになる），ロゼワイン（60％まで使用できる）および赤ワイン（60％まで使用できる）の原料としても公認されており，地方品種よりも国際品種とよくブレンドされている．ワインは通常アルコール分が高く，フレッシュさに欠け，色はすぐに茶色になるが，その原因の少なくとも一部は高い収量とクローン選抜の欠如によるものである．Lazarakis（2005）は，過去に ROMEIKO が *marouvas* として知られる自家用のワインの原料としても使われていたことを報告している．よく熟したブドウを大きな樽で発酵させ，そのまま注ぎ足しをしない状態で4年間熟成させると，その結果，すさまじいが複雑なワインになり，食事の終わりに飲まれていた．今日では現代のワインスタイルと異なるこうしたワインは不調である.

TSARDANA は ROMEIKO の別名であるが，公式ギリシャワイン用品種リストでは両者を別品種として記載している.

ROMERO DE HÍJAR

興味深いものを秘めているものの，非常に稀少な スペイン，アラゴン州（Aragón）の特産品

ブドウの色：● ● ● ● ●

主要な別名：Romero

起源と親子関係

ROMERO DE HÍJAR はあまり知られていない在来品種で，スペイン北部にあるアラゴン州，テルエル県（Teruel）のイハール地域（Híjar）にちなんだ名前である．この品種に関する情報はほとんどない．

ブドウ栽培の特徴

スペインのバホ・アラゴン（Bajo Aragón）にある Fandos y Barriuso 社が唯一の市販ワインの生産者で，年間1,250本のワインを生産している．樽熟成され，ワインには黒い果物，スパイス，キイチゴ，湿った土の濃いブーケがある．口中ではフレッシュで香味に富み，リコリスのニュアンスと良好な酸味によりいくぶん豊満な感じがある．有望な品種である．

ROMORANTIN

成熟が困難なブルゴーニュのマイナーな品種．現在ではロワール（Loire）の クル=シュヴェルニ（Cour-Cheverny）でのみ栽培されている．

ブドウの色：● ● ● ● ●

主要な別名：Bury，Dameret Blanc，Damery（シャンパーニュ地方のマルヌ県（Marne）の村の名にちなんで），Dannery（おそらく同じ村のもう一つの名前），Dannezy，Maclon，Petit Dannezy

起源と親子関係

ROMORANTIN は今日ではロワール川流域（Val de Loire）でのみ栽培されている．少なくとも20種類ある他の PINOT×GOUAIS BLANC の交配品種と同様にこの品種はフランス北東部で生まれた（Bowers *et al.* 1999; Boursiquot *et al.* 2004; PINOT 系統図参照）．より正確な DNA 系統解析によって実は父品種はピノ・ノワール（PINOT NOIR）でなく果皮色変異の PINOT TEINTURIER であったことが明らかになった（Bowers *et al.* 2000; Franks *et al.* 2002）．

1868年に ROMORANTIN に関する初めての記載が次のように見られる（Rézeau 1997）．「我々はブロワ（Blois）とロモランタン（Romorantin）の行政区で栽培する．……．白いブドウ品種 ROMORANTIN …… のように，等々」．この品種名はロワール=エ=シェール県（Loir-et-Cher）にあるロモランタン村（Romorantin），今日のロモランタン=ラントネー（Romorantin-Lanthenay）の一部）の名にちなんでつけられた名前であり，その地にはフランスのフランソワ1世が住居を構えていた．この人物が1519年にブルゴーニュから8万本のブドウの樹を注文したと推定されるが，ROMORANTIN がこの地方に持ち込まれたという歴史的な資料は示されていない．Mouillefert 氏（1903）によればロワール=エ=シェール県（Loir-et-Cher）の伝承では1830年頃にヴィルフランシュ=シュル=シェール（Villefranche-sur-Cher）の栽培家がこの品種を持ち込んだとされており，その後ロモランタンに，さらにロワール=エ=シェール県全域に広がったといわれている．いずれにしても，ブルゴーニュ原産の ROMORANTIN は，ミュスカデ地方(Muscadet)の MELON 同様に，ロワール地方で名声を獲得した．その親品種にかかわらず Bisson(2009)は ROMORANTIN がブドウの形態分類群の Cot グループに属すると考えた（p XXXII 参照）．この品種はブドウの形態分類学的には PINOT を基本とする Noirien グループに属する MELON にも近い（Bisson 2009）ため，ROMORANTIN のブドウの形態分類学的な位置はさらなる DNA の情報により若干変更されるかもしれない．

ブドウ栽培の特徴

萌芽期は早期で，熟期は中期である．ほどよい結実能力と豊産性を示し，剪定は長くても短くてもよい．小さな果粒をつける．

栽培地とワインの味

ROMORANTIN 自身のアペラシオンである Cour-Cheverny は，フランス，ロワール川流域東部，ブロワ（Blois）の西で1993年に創設された．かつてはより広く栽培されていたが2008年には73 ha（180 acres）の栽培面積が記録されており，この土地でのみ栽培されている．ワインは辛口でいくぶんシャープなものからリッチで幅広いフレーバーをもちながらも強いフレッシュさをもつものまである．最初の数年は完全に熟すのは困難で，酸度が高くなることが主な難点である．Thierry Puzelat 氏のワインや Domaine de la Charmoise 社の Henri Marionnet 氏のワインは古くて接ぎ木をしていない樹からつくられ，個性的で深みがある．他のヴァラエタルワインの生産者には Domaine du Moulin 社の Hervé Villemade 氏，Domaine des Huards 社の Michel Gendrier 氏，Domaine François Cazin，Franz Saumon などの各社がある．Cazin 社の Cuvée Renaissance は遅摘みブドウによる貴腐のオフドライワインである．

RONDINELLA

イタリア，ヴァルポリチェッラ（Valpolicella）やバルドリーノ（Bardolino）の赤ワインに少量使われるブレンドパートナーである．

ブドウの色：● ● ● ● ●

起源と親子関係

1882年に RONDINELLA に関する最初の記載が見られるが，比較的この品種の歴史が短いので，別名がない．DNA 系統解析によって RONDINELLA は CORVINA VERONESE およびおそらく絶滅したであろう未知の品種と親子関係にあることが明らかになった（Grando *et al.* 2006）．したがって，この品種は REFOSCO DAL PEDUNCOLO ROSSO の孫品種にあたる（この品種の系統図を参照）．この品種名はイタリア語で「ツバメ」を意味する *rondini* に由来し，これはツバメの羽に似た果粒の色にちなんだものであると思われる．

ブドウ栽培の特徴

非常に高収量で熟期は中期～晩期である．ほとんどのかびの病気に良好な耐性だが，エスカ病（esca）には感受性である．

栽培地とワインの味

RONDINELLA は主にイタリア北部にあるヴェローナ県（Verona），特にバルドリーノ（Bardolino）やヴァルポリチェッラ（Valpolicella）などのガルダ湖（Lago di Garda）東部で栽培されている．かつては，この品種の収量の多さゆえにすべてのスタイルのヴァルポリチェッラの生産者に好まれた．他に好まれるこの品種の特徴はかびへの耐性であり，この性質はアマローネ（Amarone）やレチョート（Recioto）を作るときの乾燥過程で利点となる．しかしこの品種はフレーバーが少ないため，品質にこだわる生産者が好むブレンドワインの主要品種である CORVINA VERONESE ほどには重視されていない．Bardolino や

Valpolicella の DOC 規則ではそれぞれ最大40%，30%と規定されているが，これよりも少ない割合で用いられることが多い．州境を越えたロンバルディア州（Lombardia）ではこの品種は Garda Colli Mantovani で公認されている．2000年時点でのイタリアの統計によれば2,874 ha（7,101 acres）の栽培が記録されている．RONDINELLA はフルーティーでチェリーフレーバーをもつワインになるが，真に満足のいくヴァラエタルワインを作るには特徴や肉付きに欠けるため，CORVINA VERONESE，CORVINONE またはかつてほどはないが MOLINARA などの地方品種とブレンドされている．

オーストラリアでは，ニューサウスウェールズ州（New South Wales）のヒルトップス（Hilltops）の Freeman ワイナリーが唯一の栽培家である．1 ha（2.5 acres）の畑から収穫されるブドウは CORVINA VERONESE とブレンドされアマローネ（Amarone）スタイルのワインが作られている．この品種は豊産性であるので80% くらい摘房しなければいけない．

RONDO

複雑な系統の赤い果肉のドイツの交雑品種．
冷涼な気候に適しており，軽いフルーティーな赤ワインになる．

ブドウの色：● ● ● ● ●

主要な別名：Geisenheim 6494-5

起源と親子関係

1964年にドイツ，ラインガウ（Rheingau）のガイゼンハイム（Geisenheim）研究センターで Helmut Becker 氏が ZARYA SEVERA × SANKT LAURENT の交配により得た交雑品種である．ここで ZARYA SEVERA は SEYANETS MALENGRA × *Vitis amurensis* の交雑品種であり，SEYANETS MALENGRA は PRÉCOCE DE MALINGRE の実生である．RONDO は ALLEGRO の育種に用いられた．

ブドウ栽培の特徴

樹勢が強く熟期は非常に早期～早期である．べと病への良好な耐性があるが，うどんこ病に感受性がある．ブドウの赤い果肉はワインの色を濃くするのに役立っている．

栽培地とワインの味

RONDO は1999年にドイツで公認されたが栽培はイギリスにおけるほうが多く，同国では39 ha（96 acres）の栽培が記録されている．RONDO はイギリスのブドウ畑の4%以下を占めるだけであるが，同国で3番目に多く栽培されるブドウ品種である．ドイツ南部のバーデン（Baden）の Schönhals 社と同じく，Yearlstone と Wroxeter の両社はいずれもイギリスでヴァラエタルワインを作っている．

ワイン産地のなかでは極端に冷涼なベルギーやポーランド，オランダなどでも栽培されている．RONDO はデンマークで最も広く栽培されている品種であり（2010年に栽培面積は20 ha/49 acres），またスウェーデンでも成功している品種の一つである．*Vitis amurensis* の遺伝子が冬の耐寒性を付与するように育種された．軽い赤ワインは *vinifera* ブドウと似ているので，この品種は *Vitis vinifera* として公式登録されており，クオリティワイン（原産地呼称保護ワイン）の生産に使用することができる．イギリスでは，特にアメリカンオークなどのオークに適していることが示されたが，REGENT から作られるワインほど良質のワインではない．

ROSÉ DU VAR

ピンク色の果皮をもつフランス，プロヴァンスの品種．精彩に欠けるため減少している．

ブドウの色：● ● ● ● ●

主要な別名：Barbaroux（レ・ザルク（Arcs）），Grec Rose（ヴァール県（Var）），Roussanne du Var（ヴァール県）

起源と親子関係

この品種名が示すように ROSÉ DU VAR はフランス南部，プロヴァンスのヴァール県に由来するが，この品種の ROUSSANNE DU VAR という別名にもかかわらず，北部ローヌ（Rhône）の品種である ROUSSANNE とは関係がない．DNA 系統解析によって ROSÉ DU VAR が GOUAIS BLANC の数多くある子品種の一つであることが明らかになった（Boursiquot *et al.* 2004; PINOT の系統図参照）．

ブドウ栽培の特徴

萌芽期は早期で晩熟．結実能力が高く豊産性である．短い剪定が最も適している．灰色かび病に非常に感受性である．大きな果粒で，大きな果房をつける．

栽培地とワインの味

白あるいは非常に薄いピンク色のワインが作られるが，普通は鈍重で，アルコール分は低く，ロゼのブレンドワインの生産に用いられることもある．高品質のワインが作られる可能性はなく，1986年にフランス南部の Côtes de Provence アペラシオンからこの品種が除外されたことで，1968年の1,557 ha（3,847 acres）から2008年には65 ha（161 acres）まで激減している．ヴァール県の Domaine de Sauvecanne 社は ROSÉ DU VAR のヴァラエタルワインを作っている数少ない生産者の一つであり，これは Vin de Pays des Maures のロゼワインに分類されている．

ROSE HONEY

中国，雲南省（Yunnan）で栽培されているが，
まだ同定されていないマイナーな品種

ブドウの色：● ● ● ● ●

主要な別名：Honey，Red

起源と親子関係

未確認のオンライン情報源（www. cnwinenews. com）には，ROSE HONEY は中国中南部の雲南省，弥勒市（Mile）の Dongfeng Farm 社が，同省の2種類の珍しい品種である FRENCH WILD および CRYSTAL を含む10種類のブドウと一緒に1965年に輸入した品種だと記載されている．DNA 解析は行なわれていないため，ROSE HONEY がヨーロッパ品種かどうかは不明である．Sun（2004）によればこの品種は *Vitis vinifera*×*Vitis labrusca* の交雑品種で，ワイン生産用というよりも生食用や加工用品種であると述べている．

他の仮説

ROSE HONEY はヨーロッパから19世紀初頭に宣教師が雲南省のシャングリラ地方（Shangri-La）に FRENCH WILD および CRYSTAL などとともに持ち込んだ品種であるといわれているが，文章での記録はない．

ブドウ栽培の特徴

樹勢が強く，結実能力が高い．熟期は中期である．乾燥と病気に耐性でやせた土地でも生育できる．

栽培地とワインの味

FRENCH WILD および CRYSTAL とともに ROSE HONEY は中国南部の雲南省で広く栽培されており，雲南紅ワイン会社の主要な品種の一つである．ルビーの色あいのフルボディーワインは，*labrusca* 品種やその交雑品種がもつ典型的な甘いフォクシーフレーバーがある．中国の統計によれば HONEY あるいは ROSE HONEY は雲南省の北にある四川省（Sichuan）でも栽培され（60 ha/148 acres），北東にある吉林省（Jilin）でも栽培されるようになった（112 ha/277 acres）．

ROSETTA

主に生食に用いられている，赤い果皮をもつドイツの交雑品種

ブドウの色：● ● ● ● ●

主要な別名：Freiburg 991-60

起源と親子関係

ROSETTA は1960年にドイツ南部のバーデン＝ヴュルテンベルク州（Baden-Württemberg）のフライブルク（Freiburg）研究センターで Johannes Zimmermann 氏が VILLARD BLANC × SIEGERREBE の交配により得た交雑品種である．

ブドウ栽培の特徴

樹勢が強く熟期は中期～晩期である．

栽培地とワインの味

ROSETTA は主に生食用品種であるが，アイオワ州の Dale Valley 社はヴァラエタルワインを作っている．

ROSETTE

フランス，アルデシュ県（Ardèche）の交雑品種．
現在でもニューヨーク州で栽培されている．

ブドウの色：● ● ● ● ●

主要な別名：Francuz Seibel，Seibel 1000

起源と親子関係

Vitis rupestris×MUNSON（MUNSON の完全な系統は PRIOR を参照）の交配により，20世紀初頭にフランス南部のオーブナ（Aubenas）で Albert Seibel 氏が得た交雑品種である．

ブドウ栽培の特徴

樹勢が強く，普通は非常に結実能力が高いが，花ぶるいに感受性である．耐寒性であり中程度の豊産性を示す．早熟である．

栽培地とワインの味

1960年以前にはフランスで広く栽培されていたが，1983年までの間にフランスの畑から排除された（Galet 2000）．この品種はニューヨーク州に植え付けられた最初のフレンチ・ハイブリッドであり，現在ではフィンガー・レイクス地方（Finger Lakes）の数か所でわずかに栽培されているのみである（合計 10 acres/4 ha）．同地方では *vinifera* 品種に追いやられてしまったが，依然 Glenora 社や Fulkerson 社が軽い赤やロゼのブレンドワインを作っている．Aracadian Estate 社はヴァラエタルのブラッシュワインを作っている．

フランス南西部のベルジュラック（Bergerac）のすぐ北にある Rosette アペラシオンの甘口ワインとは関係がない．

ROSSARA TRENTINA

イタリア，トレンティーノ地方（Trentino）の様々な品種と関係のある珍しい品種

ブドウの色：● ● ● ● ●

主要な別名：Geschlafene，Ross Ciàr，Rossar，Rossera☒，Varenzasca☒（ピエモンテ州（Piemonte））
よく ROSSARA TRENTINA と間違えられやすい品種：Rossara☒（レッジョ・エミリア県（Reggio Emilia）），ROSSOLA NERA☒（ヴァルテッリーナ（Valtellina））

起源と親子関係

この品種名が示すように ROSSARA TRENTINA はイタリア最北部にあるトレンティーノ地方が起源の地であろう．Rossara という名前は果粒と果汁の明るい赤色に由来するものである．ROSSARA TRENTINA は，今日ではレッジョ・エミリア県ではほぼ絶滅している ROSSARA（または ROSSÉRA，ROSSANA）と呼ばれる品種とは異なるが（Boccacci *et al.* 2005），ピエモンテ州の VARENZASCA と同一であることが DNA 解析によって明らかになった（Anna Schneider and José Vouillamoz，未公開データ）．レッジョ・エミリア県の SGAVETTA と遺伝的な関係を有する可能性があり（Boccacci *et al.* 2005），DNA 系統解析によって ROSSARA TRENTINA は GOUAIS BLANC の子孫である可能性が示唆された（Vouillamoz，PINOT の系統図参照）．

ブドウ栽培の特徴

樹勢が強く豊産性で晩熟である．べと病に耐性だがうどんこ病，灰色かび病および flavescence dorée（細菌の感染によって葉の黄変を引き起こす病気）に感受性である．

栽培地とワインの味

ROSSARA TRENTINA は主にイタリア最北部，トレント市の北に位置するロタリアーノ（Rotaliano）平原で栽培されている．現地では伝統的に TEROLDEGO や NEGRARA TRENTINA と一緒に栽培され，しばしばこれらの品種とブレンドされてきた．2000年時点でのイタリアの統計によれば34 ha（84 acres）の栽培が記録されている．

非常に少ないヴァラエタルワインの一つはZeni社が作っており，このワインはIGT Vigneti delle Dolomitiに分類されている．同社はこのワインについてフレッシュで香りが高く，リンゴのような酸があると表現している．

ROSSESE

起源と親子関係

Bacci（1596）が，ROSSESE BIANCOまたはROXEISEと呼ばれる品種から15世紀に素晴らしいワインが作られたと記載している．ROSSESEの名はおそらく濃い果粒の色に由来しており，リグーリア州（Liguria）やイタリア北部の他で見られる濃い色や薄い色の果皮をもつ，ROSSESEの名を冠した少なくとも7種の異なる品種に使われていることがDNA解析によって明らかになったことから，この品種の特徴を特定することは困難である（Torello Marinoni, Raimondi, Mannini and Rolle 2009）．

濃い果皮：

- ROSSESE DI CAMPOCHIESAはリグーリア州のサヴォーナ県（Savona）のアルベンガ（Albenga）近くのカンポキエーザ地域（Campochiesa）の品種である
- ROSSESE DI DOLCEACQUAはフランス国境に近いリグーリア州のヴェンティミーリア（Ventimiglia）の北のドルチェアックア地域（Dolceacqua）の品種であり，現在ではDNA解析によってフランス南部のプロヴァンスの古い品種であるTIBOURENと同一であることがわかっている．厳密な起源は不明であるが，TIBOURENの名称を用いることで他のROSSESE品種との混同は回避される．

白またはピンク色の果皮：

- リグーリア州のラ・スペツィア県（La Spezia）のアーコラ（Arcola）のROSSESE BIANCO（地方名であるRUZZESE参照）
- リグーリア州のラ・スペツィア県のリオマッジョーレ（Riomaggiore）のROSSESE BIANCOは，いまではシチリア島（Sicilia）のGRILLOと同一であることが知られている
- リグーリア州のサヴォーナ県のサン・ビアージョ・デッラ・チーマ（San Biagio della Cima）やソルダーノ（Soldano）のROSSESE BIANCO DI SAN BIAGIO
- ピエモンテ州（Piemonte）のクーネオ県（Cuneo）のロッディーノ（Roddino）やシーニオ（Sinio）のROSSESE BIANCO（ROSSESE BIANCOの名でイタリアの公式品種に登録されている）
- ピエモンテ州のクーネオ県のモンフォルテ・ダルバ（Monforte d'Alba）のROSSESE BIANCO DI MONFORTE

カンポキエーザのROSSESE，アーコラのROSSESE BIANCO（RUZZESE参照），サン・ビアージョ（San Biagio）のROSSESE BIANCOやモンフォルテ・ダルバのROSSESE BIANCOはすべてユニークなDNAプロファイルをもっているが，これらの品種は公式品種登録リストにはまだ掲載されていない．

ROSSESE BIANCO

イタリア，ピエモンテ州（Piemonte）の珍しい品種.
軽いフレッシュな白ワインになる.

ブドウの色：● ● ● ● ●

起源と親子関係

ROSSESE の名称は混乱の原因である（ROSSESE 参照）が，ROSSESE BIANCO は ROSSESE DI DOLCEACQUA（TIBOUREN としても知られる）の白色変異ではない．この稀少な品種は依然ピエモンテ州のランゲ地方（Langhe）のロッディーノ（Roddino）やシーニオ（Sinio）で栽培されている．

栽培地とワインの味

ROSSESE BIANCO は主にイタリア北西部のピエモンテ州のロッディーノやシーニオで栽培され，現地では Cantine Gemme 社の Verdiana，Langhe DOC などの軽くフレッシュなヴァラエタルワインが作られている．

ROSSESE BIANCO DI MONFORTE

極めて珍しく香り高い白品種.
イタリア,ピエモンテ州（Piemonte）のランゲ地方（Langhe）でのみ栽培されている.

ブドウの色：● ● ● ● ●

起源と親子関係

Rossese の名称は混乱の原因である（ROSSESE 参照）が，ROSSESE BIANCO DI MONFORTE はピエモンテ州のランゲ地方にあるモンフォルテ・ダルバ（Monforte d'Alba）の珍しい品種である．

栽培地とワインの味

この品種名が示すように ROSSESE BIANCO DI MONFORTE はイタリア北西部，ピエモンテのモンフォルテ・ダルバでのみ栽培されている．この品種は家庭の畑に残っていた古いブドウの樹から1980年に Giovanni Manzone 社が救済した（これらの古いブドウを同定できる DNA のデータはまだないが，その場所は ROSSESE BIANCO DI MONFORTE の分布と一致している）．Giovanni Manzone 社の香り高い，フレッシュな Rosserto，Langhe DOC はおそらく唯一のこの品種から作られるヴァラエタルワインであろう（年間合計2,500 本の生産）．

ROSSESE BIANCO DI SAN BIAGIO

イタリア，リグーリア州（Liguria）の極めて珍しい白品種.
テーブルワインとしてのみ公認されている.

ブドウの色：● ● ● ● ●

よくROSSESE BIANCO DI SAN BIAGIOと間違えられやすい品種：GRILLO ☓（リグーリア州のリオマッジョーレ（Riomaggiore）では Rossese Bianco として知られている）

起源と親子関係

Rossese の名称は混乱の原因である（ROSSESE 参照）が，ROSSESE BIANCO DI SAN BIAGIO はイタリア北西部にあるリグーリア州，サヴォーナ県（Savona）のソルダーノ（Soldano）やサン・ビアージョ・デッラ・チーマ（San Biagio della Cima）で栽培されている珍しい品種である.

ブドウ栽培の特徴

ブドウは酸度が高くなりがちである.

栽培地とワインの味

ROSSESE BIANCO DI SAN BIAGIO はイタリアでは公式品種登録リストに掲載されておらず，テーブルワインの生産用としてのみ使われている．Tenuta Anfosso 社の Rossese Bianco Vino da Tavola ワインは樹齢100年以上になるブドウの樹から作られる珍しいヴァラエタルワインである（これらの古いブドウを同定できる DNA のデータはまだないが，その場所は ROSSESE BIANCO DI SAN BIAGIO の分布と一致している）.

ROSSESE DI CAMPOCHIESA

イタリア，リグーリア州（Liguria）の珍しい品種.
早飲みのフルーティーな赤ワインになる.

ブドウの色：● ● ● ● ●

よくROSSESE DI CAMPOCHIESAと間違えられやすい品種：TIBOUREN ☓（リグーリア州では Rossese di Dolceacqua，Rossese Nericcio または Rossese di Ventimiglia としてまた知られている）

起源と親子関係

ROSSESE DI CAMPOCHIESA は長い間 ROSSESE DI DOLCEACQUA と同じだと考えられてきたが，最近行なわれた DNA 解析により両者は異なる品種で，ROSSESE DI DOLCEACQUA は実は TIBOUREN と同じであることが明らかになった（Torello Marinoni，Raimondi，Mannini and Rolle 2009）.

栽培地とワインの味

この品種名が示すように ROSSESE DI CAMPOCHIESA は主にイタリア，リグーリア州の沿岸のジェノヴァ（Genova）とニース（Nice）の間のカンポキエーザ（Campochiesa）周辺で栽培されている．現地ではストロベリーとラズベリーのアロマによって特徴付けられる早飲みワインの Rossese Riviera Ligure di Ponente DOC ワインが作られている．しかし ROSSESE DI CAMPOCHIESA と ROSSESE DI DOLCEACQUA（別名 TIBOUREN）はしばしば混同され，さらに南にあるインペリア県（Imperia）で作られる Rossese Riviera Ligure di Ponente DOC ワインは ROSSESE DI DOLCEACQUA のワインにより似ている．

Lupi 社や Rosella Saguato 社は100% ROSSESE DI CAMPOCHIESA から作られる Rossese Riviera Ligure di Ponente DOC ワインの数少ない生産者である．

ROSSESE DI DOLCEACQUA

TIBOUREN を参照

ROSSETTO

イタリア，ラツィオ州（Lazio）の珍しいブドウ．
最近ようやく自身の品質がもつポテンシャルを現してきた．

ブドウの色：

主要な別名：Greco di Velletri，Greco Giallo，Greco Verde ☒，Roscetto
よく ROSSETTO と間違えられやすい品種：GRECO ☒（カンパニア州（Campania）），GRECO BIANCO ☒（カラブリア州（Calabria）），TREBBIANO GIALLO

起源と親子関係

この品種の果粒は白色であるが，十分に熟すとピンクに近い赤色（ラテン語で *russum*）になることから ROSSETTO と命名された．ROSSETTO と TREBBIANO GIALLO の間の類似性が示唆されている（Giavedoni and Gily 2005）．最近行なわれたブドウの形態分類学的解析および DNA 研究によって ROSSETTO は地方では GRECO, GRECO GIALLO あるいは GRECO DI VELLETRI と呼ばれているが，その DNA プロファイルはカンパニア州の GRECO やカラブリア州の GRECO BIANCO とはまったく異なっていることが明らかになった（Muganu *et al.* 2009）．

ブドウ栽培の特徴

かびの病気に耐性で遅摘みに適している．

栽培地とワインの味

歴史的にイタリアのラツィオ州とウンブリア州（Umbria）の間，特にカステッリ・ロマーニ地方（Castelli Romani）ならびにオルヴィエート（Orvieto）とボルセーナ湖（Lago di Bolsena）の間で栽培されている．1960年代には絶滅の危機に瀕したが，この品種の収量が低いことから農家の間ではさほど人気はなかった．Est! Est!! Est!!! di Montefiascone で，非常に少量（15%まで）が TREBBIANO TOSCANO や MALVASIA BIANCA LUNGA と継続的にブレンドされている．ピンクがかった色にならないように栽培家は伝統的にブドウを未熟な段階で収穫するので，この品種が醸すことができる複雑なシトラスのフレーバーは犠牲になっている．ROSSETTO のヴァラエタルワインはラツィオ州において Colli Etruschi Viterbesi DOC の中で公認されている．

ワイン醸造家の Ricardo および Renzo Cottarella 氏はこの品種を推進するうえで影響力があり，ラツィオ州のモンテフィアスコーネ（Montefiascone）の畑で真の可能性を示している．彼らは果皮の黄色の色素を果汁に移すためにはブドウを瞬時に凍結しなければいけないことを見いだした．オークの趣のある彼らの Falesco Ferentano ワインはリッチだが非常によくバランスがとれているヴァラエタルワインで，最高のサントーバン（Saint-Aubin）ワインを連想させる．

ROSSIGNOLA

マイナーでいくぶん酸味の強い品種．
イタリア，ヴェネト州（Veneto）のブレンドワインに限定的に用いられている．

ブドウの色：● ● ● ● ●

主要な別名：Rossetta，Rossetta di Montagna，Rossola
よくROSSIGNOLAと間違えられやすい品種：Rosetta di Montagna（ガルダ湖（Lago di Garda）），ROSSOLA NERA（ヴァルポリチェッラ（Valpolicella））

起源と親子関係

1818年にヴェローナ県（Verona）の在来品種として ROSSIGNOLA が初めて記載されている（Pollini 1824）．ROSSIGNOLA にはたとえば ROSSETTA，ROSSETTA DI MONTAGNA あるいは ROSSOLA などの別名があるが，ガルダ湖近くでかつて栽培されていて現在では商業栽培されていない古い品種の ROSETTA DI MONTAGNA や，ヴァルテッリーナ地方の ROSSOLA NERA と混同してはいけない．

ブドウ栽培の特徴

樹勢が強く高い収量で晩熟である．べと病とうどんこ病や灰色かび病，酸敗，エスカ病（Esca）に感受性である．

栽培地とワインの味

ROSSIGNOLA のブドウとワインは高い酸度をもつ傾向にある．ガルダ湖地域やヴァルポリチェッラで栽培されており，現地では少量が Bardolino，Breganze Rosso，Garda Orientale，Valdadige，Valpolicella の各 DOC で他の地方品種とブレンドされている．ヴィチェンツァ県（Vicenza）でもより限定的に栽培されている．2000年のこの品種のイタリアにおける総栽培面積は341 ha（843 acres）であった．

ROSSOLA NERA

イタリア，ヴァルテッリーナ地方（Valtellina）の高い酸度をもつマイナーなブドウ品種

ブドウの色：● ● ● ● ●

主要な別名：Rossera，Rossola，Rossolo
よくROSSOLA NERAと間違えられやすい品種：ROSSARA TRENTINA ☒，ROSSIGNOLA，ROSSOLINO NERO ☒

起源と親子関係

ROSSOLA NERA は17世紀初期，ヴァルテッリーナ地方（Valtellina）においてラテン語の文章の中でRossoladure という名前ですでに記録されている（Bongiolatti 1996）．この品種名は果粒が熟したときのピンクに近い赤色（イタリア語で *rosso*）にちなんだものである．ROSSOLINO NERO は ROSSOLA NERA の最も普及しているクローン変異であると考えられてきた（Bongiolatti 1996；Fossati *et al.* 2001）が，DNA 解析により，それらは親子関係にあるものの異なる品種であることが示唆された（Vouillamoz）．加えて ROSSOLA NERA はネッビオーロ（NEBBIOLO）と親子関係にあることも示された（Schneider, Boccacci *et al.* 2004）．時系列的には ROSSOLA NERA がネッビオーロの子品種にあたり，ROSSOLINO NERO の親品種であると考えるのが妥当である．

ブドウ栽培の特徴

晩熟で，樹勢が強く，うどんこ病，灰色かび病に感受性であり，春の霜に良好な耐性を示す．

栽培地とワインの味

ROSSOLA NERA はイタリアの最北部，スイス国境に近いヴァルテッリーナ一帯で栽培されており，通常，CHIAVENNASCA と呼ばれるネッビオーロなどの地方品種とブレンドされている（5～25％）．2000年のイタリアにおけるこの品種の総栽培面積は115 ha（284 acres）であった．ワインは顕著な酸味を示す傾向がある．

ROSSOLINO NERO

イタリアの最北部の冷涼なヴァルテッリーナ（Valtellina）のマイナーな品種．
おそらく ROSSOLA NERA の子品種であろう．

ブドウの色：● ● ● ● ●

主要な別名：Rossolino Rosa
よく ROSSOLINO NERO と間違えられやすい品種：ROSSOLA NERA ⚭

起源と親子関係

ROSSOLINO NERO は最も普及している ROSSOLA NERA のクローン変異であると通常考えられているが（Bongiolatti 1996；Fossati *et al.* 2001），DNA 解析によって両者は異なる品種で実際は親子関係にあり，ROSSOLINO NERO はおそらく子品種であることが示唆された（Vouillamoz）．ROSSOLINO ROSA と呼ばれるピンク色の果粒はヴァルテッリーナ一帯，とりわけテーリオ（Teglio）で多く見られる．

ブドウ栽培の特徴

樹勢が強く熟期は中期，うどんこ病，灰色かび病に感受性であるが，べと病には良好な耐性を示す．

栽培地とワインの味

ROSSOLINO NERO と ROSSOLA NERA は混植され，スイス国境に近いイタリア最北部のヴァルテッリーナ一帯の畑でお互いの品種が混同されている．

ROTBERGER

親品種であるSCHIAVA GROSSA（別名 TROLLINGER）に似ている，ドイツの交配品種

ブドウの色：● ● ● ● ●

主要な別名：Geisenheim 3-37，Redberger

起源と親子関係

1928年にドイツラインガウ（Rheingau）のガイゼンハイム（Geisenheim）研究センターで Heinrich Birk 氏が SCHIAVA GROSSA×リースリング（RIESLING）の交配により得た交配品種である．DNA解析によって系統が確認されている（Grando and Frisinghelli 1998）．同じ親品種をもつ ROTBERGER や KERNER は姉妹品種にあたる．

ブドウ栽培の特徴

樹勢が強く，高収量である，晩熟で良好なべと病と灰色かび病への耐性をもつが，うどんこ病に感受性である．栽培には深い土壌が必要で乾燥を好まない．

栽培地とワインの味

ドイツではわずかに16 ha（40 acres）のみが栽培されており，ほぼその半分はラインガウで見られる．注目に値するドイツの生産者はラインヘッセン（Rheinhessen）の Schlossgut Schmidt 社やヴュルテンベルク地方（Württemberg）の Birkert 社などである．

イタリア，アルト・アディジェ（Alto Adige）の Pojer e Sandri 社はフレッシュで溌剌とした Vin dei Molini と呼ばれるヴァラエタルワインを作っているが2000年のイタリアの農業統計に掲載されるほどの栽培量ではない．

カナダのブリティッシュコロンビア州には3 ha（7 acres）があり，Gray Monk 社がオカナガン・バレー（Okanagan Valley）でロゼのヴァラエタルワインを作っている．ワインは適度にフルボディーでありながらフレッシュで，ロゼが一般的である．

ROTER ELBLING

ELBLING を参照

ROTER RIESLING

RIESLING を参照

ROTER VELTLINER

古いオーストリア品種．この品種名が示すことはともかく，力強い白ワインになる．

ブドウの色：● ● ● ● ●

主要な別名：Piros Veltelini（ハンガリー），Rote Fleischtraube，?Roter Veltliner Baldig（スロバキア），Rotmuskateller，Rotreifler（オーストリア），Ryvola Cervena（チェコ共和国），Veltlínske Červené（スロバキア）

起源と親子関係

ROTER VELTLINER の親品種はまだ明らかにされていないが，DNA 解析によって ROTER VELTLINER ×SILVANER の自然交配により FRÜHROTER VELTLINER や NEUBURGER を，また SAVAGNIN との交配により ROTGIPFLER を生み（Sefc，Steinkellner *et al.* 1998），さらに SAVAGNIN の近縁種との交配により ZIERFANDLER を生み出したのであろうと考えられる証拠が得られた．ROTER VELTLINER とその子品種の FRÜHROTER VELTLINER は驚くべきことに GRÜNER VELTLINER とは関係がない（PINOT の系統図参照）．ROTER VELTLINER は DEVÍN や HETERA の育種に用いられた．

ブドウ栽培の特徴

晩熟で冬や春の霜による影響を受ける．栽培にはよい土地と深い黄土を必要とする．非常に密着した果房であるので灰色かび病の傾向がある．不安定だが高い収量を示す．

栽培地とワインの味

オーストリアでは259 ha（640 acres）がニーダーエスターライヒ州（Niederösterreich）のあちこちに見られるが，ほとんどはヴァインフィアテル（Weinviertel）やヴァグラム（Wagram）で栽培されている．かつては広く栽培されていた．比較的高い収量にもかかわらず力強くフルボディーのワインになり，若いときは胡椒の香りをもちスパイシーで，味わいは（関係はないが）GRÜNER VELTLINER によく似ているものもある．最高のワインは2〜3年瓶熟成すると非常に複雑さを増し，あるものはアーモンドフレーバーが出てくる．最高の生産者は Stefan Bauer，Josef Fritz，Grill，Franz Leth および Söllner などの各社である．

スロバキアでも栽培され（363 ha/897 acres），ハンガリー（2008年の記録では3 ha/7 acres を少し上回る）やチェコ共和国でも限定的に栽培されるが，チェコでは公式統計には表れていない．

ROTGIPFLER

オーストリア，テルメンレギオン地方（Thermenregion）の特産品．
力強い白ワインになり，通常 ZIERFANDLER とブレンドされる．

ブドウの色：● ● ● ● ●

主要な別名：Reifler（オーストリア），Slatzki Zelenac（スロベニア），Zelenac Slatki（クロアチア）

起源と親子関係

オーストリアのテルメンレギオン地方が起源であると考えられている ROTGIPFLER は，DNA 系統解析によって，SAVAGNIN × ROTER VELTLINER の自然交配品種であり（Sefc，Steinkellner *et al.* 1998），ROTER VELTLINER を介して FRÜHROTER VELTLINER，NEUBURGER，ZIERFANDLER と片親だけが姉妹関係にあたる．また SAVAGNIN を介して GRÜNER VELTLINER や SILVANER と片親だけが姉妹関係にあたることが明らかになった．さらに系統図を見ると SAVAGNIN と PINOT は親子関係にあることから ROTGIPFLER は PINOT の孫品種か片親だけが姉妹関係にあたることになる（PINOT の系統図参照）．

ブドウ栽培の特徴

果粒は非常に小さく強く緑がかった色で，果房は密着しているため灰色かび病が広がりやすい．熟期は中期～晩期でうどんこ病や特にべと病に感受性である．

栽培地とワインの味

オーストリアの ROTGIPFLER の栽培面積は117 ha（289 acres）と広くはなく，ほぼすべてがウィーンの南，故郷であるテルメンレギオン地方に存在している．グンポルツキルヘン（Gumpoldskirchen）の地方の生産者が誇りをもってワインを作っており，力強くてスパイシーで熟成させる価値のあるワインをこの地方のもう一つの特産品である ZIERFANDLER とともに作っている．よく熟したときでも酸度が十分に保持され，エキス分とアルコール分が高く口中でのボリューム感があり，芳醇なワインになる．しばしば桃やアプリコットのフレーバーをもち，時に重く，ボトルでの熟成でより表情が豊かになる．オフ・ドライのワインはフレッシュさに欠ける．控えめなオークの使用が適している．推奨される生産者としては K Alphart，Leo Aumann，Biegler，Johanneshof Rheinisch，Stadlmann，Zierer などの各社があげられる．

またスロベニアやクロアチアでも地方の別名で栽培されている（*zeleni* は「緑」を，*slatki* は「甘い」を意味する）．Krauthaker 社はクロアチアで良質の ZELENAC ワインを作っている．

ROUGE DE FULLY

スイス，あるいはイタリア生まれの可能性もある品種．素朴な赤ワインになる．

ブドウの色：● ● ● ● ●

主要な別名：Durize

起源と親子関係

スイス，ヴァレー州（Valais）のフリィ（Fully）周辺地方の伝統的な地方品種で，19世紀の終わりまでは現地で最も多く栽培されている品種であった（Vouillamoz 2009）．現在では方言で Durize と呼ばれることもあるが，それはこの品種の固い（フランス語で *dur*）果皮を指している．

DNA 系統解析では親品種を明らかにすることはできなかったが，ROUGE DE FULLY の発祥地であろうイタリア，ヴァッレ・ダオスタ州（Valle d'Aosta）近辺の ROUSSIN との間に，遺伝的な近い関係が示唆された（Vouillamoz and Moriondo 2011）．

ブドウ栽培の特徴

萌芽期は早期～中期で晩熟である．樹勢が弱く，収量は平均的であるが不安定になることもある．うどんこ病に感受性で特にマグネシウム欠乏に敏感であるが，灰色かび病には耐性である．小さな果粒の密着した果房をつける．

栽培地とワインの味

ROUGE DE FULLY はスイス，ヴァレー州のフリィ村やサイヨン村（Saillon）でのみ栽培されているが，Henri Valloton 氏や Samuel Roduit 氏を含む12よりも少ない数の生産者による栽培面積は1 ha（2.5 acres）以下である．ワインは軽くスモーキーで時にスパイシー，ストロベリーやブラックベリーのアロマがあり素朴なタンニンとフレッシュな酸味をもつ．

ROUGE DU PAYS

CORNALINとも呼ばれ，スイス南部でのみ栽培されている品種．
イタリア，ヴァッレ・ダオスタ州（Valle d'Aosta）のCORNALINとは異なる．

ブドウの色：● ● ● ● ●

主要な別名：Cornalin ※または Cornalin du Valais，Landroter（オー・ヴァレー（Haut-Valais）），Rouge du Valais
よくROUGE DU PAYSと間違えられやすい品種：CORNALIN ※（ヴァッレ・ダオスタ州）

起源と親子関係

ROUGE DU PAYS（「故郷の赤」の意味）は，スイス南部にあるヴァレー州（Valais）の赤ワイン用ブドウ品種としては最も古い品種であろう．現地では数世紀にわたって栽培されてきた．19世紀半ばからピノ・ノワール（PINOT NOIR）や GAMAY NOIR などに取って代わられ，20世紀半ばまでにはほぼ消滅した．ROUGE DU PAYS は1970年代に生き残った樹から得られた穂木で救済されたが，残念なことに CORNALIN と改名された（Nicollier 1972）．この名はすでヴァッレ・ダオスタ州では他の品種に対して使われており，この品種はヴァレー州では偶然にも HUMAGNE ROUGE と呼ばれており（CORNALIN 参照）．

ROUGE DU PAYS がヴァッレ・ダオスタ州が起源であると長く考えられており（Berget 1904），これは DNA 系統解析によって確認された．ROUGE DU PAYS がいずれも伝統的なヴァッレ・ダオスタ州の品種である PETIT ROUGE×MAYOLET の自然交配によってできたことが明らかになったことで（Vouillamoz *et al.* 2003），この品種は PRIÉ の孫品種にあたることが明らかになった（系統図は PRIÉ 参照）．ROUGE DU PAYS はまた少なくともヴァッレ・ダオスタ州の3品種（ROUSSIN，NERET DI SAINT-VINCENT，CORNALIN）の親品種にあたる．この最後の親子関係は，このヴァレー州の品種の主要な名称を CORNALIN ではなく ROUGE DU PAYS とすることが正しいことを示している．加えて VIEN DE NUS との近縁関係も示唆されている（Vouillamoz and Moriondo 2011）．

ROUGE DU PAYS は，現在では消失したがヴァッレ・ダオスタ州の故郷から近隣のヴァレー州に数世紀前にグラン・サン・ベルナール峠（Grand-Saint-Bernard）を経由してローマへと向かう巡礼路ヴィア・フランチジェナ（Via Francigena）を通って持ち込まれたものであろう．

他の仮説

ROUGE DU PAYS は1313年の日付の古い羊皮紙の 'Registre d'Anniviers' の中で，Neyrun の名で呼ばれているとよくいわれているが，これが別名であるという証拠はない（Vouillamoz 2009a; Vouillamoz and Moriondo 2011）．

ブドウ栽培の特徴

樹勢が極めて強いが，交互に高収量と低収量の年がおとずれる．萌芽期は非常に早く熟期は中期～晩期である．一般に病気に感受性で特に灰色かび病とうどんこ病には感受性である．マグネシウム欠乏，日焼け，茎の乾燥，未熟なまま果実が萎凋する傾向がある．強い剪定が必要で，やせて乾燥した水はけのよい土地での栽培に適している.

栽培地とワインの味

ROUGE DU PAYS はスイス南部のヴァレー州でのみ栽培されており，現地では116 ha（287 acres）の栽培が2009年に記録されている．この品種は栽培が困難であるが，よい生産者の手にかかれば，ブラックチェリー，スミレやラズベリーのアロマをもち，濃厚だがシルキーなタンニンと心地よくわずかに苦く酸味のあるフィニッシュをもつヴァレー州で最も称賛されるワインが作られる．推奨される生産者としては Arte Vinum，Domaine Cornulus，Anne-Catherine & Denis Mercier および Maurice Zufferey などの各社があげられる．

ROUPEIRO

SÍRIA を参照

ROUSSANNE

香り高く高品質のローヌ（Rhône）の白品種．
マルサンヌ（MARSANNE）としばしばブレンドされる．栽培は容易でない．

ブドウの色：

主要な別名：Barbin（サヴォワ県（Savoie）の Vallée du Gélon およびイゼール県（Isère）の左岸），Bergeron（サヴォワ県のシニャン（Chignin）），Fromental または Fromenteau（イゼール県），Martin Cot（サヴォワ県のロシェット（Rochette）および Vallée du Gélon およびイゼール県の左岸），Petite Roussette（サン＝ペレ（Saint-Péray）および エルミタージュ（Hermitage）），Roussanne Blanc
よくROUSSANNEと間違えられやすい品種：ALTESSE ☒（ROUSSANNE はビュジェイ（Bugey）では間違えて Roussette と呼ばれており，Roussette は広く使われている ALTESSE の別名である），GRINGET ☒（アイズ（Ayze）），MARSANNE，ROUSSETTE D'AYZE ☒（サヴォワ県）

起源と親子関係

ROUSSANNE はローヌ北部の伝統的な品種で，現地では1781年にエルミタージュ地方の白ワインに関する文章の中で記載されている（MARSANNE 参照）．ROUSSANNE という品種名はおそらく成熟した果粒の小豆色（*roux*）にちなんだものであろう．ROUSSANNE はブドウの形態分類群の Sérine グループに属する（p XXXII 参照；Bisson 2009）．DNA 系統解析によって ROUSSANNE とマルサンヌとの親子関係が強く示唆された（Vouillamoz）．こうしてなぜマルサンヌと ROUSSANNE がよく混同されるのかが説明できる．

ブドウ栽培の特徴

熟期は中期である．日当たりがよく，やせて小石混じりの石灰質の粘土土壌を好むが，風には弱い．うどんこ病，灰色かび病，ダニ，アザミウマに非常に感受性である．

栽培地とワインの味

フランスでは，最も有名で尊敬されている ROUSSANNE の表現は，北部ローヌのエルミタージュ，クローズ＝エルミタージュ（Crozes-Hermitage）やサン・ジョセフ（Saint-Joseph）のスティルの白ワインやサン＝ペレ（Saint-Péray）のスティルならびに発泡性ワインにおけるマルサンヌとのブレンドにおいて見られる．規則では厳密な割合を規定していないが，現在では比較的エレガントなワインになる ROUSSANNE よりも，栽培が容易で収量が多く，かびの病気への感受性が低いマルサンヌのほうが多く栽培されている．

しかしROUSSANNEはマルサンヌと違って北部ローヌに限定されているわけではなく，Châteauneuf -du-Pape や Côtes du Rhône の白ワインにも公認されている．また，ロワール（Loire）やサヴォワ県（96 ha/237 acres；2009年）などとともに多くの南部や南東部の県で推奨されており，サヴォアのシニャン・ベルジュロン（Chignin-Bergeron）ワインで用いられる唯一のブドウ品種である．

ROUSSANNEはマルサンヌよりもアロマティックであり，しばしばハーブティー（バーベナ?）と春の花を連想させるリフレッシュ感のある香りをもち，酸度は高く，優れた熟成能力を有する．

この品種の流行はフランスにおける総栽培面積の急増に現れており，1960年代の71 ha（175 acres）に比べて，2009年は1,352 ha（3,341 acres）となり，過去10年間で栽培面積は2倍に達した．晩熟にともなう問題は，北部ローヌと比較するとラングドック（Languedoc）やルシヨン（Roussillon）では少ないが，これらの地方では非常に乾燥した気候による被害を受ける．ラングドック＝ルシヨン（Languedoc-Roussillon）ではBOURBOULENC，GRENACHE BLANC（GARNACHA BLANCA），VERMENTINO，マルサンヌなどとブレンドされ，またシャルドネ（CHARDONNAY）のよきパートナーとなる．ヴァラエタル ROUSSANNE ワインの特によい例は Château de Beaucastel 社が Châteauneuf -du-Pape で作るワインで，古い樹のブドウはオークとよい親和性をもち，熟成の能力があることを同社が証明した．Grand Veneur ワインはこのタイプの別の例である．ヴァラエタルあるいはROUSSANNEが多く用いられるブレンドワインを作っている．

他の推奨されるフランスの生産者としては Château Pesquier（ヴァントゥ（Ventoux）），Domaine Sainte-Rose（コート・ド・トング（Côtes de Thongue）），Domaine de la Solitude（シャトーヌフ（Châteauneuf）），Paul Jaboulet Aîné（ローヌ）などの各社があげられる．

サヴォワ県，シャンベリ（Chambéry）の南東のワイン産地，シナン（Chignin）ではBERGERONと呼ばれ，Michel Quenard 社がこの品種の最高の代表者である．サヴォワ県で普通に見られるデリケートな白ワインと比較して，これらは力強くリッチでアルコール分の高いワインであり通常は辛口である．他の推奨されるサヴォワ県の生産者にはシナンの Quenard 一族である André and Michel，Jean-Pierre and Jean-François，Raymond，Pascal and Annick などの各社がある．サヴォワ県のROUSSANNEを，かつて Roussette de Savoie に使われたALTESSEであるROUSSETTEと混同しないように．

イタリアではこの品種はリグーリア州（Liguria）やトスカーナ州（Toscana）などで非常に限定的に栽培されており，（10%を超えない範囲内で）イタリアの Montecarlo Bianco で公認されているが，2000年時点でのイタリアの統計に記録されるほどではない．シチリア島（Sicilia）の Lamoresca 社は時にVERMENTINOが主体の白ワインにROUSSANNEを加えることがある．

ポルトガルのROUSSANNEの生産者は非常に少ないが，アレンテージョ地方（Alentejo）の Esporão 社が6 ha（15 acres）を有しており，同社のプライベートセレクションの白ワインに用いている．Ted Manousakis 社はギリシャのクレタ島（Kríti）でワインを作っている．

最近，カリフォルニア州でこの品種の栽培面積が急増しており，2009年には348 acres（141 ha）の栽培が記録されている．セントラルコースト（Central Coast）で，同州のローヌ愛好家（Rhône Rangers），とりわけサンタ・イネス・バレー（Santa Ynez Valley）の Qupé 社やエドナ・バレー（Edna Valley）の Alban 社がこの品種を特に好んで用いている．マルサンヌとブレンドされることが多く，他方サンタ・クルーズ・マウンテンズ（Santa Cruz Mountains）の Bonny Doon 社の Randall Grahm 氏は彼の Cigare Volant の白ワインでROUSSANNEとGRENACHE BLANCをブレンドしている．さらに同州の北部や内陸部では特に Renaissance 社がノース・ユバ（North Yuba）でヴァラエタルワインの生産で成功を収めている．ワシントン州でも限定的に栽培されており，同州では Syncline 社や DeLille 社などがヴァラエタルワインの生産者であり，Airfield Estate 社はこの品種をブレンドワインの生産に用いている．オレゴン州では Andrew Rich，Agate や Troon などの各社がヴァラエタルワインの生産で成功を収めている．カナダ西部のオカナガン・バレー（Okanagan Valley）ではヴィオニエ（VIOGNIER）とブレンドされている．

ローヌで見られるようにROUSSANNEはオーストラリアでもマルサンヌとブレンドされることが多く，またヴィオニエとブレンドされることもある．2010年に40を超える生産者があったが合計の栽培面積は記録されるほどではない．ビクトリア州（Victoria）のヤラ・バレー（Yarra Valley）の Yeringberg 社は熟成させる価値のあるヴァラエタルワインで特に成功している．ビクトリア州の他の生産者はビーチワース（Beechworth）の Giaconda 社，ナガンビー湖（Nagambie Lakes）の Tahbilk 社（マルサンヌのほうが有名），キング・バレー（King Valley）の Brown Brothers 社，南オーストラリア州ではマクラーレン・ベール（McLaren Vale）の d'Arenberg およびバロッサ（Barossa）の Torbreck 社などであり西オーストラリア州では

McHenry Hohnen 社や Jerusalem Hollow 社などがある．

南アフリカ共和国では2009年に28 ha（69 acres）が，ほとんどはパール（Paarl）で，またステレンボッシュ（Stellenbosch）でもわずかに栽培され，そこでは Rustenberg 社が特に力強いヴァラエタルワインを作っている．Adi Badenhorst 社や Eben Sadie 氏などのスワートランド（Swartland）の生産者は複雑な白のブレンドに少量の ROUSSANNE を用いている．

ROUSSANNE DU VAR

ROSÉ DU VAR を参照

ROUSSETTE D'AYZE

事実上絶滅状態にあり，いくぶん劣るフランス，サヴォワ（Savoie）の品種．発泡性ワインに用いられることもある．

ブドウの色：● ● ● ● ●

主要な別名：Bonne Roussette d'Ayze（ボンヌヴィル（Bonneville）），Grosse Roussette（ボンヌヴィル），Riusse または Riussette

よく ROUSSETTE D'AYZE と間違えられやすい品種：ALTESSE ☓（Roussette または Roussette Haute ともまた呼ばれる），Blanchet ☓（イタリアのピエモンテ州（Piemonte）のポマレット（Pomaretto）），JACQUÈRE ☓（モンメリアン（Montmélian）では Roussette と呼ばれる），Maclon（イゼール県（Isère）では Roussette d'Ayze は Maclon とおそらく呼ばれる），MONDEUSE BLANCHE ☓，ROUSSANNE ☓（ビュジェ（Bugey）では間違えて Roussette として知られている）

起源と親子関係

ROUSSETTE D'AYZE は，オート＝サヴォワ県(Haute-Savoie)のボンヌヴィル近くのアイズ地方(Ayze)の品種で，ROUSSETTE という別名をもつ他の品種と混同してはいけない．この品種はブドウの形態分類群の Sérine グループに属する（p XXXII ; Bisson 2009）．驚くべきことに23種類の DNA マーカーを用いた系統解析によれば ROUSSETTE D'AYZE とフランス南部のタルヌ渓谷（Vallée du Tarn）の ONDENC との親子関係が示唆された（Vouillamoz，より多くのマーカーを用いて確認する必要がある）．

Galet（2000）は，ROUSSETTE D'AYZE は単に MONDEUSE BLANCHE のクローンであると報告しているが，これは DNA 解析によって否定された（Vouillamoz）．

ブドウ栽培の特徴

早熟であり，灰色かび病とべと病への感受性を示す．

栽培地とワインの味

ワインは特にアロマティックというわけではなく，ふつうは発泡性ワインに用いられている．2009年のフランスでは1 ha（2.5 acres）以下の栽培面積であった．Vin de Savoie アペラシオンの Ayze cru のスティルと発泡性ワインの生産において GRINGET や ALTESSE などのブレンドパートナーと並んで補助品種として公認されているが，1988年でも20 ha（49 acres）しか栽培されておらず，その品質がこうした栽培面積の低下の主な原因である．

ROUSSIN

ほぼ絶滅状態のアオスタ（Aosta）の品種

ブドウの色：● ● ● ● ●

主要な別名：Gros Roussin，Picciou Roussin，Rossé
よくROUSSINと間違えられやすい品種：Roussin de Morgex

起源と親子関係

ROUSSIN はイタリア北西部にあるヴァッレ・ダオスタ州（Valle d'Aosta）で Gatta（1838）が，トリノ（Torino）の北の谷の下流のほうにあるアルナド（Arnad）とヴェッライエス（Verrayes）の間の地域の稀少なブドウとして最初に記載した．この品種名は熟したときの果粒の赤い色（イタリア語で *rosso*）に由来すると考えられる．DNA 解析によって ROUSSIN は谷の上流のほうにあった，もはや栽培されていない品種である ROUSSIN DE MORGEX とは関係がないことが示唆された．一方で ROUSSIN は，古いヴァッレ・ダオスタ州の品種で現在ではわずかにスイスのヴァレー州（Valais）で栽培されているのみとなった ROUGE DU PAYS の子品種であることが明らかになった（Vouillamoz 2005，系統図は PRIÉ 参照）．したがって，ROUSSIN は，ROUGE DU PAYS の親品種である PETIT ROUGE と MAYOLET の孫品種で，ROUGE DU PAYS の他の子品種ということになる．CORNALIN や NERET DI SAINT-VINCENT とは片親だけの姉妹関係にあたり，他の遺伝的関係を通じて VUILLERMIN と片親だけが姉妹関係にある（Vouillamoz and Moriondo 2011）．

Labra *et al.*（2002）の中で AMIGNE との遺伝的関係が示唆されたが，これはより詳細な DNA 解析によって否定された（Vouillamoz and Moriondo 2011）．

ブドウ栽培の特徴

晩熟（収穫は10月末）で標高が低く日当たりのよい場所を必要とする．

栽培地とワインの味

1990年代にイタリアのアオスタにある地域農業研究所（Institut Agricole Régional）のブドウの分類の専門家である Giulio Moriondo 氏がこの品種を絶滅から救済した．しかし ROUSSIN は現在では再び絶滅が危惧される品種である．アルナド近くに唯一の ROUSSIN の畑があるほか，近隣の畑にわずかの古い樹が残るだけである．

ROVELLO BIANCO

ROVELLO BIANCO あるいは ROVIELLO はイタリア南部にあるカンパニア州（Campania）の絶滅が危惧されている白色果粒の品種で，1875年に最初に記録された．地方では GRECO MUSCIO として知られ，あるいは単に GRECOMUSC' として愛好家に知られている．しかし DNA 解析によってこの品種は他の GRECO グループの品種とは異なっていることが示唆された（Francesca *et al.* 2009）．数百本の古い，多くの場合接ぎ木されていない樹がアヴェッリーノ県（Avellino）のタウラージ（Taurasi），ミラベッラ・エクラーノ（Mirabella Eclano）およびボニート地域（Bonito）で残されている．Contrade di Taurasi 社は，2003年にナポリとパレルモの大学の支援により，この忘れられていた品種を植え直した最初のワイナリーとなった．今日ではリフレッシュ感のある酸味とデリケートな灰や緑の柑橘の葉のアロマをもつ Grecomusc' を作っている．

ROYAL DE ALLOZA

元気をとりもどした非常に限定的なスペイン，アラゴン州（Aragón）の特産品

ブドウの色：● ● ● ● ●

主要な別名： Alloza，Derechero de Muniesa

起源と親子関係

この品種名が示すように ROYAL DE ALLOZA はスペイン北東部，テルエル県（Teruel）にあるアリョサ村（Alloza）の在来品種である.

栽培地とワインの味

ROYAL DE ALLOZA はスペイン北部，アラゴン州のテルエル県でのみ栽培されている．限定的な栽培で公式統計には現れず，バホ・アラゴン（Bajo Aragón）にある Fandos y Barriuso 社がこの品種（および ROMERO DE HÍJAR）を地方の畑から救済し，ヴァラエタルワインの唯一の生産者となっている．同社は，このワインを縁に赤金色のある深いチェリーの赤，潜在的な熟成香，トースト，黒い果物のコンフィ（砂糖漬け），地中海のハーブと表現している．味わいは力強いがフレッシュである．

ROYALTY

カリフォルニア州で衰退している赤い果肉のアメリカの交雑品種

ブドウの色：● ● ● ● ●

主要な別名： Calif 526，California S 26，Royalti，Royalty 1390

起源と親子関係

1938年にカリフォルニア大学デービス校の Harold P Olmo 氏が ALICANTE GANZIN × TROUSSEAU の交配により得た *Vitis vinifera* × *Vitis rupestris* の交雑品種である（Walker 2000）．ここで ALICANTE GANZIN は GANZIN 4 × ALICANTE HENRI BOUSCHET の交雑品種で，GANZIN 4 は ARAMON NOIR × *Vitis rupestris* の交雑品種である（PRIOR の系統図参照）．RUBIRED と ROYALTY は，深く安定した色をもつ品種の開発を主な目的として育種された品種で，ともに1958年に公開された（Olmo and Koyama 1962）.

ブドウ栽培の特徴

熟期は中期である．うどんこ病に比較的耐性を示す．厚い果皮と赤い果肉をもつ．栽培には土のタイプを選ぶが，同じ仲間である RUBIRED よりも樹勢が弱く低い収量である．

栽培地とワインの味

栽培が困難であるため ROYALTY は RUBIRED ほどには成功していない．2009年にはカリフォルニア州で240 acres（97 ha）の栽培が記録されており，ほとんどはサンホアキン・バレー（San Joaquin Valley）

で栽培が見られる．この品種は色づけに用いられ，また食用色素の生産にも用いられる．ワシントン州のPreston Wines 社はポートスタイルのワインを作っている．

RUBIN

人々の好奇心をそそり成功を収めたが，広くは栽培されていない，ブルガリアの交配品種．辛口と甘口ワインに用いられる．

ブドウの色：● ● ● ● ●

主要な別名：Rubin Bolgarskii
よくRUBINと間違えられやすい品種：Melnishki Rubin ☓

起源と親子関係

RUBIN は，1944年にブルガリア北部のプレベン（Pleven）ブドウ栽培および醸造学研究センターでネッビオーロ（NEBBIOLO）×シラー（SYRAH）の交配により得られた交配品種である．1961年に公式に公開された．

ブドウ栽培の特徴

樹勢が強く，結実能力が高くかなり豊産性である．薄いが強靱な果皮をもつ小さい果粒で，比較的密着した果房をつける．熟期は中期～晩期である．

栽培地とワインの味

RUBIN はこの品種の祖国であるブルガリアにおいてフルボディー，ソフトで甘く，スパーシーな赤ワインになり，中程度のアルコール分がある．果実香はブラックベリーやプラムから，特に甘口ワイン用に遅摘みした場合は，イチジク，とても熟したマルベリー，干しブドウまでの幅をもつ．深い色合いはカベルネ・ソーヴィニヨン（CABERNET SAUVIGNON）よりもアントシアニンのレベルが高いことによる．オークとの相性がよいが，熟成させる価値があるという根拠はほとんどない．ブルガリアの南西の角にあたるストゥルマ・ヴァレー（Struma Valley）の Logodaj 社が良質のヴァラエタルワインの生産者で，Brestovitsa 社も同様である．2008年には Bulgaria に165 ha（408 acres）の栽培が記録されており，またルーマニアやスロベニアでも栽培は見られる．

RUBIN GOLODRIGI

最近開発された，有用な耐病性をもつウクライナの交雑品種．深い色合いの赤ワインになる．

ブドウの色：● ● ● ● ●

主要な別名：Magarach 15-74-29，Ruby of Golodryga

起源と親子関係

RUBIN GOLODRIGI は1974年にウクライナ南部，ヤルタ（Yalta）のブドウ育種会社 Ampelos で P Golodriga，M Kostik，V Yurchenko の各氏が RUBINOVY MAGARACHA×MAGARACH 6-68-27の

交配により得た交雑品種である．ここで後者はウクライナ南部のクリミア（Krym/Crimea）のマガラッチ（Magarach）研究センターの特定されていない交配品種である．最近行われたDNA解析によって系統が確認された（Goryslavets *et al.* 2010）.

ブドウ栽培の特徴

熟期は中期である．全般的に良好な耐病性と－26℃（－14.8°F）までの冬の耐寒性を示す.

栽培地とワインの味

ウクライナでは深い色合いの辛口，甘口，酒精強化ワインなどが作られている．この品種の栽培はロシア南西部のクラスノダール地方（Krasnodar）でも見られる（2010年に82 ha/203 acres）.

RUBIN TAIROVSKY

黒色の果粒の交雑品種は1964年，ウクライナのオデッサ州（Odessa）のタイーロフ（Tairov）研究センターでY N Dokuchaeva，M I Tulaeva，G P Ovchinnikov，A P Abliazova, L I Tarakhtiyの各氏が得たODESSKY USTOICHIVY（詳細はOVIDIOPOLSKY参照）×VAROUSSETの交雑品種である．ここで後者はフランスのSEIBEL 4668×SUBÉREUXの交雑品種（詳細はMUSCAT SWENSON参照）である．この品種は1990年に登録され，2種類のクローンがある．安定した豊産性と冬の耐寒性をもつ晩熟のこの品種は辛口と中甘口の赤ワインになり，ソフトで心地よいタンニンとトマトやエルダーベリーのフレーバーをもっている.

RUBINET

非常にマイナーな赤い果肉のチェコの交配品種．有用で濃い色の濃厚なワインになる.

ブドウの色：

主要な別名：R－27, Tintet

起源と親子関係

RUBINETは，最近チェコ共和国南東部，モラヴィア（Morava）南部のレドニツェ（Lednice）の農学部でVilém Kraus氏が（REVOLTA×ALIBERNET）×ANDRÉの交配により得た交配品種である．ここでREVOLTAはチェコ共和国で得られた（PRÉCOCE DE MALINGRE×CHASSELAS）×（CSABA GYÖNGYE×CORINTHE ROUGE）の交配品種であり，CORINTHE ROUGE，別名KORINTHUSI PIROSはギリシャの生食用ブドウである（ALIBERNETはODESSKY CHERNY参照）．RUBINETは，当初はTINTETと呼ばれていたが，後に正式に改名され，2004年にチェコ共和国の公式品種リストに登録された.

ブドウ栽培の特徴

赤い果肉をもつ小さな果粒からなる中サイズの果房をつける．萌芽期は早く，熟期は中期である．通常，かびの病気への良好な耐性を示す.

栽培地とワインの味

この品種の深い色合い，リッチさ，黒い果物のフレーバーおよびソフトなタンニンによりRUBINETはブレンドパートナーとして有用であるが，2009年にはわずかに2 ha（5 acres）が記録されているだけで，ほとんどはチェコ共和国の南東部にあるモラヴァ（Morava）において見られる．Hradil および Císařské Sklepy Horák の両社はヴァラエタルワインを作っている．

RUBINKA

セルビア，ヴォイヴォディナ州（Vojvodina）のノヴィ・サド（Novi Sad）大学のスレムスキ・カルロヴツィ（Sremski Karlovci）ブドウ栽培研究センターでP Cindrić，N Korać，V Cindrić，V Kovač 各氏がPETRA×BIANCA の交配により得た交雑品種で，2002年に公開された．ピンク色の果粒をもつこの品種は，Vitis 国際品種カタログでSRPSKI RUBIN と間違えて混同されている．かびおよび霜への良好な耐性を示す．

RUBINOVY MAGARACHA

頑強だが不器用なくらい晩熟なウクライナの品種

ブドウの色：● ● ● ● ●

主要な別名：Crossing 56，Magarach 56，Magarach Ruby，Ruby Magaracha

起源と親子関係

RUBINOVY MAGARACHA は1928年にウクライナ南部，クリミア自治共和国（Krym）のマガラッチ（Magarach）研究センターのN Paponov，V Zotov，P Tsarev，P Y Golodriga 氏らがカベルネ・ソーヴィニヨン（CABERNET SAUVIGNON）×SAPERAVI の交配により得た交配品種である．1969年に公式品種リストに登録された．この品種の親品種は最近のDNA 解析により確認された（Goryslavets *et al.* 2010）．RUBINOVY MAGARACHA は ANTEY MAGARACHSKY と RUBIN GOLODRIGI の育種に用いられた．

ブドウ栽培の特徴

豊産性で晩熟である．全般的に良好な耐病性を示す．冬の耐寒性と乾燥に比較的耐性がある．厚い果皮の果粒で，粗着した中サイズの果房をつける．

栽培地とワインの味

RUBINOVY MAGARACHA はウクライナで栽培され，その果粒は高い糖度に達し，様々な甘さのレベルの濃色の果物の香りのあるワインになる．またジュースや主食にも用いられている．さらにマガラッチ研究センターはこの品種を様々なブレンドの中甘口やデザートワインの生産にも用いている．カザフスタンやウズベキスタンでも栽培が見られる．

RUBINTOS

稀少なハンガリーの交配品種.
良好な骨格と深い色合いをもつ赤ワインになるポテンシャルがある.

ブドウの色：● ● ● ● ●

起源と親子関係

RUBINTOS は，1951年にハンガリーの聖イシュトヴァーン（Szent István）大学で Pál Kozma と József Tusnádi の両氏が KADARKA ×BLAUFRÄNKISCH の交配により得た交配品種である．1980年に公式品種登録された．

ブドウ栽培の特徴

高収量で晩熟である．小さな果粒で，大きな果房をつける．冬の低温にやや感受性を示し灰色かび病にある程度耐性を示す．

栽培地とワインの味

RUBINTOS ワインは色づきがよく，スパイシーでタンニンに富むが，2008年には22 ha（54 acres）とあまり栽培されておらず，ほとんどがハンガリー北部のマートラ（Mátra）で見られる．Tamás Szecskő 氏が作る Peres-Dülő ワインは稀少な単一畑から作られるワインの例である．

RUBIRED

ワイン作りの秘密兵器．豊産性で赤い果肉のアメリカのこの交雑品種は，
ジュース用と色づけに有用である．

ブドウの色：● ● ● ● ●

主要な別名：California S 8,Tintoria

起源と親子関係

RUBIRED は，1938年にカリフォルニア大学デービス校の Harold P Olmo 氏が ALICANTE GANZIN（系統は ROYALTY 参照）×TINTO CÃO の交配により得た交雑品種である．RUBIRED と ROYALTY は主に濃く安定した色をもつ品種を得ることを主な目的として育種された品種で，1958年にともに公開された（Olmo and Koyama 1962）．

ブドウ栽培の特徴

濃い紫色の果汁の小さな果粒で，密着した中～大サイズの果房をつける．樹勢が強く非常に豊産性である．熟期は中期である．うどんこ病にやや耐性を示す．灰色かび病への感受性は非常に低く，遅摘みが可能である．Eutypa（ユーティパ・ダイバック）に非常に感受性で，若い樹は Collar Rot（立枯病）に感受性である．ブドウの樹へのストレスは収量を著しく変化させる．過熟になると果実の萎凋の危険性がある（Christensen *et al.* 2003）．

栽培地とワインの味

RUBIRED は果汁の色がより濃いので，カリフォルニア州で赤の濃縮果汁，赤ワインへの色づけや他の食品加工用を主な目的として栽培される品種としてSALVADORに取って代わった．このワインの主な価値はその濃い色であるが，特徴やボディーはあまりない（Christensen *et al.* 2003）．Mega Purpleはブドウ濃縮果汁の主要ブランドであり，RUBIREDを用いて作られている．2009年にはカリフォルニア州で11,776 acres（4,766 ha）と，ピノ・ノワール（PINOT NOIR）の3分の1の栽培面積をもち，ほとんどすべてがサンホアキン・バレー（San Joaquin Valley）で栽培されている．特にフレズノ（Fresno），カーン（Kern）およびマデラ（Madera）の各郡で栽培が多く見られる．

RUBY CABERNET

豊産性のカリフォルニア州の交配品種．
甘いフルーツのフレーバーをもち，一般にブレンドワインの強化に用いられている．

ブドウの色：● ● ● ● ●

主要な別名：California 234 F 2

起源と親子関係

RUBY CABERNETは，1936年にカリフォルニア大学デービス校のHarold P Olmo氏がMAZUELO（CARIGNANEの名で）×カベルネ・ソーヴィニヨン（CABERNET SAUVIGNON）の交配により得た交配品種である．1948年に市場に紹介された（Walker 2000）．この品種はOlmo氏が開発した品種の中で最も古い交配品種である（Christensen *et al.* 2003）．彼の目的はカベルネの特徴にMAZUELOの豊産性と耐暑性を付与することにあった．RUBY CABERNETはCABERINTAの育種に用いられた．

ブドウ栽培の特徴

中～大サイズの果粒はカベルネ・ソーヴィニヨンの顕著なフレーバーをもっている．深く，細かな，砂地のロームか粘土ローム土壌で栽培されれば樹勢が強くなる．非常に豊産性で収量をコントロールしなければいけない．萌芽期は遅く，中期～後期に収穫される（収量過多の場合は遅くなる）．うどんこ病にやや感受性を示し，灰色かび病には非常に耐性である．

栽培地とワインの味

ワインは深い色合いで，わずかに素朴で，収量を調節すると甘い赤い果物のフレーバーをもち，より親品種の特徴に近い濃色の果物のフレーバーを示すこともある．ヴァラエタルワインは作られているものの，ブレンドやカベルネ・ソーヴィニヨンの増量に使われることが多い．カリフォルニア州には2009年に5,993 acres（2,425 ha）の栽培が記録されているが，1960年代のかつての人気は落ちており，主にサンホアキン・バレー（San Joaquin Valley）で栽培されている．ノースカロライナ州，ワシントン州，バージニア州でも栽培されており，オクラホマ州でも可能性を示している．テキサス州では特にHigh Plains AVAなどの高地で新しく植栽されたものは，その冷涼な気温により繊細さを示している．Val Verde社のワインはよい例である．古く，栽培に適していない畑には引き抜かれたところもあったが，それでも2010年にテキサス州には100 acres（40 ha）の栽培面積があった．

ブラジル（40 ha/100 acres; 2009年），ウルグアイ（2 ha/5 acres; 2009年）およびイスラエルでも栽培されている．

オーストラリアには2008年に1,141 ha（2,819 acres）の栽培面積があり，主にリヴァーランド（Riverland），リヴァリーナ（Riverina），マレー・ダーリング（Murray Darling）などの暑い内陸部で見られるが，冷涼な地方でも所々で栽培されている．ほとんどがブレンドワインの生産に用いられている．

また南アフリカ共和国で2008年には2,381 ha（5,884 acres）と，カリフォルニア州と同程度の栽培面積が記録されている．しかし栽培は暑い場所で灌漑のあるところに限られ，これらはバルクワインの生産に用いられている．Ladismith社のヴァラエタルワインは賞賛を得ている．

RUCHÈ

稀少で香り高い赤ワイン用のブドウ品種.
この品種独自のピエモンテ（Piemonte）DOCを有している.

ブドウの色：● ● ● ● ●

主要な別名：Moscatellina，Roché，Romitagi，Rouchet

起源と親子関係

RUCHÈ はイタリア北西部，ピエモンテ州にあるアスティ県（Asti）のカスタニョーレ・モンフェッラート地域（Castagnole Monferrato）が起源である．この品種名はこの品種が（BARBERA や GRIGNOLINO とは異なり）耐性をもつことが知られているため，「ウィルス感染」を意味する方言 *roncet* に由来するものである．しかしこの品種に影響を与えない病気にちなんで命名するのは奇妙にも見える．

他の仮説

この品種は18世紀にブルゴーニュ（Burgundy）から持ち込まれたと述べている研究者もいるが，歴史的，ブドウの形態分類学および遺伝的な研究に基づいたこの説への支持はない．

ブドウ栽培の特徴

熟期は早熟～中期であるのでスズメバチを誘引する．うどんこ病に感受性である．葉の形成に影響を与えるウィルス病に良好な耐性を示す．

栽培地とワインの味

RUCHÈ は出生の地であるイタリア北西部ピエモンテ州，アスティ県のカスタニョーレ・モンフェッラート，グラーナ（Grana），モンテマーニョ（Montemagno），ポルタコマーロ（Portacomaro），レフランコーレ（Refrancore），スクルツォレンゴ（Scurzolengo），ヴィアリージ（Viarigi）などで主に栽培されている．ヴァラエタルワインは Ruchè di Castagnole Monferrato DOCG で作られている（10% までの BARBERA および / または BRACHETTO DEL PIEMONTE と）．アレッサンドリア県（Alessandria）から東にかけて，RUCHÈ は MOSCATELLINA あるいは ROMITAGI という別名で限定的に栽培されている．2000年にイタリアでは46 ha（114 acres）の栽培が記録されている．

ヴァラエタルワインは目がくらむほど香りが高く，しばしばバラのアロマをもつ．ワインはスパイシーでタンニンが際立ち，時に苦い後味を残す．通常，酸味は弱い．推奨される生産者としては Antica Casa Vinicola Scarpa，Bersano，Dacapo，Montalbera および Cantine Sant'Agata などの各社があげられる．良質のデザートワインも作られている．

RUDAVA

最近公認されたスロバキアの交配品種.
デイリーの赤ワインとしての良好なポテンシャルがある.

ブドウの色：● ● ● ● ●

主要な別名：CATAP 6/28

起源と親子関係

RUDAVA という品種名はスロバキア西部の川にちなんだものである．RUDAVA は，1967年にスロバキアのブラチスラバ（Bratislava）の VUVV 醸造およびブドウ栽培研究センターで Dorota Pospíšilová 氏が CASTETS×I-35-9の交配により得た交配品種である．2011年に公認された．この I-35-9はロシアで得られたあまり知られていない（TEINTURIER×ALEATICO）×PUKHLIAKOVSKY の交配品種である（Dorota Pospíšilová，私信）．RUDAVA は TORYSA の姉妹品種である．

ブドウ栽培の特徴

樹勢が強く安定して豊産性である．厚い果皮をもつ果粒で短い果房をつける．霜と灰色かび病に耐性だがうどんこ病にやや感受性を示す．

栽培地とワインの味

ワインは色が濃くフルボディーでカベルネ・ソーヴィニヨン（CABERNET SAUVIGNON）に似たフレーバーをもち，最良の年は熟成させる価値がある．また，早飲みにも適したワインとなる．この控えめな品種は2011年に5 ha（12 acres）の栽培しか記録されていないが，ほとんどのスロバキアのワイン地区で栽培することができる．同国の西部にある Karol Braniš 社は数少ないヴァラエタルワインの生産者の一つである．

RUEN

ほぼ絶滅状態にあるブルガリア交配品種．
この品種から作られる，フルボディーで熟成させる価値のある赤ワインに人気が出始めている．

ブドウの色：

起源と親子関係

RUEN は1951年にブルガリア北部のプレヴェン（Pleven）醸造およびブドウ栽培研究所で得られた SHIROKA MELNISHKA×カベルネ・ソーヴィニヨン（CABERNET SAUVIGNON）の交配による交配品種であり，1964年に正式に公開された．DNA 解析によってこの品種の系統が確認された（Hvarleva *et al.* 2004）．

ブドウ栽培の特徴

萌芽期は早期で晩熟である．厚い果皮をもついくぶん大きな果粒で，大きな果房をつける．灰色かび病に比較的耐性を示す．

栽培地とワインの味

現在はブルガリア南西部，ルエン（Ruen）のいくつかの小さな区域で栽培されているが（合計7 ha/17 acres；2008年），共産党時代には無視されていた．Damianitza ワイナリーの Philip Harmandjiev 氏によれば，深い色合いのフルボディーだが滑らかなワインで，特徴的な濃い赤の果物のフレーバーと良好な熟成の可能性をもつワインができるということで期待されている．Damianitza 社はヴァラエタルワインを作るほど十分なブドウを確保できないが，評判のよい ReDark ブレンドワインに RUEN を用いている．Logodaj 社はヴァラエタルワインを作っている．

RUFETE

この晩熟のポルトガル品種は，熟成させる価値のある，素晴らしい色の薄い赤ワインになることがある．

ブドウの色：● ● ● ● ●

主要な別名：Castellana ☓（ガリシア州（Galicia）），Penamacor（カステロ・ブランコ（Castelo Branco）），Preto Rifete（ピニェル（Pinhel）），Rifete（ピニェル），Rosette（ピニェル），Rufeta（ピニェル），Tinta Pinheira ☓（ピニェル）
よくRUFETEと間違えられやすい品種：PEDRAL ☓（ヴィーニョ・ヴェルデ（Vinho Verde）），TINTA CARVALHA ☓（ドウロ（Douro））

起源と親子関係

RUFETE は TINTA PINHEIRA とも呼ばれ，ポルトガル中東部のカステロ・ブランコ地区（Castelo Branco）が起源の地である，現地では19世紀末にはすでに栽培されていた（Cunha *et al.* 2009）．DNA 解析によれば RUFETE は隣のダン地方（Dão）のトゥーリガ・オシオナル（TOURIGA NACIONAL）に遺伝的に非常に近い（Almadanim *et al.* 2007）．RUFETE はスペインのルエダ（Rueda）の PUESTO MAYOR にも近く，それ自身はスペインのティエラ デ レオン（Tierra de León）の PRIETO PICUDO に非常に近縁である（Santana *et al.* 2010）．地理的に離れた品種間で見られるこうした関係から，RUFETE は非常に古い品種で，かなり昔にポルトガル中部からスペインに広がったことが示唆される．

RUFETE BLANCA は RUFETE の色変異ではないが，紛らわしいことに VERDEJO SERRANO の別名として使われている（Vouillamoz）．

ブドウ栽培の特徴

栽培に際して多くの条件があり，晩熟でうどんこ病と灰色かび病に感受性を示す．

栽培地とワインの味

RUFETE は主にポルトガル，ベイラス（Beiras）東部の Cova da Beira，Figueira de Castelo Rodrigo やピニェル地方で，また北部のダンやドウロで栽培されており，2010年のポルトガルにおける合計栽培面積は2,741 ha（6,773 acres）であった．BAGA と同様，完熟が可能な非常に限られた場所でのみよい成績を示し，ほとんどのワインは薄い色で，アルコール分が低く，強い酸味によってタンニンの渋みが強調される（Rolando Faustino，私信）．しかしピニェル地方では，あまり豊産性でない最高のクローンが（10月の終わり頃に）完熟する年には，色もボディもリッチで赤い果物のフレーバーをもち，瓶熟成の可能性をもつ，ソーミュール（Saumur）のカベルネ・フラン（CABERNET FRANC）と似ていないこともない，とてもよいワインが作られる．栽培はダンにも広がり，現地では生産者はロゼや発泡性ワインの生産で成功を収めはじめている（Rolando Faustino，私信）．推奨される生産者としては Adega Cooperativa da Covilhão 社，Quinta dos Barreiros，Quinta dos Termos 社などで，いずれもベイラ・インテリオル（Beira Interior）にある．またドウロの Quinta das Carvalhas 社などがあげられる．

RUGGINE

復活を遂げたイタリア，エミリア=ロマーニャ州（Emilia-Romagna）の品種

ブドウの色：

主要な別名：Rugginosa，Ruzninteina

起源と親子関係

RUGGINE はエミリア＝ロマーニャ州のモデナ県（Modena）の歴史的品種であり，現地ではかつて TREBBIANO MODENESE あるいは ALBANA として広く栽培されていた．RUGGINE という品種名は果粒が熟したときの素朴（イタリア語で *arrugginito*）な色に由来したものである．

ブドウ栽培の特徴

早熟（熟期は8月末）である．

栽培地とワインの味

RUGGINE は1990年代初めに Italo Pedroni 氏が地元の古いブドウ畑から救済したときはすでに絶滅状態であった．彼はイタリア中北部，モデナ市の西方にあるルッビアラ（Rubbiara）で1 ha（2.5 acres）にこの品種を植栽した．ワインはフルーティーな発泡性である．海岸により近いファエンツァ（Faenza）にある Leone Conti 社も An Ghin Gò と呼ばれるヴァラエタルワインを作っている．

RUKATAC

MALVASIA BIANCA LUNGA を参照

RULÄNDER

PINOT GRIS を参照

RUZZESE

イタリア，リグーリア 州（Liguria）の稀少な品種．絶滅状態から救済されたが，現時点ではテーブルワイン用に公認されているのみである．

ブドウの色：

主要な別名：Razzese，Rossese Bianco（リグーリア州のアーコラ（Arcola））

起源と親子関係

RUZZESE は ROSSESE BIANCO としても知られており（この別名は混乱を引き起こしている，ROSSESE 参照），チンクエ・テッレ地方（Cinque Terre）で最も重要な品種として RAZZESE の表記で Acerbi（1825）がリグーリア州で記載した．この品種名は熟したときの果粒の濃いピンク色に由来すると考えられる．RUZZESE は現在イタリアの公式品種としての登録に向けて審査中である（訳注：現在は National Registry Code Number: 432として登録されている）．最近の DNA 解析によって，この品種を，ROSSESE BIANCO と呼ばれ，現在もわずかな古い樹がピエモンテ州（Piemonte）のロッディーノ（Roddino）やシーニオ（Sinio）で栽培されている，ブドウの形態分類学的に異なる他の品種と混同してはいけないと結論づけられた（Torello Marinoni，Raimondi，Mannini and Rolle 2009）．ROSSESE BIANCO はすでに公式品種登録リストに掲載されているので，ラ・スペツィア県（La Spezia）で見つかったリグーリア品種には RUZZESE の名前を用いることとし，ROSSESE BIANCO の名前はピエモンテ品種に使うほうが明快である．

ブドウ栽培の特徴

樹勢が強く熟期は中期である．

栽培地とワインの味

RUZZESE はイタリアの公式品種登録リストにまだ掲載されていないので，テーブルワインとしてのみ用いられている．かつてはリグーリア州の沿岸で広く栽培されていたが，20世紀の終わりに事実上絶滅した．しかし最近 Nino Picedi Benettini 氏がこの品種を救済し，ラ・スペツィア県の西のバッカーノ・アルコラ（Baccano di Arcola）で見つけた古い樹から穂木を得てこれを植えた．現在では RUZZESE は主にリグーリア州の最西部のインペリア県（Imperia）で栽培されており，通常，VERMENTINO や ALBAROLA とブレンドされている．稀少なヴァラエタルワインが Conte Picedi Benettini 社や Maccario Dringenberg 社などにより作られている．

RYUGAN

灰色の果皮をもつマイナーな日本品種．起源が不明である．

ブドウの色：● ● ● ● ●

主要な別名：?LONGYAN（中国），Lungyen（中国）

起源と親子関係

RYUGAN は起源が不明な日本品種である．19世紀末に中国から持ち込まれたとされる（Yokotsuka *et al.* 1984）が，そこでの記載は LONGYAN あるいは LUNGYEN の名で，中国で知られる品種とは異なることを示している（訳注：日本国内ではこの説は一般的ではない）．

ブドウ栽培の特徴

萌芽期は遅く晩熟である．大きな果粒で，大きな果房をつける．灰色かび病に感受性である．

栽培地とワインの味

RYUGAN ワインは日本梨の味で，よくバランスがとれた酸味をもつ．2008年に日本ではわずかに24 ha（59 acres）の栽培面積が主に長野県で記録されている．推奨される生産者としては五一ワイン，マンズワインおよび信濃ワインなどがあげられる．

S

SABATO (サバト)
SABREVOIS (サルビボア)
SACY (サシー)
SAGRANTINO (サグランティーノ)
SAINT-MACAIRE (サン・マケール)
SALVADOR (サルヴァドール)
SAN GIUSEPPE NERO (サン・ジュゼッペ・ネーロ)
SAN LUNARDO (サン・ルナルド)
SAN MARTINO (サン・マルティーノ)
SAN MICHELE (サン・ミケーレ)
SAN PIETRO (サン・ピエトロ)
SANGIOVESE (サンジョヴェーゼ)
SANKT LAURENT (ザンクト・ラウレント)
SANT'ANTONIO (サンタントニオ)
SANTA MARIA (サンタ・マリーア)
SANTA SOFIA (サンタ・ソフィア)
SAPERAVI (サペラヴィ)
SAPERAVI SEVERNY (サピラビ・シエルビニー)
SAPHIRA (ザフィラ)
ŞARBĂ (シャルバ)
SARY PANDAS (サリー・パンダス)
SAUVIGNON BLANC (ソーヴィニヨン・ブラン)
SAUVIGNONASSE (ソーヴィニャッス)
SAVAGNIN (サヴァニャン)
SAVATIANO (サヴァティアノ)
SCHEUREBE (ショイレーベ)
SCHIAVA GENTILE (スキアーヴァ・ジェンティーレ)
SCHIAVA GRIGIA (スキアーヴァ・グリージャ)
SCHIAVA GROSSA (スキアーヴァ・グロッサ)
SCHIAVA LOMBARDA (スキアーヴァ・ロンバルダ)
SCHIOPPETTINO (スキオッペッティーノ)
SCHÖNBURGER (シェーンベルガー)
SCIAGLÌN (セーギラン)
SCIASCINOSO (シャシノーゾ)
SCIMISCIÀ (シミシャー)
SCUPPERNONG (スカプリノン)
SEARA NOVA (セアラ・ノヴァ)
SEFKA (セフカ)
SEGALIN (スガラン)
SEIBEL 10868 (セイベル10868)
SEMIDANO (セミダーノ)

ᛝ 次ページ以降に記載されているこのシンボルは，別名や誤った同定がDNA解析により確認されたことを示す．

SÉMILLON (セミヨン)
SERCIAL (セルシアル)
SERCIALINHO (セルシアリーニョ)
SERINA E ZEZË (セリナ　エ　ゼズ)
SERODIO (セロディオ)
SERVANT (セルヴァン)
SEVERNY (シエルビニー)
SEYVAL BLANC (セイヴァル・ブラン)
SEYVAL NOIR (セイヴァル・ノワール)
SGAVETTA (ズガベッタ)
SHAVKAPITO (シャヴカピト)
SHESH I BARDHË (シェシ　イ　バルゾ)
SHESH I ZI (シェシ　イ　ジィ)
SHEVKA (シェヴカ)
SHIROKA MELNISHKA (シロカ・メルニシュカ)
SHIRVANSHAHY (シルヴァンシャヒ)
SIBI ABBAS (シビ　アッバス)
SIBIRKOVY (シヴェルコーヴィー)
SIDALAN (スダラン)
SIDERITIS (シデリティス)
SIEGERREBE (ジーガーレーベ)
SILA (シーラ)
SILVANER (シルヴァーナー)
SIRAMÉ (シラメ)
SÍRIA (シリア)
SIRMIUM (シルミウム)
SKLAVA (スクラヴァ)
SKOPELITIKO (スコペリティコ)
ŠKRLET (シュクルレット)
SKYLOPNICHTIS (スキロプニクティス)
SLANKAMENKA (スランカメンカ)
SOLARIS (ソラーリス)
SOLDAIA (ソルダヤ)
SOLNECHNODOLINSKY (ソーニチョノドリンスキー)
SOPERGA (ソペルガ)
SORBIGNO (ソルビーニョ)
SOYAKI (ソヤキ)
SPERGOLA (スペルゴラ)
SPOURTIKO (スプルティコ)
ST CROIX (セントクロイ)
ST PEPIN (セントペピン)

ST VINCENT (セントビンセント)
STANUŠINA CRNA (スタヌシナ・ツルナ)
STAVROTO (スタヴロト)
STEUBEN (スチューベン)
STORGOZIA (ストルゴズィア)
SUKHOLIMANSKY BELY (スフリマンスキー・ビエリー)
SULTANIYE (スルタニエ)
SUMOLL (スモール)
SUMOLL BLANC (スモール・ブランク)
SUPPEZZA (スッペッツァ)
SUŠĆAN (スシュチャン)
SUSUMANIELLO (ススマニエッロ)
SWENSON RED (スウェンソンレッド)
SWENSON WHITE (スウェンソンホワイト)
SYKIOTIS (シキョティス)
SYMPHONY (シンフォニー)
SYRAH (シラー)
SYRIKI (シリキ)
SYSAK (シサク)

SABATO

イタリア，ソレント（Sorrento）沿岸のカンパニア州（Campania）のマイナーなブドウ

ブドウの色：● ● ● ● ●

主要な別名：?Gigante

起源と親子関係

イタリア語で「土曜日」を意味するSABATOは，イタリア南部，ナポリ湾を臨むソレント市周辺あるいは北部のヴェスヴィオ山地域（Vesuvio）由来の古い品種だと思われる．この品種はカンパニア州北部の内地に位置するベネヴェント県（Benevento）にあるヴァル・フォルトーレ（Val Fortore）のGIGANTEと同一であるかもしれないのだが，この仮説を支持するブドウの形態分類学的なデータおよびDNAのデータはない．

ブドウ栽培の特徴

熟期は中期～晩期である（10月上旬）．

栽培地とワインの味

SABATOはイタリア南部，カンパニア州のナポリの南，ソレント沿岸辺りで，依然，限定的に栽培されており，特に半島北に位置するヴィーコ・エクエンセ（Vico Equense）あたりでは古い接ぎ木をしていないブドウが今でも栽培されている．栽培はカステッランマーレ（Castellamare），レッテレ（Lettere），グラニャーノ（Gragnano）周辺でも見られる．SABATOは保全プログラムの一環として研究されている．この品種はPenisola Sorrentina DOCで補助品種として用いられている．

SABORINHO

NEGRAMOLLを参照

SABREVOIS

アメリカ合衆国の交雑品種．同国ではその存在感を発揮していないが，カナダ，ケベック州では成功を収めている．

ブドウの色：● ● ● ● ●

よくSABREVOISと間違えられやすい品種：ES 2-1-9

起源と親子関係

アメリカ合衆国ウィスコンシン州のオシオラ（Osceola）でElmer Swenson氏がELMER SWENSON 283×ELMER SWENSON 193の交配により得た交雑品種である．

• ELMER SWENSON 283はELMER SWENSON 114×SEYVAL BLANCの交雑品種（ELMER

SWENSON 114の系統はST PEPINを，またSEYVAL BLANCの系統はPRIORを参照）
- ELMER SWENSON 193はMINNESOTA 78×SENECAの交雑品種（MINNESOTA 78の系統はBRIANNA参照）
- SENECAはLUGLIENGA×ONTARIOの交雑品種（ONTARIOの系統はCAYUGA WHITE参照）

この*Vitis riparia*, *Vitis labrusca*, *Vitis vinifera*, *Vitis lincecumii*および*Vitis rupestris*の複雑な交雑品種は，ミネソタ州でES 2-1-9として長い間栽培されてきた．この品種名は2001年8月に，モントリオール南東のリシュリー川（Richelieu）沿いのSabrevois村の名にちなみ，そこにワイナリーを持つGilles Benoît氏が命名したものである．ケベック州では，この名前で栽培されている（Smiley 2008）．
SABREVOISとST CROIXは同じ親品種をもつことから姉妹品種にあたる．

ブドウ栽培の特徴

小～中サイズの果粒が粗着して小～中サイズの果房をつける．樹勢は強いが豊産性すぎるということはない．病気全般に対して良好な耐病性を示し，耐寒性（−31℉/−35℃）にも優れているが，フィロキセラが問題になることがある（Smiley 2008）．

栽培地とワインの味

ワインは色合い深く，心地よいフルーティーさを有しているが，ボディとタンニンに欠ける傾向があるため，ブレンドワインの生産に用いる方が適している．ただし香り高い辛口のロゼワインを作ることもできる．SABREVOISは祖国のアメリカ中西部よりもカナダのケベック州で非常に好まれている（ケベック州での栽培面積は16 acres/6 ha．同州では7番目に多く栽培されている品種である）．2007年にはミネソタ州で26 acres（11 ha）が栽培された．ヴァラエタルワインの生産者には，ケベック州の前述したGilles Benoît氏のVignoble des Pins社や，ウィスコンシン州のOak Ridge社などがある．

SACY

ブルゴーニュ（Burgundy）品種．軽いワインになるが評価が低いため，栽培面積は減少の一途をたどっている．

ブドウの色：● ● ● ● ●

主要な別名：Aligoté Vert, Plant d'Essert, Plant de Sacy, Tressallier（サン＝プルサン（Saint-Pourçain））
よくSACYと間違えられやすい品種：ALIGOTÉ, CHARDONNAY

起源と親子関係

SACYはフランス北東部の品種で，主にディジョン（Dijon）とパリ（Paris）の間のオセール地域（Auxerre）周辺で栽培されている．その名はシャンパーニュ地方，ランス（Reims）南にある村の名に由来している．この品種に関して最初に言及があったのは1782年のことで，ヴェルモントンの市長が「粗悪品の味気ないワインを産するPlant d'Essertあるいはde Sacyの栽培を禁止する」と要請した際にPLANT DE SACYという名で記録されている（Galet 1990; Rézeau 1997）．主な別名はTRESSALLIERで，Jullien（1816）の中で最初に記録されている．この品種はかつてアリエ川（Allier）の左岸で栽培されており，TRESSALLIERという別名は*trans Alligerim*（「Allierを超えて」）という言葉に由来していると考えられる．この品種がいつ生まれたかを探るうえで，これらの記録の日付が比較的近年であるということが手がかりとなっている．DNA系統解析によってSACYがPINOTとGOUAIS BLANCのおびただしい数の子孫の一つであることが明らかになった．この交配はおそらくブルゴーニュか少なくともフランス北東部でおこったと考えられる（Bowers *et al.* 1999; Boursiquot *et al.* 2004）．
形態学的特徴のみに基づいて判断するとSACYはブドウの形態分類群のFolleグループに分類されるの

だが（p XXXII 参照；Bisson 2009），驚いたことに，その親品種のいずれもこのグループに属さない．しかしこの分類はDNA系統解析の結果によっては変更される可能性がある．

他の仮説

Galet（1990）は，この品種に関する最初の記録はBauhin（1650）の中に見られ，その中で（Uvae albae “enfarins” nuncupatae）すなわち，「粉のように見える柔毛で葉が被われているブドウ」と記載がなされていると述べている（フランス語で *enfariné* は「粉で被う」の意味がある）．しかし，フランス北東部では多くの異なる品種が *enfariné* と呼ばれるので，これが現代のSACYと同じ品種だという明確な証拠はない．Galet氏はまた，SACYは13世紀にイタリアから持ち込まれたもので，ヴェルモントン（Vermenton）にあるレニー修道院（Abbaye de Reigny）の修道士によって繁殖されたという言い伝えを語っているが，最近になって親品種が発見されたため，この説は否定された．

ブドウ栽培の特徴

萌芽期は早く，熟期は中程度である．樹勢が強く結実能力が高い．通常は長く剪定するが短い剪定も可能である．小さな果粒の小さな果房をつける．

栽培地とワインの味

かつてはフランスのヨンヌ県（Yonne）で広く栽培されていた．現在ではフランス中部，サン＝プルサン（Saint-Pourçain）の特産品であると考えられており，現地ではTRESSALLIERと呼ばれている．この品種はSaint-Pourçainアペラシオンで主要品種のシャルドネ（CHARDONNAY）や場合によってはソーヴィニヨン・ブラン（SAUVIGNON BLANC）（最大10%）とともに，補助品種（ブレンドの20～40%）として公認されている．酸味が強く，ときに梨の味わいをもつ軽いワインとなる．アルコール分は低く，発泡性ワインの生産に適している（発泡性のクレマン・ド・ブルゴーニュ（Crémant de Bourgogne）で公認されている品種である）．ブドウ畑は徐々に減りつつあり，1958年に655 ha（1,619 acres）を記録した栽培面積は1998年には172 ha（425 acres），10年後の2008年には12 ha（30 acres）にまで減少してしまった．Domaine Nebout社はサン＝プルサンでヴァラエタルワインを作っている稀少な生産者のうちの一つである．

SAGRANTINO

とりわけタンニンに富んでいる品種．イタリア，ウンブリア州（Umbria）のモンテファルコ地域（Montefalco）の特産品となっている．

ブドウの色：● ● ● ● ●

起源と親子関係

SAGRANTINOは19世紀末にイタリア中部，ウンブリア州，ペルージャ県（Perugia）のモンテファルコ地域の古い品種として記載されていることから，おそらく，この地がこの品種の起源の地であろうと考えられる．

他の仮説

SAGRANTINOは中世のビザンツ帝国の聖職者によってギリシャから，あるいはフランシスコ会によって小アジアから持ち込まれたといわれており，その名はイタリア語で「神聖」を意味する *sacro*，あるいは，宗教儀式に用いられる「聖具室」を意味する *sagrestia* に由来すると考えられている．また大プリニウスによって記載されているITRIOLAがSAGRANTINOであると信じている人もいる．

ブドウ栽培の特徴

晩熟．冬と春の霜に耐性がある．べと病に感受性がある．

栽培地とワインの味

SAGRANTINO の故郷はイタリア中部ウンブリア州，ペルージャとスポレート（Spoleto）の間にあるモンテファルコである．かつて，この品種は甘口の半干ししたブドウのワイン生産に用いられていたが，現在では時にタンニンに富み，チェリーとマルベリーのフレーバーをもつ生き生きとした辛口のワインが作られている．タンニンをうまく扱うとワインはしっかりとして，かつ滑らかなものになる．オークを用いた熟成が適している．

1960年代にはほぼ絶滅状態にあったが，この品種の品質と可能性を信じる Marco Caprai 氏やこの地方の他の栽培家たちによって絶滅の危機から救済された．幾度となく繰り広げられたキャンペーン活動の後，Montefalco Sagrantino は1979年に DOC を獲得，1992年には DOCG に昇格を果たした．Caprai 社は Còlpetrone 社，Perticaia 社，Lungarotti 社などの生産者らとともに国際的にも高く評価されるワインを作り続けているものの，ワインの質はいつも高いというわけではない．Collepiano クローンは他のものよりも糖度と酸度が高いといわれている．

SAGRANTINO は現在，モンテファルコやその周辺のベヴァーニャ（Bevagna），グアルド・カッタネーオ（Gualdo Cattaneo），カステル・リタルディ（Castel Ritaldi），ジャーノ（Giano）などのコムーネで栽培されている．通常はヴァラエタルワインが作られるが，Montefalco DOC ではサンジョヴェーゼ（SANGIOVESE）に少量（最大15%）の SAGRANTINO を加え，ブレンドワインを作ることができる．Tabarrini 社の Colle Grimaldesco のような甘い，パッシートスタイルワインが現在でも作られておりDOCG 内で公認されている．2000年にはイタリアで361 ha（892 acres）の栽培を記録した．

最高の出来栄えを見せたワイン，とりわけ Arnaldo Caprai 社のワインが，トスカーナ州（Toscana）やシチリア島（Sicilia）への植え付けを後押しした．

イタリア以外では，少数の栽培家たちがカリフォルニア州周辺で SAGRANTINO を栽培している．オーストラリアでも限定的に栽培されている．ビクトリア州の Andrew Peace 社や南オーストラリア州の Heathvale 社，クイーンズランド州の Preston Peak 社が早い時期から栽培に取り組んできた．

SAINT-LAURENT

SANKT LAURENT を参照

SAINT-MACAIRE

あまり知られていないボルドー（Bordeaux）品種．
カリフォルニア州とオーストラリアで非常に限定的に栽培されていることがわかった．

ブドウの色：● ● ● ● ●

主要な別名：Bouton Blanc（ボルドー），Moustère（ジロンド県（Gironde）），Moustouzère（プルミエール・コート・ド・ボルドー（Premières Côtes de Bordeaux））

起源と親子関係

このあまり知られていないボルドー品種は，フランス南西部，ジロンド県のランゴン（Langon）の近くの村の名にちなんで名づけられた．おそらくそこが起源の地で，かつてはそこで栽培されていたが，その歴史についてはあまり知られていない．この品種に関して初めて言及があったのが1763～1777年の間のことで，リブルヌ（Libourne）の市長が著した会計の本 “*Livre de raison d’Antoine Feuilhade*” の中に SAINT-MACAIRE と記載されているのがそれにあたる（Garde 1946）．19世紀にはジロンド県で普通に栽培されていた．

ブドウ栽培の特徴

萌芽期は早く，熟期は中程度で樹勢が強い．うどんこ病に感受性がある．

栽培地とワインの味

SAINT-MACAIRE は事実上，故郷のボルドーから消失してしまっており，フランスの公式統計（2008年）に記載された栽培面積は1 ha（2.5 acres）以下であった．この品種はカリフォルニア州でも少し栽培されており，現地ではボルドースタイルの Meritage ブレンドの補助品種として認定されている品種の一つである．たとえば，ハウエル・マウンテン（Howell Mountain）にある O'Shaughnessy 社は2% の SAINT-MACAIRE を彼らの製品に加えている．オーストラリアではビクトリア州，グリフィス（Griffith）にある Westend Estate 社（訳注：現 Calabria Family Wines 社）の Bill Calabria 氏が自らを同国でこの品種を栽培する唯一の生産者だと述べている．同国ではわずかに2 ha（5 acres）が栽培されている．ヴァラエタルワインは色合い深く比較的酸度が高いものとなる．

SALVADOR

赤い果肉が特徴のフランス交雑品種．現在，カリフォルニア州のサンホアキン・バレー（San Joaquin Valley）では RUBIRED に置き換えられている．

ブドウの色：

主要な別名：Pate Noir，Salvadore，Seibel 128

起源と親子関係

SALVADOR は20世紀初頭にフランス南東部，オーブナ（Aubenas）の Albert Seibel 氏が MUNSON × *Vitis vinifera* subsp. *vinifera*（不明の栽培品種）の交配により得た交雑品種である．MUNSON の系統は PRIOR を参照．

ブドウ栽培の特徴

小さな果粒が密着している果房は，灰色かび病とアザミウマに感受性が高い．豊産性である．うどんこ病には耐性をもつが，自根や肥沃度の低い土壌で栽培されるとカリウムとマグネシウム欠乏になる傾向がある．

栽培地とワインの味

カリフォルニア州では2008年に，この赤い果肉の品種が176 acres（71 ha）栽培された．栽培は主にサンホアキン・バレー南端のカーン郡（Kern）で見られる．かつてはより広く栽培されており，1960年代，70年代にはフレズノ（Fresno）で濃縮赤ブドウジュースの生産に用いられていた．また，ブレンドワインに色づけするために用いられることもあった．しかし，同じような役割を果たすが，植物的な香りや粗いタンニンをもたず，より赤み色の強い（紫色が少ない）品種である RUBIRED に多くが置き換えられてしまった．SALVADOR はメキシコのチワワ州（Chihuahua）やアグアスカリエンテス州（Aguascalientes）でも栽培されている．

SÄMLING 88

SCHEUREBE を参照

SAMSÓ

CINSAUT AND MAZUELO を参照

SAMTROT

PINOT MEUNIER を参照

SAN GIUSEPPE NERO

濃い果皮色の，このイタリア中部のブドウについては，ほとんど知られていない．ABBUOTO と同一であるかもしれないが証拠はまだない．イタリアでは2000年に387 ha（956 acres）の栽培が記録された．主にイタリア中部～南部で栽培されている．ラツィオ州（Lazio）の公認品種である．

SAN LUNARDO

イタリア，イスキア島（Ischia）の稀少な白ワイン品種

ブドウの色：

主要な別名：Bianca（ヴェントテーネ島（Ventotene）），Don Lunardo（イスキア島），Lunardo（イスキア島）

起源と親子関係

SAN LUNARDO の最初の記録はイタリア南部のナポリ湾のイスキア島で1962年に見られるが（Migliaccio *et al.* 2008），古いブドウの樹が存在することから，この品種はずっと以前からこの地方にあったと考えられる．その品種名はこの品種が見つかった農場の小屋の所有者であった祭司 Don Lunardo の名にちなんだものか，イスキア島 のフォリーオ（Forio）近くの村のパンツァ（Panza）の守護聖人，San Leonardo の名を讃えたものであると考えられる．

Cipriani *et al.*（2010）は最近 DNA 系統解析によって SAN LUNARDO は ALBANA BORDINI × BIANCOLELLA の自然交配であることを示唆している．SAN LUNARDO は起源が明らかでなくあまり知られていない黒品種であり，また後者はイスキア島在来の白品種である．

ブドウ栽培の特徴

豊富で安定した収量を示す．良好な灰色かび病への耐性を示す．

栽培地とワインの味

SAN LUNARDO はイタリア南部，カンパニア州（Campania）のナポリ県一帯で公認されているが，栽培が見られるのはナポリ湾に浮かぶイスキア島のみである．現地の古い畑では数少ない古いブドウの樹が丈夫に育っている．ヴェントテーネ島では単に BIANCA と呼ばれている．Ischia DOC では少量（15％まで）なら FORASTERA や BIANCOLELLA などの品種とブレンドすることができる．La Vigna dell'Encadde 社は数少ないヴァラエタルワインの生産者の一つである．

SAN MARTINO

非常にマイナーなイタリア，ヴェネト州（Veneto），コネリアーノ（Conegliano）の交配品種．ピエモンテ州（Piemonte）でのみ栽培されている．

ブドウの色：● ● ● ● ●

主要な別名：Incrocio Dalmasso 7/21

起源と親子関係

SAN MARTINO は1936年にコネリアーノ（Conegliano）研究センターでネッビオーロ（NEBBIOLO）×DOLCETTO の交配により開発されたものだと，イタリアのブドウ育種家である Giovanni Dalmasso 氏が述べている．SAN MARTINO は1977年に公式品種登録リストに掲載された．しかし DNA 解析によって，Dalmasso 氏が交配に用いたネッビオーロ（NEBBIOLO）は実のところ，CHATUS の別名である NEBBIOLO DI DRONERO であったことが明らかになった（Torello Marinoni，Raimondi，Mannini and Rolle 2009）．したがって SAN MARTINO は姉妹品種にあたる PASSAU や VALENTINO NERO と同様に CHATUS×DOLCETTO の交配品種である．

ワイン産地

SAN MARTINO はイタリア北西部のピエモンテ州で栽培されている．2000年のイタリア農業統計には総栽培面積が45 ha（111 acres）であったと記録されている．

SAN MICHELE

最近になって真の親品種が明らかになったイタリア，コネリアーノ（Conegliano）のあまり知られていない交配品種

ブドウの色：● ● ● ● ●

主要な別名：Incrocio Dalmasso 15/34

起源と親子関係

イタリアのブドウ育種家，Giovanni Dalmasso 氏は1938年にコネリアーノ（Conegliano）研究センターでネッビオーロ（NEBBIOLO）×BARBERA の交配により SAN MICHELE を得たと述べている．この品種は1977年に公式品種登録リストに掲載された．ネッビオーロの品質と BARBERA の耐病性と高収量を組み合わせることを目的として開発された SAN MICHELE だが，Dalmasso 氏が交配に用いたネッビオーロが実のところ CHATUS の別名である NEBBIOLO DI DRONERO であってネッビオーロではなかったことが DNA 解析によって明らかになった（Torello Marinoni，Raimondi，Mannini and Rolle 2009）．こうして SAN MICHELE は姉妹品種にあたる ALBAROSSA，CORNAREA，NEBBIERA，SOPERGA 同様，CHATUS×BARBERA の交配品種であることが明らかになった．

ブドウ栽培の特徴

晩熟である．灰色かび病に若干感受性がある．

栽培地とワインの味

イタリアでは2000年に128 ha（316 acres）の栽培が記録された．栽培は主にピエモンテ州（Piemonte）で見られる．

SAN PIETRO

イタリア，カンパニア州（Campania）の稀少品種．ミュスカ・ブラン（MUSCAT BLANC À PETITS GRAINS）との関係が示唆されている．

ブドウの色：● ● ● ● ●

起源と親子関係

SAN PIETRO はイタリア南部カンパニア州，カゼルタ県（Caserta）の稀少品種で，20世紀初頭に，現地で初めてこの品種に関する記録がなされている．DNA 解析によって SAN PIETRO は遺伝的に CODA DI PECORA に近いことが明らかになった（Costantini *et al.* 2005）．

Cipriani *et al.*（2010）は DNA 系統解析によって SAN PIETRO が MUSCAT BLANC À PETITS GRAINS（MOSCATO BIANCO の名で）×BICANE の自然交配品種である可能性があることを示唆している．BICANE はワイン用および生食用のフランス品種だが現在では栽培されていない．

ブドウ栽培の特徴

熟期は中期～晩期である．

栽培地とワインの味

SAN PIETRO は主にイタリア南部，カンパニア州，カゼルタ県，モンテマッジョーレ（Monte Maggiore）とロッカモンフィーナ（Roccamonfina）の間の地域で栽培され，通常は他の地方品種とブレンドされている．

SANGIOVESE

多くの別名と驚くべき起源をもつイタリア中央部の非常に重要な品種．多様性に富んでいる．

ブドウの色：● ● ● ● ●

主要な別名：Brunelletto（トスカーナ州（Toscana）のグロッセート県（Grosseto）），Brunello または Brunello di Montalcino（トスカーナ州のモンタルチーノ），Cacchiano（トスカーナ州），Calabrese（トスカーナ州），Chiantino（トスカーナ州），Corinto Nero☒（カラブリア州（Calabria）のリーパリ島（Isola di Lipari）），Guarnacciola（カンパニア州（Campania）のベネヴェント県（Benevento）），Liliano（トスカーナ州），Morellino または Morellino di Scansano☒（トスカーナ州のスカンツァーノ（Scanzano）），Negrello（カラブリア州），Nerello☒（シチリア島（Sicilia）），Nerello Campotu☒（カラブリア州），Niella☒（コルシカ島（Corse）），Nielluccio☒（コルシカ島），Primaticcio☒，Prugnolo Dolce（トスカーナ州），Prugnolo Gentile☒（トスカーナ州のモンテプルチャーノ（Montepulciano）），Puttanella☒（カラブリア州），San Gioveto，San Zoveto（トスカーナ州），Sangiogheto（トスカーナ州），Sangiovese Grosso☒（トスカーナ州），Sangiovese Piccolo☒（トスカーナ州），Sangioveto（トスカーナ州），Tabernello☒，Toustain☒（アルジェリア），Tuccanese☒（プッリャ州（Puglia）），

Vigna del Conte※ (カラブリア州), Vigna Maggio (トスカーナ州)
よくSANGIOVESEと間違えられやすい品種:CILIEGIOLO※ (エミリア=ロマーニャ州 (Emilia-Romagna)), MONTEPULCIANO※, Morellino del Casentino※ (トスカーナ州, 商業栽培は行われていない), Morellino del Valdarno※ (トスカーナ州, 商業栽培は行われていない), NERO D'AVOLA※, PERRICONE※, Sanvicetro※ (トスカーナ州, 商業栽培は行われていない), UVA TOSCA※ (エミリア=ロマーニャ州)

起源と親子関係

最初の記録

Giovan Vettorio Soderini (1600) のトスカーナ州のブドウに関する専門書の中にサンジョヴェーゼ (SANGIOVESE) に関する初めての記載が見られる. 文中ではサンジョヴェーゼの最も古い別名である Sangiogheto が用いられ次のように記載されている.「Sangiogheto は食べるには苦いがジューシーでその色はワインのようにとても美しい」. サンジョヴェーゼは「ジュピターの血」の意味をもつ *sanguis Jovis* に由来し, エミリア=ロマーニャ州, リミニ (Rimini) 近郊にあるジョーヴェ山 (Giove) の麓で, 単に *vino* と呼ばれていたワインの名前を訪問者に尋ねられたサンタルカンジェロ・ディ・ロマーニャ (Santarcangelo di Romagna) の修道士がとっさにそう命名したのだという言い伝えがある.

サンジョヴェーゼは半分はトスカーナ州品種で, もう半分はカラブリア州品種である.

Vouillamoz *et al.* (2004) が DNA 系統解析によってサンジョヴェーゼが CILIEGIOLO × CALABRESE DI MONTENUOVO の自然交配品種であると明らかにするまでは, この品種はトスカーナ州が起源の地だと考えられてきた. 古いトスカーナ品種である CILIEGIOLO は Soderini (1600) の頃から知られており, キャンティの生産にサンジョヴェーゼとブレンドされてきたこと, また両者が類縁関係にあることは以前から推測されていたこともあって, CILIEGIOLO がサンジョヴェーゼの親品種であることは意外ではなかった (Crespan *et al.* 2002).

大きな驚きは CALABRESE DI MONTENUOVO に関するものであった. 古い地方品種の調査が行われた際に, ナポリ西方のフレグレイ平原 (Campi Flegrei) に近いアヴェルヌス湖畔 (Lago d'Averno) にあるモンテ・ヌオーヴォ (Montenuovo) 周辺のワイナリー近くで, あまり知られていないブドウ品種の樹が数本発見された (Costantini *et al.* 2005). モンテ・ヌオーヴォは1538年の火山爆発で一夜にしてできた比較的新しい丘である. MAGLIOCCO DOLCE や NERELLO MASCALESE がアヴェルヌス湖周辺のブドウ畑で見られることからもわかるように, 19世紀半ば頃にワイナリーを創設した Strigari 家がカラブリア州から数種類のブドウ品種を導入した (Vouillamoz, Monaco *et al.* 2008). CALABRESE DI MONTENUOVO は, シチリア島の NERO D' AVOLA (CALABRESE と呼ばれることがある) とは関係がない. この品種は, 後にフレグレイ平原のソッカヴォ (Soccavo) と呼ばれる畑でも見つかっている (Vouillamoz, Monaco *et al.* 2008). しかしその真の系統は不明である. 後に Vouillamoz, Monaco *et al.* (2007) がカラブリア州, カンパニア州, トスカーナ州, バジリカータ州 (Basilicata), プッリャ州の古い194品種の DNA プロファイルを解析したが, いずれも CALABRESE DI MONTENUOVO とは一致しなかった. しかし, カラブリア州で最も普及している赤品種の一つである MAGLIOCCO CANINO と CALABRESE DI MONTENUOVO が親子関係にある可能性が検出されたことは CALABRESE DI MONTENUOVO がカラブリア州に起源をもつことを強く示唆することとなった.

また, DNA 解析により, イタリア南部においてサンジョヴェーゼが様々な地方名で, 歴史的に栽培されてきたことが明らかになった. 例としては, CORINTO NERO (カラブリア州のスカレーア (Scalea) やシチリア島 (Sicilia) 北方にあるリーパリ島で栽培される種なし変異. 現地では少量が Malvasia delle Lipari ワインに用いられている), NERELLO (カラブリア州のサヴェッリ (Savelli)), NERELLO CAMPOTU (カラブリア州のモッタ・サン・ジョヴァンニ (Motta San Giovanni)), PUTTANELLA (カラブリア州のマンダトリッチョ (Mandatoriccio)), TUCCANESE (プッリャ州), VIGNA DEL CONTE (カラブリア州; Zulini *et al.* 2002, Grando *et al.* 2008) などがあげられる.

興味深いことに DNA 系統解析の結果, サンジョヴェーゼはあまり知られてはいないトスカーナ品種の FOGLIA TONDA, MORELLINO DEL CASENTINO, MORELLINO DEL VALDARNO (Crespan, Calò *et al.* 2008) や, イタリア南部でよく知られている古い品種の FRAPPATO (シチリア島では FRAPPATO DI VITTORIA), GAGLIOPPO (カラブリア州), MANTONICONE (カラブリア州),

NERELLO MASCALESE（シチリア島），PERRICONE（シチリア島）を子品種としてもつ可能性も示唆された（Di Vecchi Staraz，This *et al.* 2007; Crespan，Calò *et al.* 2008; Cipriani *et al.* 2010）．トスカーナ州でサンジョヴェーゼのクローンだと考えられてきたMORELLINO PIZZUTOがGAGLIOPPOと同一であることも，サンジョヴェーゼとGAGLIOPPOの親子関係によって説明が可能になった（Scalabrelli *et al.* 2008）．またNERELLO MASCALESEとの親子関係は，なぜサンジョヴェーゼがシチリア島でNERELLO，カラブリア州でNEGRELLOと呼ばれることがあるのかを物語っている（Grando *et al. 2008*; Schneider，Raimondi *et al.* 2009）．別の種なし変異も，カンパニア州で見つかっている（Schneider，Raimondi *et al.* 2009）．加えてALEATICOとの遺伝的関係も示唆された（Filippetti，Silvestroni，Thomas and Intrieri 2001）．

したがって，CALABRESE DI MONTENUOVOとサンジョヴェーゼはいずれもイタリア南部起源である可能性が最も高く，サンジョヴェーゼについては後にトスカーナ州やフランスのコルシカ島，また他の地に広がっていったと考えられる．こうして，なぜVannuccini（1902）がトスカーナ州南部のアレッツォ（Arezzo）近辺ではSAN GIOVETOがCALABRESEと呼ばれていたと述べたかの説明が可能となった．

クローンの多様性

サンジョヴェーゼは広く普及している多くの古い品種同様，ポリクローナル起源だといわれている（この概念は本書で採用されている品種の定義とは異なるものである．pp XX～XXI参照）．これは数種類の異なる品種がサンジョヴェーゼという名前で栽培されていることを意味している（Vignani *et al.* 2002; Filippetti *et al.* 2005; Di Vecchi Staraz，This *et al.* 2007）．サンジョヴェーゼがもつ顕著な多様性（Filippetti *et al.* 2005; Di Vecchi Staraz，This *et al.* 2007）は上に挙げた様々な別名が示している．ブドウの形態分類の専門家であるG Molon氏の先駆的な研究に基づき1906年に記された伝統的なサンジョヴェーゼの記述では，この品種を次の二つのグループ（時折，誤ってファミリー社と呼ばれている）に分けている．すなわち，SANGIOVESE GROSSO（キャンティのグレーヴェ（Greve）におけるBRUNELLO，PRUGNOLO GENTILEおよびSANGIOVESE DI LAMOLE）とトスカーナ州の他の地域のSANGIOVESE PICCOLOの二つである．これはGrossoファミリーが優れた品質を有しているという暗黙の仮説に基づくものであった．しかし，最近になって得られた証拠から，単純に区別することは不可能であり，また，果粒あるいは果房の大きさに基づいて品質を判断するなどということはもはや正当化されていない．果実やワインの品質にかかわらず，収量の高いクローンを選抜するというかつての取り組みとは異なり，優秀なクローンを同定し繁殖させるという多大な努力がイタリア中部でなされてきた．

他の仮説

サンジョヴェーゼは野生ブドウが栽培品種化したもので，エトルリア人が栽培していたと信じる研究者たちもいる．しかしサンジョヴェーゼとトスカーナ州の野生ブドウとの間に遺伝的関係は認められない（Di Vecchi Staraz *et al.* 2004）．

Di Vecchi Staraz, This *et al.*（2007）の中では38種類のDNAマーカーに基づきCILIEGIOLOがサンジョヴェーゼ×MUSCAT ROUGE DE MADÈRE（現在は栽培されていない）の交配品種であること，また後者が実はMAMMOLO×ミュスカ・ブラン（MUSCAT BLANC À PETITS GRAINS）の交配品種である可能性が示されている．しかしこの説は以下の理由により疑わしく，議論が続いている．

- MUSCAT ROUGE DE MADÈREはポルトガル起源と考えられている．マデイラ島，ドウロ（Douro），リスボン（Lisboa）および南アフリカ共和国でのみ栽培されていた（Salomon and Salomon 1902b）．
- MUSCAT ROUGE DE MADÈREがイタリアで栽培された歴史はない．
- CILIEGIOLOには通常優勢なマスカットフレーバーがない．
- 上記のCILIEGIOLOとサンジョヴェーゼの親子関係は，Vouillamoz，Imazio *et al.*（2004）とVouillamoz，Monaco *et al.*（2007）が報告したサンジョヴェーゼがCILIEGIOLO×CALABRESE DI MONTENUOVOの交配品種であるという理論によって否定されている．この理論は50種類のDNAマーカーにより強く支持されている．

57種類のDNAマーカーを用いた最新の解析（Bergamini *et al.* 2012）によってサンジョヴェーゼの親品種が別の品種である可能性が示唆された．それはサンジョヴェーゼがCILIEGIOLO×NEGRODOLCEの自然交配品種であるというものである．NEGRODOLCEは明らかに古いプッリャ州の品種である．研究者たちはこれがサンジョヴェーゼがイタリア南部起源であることを示す確固たる証拠であると主張している．しかし彼らが示した，未知の品種，NEGRODOLCE（「甘い黒」という意味）のDNAプロファイルは，トスカーナ州の品種で，現在はもはや栽培されていないが，サンジョヴェーゼとの親子関係がすでに報告されているMORELLINO DEL VALDARNOと同一である（Crespan，Calò *et al.* 2008）．

ブドウ栽培の特徴

樹勢が強い．果皮が薄いので灰色かび病に対する感受性が高い．ゆっくりと成熟し晩熟である．乾燥に耐性があり，比較的高収量である．

栽培地とワインの味

フランスのコルシカ島ではNIELLUCCIOという別名で呼ばれている．同島ではサンジョヴェーゼが重要視されており，赤品種としては広く栽培されている品種で，2008年には1,319 ha（3,259 acres）の栽培が記録されている．NIELLUCCIOは同島の在来品種であるとよく考えられているが，遺伝的にはサンジョヴェーゼと同一であり，おそらく18世紀までこの島を統治していたジェノバ人（Genoese）が持ち込んだものであろう．SCIACCARELLO（MAMMOLO）とブレンドされることが多く，特に北部の パトリモニオ地方（Patrimonio）では重要な品種とされている．この品種は粘土質の石灰岩土壌でよく育ち，タンニンに富んだ熟成させる価値のあるワインができる．この品種はコルシカ島内の赤とロゼのすべてのアペラシオンにおいて重要な役割を担っている．

最近になって，イタリアの最も重要な苗木業者であるRauscedo社が，フランス本土で，特に乾燥耐性と安定した収量に興味を示すラングドック（Languedoc）の栽培家にサンジョヴェーゼの穂木を販売し始めた．

しかしサンジョヴェーゼ王国はイタリアである．サンジョヴェーゼは他品種を引き離し同国で最も広く栽培されている品種である．2000年時点でのイタリアの統計には69,790 ha（172,455 acres）の栽培が記録されているが，1990年に記録した100,000 ha（247,000 acres）を上回る栽培面積からは減少している．サンジョヴェーゼは国際的に最も有名なイタリアワインであるキャンティ（Chianti）やブルネッロ・ディ・モンタルチーノ（Brunello di Montalcino）に用いられている．この品種はイタリア最北部や最南部を除くイタリアワイン地区の半分以上の地域で推奨または公認されているが，特に重要な地域とされているのがトスカーナ州，エミリア＝ロマーニャ州，マルケ州（Marche）およびウンブリア州（Umbria）である．しかしサンジョヴェーゼの品質は非常に大きな変動があり，とりわけクローン，栽培地および収量の影響を受ける．この品種は様々な土壌に適応するが，石灰石があればエレガントさが増し，このブドウの最も魅力的な性質であるアロマが強くなる．他方，標高の高すぎる場所に植えると十分に熟すことができない．1960～1980年代に植えられたクローンの多くや，野心的すぎる場所で栽培されたブドウを用いて作られたワインは，ボディーと色が不足し，酸味と渋さが目立つものとなってしまう．通常，キャンティ・クラッシコ（Chianti Classico）の畑は標高450 m ～600 m地点にあり，日照と遅摘みが必須である．1980年代の後期から1990年代にかけて，サンジョヴェーゼの異なるクローンに関する非常に重要な研究が主にキャンティ・クラッシコ連合（Chianti Classico Consorzio）によって行われた．エミリア＝ロマーニャ州生まれのR24やT19などのクローンからは最も素晴らしいワインが作られ，トスカーナ州に驚きをもたらした．一方，薄い，酸味のきいた感動のない普通のSangiovese di Romagna DOCも見られた．十分に熟したサンジョヴェーゼはプラムと乾いた林の下草を思わせる，うっとりとするような魅力的なアロマをもつ．成熟の度合いが低かったり，ワイン作りに注意深さが足りなかったりすると，農家の庭を思わせる臭いが出てしまう．

いろいろな違いはあるが（特定の地方で用いられる別名やクローンは前述を参照）サンジョヴェーゼはトスカーナ州の赤の主要品種であり，時にブルネッロ・ディ・モンタルチーノ（Brunello di Montalcino）のような飾り気のないワインや，ブレンドワインに多く用いられている．たとえば，キャンティ・クラッシコやその他のキャンティ，ビーノ・ノービレ・モンテプルチャーノ（Vino Nobile di Montepulciano）や，スーパー・トスカーナなど．これらのうち意欲的な製品の多くは通常，IGTに分類され，輝きを付与するために，しばしばカベルネ・ソーヴィニヨン（CABERNET SAUVIGNON），メルロー（MERLOT），シラー（SYRAH）などの国際品種が加えられる．20世紀後期以降，サンジョヴェーゼはその不足分を補うため，伝統的にCANAIOLO NEROやMAMMOLOなど，他の品種に依存してきたが，次第に，よく知られている外来品種に依存するようになっていった（キャンティでは度々変更される規則に従い合法的に，ブルネッロ・ディ・モンタルチーノ（Brunello di Montalcino）のような他のワインに関してはこっそりと）．

しかし，地方固有のブドウがもつ魅力を大切にする生産者や，トスカーナの個性は丁寧に熟成させたサンジョヴェーゼにあることを学んだ生産者が増えたことで，非トスカーナ品種の使用を避け，国際品種に依存したスーパー・トスカーナではなく，キャンティ・クラッシコ，特にリゼルヴァ（Riserva）やその他の最高品質のサンジョヴェーゼワイン全般を再評価するようになった．キャンティ地域で生産される素晴らしいヴァラエタルサンジョヴェーゼワインと言えば，Fontodi 社の Flaccianello，Montevertine 社の先駆的な Le Pergole Torte あるいは Poggio Scalette 社の Il Carbonaione，Isole e Olena 社の Cepparello，La Porta de Vertine 社の Chianti Classico Riserva，San Giusto a Rentennano 社の Percarlo および Selvapiana 社の Riserva Bucerchiale などである．理論的には，すべてのブルネッロ・ディ・モンタルチーノがサンジョヴェーゼ100％で作られており，この地域では BRUNELLO と呼ばれている．誰もが納得する100％ BRUNELLO のワインと言えば Case Basse 社の Soldera であることは間違いない．ビーノ・ノービレ・ディ・モンテプルチャーノ（Vino Nobile di Montepulciano）のワインにはサンジョヴェーゼが70～100％含まれている．Avignonesi 社がこのタイプのワインを生産する会社の中ではリーダー的存在を担っている．

恥ずかしげもなく国際的だと謳っているワインをのぞけば，エミリア＝ロマーニャ州のすべての赤ワインは，たとえ普通のワインのほとんどが薄く酸っぱいものであるとしてもサンジョヴェーゼベースで作られている．Castelluccio 社の Ronco delle Ginestre，Drei Donà 社の Pruno や Zerbina 社の Pietramora は別方向での品質の究極を示している．ウンブリア州では Lungarotti 社の Torgiano Riserva Vigna Monticchio は，この畑で栽培された他のイタリア中部品種も用いられてはいるものの，数十年にわたりサンジョヴェーゼの栄光を維持している．さらに北のマルケ州（Marche）ではサンジョヴェーゼが Rosso Piceno DOC（30～50％）の基礎とされており，Rosso Conero DOC と Conero DOCG の重要な原料となっている．

サンジョヴェーゼの栽培はいまではスイス，マルタ，トルコおよびイスラエルでも見られる．ギリシャでは Nico Lazaridi 社がドラマ地方（Dráma）の北東部でサンジョヴェーゼを栽培し，サンジョヴェーゼ（55％）とカベルネ・ソーヴィニヨンをブレンドし，オークで熟成させた Perpetuus の赤ワインを作っている．

カリフォルニア州では今世紀の初頭に Cal-Ital ヴァラエタルワインの流行の恩恵を受けたサンジョヴェーゼだが，2010年までの栽培面積は1,950 acres（789 ha）にすぎず，2003年の3,000 acres（1,214 ha）をピークに栽培面積は激減している．ナパバレー（Napa Valley），ソノマ（Sonoma），サンルイスオビスポ（San Luis Obispo），サンタバーバラ（Santa Barbara），シエラ・フットヒルズ（Sierra Foothills）などでかなりの量が栽培されている．この品種の先駆者としては Robert Pepi 社，Seghesio 社，もともとはトスカーナ州の Antinori 社が主要な出資者であった Atlas Peak 社のほか，規模は小さいが，他にも Villa Ragazzi 社や Noceto 社などある．他にカリフォルニア州の Benessere，Dalla Valle，Shafer，Stolpman などの各社がサンジョヴェーゼを扱う生産者として成功を収めている．

ワシントン州では通常は晴れやかなブドウの品質になる，これはサンジョヴェーゼに適していて，足りない部分を補うことができるのであるが，栽培は2011年になって185 acres（75 ha）にまで減少している．Leonetti 社や Novelty Hill 社などが生産者として成功を収めている．

カナダではオンタリオ州で5～10 acres（2～4 ha）が試験的に栽培されている．Pillitteri Estate 社はナイアガラ・オン・ザ・レイク（Niagara-on-the-Lake）にある自社のブドウ畑（1 acre（0.4 ha））で栽培されたブドウから少量のアイスワインを作っている．ブリティッシュコロンビア州でも同程度のサンジョヴェーゼが栽培されており，Sal D'Angelo 社が注目に値するワインを作っている．

2008年にはアルゼンチンで2,319 ha（5,730 acres）の栽培を記録している．主にメンドーサ州（Mendoza）で栽培されているが，サン・フアン州（San Juan）やラ・リオハ州（La Rioja）でも限定的に栽培されている．メンドーサ州の Benegas 社がサンジョヴェーゼを得意としている．

チリでは2008年に124 ha（306 acres）しか栽培されなかった．Errázuriz 社が単一のブドウ畑から収穫したブドウを用いてアコンカグア・バレー（Aconcagua Valley）でワインを作っている．ブラジルでは2007年に25 ha（62 acres）の栽培を記録している．同国では Casa de Amaro 社がヴァラエタルワインを生産している．

サンジョヴェーゼはオーストラリアには遅れて持ち込まれている．最近までは1960年代にカリフォルニア大学デービス校から持ち込まれた H6V9 が利用可能な唯一のクローンであったが，現在は10種類のクローンの利用が可能となっている．1980年代に Penfold 社の Kalimna ワイナリーで最初の商業栽培が始まった．栽培当初は，着果過多になる性質もあって，色が薄く，味わいが乏しく，辛口になる傾向にあった．

2008年には517 ha（1,278 acres）の栽培が記録されている．Coriole 社と Dromana 社が初期からこの品種に携わっている先駆者的な生産者で，現在は Brown Brothers，De Bortoli，The Little Wine Company，

Mount Langi Ghiran, Pizzini, Scaffidi などの生産者がこの品種を継承している．現在の製品は初期の製品に比べ大幅に改善されているが，一貫性と人気はまだ達成されないようである．

ニュージーランドでは2008年に6 ha（15 acres）の栽培が記録されているが，あまり情熱は感じられない．オークランド（Auckland）北部に位置するマタカナ（Matakana）にある Heron's Flight 社はヴァラエタルワインを作る数少ない生産者の一つで，1998年に最初のワインを公開している．

南アフリカ共和国では2008年に63 ha（156 acres）の栽培が記録されている．栽培のほとんどはダーリング（Darling）やステレンボッシュ（Stellenbosch）で見られ，Chris Mullineux と Terra Da Capo の2社が Valentino ヴァラエタルワインを生産している．Nederburg 社の Ingenuity Red や Bouchard Finlayson 社の Hannibal はブレンドワインである．

SANKT LAURENT

起源が不明なヨーロッパ中部の品種．ヴェルヴェットのように滑らかな赤ワインになる．

ブドウの色：

主要な別名：Laurenzitraube（オーストリア），Lorenztraube（オーストリア），Saint Laurent（ドイツ），Saint-Laurent（フランス），Saint-Lorentz（オーストリア），Schwarzer（ドイツ），Svatovavřinecké（チェコ共和国），Svätovavrinecké（スロバキア），Vavřinecké（チェコ共和国）

よくSANKT LAURENTと間違えられやすい品種：PINOT NOIR，Pinot Saint-Laurent

起源と親子関係

SANKT LAURENT はオーストリアを起源とする品種で，同国では少なくとも19世紀から栽培されていたと考えられる．その品種名はフランスに数多く存在するサン＝ローラン村（Saint-Laurent）とは関係がなく，おそらく，この品種のオーストリア語の古い別名である Laurenzitraube がその由来であろう．Laurenzitraube は料理人の守護聖人である聖ラウレンチオ助祭殉教者である．この聖人の日である8月10日は，この品種が熟し始める時期である．Regner（2000b, 2007）は SANKT LAURENT が遺伝的には PINOT に近い未知の品種の子品種であると報告しているが，この仮説は疑わしい．なぜなら SANKT LAURENT の DNA プロファイルは遺伝的に PINOT からは遠く，Regner 氏が二つのまったく異なる品種である SANKT LAURENT と PINOT SAINT-LAURENT を混同している可能性があるからである．広く信じられていたこととは異なり，PINOT SAINT-LAURENT（商業栽培はされていない）は SANKT LAURENT の別名ではなく，また PINOT とも関係がない（Vouillamoz）．

SANKT LAURENT はいくつかの品種の育種に用いられ，それらの中にはワイン生産のために栽培されている品種もある．ANDRÉ，DUNAJ，RONDO および ZWEIGELT などがそれにあたる．

他の仮説

ブドウの形態分類の専門家たちは SANKT LAURENT の起源について異なる仮説を述べている．Oberlin 氏はこの品種をアルザス起源だとし，このブドウをバーデン－ヴュルテンベルク州（Baden-Württemberg）に持ち込んだブドウの形態分類専門家の Bronner 氏が SCHWARZER（*schwarz* は「黒」を意味する）という名で知られていたこの品種に初めて着目したのだと主張している．他方 Pulliat 氏は，サン＝ローラン＝デュヴァール（Saint-Laurent du Var）のブドウの収集家から穂木を受け取った Weber 氏がディジョン（Dijon）の植物園にこの品種を持ち込んだことで，この名が付けられたという仮説を主張している．

ブドウ栽培の特徴

小さな果粒が密着した果房をつける．熟期は中期である．冬の霜への耐性は良好だが，早い時期に開花するため落花（blossom drop）しやすく，花ぶるいを起こしやすい．また灰色かび病やべと病に対する感受性がある．深い土壌と灌漑が必要である．遅霜の被害を受ける危険性がある．収量が不安定で，9月の雨はブドウの玉割れや酸敗の原因となる．

栽培地とワインの味

中央ヨーロッパの多くの国々でSANKT LAURENTからワインが作られている．一般に香りが高く色合い深く滑らかなワインになるが，繊細なタンニンを伴う良好な骨格とサワーチェリーのフレーバーを有している．ピノ・ノワール（PINOT NOIR）から作られた力強いスタイルのワインと似たものになることがある．最高品質のワインは繊細にオークを効かせるのに向いている．

ドイツでは2008年にハイフンのついていないSAINT LAURENTが669 ha（1,653 acres）栽培され，この品種の栽培が圧倒的に多く見られたのがプファルツ（Pfalz）とラインヘッセン（Rheinhessen）であった．1960年代にはほぼ絶滅状態にあったが，わずかに残存していたブドウを救済し繁殖させたブドウ栽培アドバイザーのFritz Klein氏と，公式品種リストにこの品種が登録されるよう尽力したプファルツのブドウ栽培家のKarlheinz Kleinmann氏の粘り強いはたらきのおかげで回復を果たした．生産者としてはプファルツのKnipser，Philip Kuhn，Bernhart，ラインヘッセンのGutzlerやWagner-Stempel，バーデン（Baden）のFischerなどの各社が推奨される．

この品種の故郷であるオーストリアでは赤ワイン全般の生産増加と歩調を合わせるように過去9年間で栽培面積は2倍に増え，2008年には795 ha（1,964 acres）に達した．栽培の中心となっているのはブルゲンラント州（Burgenland），ノイジードル湖地方（Neusiedlersee）のウィーン南部や東部，テルメンレギオン地方（Thermenregion）やヴァインフィアテル地方（Weinviertel）の首都の西部などである．上述したように，この品種には栽培上，欠点があるにもかかわらず，その品質のポテンシャルの高さとピノ・ノワールよりも栽培に適した土地の種類の幅が広いこと，さらに早熟であることなどから，人気が増してきている．生産者としてはGernot & Heike Heinrich，Leo Hillinger，Pimpel，Schloss Halbturn，Steinklammer，Zanthoなどの各社が推奨されている．

しかし，この品種がより広く栽培されているのはオーストリアの北や東である．チェコ共和国では，この品種がSVATOVAVŘINECKÉと呼ばれており（共産主義時代にはその神聖さが失われ，単にVAVŘINECKÉと呼ばれた），この濃い果皮色をもつブドウは同国内で最も広く栽培されている．主に南東部のモラヴィア（Morava）で栽培されており，2008年には1,482 ha（3,662 acres）の栽培を記録している．生産者としてはコビリー（Kobylí）のPatria，ラクヴィツェ（Rakvice）のMichlovský，ボジェティツェ（Bořetice）のStapleton-Springer，Jedlička & Novakならびにニェムチチキ（Němčičky）のZDなどの各社が推奨されている．

さらに東方のスロバキアではSVÄTOVAVRINECKÉというアクセントだけが異なる名で，2009年に1,408 ha（3,479 acres）の栽培が記録されている．これは同国のブドウ畑の7%を占め，赤品種としてはBLAUFRÄNKISCHに次いで二番目に多い栽培量である．収穫されたブドウのほとんどはヴァラエタルワインになるが，BLAUER PORTUGIESER（MODRÝ PORTUGALの名で）とブレンドされることもある．

SANT'ANTONIO

非常にわずかな量しか栽培されていないイタリア，カンパニア州（Campania）の品種

ブドウの色：

起源と親子関係

SANT'ANTONIOはイタリア南部，カンパニア州，カゼルタ県（Caserta）の地方品種である．この品種については20世紀初頭に現地で記載されている．DNA解析によってSANT'ANTONIOは別の地方品種で現在では栽培されていないSANGINELLA SALERNOと遺伝的に近いことが明らかになった（Costantini *et al.* 2005）．

ブドウ栽培の特徴

熟期は中期〜晩期である.

栽培地とワインの味

SANT'ANTONIO はイタリア南部カンパニア州カゼルタ県にある数箇所の畑で栽培されている. なかでもナポリの北西60km のところにあるガッルッチョ（Galluccio）コムーネで多く見られ, 現地では他の地方品種とブレンドされている.

SANTA MARIA

イタリア, エミリア=ロマーニャ州（*Emilia-Romagna*）の特産品.
珍しいヴィン・サント（*Vin Santo*）ワインにおいて補助的な役割を担っている.

ブドウの色：● ● ● ● ●

主要な別名：MELARA

起源と親子関係

SANTA MARIA はエミリア＝ロマーニャ州のピアチェンツァ県（Piacenza）の稀少品種で, 現地では1768年から知られていた. Cipriani *et al.*（2010）の最近のDNA系統解析で SANTA MARIA は VERNACCIA DI ORISTANO×PENSICATO の自然交配品種であることが示唆されている. 後者は起源が明らかでなくあまり知られていない果皮が黒色の品種である. DNA に若干の不一致が見られるものの, サルデーニャ島（Sardegna）の外で栽培されることのなかった VERNACCIA DI ORISTANO が SANTA MARIA の親品種であるということは驚くべきことである.

ブドウ栽培の特徴

熟期は早期〜中期である.

栽培地とワインの味

SANTA MARIA は現在, ピアチェンツァ県の丘陵地, 特にパルマ（Parma）西のヴァル・ダルダ（Val d'Adra）で多く栽培されている. その地方では BERVEDINO（VERNACCIA DI SAN GIMIGNANO）, マルサンヌ（MARSANNE）, ソーヴィニヨン・ブラン（SAUVIGNON BLANC）, ORTRUGO, TREBBIANO ROMAGNOLO や MELARA などとブレンドされ, Colli Piacentini DOC で稀少なヴィン・サント・ディ・ヴィゴレーノ（Vin Santo di Vigoleno）が作られている. Giuseppe Ballarini, Rina Illica Magnani, Paolo Loschi, Alberto Lusignani, Giuseppe Moschini, Enzo Perini, Franco Sesenna, Giuseppe Sesenna, Cristina Sozzi, Edoardo Visconti, Massimo Visconti などの各社が甘口ワインを生産している. 2000年にはイタリアで16 ha（40 acres）の栽培が記録された.

SANTA SOFIA

長い間 FIANO と混同されてきた，イタリア南部のマイナーな品種

ブドウの色：● ● ● ● ●

主要な別名：FIANO ☓

起源と親子関係

SANTA SOFIA はイタリア南部のカンパニア州（Campania），サレルノ県（Salerno）のバジリカータ（Basilicata）とチレント（Cilento）の間で広く普及していた品種であるが，これらの地方では FIANO と同じであると考えられていた．しかし DNA 解析によりこれが否定され，遺伝的にはもはや栽培されていない別の地方品種である ROSSO ANTICO と近縁であることが明らかになった（Costantini *et al.* 2005）．

ブドウ栽培の特徴

通常は，若干果実が過熟した10月頃に収穫される．低収量である．

栽培地とワインの味

かつてはワイン用および生食用として栽培されていた SANTA SOFIA だが，20世紀初頭にフィロキセラが壊滅的な被害をもたらした後，その栽培は激減してしまった．いくつかの古い，しばしば台木に接ぎ木していない SANTA SOFIA が栽培されているブドウ畑を，いまでもサレルノ市の南のチレントで見ることができる．現地では FIANO，TREBBIANO TOSCANO や他の Cilento DOC の地方品種とブレンドされている．FIANO の別名として扱われているため2000年時点でのイタリアの統計には SANTA SOFIA としての栽培面積のデータが記載されていない．

SAPERAVI

典型的なジョージア品種．最初は酸がきいているが熟成させる価値のある，深い色合いのしっかりした赤ワインになる．

ブドウの色：● ● ● ● ●

主要な別名：Atenuri Saperavi，Meskhuri Saperavi，Obchuri Saperavi

起源と親子関係

SAPERAVI はジョージア語で「染料」を意味し，これは深い黒色の果皮とピンク色の果汁を表したものである．この品種は，ジョージア南西部（Zemo Kartli）の非常に古い品種である．ここは歴史的にはメスヘティ（Meskheti）として知られ，現在はジョージアとトルコの国境にまたがる地域である．そこからカルトリ地方(Kartli)に広がった SAPERAVI は，さらにこの品種の第二の故郷といわれるカヘティ州(Kakheti)へと広がった．また，17世紀にはカヘティ州同様，ジョージア西部にも広がっていった（Chkhartishvili and Betsiashvili 2004）．

いくつかの異なるクローンが同定されたことで（Saperavi Budeshurisebri，Saperavi Grdzelmarcvala，Sapeavi Mskhvilmarcvala，Saperavi Pachkha 他），この品種が古くから栽培されていたことが示唆された．

SAPERAVI は AKHTANAK，BASTARDO MAGARACHSKY，NERKENI，NOVAC，RUBINOVY MAGARACHA，SAPERAVI SEVERNY，TIGRANI の育種に用いられた．

ブドウ栽培の特徴

萌芽期は中期．晩熟で比較的豊産性である．冬の寒さと乾燥に耐性をもつ．めずらしく果肉に色が薄くついている品種で，果汁はピンク色がかっている．

栽培地とワインの味

SAPERAVI は，ジョージアで最も広く栽培されている濃い果皮色の品種（3,692 ha/9,123 acres；2004 年）である．同国南東部にあるカヘティ州のワイン生産地域で広く栽培されているが，最高のワインはムクザニ（Mukuzani），ハシミ（Khashmi），アナガ（Anaga），カルディーナキー（Kardenakhi），シルダ（Shilda），ナパルーリ（Napareuli），コンドリ（Kondoli），ツィナンダリ（Tsinandali）などの村で作られている．また SAPERAVI のみを用いて Mukuzani，Napareuli，Akhasheni，Kindzmarauli などの原産地呼称でも高く評価されるワインが作られている．ヴァラエタルワインは非常に色合い深く，著しく高い酸度とタンニンを有している．フルボディーで濃い色の果実と風味のあるフレーバーがあり，通常はボトルでの熟成に適している．SAPERAVI はとりわけ Kindzmarauli や Akhasheni 原産地呼称地域においてブレンドワインに色や酸味を加えるために用いられている．また，印象的な中甘口ワインやポートスタイルの酒精強化ワインが作られている．冷涼な高地ではブドウが十分に熟すことができないため，酸味が過度に強く，味が希薄なワインになってしまうことがある．推奨されている生産者としては Badagoni，Chelti，Eniseli Wines，Jakeli Wines，Kakhuri，Nika，Orovela，Maisuradze Wines，Chateau Mukhrani，Tbilvino，Telavi Wine Cellar，Wine Man，Teliani Valley などの各社があげられる．Pheasant's Tears 社と Vinoterra 社がクヴェヴリ（Qvevri，粘土製の伝統的な発酵容器）を用いて醸造した伝統的なスタイルの優れたワインを作っている．

SAPERAVI はウクライナ（2009 年；1,514 ha/3,741 acres），モルドヴァ共和国（2009 年；716 ha/1,769 acres），ロシア（2010 年；クラスノダール（Krasnodar）614 ha/1,515 acres およびロストフ（Rostov）102 ha/252 acres），アゼルバイジャン，アルメニアなど，旧ソビエトのワイン生産地域で広く栽培されている．またブルガリア（2009 年；30 ha/74 acres，主な栽培地はプロヴディフ（Plovdiv））など，東ヨーロッパの国々でも栽培されている．

SAPERAVI の品質が並はずれて優れていることは明らかであり，それを示すかのように SAPERAVI はオーストラリアでもしっかりした地位を築いている．同国ではビクトリア州（Victoria）の Symphonia 社や Gapsted 社，バロッサ（Barossa）の Domain Day 社や Patritti 社そしてマクラーレン・ベール（McLaren Vale）の Hugh Hamilton 社がいずれもヴァラエタルワインを作っている．

SAPERAVI SEVERNY

耐寒性のロシアの交雑品種．渋いタンニンがある．

ブドウの色：● ● ● ● ●

起源と親子関係

SAPERAVI SEVERNY は「北の Saperavi」という意味がある．1947 年にロシア，ロストフ州（Rostov），ノヴォチェルカッスク（Novocherkassk）の全ロシアブドウ栽培およびワイン生産研究開発センターで Ya I Potapenko，I P Potapenko，E L Bezruchenko 氏らが SEVERNY × SAPERAVI の交配により得た交配品種である．1965 年に公開された．

ブドウ栽培の特徴

一貫して豊産性で，熟期は早期～中期である．厚い果皮をもつ小～中サイズの果粒をつける．灰色かび病やべと病に幾分，感受性がある．冬の寒さに耐性を示すが萌芽期が早いため春の霜の被害を受けやすい．

栽培地とワインの味

Vitis amurensis の遺伝形質をもつため，この品種には耐寒性という利点があり，ロストフ地方の冬の寒さに耐えうるので，土寄せの必要がない．ワインはハーブ臭をわずかに有している．タンニンがまろやかになるまで，ボトルの中で時間を要する．ロシア（ロストフにおける2010年の栽培面積：325 ha/803 acres）以外では栽培されていない．クラスノダール地方のファナゴリア（Fanagoria）社は現在，すべての SAPERAVI SEVERNY を親品種でより高貴だと考えられているジョージア品種の SAPERAVI に植え替えている．

SAPHIRA

ある程度の耐病性を有するドイツの新しい交雑品種．
いくぶんニュートラルな白ワインになる．

ブドウの色：● ● ● ● ●

主要な別名：Geisenheim 7815-1

起源と親子関係

ドイツのガイゼンハイム（Geisenheim）研究センターで Helmut Becker 氏が ARNSBURGER × SEYVE-VILLARD 1-72の交配により得た交雑品種である．SEYVE-VILLARD 1-72は RAYON D'OR × BERTILLE SEYVE 450の交雑品種であり，BERTILLE SEYVE 450は NOAH × VIVARAIS の交雑品種（完全な VIVARAIS の系統は PRIOR 参照）である．2004年に公認された．

ブドウ栽培の特徴

樹勢が強い．熟期は中期～晩期である．うどんこ病には高い感受性を示すが，灰色かび病やべと病にはある程度の耐性を示す．ブドウは比較的高糖度で顕著な酸度を示す．

栽培地とワインの味

スイスのチューリッヒ州（Zürich）で試験栽培されている．フランス国境に近いスイスのジュラ州（Jura）で Martin Buser 氏がヴァラエタルワインを生産している．また，リヒテンシュタインでいくらか栽培されているが，ドイツでも限定的に商業生産が行われている（例：ラインヘッセン（Rheinhessen）の Weingut Schönhals 社）．ワインはピノ・ブラン（PINOT BLANC）に似ているが，ブドウが十分に熟していないと酸味が非常に強くなってしまうことがある．

ȘARBĂ

最近開発されたルーマニアの交配品種．
食欲をそそる酸味と香りの高いワインになる可能性を秘めている．

ブドウの色：● ● ● ● ●

起源と親子関係

ȘARBĂ はルーマニア語で「セルビア人」を意味する．ルーマニア東部，オドベシュティ（Odobești）

にあるブドウ栽培研究センターで G Popescu, M Oşlobeanu, I Poenaru, M Bădiţescu 氏らが GRAŠEVINA（ITALIAN RIESLING の名で）の開放系での受粉により得た品種である．もう片方の親品種である花粉親は明らかになっていない．ŞARBĂ は遺伝的に FETEASCĂ NEAGRĂ や FURMINT と非常に近い（Bodea *et al.* 2009）．1972年に公式登録された．

ブドウ栽培の特徴

樹勢が強く，高い豊産性を示し晩熟である．厚い果皮をもつ果粒が密着して果房をつける．寒冷と乾燥に耐性を有する．灰色かび病やうどんこ病に対する耐性は中程度である．

栽培地とワインの味

ŞARBĂ は香り高くキレがあり，オレンジの花やクレメンタイン（小型オレンジ）の皮のフレーバーをもつ辛口の白ワインとなる．栽培は主にルーマニア中東部で見られ Gîrboiu 社や Senator 社がヴァラエタルワインを作っている．

SÁRGAMUSKOTÁLY

MUSCAT BLANC À PETITS GRAINS を参照

SARY PANDAS

ウクライナの古い品種．
デザートワインを生産するため，主に同国南部で栽培されている．

ブドウの色：

主要な別名：Sarah Pandas

起源と親子関係

SARY PANDAS はウクライナ南部，クリミア半島（Krym/Crimea）にあるスダク地方（Sudak），ソルネチナヤ・ドリナ村（Solnechnaya Dolina）の古い品種である．この品種については1803年に Palas 氏が初めて記載している（Chkhartishvili and Betsiashvili 2004）．

ブドウ栽培の特徴

萌芽期は遅く晩熟である．厚い果皮をもつ果粒が密着して果房をつける．機能的には雌しべのみなので受粉に他の品種を必要とする．冬の霜には優れた耐性を示す．

栽培地とワインの味

主にウクライナ南部のクリミア半島のスダク市で栽培されている．SARY PANDAS を日当たりのよい暖かい場所で栽培するとフレッシュな酸度が保たれまま糖度が高レベルに達するという利点がある．一般的に Sun Valley 社（ソルネチナヤ・ドリナ村）が作るような，琥珀色で香り高くスパイシーなフルボディーのデザートワインやブレンドワインに用いられることが多く，辛口ワインはほとんど生産されていない．この品種はロシアでも栽培されている．

SAUVIGNON BLANC

カベルネ・ソーヴィニヨン（CABERNET SAUVIGNON）の親品種.
香り高く柑橘を思わせるキレのある白ワインを生み出し，その評価を高めている.

ブドウの色：● ● ● ● ●

主要な別名：Blanc Fumé または Blanc Fumet（サンセール（Sancerre）およびロワールのプイィ（Pouilly）），Fié または Fiers（ロワール川流域（Val de Loire）およびヴィエンヌ川流域（Vallée de la Vienne）では Sauvignon Gris/Rose），Fumé（ニエーヴル県（Nièvre）），Fumé Blanc（カリフォルニア大学），Muskat-Silvaner（オーストリアおよびドイツ），Muškatni Silvanec（スロベニア），Sauternes（アンドル県（Indre）およびシェール県（Cher）），Sauvignon Fumé（ロワール），Sauvignon Musqué ⁑ または Sauvignon Blanc Musqué（アメリカ合衆国），Savagnou（ベアルン（Béarn）），Sotern Mărunt（モルドヴァ共和国），Surin（ロワール＝エ＝シエール県（Loir-et-Cher）），Verdo Belîi（モルドヴァ共和国）

よくSAUVIGNON BLANCと間違えられやすい品種：AHUMAT ⁑（ジュランソン（Jurançon）），SAUVIGNONASSE ⁑（チリではしばしば間違えて Sauvignon と呼ばれフランス中部では Sauvignon de la Corrèze または Sauvignon Vert と呼ばれる），SAVAGNIN BLANC ⁑，SILVANER ⁑（SAUVIGNON BLANC はかつてオーストリアでは Würzel Silvaner と呼ばれていた），SPERGOLA ⁑（イタリアのレッジョ・ネッレミリア県（Reggio Emilia））

起源と親子関係

ソーヴィニヨン・ブランに関しては1710～1720年の間にフランス，ボルドー地方（Bordeaux）のマルゴー（Margaux）において初めて以下のように言及されているが，一般的に考えられてきたこととは異なり，この品種はボルドー由来ではない：(「白ワイン用のブドウはほとんどが Sauvignon である」)．ボルドーというよりもフランス，ロワール川流域（Val de Loire）が起源の地だと考えられており，1534年に現地で記されたフランソワ・ラブレーの著書 *Gargantua* の25章に，「注意すること，焼きたての Fouace（地方のペストリー）とブドウをランチにとることはすばらしい．また便秘をしている人にとっては pineaulx，fiers，muscadeaulx，bicane および foyrars も同様である」と古い別名の FIERS が用いられているのが見て取れる．

この品種については1783～4年にフランス中央部のシェール県（Cher）のサンセール（Sancerre）やプイィにおいて，SAUVIGNON FUMÉ あるいは BLANC FUMÉ と記載されたのが最初の記録であり，これらの地方では，過去2世紀にわたり，その名を上げてきた．DNA 系統解析の結果も，ソーヴィニヨン・ブランのロワール川流域起源を支持している（完全な系統はカベルネ・ソーヴィニヨン（CABERNET SAUVIGNON）参照）．以下にその理由を示す．

ソーヴィニヨン・ブランが SAVAGNIN と親子関係にある（Regner 1999）ことから，なぜこの二品種が混同されることがあるか説明できる．SAVAGNIN はかなり早い時期に文献に記録されており，論理的にもこれが親品種であり，ソーヴィニヨン・ブランは子品種にあたる．なおもう一方の親品種は不明である．したがってソーヴィニヨン・ブランは，SAVAGNIN の他の子品種（AUBIN BLANC，BÉQUIGNOL NOIR，GRÜNER VELTLINER，PETIT MANSENG，PETIT MESLIER，RÄUSCHLING，ROTGIPFLER，SILVANER，TEINTURIER，VERDELHO）とは片親を同じとする姉妹品種の関係にあたることになり PINOT の孫品種にあたる（もし SAVAGNIN を PINOT の子品種と考えれば；SAVAGNIN 参照）．SAVAGNIN の起源の地はおそらくフランス北東部であり，また，フランス西部には SAVAGNIN に関する記録がないことを考えると，ソーヴィニヨン・ブランの起源の地はおそらく，その中間あたりだと考えられる．

DNA プロファイルの統計的な解析によってソーヴィニヨン・ブランは，ロワール川流域で最も重要な品種であるシュナン・ブラン（CHENIN BLANC）の姉妹品種にあたることが明らかになった（Vouillamoz）．また，フランス東部のジュラ県（Jura）の古い品種である TROUSSEAU（Santana *et al.* 2010により MERENZAO という名で解析された）の姉妹品種にもあたる．こうしてソーヴィニヨン・ブランのロワール起源は遺伝的にも，歴史的にも強く支持されている．

さらにソーヴィニヨン・ブランはいずれもフランス北部の典型的な品種である BÉQUIGNOL NOIR，シュナン・ブラン（CHENIN BLANC），MENU PINEAU，MESLIER SAINT- FRANÇOIS，PETIT MESLIER，PINEAU D'AUNIS とならんでブドウの形態分類群の Messile グループ（p XXXII 参照）に属していることもソーヴィニヨン・ブランがロワール起源であることを示唆している．そこからソーヴィニヨン・ブランはジロンド県（Gironde）に広がり，そこでカベルネ・フラン（CABERNET FRANC）と自然交配してカベルネ・ソーヴィニヨンが生まれたと考えられている（Bowers and Meredith 1997）．

ロワール起源説はソーヴィニヨン・ブランの葉の形が野生ブドウの葉に似ていることからフランス語で「野生」を意味する *sauvage* にちなんで Sauvignon と名付けられたという語源からも支持されている．この起源と語源はラテン語で「野生」を意味する *ferus* に由来する古い別名の FIÉ あるいは FIERS（ロワールおよびヴィエンヌ流域（Vienne）における別名）によっても支持されている（Rézeau 1997）．野生ブドウの *Vitis vinifera* subsp. *silvestris* は現在もロワールで見られるが，ジロンド県では見つかっていない（Arnold *et al.* 1998）．

最近の DNA 研究によってソーヴィニヨン・ブランとセミヨン（SÉMILLON）は遺伝的に非常に近縁であることが示されたが（Jahnke *et al.* 2009），親子関係については否定されている（Vouillamoz）．

少なくともソーヴィニヨン・ブランの二つの色変異が見つかっている．一つは SAUVIGNON GRIS で，FIÉ，FIERS，SURIN GRIS，SAUVIGNON ROSE とも呼ばれており，もう一つは SAUVIGNON ROUGE で，どちらもロワール川流域で非常に限定的に栽培されている．

ソーヴィニヨン・ブランは ARRILOBA，INCROCIO BRUNI 54，SIRMIUM の育種に用いられた．

他の仮説

Lavignac（2001）によれば，Sauvignon の名はベアルンにおける Saubagnon のようなガロ・ローマ（Gallo-Roman）の地名に由来があり，それ自身はたとえば Salvinius，Silvinius あるいは Salvanius といった個人名に由来しているのだという．

オーストリアのブドウ遺伝学者である Ferdinand Regner（1999）は DNA 系統解析によってソーヴィニヨン・ブランはシュナン・ブランと SAVAGNIN の交配品種であると述べているが，この仮説は60種類の DNA マーカーを用いた詳細な研究によって18箇所の不一致が示されたことで否定されている（Vouillamoz）．

ブドウ栽培の特徴

熟期は早期～中期である．非常に樹勢が強いため，樹勢が強くない台木に接ぎ木し，あまり肥沃でない土壌に植える必要がある．そうしなければ，樹冠はほぼ調節不可能となる．小さな果粒が密着して小さな果房をつける．灰色かび病に高い感受性がある．木の病気やうどんこ病にも感受性があるが，べと病に対しては感受性がない．コルドン（Cordon）仕立てのブドウはユーティパ・ダイバック（Eutypa dieback）に感受性がある．

栽培地とワインの味

ソーヴィニヨン・ブランは，成長を抑制しないとブドウの葉が生い茂るように，凄まじい勢いで世界中に広がっている．シャルドネ（CHARDONNAY）と強いオークの風味の両方に飽きが来ていた世間の潮流にのる形で利益を得たのがこの品種である．一般的にソーヴィニヨンのワインは酸味が強く，早い時期に収穫されたブドウがもたらす草，葉，イラクサ，グーズベリーなど，緑に関連した幅のあるアロマを有している．「グーズベリーのやぶにかけられた猫のおしっこ」という表現は20世紀末頃に早摘みのソーヴィニヨンのアロマを言い表す際によく用いられていたものである．一方，過熟になったブドウから作られるワインは比較的冴えないワインとなる．

ソーヴィニヨン・ブランの特徴的なアロマの起源および畑やワイナリーからの影響の受け方については長年にわたり研究がなされてきたが，特に多くの研究が行なわれたのが1990年代半以降である．過去20数年の間に行われた研究では，まずメトキシピラジン（methoxypyrazine）と呼ばれる香気成分がアロマに及ぼす影響ならびに気候や日照および収穫時期がこの成分の植物的な香りの強さに及ぼす影響に焦点があてられていた．

最近はアルコール発酵後の酵母と硫黄化合物との相互作用によって生じる揮発性のチオール化合物が果た

す役割に関する研究が行われてきた．このチオール化合物は香気成分の前駆体から生じるもので，発酵前のブドウからはほとんど検出されず，酵母の菌株，酵素および発酵条件によっても影響を受ける（Dubourdieu 2009）．チオールは黄楊に始まりグレープフルーツやパッションフルーツ，火打石，スモーキーな香りなどを経て猫のおしっこを思わせる香りに至る幅広いアロマをもたらしている．

ソーヴィニヨン・ブランはUGNI BLANC（TREBBIANO TOSCANO），シャルドネに次いでフランスで3番目に多く栽培されている白品種であり，2009年には合計26,839 ha（66,321 acres）の栽培を記録している．フランスで最も多く栽培されている地方は，少し意外だがラングドック＝ルシヨン地域圏（Languedoc-Roussillon）で，7,357 ha（18,180 acres）と，この地方ではシャルドネの12,156 ha（30,038 acres）に次ぐ規模の栽培面積を誇っている．フランス南部は，この品種にとって少し暖かすぎる土地である．この地で栽培され，Pays d'Ocと表示された多くのワインはぼんやりとした酸味をもつ白ワインになる．一方，ジェール県（Gers，1,801 ha/4,450 acres）や近隣のタルヌ県（Tarn，460 ha/1,137 acres）では少し酸味の効いたソービニョンが栽培されている．シンプルなVins de Paysはコニャック地方でも作られており，520 ha（1,285 acres）が栽培されている．

ボルドーとベルジュラック（Bergerac）を含むアキテーヌ地域圏（Aquitaine）ではソーヴィニヨン・ブランからずっと良質のワインが作られており，栽培面積は7,117 ha（17,586 acres）と，白品種としてはセミヨンの11,348 ha（28,042 acres）に次いで2番目に多い．この大半5,142 ha（12,706 acres）はボルドーのジロンド県で栽培され，よりリッチでコクのあるセミヨンとブレンドされることが多い．一般的にソーヴィニヨンはブレンドパートナーとしてボルドーの甘口白ワインにはつらつとした香味を加味する役割を担っているが，ボルドーの良質の辛口白ワインのブレンドパートナーとして果たす役割も重要なものとなってきている．とりわけPessac-Léognanでは通常セミヨンとブレンドされ，オークで熟成される．ソーヴィニヨンのみを用いたボルドーの辛口白ワインは，若いうちに飲む安価なワインからPavillon Blanc de Château Margauxのような珍しいワインに至るまで，人気が高まっている．ドルドーニュ県（Dordogne）の1,171 ha（2,894 acres）の畑で栽培されるソーヴィニヨン・ブランの多くはセミヨンと，また時にはMUSCADELLEとブレンドされ，Bergerac Blancワインが作られている．

しかし，フランスで最も純粋なソーヴィニヨン・ブランの表現を見いだせるのはロワールにおいてである．特にシェール県（Cher，2009年；2,961 ha/7,317 acres）のサンセール（Sancerre）やニエーヴル県（Nièvre，1,317 ha/3,254 acres）のプイィ・フュメ（Pouilly-Fumé）ではブレンドやオークを用いた熟成は行われず，最高のワインには地方のテロワールが非常によく表現されている．ベーシックなワインはさわやかな緑のフルーツのアロマが漠然と香る，単に酸味が効いた超辛口のワインとなるが，最もよいものはボトル内で1年ないしそれ以上，また，グラスの中でもしばらく置くことで，石英質，石灰岩，粘土など各ブドウ畑の性質が組み合わさったことによって生じる，時に簡素ではあるが魅力的でさわやかな特徴が十分に広がりをみせてくれるワインになる．Menetou-Salon，Reuilly，Quincy，Coteaux du Giennoisはサンセールを田舎風にしたようなワインである．その他，ロワールのソーヴィニヨンが集中しているのはトゥーレーヌ地方（Touraine）であり，この地方では親しみやすく，グーズベリー（セイヨウスグリ）のフレーバーが香る，ソーヴィニヨン・ブランのブドウの特徴がよく表現されたお買い得のワインが見られる．3,000 ha（7,413 acres）以上のソーヴィニヨン・ブランがトゥール（Tours）の上流で栽培され，主にこのスタイルのワインの生産に用いられている．ブルゴーニュでさえもソーヴィニヨン・ブランは栽培され，ここでは軽く，きびきびとした超辛口のSt Brisのワインが作られている（146 ha/361 acres）．

ソーヴィニヨンはイタリアでは特に重要な品種としては捉えられていない．2000年時点でのイタリアの統計には3,393 ha（8,384 acres）の栽培が記録され，栽培は圧倒的に北東部で多く見られる．ピエモンテ州（Piemonte）ではGaja氏が自身のAlteni di Brassicaワインでソーヴィニヨン・ブランのフレーバーを表現しており，イタリア北西部にもいくつかの例があるが，イタリアのソーヴィニヨン・ブランのほとんどはアルト・アディジェ（Alto Adige/ボルツァーノ自治県）およびフリウーリ地方（Friuli）で栽培されている．フレーバーは少し抑えられているが，アルト・アディジェのCantino Terlano社のQuarzやColterenzio社のLafoa，Vie di Romans社のIsonzoのブドウを使った製品のように，私たちをわくわくさせるような例外も存在する．南イタリアのほとんどの地域は，ソーヴィニヨンのアロマを維持するには暑すぎるが，ボルゲリ（Bolgheri）のOrnellaia社やモンタルチーノ（Montalcino）のBiondi-Santi社などはこの品種の栽培を続けている．

スペインの地方のほとんどがソーヴィニヨンの栽培には暑過ぎる．同国におけるこの品種の2008年の総栽培面積は2,515 ha（6,215 acres）のみで，主にカスティーリャ＝ラ・マンチャ州（Castilla-La Mancha）（1,700 ha/4,201 acres）で平凡で安価なワインが作られている．一方，カスティーリャ・イ・レオン州（Castilla-León, 473 ha/1,169 acres）では，ファッショナブルなルエダ（Rueda）のVERDEJOのようにソーヴィニヨン・ブランが重要視されつつある．Marqués de Riscal，Vinos Sanz（特にFinca La Colina），Sitios de Bodega（Palacio de Menade）などの各社がソーヴィニヨンベースのルエダワインを作っている．カタルーニャ州（Catalunya）のModernizers社がおよそ500 ha（1,236 acres）分の畑にこの品種の植え付けを行っている．また，ペネデス（Penedès）のTorres社所有のFransolaブドウ園では特徴的な樽発酵のワインが作られている．

ポルトガルにおける2010年の栽培面積はわずか26 ha（64 acres）であった．ヴァラエタルワインが作られないときは，ARINTO DE BUCELASとよくブレンドされる．ブレンドワインはより酸味が強いものとなるが，品種の特徴の多くは失われてしまう．Quinta do Cidrô（Real Companhia Velha社に属している）がドウロ（Douro）南端の高地で良質のソーヴィニヨンワインを作っている．また，テージョ（Tejo）で栽培も行っている．

ドイツにおけるオーク熟成しないアロマティックな白ワインといえば，リースリング（RIESLING）やその系統の品種がその大部分を占めており，ソーヴィニヨン・ブランが占める割合はわずかである．しかしドイツではこの品種はMUSKAT-SILVANERと呼ばれ，ヴュルテンベルク（Württemberg），フランケン（Franken）など南部で，特にプファルツ（Pfalz）において栽培されている．また，この品種はオーストリアでより重要とされ，成功を収めており，今世紀の最初の10年間で同国における栽培面積は2倍にまで達している．2007年には753 ha（1,861 acres）の栽培を記録しており，その半分以上が南部のシュタイアーマルク州（Steiermark/Styria）で栽培され，また残りがニーダーエスターライヒ州（Niederösterreich/低地オーストリア）一帯のあちらこちら，特にヴァインフィアテル地方（Weinviertel）で栽培されている．白のブルゴーニュスタイルのリッチなクリーミーさをサンセール（Sancerre）のリフレッシュ感と組み合わせたSüdsteiermark州（シュタイアーマルク南部）のErich and Walter Polz，Erwin Sabathi，Sattlerhof, Manfred Tement，Ewald Zweytickなどの各社が推奨される生産者である．一方，R & A Pfaffl社は最も素晴らしいと評されるいくつかのソーヴィニヨンのワインをヴァインフィアテル地方で作っている．

スイスでは国の至る所で栽培されており，2009年には133 ha（329 acres）のソーヴィニヨン・ブランが記録されている．推奨される生産者としてはグラウビュンデン州（Graubünden）のPeter and Rosi Hermann社，またジュネーヴ州（Genève）のDomaines des Balisiers社やde la Planta社，シャフハウゼン州（Schaffhausen）のStefan Gysel Saxer社などがあげられる．

ソーヴィニヨン・ブランはチェコ共和国では比較的重要な品種とされており，869 ha（2,147 acres）のすべてが南東部のモラヴィア（Morava）で栽培されている．推奨される生産者としてはJiří Barabáš（ホドニツェ（Hodonice）），František Mádl（ヴェルケー・ビーロヴィツェ（Velké Bílovice）），Vinselekt Michlovsky（ラクヴィツェ（Rakvice）），Trpělka & Oulehla（ノヴェー・ブラーニツェ（Nové Bránice））などの各社があげられる．

スロベニアではソーヴィニヨン・ブランがMUŠKATNI SILVANEC（文字通りMUSCAT SILVANER）と呼ばれることがある．南西部のプリモルスカ（Primorska）のトリエステ（Trieste）周辺と同国北東部，ポドラウィェ地方（Podravje）の，とりわけシュタイエルスカ地方（Štajerska Slovenija（Slovenian Styria））で栽培されている．オーストリアのSüdsteiermark（シュタイアーマルク州南部）から国境を越えたところにあるこの地方ではこの品種が繁殖しており，辛口で，鋭いミネラル感のあるオークを用いないスタイルのワインとふくよかでリッチなオークを用いるスタイルのワインが作られている．クロアチアでは390 ha（964 acres）のソーヴィニヨン・ブランが，主に国際品種が集中している同国の大陸地域（Kontinentalna Hrvatska）で栽培されている．

ルーマニアでは2008年に3,243 ha（8,014 acres）の栽培が記録されている．栽培地は広範囲に分散しているが，栽培が多いのは南東部の黒海近くのコンスタンツァ（Constanţa）である．また，中部のヴルチャ県（Valcea）や東部のヴランチャ県（Vrancea）でも栽培が見られる．

モルドヴァ共和国では広く栽培されている（2009年；8,151 ha/20,142 acres）．また，ロシア（900 ha/2,223 acres；2009年）南部のクラスノダール地方（Krasnodar Krai）でも栽培されている．ウクライナ（432 ha/1,067 acres；2009年）では限定的に栽培されているが，この品種の特徴を表現するにはどの場所も少し暖かすぎる．

ギリシャにおいてソーヴィニヨンの栽培に割かれている栽培面積はそれほど広くないが，在来品種ベースの白の辛口ワインにキレの良さと香り高さを加味する役割を担っている．マルタやキプロス（35 ha/86 acres）でも栽培されている．2010年にはトルコで158 ha（390 acres）が栽培されており，特に，イズミル（İzmir）内陸部，Güney 平原の標高900 m 地点でFUMÉ BLANC を栽培するSevilen 社が成功を収めている．ソーヴィニヨン・ブランはイスラエルでは最も栽培される白ワイン品種で，2009年には約250 ha（618 acres）が記録されている．

カリフォルニア州ではこの品種が流行のピークを迎えていた2010年に15,407 acres（6,235 ha）の栽培が記録されている．最大の生産地はソノマ（Sonoma，2,512 acres/1,017 ha）とナパ（Napa，2,496 acres/1,010 ha）でセントラル・バレー（Central Valley，1,996 acres/808 ha）のサンホアキン（San Joaquin）がそれに続いている．州内にあるワイン生産地の多くが草の香りを思わせるソーヴィニヨン・ブランを生産するには暑過ぎる場所にあるため，世界中で栽培されているソーヴィニヨン・ブランに比べ，よりリッチでソフトなものとなる．より温暖なノース・コースト（North Coast）で栽培されたブドウで作られたワインには軽くオークが用いられており，メロンのようなアロマをもつ．また霧の影響を受けるセントラルコースト（Central Coast）の冷涼な地域，特にサンタ・イネス・バレー（Santa Ynez Valley）やハッピー・キャニオン（Happy Canyon）では非常に緊張感のあるワインが作られている．

ソーヴィニヨン・ブランに対しFUMÉ BLANC の用語を初めて用いたのはソノマ，ドライクリーク・ヴァレー（Dry Creek Valley）にあるDry Creek Vineyard 社のDavid Stare 氏である．1970年代にRobert Mondavi 氏がFUMÉ BLANC の用語を採用し，マーケティング以外には特に理由がなかったのだが，その頃から広く使われている．カリフォルニア州のソーヴィニヨンを扱う生産者として，特に成功を収めているのがAraujo，Benzinger Family，Brander Vineyard，Dry Creek Vineyard，Merry Edwards，Robert Mondavi，Sbragia Family，Star Lane，Westerly Vineyards などの各社である．

カリフォルニア州ではDNA 系統解析によってSAUVIGNON MUSQUÉ，SAUVIGNON BLANC（MUSQUÉ）あるいはクローン27として知られる金色果粒のクローンがソーヴィニヨン・ブランと同一であることが明らかになった（フランスのブドウの専門家であるPierre Galet 氏がかつてブドウの形態学的に判定したように）．フレーバーはリッチで丸く，ある時はフローラルで，またある時はフレッシュなトロピカルフルーツを香らせている．猫のような臭いは少なく，一般的なWente クローンよりも完熟しやすい．しかしワインはその名が示すようなマスカットに似たアロマはもたない．カリフォルニア州のトップレベルのソーヴィニヨン・ブランの多くがこのクローンを含んでおり，カリフォルニア州で成功を収めたことが後押しとなり，ブドウ栽培家のRichard Smart 氏がこの品種をタスマニアに持ち込むことを推進した．

カリフォルニア州（時に他の地域でも）では，ソーヴィニヨン・ブランを貴腐化させ，若いうちに魅力的で美味しいソーテルヌ（Sauternes）に似た甘口ワインを生産する傾向が高まりをみせている．

2008年にはオレゴン州で79 acres（32 ha）が栽培されている．ワシントン州では2011年に1,173 acres（475 ha）が栽培され，4番目に人気のある白品種という位置づけにあったが，ピノ・グリ（PINOT GRIS）に取って代わられた．テキサス州でも栽培は下火になっており，2008年の栽培面積はわずか40 acres（16 ha）であった．ニューヨーク州でも少し栽培されている．また，バージニア州では2010年に45 acres（18 ha）の栽培が記録されている．栽培はメキシコでも見られるがヴァラエタルワインにアロマを保持するのは難しい．カナダでは特に重要視されていないが，ブリティッシュコロンビア州ではセミヨンとブレンドされボルドースタイルのブレンドワインが作られている．

ソーヴィニヨン・ブランはチリで興味深い歴史をもっている（SAUVIGNONASSE 参照）．同国においてソーヴィニヨン・ブランの栽培は次第に増加しており，公式統計には2008年に7,922 ha（19,576 acres）に達したとある．栽培はクリコ（Curicó，3,819 ha/9,437 acres）やマウレ（Maule，1,744 ha/4,310 acres）で多く見られるが，北部の冷涼なカサブランカ（Casablanca，1,085 ha/2,681 acres）で栽培面積が増加している．新たに植え付けが行われる北部地域のブドウは本物のソーヴィニヨン・ブランであるようだが，クリコやマウレのソーヴィニヨン・ブランの半分以上，特に古い樹が実はSAUVIGNONASSE である．これはソーヴィニヨン・ブランがSAUVIGNONASSE の別名として合法的に用いられているからである．チリではソーヴィニヨンの栽培がうまく運んでおり，品質は常に改善されている．サンチアゴ（Santiago）の北部地区のワインは優れており，Amayna，Montes，O Fournier，Viña Leyda の各社がレイダ・ヴァレー（Leyda Valley）のブドウを用いて，またサンアントニオ・ヴァレー（San Antonio Valley）ではCasa Marin 社，Matetic 社などが最高のワインを作っている．

ソーヴィニヨン・ブランはアルゼンチンではまだマイナーな品種で，2008年の栽培面積は2,090 ha（5,165 acres）であった．アルゼンチンのソーヴィニヨンのほとんどはしまりがなく面白みに欠けるが，Chakana，O Fournier，Pulenta Estate，Finca Sophenia などの各社，中でもTapiz 社は例外である．2009年にはウルグアイで113 ha（279 acres），ボリビアで35 ha（86 acres）の栽培が記録されている．

一方，オーストラリアでは2008年に6,405 ha（15,827 acres）の栽培が記録されており，シャルドネとセミヨンに次いで3番目に多く栽培される白品種となっている．オーストラリアでこの品種の人気に火が付いたのはつい最近のことで，その人気の理由の一つはニュージーランドでのソーヴィニヨンの成功（下記参照）であろう．しかし，1970年代半ばにはわずか20 ha（49 acres）しか栽培されていなかった．2003年と2004年の間に仕込み量（Crush）は2倍になり，タスマン海を渡ったニュージーランドのソーヴィニヨン・ブランの流行の波は依然続いていたが，オーストラリアの人たちは実用的な知識を十分に持ち得ないようにみえた．アデレイド・ヒルズ（Adelaide Hills），クーナワラ（Coonawarra），西オーストラリア州（Western Australia），タスマニア州（Tasmania）などの冷涼な地域で栽培が行われるまで，1980年代，90年代のワインには時に少し脂っこい感じがあった．セミヨンとのブレンドワインで特に成功を収めている生産者としては西オーストラリア州のCape Mentelle，Larry Cherubino，Cullen，Stella Bellaなどの各社があげられる．ヤラ・バレー（Yarra Valley）のPHI社，アデレイド・ヒルズのShaw社やSmith社，タスマニアのDomaine A社などが優れたワインを作っている．

しかしソーヴィニヨン・ブランを用いたワイン作りの王者はニュージーランドである．実際，ニュージーランドにおけるこの品種の栽培の歴史は短いにもかかわらず，熱心な生産者たちがこの品種の本拠地はニュージーランドであると主張している．ニュージーランドで最初に植え付けが行われたのは1970年代で，20世紀の終わりから21世紀にかけてソーヴィニヨン・ブランだけが同国で栽培面積を激増させている．とりわけ多く栽培されたのが南島のマールボロ（Marlborough）である．現地ではいまも，この利益の出る品種が数千haにわたり栽培されている．高収量で，高価なオーク樽は不要であり，わずかな熟成，さらには現在，シャンパーニュのMoët & Chandonの姉妹会社となったCloudy Bayワイナリーの世界的な成功などがあいまってソーヴィニヨン・ブランを最も魅力的なお金のなる樹へと押し上げた．供給過剰気味となり2009年から事実上新しい植え付けが行われていないことを述べる必要はないであろう．しかし，2011年の総栽培面積は18,000 ha（44,479 acres）と公式に推定されており，うち15,700 ha（38,796 acres）がマールボロで栽培されている．この栽培量は同国における他の品種を圧倒しているのだが，最も近い競争相手は5,000 ha（12,355 acres）前後の栽培を記録しているピノ・ノワール（PINOT NOIR）である．刺激的というよりも，ほぼ攻撃的とさえいえるフルーティーさだが，マールボロの鋭い切れ味のソーヴィニヨンスタイルは成功を収め，いまでは特別なサブリージョンの特徴が明らかになっている．南島の北部に限定されるものでないが，主要なスタイルはオークを用いず，フルーティーさが主体となっており，グラスにできるだけ早く注ぎたくなるワインである．近年では繊細さが増してきており，オークを使ったスタイルで成功する例が見られることもある．推奨される生産者としてはマールボロのBabich，Dog Point，Isabel Estate，Jackson Estate，Brancott，St Clair，Seresin，SpyValley，マーティンバラ（Martinborough）のPalliser，ネルソン（Nelson）のNeudorfなどの各社があげられる．

南アフリカ共和国のソーヴィニヨン・ブランはニュージーランドに比べ少し控えめだが，つつましい果実香と南極の影響を受けて保持されたリフレッシュ感が調和して魅惑的なワインとなる．2008年には9,155 ha（22,622 acres）の栽培を記録した．同国ではシュナン・ブラン，COLOMBARDに次いで3番目に多く栽培される白品種であり，シャルドネより重要な品種とされている．広範囲で栽培されているが，栽培が最も多く見られるのはステレンボッシュ（Stellenbosch）である．生産者としてはステレンボッシュのKaapzicht，Mulderbosch，Quoin Rock，Vergelegen，Waterkloof，エルギン（Elgin）のPaul CluverやIona，フランシュフック（Franschhoek）のChamonix，エリム（Elim）のThe BerrioとStrandveld社，ロバートソン（Robertson）のSpringfield社，コンスタンシア（Constantia）のConstantiaおよびSteenberg，ケープ・ポイント（Cape Point）のCape Point Vineyardsやバンボース・ベイ（Bamboes Bay）のFryer's Coveなどの各社が推奨されている．

ソーヴィニヨン・ブランは，インドや日本でも栽培されている．

SAUVIGNON GRIS/ROSE および SAUVIGNON ROUGE

果皮色変異であるSAUVIGNON GRIS/ROSEおよびSAUVIGNON ROUGEのうち前者はより広く栽培されており，ますます流行しているようだ．フランスにおける2009年の総栽培面積は463 ha（1,144 acres）で，増加傾向にある．ロワールではFIÉとして知られるが，サンセール（Sancerre）などのいくつかの地域では公認されていない．しかしHenri BourgeoisワイナリーのSancerre Jadisワインは結構な割合でFIÉを含む古い畑から収穫されているブドウで作られている．推奨される生産者としては他にも

Muscadet 地域の Domaine de l'Aujardière 社, モントリシャール（Montrichard）の Paul Buisse 社, トゥーレーヌ（Touraine）の Clos des Ronceveaux 社, ロワール南部のアンペリデ（Ampelidae）の Fred Brochet 社などがあげられる．しかしボルドーの辛口の白ワインにも次第に用いられるようになっており，通常は，ソーヴィニヨン・ブランに濃厚な香りと少しの重みを加える成分としてブレンドされている．

栽培は，はるかかなたのチリでも見られ，生産者としては例として chez Cousiño-Macul，Viña Leyda，Casa Marin などの各社があげられる．アルゼンチン，ウルグアイやニュージーランドでも栽培されている．

SAUVIGNON GRIS

SAUVIGNON BLANC を参照

SAUVIGNON ROSE

SAUVIGNON BLANC を参照

SAUVIGNON ROUGE

SAUVIGNON BLANC を参照

SAUVIGNON VERT

SAUVIGNONASSE を参照

SAUVIGNONASSE

わずかにアロマティクな品種．現在，イタリアでは FRIULANO と呼ばれている．チリではソーヴィニヨン・ブラン（SAUVIGNON BLANC）と長い間，混同されてきた．

ブドウの色：● ● ● ● ●

主要な別名：Friulano（イタリア北部のフリウーリ（Friuli）），Occhio di Gatto☒（イタリア中北部のレッジョ・エミリア県（Reggio Emilia）），Sauvignon de la Corrèze（フランス中部のコレーズ県（Corrèze）），Sauvignon Gros Grain（コレーズ県），Sauvignon Vert（フランス中部およびチリ），Tai Bianco（フリウーリ），Tocai☒または Tocai Friulano☒（フリウーリ），Tocai Italico または Tocai Italico Friulano（イタリア北部のロンバルディア州（Lombardia）およびヴェネト州（Veneto）），Zeleni Sauvignon（スロベニア）

よく SAUVIGNONASSE と間違えられやすい品種：FURMINT☒（イタリア北部），MUSCADELLE☒（カリフォルニア州で誤って Sauvignon Vert と呼ばれている），RIESLING☒（チリとアルゼンチン），SAUVIGNON BLANC☒（フランス，チリ，アルゼンチン，ロシア）

起源と親子関係

SAUVIGNONASSE はフランス南西部のジロンド県（Gironde）の古い品種であるが，同県では広く栽培されたことがない．SAUVIGNONASSE はその名から想像できるようなソーヴィニヨン・ブランの子品種ではなく，これは DNA 系統解析によっても明らかになっている（Vouillamoz）．

この品種は19世紀初頭にイタリア北東部のフリウーリ地方に持ち込まれ TOKAI と命名された（Acerbi 1825; Di Rovasenda 1877）．現代的な名前の TOCAI FRIULANO は1930年代に現れた（Giavedoni and Gily 2005）．アルザス地域圏（Alsace）のピノ・グリ（PINOT GRIS）のように，ハンガリー北東部で主に FURMINT から作られている世界的に有名なトカイ（Tokaji）ワインの名声に便乗しようと意図的に

TOKAI/TOCAI と命名され，その試みは成功した．この品種のアイデンティティーは長い間議論がされており，1990年代まで，イタリアの栽培家とブドウの形態分類の専門家のほとんどが TOCAI FRIULANO はユニークな品種で，ハンガリー起源であると考えていた．しかしブドウの形態分類学的解析（Calò and Costacurta 1992）と DNA 解析（Crespan *et al.* 2003）によって，SAUVIGNONASSE は TOCAI FRIULANO と同一であることが明らかにされた．また，形態分類と DNA 解析によってカリフォルニア州で SAUVIGNON VERT として知られる品種が実は MUSCADELLE であることが明らかになった（Galet 2000; Vouillamoz）．

ブドウ栽培の特徴

結実能力が高い．樹勢が強く豊産性である．萌芽期は早く熟期は早期～中期である．灰色かび病，酸敗，エスカ病，べと病およびうどんこ病に感受性がある．

栽培地とワインの味

SAUVIGNONASSE はフランス南西部のジロンド県でよくソーヴィニヨン・ブランやセミヨン（SÉMILLON）とともに栽培されていたが，現在では栽培地は激減して公式品種リストでは見られない．

この品種は TOCAI FRIULANO という名や他にもいろいろな別名で栽培されている．栽培が特に盛んなのがイタリア北東部で，現在は FRIULANO という新しい名前がつけられ栽培が継続されている．たとえばフリウーリ地方（Colli，Colli Orientali del Friuli，Friuli Grave，Friuli Izonzo）やロンバルディア州（Lombardia；Garda Colli Mantovani），ヴェネト州（Colli Berici，Colli Euganei，Liso-Pramaggiore）など，多くの原産地呼称でヴァラエタルワインやブレンドワインが作られている．2000年に最新の公式統計がとられたとき，フリウーリ地方の栽培家は依然，この品種を TOCAI FRIULANO と呼んでいた．合計 4,698 ha（11,609 acres）の栽培のうち，そのほとんどが北東部で栽培されていた．1993年以来，ハンガリーのトカイワイン地域からの圧力を受けて，多くの議論を経た後，欧州連合の委員会においてイタリアのワインラベルに TOCAI FRIULANO の名称を使用することを禁じる決定に合意がなされた．そのためこの合意が発令された2008年以降，イタリアでは FRIULANO をこの品種の名前として採用した．

推奨される生産者としては Canus，La Castellada，Colle Duga，Livio Felluga，Adriano Gigante，Edi Keber，Doro Princic，Dario Raccaro，Ronco del Gelso，Schiopetto，Franco Toros，Venica & Venica および Volpe Pasini などの各社があげられる．ワインは多くの場合，ハーブとアーモンド両方のフレーバーを有しているが，時により植物的な香りになることがある．ソーヴィニヨン・ブランのようなキレのよさやアロマはないが，ともすればより芳醇なボディーとなる．

名称に関わる同じような問題は国境を越えたスロベニアでも発生している．同国では2009年に29 ha（195 acres）の ZELENI SAUVIGNON が栽培されていた．栽培は主にフリウーリ地方に近いプリモルスカ（Primorska）で見られるが，北東部のシュタイエルスカ地方（Štajerska Slovenija（Slovenian Styria））でも多く栽培されている．スロベニアには ZELENI SAUVIGNON あるいは SAUVIGNONASSE という名称を用いるという合意があるが，いずれの名称にも納得できない，いくつかの生産者らはこれらの品種名に触れることなく代わりに Jakot，Pikotno，Gredič などというファンタジーな名を用いている．生産者としては Blažič，Kabaj，Marjan Simčič，Kocijančič Zanut などの各社が推奨されている．この品種の栽培はウクライナ（2,691 ha/6,650 acres ; 2009年）でも見られるが，ロシア（51 ha/126 acres ; 2010年）のクラスノダール（Krasnodar Krai）でも限定的に栽培されている．

チリのクリコ・ヴァレー（Curicó Valley）やマウレ・ヴァレー（Maule Valley）にはソーヴィニヨン・ブランが植えられているとされるいくつかの古い畑があるが，実際に植えられているのは SAUVIGNONASSE だと考えられる．しかし，依然として合法的に SAUVIGNONASSE がソーヴィニヨン・ブランと表示されていることもあり詳細は不明である．もっとも，SAUVIGNONASSE の古木の多くに現在はソーヴィニヨン・ブランが高接ぎされているので，新しい木について言えばそれは正しいということになる．チリでは SAUVIGNONASSE が SAUVIGNON VERT と公式に呼ばれており，2008年の公式統計には243 ha（578 acres）が栽培されたと記録されている．アルゼンチンでは2008年に659 ha（1,628 acres）の栽培を記録しており，そのほぼすべてがメンドーサ州（Mendoza）で栽培されている．Finca La Anita は特に優れた驚くほど熟成させる価値のあるワインをアルト・アグレロ（Alto Agrelo）サブリージョンの良質のブドウから作っている．

SAVAGNIN

クローンの多様性

フランス北東部のジュラ県（Jura）やフランシュ＝コンテ地域圏（Franche-Comté）でSAVAGNINと呼ばれる品種は，非常に古い品種で，PINOTやGOUAIS BLANC同様に数世紀にわたって栄養生殖により多くの異なる形態を発展させてきた．今日，SAVAGNINは果粒の色，アロマ，葉の形，果房のサイズなど極めて高度なクローンの多様性を示している．これらの多くは時に間違えて異なる品種だと見なされるときもある．たとえばアルザス地域圏（Alsace）やドイツで見られるゲヴュルツトラミネール（GEWÜRZTRAMINER），スイスのHEIDAやPAÏEN，ドイツのTRAMINERやTRAMINER WEISSER，イタリアのトレンティーノ＝アルト・アディジェ自治州（Trentino-Alto Adige）のTRAMINER AROMATICOなどがその例である．しかし，DNA解析によって，いくつかのわずかな遺伝的差異はあるものの，それらすべてが同じ遺伝子フィンガープリントをもつこと，つまり，同じ品種であることが明らかになった（Regner *et al.* 2000a; Imazio *et al.* 2002）．SAVAGNINファミリー，あるいはTRAMINERファミリーという用語については，親子関係や叔父/甥や従兄弟などのくくりを意味することになってしまうので，誤解を招くことになる．

こうした理由から，この品種の最も重要なクローン変異についてはSAVAGNINの項目のサブセクションで議論することとする．白黄色の果皮のSAVAGNIN BLANC，ピンク色の果皮のSAVAGNIN ROSE，ピンク色の果皮で香り高いゲヴュルツトラミネール（GEWÜRZTRAMINER）は文献に現れる時系列順である．TRAMINERに関する歴史的文献はSAVAGNINに関するものよりも早く見られるが，この品種の起源を表す言葉として誤解が生じる可能性が少ないので，本書では後者のSAVAGNINを主要名称として用いることとする．

起源と親子関係

歴史的にも遺伝的にもSAVAGNINはフランス北東部（フランシュ＝コンテ地域圏，シャンパーニュ＝アルデンヌ地域圏（Champagne-Ardenne），ロレーヌ地域圏（Lorraine），アルザス地域圏）からドイツ南西部（ラインラント＝プファルツ州（Rheinland-Pfalz），バーデン＝ヴュルテンベルク州（Baden-Württemberg））の地域を起源とする品種だとされている．

Bronner（1857）あるいは後にRegner *et al*．（2000b）が示唆したように，いずれかの地域でPINOTと未知の品種の自然交配で生じたか，または，これらの品種よりさらに古く，これまでに同定されることのなかった，おそらく絶滅したであろう2品種間での自然交配により生まれたか，あるいは野生品種の栽培化により生まれたと考えられている．この最後の仮説はSAVAGNINがPINOTの親品種である場合にのみ有効であり，その逆の場合には成り立たない（下記参照）．SAVAGNINの名はフランス語で「野生」を意味する*sauvage*に由来し，ライン渓谷地方（Rheintal/Rhine Valley）の野生のブドウとSAVAGNINには葉が似ているという形態的類似点があるが，SAVAGNINとフランスやドイツの野生ブドウとの間に遺伝的な関係があるか否かはいまだ示されていない．SAVAGNINは中世以来，様々な別名で記されている（下記参照）．

DNA系統解析により以下のような遺伝学的関係が示された．すなわちこれは意図的な交配によって生まれたというよりも自然交配の結果として生まれたものである（系統図はPINOT参照）．

- フランス北部のSAVAGNINとGOUAIS BLANCはシャンパーニュ（Champagne）でPETIT MESLIERを，ロレーヌ地域圏でAUBIN BLANCを生んだ（Bowers *et al.* 2000）．SAVAGNINはまたPINOT（Regner *et al.* 2000b）およびTEINTURIER（Vouillamoz）と親子関係にあるが，どちらが親でどちらが子かは不明である（PINOT参照）．さらに未知の，おそらく絶滅したと考えられる一つの品種とともにソーヴィニヨン・ブラン，TROUSSEAU，シュナン・ブラン（CHENIN BLANC）を生み出していることから，これらは姉妹品種ということになる（Vouillamoz; Myles *et al.* 2011）．
  その結果，SAVAGNINはソーヴィニヨン・ブランの子品種にあたるカベルネ・ソーヴィニヨン（CABERNET SAUVIGNON）の祖父母品種にあたり，同様にシュナン・ブランの子品種であるBALZAC BLANC, COLOMBARD, MESLIER SAINT-FRANÇOISの祖父母品種だということになる．

- フランス南部では SAVAGNIN が PETIT MANSENG の親であり GROS MANSENG の祖父母である可能性が高い．いずれもピレネー＝アトランティック県（Pyrénées-Atlantiques）の品種であり，ジロンド県（Gironde）の BÉQUIGNOL NOIR とは親子関係にある（Vouillamoz; Myles *et al.* 2011）．
- オーストリアでは SAVAGNIN と ÖSTERREICHISCH WEISS とで SILVANER を生みだしている．他方 SAVAGNIN と ROTER VELTLINER は ROTGIPFLER の親品種である（Sefc，Steinkellner *et al.* 1998）．つまり，SAVAGNIN は SILVANER の子品種である NEUBURGER および FRÜHROTER VELTLINER の祖父母品種にあたることになる．最近になって，SAVAGNIN が ST-GEORGENER との交配により GRÜNER VELTLINER を生み出したことが明らかになった（Regner 2007）．
- ポルトガルでは予想もできなかったことだが，SAVAGNIN は伝統的にマデイラ島（Madeira）で栽培されていた VERDELHO と親子関係にあると考えられている（Myles *et al.* 2011）．

SAVAGNIN は CSERSZEGI FŰSZERES，DEVÍN，EZERFÜRTŰ，FLORA，GENEROSA（ハンガリー），HETERA，MANZONI ROSA，MENNAS，MÍLIA，NEOPLANTA，PÁLAVA，PERLE，SIEGERREBE，TAMINGA，TRAMINETTE および WÜRZER など，多くの商業的に栽培されている品種の育種に用いられた．

他の仮説

SAVAGNIN の起源については疑わしい仮説がいくつか提唱されている．

エジプト

エジプトの遺跡で見つかったブドウの種子が SAVAGNIN の種子の形態に似ていたことで，この品種の起源は東方にあると言い出したブドウの形態分類の専門家がいたが（Hoffmann 1982），出土したブドウの種を用いてブドウ品種を同定することは極めて困難であるので，この説はあまり確実ではない（Terral *et al.* 2010）．

Vitis aminea，*Vitis nomentana* および *Vitis eugenia*

他の古い品種同様に SAVAGNIN は，大プリニウスあるいは他のローマ時代の学者がいわゆる *Vitis aminea*，*Vitis nomentana*，*Vitis eugenia* と記載しているブドウと同じだとされてきたが（Hoffmann 1982），これを示す植物学的証拠はない．

TRAMINER は Tramin 由来ではない

ドイツでは，TRAMINER と呼ばれる SAVAGNIN は，イタリア北部，トレンティーノ＝アルト・アディジェ自治州 / 南チロル自治州（Südtirol/Trentino-Alto Adige）にあるトラミン村（Tramin/Termeno）を起源とする品種で，この村からスイス，ドイツに広がり，続いて中央ヨーロッパ，フランス，特にフランシュ＝コンテ地域圏に広がったといわれている（Galet 1990）．ドイツワインの歴史家である Christine Krämer（2006）は，Hieronymus Bock（1539）が，著書 '*Kreutterbuch*' の中で「Traminner ブドウはトラミンやアルザス（Alsace）と同様にエッチュ（Etsch）でも広く栽培されている」と記載したことに端を発し，これが言い伝えとなり，現在も語り継がれていると述べている．しかし，多くの古い文献をあたった Krämer（2006）は，トレンティーノ＝アルト・アディジェ自治州 / 南チロル自治州が SAVAGNIN の起源であるという説を否定している．

- 19 世紀に南チロルを訪れたブドウの分類学者の Johann Philipp Bronner（1857）は SAVAGNIN の樹が一本も見つからなかったことに驚いた．
- SAVAGNIN の栽培が南チロルやオーストリアで始まった 19 世紀以前にまとめられたイタリアのブドウ分類の本には SAVAGNIN はおろかそのいかなる別名も記載されていない．
- もし数世紀にわたって栽培されていたなら，SAVAGNIN の地方の別名があるはずだが，南チロルにはない．
- 南チロルのトラミン村ではこの品種が TRAMINER と呼ばれていることをみても，トラミン村がこの品種の起源の地である可能性は低い．なぜなら，もしこの品種の起源の地がトラミン村であるなら，トラミン村の人々は誰一人，この品種をあえて単に TRAMINER とは呼ばないはずだからである（もしそうでなければ，その村には TRAMINER と呼ばれる複数のブドウがあることになる）．

- 南チロルでは中世より，Traminer は MUSCATELLER や WEISSER LAGREIN（LAGREIN 参照）などいくつかの品種から作られるワインを指す言葉として用いられてきたものであり，単一の品種名を指すものではなかった．

SAVAGNIN BLANC

この品種から作られるフルボディーでしっかりした熟成させる価値のあるワインは Traminer と呼ばれることがある．

主要な別名：Brynšt（チェコ共和国），Edler Weiss または Weissedler（アルザス地域圏（Alsace）），Formentin（ハンガリー），Fromenteau または Fourmenteau または Fourmentans（主にフランシュ＝コンテ地域圏（Franche-Comté）），Formentin（ハンガリー），Fränkisch（ドイツのラインラント＝プファルツ州（Rheinland-Pfalz）），Frennschen または Weiss Frennschen（ドイツのバーデン＝ヴュルテンベルク州（Baden-Württemberg）），Gentil Blanc（フランシュ＝コンテ地域圏），Heida（スイスのオー・ヴァレー（Haut-Valais）），Malvoisie（チロル州（Tirol）），Naturé または Naturel（ジュラ県（Jura）のアルボワ（Arbois）），Païen（スイスの Bas-Valais），Prynč（チェコ共和国），Sauvagnin（ジュラ県），Savagnin Jaune，Savagnin Vert，Tramín Bílý（チェコ共和国），Traminec（スロベニア），Traminer（ドイツ），WeisserTraminer（ドイツ）

よく SAVAGNIN BLANC と間違えられやすい品種：ALBARÍN BLANCO（アストゥリアス州（Asturias）），ALVARINHO（スペイン北西部のガリシア州のリアス・バイシャス（Rías Baixas）では Albariño として，またオーストラリアでも同様に），CHARDONNAY（アルザス地域圏では Clevner の別名として），GRINGET（主にオート＝サヴォワ県（Haute-Savoie）のアイズ（Ayze）で），MELON（ジュラ県のロン＝ル＝ソーニエ（Lons-le-Saunier）では Savagnin Jaune），PINOT BLANC（アルザス地域圏やドイツのバーデン＝ヴュルテンベルク州では Clevner と呼ばれている），SAUVIGNON BLANC

歴史的文献

フランスの SAVAGNIN BLANC

Rézeau (1997) は，SAVAGNIN BLANC に関する最初の記載で信頼に足るものはブザンソン（Besançon）議会の法令の中で見られ，その中には1732年当時，同定が困難であった他の多くの品種とともに Sauvagnin として次のように表記されていると述べている．「黒あるいは白品種のなかで残っているのは唯一 Pulsard noir........... le sauvagnin でそれらは唯一のよいブドウ」．

しかし，SAVAGNIN BLANC はこの文書に引用されるよりもずっと以前から存在し，紛らわしい昔の別名の下，フランス北東部で栽培されてきた古い品種であると高い確度で考えられている（他の仮説参照）．

ドイツの TRAMINER

Krämer（2006）は，SAVAGNIN の起源はドイツ南西部にあり，ドイツ南部のヴュルテンベルクで当時，好まれていたワインの名 Tramin から TRAMINER と名付けられたと考えている．ブドウ品種として TRAMINER について記載された信頼に足る最初のものは1483年8月4日にシュトゥットガルト（Stuttgart）近くのベーベンハウゼン修道院で書かれたもので（Krämer 2006），次のように記載されている．「小道の下側には健康的な FRENNSCH と TRAMINER ブドウが，小道の上側には FRENNSCH と TRAMINER ブドウが3分の2，そして AELBINEN ブドウが3分の1」．

FRENNSCH と WEISS FRENNSCHEN はバーデン＝ヴュルテンベルク州における SAVAGNIN BLANC の古い別名であり，Krämer 氏は引用文の中の TRAMINER は SAVAGNIN ROSE を指していると述べている．一世紀以上あとに，スイスの植物学者である Johannes Bauhin（1650）は，MUSCATELLER と TRAMINNER（原文のまま）は Rheintal（ライン渓谷）で最も広く栽培されるブドウであると述べている．

他の仮説

SAVAGNIN BLANC 以前の別名

SAVAGNIN BLANC として知られる前は主にいくつかの古い別名で知られていた．しかし，それらのすべてが他の品種との混同の原因となっており，古い文献に記載されているブドウ品種がどの品種を指しているのかを明確にすることが不可能であることが多い．

- フランス北部のジュラ県では FROMENTEAU（または FOURMENTEAU あるいは FOURMENTANS）と呼ばれている．シャンパーニュ＝アルデンヌ地域圏（Champagne-Ardenne），ロレーヌ地域圏（Lorraine）およびイル＝ド＝フランス地域圏（Île-de-France）ではピノ・グリ（PINOT GRIS）が，イゼール県（Isère）では FROMENTEAU が ROUSSANNE の別名でもある（品種名は小麦（フランス語で *froment*）に似た果粒の色を示している）．
- アルザス地域圏では GENTIL BLANC あるいは BLANC GENTIL と呼ばれており，これらはシャルドネ（CHARDONNAY），ピノ・ブラン（PINOT BLANC）の別名でもある（Galet 1990）．
- PLANT D'ARBOIS，これは POULSARD BLANC（POULSARD 参照）の別名でもある．他方 ARBOIS はまた MENU PINEAU にも用いられた．
- アルザス地域圏では KLEVNER と呼ばれているが，KLEVNER は PINOT BLANC の別名でもある．
- EDELTRAUBE（「高貴なブドウ」という意味），EDELWEIN はまた CHASSELAS の別名でもある．

トレンティーノ＝アルト・アディジェ自治州 / 南チロル自治州（südtirol/trentino-alto adige）では TRAMINER

1242年9月17日に発行されたワインの価格リストに「vini de Traminne」（「Tramin/Termeno のワイン」という意味）とあるのが，Traminer の名がワイン名として用いられた最初の記録である（Krämer 2006）．これ以降，「Tramin」のワインは数多くの文献の中に登場するようになる．たとえば，1362年にはチロルで「Tramin のよいワイン」，1414年にはコンスタンツ公会議で「Tramin」，1450年にはストラスブール（Strasbourg）で「Traminer」が，1514年はストラスブールで「Tramynner」，1532年にはバーゼル（Basel）で「Traminer」，1558年にはチロルで「Traminer Wein」として記載されている（Sprandel 1998; Krämer 2006）．しかし，ドイツで TRAMINER と呼ばれるブドウ品種と南チロルのトラミン村のワインはよく混同された．これはトラミン村の TRAMINER から作られるワインの名声に意図的に便乗した結果である．実際，19世紀以前の南チロルにはブドウ品種の SAVAGNIN は存在していなかった．いくつかの品種からトラミナー・ワインが作られたが（ミュスカ・ブラン（MUSCAT BLANC À PETITS GRAINS）および WEISSER LAGREIN などが最古），SAVAGNIN BLANC から作られたものはなかった（Krämer 2006）．

SAVAGNIN および SAVAGNIN に似た品種の記載の混同

中世後期に記録された SAVAGNIN あるいは類似の名前は現在の SAVAGNIN BLANC に必ずしも対応するものではなかった．1383年にコート＝ドール県（Côte d'Or）のシャサーニュ（Chassagne, 現在のシャサーニュ＝モンラッシェ（Chassagne-Montrachet））の畑で NOYRIENS と SAULVOIGNIENS が栽培されていた（Rézeau 1997）．このとき植えられた NOYRIENS はほぼ間違いなくピノ・ノワール（PINOT NOIR）であり，SAULVOIGNIENS は SAVAGNIN BLANC というよりもピノ・ブラン（PINOT BLANC）かシャルドネであったと思われる．たとえば，ムルソー（Meursault）で1512年に記された SAVIGNIEN BLANC に関する記述のように，コート＝ドール県でなされたすべての記載もおそらく同様である．

CLEVNER，1318年か1330年にバーデン＝ヴュルテンベルク州（Baden-Württemberg）で記された古い別名？

ドイツ南部の Konstanz から10マイルのところにある Salem 修道院（1318）とバーデン＝バーデン（Baden-Baden）南西部のアッフェンタール（Affental）の記録保管所（1330）で見られるラテン語の記載では Clauener と記されている．Clauener は間違いなく CLEVNER か KLÄVNER のことであるが，これはピノ・ブランと SAVAGNIN BLANC 両方の古い別名であり，現在，CLEVNER はバーデン＝ヴュルテンベルク州のオルテナウクライス地区（Ortenau）で SAVAGNIN BLANC の正式名称となっている

(Hillebrand *et al.* 2003). 加えて CLEVNER はロンバルディア州 (Lombardia) のヴァルテッリーナ地方 (Valtellina) のキアヴェンナ市 (Chiavenna) のラテン名であり，この名は必ずしも SAVAGNIN やピノ・ノワールから作られたものではなく，この地域で作られたワインを指すものでもあった.

ブドウ栽培の特徴

萌芽期は早期で早熟である. 通常，長く剪定される. 果粒と果房は小さいが，極小になることもある. 厚い果皮をもつ果粒はかびの病気，特に灰色かび病に良好な耐性を示す. 果粒は高い糖度に達し，かつ良好な酸度を保つ.

栽培地とワインの味

SAVAGNIN BLANC（または TRAMINER）は力強く香り高く，よい骨格をもち，熟成させる価値のあるワインになるポテンシャルを秘めた品種である. フランスでは2009年に481 ha (1,189 acres) の SAVAGNIN BLANC が栽培された. ヴァン・ジョーヌ（黄色ワイン /Vin Jaune）と呼ばれるフロール (Flor: 酵母の膜) の下で熟成され，ドライシェリーと似ているが酒精強化ではないワインの生産に用いる品種として，特にジュラ県 (Jura) で重要とされている. Château Chalon アペラシオンではヴァン・ジョーヌのみである. SAVAGNIN BLANC を用いてフルボディーの辛口の白ワインがここで作られていた. 現在は，伝統的な金色のナッティな酸化されたスタイルと，より現代的で酸化されていないスタイルで時にシャルドネとブレンドされることもある二つのスタイルのワインが作られている. SAVAGNIN 主体のワイン作りにおいて推奨されるジュラの生産者には Daniel Dugois, Domaine Lornet, Jacques Puffeney, Domaine de la Renardière, André and Mireille Tissot, La Tournelle などの各社がアルボワ (Arbois) にあり，コート・デュ・ジュラ (Côtes du Jura) には Château d'Arlay, Domaine Baud, Les Chais du Vieux Bourg などの各社がある. Berthet-Bondet, Jean Bourdy と Jean Macle の各社は特に Château Chalon の生産で有名である.

オーストリアでは2009年に321 ha (793 acres) の栽培を記録しているが，これはおそらく ROTER TRAMINER（後述する SAVAGNIN ROSE 参照）とゲヴュルツトラミネール (GEWÜRZTRAMINER) であろう. クレムス (Krems) とスードストシュタイアマルク (Südoststeiermark) では珍しい黄色の果皮色変異 GELBER TRAMINER（または TRAMINER GELB）が維持され，Knoll 社や Salomon Undhof 社などの生産者が極めてフローラルで強い酸味をもつ辛口ワインや甘口ワインを作っている.

スイスでは SAVAGNIN BLANC と同じく HEIDA や PAÏEN としても知られており，ヴァレー州 (Valais) のヴィスペルターミーネン (Visperterminen) の標高の高い (1,100 m/3,600 ft) 地点にあるブドウ畑で栽培される伝統的特産品となっている. それはフルボディーでわずかにアロマティック，フレーバーに富んで穏やかなスパイシーさのある白ワインである. 接ぎ木をしない樹からつくられる St Jodern 社の Heida Veritas (ヴィスペルターミーネン) や，Chanton 社の Heida（フィスプ (Visp)）はそのよい例である. 推奨されている生産者としては他にも Gérald et Patricia Besse（マルティニー＝コンブ (Martigny-Combe)), Didier Joris（シャモソン (Chamoson)), Provins Valais（シオン (Sion)）などがあげられる.

TRAMINER はチェコ共和国でも栽培され，PRYNČ や BRYNŠT として知られているが，公式名は TRAMÍN BÍLÝ である.

スロベニアでは TRAMINEC として知られ，2009年の栽培面積は215 ha (531 acres) でゲヴュルツトラミネール（後述を参照）よりもかなり多い. 栽培の多くは北東部の Podravje のシュタイエルスカ地方 (Štajerska Slovenija /Slovenian Styria) で見られる.

ブルガリアでは2009年に1,072 ha (2,649 acres) の TRAMINER が栽培されている. 公式統計ではゲヴュルツトラミネール (MALA DINKA とも呼ばれる) と区別されていないが，ごく最近北西部に植えられた TRAMINER はおそらくゲヴュルツトラミネールであろう.

ロシアでもクラスノダール地方 (Krasnodar Krai) で栽培されている.

カナダでの栽培はあまり見られないが，Château des Charmes 社がオンタリオ州の Niagara-on-the Lake 原産地呼称でこの品種からアイスワインを作っている. また，辛口の白ワインが作られることもある.

オーストラリアでも SAVAGNIN BLANC は限定的に栽培されている. 同国には SAVAGNIN BLANC の栽培で成功を収めた生産者がおり，その成功がこの品種を栽培する生産者の数を増やしているのだが，この成功は多分にスペイン語で ALBARIÑO (ALVARINHO) と呼ばれる品種を植えているという誤った思い込みに基づくものである. オーストラリア連邦科学産業研究機構 (CSIRO) の植物研究所で繁殖された原木がフランス経由でスペインから輸入された際に，表示に間違いがあったことが原因で混同が生じたことが2009年になって初めて確認された．現在，ALBARIÑO と表示されているワインを販売する場合は SAVAGNIN あるいは TRAMINER と表示を変えるか，ALBARIÑO の植栽から始めなければならない．しかし，多くのオーストラリア人がゲヴュルツトラミネールを指す場合でも TRAMINER の語を用いるため，TRAMINER の使用が混乱を引き起こす可能性が否めない．

SAVAGNIN ROSE

有名なゲヴュルツトラミネール（GEWÜRZTRAMINER）の香り高くないタイプのブドウ

主要な別名：Clevener または Clevner（ドイツのバーデン＝ヴュルテンベルク州（Baden-Württemberg）），Fromenteau Rouge または Fromenté Rose（Doubs），Heidarot ☒（スイスの Oberwallis），Klevener de Heiligenstein（アルザス（Alsace）），Piros Tramini（ハンガリー），Prinç（ブルガリア），RoterTraminer（ドイツ），Rotfrenschen（ヴュルテンベルク），Savagnin Rose Non Musqué，Savagnin Rouge，Traminac Crveni（クロアチア），Traminer Rot または Traminer Rother または単に Traminer（ドイツ）

よく SAVAGNIN ROSE と間違えられやすい品種：KÖVIDINKA ☒，PINOT GRIS ☒（ラインガウ（Rheingau）では KleinerTraminer，シャンパーニュ（Champagne）とロレーヌ地域圏（Lorraine）では Fromenteau と呼ばれる）

歴史的な言及

1868年に Pulliat 氏が記録に SAVAGNIN ROSE と記載するまで，フランスにおいてこの品種名が現れることはなかった（Rézeau 1997）．Pulliat 氏の記録には「SAVAGNIN ROSE，ピンク色の果粒をもつ点が前述の SAVAGNIN VERT とは異なる」とある．ドイツでは1483年までに同じブドウ（上記参照）の Frennsch（白色）と Traminer（赤色）に関する記述がなされていることから，この色変異はずいぶん以前から存在していたのだろうと推察される．しかし Galet（1990）によればドイツでは TRAMINER の名は，SAVAGNIN ROSE 同様に SAVAGNIN BLANC を差し，TRAMINER ROT あるいは ROTHER TRAMINER は，GEWÜRZTRAMINER 同様に SAVAGNIN ROSE を指しているのだという．そのため，このピンク色の果皮の変異について歴史的な文献で確認することは非常に困難である．結果として，文献に記載された SAVAGNIN ROSE に関する記述のうち，最も信憑性のある最初の記述はヴュルテンベルクで Bauhin（1650）が記した *Rotfrenschen* の中の記述ということになる．

他の仮説

1386年にジュラ県（Jura）のチリー＝ル＝ヴィニョール（Chilley-le-Vignoble）で SAVAIGNINS NOIRS は POULSARD とともに言及されているが，これは SAVAGNIN ROSE や ROUGE 同様にピノ・ノワール（PINOT NOIR）も含めて指しているのかもしれない．

ブドウ栽培の特徴

萌芽期は早く早熟である．それゆえ時に春の霜の被害を受ける危険性がある．樹勢が強い．それほど豊産性ではなく花ぶるいに敏感である．長い剪定が最適である．粘土質の石灰土壌が栽培に適しているがクロロシス（白化）のリスクがある．房枯れ（desiccation of the stems）の傾向がある．主にその穏やかなアロマによってゲヴュルツトラミネールと見分けがつく．

栽培地とワインの味

SAVAGNIN ROSE はピンク色の果皮をもつが，そのワインは同じくピンク色の果皮をもつより香りが高いワインになるゲヴュルツトラミネールよりも SAVAGNIN BLANC から作られるワインに近い．フランスでは2008年に44 ha（109 acres）の SAVAGNIN ROSE が栽培されている．そのほぼすべてが KLEVENER DE HEILIGENSTEIN という名前でアルザス（Alsace）のハイリゲンシュタイン地域

(Heiligenstein), (ボウルクハイム (Bourgheim), ゲルトヴィラー (Gertwiller), ハイリゲンシュタイン, オベルネ (Obernai)) などで栽培されていた. これらの地域ではAlsace アペラシオンで品種名を表示したワインが公認されている.

ドイツでは, 公式統計上はピンク色の果皮のSAVAGNIN ROSEと, 同じくピンク色の果皮をもつが香り高いゲヴュルツトラミネールの二つを指すものとしてROTER TRAMINERが用いられている. 2008年の総栽培面積は835 ha (2,063 acres) で, 栽培は主にプファルツ (Pfalz), ラインヘッセン (Rheinhessen) やバーデン (Baden) で見られる. TRAMINERはオーストリアのブルゲンラント (Burgenland, 2008年; 192 ha/474 acres) やニーダーエスターライヒ州 (Niederösterreich, オーストリア低地 ; 118 ha/292 acres) でも栽培されているが, それはおそらくROTER TRAMINERであろう. ブルゲンラント州のノイジードル湖地方 (Neusiedlersee) では, 甘口ワインにブレンドされることが多い.

クロアチアでは2009年にTRAMINAC CRVENIが470 ha (1,161 acres) 栽培されていたが, これにはSAVAGNIN ROSEとゲヴュルツトラミネールの両方が含まれている. ウクライナでは2009年にSAVAGNIN ROSEを約1,000 ha (2,470 acres) 栽培したとが記録があるが, どちらか一方の品種のみを記載したデータなのか両方を含むデータなのかは定かでない.

古樹は中央ヨーロッパの他の国々においても見られるようで, TRAMINERやゲヴュルツトラミネールと混植されている.

GEWÜRZTRAMINER

強烈で個性的な香りをもつヴァラエタルワインをつくる品種の一つ. 強いライチのフレーバーと高いアルコール分を有している.

主要な別名: Dišeči Traminec (スロベニア), Gentil Aromatique または Gentil Rose Aromatique (ジュラ県 (Jura)), Mala Dinka (ブルガリア), Rother Muskattraminer (ドイツ), Rusa (ルーマニア), Savagnin Rose Aromatique (オーストラリア), Tramin Červený (チェコ共和国), Traminac Crveni (クロアチア), Traminer Aromatico ⚭ (イタリアのアルト・アディジェ (Alto Adige)), Traminer Musqué, Traminer Rose (モルドヴァ共和国, ウクライナ), Traminer Rot または Traminer Rother (ドイツ), Traminer Roz (ルーマニア), Tramini または FűszeresTramini または PirosTramini (ハンガリー)

起源と親子関係

ゲヴュルツトラミネール (GEWÜRZTRAMINER) はSAVAGNIN ROSEのアロマティックな変異だと考えられている (Galet 2000).

歴史的な言及

ゲヴュルツトラミネール (*Gewürz*はドイツ語で「スパイス」を意味する) が初めて表記されたのはドイツのJohann Metzger (1827) の著書の中で, そこでは「Rother Traminer. Oppenheim近くのRother Riessling, Traminer Kleiner, ラインガウ (Rheingau) のゲヴュルツトラミネール, しかしまれにこの地域の外でもわずかな箇所で知られている」と記載されている. こうした記述からこの地方で変異が生じたことが強く示唆されており, 1886年にフランス, アルザス (Alsace) のOberlinで記録された (Rézeau 1997で引用されている)「ゲヴュルツトラミネール, 赤………プファルツ (Pfalz) の」という記述もそれを支持している.

ブドウ栽培の特徴

SAVAGNIN ROSE (前述参照) に似ている. とりわけウィルスの病気にかかりやすいが, コルマール (Colmar) のブドウ栽培農場はウィルスに感染していないクローン (たとえば47, 48および643クローン) をいくつか開発している.

栽培地とワインの味

しばしばGEWURZTRAMINERと書かれることのある，ゲヴュルツトラミネールはTRAMINERのうちで最も多く栽培される品種となった．ブドウは収穫時に必ず斑入りになるが，議論の余地がないほどピンク色である．ワインは非常に深い金色で，わずかに銅色を含む色合いになることもある．この品種に慣れていないワインの生産者がブドウから色とフレーバーを抽出すると，パニックになるのだという．ゲヴュルツトラミネールはまた，他の多くの白ワインよりもアルコール分が高レベルに達し，14%を超えることも珍しくないほどなのだが，それに伴って酸度は非常に低くなる．したがってこの品種には非常に暖かい気候は適さない．ゲヴュルツトラミネールではマロラクチック発酵をほぼ常に抑制してしまうため，酸化を防ぐために措置を講じる必要がある．

すべての過程がうまくいくと，深い金色の，目がくらむようなかなり個性が強いライチやバラの花弁のアロマが濃縮されたフルボディーのワインとなる．アロマは広がりを見せるが酸味は維持される．気候などの条件に恵まれない年や暑すぎる気候下では，早摘みによりニュートラルなワインとなるか，重苦しく脂っこい感じのたるんだワインとなり，苦みが出やすい．非常に濃厚で，熟成させる価値のあるワインは，低収量あるいは遅摘みのブドウから作られ，ベーコンの脂を連想するフレーバーを有するものとなる．他方，濃厚さに欠けるワインは，少量のマスカットをブレンドすることで代用のアロマをもたせることができる．ゲヴュルツトラミネールの個性的なアロマを「スパイシーだ」と表現するワインテイスターがいるが，これは*Gewürz*が「スパイス」を意味するからであって，特にスパイスが連想されるからというわけではない．

フランスでは2009年に3,083 ha（7,618 acres）のゲヴュルツトラミネールが栽培されている．ほとんどはアルザス地域圏（Alsace）（2,928 ha/7,235 acres）で栽培されており，現地の畑の19%を占めている．この品種は今世紀の最初の10年の間に栽培面積を徐々に増やし，現在の栽培面積は50年前に比べると2倍にまでなっている．この品種はMoselleアペラシオンでも公認されている．辛口またはほぼ辛口のスタイル，遅摘みによる甘口のヴァンダンジュ・タルティヴ（Vendange Tardive），極甘口で貴腐スタイルのセレクション・ド・グラン・ノーブル（Selection de Grains Nobles），そのいずれであってもワインは非常に個性的な香りをもち，しばしばバラの花びら，エキゾチックなフルーツやライチのアロマを放つものとなる．生産者としては，Paul Blanck，Léon Beyer，Marcel Deiss，Willy Gisselbricht，Hugel，Josmeyer，Gustave Lorentz，André Ostertag，Schlumberger，Trimbach，Domaine Weinbach，Zind-Humbrechtなどの各社が推奨されている．

イタリアではTRAMINER AROMATICOと呼ばれ，2000年には560 ha（1,384 acres）の栽培を記録している．そのほとんどがアルト・アディジェ（Alto Adige/ボルツァーノ自治県）でのみ栽培されており，また，最高のワインはトラミン村（Tramin）の南北と接するヴァッレ・アディジェ（Val d'Adige）の西部で作られている．生産者としてはKuenhof，Alois Lageder，Manincor，Cantina Terlano，Tiefenbrunner，Elena Walchなどの各社が推奨されている．とりわけCantina Termeno / Traminはこの香り高い品種を扱う特別のクリュ（醸造所）である．

スペインでは2009年に247 ha（610 acres）の栽培を記録した．栽培は主にソモンタノ（Somontano，アラゴン州(Aragón)）やカタルーニャ州(Catalunya)で見られる．ソモンタノのEnate社やペネデス(Penedès)のTorres社やGramona社がそれとわかるヴァラエタルワインを作っている．

ルクセンブルクでは2008年に19 ha（47 acres）のゲヴュルツトラミネールが栽培されている．

ドイツでは公式統計においてROTER TRAMINERがSAVAGNIN ROSEとゲヴュルツトラミネールの両方を指す用語として用いられているが，2008年に記録された835 ha（2,063 acres）のうち，プファルツ(Pfalz)，バーデン（Baden)，ラインヘッセン（Rheinhessen）で栽培されたものについてはほとんどがゲヴュルツトラミネールであると考えられている．これら南部の地域では霜の被害を受ける危険性がある．生産者としてはバーデンのBercher社，Martin Wassmer社，フランケンのBürgerspital社などが推奨されている．他社で生産されるワインのいくつかは，いくぶんオイリーな重いワインになりがちである．プファルツのロト（Rhodt）にあるTRAMINERの畑はほぼ400年前からあると言われている．

オーストリアのシュタイアーマルク州（Steiermark）でTRAMINERとして公式に記載されている81 ha(200 acres）の畑のほとんどは，実際にはゲヴュルツトラミネールのようである．スイスでは2010年に50 ha (124 acres)のゲヴュルツトラミネールが栽培されている．主には西部の三湖地方(Trois Lacs)とヴォー州（Vaud)，南部のヴァレー州（Valais)，また，北部と東部のドイツ語圏で栽培されている．フリブール県（Fribourg)，ヴリー（Vully）のCru de l'Hôpital社が良質のヴァラエタルワインを作っているのだが，紛らわしくもワインにTraminerと表示している．

ハンガリーではTRAMINIとして知られており，2008年には720 ha（1,779 acres）の栽培を記録した．栽培はトカイ（Tokaj）を除くほとんどのワイン産地で見られるが，とりわけマートラ（Mátra），クンシャーグ（Kunság），モール（Mór）で多く見られる．粘土や黄土が栽培に適しているが，北西部のショムロー（Somló）やバラトン湖（Lake Balaton）の北西に位置するBalatonfelvidék地方などの火山岩地帯では，よりよい酸味のあるワインができる．生産者としてはLásló Bussay（バラトンメッレーケ（Balatonmelléke）），Eurobor（トルナ（Tolna）），Szőlőskert（マートラ）などが推奨されている．

チェコ共和国ではTRAMIN ČERVENÝとして知られ，2009年には600 ha（1,483 acres）の栽培が記録されている．ほとんどが南東部のモラヴィア（Morava）で栽培されている．

スロバキアでは2009年に同国のブドウ栽培面積の1.9 %を占める363 ha（897 ha）のTRAMÍN ČERVENÝが栽培されている．

スロベニアではDIŠEČI TRAMINECとして知られているが，2008年の栽培面積はわずか12 ha（30 acres）であった．ほとんどが同国北東部，ポドラウィエ（Podravje）の シュタイエルスカ地方（Štajerska Slovenija）で栽培されている．

ルーマニアでは2008年に218 ha（539 acres）の栽培を記録している．栽培は主に中央部のトランシルヴァニア（Transilvania）で見られる．栽培は国境を越えたモルドヴァ共和国（2009年；2,731 ha/6,748 acres）でも見られる．ウクライナでも2009年に961 ha（2,375 acres）の栽培を記録している．

これらの東ヨーロッパでは多くの場合，この品種のトレードマークであるアロマを保つには収量が高すぎる．

カリフォルニア州では取るに足りない量というわけではなく，2010年に1,735 acres（702 ha）が栽培されていた．かつては様々な地域で栽培されていたが，現在はモントレー（Monterey），メンドシーノ（Mendocino），サンタバーバラ（Santa Barbara），ソノマ（Sonoma）など，沿岸地方の冷涼な土地で多く栽培されている．生産者としてはアンダーソン・バレー（Anderson Valley）のNavarro，メンドシーノ（Mendocino）のFetzer，Handly，HuschおよびLazy Creek，ソノマのAlderbrook，DeLoach，Mill Creek，Ravenswood，セントラルコースト（Central Coast）のBabcock，Bedford，Claiborne and Churchill，Firestone，Fogerty，Thompson，Ventanaなどの各社が推奨されている．

オレゴン州でワイン産業が開始された初期段階において，ゲヴュルツトラミネールは重要な役割を担っていた．現在はBrooksとErathの2社が良質のスティルワインを作っている．2008年には同州で217 acres（88 ha）の栽培が記録されている．

ワシントン州ではリースリング（RIESLING）とともに着実に栽培面積を広げており，2011年には775 acres（314 ha）が栽培されるまでとなった．信頼できる生産者としてはChateau Ste Michelle，Snowqualmie，シュラン湖（Lake Chelan）のTsillan Cellarsなどの各社があげられる．

ニューヨーク州のフィンガー・レイクス（Finger lakes）は冷涼な気候がこの品種の栽培に適しており，2006年には143 acres（58 ha）の栽培が記録されている．ヴァラエタルワインの生産者としてよく知られているのがDr. Frank，Keuka Spring，Red Newt，Standing Stone，Herman Wiemerなどの各社である．ミシガン州では2006年に45 acres（18 ha）が，バージニア州では2008年に15 acres（6 ha）が栽培されており，アメリカではほとんどの州でこのわかりやすい品種のヴァラエタルワインがある程度作られているようだ．

カナダではオンタリオ州で限定的に栽培されているが，2008年にはブリティッシュコロンビア州でも644 acres（261 ha）が栽培された．生産者としてはBlasted Church，Cedar Creek，Gray Monk，Inniskillin，Kettle Valley，Poplar Grove，Quails' Gate，Red Rooster，See Ya Later Ranch，Sumac Ridge，Thornhaven，Wild Gooseなどの各社が秀でている．Mission Hill社はゲヴュルツトラミネールのアイスワインで成功を収めた生産者の一つである．

この品種はチリではあまり栽培されておらず2008年の栽培面積はわずか182 ha（450 acres）であった．しかし，クリコ（Curicó）のArestri社，コルチャグア・ヴァレー（Colchagua Valley）のCarmen社，サン・アントニオ・ヴァレー（San Antonio Valley）のCasa Marin社，さらに南部のビオビオ・ヴァレー（Bío Bío Valley）にあるCono Sur社やカサブランカ・ヴァレー（Casablanca Valley）のViña Casablanca社などがフレッシュではつらつとしたワインを作ろうと特に頑張っている．

アルゼンチンの栽培面積は2008年にわずか20 ha（49 acres）であった．ブラジルではリオグランデ・ド・スル州（Rio Grand do Sul）で2007年に48 ha（119 acres）が栽培されている．

オーストラリアにはこの品種の長い歴史がある．同国においてTRAMINERと呼ばれることの多かったゲヴュルツトラミネールは，リースリング（RIESLING）とのブレンドワインやヴァラエタルワインとして，オフ・ドライの香り高いワインだということから1960～1970年代に人気を博していた．2008年にはまだ，最大の産地であるリヴァリーナ（Riverina）やリヴァーランド島（Riverland）で840 ha（2,076 acres）が栽培されており，よりニュートラルなブレンドワインに香り高いスパイスを加えるために用いられていた．加えて，ハンター・バレー（Hunter Valley），マッジー（Mudgee），パザウェイ（Padthaway），クレア・バレー（Clare Valley）や他の地でも限定的に栽培されていた．最高のワインはクレア・バレー，グレート・サザン（Great Southern），タスマニア州（Tasmania）で作られている．公式統計では伝統的に，この品種をTRAMINERとしてきたが，ALBARIÑOと考えられていた穂木が現在はSAVAGNIN BLANCであったことが判明しているので，ゲヴュルツトラミネールに関する用語に対しては，より大きな注意が払われるべきであろう．信頼に値する生産者としてはタスマニア州のPirie社やクレア・バレーのKnappstein社などがあげられる．

ニュージーランドでは2008年に316 ha（781 acres）のゲヴュルツトラミネールが栽培された．アロマティックさはこの地特有のものだが，確かなキレのよい酸味により総栽培面積は今後も維持されてゆくと期待が寄せられている．ほとんどが北島のギズボーン（Gisborne），ホークス・ベイ（Hawke's Bay）または南島のマールボロ（Marlborough）で栽培されている．ギズボーンのVinoptima社がこの品種に力を入れており，アルザス（Alsace）のヴァンダンジュ・タルティヴ（Vendange Tardive）をお手本に，すばらしい遅摘みワインを作っている．他にもDry River，Framingham，Hunter's，Lawson's Dry Hills，Saint Clair，Seresin，Spy Valley，Te Whare Raなどの各社が生産者として推奨されている．

南アフリカ共和国でも少し興味を引くことがあり，いくぶん単純化され，タルクのような性質をもつがPaul CluverやWoolworthsの2社が作るワインが一目置かれている．2008年には，主にはロバートソン（Robertson）やステレンボッシュ（Stellenbosch）で122 ha（301 acres）が栽培された．

ゲヴュルツトラミネールは日本（訳注：農林水産省統計4.8 ha; 2014年）やイスラエルでも栽培されている．

SAVAGNIN BLANC

SAVAGNINを参照

SAVAGNIN ROSE

SAVAGNINを参照

SAVATIANO

ギリシャで最も広く栽培されている品種．かつてはレッチーナワインの生産に用いられていたが，より多くの可能性を秘めている．

ブドウの色：● ● ● ● ●

主要な別名：Dobraina Aspri（アッティキ（Attikí）），Doubraina Aspri ☒（アッティキ），Doumpraina Lefki（アッティキ），Kountoura Aspri（アッティキおよび エヴィア島（Évvoia/Euboea）），Perahoritiko（アッティキおよびケファロニア島（Kefaloniá）），Sakeiko，Savathiano，Savvatiano，Stamatiano（ボイオーティア（Voiotía）），Tsoumprena（アッティキ）
よくSAVATIANOと間違えられやすい品種：XYNISTERI ☒

起源と親子関係

SAVATIANOの正確な起源は不明であるが，レッチーナワインを作るために伝統的にSAVATIANOを栽培していて多くの別名が存在しているギリシャ，アッティキ地方に由来する品種なのかもしれない．品種

名はギリシャ語の *savvato*（「土曜日」という意味）に由来している（Boutaris 2000）.

MANDILARIA は KOUNTOURA MAVRI（*mavro* は「黒」を意味する）と呼ばれることがあるが，SAVATIANO の別名である KOUNTOURA ASPRI の黒品種でない（Vouillamoz）.

ブドウ栽培の特徴

中サイズの果粒が密着して大きな果房をつける．乾燥とべと病およびうどんこ病に耐性を示す．萌芽期が非常に遅く晩熟である．高い豊産性を示す．

栽培地とワインの味

SAVATIANO はギリシャで最も広く栽培されており，2010年には推定で600万 hl 以上（1億5850万アメリカガロン）のワインが作られていた．ギリシャ中部，アッティキ地方やエヴィア島が中心産地であるがマケドニア（Makedonia）やキクラデス諸島（Kykládes），ペロポネソス半島（Pelopónnisos）でも栽培されている．わずかだがケファロニア島でも栽培されている．その人気はレッチーナワインの生産によるものが大きい．ASSYRTIKO のような酸味の強いワインとブレンドされることもあるが，特徴がなく，高いアルコール分で非常につまらない大容量の安価なテーブルワインが作られることもある．しかし古木の収量を調節し，冷涼な土地で栽培すると大味だがバランスがとれ，食べ物との相性のよいワインとなる．生産者としてはアッティキ地方の Papagiannakos 社，アテネ郊外の Raxani Matsa 社などが推奨されており，過小評価を受けているこのブドウの可能性を示している．

SCHEUREBE

20世紀初頭にドイツで開発された交配品種．力強く，爽やかな辛口または甘口のワインとなるが過小評価され，栽培は減少し続けている．

ブドウの色：● ● ● ● ●

主要な別名： Alzey S 88，Dr Wagnerrebe，Sämling 88（オーストラリア），Scheu 88

起源と親子関係

SCHEUREBE は1916年にラインヘッセン（Rheinhessen）のアルツァイ（Alzey）研究センターで Georg Scheu 氏が交配した交配品種である．彼の名前にちなんで命名された．SCHEUREBE は SILVANER×リースリング（RIESLING）の交配品種であるというのが通説であったが，実はリースリングと未知の品種の交配品種であることが DNA 解析によって明らかになった（Grando and Frisinghelli 1998）.

ブドウ栽培の特徴

晩熟．うどんこ病に感受性がある．リースリングほどの耐寒性はもたない．

栽培地とワインの味

SCHEUREBE はラインヘッセンの砂地土壌での栽培のために特別に開発された品種である．ドイツの同地方で最も広く栽培されているが，プファルツ（Pfalz）や，少し離れたフランケン（Franken），また，ナーエ（Nahe）でも栽培されている．ドイツでは1,672 ha（4,132 acres）の栽培が記録されているが，栽培面積はこの数十年の間に減少しつつある．直近では2003年に2,200 ha（5,436 acres）の栽培を記録している．

辛口，甘口の SCHEUREBE ワインのポテンシャルの高さを考えると，栽培面積の減少が残念でならない．SCHEUREBE は十分熟しても，リフレッシュ感のある，生き生きとした酸度を保ち，ブラックカラントとグレープフルーツの豊かで強いフレーバーと印象的な熟成の能力を示す．リースリングのようにブドウ畑の特徴を微妙なフレーバーとしてグラスの中に表現することができる品種である．プファルツの

Müller-Catoir, Pfeffingen, Lingenfelder, フランケンのWirsching, ラインヘッセンのWittmanなどの各社が注目に値する辛口のワインを作っている．また，ラインヘッセンのKeller社がグレープフルーツの強い香りを帯びた貴腐ワインを作っている．その甘味の輝かしさは，たとえばオーストリア，ノイジードル湖地方（Neusiedlersee）においてKracher社がこの品種（Sämling 88とも呼ばれる）を用いて行っている最高の表現に匹敵するものである．

オーストリアでも小規模ではあるがドイツ同様に栽培面積の減少が見られ，2007年の栽培面積は511 ha（1,263 acres）であった．多くはハンガリーとの国境に近いノイジードル湖地方で栽培されているが，同国南部のシュタイアーマルク州（Steiermark）やウィーン北部のヴァインフィアテル地方（Weinviertel）でも限定的に栽培されている．スイスでは2008年にわずか5 ha（12 acres）しか栽培されなかった．

カナダ，ブリティッシュコロンビア州では14 acres（6 ha）が栽培されている．2009年のニュージーランドでの栽培面積はわずか1 ha（2.5 acres）であった．オーストラリアの西オーストラリア州ではWills Domain社がこの品種を栽培している．

SCHIAVA

起源と親子関係

イタリア名のSCHIAVAは異なるタイプあるいは品種のグループを指す．黒あるいは白い果粒のいずれにおいてもすべて樹勢が強く豊産性で，様々な名前でアルプス地方で栽培されている．ロンバルディア州（Lombardia）ではSCHIAVA，ドイツの南チロルではVERNATSCH（「在来」または「固有」の意味をもつラテン語の*vernaculus*に起源をもつチロル方言に由来する），ヴェネト州（Veneto）とフリウーリ地方（Friuli）ではROSSOLA，トレント自治県（Trentino）ではROSSARA，アルト・アディジェ（Alto Adige/ボルツァーノ自治県）ではGESCHLAFENE（「奴隷」を意味するラテン語の*sclavus*に起源をもつトレント自治県における古い地方名のSclaf由来），チロル（イタリアおよびオーストリア）ではTROLLINGER（「チロルの」を意味する*Tyrolinger*由来），ドイツのヴュルテンベルク（Württemberg）ではURBANである．

DNA解析の結果，Schiavaグループの品種は遺伝的にはかなり異なり（Fossati *et al.* 2001），少なくともSCHIAVA GENTILE，SCHIAVA GRIGIA，SCHIAVA GROSSA，SCHIAVA LOMBARDAの4種の異なる品種がSCHIAVAと呼ばれている．SCHIAVAの名はこれらの品種の共通の起源の地と考えられているスラヴォニア地方（Slavonia，現クロアチア東部の一部）の歴史的な場所に由来するというよりも，この品種の性質である強い樹勢を抑制するため，通常は棚仕立てで栽培されることから，イタリア語で「奴隷」を表す*schiavo*の単語に由来していると考えられる．

他の仮説

Scienza and Failla（1996）は，SCHIAVAグループはコーカサス（Caucasus），特にジョージアやアルメニアに起源をもち，そこから現代のハンガリー，オーストリア，クロアチアやスロベニア含むパンノニア（Pannonia）を横切り，イタリア北部に達したと報告されている．しかしSCHIAVAグループのどの品種もジョージアやアルメニアの現代品種とDNAの類似性が認められないため，この仮説は疑わしい（Vouillamoz *et al.* 2006）．

SCHIAVA GENTILE

小さな果粒をもつブドウ.
イタリア, アルト・アディジェ（Alto Adige/ボルツァーノ自治県）において,
ソフトでフルーティーな赤ワインになる.

ブドウの色：● ● ● ● ●

主要な別名：Edelvernatsch, Rothervernatsch
よくSCHIAVA GENTILEと間違えられやすい品種：SCHIAVA GRIGIA ☓, SCHIAVA GROSSA ☓, SCHIAVA LOMBARDA ☓

起源と親子関係

SCHIAVA GENTILE はおそらくイタリア最北部のアルト・アディジェに起源をもつ品種であり, 様々な品種が含まれる SCHIAVA グループに属している. DNA 系統解析によって SCHIAVA GRIGIA, SCHIAVA GROSSA, SCHIAVA LOMBARDA はすべて異なる品種であることが明らかになっている（Grando 2000）.

他の仮説

SCHIAVA GENTILE はいくつかの MUSCAT 品種に近いと考えられているが（Scienza and Failla 1996）, この説はまだ確認されていない. 最近の DNA 系統解析によって LAGREIN がアルト・アディジェで SCHIAVA GENTILE ×TEROLDEGO の自然交配により生まれた品種であることが示されたが, これは他の研究結果と矛盾している（LAGREIN 参照）.

ブドウ栽培の特徴

樹勢が強く熟期は中期である. わずかだが, うどんこ病と酸敗感受性がある. 比較的小さな果粒をつける.

栽培地とワインの味

SCHIAVA GENTILE はイタリア最北部のトレンティーノ＝アルト・アディジェ自治州で Alto Adige / Südtirol DOC のヴァラエタルワインを含む多くの DOC で公認されているが, いくつかの DOC の規則にはある特定の SCHIAVA を指すのか, あるいは SCHIAVA すべてを指すのかが明示されていない. ロンバルディア州（Lombardia）ではこの品種が Botticino DOC や Cellatica DOC でブレンドワインに用いられている. SCHIAVA GENTILE や EDELVERNATSCH（この品種の別名）と表示されているヴァラエタルワインは香り高くフルーティーで, アーモンドとスミレの香りとソフトなタンニンを有している. SCHIAVA GRIGIA や SCHIAVA GROSSA に非常によく似ている. 2000年時点でのイタリア農業統計には1,181 ha（2,918 acres）の栽培があったと記録されている. Cantina Aldeno, Franz Haas, Neidermayer, Pravis などの各社がヴァラエタルワインを生産している. 生産者のうち, 何社かが, この品種の軽さを生かし, ロゼワインを作っている.

SCHIAVA GRIGIA

特に青みがかった色の果粒をつける品種.
アルト・アディジェ（Alto Adige/ボルツァーノ自治県）のSCHIAVAグループに属している.

ブドウの色：● ● ● ● ●

主要な別名：Cenerina ☒, Grauervernatsch, Grauvernatsch
よくSCHIAVA GRIGIAと間違えられやすい品種：SCHIAVA GENTILE ☒, SCHIAVA GROSSA ☒, SCHIAVA LOMBARDA ☒

起源と親子関係

SCHIAVA GRIGIA はイタリア北部のアルト・アディジェに起源をもち，様々な品種が含まれる SCHIAVA グループに属している．果粒は青紫色をしており SCHIAVA GRIGIA（*grigia* は「灰色」を意味する）という名前は果粒を覆う果粉（ブルーム）に由来している．DNA 解析によって SCHIAVA GRIGIA は，SCHIAVA GENTILE，SCHIAVA GROSSA，SCHIAVA LOMBARDA などとは異なるが，トレント自治県（Trentino）の未知の品種，CENERINA と同じであることが明らかになった（Grando 2000）.

ブドウ栽培の特徴

熟期は中期である.

栽培地とワインの味

SCHIAVA GRIGIA は，ある時は厳密に，またある時はより一般的に単なる SCHIAVA としてイタリア北部のトレンティーノ＝アルト・アディジェ自治州（Trentino-Alto Adige）にあるいくつかの DOC や，ロンバルディア州（Lombardia）の Botticino DOC や Cellatica DOC でブレンドワインに用いられている.

ヴァラエタルワインは Alto Adige/Südtirol DOC で公認されており SCHIAVA GRIGIA あるいは GRAUVERNATSCH と表示されている．一般的に，これらのワインは SCHIAVA GENTILE や SCHIAVA GROSSA のように，香り高くフルーティーでアーモンドとスミレの香りをかすかに漂わせている．また，軽いタンニンを有している．Griesbauer，Cantina San Michele Appiano，Cantina Terlan，Wilhelm Walch などの各社がヴァラエタルワインを生産している.

SCHIAVA GROSSA

ドイツのチロル地方（Tirol）で最も広く知られている SCHIAVA.
TROLLINGER という別名でイタリアよりもドイツで広く栽培されており，
また，様々な品種とも関係がある．生食もされている.

ブドウの色：● ● ● ● ●

主要な別名：Black Hamburg または Black Hamburgh（イングランド），BlauerTrollinger（ドイツのヴュルテンベルク（Württemberg）），Bresciana（ロンバルディア州（Lombardia）），Bressana（ロンバルディア州），Frankenthaler ☒（ヴュルテンベルク），Grossvernatsch（南チロル（SouthTyrol）），Kleinvernatsch（ボルツァーノ自治県（南チロル，Südtirol）），Meraner Kurtraube（ボルツァーノ自治県），Probolinggo Biru（ハッテン（Hatten），バーリ（Bali）），Schiavone, Trollinger ☒（ヴュルテンベルク），Tschaggele（ボルツァーノ自治県），Uva

Meranese（ボルツァーノ自治県）
よくSCHIAVA GROSSAと間違えられやすい品種：PICCOLA NERA ☓（トリエステ（Trieste）），SCHIAVA GENTILE ☓，SCHIAVA GRIGIA ☓，SCHIAVA LOMBARDA ☓

起源と親子関係

SCHIAVA GROSSA はイタリア最北部のアルト・アディジェ（Alto Adige）に起源をもち，様々な品種が含まれる SCHIAVA グループに属している．その名が示すように他の SCHIAVA 品種に比べ大きな果房と果粒をつける．DNA 解析によって SCHIAVA GROSSA は SCHIAVA GENTILE，SCHIAVA GRIGIA，SCHIAVA LOMBARDA と異なる品種であることが明らかになった（Grando 2000）．SCHIAVA GROSSA はリースリング（RIESLING）との人為的な交配により KERNER や ROTBERGER を，また SILVANER との交配により BUKETTRAUBE を，さらに PINOT NOIR PRÉCOCE との交配により HELFENSTEINER を生み出した．さらに最近の DNA 系統解析によって MUSCAT OF HAMBURG と MALVASIA DEL LAZIO は SCHIAVA GROSSA × MUSCAT OF ALEXANDRIA の自然交配品種であることが明らかになった（Crespan 2003; Lacombe *et al.* 2007）．つまり，両品種は姉妹品種にあたることになる（系統図参照）．また，最近の系統再構築によって PINOT と SCHIAVA GROSSA は MADELEINE ROYALE の親品種であり，つまりは MÜLLER-THURGAU の祖父母品種にあたることが示された（Vouillamoz and Arnold 2010）．また別に行われた最近の DNA 系統解析によって SCHIAVA GROSSA はおそらくエミリア＝ロマーニャ州（Emilia-Romagna）の UVA TOSCA の親品種であり，また，少し疑問は残るものの，アルト・アディジェの LAGREIN の親品種であることが示唆されている（Cipriani *et al.* 2010）．

ブドウ栽培の特徴

熟期は中期（ドイツでは TROLLINGER は晩熟だといわれているが）．酸敗，べと病，うどんこ病に感受性がある．冬の霜に高い耐性を示す．

栽培地とワインの味

SCHIAVA GROSSA は SCHIAVA グループの中では最も広く栽培されている品種である．

イタリアではスイスとの国境に近いヴァルテッリーナ地方（Valtellina）や Alto Adige，Caldaro，Casteller，Trentino，Valdadige などのトレンティーノ＝アルト・アディジェ自治州（Trentino-Alto Adige）の多くの DOC で公認されており，時折，SCHIAVA GROSSA や SCHIAVA GRIGIA，LAGREIN，TEROLDEGO など，他の地方品種とブレンドされている．この品種はロンバルディア州で栽培されているが，とりわけブレシア県（Brescia）では BRESSANA という名で栽培されている（しかしこれはピエモンテ（Piemonte）の BRESSANA とは異なるものである）．Alto Adige / Südtirol と Valdadige/Etschtaler の両 DOC でのみヴァラエタルワインが作られており，SCHIAVA GROSSA あるいは GROSSVERNATSCH と表示されているが，単に SCHIAVA あるいは VERNATSCH とだけ表示されることもある．軽く，香り高くフルーティーなワインは SCHIAVA GENTILE あるいは SCHIAVA GRIGIA から作られるワインのようにアーモンドとスミレの香りと軽いタンニンを有している．イタリアでは2000年に1,180 ha（2,916 acres）の栽培を記録している．

ドイツでは赤ワインへの情熱が栽培面積を押し上げ，2008年には TROLLINGER の名で2,491 ha（6,155 acres）が栽培されている．主にはヴュルテンベルク（Württemberg）で栽培されており，地元での消費のために薄赤色のワインを生産している．この名は *Tirolinger* 由来であり，その起源を示唆している．同じ名で日本でも限定的に栽培されている．

SCHIAVA GROSSA は栽培が容易で温室栽培にも適しているので，通常は，BLACK HAMBURG，BLACK TRIPOLI という名で生食用としても世界中で栽培されている．18世紀中頃にイギリスのハンプトン・コート宮殿（Hampton Court Palace）に植えられたブドウの樹は特に古いものである．

SCHIAVA GROSSA 系統図

アルト・アディジェ（南チロル）の SCHIAVA GROSSA はかつて西ヨーロッパ中で栽培されており，人工交配と自然交配がおこった．DNA 解析により最近明らかになったすべての自然交配と人工交配の様子をここに示す（MÜLLER-THURGAU および MUSCAT OF HAMBURG）．

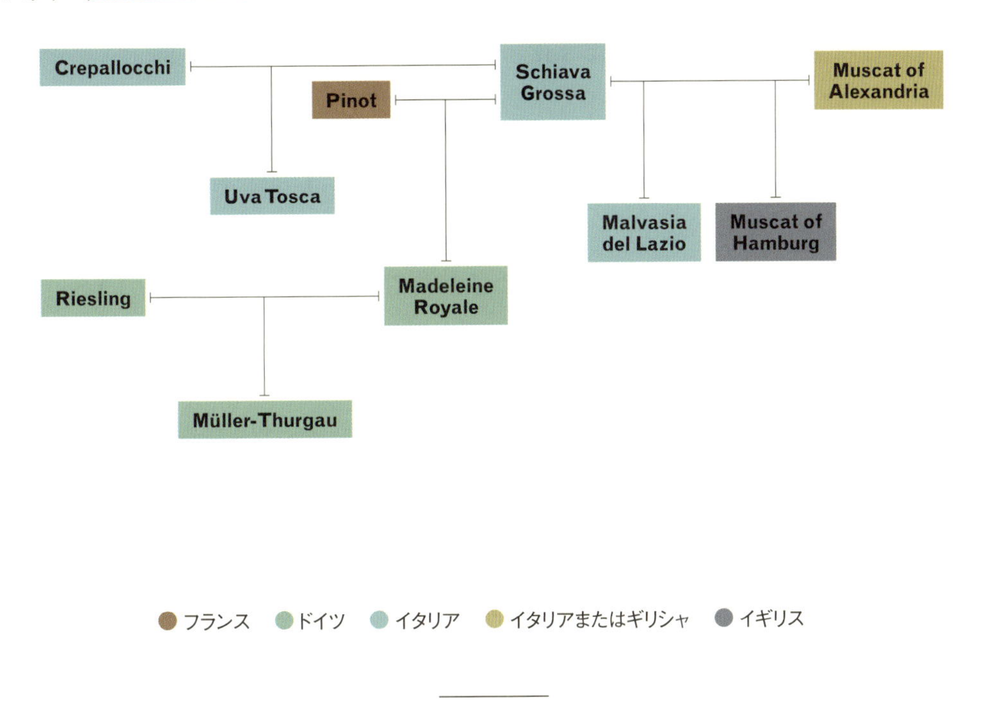

SCHIAVA LOMBARDA

ソフトでフルーティーな赤ワインになる，
イタリア，ロンバルディア州（Lombardia）の SCHIAVA

ブドウの色：

主要な別名：Schiava Nera
よくSCHIAVA LOMBARDAと間違えられやすい品種：SCHIAVA GENTILE ⧖，SCHIAVA GRIGIA ⧖，SCHIAVA GROSSA ⧖

起源と親子関係

その名が示しているように SCHIAVA LOMBARDA はロンバルディア州起源であり，様々な品種が含まれる SCHIAVA グループに属している．DNA 解析の結果，SCHIAVA GENTILE，SCHIAVA GRIGIA，SCHIAVA GROSSA のいずれの品種とも一致せず（Grando 2000），遺伝的にはまったく異なる品種であることが明らかになった．

ブドウ栽培の特徴

熟期は中期〜晩期である.

栽培地とワインの味

SCHIAVA LOMBARDA は主にイタリア北部のロンバルディア州で栽培されている. 栽培は特にコモ県 (Como), ブレシア県 (Brescia), ベルガモ県 (Bergamo) などで見られるが, トレンティーノ＝アルト・アディジェ自治州 (Trentino-Alto Adige) でも見られ, 通常は他の品種とブレンドされている. Cantina Bergamasca 社がヴァラエタルのロゼワインを作っている. このワインは IGT Bergamasca に分類されている.

SCHIOPPETTINO

香り高くフルーティーなイタリア, フリウーリ (Friuli) の品種.
1970年代に絶滅の危機から救済され現在では広く栽培されている.

ブドウの色：● ● ● ● ●

主要な別名：Pocalza, Poçalza, Pokalca または Pokalza (スロベニア), Ribolla Nera

起源と親子関係

フリウーリ地方, ウーディネ県 (Udine) のブドウ品種として RIBOLLA NERA という別名で Di Rovasenda (1877) の中に見られる記述が, おそらく SCHIOPPETTINO に関する初期の記録であると思われる. 形態観察と DNA 解析によって SCHIOPPETTINO は RIBOLLA GIALLA の黒品種ではないことが明らかになった (Crespan *et al.* 2011). その名は「パチパチ, パリパリ音を立てる」という意味の *scoppiettio* という言葉に由来するが, これはワインがわずかに発泡性であることによるものか, あるいは厚い果皮をもつ果粒が口の中でパリパリと音をたてることによるものかの, いずれかであると考えられる. 元々 SCHIOPPETTINO は RIBOLLA NERA から作られるワインの名前であったが, 現在は品種の名前としても使われている.

他の仮説

1282年にプレポット (Prepotto) で執り行われた Rieppi-Caucig の結婚式の際に SCHIOPPETTINO に関する最初の記録がなされたと言われている. 実際には結婚式は1910年に執り行われ, その際に,「アルバーナープレポット地方 (Albana-Prepotto) にはすでにいくつかのブドウ園があった.」と記載されている1282年の文書が示されたということである. しかしこの文書には品種名が書かれていない (Fabbro *et al.* 2002). 1823年に Pietro di Maniago が記した *Catalogo delle varietà delle viti del Regno Veneto* (ベネト王国のブドウ品種カタログ) にも, おそらく方言である Scopp あるいは Sciopp が用いられ, この品種に関する記載がなされているといわれているが, 実際には, このリストの中に SCHIOPPETTINO, SCIOPP, RIBOLLA NERA の名は見当たらない.

ブドウ栽培の特徴

熟期は中期〜晩期である. 春が寒く雨が多いと結実不良 (ミルランダージュ) になる. べと病や特にもろい果梗がブドウつる割れ病に感受性である.

栽培地とワインの味

PIGNOLO や TAZZELENGHE と同様にイタリア北東部のフリウーリ地方がフィロキセラ被害にあって以降, SCHIOPPETTINO は20世紀初頭にはほぼ絶滅状態であった. しかし, 1970年代になって, チアッラ（Cialla）の Paolo Rapuzzi 氏と Dina Rapuzzi 氏，そしてプレポット市長の尽力によりスロベニア国境に近いプレポットコムーネ内でこの品種は復興を遂げることができた．1976年に，フリウーリ地方の在来品種の保護につとめる Nonino 家が創設した Nonino Risit d'Aur 賞を，両 Rapuzzi 氏が初受賞している．

地方の多くの年配の人たちが世間で忘れられてしまった POCALZA や SCHIOPPETTINO と呼ばれる品種について話しているのを耳にして Paolo Rapuzzi 氏はワイナリーを設立した．そうした品種を探し始めた Rapuzzi 氏は，市長の庭に何本かのブドウの樹があるのを発見した．その後も，フリウーリ地方やスロベニアの古い畑を入念に探し歩き，より多くの樹を収集した．当時，これらの品種は公認されておらず，公認されていない品種を植えると罰金が課せられたため，1972年，Rapuzzi 氏はラウシェド（Rauscedo）の苗木業者に依頼して密かに台木に接ぎ木させた．そして植栽された百本の SCHIOPPETTINO が初めてのブドウ畑を作り，この品種を忘却の彼方から救済する運動を行った．チアッラ，アルバーナ（Albana），プレポットのコムーネの栽培家が彼に続き，現在，これらの地方は SCHIOPPETTINO の最も重要な栽培地域となっている．プレポットの市長は SCHIOPPETTINO が公認されないことに対する反対運動を継続し，1981年にウーディネ県において，ついに公認された．2000年時点のイタリアの統計には96 ha（237 acres）の栽培があったと記録されている．この品種はフリウーリ地方の他の地域でも限定的に栽培されている．また，国境を越えたスロベニアでは POKALCA と呼ばれ栽培されていたが，現在ではほぼ消失してしまった．1987年にこの品種は DOC の地位を得ている．

SCHIOPPETTINO はフリウーリ地方における良質の赤ワインの主要品種となり，Colli Orientali del Friuli DOC や Friuli Isonzo DOC で高品質で高価なヴァラエタルワインが作られることがある（同量のワインが IGT Venezia Giulia として作られている）．前者では REFOSCO DAL PEDUNCOLO ROSSO とブレンドされることもある．通常，ワインは深い色合いで香り高く胡椒の香りと野生のフルーツのフレーバー，そして，しっかりとしつつも繊細なタンニンとフレッシュな酸味を有している．また個性的でありながらエレガントでもある．SCHIOPPETTINO フェスティバルが毎年5月の第一週にプレポットで開催されている．

推奨される生産者としては Bressan，Girolamo Dorigo，Petrussa，Ronchi di Cialla（Rapuzzi 家のワイナリー）などの各社があげられる．

SCHÖNBURGER

ピンク色の果皮をもつドイツの交配品種．
主にイングランドで軽いマスカットアロマをもつ白ワインが作られている．

ブドウの色：● ● ● ● ●

主要な別名：Geisenheim 15-114，Schönberger，Schönburger Rose

起源と親子関係

SCHÖNBURGER は，1939年にドイツ，ラインガウ（Rheingau）のガイゼンハイム（Geisenheim）研究センターで Heinrich Birk 氏がピノ・ノワール（PINOT NOIR）×PIROVANO 1の交配により得た交配品種である．1980年に公認された．PIROVANO 1は CHASSELAS ROSE×MUSCAT OF HAMBURG の交配品種で，CHASSELAS ROSE は CHASSELAS の果皮色変異品種である．この親子関係は DNA 解析によって確認されている（Myles *et al.* 2011）．

ブドウ栽培の特徴

熟期は早期～中期である．べと病とうどんこ病にある程度の耐性を示す．冬の寒さには耐性があるが，温暖で風がさえぎられる場所を好む．収量はリースリング（RIESLING）と同程度で MÜLLER-THURGAU よりは信頼がもてる．

栽培地とワインの味

品種名はミッテルライン（Mittelrhein）にあるシェーンブルク（Schönburg）という町の名にちなんで命名された．ドイツでは20 ha（49 acres）分のブドウ畑に植え付けが行われているが，ブドウの大部分はラインヘッセン（Rheinhessen）で栽培されている．ナーエ（Nahe）のSchillinghof社が稀少なドイツヴァラエタルワインを作っている．

イングランドではより広く栽培されている（45 ha/111 acres; 2009年）が，2003年の75 ha（185 acres）からは減少した．イギリスの冷涼な気候下では，酸度が低いことは問題ではない．ワインはフレッシュでデリケートなマスカットのアロマの中にゲヴュルツトラミネール（GEWÜRZTRAMINER）を思わせる香りを漂わせることがある．通常，残糖の甘さにより恩恵を受けているが濃厚さに欠ける．Danebury（ハンプシャー（Hampshire））とDenbies（サリー（Surrey））の2社がヴァラエタルワインを生産している．また，Carr Taylor社（サセックス（Sussex））などはこの品種をブレンドに用いている．

SCHÖNBURGERはカナダのブリティッシュコロンビア州（28 acres（11 ha））でも限定的に栽培されている．また，南アフリカ共和国（1 ha/2.5 acres以下）でも栽培されている．

SCIACCARELLO

MAMMOLOを参照

SCIAGLÌN

イタリア，フリウーリ地方（Friuli）の古く稀少な品種

ブドウの色：● ● ● ● ●

主要な別名：Scjaglìn

起源と親子関係

15世紀頃にイタリア北東部のフリウーリ＝ヴェネツィア・ジュリア自治州（Friuli-Venezia Giulia）近郊でSCIAGLÌNに関する記述がなされたといわれている．その名はイタリア語で「高台」を意味する*s'ciale*あるいは「Slaviaのワイン」を意味する*schiavolino*に由来する．

他の仮説

甘く繊細なワインとなるブドウについて書かれた古い記述の中で使われている，*schiadina*という言葉に関係している可能性がある．

栽培地とワインの味

SCIAGLÌNはかつてイタリア北東部のヴィート・ダージオ（Vito d'Asio）やファガーニャ（Fagagna del Friuli）で栽培されていた．現在は主にポルデノーネ県（Pordenone）のマニアーゴ（Maniago）とピンツァーノ・アル・タリアメント（Pinzano al Tagliamento）の間の地域で栽培されている．Emilio Bulfon社がブドウの分類の専門家であるAntonio Calò氏とRuggero Forti氏の協力を得て別の古い地方品種であるCIANORIE，CIVIDIN，FORGIARIN，PICULIT NERI，UCELÙTなどとともにこの品種を絶滅の危機から救済した．Emilio Bulfon社はこの品種から手作りワインを作っている数少ない生産者の一つであり，Florutis社もまた，そのうちの一つである．SCIAGLÌNワインはリンゴとシトラスのアロマをもち非常にジューシーである．SCIAGLÌNは1991年にFORGIARIN，PICULIT NERI，UCELÙTとともにイタリアの品種リストに登録された．

SCIASCINOSO

軽い赤ワインになるイタリア，カンパニア州（Campania）の珍しい品種

ブドウの色：● ● ● ● ●

主要な別名：Crovina，Livella di Battipaglia ☒，Livella Nera ☒，Olivella Nera ☒，Olivella Nostrana，Sanginoso，Uva Olivella，Uva Olivella Verace，Vulivella
よくSCIASCINOSOと間違えられやすい品種：Livella d'Ischia ☒，Livella di Mirabella ☒

起源と親子関係

長年にわたり，SCIASCINOSO と OLIVELLA が同一品種であるか否かの議論があった．しかし，OLIVELLA という名前やナポリ地方の方言の Livella という言葉が，オリーブの形をした果粒をもつカンパニア州のいくつかの品種に用いられていたため，この議論に答えを出すことは容易ではなかった．ところが最近の DNA 解析によって，少なくとも3種類の異なる品種（LIVELLA D'ISCHIA，LIVELLA DI MIRABELLA，LIVELLA DI BATTIPAGLIA）に，この名前が使われていることが明らかになった．はじめの二つの品種は商業栽培されていないが，最後の LIVELLA DI BATTIPAGLIA は OLIVELLA NERA とも呼ばれ，SCIASCINOSO と同じであることが明らかになっている（Costantini *et al.* 2005）．

他の仮説

この品種の別名である OLIVELLA NERA が，大プリニウスとコルメラが書物に記した *Vitis oleaginea* に相当するのではないかという議論がなされている．

ブドウ栽培の特徴

晩熟である．べと病と灰色かび病に感受性がある．

栽培地とワインの味

SCIASCINOSO はイタリアのカンパニア州一帯で栽培されており，主にはアヴェッリーノ県（Avellino），ベネヴェント県（Benevento），サレルノ県（Salerno）で多く見られるが，カゼルタ県（Caserta）や，さらに北のラツィオ州（Lazio），フロジノーネ県（Frosinone）でも栽培されている．Irpinia や Sannio の DOC ではヴァラエタルワインが公認され，Costa d'Amalfi，Penisola Sorrentina，Vesuvio などの DOC では PIEDIROSSO や AGLIANICO とよくブレンドされている．イタリアでは2000年に169 ha（418 acres）の栽培を記録した．

Dedicato a Marianna および Tenuta Vitagliano がヴァラエタルワイン（スティルと発泡性の両方）を生産している．彼らが作るワインはライトボディーからミディアムボディーとなる傾向があり，熟成には適さない．これが SCIASCINOSO が AGLIANICO のような，より濃厚な品種とブレンドされるもう一つの理由である．

SCIMISCIÀ

古く非常にわずかな量しか栽培されていないイタリア，ジェノヴァ（Genoese）の品種．フランスのコルシカ島（Corse）でも栽培されている．

ブドウの色：● ● ● ● ●

主要な別名：Çimixâ（リグーリア州（Liguria）），Frate Pelato ☿（リグーリア州 のチンクエ・テッレ（CinqueTerre）），Genovese ☿ または Genovèse（フランスのコルシカ島），Raisin Génois（コルシカ島），Rossala Bianca，Simixà（リグーリア州）

よくSCIMISCIÀと間違えられやすい品種：ALBAROLA ☿（リグーリア州では Bianchetta Genovese として知られている），BOSCO ☿（リグーリア州）

起源と親子関係

SCIMISCIÀ はイタリア北西部の海岸近くのリグーリア州 のジェノヴァ（Genova）の古い品種である．その名はイタリア語で「昆虫」を意味する *cimice* に由来しており，小さな虫のように見える果皮の小さな斑点を表したものである．

19世紀からフランスのコルシカ島で GENOVESE という名で栽培されていた品種は，よくリグーリア州の BOSCO や ALBAROLA（別名 BIANCHETTA GENOVESE）と混同されていたが，実は SCIMISCIÀ と同じ品種であることが DNA 解析によって明らかになった（Torello Marinoni，Raimondi，Ruffa *et al.* 2009）．これはこの品種の別名の GENOVESE が「ジェノヴァ」を意味することと一致しており，この品種がリグーリア州から持ち込まれたことを示唆している．

さらなる DNA 解析によってリグーリア州のチンクエ・テッレで栽培される FRATE PELATO も SCIMISCIÀ と同じであることが明らかになった（Torello Marinoni，Raimondi，Ruffa *et al.* 2009）．

ブドウ栽培の特徴

樹勢が強く，熟期は中期～晩期で中程度の安定した収量を示す．うどんこ病に耐性がある．

栽培地とワインの味

SCIMISCIÀ ブドウはイタリア北西部のジェノヴァ，具体的には Fontanabuona Valley や Cicchero Valley でのみ栽培される品種である．1990年代にフォンタナブオナ谷（Val Fontanabuona）の Cassottana di Cicogna の元菓子職人である Marco Bacigalupo 氏が，地元の老人の何人かが古くて有名な SCIMISCIÀ について語るのを聞きつけ，500本の古いブドウの樹を救おうとしたときには，SCIMISCIÀ はほぼ絶滅状態にあった．しかし，Comunità Montana della Fontanabuona の支援によりこのブドウが同定され，SCIMISCIÀ は2003年にイタリアの品種リストに登録された．

La Ricolla 社の Daniele Parma 氏と Cantina Çimixâ 社が SCIMISCIÀ 100% のワインを作っている．SCIMISCIÀ は2003年までイタリアの品種リストに含まれていなかったので最新の農業統計にも掲載されていない．辛口ワインはハーブからリンゴや梨まで幅広いアロマを有している．また，口中ではっきりした酸味がある．パッシートスタイルワインはドライフルーツのアロマを有している．

FRATE PELATO（「はげた修道士」の意味）の名でリグーリア州，チンクエ・テッレ（Cinque Terre）の古い畑で現在もところどころで栽培されているが，Azienda Agricola Possa 社では最近になって，Samuele Bonanini 氏が SCIMISCIÀ を植え直している．同社の辛口，白の5 Terre ブレンドにはこの品種が少量，用いられている．

GENOVESE や ROSSALA BIANCA の名で，フランスのコルシカ島でも栽培されており，たとえば Domaine Abbatucci 社 の Cuvée Collection Il Cavaliere Diplomate d'Empire ワインはこの品種と BIANCU GENTILE，BRUSTIANO BIANCO や VERMENTINO などをブレンドしたものである．

SCUPPERNONG

ブロンズ色の果皮をもつアメリカの在来品種．個性的な甘口ワインになり，健康によいといわれている．

ブドウの色：

主要な別名： American Muscadine, Big White Grape, Bull, Bullace, Bullet Grape, Green Muscadine, Green Scuppernong, Hickman's Grape, Pedee, Roanoke, White Muscadine, White Scuppernong, Yellow Muscadine

起源と親子関係

SCUPPERNONG はおそらく最初のアメリカワインの原料の一つであり，また，アメリカの *Vitis rotundifolia* の稀少な栽培品種の一つでもある．アメリカ南部の在来品種で果粒は濃い紫色である．しばしば，マスカダイン（Muscadine）ブドウと呼ばれている．この品種は野生の *Vitis rotundifolia* ブドウの緑がかったブロンズ色の変異と考えられる（Gohdes 1982）．ノースカロライナ州のアウターバンクス（Outer Banks，ノースカロライナ州とバージニア州の沿岸沖にある鎖状に連なる島々）で生育していた．しかしいつ，どこで最初のブドウが栽培されたかは不明である．

この品種は19世紀まで単に Big White Grape（大きな白いブドウ），あるいはよく，この品種の起源の地であると考えられているロアノーク島（Roanoke）にちなんで Roanoke Grape（ロアノークブドウ）と呼ばれていた．1811年に *Southern Planter* という雑誌の編集者である Calvin Jones と Tom Henderson の両氏が，ワシントン郡からロアノーク島東部のアルベマール湾（Albemarle Sound）まで流れるスカッパーノン川（Scuppernong）の岸に沿って多くのブドウが繁殖しているのをみつけた James Blount 大佐に敬意を表して，アルゴンキン語で「モクレンが育つ場所」という意味をもつ SCUPPERNONG と命名した（Gohdes 1982）．

特にトーマス・ジェファーソン大統領が1817年にそのアロマとクリスタルのような透明感を称賛し，ヨーロッパの最高のテーブルワインとの違いを際立たせたことで SCUPPERNONG の人気は瞬く間に上昇し，栽培地はノースカロライナ州を超えて広がった．このとき SCUPPERNONG はワインというよりも酒精強化されたブドウジュースに近かったのでジェファーソン氏の愛国的なコメントは慎重に読まなければいけない（Pinney 1989）．

19世紀半ばまでに，このブドウは生食用として，また，ワイン生産用としてアメリカ一帯で栽培されるまでになっていたが，ノースカロライナ州は主に SCUPPERNONG の栽培によってアメリカのブドウ栽培の最前線となった．1900年代の初めに，Paul Garrett 氏はイギリスからの入植者の息子としてロアノーク島で生まれた最初の子どもの名にちなんで Virginia Dare と名付けた自身の SCUPPERNONG ワインを販売し始めた．そのワインの人気が非常に高まったことで，Garrett 氏は禁酒法が施行される前のアメリカで最も成功したアメリカ東部の栽培家となった（Pinney 1989）．

2001年に SCUPPERNONG はノースカロライナ州の公式の果物に認定された．

他の仮説

SCUPPERNONG の名前は *Vitis rotundifolia* 品種のすべてに用いられることがあるが，上述のようなクローンとして増殖されたものに限定されるべきである．言い伝えによれば，フランス王フランソワI世（François I）に仕えていたフローレンスの探検家，Giovanni da Verrazzano 氏（1485-1528）がケープフィア川渓谷（Cape Fear River Valley，現在のノースカロライナ州）を探検した際に，多くのブドウが現地で自生しているのを見た後，1524年に初めてこの品種に関する報告をしたという．しかし，果粒の色については言及されていないため，単に野生の *Vitis rotundifolia* を見ただけであるのかもしれない．

他の資料では最初のイギリス人入植者である Philip Amadas と Arthur Barlowe の両氏がアメリカ探検中にウォルター・ローリー卿（Sir Walter Raleigh）の代理としてロストコロニー（失われた植民地 /Lost

Colony）に入植した際にロアノーク島で1584年にSCUPPERNONGを発見したとして両氏の功績が讃えられている．資料には「ブドウは低木を覆い，高いヒマラヤスギの先端まで登っている．世界中のどこを見回しても同じような光景は見られなかった」と書かれている（Gohdes 1982）．ここでもまた彼らは果粒の色を特定しておらず，そのブドウが栽培されていたという証拠は示されていない．実際，その一年後に，知事のRalph Lane氏がローリー卿にロアノーク島について「普天の下で最良の土壌を見つけた．豊かで良質のブドウをつける素晴らしい樹が豊富に生えている．それらの樹々はまだ野生で，フランスやスペインやイタリアでは見られない．」と記している．

樹齢400年を超え，通説ではアメリカで最も古い樹だといわれている一本の母樹からすべてのSCUPPERNONGが生まれたと考える人もいる．「母なるブドウ」とも呼ばれるこの古いSCUPPERNONGについては，Joseph Baum氏がこの有名な母なるブドウ畑を含むロアノーク島の大きな土地を確保した1720年代に初めて記録されている．驚くべきことに，このブドウはロアノーク島のマンテオ（Monteo）で現在も生育しており，そこでは半エーカー（幅32フィート，長さ120フィート）を覆っている．しかしこれがすべてのSCUPPERNONGの穂木のもととなったという証拠はない．また，アメリカ先住民もしくは最初の入植者によって植えられたものなのか，あるいは自然に繁殖したものなのかも定かでない．

ブドウ栽培の特徴

ブロンズ色の果粒の糖度は低いが酸度は高い．

栽培地とワインの味

SCUPPERNONGは現在もアメリカ南東部で栽培されているが，最近は，品質のよいワインをつくるための育種プログラムによって開発されたマスカダインブドウに置き換えられつつある．しかし，SCUPPERNONGはその歴史と名声およびマスカダインブドウは健康によいという評判のおかげで，いまも市場にアピールしている．ジョージア大学の農業および環境科学カレッジ（2010）によると，ブロンズ果汁が得られる品種としてSCUPPERNONGを用いているワイナリーもあるが，ほとんどのワイナリーは品質よりもその珍しさを利用しているだけなのだという．新しい畑にSCUPPERNONGを栽培することは推薦されていない，とのことである．しかし良質のSCUPPERNONGワインは確かに個性的で*vinifera*のワインとはかなり異なる，濃い金色でよい骨格をもち甘口である．最近行われたいくつかの研究では，SCUPPERNONGと他のマスカダインブドウが高レベルの抗酸化作用をもち，退行性疾病関連の危険因子を低減することが示唆されている．ノースカロライナ州のBenjamin Vineyards，Cypress Bend，Duplin，Hinnant Family，WoodMill，アラバマ州のPerdido，ジョージア州のButterducksなどの各社がヴァラエタルワインを生産している．

SEARA NOVA

ポルトガル西部とアゾレス諸島（Açores）で広範囲に栽培されている交配品種

ブドウの色：<u>●</u> ● ● ● ●

主要な別名：H-8-51-29

起源と親子関係

SEARA NOVAは，1951年にポルトガル，リスボン（Lisboa）東部，オエイラス（Oeiras）のナショナル農業センターでJosé Leão Ferreira de Almeida氏がDIAGALVES×FERNÃO PIRESの交配により得た交配品種である．

ブドウ栽培の特徴

豊産性である．萌芽期は遅く早熟である．厚い果皮をもつ果粒をつける．エスカ病，ユーティパ·ダイバック（Eutypa dieback）など，木の病気に対しては感受性が高いが，灰色かび病には耐性がある．

栽培地とワインの味

栽培が見られるのはポルトガルのテージョ（Tejo）やリスボン地方だが，アゾレス諸島のピコ島（Pico）でも公認されており，この地方の組合がこの品種を Terras de Lava のブレンドワインに用いている．SEARA NOVA は大西洋の気候に適しており，非常に高いアルコール分と平均的な酸味をもつワインができる．しかしそうでない場合はアロマもフレーバーもかなり軽くなってしまうため，ブレンドワインに用いられる．ポルトガルでは2010年におよそ700 ha（1,730 acres）が栽培されたと記録されているが，この数字は若干多く見積もられすぎかもしれない．

SEFKA

ギリシャでのみ栽培されている，バルカン半島（Balkan）起源の平凡な品種

ブドウの色：

主要な別名：Mavrouti，Nichevka，Sefka Nichevka，Sefko
よくSEFKAと間違えられやすい品種：CHONDROMAVRO

起源と親子関係

SEFKA はバルカン半島あるいはブルガリア起源の品種だといわれている（ギリシャワインデータベース；Nikolau and Michos 2004）．しかし，現在，栽培が見られるのはギリシャのみであり，そのDNA プロファイル（ギリシャワインデータベース）は他のどの品種とも一致しない（Vouillamoz）．
トラキア地方（Thráki /Thrace）では，SEFKA が CHONDROMAVRO と呼ばれることもあるのだが，ブドウの形態分類学的には SEFKA とマケドニア西部，コザニ県（Kozáni）産の本物の CHONDROMAVRO は異なるものである．

ブドウ栽培の特徴

樹勢が強く豊産性である．萌芽期は中期で熟期は中程度である．大きな果粒で，大きな果房をつける．

栽培地とワインの味

SEFKA はギリシャ本土北部のマケドニアやその南のテッサリア地方（Thessalía）で栽培されており，現地では主に KARNACHALADES や MOSCHOMAVRO などの地方品種とブレンドされている．時に，白品種とブレンドされることもある．ワインは通常，色が薄く，アルコール分は中程度だが，酸味は弱いものとなる．

SEGALIN

フランス，モンペリエ（Montpellier）の交配品種．あまり栽培されていないが，
カオール（Cahors）においてブレンドの増強に一役買っている．

ブドウの色：● ● ● ● ●

主要な別名：Ségalin

起源と親子関係

SEGALIN は1957年にフランス南部モンペリエの国立農業研究所（Institut National De La Recherche Agronomique：INRA）で Paul Truel 氏が，JURANÇON NOIR×BLAUER PORTUGIESER の交配により得た交配品種である．1976年にフランスの品種リストに登録された．品種名の SEGALIN はアヴェロン県（Aveyron）とタルヌ県（Tarn）の間にある「Ségala 地方の人」という意味の *Ségalis* にちなんで名づけられたものである（Rézeau 1997）．

ブドウ栽培の特徴

萌芽期は早期で熟期は中程度である．暖かい気候条件では樹勢が弱くなってしまうため，中程度の気温下で栽培するのがよい．ブドウは長梢剪定され支柱に固定される．房枯れ（茎の乾燥）とマグネシウム欠乏に感受性が高く，特に SO_4 台木に接ぎ木した際にそれが顕著となる．非常に小さな果粒をつける．

栽培地とワインの味

ワインは色合い深く良好な骨格とタンニンを有している．フランスでは2006年の栽培面積と比べると若干減少はしているものの2008年に67 ha（166 acres）の栽培を記録している．SEGALIN は国立農業研究所（INRA）が近年開発した多くの交配品種同様，西のドルドーニュ県（Dordogne）から南東のブーシュ＝デュ＝ローヌ県（Bouches-du-Rhône）にかけて南フランスの多くの地域で推奨されている．Domaine de Matèle 社が SEGALIN/マルベック（MALBEC/COT）とのブレンドワインをカオールの北部で作っている．ロット県（Lot）では SEGALIN がブドウ畑の10％を占めており，GAMAY NOIR やメルロー（MERLOT）とともに，ワインのボディーを増強するために用いられている．

SEIBEL 10868

フランス，アルデシュ県（Ardèche）の交雑品種．
現在はアメリカ合衆国のミシガン州でのみ，わずかな量が栽培されている．

ブドウの色：● ● ● ● ●

主要な別名：Soleil Blanc

起源と親子関係

20世紀初頭に南フランスのアルデシュ県，オーブナ（Aubenas）で Albert Seibel 氏が SEIBEL 5163×SEIBEL 5593の交配により得た交雑品種である（SEIBEL 5163 の完全な系統は PRIOR 参照，また SEIBEL 5593の完全な系統は CHELOIS 参照）．

ブドウ栽培の特徴

樹勢が強く熟期は中期である．耐寒性がそれほど強くない．厚い果皮をもつブロンズ色の果粒で，中サイズの果房をつける．果粒は十分熟すとやや紫がかった色合いになる．べと病とうどんこ病ならびに灰色かび病に感受性が高い．果汁の pH が高い．

栽培地とワインの味

フランスで作られた SEIBEL 10868 だが同国では公認されていないため，同国では栽培されていない．ミシガン州の Boskydel 社が数百本のブドウの樹を保有しており，Soleil Blanc のブレンドワインの生産に用いている．

SEMIDANO

イタリア，サルデーニャ島（Sardegna）でのみわずかに栽培されている白品種

ブドウの色：

主要な別名：Arvusiniagu，Laconarzu，Migiu，Semidamu，Semidanu

起源と親子関係

SEMIDANO については Manca dell'Arca 氏（1780）が Semidamu あるいは Laconarzu の名で初めて記載している．SEMIDANO は NURAGUS とともに，おそらくかなり早い時期に Karalis（現在のカリャリ（Cagliari））やノーラ（Nora）の港から持ち込まれ，イタリアのサルデーニャ島に広がったといわれている．

ブドウ栽培の特徴

熟期は中期～晩期である．かびの病気に弱い．

栽培地とワインの味

19 世紀末に発生したフィロキセラにより壊滅的な被害を受けて以降，SEMIDANO はより豊産性で耐病性の NURAGUS に取って代わられ，イタリアのサルディーニャ島から徐々に姿を消してしまった．現在は主にカンピダーノ地域（Campidano）やカリャリ県で栽培されている．NURAGUS とブレンドされるのが通常だが，ヴァラエタルワインが作られることもある．Sardegna Semidano DOC ではラベルにモーゴロ（Mogoro）サブゾーンが表示され，スティルワインや発泡性ワインさらにはパッシートスタイルのワインがつくられる．地方組合の Cantina Sociale Il Nuraghe が主な生産者である．イタリアでは2000年に50 ha（124 acres）の栽培が記録された．

SÉMILLON

ボルドー（Bordeaux）の甘口白ワイン品種.
辛口の白ワインにおけるソーヴィニヨン・ブラン（SAUVIGNON BLANC）の
自然なブレンドパートナーでもある.

ブドウの色：

主要な別名：Barnawartha Pinot（オーストラリア），Blanc Doux（フランス），Chevrier（フランス），Greengrape（南アフリカ共和国），Hunter River Riesling（オーストラリア），?Merwah（レバノン），Saint-Émilion（ジロンド県（Gironde）），Semilion，Semillon，Sémillon Blanc（リブルヌ（Libourne）），Sémillon Muscat（ソーテルヌ（Sauternes））

よくSÉMILLONと間違えられやすい品種：COLOMBARD ⌘，CROUCHEN ⌘（オーストラリア），MALVASIA FINA（ポルトガルのドウロ（Douro）），PALOMINO FINO ⌘（フランス南部のフレジュス（Fréjus）），SERCIAL ⌘（オーストラリアでは Sémillon は Sercial と呼ばれることがある），SPERGOLA ⌘，TREBBIANO TOSCANO ⌘（シャラントで TrebbianoToscano と呼ばれる Ugni Blanc はまた Saint-Émilion として知られる）

起源と親子関係

セミヨン（SÉMILLON）は18世紀までフランス南西部，ボルドーのソーテルヌ（Sauternes）でのみ栽培されていた．現地で1736年に「semilion または St Émilion」と記録されたのが，この品種に関する最初の記録である．一般にこの品種はソーテルヌで生まれたと考えられているが，セミヨンという品種名はおそらく *semeljun*（この地方でのサン＝テミリオン（Saint-Émilion）の発音）に由来すると考えられる（Rézeau 1997）．サン＝テミリオンにもこの品種はあるが，重要と考えられるほどの規模では栽培されてこなかった．

最近の DNA 解析によってセミヨンは遺伝的にソーヴィニヨン・ブランと非常に近いことが示されたが（Jahnke *et al.* 2009），親子関係は否定された（Vouillamoz）．

メルロー（MERLOT）と TROUSSEAU は SÉMILLON ROUGE と呼ばれることがある（Levadoux 1956; Galet 1990）が，それらは完全にセミヨンと関係はない．RED SÉMILLON と呼ばれる色変異が南アフリカ共和国で見られる（後述）．

セミヨンは FLORA と NORIA の育種に用いられた．

他の仮説

Lavignac（2001）は，セミヨンはジロンド県（Gironde）の島や森に由来する品種であり，16世紀頃に現れたと述べている．この説は前述した別の語源と一部一致している．その語源に関する仮説によれば，セミヨンはオック（Occitan）語で「種子」あるいは「ブドウの品種」を意味する *sem* と接尾語の *-ilbo* に由来しているのだという．これはおそらくこの品種が野生のブドウからというよりも種子から得られたことを示しているのではないだろうか（Levadoux 1948; Rézeau 1997）．しかしすべてのブドウは種子に由来しているとも言えるのでこの仮説は確実なものではない．

レバノンで MERWAH として知られる品種はセミヨンの祖先型（ancestral form）あるいは祖先であるという説もある．しかし，歴史的にレバノンで栽培されたことがないソーヴィニヨン・ブランとセミヨンは遺伝的に極めて近いため，この説に対しては異論もある．MERWAH は単にセミヨンのこの地方のクローンである可能性もあるが，これについてはまだ DNA 解析で確認されていない．

ブドウ栽培の特徴

熟期は中期である．樹勢の強さは中程度で剪定は長梢でも短梢でもよい．収量は畑の肥沃度によって大きく変わる．砂利や石灰質の粘土が栽培に適している．灰色かび病，黒腐病（新葉に），ダニ，ヨコバイに感受性があるが，べと病とユーティパダイバックへの感受性は低い．典型的な明るい緑の葉とは対照的に，大きな果粒は熟すと黄色や金色になる．

栽培地とワインの味

セミヨンが流行の品種でないのは少し奇妙である．なぜなら完熟する前のセミヨンは非常に植物的な香りで，この点がいま，非常に人気のあるソーヴィニヨン・ブランに似ているからである．完熟したセミヨンはソーヴィニヨン・ブランよりもフルボディーでふくよかであり，ワックスのような質感と，ラノリン，そして時にレモンを思わせるアロマをもち，ソーヴィニヨンがもつシャープなアタックや強い酸味と比べると，口中で粘度の高い印象を与えることが多い．

フランスはどこよりも多くのセミヨンを栽培しており，2009年には11,693 ha（28,894 acres）の栽培を記録した．同国では5番目に多く栽培される白品種であり，栽培のほとんどはフランス南西部で見られる．ボルドーではセミヨンがソーヴィニヨン・ブランよりも多く栽培されており，2009年には7,384 ha（18,246 acres）の栽培を記録している．とりわけガロンヌ川（Garonne）の左岸で多く栽培されて，ソーテルヌ（Sauternes）やその周辺では白の甘口ワインが作られている．薄い果皮は貴腐になりやすい．また，オークの風味も有している．ある時はスモーキーな，またある時はオイリーなワインができる．辛口ワインはChâteaux La Mission Haut-Brion や Haut-Brion のようなペサック・レオニロン（Pessac-Léognan）のトップクラスのものが最高である．いずれの場合でもソーヴィニヨン・ブランとブレンドされ，甘口の白ワインの場合，セミヨン：ソーヴィニヨン・ブラン＝4:1の比にするのが伝統的な割合である．しかし辛口ワインの場合は近年ソーヴィニヨン・ブランの割合が増えている．アントル・ドゥー・メール（Entre-Deux-Mers）でも少しセミヨンが栽培されており，シンプルでフレッシュな辛口の白が作られている．

ベルジュラック（Bergerac）ではセミヨンの重要性が低下しているため，セミヨンはもはやドルドーニュ県（Dordogne）で最も多く栽培される品種でなくなり，2009年の栽培面積はメルローの4,303 ha（10,633 acres）を下回る3,726 ha（9,207 acres）であった．しかし Monbazillac AOC で作られるワイン（ソーヴィニヨン・ブランや MUSCADELLE とともにこの品種名が用いられる）にとってセミヨンはいまだ非常に重要な材料であり，Bergerac Blanc に重厚さを与える役割を担っている．隣のロット＝エ＝ガロンヌ県（Lot-et-Garonne）では236 ha（583 acres）が栽培されているが，その重要性はソーヴィニヨン・ブランや COLOMBARD に劣る．セミヨンはプロヴァンス地方（Provence）のほとんどのアペラシオンで技術的には公認されている．ヴァール県（Var）には2009年に187 ha（462 acres）の栽培が記録されたが，酸度が重視されるミディ（Midi）の畑ではほとんどインパクトがない．

イタリアではこの品種はほとんど知られていないが，ラツィオ州（Lazio）の Castel de Paolis 社は，貴腐スタイルのセミヨンに酸度を加えるために20% のソーヴィニヨン・ブランをブレンドし，ソーテルヌのワインに応酬している．スペインでは事実上知られていないが，ポルトガルでは唯一ドウロ（Douro）の生産者が遅摘みの白ワインを作っている．ハンガリーでは2008年に55 ha（136 acres）の栽培を記録した．ロシアのクラスノダール地方（Krasnodar Krai）でも少し栽培されている．ギリシャやキプロス（2010年36 ha/89 acres）でも一握りの生産者によって栽培されている．トルコでは2010年に547 ha（1,352 acres）の栽培を記録している．そのほとんどがマルマラ海の北に位置するテキルダー地方（Tekirdağ）で栽培されていた．イスラエルには19世紀にワイン産業の振興のためにボルドーから持ち込まれ，いまでも限定的に栽培されているが，栽培は減少しつつある．残念ながらソーテルヌ以外の土地ではこの高貴な品種に対する情熱の高まりは見られない．

カリフォルニアは流行おくれの土地というわけではないが，2010年には州のところどころで依然890 acres（360 ha）のセミヨンが栽培されていた．栽培が見られるのは主に，ナパ（Napa），ソノマ（Sonoma），ユバ郡（Yuba），サンホアキン郡（San Joaquin）である．ボルドー地方と同様に通常はソーヴィニヨン・ブランとブレンドされ，そのほとんどが辛口ワインになるが，甘口ワインが作られたり，時に貴腐スタイルの白ワインが作られることもある．

セミヨンはかつては Mondavi 社の Woodbridge シャルドネ（CHARDONNAY）のようなブレンドワインの増量に用いられていた．Charles Wetmore 氏が Château d'Yquem 社から輸入して穂木から育てられたブドウを基に，リバモア（Livermore）近郊に1880年代からある Wente 社のブドウ園で栽培されたブドウを用いて，Kalin 社がワインを生産している．このワインはじっくりとボトル熟成させた，おそらく最も個性的なカリフォルニアのヴァラエタルセミヨンワインである．しかし，カリフォルニアのセミヨンの古木はこれだけではない．ソノマの Monte Rosso 社は古いジンファンデル（ZINFANDEL）の栽培でも有名だが，1886年に植えられたセミヨンも栽培しており，Carlisle 社や Luc Morlet 社等がその濃厚な果汁を有するブドウを購入し，ブレンドワインの生産に用いている．また Morgan 社が Monte Rosso 社のブドウから

100%セミヨンの甘口ワインを作っている.

ワシントン州にはセミヨンワイン生産の長い歴史があり，L'Ecole 41社の製品のようにかつては良質で個性的な辛口ワインが作られていた．しかし，近年，栽培は激減しており，栽培面積は1993年の700 acres（283 ha）から2011年には222 acres（90 ha）になった．DeLille社のChaleur Estateは以前から卓越した白のボルドーブレンドである．また，甘口のセミヨンワインも作られている．国境を越えたカナダではブリティッシュコロンビア州において2008年に72 acres（29 ha）の栽培を記録している．Sumac Ridge社やBlack Hills社などが信頼に値するセミヨン / ソーヴィニヨン・ブランのブレンドワインを作っている.

セミヨンはかつてチリでかなり広く栽培されていた．最近でいうと，2008年にはまだ1,727 ha（4,268 acres）が栽培されていたが，その多くはSauvignonとラベルされるワインの増量に使われていたと見るべきである．そのためチリではセミヨンのヴァラエタルワインが見られることはめったにないが，Viu Manent社やValdivieso社などは比較的美味でお買い得の遅摘みの甘口ワインを作っている.

アルゼンチンでは2008年に973 ha（2,404 acres）の栽培を記録している．そのほとんどがメンドーサ州（Mendoza）で栽培されているが，サン・フアン州（San Juan）やリオネグロ州（Río Negro）でも限定的に栽培されている．Finca La Anita社が珍しいことにメンドーサ州で真剣に辛口ワインを作っている．ウルグアイでは129 ha（319 acres）が栽培されている.

フランス以外でセミヨンが真に勢力をもっているのがオーストラリアである．同国にはセミヨンが世界で最も個性的な辛口の白ワインの生産の一翼を担ってきたという崇高な歴史がある．オーストラリアでは2008年に6,715 ha（16,593 acres）の栽培が記録されている．シャルドネの31,564 ha（77,996 acres）には遠く及ばないものの，同国で2番目に多く栽培される白品種である．セミヨンは同国全土で栽培されるが，ヴァラエタルワインの産地として最も有名なのはハンター・バレー（Hunter Valley）である．この地ではオークは用いられず，アルコール分が低く，酸味の強いワインは数年のボトル熟成を経てトーストの香りと複雑さを得，素晴らしいワインに生まれ変わる．西オーストラリア州では，ソーヴィニヨン・ブランとブレンドされている．とりわけマーガレット・リバー（Margaret River）やアデレイド・ヒルズ（Adelaide Hills）でエレガントで洗練されたワインが作られている．ワインにはオークを用いたものとそうでないものがある．ボルドーに似ているが，白のボルドーよりリフレッシュ感がある．オイリーな肉付きの良さを避けるために早摘みされるとグレープフルーツのフレーバーが感じられ，ブレンド相手のソーヴィニヨン・ブランと似たような味になることがある．バロッサ・バレー（Barossa Valley）のヴァラエタルワインは時にパワフルで樽香が強いが，現在はより控えめなスタイルのものが現れてきている．生産者としてはハンター・バレーのBrokenwood，McWilliams，Tyrrells，クレア・バレー（Clare Valley）のMount Horrocks，マーガレット・リバーのMoss WoodやVasse Felix，またバロッサ・バレーのPeter Lehmannなどの各社が推奨されている．Brookland Valley，Cape Mentelle，Larry Cherubino，Cullen，GoundreyやLenton Braeなどの各社が西オーストラリア州で良質のセミヨン / ソーヴィニヨン・ブランのブレンドワインを作っている.

ニュージーランドではこの品種はそれほど重要でなく，総栽培面積は2009年までに201 ha（497 acres）に減少してしまった．栽培は主にギズボーン（Gisborne），マールボロ（Marlborough），ホークス・ベイ（Hawke's Bay）などで見られるが，ほとんど輸出されていない.

セミヨンは南アフリカ共和国において，かつて非常に重要とされていた品種であり，19世紀初頭にはケープ（Cape）のブドウ栽培地の90%をこの品種が占めていた．葉の緑の鮮やかさからアフリカーンス（Afrikaans）語では単に*groendruif*（「緑ブドウ（greengrape）」という意味）と呼ばれていたが，その後，*wijndruif*（「ワインブドウ」という意味）と呼ばれるようになった．非常に高い人気を獲得し，同国の主要品種となっている．19世紀末まではボルドーのセミヨンとは同定されておらず，赤の果皮色変異（後述）は，論理的に「赤緑ブドウ」（red greengrape）と呼ばれていた.

南アフリカ共和国におけるセミヨンの重要性は20世紀の間に低下し，2008年の栽培面積は1,153 ha（2,849 acres）のみで，白ワイン品種の総栽培面積のわずか2%を占める程度でしかない．栽培面積が多いのはステレンボッシュ（Stellenbosch），スワートランド（Swartland），フランシュフック（Franschhoek）で，Landau du Valなどでは古い株仕立てのブドウが見られることがある．栽培面積は下り坂であるにもかかわらず，ワインの評判は次第に増しつつある．高品質なワインの多くにオークが用いられており，Eben Sadie氏のようなトップの生産者らはブレンドワインへの貢献に価値を見い出している．ヴァラエタルワインの生産者としてはBoekenhoutskloof，Cederberg，Fairview，Steenberg，Stellenzichtなどの各社が推奨されている．セミヨンの故郷であるボルドー同様，多くの最も優れたワインはTokaraやVergelegenなどの各社が作る最高級の白ワインのように，セミヨン / ソーヴィニヨン・ブランブレンドであり，通常セミヨンの割合が高いものである．
少量だが，オーク樽を用いた貴腐ブドウのデザートワインも作られている．

SÉMILLON ROSE

南アフリカ共和国でのみ栽培されている赤色変異の SÉMILLON ROSE（または RED SEMILLON）はかつて，薄い果皮色をもつ原型のセミヨンと広く混植されていたが，現在はより一般的な品種となっている．赤色変異の両品種がいつ最初に現れたのかは定かではないが，1820年代には一般的なものとなっていた．しかし，白品種と同様に赤あるいはピンク色をしたこのブドウは20世紀の間に減少してしまい，現在はいくつかの畑でわずかに栽培されるだけとなっている．ブドウ栽培家であった Rosa Kruger 氏がスワートランド（Swartland）で1900年代初頭から接ぎ木されていない株仕立ての樹を発見し，Eben Sadie 氏が醸造に用いた（James 2009）．

SERCIAL

強烈に酸っぱいポルトガル品種．マデイラ島（Madeiras）で作られる，最も辛口のワインに用いられる品種として一番有名である．

ブドウの色：

主要な別名：Arinto dos Açores ✕，Esgana，Esgana Cão ✕，Esganoso（ミーニョ（Minho））
よくSERCIALと間違えられやすい品種：ARINTO DE BUCELAS ✕，CERCEAL BRANCO ✕（バイラーダ（Bairrada）およびドウロ（Douro）），SÉMILLON ✕

起源と親子関係

SERCIAL はポルトガル，リスボン（Lisboa）に近いブセラス（Bucelas）起源であろう．現地では伝統的に ESGANA CÃO という名で栽培されているが，起源についてはドウロである可能性も示唆されている．本土からマデイラ島にもちこまれ，同島で SERCIAL と呼ばれるようになった．しかしこの品種をダン（Dão）の CERCEAL BRANCO（別名 CERCIAL）や SERCIALINHO と混同しないように．ESGANA CÃO には「犬を窒息死させるもの」という意味があるが，これはワインの強烈な酸味を表したものである．
最近の DNA 解析によって SERCIAL は遺伝的にコラレス地方（Colares）の RAMISCO やアレンテージョ地方（Alentejo）の TRINCADEIRA（Almadanim *et al.* 2007）また，ドウロやダンの ALVARELHÃO（Lopes *et al.* 1999）と近いことが明らかになった．

他の仮説

SERCIAL はライン川岸（Rhein）が起源であるという説もあるが，それを示す証拠はない．

ブドウ栽培の特徴

中サイズの果粒で大きな果房をつける．薄い果皮のため果粒は酸敗しやすい．晩熟である．うどんこ病とべと病には耐性がある．

栽培地とワインの味

ESGANA CÃO は SERCIAL の正式な別名であるが，マデイラ島で作られる最も辛口のワインの重要な原料品種として，後者のほうがよく知られている．しかし，2010年にマデイラ島で記録された栽培面積は20 ha（49 acres）以下であった．栽培のほとんどは南部沿岸の高台および海に近い北部沿岸で見られる．ポルトガル本土では70 ha（173 acres）の栽培が記録されている．栽培は主にリスボンの北に位置するブセラスや最北部のミーニョおよびドウロで見られ，そこでは白のポートや白の辛口のテーブルワインに酸味を加えるため，補助的な役割を果たしている．本土での別名が示唆するようにワインは飾り気がなく，酸味が強い．マデイラ島では酒精強化前にアルコール分が11 % を超えることはめったになく，香りが強く，活気があり，超辛口で酸が生き生きとした非常に長寿のワインとなる．ブセラスでは ARINTO DE BUCELAS とのブレンドで ESGANA CÃO が補助的な役割を果たしている．ヴァラエタルワインはほとんど見られないが，Álvaro de Castro 氏が Beira Interior の SERCIAL のヴァラエタルワインを Quinta de Saes 社で作っている．

フランスではラングドック（Languedoc）東部にある Mas de Daumas Gassac 社の畑で0.5 ha（1.24 acres）が栽培されており，アロマと酸度が辛口の白ワインに加えられている．また，いくつかのビンテージでは，MUSCAT に加えられ，遅摘みの甘口ワイン Vin de Laurence が生産されている．

SERCIALINHO

稀少で強い酸度のポルトガルの交配品種．ワインにフレッシュさとアロマを加える．

ブドウの色：

主要な別名：Cercealinho，Sercealinho

起源と親子関係

1950年にアルコバサ（Alcobaça）研究センターの Leão Ferreira de Almeida 氏が得たポルトガルの交配品種である．Vitis 国際品種カタログにはこの品種が VITAL × ALVARINHO の交配品種であると記載されているが，Veloso *et al.*（2010）が報告した DNA プロファイルはこれと一致しない．この品種の唯一の推進者として父親の後を継いだバイラーダ地方（Bairrada）の Luis Pato 氏は，この品種が SERCIAL × ALVARINHO の交配品種であると信じている（Luis Pato 私信）．

ブドウ栽培の特徴

萌芽期は中期で晩熟である．厚い果皮をもつ小さな果粒をつける．灰色かび病にはやや耐性を示す．

栽培地とワインの味

2010年にはポルトガルで9 ha（22 acres）の SERCIALINHO の栽培が記録された．栽培は主に，この品種が生まれたバイラーダ近郊で見られる．この品種を扱う生産者の中で最も大きな成功を収めたのが Luis Pato 氏で，Pato 氏はこの品種をリースリング（RIESLING）にたとえ，その酸味と松脂 / 石油のような特徴を BICAL や CERCEAL BRANCO に加え，自身の Vinhas Velhas ブレンドワインを作っている．2009年には SERCIALINHO のヴァラエタルワインを試作したが，この品種のみでワインを作っても十分に良質のワインができないという結論に達した．もともとこのブドウは発泡性ワインにフレッシュさを加えることを目的に，Pato 氏の父が植え付けたものなのだが，Pato 氏はさらに植え付けを増やし，現在は凍結抽出（クリオエクストラクション）により甘口ワインを作っている．ワインはアロマティックで，グリーンアップルや梨，そしてほのかに香る蜂蜜のフレーバーとクリーミーなテクスチャーを有している．13.5 % のアルコール分でも強い酸味を保ち，温暖な気候の年には，特にブレンド用として興味深いワインになる．

SERINA E ZEZË

アルバニアの早熟な赤ワインブドウ

ブドウの色：● ● ● ● ●

よくSERINA E ZEZËと間違えられやすい品種：SHESH I ZI（アルバニア），SYRAH☓（アルバニア）

起源と親子関係

SERINA E ZEZË は「黒い SERINA」を意味し，アルバニア南東部のコルチャ地域（Korçë）由来だと考えられている．SERINA E ZEZË と SÉRINE（コート・ロティ（Côte Rôtie）でのシラー（SYRAH）の古い別名）が類似していることから，SERINA E ZEZË と SÉRINE は互いに別名であるというアルバニアの研究者もいるが，この説は DNA 解析の結果とは矛盾する．DNA 解析によって，アルバニアには SERINA を冠する異なる品種が少なくとも4種類：SERINA E ZEZË，SERINA E ZEZË PRISHA，SERINA LANDARE，SERINA E DRENOVËS，存在することが明らかになっている（Ladoukakis *et al.* 2005）．また，DNA プロファイルの比較によって，SERINA E ZEZË と黒色果粒のギリシャの古い生食用ブドウである HEFTAKILO とが，同一ではないものの，非常に近縁な関係にあることが明らかになった．現在は栽培されていない白色果粒の SERINA E BARDHË が SERINA E ZEZË の色変異か否かは DNA 解析が行なわれていないため明らかでない．

ブドウ栽培の特徴

早熟である．

栽培地とワインの味

主にアルバニア南東部の冷涼な地方で栽培されるが，他の多くの在来品種同様，国際品種に栽培地を奪われている．

SERODIO

SERODIO はスペイン北西部，ガリシア州（Galicia）のモンテレイ地方（Monterrei）の黒色果粒をもつ品種である．以前はほぼ絶滅状態にあった稀少な品種だが，Quinta da Muradella 社の José Luis Mateo 氏がこの品種を救済した．彼は少量の SERODIO を ZAMARRICA が主体の自身のブレンドワイン A Trabe に加えている．

SERVANT

主に生食に用いられる，フランスと南アフリカ共和国のマイナーな品種

ブドウの色：● ● ● ● ●

主要な別名：Nonay（トゥーロン（Toulon）），Raisin Blanc（南アフリカ共和国），Servan
よくSERVANTと間違えられやすい品種：Gros Vert

起源と親子関係

SERVANT という名はフランス，ラングドック（Languedoc）のエロー県（Hérault）で古い生食用ブドウの GROS VERT を指す言葉として19世紀まで用いられていた．1864年頃になって，トゥーロン地方の Nonay 提督がギリシャからこの品種をトゥーロンに持ち込み，現地で NONAY と呼ばれ栽培されていた品種に対して現代の SERVANT という名前が使われるようになった（Galet 1990; Rézeau 1997）．SERVANT という品種名は，GROS VERT がイースターの頃まで新鮮さを保ったまま屋根裏に保存されていたことから，ラングドックの方言で「保存できる」を意味する言葉 *serva* に由来すると考えられる（Rézeau 1997）．Galet（2000）によると，この品種の元の名前はブルガリアの Moldavsky Bely であるということだが，少なくとも5種類の別の品種にこの名が用いられていることから，この仮説の真偽は定かでない．

ブドウ栽培の特徴

非常に晩熟である．あまり乾燥していない白い石灰質の土壌が栽培に適している．時に花ぶるいを起こしたり，果房が小さくなる傾向がある．灰色かび病に良好な耐性を示す．

栽培地とワインの味

フランス（143 ha/353 acres ;2008年）と南アフリカ共和国（95 ha/235 acres ;2008年）では，主に生食用ブドウとして栽培されているが，Domaine Jordy 社の Cert-Vent は Vin de Pays de l'Hérault に分類される SERVANT 主体のブレンドワインである．Frédéric Jordy 氏は SERVANT のワインについて，素朴さのある辛口の濃いワインで栽培地の影響をうけて火打石のニュアンスがあり甲殻類との相性がよいと述べている．

SEVERNY

主にその耐寒性が評価されるロシアの品種

ブドウの色：● ● ● ● ●

主要な別名：Severnyi Muskat

起源と親子関係

「北の」という意味をもつ SEVERNY は1936年にロシア，ロストフ州（Rostov），Novocherkassk の全ロシアブドウ栽培およびワイン生産研究開発センターで Ya I Potapenko，E Zakharova の両氏が SEYANETS MALENGRA × *Vitis amurensis* Ruprecht の交配により得た交雑品種である．「MALINGRE の実生」という意味をもつ SEYANETS MALENGRA は PRÉCOCE DE MALINGRE の開放系受粉（花

粉親は不明）により得られたものである．SEVERNY は FIOLETOVY RANNY，GOLUBOK，OVIDIOPOLSKY，SAPERAVI SEVERNY の育種に用いられた．

ブドウ栽培の特徴

樹勢が強く非常に早熟で，耐寒性である．花は機能的に雌しべのみなので，受粉に他の品種を必要とする．厚い果皮をもつ果粒が粗着した果房をつける．

栽培地とワインの味

北東アジアの *amurensis* 遺伝子の影響によりブドウには非常に耐寒性がある．他の多くの品種と異なり，冬期のロストフのワイン生産地域においても，ブドウの樹を土の中に埋める必要がないのだが，ロシア以外で人気を獲得することができないようだ．

SEYVAL BLANC

ブドウ栽培にとって限界の気候下，とりわけイギリスで最も大きな成功を収めた薄い果皮色のフランスの交雑品種

ブドウの色：

主要な別名：Seyval，Seyve-Villard，Seyve-Villard 5276

起源と親子関係

SEYVAL BLANC はフランス東部，イゼール県（Isère），サン＝ヴァリエ（Saint-Vallier）で Bertille Seyve と Victor Villard の両氏が SEIBEL 5656×RAYON D'OR の交配により得た交雑品種である（PRIOR の系統図参照）．同じ親品種は姉妹品種である SEYVAL NOIR の育種にも用いられた．Seyval という名は Seyve と Vallier の短縮形である（Rézeau 1997）．SEYVAL BLANC は BIRSTALER MUSKAT，CAYUGA WHITE，CHARDONEL，LA CROSSE，MELODY，RÉSELLE と ST PEPIN の育種に用いられた．

ブドウ栽培の特徴

熟期は早期～中期である．樹勢が強く結実能力が高い．一貫して高収量で，病気全般に良好な耐病性を示すが，成熟期後半には灰色かび病に感受性になる．接ぎ木を必要とする．果皮に綿毛が生えている．

栽培地とワインの味

SEYVAL は多くのフランスのワイン生産地域で公認されているが，祖先が交雑品種であるので，推奨されている地域はなく，クオリティワイン（法律的な定義において）生産のためには認められていない．2008年にはフランスで111 ha（274 acres）が栽培されたが，1998年の159 ha（393 acres），1958年の1,309 ha（3,235 acres）から減少している．

しかし，この品種が豊産性であることと，比較的早熟であることが冷涼な気候下で有利にはたらき，成功を収めている．1950年代初期のイギリスにおいて，SEYVAL と MÜLLER-THURGAU は多くのブドウ畑で栽培される標準的な品種であった．発泡性ワインの生産に用いるため，イギリス中で伝統的なシャンパーニュ品種の植え付けが行われた時期があったが，こうした植え付けが行われる以前のイギリスでは，この二つの品種が最も広く栽培されていた．しかし，2009年には栽培面積が90 ha（222 acres，全栽培面積の6.5％）となってしまい，わずかではあるが栽培面積は減少を見せている．

冷涼な気温によるためか，果粒の糖度はあまり高くない．ワインは比較的ニュートラルで酸味が強いが，発泡性ワインのベースワインに適している．良質のワインは樽発酵と滓との熟成に適しているが，ボトルでの熟成はあまりすすめられない．最も重要なポイントは，この品種にはいくつかの交雑品種に見られるようなフォクシーフレーバーがないということである．奇妙な官僚的理由により，イギリスでは，このブドウが原産地呼称保護の発泡性ワイン（Quality Sparkling Wine）用として認められている．SEYVAL BLANC を発泡性ワインに用いている生産者としては Camel Valley 社，Breaky Bottom 社などが推奨されている．

カナダやニューヨーク州，アメリカ東部など，他の冷涼な地域も SEYVAL BLANC の栽培に適している．オンタリオ州では2006年に約210 acres（85 ha）が栽培されている．また，ノバスコシア州やケベック州でも限定的に栽培されている．ニューヨーク州では2006年に373 acres（151 ha），ミシガン州では75 acres（30 ha），バージニア州では48 acres（19 ha），インディアナ州にでは30 acres（12 ha），その西のアイオワ州では16 acres（6 ha）が栽培された．ミズーリ州の St James Winery では良質のワインが作られている．

SEYVAL NOIR

フランス，イゼール県（Isère）の交雑品種．白の姉妹品種ほどは成功していないが，カナダ，ケベック州で現在でも栽培されている．

ブドウの色：● ● ● ● ●

主要な別名：Seyve-Villard 5247

起源と親子関係

SEYVAL NOIR はフランス東部，イゼール県のサン＝ヴァリエ（Saint-Vallier）で Bertille Seyve と Victor Villard の両氏が SEIBEL 5656×RAYON D'OR の交配により得た交雑品種である（PRIOR の系統図参照）．同じ親品種から姉妹品種にあたる SEYVAL BLANC が生まれた．Seyval という名は Seyve と Vallier の短縮形である（Rézeau 1997）．

ブドウ栽培の特徴

うどんこ病に感受性がある．中程度の耐寒性をもつ．

栽培地とワインの味

フランス，ジュラ県（Jura）のロタリエ（Rotalier）にある Domaine Ganevat 社は SEYVAL NOIR を少し植え直し，早飲みの赤のブレンドワインの生産に用いている．SEYVAL BLANC とは異なり SEYVAL NOIR は公式品種リストに登録されていない．現在もカナダのケベック州で限定的に栽培されているが面積は減少している．La Mission 社と Domaine Les Brome 社がロゼのブレンドワインに，Les Pervenches 社が赤のブレンドワインの生産にこの品種を用いている．L'Orpailleur 社はワインビネガーを作っている．

SGAVETTA

イタリア，エミリア＝ロマーニャ州（Emilia-Romagna）の珍しい品種．通常はブレンドの色付けとしての小さな役割を果たしている．

ブドウの色：● ● ● ● ●

主要な別名：Sganetta，Sgavetta a Graspo Rosso

起源と親子関係

SGAVETTA を初めて記録したのは Di Rovasenda（1877）である．Di Rovasenda は SGAVETTA という名前はエミリア＝ロマーニャ州の Schiava あるいは Schiavetta という言葉に由来すると考えていた．この品種はかつて，モデナ県（Modena）やレッジョ・エミリア県（Reggio Emilia）において良質のワインになりうると賞賛されていた．DNA 解析によって ROSSARA TRENTINA との遺伝的関係が示唆された（Boccacci *et al.* 2005）．

ブドウ栽培の特徴

熟期は中期〜晩期である．かびによる病気への良好な耐性を示す．

栽培地とワインの味

SGAVETTA はイタリア北部，エミリア＝ロマーニャ州のモデナ県やレッジョ・エミリア県で栽培されており，これらの地方では他の地方品種とブレンドされワインの色付けに用いられている．Colli di Scandiano e di Canossa DOC の MALBO GENTILE や MARZEMINO のワインに少量の SGAVETTA が用いられている．ヴァラエタルワインは珍しいが，そのうちのいくつかは甘口ワインや発泡性ワインで成功を収めている．2000年にはイタリアで68 ha（168 acres）の栽培を記録している．

SHAVKAPITO

再発見され期待が高まる濃い果皮色のジョージア品種

ブドウの色：● ● ● ● ●

主要な別名：Chavkapito

起源と親子関係

SHAVKAPITO はジョージア中南部，カルトリ地方（Kartli）の在来品種である．

ブドウ栽培の特徴

萌芽期は中期で熟期は中期である．湿った環境を好まない．厚い果皮をもつ小さな果粒が粗着した中サイズの果房をつける．低収量である．

栽培地とワインの味

近年，再発見された SHAVKAPITO は，ジョージア，ティビリシ（Tbilisi）北西に位置するカルトリ地方の村々（Metekhi，Khidistavi，Mukhrani，Okami など）で非常に限定的に栽培されている品種である．赤い果実のフレーバーをもつワインはオークの影響がなくともスモーキーなフレーバーをもっている．家庭用のブドウ以外に現在約10 ha（25 acres）が栽培されている．Pheasant's Tears 社がクヴェヴリ（qvevri）で発酵させたワインを作っている．Chateau Mukhrani 社はヨーロッパスタイルのオークを用いてワインを作っている．

SHESH I BARDHË

アルバニアの在来品種．晩熟で薄い果皮色をもち同国で最も多く栽培されている．

ブドウの色：● ● ● ● ●

主要な別名：Pucalla

起源と親子関係

SHESH I BARDHË は「白い SHESH」を意味するアルバニアの品種である．ティラナ（Tirana）のすぐ西に位置する Shesh 村にちなんで命名されたと考えられ，おそらく，この村がこの品種の起源であろう．DNA 解析によってアルバニア中南部のベラト地方（Berat）で栽培される PUCALLA は SHESH I BARDHË と同一であることが明らかになった（Ladoukakis *et al.* 2005）SHESH I BARDHË が SHESH I ZI の果皮色変異かどうかは明らかでない．

ブドウ栽培の特徴

晩熟である．

栽培地とワインの味

SHESH I BARDHË と SHESH I ZI はアルバニアの二つの主要な在来品種である．そのほとんどはティラナ周辺で栽培されており，21 世紀初めには両品種合わせて同国のブドウ栽培地の 30 % を占める量が栽培されていた．両品種は冷涼な東部や北東部では栽培されていない（Maul *et al.* 2008）．Arbëri 社や Çobo 社などがヴァラエタルの SHESH I BARDHË ワインを作っている．

SHESH I ZI

アルバニアで最も多く栽培されている濃い果皮色の在来品種

ブドウの色：● ● ● ● ●

主要な別名：Seshi Zi，Shesh
よく SHESH I ZI と間違えられやすい品種：SERINA E ZEZË（アルバニア），SYRAH

起源と親子関係

SHESH I ZI は「黒い SHESH」を意味するアルバニア品種であり，ティラナ（Tirana）のすぐ西に位置する Shesh 村にちなんで命名されたと考えられている．おそらく，この村がこの品種の起源の地であろう．DNA 解析はまだ行われておらず SHESH I BARDHË が SHESH I ZI の果皮色変異かどうかは明らかでない．

ブドウ栽培の特徴

晩熟である．

栽培地

アルバニアにおけるこれら2品種の栽培地について，詳細は SHESH I BARDHË を参照.

SHEVKA

ブルガリアの品種. 低いアルコール分と弱い酸味の特徴のない赤ワインになる.

ブドウの色：

主要な別名：Chevka

起源と親子関係

ブルガリア中東部のスリヴェン州地方（Sliven）の在来品種だと考えられている SHEVKA は，現地で広く栽培されている. 形態的な多様性が認められない（Katerov 2004）ことから，比較的若い品種であると考えられる.

ブドウ栽培の特徴

厚い果皮をもつ果粒で，大～中サイズの果房をつける. 豊産性で萌芽期が遅く晩熟である. べと病とうどんこ病には感受性があるが，灰色かび病には多少の耐性を示す.

栽培地とワインの味

Vini Sliven 社は1920年に設立されたブルガリアのワイナリーで，現在は同国で最大規模を誇るまでとなっている. 設立当初の社名が Shevka であったことは，当時，いかにこの品種が重要視されていたかを物語っている. しかし2008年には156 ha（385 acres）しか残っておらず，ブルガリア中東部のスリヴェン州とその東のブルガス州（Burgas）に分かれて栽培されている. 数年前に Vini Sliven 社が SHEVKA の栽培を再び試みたが果実の糖度，酸度そしてタンニンが充分でなく，良質の赤ワインを作るには至っていない. 一方，Silvenska Perla 社は中甘口ワインを作っている. また，この品種は生食用ブドウとしても栽培されている.

SHIRAZ

SYRAH を参照

SHIROKA MELNISHKA

非常に古い晩熟の最高品質の品種. ブルガリアの最南西部メルニク（Melnik）に関係しており，力強く，熟成させる価値のある赤ワインになる.

ブドウの色：

主要な別名：Chiroka Melnichka，Melnik，Shiroka Melnishka Loza，Siroka Melniska
よく SHIROKA MELNISHKA と間違えられやすい品種：MELNIK 82，RANNA MELNISHKA LOZA

起源と親子関係

SHIROKA MELNISHKA は SHIROKA MELNISHKA LOZA と呼ばれることがあり，この品種名には「メルニクの幅広の葉のブドウ」という意味がある．非常に古いブルガリア品種で，品種名はブルガリア南西部に位置するピリン山地（Pirin）の麓にあり，ギリシャとの国境に近いメルニックという町の名にちなんで命名されたものである．

SHIROKA MELNISHKA は MELNIK 82，RANNA MELNISHKA LOZA，RUEN の育種に用いられた．

他の仮説

紀元前2000年頃にトラキア人がアジアから持ち込んだという説があるが，証拠はない．

ブドウ栽培の特徴

結実能力が非常に高く豊産性である．厚い果皮をもつ小さな果粒で，大〜中サイズの果房をつける．萌芽期は遅く熟期は晩期〜非常に晩期である．冬の低温に敏感である．また，べと病とうどんこ病に感受性である．灰色かび病にはある程度耐性をもっている．

栽培地とワインの味

通常は単に MELNIK と呼ばれているこのブドウ品種は，高いエキス分とタンニン，酸味をもつ大変濃い辛口の赤ワインになる．オークでの熟成に適しており，他のブルガリアの地方品種を用いた赤ワインよりも熟成向きのワインができる．この品種は同国南西部のストゥルマ・ヴァレー（Struma Valley）でのみ広範囲に栽培されている．同国のワイン生産地域のうち，最も暖かいこの地域が栽培によく適している．2009年には2,602 ha（6,430 acres）の栽培を記録した．生産者としては Damainitza および Logodaj の2社などが推奨されている．中甘口や甘口，酒精強化ワインも作られている．

SHIRVANSHAHY

アゼルバイジャンの力強い品種．
酒精強化の中甘口ワインや辛口の赤ワインの生産に用いられていた．

ブドウの色：● ● ● ● ●

主要な別名：Shirvan Schahi，Shirvanshakhi または Shirvan Shakhi

起源と親子関係

SHIRVANSHAHY はアゼルバイジャンの中部に位置するキュルダミル地方（Kurdamir）の地方品種である．

ブドウ栽培の特徴

萌芽期および熟期はいずれも中期である．中サイズの果粒で，粗着した果房をつける．日当たりのよい場所が栽培に最適である．

栽培地とワインの味

アゼルバイジャンでは SHIRVANSHAHY を用いてキュルダミル（Kurdamir）と呼ばれる酒精強化の中甘口ワインや，色合い深く，フルボディーで熟成させる価値のある辛口の赤ワインが作られている．生産者としては Kurdamir Wines などがあげられる．

SIBI ABBAS

アゼルバイジャンの古い品種．果粒が緊密に密着した果房をつける．中程度のアルコール分をもつキレのよい辛口の白ワインになる．Beilagen Winery 社は酒精強化スタイルのワインも作っている．

SIBIRKOVY

非常にマイナーなロシアの品種．
ドン川（Don）の川岸ではこの品種から香り高い白ワインが作られている．

ブドウの色：

主要な別名：Efremovsky，Sibirek，Sibir'kovy

起源と親子関係

SIBIRKOVY はロシア南西部を流れるドン川の流域でウクライナとの国境に接しているロストフ（Rostov）ワイン生産地域を起源とする品種である．この品種名が示唆するようなシベリア起源ではない．

他の仮説

ドン川流域で栽培されている他の品種同様，SIBIRKOVY は中世にダゲスタン共和国から持ち込まれたものだといわれている（Vladimir Tsapelik，私信）．

ブドウ栽培の特徴

萌芽期は早期～中期で熟期は中期である．薄い果皮をもつ小～中サイズの果粒をつける．べと病に感受性がある．乾燥および冬の低温により被害を受ける．

栽培地とワインの味

SIBIRKOVY はロシアのロストフ・ナ・ドヌ（Rostov-on-Don）近郊を流れるドン川岸のヴェデルニコフ（Vedernikov）ワイン生産地域において非常に限定的に栽培されている品種である（15 ha/37 acres 以下 ;2011 年）．この地方では Vedernikov Winery 社がソフトで香り高く，野草やタイム，また，青リンゴや柑橘系および白桃のフレーバーを併せもつワインを作っている．

SIDALAN

エーゲ海に浮かぶボズジャ島（Bozcaada）で主に栽培されている稀少なトルコ品種

ブドウの色：

主要な別名：Sidalak

起源と親子関係

SIDALAN の起源の地は，おそらくトルコの西沿岸沖に位置するボズジャ島であろうといわれている．

栽培地

SIDALAN は主にトルコ西部のエーゲ海沖に位置するボズジャ島で栽培されているが，本土東部のエジネ（Ezine）やバイラミチュ地域（Bayramiç）でも栽培されている．Gülerada ワイン以外に，ヴァラエタルワインが作られることはほとんどないが，たとえば Talay 社がエジネの SIDALAN とボズジャ島の VASILAKI を自社のアソス(Assos)のブレンドワインの白にブレンドしている．また，テネドス島(Ténedos)の白ワインにはバイラミチュの SIDALAN とラプセキ（Lapseki）のセミヨン（SÉMILLON）がブレンドされている．

SIDERITIS

ピンク色の果皮をもつギリシャ品種．主に生食用として栽培されていたが，近年はキレがよく胡椒の香りが効いた白ワインになりうる可能性をも示している．

ブドウの色：● ● ● ● ●

主要な別名：Akaki，Chimoniatiko，Siderites，Sideritis Scopelan（スコペロス島（Skópelas）），Sideritis Scopelou，Sidiritis
よく SIDERITIS と間違えられやすい品種：Sideritis ☿（キプロス島）

起源と親子関係

SIDERITIS はギリシャ中部の在来品種といわれており，19世紀にこの地で記録されている（Nikolau and Michos 2004）．キプロスにも SIDERITIS とよばれる品種があるが，DNA プロファイルは完全に異なっており（Hvarleva，Hadjinicoli *et al.* 2005），現在は栽培されていない．この名前はギリシャ語で「鉄」を意味する *sidero* に由来するが，これは果皮の頑強さを表したものであろう．

ブドウ栽培の特徴

樹勢が強く豊産性である．ピンク色から深紫色がかった赤にいたる様々な色の大きな果粒で，大きな果房をつける．萌芽期は非常に遅く晩熟である．病気への感受性，特に灰色かび病やうどんこ病などには感受性が非常に高いが，乾燥には良好な耐性を示す．

栽培地とワインの味

かつては主にギリシャ，ペロポネソス半島（Pelopónnisos）の北西部で生食用に栽培されていた．近年はペロポネソス半島の北部においてフレッシュでしっかりとひきしまった胡椒の香りのするワインが作られている．とりわけパトラ市（Pátra）では Parparoussis 社がワイン生産をリードしており，この地域における生産高の25 % を同社が占める勢いで，最高品質のヴァラエタルワインやブランデーを作っている．栽培はギリシャ本土北部のテッサリア（Thessalía）やアッティキ（Attikí）でも見られる．

SIEGERREBE

強烈なマスカットの香りをもつ低酸度のドイツの交配品種

ブドウの色：● ● ● ● ●

主要な別名：Alzey 7957，Scheu 7957，Sieger

起源と親子関係

SIEGERREBE は1929年にドイツのアルツァイ（Alzey）で Georg Scheu 氏が MADELEINE ANGEVINE×SAVAGNIN ROSE の交配により得た交配品種である．親品種については DNA 解析により確認がなされている（Vouillamoz）．SIEGERREBE は ORTEGA および ROSETTA の育種に用いられた．

他の仮説

有名なブドウ育種家の息子である Heinz Scheu 氏は，SIEGERREBE が MADELEINE ANGEVINE の自家受粉によりできた品種だと主張していたが，この主張は DNA プロファイル解析によって否定された（Vouillamoz）．

ブドウ栽培の特徴

萌芽期が早いので春の霜の被害を受ける危険性がある．早熟．ブドウの糖度は非常に高いが酸度は低い．早熟であるのでスズメバチの被害を受ける．

栽培地とワインの味

ドイツでは合計103 ha（255 acres）が，主にラインヘッセン（Rheinhessen）やプファルツ（Pfalz）で栽培されているが，幸いなことに栽培は減り続けている．非常に糖度が高いので（品種名は「ブドウの王者」と訳される）甘口ワインになる可能性があるが，酸度が低いのが欠点である．頭がクラクラするような，時に刺激的ですらあるマスカットのアロマは圧倒的であり，少量をブレンドワインに加えても他の品種を圧倒してしまう．ラインヘッセンの Knobloch，ナーエ（Nahe）の Schmitt-Peitz，バーデン（Baden）の Rabenhof などの各社はそれにもかかわらずヴァラエタルワインの生産にこだわっている．

イングランドでは10 ha（25 acres）が栽培されており，グロスタシャー（Gloucestershire）の Three Choirs 社が大きな成功を収め，賞も受賞している．Domain Aalsgaard 社などによりデンマークでも栽培されている．またスイスでも栽培されている．

冷涼で雨の多い地域であるアメリカ合衆国のワシントン州のサンフアン島（San Juan）でも栽培されており，Lopez Island Vineyards 社がヴァラエタルワインを作っている．カナダのブリティッシュコロンビア州では38 acres（15 ha）が栽培されており，生産者としては Domaine de Chaberton，Gray Monk，Larch Hills や Recline Ridge などの各社があげられる．

また，オーストラリアのタスマニア州（Tasmania）では Palmara 社がヴァラエタルの SIEGERREBE を作っている．酸度を保つため，早い時期に収穫しなければならないが，少量を加えるだけで，この品種のボディーとフレーバーを別の白ワインに加味することができる．

SILA

近年開発されたセルビアの交配品種．軽く，キレのよい白ワインになる．

ブドウの色：● ● ● ● ●

起源と親子関係

SILA にはセルビア語で「力」という意味がある．SILA はセルビア，ヴォイヴォディナ自治州（Vojvodina）にあるノヴィ・サド（Novi Sad）大学に属する Sremski Karlovci ブドウ栽培研究センターで S Lazić, V Kovač 氏と P Cindrić 氏が KÖVIDINKA × シャルドネ（CHARDONNAY）の交配により得た交配品種である．この品種は1988年に公開された（Cindrić *et al.* 2000）．

ブドウ栽培の特徴

晩熟で豊産性である．厚い果皮をもつ小さな果粒で粗着した果房をつける．灰色かび病には耐性がある．霜により被害を受ける危険性がある．

栽培地とワインの味

ワインはライトボディーで酸味が強いものになる傾向にある．セルビアの生産者としては Apatović, Milanović や Petrović などがあげられる．現在，SILA はヴォイヴォディナ自治州（Vojvodina）西部の Fruška Gora 社で栽培されている．

SILVANER

オーストリアの品種．ドイツとフランス，アルザス地域圏（Alsace）で比較的ニュートラルで生き生きとした酸味と腰の強さ，そして持久力のあるワインになる．

ブドウの色：● ● ● ● ●

主要な別名：Bálint, Gros Rhin（スイス），Grüner Silvaner（ドイツ），Grüner Zierfandler または Zierfandl（オーストリア），Johannisberg（スイス），Österreicher（ドイツ），Österreichisch（ドイツのフランケン（Franken）），Roter Silvaner, Salfin（モルドヴァ共和国），Silvain Vert（フランス），Silvanac Zeleni（クロアチア），Silvánske Zelené（スロバキア），Sylvaner（オーストリア，スイス），Sylvaner Verde（イタリア），Sylvanske Zelené（チェコ共和国），Zeleni Silvanec（スロベニア），Zöld Szilváni（ハンガリー）

よく SILVANER と間違えられやすい品種：ELBLING（Weisser Silvaner と呼ばれることもある），ÖSTERREICHISCH WEISS，SAUVIGNON BLANC（かつては Würzel Silvaner と呼ばれていた）

起源と親子関係

意外なことに SILVANER は SAVAGNIN × ÖSTERREICHISCH WEISS の自然交配品種であることが DNA 解析によって明らかになった（Sefc, Steinkellner *et al.* 1998）．SILVANER については，1665年に大修道院長の Alberich Degen 氏がこの品種をドイツ南部，エーブラハ（Ebrach）のシトー会修道院（Cistercian abbey）で紹介したときに Östareiche Rebe（SYLVANER）という名前で初めて記録されている．このことから，500年以上前にオーストリアで自然交配が起こったとが推察される．実際に，SAVAGNIN については1349年にオーストラリアで TRAMINER というよく知られた別名で記載されている．また ÖSTERREICHISCH WEISS は主にウィーン周辺地域で栽培されていた古い品種として知られている．

ÖSTERREICHISCH WEISS の栽培が主にオーストリアの東部に限られていることから，この地方が SILVANER の起源の地である可能性が最も高い．これは歴史的に長年用いられている別名の ÖSTERREICHISCH がフランケン（Franken）において現在も用いられている事実と一致する．また，スレム地方（Syrmia，今日のセルビアとクロアチアに広がる地域）の在来品種と考えられている BÁLINT の DNA プロファイル（Galbács *et al.* 2009）が SILVANER と同一であったことを説明することも可能となる（Vouillamoz）．

SILVANER の系統樹はさらに広がっている（PINOT の系統図参照）．PINOT と SAVAGNIN は親子関係にあり（Regner *et al.* 2000b），ÖSTERREICHISCH WEISS は GOUAIS BLANC の子品種である（Regner *et al.* 1998）．それゆえ SILVANER は PINOT の孫あるいは片親だけの姉妹関係にあたり GOUAIS BLANC の孫品種にあたることになる．また SILVANER は ROTER VELTLINER と交配して生まれた FRÜHROTER VELTLINER および NEUBURGER という2種類の子品種をもつ．さらに SILVANER はブドウの育種家に広く用いられ，ALBALONGA，BUKETTRAUBE，FREISAMER，JUWEL，KANZLER，?MORIO-MUSKAT，NOBLING，ORANIENSTEINER，OSTEINER および RIESLANER など多くの品種の親品種となった．子品種のうち，何種類かは商業的ワインの生産に用いられている．

他の仮説

SILVANER の起源に関する古い仮説のいくつかは現在，否定されている．*silva* がラテン語で「木」を意味することから，SILVANER はドナウ川岸に自生する野生ブドウから選抜されたものであるという人がいた．また，南コーカサス地方にはトランシルヴァニア（Transilvania），バルカン半島（Balkans）あるいはクルディスタン地域（Kurdistan）から持ち込まれたと推測する人もいた．

ブドウ栽培の特徴

安定した収量で熟期は中期である．萌芽期は比較的早いため，春の霜の被害を受ける危険性がある．小さな黄緑の果粒はワインよりも香り高い．クロロシス（白化）になりやすく，べと病，うどんこ病および灰色かび病への感受性が高い．

栽培地とワインの味

SILVANER の起源はオーストリアであり，主にはニーダーエスターライヒ州（Niederösterreich）で栽培されているが（44 ha（109 acres）），ドイツやフランスに凌駕されている．

フランスでは SILVANER というより SYLVANER と呼ばれ栽培されているが，栽培面積は減りつつある．アルザス地域圏でのみ栽培されており，栽培面積は1,446 ha（3,573 acres）と，この地域のブドウ総栽培面積の10 % を占めている．この地で良質なワインを作る生産者としては，Agathe Bursin，Rolly Gassmann，Josmeyer, René Muré, André Ostertag, Domaine Weinbach などの各社があげられる．栽培が容易なピノ・ブラン（PINOT BLANC）や AUXERROIS などにより SILVANER が追いやられてしまっているが，この2品種よりも SILVANER のほうが酸度を維持するということに関しては秀でている．SILVANER はバ＝ラン県（Bas-Rhin）の斜面，特にミッテルベルカイム（Mittelbergheim）周辺でその特徴を発揮する．2005年には，例外的に Zotzenberg vineyard（訳注；この畑は，Mittelbergheim の Domaine Alfred Wantz が所有する畑）が SILVANER でグランクリュに認められた．

イタリアでは SYLVANER VERDE と呼ばれ，わずかだが113 ha（279 acres）の栽培面積が記録されている．同国最北部のアルト・アディジェ（Alto Adige/ ボルツァーノ自治県）のヴァッレ・イザルコ（Valle Isarco，ドイツ語では *Eisacktaler*）の特産品である． Kuenhof のワインはこの品種を比較的高い標高の畑で栽培することで生き生きとした酸味を特によく表現している．

ドイツでは，フランケン（Franken）で1,276 ha（3,153 acres），ラインヘッセン（Rheinhessen）で2,467 ha（6,096 acres），プファルツ（Pfalz）で844 ha（2,086 acres），同国全土では総栽培面積5,236 ha（12,938 acres）を誇る規模でこの品種が栽培されている．しかし，20世紀初頭は最重要白品種として扱われていたこの品種も，過去100年の間に栽培は激減しており，現在は，リースリング（RIESLING）と MÜLLER-THURGAU に次ぎ3番目に多く栽培される白品種という位置づけとなっている．

フランケンよりもラインヘッセンでのほうが，より多くの SILVANER が栽培されているのだが，この品種が最大限にその魅力を放っているのはフランケンにおいてであり，同地では2009年に350周年の記念行事が開催されている．最も素晴らしいワインは粘土質の石灰岩土壌で栽培されたブドウから作られている．それほど香り高いというわけではないが，酸味は中程度で，ミネラル感があり時に土の香りを漂わせる腰の強いフルボディーの辛口ワインになる．Würzburger Stein は最高の畑の一つで，長い時間をかけて築いた評判がある．オーストリアから SILVANER が持ち込まれた Castell estate では，現在もこの品種があがめられており，イプホーフェン（Iphofen）近くに位置するシュタイガーヴァルト（Steigerwald）の斜面では，素晴らしいワインが作られている．最高の生産者としては Horst Sauer，Hans Wirsching，Fürst Löwenstein，Juliusspital，Schloss Sommerhausen などがあげられる．事実上，すべてのワインがボックスボイテル（Bocksbeutel）と呼ばれる平らなフラスコ型のボトルで販売されている．

ラインヘッセンでは高貴な歴史があり，Wittmann 社や Keller 社などの生産者が緑葉を思わせるこの品種特有の色である「緑」を前面に押し出し，古典的なフランケンのワインよりもわずかに香り高く，辛口でパワーのあるワインを作っている．アスパラガスとの相性がよい．典型的な SILVANER ワインは辛口のスタイルで，1980年代半ばにこのスタイルのワインに Silvaner RS の分類が導入されているが，優れた，熟成させる価値のある様々なスタイルの甘口のワインがアウスレーゼから TBA（トロッケンベーレンアウスレーゼ）まで作られている．

スイスでは，わずかながら 246 ha（608 acres）が栽培されている．そのほとんどがヴァレー州（Valais）で栽培されているのだが，その名前はいくばくかの混乱と苦悩の原因であった．19世紀から1928年までの間，ヴァレー州では JOHANNISBERG がリースリングの別名であった．1928年から現在までの間にヴァレー州において JOHANNISBERG が SILVANER の別名となった（名前が変更された当時，この地域の農業者の中には怒りをあらわにした人がいた）．現在，この別名はかつて SILVANER の別名であった（主にヴァレー州とヴォー州（Vaud）で用いられていた）GROS RHIN よりもはるかに広く普及している．この品種は人気のある CHASSELAS よりも遅く熟するが，栽培に適した土地ではよいワインが作られる．

チェコ共和国の南東部に位置するモラヴィア地区（Morava）の南でも栽培されており（104 ha/257 acres），現地では SYLVANSKE ZELENÉ と呼ばれている．スロバキアでは SILVÁNSKE ZELENÉ，スロベニアでは ZELENI SILVANEC（105 ha/259 acres ; 2009年），クロアチアでは SILVANAC ZELENI（195 ha/482 acres ;2009年）として知られ，ウクライナ（約70 ha/173 acres ; 2009年）やモルドヴァ共和国でも2009年に（98 ha/242 acres）が栽培されている．

この品種がヨーロッパ以外で注目を浴びることはあまりない．おそらく，ニュートラルなアロマが低く評価されているのであろう．しかし Flood Family Vineyards 社と Rancho Sisquoc 社がカリフォルニア州のサンタバーバラ（Santa Barbara）でこの品種を栽培している．カナダのブリティッシュコロンビア州でも限定的に栽培されており，またニュージーランドでは2008年に4 ha（10 acres）を記録している．

ROTER SILVANER および BLAUER SILVANER

ROTER SILVANER および BLAUER SILVANER は SILVANER の単なる色変異であって，遺伝学的には区別することができない．ROTER SILVANER はまた CIRFANDLER，ÖSTERREICHER ROTH，PIROS CIRFANDLI，PIROS SZILVANI，RIFAI PIROS，ROTER ZIERFAHNDLER，SCHÖNFEILER ROTH，ZIERFAHNDLER ROT などとも呼ばれる．BLAUER SILVANER の栽培はドイツのヴュルテンベルク地方（Württemberg）に限定されている．それはまた BLAUER ÖSTERREICHER，BLAUER REIFLER，BLAUER SCHÖNFEILNER，BLAUER ZIERFAHNDLER，BODENSEEBURGUNDER，BODENSEETRAUBE，SCHWARZER ÖSTERREICHER，SCHWARZER SILVANER および SYLVANER ROUGE などとも呼ばれている．

SIMIXÀ

SCIMISCIÀ を参照

SIRAMÉ

非常にマイナーなスイスの交雑品種．ブドウ栽培の限界の気候によく適応する．

ブドウの色：白・緑・灰・赤・**黒**

主要な別名：Salomé

起源と親子関係

SIRAMÉ は1970年代にスイス中北部，アールガウ州（Aargau），ヴュレンリンゲン（Würenlingen）にある Rebschule Meier 社の Anton Meier 氏が得た交雑品種である．親品種は公開されていないが，片方はおそらく SEYVE-VILLARD 交雑品種の一つであろう．

ブドウ栽培の特徴

早熟である．病気全般に対し良好な耐病性をもつ．小さな果粒で，粗着した果房をつける．

栽培地とワインの味

SIRAMÉ は生食用およびワイン用に開発された品種であるが，スイスでは2009年に2 アール（0.05 acres）の栽培が記録されただけである．おそらくチューリッヒ州（Zürich）の Davinum 社がこの品種を用いる唯一の生産者であり，フランス交雑品種の LÉON MILLOT とブレンドしている．栽培はデンマークやスウェーデンでも見られる．

SÍRIA

香り高く薄い色の果皮の品種．ポルトガルで様々な別名で栽培されており，スペインでも別名は多いが栽培量は少ない．

ブドウの色：**白**・緑・灰・赤・黒

主要な別名：Alva（コヴァ・ダ・ベイラ（Cova da Beira）），Alvadurão（ダン（Dão）），Alvaro de Soire（ポルトガル），Alvaro de Sousa（ドウロ（Douro）），Blanca Extra（スペインのアストゥリアス（Asturias）），Cigüente🧬（スペインのエストレマドゥーラ州（Extremadura）），Coda（ベイラ・インテリオル（Beira Interior）），Códega（ドウロ），Colhão de Gallo（ポルトガル），Crato Branco🧬（アルガルヴェ（Algarve）），Doña Blanca🧬（スペインのオウレンセ県（Orense）），Graciosa または Gracioso（ポルトガル），Malvasía（スペインのトーロ（Toro）），Malvasía Blanca（スペインのガリシア州（Galicia）），Malvasia Branca（ポルトガル），Malvasía Castellana（スペイン），Malvasía Grosso，Moza Fresca🧬（スペインのオウレンセ県），Posto Branco（ドウロ），Roupeiro🧬（アレンテージョ（Alentejo）），Sabro🧬（アルガルヴェ），Valenciana（スペインのバルデオーラス（Valdeorras）），Verdegudillo🧬（スペインのシガレス（Cigales））

よくSÍRIAと間違えられやすい品種：CÔDEGA DE LARINHO🧬，JAMPAL🧬，MALVASIA FINA🧬，TAMAREZ

起源と親子関係

SÍRIA はイベリア半島の北西で知られる非常に古い品種である．様々な別名を有しているが，主なものは CÓDEGA，DOÑA BLANCA，MALVASIA CASTELLANA，ROUPEIRO などである（Arranz *et al.* 2010）．この品種に関する最初の記載は，1513年に Alonso de Herrera 氏がカスティーリャ州（Castilla），エストレマドゥーラ州，アンダルシア州（Andalucía）の品種について記した解説書の中に Cigüente とあるのがスペインで発見されている（Alonso de Herrera 1790）．この品種は，ALBILLO グループの（ALBILLO REAL 参照）の総称的な名前である ALVILLAS に似ていると記載されている．ポルトガルではドウロ地方のヴィゼウ（Viseu）区域にあるラメゴ（Lamego）近郊において Rui Fernandes（1531-2）が ALVARO DE SOUSA という別名を用い，この品種に関して初めて記録している．

広く分布しているので品種の起源を特定するのは困難であるが，最近の遺伝研究によりポルトガル北東部にあるグアルダ地区（Guarda）のピニェル（Pinhel）周辺から来た品種であることが示唆されている．また，現地で，最も高度な多様性が見られること（Almadanim *et al.* 2007），そして SÍRIA と呼ばれていることを考えると，この名前がこの品種の正式名称であると考えられる．

Zinelabidine *et al*（2012）は最近の DNA 系統解析によって，SÍRIA とイベリア半島の中央から南部にかけて広く栽培されている CAYETANA BLANCA との間に親子関係があることを報告した（系統図は CAYETANA BLANCA 参照）．Lopes *et al.*（1999）は，リスボン（Lisboa）に近いカルカヴェロス地方（Carcavelos）の品種で，現在は栽培されていない BOAL RATINHO が MALVASIA FINA（BOAL DA MADEIRA の名で）×SÍRIA の自然交配により生まれた品種であることを報告している．DONA BRANCA は DONA BRANCA DO DÃO と呼ばれることがある．また，この名前は SÍRIA の別名（スペイン語）の一つである DOÑA BLANCA に似ていることを理由に，SÍRIA の別名としても使われている．一方，ポルトガルには品種は異なるものの DONA BRANCA と呼ばれるブドウがあり，このブドウは主にベイラス（Beiras），ドウロ，トラス・オス・モンテス地区（Trás-os-Montes）で栽培されている．

ブドウ栽培の特徴

非常に樹勢が強い．初めは高収量だが樹齢とともに収量が低下し，収量はまた，気候にも大いに左右される．萌芽期は中期で晩熟である．べと病，うどんこ病および灰色かび病に感受性である．温暖な土壌と斜面が栽培に最適である．

栽培地とワインの味

この品種に関しては生産者の間で次のような論争がある．この品種を支持する生産者たちは菩提樹，アカシア，オレンジやローレルの花の香りやオレンジ，桃，メロンなどのフルーティな香りの強さを指摘するが，そうではない生産者たちはこの品種が酸化しやすいこと，それが原因でアロマが失われることを指摘している．また，熟成の可能性の欠如を指摘する生産者もいる（Rolando Faustino，私信）．アルコール分と酸味は平均的となる傾向にある．それでも品種の生産性を高め，糖度を低下させることなく，酸度が落ちる前に早期に収穫できるようにすることを目的としてクローン選択が行われた．他方，生産者はより注意深く醸造し，時に他の地方品種とブレンドすることでこれらの目標を達成した．

様々な別名で呼ばれているが，ポルトガルにおけるこの品種の正式名称は SÍRIA あるいは ROUPEIRO で，同国で5番目に多く栽培されている（FERNÃO PIRES に次いで2番目に多く栽培されている白品種である）．2010年には北部のドウロから南部のアルガルヴェ地方（Algarve）にかけて13,778 ha（34,046 acres）の栽培を記録している．ちなみに，北部のドウロでは CÓDEGA と呼ばれ，南部のアルガルヴェ地方では CRATO BRANCO と呼ばれている． ROUPEIRO はアレンテージョ地方で長い間推奨されてきた品種である，1889年からの記録には，この品種が現在よりも多い別名をもっており，37ある小区域のうち，32の小区域で栽培されていたとある．北東部，ベイラ・インテリオル（Beira Interior）のピニェル（Pinhel）やフィゲイラ・デ・カステロ・ロドリゴ（Figueira de Castelo Rodrigo）周辺では SÍRIA が多くの原産地呼称において最も重要な白品種とされており，その一例を挙げると，Quinta do Cardo 社（Companhia das Quintas の一部）が良質のワインを作っている．

スペインでは DOÑA BLANCA の名で2008年に656 ha（1,621 acres）が，主にガリシア州（Galicia，特にバレンシアとして知られるモンテレイ（Monterrei），ビエルソ（Bierzo），バルデオーラス（Valdeorras））やカスティーリャ・イ・レオン州（Castilla y Léon）で栽培された．また，エストレマドゥーラ州のシグエンテ（Cigüente）では148 ha（366 acres）が栽培された．モンテレイ（Monterrei）にある Quinta da Muradella 社の Gorvia Blanco は DOÑA BLANCA を用いたヴァラエタルワインのよい例で，豊かで濃厚なワインはサテンのようにすばらしくなめらかなテクスチャーと桃の香りを有している．Viñas del Bierzo

社のヴァラエタルワインはニュートラルである.

SIRMIUM

SIRMIUM は（SIRMIMUM とも呼ばれる）樹勢が強く豊産性である．セルビア，ヴォイヴォディナ自治州（Vojvodina）のノヴィ・サド（Novi Sad）大学に属するスレムスキ・カルロヴツィ（Sremski Karlovci）ブドウ栽培研究センターで，Dragoslav Milisavljević 氏がソーヴィニヨン・ブラン（SAUVIGNON BLANC）×DIMYAT（SMEDEREVKA の名で）の交配により得た白色果粒の交配品種で，1970年に公開された（Cindrić *et al.* 2000）．霜と灰色かび病に対する感受性が非常に高いため，広くは栽培されていない.

SKIADOPOULO

FOKIANO を参照

SKLAVA

軽いワインができるギリシャ品種．ブレンドワインの生産に用いられている．

ブドウの色：●●●●●

主要な別名：Sklaba，Sklabes，Sklabos，Sklaves（アルゴリダ県（Argolída）），Sklavos
よくSKLAVAと間違えられやすい品種：ALIONZA ☿（イタリアのエミリア＝ロマーニャ州（Emilia-Romagna））

起源と親子関係

SKLAVA はペロポネソス半島（Pelopónnisos）東部にあるアルゴリダ県が起源の品種で，この地方ではイタリア品種の SCHIAVA GENTILE に関係しているとよく誤解されてきた（Nikolau and Michos 2004）．SKLAVA と SCHIAVA はいずれも「奴隷」を意味しており，SCHIAVA は SKLAVA の別名として用いられることがある.

ブドウ栽培の特徴

樹勢が強く豊産性である．萌芽期は非常に遅く，熟期は中程度である．小さな果粒で，大きな果房をつける.

栽培地とワインの味

SKLAVA は伝統的にギリシャ，アルゴリダ県でブレンド用に栽培されている品種である．アルコール分は低いが比較的フレッシュな酸味をもつワインになる．珍しい例だが，Kontovraki 社がヴァラエタルワインを作っている.

SKOPELITIKO

ギリシャ，ケルキラ島（kérkyra）の特産品

ブドウの色：

主要な別名：Scopelitico，Skopelitis

起源と親子関係

この品種名が示すように SKOPELITIKO はギリシャ本土東岸沖のエーゲ海に浮かぶスポラデス諸島（Sporádes）のスコペロス島（Skópelos）由来の品種で，修道士がケルキラ島に持ち込んだといわれている．

ブドウ栽培の特徴

晩熟である．かびに対して良好な耐性を示す．アントシアニンおよび香気化合物であるノルイソプレノイド（Norisoprenoid）を多く含み厚い果皮をもつ小〜中サイズの果粒で，小さな果房をつける．

栽培地とワインの味

現在，SKOPELITIKO はギリシャ，ケルキラ島の特産品だと考えられている．島の中心部であるアノガロウナ（Ano Garouna）近辺で主に栽培されているが，南部でも少し栽培されている．ワインはいくぶん素朴である．珍しいことに，Livadiotis 社が深い色合いと中程度の酸味，そして12〜13 % のアルコール分と繊細なタンニンを有するヴァラエタルワインを作っている．

ŠKRLET

活気を取り戻した，デリケートでフレッシュなクロアチア品種

ブドウの色：

主要な別名：Ovnek Slatki，Ovnek Žuti，ŠkrletTusti，Škrtec
よくŠKRLETと間違えられやすい品種：KUJUNDŽUŠA

起源と親子関係

ŠKRLET の起源は中央クロアチア，ザグレブ（Zagreb）南東部のモスラヴィナ（Moslavina）とポクプリェ（Pokuplje）のワイン生産地域である．ŠKRLET の名はドイツ語で「赤い熱」を意味する *Scharlach* に由来しており，果皮表面の赤い斑点を指したものだと考えられている．

他の仮説

Vitis 国際品種カタログには ŠKRLET と KUJUNDŽUŠA が同一だと記載されているが，両者は異なる地域の異なる品種である．

ブドウ栽培の特徴

樹勢が強い．萌芽期は遅く，熟期は中期〜晩期である．病気への感受性は特にない．中〜高水準の安定した収量を示す.

栽培地とワインの味

ŠKRLET はクロアチア北部，ザグレブ東のモスラヴィナ，プリゴリェ・ビロゴラ（Prigorje-Bilogora），ポクプリェなどのワイン生産地域で公認されている．事実上絶滅状態にあった ŠKRLET だが，品種の回復にむけた試みが1990年代後半に始まったおかげで，現在は，その人気も回復し，需要が伸びている．一般に ŠKRLET のヴァラエタルワインは軽く，フレッシュで春の花や干し草のデリケートなアロマを有している．モスラヴィナ地方の Ivan Belajec，Marijan Brlić，Juren，Kezele，Vladimir Kos，Košutić，Marko Miklaužić，Vladimir Mikša やポクプリェの Anto Marinčić，Trdenić などの各社がヴァラエタルワインを生産している.

SKYLOPNICHTIS

地方の伝統的なブレンドワインの生産に用いられている稀少なギリシャ品種

ブドウの色：

主要な別名： Kasteliotiko, Mavros Arkadias, Skylopnichtis Kokkino, Skylopnichtra（アルゴリダ県（Argolída）），Skylopnihti

起源と親子関係

SKYLOPNICHTIS はギリシャ品種で，この名前には「犬を窒息させる」という意味がある．ザキントス島（Zákynthos）あるいはペロポネソス半島（Pelopónnisos）のアルゴリダ県，またはアルカディア県地方（Arkadía）由来の品種であろうと考えられている．白果粒の SKYLOPNICHTIS LEFKOS（現在は商業栽培されていないが，エトリア＝アカルナニア県（Aitolía-Akarnanía）のザキントス島（Zákynthos），レフカダ島（Lefkáda）や本土の南西部で栽培が見られることがある）はこの品種の色変異ではないといわれている（Galet 2000）が確かではない.

ブドウ栽培の特徴

結実能力が高く，樹勢が強い．豊産性である．萌芽期は中期で熟期は中期～晩期である．薄い果皮をもつ果粒が密着し，大きな果房である．べと病と灰色かび病への感受性がある.

栽培地とワインの味

SKYLOPNICHTIS はギリシャのザキントス島で非常に限定的に栽培されている．たとえば，Comoutos 社は AVGOUSTIATIS や KATSAKOULIAS のような地方品種とのブレンドにこの品種を用いている.

SLANKAMENKA

バルカン半島の古い品種．概して平凡な白ワインになってしまう.

ブドウの色：

主要な別名： Mađaruša（クロアチア），Maghiarca（ルーマニア），Magyarica または Magyarkă（ハンガリー），

Majarcă Albă（ルーマニア），Slankamenka Béla，Szlanka Fehér（ハンガリー）

起源と親子関係

KREACA と同様，SLANKAMENKA はバルカン半島の非常に古い品種である．現在ハンガリー，セルビア，また，ルーマニアの一部となっているバナト（Banat）の歴史的地域が起源の地である．これらの3カ国において様々な名前で知られているこの品種には，大きな形態的多様性が見られることから，古い品種であると考えられている（Avramov and del Zan 2004）.

別名の MAGHIARCA は「ハンガリーの」を意味するが，Slankamen はヴォイヴォディナ自治州（Vojvodina）スレム地区（Srem）の村の名前である．

黒色果粒の SLANKAMENKA ROSIE はルーマニアでは MAJARCĂ ROSIE とも呼ばれている．これはおそらく SLANKAMENKA の果皮色変異であるが，他方ピンク色の果粒をもつ SLANKAMENKA CRVENA は PAMID の別名をもっている．

ブドウ栽培の特徴

樹勢が強く，豊産性で晩熟である．厚い果皮をもつ中サイズの果粒をつける．温暖な気候と砂混じりの肥沃な土壌が栽培に適している．べと病への感受性が非常に高いが，灰色かび病には耐性がある．

栽培地とワインの味

SLANKAMENKA はセルビア北部のヴォイヴォディナ自治州でのみ栽培されている．

通常，ワインはアルコール分，酸味ともに低く，フレーバーも少ないためブレンドワインに用いられることが多いが，蒸留も一般的に行われている．Antonijević Winery 社や Dejan Dejanov 社がヴァラエタルワインを生産している．ルーマニアでは Majarcă Albă という別名で2008年に55 ha（136 acres）の栽培が記録されている．栽培はハンガリーやクロアチア東部でも見られる．

ルーマニアでは2008年に27 ha(67 acres)の MAJARCĂ ROSIE も栽培されている．意外なことに西オーストラリア州，マーガレット・リバー（Margaret River）の Amato Vino 社もこの品種を栽培している．

SMEDEREVKA

DIMYAT を参照

SOLARIS

耐病性があり早熟な新しいドイツの交雑品種．歯が傷むほどに糖度が高くなる．

ブドウの色：

主要な別名：Freiburg 240-75

起源と親子関係

SOLARIS は1975年にドイツ南部，バーデン－ヴュルテンベルク州（Baden-Württemberg）のフライブルク（Freiburg）で Norbert Becker 氏が MERZLING × GEISENHEIM 6493 の交配により得た交雑品種である．ここで，GEISENHEIM 6493 は ZARYA SEVERA × MUSCAT OTTONEL の交雑品種であり，ZARYA SEVERA は SEYANETS MALENGRA × *Vitis amurensis* の交雑品種である．SEYANETS MALENGRA は PRÉCOCE DE MALINGRE の実生である．SOLARIS は2004年にドイツで公認された．SOLARIS という名は，力と早熟のシンボルとしての太陽を表している．SOLARIS は CABERNET

CAROL，CABERNET CORTIS，MONARCH の育種に用いられた．

ブドウ栽培の特徴

PiWi インターナショナル（新規に交配育種されたかびの病気に対し顕著な耐性を有する（*pilzwiderstandsfähige*（訳注：抗菌性））交雑品種の普及を推進するブドウ栽培家のグループ）がこの品種の耐病性，特にべと病に対する耐性の強さを評価し，この品種を推奨している．栽培期間中，とても早い時期に糖度が高レベルに達するので，スズメバチの被害を受ける．樹勢が強い．

栽培地とワインの味

SOLARIS はヨーロッパ最北に位置する新しいワイン生産地域で最も多く栽培されている品種の一つとなった．2010年にはデンマークの Domaine Aalsgaard 社などにおいて4 ha（10 acres）が栽培されている．スウェーデンでも最も成功を収めている品種の一つである．ノルウェー，ベルギー，オランダおよびイングランドでも限られた面積ではあるが栽培されている．

ドイツでは南部のバーデン（Baden）を中心に59 ha（146 acres）の栽培が見られるが，ラインヘッセン(Rheinhessen)でも数 ha が栽培されている．初期に試行的に作られたワインはパイナップルとヘーゼルナッツのアロマと非常に良好な酸味を有している．口中では力強さを見せつつも（ときにアルコール感が強く），ニュートラルである．Schindler と Engelhof の2社がバーデン（Baden）で，Jan Ulrich 社がザクセン州(Sachsen）でヴァラエタルワインを作っている．

スイスでは11 ha（27 acres）が栽培されている．生産者としては Cultiva 社（トゥールガウ州（Thurgau）の SOLARIS のアマービレ（Amabile）ワイン），Chalmberger（アールガウ州（Aargau）），Räblus（ベルン（Bern）で SOLARIS のデザートワイン（Dessertwein））などがあげられる．SOLARIS はイタリアで2011年に公認された．

SOLDAIA

晩熟なウクライナの古い品種．ブレンドワインに用いられることがある．

ブドウの色：● ● ● ● ●

主要な別名：SD-56，Soldaiya

起源と親子関係

SOLDAIA はウクライナ南部，クリミア（Krym/Crimea）のあまり知られていない古い品種である．SOLDAIA は「スダク（Sudak）の要塞」のベネチア名である．

ブドウ栽培の特徴

晩熟である．厚い果皮をもつ果粒で，密着した果房をつける．

栽培地とワインの味

ウクライナで生食用ブドウやワイン用ブドウとして栽培されている．SOLDAIA は（ソルネチナヤ・ドリナ（Solnechnaya Dolina））にある Sun Valley 社の Arkhadersse のような酒精強化ワインやブレンドのデザートワイン生産の補助的な原料として用いられている．

SOLNECHNODOLINSKY

薄い果皮色をもつ豊産性のウクライナ品種

ブドウの色：● ● ● ● ●

主要な別名：DM-63，SD-2

起源と親子関係

1969年にウクライナ南部，クリミア（Krym/Crimea）のマガラッチ（Magarach）研究センターで，形態的にSARY PANDASと似ていたことからP M Gramotenko，V V Pestretsov，N S Skripkin，A M Romanenko，M N Matvienko，L P Troshin，V F Karzov，V V Karzova氏らが選抜した．ソルネチナヤ・ドリナ地方（Solnechnaya Dolina）の名にちなんで命名され，1995年に公式登録されたが系統は依然明らかでない．

ブドウ栽培の特徴

晩熟である．樹勢が強く豊産性である．厚い果皮をもつ果粒で，大きな果房をつける．

栽培地とワインの味

SOLNECHNODOLINSKYの豊富な収量と高い糖度はウクライナの中甘口ワインやデザートワイン，たとえばSun Valley社の名を冠したワインや甘口の酒精強化ワインArkhaderesseの有用な原料になっている（Sun Valleyはソルネチナヤ・ドリナの直訳である）．

SOPERGA

イタリア，コネリアーノ（Conegliano）の珍しい交配品種．最近になって本当の親品種が明らかになった．

ブドウの色：● ● ● ● ●

主要な別名：Incrocio Dalmasso IV/31，Superga

起源と親子関係

SOPERGAは，1936年にイタリア北東部，ヴェネト州（Veneto）にあるコネリアーノ（Conegliano）研究センターでネッビオーロ（NEBBIOLO）の品質にBARBERAの耐病性と高収量を併せ持たせることを目的にイタリアのブドウ育種家であるGiovanni Dalmasso氏がこの二つの品種を交配し得た交配品種である．1977年に公式品種リストに登録されたが，最近のDNA解析によって，Dalmasso氏が用いたネッビオーロは実のところCHATUSの別名であるNEBBIOLO DI DRONEROであってネッビオーロではなかったことが明らかになった（Torello Marinoni，Raimondi，Mannini and Rolle 2009）．つまり，SOPERGAはCHATUS×BARBERAの交配品種であり，ALBAROSSA，CORNAREA，NEBBIERA，SAN MICHELEの姉妹品種にあたることになる．

ブドウ栽培の特徴

熟期は中期～晩期である．かびの病気に対する耐性は中程度である．

栽培地とワインの味

イタリア北西部，ピエモンテ州（Piemonte）で生食用ブドウとして，またワインの生産にも用いられている．イタリアでは2000年に32 ha（79 acres）の栽培が記録されているが，現在も商業栽培が行われているかどうかは定かではない．

SORBIGNO

イタリア，イスキア島（Ischia）のマイナーな特産品

ブドウの色：

主要な別名：Sorbino，Sorvegna，Sorvigno

起源と親子関係

SORBIGNO はイタリア，イスキア島起源のあまり知られていない古い品種である．

現地では1588年頃から知られているものの（Monaco 2006），地元の品種の図録には掲載されておらず，その固有性も明らかでない（Migliaccio *et al.* 2008）．

栽培地

SORBIGNO はイタリア南部，イスキア島でのみ栽培されている．La Vigna dell'Encadde 社が唯一のヴァラエタルワインの生産者であろう．

SOUSÃO

VINHÃO を参照

SOYAKI

白い果粒をもつウズベキスタンの品種．SOÏAKI としても知られている．同国北東部のタシュケント地方（Tashkent）や南部のサマルカンド（Samarkand）で栽培されている．生食およびワイン生産に用いられており，たとえば Samarkand Winery はこの品種をブレンドワインの生産に用いている．

SPANNA

NEBBIOLO を参照

SPÄTBURGUNDER

PINOT NOIR を参照

SPERGOLA

イタリア，エミリア=ロマーニャ州（Emilia-Romagna）の酸味が強い品種.
ごく最近までソーヴィニヨン・ブラン（SAUVIGNON BLANC）であると考えられていた.

ブドウの色：

主要な別名：Spargoletta Bianca，Spergolà，Spergolina，Spergolinàis
よくSPERGOLAと間違えられやすい品種：SAUVIGNON BLANC，SÉMILLON

起源と親子関係

SPERGOLA については1811年に Dalla Fossa 氏が，この品種をイタリア北部，レッジョ・エミリア県（Reggio Emilia）の最高のブドウの一つとして初めて記録している（Giavedoni and Gily 2005）．DNA 解析により二つが異なる品種であると証明されるまでは，形態というよりもその官能特性により，ソーヴィニヨン・ブランと間違われることが多かった（Filippetti，Silvestroni，Ramazzotti and Intrieri 2001）．また，さらなる DNA 解析により SPERGOLA と PIGNOLETTO が遺伝的に近い関係にあることが明らかになった（Filippetti，Silvestroni，Thomas and Intrieri 2001）．

他の仮説

SPERGOLA は16世紀か17世紀に POMORIA あるいは PELLEGRINA という名前で記録されているが，それらが同じ品種である証拠はない．

ブドウ栽培の特徴

熟期は中期である．

栽培地とワインの味

19世紀にレッジョ・エミリア県の主要品種だった SPERGOLA は，現在でも約200 ha（494 acres）が栽培されている．SPERGOLA はイタリアの公式品種リストにはもはやソーヴィニヨン・ブランの別名としては記載されていない．エミリア=ロマーニャ州では公認されており，とりわけ Colli di Scandiano e di Canossa DOC の白ワインの主要品種（最低85%）として用いられている．SPERGOLA からは辛口，発泡性，または甘口のヴァラエタルワインなどが作られる．Tenuta di Aljano 社の辛口ワインには，La Vigna Ritrovata（「再発見されたブドウ」を意味する）というこのワインにふさわしい名が付けられている．アルコール分は極めて高いが非常に心地よい味があり，口中では丸さを感じる．酸度が高いので発泡性ワインの生産にも適しており，Ca' de Noci 社が作る発泡性ワインの Querciole がそのよい例である．同社は発泡性ワインのほか Reserva dei Fratelli というヴァラエタルワインも作っている．また，MOSCATO GIALLO や彼らが Malvasia Aromatica（MALVASIA 参照）と呼ぶ品種とともに，SPERGOLA をブレンドワインの生産にも用いている．

SPOURTIKO

キプロスの稀少な品種．軽く，香り豊かではつらつとした白ワインになる．

ブドウの色：● ● ● ● ●

主要な別名：Spourtico

起源と親子関係

SPOURTIKO には「破裂」という意味があり，果粒の裂果にちなんで名づけられた．キプロス島，パフォス地区（Páfos）の在来品種である．DNA 解析によって，同じくキプロスの品種で果皮色の濃い OFTHALMO と近い関係にあることが明らかになった（Hvarleva，Hadjinicoli *et al.* 2005）．

ブドウ栽培の特徴

萌芽期は早期で，熟期は中期である．果皮が薄く裂果しやすいが，比較的良好な耐病性を示す．

栽培地とワインの味

ワインはグレープフルーツやレモン，時にレモングラスの爽やかなフレーバーを有している．アルコール分は低く（11% を超えることはまれ）わずかに草の香りを漂わせることもある．キプロス島における 2010 年の栽培面積はわずか 10 ha（25 acres）であったが，2008 年の 2 ha（5 acres）からは大幅に増加している．SPOURTIKO のほとんどは主にパフォスで栽培されているが，レメソス（Lemesós/Limassol）周辺でも少し栽培されている．ワインの質の改善はさておき，受粉を促進し収量を確保するため MARATHEFTIKO と SPOURTIKO を交互に植えている．Fikardos 社はヴァラエタルワインを作る数少ない生産者の一つである．

ST CROIX

非常に強い耐寒性をもつアメリカの交雑品種．
ケベック州とアメリカ中西部において栽培が増加している．

ブドウの色：● ● ● ● ●

主要な別名：ES 2-3-21，Sainte-Croix，Ste-Croix

起源と親子関係

1974 年にアメリカ，ウィスコンシン州のオシオラ（Osceola）で Elmer Swenson 氏が ELMER SWENSON 283 × ELMER SWENSON 193 の交配により得た交雑品種である（系統は SABREVOIS 参照）．1977 年に最初の結実が得られ，1981 年に公開された．1982 年に Elmer Swenson 氏がこの品種を権利化した．ST CROIX は *Vitis riparia*，*Vitis labrusca*，*Vitis vinifera*，*Vitis lincecumii* および *Vitis rupestris* の複雑な交雑品種で，SABREVOIS の姉妹品種にあたる．

ST CROIX は CHISAGO や PIONNIER の育種に用いられた．

ブドウ栽培の特徴

薄い果皮をもつ果粒で，密着した中サイズの果房をつける．果粒は裂果しがちである．萌芽期は中期で熟期は早期～中期である．非常に耐寒性であるが（−20°F/−29℃以下，おそらく−35°F/−37℃ほどまで）根はそれほどの耐寒性をもたないので，寒さが非常に厳しい年はブドウの樹を雪で覆う必要がある（Smiley 2008）．灰色かび病，べと病およびうどんこ病への感受性は中程度である．

栽培地とワインの味

ワインは通常，ライト～ミディアムボディーで，酸味は中程度，アルコール分がかなり低く，タンニンもまた軽いのでブレンドワインの生産に用いるのがよい．*labrusca* 系のフォクシーフレーバーはないが，ブドウが熟れすぎていたり過剰に醸したらタバコやタール，煙のような重いフレーバーになってしまうことがある（Hart 出版年記載なし）．ST CROIX（カナダではしばしば STE CROIX と表記）が最も広く栽培されているのはケベック州（36 acres/15 ha; 2009年）だが，アメリカ中西部（例；アイオワ州29 acres/12 ha;2006年，イリノイ州20 acres/8 ha; 2007年，ミネソタ州18 acres/7 ha ; 2007年）や，わずかだが東部のペンシルベニア州（6 acres/2.4 ha; 2008年）でも栽培されている．インディアナ州の Tassel Ridge，ミネソタ州の Fieldstone，ケベック州の La Roche des Brises，Le Royer St-Pierre および Vignoble Ste-Pétronille などの各社がヴァラエタルワインを生産している．

ST PEPIN

フルーティーで低酸度，フォクシーフレーバーをもつことがあるアメリカの交雑品種

ブドウの色：● ● ● ● ●

主要な別名：Elmer Swenson 282，ES 282，Saint-Pépin

起源と親子関係

1950年にウィスコンシン州のオシオラ（Osceola）で Elmer Swenson 氏が ELMER SWENSON 114×SEYVAL BLANC の交配により得た交雑品種である．

- ELMER SWENSON 114は MINNESOTA 78×ROSETTE の交雑品種．
- MINNESOTA 78は BETA×WITT の交雑品種（MINNESOTA 78は BRIANNA 系統図参照）
- BETA は CARVER×CONCORD の交雑品種で，CARVER は選抜された *Vitis riparia* ブドウ
- WITT は CONCORD の実生でそれ自身は *Vitis labrusca* の系統である．

この *Vitis riparia*，*Vitis labrusca*，*Vitis vinifera*，*Vitis lincecumii* および *Vitis rupestris* の複雑な交雑品種は1983年に公開され，植物特許で1986年に Swenson Smith Vines 社に権利化された．この品種は LA CROSSE の姉妹品種で，LA CRESCENT の育種に用いられた．

ブドウ栽培の特徴

比較的広がった樹冠となり，樹勢が強く豊産性である（しかし，この品種は雌しべしかもたないので受粉のために別のブドウを近くに植える必要がある）．うどんこ病への感受性が非常に高い．灰色かび病とべと病には中程度の感受性を示す．熟期は早期～中期である．耐寒性（−15°F/−26℃から−20°F/−29℃）だが LA CROSSE ほどではない（Smiley 2008）．

栽培地とワインの味

ヴァラエタルワインはフルーティーだが，ラブルスカ系のフォクシーフレーバーがかすかに香ることがしばしばである．通常，酸味は弱い．ミネソタ州の Cannon River Winery 社やウィスコンシン州の Parallel 44社などがヴァラエタルワインを生産している．カナダでは，わずかだが2009年に数エーカーが栽培されている．PRAIRIE STAR や VANDAL-CLICHE などの，他の耐寒品種とブレンドされることが多いが，ケベック州の Domaine les Brome 社は ST PEPIN のヴァラエタルワインを作っている．アメリカ中西部での栽培は限定的で，ミネソタ州では2007年に17 acres（7 ha），アイオワ州では2006年に15 acres（6 ha），イリノイ州では2007年に10 acres（4 ha），ネブラスカ州では2007年に2 acres（1 ha 以下）の栽培が記録されている．アイスワインが作られることもある．

ST VINCENT

最近，開発されたチェリーフレーバーをもつアメリカ品種．
ミズーリ生まれの交雑品種の可能性がある．

ブドウの色：

起源と親子関係

1973年にミズーリ州，オーガスタ（Augusta）に Lucian Dressel 氏が所有する Mount Pleasant Vineyards 社のマネージャーである Scott Toedesbusch 氏がこの品種を発見した．穂木はミズーリ州の Philip Wagner 氏に送付され，彼はこれを繁殖し販売した．当初は STROMBOLI と呼ばれていたが，ピノ・ノワール（PINOT NOIR）に似ていたことから，最終的にはブルゴーニュ，コート＝ドール（Cote d'Or）の守護聖人にちなみ ST VINCENT と命名された（Wagner 1988）．ST VINCENT の正確な系統は不明である．Dressel 氏の畑で一緒に栽培されていたピノ・ノワールと CHAMBOURCIN の交雑品種だと考えている研究者もいる．CHAMBOURCIN は *Vitis riparia* の血筋を多く受け継いでいることから，ST VINCENT のワインの色素は，理論的には *Vitis vinifera* には存在しないが，*Vitis riparia*，*Vitis labrusca* および *Vitis rupestris* などに見られるジグルコシドを含んでいるはずである（Ribéreau-Gayon 1958）．しかし ST VINCENT には，そうしたジグルコシドが見られない（Wagner 1988）ことから，これは交雑品種ではなく100% *Vitis vinifera* である可能性が示唆されている．DNA 系統解析が行われていないため，ST VINCENT の真の親品種はいまだ明らかになっていない．2006年に市場に公開された．

ブドウ栽培の特徴

中～大サイズの果粒で，粗着した果房をなす．樹勢の強さは中程度である．黒腐病，べと病およびうどんこ病に対する感受性は中程度である．晩熟でやや耐寒性をもつ（−10°F/−23℃から −15°F/−26℃; Smiley 2008）．

栽培地とワインの味

ワインは明るい赤でチェリー，時に木の実や少しスモーキーな非常に複雑なフレーバーをもち，一般に強い酸味を示す．ミズーリ州の Three Squirrels 社，Two Saints 社，Whispering Oaks 社，ミシガン州の Domaine Berrien 社がヴァラエタルワインを生産している．この品種の故郷であるミズーリ州には最も大きな栽培面積があるが（34 acres/14 ha，2009年），アイオワ州（18 acres/7 ha ; 2006年）やペンシルベニア州（わずかに1 acre/0.4 ha ; 2008年）でも栽培されている．

ŠTAJERSKA BELINA

RANFOL を参照

STANUŠINA CRNA

品質を向上させるため畑での選抜が必要なマケドニア品種

ブドウの色：● ● ● ● ●

主要な別名：Gradesh, Stanušhina Crna, Strnušina, Tikvesko

起源と親子関係

STANUŠINA CRNA は元来，STRNUŠINA と呼ばれていた．おそらく北マケドニア共和国のブドウの主産地であるティクベス（Tikveš）がこの品種の起源であるため，TIKVESKO が別名となっているのだろう．糖度，酸度が不足する緑の果皮色変異（STANUŠINA ZELENA,「緑の STANUŠINA」という意味）や，結実不良（ミルランダージュ）になりやすいため，収量が低くなってしまう STANUŠINA の一つのタイプ（STANUŠINA REHULJAVA,「ばらばらになっている STANUŠINA」という意味）も畑で見られる（Bozinovic *et al.* 2003; Štajner，Angelova *et al.* 2009）.

ブドウ栽培の特徴

豊産性で晩熟である．大きな果粒で，中～大サイズの果房をつける．やせて乾燥した土地や石灰石が栽培に適している．かびの病気に対する耐性は中程度である．

栽培地とワインの味

OHRIDSKO CRNO 同様，かつては，その発祥地である現在の北マケドニア共和国にあたる地域で主要品種として多く栽培されていた STANUŠINA CRNA だが，フィロキセラ禍以降は主要品種としてその役割を果たすことは次第に少なくなり，ティクベスや同国の他の地域でわずかに栽培されるのみとなっている．アルコール分は通常，中程度となるが，ワインは酸味，ボディーとテクスチャーに欠けることが多く，大抵は PROKUPAC および / または KRATOŠIJA（TRIBIDRAG）とブレンドされている．押し寄せる国際品種の波に逆らって事業展開を進めている Popova Kula 社が赤とロゼのヴァラエタルワインを作っている．品質を低下させる原因となる前述の変異を取り除くためには，畑での選抜が必要である．

STAVROTO

ギリシャ，ラプサニ（*Rapsáni*）原産地呼称で必要とされ，また，事実上この地方でのみ栽培されているギリシャの品種

ブドウの色：● ● ● ● ●

主要な別名：Ampelakiotiko，Ampelakiotiko Mavro，Stavromavro

起源と親子関係

ギリシャ中東部，テッサリア地方（Thessalía）の北東に位置するラプサニ地方の地方品種である．

ブドウ栽培の特徴

小さな果粒で密着した中～大サイズの果房をつける．萌芽期が非常に早い．熟期は中期～晩期である．樹

勢が強い．

栽培地とワインの味

STAVROTO は主にギリシャのテッサリア地方で見られる品種で，KRASSATO，XINOMAVRO と並んで Rapsáni 原産地呼称で必要とされる3品種（通常混植される）の一つである．色，アルコール，酸度のレベルは XINOMAVRO よりも低い（Manessis 2000）．栽培は北部のコザニ県（Kozáni）や南部のマグニシア県（Magnisía）で見られる．豊かで良好な骨格をもつスパイシーなワインを作る生産者としてラプサニの Dougos と Tsantali の2社が推奨されている．

STEEN

CHENIN BLANC を参照

STEUBEN

マイナーだが成功を収めている，アメリカの交雑品種．
生食およびワイン生産に用いられている．

ブドウの色：

主要な別名：New York 12696

起源と親子関係

STEUBEN は，1925年にニューヨーク州，ジェニーバ（Geneva）にあるコーネル大学果樹園芸およびブドウ栽培学部のニューヨーク州農業研究所で，Richard Wellington と George D Oberle の両氏が WAYNE×SHERIDAN の交配により得た交雑品種である．

- WAYNE は MILLS×ONTARIO の交雑品種（MILLS の系統は GR7を，また ONTARIO の系統は CAYUGA WHITE 参照）
- SHERIDAN は HERBERT×WORDEN 交雑品種（HERBERT の系統は GR7参照）
- WORDEN は CONCORD の選抜実生

この *Vitis labrusca* と *Vitis vinifera* の交雑品種は1931年に選抜され，1947年に命名・公開された．COROT NOIR および NOIRET の育種に用いられた．

ブドウ栽培の特徴

樹勢が強い．豊産性だが，収量は調節しなければならない．

ライラック色の果粉に厚く覆われた黒い果粒で，密着した大きな果房をつける．熟期は中期～晩期である．ジュースは甘くスパイシーだが香りは高くはない．黒腐病には中程度の感受性を示すが，その他の病気に対しては通常良好な耐病性をもつ．耐寒性である（−15F/−26℃から−20F/−29℃）．

栽培地とワインの味

STEUBEN はアメリカ合衆国中西部と北東部のところどころで栽培されている．例を挙げると，ペンシルベニア州では2008年に45 acres（18 ha），ニューヨーク州では2006年に37 acres（15 ha），STEUBEN の人気が高まりつつあるインディアナ州では25 acres（10 ha），イリノイ州では2007年に3 acres（1.2 ha）が栽培されている．STEUBEN は香り高い白ワイン，ブラッシュワイン，ロゼワインの生産に用いられる．ワインの糖度は様々である．房の形とブドウがもつフレーバーが高く評価され，生食にも用いられている．

またジュース用にも栽培されている．ニューヨーク州の Marjim Manor，Mayers Lake Ontario，Niagara Landing などの各社，ペンシルバニア州の Starr Hill 社，インディアナ州の Buck Creek 社，ニューハンプシャー州の Jewell Town 社，アイオワ州の Tassel Ridge 社がヴァラエタルワインを生産している．

STORGOZIA

申し分のない耐病性を有するブルガリアの新しい交雑品種

ブドウの色：● ● ● ● ●

主要な別名：Storgoziya

起源と親子関係

STORGOZIA は1976年にブルガリア北部，プレヴェン（Pleven）にあるブドウ栽培および醸造研究所で I Ivanov，V Valtchev，G Petkov 氏らが BUKET×VILLARD BLANC の交配により得た交雑品種である．古都プレヴェンの旧名が品種名として用いられた．

ブドウ栽培の特徴

べと病，うどんこ病および灰色かび病に良好な耐性を示す．また冬の低温にも耐性がある．豊産性で薄い果皮のブドウをつける．

栽培地とワインの味

2008年にはブルガリアで738 ha（1,824 acres）が栽培されており，栽培のほとんどは同国北部のプレヴェン県で見られる．ルーマニアとの国境に近い町，ルセ（Ruse）近郊の Yantra 社と最北東部，ヴィディン市（Vidin）近郊の Chateau de Val 社が赤のブレンドワインに STORGOZIA を加えている．ワインは良好な酸味とアルコール分を有しており，熟成が可能である．

SUBIRAT PARENT

ALARIJE を参照

SUKHOLIMANSKY BELY

使い道の多いウクライナの交配品種．フレッシュで少しフローラルな白ワインになる．

ブドウの色：● ● ● ● ●

起源と親子関係

SUKHOLIMANSKY BELY は1949年にウクライナ南部，オデッサ州（Odessa）にある Tairov 研究センターの Y S Komarova，M P Tsebriy，A N Kostyuk，P K Ayvazyan，E N Dokuchaeva 氏らがシャルドネ（CHARDONNAY）×PLAVAÏ の交配により得た交配品種である．PLAVAÏ はモルドヴァの品種で，かつては人気を博していたが，現在はほとんど絶滅状態にある．1969年に公式品種リストに登録された．

ブドウ栽培の特徴

一貫して豊産性で，樹勢が強く，熟期は中程度である．薄いが強い果皮をもつ．−19℃（−2 F）まで耐寒性がある．

栽培地とワインの味

フレッシュで軽いフローラルな SUKHOLIMANSKY BELY は使い道が多く，辛口やオフ・ドライのブレンドワイン（多くの場合 ALIGOTÉ とブレンドされる）に用いられる．また発泡性ワインの生産や生食にも用いられる．2009年にはウクライナで1,477 ha（3,650 acres）の栽培を記録した．栽培は主に同国南部のオデッサ州（Odessa），ムィコラーイウ州（Nikolaev），ヘルソン州（Kherson）で見られる．Kolonist 社はソフトだが香り高いヴァラエタルワインを，また，Odessavinprom 社は ALIGOTÉ とブレンドし，中甘口ワインを作っている．栽培はロシア南東部のクラスノダール（Krasnodar）でも見られる（80 ha/198 acres；2010年）．

SULTANA

SULTANIYE を参照

SULTANINA

SULTANIYE を参照

SULTANIYE

世界で最も広く栽培されている薄い果皮色の品種．
SULTANA は幸いにしてワインに用いられることは稀である．

ブドウの色：●（1番目）　●　●　●　●

主要な別名：Banati（エジプト），Kishmish ☿（アフガニスタンおよびアルメニア），Kis Mis Alb（ルーマニア），Kişmiş（トルコ），Soultanina，Sultana ☿（南アフリカ共和国），Sultani Çekirdeksiz（トルコ），Sultanina ☿（広く用いられている），Sultanina Blanche，Sultanine（フランスおよびギリシャ），Thompson Seedless ☿（アメリカ合衆国，南アフリカ共和国およびオーストラリア）

起源と親子関係

SULTANIYE は貴重なブドウの献上を受けたトルコ皇帝にちなんで命名された．このブドウは多くの国で栽培されていたが，国ごとに違う別名が用いられていたため，その起源については長年にわたり議論されてきた．候補地としてはトルコ，ギリシャ，南アフリカ共和国，アフガニスタンやイランなどがあげられている．

Galet（2000）がアフガニスタンで KISHMISH SORH（赤）と KISHMISH SIAH（黒）の果皮色変異を発見している．SULTANIYE は多くの生食用ブドウの育種に用いられていた．

SULTANIYE は非常に多くのワイン用ブドウと生食用ブドウの育種に用いられていたが，そのうち TARRANGO だけがワイン用に商業栽培されている．

ブドウ栽培の特徴

樹勢は非常に強いが，この品種が理想とする温暖な環境ではない場所で栽培すると，結実能力が低くなってしまう．熟期は中程度．かびが引き起こす病気のほとんどに対する感受性が非常に高い．西ヨーロッパでは特にその傾向がある．果粒の糖度は比較的高レベルに達する．

栽培地とワインの味

SULTANIYE は一般によく知られている別名の THOMPSON SEEDLESS が示すように種なし品種である．世界で最も広く栽培されている品種であるが，そのほとんどは干しブドウ用か生食用である（別名の KISHMISH は パシュトーン語で「干しブドウ用のブドウ」という意味である）．トルコでも同じ目的で SULTANIYE が栽培されているが，ブドウが病気にかかりにくい同国西部，エーゲ海地方のマニサ（Manisa）平原やイズミル（İzmir），Denizli 周辺ではワインが作られている．ワインは良いものでも軽く，いくぶんニュートラルである．オフ・ドライスタイルのワインが作られることもある．Kavaklidere 社，Kayra 社，Doluca 社などの大手生産者がヴァラエタルワインを生産しているが，EMIR や NARINCE のような地方品種とのブレンドワインも作っている．2010年の総栽培面積は2,545 ha（6,289 acres）であったが，そのほとんどは生食用である．隣国のアルメニアでも栽培されている．

キプロスでも広く栽培され，2010年には生食用およびワイン用として516 ha（1,275 acres）の SOULTANINA が栽培されていた．2008年にはギリシャのペロポネソス半島（Pelopónnisos/Peloponnese）で1,095 ha（2,706 acres）が栽培されていた．

カリフォルニア州では2008年に198,094 acres（80,166 ha）もの THOMPSON SEEDLESS が栽培されたと記録されているが，そのほとんどはレーズン用であった（カリフォルニア州やオーストラリアで薄い果皮色のブドウが極度に不足した場合に限り THOMPSON SEEDLESS が搾汁されワイン生産に用いられる）．オーストラリアでも同じ名前が使われ，主に生食用ブドウとして，また，レーズン用として栽培されている．

SUMOLL

スペイン，カタルーニャ地方（Catalunya）の品種だが，現在はカナリア諸島でも栽培されている．補助原料として赤のブレンドワインの生産に用いられている．

ブドウの色：● ● ● ● ●

主要な別名：Sumoi，Sumoll Negro，SumollTinto，Sunier，Verijariego Negra ※，Vigiriega，Vigiriega Negra，Vigiriego Negro，Vijariego Negra ※，Vijariego Negro ※（カナリア諸島），Vijiriego Negro

起源と親子関係

SUMOLL については1797年にカタルーニャ州（Catalunya）で初めて記録がなされており，その名はラテン語で「熟す」「成熟する」を意味する *submolliare* が基となっているこの地方の方言 *sumollar* にちなんで名づけられたものである（Favà i Agud 2001）．DNA 解析によって意外にも SUMOLL が，アンダルシア州（Andalucía）の VIJARIEGO NEGRA と同一であることが明らかになった（SIVVEM）．VIJARIEGO NEGRA は，ヘレス・デ・ラ・フロンテーラ（Jerez de la Frontera）で栽培されていた品種であり，また，サンルーカル・デ・バラメーダ（Sanlúcar de Barrameda）では珍しい品種であったと Clemente y Rubio（1807）が初めて記載している．この品種は VIJARIEGO NEGRO の名でおそらく VIJARIEGA BLANCA（VIJARIEGO 参照）とともにカナリア諸島に持ち込まれたと考えられるが，後者は果皮色変異ではない．

この品種はオーストラリアで CIENNA や TYRIAN の育種に用いられた．

SUMOLL BLANC は SUMOLL とは異なる形態と DNA プロファイルをもつので SUMOLL の果皮色変異ではない（Giralt *et al.* 2009）．

ブドウ栽培の特徴

結実能力が高く，豊産性で晩熟である．非常に大きい果房をつける．

栽培地とワインの味

スペインでは2008年にSUMOLL（別名を含む）が258 ha（638 acres）栽培されたが，そのうち実質的に栽培が見られるのはカタルーニャ州である．国際品種や地方品種などとのブレンドには少量しか加えられないSUMOLLだが，Bohigas，Can Ramon Viticultors del Montgrós，Cellar Pardas，Heretat Mon-Rubíなどの各社は赤やロゼのヴァラエタルワインを生産している．SUMOLLの人気は上昇しており，現在はAlella，Catalunya，Penedès，Pla de Bages，Tarragonaの各DOで公認されている．ワインは通常，フレッシュな酸味を伴う赤い果実のフレーバーを有している．

VIJARIEGO NEGROの別名で2008年の公式統計にはカナリア諸島で59 ha（146 acres）の栽培が記録されており，El Hierro，La Gomera，Pla de BagesのDOで公認されている．現地ではEl Hierro DOのTanajara社が特に良質のヴァラエタルワインを作っている．

SUMOLL BLANC

栽培量は非常にわずかだが，将来有望なスペイン，カタルーニャ（Catalunya）の爽やかな品種．濃い果皮色のSUMOLLとは無関係である．

ブドウの色：●（白）

起源と親子関係

SUMOLL BLANCはスペイン北東部，タラゴナ県（Tarragona）のブドウである．DNA解析が示すようにSUMOLLの白変異ではない（Giralt *et al.* 2009）．

栽培地とワインの味

SUMOLL BLANCはスペイン北東部，カタルーニャ州，タラゴナ県やペネデス（Penedès）で非常に限定的に栽培されている品種である．2008年の栽培面積は，わずか5 ha（12 acres）であった．10 Sentits社が熟成にオークを用いたものとそうではないヴァラエタルワインを生産している．いずれも繊細な酸味とミネラル感，そして何種もの果実のフレーバーを有しており，その特徴はシャブリ（Chablis）と似ているとも言える．

SUPPEZZA

イタリア，ソレント（Sorrento）の珍しい品種．
早く市場に出回る発泡性ワインの原料として用いられる．

ブドウの色：●（黒）

起源と親子関係

SUPPEZZAという品種名に関して，地元では，この品種が見つかったサレルノ県（Salerno）西部，モンティ・ラッタリ地方（Monti Lattari），グラニャーノ（Gragnano）の古い農園にちなんで名付けられたのだといわれている．DNA解析によってSUPPEZZAはFALANGHINA FLEGREAと遺伝的に近いことが明らかになった（Costantini *et al.* 2005）．

ブドウ栽培の特徴

熟期は中期である．灰色かび病に感受性がある．

栽培地とワインの味

SUPPEZZA はイタリア，カンパニア州（Campania）に数多くあるマイナーな品種の一つで，現在もソレント半島の古い畑で接ぎ木をしていない棚仕立てで栽培されている．栽培がとりわけ多く見られるのはグラニャーノ，Pimonte，レッテレ（Lettere），カステッランマーレ・ディ・スタービア（Castellamare di Stabia）である．SUPPEZZA は通常，Penisola Sorrentina DOC の Rosso frizzante naturale ワインにおいて主に地方品種とブレンドされている．これはナポリ地方の伝統的な自然発泡性の赤ワインでPIEDIROSSO，AGLIANICO，SCIASCINOS に，SUPPEZZA を含む地方品種を40％までブレンドすることにより作られている．優れた地方の生産者は Grotta del Sole 社である．

SUŠĆAN

アドリア海に浮かぶいくつかの島々でのみ，わずかに栽培されているクロアチアの品種．近年，その人気が高まっている．

ブドウの色：● ● ● ● ●

主要な別名：Brajda Velika Crna，Sansigot，Susac，Sušćan Crni

起源と親子関係

SUŠĆAN はクロアチア北西部，クヴァルネル湾（Kvarner）内に浮かぶツレス島（Cres）の南にあるスサック島（Susak）由来の品種である．SUŠĆAN の別名 SANSIGOT は，この島のイタリア名「Sansego」から名付けられたものであることから SUŠĆAN のスサック島由来説が支持されている．

ブドウ栽培の特徴

樹勢が強い．一貫して高収量である．萌芽期は遅く，熟期は中期～晩期である．かびの病気に耐性があり，灰色かび病にはとりわけ良好な耐性を示す．

栽培地とワインの味

SUŠĆAN はクロアチアのワイン生産地域（フルヴァツカ・プリモリエ Hrvatsko Primorje/ クロアチア沿岸部）で公認されている，主にはクロアチアの小島，スサック島で栽培されているが，ロシニ（Lošinj），ツレス（Cres），ウニエ（Unije），クルク（Krk）など，近隣のより大きな島々でも栽培されている．ワインのアルコール分は通常，かなり高くなる．増え続けているスサック島を訪れる観光客向けに SUŠĆAN ワインは販売されている．かつてスサック島は，その95％がブドウ畑であったことから「浮かぶブドウ畑」として知られていた．クルク島では Anton Katunar 社がシラー（SYRAH）や GEGIĆ と SANSIGOT をブレンドしている．栽培上の利点とワインが色合い深くフルボディーであることにより，近年，人気を博している．

SUSUMANIELLO

あまり栽培されていない深い色合いのイタリア，プッリャ州（*Puglia*）の品種

ブドウの色：● ● ● ● ●

主要な別名：Cozzomaniello，Grismaniello，Somarello Nero ☒，Susomaniello，Susomaniello Nero，Zingariello，Zuzomaniello

---

起源と親子関係

SUSUMANIELLO はイタリア南部，プッリャ州，ブリンディジ県（Brindisi）で長く知られてきた．その名は別名の *somarello*（「ロバ」を意味する）に由来し，ロバが耐え得る積荷の量がこの品種を思わせることにより，そのように命名されたと考えられている．

最近の DNA 系統解析によって SUSUMANIELLO は GARGANEGA × UVA SOGRA の交配品種であり（Di Vecchi Staraz，This *et al.* 2007），後者はプッリャ州の生食用ブドウ（Vouillamoz），UVA SACRA と同一である（Zulini *et al.* 2002）ことが明らかになった．

その結果，SUSUMANIELLO は GARGANEGA と親子関係にある8種類の品種，ALBANA，CATARRATTO BIANCO，DORONA DI VENEZIA，MALVASIA BIANCA DI CANDIA，MARZEMINA BIANCA，MONTONICO BIANCO，MOSTOSA，TREBBIANO TOSCANO の祖父母品種か片親だけの姉妹品種にあたることも明らかになった（GARGANEGA の項の系統図参照）．

他の仮説

SUSUMANIELLO はダルマチア海岸地方（Dalmatian）由来であるという説があるが証拠はない．また，この品種はローマの夕立の神，スマナス（Sumanus）にちなんで SUSUMANIELLO と命名されたともいわれている．

ブドウ栽培の特徴

樹勢が強く熟期は中期である．

栽培地とワインの味

SUSUMANIELLO は北部のフォッジャ県（Foggia）以外のプッリャ州全県で公認されている．主にブリンディジ（Brindisi）港の北西や南東で栽培され，通常 MALVASIA NERA DI BRINDISI や NEGROAMARO などの地方品種と Ostuni DOC や Brindisi DOC でブレンドされている．

Tenute Rubino 社の Torre Testa（IGT Salento），トッレ・グアチェート（Torre Guaceto）自然保護区，Racemi 社の Sum（vino da tavola），Lomazzi & Sarli 社の Nomas および Cantine Due Palme 社の Serre（IGT Salento）は100 % SUSUMANIELLO ワインの珍しい例である．100 % SUSUMANIELLO ワインは色合い深く，赤い果実のフレーバーを有しているが酸味が非常に強く頑強である．2000年にはイタリアで72 ha（178 acres）の栽培を記録している．

SWENSON RED

アメリカ北西部の寒冷な気候環境に適するよう開発された赤果粒の交雑品種.
わずかな量のみが栽培されている.

ブドウの色：● ● ● ● ●

主要な別名：Elmer Swenson 439

起源と親子関係

1962年にウィスコンシン州のオシオラ（Osceola）で Elmer Swenson 氏が MINNESOTA 78×RUBILANDE の交配により得た交雑品種である（SWENSON RED の系統図は BRIANNA 参照）．1967年に選抜され，Elmer Swenson 氏とミネソタ大学が1978年に共同で公開した．SWENSON RED は *Vitis riparia*，*Vitis labrusca*，*Vitis vinifera*，*Vitis aestivalis*，*Vitis lincecumii*，*Vitis rupestris* および *Vitis cinerea* の複雑な交雑品種である．この品種は CHISAGO の育種に用いられた．

ブドウ栽培の特徴

大きな赤い果粒で，中サイズの果房をつける．べと病への感受性が非常に高い．灰色かび病とうどんこ病には中程度の感受性を示す．耐寒性（−15°F/−26℃）ではあるが，Swenson 氏が開発した他の品種ほどの耐寒性は有していない．熟期は中期で，糖度は高レベルに達する．

栽培地とワインの味

SWENSON RED は主に生食用だが，ワインの生産にも用いられている．Swenson 氏は果皮を果汁とともに醸すことを推奨しなかった（Swenson *et al.* 1980）．この品種は白あるいはブラッシュワインの生産に適している．栽培が見られるのは主にミネソタ州（24 acres/10 ha；2007年）で，アイオワ州（5 acres/2 ha; 2006年）でも栽培されているが，ヴァラエタルワインに用いられるのはわずかである（アイオワ州の Summerset Winery 社は例外である）．ポーランドでも栽培されている．

SWENSON WHITE

わずかな量のみが栽培されている耐寒性のアメリカの交雑品種.
ワイン生産よりも生食用に適している.

ブドウの色：● ● ● ● ●

主要な別名：ES 6-1-43

起源と親子関係

SWENSON WHITE はウィスコンシン州，オシオラ（Osceola）で Elmer Swenson 氏が EDELWEISS×ELMER SWENSON 442の交配により得た交雑品種である．ELMER SWENSON 442は MINNESOTA 78×RUBILANDE の交雑品種である（MINNESOTA 78および RUBILANDE の系統は BRIANNA 参照）．SWENSON WHITE は1988年に選抜され1994年に公開された．SWENSON WHITE は *Vitis riparia*，*Vitis labrusca*，*Vitis vinifera*，*Vitis aestivalis*，*Vitis lincecumii*，*Vitis rupestris*，*Vitis cinereal* および *Vitis berlandieri* の複雑な交雑品種である．

ブドウ栽培の特徴

樹勢が強い．萌芽期は中期である．晩熟で遅摘みが適している．厚い果皮をもつ大きな果粒で，中～大サイズの果房をつける．べと病，うどんこ病，黒とう病に中程度の感受性を示す．非常に耐寒性である（－20°F/－29℃以下；Smiley 2008年）．

栽培地とワインの味

ウィスコンシン州，Mt Ashwabay Vineyard 社の Mark Hart 氏によれば，このブドウはまさに生食用であり，ワインにした場合はニュートラルなものになるという．フローラルなアロマをもつこともあるが，熟した後に収穫されたブドウでワインを作った場合は特に，親品種の EDELWEISS ほど強くはないものの，フォクシーフレーバーが出てしまう．晩熟なのでアイオワ州やネブラスカ州などの中西部でのみ適している．アメリカ合衆国中西部とカナダで限定的に栽培されており，ケベック州の Domaine et Vins Gelinas 社が珍しいヴァラエタルのアイスワインを作っている．

SYKIOTIS

主に蒸留酒に用いられるギリシャ品種

ブドウの色：● ● ● ● ●

主要な別名： Chiotis，Kiotes，Skiotes，Skiotis，Sykioti

起源と親子関係

SYKIOTIS はギリシャ中部，テッサリア地方（Thessalía）で長く知られている品種だが，その起源は明らかになっていない（Nikolau and Michos 2004）．SYKIOTIS は「イチジク」を意味する *sýko* に由来する．

ブドウ栽培の特徴

萌芽期は早く晩熟である．樹勢が強く豊産性である．

栽培地とワインの味

この品種はギリシャにおいて，そのほとんどが蒸留されチプロ（Tsipouro）というスピリッツの製造に用いられるが，テッサリア地方南東部，Néa Anhíalos のディミトラ（Dimitra）協同組合は辛口および赤の SYKIOTIS のヴァラエタルワインを作っている．SYKIOTIS は北部のマケドニアやエヴィア島（Évvoia/Euboea）でも栽培されている．

SYLVANER

SILVANER を参照

SYMPHONY

マスカットフレーバーをもつ稀少で香り高いカリフォルニア州の交配品種

ブドウの色：● ● ● ● ●

主要な別名：Davis S15-58

起源と親子関係

SYMPHONYは1940年にカリフォルニア大学デービス校でHarold P Olmo氏がGARNACHA ROJA×MUSCAT OF ALEXANDRIAの交配により得た交配品種である．1983年に公開された（Walker 2000）．

ブドウ栽培の特徴

樹勢が強く，豊産性で様々な気候に適応できる．マスカットフレーバーをもつ果粒で，大抵密着した状態で，中～大サイズの果房をつける．熟期は中期である．灰色かび病に感受性がある．

栽培地とワインの味

SYMPHONYからはフルーティーで，マスカットフレーバーをもつ辛口～甘口までのスティルワインと発泡性ワインが作られている．1990年代にオフ・ドライのテーブルワインとしてある程度人気が出た後，カリフォルニア州では2004年に栽培面積が700 acres（283 ha）に，また2009年には803 acres（325 ha）になった．最大の栽培地はセントラル・バレー（Central Valley）のフレズノ（Fresno），マーセド（Merced），ヨロー（Yolo），サンホアキン郡（San Joaquin）である．

カリフォルニア州，ヨークヴィル・ハイランズ（Yorkville Highlands）のMaple Creek社がSYMPHONYのヴァラエタルワインを生産しており，オフ・ドライのワインや甘口の遅摘みワインを作っている．またソノマ（Sonoma）のSebastiani社やローダイ（Lodi）のMichael David Winery社もヴァラエタルワインを作っている．Ironstone社はカリフォルニア州のローダイやシエラ・フットヒルズ（Sierra Foothills）にSYMPHONYの広大なブドウ畑を所有しており，同社が作るオフ・ドライのワインは人気があり，いつも売り切れとなる．ブレンドワイン用としての需要もあるため，新しい栽培が始められている．コロラド州のWinter Park社やネバダ州のPahrump Valley社が生産するSYMPHONYワインにはカリフォルニア州で栽培されたブドウが用いられている．他方，ハワイ州のVolcano Winery社は自分たちでSYMPHONYのブドウを栽培している．

SYRAH

カベルネ・ソーヴィニヨン（CABERNET SAUVIGNON）に代わって広く流行している品種．複雑で驚くべき系統を有している．

ブドウの色：● ● ● ● ●

主要な別名：Candive（Bourgoin-Jallieu），Hermitage（オーストラリア），Marsanne Noire（Saint-Marcellin），Petite Sirrah，Sérène（イゼール県（Isère）），Serine，Sérine または Serinne（コート・ロティ（Côte Rôtie）およびイゼール県），Shiraz（オーストラリア），Sira，Sirac，Sirah，Syra，Syrac

よくSYRAHと間違えられやすい品種：DUREZA ※，DURIF ※（フランスのアン県（Ain）のセルドン（Cerdon），オーストラリアおよびカリフォルニア州では Petite Sirah 呼ばれている），MONDEUSE NOIRE ※，PERSAN ※（イゼール県では Sérine と呼ばれている），SERINA E ZEZË ☒（アルバニア），SHESH I ZI ☒（アルバニア）

起源と親子関係

シラー（SYRAH）の故郷として最も名高く歴史ある場所といえばローヌ（Rhône）北部のエルミタージュ（Hermitage）やコート・ロティ（Côte Rôtie）などのブドウ畑である．この品種について初めて記載したのは Faujas de Saint-Fond（1781）で，様々な綴り字を用い次のように書いている．「エルミタージュの Sira は…．素晴らしい，コクのある，魅力的な熟成させる価値のあるワイン：…．Tain で見られるように少量の白ブドウのワインをブレンドすることができる．コート・ロティの Serine や Vionnier もよく適している」．Sira de l'Hermitage とコート・ロティの Serine はシラーの（品種と名前の）単にこの地方での違いであるが，Saint-Fond 氏は両者が異なる品種であると考えていた．「長時間」を意味するインド−ヨーロッパ言語の *ser-* からラテン語で「晩熟」を意味する *serus* という言葉ができ，この品種の別名である Sérine を経て SYRAH という名前が生まれたと考えられる（André and Levadoux 1964）．

シラーと PELOURSIN の自然交配により DURIF が生まれた．

ZIZAK はシラーの別名として用いられることがあるが，これはモンテネグロの別品種の名前でもある（ZIZAK 参照）．

シラーの親品種の発見

1998年にカリフォルニア大学デービス校とフランス南部，モンペリエの国立農業研究所（Institut National De La Recherche Agronomique : INRA）で行われたDNA 系統解析によって，シラーは MONDEUSE BLANCHE（母系統）×DUREZA（父系統；Bowers *et al.* 2000）の自然交配品種であることが明らかになった．MONDEUSE BLANCHE はサヴォワ県（Savoie）の品種で，アン県，イゼール県やオート＝サヴォワ県（Haute-Savoie）でも栽培されていた．DUREZA はアルデシュ県（Ardèche）の品種で，かつてはドローム県（Drôme）やイゼール県でシラーとともに栽培されていた．両親品種が栽培されていた畑で交配が起こりシラーが生まれたわけだが，交配はおそらく，フランス，ローヌ＝アルプ地域（Rhône-Alpes）のイゼール県で起こった可能性が高いと考えられる（Meredith and Boursiquot 2008）．

PINOT はおそらくシラーの曾祖父品種である

イタリア北部にあるサン・ミケーレ・アッラディジェ農科大学（Istituto Agrario di San Michele all'Adige）の Vouillamoz and Grando（2006）は，それまでブドウ遺伝学には適用されていなかった DNA データの確率解析を用いて，DUREZA がイタリア，トレント自治県（Trentino）の古い品種である TEROLDEGO と姉妹関係にあることを明らかにした．これはアルプス山脈の両サイドの二つの品種が遺伝的に近縁関係にあることを示す最初の証拠となった．シラーは DUREZA の子品種なので，TEROLDEGO の甥・姪品種にあたることになる．Vouillamoz と Grando の両氏はまた，PINOT が DUREZA および TEROLDEGO と二親等の関係にあることを明らかにした．これは PINOT が，それらの品種の祖父母，孫，叔父・叔母，甥・姪，あるいは片親だけが姉妹関係のいずれかに位置する可能性を意味している．14世紀にはすでにフランスやチロル地方で PINOT が知られており，DUREZA や TEROLDEGO の栽培が行われる以前より栽培がなされていたことを考えると，理論的には PINOT がそれらの品種の祖先品種（祖父母（図 1）あるいは叔父・叔母など）であると考えられる．それゆえ PINOT はおそらくシラーの曾祖父品種にあたることになる．こうした事実はこれらの品種がまったく異なる起源をもつという前提をくつがえすものとなった．

シラーの系統における MONDEUSE NOIRE および ヴィオニエ（VIOGNIER）

DNA 系統解析によって，サヴォワ県の MONDEUSE BLANCHE がサヴォワ県 / オート＝サヴォワ県の MONDEUSE NOIRE および北部ヴァレ・デュ・ローヌ（Vallee du Rhône）のヴィオニエと親子関係にあることが最近になって明らかになった（Vouillamoz 2008）．これは MONDEUSE NOIRE および ヴィオニエが MONDEUSE BLANCHE の親か子であることを意味している．しかし，他の親品種が明らかにならないうちは，どちらが親品種でどちらが子品種にあたるかを判断するのは不可能である．したがって，図2にある三つの系統図は同等の可能性があることになる．

もし MONDEUSE NOIRE が MONDEUSE BLANCHE の親品種であり，おそらく絶滅したであろう未知の品種と自然交配したのであれば，MONDEUSE BLANCHE = MONDEUSE NOIRE × ヴィオニエという関係はDNA解析により否定されているのでMONDEUSE NOIREはシラーとヴィオニエの祖父母にあたることになる（オプションA）．この場合は，ヴィオニエはMONDEUSE BLANCHEの子品種でシラーと片親だけの姉妹にあたる．

逆にもしMONDEUSE NOIREがMONDEUSE BLANCHEとおそらく絶滅した未知の品種との自然交配による子品種なのであれば，MONDEUSE NOIREはシラーと同じ片親をもつ姉妹品種ということになる（オプションB）．この場合ヴィオニエはMONDEUSE BLANCHEの親でシラーとMONDEUSE NOIREの祖父母，あるいはMONDEUSE BLANCHEの子で，同様にMONDEUSE NOIREおよびシラーと同じ片親をもつ姉妹ということになる（オプションC）．この場合ヴィオニエとMONDEUSE NOIREの親品種は異なり，そのいずれもが未知の品種，あるいはすでに絶滅した品種なのであろうと考えられる．

その結果，シラーはMONDEUSE NOIREかヴィオニエの孫，あるいは片親だけの姉妹ということになる．こうして，なぜMONDEUSE NOIREがドローム地方でGROSSE SYRAHと呼ばれているのか，また，なぜ，これらの4品種がブドウの形態分類群のSerineグループ（p XXXII参照；Bisson 2009）に属するのかの説明が可能となった．

最も完全なシラーの系統樹

他の系統樹も上に説明したのと同じような理由で理論上ではありうるということを心にとどめておく必要がある．私たちは最も確かであろうと考えられる包括的なシラーの系統図(図3)を提示する．ここではシラーがMONDEUSE BLANCHE×DUREZAの自然交配品種であり，ヴィオニエとは片親だけの姉妹であること，また，MONDEUSE NOIREの孫品種でTEROLDEGOの甥・姪品種にあたり，PINOTの曾孫品種にあたることが記されている．

父系テストにより明らかになった遺伝的リンク情報は，シラーがフランスのローヌ＝アルプ地域圏地方（Rhône-Alpes）起源であることを強く示唆している．

他の仮説

シラーの起源についてはローマ，シリア，シチリア島（Sicilia），アルバニアなど多くの仮説が提示されている．

ALLOBROGICA

起源1世紀にセルスス，コルメラ，大プリニウスらがALLOBROGICAは，レマン湖（Lake Leman）からグルノーブル（Grenoble）にかけて，また，オート＝サヴォワからヴィエンヌ（Vienne，リオンの南）に広がるアロブロージュ（Allobroges）の地で栽培されているブドウ品種の名前であると記録している．現在のコート・ロティにあたるヴィエンヌ近郊で*picatum*（ラテン語で「べとつく」「松ヤニ」を意味する），すなわち松ヤニを加えて風味付けしたワインの生産に用いられていた．大プリニウスはALLOBROGICAを冷涼な土地で栽培される晩熟な黒色果粒のブドウだと認識していた．幾人かの研究者がALLOBROGICAをPINOTと同定したが，アロブロージュにおいてPINOTが広く栽培されることはなかった．シラーとMONDEUSE NOIREの栽培分布が19世紀のALLOBROGICAの栽培地と完全に一致していたため，ALLOBROGICAがシラーあるいはMONDEUSE NOIREであると考えた人もいた．

19世紀にアロブロージュ一帯で栽培されるようになったMONDEUSE NOIREはシラーの栽培地を完全に包含した．

しかし言語学者のJacques André氏とブドウの分類学者のLouis Levadoux氏は，ローマ時代，ALLOBROGICAは「MONDEUSEの原形」の集団で形成され，それがMONDEUSE NOIREとシラーを生み，それらは長い時期一緒に栽培されていた，とする別の仮説を提唱している（André and Levadoux 1964）．MONDEUSEの原形を想定した彼らの仮説により，シラーやSérine（両品種とも晩熟である）の語源がラテン語で「晩熟」を意味する*serus*（前述）に由来するとの説明が可能になった．

アロブロージュの遺跡から見つかったブドウの種子のDNA解析によってMONDEUSEの原形の同定が促進されれば，Sérineブドウの形態分類群の祖先の再構築が可能となるであろう．

大プリニウスのSYRIACA，シラーはシリア起源であるか？

大プリニウスはSYRIACAがシリアで栽培されるアミネア（Aminea）ブドウの黒色果粒だと考えていた．この品種に関する大プリニウスの記述はSYRIACAがシラーの祖先であるとする説の提唱の際に用いられた．

Shiraz，ペルシャの伝説

Shiraz（またはChiraz）は古代ペルシア（現在のイラン）において重要なワイン生産の中心地であった．シラーは紀元前600年にポーキス人（Phocaeans）がペルシアからマルセイユ（Marseille/*Massilia*）に持ち込んだのだといわれることが多かったが，1095～1291年の間に十字軍がペルシアからローヌ川流域（Vallée du Rhône）に持ち込んだとも考えられていた．Shirazはシラーのオーストラリア名であり，同国がオリジナル名を維持しており，フランス名はそれを当地風にしたものであるとさえいう研究者もいる．しかし，十字軍は聖地を目指していたのであり，ペルシアには侵攻していないことを考えると，このShirazと十字軍に関する仮説には疑問を抱かざるを得ない．

Sýra，ギリシャの島

Sýros（またはSýra）はギリシャ，キクラデス諸島（Kykládes）の島である．この島がシラーの故郷だといわれているが，この地でシラーの栽培が報告されたことはない．

シチリア島（Sicilia）シュラクサイ（Syracuse）ルート

紀元前310年に，イタリア，シチリア島，シュラクサイ（Syracuse）の僭主，アガトクレス（Agathocles，紀元前361～289年）が最初にエジプトからシュラクサイにシラーを持ち込んだといわれている．11代ローマ皇帝，ドミティアヌス（Domitian; 西暦51～96年）が発したイタリア国外にあるブドウ畑の半分をなくすという布告をローマ皇帝，マルクス・アウレリウス・プロブス（Marcus Aurelius Probus; 西暦232～82年）が廃止したことで，彼はブドウ栽培の救世主だといわれており，彼がリヨン（Lyon）を統治した281年にシュラクサイからシラーを持ち帰ったとも考えられている．

SERINA E ZEZËとSHESH I ZI，シラーとの関係があると思われる二つのアルバニア品種

アルバニアの農業者の中には，アルバニア土着の赤ワイン品種であるSERINA E ZEZËがSérine（コート・ロティにおけるシラーの旧名）という名前に似ていることから，SERINA E ZEZËとシラーが同じ品種だと考える者がいる．しかし，ギリシャやアルバニアの研究者らによるDNA解析結果（Ladoukakis *et al.*; 2005）から，SERINA E ZEZËのDNAプロファイルはシラーとは関係がないことが明らかになった．一方，ギリシャの古い品種で黒色果粒をもつ生食用ブドウのEFTAKOILO（HEFTAKILO）とは近縁または同一である可能性が示された（Vouillamoz）．イタリアの研究者らもまた，最近になって，シラーが遺伝的にはSHESH I ZIと呼ばれる別のアルバニア品種に近いと述べたが，これもDNA解析によって否定されている（Vouillamoz）．

事実，DNA研究によってシリア，ペルシア，ギリシャ，シチリア島，アルバニア起源説は否定されている．

新しく開発された遺伝マーカーを用いた最近のDNA研究によって，シラーとヴィオニエは，上述した片親だけの姉妹関係，あるいは祖父母と孫の関係ではなく，姉妹品種であることを示唆した（Myles *et al.* 2011）．これはヴィオニエもまたDUREZA×MONDEUSE BLANCHEの自然交配品種であることを意味するのだが，マイクロサテライトマーカーによるDNA系統解析によって否定されている（Vouillamoz）．

シラーはRUBINの育種に用いられた．

ブドウ栽培の特徴

樹勢が強い．熟期は中期である．ヴェレゾンから収穫までの間の成熟期間が短い．また収穫に適した期間も短い．春の風から新梢を守るため，注意深い新梢の誘引と仕立てが必要である．クロロシス（白化）を非常に起こしやすい．活性石灰石を多く含む土壌は栽培に適さない（台木の110 Rは使うべきでない）．ダニと灰色かび病に感受性があり，特に感染しやすいのは収穫期である．Syrah/Shiraz病/衰退/障害など，いろいろな名前で呼ばれる原因不明の病気が世界中で見られ，葉が赤くなり，接ぎ木の箇所で腫れてひびが入り，樹はやがて枯死してしまう．いくつかのクローンは他のクローンよりも感受性が高い．果粒は小さく，熟すとすぐに萎凋する傾向がある．

栽培地とワインの味

シラーは20世紀の終わり頃まで，主にローヌ川流域（Vallée du Rhône）や，オーストラリア（SHIRAZの名で）で栽培されてきた．しかし，オーストラリアワインの輸出の急増，ローヌスタイルのワインの流行，そして，ボルドー（Bordeaux）の赤ワイン品種に飽きが来ていたことが相まってこの品種の栽培が広がることになった．この品種のワインはカベルネファミリーのものとは非常に異なる性質をもつ．通常，シラーのタンニンはより柔らかく，口中ではより明確な重厚感がある．シラーはグルナッシュ（GRENACHE/GARNACHA）やムールヴェドル（MOURVÈDRE）のようなローヌやフランス南部の品種とブレンドされることが多く，そうすることで上記の性質がより顕著になる．シラーのフレーバーは皮，リコリス，タールだが，やや未熟なブドウを用いたワインは際立つ黒胡椒のアロマや，場合によっては焦げたゴムのアロマを感じさせるものとなる．しかし，温暖な気候下で完熟したブドウを用いた場合，より甘みのある黒い果実のフレーバーとなる．非常によく熟した，または過熟のブドウ（完全に萎れた）から作られたワインは，ダークチョコレートやプルーンのフレーバーがあり，時にポートワインを思わせるニュアンスをもつ．

フランスではシラーの栽培が過去50年で驚くほど増加しており，1958年に1,602 ha（3,959 acres）であった栽培面積は2009年には68,587 ha（169,482 acres）を記録するまでとなった．シラーはメルロー（MERLOT），グルナッシュに次いで3番目に多く栽培されている赤品種である．フランス南部と南東部（リヨン（Lyon）より北では確実な成熟は困難である）にかけて広く栽培されているが，最大の栽培面積を誇っているのはラングドック＝ルシヨン地域圏（Languedoc-Roussillon）である（43,163 ha/106,658 acres）．とりわけ，近年，EUが余剰ワイン対策として南フランスで抜根・改植を奨励していることから，シラーは20世紀前半に植えられた高収量だが品質の劣るARAMON NOIR，ALICANTE HENRI BOUSCHET，CARIGNAN（MAZUELO）などの品種に取って代わる第一の選択肢であると考えられている．ラングドック＝ルシヨン地域圏ではシラーがブレンドワインに最も多く用いられている．ローヌ南部においては，シラーは2番目に多く栽培される品種であり，栽培面積はグルナッシュの3分の1ほどで，シャトーヌフ・デュ・パプ（Châteauneuf-du-Pape）や似たタイプのブレンドワインにバックボーンと寿命を加えるために用いられている．東のプロバンス（Provence）の畑にはシラー栽培の長い歴史があり，現地では多くの場合，カベルネ・ソーヴィニヨン（CABERNET SAUVIGNON）とブレンドされている（このブレンドはオーストラリアでも長く支持されている）．

フランスのシラーがヴァラエタルワインとして輝くのはローヌ北部である．花崗岩質の土壌で栽培されて，すばらしく凝縮され濃厚となった長寿の赤ワインは，シラーがもつ男性的な一面を表現している．微妙に少しずつ異なる土壌タイプと畑の位置する方角に応じて大きく変化するが，通常は，とりわけ光沢のあるテクスチャーと甘美だが辛口の果実のフレーバーをもつワインとなる．クローズ＝エルミタージュ（Crozes-Hermitage）はもう少し軽い，早熟スタイルのワインで，エルミタージュの丘を囲む低地で作られている．南東に面したコート・ロティの急な高台はシラー栽培が行われる地域としてはほぼ北限であり，シラーと少量のヴィオニエが混醸されることが多いからという理由だけでなく，この地域で栽培されるシラーこそ最も純粋かつ爽快で，より軽く女性的な，私たちがイメージする，いわゆるお決まりのシラーである（賞を受賞したGuigal社の単一畑のワインは例外的に凝縮された濃厚なタイプのワインである）．コート・ロティとエルミタージュの間にあるサン・ジョゼフ地域（Saint-Joseph）をひとくくりにはできない．

シラーはモンペリエ（Montpellier）からイタリア，ピエモンテ州（Piemonte）に持ち込まれ，同国において1899年から栽培されているが，2000年の栽培面積はわずか1,039 ha（2,567 acres）であった．一般にボルドーの赤ワイン品種に心酔するワイン生産者が多いイタリアにおいて，いまのところ，シラーが最も大きな成功を収めたのはトスカーナ州南部のコルトーナ（Cortona）である．とはいえ，Alcamo，Erice，Menfiなど，シチリア島のいくつかの原産地呼称ではシラーのヴァラエタルワインが公認されており，2008年に5,357 ha（13,237 acres）の栽培が記録されたことは不思議ではない．イタリアでヴァラエタル・シラーを作る生産者としては，ピエモンテ州のGillardi社，キャンティ地方（Chianti）の中心地にあるIsole e Olena社，Fontodi社，コルトーナのLa Braccesca，Ruffino，Tenimenti d'Alessandroの各社，また，シチリア島ではCottaneraとPlanetaの2社などが推奨されている．

一方，スペインのワイン生産者は近年，熱心にシラーを植えつけており，2004年に3,000 ha（7,413 acres）であった同国の栽培面積は2008年には16,568 ha（40,940 acres）にまで激増している．多くのシラーが同国中央部のカスティーリャ＝ラ・マンチャ州（Castilla-La Mancha）で栽培されているが，北東部のアラゴン州（Aragón）やカタルーニャ州（Catalunya），南東部のムルシア州（Murcia）や西部のエストレマドゥーラ州（Extremadura）でもかなりの量が栽培されている．トレド（Toledo）近郊のドミニオ・デ・バルデプーサ（Dominio de Valdepusa）で最初期から栽培を主導してきたのが Carlos Falcó 社や Marqués de Griñon 社である．他にも Abadía Retuerta，Castell d'Encus（Thalarn），Finca Sandoval，Pago del Ama などの各社が，ヴァラエタルワインは稀だが，非常に優れた高品質のシラーワインを生産している．ワインはフランスのシラーより甘くふくよかである．

国境を越えてポルトガルに入ると，大規模には栽培されていないシラーだが，主にアレンテージョ地方（Alentejo）で，また，テージョ（Tejo）およびリスボン地方（Lisboa）で栽培されている．さらに，ドウロ（Douro）では，試験栽培が行なわれている．推奨される生産者として，この品種が公認されるずっと前からアレンテージョでの先駆者であった Cortes de Cima，並びにテージョの Quinta Lagoalva de Cima，Quinta da Lapa などの各社があげられる．

スイスでは，とりわけヴァレー州（Valais）のローヌ川（Vallée du Rhône）上流域にある日当たりのよい斜面で，成熟したブドウから思いのほか濃厚なワインが生産されている．生産者としては Jean-René Germanier，Simon Maye & Fils，L'Orpailleur などの各社が推奨されており，2009年には181 ha（447 acres）の栽培を記録した．

オーストラリアのワインになじみが深い地域ではシラーが Shiraz とラベルに表記されることが多いが，この品種はクロアチア（110 ha/272 acres; 2009年），ルーマニア（16.4 ha/41 acres ;2008年），ハンガリー（100 ha/247 acres; 2008年），マルタ（100 ha/247 acres; 2010年），キプロス（257 ha/635 acres; 2010年），ならびに，非常に広い栽培地域をもつトルコ1,489 ha（3,679 acres; 2010年）など，そのほかのヨーロッパや地中海沿岸にある多くのワイン生産国でも栽培されている．ギリシャでは限定された量しかシラーが栽培されていないが，Alpha Estate，Gerovassiliou，Spiropoulos などが異なる気候の下でも良質のヴァラエタルワインや様々なブレンドワインの生産が可能なことを実証している．シラーはまた，レバノンで2番目に多く栽培される赤ワイン品種である．イスラエルでは2009年に350 ha（865 acres）の栽培を記録している．この品種は温暖な気候を好む．

カリフォルニア州ではシラーが熱心に栽培されていると思われがちだが，カリフォルニア州における2010年の栽培面積は実のところ19,283 acres（7,803 ha）で，より繊細で冷涼地を好むピノ・ノワール（PINOT NOIR）の栽培面積37,290 acres（15,091 ha）には到底及んでいない．流行に左右されるカリフォルニア州だが，シラーの世界的な流行はカリフォルニア州をとらえなかったようだ．またはシラーがどこよりも早くカリフォルニア州に到達したというべきかもしれない．ローヌ・レンジャーと呼ばれる生産者グループが派手に巻き起こした，シラーの栽培を促進しようという運動の影響もあり，2003年までの10年間で400 acresであったシラーの栽培面積は17,000 acres（162ha から 6,880 ha）にまで増加したが，それ以降に新しく植え付けられたシラーはごくわずかであった．アメリカの消費者はシラーに何を期待すべきかわからずに困惑したといわれている．映画「サイドウェイ」が巻き起こしたピノ・ノワール現象と，カリフォルニア州でオーストラリアのシラーの評判が急激に上昇と下降を繰り返したことにより，シラーの輝きが色あせてしまった．セントラルコースト（Central Coast）へのシラーの新植のおかげで，最も多く栽培されているのは2,770 acres（1,121 ha）のサンルイスオビスポ郡（San Luis Obispo）である．比較的，最近になって新規参入した志ある多くの生産者が熱心にこの品種の栽培に取り組んでおり，他のローヌ品種とブレンドしているが割合としては少量である．Alban（エドナ・バレー（Edna Valley）），Cline（カーネロス（Carneros）），DuMol，Pax Walker（ロシアン・リバー・バレー（Russian River Valley）），Swanson（ナパ（Napa）），Lagier Meredith（Mount Veeder），Terre Rouge（シエラ・フットヒルズ（Sierra Foothills）），Baileyana（エドナ・ヴァレー（Edna Valley）），Favia（シエラ・フットヒルズ）などの各社が良質のシラーを作っている．また，Sean Thackrey 社が独創的なブレンドワインを作っている．

他方，ワシントン州では生産者らがローヌ・フィーバーをしっかりと捉えた結果，近年になってシラーの栽培が急増し，2011年には3,103 acres（1,256 ha）の栽培を記録し，カベルネ・ソーヴィニヨン，メルローに次いで，3番目に多く栽培される赤ワイン品種となっている．この品種は，ワシントン州の特徴である明るい果実香に富んだスタイルを示し，シラーのワインですでに名声を獲得した生産者には，Betz Family，Cayuse，L'Ecole No 41，Hedges Family，McCrea Cellars などの各社および，K Vintners 社の Charles Smith 氏などがある．

オレゴン州の気候はシラーにそれほど適していないが，2008年までに572 acres（231 ha）が栽培され，Domaine Serene 社や新規に参入した Gramercy Cellars 社がこの地におけるシラーの可能性を示している．シラーはアイダホ州，アリゾナ州，テキサス州，コロラド州でも少し栽培されている．ハワイ州，マウイ島の Tedeschi Vineyard 社は CARNELIAN に代えて数エーカーのシラーを植え付けた．メキシコではバハ・カリフォルニア州（Baja California）とコアウイラ・デ・サラゴーサ州（Coahulia de Zaragoza）でシラーが栽培されている．

チリではシラーが希望と野心をもって見られている．19世紀末頃に初めて植え付けが行われたが，1970年代の農業革命により根絶された．1990年代半ばになってチリでアコンカグア（Aconcagua）の Errázuriz 社が流行を引き起こしたことにより再び息を吹き返したシラーだが，誰が最初に植え付けを行ったかについては議論の余地がある（Richards 2010）．近年，この品種の展開が急がれたことにより，栽培面積は2008年までに3,370 ha（8,327 acres）にまで達することとなった．コルチャグア（Colchagua）で多くが栽培されているが，最近ではより北にあり冷涼なサンアントニオ（San Antonio），リマリ（Limarí），エルキ地方（Elqui）の Casa Marin，Falernia，Matetic，Maycas del Limarí，Viña Leyda などの各社が栽培している．

カチャポアル（Cachapoal）では Altaïr 社が同社の印象的な赤のブレンドにシラーを取り入れている．また，コルチャグの Lapostolle 社や Santa Rita 社が最高級のヴァラエタルワインを生産し，Montes，Polkura，Viu Manent などの各社がよい結果を収めている．

アルゼンチンではチリよりも多くのシラーが栽培されている．1990年には1,000 ha（2,500 acres）以下であった栽培面積は2008年になると12,960 ha（32,025 acres）にまで増加しており，その多くはメンドーサ州（Mendoza）で栽培されている．チリ同様，アルゼンチンでも多くの生産者が彼らのワインを SHIRAZ ではなく SYRAH と呼んでおり，Cuvelier Los Andes や Dominio del Plata などは最も優れた赤のブレンドワインにこの品種を加えている．また O Fournier 社のように独自のスタイルを様々な形で提供するワイナリーもある．しかし，アルゼンチンはすでにメドックのボルドー品種に代わりうる品種として MALBEC（COT）で大きな成功を収めているので，アンデスの向こう側に比べるとシラーへの傾倒はそれほどでもない．サン・フアン州（San Juan）は北部ローヌ品種の栽培によく適している．この品種はペルー，ボリビア，ウルグアイでも見られる．

フランスを除く，数あるシラーの産地のうち，最も重要なのがオーストラリアである．フランスに次いで2番目に多くシラーが栽培されているのがオーストラリアで，現地では SHIRAZ と呼ばれているが，1832年に James Busby 氏がモンペリエから地球の反対側であるこの地に最初にこの品種を持ち込んだときは Scyras と呼ばれていた．この品種はとてもよく生育しニューサウスウェールズ州に根付いた後，他の州に急速に広がっていった．フランスのカベルネ・ソーヴィニヨンがよりエキゾチックで魅惑的であった20世紀の終わり頃にシラーの人気が一時的に落ちてしまったのだが，現在は同国で最も広く栽培されている．2008年には43,977 ha（108,670 acres）の栽培を記録し，赤ワインの全仕込み量のほぼ45 % を，また合計の24 % を占めている．多くはリヴァーランド（Riverland），マレー・ダーリング（Murray Darling），リヴァリーナ（Riverina）などの内陸部で栽培されている．それらの地域では灌漑され，安価で甘く，軽い赤ワインが大量に作られていて，最近のオーストラリアワインのイメージアップには何ら貢献していない．

バロッサ・バレー（Barossa Valley）では，より真剣に濃厚なワインが作られている．5,281 ha（13,050 acres）の栽培面積にはオーストラリアで最も古いブドウの樹が多く含まれており，そのうち何本かの樹齢100年を超える樹からは，たとえば Penfolds 社が作る同国で最も有名なワイン Grange のように，極めてリッチで長寿，かつスパイシーな美酒が作られる．しかしながら，エデン・バレー（Eden Valley）にある，おそらく世界で最も古い樹から作られる Henschke 社の Hill of Grace Shiraz ワインはその容易ならぬライバルと言えるだろう．タールとチョコレートが主たるフレーバーであるが，他方マクラーレン・ヴェイル（McLaren Vale）の Shiraz（2,882 ha/7,122 acres）はいくぶん開放的でさわやかである．ラングホーン・クリーク地区（Langhorne Creek）では手軽でスパイシーなシラーが2,097 ha（5,182 acres）栽培されているが，オーストラリアのワインの生産者はブレンドに固執しており，品種名をラベルに見ることは比較的まれである．クレア・バレー（Clare Valley，1,614 ha/3,988 acres）では繊細なテクスチャーのワインが作られている．また，南オーストラリア州のパザウェイ（Padthaway，1,470 ha/3,632 acres）やクーナワラ（Coonawarra，1,241 ha/3,067 acres）では冷涼でシャープな酸味をもつワインが，ニューサウスウェールズ州 のハンター・バレー（Hunter Valley，1,001 ha/2,474 acres）では非常に特徴的な土の香りのするワインが作られている．西オーストラリア州，クウィーンズランド州，キャンベラ地区でも多く栽培されている．たとえば，キャンベラの Clonakilla 社はローヌスタイルのワインを先駆けて開発したパイオニアであり，ある時期いくぶん過剰に流行していたヴィオニエとの混醸を行っている．最も冷涼な地域を除く，事実上，オーストラリアの有能な生産者のすべてが価値あるシラーのワインを作っている．Cabernet/Shiraz のブレンドワインはオーストラリアで長く人気を博している．

ニュージーランドは一般に温暖な気候を好むシラーには冷涼すぎるが（2008年の栽培面積はわずか 278 ha/687 acres であった），北島のホークス・ベイ（Hawke's Bay）では Bilancia，Craggy Range，Sacred Hill，Te Mata，Trinity Hill の各社が例外的にいくつかの美味しいワインを作っている．ワインは，オーストラリアから輸入され Stonecroft 社の Alan Limmer 氏がティ・カウファタ（Te Kauwhata）ブドウ栽培試験場で救済した，単一のクローンを用いて作られている．マーティンバラ（Martinborough）もこの品種に適しており Dry River，Ata Rangi，Kusuda などの各社がそれを証明している．ニュージーランドのほぼすべての製品には SHIRAZ ではなく SYRAH と表示されているが，これはおそらく冷涼な気候を強調するためであろう．

オーストラリアの手堅い輸出実績への羨望によるものか，南アフリカ共和国では SHIRAZ という名がより広く普及しているのだが，スタイルとしては2タイプの SHIRAZ ワインが存在する．一般に SHIRAZ というと主流となっているフルスロットルで樽香の強いスタイルのワインのことを指し，これはフランスというよりも，オーストラリア色の強いスタイルのワインである．一方，注目すべき例外があり，Boekenhoutskloof，The Foundry，Haskell，Lammershoek などの各社がより軽く風味豊かなケープタウンスタイルのワインを作り，大きな成功を収めている（ラベルには Syrah とある）．かなり広く普及しているため，2008年にはブドウ総栽培面積の10%を占める9,907 ha（24,481 acres）の栽培が記録された．1995年の栽培面積が総栽培面積のわずか1%であったことを思うと，同国での栽培が1995年以来，激増していることが明らかである．ウィルス感染のないクローンはブドウの樹の性質に大きな違いをもたらしたが，Shiraz 病は依然大きな問題となっている．これは接ぎ木によって感染する南アフリカ特有の致命的なウィルス病で，メルロー，GAMAY NOIR，マルベック（MALBEC）やいくつかの白品種にも影響を及ぼす．研究はまだ途中だが，いくつかのウィルスによって引き起こされ，コナカイガラムシにより広がると考えられている．なお，これはフランスで「シラーの衰退」，カリフォルニア州で「Syrah/Shiraz 障害」と呼ばれている病気とは異なるものである．これらは特定のクローンに見られる病気で，ブドウからブドウに広がるわけではない．症状は接ぎ木した箇所から出始めるが原因は明らかでない．

シラーはヴァラエタルワインの生産だけでなくグルナッシュやムールヴェドル（MONASTRELL）とのブレンドワインにも主要品種として用いられており，優れたワインが生産されている．とりわけ，スワートランド（Swartland）の Eben Sadie，Mullineux，Lammershoek などの各社がトップ生産者としてあげられている．より濃厚で，樽香の効いたスタイルのヴァラエタルワインを，Simonsig，Haskell，Hartenberg，De Trafford，Saxenburg などの各社が作っている．ステレンボス（Stellenbosch）の Quoin Rock 社と Waterkloof 社が良質なワインを作っている．また，Eagle's Nest 社（コンスタンシア（Constantia）），Julien Schaal 社（エルギン（Elgin）），Luddite（ウォーカー・ベイ（Walker Bay））社などが冷涼産地の特徴のでたワインを作っている．Solms-Delta 社は水分がとんだ萎びたシラーのブドウから，ほのかに甘く，強いワインを作っている．

中国では2009年に195 ha（482 acres）の栽培が記録されている．タイでもまた栽培されている．

シラー系統図1

シラーの親品種は1998年にDNA系統解析により発見された．意外なことに，2006年にイタリアのTEROLDEGOとブルゴーニュのPINOTがこれらの親品種と遺伝的に近い関係を示すことが明らかになった．

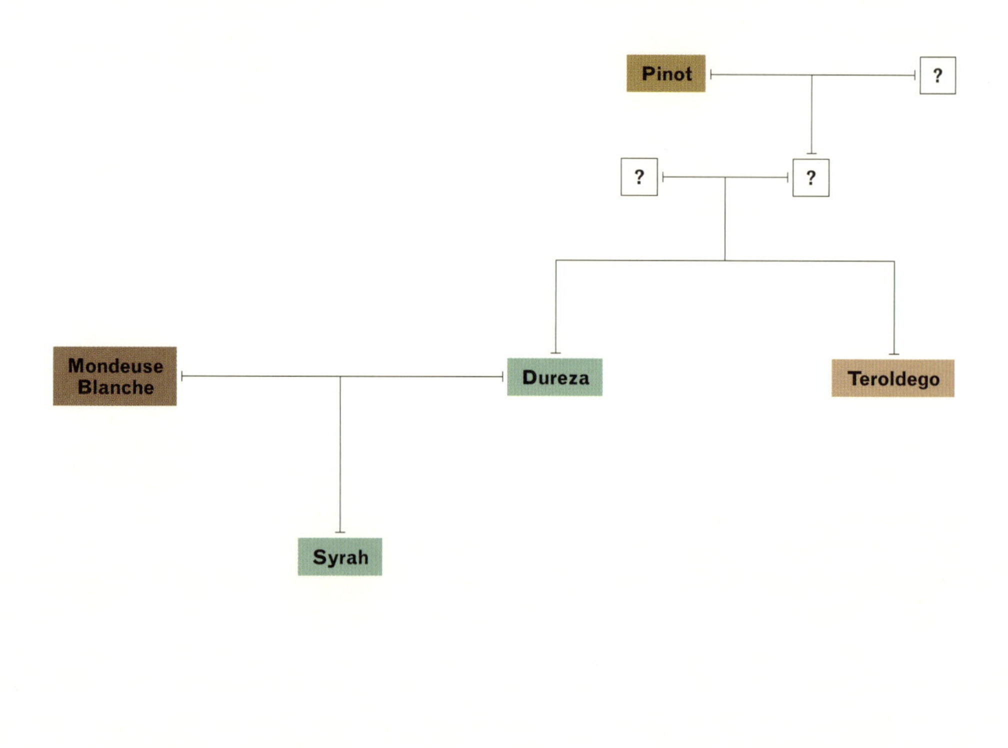

ローヌ（フランス）　サヴォワ（フランス）　トレンティーノ（イタリア）　フランス北東部

シラー系統図2

2008年にMONDEUSE BLANCHEとMONDEUSE NOIREとの間の親子関係が，さらに意外なことにMONDEUSE BLANCHEとヴィオニエとの間の親子関係がDNA系統解析により発見された．おそらくすでに絶滅したであろう未知の品種（?）をこれに加えることで，遺伝的に同等な可能性をもつ3種類の系統を描くことができる．

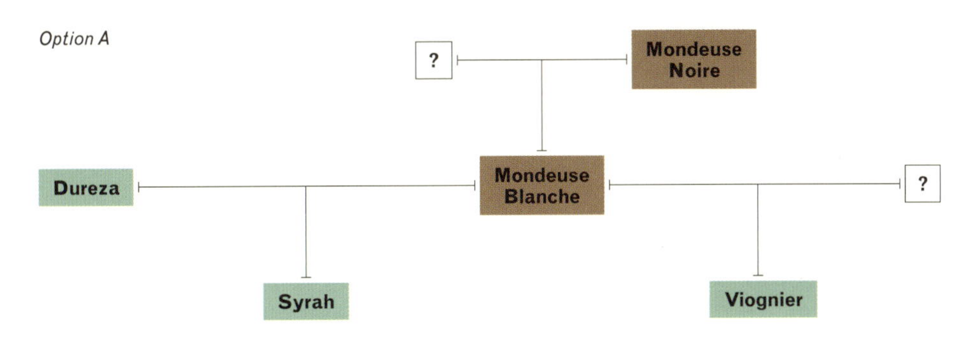

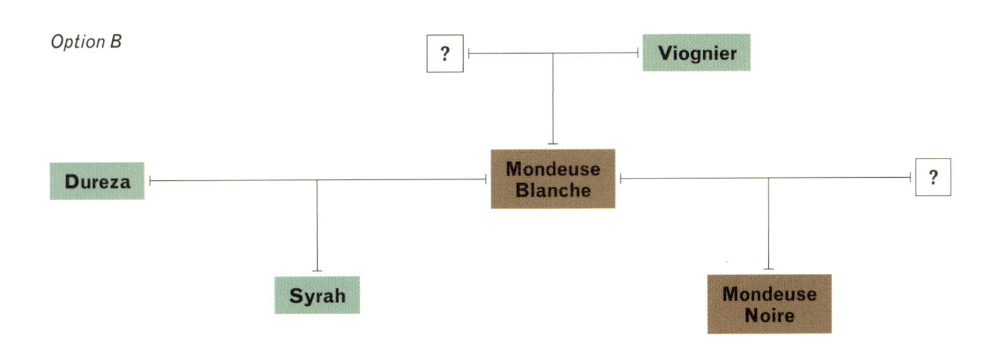

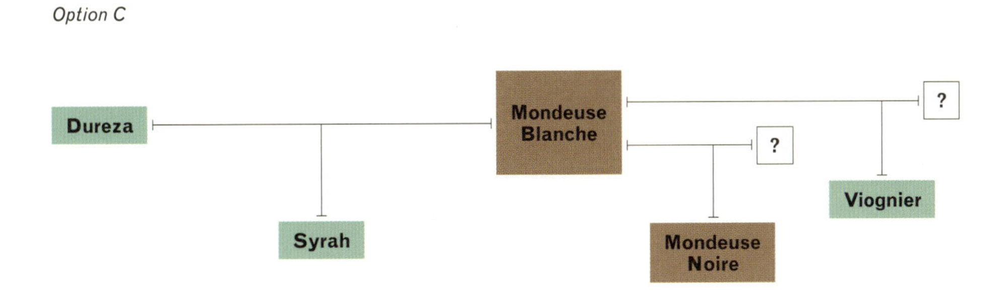

● ローヌ　● サヴォワ

シラー系統図3

シラーの親品種の発見は，シラーの東方起源説を打ち消すことができた．そしてPINOTとシラーとの関係が明らかになったことで，これら二つの品種は独立してヨーロッパに持ち込まれたという見解に挑むことなった．未知の品種（?）とのおびただしい関係を考えると，逆の関係もまた成り立つのでこの系統図は系統構築（p XIV 参照）の上での一つの可能性を示しているにすぎない．

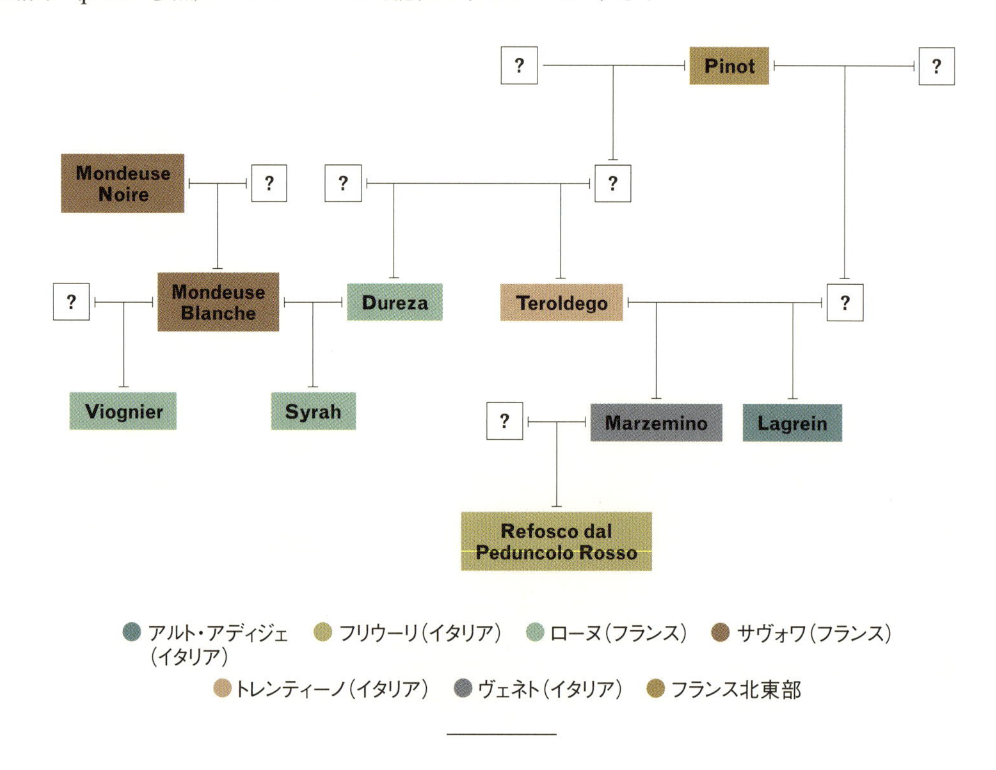

SYRIKI

ギリシャのあちらこちらで栽培されているブドウだが，この品種名がワインのラベルに記載されることはめったにない．

ブドウの色： 

主要な別名：Cserichi, Kserikhi, Kseriki（キティラ島（Kýthira/Cythera）），Kserukhti, Seriki, Syrike, Xerichi（ザキントス島（Zákynthos）），Xerichi Mavro, Xeruchti, Xirichi

起源と親子関係

SYRIKI はギリシャ各地で栽培されているが，その起源は正確には明らかになっていない．

栽培地

SYRIKI はイオニア諸島やキクラデス諸島（Kykládes），ケルキラ島（kérkyra），クレタ島（Kríti/Crete），エヴィア島（Évvoia/Euboea）など，ギリシャの多くの島々で栽培されている．同様にペロポネソス半島（Pelopónnisos）やギリシャ本土の南部や西部でも栽培されている（Ladoukakis *et al.* 2005）．たとえば，サモス島（Sámos）とミコノス島（Mýkonos）の間に位置するイカリア島（Ikaría）では，Afianes 社が SYRIKI を他の地方品種である FOKIANO や KORIOSTAFYLO とブレンドしている．

SYSAK

SISAK あるいは SYSACK としても知られるアゼルバイジャンの黒色果粒の品種．熟期は中期～後期である．ブドウジュース，辛口ワイン，デザートワインのほか，発泡性ワインやコニャック様のスピリッツの生産にも用いられる．機能的には花は雌しべのみの花なのでモンテネグロの ZIZAK と区別できる．

SZÜRKEBARÁT

PINOT GRIS を参照

T

TAMAREZ (タマレシュ)
TAMINGA (タミンガ)
TAMURRO (タムッロ)
TANNAT (タナ)
TARRANGO (タランゴ)
TATLY (タトリ)
TAUBERSCHWARZ (タウバーシュヴァルツ)
TAVKVERI (タヴクヴェリ)
TAZZELENGHE (タッツェレンゲ)
TECA (テッカ)
TEINTURIER (タンチュリエ)
TEMPARIA (テンパリア)
TEMPRANILLO (テンプラニーリョ)
TÉOULIER NOIR (テウリエ・ノワール)
TERBASH (テルバシ)
TERMARINA ROSSA (テルマリーナ・ロッサ)
TEROLDEGO (テロルデゴ)
TERRANO (テッラーノ)
TERRANTEZ (テランテシュ)
TERRANTEZ DA TERCEIRA (テランテシュ・ダ・テルセイラ)
TERRANTEZ DO PICO (テランテシュ・ド・ピコ)
TERRET (テレ)
THEIAKO MAVRO (ティアコ・マヴロ)
THRAPSATHIRI (スラプサティリ)
TIBOUREN (ティブラン)
TIGNOLINO (ティニョリーノ)
TIGRANI (ティグラニ)
TIMORASSO (ティモラッソ)
TINTA BARROCA (ティンタ・バロッカ)
TINTA CARVALHA (ティンタ・カルヴァーリャ)
TINTA CASTAÑAL (ティンタ・カスタニャル)
TINTA FRANCISCA (ティンタ・フランシスカ)
TINTILIA DEL MOLISE (ティンティラ・デル・モリーゼ)
TINTO CÃO (ティント・カオン)
TINTO VELASCO (ティンタ・ベラスコ)
TINTORE DI TRAMONTI (ティントーレ・ディ・トラモンティ)
TORBATO (トルバト)
TORRONTÉS MENDOCINO (トロンテス・メンドシーノ)
TORRONTÉS RIOJANO (トロンテス・リオハーノ)
TORRONTÉS SANJUANINO (トロンテス・サンフアニーノ)
TORYSA (トリサ)

※次ページ以降に記載されているこのシンボルは，別名や誤った同定がDNA解析により確認されたことを示す.

TOURIGA FÊMEA (トウリガ・フェメア)
TOURIGA FRANCA (トウリガ・フランカ)
TOURIGA NACIONAL (トウリガ・ナシオナル)
TOURKOPOULA (トゥルコプラ)
TRAJADURA (トラジャドゥーラ)
TRAMINETTE (トラミネット)
TRBLJAN (トゥルブリャン)
TREBBIANO D'ABRUZZO (トレッビアーノ・ダブルッツォ)
TREBBIANO GIALLO (トレッビアーノ・ジャッロ)
TREBBIANO MODENESE (トレッビアーノ・モデネーゼ)
TREBBIANO ROMAGNOLO (トレッビアーノ・ロマニョーロ)
TREBBIANO SPOLETINO (トレッビアーノ・スポレティーノ)
TREBBIANO TOSCANO (トレッビアーノ・トスカーノ)
TREPAT (ツレパッ)
TREPAT BLANC (トレパ・ブランク)
TRESSOT (トレソ)
TREVISANA NERA (トレヴィザーナ・ネーラ)
TRIBIDRAG (トゥリビドラグ)
TRINCADEIRA (トリンカデイラ)
TRINCADEIRA DAS PRATAS (トリンカデイラ・ダス・プラッタス)
TRIOMPHE (トリオンフ)
TRNJAK (トゥルニャク)
TRONTO (トロント)
TROUSSEAU (トゥルソー)
TSAOUSSI (ツァウシ)
TSIMLADAR (スィムラダー)
TSIMLYANSKY CHERNY (シミランスキー・チョルニー)
TSITSKA (ツィツカ)
TSOLIKOURI (ツォリコウリ)
TSULUKIDZIS TETRA (ツルキズィス・テトラ)
TUO XIAN (トゥオシェン (托県))
TURÁN (トゥラーン)
TYRIAN (ティリアン)

TÁLIA

TREBBIANO TOSCANO を参照

TĂMÂIOASĂ ROMÂNEASCĂ

ミュスカ・ブラン（MUSCAT BLANC À PETITS GRAINS）を参照

TAMAREZ

ポルトガル南部の古い品種.
多くのワイン産地で公認されているが，蒸留かブレンドワインに用いられることが普通である.

ブドウの色：● ● ● ● ●

主要な別名：Arinto Gordo（ダン（Dão）），Boal Prior，Tamares，Tamarez Branco
よくTAMAREZと間違えられやすい品種：ARINTO DE BUCELAS，DONA BRANCA，SÍRIA，TRINCADEIRA DAS PRATAS（アレンテージョ（Alentejo）およびセトゥーバル（Setúbal））

起源と親子関係

TAMAREZ は，1712年にポルトガル南部で Vicencio Alarte 氏が初めて記録した品種である（Galet 2000）．しかし TAMAREZ はポルトガルでいくつかの品種に用いられている紛らわしい名前であり，TAMAREZ がどのような品種を指すのか，ブドウの栽培地によっては注意が必要である．特にアレンテージョ地方では，形態学的にはまったく異なるにもかかわらず TRINCADEIRA DAS PRATAS と混同されることが多い．

ブドウ栽培の特徴

晩熟である．小さな果粒が密着した果房をつける．うどんこ病に耐性がある．

栽培地とワインの味

TAMAREZ は主にアレンテージョ地方で見られ，たとえばボルバ（Borba）協同組合が ROUPEIRO（SÍRIA）や ANTÃO VAZ など他の地方品種とともに，様々な白のブレンドワインに用いている．南部のアルガルヴェ地方（Algarve）から北部のドウロ（Douro）までの地方ワインや DOC ワインで広く公認されているが，ほとんどが蒸留に用いられている．ポルトガルでは2010年に602 ha（1,488 acres）の栽培が記録された．

TAMINGA

ブドウの香りの強いオーストラリアの白品種.
暑い環境での栽培を目的として開発された交配品種である.

ブドウの色：● ● ● ● ●

起源と親子関係

TAMINGA は1970年にオーストラリアのビクトリア州にある CSIRO（オーストラリア連邦科学産業研

究機構），マーベイン（Merbein）試験農場のA J Antcliff氏がMERBEIN 29-56×SAVAGNIN ROSEを交配することで得た交配品種である．1982年に公開された．MERBEIN 29-56はDAMASCHINO×SULTANIYEの交配品種である．

ブドウ栽培の特徴

高収量で晩熟（マレー・バレー（Murray Valley）では2月下旬〜3月上旬）．特にオーストラリアの温暖な気候に適すよう育種された．

栽培地とワインの味

オーストラリアでは2010年までに7軒の栽培家が南オーストラリア州のマレー・バレーおよびニューサウスウェールズ州を中心にこの品種の植え付けを行った．現在も良好な酸味をもつブドウの香りの強いワインが作られている．生産は非常に小規模であるが，TAMINGAは味気ない白のブレンドワインに高い香りを加えることができる．Trentham Estates社が軽く貴腐のついた高品質の甘口ワインをニューサウスウェールズ州のマレー（Murray）河岸で作っている．

TAMURRO

事実上絶滅状態にある厚い果皮が特徴のバジリカータ州（Basilicata）の品種

ブドウの色：● ● ● ● ●

主要な別名：Coll d’Tammurr

起源と親子関係

TAMURROはイタリア南部，バジリカータ州ポテンツァ県（Potenza）のピエトラガッラ地方（Pietragalla）でかつて栽培されていた．その地方の栽培家にColl d’Tammurrと呼ばれていたブドウがバーリ（Bari）とナポリ（Napoli）の間のヴルトゥレ地域（Vulture）にあるバリーレ（Barile）の町周辺で，最近再発見されるまでは絶滅したと考えられていた．Coll d’Tammurrという別名はフィリベルト・ディ・サヴォイア公（Duca Filiberto di Savoia）がヴルトゥレを征服した中世の頃からすでに使われていた．公爵は力強く濃いAGLIANICOワインに疲れたときに，より優しいフランス品種を望んだといわれている．この品種を最初に栽培したのが，雄牛のような太い首をもち，Coll d’Tammurr（「太鼓のような首」を意味する*collo di tamburo*のこの地方の方言）というニックネームで呼ばれていた頑強な地方の栽培家であったため，彼にちなんでこの品種がこのように名付けられた．この品種が実在のフランスの品種と同じかどうかを確認するためには，DNA解析を行う必要がある．

ブドウ栽培の特徴

晩熟．ポリフェノールに富む．厚い果皮は灰色かび病への耐性を強めているが，うどんこ病には感受性が高い．

栽培地とワインの味

かつてTAMURROは過熟状態で収穫され，赤ワインの肉付けと色づけのために他の地方品種とブレンドされていた．この品種はイタリア，ヴルトゥレ地域にある町，バリーレのTenuta Le Querce社によって再発見されるまでは忘れ去られていた．彼らは初めて作ったヴァラエタルワインに現代的なイタリア名であるTAMURROという名前と野心的な価格をつけた．

TANNAT

力強く個性的で，タンニンに富むワインになることが多い品種．
フランス南西部とウルグアイが栽培の本拠地だが世界的な品種になりつつある．

ブドウの色：● ● ● ● ●

主要な別名：Bordelez Beltza（スペインではバスク州（País Vasco）），Harriague（ウルグアイ），Madiran（Vallée de l'Adour），Moustrou または Moustroun（ランド県（Landes）），Tanat

起源と親子関係

TANNAT は1783-4年にフランス南西部，オート＝ピレネー県(Hautes-Pyrénées)のマディラン(Madiran)で初めて以下のように記録されている．おそらくこの地方が起源の地として最有力であり，現在もこの地方では TANNAT が主要な品種となっている（Rézeau 1997）．「Tanat は黒ブドウ……」．n を二つ使う現代の表記は1827年になって現れたものである（Rézeau 1997）．「マディランのワインは TANNAT からできる」．おそらくベアルン（Béarn）方言で「日焼けのように色づいた」という意味の Tanat に由来したもので，これは濃い果粒の色合いと高いタンニン濃度を表したものであろう．

TANNAT はまだ特定されていないピレネー品種の子品種である可能性があり，形態学的にはランド県の BAROQUE やピレネー・アトランティック県ベアルンの LAUZET に近いと Lavignac（2001）が報告している．この二つの品種は TANNAT 同様にブドウの形態分類群の Courbu グループ（p XXXII 参照）に属している．このグループには COURBU BLANC，CROUCHEN，MANSENG NOIR，PETIT COURBU なども含まれている（Bisson 2009）．この分類は，21 種類の DNA マーカーを用いて行われ，TANNAT と MANSENG NOIR との親子関係を示唆した研究結果と矛盾しない（Vouillamoz; より多くの DNA マーカーで確認する必要がある）．

TANNAT は ARINARNOA と EKIGAÏNA の育種に使われた．

ブドウ栽培の特徴

熟期は中程度である．いくぶん樹勢が強い．通常は長梢剪定され，垣根仕立てのワイヤに固定される．ダニ，ヨコバイに感受性が高い．灰色かび病に幾分感受性が高い．小～中サイズの果粒が大きな果房をなす．

栽培地とワインの味

とりわけフランス南西部のマディラン中心部の粘土土壌で育った TANNAT のワインは色合い深く，タンニンに富み，酸味が際立つものとなる．パワフルで熟成させる価値のあるワインとなることが多い．かつては，ワインが若いうちに樽から出すのは難しいことが多かったが，現在作られている多くのワインはよりソフトかつしなやかで素朴さが少ないが熟成させる価値がある．砂混じりの土壌で育ったブドウからできるワインは，通常，ワインが若い頃にはより優しいが，永遠に大人にならないピーターパンのような驚くべき品質を持ち合わせている．したがってマディラン地方で，少量の酸素をあえてワインに吹き込み，タンニンを柔らかくするマイクロオキシジェネーションという技術が開発されたことは驚くにあたらない．

フランスでは2009年に2,914 ha(7,201 acres)が栽培されている．その栽培のほとんどはジェール県(Gers)で見られるが，フランス南西部近隣の地域でも見られる．Madiran（40～80% TANNAT を用いなければいけない）や Saint-Mont（最少60% TANNAT を用いなければいけない）ではこの品種は主要な原料として扱われており，その主なブレンドパートナーはカベルネ・フラン（CABERNET FRANC）やカベルネ・ソーヴィニヨン（CABERNET SAUVIGNON）である．この品種は Irouléguy，Béarn，Tursan，Côtes du Brulhois，Cahors などの各アペラシオンでも用いられている．推奨されている生産者としては，マディランの Alain Brumont 氏，Château d'Aydie 社，サンモンの Producteurs Plaimont 社などがあげられる．赤ワインに含まれており健康効果があるというプロシアニジンの含有量が高いことから，21 世紀に入り，TANNAT の人気が高まりを見せている（Corder 2006）．確かにジェール県の90歳代男性の人数は全国平均の2倍となっているようだ．

イタリアでは主にシチリア島（Sicilia）で少量だが栽培されている（2000年に45 ha/111 acres）．

またカリフォルニア州でも限られた量（238 acres/96 ha; 2008年）が栽培されており，パソロブレス（Paso Robles）の Tablas Creek 社はこの品種の先駆者の一つである．ローダイ（Lodi）でも栽培されている．他にもバージニア州（ごく最近 20 acres/8 ha を少し上回る量が植え付けられた），イリノイ州，ジョージア州で試験的に栽培されている．またカナダでもブリティッシュコロンビア州で少し栽培されている．

TANNAT の第二の故郷はウルグアイである．現地では HARRIAGUE と呼ばれていたが，これはバスクの移民時代にバスク地方からウルグアイにこの品種を持ち込んだフランス人にちなんだ名前である．1870年にモンテビデオ（Montevideo）の北方400 km 地点にあるサルト市（Salto）の郊外に Pascal Harriague 氏がこの品種の植え付けを行った（González-Techera *et al.* 2004)．2009年にはウルグアイで最も広く栽培され，誇らしく宣伝される品種となった．栽培面積は1,784 ha（4,408 acres）に達し，国内のブドウ栽培面積の22 % を占めている．この地方の気候のおかげで，ここで生産されるワインのタンニンはわずかだが丸くなる．よりソフトな品種であるメルロー（MERLOT）やピノ・ノワール（PINOT NOIR）とブレンドされるものもあるが，TANNAT で作られるワインの中でも最良のものはこの品種の特徴であるフレッシュさと熟成ポテンシャルを残している．生産者としては Arerunguá，Bouza，Castillo Viejo，De Lucca，Juanicó，Pisano，Pizzorno，Stagnari などの各社が推奨される．TANNAT は国境を越えてアルゼンチンの各地（553 ha/1,366 acres；2008年）やブラジル（421 ha/1,040 acres；2007年，リオグランデ・ド・スル州（Rio Grande do Sul））にも広がりを見せている．ペルーの Tacama 社もこの品種を栽培している．

わずかな量だがオーストラリア，ハンター・バレー（Hunter Valley）の Glenguin 社なども TANNAT を栽培している．また，スイス，南アフリカ共和国および日本でもわずかに栽培されている．

TARRANGO

暑い内陸部向きに育種された軽く，フルーティーなオーストラリアの赤品種

起源と親子関係

TARRANGO は1965年にオーストラリア，ビクトリア州のマーベイン（Merbein）で A J Antcliff 氏がトゥーリガ・ナシオナル（TOURIGA NACIONAL）×SULTANIYE の交配により得た交配品種である．1975年に公開された．

ブドウ栽培の特徴

ゆっくりと成熟するが，完熟するためには気温の高さと水を必要とする．比較的，酸度は高く，タンニンレベルは低い．

栽培地とワインの味

暑い内陸部のマレー・ダーリング（Murray Darling）盆地地方などで限定的に栽培されているが，栽培面積は2006年の172 ha（425 acres）から2008年の102 ha（252 acres）へと減り始めている．熟したブドウは軽く，ソフトでフレッシュであり，ジューシーな赤い果実のフレーバーをもつワインになる．ワインを軽く冷やすとよい．この品種を最も粘り強く，またうまく栽培しているのがビクトリア州のミラワ（Milawa）の Brown Brothers 社である．このヴァラエタルワインは同社のワインの中で，イギリスで最もよく売れているワインである．

TATLY

TATLY はアゼルバイジャン最北西部のガザフ地方（Gazakh）の地方品種である．熟期は中期〜晩期で，たとえばMoshu Winery 社がアルコール分の低い辛口の白ワインを作っている．またブドウジュースや酒精強化ワイン，発泡性ワインならびにブランデーも作られている．

TAUBERSCHWARZ

ドイツ南部で軽い赤ワインを生産するのに用いられていた古い品種

ブドウの色：● ● ● ● ●

主要な別名：Blaue Hartwegstraube，Blauer Hängling，Elsässer，Frankentraube，Grobrot，Grobschwarze（ヴュルテンベルク（Württemberg）），Häusler，Süssrot

起源と親子関係

TAUBERSCHWARZ（Tauber の黒）はバーデン－ヴュルテンベルク州（Baden-Württemberg）の数少ない古い在来品種の一つで現在でも栽培されている．栽培は主にタウバーフランケン（Tauberfranken）ワイン生産地方で見られる．初期の記録は1726年にさかのぼり，ヴァイカースハイム（Weikersheim）のHohenlohe 伯 Carl-Ludwig の治世時代にヴュルツブルク（Würzburg）主教職の法令の中に，「Tauber schwarzen の穂木」と記載されている．TAUBERSCHWARZ としての最初の記録は，1757年にニュルンベルク（Nürnberg）の新聞の「*Fränkischen Sammlungen von Anmerkungen aus der Naturlehre*」の中に見られる．

他の仮説

Jung（2007）は歴史的な文書やブドウの形態分類学的な記載，および植物図などに基づき，TAUBERSCHWARZ が TRIBIDRAG（別名ジンファンデル / ZINFANDEL）と同じであると述べているが，この説の信ぴょう性は低いため DNA 解析で確認する必要がある

ブドウ栽培の特徴

早熟である．べと病に感染しやすいが，冬の寒さには耐性がある．薄い果皮の果粒が粗着した果房をつける．

栽培地とワインの味

濃い果皮色のこの古い品種はかつてドイツのバーデン－ヴュルテンベルク州で広く栽培されていたが（主に Kocher，Jagst，Tauber の各渓谷で），20世紀初めにほぼ消失してしまった．わずかだがラウデンバッハ（Laudenbach/Vorbachtal）とヴァイカースハイム（Weikersheim/Taubertal）に現在も残っている．

1960年代にドイツ南部，バーデン－ヴュルテンベルク州のヴァインスベルク研究センター（Weinsberg research centre）は，エバーツブロナー（Ebertsbronn（Vorbachtal））の畑から30本の穂木を選んだ．この畑は TAUBERSCHWARZ が残っていたおそらく最後の古い畑であったであろう．彼らはそれらを注意深く研究し，最高の樹を選抜した．TAUBERSCHWARZ はその後1994年にドイツで公認された．現在はわずかに15 ha（37 acres）の栽培面積であるが，スローフード（Slow Food）運動の支援を受けた生産者の小さなグループが TAUBERSCHWARZ を栽培し，ライトボディで軽い色合いのワインを作っている．フランケン（Franken）の Hubert and Renate Benz 社，Engelhart 社，Alois and Jürgen Hofmann 社，バー

デン（Baden）の Schurk 社や Winzergenossenschaft Beckstein 社などがヴァラエタルワインを作っている.

TAVKVERI

ジョージアの品種. 軽くはつらつとした赤ワインになるが,
非常にわずかな量のワインしか作られていない.

ブドウの色：● ● ● ● ●

主要な別名: Takweri, Tarkveri, Tavaveri, Tavkeri Kartalinsky, Tavkeri Kartlis, Tavkveri Didmartsvala

起源と親子関係

TAVKVERI はジョージアの中央から東部にかけて広がるカヘティ（Kakheti）およびカルトリ地方（Kartli）の在来品種である.

ブドウ栽培の特徴

比較的大きな果粒が密着する大きな果房をつける. 開花が不安定である. 機能的に雌しべのみであるので, 受粉のために CHINURI の隣に植えるとよい. 萌芽期は遅く晩熟である.

栽培地とワインの味

TAVKVERI は軽く, 非常にフレッシュでチェリーのフレーバーをもつ辛口の赤ワインになる. ジョージアのカルトリ地方で栽培されており, 栽培は特にゴリ（Gori）やツヒンヴァリ（Tskhinvali）など, やや暖かい土地で見られる. Pheasant's Tears 社は粘土製のクヴェヴリ（Qvevri）で発酵させる伝統的なワインを作っている. Chateau Mukhrani 社はヨーロッパスタイルのロゼワインを作っている. アゼルバイジャンでも栽培されている.

TAZZELENGHE

高酸度でもともと渋味のあるイタリア, フリウーリ地方（Friuli）の赤品種.
1980年代に絶滅の危機から救済された.

ブドウの色：● ● ● ● ●

主要な別名: Refosco del Botton ☒, Tacelenghe, Tassalinghe, Taze Lunghe, Tazzalenghe Nera, Tazzalenghe Nera Friulana, Tazzalingua

起源と親子関係

TAZZELENGHE には「舌を切るもの」という意味があり, これはその高い酸度を指したものである. TAZZELENGHE が最初に記録されたのは1832年のことで, ヴェネト（Veneto）のブドウ品種カタログ（*Catalogo delle varietà delle viti del Regno Veneto*）の中に TACELENGHE（方言の別名）として他の126品種とともにフリウーリ地方で記録されている（Fabbro *et al.* 2002）.

DNA 解析によって REFOSCO DEL BOTTON は TAZZELENGHE と同一で, REFOSCO DI FAEDIS と親子関係にあることが明らかになった（Costacurta *et al.* 2005）.

ブドウ栽培の特徴

樹勢が強く豊産性である．熟期は中期～晩期であるが，酸度を落とすためにできるだけ遅い時期に収穫される．

栽培地とワインの味

PIGNOLO や SCHIOPPETTINO と同様に，TAZZELENGHE はフィロキセラがイタリア北東部のフリウーリ地方を襲って以後，20世紀初頭までにほとんど消滅してしまった．1980年代の終わりに救済され，現在はウーディネ県（Udine）で再び栽培されている．栽培は特にウーディネ市の東，ブットリオ（Buttrio），マンツァーノ（Manzano），チヴィダーレ（Cividale）で見られる．ヴァラエタルワインは Colli Orientali del Friuli DOC で公認されている．ワインは色合い深いものとなる．強いタンニンと酸度がソフトになるためにはオーク樽あるいはボトルの中で時間を必要とする．生産者としては Gianpaolo Colutta，Conte d'Attimis-Maniago，Girolamo Dorigo，Le Due Torri，Jacùss，La Viarte の各社があげられる．イタリアの農業統計には2000年に75 ha（185 acres）が栽培されたと記録されている．

TECA

ピンク色の果皮が特徴のスペイン，アラゴン州（Aragonese）の特産品．
あまり知られておらず，事実上絶滅状態にある．

ブドウの色：● ● ● ● ●

起源と親子関係

TECA はスペイン北部アラゴン州，テルエル県（Teruel）の在来品種だが，一般にはほとんど知られていない．

栽培地とワインの味

スペイン，バホ・アラゴン（Bajo Aragón）の Fandos y Barriuso 社が古い地方の畑から絶滅の危機にあったこの品種を救済した．TECA からワインを醸造しているのは，現在1社のみである．同社は彼らのワインについて，フルーティーでロゼの色調を有した生き生きとしたワインであると述べている．

TEINTURIER

ポルトガルと南アフリカ共和国でのみ依然栽培されている，赤い果肉のフランス品種

ブドウの色：● ● ● ● ●

主要な別名：AuvernatTeint（Loiret），Bourguignon Noir，Gros Noir，Moreau（サヴォワ県（Savoie）），Neraut，Noir d'Orléans（ロワレ県（Loiret）），Plant d'Espagne，Pontac（南アフリカ共和国），Tachard（サヴォワ県），Teint-Vin（ムルト（Meurthe）），Teinturier du Cher（ロワール＝エ＝シェール県（Loire-et-Cher）），Teinturier Mâle，Tintewein（ドイツ）

よくTEINTURIERと間違えられやすい品種：PINOT TEINTURIER ✕，TINTA FRANCISCA ✕（ポルトガルのドウロ（Douro））

起源と親子関係

TEINTURIER（「染色業者」という意味）という名前のこの品種はフランス北部，オルレアン地方（Orléans）の非常に古い赤い果肉の品種である．この地方では17世紀から広く栽培されていた．この品種に関する最も初期の記録はCharles Estienne and Jean Liébaut（1564）の著作の中で，別名のNerautで次のように記載されている．「黒ブドウ品種にはmorillon，samoireau，negrier，neraut……などがある．Nerautは Bourguignon noirと呼ばれBourguignon blancの特徴をもち……たくさんの色素を作り，シーツを染色するためにたくさんのブドウの木からワインが作られ，高価な価格で販売されている」．TEINTURIERの名前は少し後の1667年になって，次のようにも現れた（Rézeau 1997）．「NoiraultはPlant d'Espagneあるいは TEINTURIERとして知られている．深みのある黒の果粒が非常に密着している」．

最近行われた32種類のDNAマーカーを用いた系統解析によってTEINTURIERとSAVAGNINとの親子関係が強く示唆された（Vouillamoz）．その結果，TEINTURIERはPINOTの孫，祖父母あるいは片親だけが姉妹関係にあることが明らかになった（PINOTの系統図参照）．このことからなぜ両品種が古い別名であるAUVERNATを共有しているかの説明が可能になる．興味深いことにTEINTURIER，PINOT，SAVAGNINなどはすべて野生ブドウから生まれたといわれている（Galet 1990）．

TEINTURIERはDECKROT，PERVOMAISKY，PETIT BOUSCHETの育種に用いられた．

ブドウ栽培の特徴

萌芽期は早く早熟である．赤い果肉の小さな果粒で小さな果房をつける．樹勢は弱い．

栽培地とワインの味

TEINTURIERはフランスの統計からは消え去ってしまったが，ポルトガルでは公認されている．ワインにするといくぶん粗くなるので，利用方法としてはブレンドワインの色づけに用いるのが一番よい．

TEINTURIERは南アフリカ共和国ではPONTACとして知られている（Galet 2000）．PONTACという名前と起源についてはいくつかの説があるが，これはボルドー地方のPontac家にちなんだものであろう．17世紀からフィロキセラの被害を受ける19世紀末までは，ケープ（Cape）で広く栽培され，ブレンドワインと酒精強化ワインに用いられていた．畑のブドウが植え替えられたとき，高収量でより流行の品種に置き換えられた．ステレンボッシュ（Stellenbosch）のHartenberg社はこの品種によるヴァラエタルワインの最後の生産者であったが，2000年にブドウを収穫したのを最後にブドウの樹を引き抜いてしまった．病気がその理由の一つであるが，ワインの市場がないというのも理由であった．スワートランド（Swartland）のAllesverloren社が1.5 ha（4 acres）のPONTACを栽培し，ケープ西部にあるいくつかのワイナリー同様にポートスタイルのブレンドワインに用いている．

TEMPARIA

ネブラスカ州のために特別に育種された極めて新しい，前途有望なアメリカの交雑品種

ブドウの色：● ● ● ● ●

起源と親子関係

TEMPARIAは1996年にネブラスカ州，ピアース郡（Pierce）にあるCuthills Vineyards社のEd Swanson氏が*Vitis riparia*×テンプラニーリョ（TEMPRANILLO）の交配により得た交雑品種である．Swanson氏はウィスコンシン州のブドウ研究家で，いくつかの耐寒性品種を育種し，中西部におけるブドウ育種に尽力し，その大きな立役者であったElmer Swenson氏（1913-2004）とともに働いていた．TEMPARIAは中西部でよく生育し，十分な収量が得られ，ヨーロッパスタイルのワインになるブドウの開発を目的として1996年に始められたElmer Swenson氏の育種プログラムの中で最初に公開された品種である．

ブドウ栽培の特徴

萌芽期が早いので春の霜の被害を受ける危険性を有している．樹勢は中程度で，自根の場合は豊産性である．Swanson 氏は小さな黒腐病を検出し，また，天候の悪い年には果実へのうどんこ病の感染も見られたと報告している．晩熟である．

栽培地とワインの味

Swanson 氏はネブラスカ州のためにこの品種を開発した．現在，この品種でヴァラエタルワインを生産しているのは彼の Cuthills Winery 社のみである．彼は他の品種の公開の準備が整った段階で他の栽培家もこの品種が入手できるようにしようと考えているが，それまでは彼の独占状態となっている．ワインには土や皮のニュアンスがある．また，チェリーフレーバー（フォクシーフレーバーではない）としなやかなタンニンを有している．収穫時にリンゴ酸が高くなることがよくあるが，マロラクティック発酵によりワインはバランスのとれたものになる．

TEMPRANILLA

PALOMINO FINO を参照

TEMPRANILLO

スペインの最も有名なブドウで，多くの名高い赤ワインにこの品種が用いられている．

ブドウの色：● ● ● ● ●

主要な別名： Aragón, Aragones, Aragonez ⁂（ポルトガルのアレンテージョ（Alentejo）），Arauxa ⁂（Orense），Botón de Gallo ⁂，Cencibel ⁂（カスティーリャ=ラ・マンチャ州（Castilla-La Mancha），Madrid，Aragón，エストレマドゥーラ州（Extremadura），Murcia），Chinchillana（エストレマドゥーラ州），Escobera（エストレマドゥーラ州のバダホス（Badajoz）および南アフリカ共和国），Garnacho Foño（南アフリカ共和国），Grenache de Logrono，Jacibiera または Jacivera（カスティーリャ=ラ・マンチャ州および南アフリカ共和国），Negra ⁂ または Negra de Mesa，Piñuela（トレド（Toledo）），Santo Stefano ⁂（イタリアのピサ（Pisa）），Tempranilla，Tempranillo de Rioja（エストレマドゥーラ州），Tinta de Nava ⁂（Rueda），Tinta del País ⁂（リベラ・デル・ドゥエロ（Ribera del Duero）），Tinta deToro ⁂（カスティーリャ=ラ・マンチャ州），Tinta Madrid（レオン県（León），サモラ（Zamora），リベラ・デル・ドゥエロ（Ribera del Duero,Arribes），Tinta Roriz ⁂（ポルトガルのドウロ（Douro）），Tinto Aragónez（ブルゴス県（Burgos）），Tinto de Madrid（トレド，カンタブリア州（Cantabria），サラマンカ県（Salamanca），ソリア県（Soria），バリャドリッド県（Valladolid），マドリード（Madrid）），Tinto del País ⁂（カスティーリャ=ラ・マンチャ州），Tinto Fino（カスティーリャ=ラ・マンチャ州のアルバセテ（Albacete），マドリード，リベラ・デル・ドゥエロ，Extremadura），Ull de Llebre（カタルーニャ州（Catalunya）），Valdepeñas（カリフォルニア州のナパバレー（Napa Valley）），Verdiell（カタルーニャ州），Vid de Aranda（ブルゴス県（Burgos））

よくTEMPRANILLOと間違えられやすい品種： GARNACHA TINTA ⁂, JUAN GARCÍA ⁂, MORISTEL ⁂（ログローニョ（Logroño）では Tempranillo Temprano と呼ばれている）

起源と親子関係

この品種が記載されている最も初期の文献は13世紀に出版された *Libro de Alexandre* で，複数形の *las tempraniellas* で文中に見られる．この本ではリベラ・デル・ドゥエロ（Ribera del Duero）について言及がなされている（Casas Rigall 2007）．*las tempraniellas* とテンプラニーリョ（TEMPRANILLO）の名前はいずれもスペイン語で「早い」を意味する *temprano* に由来する．*Libro de Alexandre* の中で早熟だと記載されている品種が実際にはどの品種であるのかは不明である．テンプラニーニョに関する記載で，おそらく *Libro de Alexandre* に次いで早期のものと考えられているのが，1513年にスペイン人の農学者 Gabriel Alonso de Herrera 氏が記載したもので，カスティーリャ（Castilla），エストレマドゥーラ（Extremadura）およびアンダルシア（Andalucía）の品種に関する記載の中に ARAGONÉS（古い別名）とあるのが見て取れる（1790）．しかし ARAGONÉS という名前は中世期にスペイン北東部に存在したアラゴン（Aragón）王国（今日のアラゴン自治州）を指しており，歴史的にはグルナッシュ（GARNACHA）とテンプラニーリョの両方に使われていたが，Alonso de Herrera 氏の記載は非常に漠然としているため，どちらについて述べたものかは明らかでない．

したがって，信頼にたるテンプラニーリョの最初の記述は，スペイン人のブドウ分類学者，Clemente y Rubio（1807）によるものである．そこではラ・リオハ州（La Rioja）のログローニョ（Logroño）とナバラ州（Navarra）のペラルタ（Peralta）で賞賛されている品種として記載されていることから，アラゴンの北西で隣接する二つの地方がこの品種の故郷であると考えることができる．この歴史的資料から示唆されるこの品種の起源は，スペイン中のテンプラニーリョの古いクローンを数多く解析した遺伝的データと一致している．それらが非常に均一であることからテンプラニーリョの畑が急速に増え，少数のオリジナルのクローンが広がっていったと考えられる（Cervera *et al.* 2002; Carcamo *et al.* 2010）．これらのクローンはラ・リオハ州やナバラ州から持ち込まれたと考えられ，Víctor Cruz Manso de Zúñiga（1905）は20世紀初頭にその地域でのテンプラニーリョの分布を明らかにした．

Santana *et al.*（2010）によると，テンプラニーリョが TINTA DEL PAÍS の名で伝統的に栽培されていたリベラ・デル・ドゥエロの ALBILLO MAYOR と親子関係にあることが示されたが，どちらが親品種でどちらが子品種であるかは不明なのだという．

驚くべきことにイタリアでは DNA 解析によってテンプラニーリョがトスカーナ州（Toscana）やバジリカータ州（Basilicata）で MALVASIA NERA（MALVASIA NERA DI BASILICATA の別名）や MALVASIA NERA DI LECCE（MALVASIA NERA DI BRINDISI の別名）という紛らわしい名前で伝統的に栽培されていたことが明らかになった（Storchi *et al.* 2009）．ポルトガルの場合，テンプラニーリョはドウロ（Douro）では TINTA RORIZ の名で，またアレンテージョ地方（Alentejo）では ARAGONEZ の名で数世紀にわたり栽培されていたが，ポルトガル品種との関係は示されていない（Lopes *et al.* 1999; Pinto-Carnide *et al.* 2003）．南アフリカ共和国ではテンプラニーリョは17世紀頃に持ち込まれたと考えられ，また，アルゼンチンでは CRIOLLA GRANDE と遺伝的に近いと考えられている（Martínez *et al.* 2003）．

テンプラニーリョは TEMPARIA の育種に用いられた．

TEMPRANILLO BLANCO は後述を参照．

他の仮説

テンプラニーリョはシトー修道院（Abbaye de Cîteaux）の修道士によってブルゴーニュからスペインに持ち込まれた品種で，PINOT と関係があるという言い伝えがある．これはラ・リオハ州とリベラ・デル・ドゥエロを通るサンティアゴ・デ・コンポステーラ（Santiago de Compostela）への巡礼者のルートとの関係を示唆している．しかしこの説は DNA 解析によって否定された（Vouillamoz）．Clemente y Rubio（1807）はテンプラニーリョの別名にイタリアの法学者でワイン愛好家の Pietro de Crescenzi（1235-1320）が言及した品種 MAIOLUS を含めており（疑問は残るが），これは現在のイタリア，ブレシア県（Brescia）の MAIOLINA にあたるが，MAIOLINA とテンプラニーリョとの間には関係がない（Vouillamoz）．

ブドウ栽培の特徴

厚い果皮をもつ小さな果粒が密着して中～大サイズの果房をなす．比較的結実能力が高い．萌芽期は早く早熟である．収量は中～高程度だが場所による．風と極端な乾燥に敏感である．うどんこ病とユーティパダイバックに感染しやすいが一般に灰色かび病には耐性がある．高収量になると色と果実香の強さおよび酸度が低下する．

栽培地とワインの味

テンプラニーリョは本来イベリア品種であるが，フランス南部でも見られ，2009年には21世紀に入った頃の半分にあたる766 ha（1,893 acres）が栽培されていた．ほとんどはラングドック（Languedoc）の西部でブレンドワインに用いられている．イタリアの統計には2000年の栽培面積は7 ha（17 acres）のみであったと記録されているが，いかなるDOC（G）でもテンプラニーリョの名前では公認されていない．しかしMALVASIA NERAとして記録されている栽培面積2,693 ha（6,655 acres）の一部あるいはその多くがテンプラニーリョであると考えられる．

スペインはテンプラニーリョ王国である．同国では2008年に206,988 ha（511,478 acres）の栽培が記録されており，テンプラニーリョは同国で最も広く栽培されている赤品種であり，AIRÉNについで2番目に多く栽培されるブドウ品種である．多くの別名で，スペイン国内で広く栽培されているが，最北のアストゥリアス州（Asturias）は例外で，最北西部のガリシア州（Galcia）および最南のアンダルシア州では他の地域ほどこの品種は重要視されていない．高地にあり冷涼なリオハ（Rioja），リオハ・アルタ（Rioja Alta），リオハ・アラベサ（Rioja Alavesa）などのサブリージョンでは伝統的にブレンドに用いられるグルナッシュよりも2週間早く完熟する．

テンプラニーリョのワインはグルナッシュのほか，スペインの頑丈な品種であるMONASTRELLまたはBOBALよりもアルコール分は少なく，タンニンに富んでいる．酸度は少し低く，フレーバーの幅はスパイスから皮，タバコの葉まであり，伝統的にリオハで見られるようにアメリカオークで熟成させるとイチゴのフレーバーをもつこともある．伝統的ではないリベラ・デル・ドゥエロのワイン地域の平均樹齢は非常に若く，生産者がフレンチオークの小樽に頼りがちである．また，リベラの標高がもたらす冷涼な夜の気温によって作られる凝縮した明るい果実香は，この地域でTINTO FINOとして知られるこの品種のニュアンスの不足を紛らわしている．この二つの先導的なスペインの赤ワイン地区で最も現代的な生産者たちは，カベルネ・ソーヴィニヨン（CABERNET SAUVIGNON），時にメルロー（MERLOT）を味付けに加えることが増えているようだ．テンプラニーリョ生来の特徴として，ボルドーから導入された品種のような押し付けがましさが少なくブレンドにもよくなじむので，こうしたブレンドはナバラ州やカスティーリャ＝ラ・マンチャ州（Castilla-La Mancha）でもよく行われるようになっている．最も濃厚でアルコール感があるのはおそらくトーロ（Toro）のテンプラニーリョであろう．

推奨されているヴァラエタルワインの生産者としてはリオハのArtadi，Abel Mendoza，Finca Allende，Fernando Remírez de Ganuza，Roda，Señorío de San Vicente，Sierra Cantabria，リベラ・デル・ドゥエロのAalto，Alión，Alonso del Yerro，Alejandro Fernández，O Fournier，Pago de los Capellanes，Pagos de Matanera，Pérez Pascuas，Pingus，またトーロのDominio del Bendito，Maurodos，Numanthia，Pintia，Telmo Rodríguez，Teso La Monja，ヴィノ・デ・ラ・ティエラ・デ・カスティーリャ・イ・レオン（Vino de la Tierra de Castilla y León/リベラ・デル・ドゥエロのすぐ外側）のAbadía Retuertaなどの各社があげられる．

テンプラニーリョはポルトガルで存在感を放つ，数少ないスペイン品種の一つであり，ポルトガルでは2010年にTINTA RORIZとして17,000 ha（42,000 acres）が栽培されている．2004年に記録した栽培面積13,000 ha（32,000 acres）より増加しているのが見て取れる．ドウロでは2番目に多く栽培されている赤品種であり（ポート用，テーブルワイン用の両方），ダン（Dão）でも同様に重要とされている品種である．かなり南のアレンテージョでも歴史的に重要で，現地ではARAGÓNEZとして知られている．この品種の品質の可能性により他の地域，特にテージョ（Tejo）やリスボン（Lisboa）周辺にも栽培が広がっている．

ARAGÓNEZはアレンテージョで長く栽培されており，この地方で最も高貴な品種であると考えられている．しかし，この暑い気象条件のもとでは細心の注意を払って適切な時期に収穫することが必須で，わずかな収穫時期の遅れが品質の低下を招いてしまう．標高600 m地点で試験栽培されており，ARAGÓNEZがそうした冷涼な気候とその地域の土壌によく適し，トゥーリガ・ナシオナル（TOURIGA NACIONAL）よりもよい結果を示すことが多々見られる．生産者としてはErvideira社，J Portugal Ramos社が推奨されている．

ドウロでは極めて重要なポートワインの原料としてTINTA RORIZ（この品種の別名）が使われてきた．ブドウの品質がよい年には，砕いた黒胡椒と野花の優雅なアロマ，そして植物的なニュアンスをもつワイルドチェリーのフレーバーとともに色合いとボディーをポートワインにもたらしている．この品種は，この地域の主要なポートワインとドウロテーブルワインのブレンドにフレッシュさをもたらしている．Quinta do Portal社が珍しいヴァラエタルのTINTA RORIZワインを作っている．

ダンのヴァラエタルワインはより一般的で，色が濃くフルボディーで，細やかなタンニンを有し，ある意味リベラ・デル・ドゥエロと似ていなくもない．

テンプラニーリョはスイスやマルタでも限定的に栽培されている．トルコ（7 ha/17 acres; 2010年）ではKavaklidere社が中央アナトリア地方（Central Anatolia）とカッパドキア（Kapadokya）で栽培している．

生産者としては他にも Melen 社や İdol 社などがあげられる．

カリフォルニア州では2010年に957 acres（387 ha）が栽培されている．栽培は比較的広範囲にわたっているが，特に気温の高いセントラル・バレー（Central Valley）で多く見られる．テンプラニーリョはジンファンデル（ZINFANDEL）がよく生育するところで生育し，時に混植される．テンプラニーリョ，VALDEPEÑAS および TINTA RORIZ の名で利用可能なクローンが登録されている．TINTA RORIZ は1984年に Harold Olmo 氏によってポルトガルから最後に輸入されたものであるが，公式的にはテンプラニーリョと呼ばれている．推奨される生産者としてはカーネロス（Carneros）の Truchard 社，サンタ・イネス・バレー（Santa Ynez Valley）の Curran 社，ナパ・バレー（Napa Valley）の Viader 社などがあげられる．

さほど大きな数字ではないが，ワシントン州での栽培が2006年にはゼロだったのが2011年には94 acres（38 ha）になったことはアメリカでテンプラニーリョが流行していることを明確に示すものである．Gramercy Cellars 社や Cayuse 社などが同州でテンプラニーリョの栽培を牽引している生産者である．これらの生産者はオレゴン州，アンプクアバレー（Umqua Valley）にある Abacela 社というオレゴン南部唯一の生産者に触発されたものである．ちなみに Abacela 社はこの州の150 acres（61 ha）のうちの20 acres（8 ha）を栽培する北西太平洋地域の先駆者ともいえる存在となっており，ナショナルテンプラニーリョデーを開催している．テキサス州でもファンが増えており，Inwood 社や Lone Oak 社などのテンプラニーリョの先駆者たちに触発された30以上のワイナリーで75 acres（30 ha）が栽培されている．夏の暑さや冬の寒さに耐性があるため，この品種は重宝がられている．まさに新世界スタイルのワインの特性である「熟した」という印象がある．

カナダ西部のブリティッシュコロンビア州でも限定的に栽培されている（10 acres/4 ha）．メキシコではテンプラニーリョの栽培は主にバハカリフォルニア州（Baja California）で見られる．生産者としては Santo Tomas 社が有名である．

アルゼンチンでは2009年に6,568 ha（16,230 acres）にのぼる相当数のテンプラニーリョの栽培が記録された．主にメンドーサ州（Mendoza）で栽培されており，現地では5番目に多く栽培されている品種で，栽培面積は増え続けている．ヴァラエタルワインのほとんどはアルゼンチンの主要品種であるマルベック（MALBEC/COT）のワインよりも安価で風味に富んでいるが，O Fournier 社のテンプラニーリョを多く含むブレンドワイン Alpha あるいは Beta Crux ワイン，また Zuccardi 社の Q ワインはアルゼンチンにおけるこの品種の可能性の高さを示している．他方，2008年のチリでの栽培面積はわずか10 ha（25 acres）であった．

オーストラリアでは「代替品種」としてテンプラニーリョへの関心が高まりつつある．2008年までに385 ha（951 acres）が栽培されている．栽培は非常に広範囲におよび栽培地は散在しているのだが，内陸部のリヴァリーナ（Riverina）やリヴァーランド（Riverland）などの灌漑（かんがい）された地域や，バロッサ・バレー（Barossa Valley），ヒースコート（Heathcote），マクラーレン・ベール（McLaren Vale）などで特に多く見られる．生産者としてはバロッサ・バレーの Ross Estate 社，ハンター・バレー（Hunter Valley）の Pokolbin Estate 社などが推奨されている．D'Arenberg 社がマクラーレン・ベール地方でグルナッシュおよび SOUSÃO（VINHÃO）とのブレンドワインを生産している．また，Yalumba 社がバロッサ・バレーにおいてグルナッシュおよびヴィオニエ（VIOGNIER）とのブレンドワインを生産し成功を収めている．

2008年のニュージーランドでの栽培面積はわずか7 ha（17 acres）であったが，ホークス・ベイ（Hawke's Bay）のギムレット・グラヴェルズ（Gimblett Gravels）で生産された Trinity Hill 社の素晴らしいワインは結果として，同国での栽培面積の増加を奨励することとなっている．この品種は現在世界中で多くの注目を浴びている．

TEMPRANILLO BLANCO

このテンプラニーリョの白変異は1988年にリオハ・バハ（Rioja Baja）の畑で栽培家の Jesús Galilea Esteban 氏によって見いだされたものである．ラ・リオハ州政府の研究開発センター CIDA において4年かけて変異の評価と安定化が行われ，後に1 ha（2.5 acres）の畑で試験栽培が行われた．最初のワインは2005年に瓶詰めされ，現在も限定的に栽培されている（Martínez *et al.* 2007）．TEMPRANILLO ROYO は灰色の果皮色変異でカスティーリャ・イ・レオン州（Castilla y León）で見つかり CIDA で評価されている．TEMPRANILLO GRIS や TINTA DE TORO GRIS の名が提案されている（Yuste *et al.* 2006）．

リオハの白品種として2004年に公認された TEMPRANILLO BLANCO は葉と果粒がわずかに小さいが濃い果皮色のテンプラニーリョと同一である．両者はいずれも成熟周期が短く，害虫と病気に対する感受性が共通している．収量は中程度で，樹勢は中～強である．ワインは一般に，アルコール分と酸味が高く，骨格がしっかりしており，柑橘系，トロピカルフルーツと白い花の豊かなフレーバーを有している．Ijalba 社は2005年に最初にヴァラエタルワインを作ったワイナリーで，Conde de Valdemar 社と Juan Carlos Sancha 社がそれに続いた．ワインの生産者は VIURA（MACABEO）とのブレンドによくなじむと信じている．

TÉOULIER NOIR

ほぼ絶滅状態にあるプロヴァンスの品種

ブドウの色：● ● ● ● ●

主要な別名：Manosquin, Plant de Manosque, Plant Dufour, Thuillier（アルプ＝ド＝オート＝プロヴァンス県（Alpes de Haute Provence））

起源と親子関係

TÉOULIER NOIR はフランス南部のプロヴァンス（Provence）のエクス＝アン＝プロヴァンス（Aix-en-Provence）とギャップ（Gap）の間にあるマノスク地域（Manosque）の珍しい品種で，そこでは1715年に Garidel 氏が次のように記録している．「Tholonet のブドウ畑では，通常 Plan de Manosquo と呼ばれるこの品種に，共通語で Taulier という名前をつけた」(Rézeau 1997)． 現代的な名前の TÉOULIER NOIR は1755年に現れた（Rézeau 1997)．別名の MANOSQUEN や MANOSQUIN はこの品種の出生地を示すが TÉOULIER の語源は不明である．TÉOULIER NOIR はブドウの形態分類群の Claret グループに属する（p XXXII 参照；Bisson 2009)．

ブドウ栽培の特徴

熟期は中程度である．株仕立てで短く剪定される．比較的早い時期に萌芽するため春に霜の被害を受ける危険性がある．うどんこ病に感染しやすい．大きな果房と果粒をつける．

栽培地とワインの味

フランスにおける2009年の栽培面積は1 ha（2.5 acres）以下が残るのみであったが，Château Simone 社は小さな Palette アペラシオン内にある120年の歴史をもつ畑に数本の樹を所有しており，赤のブレンドワインに用いている．ワインは通常酸味が弱く，中程度のアルコール分を有している．

TERAN

TERRANO を参照

TERAN BIJELI

PROSECCO を参照

TERBASH

広く栽培され，多目的に用いられているトルクメニスタン品種

ブドウの色：● ● ● ● ●

主要な別名：Irtik Iaprak，Irtuk Yaprak

起源と親子関係

TERBASH（「カリカリした頭」という意味）はトルクメニスタン由来の品種で，品種名は果粒の果肉を表したものである．別名の Irtik Iaprak には「引き裂かれた葉」という意味がある．

ブドウ栽培の特徴

樹勢が強く，豊産性で晩熟である．厚い果皮をもつかなり大きめの果粒で中～大サイズの果房をつける．冬の霜，乾燥，夏の高温に良好な耐性を示す．かびの病気に感染しやすい．

栽培地とワインの味

TERBASH はトルクメニスタンで最も広く栽培されている重要な品種のうちの一つである．現地では生食用にもワイン用にも栽培されている．ワインは辛口，デザート，酒精強化スタイルまで幅広く，また，ジュースやレーズンにも用いられている．Geokdepe 社がヴァラエタルワインを作っている．栽培はロシアやアゼルバイジャンでも見られる．

TERMARINA ROSSA

イタリア，エミリア=ロマーニャ州（Emilia-Romagna）の珍しい品種．
ピンク色の果皮と種がないのが特徴である．ワインおよび料理にも用いられる．

ブドウの色：● ● ● ● ●

主要な別名：Oltremarina，Tramarina
よくTERMARINA ROSSAと間違えられやすい品種：KORINTHIAKI ☓（Corinto Nero の名で）

起源と親子関係

TERMARINA ROSSA について初めて言及があったのは1840年のことで，Bertozzi 氏の著書 *Viti della Provincia di Reggio Emilia* の中に「TERMARINA ROSSA はレッジョ・エミリア県（Reggio Emilia）のブドウ品種で，UVA PASSERINA とも呼ばれ，白色の果粒のものもある」と記載されている．しかしDNA および酵素解析によって白の TERMARINA BIANCA はこの品種の変異でなく，異なる品種であることが明らかになった．TERMARINA ROSSA は CORINTO NERO と混同されることがあるが，これはおそらくいずれのブドウも種なしブドウであるのが原因であろう．DNA 解析によってこの二つの品種は同じ品種ではないことが示された（Boccacci *et al.* 2005）．

ブドウ栽培の特徴

種なしの小さな果粒は高い糖度を有している．樹勢が強く豊産性である．

栽培地とワインの味

TERMARINA の黒ブドウと白ブドウは伝統的にパルマ県（Parma）やレッジョ・エミリア県などのイタリア北部で，ジャムや果汁を煮詰めて作るこの地方特有のシロップ，*Saba* を作るために用いられている．現在では，TERMARINA ROSSA は他の品種とブレンドされ，ワインにも用いられている．品種リストに登録されたのが2007年になってからであるので，最新の2000年の農業統計に記録されていない．

ヴァラエタルワインは極めてまれであるが，1970年代からの TERMARINA ROSSA の支持者である Angelo Casalini 社は，タールと熟したチェリーのアロマとシルキーなタンニン，そして心地よい酸味と後味に苦みが残る個性的なフルボディーのワインを作っている．

TEROLDEGO

絶滅の危機から復活を遂げた良質の近縁品種をもつ，イタリア，トレンティーノ（Trentino）の特産品．酸度を適切に調節するために注意深く取り扱う必要がある．

ブドウの色：● ● ● ● ●

主要な別名：Merlina（ヴァルテッリーナ（Valtellina）），Teroldega，Teroldeghe，Teroldico，Teroldigo，Tiraldega，Tirodola（ガルダ湖（Lago di Garda）），Tiroldegho，Tiroldigo

よくTEROLDEGOと間違えられやすい品種：NEGRARA TRENTINA ☓（トレンティーノ），NEGRARA VERONESE ☓（ヴェネト州（Veneto））

起源と親子関係

TEROLDEGO はイタリア北東部，トレンティーノの非常に古い品種で，そのワインについて初めて言及があったのは1480年1月18日のことである．トレント（Trento）のすぐ東に位置するコニョラ（Cognola）においてラテン語で書かれた売買契約書の中で次のように記載されている．「良質で豊かな TEROLDIGO 2 *brente*（古い単位）のワイン」（Prato 1989）．この地域ではその後もいくつかの歴史的な文書に，この品種のことが書かれている．トレントとメッツォロンバルド（Mezzolombardo）の間に広がるロタリアーノ（Rotaliano）平原が TEROLDEGO の発祥地であり，この地方では数世紀にわたり TEROLDEGO が栽培されてきたのであろう．実際に TEROLDEGO の名はアレテロルデゴ（Alle Teroldege）と呼ばれるメッツォロンバルド近くの地名に由来しており，この地で見られるブドウ畑に関する記録は15世紀にまで遡るものである（Roncador 2006）．

DNA 解析に基づく系統の再構築の結果，TEROLDEGO はまだ知られていない，おそらくすでに絶滅したであろうある一つの品種との間で少なくとも2回の自然交配によって，トレンティーノかロンバルディアでは MARZEMINO を，またトレンティーノやアルト・アディジェ（Alto Adige）では LAGREIN を産んだと考えられることが明らかになった（Vouillamoz and Grando 2006）．さらに驚くべきことに DNA 系統解析の結果，シラー（SYRAH）の親品種であるアルデシュ県（Ardèche）の DUREZA は，TEROLDEGO の姉妹品種であり，これらはいずれも PINOT の孫品種にあたることが明らかになった．したがって TEROLDEGO はシラーの叔父叔母品種にあたり，REFOSCO DAL PEDUNCOLO ROSSO の祖父母品種にあたる（Vouillamoz and Grando 2006; 系統図はシラーと REFOSCO DAL PEDUNCOLO ROSSO の項参照）．

TEROLDEGO は REBO の育種に用いられた．

他の仮説

TEROLDEGO の別名である TIROLDIGO は「チロルの金」を意味する Tiroler Gold に由来する．この名はウィーンの法廷内でトレンティーノのワインに対して使われていた．他方 TEROLDEGO は隣り合うヴェローナ（Verona）周辺の平原から持ち込まれたと言う人もあり，現地では Terodol'i という名の品種が過去に記録されている.

ブドウ栽培の特徴

熟期は中期〜晩期である. このブドウが高収量であることを利用して伝統的に, T型の二重の棚仕立てで栽培されるが, 過去数十年の間にグイヨー仕立てに置き換える生産者たちが出てきた. べと病とうどんこ病にやや感受性があり, 房枯れには高い感受性を示す.

栽培地とワインの味

TEROLDEGO はイタリア北部, トレント北に位置するロタリアーノ平原のメッツォロンバルド, メッツォコローナ（Mezzocorona), サン・ミケーレ・アッラーディジェ（San Michele all'Adige), ロヴェレー・デッラ・ルーナ（Roverè della Luna）などで数世紀にわたって栽培されてきた. トレンティノ＝アルト・アディジェには1971年から独自の DOC である Teroldego Rotaliano があり, 100 % TEROLDEGO の赤ワインとロゼワイン（Rosato または Kretzer とラベルされる）が作られている. この品種は Valdadige/Teroldego, Trentino, Casteller の各 DOC のロゼワインに少量加えることができる. さらに南のヴェネト州や西のヴァルテッリーナ地方でも（MERLINA の名で）栽培されている. イタリアの農業統計には2000年の栽培面積が690 ha（1,705 acres）であったと記録されているが, 栽培は次第に減少しつつある. 推奨される生産者としては, ストレートの Teroldego Rotaliano ワインと, より凝縮された熟成させる価値のある Granato ワインを作り1980年代中頃に品質革命を起こした Elisabetta Foradori 氏や, Marco Donati 社などがあげられる. キャンティ・クラッシコ（Chianti Classico）の生産者である Poggio al Cassone 社は La Cattura の名で TEROLDEGO ワインを作っている.

ワインは色合い深く, 生き生きとしてフルーティーだが, 場合によっては還元臭を生じる傾向がある. 収量を制限しブドウを完熟させると（残念ながら常にそうされているわけではないのだが), 豊かなブラックチェリーの果実香が熟したタンニンによって支えられ, 酸味は目から涙がこぼれるようなものではなく, 私たちの食欲を刺激してくれるものとなる. ワインはオークとの相性がよく, 熟成に適している.

カリフォルニア州では TEROLDEGO がセントラルコースト（Central Coast）の Wolff Vineyards 社など, 10軒ほどの生産者によって州全体で作られている. 2008年の栽培面積は100 acres（40 ha）前後であった. オーストラリアで唯一, この品種を栽培しているのが, ビクトリア州のキングバレー（King Valley）にある Michelini 社である. 彼らの最初のビンテージ2008は, 2010年のオーストラリア新品種ワインショー（Australian Alternative Varieties Wine Show）のトロフィー受賞ワインである. ブラジルのリオグランデ・ド・スル州（Rio Grande do Sul）でも栽培されている.

TERRANO

イタリアとスロベニアの国境地帯とクロアチアの重要な品種.
フレッシュで香り高い赤ワインが作られる. よく知られている REFOSCO とよく混同される.

ブドウの色：● ● ● ● ●

主要な別名：Cagnina ☓（フリウーリ地方（Friuli）およびエミリア＝ロマーニャ州（Emilia-Romagna)), Crodarina, Rabiosa Nera ☓（ブレガンツェ（Breganze)), Refosco del Carso, Refosco d'Istria ☓, RefoscoTerrano, Refošk ☓, Teran ☓（イストラ半島（Istra/Istria)), Terran（イストラ半島), Terrano del Carso, Terrano d'Istria

よく TERRANO と間違えられやすい品種：REFOSCO DAL PEDUNCOLO ROSSO ☓, REFOSCO DI FAEDIS ☓

起源と親子関係

TERRANO はイタリア北東部, フリウーリ地方の一部, スロベニア南西部およびイストラ半島を含むカルスト（Karst）平原の非常に古い品種である．TERRANO に関する最初の記録は1340年の11月13日の文書に見られ，文中でバルバナ（Barbana）（現在はスロベニア）における「Rabiole Malvasie Terrano bianco e vermiglio Moscatello e Pignolo」の栽培に関する記載をみることができる（Fabbro *et al.* 2002）．驚くべきことに白色（*bianco*）の果粒と赤色（*vermiglio*）の果粒の TERRANO が記載されているが，現存しているのは赤色の果粒のブドウのみである．TERRANO ワインについては1390年8月14日に20 *ingestariis*（古い体積の単位）の *Vini terrani* が皇帝の大使である Conte di Lozo 氏に提供されたと再び記録されている（Di Manzano 1860）．TERRANO はフリウーリ地方のいくつかの歴史的な文書に記載されている．

TERRANO はいわゆる Refosco グループ（REFOSCO 参照）に属し，REFOSCO DAL PEDUNCOLO ROSSO とよく混同される．しかし DNA プロファイルの比較によりこの仮説は否定され（Vouillamoz），TERRANO，イストラ半島の TERAN は，REFOSCO D'ISTRIA やスロベニアの REFOŠK と同一であることが示された（Maletic *et al.* 1999; Kozjak *et al.* 2003）．由来の異なる試料を用いた DNA プロファイルの比較により，TERRANO はフリウーリ地方やエミリア＝ロマーニャ州の CAGNINA と同一であり，またブレガンツェの RABIOSA NERA とも同じであることが示された（Vouillamoz）．

ブドウ栽培の特徴

熟期は中期～晩期である．遅霜とかびによって引き起こされる主な病気に耐性がある．

栽培地とワインの味

TERRANO はイタリアのフリウーリ＝ヴェネツィア・ジュリア（Friuli-Venezia Giulia）自治州とエミリア＝ロマーニャ州で広く栽培されている．後者では CAGNINA と呼ばれることが多く，ヴァラエタル DOC の名称が Cagnina di Romagna となっているのはそのためである．ヴァラエタルワインは Carso DOC でも公認されているが，TERRANO の役割は Colli di Rimini DOC での役割と同様に補助的なものである．ワインはフルボディーからミディアムボディーで，食事との相性がよい．かなり強いタンニンとフレッシュな酸味，はっきりした森の果実のアロマや，ときにチェリーのアロマをもつ．イタリアでは2000年に203 ha（502 acres）が栽培されている．イタリアのヴァラエタルワインの生産者としては Skerk，Castello di Rubia，Castelvecchio および Zidarich などの各社があげられる．

スロベニアでは，主にトリエステ県（Trieste）北部のクラス地方（Kras，カルスト）で栽培されており，2008年には481 ha（1,189 acres）の栽培が記録された．トリエステ県南のスロベニアイストラ半島（Slovenska Istra）では最も広く栽培されている品種であり，2008年には818 ha（2,021 acres）の栽培を記録している．またヴィパヴァ渓谷（Vipavska Dolina）でも限定的に栽培されている．Josko Rencel（クラス）や Parovel（トリエステ県）などがヴァラエタルワインを生産している．

TERAN という名前でクロアチアでも栽培されており，2008年には480 ha（1,186 acres）の栽培を記録した．イストラ半島ワイン地区においてのみ推奨されているが，その地域では大変な成功を収めている．生き生きとした果実香と比較的しっかりしたタンニンをもつ，エレガントでフレッシュなワインが生産され，樽熟成に適している．推奨される生産者としては Franc Arman，Dimitri Brečević，Kozlović および Roxanich などの各社があげられる．

北マケドニア共和国でも栽培されている．

TERRANTEZ

事実上マデイラ島から消失した，歴史的なマデイラ品種

ブドウの色：●　●　●　●　●

主要な別名：Terrantez da Madeira（マデイラ島（Madeira））
よくTERRANTEZと間違えられやすい品種：FOLGASÃO ☓，TERRANTEZ DA TERCEIRA ☓（アゾレス諸島

(Açores)), TERRANTEZ DO PICO ⚮ (アゾレス諸島)

起源と親子関係

TERRANTEZ はかつてポルトガルのマデイラ島で広く栽培されていた古い品種で，それを証明するかのように19世紀や20世紀初頭のボトルが現在もオークションで競売にかけられているのだが，現在，この品種はほぼ消失してしまっている．TERRANTEZ は長くダン地方（Dão）の FOLGASÃO の別名であると考えられてきたが，DNA プロファイルの比較（Martín *et al.* 2006; Almadanim *et al.* 2007; Veloso *et al.* 2010）によって，それらは異なる品種であることが明らかになった．TERRANTEZ は，遺伝的にアゾレス諸島の TERRANTEZ DA TERCEIRA や TERRANTEZ DO PICO とも異なっており，いずれも固有の DNA プロファイルをもつことが Veloso *et al.*（2010）によって報告されている．ダンでは TERRANTEZ と公式に呼ばれているが，商業栽培は現在，行われていない．

ブドウ栽培の特徴

収量が非常に低い品種である（年によっては収量ゼロの年もあった）．晩熟．全般的に非常に良好な耐病性を有しているのにもかかわらず，極端に薄い果皮をもつ果粒が密着している果房は灰色かび病に感染しやすく裂果しやすい．

栽培地とワインの味

ポルトガルのマデイラ島には2 ha（5 acres）以下の TERRANTEZ が残っているが，これは最近，新たに植えられたものにすぎない．この品種はかつては高く評価されていた．いまも多くの古いボトルがセラーに保管されており，始めは渋いがこの甘口の酒精強化ワインがボトル内でいかに良好に熟成されるかを我々に示してくれている．この品種が島から消滅したおもな理由は，19世紀の終わりに，うどんこ病に感染し，それに続いてフィロキセラの被害を受けた後に植え替えがなされなかったためである．いずれの TERRANTEZ のマデイラワインも稀少であり，試みる価値がある．

TERRANTEZ DA TERCEIRA

広く信じられている説とは異なり，この品種はポルトガル領で大西洋沖に浮かぶアゾレス諸島（Açores）のテルセイラ島（Terceira）の白品種である．DNA 解析によって TERRANTEZ DA TERCEIRA が他のアゾレス諸島の品種である TERRANTEZ DO PICO やマデイラ島（Madeira）の TERRANTEZ，また，主にトラス＝オス＝モンテス（Trás-os-Montes）で見られる FOLGASÃO やリスボン（Lisboa）の ARINTO DE BUCELAS とは異なる品種であることが示された（Veloso *et al.* 2010)．

TERRANTEZ DO PICO

広く信じられている説とは異なり，この品種はポルトガル領，アゾレス諸島（Açores）のピコ島（Pico）のユニークな白色果粒品種である．DNA 解析によって TERRANTEZ DO PICO が他のアゾレス 諸島の品種である TERRANTEZ DA TERCEIRA やマデイラ島（Madeira）の TERRANTEZ，また，主にトラス＝オス＝モンテス（Trás-os-Montes）で見られる FOLGASÃO，時に間違えて TERRANTEZ DO PICO と呼ばれる MALVASIA FINA などとは異なる品種であることが示された（Eiras Dias *et al.* 2006; Veloso *et al.* 2010)．ピコ協同組合は TERRANTEZ を辛口ワインおよび酒精強化ブレンドワインの生産に用いている．

TERRET

この古いフランス，ラングドック（Languedoc）の品種には3色あるが，いずれも量的に減少している．

ブドウの色：

主要な別名：Bourret，Tarret

起源と親子関係

TERRETにはTERRET NOIR，TERRET GRIS，TERRET BLANCの3種類があるが，これらは単なる果皮色変異である．TERRETはラングドックで最も古い品種の一つで，おそらくフランス南部のエロー県（Hérault）に起源があり，この地では長く栽培されている．Rézeau（1997）によればTERRETは早くも1619年にカルカソンヌ（Carcassonne）で記録され，それに続いて1639年（terren）と1676年（tarret）にも記録されているが，これらの古い記載の信頼性は高くない．信頼にたる最初の記録は1736年のラングドックにおける「TERRET NOIRはたくさんできる」というものである．TERRETはブドウの形態分類群のPicquepoulグループに属する（p XXXII 参照；Bisson 2009）．

ブドウ栽培の特徴

萌芽期は遅く晩熟である．短い剪定が必要であるが垂直に誘引しても株仕立てにしてもよい．豊産性で，中サイズの果粒で大きな果房をつける．べと病とうどんこ病に感染しやすい．TERRET GRISはブドウ蛾による被害と日焼けによる障害を受けやすい．

栽培地とワインの味

かつて，TERRET GRISはラングドックで最も広く栽培されていた品種であった．たとえばフランスでは1958年に8,130 ha（20,090 acres）の栽培を記録し，ワインのみならずベルモットやブランデーにも用いられていた．しかし2008年までに，その栽培面積は104 ha（257 acres）にまで減少してしまった．現在，3種類の中で最も広く栽培されているのがTERRET BLANCで，2009年には1,451 ha（3,585 acres）の栽培を記録した．ほとんどがエロー県で栽培されている．TERRET NOIRはGRISよりもわずかに多く記録されており2008年に189 ha（467 acres）の栽培を記録したが2000年の400 ha（988 acres）からは減少している．

ヴァラエタルワインがあるが，シャルドネ（CHARDONNAY），ソーヴィニヨン・ブラン（SAUVIGNON BLANC），ミュスカ・ブラン・ア・プティ・グラン（MUSCAT BLANC À PETITS GRAINS）などの国際品種とのブレンドワインも作られている．3色のすべての品種がローヌ南部や西のラングドックなどのアペラシオンで公認されたり推奨されたりしており，補助的な役割を果たしている．TERRET NOIRはたとえばFitou，Minervois，Corbières，Palette，Cassisなど，ラングドックやプロバンスのアペラシオンで，またChâteauneuf-du-Pape，Côtes du Rhône Villages，Gigondas，Rasteauなど，ローヌのアペラシオンで補助的な原料として用いられている．TERRET GRIS，TERRET BLANCもまたCassis，Palette，Corbières，Minervoisやラングドックのアペラシオンにおいて同様に補助的な役割を果たしている．Clos du Gravillas社が樽発酵のTERRET GRISのヴァラエタルワインを作っている．また，Les Clos Perdus社が3色のブドウが混植されている100年を超える畑のブドウからブリオッシュとトリュフのアロマをもつヴァラエタルのTERRET（主にTERRET GRISを用いて）ワインを作っている．FaugèresのLéon Barral社は複雑でアロマティックな白ワインをTERRET BLANCとGRISから作っている．

TERRETのワインは3色とも中程度のアルコール分と，フランス南部の暑さのもとでもフレッシュな酸味を保てるという利点を有している．TERRET BLANCとTERRET GRISは多くの場合，いくぶんニュートラルなワインになり，TERRET NOIRは軽く薄い色合いのワインとなる．

TERRET BLANC

TERRET を参照

TERRET GRIS

TERRET を参照

TERRET NOIR

TERRET を参照

THEIAKO MAVRO

ブレンドワインに用いられている非常にマイナーで減りつつあるギリシャの品種

ブドウの色：●　●　●　●　●

起源と親子関係

THEIAKO MAVRO はケファロニア島（Kefaloniá）とイタキ島（Itháki）の古い品種で，おそらく後者か，または硫黄を意味する *theio* にちなんで名づけられたのであろう．GOUSTOLIDI や ROBOLA と遺伝的に関係していると思われる．THEIAKO あるいは THIAKO と呼ばれる白色変異がレフカダ島（Lefkáda）で見られる（Boutaris 2000）．

ブドウ栽培の特徴

熟期は中期である．

栽培地とワインの味

THEIAKO MAVRO はギリシャのケファロニア島で限られた量が栽培されており，現地では Domaine Foivos 社が少量の THEIAKO MAVRO と ARAKLINOS を MAVRODAFNI とブレンドしている．イタキ島でも同様であるが，この品種は減少している．

THINIATIKO

MAVRODAFNI を参照

THOMPSON SEEDLESS

SULTANIYE を参照

THRAPSATHIRI

二つの名前で世に知られる個性的なギリシャの島由来の品種.
豊かな果実香をもつワインが作られている.

ブドウの色：● ● ● ● ●

主要な別名：Begleri ⚥ または Beghleri（ヒオス島（Chíos），サモス島（Sámos），イカリア島（Ikaría），サントリーニ島（Santoríni），レスボス島（Lésvos/ Lesbos）およびクレタ島（Kríti/Crete）），Dafnato ⚥（クレタ島（Kríti））
よくTHRAPSATHIRIと間違えられやすい品種：ATHIRI ⚥

起源と親子関係

THRAPSATHIRI はおそらくクレタ島に由来する品種である．この品種は ATHIRI（*thrapsa* は「たくさんの」という意味をもつ）と同じか近縁であると長く考えられてきたが，この説は DNA 解析によって否定され，同じくクレタ島の VIDIANO に近いことが明らかになった（Biniari and Stavrakakis 2007）．ギリシャのブドウデータベースの DNA プロファイルを比較したところ，キクラデス諸島（Kykládes/ Cyclades）やクレタ島で見られる BEGLERI が THRAPSATHIRI と同一であることが示された（Vouillamoz）．それゆえ赤い果粒の BEGLERI KOKKINO（Galet 2000）は THRAPSATHIRI の果皮色変異であると考えられる．

他の仮説

THRAPSATHIRI は中世の時代に広く知られていた甘口のブレンドワインである Malvasia ワインに使われていたとされるが（Galet 2000），どの品種が使われていたかを示す証拠はない．

ブドウ栽培の特徴

高収量である．

栽培地とワインの味

主にギリシャのキクラデス諸島，クレタ島，ロドス島（Ródos）などエーゲ海南部の島々で栽培されている．THRAPSATHIRI は混植されることが多い．たとえば Domaine Economou 社はクレタ島西部で接ぎ木をしない樹を60～70年になる畑で栽培している．ワインライターの Nico Manessis 氏（私信）によれば，島の中央部の生産者たちの間では，より香り高い VILANA とブレンドする流れが多く見られるのだそうだ．しかしながら，Lyrarakis 社はアカシアやフレンチオークで熟成させたフルボディーでリッチなヴァラエタルワインを作っている．ワインは豊かなトロピカルフルーツのアロマを有している．また，畑が標高500 m 地点にあり，日当たりがよいため，他の典型的な THRAPSATHIRI のワインよりも Lyrarakis 社のワインは酸味が強いものとなっている．シティア（Sítia）協同組合はヴァラエタルワインとブレンドワインを作っている．

2008年には BEGLERI の別名で，エーゲ海北部の島々のあちこちで47 ha（116 acres）が栽培されていた．Afianes 社は試験的に粘土製のアンフォラ壺を用いワインを醸造，熟成させている．

TIBOUREN

フランス，プロヴァンス地方（Provence）で良質のロゼワインになり，国境を越えたイタリア，リグーリア州（Liguria）では軽い赤ワインになる古い品種

ブドウの色：● ● ● ● ●

主要な別名：Antiboulen（ヴァール県（Var）），Rossese（リグーリア州），Rossese di Dolceacqua ☒（リグーリア州），Rossese Nericcio（リグーリア州），Rossese di Ventimiglia（リグーリア州），Tiboulen（ヴァール県）
よくTIBOURENと間違えられやすい品種：ROSSESE DI CAMPOCHIESA ☒（サヴォーナ県（Savona））

起源と親子関係

この品種は18世紀末にフランス南部ヴァール県のサントロペ地方（Saint-Tropez）に，Antiboul という名前の船長が持ち込んだものだといわれている．これがもととなり，ANTIBOULEN という別名が生まれた．後に ANTIBOULEN がなまって TIBOUREN になったと説明されている（Ganzin 1901b）．思いがけないことに，リグーリア州のヴェンティミーリア地域（Ventimiglia）（フランスとの国境近く）で栽培され，イタリアの品種リストに登録されている ROSSESE DI DOLCEACQUA が TIBOUREN と同一であることが最近の DNA 解析により明らかになった（Torello Marinoni，Raimondi，Mannini and Rolle 2009）．これは，ROSSESE DI DOLCEACQUA がドルチェアックア（Dolceacqua）の Doria 家の兵士により，フランスからリグーリア州西部のインペリア県（Imperia）（フランスとの国境近く）に持ち込まれ，その後リグーリア海岸（Ligurian Riviera）に沿って広がったというその地方の言い伝えと一致している．最初に TIBOUREN または ROSSESE のどちらで呼ばれたかは不明であるが，ROSSESE ○○という名の別の品種と混同される可能性を考慮し，違いを明確にするためにも本書では TIBOUREN を用いることとする．

他の仮説

フランス南部のヴァール県では TIBOUREN が ANTIBOULEN と呼ばれていたので，アンティーブ地域(Antibes)からもたらされたものだと述べる人たちもいたが，この地方でこの品種が見られたことはなかった．ギリシャや中東との関連は DNA 解析では確認されていない．

ブドウ栽培の特徴

非常に早い萌芽期で熟期は中程度である．短い剪定が必要．結実不良（ミルランダージュ）になりやすい．房枯病に感染しやすいが，ダニ以外の害虫や病気の被害を受けやすいということはない．

栽培地とワインの味

フランス南部において，TIBOUREN の伝統的な栽培地域とされているのはサントロペ湾で，サントロペ，ラマチュエル（Ramatuelle），ガッサン（Gassin），グリモー（Grimaud），コゴラン（Cogolin）などでいまもなお，接ぎ木をしていない樹齢100年のブドウの樹を見ることができる（Galet 2000）．TIBOUREN はヴァール県やアルプ＝マリティーム県（Alpes-Maritimes）で推奨されているが，2009年にフランスで栽培された TIBOUREN 445 ha（1,100 acres）のほとんどがヴァール県で栽培されたものであった．2006年の417 ha（1,030 acres）からわずかに増えている．この品種は通常 Côtes de Provence アペラシオンで用いられており，ガリーグ（Garrigue，プロヴァンス地方の野生のハーブ）と土の香りのする表情豊かなロゼワインが生産されている．ヴァラエタルワインが作られることもあるが，多くは CINSAULT（CINSAUT），グルナッシュ（GRENACHE/GARNACHA），ムールヴェドル（MOURVÈDRE（MONASTRELL）），シラー（SYRAH）とブレンドされる．故 André Roux 氏が彼所有のブドウ畑のほとんどを用い，この品種の栽培に専念していたわけだが，Clos Cibonne 社もまたこの地で，シラー，グルナッシュ，TIBOUREN などとブレンドし，フルボディーで熟成させる価値のある Côtes de Provence の赤ワインを作っている．まれにヴァラエタルあるいは TIBOUREN 主体の赤ワインを作ることもある．

イタリアのリグーリア州では，ROSSESE あるいは ROSSESE DI DOLCEACQUA が長い間インペリア県で広く栽培されてきた．栽培は特にネルヴィア川流域（Valle Nervia）やヴァッレクロージア（Vallerosia），(ヴェンティミーリア，ドルチェアックア，カンポロッソ（Camporosso），ソルダーノ（Soldano），イゾラボーナ（Isolabona），サン・ビアージョ（San Biagio）およびペリナルド（Perinaldo））など，ジェノヴァ湾（Golfo di Genova）沿いのフランス国境付近で見られる．高く評価されているヴァラエタルワインは Rossese di Dolceacqua や Rossese Riviera Ligure di Ponente 原産地呼称で作られるが，後者はカンポキエーザ（Campochiesa）やアルベンガ地域（Albenga）で ROSSESE DI CAMPOCHIESA（規則ではいずれの Rossese かを特定していない）を用いてワインが作られていることが多いようだ．イタリアの農業統計には2000年に268 ha（662 acres）が ROSSESE の名で記録されているが，ROSSESE のどれかが区別されていない．推奨される生産者としては Alessandro Anfossso，Alta Via，Giobatta Mandino Cane，Tenuta Giuncheo，Antonio Perrino，Poggio dell'Elmo，Ravera，Ramoino，Sancio，Terre Bianche などの各社があげられる．典型的なヴァラエタルの ROSSESE DI DOLCEACQUA ワインは生き生きとして香り高い．比較的軽く個性的でリフレッシュ感のあるサワーチェリーのフレーバーを有している．

TIGNOLINO

イタリア，シチリア島（Sicilia）北東部由来で，非常に限定された場所でのみ栽培される珍しい品種．濃い果皮色で，ブレンドワインの原料として用いられている．この品種は単に PERRICONE のクローンであるかもしれない．メッシーナ県（Messina）の Palari Winery 社がこの品種を赤の Faro DOC のブレンドワインの生産に用いている．

TIGRANI

赤の辛口と甘口ワインに用いられているアルメニアの vinifera 交配品種

ブドウの色：● ● ● ● ●

主要な別名：1452/75

起源と親子関係

TIGRANI はアルメニアの首都エレバン（Yerevan）のすぐ西に位置する Merdzavan にあるアルメニアブドウ栽培研究センターで S A Pogosyan と S S Khachatryan の両氏が SAPERAVI × ARENI の交配により得た交配品種である．

ブドウ栽培の特徴

中～大サイズの果粒で比較的密着した果房をつける．

栽培地とワインの味

MAP 社がアルメニアのアララト地方（Ararat）で辛口の赤のヴァラエタルワインを作っているが，アルメニアの人たちがとても好む甘口のワインにも用いられている．

TIMORASSO

珍しい高品質のイタリア,ピエモンテ州（Piemonte）の品種は新たな認知を得ている.

ブドウの色：● ● ● ● ●

主要な別名：Morasso，Timoraccio，Timuassa

起源と親子関係

TIMORASSO はイタリア北西部ピエモンテ州のアレッサンドリア県（Alessandria）トルトーナ（Tortona）周辺のコッリ・トルトネージ地方（Colli Tortonesi）の古い品種である．DNA 系統解析によって，TIMORASSO と LAMBRUSCHETTO との親子関係が示された（Torello Marinoni *et al.* 2006）．LAMBRUSCHETTO が同じくアレッサンドリア県のカステルヌオーヴォ・ボルミダ（Castelnuovo Bormida）の典型的な品種であることから，TIMORASSO のルーツがピエモンテにあることが示された．

他の仮説

1209 年付のトルトーナにおけるラテン語の文章に *vineam de gragnolato* と記載されており，幾人かの研究者が，これは TIMORASSO の畑であると暫定的に同定した（Raimondi *et al.* 2005）．ネッビオーロ（NEBBIOLO）との遺伝的な関係が示唆されているが，最近の研究では確認されていない（Anna Schneider and José Vouillamoz，未公開データ）．

ブドウ栽培の特徴

熟期は早期～中期である．樹勢は強いが比較的低収量（CORTESE よりも低い）である．糖度の高い小さな果粒をつける．灰色かび病に感染しやすく結実不良（ミルランダージュ）になりやすい．

栽培地とワインの味

かつて TIMORASSO はイタリア北西部ピエモンテ州のアレッサンドリア県で，ワイン用および生食用として最も賞賛され広範囲に栽培されていた品種の一つであった．20 世紀初頭，フィロキセラ被害後に畑の植え替えが行われた際に，より豊産性の CORTESE が好まれたため，TIMORASSO が減少した．しかし過去数十年の間に Walter Massa 氏など一握りの生産者が再びこの品種の植え付けを行い，トルトーナ地方の品種として栽培した．トルトーナのすぐ東に位置する急な斜面にいくつかの最高の畑があり，栽培面積は 2000 年に 6 ha（15 acres）であったのが今日では 2 倍にまでなっている．2000 年の農業統計にはイタリアでの総栽培面積が 20 ha（49 acres）であったと記録されている．アスティ県（Asti）やアレッサンドリア県で公認されており，ヴァラエタルワインは Colli Tortonesi と Monferrato の DOC で公認されて，CORTESE など他の地方品種とのブレンドワインも作られている．

TIMORASSO はブレンドワインに用いられるが，その持ち味が隠されてしまうにはもったないない，大変興味深い品種である．たとえまだ若くとも，ヴァラエタルワインは軽い蜂蜜とスパイスのアロマが複雑に絡み合い，花，柑橘，ナッツの特徴とクリーミーな口あたりがある．オークを使わずとも軽いオークの味わいをもつことがある．フレッシュな酸味があり，よく作られたワインは長く続く素晴らしい余韻と，デリケートなミネラル感を有しており，驚くべきことに長寿なワインとなる．このようなワインを作る生産者としては Luigi Boveri，Franco Martinetti，Walter Massa，Morgassi などの各社があげられる．

TINTA AMARELA

TRINCADEIRA を参照

TINTA BARROCA

濃い果皮色で早熟な，素朴なポートワイン用品種

ブドウの色：● ● ● ● ●

主要な別名：Boca de Mina（ドウロ（Douro）），Tinta Barocca または Tinta das Baroccas（南アフリカ共和国）
よくTINTA BARROCAと間違えられやすい品種：GROSSA※または Tinta Grossa（ドウロ）

起源と親子関係

TINTA BARROCA はポルトガル北部のドウロ地方由来の品種で，その名は「黒いバロック」を意味している．ドウロ地方ではポートワイン用に長く栽培されており，19世紀末までは TINTA GROSSA（「大きな黒」という意味をもつ）として知られていたが，同じく TINTA GROSSA としても知られるアレンテージョ（Alentejo）の GROSSA と混同してはいけない．遺伝的な解析により TINTA BARROCA は同じくドウロ地方の品種である TOURIGA FRANCA と近縁関係にある可能性が明らかになった（Almadanim *et al.* 2007）．

ブドウ栽培の特徴

豊産性で樹勢が強く早熟である．べと病とうどんこ病に感染しやすいが灰色かび病に対してはそれほどでもない．中サイズの果粒が粗着する中サイズの果房は，暑さによるダメージを受けやすく果実が萎凋する．

栽培地とワインの味

TINTA BARROCA はポルトガル北部のドウロでポートワインに用いられてきた主要5品種のうちの一つで，TOURIGA FRANCA，TINTA RORIZ（テンプラニーリョ / TEMPRANILLO）に次いで3番目に多く栽培されている濃い果皮色の品種である．2004年にはドウロのブドウ畑の11.2 % を占めていた．その人気を支えているのは主にこの品種が高収量であるという点で，また，この地域の他の赤品種よりも2週間早く熟すこともその理由の一つである．この品種がドウロ・スーペリオーレ（Douro Superior）の暑さを好まず，バイショ・コルゴ（Baixo Corgo）とシマ・コルゴ（Cima Corgo）のサブリージョンで主に栽培されている理由はこの品種が早熟だからである．ドウロのすぐ南のタヴォーラ・ヴァローザ地方（Távora-Varosa）でも栽培され，酒精強化されないブレンドワインが作られている．2010年の総栽培面積は4,455 ha（11,009 acres）であった．この品種から作られる典型的なヴァラエタルワインはソフトでフルボディーである．素朴さと高いアルコール分，そしてチェリーやブラックベリーのフレーバーを有しているが，複雑さと酸味に欠ける．そのため TINTA BARROCA はポートワインにするにもテーブルワインにするにもブレンドに用いるのが最善である．TOURIGA FRANCA やトゥーリガ・ナシオナル（TOURIGA NACIONAL）よりも早く色あせてしまう．しかし標高が高く冷涼な土地（標高500 m 以上）で栽培されると，よりフレッシュでエレガントな香り高いワインになる．Quinta das Tecedeiras 社が珍しくヴァラエタルワインを作っている．

TINTA BARROCA は国外に出た数少ないポートワイン用品種の一つである．南アフリカ共和国では2009年に261 ha（892 acres）が記録されたが，過去数年の間に植えられた樹を上回る数の樹が引き抜かれてしまった．ほとんどが酒精強化ワインに用いられるが，Allesverloren 社，Boplaas 社，DeKrans 社などポートワインの生産者の中には Lammershoek 社と同様に Tinta Barocca と表示したヴァラエタルのテーブルワインも作っている生産者もある．

TINTA CAIADA

PARRALETA を参照

TINTA CARVALHA

すべてにおいて軽いポルトガル品種

ブドウの色：

主要な別名：Lobão（ダン（Dão）），Preto Gordo（バイラーダ（Bairrada）のピニェル（Pinhel）），Tinta Carvalha du Douro
よくTINTA CARVALHAと間違えられやすい品種：RUFETE ☋

起源と親子関係

TINTA CARVALHA は，おそらくポルトガル北部，ドウロ（Douro）あるいはトラス＝オス＝モンテス（Trás-os-Montes）に由来するのであろう（Rolando Faustino 氏，私信）．

他の仮説

RUFETE と TINTA CARVALHA はいずれもドウロでは TINTA CARVALHA と呼ばれているが，それらの DNA プロファイル（Martín *et al.* 2006; Almadanim *et al.* 2007; Santana *et al.* 2007; Santana *et al.* 2010）は全く異なっている（Vouillamoz）．

ブドウ栽培の特徴

薄い果皮をもつ大きな果粒が密着し，中サイズの果房をつける．うどんこ病と灰色かび病に感染しやすい．晩熟．

栽培地とワインの味

ヴァラエタルワインは色が薄く酸味は弱い．ボディーは軽く，赤いフルーツのアロマを有している．当然のことながら熟成のポテンシャルは少ない．ポルトガルでは2010年に1,171 ha（2,894 acres）の栽培が記録された．そのほとんどはドウロやトラス＝オス＝モンテス地方で栽培されている．また，ベイラス（Beiras）やテージョ（Tejo）およびアレンテージョ（Alentejo）でも少し栽培されており，同国のワイン生産地域のほとんどで公認されている．

TINTA CASTAÑAL

最近，絶滅の危機から救済されたスペイン，ガリシア州（Galicia）の品種．その起源は不明である．

ブドウの色：

主要な別名：Castañal ☋，Rabo de Cordeiro

起源と親子関係

TINTA CASTAÑAL は，ポルトガルとスペインの国境を流れるミーニョ（Miño）川のスペイン側の品種である．現在では，ほぼ絶滅状態に陥っている．この地方では20世紀初頭までは広く栽培され高く賞賛されていた（Santiago *et al.* 2008）DNA プロファイルは，他のスペイン品種やポルトガル品種と一致しないが（Santiago *et al.* 2008；Gago *et al.* 2009），AMARAL（CAÍÑO BRAVO の名で）との親子関係は示唆された（Díaz-Losada *et al.* 2011）．

栽培地

この品種は，スペインの公式品種リストには暫定的にも掲載されていない．しかしながら，オ・ロサル（O Rosal），Goian，トゥイ（Tuy）などの地域（ポンテベドラ県（Pontevedra）南部，ポルトガルとの国境沿いのミーニョ川流域）で見つかった樹齢200年を超える古い樹から得られた穂木は1993年に（研究機関である）Misión Biológica de Galicia のコレクションに加えられた．そして，最近になってスペイン北西部，リアス・バイシャス(Rías Baixas)のO Rosal Valley でViñas do Torroxal ワイナリーに植えられた(Santiago *et al.* 2008)．同ワイナリーが作るTinto Torroxal はCAÍÑO TINTO（BORRAÇAL），SOUSÓN（VINHÃO），BRANCELLAO（ALVARELHÃO），TINTA CASTAÑAL およびPEDRAL のブレンドワインである．

TINTA DE MADEIRA

NEGRAMOLL を参照

TINTA DE TORO

テンプラニーリョ（TEMPRANILLO）を参照

TINTA FRANCISCA

栽培面積は少ないがポートワイン用の重要な品種

ブドウの色：● ● ● ● ●

主要な別名：Tinta de França，Tinta Francesca，Tinta Franceza
よくTINTA FRANCISCAと間違えられやすい品種：TEINTURIER ☿（ドウロ（Douro））

起源と親子関係

TINTA FRANCISCA はポルトガル北部の由来で，おそらくドウロが起源であろう．最近のDNA 解析により，TINTA FRANCISCA がいずれも，ドウロあるいはその近隣地域由来の品種であるRABIGATO（Castro *et al.* 2011）やTINTO CÃO およびVIOSINHO（Pinto-Carnide *et al.* 2003）と遺伝的に関係があることが示唆されている．TINTA FRANCISCA はTEINTURIER MÂLE の名でも栽培されているが（Galet 2000），赤の果肉のフランス品種TEINTURIER とは形態的，遺伝的に異なっている．

TINTA FRANCISCA には「フランスの黒」という意味がある．この品種はおそらくフランスのブルゴーニュ地方からRobert Archibald 氏によって持ち込まれたのであろうといわれている．彼がこの品種をQuinta de Roriz 社に植えたのだが，その時点ではその品種がピノ・ノワール（PINOT NOIR）であると考えられていた（Galet 2000）．しかしこの説はDNA プロファイルの比較や，またTINTA FRANCISCA とTINTO CÃO，VIOSINHO，RABIGATO などとの間に遺伝的な関係があることから否定された．

ブドウ栽培の特徴

生産性は低く，不規則である．萌芽期は中期で晩熟である．果皮が薄いため，うどんこ病と灰色かび病に感染しやすい．乾燥した土壌をもつ暑い日当たりのよい土地がこの品種の栽培に最適である．

栽培地とワインの味

主にポルトガル北東部のドウロで見られる．TINTA FRANCISCA のワインは香り高く，通常アルコール分は高いが，酸味が弱いワインになる．しかし，特に濃厚ではない．Niepoort 社や Quinta das Carvalhas 社で主にポートワインの補助原料として用いられ，しばしば混植されている．Quinta da Revolta 社が珍しいヴァラエタルワインの非酒精強化ワインを生産している．ポルトガルでは2010年に32 ha（79 acres）の栽培が記録されている．

南アフリカ共和国でも少し栽培され，現地の Allesverloren 社がポートスタイルのブレンドワインを生産している．

TINTA MIÚDA

GRACIANO を参照

TINTA NEGRA

VIOUSLY KNOWN AS TINTA NEGRA MOLE. SEE NEGRAMOLL を参照

TINTA PINHEIRA

RUFETE を参照

TINTA RORIZ

テンプラニーリョ（TEMPRANILLO）を参照

TINTILIA DEL MOLISE

マイナーなイタリア，モリーゼ州（Molise）の品種．
最近までBOVALE GRANDE（すなわちMAZUELO/CARIGNAN）と混同されていた．

ブドウの色：● ● ● ● ●

主要な別名：Tintilia（モリーゼ州）
よくTINTILIA DEL MOLISEと間違えられやすい品種：MAZUELO☒（サルデーニャ島（Sardegna）では BOVALE GRANDE の名で），Tintilia☒（カンパニア州（Campania），サルデーニャ島），Tintilia de Rota☒（スペイン）

起源と親子関係

TINTILIA はイタリア中南部のモリーゼ州に特徴的な品種で，18世紀中頃にスペインからブルボン王朝時代にこの地方に持ち込まれたとされている．この名はスペイン語で「黒」を意味する *tinto* に由来すると思われるが，この品種で服を染めることも可能なことからイタリア語で「染物屋」を意味する *tintore* に由来するという説ももっともらしい．

TINTILIA は長い間サルデーニャ島の BOVALE GRANDE（MAZUELO あるいは CARIGNAN としても知られる）と混同されており，2000年のイタリアの農業統計には単独の品種として掲載されていない．しかし最近の DNA 解析によって，両品種は同じではなく，また TINTILIA DEL MOLISE はカンパニア州やサルデーニャ島では TINTILIA として知られるあまり知られていない品種や，スペインの TINTILIA

DE ROTA とも異なることが明らかになった（Reale *et al.* 2006）．さらなる混乱を避けるために，ここではその起源となる地名を加えた TINTILIA DEL MOLISE というフルネームを用いることとする．それでも Reale *et al.*（2006）が TINTILIA DEL MOLISE はスペイン品種の PARRALETA と比較的近縁であることを示したので，この品種のイベリア半島起源は否定できない．

ブドウ栽培の特徴

熟期は中期～晩期である．灰色かび病，べと病とうどんこ病に感染しやすい．乾燥とクロロシス（白化）に高い耐性を示す．

栽培地とワインの味

TINTILIA DEL MOLISE は主にイタリア中南部のモリーゼ州で栽培されている．その北に位置するアブルッツォ州（Abruzzo）のキエーティ県（Chieti）でもわずかに栽培されている．MONTEPULCIANO などの地方品種とよくブレンドされるが，最近になって，いくつかの興味深いヴァラエタルワインが生産者たちによって作られている．たとえば，TINTILIA DEL MOLISE を再発見した最初のワイナリーのうちの一つである Di Majo Norante 社（MONTEPULCIANO とのブレンドにより作られる同社最高のワインである Don Luigi ワイン同様に）や，Angelo d'Uva，Catabbo，Cipressi などの各社がヴァラエタルワインを生産している．そうしたワインは Molise DOC で公認されており，熟したブラックベリー，チェリー，プラムなどの濃い色のフルーツのアロマと繊細なタンニンをもつ濃厚なフルボディーのワインになる．

TINTO CÃO

時にポルトガル，ダン（Dão）で輝きを放つ高品質のポートワイン用の品種

ブドウの色：● ● ● ● ●

主要な別名：Farmento，Tinta Cão
よくTINTO CÃOと間違えられやすい品種：PADEIRO ☒（ヴィーニョ・ヴェルデ（Vinho Verde））

起源と親子関係

ポルトガル北部のドウロ（Douro）およびダンの非常に古い品種である．現地では17世紀から知られており（Rolando Faustino 氏，私信），この品種を国内で最も古い品種と考えている研究者もいる．TINTO CÃO は「赤い犬」を意味するが，その理由は明らかでない．

最近の研究により TINTO CÃO は遺伝的に VIOSINHO および TINTA FRANCISCA に近いことが示唆された（Pinto-Carnide *et al.* 2003）．TINTO CÃO は，色付け用ブドウとして大成功を収めた RUBIRED の育種に用いられた．

ブドウ栽培の特徴

低収量．厚い果皮をもつ小さな果粒は灰色かび病に耐性を示す．非常に晩熟である．

栽培地とワインの味

TINTO CÃO はポルトガル，ドウロの主要5品種のうちの一つであり，しばしばトゥーリガ・ナシオナル（TOURIGA NACIONAL）よりも女性的であるといわれ，熟成のポテンシャルにより特にビンテージ・ポートワイン用として価値がある．しかしこの品種の特徴である低収量が原因で広く栽培されたことはない．19世紀にドウロのブドウ栽培専門家であった Vila Maior 子爵が，この品種はよく熟し，乾いたり腐敗したりせず，低収量にもかかわらず非常に豊かで強くコクのあるワインができると記載している（Vila Maior 1875）．現在では収量はもはや重要な特性ではないことから，この品種の栽培は増えており，ポートワインに加えてテーブルワインのブレンドにも用いられている.

ダンではTINTO CÃOについて物議を醸しているのだが，BAGAに似て，素晴らしいワインまたはひどいワインのいずれにもなりうる．必ずしもこの地域のすべての場所で，この品種が十分に熟すのが容易でないことがそのおもな理由であると考えられるが，十分熟せば，ワインは深い色合いになり香り高く（野生の花と赤い果実），かなり女性的になる．それでもワインはフルボディーでアルコール分は13.5 %に達する．その力強さは大変印象深く，ワインの丸みとフレッシュさが口中に広がりをみせる．長寿のワインになる可能性と優雅さ，そして長く続く余韻を備えている（Rolando Faustino，私信）．さらに南のBeira Interior DOでは最近の栽培から期待できる結果が得られており，ワインは若いうちは飾り気がなく，ほとんどのポートワイン用の品種よりも酸味が高くなるが，年月を経ると優雅になる．推奨される生産者としてはアレンテージョ地方（Alentejo）のHerdade São Miguel社，ベイラス（Beiras）のLuís Pato社，ダンのQuinta das Maias社などがあげられる．ポルトガルでは2010年に374 ha（924 acres）が栽培されている．

TINTO CÃOは2009年のカリフォルニア州公式ブドウ栽培統計には記録されていない．1960年代にAustin Goheen氏がカリフォルニア大学デービス校のジャクソン（Jackson）の試験場に植え付けを行い，そこで選抜された数本の樹がこの品種を商業的に繁殖させるために提供された．ポートスタイルのワインの生産者たちは，この品種をブレンドワインの生産に用いている．Pierce社（サンアントニオバレー（San Antonio Valley））など少数の生産者が非酒精強化の赤のブレンドワインに用い，また時にヴァラエタルワインを作っている．Cinquain社（パソロブレス（Paso Robles））はTINTO CÃOとTOURIGA FRANCAおよびトゥーリガ・ナシオナルのブレンドにより，甘口の赤ワインを作っている．

オーストラリアでは公式統計に記録されるには少量すぎるが，数ヶ所で栽培されている．たとえば西オーストラリア州のPeel Estate社は，ビクトリア州のラザーグレン（Rutherglen）のCampbells社と同様にTINTO CÃOをポートスタイルのワインに用いている．後者はまた，1960年代に開墾された小さな畑で栽培するTINTO CÃOを含むポルトガル品種をブレンドした辛口赤ワインで成功しており，これらの品種の栽培面積を増やす計画をもっている．Mansfield Wines社はマッジー（Mudgee）で辛口赤のヴァラエタルワインを作っている．

TINTO DEL PAÍS

テンプラニーリョ（TEMPRANILLO）を参照

TINTO FINO

テンプラニーリョ（TEMPRANILLO）を参照

TINTO VELASCO

ありきたりのスペイン，ラ・マンチャ地方（La Mancha）の品種

ブドウの色：● ● ● ● ●

主要な別名：Benitillo☒，Blasco☒，Frasco☒，Granadera☒，Tinto de la Pámpana Blanca☒，Tinto Velasco Peludo

よくTINTO VELASCOと間違えられやすい品種：ALICANTE HENRI BOUSCHET☒

起源と親子関係

TINTO VELASCOはスペイン中部のカスティーリャ＝ラ・マンチャ州（Castilla-La Mancha）が起源の地であろう．DNA解析によってBLASCO，FRASCO，GRANADERAがこの品種の別名であることが確認され（Fernández-González，Mena *et al.* 2007）また，予想に反してTINTO VELASCOがBENITILLOやTINTO DE LA PÁMPANA BLANCAとも同一である，とが示された（Borrego，Cabello *et al.* 2002）．TINTO DE LA PÁMPANA BLANCAは，その名前にもかかわらず，実はラ・マンチャ地方（La Mancha）の黒果粒品種である．

まぎらわしいことにTINTO VELASCOという名前はこの品種とは異なるALICANTE HENRI BOUSCHETにも用いられている．

栽培地

TINTO VELASCOはスペインの商業品種リストに暫定的に登録されているが，異なる品種としてTINTO DE LA PÁMPANA BLANCAも登録されており，2008年の栽培面積はTINTO VELASCOが2,287 ha（5,651 acres），またTINTO DE LA PÁMPANA BLANCAが4,908 ha（12,128 acres）であったと記録されている．しかしTINTO VELASCOという名前はALICANTE HENRI BOUSCHETにも使われているので，この統計がどちらの品種を示しているのか，またTINTO VELASCOとラベルされたワインがこの品種から作られたものか，あるいはALICANTE HENRI BOUSCHETから作られたものかを知ることは困難である．TINTO DE LA PÁMPANA BLANCAはExtremaduraやラ・マンチャ（La Mancha）などのDOで公認されている．

TINTORE DI TRAMONTI

深い色合いのカンパニア州（Campania）の珍しい品種．
優れた赤ワインになる可能性を秘めている．

ブドウの色：● ● ● ● ●

主要な別名：Cannamelu（イスキア島（Ischia）），Guarnaccia（イスキア島），Tintora（イスキア島），Tintore

起源と親子関係

イタリア南部，カンパニア州のアヴェッリーノ県（Avellino）に由来する品種である．*Tintore*には「染物屋」という意味がある．DNA解析によって，TINTORE DI TRAMONTIとあまり栽培されていないカンパニア州の3品種，TINTIGLIA（TINTILIA DEL MOLISEとは異なる），LIVELLA ISCHIA，MANGIAGUERRA（MAGLIOCCO DOLCEとは異なるもので，カラブリア（Calabria）でMANGIAGUERRAと呼ばれることがある品種）との遺伝的関係が示唆された（Costantini *et al.* 2005）．

ブドウ栽培の特徴

樹勢は強いが，開花期の悪天候に障害を受けやすいため結実能力は乏しい．早熟（9月下旬）である．厚い果皮をもつ果粒が粗着するので灰色かび病には感染しにくい．

栽培地とワインの味

その名が示すようにTINTORE DI TRAMONTIは主にイタリア南部カンパニア州のアマルフィ 海岸（Amalfi）に近いサレルノ（Salerno）のすぐ北，モンティ・ラッタリ（Monte Lattari）にある小さな町，トラモンティ（Tramonti）周辺で栽培されている．現地では接ぎ木をしない古いブドウの樹が棚仕立てにされているのがいまも見られる．Costa d'Amalfi DOCやIschia DOCではPIEDIROSSOや他の地方品種とブレンドされている．イスキア島ではこの品種はGUARNACCIAやCANNAMELUとして知られている．ヴァラエタルワインはCampaniaやColli di Salernoなどの 地域特性表示ワイン（IGT）に分類される．*Tintore*「染物屋」という名前が示すように非常に深い色合いで，濃い色の果実香が豊かだが，しっかりとした酸味がワインに骨格を与えている．胡椒のフレーバーが果実香に混じりあったかと思えば，風味豊かで土の香りを漂わせることもある．高酸度としっかりとしたタンニンによって豊かな熟成が可能になり，ワインはボトルの中でシルキーになる．TINTORE や TINTORE が主体のワインとしては Reale 社のオークを使った Borgo di Gete，Colli di Salerno DOC や Alfonso Arpino 社の 90 % TINTORE と 10 % PIEDIROSSO のブレンドによる Monte di Grazia IGT Campania などがある．アマルフィ沿岸地方では 10 ha（25 acres）以下の面積から年間 8,000 ボトルのワインが作られている．

TOCAI FRIULANO

SAUVIGNONASSE を参照

TOCAI ROSSO

GARNACHA を参照

TORBATO

イタリアのサルデーニャ島（Sardegna）とフランス南部で見られる薄い色の果粒の品種．事実上絶滅状態にあったが，その危機からは救済されている．

ブドウの色：

主要な別名：Malvoisie du Roussillon🜨（フランス），Malvoisie des Pyrénées Orientales（フランス），Torbat，Tourbat🜨（フランス），Turbat，Uva Catalana
よく TORBATO と間違えられやすい品種：MAUZAC BLANC🜨

起源と親子関係

最近の DNA 解析によって，TORBATO は南フランスで TOURBAT あるいは MALVOISIE DES PYRÉNÉES ORIENTALES とも呼ばれ，フランス南部のリムー（Limoux）で 1804 年に記録がされている（Galet 2000）MALVOISIE DU ROUSSILLON と同一であることが明らかになった（Lacombe *et al.* 2007）．多くのサルデーニャ島の品種同様に TORBATO は 14～15 世紀のカタルーニャ（Catalan）によるサルデーニャ島統治時代にスペインから持ち込まれたと考えられているが，この仮説の証拠はない．

ブドウ栽培の特徴

熟期は中期～晩期である．うどんこ病とファンリーフウィルスへの耐性は乏しい．

栽培地とワインの味

イタリアでは TORBATO の栽培は主にサルデーニャ島北西沿岸のサッサリ（Sassari）の西，アルゲーロ（Alghero）周辺や内陸の Mejlogu で見られる．Alghero DOC では，この品種からヴァラエタルワインが作られる．珍しいヴァラエタルワインの一つにあげられるのが Sella & Mosca 社の Terre Bianche ワインで，リンゴと梨のフレーバーを有し，後味にはわずかな苦みが残るというものである．イタリアでは 2000 年に 143 ha（353 acres）の栽培を記録した．1970 年に記録した 10 ha（25 acres）から増加している．

フランスではうどんこ病とファンリーフウィルス（フランス語では *court-noué*）に感染しやすいため，この品種は 20 世紀の初頭には事実上絶滅状態にあった．1970 年代の取り組みによりサルデーニャ島から新しく健康な苗が導入され，現在では 33 ha（82 acres）が栽培されている．この品種は オード県（Aude），エロー県（Hérault），ピレネー＝オリアンタル県（Pyrénées-Orientales）で推奨されている．通常は他の地方品種とブレンドされ，甘口ワインのヴァン・ドゥ・ナチュレル（Vins doux Naturels）が Banyuls，Grand Roussillon，Côtes du Roussillon，Maury，Rivesaltes などで作られている．

TORRONTÉS

ブドウの色：● ● ● ● ●

起源と親子関係

スペインや南米のいくつかの品種に TORRONTÉS という名前が使われている（南米については CRIOLLA，TORRONTÉS MENDOCINO，TORRONTÉS RIOJANO，TORRONTÉS SANJUANINO を参照）.

Ibañez *et al.*（2003）が DNA 解析によって，スペインでは少なくとも異なる4品種が TORRONTÉS の名で呼ばれていることを明らかにした.

- コルドバ県（Córdoba）（アンダルシア州（Andalucía）のモンティーリャ＝モリレス（Montilla-Moriles））ではユニークな DNA プロファイルをもち，Martín *et al.*（2003）の中には TORRONTÉS DE MONTILLA の名でも見られる.
- ナバラ州（Navarra）のものは，Martín *et al.*（2003）に，ほぼ絶滅状態にあるアンダルシア州品種であると記載されている HEBÉN と同じである.
- オウレンセ県（Orense）（ガリシア州（Galicia）のリベイロ（Ribeiro））では，Martín *et al.*（2003）や他の文献の中にある FERNÃO PIRES と同一の樹がある．Sefc *et al.*（2000）に記録されている BICAL と同じ樹も一本ある．BICAL は FERNÃO PIRES と混同されることが多い.

加えてスペインでは，TORRONTÉS の名が ALARIJE に使われることがある．Borrego，De Andres *et al.*（2002）が，Barbantes（ガリシア州のリベイロ）の TORRONTÉS はオウレンセ県やコルドバ県で見られる TORRONTÉS とは異なることを見いだした．さらにラ・リオハ州のアーロ（Haro）やログローニョ（Logroño）で TURRUNTÉS と呼ばれる品種はバリャドリッド県（Valladolid）の ALBILLO MAYOR と同じであり，ガリシア州で TORRONTÉS と呼ばれる樹は MALVASIA FINA と同じであった（Borrego，De Andres *et al.* 2002; Gago *et al.* 2009）.

ポルトガルでは TORRONTÉS の名が ARINTO（ARINTO DE BUCELAS），DONA BRANCA，FERNÃO PIRES，MALVASIA FINA に使われている（ASSARIO および BOAL BRANCO の名で；Lopes *et al.* 1999; Pinto-Carnide *et al.* 2003; Vouillamoz）.

イベリア半島では TORRONTÉS について著しく混乱しており，どの品種がどの名で，また，どの地域で栽培され，どこで公認され，推奨されているのかを知ることは不可能である．その中でも，おそらく最も重要なのがガリシア州で栽培されている TORRONTÉS であろう．Galet（2000）によれば，この TORRONTÉS は MONASTRELL BLANCO や MORRASTRELL BLANCO とも呼ばれているが，上記の TORRONTÉS はいずれも MONASTRELL や GRACIANO（MORRASTELL とも呼ばれる）の果皮色変異ではないのだという.

TORRONTÉS MENDOCINO

わずかな量しか栽培されていないアルゼンチンの TORRONTÉS 品種

ブドウの色：● ● ● ● ●

主要な別名：Chichera，Loca Blanca（リオネグロ州（Río Negro）全域），Palet
よく TORRONTÉS MENDOCINO と間違えられやすい品種：Moscatel Amarillo ☿（チリ），TORRONTÉS

RIOJANO ☿（アルゼンチン），TORRONTÉS SANJUANINO ☿（アルゼンチン）

起源と親子関係

TORRONTÉS MENDOCINO はアルゼンチンの在来品種である．TORRONTÉS MENDOCINO はアルゼンチンで同じくあまり知られていない TORRONTÉS SANJUANINO や，より広く栽培されている TORRONTÉS RIOJANO（起源や語源についてはこの品種の項目を参照）と混同されてきたが，最近の形態学的解析および DNA プロファイルによって区別された（Alcalde 1989; Agüero *et al.* 2003; Lacoste *et al.* 2010）．DNA 系統解析により，TORRONTÉS MENDOCINO が MUSCAT OF ALEXANDRIA（アルゼンチンでは MOSCATEL）と特定されていない品種との自然交配品種であることが明らかになったことで（Agüero *et al.* 2003），この品種は CRIOLLAS グループに属することになった（CRIOLLA の項や MUSCAT の系統図を参照）．

栽培地とワインの味

現在は南部のリオネグロ州（Rió Negro）でより広く栽培されている TORRONTÉS MENDOCINO だが，その名はおそらくメンドーサ州（Mendoza）にちなんで名づけられたものであろう．この品種から作られるワインは，TORRONTÉS RIOJANO がもつマスカットに似た香りが欠ける傾向にある．アルゼンチンでは2009年に666 ha（1,646 acres）の栽培が記録された．

TORRONTÉS RIOJANO

3種類あるアルゼンチンの TORRONTÉS グループ品種の中で最も重要な品種．
同国において，強いアロマをもつ特徴的な白ワインになる．

ブドウの色：

主要な別名：Malvasia（サン・フアン州（San Juan））
よく TORRONTÉS RIOJANO と間違えられやすい品種：Moscatel Amarillo ☿（チリ），ミュスカ・ブラン・ア・プティ・グラン（MUSCAT BLANC À PETITS GRAINS ☿）（メンドーサ州（Mendoza）），TORRONTÉS MENDOCINO ☿（アルゼンチン），TORRONTÉS SANJUANINO ☿（アルゼンチン）

起源と親子関係

TORRONTÉS RIOJANO は1867年に名前の由来であるラ・リオハ州（La Rioja），サン・フアン州，メンドーサ州で Damián Hudson 氏が最初に記録している（Lacoste *et al.* 2010）．TORRONTÉS RIOJANO はスペインから持ち込まれたいくつかの品種のうちの一つであり，スペインで ALARIJE，ALBILLO MAYOR，MALVASIA FINA などの品種に用いられていた紛らわしい TORRONTÉS（ときに Turrontés または Turruntés）の名前を借りて命名されたといわれている．しかしこれらの品種の DNA プロファイルはまったく異なっている（Vouillamoz）．

DNA 系統解析により，TORRONTÉS RIOJANO は MUSCAT OF ALEXANDRIA（アルゼンチンでは MOSCATEL）×LISTÁN PRIETO（アルゼンチンでは CRIOLLA CHICA）の自然交配品種であることが明らかになり，CRIOLLA グループに属すると結論づけられた（Agüero *et al.* 2003）（詳細は CRIOLLA の項および MUSCAT の系統図参照）．

ブドウ栽培の特徴

豊産性で樹勢が強い．萌芽期は中期で早熟．厚い果皮をもつ比較的大きな果粒で中～大サイズの果房をつける．べと病と灰色かび病に感染しやすい．

栽培地とワインの味

TORRONTÉS ○○（紛らわしいことに，ふつうは単に TORRONTÉS）と呼ばれるアルゼンチンの在来の3品種の中で，TORRONTÉS RIOJANO は最も価値があり，最も広く栽培されている．しばしば同国の代表的な白ワインとされ，薄い果皮色の品種としては，あまり良質ではなく栽培面積が減少している PEDRO GIMÉNEZ の次に広く栽培されている．最高品質のものはフレッシュで香り高いワインになり，フローラルとマスカットのような典型的なアロマをもつが，品質に乏しいものは後味に苦みが残るアルコール分の高いワインになる．特に栽培に適しているのは，より標高が高く冷涼な北部，サルタ州（Salta）にあるカファヤテ（Cafayate）の畑なのだが，ラ・リオハ州の Chilecito およびメンドーサ州のウコ・ヴァレー地方（Valle de Uco）でも非常に素晴らしいワインが作られている．個性的なフレーバーがあるため，ピノ・グリ（PINOT GRIS）などのよりニュートラルな品種とのブレンドにも有用である．TORRONTÉS の質の向上は Dominio del Plata 社の Susana Balbo 氏が得意としている．推奨されるヴァラエタルワインの生産者としては他にも Catena Zapata，Colomé，O Fournier，Mauricio Lorca などの各社があげられる．2009年にアルゼンチンで8,443 ha（20,863 acres）が栽培された．栽培は主にメンドーサ州，ラ・リオハ州，サン・フアン州，サルタ州などの州で見られるが，カタマルカ州（Catamarca）やリオネグロ州（Río Negro）でも見られる．

Pisano 社はウルグアイのプログレソ（Progreso）にある自社畑に TORRONTÉS RIOJANO の植え付けを行った．フローラルさには欠けるが，豊かな柑橘系や梨のフレーバーを有し，どのアルゼンチンワインよりも力強いワインを作っている．

TORRONTÉS SANJUANINO

アルゼンチンの知名度が低い二種類の TORRONTÉS 品種の一つ

ブドウの色：● ● ● ● ●

主要な別名：Moscatel de Austria（チリ），Moscatel Romano（アルゼンチンのメンドーサ州（Mendoza））
よく TORRONTÉS SANJUANINO と間違えられやすい品種：Moscatel Amarillo ☒（チリ），TORRONTÉS MENDOCINO ☒（アルゼンチン），TORRONTÉS RIOJANO ☒（アルゼンチン）

起源と親子関係

TORRONTÉS SANJUANINO はアルゼンチンの在来品種である．アルゼンチンではあまり知られていない TORRONTÉS MENDOCINO やより広く栽培されている TORRONTÉS RIOJANO（起源や語源についてはこの品種の項目を参照）と混同されてきたが，最近の形態学的解析および DNA プロファイルの比較によって区別された（Alcalde 1989; Agüero *et al.* 2003; Lacoste *et al.* 2010）．DNA 系統解析によって，TORRONTÉS SANJUANINO は MUSCAT OF ALEXANDRIA（アルゼンチンでは MOSCATEL）× LISTÁN PRIETO（アルゼンチンでは CRIOLLA CHICA）の自然交配品種であることが示された（Agüero *et al.* 2003）．この品種は CRIOLLA グループに属している（CRIOLLA の項と MUSCAT の系統図を参照）．

ブドウ栽培の特徴

果粒が密着して中～大サイズの果房をつける．熟期は中期である．灰色かび病に感染しやすい．

栽培地とワインの味

TORRONTÉS SANJUANINO の栽培は，その名のとおり主にアルゼンチンのサン・フアン州（San Juan）で見られるが，メンドーサ州やラ・リオハ州（La Rioja）などでも栽培されている．この品種から作られる典型的なワインは TORRONTÉS RIOJANO よりも香りは少ない．2009年の総栽培面積は2,539 ha

(6,274 acres）であった．当然のことながら，主にサン・フアン州でその多くが栽培されている．

TORTOZÓN

PLANTA NOVA を参照

TORYSA

近年，公認された赤い果肉のスロバキア品種

ブドウの色：● ● ● ● ●

主要な別名：CATAP 9/17

起源と親子関係

TORYSA は，1967年にスロバキアのブラチスラヴァ（Bratislava）にある VUVV 醸造およびブドウ栽培研究センターの Dorota Pospíšilová 氏が CASTETS × I-35-9 の交配により開発した交配品種である．スロバキア東部の川の名前にちなんで命名され，2011年に公認された．I-35-9 はあまり知られていない（TEINTURIER × ALEATICO）× PUKHLIAKOVSKY の交配品種で，ロシアにおいて得られたものである（Dorota Pospíšilová，私信）．TORYSA は RUDAVA の姉妹品種である．

ブドウ栽培の特徴

非常に樹勢が強い．萌芽期は遅く，熟期は中期～晩期である．うどんこ病に感染しやすい．乾燥が長期にわたると，その影響を受けてしまうが，霜や灰色かび病には耐性を示す．赤い果肉の短い果粒は強いカベルネ（CABERNET）のフレーバーを有している．

栽培地とワインの味

TORYSA は色合い深く，熟成させる価値のあるカベルネに似たワインを生み出す，数少ない赤い果肉のブドウの一つである（Dorota Pospíšilová，私信）．スロバキア南西部では Chateau Marco 社が，また西部ではトルナヴァ（Trnava）近郊の Igor Blaho 社がワインを作っている．2011年のスロバキアでの栽培面積は1 ha（2.5 acres）以下であった．

TOURBAT

TORBATO を参照

TOURIGA FÊMEA

栽培量が少ないポルトガル北部由来の品種

ブドウの色：

主要な別名：Tinta Coimbra（ダン（Dão）），Touriga Brasileira（ドウロ（Douro））
よくTOURIGA FÊMEAと間違えられやすい品種：TOURIGA FRANCA

起源と親子関係

TOURIGA FÊMEA の起源はおそらくポルトガル北部のドウロであろう．DNA 系統解析によりトゥーリガ・ナシオナル（TOURIGA NACIONAL）との親子関係が示唆されたということは（Lopes *et al.* 2006），TOURIGA FRANCA とは片親だけが姉妹関係（または理論的には祖父母品種）にあたることになる．これらはいずれも同じ地方の品種である．

ブドウ栽培の特徴

熟期は中程度．厚い果皮をもつ小さな果粒が密着した小さな果房をつける．

栽培地とワインの味

TOURIGA FÊMEA のワインは色合い深くフルボディーだが，ソフトで繊細なタンニンと黒い果実や雑木林のフレーバーを有している．DOC Douro や主にポルトガル北部の各地，またセトゥーバル半島地方（Península de Setúbal）の地理的表示保護ワインでも公認されている．ドウロの Rui José Xavier Soares 氏は，TOURIGA BRASILEIRA の名前でこの品種を彼が作る赤のドウロブレンドワイン（Esmero）に加えている．Quinta da Revolta 社が珍しいヴァラエタルワインを作っている．ポルトガルでは2010年に43 ha（106 acres）の栽培を記録した．その半分はドウロで栽培されたものである．

TOURIGA FRANCA

ポルトガルのドウロ（*Douro*）で広く栽培されている高品質の品種だが，質的にはトゥーリガ・ナシオナル（*TOURIGA NACIONAL*）の影に隠れがちである．

ブドウの色：

主要な別名：Albino de Souza，Touriga Frances，Touriga Francesa，Tourigo Francês
よくTOURIGA FRANCAと間違えられやすい品種：TOURIGA FÊMEA

起源と親子関係

TOURIGA FRANCA という名前にもかかわらず，この品種の起源はフランスではなくポルトガル北部のドウロ地方である．また最近の DNA 系統解析により，TOURIGA FRANCA がドウロで伝統的に栽培されているトゥーリガ・ナシオナルおよび MARUFO と親子関係にあることが明らかになった（Castro *et al.* 2011）．スペインでは MARUFO が様々な別名で栽培されていたが，トゥーリガ・ナシオナルは伝統的に栽培されていなかったことから，この交配品種はポルトガルで生まれたと考えられる（Castro *et al.* 2011）．TOURIGA FRANCA は遺伝的多様性が小さく，1880年代まで記録がないことから，この交配品種は比較的最近生まれたものだと考えられる（Almadanim *et al.* 2007; Rolando Faustino，私信）．加えて遺伝的研究によって TOURIGA FRANCA が同じくドウロの品種である TINTA BARROCA と近縁である可能性が明らかになった（Pinto-Carnide *et al.* 2003; Martín *et al.* 2006; Almadanim *et al.* 2007）．

ブドウ栽培の特徴

熟期は中期～晩期である．通常，栽培は容易で，収量は良好で安定している．ブドウの樹が罹りうるほとんどの病気への感受性は高くない．果粒が密着している果房は灰色かび病に感染しやすくなる．

栽培地とワインの味

ポルトガルにおいて，2000年まで TOURIGA FRANCESA として知られていた TOURIGA FRANCA は，濃い果皮色の品種としてドウロで広く栽培されていた．2004年にはブドウ栽培面積の21％を超える8,919 ha（22,039 acres）の栽培を記録した．暖かい南向きの斜面で栽培されるとトゥーリガ・ナシオナルと同等の品質水準に達するが，天候にあまり恵まれない年や場所では灰色かび病に感染しやすいため，十分な成熟が得られない．ヴァラエタルワインはトゥーリガ・ナシオナルよりも凝縮度が低いが，繊細さとアロマの強さ，そして，深い色合いと中程度のボディーを有している．しかしながら，ポートワインの生産にはブレンドするのが最適である．Quinta do Mourão 社のワインのような100％ TOURIGA FRANCA のテーブルワインが出始めたことで，高品質で長寿のワインになる可能性が示された．優美なルビー色あるいはすみれ色をしたワインには赤い果実，森の果実，野の花，すみれとハーブのアロマが凝縮されている．しっかりとしているが繊細なタンニンを有している．

最北のトラス＝オス＝モンテス（Trás-os-Montes）で広く栽培され，南のリスボン（Lisboa），テージョ（Tejo），アレンテージョ地方（Alentejo）やセトゥーバル半島地方（Península de Setúbal）などポルトガルの他の地域にも徐々に広がっている．またダン（Dão）の小さな地域でも栽培されている．推奨される生産者としてはセトゥーバルの Ermelinda Freitas 社，アレンテージョの Quinta da Plansel 社などがあげられる．ポルトガルでは2010年に12,055 ha（29,789 acres）の栽培が記録された．2004年の14,000 ha（34,595 acres）からは減少しているが，トゥーリガ・ナシオナルの7,268 ha（17,960 acres）よりはずっと広い栽培面積である．

TINTA BARCA は TOURIGA FRANCA の別名として用いられてきたが，TINTA DA BARCA（時には単に BARCA）は異なる品種である．後者は混植によりわずかに栽培されているドウロ・スーペリオーレ（Douro Superior）の品種で，主にポートワインのブレンドに用いられている．8 ha（20 acres）の畑を有する Ramos Pinto 社と Vargellas 社がワインを作っている．

カリフォルニア州では，トゥーリガ・ナシオナルが公式統計に記載されているが，単なる TOURIGA が正式なこの品種の別名である．Cinquain（パソロブレス（Paso Robles）），Pierce，Quinta Cruz（サンアントニオ・ヴァレー（San Antonio Valley）），Revolution Wines（サクラメント（Sacramento））などの各社がしばしば NACIONAL と FRANCA の両方をポートスタイルのブレンドワインに加えている．Morgan 社など数社がローダイ（Lodi）で両方の品種を用いた赤のテーブルワインを作っている．

オーストラリアでは，2008年に TOURIGA の栽培が46 ha（114 acres）記録されている．ほとんどの生産者が品種のフルネームを表示していないが，おそらくそのほとんどはトゥーリガ・ナシオナルだと思われる．

TOURIGA NACIONAL

高品質で凝縮されており，タンニンと香りに富む濃い果皮色が特徴のポルトガル品種．主役としての役割が増えている品種である．

ブドウの色：

主要な別名：Azal Espanhol，Carabuñeira（スペインのリベイロ（Ribeiro）），Mortagua（ダン（Dão）），Mortagua Preto（ダン），Touriga または Touriga Fina（ダン），Tourigo（ダン），Tourigo Antiguo（ダン），

Tourigo do Dão（バイラーダ（Bairrada））
よくTOURIGA NACIONALと間違えられやすい品種：AMARAL ☿（Azal Tinto の名で）

起源と親子関係

トゥーリガ・ナシオナル（TOURIGA NACIONAL）はポルトガルのダン地方が起源であろうと考えられており，そこでは1822年に初めて記録されている（Cunha *et al.* 2009）．この品種は他の地域よりもダン地方で大きな形態的多様性が見られる（Almadanim *et al.* 2007; Rolando Faustino 氏，私信）．これは TOURIGA の名がダン地方のヴィゼウ県（Viseu）トンデラ（Tondela）の西のトウリゴ村（Tourigo）に由来するという説と一致している（Galet 2000）．

最近行われたDNA 系統解析により，トゥーリガ・ナシオナルと MARUFO はドウロ（Douro）の TOURIGA FRANCA の親品種であり（Castro *et al.* 2011），また，トゥーリガ・ナシオナルは伝統的にドウロやダン地方で栽培されてきた TOURIGA FÊMEA と親子関係にあることが明らかになった（Pinto-Carnide *et al.* 2003; Lopes *et al.* 2006; Almadanim *et al.* 2007）．さらに，トゥーリガ・ナシオナル は南西のカステロ・ブランコ（Castelo Branco）の RUFETE と遺伝的に近縁である可能性があることを追記しておく（Almadanim *et al.* 2007）．

トゥーリガ・ナシオナル は TARRANGO の育種に用いられた．

紛らわしいことにBICALの名は基本的には白果粒品種に用いられるが（BICALの項参照），ポルト（Porto）とコインブラ（Coimbra）の間にあるアナディア（Anadia）では TOURIGA NACIONAL の別名としても使われている．代わりに使われる名前の BICAL TINTO のほうが間違いが少ない．

ブドウ栽培の特徴

結実能力が高く，頑強で樹勢が強いが，この樹勢の強さと特有の垂れ下がった葉が花ぶるいの傾向を助長し，果房の生育の邪魔をしてしまう．一般に収量は中程度である（アレンテージョ（Alentejo）では高いときもある）．厚い果皮をもつ小さな果粒で小さな果房をつける．熟期は中期である．うどんこ病に感染しやすいが，べと病と灰色かび病にはそれほどでもない．

栽培地とワインの味

トゥーリガ・ナシオナル はポートワイン用として最も崇拝されている品種で，ポルトガルの良質の辛口赤ワインの代名詞にもなっている．ワインは色合い深く，凝縮されており，タンニンが豊富である．色の濃い果実の香味が豊かで，場合によってはベルガモット，ローズマリー，ロックローズやスミレなどのアロマをもち，それらの香りで識別することができる．非常に強い特徴があるため，多くの生産者はこの品種を単独で用いるよりもブレンドワインにするのがよいと考えている．アルコール分の低い軽いワインはお茶のようなアロマをもつことが多い．酸味は良好で優れた熟成の可能性を示す（ワインは瓶熟成の後，数年間は閉じていることが多い）．またオークとの相性もよい．

19世紀の終わりまでは，ダンで栽培される赤品種のほぼ100 %をトゥーリガ・ナシオナルが占めていた．ドウロでも多く栽培されていたが，20世紀の中頃に激減し，1986年にはドウロの全ブドウ畑の5 %にまで減少してしまった．これはフィロキセラによる被害の後，樹勢の強い不適切な台木を用いたことで，もともと低かった生産性がさらに低くなり，品質が高いにもかかわらず，生産者からの支持が低下したことがおもな原因である．生産者にトゥーリガ・ナシオナルの栽培を続けることを奨励するために，また，この品種の最高の可能性を引き出し，毎年安定した収量が得られるようにするため，1970年代からクローンの選抜ならびに品質を損なうことなく生産性を改善する台木とクローンの組合せを見つけるために多大な投資が，やや密度を下げた栽培と併せて行われている．ドウロにおける最近の栽培動向だが，主にドウロ・スーペリオーレ（Douro Superior）でスペイン国境に向かって栽培が行われており，ドウロにおける総栽培面積はいまでは1,440 ha（3,558 acres）に達している．

ポルトガルでは2010年に7,268 ha（17,960 acres）の栽培を記録した．栽培面積は2004年の2倍以上にまで増えたことになる．世界的にこの品種への認知度が増し，栽培されるブドウも改善されたため，トゥーリガ・ナシオナルの栽培は南に広がっていった．いまではバイラーダ，テージョ（Tejo），リスボン（Lisboa），セトゥーバル半島地方（Península de Setúbal），アレンテージョ地方や，さらにアルガルヴェ地方（Algarve）でも栽培されている．しかし，暑い南部で栽培されたブドウを用いたワインはエレガントさと香りに欠ける傾向がある．推奨されるヴァラエタルワインの生産者としてはドウロの Quinta do Couquinho 社，Quinta do Noval 社，ダンの Quinta dos Roques 社，また Encostas d'Aire DOC（ポルトガル中西部）の Quinta da Sapeira 社などがあげられる．

最近ではポルトガルにとどまらず，スペインのプリオラート（Priorat）やオーストラリアおよびカリフォルニア州においてもトゥーリガ・ナシオナルの人気は上昇している．

カリフォルニア州では2009年に220 acres（89 ha）が栽培された．栽培の半分以上はサンホアキン・バレー（San Joaquin Valley）で見られるのだが，ナパ（Napa）でも栽培が始まりつつあり，多くの生産者がオーストラリアとよく似た方法でワインを作っている．アルコール・タバコ税貿易局（Alcohol and Tobacco Tax and Trade Bureau: TTB）はアメリカで2種類の TOURIGAS をラベル上で区別することを認めていないが，輸入ワインについては例外で，それは合法である．Franca Morgan 社の Rio Tinto ワインは酒精強化しない赤のブレンドワイン（サンタ・ルシア・ハイラン地区（Santa Lucia Highlands））で，トゥーリガ・ナシオナル，TOURIGA FRANCA および他のポルトガル品種がブレンドに用いられている．Kenneth Volk 社の Pomar Junction Vineyard ではパソロブレス（Paso Robles）で栽培されたトゥーリガ・ナシオナルのブドウを用いて，非酒精強化のヴァラエタルワインを作っている（Touriga とのみラベルされている）．また York Creek Vineyards 社（スプリングマウンテン・ナパ（Spring Mountain，Napa））はトゥーリガ・ナシオナルのみを用い，印象的なロゼワインを作っている．Ficklin Vineyards 社（マデラ（Madera））は様々なポートスタイルのワインに TOURIGA を加えている．また，Quady 社（マデラ）の Starboard ワインは甘口の酒精強化ブレンドワインで TINTO CÃO とトゥーリガ・ナシオナルを用いている．

ワシントン州，バージニア州およびアルゼンチンやブラジルでもわずかだが栽培されている．

オーストラリアでは TOURIGA の名がトゥーリガ・ナシオナルと TOURIGA FRANCA の両方に用いられる傾向にあるが，同国で TOURIGA とされている46 ha（114 acres）の栽培のほぼすべてが実際はトゥーリガ・ナシオナルの栽培であると思われる．現地ではポートスタイルのワインとテーブルワインの両方の生産に用いられている．ラングホーン・クリーク（Langhorne Creek）の Coates 社や Old Mill 社，バロッサ（Barossa）の Kaesler 社や Tscharke 社がヴァラエタルワインを生産している．最後にあげた Tscharke 社のワインは酒精強化ワインである．ニュージーランド，ホークス・ベイ（Hawke's Bay）の Trinity Hill 社は100％トゥーリガ・ナシオナルの酒精強化ワインを作っている．

南アフリカ共和国では，気温の高い内陸のワイン生産地域で長年にわたりトゥーリガ・ナシオナルが限られた量栽培されてきた．現地では通常，ブレンドによりかなり納得のいくポートワインの対抗品が作られている．推奨される生産者としては Allesverloren 社，Boplaas 社，De Krans 社などがあげられる．2008年にはトゥーリガ・ナシオナルが87 ha（215 acres）栽培されており，その多くが Little Karoo（リトル・カルー）で栽培されている．

TOURKOPOULA

ピンクがかった赤い果皮色の珍しいギリシャ品種．
RODITIS と混同してはいけない．

ブドウの色：● ● ● ● ●

主要な別名：Rhoditis Kokkinos，Roditis Kokkinos ☿

起源と親子関係

TOURKOPOULA には「若いトルコの女性」という意味がある．ギリシャ北東部やペロポネソス半島（Pelopónnisos）由来の品種で，DNA 解析によって RODITIS KOKKINOS（「Ródos からの赤」の意味である）と同一であることと，より広く栽培されているピンクの果皮の RODITIS や白色果粒の RODITIS LEFKOS とは異なる品種であることが明らかになった（Lefort and Roubelakis-Angelakis 2001; ギリシャ

Vitis データベース）．果皮は赤みがかったピンク色をしている．

栽培地とワインの味

TOURKOPOULA はギリシャ本土の南部やペロポネソス半島の西部およびザキントス島（Zákynthos）やケルキラ島（kérkyra）を含むいくつかの島で限定的に栽培されている．ペロポネソス半島西部の Mercouri 社は TOURKOPOULA を栽培し RIBOLLA GIALLA とブレンドして軽い柑橘系のフレーバーをもつワインを作っている．

TRAJADURA

高品質のこの品種はスペインとポルトガル北西部の端にあたる地域で栽培されている．ブレンドワインに最適である．

ブドウの色：● ● ● ● ●

主要な別名：Treixadura☒（スペインのガリシア州（Galicia））

起源と親子関係

この品種は，ポルトガル北部のドウロ（Douro）やミーニョ地方（Minho）では TRAJADURA，スペイン北西部のガリシア州では TREIXADURA と呼ばれている．ガリシア州の品種とは遺伝的な関係がないため，他のブドウ栽培地区からガリシア州に持ち込まれた品種であると考えられている（Vidal *et al.* 1999）．また，TRAJADURA は遺伝的には ARINTO DE BUCELAS，AZAL，LOUREIRO にかなり近く（Lopes *et al.* 1999; Almadanim *et al.* 2007），ミーニョ地方の Vinho Verde DOC で上記3品種とブレンドされることが多いので，おそらくこの地方からもたらされたものであろう．

ブドウ栽培の特徴

非常に樹勢が強く，豊産性である．薄い果皮をもつ果粒が密着して中サイズの果房をつける．萌芽期は遅いが熟期が中期であるので，成長サイクルが短い．べと病と灰色かび病には非常に感染しやすいがうどんこ病にはそれほどでもない．

栽培地とワインの味

TRAJADURA はポルトガル北西部のミーニョ地方で推奨されているが，バスト（Basto）とアマランテ（Amarante）サブリージョンは例外である．もともとはミーニョ地方の北西部，モンサン（Monção），メルガソ（Melgaço），ヴァレンサ（Valença），ヴィラ・ノヴァ・デ・セルヴェイラ（Vila Nova de Cerveira），カミーニャ（Caminha）で多く栽培されていた品種である．2010年には1,415 ha（3,497 acres）の栽培が記録された．2004年の2,200 ha（5,436 acres）からは減少しているが，現在は比較的安定している．

ワインは金色がかった麦わら色で，リンゴ，梨，桃の繊細なアロマ，そして時にレモンのアロマも漂わせる．もともと酸度が低いため LOUREIRO および / または PADERNÃ（ALVARINHO）とブレンドするのがよい．推奨されている生産者としては Casa de Vila Boa 社，Quinta da Pousada 社，Quinta do Regueiro 社などがあげられる．

スペインでは，2004年に660 ha（1,631 acres）であった TREIXADURA の栽培が，2008年には840 ha（2,076 acres）に増加を見せた．事実上，そのすべてが最北西部のガリシア州で栽培されている．この品種は Ribeiro DO の主要品種であるが，栽培はリアス・バイシャス（Rías Baixas）でも見られ，ALBARIÑO（ALVARINHO）や LOUREIRA（国境を越えたポルトガルでは LOUREIRO）とブレンドされている．TREIXADURA は Monterrei，Valdeorras，Ribeira Sacra の各 DO でも公認されており，GODELLO などの地方品種とブレンドされる傾向がある．ヴァラエタルワインは比較的珍しいが，Aurea Lux，Campante（伝統的に *tostado* として知られる，甘口の半干しブドウから作るタイプ），Cooperativa San

Roque Beade, Docampo, Viño Ribeiro などの各社が作っている. Coto de Gomariz 社は80 %の TRAJADURA と GODELLO, LOUREIRA, ALBARIÑO などの品種を用いて優れたブレンドワインを作っている.

TRAMINER

ソーヴィニヨン・ブラン（SAVAGNIN BLANC）を参照

TRAMINETTE

前途有望なアメリカの香り高い交雑品種.
アメリカ合衆国の中西部と北東部で急速に人気が高まっている.

ブドウの色：

起源と親子関係

TRAMINETTE は1965年にイリノイ大学の Herb C Barrett 氏が JOANNES SEYVE 23.416×ゲヴュルツトラミネール（GEWÜRZTRAMINER）の交配により得た交雑品種である. ここでいう JOANNES SEYVE 23.416は BERTILLE SEYVE 4825×CHANCELLOR の交雑品種である（BERTILLE SEYVE 4825の完全な系統は PRIOR を参照）. したがって TRAMINETTE は *Vitis riparia*, *Vitis labrusca*, *Vitis vinifera*, *Vitis aestivalis*, *Vitis lincecumii*, *Vitis rupestris* および *Vitis cinerea* の非常に複雑な交雑品種ということになる. Barrett 氏の目的はゲヴュルツトラミネールのフレーバーをもつ, 果房の大きな生食用ブドウを作ることであった. ニューヨーク州, ジェニーバ（Geneva）にあるコーネル大学のニューヨーク州農業研究所に種子が送られ, 1968年に植え付けが行われた. 最初のブドウは1971年に収穫され, 1974年に NY65.533.13という名前で増やされた(Reisch *et al.* 1996). 1996年に TRAMINETTE と命名され公開された.

ブドウ栽培の特徴

萌芽期は遅く, 熟期は中期～晩期で豊産性である. 中程度の冬の耐寒性を有している.（ニューヨーク州ジェニーバで）長い生育シーズンを必要とする. ブドウつる割れ病と葉の斑点症状（リーフスポット病）に高い感受性をもつ. べと病とクラウンゴールに中程度の感受性を示す.

栽培地とワインの味

この品種を用いた典型的なワインはスパイシーで香り高く（この性質は12～48時間のスキンコンタクトで増強される), 親品種のゲヴュルツトラミネールを思わせる. 辛口あるいはオフ・ドライのワインが作られる. ボディーとバランスが良好で, *vinifera* のワインのような味わいを備えている. この品種の生産性と品質のよいワインを生み出す可能性, そしてほどよい耐寒性などがこの品種の人気を支え, 栽培は増加傾向にある. 2009年にはミズーリ州で105 acres（42 ha), 2008年にはバージニア州で80 acres（32 ha), 2006年にはニューヨーク州で65 acres（26 ha), 2009年にはイリノイ州で63 acres（25 ha), インディアナ州では55 acres（22 ha), 2008年にはペンシルベニア州で34 acres（14 ha), 2006年にはミシガン州で30 acres（12 ha), 2008年にはオハイオ州で20 acres（8 ha), 2007年にはネブラスカ州で10 acres（4 ha), 2006年にはアイオワ州で5.3 acres（2 ha）の栽培が記録され, この品種にとっては大変輝かしい15年であった.

様々な州でヴァラエタルワインが作られていることからも, その人気がうかがえる. たとえば, インディアナ州の Arbor Hill, Buck Creek, French Lick, Oliver Winery, ニューヨーク州, フィンガー・レイクス地方（Finger Lakes）の Deer Run と Fulkerson, ペンシルベニア州の Adams County, Allegro, Greendance, Starr Hill, オクラホマ州の Oak Hills, ミズーリ州の OOVVDA と Twin Oaks, ミシガン州の Domaine Berrien, オハイオ州の Meranda-Nixon, Valley Vineyards, バージニア州の Gadino, Virginia Mountain Vineyards, Willowcraft Farm, ネブラスカ州の Cuthills, イリノイ州の August Hill, バーモント州の Snow Farm などの各社がヴァラエタルワインを生産している.

TRBLJAN

長年 TREBBIANO であると考えられていた，クロアチア沿岸地方で広く栽培されている品種

ブドウの色：● ● ● ● ●

主要な別名： Dobrogoština（Makarska），Grban（スプリト（Split）），Kuč，Pljuskavac（イモツキ（Imotski）），Rukavina（Zadar），Šampanjol（シベニク（Šibenik）），Trbljan Bijeli
よくTRBLJANと間違えられやすい品種： TREBBIANO TOSCANO ⨯

起源と親子関係

TRBLJAN の起源は正確には明らかになっていないが，クロアチア南部のダルマチア地方（Dalmacija）の在来品種であると考えられている．最近のブドウの形態分類学的解析と DNA 解析により，広く信じられていたことに反し，TRBLJAN は TREBBIANO TOSCANO とは同一ではないことが示された（Goran Zdunić，私信）．しかし，TREBBIANO ROMAGNOLO とはおそらく関係があるだろう．

ブドウ栽培の特徴

薄い果皮をもつ大きな果粒で大きな果房をつける．樹冠が密になる．非常に豊産性で熟期は中期～晩期である．べと病とうどんこ病および灰色かび病に感受性がある．一般に果粒の酸度が高い．

栽培地とワインの味

TRBLJAN はダルマチア地方の南部や内陸部で広く栽培されている．栽培は特にヴィス島（Vis）やその北部のクロアチア沿岸部に見られる．2009年には，同国のブドウ栽培面積の3％を占める975 ha（2,409 acres）が栽培されていた．スプリトに近いカシュテラ地方（Kaštela）では他の地方品種とブレンドされることが多い．ワインは軽く，キレがあるものになるものの，収量を管理しない場合は特にいくぶん地味なものになってしまう．

TREBBIANO

ブドウの色：● ● ● ● ●

起源と親子関係

白い果粒に大ぶりの果房，晩熟で樹勢が強いなど，形態学的特徴を共有するいくつかのイタリア品種はよく TREBBIANO ファミリーと呼ばれている．しかしファミリーという言葉は適切ではない．なぜなら DNA 研究により，それらの間には有意な差異があることが認められ，共通の祖先をもたないことが示されたからである（Labra *et al.* 2001）．

TREBBIANO に関する最も早期の記録は1303年の Pietro de Crescenzi 氏の論文の中に見ることができ，そこにはイタリア中北部，エミリア＝ロマーニャ（Emilia-Romagna）のアドリア海沿岸に近いラヴェンナ地域（Ravenna）で栽培されていた Tribiana という名で TREBBIANO が記録されている．しかし中世の農学者がどの TREBBIANO について述べているのかを特定することは容易でない．言語学者の Thomas Hohnerlein-Buchinger（1996）は TREBBIANO は中世のフランケン地方の言葉で，「勢いのある新梢」を意味する *draibio* あるいは *draibjo* に由来すると述べているが，「勢いのある新梢」というのは異なる品種にも共通する性質である．

本書では6種類の異なる品種にTREBBIANOの名を用いることとする.

- TREBBIANO D'ABRUZZO ミステリアスなアブルッツォ品種
- TREBBIANO GIALLO ラツィオ州（Lazio）の品種
- TREBBIANO MODENESE 主にワインビネガーに用いられる品種
- TREBBIANO ROMAGNOLO エミリア＝ロマーニャ州で広く栽培される品種
- TREBBIANO SPOLETINO 最近復活したウンブリア州（Umbria）の品種
- TREBBIANO TOSCANO 最も広く栽培されている品種

いろいろな品種が含まれるTREBBIANOグループの他の品種は同定されたが，TREBBIANO DI SOAVE，TREBBIANO VALTENESI，TREBBIANO DI LUGANAはすべてVERDICCHIO BIANCOと同じである（Calò，Costacurta *et al.* 1991; Labra *et al.* 2001; Ghidoni *et al.* 2008）.

他の仮説

TREBBIANOに関する初期の記録は，大プリニウスによって記された*Naturalis historia*の中に*vinum trebulanum*という名で見られると，よくいわれている．これは，イタリア南部，カンパニア州（Campania）カゼルタ県（Caserta）のTrebula，今日のトレリア（Treglia）周辺のagro Trebulanis地域で栽培された古い品種から作られたワインで，品種の名前はこれに由来すると考えられている．TREBBIANOの名は古代エトルリア，Luni近郊にあった，かつてはTrebulanumと呼ばれていたトスカーナの町の名に由来すると主張する人たちもいる．他方，この言葉の語源はリグーリア州（Liguria）のトレッビア川（Trebbia）あるいはイタリアに数多くあるトレッボ村（Trebbo）またはTrebbio村の名の一つにちなんでいると考える人たちもいる.

TREBBIANO D'ABRUZZO

イタリア中東部の薄い果皮色の品種.
他のTREBBIANOとは関係がないが，その正体は依然明らかになっていない.

ブドウの色：

主要な別名：Sbagagnina，Sbagarina，Svagadia，Trebbiano Abruzzese，Trebbiano Campolese，Trebbiano diTeramo
よくTREBBIANO D'ABRUZZOと間違えられやすい品種：BOMBINO BIANCO（プッリャ州（Puglia））

起源と親子関係

その名前が示すように，TREBBIANO D'ABRUZZOは長い間イタリア中部のアブルッツォ州（Abruzzo）で知られる品種であった．一般には，イタリア南部，プッリャ州のBOMBINO BIANCOと同じであると考えられている．しかし1994年に，この二つがイタリアの国家品種登録でそれぞれ独立した品種として掲載されたので，DNA解析により分類学的な問題にいくつかの情報が加えられるまでは，二つは異なる品種であると考えるべきであろう．DNA研究によってTREBBIANO D'ABRUZZOとTREBBIANO SPOLETINOとの関係が示唆された（Labra *et al.* 2001）．TREBBIANO D'ABRUZZOはBIANCAMEあるいはTREBBIANO TOSCANOの実生であると述べる研究者もいる（Calò *et al.* 2006）.

ブドウ栽培の特徴

熟期は中期～晩期である．うどんこ病に敏感である.

栽培地とワインの味

TREBBIANO D'ABRUZZO は主にイタリア中東部のアブルッツォ州, 特にキエーティ県（Chieti), テーラモ県（Teramo), ペスカーラ県（Pescara), ラクイラ県（L'Aquila）などで多く栽培されている. また, モリーゼ州（Molise）でも限定的に栽培されている. DOC Trebbiano D'Abruzzo ワインは, この地方で公認されている他の品種とともに TREBBIANO D'ABRUZZO（BOMBINO BIANCO）および / または TREBBIANO TOSCANO を用いなければならないと規定されており, こうした規定が TREBBIANO D'ABRUZZO と BOMBINO BIANCO の区別を混乱させている. Valentini 社は自社畑で集団選抜した古いブドウの樹から収穫したブドウを使って強いミネラル感のある Trebbiano D'Abruzzo DOC ワインを作っている. このワインは, 美しく熟成するイタリア最高峰の白ワインの一つと考えられているが, そのワインはこの DOC の典型的なスタイルというわけではなく, BOMBINO BIANCO から作られたものである. Masciarelli 社は Marina Cvetic Trebbiano d'Abruzzo DOC を明らかにその名前の品種を用いて作っているが, TREBBIANO D'ABRUZZO と BOMBINO BIANCO の関係についての疑問に答えるためには DNA 解析が不可欠である. 2000年のイタリア農業統計の中では, 両品種の区別はなされており, TREBBIANO ABRUZZESE の栽培面積が418 ha（1,033 acres）であったと記録されている.

TREBBIANO DI LUGANA

VERDICCHIO BIANCO を参照

TREBBIANO DI SOAVE

VERDICCHIO BIANCO を参照

TREBBIANO GIALLO

もう一つの TREBBIANO は主にローマ周辺で栽培され, ブレンドワインに用いられている.

ブドウの色：● ● ● ● ●

主要な別名：Greco di Velletri, Trebbiano dei Castelli（カステッリ・ロマーニ（Castelli Romani)), Trebbiano di Spagna（モデナ県（Modena)), Trebbiano Giallo di Velletri

よく TREBBIANO GIALLO と間違えられやすい品種：GRECO（カンパニア州（Campania)), ROSSETTO（ラツィオ州（Lazio)), TREBBIANO MODENESE

起源と親子関係

TREBBIANO GIALLO について最初に記載したのは Acerbi（1825）である. 後に TREBBIANO DI SPAGNA と同定された. この品種はモデナ県で栽培されており, 現地ではバルサミコ酢（*aceto balsamico*）のベースワインとして用いられている. たびたび ROSSETTO と TREBBIANO GIALLO の類似点が示唆されてきたが, これは間違いである.

ブドウ栽培の特徴

熟期は中期～晩期である. べと病とうどんこ病への耐性は良好である.

栽培地とワインの味

TREBBIANO GIALLO は主にイタリア中部ラツィオ州, ローマ南部のカステッリ・ロマーニやコッリ・

アルバーニ地方（Colli Albani）で栽培されている．通常は他の品種とブレンドされる．Castelli Romani, Cerveteri, Cori, Frascati などの多くのラツィオ州の DOC で公認され，またロンバルディア州（Lombardia）の Garda Colli Mantovani DOC でも公認されている．TREBBIANO DI SPAGNA の別名で，エミリア＝ロマーニャ州（Emilia-Romagna）のモデナ県でも栽培されているが，この地方ではバルサミコ酢の生産にのみ使われている．イタリアの統計には，2000年に4,262 ha（10,532 acres）がワイン用として栽培されたとある．

TREBBIANO MODENESE

イタリア，エミリア＝ロマーニャ州（Emilia-Romagna）の品種．
この品種はワインよりもバルサミコ酢に多く使われている．

ブドウの色：●　●　●　●　●

主要な別名：Terbiàn Moscatlè（モデナ県（Modena）），Terbianella，Trebbiano Comune，Trebbiano di Collina，Trebbiano di Modena，Trebbiano Montanaro
よくTREBBIANO MODENESEと間違えられやすい品種：TREBBIANO GIALLO，TREBBIANO ROMAGNOLO

ブドウ栽培の特徴

熟期は中期～晩期である．樹勢が強い．

栽培地とワインの味

TREBBIANO MODENESE は，イタリア中北部，エミリア＝ロマーニャ州のレッジョ・エミリア県（Reggio Emilia）とモデナ県のポー（Po）平原で長く知られている品種で，主に *aceto balsamico di Modena* 用のベースワインに用いられている．いかなる DOC でも公認されていないが，イタリアではワイン生産用途として2000年に667 ha（1,648 acres）が記録されている．

TREBBIANO ROMAGNOLO

広く栽培されているが特に優れているというわけではない
イタリア，エミリア＝ロマーニャ州（Emilia-Romagna）の TREBBIANO 品種

ブドウの色：●　●　●　●　●

主要な別名：Trebbiano della Fiamma（ラヴェンナ県（Ravenna）のルーゴ（Lugo）），Trebbiano di Romagna
よくTREBBIANO ROMAGNOLOと間違えられやすい品種：TREBBIANO MODENESE，VERDICCHIO BIANCO

起源と親子関係

TREBBIANO ROMAGNOLO の起源はおそらくイタリア中北部のエミリア＝ロマーニャ州のラヴェンナ県であろう．TREBBIANO に関する最も初期の記録は，1303年に Pietro de Crescenzi 氏が書いた農業に関する論文で，必ずしもこの品種というわけではないがこの中に TREBBIANO に関する記述が見て取れる．

ブドウ栽培の特徴

熟期は早期～中期である．樹勢が強く豊産性である．ヨコバイ，ブドウ蛾，うどんこ病を除く様々なかびの病気に感受性である．完全に熟すと果粒は金色になる．

栽培地とワインの味

TREBBIANO ROMAGNOLO はイタリア中北部のエミリア＝ロマーニャ州で最も広く栽培されている品種である．栽培は主にラヴェンナ県の特にファエンツァ（Faenza），ルーゴ，ルッシ（Russi）の間で見られるが，フォルリ県（Forlì），パルマ県（Parma）やボローニャ県（Bologna）でも，あちらこちらで栽培が見られる．また，ラツィオ州（Lazio）やサルデーニャ島（Sardegna）でも少しだが栽培されている．イタリアの農業統計には，2000年に20,033 ha（49,503 acres）が栽培されたと記録されている．

TREBBIANO ROMAGNOLO は多くの様々なブレンドの辛口白の DOC スティルワインに用いられている．発泡性の DOC ワインに用いられることもある．エミリア＝ロマーニャ州では Colli Bolognesi，Colli di Rimini，Colli di Scandiano e di Canossa，Colli Piacentini などで，また Castelli Romani，Colli Albani などいくつかの Lazio DOC ではブレンドの選択肢として用いられている．ヴァラエタルワインは比較的平凡で特徴がなく風味に欠けるが，フレッシュな酸味があるため，発泡性ワインのベースに用いられており，Colli Romagna DOC と the ubiquitous Trebbiano di Romagna DOC で公認されている．サルデーニャ島では Arborea DOC において TREBBIANO TOSCANO の代替として用いられている．また，ブランデーにも用いられている．

Battistini，La Berta，Celli，Dalfiume，Cantina di Faenza，Zerbina などの各社が生産するワインは，おそらく最も良質であるといえるだろう．

TREBBIANO SPOLETINO

近年，絶滅の危機から救済されたイタリア，ウンブリア州（Umbria）の品種．TREBBIANO ○○と呼ばれる品種の中でも，ボディーがしっかりとしており，高品質のワインとなる可能性を秘めている．

ブドウの色：● ● ● ● ●

主要な別名：Spoletino，Trebbiano di Avezzano，Trebbiano di Spoleto
よく TREBBIANO SPOLETINO と間違えられやすい品種：TREBBIANO TOSCANO

起源と親子関係

TREBBIANO SPOLETINO はウンブリア州の地方品種である．この品種に関して初めて記載があったのは1878年のことである．19世紀初頭に，この地方で自然交配により生まれたと考えられている．DNA研究により TREBBIANO SPOLETINO と TREBBIANO D'ABRUZZO の遺伝的な関係が示唆されている（Labra *et al.* 2001）．

ブドウ栽培の特徴

樹勢が強く晩熟である．冬と春の霜に耐性を示す．べと病には非常に高い耐性を示すが，うどんこ病に対してはそれほどでもない．酸度を失うことなく，果粒に糖が良く蓄積される．

栽培地とワインの味

1980年代初頭，この地方の Spoleto Ducale 組合の Paolo Silvestri 氏が TREBBIANO SPOLETINO の品質の可能性を認識してはいたものの，その頃までは，この品種は主に国内消費用またはバルクワインに用いられているに過ぎなかった．2000年代初期に，Giampaolo Tabarrini と Paolo Bea の両氏が接ぎ木をせ

ず *alberate* 仕立て（樹をつたい登らせる）にされた古いブドウの樹から収穫したブドウを用い，初めて現代的なワインを作ったことにより TREBBIANO SPOLETINO が復活した．Tabarrini 社および Cantina Novelli 社が古いブドウの樹から注意深く苗木を選択し繁殖させた後，この品種をスポレート（Spoleto）に植え直した．現在では，そのほとんどがイタリア中部，ウンブリア州でのみ栽培されており，栽培は主にペルージャ県（Perugia）の特にスポレート，モンテファルコ（Montefalco），トレヴィ（Trevi）の間にある谷で見られる．TREBBIANO SPOLETINO の DOC は2007年に公認された．Colli Martani や Montefalco など，他のウンブリア州内の DOC では少量の TREBBIANO SPOLETINO を加えてもよいが，主要な役割を果たすのは TREBBIANO TOSCANO であることが多い．

ヴァラエタルワインは，緑がかった黄色になる傾向がある．ワインはフルボディー，リッチで香り高く，トロピカルフルーツ，スパイス，ミネラルのニュアンスに良好な酸味が伴っている．Tabarrini 社の Adarmando ワインはうまく熟成し，アロマはリースリング（RIESLING）に似たものとなる．Antonelli San Marco と Perticaia の2社もヴァラエタルワインを作っている．

TREBBIANO TOSCANO

UGNI BLANCとしても知られるイタリア，トスカーナ州（Toscana）の品種．世界中で最も多くのワイン（通常酸味のきいた，ニュートラルなワイン）が作られている品種である．

ブドウの色：● ● ● ● ●

主要な別名：Alfrocheiro Branco（ポルトガル），Armenian（フランス），Bianca di Poviglio ☒（レッジョ・エミリア県（Reggio Emilia）），Douradinha（ポルトガルの Vinho Verde），Morterille Blanche（フランス），Procanico（ウンブリア州（Umbria）），Regrat（ドイツ），Rogoznička（クロアチア），Rossola Brandica もしくは Rossola Brandinca（フランスのコルシカ島（Corse）），Roussan（フランス），Saint-Émilion（フランスのシャラント県（Charente）），St Emilion（アメリカ合衆国），Šijaka クロアチア），Tália ☒または Thalia（ポルトガル），Ugni Blanc ☒（フランス，ブルガリア，クロアチア，ウルグアイ，他）

よくTREBBIANO TOSCANOと間違えられやすい品種：ALBANELLA（Marche），BIANCAME（Marche），Blanc Aube（フランスのジロンド県（Gironde），もはや栽培されていない），CODA DI VOLPE BIANCA（カンパニア州（Campania）），DAMASCHINO（オーストラリア），ERBALUCE（ピエモンテ州（Piemonte）），FERNÃO PIRES（ポルトガル），MACERATINO（マルケ州（Marche）），PASSERINA（アドリア海沿岸），セミヨン（SÉMILLON），TRBLJAN（クロアチア），TREBBIANO SPOLETINO（ウンブリア州）

起源と親子関係

その名前が示すように，TREBBIANO TOSCANO はイタリア中央部，トスカーナ州で古くから知られていた品種である．Soderini（1600）はブドウ栽培に関する彼の研究論文に TREBBIANO（おそらく TOSCANO）と MALVASIA（おそらく MALVASIA BIANCA LUNGA）はこの地方で最も広く栽培される品種であると記載している．

TREBBIANO TOSCANO は14世紀に法王がアビニョン（Avignon）に居を構えていた頃，フランスに持ち込まれたとされている．フランスでは UGNI BLANC と呼ばれ，1514年にヴォクリューズ県(Vaucluse)のペルヌ（Pernes）で「Uniers」と記録されたのがこの品種に関する最初の記録である（Rézeau 1997）．実際に UGNI BLANC が最初に栽培されたのはプロヴァンス地方（Provence）で，それから，ラングドック（Languedoc）で，またその後にシャラント県やシャラント＝マリティーム県（Charente-Maritime）などでも栽培され適地を見つけた．Ugni という名前はプロヴァンス地方の方言で「早いブドウ」を意味する *uni* に由来しており，この言葉自体はギリシャ語で「高貴な起源」を意味する *eugenia* に由来するものであろう（Rézeau 1997）．

DNA 解析により，思いがけないことにエミリア＝ロマーニャ州（Emilia-Romagna），レッジョ・エミリア県ポヴィーリオ（Poviglio）のあまり知られていなかった白品種であるBIANCA DI POVIGLIOがTREBBIANO TOSCANOのもう一つの別名であることが明らかになった（Boccacci *et al.* 2005）．また，ALIONZAがTREBBIANO TOSCANOに近縁であることも示唆された（Filippetti, Silvestroni, Thomas and Intrieri 2001）．さらに最近の調査でTREBBIANO TOSCANOとソアーヴェ（Soave）のブドウであるGARGANEGAが親子関係にあることが示唆された（Di Vecchi Staraz, This *et al.* 2007; Crespan, Calò *et al.* 2008）．GARGANEGAは非常に古いイタリア品種であるので，TREBBIANO TOSCANOのイタリア起源が示唆されている．GARGANEGAはまた8品種（ALBANA, CATARRATTO BIANCO, MALVASIA BIANCA DI CANDIA, DORONA DI VENEZIA, MARZEMINA BIANCA, MONTONICO BIANCO, MOSTOSA, SUSUMANIELLO）と親子関係にあるので，TREBBIANO TOSCANOはそれらと片親だけが姉妹関係にあるか祖父母品種にあたることになる（系統図はGARGANEGA参照）．

TREBBIANO TOSCANOと，アドリア海沿岸地方で長く栽培されておりTREBBIANOと間違われることがあるPASSERINAとの別の親子関係が長い間議論されてきたが，DNA解析はまだ行われていない．

UGNI BLANCはローヌでCLAIRETTE RONDEと呼ばれることもあるが，CLAIRETTEとは無関係である．

TREBBIANO TOSCANOはCHENEL, FOLIGNAN, FUBIANO, MANZONI ROSA, NOUVELLE, VIDALの育種に用いられた．

ブドウ栽培の特徴

萌芽期が後期であるので，春の遅霜が降るような場所でも被害を受けるリスクはない．熟期は中期～晩期であるが，酸度を高く保持するために早めに収穫されることが多い．樹勢が強く，高収量で，いろいろな場所や仕立て方法に適応可能だが，風に少々敏感であるので枝を誘引するのがよい．うどんこ病や灰色かび病には耐性があるが，べと病とユーティパダイバックには感受性が高い．

栽培地とワインの味

TREBBIANO TOSCANOは世界中で広く栽培され，他のどの品種よりも，この品種から多くのワインが作られている（栽培面積でいえば，スペインのAIRÉNの栽培面積のほうがはるかに広いのだが低収量で，かなりの量がブランデーに用いられる）．収量が高いこともあり，ワインは軽く，フレッシュで平凡なものになりがちである．この品種はTREBBIANOという名前をもついろいろな品種のグループ中で最も広く栽培されており，イタリアではCATARRATTO BIANCOに次いで2番目に多く栽培される白ブドウであるのだが，ラベルにその名が記載されているのを見ることは珍しい．通常はブレンドワインの中に隠れ，国によっては蒸留に用いられている．ニュートラルで酸度が高いので蒸留に用いるには理想的である．

フランスでは蒸留酒の生産者の間で人気が高いため，UGNI BLANCやSAINT-ÉMILIONの名で最も広く栽培される白品種となっている．高い酸度と収量だけが取り柄のこの品種の栽培面積は，1970年代をピークに減少しているが，2009年のフランスにおける総栽培面積は83,892 ha（207,302 acres）で，依然広く栽培されている．大半はシャラント県やシャラント＝マリティーム県で栽培され，コニャックの生産に用いられているが，Vin de Pays du GersやCôtes de Gascogneのワインにも多く用いられている．

イタリアで一般にTREBBIANOと呼ばれているTREBBIANO TOSCANOは，2000年には42,456 ha（104,911 acres）で栽培されていた．主にトスカーナ州やウンブリア州で栽培されているが，エミリア＝ロマーニャ州やヴェネト州（Veneto）においても栽培されている．現在，トスカーナ州ではこの白品種をChiantiのブレンドに使う義務がなくなり，もはやChianti Classicoでも公認されていないことからキャンティの赤ワイン生産者からの後ろ盾を失い，栽培面積が減少している．ワインの消費者が容量や価格だけではなくフレーバーを重視するようになるにともない，この品種の栽培面積の減少は確実に続くであろう（1990年にはイタリアで61,000 ha/150,734 acresが栽培されていた）．余剰分のブドウを使った辛口白ワインの生産促進の試みはあまり成功しておらず，トスカーナ州では多くのTREBBIANOが引き抜かれたり，ヴィン・サント（Vin Santo）の生産に用いられているのが現状である．

スペインではTREBBIANOの働きをAIRÉNが果たしているが，ポルトガルでは2010年にTÁLIA（この品種の別名）が390 ha（964 acres）栽培されている．ほとんどがテージョ（Tejo）で栽培されているが，生産されるワインはあまり魅力的なものでない．

2009年にはクロアチアで337 ha（833 acres）が，ブルガリアでは1,388 ha（3,430 acres）が栽培されていた．

ギリシャでは，ほとんどがテッサリア地方（Thessalía）で栽培されているが（72 ha/178 acres; 2007年），北東部のドラマ県（Dráma）でも栽培が見られる．Nico Lazaridi 社が遅摘みのブドウで，オーク樽を用い熟成させた辛口ワインを作っている．他にもソーヴィニヨン・ブラン（SAUVIGNON BLANC）に少しこの品種を加えたブレンドワインや，軽い発泡性のヴァラエタルワインも試験的に作っている．

ロシアでは，1990年代の終わりに黒海とアゾフ海（Azov）の間にあるタマン半島（Taman）で試験栽培が行われていたが（フランスを訪れ，その高収量に触発された農学者が主導），この品種の耐寒性が不十分であることが判明したため，その3分の2が引き抜かれてしまった．約60 ha（150 acres）のみが残され，ブランデーのベースワインとして用いられている．

カリフォルニア州では ST EMILION，UGNI BLANC，TREBBIANO などいろいろな名で呼ばれている．2010年には197 acres（80 ha）が栽培された．栽培地はセントラル・バレー（Central Valley）やパソロブレス（Paso Robles）にある．通常，安価でキレのあるブレンドワインの生産に用いられるが，一人，二人の野心的な生産者はホワイトカラント（白フサスグリ）のフレーバーをもつフルボディーの極めて興味深いヴァラエタルワインを手作りしている．

Hester Creek 社はカナダのブリティッシュコロンビア州でこの品種のワインを作っている．

アルゼンチンでは，2008年に2,478 ha（6,123 acres）の UGNI BLANC が栽培された．主にメンドーサ州（Mendoza）やサン・フアン州（San Juan）で栽培されているが，南部のリオネグロ州（Río Negro）でも少し栽培されている．ウルグアイでも同じ名前で2008年に719 ha（1,777 acres）の栽培があり，それは同国のブドウ栽培面積の8％を占めるものであった．ブラジルでは TREBBIANO として知られ，2007年にはリオグランデ・ド・スル州（Rio Grande do Sul）で173 ha（427 acres）が栽培されている．

オーストラリアでは，2008年に220 ha（544 acres）の TREBBIANO が栽培された．主に暖かい内陸のリヴァリーナ地方（Riverina）で栽培されており，ブレンドや蒸留に用いられている．

南アフリカ共和国では，UGNI BLANC として知られ，2008年にはより暖かい内陸部のロバートソン地方（Robertson）でわずかだが68 ha（168 acres）が栽培された．さらに少量だがクライン・カルー（Klein Karoo）でも栽培されていた．フランス同様にワインとともにブランデーの生産にも用いられているが，ブランデー用途としては COLOMBARD のほうが大きな役割を果たしている．

この品種はインドでも栽培されている．

TREBBIANO VALTENESI

VERDICCHIO BIANCO を参照

TREIXADURA

TRAJADURA を参照

TREPAT

赤い果皮のスペイン，カタルーニャの品種．
伝統的にスティルや発泡性のロゼワインに用いられている．

ブドウの色：● ● ● ● ●

主要な別名：Bonicaire ✗, Carlina, Embolicaire, Negra Blana, Parrel, Parrel-Verdal, Trepat Negre, Traput

起源と親子関係

TREPATはスペイン北東部のコンカ・ダ・バルバラー地方（Conca de Barberà）由来の品種である．近年行われたDNA解析によって，スペイン南東部，ムルシア州（Murcia）のBONICAIREがTREPATと同一であること（SIVVEM），プリオラート（Priorat）のTREPAT BLANCはTREPATの果皮色変異ではないことが明らかになった（Giralt *et al.* 2009）．

TREPATの別名として時にPARRELやPARREL-VERDALが使われているが，PARRALETAと混同してはいけない．

ブドウ栽培の特徴

比較的厚い果皮をもつ大きな果粒が密着して大きな房をつける．頑強で豊産性である．萌芽期が早いので春の霜の被害を受けるリスクがある．晩熟である．ブドウつる割れ病に感受性が高い．

栽培地とワインの味

TREPATは暫定的にスペインの商業品種登録に掲載されており，主にスペイン北東部カタルーニャ州のConca de Barberà DOやCosters del Segre DOでも見られるが，CatalunyaやCavaのDOでも公認されている．2010年に初めてTREPATフェスティバル（Festa del Trapat）がバルベラ・デ・ラ・コンカ（Barberà de la Conca）で開催されたのを機に，この薄い赤色のブドウに対するこの地方の誇りは増している．普通は，ロゼワイン（ピンク色のCavaに用いられることもある）に用いられるが，軽い赤ワインになる可能性も秘めている．栽培面積は2008年に953 ha（2,355 acres）に達した．事実上，そのすべてがカタルーニャで栽培されている．この品種から作られる典型的なヴァラエタルワインは，フルーティーで軽い骨格をもち，フレッシュな赤の果実（イチゴやラズベリー）や干し草，また，スパイシーさ（シナモン）が主体のフレーバーを有している．

Bohigas, Carles Andreu, Cavas del Castillo de Perelada, Portell, Agustí Torelló Mataなどの各社がヴァラエタルのCavaのロゼワインを生産している．Vilarnu社の製品には10％のピノ・ノワール（PINOT NOIR）が含まれている．Cabanal Cooperativa Agrícola de Barberà de la Conca，the Cooperativa Agrícola de L'Espluga de Francolí，Carlania，Vinya Sanfeliuなどの各社がスティルワインのロゼを生産している．100％TREPATの赤ワインを見つけるのは容易でないが，Carles Andreu社やMas Foraster社が生産している．

この品種はBONICAIREという名前でスペイン東部（カタルーニャ州のすぐ南）バレンシア州（Valencia）カステリョン県（Castellón）のVino de la Tierra Castelló, Valencia DO，さらに南のムルシア州（Murcia）のVinos de la Tierra AbanillaやCampo de Cartagenaで公認されているが，現存するブドウの樹はわずかである．ワインは色が軽く，ソフトで，後味にわずかな苦みが残る柑橘系のフレーバーを有している．

TREPAT BLANC

復活を果たしたスペイン，プリオラート（Priorat）の品種は，どことなくシュナン（CHENIN）に似ている．

ブドウの色：●　●　●　●　●

起源と親子関係

TREPAT BLANCの古い樹がプリオラート地方（Priorat）で絶滅の危機から救済されたときには，この品種はほぼ絶滅状態であった．DNA解析によって，この品種はコンカ・ダ・バルバラー（Conca de Barberà）のTREPATの果皮色変異ではないことが示された（Giralt *et al.* 2009）．

栽培地とワインの味

TREPAT BLANCは，スペインではまだ暫定的にも公式商業品種に登録されていない．しかしカタルーニャ州（Catalunya）のワイン生産者のグループは10 Sentitsのブランドに集結し，トロージャ・デ・プリオラート（Torroja del Priorat）で収穫されたブドウからヴァラエタルワインを作った．リンゴと蜂蜜を思わせるその特徴はシュナン・ブラン（CHENIN BLANC）を思い起こさせる．プリオラート地方のCartoixa de Montsalvat社はTREPAT BLANCブレンドワインを作っている．また，他の何軒かのワイナリーは少量のTREPAT BLANCを他の地方品種とブレンドしている．

TRESSALLIER

SACYを参照

TRESSOT

事実上絶滅状態の困難に直面しているフランス，シャブリ地方（Chablis）由来の興味深い親品種をもつ古い品種

ブドウの色：● ● ● ● ●

主要な別名：Bourguignon または Bourguignon Noir（セーヌ＝エ＝マルヌ県（Seine-et-Marne）），Morillon Noir, Noirien または Nairien（オーブ県（Aube）のバール・シュール・オーブ（Bar-sur-Aube）およびレ・リセ（Les Riceys）），Resseau（ヨンヌ県（Yonne）），Treceaux（ヨンヌ県），Tresseau（ヨンヌ県），Tressiot（オセール（Auxerre）およびイランシー（Irancy）），Tressot Noir，Vérot または Petit Verrot（ジョワニー（Joigny））
よくTRESSOTと間違えられやすい品種：GASCON ☓，NÉGRETTE，ピノ・ノワール（PINOT NOIR ☓），POULSARD ☓，TROUSSEAU ☓（ジュラ県（Jura））

起源と親子関係

TRESSOTはフランス北東部，ヨンヌ県の非常に古い品種で，現地では1394年にTreceauxの名で記録がなされている（引用はPINOT参照）．その後1562年にヨンヌ県の主要都市であるオセールで次のような記録が見つかっている（Simpée 1902）．「そうするために，前述のLenaynに栽培と畑の立ち上げに適したPynots，TerceaulxとServigneansの苗木を提供する約束をした」．TRESSOTの表記は20世紀以前から一般に用いられていた．TRESSOTの語源は不明だが，この品種の収量はCÉSARとともに栽培されていたPINOTの3倍にも上ることから，「3株のブドウ」を意味する*trois ceps*に由来するのではないかとよくいわれている（Simpée 1902）．

DNA系統解析によってTRESSOTとGOUAIS BLANCがアンドル県（Indre）とシェール県（Cher）の地方品種であるGENOUILLETの親品種であり，また，TRESSOTがDURAS×PETIT VERDOTの交配品種であることが明らかになった（Bowers *et al.* 2000; PINOTの系統図参照）．TRESSOTのこの親子関係は地理的には信じがたいものである．ミディ＝ピレネー地域圏（Midi-Pyrénées）のアリエージュ県（Ariége）やタルヌ県（Tarn）のDURASと，フランス南西部のジロンド県（Gironde）やピレネー＝アトランティック県（Pyrénées-Atlantiques）のPETIT VERDOTがいかにしてブルゴーニュのヨンヌ県に子品種をもつことができたというのであろう．

ブドウの形態分類群のTressotグループ（p XXXII参照）にはARBANE，BACHET NOIR，PEURIONなどの品種も属している（PEURIONはもはや栽培されていない；Bisson 2009）．

TRESSOTと他の品種が共有するいろいろな別名が混乱をもたらしている．GASCONやNÉGRETTEはTRESSOTと別名NOIRIENを共有し，ピノ・ノワールはTRESSOTとNOIRIENやMORILLON NOIRなどの別名を共有している．

TRESSOTにはもはや栽培されていないTRESSOT BLANCと，ヨンヌ県のGirollesやスイスに見られるキメラ（組織，この場合は果皮，のある層にだけ影響する突然変異）で紫と緑の縞模様の果粒をもつTRESSOT PANACHÉ（TRESSOT BIGARRÉまたはBALLON DE SUISSE）の2種類の色変異がある．

ブドウ栽培の特徴

熟期は中期であり，一般的には長く剪定される．うどんこ病に感受性が高い．小さな果粒をつける．

栽培地とワインの味

ワインは通常，力強く色合い深いものとなる．また適度のアルコール分である．2008年のフランスにおける栽培面積は1 ha（2.5 acres）でしかない．ヨンヌ県でのみ Bourgogne や Bourgogne-Chitry アペラシオンで公認されており，現地では2009年の時点で栽培されていたブドウの栽培だけが許されている．後者のアペラシオンにある Domaine de Cerisiers 社は，いまも TRESSOT をブドウ畑にもつ数少ない生産者の一つで，この品種をピノ・ノワールとのブレンドに用いている．

TREVISANA NERA

秘密のヴェールに包まれた起源をもつ，イタリア，ヴェネト州（Veneto）のマイナーな品種

ブドウの色：● ● ● ● ●

主要な別名：Borgogna ☒（ヴェネト州（Veneto）のトレヴィーゾ県（Treviso）），Gattera ☒（トレヴィーゾ県），Refosco di Guarnieri ☒（フリウーリ地方（Friuli））

起源と親子関係

TREVISANA NERA はイタリア北部ヴェネト州，ベッルーノ県（Belluno），フェルトレ地域（Feltre）の伝統的な品種である．この品種について初めて記録がなされたのは20世紀中頃になってからである．品種名が隣のトレヴィーゾ県から持ち込まれたものであることを示唆しているが，TREVISANA NERA とその地域の伝統的な品種との間に類似点が見つからないため，いまだ，この品種の起源は明らかになっていない．

2003年にヴェネト州にあるコネリアーノ（Conegliano）研究センターのブドウの形態分類の専門家がトレヴィーゾ県のカステルクッコ（Castelcucco）で TREVISANA NERA に似た，GATTERA あるいは BORGOGNA と呼ばれるあまり知られていない地方品種を発見した（Cancellier *et al.* 2008）．DNA 解析によって，カステルクッコの GATTERA/BORGOGNA と，フリウーリ地方で生食用ブドウとして栽培される REFOSCO DI GUARNIERI が TREVISANA NERA と同じであることが示された（Crespan, Giannetto *et al.* 2008）．この事実は TREVISANA NERA の栽培地域がかつては現在よりも広範囲にわたっていたことを示唆している．

ブドウ栽培の特徴

熟期は中期～晩期である．樹勢が強く豊産性である．

栽培地とワインの味

TREVISANA NERA はイタリア北部ヴェネト州のトレント（Trento）とウーディネ（Udine）の間にあるベッルーノ県でのみ栽培されている．栽培は特にフェルトレ地域で多く見られる．通常は他の品種とブレンドされるが，ヴァラエタルワインも IGT Vigneti delle Dolomiti として作ることができる．イタリアでは2000年に37 ha（91 acres）の栽培が記録されている．

TRIBIDRAG

フルボディーの赤ワインになるクロアチアの品種. TRIBIDRAGとしてよりもPRIMITIVOやジンファンデル（ZINFANDEL）としてよく知られている.

ブドウの色：● ● ● ● ●

主要な別名：Crljenak Kaštelanski ⚭（クロアチア），Kratošija ⚭（モンテネグロ），Morellone（イタリアのプッリャ州（Puglia）），Pribidrag ⚭（クロアチア），Primaticcio（プッリャ州），Primitivo ⚭または Primitivo di Goia または Primativo（プッリャ州），Trebidrag ⚭（クロアチア），Uva di Corato（プッリャ州），Zagarese（プッリャ州），ジンファンデル ⚭（アメリカ合衆国）

よくTRIBIDRAGと間違えられやすい品種：BLATINA ⚭（ボスニア・ヘルツェゴビナ），Crljenak Crni ⚭，PLAVAC MALI ⚭，VRANAC ⚭

起源と親子関係

TRIBIDRAG という名前は，ダルマチア地方（Dalmacija）中部に由来があるこの品種のクロアチアにおける元来の最も古い呼び名である．現在ではイタリア南部，プッリャ州の PRIMITIVO として，またカリフォルニア州のジンファンデルとしてのほうがよく知られている．PRIMITIVO とジンファンデルがどのような歴史を辿ってきたか，その軌跡と，研究者たちがどのようにジンファンデルや PRIMITIVO とこの品種の関係性を明らかにし同定したのかをまず述べ，次に TRIBIDRAG についてその詳細を述べることにする．

PRIMITIVO の歴史的文献

イタリア，プッリャ州で記載されたこの品種の記録のうち，最も初期のものは1799年にまで遡る．ジョーイア・デル・コッレ（Gioia del Colle）の祭司でアマチュアの植物学者で農学者でもあった Francesco Filippo Indellicati 氏（1767-1831）が，彼のブドウ畑で成熟が特に早い品種を見つけ，ラテン語で「最初に熟す」という意味の *primativus* にちなみ，そのブドウを Primativo と呼んだとジョーイアの町の記録に記載されている．それ以前は Zagarese として知られており（Molon 1906），この品種名はクロアチアのザグレブ市（Zagreb）にちなんで名付けられたものだといわれていたが，似た名前（Zagarolese）がカラブリア州（Calabria）の CASTIGLIONE にも使われていた．Indellicati 氏はジョーイア・デル・コッレ近くにある村落のリポンテチ（Liponti）に彼の PRIMATIVO の植え付けを行った．この地方の栽培家たちの助けもあり，1820年頃までにはプッリャ州の他の地域（Turi，Cassano delle Murge，San Michele，Noci，Castellana Grotte）にも栽培が広がった．PRIMITIVO の表記は1860年頃になって現れたものである．

ジンファンデルの歴史的文献

カリフォルニア州を代表するこの品種は多くの憶測を呼んでいた（Piljac 2005）．*Vitis vinifera L.* はアメリカの在来種ではないのにもかかわらず，多くのアメリカ人がジンファンデルをアメリカの在来種だと考えていた．また，1850年代に Agoston Haraszthy 氏がカリフォルニアにジンファンデルを持ち込んだのだと考える人たちもいた．Agoston Haraszthy 氏はハンガリーからの移民で1837年にアメリカに到着した後，300種類のブドウをアメリカ各地に植えたという人物である．しかし歴史家の Charles L Sullivan（2003）は，無名の品種としてカリフォルニア州に持ち込まれたジンファンデルが，オーストリア帝国内で当時栽培されていたすべてのブドウを収集して作られたウィーンのシェーンブルン（Schönbrunn）宮殿にある皇帝のブドウコレクションのものであったという証拠を示した．それは Haraszthy 氏がアメリカの土を踏むずっと以前のことであった．実際に，ロングアイランド（Long Island）のブドウ栽培家である George Gibbs 氏は1820年代にはすでに彼の種苗施設にこの品種を導入していた．ジンファンデルの名が最初に登場したのは1829年のことで，ロングアイランドの別の苗木業者のカタログの中に掲載されているのを見ることができる．1830年代に入って，Zinfendal，Zinfindal，Zinfendel の名でこの品種がカタログに記載されるようになった．現在使用されているジンファンデルの表記は，1852年にブドウ栽培家のJohn Fisk Allen氏が *The Horticulturist* の編集者宛てに書いた手紙の中で使用したもので，1860年代になってから，この表記を使うことが合意された．いくつかの疑わしい仮説はあるものの，ジンファンデルの正確な語源は依然謎のままである．

ジンファンデルはPRIMITIVOと同一であることが示された

1967年にアメリカ合衆国農務省（USDA）アメリカ合衆国農業研究所（Agricultural Research Service）の植物病理学者，Austin Goheen氏がイタリア南部プッリャ州のバーリ県（Bari）を訪問した．そこでたまたま彼が味わったPRIMITIVOは彼にジンファンデルを思い起こさせるものであった．畑を見せてもらった彼はPRIMITIVOとジンファンデルが似ていることに心を打たれ，PRIMITIVOの穂木をカリフォルニア大学デービス校に送付しジンファンデルの隣にその穂木を植え付けた．1972年になり，Goheen氏が双方の形態が似ていることを確認．その後，1975年に博士課程の学生であったWade Wolfe氏がPRIMITIVOとジンファンデルのアイソザイムパターンが同一であることを発見した（アイソザイムとは酵素の特定の型を指し，かつては分子的なプロファイルとして用いられていた．今日用いられるマイクロサテライト配列に基づくDNAプロファイル解析は当時はまだ用いられていなかった）．ジンファンデルとPRIMITIVOが同じ品種であるというニュースはすぐに広まり，「ジンファンデルをめぐる論争」が直ちに開始された（Piljac 2005）．1970年代後期にはプッリャ州のPRIMITIVOの生産者が彼らのPRIMITIVOをアメリカでジンファンデルと表示し，販売し始めたため，カリフォルニア州のジンファンデルの生産者をいらだたせることとなった．カリフォルニア州の生産者たちは彼らが努力と預金を費やして手にしたジンファンデルの所産を守ろうとした．1985年になってから，アメリカのアルコール・タバコ・火器および爆発物取締局（Bureau of Alcohol, Tobacco and Firearms: BATF）が，この2品種が同一である証拠は不十分であるとしてPRIMITIVOの別名としてジンファンデルの名を使うことはできないと定めた．しかしジンファンデルとPRIMITIVOの同一性は，1994年にカリフォルニア大学デービス校のCarole Meredith氏と彼女の博士課程学生のJohn Bowers氏が行ったDNA解析によって証明された．この結果を受け，EUは1999年にイタリアのPRIMITIVOの生産者に対してジンファンデルの名を使う権利を許可した．BATFはこうしたEUの決定に対して2000年に異を唱えたが，こうしたBATFの試みは成功しておらず，いまだ合意には至っていない．

ジンファンデルとPRIMITIVOはPLAVAC MALIと間違えられた

18世紀にはすでに別名のZAGARESEがプッリャ州で使われていたため，PRIMITIVOの起源がダルマチア（Dalmatian）にあるのではないかと長い間考えられていた．クロアチアにおけるジンファンデル/PRIMITIVOの起源の探索は，ザグレブ大学教授のAna Šarić氏とともに当時クロアチアのブドウ畑を訪問したバーリ（Bari）大学教授のFranco Lamberti氏にAustin Goheen氏が連絡をとった1970年代の半ばに始まった．Lamberti氏はGoheen氏に対して，ジンファンデル/PRIMITIVOはダルマチア地方で栽培されているPLAVAC MALIあるいはPLAVINAと呼ばれる品種に当たるかもしれないと述べた（Mirošević and Meredith 2000）．1979年にGoheen氏はŠarić氏が彼に送ったPLAVAC MALIを入手し，その後1982年に彼は再びアイソザイム解析を行ってジンファンデルとPLAVAC MALIの同一性を否定した．それにもかかわらず，ジンファンデルとPLAVAC MALIは同じであるという噂がすでに広がってしまっていた．こうした噂はクロアチアのワインをアメリカでジンファンデルの名で販売しようとするクロアチア人たちによって広げられ，ジンファンデルをめぐる2回目の論争が引き起こされることとなった．この論争にはクロアチア出身でカリフォルニア州でワインを生産しているGrgich Hills社のMike Grgich氏も積極的に参加し，PLAVAC MALIとジンファンデルの間の同一性を支持した．

クロアチアの「Zinquest」

Mike Grgich氏の勧めによって，カリフォルニア大学デービス校のCarole Meredith氏が1998年にザグレブ大学のEdi Maletić氏およびIvan Pejić氏と共同でクロアチアにおけるジンファンデルの起源の真実を明らかにするための研究を開始した．彼らの長い研究は後に「Zinquest」と呼ばれるようになった．Jasenka Piljac氏とMeredith氏および彼女のクロアチアの共同研究者がダルマチア沿岸地方で古いPLAVAC MALIの試料を148種類収集し，それらをカリフォルニア大学デービス校に持ち帰り解析したが，いずれもジンファンデルとは一致しなかった（Pejić *et al.* 2000）．続いてMaletić氏とPejić氏はダルマチアの古いブドウ畑でZinquestを続け，ジンファンデルである可能性があるブドウをMeredith氏の研究室に送り続けたが，依然一致するものは見つからなかった．しかし，2001年の12月，Zinquestはついに成功を収めた．スプリト（Split）北部Kaštel NoviにあるIvica Radunić氏所有のブドウ畑から収集したCrljenak Kaštelanski（「カシュテラ（Kaštela）の赤」という意味をもつ）としてその地方で知られるブドウのDNAプロファイルがジンファンデルのDNAプロファイルと完全に一致したのである！

後に，Radunić氏の畑でCRLJENAK KAŠTELANSKIのブドウの樹がもう9本見つかった．2002年にもまた，スプリト南部オミシュ（Omiš）近郊のSvinišće村にある年配の女性の庭でもPRIBIDRAGという名で栽培されているのが見つかっている．

TRIBIDRAGはこの品種，最古の名前である

Malenica *et al.*（2011）が古いDNA試料を解析するための特別な方法を用いて90年前のTRIBIDRAGの植物標本のDNA解析を行った結果，ジンファンデル/PRIMITIVO/CRLJENAK KAŠTELANSKI/PRIBIDRAGと一致した．クロアチアの在来品種であるTRIBIDRAGについて初めて記録されたのは15世紀初期のことである．その後1518年，1529年，1546年にもスプリト地方で有名なブドウ品種として記録されていたが（Ambroz Tudor，Nenad Malenica，Edi Maletić，Ivan Pejić，私信），いまでは遺伝資源のコレクションから消滅してしまっている．最も古い名前が優先されるというルールに従うと，最も古い名前であるTRIBIDRAGがこの品種の主要名として採用されることになる．最も興味深いのは，TRIBIDRAGの語源がPRIMITIVOの語源を反映しているという点である．クロアチアの言語学者Valentin Putanec（2003）によればクロアチア語の*tribidrag*（*a*）はギリシャ語で「早い成熟」を意味する言葉*πρωι καρποζ*に由来しており，これがラテン語の*primativus*に完全に対応しているのだという．これがPrimativoとなり，後にPRIMITIVOになったのである．環がつながった！（*La boucle est bouclée!*）

PLAVAC MALIの親子関係はクロアチアのTRIBIDRAGに拠り所をもつ

ジンファンデルの起源が模索されている間（Zinquest），研究者たちはTRIBIDRAG（彼らはジンファンデルと呼んでいた）とPLAVAC MALIとの間に親子関係があるのではないか，と考えていた（Pejić *et al.* 2000）．その4年後に行われたDNA系統解析により，PLAVAC MALIがTRIBIDRAGともう一つの古いダルマチア品種であるDOBRIČIĆとの自然交配により生まれた交配品種であることが示されたことで，TRIBIDRAGとPLAVAC MALIが親子の関係にあることが確認された（Maletić *et al.* 2004）．加えてMaletić *et al.*（2004）によって，TRIBIDRAGと少なくとも4種類のダルマチア在来品種（PLAVINA，GRK，VRANAC，CRLJENAK CRNI）との間に親子関係があることが示された．またLacombe *et al.*（2007）は，PLAVINAがTRIBIDRAGとプッリャ州のVERDECAの交配品種であることを明らかにした（次の系統図参照）．TRIBIDRAGが多くの在来品種と近縁関係にあることが明らかになったことで，TRIBIDRAGのクロアチア起源説が裏付けられた（PLAVINAの出生地に関するPuglia-Croatiaの論争についてはPLAVINAの項を参照）．

他の仮説

増幅フラグメント長多型（Amplified Fragment Length Polymorphism: AFLP）という別のDNA解析方法によりFanizza *et al.*（2005）がTRIBIDRAGのクロアチア起源説に疑問を投げかけ，イタリア南部起源を支持したが答えは得られていない．

Maul（2006）およびJung（2007）によれば，TRIBIDRAGはバーデン－ヴュルテンベルク州（Baden-Württemberg）のワインルートに沿ったハイデルベルク（Heidelberg）の北と南の古いブドウ畑でBLAUER SCHEUCHNERという名で呼ばれていることが見出されたという．Jung（2007）は，1750年にGeorg Bernhard Bilfinger氏がハンガリーのOedenburgの町からシュトゥットガルト（Stuttgart）近郊のカンシュタット（Cannstadt）にある自身の外国産ブドウ品種のコレクションに，この古い品種を加えるために輸入し，その後，それがネッカー川（Neckar）およびレムス川（Rems）に沿ってヴュルテンベルク（Württemberg）を通り，ライン川（Rhein）の西岸まで広がったのではないかと考えている．さらにJung（2007）は次にあげる品種のいずれもがTRIBIDRAGに相当すると主張している．ドイツのTAUBERSCHWARZ（別名GROBSCHWARZE），BLAUE SCHAAFSTRAUBE（別名GROSSE SCHWARZE），SAUERSCHWARZ（別名ROSENKRANZ），ハンガリー北西部のSHEIKIRN（別名CIRFANDLI），スロバキアのMoravaおよびBohemia，ZIERFAHNLER（別名GROBSCHWARZE，

同じく別名 SCHERTSCHINA)，スロベニアの BLAUER PALVANZ．しかし，こうしたすべての相互関係は歴史的文書やブドウの形態分類学的解析，植物画に基づいて判断されたものであるので，確認のためには DNA 解析が不可欠である．

最近になり，モンテネグロの KRATOŠIJA は TRIBIDRAG と同一であることが示された（Calò, Costacurta *et al.* 2008)．モンテネグロではこの品種が伝統的に栽培されており，その子品種である VRANAC と混同されることがある．ブドウの形態分類専門家の Ulićević 氏は1959年にはすでにジンファンデルと同一ではないかと考えていた．KRATOŠIJA はモンテネグロ在来の最古の品種だと考えられており，現地では非常に大きな形態的多様性が見られる．しかし TRIBIDRAG の記録は KRATOŠIJA よりもずっと以前からあり，VRANAC は例外としても，モンテネグロ起源の仮説ではクロアチア品種との系統関係との整合性がとれない．

ブドウ栽培の特徴

豊産性であるため，肥沃度の低い水はけのよい土壌が栽培に適している．熟期は中期～晩期である．ジンファンデルは果粒が密着して中～大サイズの果房をつける．一つの果房につく果粒の成熟度合いが他の品種には見られないほどに不均一であることがこの品種の難点である．PRIMITIVO はより多くの果房をつけるが果粒が小さく果粒数も少ないので，灰色かび病に感染しにくい．

TRIBIDRAG 系統図

TRIBIDRAG（別名 PRIMITIVO，ジンファンデル）がクロアチアの多くの品種に与えた遺伝学的影響から，そのルーツがダルマチア沿岸地方にあることを示している．

（おそらく絶滅したであろう）不明の品種（?）が含まれている場合は，反対の関係も理論的に成り立つ（p XIV 参照)．

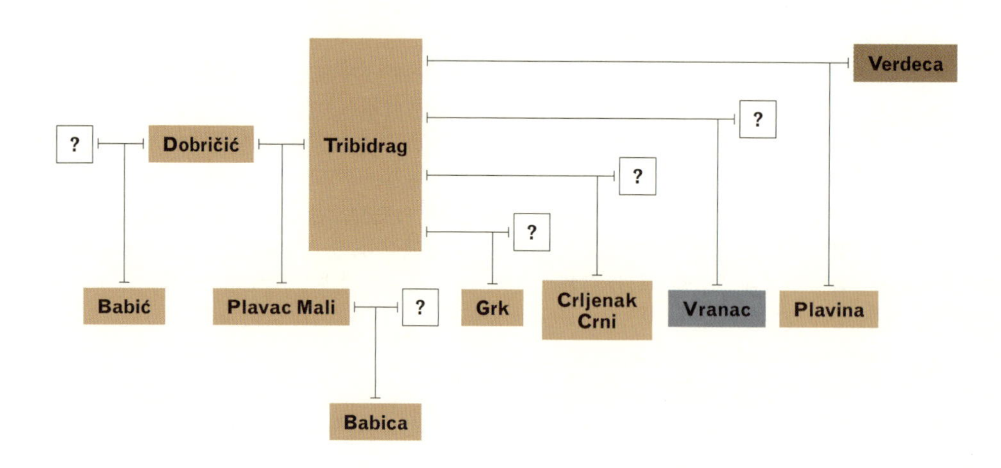

● クロアチア　● モンテネグロ　● プッリャ（イタリア）

栽培地とワインの味

カリフォルニア州においてジンファンデルがとりわけ重要な品種であることから，複数の名前をもつこの品種は世界に大きく広がりを見せた．しかし，フランスでこの品種を栽培しているのはいまのところ，Domaine de l'Arjolle 社のみであり，唯一，同社が Cuvée Z というヴァラエタルワインを生産している．

かつて，イタリアのプッリャ州では PRIMITIVO がいまよりもずっと広く栽培されていたにもかかわらず，20世紀末に EU によるブドウの抜根計画に対する補助金の影響を受けたことがおもな原因となり，1990年には17,000 ha（42,000 acres）であった栽培面積がその10年後には7,951 ha（19,647 acres）まで減少してしまったと農業統計に記載されている．しかし，アルコール分を増強するための単なるブレンドパートナーとしてではなく，現在，PRIMITIVO 自体の人気が増してきているため，栽培面積の減少に歯止めがかかっている．イタリアの PRIMITIVO の産地として他を圧倒しているのがプッリャ州で，具体的にはイタリアの踵の部分にあたるサレント半島（Salento）の西部である．現地では品種と気候の組合せが功を奏しコクがあり，果実味とボディーに富むワインが作られている．Primitivo di Manduria 地帯の白い石灰岩の上に堆積した土に植えられ栽培される非常に古い株仕立てのブドウからは，最も骨格のある複雑なワインが作られるが，ジョーイア・デル・コッレではその丘と高地でよりエレガントなワインが作られている．しかし，どのワインもアルコール分が高い．推奨される生産者としては Cannito，Morella，Paololeo，Petrera Fatalone などの各社があげられる．

ブドウの形態分類専門家でブドウ栽培家の Edi Maletić 氏によれば，上述のジンファンデルと PRIMITIVO に関する新発見の影響を受け，CRLJENAK KAŠTELANSKI の栽培量がダルマチア地方において最速で増加しているのだという．最初に発見された21本のブドウの樹がいまではクロアチアで20万本以上にまでなり，生産者の関心も増すばかりである．最初に作られた現代的なヴァラエタルワインの一つが Zlatan Plenković 社の Crljenak である．このワインは，スプリト～ドゥブロヴニク（Dubrovnik）間の海岸沿いにあるマカルスカ（Makarska）近郊に Plenković 氏がカリフォルニア州，Ridge Vineyards 社の Paul Draper 氏（後述参照）とザグレブ大学の研究者の支援を受けて植えたブドウから作られている．ヴァラエタルワインの生産者としては他にも Bura-Mokalo 社などがあげられる．

モンテネグロでは KRATOŠIJA の名で知られる TRIBIDRAG が人気を博しており，現地では Zenta と Buk の2社がヴァラエタルワインを作っている．また，Plantaže 社がブレンドワインを作っている．北マケドニア共和国ではこの品種が人々の関心をひくことはない．古い混植の畑で見かけることはあるもののその結実能力は非常に不安定で，当てにすることができないのも原因である．栽培家は古いブドウ畑でのクローン選択という面倒なプロセスを避けようと PRIMITIVO ブドウをイタリアから輸入することを検討している．

ジンファンデルはアメリカの影響を強く受けているイスラエルでも見られる．

カリフォルニア州は TRIBIDRAG，すなわちジンファンデルが最も成功を収めた場所であることは疑う余地もない．かつては単にその生産量が重視されたが，いまは品質の観点からも重視されている．もっともその多くは早く収穫され，オフドライのホワイトジンファンデル（とても薄いピンク）やブラッシュワインに用いられるため，あまり注意が払われているわけでもないのであるが．2008年には50,354 acres（20,377 ha）のジンファンデルが栽培された．ジンファンデルは同州においてカベルネ・ソーヴィニヨン（CABERNET SAUVIGNON）に次いで2番目に多く栽培される赤品種である．ジンファンデルは長年にわたりカリフォルニア州で最も多く栽培される品種であり続けてきたのだが，非常に暑い地域に植えられたり，過剰生産されたりして，正しい扱いを受けていないことが多かった．果粒の非常に密着した果房が原因で，現在，以下に述べるような害虫と病気の問題が，生産者にとって解決すべき課題となっている．州北部ではウィラメット（Willamette）ダニが，また2008年にほぼ20,000 acres（8,000 ha）の栽培面積のあるサンホアキン・バレー（San Joaquin Valley）で太平洋ダニが問題になった．リーフロールウィルスはブドウの成熟を遅らせるので，このウィルスに感染したブドウはホワイトジンファンデルにしか適さないブドウになってしまう（Christensen *et al.* 2003）．

力強い赤のジンファンデルは，とりわけ American Heritage Wine の推進組織である ZAP（Zinfandel Advocates & Producers）の取組みが功を奏し再注目されている．ジンファンデルのワインはカベルネ・ソーヴィニヨンから作られたワインに比べスパイス感の強い果実要素を伴う，はっきりとした果実感を有している．しかしながら，過剰生産によって安価な甘すぎるワインでは単純な果実感になることがあり，ボイセンベリーに似た，しばしば乾燥したフルーツのニュアンスをもつことになる（おそらくこれらは不均一な成熟というこの品種の性質によるものであろう）．Ridge Vineyards 社は本格的な熟成スタイルのジンファンデルワイン作りのチャンピオンであり，1960年代から続く州で最も古い畑でしばしば混植し，常に最高の品質のアメリカンオークで熟成している．彼らが生産した最高のボトルは数十年も保たせることができる．ジンファンデルの古い樹の多くは灌漑なしに栽培され，幹が厚く枝は節くれだっている．これらの樹々はイタリア人の移民によってソノマ（Sonoma）で多く栽培されているが，ナパ（Napa）やセントラル・バレー（Central Valley）北のシエラ・フットヒルズ（Sierra Foothills）やローダイ（Lodi）でも栽培されている．このようなスタイルのジンファンデルワインこそがカリフォルニア州をジンファンデルの世界の首都たらしめているのであり，こうした畑はカリフォルニア州のジンファンデル の畑の40％を占めている．ソノマ渓谷にあり，19世紀から続く Monte Rosso ワイナリーの Louis Martini のクローンは特別な位置にある．

本格的なジンファンデルワインを作る生産者としては他にも Bedrock，Biale，Carlisle，Easton，Martinelli，A Rafanelli，Ravenswood（特に単一畑の製品），Seghesio や Turley などの各社があげられる．

カリフォルニア州においてジンファンデルが重要視されていること，また，他の州の多くの生産者がカリフォルニア州からブドウを購入していることもあって，すべての州で（遠く離れた寒冷なメイン州でも）ジンファンデルのワインが作られている（栽培はされていなくても）．比較的多く栽培しているのは，ワシントン州（89 acres/36 ha）と，もっと少ないオレゴン州のみである．またカナダ西部のブリティッシュコロンビア州でも栽培されている．驚くほどのことではないがメキシコでも栽培されている．

オーストラリアでは非常に人気のワインとなっている．かつては西オーストラリアの Cape Mentelle 社の特産品であったが，現在では Rusden と Groom の2社が，この品種の暑く乾燥した気候に適するという性質を活用してワインを作り，それが南オーストラリアの目玉商品となっている．

南アフリカ共和国では，Glen Carlou 社と Zevenwacht 社がわずかだが，より軽いヴァラエタルワインを作っている．

TRINCADEIRA

濃い果皮色の品種．
ポルトガル全土で広く栽培されているが，地方によってその呼び名は様々である．
高品質の赤ワインになる可能性を秘めた品種であるが，その栽培は容易ではない．

ブドウの色：● ● ● ● ●

主要な別名：Black Alicante（オーストラリア），Black Portugal（オーストラリア），Crato Preto（アルガルヴェ（Algarve）），Mortagua または Mortagua Preto（トレシュ・ベドラシュ（Torres Vedras）），Rosete Espalhado（ピニェル（Pinhel）），Tinta Amarela⚭，Tinta Amarelha，Tinta Manuola，Torneiro，Trincadeira Preta⚭（ドウロ（Douro））

よくTRINCADEIRAと間違えられやすい品種：CASTELÃO⚭，ESPADEIRO⚭，PRETO MARTINHO⚭

起源と親子関係

ポルトガル全土で様々な名で知られるこの品種の起源は，最も大きいクローンの多様性が見られるリスボン（Lisboa）北部，オエステ地方（Oeste）（Rolando Faustino 氏，私信）である可能性が最も高いが，オエステ東部のアレンテージョ地方（Alentejo）もまたこの品種の起源かもしれない．この品種の名前として最も広く用いられ，公式名称（ポルトガル語）とされているのは TRINCADEIRA なのだが，別名の TINTA AMARELA（成熟した新梢の黄色と黒い果粒を表し，「黄－黒」を意味する）も公式に認められており，依然広く使用されている．

TRINCADEIRA あるいは TRINCADEIRA PRETA（*preta* は「黒」を意味する）の名が，他の黒品種や白品種（CASTELÃO，TAMAREZ，TRAJADURA）にも用いられていることが混乱の原因となっている．ピニェルで使用されているこの品種の別名，RIFETE は同地方で RUFETE の別名としても使用されていることにより，上記同様，混乱が生じている．最近の研究により TRINCADEIRA は遺伝的にコラレス地方（Colares）の RAMISCO に近く，またマデイラ島（Madeira）の SERCIAL とも近縁であることが明らかになった（Almadanim *et al.* 2007）．TRINCADEIRA と薄い果皮色をもつ TRINCADEIRA DAS PRATAS との遺伝的関係は認められない．

ブドウ栽培の特徴

バランスのとれた樹勢と生産性を得るためには，注意深い剪定が必要である．うどんこ病，灰色かび病など，かびの病気に感受性である．酸敗に大きな感受性を示す．

栽培地とワインの味

TRINCADEIRA の栽培は容易でないが，収量を適切に管理し果粒を十分に成熟させることができれば，高品質のワインの生産が可能になる．ワインは良好な骨格をもち，フルボディーで，豊かさに満ちている．色の濃い果実のフレーバーにシナモン，クローブのスパイシーなニュアンスが加わり，丸みを帯びたタンニンに支えられたワインは若いうちに飲むこともできるが，オークで熟成させることで，ワインの骨格が補完されると，ワインは非常に長寿となる．TRINCADEIRA はテージョ（Tejo）の ARAGONES（テンプラニーリョ / TEMPRANILLO），ドウロやダン（Dão）のトゥーリガ・ナシオナル（TOURIGA NACIONAL）などのよきブレンドパートナーである．この品種はポルトガルの多くの地方で栽培され，また多くの DOC で認められている．2010年の栽培面積は14,220 ha（35,138 acres）であった．アレンテージョ，ドウロ，テージョにおいては（特にバイロ（Bairro）およびシャムスカ（Chamusca）で）最も重要な品種とされている．アレンテージョでは Cortes de Cima 社，Altas Quintas 社，João Portugal Ramos 社 などが生産者として推奨されている．

TRINCADEIRA DAS PRATAS

過小評価されているポルトガル中部由来の香り高い品種

ブドウの色：

主要な別名：Arinto Gordo，Boal Prior
よくTRINCADEIRA DAS PRATASと間違えられやすい品種：TAMAREZ（アレンテージョ（Alentejo）および セトゥーバル（Setúbal））

起源と親子関係

1822年に Gyrão 氏の著書である *Tratado theorico e pratico da agricultura das vinhas*（ブドウ園での理論的・実践的農業）で TRINCADEIRA DAS PRATAS は初めて記録された．ポルトガル中部，テージョ地方（Tejo）が起源の品種である（Cunha *et al.* 2009）．いまだにアレンテージョの TAMAREZ と混同されることがあるが，形態的にはまったく異なっている．Galet（2000）は TRINCADEIRA DAS PRATAS はドウロ（Douro）の TRINCADEIRA の別名に過ぎないと述べているが，後者は黒色果粒品種であり，Almadanim *et al.*（2007）が報告しているように両者の DNA プロファイルは異なっているため，この品種は TRINCADEIRA の果皮色変異ではない．

ブドウ栽培の特徴

萌芽期が非常に早く，また早熟である．日焼けに弱く，灰色かび病に感受性だが，べと病とうどんこ病には中程度の耐性を示す．深い湿った土壌が栽培に適している．

栽培地とワインの味

主にテージョ地方で栽培されているが，リスボン（Lisboa）の北部や南部でも栽培されている．

TRINCADEIRA DAS PRATAS は軽い色合いのワインになるが，骨格は良好で，フレッシュハーブやレモン，また梨のアロマを有している．樽発酵や熟成が可能である．多くの生産者が，この品種の将来を見通せないことから栽培量は少ないが，ポルトガル南部のコンサルタントであるオーストラリア人の Peter Bright 氏はこの品種が将来有望であると考えている．TRINCADEIRA DAS PRATAS を用いるブレンドワインの生産者として推奨されているのは，Quinta da Aloma 社，Fiúza & Bright 社，Cartaxo co-op 社などである．ポルトガルでは2010年に250 ha（618 acres）の栽培を記録した．

TRIOMPHE

主にイギリスで栽培されている，わずかにフォクシーフレーバーのある赤の交雑品種

ブドウの色：● ● ● ● ●

主要な別名：Kuhlmann 319-1，Triomphe d'Alsace，Triumpf vom Elsass，Triumph d'Alsace

起源と親子関係

20世紀初頭にアルザス地域圏（Alsace）の Eugène Kuhlmann 氏が MILLARDET ET GRASSET 101-14 OP×KNIPPERLÉ の交配により得たフランス品種とアメリカ品種の交雑品種である．このとき，用いた MILLARDET ET GRASSET 101-14 OP は MILLARDET ET GRASSET 101-14の実生であり，（OP は開放系での受粉を表す）MILLARDET ET GRASSET 101-14は *Vitis riparia*×*Vitis rupestris* の交雑品種である．

ブドウ栽培の特徴

非常に早熟である．樹勢が強く赤い果肉の小さな果粒をつける．うどんこ病にやや耐性がある．

栽培地とワインの味

イギリスでは15 ha（37 acres）が栽培されているが，イギリス以外ではほとんど知られていない品種である．深い色合いのワインがわずかにフォクシーフレーバーを有していることから，一部アメリカ系の血が含まれることが示唆される．DORNFELDER や REGENT を用いて作られるワインのほうが良質であるにもかかわらず，この品種の栽培が続けられていることは驚くべきことである．デンマークやオランダでも新しい畑が見られる．

TRNJAK

クロアチアとボスニア・ヘルツェゴビナでわずかに栽培されているマイナーな品種

ブドウの色：● ● ● ● ●

主要な別名：Rudežuša，Trnjak Crni

起源と親子関係

TRNJAK はクロアチア，ダルマチア地方（Dalmacija），スプリト（Split）の南東部，ボスニア・ヘルツェゴビナとの国境近くのイモツキ（Imotski）に由来する品種である．

ブドウ栽培の特徴

萌芽期は中期～後期で，熟期は中期～晩期である．厚い果皮をもつ果粒が密着して中サイズの果房をつける．収量は中程度である．

栽培地とワインの味

TRNJAK はクロアチア，ダルマティンスカ・ザゴラ（Dalmatinska Zagora /Dalmatian Hinterland）ワイン生産地域でのみ公認されている．起源となったクロアチア沿岸部（Primorksa Hrvatska），スプリトの南東，イモツキのみならず沿岸部のマカルスカ（Makarska）や国境を超えたボスニア・ヘルツェゴビナのモスタル（Mostar）でも栽培されている．Imota（イモツキ）や Opačak（マカルスカ）などがヴァラエタルワインを生産している．

TROLLINGER

SCHIAVA GROSSA を参照

TRONTO

AGLIANICO と類縁関係にある可能性が示唆されている
イタリア，カンパーニャ州（Campania），アマルフィ（Amalfi）周辺の品種

ブドウの色：● ● ● ● ●

主要な別名：Aglianico di Napoli，Tronta
よく TRONTO と間違えられやすい品種：AGLIANICO ☓

起源と親子関係

ブドウの形態分類の専門家は TRONTO と AGLIANICO との間に多くの類似点があることに気づいていたが，DNA 解析によって TRONTO が AGLIANICO と遺伝的に近い関係にあることが確認されたことで（Costantini *et al.*；2005），それが確証に変わり，なぜこの品種が時に AGLIANICO DI NAPOLI と呼ばれるかの説明がつくようになった．

ブドウ栽培の特徴

果粒の糖度と酸度は低い．収穫時期が比較的早いので，通常は灰色かび病の感染は避けられる．

栽培地とワインの味

TRONTO はイタリア南部カンパニア州，サレルノ（Salerno）西部のアマルフィ沿岸地方にある古いブドウ畑で現在も栽培されており，特にフローレ（Furore），ポジターノ（Positano）やアマルフィで多く見られる．この品種は Costa d'Amalfi DOC で用いることができる．この品種はナポリ（Napoli）近郊で AGLIANICO DI NAPOLI という名前で呼ばれることがある．

TROUSSEAU

栽培には手間がかかるものの，この品種で作られるワインは力強く熟成させる価値のあるものとなる．複雑な地理的分布を示し，BASTARDO など，多くの別名がある．

ブドウの色：● ● ● ● ●

主要な別名：Bastardhino（ポルトガル），Bastardo☒（ポルトガルのダン（Dão）およびドウロ（Douro）），Bastardo（スペインのガリシア州（Galicia）のオウレンセ（Orense）），Carnaz（ガリシア州），Godello Tinto（ガリシア州），María Ordoña☒（オウレンセ），María Ordoñez☒（スペインのオウレンセおよびレオン（León）），Maturana Tinta☒（スペインのラ・リオハ（La Rioja）），Merenzao☒（スペインのビエルソ（Bierzo）），Roibal（スペインのア・コルーニャ（La Coruña）のパデルネ（Paderne）），Tinta または Tintilla（テネリフェ島（Tenerife）の一部），Tinta Lisboa☒（ポルトガル），Troussé（ジュラ県（Jura）のサラン＝レ＝バン（Salins-les-Bains）），Trousseau Noir，Troussot，Verdejo☒（スペインのアストゥリアス州（Asturias）およびルーゴ（Lugo）），Verdejo Negro☒または Verdejo Tinto☒（スペインのアストゥリアス州およびルエダ（Rueda））

よくTROUSSEAUと間違えられやすい品種：ALFROCHEIRO☒，CABERNET PFEFFER，CASTELÃO☒（ポルトガル），DONZELINHO TINTO（ポルトガル），PINOT NOIR☒，TRESSOT☒（ヨンヌ県（Yonne））

起源と親子関係

TROUSSEAU はフランス東部ジュラ県の品種で，かつてはポリニー（Poligny）やブザンソン地方（Besançon）で広く栽培されていた．この地方において，Troussot の表記で初めて記録されたのは1732年のことである．TROUSSEAU がヨンヌ県の TRESSOT としばしば混同されたのは，TROUSSEAU が過去に Tressau や Tresseau と表記されることが多かったことが原因であろうことは疑う余地もない（Rézeau 1997）．1774年にはポリニーで「Tressaux ブドウはワインにはよく，生食用には平凡である」と記載された．いくぶん説得力には欠けるのだが，Tresseau の名はフランス語の *troussé*（トラス構造，三角形の骨組み）に由来するとも考えられている．果房の形がピラミッド型であることから，かつて，サラン＝レ＝バンでは Tresseau が TROUSSEAU の別名として用いられていた（Rézeau 1997）．

DNA 解析によって，TROUSSEAU がスペインやポルトガルで少なくとも2世紀にわたり BASTARDO，MERENZAO，VERDEJO NEGRO など，異なる名前（Gago *et al.* 2009）や MATURANA TINTA という名前（Félix Cabello and Victor de la Serna，私信）で栽培されてきたことが明らかになったが，どのようにしてイベリア半島に持ち込まれたかは定かでない．最も古く，また広く知られている名前は BASTARDO（雑種の意味）で，1531年に Rui Fernandes 氏の著書である「*Descripção do terreno em roda da cidade de Lamego duas leguas*」の中に初めて記載された．また1790年には Rebello da Fonseca 氏がピノ・ノワール（PINOT NOIR）と同じであるという仮説を記載している（d'Oliveira 1903）．

TROUSSEAU がブドウの形態分類群の Salvanien グループに属していることを考えると（p XXXII 参照：Bisson 2009），この品種の起源はイベリアではなさそうである．これは DNA 系統解析により確認されており，TROUSSEAU（MERENZAO の別名で），シュナン・ブラン（CHENIN BLANC），ソーヴィニヨン・ブラン（SAUVIGNON BLANC）が姉妹品種であることが強く示唆された（Santana *et al.* 2010; Myles *et al.* 2011）．また，PINOT の系統図にあるように TROUSSEAU は SAVAGNIN と親子関係にある（Myles *et al.* 2011）．

かつてはシャラント県（Charente）において，果皮色変異の TROUSSEAU GRIS が重要品種であった．カリフォルニア州では GRAY RIESLING という名前で栽培されている．紛らわしいことに TROUSSEAU は SÉMILLON ROUGE（セミヨン / SÉMILLON 参照）と呼ばれることがある．

TROUSSEAU は BASTARDO MAGARACHSKY や ROYALTY の育種に用いられた．

ブドウ栽培の特徴

樹勢が強い．萌芽期は早期で早熟である．果粒を十分に成熟させるためには日当たりのよい場所が必要である．一般に，病気にかかりやすい傾向にあり，灰色かび病には特に感染しやすい．厚い果皮をもつ，小〜中サイズの果粒が密着した小さな果房をつける．果粒の糖度は高レベルに達する．

栽培地とワインの味

TROUSSEAU はフランス，ジュラ県（産）の濃い果皮色をもつ二つの主要な在来品種の一つであるが，他の品種よりも多くの日照を必要とし，暖かい小石や泥灰土壌を好むため，その栽培面積はブドウ畑のわずか5％を占めるに過ぎない．この品種は果皮色の薄い POULSARD よりも色濃く頑強であり，ワインは力強く暖かい感じで骨格があるものとなるが，収量に注意を深く払わなければ，ワインは色合いに欠けたものとなってしまう．この品種は Arbois や Côtes du Jura のアペラシオンの赤ワインやロゼワインの主要品種として，また酒精強化ワイン Macvin du Jura や発泡性 Crémant du Jura の主要品種としても公認されているが，フランスでは172 ha（425 acres）以上は栽培されておらず（2009年），過去数年間の栽培面積にはほとんど変化が見られない．推奨される生産者としては Arbois アペラシオンの Lucien Aviet，Daniel Dugois，Jacques Puffeney，Domaine André，Mireille Tissot や，Côtes du Jura の Domaine Ganevat や Pignier などの各社があげられる．

スペイン北西部のガリシア州では MERENZAO，MARÍA ORDOÑA，BASTARDO の名で栽培されている．この品種は Ribeira Sacra と Valdeorras の DO で有名な MENCÍA と並んで公認されている赤ワインの主要品種の一つであるが，2008年にはわずかに12 ha（30 acres）しか残っていない．Algueira および A Tapada の2社が Quinta da Muradella 社同様に別名の BASTARDO の名前を用いてヴァラエタルワインを作っている．スペインのガリシア州北東部やアストゥリアス州では VERDEJO NEGRO として70 ha（173 acres）の栽培が別途記録されている．この地方では，あまり知られていない Vino de la Tierra de Cangas ワインの主要品種の一つとなっている．Tierra de León の地理的表示では Gordonzillo 社が同社の試験農場で MERENZAO を栽培し，胡椒のフレーバーをもつブドウを作っている．

この品種は，公式スペイン商業品種リストには MATURANA TINTA の名で独立した品種として暫定的に記載され，Rioja DO で公認されている．栽培は限定的であるが Ijalba と Valdemar の両社が濃厚に凝縮されたオーク熟成のワインを作っており，この品種のフレッシュな酸味と深みのある果実のフレーバーを表している．

ポルトガルではもう少し広まっており，BASTARDO という別名を冠した TROUSSEAU が1,218 ha（3,101 acres）栽培されている．そのほとんどはドウロにあり，マイナーなポートワイン用品種の一つとして，通常ダンやベイラス（Beiras）の古い畑で混植されている．マデイラ島（Madeira）やポルト・サント島（Porto Santo）でわずかに栽培されている．栽培は主に試験農場で見られる．かつてはマデイラワインの生産に広く使われていたが，ヴァラエタルワインが作られることもあった．酒精強化されていないヴァラエタルワインは一般に薄い色でアルコール分が高いが酸味は弱い．早い時期に収穫されたブドウはロゼワインに適している．

BASTARDO TINTO はあまり広く栽培されていない TROUSSEAU とは異なるポルトガル品種なので，BASTARDO/TROUSSEAU と混同してはいけない．

TROUSSEAU は最近カリフォルニア州のロシアン・リバー・バレー（Russian River Valley）の古い畑で見つかり，同じ地理的表示にある Acorn Vineyards 社の古木から作られるジンファンデル（ZINFANDEL）のワインには混植によってこの品種が含まれている．

カリフォルニア州のブドウ栽培面積報告には BASTARDO と TROUSSEAU の両方の名が記載されているが，栽培面積の記載がないことから，無視できるくらいの量であると考えられる．ナパバレー（Napa Valley）の Heitz 社やシエラ・ネバダ（Sierra Nevada）の Renwood 社など，北アメリカの数社がポートスタイルのブレンドに BASTARDO を加えている．

TROUSSEAU GRIS はカリフォルニア州一帯で栽培されていたが，現在は通常，古い混植畑でしか見られない．しかし，1981年にカリフォルニア州，ソノマ（Sonoma）のロシアン・リバー・バレーにある Fanucchi Vineyards 社が一区画すべてに TROUSSEAU GRIS を植え，ヴァラエタルワインを作り，大きな成功を収めている．このワインはキレがよくクリーンで，フレッシュな桃，スイカズラ，梨，メロン，そしてデリケートなスパイスとトロピカルフルーツのフレーバーを併せもつ花のような香りだと Peter Fanucchi 氏が表現している．

オレゴン州ではアンプクア・ヴァレー（Umpqua Valley）で Abacela 社が BASTARDO をいくらか栽培している．BASTARDO と呼ばれる品種はウクライナのクリミア（Krym/Crimea）やモルドヴァ共和国でも栽培されている.

TSAOUSSI

ケファロニア島（Kefaloniá）が本拠地のギリシャ品種.
通常ブレンドワインに用いるのが最適である.

ブドウの色：

よくTSAOUSSIと間違えられやすい品種：ÇAVUŞ（トルコ）

起源と親子関係

TSAOUSSI の起源の地はおそらくギリシャの西海岸沖，イオニア海に浮かぶケファロニア島であろう．広く栽培されているトルコ品種の ÇAVUŞ（TSAOUSSI とも呼ばれる）と混同してはいけない．ギリシャの TSAOUSSI はブドウの分類学者がいうところの完全花（雌雄同花）だが，他方 ÇAVUŞ は雌しべのみである（Haroula Spinthiropoulou and Stefanos Koundouras，私信）.

ブドウ栽培の特徴

非常に樹勢が強い．萌芽期は早期～中期，熟期は中期である．うどんこ病に感受性である．厚い果皮をもつ大きな果粒が粗着した果房をつける．収穫期近くになるとスズメバチによる被害を受けることが多い.

栽培地とワインの味

ギリシャで TSAOUSSI あるいは TSAOUSI として知られているこの品種のおもな本拠地となっているのがケファロニア島である．現地では古い農家が引退するにつれ栽培面積が減少しているが，現在でも 135 ha（334 acres）が栽培されている．主にワインの原料として用いられており，通常は ROBOLA などの地方品種とブレンドされているが，生食にも適している．Gentilini 社の TSAOUSSI のヴァラエタルワインはいつくかのレストランで見られるのみだが，彼らの Aspro ブレンドワインは ROBOLA やフレッシュさを増すために少量のソーヴィニヨン・ブラン（SAUVIGNON BLANC）が加えられていても，この品種の蜂蜜，メロン，核果の特徴が保たれている．酸度がいまだ多く残る早い時期にブドウを収穫すると，この品種がもつ典型的なフルーツの味わいを得るのが困難になってしまう．推奨される生産者としては他にも Domaine Sklavos 社などがあげられる.

TSAPOURNAKO

カベルネ・フラン（CABERNET FRANC）を参照

TSARDANA

ROMEIKO を参照

TSIMLADAR

濃い果皮色のロシア南西部ロストフ（Rostov）ワイン生産地域のツィムリャンスキー地域（Tsimlyansky）の品種．この品種については，あまり知られていない．この地方では，伝統的な発泡性の甘口赤ワインの副原料として用いられている．辛口ワインや酒精強化ワインの原料としても用いられている.

SAVAGNIN JAUNE

SAVAGNIN 参照

pp 1042–1044

SCHIAVA GROSSA

pp 1055 – 1057

GENOVESE

SCIMISCIÀ 参照

p 1062

SÉMILLON

pp 1068 – 1071

SERCIAL

pp 1071–1072

SILVANER

pp 1084 – 1086

SULTANINA BLANCHE

SULTANIYE 参照

pp 1103－1104

SYRAH

pp 1110–1120

TANNAT

pp 1126 – 1127

TEMPRANILLO

pp 1132–1136

TOURIGA NACIONAL

pp 1161 – 1163

UGNI BLANC

TREBBIANO TOSCANO 参照

pp 1171–1173

TRINCADEIRA

pp 1182–1183

TROUSSEAU

pp 1186–1188

VERMENTINO

pp 1223–1225

VIOGNIER

pp 1240 – 1243

TSIMLYANSKY CHERNY

いくぶんタンニンが強いが納得のいくロシア品種.
様々なスタイルの赤ワインが作られている.

ブドウの色：●　●　●　●　●

主要な別名：Tsimlyansky
よくTSIMLYANSKY CHERNYと間違えられやすい品種：PLECHISTIK

起源と親子関係

TSIMLYANSKY CHERNY はロシア南西部，ウクライナとの国境沿いのロストフ（Rostov）ワイン生産地域由来の品種であろう.

他の仮説

ドン川（Don）流域で栽培される他の品種と同様に，TSIMLYANSKY CHERNY は中世にダゲスタン共和国から持ち込まれたといわれている（Vladimir Tsapelik，私信）. 1812年にナポレオン戦争に参加したコサックの人たちが帰郷する際，この品種をこの地域に持ち込んだと述べている研究者もいるが，ブドウがこの北部地方の冬を生き延びたとは考えにくい.

ブドウ栽培の特徴

萌芽期と熟期は中期である. べと病に感受性がある.

栽培地とワインの味

TSIMLYANSKY CHERNY はロシア，ロストフ・ナ・ドヌ（Rostov-on-Don）の北東部，ドン川流域のヴェデルニコフ（Vedernikov）やツィムリャンスキー（Tsimlyansky）ワイン生産地域で栽培されている（2010 年の栽培面積は170 ha/420 acres であったが，これには PLECHISTIK も含まれている）. 栽培はその南西のクラスノダール地方（Krasnodar）でも見られる. Tsimlyansky Winery はこの品種を甘口の発泡性ワインに用いている. また, Vedernikov Winery 社はタンニンが強く, 乾燥プラム, 黒胡椒や皮のフレーバーをもつ辛口の赤ワインを作っている. クラスノダールの Fanagoria Winery は，わずかにくすんではいるものの, 優れた骨格とフレーバーを有する大胆なワインを作っている. フレーバーについては, 地元の人々がサンザシ，スモークチェリー，黒い果実を思わせるものだと表しているが，外国人観光客からは BARBERA を思い起こさせるワインだと表されている. PLECHISTIK や KRASNOSTOP ZOLOTOVSKY とともにデザートワインや酒精強化ブレンド，そしてロゼにも用いられる.

TSITSKA

高酸度のジョージアの品種.
スティルワインと発泡性ワインが作られている.

ブドウの色：●　●　●　●　●

主要な別名：Shanti，Tsitsiko

起源と親子関係

TSITSKA は TSOLIKOURI や USAKHELOURI と同様に，ジョージア西部のコルヘティ（Kolkheti）由来の品種である．

ブドウ栽培の特徴

樹勢が強く，豊産性である．萌芽期は中期で晩熟．薄い果皮の果粒が密着して比較的大きな果房をつける．

栽培地とワインの味

TSITSKA はジョージア，イメレティ地方（Imereti）のスヴィリ（Sviri），ディミ（Dimi），ペルサティ（Persati），オブチャ（Obcha）の村で主に栽培されている．単品種で，あるいは TSOLIKOURI など他の品種とブレンドすることにより質の高い辛口のテーブルワインが作られている．また，酸度が高い（しばしば9〜12 g/L）ため，発泡性ワインの原料に適している．メロン－リンゴ－梨など，幅広い果実香を有している．ヴァラエタルワインの生産者としては Imeretian Wines と Khareba の2社が推奨される．2004年にはイメレティ地方で2,783 ha（6,877 acres）が栽培されていた．

TSOLIKOURI

広く栽培されているジョージアの品種．
様々なスタイルのワインが作られている．

ブドウの色：●　●　●　●　●

主要な別名：MelqosTsolikouri，ObchuriTsolikouri，Tsolikoouri

起源と親子関係

TSOLIKOURI は TSITSKA や USAKHELOURI と同様に，ジョージア西部のコルヘティ（Kolkheti）由来の品種である．

ブドウ栽培の特徴

厚い果皮をもつ果粒で中サイズの果房をつける．萌芽期は中期で晩熟である．

栽培地とワインの味

TSOLIKOURI はジョージアの主にディミ（Dimi），バグダティ（Baghdati），スヴィリ（Sviri），ツヴィシ（Tvishi）の村で栽培されている．Tvishi の中甘口の白ワインに用いられる唯一の品種であり，TSITSKA（また時に KRAKHUNA）とブレンドされることで，果実香やボディーをスヴィリ地域の辛口ワインに加える役割を果たしている．辛口の TSOLIKOURI ワインはフルボディーで，ソフトな酸味とマルメロや梨のフレーバーを有している．酸度は中程度だが，この品種はブレンドの発泡性ワインの原料としても高いポテンシャルがある．Teliani Valley 社が良質のヴァラエタルワインを生産している．2004年にはジョージアで5,787 ha（14,300 acres）の栽培が記録された．栽培の多くはイメレティ地方（Imereti）で見られるが，サメグレロ（Samegrelo）やラチャ＝レチフミ（Racha-Lechkhumi）でも栽培されている．

TSULUKIDZIS TETRA

辛口と甘口のワインが生産されている，マイナーだが豊産性のジョージアの品種

ブドウの色：● ● ● ● ●

主要な別名：Rachuli Tetra，Racthuli Tetri，Tsulukidze Tetra

起源と親子関係

TSULUKIDZIS TETRA はジョージア北西部，ラチャ＝レチフミ地域（Racha-Lechkhumi）由来の品種である．

ブドウ栽培の特徴

豊産性．萌芽期は早期で早熟である．

栽培地とワインの味

TSULUKIDZIS TETRA は中甘口と辛口の白ワインの生産に用いられており，ジョージア北西部，ラチャ＝レチフミで限定的に栽培されている．栽培は特に Sadmeli や Chorjo などの村周辺で見られる．ワインはキレがあり，アルコール分は中程度．熟した桃，薄い果皮色のチェリーの味わいをもつ．生産者としては Rachuli Wine や Bugeuli 社などがあげられ，前者は RACHULI TETRA の別名を用いている．

TUO XIAN

生食用ブドウだが，中国北部ではワインの生産に用いられることもある．

ブドウの色：● ● ● ● ●

起源と親子関係

2 世紀以上にわたって中国北部，内モンゴル自治区の Tuo Xian（托克托県）で栽培されてきたが，その起源がいまだ明らかになっていない *Vitis vinifera* 品種．Small Carnelian としても知られる．

ブドウ栽培の特徴

熟期は中期～晩期である．冬の寒さに耐寒性がある．また，乾燥にも良好な耐性を示し，ネトマーダ被害も受けにくく，比較的扱いやすい品種である．非常に大きく長い果房をつける．

栽培地とワインの味

TUO XIAN は主に中国北部，内モンゴル自治区の Tuo Ke Tuo で生食用ブドウとして栽培されてきたが，Tuo Xian の Clouds Winery は様々なスタイルの白ワインを作っている（Plocher *et al.* 2003）．

TURÁN

おもにその色に価値がある，濃い果皮色と赤い果肉のハンガリーの交配品種

ブドウの色：● ● ● ● ●

主要な別名：Agria（North America），Bikavér 13，Eger 208

起源と親子関係

1964年にハンガリーでJózsef CsizmaziaおよびLászló Bereznaiの両氏がBIKAVÉR 8×GÁRDONYI GÉZAの交配により得た交配品種．このとき用いられたBIKAVÉR 8はTEINTURIER×KADARKAの交配品種であり，またGÁRDONYI GÉZAはMENOIR×CSABA GYÖNGYEの交配品種である．

ブドウ栽培の特徴

熟期は中程度．ワキシーな赤い果肉の小さな果粒で大きな果房をつける．灰色かび病とハンガリーの冬の寒冷に耐性をもつ．

栽培地とワインの味

TURÁNは繊細なタンニンと心地よい酸味，そしてバラ，ローズヒップ，濃い色の森の果実のフレーバーを有した色合い深いワインになる．KADARKA等の品種とブレンドされることもある．ハンガリーの178 ha（420 acres）の畑のほとんどはエゲル（Eger）で栽培されているが，隣のマートラ地方（Mátra）でも見られる．推奨される生産者としてはマートラのTamás Szecskő社やエゲルのCsaba Demeter社などがあげられる．エゲルのImre Kaló社も素晴らしいワインを作っている．アスー（Aszú）スタイルの甘口ワインが作られることもあるが，それらはセラーでのみ販売されている．

大西洋を越えたカナダのブリティッシュコロンビア州では別名のAGRIAという名で栽培されている（7.5 acres/3 ha；2008年）．その南，アメリカ合衆国のワシントン州でも栽培されているが，公式統計に記載されるほどの量ではない．ブリティッシュコロンビア州のMarley Farm社やワシントン州のGlacier Peak社がヴァラエタルワインを生産している．

TURCA

DOUCE NOIREを参照

TYRIAN

地方の環境に合うよう育種された，フルフレーバーのオーストラリアの交配品種

ブドウの色：● ● ● ● ●

起源と親子関係

1972年にオーストラリア，ビクトリア州のマーベイン（Merbein）試験所でA J Antcliff氏が，スペイン品種のSUMOLL×カベルネ・ソーヴィニヨン（CABERNET SAUVIGNON）の交配により得た交配品種．この品種は暑く乾燥したオーストラリアの気候に適し，かつ品質のよい品種を作ることを目的として育種さ

れた．2000年に姉妹品種の CIENNA とともに公開された．

ブドウ栽培の特徴

糖度と酸度の比率がよく，pH が低い．ワインは素晴らしい色とフレーバーを有している．ほどよい収量である．

栽培地とワインの味

McWilliams Wines 社はこの品種の最初の試験栽培に参加した会社で，オーストラリアのリヴァリーナ（Riverina）にあるもう1軒の栽培家とともに，現在この品種を栽培している．その名前が深い紫の色合いを思い起こさせるものであることから，マーケティングを考慮し TYRIAN が品種名に選ばれた．McWilliams 社はニューサウスウェールズ州のグリフィス（Griffith）近くのハンウッド（Hanwood）で20 ha（50 acres）近くを栽培し，またハンター・バレー（Hunter Valley）で1.5 ha（4 acres）を栽培している．ワインはリッチでチェリーの果実香を有している．官能的だが，比較的しっかりした，味わいのあるタンニンをもっている．現在はブレンドとポートスタイルのワインにのみ用いられている．

U

UCELÙT (ウチェルート)
URLA KARASI (ウルラカラス)
USAKHELOURI (ウサヘロウリ)
UVA DELLA CASCINA (ウーヴァ・デッラ・カシーナ)
UVA LONGANESI (ウーヴァ・ロンガンネーズィ)
UVA RARA (ウーヴァ・ラーラ)
UVA TOSCA (ウーヴァ・トスカ)
UVALINO (ウヴァリーノ)

※次ページ以降に記載されているこのシンボルは，別名や誤った同定がDNA解析により確認されたことを示す.

UCELÙT

絶滅の危機から救い出された古く珍しいイタリア，フリウーリ地方（Friuli）の品種．主に甘口ワインに用いられる．

ブドウの色：● ● ● ● ●

起源と親子関係

歴史的にヴァレリアーノ（Valeriano）の丘，ピンツァーノ・アル・タリアメント（Pinzano al Tagliamento）およびカステルノーヴォ・デル・フリウーリ（Castelnovo del Friuli）で栽培されてきた．その名は鳥を意味する「*uccelline*」に由来するが，これはしばしば鳥がUCELÙTの甘い果粒を食べるからである．

他の仮説

地方の野生ブドウが栽培化されたものであろう．

ブドウ栽培の特徴

収量は多く晩熟である．灰色かび病に感受性が高い．

栽培地とワインの味

UCELÙTは特に，イタリア北西部のフリウーリ＝ヴェネツィア・ジュリア自治州（Friuli-Venezia Giulia）のポルデノーネ県（Pordenone）で栽培されている．他の古い地方品種であるCIANORIE，CIVIDIN，FORGIARIN，PICULIT NERI，SCIAGLÌNとともにブドウの形態分類の専門家のAntonio CalòおよびRuggero Forti両氏の支援を受けたEmilio Bulfon氏により絶滅の危機から救済された．甘口のパッシートスタイルのワインはイチジク，蜂蜜，ミントなどのアロマを有している．生産者としてはBulfon，Ronco，Cliona，Vicentini Orgnaniなどの各社があげられる．Florutis社は辛口のワインを作っているが，これは珍しいことである．1991年にUCELÙTはFORGIARIN，PICULIT NERI，SCIAGLÌNとともにイタリアの品種リストに登録された．2000年にはイタリアで10 ha（25 acres）の栽培が記録された．

UGNI BLANC

TREBBIANO TOSCANOを参照

URLA KARASI

稀少で赤い果皮色の古いトルコ品種．最近になって絶滅の危機から救いだされた．

ブドウの色：● ● ● ● ●

起源と親子関係

URLA KARASIは「ウルラ（Urla）の黒」を意味している．トルコ西部，イズミル県（İzmir），ウルラ半島の地方品種である．

ブドウ栽培の特徴

晩熟である．果粒は中サイズ，果肉も薄く色づくのが特徴である（Çetiner *et al.* 2009）．べと病とうどんこ病に耐性があるようだ（Can Ortabaş，私信）．

栽培地とワインの味

URLA KARASI はウルラ半島の Urla Şarapçılık 社のオーナーである Can Ortabaş 氏が，近年，絶滅の危機から救済した品種である．Can Ortabaş 氏はこの品種と他の古い地方品種をバイオダイナミック農法の畑に植え付けた．この品種は接ぎ木しにくいが，標高が高い地点にある畑（1,050 m/3,445 ft）で栽培が広がっている．ワインはブラックベリーやブラックチェリー，サワーチェリーのフレーバーを有している．Urla Şarapçılık 社は，非常に珍しいやり方ではあるが URLA KARASI と同時期に熟す品種 NERO D' AVOLA をブレンドし成功を収めている．

USAKHELOURI

中甘口のアロマティックな赤ワインを生み出すジョージアの品種

ブドウの色：● ● ● ● ●

主要な別名：Okhureshuli，Okourechouli

起源と親子関係

USAKHELOURI は TSITSKA や TSOLIKOURI と同様にジョージア西部，コルヘティ（Kolkheti）に由来する．別名の OKHURESHULI はラチャ＝レチフミ地方（Racha-Lechkhumi）の村の名前にちなんで名づけられたものである．Chkhartishvili and Betsiashvili（2004）によれば，この品種は植物学的，また遺伝学的にこの地域の野生ブドウに近いのだという．

ブドウ栽培の特徴

萌芽期は早期で晩熟である．ローム質で石灰岩に富んだ丘の斜面が栽培に最も適している．

栽培地とワインの味

USAKHELOURI は滑らかで，豊かな風味に溢れ，かつバラの香りをも漂わす中甘口（ごくまれに辛口）の赤ワインになる．ジョージア北西部，ラチャ＝レチフミ地方（Racha-Lechkhumi）の Zubi や Okhureshi の村周辺で栽培されている．推奨される生産者としては Khareba 社，Paata Sharashenidze 社，Telavi Wine Cellar 社などがあげられる．

UVA DELLA CASCINA

近年，絶滅の危機から救済されたイタリア，オルトレポー・パヴェーゼ（Oltrepò Pavese）の稀少な品種．芳しい香りが特徴的．

ブドウの色：● ● ● ● ●

主要な別名：Uva Cascina

起源と親子関係

UVA DELLA CASCINA は「農地のブドウ」という意味がある．起源が明らかになっていないブドウの形態分類学的に珍しい品種であり，オルトレポー・パヴェーゼで栽培されている．

ブドウ栽培の特徴

樹勢が強く，早熟である．低収量になってしまうのは，おそらく救済された何本かの樹がウィルスに感染していたことによるものであろう．果粒はわずかだがマスカットアロマを有している．

栽培地とワインの味

絶滅したと考えられていた UVA DELLA CASCINA だが，最近になってイタリア，ロンバルディア州（Lombardia）パヴィーア県（Pavia），ミラノ（Milano）の南，ロヴェスカーラ（Rovescala）の Fortesi 氏のような冒険心のある栽培家たちによって再発見された．彼らがヴァラエタルワインを試作した当初は，セラーでのテイスティングのみが認められていた．

トスカーナ州の村であるカーシナ（Càscina）と混同されるおそれがあるので，UVA DELLA CASCINA はイタリアの品種登録には加えられていない．主にパヴィーア県のヴァッレスタッフォラ（Valle Staffora）で栽培され，通常は地方の品種とブレンドされている．Cabanon 社の Vino del Bosco（IGT Provincia di Pavia）ワインは UVA DELLA CASCINA，UVA RARA および UGHETTA（すなわち VESPOLINA）の少なくとも3種の古い品種をブレンドしており，Fattoria Mondo Antico 社の Sinodo ワイン（Oltrepò Pavese DOC）は BARBERA，CROATINA，UVA DELLA CASCINA および MORADELLA のブレンドワインである．オーナーの DarioTiraboschi 氏はヴァラエタルワインを作る計画をもっており，それは香り高いフルボディーのワインになるであろうと思い描いている．

UVA LONGANESI

イタリア，エミリア=ロマーニャ州（Emilia-Romagna）の品種．この品種を絶滅の危機から救い出した家族の名前にちなみ命名された．耐寒性を有している．

ブドウの色：● ● ● ● ●

主要な別名：Bursôn，Longanesi，Negretto Longanesi

起源と親子関係

この品種はエミリア＝ロマーニャ州のラヴェンナ市（Ravenna），西のバニャカヴァッロ（Bagnacavallo）の付近で少なくとも2世紀にわたりひっそりと栽培されてきたといわれている．19世紀末には，ほぼ絶滅状態であったが，近年，この品種を絶滅の危機から救済した Longanesi 家の名にちなんで正式に UVA

LONGANESI と命名された.

1913年，バニャカヴァッロに土地を購入した Antonio Longanesi 氏は近隣で樫の木を伝い登って生えている古いブドウの樹をみつけた．優れた耐寒性を有していたこと，また，小さな果粒が厚い果皮に覆われているためにかびの病気に耐性をもっていたことから，Longanesi 氏は自家製ワイン作りに成功し，地元の人たちからも好評を得た．このブドウは Antonio Longanesi 氏と彼の友人のために栽培されていたのだが，1956年になって初めて，彼の息子の Aldo Longanesi 氏がブドウ畑で栽培を開始した．Aldo Longanesi 氏の死から1年後の1972年に彼の息子の Pietro が祖先に敬意を表して，暫定的にこのブドウを UVA LONGANESI と名付けた．Pietro の息子の Daniele は1995年にワイナリーを引き継ぎ，1999年に UVA LONGANESI は公式に認知され品種登録された．その別名 BURSÔN は地方の方言で「大きな袋」を意味するが，これは Antonio Longanesi 氏のあだ名であった.

近年，サン・ミケーレ・アッラーディジェ（San Michele all'Adige）研究センターで行われた DNA 解析の結果，UVA LONGANESI は他の既知の品種とは同一でないことが明らかになった（Stella Grando and José Vouillamoz，未公開データ）.

他の仮説

地方の歴史家の中にはローマ教皇の兵士が UVA LONGANESI をスペインから持ち込んだと信じている人たちもいるが，地方の野生ブドウが栽培化されたものだと考える研究者もいる.

ブドウ栽培の特徴

熟期は中期である．霜とかびの病気に耐性をもつ.

栽培地とワインの味

特筆すべきことといえば，1本のブドウの樹から栽培がはじまった UVA LONGANESI が，いまではイタリア中北部，エミリア＝ロマーニャ州，ラヴェンナ県の南西および西のバニャカヴァッロとファエンツァ（Faenza）で200 ha（494 acres）の栽培面積を占めているということである．若干の素朴さとタンニンの苦みを有しつつも，時に豊かなワインとなる．地方の規則により IGT Ravenna として公認されるヴァラエタルワインは，二つのカテゴリーに分けられている．一つは，より野心的なブランドである Etichetta Nera（黒ラベル，最短でも20ヶ月オークで熟成され，一部干しブドウが用いられている）．もう一つは，樽熟成が短くさほど野心的ではない Etichetta Blu（青ラベル，タンニンをソフトにするためにカーボニックマセレーションを行うことができる）である．生産者には Cantine Ercolani 社や，その名の由来となった Daniele Longanesi 氏などがある.

UVA RARA

ネッビオーロ（NEBBIOLO）をソフトにするためイタリア最北部でよく用いられる品種

ブドウの色：● ● ● ● ●

よくUVA RARAと間違えられやすい品種：BONARDA PIEMONTESE ☿（ノヴァーラ県（Novara），ヴェルチェッリ県（Vercelli）およびパヴィーア県（Pavia））

起源と親子関係

UVA RARA はイタリア北部のピエモンテ州（Piemonte）やロンバルディア州（Lombardia）産の古い品種である．ミラノ市（Milano）南西のノヴァーラ県，ヴェルチェッリ県，パヴィーア県では，紛らわしいことに UVA RARA は BONARDA と呼ばれているが，この品種は BONARDA PIEMONTESE とは異なるものである．UVA RARA の名は，文字通り稀少なブドウ（rare grape）を意味するが，これはおそらく房あたりの果粒数が少ないことによるものであり，ブドウの稀少性を指しているわけではないと考えられる．

ブドウ栽培の特徴

熟期は中期〜晩期である．結実不良（ミルランダージュ）になりやすく，また，うどんこ病に非常に感染しやすい．

栽培地とワインの味

その名から私たちが抱いてしまう期待に反して，UVA RARA はイタリアのロンバルディア州（特にパヴィーア県）やピエモンテ州（アレッサンドリア県（Alessandria），アスティ県（Asti），ビエッラ県（Biella），ノヴァーラ県，トリノ県（Torino），ヴェルチェッリ県）で広く栽培されている．2000年にイタリアでは608 ha（1,502 acres）の栽培が記録されたが，栽培面積は減りつつある．この品種はネッビオーロが主体のブレンドをソフトにするため，Boca，Colline Novaresi，Fara，Sizzano など，北部の DOC や Ghemme DOCG で用いられている．少し南の Oltrepò Pavese や San Colombano al Lambro の DOC ではほとんどが BARBERA や CROATINA などとブレンドされる．ヴァラエタルワインは Colline Novaresi DOC で公認されている．

苦い後味をもつものもあるが，ヴァラエタルワインは香りが高く非常にソフトである．生産者には Brigatti，the Cantina Sociale dei Colli Novarese，Fortesi，Frecciarossa などがあげられる．

UVA TOSCA

減少傾向にある，イタリア，エミリア=ロマーニャ州（Emilia-Romagna）のマイナーな品種

ブドウの色：● ● ● ● ●

主要な別名：Montanara
よくUVA TOSCAと間違えられやすい品種：SANGIOVESE

起源と親子関係

UVA TOSCA はこの品種の起源の地であると考えられているエミリア＝ロマーニャ州で Tanara（1644）が初めて「赤いワイン，あまり甘くなく，スパイシー，エレガントで非常に健康的」と記録している．その名前にもかかわらず，品種はトスカーナ州（Toscana）の由来ではなく，Cipriani *et al.* (2010) が報告しているように，最近の DNA 系統解析によって，この品種は CREPALLOCCHI × SCHIAVA GROSSA の自然交配品種であることが示唆された（系統図は SCHIAVA GROSSA 参照）．ここで前者はあまり知られていない起源不明の黒果粒品種で，また後者はアルト・アディジェ（Alto Adige/ボルツァーノ自治県）からロンバルディア州（Lombardia）に広がった品種である．他の研究から UVA TOSCA と LAMBRUSCO MONTERICCO の親子関係が示唆されており（Boccacci *et al.* 2005），この場合は後者は UVA TOSCA の子品種でなければならないことになる．

ブドウ栽培の特徴

熟期は中期〜晩期である．結実不良（ミルランダージュ）になりやすく，また，うどんこ病に感染しやすい．

栽培地とワインの味

UVA TOSCA はイタリア，エミリア＝ロマーニャ州，アペニン山脈の標高700〜900 m の地点にあり他の赤品種は到底，熟すことができないような場所で栽培されている．現在は，冷涼な高地での栽培は激減していて，ラヴェンナ県（Ravenna），モデナ県（Modena）（ゾッカ（Zocca），ポリナーゴ（Polinago）），レッジョ・エミリア県（Reggio Emilia）（リゴンキオ（Ligonchio），カルピネーティ（Carpineti））など，低地での栽培が増えている．しかし総栽培面積は1990年から減少しつつあり，2000年のイタリアでの栽培面積は115 ha（284 acres）であった．UVA TOSCA はヴァル・ディセッキア（Val di Secchia）で栽培される唯一の品種である．通常はブレンドワインの生産に用いられている．

UVALINO

近年，絶滅の危機から救い出されたイタリア，ピエモンテ州（Piemonte）の品種

ブドウの色：● ● ● ● ●

主要な別名：Cunaiola（カナヴェーゼ（Canavese）），Freisone（トルトーナ（Tortona）），Lambrusca（ロエロ（Roero）），Lambruschino（ロエロ）

起源と親子関係

この品種はピエモンテ地方の中だけでも，様々な呼ばれ方をしているのだが（上記別名を参照），UVALINO として知られている．この名は「小さなブドウ」を意味しているように見えるのだが，これはおそらく，アスティ県（Asti）においてのみ使われる *uvario*（品質のよくないワインのブレンドを意味する方言）に由来すると考えられる．UVALINO について初めて言及があったのは1831年のことで，アスティの南東，ニッツァ・モンフェッラート（Nizza Monferrato）やカステッレット・モリーナ（Castelletto Molina）で栽培される品種として記録がなされたのが最初である（Torello Marinoni *et al.* 2006）．DNA 解析によって UVALINO は，現在は，ほとんど絶滅状態にあるピエモンテ州の品種の NERETTO DI MARENGO と親子関係にあることが示された（Torello Marinoni *et al.* 2006）．

ブドウ栽培の特徴

頑強で晩熟である．灰色かび病に耐性があるため，遅摘みが適している．高レベルの抗酸化成分レスベラトロルを含んでいることが報告されている．

栽培地とワインの味

かつて，UVALINO はイタリア北西部のピエモンテ州全域，主にアスティ県，アレッサンドリア県（Alessandria），トルトーナ県のいたるところで栽培されていたのだが，アルバ（Alba）とアスティの間にあるコスティリオーレ・ダスティ（Costigliole d'Asti）の Cascina Castlèt 社のオーナー，Mariuccia Borio 氏が，バローロ（Barolo）近くのラ・モッラ（La Morra）にある Villa Pattono ワイナリーに UVALINO を植えた Renato Ratti 氏に出会うまで，この品種は減少傾向にあった．UVALINO は，マドレーヌがプルーストの記憶を呼び覚ましたごとく，Borio 氏に自家製のワインの貴重な価値を思い起こさせた．Borio 氏は1990年代の初頭にアスティ県のブドウ試験栽培研究所の所長の Lorenzo Corino 氏の協力を得て人々の記憶から忘れ去られようとしている UVALINO を救済する断固とした取組みを開始した．数年にわたる歴史的な研究と醸造研究の後，UVALINO は2002年に公式品種登録リストに掲載された．Cascina Castlèt 社はヴァラエタルワインの数少ない生産者の一つである．UVALINO のワインは熟した赤い果実と甘いスパイスの豊かなアロマに加え，顕著なタンニンと良好な酸味を有している．

V

VÁH (ヴァーフ)
VALDIGUIÉ (ヴァルディギエ)
VALENTINO NERO (ヴァレンティーノ・ネーロ)
VALIANT (ヴァリアント)
VALVIN MUSCAT (バルビンマスカット)
VAN BUREN (ヴァンビュー)
VANDAL-CLICHE (バンダルクリッシェ)
VASILAKI (ヴァシラキ)
VB 32-7 (VB 32-7)
VB 91-26-4 (VB 91-26-4)
VEGA (ヴェーガ)
VERDEA (ヴェルデーア)
VERDECA (ヴェルデーカ)
VERDEJO (ベルデッホ)
VERDEJO SERRANO (ベルデッホ・セラーノ)
VERDELHO (ヴェルデーリョ)
VERDELLO (ヴェルデッロ)
VERDESSE (ヴェルデス)
VERDICCHIO BIANCO (ヴェルディッキオ・ビアンコ)
VERDIL (ベルディル)
VERDISO (ヴェルディーゾ)
VERDONCHO (ベルドンチョ)
VERDUZZO FRIULANO (ヴェルドゥッツォ・フリウラーノ)
VERDUZZO TREVIGIANO (ヴェルドゥッツォ・トレヴィジャーノ)
VERITAS (ヴェリタス)
VERMENTINO (ヴェルメンティーノ)
VERMENTINO NERO (ヴェルメンティーノ・ネーロ)
VERNACCIA DI ORISTANO (ヴェルナッチャ・ディ・オリスターノ)
VERNACCIA DI SAN GIMIGNANO (ヴェルナッチャ・ディ・サン・ジミニャーノ)
VERSOALN (ヴェロソアルン)
VERTZAMI (ヴェルザミ)
VESPAIOLA (ヴェスパイオーラ)
VESPOLINA (ヴェスポリーナ)
VIDADILLO DE ALMONACID (ビダディーリョ・デ・アルモナシ)
VIDAL (ヴィダル)
VIDIANO (ヴィディアノ)
VIEN DE NUS (ヴィアデヌ)
VIGNOLES (ヴィニヨール)
VIJARIEGO (ビハリエーゴ)
VILANA (ヴィラナ)
VILLARD BLANC (ヴィラール・ブラン)

※次ページ以降に記載されているこのシンボルは，別名や誤った同定がDNA解析により確認されたことを示す．

VINCENT (ヴィンセント)
VINHÃO (ヴィニャオン)
VIOGNIER (ヴィオニエ)
VIOLENTO (ヴィオレント)
VIOSINHO (ヴィオジーニョ)
VITAL (ヴィタル)
VITOVSKA (ヴィドスキャ)
VITOVSKA GRGANJA (ヴィトウスカ・グラガニャ)
VLACHIKO (ヴラヒコ)
VLAŠKA (ヴラシュカ)
VLOSH (ヴロシ)
VOLITSA MAVRI (ヴォリツァ・マヴリ)
VOSKEAT (ヴォスケハト)
VRANAC (ヴラナツ)
VUGAVA (ヴガヴァ)
VUILLERMIN (ヴィリヤマ)

VACCARÈSE

BRUN ARGENTÉ を参照

VÁH

近年，公認されたスロバキアの交配品種．健やかに育つためにはよい場所が必要である．

ブドウの色：

主要な別名：CAAB 3/13

起源と親子関係

VÁH の名はスロバキア国内全域を流れるドナウ川の支流で，同国で最も長い川の名前にちなんで名づけられたものである．VÁH は1976年にスロバキア，ブラチスラバ（Bratislava）にあるブドウ栽培および醸造研究センター（VUVV）の Dorota Pospíšilová 氏が CASTETS×ABOURIOU の交配により得た交配品種で，2011年に公認された．HRON，NITRANKA，RIMAVA の姉妹品種である．

ブドウ栽培の特徴

樹勢が強く，安定して豊産性である．萌芽期は遅く晩熟．厚い果皮に覆われた小さな果粒からなる果房はかなりの大きさになる．

栽培地とワインの味

ワインは色合い深いフルボディーで，カベルネ・ソーヴィニヨン（CABERNET SAUVIGNON）を思わせるピーマン様の香りを有している．ワインの質はボトルの中で向上する．スロバキアではまだ広く栽培されていないが（2011年の栽培面積：5 ha/12 acres），Karol Braniš 社など数社がヴァラエタルワインを作り始めている．この品種は同国南西部の南スロバキア（Južnoslovenská）や小カルパティア山脈（Malokarpatská）など，ワイン産地として最良の場所で栽培されるのが理想的である．

VALDIGUIÉ

フランス南西部の品種．ごく普通の品種であるが高収量なのが特徴的．かつてはフランス南部やカリフォルニア州で人気があったが，現在，その栽培は減少の一途をたどっている．

ブドウの色：

主要な別名：Cot de Cheragas（アルジェリア），Gros Auxerrois，Valdiguier
よくVALDIGUIÉと間違えられやすい品種：GAMAY NOIR ✗（カリフォルニア州，ブラジルおよびオーストラリアでは Napa Gamay とよばれ，あるいはカリフォルニア州で Gamay 15 と呼ばれる）

起源と親子関係

フランス南西部の VALDIGUIÉ は最近の品種であるためか，1884年までは記録がない（Rézeau 1997,

「Valdiguier，まだあまり知られていないこの品種（ブドウ）は注目に値する」）．この不思議なブドウの名前の由来についてだが，いずれも同じように不確かな三つの仮説が存在する（Galet 1990）．

- タルヌ＝エ＝ガロンヌ県（Tarn-et-Garonne），モントーバン（Montauban）近くのピュイラロック（Puylaroque）でワイン生産者のValdéguier氏（1745-1817）が自然にできた種を育て，増やして彼の中庭で栽培した品種だという説．おそらくMÉRILLEの実生と考えられる．
- 1845年頃，ピュイラロックでJean-Baptiste Valdiguié氏（?-1864）が隣家の畑の中に見つけ，Tressensの畑に植えたという説．
- ロット県（Lot）のオジョル（Aujols）にある，以前はテンプル騎士団の修道院であった廃墟でGuillaume Valdiguier氏がこのブドウをみつけたという説．

VALDIGUIÉはブドウの形態分類群のCotグループに属している（p XXXII参照；Bisson 2009）．

MÉRILLEとの親子関係（Galet 1990）はまだDNA解析で確認されていない．この品種はMELNIK 82とRANNA MELNISHKA LOZAの育種に用いられた．

ブドウ栽培の特徴

熟期は中程度である（カリフォルニアの北部と中部の冷涼な地域では遅くなる）．樹勢が強く，結実能力が高い．豊産性で，短く剪定するのが最適である．大きな果粒が密着した大きな果房つける．うどんこ病には，ある程度の耐性がある．

栽培地とワインの味

VALDIGUIÉは，とりわけ高い収量が得られるということと，うどんこ病に耐性があるということで，かつてはフランス南部で広く栽培されていた（4,908 ha/12,128 acres; 1958年）．しかし，2008年の栽培面積はわずか145 ha（358 acres）にとどまった．栽培のほとんどはタルヌ県（Tarn），ラングドック（Languedoc），プロヴァンス（Provence）で見られる．カリフォルニア州では禁酒法時代に同じ理由で人気がでて，栽培面積は1977年に6,118 acres（2,476 ha）に達したが，それをピークに栽培は減り始め，2008年には358 acres（145 ha）にまで激減した．最初は誤ってNAPA GAMAYと命名されたが，1980年にPierre Galet氏がVALDIGUIÉと同定した．現在はVALDIGUIÉという名称で認定されているにも関わらず公式統計では依然GAMAY（Napa）として記載されている．この品種はGAMAY BEAUJOLAISとは異なる品種である．通常，ワインの色は明るく，また色合いがよい．ワインは中程度のアルコール分を含んでいる．わずかだが渋いタンニンを有しているので，カリフォルニア州の生産者はカーボニックマセレーションを行っている．日常的に飲まれるロゼワインの生産にも用いられている．生産者としてはカリフォルニア州のEdmunds St John社，J Lohr社やオレゴン州のBrick House社が推奨されている．インディアナ州のOliver社もヴァラエタルのVALDIGUIÉを作っている．

VALENTINO NERO

非常にマイナーなイタリア，ヴェネト州（Veneto）の交配品種．
本当の親子関係が明らかになったのは最近のことである．

ブドウの色：● ● ● ● ●

主要な別名：Incrocio Dalmasso 16/8

起源と親子関係

イタリアのブドウ育種家であるGiovanni Dalmasso氏は，1936年にイタリア北部，ヴェネト州のコネリアーノ（Conegliano）研究センターでネッビオーロ（NEBBIOLO）×DOLCETTOの交配品種である

VALENTINO NERO を得たと発表した．この品種は1977年にイタリア公式品種登録リストに掲載された．最近の DNA 解析によって Dalmasso 氏が用いたのは，実はネッビオーロでなく CHATUS の別名の NEBBIOLO DI DRONERO であったことが示された（Torello Marinoni，Raimondi，Mannini and Rolle 2009）．こうして VALENTINO NERO が CHATUS × DOLCETTO の交配品種であり，PASSAU や SAN MARTINO の姉妹品種であると結論づけられた．

ワイン産地

VALENTINO NERO はイタリア北西部のピエモンテ州で非常に限定的に栽培されている．

VALIANT

アメリカの交雑品種．冬の寒さに非常に強いこととフォクシーフレーバーを有しているのが特徴．ゼリーに加工したり，生食するのがよい．

ブドウの色：● ● ● ● ●

主要な別名：South Dakota 72S15，South Dakota NF7-121，South Dakota SD7-121

起源と親子関係

VALIANT は，1967年にブルッキングズ（Brookings）のサウスダコタ農業試験場で R M Peterson 氏が FREDONIA × SOUTH DAKOTA 9-39 の交配により得た交雑品種である．

このとき用いられた SOUTH DAKOTA 9-39 は *Vitis riparia* の実生でモンタナのカルバートソン（Culbertson）近くで採集されたものである．この *Vitis labrusca*，*Vitis riparia* および *Vitis vinifera* の交雑品種は1972年に選抜され，1997年に公開された．

ブドウ栽培の特徴

樹勢が強く豊産性であるので，摘房が必要かもしれない．非常に優れた耐寒性を有する（カナダのマニトバ州（Manitoba）では−50°F/−46℃への耐性が記録されている）．

小さな果粒が密着する小さな果房をつけ，果粒の酸度は低いが，糖度は高くなる．早熟．日照に敏感で早期に休眠がはじまる．べと病，うどんこ病，黒腐病に感染しやすいので乾燥した気候がこの品種の栽培には適している．

栽培地とワインの味

サウスダコタ農業試験場はこの品種を生食用，ジュース用，ゼリー用に分類したが，サウスダコタ州，ミネソタ州（28 acres/11 ha；2007年），アイオワ州や他の中西部では限定的にワイン用としても用いられている．ワインの生産に用いているのは，ミネソタ州の Carlos Creek 社，ワイオミング州の Table Mountain 社，ノースダコタ州の Point of View 社，ミシガン州の Threefold Vine 社およびミズーリ州の Phoenix 社などである．ワインはブレンドワインの生産によく用いられるが軽いロゼワインが作られることもある．FREDONIA の親品種，CONCORD のフレーバーを受け継いでいるが，高い糖度と深い色合いは *Vitis riparia* の典型的な特徴である．

VALVIN MUSCAT

マスカットフレーバーが著しい，とてもアロマティックな交雑品種

ブドウの色：● ● ● ● ●

起源と親子関係

VALVIN MUSCAT は1962年にニューヨーク州，コーネル大学の Bruce Reisch と Thomas Henick-Kling の両氏が MUSCAT DU MOULIN×MUSCAT OTTONEL の交配により得た交雑品種である．MUSCAT DU MOULIN は COUDERC 299-35としても知られる品種で，COUDERC 603×PEDRO XIMÉNEZ の交雑品種である．また COUDERC 603は BOURRISQUOU×*Vitis rupestris* の交雑品種である．したがって VALVIN MUSCAT は *Vitis rupestris* と *Vitis vinifera* の交雑品種であると言える．最初の実生は1964年に植えつけられ，1969年に殖やされたとき，選抜系統 NY62.01222.01と名付けられた．この選抜株を研究者や栽培家が試験利用できるようになったのは1990年のことである．VALVIN MUSCAT が正式に公開されたのは2006年である（Reisch *et al.* 2006c）．

ブドウ栽培の特徴

果粒の大きさは中程度である．果汁を多く含む果粒が密着する小さな果房をつける．

接ぎ木されないと，かなり小さな樹となってしまう．しかし接ぎ木すると，樹勢が強く豊産性となる．熟期は中期であるがマスカットのアロマが十分に生じるまで，収穫すべきでない．べと病，うどんこ病と黒腐病への感受性は中程度である．灰色かび病には耐性がある．耐寒性は中程度である（−5℉/−21℃から−15℉/−26℃）．

栽培地とワインの味

2009年のインディアナ州における VALVIN MUSCAT の栽培面積はわずか10 acres（4 ha）であった．他の中西部の州にはいまだ栽培の記録がない．ワインは高品質．スパイシーさと花のアロマを有している．明らかな苦味はない（Reisch *et al.* 2006c）．強いアロマを有しているので，ヴァラエタルだけでなくブレンドワインにも向いている．生産者はニューヨーク州の Hunt Country Vineyards 社とインディアナ州の Oliver Winery 社の Creekbend Vineyard である．

VAN BUREN

アメリカの古い交雑品種．酸度が低いのが特徴でほとんどが生食用である．

ブドウの色：● ● ● ● ●

主要な別名：Gladwin 3000

起源と親子関係

VAN BUREN は20世紀の初めにジュニーヴァ（Geneva）にあるニューヨーク州農業試験場の Fred E Gladwin 氏が FREDONIA×WORDEN を交配して得た交雑品種である．WORDEN は選抜された CONCORD の実生であるため VAN BUREN は *Vitis labrusca* と *Vitis vinifera* の交雑品種である．いつ交配されたのかは知られていないが，1936年に5回目の果実をつけ，1935年に市場に公開された．

ブドウ栽培の特徴

果粉の多い厚い果皮をもつ中サイズの果粒が密着した小〜中サイズの果房をつける.

ブドウが熟すと果皮が損なわれる傾向がある. 果肉はフォクシーテイスト（狐臭）を有している. 樹勢が強く非常に早熟で（そのため鳥害を受けやすい）着果過多になりやすい. べと病には非常に感受性が高い. 耐寒性である（−15°F/−26℃ から −20°F/−29℃）.

栽培地とワインの味

酸度が低いため VAN BUREN はワインにするよりも生食が適しているが, ウェストバージニア州の Forks of Cheat 社はフルーティーな赤の甘口ヴァラエタルワインを作っている. この品種の栽培はカナダのオンタリオ州でも見られる.

VANDAL-CLICHE

***カナダの交雑品種. 耐寒性に優れているのが特徴.
幅広いスタイルのワインの生産に用いられている.***

ブドウの色：

主要な別名： Cliche, Cliche 8414, Cliche Blanc, Vandal 84-14, Vandal Blanc, Vandal Cliche

起源と親子関係

VANDAL-CLICHE は1946年以降にカナダ, ケベック州にあるラヴァル大学（Laval University）の Joseph O Vandal 氏（1907–94）がとりわけ寒い地域に適した品種の育種を目的として VANDAL 63 × VANDAL 163 の交配により得た交雑品種である.

- VANDAL 63 は PRINCE OF WALES × *Vitis riparia* の交雑品種である. PRINCE OF WALES はイギリスの *Vitis vinifera* の生食用ブドウである.
- VANDAL 163 は AURORE × CHANCELLOR の交雑品種である.

ケベック食品工学研究所農学部教授の Mario Cliche 氏がこの品種を広めたことにちなんで, VANDAL-CLICHE と名付けられた. VANDAL-CLICHE は *Vitis riparia*, *Vitis labrusca*, *Vitis vinifera*, *Vitis aestivalis*, *Vitis lincecumii*, *Vitis rupestris* および *Vitis cinerea* の非常に複雑な交雑品種である.

ブドウ栽培の特徴

結実能力が非常に高く, 熟期は早期〜中期である. −31°F（−35℃）までの耐寒性を有する. 果皮が薄く, 果粒が熟すと脱粒しやすくなる. ケベック州ではべと病に感受性で, 黒とう病には非常に感受性が高い.

栽培地とワインの味

VANDAL-CLICHE は辛口から甘口ワインさらには発泡性ワインや微発泡性ワインなど, 様々なスタイルのヴァラエタルワインに用いられている. *Vitis labrusca* の特徴である過剰なフォクシーフレーバー（狐臭）を避けるため, 非常に速い時期に収穫する必要がある. 果皮が薄く, また, 茎が弱いため, 遅摘みやアイスワインの生産には適していない. ヴァラエタルワインは通常, フレッシュで軽くキレがよく, レモンの皮のフレーバーが感じられることがある. ケベック州の生産者としては Carone, Les Côtes du Gavet, Au Jardin d'Emmanuel, Les Murmures, Moulin du Petit Pré, La Rivière du Chêne, Domaine Royarnois（この品種の販売の先駆者）などの各社があげられる. ケベック州での栽培面積はこの品種が有している病気への感受性が原因で増加していないようだ.

VASILAKI

トルコ，ボズジャ島（Bozcaada）由来の白ワイン品種．
低酸度だが高品質のワインになる可能性を秘めている．

ブドウの色：● ● ● ● ●

主要な別名：Altıntaş

起源と親子関係

VASILAKI はトルコ，チャナッカレ（Çanakkale）港の南西，エーゲ海に浮かぶボズジャ島由来の品種で，しばしば ALTINTAŞ（「金の石」を意味する）とも呼ばれている．島がギリシャに属していた（Ténedos と呼ばれていた）ときには，この品種から辛口～甘口ワインまで幅広い種類のワインが作られていた．

ブドウ栽培の特徴

熟期は早期～中期である．厚い果皮をもつ小さな果粒が粗着した大きな果房をつける．高収量である．

栽培地とワインの味

主にトルコ西部沿岸沖のボズジャ島で栽培されている．VASILAKI は低酸度で，ワインにフレッシュさを保つためには，早摘みしたブドウを加える必要がある．醸造の過程で澱が残っていなければ，酸化しやすく，すぐに熟成する．ワインは柑橘，オレンジの皮，時にクローブ（丁子）など，興味深いアロマをもち，後口にわずかな苦みがある．Corvus 社は辛口ワインとパッシートスタイルワインを作っている．また，ÇAVUŞ や時にソーヴィニヨン・ブラン（SAUVIGNON BLANC）とのブレンドワインも作っている．ボズジャ島の生産者としては他にも Talay 社，Yunatçılar 社，Gülerada 社などがあげられる．2010年のトルコでの栽培面積はわずかに4 ha（10 acres）であった．

VB 32-7

スイスのマイナーな交雑品種．耐病性に価値がある．

ブドウの色：● ● ● ● ●

起源と親子関係

VB32-7は，スイス，ジュラ州（Jura）ソウィエール（Soyhières）において Valentin Blattner 氏（そのため品種名が VB）が未公開の親品種から得た交雑品種である．

ブドウ栽培の特徴

全般的に良好な耐病性を示し，霜にも耐性がある．

栽培地とワインの味

2009年のスイスにおける VB32-7の栽培はわずか2 ha（5 acres）であった．育種家自身のほか，数人の生産者がそのわずかな VB32-7からワインを作っている．ワインはソーヴィニヨン・ブラン（SAUVIGNON BLANC）に似たニワトコの花とパッションフルーツのアロマを有している．生産者としてはジュラ州の Hervins（ブレンドの発泡性ワイン），アールガウ州（Aargau）の Hof Kasteln（SOLARIS とブレンド），ザンクト・ガレン州（Sankt Gallen）の Geiger，グラウビュンデン州（Graubünden）の Boner-Liechti およびティチーノ州（Ticino）の Cà di Ciser などの各社があげられる．間違いなく他の名前が必要である．

VB 91-26-4

***ヨーロッパ北部の非常に限定的な地域で見られるスイスのマイナーな交雑品種.
優れた耐病性を有している.***

ブドウの色：● ● ● ● ●

起源と親子関係

VB 91-26-4は1991年にスイスジュラ州（Jura）のソウィエール（Soyhières）でValentin Blattner氏が（そのため品種名がVB）カベルネ・ソーヴィニヨン（CABERNET SAUVIGNON）と非公開の耐病性品種（ドイツ語では*Resistenzpartner*）との交配によって得た交雑品種である.

ブドウ栽培の特徴

樹勢が強く早熟である．冬の寒さ，べと病，うどんこ病および灰色かび病に耐性がある．厚い果皮をもつ小さな果粒で小さな果房をつける.

栽培地とワインの味

スイスではザンクト・ガレン州（Sankt Gallen）のGeiger社が唯一，VB 91-26-4を0.5 ha（1 acre）の畑で栽培しワインを作っている．この品種はベルギーでも見られ，現地ではDomaine du Ry d'Argent社がブレンドワインを作っている．またオランダではWijnboerderij De Gravin社がヴァラエタルワインを生産しており，ワインはカベルネ・フラン（CABERNET FRANC）に似た特徴をもつと評している.

VEGA

VEGAはINCROCIO DALMASSO 2/26としても知られている．この薄い果皮色の品種は1937年にイタリア北部のコネリアーノ（Conegliano）研究センターで育種家のGiovanni Dalmasso氏がFURMINT×MALVAZIJA ISTARSKAの交配により得たものである.

2000年のイタリア農業統計には，この早熟品種であるVEGAの栽培面積が28 ha（69 acres）であったと記録されている.

VERDEA

***イタリア，トスカーナ州（Toscana）の古い白ワイン品種.
現在はロンバルディア州（Lombardia）の特産品となっており，
様々なスタイルのワインを作るのに用いられている.***

ブドウの色：● ● ● ● ●

主要な別名：Colombana Bianca（トスカーナ州），Colombana di Peccioli（トスカーナ州）

よくVERDEAと間違えられやすい品種：VERDECA☿（プッリャ州（Puglia））

起源と親子関係

VERDEA はトスカーナ州の非常に古い品種で，1303年にトスカーナ州で Pietro de Crescenzi が VERDEA に関する記録を残している．後に Soderini (1600) が，「非常に高い評価を受けているブドウ品種」と記録している．

驚くべきことにDNA 解析によって SANGIOVESE FORTE と呼ばれる黒い果粒の品種が実は VERDEA と同じであることが明らかになった (Di Vecchi Staraz，This *et al.* 2007) ことで，SANGIOVESE FORTE は VERDEA の色変異であることが示唆された．しかし Filippetti *et al.* (2005) で報告されている SANGIOVESE FORTE の DNA プロファイルはサンジョヴェーゼ（SANGIOVESE）と同一であることから，これには疑問が残る．

ブドウ栽培の特徴

熟期は中期である．灰色かび病に耐性があることから，遅摘みや半干しブドウに適している．

栽培地とワインの味

VERDEA は主にイタリア北部のロンバルディア州で栽培されており，特にミラノ市 (Milano) とピアチェンツァ市（Piacenza）の間にあるサン・コロンバーノ・アル・ランブロ地域（San Colombano al Lambro）で栽培されている．また，トスカーナ州のピサ県（Pisa）やエミリア＝ロマーニャ州（Emilia-Romagna）のピアチェンツァ県でも栽培されている．

1940年代まで VERDEA は MALVASIA BIANCA（通常は MALVASIA BIANCA LUNGA)，BESGANO BIANCO および PIZZUTELLO（もはや栽培されていない）などとともに，ジェノヴァ市 (Genova) とピアチェンツァ市の間にあるヴァル･テレッビア (Val Trebbia) やピアチェンツァ市近郊のヴァル・ヌレ（Val Nure）でヴィン・サント（Vino Santo）を作るのに用いられていた．2000年にはイタリアで152 ha（376 acres）の栽培が記録された（しかし，その一部は食用として栽培された可能性がある)．

Panizzari 社は非常に珍しい辛口のヴァラエタルワインを生産している．ワインはフレッシュかつ繊細なものとなる．IGT Colline del Milanese に分類されている．

Nettare dei Santi 社はスティルの辛口ワイン（10% のリースリング（RIESLING）を含む）のみならず甘口のパッシートスタイルのデザートワインと辛口の発泡性ワインも生産している．Cantina Pietrasanta 社の VERDEA にも 15％ のリースリングが含まれている．

VERDECA

軽く,ニュートラルなイタリア,プッリャ州 (Puglia) の品種だが減少傾向にある．ギリシャでは LAGORTHI の名で知られているが，はがゆいくらい供給不足の品種である．

ブドウの色：● ● ● ● ●

主要な別名：Alvino Verde, Lagorthi ☒（ギリシャのペロポネソス半島 (Pelopónnisos) およびイオニア諸島 (Ionian Islands)），Verdera，Verdicchio Femmina，Verdisco Bianco，Verdone，Vino Verde

よくVERDECAと間違えられやすい品種：ALVARINHO ☒（ポルトガル），VERDEA ☒（ロンバルディア州 (Lombardia)，トスカーナ州（Toscana)），VERDICCHIO BIANCO ☒

起源と親子関係

VERDECA はイタリア南部，プッリャ州の伝統的な品種である．

DNA 解析によって広くクロアチアで広く栽培されている PLAVINA は VERDECA ×TRIBIDRAG の交配品種であることが明らかになった（Lacombe *et al.* 2007)．後者の TRIBIDRAG は PRIMITIVO とジンファンデル(ZINFANDEL)に対する原産地クロアチアでの名前である．こうした親子関係から，VERDECA

はまだ言及されたことがないクロアチアのいずれかの地に起源をもつことが示唆された．しかし驚くべきことに，DNA 解析によって VERDECA が LAGORTHI と同じであることが明らかになった．LAGORTHI はギリシャ，ペロポネソス半島，エギアリア山脈（Aigiáleia）のカラブリタ（Kalávrita）の品種で，現地ではいまも限定的に栽培されている．また，イオニア諸島でも栽培されている（Vouillamoz）．そのため VERDECA はギリシャからプッリャ州に持ち込まれたと考えることも可能である．

ブドウ栽培の特徴

熟期は早期～中期である（しかしギリシャで栽培される LAGORTHI は晩熟である．下記参照）．霜，べと病，うどんこ病に良好な耐性を示す．

栽培地とワインの味

VERDECA の主要な栽培地はイタリア南部，プッリャ州のターラント県（Taranto）やバーリ県（Bari）など VERDECA が歴史的に分布していた地域で，現在もその地で栽培されている．

Locorotondo DOC や Martinafranca DOC ではブレンドの主要品種として，Gravina，Ostuni，San Severo の DOC では補助的な品種として，その役割を果たしている．バジリカータ州（Basilicata）やカンパニア州（Campania）の Lacryma Christi del Vesuvio DOC でも VERDECA が見られることがある．比較的ニュートラルなフレーバーのため，ベルモットの生産にも使われている．2000年にはイタリアで2,265 ha（5,597 acres）の栽培が記録されたが，20世紀，最後の30年の間に激減し（1970年の約8,000 ha/19,768 acres から減少），今後も減少し続けることが予想されている．プッリャ州，Leone de Castris 社の Messapia，I Pàstini 社の Faraone のヴァラエタルワインが推奨されている．Cantine Rivera 社の Vivace は軽い微発泡性のスタイルである．

ギリシャでは LAGORTHI の名で高い評価を受けているが，ギリシャでの栽培はわずかである．ペロポネソス半島北部のパトラ（Pátra）に拠点を置く Konstantinos Antonopoulos 氏は1980年代後期にこの品種に可能性を見いだし，標高600～900 m 地点にある畑に植え付けを行ったのだが，Antonopoulos 社は現在も LAGORTHI ヴァラエタルワインを作るための十分なブドウを得られないでいる．代わりにというわけでもないが，むしろ同社の Adoli Ghis ブレンドワインの主要品種として，その役割を果たしている．Oenoforos 社も同様にパトラでヴァラエタルワインを作っている．イオニア諸島，また最近ではギリシャ本土北部のマケドニア（Makedonía）でも限定的に栽培されている．LAGORTHI のワインは低～中程度のアルコール分と（特にこの標高で栽培された場合），適度な，またはフレッシュだと感じられる程度の酸味を有している．品質はソフトでクリーミーなものとなる．最初は桃のアロマをもっているが，6か月の瓶熟成後にはミネラル感が増し，シトラスのフレーバーが生まれる．

VERDEJO

高品質でアロマティック，豊かで木の実に似た風味をもつワインを生み出す品種．スペインのルエダ地方（Rueda）がこの品種の故郷であろうと考えられている．

ブドウの色：● ● ● ● ●

主要な別名：Albillo de Nava ☒（ルエダ），Botón de Gallo Blanco，Verdeja，Verdejo Blanco
よく VERDEJO と間違えられやすい品種：DAMASCHINO ☒，GODELLO ☒，Verdejo de Salamanca ☒（サラマンカ県（Salamanca）），VERDEJO SERRANO ☒（フランシア山地（Sierra de Francia））

起源と親子関係

VERDEJO はこの品種の果粒の緑にちなんで命名されたものである．おそらくルエダ地方に由来する品種で，ルエダ地方がムーア人にって統治される以前にモサラベの人達（Mozarabs）により持ち込まれたのであろうと考えられる．DNA 解析によってルエダ地方の ALBILLO DE NAVA は VERDEJO と同じであることが示された（Santana *et al.* 2007）が，これらの品種は ALBILLO MAYOR や ALBILLO REAL とは関係がない（Vouillamoz）．DNA 系統解析によって，スペイン北西部のガリシア州（Galicia）の GODELLO が VERDEJO と姉妹関係にあることが最近明らかになったことから（Santana *et al.* 2010），なぜ VERDEJO が，紛らわしいことに，ポルトガルで GODELLO の別名である GOUVEIO あるいは VERDEJO と呼ばれるのかが説明できる．

他の仮説

VERDEJO は，ルエダ地方や北のアストゥリアス州（Asturias）で VERDEJO NEGRO あるいは VERDEJO TINTO と呼ばれる TROUSSEAU の果皮色変異ではない．またルエダ地方，西のアリベス・デル・ドゥエロ（Arribes del Duero）で VERDEJO COLORADO として知られる PEDRAL とも関係がない．DAMASCHINO（PLANTA FINA の名で）と VERDEJO の DNA プロファイルはまったく異なるので（Vouillamoz），これらが同じ品種である（Ibañez *et al.* 2003）という説は間違いであろう．

ブドウ栽培の特徴

薄い果皮で特徴的な青緑の果粉のある果粒が密着する小から中サイズの果房をつける．萌芽期，熟期ともに早期～中期である．樹勢は弱く，結実能力は低い．適度に乾燥耐性で肥沃度の低い粘土質の土壌が栽培に適している．長く剪定するのがこの品種には最適である．うどんこ病に非常に感染しやすい．

栽培地とワインの味

VERDEJO はスペイン中北部のカスティーリャ・イ・レオン州（Castilla y León）の Rueda DO にとって誇りと喜びであり，2008年には11,352 ha（28,051 acres）の栽培を記録し，この年に同国で5番目に多く栽培された白ワイン品種であった．カスティーリャ・イ・レオン州の畑では栽培面積の10％を占めているが，カスティーリャ＝ラ･マンチャ州（Castilla-La Mancha）でも広く栽培されている．また，エストレマドゥーラ州（Extremadura）でも栽培されている．1970年代に Marqués de Riscal 社がルエダ地方で辛口白ワイン生産の可能性を見いだして以来，かつては酒精強化ワイン用のほうが有名だった VERDEJO の人気が急上昇した．

ワインは非常に香り高くローレルとビターアーモンドの香りを有している．酸味は中～高程度．フルボディーだが豊かで口当たりなめらか．後味にはアーモンドのニュアンスを残す．ワインの熟成とともに木の実の風味が増す．樽発酵および樽熟成に適している．

Rueda では VERDEJO はしばしばソーヴィニヨン・ブラン（SAUVIGNON BLANC）とブレンドされている．DO の規則では Rueda はソーヴィニヨン・ブランのみかソーヴィニヨン・ブランを主体とすることと規定されているにもかかわらず，VERDEJO は外来の品種に対抗して苦も無くその栽培面積（2008年に473 ha/1,169 acres）を維持している．これらの規則では様々なスタイルの VERDEJO ベースのワインを認めている．スティルの辛口テーブルワイン，発泡性ワインは伝統的な方法で作られている．また，パリード（Palido）やドラード（Dorado）など，シェリーに似た二種類の酒精強化ワインも作られている．

非酒精強化のスティルのヴァラエタルワイン（または少なくとも85％がこの品種で構成されるワイン）の生産者として推奨されているのは Belondrade et Lurton，Cerrosol，Bodegas de Crianza Castilla La Vieja，Ermita Veracruz，José Pariente，Marqués de Riscal，Naia Viña Sila，Ossian，Javier Sanz などの各社である．

ルエダ地方では，接ぎ木をしていない VERDEJO の古い樹から Viñedos Nieva 社が Pie Franco キュベを，また Bodegas Naia（Viña Sila）社が Naiades を作っている．

アメリカ合衆国では Keswick 社がバージニア州で VERDEJO を作っている．

VERDEJO COLORADO

PEDRAL を参照

VERDEJO NEGRO

TROUSSEAU を参照

VERDEJO SERRANO

スペイン，サラマンカ県（Salamanca）の山岳地方が起源の品種だが，現在はほぼ絶滅状態にある.

ブドウの色：● ● ● ● ●

主要な別名：Rufete Blanca
よくVERDEJO SERRANOと間違えられやすい品種：VERDEJO ⌘，Verdejo de Salamanca ⌘

起源と親子関係

VERDEJO SERRANO はスペイン中西部，ポルトガル国境近く，サラマンカ県のフランシア山地地方（Sierra de Francia）に起源をもつ品種であるが，現在はほぼ絶滅状態にある．21 世紀の初めに再発見されたが，2006年までは，その名が記録されることはなかった．2009年に VERDEJO SERRANO の名で公式品種リストに登録された．RUFETE BLANCA はこの品種の別名である（Arranz *et al.* 2008）．DNA 解析によって VERDEJO SERRANO がフランシア山地地方に広がる黒色果粒のポルトガル品種である RUFETE の色変異ではないことが明らかになったため（Vouillamoz），RUFETE BLANCA というこの別名は間違いの原因である．VERDEJO SERRANO，VERDEJO（Santana *et al.* 2010）と現在はもはや栽培されていない同地域の古い品種，VERDEJO DE SALAMANCA（Martín *et al.* 2003）の DNA プロファイルの比較によって，それらがすべて異なるものであることが明らかになったことを追記しておく．

ワイン産地

スペイン，フランシア山地地方の，サン・エステバン・デ・ラ・シエラ（San Esteban de la Sierra）の San Esteban 協同組合は非常に珍しいヴァラエタルワイン Alma de Tiriñuelo を生産している．

VERDELHO

ポルトガルの品種．マデイラ島（Madeira）では素晴らしいオフ・ドライのワインになり，オーストラリアとフランスのロワール（Loire）ではフルボディーのテーブルワインになる.

ブドウの色：● ● ● ● ●

主要な別名：Verdelho Branco ⌘（マデイラ島），Verdelho da Madeira ⌘（マデイラ島），Verdelho dos Açores ⌘（アゾレス諸島（Açores）），Verdelho Pico ⌘（アゾレス諸島のピコ島（Pico）），Verdello no Peluda Finca Natero ⌘（スペインのカナリア諸島（Canarias））
よくVERDELHOと間違えられやすい品種：CHENIN BLANC ⌘（フランスのアンジュー（Anjou）），Doçal ⌘（ヴィーニョ・ヴェルデ地方（Vinho Verde）），GODELLO ⌘（スペイン北西部のガリシア州（Galicia）），VERDELLO ⌘（イタリアのウンブリア（Umbria）），VERDICCHIO BIANCO ⌘（イタリア）

起源と親子関係

VERDELHO は17 世紀のマデイラ島で広く栽培されていたといわれている．この島に最初に人が移り住んだときに本土から持ち込まれたものなのかもしれない．しかし，この品種は本土ではまれにしか見られないため，マデイラ島が起源であるとも考えられなくもない．

DNA 解析によって VERDELHO ROXO が VERDELHO の赤果粒変異であることが示されたが，他方，ミーニョ地方(Minho)の VERDELHO TINTO はこれらとは異なる品種で，もはや栽培されていない(Lopes *et al.* 1999; Lopes *et al.* 2006)．最近の DNA 系統解析により VERDELHO はフランスの古い品種である SAVAGNIN（詳細は PINOT の系統参照）と親子関係にあることが示唆された（Myles *et al.* 2011).

スペインのガリシア州の品種で，ポルトガルのダン（Dão）でも VERDELHO や VERDELHO DO DÃO の名で栽培されている GODELLO と VERDELHO を混同しないように（Lopes *et al.* 2006).

他の仮説

マデイラ島の VERDELHO はシチリア島（Sicilia）で VERDICCHIO（しばしば間違えて VERDECCHIO と表記される品種．まだ同定されていないが VERDICCHIO BIANCO とは異なる品種）とよばれる品種と同一だと考えられてきた．VERDICCHIO はエンリケ航海王子が1420年にマデイラ島に持ち込んだか，Pero Anes do Canto 氏がアゾレス諸島のピコ島に持ち込んだ品種だと考えられているが，VERDELHO と VERDICCHIO の DNA プロファイルは完全に異なっている（Jorge Zerolo Hernández and Vouillamoz)．ロワールのアンジュー（Anjou）で VERDELHO がシュナン・ブラン（CHENIN BLANC）のクローンだとよく誤って認識されている．この品種は18世紀初頭に有名なブドウ分類学者の Comte Odart 氏がマデイラ島からサヴニエール地方（Savennières）のクレドセラン（Coulée de Serrant）の畑に持ち込んだと言い伝えられている（Bouchard 1902).

ブドウ栽培の特徴

灰色かび病に感受性で，また花ぶるいしがちである．べと病とうどんこ病にもやや感受性である．ある程度の湿度がある深い土壌が必要である．低収量で，非常に早熟．少ない果粒が密着して小さな果房をつける（Rolando Faustino，私信)．オーストラリアでは厚い果皮の果粒が比較的粗着して小さな果房をつける．乾燥および湿った気候の両方に耐性を示す（Thistlewood 2007).

栽培地とワインの味

1872年にポルトガルのマデイラ島でフィロキセラ被害が始まる前には，VERDELHO がマデイラ島のブドウ畑の3分の2を占めていた（Mayson 2003)．マデイラ島のいわゆる高貴な4種類の品種は植え替えにより TINTA NEGRA MOLE（NEGRAMOLL）にその座を明け渡したが，VERDELHO は DOC 内で最も広がり4種類の中で最も多く栽培されている品種になった．2010年にマデイラ島の主に冷涼な北側の地域で 47 ha（116 acres）が栽培された．この品種の栽培にとって最良の土地はポンタ・デルガーダ（Ponta Delgada）およびサンビセンテ（São Vicente）周辺である（Mayson 2003)．果汁は中程度の糖度と顕著な酸度を有し SERCIAL と BUAL の間の甘さをもつオフ・ドライの酒精強化ワインに用いられる．また Terras Madeirenses と表示された辛口のテーブルワインにも用いられる．アゾレス諸島では VERDELHO が Biscoitos，Pico，Graciosa の各 DOC における主要品種（60 ha/148 acres; 2010年）となっており，酒精強化ワインおよびアルコール分は高いが酒精強化ではないオフ・ドライのワインが作られている．Barbeito 社などのマデイラ島の多くの生産者が100 % VERDELHO ワインを作っている．Paixão do Vinho 社と同様にセトゥーバル（Setúbal）の José Maria da Fonseca 社も非酒精強化ワインを作っている．VERDELHO はまた暑いポルトガル南部のアレンテージョ地方（Alentejo）でも驚くべき成功を収めている．たとえば，爽快な酸味をもつワインが Terras d'Alter 社の Peter Bright 氏によって作られている．ポルトガル本土での2010年の栽培面積は93 ha（230 acres）であった．

フランスでは VERDELHO が1995年に公式品種登録リストからはずされていたが，最近復活した．いくつかの情報によれば VERDELHO はロワールのサヴニエール（Savennières）に19世紀初めに間違えて持ち込まれたものなのだという．この品種にこだわりをもつ生産者，たとえば Baumard，Stéphane Bernaudeau，Closel などの各社が様々な甘さの深いフレーバーをもつワインを生産している．

カリフォルニア州にはアマドール郡(Amador)のデウィット(DeWitt)やサクラメントデルタ(Sacramento Delta）のクラークスバーグ（Clarksburg）などに小さな栽培地がある．パソロブレス（Paso Robles）の Kenneth Volk 氏が印象的かつフレッシュでわずかに骨があり，マルメロ，梨，アーモンドのフレーバーをもつワインを作っている．アルゼンチンのメンドーサ州（Mendoza）でも少し栽培されている．

オーストラリアには1820年代にマデイラ島からこの品種が持ち込まれた．VERDELHO は熱心に植栽され，19世紀半ばには賞賛されるに至った．かびの危険性があるマデイラ島の亜熱帯気候よりも，この品種にはオーストラリアの暑く乾燥した土地のほうが適していると考えられており，かつてはニューサウスウェールズ州のハンター・バレー（Hunter Valley）で栽培が広がりを見せていた．南オーストラリア州ではあまり知られておらず，この品種を称賛するようなワイン生産者はほとんどいないのだが，この20年の間に確かな復活を果たしている（Thistlewood 2007）．オーストラリアでは2008年に1,761 ha（4,352 acres）が栽培されており，ハンター・バレー（Hunter Valley）やリヴァリーナ（Riverina）で最も多く栽培されている．ビクトリア州やスワン地区（Swan）のような暖かいオーストラリア西部の生産者は活気のある，溌剌とした，フルボディーの白ワインを作っており，通常は早飲みされるが，試験的に早い時期に収穫されるブドウからフレッシュなスタイルのワインを作っている生産者もいくつかある．推奨される生産者としてはAngove（南オーストラリア州），Bimbadgen（ハンター・バレー），Bremerton（ラングホーン・クリーク（Langhorne Creek）），Elysium（ハンター・バレー），Houghton（スワン地区），Karri Grove（西オーストラリア州）などの各社があげられる．特にDavid Traeger社（ビクトリア州）はあえて熟成を指向したVERDELHOワイン を作っている．また酒精強化のVERDELHOSワインもBimbadgen社によって作られている．

ニュージーランドでも姉妹会社であるEsk ValleyおよびVilla Mariaの両社がヴァラエタルワインを作っている．

VERDELHO DO DÃO

GODELLOを参照

VERDELLO

減少しつつある高酸度のイタリア，ウンブリア州（Umbria）のブレンド原料

ブドウの色：

主要な別名：Verdetto
よくVERDELLOと間違えられやすい品種：VERDELHO ☒（ポルトガルのマデイラ島（Madeira）およびアゾレス諸島（Açores））

起源と親子関係

VERDELLOはイタリア中部，ウンブリア州由来の品種である．他の多くの品種と同様にVERDELLOという名前は，熟す直前の果粒の緑色にちなんで名づけられたものである．VERDELLOに関して最初に記録がなされたのは1894年のことである．ポルトガルのVERDELHOとは関係がない．イタリア，シチリア島（Sicilia）で栽培されている高酸度のVERDELLOは異なる品種であると考えられているが，まだ証明されていない．

ブドウ栽培の特徴

晩熟である．うどんこ病と灰色かび病に非常に感染しやすいが，べと病に対してはそれほどでもない．

栽培地とワインの味

VERDELLOはイタリア中部，ウンブリア州の様々な場所で栽培されている．自然な酸度が称賛されているにもかかわらず，その人気は低下している．トスカーナ州（Toscana）やシチリア島でも小規模ではあるが栽培が行われている．2000年のイタリアでの総栽培面積は678 ha（1,675 acres）であったが，この値は1970年に記録されたVERDELLOの栽培面積の約半分である．この品種はTREBBIANO TOSCANOが主要品種として用いられているウンブリア州のColli Amerini DOCやトスカーナ州のBianco di Pitigliano DOCで補助的な役割を果たしている．またOrvieto DOCでは補助的な品種（20〜30％まで）

として公認されている．

Palazzone 社の Umbria Bianco IGT は PROCANICO（すなわち TREBBIANO TOSCANO）を主要品種とするブレンドワインに20 % の VERDELLO を加えている．Decugnano dei Barbi 社が伝統的な製法で作っている発泡性ワインは20 % の VERDELLO を，また，Cerquetto 社のオルヴィエート（Orvieto）ワインは30 % の VERDELLO を含んでいるが，ヴァラエタルワインが見られないことから，ヴァラエタルワインとしては成功例が少ないのだと考えられる．

VERDESSE

高品質のワインになりうる可能性を秘めた香り高い品種．
フランス，サヴォワ県（Savoire）で植えなおされている．

ブドウの色：● ● ● ● ●

主要な別名：Bian Ver ☒（イタリアのピエモンテ州（Piemonte）），Verdasse（イゼール県（Isère）のヴォルップ（Voreppe）），Verdèche，Verdesse Musquée

起源と親子関係

VERDESSE はおそらくイゼール県のヴァレー・デュ・グレシボーダン（Vallée du Grésivaudan）由来の品種であろうと考えられている．1845年にサッスナージュ（Sassenage）で最初に記録されている（Rézeau 1997）．VERDESSE という名前は葉と果粒に見られる濃い緑色にちなんだものである（*vert* はフランス語で「緑」）．VERDESSE はブドウの形態分類群の Pelorsien グループに属する（p XXXII 参照；Bisson 2009）．

ブドウ栽培の特徴

樹勢が強く，萌芽期は遅い．熟期は中程度である．長く剪定するのがよい．石灰質で粘土の斜面での栽培がこの品種には適しており，よい結果を生む．べと病とうどんこ病に感受性がある．厚い果皮をもつ小さな果粒が小さな果房をなす．

栽培地とワインの味

VERDESSE はかつて，フランス南東部，イゼール県のヴァレー・デュ・グレシボーダンで広く栽培されており，1920年代の終わり頃はその最盛期で，この地方で最も広く栽培されていた品種であった．現在でも Vin de Savoie アペラシオンのスティルと発泡性の白ワイン用の品種として公認されている．畑は2008年までに2 ha（5 acres）と少しにまで減ってしまったのだが，最近 VERDESSE の新たな植え付けに成功している．ヴァラエタルワインの生産者としては，Cave Coopérative de Bernin 社，Michel Magne 社，Mas du Bruchet 社などがあげられる．

Schneider，Mannini and Cravero（2004）によれば，かつてはイタリア北西部，ピエモンテ州のヴァルキゾーネ（Valle Chisone）やヴァル・ディ・スーザ（Valle di Susa）でも栽培されていたが，2000年の公式統計には記載されないほどまで減少した．力強く生き生きとした香り高いワインになる．

VERDICCHIO BIANCO

この品種がイタリア，マルケ州（Marche）で最もよく知られている辛口の白ワインと関係のあることは有名である．起源の地であろうヴェネト州（Veneto）ではTREBBIANO DI SOAVEとも呼ばれている．ワインは熟成が可能である．

ブドウの色：● ● ● ● ●

主要な別名：Angelica（トレンティーノ（Trentino）），Boschera または Boschera Bianca，Lugana（ブレシア県（Brescia）およびガルダ湖地方（Lago di Garda）のベローナ），Pevarise（トレンティーノ），Peverella🧬（トレンティーノおよびブラジル），Peverenda（トレンティーノ），Pfefferer（アルト・アディジェ（Alto Adige）），Pfeffertraube（アルト・アディジェ），Pievana（トレンティーノ），Terbiana，Trebbiano di Lonigo（ヴィチェンツァ県（Vicenza）），Trebbiano di Lugana🧬（ブレシア県（Brescia）およびヴェローナ県（Verona）），Trebbiano di Soave🧬（ブレシア県およびヴェローナ県），Trebbiano di Verona（ヴェローナ県），Trebbiano Nostrano，Trebbiano Valtenesi🧬（ブレシア県），Trebbiano Verde（ラツィオ州（Lazio）およびウンブリア），Turbiana（ヴィチェンツァ県），Turbiano（ヴィチェンツァ県），Turviana（ヴィチェンツァ県），Verdetto（ロマーニャ（Romagna）），Verdicchio Giallo（マルケ州），Verdicchio Marchigiano（マルケ州），Verdicchio Peloso（マルケ州），Verdicchio Verde（マルケ州），Verdone（マルケ州）

よくVERDICCHIO BIANCOと間違えられやすい品種：MACERATINO🧬，PERERA（ヴェネト州ではPevariseと時々呼ばれる），TREBBIANO ROMAGNOLO，VERDECA🧬（プッリャ州（Puglia）），VERDELHO🧬（シチリア島（Sicilia））

起源と親子関係

VERDICCHIO BIANCOは極めて広く栽培されている品種である．おそらく非常に古く，イタリア北部のヴェネト州あるいはイタリア中部由来の品種ではないかと思われる．多くの別名をもつことでも知られている．マルケ州やヴェネト州では13世紀からTREBBIANOについて多くの記載がなされているが，それらのいくつかはVERDICCHIOについて書かれたものである．VERDICCHIOの名での最初の記載は1569年にCostanzo Felici氏（1525-85）によってサインされた文書の中に見られる．彼はピオッビコ（Piobbico; マルケ州のリミニ（Rimini）とペルージャ（Perugia）の間）の医師兼自然学者で，*'De l'insalata e piante che in qualunque modo vengono per cibo de l'homo'*（人にとっての食品としてのサラダと植物の利用法）という書籍シリーズ（1569-72）の著者でもある．1579年にはマテーリカ（Matelica; ペルージャとアンコーナ（Ancona）の間）で公証人のNiccolò Attucci氏が，またアスコリ・ピチェーノ県（Ascoli Piceno）ではBacci（1596）が，この品種について記録を残している．

VERDICCHIOはマルケ州で数世紀にわたり栽培されていたが，Pollini氏（2007）によればそれはヴェネト州からもたらされたもので，15世紀に農夫がペストで荒廃した地域から南に移住したときにマルケ州に持ち込んだものだとされている．実際に初期のブドウの形態分類的解析および酵素解析によりブレシア県（ロンバルディア州（Lombardia））やヴェローナ県（ヴェネト州）で広く栽培されるTREBBIANO DI SOAVEはVERDICCHIO BIANCOと同じであることが示唆され（Calò，Costacurta *et al.* 1991），後にDNA解析で確認された（Labra *et al.* 2001）．

最近のミラノ大学におけるDNA研究によって，VERDICCHIO BIANCOは様々な品種が含まれるTREBBIANOグループに属する2品種と同一であることが証明された．その2品種とは絶滅が危惧されるブレシア県（ロンバルディア州），ガルダ湖地方の品種であるTREBBIANO VALTENESIと，ブレシア県やヴェローナ県で栽培されているTREBBIANO DI LUGANAである（Ghidoni *et al.* 2008）．

そしてさらに驚くべきことにDNA解析によってトレンティーノ（トレント（Trento），ラヴィー（Lavis），サロルノ（Salorno），ファエド（Faedo）およびヴァル・ディ・チェンブラ（Val di Cembra））で伝統的に栽培され，アルト・アディジェ（ボルツァーノ自治県）でPFEFFERERと呼ばれている古い品種のPEVERELLAが，VERDICCHIO BIANCOと同一であることが明らかになった（Stella Grando and José

Vouillamoz，未公開データ）．この品種は19世紀末頃のフィロキセラ被害以降ほぼ消失していたが，サン・ミケーレ・アッラーディジェ（San Michele all'Adige）研究センターとアマチュアのブドウの形態分類家，Gianpaolo Girardi氏の協力により近年になって絶滅の危機から救済された．

加えてDNAの比較によりVERDICCHIO BIANCOとMACERATINOとの近縁関係が示唆された（Filippetti，Silvestroni，Thomas and Intrieri 2001）．最後にDi Vecchi Staraz，This *et al.*（2007）がMAMMOLOとの親子関係を示唆したピンク色の果皮のVERDICCHIOは，DNA解析によって本物のVERDICCHIO BIANCOとは異なる品種であったと示されたことにふれておかなければいけない（Vouillamoz）．

VERDICCHIO BIANCOはINCROCIO BRUNI 54の育種に用いられた．

他の仮説

他の多くの品種同様にVERDICCHIO BIANCOはコルメラの*De re rustica*で触れられた*uva aminea*の子孫品種であると考えている研究者もいる．

ブドウ栽培の特徴

熟期は中期～晩期である．べと病とうどんこ病に感受性である．特に灰色かび病と酸敗に弱い．

栽培地とワインの味

VERDICCHIO BIANCOの名でのこの品種の主要な栽培地はイタリア中部のマルケ州であり，アドリア海沿岸から30 kmのアンコーナ県（Ancona）西部のVerdicchio dei Castelli di Jesi DOCや，内陸のウンブリア州に近い丘陵地のより小規模なVerdicchio di Matelica DOCのヴァラエタルワインが知られている．それほど知られていないEsino DOCでは，最低でも50％のVERDICCHIOを加えなければいけない．さらに南のアスコリ・ピチェーノ県（Ascoli Piceno）のFalerio dei Colli Ascolani DOCでも補助的な役割を担っている．アブルッツォ州（Abruzzo），ウンブリア州，ラツィオ州では栽培が推奨されており，また，トスカーナ州（Toscana）やサルデーニャ島（Sardegna）では公認されている．2000年にイタリアでは3,561 ha（8,799 acres）が栽培されていた．ヴァラエタルワインの生産者としてFazi BattagliaおよびUmani Ronchiの2社が推奨されている．最高のワインはレモンを思わせる酸味を有しており，また，エキス分とフレッシュさを併せ持っている．後味にビターアーモンドのフレーバーが残ることがよくある．最も素晴らしいワインは，Umani Ronchi社のCasal di SerraおよびLa Monacesca社のMirumで，平均的なブルゴーニュの白ワインと同様に長期間にわたる瓶熟成により品質が向上する．過去にはスキンコンタクトによってワインにより重みをもたせていたこともよくあったが，この方法ではワインが雑になるので現在ではほとんど用いられていない．高い酸度を有しているので19世紀にまで遡る長い伝統をもつ発泡性ワインの生産に適している．

さらに北のヴェネト州では，甘口のRecioto di Soave DOCGを含むソアーヴェ（Soave）のすべてのタイプのワインに，GARGANEGAのしっかりとひきしまった性質を相補する香りを，この品種が加えている．なお，ここではTREBBIANO DI SOAVEという名前が用いられている．Pieropan氏は彼のソアーヴェワインにこの品種を用いている最高の生産者の一人である．2000年の統計にはTREBBIANO DI SOAVEが1,802 ha（4,453 acres）栽培されたと記録されている．さらに西部の，より暖かい気候の下ではフルボディーで芳香を放つ興味深いワインが，主にガルダ湖南にあるその名を冠したLugana DOCでTREBBIANO DI LUGANAの品種名（統計調査で区別して記載されていない）で，作られている．ZenatoとCà dei Fratiの2社がこうしたワインを作っている．

また，トレンティーノにおいてはPEVERELLAの別名で，現在でも非常に限定的ではあるが栽培されている．たとえばFrancesco Poli社のMassenza BiancoはNOSIOLAとPEVERELLAのブレンドワインである．TREBBIANO VALTENESIの別名（同じく統計調査では分けて記載されていない）ではまれにしか見られないが，プエニャーゴ・スル・ガルダ（Puegnago sul Garda）のComincioli社は60％のTREBBIANO VALTENESIと40％のERBAMATをブレンドし，辛口の白のPerlì IGT Gardaを作っている．

興味深いことにPEVERELLAの栽培はブラジルのリオグランデ・ド・スル州（Rio Grande do Sul）でも見られ，2007年には20 ha（49 acres）が栽培されている．これは19世紀末にトレンティーノ地方から多くの移民がブラジルに移住したことによるものであろう．最近のDNA解析によってブラジルの

PEVERELLA は VERDICCHIO BIANCO と同一であることが確認された（Leão *et al.* 2009）．Salvati & Sirena 社はベント・ゴンサルベス（Bento Gonçalves）でヴァラエタルワインを作っている．この品種はカリフォルニア州のサンフランシスコにも突如現れ，Avanguardia 社が FRIULANO（SAUVIGNONASSE）や他のイタリア品種とともに Selvatico ブレンドワインを生産するのに用いている．

VERDIL

ほぼ絶滅状態にあったスペイン，バレンシア州（Valencia）の品種．果粒が白いのが特徴．近年，Daniel Belda 社によって絶滅の危機から救済され，バル・デルス・アルフォリンス（Vall dels Alforins）にある Daniel Belda 社の畑に植えなおされた．リンゴとパイナップルの香りをもつ軽い白のヴァラエタルワインになる．Enguera 社は VERDIL のブドウを凍結させて甘口ワインを作っている．

VERDISO

絶滅の危機から救い出されたイタリア，ヴェネト州（Veneto），コッリ・エウガネイ（Colli Euganei）由来のマイナーな品種．発泡性からパッシートスタイルにいたるワインが作られる．

ブドウの色：● ● ● ● ●

主要な別名：Pedevenda ☿（ブレガンツェ（Breganze）），Peverenda（ブレガンツェ），Pexerenda（ブレガンツェ），Verdino（コネリアーノ（Conegliano）およびヴァルドッビアーデネ（Valdobbiadene）），Verdise（コッリ・エウガネイ）

起源と親子関係

VERDISO あるいは VERDISE はイタリア北東部，ヴェネト州，パドヴァ県（Padova）南のコッリ・エウガネイの地方品種である．現地では，1709年のひどい霜害の後に広く植えられた．最近の DNA 解析によって，その北のヴィチェンツァ県（Vicenza），ブレガンツェ（Breganze）の周辺で長く栽培され，同地方で1754年頃，Aureliano Acanti 氏の著書 *Roccolo*（詩集）に記載された PEDEVENDA と呼ばれている別の地方品種と VERDISO が同じ品種であることが明らかになった（Crespan *et al.* 2003）．コッリ・エウガネイが，かつては Pedevenda と呼ばれていたことから，この品種名 PEDEVENDA は発祥地に関係するものだと考えられる．

VERDISO は FLAVIS や ITALICA の育種に用いられた．

ブドウ栽培の特徴

晩熟である．パッシートスタイルのワインに適している．

栽培地とワインの味

1960年代，ブドウの育種家であり収集家でもある Giuseppe Tocchetti 氏が VERDISO を発見し，救済に取り組んだのだが，そのとき，VERDISO は，イタリア，ヴェネト州，パドヴァ県の南に位置するコッリ・エウガネイからはほぼ消失しているという状態にあった．氏はこの品種の繁殖と保護に尽力した．現在，VERDISO は主にトレヴィーゾ県（Treviso）のレフロントロ（Refrontolo）丘陵地やコネリアーノとヴァルドッビアーデネの間で栽培されている．PROSECCO や BOSCHERA（別名 VERDICCHIO BIANCO）とブレンドされ，Colli di Conegliano DOC の Torchiato Di Fregona という甘口ワインが作られている．また，プロセコ地方（Prosecco）の Conegliano Valdobbiadene Superiore di Cartizze DOCG という最も長い名前をもつ高品質な発泡性ワインに少しの割合（最大10 %）で用いることが公認されている．PEDEVENDA の名で，ブレガンツェ地域でも栽培されており，有名なパッシートスタイルの Torcolato di Breganze DOC に加えられている．イタリアでは2000年に81 ha（200 acres）が栽培されてたが，1970年（1,150 ha/2,842 acres）と比較するとその栽培面積は激減していることが見てとれる．数少ないが Il Colle 社，Conte Collato 社，Gregoletto 社などがヴァラエタルワインを生産している．この品種はシトラスと白い花のアロマを特徴としている．通常この生き生きとしたワインは早く飲むのがよい．

VERDONCHO

スペイン，ラ・マンチャ（La Mancha）の平凡なブレンドワイン用品種

ブドウの色：● ● ● ● ●

起源と親子関係

VERDONCHO はスペイン中央の古い品種である．その歴史と起源についてはほとんど知られていない．

ワイン産地

VERDONCHO はスペイン中央のラ・マンチャやマンチュエーラ（Manchuela）のあちらこちらで栽培されているが，DO ワインとしては公認されていない．2008年の栽培面積記録2,212 ha（5,466 acres）で，スペインの公式商業品種に暫定的に登録されている．栽培のほとんどはカスティーリャ＝ラ・マンチャ州（Castilla-La Mancha）で見られる．ほとんどがブレンドワインに用いられ，VERDONCHO はその姿を消してしまう．

VERDUZZO FRIULANO

特徴的で時に渋みのあるイタリア，フリウーリ地方（Friuli）の古い品種．
良質の甘口ワインになる．

ブドウの色：● ● ● ● ●

主要な別名：Ramandolo，Ramandolo Dorato，Verdùç（スロベニア），Verdùz または Verdùzz（ウーディネ県（Udine）），Verduzzo di Ramandolo ☒，Verduzzo Giallo（ラマンドロ（Ramandolo））
よく VERDUZZO FRIULANO と間違えられやすい品種：VERDUZZO TREVIGIANO ☒（ヴェネト州（Veneto））

起源と親子関係

この品種に関する最初の記録は，1409年6月6日に Cividale（フリウーリ）で開催されたローマ教皇グレゴリウス12世（Gregory XII）の名誉を祝福した宴会との関連で，VERDUZZO と記載されているものである．記録には，祝賀会の席でロサッツォ（Rosazzo）の Ribolla，ファエーディス（Faedis）の Verduzzo，テルラーノ（Torlano）の Ramandolo，アルバーナ（Albana）の Refosco，グラディスクッタ（Gradiscutta）の Marzemino などのワインが提供された，と記録されている（Peterlunger *et al.* 2004）．ファエーディス（Faedis）がイタリア北東部，フリウーリ地方，ウーディネ県にある集落であることから，この記録に見られる Verduzzo とは VERDUZZO FRIULANO について述べたものであろうと考えられる． 面白いのは，この祝賀会で提供された RAMANDOLO が VERDUZZO FRIULANO の古い別名であるということで，つまりこの祝賀会では同じワインが2度提供されてしまったことになるのである．DNA プロファイルの比較によって，実は VERDUZZO DI RAMANDOLO（Cipriani *et al.* 2010）が VERDUZZO FRIULANO（Vouillamoz）と同じであることが，また VERDUZZO TREVIGIANO（Crespan *et al.* 2011）とは異なることが明らかになった.

ブドウ栽培の特徴

樹勢が強く，熟期は中期～晩期である．日当たりのよい丘陵地が栽培に適している．灰色かび病には良好な耐性を示す.

栽培地とワインの味

VERDUZZO FRIULANO は主にイタリア北東部のフリウーリ地方で栽培されている．とりわけ東部のウーディネ県（ニーミス（Nimis），ファエーディス（Faedis），タルチェント（Tarcento），トルノ（Torlano）などのコムーネでは長い間この品種を栽培していた）で栽培されているが，ヴェネト州の境界を越えたピアーヴェ（Piave）でも栽培されている．イタリアでの総栽培面積は徐々に減少しており，2000 年の栽培面積は 1,658 ha（4,097 acres）であった.

ヴァラエタルワインには辛口と甘口が，また時には発泡性ワインもあり，Lison-Pramaggiore，Colli Orientali del Friuli，Friuli Annia，Friuli Aquiliea，Friuli Grave，Friuli Isonzo，Friuli Latisana，Piave の各 DOC で作られている．Ramandolo（ラマンドロ）丘陵にちなんで命名された）というワイン名は，かつてはこのあたりで作られる甘口ワインに広く使われていたが，DOCG となってからは標高 380 m（1,250 ft）辺りにあるニーミス（Nimis）上部の丘陵地で VERDUZZO FRIULANO（この地方では RAMANDOLO と呼ばれている）から作られる甘口ワインのみを指すことになった．VERDUZZO FRIULANO を用いたワインは Grave や Colli Orientali で多く生産されている．Colli Orientali の丘陵地の畑は優れているため，この地方での VERDUZZO ワインは質的に極めて優れている．コッリオ（Collio）生産ゾーンで栽培される VERDUZZO FRIULANO もあるが，それは vino da tavola と表示しなければいけない.

通常，ヴァラエタルワインは極めて力強く，フレッシュである．辛口～かなり甘口まで幅がある．しかし遅摘みあるいはほした半干ししたブドウから作られる，より甘口のワインのほうが成功を収める傾向にある．これらのワインはわずかに渋いタンニンをもつことが多い．軽いハーブや杉のアロマを有しており，熟成とともに増す蜂蜜のフレーバーと合わさり，よいハーモニーが生み出される．実際，ボトルで数年熟成させると劇的に改善され最良のワインになる．しかし，辛口ワインの場合は渋みがややはっきり出すぎてしまうかもしれない.

生産者としては Bressan，Conte d'Attimis-Maniago，Adriano Gigante，Davino Meroi，Roberto Scubla，La Tunella，Valchiarò などの各社が推奨されている.

スロベニアでは 2009 年にゴリシュカ・ブルダ（Gorkiška Brda）で 4.15 ha（10 acres）が栽培されている．Klinec 社は良質のワインを作っている.

オーストラリア，ビクトリア州のキングバレー（King Valley）では Pizzini 社が辛口と甘口のワインを作っている.

VERDUZZO TREVIGIANO

先に紹介した VERDUZZO FRIULANO と比較すると，劣っているといわざるを得ないもう一つの VERDUZZO 品種．VERDUZZO FRIULANO とよくブレンドされる．栽培面積は徐々に減少している.

ブドウの色：● ● ● ● ●

主要な別名：Verduc，Verduz，Verduzzo di Motta

よく VERDUZZO TREVIGIANO と間違えられやすい品種：VERDUZZO FRIULANO ✕（フリウーリ（Friuli））

起源と親子関係

Trevigiano（「トレヴィーゾ県（Treviso）の」という意味をもつ）とその名に冠しているにもかかわらず，VERDUZZO TREVIGIANO の起源は明らかになっていない．20 世紀の初めにサルデーニャ島(Sardegna) から持ち込まれたと考えられているが，サルデーニャ島に現在見られるいずれかの品種と同じだという報告はない．VERDUZZO FRIULANO とは異なる品種であるが，一緒に栽培されているので，混同されることが多い．

ブドウ栽培の特徴

樹勢が強く晩熟である．

栽培地とワインの味

VERDUZZO TREVIGIANO は主にイタリア北東部，ヴェネト州（Veneto）のトレヴィーゾ県やヴェネツィア県（Venezia）で栽培されている．Piave や Lison-Pramaggiore の DOC ではより品質の優れた VERDUZZO FRIULANO とブレンドされることが多く，Verduzzo と表示されているワインは VERDUZZO TREVIGIANO および / あるいは VERDUZZO FRIULANO から作られていると考えるとよい．VERDUZZO TREVIGIANO は辛口～中甘口，発泡性など様々なスタイルのワインとなる．Casa Piave 社は 100 % TREVIGIANO からなるワインをつくる数少ないワイン生産者の一つで，辛口ワインおよび遅摘みによるワインを作っている．Terre di Ger 社の Limine ワインは樽発酵・樽熟成の VERDUZZO TREVIGIANO とシャルドネ（CHARDONNAY）のブレンドワインである．

イタリアの農業統計には 2000 年に 1,734 ha（4,285 acres）の栽培があったと記録されているが，これは 1970 年の記録のおよそ半分でしかない．

VERITAS

マイナーなチェコの交配品種．まだその特徴を現していない．

ブドウの色：●　●　●　●　●

起源と親子関係

VERITAS は 1963 年にチェコ共和国，ズノイモ（Znojmo）のブドウ研究センターで Cyril Míša および Milos Zbořil の両氏が ROTER RIESLING × BOUVIER の交配により得た交配品種である．このとき用いられた ROTER RIESLING はリースリング（RIESLING）の果皮色変異である．この品種は 2001 年にチェコ共和国で公式登録された．

ブドウ栽培の特徴

中サイズの果粒が小さな果房をなす．豊産性で早熟．かびの病気にはある程度の耐性を有しているが，例外的に灰色かび病には感染しやすい．

栽培地とワインの味

VERITAS の栽培にはチェコ共和国南東のモラヴィア地方（Morava）の北部がよく適しているのだが，2009 年の栽培面積は 4 ha（10 acres）未満であった．

ワインはフルボディーで中程度の酸味を有しているが，特に素晴らしいというわけではない．Spěvák と Znovín の 2 社がヴァラエタルワインを生産している．

VERMENTINO

香り高くキレのよい高品質の品種．イタリア北部，フランス南部および コルシカ島（Corse）やサルデーニャ島（Sardegna）などの海の近くで成功している．

ブドウの色：

主要な別名：Favorita ☓（ピエモンテ州（Piemonte）のロエロ（Roero）），Furmentin（ピエモンテ州のヴァッレ・デル・ベルボ（Valle del Belbo）），Garbesso（フランス），Malvasia または Malvoisie de Corse（コルシカ島北部），Malvoisie à Gros Grains（コルシカ島），Malvoisie du Douro（フランスのピレネー＝オリアンタル県（Pyrénées-Orientales）），Pigato ☓（リグーリア州（Liguria）），Rolle または Rollé（フランス南部のアルプ＝マリティーム県（Alpes-Maritimes）および ヴァール県（Var）），Sapaiola（イタリア），Verlantin または Varlantin（コルシカ島およびフランス南部），Verlentin または Varlentin（ヴァール県），Vermentino di Gallura（サルデーニャ島），Vermentinu（コルシカ島南部）

よくVERMENTINOと間違えられやすい品種：BRUSTIANO BIANCO ☓（コルシカ島），CARICA L'ASINO（ピエモンテ州），DRUPEGGIO ☓（トスカーナ州（Toscana）），NASCETTA ☓（ピエモンテ州），ROLLO ☓（リグーリア州のチンクエ・テッレ（CinqueTerre））

起源と親子関係

VERMENTINO は13，14世紀にフランスのコルシカ島に持ち込まれたとされているが，この品種に関する最初の記録は1658年にイタリア北西部のピエモンテ州のアレッサンドリア県（Alessandria）のモンタルデーオ（Montaldeo）で見られ，その地方では *cortese*（CORTESE），*fermentino*（VERMENTINO），*nebioli dolci*（ネッビオーロ（NEBBIOLO））などの品種が栽培されていたと記されている（Nada Patrone 1991）．VERMENTINO という名前は，地方の言葉で若い，薄い，柔軟な芽を意味する *vermene* に由来すると考える研究者がいる．しかし，VERMENTINO という名前は，若いワインが泡立つという性質，いわゆる「発酵」を意味する *fermento* に語源があるという説のほうが，最初の表記である *fermentino* を反映していることもあって説得力がある．

形態学的解析および DNA の比較により FAVORITA（ピエモンテ州），PIGATO（リグーリア州），VERMENTINO（リグーリア州，サルデーニャ島，トスカーナ州，コルシカ島）は同じ品種であることが示唆された（Schneider and Mannini 1990; Botta，Scott *et al.* 1995）．FAVORITA はリグーリア州の石油商人からの贈り物としてピエモンテ州に持ち込まれたといわれている．この品種が最初に記載されたのは1676年のことで，ピエモンテ州のコンティロエロ（Conti Roero）のセラーの本の中にその記載が見られる．本の中には，'biancho di favorie' の三つの積み荷がヴェッツァ・ダルバ（Vezza d'Alba）のセラーで登録されたと記載されている．FAVORITA が瞬く間にロエロで人気の（favourite）生食用ブドウになったことから，ロエロでは FAVORITA という品種名がつけられた．この品種は果粒が熟すと斑点が出てくることから，リグーリア州 の方言で「斑点」を意味する *piga* が由来の PIGATO という別名が用いられるようになった．PIGATO は15世紀にサヴォーナ地域（Savona）で記録され，商人によってトスカーナ州のフィレンツェから持ち込まれたといわれている．

他の仮説

イタリアのサルデーニャ島で栽培される伝統的な多くの品種同様，VERMENTINO は14〜17世紀の間にスペインからコルシカ島やサルデーニャ島に持ち込まれたとされているが，この品種がスペインで報告されたことはない．起源となった土地はギリシャ中部のテッサリア地方（Thessalía）あるいは中東であると述べている研究者もいるが，科学的な証拠で支持されているというわけではない．ピエモンテ州の NASCETTA との親子関係が示唆されたがまだ証拠は見つかっていない．

ブドウ栽培の特徴

熟期は中期である．海に近接することでその恩恵を受けている．萌芽期が早いため，とりわけ春の霜の被害を受けやすい．また，べと病とヨーロッパブドウ蛾による被害を受けやすい．

栽培地とワインの味

香り高いこの品種はイタリア北西のリグーリア州，ピエモンテ州やサルデーニャ島，またフランス南部やコルシカ島で広く栽培されている．その呼び名は各地により様々である．

実は VERMENTINO / ROLLE は祖国のイタリアよりもフランス南部で広く栽培されている．フランスにおける2008年の合計栽培面積は3,453 ha（8,533 acres）であった．最も栽培面積が大きいのはプロヴァンス地方（Provence）のヴァール県（1,165 ha/2,879 acres）であるが，コルシカ島（814 ha/2,011 acres）でも広く栽培されており，Muscat はさておくとして，島の白ワインの様々なアペラシオン（75～80% 以上は用いる）において最も重要な品種となっている．また，ラングドック＝ルシヨン地域圏（Languedoc-Roussillon）（813 ha/2,009 acres），特にエロー県（Hérault）でも広く栽培されている．この地方では Domaine du Poujol 社が ROUSSANNE や CARIGNAN BLANC（MAZUELO 参照）とブレンドすることで複雑だが非常に飲みやすいワインを作っている．この品種はアルプ＝マリティーム県，オード県（Aude），ブーシュ＝デュ＝ローヌ県（Bouches-du-Rhône），ガール県（Gard），エロー県，ピレネー＝オリアンタル県，ヴァール県 で推奨されており，アルプ＝ド＝オート＝プロヴァンス県（Alpes-de-Haute-Provence），オート＝アルプ県（Hautes-Alpes），アルデシュ県（Ardèche），ドローム県（Drôme），ヴォクリューズ県（Vaucluse）で公認されている．非常に香り高いものから，しっかりと引き締まった柑橘類を思わせるものまで様々なスタイルのワインが作られている．

イタリアにおける2000年の VERMENTINO の総栽培面積は3,000 ha（7,413 acres）で，栽培面積は非常に安定している．公式統計には FAVORITA の栽培面積と276 ha（682 acres）と PIGATO の栽培面積 255 ha（630 acres）が別々に記載されている．ヴァラエタルワインには様々な特徴が見られるが，最高のワインは香り高いが，フローラルでフルーティー，かつ穏やかなスパイシーさを有しているというよりもミネラル感が勝るようなものとなる．酸度が保たれているうちにブドウを早く収穫すると中程度のアルコール分の早飲みに適したワインとなる傾向がある．

かつて PIGATO と呼ばれていた VERMENTINO はイタリア北西部のリグーリア州で最も広く栽培される品種であった．現在も伝統的にサヴォーナ県（Savona）やインペリア県（Imperia）で栽培されている．またジェノヴァ県（Genova）のアレンツァーノ（Arenzano）やコゴレート（Cogoleto）などのコムーネでも栽培されており，これらの地方では，ただ VERMENTINO として知られている．この品種のみで，あるいは ALBAROLA など地方品種とのブレンドワインとして，Colli di Luni，Colline di Levanto，Golfo del Tigullio，Riviera Ligure di Ponente および Val Polcevera の各 DOC で用いられている．Val Polcevera DOC では，いまも PIGATO のヴァラエタルワインと VERMENTINO のヴァラエタルワインが作られている．特に U Munte 社は比較的軽いがフローラルでミネラル感があり，わずかに海の香りが漂う良質のワインを作っている．Laura Aschero 社の PIGATO は新鮮なハーブの香りと生い茂った植物の香りを有する魅力的かつ活力に満ちたワインで，口に含むと口中で真の緊張感が生み出される．

サルデーニャ島では VERMENTINO は最も重要な白品種である．特に島北部のガッルーラ（Gallura）で，1996年に島で最初で，また唯一のそれ自身の DOCG が公認された．ブドウは酸度を維持するために早い時期に収穫されることが多い．ワインは生き生きとして個性的である．Capichera 社などの生産者は豊かでフルスタイルのワインを作っている．一般的には Vermentino di Sardegna DOC はその名が示すように島のどこでも作ることができる．北西部の Alghero DOC では VERMENTINO の発泡性のワインも作られている．生産者としては他にも Argiolas，Carpante，Ferruccio Deiana，Cantina Sociale Gallura，Cantina del Giogantinu，Piero Mancini，Fratelli Pala，Pedres などの各社があげられる．

プッリャ州（Puglia），ウンブリア州（Umbria），ラツィオ州（Lazio）やトスカーナ州のマッサ＝カッラーラ県（Massa-Carrara）などでもわずかに栽培されている．在来品種への興味が増しているトスカーナ州で VERMENTINO は成功を収めている．いくつかのヴィン・サント（Vin Santo）にこの品種が含まれている．Bolgheri，Colline Lucchese，Montecucco などの DOC においてヴァラエタルワインが作られている．

FAVORITA の名で伝統的に栽培され，以前は生食用およびワイン用ブドウとして用いられていたが，現在はアルバ地方（Alba）や特にイタリア北西部のピエモンテ州のロエロで専らワイン作りのために用いられている．1990年以降，徐々に植え替えが進んでおり，FAVORITA はロエロでは ARNEIS に，ランゲ（Langhe）ではシャルドネ（CHARDONNAY）など流行の品種に取って代わられているが，現在も Gianni Gagliardo 社などが良質で香り高いワインを生産している．

VERMENTINO はマルタでも見られる．レバノンでは最近になってベッカー高原（the Bekaa Valley）の標高1200 m地点にある畑に Massaya 社が植え付けを行った．

カリフォルニア州では Tablas Creek 社が色合いの明るい柑橘のフレーバーの VERMENTINO をパソロブレス（Paso Robles）で栽培されるブドウから作っている．他のカリフォルニア州の生産者としては，他にもカーネロス（Carneros）の Mahoney 社, テメキュラ（Temecula）の Cougar 社, シエラネバダ（Sierra Nevada）の Indian Rock Vineyards 社，ローダイ（Lodi）の Uvaggio 社や Woodbridge 社などがあげられる．栽培はテキサス州でも見られる．ノースカロライナ州では chez Raffaldini 社が，またバージニア州では Barboursville Vineyards 社が成功を収めている．

ブラジルでも VERMENTINO が栽培されている．

2009年時点ではオーストラリアに約15の生産者が存在していた．生産者としてはビクトリア州の Brown Brothers 社，ハンター・バレー（Hunter Valley）の De Bortoli 社，キング・バレー（King Valley）の Politini 社，バロッサ・バレー（Barossa Valley）の Spinifex 社，マレー・ダーリング（Murray Darling）の Trentham Estate 社などがあげられる．中でも，南オーストラリア州のヌリオートッパ（Nuriootpa）で代替品種に持続的に取り組んできたブドウ苗木業者の Yalumba 社はその先駆者といえる．オーストラリアのワインは，よく熟した果物香，核果類や，さらにトロピカルフルーツのアロマを有する傾向にあるが，ブドウを早く収穫した場合はさわやかな酸味をもつワインとなる．

VERMENTINO NERO

非常にマイナーなイタリア, トスカーナ州（Toscana）の品種.
1980年代になって絶滅の危機から救済された.

ブドウの色：

起源と親子関係

VERMENTINO NERO はイタリア中央部，トスカーナ州のマッサ＝カッラーラ県（Massa-Carrara）の地方品種である．この品種は白品種である VERMENTINO の果皮色変異だと主張する研究者がいる一方，MONASTRELL や PARRALETA など，スペインの品種との遺伝的関係を示唆する研究者もいるが，これらを支持する証拠はいまだ DNA 解析では得られていない．

ブドウ栽培の特徴

熟期は中期〜晩期である．うどんこ病と灰色かび病に感染しやすい．

栽培地とワインの味

VERMENTINO NERO の栽培は第二次世界大戦後に放棄された．マッサの Podere Scurtarola 社によって救済されたときはほぼ絶滅状態であったが，1983年に最初のヴァラエタルワインが作られた．その後 Terenzuola 社や Cima 社などがこれに続いた．イタリアの統計によれば2000年にイタリア中央部のトスカーナ州で199 ha（492 acres）の VERMENTINO NERO が栽培されており，特にマッサ＝カッラーラ県で多く栽培され，またルッカ県（Lucca）でも少し栽培されている．VERMENTINO NERO は最近，Candia dei Colli Apuani DOC で公認され，Colline Lucchesi DOC ではブレンドワインに用いられている．ヴァラエタルワインは赤い果実と黒い果実のスパイシーなフレーバーを有し，丸みのあるフルボディーのワインとなる傾向にある．

VERNACCIA

起源と親子関係

VERNACCIA の名はおそらくラテン語で「固有の」あるいは「在来の」を意味する *vernaculus* に由来していると思われる．イタリア北部，アルト・アディジェ（Alto Adige）の VERNATSCH（SCHIAVA GROSSA 参照）の語源も同様である．VERNACCIA という名前が少なくとも6種類の異なる品種に使われているのは，このような理由によるものであろう．

- イタリアのサルデーニャ島（Sardegna）では VERNACCIA DI ORISTANO
- トスカーナ州（Toscana）では VERNACCIA DI SAN GIMIGNANO
- VERNACCIA TRENTINA（または VERNACCIA BIANCA）は古いトレント自治県（Trentino）の品種で，もはや栽培されていない
- VERNACCIA DI PERGOLA はイタリア南部の ALEATICO と同じである
- VERNACCIA NERA DI VALDARNO はおそらくサンジョヴェーゼの子品種でユニークな DNA プロファイルをもつ（Crespan，Giannetto *et al.* 2008）がまだ商業栽培されていない
- マルケ州（Marche）やウンブリア州（Umbria）の VERNACCIA NERA はスペインのグルナッシュ（GRENACHE，GARNACHA）と同じである

VERNACCIA NERA がグルナッシュと同一であるという説は，スペイン語の Garnacha や Garnaxa（カタルーニャ語），フランス語の Grenache やサルデーニャ島の言語の Vernaccia，Crannaxia，Granaccia，Granatza，Granaxia，Vrannaxia など，すべてが *vernaculus* に由来するものだと考えている言語学者によって支持されている．

他の仮説

このブドウが冬に消費されることから VERNACCIA という名前はラテン語で「冬」を意味する *ibernum* に由来すると述べる研究者もいる．またブドウを食べるといわれる「イノシシ」にちなんで，イノシシを意味する *verrum* に由来すると考えている研究者もいる．また，リグーリア州（Liguria），チンクエ・テッレ（Cinque Terre）の村の名前である Vernazza に由来するという説もある．

VERNACCIA DI ORISTANO

サルデーニャ島（Sardegna）でシェリーに似た複雑なワインが作られている．

ブドウの色：● ● ● ● ●

主要な別名：Aregu Biancu ※，Aregu Seulu ※，Cranaccia，Garnaccia，Granaccia ※，Granazza ※，Varnaccia，Vernaccia ※，Vernaccia Austera，Vernaccia Orosei ※，Vernaccia S. Rosalia ※
よく VERNACCIA DI ORISTANO と間違えられやすい品種：VERNACCIA DI SAN GIMIGNANO ※

起源と親子関係

VERNACCIA DI ORISTANO はイタリアのサルデーニャ島に由来する品種である．以前はヴィッラ・ディ・キエーザ（Villa di Chiesa）として知られていた島の南西の町イグレージアス（Iglesias）に保存されている法律書の *Breve di Villa di Chiesa* の中で，1327年にこの品種が初めて次のように記載された．「1種類のワインを1バレル（1樽）以上有している者など誰一人いない．しかし，サルデーニャ島の外で作ら

れるワインは，varnaccia が一つ，greco が一つ，vermiglio が一つ，brusco bianco が一つと分けられる．そしてサルデーニャ島のワインが一つ…」．前述したようにサルデーニャ島では，グルナッシュに似た多くの別名をもつ VERNACCIA DI ORISTANO であるが，スペインのグルナッシュと VERNACCIA DI ORISTANO は異なる品種であることが DNA 解析により証明された（De Mattia *et al.* 2007; Zecca *et al.* 2010）．最近の DNA プロファイリング解析によって VERNACCIA DI ORISTANO がエミリア＝ロマーニャ州（Emilia-Romagna）の SANTA MARIA の親品種である可能性が示唆された（Cipriani *et al.* 2010）．

他の仮説

VERNACCIA DI ORISTANO はフェニキア人がタロス（Tharros）の港を経由してサルデーニャ島に持ち込んだといわれている．その港は紀元前800年頃に築かれたもので，現在はオリスターノ県（Oristano）のカブラス村（Cabras）の遺跡となっている．別名が GRANACCIA であることから，この品種がスペイン起源である可能性も示唆されている．またヴァッレ・デル・ティルソ（Valle del Tirso）においては野生ブドウが栽培されてできた品種であるという説もあり，このことから「*vernaculus*」（在来の）が語源であると説明することが可能になる．

ブドウ栽培の特徴

熟期は中期～晩期である．遅霜の被害を受ける危険性がある．べと病およびうどんこ病に非常に感染しやすい．

栽培地とワインの味

この品種はイタリア，サルデーニャ島中西部のオリスターノ県のヴァッレ・デル・ティルソの下流の Vernaccia Di Oristano DOC でのみ栽培され，辛口の非酒精強化ワインからより複雑なシェリーに似た甘口あるいは辛口の酒精強化ワインまで様々なスタイルのワインが作られている．Secco（辛口の非酒精強化ワイン）には29ヶ月間の熟成要件が，また Superiore Riserva（同じく辛口の非酒精強化ワイン）には53ヶ月間の熟成要件と栗あるいは樫の樽に満量にしない状態で保存するソレラ（solera）システムによって熟成させることなど，それぞれのスタイルにより最低の熟成要件が厳密に定められている．イタリアでは2000年に582 ha（1,438 acres）の栽培が記録された．

Attilio Contini 社はこの酸化スタイルによる良質なワインを作っている．彼らの Antico Gregori ワインには製造後およそ100年程度を経たワインが加えられている．

VERNACCIA DI SAN GIMIGNANO

塔が立ち並ぶトスカーナ州（Tuscana）の町に由来する品種．
さわやかで通常は軽いワインとなる．
高品質のワインになりうる可能性を秘めている．

ブドウの色：

主要な別名：Bervedino ☓（エミリア＝ロマーニャ州（Emilia-Romagna）），Piccabòn ☓（リグーリア州（Liguria）），Vernaccia

よく VERNACCIA DI SAN GIMIGNANO と間違えられやすい品種：DRUPEGGIO ☓（トスカーナ州），VERNACCIA DI ORISTANO ☓（サルデーニャ島（Sardegna））

起源と親子関係

この品種に関する記録が最初になされたのは1276年にまでさかのぼる．場所はイタリア中部，トスカーナ州シエーナ県（Siena）のサン・ジミニャーノ（San Gimignano）であった．VERNACCIA および GRECO のワインはサン・ジミニャーノの記録文書に保存されている税金関連書類 *Ordinamenti di Gabella* の中で賞賛されている．その後，16 世紀になってからローマ教皇パウルス 3 世のセラー管理人である Sante Lancerio 氏もこのワインを賞賛した．VERNACCIA や VERNACCE（複数形）の名でトスカーナ州の甘口ワインとして，トスカーナ州の品種について論じた Soderini（1600）の論文にも記載されている．形態的および DNA 解析によって VERNACCIA DI SAN GIMIGNANO は VERNACCIA DI ORISTANO や他の似た名前をもつ品種とは異なることが示されたが（Vouillamoz; VERNACCIA 参照），エミリア＝ロマーニャ州の BERVEDINO とは同一であることが示唆された（Storchi *et al.* 2011）.

他の仮説

VERNACCIA DI SAN GIMIGNANO はイタリア北西部のリグーリア州あるいはスペインかギリシャから持ち込まれたものであることを様々な情報が示唆している．

ブドウ栽培の特徴

熟期は中期～晩期である．樹勢が強く，安定して高収量である．

栽培地とワインの味

VERNACCIA DI SAN GIMIGNANO は主にイタリア中央部トスカーナ州シエーナ県，サン・ジミニャーノの町の塔で飾られた丘陵地周辺の砂利を多く含む土壌で栽培されている．現地では Vernaccia Di San Gimignano DOCG のヴァラエタルワインが作られている．また Colli dell'Etruria Centrale DOC や San Gimignano DOC のヴィン・サント（Vin Santo）スタイルのワインで，TREBBIANO TOSCANO や他の地方の品種とブレンドされている．イタリアにおける 2000 年の栽培面積は 784 ha（1,937 acres）であった．

サン・ジミニャーノの自慢の種は，酒精強化ワインと 1966 年にイタリアで最初の DOC が授与されたことである（1993 年に DOCG）．この栄誉に加え，TREBBIANO TOSCANO をベースとしたほとんどの地方のブレンドワインと比較したときに，VERNACCIA DI SAN GIMIGNANO の素晴らしさが認識されたことで 20 世紀の前半の漸減現象に歯止めがかかった．ヴァラエタルワインはキレがよく柑橘の香りを有している．爽やかなビターアーモンドの後味とともに時に優しく花の香りを漂わせている．小樽での熟成試験では向上が認められなかった．

何軒かの生産者が試験的にシャルドネ（CHARDONNAY）やソーヴィニヨン・ブラン（SAUVIGNON BLANC）を加えているが，これらのワインは，本質的にやや軽い VERNACCIA DI SAN GIMIGNANO を容易に圧倒してしまう．

生産者としては Giovanni Panizzi 社が推奨されており，彼らの Evoè は長いスキンコンタクトと木の大桶を用いた発酵による良質の渋味を特徴としている．Fontaleoni 社もまた推奨できる生産者である．生産者としては他にも Baroncini，La Calcinaie，Vincenzo Cesani，Il Colombaio di Santa Chiara，La Lastra，Montenidoli，La Marmoraia，Niccolai-Palagetto，Fratelli Vagnoni などの各社があげられる．

この品種は BERVEDINO の名でエミリア＝ロマーニャ州ピアチェンツァ県（Piacenza）のヴァル・ダルダ（Val d'Adra）で栽培されており，現地では非常に特別な（甘口の白ワインである）ヴィン・サント・ディ・ヴィゴレーノ（Vin Santo di Vigoleno）ワインが作られている（MELARA 参照）．

VERNACCIA NERA

GARNACHA を参照

VERNATSCH

SCHIAVA GROSSA を参照

VERSOALN

イタリア，アルト・アディジェ（Alto Adige）にある1本の巨大なブドウの樹から，近年になって急に広がった.

ブドウの色：● ● ● ● ●

主要な別名：Versailler，Weiss Versoalen，Weisser Versailler

起源と親子関係

イタリア北部，トレンティーノ＝アルト・アディジェ州（Trentino-Alto Adige，南チロル）ボルツァーノ自治県（Bolzano）の品種である．この奇妙な品種名は，この地方の方言で果粒の「緑色」を意味する *verdolen* という言葉に由来すると考えられている．また，直接的な表現ではないが「ロープで固定された」を意味する方言の *versoaln* に由来するとも考えられており，これは多くの果房を支えるために，棚に固定する必要があることにちなんだ語源であると思われる．他にも，15世紀にカッツェンツンゲン城（Castel Katzenzungen）の前城主である Grafen Schlandesberg 氏がこの品種をヴェルサイユからイタリアに持ち込んだことに端を発し，地名のヴェルサイユ（Versailles）がこの品種名の語源になったとする説もある（後述参照）．VERSOALN の DNA プロファイルは他の既知の品種とは一致しない（Vouillamoz）．

ブドウ栽培の特徴

萌芽期，熟期はともに中期である．

薄い果皮の大きな果粒が不均一な形の大きな果房（SCHIAVA GROSSA の果房と似ている）をなす．べと病，うどんこ病，酸敗に感受性である．

栽培地とワインの味

かつて，広範囲に栽培が及んでいた，この奇妙な名をもつ品種の象徴ともいうべき存在となっているのが，最近までイタリア最北部，南チロルのボルツァーノ自治県，テージモ（Tesimo）のカッツェンツンゲン城にあった一本のブドウの樹である．それは樹齢約350年（ゲッティンゲン（Göttingen）大学の Martin Worbes 氏談），350 m^2 の大きさを誇る世界で最も古い樹の一つであった．最近新たに100本のブドウが植えられラインブルグ（Laimburg）ブドウ栽培研究センターで維持されている．カッツェンツンゲン城とラインブルグの研究者が共同で，古い樹や新しい樹から毎年500本のワインを作っている．辛口ワインはフレッシュな青リンゴのアロマと顕著な酸味を有している．かすかにだが後味にアプリコットが香る．現時点では品質というよりも量が重要視されているようである．

VERTZAMI

前途有望なギリシャの品種．深い色合いと力強さをもつタンニンに富んだワインになる．

ブドウの色：● ● ● ● ●

主要な別名：Deykaditiko，Lefkada（キプロス），Lefkaditiko，Lefkas ☒（キプロス），Marzavi，Vartzami

よくVERTZAMIと間違えられやすい品種：MARZEMINO ☒（イタリアのトレンティーノ（Trentino）およびロンバルディア州（Lombardia））

起源と親子関係

VERTZAMI はギリシャ西海岸沖のイオニア海に浮かぶレフカダ島（Lefkáda）の地方品種である．DNA 解析によってキプロスでは LEFKAS として知られている品種と同一であることが明らかになった（Hvarleva, Hadjinicoli *et al.* 2005）ことを考慮に入れて，この品種はレフカダ島が発祥の地であると考えられている．

白色果粒の VERTZAMI LEFKO という品種があるが（Nikolau and Michos 2004），それが VERTZAMI の果皮色変異なのか，別の異なる品種なのかは明らかになっていない．

他の仮説

Labra *et al.*（2003）などの多くの研究者が VERTZAMI とイタリア北部の品種の MARZEMINO が共通の祖先を有していることを示唆している．この説は VERTZAMI が14世紀のベネツィアによる統治時代にイタリアから持ち込まれたと考えられていることと矛盾しない．しかし Labra *et al.*（2003）が VERTZAMI の DNA プロファイルとして報告しているデータは，ギリシャブドウデータベースやアメリカ合衆国農務省（United States Department of Agriculture：USDA）の National Clonal Germplasm Repository で保存されている VERTZAMI のデータと一致しないことから，VERTZAMI と MARZEMINO とが共通の祖先をもつ関係にあるという説への反証となっている（Vouillamoz）．

ブドウ栽培の特徴

厚い果皮をもつ中サイズの果粒が密着して小さな果房をなす．樹勢が強く豊産性，萌芽期は中期である．熟期は中期～晩期である．全般的に良好な耐病性を有しているがべと病には感染しやすい．

栽培地とワインの味

VERTZAMI のワインはほとんど黒色と言ってよいほど濃い色をしており，高レベルのタンニンと中～高レベルの酸味，そして黒い果実や森の果実のフレーバーを有している．とても色が濃いのでブレンドワインへの赤の色づけにも使われている．Kallithraka *et al.*（2006）の報告によれば分析した20種類のワインの中で VERTZAMI が最も高いアントシアニン含有量を示した．

VERTZAMI は主にギリシャのレフカダ島で多く見られ，現地ではブドウ栽培面積の90％を占めている．ケルキラ島（kérkyra）も同様である．イオニア地方で2008年に269 ha（665 acres）が栽培された．また，ペロポネソス半島（Pelopónnisos）の西やギリシャ中西部でも栽培されている．総栽培面積は狭いが品質の可能性を反映し，この品種への興味は増大している．タンニンがこなれるためには，畑の立地を注意深く選ばなければいけない（暑すぎても寒すぎても乾燥しすぎてもいけない）．さもなければ自己主張の強すぎる乾いたワインになってしまう．Antonopoulos 社は過去20年の間，試験的にレフカダ島のブドウを用いて試験を行ってきたが，市販できるワインを毎年作ることには成功していない．同社はカベルネ・フラン（CABERNET FRANC）とブレンドすることで VERTZAMI のワインをソフトにすることも行っている．レフカダ島における VERTZAMI の主要な生産者としてはレフカダ協同組合，Lefkaditiki Gi 社や Vertzamo 社などがあげられる．

VERTZAMI はキプロス島でも人気があり，現地では2010年に96 ha（237 acres）の LEFKADA が栽培された．栽培は主に最西部のパフォス地域（Páfos）の Polemi や Stroumbi，およびその東の Lemesós 地域（Limassol）のオモドス（Omodos）やマリア（Malia）で行われている．国際品種のカベルネ・ソーヴィニヨン（CABERNET SAUVIGNON），カベルネ・フランおよびシラー（SYRAH）とブレンドされることも多い．キプロス島においてもギリシャ同様，前途有望な品種であるといえる．推奨できる生産者としては Zambartas 社があげられる．

VESPAIOLA

イタリアのヴィチェンツァ県（Vicenza）特産の甘口白ワインを作る品種

ブドウの色：● ● ● ● ●

主要な別名：Bresparola（ヴィチェンツァ県）

起源と親子関係

VESPAIOLA はヴィチェンツァ県の古い品種だが，起源や歴史についてはほとんど知られていない．この品種は最初にバッサーノ・デル・グラッパ（Bassano del Grappa）やマロースティカ（Marostica）の町で Acerbi（1825）によって記録された．VESPOLINA 同様にこの名（VESPAIOLA）は果粒の高い糖度にスズメバチが誘引されることにちなんで名づけられたものだと考えられる（イタリア語の *vespa* は「スズメバチ」を意味する）．

ブドウ栽培の特徴

樹勢が強く，熟期は中期である．冬の霜に耐性があるが，うどんこ病，灰色かび病には感染しやすい．また酸敗による被害を受けやすい．べと病，クロロシス（白化）および乾燥には良好な耐性を示す．

栽培地とワインの味

VESPAIOLA はイタリア北東部，ヴェネト州（Veneto）のヴィチェンツァ県でのみ栽培されている．Breganze DOC で辛口のヴァラエタルワインや甘口のパッシートスタイルワイン Torcolato が作られ，FRIULANO（SAUVIGNONASSE）が主体の Bianco でも公認されている．Gambellara DOC や Vicenza DOC では GARGANEGA とブレンドすることができる．イタリアの農業統計によれば，2000年には112 ha（277 acres）が栽培されている．VESPAIOLA 自体は，いくぶん酸度が高くニュートラルなので，Maculan 社の珍しい VESPAIOLA ヴァラエタルワインがもつ良好な酸味と花や果実，そして蜂蜜のアロマなどの特徴の多くは，半干しにしたブドウを用いるパッシート作りの過程で得られたものと考えられる．そのため Cantina Beato Bartolomeo da Breganze 社ではこの品種を発泡性ワインに用いている．

VESPOLINA

ネッビオーロ（NEBBIOLO）と類縁関係にあるマイナーなイタリア，ガッティナーラ（Gattinara）の品種．収量は低く，現在は栽培面積が減少しつつある．

ブドウの色：● ● ● ● ●

主要な別名：Ughetta（オルトレポー・パヴェーゼ（Oltrepò Pavese）），Uvetta di Canneto（オルトレポー・パヴェーゼ）

起源と親子関係

VESPOLINA は18世紀からロンバルディア州（Lombardia）のオルトレポー・パヴェーゼやピエモンテ州（Piemonte）の特にガッティナーラ地域で知られていた（Nuvolone Pergamo 1787–98）．かつてはピエモンテ州のノヴァーラ県（Novara），ヴェルチェッリ県（Vercelli），ビエッラ県（Biella）やエミリア＝ロマーニャ州(Emilia-Romagna)のピアチェンツァ県(Piacenza), ロンバルディア州のコモ県(Como)やパヴィーア県(Pavia)で広く用いられていた. VESPAIOLAと同じく, その名前は果粒の高い糖度がスズメバチ(イタリア語で*vespa*)を誘引することに由来したものである. DNA系統解析によればVESPOLINAはネッビオーロの子品種であり(Schneider, Boccacci *et al.* 2004), ネッビオーロの他の子品種のBRUGNOLA, BUBBIERASCO, FREISA, NEBBIOLO ROSÉ, NEGRERA, NERETTO DI BAIRO, ROSSOLA NERAなどとは片親だけの姉妹関係にある(ネッビオーロの系統図参照).

ブドウ栽培の特徴

熟期は早期～中期である. 早くから果粒が萎凋したり, かびなどによる腐敗, べと病, 結実不良(ミルランダージュ)や干ばつよる障害を受けやすい.

栽培地とワインの味

フィロキセラ被害以降VESPOLINAの人気と栽培面積は減少した. アメリカ系台木への接ぎ木がVESPOLINAの成熟に影響を与えたことから, フィロキセラに耐性をもち, より生産性が高いBARBERAに置き換えられていった. 今日ではイタリアのピエモンテ州の北部, 主にガッティナーラで栽培されている. またオルトレポ・パヴェーゼではUGHETTAあるいはUVETTA DI CANNETOの名で栽培されている. Boca, Bramaterra, Colline Novaresi, Coste della Sesia, Fara, Ghemme, Sizzanoなど, ピエモンテのDOCではヴァラエタルワインがつくられることはほとんどなく, 通常はネッビオーロとブレンドされている. また, Oltrepò Pavese DOCでは概ねBARBERAとブレンドされている. しかしヴァラエタルワインはColline NovaresiやCoste della SesiaのDOCで認められており, Vercesi del Castellazzo社はスパイシーでフルーティー, そしてタンニンに富むヴァラエタルワインを作っている. ヴァラエタルワインはSergio Barbaglia, Francesco Brigatti, Ioppaなどの各社でも作られている. イタリアでは2000年に108 ha(267 acres)の栽培が記録されたが, この値は1970年の半分以下である.

VIDADILLO DE ALMONACID

濃い果皮色が特徴のスペイン北東部アラゴン州(Aragón)サラゴサ県地方(Zaragoza)のほぼ絶滅状態にある品種である. 単にVIDADILLOと呼ばれることが多い. 最北端のウエスカ県(Huesca)ではGARNACHA BASTAおよびGARNACHA DE GRANO GORDOと呼ばれるが, DNA解析(Martín *et al.* 2003; Ibañez *et al.* 2003)によってGARNACHA TINTAとは異なることが示された. VIDADILLO DE ALMONACIDは歴史的な名前であるCRESPIELLOとして商業栽培されている. Bodegas y Viñedos Pablo社のPulchrumは稀少なヴァラエタルワインでカリニエナ地域(Cariñena)の樹齢100年を超えるブドウから作られている.

VIDAL

フランスの交雑品種. カナダの甘口アイスワインの生産に理想的である.

ブドウの色:●●●●●

主要な別名: Vidal Blanc, Vidal 256

起源と親子関係

1930年代にJean-Louis Vidal氏(1880-1976)がフランス, シャラント＝マリティーム県(Charente-Maritime)

でコニャック生産を目的として TREBBIANO TOSCANO×RAYON D'OR の交配により開発した交雑品種である.

ブドウ栽培の特徴

冬の寒さに対してやや耐性がある. 熟期は中期. 小さな果粒で長い果房をつける. べと病には良好な耐性を有しているが, 花ぶるいになりやすい. また, うどんこ病や黒とう病, 灰色かび病に感受性である.

栽培地とワインの味

VIDAL はフランスで交配されたが同国では公認されておらず, ほとんど栽培されていない. 驚くべきことに現在はスウェーデンで成功を収めている. カナダでも特にアイスワイン用として長期にわたり成功を収めている. また規模は小さいが辛口の白ワイン用としてアメリカ合衆国のバージニア州 (150 acres/61 ha ; 2010年), ニューヨーク州のフィンガー・レイクス地方 (Finger Lakes), ミシガン州 (145 acres/59 ha; 2006年), ミズーリ州 (118 acres/48 ha ; 2009年, ブドウ畑の7% 以上を占めている), インディアナ州 (35 acres/14 ha ; 2009年) やイリノイ州 (32 acres/13 ha ; 2009年) などでも栽培されている.

カナダでは2008年に1,920 acres(777 ha)が栽培された. オンタリオ州が主要産地である. またブリティッシュコロンビア州, ノバスコシア州, ケベック州でも少し栽培されている. この品種は1940年代の終わりに *vinifera* 品種と交雑品種を輸入した T G Bright & Co 社の主任醸造技術者であったフランス人の Adhémar de Chaunac 氏が, カナダに持ちこんだ品種だと考えられている. もともとは官能的でフルーティーな白のテーブルワインが作られていた. Schreiner (2001) によれば de Chaunac 氏が遅摘みワインやアイスワイン用にブドウを樹に残していた. その後のさらなる試行錯誤を経て1980年代になってやっと, 樹についたまま凍結したブドウから作られるスグリの実の甘さをもつワインが作られるようになり, これを契機として広く商業栽培されるようになったのだという. VIDAL は冬の寒さに大変強く, フォクシーフレーバー (狐臭) がないというのがこの品種の大きな利点となっている. 一般的に瓶熟成を目的とはしていないが, 2, 3年の間は大変明るくピュアな味わいがありながらも非常にキレのあるアイスワインができる. 推奨されている生産者としてはナイアガラ半島 (Niagara) の Inniskillin 社 (アイスワインの生産者として世界最大手), 姉妹会社の Jackson-Triggs 社, Peller 社, オカナガン・バレー (Okanagan Valley) の Mission Hill 社, ケベック州の Vignoble de l'Orpailleur 社などがあげられる. VIDAL からあらゆる甘味レベルのワインが作られるが, アイスワインが商業的に最も成功しており, かつ最も高価なワインとなっている.

VIDIANO

クレタ島 (Kriti) で復活の兆しが見られる古いギリシャの品種

ブドウの色: ● ● ● ● ●

主要な別名: Abidano, Abidiano, Abudiano, Avidiano, Bidiano

起源と親子関係

ギリシャ, クレタ島の珍しい品種で, いずれもクレタ島由来の THRAPSATHIRI や VILANA などの品種と遺伝的に近縁である (Biniari and Stavrakakis 2007).

ブドウ栽培の特徴

収量が安定しない. 熟期は早期～中期である. 厚い果皮をもつ果粒が中～大サイズの果房をなす. べと病にはやや耐性があるが, うどんこ病には感受性である. また, 蛾の被害を受けやすい.

栽培地とワインの味

VIDIANO は事実上ギリシャのクレタ島から消失状態にあり，古い混植の畑でわずかに見られるくらいであったが，Douloufakis 社など，生産者の努力により徐々に増えているようである．最近，同社は三つの畑にこの品種を植えており，オリジナルの畑ではレティムノ県（Réthymno）の古いブドウからマスセレクション（集団選抜）したブドウを栽培している．また，他の二つの畑では地方の苗木業者と協力して栽培している．

この品種からはライムからアプリコット，ときにとてもトロピカルなフルーツまで，幅広い果実のフレーバーに富んだワインが作られる．アルコール分が13% くらいであってもフレッシュな酸味は保持される．この品種を最初に植え直したのが VIDIANO / PLYTO ブレンドワインを作る Tamiolakis 社で，他社もこれに追随した．そのうちの一社である Lyrarakis 社の樽発酵させたヴァラエタルワインである Ippodromos はスパイスと蜂蜜のニュアンスとアプリコットやマルメロのアロマを有している．Douloufakis 社はいつもソーヴィニヨン・ブラン（SAUVIGNON BLANC）とブレンドすることでアロマを補強している．

VIEN DE NUS

どこか他の土地に近縁品種をもつマイナーなイタリア，アオスタ（Aosta）の品種．ワインはいつもブレンドされる．

ブドウの色：● ● ● ● ●

主要な別名：Gros Rouge，Gros Vien，Oriou Gros

起源と親子関係

VIEN DE NUS は「ニュスのブドウ」という意味をもつ．この品種名は，ヴァッレ・ダオスタ州（Valle d'Aosta）のアオスタとサン＝ヴァンサン（Saint-Vincent）の間にある村の名前にちなんで命名されたものであり，その地で生まれた品種だと考えられる．隣のイヴレーア（Ivrea，ピエモンテ州）のアマチュアブドウ研究家兼医師の Gatta（1838）がこの品種について初めて記述し説明している．DNA 系統解析によって VIEN DE NUS は，ヴァッレ・ダオスタ州の PETIT ROUGE と，おそらくすでに絶滅していて知られていない品種との間に生まれた子品種であることが示唆された．VIEN DE NUS はおそらく隣接するヴァレー州（Valais）の EYHOLZER ROTE や ROUGE DU PAYS などの近縁品種であろう（Vouillamoz and Moriondo 2011）．

ブドウ栽培の特徴

樹勢が強く，熟期は早期～中期である．収量は高いが不安定である．霜と湿度に耐性がある．うどんこ病と灰色かび病に非常に感受性が高い．

栽培地とワインの味

VIEN DE NUS はイタリア北西部ヴァッレ・ダオスタ州，スイスとフランス国境近くのドナス（Donnas）とアヴィーゼ（Avise）の間の特に谷の中央部でのみ栽培されている．ヴァラエタルワインが作られたことはなく，Valle d'Aosta DOC の Nus Rouge のカテゴリーで VIEN DE NUS（最低でも 40% を用いる）は PETIT ROUGE（最大30% まで用いることができる）や他の地方品種とブレンドされている．2000年のイタリアの農業統計には，栽培はわずか 25 ha (62 acres) のみであったと記録されている．1970年の 170 ha (420 acres) から減少している．

VIGNOLES

アメリカでよく知られているフランスの交雑品種．そのほとんどが甘口ワインになる．

ブドウの色：● ● ● ● ●

主要な別名：Ravat 51

起源と親子関係

Galet（1979）によれば，1930年代にフランス中東部のマルシニー（Marcigny）でJ F Ravat氏がピノ・ノワール（PINOT NOIR）×SUBÉREUX の交配によりこの交雑品種を得た（SUBÉREUX の系統は PRIOR を参照）のだという．しかし最近のDNA解析によって，これらの親品種に疑いが生じており（Bautista *et al.* 2008），さらなる解析が必要とされている．

ブドウ栽培の特徴

萌芽期が後期であるので霜の被害を受けにくく，早熟で良好な耐寒性を示す．非常に小さな果粒からなる果房は小さく，低収量である．灰色かび病に感受性を示す．

栽培地とワインの味

VIGNOLES はフランスでは公式品種登録リストには掲載されていないが，VIDAL 同様，故郷を遠く離れた地に本拠地を見いだした．VIGNOLES の新たな本拠地はアメリカ合衆国である．とりわけ，ニューヨーク州のフィンガー・レイクス（Finger Lakes）では甘口ワインに，また北東部や中西部では様々な糖度レベルの爽やかなワインに用いられている．VIGNOLES が有する花のアロマと果実香がブレンドワインに加えられることが多い．

1950年代にアメリカ合衆国に持ち込まれ，ミズーリ州は最大の栽培地（208 acres/84 ha; 2009年 – ブドウ畑の13%）となった．ニューヨーク州（148 acres/60 ha; 2006年），ミシガン州（85 acres/34 ha ; 2006年），イリノイ州（72 acres/29 ha; 2007年），インディアナ州（2009年にはわずか30 acres/12 ha であるが同州で最高の品種の一つである），アイオワ州（18 acres/7 ha ; 2006年），ネブラスカ州（7 acres/3 ha ; 2007年）などでも栽培されている．推奨される生産者としてはミズーリ州の Stone Hill 社（すべての甘さのスタイルのワインにおいて），ニューヨーク州の Hunt Country Vineyards，Keuka Springs，Swedish Hill，Wagner Vineyards などの各社があげられる．

VIJARIEGO

主にカナリア諸島（Islas Canarias）で栽培されているマイナーな品種．
スティルワインと発泡性ワインの両方に用いられている．

ブドウの色：● ● ● ● ●

主要な別名：Bujariego，Diego（ランサローテ島（Lanzarote）），Verijadiego Blanco（カナリア諸島），Vijariego Blanco，Vijiriega Blanca，Vijiriega Común，Vijiriego，Vujariego

起源と親子関係

アンダルシア州（Andalucía）で広く栽培される品種として Clemente y Rubio 氏（1807）が初めて VIJARIEGO を VIGIRIEGA COMÚN の名で記録している．VIJARIEGO は，15世紀末または16世紀初頭に MOSCATEL（おそらく MUSCAT OF ALEXANDRIA），TORRONTÉS，PALOMINO FINO，LISTÁN PRIETO などの品種とともにアンダルシア州からカナリア諸島に持ち込まれたと考えられている（Tapia *et al.* 2007）．この品種は VIJARIEGO NEGRO の果皮色変異ではない（Jorge Zerolo，私信；Vouillamoz）．

場所や生産者によってたくさんの表記が使われているが，スペインでは VIJARIEGA あるいは VIJIRIEGA という名称が公認され使用されている．CHELVA はグラナダ（Granada）で MANTÚO VIGIRIEGO あるいは VIGIRIEGO BLANCO と呼ばれることがあるが，それらはここで述べている VIJARIEGO とは関係がない．

ブドウ栽培の特徴

豊産性で樹勢が強く，熟期は中期～晩期である．全般的に良好な耐病性を示す．

栽培地とワインの味

2008年，スペインのカナリア諸島では473 ha（1,169 acres）で栽培されたと報告された．島のすべての DO で公認されている．酸度が高いため，スティルワインと発泡性ワインの生産に用いられている．テネリフェ島（Tenerife）の Tanajara 社や Viñátigo 社などがヴァラエタルワインを生産している．

グラナダではアルコール分が十分に高くならないなどの理由で事実上消失状態にあり，シエラ・デ・コントラヴィサ（Sierra de la Contraviesa）で混植されている古いブドウ畑にわずかに見られるのみであった．アルプハラ（Alpujarra）にある Barranco Oscuro 社の Manuel Valenzuela 氏は1984年に新たに VIJARIEGO（伝統的な VIGIRIEGA の名で）を植え付けた．現在，同社は他の品種を加えることなく，またドサージュ（甘味付け）なしで印象的なヴァラエタルの発泡性ワインを作っている．また他の白品種とのブレンドワインも作っている．一握りの生産者がアルプハラとラ・マンチャ地方（La Mancha）でこれらのワインを追求している．

VILANA

クレタ島（Kríti）のブドウ品種．爽やかで軽くフローラルな白ワインになる．

ブドウの色：

主要な別名：Velana

起源と親子関係

VILANA はクレタ島の品種で，もはや栽培されていないギリシャ，アハイア県（Achaïa）の PIPERIONOS（Ladoukakis *et al.* 2005）やクレタ島の VIDIANO に遺伝的に近い（Biniari and Stavrakakis 2007）．

ブドウ栽培の特徴

樹勢が強く高収量である．かびの病気に感染しやすい．小さな果粒が密着した大きな果房をつける．萌芽期は遅く晩熟である．

栽培地とワインの味

VILANA はギリシャのクレタ島で最も重要とされている白ワイン用品種で，そのほとんどは島の東半分で栽培されている．2008年には合計589 ha（1,455 acres）の栽培が記録された．Peza 原産地呼称では VILANA を100％用いること，また，Sitía では70％（THRAPSATHIRI とのブレンド）を用いることが規定されている．この品種は島のすべての地理的表示保護ワインの白ワイン用として公認されている．イラクリオ地方（Irákleio/Heraklion）のワインでは少なくとも80％の VILANA を含まなければならない．着果過剰になりやすいため，しばしば個性のない薄い白ワインになってしまう．また，ワイナリーで酸化しやすいという性質もある．しかし乾燥した砂質の丘陵地で栽培され，収量が調節されると，フレッシュで白い花のアロマとシトラス，青りんごのフレーバーを有し，ときにややスパイシーさを感じさせるワインとなる．信頼に値する生産者としては Lyrarakis，Mediterra，Michalakis，Peza co-op などの各社があげられる．典型的なブレンドとはいえないかもしれないが，他の地方品種ではなく少量のソーヴィニヨン・ブラン（SAUVIGNON BLANC）をブレンドすることで，Douloufakis 社など少数の生産者が成功を収めている．

VILLARD BLANC

薄い果皮色のフランスの交雑品種．
栽培面積は減りつつあるが，現在でも世界の所々で栽培されている．

ブドウの色：

主要な別名：Seyve-Villard 12-375，SV 12-375

起源と親子関係

フランスのイゼール県（Isère）サン＝ヴァリエ（Saint-Vallier）で Bertille Seyve 氏と Victor Villard 氏が SEIBEL 6468×SUBÉREUX を交配して得た交雑品種である（SEIBEL 6468 の完全な系統は HELIOS を，SUBÉREUX は PRIOR を参照）．この品種は ESPIRIT，ORION，PHOENIX, ROSETTA，STORGOZIA などの育種に用いられた．

ブドウ栽培の特徴

晩熟である．樹勢が強く豊産性で，べと病と灰色かび病には良好な耐性をもつ．接ぎ木する方がよい．

栽培地とワインの味

フランスにおける VILLARD BLANC の1998年の栽培面積は1,129 ha（2,790 ha）であったが2008年には349 ha（862 acres）まで減少している．フランスで3番目に多く栽培される白品種であった1968年当時の21,397 ha（52,873 ha）に比べると極めてわずかしか残っていない．

現在もフランス南部や東部の多くの県で公認されているが，栽培が推奨されている地域はない．最良のものは柑橘系のフレッシュさをいくらか有してはいるものの，VILLARD BLANC のワインはかなり平凡で，わずかに苦みがあることが栽培面積の減少の原因であろう．

現在でもフランス南部ではこの品種の畑が見られ，棚仕立てにより食用ブドウとしても栽培されている．

アメリカ合衆国でも北部の冷涼な気候の地域で栽培されるが，たとえばニューヨーク州など一部の地域では十分な成熟が困難である．栽培量が少なすぎて州の統計に記録されていないが，ニューヨーク州の Goose Watch 社，イリノイ州の Blue sky 社，ペンシルベニア州の Rushland Ridge 社，ニュージャージー州の Tomasello 社が生産者としてあげられる．ずっと南のアラバマ州でも White Oak 社がヴァラエタルワインを作っている．

限定的だが，現在もオーストラリアで栽培が見られる．Raleigh Vineyard 社やポート・マッコリー（Port Macquarie）の Douglas Vale 社はともにニューサウスウェールズ州のヴァラエタルワインの生産者である．VILLARD BLANC は南アフリカ共和国のクワズール・ナタール州（KwaZulu-Natal）の湿った夏の気候にも耐え，限定的にではあるが栽培されている．

VINCENT

寒冷な気候条件での栽培を目的としてカナダで育種された，北米の耐寒性品種

ブドウの色：● ● ● ● ●

主要な別名：Vineland 49431，V 49431

起源と親子関係

1947年にカナダ，オンタリオ州ナイアガラ（Niagara）にあるバインランド（Vineland）研究センター（現在はゲルフ（Guelph）大学に所属している）においてOllie A Bradt氏がVINELAND 370628×CHELOISの交配により得た交雑品種である．

- VINELAND 370628はLOMANTO×SENECAの交雑品種
- LOMANTOはSALADO×MOLINERAの交雑品種で，MOLINERAはスペインの*Vitis vinifera*生食用ブドウである
- SALADOはDE GRASSET×BRILLIANTの交雑品種
- DE GRASSETはT V Munson氏が選抜した*Vitis champinii*の1系統
- BRILLIANTはLINDLEY×CHASSELASの交雑品種
- LINDLEYはCARTER×CHASSELASの交雑品種
- CARTER（MAMMOTH GLOBEとも呼ばれる）はISABELLAと不明品種の間の子品種でバージニア州のCharles Carter氏が選抜した
- SENECAはLUGLIENGA×ONTARIOの交雑品種（ONTARIOの系統はCAYUGA WHITE参照）

VINCENTは1958年に選抜され1967年に公開された．この品種は*Vitis labrusca*，*Vitis vinifera*，*Vitis champinii*，*Vitis aestivalis*，*Vitis lincecumii*，*Vitis rupestris*および*Vitis cinerea*の非常に複雑な交雑品種である．

ブドウ栽培の特徴

果粒が密着する中～大サイズの果房をつける．非常に豊産性で晩熟である．うどんこ病に感受性であり，耐寒性（−15℉/−26℃）である．

栽培地とワインの味

ニューヨーク州フィンガー・レイクス地方（Finger Lakes）のFulkerson社は数少ないヴァラエタルワインの生産者である．彼らは自社のヴァラエタルワインについて，スムーズで低タンニン，プラムとブラックチェリーのアロマとフレーバーを有したものだと述べている．果汁は非常に色が濃く（カベルネ・ソーヴィニヨン（CABERNET SAUVIGNON）よりも濃い），ブレンドパートナーとして有用である．ニューヨーク州では2006年に44 acres（18 ha）の栽培が記録されている．カナダでもブレンドワインの色づけに用いられている．

VINHÃO

高酸度と強い個性をもつポルトガル品種.
イベリア半島の北西部において素朴で色合い深いワインが作られている.

ブドウの色：

主要な別名：Espadeiro Basto（アルコス・デ・ヴァルデヴェス（Arcos de Valdeves））,Espadeiro daTinta（ヴァレンサ（Valença））, Espadeiro Preto（モンサン（Monção））, Negrão（ミーニョ（Minho））, Pinhão, Sousao（カリフォルニア州）, Sousão ☒, Sousão de Correr（ミーニョ）, Sousão Forte（ミーニョ）, Sousón ☒（スペインのガリシア州（Galicia））, Souzao（カリフォルニア州）, Souzão ☒, Tinta Nacional（アマランテ（Amarante））, Tinta País ☒（ガリシア州）, Tinto de Parada（モンサン）, Tinto Nacional（アマランテ）
よくVINHÃOと間違えられやすい品種：AMARAL ☒

起源と親子関係

Visconde de Vila Maior（1875）によればVINHÃO はポルトガル北西部のミーニョが起源の地とされ，現在もミーニョでは主要な品種であるのだという（Rolando Faustino，私信）．1790年頃，ドウロ（Douro）に持ち込まれた．現地ではSOUSÃO とよばれ，禁止されていたニワトコの実の代わりにポートワインの色を濃くするために用いられた（Rolando Faustino 氏，私信）．DNA 解析によって長い間続いた議論に終止符が打たれ，VINHÃO とSOUSÃO が同じ品種であることが明らかになった（Ferreira Monteiro *et al.* 2000）．最近になってAMARAL（CAÍÑO BRAVO の名で）との親子関係の可能性が示唆された（Díaz-Losada *et al.* 2011）．

VINHÃO はARGAMAN の育種に用いられた．

ブドウ栽培の特徴

萌芽期は中期～後期，熟期は中期～晩期である．ポルトガルではVINHÃO の果粒は厚い果皮をもち，中程度の大きさの果房をつける．スペインのSOUSÃO（VINHÃO の別名）は，小～中サイズの果粒が密着した小さな果房をつける．害虫と病気に良好な耐性を示す．

栽培地とワインの味

VINHÃO で作られるワインは赤い果肉をもつ品種から作られるワインよりも色が濃くなる．おそらくポルトガルで最も濃い色をしたワインであると言えるだろう．果皮には多くの色素があり，果粒が裂けると色が果肉にしみこむので，赤い果肉という印象を与える．

同国北西部のVinho Verde DOC で作られるすべての良質な赤ワインの主原料として用いられている．良好な骨格をもち，強い酸味とチェリーや森の果実のフレーバーをもつ個性的なワインができる．最近までは主にこの地方でのみ人気があった．最も高価なワインに単一あるいは高い割合で用いられることも多く，特にバスト（Basto）やアマランテサブリージョンなどVinho Verde DOC の南西部で良質のワインが作られていた．1950年代からLOUREIRO などの白品種に較替えされたが，現在は赤ワイン，特にVINHÃO に回帰する傾向にある．地方の苗木業者で最も多く接ぎ木されている品種である．ヴァラエタルワインの生産者としてはAphros，Quinta da Palmirinha，Quinta da Raza，Quinta de Aguiã，Quinta de Carapeços，Quinta de Gomariz などの各社が推奨されている．他の生産者はこの品種を地方品種とのブレンドに用いている．Quinta de Linhares 社などがロゼワインを作っている．

ドウロ（Douro）ではSOUSÃO（あるいはSOUZÃO）は主に古い混植の畑で見られ，その栽培目的は現在もワインの色づけに用いるためであり，SOUSÃO はその役目を担っている．Quinta do Noval 社の接ぎ木をしていない樹が栽培されているNacional の畑ではSOUSÃO が存在し，その場所と樹齢がそれらの樹を特別な価値のあるものにしているが，同じ品種でもNoval 社の他の畑で栽培されているものはそれほど興味深いものではない．それにもかかわらずSOUSÃO をポートブレンドに用いることに価値を認めている生産者も存在する．たとえば，ポートハウスのグループの名祖の Paul Symington 氏は，フレッシュさが失われがちな地域における，この品種がもつ酸度を高く評価している．深い色合いのワインの流行により，新たなこの品種の栽培が増加している．Quinta do Vallado 社がヴァラエタルのドウロのテーブルワインを作っている．2010年にポルトガルで2,099 ha（5,187 acres）の総栽培面積を記録した．

スペインでは2008年に573 ha（1,426 acres）の SOUSÓN の栽培が記録された．事実上すべてが北西部のガリシア州で栽培されており，同州では Rías Baixas，Ribeiro，Valdeorras の DO で公認されている．通常はブレンドされるが，バルデオーラ（Valdeorras）の Quinta da Muradella と Santa Marta（前者はこの原産地呼称の南のポルトガルとの国境沿い）や，スペイン，モンサン（Monção）のヴィーニョ・ヴェルデ（Vinho Verde）サブリージョンから国境を越えたところにあるリアス・バイシャス（Rías Baixas）の Coto Redondo 社など数社がヴァラエタルワインを生産している．

カリフォルニア州でも SOUZAO が栽培されており（2009年に63 acres/25 ha），ほとんどが酒精強化ワインのブレンドに使われている．カリフォルニア州のセント・ヘレナ（St Helena）では Belo 社が例外的にヴァラエタルのポートスタイルワインを作っている．オーストラリアのビクトリア州ラザーグレン（Rutherglen）の Campbells 社は，SOUSÃO を含むポルトガル品種を用いたブレンドワイン（赤，辛口）で成功を収めている．これらのブドウはすべて1960年代に植え付けされた小さな畑で栽培されており，同社は SOUSÃO などの品種の栽培を増やすために栽培面積を拡大する計画をもっている．他にも西オーストラリア州，ジョグラフ湾（Geographe）の Mazza 社やマクラーレン・ベール（McLaren Vale）の D'Arenberg 社などが作るブレンドワインに SOUSÃO が用いられている．

南アフリカ共和国では2009年に SOUSÃO が38 ha（94 acres）栽培された．現地ではポートスタイルワインが作られている．

VIOGNIER

めまいがするほど香り高い品種．
いまでは世界中で，特にフルボディーの白ワインが作られている．

ブドウの色：●　●　●　●　●

主要な別名： Viogné または Vionnier，Viognier Jaune，Viognier Vert
よく VIOGNIER と間違えられやすい品種： ALTESSE ☓，CHOUCHILLON ☓，VUGAVA ☓（クロアチア）

起源と親子関係

ヴィオニエはフランス，ローヌ北部由来の品種であり，おそらくコンドリュー（Condrieu）やアンピュイ地方（Ampuis）の品種であると思われ，この地方では1781年に初めて Faujas 氏が記録している（Rézeau 1997）．「わずかに2種類のブドウが絶品のワイン [côte-rôtie] になる，Serine と Vionnier」と記載．ヴィオニエの名は，おそらくフランス語の「ガマズミ属の木」を意味する *viorne* に由来すると思われるが，この語源は疑わしい．DNA 系統解析によりヴィオニエと MONDEUSE BLANCHE の親子関係が示唆されたが（Vouillamoz 2008），それはヴィオニエがシラー（SYRAH）と片親だけの姉妹関係にあたるか祖父母にあたることを意味している（完全な系統はシラーを参照）．そのためヴィオニエは論理的にブドウの形態分類群の Sérine グループに属することになる（p XXXII 参照；Bisson 2009）．さらにヴィオニエは FREISA と遺伝的に近縁であることから，ヴィオニエはネッビオーロ（NEBBIOLO）とも関係があることになる（Schneider，Boccacci *et al.* 2004）．

最近になってヴィオニエは Vouillamoz（2008）の報告にあるようなシラーと片親だけの姉妹関係や祖父母品種であるというよりも，シラーの姉妹品種であることが示唆された（Myles *et al.* 2011）．しかしこの仮説は，シラーのもう一方の親品種である DUREZA とヴィオニエとの間に親子関係がないことから否定されている（Vouillamoz）．

他の仮説

ヴィオニエは，クロアチアのSmirniumから来たプロブス（Probus）皇帝が，ダルマチア沿岸地方（Dalmatian）からフランスにもたらしたと考えられている．Calò *et al.*（2006）によればヴィオニエはいまもなお，ヴィス島（Vis）でVUGAVAあるいはBUGAVAの名で栽培されているのだそうだ．しかしヴィオニエがクロアチアからフランスにもたらされたことを支持する歴史的証拠はない．VUGAVA BIJELAのDNAプロファイルはクロアチアのブドウデータベースに登録されているが，それはヴィオニエと一致しない（Vouillamoz）．

ブドウ栽培の特徴

萌芽期が早いため春の霜に被害を受けるリスクがある．熟期は中期である．風の被害を受けることがあるので，通常は支柱に誘引され，かなり長く剪定される．伝統的に酸性土壌で栽培されるが，乾燥ストレスがないかぎり暖かい地域にも適応できる．厚い果皮をもつ小さな果粒が密着して長い果房をつける．灰色かび病にはある程度の良好な耐性を示す．果汁の糖度は高くなることが多いが酸度は低い．

栽培地とワインの味

この世界的に有名な品種は，現在では実質，地球上のありとあらゆるワイン生産地域で栽培されている．フランスには2009年に4,395 ha（10,869 acres）が栽培されたが，50年前の栽培面積がわずか14 ha（35 acres）であったことを考えると栽培面積が著しく増加しているのがわかる．当時すべてのヴィオニエはリヨンのすぐ南にあるローヌ右岸の急な斜面で栽培されており，そこでは長年にわたってめまいがするほど香り高く，フルボディーでいくぶんソフトな白ワイン(時に甘口のものが作られた)が，コンドリュー(Condrieu)の花崗岩の高台やすぐ南にあるChâteau Grillet社独自の急斜面にテラス状に拓かれたブドウ畑で作られていた．また長い間，コンドリューのすぐ北にあるコート・ロティ（Côte Rôtie）では色を安定させるため，また,時に香りを加えるために少量が（20％まで許可されているが普通5％程度）シラーと混醸されていた．

1960年代，当時栽培されていた樹がとても花ぶるいを起こしやすく，また低収量であったために，この品種はほぼ絶滅状態に陥っていた．しかしアプリコット，スイカズラ，サンザシ，ジンジャーブレッドと表現される特徴的な個性をもつため，発祥地の外で名声が広がるようになった．1980年代までに，ラングドック（Languedoc）からカリフォルニア州に至る各地の栽培者がこの品種に興味をもち広く栽培実験が行われたため，穂木の品質が向上した．コンドリューは今日非常に人気があり，通常は辛口で，ワインづくりがうまくいったときはしっかりした，多彩なアロマが合わさった豊かなエキス分の底流をもつワインになる．しかし，熟成によるワインの向上はあまり期待できない．最近ボルドーの1級シャトーであるChâteau Latourのオーナーにより買収されたChâteau Grillet社は，レモニーでミネラル感のあるワインが作られていたかつての栄光をとりもどす過程にある．このようなワインこそが，ボトル内で向上するコンドリューのワインに対抗してChâteau Grillet社が出そうとしている答えだと考えられる．現在もコート・ロティの多くの栽培家たちは，半世紀前のものと比べるとずっと健康なヴィオニエの樹から得た少量のブドウを彼らの赤ワインの発酵桶に加えている．しかし現在はローヌ北部や南部でもかなり広く栽培されている．Côtes du Rhône，Côtedu Rhône-Villages，Liracなどのアペラシオンで公認されているものの，Hermitage，Crozes-Hermitage，Saint-Joseph，Châteauneuf-du-Papeなどで公認されていないのは，非常によく完成されたアペラシオンの規則が，規定された当時のまま見直されずにいまに至っているからに過ぎないのであろう．北部ローヌの生産者としてはCuilleron，Gangloff，Guigal，Niéro，Christophe Pichon，René Rostaing，Georges Vernay，François Villard，Les Vins de Vienneなどの各社が推奨される．

しかし現在では，ヴィオニエは多くのフランス南部の地方で推奨され，また公認されている．ラングドックが量的には最も多く，香り高いヴァン・ド・ペイ（vins de pays）ワインが作られている．しかし，酸味に欠け，フローラルさはあるものの漠然としており，どこか物足りず心惹かれない香りを一嗅ぎしただけで失望させられてしまうことが多い．ただ例外もあり，特にルシヨン（Roussillon）では，GRENACHE BLANC，時にはシャルドネ（CHARDONNAY），マルサンヌ（MARSANNE）やROUSSANNEなどとブレンドされ，好奇心をそそられるフルボディーの白ワインになることもある．深みのある金色からその香りの兆しを知ることができるこの品種の特徴的な芳香を表現するためには，十分に完熟させることが必要だが，生産過剰になってはいけない．

イタリアではヴィオニエがそれほど重要視されていないのだが，ラツィオ州（Lazio）のCastel de Paolis

社と同様，Ascheri 社がピエモンテ州（Piemonte）でこの品種を生産する伝統を確立した．マレンマ（Maremma）やシチリア島（Sicilia）でも栽培されている．

スペインでのヴィオニエの重要性はさらに低い．2008年の栽培面積はわずか18 ha（44 acres）であった．主にカスティーリャ＝ラ・マンチャ州（Castilla-La Mancha）で栽培されており，GARNACHA BLANCA や他のローヌ品種とブレンドされることが多い．プリオラート（Priorat）ではたとえば Celler Mas d'En Just 社などの生産者がシラーと少量のヴィオニエをブレンドしている．リスボン地方（Lisboa）の Quinta do Monte d'Oiro 社とアレンケル（Alenquer）の Quinta do Lagar Novo 社はポルトガルの数少ないヴィオニエのヴァラエタルワインの生産者である．ポルトガルでは2010年に82 ha（203 acres）が栽培されていた．

ドイツではプファルツ（Pfalz）で少し栽培されている．オーストリア，ヴァインフィアテル（Weinviertel）の Graf Hardegg 社はヴィオニエ作りの専門家である．ハンガリーでは2008年に5 ha（12 acres）が栽培された．Tibor Gal 社がエゲル（Eger）でヴァラエタルワインを作っている．Gerovassiliou 社はギリシャの主要な生産者である．トルコでは15 ha（37 acres），マルタでは7 ha（17 acres），イスラエルでは2010年に少なくとも50 ha（124 acres）が栽培されている．

フランス同様にカリフォルニア州ではヴィオニエが過去数十年の間に激増し，栽培面積は1982年には25 acres（10 ha）であったのが2010年には2,993 acres（1,211 ha）にまで達した．特にセントラルコースト（Central Coast）で多く栽培されている．カリフォルニア州ではやや樹勢が強く，深い沖積土壌の畑で栽培されている．個性的な香りをもつワインを作るには，通常，多くの日照により完熟させる必要がある．生産者としては，この品種の栽培について特に長い経験をもっているマウント ハーラン（Mount Harlan）の Calera 社が推奨される．ナパバレー（Napa Valley）の Darioush 社もまた推奨される生産者の一つである．ロシアンリバーバレー（Russian River Valley）の Thomas George 氏は ヴィオニエの専門家である．

2008年にオレゴン州で栽培されたヴィオニエはわずか183 acres（74 ha）で，そのほとんどが先駆者の Cristom 社などによって過去10年の間に植えられたものであった．香り高く，比較的フルボディーのピノ・グリ（PINOT GRIS）がこの州を代表する白ワイン用品種であるため，ヴィオニエの入り込む余地は他の州よりは少ない．ローヌ・スタイルのすべてのワインへの関心の高まりを受け，他の州に比べワシントン州では少し多く栽培され（有名なリースリング（RIESLING）は香りは高いがフルボディーではない），2011年には390 acres（158 ha）の栽培を記録したが，州の総計栽培面積の中で占める割合は少ない．

他方バージニア州では，ヴィオニエは州の代表的なブドウであるとみなされている．2003年から2010年の間に栽培面積は2倍に増え2010年には229 acres（93 ha）を記録した．この面積はシャルドネ（CHARDONNAY）の半分程度だが，他の白品種よりはずっと多い．Horton 社は他社に先駆けてヴィオニエに取り組んだパイオニアでシャルドネに比べ，いかにヴィオニエの厚い果皮をもつ果粒がバージニア州の湿度の高い夏の気候に適しているかを示している．信頼に値する会社としては他にも Keswick 社と Veritas 社があげられる．

この品種はテキサス州では珍しいものではない．カナダ西部のブリティッシュコロンビア州では2008年に165 acres（67 ha）の栽培が記録された．

南アメリカの場合，その差はわずかであるが，ヴィオニエはチリでよりもアルゼンチンで熱心に受け入れられており，アルゼンチンでは2008年に714 ha（1,764 acres）の栽培が記録された．Chakana 社，Mauricio Lorca 社，Trapiche 社などがヴァラエタルワインで成功を収めている．チリでは2008年に263 ha（650 acres）の栽培が記録された．チリで有名なヴァラエタルのヴィオニエは Viña Emiliana 社や Anakena 社などにより作られているが，アルゼンチンと同様，力強いヴァラエタルワインになるにはブドウの樹がまだ若すぎる．ウルグアイでは2009年に32 ha（79 acres）が，ブラジルでは2007年に7 ha（17 acres）の栽培が記録されている．

ローヌ北部の伝統的な混醸の手法はカリフォルニア州やオーストラリアなどのシラーワインが作られる地域で流行している．たとえばカリフォルニア州，ドライ・クリーク・ヴァレー（Dry Creek Valley）にある Ridge 社の Lytton West Syrah は6％の ヴィオニエを含んでいる．またオーストラリアの Clonakilla 社（キャンベラ（Canberra）），Torbreck 社（バロッサ・バレー（Barossa Valley）），Yering Station 社（ヤラ・バレー（Yarra Valley））などの生産者は少量のヴィオニエを最高級のシラーワインに加えている．南オーストラリアのワイン技術者，Louisa Rose 氏が信念をもってヴィオニエのために尽力したことで，1978年にビクトリア州中部の Heathcote Winery 社で初めて試験栽培されたこの品種は，彼女の名が別名のようになった（Rose 2006）．同氏は Yalumba 社の所有する苗木圃場でクローン選抜を先頭に立って行い，2002年にヴィオニエシンポジウムを初開催した．1980年にエデン・バレー（Eden Valley）でヴィオニエの商業栽培を最初に始めたのがYalumba社であった．現在では500を超えるワイナリーがオーストラリアでヴィオニエを栽培しており，一般に暖かいオーストラリアの気候のおかげでアンズ，桃，白い花，時にショウガのフレーバーと甘美なテクスチャーをワインに見ることができる．推奨される生産者としては，Yalumba社に加え，南オーストラリア州のD'Arenberg，Haselgrove，Petaluma，Temple Bruer，ニューサウスウェールズ州のTrentham Estateなどの各社があげられる．オーストラリアの総栽培面積は2008年に4,401 ha（10,875 acres）を記録した．

他方，ニュージーランドでの栽培面積はオーストラリアに比べ少なく，栽培面積は2005年に155 ha（383 acres），2013年に160 ha（395 acres）と，伸びを見せてはいるものの，ほんのわずかである．ニュージーランドワインが一般的に有している高い酸味は，この品種の特徴であるリッチさとは対称的である．推奨される生産者としてはマーティンバラ（Martinborough）のDry River社，マールボロ（Marlborough）のHerzog社，ギズボーン（Gisborne）のMillton社およびホークス・ベイのCraggy Range社などがあげられる．たとえばTrinity Hill社など，ホークス・ベイ（Hawke's Bay）の一部の生産者がヴィオニエとシラーの混醸によるコートロティモデルを追求している．

南アフリカ共和国でもヴィオニエは徐々に流行しており，同国のワイン生産地域全域で栽培され，2008年には栽培面積が859 ha（2,123 acres）に達するまでとなった．Adi Badenhorst社，Lammershoek社，Mullineux社，Eben Sadie社など，スワートランド（Swartland）の生産者，海岸地方のTulbagh Mountain Vineyard社，またステレンボッシュ（Stellenbosch）のQuoin Rock社など，多くのトップクラスの生産者が，複雑な白のブレンドワインに香りと骨格を加えるためにヴィオニエを用いている．他方，Eagle's Nest, Elgin Valley, Fairview, The Foundry, The Winery of Good Hopeなどの各社はしばしばオークを用いて称賛に値するヴァラエタルワインを作っている．

VIOLENTO

ピンク色の果皮のギリシャ，ザキントス島（Zákynthos）の品種．ほとんどがブレンドワインの生産に用いられている．

ブドウの色：● ● ● ● ●

主要な別名：Violenti（Ilía）

起源と親子関係

VIOLENTOはギリシャ，ペロポネソス半島（Pelopónnisos），北西海岸沖のイオニア海に浮かぶザキントス島の地方品種である．伝統的にRODITISのクローンと考えられてきたが，DNA解析結果では一致していない（Boutaris 2000）．

ブドウ栽培の特徴

樹勢が強く豊産性．萌芽は中期で熟期は中程度である．べと病には特に感受性が高い．乾燥には耐性を示す．大きな果粒をつける．

栽培地とワインの味

VIOLENTOはギリシャのザキントス島で栽培されている．アルコール分はいくぶん高いが通常は酸味が弱く，地方のロゼや白のブレンドワインに用いらている．生産者としてはComoutos社やCallinico社などがあげられる．

VIOSINHO

低収量だが高品質でアロマティックなワインになるポルトガルの品種

ブドウの色：● ● ● ● ●

起源と親子関係

VIOSINHO はポルトガル北部のドウロ（Douro）由来の品種である．ブドウ畑で見られる高度の遺伝的多様性は，この品種が比較的古い品種であることを示唆している．この品質は少なくとも19世紀の中頃から賞賛されてきた（Rolando Faustino 氏，私信）．最近の研究により VIOSINHO は遺伝的に LADO，TINTA FRANCISCA，TINTO CÃO に近いことが明らかになった（Pinto-Carnide *et al.* 2003; Martín *et al.* 2006）．

ブドウ栽培の特徴

小さな果粒で小さな果房をつける．生産性が低く早熟である．べと病，うどんこ病および灰色かび病への平均的な感受性を示す．

栽培地とワインの味

VIOSINHO はスペインとの国境近くにあるポルトガル，トラス・オス・モンテス（Trás-os-Montes）のプラナルト・ミランデス（Planalto Mirandês）サブ地区やドウロでのみ栽培が行われている．果粒の糖度と酸度のバランスが功を奏し，良質のワインが生み出されるポテンシャルを有しており，フレッシュだがフルボディーの香り高い，熟成させる価値を秘めた白ワインになる．最高のビンテージでは豊かな香りを有しているため，この品種を「ポルトガルのソーヴィニヨン・ブラン（SAUVIGNON BLANC）」と表現する人もいる．しかし低収量なだけでなく，果汁が酸化しやすく結果としてアロマの繊細さが失われてしまいがちなので，ワインづくりには困難が伴う品種である．ほとんどが RABIGATO や GOUVEIO（GODELLO）などの他の地方品種とブレンドされ，白のポートワインや増加傾向にある印象的なドウロの非酒精強化ワインの生産に用いられている．アゼイタン（Azeitão）の José Maria da Fonseca 社は標高500 m 地点にある畑のブドウから良質のヴァラエタルワインを作り続けている．生産者としては他にも Caves Transmontanas 社，Vinilourenço 社などが推奨されている．この品種はリスボン（Lisboa），セトゥーバル半島圏（Península de Setúbal），テージョ（Tejo），アゾレス諸島（Açores）の地理的表示保護ワインでも公認されている．ポルトガルでは2010年に100 ha（247 acres）の栽培が記録された．栽培のほとんどは古い混植の畑で見られるが，特にアレンテージョ（Alentejo）において新しい栽培が増えている．

VITAL

ポルトガル中部で主に栽培されている低酸度の品種

ブドウの色：● ● ● ● ●

主要な別名：Boal Bonifacio（オエステ（Oeste）），Malvasia Corada ☒（ドウロ（Douro），ダン（Dão），ミーニョ（Minho）），Malvasia Fina do Douro

よくVITALと間違えられやすい品種：MALVASIA FINA ☒

起源と親子関係

このポルトガル品種の起源はほとんど知られていないが，同国の北部か中部，おそらくリスボン（Lisboa）の北の地方由来であろう．上記のようにまぎらわしい別名をもつにもかかわらずDNA解析によってMALVASIA FINAとは同一でないことが明らかになった（Vouillamoz）．

ブドウ栽培の特徴

樹勢が強く豊産性である．萌芽期は中期で，熟期は早期～中期である．乾燥に非常に敏感で，果実が萎凋する傾向がある．その結果，乾燥した環境では成熟しにくい．細かな粒の比較的肥沃な土壌と冷涼な夏の気候がこの品種に最適である（風の当たる場所がよいようだ）．べと病とBunch rot（かびの感染によって漏れ出した果汁に雑多な微生物が取り付いて腐敗した状態）にやや被害をうけやすい．

栽培地とワインの味

VITALから作られるワインは酸味が弱く特徴に欠け，最初にもっていたはずの若いアロマがすぐに失われてしまうのでブレンドワインに用いられる．主にポルトガルの中央部，特にリスボン地方やアレンテージョ（Alentejo），テージョ（Tejo）で栽培されている．Sanguinhal社のQuinta de São Francisco（Óbidos DOC）はVITAL，FERNÃO PIRES，ARINTO DE BUCELASのブレンドワインである．さらにドウロの北でもこの品種が栽培されている．

リスボン北部にある故郷の在来品種に情熱を注いだポルトガルのワイン生産者，故António Carvalho氏によって，VITALから作られるワインが素晴らしい品質をもちうるという可能性が現在示された．彼は最初のヴァラエタルワインをカダバル（Cadaval）の町近郊にある山岳地帯，モンテジュント地域（Montejunto）のブドウを用いて作った．栽培地域の標高と地形が北側に開けており大西洋に向かう風の影響を受けるという地域条件が功を奏し，この品種は大いに成長しよい結果を生み出した．Carvalho氏が亡くなった後も，彼のパートナーであるMarta Soares氏がエレガントでシトラスとミネラル感のある白ワインをCasal Figueiraという名で作り続けている．

ポルトガルでは2010年に1,080 ha（2,669 acres）が栽培された．その一部は蒸留されブランデーが作られている．

VITOVSKA

トリエステ県（Trieste）周辺のイタリア−スロベニア国境地方で，珍しいが高品質の白ワインが作られる．

ブドウの色：

主要な別名：Vitouska
よくVITOVSKAと間違えられやすい品種：GARGANEGA，VITOVSKA GRGANJA

起源と親子関係

VITOVSKAはイタリア北東部とスロベニア西部にまたがるクラス地方（Carso/ Kras/Karst）に特徴的な品種である．その名はスロベニアの地方の方言，またはヴィパヴァ渓谷地方（Vipavska Dolina）の村の名前「Vitovlje」に由来する．最近のDNA系統解析によってVITOVSKAがMALVASIA BIANCA LUNGA×PROSECCOの自然交配品種であることが明らかになった（Crespan *et al.* 2007）．PROSECCOはクラス地方で広く栽培されている．MALVASIA BIANCA LUNGAの栽培に関する記録はクラス地方で見られないもののクラス地方がVITOVSKAの発祥地として最有力である．文献に基づく共通の認識に反して，最近のDNA解析によってVITOVSKA GRGANJA（別名VITOVSKA GARGANIJA）はVITOVSKAとは異なるが，VITOVSKAの子品種である可能性が示唆された（Štajner *et al.* 2008).

ブドウ栽培の特徴

熟期は中程度である．冬の霜や夏の乾燥に強い頑強な品種．三角の大きな果房は一房が1 kg（2.2 lbs）にもなる．

栽培地とワインの味

VITOVSKA は長年にわたりクラス地方でのみ，特にズゴニーコ（Sgónico）やドゥイーノ＝アウリジーナ村（Duino-Aurisina）で栽培されてきた．20世紀にはほぼ消失状態であったが，1980年代に Edi Kante 氏や Benjamin Zidarich 氏など，ワインの生産者たちによって絶滅状態から救済された．今日，VITOVSKA は MALVAZIJA ISTARSKA に続いてイタリアのトリエステ県や隣接するスロベニアの地域（第二次世界大戦以前は一つの県であった）で最も多く栽培される白品種となっている．しかし依然，VITOVSKA と VITOVSKA GRGANJA の混同が続いている．

ヴァラエタルの VITOVSKA は Carso DOC で公認されており，イタリアに拠点を置く特定のスロベニアの生産者によっても作られている．爽やかで干し草やセージ，梨，マルメロやレモンのアロマと魅力的な酸のキレをもつ辛口，またはオフ・ドライのワインができる．比較的高価である．Zidarich 社のワインは長めのスキンコンタクトとあまり手を加えないワイン作りによって，引き締まり，しっかりとした骨格をもつものとなっている．先駆的な生産者としては他にも，Edi Kante 氏，2005年から特別なアンフォラスタイルのワインも作っている Paolo & Walter Vodopivec 社, Silvano Ferluga 社および Škerk 社などがあげられる．

VITOVSKA GRGANJA

認知度が上昇している珍しいスロベニアの白品種

ブドウの色：● ● ● ● ●

主要な別名：Grganka，Racuk ☒，Vitovska Garganija
よく VITOVSKA GRGANJA と間違えられやすい品種：VITOVSKA ☒

起源と親子関係

最近の DNA 解析によって，これまで広く考えられていたこととは違い，VITOVSKA GRGANJA は VITOVSKA とは同じ品種ではなく，おそらく子品種であることが示唆された（Štajner *et al.* 2008; Rusjan *et al.* 2010）．これはこの品種がイタリアとスロベニアの国境地域にあるクラス地方（Carso/Kras/Karst）に起源をもつことを意味している．1844年にヴィパーヴァ（Vipava）の祭司で教師でもあった Matija Vertovec 氏がこの品種について初めて記録している（Grmek 2007）．親子関係については VITOVSKA GRGANJA が MALVASIA BIANCA LUNGA と PROSECCO の孫品種にあたると報告されている（VITOVSKA 参照）．

ブドウ栽培の特徴

樹勢が強く萌芽期は遅い．熟期は早期～中期である．果房は VITOVSKA より小さくて長い．果粒は比較的厚い果皮を有している．

栽培地とワインの味

かつて VITOVSKA GRGANJA は現在に比べはるかに重要視されていた（Grmek 2007）．クラス地方やスロベニア西部より少し北のヴィパウスカ・ドリナ（Vipavska Dolina）では現在も栽培されており，その重要性は増している．VITOVSKA と VITOVSKA GRGANJA との混同により厳密な栽培面積の特定は難しいが，2009年にはスロベニアで後者は19 ha（47 acres）が栽培されたようである．ワインのアルコール分は中程度だが酸味は顕著である．桃，シナモンのアロマをもつがMALVAZIJA ISTARSKAほどではない．推奨されているスロベニアの生産者としてはČotar，Furlan，Renčel，Vinakrasなどの各社があげられる．

VIURA

MACABEOを参照

VLACHIKO

より大きな注目を浴びるに値するギリシャ品種．しなやかで濃い色の果実味を帯びたワインが作られる．

ブドウの色：● ● ● ● ●

主要な別名：Blachiko，Blachos，Vlachico de Jannina，Vlachos（ヨアニナ（Ioánnina）），Vlachs，Vlacos，Vlahico，Vlahos

起源と親子関係

VLACHIKOはギリシャ本土西部のイピロス（Ípeiros/Epirus），ヨアニナ地方の地方品種である．その名は「いなか者」を意味する言葉*vlacos*に由来する（Galet 2000）．

ブドウ栽培の特徴

樹勢が強く豊産性．萌芽期は遅く晩熟である．中サイズの果粒が密着した果房をつける．

栽培地とワインの味

VLACHIKOは伝統的にギリシャのイピロスで栽培され，しばしばDEBINAやBEKARIなどとブレンドされ発泡性ロゼワインが作られてきた（Ioánnina社やGlinavos社のようなZítsaの生産者により依然作られている）．しかし2001年にKatogi & Strofilia社がイピロスのザゴリ山脈地方（Zagóri）の畑にVLACHIKOを新たに植え付けし，現在では「Rossiu di Munte（山脈の赤）」として知られるヴァラエタルワインをKatogi Averoffというラベルで作っている．爽やかな酸味と非常に繊細なタンニンを有し，控えめで胡椒とカシスが香るワインである．Glinavos社はこの品種をAGIORGITIKOやBEKARIなどの品種とともに赤のブレンドワインに用いている．

VLAŠKA

低い酸度が特徴の珍しいクロアチアの品種．クロアチア，スプリト（Split）周辺地域でのみ栽培されている．

ブドウの色：● ● ● ● ●

主要な別名：Maraškina Velog Zrna，Prejica，Vezuljka，Žutuja

起源と親子関係

VLAŠKA はクロアチア語でワラキア（Wallachia，現在のルーマニア南部）を意味し，12世紀にルーマニアからスプリト北のカシュテラ（Kaštela）やトロギル地方（Trogir）に持ち込まれたといわれている（Zdunić 2005）.

ブドウ栽培の特徴

熟期は早期～中期である．果粒は高糖度だが酸度は低い.

栽培地とワインの味

VLAŠKA は他の多くの在来品種同様にクロアチアにおいてクローン選抜および再植を含む復活プロジェクトの対象の一つとなっている．中央・南部ダルマチア（Srednja i Južna Dalmacija）ワイン生産地域全体で公認されているが，現在は海岸近くの町スプリト近くのカシュテラやトロギルでのみ栽培されている.

VLOSH

濃い果皮色のアルバニア品種．栽培面積は減りつつある.

ブドウの色：● ● ● ● ●

主要な別名：Vloshi，Vlosk

起源と親子関係

VLOSH はアルバニア南西部の海岸付近の町や Narta ラグーンに起源がある．Narta とベラト（Berat）の間にある Vlosh という町の名にちなんで名付けられた．しかしギリシャ語で「甘いブドウ」を意味する言葉に由来するともいわれている.

Lambert-Gocs（2007）は VLOSH がカベルネ・ソーヴィニヨン（CABERNET SAUVIGNON）の祖先品種である可能性を示唆しているが，DNA 解析によってこの仮説は否定された（カベルネ・ソーヴィニヨン参照）.

ブドウ栽培の特徴

晩熟である.

栽培地とワインの味

VLOSH の栽培は主にアルバニアの南西部，特にその発祥地周辺で多く見られる．ワインの品質をよそに，色不足と収量が並であることが原因で栽培面積は減少しつつある（Maul *et al.* 2008）．ワインは一般的にフルボディーで渋いものとなる．酸化させたランシオ・スタイルで作られることが多い．生食用としても栽培されている.

VOLITSA MAVRI

濃い果皮色のギリシャ品種．ウィルスに感染していない健康な樹が見つからない限り，この品種からワインが生産されることはない．

ブドウの色：● ● ● ● ●

起源と親子関係

VOLITSA MAVRI はギリシャ，ペロポネソス半島（Pelopónnisos）北部のパトラ（Pátra）とコリントス（Kórinthos）の間にあるカラブリタ（Kalávrita）由来の品種である．

カリフォルニア州，デービス（Davis）にあるアメリカ合衆国農務省（United States Department of Agriculture：USDA）の National Clonal Germplasm Repository における解析の結果，VOLITSA MAVRI と白色果粒で栽培されていない VOLITZA LEFKI（もしくは VOLITZA ASPRI）が異なる DNA プロファイルをもっていることが明らかになったことで（Vouillamoz），後者は前者の果皮色変異ではないことが示唆された．

他の仮説

Lambert-Gocs（2007）はカベルネ・ソーヴィニヨン（CABERNET SAUVIGNON）が VOLITSA MAVRI の子品種であると述べたが，この説は DNA 解析によって否定された（詳細はカベルネ・ソーヴィニヨンを参照）．

ワイン産地

パトラの東，エギオ（Égio）の Oenoforos 社が1990年代の終わりにこの品種を活性化するため様々な試みを行ったが，ワイン製造技術者の Tasos Drosiadis 氏によれば，最良のクローンは入手できず，深刻なウィルス感染が原因で栽培をあきらめざるを得なかったのだという．この地域で植え付けされた他の樹も同様に健康ではなかったようだ．

VOSKEAT

豊産性の古いアルメニア品種．ほとんどが白の酒精強化ワインに用いられる．

ブドウの色：● ● ● ● ●

主要な別名：Hardzhi，Kanacicheni，Katviacik，Khardji または Kharji，Pishik Gezi，Pscigi，Voskeate，Voskehat，Xardji

起源と親子関係

VOSKEAT は非常に古い品種で，アルメニア西部のアシュタラク地方（Ashtarak）が起源の地であろう．現地では高度な形態的多様性を見せている（Chkhartishvili and Betsiashvili 2004）．伝統的に KHARDJI あるいは KHARJI とよばれていたが，後に首都エレバンのすぐ西にあるヴォスケハット村（Voskehat）の名にちなんで命名された．

ブドウ栽培の特徴

萌芽期は早期～中期で，熟期は中期～晩期である．非常に豊産性である．薄い果皮の果粒は高糖度に達する．果粒が密着した果房をつける．べと病，うどんこ病，灰色かび病およびブドウ蛾に非常に感受性が高い．

栽培地とワインの味

VOSKEAT はアルメニアの甘口酒精強化ワインの生産によく適しており，最も有名なのは，オシャキャン（Ochakan）で作られているマデイラ（Madeira）をイメージしたワインである（Carbonneau 1995）．また，通常はブレンドの一部として発泡性ワインにも使われ，テーブルワインにも用いられる．主にアララト地方（Ararat）で栽培されている．たとえば Ginekar 社は辛口ワインをつくり，Ijevan Wine Factory 社は中甘口ワインを作っている．この品種はアゼルバイジャンのナヒチェヴァン自治共和国（Nakhchivan）でも人気があり，KHARJI と呼ばれ，シェリースタイルやマデイラスタイルのワインが作られている．

VOSTILIDI

GOUSTOLIDI を参照

VRANAC

力強く高品質で熟成させる価値のあるバルカン半島の赤品種

ブドウの色：● ● ● ● ●

主要な別名：Vranac Crmnichki，Vranac Crni，Vranac Prhljavac，Vranec（北マケドニア共和国）
よくVRANACと間違えられやすい品種：TRIBIDRAG ☿

起源と親子関係

VRANAC は「強い黒」，「黒い種馬」を意味し，今日のクロアチア南部，セルビアの一部とモンテネグロを含む地方で最も重要な在来品種である．この地方では中世から栽培されていたといわれ，高度な多様性が見られる（Avramov and del Zan 2004）ことから古い品種であることが示唆されている．DNA 系統解析によって ZINFANDEL としても知られる TRIBIDRAG との親子関係が示唆された（Maletić *et al.* 2004）．したがって，この品種は PLAVAC MALI，GRK，CRLJENAK CRNI（もはや栽培されていない），PLAVINA などの品種と片親だけの姉妹（または祖父母品種）にあたることになる（系統図は TRIBIDRAG 参照）．これがモンテネグロで TRIBIDRAG の別名である KRATOŠIJA とこの品種がよく混同され（Maras *et al.* 2004），またしばしば二つの品種が混植されている理由であろう．VRANAC は今日では北マケドニア共和国の主要な黒果粒品種であるが，遺伝的比較により他の地方品種とはまったく異なることが明らかになったことから，12世紀中頃に持ち込まれたものではないかと考えられている（Galet 2000; Štajner，Angelova *et al.* 2009）．

ブドウ栽培の特徴

樹勢が強く豊産性．萌芽期は早く熟期は中程度である．薄い果皮の果粒が密着した果房をつける．暖かい土壌が栽培に最適．べと病とうどんこ病に中程度の耐性を示すが，灰色かび病には非常に感染しやすい．霜に非常に敏感で芽は−12℃（10℉）から−14℃（7℉）の気温で凍害を受ける．

栽培地とワインの味

VRANAC はモンテネグロ，北マケドニア共和国（特に南東部のポヴァルダリー（Povardarje）），セルビアおよびコソボで広く栽培されている．クロアチア南部（390 ha/964 acres；2008年）やヘルツェゴビナでも重要な品種である．ワインは色合い深くフルボディーでタンニンとアルコール分に富み，ソフトな酸味とリッチな黒と赤の果実のフレーバーを有している．最良のものはオークに適し，熟成するにつれより複雑なものとなる．このワインはブレンドワインの色づけにも用いられる．この品種は多様性が高いため，北マケドニア共和国では最良のクローンを選抜する研究が行われている．生産者としてはモンテネグロの Milović, Plantaže，Sjekloća，北マケドニア共和国の Popova Kula，Skovin，Tikveš，Veritas，コソボの Stonecastle，セルビアの Jović そしてヘルツェゴビナの Vukoje などの各社があげられる．

VUGAVA

クロアチア，ヴィス島（Vis）で栽培されている高品質のアロマティックな品種

ブドウの色：● ● ● ● ●

主要な別名：Bugava，Ugava，Viškulja，Vugava Bijela
よくVUGAVAと間違えられやすい品種：VIOGNIER ☒

起源と親子関係

VUGAVA はクロアチア南西部，ダルマチア地方（Dalmacija）のヴィス島に起源をもつ古い品種である．

他の仮説

VUGAVA はギリシャから持ち込まれたといわれているが，まだ証拠は見つかっていない．VUGAVA はまたフランスのヴィオニエ（VIOGNIER）と同一だという説もあるが，クロアチアブドウデータベースの VUGAVA BIJELA の DNA プロファイルはヴィオニエと一致しない（Vouillamoz)．

ブドウ栽培の特徴

早熟で果皮が薄いのが原因で，スズメバチやハチによる被害や日焼けの影響を受けやすい．うどんこ病やつる割れ病に高い感受性をもつ．また，うどんこ病やつる割れ病ほどではないが，灰色かび病に感受性がある．

栽培地とワインの味

VUGAVA はクロアチアのワイン生産地域，中央・南部ダルマチア（Srednja i Južna Dalmacija）で公認されているが，栽培は主にヴィス島で見られる．沿岸地方や近隣の島でも限定的に栽培されている．ワインは濃くかなりのアルコール分を有している．熟したアプリコットのフレーバーをもつことからヴィオニエと混同される理由が理解できる．VUGAVA の生産者としてはヴィス島の Lipanović，Podšpilje 協同組合，Rokis，Sviličić などの各社があげられる．

VUILLERMIN

イタリア，アオスタ（Aosta）の極めて珍しい品種．
スイスとの国境近くでのみ限定的に栽培されている．

ブドウの色：● ● ● ● ●

起源と親子関係

VUILLERMIN はあまり知られていないヴァッレ・ダオスタ州（Valle d'Aosta）の品種である．Bich（1890）によって初めて記録された．この品種名はこの地方で一般的に見られる家名にちなんだものであろう．

DNA 系統解析によって VUILLERMIN がヴァッレ・ダオスタ州の FUMIN とおそらく現在は絶滅していると思われる別の品種（品種名は不明）との自然交配品種であることが明らかになった（Vouillamoz and Moriondo 2011）．VUILLERMIN はそれゆえ PETIT ROUGE の甥・姪にあたる．

他の仮説

Gatta（1838）で記載されている絶滅品種の SPRON または EPERON と VUILLERMIN は形態的な共通点を多くもつので同一品種の可能性がある（Moriondo 1999）．

ブドウ栽培の特徴

晩熟である．

栽培地

VUILLERMIN は20世紀末にほぼ絶滅状態にあったが，アオスタの地方農業専門学校（Institut Agricole Régional）のブドウの形態分類の専門家，Giulio Moriondo 氏がこの品種をポンテイ（Pontey）とシャティヨン（Châtillon）の畑から救済した．現在はシャンバーヴ（Chambave）（Mario Bosc），アオスタ（Institut Agricole Régional）およびサール（Saare）（Feudo di San Maurizio の Michel Vallet 社）の三つの畑でのみ栽培されている．VUILLERMIN からヴァラエタルワインが作られることはほとんどないが，Vallet 社が Valle d'Aosta DOC で良質のワインを作っている．2000年のイタリアの農業統計には0.1 ha の栽培が記録されているが，現在はそれ以上のはずである．

WÜRZER　（ヴュルツァー）

≬ 次ページ以降に記載されているこのシンボルは，別名や誤った同定がDNA解析により確認されたことを示す．

WEISSBURGUNDER

PINOT BLANC を参照

WELSCHRIESLING

GRAŠEVINA を参照

WÜRZER

香り高いドイツの交配品種だが栽培面積は減少の一途をたどっている.
少量をブレンドワインに加えるのが最善である.

ブドウの色：● ● ● ● ●

主要な別名：Alzey 10487

起源と親子関係

1932年にアルツァイ（Alzey）の Georg Scheu 氏がゲヴュルツトラミネール（GEWÜRZTRAMINER）×MÜLLER-THURGAU の交配により得た交配品種．1978年にドイツで公認された．この品種名はスパイシー（*würzig*）なワインのアロマにちなんで名づけられたものである．

ブドウ栽培の特徴

熟期は早期～中期である．べと病には良好な耐性を示す．冬の霜に敏感である．糖度は中程度だが，非常に冷涼な地域以外で栽培すると酸度が低くなる．

栽培地とワインの味

ドイツでは66 ha (163 acres) が栽培されている．栽培のほとんどはラインヘッセン (Rheinhessen) やナーエ（Nahe）で見られるが，ピーク時（1995年）の121 ha（299 acres）からは減少している．ワインはソフトで，他の品種とブレンドしないと香りが高すぎるほどである．ヴァラエタルワインの生産者はナーエの Sitzius 社，Schillingshof 社およびフランケン（Franken）の Schmitt's Kinder 社などである．スイスでも限定的に栽培されている（0.33 ha/0.8 acres）．

イングランドではわずかに6 ha（15 acres）が栽培されているが，多くの地域ではその冷涼な気候ため，この品種は晩熟すぎる．そのため BACCHUS などの早熟品種が好まれており，WÜRZER の栽培は減少の一途をたどっている．

ニュージーランド，ネルソン（Nelson）の Seifried 社は WÜRZER を数畝だけ栽培し，その名の通りスパイシーなヴァラエタルワインを作っている．

XARELLO （サレーリョ）
XINOMAVRO （クシノマヴロ）
XYNISTERI （クシニステリ）

ⵋ次ページ以降に記載されているこのシンボルは，別名や誤った同定が DNA 解析により確認されたことを示す．

XARELLO

強い個性を放つ高品質のカタルーニャ（Catalan）品種.
しっかりとしたスティルワインと発泡性のワインが作られる.

ブドウの色：

主要な別名：Cartoixà, Pansa Blanca, Pansal ⨳, Premsal Blanca（マヨルカ島（Mallorca））, Xarel-lo, Xarel·lo, Xerello
よくXARELLOと間違えられやすい品種：CAYETANA BLANCA ⨳, MACABEO ⨳（カタルーニャ）, PRENSAL（Islas Baleares）

起源と親子関係

XARELLOは1785年, カタルーニャのシッチェス（Sitges）において, XERELLOという名で初めて記録がなされた（Favà i Agud 2001）. おそらく, この地方がこの品種の起源の地なのであろう. Favà i Agudによれば XARELLOの名は「赤紫色（claret）」を意味するイタリア語の「*chiarello*」に由来しており, 元は「明るい赤色のワイン」を表す言葉であった. DNA解析は XARELLO とブレンドされたり混同されてしまうことがあった MACABEO との関係を示唆している（Ibañez *et al.* 2003）.

ピンク色の変異は XARELLO ROSADO と呼ばれているが, PANSA ROSADA という名でも知られており, 栽培はバルセロナ（Barcelona）近くで見られる（Ibañez *et al.* 2003）. また, Alella DO で公認されている.

ブドウ栽培の特徴

果皮の厚い, 中サイズの果粒が密着した果房をつける. 萌芽期, 熟期は中程度である. どの土壌にもほとんど適応する. 花ぶるいになりやすいが, 開花期の気候が良好なら豊産性となる. べと病とうどんこ病に感染しやすい. 他の病気, 特に灰色かび病には良好な耐性を示す.

栽培地とワインの味

スペインの公式品種リストでは XARELLO の表記が採用されている. おそらくほとんどのキーボードに, Xarel·lo というスペルを入力するためのカタルーニャドットがなかったため, Xarel-lo とハイフンを使うほうがより一般的だったからであろう.

XARELLOは薄い果皮色が特徴のカタルーニャ最高品質のブドウである. XARELLOが有する力強さ, 濃度, 高酸度と高めの糖度の恩恵を受けて熟成向きの白のスティルワインや発泡性のカヴァが作られる. この品種で主に作られているのはカヴァで, スペイン北東部のカタルーニャ州一帯, 特にペネデス（Penedès）で PARELLADA や MACABEO とパートナーを組んでいる. 2008年にスペイン国内で記録された栽培面積8,043 ha（19,875 acres）のうち99%がカタルーニャでの栽培だった. XARELLOは, ほとんどのDOで公認されている. この品種はそのボディー, 骨格, フレッシュさおよびワインの寿命の延長に寄与することからカヴァの生産者に評価されている. バルセロナ大学とワシントン大学での研究により, XARELLOが畑のブドウを病気から守る作用のある抗酸化物質, レスベラトロール（Resveratrol）を高レベルで含有していることが明らかになった. スペインで最も良質なカヴァの生産者の一つである Recaredo 社の単一畑の Turó d'en Mota は100% XARELLO から作られている. また, Gramona 社が作る良質の Celler Batlle は XARELLO を主原料として作られている.

一方で, 力強いスティルワインも作られている. また, GARNACHA BLANCA, MACABEO また時にはシャルドネ（CHARDONNAY）などとブレンドされることもある. ヴァラエタルワインは圧倒されるほどフルーティーというよりもむしろ少し飾りっ気のないワインだが, 柑橘系や梨のアロマがハーブのニュアンスとともに感じられることがある. スティルのヴァラエタルワインの生産者は, Albet i Noya 社, Arç Blanc 社, Bolet 社, Can Ràfols dels Caus 社, Donzella 社, El Cep（L'Alzinar）社, Gramona 社, Mas

Rabassa 社，Nadal 社，Parató 社，Pardal 社，Parés Baltà 社，Sabaté i Coca 社，Torelló 社などである．

XINOMAVRO

最高品質のギリシャ品種．広く栽培されているが，非常に手のかかる品種である．酸度が高い．

ブドウの色：

主要な別名：Csinomavro，Mavro，Mavro Naoussis，Mavro Naoustino，Mavro Xyno（マケドニア西部），Naouses Mavro，Naoustiano，Naoystiro Mavro，Negroska Popolka，Niaousa，Niasoustino，Pipoliko，Pipolka，Popoliko（マケドニアの Véroia），Popolka（マケドニアの Gouménissa と Amýnteo），Xinogaltso，Xynomavro Bolgar，Xynomavro Naoussis，Xynomavro of Náoussa，Xynomavron，Zinomavro，Zynomavro

起源と親子関係

XINOMAVRO はギリシャ北部で多く栽培されている赤品種である．この品種名には「酸っぱい黒」という意味があり，この品種の酸度の高さを表したものである．少なくとも三つの主要なクローンがナウサ地区（Náoussa）で識別されており，おそらく，この地区がこの品種の起源の地であろうと考えられている（Galet 2000；Manessis 2000；Nikolau and Michos 2004）．

XINOMAVRO とピノ・ノワール（PINOT NOIR）との，あるいは XINOMAVRO とネッビオーロ（NEBBIOLO）との類似性を指摘する研究者もいるが，DNA 解析の結果は，XINOMAVRO と両品種が遺伝子学的に異なっていることを示している．

ブドウ栽培の特徴

樹勢が強く，非常に豊産性である．萌芽期は中期で晩熟である．べと病と灰色かび病に感受性が高いが，うどんこ病にはそれほどでもない．軽く，やせた砂地がこの品種の栽培に最も適している．果粒を完熟させるためには新梢の管理が重要である．

栽培地とワインの味

2008年，ギリシャで AGIORGITIKO に次いで2番目に多く栽培されていたのが，濃い果皮色をもつ XINOMAVRO（2,389 ha/5,903 acres）である．マケドニア中部（749 ha/1,851 acres）や西部（1,376 ha/3,400 acres）で最も多く栽培されているのもこの品種である．Náoussa 原産地呼称で公認されている唯一の品種として最も有名であるが，その北，アミンデオ（Amýnteo）の標高が高く，冷涼で強い風が吹く場所にある畑でも目を見張る結果を出しつつあり，この原産地呼称でも 100% XINOMAVRO が要求されている．その東，グメニサ（Gouménissa）では少なくとも 20 % の NEGOSKA をブレンドワインに用いなければならないが，その南，テッサリア地方（Thessalía），オリンポス山（Ólympos）近くの Rapsáni 原産地呼称では XINOMAVRO は KRASSATO および STAVROTO と同等のパートナーである．

XINOMAVRO のワインには様々なスタイルがあるが，通常，高い酸味と優れた熟成ポテンシャルを有している．色の安定性が問題で XINOMAVRO のワインの色は比較的薄く，時間の経過とともにネッビオーロのようにレンガ色に変化してしまう．XINOMAVRO にはかなりの数のクローンのバリエーションがあり，また，オークを用いた熟成など多岐にわたるワイン作りの技術がワインの特徴に影響するので，これ以上 XINOMAVRO のワインを一般化することは困難である．タンニンはドライで若い頃は角があるが，ボトル内でまろやかになり複雑さとエレガントさが生まれる．ワインが若いうちはイチゴやプラムのような赤い果実のアロマが優勢であるが熟成にともないトマトやオリーブ，ドライフルーツのようなより味わいのあるものに変化していく．口中での印象を膨らませるため，シラー（SYRAH）やメルロー（MERLOT）とブレンドする傾向が強まっている．生産者としては Alpha Estate，Argatia，Boutari，Foundis，Katogi &

Strofilia，Kir-Yiannis，Tsantali（特に Rapsáni）などが推奨されている．

多くの異なるクローンが同定されている（遺伝的にというよりもブドウの形態分類学的に）．Velventós クローンは冷涼な気候に適し，早熟でソフトなタンニンとなる．他方 Yiannakochori クローンはより力強くタンニンに富んだワインになる（Lazarakis 2005）．

XINOMAVRO は品質が向上している，いろいろな甘さのスティルおよび発泡性のロゼワインにも用いられている．

XYNISTERI

広い地域で栽培されているキプロスの品種．
フレッシュでシトラス感のある白ワインになる．

ブドウの色：● ● ● ● ●

主要な別名：Aspro Kyprou，Cipro Bianco，Hebron Blanc，Hebron White，Hibron Blanc，Koumantaria，Lefko Kyprou，Lefko Kyproy，Topiko Aspro，Xinisteri，Xynistera，Xynisteri Aspro Kyprou

よくXYNISTERIと間違えられやすい品種：Aspro X，SAVATIANO（ギリシャ）

起源と親子関係

XYNISTERI はキプロス島の在来品種である．1881年に島の良質なワインの一つとしてイタリアの *Bolletino consolare pubblicato per cura del Ministero per gli Affari Esteri* 17巻の中に「Xinisteri」の表記で初めて記載された．その数年後にはフランスのブドウ分類の専門家の Pierre Mouillefert（1893）が「キプロスで最も広く栽培されているキプロス最高の白品種」と記載している．

他の仮説

Galet（2000）は XYNISTERI がイスラエルの ZITANIA と同一であると述べている．この説が事実なら，なぜこの品種が Hebron Blanc と呼ばれることがあるのかを説明することができるのだが，いまのところ DNA 解析では確認されていない．「白」を意味する ASPRO はよく知られた XYNISTERI の別名であるが（Galet 2000），キプロス島の Zygi にある ARI 研究センターで収集・保管されている正体不明の標準試料，Aspro X は XYNISTERI とは別の品種であることが明らかになった（Hvarleva，Hadjinicoli *et al.* 2005）．

ブドウ栽培の特徴

樹勢が強く豊産性である．萌芽期は中期で，熟期は中期～晩期である．厚い果皮の果粒からなる長い果房をつける．うどんこ病に感染しやすいが灰色かび病には耐性がある．

栽培地とワインの味

XYNISTERI はキプロスで最も一般的な白ワインブドウで（2010年の栽培面積は2,227 ha/5,503 acres で，総ブドウ栽培面積の 23% を占めている），辛口の白ワインやコマンダリア（Commandaria）ワイン（キプロス島産の甘口，普通は酒精強化ワイン．半干しブドウを用いて作られる）を生産するのに用いられる．通常，テーブルワインは中程度のアルコール分を有し，軽く，レモンの香り漂うものとなる．標高が高い畑で栽培すると，色鮮やかでミネラル感のあるワインになるが，爽やかさやふくらみを増すために，セミヨン（SÉMILLON），シャルドネ（CHARDONNAY），ソーヴィニヨン・ブラン（SAUVIGNON BLANC）などの国際品種とブレンドすることがある．また，時に軽くオークの特徴を加えたり，少量の MUSCAT OF ALEXANDRIA を足したりすることが多い．ワインの中には，やや力強いタンニンが適度な魅力となっているものもある．推奨される生産者としては Aes Ambelis，Constantinou，Ezousa，Kolios，Kyperounda，Tsiakkas，Vasilikon，Vlassides，Zambartas などがあげられる．

YAMABUDO　(ヤマブドウ)
YAPINCAK　(ヤプンジャック)
YEDIVEREN　(イェディベレン)

ⅹ次ページ以降に記載されているこのシンボルは，別名や誤った同定が DNA 解析により確認されたことを示す.

YAMABUDO

アジア系ブドウに属する品種. 緑の葉が香るようなフレッシュなワインが日本で作られている.

ブドウの色：● ● ● ● ●

主要な別名：Crimson Glory Vine，Meoru（韓国）

起源と親子関係

YAMABUDO は日本語で「野生ブドウ」を意味している．アジアの在来種で，学名は *Vitis coignetiae* である．この学名は，1875年，日本旅行の際に日本から YAMABUDO の種を持ち帰り，ブドウ分類専門家の Victor Pulliat 氏に譲り渡した南フランスのリヨン（Lyon）の Coignet 夫妻の名にちなみ，フランスのブドウ分類専門家の Jules-Emile Planchon 氏が名付けたものである.

ブドウ栽培の特徴

雌雄異体．萌芽期は早く，晩熟である．果粒も果房も小さいのが特徴．べと病と灰色かび病に感受性がある.

栽培地とワインの味

YAMABUDO から，緑の葉を思わせる香りと強い酸味をもつ深紅のワインができあがる．2008年には日本で158 ha（390 acres，訳注：平成26年の農林水産省の統計では164 ha）の栽培を記録した．栽培は主に岡山，長野，山形，岩手および青森県で見られるが，栽培された YAMABUDO のうち，ワインに用いられるのは，半分以下である．生産者としては，月山ワイン，ひるぜんワイン，くずまき高原ワインなどが推奨されている．韓国でも栽培が見られる.

YAPINCAK

マルマラ海の北部沿岸地方で栽培されている稀少なトルコ品種

ブドウの色：● ● ● ● ●

主要な別名：ErkekYapıncak，KınalıYapıncak，Yapakak，Yapındjac

起源と親子関係

YAPINCAK の起源はおそらくトルコ北西部，マルマラ海北岸のテキルダー県（Tekirdağ）であろうと考えられる．別名の KINALI YAPINCAK は「henna-ed（ヘンナで染めた）Yapincak」を意味し赤い斑点のある果粒をこのように言い表したものである．そのため Yapıncak はそばかすのある少女のニックネームにもなった．このことから，かつてはこの品種が広く栽培されていたものと考えられる（Umay Çeviker，私信）.

ブドウ栽培の特徴

萌芽期は遅く晩熟である．薄い果皮に斑点のついた果粒で大きな果房をつける．全般的に病気に対して耐性をもっている．粘土ローム土壌や乾燥条件が栽培に適している．

栽培地とワインの味

トルコ，マルマラ地方の海岸近くの村，シャルキョイ（Şarköy）や Mürefte でのみ栽培される．ワインはミディアムボディーで酸味が弱い（そのため通常はブレンドされる）．卵の木（英名 Golden Apple），梨やマルメロのアロマをもつ．Melen 社は甘口ワインを作っている．YAPINCAK の葉は *yaprak salamura*（塩漬けまたは酢漬けされたブドウの葉；Gülcü 2010）にも用いられる．Pasaeli 社が初めて，ビンテージの辛口ヴァラエタル YAPINCAK ワインを生産し，クリーミーだが，かなり酸味が強く，ミネラル感をもつワインが出来上がった．YAPINCAK は生食用としても用いられている．

YEDIVEREN

中央トルコのブドウ品種．いくぶん平凡な仕上がりにはなるがワインが作られ，また，生食用としても利用される．

ブドウの色：● ● ● ● ●

よくYEDIVERENと間違えられやすい品種：IRI KARA（トルコのアナトリア半島（Anatolia）中部）

起源と親子関係

YEDIVEREN は「7 倍の生産」を意味し，これは YEDIVEREN の収量の高さを表している．アナトリア半島南東部の シャンルウルファ県（Şanlıurfa）から持ち込まれた．YEDIVEREN は隣のガズィアンテプ県（Gaziantep）の SERGİ KARASI（現在は栽培されていない）に遺伝的に近縁であると考えられる（Karataş *et al.* 2007）．

ブドウ栽培の特徴

果粒が小さく晩熟である．

栽培地とワインの味

YEDIVEREN はトルコ中央のクルシェヒル県（Kırşehir）やネヴシェヒル県（Nevşehir）で栽培され，多くは生食やレーズン，濃縮ブドウジュースのペクメズ（*pekmez*）に用いられるが，時にテーブルワイン用にも用いられる．

Z

ZAČINAK (ザチナク)
ZAGREI (ザハリー)
ZAKYNTHINO (ザキンティノ)
ZALAGYÖNGYE (ザラジェンジェ)
ZALEMA (サレーマ)
ZAMARRICA (サマリッカ)
ŽAMETOVKA (ジャメトウカ)
ZEFÍR (ゼフィール)
ZELEN (ゼレン)
ZENGŐ (ゼンゲー)
ZENIT (ゼニト)
ZÉTA (ゼータ)
ZEUSZ (ゼウス)
ZGHIHARĂ DE HUŞI (ズギハラ　デ　フシ)
ZHEMCHUZHINA OSKHI (ズィムチュージナー・オーエスハイ)
ZIERFANDLER (ツィアファンドラー)
ŽILAVKA (ジラヴカ)
ZIZAK (ジジャク)
ŽLAHTINA (ジュラフティナ)
ZLATARICA VRGORSKA (ズラタリツァ・ヴルゴルスカ)
ŽUPLJANKA (ジュプリャンカ)
ZWEIGELT (ツヴァイゲルト)

※次ページ以降に記載されているこのシンボルは，別名や誤った同定が DNA 解析により確認されたことを示す．

ZAČINAK

セルビアのこのブドウ品種は，その色で赤のブレンドワインに寄与している.

ブドウの色：● ● ● ● ●

主要な別名：Krajinsko Crno，Negotinsko Crno，Zachinak，Zazinak

起源と親子関係

ZAČINAK はバルカンの古い品種で，おそらくセルビアが起源であろう．現地では大きな形態的多様性が示されている（Avramov and del Zan 2004）.

ブドウ栽培の特徴

萌芽期は早期で，熟期は晩期から非常に遅い時期である．小～中サイズの果粒で小さな果房をつける．べと病と灰色かび病にある程度の耐性を示す．栽培は大陸性気候が最適であるが，－16℃（3°F）から －18℃（0°F）の低温に耐える.

栽培地とワインの味

ZAČINAK はセルビアで栽培され，北マケドニア共和国でも少し見られる．ブレンドワインへの色づけに有用である．一例として，セルビア南東部のジュッパ（Župa）の Braća Rajković 社はより色の薄い PROKUPAC（この地方では RSKAVAC と呼ばれている）や VRANAC などから作られるワインとブレンドしている.

ZAGREI

ZAGREI は，ウクライナのオデッサ州（Odessa）の Tairov 研究センターで Y N Dokuchaeva，Y P Chebanenko，L F Meleshko，L M Pismennaya，G P Ovchinnikov，M G Bankovskaya，L I Tarakhtiy，A I Grigprishen の各氏が OVIDIOPOLSKY×MUSCAT ROZOVY の交配により得た白色果粒の交雑品種である．ここで用いられた MUSCAT ROZOVY はミュスカ・ブラン（MUSCAT BLANC À PETITS GRAINS）の黒色変異である．ZAGREI は2006年に登録された．豊産性で冬に耐寒性を示す．熟期は中期から晩期である．辛口でリンゴの香りやフローラルな香りをもつことがあり，シトラスフレーバーを有する白ワインがこの品種から作られている.

ZAKYNTHINO

謙虚に復活を遂げた古代ギリシャの島の品種

ブドウの色：● ● ● ● ●

主要な別名：Zachara，Zacharo，Zakinthino

起源と親子関係

その名前が示すように ZAKYNTHINO はギリシャのペロポネソス半島（Pelopónnisos）の西海岸沖，イオニア海に浮かぶザキントス島（Zákynthos）由来であろう．

ブドウ栽培の特徴

厚い果皮の果粒が粗着した果房をつけるので一般的に耐病性である．高収量で，熟期は中期である．

栽培地とワインの味

ギリシャのケファロニア島（Kefaloniá）の生産者が事実上この品種を独占している．この品種がザキントス島からもたらされたことは確認されているが，ケファロニア島に持ち込まれたのは500年も前であろうといわれている．最近までは無視されてきたが，Metaxa と Gentilini の両社がヴァラエタルワインの生産を開始し，前者は ROBOLA とブレンドし辛口とオフ・ドライのワインも作っている．ワインはやや香り高く，柑橘類とアプリコットの特徴があるが，わずかにフローラルなノートも有する．通常，酸味はほどほどで新鮮であり，口中よりも鼻でより豊かに感じることができる．同島の南西部に10 ha（25 acres）の畑があり，ペロポネソス半島の北部でも栽培が見られる．最近 Antonopolous 社が小規模な試験栽培を始めた．

ZALAGYÖNGYE

広く栽培されている高収量のハンガリーの交雑品種．ワインの品質はいまひとつ．

ブドウの色：● ● ● ● ●

主要な別名：Ecs-24，Egri Csillagok 24，Pearl of Zala，Zala Dende，Zhemchug Zala

起源と親子関係

ZALAGYÖNGYE は1957年にハンガリーのエゲル地方（Eger）の Kölyuktetö のブドウ栽培および醸造研究所で József Csizmazia および László Bereznai の両氏が EGER 2×CSABA GYÖNGYE により得た交雑品種である（EGER 2の系統は BIANCA を参照）．

ブドウ栽培の特徴

樹勢が強く豊産性で早熟である．乾燥および霜に中程度の耐性を示すが，うどんこ病には感受性である．

栽培地とワインの味

ZALAGYÖNGYE はハンガリーの中南部のアルフェルド平原（Alföld）で広く栽培されている．強い酸味のワインは主に発泡性ワインのベースワインとして用いられているが，生食用にも栽培されている．2008年に2,243 ha（5,543 acres）の栽培が記録されており，生産者としては，Zoltán Farkas，József Locskai，József Nagy，Öreghegy Szőlőbirtok，József Vámosi などの各社がある．

ZALEMA

いろいろな意味で軽いスペイン南部の品種.
酒精強化ワインの生産に用いられている.

ブドウの色：● ● ● ● ●

主要な別名：Del Pipajo（フランシア山地（Sierra de Francia）），Rebazo，Salemo，Zalemo

起源と親子関係

ZALEMA はスペイン南西部，アンダルシア州（Andalucía）のウエルバ県（Huelva）由来の稀少品種である．DNA 解析によって ZALEMA は，限定的に栽培されている国の反対側のバレンシア州（Valencia）のカステリョン県（Castellón）の BLANCO CASTELLANO（ALCAÑÓN）と遺伝的に近縁であることが明らかになった（Ibañez *et al.* 2003）．

ZALEMA は PERRUNA（PERRUNO の別名でもある）や TORRONTÉS DE MONTILLA（TORRONTÉS 参照）などの紛らわしい別名で呼ばれることがある．

ブドウ栽培の特徴

中サイズの果粒が非常に密着する大きな果房をつける．萌芽期は中期で晩熟である．結実能力と樹勢が強く，豊産性である．乾燥に対しては高い耐性を示す．やせた土壌に適応する．

栽培地とワインの味

ワインは軽く，わずかにアーモンドのノートがある．非常にニュートラルで残念ながら酸化しやすい．主にスペイン南部，アンダルシア州の Condado de Huelva DO で酒精強化ワインの生産に用いられており，モンティーリャ・モリレス（Montilla-Moriles）でも少し見られる．2008 年にスペインには 5,055 ha（12,491 acres）の栽培面積が記録されているが，より高収量の PALOMINO FINO に徐々に植え換えられている．コンダド・デ・ウエルバ（Condado de Huelva）にある Bodegas Iglesias 社は数種類のヴァラエタルワインを作っている．

ZAMARRICA

事実上絶滅状態にあるスペインのモンテレイ地方（Monterrei）の品種.
いまのところアロマとフレッシュさをブレンドに加えている.

ブドウの色：● ● ● ● ●

起源と親子関係

ZAMARRICA はスペイン北西部ガリシア州（Galicia）のモンテレイ地方の山岳地の畑に由来する品種である．

ブドウ栽培の特徴

樹勢が強く収量が低い．萌芽期と熟期はいずれも中期である．小さな果房をつける．うどんこ病に高い感受性を示す．

栽培地とワインの味

スペイン北西部 Coruña の南にある A Trabe と呼ばれる場所の近くにある100年以上前から存在している混植の畑以外では，Quinta da Muradella 社の Jośe Luis Mateo 氏が2007年に2300本の樹を植え付けるまでは，ZAMARRICA は事実上絶滅状態であった．これらの古い樹のブドウは ZAMARRICA，BASTARDO（TROUSSEAU），DOÑA BLANCA（SÍRIA）とともに Raul Perez や Mateo の両社が A Trabe ワインの生産に用いている．ZAMARRICA からは豊かなオレンジとバルサミコ，時にユーカリのアロマをもち，強い酸味とソフトなタンニンを有する中程度のアルコール分を含むワインが作られている．

ŽAMETOVKA

濃い果皮色をもつスロベニアの歴史ある品種．
酸味の効いたこの地方のツヴィチェック（Cviček）に伝統的に用いられており，
世界最古のブドウの樹であると主張している．

ブドウの色：● ● ● ● ●

主要な別名：?Bettlertraube（オーストリア），?Blauer Hainer（オーストリア），?Blauer Kölner（オーストリア），Kapcina，Kavčina Crna，?Kölner Blau（オーストリア），Modra Kavčina，Plava Velica，Žametasta Črnina，Žametna Črnina

起源と親子関係

ŽAMETOVKA はスロベニア南東部のドレンスカ地方（Dolenjska）が起源であると考えられているあまり知られていない古い品種で，現地でかつて広く栽培されていた．別名は ŽAMETNA ČRNINA で（「黒いベルベット」という意味），全く異なる品種であるが PINOT MEUNIER のドイツ名の SAMTROT を訳した可能性がある．オーストリアでは ŽAMETOVKA は BLAUER HAINER，BLAUER KÖLNER，KÖLNER BLAU，あるいは SCHIAVA GROSSA の別名である FRANKENTHALER と呼ばれているが，Vršič *et al.*（2011）の中で記載のあるマリボル（Maribor）（後述）の古いブドウの DNA プロファイルは既知の地方品種や世界中のどの品種とも一致しなかったので，最後の名前である FRANKENTHALER が示唆するところは DNA 解析によって否定された（Nataša Štajner and José Vouillamoz，未公開データ）．

ブドウ栽培の特徴

晩熟である．果粒が密着した大きな果房をつける．良好な耐病性を示すが春の霜の被害をうけやすい．

栽培地とワインの味

ŽAMETOVKA は主にクロアチア国境近くのスロベニア南東部のポサウイエ（Posavje）のドレンスカワイン生産地域で主に栽培されている．現地では白品種の KRALJEVINA（と / または BLAUFRÄNKISCH）とブレンドされ Cviček が作られることが多い．Cviček は低いアルコール分，薄い赤色，強い酸味を持つ伝統的なワインで，現地では人気があり，ドレンスカ（Dolenjska）に Cviček の原産地呼称を有する．ベラ クライナ（Bela Krajina）では Cviček とは別のより深い色合いで力強く，Metliška Črnina として知られる原産地呼称のブレンドワインの生産に用いられている．2009年の総栽培面積はスロベニアで945 ha（2,335 acres）で，そのうちわずかに73 ha（180 acres）が北部のポサウィエにある．

しかしこの品種はマリボルの町ではより有名で，そこでは樹齢400年の大きなブドウの樹が，ドラバ川（Drava）岸で現在は美術館になっている建物の前にあり，世界最古のブドウの樹とされている．もっとも世界最古のブドウの樹の候補はイタリアやジョージアなどにもあるのだが．Stara Trta というあだ名はスロベニア語で「古いブドウの樹」を表し，2004年のギネス世界記録で紹介された．美術館の建物は Vojašniška 通り8番地にありブドウに関する明確な記録は1657年と1681年に見ることができる（Vršič *et al.* 2011）．

年間35〜55 kg のブドウが収穫されおよそ100本の25 cl のボトルのワインが作られるが，これはまさにコレクター垂涎の的である．

ZEFÍR

最近開発されたハンガリーの交配品種．
親品種が同定されていないが，実績を確立した．

ブドウの色：

主要な別名：Badacsony 2，Zephyr

起源と親子関係

ZEFÍR は1951年にハンガリーのペーチ（Pécs）で Ferenc Király 氏が HÁRSLEVELŰ × LEÁNYKA の交配により得た交配品種である，と当初は記録されたが，近年の DNA 系統解析によってこれは否定された（Gizella Jahnke，私信）．その真の親品種は依然明らかになっていない．

Vitis 国際品種カタログにはこの品種は HÁRSLEVELŰ × FETEASCĂ ALBĂ の交配品種であると記載されているが，これは FETEASCĂ ALBĂ が LEÁNYKA とよく混同されるからであろう．

ブドウ栽培の特徴

早熟である．

栽培地とワインの味

軽く，穏やかにアロマティック（花や黒スグリ）なワインであるが，典型的なこの品種のスタイルはまだ確立されていない．ハンガリー北西部のパンノンハルマ（Pannonhalma）の Vaszary 社はヴァラエタルワインの生産者である．2008年のハンガリーでは主に北部のエチェック－ブダ（Etyek-Buda）やエゲル（Eger）で71 ha（175 acres）が栽培されている．エゲルのワイン生産者のグループによって「牡牛の血（Bull's Blood）」として知られる Egri Bikavér のワインパートナーとして考案された，白のブレンドワインの Egri Csillag にオプションの品種として用いられることもある．

ZELEN

稀少なこのスロベニアの古い品種は起源が不明だが，
キレのよい辛口の白ワインになる．

ブドウの色：

起源と親子関係

ZELEN はスロベニア南西部のプリモルスカ地方（Primorska）のヴィパヴァ渓谷（Vipavska Dolina）の古い在来品種である．最近の DNA のプロファイリング解析によって ZELEN はそれぞれがユニークなプロファイルをもつ3品種かそれ以上の異なる品種からなることが明らかになった（Štajner *et al.* 2008）．もし真の ZELEN があるとすれば，古い形態的特徴の記載との比較により，今後同定される必要がある．

ZELEN という品種名はスロベニア語で「緑」という意味があり，これは濾過していない果汁のエメラルド色を表わしたものであるが，現代の濾過をしたワインは黄金色である（Koruza and Lavrencic 2004）．

他の仮説

VERDUZZO FRIULANO に似ているといわれるが（Koruza and Lavrencic 2004）遺伝的解析では両品種の関係は確認されていない．

ブドウ栽培の特徴

萌芽期は中期である．熟期は中期から晩期である．小さな果粒をつける．

栽培地とワインの味

ワインは軽くキレがあり，草の香りがある．スロベニア南西部のヴィパヴァ渓谷でのみ栽培されており，2009年に64 ha（158 acres）の栽培が記録されている．推奨される生産者としてはBurja社，Guerila社，Vipava 1894社などがあげられる．

ZELENAC SLATKI

ROTGIPFLER を参照

ZENGŐ

このハンガリーの交配品種は，もし注意深く扱われたなら フルボディーで高品質の白ワインになる．

ブドウの色：

主要な別名：Badachon 8，Badacsony 8

起源と親子関係

1951年にハンガリー北西部のペーチ（Pécs）でFerenc Király氏がEZERJÓ×BOUVIERの交配により得た交配品種で，ZENITやZEUSZの姉妹品種にあたる．近くにあるメチェク山脈（Mecsek）の最高峰の名にちなんで命名された．

ブドウ栽培の特徴

萌芽期は早期である．熟期は早期～中期である．薄い果皮をもつ小さい果粒が密着する中サイズの果房をつける．中程度の冬の耐寒性をもつが，灰色かび病には感受性である．栽培は火山土壌に最適である．

栽培地とワインの味

ZENGŐからヴァラエタルワインが作られることはほとんどないが，フルボディーで，特に樽で熟成すれば丸いワインになる（Rohály *et al.* 2003）．ハンガリーのエゲル（Eger）をリードする生産者のTamás Pók社は，もしZENGŐをまじめに扱えばマルメロと胡椒のフレーバーをもつ高い品質のワインができ，遅摘みするとトロピカルな香りのワインになると述べている．しかしもし果粒を樹に残すと，果皮のフェノールが高いレベルになるので，マセレーションの過程で注意深く扱わなければいけない．2008年には主にエゲルやマートラ（Mátra）で317 ha（783 acres）の栽培が記録されているが，ブック（Bükk），クンシャーグ（Kunság），トカイ（Tokaj）にも栽培は見られる．ブダペストのすぐ南西部にあるJózsef Szentesi社は珍しい良質のヴァラエタルワインの生産者である．

ZENIT

早熟性という長所をもつハンガリーの交配品種.
良好なバランスのとれた酸度を有する.

ブドウの色：

起源と親子関係

1951年にハンガリーの南西部のペーチ（Pécs）で Ferenc Király 氏が EZERJÓ×BOUVIER の交配により得た交配品種で，ZENGŐ や ZEUSZ の姉妹品種にあたる．ZENIT は1980年に公式登録された．

ブドウ栽培の特徴

萌芽期は早期で，熟期は早期～中期である．中～低の収量である．小さな果粒からなる中サイズの果房をつける．冬の寒冷には中程度に敏感である．灰色かび病，べと病やうどんこ病に中程度の感受性を示す．火山土壌での栽培に適している．

栽培地とワインの味

ワインはキレがよくリンゴと柑橘類のフレーバーを有するが，過剰に香り高いというわけではない．この品種から作られる最高のワインは長熟させることが可能で，ミネラル感と繊細さがある．ZENIT はハンガリー全土に広範囲に広がっているが，特にマートラ（Mátra），エゲル（Eger）やバラトン湖（Balaton）周辺の標高が高い地域で多く見られる．2008年の栽培面積は560 ha（1,384 acres）であった．特にエゲル地方では早熟性が成功と人気の理由の一つであり，理想的とは言えない収穫年でこの品種の早熟性は有利にはたらく（Varga *et al.* 1998）．また，すばらしい酸味と高い糖度の優れたバランスや貴腐になりやすさも人気の理由である．推奨される生産者としては，最近さらに2 ha（5 acres）を植え付けたバラトン湖の近くの Mihály Figula 社やショプロン（Sopron）の Vincellér Ház 社，バラトンフェルヴィデーク（Balatonfelvidék）の Tóth Sándor 社などがある．

ZÉTA

改名された，FURMINT の娘品種.
主に甘口トカイ（Tokaji）ブレンドワインに用いられている.

ブドウの色：

主要な別名： Oremus

起源と親子関係

1951年にハンガリーのペーチ（Pécs）で Ferenc Király 氏が FURMINT×BOUVIER の交配により得た交配品種で，ZENGŐ，ZENIT，ZEUSZ とは片親だけの姉妹関係にあたる．トカイの Oremus 社との混同を避けるために1999年に改名された．ZÉTA は有名なハンガリーの小説家，ゲザ・ガルドゥ（Géza Gárdonyi）の小説のキャラクターである．

ブドウ栽培の特徴

熟期は中期である．灰色かび病に感受性で冬の寒冷に中程度に敏感である．淡い斑点のある果粒が密着する小さな果房をつける．

栽培地とワインの味

ハンガリーのトカイワイン地方でZÉTAの重要性が増しており，FURMINT，HÁRSLEVELŰ，SÁRGA MUSKOTÁLY（ミュスカ・ブラン（MUSCAT BLANC À PETITS GRAINS））とともにトカイワインに推奨されている4品種の一つとなっている．ハンガリーで記録されている栽培の114 ha（282 acres）全てがこの地域で見られる．1999年まではこの品種はOREMUSとして知られていたが，FURMINTやHÁRSLEVELŰよりも早く熟し，良好な酸度と糖度をもち甘口の貴腐ワインの生産に適している．この地方の特産品アスー（Azsú）のブレンドワインに用いられている．ヴァラエタルワインは稀だが，BalassaとKikeletの両社は良質のワインを作っている．

ZEUSZ

フルボディーだがバランスのよい遅摘みの白ワインが作られる，ハンガリーの交配品種

ブドウの色：●̲ ● ● ● ●

主要な別名：Badacsony 10

起源と親子関係

1951年にハンガリーの南西部のペーチ（Pécs）でFerenc Király氏がEZERJÓ×BOUVIERの交配により得た交配品種で，ZENGŐとZENITの姉妹品種にあたる．ギリシャ神話の神ゼウス（Zeus）にちなんで命名された（ハンガリーのブドウ育種家はZの文字が好きなようである）．

ブドウ栽培の特徴

萌芽期は遅く晩熟である．小さな果粒からなる中サイズの果房をつける．灰色かび病に中程度の感受性を示し冬の寒冷にいくぶん耐性である．

栽培地とワインの味

ワインは通常，遅摘みのブドウから作られ，フルボディーだが良質のフレッシュな酸味，トロピカルフルーツのフレーバーをもち，ほぼすべて甘口である．2008年のハンガリーではわずかに14 ha（35 acres）の栽培が記録されているのみであるが，ほとんどが同国の西部，バダチョニ（Badacsony）やその北にあるショムロー（Somló）で見られる．推奨される生産者のSzeremley社は特にこの品種のチャンピオンで，Borbély社とともにバラトン湖（Balaton）の北岸にある．

ZGHIHARĂ DE HUȘI

キレがよく飲みやすい白ワインが作られる，ルーマニアの古い品種

ブドウの色：●̲ ● ● ● ●

主要な別名：Ghiharǎ, Poamǎ Zosǎneascǎ, Sghigardǎ Galbenǎ, Zghiharǎ, Zghiharǎ Galbenǎ, Zghiharǎ Verde Bǎtutǎ

起源と親子関係

この名前が示すようにZGHIHARĂ DE HUȘIはルーマニアのモルドヴァ地方のフシ（Huși）に由来する品種であろう．現地ではこの品種は19世紀の終わりにフィロキセラ被害が発生するずっと前から知られており，現在でも高いレベルの形態的多様性を示している（Gallet 2000）．GALBENĂ DE ODOBEȘTIから選択された品種だと考えられることが多かったが（Dejeu 2004），この仮説を検証するDNA解析は行われていない．

ブドウ栽培の特徴

樹勢が強く，萌芽期は早期～中期で，熟期は中期～晩期である．薄い果皮をもつ中サイズの果粒をつける．べと病と灰色かび病に感受性を示す．べと病と乾燥に耐性で冬の低温にもいくぶん耐性である．

栽培地とワインの味

ワインは非常にフレッシュで比較的ニュートラルである．リンゴや梨の軽い香りを示し，わずかにアカシアの香りをもつことがあり，早飲みワインとなるが，非常に力強いワインになりうる．Senator社とCasa de Vinuri Huși社は珍しいヴァラエタルワインの生産者である．2008年にはモルドヴァ共和国との国境近くにある，ルーマニアの最東部のフシ地方で95 ha（235 acres）の栽培が記録されていたが，そのうちのいくらかは家庭におけるワイン作り用である．またブランデーの生産にも用いられている．

ZHEMCHUZHINA OSKHI

ロシアで作られた（ÇAVUȘ × MATHIASZ JANOS）×CARDINALの白ブドウの交配品種である．ここで用いられたMATHIASZ JANOSはMUSCAT OF ALEXANDRIA×CHASSELAS ROUGE（CHASSELASの変異）の交配品種である．クラスノダール地方（Krasnodar）の西のアナパ（Anapa）のim. Lenina協同組合などがヴァラエタルワインの生産に用いている．

ZIBIBBO

MUSCAT OF ALEXANDRIAを参照

ZIERFANDLER

オーストリアのテルメンレギオン地方（Thermenregion）の特産品．
力強く香り高い，個性の強いワインになる．通常はROTGIPFLERのパートナーとなる．

ブドウの色：● ● ● ● ●

主要な別名：Cirfandli（ハンガリー），Gumpoldskirchner（オーストリア），Roter Zierfandler，Rubiner，Spätrot，Zierfandler Rot

起源と親子関係

ZIERFANDLERはROTER VELTLINERとSAVAGNINと類縁関係にある品種との自然交配品種で，DNA系統解析によってニーダーエスターライヒ州（Niederösterreich/低地オーストリア）のグンポルツキルヘン（Gumpoldskirchen）の近くで交配が起こったであろうと示唆されている（Regner 2000a; PINOT系統図参照）．GRÜNER ZIERFANDLERやZIERFANDLと呼ばれるSILVANERと類縁関係があるといわれることがあるが，DNA 解析では確認されていない（Vouillamoz）.

ブドウ栽培の特徴

大きな果房は緑がかったピンク色の小さな果粒からなる．灰色かび病やべと病に感受性である．収量は不安定である．萌芽期は遅く，熟期は中期～晩期である．

栽培地とワインの味

ワインは力強く，オレンジ，桃，蜂蜜やスパイスのフレーバーをもつエキス分が豊富である，良好なときにわずかにオイリーなアロマを有することがある．オーストリアの栽培面積102 ha（252 acres）の大部分はテルメンレギオン，特にグンポルツキルヘンの町の周辺にあり，通常は他の地方品種である ROTGIPFLER とブレンドされている．ヴァグラム（Wagram）にもわずか数 ha がある．ブレンドされていないワインは十分な酸味があり，ブレンドパートナーとは異なり長期保存が可能な甘口ワインになる．推奨される生産者としては Leo Aumann，Biegler，Johanneshof Reinisch，Stadlmann，Harald Zierer などの各社があげられる．

2008年にハンガリーで記録された18 ha（44 acres）の栽培面積のほとんどが，1800年代の中頃に初めて植え付けされた南部のペーチ（Pécs）ワイン栽培地区にある．このフルボディーのワインの推奨される生産者としては Andreas Ebner，Lisicza，Matias，Radó などの各社があげられる．

ŽILAVKA

ヘルツェゴビナの最も有名な品種.
フルボディーだがナッティでバランスのよい高品質の白ワインになる.

ブドウの色：

主要な別名： Jilavka，Mostarska，Mostarska Zilavka
よくŽILAVKAと間違えられやすい品種： FURMINT

起源と親子関係

ŽILAVKA はその別名が示すようにボスニア・ヘルツェゴビナ南部のモスタル地区（Mostar）が起源であろう．その名は熟した果粒の中に果皮を通して見える細い筋に由来する．DNA 解析によりイストラ半島（Istra）の TERAN BIJELI（PROSECCO）との遺伝的な関係が示唆されている（Maletić *et al.* 1999）.

ブドウ栽培の特徴

結実能力が高く，樹勢が強くて晩熟である．果粒が非常に密着した大きな果房をつける．果粒の大きさはクローンごとに異なる．良好な乾燥耐性を有するが，べと病，灰色かび病，春の霜に感受性がある．

栽培地とワインの味

ŽILAVKA はボスニア・ヘルツェゴビナの主要な在来白品種で，主に南部のモスタル地方で多く見られる．15％までの KRKOŠIJA や BENA とブレンドされることが多い．ワインは典型的なフルボディーでフレッシュな酸味とわずかなナッツのフレーバーをもち，濃厚でボトルでよく熟成するが，多くはよりフルーティーで飲みやすいスタイルとなり，オフ・ドライのこともある．ほとんどのワインにはオークを用いないが，Hepok 社などいくつかの生産者はオークを用いたワインと用いないワインの両方を作っている．

ŽILAVKA の栽培はまたクロアチア，セルビアおよび北マケドニア共和国などでも見られ，暖かい土地で良好な結果が得られている．北マケドニア共和国の生産者には Popova Kula 社などがある．

ZIMSKO BELO

OPSIMO EDESSIS を参照

ZINFANDEL

TRIBIDRAG を参照

ZIZAK

ほぼ忘れられていた黒色果粒のモンテネグロのこの古い品種は，フルボディーのワインになり，Plantaže 社が復活させた．同社ではこの品種をブレンドワインの生産に用いているが，ヴァラエタルワインを作る計画もある．機能的には雌花のみのアゼルバイジャンの SYSAK と混同してはいけない．この品種は，ZIZAK という名前が別名として使われることもあるシラー（SYRAH）とは全く異なる DNA プロファイルを有している（Ciprianiet *al.* 2010）．

ŽLAHTINA

高収量のクロアチアのマイナーな品種．
現在，再評価中で情熱的な地方の市場から恩恵を受けている．

ブドウの色：

主要な別名：Vrbnička Žlahtina☿，Žlahtina Bijela，ŽlahtinaToljani，Žlajtina
よくŽLAHTINAと間違えられやすい品種：CHASSELAS☿（Rdeča Žlahtina の名で）

起源と親子関係

ŽLAHTINA はクロアチアの北部ダルマチア地方（Dalmacija）のクルク島（Krk）が起源であろう．この品種名はクロアチア語で「高貴」を意味する *žlahtno* に由来すると考えられている．

Štajner *et al.* (2008) で報告された RDEČA ŽLAHTINA（*rdeča* は「ピンク」の意味）の DNA プロファイルは CHASSELAS と同一であり（Vouillamoz），これがなぜ本物の ŽLAHTINA が CHASSELAS と同じである（Vitis 国際品種カタログ（Vitis International Variety Catalogue）のように）と考えられることがあるかを説明している．

ブドウ栽培の特徴

樹勢が強く，収量は中～高である．萌芽期は遅く，熟期は中期～晩期である．病気に感受性がある．比較的大きな果粒の大きな果房をつける．

栽培地とワインの味

ŽLAHTINA はクロアチア沿岸部（Hrvatsko Primorje/Croatian Littoral）およびイストラ（Istra/Istria）のワイン生産地域で公認されている．クロアチアのダルマチア地方北部の沖，リエカ（Rijeka）のすぐ南にあるクルク島で主に栽培されており，人気のある品種である．特に島の東部にあるヴルブニク（Vrbnik）の町周辺に多く，これが別名の VRBNICKA ŽLAHTINA の由来となっている．他の多くの在来品種と並んで ŽLAHTINA はクローン選抜や再植の復活プロジェクトの対象品種に含まれている．推奨される生産者としては Anton Katunar，Šipun，Toljanić，Vrbnik 協同組合などの各社があげられる．ワインは辛口で爽やか，ミディアムボディーで花のアロマと白い果肉の果実のフレーバーをもち，発泡性ワインの生産に用いられることもある.

ZLATARICA VRGORSKA

非常に稀少なクロアチアの品種

ブドウの色：● ● ● ● ●

主要な別名：Bila loza（ヴィス島（Vis）），Dračkinja（Kotor），Plavka（スプリト（Split）），Zlatarica（ドゥブロヴニク（Dubrovnik），メトコヴィチ（Metković），コルチュラ島（Korčula）），Zlatarica Bijela
よくZLATARICA VRGORSKAと間違えられやすい品種：Zlatarica Blatska Bijeli ☒

起源と親子関係

ZLATARICA VRGORSKA はクロアチア品種でダルマチア地方（Dalmacija）南部がおそらく起源の地であり，現地で伝統的に栽培されてきた．スプリトとドゥブロヴニクの間にあるヴルゴラツ（Vrgorac）という町にちなんで，Vrgorska と命名されたと考えられている．Zlatarica は「金」を意味する言葉である．

完全に異なる DNA プロファイルをもつ ZLATARICA BLATSKA BIJELI（Edi Maletić，私信）とこの品種を混同してはいけない．この品種は現在では栽培されていない POŠIP BIJELI（Piljac *et al.* 2002）の親品種である．

ブドウ栽培の特徴

樹勢が強く，豊産性である．萌芽期と熟期はいずれも早期～中期である．果粒は厚い果皮をもつ．うどんこ病に感受性である．

栽培地とワインの味

ZLATARICA VRGORSKA は珍しい品種であるが，現在でもクロアチア，ダルマチア内陸部のヴルゴラツ周辺で見られ，現地では Vjekoslav Opačak や Ante Franič などの生産者が栽培している．

ŽUPLJANKA

最近開発された有望なセルビアの薄い色の果皮をもつ交配品種．
濃い果皮色の親品種から得られた．

ブドウの色：● ● ● ● ●

起源と親子関係

ŽUPLJANKA には「教区民」という意味がある．セルビアのヴォイヴォディナ自治州（Vojvodina）のスレムスキ・カルロヴツィ（Sremski Karlovci）にあるノヴィ・サド（Novi Sad）大学附属のスレムスキ・カルロヴツィブドウ栽培研究センターで Dragoslav Milisavljević 氏が PROKUPAC×ピノ・ノワール（PINOT NOIR）の交配により得た交配品種である．1970 年に公開された（Cindrić *et al.* 2000）．

ŽUPLJANKA は CHASSELAS の別名でもあるが二つを混同しないように．

ブドウ栽培の特徴

安定した豊産性を示す．晩熟である．灰色かび病に良好な耐性を示すが，冬の低温に敏感である．べと病とうどんこ病に感受性を示す．栽培は大陸性気候に適している．

栽培地とワインの味

主にセルビアのヴォイヴォディナ自治州内のフルシュカ・ゴーラ地方（Fruška Gora）で見られ，優れたバランスのとれた爽やかなワインになる．果汁には通常リンゴ酸が非常に多く，もしマロラクティック発酵がさまたげられなければ問題となる．ヴァラエタルワインの生産者は Antonijević Winery，Dulka Winery，Stevan Novakovic，Vinu Lódi などの各社がある．フルシュカ・ゴーラ地方のハーブとスパイスを漬け込んだ伝統的なデザートワイン，Bermet のベースワインとしても用いられる．栽培地域がすぐに広範囲に広がった北マケドニア共和国でも見られる．

ZWEIGELT

オーストリアで最も一般的な赤ワイン用のブドウ．
収量を調節すれば，しっかりした，フルボディーのワインになる．

ブドウの色：● ● ● ● ●

主要な別名： Blauer Zweigelt（オーストリア），Rotburger（オーストリア），Zweigeltrebe ☒（チェコ共和国，スロバキアおよび日本）

起源と親子関係

1922年にオーストリアのクロスターノイブルク（Klosterneuburg）研究センターで Fritz Zweigelt 氏が BLAUFRÄNKISCH ×SAINT-LAURENT（SANKT LAURENT）の交配により得た交配品種である．当初は Zweigelt 氏自身が Rotburger と呼んだが，後に育種家に敬意を表して ZWEIGELT と命名された．親品種の解析により ZWEIGELT は西ヨーロッパにおけるブドウ品種において遺伝的に最も影響力のあった二つの品種である GOUAIS BLANC および PINOT の孫品種であることが明らかになった．

ZWEIGELT はチェコ共和国で CABERNET MORAVIA を，またオーストリアで ROESLER を生み出した．

ブドウ栽培の特徴

萌芽期は早期で，熟期は中程度（BLAUFRÄNKISCH よりは早い）である．うどんこ病に感受性である．高収量であるので，高品質のワインを作るためには注意深い樹冠の管理と摘房が必要である．特に果実の萎凋，しおれ（*Traubenwelke*）を起こしやすい．

栽培地とワインの味

ドイツで約100 ha（247 acres）が記録されており，またイギリスでもずっと小規模な試験栽培が行われた．しかし ZWEIGELT はオーストリアで最も有名で，同国で最も広く栽培される濃い果皮色のブドウである．栽培面積は6,511 ha（16,089 acres）で BLAUFRÄNKISCH のほぼ2倍であり，2000年からほぼ50 % 増加している．主にニーダーエスターライヒ州（Niederösterreich），特にウィーンの北にあるヴァインフィアテル（Weinviertel）で，またブルゲンラント州（Burgenland），特にノイジードル湖地方（Neusiedlersee）で多く栽培されている．しかしカンプタール（Kamptal）などの白ワインでよく知られた土地でも，例えば Schloss Gobelsburg 社のような良質のワインの生産者がある．

ワインは若いうちは赤紫であるが，活気にあふれた紫色のベリー類の果実香を示す．オーストリアの著名な白品種である GRÜNER VELTLINER 同様に，ワインのスタイルは様々で，収量に大きく依存するが，シンプルでオークを用いない ZWEIGELT はかわいらしいワインとなる．収量を低く抑えられれば ZWEIGELT はフルボディーで熟成させる価値のあるワインとなり，サワーチェリーやブラックチェリーの風味をもち，樽熟成に耐える．豊かな果実香があるため，赤のブレンドワインにも好んで用いられる．最高の生産者は K+K Kirnbauer，Franz Leth，Claus Preisinger，Johanneshof Reinisch，Umathum などの各社である．

オーストリアの赤ワインの中心地であるブルゲンラント州から国境を越えたところにある，ハンガリーのショプロン（Sopron）ワイン生産地域で Ráspi 社は例外的に ZWEIGELT を栽培しているが，この品種はハンガリーでは一般的な品種ではない．チェコ共和国（主に南部で860 ha/2,125 acres）やスロバキアでも見られ，現地では ZWEIGELTREBE として知られている．

さらに意外なことに ZWEIGELT はカナダのブリティッシュコロンビア州や日本（ほぼすべてが北海道にあり231 ha/571 acres：訳注：平成26年の農林水産省の統計では44.9 ha）でも栽培されている．

用 語 集

DNAプロファイリング（DNA Profiling），DNA解析
DNAフィンガープリントあるいはタイピングとしても知られ，DNAマーカーを用いて品種の同定や親子関係（もし両親品種とも現存すれば，であるが）を調べること．ブドウの種子内部の胚（これはすでに子の品種である）以外であれば，どの部分でも解析できる．ブドウでは1993年に最初に行われ，将来的には一塩基多型（SNP）が使われるであろうが，simple sequence repeats（SSRs，マイクロサテライトとも呼ばれる）が現在でも使われている．

Roter Brenner
黒とう病（項目参照）の一つのタイプで，*Pseudopezicula tracheiphila* というかびが原因である．

Selfing
自家受粉．

Vitis vinifera subsp. *silvestris*
Vitis silvestris 種に属する品種が不明の野生ブドウ．

Vitis vinifera subsp. *vinifera*
Vitis vinifera 種に属する品種が不明の栽培ブドウ．

アイソザイムプロファイリング（Isoenzymatic Profiling），アイソザイム解析
アイソザイム（訳注:同じ酵素でもアミノ酸配列が異なるものの違いを電気泳動などで検出する）をマーカーとして用いた遺伝的プロファイリング（「DNAプロファイリング」も参照）方法．

アザミウマ（Thrips）
非常に小さい羽をもつ複数の種の昆虫で，ブドウの花や早い時期の房を食べ，傷をつけたり春の時期の新梢の生長を遅らせたりする．

ヴァン・ジョーヌ（Vin Jaune）
フランス語で「黄色いワイン」の意味をもつ．ジュラ（Jura）の特産品で，酒精強化をしないがシェリーに似たワインである．

うどんこ病（Powdery Mildew，Oïdium）
フランスではふつうoïdiumとして知られ，*Erysiphe necator*（旧名 *Uncinula necator*）により起こるかびの病気である．べと病同様に北アメリカ起源で，1840年代の終わりにそれとは気づかずにヨーロッパに持ち込まれ，現在では世界中に広がり問題となっている．ブドウの緑の部分すべてに影響を与え，細かい灰白色の灰に似た胞子が風で拡散する．主に着果と収量の低下ならびに成熟の遅延に影響する．ブドウが感染する

と，ワインにかびや土の匂いがつく．主に硫黄粉剤あるいは有機防かび剤で防除される．

栄養繁殖（Vegetative Propagation）
別の植物から穂木をとることによる植物の無性的な繁殖法で，種子からの有性的な繁殖と対照的である．

エスカ病（Esca）
複合的なかびの病気で，白腐病を引き起こし，古いブドウの木を突然枯死させる．苗木が植栽前に感染すると，新しい畑が開墾できなくなる．特に治療方法がまだ開発されていないことから，世界中で重大な問題となっている．

芽条突然変異（Bud Mutation），枝変わり
一つの芽か一本の枝の複数の芽に生じる突然変異，すなわち遺伝的変化で，そのブドウの他の場所に広がることはない．その結果，たとえば，薄い色の果皮のブドウの樹の一つの枝だけに濃い果皮色の果粒をつける，キメラあるいは変種として知られる現象を生じる．

株仕立て（Bushvine）
この名前が示すように低木のように仕立てられたブドウ．棚や垣根を使うことなく短い幹で自立するが，中央に支柱を使うこともある．ゴブレ仕立とも呼ばれる．世界の最も古いブドウの多くはこの仕立てであり，たとえば南ヨーロッパのグルナッシュ（GARNACHA）など，世界の特定の地域において，特定の品種ではよく用いられている．

果粉（Bloom）
ブドウ果皮の白い粉状の保護的な層で，ワックスとクチンの複合物．品種によっては他の品種よりも厚くはっきりしている．

カーボニック・マセレーション法（Carbonic Maceration），二酸化炭素含浸法
密閉容器の嫌気的な条件下で，果房のままの破砕されていない果粒の中で糖や他の成分を発酵させ，酵母の関与なしにエタノールに変換させる発酵の方法．一般に，軽くフルーティーな，たとえばボジョレー（Beaujolais）や，タンニンの強いMAZUELOなどのような品種に用いられ，通常，酵母を用いる普通の方法で発酵を完了させる．

キャノピー（Canopy）
ブドウの樹のうち，地上にでている部分（訳注：特に緑の葉で覆われている部分）．

クヴェヴリ（Qvevri）
ミツロウで裏打ちされた大きな粘土の壺．温度管理のために土の中に埋め込まれ，ワインの発酵と保存に用いられた．最初に紀元前6,000年頃コーカサスのコルキス（Colchis）で用いられた．

偶然実生（Chance Seedling，Selfling）
地面に落ちた種子から生育したブドウ．自家受粉，あるいは稀にしか起こらないが，より意味のある交配受粉によって，新しい品種をもたらす．

茎の乾燥，房枯れ（Desiccation of the Stem）
果梗の壊死としても知られ，フランス語では*dessèchement de la rafle*，アメリカではwaterberryと呼ばれる，原因不明の生理障害．成熟の過程で茎が乾燥してしぼみ，果粒は水っぽくなり，熟すことができずに果粒がしぼむ．強い樹勢，高い土壌の窒素レベル，開花期の天候不良が要因となることが知られている．カベルネ・ソーヴィニヨン（CABERNET SAUVIGNON）は特にこの問題がおこりやすい．

クリオエクストラクション（Cryoextraction），凍結果汁抽出法
アイスワインを作るときに必要となる自然条件をまねたプロセスを表すフランス語．果粒の水分が凍結するように，ブドウを氷点下に置く．これを圧搾すると，最も熟した，つまり凍結しにくい果粒から糖度の高い果汁が得られる．

クローン（Clone）
単一の母樹から穂木を得て作られたブドウあるいはブドウの集団で，同じ性質を示す．

クローン選抜（Clonal Selection）
優れた特徴，特に高い収量やワインの品質をもつブドウを選び，穂木を作り，植え替えて繁殖させること．ブドウ品種の改善とウィルス病の発生を抑えるための主要な方法である．他方，集団選抜（マスセレクション）は多くの樹から穂木を作り，繁殖させ品種内の多様性を保全することである．

形態学（Morphology）
形態と構造に関する研究分野．ブドウの形態学は品種やクローンを同定したり，記述のために，ブドウの葉，新芽の先，果房などの物理的な特徴に注目する．

形態的多様性（Morphological Diversity）
同じ品種のブドウの間に存在する，形態や構造のマイナーなバリエーション．特定の場所でより高い形態的多様性が見られる場合は，その品種が古いか，あるいはずっと以前に植えられた結果，自然に多様性がもたらされたことを示唆している．

結実能力あるいは肥沃度（Fertility）
ブドウの芽と新梢の実りの豊さを示すが，また栄養分が豊富で，樹勢が強くなる土壌のタイプも表す．

交雑品種（Hybrid）
二つの異なるブドウの種（しゅ）を掛け合わせた品種．たとえば *Vitis vinifera*×*Vitis labrusca* など．通常は *Vitis vinifera* と他の交雑品種の掛け合わせ．たとえば REBERGER は，交雑品種の REGENT と *vinifera* 品種 BLAUFRÄNKISH の掛け合わせである．

交配品種（Cross，Natural Cross）
同じ種（しゅ），たとえば *Vitis vinifera* の二つの異なるブドウ品種から育種されて作られたブドウ．RIESLANER は，いずれも *Vitis vinifera* 品種である SILVANER とリースリング（RIESLING）の間で作られた．本書では自然交配の用語は，人の手により計画的に受粉されたのではなく，自然にブドウ畑で交配されたときに用いる．掛け算記号（×）は二つの品種が交配されたことを示す．たとえば NOBLING は，SILVANER×CHASSELAS の交配品種である，というように．

黒とう病（Anthracnose）
ヨーロッパ起源のかびが原因で起こる病気．ブドウ枝膨病あるいは “Bird’s eye rot” とも呼ばれる（訳注：日本では腐敗病，炭疽病，黒点病，などとも呼ばれる）．アメリカ合衆国東部のような湿度の高い地域でよく見られる．かびの *Elsinoe ampelina* が原因でおこり，ボルドー液（消石灰，硫化銅および水）の散布により防除可能である．

黒腐病（Black Rot）
Guignardia bidwelli が原因でおこるかびの病気．温暖で湿った気候の期間に新梢，葉や果粒が被害を受け，甚大な収穫の損失を引き起こす．北アメリカが起源で現在は北東アメリカ合衆国やカナダ，ヨーロッパの一部ならびに南アメリカで経済的な大きな問題となっている．防かび剤が最も一般的な防除方法である．

混植，フィールドブレンド（Field Blend，Interplanted）
複数の異なる品種が栽培されているブドウ畑のことで，多くの場合は古い畑である．通常は複数の品種が一緒に植えられているが，時に列やブロックで分けられていることもある．現在ではこうした栽培方法はとても珍しいが，過去にはこれが伝統的な方法で，品種によって熟期や病気への感受性が異なるため，収穫が大幅に減少したり，気象条件によって完熟しなかったりすることへの保険となっていた．そうしたブレンドによって，より複雑な，ブドウの品種よりも土地をよく表現したワインができると信じる人たちよって，こうした畑は高く称賛されている．

集団選抜，マスセレクション（Mass Selection）
「クローン選抜」参照．

種間交配品種（Interspecific Cross）
本書では交雑品種として扱う（「交雑品種」参照）．

樹勢が強い（Vigorous）
自然に大量に栄養生長しがちであること．時として果実の成熟が犠牲になる．

種内交配品種（Intraspecific Cross）
本書では単に交配品種として扱う（「交配品種」参照）．

台木（Rootstock）
根を形成するためのブドウの一部で，その上に穂木が接ぎ木される．台木は普通はアメリカ系野生種，またはそれらを交雑したものを用いる．フィロキセラ被害からブドウを守るのが主要な目的であるが，たとえば成長を緩和したり，白化を阻害するなどの方法でブドウに影響を与える．

ダニ（Mites）
フランス語で *acariens*．一般に葉の表面を食べるいろいろな種類の小さな昆虫を表す総称．これにより光合成およびブドウの成熟が阻害されるが，なかにはブドウの緑の部分のすべてを食べ尽くし，大きな被害を与えるものもある．硫黄剤の散布で駆除できるダニもあるが，捕食者や殺ダニ剤が駆除に必要なダニもある．

タンテュリエ（Teinturier）
フランス語で「染め物師」という意味．ブレンドワインに濃い色を加えるために用いられるブドウを表す．しかし本書ではより厳密に，果肉まで赤く，赤色の濃い果汁を産するブドウに用いる．

着果（Fruit Set）
開花直後の一週間くらいの期間におこる．受粉した花は小さい果粒をつけ，ブドウの将来の収量が決定される．平均では受粉した花の約 30%が果粒になる．着果は水ストレスをもたらす暑い乾燥した条件や，冷涼で曇りや雨がちの気候などで阻害される．「花ぶるい」および「ミルランダージュ」を参照のこと．

接ぎ穂，穂木（Scion）
台木に接ぎ木されるブドウの部分で，そのブドウの樹につく果実の性質を決める．

伝統的製法（Traditional Method）
発泡性ワインを作る際に最も尊敬される，丹精をこらした方法．ワインは販売されるボトルの中で二次発酵される．

天然甘口ワイン（Vin Doux Naturel）
「自然の甘いワイン」という意味のフランス語．発酵の途中でスピリットを添加することで発酵が止まるため，甘口のワインになる．有名な例は Muscat de Beaumes-de-Venise やポートワインである．

取り木（Layering）
フランス語で *marcottage*，ブドウを繁殖させるための古くからの方法．特に畑の中で空いたところをうめるのに有用である．現在あるブドウの長い茎を土中に埋めて根を出させ，先端は土の上に出して新しい樹とし，後で元の樹から切り離す．

灰色かび病（Botrytis Bunch Rot）
悪性のものはGrey rot（灰色腐敗病）とも呼ばれる．湿度が高く，ブドウが熟したとき，特に果粒が鳥などによって障害を受けたときに*Botrytis cinerea*が原因となっておこるかびの病気．収量低下，オフフレーバー，赤ワインにおいては色の低下を引き起こす．有益なものは貴腐として知られ，特定の品種，かつ適切な条件下で，世界で最も優れた甘口ワインをもたらす．普通は防かび剤で防除する．

白化（Chlorosis）
鉄欠乏の石灰質に富む土地で見られるブドウの生理障害で，その結果クロロフィルが欠乏して葉が黄色くなるが，ブドウの病気や他の栄養素の欠乏によってもおこる．

パッシート（Passito）
収穫の後に乾燥させることで糖濃度が上昇したブドウから作られる甘口ワイン，およびそうしたワインの製造方法を表すイタリア語．果房は伝統的に日に当てたマットの上か垂木につるされて乾燥されるが，時には単にブドウの木に残されて干しブドウにされる．

花ぶるい（Coulure）
開花後すぐに非常に小さな果粒が脱粒する結実不良で，収量低下をもたらす．このフランス語の*Coulure*が広く用いられる．茎がしぼむことが原因で，土壌あるいは気象条件，特に冷涼，曇りまたは多湿などによって，ブドウの炭水化物のバランスが崩れることによっておこる．品種ごとに感受性が異なる．

標準品種（Reference Variety）
ブドウコレクションで栽培される品種の見本で，一般に5〜10本の樹で代表され，解析，同定，保存，畑で見つかったブドウとの比較に用いる．

品種（Variety）
pp XX 〜 XXI を参照のこと．

フィロキセラ（Phylloxera）
様々な学名で知られるが，現在では*Dactulosphaira vitifoliae*（Fitch）が最も広く用いられている，小さいが破壊的なアブラムシ．ブドウの根を食害し，ブドウの発育を妨げ，最終的にはブドウを死にいたらしめる．北米の起源で，1860年代の初期にヨーロッパにもたらされ，多くの国のブドウ畑を荒廃させた．現在でもなお，ヨーロッパだけでなく世界中で深刻な脅威となっている．唯一の解決方法は接ぎ木である．*Vitis vinifera*の穂木を，程度の違いはあるものの，この害虫に耐性のあるアメリカ系の台木に接ぎ木する．砂質土壌に植えられた樹は比較的被害が少ない．

フォクシー，狐臭（Foxy）
アメリカ系のブドウ，特に*Vitis labrusca*やいくつかの交雑品種（ブドウの種(しゅ)についてはpp XIX 〜 XX 参照）から作られたワインに特徴的な，動物の毛皮と野生のイチゴの混じった奇妙な甘いアロマや味を表現するときによく用いられる言葉．

房枯れ病（Bunchstem Necrosis）
「茎の乾燥，房枯れ」を参照のこと．

ブドウ蛾（Grape Moth）
フランス語で*vers de la grappe*．これは幼虫（vers）の段階でブドウに障害を与えるため，多くの異なる飛翔害虫に用いられる．フランスで最も一般的なものはpyrale（*Sparganothis pilleriana*），cochylis（*Eupoecilia ambiguella*），eudemisあるいはアメリカでいうところのヨーロッパブドウ蛾やeuliaなどで，pyraleは葉や果粒に障害を与え，他の3種類は果房へ障害を与え，しばしば灰色かび病を引き起こす．他にはブドウ果粒蛾（カリフォルニア州以外のアメリカ合衆国に多い），orange tortrix moth，light brown apple moth（カリフォルニア州），ブドウ蛾（オーストラリアおよびニュージーランド）などがある．殺虫剤，フェロモントラップ，天敵により防除可能である．

ブドウつる割れ病（Phomopsis）
一般には特定のかびの病気である phomopsis cane あるいは leaf spot，フランス語の *exoriose* を指し，また dead arm としても知られる．*Phomopsis viticola* が原因でブドウのいろいろな部分に斑点や病変ができ収量が低下する．ほとんどは防かび剤で防除できる．

ブドウつるの細菌性壊死（Bacterial Necrosis）または ブドウつる割細菌病（Bacterial Blight）
雨や剪定の道具によってバクテリアが原因の病気が広がり，新梢を枯らし，樹勢を損ねる．剪定時の衛生管理により発生を抑えることができる．

フロール（Flor）
果汁中の糖をすべて発酵させてアルコールに変換した後，ワインの表面に膜を形成する酵母．本酵母を用いたワイン作りの典型的な例としてスペインにあるヘレス（Jerez）で，木の大樽でフィノ（Fino）やマンサニーリャ（Manzanilla）などのペールシェリースタイルのワインを作るときに用いられているが，フランスのジュラ（Jura）でも重要である．酸素とアルコールが与えられた酵母は，シェリーに古典的なアロマをもたらすアセトアルデヒドを生産し，酸素から保護する．産膜酵母としても知られる．

べと病（Downy Mildew）
peronospora としても知られ，*Plasmopara viticola* が原因でおこるかびの病気で，温暖な多湿の夏に生じやすい．1870 年代の終わりにアメリカ合衆国からヨーロッパに入り，フィロキセラ被害からの影響から抜け出せていない時期に大被害をもたらした．現在では世界中のワイン生産地に広がっている．葉の裏側に白い綿のような斑点が現れ，光合成を阻害し，落葉することでブドウの成熟を妨げる．結果として，薄い質のよくないワインになる．銅剤の散布が一般的だが，短期の防除にすぎない．

変異（Mutation）
ブドウの DNA 配列が偶然に変化すること，またはその結果で，植物の生長における細胞分裂時に常に生じる．放射線，化学的な変異原やトランスポゾンなどの外的な影響によってももたらされる．ほとんどの変異は影響を与えないように見えるが，マイナーな生化学的影響を与え，極めて稀に色変異として知られる果皮色の変化など，目で認識できる劇的な変化をもたらすこともある．

補糖（Chaptalization）
糖，濃縮ブドウ果汁または精製濃縮ブドウ果汁を発酵前，または発酵中に添加し，ワインのアルコール分を上げること．冷涼な気候の土地ではよく行われる．

膜翅目（Hymenoptera）
スズメバチやハチを含む昆虫．

ミステル（Mistelle）
アルコールと発酵されていないブドウ果汁を混ぜることで作られる，甘くアルコール度が高い飲み物のフランス名．*mistela*（スペイン語，ポルトガル語）や *mistella*（イタリア語）としても知られる．アルコールが果汁の発酵を防止している．

ミルランダージュ（Millerandage），結実不良
一つの果房に，様々な数の種をもつ異なる大きさの果粒が付く結実の異常．最も小さな果粒は種なしである．これは受粉の不良によって起こり，開花期の天候不順，土壌中のホウ素の欠乏やファンリーフ病として知られるウィルス病などが原因である．その結果おこる現象は，収量の著しい低下から小さな果粒の割合が増えることによるワインの質の向上など様々である．特定の品種やクローン（たとえばシャルドネ（CHARDONNAY）の Mendoza クローン）は他よりも感受性が高い．

野生化（Feral）
野生の環境に戻った栽培ブドウを表す．

ユーティパ・ダイバック（Eutypa Dieback）
dead / dying arm あるいはフランス語で *eutypiose* としても知られ，木質を腐らせるかびの *Eutypa lata* が原因の病気であり，世界中の地中海性気候の土地で特に多い．剪定した切り口からブドウに入り込むため，切り口には防かび剤を塗布する必要がある．ブドウの木の寿命を短くし，品質よりも収量に大きく影響する．

ヨーロッパブドウ（*Vitis vinifera* L.）
ワイン用ブドウ品種のラテン名．多くの植物学者によって二つの亜種に分けられている．*Vitis vinifera* subsp. *silvestris* がその一つで，本書では品種名が不明の野生ブドウに用いた．*Vitis vinifera* subsp. *vinifera* は品種名が不明の栽培ブドウに用いた．

ランシオ（Rancio）
ワインのスタイルの一つで，通常は甘口の，場合によっては酒精強化ワインを，あえて酸素および／あるいは熱にさらす．こうしたプロセスによって，豊かで複雑な，チーズ，ナッツ，あるいは熟しすぎた，または砂糖漬の果物のような，など様々に表現されるアロマとフレーバーがもたらされる．

文 献

特に有用で調査の過程でしばしば参照した文献については赤色の文字で強調してある.

Acerbi, G, 1825, *Delle viti italiane ossia materiali per servire alla classificazione monografia e sinonimia*, Giovanni Silvestri, Milano

Aeberhard, M, 2005, *Geschichte der alten Traubensorten*, Arcadia Verlag, Solothurn

Aebischer, P, 1937, 'Les noms de trois cépages valaisans', *Vox Romanica* 2: 360–3

Agostinetti, G, 1679, *Cento, e dieci ricordi, che formano il buon fattor di villa*, Stefano Curti, Venetia

Agüero, C B, Rodríguez, J G, Martínez, L E, Dangl, G S, and Meredith, C P, 2003, 'Identity and parentage of Torrontés cultivars in Argentina', *American Journal of Enology and Viticulture* 54, 4: 318–21

Agustí, M, 1617, *Llibre dels secrets de agricultura, casa rustica y pastoril*, Estampa de Esteve Liberôs, Barcelona

Akkak, A, Boccacci, P, and Botta, R, 2007, 'Cardinal grape parentage: a case of a breeding mistake', *Genome* 50, 3: 325–8

Alcalde, A, 1989, *Cultivares vitícolas argentinos*, INTA, Mendoza

Alla, F, 2003, 'L'Albanello, vitigno dimenticato', *Il Sommelier* 3, 22

Almadanim, M C, Baleiras-Couto, M M, Pereira, H S, Carneiro, L C, Fevereiro, P, Eiras Dias, J E, Morais-Cecilio, L, Viegas, W, and Veloso, M M, 2007, 'Genetic diversity of the grapevine (*Vitis vinifera* L.) cultivars most utilized for wine production in Portugal', *Vitis* 46, 3: 116–19

Almadanim, M C, Baleiras-Couto, M M, Pereira, H S, Melo, E, Valero, E, Fevereiro, P, Eiras-Dias, J E, Morais, L, Viegas, W, and Veloso, M M, 2004, 'Os microssatélites na identificação de variedades da videira', *6º simpósio de Vitivinicultura do Alentejo, 26–8 Maio*, Évora, Portugal, pp 23–9

Alonso de Herrera, G, 1790 (first published 1513), *Agricultura general*, Don Josef de Urrutia, Madrid

Ambrosi, H, Dettweiler-Münch, E, Rühl, E H, Schmid, J, and Schumann, F, 1997, *Guide des cépages: 300 cépages et leurs vins*, Eugen Ulmer, Paris

Ammann-Doubliez, C, 2007, 'Trois vieux cépages valaisans: neyrun, humagny et regy. Édition, traduction et commentaire d'un texte de 1313', *Vallesia* 62: 221–60

Andrasovsky, J, 1933, 'La systématique de *Vitis vinifera* s-sp. *sativa* DC', *Le Monde des Plantes*, Series IV, 202: 23–30

André, J, 1953, 'Contribution au vocabulaire de la viticulture: les noms de cépages', *Revue des Études Latines* 30: 126–56

André, J, and Levadoux, L, 1964, 'La vigne et le vin des Allobroges', *Journal des Savants* 3, 3: 169–81

Anonymous, 1856, 'British Pomological Society', *The Florist, Fruitist, and Garden Miscellany* 6: 242–3

Aradhya, M K, Dangl, G S, Prins, B H, Boursiquot, J-M, Walker, M A, Meredith, C P, and Simon, C J, 2003, 'Genetic structure and differentiation in cultivated grape, *Vitis vinifera* L.', *Genetical Research* 81, 3: 179–92

Arnold, C, Gillet, F, and Gobat, J-M, 1998, 'Situation de la vigne sauvage *Vitis vinifera* ssp. *sylvestris* en Europe', *Vitis* 37: 159–70

Arranz, C, Yuste, J, Alburquerque, M V, Barajas, E, Castaño, F J, Rubio, J A, Hidalgo, E, Santana, J C, Ortiz, J M, and Martín, J P, 2008, 'Variedades de vid cultivadas en la Sierra de Francia. Importancia, identificación, sinonimias y homonimias', *Semana Vitivinícola* 3223: 1414–20

Arranz, C, Yuste, J, Ortiz, J M, Martín, J P, and Rubio, J A, 2010, 'Castas presentes no oeste de Castilla e León (Espanha) e norte de Portugal', 8° Simpósio de vitivinicultura do Alentejo, Évora, http://cvra.mikroelement.pt/media/documents/250510_1274806852.pdf

Arrigo, N, and Arnold, C, 2007, 'Naturalised *Vitis* rootstocks in Europe and consequences to native wild grapevine', *PLoS ONE* 2, 6: e521

Arroyo-García, R, Ruiz-García, L, Bolling, L, Ocete, R, López, M A, Arnold, C, Ergül, A, *et al.*, 2006, 'Multiple origins of cultivated grapevine (*Vitis vinifera* L. ssp. *sativa*) based on chloroplast DNA polymorphisms', *Molecular Ecology* 15, 12: 3707–14

Asensio Sánchez, L, 2000, *Caracterización de variedades de Vitis vinifera L. cultivadas en Extremadura, mediante estudios morfológicos, agronómicos y bioquímicos*, Universidad Politécnica de Madrid, Madrid

Avramov, L, and Del Zan, F, 2004, 'Serbia e Montenegro', in Del Zan, F, Failla, O, and Scienza, A (eds), *La vite e l'uomo dal rompicapo delle origini al salvataggio delle reliquie*, ERSA–Agenzia Regionale per lo Sviluppo Rurale, Gorizia, pp 677–705

Babo, A W F Freiherr von, and Mach, E, 1923, *Handbuch des Weinbaues und der Kellerwirtschaft*, vol 1, Parey, Berlin

Babo, L von, 1843–4, *Der Weinstock und seine Varietäten*, 2 vols, Heinrich Ludwig Brönner, Frankfurt am Main

Bacci, A, 1596, *De naturali vinorum historia*, Nich. Mutius, Roma

Bailey, L H, 1906, *Sketch of the evolution of our native fruits*, Macmillan, New York

Barnard, H, Dooley, A N, Areshian, G, Gasparyan, B, and Faull, K, 2011, 'Chemical evidence for wine production around 4000 BCE in the Late Chalcolithic Near Eastern highlands', *Journal of Archaeological Science* 38, 5: 977–84

Bartlett, J M S, and Stirling, D, 2003, 'A short history of the Polymerase Chain Reaction', *PCR Protocols* 226: 3–6

Basler, P, 2003, *'Andere' Rebsorten*, Stutz Druck, Wädenswil, Switzerland

Bassermann-Jordan, F von, 1923, *Geschichte des Weinbaus*, vol II, Frankfurter Verlags-Anstalt, Frankfurt am Main

Bauhin, J, 1650, *Historia plantarum universalis*, Ebroduni (Yverdon)

Bautista, J, Dangl, G S, Yang, J, Reisch, B, and Stover, E, 2008, 'Use of genetic markers to assess pedigrees of grape cultivars and breeding program selections', *American Journal of Enology and Viticulture* 59, 3: 248–54

Bazin, J-F, 2002, *Histoire du vin de Bourgogne*, Jean-Paul Gisserot, Plouédern

Bellasi, A, Rieder, U, and Anhorn, F, 1993, *Weine aus Graubünden*, Stutz Druck, Wädenswil

Benjak, A, Ercisli, S, Vokurka, A, Maletić, E, and Pejić, I, 2005, 'Genetic relationships among grapevine cultivars native to Croatia, Greece and Turkey', *Vitis* 44, 2: 73–8

Bergamini, C, Caputo, A R, Gasparro, M, Perniola, R, Cardone, M F, and Antonacci, D, 2012, 'Evidences for an alternative genealogy of Sangiovese', *Molecular Biotechnology*, March 2012 (e-publication ahead of print)

Berget, A, 1903, 'Gouais', in Viala, P, and Vermorel, V (eds), *Ampélographie*, vol 4, Masson, Paris, pp 94–106

Berget, A, 1904, 'Rouge du Valais', in Viala, P, and Vermorel, V (eds), *Ampélographie*, vol 5, Masson, Paris, pp 278–82

Berget, A, 1932, 'L'origine égyptienne des Chasselas', *Revue de Viticulture* LXXVI, 1,969: 181–5

Bernard, R, 1995, 'Aspects of clonal selection in Burgundy', *Proceedings of the International Symposium on Clonal Selection, 20–21 June 1995, Portland, Oregon*, American Journal of Enology and Viticulture, pp 52–9

Beugnot, Comte A-A, 1842, *Les coutumes du Beauvoisis – par Philippe de Rémi Beaumanoir*, vol 1, Jules Renouard & Cie, Paris

Beuthner, K, 2009, 'The future of Riesling in SA and what we can learn from the recent improvements in Germany (example: the Rheingau)', Cape Wine Master dissertation, Cape Wine Academy; http://www.capewineacademy.co.za

Bica, D, 2007, *Vitigni di Sicilia*, Regione Siciliana, Assessorato Regionale Agricoltura e Foreste, Palermo

Bich, L N, 1890, 'Le péronospora et la brûlure des raisins', *Bulletin du Comice Agricole* 21: 13–15

Biniari, K, and Stavrakakis, M N, 2007, 'Genetic study of 46 Greek grape cultivars by random amplified polymorphic DNA markers (RAPD-PCR)', *Proceedings of the XXXth OIV World Congress of Vine and Wine, 10–16 June 2007*, Budapest, p 7

Bisson, J, 1999, 'Essai de classement des cépages français en écogéogroupes phénotypiques', *Journal International des Sciences de la Vigne et du Vin* 33, 3: 105–10

Bisson, J, 2009, *Classification des vignes françaises*, Féret, Bordeaux

Bluntschli, J C, 1838, *Staats- und Rechtsgeschichte der Stadt und Landschaft Zürich*, vol 1: *Die Zeit des Mittelalters*, Orell Füssli, Zürich

Boccacci, P, Torello Marinoni, D, Gambino, G, Botta, R, and Schneider, A, 2005, 'Genetic characterization of endangered grape cultivars of Reggio Emilia province', *American Journal of Enology and Viticulture* 56, 4: 411–16

Bock, H, 1539, *Das Kreutterbuch*, Rihel, Straßburg

Bock, H, 1546, *Das Kreutterbuch*, second edition, Rihel, Straßburg

Bock, H, 1552, *De stirpium, maxime earum, quae in Germania nostra nascuntur, usitatis nomenclaturis, propriisque differentiis, neque non temperaturis ac facultatibus, commentarii*, Rihel, Straßburg (Argentorati)

Bodea, M, Pamfil, D, Pop, R, and Pop, I F, 2009, 'Use of random amplified polymorphic DNA (RAPD) to study genetic diversity among Romanian local vine (*Vitis vinifera* L.) cultivars', *Bulletin UASVM Horticulture* 66, 1: 17–22

Böhm, H J, 2005, *O grande livro das castas*, Chaves Ferreira, Lisboa

Böhm, H J, 2011, *Rebsortenatlas Spanien und Portugal*, Eugen Ulmer, Stuttgart

Bongiolatti, N, 1996, *Il vigneto valtellinese. Indagine sui vitigni presenti*, Fondazione Fojanini di Studi Superiori, Sondrio

Bonner, J C, 2009, *History of Georgia agriculture, 1732–1860*, University of Georgia Press, Athens, Georgia

Bordenave, L, Lacombe, T, Laucou, V, and Boursiquot, J-M, 2007, 'Étude historique, génétique et ampélographique des cépages Pyrénéo Atlantiques', *Bulletin de l'OIV* 80, 920–2: 553–86

Borg, J, 1922, *Cultivation and diseases of fruit trees in the Maltese Islands*, Government Printing Office, Malta

Borrego, J, Cabello, F, Ibañez, J, Rodriguez-Torrès, I, and Muñoz-Organero, G, 2002, 'Tinto de la Pámpana Blanca y Tinto Velasco: dos variedades de vid emparentadas', *Viticultura Enología Profesional* 82: 15–25

Borrego, J, de Andrés, M T, Gómez, J L, and Ibañez, J,

2002, 'Genetic study of Malvasia and Torrontes groups through molecular markers', *American Journal of Enology and Viticulture* 53, 2: 125–30

Borrego, J, Rodriguez, M T, Martín, J P, Chavez, J, Cabello, F, and Ibañez, J, 2001, 'Characterisation of the most important Spanish grape varieties through isozyme and microsatellite analysis', *Acta Horticulturae* 546: 371–5

Boso, S, Santiago, J L, Vilanova, M, and Martínez, M-C, 2005, 'Caractéristiques ampélographiques et agronomiques de différents clones du cultivar Albariño (*Vitis vinifera* L.)', *Bulletin de l'OIV* 78, 889–90: 143–58

Botta, R, Scott, N S, Eynard, I, and Thomas, M R, 1995, 'Evaluation of microsatellite sequence-tagged site markers for characterizing *Vitis vinifera* cultivars', *Vitis* 34, 2: 99–102

Botta, R, Vallania, R, Me, G, Luzzati, A, and Siragusa, N, 1995, 'Investigation of factors affecting early dropping in Dolcetto (*Vitis vinifera* L.)', *Acta Horticulturae* 379: 97–104

Bouchard, A, 1901a, 'Chenin Blanc', in Viala, P, and Vermorel, V (eds), *Ampélographie*, vol 2, Masson, Paris, pp 83–94

Bouchard, A, 1901b, 'Groslot Noir', in Viala, P, and Vermorel, V (eds), *Ampélographie*, vol 2, Masson, Paris, pp 118–24

Bouchard, A, 1902, 'Verdelho de Madère', in Viala, P, and Vermorel, V (eds), *Ampélographie*, vol 3, Masson, Paris, pp 88–99

Bouchereau, H-X, 1863, 'Raisins de table adoptés par le Congrès pomologique dans sa session de 1859', *Le Messager Agricole* 3: 307–11, 343–8

Boullay, J, 1712, *Manière de bien cultiver la vigne*, Fr. Borde, Orléans

Boursiquot, J-M, Lacombe, T, Bowers, J E, and Meredith, C P, 2004, 'Le Gouais, un cépage clé du patrimoine viticole européen', *Bulletin de l'OIV* 77, 875–6: 5–19

Boursiquot, J-M, Lacombe, T, Laucou, V, Julliard, S, Perrin, F-X, Lanier, N, Legrand, D, Meredith, C P, and This, P, 2009, 'Parentage of Merlot and related winegrape cultivars of southwestern France: discovery of the missing link', *Australian Journal of Grape and Wine Research* 15, 2: 144–55

Boursiquot, J-M, and This, P, 1999, 'Essai de définition du cépage', *Le Progrès Agricole et Viticole* 116, 17: 359–61

Bouschet, L, 1829, 'Observations sur quelques espèces de raisins', *Bulletin de la Société d'Agriculture du Département de l'Hérault*, 16e Année, Janvier: 15–25

Bousson de Mairet, E, 1856, *Annales historiques et chronologiques de la ville d'Arbois*, Madame Javel, Arbois

Boutard, E, 1842, 'Catalogue des espèces de vignes, cultivées dans l'arrondissement de La Rochelle et dans les pépinières de M. Boutard Aîné', *Bulletin de la Société Industrielle d'Angers et du Département de Maine et Loire* 13: 465–74

Boutaris, M, 2000, *Greek wine grape varieties. A microsatellite DNA marker analysis*. MSc thesis, University of California, Davis

Bowers, J E, Boursiquot, J-M, This, P, Chu, K, Johansson, H, and Meredith, C P, 1999, 'Historical genetics: the parentage of Chardonnay, Gamay, and other wine grapes of Northeastern France', *Science* 285: 1562–5 (the 322 cultivars analysed are listed in a supplementary table available at http://www.sciencemag.org/feature/data/1042157.dtl)

Bowers, J E, and Meredith, C P, 1997, 'The parentage of a classic wine grape, Cabernet Sauvignon', *Nature Genetics* 16, 1: 84–7

Bowers, J E, Siret, R, Meredith, C P, This, P, and Boursiquot, J-M, 2000, 'A single pair of parents proposed for a group of grapevine varieties in northeastern France', *Acta Horticulturae* 528: 129–32

Bozinovic, Z, Beleski, K, and Boskov, K, 2003, 'The influence of morphological characteristics on productive properties of cultivar Stanušina', *Acta Horticulturae* 603: 609–12

Brancadoro, L, 2006, 'Vitigni siciliani: in tre anni da 0 a 94 potenziali cloni', *L'Informatore Agrario* 13, Supplement, pp 38–40

Branzanti, E, Brancadoro, L, Raiti, G, Fichera, G, and Squadrito, M, 2008, 'Definizione della variabilità genotipica e fenotipica dei Nerelli etnei', 2° *Convegno Nazionale di Viticoltura (CONAVI)*, Marsala, Sicilia, 14–19 July 2008

Braun, G C, 1824, *Die Rheinfahrt: ein Natur- und Sittengemälde des Rheinlandes in drei Gesängen*, Joseph Stenz, Mainz

Brazão, J, Eiras Dias, J E, and Carneiro, L C, 2005, 'O encepamento da região vitivinícola de Carcavelos', *Ciência e Técnica Vitivinícola* 20, 2: 131–45

Bronner, A, 2003, *Muscats et variétés muscatées*, INRA Editions/Oenoplurimedia, Versailles/Chaintré

Bronner, J P, 1857, *Die wilden Trauben des Rheintales*, Georg Mohr, Heidelberg

Buhner-Zaharieva, T, Moussaoui, S, Lorente, M, Andreu, J, Núñez, R, Ortiz, J M, and Gogorcena, Y, 2010, 'Preservation and molecular characterization of ancient varieties in Spanish grapevine germplasm collections', *American Journal of Enology and Viticulture* 61, 4: 557–62

Cabezas, J A, Cervera, M T, Arroyo-García, R, Ibañez, J, Rodriguez-Torrès, I, Borrego, J, Cabello, F, and Martínez-Zapater, J M, 2003, 'Garnacha and Garnacha Tintorera: genetic relationships and the origin of *teinturier* varieties cultivated in Spain', *American Journal of Enology and Viticulture* 54, 4: 237–45

Calò, A, 2005, 'I *Refoschi*', in Del Zan, F (ed), *Dei Refoschi, Atti del Convegno organizzato dall'ERSA, 19 June 2004*, ERSA – Agenzia regionale per lo sviluppo rurale, Gorizia, pp 11–21

Calò, A, and Costacurta, A, 1992, 'Tocai friulano e Sauvignonasse: un unico vitigno', *Rivista di Viticoltura e di Enologia* 3: 31–40

Calò, A, and Costacurta, A, 2004, *Dei vitigni italici. Ovvero delle loro storie, caratteri e valorizzazione*, Matteo Editore, Dosson di Casier

Calò, A, Costacurta, A, Cancellier, S, and Forti, R, 1990, 'Garnacha, Grenache, Cannonao, Tocai rosso, un unico vitigno', *Vignevini* 17, 9: 45–8

Calò, A, Costacurta, A, Cancellier, S, and Forti, R, 1991, 'Verdicchio bianco, Trebbiano di Soave. Un unico vitigno', *Vignevini* 18, 11: 49–52

Calò, A, Costacurta, A, Crespan, M, Milani, N, Aggio, L, Carraro, R, Di Stefano, R, and Ummarino, I, 2001, 'La caratterizzazione dei Fiani: Fiano e Fiano aromatico', Tornata dell'Accademia Italiana della Vite e del Vino, Napoli-Atripalda-Pompei, 24–5 May

Calò, A, Costacurta, A, Maraš, V, Meneghetti, S, and Crespan, M, 2008, 'Molecular correlation of Zinfandel (Primitivo) with Austrian, Croatian, and Hungarian cultivars and Kratošija, an additional synonym', *American Journal of Enology and Viticulture* 59, 2: 205–9

Calò, A, Di Stefano, R, Costacurta, A, and Calò, G, 1991, 'Caratterizzazione di Cabernet franc e Carmenère (*Vitis* sp.) e chiarimenti sulla loro coltura in Italia', *Rivista di Viticoltura ed Enologia di Conegliano* 3: 3–25

Calò, A, Francini, F, Lauciani, P, Rorato, G, and Tomasi, D, 2008, *Il Raboso del Piave. Fascinosa realtà delle terre del Piave*, Dario de Bastiani, Vittorio Veneto

Calò, A, Scienza, A, and Costacurta, A, 2006, *Vitigni d'Italia*, 2nd edn, Edagricole Calderini, Bologna

Cancellier, S, and Angelini, U, 1993, 'Corvina veronese e Corvinone: due varietà diverse', *Vignevini* 5: 44–6

Cancellier, S, Coletti, A, Coletti, M, Soligo, S, and Michelet, E, 2007, 'Quattro "nuovi" vitigni per la viticoltura veneta', *Quaderni di Viticoltura ed Enologia dell'Università di Torino* 29: 5–25

Cancellier, S, Dalla Cia, L G, and Coletti, A, 2008, 'I vecchi vitigni ritrovati nel feltrino', in Tadiotto, A, and Lavezzo, I (eds), *Valorizzazione di aree viticole di montagna tramite scambio di know-how (Progetto Interreg IIIA Italia-Austria cod E305)*, Veneto Agricoltura, Legnaro, pp 48–80

Cancellier, S, Giannetto, S, and Crespan, M, 2009, 'Groppello di Breganze e Pignola sono lo stesso vitigno', *Rivista di Viticoltura e di Enologia* 62, 2/3: 3–9

Candolle, A de, 1883, *Origine des plantes cultivées*, Germer Baillière, Paris

Candolle, A-P de, 1820, *Catalogue des arbres fruitiers et des vignes du Jardin botanique de Genève*, J J Paschoud, Genève and Paris

Carbonneau, A, 1995, 'Vignes d'Arménie', *Progrès Agricole et Viticole* 112, 17: 359–63

Carbonneau, A, 2005, 'Vignobles d'Ariège: histoire et avenir', *Progrès Agricole et Viticole* 122, 18: 383–92

Carcamo, C, Provedo, I, and Arroyo-García, R, 2010, 'Detection of polymorphism in ancient Tempranillo clones (*Vitis vinifera* L.) using microsatellite and retrotransposon markers', *Iranian Journal of Biotechnology* 8, 1: 1–6

Carimi, F, Mercati, F, Abbate, L, and Sunseri, F, 2009, 'Microsatellite analyses for evaluation of genetic diversity among Sicilian grapevine cultivars', *Genetic Resources and Crop Evolution* 57, 5: 703–19

Carimi, F, Mercati, F, De Michele, R, Fiore, M C, Riccardi, P, and Sunseri, F, 2011, 'Intra-varietal genetic diversity of the grapevine (*Vitis vinifera* L.) cultivar Nero d'Avola as revealed by microsatellite markers', *Genetic Resources and Crop Evolution* 58, 7: 967–75

Carlucci, M, 1905, 'Piedirosso', in Viala, P, and Vermorel, V (eds), *Ampélographie*, vol 6, Masson, Paris, pp 360–5

Carreño, E, Lopez, M A, Labra, M, Rivera, D, Sancha, J, Ocete, R, and Martínez de Toda, F, 2004, 'Genetic relationship between some Spanish *Vitis vinifera* L. subsp. *sativa* cultivars and wild grapevine populations (*Vitis vinifera* L. subsp. *silvestris* (Gmelin) Hegi): a preliminary study', *Plant Genetic Resources Newsletter* 137: 42–5

Casanova Gascón, J, 2008, 'Caracterización de variedades de vid (*Vitis vinifera* L.) de la provincia de Huesca', unpublished PhD thesis, Universidad de Zaragoza, Zaragoza; http://zaguan.unizar.es/record/3013/files/TESIS-2009-040.pdf

Casas Rigall, J, 2007, *Libro de Alexandre*, Editorial Castalia, Madrid

Castro, I, Martín, J P, Ortiz, J M, and Pinto-Carnide, O, 2011, 'Varietal discrimination and genetic relationships of *Vitis vinifera* L. cultivars from two major Controlled Appellation (DOC) regions in Portugal', *Scientia Horticulturae* 127, 4: 507–14

Cazeaux-Cazalet, G, 1901, 'Castets', in Viala, P, and Vermorel, V (eds), *Ampélographie*, vol 2, Masson, Paris, pp 173–8

Çetiner, S, Çelik, S, Budak, H, Boz, Y, 2009, 'The diagnosis of historical local grape cultivars of Urla region through molecular and amphelographic methods', Istanbul (unpublished)

Cervera, M T, Cabezas, J A, Rodriguez-Torrès, I, Chavez, J, Cabello, F, and Martínez-Zapater, J M, 2002, 'Varietal diversity within grapevine accessions of cv. Tempranillo', *Vitis* 41, 1: 33–6

Cervera, M T, Cabezas, J A, Sancha, J C, Detoda, F M, and Martínez-Zapater, J M, 1998, 'Application of AFLPs to the characterization of grapevine *Vitis vinifera* L. genetic resources. A case study with accessions from Rioja (Spain)', *Theoretical and Applied Genetics* 97, 1–2: 51–9

Cervera, M T, Rodriguez, I, Cabezas, J A, Chavez, J, Martínez-Zapater, J M, and Cabello, F, 2001, 'Morphological and molecular characterization of grapevine accessions known as Albillo', *American Journal of Enology and Viticulture* 52: 127–35

Chaptal, J-A C, d'Ussieux, L, Parmentier, A A, and Rozier, F, 1801, *Traité théorique et pratique sur la culture de la vigne*, vol 2, Delalain & Fils, Paris

Chevalier, C, 1864, *Comptes des receptes et despenses faites en la Chastellenie de Chenonceau par Diane de Poitiers*, J Techener, Paris

Chevalier, F-F, 1873, *Œnologie ou discours sur le vignoble et les vins de Poligny*, Mareschal, Poligny

Chkhartishvili, N, and Betsiashvili, G, 2004, 'Mar Nero settentrionale, Transcaucasia, Asia centro-occidentale (CSI)', in Del Zan, F, Failla, O, and Scienza, A (eds), *La vite e l'uomo dal rompicapo delle origini al salvataggio delle reliquie*, 2nd edn, ERSA – Agenzia Regionale per lo Sviluppo Rurale, Gorizia, pp 181–360

Chomé Fuster, P M (co-ordinator), 2006, *Variedades de vid: registro de variedades comerciales, Ministerio de Agricultura, Pesca y Alimentación*, Madrid. Also available online: http://www.marm.es/ministerio/pags/exposiciones/vid/www/imagenes/variedades_uva_01.html

Christensen, L P, Dokoozlian, N K, Walker, M A,

Wolpert, J A, 2003, *Wine grape varieties in California*, publication 3419, University of California, Agriculture and Natural Resources, California

Cibrario, L, 1833, 'Delle finanze della monarchia di Savoia ne' secoli XIII e XIV. Delle entrate della Corona, Discorso 2°', *Memorie della Reale Academia delle Scienze di Torino*, Stampa Reale, Torino, pp 157–239

Cindrić, P, Korać, N, and Kovač, V, 2000, 'Grape breeding in the Vojvodina province', *Acta Horticulturae* 528: 499–504

Cipriani, G, Frazza, G, Peterlunger, E, and Testolin, R, 1994, 'Grapevine fingerprinting using microsatellite repeats', *Vitis* 33, 4: 211–15

Cipriani, G, Spadotto, A, Jurman, I, Di Gaspero, G, Crespan, M, Meneghetti, S, Frare, E, Vignani, R, Cresti, M, Morgante, M, Pezzotti, M, Pe, E, Policriti, A, and Testolin, R, 2010, 'The SSR-based molecular profile of 1005 grapevine (*Vitis vinifera* L.) accessions uncovers new synonymy and parentages, and reveals a large admixture amongst varieties of different geographic origin', *Theoretical and Applied Genetics* 121, 8: 1569–85

Clemente y Rubio, S d R, 1807, *Ensayos sobra las variedades de la vid comun que vegetan en Andalucia*, Imprenta de Villalpando, Madrid

Comba, R, and Dal Verme, A, 1990, 'Repertorio di vini e vitigni diffusi nel Piemonte medievale', in Comba, R (ed), *Vigne e vini nel Piemonte medievale*, L'Arciere, Cuneo, pp 334–42

Conchie, J, and Day, R, 2009, 'Barbera considered the great lady of red varieties', *Australia and New Zealand Wine Industry Journal* 24, 3: 70–1

Constantinou, Y, 2006, *The Cyprus wine guide*, Oinou Symvouleftiki, Nicosia

Corbera, E de, 1678, *Cataluña illustrada*, Antonino Gramiñani, Napoles

Corder, R, 2006, *The red wine diet*, Little, Brown, London

Costacurta, A, Calò, A, Antonacci, D, Catalano, V, Crespan, M, Carraro, R, Giust, M, Agio, L, Ostan, M, Di Stefano, R, and Borsa, D, 2004, 'La caratterizzazione di Greci e Grechetti a bacca bianca coltivati in Italia', *Rivista di Viticoltura e di Enologia* 3: 3–20

Costacurta, A, Calò, A, Carraro, R, Giust, M, Aggio, L, Borsa, D, Di Stefano, R, Del Zan, F, Fabbro, C, and Crespan, M, 2005, 'L'identificazione e la caratterizzazione dei *Refoschi*', in Del Zan, F (ed), *Dei Refoschi. Atti del Convegno organizzato dall'ERSA, 19 June 2004*, ERSA – Agenzia regionale per lo sviluppo rurale, Gorizia, pp 25–45

Costacurta, A, Calò, A, and Crespan, M, 2003, 'The varietal identification and characterisation work of the Istituto Sperimentale per la Viticoltura in the past fifteen years', in Hajdu, E, and Borbás, E (eds), *Acta Horticulturae* 603, pp 261–73

Costacurta, A, Cancellier, S, Angelini, U, Segattini, G, and Farina, C, 1980, 'Vecchi vitigni veronesi', *Rivista di Viticoltura e di Enologia* 33, 10, Supplement, p 105

Costantini, L, Monaco, A, Vouillamoz, J F, Forlani, M, and Grando, M S, 2005, 'Genetic relationships among local *Vitis vinifera* cultivars from Campania (Italy)', *Vitis* 44: 25–34

Costantini, L, Roncador, I, and Grando, M S, 2001, 'Il caso Groppello della Val di Non chiarito con le analisi del DNA', *L'Informatore Agrario* 45: 53–7

Cousteaux, F, and Plageoles, R, 2001, *Le vin de Gaillac, 2000 ans d'histoire*, Éditions Privat, Toulouse

Crespan, M, 2003, 'The parentage of Muscat of Hamburg', *Vitis* 42, 4: 193–7

Crespan, M, Cabello, F, Giannetto, S, Ibañez, J, Karoglan Kontić, J, Maletić, E, Pejić, I, Rodriguez-Torrès, I, and Antonacci, D, 2006, 'Malvasia delle Lipari, Malvasia di Sardegna, Greco di Gerace, Malvasía de Sitges and Malvasia dubrovačka – synonyms of an old and famous grape cultivar', *Vitis* 45, 2: 69–73

Crespan, M, Calò, A, Costacurta, A, Milani, N, Giust, M, Carraro, R, and Di Stefano, R, 2002, 'Ciliegiolo e Aglianicone: unico vitigno direttamente imparentato col Sangiovese', *Rivista di Viticoltura e di Enologia* 55, 2–3: 3–14

Crespan, M, Calò, A, Giannetto, S, Sparacio, A, Storchi, P, and Costacurta, A, 2008, 'Sangiovese and Garganega are two key varieties of the Italian grapevine assortment evolution', *Vitis* 47, 2: 97–104

Crespan, M, Cancellier, S, Chies, R, Giannetto, S, and Meneghetti, S, 2006, 'Individuati i genitori del Raboso veronese: una nuova ipotesi sulla sua origine', *Rivista di Viticoltura ed Enologia di Conegliano* 1: 3–12

Crespan, M, Cancellier, S, Chies, R, Giannetto, S, Meneghetti, S, and Costacurta, A, 2009, 'Molecular contribution to the knowledge of two ancient varietal populations: Rabosi and Glere', *Acta Horticulturae* 827: 217–20

Crespan, M, Cancellier, S, Costacurta, A, Giust, M, Carraro, R, Di Stefano, R, and Santangelo, S, 2003, 'Contribution to the clearing up of synonymies in some groups of Italian grapevine cultivars', *Acta Horticulturae* 603: 275–89

Crespan, M, Coletta, A, Crupi, P, Giannetto, S, and Antonacci, D, 2008, 'Malvasia nera di Brindisi/Lecce grapevine cultivar (*Vitis vinifera* L.) originated from Negroamaro and Malvasia bianca lunga', *Vitis* 47, 4: 205–12

Crespan, M, Crespan, G, Giannetto, S, Meneghetti, S, and Costacurta, A, 2007, 'Vitouska is the progeny of Prosecco tondo and Malvasia bianca lunga', *Vitis* 46, 4: 192–4

Crespan, M, Fabbro, A, Giannetto, S, Meneghetti, S, Petrussi, C, del Zan, F, and Sivilotti, P, 2011, 'Recognition and genotyping of minor germplasm of Friuli Venezia Giulia revealed high diversity', *Vitis* 50, 1: 21–8

Crespan, M, Giannetto, S, Meneghetti, S, and Cancellier, S, 2008, 'Approfondimenti sull'identità di alcuni vitigni della provincia di Belluno mediante analisi del DNA', in Tadiotto, A, and Lavezzo, I (eds), *Valorizzazione di aree viticole di montagna tramite scambio di know-how (Progetto Interreg IIIA Italia-Austria cod E305)*, Veneto Agricoltura, Legnaro, pp 81–4

Crespan, M, and Milani, N, 2001, 'The Muscats: a molecular analysis of synonyms, homonyms and genetic relationships within a large family of grapevine cultivars', *Vitis* 40, 1: 23–30

Croce, G B, 1606, *Della eccellenza e diversità dei vini, che nella montagna di Torino si fanno; e del modo di farli*, P A Pizzamiglio, Torino

Cunha, J, Teixeira Santos, M, Fevereiro, P, and Eiras Dias, J E, 2009, 'Portuguese traditional grapevine cultivars and wild vines (*Vitis vinifera* L.) share morphological and genetic traits', *Genetic Resources and Crop Evolution* 56: 975–89

Cupani, Francesco, 1696, *Hortus catholicus*, Benzi, Napoli

Dalmasso, G, and Reggio, L, 1963, *Fumin*, Tipografia Longo & Zoppelli, Treviso

Dangl, G, 2006, 'Vouchers hold the key to successful grape DNA identification', *FPS Grape Program Newsletter*, Foundation Plant Services, November: 4–5

Day, R, 2009, 'Lagrein – an Italian enigma, relaxed in a new Aussie home', *Australia and New Zealand Wine Industry Journal* 24, 3: 13–14

De Maria, P P, and Leardi, C, 1875, *Ampelografia della Provincia di Alessandria*, A F Negro, Torino

De Mattia, F, Imazio, S, Grassi, F, Lovicu, G, Tardaguila, J, Failla, O, Maitti, C, Scienza, A, and Labra, M, 2007, 'Genetic characterization of Sardinia grapevine cultivars by SSR markers analysis', *Journal International des Sciences de la Vigne et du Vin* 41, 4: 175–84

De Mattia, F, Lovicu, G, Tardaguila, J, Grassi, F, Imazio, S, Scienza, A, and Labra, M, 2009, 'Genetic relationships between Sardinian and Spanish viticulture: the case of Cannonau and Garnacha', *Journal of Horticultural Science & Biotechnology* 84, 1: 65–71

Dejeu, L, 2004, 'Romania', in Del Zan, F, Failla, O, and Scienza, A (eds), *La vite e l'uomo dal rompicapo delle origini al salvataggio delle relique*, 2nd edn, ERSA – Agenzia Regionale per lo Sviluppo Rurale, Gorizia, pp 445–530

Del Zan, F, Failla, O, and Scienza, A (eds), *La vite e l'uomo dal rompicapo delle origini al salvataggio delle relique*, 2nd edn, ERSA – Agenzia Regionale per lo Sviluppo Rurale, Gorizia

Della Porta, G B, 1592, *Villae*, Book XXI, Andreae Wecheli, Claudium Marnium & Ioannem Aubrium, Napoli

Dellavalle, D, Valota, G, Cravero, M C, Pazo Alvarez, M d C, and Ubigli, M, 2005, 'Attitudini viticole ed enologiche dei vitigni Timorasso e Nascetta', *Piemonte Agricoltura* 48: 28–33

Demaria, P P, and Leardi, C, 1875, *Ampelografia della provincia di Alessandria*, A F Negro, Torino

Dercsényi, J, 1796, *Über Tokay's Weinbau, dessen Fexung und Gährung: mit geognostischen Beylagen*, A Blumauer, Wien

Dettweiler, E, Jung, A, Zyprian, E, and Topfer, R, 2000, 'Grapevine cultivar Müller-Thurgau and its true to type descent', *Vitis* 39, 2: 63–5

Dienes, D, 2001, *Református egyház-látogatási jegyzőkönyvek, 16–17 század*, Osiris Kiadó, Budapest

Dion, R, 1959, *Histoire de la vigne et du vin en France des origines au XIXe siècle*, self-published, republished in 1982 by Flammarion, Paris

Di Manzano, F, 1860, *Annali del Friuli, ossia raccolta delle cose storiche appartenenti a questa regione*, vol III, Trombetti-Murero, Udine

Di Rovasenda, G, 1877, *Saggio di una ampelografia universale*, Tipografia Subalpina di Stefano Marino, Torino

Di Vecchi Staraz, M, Boselli, M, Gerber, S, Laucou, V, Lacombe, T, This, P, and Varès, D, 2007, 'Famoz: a software for large scale parentage analysis in *Vitis vinifera* L. species', *Acta Horticulturae* 754: 79–83

Di Vecchi Staraz, M, Lacombe, T, Laucou, V, Bandinelli, R, Varès, D, Boselli, M, and This, P, 2004, 'Studio sulle relazioni genetiche tra viti selvatiche e coltivate in Toscana', *Proceedings of the II International Symposium on Sangiovese, Firenze, Italy, 17–18 November 2004*, Agenzia Regionale per lo Sviluppo e l'Innovazione in Agricoltura

Di Vecchi Staraz, M, This, P, Boursiquot, J-M, Laucou, V, Lacombe, T, Bandinelli, R, Varès, D, and Boselli, M, 2007, 'Genetic structuring and parentage analysis for evolutionary studies in grapevine: kingroup and origin of cv. Sangiovese revealed', *Journal of the American Society for Horticultural Science* 132, 4: 514–24

Díaz-Losada, E, Tato Salgado, A, Ramos-Cabrer, A M, and Pereira-Lorenzo, S, 2011, 'Determination of genetic relationships of Albariño and Loureira cultivars with the Caíño group by microsatellites', *American Journal of Enology and Viticulture* 62, 3: 371–5

Dochnahl, F J, 1848, *Die allgemeine Centralobstbaumschule, ihre Zwecke und Einrichtung*, Mauke, Jena

d'Oliveira, D, 1903, 'Bastardo', in Viala, P, and Vermorel, V (eds), *Ampélographie*, vol 4, Masson, Paris, pp 208–20

Dornfeld, J, 1868, *Die Geschichte des Weinbaues in Schwaben*, Cohen und Risch, Stuttgart

Drake, J W, Charlesworth, B, Charlesworth, D, and Crow, J F, 1998, 'Rates of spontaneous mutation', *Genetics* 148: 1667–86

Droguet, A, 1992, 'La culture de la vigne à Saint-Suliac au Moyen Âge', *Le Pays de Dinan*: 183–94

Dubé, G, and Turcotte, I, 2011, *Guide d'identification des cépages cultivés en climat froid: cépages de cuve*, Richard Grenier, Québec

Dubourdieu, D, 2009, 'Sauvignon Blanc's distinctive yet elusive aromas', *Tong* 1: 19–24

Dupraz, P, and Spring, J-L, 2010, *Cépages: principales variétés de vigne cultivées en Suisse*, Agroscope/École d'ingénieurs de Changins, Changins

Durand, E, 1901a, 'Pinots', in Viala, P, and Vermorel, V (eds), *Ampélographie*, vol 2, Masson, Paris, pp 18–42

Durand, E, 1901b, 'Douce Noire', in Viala, P, and Vermorel, V (eds), *Ampélographie*, vol 2, Masson, Paris, pp 371–5

Durand, E, 1905, 'Gringet', in Viala, P, and Vermorel, V (eds), *Ampélographie*, vol 6, Masson, Paris, pp 132–5

Durand, E, and Pacottet, P, 1901a, 'Melon', in Viala, P, and Vermorel, V (eds), *Ampélographie*, vol 2, Masson, Paris, pp 45–50

Durand, E, and Pacottet, P, 1901b, 'Aligoté', in Viala, P, and Vermorel, V (eds), *Ampélographie*, vol 2, Masson, Paris, pp 51–4

Eden, F (1903), *A garden in Venice*, Country Life, London

Einset, J, and Robinson, W B, 1972, 'Cayuga White, the first of a Finger Lakes series of wine grapes for

New York', *New York's Food and Life Sciences Bulletin* 22: 1–2

Eiras Dias, J E, Paulos, V, Mestre, S, Martins, J T, and Goulart, I, 2006, 'O encepamento do arquipélago dos Açores', *Ciência e Técnica Vitivinícola* 21, 2: 99–112

Ekhvaia, J, Blattner, F R, and Akhalkatsi, M, 2010, 'Genetic diversity and relationships between wild grapevine (*Vitis vinifera* subsp. *sylvestris*) populations and aboriginal cultivars in Georgia', poster given at the OIV's 33rd World Congress of Vine and Wine, 20–5 June 2010, Tbilisi, Georgia, http://www.oiv2010.ge/POSTER/POSR_VITICULTURE/P.I.05-No 40 P Ekhvaia et al OIV.pdf

Espinel, V, 1618, *Relaciones de la vida del escudero Marcos de Obregon*, Iuan de la Cuesta, Madrid

Estienne, C, and Liébault, J, 1564, *L'Agriculture et Maison rustique*, Jacques du Puis, Paris

Fabbro, C, Fortuna, P, Burelli, O, Bertossi, S, Molinari Pradelli, A, and Peloi, B, 2002, *Vigneto Friuli dalle origini al 1500*, Ducato dei Vini Friulani, Udine

Fanizza, G, Chaabane, R, Lamaj, F, Ricciardi, L, and Resta, P, 2003, 'AFLP analysis of genetic relationships among aromatic grapevines (*Vitis vinifera*)', *Theoretical and Applied Genetics* 107, 6: 1043–7

Fanizza, G, Lamaj, F, Resta, P, and Ricciardi, L, 2005, 'Grapevine cvs Primitivo, Zinfandel and Crljenak Kastelanski: molecular analysis by AFLP', *Vitis* 44, 3: 147–8

Faujas de Saint-Fond, B, 1781, *Histoire naturelle de la province de Dauphiné*, Veuve Giroud, Grenoble

Favà i Agud, X, 2001, *Diccionari dels noms de ceps i raïms: l'ampelonímia catalana*, Biblioteca de Dialectologia i Sociolingüística 8, Institut d'Estudis Catalans, Barcelona

Fernandes, R, 1531–2, 'Descripção do terreno em roda da cidade de Lamego duas leguas', in Corréa da Serra, J (ed), *Collecção de livros ineditos de historia portugueza*, vol V, Academia das Ciências de Lisboa, Lisboa, pp 546–613

Fernández-González, M, Martínez, J, and Mena, A, 2007, 'Morphological and molecular characterization of grapevine accessions known as Moravia/o (*Vitis vinifera* L.)', *American Journal of Enology and Viticulture* 58, 4: 544–7

Fernández-González, M, Mena, A, Izquierdo, P, and Martínez, J, 2007, 'Genetic characterization of grapevine (*Vitis vinifera* L.) cultivars from Castilla La Mancha (Spain) using microsatellite markers', *Vitis* 46, 3: 126–30

Ferreira Monteiro, F, Nunes, E, Magalhaes, R, Faria, M A, Martins, A, Bowers, J E, and Meredith, C P, 2000, 'Fingerprinting of the main *Vitis vinifera* varieties grown in the northern region of Portugal', *Acta Horticulturae* 528: 121–7

Filippetti, I, Intrieri, C, Centinari, M, Bucchetti, B, and Pastore, C, 2005, 'Molecular characterization of officially registered Sangiovese clones and of other Sangiovese-like biotypes in Tuscany, Corsica and Emilia-Romagna', *Vitis* 44, 4: 167–72

Filippetti, I, Intrieri, C, and Silvestroni, O, 1999, 'Individuazione di omonimie e di sinonimie in alcune cultivar di *Vitis vinifera* attraverso metodi ampelografici e analisi del DNA a mezzo di microsatelliti', *Revista di Frutticoltura e di Ortofloricoltura* 61, 7/8: 79–84

Filippetti, I, Ramazzotti, S, Intrieri, C, Silvestroni, O, and Thomas, M R, 2002, 'Caratterizzazione molecolare e analisi filogenetica di alcuni vitigni da vino coltivati nell'Italia Centro-Settentrionale', *Rivista di Frutticoltura e di Ortofloricultura* 64: 57–63

Filippetti, I, Silvestroni, O, Ramazzotti, S, and Intrieri, C, 2001, 'Caratterizzazione morfologica e genetica dei vitigni bianchi Spergola, Sauvignon e Sémillon', *Rivista di Frutticoltura e di Ortofloricoltura* 63, 12: 83–7

Filippetti, I, Silvestroni, O, Thomas, M R, and Intrieri, C, 2001, 'Genetic characterisation of Italian wine grape cultivars by microsatellite analysis', *Acta Horticulturae* 546: 395–9

Foëx, G, 1901, 'Altesse', in Viala, P, and Vermorel, V (eds), *Ampélographie*, vol 2, Masson, Paris, pp 110–12

Foëx, G, 1904, 'Cargajola', in Viala, P, and Vermorel, V (eds), Ampélographie, vol 5, Masson, Paris, pp 259–60

Forsyth, W, 1802, *A treatise on the culture and management of fruit-trees, in which a new method of pruning and training is fully described*, Nichols and Son, London

Fossati, T, Labra, M, Castiglione, S, Failla, O, Scienza, A, and Sala, F, 2001, 'The use of AFLP and SSR molecular markers to decipher homonyms and synonyms in grapevine cultivars: the case of the varietal group known as Schiave', *Theoretical and Applied Genetics* 102, 2–3: 200–5

Francesca, N, Monaco, A, Romano, R, Lonardo, E, De Simone, M, and Moschetti, G, 2009, 'Rovello bianco caratterizzazione di un vitigno autoctono campano', *Vignevini* 4: 106–11

Franks, T, Botta, R, and Thomas, M R, 2002, 'Chimerism in grapevines: implications for cultivar identity, ancestry and genetic improvement', *Theoretical and Applied Genetics* 104: 192–9

Freeman, B, 2000, 'Données viticoles générales sur la province viticole chinoise du Shadong', *Progrès Agricole et Viticole* 117, 3: 63–4

Frei, A, Porret, N A, Frey, J E, and Gafner, J, 2006, 'Identification and characterization of Swiss grapevine cultivars using microsatellite markers', *Mitteilungen Klosterneuburg* 56: 147–56

Frenchtowner.com: http://www.frenchtowner.com/frenchtown-nj/prevost.html

Froio, G, 1875, 'Primi studi ampelografici del Principato Citeriore e del Principato Ulteriore', *Bollettino Ampelografico del Ministero Agricoltura, Industria e Commercio* 3: 184

Gagnaire, N, 1872, 'Le cépage de vigne Carmenet-Sauvignon', *Annales de la Société d'Agriculture de la Dordogne*, vol XXXIII, p 877

Gago, P, Santiago, J L, Boso, S, Alonso-Villaverde, V, Grando, M S, and Martínez, M C, 2009, 'Biodiversity and characterization of twenty-two *Vitis vinifera* L. cultivars in the northwestern Iberian peninsula', *American Journal of Enology and Viticulture* 60, 3: 293–301

Galbács, Z, 2009, 'Szılıfajtak mikroszatellit alapu ujjlenyomatanak es pedigrejenek meghatarozasa',

unpublished PhD thesis, Szent István University, Gödöllö, p 103
Galbács, Z, Molnár, S, Halász, G, Kozma, P, Hoffmann, S, Kovács, L, Veres, A, Galli, Z, Szoke, A, Heszky, L, and Kiss, E, 2009, 'Identification of grapevine cultivars using microsatellite-based DNA barcodes', *Vitis* 48, 1: 17–24
Galet, P, 1979, *A practical ampelography: grapevine identification*, Cornell University Press, Ithaca, NY
Galet, P, 1988, *Cépages et vignobles de France*, vol I, *Les vignes américaines*, 2nd edn, Charles Déhan, Montpellier
Galet, P, 1990, *Cépages et vignobles de France*, vol II, *L'ampélographie française*, Charles Dehan, Montpellier
Galet, P, 2000, *Dictionnaire encyclopédique des cépages*, Hachette, Paris
Ganzin, V, 1901a, 'Mourvèdre', in Viala, P, and Vermorel, V (eds), *Ampélographie*, vol 2, Masson, Paris, pp 237–43
Ganzin, V, 1901b, 'Tibouren', in Viala, P, and Vermorel, V (eds), 1901–10, *Ampélographie*, vol 2, Masson, Paris, pp 179–84
García de Luján, A, 1996, *La viticultura del Jerez*, Mundi-Prensa, Madrid
García-Muñoz, S, Lacombe, T, de Andrés, M T, Gaforio, L, Muñoz-Organero, G, Laucou, V, This, P, and Cabello, F, 2012, 'Grape varieties (*Vitis vinifera* L.) from the Balearic Islands: genetic characterization and relationship with Iberian Peninsula and Mediterranean Basin', *Genetic Resources and Crop Evolution* 59, 4: 589–605
Garde, J-A, 1946, *Histoire de Pomerol*, P Gelix, Libourne
Gatta, L F, 1838, *Saggio sulle viti e sui vini della Valle d'Aosta*, reprinted 1971, Fratelli Enrico Editori, Ivrea
Georgia College of Agricultural and Environmental Sciences, 2010, http://www.caes.uga.edu/commodities/fruits/muscadines/cultivars/scuppernong/scuppernong.html
Gervais, P, 1902, 'Muscats', in Viala, P, and Vermorel, V (eds), *Ampélographie*, vol 3, Masson, Paris, pp 373–83
Geuna, F, Hartings, H, and Scienza, A, 1997, 'Discrimination between cultivars of *Vitis vinifera* based on molecular variability concerning 5′ untranslated regions of the *StSy-CHS* genes', *Theoretical and Applied Genetics* 95, 3: 375–83
Gheţea, L G, Magda Motoc, R, Popescu, C F, Barbacar, N, Iancu, D, Constantinescu, C, and Bărbării, L E, 2010, 'Genetic profiling of nine grapevine cultivars from Romania, based on SSR markers', *Romanian Biotechnological Letters* 15, 1, Supplement, pp 116–24
Ghidoni, F, Emanuelli, F, Moreira, F M, Imazio, S, Grando, M S, and Scienza, A, 2008, 'Variazioni del genotipo molecolare in Verdicchio, Trebbiano di Soave e Trebbiano di Lugana', 2° *Convegno Nazionale di Viticoltura (CONAVI)*, Marsala, Sicilia, 14–19 July 2008
Giannetto, S, Caruana, R, La Notte, P, Costacurta, A, and Crespan, M, 2010, 'A survey of Maltese grapevine germplasm using SSR markers', *American Journal of Enology and Viticulture* 61, 3: 419–24
Giavedoni, F, and Gily, M, 2005, *Guida ai vitigni d'Italia. Storia e caratteristiche di 580 varietà autoctone*, Slow Food Editore, Bra
Giralt, L, Puig, A, Bertran, E, Catalina, O, and Carme, D, 2009, 'Prospección, identificación y conservación de la diversidad fitogenética de variedades de *Vitis vinifera* cultivadas en Cataluña', *Acenología* 111 (30 Nov 2009): http://www.acenologia.com/cienciaytecnologia/prospeccion_diversidad_vitis_1cien1109.htm
Goethe, H, 1878, *Handbuch der Ampelographie*, Leykam-Josefsthal, Graz
Goethe, H, 1887, *Handbuch der Ampelographie*, 2nd edn, Leykam-Josefsthal, Graz
Gohdes, C L F, 1982, *Scuppernong, North Carolina's grape and its wines*, Duke University Press, Durham, NC
González-Andrés, F, Martín, J P, Yuste, J, Rubio, J A, Arranz, C, and Ortiz, J M, 2007, 'Identification and molecular biodiversity of autochthonous grapevine cultivars in the Comarca del Bierzo, León, Spain', *Vitis* 46, 2: 71–6
González Moreno, J A, Bustillo Barroso, J A, and Casa Benítez, A, 2004, *Catálogo de clones de variedades de vid en Andalucía*, Consejería de Agricultura y Pesca, Andalucía
González-Techera, A, Jubany, S, Ponce de León, I, Boido, E, Dellacassa, E, Carrau, F M, Hinrichsen, P, and Gaggero, C, 2004, 'Molecular diversity within clones of cv. Tannat (*Vitis vinifera*)', *Vitis* 43, 4: 179–85
Goryslavets, S, Risovanna, V, Bacilieri, R, Hausman, J-F, and Heuertz, M, 2010, 'A parentage study of closely related Ukrainian wine grape varieties using microsatellite markers', *Cytology and Genetics* 44, 2: 95–102
Goto-Yamamoto, N, Sawler, J, and Myles, S, 2015, 'Genetic analysis of East Asian grape cultivars suggests hybridization with wild *Vitis*', *PLoS ONE* 10, 10: e0140841. doi:10.1371/journal.pone.0140841
Gournay, B C, 1790, *Tableau général du commerce, des marchands, négocians, armateurs, &c. de la France, de l'Europe, & des autres parties du monde*, published by the author, Paris
Gozzi, R, Fontana, M, and Schneider, A, 2002, 'Il Lambrusco oliva, un vitigno da riscoprire', *Agricoltura* 1: 56–8
Graff-Höfgen, G, 2007, 'Vom Ruländer zum Grauburgunder – Der Wein der grauen Mönche', *Schriften zur Weingeschichte* 158: 1–47
Grando, M S, 2000, 'Genotyping of local grapevine germplasm', *Acta Horticulturae* 528, 1: 183–7
Grando, M S, and Frisinghelli, C, 1998, 'Grape microsatellite markers – sizing of DNA alleles and genotype analysis of some grapevine cultivars', *Vitis* 37, 2: 79–82
Grando, M S, Moreira, F M, Vouillamoz, J F, De Santis, D, Schneider, A, and Librandi, N, 2008, 'Diversità e relazioni genetiche stabilite con l'analisi del DNA', in Fregoni, C, and Nigra, O (eds), *Il Gaglioppo e i suoi fratelli I vitigni autoctoni calabresi*, Librandi Spa, Cirò Marina
Grando, M S, Stefanini, M, Zambanini, J, and Vouillamoz, J F, 2006, 'Identità e relazioni genetiche dei vitigni autoctoni trentini', *Terra Trentina* 52, 8: 24–7
Grassi, F, Labra, M, Imazio, S, Spada, A, Sgorbati, S,

Scienza, A, and Sala, F, 2003, 'Evidence of a secondary grapevine domestication centre detected by SSR analysis', *Theoretical and Applied Genetics* 107: 1315–20

Gray, R D, and Atkinson, Q D, 2003, 'Language-tree divergence times support the Anatolian theory of Indo-European origin', *Nature* 426: 435–9

Grimm, J, 1840, *Weisthümer*, vol 1, Dieterich, Göttingen

Grmek, K, 2007, 'Proučevanje tipov sorte Vitovska Grganja (*Vitis vinifera L.*) v vinorodni deželi Primorska', unpublished diploma thesis, Ljubljana

Gros, A, 1930, 'Le vignoble de Princens', *Société d'Histoire et d'Archéologie de Maurienne*, vol VII, book 2: 121–4

Gülcü, M, 2010, 'Traditional grape products of Thracian region and local production form in Turkey', poster given at the OIV's 33rd World Congress of Vine and Wine, 20–5 June 2010, Tbilisi, Georgia; http://www.oiv2010.ge/index.php?page=5&lang=1#

Guyot, J, 1876, *Étude des vignobles de France*, vol II, Imprimerie Nationale, Paris

Hardy, M, 1842, 'Notes cueillies pendant un voyage viticole dans quelques départements de la France (suite)', *L'Horticulteur Universel, Journal Général des Jardiniers et des Amateurs*, 3: 142–8

Hart, M, nd, 'Status and future of the Swenson hybrids'; http://www.mngrapes.org/wp-content/uploads/2009/03/future-of-the-swenson-hybrids-mark-hart.pdf

Hârţa, M, Pamfil, D, Pop, R, and Pop, I F, 2010, 'Identification of Romanian *Vitis vinifera* L. cultivars in must using nuclear microsatellite markers', *Bulletin UASVM Horticulture* 67, 1: 198–203

Hârţa, M, Pamfil, D, Pop, R, and VicaŞ, S, 2011, 'DNA fingerprinting used for testing some Romanian wine varieties', *Bulletin UASVM Horticulture* 68, 1: 143–8

Hedrick, U P, 1919, *Manual of American grape-growing*, Macmillan, New York

Hegi, G, 1925, 'Vitis L.', in Hegi, G (ed), *Illustrierte Flora von Mitteleuropa*, vol 5, part 1, Blackwell Wissenschafts-Verlag, Munich, pp 350–425

Hillebrand, W, Lott, H, and Pfaff, F, 2003, *Taschenbuch der Rebsorten*, Fachverlag Fraund, Mainz

Hinrichsen, P, Narváez, C, Bowers, J E, Boursiquot, J-M, Valenzuela, J, Muñoz, C, and Meredith, C P, 2001, 'Distinguishing Carmenère from similar cultivars by DNA typing', *American Journal of Enology and Viticulture* 52, 4: 396–9

Hoffmann, K M, 1982, *Der Gutedel und die Burgunder. Die Lebengeschichten alter Rebfamilien*, Gesellschaft für Geschichte des Weines, Wiesbaden, p 61

Hogg, R, 1860, *The fruit manual*, Cottage Gardener Office, London

Hogg, R, Moore, T, and Paul, W, 1868, *The Florist and Pomologist: A Pictorial Monthly Magazine of Flowers, Fruits, and General Horticulture*, 1–2: 92

Hohnerlein-Buchinger, T, 1996, *Per un sublessico vitivinicolo: la storia materiale e linguistica di alcuni nomi di viti e vini Italiani*, vol VIII, Niemeyer, Tübingen

Huetz de Lemps, A, 2009, *Les vins d'Espagne*, Presses Universitaires de Bordeaux, Bordeaux

Huillard-Bréholles, J-L-A, 1859, *Historia diplomatica Friderica Secundi: sive constitutiones, privilegia, manata instrumenta quae supersunt istitus imperatoris et filiorum ejus. Accedunt epistolae Paparum et documenta varia*, vol 5, H Plon, Paris, p 2

Hvarleva, T, Hadjinicoli, A, Atanassov, I, Atanassov, A, and Ioannou, N, 2005, 'Genotyping *Vitis vinifera* L. cultivars of Cyprus by microsatellite analysis', *Vitis* 44, 2: 93–8

Hvarleva, T, Russanov, K, and Atanassov, I, 2005, 'Microsatellite markers for characterization of grape genetic resources and identification of QTLs for important agronomical traits', *Biotechnology & Biotechnological Equipment* 19 (Special Issue, 20th Anniversary AgroBioInstitute): 116–23

Hvarleva, T, Rusanov, K, Lefort, F, Tschekov, I, Atanassov, A, and Atanassov, I, 2004, 'Genotyping of Bulgarian *Vitis vinifera* L. cultivars by microsatellite analysis', *Vitis* 43, 1: 27–34

Ibañez, J, Andres, M T, Molino, A, and Borrego, J, 2003, 'Genetic study of key Spanish grapevine varieties using microsatellite analysis', *American Journal of Enology and Viticulture* 54, 1: 22–30

Ibañez, J, Vélez, M D, De Andrés, M T, and Borrego, J, 2009, 'Molecular markers for establishing distinctness in vegetatively propagated crops: a case study in grapevine', *Theoretical and Applied Genetics* 119, 7: 1213–22

Ibañez, J, Vargas, A M, Palancar, M, Borrego, J, and De Andrés, M T, 2009, 'Genetic relationships among table-grape varieties', *American Journal of Enology and Viticulture* 60, 1: 35–42

Imazio, S, Labra, M, Grassi, F, Winfield, M, Bardini, M, and Scienza, A, 2002, 'Molecular tools for clone identification: the case of the grapevine cultivar Traminer', *Plant Breeding* 121, 6: 531

Institut Français de la Vigne et du Vin, 2007, *Catalogue des variétés et clones de vigne cultivés en France*, 2nd edn, INRA, SupAgro, Viniflhor, Entav-ITV, Montpellier

Jacquat, C, and Martinoli, D, 1999, '*Vitis vinifera* L.: wild or cultivated? Study of the grape pips found at Petra, Jordan; 150 BC – AD 40', *Vegetation History and Archaeobotany* 8, 1–2: 25–30

Jahnke, G, Korbuly, J, Májer, J, and Györffyné Molnár, J, 2007, 'Discrimination of the grapevine cultivars Picolit and Kéknyelu with molecular markers', *Scientia Horticulturae* 114, 1: 71–3

Jahnke, G, Májer, J, Lakatos, A, Györffyné Molnár, J, Deák, E, Stefanovits-Bányai, E, and Varga, P, 2009, 'Isoenzyme and microsatellite analysis of *Vitis vinifera* L. varieties from the Hungarian grape germplasm', *Scientia Horticulturae* 120, 2: 213–21

James, T, 2009, 'Red Semillon: return of the winegrape', *World of Fine Wine* 25: 70–3

James, T, forthcoming, *Wines of the new South Africa*, University of California Press, Berkeley and Los Angeles

Janini, B, and Roy-Chevrier, J, 1905, 'Pedro Ximenès', in Viala, P, and Vermorel, V (eds), *Ampélographie*, vol 6, Masson, Paris, pp 111–19

Jeffreys, A J, Wilson, V, and Thein, S L, 1985, 'Hypervariable "minisatellite" regions in human DNA', *Nature* 314: 67–73

Jenny, H, 1938, 'Der Malanser Weinbau in alten Akten', *Freien Rätiers* 303: 1–9

Johnson, H, 1989, *The story of wine*, Mitchell Beazley, London

Joigneaux, P, 1865, *Le livre de la ferme et des maisons de campagne*, vol 2, Victor Masson et Fils, Paris
Jones, G V, 2006, 'Climate and terroir: impacts of climate variability and change on wine', in Macqueen, R W, and Meinert, L D (eds), *Fine wine and terroir – the geoscience perspective*, Geoscience Canada Reprint Series, 9, Geological Association of Canada, St John's, Newfoundland
Jullien, A, 1816, *Topographie de tous les vignobles connus*, 1st edn, Mme Huzard, Paris
Jullien, A, 1832, *Topographie de tous les vignobles connus*, 3rd edn, Mme Huzard, Paris
Jung, A, 2007, 'Zinfandel, the story continues: new insights to its ancient variety history from a German point of view', *Rivista di Viticoltura e di Enologia* 3: 37–58
Kallithraka, S, Tsoutsouras, E, Tzourou, E, and Lanaridis, P, 2006, 'Principal phenolic compounds in Greek red wines', *Food Chemistry* 99, 4: 784–93
Karataş, H, Değirmenci, D, Velasco, R, Vezzulli, S, Bodur, Ç, and Ağaoğlu, Y S, 2007, 'Microsatellite fingerprinting of homonymous grapevine (*Vitis vinifera* L.) varieties in neighboring regions of South-East Turkey', *Scientia Horticulturae* 114, 3: 164–9
Katerov, K I, 2004, 'Bulgaria', in Del Zan, F, Failla, O, and Scienza, A (eds), *La vite e l'uomo dal rompicapo delle origini al salvataggio delle reliquie*, 2nd edn, ERSA – Agenzia Regionale per lo Sviluppo Rurale, Gorizia, pp 361–444
Kelley, R, 2009a, 'Côtes d'Auvergne', www.richardkelley.co.uk
Kelley, R, 2009b, 'Jasnières, Coteaux du Loir and the Coteaux du Vendômois', www.richardkelley.co.uk
Kelley, R, 2010, 'The lost vineyards of the Allier département', www.richardkelley.co.uk
Kenrick, W, 1844, *The new American orchardist*, 7th edn, Otis, Broaders, and Company, Boston
Kerridge, G H, and Antcliff, A J, 1999, *Wine grape varieties*, CSIRO, Merbein, Victoria
Kobayashi, S, Goto-Yamamoto, N, and Hirochika, H, 2004, 'Retrotransposon-induced mutations in grape skin color', *Science* 304: 982
Kobayashi, H, Fujita, K, Suzuki, S, and Takayanagi T, 2009. 'Molecular characterization of Japanese indigenous grape cultivar Koshu (*Vitis vinifera*) leaf and berry skin during grape development', *Plant Biotechnology Reports*, 3, 3: 225–41
Kocsis, M, Járomi, L, Putnoky, P, Kozma, P, and Borhidi, A, 2005, 'Genetic diversity among twelve grape cultivars indigenous to the Carpathian Basin revealed by RAPD markers', *Vitis* 44, 2: 87–91
Koruza, B, and Lavrencic, P, 2004, 'Slovenia', in Del Zan, F, Failla, O, and Scienza, A (eds), *La vite e l'uomo dal rompicapo delle origini al salvataggio delle reliquie*, ERSA – Agenzia Regionale per lo Sviluppo Rurale, Gorizia, pp 750–66
Kourakou-Dragona, S, 2001, *A krater full of good cheer*, Lucy Braggiotti, Athens
Kozjak, P, Korošec-Koruza, Z, and Javornik, B, 2003, 'Characterisation of cv. Refosk (*Vitis vinifera* L.) by SSR markers', *Vitis* 42, 2: 83–6
Kozma, P, Balogh, A, Kiss, E, Galli, Z, and Koncz, T, 2003, 'Study of origin of cultivar Csaba Gyöngye (Pearl of Csaba)', in Hajdu, E, and Borbas, E (eds), *Acta Horticulturae* 603: 585–91
Krämer, C, 2006, *Rebsorten in Württemberg: Herkunft, Einführung, Verbreitung und die Qualität der Weine vom Spätmittelalter bis ins 19. Jahrhundert*, Jan Thorbecke Verlag, Ostfildern
Kroll, H, 1991, 'Südosteuropa', in Van Zeist, W, Wasylikowa, K, and Behre, K E (eds), *Progress in Old World paleoethnobotany*, Rotterdam-Brookfield, Balkema, pp 161–77
Labra, M, Failla, O, Fossati, T, Castiglione, S, Scienza, A, and Sala, F, 1999, 'Phylogenetic analysis of grapevine cv. Ansonica growing on the island of Giglio, Italy, by AFLP and SSR markers', *Vitis* 38, 4: 161–6
Labra, M, Imazio, S, Grassi, F, Rossoni, M, Citterio, S, Sgorbati, S, Scienza, A, and Failla, O, 2003, 'Molecular approach to assess the origin of cv. Marzemino', *Vitis* 42, 3: 137–40
Labra, M, Moriondo, G, Schneider, A, Grassi, F, Failla, O, Scienza, A, and Sala, F, 2002, 'Biodiversity of grapevines (*Vitis vinifera* L.) grown in the Aosta Valley', *Vitis* 41, 2: 89–92
Labra, M, Winfield, M, Ghiani, A, Grassi, F, Sala, F, Scienza, A, and Failla, O, 2001, 'Genetic studies on Trebbiano and morphologically related varieties by SSR and AFLP markers', *Vitis* 40, 4: 187–90
Lacombe, T, Boursiquot, J-M, and Audeguin, L, 2004, 'Prospection, conservation et évaluation des clones de vigne en France', *Bulletin de l'OIV* 77, 885–6: 799–810
Lacombe, T, Boursiquot, J-M, Laucou, V, Dechesne, F, Varès, D, and This, P, 2007, 'Relationships and genetic diversity within the accessions related to Malvasia held in the Domaine de Vassal grape germplasm repository', *American Journal of Enology and Viticulture* 58, 1: 124–31
Lacoste, F, 1861, *Cours élémentaire d'agriculture à l'usage des écoles primaires*, Puthod Fils, Chambéry
Lacoste, P, Yuri, J A, Aranda, M, Castro, A, Quinteros, K, Solar, M, Soto, N, Gaete, J, and Rivas, J, 2010, 'Variedades de uva en Chile y Argentina (1550–1850). Genealogía del torrontés', *Mundo Agrario – Revista de Estudio Rurale* 10: 20
Ladoukakis, E D, Lefort, F, Sotiri, P, Bacu, A, Kongjika, E, and Roubelakis-Angelakis, K A, 2005, 'Genetic characterization of Albanian grapevine cultivars by microsatellite markers', *Journal International des Sciences de la Vigne et du Vin* 39, 3: 109–19
Lafforgue, G, 1947, *Le vignoble girondin*, Louis Larmat, Paris
Laiadi, Z, Bentchikou, M M, Bravo, G, Cabello, F, and Martínez-Zapater, J M, 2009, 'Molecular identification and genetic relationships of Algerian grapevine cultivars maintained at the germplasm collection of Skikda (Algeria)', *Vitis* 48, 1: 25–32
Lambert-Gocs, M, 2007, 'Discovery: Cabernet's Ancient Greek ancestor', *Desert island wine*, Ambeli Press, Williamsburg VA
Lamboy, W F, and Alpha, C G, 1998, 'Using simple sequence repeats (SSRs) for DNA fingerprinting germplasm accessions of grape (*Vitis* L.) species', *Journal of the American Society for Horticultural Science* 123, 2: 182–8
Lando, O, 1553, *Commentario delle più notabili & mostruose cose d'Italia*, Bartholomeo Cesano, Venezia

Lavignac, G, 2001, *Cépages du Sud-Ouest: 2000 ans d'histoire*, Rouergue/INRA, Rodez
Lazarakis, K, 2005, *The wines of Greece*, Mitchell Beazley, London
Leão, P C S, Riaz, S, Graziani, R, Dangl, G, Motoike, S Y, and Walker, A, 2009, 'Characterization of a Brazilian grape germplasm collection using microsatellite markers', *American Journal of Enology and Viticulture* 60, 4: 517–24
Lefort, F, Anzidei, M, Roubelakis-Angelakis, K A, and Vendramin, G G, 2000, 'Microsatellite profiling of the Greek Muscat cultivars with nuclear and chloroplast SSRs markers', *Quaderni della Scuola di Specializzazione in Scienze Viticole ed Enologiche* 23: 57–82
Lefort, F, and Roubelakis-Angelakis, K A, 2001, 'Genetic comparison of Greek cultivars of *Vitis vinifera* L. by nuclear microsatellite profiling', *American Journal of Enology and Viticulture* 52, 2: 101–8
Levadoux, L, 1948, 'Les cépages à raisins de cuve', *Progrès Agricole et Viticole* 129: 6–14
Levadoux, L, 1956, 'Les populations sauvages et cultivées de *Vitis vinifera* L.', *Annales d'Amélioration des Plantes* 1: 59–118
Li, S H, Fan, P G, Li, S C, and Yang, M R, 2007, 'Grape cultivars obtained by Institute of Botany, the Chinese Academy of Sciences and their extension in China', *Acta Horticulturae* 754: 73–8
Li, Y, Gong, Y, and Wang, Z, 2008, 'Phylogenetic relationship analysis of the wine grape variety Shelongzhu', *Sino-Overseas Grapevine & Wine* 3 (in Chinese, with English abstract)
Liger, L, 1762, *La nouvelle maison rustique, ou économie générale de tous les biens de campagne*, vol 2, Savoye, Paris
Lobo, C B de Lacerda, 1790, 'Memoria sobre a cultura das vinhas de Portugal', *Memórias económicas da Academia Real das Sciencias de Lisboa*, vol II, Academia Real das Sciencias, Lisboa
Lopes, M S, Rodrigues dos Santos, M, Eiras Dias, J E, Mendonça, D, and Da Câmara Machado, A, 2006, 'Discrimination of Portuguese grapevines based on microsatellite markers', *Journal of Biotechnology* 127, 1: 34–44
Lopes, M S, Sefc, K M, Dias, E E, Steinkellner, H, Machado, M L D, and Machado, A D, 1999, 'The use of microsatellites for germplasm management in a Portuguese grapevine collection', *Theoretical and Applied Genetics* 99, 3–4: 733–9
Lovicu, G, 2006, 'È certa l'origine sarda del vitigno Cannonau', *L'Informatore Agrario* 49: 54–9
Luo, G, 1999, 'Red wine grape variety Cabernet Gernischt – a wrong name translated into Chinese a century ago', *Journal of Fruit Science* 16, 3: 161–4 (in Chinese, with English abstract)
Mabberley, D J, 1999, '*Vitis* × *alexanderi* Prince ex Jacques (Vitaceae), the first American hybrid grapes', *Telopea* 8, 3: 377–9
Maghradze, D, Rossoni, M, Imazio, S, Maitti, C, Failla, O, Del Zan, F, Chkhartishvili, N, and Scienza, A, 2009, 'Genetic and phenetic exploration of Georgian grapevine germplasm', *Acta Horticulturae* 827: 107–11
Magnol, P, 1676, *Botanicum Monspeliense*, Officina Francisci Carteron, Lugduni
Malenica, N, Šimon, S, Besendorfer, V, Maletić, E, Karoglan Kontić, J, and Pejić, I, 2011, 'Whole genome amplification and microsatellite genotyping of herbarium DNA revealed the identity of an ancient grapevine cultivar', *Die Naturwissenschaften* 98, 9: 763–72
Maletić, E, Pejić, I, Karoglan Kontić, J, Piljac, J, Dangl, G S, Lacombe, T, Mirošević, N, and Meredith, C P, 2004, 'Zinfandel, Dobričic and Plavac mali: the genetic relationship among three cultivars of the Dalmatian coast of Croatia', *American Journal of Enology and Viticulture* 55, 4: 174–80
Maletić, E, Sefc, K M, Steinkellner, H, Karoglan Kontić, J, and Pejić, I, 1999, 'Genetic characterization of Croatian grapevine cultivars and detection of synonymous cultivars in neighboring regions', *Vitis* 38, 2: 79–83
Malossini, U, Grando, M S, Roncador, I, and Mattivi, F, 2000, 'Parentage analysis and characterization of some Italian *Vitis vinifera* crosses', *Acta Horticulturae* 528: 139–43
Manca dell'Arca, A, 1780, *Agricoltura in Sardegna*, Orsino, Napoli
Manessis, N, 2000, *The illustrated Greek wine book*, 2nd edn, Olive Press, Corfu
Mangafa, M, and Kotsakis, K, 1996, 'A new method for the identification of wild and cultivated charred grape seeds', *Journal of Archaeological Science* 23, 3: 409–18
Manzo, M, and Monaco, A, 2001, *La risorsa genetica della vite in Campania*, Regione Campania, Napoli
Maraš, V, Pejović, L, and Milutinović, M, 2004, 'Variability in the autochthonous vine variety Kratošija', *Acta Horticulturae* 640: 237–41
Martín, J P, Borrego, J, Cabello, F, and Ortiz, J M, 2003, 'Characterization of Spanish grapevine cultivar diversity using sequence-tagged microsatellite site markers', *Genome* 46, 1: 10–18
Martín, J P, Santiago, J L, Pinto-Carnide, O, Leal, F, Martínez, M C, and Ortiz, J M, 2006, 'Determination of relationships among autochthonous grapevine varieties (*Vitis vinifera* L.) in the northwest of the Iberian Peninsula by using microsatellite markers', *Genetic Resources and Crop Evolution* 53, 6: 1255–61
Martínez, J, Vicente, T, Martínez, T, Chavarri, J B, and Garcíaescudero, E, 2007, 'Tempranillo blanco, características de una nueva variedad de vid', *Vida Rural* 244: 44–8
Martínez, L, Cavagnaro, P, Boursiquot, J-M, and Agüero, C, 2008, 'Molecular characterization of Bonarda-type grapevine (*Vitis vinifera* L.) cultivars from Argentina, Italy, and France', *American Journal of Enology and Viticulture* 59, 3: 287–91
Martínez, L, Cavagnaro, P, Masuelli, R W, and Rodríguez, J, 2003, 'Evaluation of diversity among Argentine grapevine (*Vitis vinifera* L.) varieties using morphological data and AFLP markers', *Electronic Journal of Biotechnology* 6, 3: 244–53
Martínez, L E, Cavagnaro, P, Masuelli, R W, and Zúñiga, M, 2006, 'SSR-based assessment of genetic diversity in South American *Vitis vinifera* varieties', *Plant Science* 170, 6: 1036–44
Martínez, M-C, Santiago, J L, Pérez, J-E, and Boso, S, 2006, 'The grapevine cultivar Mencía (*Vitis*

vinifera L.): similarities and differences with respect to other well known international cultivars', *Journal International des Sciences de la Vigne et du Vin* 40, 3: 121–32
Martínez de Toda, F, and Sancha González, J C, 2000, 'Preservación y estudio de cinco antiguas variedades de vid en La Rioja: Maturana blanca, Maturana tinta, Monastel, Ribadavia y Turruntés: estado del conocimiento en 1999', *Investigación humanística y científica en La Rioja: homenaje a Julio Luis Fernández Sevilla y Mayela Balmaseda Aróspide*, Gobierno de La Rioja, Instituto de Estudios Riojanos, Logroño, pp 391–402
Mas, A, and Pulliat, V, 1874–5, *Le vignoble ou histoire, culture et description avec planches coloriées des vignes à raisins de table et à raisins de cuve les plus généralement connues*, vol II, G Masson, Paris
Masi, E, Vignani, R, Di Giovannantonio, A, Mancuso, S, and Boselli, M, 2001, 'Ampelographic and cultural characterisation of the Casavecchia variety', *Advances in Horticultural Science* 15, 1–4: 47–55
Mason, R, 2000, *The wines and vineyards of Portugal*, Mitchell Beazley, London
Maitti, C, Andreani, L, Geuna, F, Brancadoro, L, and Scienza, A, 2009, 'Genetic characterization of *Vitis vinifera* accessions cultivated in Sicily (Italy)', *Acta Horticulturae* 827: 177–81
Mattioli, P A, 1563, *I discorsi di M Pietro Andrea Matthioli Sanese, ne i sei libri di Pedacio Dioscoride Anazarbeo della materia medicinale*, Vincenzo Valgrisi, Venetia
Maul, E, 2005, 'Die sehr alte Rebsorte Weisser Heunisch und ihre zum Teil berühmt gewordenen Kinder, wie zB Chardonnay', *Deutsches Weinbau-Jahrbuch* 56: 129–45
Maul, E, 2006, 'Zur Herkunft alter Rebsorten', *Schweizerische Zeitschrift für Obst- und Weinbau* 6: 6–9
Maul, E, Eiras Dias, J E, Kaserer, H, Lacombe, T, Ortiz, J M, Schneider, A, Maggioni, L, and Lipman, E (compilers), 2008, 'Report of a working group on *Vitis*', first meeting 12–14 June 2003, Palicí, Serbia and Montenegro, Biodiversity International, Rome
Mayson, R, 2003, *The wines and vineyards of Portugal*, Mitchell Beazley, London
McGovern, P E, 2003, *Ancient wine: the search for the origins of viniculture*, Princeton University Press, Princeton and Oxford
McGovern, P E, Glusker, D L, Exner, L J, and Voigt, M M, 1996, 'Neolithic resinated wine', *Nature* 381: 480–1
McGovern, P E, Hartung, U, Badler, V R, Glusker, D L, and Exner, L J, 1997, 'The beginnings of winemaking and viniculture in the ancient Near East and Egypt', *Expedition* 39: 3–21
Meekers, G, 2011, *Wines of Malta: the definitive guide to the new heritage wines*, Kindle edn
Meneghetti, S, Costacurta, A, Crespan, M, Maul, E, Hack, R, and Regner, F, 2009, 'Deepening inside the homonyms of Wildbacher by means of SSR markers', *Vitis* 48, 3: 123–9
Meredith, C P, and Boursiquot, J-M, 2008, 'Origins and importance of Syrah around the world', *International Syrah Symposium*, Lyon 13–14 May 2008, Oenoplurimédia, pp 17–20
Meredith, C P, Bowers, J E, Riaz, S, Handley, V, Bandman, E B, and Dangl, G S, 1999, 'The identity and parentage of the variety known in California as Petite Sirah', *American Journal of Enology and Viticulture* 50, 3: 236–42
Merlet, J 1690, *L'abrégé des bons fruits*, Charles de Sercy, Paris
Metzger, J, 1827, *Der Rheinische Weinbau in theoretischer und praktischer Beziehung*, August Osswald, Heidelberg
Migliaccio, G, Scala, F, Monaco, A, Ferranti, P, Nasi, A, De Gennaro, T, Granato, T, Nicolella, V, Grando, M S, Vouillamoz, J F, Calice, O, and Matarese, M, 2008, *Atlante delle varietà di vite dell'isola d'Ischia*, Franco di Mauro, Sorrento, Napoli
Mirošević, N, and Meredith, C P, 2000, 'A review of research and literature related to the origin and identity of the cultivars Plavac Mali, Zinfandel and Primitivo (*Vitis vinifera* L.)', *Agriculturae Conspectus Scientificus* 65, 1: 45–9
Molon, G, 1906, *Ampelografia*, Hoepli, Milano
Monaco, A, 2006, 'Vite e Vino', in D'Ambra, A, Monaco, A, and Di Salvo, M (eds), *Storia del vino d'Ischia*, Imagaenaria, Ischia, pp 85–110
Mondini, S, 1903, *I vitigni da vino stranieri coltivati in Italia*, Barbera, Firenze
Montaner, C, Martín, J P, Casanova, J, Martí, C, Badía, D, Cabello, F, and Ortiz, J M, 2004, 'Application of microsatellite markers for the characterization of Parraleta: an autochthonous Spanish grapevine cultivar', *Scientia Horticulturae* 101, 3: 343–7
Moriondo, G, 1999, *Vini e vitigni autoctoni della Valle d'Aosta*, Institut Agricole Régional, Aosta
Moriondo, G, Sandi, R, and Vouillamoz, J F, 2008, 'Identificazione del Neret di Saint-Vincent, antico vitigno valdostano', *Millevigne Regioni* 3: 111
Mortensen, J A, 1987, 'Blanc du Bois. A Florida bunch grape for white wine', *University of Florida Agricultural Research Station Circular S-340*, 4 pp
Mosher, S, 1853, 'The Plough, the loom, and the anvil', *American Farmers' Magazine* 6, 4: 193–8
Motoc, R M, 2009, 'Caracterizarea moleculară, prin utilizarea markerilor microsatelitici, a unor soiuri de *Vitis vinifera* cultivate în România și Republica Moldova', unpublished PhD thesis, Universitatea din București, București
Mouillefert, P, 1893, *Translation of a report on the vineyards of Cyprus*, Government Printing Office, Nicosia, Cyprus
Mouillefert, P, 1902a, 'Aubin', in Viala, P, and Vermorel, V (eds), *Ampélographie*, vol 3, Masson, Paris, pp 60–3
Mouillefert, P, 1902b, 'Madeleine Royale', in Viala, P, and Vermorel, V (eds), *Ampélographie*, vol 3, Masson, Paris, pp 267–71
Mouillefert, P, 1902c, 'Meslier', in Viala, P, and Vermorel, V (eds), *Ampélographie*, vol 3, Masson, Paris, pp 50–9
Mouillefert, P, 1903, 'Romorantin', in Viala, P, and Vermorel, V (eds), *Ampélographie*, vol 4, Masson, Paris, pp 328–32
Muganu, M, Dangl, G, Aradhya, M, Frediani, M, Scossa, A, and Stover, E, 2009, 'Ampelographic and DNA characterization of local grapevine

accessions of the Tuscia area (Latium, Italy)', *American Journal of Enology and Viticulture* 60, 1: 110–15
Munson, T V, 1909, *Foundations of American grape culture*, Orange Judd, New York
Myles, S, Boyko, A R, Owens, C L, Brown, P J, Grassi, F, Aradhya, M K, Prins, B, Reynolds, A, Chiah, J-M, Ware, D, Bustamante, C D, and Buckler, E S, 2011, 'Genetic structure and domestication history of the grape', *Proceedings of the National Academy of Sciences*, 108, 9: 3530–5
Nada Patrone, A M, 1988, 'Bere vino in area pedemontana nel Medioevo', in *Il vino nell'economia e nella società italiana* (Quaderni della Rivista di Storia dell'Agricoltura 1), Accademia dei Georgofili, Firenze, pp 31–60
Nada Patrone, A, 1991, 'I vini in Piemonte tra Medioevo ed età moderna', in Comba, R (ed), *Vigne e vini nel Piemonte rinascimentale*, L'Arciere, Cuneo, pp 247–80
Negrul, A M, 1938, 'Evolution of cultivated forms of grapes', *Comptes Rendus (Doklady) Académie Sciences USSR* 18, 8: 585–8
Negrul, A M, 1946, 'Evropejskij i aziatskij vinograd *Vitis vinifera* L.', in Baranov, A (ed), *Ampelografija SSSR*, 1, Piščepromizdat, Moskva, pp 63ff
Nelson-Kluk, S, 2005, 'Variety identification updates at FPS', *Foundation Plant Services FPS Grape Program Newsletter* November, pp 12–13
Nicollier, J, 1972, 'Un dossier relatif aux cépages dits rouges du pays en Valais et rouges indigènes en vallée d'Aoste', *Revue Suisse de Viticulture, Arboriculture, Horticulture* 4, 4: 132–5
Nieddu, G, Nieddu, M, Cocco, G F, Erre, P, and Chessa, I, 2007, 'Morphological and genetic characterization of the Sardinian Bovale cultivars', *Acta Horticulturae* 754: 49–54
Nikolau, N, and Michos, V, 2004, 'Grecia', in Del Zan, F, Failla, O, and Scienza, A (eds), *La vite e l'uomo dal rompicapo delle origini al salvataggio delle relique*, 2nd edn, ERSA – Agenzia Regionale per lo Sviluppo Rurale, Gorizia, pp 562–634
Nuvolone Pergamo (Conte di Scandaluzza), G, 1787–98, *Sulla coltivazione delle viti e sul metodo migliore di fare e conservare i vini: istruzione*, Anno VII e VIII, Torino
Odart, Comte A-P, 1845, *Ampélographie, ou Traité des cépages les plus estimés dans tous les vignobles de quelque renom*, Bixio, Paris
Odart, Comte A-P, 1854, *Ampélographie universelle*, 3rd edn, Veuve Huzard, Paris
Odart, Comte A-P, 1859, *Ampélographie universelle*, 4th edn, Librairie Agricole, Paris
Olmo, H P, 1995, 'The origin and domestication of the *Vinifera* grape', in McGovern, P E, Fleming, S J, and Katz, S H (eds), *The origins and ancient history of wine*, Gordon and Breach, Amsterdam, pp 31–43
Olmo, H P, and Koyama, A, 1962, 'Rubired and Royalty: new grape varieties for color, concentrate, and port wine', *California Agricultural Experiment Station Bulletin* 789: 3–13
Ortoidze, T, Vashakidze, L, Bezhuashvili, M, Ramishvili, N, and Jigauri, G, 2010, 'Origin and peculiarities of rarely distributed grapevine variety Asuretuli Shavi', poster given at the OIV's 33rd World Congress of Vine and Wine, 20–5 June 2010, Tbilisi, Georgia; http://www.oiv2010.ge/POSTER/POSR_VITICULTURE/P.I.16-No 101 P Ortoidze-Poster.pdf
Pacottet, P, 1904, 'Argant', in Viala, P, and Vermorel, V (eds), *Ampélographie*, vol 5, Masson, Paris, pp 346–52
Palacios Sánchez, J M, 1991, *Historia del vino de Rioja*, La Prensa del Rioja, Logroño
Petit-Lafitte, A, 1868, *La vigne dans le Bordelais*, J Rothschild, Paris
Pejić, I, Maletić, E, and Naslov, E, 2005, 'Malvazija istarska and Malvasia dubrovacka – Croatian or Greek cultivars?', *'Whose goblet is Malmsey'. Production, proccessing and distribution of wine from the Aegean to the Adriatic Sea*, 17th Symposium of History and Art, Monemvasia, Castro, 30 May–1 June 2005, Monemvasia, Grčka
Pejić, I, Mirošević, N, Maletić, E, Piljac, J, and Meredith, C P, 2000, 'Relatedness of cultivars Plavac Mali, Zinfandel and Primitivo (*Vitis vinifera* L.)', *Agriculturae Conspectus Scientificus* 65, 1: 21–5
Perret, M, 1997, 'Polymorphisme des génotypes sauvages et cultivés de *Vitis vinifera* L. détecté à l'aide de marqueurs RAPD', *Bulletin de la Société Neuchâteloise de Sciences Naturelles* 120: 45–54
Peterlunger, E, Zurlini, L, Crespan, G, Colugnati, G, and Del Zan, F, 2004, 'Friuli Venezia Giulia', in Del Zan, F, Failla, O, and Scienza, A (eds), *La vite e l'uomo dal rompicapo delle origini al salvataggio delle relique*, ERSA – Agenzia Regionale per lo Sviluppo Rurale, Gorizia, pp 769–852
Pezo, I, Budić Leto, I, Kačić, S, Zdunić, G, and Mirošević, N, 2006, 'Medna bijela (*Vitis vinifera* L.) – ampelographic properties', *Agriculturae Conspectus Scientificus* 71, 3: 81–6
Philip, B, 2007, 'Examining Pinot Blanc as a potential signature wine in the Okanagan Valley, Canada', unpublished MW dissertation
Picot de Lapeyrouse, P-I, 1814, 'Topographie rurale du canton de Montastruc département de la Haute-Garonne', *Mémoires d'agriculture, d'économie rurale et domestique*, pp 33–128
Piljac, J, 2005, *Zinfandel: a Croatian–American wine story*, Zrinski, Čakovec
Piljac, J, Maletić, E, Karoglan Kontić, J, Dangl, G S, Pejić, I, Miroševic, N, and Meredith, C P, 2002, 'The parentage of Pošip bijeli, a major white wine cultivar of Croatia', *Vitis* 41, 2: 83–7
Pinder, R M, and Meredith, C P, 2003, 'The identity and parentage of wine grapes', in Sandler, M, and Pinder, R M (eds), *Wine: a scientific exploration*, Taylor and Francis, London, pp 260–73
Pinney, T, 1989, *A history of wine in America*, vol 1, *From the beginnings to Prohibition*, University of California Press, Berkeley, Los Angeles and London
Pinotage Association, 2010, http://www.pinotage.co.za
Pinto-Carnide, O, Martín, J P, Leal, F, Castro, I, Guedes-Pinto, H, and Ortiz, J M, 2003, 'Characterization of grapevine (*Vitis vinifera* L.) cultivars from northern Portugal using RAPD and microsatellite markers', *Vitis* 42, 1: 23–6
Pl@nt Grape: le catalogue des vignes cultivées en France, http://plantgrape.plantnet-project.org
Plocher, T, 1993, 'Observations of Niels Hansen grape varieties', *Pomona* 26, 1: 40–2

Plocher, T, Rouse, G, Hart, M, 2003, 'Discovering grapes and wine in the far north of China', http://www.northernwinework.com/images/extra/chinatrip/Chinatrip.pdf

Pollini, C, 1824, 'Osservazioni agrarie per l'anno 1818', *Memorie dell'Accademia d'agricoltura, commercio ed arti di Verona,* vol X, pp 135–41

Pollini, L, 2007, *Viaggio attraverso i vitigni autoctoni italiani*, Alsaba, Colle Val d'Elsa, Italy

Pont, S, 2005, 'La coupe et le vin de l'accouchée', in Zufferey-Périsset, A D (ed), *Quand le bois sert à boire*, Regards sur la Vigne et le Vin en Valais 2, Musée Valaisan de la Vigne et du Vin, Sierre-Salquenen, pp 23–36

Possingham, J V, 1995, 'Breeding grapes for warm climates – the Australian experience', *Acta Horticulturae* 388: 129–34

Prato, G B, 1989, 'Verso le origini del Teroldego', *La Situla*, p 5

Prince, W R, 1830, *A treatise on the vine: embracing its history from the earliest ages to the present day, with descriptions of above two hundred foreign and eighty American varieties*, T & J Swords, New York

Pszczólkowski T, P, 2004, 'La invención del cv. Carménère (*Vitis vinifera* L.) en Chile, desde la mirada de uno de sus actores', *Revista Universum* 2, 19: 150–65

Puig, A, Domingo, C, and Giralt, L, 2006, 'Caracterització genètica de la varietat Picapoll de diferents orígens mitjançant marcadors microsatèl·lits', *Dossiers Agraris ICEA: la varietat picapoll* 9: 51–9

Putanec, V, 2003, 'Etimološki Prinosi (27–35)', *Rasprave Instituta za Hrvatski Jezik i Jezikoslovlje* 29, 1: 225–58

Raimondi, S, Schneider, A, and Ferrandino, A, 2005, 'Barbassese, Barbera bianca e Timorasso vitigni bianchi minori', *L'Informatore Agrario* 7: 71–5

Raimondi, S, Torello Marinoni, D, and Schneider, A, 2006, 'Caratterizzazione ampelografica e genetica di vitigni minori del Basso Piemonte oggetto di valorizzazione: nuove proposte per i viticoltori', *Italus Hortus* 13, 2: 154–7

Reale, S, Pilla, F, and Angiolillo, A, 2006, 'Genetic analysis of the Italian *Vitis vinifera* cultivar Tintilia and related cultivars using SSR markers', *Journal of Horticultural Science & Biotechnology* 81, 6: 989–94

Regner, F, 1996, 'Müller-Thurgau = Riesling × Gutedel', *Der Deutsche Weinbau* 14: 18–19

Regner, F, 1999, 'Erkenntnisse über unsere Rebsorten mittels genetischer Analyse', *Deutsches Weinbau-Jahrbuch* 50: 83–8

Regner, F, 2000a, 'Anwendung der DNA Analytik zur genetischen Analyse von Rebsorten', *ALVA (Arbeitsgemeinschaft landwirtschaftlicher Versuchsanstalten) Jahrestagung*: 94–7

Regner, F, 2000b, 'Genetische Analyse von Rebsorten', *Deutsches Weinbau-Jahrbuch* 51: 125–32

Regner, F, 2007, 'Herkunft unserer Rebsorten: Grüner Veltliner, Blaufränkisch und St Laurent', *Der Winzer* 63, 4: 12–15

Regner, F, Eiras-Dias, J E, Stadlbauer, A, and Blahous, D, 1999, 'Blauer Portugieser, the dissemination of a grapevine', *Ciencia e Tecnica Vitivinicola* 14, 2: 37–44

Regner, F, Eisenheld, C, Kaserer, H, and Stadlbauer, A, 2001, 'Weitere Sortenanalysen bei Rebe mittels genetischer Marker', *Mitteilungen Klosterneuburg, Rebe und Wein, Obstbau und Fruchteverwertung* 51, 1: 3–14

Regner, F, Stadlbauer, A, and Eisenheld, C, 1998, 'Heunisch × Fränkisch, ein wichtiger Genpool europäischer Rebsorten (*Vitis vinifera* L. *sativa*)', *Viticultural and Enological Science* 53, 3: 114–18

Regner, F, Stadlbauer, A, Eisenheld, C, and Kaserer, H, 2000a, 'Considerations about the evolution of grapevine and the role of Traminer', *Acta Horticulturae* 528: 177–9

Regner, F, Stadlbauer, A, Eisenheld, C, and Kaserer, H, 2000b, 'Genetic relationships among Pinots and related cultivars', *American Journal of Enology and Viticulture* 51, 1: 7–14

Regner, F, Steinkellner, H, Turetschek, E, Stadlhuber, A, and Glössl, J, 1996, 'Genetische Charakterisierung von Rebsorten (*Vitis vinifera*) durch Mikrosatellite-Analyse', *Mitteilungen Klosterneuburg, Rebe und Wein, Obstbau und Fruchteverwertung* 46, 2: 52–60

Reich, L, 1902a, 'Fuëlla', in Viala, P, and Vermorel, V (eds), *Ampélographie*, vol 3, Masson, Paris, pp 141–5

Reich, L, 1902b, 'Colombaud', in Viala, P, and Vermorel, V (eds), *Ampélographie*, vol 3, Masson, Paris, pp 296–301

Reisch, B I, Luce, R S, Bordelon, B, and Henick-Kling, T, 2006a, 'Corot Noir grape', *New York Food and Life Sciences Bulletin* 159: 1–8

Reisch, B I, Luce, R S, Bordelon, B, and Henick-Kling, T, 2006b, 'Noiret™ grape', *New York's Food and Life Sciences Bulletin* 160: 1–3

Reisch, B I, Luce, R S, Bordelon, B, and Henick-Kling, T, 2006c, 'Valvin Muscat™ grape', *New York's Food and Life Sciences Bulletin* 161: 1–6

Reisch, B I, Luce, R S, Henick-Kling, T, and Pool, R M, 2003, 'GR 7 grape', *New York's Food and Life Sciences Bulletin* 157: 1–2

Reisch, B I, Pool, R M, Robinson, W B, Henick-Kling, T, Gavitt, B K, Watson, J P, Martens, M H, Luce, R S, and Barret, H C, 1996, 'Traminette grape', *New York's Food and Life Sciences Bulletin* 149: 1–2

Reisch, B I, Pool, R M, Robinson, W B, Henick-Kling, T, Watson, J P, Kimball, K H, Martens, M H, Howell, G S, Miller, D P, Edson, C E, and Morris, J R, 1990, 'Chardonel grape', *New York's Food and Life Sciences Bulletin* 132: 1–3

Reisch, B I, Pool, R M, Watson, J P, Robinson, W B, and Cottrell, T H E, 1985, 'Melody grape', *New York's Food and Life Sciences Bulletin* 112: 1–2

Rendu, V, 1854, *Ampélographie française*, Victor Masson, Paris

Rézeau, P, 1997, *Dictionnaire des noms de cépages de France*, CNRS, Paris

Rhagor, D, 1639, *Pflantz-Gart*, vol 3, *Wein-Gärten*, S Schmid, Bern

Riaz, S, Garrison, K E, Dangl, G S, Boursiquot, J-M, and Meredith, C P, 2002, 'Genetic divergence and

chimerism within ancient asexually propagated winegrape cultivars', *Journal of the American Society for Horticultural Science* 127, 4: 508–14
Ribéreau-Gayon, P, 1958, 'Les anthocyanes des raisins', *Qualitas Plantarum*, 3/4: 491–9
Ribéreau-Gayon, P, Boidron, J-N, Terrier, A, 1975, 'Aroma of Muscat grape varieties', *Journal of Agricultural and Food Chemistry*, 23, 6: 1042–7
Richards, P, 2006, *The wines of Chile*, Mitchell Beazley, London
Richards, P, 2010, 'Prospects for premium Chilean Syrah – UK wine trade perspectives', unpublished MW dissertation
Rivera Nunez, D, and Walker, M J, 1989, 'A review of palaeobotanical findings of early *Vitis* in the Mediterranean and of the origins of cultivated grape-vines, with special reference to new pointers to prehistoric exploitation in the western Mediterranean', *Review of Palaeobotany and Palynology* 61, 3: 205–37
Roberts, P, 'Norton, America's true grape: whence, and whither?', http://www.missouriwinecountry.com/articles/wines/norton-true.php
Rodríguez, J G, and Matus, M S, 2002, 'Caracterización ampelográfica de Torrontés Riojano – Mendoza (Argentina)', *Revista de la Facultad de Ciencias Agrarias – Universidad Cuyo* 34, 1: 71–80
Rodríguez-Torres, I, Ibañez, J, De Andrés, M T, Rubio, C, Borrego, J, Cabello, F, Zerolo, J, and Muñoz-Organero, G, 2009, 'Synonyms and homonyms of Malvasía cultivars (*Vitis vinifera* L.) existing in Spain', *Spanish Journal of Agricultural Research* 7, 3: 563–71
Rohály, G, Mészáros, G, and Nagymarosy, A, 2003, *Terra Benedicta: the land of Hungarian wine*, Ako Publishing, Budapest
Roncador, I, 2006, 'Il Teroldego Rotaliano – vino principe del Trentino', *Teroldego: un autoctono esemplare*, Cantina Rotaliana di Mezzolombardo, 7 May 2004, Provincia Autonoma di Trento, pp 36–75
Rose, L, 2006, 'Viva Viognier!', *Australian and New Zealand Wine Industry Journal* 21, 5: 71–80
Rossignol, C, 1854, *Histoire de Beaune: depuis les temps les plus reculés jusqu'à nos jours*, Batault-Morot, Beaune
Roudié, P, 1994, *Vignobles et vignerons du Bordelais (1850–1980)*, Presses Universitaires de Bordeaux, Talence
Rouget, C, 1897, *Les vignobles du Jura et de la Franche-Comté*, Auguste Cote, Lyon
Rougier, L, 1902a, 'Mornen Noir', in Viala, P, and Vermorel, V (eds), *Ampélographie*, vol 3, Masson, Paris, pp 173–7
Rougier, L, 1902b, 'Étraire de l'Aduï', in Viala, P, and Vermorel, V (eds), *Ampélographie*, vol 3, Masson, Paris, pp 191–6
Rougier, L, 1903, 'Jacquère', in Viala, P, and Vermorel, V (eds), *Ampélographie*, vol 4, Masson, Paris, pp 122–6
Rougier, L, 1904, 'Bourrisquou', in Viala, P, and Vermorel, V (eds), *Ampélographie*, vol 5, Masson, Paris, pp 338–40
Rougier, L, 1905, 'Dureza', in Viala, P, and Vermorel, V (eds), *Ampélographie*, vol 6, Masson, Paris, pp 97–9
Roy-Chevrier, J, 1903a, 'Feteasca Neagra', in Viala, P, and Vermorel, V (eds), *Ampélographie*, vol 4, Masson, Paris, pp 132–3
Roy-Chevrier, J, 1903b, 'Grassa', in Viala, P, and Vermorel, V (eds), *Ampélographie*, vol 4, Masson, Paris, pp 134–7
Royal Horticultural Society (ed) 1826, *Catalogue of fruits cultivated in the garden of the Horticultural Society of London*, William Nicol, Cleveland Row
Rozier, F, 1823, *Nouveau cours complet d'agriculture théorique et pratique*, vol 16, Deterville, Paris
Rusjan, D, Jug, T, and Štajner, N, 2010, 'Evaluation of genetic diversity: which of the varieties can be named Rebula (*Vitis vinifera* L.)?', *Vitis* 49, 4: 189–92
Sabir, A, Tangolar, S, Buyukalaca, S, and Kafka, S, 2009, 'Ampelographic and molecular diversity among grapevine (*Vitis* spp.) cultivars', *Czech Journal of Genetics and Plant Breeding* 45, 4: 160–8
Salamini, F, Özkan, H, Brandolini, A, Shaefer-Pregl, R, and Martin, W, 2002, 'Genetics and geography of wild cereal domestication in the near east', *Nature Reviews Genetics* 3: 429–41
Salaris, C, 2005–6, 'La diffusione del vitigno Nebbiolo nel mondo', *Quaderni di Scienze Viticoltura ed Enologia della Università di Torino* 28: 85–92
Salmaso, M, Dalle Valle, R, and Lucchin, M, 2008, 'Gene pool variation and phylogenetic relationships of an indigenous northeast Italian grapevine collection revealed by nuclear and chloroplast SSRs', *Genome* 51, 10: 838–55
Salomon, E, and Salomon, R, 1902a, 'Muscat de Hamburgh', in Viala, P, and Vermorel, V (eds), *Ampélographie*, vol 3, Masson, Paris, pp 105–7
Salomon, E, and Salomon, R, 1902b, 'Muscat Rouge de Madère', in Viala, P, and Vermorel, V (eds), *Ampélographie*, vol 3, Masson, Paris, pp 319–21
Santana, J C, Heuertz, M, Arranz, C, Rubio, J A, Martínez-Zapater, J M, and Hidalgo, E, 2010, 'Genetic structure, origins, and relationships of grapevine cultivars from the Castilian Plateau of Spain', *American Journal of Enology and Viticulture* 61, 2: 214–24
Santana, J C, Hidalgo, E, Lucas, A I, Recio, P, Ortiz, J M, Martín, J P, Yuste, J, Arranz, C, and Rubio, J A, 2007, 'Identification and relationships of accessions grown in the grapevine (*Vitis vinifera* L.) Germplasm Bank of Castilla y León (Spain) and the varieties authorized in the VQPRD areas of the region by SSR-marker analysis', *Genetic Resources and Crop Evolution* 55, 4: 573–83
Santiago, J L, Boso, S, Gago, P, Alonso-Villaverde, V, and Martínez, M C, 2007 'Molecular and ampelographic characterisation of *Vitis vinifera* L. Albariño, Savagnin Blanc and Caíño Blanco shows that they are different cultivars', *Spanish Journal of Agricultural Research* 5, 3: 333–40
Santiago, J L, Boso, S, Gago, P, Alonso-Villaverde, V, and Martínez, M C, 2008, 'A contribution to the maintenance of grapevine diversity: the rescue of Tinta Castañal (*Vitis vinifera* L.), a variety on the edge of extinction', *Scientia Horticulturae* 116: 199–204

Santiago, J L, Boso, S, Martín, J P, Ortiz, J M, and Martínez, M C, 2005, 'Characterisation and identification of grapevine cultivars (*Vitis vinifera* L.) from northwestern Spain using microsatellite markers and ampelometric methods', *Vitis* 44, 2: 67–72

Santiago, J L, Boso, S, Vilanova, M, and Martínez, M C, 2005, 'Characterisation of cv. Albarín Blanco (*Vitis vinifera* L.). Synonyms, homonyms and errors of identification', *Journal International des Sciences de la Vigne et du Vin* 39, 2: 57–65

Savoie, P, 2003, 'Charbono: a grape struggles to avoid extinction', *Wine Business Monthly*, 17 May

Scalabrelli, G, D'Onofrio, C, Ferroni, G, De Lorenzis, G, Giannetti, F, and Baldi, M, 2008, 'L'identità del Morellino Pizzuto', in ARSIA (ed), *Terzo Simposio Internazionale sul Sangiovese Modelli di terroir per vini di eccellenza*, p 8

Scalabrelli, G, Vignani, R, Scali, M, Di Pietro, D, Materazzi, A, and Triolo, E, 2001, 'Il Morellino Pizzuto: un biotipo di Sangiovese?', in ARSIA (ed), *Proceedings of the International Symposium Il Sangiovese, 15–17 February*, Florence, p 107

Scartezzini, H, 2005, 'Geschichtliche Spurensuche zur Rebsorte Lagrein', *Deutsches Weinbau-Jahrbuch* 56: 146–56

Schirmer, R, 2010, *Muscadet: histoire et géographie du vignoble nantais*, Presses Universitaires de Bordeaux, Pessac

Schneider, A, 2005–6, 'Aspetti genetici nello studio dei vitigni del territorio', *Quaderni di Scienze Viticole ed Enologiche* 28: 7–16

Schneider, A, Boccacci, P, and Botta, R, 2003, 'Genetic relationships among grape cultivars from north-western Italy', *Acta Horticulturae* 603: 229–35

Schneider, A, Boccacci, P, Torello Marinoni, D, Botta, R, Akkak, A, and Vouillamoz, J F, 2004, 'Variabilità genetica e parentele inaspettate del Nebbiolo', *Convegno Internazionale sul Vitigno Nebbiolo*, Sondrio, Valtellina, Italy, 23–5 June 2004

Schneider, A, Carra, A, Akkak, A, This, P, Laucou, V, and Botta, R, 2001, 'Verifying synonymies between grape cultivars from France and Northwestern Italy using molecular markers', *Vitis* 40, 4: 197–203

Schneider, A, and Mannini, F, 1990, 'Indagine comparative su Vermentino, Pigato e Favorite in Piemonte e Liguria', *L'Informatore Agrario* 46, 8: 103–8

Schneider, A, and Mannini, F, 2006, 'Vitigni del Piemonte – varietà e cloni', *Quaderni della Regione Piemonte – Agricoltura*, Supplement 50 (332 pp)

Schneider, A, Mannini, F, and Cravero, M C, 2004, 'Nuovi vitigni per il Piemonte. 2° contributo. Esame delle attitudini colturali ed enologiche di vitigni autoctoni minori e rari', *Agricoltura* 47: 25–30

Schneider, A, Raimondi, S, De Santis, D, and Cavallo, L, 2008, 'Schede ampelografiche e analitiche', in Fregoni, C, and Nigra, O (eds), *Il Gaglioppo e i suoi fratelli I vitigni autoctoni calabresi*, Librandi Spa, Cirò Marina

Schneider, A, Raimondi, S, Grando, M S, Zappia, R, De Santis, D, Torello Marinoni, D, and Librandi, N, 2008, 'Studi per il riordino del germoplasma viticolo della Calabria', in Fregoni, C, and Nigra, O (eds), *Il Gaglioppo e i suoi fratelli I vitigni autoctoni calabresi*, Librandi Spa, Cirò Marina, pp 114–25

Schneider, A, Raimondi, S, Moreira, F M, De Santis, D, Zappia, R, Torello Marinoni, D, Librandi, N, and Grando, M S, 2009, 'Contributo all'identificazione dei principali vitigni calabresi', *Frutticoltura* 1/2: 46–55

Schneider, A, Torello Marinoni, D, Boccacci, P, and Botta, R, 2005–6, 'Relazioni genetiche del vitigno Nebbiolo', *Quaderni di Scienze Viticole ed Enologiche della Università di Torino* 28: 93–100

Schneider, A, Torello Marinoni, D, and Crespan, M, 2008, 'Genetics and ampelography trace the origin of Muscat fleur d'oranger', *American Journal of Enology and Viticulture* 59, 2: 200–4

Schneider, A, Torello Marinoni, D, de Andrés, M T, Raimondi, S, Cabello, F, Ruffa, P, Garcia-Muñoz, S, and Muñoz-Organero, G, 2010, 'Prié Blanc and Legiruela: a unique grape cultivar grown in distant European regions', *Journal International des Sciences de la Vigne et du Vin* 44, 1: 1–7

Schneider, A, Torello Marinoni, D, Raimondi, S, Boccacci, P, and Gambino, G, 2009, 'Molecular characterization of wild grape populations from north-western Italy and their genetic relationship with cultivated varieties', *Acta Horticulturae* 827: 211–16

Schreiner, J, 2001, *Icewine: the complete story*, Warwick Publishing, Toronto

Schuck, M R, Moreira, F M, Guerra, M P, Voltolini, J A, Grando, M S, and Lima da Silva, A, 2009, 'Molecular characterization of grapevine from Santa Catarina, Brazil, using microsatellite markers', *Pesquisa Agropecuária Brasileira* 44, 5: 487–95

Schumann, F, 1983, 'Der Gänsfüßer – eine alte Rebsorte der Pfalz', *Schriften zur Weingeschichte* 67: 27–38

Scienza, A, and Boselli, M, 2003, 'Vini e vitigni della Campania: tremila anni di storia', Prismi, Napoli, www.vinocampania.it/uplPagine/introduzione.pdf

Scienza, A, Brancadoro, L, Branzanti, E, Di Lorenzo, R, Di Stefano, R, Gagliano, F, Falco, V, and Ansaldi, G, 2008, 'Vitigni autoctoni siciliani, un valore aggiunto che cresce', *L'Informatore Agrario* 23, Supplement, pp 14–20

Scienza, A, and Failla, O, 1996, 'La circolazione dei vitigni in ambito Padano-Veneto ed Atesino: le fonti storico-letterarie e l'approccio biologico-molecolare', in Forni, G, and Scienza, A (eds), *2500 anni di cultura della vite nell'ambito alpino e cisalpino*, Istituto Trentino del Vino, Trento, pp 185–268

Scienza, A, Failla, O, Anzani, R, Mattivi, F, Villa, P, Gianazza, E, Tedesco, G, and Benetti, U, 1990, 'Le possibili analogie tra il Lambrusco a foglia frastagliata, alcuni vitigni coltivati e le viti selvatiche del basso Trentino', *Vignevini* 9: 25–36

Sefc, K M, Lopes, M S, Lefort, F, Botta, R, Roubelakis-Angelakis, K A, Ibañez, J, Pejić, I, Wagner, H W, Glössl, J, and Steinkellner, H, 2000,

'Microsatellite variability in grapevine cultivars from different European regions and evaluation of assignment testing to assess the geographic origin of cultivars', *Theoretical and Applied Genetics* 100, 3–4: 498–505

Sefc, K M, Pejić, I, Maletić, E, Thomas, M R, and Lefort, F, 2009, 'Microsatellite markers for grapevine: tools for cultivar identification and pedigree reconstruction', in Roubelakis-Angelakis, K A (ed), *Grapevine molecular physiology and biotechnology*, 2nd edn, Springer Science+Business Media BV, New York, pp 565–96

Sefc, K M, Regner, F, Glössl, J, and Steinkellner, H, 1998, 'Genotyping of grapevine and rootstock cultivars using microsatellite markers', *Vitis* 37, 1: 15–20

Sefc, K M, Steinkellner, H, Glössl, J, Kampfer, S, and Regner, F, 1998, 'Reconstruction of a grapevine pedigree by microsatellite analysis', *Theoretical and Applied Genetics* 97, 1–2: 227–31

Sefc, K M, Steinkellner, H, Wagner, H W, Glössl, J, and Regner, F, 1997, 'Application of microsatellite markers to parentage studies in grapevine', *Vitis* 36, 4: 179–83

Şelli, F, Bakir, M, Inan, G, Aygün, H, Boz, Y, Yaşasin, A S, Özer, C, Akman, B, Söylemezoğlu, G, Kazan, K, and Ergül, A, 2007, 'Simple sequence repeat-based assessment of genetic diversity in Dimrit and Gemre grapevine accessions from Turkey', *Vitis* 46, 4: 182–7

Semichon, L, 1905, 'Grenache', in Viala, P, and Vermorel, V (eds), *Ampélographie*, vol 6, Masson, Paris, pp 285–92

Sensi, E, Vignani, R, Rohde, W, and Biricotti, S, 1996, 'Characterization of genetic biodiversity with *Vitis vinifera* L. Sangiovese and Colorino genotypes by AFLP and ISTR DNA marker technology', *Vitis* 35, 4: 183–8

Serres, O de, 1600, *Le Theatre d'Agriculture et Mesnage des champs*, Mamet, Paris

Sestini, D, 1991, *Memorie sui vini siciliani*, Sellerio, Palermo

Silvestroni, O, Dipietro, D, Intrieri, C, Vignani, R, Filippetti, I, Delcasino, C, Scali, M, and Cresti, M, 1997, 'Detection of genetic diversity among clones of cv. Fortana (*Vitis vinifera* L.) by microsatellite DNA polymorphism analysis', *Vitis* 36, 3: 147–50

Šimon, S, Maletić, E, Karoglan Kontić, J, Crespan, M, Schneider, A, and Pejić, I, 2007, 'Cv Maraština – a new member of Malvasia group', *II Simposio Internazionale 'Malvasie del Mediterraneo', 2–6 October*, Salina, Italy

Simpée, T, 1902, 'Tressot', in Viala, P, and Vermorel, V (eds), *Ampélographie*, vol 3, Masson, Paris, pp 302–9

SIVVEM, 'El Sistema de Identificaión de Variedades de Vid Espagñolas mediante Microsatélites, Departmento de Biología Vegetal Universidad Politécnica de Madrid, Escuela Técnica Superior de Ingenieros Agrónomos'; http://www.sivvem.monbyte.com/sivvem.asp

Skelton, S, 2008, *UK vineyards guide 2008*, S P Skelton, London

Sladonja, B, Poljuha, D, Plavša, T, Peršurić, Đ, and Crespan, M, 2007, 'Autochthonous Croatian grapevine cultivar Jarbola – molecular, morphological and oenological characterization', *Vitis* 46, 2: 99–100

Slate, G, Watson, J, and Einset, J, 1962, 'Grape varieties introduced by the New York State Agricultural Experiment Station, 1928–1961', *New York State Agricultural Experiment Station Bulletin* 794: 24–5

Smiley, L A, 2008, 'A review of cold climate grape cultivars', MS project, Iowa State University, http://viticulture.hort.iastate.edu/cultivars/cultivars.html

Smith, J J, 1858, 'New grapes, etc., in England', *Horticulturist and Journal of Rural Art and Rural Taste*, New Series, 8: 167–9

Smithsonian Institution 2009, 'Dadiana dynasty', http://achp.si.edu/dadiani/ethnography.html

Soderini, G, 1600, *Trattato della coltivazione delle viti, e del frutto che se ne può cavare*, Filippo Giunti, Firenze

Soejima, A, and Wen, J, 2006, 'Phylogenetic analysis of the grape family (*Vitaceae*) based on three chloroplast markers', *American Journal of Botany* 93, 2: 278–87

Sondley, F A, 1918, *The origin of the Catawba grape: and other sketches*, Asheville, North Carolina

Song, L, Yin, K, Zhai, H, Zhao, L, and Yao, Y, 2005, 'Phylogenetic analysis of grapevine cultivar Cabernet Gernischet by RAPD', *Chinese Agricultural Science Bulletin* 7 (in Chinese, with English abstract)

Spiegel-Roy, P, Cohen, S, Baron, I, Assaf, R, and Ben-A'haron, S, 1996, 'Argaman: a new, highly colored, productive *vinifera* wine cultivar', *Horticultural Science* 31, 7: 1252–3

Sprandel, R, 1998, *Von Malvasia bis Kötzschenbroda: die Weinsorten auf den spätmittelalterlichen Märkten Deutschlands*, Franz Steiner Verlag, Stuttgart

Spring, J-L, Gugerli, P, Brugger, J-J, Pont, M, Parvex, C, and Vouillamoz, J F, 2008, 'Les Muscats en Valais', *Revue Suisse de Viticulture, Arboriculture, Horticulture* 40, 4: 257–61

Staab, J, 1971, '500 Jahre Rheingauer Klebrot = Spätburgunder', *Gesellschaft für Geschichte des Weines* 24: 1–13

Staab, J, 1991, *Der Riesling – Geschichte einer Rebsorte*, Gesellschaft für Geschichte des Weines 24, Wiesbaden

Štajner, N, Angelova, E, Božinović, Z, Petkov, M, and Javornik, B, 2009, 'Microsatellite marker analysis of Macedonian grapevines (*Vitis vinifera* L.) compared to Bulgarian and Greek cultivars', *Journal International des Sciences de la Vigne et du Vin* 43, 1: 29–34

Štajner, N, Korošec-Koruza, Z, Rusjan, D, and Javornik, B, 2008, 'Microsatellite genotyping of old Slovenian grapevine varieties (*Vitis vinifera* L.) of the Primorje (coastal) winegrowing region', *Vitis* 47, 4: 201–4

Štajner, N, Takse, J, Javornik, B, Masuelli, R W, and Martínez, L E, 2009, 'Highly variable AFLP and S-SAP markers for the identification of Malbec and Syrah clones', *Vitis* 48, 3: 145–50

Stavrakakis, M N, and Biniari, K, 1998, 'Genetic study of grape cultivars belonging to the Muscat

family by random amplified polymorphic DNA markers', *Vitis* 37, 3: 119–22
Stenkamp, S, 2009, 'Entwicklung eines molekularen Markers für die Beerenfarbe bei *Vitis vinifera* L', Diplomarbeit, Institut für Weinbau und Rebenzüchtung, Geisenheim (available on line: http://fdw.campus-geisenheim-service.de/fileadmin/fdw/2009Nov/abgeschlossene_Projekte/ARbeitskreis2/10_FDW_Abschlussbericht_Ruehl_2008_Farbmaker_Beerenfarbe.pdf)
Stoltz, J-L, 1852, *Ampélographie rhénane*, Dusacq, Paris
Storchi, P, 2007, 'Foglia tonda, ricco di colore e profumi', *Civiltà del Bere*, February, pp 76–8
Storchi, P, Armanni, A B, Crespan, M, Frare, E, De Lorenzis, G, D'Onofrio, C, and Scalabrelli, G, 2009, 'Indagine sull'identità delle Malvasie a bacca nera coltivate in Toscana', *Malvasias – III International Symposium*, La Palma, Islas Canarias, 26–30 May, pp 1–10
Storchi, P, Armanni, A B, Randellini, L, Giannetto, S, Meneghetti, S, and Crespan, M, 2011, 'Investigations on the identity of Canaiolo bianco and other white grape varieties of central Italy', *Vitis* 50, 2: 59–64
Stover, E, Aradhya, M K, Yang, J, Bautista, J, and Dangl, G S, 2009, 'Investigations into the origin of Norton grape using SSR markers', *Proceedings of the Florida State Horticultural Society* 122: 19–24
Strang, P, 2009, *South-west France: the wines and winemakers*, University of California Press, Berkeley and Los Angeles
Stummer, A, 1911, 'Zur Urgeschichte der Rebe und des Weinbaues', *Mitteilungen der Anthropologischen Gesellschaft in Wien* 41: 283–96
Sullivan, C L, 1998, *A companion to California wine: an encyclopedia of wine and winemaking from the mission period to the present*, University of California Press, Berkeley and Los Angeles
Sullivan, C L, 2003, *Zinfandel: a history of a grape and its wine*, University of California Press, Berkeley and Los Angeles
Sun, Q (ed), 2004, *Record of Chinese grapes*, China Agricultural Sciences Publishing
Swenson, E, Pierquet, P, and Stushnoff, C, 1980, 'Edelweiss and Swenson Red grapes', *Horticultural Science* 15, 1: 100
Tallavignes, C, 1902, 'Duras', in Viala, P, and Vermorel, V (eds), 1901–10, *Ampélographie*, vol 3, Masson, Paris, pp 328–33
Tanara, V, 1644, *L'economia del cittadino in villa*, vol 7, G Monti, Bologna
Tapia, A M, Cabezas, J A, Cabello, F, Lacombe, T, Martínez-Zapater, J M, Hinrichsen, P, and Cervera, M T, 2007, 'Determining the Spanish origin of representative ancient American grapevine varieties', *American Journal of Enology and Viticulture* 58, 2: 242–51
Ţârdea, C, and Rotaru, L, 2003, *Ampelografie*, Ion Ionescu de la Brad, Iași, Romania
Tchernia, A, 1986, *Le vin de l'Italie romaine*, École française d'Athènes et de Rome, Roma
Teissedre, P-L, and Landrault, N, 2000, 'Wine phenolics: contribution to dietary intake and bioavailability', *Food Research International*, 33, 6: 461–7
Terral, J-F, Tabard, E, Bouby, L, Ivorra, S, Pastor, T, Figueiral, I, Picq, S, Chevance, J-B, Jung, C, Fabre, L, Tardy, C, Compan, M, Bacilieri, R, Lacombe, T, and This, P, 2010, 'Evolution and history of grapevine (*Vitis vinifera*) under domestication: new morphometric perspectives to understand seed domestication syndrome and reveal origins of ancient European cultivars', *Annals of Botany* 105, 3: 443–55
Theodorus, J, 1588, *Neuw Kreuterbuch*, Dreuter, Franckfurt-am-Mayn
This, P, Lacombe, T, Cadle-Davidson, M, and Owens, C L, 2007, 'Wine grape (*Vitis vinifera* L.) color associates with allelic variation in the domestication gene *VvmybA1*', *Theoretical and Applied Genetics* 114, 4: 723–30
This, P, Lacombe, T, and Thomas, M R, 2006, 'Historical origins and genetic diversity of wine grapes', *Trends in Genetics* 22, 9: 511–19
Thistlewood, S, 2007, 'Verdelho – the variety polarising opinion', *Australian and New Zealand Wine Industry Journal* 22, 5: 80–94
Thomas, M R, Matsumoto, S, Cain, P, and Scott, N S, 1993, 'Repetitive DNA of grapevine: classes present and sequences suitable for cultivar identification', *Theoretical and Applied Genetics* 86: 173–80
Thomas, M R, and Scott, N S, 1993, 'Microsatellite repeats in grapevine reveal DNA polymorphisms when analysed as sequence-tagged sites (STSs)', *Theoretical and Applied Genetics* 86, 8: 985–90
Tochon, P, 1869, 'Les cépages de la Savoie', *Le Messager Agricole* 9: 366–74
Tochon, P, 1887, *Monographie des vignes, des cépages et des vins des deux départements de la Savoie*, Ménard, Chambéry
Toni, G, 1927, *Viticoltura ed enologia emiliana*, L'Italia Agricola, Italy
Torello Marinoni, D, Raimondi, S, Boccacci, P, and Schneider, A, 2006, 'Lambruschi del Piemonte: aspetti storici, caratterizzazione molecolare e relazioni genetiche con vitigni autoctoni piemontesi ed emiliani', *Italus Hortus* 13, 2: 158–61
Torello Marinoni, D, Raimondi, S, Mannini, F, and Rolle, L, 2009, 'Genetic and phenolic characterization of several intraspecific crosses (*Vitis vinifera* L.) registered in the Italian national catalogue', *Acta Horticulturae* 827: 485–92
Torello Marinoni, D, Raimondi, S, Ruffa, P, Lacombe, T, and Schneider, A, 2009, 'Identification of grape cultivars from Liguria (north-western Italy)', *Vitis* 48, 4: 175–83
Torre y Ocón, F de la, 1728, *El maestro de las dos lenguas. Diccionario español y francés, francés y español*, Juan de Ariztia, Madrid
Trümmer, F, 1841, *Systematische Klassification und Beschreibung der im Herzogthum Steiermark vorkommenden Rebensorten*, Leykam'sche Erben, Grätz
Ulanovsky, S, Gogorcena, Y, Martínez de Toda, F, and Ortiz, J M, 2002, 'Use of molecular markers in detection of synonymies and homonymies in grapevines (*Vitis vinifera* L.)', *Scientia Horticulturae* 92, 3–4: 241–54
Valamoti, S M, Mangafa, M, Koukouli-Chrysanthaki, C, and Malamidou, D, 2007, 'Grape-pressings

from northern Greece: the earliest wine in the Aegean?', *Antiquity* 81: 54–61
Vannuccini, V, 1902, 'San Gioveto', in Viala, P, and Vermorel, V (eds), *Ampélographie*, vol 3, Masson, Paris, pp 332–6
Vantini, F, Tacconi, G, Gastaldelli, M, Govoni, C, Tosi, E, Malacrinò, P, Bassi, R, and Cattivelli, L, 2003, 'Biodiversity of grapevines (*Vitis vinifera* L.) grown in the Province of Verona', *Vitis* 42, 1: 35–8
Varga, I, Gál, L, and Misik, S, 1998, 'Zenit, one of the most successful varieties of the Hungarian wine-grape breeding', in Botos, E P, and Hajdu, E (eds), *Acta Horticulturae* 473, pp 63–7
Varga, Z, 2008, 'Investigation of the cultivation value and the relations of origin of old grapevine cultivars in Tokaj', unpublished PhD thesis, Corvinus University, Budapest
Varga, Z, Bisztray, G, Bodor, P, and Lõrincz, A, 2008, 'Régi Tokaj-Hegyaljai fajták értékelése mikroszatellit markerekkel (Characterization of old grapevine cultivars of Tokaj by microsatellite markers)', *Szőlészet és Borászat* 40, 4: 47–53
Vargas, A M, Teresa de Andrés, M, Borrego, J, and Ibañez, J, 2009, 'Pedigrees of fifty table-grape cultivars', *American Journal of Enology and Viticulture* 60, 4: 525–32
Vargas, A M, Velez, M D, de Andrés, M T, Laucou, V, Lacombe, T, Boursiquot, J-M, Borrego, J, and Ibañez, J, 2007, 'Corinto bianco: a seedless mutant of Pedro Ximenes', *American Journal of Enology and Viticulture* 58: 540–3
Vavilov, N I, 1926, *Studies on the origin of cultivated plants*, Leningrad
Veloso, M M, Almandanim, C, Baleiras-Couto, M, Pereira, H S, Carneiro, L C, Fevereiro, P, Eiras-Dias, J E, 2010, 'Microsatellite database of grapevine (*Vitis vinifera* L.) cultivars used for wine production in Portugal', *Ciência e Técnica Vitivínicola*, 25, 2: 53–61
Vermorel, V, 1902, 'Gamay Beaujolais', in Viala, P, and Vermorel, V (eds), *Ampélographie*, vol 3, Masson, Paris, pp 5–24
Viala, P, and Vermorel, V, 1901–10, *Ampélographie*, 7 vols, Masson, Paris
Vidal, J R, Coarer, M, and Defontaine, A, 1999, 'Genetic relationships among grapevine varieties grown in different French and Spanish regions based on RAPD markers', *Euphytica* 109, 3: 161–72
Vignani, R, Bowers, J E, and Meredith, C P, 1996, 'Microsatellite DNA polymorphism analysis of clones of *Vitis vinifera* Sangiovese', *Scientia Horticulturae* 65, 2–3: 163–9
Vignani, R, Masi, E, Scali, M, Milanesi, C, Scalabrelli, G, Wang, W, Sensi, E, Paolucci, E, Percoco, G, and Cresti, M, 2008, 'A critical evaluation of SSRs analysis applied to Tuscan grape (*Vitis vinifera* L.) germplasm', *Advances in Horticultural Science* 22, 1: 33–7
Vignani, R, Scali, M, Masi, E, and Cresti, M, 2002, 'Genomic variability in *Vitis vinifera* L. Sangiovese assessed by microsatellite and non-radioactive AFLP test', *Electronic Journal of Biotechnology* 5, 1: 1–11
Vila Maior, Visconde de, 1875, *Manual de viticultura practica*, Imprensa da Universidade, Coimbra
Vilanova, M, de la Fuente, M, Fernández-González, M, and Masa, A, 2009, 'Identification of new synonymies in minority grapevine cultivars from Galicia (Spain) using microsatellite analysis', *American Journal of Enology and Viticulture* 60, 2: 236–40
Villeneuve, Comte de, 1901, 'Mondeuse Blanche', in Viala, P, and Vermorel, V (eds), *Ampélographie*, vol 2, Masson, Paris, p 284
Viollet, A, and Boursiquot, J-M, 2009, 'A la recherche des ancêtres de nos cépages', *La Vigne* 208: 34–5
Vitis International Variety Catalogue, http://www.vivc.de/index.php
Vouillamoz, J F, 2005, 'Quer durch den Rebgarten', *Marmite* 4: 20–1
Vouillamoz, J F, 2008, 'Mondeuse Noire et Viognier dans l'arbre généalogique de la Syrah', *International Syrah Symposium*, Lyon, 13–14 May 2008, Oenoplurimédia, pp 108–10
Vouillamoz, J F, 2009a, 'Premières mentions de cépages dans le Registre d'Anniviers', in Zufferey-Périsset, A-D (ed), *Histoire de la vigne et du vin en Valais: des origines à nos jours*, Musée Valaisan de la Vigne et du Vin, Sierre, pp 84–5
Vouillamoz, J F, 2009b, 'Raretés locales: Diolle, Goron de Bovernier, Grosse Arvine, Rouge de Fully', in Zufferey-Périsset, A-D (ed), *Histoire de la vigne et du vin en Valais: des origines à nos jours*, Musée Valaisan de la Vigne et du Vin, Sierre, pp 216–17
Vouillamoz, J F, 2009c, 'Les nouveaux croisements de cépages', in Zufferey-Périsset, A-D (ed), *Histoire de la vigne et du vin en Valais: des origines à nos jours*, Musée Valaisan de la Vigne et du Vin, Sierre, pp 532–3
Vouillamoz, J F, 2009d, 'Malvoisie, un nom équivoque', in Zufferey-Périsset, A-D (ed), *Histoire de la vigne et du vin en Valais: des origines à nos jours*, Musée Valaisan de la Vigne et du Vin, Sierre, p 215
Vouillamoz, J F, and Arnold, C, 2009, 'Étude historico-génétique de l'origine du Chasselas', *Revue Suisse de Viticulture, Arboriculture et Horticulture* 41, 5: 299–307
Vouillamoz, J F, and Arnold, C, 2010, 'Microsatellite pedigree reconstruction provides evidence that Müller-Thurgau is a grandson of Pinot and Schiava Grossa', *Vitis* 49, 2: 63–5
Vouillamoz, J F, Frei, A, and Arnold, C, 2008, 'Swiss Vitis Microsatellite Database: profils génétiques des vignes suisses sur Internet', *Revue Suisse de Viticulture, Arboriculture, Horticulture* 40, 3: 187–93
Vouillamoz, J F, and Grando, M S, 2006, 'Genealogy of wine grape cultivars: Pinot is related to Syrah', *Heredity* 97, 2: 102–10
Vouillamoz, J F, Grando, M S, Ergül, A, Agaoglu, S, Tevzadze, G, Meredith, C P, and McGovern, P E, 2004, 'Is Transcaucasia the cradle of viticulture? DNA might provide an answer', in Vieira, A (ed), *III Symposium of the International Association of History and Civilization of the Vine and the Wine*, Centro de Estudos de História do Atlântico, Funchal (Madeira), 5–8 October 2003, pp 277–90
Vouillamoz, J F, Imazio, S, Stefanini, M, Scienza, A,

and Grando, M S, 2004, 'Relazioni genetiche del Sangiovese', *Proceedings of the II International Symposium on Sangiovese' Firenze, Italy, 17–18 November* 2004, Agenzia Regionale per lo Sviluppo e l'Innovazione in Agricoltura

Vouillamoz, J F, McGovern, P E, Ergül, A, Söylemezoğlu, G, Tevzadze, G, Meredith, C P, and Grando, M S, 2006, 'Genetic characterization and relationships of traditional grape cultivars from Transcaucasia and Anatolia', *Plant Genetic Resources* 4, 2: 144–58

Vouillamoz, J F, Maigre, D, and Meredith, C P, 2003, 'Microsatellite analysis of ancient alpine grape cultivars: pedigree reconstruction of *Vitis vinifera* L. Cornalin du Valais', *Theoretical and Applied Genetics* 107, 3: 448–54

Vouillamoz, J F, Maigre, D, and Meredith, C P, 2004, 'Identity and parentage of two alpine grape cultivars from Switzerland (*Vitis vinifera* L. Lafnetscha and Himbertscha)', *Vitis* 43, 2: 81–8

Vouillamoz, J F, Monaco, A, Costantini, L, Stefanini, M, Scienza, A, and Grando, M S, 2007, 'The parentage of Sangiovese, the most important Italian wine grape', *Vitis* 46, 1: 19–22

Vouillamoz, J F, Monaco, A, Costantini, L, Zambanini, J, Stefanini, M, Scienza, A, and Grando, M S, 2008, 'Il Sangiovese è per metà figlio del Calabrese di Montenuovo', *L'Informatore Agrario* LXIV, 5: 59–61

Vouillamoz, J, and Moriondo, G, 2011, *Origine des cépages valaisans et valdôtains: l'ADN rencontre l'Histoire*, Belvédère, Fleurier & Pontarlier

Vouillamoz, J F, Schneider, A, and Grando, M S, 2007, 'Microsatellite analysis of Alpine grape cultivars: alleged descendants of Pliny the Elder's *Raetica* are genetically related', *Genetic Resources and Crop Evolution* 54, 5: 1095–104

Vršič, S, Ivančič, A, Šušek, A, Zagradišnik, B, Valdhuber, J, and Šiško, M, 2011, 'The world's oldest living grapevine specimen and its genetic relationships', *Vitis* 50, 4: 167–71

Wagner, P, 1988, 'On the trail of St Vincent', *Wine East* 15, 6: 8–9

Walker, M A, 2000, 'UC Davis' role in improving California's grape planting materials', *Proceedings of the 50th Annual ASEV Meeting, Seattle, Washington, June 19–23,* 2000, American Journal of Enology and Viticulture, pp 209–15

Wang, L, Li, S, and Fan, P, 2010, 'The introduction, breeding and extension of wine grape in China', *10th International Conference on Grapevine Breeding and Genetics, 1–5 August*, Geneva, New York, USA

Wheeler, W, 1908, 'The Concord grape and its originator', *Transactions of the Massachusetts Horticultural Society*: 15–28

Wills, J, 1867, 'The Garston vineyard', *Journal of Horticulture, Cottage Gardener and Country Gentlemen* 12: 338–40

Yin, K, Liang, W, and Zhuge, H, 1998, 'Determination of a wine grape variety Cabernet Gernischet by ampelometric method', *Acta Horticulturae Sinica* 2 (in Chinese, with English abstract)

Yokotsuka, K, Nozaki, K, and Kushida, T, 1984, 'Comparison of phenolic compounds including anthocyanin pigments between Koshu and Ryugan grapes', *Journal of Fermentation Technology* 62, 5: 477–86

Yuste, J, Martín, J P, Rubio, C, Hidalgo, E, Recio, P, Santana, J C, Arranz, C, and Ortiz, J M, 2006, 'Identification of autochthonous grapevine varieties in the germplasm collection at the ITA of Castilla y León in Zamadueñas Station, Valladolid, Spain', *Spanish Journal of Agricultural Research* 4, 1: 31–6

Zappalà, A, 2005, 'I vitigni dell'Etna: Carricante, Catarratti, Nerello Mascalese e Nerello Capuccio', *Tecnica Agricola* 57, 3: 59–65

Zappia, R, Gullo, G, Mafrica, R, and Di Lorenzo, R, 2007, 'Mantonico vera e Mantonico pizzutella: descrizione ampelografica, analisi microsatellite e comportamento bio-agronomico', *Italus Hortus* 14, 3: 59–62

Zdunić, G, 2005, 'Ampelografska i genetička evaluacija autohtonih sorata vinove loze (*Vitis vinifera* L.) u području Kaštela', unpublished Master's thesis, Zagreb

Zdunić, G, Hančević, K, Sladonja, B, Poljuha, D, Hartl-Musinov, D, Budić-Leto, I, Bućan, L, Pezo, I, 2008, 'Ampelographic characterization and sanitary status of grapevine cultivar Prč bijeli (*Vitis vinifera* L.)', *Agriculturae Conspectus Scientificus* 73, 7: 85–8

Zdunić, G, Maletić, E, Vorkurka, A, Karoglan Kontić, J, Pezo, I, Pejić, I, and Naslov, I, 2009, 'Intravarietal variability of the cultivar Plavac Mali (*Vitis vinifera* L.)', *Acta Horticulturae* 827: 203–6

Zdunić, G, Pejić, I, Karoglan Kontić, J, Vukičević, D, Vokurka, A, Pezo, I, and Maletić, E, 2008, 'Comparison of genetic and morphological data for inferring similarity among native Dalmatian (Croatia) grapevine cultivars (*Vitis vinifera* L.)', *Journal of Food, Agriculture & Environment* 6, 2: 333–6

Zecca, G, De Mattia, F, Lovicu, G, Labra, M, Sala, F, and Grassi, F, 2010, 'Wild grapevine: silvestris, hybrids or cultivars that escaped from vineyards? Molecular evidence in Sardinia', *Plant Biology* 12, 3: 558–62

Zelenák, I, 2002, *A Hétszőlő*, privately published, Eger

Zhengping, L, 2011, *Chinese wine*, Cambridge University Press, New York

Zinelabidine, L H, Haddioui, A, Rodríguez, V, Cabello, F, Eiras-Dias, J E, Martínez Zapater, J M, and Ibánez, J, 2012, 'Identification by SNP analysis of a major role for Cayetana Blanca in the genetic network of Iberian Peninsula grapevine varieties', *American Journal of Enology and Viticulture* 63, 1: 121–6

Zohary, D, and Hopf, M, 2000, *Domestication of plants in the Old World*, Oxford University Press, Oxford and New York

Zulini, L, Russo, M, and Peterlunger, E, 2002, 'Genotyping wine and table grape cultivars from Apulia (southern Italy) using microsatellite markers', *Vitis* 41, 4: 183–7

Žunec, N (ed), 2009, *Vinogradarski and vinski atlas Hrvatske / Viticulture and wine atlas of Croatia*, Business Media Croatia, Zagreb

Zúñiga, V C M de, 1905, 'Tempranillo', in Viala, P, and Vermorel, V (eds), *Ampélographie*, vol 6, Masson, Paris, pp 242–3

索 引

【監訳者】

後藤奈美（ごとう　なみ）

1983年　京都大学大学院農学研究科食品工学専攻修士課程修了

現　在　独立行政法人酒類総合研究所 理事長 農学博士
　　　　日本ブドウ・ワイン学会会長、日本ワインコンクール審査委員長

専　門　醸造学，特にワイン醸造とワインブドウ

主　著　『新ワイン学』（共著，ガイアブックス，2018）
　　　　『食と微生物の事典』（共著，朝倉書店，2017）
　　　　『翔べ日本ワイン』（共著，料理王国社，2003）

【訳　者】

北山雅彦（きたやま　まさひこ）

1994年　米国インディアナ大学大学院生物学部植物科学専攻博士課程修了
　　　　インディアナ大学 Ph.D.

現　在　インディアナ大学 客員研究員

専　門　生物学

主　著　『ジンファンデル―アメリカンワインのルーツを求めて』（共著，愛媛女子短期大学出版会，2004）

北山　薫（きたやま　かおる）

1994年　米国インディアナ大学大学院生物学部植物科学専攻博士課程修了
　　　　インディアナ大学 Ph.D.

現　在　Institute of Biological Diversity

専　門　生物学

主　著　『マギー キッチンサイエンス―食材から食卓まで』（共訳，共立出版，2008）

ワイン用 葡萄品種大事典
ー 1,368 品種の完全ガイドー
原題：*Wine Grapes : A Complete Guide to 1,368 Vine Varieties, Including Their Origins and Flavours*

2019 年 7 月 15 日　初版 1 刷発行

検印廃止
NDC 479.83, 588.55, 596.7, 625.61
ISBN 978-4-320-05789-0

原著者　Jancis Robinson（ジャンシス　ロビンソン）
Julia Harding（ジュリア　ハーディング）
José Vouillamoz（ホセ　ヴィアモーズ）

監訳者　後藤奈美　ⓒ 2019
訳　者　北山雅彦
北山　薫

発行者　南條光章

発行所　**共立出版株式会社**
郵便番号 112–0006
東京都文京区小日向 4-6-19
電話　(03) 3947-2511（代表）
振替口座　00110-2-57035
www.kyoritsu-pub.co.jp/

印　刷　錦明印刷
製　本　ブロケード

一般社団法人
自然科学書協会
会員

Printed in Japan